LD	letale Dosis
LDH	Lactat-Dehydrogenase
LH	luteinisierendes Hormon, Luteotropin
LTP	Langzeitpotenzierung (*long term potentiation*)
M	mol l^{-1}, molar
M.	Musculus (Mehrzahl: Mm.)
M_r	relative Molekülmasse (dimensionslos)
MAO	Monoaminooxidase (E.C. 1.4.3.4.)
MAPK	mitogenaktivierte Proteinkinase
Mb	Myoglobin
MBL	mannosebindendes Lektin
MbO_2	Oxymyoglobin
MCH	melaninkonzentrierendes Hormon (*melanine concentrating hormone*)
MIH	häutungshemmendes Hormon (*moult inhibiting hormone*)
MHC	Haupthistokompatibilitätskomplex (*major histocompatibility complex*)
MSH	melanocytenstimulierendes Hormon oder auch melanophorenstimulierendes Hormon, Melanotropin
N.	Nervus (Mehrzahl: Nn.)
N_A	Avogadro-Konstante; Anzahl d. Moleküle pro Mol: $6{,}024 \times 10^{23}$ mol^{-1}
NA	Noradrenalin
NAD^+	Nicotinamidadenindinucleotid (oxidierte Form)
NADH	Nicotinamidadenindinucleotid (reduzierte Form)
$NADP^+$	NAD-Phosphat
NADPH	reduzierte Form von $NADP^+$
NK-Zelle	natürliche Killerzelle
NMDA	N-Methyl-D-Aspartat
NNR	Nebennierenrinde
NREM	Non-REM-»Schlaf«
OA	Octopamin
PBP	olfaktorisches Bindungsprotein
π	Kreiszahl: 3,1416
p	Druck
$p(CO_2)$	Kohlendioxidpartialdruck
p_{eff}	effektiver Filtrationsdruck
P_i	anorganisches (*inorganic*) Phosphat
p.o.	orale Verabreichung (*per os*)
$p(O_2)$	Sauerstoffpartialdruck
$\Delta p(O_2)$	O_2-Partialdruckdifferenz
PAH	p-Aminohippursäure
PBP	pheromonbindendes Protein
PDE	Phosphodiesterase
PDH	Pyruvat-Dehydrogenase, *pigment dispersing hormone*
PEP	Phosphoenolpyruvat
PG	Prostaglandin
pH	neg. Logarithmus der Wasserstoffionenkonzentration
PIP_2	Phosphatidylinositol-4,5-bisphosphat
PK	Pyruvat-Kinase
pK	neg. Logarithmus der Dissoziationskonstante
PKA	Proteinkinase A
PKC	Proteinkinase C
PM	Plasmamembran

POMC	Proopiomelanocortin
PP	pankreatisches Polypeptid
PP_i	anorganisches (*inorganic*) Pyrophosphat
PTTH	prothorakikotropes Hormon (Insekten)
Q	Wärmemenge
Q_{10}	Temperaturkoeffizient
R	universelle Gaskonstante: $8{,}315 \times 10^7$ $mol^{-1}K^{-1}$
R	elektrischer Widerstand (Einheit: Ohm, Ω)
REM	*rapid eye movement*
RES	reticuloendotheliales System
RH	Liberin (*releasing hormone*)
RIH	Statin (*release-inhibiting hormone*)
ROS	reaktive Sauerstoffspezies (*reactive oxygen species*)
RPCH	*red pigment concentrating hormone*
RQ	respiratorischer Quotient
RTK	Tyrosinkinaserezeptor
Ry	Ryanodin
RyR	Ryanodinrezeptor
S	Entropie
S1	primärer somatosensorischer Cortex
S2	sekundärer somatosensorischer Cortex
s.c.	subcutane Verabreichung
SLC	*solute carrier*
SGLT	Na^+/Glucose-Cotransporter (*sodium/glucose cotransporter*)
SR	sarkoplasmatisches Retikulum
STH	somatotropes Hormon, Somatotropin
T	absolute Temperatur
T_3	Trijodthyronin
T_4	Thyroxin
$T_{1/2}$	Halbwertszeit
t	Zeit
TEA	Tetraethylammonium
TCR	T-Zell-Rezeptor (*T cell receptor*)
T_m	Transportmaximum
TPP	Thiaminpyrophosphat
TRH	Thyreoliberin (*thyreotropin-releasing hormone*)
TRIH	*thyreotropin-release-inhibiting hormone*
TRP-Kanal	*transient-receptor-potential*-Kanal
TRPL-Kanal	*transient-receptor-potential-like*-Kanal
TSH	thyreotropes Hormon, Thyreotropin (*thyreoidea stimulating hormone*)
T-Tubulus	transversaler Tubulus
TTX	Tetrodotoxin
U	innere Energie
UDP	Uridindiphosphat
UTP	Uridintriphosphat
UV	Ultraviolett
V	Volumen
v	Geschwindigkeit
VIP	vasoaktives intestinales Peptid
v_{max}	maximale Reaktionsgeschwindigkeit
VNO	Vomeronasalorgan
ZNS	Zentralnervensystem

Penzlin

Lehrbuch der Tierphysiologie

Jan-Peter Hildebrandt Horst Bleckmann
Uwe Homberg

Penzlin Lehrbuch der Tierphysiologie

8. Auflage

Unter Mitwirkung von Monika Stengl

Springer Spektrum

Prof. Dr. Jan-Peter Hildebrandt
Universität Greifswald
Greifswald, Deutschland

Prof. Dr. Horst Bleckmann
Universität Bonn
Bonn, Deutschland

Prof. Dr. Uwe Homberg
Universität Marburg
Marburg, Deutschland

ISBN 978-3-642-55368-4 ISBN 978-3-642-55369-1 (eBook)
DOI 10.1007/978-3-642-55369-1

Die Deutsche Nationalbibliothek verzeichnet diese Publikation in der Deutschen Nationalbibliografie; detaillierte bibliografische Daten sind im Internet über http://dnb.d-nb.de abrufbar.

Springer Spektrum

Planung und Lektorat: Dr. Ulrich G. Moltmann, Stefanie Wolf, Martina Mechler, Dr. Christoph Iven
Redaktion: Dr. Birgit Jarosch, Aachen
Index: Dr. Bärbel Häcker
Grafik: Dr. Martin Lay, Breisach a. Rh., Dr. Kerstin Ramm, Thalbürgel
Satz: TypoStudio Tobias Schaedla, Heidelberg

Gedruckt auf säurefreiem und chlorfrei gebleichtem Papier

Springer-Verlag GmbH Berlin Heidelberg ist Teil der Fachverlagsgruppe Springer Science+Business Media.
(www.springer.de)

Vorwort zur 8. Auflage

Dem ursprünglichen Verfasser dieses Lehrbuchs, Herrn Prof. Dr. Heinz Penzlin aus Jena, ist etwas gelungen, das in der deutschsprachigen Fachwelt als einzigartig wahrgenommen wird. Er hat ein Lehrbuch konzipiert, das nicht nur die grundlegenden Zusammenhänge der Funktionsweise von Tieren, deren Organen und Geweben systematisch darstellt, sondern auch mit vielen Fallbeispielen aus dem Tierreich aufzeigt, wie spezielle Ausprägungen morphologischer, biochemischer und physiologischer Merkmale während der Evolution entstanden sind und ihren Trägern optimale Eigenschaften verleihen, um in der Auseinandersetzung mit der abiotischen und biotischen Umwelt zu bestehen. Daher äußert Heinz Penzlin im Vorwort zur 7. Auflage den Wunsch: »Mögen die Leser [...] von der Faszination erfahren, die ich beim Studium der beeindruckenden Vielfalt, Zweckmäßigkeit und Harmonie der Funktionen im Tierreich stets empfunden habe.« Als Studierende der Biologie haben wir beim Lesen des »Penzlin« genau dies erlebt.

Heinz Penzlin hat nun aus Altersgründen die Fortführung seines Werkes vertrauensvoll in unsere Hände gelegt und wir haben uns bemüht, das Buch in seinem Sinne auszubauen. In der Tierphysiologie taucht die Forschung immer weiter in die zellulären und molekularen Grundlagen tierischer Funktionen ein, doch haben wir versucht, die Darstellung der klassischen Erkenntnisse tierphysiologischer Forschung auf systemischer Ebene zu bewahren, aber auch den mit modernen Forschungsmethoden neu gewonnenen Ergebnissen Raum zu geben. Dabei wird deutlich, dass vertiefte biochemische und molekulare Studien nicht mehr auf breiter Front an sehr vielen, sondern eher an ausgewählten Modelltierarten gewonnen werden, vor allem (aber nicht nur) an solchen, von denen die Genome sequenziert sind, und die sich daher für vertiefte mechanistische Studien eignen. Die damit einhergehende Fokussierung tierphysiologischer Forschung auf wenige Modellorganismen führt unweigerlich dazu, dass viele wichtige Funktionsprinzipien und Anpassungen unentdeckt bleiben. Außerdem werden in Ermangelung von Ergebnissen vergleichender Studien zuweilen Rückschlüsse von untersuchten Modellarten auf andere, bisher nicht untersuchte Tierarten gezogen. Dieses Vorgehen ist riskant und kann zu Irrtümern führen. Doch auch in einem vergleichenden Lehrbuch wie diesem lassen sich Verallgemeinerungen solcher Art nicht ganz vermeiden. Eine Aussage, die mit »Bei den Knochenfischen...« beginnt, sollte daher in dem Bewusstsein gelesen werden, dass dieser Zusammenhang in der Regel für Knochenfische gültig ist, aber nicht ausgeschlossen werden kann, dass es unter den über 30 000 Knochenfischarten auch einzelne gibt, für die die Aussage nicht zutrifft.

Der zunehmende Umfang des Inhalts machte es notwendig, das in früheren Auflagen des Lehrbuchs enthaltene und von Heinz Penzlin verfasste Kapitel »Physiologie als Wissenschaft« in der gedruckten Version des Buches wegzulassen. Der Verlag hat uns zugesagt, dieses interessante Kapitel im Online Content zu diesem Buch für die Leser verfügbar zu halten.

Durch die große Breite des hier behandelten Stoffgebiets und unseren eigenen Anspruch, an manchen Punkten auch in die Tiefe vorzudringen, gelingt es einem einzelnen Autor nicht mehr, alle Themenbereiche aus eigener Expertise kompetent aufzubereiten. Wir haben für diese Neuauflage daher noch mehr als in der 7. Auflage als Autorenteam gearbeitet. Dennoch wird auch dieses Lehrbuch trotz aller Sorgfalt, um die wir uns bemüht haben, nicht fehlerfrei sein. Alle Fehler oder missverständlichen Darstellungen liegen in unserer Verantwortung und wir wären sehr dankbar, wenn wir von den Lesern auf solche aufmerksam gemacht würden.

Ein Projekt wie dieses benötigt Zeit und ein stetiges Engagement vieler Personen. Daher sei zunächst Herrn Dr. Ulrich G. Moltmann und Herrn Dr. Christoph Iven vom Springer Spektrum Verlag gedankt, die dieses Buch gemeinsam mit uns konzipiert haben. In der Realisierungsphase des Projekts wurden beide wegen ihres Eintritts in den Ruhestand abgelöst von Frau Stefanie Wolf und Frau Martina Mechler, die uns sehr unterstützt haben und es ermöglichten, nun auch Farbabbildungen in das Buch aufzunehmen. Großen Dank sprechen wir auch unserer Lektorin Frau Dr. Birgit Jarosch aus, die mit großer Sachkompetenz, sprachlichem Talent und Genauigkeit viele Ecken und Kanten ausgebügelt hat, die wir im Manuskript hinterlassen hatten. Wir danken Herrn Dr. Martin Lay für die gewissenhafte Bearbeitung aller Abbildungen. Besonderen Dank sprechen wir den Fachkolleginnen und -kollegen aus, die es übernommen haben, einzelne Kapitel gegenzulesen und uns viele wertvolle Verbesserungsvorschläge zu machen: Prof. Dr. Gerhard von der Emde (Bonn), Prof. Dr. Nadja Hellmann (Mainz), Dr. Petra Hildebrandt (Greifswald), Dr. Adrian Klein (Bonn), Prof. Dr. Martin Klingenspor (München), PD Dr. Joachim Mogdans (Bonn), Prof. Dr. Rüdiger Paul (Münster), Dr. Vera Schlüssel (Bonn), PD Dr. Helmut Schmitz

(Bonn), Prof. Dr. Harald Tichy (Wien), Prof. Dr. Andreas Vilcinskas (Gießen), Prof. Dr. Hermann Wagner (Aachen), Prof. Dr. Reinhard Walther (Greifswald), Prof. Dr. Wolf-Michael Weber (Münster), Prof. Dr. Roswitha Wiltschko (Frankfurt), Prof. Dr. Wolfgang Wiltschko (Frankfurt), PD Dr. Jochen Wiesner (Gießen). Für ihre technische Hilfe sei Katrin Harder, Elvira Lutjanov und Katharina Niedrig gedankt. Schließlich und nicht zuletzt möchten wir auch unseren Familienmitgliedern danken, die während der letzten drei Jahre sicherlich manch schönen Sonntag, den wir am Schreibtisch gesessen haben, lieber mit uns im Freien verbracht hätten.

August 2014

Jan-Peter Hildebrandt, Greifswald
Horst Bleckmann, Bonn
Uwe Homberg, Marburg

Die in der jeweiligen Kapitelfarbe hervorgehobenen Begriffe werden im Glossar erläutert, von den mit einem Sternchen versehenen Namen finden Sie im Anhang eine Kurzbiografie.

Kurzinhalt

I Grundlagen der Physiologie

II Stoffaufnahme und -verteilung

III Homöostase

IV Informationsverarbeitung und Verhalten

V Rezeption von Signalen

VI Effektorsysteme

VII Anhang

Inhaltsverzeichnis

IV Informationsverarbeitung und Verhalten

V Rezeption von Signalen

I Grundlagen der Physiologie

Wie jede Teildisziplin der Lebenswissenschaften ist auch die Tierphysiologie eine exakte Wissenschaft, die auf Beobachtung, Messung und rationale Analyse der Ergebnisse hypothesengetriebener Experimente als Mittel zum Erkenntnisgewinn vertraut. Die Reproduzierbarkeit der Ergebnisse ist eine wichtige Voraussetzung, um aus den Messdaten, die an Individuen oder kleinen Stichproben gewonnen werden, allgemeine Regelmäßigkeiten ableiten zu können. Die Funktionsweisen von Tieren, Organsystemen, einzelnen Organen, Geweben, Zellen und Molekülen fußen auf den allgemeinen Naturgesetzen, die auch für unbelebte Systeme Gültigkeit haben. Somit ist das Studium von Tieren und ihren Funktionen nur dann auf naturwissenschaftliche Weise zu bewerkstelligen, wenn man akzeptiert, dass alle Lebensvorgänge letztlich auf physikochemische Prozesse zurückzuführen sind und in solche zergliedert werden können. Dass biologische Prozesse aufgrund ihrer Komplexität sowie der individuellen Variabilität in der Ausprägung von Merkmalen von Lebewesen zuweilen schwieriger zu studieren sein mögen als manche Prozesse in der unbelebten Natur, sollte nicht über diese Tatsache hinweg täuschen. Dieses zu verdeutlichen, ist das Ziel des ersten Teils dieses Buches.

Tierphysiologie und ihre physikalischen Grundlagen

1

Tierphysiologie[1] ist die Lehre von den Körperfunktionen der Tiere auf allen organisatorischen Ebenen. Im Zusammenwirken mit der **Morphologie** (Strukturlehre)[2] werden in der Physiologie Struktur-Funktions-Beziehungen auf dem Niveau der Moleküle (molekulare Physiologie), der Zellorganellen und Zellen (Zellphysiologie), der Gewebe und Organe (Organphysiologie), der Organismen (Systemphysiologie) wie auch deren funktioneller Bezug zu den Umweltbedingungen (Ökophysiologie) studiert. Wie in der Physik und der Chemie werden dabei die kausalen Zusammenhänge von Prozessen innerhalb der Ebenen und über diese hinweg ergründet. Außerdem ist die Physiologie bemüht, die Bedeutung von Teilfunktionen eines Organismus für die erfolgreiche Auseinandersetzung des Individuums mit seiner Umwelt zu ergründen, und fragt daher immer auch nach dem Zweck eines Phänomens bzw. seiner biologischen Bedeutung (**Teleonomie**)[3]. Die Physiologie ist daher eine integrative Wissenschaft, die bemüht ist, durch systematischen Einsatz anerkannter und nachvollziehbarer Methoden die physikalischen und chemischen Gesetzmäßigkeiten zu erkennen, durch die Lebewesen in der Lage sind, sich zu entwickeln, sich selbst zu erhalten und sich fortzupflanzen. Sie nutzt zur Erreichung dieses Zieles Erkenntnisse aus anderen biologischen Teilwissenschaften, der Molekularbiologie, der Genetik und der Biochemie und bedient sich ihrer Methoden. Sie umfasst daher auch moderne Wissenschaftsdisziplinen wie die **Transkriptomik**[4], die **Proteomik**[5], die **Metabolomik**[6] und die **funktionelle Genomik**[7].

Neben der Tierphysiologie, die spezifisch die Körperfunktionen aller mehrzelligen heterotrophen[8] Lebewesen untersucht, haben sich in den letzten 100 Jahren entsprechende Wissenschaftsgebiete für die Mikroorganismen (Mikrobenphysiologie) und die Pflanzen (Pflanzenphysiologie) entwickelt. Naturgemäß schließt die Tierphysiologie auch das Studium der Physiologie des Menschen (Humanphysiologie) ein, obwohl dieses traditionell vornehmlich nicht von Naturwissenschaftlern, sondern von Medizinern[9] betrieben wird. Die thematische Einbindung der Human- in die Tierphysiologie legt eine enge Zusammenarbeit von Medizinern und Naturwissenschaftlern in der weiteren Entwicklung des Fachgebiets nahe.

Die Grenzen zwischen diesen Fachgebieten werden zunehmend fließender, weil sich die Erkenntnis Bahn bricht, dass ein Individuum einer Art nur in Interaktion mit Individuen anderer Arten dauerhaft funktionieren kann. Gerade die Interaktion von Epithelzellen der Oberfläche von Tieren (Integument, Darm) mit Mikroorganismen (*bacterial communities*) ist von großer Bedeutung für die Gesunderhaltung und die Ernährung von Tieren. In vielen Fällen ist die Präsenz symbiotischer Mikroorganismen auch für die korrekte ontogenetische Entwicklung von Organsystemen notwendig. So induziert die Anwesenheit des Bakteriums *Vibrio fisheri* bei dem Kalmar *Euprymna scolopes* die Entwicklung des Leuchtorgans. Da in solchen **Symbiosen** beide Partner die Körperfunktionen des jeweils anderen beeinflussen, lassen sich viele Körperfunktionen von Tieren nur dann korrekt verstehen, wenn diese Interaktionen berücksichtigt werden und Forscher über ihre Disziplingrenzen hinaus denken.

Historisch betrachtet hat sich das Fachgebiet Tierphysiologie erst im 20. Jahrhundert als eigene Wissenschaftsdisziplin etabliert. Dieser Prozess wurde angetrieben von der Erkenntnis, dass nur der Vergleich sich entsprechender Funktionen und deren struktureller Grundlagen bei unterschiedlichen Tierarten (vergleichende Physiologie) zu einem wahren Verständnis tierischer Funktionen führen kann, weil Aufbau und Funktion eines Organsystems oder eines Stoffwechselregulationssystems, zum Beispiel beim Menschen, nur aus der Kenntnis von evolutiven Vorgängersystemen und den sich daraus ergebenden Limitationen für genetische Anpassungsprozesse wirklich verstanden werden können. Als Beispiel sei hier das menschliche Herz erwähnt, dessen Aufbau und Funktionsweise einem Ingenieur sicherlich merkwürdig vorkommen mag, weil materialtechnisch, konstruktiv und energetisch besser konstruierte Pumpsysteme denkbar sind. Da die Natur allerdings in der **Evolution**[10] nichts völlig neu erfinden, sondern immer nur mit vorhandenem, ererbten Material »spielen« kann, erschließt sich die Bau- und damit auch die Funktionsweise des menschlichen Herzens nur aus der Kenntnis seiner Entstehungsgeschichte. Die ursprünglichen Antriebsorgane für Kreislaufsysteme bei unseren sehr frühen Vorfahren waren kontraktile Gefäßabschnitte, die sich durch Schleifenbildungen und Längstrennungen einzelner Abschnitte in vielen kleinen Evolutionsschritten, die teilweise anhand heute noch lebender Tierarten sogar belegbar sind, zu dem entwickelt haben, was wir heute bei Säugetieren antreffen. Dies war neben rein praktischen Erwägungen, dass Tiere aufgrund vieler Struktur- und Funktionsähnlichkeiten mit dem Menschen bis heute als **Modellorganismen** herangezogen werden, ein weiterer wesentlicher Grund, warum zunächst humanmedizinisch interessierte Forscher immer intensiver auch Studien an Tieren begonnen haben. Dieselben Überlegungen führen weitsichtige Mediziner auch heute wieder dazu, neue Denkweisen zur Interpretation von Erkrankungen am Menschen zu propagieren. So könnte die »evolutionäre Medizin« uns zu einem besseren Verständnis von Stoffwechselerkrankungen (z. B. Diabetes) verhelfen, woraus neue Konzepte der **Patho-**

1 *physis* (griech.) = Natur; *logos* (griech.) = Wort, Vernunft, Sinn, Lehre
2 *morphe* (griech.) = Gestalt, Form
3 *telos* (griech.) = Zweck, Ziel, Ende, auf ein Ziel hin strebend
4 *transcribere* (lat.) = um-/überschreiben
5 *proteios* (griech.) = grundlegend, bzw. *protos* (griech.) = erster
6 *metabolismos* (griech.) = Umwurf, Umsatz
7 *genus* (lat.) = Herstellung, Herkunft
8 *heteros* (griech.) = der andere, ungleich; *trophe* (griech.) = Ernährung
9 *ars medicinae* (lat.) = ärztliche Kunst, Heilkunde
10 *evolvere* (lat.) = ausrollen, entwickeln, ablaufen

physiologie[11] entstehen und neue Therapieansätze resultieren könnten.

Diese Zusammenhänge lassen erwarten, dass die Tierphysiologie auch in Zukunft eine überaus dynamische Wissenschaftsdisziplin bleiben wird. Daher ist es auch die Mühe wert, die bisherigen wissenschaftlichen Erkenntnisse und Konzepte in der Tierphysiologie in Lehrbüchern darzustellen, um Einsteigern in das Fach die Möglichkeit zu geben, diese inhaltlich nachzuvollziehen und aktiven Forschern Anregungen für die Bearbeitung bisher nicht oder unvollständig gelöster Fragestellungen zu liefern.

1.1 Tiere in ihrer Umwelt

Obwohl man wissenschaftlich natürlich keine Antwort auf die Frage nach dem Sinn des Lebens geben kann, ist es möglich, nach der biologischen Bedeutung von Phänomenen zu fragen. So haben erwachsene Tiere Geschlechtsorgane, um selbstähnliche Nachkommen in mehr oder weniger großer Zahl zu erzeugen (**Fortpflanzung**, **Reproduktion**) und damit die Art zu erhalten. Da Tiere sich in aller Regel geschlechtlich fortpflanzen, dient der Tierkörper in diesem Sinn als Produktionsort von **Fortpflanzungszellen** (**Keimzellen**, **Gameten**)[12] und manchmal zusätzlich auch als Ort der geschützten Frühentwicklung der Nachkommen (bei viviparen Tierarten). Zur Erzielung und Aufrechterhaltung ihrer Reproduktionsfähigkeit müssen Tiere also ihre Embryonal- und Juvenilentwicklung überleben und eine ausreichend lange Zeit in voll entwickeltem Zustand und in ausreichendem Ernährungs- und Gesundheitszustand leben. Dazu müssen sie Nahrung finden, diese selektieren, aufnehmen, verarbeiten und schließlich die Verdauungsprodukte resorbieren und diese in den Bau- und Energiestoffwechsel einschleusen. Sie müssen sich vor Gefahren und Fressfeinden in Acht nehmen, sich in ihren Körperfunktionen und im Verhalten im Rahmen ihrer genetisch gesetzten Grenzen allen Umweltveränderungen anpassen, um als Individuum zu überleben. Schließlich müssen sie optimale Rahmenbedingungen für die Reproduktion und die Brutpflege schaffen. All diese Leistungen können nur dann erfolgreich erbracht werden, wenn das Tier seine basalen Lebensfunktionen entsprechend seiner genetischen Anlagen umwelt- und körpergerecht regulieren kann (diese Leistungen untersucht die vegetative Physiologie), Information aus der Umwelt aufnehmen und sachgerecht verarbeiten kann (diese Leistungen untersucht die Sinnes- und Neurophysiologie) sowie adäquat auf solche Stimuli reagieren kann (diese Leistungen untersuchen die Effektorphysiologie und die Verhaltensphysiologie).

[11] *pathos* (griech.) = Leiden, Sucht
[12] *gametes* (griech.) = Gatte

1.2 Genetische und physiologische Anpassung

Die Generationenfolge in einer **Population**[13] von Tieren kann also nur dann dauerhaft fortgesetzt werden, wenn es eine Mindestanzahl von Individuen in der Population gibt, die in genetischer Hinsicht optimal an die jeweiligen Umweltbedingungen, die abiotischen und biotischen Faktoren ihres Lebensraums, angepasst sind. Dieser Zustand ist ein Produkt der Evolution, die durch zwei Faktoren angetrieben wird: erstens die zufällige und ungerichtete Veränderung des Erbmaterials während der Herstellung der Fortpflanzungszellen (**Keimbahnzellen**) durch **Mutation**[14] und Ausprägung der neuen Merkmale in dem betroffenen Organismus und zweitens die **Selektion**[15] auf die Tauglichkeit der neuen Merkmale in der Auseinandersetzung des betroffenen Individuums mit der Umwelt, die sich anhand der Nachkommenzahl (Steigerung oder Verminderung des relativen Anteils der Merkmalsträger in der gesamten Population) bemerkbar macht. Begünstigt die Gesamtheit aller genetisch bedingten Merkmale eines Individuums seine Fortpflanzungsrate im Vergleich mit der anderer Individuen dieser Population, so ist dieses Individuum genetisch besser an seine Umwelt angepasst als andere. Diese genetische Anpassung beinhaltet auch, dass sich das Individuum lebenslang adäquat auf die üblichen Schwankungen der Bedingungen des Lebensraums (z. B. Temperatur oder Salinität des Mediums) einstellen kann. Das Phänomen, dass Tiere trotz gleichen genetischen Hintergrundes im Körperbau oder in ihren physiologischen Funktionen umweltbedingte Unterschiede aufweisen können, bezeichnet man als **phänotypische Plastizität**[16]. Den Vorgang, der im derzeitigen Entwicklungszustand des Organismus zur Optimierung der Körperfunktionen unter neuen Umweltbedingungen führt, bezeichnet man als **physiologische Anpassung** oder **Akklimatisierung**[17]. Das Ausmaß, in dem Tiere ihre Körperfunktionen an Änderungen der Umweltbedingungen anpassen können, wird als **Reaktionsnorm**[18] bezeichnet. Dieser Begriff wird allerdings von Wissenschaftlern verschiedener biologischer Fachgebiete unterschiedlich angewandt. Entwicklungsbiologen verstehen darunter die maximale Breite möglicher umweltbedingter Ausbildungsformen körperlicher Merkmale während der Individualentwicklung (**Ontogenie**)[19], die in der Regel lebenslang beibehalten werden. Ökophysiologen und die vergleichend arbeitenden Physiologen verstehen darunter die maximale Breite der physiologischen Anpassungsfähigkeit von tierischen Körperfunktionen an wechselnde Umweltbedingungen, die Individuen mehrfach oder häufig während ihres Lebens durchlaufen können.

[13] *populus* (lat.) = Volk, Bevölkerung
[14] *mutare* (lat.) = ändern
[15] *selectio* (lat.) = Auswahl, Auslese
[16] *fainomeno* (griech.) = das Sichtbare, die Erscheinung; *plastiki* (griech.) = das Formende, das Geformte
[17] *clima* (lat.) = Klima
[18] *reactio* (lat.) = Rückhandlung; *norma* (lat.) = Winkelmaß, Richtschnur, Maßstab, Regel, Vorschrift
[19] *on* (griech.) = das Seiende; *génesis* (griech.) = Geburt, Entstehung

1.3 Leben als Systemleistung

»Leben« ist keine besondere Entität[20], kein Gegenstand, der zum Objekt einer wissenschaftlichen Untersuchung gemacht werden könnte. Leben existiert vielmehr nur als das »Lebendigsein« besonderer Naturgegenstände, die wir folgerichtig als **Lebewesen** bezeichnen. Lebendig sind weder die Baustoffe der Lebewesen (Proteine, Lipide, Nucleinsäuren usw.) noch die Funktionsmoleküle (Enzyme, Rezeptoren, Transkriptionsfaktoren usw.). Es gibt überhaupt kein »lebendiges« Molekül, mag es noch so komplex aufgebaut sein. Die Eigenschaft des **Lebendigseins** kommt ausschließlich bestimmten hochkomplexen Systemen zu, sie ist eine Systemleistung.

Das wissenschaftliche Studium dieser Systemleistung und des Zusammenwirkens der ihr zugrunde liegenden physikalischen und chemischen Mechanismen ist ureigene Aufgabe der **Biologie**[21]. Die **Physik**[22] dagegen hat sich zum Ziel gesetzt, alle Erscheinungen in der unbelebten Natur unter Zurückführung auf allgemein gültige Gesetzmäßigkeiten theoretisch zu verstehen und quantitativ zu erfassen. Sie bezieht sich also zunächst nur auf die »unbelebte Natur«, wobei heute kein Zweifel mehr daran bestehen kann, dass alle physikalischen Gesetze ohne Ausnahme auch im Bereich des Organischen uneingeschränkt gültig sind. Lebewesen sind nicht in der Lage, physikalische Gesetze außer Kraft zu setzen. Dennoch werden vereinzelt (z. B. in der Homöopathie) immer noch vitalistische Theorien über das Leben vorgebracht, die die Existenz einer nur den Lebewesen innewohnende »Lebenskraft« (*vis vitalis*) fordern. Sie scheitern damit aber an zwei Kardinalfehlern: 1. Sie müssen ihren hypothetischen Faktor »Lebenskraft« mit Eigenschaften ausstatten, in irgendeiner Weise in die physikalische Gesetzlichkeit richtungsgebend eingreifen zu können. Da der Faktor selbst keine physikalische Kraft darstellen soll, bedeutet das zwangsläufig eine Verletzung des ersten Hauptsatzes der **Thermodynamik**[23], des Energieerhaltungssatzes. 2. Sie müssen ihrem hypothetischen Faktor das Vermögen zugestehen, selbständig beurteilen und entscheiden zu können, was den Zwecken (Zielen) des Organismus entspricht und was nicht. Jede Annahme eines solchen »vitalen Agens«, einer »ganzmachenden Ursache« (Hans Driesch*), die für die harmonische Einheit, für die Zweckmäßigkeit von Strukturen und Funktionen, für die »Planmäßigkeit« (Jakob von Uexküll*) und Zielstrebigkeit im Organischen verantwortlich gemacht wird, und damit auch jede Art von **Vitalismus**, muss daher zwangsläufig in die Unwissenschaftlichkeit abgleiten, weil evolutive Prozesse grundsätzlich nicht zielgerichtet verlaufen und daher auch keinen höheren Zweck erfüllen.

Unter Wissenschaftlern gibt es daher keinen Zweifel, dass die Funktionsweisen von Lebewesen vollständig auf bekannte Grundgesetze der Physik und der Chemie[24] zurückgeführt werden können. Eine andere Frage ist, ob diese Wissenschaftsdisziplinen bereits einen Erkenntnisstand erreicht haben, der uns gestattet, das Phänomen »Leben« zu erklären. Hier müssen durchaus Zweifel angemeldet werden. Es ist der Ungeduld menschlichen Geistes zuzuschreiben, wenn man gelegentlich gegenteilige, optimistischere Äußerungen hört oder liest. Während in der Biologie von Anbeginn der Wandel, das ewige Werden und Vergehen, im Blickpunkt des Betrachters gestanden hat, entwickelt sich die Physik erst in unseren Tagen von einer »Wissenschaft vom Sein« zu einer »Wissenschaft vom Werden«, wie es uns Ilya Prigogine* so anschaulich vor Augen geführt hat. Die damit verbundene »Entdeckung der Komplexität« ist eine Herausforderung, der wir uns stellen müssen.

1.3.1 Organisation lebendiger Systeme

Lebendige Systeme repräsentieren nicht nur einen hohen Ordnungszustand, sondern mehr, nämlich einen Zustand einer immanenten (nicht fremdbestimmten) **Organisation**. Organisation ist mehr als Ordnung. Der Mathematiker John von Neumann*, einst danach befragt, worin er den Unterschied zwischen Ordnung und Organisation sähe, antwortete kurz und bündig: »*Organization has purpose; order does not.*« Der Begriff der Organisation schließt das Konzept des Zwecks, der Funktionalität ein, ist Ordnung im Dienste einer bestimmten Funktion. Die komplexe Organisation eines lebendigen Wesens erfüllt einen Zweck und ist damit teleonomisch[25]. Dabei ist der Zweck nicht von außen bestimmt, sondern systemimmanent[26]. Die zentrale Funktion der im Organismus und in jeder einzelnen Zelle ablaufenden stofflichen und energetischen Vorgänge ist die, zu gewährleisten, dass die ständige Selbstreproduktion des Systems erfolgreich geschehen kann. Lebendige Systeme besitzen deshalb eine integrierte, kohärente Zweckmäßigkeit, die nichts dem Lebendigen irgendwie Zugeordnetes, sondern etwas dem Lebendigen Innewohnendes ist. Laufen die Vorgänge im Organismus in der Summe nicht zweckmäßig im Sinn der Erhaltungsfunktion ab, so ist das Lebewesen in seiner Existenz bedroht und stirbt. Jacques Monod* spricht von der »Teleonomie der Organisation«. Lebendige Systeme – und nur sie – sind im wahren Sinn des Wortes selbstorganisiert.

Das kleinste noch lebens- und vermehrungsfähige System stellt die **Zelle**[27] dar. Sie besitzt alle Attribute des Lebens. Unterhalb des Zellniveaus ist kein selbständiges Leben möglich. Leben entstand deshalb nicht mit dem ersten RNA- oder DNA-Strang, der sich zu replizieren verstand und mutieren konnte und dadurch der Selektion unterworfen war, sondern mit dem Auftreten der ersten Zelle, wie einfach sie auch immer gewesen sein mag.

[20] *entitas* (lat.) = das Seiende, das Existierende
[21] *bios* (griech.) = Leben; *logos* (griech.) = die Lehre
[22] *physica* (lat.) = Naturlehre
[23] *thermos* (griech.) = warm; *dynamis* (griech.) = Kraft
[24] *chimeia* (griech.) = Lehre von der (Metall-)Gießerei oder von der Stoffumwandlung

[25] *telos* (griech.) = Ziel, Zweck, Ende
[26] *immanere* (lat.) = darin bleiben, anhaften
[27] *cellula* (lat.) = kleine Kammer

1.3.2 Offene Systeme, Fließgleichgewicht

Unter einem **System** versteht man in den Naturwissenschaften allgemein einen abgegrenzten Bereich der objektiven Realität. Es setzt sich aus Elementen zusammen, die in bestimmter Weise angeordnet und durch bestimmte Relationen miteinander verknüpft sind. Die Art der Anordnung und die Verknüpfung der Elemente bestimmt die Struktur des Systems. Alles, was mit dem System in Wechselwirkung tritt bzw. auf dieses System einwirkt, bezeichnet man als Umgebung des Systems. Systeme haben Eigenschaften und offenbaren Leistungen, die keinem ihrer Elemente zukommen – sie sind erst das Resultat des geordneten Zusammenwirkens der einzelnen Elemente. Diese Systemeigenschaften sind nicht die Summe der Einzelleistungen der Elemente, sondern stellen eine neue Qualität dar.

In der Thermodynamik unterscheidet man je nach den Wechselbeziehungen zwischen dem System und seiner Umgebung abgeschlossene, geschlossene und offene Systeme: Beim abgeschlossenen oder isolierten System findet weder ein Energie- noch ein Stoffaustausch über die Systemgrenzen hinweg statt. Beim geschlossenen System findet zwar ein Energie-, aber kein Stoffaustausch und beim offenen System sowohl ein Energie- als auch ein Stoffaustausch statt.

Lebewesen unterhalten einen ständigen Austausch von Stoffen und Energie mit ihrer Umgebung und stellen damit thermodynamisch gesehen **offene Systeme** dar. Dieser nie abreißende Strom von Stoffen und Energie durch das lebendige System unterliegt einem »fließenden Gleichgewicht« (Wilhelm Ostwald*), da ein lebender Organismus sich in ständiger Zersetzung befindet, und die aufgezehrte Materie immer wieder durch neue ersetzt werden muss (Johannes Müller*). Erst später wurde von Ludwig von Bertalanffy* der Begriff »**Fließgleichgewicht**« (*steady state*) geprägt und folgendermaßen definiert: Das Fließgleichgewicht ist ein zeitunabhängiger Zustand lebender Systeme, in dem sich Auf- und Abbau von Körpersubstanzen die Waage halten, sodass sich die Zusammensetzung des Organismus nicht ändert.

Das Fließgleichgewicht von Lebewesen liegt dabei aufgrund des hohen Energiegehalts im Vergleich zur Außenwelt und des hohen inneren Ordnungszustands weit vom thermodynamischen Gleichgewicht entfernt. Letzteres ist dadurch gekennzeichnet, dass es keine Energie- bzw. Potenzialdifferenzen zwischen den jeweiligen Punkten im Raum mehr gibt. In einem abgeschlossenen System ist dieser Gleichgewichtszustand durch maximale **Entropie**[28] definiert, während in einem geschlossenen System der Gleichgewichtszustand durch ein Minimum an freier Energie gekennzeichnet ist. Damit ist in einem geschlossenen System die nutzbare Arbeitsfähigkeit des thermodynamischen Systems (bzw. der Teil des Energieinhalts eines Systems, der laut dem zweiten Hauptsatz der Thermodynamik in Arbeit umsetzbar ist) minimal. Um ein Lebewesen am Leben zu erhalten, das heißt dem Zerfall (Steigerung der Entropie, Verlust an freier Energie) vorzubeugen, muss dem Organismus ständig Energie zugeführt werden. Dies erfolgt erstens durch die Zufuhr von Stoffen in einem Umfang, der die Verluste durch chemische Reaktionen und Abgabe gerade kompensiert, und zweitens durch das Abführen von Entropie (Entropieexport) in einem Umfang, der die Entropiebildung im System gerade kompensiert.

Im thermodynamischen Gleichgewicht geschlossener (chemischer) Systeme stellen sich aufgrund der dort ablaufenden reversiblen Reaktionen »von selbst« Konzentrationsverhältnisse (Endkonzentrationen) ein, die ein Minimum an freier Energie des gesamten geschlossenen Systems darstellen. Die in diesem Zustand vorliegenden Konzentrationen werden bekanntlich durch das von Cato Guldberg* und Peter Waage* im Jahre 1867 formulierte **Massenwirkungsgesetz** beschrieben. Unter festgelegten physikalischen Bedingungen ist das Massen- bzw. das Konzentrationsverhältnis von Produkten (X und Y) und Edukten (A und B) einer chemischen Reaktion (aA + bB → xX + yY) eine feste Größe – die Gleichgewichtskonstante K:

$$K = \frac{[X]^x [Y]^y}{[A]^a [B]^b}$$

Die sich im Fließgleichgewicht einstellenden stationären Konzentrationen können von den Gleichgewichtskonzentrationen erheblich abweichen. Die dabei beteiligten Reaktionsschritte müssen nicht reversibel sein. Betrachten wir die irreversible Reaktionskette (A = Edukt, B = Produkt, X = Zwischenprodukte):

$$A \rightarrow X_1 \rightarrow X_2 \rightarrow X_3 \rightarrow \ldots \rightarrow X_n \rightarrow B$$

Im Fließgleichgewicht müssen definitionsgemäß die Konzentrationen aller Stoffe (durch eckige Klammern gekennzeichnet) konstant, das heißt ihre ersten Ableitungen nach der Zeit, jeweils null sein:

$$\frac{d[X_1]}{dt} = \frac{d[X_2]}{dt} = \frac{d[X_3]}{dt} = \ldots = \frac{d[X_n]}{dt} = 0$$

Da sich Neubildung und Verbrauch eines Intermediärmetaboliten im Fließgleichgewicht die Waage halten sollten, gilt weiterhin

$$\frac{d[X_2]}{dt} = 0 = k_1[X_1] - k_2[X_2],$$

das heißt $k_1[X_1] = k_2[X_2]$ (mit k = Geschwindigkeitskonstante), und allgemein für eine Kette irreversibler Reaktionen

$$k_1[X_1] = k_2[X_2] = k_3[X_3] = \ldots = k_n[X_n].$$

Das bedeutet, dass im Fließgleichgewicht die Umwandlungsgeschwindigkeiten $v = k\,[X]$ untereinander gleich sind, nicht aber die stationären Konzentrationen. Um dieses Fließgleichgewicht aufrechtzuerhalten, muss X_1 ständig aus A erneuert und X_n ständig abtransportiert werden. Die stationäre Konzentration eines Zwischenprodukts X ist umso kleiner, je größer die spezifische Geschwindigkeitskonstante k seiner Umwandlung ist.

28 *entropia* (griech. Kunstwort) = Wendung, Umwandlung, ein Maß für den Unordnungszustand eines Systems

Durch die Anwesenheit eines Katalysators (**Enzym**)[29], der die Umsatzrate ändert, kann deshalb die stationäre Konzentration in offenen Systemen (d. h. in Lebewesen) verändert werden. In geschlossenen Systemen hat der Katalysator dagegen keinen Einfluss auf die Größe der Gleichgewichtskonstante *K*. Er beeinflusst lediglich die Zeit bis zur Einstellung des Gleichgewichts, nicht aber dessen Lage.

Die Geschwindigkeit der gesamten Reaktionskette wird durch den Reaktionsschritt bestimmt, der am langsamsten abläuft. Man bezeichnet diese Reaktion deshalb als **Schrittmacherreaktion**. Vor dieser Reaktion liegen die Zwischenprodukte in hoher, dahinter in geringer Konzentration vor. Änderungen der Gesamtgeschwindigkeit der Reaktionskette beruhen in der Regel auf einer Beeinflussung der Faktoren, die die Schrittmacherreaktion steuern.

Zufluss und Abtransport von Stoffen halten das System arbeitsfähig. Sobald diese gestoppt würden, wäre das System geschlossen und nach einiger Zeit hätte sich ein thermodynamisches Gleichgewicht (minimale freie Energie) eingestellt. Dies ist dadurch gekennzeichnet, dass es weder Arbeit aus sich heraus leisten kann, noch Energie zur Aufrechterhaltung benötigt. Die Triebkraft für die im Fließgleichgewicht ablaufenden Reaktionen ist das Bestreben, das System zum thermodynamischen Gleichgewicht zu bringen (Verringerung der freien Energie). Dieser Zustand wird jedoch im Lebewesen nie erreicht. So ist es zu erklären, dass Lebewesen im Fließgleichgewicht ständig Arbeit zu leisten vermögen, aber für ihre Aufrechterhaltung auch ständig Energie benötigen, die sie aus dem Abbau energiereicher Moleküle (**Energiestoffwechsel**) beziehen.

Durch ihren dynamischen Charakter unterscheiden sich alle lebendigen Systeme grundsätzlich von den von Menschenhand hergestellten Maschinen, die stabile Strukturen darstellen, an und in denen die beabsichtigten Vorgänge nach Inbetriebnahme ablaufen können. Maschinen können zu jeder beliebigen Zeit wieder außer Betrieb gesetzt werden und beliebig lange in Ruhe verharren. Sie leisten dann nichts, benötigen aber auch keine Energie für ihre Erhaltung. Wird die Energiezufuhr bei Lebewesen nur kurzfristig unterbunden, so zerfällt das System irreversibel, es stirbt. Lebewesen benötigen allein schon zur Erhaltung ihres dynamischen, lebendigen Zustands dauernd Energie.

1.3.3 Turnoverraten

Selbst ein Organismus, der seine endgültige Größe erreicht hat und nicht mehr wächst, muss ständig nicht unerhebliche Aufbauarbeit (**Baustoffwechsel**) leisten. Es sind nicht nur die abgestorbenen Zellen, die ersetzt werden müssen, nicht nur die Substanzen, die mit den Verdauungssekreten[30], Inkreten, Exkreten usw. verloren gegangen sind und nachgeliefert werden müssen, es ist die gesamte Körpersubstanz, die einem ständigen Zerfall und Wiederaufbau unterliegt. Die Erneuerung auf zellulärer Ebene bezeichnet man als physiologische **Regeneration**[31]. Bekannt ist der ständige Ersatz abgestorbener Epidermiszellen an der Hautoberfläche durch die mitotische Aktivität tieferliegender Zellschichten (Stratum germinativum) bei Amphibien und Amnioten. Auch andere Gewebe der Wirbeltiere zeichnen sich zeitlebens durch eine hohe Mitoserate aus, durch die ein entsprechender Zellverlust gerade kompensiert wird. So haben die **Erythrocyten**[32] des Menschen eine mittlere Lebensdauer von etwa 120 Tagen. Das bedeutet, dass bei einer Gesamtzahl von mehr als 2×10^{13} Erythrocyten in jeder Sekunde etwa $1{,}9 \times 10^6$ rote Blutzellen absterben und wieder ersetzt werden müssen. Andere Gewebe (Niere, Muskeln, Knochen, Nervengewebe, Nebennierenmark usw.) zeigen im ausgewachsenen Organismus kaum noch oder gar keine Zellvermehrung mehr. Dennoch sind auch diese Gewebe von der ständigen Erneuerung ihrer Bausteine (Moleküle, Organellen) nicht ausgeschlossen. Mithilfe radioaktiv markierter Substanzen kann die Umsatzrate von Stoffen im Tierkörper bestimmt werden. Die markierten Stoffe werden wie normale Substanzen in Körperstrukturen eingebaut und mit diesen zusammen im Rahmen des allgemeinen Stoffwechsel-Umsatzes wieder abgebaut und schließlich ausgeschieden.

Als Maß für den Umsatz, den Turnover[33], dient die **biologische Halbwertszeit** ($T_{0,5}$). Das ist die Zeitspanne, in der die Hälfte einer betrachteten Substanzmenge im Tierkörper oder in einem Organ durch neue Moleküle ersetzt wird. Wenn es nur einen Hauptweg des Abbaus gibt und daher nur eine charakteristische Abbauzeit, ist die pro Zeiteinheit durch unmarkierte Teilchen ersetzte Menge markierter Teilchen der noch vorhandenen Menge *N* proportional, und es gilt:

$$-\frac{dN}{dt} = \mu N \text{ oder } N_t = N_0^{(-\mu t)}$$

N_0 ist dabei die Anfangsmenge und N_t die Menge des markierten Stoffes im Tier oder Organ zum Zeitpunkt *t*. μ ist die biologische Umwandlungs- bzw. Ausscheidungskonstante (Umsatzgeschwindigkeit = Turnoverrate im stationären Zustand). Sie ist gleich $1/T$, wobei *T* als mittlere biologische Verweildauer (Umsatzzeit = Turnoverzeit im stationären Zustand) bezeichnet wird. Die biologische Halbwertszeit errechnet sich dann wegen

$$0{,}5N_0 = N_0^{(-\mu T_{0,5})} \text{ zu } T_{0,5} = \ln\frac{2}{\mu} = \ln 2T = 0{,}6931T.$$

Die Umsatzraten von Molekülen in lebenden Zellen können erstaunlich hoch sein. So liegen die Halbwertszeiten zum Beispiel für das Leberglykogen des Menschen bei nur 20–24 h und für das der Ratte entsprechend ihrer höheren Stoffwechselrate noch niedriger. Die Umsatzraten sind von Tier zu Tier, aber auch von Gewebe zu Gewebe und von Stoff zu Stoff verschieden (◘ Tab. 1.1; ► Box 1.1).

[29] *enzymon* (griech. Kunstwort) = Biokatalysator
[30] *secernere* (lat.) = absondern
[31] *regeneratio* (lat.) = Neuentstehung
[32] *erythros* (griech.) = rot; *kytos* (griech.) = Höhlung, Gefäß, Hülle
[33] *turnover* (engl.) = Umsatz

Tab. 1.1 Mittlere Lebensdauer von Zellen verschiedener Organe und biologische Halbwertszeiten verschiedener Körpersubstanzen bei der Ratte.

Zelltyp	Lebensdauer	Substanz	Halbwertszeit
Epithel (Duodenum)	0,7 d	Blutzucker	19 min
Drüsenzelle (Duodenum)	1,6 d	Glykogen (Leber)	20–24 h
Epithel (Ileum)	1,4 d	gesättigte Fettsäuren (Leber)	20–24 h
Epithel (Trachea)	47,6 d	ungesättigte Fettsäuren (Leber)	40–50 h
Granulocyt	1 h	Glykogen (Muskel)	3–4 d
Lymphocyt	7 h	Depotfett	16–20 d
Erythrocyt	50 d	Proteinstickstoff (gesamt)	17 d
		Proteinstickstoff (Plasma, Leber)	5–6 d
		Proteinstickstoff (Haut, Muskel)	<21 d

Box 1.1 Halbwertszeiten von Molekülen und Zellen

Die Halbwertszeiten des Proteinturnovers sind sehr unterschiedlich. Beim Flusskrebs (*Orconectes limosus*) liegen sie im Vergleich zur Maus (ein Warmblüter etwa gleicher Größe) relativ niedrig. Berücksichtigt man aber die unterschiedlichen Körpertemperaturen (die des Flusskrebses liegt etwa 25 °C niedriger als die der Maus), so kommt man bei beiden Tierarten zu etwa denselben Turnoverraten. Eine geringere Intensität des Betriebsstoffwechsels (die Sauerstoffverbrauchsrate der Maus ist etwa 10- bis 15-fach höher als die des Flusskrebses, wenn man auf gleiche Temperaturen umrechnet) muss also keineswegs bedeuten, dass auch die Baustoffwechselintensität niedrig ist. Außerordentlich langsam erfolgt der Eiweißumsatz in der Schwanzmuskulatur und in der Hämolymphe (Hämocyanin) der Crustaceen. So beträgt die Halbwertszeit des Hämocyanins der Strandkabbe *Carcinus maenas* etwa 20 Tage. Auch bei Wirbeltieren gibt es Proteine mit extrem langer Lebensdauer: Die Proteine im Zentrum der Augenlinse der Säugetiere, die Kristalline, unterliegen nach ihrer Ablagerung überhaupt keinem Turnover mehr. Da lebende Zellen in der Linsenperipherie ständig neue Kristallinmoleküle auflagern, wird die Augenlinse im Alter immer weniger flexibel, was die Altersweitsichtigkeit bedingt. Botenstoffe (Hormone, Transmitter, Second Messenger usw.) können ihre Funktion nur erfüllen, wenn nach ihrer Ausschüttung dafür gesorgt wird, dass sie auch mehr oder weniger schnell wieder aus dem System verschwinden. Das geschieht in den meisten Fällen durch Enzyme. Die Halbwertszeiten von Transmittern, aber auch die einiger Hormone (Bradykinin, Adrenalin, Liberine, Statine, Oxytocin, Vasopressin) sind deshalb sehr kurz. Entsprechendes gilt für die mRNAs (Messenger-RNAs): Ihre Halbwertszeiten sind sehr kurz, wenn die von ihnen codierten Proteine nur während kurzer Zeiträume, dann aber in größeren Mengen exprimiert[34] werden müssen. Während die mRNA-Halbwertszeiten bei *Escherichia coli* (Generationsdauer 20–60 min) zwischen 2 und 10 min liegen, misst man bei eukaryotischen Zellen (Generationsdauer 16–24 h) Halbwertszeiten zwischen 15 min (mRNAs für Regulatorproteine, z. B. c-Fos) und 24 h (mRNAs für Housekeeping-Proteine wie die Untereinheiten des Hämoglobins).

Im Gegensatz zur RNA und zu den Proteinen bleiben DNA-Moleküle während der gesamten Lebensdauer der Zelle – das können viele Jahre sein! – unverändert erhalten. Es können zwar spontan Mutationen oder Beschädigungen durch Mutagene, UV-Licht oder andere **Noxen** an ihnen auftreten, für deren Beseitigung stehen der Zelle aber sehr wirkungsvolle enzymatische DNA-Reparaturmechanismen zur Verfügung, sodass die korrekte Umsetzung der genetischen Informationen gewährleistet ist. In Hefezellen codieren mehr als 100 Gene Komponenten dieser Reparatursysteme. Für RNA oder Proteine stehen keine solchen Reparatursysteme zur Verfügung. Defekte Moleküle müssen im Rahmen des natürlichen Turnovers eliminiert und ersetzt werden. Faltungsdefekte von Proteinen können allerdings unter Umständen durch **Chaperone**[35] behoben werden, die die Faltung vieler Proteine wirkungsvoll unterstützen und somit verhindern, dass Proteine dauerhaft eine falsche Konformation annehmen.

1.4 Thermodynamische Aspekte

Die Gesamtheit der Organismen einer Lebensgemeinschaft und ihre Wechselwirkungen untereinander (**Biozönose**)[36] sowie mit den physikochemischen Umweltfaktoren bezeichnet man als **Ökosystem**[37]. Alle Ökosysteme der Erde zusammen bilden die **Biosphäre**. Sie umfasst die oberste Schicht der Erd-

[34] *exprimere* (lat.) = ausdrücken, darstellen; *expressio* (lat.) = Ausdruck

[35] *chaperone* (engl.) = Anstandsdame

[36] *bios* (griech.) = Leben, *koinos* (griech.) = gemeinsam

[37] *oikos* (griech.) = Haus, Haushalt

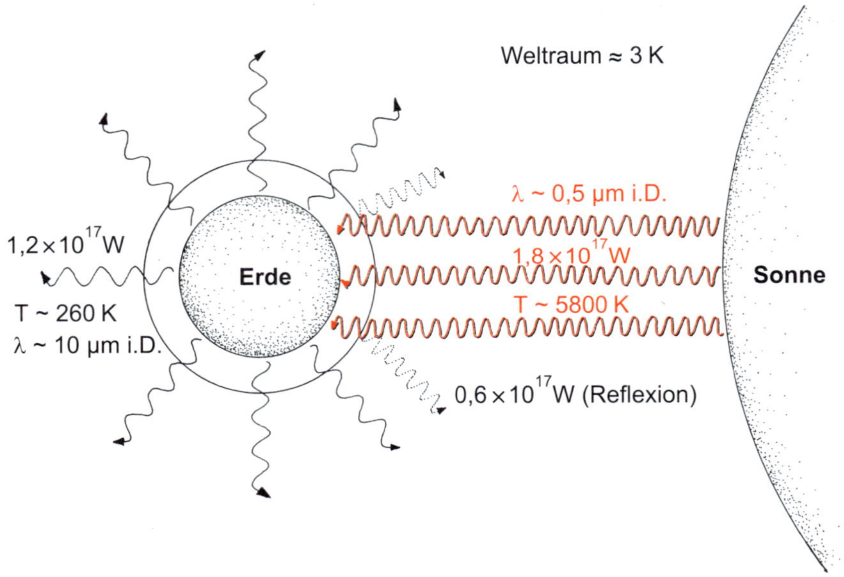

Abb. 1.1 Die »Entropiepumpe« des passiven Systems Erde. (Aus Penzlin H (1986) Die Erscheinung des Lebendigen in unserer Welt. Sitzungsber d Sächs Akad d Wissensch, Math.-naturw. Klasse, Bd 119, H.2.)

kruste einschließlich des Wassers und die unterste Schicht der Atmosphäre. Die stofflichen Umsetzungen innerhalb eines Ökosystems und der gesamten Biosphäre verlaufen in Form von Kreisläufen (z. B. Kohlenstoffkreislauf, Sauerstoffkreislauf und Stickstoffkreislauf). Die Atome werden in eine unübersehbare Vielfalt chemischer Verbindungen eingespeist und werden früher oder später wieder freigesetzt, um erneut zur Verfügung zu stehen. Sie können dabei zeitweilig Elektronen verlieren und diese anschließend wieder aufnehmen (chemische Stoffumwandlungen). Die chemischen Elemente können immer wieder verwendet werden. Sie bedürfen keiner Erneuerung, sie »nutzen sich nicht ab«. Es ist deshalb auch keine Zufuhr von außen notwendig.

Im Gegensatz zur Materie[38] haben die Energiequanten[39] keinen solchen Kreislauf. Zwar geht auch Energie prinzipiell nicht verloren, allerdings sind nicht alle Formen von Energie für Arbeitsleistungen in biologischen Systemen verwendbar. Die von Lebewesen aufgenommene Energie unterliegt einer »Abwertung«, einer Degradierung. Sie durchläuft die physikalischen, chemischen und biologischen Prozesse nur einmal und endet schließlich in einer »unbrauchbaren« Form. Energie muss auf unserer Erde ständig nachgeliefert werden, um den »Betrieb« auf der Erde (nicht allein das Leben, sondern auch viele Prozesse der unbelebten Natur) aufrechtzuerhalten. Die Quelle dieser Energie ist in allererster Linie die **Sonne**. Die Erde absorbiert ständig Energie kurzwelliger Strahlen, die von der Sonne stammen und eine hohe Strahlungstemperatur besitzen (nutzbare Form der Energie), und emittiert dieselbe Energiemenge wieder als langwellige Strahlung mit einer niedrigeren Strahlungstemperatur (nicht mehr nutzbare Form der Energie) in den Weltraum zurück (Abb. 1.1). Diese Energie »verliert sich« schließlich unter weiterer Degradierung in der 3-K-Hintergrundstrahlung, die das Weltall gleichmäßig ausfüllt.

1.4.1 Energie, Arbeit, Leistung

Besitzen ein Körper oder ein System eine bestimmte Menge **Energie**[40], so können sie **Arbeit** leisten. Es gibt verschiedene Erscheinungsformen von Energie: Gravitationsenergie, kinetische Energie, Wärmeenergie, elastische Energie, elektrische Energie, chemische Energie, Strahlungsenergie, Kernenergie und Massenenergie. Von diesen sind für den Physiologen die **chemische Energie**, die **Wärmeenergie** und die **elektrische Energie** von besonderem Interesse.

Der Energievorrat eines Systems umfasst die äußere Energie aufgrund äußerer Parameter (Position in einem Feld, Geschwindigkeit relativ zu anderen Systemen usw.) und die innere Energie aufgrund seiner inneren Parameter. Die innere Energie eines Systems ist die Summe aus kinetischer und potenzieller Energie der einzelnen Teilchen des Systems. Die kinetische Energie ist die Energie der Bewegung. Zu ihr zählen zum Beispiel die Strahlungsenergie (kinetische Energie der Photonen) oder bestimmte Formen der elektrischen Energie (kinetische Energie der Elektronen oder anderer geladener Teilchen). Sie kann auch Bewegungsenergie der Moleküle sein (**Molekularbewegung** nach Robert Brown*) und als Erwärmung in Erscheinung treten. Die potenzielle Energie ist die gespeicherte Energie. Sie ist in biologischen Systemen von besonderer Bedeutung. Potenzielle Energie kann in Bindungen, die Atome zu Molekülen verknüpfen, in Konzentrationsgradienten oder in elektrischen Potenzialdifferenzen gespeichert vorliegen.

38 *materia* (lat.) = Stoff
39 *quantum* (lat.) = wie groß, wie viel
40 *en-* (griech.) = in, innen, *ergon* (griech.) = wirken

Führt eine Änderung der Position (d*s*) eines Teils des Systems zu einer Erhöhung der Energie, so muss dafür die Kraft *F* aufgebracht werden, und zwar so viel, dass die damit verbundene Arbeit *W* die Energieänderung d*E* kompensiert, das heißt bei infinitesimal kleinen Beträgen:

$$dW = F\,ds$$

Die Einheit der Energie bzw. der Arbeit ist das Joule:

$$1\text{ Joule (J)} = 1\text{ Newton (N)} \times 1\text{ Meter (m)} = 10^7\text{ erg} = 1\text{ kg m}^2\text{ s}^{-2}$$

Die früher in der Wärmelehre und in der Physiologie allgemein übliche Einheit der Kalorie (cal) wurde aufgrund internationaler Absprachen durch die SI-Einheit[41] Joule (J) abgelöst. Zwischen beiden herrscht folgende Umrechnungsbeziehung:

$$1\text{ cal} = 4{,}1868\text{ J bzw. } 1\text{ J} = 0{,}2389\text{ cal}$$

Die pro Zeiteinheit übertragene Menge an Energie bezeichnet man als **Leistung**. Sie wird in Joule pro Sekunde (J s^{-1}) bzw. Watt (W) angegeben:

$$1\text{ J s}^{-1} = 1\text{ kg m}^2\text{ s}^{-3} = 1\text{ Watt (W)}$$

Mit der Nahrung nimmt ein Pferd täglich Energie auf, die sich auf etwa 2000 W beläuft. Wenn es mechanische Arbeit leistet, kann ein Pferd über längere Zeiträume eine Leistung von 500 W erbringen. Kurzfristig können es bis zu 750 W sein. Daraus wurde übrigens die inzwischen nicht mehr verwendete Leistungseinheit PS (Pferdestärke) abgeleitet:

$$1\text{ PS} = 735{,}5\text{ W}$$

Der Mensch leistet im **Grundumsatz** etwa 82 W. Etwa die gleiche Leistung ist erforderlich, um eine früher im Haushalt übliche Glühlampe zu betreiben. Bei leichter körperlicher Betätigung (Spazierengehen) leistet der Mensch schon etwa 230 W. Beim Treppensteigen können es leicht 1300 W werden.

1.4.2 Energieerhaltungssatz, Energiebilanz

Alle **Energieformen** können ineinander überführt werden. So wird zum Beispiel bei der Photosynthese die Strahlungsenergie des Lichts in die potenzielle Energie der chemischen Bindungen zwischen den Atomen eines Glucosemoleküls umgewandelt. Potenzielle chemische Energie wird in den Muskelzellen in mechanische Energie und in den Nervenzellen in elektrische Energie umgewandelt. In allen Zellen wird die in den chemischen Bindungen der »Nährstoffe« vorliegende potenzielle Energie bei deren Abbau freigesetzt, um in die verschiedenen Zellleistungen wie Aufbau von Konzentrationsgradienten, Aufbau von Biopolymeren usw. eingespeist zu werden (Abb. 1.2).

Tab. 1.2 Beispiele für biologisch relevante Arbeitsleistungen.

Expansionsarbeit	$p\,dV$	Ausdehnung um d*V* gegen den Druck *p*
Oberflächenarbeit	$\sigma\,do$	Oberflächenverkleinerung um do gegen eine Oberflächenspannung σ
Kontraktionsarbeit	$f\,dl$	Verkürzung um d*l* gegen die Kraft *f*
elektrische Arbeit	$E\,dq$	Transport der Ladungsmenge d*q* gegen das elektrische Potenzial *E*
chemische Arbeit	$\mu_i\,dn_i$	transportierte Stoffmenge der Stoffkomponente i (dn_i) gegen ihr chemisches Potenzial μ_i

Bei der Umwandlung von Energie aus einer Form in eine andere geht weder Energie verloren, noch entsteht neue Energie. Die Energieerhaltung ist eine Gesetzmäßigkeit, die alle Naturvorgänge beherrscht. Es ist keine einzige Ausnahme von diesem Gesetz bekannt, das in allgemeiner Formulierung (**erster Hauptsatz der Thermodynamik**) folgendermaßen ausgedrückt werden kann:

»Bei allen makroskopischen Vorgängen in der Natur wird Energie weder zerstört noch erzeugt. Energie wird nur aus einer Form in eine andere umgewandelt.«

Oder mit anderen Worten:

»Bei allen in einem **abgeschlossenen System** verlaufenden Änderungen bleibt die Gesamtenergie des Systems konstant.«

Daraus folgt, dass sich die Änderung der **inneren Energie** *U* eines **geschlossenen Systems** bei einer Zustandsänderung zusammensetzt aus der dabei mit der Umgebung ausgetauschten Wärmemenge *Q* und der vom System geleisteten Arbeit *W*. Die Gesamtenergie des **abgeschlossenen Systems** (= Summe der Energie des geschlossenen Systems und der Energie der Umgebung) bleibt konstant:

$$dU = dQ + dW$$

Die gesamte geleistete Arbeit d*W* kann sich aus verschiedenen Beiträgen zusammensetzen. Biologisch relevante Formen der Arbeit (Tab. 1.2) sind die Volumenarbeit ($p\,dV$), die Vergrößerung der Oberfläche gegen eine Oberflächenspannung (σ do), die elektrische Arbeit ($E\,dq$) und die Veränderung des chemischen Potenzials durch die Änderung der Teilchenzahl ($\mu_i\,dn_i$):

$$dW = -p\,dV + \sigma\,do + E\,dq + \Sigma\mu_i\,dn_i + \ldots$$ [42]

[41] Das SI (Système International d'Unités) ist ein metrisches, dezimales und kohärentes Einheitensystem, das international rechtlich verbindlich ist. Das SI legt die physikalischen Einheiten zu den sieben Basisgrößen – Länge (Meter, m), Masse (Kilogramm, kg), Zeit (Sekunde, s), Stromstärke (Ampere, A), thermodynamische Temperatur (Kelvin, K), Stoffmenge (Mol, mol), Lichtstärke (Candela, cd) – und den davon abgeleiteten Größen fest.

[42] Der Ausdruck *p* d*V* geht mit negativem Vorzeichen ein, weil das System bei einer Volumenvergrößerung (d*V* > 0) Arbeit leistet, das heißt, definitionsgemäß ist d*W* negativ.

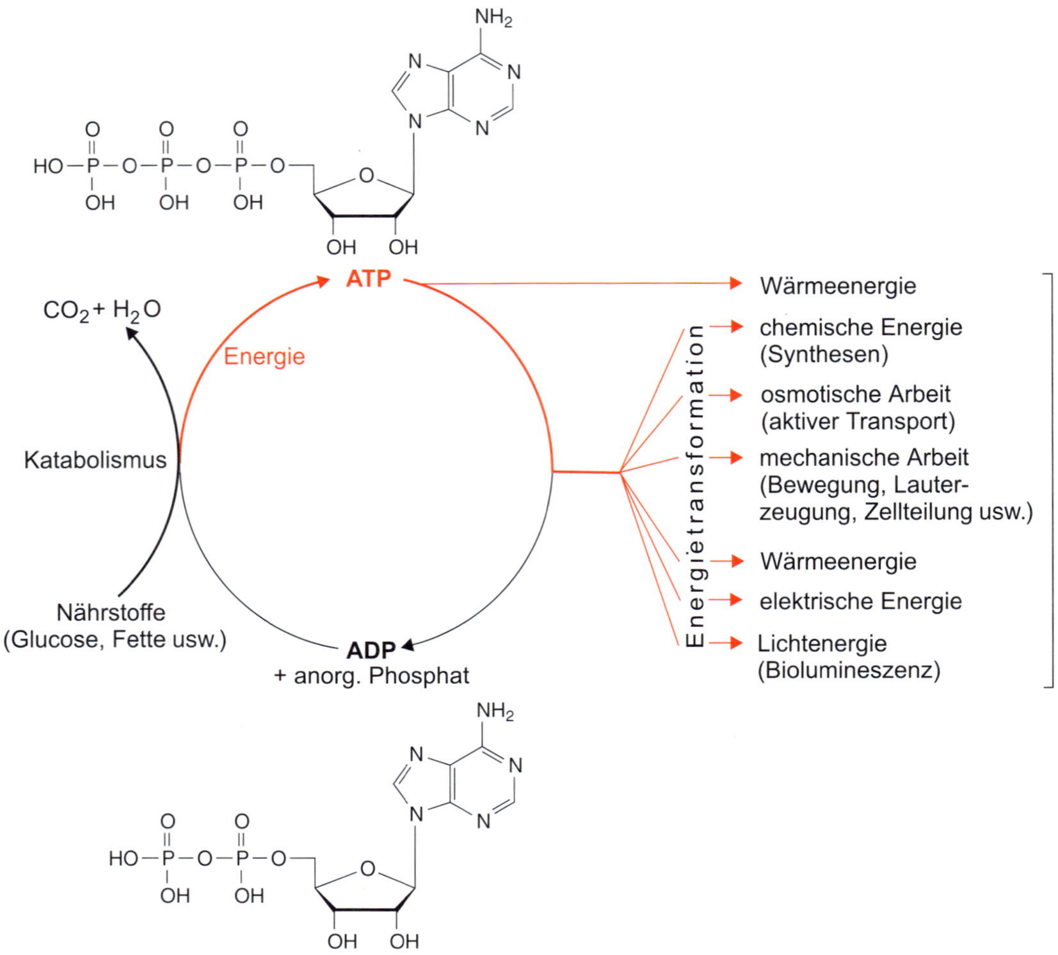

Abb. 1.2 Energietransformationen in lebenden Zellen.

Die mit der Umgebung ausgetauschte Wärme (d*Q*) verändert die Entropie der Umgebung (Wärme = ungeordnete Bewegung von Teilchen), und zwar umso stärker, je höher die Temperatur ist. Daher gilt $dQ = T \cdot dS$, sodass wir unter Berücksichtigung der geleisteten Arbeit zur Gibbs-Gleichung für die **Änderung der inneren Energie** kommen:

$$dU = T\,dS - p\,dV + \sigma\,do + E\,dq + \Sigma\mu_i\,dn_i + \ldots$$

Diese fundamentale Gleichung von Josiah Willard Gibbs* ist sowohl für offene wie auch für geschlossene oder adiabatische Systeme gültig. Sie berücksichtigt alle möglichen Veränderungen der extensiven Größen (Entropie, Volumen, Ladungsmenge, Stoffmenge usw.) und setzt die totale Änderung der inneren Energie in Beziehung zu der Summe der Produkte aus den intensiven Größen (T, p, E, μ_i usw.) mit den Änderungen ihrer Kapazitäten.

Für seine Entdecker Julius Robert Mayer* und Hermann von Helmholtz* galt es als sicher, dass der erste Hauptsatz auch für die Vorgänge im Lebewesen zutrifft. Die Gültigkeit dieses Satzes auch für die Vorgänge im Organismus wurde um 1900 durch exakte Messungen insbesondere von Max Rubner* an Hefezellen und Hunden und von Wilbur Olin Atwater* am Menschen nachgewiesen. Es ließ sich eindeutig zeigen, dass die vom Lebewesen in einem bestimmten Zeitraum produzierte Wärmemenge der Verbrennungswärme jener Stoffe entspricht, die in demselben Zeitraum vom Organismus umgesetzt worden sind. Besitzen die Endprodukte des Stoffumsatzes auch noch einen gewissen Verbrennungswert, so muss man selbstverständlich mit der Differenz zwischen den Verbrennungswerten der Stoffwechselausgangs- und -endprodukte rechnen (Abb. 1.3):

Energie-Input	=	Energie-Output
chemische Energie der Nahrung	=	abgegebene Wärme + geleistete Arbeit + chemische Energie des Kots und der Exkrete ± gespeicherte chemische Energie

Eine direkte Konsequenz aus dem ersten Hauptsatz der Thermodynamik ist das von Germain Henri Hess* formulierte Gesetz der konstanten Wärmesummen:

Die **Reaktionsenthalpie** (Wärmetönung) einer chemischen Umsetzung hängt nur von der Energiedifferenz zwischen dem Anfangs- und Endzustand ab. Sie ist unabhängig von dem Weg, auf dem diese Umsetzung erfolgt ist.

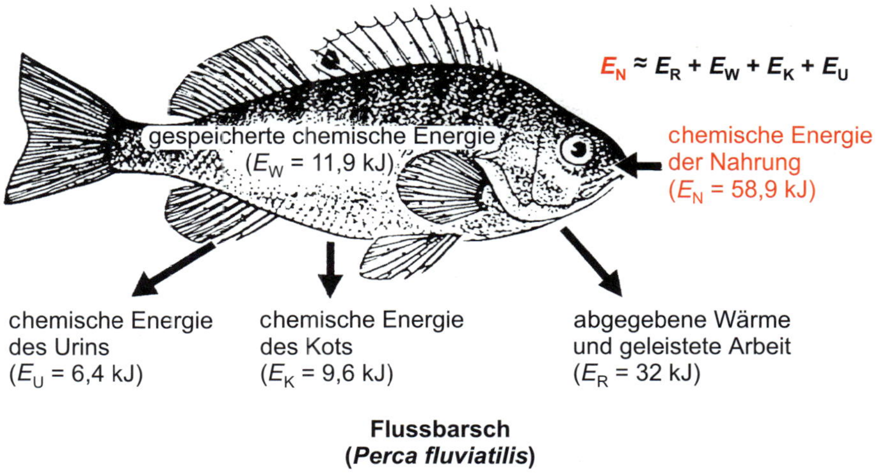

Abb. 1.3 Energiebilanz eines Flussbarsches (*Perca fluviatilis*) innerhalb von 28 d. Wegen Ungenauigkeiten in den Messungen der einzelnen Größen geht die Bilanz nicht vollständig auf. (Nach Bradfield AE, Llewellyn MJ (1982) Animal energetics. Blackie, London, verändert.)

Dieses Gesetz berechtigt uns, die bei direkter Verbrennung der Stoffe im Kalorimeter gemessenen Verbrennungswärmewerte (physikalische Brennwerte) auch auf die Vorgänge im Organismus zu übertragen, wo bekanntlich der Abbau nicht direkt, sondern über viele Zwischenstufen erfolgt.

1.4.3 Energiequellen und Energietransfer

Die **autotrophen**[43] Organismen (chemo- oder photosynthetisch aktive Organismen wie grüne Pflanzen und ein Teil der Bakterien) können energiereiche organische Verbindungen selbst herstellen, wobei sie entweder chemische Energie aus der unbelebten Natur (Chemoautotrophie) oder das Sonnenlicht (Photoautotrophie) als Energiequelle nutzen (▶ Box 1.2). Demgegenüber sind die **heterotrophen**[44] Organismen (alle Tiere und Pilze, viele Bakterien sowie die wenigen nichtgrünen Pflanzen) auf den Konsum der von den Autotrophen hergestellten organischen Verbindungen angewiesen. Vielen heterotrophen Pilzen und Bakterien genügt Glucose als einzige Energiequelle. Den ebenfalls notwendigen Stickstoff gewinnen sie aus Ammonium-(NH_4^+-)Verbindungen oder aus Nitrat (NO_3^-). Die Heterotrophen existieren also auf Kosten der Autotrophen und ihrer Syntheseleistungen.

Box 1.2 Die Sonne als primäre Energiequelle aller Lebewesen

Die primäre Energiequelle allen Lebens auf unserer Erde ist die Sonnenenergie. Die Sonnenenergie entstammt Kernfusionsprozessen. Bei etwa 15 Mio. °C werden pro Sekunde 3 × 10^{11} kg Wasserstoffkerne (Protonen) umgesetzt; je 4 Protonen zu einem Heliumkern (2 Protonen und 2 Neutronen) und 2 Positronen (Teilchen mit der Masse eines Elektrons, aber mit positiver Ladung):

$$4\,{}^1_1\mathrm{H} \rightarrow {}^2_4\mathrm{He} + 2\,{}^1_0\mathrm{e}$$

Die dabei frei werdende Energie entspricht dem beobachteten Massendefekt (Masse der Bestandteile minus tatsächliche Masse des Heliums). Je Sekunde strahlt die Sonne etwa 3,9 × 10^{26} J ab. Dem entspricht nach der Einstein-Gleichung $E = m \times c^2$ ein Massenverlust von ca. 4 × 10^9 kg, der im Verhältnis zur Sonnenmasse von ca. 2 × 10^{30} kg verschwindend klein ist (1/1000 der Sonnenmasse abzustrahlen dauert etwa 10^{10} Jahre). Von der solaren Energiestrahlung erreicht nur ein winziger Bruchteil von 1,78 × 10^{17} J s^{-1} unsere Erde. Diesen Anteil bezeichnen wir als Solarstrahlung. Davon werden bereits an der Atmosphärenoberfläche 30 % reflektiert und weitere 25 % in der Atmosphäre absorbiert, sodass nur etwa 45 % (0,8 × 10^{17} J s^{-1}) unsere Erdoberfläche erreichen. Dieser Anteil ist die Globalstrahlung. Davon liegen etwa 45 % im Spektralbereich 380–710 nm und können daher zur Photosynthese genutzt werden, sodass sie als photosynthetisch aktive Strahlung (PhAR: 0,36 × 10^{17} J s^{-1}) bezeichnet wird. Man schätzt, dass im Durchschnitt etwa 9 × 10^{13} J s^{-1}, das sind 0,05 % der Energie der Solarstrahlung bzw. 0,11 % der Energie der Globalstrahlung, von den grünen Pflanzen auf unserer Erde in ihren Assimilaten gebunden wird.

Durch ihre Ernährung sind die Organismenarten in Form von Nahrungsketten oder -netzen miteinander verbunden, an deren Ursprüngen die autotrophen Organismen stehen. Die Autotrophen kann man deshalb als **Primärproduzenten** bezeichnen. In einem Ökosystem unterscheidet man aufgrund der Nahrungsbeziehungen verschiedene Trophiestufen. Die unterste Ebene bilden die Produzenten, die die energiereiche Nahrung für alle anderen Organismen aufbauen. Auf ihr baut die Ebene der

▼

[43] *autos* (griech.) = selbst; *trophe* (griech.) = Ernährung
[44] *heteros* (griech.) = fremd, anders

Herbivora[45] auf: die Primärkonsumenten. Die carnivoren Tiere, die sich von den Pflanzenfressern ernähren, bilden die nächste Stufe. Man bezeichnet sie als Sekundärkonsumenten. Darauf können Tertiär- und sogar Quartärkonsumenten folgen, die wiederum den Sekundär- bzw. den Tertiärkonsumenten nachstellen (Abb. 1.4). Aus energetischen Gründen sind allerdings mehr als vier bis fünf Trophiestufen selten. Die höchste Stufe bilden die feindlosen Räuber. Die heterotrophen Bakterien und Pilze bilden eine eigene Gruppe, die der **Destruenten**[46]. Sie beziehen ihre Nahrung aus allen Trophiestufen und sind hauptsächlich dafür verantwortlich, dass die energiereichen organischen Stoffe letztlich wieder in energiearmes Kohlendioxid und Nährsalze (Mineralisierung) zurückverwandelt und damit dem Naturhaushalt wieder zugeführt werden: der Stoffkreislauf im Ökosystem. Dieser biologische Kreislauf betrifft hauptsächlich den Kohlenstoff, den Sauerstoff und den Stickstoff.

Während die Stoffe in einem Ökosystem ständig zirkulieren, stellt jeder Organismus als Einzelwesen ein »Durchflusssystem«, ein dynamisches (offenes) System im stationären Zustand (Fließgleichgewicht) dar. Die im Prozess der Photosynthese aufgefangene und in den organischen Molekülen gebundene Sonnenenergie wird von Trophiestufe zu Trophiestufe mit Verlust weitergegeben, da jedes Mal ein beträchtlicher Teil der Energie – hauptsächlich in Form von Wärme – aus den Organismen an die Umwelt abgegeben wird und damit für diese nicht mehr nutzbar ist. Man rechnet grob auf jeder Trophiestufe mit einem Verlust von 90 %, das heißt einem Wirkungsgrad von 0,1 (die realen Werte liegen zwischen 0,05 und 0,25). Das bedeutet, dass auf der Stufe der Sekundärkonsumenten (**Carnivora** 1. Ordnung)[47] nur noch 10 % der von den Primärkonsumenten (Herbivora) oder gar nur 1 % der von den Primärproduzenten gebundenen Energie zu finden ist. Da jeder Organismus einen bestimmten Energieumsatz pro Zeiteinheit für die Erhaltung seiner Lebensfunktionen benötigt und die Population eine gewisse Mindestgröße nicht unterschreiten darf, wird verständlich, dass die Individuenzahl (Biomasse) von Trophiestufe zu Trophiestufe abnehmen muss (Abb. 1.4) und dass die Anzahl der Trophiestufen nicht größer als vier bis fünf werden kann. Die Gesamtheit eines solchen Trophiesystems bildet daher eine **Nahrungspyramide** oder ökologische Pyramide. Damit hängt auch zusammen, dass in der Regel mit abnehmender Arealgröße des Ökosystems die Zahl der Trophiestufen ebenfalls abnimmt. So findet man zum Beispiel auf kleinen Inseln oft nur zwei oder drei Trophiestufen.

1.4.4 Entropiesatz

Der Energieerhaltungssatz sagt etwas über die quantitativen Beziehungen bei der Umwandlung verschiedener Energieformen ineinander aus. Er formuliert dagegen kein Kriterium, ob solche Umwandlungen unter gegebenen Bedingungen überhaupt ablaufen bzw. unter welchen Bedingungen sie möglich sind. Nach dem ersten Hauptsatz der Thermodynamik könnte jeder Vorgang in der Natur ebenso gut rückwärts wie vorwärts statt-

[45] *herba* (lat.) = Kraut; *vorare* (lat.) = verschlingen
[46] *destruere* (lat.) = niederreißen, zerstören
[47] *caro, carnis* (lat.) = Fleisch; *vorare* (lat.) = verschlingen

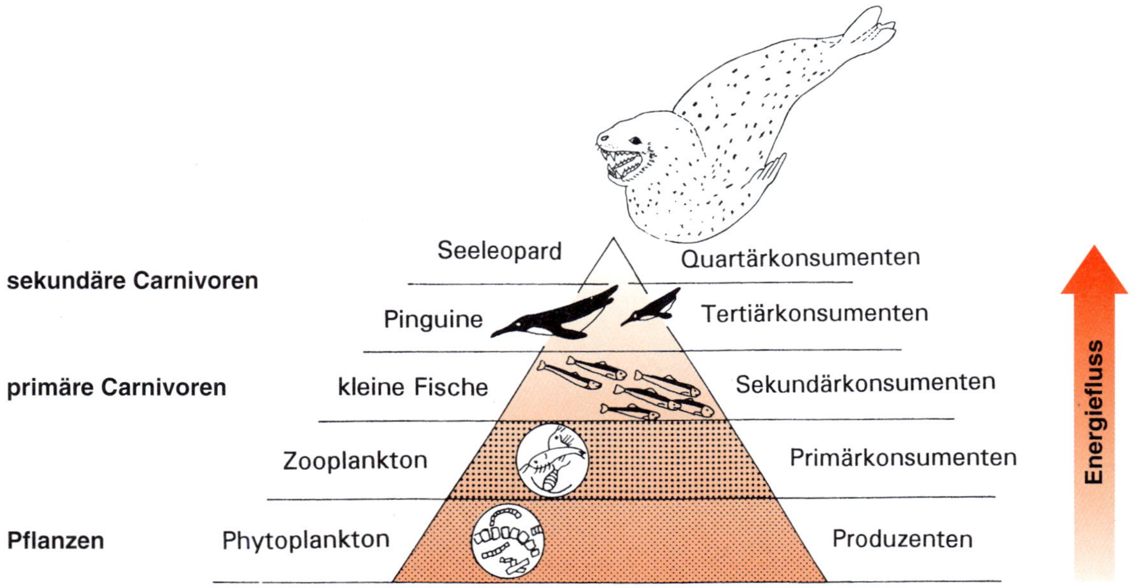

Abb. 1.4 Die ökologische Pyramide am Beispiel der Antarktis. Die horizontale Ausdehnung der verschiedenen trophischen Stufen gibt deren relative Produktivität im Ökosystem wieder. (Aus Pflumm W (1989) Biologie der Säugetiere. Parey, Hamburg, verändert.)

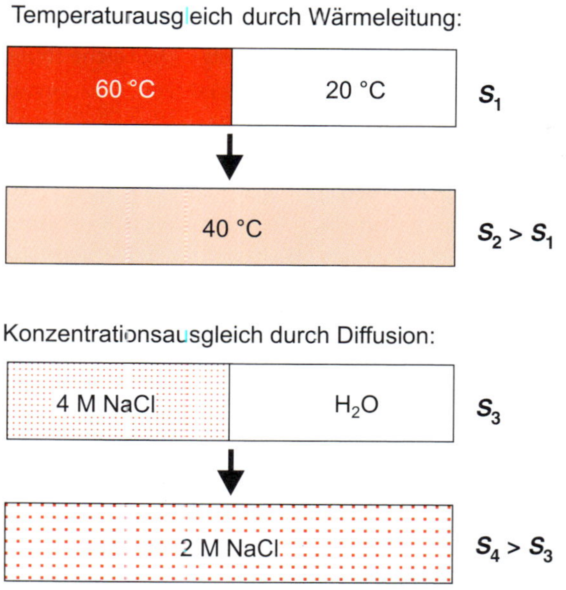

Abb. 1.5 Beispiele für entropieproduzierende Ausgleichsvorgänge (Wärmeleitung, Diffusion von Ionen).

finden. In Wirklichkeit verlaufen die Vorgänge in der Natur »von selbst« nur in einer Richtung (Abb. 1.5). So fließt beispielsweise die Wärme stets vom Körper höherer Temperatur zum kälteren Körper bis ein Temperaturausgleich zwischen beiden hergestellt ist. Stehen zwei Lösungen unterschiedlicher Konzentrationen in direktem Kontakt, so findet ein Konzentrationsausgleich statt. Niemals wird man dagegen beobachten, dass sich in einer Lösung von selbst Konzentrationsdifferenzen herausbilden. Solche Vorgänge sind daher unumkehrbar oder irreversibel[48].

Man kann allgemein sagen, dass die von selbst vor sich gehenden, irreversiblen Prozesse einen Übergang von einem Zustand höherer in einen geringerer Ordnung (größerer Unordnung) bzw. von einem Zustand geringerer in einen Zustand größerer Wahrscheinlichkeit darstellen, denn die Wahrscheinlichkeit eines Zustands ist um so kleiner, je größer (gesetzmäßiger) die Ordnung der Moleküle und ihrer Bewegungen in dem betrachteten System ist. In der von Ludwig Boltzmann* gegebenen Formulierung lautet der **zweite Hauptsatz der Thermodynamik**:

»Die Natur strebt aus einem unwahrscheinlicheren dem wahrscheinlicheren Zustand zu.«

Oder umgekehrt formuliert:

»Ein System geht nie von selbst in einen (bedeutend) unwahrscheinlicheren Zustand über.«

Als Maß der Unordnung eines Systems hat sich der von Rudolf Julius Emanuel Clausius* eingeführte Begriff der **Entropie**[49] bewährt: »Für jedes abgeschlossene Körpersystem existiert eine gewisse Größe, die bei allen irreversiblen Änderungen innerhalb des Systems zunimmt, bei allen reversiblen Änderungen konstant bleibt, die aber niemals abnimmt, ohne dass in anderen Körpern Änderungen zurückbleiben.« Die Zunahme an Entropie als Kriterium für einen spontanen Prozess gilt also nur in einem **abgeschlossenen System**. Für geschlossene Systeme wird ein daraus abgeleitetes Kriterium wirksam (s. u.).

Bezeichnen wir die Entropieänderung, die aufgrund von Vorgängen innerhalb eines abgeschlossenen Systems entsteht, als d_iS, so gilt:

$d_iS > 0$ (für irreversible Zustandsänderungen)

$d_iS = 0$ (für reversible Zustandsänderungen)

Damit ist d_iS ein Maß für die Irreversibilität von thermodynamischen Prozessen in einem abgeschlossenen System.

Zwischen der thermodynamischen Wahrscheinlichkeit P des Zustands und der Zustandsgröße Entropie (S) besteht folgender wichtiger Zusammenhang (Boltzmann-Gleichung):

$$S = k \ln P$$

Die Konstante $k = 1{,}38 \times 10^{-23}\,\mathrm{J\,K^{-1}}$ heißt Boltzmann-Konstante. Sie ist gleich der Gaskonstante R (= 8,31451 J K^{-1} mol^{-1}) dividiert durch die Avogadro*-Konstante N_A (Anzahl der Teilchen pro Mol: $6{,}023 \times 10^{23}\,\mathrm{mol^{-1}}$). Sie hat dieselbe Dimension wie die Entropie, denn P ist dimensionslos. Die thermodynamische Wahrscheinlichkeit P ist entgegen der mathematischen Wahrscheinlichkeit, die nur Werte zwischen 0 und 1 annehmen kann, stets ganzzahlig und positiv. Sie kann Werte zwischen 1 und ∞ annehmen. Sie ist identisch mit der Anzahl der zu einem gegebenen Makrozustand möglichen verschiedenen Mikrozustände.

Eine Konsequenz des Entropiesatzes ist, dass sich selbst überlassene abgeschlossene Systeme einem Zustand zustreben, den sie dann spontan nicht wieder verlassen. Dieser zeitlich stabile Zustand wird als thermodynamischer Gleichgewichtszustand bezeichnet. Im **thermodynamischen Gleichgewicht** erreicht die Entropie des Systems ein relatives Maximum, das heißt den mit der Bedingung der vollständigen Isolierung (Abgeschlossenheit!) verträglichen höchsten Wert. In einem abgeschlossenen System ändert sich die Gesamtentropie des Systems (dS) nur durch Änderung der Entropie im Inneren des Systems (d_iS):

$$S < \mathrm{Max};\ \frac{dS}{dt} = \frac{d_iS}{dt} > 0 \ \text{(in Gleichgewichtsnähe)}$$

$$S = \mathrm{Max};\ \frac{dS}{dt} = \frac{d_iS}{dt} = 0 \ \text{(im Gleichgewicht)}$$

In einem **geschlossenen System** oder einem **offenen System** (wie einem Lebewesen) kann sich die Gesamtentropie aufgrund irreversibler Vorgänge im Inneren des Systems (d_iS) und/oder aufgrund des Wärme- und Stoffaustausches mit der Umgebung (d_eS) ändern, wobei sich die Gesamtentropie des Systems additiv aus diesen beiden Parametern zusammensetzt:

$$dS = d_iS + d_eS$$

Der **zweite Hauptsatz der Thermodynamik** besagt, dass die Entropie des Gesamtsystems (System + Umgebung) wachsen

48 *ir-* (Präfix) – verneinend; *reversio* (lat.) = Umkehr
49 *en-* (griech.) = in, innen; *trope* (griech.) = Wendung, Umwandlung

muss. Die Änderung der Gesamtentropie beträgt $dS_{total} = dS + dS_{Umgebung} = dS - d_eS = d_iS$. Daher kann d_iS nur positive Werte annehmen und im Grenzfall (reversible Vorgänge) null sein. Die Größe d_eS kann dagegen sowohl positive (Entropieaufnahme) als auch negative (Entropieabgabe) Werte annehmen oder gleich null (Aufnahme = Abgabe) sein. Damit kann auch die Änderung der Gesamtentropie dS im offenen System negativ werden ($d_eS < 0$), das heißt, die Ordnung kann zunehmen. Das tritt immer dann ein, wenn $d_eS < 0$ und $|d_eS| > |d_iS|$ ist.

In einem offenen System kann sich ein stationärer Zustand (Fließgleichgewicht) einstellen. In diesem Fall ist S konstant, das heißt, $dS \times dt^{-1}$ ist null:

$$\frac{dS}{dt} = \frac{d_iS}{dt} + \frac{d_eS}{dt} = 0$$

Da grundsätzlich $d_iS > 0$ ist, gilt auch:

$$\frac{d_iS}{dt} = -\frac{d_eS}{dt} > 0 \text{ oder } \frac{d_iS}{dt} = \frac{d_eS}{dt} < 0$$

Die bei allen Vorgängen im Lebewesen stattfindende Entropieproduktion muss dem Abtransport von Entropie in die Umgebung (aus dem System heraus, deshalb mit negativem Vorzeichen) entsprechen. Anschaulich heißt das, dass ein Lebewesen sich nur dann dauerhaft in seiner Umwelt aufrechterhalten und im stationären Zustand (Fließgleichgewicht) funktionieren kann (d. h. selbst einen hohen Ordnungszustand aufrechterhält), solange es in seiner Umwelt das Maß der Unordnung steigert.

1.4.5 Entropie und Leben

Im thermodynamischen Sinn stellt das Leben einen in hohem Grad unwahrscheinlichen Zustand dar. Die Lebewesen schaffen ständig physikalische und chemische Ungleichgewichte (hohe interne Ordnungszustände unter Export von Entropie), worauf ihre **Arbeitsfähigkeit** und damit auch **Lebensfähigkeit** beruht. Das ist nur möglich, weil sie keine abgeschlossenen, sondern offene Systeme sind. Jedes Lebewesen und jede einzelne Zelle setzen ständig die in den organischen Stoffen enthaltene potenzielle chemische Energie frei, um sie in die notwendigen Arbeitsprozesse zu stecken und schließlich in Form von Wärme wieder an die Umgebung abzugeben. Sie erhalten so seinen äußerst labilen Zustand weitab vom thermodynamischen Gleichgewicht aufrecht und damit gleichzeitig sich selbst lebens- und arbeitsfähig. Die Organismen ernähren sich, wie Erwin Schrödinger* schrieb, von negativer Entropie, indem sie die Ordnung von den Nährstoffen auf das System übertragen.

Lebendige Systeme gewährleisten durch dissipative Vorgänge im Inneren und Abgabe des Entropieüberschusses an die Umgebung ihren hohen Grad an innerer Ordnung. Dieser **Entropieexport** beruht im Wesentlichen auf drei Prozessen:

- Wärmeabgabe,
- Stoffaustausch mit der Umgebung und
- Stoffumwandlungen im Inneren.

Hören diese Vorgänge einmal auf, so hat das den Verlust der Strukturiertheit, das heißt den Tod, zur Folge. Die **Leiche** strebt dem thermodynamischen Gleichgewichtszustand bzw. einem Zustand maximaler Entropie entgegen.

Lebendige Systeme sind zwar auch dissipative Strukturen, unterscheiden sich jedoch von allen natürlichen, anorganischen dissipativen Strukturen dadurch, dass bei ihnen die Strukturen nicht durch äußere überkritische Triebkräfte herbeigeführt und aufrechterhalten werden, wie es bei den »passiven« strukturbildenden Systemen der Fall ist, sondern durch innere Mechanismen. Man kann die lebendigen Systeme deshalb als »aktive« strukturbildende Systeme kennzeichnen. Bei ihnen ist auch der Entropieexport eine Leistung des Systems selbst. Ihr Ordnungszustand wird durch innere Mechanismen und Bedingungen aktiv herbeigeführt und aufrechterhalten.

1.4.6 Arbeitsfähigkeit biochemischer Reaktionen: freie Enthalpie

Tiere bauen energiereiche Moleküle wie Glucose mit dem eingeatmeten Luftsauerstoff zu Kohlendioxid und Wasser um, um die Differenz der Energieinhalte von Edukten und Produkten für eigene Arbeitsleistungen zu verwenden. Diesen Prozess bezeichnet man als **Zellatmung**:

$$1 \text{ mol } C_6H_{12}O_6 + 6 \text{ mol } O_2 \rightarrow 6 \text{ mol } CO_2 + 6 \text{ mol } H_2O$$

Die Energiemenge, die freigesetzt wird, entspricht genau dem Unterschied der Summe an chemischer Energie in den Bindungen der Edukte und der Summe der chemischen Energie in den Bindungen der Produkte. Da in unserem Beispiel die Produkte insgesamt energieärmer sind als die Edukte, ist die Verbrennung von Glucose ($C_6H_{12}O_6$) ein **exothermer**[50] Vorgang, er setzt Energie frei. Umgekehrt gibt es auch Fälle, in denen eine Reaktion nur dann abläuft, wenn Energie investiert wird: **endotherme** Reaktionen. Die Assimilation von Kohlendioxid unter Bildung von Glucose und Sauerstoff in der Photosynthese der grünen Pflanzen, also die Umkehrung der Zellatmungsreaktion, ist so ein Beispiel. Die in die Produkte zu investierende Energie entstammt hierbei dem Sonnenlicht.

Die Differenz der Energiebeträge, die dabei freigesetzt oder aufgenommen werden, wird als **Reaktionsenthalpie**[51] oder (veraltet) als Wärmetönung einer Reaktion bezeichnet und mit dem Symbol ΔH dargestellt:

$\Delta H < 0$ Die Reaktion liefert Energie; sie ist exotherm.

$\Delta H > 0$ Die Reaktion benötigt Energie; sie ist endotherm.

Die Reaktionsenthalpie (ΔH) entspricht unter isobaren Bedingungen (konstanter Druck) und vernachlässigbarer Volumenausdehnung (Flüssigkeiten, Festkörper) der Differenz der inneren Energie U des Systems (► Abschn. 1.4.2).

50 *thermos* (griech.) = warm
51 *en-* (griech.) = in, innen; *thalpos* (griech.) = Wärme

Ob eine Reaktion tatsächlich abläuft und bis zu welchem Zustand des Systems, hängt davon ab, in welchem Ausmaß sich die Entropie des Systems ändert. Für ein geschlossenes System beschreibt eine Kombination von Enthalpie- und Entropieänderungen, die **freie Energie**, **freie Enthalpie** bzw. **Gibbs-Energie** (ΔG), ob eine gegebene Reaktion abläuft (Gibbs-Helmholtz-Gleichung):

$$\Delta G = \Delta H - T\,\Delta S$$

Die Grundlage für die Ableitung dieser Größe ist die Anwendung des ersten und zweiten Hauptsatzes der Thermodynamik auf das betrachtete geschlossene System. Man denkt sich das geschlossene System umgeben von einem zweiten System (= Umgebung), das die frei werdende Wärme der Reaktion aufnimmt ($\Delta H_{sys} > 0$) oder als Wärmereservoir für die zum Ablauf der Reaktion benötigte Energie ($\Delta H_{sys} < 0$) fungiert. Beide Systeme zusammengenommen werden als **isoliertes System** betrachtet. Durch den Transfer der Energie wird der erste Hauptsatz der Thermodynamik erfüllt. Nach dem zweiten Hauptsatz muss in diesem isolierten System die Entropie für eine spontane Reaktion zunehmen. Die Gesamtentropie des Systems (ΔS_{gesamt}) setzt sich zusammen aus der Entropieänderung im geschlossenen System (ΔS_{sys}) und der Entropie, die in der Umgebung durch den Transfer der Wärme induziert wird ($\Delta S_{Umgebung} = -\Delta H_{sys} \times T^{-1}$):

$$\Delta S_{gesamt} = \Delta S_{sys} - \frac{\Delta H_{sys}}{T} > 0$$

Für die freie Energie ergibt sich daraus:

$$\Delta G_{sys} = \Delta H_{sys} - T\,\Delta S_{sys} < 0$$

Die die Entropie im isolierten System nach dem zweiten Hauptsatz zunehmen muss ($\Delta S_{gesamt} > 0$), muss die für anderweitige chemische Prozesse oder für Arbeitsleistungen verfügbare Energie je nach Entropiebilanz größer oder kleiner als die Reaktionsenthalpie ΔH_{sys} sein. Dieser Anteil (w) fehlt nämlich für die Generierung der Entropiezunahme. Für die Entropieänderung im isolierten System gilt daher:

$$T\,\Delta S_{gesamt} = T\,\Delta S_{sys} - (\Delta H_{sys} - w) > 0$$

oder

$$T\,\Delta S_{sys} - \Delta H_{sys} > w$$

Hierdurch ist gewährleistet, dass ein geringer Energiebetrag für die Generierung von zusätzlicher Entropie im Gesamtsystem verfügbar ist

Beispielsweise wird bei der **Verbrennung der Glucose** ein Energiebetrag von $\Delta H = -2818$ kJ mol^{-1} (bei 20 °C) freigesetzt. Bei der Verbrennung eines Häufchens Glucose an der Luft ginge diese Energiemenge als Wärme an die Umgebung verloren (daher das negative Vorzeichen). Zusätzlich nimmt während des Reaktionsverlaufs auch die Materie einen neuen Ordnungszustand ein: Aus sieben Molekülen Glucose und Sauerstoff entstehen 12 Moleküle Kohlendioxid und Wasser, die sich im Gegensatz zur ursprünglich kristallin vorliegenden Glucose statistisch im Raum verteilen, sodass das System nach Ablauf der Reaktion einen Zustand größerer Unordnung aufweist als vorher. Der durch diese Zunahme der Entropie bedingte, zusätzliche Energiebetrag ist im Fall der Glucoseoxidation $T \cdot \Delta S = 54$ kJ mol^{-1}. Daher ist der Betrag von ΔG hier größer als der von ΔH:

$$\Delta G = -2818\ \text{kJ mol}^{-1} - 54\ \text{kJ mol}^{-1} = -2872\ \text{kJ mol}^{-1}$$

Die Verbrennung der Glucose ist somit eine **exotherme** Reaktion ($\Delta H < 0$). Außerdem nimmt die Entropie im System zu ($\Delta S > 0$), was die Triebkraft für die Reaktion noch erhöht, weil die Differenz der freien Energie zwischen Anfangs- und Endzustand des Reaktionssystems (ΔG) dadurch noch größer wird. Somit wird die einmal in Gang gesetzte Reaktion auch freiwillig bis zum Endzustand ablaufen.

In der Natur gibt es aber auch solche Fälle, in denen Reaktionen **endotherm** sind, aber dennoch freiwillig ablaufen. Das funktioniert nur, wenn die Entropie im System während des Reaktionsverlaufs stark genug zunimmt. Die Lösung von Kochsalz in Wasser ist solch ein Beispiel:

$$NaCl \leftrightarrows Na^+ + Cl^-$$

Während des Lösungsvorgangs kühlt sich die Mischung aus Salz und Wasser ab, die Reaktion entzieht dem System Wärmeenergie, sie ist endotherm ($\Delta H = 4$ kJ mol^{-1} bei 25 °C). Dennoch läuft die Reaktion, wie jeder weiß, ohne weitere Energiezufuhr freiwillig und vollständig ab, bis kein kristallines Kochsalz mehr vorhanden ist. Das ist nur dadurch zu erklären, dass das Maß der Unordnung im System im Endzustand beträchtlich größer sein muss als im Ausgangszustand. Tatsächlich ist die Zahl der Teilchen ähnlich wie bei der Verbrennung von Glucose auf der Seite der Produkte größer als auf der Seite der Edukte. Außerdem sind die Produkte (hydratisierte Natrium- bzw. Chloridionen) im Raum statistisch verteilt, während der zu Beginn vorhandene Kochsalzkristall ein hoch geordnetes System darstellt. So erklärt sich, dass $T\,\Delta S$ in dieser Reaktion offenbar größer ist (tatsächlich nämlich 21,6 kJ mol^{-1}) als ΔH, sodass die freie Energie ΔG auch in diesem Fall negative Werte annimmt (weshalb die Reaktion freiwillig abläuft):

$$\Delta G = \Delta H - T\,\Delta S = 4\ \text{kJ mol}^{-1} - 21{,}6\ \text{kJ mol}^{-1} = -17{,}6\ \text{kJ mol}^{-1}$$

Dieses Beispiel zeigt, dass ΔG tatsächlich ein besseres Maß für die Beurteilung ist, ob eine Reaktion freiwillig abläuft, als die Reaktionsenthalpie ΔH:

$\Delta G < 0$ Die Reaktion läuft freiwillig ab; sie ist **exergonisch**.

$\Delta G > 0$ Die Reaktion benötigt Energie zum Ablauf; sie ist **endergonisch**[52].

Abgeschlossene Systeme streben, wie oben schon diskutiert, einem thermodynamischen Gleichgewicht entgegen, das durch ein relatives Maximum an Entropie gekennzeichnet ist.

---

[52] *ex* (lat.)= aus, heraus; *endon* (griech.) = innen; *ergon* (griech.) = Arbeit

1

Eine chemische Reaktion in einem offenen System ist durch ein Minimum in der freien Energie gekennzeichnet. In diesem Zustand liegen die Reaktanden in Konzentrationen vor, die zum einen von die Differenz der freien Energie in einem Referenzzustand (bei Konzentrationen von 1 mol l^{-1}) und von der Gesamtkonzentration der Teilchen abhängen. Dieser Zusammenhang wird durch das Massenwirkungsgesetz beschrieben.

Betrachten wir als Beispiel ein chemisches Reaktionssystem:

$$A + B \leftrightharpoons C + D$$

In der Ausgangssituation liegt jede beteiligte Komponente in einer bestimmten Anfangskonzentration vor: c_A, c_B, c_C, c_D. Das Verhältnis der Produkte der Reaktionsproduktkonzentrationen zum Produkt der Reaktionseduktkonzentrationen ist ein Maß für den Energiegehalt α des Reaktionssystems im Ausgangszustand:

$$\alpha = \frac{c_C \times c_D}{c_A \times c_B}$$

Da vor Beginn der chemischen Reaktion die Reaktionsprodukte in sehr geringen Konzentrationen vorliegen dürften, liegt α sehr nah bei null. Je weiter die Reaktion in Richtung der Gleichgewichtslage voranschreitet, desto größer wird α. Ist die Gleichgewichtslage erreicht, verändern sich die Konzentrationen von Edukten und Produkten der Reaktion nicht mehr. Dieser Zustand kann durch das Massenwirkungsgesetz beschrieben werden, wobei die Gleichgewichtskonstante K ein Maß für den Energiegehalt des Systems im Gleichgewicht ist:

$$K = \frac{[C][D]}{[A][B]}$$

Die freie Energie, die pro Mol umgesetzter Stoffe während des Ablaufs dieser Reaktion in der angegebenen Richtung umgesetzt wird, errechnet sich nach

$$\Delta G = -RT \ln\frac{K}{\alpha}$$ (mit R = allgemeine Gaskonstante, T = absolute Temperatur).

Aus der Gleichung folgt: Je kleiner α gegenüber K ist, desto größer ist die zu gewinnende freie Energie ΔG. Ist im Gleichgewicht $\alpha = K$, so ist $\Delta G = 0$.

Für den Fall, dass alle Stoffe im Ausgangsgemisch in der Konzentration 1 mol l^{-1} vorliegen ($\alpha = 1$), das bedeutet bei Beteiligung von Protonen (H^+) an der Reaktion ein pH-Wert von 0, vereinfacht sich die Beziehung:

$$\Delta G^0 = -RT \ln K$$

Im Gleichgewicht haben sich die Konzentrationen der beteiligten Moleküle so eingestellt, dass die unterschiedlichen freien Energien der Edukte und der Produkte gerade kompensiert werden:

$$\Delta G^0 = -RT \ln = \frac{[C][D]}{[A][B]} = -RT \ln([C][D]) + RT \ln([A][B])$$

Wenn bei einer Temperatur von 25 °C und einem pH-Wert von 7,0 die Reaktionsteilnehmer in einmolarer Konzentration vorliegen und jeweils 1 mol Ausgangsstoff in 1 mol Reaktionsprodukt umgewandelt wird, erhält man die Änderung der freien Energie unter Standardbedingungen (**Standardenthalpie**, $\Delta G^{0'}$):

$\Delta G^0 = -RT \ln K = -RT \times 2{,}303 \lg K$, wobei $T = 298{,}15$ K und pH = 7,0.

Sie wird in Joule pro Molumsatz (J mol^{-1}) angegeben.

Ist ein chemisches Reaktionssystem nicht im Gleichgewicht, kann die Energie, die während der Einstellung des Gleichgewichtszustands umgesetzt wird, für Arbeitsleistungen genutzt werden. Die Gesamtarbeitsfähigkeit einer Reaktion (ΔG) setzt sich somit aus $\Delta G^{0'}$ und der »Rest-Reaktionsarbeit« zusammen:

$$\Delta G = \Delta G^{0'} + RT \ln \alpha$$

$$\Delta G = \Delta G^{0'} + 8{,}315 \times 298{,}15 \times 2{,}303 \lg \alpha$$

$$\Delta G = \Delta G^{0'} + 5709 \lg \alpha \text{ in J mol}^{-1}$$

Bei jeder Erhöhung der Konzentration eines Ausgangsstoffs auf das Zehnfache bzw. Verminderung der Konzentration eines Reaktionsproduktes auf 1/10 (in beiden Fällen wird α auf 1/10 reduziert) ändert sich ΔG um –5,709 kJ mol^{-1}.

In Lebewesen sind die Verhältnisse bei Stoff- und Energieumwandlungsprozessen prinzipiell die gleichen wie in unbelebten Systemen. Allerdings kommt aufgrund der Tatsache, dass Lebewesen keine abgeschlossenen, sondern offene Systeme mit Stoff- und Energieaustausch mit ihrer Umgebung sind, eine weitere Ebene der Komplexität hinzu. Außerdem ist der Organismus ist kein kalorisch arbeitendes System, in dem die mit den Nährstoffen zugeführte Energie zunächst in Wärme überführt und dann erst zur Arbeitsleistung herangezogen wird. Das ist schon deshalb nicht möglich, weil in den Organismen nahezu isotherme Bedingungen herrschen, das heißt keine größeren Temperaturdifferenzen auftreten. Die Lebewesen sind vielmehr chemodynamisch arbeitende Systeme, die die chemisch gebundene Energie in vielen Teilreaktionen schrittweise aus den chemischen Bindungen der Nährstoffe freisetzen und direkt in Arbeit (Neusynthese körpereigener energiereicher Moleküle) überführen. Deshalb ist nicht die Reaktionsenthalpie (ΔH), sondern die mit der chemischen Umsetzung verbundene Änderung der freien Energie (ΔG) das relevante Maß der Arbeitsfähigkeit des Systems in Lebewesen. Biochemische Einzelreaktionen in gekoppelten Stoffwechselreaktionen, wie sie für Lebewesen typisch sind, erreichen ihre chemischen Gleichgewichte in aller Regel nicht, weil die Produkte einer Reaktion bereits für weitere Umwandlungsreaktionen herangezogen werden, bevor sie ihre nach dem Massenwirkungsgesetz zu erwartenden Gleichgewichtskonzentrationen erreicht haben und außerdem von außen dauernd energiereiche Moleküle in das System geschleust werden. Da bei jeder einzelnen Stoff- und Energieumwandlungsreaktion im komplexen Stoffwechselsystem von Lebewesen ein Teil der umgesetzten Energie durch Zunahme der Entropie als Abwärme verloren geht, ist die Gesamtmenge der Energie, die ein Tier pro Zeiteinheit aufnimmt, immer deutlich größer als die Gesamtmenge der Energieinhalte der stofflichen Exkrete und der erbrachten Arbeitsleistung.

1.4.7 Energietransfer: Phosphorylierungspotenzial

Auch bei Anwesenheit von Enzymen in lebenden Zellen läuft eine Reaktion nur freiwillig weiter, solange die freie Energie (ΔG) noch abnehmen kann. Viele Reaktionen des intermediären Stoffwechsels, wie der Aufbau spezifischer Makromoleküle (Proteine, Nucleinsäuren) aus ihren Bausteinen (Aminosäuren, Nucleotide), sind allerdings endergonisch. Sie weisen einen positiven ΔG-Wert auf, das heißt, sie verbrauchen Energie. Sie können daher nur in energetischer Kopplung mit einer zweiten Reaktion ablaufen, die so stark exergonisch ist, dass für beide zusammen in der Summe ein negativer ΔG-Wert resultiert ($\Delta G_1 + \Delta G_2 < 0$).

In der lebenden Zelle sind die energetisch ungünstigen Reaktionen oft mit der stark exergonischen Hydrolyse von Adenosintriphosphat (ATP) zu Adenosindiphosphat (ADP) und anorganischem Phosphat (P_i) verknüpft:

$$ATP^{4-} + H_2O \leftrightharpoons ADP^{3-} + P_i^{2-} + H^+ \qquad \Delta G^{0'} = -30{,}5\ \text{kJ mol}^{-1}$$

Die durch die Hydrolyse der Phosphorsäureanhydridbindungen freigesetzte Energie wird unmittelbar wieder in die verschiedensten energiebedürftigen Leistungen der Zelle hineingesteckt, wie in die Synthese von Makromolekülen, in den aktiven Transport, in die Muskel- oder Cilienbewegung usw. Das ATP dient in allen Lebewesen als universelle chemische »Energiewährung« (Abb. 1.2).

Als Beispiel für solche in Lebewesen typischen gekoppelten Reaktionen diene die am Anfang der **Glykolyse**[53] stehende **Phosphorylierung** der Glucose (G) zu Glucose-6-phosphat (G-6-P), die durch das Enzym Hexokinase katalysiert wird:

$$\text{Glucose} + H_3PO_4 \leftrightharpoons \text{G-6-P} + H_2O$$
$$\Delta G^{0'} = +13{,}8\ \text{kJ mol}^{-1}\ \text{(endergonisch)}$$

Das Gleichgewicht liegt klar auf der Seite der Glucose. Die Reaktion läuft also nicht freiwillig ab. Erst in Verbindung mit der Hydrolyse des ATP ergibt sich ein negativer ΔG-Wert:

$$\text{Glucose} + ATP \leftrightharpoons \text{G-6-P} + ADP + H^+$$
$$\Delta G^{0'} = +13{,}8 - 30{,}6 = -16{,}7\ \text{kJ mol}^{-1}$$

Die Gleichgewichtskonstante K_1 der Phosphorylierungsreaktion allein (bei 25 °C) ist mit ihrem $\Delta G^{0\prime}$-Wert wie folgt verknüpft:

$$K_1' = \frac{[\text{G-6-P}]}{[\text{G}][P_i]} = 10^{-\frac{\Delta G^{0'}}{5{,}7}} = 10^{-\frac{13{,}8}{5{,}7}} = 10^{-2{,}42} = 3{,}8 \times 10^{-3}$$

Für die gekoppelte Reaktion ergibt die entsprechende Rechnung eine Gleichgewichtskonstante von:

$$K_2' = \frac{[\text{G-6-P}]}{[\text{G}][P_i]} \times \frac{[ADP][P_i]}{[ATP]} = 10^{\frac{16{,}7}{5{,}7}} = 10^{2{,}9} = 0{,}8 \times 10^3$$

Da das Verhältnis von [ATP] zu ([ADP] [P_i]) in lebenden Zellen immer etwa auf dem Niveau von 500 gehalten wird, beträgt das Verhältnis [G-6-P] zu ([G] [P_i]) im Gleichgewicht etwa $0{,}8 \times 10^3 \times 500 = 4 \times 10^5$. Berücksichtigt man die tatsächlichen, weitgehend konstanten Konzentrationen der Reaktionspartner in der lebenden Zelle (Fließgleichgewicht), ergibt sich daraus sogar eine bessere Energiebilanz von $-33{,}5$ kJ mol^{-1} als oben theoretisch berechnet. Wir sehen also, dass durch die Kopplung der Glucosephosphorylierung mit der ATP-Hydrolyse das Gleichgewichtsverhältnis von [G-6-P] zu ([G] [P_i]) von $3{,}8 \times 10^{-3}$ auf 4×10^5, das heißt um etwa den Faktor 10^8, angehoben worden ist. Das gilt nicht nur für die hier als Beispiel gewählte Reaktion, sondern allgemein:

»Die ATP-Hydrolyse verschiebt das Gleichgewicht gekoppelter Reaktionen um einen Faktor 10^8.«

Die freie Energie der ATP-Hydrolyse setzt sich wiederum aus der Standardenthalpie und der Rest-Reaktionsarbeit zusammen:

$$\Delta G_{ATP} = \Delta G^{0'} + RT \ln \frac{[ADP][P_i]}{[ATP]}$$

Diese Größe bezeichnet man auch als **Phosphorylierungspotenzial**.

Die Standardenthalpie in diesem Beispiel ist $\Delta G^{0\prime} = -30{,}5$ kJ mol^{-1}. Die Werte des Phosphorylierungspotenzials liegen für ATP in der Zelle tatsächlich zwischen -46 und -67 kJ mol^{-1}. Es ist ein Maß für die Bereitschaft, das Phosphat auf einen geeigneten Akzeptor zu übertragen. Je höher das negative Potenzial ist, desto größer ist diese Bereitschaft.

Das Phosphorylierungspotenzial des ATP liegt im mittleren Bereich aller kleinmolekularen phosphorylierten Verbindungen (Tab. 1.3), die wegen ihrer Fähigkeit zur Phosphatübertragung auch als **Phosphagene** bezeichnet werden. Das ATP/ADP-System eignet sich daher besonders gut als energieübertragendes Cosubstrat zwischen exergonischen und endergonischen Reak-

Tab. 1.3 Freie Enthalpie der Hydrolyse einiger phosphorylierter Verbindungen.

Verbindung	$\Delta G^{0\prime}$-Werte (kJ mol^{-1})
Phosphoenolpyruvat	–61,9
Kreatinphosphat	–43,1
Pyrophosphat	–33,5
ATP	–30,5
Glucose-1-phosphat	–20,6
Glucose-6-phosphat	–13,8
Glycerin-3-phosphat	–9,2

53 *glykys* (griech.) = süß; *lysis* (griech.) = Auflösung

1

tionen. So kann das ATP, nachdem es das Phosphat in der ersten Reaktion der Glykolyse auf Glucose übertragen hat (vgl. Beispiel oben), dieses in einem zweiten Schritt vom Phosphoenolpyruvat (PEP) wieder zurückholen (letzte Reaktion in der Glykolyse), denn Phosphoenolpyruvat hat ein höheres, Glucose-6-phosphat ein niedrigeres negatives Phosphorylierungspotenzial als ATP. Auf diese Weise ist die Phosphorylierung der Glucose zum Glucose-6-phosphat (endergonische Reaktion) über das Adenylylsystem mit der Hydrolyse des Phosphoenolpyruvats zum Pyruvat (exergonische Reaktion) gekoppelt. Diese Reaktionsfolge gehorcht dem in biochemischen Stoffwechselwegen üblichen Prinzip des gemeinsamen Zwischenprodukts:

ATP + Glucose ⇆ Glucose-6-phosphat + ADP + H^+
$\Delta G^{0\prime} = 13{,}8 - 30{,}5 = -16{,}7\ \text{kJ mol}^{-1}$

ADP + H^+ + Phosphoenolpyruvat ⇆ Pyruvat + ATP
$\Delta G^{0\prime} = 30{,}5 - 61{,}9 = -31{,}4\ \text{kJ mol}^{-1}$

1.4.8 Redoxsysteme, Redoxpotenzial

Im Stoffwechsel der Organismen spielen Oxidations- und Reduktionsreaktionen eine zentrale Rolle. Grundsätzlich gilt:

- Die **Oxidation** ist verbunden mit dem Abzug von Elektronen (e^-) aus einem Atom oder Molekül.
- Die **Reduktion** ist verbunden mit dem Erwerb von Elektronen (e^-) durch ein Atom oder Molekül.

Da Elektronen bei chemischen Reaktionen weder verschwinden noch neu geschaffen werden, laufen Oxidations- und Reduktionsvorgänge in der Regel gekoppelt miteinander ab: Oxidations-Reduktions-Reaktionen (**Redoxreaktionen**). Die von dem Atom oder Molekül, das oxidiert wird, abgegebenen Elektronen werden von einem anderen Atom oder Molekül, das dabei selbst reduziert wird, aufgenommen.

Viele biologisch wichtige Redoxreaktionen gehen allerdings nicht mit der Übertragung freier Elektronen, sondern mit der Abgabe oder Aufnahme von Wasserstoffatomen (Protonen plus Elektronen) einher, was einer Übertragung von »aktivem« Wasserstoff (e^- + H^+) entspricht. Als Beispiel für eine solche Übertragung sei die Umwandlung von Succinat in Fumarat, wie sie als Teil des **Citratzyklus** in den **Mitochondrien** abläuft, erwähnt (Abb. 1.6).

Die Bereitschaft eines Atoms oder Moleküls, ein Elektron aufzunehmen oder abzugeben, bezeichnet man als **Redoxpotenzial**. Es bezeichnet die elektrische Potenzialdifferenz – in Volt (V) angegeben –, die durch den Elektronentransport vom Elektronendonator zum Elektronenakzeptor entsteht.

Für den Vergleich der Redoxpotenziale verschiedener Stoffe untereinander ist die Festlegung eines Nullpunkts erforderlich. Einer allgemeinen Übereinkunft gemäß wurde das Reduktionspotenzial der Reaktion

$H^+ + e^- \leftrightharpoons \tfrac{1}{2} H_2$

unter Standardbedingungen (Temperatur: 25 °C, Druck: 1 atm = 101,3 kPa, Konzentration aller Reaktanden: 1 mol l^{-1}, d. h. pH = 0) als Bezugspotenzial gewählt (Abb. 1.7):

$\Delta E^0 = 0\ \text{V}$

Redoxpotenziale in biochemischen Systemen, die am Neutralpunkt der pH-Skala (pH = 7) bestimmt werden, werden als

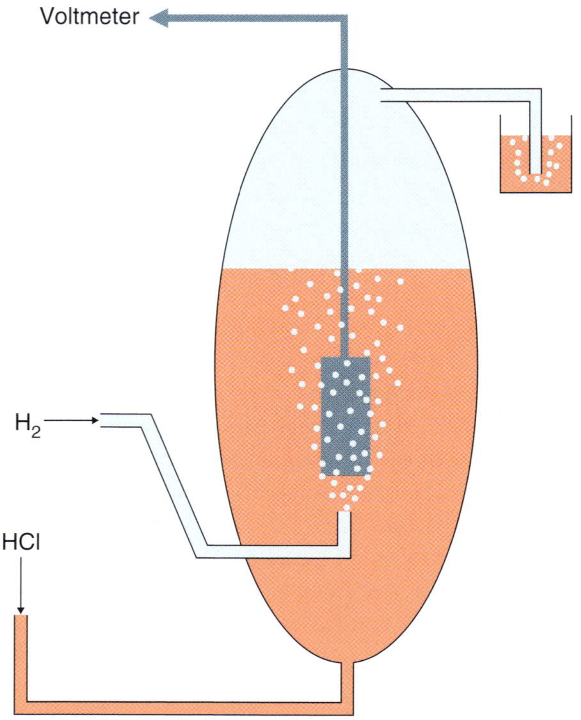

Abb. 1.7 Standardwasserstoffelektrode. Eine Platinelektrode, die in einer Säure mit einer H^+-Aktivität von 1 mol l^{-1} (pH = 0) eingetaucht ist, wird mit molekularem Wasserstoff unter einem Druck von 101,3 kPa umspült. Das Potenzial, das von der Elektrode bei einer Temperatur des Systems von 298,15 K abgegriffen werden kann, wird als Bezugspotenzial oder Nullpotenzial definiert.

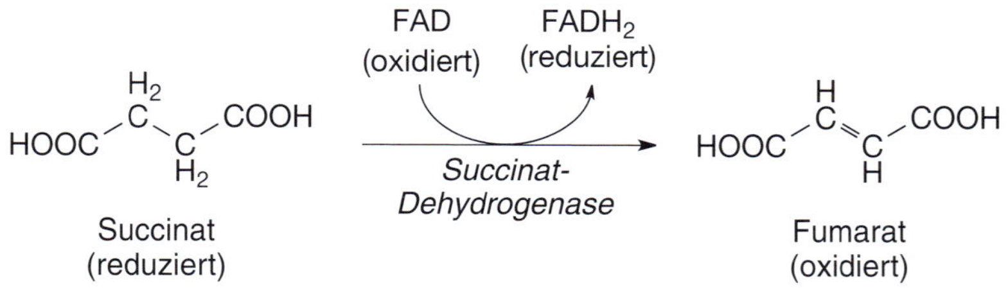

Abb. 1.6 Oxidation von Succinat zu Fumarat. Die Reaktion findet als Teil des Citratzyklus in den Mitochondrien statt.

Tab. 1.4 Standardredoxpotenziale ($\Delta E^{0\prime}$) und $\Delta G^{0\prime}$-Werte (bei pH = 7) einiger wichtiger Redoxreaktionen.

oxidierte Form (Oxidationsmittel)	reduzierte Form (Reduktionsmittel)	Zahl der übertragenen Elektronen	$\Delta E^{0\prime}$ (V)	$\Delta G^{0\prime}$ (kJ mol^{-1})
Succinat + CO_2	α-Ketoglutarat	2	−0,67	+129,4
2 H^+	H_2	2	−0,42[1]	+81,2
NAD^+	NADH + H^+	2	−0,32	+62,0
$NADP^+$	NADPH + H^+	2	−0,32	+62,0
Pyruvat	Lactat	2	−0,19	+36,4
Fumarat	Succinat	2	+0,03	−5,9
Cytochrom b (+3)	Cytochrom b (+2)	1	+0,07	−6,8
Cytochrom c (+3)	Cytochrom c (+2)	1	+0,22	−21,4
Eisen (+3)	Eisen (+2)	1	+0,77	−74,6
½ O_2 + 2 H^+	H_2O	2	+0,82	−158,3

[1] Unter Standardbedingungen der Physiologie und Biochemie (pH = 7) ergibt sich für die Wasserstoffelektrode ein um 0,42 V negativeres Potenzial als bei pH = 0 (Standardwasserstoffelektrode). Bei allen pH-abhängigen Redoxsystemen gilt daher $E^{0\prime}$ (pH 7) = $E^{0\prime}$ (pH 0) − 0,42 V.
Aus Stryer L (1990) Biochemie. Spektrum Akademischer Verlag, Heidelberg.

Standardredoxpotenziale ($\Delta E^{0\prime}$) bezeichnet. Für die Reduktion von Protonen ergibt sich durch die pH-Verschiebung ein Redoxpotenzial von $\Delta E^{0\prime}$ = −0,413 V. In Tab. 1.4 sind Standardredoxpotenziale für eine Reihe von biochemisch wichtigen Redoxreaktionen aufgelistet. Da die Reaktanden einer Redoxreaktion in einer lebenden Zelle gewöhnlich nicht in einmolarer Konzentration vorliegen, kann der tatsächliche Wert des Redoxpotenzials ($\Delta E^{\prime}$) für die jeweilige Reaktion erheblich vom Standardredoxpotenzial ($\Delta E^{0\prime}$) abweichen.

Grundsätzlich sagt ein negatives Redoxpotenzial aus, dass die **Affinität**[54] der Substanz für Elektronen (**Elektronenaffinität**) kleiner als die des Protons ist. Bei positiven Werten ist sie größer als die des Protons. Ein starkes Reduktionsmittel (geringe Elektronenaffinität) wie NADH + H^+ besitzt deshalb ein negatives Redoxpotenzial, während ein starkes Oxidationsmittel (hohe Elektronenaffinität) wie Sauerstoff (O_2) ein positives hat. Grundsätzlich kann ein Redoxsystem mit negativerem Redoxpotenzial ein solches mit positiverem reduzieren.

Im Verlauf von Redoxreaktionen fließen die Elektronen »freiwillig« stets von Verbindungen mit negativerem zu solchen mit positiverem Redoxpotenzial. Erstere werden dabei oxidiert, Letztere reduziert. In der Zelle können Elektronen über eine Kette von Elektronenüberträgern schrittweise von einem hohen an ein niedriges Energieniveau weitergegeben werden (z. B. in der **Atmungskette**). Die dabei freigesetzte Energie kann zu Arbeitsleistungen herangezogen werden. Am Anfang der Kette werden zwei Elektronen aus NADH + H^+ eingespeist ($\Delta E^{0\prime}$ = −0,32 V) und am Ende werden nacheinander vier Elektronen auf O_2 übertragen ($\Delta E^{0\prime}$ = +0,82 V). Die Elektronen durchlaufen also insgesamt in der Atmungskette ein Potenzialgefälle von 1,14 V.

[54] *affinitas* (lat.) = Verwandtschaft

Mit dem Übergang eines Elektrons ist natürlich auch eine energetische Veränderung des Reaktionssystems verbunden. Der Zusammenhang zwischen ΔE und ΔG ist

$$\Delta G^{0\prime} = -n\,F\,\Delta E^{0\prime}$$

(n = Anzahl der übertragenen Elektronen; F = Faraday-Konstante).

Das bedeutet, dass ein positives Redoxpotenzial (positiver ΔE-Wert) eine Bereitschaft zur spontanen Reaktion anzeigt. Die Reaktion ist exergonisch (negativer ΔG-Wert). In dem Beispiel der Atmungskette entspricht dem oben bereits hergeleiteten Potenzialgefälle von $\Delta E^{0\prime}$ = 1,14 V ein $\Delta G^{0\prime}$-Wert von

$$\Delta G^{0\prime} = -2 \times 9{,}649 \times 10^4 \times 1{,}14 = -220\ \text{kJ mol}^{-1}.$$

1.5 Stoff- und Energietransfer an Membranen

1.5.1 Aufbau der Zellmembran

Zellen müssen ihr Inneres gegen die Einflüsse der Umwelt (Außenwelt bei Einzellern, in der Regel Extrazellularraum bei Mehrzellern) abschirmen, um den unkontrollierten Verlust von Stoffen aus der Zelle oder das unkontrollierte Eindringen von Stoffen in die Zelle zu verhindern. Diese räumliche Abgrenzung (**Kompartimentierung**) ist eine wesentliche Voraussetzung für die Aufrechterhaltung des lebendigen Zustands. Die Abgrenzung des Intrazellularraums vom Extrazellularraum bzw. von der Außenwelt wird in allen Zellen durch eine **Zellmembran**, auch **Plasmamembran** genannt, gewährleistet. Die Plasmamembran muss aber so beschaffen sein, dass die Zelle

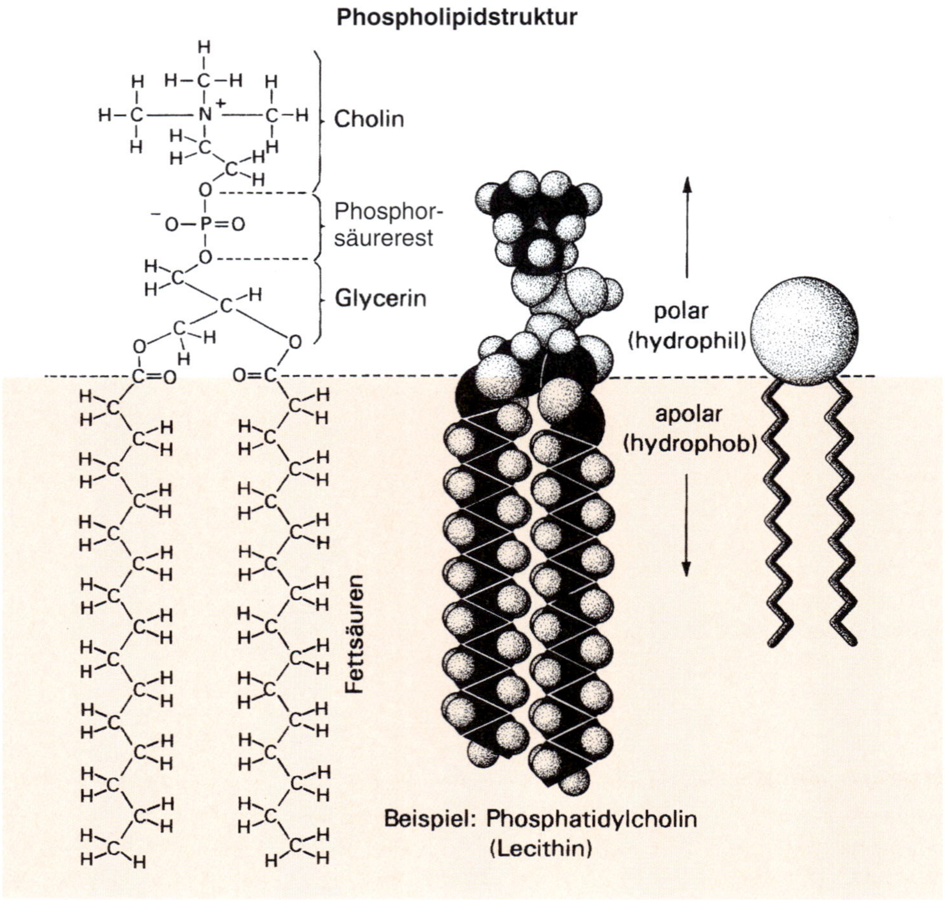

Abb. 1.8 Struktur des Phosphatidylcholins (Lecithin). Das Phosphatidylcholin ist eines der häufigsten Phospholipide in Membransystemen tierischer Zellen. Links ist seine Strukturformel gezeigt, in der Mitte das Kalottenmodell und rechts seine stark schematisierte Repräsentation, wie sie in Übersichten biologischer Membranen üblich ist.

nicht daran gehindert wird, in kontrollierter Weise Energie und Stoffe mit dem Außenraum auszutauschen, da Stoff- und Energiewechsel eine weitere wichtige Voraussetzung für die Aufrechterhaltung des lebendigen Zustands ist. Die Transportvorgänge über die Plasmamembran müssen insgesamt so organisiert sein, dass sich die spezifische Zusammensetzung des Systems trotz der ständigen Erneuerung der Bestandteile über die Zeit nicht ändert (Fließgleichgewicht).

Die Existenz einer besonderen Zellmembran, die die Zelle oberflächlich überzieht, wurde bereits von Wilhelm Pfeffer* am Ende des 19. Jahrhunderts aus theoretischen Überlegungen heraus gefordert. Mittlerweile gibt es eine Vielzahl von experimentellen Belegen dafür, dass jede Zelle von einer Zellmembran umhüllt ist und dass ganz ähnlich aufgebaute Biomembranen auch die Abgrenzungsstrukturen der Zellorganellen in eukaryotischen Zellen bilden. Elektronenmikroskopische Aufnahmen von Biomembranen lassen einen mehrschichtigen Aufbau erkennen. Es gibt zwei äußere Schichten (jeweils etwa 2,5 nm dick), die dem Extrazellularraum bzw. dem Cytosol zugewandt sind (äußeres und inneres Blatt) und eine mittlere Schicht (**Mittellamelle**) mit einer Dicke von etwa 3 nm. Je nach Art der Präparation misst man Gesamtdicken der Biomembranen zwischen 5 und 15 nm. In Ultradünnschnitten von Zellen, die für die Transmissionselektronenmikroskopie mit Schwermetallsalzen (Osmiumtetroxid, Uranylacetat, Phosphorwolframsäure oder Bleicitrat) kontrastiert werden, ist die mittlere Schicht elektronendurchlässiger als die beiden äußeren und erscheint deswegen heller. Möglicherweise erklärt sich das dadurch, dass die apolare, lipophile Mittellamelle weniger polare Schwermetallionen einlagert als die beiden äußeren Schichten, die eher polare Molekülteile enthalten.

Biomembranen bestehen aus verschiedenen Arten von Lipidmolekülen und Proteinen. Den Hauptanteil der Lipidmoleküle bilden die **Phospholipide** (Abb. 1.8). Innerhalb der Phospholipide sind die **Glycerophospholipide** mengenmäßig vorherrschend. Bei ihnen sind zwei der drei alkoholischen OH-Gruppen des sogenannten Rückgratmoleküls Glycerin mit gesättigten oder ungesättigten Fettsäuren (Acylketten) verestert. Am C-1-Atom des Glycerinmoleküls sitzt meist eine gesättigte Fettsäure mit einer Kettenlänge von 16 oder 18 C-Atomen, am C-2-Atom findet man eher ungesättigte Fettsäuren mit 18 oder 20 C-Atomen. Neben den Glycerophospholipiden kommen in tierischen Zellmembranen aber auch Etherlipide vor (bis zu 50 % der Lipide in Plasmamembranen des menschlichen Herzmuskels). Bei diesen sogenannten **Plasmalogenen** sind die Acylketten nicht mittels Ester-, sondern durch Etherbindungen am Glycerin gebunden. In mäßigem Umfang kommen in tierischen Zellen auch **Sphingolipide** vor, die kein Glycerinrückgrat enthalten. Allen diesen Lipiden ist allerdings gemein, dass sie (bei Glycerophospholipiden und

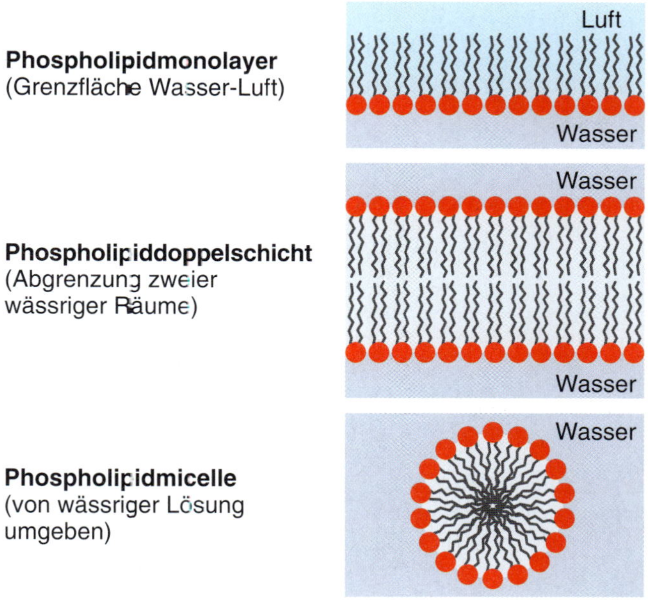

Abb. 1.9 Mögliche Anordnung von Phospholipidmolekülen an Grenzflächen (Wasser/Luft oder Wasser/Wasser).

Plasmalogenen am C-3-Atom des Glycerins) eine polare Kopfgruppe (z. B. eine Inositol-, Serin-, Ethanolamin- oder Cholingruppe) tragen, die über eine Phosphatesterbindung mit dem Glycerin verankert ist. Durch diesen Aufbau erhält das Gesamtmolekül einen chemischen Doppelcharakter, den man als **amphiphil**[55] bezeichnet. Das polare Ende des Moleküls (polare Kopfgruppe) löst sich relativ gut in wässrigen Medien, das lipophile Ende (Acylkette) löst sich gut in apolaren Medien, aber keinesfalls in Wasser.

Durchmischt man eine Kombination von kleinmolekularen Phospholipiden und Wasser sehr intensiv (z. B. durch Ultraschallbehandlung des Gemischs), so wird die resultierende Mischung milchig-trüb. Offenbar bilden sich in der Mischung Strukturen aus, die man mit bloßem Auge zwar nicht sieht, die aber dennoch das hindurchstrahlende Licht intensiv streuen (**Tyndall*-Effekt**). Die sich unter diesen Bedingungen spontan bildenden submikroskopischen Strukturen können das Licht nur deshalb streuen, weil ihr Durchmesser in der Größenordnung der Wellenlänge des Lichts (nm) liegen. Diese Geometrie lässt Rückschlüsse auf die Anordnung der Phospholipidmoleküle in den lichtbrechenden Strukturen zu. Tatsächlich ordnen sich diese Moleküle so an, dass sie in der wässrigen Umgebung kleine Kugeln bilden. Ihre polaren Kopfgruppen weisen in diesen Gebilden in Richtung des umgebenden Wassers, während die hydrophoben[56] Fettsäurereste in das Zentrum der Kugel ragen, wo sie, vom Wasser abgewandt, unter sich sind (Abb. 1.9). Dieser Prozess der Selbstaggregation der Moleküle zu **Micellen**[57] findet spontan statt, da der Energieinhalt des Systems trotz des anscheinend hohen Ordnungszustands der Moleküle geringer ist als bei der theoretisch möglichen statistischen Verteilung der Phospholipidmoleküle in dem betrachteten Wasservolumen.

Tatsächlich zeigen die Wassermoleküle, bei statistischer Verteilung der einzelnen Phospholipide, im Bereich der hydrophoben Fettsäureschwänze ein hohes Maß an Ordnung. Während der Ausbildung der Micellen geht dieser Ordnungszustand verloren. Die damit verbundene Entropiezunahme überwiegt die Entropieabnahme durch die sich vom Wasser absondernden Phospholipidmoleküle. Diese Absonderung erklärt sich dadurch, dass chemisch verträgliche Partner (polare Kopfgruppen der Phospholipide und ebenfalls polare Wassermoleküle bzw. die unpolaren Fettsäureschwänze der Phospholipide mit ihresgleichen) leichter assoziieren als ungleichartige. Phospholipidmicellen bilden daher in Wasser eine stabile Suspension, die man auch als kolloidale Lösung[58] bezeichnet.

Die Micellenbildung illustriert zwar sehr gut die Gründe, warum sich Phospholipide in wässrigen Medien spontan zu Aggregaten anordnen, erklärt aber nicht, wie ein solches Verhalten zum Aufbau einer effektiven Trennschicht zwischen wässrigen Kompartimenten in Lebewesen genutzt werden kann. Monomolekulare, uniform orientierte Lagen von Phospholipiden (Abb. 1.9) könnten zwar wässrige von apolaren Medien trennen (Grenzflächen zwischen Wasser und Luft bzw. zwischen Wasser und Öl), lassen aber keine stabile Trennung von wässrigen Medien auf beiden Seiten der Trennschicht zu. Ein offenbar energetisch günstiger Ausweg aus diesem Dilemma ist die Formierung von Phospholipiddoppelschichten, in denen sich zwei monomolekulare Lagen von Phospholipiden, die innerhalb der Lage gleichsinnig orientiert sind, spiegelbildlich bzw. gegensinnig aneinanderlegen (Abb. 1.9). Tatsächlich ist ein solcher Phospholipid-*bilayer*[59] der Prototyp einer **biologischen Einheitsmembran**. Dieser Aufbau der Membran erklärt auch die oben bereits diskutierten elektronenmikroskopischen Befunde.

Der hoch geordnete Zustand der einzelnen Phospholipidmoleküle verleiht dem Konstrukt ein hohes Maß an Stabilität (quasikristalliner Zustand). Das ist einerseits günstig, weil auf diese Weise die Trennung von Reaktionsräumen in Lebewesen stabil und zuverlässig erfolgen kann, auf der anderen Seite ist es ungünstig, weil passive Verlagerungen der Phospholipide (z. B. durch Bewegung) zumindest lokal zum Bruch der Struktur und damit zu Undichtigkeiten in den Membranen führen würden. In biologischen Membranen sind mehrere Mechanismen realisiert, die eine höhere Flexibilität (Geschmeidigkeit) unter Aufrechterhaltung der Stabilität (Zähigkeit) ermöglichen:

- Die biologische Membran enthält lipophile Moleküle, die die quasikristalline Anordnung der Lipidschwänze der

55 *amphi* (griech.) = auf beiden Seiten; *philos* (griech.) = liebend
56 *hydor* (griech.) = Wasser; *phobos* (griech.) = Furcht
57 *mica* (lat.) = Klümpchen, kleiner Bissen
58 *kollo* (griech.) = Leim; *eidos* (griech.) = Form, Aussehen
59 *bilayer* (engl.) = Doppellage

Phospholipidmoleküle stören und dadurch eine höhere Flexibilität der Membran bewirken. Diese Moleküle sind Derivate des Cholesterins und werden als Sterine oder auch als Sterole bezeichnet (Abb. 1.10).

- Nicht alle Fettsäureschwänze der Phospholipide sind völlig gesättigte Kohlenwasserstoffketten. Einige weisen Doppelbindungen zwischen benachbarten Kohlenstoffatomen in der Kette auf, sodass diese Bindungen nicht frei um ihre Achse drehbar sind, sondern sich die anschließenden Molekülteile entweder in *cis*- oder in *trans*-Position zueinander stehen. In der *trans*-Position befindliche Fettsäuremoleküle stören die quasikristalline Anordnung der Phospholipide in der Membran nicht, wohl aber die in *cis*-Position befindlichen Fettsäurereste, die etwas sperrig seitlich aus dem Molekül hervorragen (Abb. 1.11). Hat eine biologische Membran einen hohen Anteil an Phospholipiden mit solchen ungesättigten Fettsäuren, ist sie bei gegebener Temperatur flexibler als eine Membran, die nur Phospholipide mit gesättigten Fettsäuren enthält.

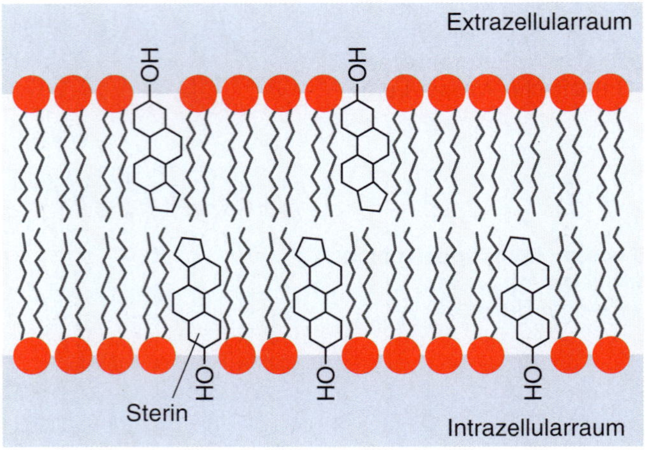

Abb. 1.10 Insertion von Sterinen (Cholesterinderivate) in die Doppellipidschicht der Zellmembran zur Erhöhung der Membranfluidität.

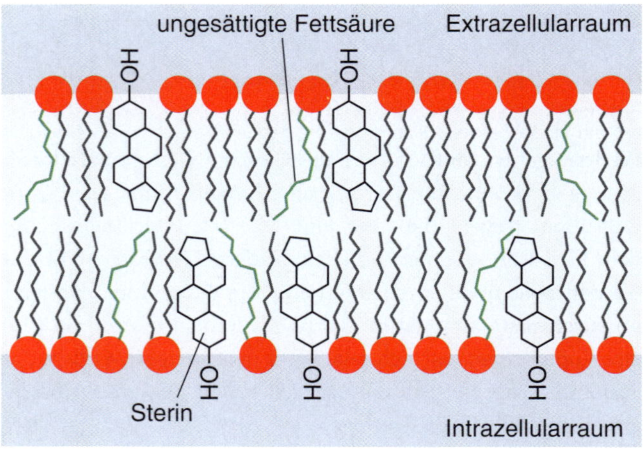

Abb. 1.11 Insertion von Phospholipiden mit ungesättigten Fettsäuren in die Doppellipidschicht der Zellmembran zur Erhöhung der Membranfluidität.

Durch die geschilderten Baueigenarten der biologischen Membran erhält diese einen quasifluiden Charakter, da die Phospholipidmoleküle gegeneinander leicht verschiebbar sind. Aufgrund der intensiven Wechselwirkung der Moleküle miteinander bzw. der Molekülteile untereinander behält die Membran aber dennoch ihre Stabilität. Trotz der Fluidität der Membranen sind die verschiedenen Arten von Phospholipiden nicht vollkommen gleichmäßig in der Membran verteilt, sondern bilden je nach Art und Domäne der Membran wie auch der Temperatur lokal Bereiche aus, in denen bestimmte Lipide und Sterine gehäuft auftreten. Die Lipidanordnung in solchen Membranflecken (***lipid rafts***) ist regelmäßiger als im Rest der Membran. *Lipid rafts* spielen bei bestimmten Prozessen des Transmembrantransports von Stoffen sowie bei der Signaltransduktion (▶ Kap. 12) eine wichtige Rolle.

Phospholipiddoppelschichten, wie wir sie bisher kennengelernt haben, würden zwar benachbarte wässrige Kompartimente (z. B. das Cytosol vom Extrazellularraum) perfekt gegeneinander abschirmen, hätten aber den Nachteil, dass es keinerlei Möglichkeit gäbe, polare Substanzen von einer Seite der Membran auf die andere zu befördern. Gerade das in kontrollierter Weise zu tun, ist aber eine wichtige Funktion lebender Zellen, zum Beispiel die Aufnahme von Glucose zur Aufrechterhaltung des Energiestoffwechsels. In die Lipiddoppelschicht der biologischen Membran eingelagert finden sich daher viele integrale Membranproteine. Die Molekülteile dieser Proteine (sog. Domänen), sind entweder durch die Präsenz von Aminosäuren mit **hydrophilen** Seitenketten gekennzeichnet, sodass diese Domänen mit dem wässrigen Medium auf der einen oder der anderen Seite der Membran interagieren, oder weisen eine konsekutive Folge von 16–20 Aminosäuren mit hydrophoben Seitenketten auf, die dem Protein die Fähigkeit verleihen, mit den apolaren Fettsäureschwänzen der Membranmittelamelle zu interagieren. Solche Abschnitte der Proteinsequenz sind meist α-helikal organisiert und bilden Transmembrandomänen, die das gesamte Protein fest in der Membran verankern (Abb. 1.12).

Manche Lipidmoleküle und viele Transmembranproteine in den Zellmembranen tierischer Zellen tragen an der äußeren Oberfläche (zum extrazellulären Raum) komplexe Kohlenhydratverbindungen. Diese Verbindungen bestehen aus Ketten von Zuckermolekülen. Sie können linear gebaut oder verzweigt sein (Abb. 1.12). Die Lipide (10 % aller glykosylierten Membranmoleküle) bezeichnet man dann als Glykolipide, die Proteine (90 % aller glykosylierten Membranmoleküle) als Glykoproteine. In ihrer Gesamtheit bilden sie auf der Zelloberfläche die **Glykokalyx**[60]. Diese Derivate bilden einerseits eine Schutzschicht und haben andererseits eine wichtige Signalfunktion

[60] *glykys* (griech.) = süß; *kalyx* (griech.) = Kelch, Fruchthülse

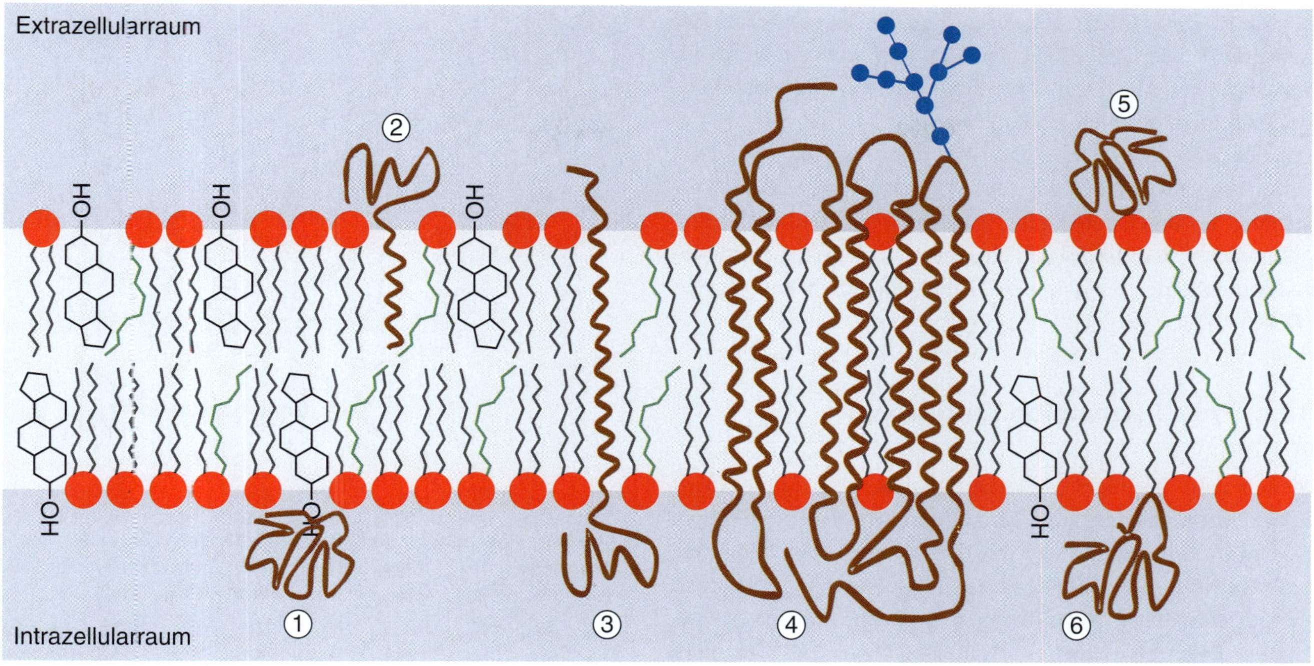

Abb. 1.12 Fluid-Mosaik-Modell der Plasmamembran. ① Auf der cytosolischen Seite mit der Plasmamembran assoziiertes Protein. ② Von der extrazellulären Seite in der Membran verankertes Protein. ③ Transmembranprotein mit einer membrandurchspannenden Domäne. ④ Transmembranprotein mit sieben membrandurchspannenden Domänen und einer Glykosylierung an einer extrazellulären Schleife. ⑤ Auf der extrazellulären Seite mit der Plasmamembran assoziiertes Protein. ⑥ Mit einem Lipidanker in der Plasmamembran verankertes Protein.

bei der Erkennung körpereigener Zellen durch Zellen des Immunsystems.

Besitzt ein Membranprotein mehrere Transmembrandomänen, so können diese sich in der Fläche der Membran ringförmig anordnen. In bestimmten Fällen entsteht so eine zentrale Pore in dem Gesamtprotein. Die Aminosäureseitenketten, die an der Außenseite der Gesamtstruktur liegen, sind zu deren Verankerung in der Lipiddoppelschicht hydrophob, die im Inneren der Pore können aber hydrophil sein, sodass eine Verbindung der wässrigen Milieus auf beiden Seiten der Membran resultiert, die für polare Stoffe durchlässig sein kann. Eine solche Struktur bezeichnet man als **Kanalprotein** (Abb. 1.13). Sie kann dazu dienen, kleinen hydrophilen Stoffen den Durchtritt durch die Lipidmembran zu ermöglichen. In tierischen Zellen sehr weit verbreitet sind Wasserkanäle (**Aquaporine**)[61] und Kanäle, die bestimmte Sorten von Ionen[62] durchlassen (**Ionenkanäle**). Neben den Kanälen gibt es auch Transportproteine, die bestimmte Substrate auf einer Seite der Membran binden, sie anschließend durch eine Konformationsänderung des Gesamtmoleküls durch die Membran hindurch reichen und auf der anderen Seite wieder freisetzen können. Solche Transportsysteme bezeichnet man als **Carrier**[63]. Andere Transmembranproteine binden extrazelluläre Botenmoleküle (Transmitter oder Hormone) und durchlaufen anschließend eine Konformationsänderung, die von intrazellulären Bindungspartnern dieser Proteine detektiert werden. Diese Transmembranproteine bezeichnet man wegen ihrer

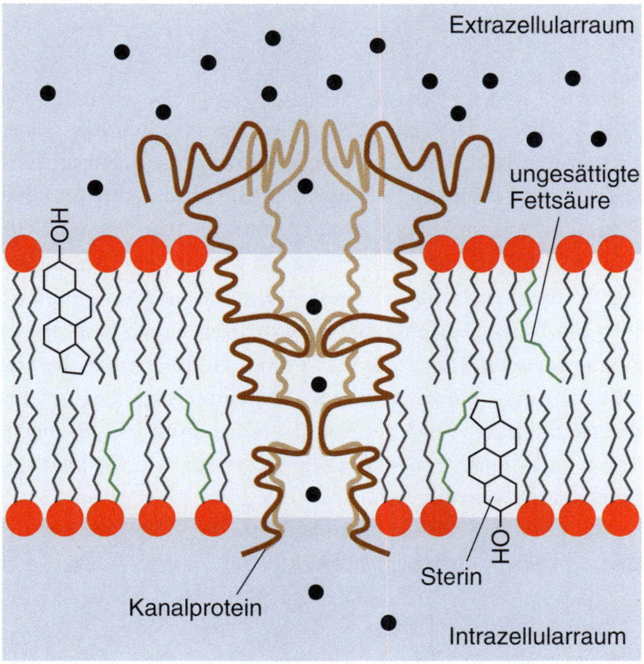

Abb. 1.13 Multimeres Kanalproteins für Ionen (schwarze Punkte) in der Zellmembran.

[61] *aqua* (lat.) = Wasser; *poros* (griech.) = Öffnung, Loch
[62] *ion* (griech.) = gehend
[63] *carrier* (engl.) = Träger, Transporteur

wichtigen Rolle in der zellulären Signaltransduktion als **Rezeptoren**[64]. Die Gesamtheit der Membranproteine bildet ein mosaikartiges Muster in der durchgehenden Phospholipiddoppelschicht der biologischen Membran.

Alle derzeitigen Kenntnisse zum Aufbau und zu den Strukturkomponenten der biologischen Membran sind in die Vorstellung des unter Beteiligung von Seymour Jonathan Singer* entworfenen und inzwischen allgemein akzeptierten **Fluid-Mosaik-Modells** der biologischen Einheitsmembran eingeflossen (Abb. 1.12).

1.5.2 Freie Permeation, Diffusion

Stehen zwei Lösungen desselben Stoffes, aber unterschiedlicher Konzentration im Kontakt miteinander, so gleichen sich beide Konzentrationen mit der Zeit aus. Dieser Vorgang läuft freiwillig unter Entropiezunahme ab, denn der Zustand der gleichmäßigen Verteilung der gelösten Teilchen im gesamten Lösungsvolumen ist wahrscheinlicher als der einer unterschiedlichen Verteilung. Diese spontane Wanderung des gelösten Stoffes von Orten höherer zu Orten niedrigerer Konzentrationen heißt **Diffusion**[65]. Ihre Ursache liegt in der thermisch bedingten Molekularbewegung (Robert Brown*). Die Triebkraft für den Nettotransport einer diffundierenden Substanz ist der bereits vorhandene Konzentrationsunterschied (**Gradient**).

Die Stoffmenge (d*n*), die in einer bestimmten Zeit (d*t*) infolge der Diffusion durch eine bestimmte Austauschfläche zwischen zwei Kompartimenten permeiert[66], ist der Größe *A* dieser Fläche und dem Konzentrationsgefälle (d*c*) proportional, der Diffusionstrecke (d*x*) aber umgekehrt proportional (Diffusionsgesetz von Adolph Fick*):

$$\frac{dn}{dt} = -D\,A\,\frac{dc}{dx}$$

Das negative Vorzeichen muss deshalb stehen, weil der Transport immer vom höher konzentrierten zum niedriger konzentrierten Kompartiment verläuft (Entropiezunahme) und die Konzentration im Ursprungskompartiment daher abnimmt. *D* ist der Diffusionskoeffizient. Er ist ein Maß für eine bestimmte Menge des transportierten Stoffes (1 mol), die pro Zeiteinheit (1 s) durch die Austauschfläche (1 m^2) bei einem Konzentrationsgradienten von 1 mol m^{-3} hindurchgeht. Er hat die Dimension ($m^2\ s^{-1}$) und ist von der Temperatur, von der Art der gelösten Teilchen und der Art des Lösungsmittels abhängig. Somit repräsentiert *D* Materialeigenschaften und Zustand des betrachteten Systems.

Die mit der Diffusion einhergehende Konzentrationsänderung kommt durch einen Fluss von Teilchen zwischen den

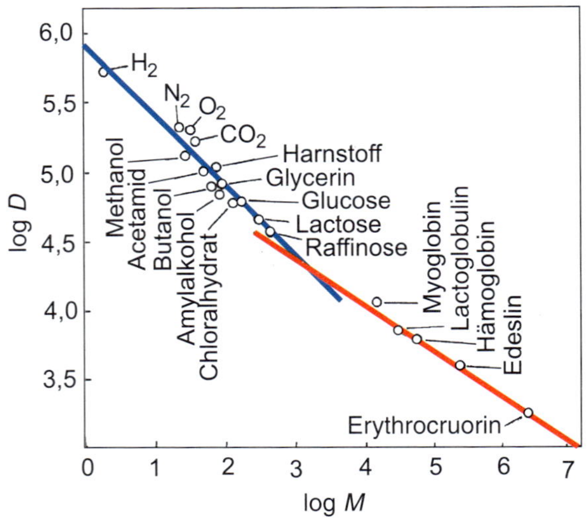

Abb. 1.14 Abhängigkeit des Diffusionskoeffizienten *D* von der Molekülmasse *M* bei 20 °C. (Daten nach Stein WD (1967) The movement of molecules across cell membranes. Academic Press, New York.)

Kompartimenten zustande, für den eine Flussrate, der **Flux**[67], bestimmt werden kann:

$$J_d = \frac{dn}{A\,dt} = -D\,\frac{dc}{dx}$$

Für kugelförmige Teilchen, die wesentlich größer als die Teilchen des Lösungsmittels sind, gilt nach Einstein:

$$D = \frac{RT}{N_A}\,\frac{1}{6\pi\eta r}$$

mit R = allgemeine Gaskonstante, T = absolute Temperatur, N_A = Avogadro-Konstante (6,023 × 10^{23} Teilchen pro mol), η = Viskosität der Lösung, r = hydrodynamischer Radius der gelösten Teilchen r

Genau betrachtet ist der Flux also neben seiner Abhängigkeit von der Konzentrationsdifferenz über den Diffusionskoeffizienten *D* auch noch von dem Molekulargewicht der gelösten Teilchen und der Viskosität des Lösungsmittels η abhängig. Als allgemeine Regel gilt, dass die Diffusion umso langsamer erfolgt, je größer die Moleküle sind. Da *r* proportional mit der dritten Wurzel der Molekülmasse (*M*) der gelösten Teilchen wächst, müsste eigentlich gelten:

$$D = \frac{\text{const}}{\sqrt[3]{M}}$$

Das ist aber, wie Messungen ergeben haben, nur für Teilchen mit Molmassen oberhalb von 1000 g mol^{-1} (bzw. bei Proteinen > 1000 Dalton[68]) der Fall (Abb. 1.14). Für Teilchen mit geringerer Molekülmasse gilt:

[64] *recipere* (lat.) = aufnehmen, empfangen
[65] *diffundere* (lat.) = ausgießen, verstreuen, ausbreiten
[66] *permeare* (lat.) = hindurch gehen

[67] *fluvius* (lat.) = Fluss
[68] Dalton (Da) eigentlich eine altertümliche atomare Masseneinheit. Sie wird in der Proteinbiochemie bei der Angabe von Molekülmassen verwendet. Ihr Wert ist auf 1/12 der Masse des Kohlenstoffisotops 12C festgelegt.

$$D = \frac{\text{const}}{\sqrt[2]{M}}$$

Die Wegstrecke, die die gelösten Teilchen bei der Diffusion zurücklegen, ist der Quadratwurzel aus der Beobachtungszeit proportional. Für jede Dimension gilt:

$$\Delta x = (2Dt)^{\frac{1}{2}}$$

Das bedeutet, dass ein zum Beispiel doppelt so langer Diffusionsweg bereits die vierfache Zeit beansprucht. Für den Sauerstoff (M = 16 g mol^{-1}), der relativ schnell diffundiert (D = 1,98 × 10^{-5} cm^2 s^{-1} bei 18 °C in wässriger Lösung), ergeben sich die in Tab. 1.5 aufgelisteten Werte.

Daraus ergibt sich, dass der Stoffaustausch in zellulären Dimensionen noch alleine durch Diffusion mit hinreichender Geschwindigkeit erfolgen kann. Bei größeren Wegstrecken (z. B. beim Transport des Sauerstoffs von der Körperoberfläche zu einem tief im Körper liegenden Verbrauchsorgan) muss die Diffusion durch mechanische **Konvektion**[69] unterstützt werden.

Sind beide Lösungen unterschiedlicher Konzentration durch eine Membran getrennt, die sowohl das Lösungsmittel als auch die gelösten Teilchen hindurch lässt, so wird die Diffusionsgeschwindigkeit in der Regel gegenüber einem System ohne Membran erniedrigt sein, und das umso mehr, je geringer die Durchlässigkeit und je dicker die Membran ist (behinderte Diffusion). Die Diffusionskonstante in den Membranen lebender Systeme sind stets beträchtlich kleiner als diejenigen in Wasser bzw. in wässrigen Lösungen und begrenzen daher auch die Raten der Austauschprozesse insgesamt. Ist die Dicke der Membran d und deren Fläche A, so stellt sie sich das Diffusionsgesetz wie folgt dar:

$$\frac{dn}{dt} = -D\,A\,\frac{c_1 - c_2}{d}$$

mit c_1 = Konzentration des gelösten Stoffes in Kompartiment 1 und c_2 = Konzentration des gelösten Stoffes in Kompartiment 2.

Fasst man die konstanten Parameter dieser Beziehung zum Permeabilitätskoeffizienten P zusammen ($D/d = P$), so ergibt sich

$$\frac{dn}{dt} = -P\,A\,(c_1 - c_2).$$

Der Diffusionsflux durch die Membran ist dann

$$J_d = -P\,(c_1 - c_2).$$

P hat die Dimension einer Geschwindigkeit (m s^{-1}) und entspricht der Stoffmenge (mol) der diffundierenden Substanz, die pro Zeiteinheit (s) durch die Oberflächeneinheit (m^2) bei einem Konzentrationsgradienten über der Zellmembran von 1 mol m^{-3} hindurchtritt. Die Durchlässigkeit der Membran bezeichnet man als **Permeabilität**.

Tab. 1.5 Zeitbedarf der Sauerstoffdiffusion in wässrigen Medien.

Diffusionsstrecke des Sauerstoffs	benötigte Zeit
8 cm	18,7 d
8 mm	4,5 h
800 µm	2,7 min
80 µm (Durchmesser einer gewöhnlichen Zelle)	1,6 s
8 µm (Durchmesser eines menschlichen Erythrocyten)	1,6 × 10^{-2} s
800 nm (Durchmesser einer Zelle von *Staphylococcus aureus*)	1,6 × 10^{-4} s
80 nm (Durchmesser des Influenzavirus)	1,6 × 10^{-6} s
8 nm (minimale Dicke der Zellmembran)	1,6 × 10^{-8} s

Die empirische Permeabilitätsforschung hat gezeigt, dass für die freie Permeation von Nichtelektrolyten (»unpolaren« Molekülen) zwei Faktoren von entscheidender Bedeutung sind, nämlich die Molekülgröße und die Lipidlöslichkeit (= Verteilungskoeffizient der Teilchen zwischen einer unpolaren Flüssigkeit, wie Olivenöl, und Wasser). Je kleiner der Durchmesser und je besser die Lipidlöslichkeit, desto leichter permeiert das Teilchen (Lipidfiltertheorie). Bei Elektrolyten tritt ein dritter bestimmender Faktor hinzu, nämlich die elektrische Ladung. Die Elektrolyte treten gewöhnlich langsamer in die Zelle ein als Nichtelektrolyte gleicher Molekülgröße (schlechtere Löslichkeit im hydrophoben Membraninneren). Da die Ionen außerdem infolge ihrer Ladung Wasserdipole um sich versammeln (**Hydratation**)[70], ist für die Einschätzung der Teilchengröße der »effektive« Ionendurchmesser (Ion + Hydratationshülle) entscheidend. Die Mächtigkeit des Hydratationsmantels ist umso größer, je höher die Ladung und je kleiner das Volumen des Ions ist, das heißt, sie ist von der Ladungsdichte auf der Ionenoberfläche abhängig. Na^+ hat deshalb einen größeren Hydratationsmantel als K^+, aber einen kleineren als Ca^{2+}.

Nur wenige Stoffe können rein physikalisch durch **freie Diffusion** durch die biologische Membran hindurchtreten. Das betrifft in erster Linie kleine, unpolare Moleküle wie O_2, CO_2, N_2 und NH_3. So findet beispielsweise der Gasaustausch in den Atmungsorganen bzw. in den Geweben von Tieren allein durch Diffusion statt. Für Ionen (H^+, Na^+, K^+, Mg^{2+}, Ca^{2+} u. a.) sowie für geladene organische Moleküle (Malat, Pyruvat, Citrat u. a.) und ungeladene hydrophile Verbindungen (Glucose, Alanin u. a.) ist die freie Permeation bereits erheblich eingeschränkt oder gar unmöglich. Ihre Translokation durch die Membran erfolgt in erster Linie durch spezifische Translokatoren[71] (Ionenkanäle, Carrier).

69 *convehere* (lat.) = zusammentragen, zusammenbringen

70 *hydor* (griech.) = Wasser

71 *trans-* (lat.) = hinüber; *locus* (lat.) = Ort

1

1.5.3 Osmose

Zellmembranen verhalten sich in erster Näherung wie semipermeable[72] (halbdurchlässige) Membranen. Sie lassen kleinere, ungeladene Moleküle relativ leicht passieren, halten aber größere Teilchen wie Proteine zurück. Die Permeabilität einer Lipiddoppelschicht für Wasser ist relativ hoch und liegt bei 10^{-4} cm s^{-1}, da Wasser in geringem Umfang zwischen den Phospholipidmolekülen permeieren und in größerem Umfang durch konstitutiv exprimierte Wasserkanäle (**Aquaporine**) diffundieren kann. Das bedeutet, dass eine Membran von 10 nm (10^{-9} m) Dicke von einem Wassermolekül statistisch innerhalb einer hundertstel Sekunde überwunden werden kann. Anders sieht es bei Ionen aus. Ihr Permeabilitätskoeffizient liegt bei 10^{-12} cm s^{-1}. Sie benötigen zur Überwindung desselben Hindernisses 10^6 s, das sind ca. 300 h. Die **Diffusionsrate** von Ionen durch biologische Membranen ist deshalb vernachlässigbar klein.

Stehen zwei Behälter, die mit unterschiedlichen Konzentrationen einer wässrigen Lösung eines nichtpermeierenden Stoffes (z. B. Proteine) angefüllt sind, über eine **semipermeable Membran** miteinander in Verbindung, so wandern die Wassermoleküle durch die Membran, und zwar von der Lösung niedrigerer zur Lösung höherer Konzentration. Diese wird infolgedessen verdünnt. Man nennt diesen Vorgang **Osmose**[73]. Durch das Bestreben des Systems, die gelösten Teilchen möglichst hochgradig zu verdünnen, hängt die Menge des Wassers, das durch die Membran tritt, von der Anfangskonzentration des gelösten Stoffes ab.

In dem Behälter mit der höher konzentrierten Lösung entsteht durch den Übertritt der Wassermoleküle ein hydrostatischer Druck (Abb. 1.15). Dieser hydrostatische Druck, der auf der semipermeablen Membran lastet, wird umso größer, je mehr Wasser aus dem äußeren Kompartiment in das Innenkompartiment übertritt. Dadurch entwickelt sich eine zunehmende Triebkraft, Wasser durch die Membran zurück in das Ursprungskompartiment zu befördern. Da diese beiden Kräfte in entgegengesetzten Richtungen wirken, tritt zu einem bestimmten Zeitpunkt ein Gleichgewichtszustand ein, bei dem pro Zeiteinheit genauso viele Wassermoleküle in die eine wie in die andere Richtung wandern, sodass sich an der Konzentration der gelösten Teilchen im Innenkompartiment nichts mehr ändert. Unter diesen Umständen entspricht der hydrostatische Druck der Wassersäule im Innenkompartiment betragsmäßig genau dem **osmotischen Druck** der Ausgangslösung.

Für verdünnte Lösungen, in denen sich die gelösten Teilchen weitgehend unabhängig voneinander bewegen sollten, ist der osmotische Druck π bei einer gegebenen Konzentrationsdifferenz Δc und einer gegebenen Temperatur T der Konzentrationsdifferenz proportional:

$$\pi = RT\,\Delta c$$

mit R = allgemeine Gaskonstante.

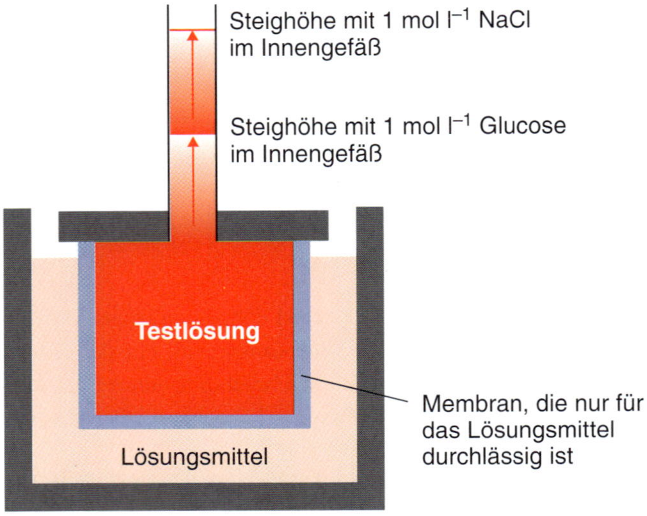

Abb. 1.15 Schema einer Pfeffer-Zelle. Zwei Flüssigkeitskompartimente sind von einer Membran getrennt, die nur das Lösungsmittel, aber keine gelösten Teilchen durchlässt (selektiv permeable Membran). Ist das Lösungsmittel Wasser und die Membran nur durchlässig für Wasser, so spricht man von einer semipermeablen Membran. Enthält das äußere Kompartiment reines Wasser, das innere aber eine wässrige Lösung bestimmter Konzentration, so treten Wassermoleküle so lange in das innere Kompartiment über (Osmose), bis das akkumulierte Volumen dort einen hydrostatischen Druck erzeugt, der dem osmotischen Druck der Ausgangslösung betragsmäßig gleich ist.

Der osmotische Druck ist unabhängig von der Art der gelösten Substanz, entscheidend ist allein die Konzentration, genauer gesagt, die Anzahl der gelösten Teilchen pro Volumeneinheit (daher gehört der osmotische Druck zu den **kolligativen Eigenschaften**[74] von Lösungen). Der osmotische Druck einer einmolaren Lösung (im Vergleich mit reinem Wasser) ist daher immer gleich, nämlich 2,27 MPa (bei $T = 273$ K).

Da die Zahl der gelösten Teilchen die wesentliche Größe ist, muss bei der Betrachtung von Elektrolyten der Dissoziationsgrad berücksichtigt werden. Wird mit α der Dissoziationsgrad des betreffenden Elektrolyts unter den gegebenen Bedingungen bezeichnet und zerfällt das Molekül in n Ionen, dann ist das Verhältnis der tatsächlichen Teilchenzahl in der Lösung zu der Anzahl der eingegebenen Moleküle A mit i als dem Van 't-Hoff*-Koeffizienten:

$$i = \frac{\alpha \eta A + (1-\alpha)A}{A} = (n-1)\,\alpha + 1$$

Die Berechnung des osmotischen Drucks von Lösungen, die dissoziierte Teilchen enthalten, erfolgt nach:

$$\pi = i\,RT\,c$$

mit c = chemische Konzentration der undissoziierten Substanz. Für eine Substanz, die bei der Lösung in Wasser vollständig in zwei Ionen zerfällt, wie das zum Beispiel in verdünnten Lösungen des Kochsalzes (NaCl) der Fall ist, gilt $\alpha = 1$ und $n =$

72 *semi-* (lat.) = halb; *permeare* (lat.) = durchgehen, passieren
73 *osmos* (griech.) = Drang, Stoß, Schub, Antrieb
74 *colligere* (lat.) = sammeln

2, sodass $i = 2$ ist. Für den osmotischen Druck dieser verdünnten NaCl-Lösung würde man daher erwarten, dass er doppelt so hoch ist wie der einer chemisch genauso konzentrierten Glucoselösung. Löst man Salze in Wasser, die nur zum Teil in Ionen dissoziieren, zum anderen Teil undissoziiert in Lösung gehen, liegt der osmotische Druck entsprechend niedriger (◻ Abb. 1.15).

Die osmotische Wirksamkeit von Lösungen kann in unterschiedlichen Einheiten angegeben werden. Wenn die Zahl der osmotisch wirksamen Teilchen auf das Gesamtvolumen der Lösung bezogen wird, ist das die **Osmolarität**, angegeben in mol l^{-1}. Wird die Zahl der osmotisch wirksamen Teilchen in der Lösung aber auf die Masse der Lösungsmittelteilchen, angegeben in mol kg^{-1}, bezogen, spricht man von **Osmolalität**. Unter Normalbedingungen und in wässrigen Lösungen entsprechen sich die Werte ziemlich genau, weil die Dichte des Wassers unter diesen Bedingungen ca. 1 kg l^{-1} beträgt. Änderungen der Temperatur wirken sich auf die Osmolarität aus, auf die Osmolalität aber nicht. Daher messen die handelsüblichen Osmometer tatsächlich die Osmolalität.

Lösungen gleicher osmotischer Wirksamkeit werden als **isoosmotisch**[75] bezeichnet. Hat eine Lösung eine höhere Osmolarität als eine zweite, so ist sie **hyperosmotisch**[76] gegenüber dieser. Im umgekehrten Fall spricht man von **hypoosmotisch**[77]. In Biologie und Medizin werden Vergleiche der osmotischen Wirksamkeit von Lösungen mit der der Körperflüssigkeiten von Tier und Mensch auch anders bezeichnet. So kann eine Salzlösung im Verhältnis zum menschlichen Blut hypo-, hyper- oder **isoton**[78] sein.

1.5.4 Donnan-Verteilung

Die Konzentrationsverhältnisse bestimmter Stoffe zwischen Cytosol und Extrazellularraum sind sehr komplex, weil die dazwischenliegende Zellmembran der meisten tierischen Zellen sowohl für Wasser (Aquaporine) als auch für bestimmte Ionen (Ionenkanäle) eine kontrollierte Durchlässigkeit (Permeabilität) aufweist, für andere in diesen Medien vorhandene osmotisch aktive Moleküle (andere Ionen, organische Stoffe, besonders Proteine) aber gar nicht permeabel ist. Noch komplizierter wird es, da einige dieser Substanzen Ladungen tragen, sodass elektrostatische Anziehung und Abstoßung zwischen Teilchen neben den osmotisch bedingten Triebkräften für die Verlagerung von Substanzen wirksam werden.

Misst man die Proteinkonzentration im Cytosol tierischer Zellen, so ist diese höher als im Extrazellularraum. Da Proteine überhaupt nicht durch die Plasmamembran diffundieren, sollte dies unter der Annahme, dass alle anderen gelösten Bestandteile außen und innen gleich verteilt wären, einen osmotisch bedingten Wassereinstrom in die Zellen verursachen, der einen Innendruck gegen die Plasmamembran und das zellstabilisierend wirkende Cytoskelett aufbaut. Tatsächlich haben alle Zellen einen leichten Überdruck im Zellinneren. Da tierische Zellen im Gegensatz zu Pflanzen- oder Bakterienzellen keine Zellwand besitzen, die die Zelle mechanisch stabilisiert, entlassen tierische Zellen zur Innendruckminderung anorganische Ionen, was deren Konzentrationsverhältnisse in geringem Umfang verschiebt. Hinzu kommt, dass die intrazellulären, nichtdiffusiblen Proteine einen Überschuss an negativen Ladungen auf der Oberfläche tragen, deren Ladung zur Aufrechterhaltung des Elektroneutralitätsgebotes durch zusätzliche positive Ladungsträger kompensiert werden muss. Wegen ihrer Mehrfachladung tragen die **Proteinationen** sogar in größerem Maße zur Ladungsbilanz bei als zur osmotischen Bilanz des Zellinneren, sodass sie diffusible negative Ionen (Cl^-) selektiv aus dem Cytosol verdrängen und zusätzliche Anziehungskräfte auf diffusible positive Ionen (K^+) ausüben. Im Gleichgewicht ist daher die intrazelluläre Cl^--Konzentration etwas niedriger, die K^+-Konzentration dagegen höher als erwartet. Diese Ungleichverteilung diffusibler Ionen, die rein passiv durch die Präsenz nichtdiffusibler **Anionen** im Zellinneren zustande kommt, bezeichnet man als **Donnan*-Verteilung**.

1.5.5 Katalysierte (erleichterte) Diffusion

Der freien Diffusion von Stoffen durch die Membran steht der spezifische Transport mithilfe von Translokatoren gegenüber. Als Translokatoren kommen entweder Kanäle oder Carrier infrage (◻ Abb. 1.16).

Die Mechanismen des Transmembrantransports sind sehr unterschiedlich: Mobile Translokatoren, die zusammen mit ihrem Transportgut durch die Membran diffundieren, kommen in der natürlichen Zellmembran nicht vor. Einige natürlich vorkommende Antibiotika (Valinomycin, Nigericin, Nonactin, Monensin, Gramicidin, A23187, Ionomycin usw.) und einige synthetisch hergestellte, ringförmige oder helikale Moleküle arbeiten in dieser Weise als **Ionophoren**[79]. Sie können das Ionenmilieu einer Zelle empfindlich stören, werden aber in der zellphysiologischen Forschung häufig zu unterschiedlichen Zwecken eingesetzt.

Die hydrophilen **Kanäle** werden durch helikale Abschnitte eines sich mehrfach durch die Plasmamembran windenden **monomeren**[80] Proteins oder gemeinsam von den Transmembranregionen unterschiedlicher Proteine in **multimeren** Membranproteinkomplexen gebildet. Kanäle sind passive Transportmechanismen, die nur dann einen gerichteten Transport vermitteln, wenn für ihr spezifisches Transportgut bereits Konzentrationsgradienten über der Membran existieren. Nur entlang dieses Gradienten bewegt sich der Nettotransport des Transportguts. Über einen weiten Bereich der Konzentrations-

75 *iso-* (griech.) = gleich
76 *hyper-* (griech.) = über
77 *hypo-* (griech.) = unter
78 *iso-* (griech.) = gleich; *tónos* (griech.) = anspannen

79 *phorein* (griech.) = tragen
80 *monos* (griech.) = eins; *méros* (griech.) = Teil

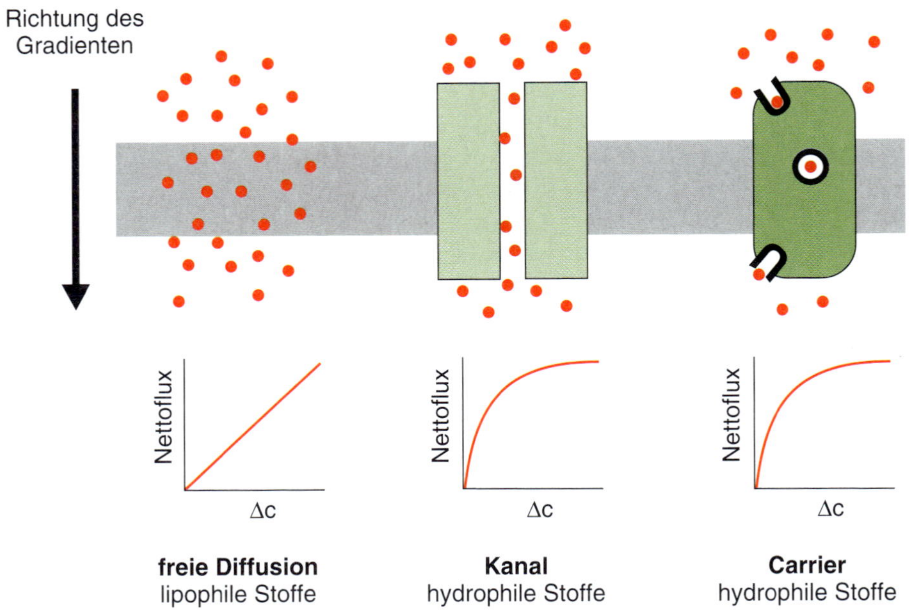

Abb. 1.16 Mechanismen des Transmembrantransports und ihre kinetischen Eigenschaften. Diffusion (links), Kanäle (Mitte) oder Carrier (rechts).

differenz zwischen Zellinnerem und Extrazellularraum wird die Transportrate mit zunehmendem Gradienten größer, wie dies auch für die freie Diffusion gilt. Ist allerdings bei sehr hohen Konzentrationsdifferenzen die Kanalpore zu jedem Zeitpunkt maximal mit Transportgut gefüllt, gilt dies nicht mehr. Eine weitere Steigerung der Konzentrationsdifferenz wird nicht zu einer Steigerung der Transportrate führen, es tritt eine **Sättigung** ein.

Schließlich gibt es in Zellmembranen Transmembranproteine mit spezifischen Bindungsstellen für bestimmte extra- oder intrazelluläre Moleküle. Diese können dort binden und werden anschließend durch eine Konformationsänderung des Membranproteins zur gegenüberliegenden Seite der Membran durchgereicht und dort in das jeweilige wässrige Milieu entlassen. Diese Art des Transportproteins wird als **Carrier**[81] bezeichnet. Bei der Passage wasserlöslicher Transportgüter durch die hydrophobe Mittellamelle der Zellmembran schirmt das Carriermolekül die Oberfläche des Transportguts vollständig gegen die Lipidumgebung ab. Auch Carrier sind sättigbar, weil sie angesichts hoher Konzentrationen eines Transportguts maximal besetzt und damit ausgelastet sein können.

Kanäle und die bisher besprochenen Carrier sind **passive Transporter**, weil ihre Funktion des gerichteten Transports immer an die Existenz von präformierten Gradienten für das Transportgut gekoppelt ist. Ein Ionenkanal kann gegen eine Konzentrationsdifferenz nicht arbeiten, weil dann die Entropie nicht zu-, sondern abnähme. Auch ein passiver Carrier kann keinen Nettotransport gegen einen Konzentrationsgradienten bewirken, weil ihm die Energie für die dazu notwendige Umformung der Proteinkonformation fehlt. Daher hat er auf beiden Seiten der Membran identische Bindungseigenschaften. Dies bedeutet, dass immer dort, wo die Konzentration des Transportguts höher ist, die Bindung wahrscheinlicher ist und dort, wo sie geringer ist, weniger wahrscheinlich, was effektiv zu einem Nettotransport von Orten hoher zu Orten niedriger Konzentration führt.

Daher kann die **erleichterte Diffusion** wie die freie Diffusion nur bis zum Ausgleich des elektrochemischen Gradienten führen. Eine darüber hinausgehende Transportleistung würde von außen zugeführte Energie benötigen. Unter Energiezufuhr könnte der Transport auch gegen einen elektrochemischen Gradienten (»bergauf«) erfolgen. Tatsächlich gibt es auch solche Carrier, die neben den Bindungsstellen für ihr Transportgut auch eine Bindungsstelle für energiereiche Nucleotide in der Proteinstruktur besitzen. Sie können ATP binden und auch hydrolysieren und die gewonnene Energie in Transportarbeit investieren. Aufgrund der Fähigkeit dieser Transportproteine, ATP zu hydrolysieren, bezeichnet man sie als **Transport-ATPasen**. Sie sind die einzigen **aktiven Transporter** in Zellen.

Im Gegensatz zur freien Diffusion zeigen alle durch Transportmoleküle vermittelten Prozesse **Spezifität** oder zumindest hochgradige **Selektivität**. Es werden nur ganz bestimmte Stoffe oder strukturell sehr ähnliche Stoffe als Transportgut akzeptiert. Für fast alle kanal- und carriervermittelten Transporte sind allerdings den eigentlichen Transportgütern verwandte oder zumindest ähnliche (natürliche oder synthetisierte) Stoffe bekannt, die in Konkurrenz mit dem eigentlichen Transportgut treten können und dadurch dessen Transport hemmen, das heißt die Nettotransportrate absenken. Die Hemmung fällt umso größer aus, je höher der konkurrierende Stoff im Verhältnis zum eigentlichen Transportgut konzentriert ist. Man spricht daher von einer **kompetitiven Hemmung** des Transports. So wird zum Beispiel allgemein die Aufnahme von

---
81 *carrier* (engl.) = Träger, Transporteur

Glycin in die Zellen eines Organismus durch neutrale Aminosäuren gehemmt.

Im Gegensatz zur freien Diffusion zeigen alle durch Transportmoleküle vermittelten Prozesse eine Sättigungskinetik. Vergleiche zeigen, dass die Raten des katalysierten Transports bei niedrigen Triebkräften zunächst deutlich höher liegen als bei der freien Diffusion. Durch weitere Steigerung der Triebkräfte für den Transport (Konzentrationsdifferenzen im Fall der passiven Transporter, ATP-Konzentration im Fall der aktiven Transporter) sind die Transportraten jedoch ab einer bestimmten Größe nicht mehr steigerbar (Abb. 1.16). Der Mechanismus der Sättigung beruht auf den gleichen Prinzipien wie sie in der Enzymkinetik angenommen werden (Interaktion der Transportgutmoleküle mit Bindungsstellen an der Oberfläche einer begrenzten Zahl von Transportern), sodass auch der gleiche Formalismus (Michaelis*-Menten*-Gleichung) für die Beschreibung genutzt wird:

$$J = \frac{[S_e] J_{max}}{K_m + [S_e]}$$

mit S_e = Konzentration des Transportguts im Extrazellularraum, J = aktueller Flux (Transportrate) des Transportguts, J_{max} = maximal möglicher Flux des Transportguts, K_m = Konzentration des Transportguts bei ½ J_{max}.

Charakteristisch für solche kanal- und carriervermittelten Transporte ist die begrenzte Transportkapazität. Mit Erhöhung der Konzentration des zu transportierenden Stoffes *S* auf der einen Seite der Membran steigt die pro Zeiteinheit transportierte Stoffmenge bis zu einem Maximalwert an (Transportmaximum), der bei weiterer Erhöhung der *S*-Konzentration nicht mehr überschritten wird. Das ist der Fall, wenn alle verfügbaren Carrier in den Transport eingeschaltet, das heißt mit Transportgut besetzt sind. Der Nettoflux, kurz Netflux, ergibt sich aus der Differenz zwischen dem einwärts gerichteten Influx und dem auswärts gerichteten Efflux.

Zusammenfassend ist zu sagen, dass sich die **katalysierte Diffusion** gegenüber der freien Diffusion durch folgende Eigenschaften auszeichnet:

- Sie ist gewöhnlich schneller als die freie Permeation.
- Sie ist selektiv, das heißt, es gelangen mit ihr nur bestimmte Moleküle oder Ionen durch die Membran (Substratspezifität).
- Sie zeigt eine Sättigungskinetik.
- Sie ist durch Substrat- bzw. Transportgutanaloga kompetitiv hemmbar.

1.5.6 Ionenkanäle

Biologische Membranen haben die Aufgabe, unterschiedlich zusammengesetzte wässrige Lösungen zu trennen, damit sich die bestehenden Unterschiede zwischen beiden Seiten nicht verflüchtigen. Durch den Einbau von **Transmembrankanälen** besteht die Gefahr, dass sich die für die permeablen Stoffe bestehenden Gradienten auflösen. Daher müssen Art und Zahl der Kanäle den biologischen Erfordernissen der Zelle sehr genau angepasst sein.

Für welche Stoffe könnte es in biologischen Membranen überhaupt Kanäle geben? Kann es Kanäle geben, durch die Proteine oder Glucose die Zellmembran passieren können? Um ein mittelgroßes Protein durch einen Kanal in der Plasmamembran einer Zelle zu schleusen, müsste dieser Kanal einen Porendurchmesser von etwa 5 nm haben (Serumalbumin hat mit seiner Molekülmasse von 69 kDa eine Länge von etwa 14 nm und Durchmesser von etwa 4 nm). Glucose mit einer Molekülmasse von 180 Da hat einen kleineren Durchmesser von etwa 1 nm. Selbst mit voll ausgebildeter Hydrathülle hat ein Natriumion einen Durchmesser von etwa 0,7 nm. Aus diesen Daten der Moleküldimensionen können wir schließen, dass ein hypothetischer Kanal im geöffneten Zustand, der für Serumalbumin permeabel wäre, kaum eine Chance hätte, den Durchstrom von Glucose und schon gar nicht den Durchstrom von Natriumionen zu verhindern oder zu kontrollieren. Damit wäre eine Zelle nicht lebensfähig. Tatsächlich kommen endogene Kanäle daher auch nur in solchen Varianten vor, die entweder Wasser (Moleküldurchmesser etwa 0,3 nm) oder Ionen (meist unter Abstreifung der Hydrathülle) durchlassen. Das »nackte« Natriumion hat einen Durchmesser von etwa 0,1 nm.

Durch geöffnete Ionenkanäle können anorganische Ionen bestimmter Größe und Ladung ihrem elektrochemischen Gradienten folgend die Plasmamembran passieren. Verschieden selektive und unterschiedlich regulierte Ionenkanäle kommen in allen Zellen vor, sind also in ihrer Verbreitung keineswegs auf Nerven- und Muskelzellen beschränkt. Ionenkanäle sind sehr früh in der Evolution prokaryotischer Zellen entstanden und wurden seither unter Genduplikation, Genfusion und andere Mutationen in großer Vielfalt in alle Organismengruppen weitergetragen. Man kann daher in rezenten Lebewesen aufgrund der Primärsequenzen sowie der Tertiär- und Quartärstrukturen von Kanalproteinen und der Topologie der Kanäle die **molekulare Evolution** nachvollziehen und Verwandtschaftsgruppen identifizieren, deren Vertreter als **homolog**[82] betrachtet werden müssen.

Beispiele dafür lassen sich unter den spannungsabhängig geregelten **Kationen**kanälen[83] finden (Abb. 1.17). Der spannungsabhängig geregelte Kaliumkanal mit seinen sechs Transmembranregionen und intrazellulär liegenden N- und C-Termini ist in dieser Grundstruktur und Topologie und ähnlichen Primärsequenzen in Bakterien, Hefen und Metazoa (Vielzeller), das heißt auch in Tieren, anzutreffen. Das spricht dafür, dass dieser Kanaltyp entwicklungsgeschichtlich recht ursprünglich ist. In Protoctista (einzelligen Lebewesen) und in Metazoa gibt es den multimer aufgebauten spannungsabhängig geregelten Calciumkanal. Dessen α1-Untereinheit besitzt vier fast sequenzgleiche Abschnitte, von denen jeder wiederum sechs Transmembranregionen aufweist. Auch hier

[82] *homologeo* (griech.) = übereinstimmen
[83] *kata* (griech.) = herab; *ion* (griech.) = gehend

liegen beide Enden des Proteins intrazellulär. Wegen dieser auffallenden strukturellen Bezüge zum Kaliumkanal und einer mehr als zufälligen Ähnlichkeit der Primärsequenzen beider Kanaltypen kann man schließen, dass ein Gen, das ursprünglich einen spannungsabhängig geregelten Kationenkanal mit sechs Transmembrandomänen codiert hat, durch zwei Genduplikationen und nachfolgende Genfusionsereignisse sowie weitere Mutationen, die unter anderem die Ionenselektivität des Proteinprodukts verändert haben, schließlich ein Gen für die α1-Untereinheit des spannungsabhängig geregelten Calciumkanals entstanden ist. Da die α-Untereinheit des multimer organisierten, spannungsabhängig geregelten Natriumkanals ebenfalls den Grundaufbau und die Topologie der α1-Untereinheit des Calciumkanals aufweist, aber nur in Metazoa vorkommt, liegt die Annahme nahe, dass die molekulare Evolution der α-Untereinheit des Natriumkanals auf die gleiche Weise wie die des Calciumkanals, aber zeitlich deutlich später stattgefunden hat. Auf diese Weise kann man für einzelne Moleküle **Stammbäume** entwerfen, die im günstigen Fall deckungsgleich sind mit den **Kladogrammen** der taxonomischen Gruppen von Lebewesen. Insofern kann der Vergleich von Proteinen und deren Strukturen auch Aufschlüsse über Ver-

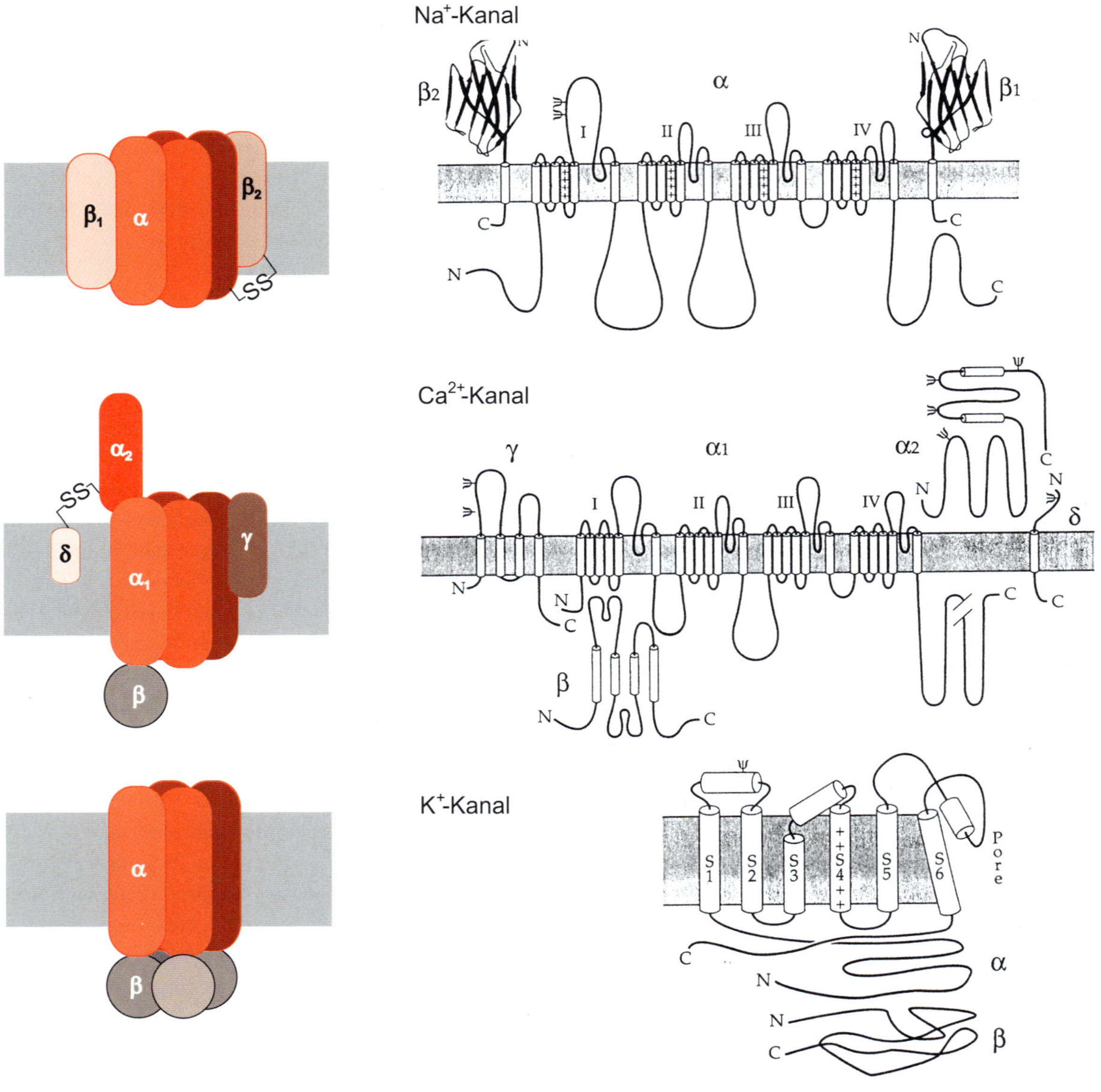

Abb. 1.17 Struktur und Topologie spannungsabhängig geregelter Kationenkanäle in tierischen Zellen. Der funktionelle Natriumkanal (oben) ist aus vier α- und zwei β-Untereinheiten (β1, β2) aufgebaut. Der Calciumkanal (Mitte) besteht aus vier α1-, einer α2- und je einer β-, γ- und δ-Untereinheit. Der Kaliumkanal (unten) besteht aus vier Komplexen aus jeweils einer α- und einer β-Untereinheit. Jeweils rechts ist die Topologie (Art der Membraninsertion bzw. -assoziation) der Kanaluntereinheiten gezeigt. Jeder Zylinder entspricht einer α-helikalen Transmembranregion. Die Seitenketten der Aminosäuren der Transmembranregionen S5 und S6 kleiden vermutlich die Ionenpore des Kanals aus. Die Transmembranregion S4 bildet durch die Akkumulation positiver Ladungen (Argininreste) den Spannungssensor. Glykosylierungen an den extrazellulär gelegenen Molekülteilen sind durch ψ markiert. (Aus Sewings et al. (1996) Neuroforum 2/96.)

wandtschaftsverhältnisse der diese Proteine exprimierenden Organismen liefern.

Allgemeine Eigenschaften von Ionenkanälen

Ionenkanäle werden von integralen Glykoproteinen (Molekülmassen zwischen 25 000 und 250 000 Da) gebildet, die die Lipiddoppelschicht der Membran vollständig durchspannen und eine zentrale wässrige Pore umschließen. Viele bestehen aus zwei oder mehr identischen oder verschiedenen Untereinheiten. Ionenkanäle haben drei charakteristische Eigenschaften:

- Ionenkanäle besitzen eine außergewöhnlich hohe Ionendurchlässigkeitsrate (bis zu 10^7 Ionen pro s!). Sie ist etwa um den Faktor 10^3 höher als bei allen bekannten Carriersystemen. Auch die Turnoverraten selbst der aktivsten Enzyme sind um Größenordnungen kleiner. Der Ionenstrom durch die Kanalpore ist immer passiv. Seine Richtung wird nicht durch den Kanal, sondern allein vom elektrochemischen Gradienten, der über der Membran anliegt, bestimmt.
  Die Kinetik des Ionenflusses gestaltet sich unterschiedlich. In einigen Kanälen nimmt der Strom durch den offenen Kanal linear mit der Höhe des elektrochemischen Gradienten zu, die Kanäle verhalten sich wie Widerstände nach Ohm: $I = E_M \times R^{-1}$ (I = Stromstärke, E_M = Membranpotenzial, R = Widerstand). Je nach Richtung des Gradienten leiten diese Kanäle in die eine oder die andere Richtung. Andere Kanälen zeigen dieses symmetrische Leitungsverhalten nicht. Sie lassen die Ionen in eine Richtung besser durch als in die andere, verhalten sich also wie Gleichrichter (◻ Abb. 1.18).
- Ionenkanäle besitzen eine selektive Ionendurchlässigkeit für eine oder mehrere Ionenarten. Einige kationenpermeable Kanäle, wie der acetylcholingesteuerte Kanal (ACh-Rezeptor), sind weniger selektiv und lassen sowohl Na^+ als auch K^+, Ca^{2+} und Mg^{2+} durch. Andere Kanäle sind dagegen hochselektiv – zum Beispiel Na^+-, K^+- oder Ca^{2+}-Kanäle (◻ Tab. 1.6). Alle bekannten anionenselektiven Kanäle sind nur für eine physiologisch relevante Ionenart, nämlich Cl^-, durchlässig. Die Kanäle besitzen schmale Regionen, die als Selektivitätsfilter fungieren. Anhand der Art der Ladung, der Ladungsdichte und anhand der Größe des Ionendurchmessers werden bestimmte Ionen durchgelassen und andere ausgeschlossen (◻ Abb. 1.19). Bei der Passage der Ionen durch den Anfangsteil eines Kanals wird oft der größere Teil des Hydratationsmantels vorübergehend abgestreift und eine schwache chemische Bindung (elektrostatische Interaktion) mit geladenen oder polaren Aminosäureresten der Kanalpore (*fixed charges*) eingegangen. Die Ionen bleiben in der Regel aber nur für kurze Zeit (weniger als 1 µs) an diesen Kontaktpunkten der Kanalpore gebunden, was die hohe Leitungsgeschwindigkeit erklärt.
- Ionenkanäle sind nicht immer offen, sondern steuerbar. Sie sind allosterische Proteine, die in mindestens zwei verschiedenen Zuständen existieren können. Der erste Zustand ist der geschlossene und aktivierbare Zustand, der auch als Ruhezustand bezeichnet wird und relativ stabil ist. Nach Eintreffen eines aktivierenden Stimulus liegt der Kanal im offenen, aktiven oder leitenden Zustand vor. Dieser Zustand kann stabil sein, sodass erst der Wegfall des aktivierenden Stimulus den Kanal wieder in den geschlossenen (und aktivierbaren) Zustand zurückfallen lässt. Bei vielen Kanälen ist der leitende Zustand aber nicht stabil, sondern nur ein Durchgangsstadium zu einem zwar aktivierten, aber nichtleitenden, dafür aber stabilen Zustand. Dieser wird so lange aufrechterhalten, wie der aktivierende Stimulus andauert. In dieser Phase ist der Kanal **refraktär**. Erst nach Wegfall des aktivierenden Stimulus kehrt dieser Kanal wieder in den geschlossenen und aktivierbaren Zustand zurück. Ein Beispiel für einen solchen Kanal, der während seines Funktionszyklus drei Zustände durchläuft, ist der spannungsabhängig geregelte Natriumkanal (◻ Abb. 1.20), der für die schnelle Depolarisation der Plasmamembran von Nerven- und Muskelzellen während der Anstiegsphase (Aufstrich) des Aktionspotenzials verantwortlich ist.

◻ Tab. 1.6 Relative Permeabilitäten verschiedener Ionenkanäle für unterschiedliche Ionen. Als Bezugspunkte dienen in jeder Zeile die Permeabilitäten, die fett gedruckt sind.

Kanaltyp	Na^+	Li^+	NH_4^+	K^+	Cs^+	Ca^{2+}	Ba^{2+}
Na^+-Kanal (*Loligo*-Riesenaxon)	**1,0**	1,1	0,27	0,083	0,016	0,1	
Na^+-Kanal (Froschmuskel)	**1,0**	0,96	0,11	0,048		< 0,1	
K^+-Kanal (Schneckenneuron)	0,07	0,09	0,15	**1,0**	0,18		
Ca^{2+}-Kanal (L-Typ)	0,0009	0,002		0,0003	0,0002	**1,0**	0,4
nicotinischer ACh-Rezeptor (Skelettmuskel)	**1,0**	0,87	1,79	1,11	1,42		
Kanaltyp	J^-	NO_3^-	Br^-	Cl^-	F^-	$Acetat^-$	K^+
spannungsabhängiger Cl^--Kanal (Ratte)	1,98	2,35	1,46	**1,0**	0,44	0,66	0,25
$GABA_A$-Rezeptor (Maus)	2,8	2,1	1,5	**1,0**	0,02	0,08	

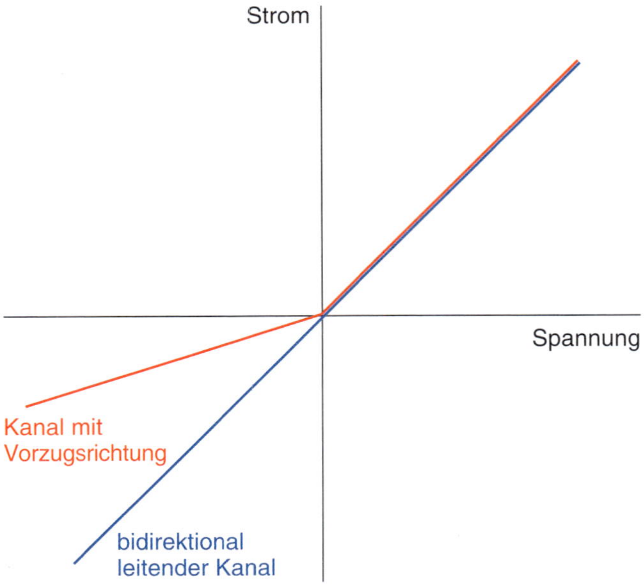

Abb. 1.18 Spannungs-Strom-Diagramm zweier Ionenkanäle. Die Messung des resultierenden Stroms bei Vorgabe verschiedener Transmembranspannungen (Membranpotenzial) führt im Fall eines bidirektional leitenden Kanals zu einer winkelhalbierenden Geraden durch den ersten und dritten Quadranten des Koordinatensystems. Im Fall eines Kanals, der eine Vorzugsrichtung für die Ionenleitung besitzt, sind die Steigungen in diesen beiden Quadranten unterschiedlich. Leitet der Kanal nur in eine Richtung (Gleichrichter), wird man entweder nur bei positiven Spannungsdifferenzen (im ersten Quadranten) eine Stromleitung messen oder nur bei negativen Spannungsdifferenzen (im dritten Quadranten).

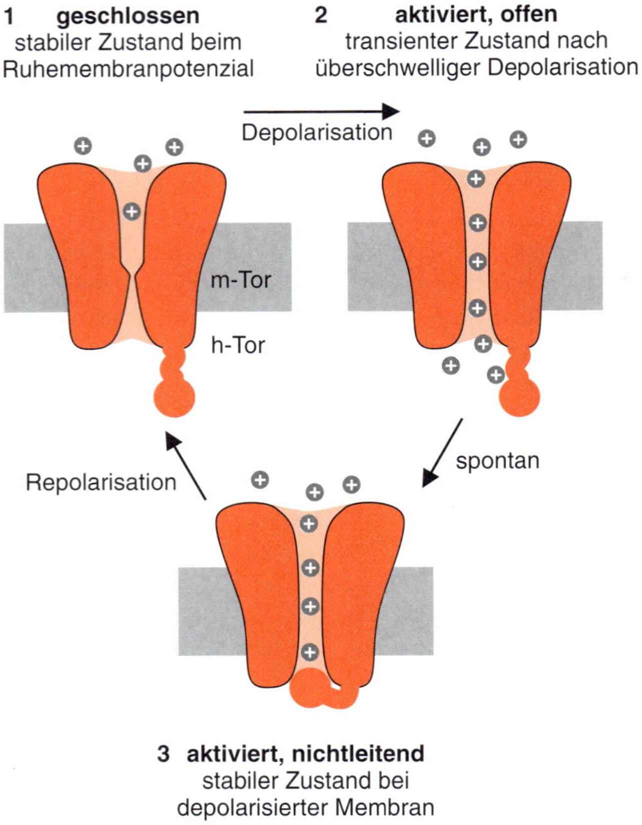

Abb. 1.20 Funktionszyklus des spannungsabhängig geregelten Na^+-Kanals. Der Na^+-Kanal hat zwei Tore, ein Aktivierungstor etwa in der Mitte der Kanalpore (m-Tor), das durch eine überschwellige Depolarisation der Membran geöffnet wird (① → ②) und ein h-Tor an einer cytosolischen Domäne des Kanals, das die Ionenpore etwa 1–2 ms nach der Öffnung des Kanals automatisch (spontan, d. h. ohne weitere Stimuli) verlegt. Da die Depolarisation weiterhin besteht und der Kanal eigentlich offen sein müsste, ist der Kanal zwar aktiviert, leitet aber nicht (3). Unter Depolarisationsbedingungen ist dies ein stabiler Zustand des Kanals. Die Repolarisation der Membran (Unterschreitung des Schwellenwertes) führt mit einer zeitlichen Verzögerung von etwa 2–3 ms (in dieser Periode ist der Kanal refraktär) zum Verschluss des m-Tores und zur Öffnung des h-Tores, so dass der Kanal wieder im geschlossenen, aber aktivierbaren Zustand (①) vorliegt.

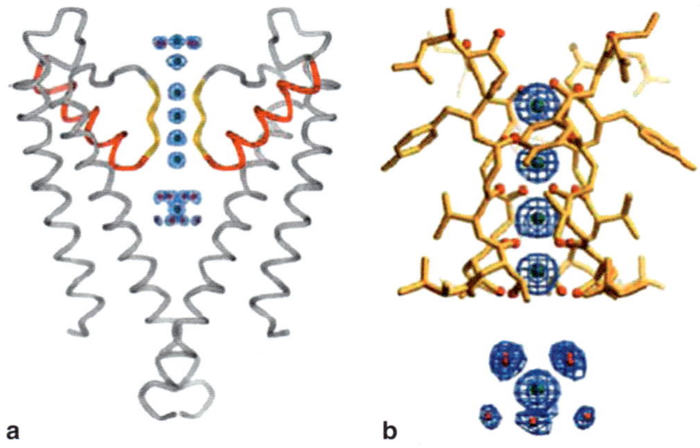

Abb. 1.19 Ionenpore eines Kaliumkanals. **a** Die Strukturen von zwei der insgesamt vier Untereinheiten des K^+-Kanals KcsA sind mit den extrazellulären Domänen nach oben in der Seitenansicht dargestellt. Die fehlenden Untereinheiten befinden sich vor und hinter der Zeichenebene. Jede der Untereinheiten enthält eine nahe bei den Membranlipiden liegende äußere α-Helix (grau), eine innere α-Helix, die sich nahe bei der Pore befindet (rot), und eine weitere, die direkt an der Porenbildung beteiligt ist (gelb) und an der engsten Stelle des Kanals am Aufbau des Selektivitätsfilters (Umrandung) beteiligt ist. Dieser erschwert den Durchtritt von anderen Ionen. **b** Vergrößerte Darstellung des Selektivitätsfilters. In der Pore sind vier gerade hindurchgetretene K^+-Ionen dargestellt. Die blauen Netzstrukturen um die K^+-Ionen und die Wassermoleküle herum symbolisieren die jeweilige Elektronendichte. Der Größenvergleich zeigt, dass K^+-Ionen nur ohne ihre Hydrathülle durch diese Engstelle des Kanals hindurchtreten können. (Nach MacKinnon R (2003) Potassium channels. FEBS Lett 555, 62–65, Abb. 1 a und b, S. 63.)

Den Übergang vom geschlossenen in den offenen Zustand des Kanals bezeichnet man als Gating[84]. Der Vorgang ist mit allosterischen Konformationsänderungen des Kanalproteins verbunden. Ionenkanäle sind entweder offen oder geschlossen, teilweise geöffnete Kanäle gibt es nicht. Es gibt verschiedene aktivierende Mechanismen, über die der Gatingprozess gesteuert werden kann (Abb. 1.21).

Ligandengesteuerte Kanäle werden durch Bindung eines Agonisten an eine intra- oder extrazellulär liegende Bindungsstelle des Kanals aktiviert (Abb. 1.22).

Spannungsgesteuerte Kanäle werden in den meisten Fällen durch eine Depolarisation der Zellmembran über einen

[84] *gate* (engl.) = Schleusentor, Pforte, Schranke

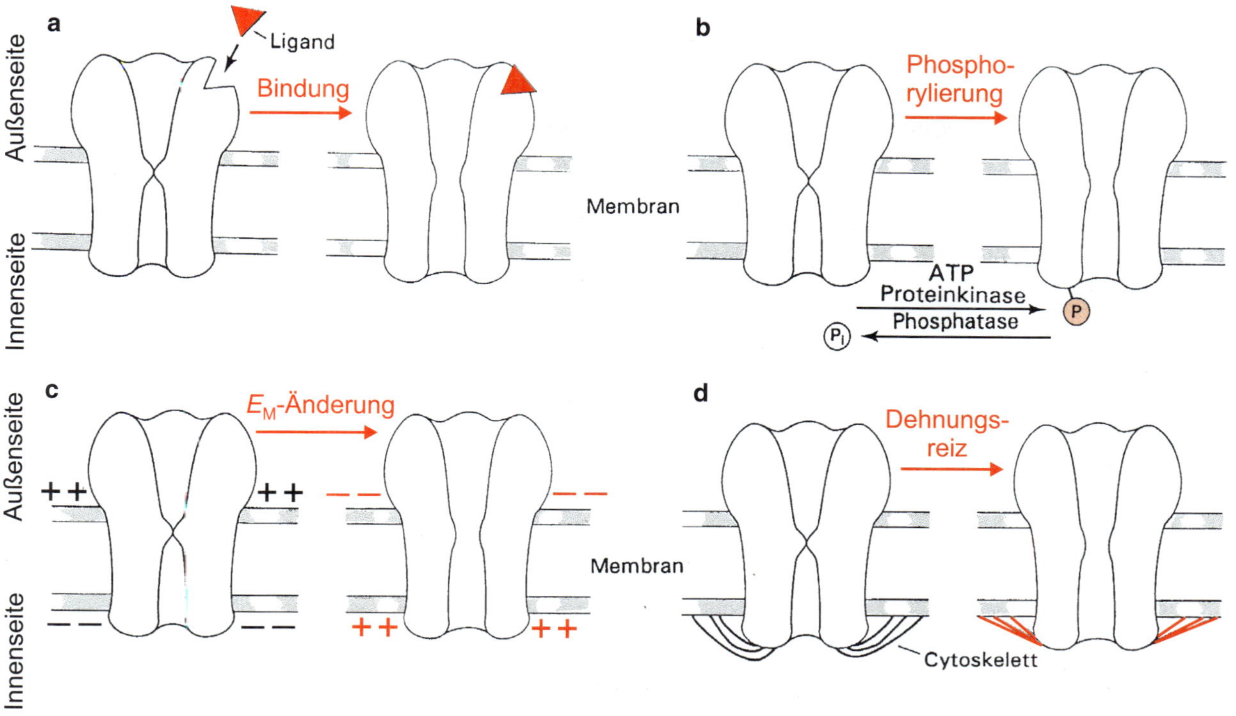

Abb. 1.21 Verschiedene Mechanismen des Ionenkanalgatings. **a** Ligandengesteuerter Kanal. **b** Phosphorylierung des Kanalproteins. **c** Spannungsgeregelter Ionenkanal. **d** Mechanosensitiver Ionenkanal. MI–IV = membrandurchspannende Segmente. (Nach Kandel ER, Schwartz JH, Jessel TM (1991) Principles of neural science. 3. Aufl. Elsevier, New York.)

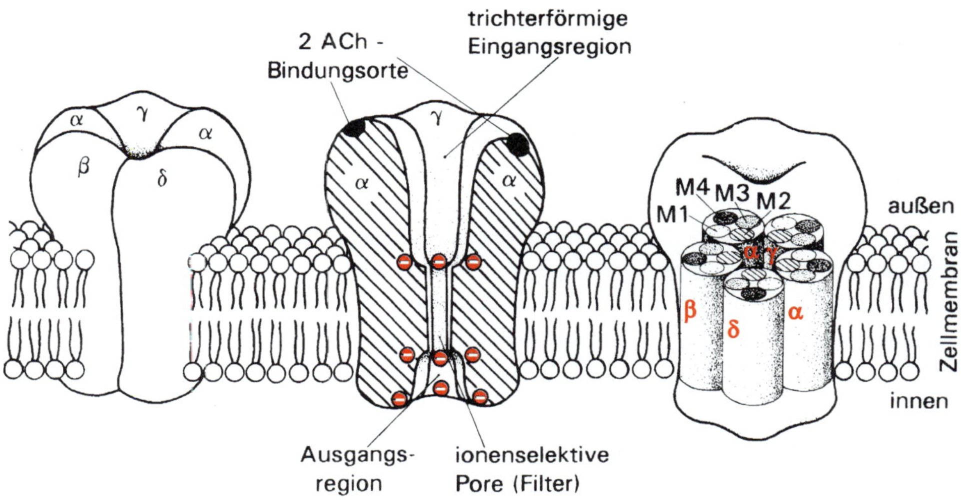

Abb. 1.22 Struktur eines ligandenaktivierbaren Ionenkanals. Dargestellt ist der nicotinische Acetylcholinrezeptor der Plasmamembran von Skelettmuskelzellen bei Wirbeltieren. (Nach Kandel ER, Schwartz JH, Jessel TM (1991) Principles of neural science. 3. Aufl. Elsevier, New York.)

kritischen Wert (**Schwellenwert**) hinaus aktiviert. Sie besitzen in ihrer Proteinstruktur einen Spannungssensor (Abb. 1.23), der mechanisch auf Veränderungen der Membranspannung reagiert und damit eine Konformationsänderung des Kanalproteins bewirkt.

Schließlich können auch Dehnungs- oder Scherkräfte, die auf die Zelloberfläche einwirken, direkt zur Öffnung von Ionenkanälen führen. Diese dehnungsabhängig gesteuerten Ionenkanäle sind entweder auf der cytosolischen Seite mit dem Cytoskelett oder auf der extrazellulären Seite mit der extrazellulären Matrix gekoppelt, sodass sich ihre Konformation immer dann ändert, wenn die Zelloberfläche passiv ausgelenkt wird (Abb. 1.21, Abb. 1.25).

Ionenströme durch einzelne Kanäle lassen sich mithilfe der Patch-Clamp-Technik untersuchen (▶ Box 1.3).

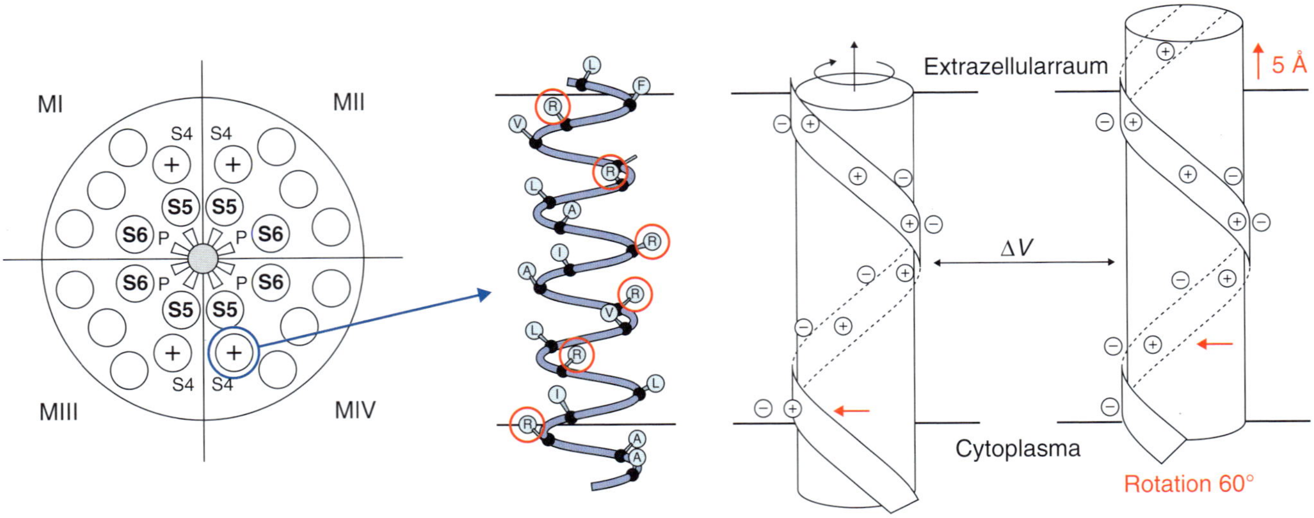

Abb. 1.23 Spannungssensor des spannungsabhängig geregelten Na^+-Kanals (*sliding-helix*-Modell). Links: Aufsicht auf den Kanal aus dem Extrazellularraum. Mehrere Argininreste (R; rote Kreise) in der jeweils vierten Transmembranregion (S4) jeder der vier Domänen des Kanals (MI–IV) tragen unter physiologischen Bedingungen (pH = 7,4) positive Ladungen und interagieren bei normalem Membranpotenzial (–80 mV innen gegenüber außen) mit negativ geladenen Aminosäureresten in anderen, umliegenden Transmembranregionen des Kanals. Die vierte Transmembranregion wird dadurch in einer metastabilen Position gehalten, in der eine Teilwindung der α-Helix weiter in Richtung Cytosol der Zelle verlagert ist, als sie ohne die Zugkraft des Membranpotenzials liegen würde. Wird die Zellmembran überschwellig depolarisiert, erlischt diese Zugkraft, sodass sich die vierte Transmembranregion unter Rotation im Uhrzeigersinn um etwa 5° und etwa 60 nm in Richtung Extrazellularraum bewegt. Bei depolarisierter Membran ist diese Position wiederum stabil, weil die Argininreste auf der nächsthöheren Etage mit den umliegenden negativen Ladungen interagieren können. Die mit der Verlagerung der vierten Transmembranregion einhergehende Konformationsänderung des Kanalproteins öffnet den Kanal, dessen Pore jeweils von den fünften und sechsten Transmembranregionen (S5, S6) der einzelnen Kanaldomänen gebildet wird. (Nach Catterall WA (2010) Ion channel voltage sensors: structure, function, and pathophysiology. Neuron 67, 915–928, Abb. 1 c und d, S. 916.)

Box 1.3 Messung von Einzelkanalströmen mittels der Patch-Clamp-Technik

Die **Patch-Clamp**[85]-Technik wurde 1976 von Erwin Neher* und Bert Sakmann* entwickelt. Für diese Arbeit erhielten sie 1991 den Nobelpreis für Medizin oder Physiologie. Die Erforschung der Ionenströme und anderer elektrischer Phänomene an Zellmembranen wurde durch diese Technik revolutioniert. Erst durch die Entwicklung dieser Technik wurde es möglich, die Ströme durch individuelle Ionenkanäle zu messen.

Das Wesen der Patch-Clamp-Technik besteht darin, kleinste Ausschnitte einer Zellmembranoberfläche durch Aufsetzen einer vorne sehr fein ausgezogenen Glaspipette vom Rest der Zelloberfläche und gegenüber dem externen Medium elektrisch zu isolieren. Im Extremfall hat man das Glück, dass sich innerhalb der vom Pipettenlumen überdeckten Membranfläche nur ein Ionenkanal eines bestimmten Typs befindet, der nun von allen anderen Kanälen isoliert ist (Abb. 1.24). Dessen Öffnungsverhalten (Gating) kann nun zum Beispiel durch Zumischung von Liganden in die Lösung der Pipettenfüllung (bei ligandengesteuerten Ionenkanälen) oder durch überschwellige Depolarisation des Zellinneren gegenüber außen (bei spannungsgesteuerten Ionenkanälen) untersucht werden. Der Strom, der durch den geöffneten Kanal unter einer bestimmten Größe des elektrochemischen Gradienten (stabile Ionenkonzentrationen innen und außen und eine durch die Spannungsklemme eingestellte konstante Membranspannung) fließt, hat eine spezifische Größe und ist für jeden Kanal typisch (Einzelkanalleitfähigkeit).

Durch Ansaugen der Plasmamembran von Zellen an die Öffnung der Glaspipette wird ein kleiner Ausschnitt der Membranfläche der Zelle (*patch*) elektrisch vom Rest der Zelloberfläche isoliert (Gigaohm-*seal*). Die Ströme durch die Ionenkanäle unterhalb der Pipettenöffnung (im Idealfall nur einer) können nun quasi ohne störendes Rauschen, das von Kriechstömen verursacht wird, gemessen werden. Dazu wird der Kanalstrom durch eine Elektrode in der Glaspipette aufgenommen, über einen elektrischen Verstärker geleitet und gegen das Badmedium, in welchem die Zelle inkubiert wird, gemessen. Um diese Strommessung unter kontrollierten Bedingungen durchführen und die Spannungs/Strom-Diagramme für einzelne Ionenkanäle aufnehmen zu können, wird die Patch-Clamp- mit einer Voltage-Clamp-Einrichtung (▶ Abschn. 13.3.1, ▶ Box 13.1) kombiniert.

[85] *patch* (engl.) = Flicken, Fleck; *clamp* (engl.) = Klammer, Klemme

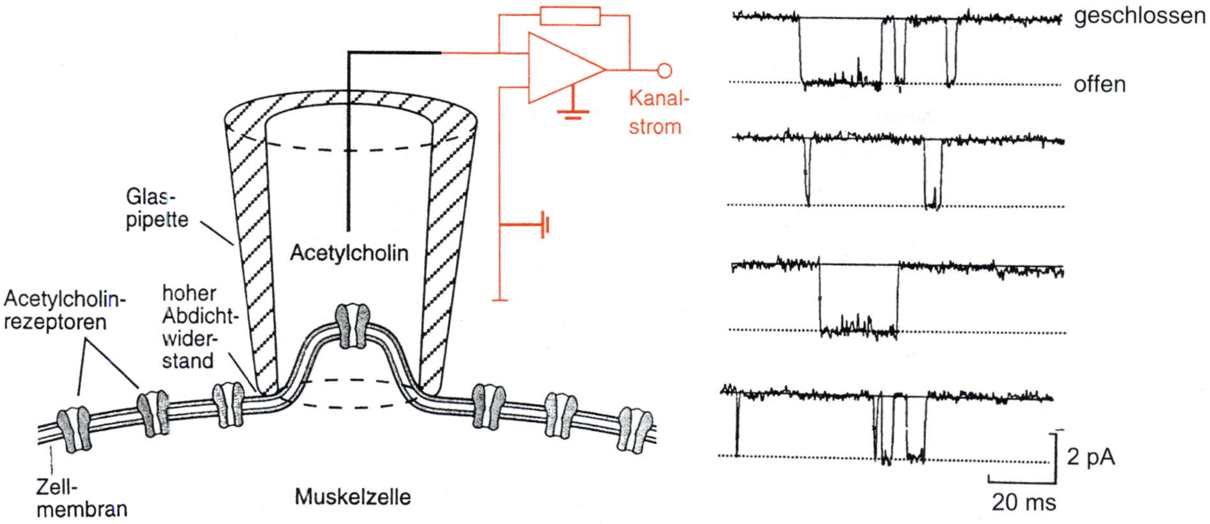

Abb. 1.24 Schema der Patch-Clamp-Technik und Ergebnis der Ableitung an einem ligandengesteuerten Ionenkanal. Rechts ist das Ergebnis einer Kanalstromableitung am nicotinischen Acetylcholinrezeptor bei einer konstanten Transmembranspannung dargestellt. In Anwesenheit von Acetylcholin in der Pipettenlösung öffnet sich der Kanal von Zeit zu Zeit und bleibt unterschiedlich lange offen. Diese Offenwahrscheinlichkeit des Kanals steigt mit zunehmender Konzentration des Liganden. Vereinbarungsgemäß wird in der Elektrophysiologie der Einstrom positiver Ladungsträger (Kationen) in das Innere der Zelle als negativer Strom dargestellt. Daher verursachen die hier durch den Kanal einströmenden Na^+-Ionen im Stromdiagramm einen Ausschlag nach unten. Anhand des deutlich sichtbaren Einzelkanalstroms (ca. 2 pA) wird deutlich, dass der Kanal nur in zwei diskreten Konformationen vorkommt. Er ist entweder geschlossen oder offen. (Nach Kandel ER, Schwartz JH, Jessel TM (1996) Neurowissenschaften. Eine Einführung. Spektrum Akademischer Verlag, Heidelberg.)

Ligandengesteuerte Kanäle

Die Aktivierung **ligandengesteuerter Ionenkanäle** wird durch die reversible Bindung eines Agonisten hervorgerufen. Innerhalb der Zelle liegende Bindungsstellen werden von sekundären Botenstoffen wie Inositol-1,4,5-trisphosphat (wie bei einem Calciumkanal in der Membran intrazellulärer Calciumspeicherorganellen) oder cGMP (wie bei einem Kationenkanal in der Plasmamembran der Photorezeptorzellen von Wirbeltieren) erkannt und der Kanal durch Bindung der Botenstoffe aktiviert. Extrazelluläre Agonisten für andere Formen von ligandengesteuerten Ionenkanälen sind Neurotransmitter oder Hormone (primäre Botenstoffe). Sie binden an Ligandenbindungsstellen der Ionenkanäle in den extrazellulären Domänen des Kanalproteins. Beispiele für Neurotransmitter sind Acetylcholin, Serotonin, Glycin oder γ-Aminobuttersäure (GABA). Beispiele für Hormone mit entsprechender Wirkung sind Adrenalin und Noradrenalin. Die Rezeptoren für diese Botenstoffe sind jeweils Teil des Ionenkanals selbst, der bei Bindung des Liganden eine Konformationsänderung durchläuft, die zur Öffnung der Kanals führt. Solche Kanalproteine, die eine aktivierende Ligandenbindungsstelle direkt in ihrer Proteinstruktur tragen, nennt man **ionotrope Rezeptoren**.

Acetylcholin und **Serotonin** öffnen Kationenkanäle. Durch den damit verbundenen Kationeneinstrom depolarisiert die Zelle. Bei erregbaren Zellen wirken diese Transmitter also **exzitatorisch**[86]. **GABA** und **Glycin** öffnen Chloridkanäle, was meist zu einem geringfügigen Einstrom von Chloridionen in die Zelle und einer damit einhergehenden Hyperpolarisation führt. Auf erregbare Zellen wirken diese Transmitter daher **inhibitorisch**[87].

Die im Zentralnervensystem der Wirbeltiere verbreiteten **glutamatgesteuerten** Kanäle sind etwas anders aufgebaut. Sie sind selektiv permeabel für Kationen und wirken daher exzitatorisch auf die Zielneurone ein (▶ Abschn. 13.4.5). Sie spielen wichtige Rollen bei komplexen Funktionen des Gehirns (u. a. der neuronalen Plastizität im Zusammenhang mit Lernen und Gedächtnis) (▶ Abschn. 13.8).

Bei Wirbeltieren erfolgt die Übertragung der Signale motorischer Nerven auf die Skelettmuskulatur durch den Transmitter Acetylcholin (ACh). ACh bindet auf der Oberfläche der Muskelzellmembran an ionotrope Rezeptoren, sogenannte nicotinische Acetylcholinrezeptoren (nAChR) (Abb. 1.22, Abb. 1.24). Der nAChR ist ein Pentamer mit den Untereinheiten 2α, 1β, 1γ und 1δ. Die vier Typen von Untereinheiten sind hinsichtlich ihrer Aminosäuresequenzen sehr ähnlich, was darauf schließen lässt, dass die sie codierenden Gene auf ein gemeinsames Ursprungsgen zurückgehen. Jede Untereinheit besteht aus einer Polypeptidkette, die vier miteinander über Schleifen verbundene, membrandurchspannende (hydrophobe) α-Helices aus rund 20 Aminosäuren (M1–M4) und eine lange N-terminale Domäne an der extrazellulären Seite aufweist. Die intrazelluläre Schleife zwischen M3 und M4 ist die längste. Die M2-Segmente der fünf Untereinheiten bilden zusammen die Kanalwand, an der drei Ringzonen mit negativ geladenen Ami-

86 *to excite* (engl.) = erregen, aufregen

87 *inhibere* (lat.) = unterbinden, anhalten

nosäuren (Glutaminsäure, Glutamin bzw. Asparaginsäure) vorhanden sind, die die Ionenselektivität des Kanals sicherstellen und die passierenden Kationen von ihrer Hydrathülle befreien. Das Kanalprotein ragt aus der Plasmamembran etwa 6 nm weit in den Extrazellularraum hervor. Dort liegt in jeder der beiden α-Untereinheiten eine Bindungsstelle für ACh. Der Kanal öffnet sich, wenn beide Bindungsstellen mit ACh besetzt sind. Betrachtet man den Kanal aus dem Extrazellularraum, so öffnet sich im Zentrum des Untereinheitskomplexes der Vorhof des Kanals mit einer Weite von ca. 2,5 nm, der in einen relativ langgestreckten Halsteil der Kanalpore führt. Dieser verengt sich etwa auf der Ebene des äußeren Blattes der Plasmamembran zu einer engen Pore, die die Membran durchzieht. In der Ebene des äußeren Blattes der Membran weitet sich der Kanal zum Cytosol hin. Der Kanal leitet bevorzugt Na^+-Ionen und wirkt daher exzitatorisch auf die Muskelzelle, ist aber auch durchlässig für K^+ und, je nach Zelltyp und Kombination der Untereinheiten, fallweise auch für Ca^{2+}. Anionen schließt er aber sicher aus. Hochspezifisch hemmen kann man diesen Kanal mit **Curare**. Die aus südamerikanischen Lianenarten gewonnene Substanz ist ein kompetitiver Antagonist des Acetylcholins am nAChR und führt schon in sehr niedrigen Konzentrationen zur schlaffen Lähmung der Skelettmuskulatur von Wirbeltieren. Curare wirkt allerdings nur auf die Muskulatur, wenn es in den Kreislauf injiziert wird. Bei der Passage durch den Magen-Darm-Trakt bleibt es unwirksam. Diese Eigenschaften machte Curare zu einem perfekten Pfeilgift südamerikanischer Indios.

Spannungsgesteuerte Kanäle

Spannungsabhängig geregelte bzw. **spannungssensitive Ionenkanäle** finden sich sehr häufig in erregbaren Zellen, zuweilen aber auch in nichterregbaren Zellen. Sie öffnen und schließen sich in Abhängigkeit vom elektrischen Feld, das in der Membran herrscht. Die Öffnung bei Depolarisation der Membran wird von einem empfindlichen **Spannungssensor** in der Membran eingeleitet, über dessen Funktion bereits eine recht präzise Modellvorstellung existiert (◘ Abb. 1.23). Wie wir bereits diskutiert haben, besitzen diese Kanäle in der Primärsequenz einen (K^+-Kanal) oder vier (Ca^{2+}- und Na^+-Kanäle) Abschnitte mit jeweils sechs α-helikalen Transmembranregionen. Jeweils die vierte Transmembranregion (TM4) dieser Abschnitte bilden den Spannungssensor des jeweiligen Kanalmoleküls. Die Primärsequenz jeder dieser Transmembranregionen enthält in regelmäßigen Abständen Arginine, deren Seitenketten positiv geladen sind. Auf diese positive Überschussladung übt das innen negative Membranpotenzial der Zelle eine Kraft aus, sodass die Transmembranregion elastisch etwas in Richtung des Zellinneren gezogen wird. Stabilisierend wirkt sich aus, dass jeder der Argininreste der TR4 in dieser Position jeweils einen ionischen (positiv geladenen) Bindungspartner in der Umgebung findet, der jeweils von Glutaminsäure- oder Asparaginsäureresten gegenüberliegender Aminosäuren aus den benachbarten Transmembranregionen gestellt wird. Dieser Zustand der TR4-Region des Kanalproteins ist stabil, solange das Membranpotenzial, wie unter Ruhebedingungen üblich, bei −70 bis −90 mV liegt – sie hält die Pore des Kanalproteins, die jeweils durch die fünfte und sechste Transmembranregion der Proteinabschnitte gebildet wird, strikt im geschlossenen Zustand. Wird die Zellmembran allerdings durch elektrische oder andere Einflüsse depolarisiert, so reicht die Zugkraft des Membranpotenzials nicht mehr aus, die vierte TM jeweils in ihren zum Zellinneren verschobenen Zustand zu halten. Ihrer elastischen Einbindung in das Gesamtprotein folgend, bewegt sie sich in dieser neuen Situation mit einer Rotation um ihre eigene Achse etwa 5 nm in Richtung des Extrazellularraums und wird dort wiederum durch ionische Wechselwirkungen der Argininreste mit umliegenden negativen Ladungen stabilisiert. Diese Konformationsänderung reicht aus, um die Kanalpore zu öffnen und Kationen in die Zelle einströmen zu lassen. Dieser Mechanismus erklärt auch, warum es für die Aktivierung der spannungssteuerten Ionenkanäle einen Schwellenwert gibt. Dieser ist nämlich genau das (leicht depolarisierte) Membranpotenzial, bei dem die elastische Kraft, die TM4 in Richtung des Extrazellularraums zieht, gerade nicht mehr durch die entgegengesetzt gerichteten elektrischen Zugkräfte des Membranpotenzials kompensiert wird.

Dehnungsgesteuerte Kanäle bzw. mechanosensitive Kanäle

Mechanische Deformationen der Membran lösen den Gatingprozess der **mechanosensitiven Ionenkanäle** aus, was besonders bei Mechanorezeptoren (Tast-, Gleichgewichts-, Hörsinn usw.) von Bedeutung ist. Das geschieht oft mit einer sehr kurzen Latenzzeit von nur 10 µs. Außerdem ist die Einzelkanalleitfähigkeit dieser Kanäle recht hoch (25–35 pS), sodass die Sinneszellen mit hoher Empfindlichkeit auf mechanische Stimuli reagieren.

Mechanosensitive Kanäle sind vermutlich in allen Zellen anzutreffen. Man kennt solche Kanäle aus Pro- und Eukaryoten. Es gibt einige Kanäle, die recht selektiv für K^+-Ionen sind, andere (besonders die in Eukaryoten) sind eher kationenselektiv und leiten Na^+-, Ca^{2+}- und K^+-Ionen. Manche Formen leiten auch Anionen mit hoher Einzelkanalleitfähigkeit (300 pS).

Zum genauen Mechanismus des Gatings gibt es zwei Modellvorstellungen (◘ Abb. 1.25). Für beide gibt es experimentelle Belege. Die erste Hypothese wird auch als *lipid-bilayer-tension-* oder auch Stretchmodell bezeichnet. In diesem Modell werden äußere mechanische Einflüsse für einen Zug auf die Phospholipidmoleküle verantwortlich gemacht, der sich auf die Transmembrandomänen des Kanalproteins überträgt, da sowohl die Phospholipidmoleküle untereinander als auch die unmittelbar an das Kanalprotein anliegenden Phospholipidmoleküle mit den hydrophoben Teilen der Proteinsequenz in hydrophober Wechselwirkung stehen. Diese ist ausreichend stark, um den äußeren Zug in eine Konformationsänderung des Kanalproteins umzusetzen. Das *spring-like-tether*-Modell besagt dagegen, dass die regulatorischen Domänen des Kanalproteins intrazellular an das Cytoskelett angeknüpft sind und/oder extrazellular mit der extrazellulären Matrix in Kontakt stehen. Werden diese deformiert, würde sich dies direkt auf die Konformation des Kanalproteins auswirken.

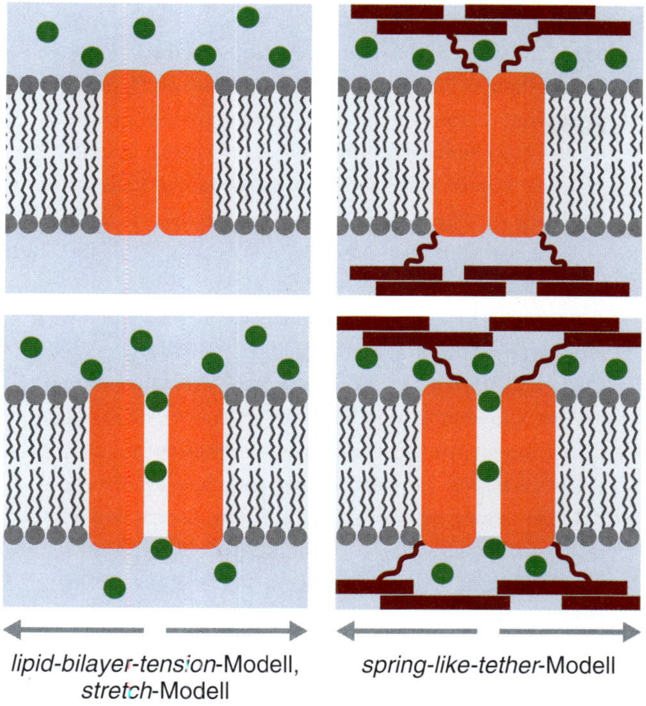

Abb. 1.25 Gatingmodelle für mechanosensitive Ionenkanäle. Das *lipid-bilayer-tension*- bzw. Stretchmodell (links) geht davon aus, dass die Phospholipidmoleküle der Plasmamembran hydrophobe Wechselwirkungen mit entsprechenden Aminosäureresten in den äußeren Flächen der Kanalproteine eingehen. Verformungen der Membran üben daher Zugkräfte auf das Kanalprotein aus, was zur Öffnung der Ionenpore führen könnte. Das *spring-like-tether*-Modell geht davon aus, dass bestimmte Domänen des Kanalproteins mit dem Cytoskelett, andere dagegen mit der extrazellulären Matrix verknüpft sind. Verformungen oder Scherkräfte, die auf das Gewebe oder die Zelle wirken, werden so auf das Kanalprotein übertragen, was zur Öffnung des Kanals führt. Mechanosensitive Kanäle sind besonders wichtig in freien Nervenendigungen der Haut (Tastsinn), in Muskelspindeln (Dehnung von Muskeln und Sehnen) und in den Sinneszellen unseres Innenohrs.

1.5.7 Aktiver Transport

Im Gegensatz zur erleichterten (katalysierten) Diffusion kann der aktive Transport auch gegen einen elektrochemischen Gradienten (»bergauf«) erfolgen. Das bedeutet, dass er bei Abwesenheit aller Konzentrations-, Potenzial-, Druck- und Temperaturdifferenzen zwischen der Innen- und Außenseite der Membran stattfinden und zum Aufbau eines elektrochemischen Gradienten führen kann. Das ist selbstverständlich nur unter Aufwand von freier Enthalpie (G), das heißt durch Kopplung an einen energieliefernden biochemischen Prozess, möglich. Diese Energie kann entweder direkt aus der Hydrolyse von ATP stammen (primär **aktiver Transport**) oder aus der diffusiven Triebkraft, die in bereits präformierten Konzentrations- oder elektrischen Gradienten steckt (sekundär aktiver Transport). Da das Transportgut auch beim aktiven Transport reversibel an ein Carrierprotein gebunden wird, zeichnet sich dieser wie die erleichterte Diffusion durch Spezifität bzw. Selektivität, eine Sättigungskinetik und spezifische Hemmbarkeit aus.

Primär aktiver Transport

Die Energie für den primär aktiven Transport stammt aus der Hydrolyse von ATP. Die für den aktiven Transport verantwortlichen Carrier werden daher auch als **ATPasen** bezeichnet. Die einzige Ausnahme von dieser Regel bildet der von den Proteinkomplexen der Atmungskette in der inneren Mitochondrienmembran vermittelte Protonentransport aus der mitochondrialen Matrix in den Intermembranraum, der durch Ausnutzung von Redoxpotenzialen vermittelt wird.

Die für den Ionentransport zuständigen Transport-ATPasen tierischer Zellen untergliedert man wegen ihrer unterschiedlichen Mechanismen in drei Gruppen:

F-Typ-ATPasen

Diese ATPasen sind eigentlich bakterielle Enzyme, die für den Protonenexport aus der Zelle in die Umgebung verantwortlich sind. Mitochondrien, die ihr bakterielles Erbe mit in die eukaryotischen Zellen genommen und dort teilweise bewahrt haben, exprimieren diese multimeren ATPasen in der inneren Membran. Dort arbeiten sie aber nicht als ATPasen, sondern in umgekehrter Richtung als ATP-Synthetasen. Die Energie für die ATP-Synthese beziehen sie aus der Dissipation des Protonengradienten über der inneren Mitochondrienmembran.

V-Typ-ATPasen

Diese ATPasen kommen in Protoctista und in mehrzelligen Lebewesen vor und sind multimere Proteine aus acht verschiedenen Untereinheiten (A–H). Sie transportieren Protonen (H^+-Ionen). Ursprünglich entdeckt wurden diese ATPasen in den Membranen intrazellulärer Vesikel (daher das »V«). Sie werden allerdings auch in die Plasmamembran inseriert. Diese ATPasen sind für die Ansäuerung von Endosomen[88] und Lysosomen[89] und für die Sekretion von Protonen in den Extrazellularraum verantwortlich. In einigen Tierarten (z. B. im Mitteldarm des Tabakschwärmers, *Manduca sexta*) sind V-Typ-ATPasen für die Herstellung steiler Protonengradienten zwischen benachbarten Kompartimenten verantwortlich (protonenmotorische Kraft), von denen alle nachgeschalteten Transportprozesse der Epithelien abhängig sind. Ein spezifischer Hemmstoff für V-Typ-ATPasen ist Bafilomycin, ein Antibiotikum aus *Streptomyces griseus*.

P-Typ-ATPasen

Diese ATPasen sind dimere Moleküle und aus je einer α- und β-Untereinheit aufgebaut. Vertreter dieser Familie kommen in allen tierischen Zellen vor. Während des Funktionszyklus der ATPase wird die α-Untereinheit vorübergehend phosphoryliert (daher das »P«). Einige Vertreter der P-Typ-ATPasen tauschen Na^+- gegen K^+-Ionen über die Plasmamembran tierischer Zellen aus (Na^+/K^+-ATPasen; ▶ Box 1.4) und generieren die für die Erregbarkeit von Nerven- und Muskelzellen sowie für nachgeschaltete gradientengekoppelte Transportmechanismen wichtigen Ionengradienten über der Plasmamembran. Andere

[88] *endo* (griech.) = innen; *soma* (griech.) = Körper
[89] *lysis* (griech.) = Lösung, Auflösung, Beendigung

Vertreter dieser Familie exportieren Ca^{2+}-Ionen aus dem Cytosol in den Extrazellularraum (Plasmamembran-Ca^{2+}-ATPase, PMCA). Auch die Befüllung intrazellulärer Organellen, die als Calciumspeicher fungieren, mit Ca^{2+}-Ionen aus dem Cytosol wird von Vertretern dieser ATPase-Familie angetrieben wie SERCA (*sarcoplasmic/endoplasmic reticulum calcium ATPase*). Ebenfalls zu dieser Familie gehört die H^+/K^+-ATPase in der apikalen Membran der Belegzellen der Magenwand, die für die Ansäuerung des Magenlumens verantwortlich ist. Auch die H^+-ATPase von Pflanzenzellen und die K^+-ATPase der Bakterien gehören in diese Verwandtschaft. Aufgrund seiner strukturellen Ähnlichkeit mit Phosphat ist Vanadat ein universeller Hemmstoff aller Vertreter dieser ATPase-Familie.

Box 1.4 Na^+/K^+-ATPase

Wegen der grundlegenden Bedeutung für die Funktion tierischer Zellen soll die Na^+/K^+-ATPase hier ein wenig ausführlicher besprochen werden.

Das Enzym wird nach der Synthese und dem Import beider Untereinheiten in das endoplasmatische Retikulum (ER)[90] in dessen Membran assembliert. Dabei tritt je nach Zelltyp eine von vier bekannten Subtypen der α-Untereinheit mit einer von drei bekannten Subtypen der β-Untereinheit (jeweils für den Menschen) zusammen. In einigen Zelltypen tritt noch eine γ-Untereinheit hinzu, über deren Funktion allerdings bisher nur spekuliert wird. Die α-Untereinheit (ca. 110 kDa) hat zehn Transmembrandomänen, die β-Untereinheit (35 kDa) nur eine. Die β-Untereinheit wird am C-terminalen Ende stark glykosyliert. Nur dieser korrekt assemblierte heterodimere Membranproteinkomplex wird aus dem ER zur Plasmamembran transportiert und dort eingebaut. Bei polarisierten Epithelzellen erfolgt dieser Einbau bis auf seltene Ausnahmen im basolateralen Membrankompartiment. Der Insertionsmechanismus (Exocytose) bringt es mit sich, dass sowohl N- als auch C-Termini der α-Untereinheit als cytosolische Domänen des Proteins im Inneren der Zelle verbleiben, ebenso der N-Terminus der β-Untereinheit. Der glykosylierte C-Terminus der β-Untereinheit reicht weit in den Extrazellularraum hinein (Abb. 1.26). Da alle bekannten Funktionen der Na^+/K^+-ATPase mit der α-Untereinheit assoziiert sind, ist die Funktion der β-Untereinheit immer noch unklar. Vermutlich dient sie der korrekten Membraninsertion und der Stabilisierung des Holoenzyms in der Membran.

Die Na^+/K^+-ATPase schleust pro Funktionszyklus drei Na^+-Ionen aus dem Cytosol in den Extrazellularraum und in der Gegenrichtung zwei K^+-Ionen in das Cytosol. Ein Molekül der Na^+/K^+-ATPase transportiert pro Sekunde 150–500 Na^+-Ionen sowie 100–330 K^+-Ionen. Da die K^+-Konzentration in ruhenden Zellen im Cytosol ohnehin deutlich höher ist als im Extrazellularraum und die Na^+-Konzentrationen umgekehrt verteilt sind, erfolgen beide Transportschritte der ATPase »bergauf«. Deshalb bezeichnet man die ATPase auch als Natrium/Kalium-Pumpe. Die Stöchiometrie[91] des Transports führt pro Umlauf zum Defizit einer positiven Ladung im Cytosol. Das kommt einer intrazellulären Negativierung gleich und trägt zu einem kleinen Teil zum Aufbau des Ruhepotenzials (innen negativ gegenüber außen) tierischer Zellen bei.

Den Funktionszyklus der Na^+/K^+-ATPase (Abb. 1.27) beschreibt ein erstmals 1972 entworfenes Modell (Post-Albers-Modell), das seither durch neue Strukturdaten immer weiter verfeinert wurde. Zu Beginn des Funktionszyklus (im E1-Na-Zustand) hat die α-Untereinheit drei Natriumionen und an ihrer Nucleotidbindungsstelle bereits ein Molekül ATP aus dem cytosolischen Vorrat gebunden (①). Nach der von der Präsenz eines Mg^{2+}-Ions abhängigen Hydrolyse des ATP und der Übertragung des γ-Phosphats auf einen Aspartatrest der α-Untereinheit (**Proteinphosphorylierung**, E1~P-Zustand) (②) löst sich das übrig gebliebene ADP-Molekül aus der Nucleotidbindungstasche (③). Dieser Vorgang leitet eine Konformationsänderung der Ionenbindungsstelle ein, sodass diese nur noch eine sehr geringe Affinität für die gebundenen Natriumion besitzt (E2~P-Zustand). Die Na^+-Ionen werden daher zur extrazellulären Oberfläche des Proteins gebracht und in den Extrazellularraum entlassen (④). Die Freisetzung der Na^+-Ionen ermöglicht zwei extrazellulären K^+-Ionen den Zugang zur Ionenbindungstasche, da diese im E2-Zustand eine hohe Affinität für K^+-Ionen aufweist (⑤). Nach der Bindung der K^+-Ionen findet die hydrolytische Abspaltung des Phosphatrestes von der α-Untereinheit statt (⑥). Aus dem cytosolischen ATP-Vorrat bindet nun erneut ein ATP-Molekül an die Nucleotidbindungsstelle der α-Untereinheit (⑦), was zur Affinitätssenkung der Ionenbindungsstelle für Kaliumionen führt (E1-Zustand) und den Durchtritt der K^+-Ionen zur cytosolischen Seite des Proteins ermöglicht. Die K^+-Ionen werden gegen die im Cytosol ohnehin schon hohe Konzentration von K^+-Ionen freigesetzt (⑧). Im E1-Zustand weist die vom Cytosol aus zugängliche Ionenbindungsstelle der α-Untereinheit wiederum eine hohe Affinität für Na^+-Ionen auf (⑨), sodass dort drei Na^+-Ionen binden (⑩).

Messungen haben ergeben, dass manche Tierarten bis zu 20 % ihres Umsatzes im Energiestoffwechsel in den Betrieb der Na^+/K^+-ATPase investieren. Die Organe mit den höchsten Dichten von Na^+/K^+-ATPase-Molekülen sind das elektrische Organ des Zitteraals (*Electrophorus electricus*) und die Salzdrüsen mariner Vögel (Albatross, Möwen, Pinguine, Enten usw.).

Sehr effektiv wirkende Inhibitoren der Na^+/K^+-ATPase sind die herzwirksamen Glykoside. Diese sind komplexe Konjugate von Cholesterin und Zuckermolekülen, die in mehreren Pflanzenarten vorkommen. Die bekanntesten sind die *Digitalis*-(Fingerhut-)Glykoside Digitoxin und Digoxin. Sowohl in der Therapie als auch in der Forschung wird zur Hemmung oder Ausschaltung der Na^+/K^+-ATPase allerdings eher das **Oua-**

▼

[90] *reticulum* (lat.) = Wurfnetz

[91] *stoicheion* (griech.) = Grundstoff; *metron* (griech.) = Maß

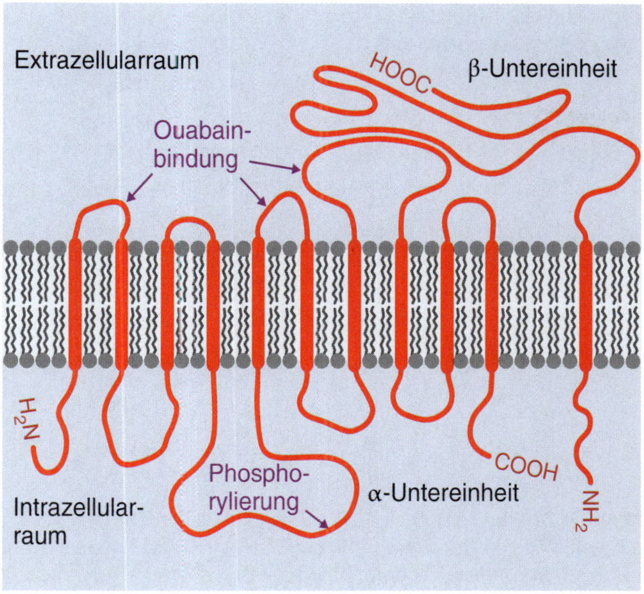

Abb. 1.26 Topologisches Modell der Na^+/K^+-ATPase.

bain[92] (Abb. 1.28) eingesetzt. Dieses Strophanthin stammt aus *Strophanthus gratus* und hemmt die häufigsten Varianten der Na^+/K^+-ATPase mit IC_{50}-Werten zwischen 1 und 10 µmol l^{-1} durch Bindung an die Ionentranslokationsdomänen der α-Untereinheit. Therapeutisch ist eine partielle Hemmung der Na^+/K^+-ATPase in Herzmuskelzellen bei Vorliegen einer Herzschwäche sinnvoll. Herzwirksame Glykoside bewirken einen Anstieg der intrazellulären Natriumkonzentration in den Herzmuskelzellen. Dieses verkleinert den Na^+-Gradienten zwischen Extrazellularraum und Muskelzellcytosol. Damit wird die Triebkraft für den Na^+/Ca^{2+}-Austauscher in der Zellmembran des Herzmuskels vermindert. Dies hat zur Folge, dass im Cytosol der Herzmuskelzelle zwischen den Kontraktionen leicht erhöhte Konzentrationen von Ca^{2+}-Ionen verbleiben. Diese Ionen sorgen für eine gewisse Vorstimulation der Herzmuskelzelle, was sowohl die Herzfrequenz (chronotrope[93] Wirkung) als auch die Kontraktionskraft (inotrope[94] Wirkung) des Herzens steigert.

92 *waabaayo* (somali) = Pfeilgift
93 *chronos* (griech.) = Zeit; *tropos* (griech.) = Wendung
94 *in-* (griech.) = sich auf die Faser oder die Sehne beziehend

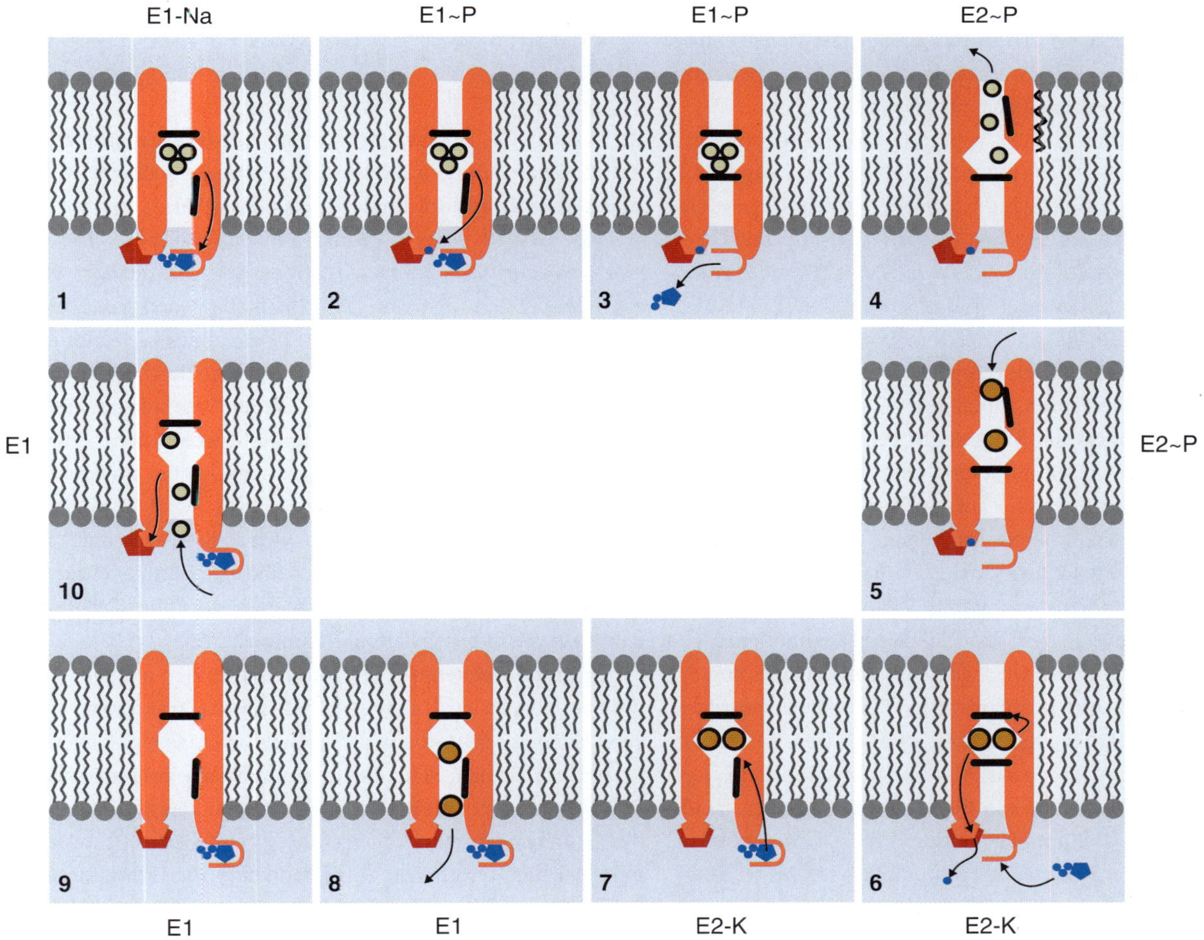

Abb. 1.27 Funktionsmodell der Na^+/K^+-ATPase. Erläuterungen im Text. (Nach Horisberger JD (2004) Recent insights into the structure and mechanism of the sodium pump. Physiology 19, 377–387, verändert.)

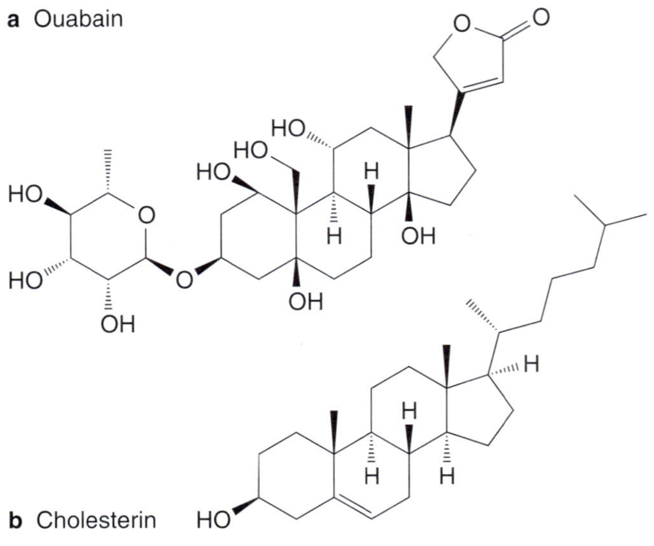

Abb. 1.28 Strukturen von Ouabain (**a**) und Cholesterin (**b**) im Vergleich.

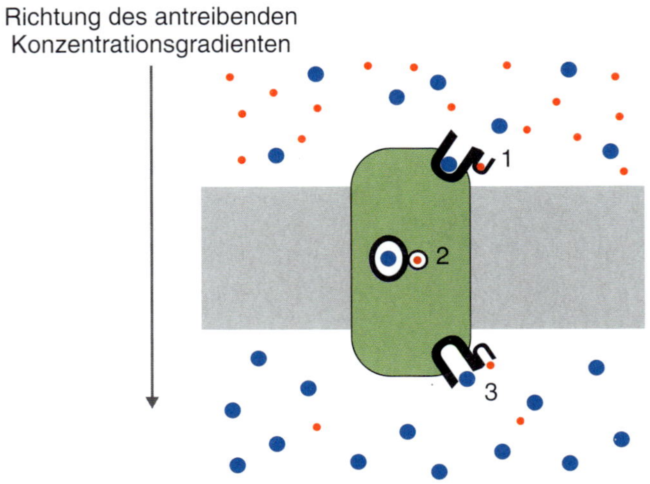

Abb. 1.29 Funktionsschema des Cotransports (oder Symports) über die Membran von ansonsten impermeablen Stoffen auch gegen einen eventuell vorhandenen Konzentrationsgradienten. Im ersten Schritt (①) bindet ein Molekül des Transportgutes (blau). Nur, wenn am selben Carriermolekül dann auch ein Molekül des antreibenden Konzentrationsgradienten (rot, in der Regel ein Ion) bindet, geht der Carrier in den Transportmodus (②). Er durchläuft dabei eine Konformationsänderung, die die Bindungsstellen für beide Moleküle auf die gegenüberliegende Seite der Membran verlagert. Dort liefert die Freisetzung des roten Moleküls/Ions die Energie, die nötig ist, um das Transportgut (blau) vom Carrier zu lösen (③), auch dann, wenn dessen Konzentration im Medium bereits beträchtlich hoch ist.

Sekundär aktiver Transport

Sekundär aktiver Transport wird nicht (wie der primäre) direkt durch ATP-Hydrolyse angetrieben. Der sekundär aktive Transport hat vielmehr einen primär aktiven Transport zur Voraussetzung, indem er den durch jenen erzeugten elektrochemischen Na^+- bzw. H^+-Gradienten für die Energetisierung weiterer Transportleistungen ausnutzt.

In tierischen Zellen gibt es Carrier, die ein Transportgut gemeinsam mit Na^+- oder H^+-Ionen in dieselbe Richtung transportieren (Cotransporter, Symporter) oder in die Gegenrichtung transportieren (Austauscher, Exchanger, Antiporter). Bei diesen findet die Behandlung beider Arten von Transportgut in ein und demselben Carrierprotein statt.

Als Beispiel eines sekundär aktiven Transports in Form eines **Symports (Cotransports)** sei die Resorption von Zucker- oder Aminosäuremolekülen durch die apikale Zelloberfläche des Dünndarmepithels der Wirbeltiere genannt (Abb. 1.29). Zu einem Transfer dieser Stoffe aus dem Darmlumen in die Epithelzellen kommt es nur, solange gleichzeitig ein vom Darmlumen zum Zellinneren abfallender elektrochemischer Gradient für Na^+-Ionen existiert. Der Zucker bzw. die Aminosäure werden nur gemeinsam mit den Na^+-Ionen transportiert. Die mit dem Bergabtransport der Na^+-Ionen verbundene Lieferung an freier Enthalpie wird genutzt, um den gleichzeitig und in gleicher Richtung ablaufenden Bergauftransport des organischen Substrats energetisch zu ermöglichen. Dieses ist ein Na^+-gekoppelter Transport. Als Translokatoren sind verschiedene Carrier beteiligt, die nur dann in der Lage sind, Zucker- bzw. Aminosäuremoleküle durch die Zellmembran zu schleusen, wenn sie gleichzeitig auch ein Na^+-Ion als »Cosubstrat« gebunden haben. Wenn auch eine direkte Beteiligung energieliefernder Reaktionen des Stoffwechsels nicht vorliegt (die Carrier selbst sind passive Transporter), ist auch hier Energie notwendig, mit deren Hilfe der elektrochemische Gradient für Na^+ (hohes Potenzial außerhalb, niedriges innerhalb der Zelle) ständig auf dem notwendigen Niveau gehalten wird (primär aktiver Transport durch die Na^+/K^+-ATPase).

Als Beispiel eines sekundär aktiven Transports in Form eines Antiports (Austauschs) sei der Protonenexport eukaryotischer Zellen genannt, der ebenfalls an den bestehenden Gradienten für Na^+-Ionen über der Zellmembran gekoppelt ist und von diesem energetisiert wird. Der beteiligte Antiporter ist der Na^+/H^+-Austauscher (NHE), der bei Wirbeltieren jeweils ein Proton aus der Zelle gegen ein Na^+-Ion aus dem Extrazellularraum über die Plasmamembran tauscht. Bei Invertebraten ist die Stöchiometrie des Transports 2 Na^+ für 1 H^+, daher ist dieser Transport elektrogen. In beiden Fällen sorgt der Transporter für den Abtransport überschüssiger, aus dem aeroben Zellstoffwechsel stammender Protonen aus den Zellen und damit für die intrazelluläre pH-Homöostase.

In einem weiteren Fall, der als sekundär aktiver Transport bezeichnet wird, sind zwei individuelle Transportprozesse zwar energetisch gekoppelt, finden aber in unterschiedlichen Transportproteinen statt. Ein Beispiel ist der **sekundär aktive Chloridtransport** (Abb. 1.30), der in den meisten aller Fälle die Grundlage für die Flüssigkeitssekretion über Transportepithelien bei Tieren dient. Unter anderem die Produktion von Speichel, allen Darmsäften, von Schweiß und Tränen läuft nach diesem Prinzip ab. Die Energie, die diesen Transportmechanismus antreibt, steckt wiederum in dem Na^+-Gradienten über der Plasmamembran. Dieser Gradient treibt einen $Na^+/K^+/Cl^-$-

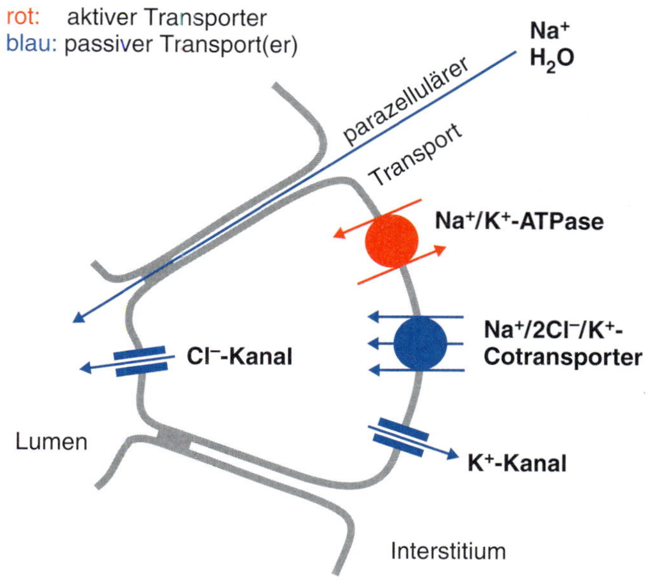

Abb. 1.30 Funktionsschema des sekundär aktiven Chloridtransports. Erläuterungen im Text.

Cotransporter (NKCC, SLC12A2) in der Membran an. Dieser transloziert pro Umlauf ein Na^+-Ion, ein K^+-Ion und zwei Cl^--Ionen aus dem Extrazellularraum in das Innere der transportaktiven Epithelzelle. Die intrazelluläre Na^+- und K^+-Konzentration ändern sich durch die Aktivität dieses Transporters allerdings nicht, weil beide Ionen durch andere Transporter in der basolateralen Zellmembran wieder in den Extrazellularraum zurücktransportiert (recycelt) werden. Na^+-Ionen verlassen die Zelle über die Pumpaktivität der Na^+/K^+-ATPase, die K^+-Ionen über einen permanent offenen K^+-Kanal. Im Cytosol zurück bleiben allerdings die Cl^--Ionen, für die es keinen Ausweg über die basolaterale Zellmembran gibt. In allen sekretorischen Epithelzellen gibt es allerdings in der apikalen Zellmembran, die an das Lumen des Sekretausführgangs grenzt, Chloridkanäle, die entweder über eine (neuronal oder hormonell bedingte) Steigerung der Konzentration freier Ca^{2+}-Ionen im Cytosol der Zelle oder über die transmitter- oder hormongesteuerte Akkumulation von zyklischem Adenosinmonophosphat (cAMP) geöffnet werden. Der dem chemischen Gradienten folgende Ausstrom von Cl^--Ionen durch diese Kanäle ins Lumen erzeugt eine elektrische Triebkraft auf extrazelluläre Na^+-Ionen, der negativen Ladung des Chlorids zu folgen. Da der transzelluläre Weg für Na^+-Ionen wegen der fehlenden Leitfähigkeit der apikalen Zellmembran versperrt ist, ist der einzige Weg für einen Nachstrom von Na^+-Ionen ins Lumen der parazelluläre Weg durch eine selektive Permeabilität der **Tight Junctions** (**Schlussleisten**) zwischen den Epithelzellen. Netto führen diese Teilprozesse zu einer Akkumulation von osmotisch aktiven Teilchen (Na^+- und Cl^--Ionen) im Lumen, was eine Zugkraft auf Wassermoleküle im Extrazellularraum ausübt. Je nach Grad der Wasserpermeabilität der Tight Junctions zwischen den Zellen fließt so mehr oder weniger Wasser dem Salz hinterher. Bei Säugetieren werden so meist zum Blut isoosmotische Sekrete produziert, bei anderen Tierarten können die osmotischen Konzentrationen dieser Sekrete sogar weit oberhalb der der Blutkonzentration liegen (z. B. in der Salzdrüse mariner Vögel).

1.5.8 Membranpotenzial

Elektrochemischer Gradient, Nernst-Gleichgewichtspotenzial

In offenen Systemen können Konzentrationsänderungen der verschiedenen chemischen Komponenten, das heißt Änderungen der stofflichen Zusammensetzung der Systeme, nicht nur durch chemische Reaktionen im Inneren, sondern auch, wie wir gesehen haben, durch Stoffströme über die Systemgrenzen hinweg auftreten. Deshalb müssen die Stoffmengen n_i der einzelnen Komponenten in den Zustandsgleichungen berücksichtigt werden.

Um zu beschreiben, wie durch einen Transport von Stoffmengen über die Systemgrenzen ein Gleichgewicht eingestellt wird, müssen wir also wieder die freie Energie des Systems betrachten und in welchem Ausmaß sich diese durch den Stofftransport ändert:

$$dU = T\,dS - p\,dV + \Sigma\mu_i\,dn_i + \ldots$$

mit T = absolute Temperatur, S = Entropie, p = Druck, V = Volumen, μ_i = chemisches Potenzial der Stoffkomponente i, n_i = Stoffmenge der Komponente i.

Das chemische Potenzial μ einer Komponente i gibt an, um welchen Betrag sich die freie Energie des Systems bei Änderung der Stoffmenge der Komponente i ändert (wenn alle anderen Parameter wie Temperatur und Druck konstant gehalten werden):

$$\mu_i = \frac{dG}{dn_i}$$

Das chemische Potenzial lässt sich in das sogenannte **Standardpotenzial** μ_{i0} (für Standardbedingungen: $a_i = 1$), das vom Lösungsmittel abhängig ist, und den konzentrationsabhängigen Term $RT\ln a_i$ zerlegen:

$$\mu_i = \mu_{i0} + RT\ln a_i$$

Dimension: Energie pro Stoffmenge; Einheit: J mol^{-1}

Dabei ist a_i die »Aktivität« der Komponente i. Bei sehr verdünnten Lösungen, in denen sich die Teilchen gegenseitig nicht beeinflussen, entspricht die aktive Konzentration der Teilchen der chemischen Konzentration des gelösten Stoffes. Bei Elektrolyten geht in a_i auch der Dissoziationsgrad der chemischen Substanz ein.

In Systemen mit Grenzflächen – z. B. die Plasmamembran zwischen Extrazellularraum (1) und Cytosol (2) – gilt für das chemische Potenzial der Komponente i:

$$\Delta\mu_i = \mu_i(1) - \mu_i(2)$$

$$\Delta\mu_i = \{\mu_{i0}(1) + RT\ln a_i(1)\} - \{\mu_{i0}(2) + RT\ln a_i(2)\}$$

$$\Delta\mu_i = RT\,\ln\frac{a_i(1)}{a_i(2)}$$

Die Vereinfachung im letzten Schritt ist möglich, weil auf beiden Seiten der Membran das gleiche Lösungsmittel (Wasser) vorliegt und damit $\mu_{i0}(1) = \mu_{i0}(2)$ ist.

Die Differenz der chemischen Potenziale für den Stoff i entspricht dem Energiebetrag, der aufgewendet werden muss, um ein Mol der gelösten Komponente i aus der Phase 1 mit dem chemischen Potenzial $\mu_i(1)$ in die Phase 2 mit dem chemischen Potenzial $\mu_i(2)$ (bei konstanten p und T) zu überführen. Die dabei geleistete chemische Arbeit (W_{ch}) errechnet sich aus:

$$W_{ch} = n_i \{\mu_i(1) - \mu_i(2)\}$$

$$W_{ch} = n_i \, \Delta\mu_i$$

$$W_{ch} = n_i RT \, \ln\frac{a_i(1)}{a_i(2)}$$

Die chemische Arbeit ist gleichzeitig ein Maß für den passiven Transport der Komponente i, der stets von Orten mit höherem zu Orten mit niedrigerem Potenzial erfolgt. Im Gleichgewicht wird $\mu_i(1) = \mu_i(2)$, was in unserem Fall gleichbedeutend ist mit $a_i(1) = a_i(2)$. Diese Gleichgewichtsbedingung gilt aber nur für ungeladene Teilchen!

Bei Vorhandensein eines elektrischen Feldes werden die Gleichgewichtsbedingungen unter isobaren und isothermen Bedingungen nicht mehr allein durch das chemische Potenzial μ_i bestimmt. Wir müssen das elektrische Potenzial der Komponente i hinzufügen. Die potenzielle elektrische Energie eines Elektrolyten mit der **Wertigkeit** z_i des Ions (z. B. für Na^+ und K^+ ist $z_i = 1$, für Ca^{2+} ist $z_i = 2$) an einem Ort mit dem elektrischen Potenzial E beträgt $z_i \, e \, E$. Die Energie in einem Mol Ionen (»elektrostatische Energie«) ist entsprechend

$$z_i \, e \, E \, N_A = z_i \, F \, E$$

mit N_A = Avogadro-Konstante ($6{,}023 \times 10^{23}$ Teilchen pro mol), F = Faraday-Konstante = $e \, N_A$ (Elementarladung $e = 1{,}602 \times 10^{-19}$ C).

Die Differenz der elektrostatischen Energie des Elektrolyten diesseits (1) und jenseits (2) der Membran ist dann

$$z_i \, F \, E(1) - z_i \, F \, E(2) = z_i \, F\{E(1) - E(2)\} = z_i \, F \, \Delta E.$$

Es ist ein Ausdruck für den Energiebetrag, der notwendig ist, um ein Mol eines Elektrolyten mit der Ionenwertigkeit z_i aus der Phase (1) mit dem elektrischen Potenzial $E(1)$ in die Phase (2) mit dem elektrischen Potenzial $E(2)$ zu überführen. Die dabei geleistete elektrische Arbeit (W_{el}) errechnet sich aus:

$$W_{el} = n_i \, z_i \, F \, \Delta E = q_i \, \Delta E$$

mit q_i = Ladungsmenge (entspricht $n_i \, z_i \, F$).

Im elektrochemische Potenzial η sind beide Potenzialbeiträge, der chemische und der elektrische, zusammengefasst:

$$\eta_i = \mu_i + z_i \, F \, E = \mu_{i0} + RT \ln a_i + z_i \, F \, E$$

Entsprechend ist der elektrochemische Gradient der Komponente i (geladene Teilchen!) aus der Differenz der in den beiden Phasen 1 und 2 herrschenden elektrochemischen Potenziale zu bilden:

$$\Delta\eta_i = \eta_i(1) - \eta_i(2)$$

$$\Delta\eta_i = \{\mu_{i0} + RT \ln a_i(1) + z_i \, F \, E(1)\} - \{\mu_{i0} + RT \ln a_i(2) + z_i \, F \, E(2)\}.$$

Nach Umformung und Vereinfachung ergibt sich:

$$\Delta\eta_i = RT \frac{\ln a_i(1)}{\ln a_i(2)} + z_i \, F \, \Delta E.$$

Im Gleichgewicht sind der elektrochemische Gradient $\Delta\eta_i$ und ebenso der Nettoflux des gelösten Stoffes i (J_i) durch die Membran gleich null: $\Delta\eta_i = 0$; d. h. $\eta_i(1) = \eta_i(2)$; $J_i = 0$.

Es ergibt sich daraus die **Nernst*-Gleichung**, die die Konzentrationsverteilung eines Stoffes i über der Membran bei ausgeglichenen Triebkräften, d. h. im Gleichgewicht, beschreibt:

$$\Delta E_i = \frac{RT}{zF} \ln\frac{a_i(2)}{a_i(1)}.$$

ΔE_i gibt die Höhe des Diffusionspotenzials an, das sich einstellt, wenn zwei Elektrolytlösungen unterschiedlicher Ionenzusammensetzung durch eine Membran (z. B. die Plasmamembran) getrennt sind, die nur für eine Ionensorte, beispielsweise für K^+, durchlässig ist. Man spricht in dem Fall vom **K^+-Gleichgewichtspotenzial**.

Es beschreibt die Größe des durch die chemische Ungleichverteilung der K^+-Ionen über der Membran verursachten elektrischen Potenzials unter Gleichgewichtsbedingungen, das heißt, wenn kein Nettotransport von K^+-Ionen über die Membran erfolgt.

Ruhemembranpotenzial

Die Zellmembran trennt zwei wässrige Medien unterschiedlicher Zusammensetzung voneinander. Stets ist die K^+-Konzentration im Zellinneren wesentlich höher (ca. 140 mmol l^{-1}) als außen (ca. 4 mmol l^{-1}). In etwa umgekehrt verhält sich die Na^+-Konzentration (außen ca. 120 mmol l^{-1}, innen ca. 13 mmol l^{-1}). Das häufigste Anion außerhalb der Zelle ist Cl^- (ca. 120 mmol l^{-1})[95], in der Zelle überwiegen dagegen SO_4^{2-}- und Proteinanionen. Dabei ist die Gesamtmenge der Ionen innen und außen etwa gleich groß (**osmotisches Gleichgewicht**) und die Ladungen der Kationen und Anionen auf beiden Seiten der Membran gleichen sich nahezu aus (**Elektroneutralität**).

Die Doppelschicht der Phospholipide der Plasmamembran ist für geladene Teilchen so gut wie undurchlässig, sodass es für Austauschprozesse entweder passive Transporter wie Kanäle, Carrier oder aktive Pumpmechanismen geben muss.

Anhand von ▪ Abb. 1.31 wollen wir in einem Gedankenexperiment die Auswirkungen des sukzessiven Einbaus von Transportern in die Membran bezüglich der Veränderungen der Ionenkonzentrationen und des elektrischen Membranpotenzials schrittweise verfolgen. Eine hypothetische Zelle mit einer »nackten« Zellmembran, das heißt ohne alle Transportproteine (1), hätte aufgrund der Präsenz von hochmolekula-

[95] Konzentrationsangaben für Säugetiere

ren, immobilen Anionen (Proteinat, Phosphat) im Zellinneren bereits eine leichte Ungleichverteilung von kleinen, diffusiblen Ionen im Cytosol und im Extrazellularraum. Diese Donnan-Verteilung ist gekennzeichnet durch einen leichten Überschuss an Cl^--Ionen und etwas geringere Konzentrationen von Na^+- und K^+-Ionen im extrazellulären Milieu im Vergleich mit dem Cytosol (①). Der Einbau einer Na^+/K^+-ATPase und deren Betrieb mithilfe von cytoplasmatisch angebotenem ATP sorgt für eine Anreicherung von K^+-Ionen und eine Verminderung der Na^+-Konzentration im Cytosol (②). Da es in der Zellmembran einer jeden ruhenden Zelle zwar konstitutiv geöffnete Kanäle für den Durchtritt von K^+-Ionen gibt, nicht aber solche für Na^+-Ionen, führen die durch die Aktivität der Na^+/K^+-ATPase aufgebauten Konzentrationsgradienten zwar zu einem gewissen Rückstrom von K^+-Ionen in den Extrazellularraum, nicht aber zu einem Rückstrom von Na^+-Ionen in das Cytosol (③). Durch diese Vorgänge wird ein relatives Ladungsdefizit im Inneren der Zelle gegenüber außen erzeugt, das als eine geringfügige Potenzialdifferenz über der Membran messbar wird (③). Da es auch für Cl^--Ionen eine begrenzte konstitutive Leitfähigkeit in der Membran gibt, resultiert das sich langsam aufbauende Membranpotenzial in einer Verdrängung von Cl^--Ionen aus dem Cytosol in den Extrazellularraum (④), sodass sich die ohnehin bestehende Konzentrationsdifferenz für dieses Anion über der Membran vergrößert (⑤). An einem bestimmten Punkt erreicht die chemische Triebkraft, die auf die K^+-Ionen einwirkt und diese aus dem Cytosol in den Extrazellularraum treibt, einen kritischen Wert, bei dem diese betragsmäßig exakt gleich, aber im Vorzeichen umgekehrt zur elektrischen Triebkraft ist, die das K^+-Ion aus dem relativ positiven Extrazellularraum wieder in das relativ negative Cytosol zurücktreibt (④). In der Gleichgewichtssituation ist der Nettotransport des K^+-Ions trotz weiterhin bestehender K^+-Leitfähigkeit der Membran gleich null (⑤). Diese Gleichgewichtslage bezüglich der Triebkräfte, die auf das K^+-Ion wirken, wird durch die Nernst-Gleichung beschrieben und wird, wie oben bereits diskutiert, als K^+-Gleichgewichtspotenzial bezeichnet. Es liegt bei lebenden Zellen bei etwa −90 mV. Das K^+-Ion ist aber nicht das einzige im Ruhezustand der Zelle membranpermeable Ion. Auch für Cl^--Ionen gibt es im Ruhezustand der Zelle eine, im Vergleich mit K^+ allerdings begrenzte, Leitfähigkeit der Membran. Wie oben schon erwähnt, treibt das gegenüber dem Extrazellularraum langsam negativer werdende Milieu des Cytosols Cl^--Ionen aus der Zelle (④). Somit streben diese ebenfalls ihrem Gleichgewichtszustand entgegen, bei dem ihre Konzentrationsdifferenz über der Membran und die damit einhergehende Triebkraft für den Wiedereintritt des Cl^- genau so groß, aber umgekehrt gerichtet, ist wie die elektrische Triebkraft, die das Cl^- aus der Zelle treibt (⑤). Wie aus der Lage des Gleichgewichtspotenzials der Cl^--Ionen in einer lebenden Zelle (−32 mV) geschlossen werden kann, erreichen sie diesen Zustand allerdings nicht vollständig. Dadurch, dass die Na^+-Kanäle in ruhenden Zellen strikt verschlossen bleiben, treten Na^+-Ionen nur in verschwindend geringen Raten in das Cytosol ein (④, ⑤), obwohl sowohl die elektrischen (innen negativ gegenüber außen) als auch die chemischen Triebkräfte

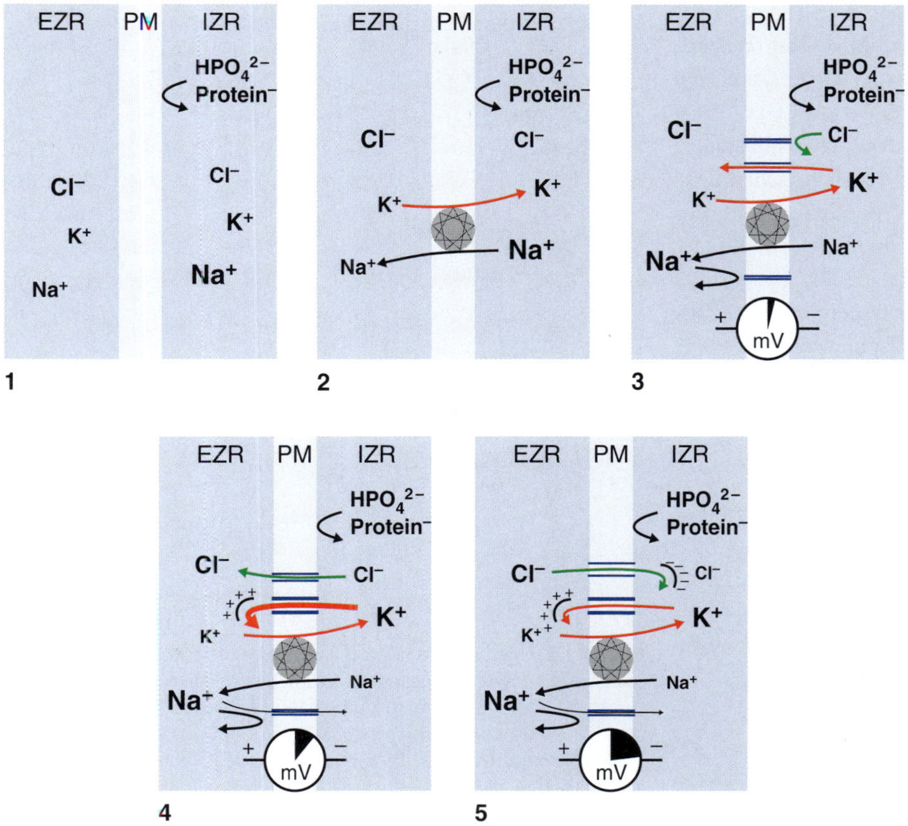

Abb. 1.31 Sequenz der Teilprozesse an der Zellmembran, die zum Aufbau des Membranpotenzials beitragen. Erläuterungen im Text. EZR = Extrazellularraum; IZR = Intrazellularraum; PM = Plasmamembran. (Nach Silbernagl S, Despopoulos A (1991) Taschenatlas der Physiologie. 4. Aufl. Thieme, Stuttgart., Abb. A, S. 25, verändert.)

(etwa zehnfach höhere Konzentration im Extrazellularraum als im Cytosol) diese Ionen in die Zelle hinein treiben. Das Na^+-Ion befindet sich also im Endzustand unserer Betrachtung weit entfernt von seinem Gleichgewichtspotenzial, das bei +62 mV liegt. Alle anderen Ionen, die im Extrazellularraum und im Cytosol von Zellen mehr oder weniger ungleich verteilt vorliegen, gehorchen den gleichen Gesetzmäßigkeiten, die wir für die drei Beispielionen diskutiert haben, und tragen damit ebenfalls zum Aufbau des **Ruhemembranpotenzials** (kurz: Ruhepotenzial) einer Zelle bei.

Unter diesen Bedingungen kann sich ein Gleichgewichtspotenzial im Sinn der Nernst-Gleichung nicht von selbst einstellen, da sich die Konzentrationsdifferenzen durch die gleichzeitige Wanderung von positiven und negativen oder auch durch einen Austausch von verschiedenen positiven bzw. negativen Ladungsträgern an der Membran allmählich abbauen. In der lebenden Zelle wird der Konzentrationsausgleich von Na^+- und K^+-Ionen über die Zellmembran durch die Aktivität der Na^+/K^+-ATPase verhindert. Bei jedem Pumpzyklus werden unter Verbrauch eines ATP-Moleküls drei Na^+-Ionen aus der Zelle heraus und zwei K^+-Ionen in die Zelle zurücktransportiert. Die **Pumpe** arbeitet also nicht elektroneutral, sie erzeugt einen Überschuss an positiven Ladungen außerhalb der Zelle, sie ist elektrogen. Sie macht das Potenzial um etwa 10 mV negativer als es sich allein aufgrund der passiven Ionenströme einstellen würde. Das von der Zelle aktiv herbeigeführte und konstantgehaltene Ruhepotenzial entspricht also keinem thermodynamischen Gleichgewicht, sondern einem stationären Zustand eines hochdynamischen Systems (Fließgleichgewicht).

Durch Ionen getragene Ströme können aber nur fließen, wenn es geöffnete Ionenkanäle in der Membran für diese Ionenarten gibt. Daher hängen sie von **Leitfähigkeiten** (reziproker Wert des spezifischen Widerstands) in der Membran für die einzelnen Ionenarten ab. Gemessen werden sie in $m\Omega^{-1}\ cm^{-2}$ bzw. $mS\ cm^{-2}$.(Ω = Ohm, Einheit des elektrischen Widerstands, nach Georg Ohm*; S = Siemens, Einheit der elektrischen Leitfähigkeit, nach Werner Siemens*). Die Membranströme der einzelnen Ionen errechnen sich daher aus dem Produkt der Leitfähigkeit der Membran für das betreffende Ion (g_X) und der tatsächlich wirkenden Triebkraft, also der Differenz des Membranpotenzials (E_M) und des Gleichgewichtspotenzials (E_X):

$$I_{Na^+} = g_{Na^+}(E_M - E_{Na^+})$$

$$I_{K^+} = g_{K^+}(E_M - E_{K^+})$$

Das Ruhepotenzial der Zellmembran ist daher ein Mischpotenzial aus den Beiträgen aller innerhalb und außerhalb der Zelle existierenden Ionen vor dem Hintergrund der mehr oder weniger großen Beträge der Bewegung einzelner Ionenarten durch die Membran. Es ist dadurch gekennzeichnet, dass die Summe (I_{ges}) der Nettoeinzelströme der relevanten Ionen durch die Membran (I_{Na^+}, I_{K^+} usw.) gleich null ist, denn ansonsten wäre das Gesamtpotenzial nicht konstant:

$$I_{ges} = I_{Na^+} + I_{K^+} + \ldots = 0$$

Betrachten wir das Ruhepotenzial einer Zelle der Einfachheit halber unter der Annahme, dass es auf die unterschiedliche Verteilung und die verschieden großen Leitfähigkeiten von nur Na^+- und K^+-Ionen zurückgeht, dann ergibt sich:

$$I_{Na^+} = -I_{K^+} \text{ bzw. } g_{Na^+}(E_M - E_{Na^+}) = -g_{K^+}(E_M - E_{K^+})\,.$$

Löst man diese Gleichung nach dem Membranpotenzial E_M auf, so ergibt sich:

$$E_M = \frac{g_{K^+}}{g_{K^+} + g_{Na^+}} E_{K^+} + \frac{g_{Na^+}}{g_{K^+} + g_{Na^+}} E_{Na^+}$$

Man entnimmt dieser Beziehung sofort, dass das Ruhepotenzial weder mit dem Gleichgewichtspotenzial für das K^+-Ion (E_{K^+}), noch mit demjenigen für das Na^+-Ion (E_{Na^+}) identisch ist, sondern irgendwo dazwischen liegt. Es liegt umso näher bei E_{K^+}, je größer g_{K^+} gegenüber g_{Na+} ist. Im Grenzfall, dass die Membran für Na^+-Ionen tatsächlich undurchlässig ist ($g_{Na^+} = 0$), sollte das Ruhepotenzial mit dem Gleichgewichtspotenzial für das K^+-Ion identisch sein ($E_M = E_{K^+}$).

Die Frage ist, ob diese theoretischen Erwägungen die tatsächlichen Verhältnisse an der Membran tierischer Zellen zutreffend beschreiben. Führt man eine fein ausgezogene und mit einer KCl-Lösung gefüllte Mikroelektrode aus Glas (Messelektrode) in eine Zelle ein und lässt die andere Elektrode (Referenzelektrode) im Außenmedium (◘ Abb. 1.32), so kann man mithilfe eines Verstärkers und eines geeigneten Messinstruments das Membranpotenzial der Zelle unmittelbar nach dem Durchtritt der Messelektrode durch die Zellmembran

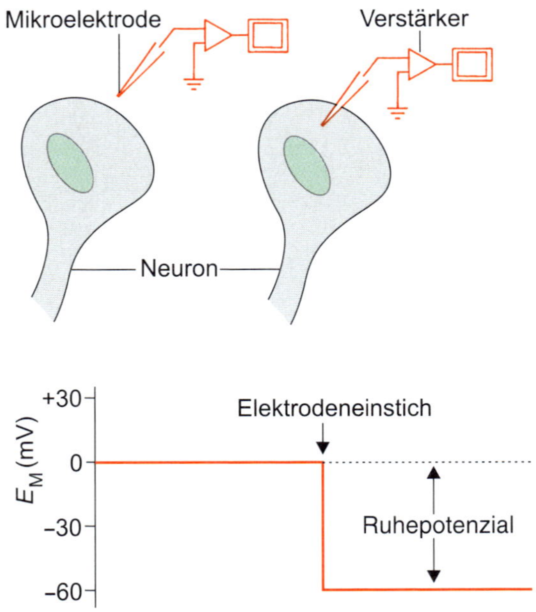

◘ **Abb. 1.32** Messung des Membranpotenzials in einer Nervenzelle. Sticht man eine fein ausgezogene Mikroelektrode in eine nicht erregte (ruhende) Nervenzelle ein, so kann man mithilfe einer geeigneten Verstärkerapparatur die beidseitig der Zellmembran herrschende Differenz des Ruhepotenzials der Zelle (E_M) messen. Es liegt bei Neuronen zwischen –50 und –90 mV (innen negativ gegenüber außen). (Aus Reichert H (1990) Neurobiologie. Thieme, Stuttgart.)

registrieren. Führt man die Messelektrode tiefer in die Zelle ein, so bleibt das Potenzial in gleicher Höhe bestehen. Erst wenn man mit der Elektrodenspitze durch die gegenüberliegende Zellmembran wieder nach außen vorstößt, ist auch kein Potenzial mehr abgreifbar. Das Ruhepotenzial hat stets dieselbe Richtung, die Innenseite ist negativ gegenüber der Außenseite, und auch etwa dieselbe Höhe zwischen −70 und −90 mV. Die erste Messung des Ruhepotenzials einer lebenden Zelle gelang Alan L. Hodgkin* und Andrew F. Huxley* im Jahre 1939 am Riesenaxon des Kalmars (*Loligo*). Dieses Axon hat einen außergewöhnlichen Durchmesser (bis zu 0,1 mm), da es mit hoher Leitungsgeschwindigkeit elektrische Signale an die Mantelmuskulatur des Tintenfischs liefert, die das Tier synchron kontrahieren muss, um rasch schwimmen zu können. Der große Durchmesser dieses Axons machte es möglich, eine damals nicht ganz einfach herzustellende Mikroelektrode in das Cytoplasma dieses langgestreckten Teils der Nervenzelle einzustechen. Erst 1946 gelang ein ähnliches Experiment in einer Muskelfaser des Froschs. Die in diesen Systemen gemessenen Ruhepotenziale liegen tatsächlich zwischen −90 und −50 mV, was später an anderen Zellsystemen, auch nichterregbaren, vielfach bestätigt wurde (Tab. 1.7).

Unter der Voraussetzung, dass die Ionen entsprechend ihrem elektrochemischen Gradienten und der Permeabilität der Membran für das betreffende Ion unabhängig voneinander durch die Membran hindurchtreten, und der vereinfachenden Annahme, dass der Potenzialabfall zwischen den Medien an beiden Seiten der Membran (außen und innen) erstens nur über die Membran und zweitens dort linear erfolgt (Konstantfeldgleichung), lässt sich folgende wichtige Beziehung für die Berechnung des **Membranpotenzials** (gemessen in V), die sog. Goldman*-Gleichung, ableiten:

$$E_M = \frac{RT}{F} \ln \frac{P_{Na^-} \times c_{Na^+}(2) + P_{K^+} \times c_{K^+}(2) + P_{Cl^-} \times c_{Cl^-}(1)}{P_{Na^-} \times c_{Na^+}(1) + P_{K^+} \times c_{K^+}(1) + P_{Cl^-} \times c_{Cl^-}(2)}$$

mit P = Permeabilitätskoeffizient für das jeweilige Ion, c = Konzentration des jeweiligen Ions im Extra (2)- oder Intrazellularraum (1)

Tab. 1.7 Beispiele für Ruhepotenziale in erregbaren und in nichterregbaren Zellen.

Zelltyp	E_M (mV)
Hippocampusneuron (Katze)	−50
Schwanzmuskel (*Idotea*, Meerassel)	−70
Sartoriusmuskel (Frosch)	−90
Körperlängsmuskulatur (Regenwurm)	−38
Riesenaxon, *Loligo*, Kalmar)	−44
acinäre Zellen, Speicheldrüse (Glandula submaxillaris) (Maus)	−57
Salzdrüse (*Anas*, Ente)	−60

Die Goldman-Gleichung lässt sich durch Zusammenfassung der Konstanten (T = 293 K) und Umwandlung des natürlichen Logarithmus in einen dekadischen Logarithmus[96] ($\ln x = \log x \times \ln 10 = 2{,}3026 \times \ln x$) etwas vereinfachen:

$$E_M = 0{,}058 \log \frac{P_{Na^+} \times c_{Na^+}(2) + P_{K^+} \times c_{K^+}(2) + P_{Cl^-} \times c_{Cl^-}(1)}{P_{Na^+} \times c_{Na^+}(1) + P_{K^+} \times c_{K^+}(1) + P_{Cl^-} \times c_{Cl^-}(2)}$$

Sie besagt, dass der Einfluss einer Ionenart auf die Höhe des Membranpotenzials E_M umso größer ist, je besser die Ionen durch die Membran hindurchtreten und je höher das Konzentrationsgefälle für diese Ionenart ist. Sie ist gewissermaßen eine verallgemeinerte Nernst-Gleichung, in der die Beiträge der einzelnen Ionensorten am Gesamtpotenzial nach den Permeabilitätskoeffizienten P gewichtet sind.

Tatsächlich liegt das Ruhepotenzial in lebenden Zellen nicht sehr weit entfernt vom Gleichgewichtspotenzial des K^+-Ions (Abb. 1.33). Das beruht darauf, dass die Zellmembran in Ruhe, wie bereits betont, am weitaus besten für K^+ durchlässig ist. Die K^+-Kanäle sind in ihrer Mehrzahl geöffnet, während die Na^+-Kanäle geschlossen sind. In Übereinstimmung mit der Nernst-Gleichung bewirkt eine Erhöhung der K^+-Konzentration im extrazellulärem Medium bei konstanten Innenkonzentrationen einen Abfall des negativen Potenzials. Erreicht die Außenkonzentration Werte, wie sie auch innerhalb der Zelle herrschen (Quotient = 1), dann ist die Membran depolarisiert, das Potenzial null (lg1 = 0). Wie die Abb. 1.33 weiter zeigt, besteht bei $[K^+]_a$-Werten >10 mmol l^{-1} an der Froschmuskelzellmembran eine sehr gute Übereinstimmung der gemessenen Potenzialwerte mit den aus der Nernst-Gleichung theoretisch errechneten. Fallen die $[K^+]_a$-Werte allerdings unter 10 mmol l^{-1} ab, so wird eine zunehmend deutliche Abweichung von der theoretischen Kurve erkennbar. Das ist darauf zurückzuführen, dass die Zellmembran nicht nur für K^+-Ionen, sondern – in zwar deutlich geringerem Maße – auch für andere Ionen durchlässig ist. Das gilt zum Beispiel für Natriumionen. Ersetzt man im Außenmedium das Na^+ durch das impermeable Kation $Cholin^+$, so nähern sich die gemessenen Potenziale den mit der Nernst-Formel berechneten deutlich an. Es ist also in der ruhenden Zellmembran auch eine gewisse Anzahl (wenn auch sehr wenige) von Kanälen geöffnet, durch die dem Konzentrationsgradienten folgend Na^+-Ionen in die Zelle eindringen und damit das Potenzial positiver machen.

Äquivalenzschaltkreis der Zellmembran

Man kann die Zellmembran oder, genauer gesagt, einen »Membranort« anschaulich durch ein elektrisches Ersatzschaltbild darstellen (Abb. 1.34). Die Lipiddoppelschicht gilt als undurchlässig für Ionen und wird daher als Kondensator betrachtet. Durch die membrandurchspannenden Ionenkanäle können die Ionen begrenzt zwischen Intra- und Extrazellularraum wandern (Stromfluss). Die Widerstände des Aquivalenzschaltbildes entsprechen den inversen Leitfähigkeiten der Ionenkanäle. Beide Elemente sind parallel zueinander geschaltet.

---

96 *logos* (griech.) = Verständnis, Lehre, Verhältnis; *arithmos* (griech.) = Zahl

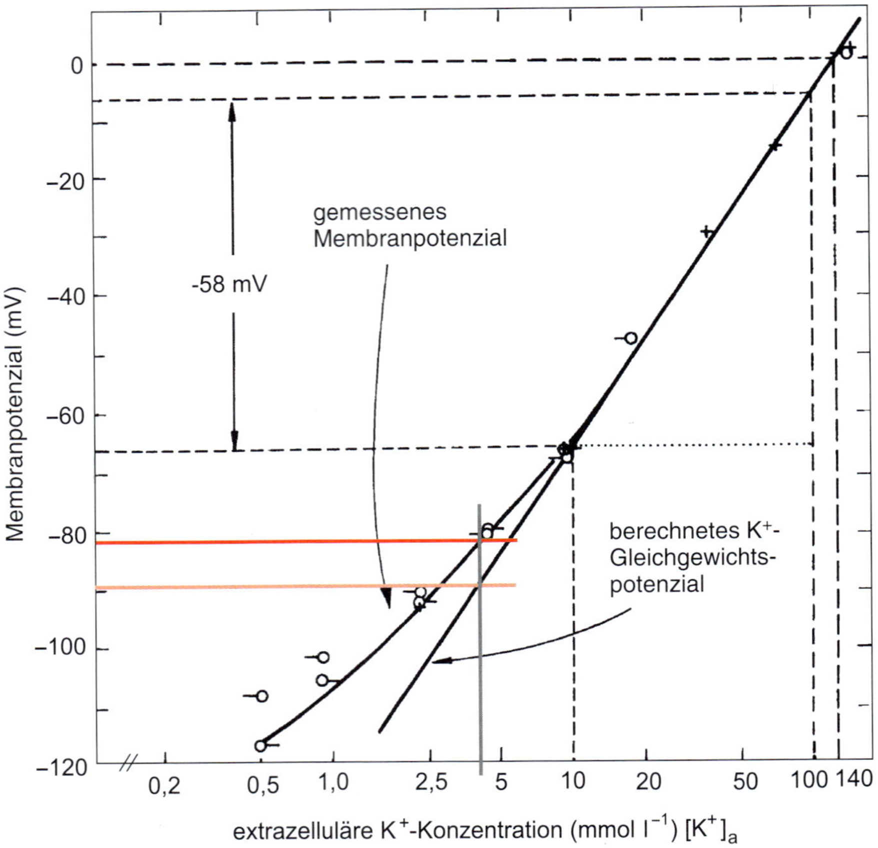

Abb. 1.33 Ruhepotenzial einer Muskelzelle des Froschs im Vergleich mit dem K^+-Gleichgewichtspotenzial in Abhängigkeit von der extrazellulären K^+-Konzentration. Die intrazelluläre K^+-Konzentration wird mit 140 mmol l^{-1} konstant gehalten. Die Berechnung des K^+-Gleichgewichtspotenzials ergibt eine lineare Abhängigkeit von der extrazellulären K^+-Konzentration. Bei der physiologisch relevanten K^+-Außenkonzentration von 4 mmol l^{-1} errechnet sich ein K^+-Gleichgewichtspotenzial von –90 mV (hellrote Linie). Oberhalb dieser physiologisch relevanten K^+-Außenkonzentration entspricht das nach der Goldman-Gleichung errechnete Membranpotenzial in Übereinstimmung mit tatsächlich gemessenen Werten dem K^+-Gleichgewichtspotenzial fast völlig. Dies zeigt, dass das Membranpotenzial in ruhenden Zellen quasi ausschließlich durch die Permeabilität der Membran für Kaliumionen bestimmt ist. Bei (rote Linie) und unterhalb einer K^+-Außenkonzentration von 4 mmol l^{-1} weicht das Membranpotenzial vom K^+-Gleichgewichtspotenzial in positiver Richtung ab, weil in dieser Situation die (wenn auch sehr geringfügige) Permeabilität der Membran für Na^+-Ionen nicht mehr vernachlässigbar ist. (Nach Hodgkin AL, Horowicz P (1959) The influence of potassium and chloride ions on the membrane potential of single muscle fibres. J Physiol 148, 127–160.)

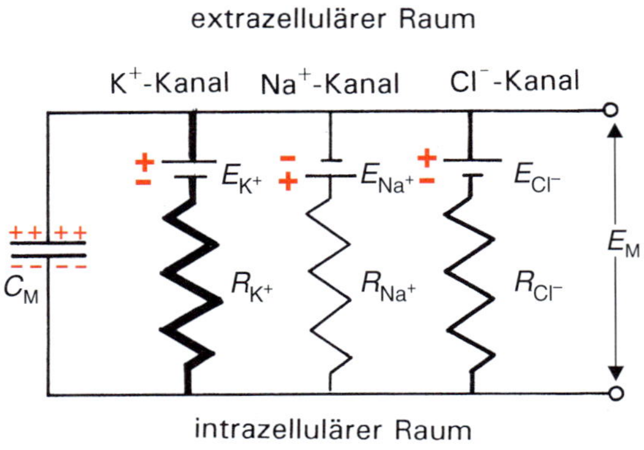

Abb. 1.34 Äquivalenzschaltbild einer ruhenden Nervenzellmembran. C_M = Membrankapazität; E_M = Membranpotenzial; R_{K^+}, R_{Na^+}, R_{Cl^-} = Widerstände der Membran gegen den Durchtritt von K^+-, Na^+- und Cl^--Ionen (die reziproken Werte sind die jeweiligen Leitfähigkeiten); E_{K^+}, E_{Na^+}, E_{Cl^-} = »Batteriespannungen« für K^+-, Na^+- und Cl^--Ionen (entsprechen den jeweiligen Gleichgewichtspotenzialen nach Nernst).

Der Kondensator repräsentiert die **Membrankapazität** (C_M)[97], das heißt die Mengendifferenz an Ladungsträgern (Ionen), die sich bei gegebenem Membranpotenzial auf der Innen- und Außenseite der Membran gegenüberliegen können ($C_M = Q \times E_M^{-1}$). Sie ist in ruhenden Zellen eine Konstante und unabhängig von den Ionenkonzentrationen. Die Kapazität C ist abhängig von der Fläche A und der Dicke d des betrachteten Membranstücks (bzw. der Zelloberfläche) sowie von der Permittivität des Dielektrikums (Phospholipide der Membran) ε:

$$C = \frac{\varepsilon A}{d}$$

Die Membrankapazität C_M wird in der Einheit Farad* (1 F = 1 Coulomb pro 1 Volt) angegeben.

Für biologische Membranen ergibt sich generell ein Kapazitätswert von ca. 1 µF cm^{-2} (= 0,01 pF μm^{-2}). Er ist damit etwas höher als bei einer reinen Lipiddoppelschicht (0,8 µF cm^{-2}). Von der Kapazität hängt es entscheidend ab, wie viele Ionen die Membran passieren müssen, um ein bestimmtes Potenzial aufzubauen. Eine sphärische Zelle mit einem Radius von 9 µm hat eine Zelloberfläche von ca. 1000 μm^2 und eine Kapazität von 10 pF. Um in einer solchen Zelle ein Membranpotenzial (E_M) von 100 mV aufzubauen, wäre die Ladungsmenge von

$$Q = C_M \times E_M$$

$$Q = 10\ \text{pF} \times 0{,}1\ \text{V} = 10 \times 10^{-12}\ \text{A s V} \times 0{,}1\ \text{V}$$

$$Q = 10^{-12}\ \text{A s}$$

erforderlich. Dem entspricht die Ladung von etwa 6×10^6 monovalenten Ionen (Elementarladung $e = 1{,}602 \times 10^{-19}$ C). Eine Ungleichverteilung von nur 6 Mio. Ionen, das ist etwa nur ein Zehnmillionstel aller in der Zelle vorhanden Ionen (!), reichen somit bereits aus, um über die Membran eine Potenzialdiffe-

[97] *capacitas* (lat.) = Fassungsvermögen

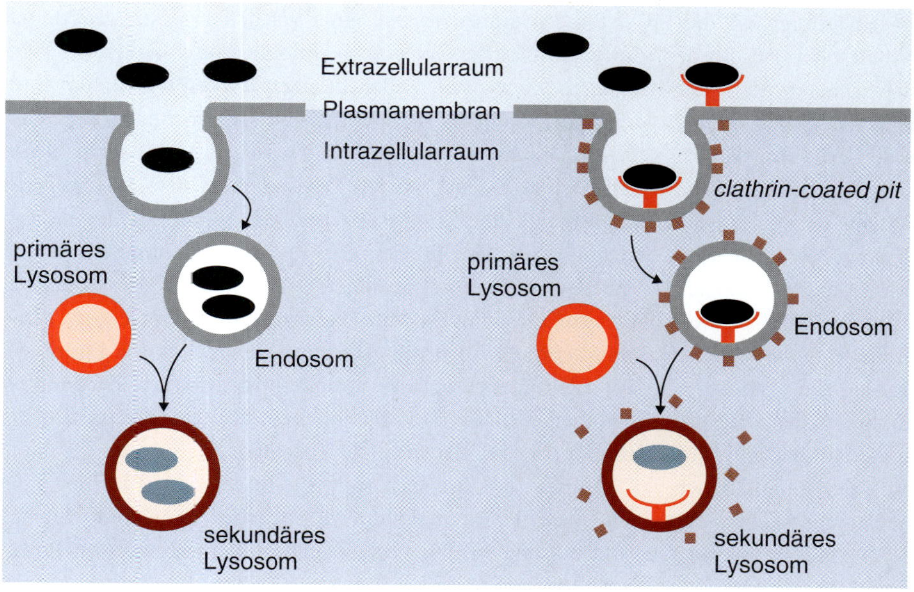

Abb. 1.35 Funktionsschema der Endocytose in tierischen Zellen. Links: Pinocytose oder Phagocytose. Rechts: clathrinvermittelte Endocytose von rezeptorgebundenen Cargomolekülen.

renz von 100 mV zu erzeugen. Es ist also nur ein winziger Teil des zellulären Ionenbestands in die Generierung des Ruhepotenzials eingebunden.

Die Widerstände R_{K^+}, R_{Na^+} und R_{Cl^-} drücken die entsprechenden reziproken Werte der Ionenpermeabilitäten (Leitfähigkeiten, gemessen in Ohm^{-1} = S) der Membran für K^+, Na^+ bzw. Cl^- aus. Der Kehrwert des Gesamtwiderstands der Membran (1 bis mehrere 1000 W cm^{-2}) entspricht der Summe der Kehrwerte aus den Einzelwiderständen R_{K^+}, R_{Na^+} und R_{Cl^-}. Die Spannungen zwischen den Polen der »Batterien« entsprechen den jeweiligen Gleichgewichtspotenzialen (E_{K^+}, E_{Na^+}, E_{Cl^-}).

Das elektrische Ersatzschaltbild der biologischen Membran lässt erkennen, dass jede Änderung einer Leitfähigkeit (durch Öffnung oder Schließung eines Ionenkanals) sofort das **Membranpotenzial** verändert. Solche kontrolliert herbeigeführten Änderungen von E_M sind in vielen Zellen Signale für die Veränderung der Zellfunktion. So gibt es Hinweise darauf, dass E_M in proliferierenden (teilungsaktiven) Zellen meist positiver (–10 bis –30 mV, innen gegenüber außen) ist als in ruhenden Zellen (–50 bis –90 mV, innen gegenüber außen). Durch die stimulusabhängige Veränderung der Na^+-Permeabilität der Membran werden in erregbaren Zellen (Nerven- und Muskelzellen) eigenständige elektrische Aktivitäten, Aktionspotenziale, hergestellt, die für die Informationsübermittlung im Nervensystem und für die Auslösung der Muskelkontraktion notwendig sind. Die Möglichkeit zu einer kontrollierten Veränderung des Membranpotenzials ist für lebende Zellen daher von essenzieller Bedeutung für ihre Funktionen und für ihr Überleben.

1.5.9 Endo- und Exocytose

Größere Moleküle wie Proteine, Polysaccharide oder Polynucleotide können gewöhnlich die Zellmembran nicht passieren, weder durch Diffusion noch mithilfe von Transportern. Zur Aufnahme solcher Stoffe aus dem Extrazellularraum in die Zelle nutzen tierische Zellen die Möglichkeit der **Endocytose** (Abb. 1.35). Dabei stülpt sich die Zellmembran blasenförmig einwärts (Invagination) und umschließt das extrazelluläre Material in zunehmendem Maße. Schließlich trennt sich das Membranbläschen als Vesikel von der Membran ab und wird ins Innere der Zelle transportiert. Je nach aufzunehmendem Material variiert die Größe des endocytotischen Vesikels. Man unterscheidet die **Pinocytose**[98], bei der Flüssigkeiten mit gelösten Stoffen aufgenommen werden und der Vesikeldurchmesser auf höchstens 150 nm begrenzt ist, von der **Phagocytose**[99], mit deren Hilfe Feststoffe in die Zelle gelangen. Hier kann der Vesikeldurchmesser sogar über 250 nm erreichen. Ein solcher Vesikel mit endocytiertem Inhalt wird als **Phagosom** bezeichnet. Durch Fusion der Phagosomen mit primären Lysosomen werden die endocytierten Moleküle und Partikel in Kontakt mit intrazellulären Verdauungsenzymen (Phosphatasen, Lipasen, Proteasen, Nucleasen usw.) gebracht. V-Typ-ATPasen in der Vesikelmembran transportieren Protonen aus dem Cytosol in das Vesikellumen und säuern dieses dabei an. Das intravesikuläre Milieu kann einen pH-Wert unter 4,5 erreichen, sodass die intrazellulären Verdauungsenzyme bei ihrem pH-Optimum arbeiten können. Die aufgenommenen **Polymere** werden so innerhalb des Vesikels abgebaut und die Monomere durch die Vesikelmembran in das Cytosol der Zelle resorbiert.

Diese Vorgänge können im Zusammenhang mit trophischen Funktionen stehen. In diesem Fall nutzt die Zelle diesen Mechanismus, um sich mit Nährstoffen aus dem Extrazellularraum (oder bei frei lebenden Zellen aus der Außenwelt) zu versorgen. Auch die Entsorgung zelleigenen Materials (Membranproteine, Organellen), das entweder durch Alterungsprozesse beschädigt und nicht mehr voll funktionsfähig oder durch

98 *pinein* (griech.) = trinken; *kytos* (griech.) = die Zelle
99 *phagein* (griech.) = fressen

veränderten Bedarf der Zelle überzählig ist, erfolgt auf diesem Wege (**Autophagie**). Manche Parasiten oder Pathogene (Viren, Bakterien) nutzen bestimmte Oberflächenproteine der tierischen Zellen, um sich dort zu verankern und eventuell schneller mittels Phagocytose ins Innere der Zelle zu gelangen (rezeptorvermittelte Endocytose). Dadurch können sich diese Eindringlinge dem Zugriff des Immunsystems entziehen (z. B. die Erreger der Malaria, *Plasmodium falciparum*) oder sie können Dauerstadien bilden, die bei akut immungeschwächten Wirten manchmal nach Jahren ohne Symptome plötzlich wieder akute Infektionen verursachen (z. B. durch *Staphylococcus aureus*). Dazu manipulieren diese Pathogene die Transport-, die Ansäuerungs- und die Verdauungsfunktionen der Phagosomen und Lysosomen. Manche Bakterien und besonders Viren sorgen allerdings dafür, dass die Membran des sie anfänglich umgebenden Vesikels lysiert und sie selbst dadurch in das Cytosol freigesetzt werden. Für Viren ist dies die notwendige Voraussetzung, um innerhalb der Zelle Replikate zu bilden.

Zur Endocytose extrazellulärer Materialien sind prinzipiell alle tierischen Zellen in der Lage. Es gibt allerdings Zellen, die diese Tätigkeit als Hauptaufgabe verrichten (professionelle Phagocyten). Zu diesen gehören die Makrophagen der Wirbeltiere oder die Amöbocyten in den Körperflüssigkeiten der Invertebraten, die an der Entsorgung von in den Körper eingedrungener Fremdstoffe bzw. -organismen beteiligt sind (▶ Kap. 29). Diese Zellen sind damit Teil des **innaten Immunsystems**[100].

Die rezeptorvermittelte Endocytose spielt auch eine wichtige Rolle beim Transport bestimmter endogener oder exogener Stoffe, die die Zelle entweder zur Informationsgewinnung (u. a. Hormone) oder zur Entsorgung (u. a. Toxine) aufnehmen möchte. Diese Stoffe binden an Oberflächenrezeptoren in der Zellmembran. Durch laterale Diffusion in der quasiflüssigen Lipidmembran sammeln sich die Komplexe aus Rezeptor und Transportgut in bestimmten Arealen der Plasmamembran, den sogenannten ***clathrin-coated pits***[101]. Diese Stellen zeichnen sich auf ihrer Cytoplasmaseite durch eine bürstenartige Proteinschicht aus Clathrin aus. Das Clathrin bildet zusammen mit anderen Proteinen einen Art Korb. Etwa 2 % der Oberfläche von Hepatocyten und Fibrocyten werden von den *clathrin-coated pits* eingenommen. Es können sich in einem *clathrin-coated pit* auch unterschiedliche Ligand-Rezeptor-Komplexe zusammenfinden. An diesen Stellen kommt es anschließend zur Internalisierung der Ligand-Rezeptor-Komplexe durch Endocytose. Es entstehen clathrin-coated vesicles. Im Zellinneren streifen diese anschließend ihre Clathrinhülle ab und können sich dann mit frühen Endosomen vereinigen. Im sauren Milieu der Endosomen trennen sich die Liganden von ihren Rezeptoren. Während die Rezeptoren gewöhnlich durch Transportvesikel wieder zurück zur Zelloberfläche gebracht werden (Recycling), landen die Liganden schließlich in den Lysosomen, wo sie abgebaut werden.

Ein bekanntes Beispiel einer solchen rezeptorvermittelten Endocytose ist die Cholesterinaufnahme durch Zellen der Wirbeltiere. Die meisten Zellen besitzen Rezeptoren für das low-density-Lipoprotein (LDL). Mit den kugelförmigen LDL-Partikeln (Durchmesser: 20–25 nm) wird das Cholesterin in die Zellen eingeschleust. In den Lysosomen wird es anschließend aus seinen Estern freigesetzt und der weiteren Verwendung zugeführt. Es wird für den Einbau in die Membranen, für die Synthese von Steroidhormonen (Nebennierenrinde, Gonaden) oder für die Synthese von Gallensäuren (in der Leber) dringend benötigt. Auch die Versorgung der Zellen mit Eisen verläuft über eine rezeptorvermittelte Endocytose. Der Ligand ist in diesem Fall das Transferrin[102], ein als Transportprotein für Eisen im Serum dienendes Glykoprotein.

Manche von Zellen hergestellte Proteine sind für den Einbau in die Plasmamembran (Membranproteine) oder für die Ausschüttung in den Extrazellularraum (sekretorische Proteine) vorgesehen. Diese Proteine werden in **Ribosomen** synthetisiert, die am **endoplasmatischen Retikulum** (ER) angeheftet sind. Diese Proteine werden mit einer N-terminalen **Signalsequenz**, die ebenfalls in der DNA codiert ist, hergestellt. Man nennt ein solches Protein **Präprotein**. Solche von Günter Blobel* entdeckten Signalsequenzen sorgen dafür, dass das betreffende Proteinmolekül unmittelbar nach seiner Synthese im Cytosol durch einen spezifischen Transportmechanismus (Signalerkennungspartikel, *signal recognition particle*, SRP) der ER-Membran erkannt und in das Lumen des ER eingeschleust wird, wobei die Signalsequenz proteolytisch entfernt wird. Nach der chemischen Derivatisierung und korrekten Faltung des Proteins wird es in den Bereich einer lokalen Ausstülpung der ER-Membran gebracht und bei der Loslösung des Vesikels von der ER-Membran (*budding*) in das Innere eines Transportvesikels gebracht. Entlang von Cytoskelettbahnen (Mikrotubuli) werden die Vesikel mit ihrer Fracht zur Zellmembran transportiert, wo es zu einer Verschmelzung beider Membranen (Fusion) und zu einer Entleerung des Vesikelinhalts in den extrazellulären Raum kommt. Dieser Vorgang wird als **Exocytose** bezeichnet. Die Membran des Vesikels wird dabei vorübergehend in die Plasmamembran integriert, aber ebenso schnell wieder durch Endocytose aus ihr entfernt und zurück in die Zelle befördert, um die Zelloberfläche (und die elektrische Kapazität der Zellmembran) weitgehend konstant zu halten. Anlagerung und Fusion des Exocytosevesikels mit der Zellmembran sind komplexe Vorgänge, die maßgeblich durch lokale Steigerungen der cytosolischen Calciumkonzentration vermittelt werden. Mindestens zwei Hauptgruppen cytoplasmatischer Proteine sind daran beteiligt. Es sind dies die N-Ethylmaleinimid-sensitiven Fusionsproteine (NSFs) und die löslichen NSF-Anheftungsproteine (*soluble NSF attachment proteins*, SNAPs). Ihre Rolle besteht darin, zwischen »Donorproteinen« in der Vesikelmembran und »Rezeptorproteinen« in der Plasmamembran zu vermitteln (◘ Abb. 1.36). Die Exocytose

[100] *innate* (engl.) = angeboren; *immunis* (lat.) = im übertragenen Sinne: unberührt, frei, rein

[101] *coated* (engl.) = bekleidet, bedeckt, überzogen; *pit* (engl.) = Grube, Höhle

[102] *trans-* (lat.) = über, hinüber; *ferrum* (lat.) = Eisen

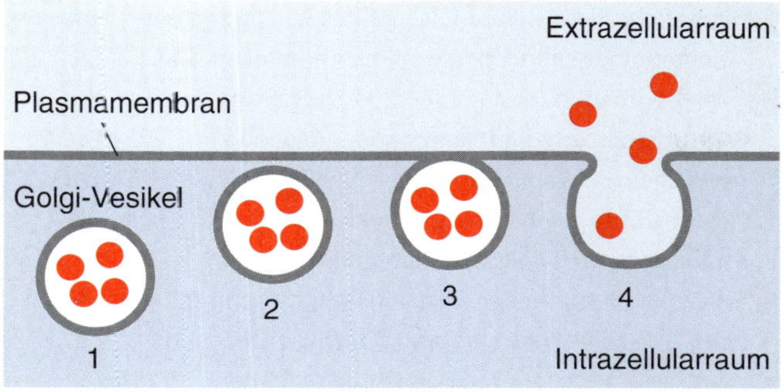

Abb. 1.36 Funktionsschema der Exocytose in tierischen Zellen. Golgi-Vesikel werden entweder konstitutiv oder stimulusabhängig aus dem Bereitstellungsraum im Zellinneren an die Plasmamembran herangeführt (1) und docken dort, vermittelt durch bestimmte Erkennungsproteine, an (2). Die Fusion der Vesikelmembran mit der Plasmamembran (3) führt zur Bildung einer Fusionspore, die sich weiten kann, um den Vesikelinhalt in den Extrazellularraum freizusetzen (4). Alle Teilschritte dieser Reaktion werden durch eine Steigerung der intrazellulären Konzentration freier Calciumionen vermittelt oder zumindest befördert.

ist eine Schlüsselmechanismus bei der Ausschüttung von Drüsensekreten (z. B. Verdauungsenzyme im exokrinen Pankreas) sowie bei der Freisetzung von Transmittern an Synapsen.

Man unterscheidet zwischen der kontinuierlichen (konstitutiven) und der bedarfsabhängig regulierten Exocytose. Letztere läuft im Gegensatz zur Ersteren nur auf bestimmte Signale hin ab. Das Signal zur Sekretion kann zum Beispiel ein chemischer Botenstoff (Hormon) sein, der an Rezeptoren auf der Zelloberfläche bindet. Eine regulierte Exocytose finden wir beispielsweise im exokrinen Pankreas und in vielen Hormondrüsen. Für die Insulinausschüttung aus den β-Zellen des endokrinen Pankreas ist ein erhöhter Blutzuckerspiegel das auslösende Signal.

Neben der Exocytose von Vesikeln, die aus dem ER oder Golgi-Apparat stammen, gibt es auch die Exocytose von kleinen Molekülen, die aus dem Cytoplasma stammen. Die Moleküle werden über Translokatoren in den Vesikeln angereichert und nur auf ein bestimmtes Signal hin exocytiert (regulierte Exocytose). Das trifft zum Beispiel für die Transmitter in den synaptischen Strukturen, für das Adrenalin in den chromaffinen Zellen des Nebennierenmarks und für das Histamin in den Mastzellen und basophilen Granulocyten zu. Zwei Translokatoren sind beteiligt. Der eine ist eine V-Typ-ATPase, die unter ATP-Verbrauch Protonen aus dem Cytoplasma in die Vesikel pumpt und dort einen pH-Wert von etwa 5,5 einstellt. Dieser Protonengradient bildet die Triebkraft für den zweiten Translokator, einen Antiporter, der Transmitter im Vesikel anreichert. Durch Reserpin, ein Alkaloid der *Rauwolfia*, kann dieser Antiporter (*vesicular monoamine transporter*, VMAT) irreversibel gehemmt werden.

1.5.10 Transepithelialer Transport

In vielen Fällen werden die durch die Zellmembran aufgenommenen Stoffe nicht dem eigenen Zellstoffwechsel zugeführt, sondern lediglich durch die Zelle hindurch transportiert und an anderer Stelle wieder entlassen. Man spricht dann von einem **transzellulären Transport**. Er spielt zum Beispiel bei der Resorption der Nährstoffe im Darm, beim Transport von Stoffen durch die Blut-Hirn-Schranke oder bei Reabsorptions- und Sekretionsprozessen in der Niere eine sehr große Rolle. Alle diese Gewebe sind Epithelien, die zwei sehr unterschiedlich zusammengesetzte Milieus voneinander trennen. Epithelzellen sind polar organisiert. Es lässt sich ein apikales von einem basolateralen Membrankompartiment unterscheiden. Benachbarte Zellen sind über undurchlässige Kontaktzonen, einen Ring von **Tight Junctions** (TJs)[103], miteinander verbunden. Diese TJs bilden eine jede Epithelzelle umgebende Schlussleiste (**Zonula occludens**[104]), durch die mehr oder weniger vollständig verhindert wird, dass gelöste Substanzen zwischen den Zellen durch das Epithel sickern. In bestimmten Fällen sind aber auch diese Schlussleisten für bestimmte Stoffe durchlässig. Treten Substanzen auf diesem Wege durch das Epithel, so nennt man den Vorgang **parazellulären Transport**. Die Gesamtheit des transzellulären und des parazellulären Transports ist der transepitheliale Transport. In einer Reihe von Fällen (z. B. bei NaCl-sezernierenden Epithelien) verläuft der transzelluläre Transport für den einen Partner (Na^+) parazellulär, für den anderen (Cl^-) transzellulär (sekundär aktive Chloridsekretion).

Resorbierende Epithelien (Darm, proximaler Tubulus der Säugerniere usw.) zeichnen sich dadurch aus, dass die apikalen Membrandomänen der Zellen Tausende Mikrovilli ausbilden, kleine fingerförmige Ausstülpungen, die wegen ihrer hohen Dichte auch als Bürstensaum bezeichnet werden. Dadurch wird die für die Stoffaufnahme zur Verfügung stehende Zelloberfläche stark (bis auf das 25-Fache) vergrößert, was sich in einer höheren Transportkapazität niederschlägt. In der apikalen Membrandomäne des Darmepithels sind Na^+-gekoppelte Symporter lokalisiert, durch die die Nährstoffe (Glucose, Aminosäuren) in die Zelle eingeschleust werden. Es baut sich dadurch unter Umständen ein erheblicher Konzentrationsgradient auf. In der basolateralen Domäne sorgen Na^+-unabhängige Transportproteine dafür, dass die Nährstoffe ihrem Konzentrationsgradienten folgend die Zelle passiv wieder verlassen können (erleichterte, katalysierte Diffusion). Ebenfalls in den basalen und lateralen Membranenteilen sind Na^+/K^+-ATPasen lokalisiert, die dafür sorgen, dass der hohe Na^+-Gradient (niedrige intrazelluläre Konzentration), der den Symporter antreibt, erhalten bleibt. Entsprechende Vorgänge spielen sich auch bei der Glucose- und Aminosäurereabsorption im proximalen Tubulus der Säugerniere ab.

Ionentransportierende Epithelien findet man in diversen sekretorisch oder resorptiv arbeitenden Organen aller Tierarten, so in der Haut und der Harnblase von Amphibien, in den Kiemen von Crustaceen und Fischen, in den Rektaldrüsen der Knorpelfische, in Salzdrüsen der Vögel und Reptilien, in der Gallenblase aller Wirbeltiere, im Darm aller Tiere, in den Nieren der Wirbeltiere und anderswo. Auch hier kann man stets eine asymmetrische Positionierung der beteiligten Carrierpro-

[103] *tight* (engl.) = dicht; *junction* (engl.) = Verbindung
[104] *occludere* (lat.) = verschließen

teine in den apikalen und basolateralen Membrankompartimenten der Zellen feststellen.

Der transepitheliale Wassertransport spielt im Rahmen der Regulierung des Wasserhaushalts eine große Rolle. Viele Tiere verfügen über leistungsfähige Transportepithelien, die dafür sorgen, dass die mit dem Harn oder Fäzes abgegebene Wassermenge niedrig bleibt. In vielen Fällen zeigen diese Epithelien interzelluläre Spalten oder sogar größere Räume zwischen den Zellen. Diese Räume sind zur mucosalen (Lumen-)Seite hin durch Tight Junctions abgedichtet und zur serosalen (Blut-)Seite hin offen. Werden durch eine Na^+/K^+-ATPase in diesen interzellulären Raum Na^+-Ionen gepumpt, so baut sich ein Konzentrationsgradient auf, der Wasser aus der Zelle osmotisch nachzieht. Während das Wasser zum Blut hin abfließt, kann das Kation passiv über Kanäle zurück in die Zelle fließen und erneut für den Transport zur Verfügung stehen. Um die kontrollierte Wasserpermeabilität der eigentlich dichten Zellmembran zu verbessern, gibt es vorwiegend für Wassermoleküle permeable Kanäle (Wasserkanäle, **Aquaporine**), die ursprünglich von Peter Agre* entdeckt wurden. Man findet sie beispielsweise in den Epithelzellen der Sammelrohre der Säugerniere. Dort werden ihre Dichte, und damit auch die Wasserdurchlässigkeit des Epithels, durch Vasopressin (antidiuretisches Hormon) reguliert.

Auch Pinocytosevesikel können durch die Zelle hindurch transportiert und der Inhalt am anderen Pol der Zelle durch Exocytose wieder freigesetzt werden. So kann der Vesikelinhalt – ohne durch eine Membran getreten zu sein – durch die Zelle geschleust werden. Man nennt diese Form eines transzellulären Transports **Transcytose**. Als Beispiel kann die Versorgung des Fetus mit mütterlichen Immunglobulinen über die Wand des Dottersacks oder die Aufnahme von Antikörpern aus der Milch der Mutter durch die Epithelzellen des Dünndarms neugeborener Mäuse dienen. Eine besondere Form einer Transcytose finden wir bei den **Osteoklasten** (knochenabbauende Zellen, Makrophagen)[105]. Die Osteoklasten bauen die Knochensubstanz durch Ausscheidung von Exoenzymen ab. Das abgebaute Material wird anschließend von ihnen durch Endocytose aufgenommen, durch den Zellkörper geschleust und am anderen Pol der Zelle durch Exocytose ans Blut abgegeben. Die Osteoklasten üben ihre Funktion daher wie ein Transportepithel aus, obwohl sie nicht flächendeckend organisiert sind.

1.6 Fragen zum Selbststudium

- Welchen »theoretischen« osmotischen Druck entwickelt eine Glucoselösung mit einer Konzentration von 1 mol l^{-1} im Vergleich mit einer gleichkonzentrierten NaCl-Lösung?
- In welche Richtung wandern Proteine mit einer negativen Nettoladung in einem elektrischen Gleichspannungsfeld?
- Warum läuft eine exotherme Reaktion nicht immer spontan ab?
- Zu welchem Typ von Reaktion (exergonisch, endergonisch) gehört die Hydrolyse von ATP?
- Benennen Sie die wesentlichen Molekültypen, die am Aufbau einer biologischen Einheitsmembran beteiligt sind.
- Wie begründen Sie den Umstand, dass einige Proteine in Membranen integriert sind, andere dagegen im Cytosol gelöst vorliegen?
- Welche Strukturen ermöglichen den Durchtritt von Ladungsträgern durch die Plasmamembran?
- Welche Parameter des Diffusionsgesetzes von Adolph Fick begrenzen die Nettodiffusion durch Grenzflächen?
- Was genau versteht man unter einem Carrier?
- Woher beziehen Transport-ATPasen die Energie für ihre Arbeit?
- Worauf beruht die Donnan-Verteilung diffusibler Ionen über der Zellmembran?
- Was versteht man unter dem sekundär aktiven Transport?
- Nennen Sie zwei Typen von Biomolekülen, die durch Exocytose aus Zellen geschleust werden.
- Nennen Sie drei Beispiele für klassische Transportepithelien in Ihrem Körper.
- Formulieren Sie in Anlehnung an das Gesetz von Ohm den Ausdruck für die Leitfähigkeit biologischer Membranen und erläutern Sie die Faktoren.
- Nach welcher Formel berechnet sich das Membranpotenzial von Zellen? Welche Faktoren gehen ein?
- Welche Größe lässt sich mit der Nernst-Gleichung bestimmen und was sagt sie aus?

[105] *osteon* (griech.) = Knochen; *klastein* (griech.) = zerbrechen

Weiterführende Literatur

Allgemeines

Adam G, Läuger P, Stark G (2003) Physikalische Chemie und Biophysik. Springer Verlag, Heidelberg.
Bergmann L, Schaefer C (1998) Lehrbuch der Experimentalphysik. Band 1: Mechanik, Relativität, Wärme. Von Dorfmüller T, Hering W, Stierstadt K, 11. Aufl., de Gruyter, Berlin.
Ganten D (2008) Evolutionäre Medizin - Evolution der Medizin. Wallstein Verlag, Göttingen.
Monod J (1971): Zufall und Notwendigkeit. Philosophische Fragen der modernen Biologie. R. Piper & Co. München, Zürich.
Pittendrigh C (1958) Adaptation, natural selection and behavior. In: Roe, A. & Simpson, G.G. (Hrsg) Behavior and evolution. Yale University Press. 390-416.
Penzlin H (2012) Der Selbstorganisation auf der Spur: Was heißt »lebendig«? Biologie in unserer Zeit 42, 56-63.
Pethig R, Kell DB (1987) The passive electrical properties of biological systems: their significance in physiology, biophysics and biotechnology. Physics in Medicine and Biology 32, 933-970.
Sackmann E, Merkel R (2010) Lehrbuch der Biophysik. Wiley-VCH, Weinheim.
Stein WD (1986) Transport and diffusion across cell membranes. Academic Press Inc., Orlando/Florida.
Wieser W (1986): Bioenergetik. Georg Thieme Verlag, Stuttgart, New York.

Spezielle Aspekte

Ahearn GA, Mandal PK, Mandal A (2001) Biology of the $2Na^+/1H^+$ antiporter in invertebrates. Journal of Experimental Zoology 289, 232-244.
Apell HJ (2003) Structure-function relationship in P-type ATPases - a biophysical approach. Reviews in Physiology, Biochemistry and Pharmacology 150, 1-35.

Binggeli R, Weinstein R (1986) Membrane potentials and sodium channels: hypotheses for growth regulation and cancer formation based on changes in sodium channels and gap junctions. Journal of Theoretical Biology 123, 377-401.

Bosch TCG, McFall-Ngai MJ (2011) Metaorganisms as a new frontier. Zoology 114, 185-190.

Brett CL, Donowitz M, Rao R (2005) Evolutionary origins of eukaryotic sodium/proton exchangers. American Journal of Physiology - Cell Physiology 288, C223-C239.

Deretic V (2008) Autophagosome and phagosome. Methods in Molecular Biology 445, 1-10.

Frizzell RA, Field M, Schultz SG (1979) Sodium-coupled chloride transport by epithelial tissues. American Journal of Physiology 236, F1-F8.

Graham J, Gerard RW (1946) Membrane potentials and excitation of impaled single muscle fibers. Journal of Cellular and Comparative Physiology 28, 99-117.

Hamill OP, McBride DW (1997) Induced membrane hypo/hyper mechanosensitivity A limitation of patch-clamp recording. Annual Reviews in Physiology 59, 621-631.

Hille B (2001) Ion Channels of Excitable Membranes. 3. Aufl. Sunderland, Mass: Sinauer Associates

Hodgkin AL, Huxley AF (1952) A quantitative description of membrane current and its application to conduction and excitation in nerve. Journal of Physiology 117, 500-544.

Horisberger JD (2004) Recent insights into the structure and mechanism of the sodium pump. Physiology 19, 377-387.

Huss M, Vitavska O, Albertmelcher A, Bockelmann S, Nardmann C, Tabke K, Tiburcy F, Wieczorek H (2011) Vacuolar H^+-ATPases: intra- and intermolecular interactions. European Journal of Cell Biology 90, 688-695.

Jorgensen PL, Hakansson KO, Karlish SJD (2003) Structure and mechanism of Na,K-ATPase: Functional sites and their interactions. Annual Reviews in Physiology 65, 817-849.

Lamb CA, Dooley HC, Tooze SA (2012) Endocytosis and autophagy: Shared machinery for degradation. Bioessays 35, 34-45.

Levin M (2012) Molecular bioelectricity in developmental biology: New tools and recent discoveries. Bioessays 34, 205-217.

Lumpkin EA, Caterina MJ (2007) Mechanisms of sensory transduction in the skin. Nature 445, 858-865.

Markin VS, Martinac B (1991) Mechanosensitive ion channels as reporters of bilayer expansion. A theoretical model. Biophysical Journal 60, 1120-1127.

Nelson N, Harvey WR (1999) Vacuolar and plasma membrane proton-adenosinetriphosphatases. Physiological Reviews 79, 361-385.

Obermeyer G, Bertl A (2011) Das Membranpotenzial. Biophysik im Experiment. Biologie in unserer Zeit 41, 206-211.

Offner FF (1991) Ion flow through membranes and the resting potential of cells. Journal of Membrane Biology 123, 171-182.

Ogdon D, Stanfield P (1993) Patch clamp techniques for single channel and whole cell recording. In: Ogdon, D. (Hrsg) Microelectrode techniques. The Plymouth Workshop Handbook. Company of Biologists Ltd., Cambridge, 2. Aufl., Chapt. 4, 53-78.

Perozo E, Cortes DM, Sompornpisut P, Kloda A, Martinac B (2002) Open channel structure of MscL and the gating mechanism of mechanosensitive channels. Nature 418, 942-948.

Schultz SG, Hudson RL, Lapointe JY (1985) Electrophysiological studies of sodium cotransport in epithelia: toward a cellular model. Annals of the New York Academy of Sciences 456,127-135.

Weihe E, Eiden LE (2000) Chemical neuroanatomy of the vesicular amine transporters. FASEB Journal 14, 2435-2449.

Wieczorek H, Grüber G, Harvey WR, Huss M, Merzendorfer H, Zeiske W (2000) Structure and regulation of insect plasma membrane H^+ V-ATPase. Journal of Experimental Biology 203, 127-135.

Chemische Ebene des Lebendigen

Die Chemie[106] ist diejenige naturwissenschaftliche Disziplin, die Fragen der Struktur und des Verhaltens von **Atomen** (**Elementen**), der Zusammensetzung und Eigenschaften von Verbindungen sowie der Reaktionen der Substanzen und der sie begleitenden Energieumsätze verfolgt und versucht, die Gesetzmäßigkeiten in einem umfassenden System miteinander zu verbinden.

Frühzeitig haben sich die Chemiker auch mit Stoffen aus Lebewesen beschäftigt, deren Erforschung Jöns Jakob Berzelius* 1807 erstmalig als Gegenstand einer »**organischen Chemie**« bezeichnete. Lange Zeit ging man allerdings davon aus, dass die organischen Verbindungen außerhalb der Lebewesen nicht entstehen können, weil zu ihrer Bildung eine besondere »Lebenskraft« notwendig sei. Diese Anschauung wurde erst dadurch widerlegt, dass ein Schüler von Berzelius, Friedrich Wöhler*, im Jahre 1828 bei Versuchen mit Ammoniumcyanat zufällig beobachtete, dass beim Verdampfen der Lösung dieses Salzes Harnstoff, eine typisch organische Verbindung, entsteht (Abb. 2.1).

In der Folge setzte sich die Erkenntnis durch, dass auch sehr viele andere organische Moleküle im Labor zu synthetisieren waren. Gleichzeitig versuchte man, die Stoffwechselwege in Lebewesen zu verstehen. Bereits zum Ende des 19. Jahrhunderts ging aus der Stoffwechselphysiologie eine »physiologische Chemie« hervor, die sich später zur **Biochemie** weiterentwickelte. Daran hatte Felix Hoppe-Seyler* einen herausragenden Anteil. Bereits 1877 begründete er die *Zeitschrift für Physiologische Chemie*. Die Erkenntnis, dass alle lebenden Zellen in vielen ihrer grundlegenden Stoffwechselwege gleichartig arbeiten und dabei die gleichen Moleküle nutzen, brachte Jacques Monod* im Jahre 1953 zur Formulierung des Prinzips der »Quasiidentität der Zellchemie in der ganzen Biosphäre«. Alle Lebewesen, vom Bakterium bis zum Menschen, benutzen die gleichen Bausteine, um daraus ihre Körpersubstanz aufzubauen, der Fluss der genetischen Information von der DNA über die RNA bis zu den Proteinen ist im Wesentlichen bei allen Organismen derselbe und alle Lebewesen benutzen Adenosintriphosphat (ATP) als »universelle Energiewährung«. Neuere Untersuchungen legen nahe, dass schon während der präbiotischen Phase der Entwicklung unseres Planeten organische Moleküle entstehen konnten, die zum Teil in Stoffwechselnetzwerken auf nichtenzymatisch vermittelten Wegen umgeformt wurden. Diese hypothetischen Wege zeigen auffällige Parallelen zu enzymatisch katalysierten Stoffwechselwegen (Glykolyse, Pentosephosphatweg), die später auch in lebenden Zellen eine Rolle spielten und dies bis heute tun.

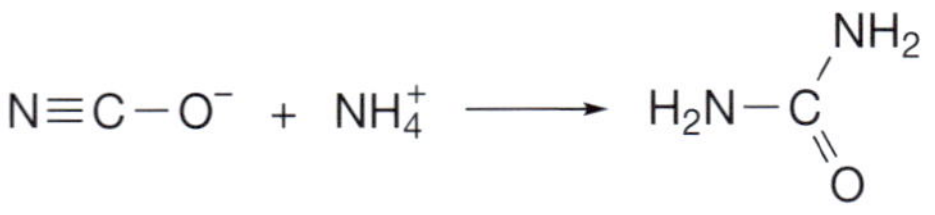

Abb. 2.1 Chemische Umwandlung eines anorganischen Moleküls (Ammoniumcyanat) in ein organisches Molekül (Harnstoff) ohne Beteiligung eines Lebewesens (*in vitro**).

[106] *chimeia* (griech.) = Kunst der Metallgießerei, Stoffumwandlung

* *in vitro* (lat.) = im Glas; bezeichnet organische Vorgänge, die außerhalb eines lebenden Organismus stattfinden

2.1 Stoffliche Aspekte

Von den 92 natürlich vorkommenden Elementen sind nur etwa 26 regelmäßig in Lebewesen anzutreffen. Man unterscheidet die Mengenelemente (**Makroelemente**: O, C, H, N, P, S, Na, Cl, K, Ca und Mg), die der Mensch – mit Ausnahme des Magnesiums – täglich in Grammmengen zu sich nehmen muss, und die Spurenelemente (**Mikroelemente**), bei denen eine Zufuhr von Milligrammmengen (Fe, Cu, Zn) oder weniger (F, Si, V, Cr, Mn, Co, Ni, As, Se, Mo, Sn und J) notwendig und ausreichend ist, um den Organismus funktionsfähig zu halten. Es fällt auf, dass insbesondere die Elemente mit niedrigeren Ordnungszahlen am Aufbau und Stoffwechsel der Organismen beteiligt sind (Abb. 2.2).

Die vier Elemente Sauerstoff, Kohlenstoff, Wasserstoff und Stickstoff stellen allein etwa 96 % der menschlichen Körpermasse. Nimmt man die restlichen sieben Makroelemente noch hinzu, so kommt man beim Menschen bereits auf einen Masseprozentanteil von ca. 99,5 %. Kohlenstoff ist im Menschen fast 200-mal häufiger, Eisen dagegen 300-mal weniger häufig als in der unbelebten Natur (Erdkruste + Hydrosphäre + Atmosphäre) vorhanden. Vom Wasser abgesehen sind fast alle den Organismus aufbauenden Stoffe Kohlenstoffverbindungen, also organische Stoffe. Die Anzahl der vorwiegend aus den Elementen Kohlenstoff (C), Wasserstoff (H), Sauerstoff (O), Stickstoff (N), Schwefel (S) und Phosphor (P) bestehenden verschiedenen organischen Verbindungen ist in den Lebewesen sehr groß. Es ist kein Zufall, dass es gerade die Elemente aus der Mitte jeder Gruppe des Periodensystems der Elemente sind, aus denen biologisch relevante Strukturmoleküle (▶ Abschn. 2.1.3) aufgebaut sind. Diese Elemente gehen nämlich untereinander besonders stabile Bindungen (kovalente Bindungen, ▶ Abschn. 2.1.1) ein, die sich in Anwesenheit des überall in Lebewesen anwesenden Wassers (▶ Abschn. 2.1.2) nicht ohne Weiteres auflösen. Nur mit solchen stabilen Molekülen lässt sich ein Organismus bzw. eine Zelle in Anwesenheit von externem und internem Wasser über längere Zeit erhalten.

2.1.1 Chemische Bindungen und molekulare Wechselwirkungen

Die Moleküle im Organismus unterliegen einem ständigen Fluss von Auf-, Um- und Abbau. Die meisten chemischen Reaktionen werden durch Biokatalysatoren (**Enzyme**) ermöglicht oder beschleunigt und laufen in Zeiträumen von Mikro- bis Millisekunden ab. Chemische Reaktionen sind im Wesentlichen dadurch bestimmt, dass Elektronen zwischen Atomen derselben oder unterschiedlicher Elemente gemeinsam gebun-

1 H 1.01																	2 He 4
3 Li 6.94	4 Be 9.01											5 B 10.81	6 C 12.01	7 N 14.01	8 O 16	9 F 19	10 Ne 20.18
11 Na 22.99	12 Mg 24.31											13 Al 26.98	14 Si 28.09	15 P 30.97	16 S 32.07	17 Cl 35.45	18 Ar 39.95
19 K 39.1	20 Ca 40.08	21 Sc 44.96	22 Ti 47.88	23 V 50.94	24 Cr 52	25 Mn 54.94	26 Fe 55.85	27 Co 58.93	28 Ni 58.69	29 Cu 63.55	30 Zn 65.39	31 Ga 69.72	32 Ge 72.61	33 As 74.92	34 Se 78.96	35 Br 79.9	36 Kr 83.8
37 Rb 85.47	38 Sr 87.62	39 Y 88.91	40 Zr 91.22	41 Nb 92.91	42 Mo 95.94	43 Tc 98	44 Ru 101.07	45 Rh 102.91	46 Pd 106.42	47 Ag 107.87	48 Cd 112.41	49 In 114.82	50 Sn 118.71	51 Sb 121.76	52 Te 127.6	53 I 126.9	54 Xe 131.29
55 Cs 132.91	56 Ba 137.33	57 *La 138.91	72 Hf 178.49	73 Ta 180.95	74 W 183.85	75 Re 186.21	76 Os 190.2	77 Ir 192.22	78 Pt 195.08	79 Au 196.97	80 Hg 200.59	81 Tl 204.38	82 Pb 207.2	83 Bi 208.98	84 Po 209	85 At 210	86 Rn 222
87 Fr 223	88 Ra 226.03	89 **Ac 227	104 Rf 261	105 Db 262	106 Sg 263	107 Bh 262	108 Hs 265	109 Mt 265									

*Lanthaniden	58 Ce 140.12	59 Pr 140.91	60 Nd 144.24	61 Pm 145	62 Sm 150.36	63 Eu 151.97	64 Gd 157.25	65 Tb 158.93	66 Dy 162.5	67 Ho 164.93	68 Er 167.26	69 Tm 168.93	70 Yb 173.04	71 Lu 174.97
**Actiniden	90 Th 232.04	91 Pa 231.04	92 U 238.03	93 Np 237.05	94 Pu 244	95 Am 243	96 Cm 247	97 Bk 247	98 Cf 251	99 Es 252	100 Fm 257	101 Md 258	102 No 259	103 Lr 260

Beispiel:

4	← Ordnungszahl
Be	← Elementsymbol
9.01	← mittlere Atommasse

Abb. 2.2 Das Periodensystem der Elemente. Rot unterlegt sind die Makroelemente dargestellt, die Lebewesen regelmäßig in größeren Mengen aufnehmen müssen. Grau unterlegt sind die Mikro- oder Spurenelemente, die nur in geringfügigen Mengen aufgenommen werden, aber dennoch in der Nahrung nicht dauerhaft fehlen dürfen.

den oder ausgetauscht werden. Je nachdem, wie die Bindungspartner die Elektronen untereinander verteilen, unterscheidet man zwischen starken, **kovalenten Bindungen** und schwachen, nichtkovalenten Bindungen.

Die Verknüpfung benachbarter Atome in einem Molekül durch eine kovalente Bindung beruht darauf, dass sich die Bindungselektronen, die immer aus den äußeren Elektronenschalen der Atome stammen, in Orbitalen bewegen, die beiden Atomen gemeinsam sind. Dabei gehört jeweils mindestens ein Elektronenpaar zwei Atomen gemeinsam an. In der Regel steuert jeder Partner ein Elektron dazu bei. Das gemeinsame Elektronenpaar liegt jeweils zwischen den beiden benachbarten Atomen. Zwei Atome können auch über mehr als ein gemeinsames Elektronenpaar miteinander verbunden sein: Eine Doppelbindung besteht aus zwei und eine Dreifachbindung aus drei gemeinsamen Elektronenpaaren.

Besteht eine kovalente Bindung zwischen Atomen eines Elements (z. B. bei einer Bindung zwischen zwei C-Atomen), so liegen die Bindungselektronen symmetrisch zwischen den beiden Atomrümpfen, weil beide Partner auf die Bindungselektronen jeweils gleiche Anziehungskräfte ausüben. In einer kovalenten Bindung zwischen Atomen unterschiedlicher Elemente können die Elektronen aber auch asymmetrisch verteilt sein, weil die Partneratome unterschiedliche Anziehungskräfte auf die Bindungselektronen ausüben. Die Stärke, mit der ein Atom Elektronen an sich zieht, bezeichnet man als **Elektronegativität**. Kovalente Bindungen zwischen Atomen unterschiedlicher Elektronegativität führen zur Ausbildung einer Polarität: Das eine Ende dieser Bindung weist eine geringe negative Teil- oder Partialladung (δ^-), das andere eine geringe positive Teil- oder Partialladung (δ^+) auf. Da sich solche Unterschiede in der Elektronegativität von Atomen, die an chemischen Bindungen beteiligt sind, in größeren Molekülen auch auf benachbarte Bindungspartner auswirken, bezeichnet man diese Effekte auch als elektrostatische Induktionseffekte. Elektronenziehende Eigenschaften von Teilen eines Moleküls werden deshalb als –I-Effekte (Minus-I-Effekte), elektronenschiebende Eigenschaften als +I-Effekte (Plus-I-Effekte) bezeichnet (Abb. 2.3).

Das **Kohlenstoffatom** besitzt in der äußeren Schale seiner Elektronenhülle (L-Schale) vier Elektronen. Es hat nur eine sehr geringe Neigung, Elektronen aufzunehmen oder abzugeben und Ionen zu bilden. Es kann aber mit seinen vier Valenzelektronen stabile kovalente Bindungen eingehen, zum Beispiel mit vier Wasserstoffatomen zur Bildung des Methanmoleküls. Dabei wird jede der vier Bindungen durch zwei Elektronen (eines vom Kohlenstoff, eines vom Wasserstoff) gebildet. Der gemeinsame Aufenthaltsraum (Orbital) dieser beiden Elektronen liegt nahezu symmetrisch zwischen den beiden Atomrümpfen (■ Abb. 2.4). Solche Bindungen zwischen zwei Atomen bezeichnet man als Einfach- oder σ-Bindungen. Ausgehend vom Kohlenstoffatom des Methanmoleküls sind die σ-Bindungen zwischen dem zentralen Kohlenstoff und den Wasserstoffen tetraedrisch angeordnet, der Winkel zwischen zwei Bindungen beträgt jeweils 109,5°. Das Kohlenstoffatom hat die besondere Eigenschaft, dass es sich nicht nur mit anderen Atomen, sondern sehr leicht auch mit weiteren Kohlenstoffatomen zu unverzweigten oder verzweigten Ketten kovalent verbinden kann. Kohlenstoffketten können sich auch zu Ringen schließen. Die Vielfalt der Kohlenstoffverbindungen ist daher enorm groß. Die Kohlenstoffatome untereinander oder Kohlenstoffatome mit anderen Atomen (Stickstoff, N) können auch Doppel- oder

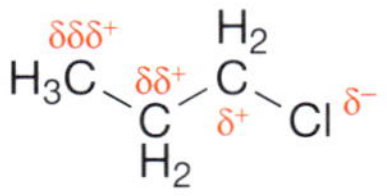

■ **Abb. 2.3** Effekte unterschiedlicher Elektronegativitäten von Elementen auf die polarisierte Ladungsverteilung innerhalb eines Moleküls von 1-Chlorpropan. Die elektronenschiebende Wirkung einzelner Atome oder Molekülteile (+I-Effekt) verursacht in den benachbarten Molekülbereichen einen relativen Elektronenüberschuss bzw. eine negative Teil- oder Partialladung (δ^-). Die elektronenziehende Wirkung einzelner Atome oder Molekülteile (–I-Effekt) verursacht in den benachbarten Molekülbereichen einen relativen Elektronenmangel (δ^+), der allerdings mit der Entfernung immer schwächer wird ($\delta\delta^+$ bzw. $\delta\delta\delta^+$).

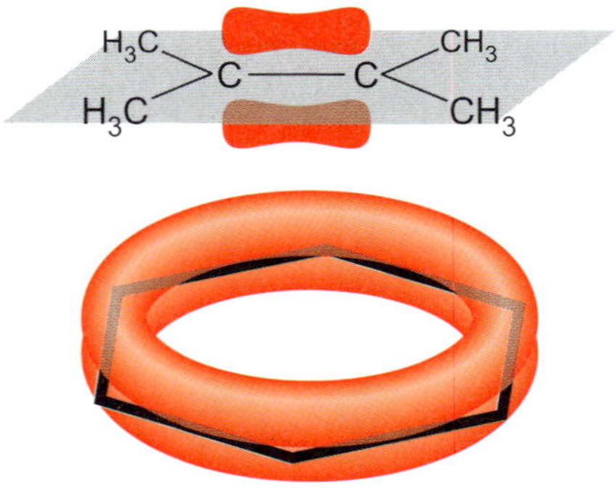

■ **Abb. 2.4** Kohlenwasserstoffstrukturen von Ethen und Benzol zur Veranschaulichung der Verteilungsräume von σ- und π-Elektronen in kovalenten Einfach- bzw. Doppelbindungen. Die σ-Elektronen, die die Einfachbindungen zwischen zwei Kohlenstoffatomen bilden, bewegen sich in einem symmetrisch geformten Aufenthaltsraum zwischen den Atomrümpfen. Die π-Elektronen, die die Doppelbindung bilden, bewegen sich in oberhalb und unterhalb des Atomgerüsts liegenden Aufenthaltsräumen. Enthält ein Molekül, wie hier am Benzol veranschaulicht, abwechselnd Einfach- und Doppelbindungen zwischen benachbarten Atomen (konjugierte Doppelbindungen), so fusionieren die Orbitale der π-Elektronen jeweils zu einem gemeinsamen Aufenthaltsraum oberhalb und unterhalb der Atomebene (Sandwichstruktur).

gar Dreifachbindungen eingehen. Solche kovalenten Bindungen werden zusätzlich zu dem Elektronenpaar, das die σ-Bindung aufbaut, von weiteren Elektronenpaaren gebildet, die man als π-Elektronen bezeichnet. Die Aufenthaltsräume dieser Elektronen sind orthogonal zu denen der σ-Elektronen ausgeformt. In biologisch relevanten ringförmig aufgebauten Molekülen kommen Einfach- und Doppelbindungen zwischen benachbarten C- und N-Atomen häufig abwechselnd vor. In solchen Molekülen können die Aufenthaltsräume der π-Elektronen oberhalb und unterhalb der planaren Atomebene nicht mehr einzelnen Atompaaren zugeordnet werden, sodass gemeinsame Elektronenwolken entstehen. Man bezeichnet diese Verbindungen als aromatische Moleküle, die Bindungen als konjugierte Doppelbindungen (■ Abb. 2.4). Da die Energiedifferenz zwischen verschiedenen elektronischen Zuständen in solchen **delokalisierten Elektronensystemen** relativ gering ist, haben derartig strukturierte Moleküle eine interessante physikalische Eigenschaft: Sie absorbieren Licht im Ultraviolettbereich (UV) oder im sichtbaren Bereich (*visible*, VIS) des elektromagnetischen Spektrums. Die Fotometrie und die UV/VIS-Spektroskopie sind daher wichtige bioanalytische Labormethoden. Im Gegensatz dazu absorbieren einfache Bindungen nur elektromagnetische Strahlung mit deutlich höherer Energie, das heißt niedrigerer Wellenlänge, sodass für ihre Analyse andere Techniken eingesetzt werden müssen.

Zu den nichtkovalenten Bindungen zählen die elektrostatischen Bindungen, die Wasserstoffbrückenbindungen (kurz Wasserstoffbrücken) und die Van-der-Waals*-Bindungen. Zu den biologisch bedeutsamen elektrostatischen Bindungen gehören die **Ionenbindungen**, die innerhalb von Proteinen durch Interaktion positiv und negativ geladener Aminosäureseitenketten zur räumlichen Faltung beitragen und wichtige Elemente zur Aufrechterhaltung der Tertiärstruktur eines Proteins darstellen. Dieselben Kräfte können auch den Zusammenhalt zwischen zwei Proteinen bewirken und zum Aufbau multimerer Proteine beitragen (Quartärstruktur eines Proteinkomplexes). Die elektrostatische Anziehung zwischen entgegengesetzt geladenen Gruppen hat nach dem Coulomb*-Gesetz folgende Kraft:

$$F = \frac{q_1 q_2}{r^2 \varepsilon}$$

mit q_1 und q_2 = Ladungen der beiden interagierenden Gruppen, r = Abstand zwischen den interagierenden Gruppen, ε = Dielektrizitätskonstante ($\varepsilon = \varepsilon_0 \times \varepsilon_r$, mit der relativen Dielektrizitätskonstante $\varepsilon_r = 1$ im Vakuum bzw. 80 im Wasser und der Dielektrizitätskonstante des Vakuums $\varepsilon_0 = 8{,}85 \times 10^{-12}$ A s V^{-1} m^{-1}).

Es ist aus dieser Beziehung abzulesen, dass die Bindungskräfte ionischer Gruppen umso stärker werden, je größer die ungleichnamigen Ladungen der Partner sind und je geringer der Abstand zwischen den interagierenden Gruppen ist. Dies bedingt, dass nur solche Partner strukturrelevante Bindungskräfte entwickeln können, die räumlich eng assoziiert sind. Zudem spielt die Umgebung eine wichtige Rolle: Im hydrophoben Inneren eines Proteins ($\varepsilon_r \approx 4$) ist die anziehende Kraft zwischen zwei ungleichen Ladungen geringer als in Wasser.

Wasserstoffbrücken können sich sowohl zwischen ungeladenen als auch zwischen geladenen Molekülen ausbilden. Sie beruhen darauf, dass sich jeweils zwei Atome ein Wasserstoffatom teilen. Das an ein »Donoratom« kovalent gebundene Wasserstoffatom kann eine schwache Wechselwirkung über eine Wasserstoffbrücke (durch eine Punktlinie angedeutet) mit einem »Akzeptoratom« eingehen (Abb. 2.5).

Sowohl das Donor- als auch das Akzeptoratom müssen für den Aufbau einer Wasserstoffbrücke elektronegativ sein. Aufgrund der Elektronegativität des Donoratoms werden die beiden Elektronen, die die Bindung zum Wasserstoffatom bewirken, zum Atomrumpf des Donoratoms gezogen. Das Akzeptormolekül muss über ein Paar nichtbindender Elektronen verfügen, die ebenfalls eine Anziehungskraft auf das Wasserstoffatom ausüben. In Biomolekülen sind Donor- und Akzeptoratome meistens Sauerstoff oder Stickstoff. Wasserstoffbrücken sind an sich schwache Bindungen (4–8 kJ mol^{-1}). Sie sind als Einzelbindung am stärksten, wenn Donoratom, Wasserstoffatom und Akzeptoratom auf einer Geraden liegen. Biologisch bedeutsam werden sie aber erst, wenn Moleküle über viele solcher Wasserstoffbrücken miteinander interagieren. So werden in biologischen Makromolekülen intra- oder intermolekulare

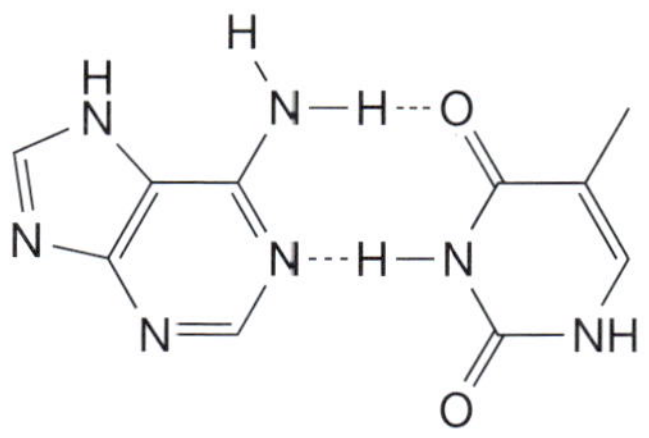

Abb. 2.5 Wasserstoffbrücken am Beispiel der Basenpaarung zwischen Adenin (links) und Thymin (rechts). Das eigentlich zum Adenin gehörige Wasserstoffatom der Aminogruppe (oben) interagiert auch mit dem Sauerstoff des Thymins (Akzeptoratom) und das eigentlich zum Thymin gehörige Wasserstoffatom (unten) oszilliert zwischen den Stickstoffatomen in den Ringsystemen von Adenin (Akzeptoratom) und Thymin (Donoratom).

Wechselwirkungen häufig durch multiple Wasserstoffbrücken maßgeblich mitgestaltet (z. B. in der α-Helix von Proteinen oder in der Basenpaarung von komplementären DNA-Strängen).

Van-der-Waals-Wechselwirkungen treten auf, wenn sich zwei Atome einander stark annähern. Die Interaktionskräfte nehmen mit zunehmender Entfernung sehr schnell ab. Sie nehmen auch ab, wenn sich die Atome einander zu sehr nähern, weil sich dann die negativen Ladungen in ihren äußeren Elektronenschalen gegenseitig abstoßen. Man kann für jede Atomart einen charakteristischen Van-der-Waals-Radius (Abstand) angeben, bei dem die Anziehung zweier Atome genau so groß ist wie die Abstoßung. Die Energie einer Van-der-Waals-Wechselwirkung ist mit 4 kJ mol^{-1} noch geringer als die der Wasserstoffbrücken im wässrigen Milieu. Van-der-Waals-Kräfte spielen bei allen molekularen Interaktionen eine große Rolle, bei der viele Atome der beiden betrachteten Moleküle in Wechselwirkung treten, wie dies zum Beispiel bei Enzym-Substrat- oder Antigen-Antikörper-Bindungen der Fall ist.

2.1.2 Wasser als biologisches Lösungsmittel

Das Leben, einst im Wasser auf unserem Planeten entstanden, ist bis auf den heutigen Tag vom **Wasser** mit seinen besonderen physikalischen und chemischen Eigenschaften absolut abhängig geblieben. Leben ist ohne Wasser nicht denkbar. Biochemische Reaktionen innerhalb und außerhalb lebender Zellen finden in einem wässrigen Milieu statt. Dabei ist Wasser nicht nur Lösungsmittel, sondern oft auch direkt als Reaktionspartner in die Reaktionen integriert, zum Beispiel bei Reaktionen, die durch Hydrolasen (wasserspaltende Enzyme) katalysiert werden. Die Bedeutsamkeit des Wassers für Lebewesen wird schon durch seine hohe Abundanz deutlich, es macht bei Tieren jeweils zwischen 70 und 96 % der Körpermasse aus (Tab. 2.1).

Das Wassermolekül besteht bekanntlich aus einem Sauerstoff- und zwei Wasserstoffatomen. Die beiden kovalenten Sauerstoff-Wasserstoff-Bindungen schließen einen Winkel von 104,5° ein (Abb. 2.6). Durch die starke Tendenz des Sauer-

Tab. 2.1 Wassergehalt verschiedener Tiere und Gewebe.

Tierart	Wassergehalt (in % des Gesamtgewichts)	Gewebe (Mensch)	Wassergehalt (in % des Gesamtgewichts)
Rhizostoma, Meduse	96	Gehirn, graue Substanz	85
Ascaris, Spulwurm	79	Gehirn, weiße Substanz	68
Helix, Weinbergschnecke (ohne Gehäuse)	84	Niere	83
Astacus, Flusskrebs	74	Bindegewebe	80
Bombyx, Seidenraupe	77	Muskelgewebe	76
Mus, Maus	67	Leber	70
Homo, erwachs. Mensch	70–75	Knochen	22

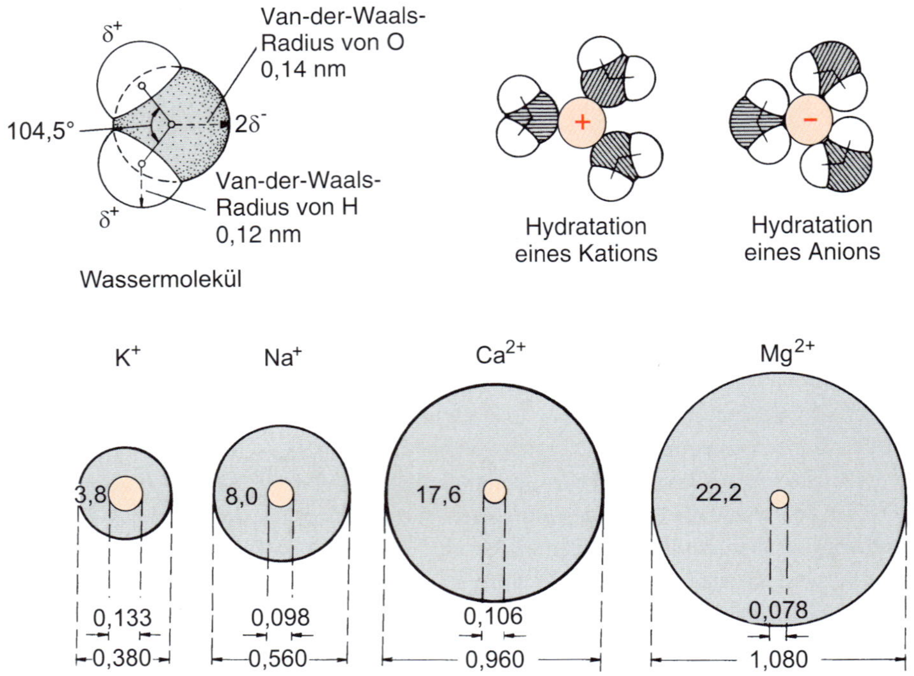

Abb. 2.6 Modelle des Wassermoleküls und der Hydratation von Kationen und Anionen in wässriger Lösung. Die Durchmesser der Kationen im nichthydratisierten (rot) und im hydratisierten Zustand (grau) sind in Nanometern (nm) angegeben. Die Zahl in der Hydrathülle gibt jeweils die durchschnittliche Zahl der Wassermoleküle pro Ion an.

stoffatoms, die Bindungselektronen vom Wasserstoff weg an sich zu ziehen (Elektronegativität des Sauerstoffs: 3,5; Elektronegativität des Wasserstoffs: 2,1), entsteht eine ungleiche Elektronenverteilung im Molekül. Jede Region um das Wasserstoffatom erhält eine partielle positive Nettoladung (δ^+) von etwa einem Drittel einer Elektronenladung und die Region um das Sauerstoffatom eine partielle negative Nettoladung (2 δ^-) von etwa zwei Dritteln einer Elektronenladung. Das Gesamtmolekül erhält dadurch eine Polarität, es wird zu einem Dipol mit einem relativ hohen Dipolmoment von $1{,}6 \times 10^{-29}$ C m, was sehr weitreichende Folgen für die besonderen Eigenschaften des Wassers hat.

Benachbarte Wassermoleküle haben die Tendenz, zwischen dem Wasserstoffatom mit positiver Partialladung und dem Sauerstoffatom mit negativer Partialladung Wasserstoffbrücken auszubilden (Abb. 2.7). Dabei teilen sich sozusagen zwei Wassermoleküle ein Wasserstoffatom. Das Atom, an dem der Wasserstoff (kovalent) fester gebunden ist, ist der Wasserstoffdonor, das Atom, an dem es weniger fest gebunden ist, der Wasserstoffakzeptor. Im Fall zweier Wassermoleküle ist der Donor das Sauerstoffatom mit dem kovalent gebundenen Wasserstoffatom und der Akzeptor ebenfalls ein Sauerstoffatom, das infolge seiner partiell negativen Ladung das Wasserstoffatom an sich zieht. Der Abstand des Wasserstoffatoms vom Sauerstoffatom des benachbarten Wassermoleküls in der Wasserstoffbrücke beträgt ca. 180 pm und ist damit deutlich geringer als der Van-der-Waals-Abstand (260 pm).

Da ein **Wassermolekül** zwei Wasserstoffatome und zwei freie Elektronenpaare besitzt, kann jedes einzelne Wassermolekül maximal vier tetraedrisch um den Sauerstoff herum angeordnete Wasserstoffbrücken zu anderen Wassermolekülen aufbauen (**Assoziatbildung**), was im Fall des Eises auch tatsächlich geschieht (Abb. 2.7). Infolge dieser offenen Struktur des Eises dehnt sich Wasser beim Gefrieren aus. Seine größte Dichte hat Wasser tatsächlich bei einer Temperatur von 4 °C, was ungewöhnlich anmutet und daher als **Dichteanomalie des Wassers** bezeichnet wird. Sie ist für das Leben auf unserer Erde aber von sehr großer Bedeutung. Im flüssigen Zustand sind nur etwa 15 % weniger Brücken ausgebildet als im Eis. Diese bilden dreidimensionale Netzwerke (Cluster), die lokal allerdings auch sehr schnell, innerhalb von 2×10^{-11} s, wieder zerfallen und neu aufgebaut werden. Mit dieser kohäsiven Natur des Wassers sind die hohe Oberflächenspannung, die hohe spezifische Wärme und die hohe Verdampfungswärme verbunden.

Die polaren Eigenschaften des Wassers machen es zu einem ausgezeichneten Lösungsmittel für ionische und ungeladene, aber polare Substanzen. In der Nachbarschaft von Ionen orientieren sich die Wasserdipole in charakteristischer Weise (Abb. 2.6). In der Nachbarschaft von Anionen weisen sie mit ihren positiven Partialladungen (Wasserstoffatomen), in der Nachbarschaft von Kationen mit ihren negativen Partialladungen (Sauerstoffatomen) zum Ion hin. So bilden sich Hüllen von Wassermolekülen um die einzelnen Ionen, die gleichzeitig voneinander getrennt werden (Solvation oder Hydratation). Die Ausdehnung dieser Hydrathülle ist umso größer, je stärker die elektrostatische Ladung des Ions ist. Bei Ionen mit gleicher elektrostatischer Ladung (z. B. Na^+ und K^+) ist sie umso mächtiger, je kleiner der Ionendurchmesser ist (Abb. 2.6), denn die elektrostatische Anziehungskraft nimmt sehr schnell mit der Entfernung zwischen Ion und Wassermolekül ab. So kommt es, dass der effektive Ionendurchmesser (mit Hydrathülle) beim kleineren Na^+-Ion (Durchmesser des Ions: 0,098 nm) größer ist

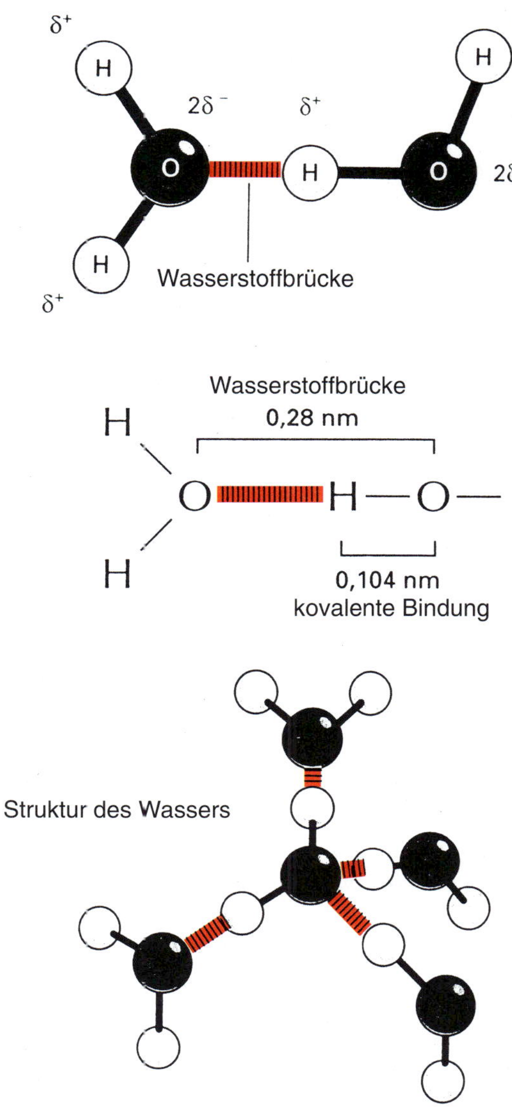

Abb. 2.7 Die Wasserstoffbrücke. Oben die Bindung zwischen zwei Wassermolekülen, unten das Modell des kurzlebigen Aggregats von fünf Wassermolekülen unter Ausbildung eines hypothetischen Hydroniumions (H_3O^+) im Zentrum. (Nach Alberts B, Johnson A, Lewis J, Raff M, Roberts K, Walter P (2011) Molekularbiologie der Zelle. 5. Aufl. Wiley-VCH, Weinheim.)

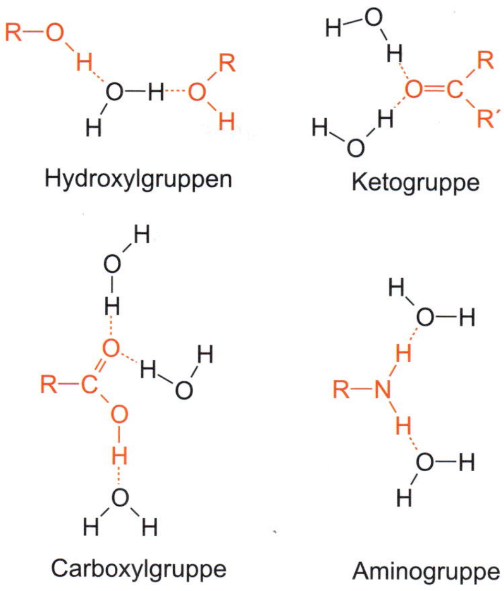

Abb. 2.8 Funktionelle Gruppen biologisch relevanter Moleküle (rot), die mit Wassermolekülen (schwarz) Wasserstoffbrücken ausbilden und daher als hydrophil bezeichnet werden. Je häufiger solche funktionellen Gruppen in einem Molekül vorkommen, desto besser ist das Gesamtmolekül in Wasser löslich. R = Molekülrest.

(0,56 nm) als beim an sich größeren K^+-Ion (Durchmesser des Ions: 0,133 nm, hydratisiert 0,38 nm).

Ebenso wie ionische Substanzen lösen sich auch ungeladene polare Moleküle in Wasser. Ihre Löslichkeit hängt von der Existenz funktioneller (hydrophiler) Gruppen ab, mit denen das Wassermolekül Wasserstoffbrücken auszubilden vermag (Abb. 2.8). Da die meisten Proteine, Nucleinsäuren und Zucker eine Menge solcher hydrophiler Gruppen im Molekül aufweisen, sind sie auch wasserlöslich. Die in biologisch relevanten Molekülen vorkommenden funktionellen Gruppen können in der Reihenfolge abnehmender Wasserlöslichkeit wie folgt angeordnet werden:

-COOH > -OH > -CHO > C=O > $-NH_2$ > SH

Apolare Substanzen wie Fette und Öle lösen sich dagegen nicht in Wasser. Man bezeichnet sie deshalb als **hydrophob**[107]. Sie können zum Wasser keine Wasserstoffbrücken ausbilden, wohl aber mit apolaren Molekülen (CCl_4, Äther, Chloroform, Hexan u. a.). Sie interagieren nämlich über Van-der-Waals-Bindungen. Zusätzlich führt die Abwesenheit von Wasserstoffbrücken mit dem Wasser zu einer erhöhten Ordnung der Wassermoleküle in der Nachbarschaft hydrophober Bereiche. Dies ist entropisch ungünstig und wird daher vermieden, indem sich hydrophobe Bereiche aneinanderlagern (**hydrophobe Wechselwirkung**). Dadurch wird die Anzahl geordneter Wassermoleküle verringert und damit die Unordnung (Entropie) erhöht. Dieser hydrophobe Effekt ist im Gegensatz zu den bisher beschriebenen Interaktionen keine direkte Wechselwirkung, sondern indirekt durch den Ausschluss des Wassers zu erklären. Auch der Grad der Hydrophobie einer Verbindung hängt von dem Besitz bestimmter funktioneller Gruppen im Molekül ab, die in der Reihenfolge steigender Hydrophobie wie folgt angeordnet werden:

$-CH_3 < =CH_2 < -C_2H_5 < -C_3H_7 < -C_nH_{2n+1} < -C_6H_5$

Die meisten Biomoleküle besitzen gleichzeitig hydrophile und hydrophobe Gruppen. Sie sind, wie man sagt, **amphiphil**[108] (amphipathisch). Zu den bedeutsamsten amphiphilen Substanzen in Lebewesen gehören die Phospholipide. Sie bestehen aus einem hydrophilen (Kopf) und einem hydrophoben Molekülteil (Schwanz) (Abb. 1.8). In wässriger Lösung können sie spontan Micellen oder Doppelschichten bilden (Abb. 1.9). Micellen sind kugelförmige Aggregationen (mehrere Tausend!)

[107] *hydor* (griech.) = Wasser; *phobos* (griech.) = Schrecken, Furcht
[108] *amphi* (griech.) = beides; *philos* (griech.) = freundlich

amphiphiler Moleküle, die sich in der Micelle so orientieren, dass ihre hydrophilen Bereiche an der Oberfläche liegen, wo sie mit dem Wasser interagieren können, während die hydrophoben Bereiche das Innere der Micelle ausfüllen. Die etwa 3 nm dicke Lipiddoppelschicht bildet die Grundlage für alle Membranstrukturen der Zelle (▶ Abschn. 1.5.1). Sie können plan ausgebreitet sein oder Bläschen (Vesikel) formen. Dabei liegen jeweils die polaren Kopfgruppen der Phospholipide oberflächlich, während ihre hydrophoben, apolaren Schwänze ins Innere der Doppelschicht gerichtet sind (◘ Abb. 1.12).

2.1.3 Aufbau biologisch relevanter Moleküle

Die stabilen, strukturgebenden, makromolekularen Verbindungen in Lebewesen können zum überwiegenden Teil vier Stoffklassen zugeordnet werden: Es sind die **Proteine** (Eiweiße), die **Kohlenhydrate**, die **Lipide** und die **Nucleinsäuren**. Deren Aufbau soll kurz mit einigen Beispielen erläutert werden.

Proteine

Proteine spielen in den Lebewesen als Funktionsträger die zentrale Rolle. Sie sind in fast alle biologischen Prozesse in irgendeiner Weise integriert. Man hat sie auch als »Arbeitsmoleküle« oder als »Spieler des Lebens« bezeichnet. Sie fungieren nicht nur, wie bereits erwähnt, als Biokatalysatoren (Enzyme). Sie können auch Transport- und Speicherfunktionen (Hämoglobin, Myoglobin, Transferrin, Ferritin usw.), mechanische Stützfunktionen (Kollagen) oder Bewegungsfunktionen (Myosin, Aktin, Tubulin usw.) ausüben. In den Zellmembranen steuern zahlreiche Kanäle den Durchtritt von Stoffen. Antikörper sind hochspezifische Proteine, die der immunologischen Abwehr von Viren, Mikroorganismen und fremden Zellen dienen. Außerordentlich vielfältig werden Proteine auch als Botenstoffe zur Kontrolle von Organfunktionen, Wachstum und Differenzierung eingesetzt, seien es nun Neurotransmitter, Neuromodulatoren, Hormone bzw. Wachstumsfaktoren. Auch die Rezeptormoleküle, an die die Botenstoffe spezifisch binden, sind Proteine. Auf der intrazellulären Ebene sind Proteine in Form der Transkriptionsfaktoren an der Regulation der Genexpression beteiligt.

Die elementaren Bausteine der Proteine sind etwa 20 verschiedene **Aminosäuren**, die durch die **Peptidbindung** in kovalenter Weise gekoppelt, am Aufbau aller Proteine in Lebewesen teilhaben. Die in Lebewesen in Proteine eingebauten Aminosäuren sind durchweg α-Aminosäuren (◘ Abb. 2.9), was bedeutet, dass an dem der Carboxylgruppe am nächsten liegenden C-Atom auch die Aminogruppe hängt. Bei allen Aminosäuren (mit Ausnahme des Glycins) ist das α-C-Atom auch ein Chiralitätszentrum, das heißt, es gibt von allen Aminosäuren zwei Varianten (Enantiomere) mit gleicher Summenformel, aber spiegelbildlicher Anordnung der funktionellen Gruppen am Chiralitätszentrum. Dreht man die Struktur einer α-Aminosäure so, dass man auf die Basis der am α-C-Atom tetraedrisch angeordneten funktionellen Gruppen (Aminogruppe, Carboxylgruppe, Aminosäurerest) schaut und der Aminosäurerest nach oben ausgerichtet ist, so liegt die Aminogruppe bei **proteinogenen Aminosäuren** immer links, es sind L-Aminosäuren. Es ist bisher nicht völlig klar, was der ursprüngliche Grund für die Bevorzugung von L-Aminosäuren gegenüber den D-Enantiomeren war, in allen Lebewesen können aber nur die L-Formen enzymatisch verarbeitet werden, weil die aktiven Zentren der Enzyme auf die L-Formen der Aminosäuren evolutionär optimiert sind.

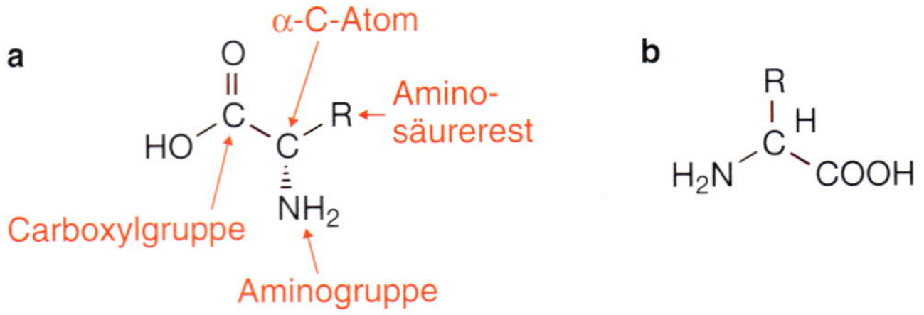

◘ **Abb. 2.9** Struktur einer α-Aminosäure in L-Konfiguration. **a** Bei α-Aminosäuren trägt das der Carboxylgruppe benachbarte C-Atom die Aminogruppe und den Aminosäurerest. **b** Dreht man die Struktur der Aminosäure so, dass man auf die Basis der am α-C-Atom tetraedrisch angeordneten funktionellen Gruppen schaut und der Aminosäurerest nach oben ausgerichtet ist, so liegt in proteinogenen Aminosäuren die Aminogruppe immer links (L-Aminosäuren).

Was sich bei den 20 proteinogenen Aminosäuren der Lebewesen unterscheidet, sind die Strukturen der **Aminosäurereste** (R), die auch als Aminosäureseitenketten bezeichnet werden (◘ Tab. 2.2). Diese verleihen dem Protein (zumindest an den entsprechenden Einbaupositionen im Aminosäurestrang) die typischen chemischen und physikalischen Qualitäten (Polarität, Löslichkeit, molekulare Interaktionen usw.). Die Aminosäureseitenketten unterscheiden sich hinsichtlich ihrer Größe, Gestalt, Ladung und chemischen Aktivität, und auch ihrer Kapazität, Wasserstoffbrücken zu bilden.

Die Aminosäuren werden über eine Peptidbindung (Amidbindung) zwischen der α-Carboxylgruppe der einen Aminosäure und der α-Aminogruppe der anderen miteinander zu mehr oder weniger langen unverzweigten Ketten (Polypeptidketten) verbunden (◘ Abb. 2.10). Bei der Knüpfung einer Peptidbindung wird jeweils ein Molekül Wasser frei. Die Folge von Peptidbindungen bildet das Rückgrat der Polypeptidkette, von dem die Seitenketten der Aminosäuren abstehen. Jede Polypeptidkette besitzt an ihrem einen Ende eine freie, unverknüpfte Aminogruppe (N-Terminus) und an ihrem anderen Ende eine freie Carboxylgruppe (C-Terminus). Vereinbarungsgemäß schreibt man die Aminosäuresequenz eines Proteins immer so, dass sie mit dem N-Terminus beginnt und mit dem C-Terminus endet. In dieser Form sind die Proteinsequenzen auch in den einschlägigen Datenbanken (z. B. Swiss-Prot) hinterlegt. Die genetisch festgelegte Abfolge der Aminosäuren eines Proteins wird auch als seine **Primärstruktur** bezeichnet. Röntgenstrukturanalysen haben theoretische Vorhersagen zur räumlichen Struktur der Peptidbindung weitgehend bestätigt und gezeigt, dass die Amidbindung zwischen der

Tab. 2.2 Übersicht über die 20 proteinogenen Aminosäuren, ihre Seitenketten und ihre statistische Häufigkeit in Proteinen.

Aminosäure (AS)	Drei-Buchstaben-Code	Ein-Buchstaben-Code	Aufbau der Seitenkette	statistische Häufigkeit in Proteinen (in %)
AS mit unpolaren Seitenketten				
Glycin	Gly	G	-H	7,5
Alanin	Ala	A	$-CH_3$	9,0
Valin	Val	V	$-CH(CH_3)_2$	6,9
Leucin	Leu	L	$-CH_2-CH(CH_3)_2$	7,5
Isoleucin	Ile	I	$-CH(CH_3)-CH_2-CH_3$	4,6
Methionin	Met	M	$-CH_2-CH_2-S-CH_3$	1,7
Prolin	Pro	P	zyklische Pyrrolidinstruktur	4,6
Phenylalanin	Phe	F	$-CH_2-C_6H_5$	3,5
Tryptophan	Trp	W	$-CH_2$-Indolgruppe	1,1
AS mit ungeladenen, aber polaren Seitenketten				
Serin	Ser	S	$-CH_2-OH$	7,1
Threonin	Thr	T	$-CH(CH_3)-OH$	6,0
Asparagin	Asn	N	$-CH_2-CO-NH_2$	4,4
Glutamin	Gln	Q	$-CH_2-CH_2-CO-NH_2$	3,9
Tyrosin	Tyr	Y	$-CH_2-C_6H_4-OH$	3,5
Cystein	Cys	C	$-CH_2-SH$	2,8
AS mit geladenen Seitenketten				
Lysin	Lys	K	$-CH_2-CH_2-CH_2-CH_2-NH_3^+$	7,0
Arginin	Arg	R	$-CH_2-CH_2-CH_2-NH-C(NH_2)_2^+$	4,7
Histidin	His	H	$-CH_2$-Imidazolring	2,1
Asparaginsäure	Asp	D	$-CH_2-COO^-$	5,5
Glutaminsäure	Glu	E	$-CH_2-CH_2-COO^-$	6,2

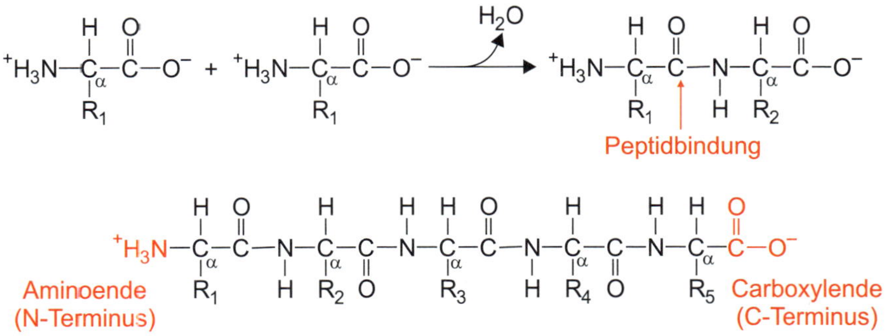

Abb. 2.10 Die Peptidbindung wird zwischen der Aminogruppe der einen und der Carboxylgruppe der anderen Aminosäure geknüpft. Bei dieser Kondensationsreaktion wird ein Molekül Wasser freigesetzt. Die resultierende Peptidkette weist an einem Ende eine freie Aminogruppe auf (N-Terminus des Proteins), am anderen Ende eine freie Carboxylgruppe (C-Terminus des Proteins).

α-Carboxylgruppe einer Aminosäure und der α-Aminogruppe einer anderen Aminosäure quasi planar gebaut ist, sodass alle am Aufbau der Verbindung beteiligten Atome in einer Ebene liegen. Obwohl die Peptidbindung formal eine Einfachbindung ist, ist sie tatsächlich nicht frei drehbar, da sich die Elektronenverteilung ähnlich gestaltet wie die in einer Doppelbindung. Dadurch verkürzt sich auch der Atomabstand zwischen dem Stickstoff und dem Carbonylkohlenstoffatom in der Peptidbindung (133 pm) gegenüber dem einer normalen C-N-Bindung (146 pm). Die Starrheit der Peptidbindung und die sterischen Limitationen der anhängenden Gruppen bedingen, dass die Peptidbindungen zwischen Aminosäuren in nativen Proteinen vorwiegend in Form von *trans*-Bindungen vorkommen, sodass in Abb. 2.10 die Aminosäurereste benachbarter Aminosäuren im Proteinstrang abwechselnd vor und hinter der Bildebene liegen würden.

Als **Sekundärstruktur** eines Proteins bezeichnet man die durch Wasserstoffbrücken stabilisierte räumliche Anordnung benachbarter Aminosäuren über kurze Abschnitte des Proteinstrangs. Zu den typischen Sekundärstrukturen von Proteinabschnitten gehören Helices, Faltblattstrukturen und Schleifen (*turns*). Unter den möglichen Helixstrukturen ist die α-Helix energetisch begünstigt und daher die häufigste Form (▣ Abb. 2.11). In einem β-Strang bilden die Aminosäuren ein Zickzackmuster. Liegen in einem Protein mehrere solcher durch Schleifen miteinander verbundene Stränge parallel oder antiparallel in enger räumlicher Nachbarschaft, können sich zwischen den Aminosäureseitenketten Wasserstoffbrücken ausbilden, sodass sich eine planare Struktur, ein β-Faltblatt, ausbildet. In globulären Proteinen sind diese Sekundärstrukturen tatsächlich nicht immer wirklich flach, sondern können in sich leicht verdreht sein.

Die **Tertiärstruktur** bezieht sich auf die räumliche Anordnung der Aminosäuren und der Sekundärstrukturen in einem Protein. Sie bildet sich durch hydrophobe Wechselwirkungen zwischen unpolaren Seitenketten und ionische Interaktionen von Aminosäureresten, die unter physiologischen Bedingungen positive (Arginin, Lysin) oder negative Ladungen (Asparagin- bzw. Glutaminsäure) tragen. Auch Wasserstoffbrücken sind für die Herausbildung der Tertiärstruktur von Bedeutung. Die Tertiärstruktur großer Proteine kann man in kleinere globuläre oder faserförmige Abschnitte untergliedern, die man als Domänen bezeichnet.

Treten mehrere Polypeptidketten zu einem multimeren Proteinkomplex zusammen, wird die spezifische Anordnung des Gesamtkomplexes als **Quartärstruktur** bezeichnet.

Kohlenhydrate

Zu den Kohlenhydraten oder **Sacchariden** fasst man die biologisch bedeutsamen Ein- und Mehrfachzucker und die polymeren Zuckerverbindungen zusammen. Biologisch von Bedeutung sind besonders die Monosaccharide mit fünf (Pentosen, z. B. die Ribose) oder sechs C-Atomen (Hexosen, z. B. die Glucose), die ringförmige Moleküle bilden können (▣ Abb. 2.12). Monosaccharide wie Glucose (Traubenzucker) und Fructose (Fruchtzucker), Disaccharide wie Saccharose (Rohrzucker), Lactose (Milchzucker) und Maltose (Malzzucker), und Oligosaccharide wie das Trisaccharid Raffinose sind in der Regel wasserlöslich, haben einen süßen Geschmack und werden im engeren Sinne als Zucker bezeichnet. **Polysaccharide** (Vielfachzucker, z. B. Stärke, Cellulose, Chitin) sind hingegen schlecht oder gar nicht in Wasser löslich und geschmacksneutral.

Die Glucose ist das Produkt der **Photosynthese** der grünen Pflanzen und somit ein sehr energiereiches Molekül. Durch α-1,4- oder α-1,6-glykosidische Verknüpfungen der Glucose synthetisieren Pflanzen die **Stärke**, die in Pflanzensamen für die Energetisierung der Keimung und für das initiale Wachstum der Keimlinge benötigt wird. Pflanzen bauen aus Glucose ein weiteres Polymer, die **Cellulose**, auf, die den wichtigsten Strukturbestandteil der pflanzlichen Zellwand darstellt. Zum

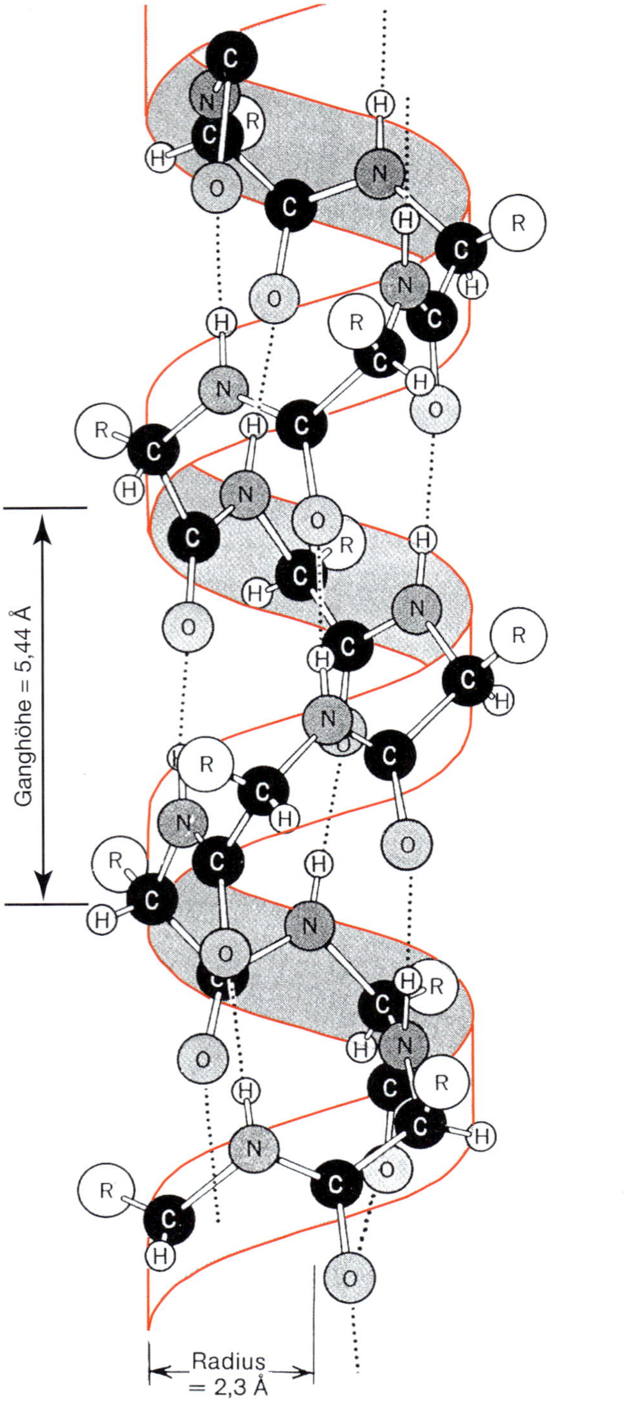

▣ **Abb. 2.11** Die α-Helix ist eine häufige Sekundärstruktur in Proteinen. Sie wird durch Wasserstoffbrücken (punktiert) zwischen der -C=O-Gruppe einer Peptidbindung und der -N-H-Gruppe der Peptidbindung im Abstand von vier Aminosäuren (im nächsten Gang) der Helix stabilisiert. (Aus Lewin B (1988) Gene – Lehrbuch der molekularen Genetik. VCH Verlagsgesellschaft, Weinheim.)

Aufbau der Cellulose werden Glucosemonomere in β-1,4-glykosidischer Weise verknüpft. In Tieren wird Glucose, die nicht im Energiestoffwechsel benötigt wird, entweder in Fettsäuren umgewandelt und diese in Form von Fett bevorratet oder in Form von **Glykogen** innerhalb der Zellen abgelagert

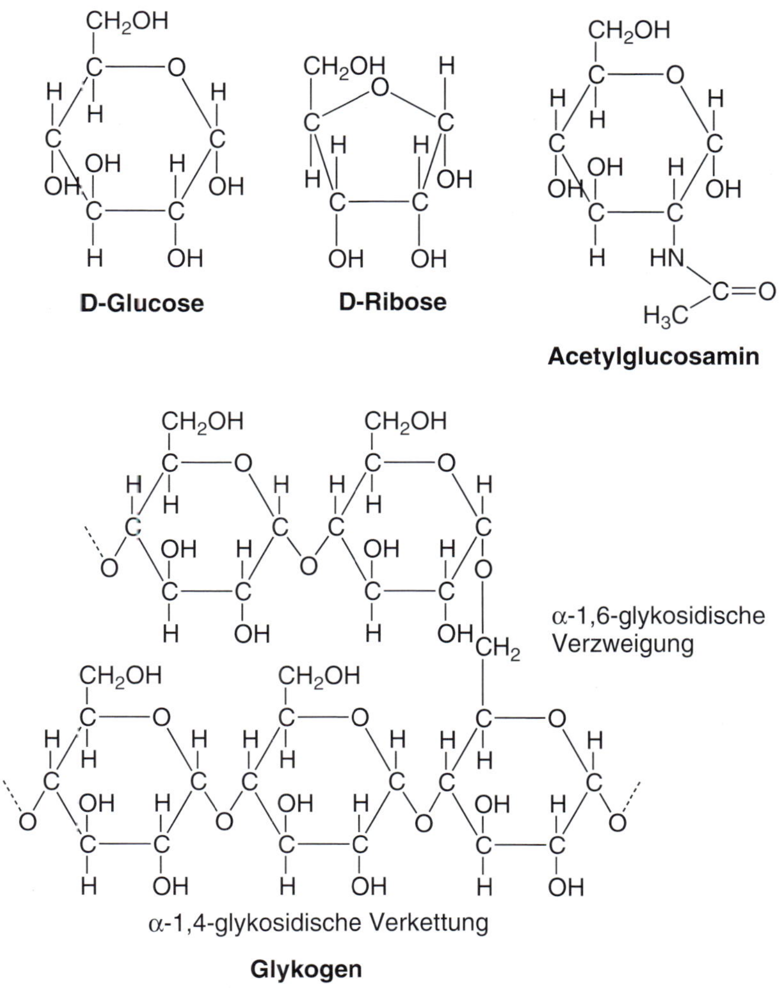

Abb. 2.12 Struktur der D-Glucose, der D-Ribose, des Acetylglucosamins und eines Ausschnitts aus der α-1,4-glykosidisch verknüpften Kette der Glucosemoleküle des Glykogens mit einer α-1,6-glykosidisch verknüpften Verzweigung.

(bei Wirbeltieren z. B. als Leberglykogen). Glykogen ist ein tierisches Glucosepolymer, das aus Ketten von α-1,4-glykosidisch verknüpften Glucosemolekülen besteht, die an jeder achten bis zwölften Position durch α-1,6-glykosidische Verknüpfungen verzweigt sind (Abb. 2.12).

Polymere der Glucose können bei Bedarf enzymatisch zu Glucosemonomeren abgebaut werden. Dies geschieht beispielsweise während der Verdauung von Stärke im Darm von Tieren durch das Verdauungsenzym Amylase. Cellulose kann im Verdauungstrakt von Tieren nicht abgebaut werden, da Tiere keine Cellulasen exprimieren. Im Verdauungstrakt mancher Tierarten (z. B. von Termiten und Wiederkäuern) sind allerdings symbiotische Mikroorganismen anzutreffen, die Cellulasen besitzen und Glucose aus der Cellulose pflanzlicher Nahrung, die ihr Wirt aufnimmt, herauslösen können. An dieser Glucose oder an energiereichen Abbauprodukten der Glucose partizipieren wiederum die Träger der Symbionten. Der nicht verwertbare Anteil der Cellulose passiert den Gastrointestinaltrakt von Tieren in unverdauter Form und wird als **Ballaststoff** bezeichnet. Tiere bauen unter Bedingungen erhöhten Energiebedarfs gespeichertes Glykogen im Prozess der Glykogenolyse enzymatisch ab, um den Körperzellen ausreichende Mengen Glucose als Betriebsstoff für den Energiestoffwechsel bereitzustellen.

Neben ihrer zentralen Rolle als physiologische Energieträger haben Kohlenhydrate diverse andere Funktionen im tierischen Organismus. Tiere mit Exoskelett (z. B. Arthropoden) nutzen den Aminozucker Acetylglucosamin (Abb. 2.12) als Monomer zum Aufbau des Polymers **Chitin**[109], das die Hauptkomponente der Cuticula darstellt. Nach der Synthese von Membranproteinen in tierischen Zellen werden diesen noch im endoplasmatischen Retikulum oft verzweigtkettige Oligosaccharide angehängt, in denen häufig Monosaccharide wie Fucose oder Mannose vorkommen. Diese **Glykosylierungen** ragen nach Einbau der Proteine in die Plasmamembran in den Extrazellularraum. Auch Membranlipide können solche Glykosylierungen tragen. In ihrer Gesamtheit bilden die Protein- und Lipidglykosylierungen die **Glykokalyx** der Zelloberfläche. Diese dient biologischen Signal- und Erkennungsprozessen (z. B. der Zell-Zell-Erkennung).

Lipide

Der Begriff »Lipide«[110] beschreibt keine chemisch definierte Stoffgruppe, sondern ist eine Sammelbezeichnung für verschiedenartige, überwiegend hydrophobe Biomoleküle, die in Zellen

[109] *chiton* (griech.) = Hülle, Panzer
[110] *lipos* (griech.) = Fett

als Baustoffe, Reservestoffe und Signalmoleküle Verwendung finden. Zu den Lipiden zählen die **Glycerolipide**, in denen die drei OH-Gruppen des Glycerins vollständig (Triglyceride, Triacylglycerine) oder teilweise (Diacylglycerine, Phospholipide, Lysolipide) mit Fettsäuren unterschiedlicher Kettenlänge und unterschiedlichen Sättigungsgrades verestert sind. Auch die **Sphingolipide** sind membranständige Baustoff- und Signalmoleküle, haben aber einen anderen Aufbau, da ihnen das Glycerin als Rückgratmolekül fehlt. Sphingolipide sind Kopplungsprodukte einer Fettsäure mit Sphingosin. Je nach

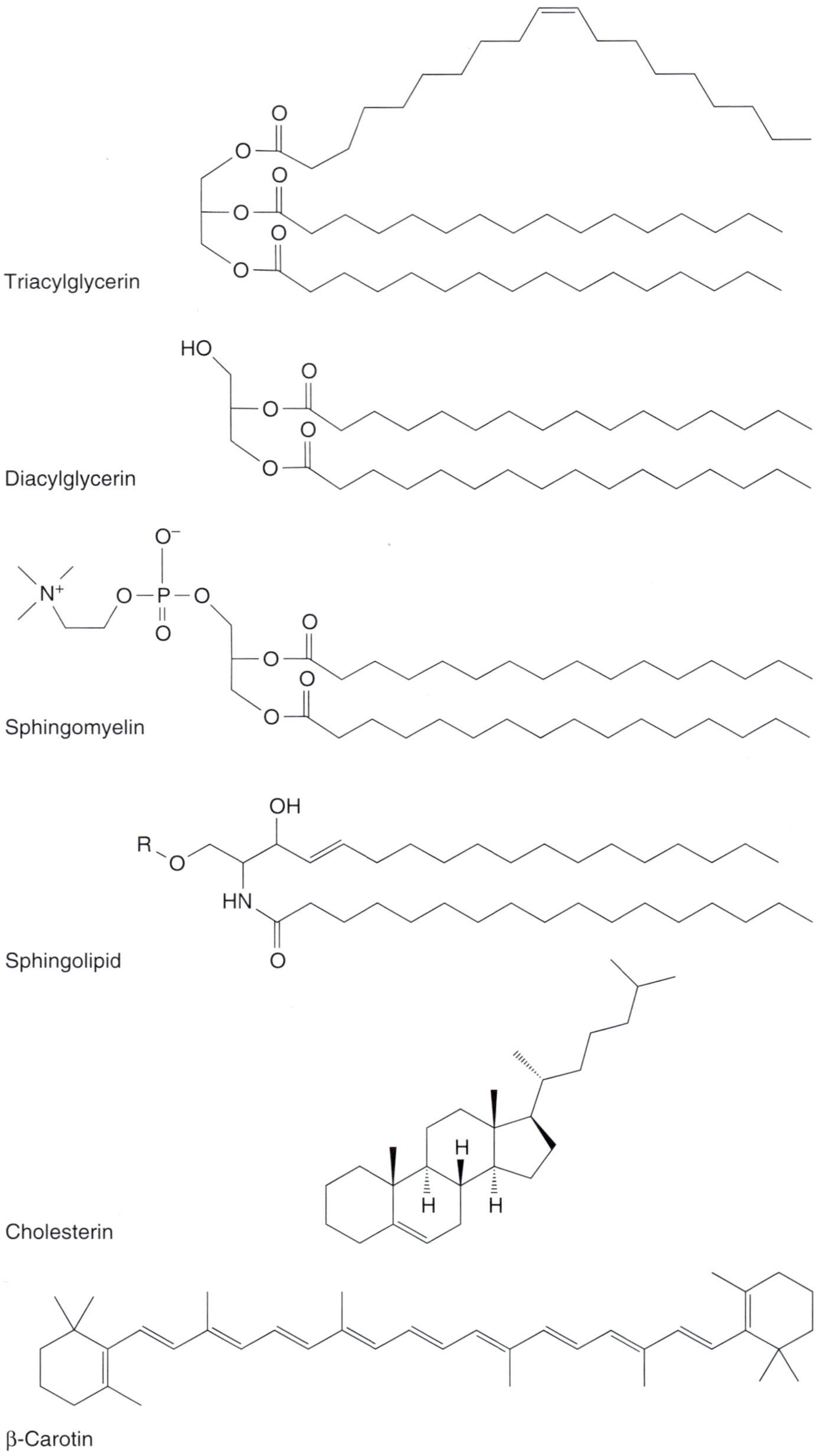

Abb. 2.13 Strukturen ausgewählter Lipidmoleküle. Triacylglycerine (Fette, Öle) sind die üblichen Speicherfettmoleküle in tierischen Zellen. Sie können gesättigte oder ungesättigte Fettsäuren enthalten. Der Abbau der Triacylglycerine durch Lipasen liefert Diacylglycerine, Monoacylglycerine und schließlich Glycerin. Phospholipide sind membranständige Glycerolipide, die am C-1-Atom des Glycerins eine Phosphatgruppe tragen, welcher jeweils eine polare Kopfgruppe (Ethanolamin, Serin, Cholin o. ä.) angehängt ist. Sphingolipide sind Kopplungsprodukte aus einer Fettsäure mit Sphingosin. In den Ceramiden ist die Kopfgruppe R ein Wasserstoffatom, im Sphingomyelin ein Phosphocholin und in den Glykosphingolipiden ein glykosidisch gebundenes Oligosaccharid. Aufgrund ihrer Hydrophobizität werden auch Derivate des Cholesterins und andere Isoprenoide wie die Carotinoide zu den Lipiden gezählt.

Typ der Kopfgruppe werden sie unterschieden in die Ceramide, die Sphingomyeline und die Glykosphingolipide. Zu den Membranlipiden zählen auch die **Plasmalogene**, die nur eine veresterte Fettsäurekette besitzen und am endständigen Kohlenstoffatom des Glycerins anstelle eines Fettsäureesters einen Fettsäureenolether tragen. Wegen ihrer Hydrophobizität werden auch die Derivate des Cholesterins (Sterine, Steroide) und andere, sich ähnlich verhaltende Molekülarten (wie die Carotinoide) zu den Lipiden gezählt.

Nucleinsäuren

Nucleinsäuren sind für die Speicherung und, zusammen mit komplexen Proteinsystemen, für die Vervielfältigung und die gerichtete Weitergabe von Informationen in Zellen zuständig.

Die **Desoxyribonucleinsäure (DNA)** besteht aus zwei Polynucleotidsträngen, die schraubenförmig umeinandergewunden sind. Diese von James D. Watson*, Francis Crick* und Rosalind Franklin* aufgeklärte Struktur bezeichnet man als Doppelhelix (◘ Abb. 2.14).

Jedes einzelne Glied des Einzelstrangs, ein Nucleotid, besteht aus einer von vier möglichen stickstoffhaltigen Basen (Adenin, Guanin, Thymin oder Cytosin), einem Pentosezucker (Desoxyribose) und einer Phosphatgruppe. Die Basen sind heterozyklische Verbindungen. Adenin (A) und Guanin (G) sind Purine mit zwei kondensierten Ringen. Thymin (T) und Cytosin (C) sind Pyrimidine mit nur einem Ring. Base und Phosphatgruppe werden über den Zuckerrest miteinander verbunden, wobei das Kohlenstoffatom C-1' des Zuckers an das Stickstoffatom N-9 eines Purins oder an das Stickstoffatom N-1 eines Pyrimidins N-glykosidisch gebunden ist. Die Hydroxylgruppe am Kohlenstoffatom C-5' des Zuckers ist mit der Phosphatgruppe verestert (◘ Abb. 2.15).

Die einzelnen Nucleotide sind im DNA-Einzelstrang über Phosphodiesterbindungen miteinander verknüpft. Dabei geht jeweils die Hydroxylgruppe am Kohlenstoffatom C-3' des Zuckers des einen Nucleotids eine Esterbindung mit dem Phosphatrest des nächsten Nucleotids ein (◘ Abb. 2.15), wobei ein Molekül Wasser freigesetzt wird. Das Rückgrat des DNA-Stranges entspricht somit einem Pentose-Phosphat-Polymer, einem Polyester, an dem die Purin- und Pyrimidinbasen als Seitengruppen auftreten. Das eine Ende des Stranges besitzt eine freie Phosphatgruppe am Kohlenstoffatom C-5' des Zuckers (5'-Ende), das andere eine freie Hydroxylgruppe am Kohlenstoffatom C-3' des Zuckers (3'-Ende) (◘ Abb. 2.15). Die Basenfolge, das heißt die Sequenz, eines DNA-Einzelstrangs wird vereinbarungsgemäß immer vom 5'-Ende zum 3γ-Ende gelesen und geschrieben. Obwohl die Buchstaben A, G, T und C eigentlich nur für die Basen stehen, benutzt man sie auch zur Kennzeichnung der entsprechenden Nucleotide.

In der Doppelhelix verlaufen die beiden Pentose-Phosphat-Einzelstränge außen, während die Basen ins Innere der Spirale hineinragen (◘ Abb. 2.15). Die Einzelstränge liegen antiparallel zueinander, das heißt, das 5'-Ende des einen Stranges liegt im 3'-Ende des anderen und umgekehrt. Gegenüberliegende Basen beider Stränge bilden über Wasserstoffbrücken Paare, und zwar paart jeweils A mit T über zwei und G mit C über drei solcher Bindungen (◘ Abb. 2.16). Die Vielzahl der Wasserstoffbrücken, Van-der-Waals-Interaktionen, Dipolinteraktionen sowie hydrophober Wechselwirkungen zwischen aufeinanderfolgenden Nucleotidpaaren (Stapelkräfte, *stacking forces*) verleihen der Doppelhelix eine beträchtliche Stabilität und Steifigkeit.

Bei Eukaryoten liegt der DNA-Doppelstrang im Kern nicht frei, sondern mit Proteinen, hauptsächlich mit den basischen Histonen, zu Chromatin assoziiert vor. Die Histone machen etwa die Hälfte der Masse des Chromatins aus. Die DNA windet sich um Histonoktamere von ca. 11 nm Durchmesser und bildet so **Nucleosomen**, die untereinander über DNA-Verbindungsstücke (Linker) von ca. 50 bp Länge verbunden sind. Während der Mitose und Meiose bildet das Chromatin unter starker Kondensation die lichtmikroskopisch sichtbaren **Chromosomen**[111].

[111] *chroma* (griech.) = Farbe

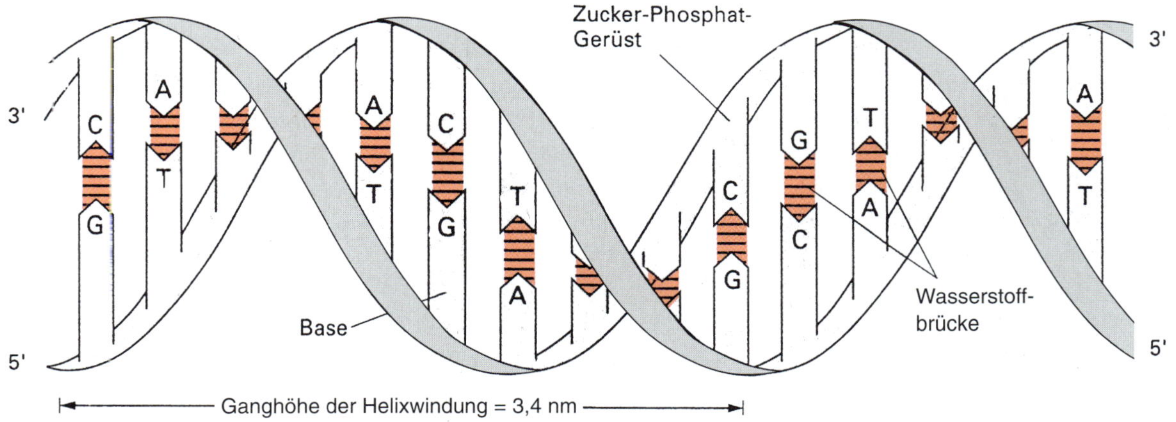

◘ **Abb. 2.14** Schematische Darstellung einer DNA-Doppelhelix mit ihren zwei antiparallelen Einzelsträngen. (Nach Alberts B, Johnson A, Lewis J, Raff M, Roberts K, Walter P (2011) Molekularbiologie der Zelle. 5. Aufl. Wiley-VCH, Weinheim.)

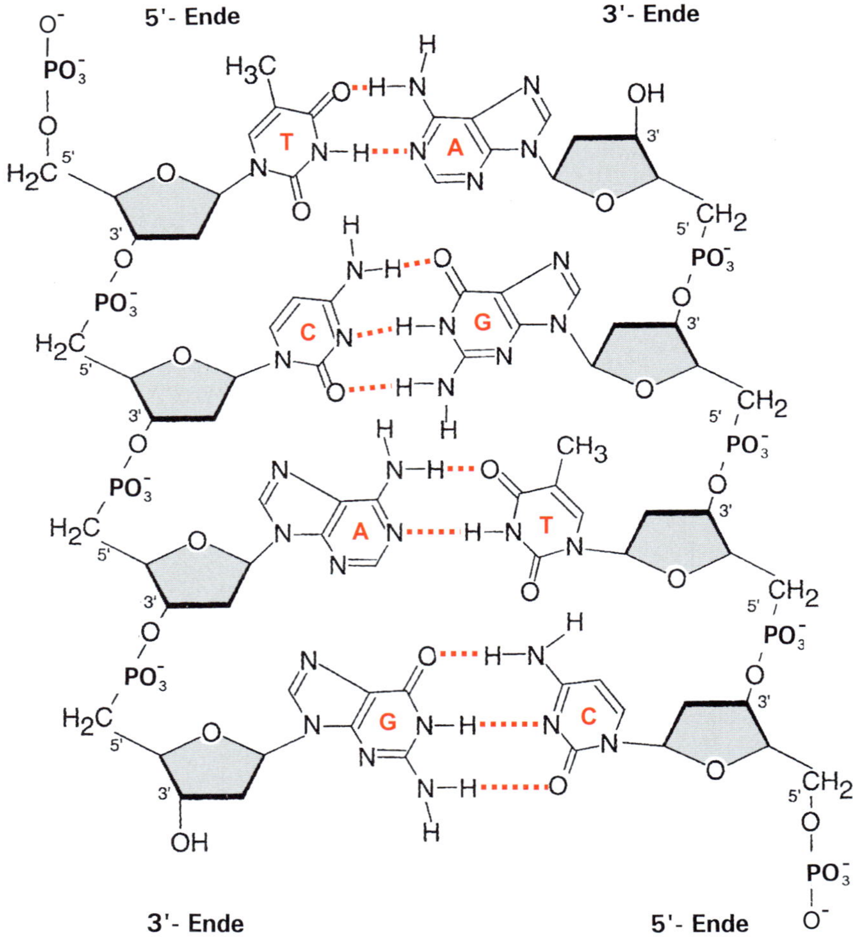

Abb. 2.15 Ausschnitt aus einer entwundenen DNA-Doppelhelix zur Verdeutlichung des Aufbaus der Purin- und Pyrimidinnucleotide. Die Nucleotide eines Stranges sind über Phosphodiesterbindungen kovalent miteinander verknüpft. Die antiparallel angeordneten Einzelstränge lagern sich durch Wasserstoffbrücken (punktiert) zwischen den gepaarten Basen zum Doppelstrang zusammen. (Aus Dingermann T (1999) Gentechnik – Biotechnik. Wissenschaftliche Verlagsgesellschaft, Stuttgart.)

Tab. 2.3 DNA-Menge in pro Zelle (Prokaryoten) bzw. pro haploidem Genom (C-Wert bei Eukaryoten).

Organismus	DNA-Menge (pg)	Organismus	DNA-Menge (pg)
T4-Phage (Virus)	0,00022	*Mus musculus* (Maus)	2,8
Escherichia coli (Bakterium)	0,0044	*Homo sapiens* (Mensch)	3,4
Saccharomyces cerevisiae (Hefe)	0,015	*Triticum aestivum* (Weizen)	18
Caenorhabditis elegans (Nematode)	0,082	*Necturus maculosus* (Salamander)	52
Drosophila melanogaster (Taufliege)	0,18	*Protopterus aethiopicus* (Lungenfisch)	142

Die DNA-Menge in eukaryotischen Zellen ist wesentlich größer und die DNA-Stränge der Chromosomen wesentlich länger als in prokaryotischen Zellen (Tab. 2.3). Die DNA-Menge des haploiden Genoms (C-Wert) korreliert tendenziell mit der Komplexität des jeweiligen Organismus, jedoch treten zuweilen erstaunliche Abweichungen von dieser Tendenz auf. So ist das Genom der Lungenfische 10- bis 15-mal größer als das der Säugetiere, ohne dass es dafür eine Erklärung gäbe. Anzahl, Größe und Gestalt der Chromosomen, der Karyotyp, sind artspezifisch. In jedem Chromosom ist ein lineares DNA-Molekül mit einer Länge zwischen 2×10^5 bp[112] (*Saccharomyces cerevisiae*, Chromosom 1) und 2×10^8 bp (*Homo sapiens*, Chromosom 2) verpackt. In der Phase zwischen den Teilungen (Interphase) liegen besonders diejenigen Chromatinpartien in stark aufgelockerter Form vor (Euchromatin), die replikationell[113] (Ablesung zur Verdopplung der DNA) bzw. transkriptionell[114] (Ablesung zur Umschreibung der Sequenzinformation in mRNA) aktiv sind, während inaktive Regionen auch während der Interphase in kondensierter Form (Heterochromatin) verharren können.

Bei der Herstellung einer identischen Kopie eines DNA-Moleküls (**DNA-Replikation** in Vorbereitung einer Zellteilung)

112 *bp, base pairs* (engl.) = Basenpaare im DNA-Doppelstrang

113 *replicatio* (lat.) = kreisförmige Bewegung, Wiederholung

114 *transcribere* (lat.) = umschreiben, übersetzen

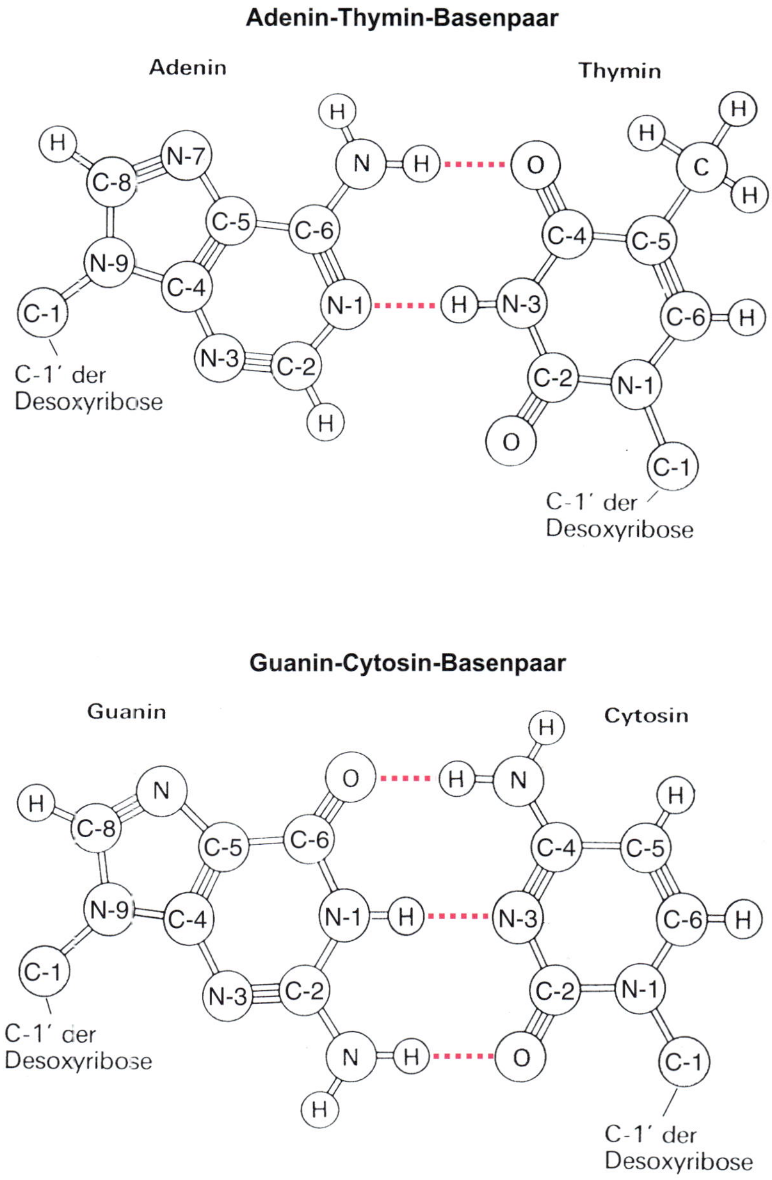

Abb. 2.16 Die Basenpaarungen zwischen Adenin und Thymin bzw. zwischen Guanin und Cytosin. Die Paarungen, hier jeweils im Kugel-Stab-Modell dargestellt, werden im Inneren der DNA-Doppelhelix durch Wasserstoffbrücken (punktiert) stabilisiert. Zwischen Adenin und Thymin werden zwei, zwischen Guanin und Cytosin sogar drei Wasserstoffbrücken ausgebildet. Die C-G-Basenpaarung ist dadurch ein wenig stabiler als die A-T-Basenpaarung. (Aus Lodish H, Berk A, Zipursky SL, Matsudaira P, Baltimore D, Darnell JE (2001) Molekulare Zellbiologie. Spektrum Akademischer Verlag, Heidelberg.)

sowie beim Herstellen einer RNA-Kopie (**Transkription**) müssen sich die beiden Stränge der Doppelhelix vorübergehend voneinander trennen. Im Fall der DNA-Replikation entsteht an jedem Einzelstrang, der als Matrize fungiert, eine neue Kopie. Beide Matrizen mit ihren komplementären Kopien trennen sich an der sogenannten Replikationsgabel voneinander, sodass letztlich zwei Doppelhelices resultieren. Jede dieser beiden Helices enthält einen der beiden ursprünglichen DNA-Stränge und eine neu synthetisierte komplementäre Kopie dieses Stranges. Die neuen Stränge wachsen immer in der Richtung von 5‘ nach 3‘, das heißt die neuen Nucleotideinheiten werden jeweils an die 3‘-Hydroxylgruppe am Ende der wachsenden Kette angefügt. Dabei wird ein Pyrophosphatrest (PP_i) von den Desoxyribonucleosidtriphosphaten, die als monomeres Substrat der Polymerisationsreaktion dienen, abgespalten. Lediglich das erste Nucleotid am 5‘-Ende der Kette behält den Triphosphatrest des Startnucleotids. Die Verlängerung der DNA-Stränge an der Matrize wird durch spezielle Enzyme, die DNA-Polymerasen, im Verein mit weiteren Enzymen des **Replisoms** bewerkstelligt.

Für die DNA-Replikation muss die Doppelhelix abschnittsweise durch die Helikase entwunden werden, wodurch eine Region entsteht, in der die beiden antiparallelen Einzelstränge getrennt voneinander vorliegen. Es entsteht eine Replikationsgabel (Abb. 2.17). Bei der Replikation tierischer Genome werden viele solcher Replikationsursprünge synchron erzeugt, um die Geschwindigkeit der gesamten Replikation zu erhöhen. Da die neusynthetisierte Nucleinsäurekette wegen der Arbeitsweise der DNA-Polymerase δ nur in der 5‘→3‘-Richtung wachsen kann, kann nur einer der neu entstehenden Stränge, der Leitstrang (*leading strand*), kontinuierlich verlängert werden. Die Synthese des Folgestrangs (*lagging strand*) am anderen Gabelast erfolgt dagegen diskontinuierlich. Dazu binden zunächst kurze RNA-Primer an den Folgestrang, die dann durch die Polymerase δ komplementär zum Folgestrang in 5‘→3‘-Richtung

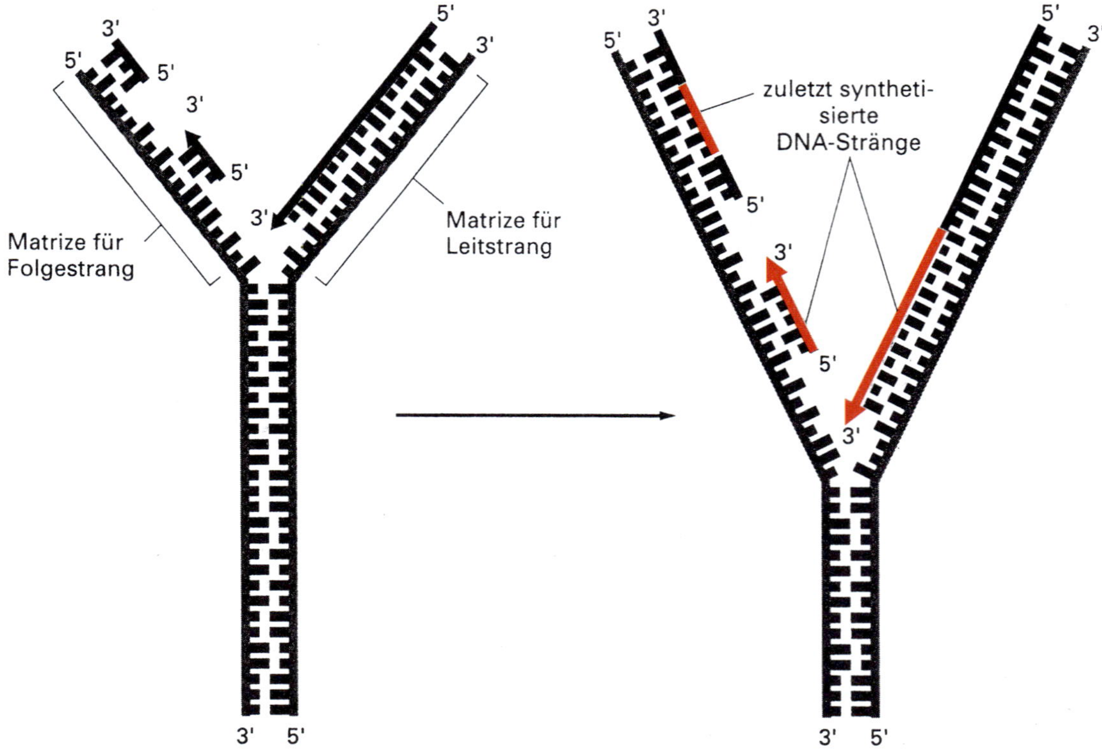

Abb. 2.17 DNA-Replikation. Die Doppelhelix wird abschnittsweise enzymatisch entwunden. An den auseinanderweichenden Einzelsträngen (Replikationsgabel) greifen die Polymerasen an und synthetisieren die Tochterstränge. Da die DNA-Polymerase δ Tochterstränge nur in 5'→3'-Richtung synthetisieren kann, läuft die Synthese des Leitstrangs kontinuierlich ab. Die Synthese des Folgestrangs läuft dagegen diskontinuierlich ab, da zunächst sehr kurze RNA-Primer mit komplementärer Sequenz zur Matrize an diese binden müssen, um der in 5'→3'-Richtung arbeitenden Polymerase δ die Möglichkeit zu geben, die Lücken mit Folgestrang-DNA aufzufüllen. Die RNA-Primer innerhalb dieser Okazaki-Fragmente werden durch die DNA-Polymerase α durch DNA ersetzt und die noch unverbundenen DNA-Abschnitte durch die DNA-Ligase kovalent verknüpft, sodass ein durchgehender Folgestrang entsteht. (Nach Alberts B, Johnson A, Lewis J, Raff M, Roberts K, Walter P (2011) Molekularbiologie der Zelle. 5. Aufl. Wiley-VCH, Weinheim.)

verlängert werden. Dadurch entstehen zunächst einzelne Fragmente aus RNA-Primer und neusynthetisierten DNA-Abschnitten von etwa 100–200 Nucleotiden Länge (Okazaki*-Fragmente). Die RNA-Bestandteile dieser Fragmente werden anschließend durch die DNA-Polymerase α entfernt und durch DNA ersetzt. Erst nachträglich werden diese DNA-Stränge durch eine DNA-Ligase kovalent verknüpft.

Die Moleküle der **Ribonucleinsäure (RNA)** sind im Gegensatz zur DNA-Doppelhelix nur einzelsträngig. Sie sind auch kürzer, da sie nur von einem Teilstück der DNA, dem codierenden Abschnitt eines Gens, kopiert werden. Sonst ist ihr Aufbau dem der DNA sehr ähnlich. Unterschiedlich ist, dass erstens der Zucker nicht Desoxyribose, sondern Ribose ist, und dass zweitens statt der Base Thymin Uracil (U) vorkommt. Eine wichtige Eigenschaft der RNA besteht darin, regelmäßige dreidimensionale Strukturen bilden zu können. Durch Ausbildung von Basenpaarungen zwischen räumlich entfernt liegenden, komplementären Abschnitten eines RNA-Stranges können Stamm- bzw. die (kleineren) Haarnadelschleifen entstehen.

Das Kopieren des einen der beiden komplementären DNA-Stränge in eine komplementäre RNA-Sequenz bezeichnet man als Transkription. Sie geschieht im Zellkern unter der Mitwirkung des Enzyms RNA-Polymerase. Alle proteincodierenden Gene der Eukaryoten werden von der Polymerase II transkribiert. Sie kann jedoch die Transkription nicht allein in Gang setzen. Sie bedarf der Mitwirkung von Initiationsfaktoren, genereller **Transkriptionsfaktoren**, die für die Transkription aller durch die RNA-Polymerase II transkribierten Gene benötigt werden. Diese Faktoren binden an einer bestimmten Basensequenz der Matrize, am **Promotor**, um die Polymerase an diese Stelle zu dirigieren (Abb. 2.18). Der Promotor ist ein etwa 100 bp umfassender DNA-Abschnitt, der die Bindung der RNA-Polymerase an die DNA und den Start der RNA-Synthese von einem Sequenzbereich aus regelt, der stromaufwärts von der codierenden Sequenz liegt. Am Promotor wird die gebundene Polymerase phosphoryliert und anschließend wieder aus dem Komplex entlassen. Erst jetzt kann sie die Transkription beginnen. Die Transkription startet an bestimmten Sequenzen der DNA mit einem Purintriphosphat und setzt sich während der Elongation in Richtung von 5' nach 3' fort. Die RNA-Kopie trennt sich später von dem DNA-Matrizenstrang, sodass die beiden vorher getrennten DNA-Stränge anschließend wieder ihre ursprünglichen Basenpaarungen ausbilden können.

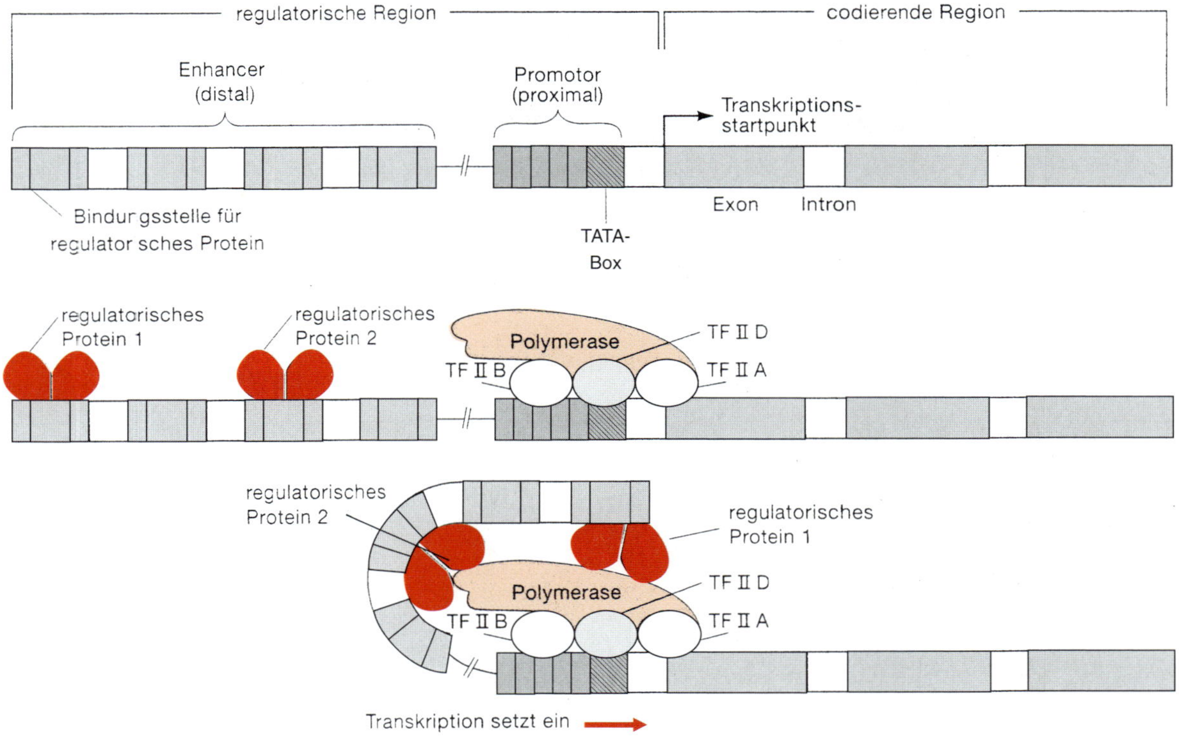

Abb. 2.18 Transkriptionskontrolle bei Eukaryoten. Die Initiation der Transkription der codierenden Region eines Gens wird von der stromaufwärts gelegenen regulatorischen Region des Gens, die aus den distal gelegenen Enhancerelementen und der proximal gelegenen Promotorregion besteht, kontrolliert. Der Promotor enthält die aus acht Basenpaaren (überwiegend A und T) bestehende TATA-Box. An der DNA-Sequenz des Promotors bilden allgemeine Transkriptionsfaktoren (unter anderem das TATA-Box-bindende Protein) und die RNA-Polymerase II einen Komplex. Der Start der Transkription erfolgt in der Regel etwa 30 bp stromabwärts der TATA-Box. An die Enhancerelemente im Gen, die teilweise in weiter Entfernung (bis zu 100 kbp) vom Promotor entfernt liegen können, binden regulatorische Proteine, die die Geschwindigkeit der Transkriptionsinitiation eines Gens beeinflussen können. Man nimmt an, dass eine Schleifenbildung der DNA (unten) die Enhancerregionen in räumliche Nähe zum Promotor eines Gens bringen können. (Aus Kandel ER, Schwartz JH, Jessel TM (1996) Neurowissenschaften – eine Einführung. Spektrum Akademischer Verlag, Heidelberg.)

Die Produkte der Transkription lassen sich strukturell und funktionell in drei Gruppen von RNA-Molekülen einordnen. Die Messenger-RNA (mRNA) ist das Transkriptionsprodukt, dessen Sequenz nach den Regeln des **genetischen Codes** zur **Proteinbiosynthese** herangezogen wird. Die Transfer-RNA (tRNA) bindet die aktivierten Vorstufen der Aminosäuren und liefert diese während der Proteinbiosynthese am Ribosom an. Die ribosomale RNA (rRNA) ist am Aufbau des **Ribosoms** beteiligt, an dem die Proteinbiosynthese im Cytosol einer jeden Zelle abläuft.

Die primären mRNA-Transkripte (Prä-mRNAs) sind viel länger als von den bekannten Proteinen der eukaryotischen Zelle her zu erwarten wäre. Ein wesentlicher Unterschied zwischen prokaryotischen und eukaryotischen Strukturgenen besteht nämlich darin, dass bei Letzteren die codierenden Sequenzen mit nichtcodierenden Sequenzen durchsetzt sind. Die primären RNA-Transkripte unterliegen nach ihrer Entstehung noch im Zellkern einem Prozess der Reifung (mRNA-Prozessierung) (Abb. 2.19). An das erste (5'-)Nucleotid wird, wahrscheinlich zum Schutz gegen enzymatischen Abbau durch Exonucleasen, eine Kappe (5'-Cap-Struktur) aufgesetzt (Capping). Dabei wird ein Guaninnucleotid über eine 5'-5'-Phosphodiesterbindung an das Kopfende der RNA geknüpft. Am entgegengesetzten 3'-Ende der neu synthetisierten mRNA wird ein freies Hydroxylende geschaffen, an welches eine Reihe von Adenosinmonophosphatresten (Poly(A)-Schwanz aus 20–50 Nucleotiden) angehängt wird (Polyadenylierung). Schließlich werden durch **Spleißen** die nichtcodierenden Segmente (**Introns**) aus dem Primärtranskript herausgeschnitten, während die flankierenden codierenden Segmente (**Exons**) miteinander verbunden werden (Abb. 2.19). Die fertige mRNA muss anschließend den Zellkern verlassen und ins Cytoplasma übertreten, weil nur dort Ribosomen lokalisiert sind, an denen die Proteinbiosynthese stattfindet. Bei Eukaryoten laufen somit – im Unterschied zu den Prokaryoten – Transkription und Translation in verschiedenen Zellkompartimenten ab.

Die mRNA verlässt den Zellkern durch die Poren in der Kernmembran und tritt ins Cytoplasma über, wo ihre Sequenzinformation im Prozess der Translation an den Ribosomen die Synthese der Proteine dirigiert. Der genetische Code legt fest, dass immer drei in der mRNA aufeinanderfolgende Nucleotide (ein **Basentriplett** oder **Codon**) eine Aminosäure im entstehenden Proteinstrang codieren. Mit den Tripletts lassen sich $4^3 = 64$ verschiedene Codewörter bilden, also mehr, als für die

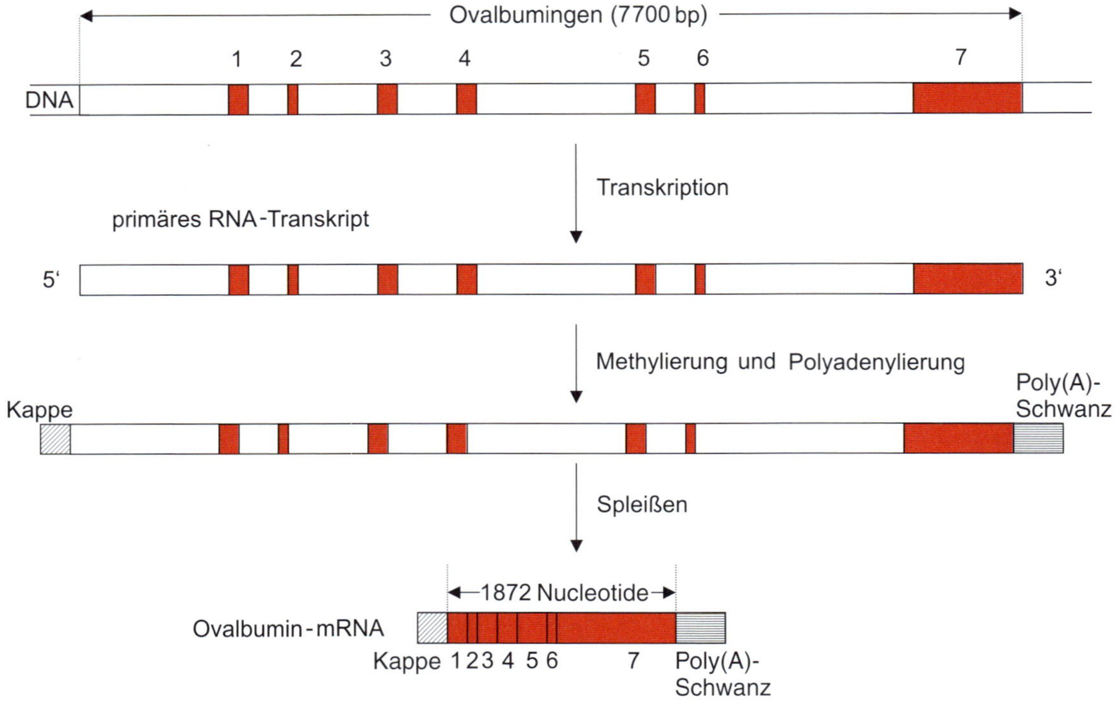

Abb. 2.19 Die posttranskriptionelle Prozessierung der Prä-mRNA. Als Beispiel dient die mRNA des Ovalbumins. Exons (codierende Sequenzabschnitte) sind rot, die dazwischenliegenden Introns (nichtcodierende Sequenzabschnitte) farblos dargestellt.

Codierung der 20 proteinogenen Aminosäuren unbedingt nötig sind. 61 von diesen 64 möglichen Tripletts sind bestimmten Aminosäuren zugeordnet (Abb. 2.20). Eines von drei möglichen Codons (UAA, UAG oder UGA) steht jeweils am Ende der codierenden Sequenz eines Gens und dient als Stopp- oder Terminationssignal für den Abbruch der Synthese des Proteinstranges an dieser Stelle.

Es hat sich gezeigt, dass der genetische Code nicht überlappend ist, das heißt, jedes Triplett der Basensequenz der DNA wird, von einem Startpunkt beginnend, fortlaufend als Einheit abgelesen. Das bedeutet, dass die Mutation einer einzigen Base auch höchstens nur eine falsche Aminosäure in der Peptidkette hervorruft und nicht zwei oder drei, wie es beim überlappenden Code der Fall wäre. Zwischen den einzelnen Tripletts gibt es keine besonderen Trennungszeichen.

Den meisten Aminosäuren sind mehrere Codons (sog. synonyme Codons) zugeordnet. Für die Aminosäuren Leucin, Serin und Arginin gibt es jeweils sechs Codons. Nur Methionin und Tryptophan, zwei relativ seltene Aminosäuren in Proteinen, werden durch jeweils ein einziges Codon verschlüsselt. Der Code ist also redundant, man spricht auch vom **degenerierten Code**. Die Zuordnung der Aminosäuren zu den Codons lässt einige Regelmäßigkeiten erkennen, sie ist nicht rein zufällig. Die meisten Synonyme unterscheiden sich nur in ihrem dritten Nucleotid. Codons mit einem Pyridin an zweiter Position codieren meistens hydrophobe Aminosäuren, Codons mit einem Purin an zweiter Position meistens polare Aminosäuren. Der Code hat sich offenbar nicht rein zufällig, sondern im Sinne einer Minimierung nachteiliger Auswirkungen von Mutationen entwickelt.

Der **genetische Code** ist universell insoweit, als dass die Codierung von Aminosäuren bei allen Lebewesen ohne Ausnahme durch jeweils drei Nucleotide erfolgt. Das Phänomen der **Universalität des genetischen Codes** kann auf zweierlei Weise erklärt werden: Entweder gibt es einen »optimalen« Code, auf den die verschiedenen Lebensformen in ihrer Evolution konvergierten, oder aber alle Organismen stammen von einem einfachen Vorfahren ab, dessen Code sich bis heute im Wesentlichen erhalten hat. Die erste Erklärung ist ziemlich unwahrscheinlich, weil nicht nachzuvollziehen ist, warum beispielsweise das Triplett AGG zur Codierung von Arginin besser geeignet sein soll als irgendein anderes Triplett. Wir müssen deshalb wahrscheinlich davon ausgehen, dass alle existierenden Lebewesen auf unserer Erde auf einen Urahn zurückgehen. Das heißt nicht, dass das Leben nur einmal entstanden sein muss, sondern nur, dass das Lebewesen mit dem uns bekannten Code sich gegenüber Konkurrenten mit einem anderen Code, so es sie einmal gegeben haben sollte, durchgesetzt hat und alle Lebewesen mit anderen Codierungen ausgestorben sind. Warum der Code nach seiner Entstehung nicht mehr wesentlich evolvierte, ist verständlich. Jeder Bedeutungswandel bei der Übersetzung eines Tripletts von Aminosäure A nach Aminosäure B würde nicht nur ein Protein, sondern alle Proteine, die die Aminosäure A enthalten, betreffen. Es wäre im höchsten Maß unwahrscheinlich, wenn die Änderung der Primärstruktur dieser vielen Proteine in allen oder doch in den meisten Fällen eine Verbesserung oder wenigstens keine Verschlechterung ihrer Funktionalität mit sich gebracht hätte.

Die Zellen müssen die Abfolge der Nucleotidtripletts in einem mRNA-Molekül in die Aminosäuresequenz des ent-

Genetischer Code

erste Base (5'- Ende)	zweite Base U		zweite Base C		zweite Base A		zweite Base G		dritte Base (3'- Ende)
U	UUU	Phe	UCU	Ser	UAU	Tyr	UGU	Cys	U
	UUC	Phe	UCC	Ser	UAC	Tyr	UGC	Cys	C
	UUA	Leu	UCA	Ser	UAA	Stopp	UGA	Stopp	A
	UUG	Leu	UCG	Ser	UAG	Stopp	UGG	Trp	G
C	CUU	Leu	CCU	Pro	CAU	His	CGU	Arg	U
	CUC	Leu	CCC	Pro	CAC	His	CGC	Arg	C
	CUA	Leu	CCA	Pro	CAA	Gln	CGA	Arg	A
	CUG	Leu	CCG	Pro	CAG	Gln	CGG	Arg	G
A	AUU	Ile	ACU	Thr	AAU	Asn	AGU	Ser	U
	AUC	Ile	ACC	Thr	AAC	Asn	AGC	Ser	C
	AUA	Ile	ACA	Thr	AAA	Lys	AGA	Arg	A
	AUG	Met[a]	ACG	Thr	AAG	Lys	AGG	Arg	G
G	GUU	Val	GCU	Ala	GAU	Asp	GGU	Gly	U
	GUC	Val	GCC	Ala	GAC	Asp	GGC	Gly	C
	GUA	Val	GCA	Ala	GAA	Glu	GGA	Gly	A
	GUG	Val	GCG	Ala	GAG	Glu	GGG	Gly	G

[a] AUG ist sowohl ein Initiationssignal als auch der Code für Met-Reste.

Abb. 2.20 Der genetische Code. Der genetische Code ist universell insoweit, als dass die Codierung von Aminosäuren bei allen Lebewesen ohne Ausnahme durch jeweils drei Nucleotide erfolgt. Von der in der Abbildung dargestellten Codonnutzung (welches Triplett welche Aminosäure codiert) gibt es bei einzelnen Arten selten auftretende Ausnahmen. So wird bei *Paramecium* und anderen Ciliaten nur das Codon UGA als Stoppcodon interpretiert, während UAG und UAA nicht den Abbruch der Proteinsynthese, sondern die Aminosäure Glutamin codieren.

sprechenden Proteins übersetzen. Man nennt diesen Vorgang **Translation**. Als Vermittler zwischen der mRNA und den Aminosäuren bei der Proteinsynthese fungiert ein Satz kleiner RNA-Moleküle, die Transfer-RNAs oder tRNAs. Sie weisen etwa 70–80 Nucleotide auf und bilden eine Stamm-Schleife-Struktur (*stem loop*), die in zweidimensionaler Darstellung einem Kleeblatt ähnlich sieht (Abb. 2.21). Jedes tRNA-Molekül kann eine bestimmte Aminosäure chemisch binden (Aminosäurebindungsstelle) und ein entsprechendes Codon in der mRNA erkennen (Matrizenerkennungsregion). Die Aminosäurebindungsstelle befindet sich am 3'-Ende der tRNA-Kette. Dort wird die Carboxylgruppe der Aminosäure unter Mitwirkung einer Aminoacyl-tRNA-Synthetase (AARS, auch als aktivierendes Enzym bezeichnet) mit der 3'-Hydroxylgruppe der Ribose der entsprechenden tRNA zur Aminoacyl-tRNA verestert. In der eukaryotischen Zelle gibt es etwa 50 verschiedene tRNA-Moleküle, sodass es für mehrere Aminosäuren verschiedene tRNAs gibt. Die Matrizenerkennungsregion besteht aus einer Sequenz von drei Basen, dem **Anticodon**, die die komplementäre Sequenz von drei Basen auf der mRNA, das Codon, erkennen.

Die Synthese von Proteinen anhand der Sequenz der mRNA-Matrize erfordert hochspezifische chemische Wechselwirkungen, die mit der notwendigen Effizienz (in einer normalen Säugetierzelle werden innerhalb einer Sekunde mehr als 10^6 Peptidbindungen geknüpft!) nicht in freier Lösung im Plasma ablaufen könnten. Daher hat es sich offenbar bewährt, dass alle zur Proteinbiosynthese notwendigen Strukturen in einem aus mehreren Komponenten bestehenden Molekülkomplex, dem Ribosom, zusammengefasst sind. Es handelt sich dabei um Aggregate aus Proteinen und ribosomaler RNA (rRNA). Sowohl die Ribosomen der Prokaryoten als auch die der Eukaryoten bestehen jeweils aus zwei Untereinheiten, einer großen und einer kleinen. Die kleine Untereinheit besitzt eine Bindungsstelle für mRNA-Moleküle und das Gesamtribosom besitzt zwei eng benachbarte Bindungsstellen für tRNAs. Die eine tRNA-Bindungsstelle, die Peptidyl-tRNA-Bindungsstelle (kurz: P-Stelle), hält das tRNA-Molekül, das das wachsende Ende der Polypeptidkette trägt, fest. Die andere tRNA-Bindungsstelle, die Aminoacyl-tRNA-Bindungsstelle (kurz: A-Stelle), ergreift die neu hinzukommende, mit einer Aminosäure beladene tRNA (Abb. 2.22). Die Bindung an der P- und der A-Stelle erfolgt allerdings nur mit solchen tRNAs, die ein Anticodon zum komplementären Codon auf dem ebenfalls am Ribosom gebundenen mRNA-Strang besitzen.

Die Initiation des Translationsvorgangs erfordert die Bindung einer Reihe von Initiationsfaktoren (IF-1, IF-2, IF-3), die nicht permanent mit dem **Ribosom** assoziiert sind. Zuerst muss

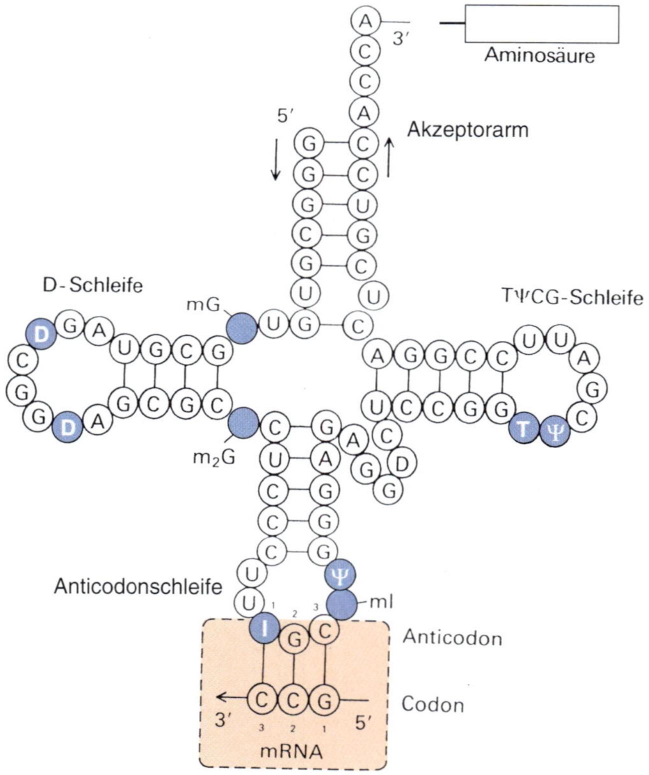

Abb. 2.21 Die Kleeblattstruktur der alaninspezifischen tRNA aus der Hefe. Durch Basenpaarungen innerhalb des einzelsträngigen tRNA-Moleküls entstehen Stiele (*stems*) und Schleifen (*loops*). Die Aminosäure (hier: Alanin) wird an den Akzeptorarm angeheftet. Dabei entsteht eine Aminoacyl-tRNA. In tRNAs treten neben den üblichen vier Nucleotiden auch einige durch nachträgliche Derivatisierung erzeugte Varianten auf: D (Dihydrouridin), I (Inosin), T (Thymidin) und ψ (Pseudouridin). m = Methylgruppe. (Aus Lodish H, Berk A, Zipursky SL, Matsudaira P, Baltimore D, Darnell JE (2001) Molekulare Zellbiologie. Spektrum Akademischer Verlag, Heidelberg.)

sich die kleine ribosomale Untereinheit mit einer Initiator-tRNA in Zusammenarbeit mit Initiationsfaktoren verbinden. Das geschieht, obwohl es sich um eine Aminoacyl-tRNA handelt, an der P-Bindungsstelle, an der sich normalerweise nur die Peptidyl-tRNA befindet. Die Initiator-tRNA liefert die Aminosäure Methionin, mit der die Peptidkette beginnt. Das gebundene Initiator-tRNA-Molekül findet auf dem mRNA-Strang das **Startcodon** (AUG). Daraufhin lösen sich die Initiationsfaktoren von dem Komplex und die kleine ribosomale Untereinheit verbindet sich mit der großen zum vollständigen, funktionsfähigen Ribosom. Erst jetzt kann die Proteinsynthese mit der Bindung eines zweiten Aminoacyl-tRNA-Moleküls – nun aber an der richtigen, der A-Bindungsstelle des Ribosoms – beginnen.

Die Verlängerung der Polypeptidkette im Ribosom, die Kettenelongation, erfolgt über einen Reaktionszyklus (Elongationszyklus) in drei Schritten (Abb. 2.22):

1. Schritt: Die Aminoacyl-tRNA bindet neben einer mit einer Peptidyl-tRNA besetzten P-Stelle unter Mitwirkung von Elongationsfaktoren und Hydrolyse eines GTP an eine freie A-Stelle des Ribosoms. Die Aminoacyl-tRNA bildet dabei Basenpaarungen mit dem entsprechenden, dort exponierten Codon der mRNA.

2. Schritt: Das Carboxylende der wachsenden Peptidkette wird von der Peptidyl-tRNA in der P-Stelle gelöst und auf die Aminogruppe der Aminoacyl-tRNA in der A-Stelle übertragen. Es wird damit eine neue Peptidbindung geknüpft und gleichzeitig die wachsende Peptidkette von der P- zur A-Stelle transferiert (Transpeptidierung). Dabei wirkt die große ribosomale Untereinheit mit, denn ihre 23S-rRNA katalysiert den Vorgang (Peptidyltransferaseaktivität). Ist die Transpeptidierung erfolgt, löst sich die von der Peptidkette befreite tRNA von ihrer P-Bindungsstelle und kehrt unter Bindung an die Exit-(E-)stelle ins freie Cytoplasma zurück.

3. Schritt: Die neue Peptidyl-tRNA wird von der A-Stelle zur P-Stelle verlagert und verdrängt die dortige unbeladene tRNA, wobei die Codon-Anticodon-Assoziation der Peptidyl-tRNA erhalten bleibt. Das Ribosom wandert um genau drei Nucleotide (ein Codon) auf der mRNA in 5‘→3‘-Richtung weiter (Translokation). Auch dieser Schritt erfordert die Hydrolyse eines GTP-Moleküls. Die frei gewordene A-Stelle ist zur Aufnahme einer neuen Aminoacyl-tRNA bereit und ein nächster Zyklus kann beginnen.

Die Verlängerung der Polypeptidkette, die Kettenelongation, über den beschriebenen dreistufigen Reaktionszyklus verläuft mit einer Geschwindigkeit von bis zu 40 Aminosäuren pro Sekunde. Er erfordert die Mitwirkung nichtribosomaler Proteinfaktoren (Elongationsfaktoren: EF-Tu, EF-Ts, EF-G). Ein Peptid von 400 Aminosäuren kann also unter Umständen innerhalb von etwa 10 s fertiggestellt sein. Der ganze Prozess ist allerdings ziemlich energieaufwendig. Es müssen für jede Verknüpfung zweier Aminosäuren mindestens vier energiereiche Phosphatbindungen hydrolysiert werden.

Das Ribosom schreitet, wie oben geschildert, das mRNA-Molekül Codon für Codon in 5‘→3‘-Richtung ab. Gestoppt wird dieser Vorgang, wenn eines der drei möglichen **Stoppcodons** (UAA, UAG, UGA) in der mRNA erreicht wird. Gelangt ein solches Stoppcodon, für das es normalerweise keine passenden tRNAs gibt, die A-Bindungsstelle am Ribosom, so werden dort cytoplasmatische Proteine (Freisetzungsfaktoren) gebunden, die die Aktivität der Peptidyltransferase dahingehend verändern, dass die Polypeptidkette zwar von der tRNA gelöst, aber nicht mehr mit einer neuen Aminosäure verknüpft wird. Das Ribosom setzt daraufhin die mRNA frei und zerfällt in seine beiden Untereinheiten. Beide Untereinheiten können mit einer neuen mRNA eine neue Proteinsynthese starten.

Bei der Proteinsynthese können auch Fehler auftreten, es kann an einem bestimmten Ort der Sequenz eine falsche Aminosäure eingebaut werden. Solche Fehler treten statistisch bei der Translation jedes tausendsten bis zehntausendsten Codons auf. Die Zelle besitzt jedoch Korrekturlesemechanismen, um die Fehlerhäufigkeit zu reduzieren. Die einen kontrollieren die Richtigkeit der Verknüpfung zwischen Aminosäure und tRNA, die anderen die Korrektheit der Paarung von Codon und Anticodon.

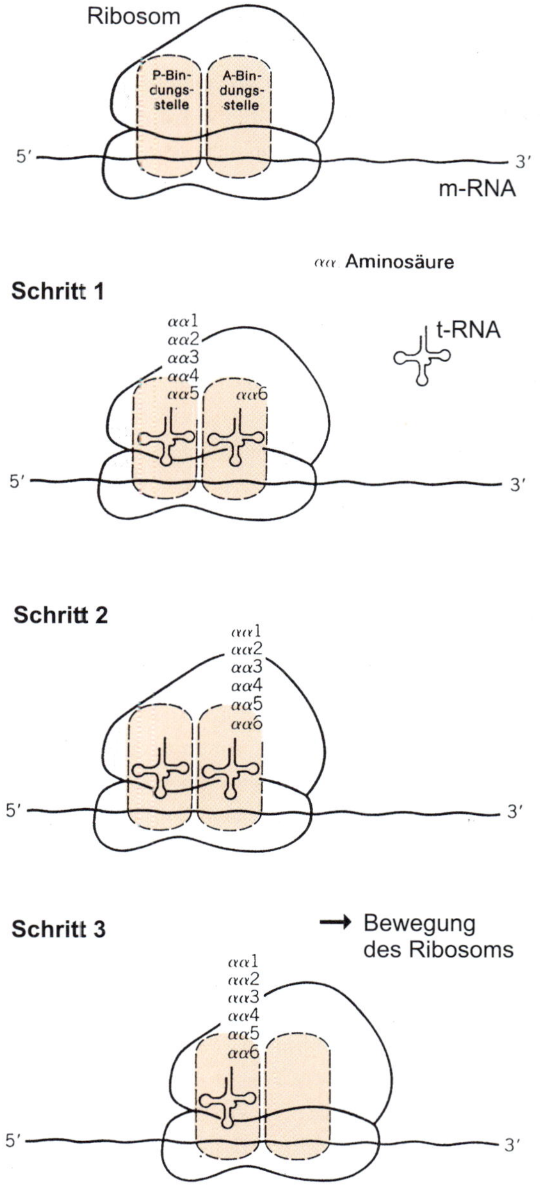

Abb. 2.22 Die drei Schritte der Proteinbiosynthese. Erläuterungen im Text. (Aus Lewin B (1988) Gene – Lehrbuch der molekularen Genetik. VCH Verlagsgesellschaft, Weinheim.)

Die einzelnen Gewebe eines mehrzelligen Organismus unterscheiden sich erheblich in ihrer Morphologie und Physiologie voneinander, da sie arbeitsteilig funktionieren. Dieses Phänomen beruht auf dem Umstand, dass nicht das gesamte **Genom** zu allen Zeiten gleichermaßen transkribiert wird, sondern zelltypspezifische **Transkriptome** (Gesamtheit aller in einer Zelle auftretenden mRNAs) auftreten oder solche, die nur in bestimmten Entwicklungsstadien eines Organismus vorliegen. Man findet daher im Genom jeder Zelle einen hohen Anteil codierender, aber nicht transkribierter DNA-Sequenzen. So werden beispielsweise nur in den Erythroblasten (Vorläufer der Erythrocyten oder roten Blutkörperchen), nicht aber in anderen Zelltypen des Menschen, die Gene für die Untereinheiten des Hämoglobins transkribiert. Das Hormon Insulin ist nur in den β-Zellen der Langerhans-Inseln der Bauchspeicheldrüse (Pankreas) nachweisbar, nicht aber in allen anderen Zellen des Körpers. Dessen ungeachtet sind viele Grundstrukturen und -prozesse in jeder Zelle gleich oder doch sehr ähnlich. Es überrascht deshalb nicht, dass die 2000 häufigsten Proteine (also solche, die in mehr als 50 000 Kopien pro Zelle vorkommen) in verschiedenen Zelltypen desselben Organismus gleichermaßen und immer anzutreffen sind. Eine solche Genexpression nennt man »konstitutiv«. Konstitutiv exprimiert werden Gene, die sogenannte Housekeeping-Proteine oder Haushaltsproteine codieren. Dazu gehören zum Beispiel die Enzyme des Grundstoffwechsels sowie verschiedene Strukturproteine des Cytoskeletts, der Chromosomen oder der Golgi-Membranen. Diesen Genen fehlt typischerweise die TATA-Box des Promotors, eine für die Initiation der Transkription wichtige DNA-Sequenz.

Zellen können das Muster der **Genexpression** bei Eintreffen bestimmter Signale (z. B. Hormone, Transmitter, Wachstumsfaktoren) in spezifischer Weise ändern, verfügen also über effektive Steuermechanismen. So antworten Brustdrüsenzellen auf einen Anstieg der Plasmakonzentration des Hormons Prolactin mit einer gesteigerten Produktion von β-Casein, der Hauptproteinkomponente der Milch. Im Einzelnen geschieht dabei Folgendes: Das Prolactin aktiviert über einen membranständigen Rezeptor eine Tyrosinkinase, die ein weiteres Protein, den Signaltransduktor und Aktivator der Transkription (Stat), phosphoryliert. Daraufhin dimerisiert das phosphorylierte Stat-Protein und das Dimer tritt in den Zellkern über, wo es an den Promotor für das β-Casein-Gen bindet. Dies resultiert in der Steigerung der Transkriptionsrate des β-Casein-Gens. Im Gegensatz zu Prolactin, das als hydrophiles Peptidhormon die Zellmembran der Zielzellen nicht diffusiv durchdringen kann, nutzen die apolaren Steroidhormone genau diesen Mechanismus, um aus dem Extrazellularraum durch die Zellmembran ins Innere möglicher Zielzellen zu gelangen, wo sie auf spezifische Bindungsmoleküle (cytosolische oder nucleäre Rezeptoren) treffen. Der Hormon-Rezeptor-Komplex arbeitet als Transkriptionsfaktor, indem er sich an bestimmte DNA-Elemente in den regulatorischen Regionen ausgewählter Gene (hormonresponsive Elemente, HREs) bindet und deren Transkriptionsrate verändert (▶ Abschn. 12.4). Der cortisolbindende Glucocorticoidrezeptor gehört einer solchen Proteinfamilie an.

Die **Transkriptionsrate** eines Gens entscheidet allerdings nicht allein darüber, ob das entsprechende Protein im anschließenden Prozess der Translation gebildet wird oder nicht bzw. in welcher Menge das Protein in den Zellen anzutreffen ist. Dies hängt von weiteren Parametern ab, die vom Zelltyp oder der Zellfunktion bestimmt werden. Je nach Zustand dieser Parameter kann eine mRNA, die gleichartig schnell synthetisiert wird, in unterschiedlicher Konzentration in Zellen vorliegen, was dann auch ihre Translationsrate und die Proteinkonzentration beeinflussen kann. Die mRNA-Konzentration kann auf verschiedenen Wegen reguliert werden. So gibt es bestimmte Strukturmerkmale der mRNA (Sequenzabschnitte, Derivatisierungen), die den Zugriff von RNA-degradierenden Enzymen (RNasen) erleichtern oder erschweren. Die unterschiedlich stabilen mRNAs werden von den Ribosomen dann natürlich auch unterschiedlich häufig translatiert, bevor sie abgebaut werden. Auch das mehr oder weniger häufige Auftreten spezifischer Mikro-RNAs (miRNAs) – kleine, nichtcodierende RNA-Moleküle in Zellen – kann die Stabilität bestimmter mRNAs negativ beeinflussen und deren Translationsrate absenken. Man nimmt an, dass sich miRNAs, die mit bestimmten mRNAs komplementäre Sequenzen enthalten, mit diesen zu doppelsträngiger RNA zusammenlagern und diese dadurch besonders anfällig für den Angriff von RNasen wird. miRNAs können die Proteinbiosynthese von mRNAs aber möglicherweise auch direkt durch Inhibition der Translation einschränken. Auch die Präsenz und die momentane Konzentration von Proteinen, die an die 3'-untranslatierte Region (3'-UTR) bestimmter mRNAs binden können, entscheiden über deren Translationsrate und über die Bildungsrate des jeweiligen Proteins mit.

Im Prinzip kann die Genexpression auf jeder Stufe des Informationstransfers von der DNA über die RNA zum Protein reguliert werden. Quantitativ scheint aber die Steuerung der Transkriptionsinitiation am bedeutsamsten zu sein. Eine solche Kontrolle am Anfang der Stufenleiter ist aus ökonomischer Sicht auch am günstigsten, vermeidet sie doch von Anbeginn alle unnötigen energieaufwendigen Syntheseleistungen.

2.2 Biokatalyse

2.2.1 Geschwindigkeit chemischer Reaktionen und Aktivierungsenergie

Als **Reaktionsgeschwindigkeit** v bezeichnet man die Zunahme der Konzentration eines Reaktionsprodukts oder die Abnahme der Konzentration eines Reaktanden pro Zeiteinheit. Sie ist gewöhnlich der Konzentration der Reaktanden in einer bestimmten Potenz proportional. Der Proportionalitätsfaktor heißt Geschwindigkeitskonstante k. Sie hängt von der betreffenden Substanz und der Temperatur ab. Das Geschwindigkeitsgesetz für die Substanz A lässt sich dann folgendermaßen darstellen:

$$v_A = \frac{dc_A}{dt} = k\,c_A^x$$

Sowohl die Konstante k als auch der Exponent x können nur experimentell bestimmt werden. Bei einer Reaktion nullter Ordnung ist $x = 0$ und damit $v = k$, bei einer Reaktion erster Ordnung ist $x = 1$ und damit $v_A = k\,c_A$ und bei einer Reaktion zweiter Ordnung ist $x = 2$, also $v_A = k\,c_A^2$.

Die Abhängigkeit der Reaktionsgeschwindigkeit von der Konzentration kann man sich so erklären, dass es bei höheren Konzentrationen häufiger zu Kollisionen zwischen den Reaktanden kommt, bei denen die reagierenden Moleküle in die Reaktionsprodukte umgewandelt werden. Da die Konzentrationen der Reaktanden während der ablaufenden Reaktion abnehmen, bedeutet das allerdings auch, dass die Reaktionsgeschwindigkeit keine konstante Größe ist, sondern ebenfalls abnimmt. Im einfachsten Fall einer **Reaktion erster Ordnung** (z. B. der Umwandlung A → B) stammt die Abhängigkeit der Reaktionsgeschwindigkeit von der Konzentration lediglich daher, dass mit der Zeit immer weniger Ausgangstoff A vorhanden ist und damit trotz konstanter Wahrscheinlichkeit der Umwandlung pro Zeit (entspricht k) immer weniger Umwandlungen stattfinden. Ein Beispiel für eine **Reaktion zweiter Ordnung** wäre eine Reaktion des Typs A + B → AB. Hier geht zusätzlich ein, dass sich die beiden Moleküle treffen müssen, um zu reagieren. Die Kollisionshäufigkeit steigt natürlich mit der Konzentration (Kollisionstheorie der Reaktionsgeschwindigkeit). Allerdings führt nicht jede Kollision zur Reaktion, sondern nur die effektiven Kollisionen. Um durch die Kollision zweier Moleküle eine Reaktion auszulösen, müssen die Moleküle eine Minimalenergie besitzen und auch räumlich so aufeinandertreffen, dass ihre reaktiven Zentren in der richtigen Position zueinander stehen. Bei allen chemischen Reaktionen – exothermen wie endothermen – nimmt die Reaktionsgeschwindigkeit mit steigender Temperatur zu. Eine Temperaturerhöhung von 10 °C bewirkt häufig eine Steigerung der Reaktionsgeschwindigkeit auf das 2- bis 4-Fache (**Reaktionsgeschwindigkeit-Temperatur-Regel** nach Jacobus Henricus van 't Hoff*). Diese RGT-Regel gilt nicht nur für chemische Reaktionen, sondern auch für viele komplexe biologische Vorgänge im physiologischen Bereich zwischen 0 und 40 °C.

$$Q_{10}\text{-Faktor} = \frac{v_{T+10}}{v_T} = 2-4$$

Der Q_{10}-Faktor ist allerdings keine Konstante, sondern eine grobe Abschätzung. Der Temperatureffekt ist nur zu einem geringen Teil auf eine Steigerung der Anzahl der Kollisionen zurückzuführen, denn diese nimmt bei einer Temperaturerhöhung von 25 auf 35 °C nur um 2 % zu, da sie proportional zur absoluten Temperatur (in K) ist. Wesentlich wichtiger ist die Zunahme der Anzahl effektiver Kollisionen, wie es aus der ◘ Abb. 2.23 ersichtlich ist: Die markierte Fläche unterhalb der Kurven (sie entspricht der Anzahl der Moleküle mit einer Energie, die gleich oder größer als die Minimalenergie ist) nimmt mit Erhöhung der Temperatur stark zu. Bei sehr hohen Temperaturen kann die Stoßenergie zwischen zwei Reaktionspartnern allerdings so hoch werden, dass letztlich keine Reaktion zustande kommt, sodass der Q_{10}-Faktor gewöhnlich mit steigender Temperatur sogar abnimmt.

Nach der Theorie des Übergangszustands geht man davon aus, dass bei einer effektiven Kollision die Reaktanden einen sehr kurzlebigen Verband miteinander bilden, den aktivierten Komplex, (AB)*, aus dem erst in einem zweiten Schritt durch Zerfall die Reaktionsprodukte hervorgehen:

$$A + B \leftrightarrows (AB)^* \rightarrow C + D$$

Bei der Bildung eines solchen aktivierten Komplexes erfolgt eine Umwandlung von kinetischer Energie der beteiligten Partner aufgrund ihrer thermischen Bewegung in potenzielle Energie des Komplexes. Die Differenz zwischen der potenziellen Energie der Reaktanden (Summe der inneren Energie) und der

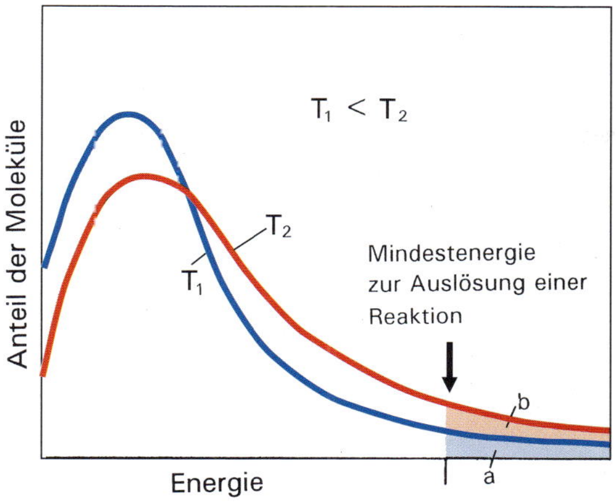

Abb. 2.23 Energieverteilung der Moleküle bei zwei verschiedenen Temperaturen T_1 und T_2. Dabei ist $T_2 > T_1$ (Maxwell*-Verteilung). Nur Kollisionen von Molekülen, deren Energie gleich oder größer ist als ein bestimmtes Minimum (Fläche a bei der Temperatur T_1, Fläche a + b bei der Temperatur T_2), führen zur Reaktion. (Aus Mortimer CE (2001) Chemie – Basiswissen der Chemie. 7. Aufl. Thieme, Stuttgart.)

potenziellen Energie des aktivierten Komplexes wird als Aktivierungsenergie E_A bezeichnet. Beim Zerfall des Komplexes wird seine potenzielle Energie in Form der kinetischen Energie der Reaktionsprodukte wieder frei. Je größer der mit der Komplexbildung notwendig verbundene Energiebetrag im Vergleich zu der im Mittel zur Verfügung stehenden thermischen Energie ist, umso kleiner ist die Chance, dass es zur Bildung eines aktivierten Komplexes kommt, und umso kleiner ist die Geschwindigkeitskonstante k der Reaktion. Die Aktivierungsenergie stellt somit eine Energiebarriere auf dem Weg von den Reaktanden zu den Reaktionsprodukten dar, die überwunden werden muss, damit die Reaktion ablaufen kann. Bei vielen Reaktionen liegt sie zwischen 60 und 250 kJ mol^{-1}.

Bezeichnet man mit f denjenigen Bruchteil aller Moleküle bei einer bestimmten Temperatur, der mindestens die Aktivierungsenergie E_A besitzt, so gilt nach Ludwig Boltzmann*:

$$f = \exp(-\frac{E_A}{RT})$$

Das bedeutet, dass die maximale Geschwindigkeitskonstante k_{max} (wenn jeder Stoß erfolgreich wäre) auf

$$k = f\, k_{max}$$

verkleinert werden würde. Vereinigt man beide Gleichungen, so erhält man die bekannte Arrhenius*-Gleichung:

$$k = k_{max} \exp\left(-\frac{E_A}{RT}\right)$$

Dieser Gleichung können wir entnehmen, dass die Geschwindigkeitskonstante der Reaktion durch Erhöhung der Reaktionstemperatur (Vergrößerung des Anteils hinreichend energiereicher Moleküle) oder durch Verminderung der notwendigen Aktivierungsenergie (Abbau der Energiebarriere) erreicht werden kann. Da k exponentiell von diesen beiden Größen abhängt, ist der Effekt relativ groß. Eine Temperaturerhöhung um 10 °C (von 300 auf 310 K) verdoppelt, wie man leicht nachrechnen kann, die Reaktionsgeschwindigkeit, wenn E_A 60 kJ mol^{-1} beträgt (vgl. RGT-Regel). Wenn E_A 250 kJ mol^{-1} beträgt, steigt die Reaktionsgeschwindigkeit unter sonst gleichen Bedingungen sogar auf das 25-Fache an. Eine Erniedrigung der Aktivierungsenergie von 63 kJ mol^{-1} auf 12 kJ mol^{-1} hat bereits eine Steigerung der Reaktionsgeschwindigkeit auf das 8×10^8-Fache zur Folge.

Logarithmiert man die Arrhenius-Gleichung

$$\ln k = \ln k_{max} - (\frac{E_A}{RT}),$$

so erkennt man sofort, dass zwischen dem Logarithmus der Geschwindigkeitskonstante k der Reaktion und der reziproken absoluten Temperatur R ein linearer Zusammenhang existiert, wenn die Aktivierungsenergie und k_{max} temperaturunabhängig sind. Trägt man in einem Koordinatensystem auf der Abszisse $1/T$ und auf der Ordinate $\ln k$ auf (sog. Arrhenius-Diagramm), so erhält man eine Gerade, die die Ordinate bei $\ln k_{max}$ schneidet. Die Steigung der Geraden beträgt E_A/R. Ein solches Verhalten zeigen viele chemische Reaktionen, nicht nur solche in der Gasphase. Selbst komplexe physiologische Parameter wie die Herzfrequenz (Beispiel: Schabe *Blatta*, Wasserfloh *Daphnia* u. a.), die Kloakenpulsationsfrequenz bei Holothurien oder die Blitzfrequenz der tropischen Feuerfliege zeigen im mittleren Temperaturbereich ein Verhalten, das der Arrhenius-Gleichung entspricht.

Durch Änderung der Körpertemperatur kann der Stoffwechsel des Tieres insgesamt beschleunigt oder verlangsamt werden. Das ist aber nur in bestimmten Fällen sinnvoll (z. B. bei der Nutzung der Sonnenstrahlung zum Aufheizen des Körpers bei Eidechsen und Schildkröten zur Aktivitätssteigerung) und erfolgt nur in engen physiologischen Grenzen. Generell werden solche Effekte bei den gleichwarmen (homoiothermen) Tieren noch weniger ausgenutzt als bei den wechselwarmen (poikilothermen). Eine gezielte Steuerung von bestimmten Stoffwechselreaktionen ist über die Temperatur überhaupt nicht möglich. Hier bleibt dem Organismus als bessere Möglichkeit zur Umsatzsteigerung in einzelnen Stoffwechselreaktionen die Herabsetzung der notwendigen Aktivierungsenergie. Diese Funktion erfüllen im Allgemeinen die **Biokatalysatoren** (Enzyme und Ribozyme).

2.2.2 Enzyme

Die chemischen Reaktionen, die zu jedem Zeitpunkt im Organismus ablaufen, sind nicht völlig unabhängig voneinander, sondern in Kaskaden oder Netzwerken organisiert. Häufig ist das Substrat einer Reaktion schon ein Produkt einer anderen. Die erste Reaktion muss also in dem Maße Produkt bereitstellen, wie die zweite Reaktion Substrat benötigt. Um Ungleichgewichte in den Umsatzraten solcher gekoppelten Reaktionen, die zwangsläufig in Produktüberschüssen oder Substratmangel

2

in einzelnen Teilschritten der gekoppelten Reaktionsketten resultieren würden, zu verhindern, greift eine große Anzahl von Katalysatoren in das Stoffwechselgeschehen jeder Zelle ein.

Ein Katalysator ist ein Stoff, der, ohne selbst aus dem Prozess verändert hervorzugehen, chemische Reaktionen durch seine Anwesenheit zu beschleunigen vermag. Die Wirksamkeit der Katalysatoren beruht darauf, dass die Aktivierungsenergie E_A einer bestimmten chemischen Reaktion herabgesetzt wird. Die im Organismus wirksamen Biokatalysatoren bezeichnet man als Fermente[115] oder **Enzyme**[116]. Wie bedeutsam das Vorhandensein von Enzymen für den geregelten Ablauf des Stoffwechsels sind, kann man daran ermessen, wie häufig Enzyme im Verhältnis zu anderen Proteinen sind (in der menschlichen Skelettmuskulatur sind mehr als 40 % der löslichen Proteine Enzyme) und was passiert, wenn sie ausfallen (die allermeisten Giftstoffe sind deshalb schädlich für Tiere, weil sie bestimmte Enzyme binden und inaktivieren).

Enzyme sind entweder Proteine oder Proteide, das heißt, sie bestehen aus einem Protein und gegebenenfalls einem mit dem Eiweißanteil verbundenen nichteiweißartigen Anteil, den man generell als **prosthetische Gruppe**[117] bezeichnet. Dissoziiert die prosthetische Gruppe leicht ab, so spricht man von einem **Coenzym** und bezeichnet den Eiweißträger als **Apoenzym**[118]. Coenzym und Apoenzym bilden zusammen das Holoenzym[119]. Coenzyme verbinden sich im Verlaufe einer Reaktion nacheinander mit zumindest zwei verschiedenen Apoenzymen und übernehmen in enzymkatalysierten Reaktionen die Rolle eines wirksamen Wasserstoff- oder Gruppendonators. Durch diese Vermittlerrolle kommt den Coenzymen im Stoffwechsel eine zentrale Rolle zu. Sie stellen sozusagen Transportmetaboliten dar. Sie übertragen Wasserstoff (wasserstoffübertragende Coenzyme wie NAD, FAD u. a.) oder funktionelle Gruppen (gruppenübertragende Coenzyme wie ATP, UDP, CoA, CoF u. a.) von einem Substrat auf ein anderes (Tab. 2.4). Viele Coenzyme können vom Tier nicht selbst synthetisiert werden. Sie müssen – zumindest in einer Vorstufe – als Vitamin mit der Nahrung aufgenommen werden.

Der Katalysator sorgt für eine schnellere Einstellung des Reaktionsgleichgewichts, das durch die von der Temperatur abhängige Gleichgewichtskonstante K des Massenwirkungsgesetzes bestimmt wird. Eine Verschiebung der Gleichgewichtslage durch den Katalysator tritt nicht ein. Im Organismus wird allerdings dieser Gleichgewichtszustand in der Regel nicht erreicht, weil die entstehenden Reaktionsprodukte sehr schnell durch andere Enzyme weiterverarbeitet werden und damit wieder verschwinden. Man kennt viele solcher Enzymketten (Multienzymsysteme), die dazu führen, dass sich stationäre Konzentrationen der Zwischenprodukte einstellen, die nicht den Gleichgewichtskonzentrationen entsprechen (Fließgleichgewichte).

Tab. 2.4 Ausgewählte Coenzyme mit den von ihnen übertragenen Gruppen.

Coenzym	Übertragung von
ATP	Phosphorylgruppen
NADH, NAPDH	Wasserstoff inkl. Elektron
Coenzym A (CoA)	Acetylgruppe
Biotin	Carboxylgruppe
S-Adenosylmethionin	Methylgruppe

Charakteristisch für die Enzyme sind ihre Substrat- und Wirkungsspezifität. Unter der Substratspezifität versteht man, dass das Enzym nur ganz bestimmte Stoffe umsetzt, nämlich seine Substrate, andere dagegen unbeeinflusst lässt. Diese Selektivität kann man sich modellhaft dadurch erklären, dass auf der Oberfläche des Enzymmoleküls ein besonderer Bezirk (**aktives Zentrum** oder **katalytisches Zentrum**) existiert, zu dem nur bestimmte, komplementär gebaute Substratmoleküle passen. Absolut substratspezifisch sind zum Beispiel die Urease, die nur Harnstoff und keine andere Verbindung spaltet, und die Carboanhydrase[120], die die Reaktion zwischen Kohlendioxid und Wasser vermittelt. Enzyme können aber auch ein breites Substratspektrum aufweisen. Diese akzeptieren verschiedene Vertreter einer Stoffgruppe als Substrate. Für manche Hydrolasen trifft dieses zu.

Mit dem raschen Anwachsen der Anzahl bekannter Enzyme – gegenwärtig mehrere Tausend – wurde eine einheitliche Systematisierung und Festlegung von Nomenklaturregeln immer dringlicher. Im Jahre 1961 wurden von einer internationalen Kommission entsprechende Richtlinien ausgearbeitet. Danach werden sechs Hauptklassen der Enzyme unterschieden:

- **Oxidoreduktasen**: Sie katalysieren Redoxprozesse, wobei NAD^+ bzw. $NADP^+$, Sauerstoff oder Cytochrome als Akzeptoren auftreten können. Beispiele: Dehydrogenasen (Alkohol-Dehydrogenase, Lactat-Dehydrogenase, Acyl-CoA-Dehydrogenase), Oxidasen (Glucose-Oxidase, Aminosäure-Oxidase)
- **Transferasen**[121]: Dies ist die weitaus umfangreichste Hauptklasse. Transferasen katalysieren Gruppenübertragungen. Beispiele: Methyltransferasen, Carboxyl- und Carbamoyltransferasen (Ornithin-Carbamoyltransferase), Acyltransferasen (Cholin-Acetyltransferase), Aminotransferasen (Transaminasen)

[115] *fermentare* (lat.) = sieden (der Begriff bezog sich ursprünglich auf die Vergärung von Zucker zu Alkohol)
[116] *en* (griech.) = in; *zyme* (griech.) = Sauerteig
[117] *prosthetos* (griech.) = hinzugefügt
[118] *apo-* (griech.) = Präfix, das ein Entfernen oder Abgehen kennzeichnet
[119] *holos* (griech.) = ganz
[120] Die korrekte Bezeichnung des Enzyms ist »Carboanhydratase«, da Wasser und nicht Wasserstoff aus dem Molekül entfernt wird. Da die Bezeichnung »Carboanhydrase« aber geläufiger ist, wird im Folgenden nur noch dieser Begriff verwendet.
[121] *trans* (lat.) = über; *ferre* (lat.) = tragen

- **Hydrolasen**: Sie katalysieren die hydrolytische Spaltung von Esterbindungen, Glykosiden und Peptidbindungen. Beispiele: Carboxylesterhydrolasen (Esterasen, Lipasen), Phosphomonoesterasen (Phosphatasen), Glykosidasen (Amylase, β-Glykosidase, Maltase), Aminopeptido-Aminosäurehydrolasen (Aminopeptidasen), α-Carboxypeptido-Aminosäurehydrolasen (Carboxypeptidasen), Peptipeptidohydrolasen (= Endopeptidasen: Pepsin, Trypsin)
- **Lyasen**[122]: Sie katalysieren nichthydrolytische Spaltungen von C-C-, C-O- oder C-N-Bindungen. Beispiele: Carboxylyasen (Pyruvat-Decarboxylase), Aldehydlyasen (Aldolase)
- **Isomerasen**: Sie katalysieren die Umwandlung einer Verbindung in eine isomere Form. Beispiele: Racemasen, *cis-trans*-Isomerase, intramolekulare Oxidoreduktasen (Glucose-6-phosphat-Isomerase) und intramolekulare Transferasen
- **Ligasen**[123] (Synthetasen): Sie katalysieren den Zusammenschluss zweier Moleküle unter Verbrauch von ATP, indem sie kovalente C-C-, C-O- oder C-N-Bindungen knüpfen. Beispiele: Aminosäure-RNA-Ligasen (aminosäureaktivierende Enzyme), Säure-Aminosäure-Ligasen (Peptidsynthetase), Carboxylasen (Acetyl-CoA-Carboxylase)

Jede dieser sechs Hauptklassen enthält wieder Unterklassen und diese Subunterklassen. Innerhalb der Subunterklassen erhält dann jedes Enzym eine bestimmte Nummer. Jedem Enzym ist eine EC-(Enzyme-Commission-)Kennziffer zugeordnet, die aus vier Zahlen besteht. Sie geben in der Reihenfolge die Hauptklasse, Unterklasse, Subunterklasse und Nummer des Enzyms in dieser Subunterklasse an und werden in Klammern gesetzt (z. B. Hexokinase = ATP:D-Hexose-6-phosphotransferase, EC 2.7.1.1.).

[122] *lysis* (griech.) = Auflösung
[123] *ligare* (lat.) = binden

2.2.3 Wirkungsmechanismus, Kinetik

Die katalytische Wirkung der Enzyme – ebenso wie die der anorganischen Katalysatoren – beruht auf ihrer Fähigkeit, die **Aktivierungsenergie** der betreffenden Reaktion herabzusetzen. Je größer die benötigte Aktivierungsenergiemenge ist, desto reaktionsträger ist das Stoffgemisch, weil nur wenige Moleküle (ihr Energiegehalt ist in Form einer Zufallskurve statistisch um einen Mittelwert verteilt, Abb. 2.23) den notwendigen Energiegehalt besitzen, um die Barriere zu überwinden und damit in die Reaktion einzutreten. Im Organismus werden Enzyme eingesetzt, die den thermisch aufzubringenden Betrag der Aktivierungsenergie deutlich herabsetzen. So ist zum Beispiel zur Spaltung von H_2O_2 in H_2O und 1/2 O_2 normalerweise eine Aktivierungsenergie von 75,4 kJ mol^{-1} notwendig. Das Enzym Katalase setzt die notwendige Aktivierungsenergie auf 23,0 kJ mol^{-1} herab (Abb. 2.24).

Die Wirkung des Enzymmoleküls ist darauf zurückzuführen, dass es vorübergehend eine mehr oder weniger stabile Verbindung mit dem Substratmolekül (**Enzym-Substrat-Komplex**) eingeht, die anschließend unter Freisetzung der Reaktionsprodukte irreversibel zerfällt. Das Reaktionsschema sieht im einfachsten Fall so aus:

$$E + S \underset{k_{-1}}{\overset{k_{+1}}{\rightleftarrows}} ES \xrightarrow{k_{+2}} E + P$$

Da der Zerfall des Komplexes langsamer abläuft als dessen Bildung, ist er für die gesamte Reaktion geschwindigkeitsbestimmend. Das heißt, die Konzentration des Enzym-Substrat-

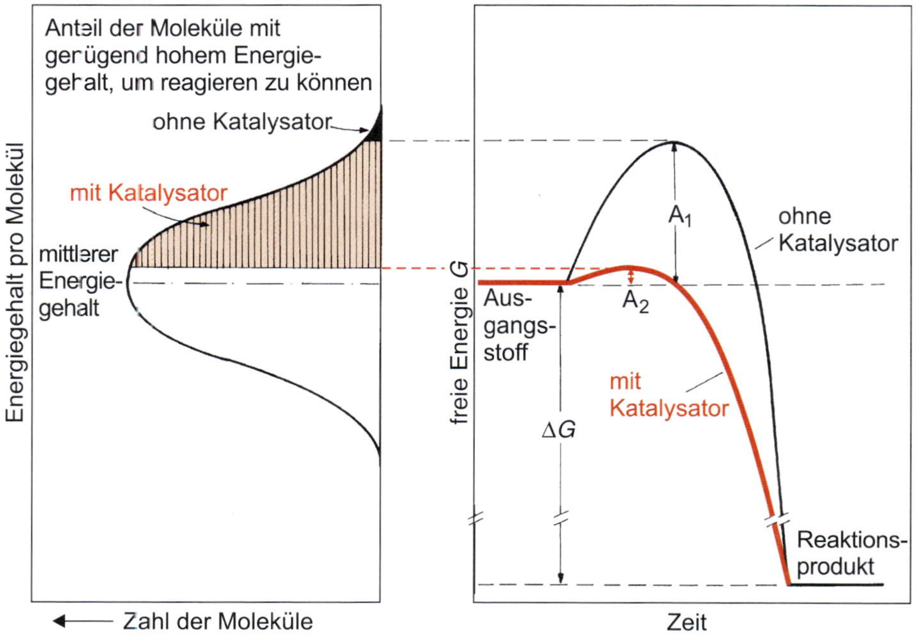

Abb. 2.24 Katalysatoren (Enzyme) setzen die zum Ablauf einer Reaktion notwendige Aktivierungsenergie herab. A_1 ist die Aktivierungsenergie ohne Enzym, A_2 die in Anwesenheit eines Enzyms.

Komplexes [ES] bestimmt die Geschwindigkeit v der Gesamtreaktion:

$$v = k_{+2}\,[ES]$$

Wenn bei einer festen Enzymmenge die Substratkonzentration laufend erhöht wird, so wird immer mehr Enzym in den ES-Komplex eingebaut, bis schließlich die gesamte Enzymmenge im Komplex vorliegt. Dann kann durch eine weitere Steigerung der Substratkonzentration keine weitere Steigerung der Reaktionsgeschwindigkeit herbeigeführt werden. Es ist die maximale Reaktionsgeschwindigkeit (v_{max}) erreicht:

$$v_{max} = k_{+2}\,[E_g]$$

mit $[E_g]$ = Gesamtkonzentration des Enzyms.

Die Substratkonzentration (Sättigungskonzentration), bei der v_{max} erreicht wird, hat bei den einzelnen Enzymen und bei den verschiedenen Substraten desselben Enzyms jeweils einen unterschiedlichen Wert. Sie ist quasi eine Materialkonstante, die für das betreffende enzymatische System typisch ist. Da sich die Reaktionsgeschwindigkeit mit zunehmender Substratkonzentration asymptotisch v_{max} nähert, ist die Sättigungskonzentration in der Praxis schwer zu bestimmen. Man bestimmt daher diejenige Substratkonzentration, bei der die Umsatzgeschwindigkeit gerade halbmaximal ist (½ v_{max}). Diese Substratkonzentration ist gleich der Dissoziationskonstante des Enzym-Substrat-Komplexes, denn nach obiger Gleichung für v ist ½ v_{max} dann erreicht, wenn $[ES]_{aktuell} = ½\,[ES]_{max}$ ist. Das heißt aber, dass die Hälfte den vorhandenen Enzymmoleküle im Komplex ES, die andere Hälfte frei als E vorliegt, also [E] = [ES] ist. Damit folgt aus dem Massenwirkungsgesetz für die Bildung des Enzym-Substrat-Komplexes (ES) aus dem Enzym (E) und dem Substrat (S):

$$\frac{[E]\,[S]}{[ES]} = K_m = \frac{k_{-1}}{k_{+1}}$$

und

$$[S]_{\frac{1}{2}v_{max}} = K_m \left(\text{in moll}^{-1}\right)$$

Man bezeichnet K_m als **Michaelis*-Menten*-Konstante**. Sie ist ein Maß der **Affinität** des betreffenden Enzyms zum Substrat. Hat sie einen hohen Wert, so ist erst bei einer relativ hohen Substratkonzentration eine Halbsättigung erreicht. Umgekehrt deutet ein kleiner K_m-Wert auf eine hohe Affinität des Enzyms zum Substrat hin, da die Halbsättigung des Enzyms bereits bei einer sehr niedrigen Substratkonzentration eintritt. In komplexen Reaktionsgemischen wird das Enzym bevorzugt dasjenige Substrat umsetzen, mit dem es die kleinste Michaelis-Menten-Konstante hat.

Bezeichnet man die Gesamtkonzentration des Enzyms als $[E_g]$, so kann man das Massenwirkungsgesetz auch folgendermaßen schreiben:

$$K = \frac{[E][S]}{[ES]} = \frac{([E_g]-[ES])[S]}{[ES]} = \frac{[E_g][S]}{[ES]} - [S]$$

Nach [ES] aufgelöst:

$$[ES] = \frac{[E_g][S]}{K_m + [S]}$$

Da, wie oben abgeleitet, $v = k_{+2} \cdot [ES]$ ist, gilt auch

$$v = k_{+2}\,\frac{[E_g][S]}{K_m + [S]}$$

Diese Beziehung nennt man nach den beiden Biochemikern, die diese Formel abgeleitet haben, Michaelis-Menten-Gleichung. Die Gleichung drückt die Abhängigkeit der Reaktionsgeschwindigkeit v von der Substratkonzentration [S] aus (Abb. 2.25).

Unter Berücksichtigung, dass $v_{max} = k_{+2}\,E_g$ ist, kommt man zu einer anderen, häufiger gebrauchten Form der Michaelis-Menten-Gleichung:

$$v = \frac{v_{max}[S]}{K_m + [S]}$$

Durch einfache Umformung dieser Gleichung in ihre reziproke Form

$$\frac{1}{v} = \frac{K_m + [S]}{v_{max}[S]} = \frac{K_m}{v_{max}}\,\frac{1}{[S]} + \frac{1}{v_{max}}$$

erhält man die **Lineweaver-Burk-Gleichung**. Sie stellt eine lineare Funktion dar, wenn man auf der Ordinate die reziproke Reaktionsgeschwindigkeit ($1/v$) und auf der Abszisse die reziproke Substratkonzentration (1/[S]) als unabhängige Variable abträgt. Aus einem solchen Diagramm (Abb. 2.25) lassen sich v_{max} und K_m als Kenndaten jedes enzymatischen Reaktionssystems leicht ermitteln. Wie allerdings schon die beiden Autoren dieser Transformation betont haben, wirken sich kleine Messfehler bei der Bestimmung der Reaktionsgeschwindigkeit v besonders bei geringen Substratkonzentrationen sehr deutlich auf die Bestimmung der Enzymkenndaten aus. Versuche anderer Autoren (Eadie-Hofstee-, Scatchard-, Hanes-Woolf- oder Hill-Diagramme), diese Unsicherheit durch andere Transformationsarten der Michaelis-Menten-Gleichung aufzuheben, waren nur bedingt erfolgreich. Diese alternativen Darstellungsarten werden je nach konkreten Bedürfnissen der Forscher alternativ angewendet, um spezifische Fragen zur Enzymkinetik zu klären.

Zu einer Hemmung der Enzymaktivität kann es kommen, wenn ein weiterer, im Reaktionsgemisch anwesender Stoff infolge chemischer Ähnlichkeit mit dem Substrat ebenfalls mit dem Enzymmolekül in Verbindung tritt. Es kommt zwischen dem Substrat und dem Stoff zur Konkurrenz um die Bindung am aktiven Zentrum des Enzyms. Da dadurch die Umsatzrate des Substrats durch das Enzym abgesenkt wird, bezeichnet man solche Stoffe als **Enzyminhibitoren** und den konkreten Inhibitionsmechanismus als konkurrierende oder **kompetitive Hemmung**. So hemmt beispielsweise Malonsäure HOOC-CH_2-COOH aufgrund ihrer Ähnlichkeit mit der Bernsteinsäure HOOC-CH_2-CH_2-COOH die Wirkung der Bernsteinsäure-

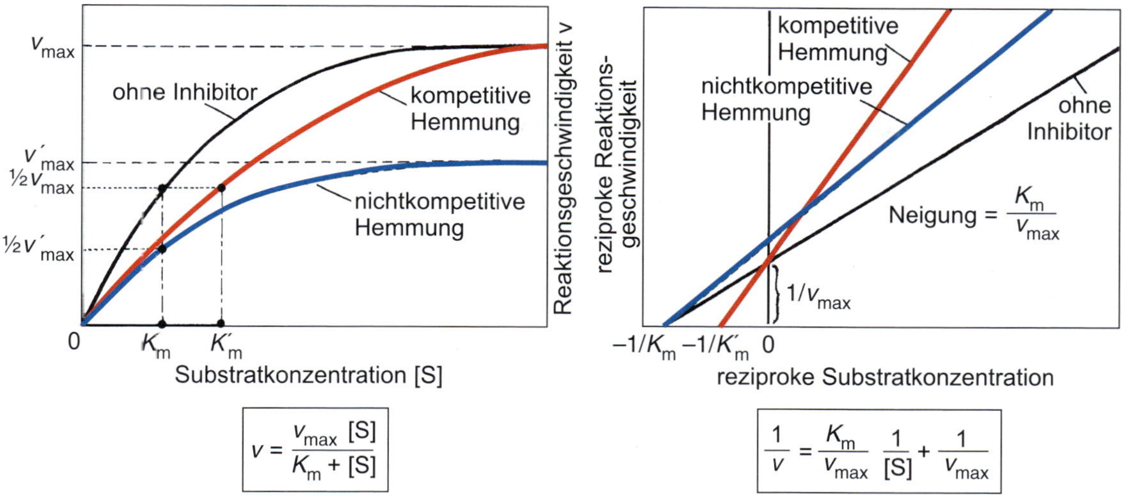

Abb. 2.25 Michaelis-Menten-Diagramm der Enzymkinetik (links) und Lineweaver-Burk-Transformation (rechts). Die normale Sättigungskinetik eines Enzyms (ohne Inhibitor) folgt einer hyperbolischen Funktion und nähert sich bei hohen Substratkonzentrationen einer maximalen Umsatzgeschwindigkeit (v_{max}) an. In Anwesenheit eines kompetitiven Inhibitors, der das Substrat vom aktiven Zentrum des Enzyms fernhält, flacht sich der hyperbolische Kurvenverlauf ab (K_m nimmt zu), v_{max} wird aber bei sehr hohen Substratkonzentrationen erreicht. Im Gegensatz dazu führt die Anwesenheit eines nichtkompetitiven Inhibitors im Reaktionsgemisch zu einer Absenkung von v_{max} bei einem unveränderten K_m-Wert. Entsprechende Veränderungen durch die Inhibitoren lassen sich in Form von Änderungen der Geradensteigung bzw. des y-Achsenabschnitts aus der Lineweaver-Burk-Darstellung ableiten.

(Succinat-)Dehydrogenase, indem sie das aktive Zentrum dieses Enzyms besetzt, ohne anschließend verarbeitet zu werden. Die Komplexbildung zwischen Malonsäure und Bernsteinsäure-Dehydrogenase unterliegt ebenso wie die zwischen Bernsteinsäure und dem Enzym dem Massenwirkungsgesetz. Deshalb kann grundsätzlich die auf kompetitiver Grundlage beruhende Hemmung durch einen Überschuss an Substrat ausgeglichen werden (Abb. 2.25, links). Das heißt, v_{max} ist ohne und mit Inhibitor gleich groß. Anders ist es bei der nichtkompetitiven Hemmung. Hier ist v_{max} bei Anwesenheit des Hemmstoffs stets kleiner als im Normalfall (Abb. 2.25). Der Inhibitor konkurriert nicht mit dem Substrat um das Enzym, sondern blockiert die Enzymreaktion von einer Stelle des Enzymmoleküls aus, die nicht der Substratbindung dient (**allosterische Hemmung**[124]). Im Lineweaver-Burk-Diagramm wird im Fall einer kompetitiven Hemmung die Neigung der Geraden bei unverändertem Ordinatenabschnitt $1/v_{max}$ und bei einer nichtkompetitiven Hemmung bei unverändertem Abszissenabschnitt $-1/K_m$ steiler (Abb. 2.25, rechts).

2.2.4 Katalytische Aktivität und ihre Regulation

Die enzymatische Aktivität wird oft in Enzymeinheiten (*international units*, IU) ausgedrückt. Durch sie wird diejenige Enzymmenge definiert, die unter optimalen Bedingungen (pH-Wert, Temperatur, Substratüberschuss usw.) einen bestimmten Stoffumsatz – in der Regel 1 µmol Substrat pro Minute – leistet.

Tab. 2.5 Wechselzahlen einiger ausgewählter Enzyme.

Enzym	Wechselzahl (Reaktionen pro s und Enzymmolekül)
Carboanhydrase	600 000
Katalase	93 000
Amylase	18 000
Lactat-Dehydrogenase	1000
Galactosidase	200
Chymotrypsin	100
Succinat-Dehydrogenase	20

Bei solchen Enzymen, die bereits in reiner Form dargestellt werden konnten und deren relative Molekülmasse bekannt ist, kann die exaktere Enzymaktivitätseinheit festgelegt werden. Als molekulare Aktivität oder **Wechselzahl** wird die Anzahl von Substratmolekülen bezeichnet, die in einer Sekunde von einem Enzymmolekül umgesetzt werden kann (sie entspricht im einfachsten Fall k_{+2}). Sehr hohe Wechselzahlen zeigen die beim CO_2-Transport im Blut so wichtige Carboanhydrase und die zur Beendigung der Erregungsübertragung an cholinergen Synapsen wichtige Acetylcholinesterase. Relativ niedrige Wechselzahlen weisen die Verdauungsenzyme auf, wie die Galactosidase oder das Chymotrypsin (Tab. 2.5).

Wie alle chemischen Reaktionen, zeigen auch die enzymkatalysierten Reaktionen eine starke Temperatur- (RGT-Regel) und pH-Abhängigkeit. Da die Enzyme Eiweißkörper sind,

[124] *allos* (griech.) = anders, fremd; *steros* (griech.) = Ort

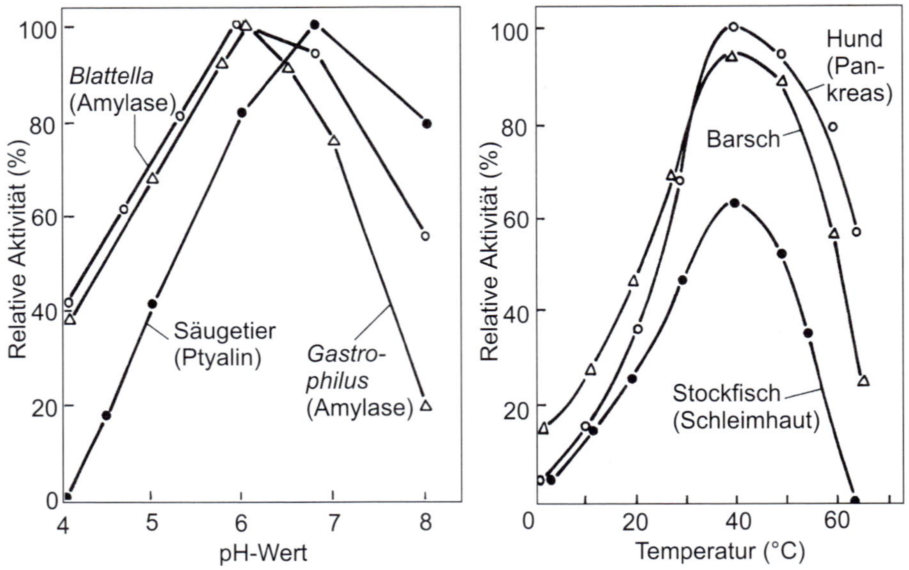

Abb. 2.26 pH-Optima von Amylasen (links) und Temperaturoptima von Trypsinen verschiedener Tierarten (rechts). (Rechts: nach Koschtojanz CS, Kortjuleff PA (1934) Trypsin der Kalt- und Warmblüter, sein Temperaturoptimum und seine Wärmeexistenz. Fermentforschung NS VII 14, 202–214.)

sind sie thermolabil, das heißt, bei einer Temperaturerhöhung über 40 oder 50 °C hinaus tritt in der Regel bereits eine irreversible Schädigung des Enzyms durch Denaturierung ein. Damit steigt die Enzymaktivität nicht mehr, sondern fällt sehr schnell bis auf null ab (Abb. 2.26). Man bezeichnet die Temperatur, bei der das Enzym seine maximale Aktivität hat, als **Temperaturoptimum**. Ein ähnliches Optimum existiert auch hinsichtlich des pH-Wertes. Jedes Enzym besitzt ein – oft in seiner Lage auch vom Substrat abhängiges – mehr oder weniger deutliches **pH-Optimum** (Abb. 2.26).

In der Zelle laufen Hunderte von chemischen Reaktionen gleichzeitig ab. Die überwiegende Mehrzahl von ihnen wird durch Enzyme katalysiert. Die Zelle muss über Möglichkeiten verfügen, die verschiedenen biochemischen Reaktionen und Stoffwechselwege aufeinander abzustimmen und ihren Stoffwechsel in bestimmten Grenzen den jeweiligen Bedürfnissen anzupassen. Ordnung und Ökonomie des Stoffwechsels sind eine notwendige Bedingung für die Existenz lebendiger Systeme. Störungen – wie bei Diabetes mellitus – können letale Folgen haben.

Die Regulation des Stoffwechsels ist in erster Linie eine Regulation Enzymaktivität. Jedes Enzym besitzt gewisse Fähigkeiten zur Autoregulation. Bei einfachen Enzymen und konstanter Enzymkonzentration hängt die Enzymaktivität (Reaktionsgeschwindigkeit v) von der Substratkonzentration ab. Das bedeutet, dass mit Erhöhung des Substratangebots automatisch auch die Umsatzrate ansteigt. Das ist natürlich nur unterhalb der Enzymsättigung der Fall, insbesondere bei Substratkonzentrationen, bei denen die Michaelis-Menten-Kurve noch besonders steil verläuft (Abb. 2.25). Deshalb liegen auch für die Mehrzahl der Enzyme die intrazellulären Substratkonzentrationen unterhalb des K_m-Wertes (zwischen 0,05 und 1 K_m).

Noch wesentlich empfindlicher als die einfachen Enzyme mit hyperbolischen Aktivitätskurven reagieren oligomere Enzyme mit sigmoiden Aktivitätskurven (Abb. 2.27) auf Änderungen der Substratkonzentration, insbesondere in den mittleren, sehr steil verlaufenden Kurvenabschnitten. Während bei einem Enzym mit hyperbolischer Aktivitätskurve für eine Aktivitätssteigerung von 10 % auf 90 % der Maximalaktivität die Substratkonzentration um den Faktor 81 erhöht werden muss, genügt bei Enzymen mit sigmoider Aktivitätskurve (für h = 4) bereits eine Erhöhung der Substratkonzentration um den Faktor 3 (Tab. 2.6).

Das Verhalten der Enzyme mit einer sigmoiden Aktivitätskurve beruht auf der positiven Kooperativität zwischen den Untereinheiten. Das bedeutet, dass nur multimere Proteinkomplexe, in denen jede Untereinheit eine Substratbindungsstelle aufweist, ein solches Verhalten zeigen können. Mit der Bindung eines Substratmoleküls an eine der Enzymuntereinheiten ist eine Konformationsänderung verbunden, die sich auf die Affinität der noch nicht mit Substrat belegten Untereinheiten auswirkt. Im Fall der positiven Kooperativität steigt die Affinität der noch freien Untereinheiten an. Dieses Verhalten erklärt, warum die Aktivitätskurve des Enzyms ab einer kritischen Schwellenkonzentration bei weiterer Steigerung der Substratkonzentration steil ansteigt. Statt der Michaelis-Menten-Gleichung benutzt man für die Beschreibung dieses Verhaltens die Hill-Gleichung (Tab. 2.6), wobei h der Hill- oder Kooperativitätskoeffizient ist. Er ist meist nicht ganzzahlig und gibt das Ausmaß der Abweichung vom hyperbolischen Verlauf der Michaelis-Menten-Kurve an. Er ist immer kleiner als die Anzahl der Untereinheiten des Enzyms, da die Hill-Gleichung, auf der er beruht, nur eine vereinfachende Näherung des Bindungsvorgangs darstellt.

Die Geschwindigkeit der Umsetzung in einer Reaktionskette wird durch denjenigen Teilschritt bestimmt, der am langsamsten abläuft, den **Schrittmacher**. Die Schrittmacher sind die empfindlichsten Stellen im Stoffwechsel, an denen oft aktivierende bzw. hemmende Einflüsse angreifen. Bei der **Glykolyse** hat die Phosphorylierung des Fructose-6-phosphats zu Fructose-1,6-biphosphat durch die **Phosphofructokinase** eine solche Schrittmacherfunktion (Abb. 2.28). Die Aktivität die-

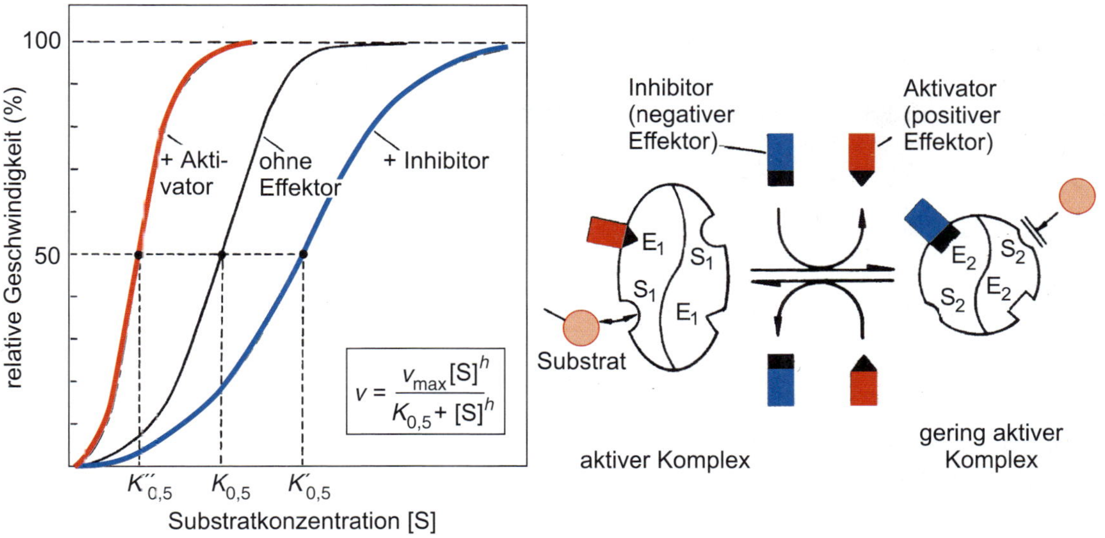

Abb. 2.27 Sigmoide Aktivitätskurven eines multimeren Enzyms in Gegenwart oder Abwesenheit allosterischer* Modulatoren. Die Untereinheiten des Enzyms verhalten sich positiv kooperativ. Ein allosterischer Modulator bindet das Enzym an einer Proteindomäne, die nicht das aktive Zentrum ist. Die Bindung hat aber Auswirkungen auf die mittlere Affinität ($K_{0,5}$) des Enzyms und verändert damit die Umsatzrate. Der Aktivator erhöht die Enzymaktivität ($K''_{0,5} < K_{0,5}$), der Inhibitor erniedrigt sie ($K'_{0,5} > K_{0,5}$). Die Erklärung für dieses Phänomen liegt darin, dass jede einzelne der in diesem Fall zwei Enzymuntereinheiten eine Substratbindungsstelle (S) und eine Bindungsstelle für den allosterischen Modulator bzw. Effektor (E) besitzt. Durch Bindung des Effektors ändert sich die Konformation des gesamten Enzyms und damit die Affinität der Substratbindungsstelle (S) aller Untereinheiten zum Substrat, weil sich bei kooperativen Enzymuntereinheiten der Effekt der Bindung eines allosterischen Modulators auf die Konformationen und damit die Substrataffinitäten der anderen Untereinheiten auswirken (**Kooperativität**). Das Ausmaß dieses Effekts wird durch den Hill*-Koeffizienten (h) angegeben. Ein stark positiver Hill-Koeffizient zeigt einen starken positiven kooperativen Effekt an, der die Affinität der anderen Untereinheiten des Enzyms steigert, ein stark negativer Hill-Koeffizient zeigt einen starken negativen kooperativen Effekt an, der die Affinität der anderen Untereinheiten des Enzyms herabsetzt.

Tab. 2.6 Gegenüberstellung von einfachen Enzymen. $[S]_{10\%}$ bzw. $[S]_{90\%}$ sind die Substratkonzentrationen, bei denen die Enzyme zu 10 % bzw. zu 90 % mit Substrat gesättigt sind.

einfache Enzyme mit hyperbolischer Aktivitätskurve	multimere, allosterisch regulierte Enzyme mit sigmoider Aktivitätskurve
$v = \frac{v_{max}[S]}{K_m + [S]}$ (Michaelis-Menten)	$v = v_{max}\frac{[S]^h}{K_{0,5} + [S]^h}$ (Hill-Gleichung)
für $z = \frac{v}{v_{max}}$ gilt: $[S] = zK_m(1-z)$	$[S] = \{zK_{0,5}(1-z)\}^{\frac{1}{h}}$
$[S]_{90\%} : [S]_{10\%} = (0{,}9/0{,}1) : (0{,}1/0{,}9) = 81$	$[S]_{90\%} : [S]_{10\%} = 81^{\frac{1}{h}}$ (für h = 4 ergibt sich 3)

ses Enzyms unterliegt – wenn auch bei den verschiedenen Zelltypen in unterschiedlichem Maß – starken Einflüssen durch andere Stoffe. Während ADP, AMP, Fructose-6-phosphat und Fructose-1,6-bisphosphat allosterisch aktivierend wirken, übt das ATP von einer bestimmten Konzentration an allosterisch einen hemmenden Einfluss aus. Das bedeutet, dass der Glucoseumsatz gehemmt wird, solange die ATP-Konzentration in der Zelle hoch ist. Wird durch vermehrte Arbeitsleistung ATP verbraucht oder durch Umschaltung des Stoffwechsels von Aerobiose auf Anaerobiose zu wenig ATP für die Arbeitsleistungen nachgeliefert, so wird »automatisch« die ATP-produzierende Glucoseabbaukette angekurbelt, die Glykolyserate steigt rapide an. Nimmt die ATP-Konzentration wieder zu, so wird die Phosphofructokinase wieder gehemmt. Dann sammeln sich Fructose-6-phosphat und Glucose-6-phosphat im Stoffwechsel an. Letzteres hemmt als kompetitiver Inhibitor die Hexokinase, wodurch die Glykolyse bereits an ihrem Start gedrosselt wird. Citrat ist ein wirksamer allosterischer Inhibitor der Phosphofructokinase. Dieses Produkt des Citratzyklus reguliert wahrscheinlich den Substratfluss von Glucose-6-phosphat über das Pyruvat in den Citratzyklus hinein.

Während bei der isosterischen (kompetitiven) und bei der allosterischen Regulation das Enzym selbst chemisch nicht verändert wird, werden einige Schlüsselenzyme des Stoffwech-

* *allos* (griech.) = anders, fremd; *stereos* (griech.) = Ort

2

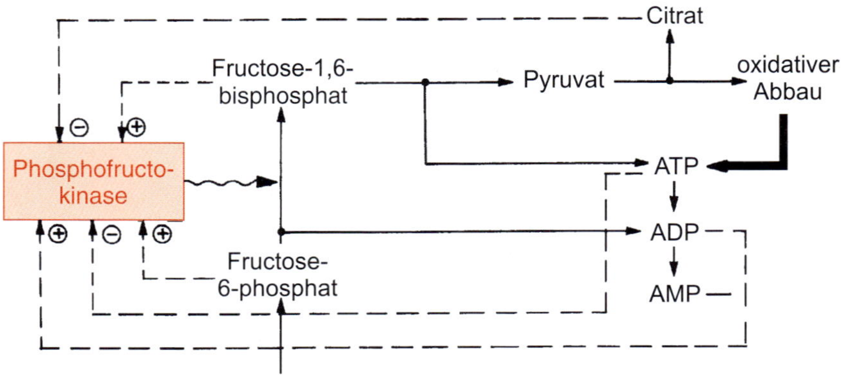

Abb. 2.28 Allosterische Regulation der Phosphofructokinase als Schrittmacher der Glykolyse. Pfeil: enzymatische Umwandlung; durchbrochener Pfeil: allosterische Beeinflussung; + in Kreis: Aktivierung; – in Kreis: Hemmung.

sels durch die reversible Anlagerung (kovalente Bindung) von Gruppen (Phosphorylierung, Adenylierung, Uridylierung) aktiviert bzw. inaktiviert (kovalente Modifikation[125] oder Interkonversion[126]). Sowohl die Anlagerung als auch die Abspaltung der jeweiligen Gruppe werden durch spezifische Enzyme herbeigeführt. Diese können wiederum unter dem Einfluss allosterischer Effektoren stehen, zum Beispiel von cAMP, das seinerseits der Kontrolle eines Hormons unterliegen kann. Eine weit verbreitete Interkonversion betrifft die Übertragung einer Phosphatgruppe auf die Hydroxylgruppe eines Serin-, Threonin- oder Tyrosinrestes im Enzym (**Proteinphosphorylierung**). Die Enzyme, die den Transfer des Phosphats vom ATP auf die Enzyme katalysieren, nennt man **Proteinkinasen**. Die Wiederabspaltung des Phosphats vom Enzym und damit die Wiederherstellung seines vormaligen Aktivitätszustands übernehmen die **Proteinphosphatasen**. Es gibt in tierischen Zellen sehr viele Proteinkinasen und viele Proteinphosphatasen. Einige sind hoch spezialisiert für ganz bestimmte Substrate, andere arbeiten relativ unspezifisch. Als Beispiel seien die glykogenaufbauende Glykogen-Synthase und die glykogenabbauende Glykogen-Phosphorylase genannt. Ein Ansteigen des Glucosespiegels im Plasma stimuliert eine Proteinphosphatase. Dieses Enzym dephosphoryliert sowohl die Glykogen-Synthase als auch die Glykogen-Phosphorylase. Während die Synthase dabei aktiviert wird, wird die Phosphorylase inaktiviert (Abb. 2.29). Das Resultat ist sehr sinnvoll: Das höhere Angebot an Glucose stimuliert den Aufbau von Glykogen und hemmt gleichzeitig dessen Abbau; so wird das nicht rationelle Nebeneinander von Synthese und Abbau verhindert. Durch eine Proteinkinase, die ihrerseits vom cAMP stimuliert werden kann, können diese Vorgänge rückgängig gemacht und wieder auf Abbau umgeschaltet werden. Das Hormon des Nebennierenmarks, das Adrenalin, wirkt über cAMP aktivierend auf die Proteinkinase, die ihrerseits die Glykogen-Phosphorylase durch Phosphorylierung aktiviert, wodurch der Abbau von Glykogen zu Glucose-1-phosphat in der Zelle angekurbelt wird.

Ein anderer Mechanismus der Enzymaktivierung oder -inaktivierung ist die proteolytische Prozessierung, die im Ge-

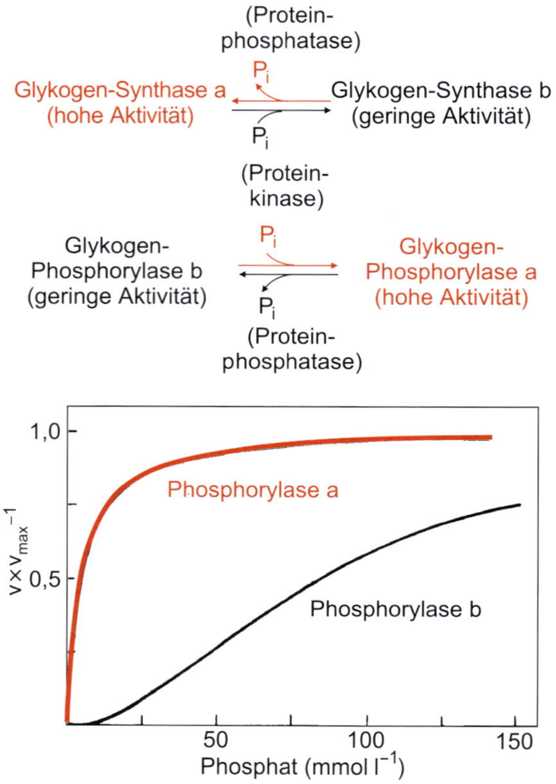

Abb. 2.29 Interkonversion (kovalente bzw. posttranslationale Modifikation) zur Regulation von Enzymaktivitäten. Die reversible Aktivierung der Glykogen-Phosphorylase durch Proteinphosphorylierung wird begleitet von einer Inaktivierung der Glykogen-Synthase durch Proteinphosphorylierung durch die gleiche Proteinkinase. Durch diese Enzymmodifikationen wird der Stoffwechsel in der Leberzelle eines Wirbeltiers auf die Umwandlung des Glykogens in Glucose-1-phosphat umgeschaltet, was ein Teilschritt für die Erhöhung des Blutzuckerspiegels ist. Bei Bedarf können diese Prozesse rückgängig gemacht werden, sodass die Vorzugsrichtung des Glucosestoffwechsels wieder die Glykogensynthese und -speicherung in der Leberzelle ist. Jeweils die aktivere Form des Enzyms wird mit »a« bezeichnet, die weniger aktive mit »b«.

gensatz zu Phosphorylierung, Adenylierung oder Uridylierung irreversibel ist. Wird ein Enzym zunächst in einer inaktiven Vorstufe gebildet und durch Abspaltung von einigen Aminosäuren oder eines Oligopeptids nachträglich in die aktive Form überführt, so spricht man von einer proteolytischen

[125] *modificare* (lat.) = verändern
[126] *inter* (lat.) = zwischen; *conversio* (lat.) = Umwandlung

Aktivierung. Eine solche limitierte Proteolyse findet man bei einer Reihe proteolytischer Verdauungsenzyme (Pepsin, Trypsin, Chymotrypsin u. a.), die aus ihren inaktiven Vorstufen, die man **Proenzyme** oder **Zymogene** nennt, erst im Magen-Darm-Kanal gebildet werden. Weitere Beispiele sind die Gerinnungsfaktoren des Blutplasmas, die bei Bedarf durch proteolytische Aktivierung in Form einer Kaskade die Aktivierung von Thrombin und die Blutplättchenaggregation anregen. Auch sehr viele Hormone (Insulin, Glukagon u. a.) und Neuropeptide (ACTH, MSH, Enkephalin, Endorphin u. a.) entstehen durch limitierte Proteolyse aus einer inaktiven Vorstufe (Prohormon). Aktive Enzyme oder Proteo- und Peptidhormone werden durch Proteolyse unwirksam gemacht (proteolytische Inaktivierung). Dieser universelle Mechanismus ist der wesentliche Grund für ihre begrenzte Existenz und Wirksamkeit.

2.3 Metabolismus

2.3.1 Allgemeines

Für alles Lebendige sind nach Alexander Oparin*, Manfred Eigen* und anderen Biologietheoretikern drei Eigenschaften charakteristisch, nämlich ein **Stoffwechsel** (**Metabolismus**[127]), die **Fähigkeit zur Selbstreproduktion** und eine **Mutabilität** (Veränderbarkeit der Erbinformation). Unter diesen drei Merkmalen nimmt der Metabolismus zweifellos eine besondere, zentrale Stellung ein. Versuchen wir nicht die Lebewesen, sondern den lebendigen Zustand dieser Entitäten, wie er zu jedem Zeitpunkt herrscht und aufrechterhalten wird, zu charakterisieren, unabhängig davon, ob das Lebewesen sich fortpflanzt oder nicht, unabhängig davon, ob Mutationen in seinem Genom auftreten oder nicht, so bleibt von diesen drei Eigenschaften nur der Metabolismus übrig. Fortpflanzung ist für die Bestandssicherung über die Generationen hinweg und Mutationen sind für die Evolution von grundlegender Bedeutung, beide stellen aber keine konstitutiven Merkmale des lebendigen Zustands dar.
Im Metabolismus muss man daher das unmittelbare und wesentliche Merkmal des lebendigen Zustands sehen. Eine Definition dieser sich im Metabolismus äußernden, in höchstem Maße organisierten Dynamik käme einer Definition des lebendigen Zustands selbst sehr nahe oder sogar gleich. Weder eine Kerzenflamme (▣ Abb. 2.30) noch eine Maschine haben einen Metabolismus, auch nicht solche zellfreien Systeme, in denen eine Replikation der DNA *in vitro* abläuft, falls die entsprechenden energiereichen Bausteine und Enzyme bereitgestellt werden. Alle diese Systeme sind zwar ebenfalls durch Stoffumwandlungsprozesse gekennzeichnet, verkörpern aber nur irreversible »Bergabflüsse«, einen durch ständigen Nachschub von »Brennmaterial« gewährleisteten kontinuierlichen Zerfall. Ihnen fehlt die Selbsterneuerung durch einen mit dem **Katabolismus**[128] verknüpften **Anabolismus**[129], durch den der Metabolismus der Lebewesen ausgezeichnet ist (▣ Abb. 2.31).

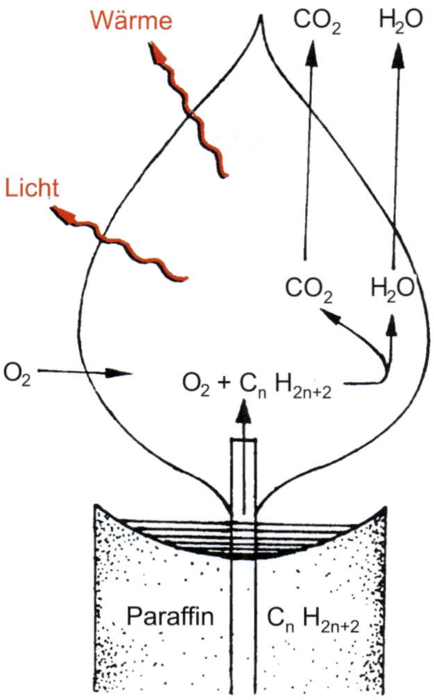

▣ **Abb. 2.30** Kerzenflamme. In einer Kerzenflamme finden zwar Stoff- und Energieumwandlungsprozesse statt, dennoch hat sie keinen Stoffwechsel (Metabolismus) im biologischen Sinn, da abbauende chemische Prozesse nicht reguliert mit aufbauenden chemischen Prozessen gekoppelt sind.

Der Metabolismus ist gleichermaßen und gleichzeitig Stoff- wie auch Energiewechsel. Da die anabolischen Prozesse stets endergonisch sind, das heißt freie Energie benötigen, können sie nur in Kopplung mit katabolischen, exergonischen Reaktionen ablaufen. Der Metabolismus hat zwei allgemeine Funktionen zu erfüllen: die Gewinnung von Energie und Reduktionsäquivalenten aus der Umgebung (**Energiestoffwechsel**) und die Synthese der jedes lebendige System aufbauenden Makromoleküle aus ihren Bausteinen (**Baustoffwechsel**). Im Lebewesen kann man zwischen Bau- und Betriebsstoffen nicht scharf trennen. Lebewesen sind Systeme, die aus ihren Betriebsstoffen nicht nur Energie schöpfen, sondern auch sich selbst aufbauen und erhalten. Die lebendigen Systeme befinden sich bei den Temperaturen ihrer Existenz in einem ständigen Zerfall und Wiederaufbau. Davon sind weder einzelne Substanzen noch ganze Strukturen ausgenommen.

Da die Selbsterhaltung unter quasiisothermen Bedingungen mit hinreichender Geschwindigkeit geschehen muss und außerdem die meisten Reaktionen sehr unwahrscheinlich sind, sind Katalysatoren (Biokatalysatoren bzw. Enzyme) für die Vermittlung der einzelnen Reaktionsschritte unumgänglich. Auch diese Stoffe (Proteine) findet der Organismus nicht in seiner Umgebung fertig vor, sondern muss sie selbst durch Synthese

[127] *metabole* (griech.) = Umwandlung

[128] *kata-* (griech.) = herab

[129] *ana-* (griech.) = hinauf

2

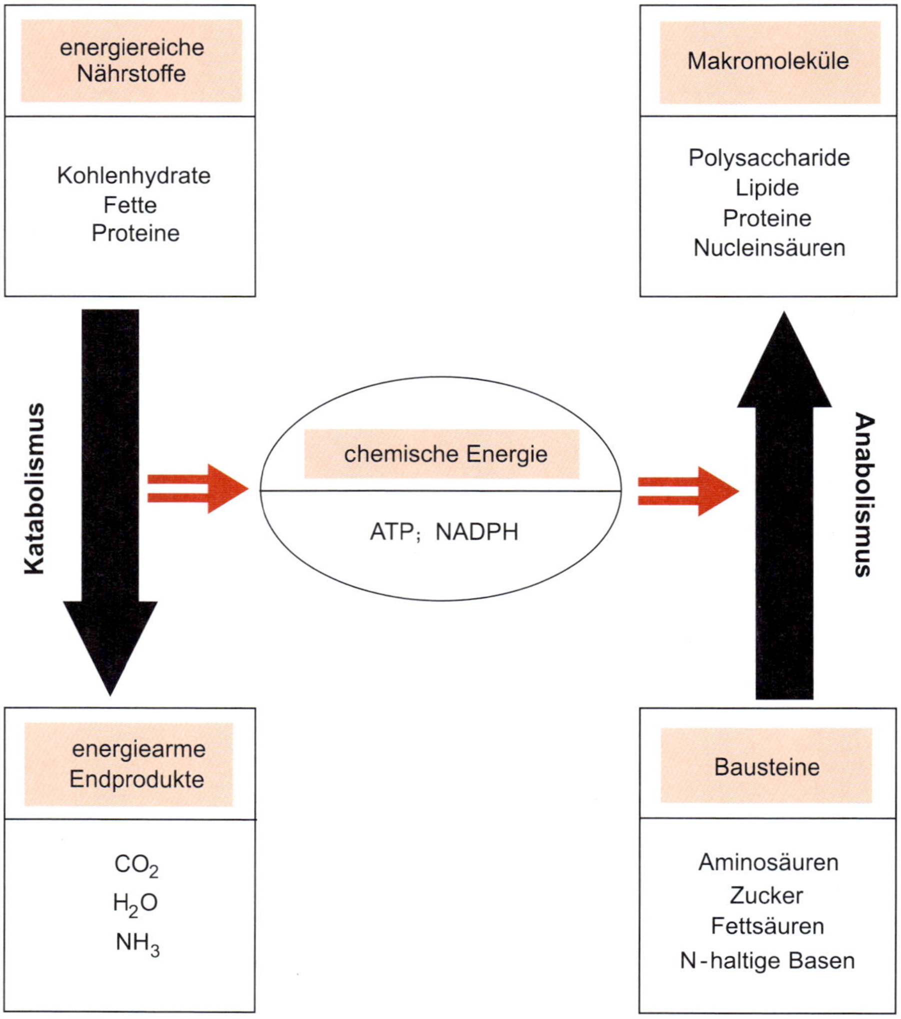

Abb. 2.31 Anabolismus und Katabolismus in Lebenwesen. In Lebewesen sind abbauende chemische Prozesse (katabolische Prozesse) stets eng und in hochgradig regulierter Weise mit aufbauenden chemischen Prozessen (anabolische Prozesse) gekoppelt. Erst durch diese Verknüpfung von Katabolismus und Anabolismus entsteht der Stoffwechsel (Metabolismus), wie er Lebewesen auszeichnet und ihre ununterbrochene Selbsterhaltung ermöglicht.

bereitstellen. Die Mehrzahl der Enzyme, vermutlich mehr als 90 %, sind Transferasen, katalysieren also die Übertragung von chemischen Gruppen oder Elektronen.

Der Metabolismus besteht aus einem komplexen Netzwerk (Abb. 2.32) miteinander verbundener und voneinander abhängiger, enzymkatalysierter chemischer Reaktionen. Dieses metabolische Netzwerk, dem die Zelle ihre Existenz und alle Leistungen verdankt, erweist sich gegenüber störenden Einflüssen als erstaunlich stabil. Die Zelle verfügt über ein Netzwerk leistungsfähiger Kontroll- und Steuermechanismen, über die sie den Stoffwechsel zu harmonisieren und stabilisieren, aber auch veränderten Bedingungen anzupassen vermag.

Bei der Stoffwechselregulation unterscheidet man zwischen Koordinations- und Integrationsprozessen. Die Koordination ist die Abstimmung der Reaktionsgeschwindigkeiten der Einzelreaktionen innerhalb eines Stoffwechselwegs (z.B. Glykolyse, Fettsäuresynthese usw.) zur Aufrechterhaltung des Fließgleichgewichts.

$$v_1 = v_2 = \ldots = v_n$$

Bei der Integration handelt es sich um die Abstimmung verschiedener Stoffwechselwege aufeinander, zum Beispiel der Geschwindigkeit des Energiestoffwechsels (Bereitstellung biologischer Energie) mit der des Leistungsstoffwechsels (Verbrauch biologischer Energie).

Während wir heute über die verschiedenen Stoffwechselwege bereits sehr gut unterrichtet sind, sind unsere Kenntnisse hinsichtlich der Mechanismen der Stoffwechselkontrolle noch recht lückenhaft. Wichtige Mechanismen laufen über die Steuerung der Enzymsynthese (Genexpression) oder des Enzymabbaus ab, andere über die Steuerung der Enzymaktivität. Es sind insbesondere die Enzyme, die die Umsatzraten bestimmen, die Schlüsselenzyme, die in ihrer Aktivität reguliert werden können. Auf diese Weise kann der Durchfluss von Metaboliten durch den bestreffenden Stoffwechselweg reguliert und den jeweiligen Bedürfnissen angepasst werden.

In eukaryotischen Zellen werden die Stoffwechselvorgänge außerdem durch die Schaffung von subzellulären **Kompartimenten** räumlich sortiert. Die verschiedenen Reaktionsräume (Cytoplasma, Mitochondrien, Zellkern, ER, Golgi-Apparat, Vakuolen, Lysosomen, Peroxisomen) sind ringsum von Membranen umschlossen und zeichnen sich durch spezifische enzymatische Ausstattungen aus. Über die Membranen findet ein geregelter Stoffaustausch mithilfe spezifischer

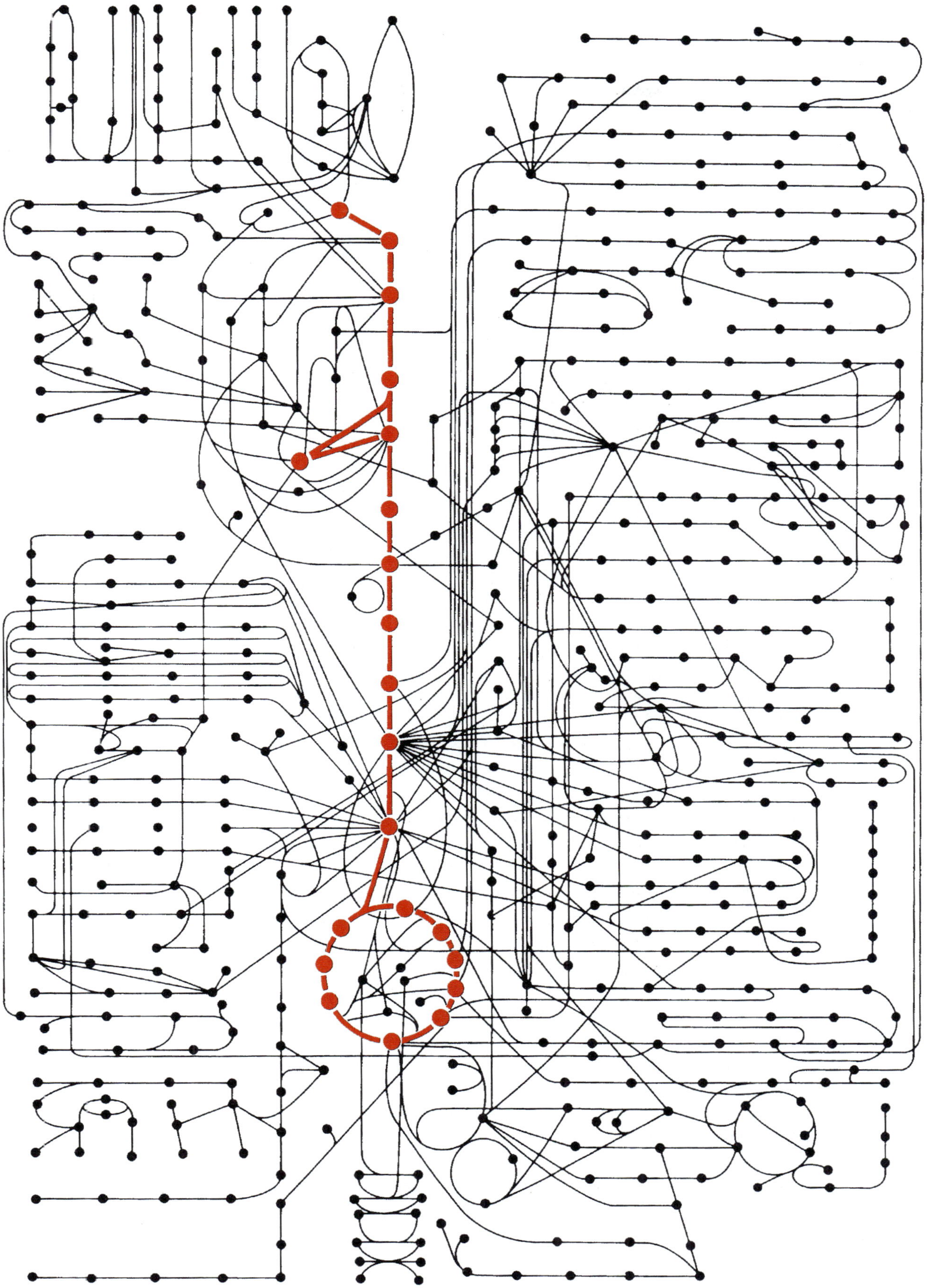

Abb. 2.32 Abstraktion der Stoffwechselprozesse einer Zelle. Der Glykolyse und der Citratzyklus sind hervorgehoben. (Aus Alberts B, Johnson A, Lewis J, Raff M, Roberts K, Walter P (2011) Molekularbiologie der Zelle. 5. Aufl. Wiley-VCH, Weinheim.)

Translokatoren statt, über die auch die Verfügbarkeit der Substrate und die Abgabe der Produkte gesteuert werden können. Bestimmte Reaktionen, die in demselben Kompartiment miteinander in Konkurrenz treten würden, können so in verschiedenen Kompartimenten gleichzeitig und ungestört voneinander ablaufen.

2.3.2 Energiegewinnung

Jeder Organismus ist auf die ständige Zufuhr freier Energie angewiesen, die er – unabhängig davon, ob er in völliger Ruhe verharrt oder nicht, ob er an Masse zunimmt oder nicht – bereits zur Aufrechterhaltung seines lebendigen Zustands fernab vom thermodynamischen Gleichgewicht benötigt. Diese **freie Energie** gewinnen die Organismen aus dem Abbau organischer Stoffe (Energieträger). Während sich Tiere und Pilze diese Energieträger aus ihrer Umgebung beschaffen müssen (heterotrophe Organismen), können sich die grünen Pflanzen diese Stoffe (Kohlenhydrate) mithilfe der Sonnenenergie mithilfe der Photosynthese selbst herstellen (autotrophe Organismen). Solche pflanzlichen Zellen, die kein Chlorophyll besitzen und deshalb auch keine Photosynthese durchführen können, wie zum Beispiel die meisten Epidermiszellen des Blattes, Wurzelgewebe und andere, sind auf die Belieferung mit Nahrungsstoffen durch die photosynthetisch aktiven Zellen angewiesen, verhalten sich also wie tierische Zellen, nämlich heterotroph. Während die Befähigung zur photosynthetischen **Assimilation**[130] auf bestimmte Zellen beschränkt bleibt, ist die **Dissimilation**[131] eine Eigenschaft aller Zellen.

Die in den Nährstoffen – es handelt sich in der Hauptsache um Kohlenhydrate, Fette und Proteine – potenziell enthaltene chemische Energie wird im Organismus vorwiegend durch oxidative Abbauvorgänge freigesetzt. Dabei werden Kohlenhydrate (z. B. Glucose) und Fettsäuren (z. B. Palmitinsäure) vollständig bis zu Kohlendioxid und Wasser abgebaut.

$$\text{Glucose: } C_6H_{12}O_6 + 6\,O_2 \rightarrow 6\,CO_2 + 6\,H_2O \qquad \Delta G^{0\prime} = -2874\ \text{kJ mol}^{-1}$$

$$\text{Palmitinsäure: } CH_3(CH_2)_{14}COOH + 23\,O_2 \rightarrow 16\,CO_2 + 16\,H_2O \qquad \Delta G^{0\prime} = -9805\ \text{kJ mol}^{-1}$$

Die N-haltigen Proteine bzw. deren Bausteine, die Aminosäuren, führen außerdem zu N-haltigen Endprodukten. Eine Oxidation entspricht stets einer Elektronenabgabe, eine Reduktion einer Elektronenaufnahme. Derjenige Stoff, der die Elektronen abgibt (Elektronendonator[132]), wird durch den Stoff, der die Elektronen aufnimmt (Elektronenakzeptor[133]), oxidiert, wobei Letzterer selbst reduziert wird. Die biologische Oxidation besteht in einer Dehydrogenierung (Entfernung von Wasserstoff).

[130] *assimilare* (lat.) = angleichen
[131] *dissimilis* (lat.) = unähnlich, verschieden
[132] *donare* (lat.) = geben, schenken
[133] *acceptare* (lat.) = empfangen, annehmen

Seit den bekannten Untersuchungen von Lavoisier* (1789) werden die im Organismus ablaufenden oxidativen Abbauprozesse immer wieder mit der Verbrennung verglichen. Wenn auch die Bruttoformeln in beiden Fällen gleich sind, so verlaufen beide Vorgänge doch grundsätzlich anders. Während die Verbrennung durch eine starke Wärmeentwicklung charakterisiert ist, wobei der in den Verbindungen enthaltene Kohlenstoff zu CO_2 und der Wasserstoff zu H_2O oxidiert werden, läuft die biologische Oxidation ohne eine solche starke Wärmeentwicklung ab. Das dabei resultierende Kohlendioxid entsteht im Verlauf des Prozesses ausschließlich durch Abspaltung aus organischen Säuren (Decarboxylierung) ohne nennenswerte Energiefreisetzung. Der wichtigste energieliefernde Prozess bei der biologischen Oxidation ist die Reaktion des durch Dehydrogenierung der Substrate gewonnenen Wasserstoffs mit dem Luftsauerstoff zu Wasser (Knallgasreaktion):

$$H_2 + \tfrac{1}{2}\,O_2 \rightarrow H_2O$$

Das geschieht aber nicht in einem Schritt, sondern über eine Reihe von Zwischenstufen, bei denen jeweils ein besonderer Katalysator mitwirkt. Die Elektronen der »Brennstoffe« und ihrer Abbauprodukten werden bestimmten Überträgermolekülen übergeben, die dabei selbst reduziert werden. Diese reduzierten Formen übertragen anschließend ihre Elektronen über eine Elektronentransportkette (Atmungskette) schließlich auf den Sauerstoff als letzten Elektronenakzeptor. Die Elektronentransportkette ist in der inneren Mitochondrienmembran fest verankert. Zu Beginn besitzen die Elektronen noch eine sehr hohe Energie, die beim Durchfluss durch die Kette schrittweise in kleinen Portionen freigegeben wird, sodass sie nicht als Ganzes als Wärme verpufft, sondern zu einem erheblichen Teil in die Synthese eines Speichermoleküls (ATP) investiert werden kann (▶ Abschn. 2.3.7). Das wichtigste Überträgermolekül ist das Nicotinamidadenindinucleotid (NAD^+) (Abb. 2.33). Sein Nicotinamidring nimmt bei der Oxidation des Substrats ein Wasserstoffion (H^+ bzw. Proton) und zwei Elektronen ($2\,e^-$) auf, während das andere Wasserstoffion des Substrats in der Lösung erscheint (die dadurch etwas saurer wird). Die reduzierte Form des NAD^+ schreibt man deshalb als $NADH + H^+$. Ein anderes wichtiges Überträgermolekül ist das Flavinadenindinucleotid (FAD). Seine reduzierte Form ist das $FADH_2$. Da solche Wasserstoffüberträgermoleküle gleichzeitig auch an der Übertragung von Elektronen beteiligt sind, werden sie auch als **Reduktionsäquivalente** bezeichnet.

Die **Energiegewinnung** durch den **oxidativen Abbau von Nährstoffen** in lebenden Zellen kann nach Hans Krebs* in drei Stufen unterteilt werden (Abb. 2.34).

1. Die energiereichen Makromoleküle werden im Prozess der **Verdauung** in ihre Bausteine (Proteine in Aminosäuren, Kohlenhydrate (Polysaccharide) in die Einfachzucker (Glucose, Fructose u. a.) und Fette in Fettsäuren und Glycerin zerlegt. Diese Prozesse bringen dem Organismus keine Energie.
2. Der weitere Abbau der monomeren Bausteine in der Zelle ist gekennzeichnet durch den Abbau des C-Gerüsts zu

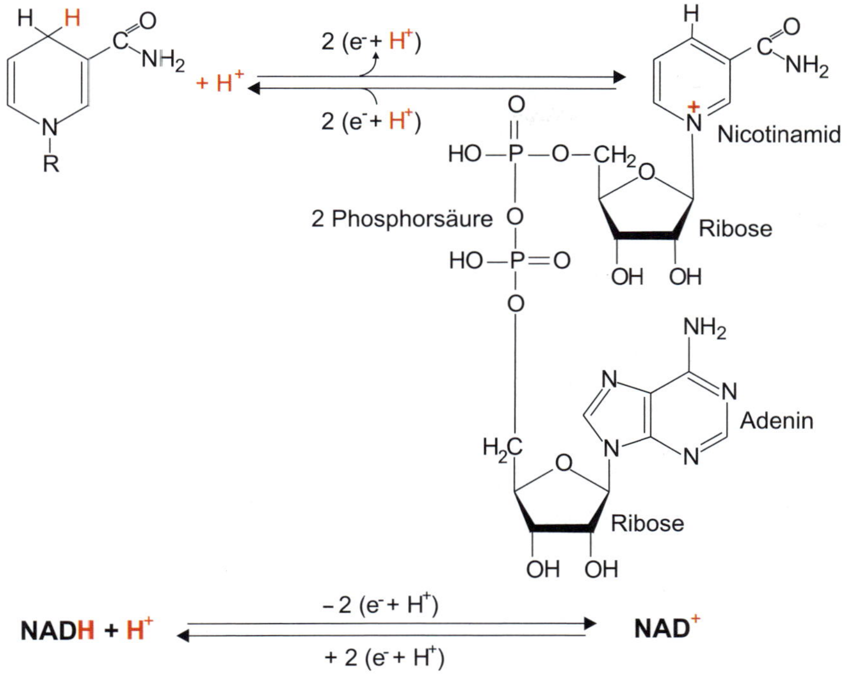

Abb. 2.33 Die reduzierte Form (NADH + H^+) und die oxidierte Form (NAD^+) des Nicotinamid-adenindinucleotids.

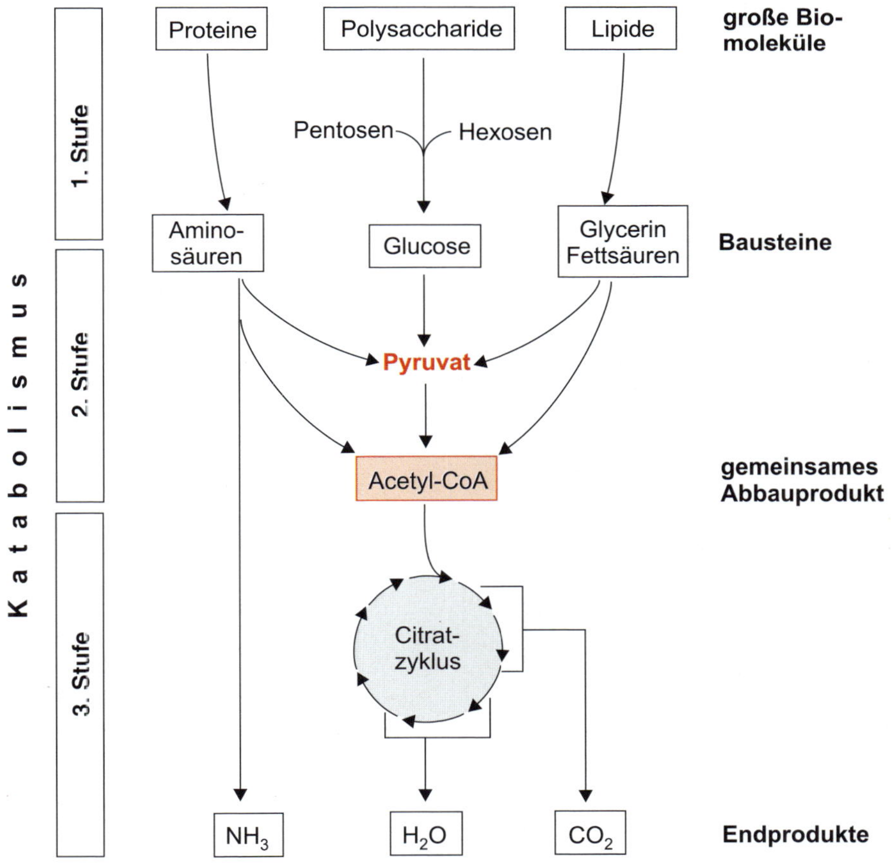

Abb. 2.34 Die drei Stufen des oxidativen Nährstoffabbaus in tierischen Zellen. Stufe 1: Die energiereichen Polymere werden im Prozess der Verdauung in ihre monomeren Bausteine (Aminosäuren, Glucose, Fettsäuren und Glycerin) zerlegt, die anschließend aus dem Verdauungssystem in den Organismus resorbiert werden. Stufe 2: Die Bausteine werden im Stoffwechsel bis auf eine einheitliche Kettenlänge mit zwei C-Atomen (Acetat) abgebaut und diese mit Coenzym A zum Acetyl-CoA vereinigt. Aus den Aminosäuren wird zuvor die Aminogruppe durch Desaminierung entfernt und als Ammoniak (NH_3) ausgeschieden. Stufe 3: Das Acetat wird unter Wiedergewinnung des Coenzyms A in den Citratzyklus eingeschleust und dort zu den Endprodukten CO_2 und H_2O abgebaut. (Aus Lehninger AL (1987) Prinzipien der Biochemie. de Gruyter, Berlin, verändert.)

Einheiten mit einer Kettenlänge von zwei C-Atomen. Das wichtigste Produkt ist das Acetat (CH_3COOH) bzw. die Acetylgruppe (CH_3CO-). Dieses Produkt entsteht innerhalb der **Mitochondrien** und wird kovalent an Coenzym A (CoA) gebunden. Es entsteht Acetyl-CoA, die »aktivierte Essigsäure«. Dieses Acetyl-CoA kann beim Abbau der Einfachzucker durch oxidative Decarboxylierung von Pyruvat, beim Fettsäureabbau durch die β-Oxidation sowie aus ketogenen Aminosäuren nach deren Desaminierung (Bildung von Ammoniak) gebildet werden. Der in dieser zweiten Phase vom Organismus gewonnene Energiebetrag ist noch relativ gering.

3. Die Kohlenstoffatome der Acetylgruppe des Acetyl-CoA werden im **Citratzyklus** vollständig zu CO_2 oxidiert. Dabei werden pro oxidierte Acetylgruppe drei Elektronenpaare auf NAD^+ und ein Elektronenpaar auf FAD übertragen. Diese Elektronencarrier übertragen anschließend ihre energiereichen Elektronen an die Enzyme der **Atmungskette** in der inneren Mitochondrienmembran und diese die, dann weniger energiereichen, Elektronen auf den eingeatmeten Sauerstoff (O_2), der somit als letzter Elektronenakzeptor fungiert. Durch den Elektronenfluss durch die Atmungskette baut sich ein Protonengradiente über der inneren Mitochondrienmembran auf, dessen Dissipation durch die Aktivität der ATP-Synthase (F_0F_1-ATPase) zur Synthese von Adenosintriphosphat (ATP) genutzt wird (oxidative Phosphorylierung). In diesem Abschnitt wird der größte Teil verwertbarer Energie gewonnen.

2.3.3 Energietransfer, Adenosintriphosphat

Der unter nahezu isothermen Bedingungen ablaufende Stoffwechsel der Organismen wäre nicht möglich ohne eine Energieüberträgersubstanz, die durch die katabolen Prozesse energetisch aufgeladen wird und diese Energie in geeigneten Portionsgrößen an Teilprozesse anaboler Reaktionen oder des Leistungsstoffwechsels weitergeben kann. Wie Fritz Lipmann* Mitte des 20. Jahrhunderts herausfand, hat das zuvor von Karl Lohmann* entdeckte **Adenosintriphosphat (ATP)** eine ganz zentrale Bedeutung als ein solcher Vermittler. Es fungiert als die universelle Energiewährung beim »Kauf und Verkauf« von Energie. Die beim vollständigen Abbau der Nährstoffe frei werdende Energie erscheint zum einen Teil in Form von Wärme, zum anderen Teil wird sie im ATP gespeichert und steht anschließend für biochemische Synthesen, aktive Transportvorgänge, Muskelkontraktionen oder andere energiebedürftige Vorgänge zur Verfügung. Die **biologische Energieumwandlung** erfolgt also in zwei Hauptschritten: der Synthese der Pyrophosphatbindungen (die durch Kondensation zweier Phosphatreste geknüpfte energiereiche Bindung) im ATP und der Verwertung der Energie der Pyrophosphatbindungen zur Arbeitsleistung.

ATP ist ein Nucleotid, das aus Adenin, Ribose und einer Triphosphateinheit besteht (◘ Abb. 2.35). Es ist für die Funktion des Energietransfers deshalb so gut geeignet, weil sein Phosphorylgruppenübertragungspotenzial sehr hoch ist. Sowohl bei der Hydrolyse von ATP zu Adenosindiphosphat (ADP) plus Orthophosphat (P_i) (**ATP-Hydrolyse**) als auch zu Adenosinmonophosphat (AMP) plus Pyrophosphat (PP_i) werden hohe Beträge an Energie freigesetzt:

$$ATP + H_2O \rightarrow ADP + P_i + H^+ \qquad \Delta G^{0\prime} = -30{,}5\ kJ\ mol^{-1}$$

$$ATP + H_2O \rightarrow AMP + PP_i + H^+ \qquad \Delta G^{0\prime} = -30{,}5\ kJ\ mol^{-1}$$

ATP wird als energiereiche Phosphatverbindung bezeichnet, die Phosphorsäureanhydridbindungen oft auch als energiereiche Bindungen. Von einer energiereichen Bindung spricht man dann, wenn bei deren hydrolytischer Spaltung unter physiologischen Bedingungen eine Energiemenge von mehr als 25 kJ mol^{-1} frei wird. Umgekehrt werden bei der rückläufigen Reaktion (**ATP-Synthese**) ca. +30,5 kJ mol^{-1} wieder im ATP gespeichert.

Die genannten ΔG-Werte gelten unter Standardbedingungen, das heißt bei Umsatz von 1 mol ATP bei einer Konzentration von 1 mol l^{-1} (pH 7 und 25 °C). Die tatsächlichen Werte hängen von der Ionenstärke des Mediums sowie von der Mg^{2+}- und Ca^{2+}-Konzentration des Mediums ab. Außerdem wird, genau betrachtet, bei der Reaktion auch ein Proton transferiert. Diese Reaktion ist ebenfalls mit einer Änderung der freien Energie verbunden:

$$ATP^{4-} + H_2O \leftrightarrows ATP^{3-} + HPO_4^{2-} + H^+$$

In vivo liegen die Konzentrationen der Reaktanden deutlich unterhalb von 1 mol l^{-1}. Allein deswegen ist die verfügbare

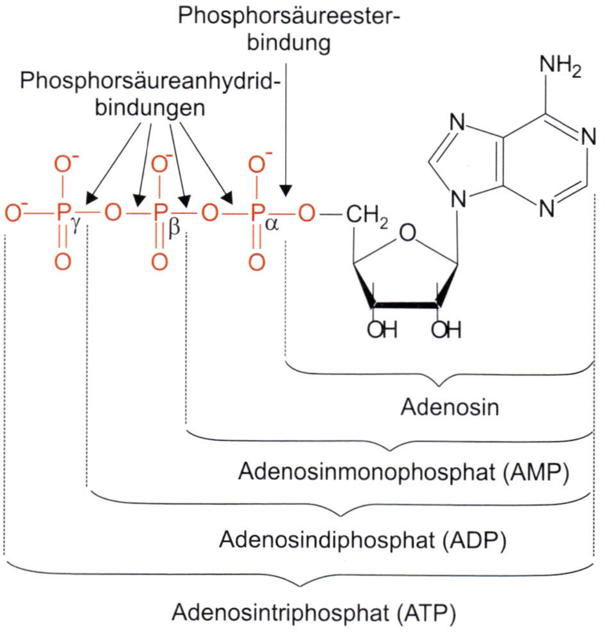

◘ **Abb. 2.35** Adenosintriphosphat. Das energiereiche Adenosintriphosphat (ATP) besteht aus Adenosin (= Adenin + Ribose) und der über eine Phosphorsäureesterbindung angeknüpften Kette aus drei Phosphorylgruppen (-PO_3^{2-}). Die Phosphorylgruppen sind untereinander durch Phosphorsäureanhydridbindungen verknüpft. (Aus Voet D, Voet JG, Pratt CW (2002) Lehrbuch der Biochemie. Wiley-VCH, Weinheim.)

freie Energie höher, vermutlich etwa –50 kJ mol^{-1}. Außerdem kann durch Anwesenheit von Mg^{2+}-Ionen (Komplexbildung) das Reaktionsgleichgewicht (*K*) verändert werden. Es ist durchaus denkbar, dass dieser Wert von Zelle zu Zelle und auch in derselben Zelle zu verschiedenen Zeiten unterschiedlich ist.

Der ATP-Vorrat in den Zellen ist nicht sehr groß – die cytosolische Konzentration beträgt etwa 1 mmol l^{-1}. Deshalb muss durch Energielieferung ständig dafür gesorgt werden, dass die verbrauchte ATP-Menge wieder aus ADP regeneriert wird. Der ATP-Durchsatz in der Zelle ist enorm hoch. Man rechnet damit, dass jedes gebildete ATP-Molekül in menschlichen Zellen bereits innerhalb einer Minute wieder in ADP zurückverwandelt wird und seine Energie weitergibt und dass jedes ATP-Molekül innerhalb eines Tages 2400-mal aufgebaut und wieder in ADP plus P_i gespalten wird. Ein ruhender Mensch setzt pro Stunde etwa 1,7 kg ATP um. Bei intensiver Arbeit kann der Wert wesentlich darüber liegen (bis 0,5 kg pro Minute!).

Das intrazelluläre Mengenverhältnis von ATP, ADP und AMP ist ein wesentlicher regulativer Faktor im Energiehaushalt der Zelle. Während wichtige biochemische Reaktionen im Rahmen der Bereitstellung biologischer Energie in Form von ATP (Energiestoffwechsel) durch ATP gehemmt und durch ADP und/oder AMP gefördert werden, ist es bei vielen Reaktionen des energieverbrauchenden Leistungsstoffwechsels gerade umgekehrt, nämlich Stimulation durch ATP und Hemmung durch ADP und/oder AMP. Als Maßzahl hat sich die von Daniel E. Atkinson eingeführte **Energieladung** (*energy charge*) *x* bewährt:

$$x = \frac{[\mathrm{ATP}] + \frac{1}{2}[\mathrm{ADP}]}{[\mathrm{ATP}] + [\mathrm{ADP}] + [\mathrm{AMP}]}$$

Die Energieladung einer Zelle kann Werte zwischen 1,0 (alle Adeninnucleotidmoleküle liegen als ATP vor) und 0 (kein ATP und ADP, nur AMP) annehmen ($0 < x < 1$). Ihr Normalwert liegt zwischen 0,8 und 0,95. Er wird über Selbstregulationsmechanismen relativ konstant gehalten. Steigt er an, so werden ATP-verzehrende Prozesse (Leistungsstoffwechsel) stimuliert und gleichzeitig energieliefernde (Energiestoffwechsel) gehemmt. Ein Abfall der Energieladung hat den entgegengesetzten Effekt (Abb. 2.36). Unter anderem auf diese Weise werden Energie- und Leistungsstoffwechsel aufeinander abgestimmt. Neben allosterischen Mechanismen an Schlüsselenzymen des Energie- und Leistungsstoffwechsels, die durch hohe bzw. niedrige ATP- bzw. ADP- und AMP-Konzentrationen direkt bewirkt werden, sind auch Proteinphosphorylierungen durch die AMP-Kinase für die Anpassung der Energiebereitstellung an den Bedarf verantwortlich. Wird die AMP-Kinase durch hohe AMP-Konzentrationen (niedrige Energieladung) aktiviert, so phosphoryliert sie metabolisch wichtige Enzyme des Energiestoffwechsels und erhöht dadurch deren Umsatzraten. Durch Einleitung genregulatorischer Prozesse werden gleichzeitig ATP-benötigende Prozesse abgeschaltet.

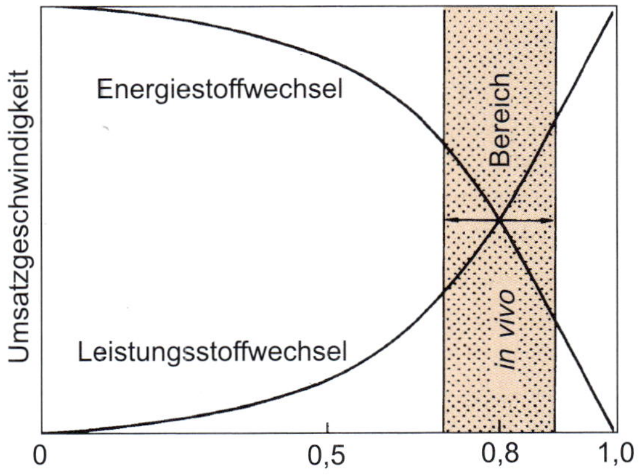

$$\text{Energieladung} = \frac{[\mathrm{ATP}] + 0{,}5\,[\mathrm{ADP}]}{[\mathrm{ATP}] + [\mathrm{ADP}] + [\mathrm{AMP}]}$$

Abb. 2.36 Abstimmung des Energie- und des Leistungsstoffwechsels über die Energieladung einer Zelle. Mechanistische Grundlage ist vermutlich die Regulation der AMP-Kinase, die durch eine Verminderung der Energieladung der Zelle (Anstieg der AMP-Konzentration) aktiviert wird. Die Phosphorylierung von Proteinen und genregulatorische Effekte, die durch die AMP-Kinase bewirkt werden, resultieren in der Absenkung der Stoffwechselrate im Leistungsstoffwechsel und eine Steigerung der Rate des Glucoseumsatzes im Energiestoffwechsel. Zusätzlich werden direkte allosterische Mechanismen veränderter Metabolitkonzentrationen auf die Umsatzraten im Energiestoffwechsel wirksam. So hemmen hohe Konzentrationen von ATP die Phosphofructokinase, ein Schlüsselenzym der Glykolyse. (Aus Jungermann K, Möhler H (1980) Biochemie. Springer, Berlin.)

2.3.4 Glykolyse

Die **Glykolyse**[134] (nach den maßgeblichen Entdeckern auch als **Embden-Meyerhof-Parnas-Abbauweg** bezeichnet) umfasst eine Folge von insgesamt neun Reaktionsschritten, wobei jeder Schritt durch ein besonderes Enzym katalysiert wird. In ihr wird Glucose bis zum Pyruvat (Salz der Brenztraubensäure) abgebaut und gleichzeitig etwas ATP gewonnen (Abb. 2.37).

Das Glucosemolekül wird zunächst durch eine Phosphorylierung, eine Isomerisierung und eine zweite Phosphorylierung in Fructose-1,6-bisphosphat überführt. Dabei werden zwei ATP-Moleküle hydrolysiert und ein Teil der dadurch gewonnenen Energie in die neuen Phosphorylierungen investiert. Anschließend wird Fructose-1,6-bisphosphat durch die Aldolase in zwei Triosephosphate (Dihydroxyacetonphosphat und Glycerinaldehyd-3-phosphat) gespalten. Beide Verbindungen sind leicht ineinander überführbar. Sie werden anschließend nochmals phosphoryliert (in Kopplung mit einer Oxidation: $NAD^+ \rightarrow NADH + H^+$), dann dephosphoryliert (geht einher mit ATP-Synthese), anschließend dehydratisiert und nochmals dephosphoryliert (geht einher mit ATP-Synthese). Aus einem Kohlenwasserstoff mit sechs C-Atomen werden so zwei Kohlenwasserstoffmoleküle mit je drei C-Atomen (Pyruvat) hergestellt. Insgesamt werden bei der Glykolyse eines Glucose-

[134] *glykys* (griech.) = süß; *lysis* (griech.) = Auflösung

moleküls daher vier ATP-Moleküle gewonnen, sodass – nach Abzug der zuvor investierten zwei ATP – ein Nettogewinn von zwei ATP-Molekülen resultiert. Es ergibt sich somit folgende Summenformel:

$$\text{Glucose} + 2\,P_i + 2\,\text{ADP} + 2\,\text{NAD}^+ \rightarrow$$
$$2\,\text{Pyruvat} + 2\,\text{ATP} + 2\,\text{NADH} + 2\,H^+ + 2\,H_2O$$

Pyruvat hat eine wichtige Schlüsselstellung im Glucosemetabolismus, da von hier aus je nach Tierart und Stoffwechsellage

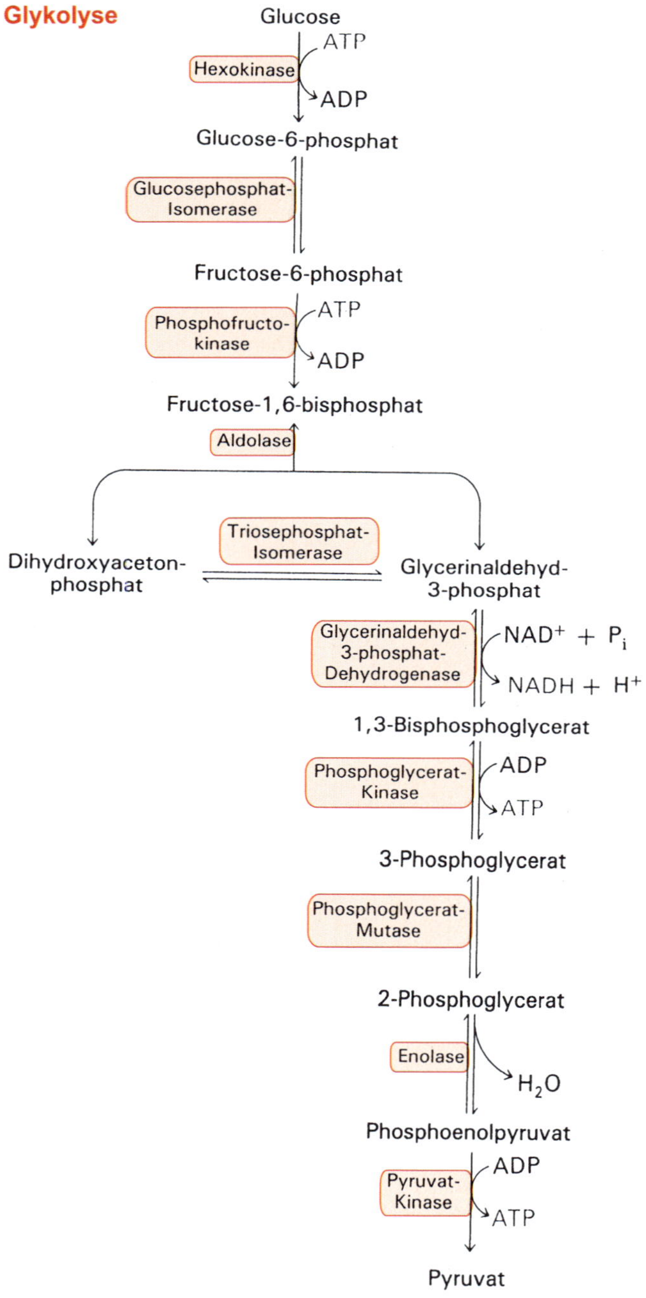

Abb. 2.37 Die Glykolyse. Der obligatorische Anfangsweg des Energiestoffwechsels in tierischen Zellen mit den auftretenden Metaboliten und den Bezeichnungen der Enzyme (rot unterlegt), die die einzelnen Teilschritte katalysieren. (Aus Berg JM, Tymoczko JL, Stryer L (2013) Stryer - Biochemie. 7. Aufl. Springer Spektrum, Heidelberg, verändert.)

verschiedene Anschlussreaktionen möglich sind. Unter aeroben Bedingungen wird in der Regel die oxidative Decarboxylierung des Pyruvats durch die Pyruvat-Dehydrogenase (EC 1.2.4.1), unter Freisetzung von Kohlendioxid, zum Acetyl-Coenzym A stattfinden. Acetyl-CoA überträgt einen C_2-Körper (Kohlenwasserstoff mit 2 C-Atomen: Essigsäure), der entweder in den Citratzyklus oder die Fettsäuresynthese eingeschleust wird. Bei weitgehender oder gar vollständiger Abwesenheit von Sauerstoff (Hypoxie bzw. Anoxie) wird der Energiestoffwechsel der Zellen umgeschaltet (**Anaerobiose**[135]). Unter diesen Bedingungen endet der Glucoseabbau bei einem C_3- oder, nach Decarboxylierung durch die Pyruvat-Decarboxylase (EC 4.1.1.1), bei einem C_2-Körper (alkoholische Gärung). Alternativ kann Pyruvat aber auch durch verschiedene Dehydrogenasen reduziert werden. Im Säugetiermuskel führt dies zur Bildung von Milchsäure bzw. Lactat (Lactat-Dehydrogenase, EC 1.1.1.27). Vorteil dieser Art der Weiterverarbeitung von Pyruvat ist, dass auch unter anaeroben Bedingungen die Redoxbalance der Zellen aufrechterhalten bleibt, weil im Zuge dieser Reaktionen das während der Glykolyse gebildete NADH + H^+ wieder zu NAD^+ oxidiert wird.

Die Durchsatzrate in der Glykolyse wird durch verschiedene Mechanismen dem Energiebedarf der Zelle angepasst. Die Hexokinase unterliegt einer strengen Produkthemmung, das heißt, sie wird durch einen Anstieg von Glucose-6-phosphat in ihrer Aktivität eingeschränkt, wenn der Abfluss von Metaboliten innerhalb der Glykolyse oder in den anschließenden Stoffwechselwegen stockt. Die Phosphofructokinase ist das geschwindigkeitsbestimmende Schlüsselenzym der Glykolyse. Unter hohen ATP-Konzentrationen bindet ein Molekül ATP an eine regulatorische Domäne des Enzyms und hemmt in allosterischer Weise dessen Aktivität. Gleichartige Wirkungen entfalten auch hohe Konzentrationen von NADH + H^+ und Citrat, beides Signale, die eine hohe Energieladung der Zellen anzeigen. Durch Energiemangelsignale (hohe Konzentrationen von AMP und ADP) wird das Enzym dagegen allosterisch aktiviert. Die Pyruvat-Kinase wird durch eine hohe Konzentration von Fructose-1,6-bisphosphat allosterisch aktiviert. Fructose-1-,6-bisphosphat ist das Produkt der Phosphofructokinasereaktion weit stromaufwärts in der Glykolyse, sodass durch diese Regulation eine Balance der intermediären Metabolite der Glykolyse sichergestellt wird. Durch eine hohe Energieladung der Zelle wird die Pyruvat-Kinase dagegen allosterisch inhibiert, was den Stoffdurchsatz in der Glykolyse dem Energiebedarf der Zelle anpasst. Isoformen der Pyruvat-Kinase in Säugetierzellen können auch durch Proteinphosphorylierung reguliert werden. Dies ist zum Beispiel in der Leber der Fall, wenn der Glucosespiegel im Blut so niedrig liegt, dass das Hormon Glukagon aus den endokrinen Zellen des Pankreas ausgeschüttet wird. Glukagon bewirkt dann die Phosphorylierung der Pyruvat-Kinase, was zur Inhibition des Enzyms führt. In den Leberzellen steigt dadurch die Konzentration von Phosphoenolpyruvat, das für die Gluconeogenese benötigt wird.

[135] *an* (griech.) = ohne, nicht; *aer* (griech.) = Luft

2.3.5 Citratzyklus

Im aeroben Stoffwechsel wird das Produkt der Glykolyse, das Pyruvat, durch einen **Multienzymkomplex** (Pyruvat-Dehydrogenase-Komplex) für die Einschleusung in den **Citratzyklus** vorbereitet. Dazu wird es unter Bildung von Acetyl-CoA zunächst oxidativ decarboxyliert:

Pyruvat + CoA + NAD^+ → Acetyl-CoA + CO_2 + NADH + H^+

Das **Coenzym A** (CoA) (◘ Abb. 2.38) ist ein wichtiges gruppenübertragendes Agens in Zellen, das ganz allgemein Acylreste von einem Molekül auf ein anderes überträgt. Meist handelt es sich bei den Acylresten um Acetylreste, die reversibel an die reaktive Sulfhydrylgruppe (-SH) angelagert werden. CoA ist für die Einschleusung von C_2-Körpern in den Citratzyklus essenziell, weil nicht nur die Produkte aus dem Kohlenhydratabbau, sondern auch aus dem Protein- und Fettsäureabbau nur über die Anbindung an CoA in den Citratzyklus eingeschleust werden können. Es ist aber auch in anderen Wegen wichtig, zum Beispiel für die Fettsäuresynthese, aber auch für den Fettsäureabbau in der mitochondrialen β-Oxidation.

Im Citratzyklus (auch **Tricarbonsäurezyklus** genannt; ◘ Abb. 2.39), der zu Ehren seines Entdeckers heute auch als Krebs-Zyklus bezeichnet wird, werden die aus der Glucose stammenden und über das Acetyl-CoA in den Zyklus eingeschleusten Kohlenwasserstoffe vollständig oxidiert und der Kohlenstoff in Form von Kohlendioxid freigesetzt (Reaktionen ③ und ④). Damit ist das C_6-Gerüst der Glucose vollständig abgebaut. Die dabei aus den Acetylresten herausgelösten Wasserstoffe werden schrittweise (Reaktionen ③, ④, ⑥ und ⑧) auf oxidierte Cofaktoren (NAD^+ bzw. FAD) übertragen und diese reduziert (NADH + H^+ bzw. $FADH_2$). Außerdem entsteht eine energiereiche Phosphatbindung in Form von Guanosintriphosphat (GTP) aus Guanosindiphosphat (GDP) und anorganischem Phosphat (P_i). Dieses Nucleosidtriphosphat ist mit allen anderen Nucleosidtriphosphaten – darunter auch ATP – energetisch äquivalent. Sie können ihre Phosphatgruppe leicht untereinander austauschen (ADP + GTP → ATP + GDP). In den vier Oxidations-Reduktions-Reaktionen des Zyklus werden drei Elektronenpaare auf NAD^+ und ein Paar auf FAD übertragen, sodass sich folgende Nettoreaktion für den Citratzyklus ergibt:

Acetyl-CoA + 3 NAD^+ + FAD + GDP + P_i + 3 H_2O →
CoA + 2 CO_2 + 3 NADH + 3 H^+ + $FADH_2$ + GTP

Wie oben bereits erwähnt, liegen im Citratzyklus auch die Schnittstellen zwischen Kohlenhydrat-, Fett- und Proteinstoffwechsel. Er ist das große Sammelbecken von Zwischenprodukten aus allen drei Stoffwechselsystemen, die nicht nur der Energiegewinnung beim weiteren Abbau dienen, sondern auch als Bausteine für Biosynthesen bereitgestellt werden, das heißt als Ausgangsstoffe für die Synthesen von Aminosäuren, Fettsäuren, Häm usw.

Der Citratzyklus läuft in den Mitochondrien ab. Bis auf die in der inneren Mitochondrienmembran liegende Succinat-Deydrogenase (sie katalysiert die Reaktion ⑥) sind alle beteiligten Enzyme lösliche Proteine der mitochondrialen Matrix. Wie der Name schon zum Ausdruck bringt, schließt sich die Reaktionskette zu einem Kreis, weil die Acetylgruppe nicht direkt oxidiert wird, sondern erst nachdem sie kovalent an Oxalacetat gebunden worden ist, das am Ende des Zyklus wieder freigesetzt wird, um erneut in den Zyklus einzutreten.

Das gebildete Kohlendioxid diffundiert aus den Mitochondrien ins Cytosol und verlässt schließlich die Zelle. Die reduzierten Cofaktoren werden anschließend in der Atmungskette unter Bildung von insgesamt elf ATP wieder oxidiert. Das ist für die Regeneration von NAD^+ und FAD in der Zelle sehr wichtig. Deshalb kann der Citratzyklus – im Gegensatz zur Glykolyse – nur unter aeroben Bedingungen ablaufen. Die Umlaufgeschwindigkeit im Zyklus wird vom ATP-Bedarf bestimmt. Ein steigender ATP-Spiegel hemmt als allosterischer Inhibitor die für das Einschleusen von C_2-Fragmenten in den Zyklus verantwortliche Citrat-Synthase, sodass weniger Citrat entsteht. Eine hohe Energieladung der Zelle hemmt nicht nur die Citrat-Synthase, sondern noch ein weiteres wichtiges Enzym des Zyklus, nämlich die Isocitrat-Dehydrogenase, die die oxidative Decarboxylierung des Isocitrats zum α-Ketoglutarat (2-Oxoglutarat) katalysiert (Reaktion ③).

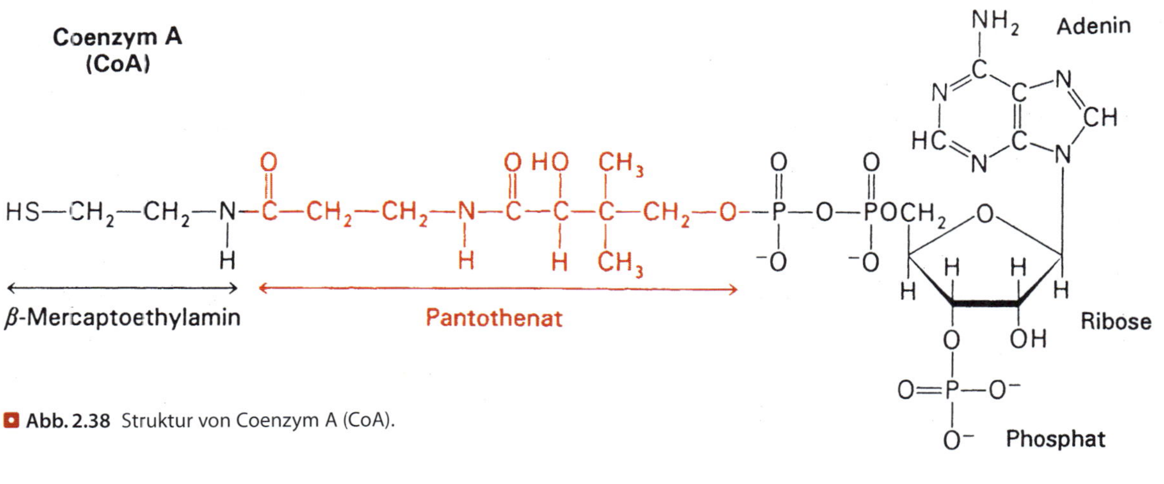

◘ **Abb. 2.38** Struktur von Coenzym A (CoA).

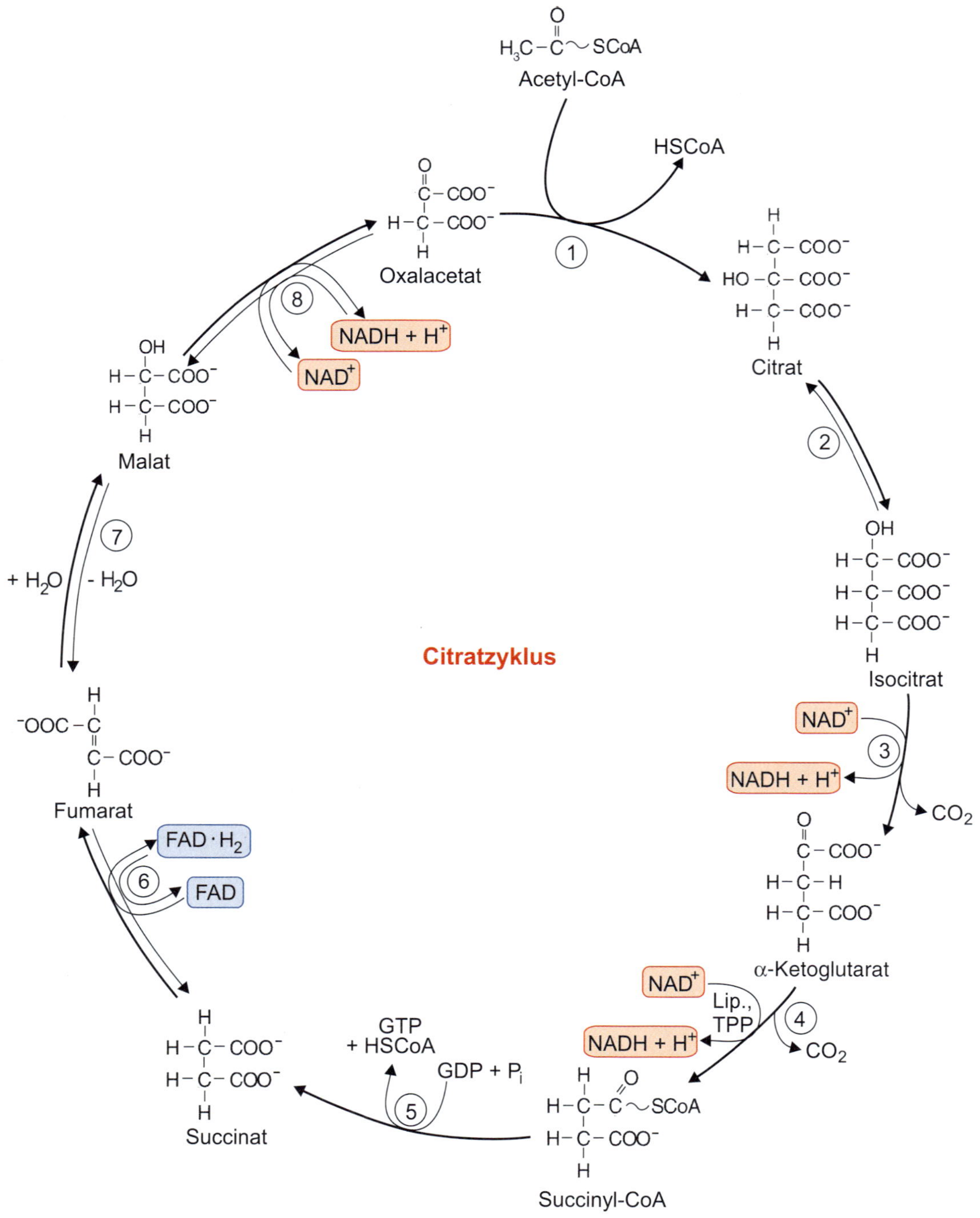

Abb. 2.39 Übersicht über die Reaktionsfolgen im Citratzyklus. Die Cofaktoren, auf die bei der Degradation der Kohlenwasserstoffe die Wasserstoffionen mitsamt ihren Elektronen für die weitere Verwendung in der Atmungskette übertragen werden, sind rot unterlegt. (Nach Karlson P, Doenecke D, Koolman J (1994) Kurzes Lehrbuch der Biochemie für Mediziner und Naturwissenschaftler. 14. Aufl. Thieme, Stuttgart.)

2.3.6 Fettsäurestoffwechsel

Mit der Nahrung aufgenommene oder vom tierischen Organismus selbst zu Speicherzwecken aufgebaute Fettsäuren werden bei erhöhtem Energiebedarf in den Mitochondrien oxidativ abgebaut (**β-Oxidation**). Beim Einschleusen in die mitochondriale Matrix werden die relativ reaktionsträgen Fettsäuren unter Verbrauch von ATP zunächst aktiviert. Dabei verbindet sich die Carboxylgruppe der Fettsäuren mit der Sulfhydrylgruppe des CoA zu einer Thioesterbindung. Das beteiligte Enzym ist die Acyl-CoA-Synthetase. Das Produkt ist ein Acyl-CoA (nicht zu verwechseln mit Acetyl-CoA!):

$$R\text{-}COO^- + ATP + HS\text{-}CoA \rightarrow R\text{-}CO\text{-}S\text{-}CoA + AMP + PP_i$$

Da die äußere Mitochondrienmembran relativ gut permeabel für organische Moleküle ist, diffundiert das Acyl-CoA in den

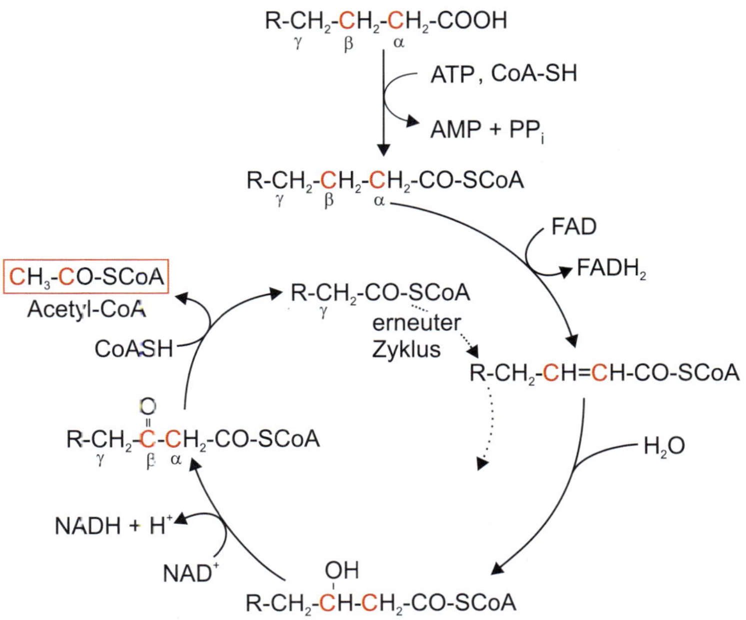

Abb. 2.40 Die β-Oxidation der Fettsäuren in den Mitochondrien. Bei jedem Umlauf wird die Kettenlänge der CoA-gekoppelten Fettsäure um zwei C-Atome verkürzt. Es entsteht jeweils ein Acetyl-CoA, das zum Beispiel in den Citratzyklus eingeschleust werden kann. Die Reaktionsfolge wird so oft durchlaufen, bis die Fettsäure vollständig abgebaut ist.

Intermembranraum des Mitochondriums. An der Innenseite der äußeren Mitochondrienmembran wird es durch die Carnitin-Acyltransferase I gespalten und die Fettsäure unter Freisetzung von CoA auf das Carnitin übertragen. In dieser Form kann die Fettsäure mittels eines Carriers (Acylcarnitin-Translokase) die innere Mitochondrienmembran überwinden. Die sich in der Matrix befindliche Carnitin-Acyltransferase II spaltet dann die Bindung zwischen Fettsäure und Carnitin und überträgt die Fettsäure wieder auf CoA. Das Carnitin wird durch die Translokase wieder in den Intermembranraum zurücktransportiert. Der gesamte Vorgang dient nur der Einschleusung der Fettsäuren in die mitochondriale Matrix und wird als **Carnitin-Shuttle** bezeichnet. Die von der Carnitin-Acyltransferase I katalysierte Reaktion ist übrigens der geschwindigkeitsbestimmende Schritt in der gesamten β-Oxidation.

Der oxidative Abbau der Fettsäure spielt sich an der Fettsäure-CoA-Verbindung ab. Er setzt sich aus wiederholten Sequenzen von insgesamt vier Reaktionen zusammen (Abb. 2.40):

1. Oxidation mit FAD als Elektronenakzeptor. Es entsteht eine *trans*-Doppelbindung zwischen C-2 und C-3
2. Hydratisierung der Doppelbindung zwischen C-2 und C-3
3. Oxidation mit NAD^+ als Elektronenakzeptor
4. Thiolyse durch CoA; es entsteht Acetyl-CoA und ein um zwei Kohlenstoffatome verkürztes Acyl-CoA

Heraus kommt eine um zwei C-Atome verkürzte Fettsäure-CoA-Verbindung, die erneut in die Reaktionsfolge eintreten kann, ohne dass wieder ATP nötig ist. Die Oxidationsreaktion erfolgt jeweils am β-C-Atom, weshalb der gesamte Vorgang des oxidativen Fettsäureabbaus als **β-Oxidation** bezeichnet wird. Schrittweise wird so das Fettsäuremolekül in C_2-Einheiten (Acetyl-CoA) zerlegt, die entweder zum weiteren Abbau in den Citratzyklus eingeschleust oder für synthetische Reaktionen verwendet werden. Die Bildung jedes C_2-Bruchstücks ist sowohl mit dem Entstehen eines $FADH_2$ verbunden – es liefert später in der Atmungskette nur zwei ATP, da dessen Elektronen auf der Stufe des Ubichinols in die Kette eingeschleust werden – und der eines NADH + H^+ – es liefert in der Atmungskette jeweils drei ATP.

Das Acetyl-CoA, das bei der Fettsäureoxidation entsteht, kann nur dann effektiv in den Citratzyklus eingeschleust werden, wenn genügend Oxalacetat als Empfängersubstanz zur Verfügung steht. Da dieses aus dem Kohlenhydratstoffwechsel stammt, sagt man, dass »Fette nur in der Flamme der Kohlenhydrate verbrennen«. Fehlen ausreichende Mengen von Oxalacetat, so wird das überschüssige Acetyl-CoA zur Bildung von **Ketonkörpern** wie Acetacetat, D-3-Hydroxybutyrat und Aceton verwendet. Das ist zum Beispiel bei Hunger oder Diabetes mellitus (Zuckerkrankheit) der Fall, da unter diesen Bedingungen Oxalacetat vermehrt zur Glucosesynthese verwendet wird. Es kommt dann zur reichlichen Bildung von Ketonkörpern in der Leber, die sich im Blut anreichern und aufgrund ihrer leichten Flüchtigkeit bei Fastenden und Diabetikern zuweilen einen fruchtigen Körpergeruch verursachen.

Im Gegensatz zum Abbau findet die **Fettsäuresynthese** nicht in der mitochondrialen Matrix, sondern im Cytosol statt. Sie beginnt mit der Carboxylierung von Acetyl-CoA zu Malonyl-CoA. Diese Reaktion ist gleichzeitig die Schrittmacherreaktion der Fettsäuresynthese. Sie wird von der Acetyl-CoA-Carboxylase katalysiert. Dieses Enzym wird von hohen Citratkonzentrationen im Cytosol aktiviert. Eine entgegengesetzte Wirkung hat das Palmityl-CoA, das bei einem Überschuss an Fettsäuren immer reichlich vorhanden ist. Diese Substanz hemmt gleichzeitig die Translokase, die für den Transport des Citrats aus den Mitochondrien in das Cytosol verantwortlich ist. Die Fettsäuresynthese wird stark verlangsamt, wenn der Blutglucosespiegel sehr stark abfällt, weil dann das Hormon Glukagon aus den Langerhans-Inseln freigesetzt wird, das in den Leberzellen die Bildung von cAMP anregt und dieses die Proteinkinase A (PKA) aktiviert. Vermutlich wird die Acetyl-CoA-Carboxylase durch eine PKA-vermittelte Phosphorylierung inaktiviert. Ähnliches geschieht, wenn durch eine sehr niedrige Energieladung die AMP-Kinase aktiviert wird. Insulin dagegen aktiviert eine Phosphatase, die das Enzym dephosphoryliert und somit die Aktivität der Acetyl-CoA-Carboxylase steigert, sodass die Fettsäuresynthese beschleunigt wird.

Die Zwischenprodukte der Synthese sind nicht – wie beim Fettsäureabbau – mit der Sulfhydrylgruppe des CoA kovalent verbunden, sondern mit derjenigen eines Acyl-Carrier-Proteins (ACP). Acetyl-ACP entsteht aus Acetyl-CoA, Malonyl-ACP aus Malonyl-CoA. Beide kondensieren zu Acetacetyl-ACP unter Abspaltung von CO_2. Dann folgen eine Reduktion, eine Wasserabspaltung und eine zweite Reduktion, wobei NADPH als Reduktionsmittel dient. Die Fettsäurekette wird jeweils durch Hinzufügung einer weiteren C_2-Einheit verlängert, die vom Malonyl-ACP (Donator) geliefert wird. Die Synthese mithilfe der Fettsäure-Synthase bricht ab, wenn eine Länge von 16 C-Atomen (Palmitat) erreicht ist. Dieser Modus der Fettsäuresynthese bedingt, dass Tiere zunächst nur Fettsäuren mit einer geradzahligen Kettenlänge synthetisieren können. Die in geringen Mengen vorkommenden Fettsäuren mit ungradzahliger Kettenlänge sind ebenso wie die weitere Kettenverlängerung oder auch die Einführung von Doppelbindungen sekundäre Syntheseleistungen anderer Enzymsysteme.

2.3.7 Oxidative Phosphorylierung, Atmungskette

Bei der Glykolyse, im Citratzyklus und beim Fettsäureabbau entstehen NADH + H^+ und $FADH_2$, die reduzierten Formen der Cofaktoren Nicotinamidadenindinucleotid (NAD^+) und Flavinadenindinucleotid (FAD). Die reduzierten Moleküle sind energiereiche Verbindungen, die ein Elektronenpaar mit hohem Übertragungspotenzial besitzen. Bei der schrittweisen Übertragung dieser Elektronen über eine Reihe von Elektronencarriern, der Atmungskette, auf den eingeatmeten Sauerstoff (letzter Elektronenakzeptor) wird portionsweise sehr viel Energie frei, die zu einem nicht unerheblichen Teil in Form von ATP gespeichert wird. Man bezeichnet diesen Vorgang als **oxidative Phosphorylierung**.

Die Vorgänge der oxidativen Phosphorylierung laufen in der inneren Mitochondrienmembran ab. Vom NADH werden die Elektronen über eine Kette von drei großen, die innere Mitochondrienmembran durchspannenden, asymmetrisch orientierten Proteinkomplexen schließlich auf den Sauerstoff übertragen (▪ Abb. 2.41). Auf jeder Stufe dieses Elektronentransfers fallen die Elektronen auf einen niedrigeren Energiezustand, bis sie schließlich vom Sauerstoffmolekül aufgenommen werden, das eine hohe Affinität für Elektronen besitzt (**Atmungskette**). Die drei elektronentransportierenden Komplexe sind die NADH-Dehydrogenase (NADH:Ubichinon-Oxidoreduktase), die Cytochrom-c-Reduktase (Ubichinol:Cytochrom-c-

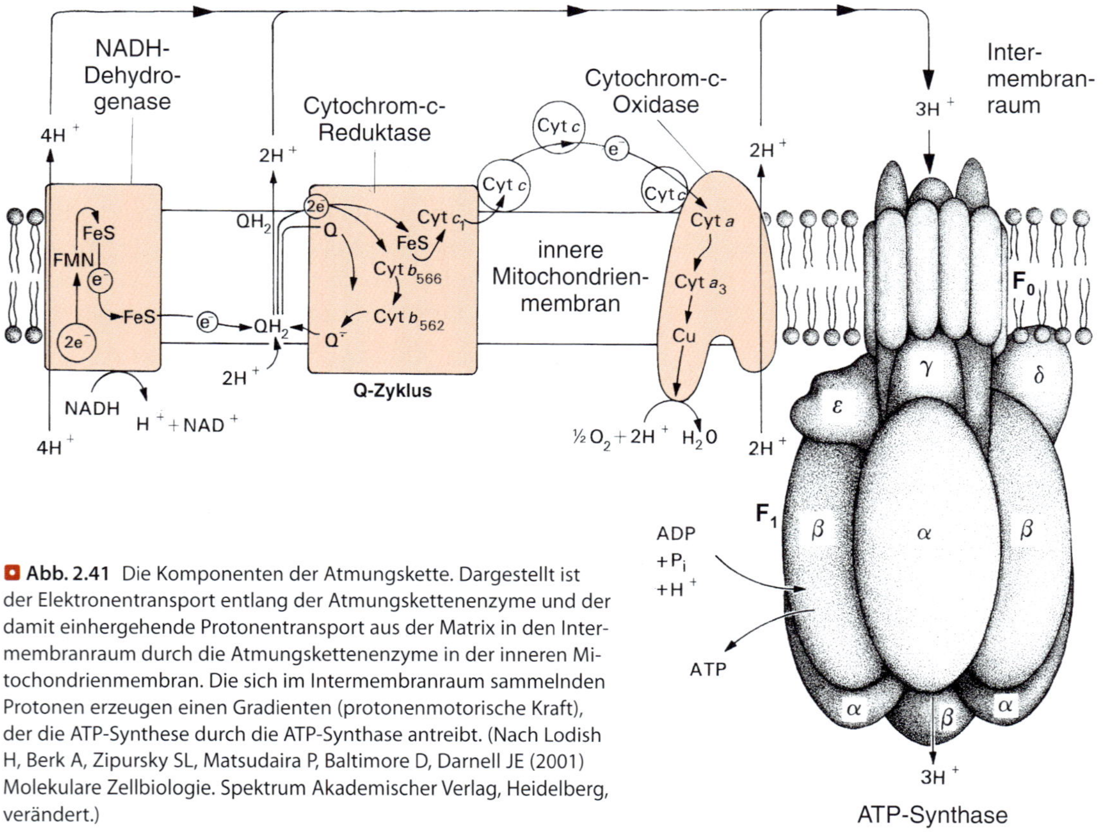

▪ **Abb. 2.41** Die Komponenten der Atmungskette. Dargestellt ist der Elektronentransport entlang der Atmungskettenenzyme und der damit einhergehende Protonentransport aus der Matrix in den Intermembranraum durch die Atmungskettenenzyme in der inneren Mitochondrienmembran. Die sich im Intermembranraum sammelnden Protonen erzeugen einen Gradienten (protonenmotorische Kraft), der die ATP-Synthese durch die ATP-Synthase antreibt. (Nach Lodish H, Berk A, Zipursky SL, Matsudaira P, Baltimore D, Darnell JE (2001) Molekulare Zellbiologie. Spektrum Akademischer Verlag, Heidelberg, verändert.)

Oxidoreduktase) und die Cytochrom-c-Oxidase (Cytochrom-c:Sauerstoff-Oxidoreduktase).

Innerhalb der Komplexe fungieren Flavine, Fe-S-(Eisen-Schwefel-)Cluster, Hämgruppen (Cytochrome), Cu-Ionen und Chinone als Elektronencarrier. Sie sind – mit Ausnahme des Ubichinons – als prosthetische Gruppen dauerhaft an die jeweiligen Proteinkomplexe gebunden.

Im Einzelnen spielt sich Folgendes ab (Abb. 2.42): Vom NADH + H^+ werden die beiden Elektronen zunächst auf die prosthetische Gruppe der **NADH-Dehydrogenase**, das Flavinmononucleotid (FMN), übertragen. Es entsteht die reduzierte Form des FMN, das $FMNH_2$, das seine Elektronen anschließend an einen zweiten Typ von prosthetischen Gruppen der NADH-Dehydrogenase weitergibt, die Eisen-Schwefel-Cluster (Fe-S-Cluster). Die Eisenatome dieser Cluster wechseln dabei vom Ferri- (Fe^{3+}, oxidiert) in den Ferrozustand (Fe^{2+}, reduziert). Schließlich werden die Elektronen auf das hochbewegliche, hydrophobe Ubichinon[136] (Coenzym Q, ein Chinonderivat mit einer langen Isoprenoidkette) transferiert, wobei es in seine reduzierte Form, das Ubichinol (QH_2), übergeht. Dieses Ubichinol leistet den Elektronentransfer vom ersten Komplex (NADH-Dehydrogenase) auf den zweiten, die Cytochrom-c-Reduktase. Es überträgt auch die Elektronen von $FADH_2$ (entsteht z. B. bei der Oxidation von Succinat im Citratzyklus) direkt auf die Cytochrom-c-Reduktase. Das ist der Grund dafür, dass bei der Oxidation von $FADH_2$ weniger ATP (nämlich nur 2 Moleküle) gebildet wird als bei der Oxidation von NADH + H^+ (3 ATP).

Von einigen Autoren wird, obwohl sie nicht integraler Bestandteil der Atmungskette selbst ist, die $FADH_2$-liefernde Succinat-Dehydrogenase (ein Enzym des Citratzyklus) als Komplex II der Atmungskette bezeichnet. In der Konsequenz würde die Cytochrom-c-Reduktase (s. u.) als Komplex III und die Cytochrom-c-Oxidase der Atmungskette als Komplex IV bezeichnet. Da dieses Enzym aber kein Transmembranprotein, sondern ein membranassoziiertes Molekül der mitochondrialen Matrix ist, und daher weder am Elektronen- noch am Protonentransport direkten Anteil hat, wird hier auf die Übernahme dieser Nomenklatur verzichtet.

Der zweite Komplex, die **Cytochrom-c-Reduktase** , enthält die Cytochrome b und c_1 sowie ein Fe-S-Cluster als Elektronencarrier. Eines der beiden Elektronen hohen Potenzials tritt vom Ubichinol auf die Fe-S-Cluster und weiter über das Cytochrom

[136] *ubique* (lat.) = überall

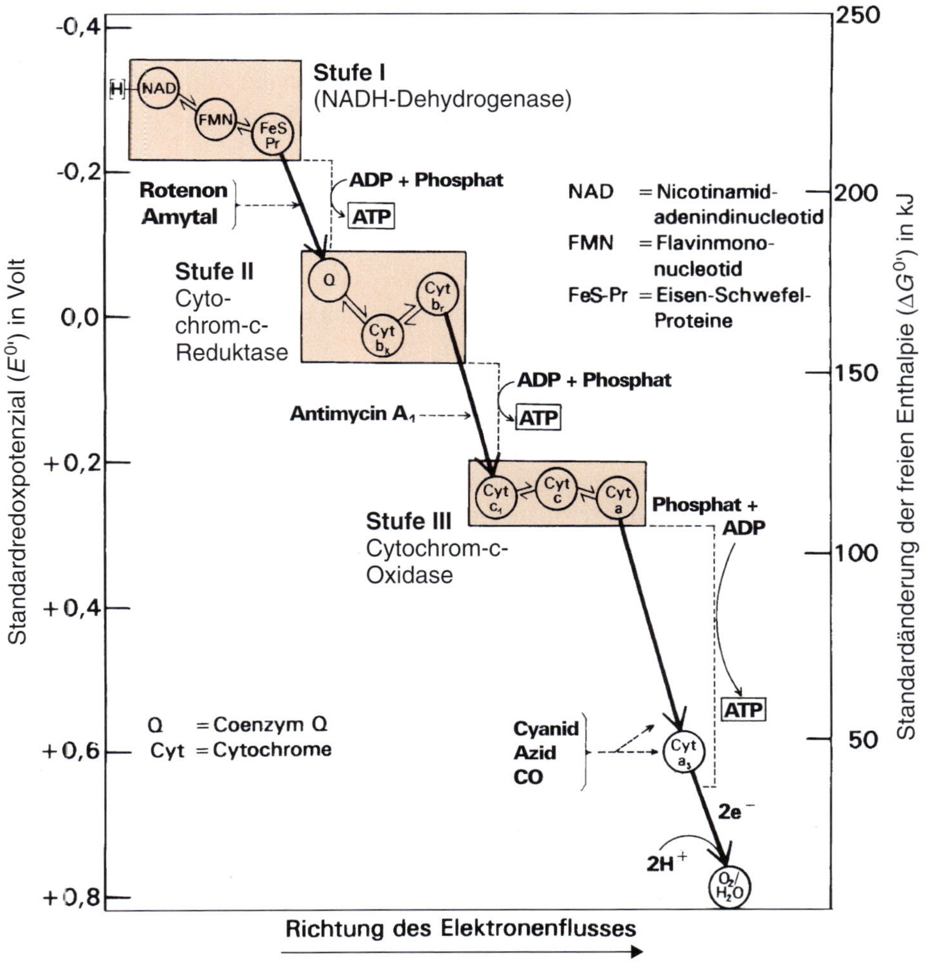

Abb. 2.42 Änderung des Standardredoxpotenzials bzw. der freien Enthalpie während des Transports von Elektronen durch die Atmungskette. An drei Stellen ist die Änderung der Energie groß genug, um die Bildung jeweils eines Moleküls ATP zu ermöglichen. Die Angriffsorte wichtiger Zellgifte (Atmungsgifte) sind angegeben (gestrichelte Pfeile).

2

c_1 auf das Cytochrom c über. Dabei entsteht das Semichinonradikal (QH^{γ}). Zwei dieser Moleküle werden anschließend vom Cytochrom b in QH_2 + Q überführt (Recyclingmaschinerie). Das ebenso wie das Ubichinon sehr bewegliche, reduzierte Cytochrom c wird vom letzten der drei elektronenpumpenden Komplexe der Atmungskette, der **Cytochrom-c-Oxidase**, wieder oxidiert. Die Cytochrom-c-Oxidase enthält die Cytochrome a und a3 sowie zwei Kupferionen. Sie überträgt die Elektronen auf den molekularen Sauerstoff (O_2) als letzten Akzeptor. Die Reduktion des O_2 durch die Cytochrom-c-Oxidase erfolgt mit vier Elektronen. Der Sauerstoff nimmt gleichzeitig vier Protonen aus der wässrigen Lösung auf. Dabei entstehen zwei Moleküle Wasser. Es muss unbedingt verhindert werden, dass durch eine partielle Reduktion des Sauerstoffs Verbindungen wie das Superoxidanion (O_2^-), entstehen, die außerordentlich reaktiv sind (O_2^- ist ein Vertreter der reaktiven Sauerstoffspezies, *reactive oxygen species*, ROS) und biologische Moleküle schädigen. Die treibende Kraft für den Elektronenfluss durch die Atmungskette ist das Elektronenübertragungspotenzial des NADH + H^+ bzw. $FADH_2$ gegenüber dem Sauerstoff. Es wird mit dem Reduktionspotenzial $E^{0'}$ (Redoxpotenzial, Oxidations-Reduktions-Potenzial) (■ Abb. 2.42) ausgedrückt. Seine Änderung bei der Oxidation von NADH + H^+ nach der Reaktionsgleichung

$$\mathrm{NADH} + \mathrm{H}^+ + \tfrac{1}{2}\,\mathrm{O}_2 \rightarrow \mathrm{NAD}^+ + \mathrm{H}_2\mathrm{O}$$

beträgt $\Delta E^{0'} = +1{,}14$ V. Daraus ergibt sich eine Änderung der freien Standardenergie von

$$\Delta G^{0'} = -\,n\,F\,\Delta E^{0'} = -\,2 \times 96{,}5 \times 1{,}14 = -220\ \mathrm{kJ\ mol^{-1}}.$$

Dieser Energiebetrag wird zu einem nicht unerheblichen Teil zur Synthese von ATP genutzt und damit für verschiedene biologische Leistungen reserviert. Der andere Teil geht als Wärme verloren.

Es war lange unklar, wie die Oxidation von NADH + H^+ und die Phosphorylierung von ADP miteinander verknüpft sind. Nach der heute allgemein anerkannten chemiosmotischen Theorie von Peter Mitchell* aus dem Jahre 1961 dient die **protonenmotorische Kraft** (*proton motive force*) als Antrieb der mitochondrialen ATP-Synthase. Wenn Elektronen durch die Atmungskette fließen, werden an den bereits erwähnten drei großen Proteinkomplexen (NADH-Dehydrogenase, Cytochrom-c-Reduktase und Cytochrom-c-Oxidase) Protonen aus der mitochondrialen Matrix, wo der Citratzyklus und die Fettsäureoxidation ablaufen, in den Intermembranraum gepumpt (■ Abb. 2.41). Da die innere Membran der Mitochondrien für Ionen relativ undurchlässig ist, baut sich zwischen Intermembranraum und mitochondrialer Matrix ein chemischer Protonengradient (pH außen 1,4 Einheiten niedriger als innen) und ein elektrischer Gradient (mitochondriales Membranpotenzial E_M) von etwa 140 mV (außen positiver als innen) auf.

Die **protonenmotorische Kraft** Δp errechnet sich aus diesen beiden Anteilen zu:

$$\Delta p = E_M - 2{,}3\frac{RT}{F}\,\Delta\mathrm{pH} = 0{,}14 - 2{,}3 \times 0{,}026 \times (-1{,}4) = 224\,\mathrm{mV}$$

Dem entspricht eine freie Energie von 21,75 kJ mol^{-1} Protonen.

Die ATP-Synthase besteht aus einer membrandurchspannenden, protonenleitenden und nach außen hydrophoben F_0-Einheit und einer ATP-synthetisierenden, nach außen hydrophilen F_1-Einheit, die in die mitochondriale Matrix hineinragt und neun (fünf verschiedene) Polypeptidketten mit der Stöchiometrie α_3, β_3, γ, δ, ε besitzt (■ Abb. 2.41). ATP wird gebildet, wenn Protonen »bergab« durch den Kanal in die Matrix zurückfließen (Dissipation des Gradienten). Der Fluss von zwei Elektronen durch einen der drei protonenpumpenden Atmungskettenkomplexe erzeugt bereits einen Gradienten, der groß genug ist, um ein Molekül ATP zu bilden. So entstehen am Ende der Atmungskette für jedes oxidierte NADH + H^+ entsprechend der drei für die Elektronen zu passierenden Komplexe drei ATP. Im Fall des $FADH_2$ sind es nur zwei ATP, da dessen Elektronen erst in den zweiten Komplex der Atmungskette eintreten. Der P:O-Quotient ist im ersten Fall 3, im zweiten 2. Für das im Cytosol entstandene NADH + H^+ (Glykolyse: Oxidation des Glycerinaldehyd-3-phosphats) ergibt sich ebenfalls nur ein P:O-Quotient von 2.

Während die äußere Mitochondrienmembran für die meisten kleinen Moleküle und Ionen durchlässig ist, ist die innere für nahezu alle Ionen und polaren Verbindungen, so auch für NADH + H^+, NAD^+, ATP und ADP, praktisch impermeabel. ATP und ADP werden durch die ATP-ADP-Translokase durch die Membran geschleust, wobei beide Transporte miteinander gekoppelt sind: ADP gelangt nur dann in die mitochondriale Matrix, wenn gleichzeitig ATP austritt und umgekehrt.

Unter physiologischen Bedingungen sind Elektronentransport, Protonentransport und die ADP-Phosphorylierung eng verknüpft (**chemiosmotische Kopplung**). In erster Linie wird die Geschwindigkeit der oxidativen Phosphorylierung vom ADP-Spiegel bestimmt (Atmungskontrolle). Das bedeutet, dass Elektronen nur dann vom Brennstoffmolekül zum Sauerstoff fließen, wenn ATP-Bedarf besteht. Diese enge Kopplung kann durch Entkoppler wie 2,4-Dinitrophenol (DNP) und andere saure aromatische Verbindungen) empfindlich gestört werden. Sie erzeugen einen Kurzschluss der mitochondrialen Protonenbatterie, indem sie Protonen, an der ATP-Synthase vorbei, durch die innere Mitochondrienmembran schleusen. Der Elektronentransport vom NADH + H^+ zum Sauerstoff verläuft normal, während die ATP-Synthese wegen des Fehlens einer protonenmotorischen Kraft gestört ist. Ein weiterer Entkoppler neben dem DNP ist das Schilddrüsenhormon Thyroxin, wobei dieses im Gegensatz zum DNP nur indirekt wirkt, indem es auf genregulatorischem Weg die Expression von Proteinen steigert, die sich als Protonenkanäle in die innere Mitochondrienmembran inserieren. Diese **Entkopplerproteine** (***uncoupling proteins***, UCPs) verursachen den eigentlichen Effekt. Durch die Entkopplung kommt es zu einer Zunahme des ADP und des anorganischen Phosphats in der Zelle, was wiederum eine Steigerung der Durchsatzrate in der Glykolyse, im Citratzyklus und in der Atmungskette bedingt.

Eine solche Entkopplung spielt auch bei der **Thermogenese** im **braunen Fettgewebe** eine große Rolle. Der Stoffwechsel dieser Zellen ist auf die metabolische Erzeugung von Wärme und nicht auf die Synthese von ATP optimiert. Die Adipocyten des braunen Fettgewebes enthalten daher besonders viele Mitochondrien, deren hoher Cytochromgehalt (Häm!) die rotbraune Färbung des Gewebes bewirkt. Die innere Membran der Mitochondrien des braunen Fettgewebes enthält eine hohe Konzentration an UCPs, die man wegen ihrer systemischen Funktion früher als Thermogenine bezeichnet hat. Auch die in braunem Fettgewebe exprimierten UCP-Isoformen eröffnen einen Nebenweg für den Rückfluss der Protonen vom Intermembranraum zur Matrix. Bei der Dissipation des Protonengradienten wird Wärme erzeugt und aus dem sich aufheizenden Gewebe über das Kreislaufsystem in den Tierkörper abgeführt.

Der energetische Wirkungsgrad der Atmung lässt sich wie folgt grob abschätzen. Für die Gesamtausbeute an ATP beim aeroben Abbau von 1 mol Glucose bis zu CO_2 und H_2O gilt folgende Bruttogleichung:

$$C_6H_{12}O_6 + 6\,O_2 + 36\,\text{ADP} + 36\,P_i + 36\,H^+ \rightarrow 6\,CO_2 + 42\,H_2O + 36\,\text{ATP}$$

Die ATP-Ausbeute von insgesamt 36 mol pro mol Glucose wird allerdings in der Praxis wohl nicht erreicht. Realistisch ist eine Ausbeute von 30 mol ATP pro mol Glucose, die sich zusammensetzen aus 2 mol ATP, die in der Glykolyse beim Abbau der Glucose zum Pyruvat entstehen, sowie 2 mol GTP (entspricht ATP) aus dem Citratzyklus und 26 mol ATP, die bei der oxidativen Phosphorylierung in den Mitochondrien gebildet werden.

Da die Abnahme der freien Energie bei diesem Vorgang unter Standardbedingungen $\Delta G^{0'} = -2872$ kJ mol^{-1} beträgt und nur $30 \times 30{,}5$ kJ = 1098 kJ durch ATP gebunden werden, beträgt der **energetische Wirkungsgrad** der Atmung etwa 32 %. Dieser für Standardbedingungen errechnete Wert wird in der lebenden Zelle sicher weit übertroffen. Man vermutet Werte von ca. 60 %.

2.3.8 Anaerobiose (Anoxybiose)

Tiere oder zumindest einzelne Gewebe tolerieren – zumindest zeitweilig – einen Sauerstoffmangel, ohne zu ersticken. Das Leben bei Abwesenheit von molekularem Sauerstoff bezeichnet man als Anaerobiose oder Anoxybiose. Bei der umwelt- oder **biotopbedingten Anaerobiose** kann es sich um einen permanenten oder zeitlich begrenzten Zustand handeln, der von der Umwelt vorgegeben ist, das heißt das Tier ist diesem Zustand passiv ausgeliefert, wenn es nicht andersartige Lebensräume aufsuchen kann. Dieser Zustand unterscheidet sich von der aktivitäts- oder **funktionsbedingten Anaerobiose**, in die das Tier gerät, weil es seine Muskulatur so stark beansprucht, dass die Atmungs- und Zirkulationssysteme nicht schnell genug Sauerstoff in das Gewebe transportieren können, wie dort für die Aufrechterhaltung eines oxidativen Metabolismus benötigt wird. Während im ersten Fall alle Gewebe des Tierkörpers auf Anaerobiose umstellen müssen, sind im letzten Fall meist nur bestimmte Gewebe eines Tieres betroffen.

Eine funktionsbedingte Anaerobiose kann im Zusammenhang mit einer exzessiven motorischen Aktivität wie bei der Flucht im Skelettmuskel auftreten. Die Muskulatur kann unter diesen Bedingungen einen mehr oder weniger großen Anteil der notwendigen Energie aus dem anaeroben Abbau der Nährstoffe (Glucose) schöpfen, das heißt eine Sauerstoffschuld eingehen, die dann in der Erholungsphase wieder zu tilgen ist. Im einfachsten Fall ist das Produkt des anaeroben Glucoseabbaus Michsäure bzw. ihr Salz, das **Lactat** (Lactatgärung). Das ist bei Vertretern der Crustaceen (z. B. im Schwanzmuskel des Hummers), der Insekten (z. B. im Sprungmuskel von *Locusta*) und bei den Wirbeltieren der Fall. Das Lactat entsteht durch die Lactat-Dehydrogenase aus dem Pyruvat, wobei gleichzeitig das bei der Oxidation des Glycerinaldehyd-3-phosphats in der Glykolyse entstandene reduzierte NADH + H^+ wieder zu NAD^+ oxidiert wird. Das ist sehr wichtig, da die Zelle unter anaeroben Bedingungen sehr schnell an der oxidierten Form des wichtigen Coenzyms verarmen und damit die Glykolyse zum Stillstand kommen würde, wenn der Elektronenakzeptor bei der Oxidation des Glycerinaldehyd-3-phosphats fehlte. Das Lactat wird nicht ausgeschieden, sondern reichert sich im Blut und in den Geweben an. Es wird anschließend in der Erholungsphase zum Teil in der Skelett- und der Herzmuskulatur der Wirbeltiere oxidativ abgebaut und – zum anderen Teil – in der Leber zu Glucose und Glykogen resynthetisiert. So wird die Auswirkung der eingegangenen Sauerstoffschuld wieder getilgt. Beim Frosch kann Lactat offenbar auch im Muskel selbst wieder in Glucose zurückverwandelt werden.

Die ektothermen Wirbeltiere sind in wesentlich stärkerem Maße auf eine anaerobe Energielieferung während kurzfristiger hoher Leistungen angewiesen als die endothermen, da ihre Atmungs- und Kreislaufsysteme weniger leistungsfähig sind. Es kommt bei körperlicher Belastung zu einer erheblichen Lactatproduktion und im Zusammenhang damit zu einer schnellen Ermüdung. Bei kleineren Eidechsen (*Anolis carolinensis* u. a.) steigt während der Phase sehr hoher motorischer Aktivität der Lactatgehalt von 0,35 mg pro g Körpergewicht auf Werte von 1,4 mg bei Erschöpfung an, die bereits nach 1–1,5 min einsetzt. Mehr als die Hälfte der gesamten Lactatproduktion erfolgt bereits in den ersten 30 s. Die hohe Lactatkonzentration bleibt auch ziemlich lange (30–60 min) nach der Aktivitätsphase bestehen. Endotherme Tiere haben eine höhere aerobe Kapazität und erreichen die Schwelle zur funktionsbedingten Anaerobiose deutlich später. Beim Menschen treten die höchsten Lactatwerte im Blutplasma bei 400-m-Sprintern auf (bis zu 30 mmol l^{-1}), da diese die aerobe Kapazität ihrer Muskulatur durch Limitierung der Atmungs- und Kreislaufleistungen überschreiten. Man hat ermittelt, dass 400-m-Sprinter durch die Akkumulation von Lactat und Protonen in der Beinmuskulatur schon vor dem Erreichen der 400-m-Marke ein Muskelbrennen verspüren. Wegen der mit der Ansäuerung des Muskelgewebes (auf bis zu pH 6,4) verbundenen Ermüdung des Muskels laufen die Sportler die letzten Meter des Rennens deutlich langsamer als die ersten.

Unter den Tieren, die eine umwelt- oder biotopbedingte Anaerobiose betreiben, unterscheidet man zwei Grundtypen, die obligaten Anaerobier und die fakultativen Anaerobier. Die **obligaten Anaerobier** sind unter O_2-freien Bedingungen nicht nur lebensfähig, für sie sind bereits kleine Mengen Sauerstoff schädlich oder gar tödlich (Beispiel: Darmflagellaten der Termiten). Solche Formen sind allerdings sehr selten. Die **fakultativen**

Anaerobier sind sowohl in Gegenwart als auch in Abwesenheit von molekularem Sauerstoff lebensfähig. Unter den fakultativen Anaerobiern muss man zwischen solchen Formen unterscheiden: die, die immer – gleichgültig, ob Sauerstoff vorhanden ist oder nicht – ihre Energie anaerob (das heißt ohne Beteiligung von Sauerstoff) gewinnen, und solchen, die normalerweise aerob leben und bei eintretendem Sauerstoffmangel ihren Stoffwechsel auf anaerobe Energiegewinnung umzuschalten vermögen. Zu Ersteren gehören einige Endoparasiten des Darmtrakts (z. B. der Spulwurm *Ascaris lumbricoides*) oder der Gallengänge (z. B. der Leberegel *Fasciola hepatica*) im Adultstadium. Sie können gar keinen aeroben Stoffwechsel mehr durchführen, da die Atmungskette nicht mehr vollständig ist und auch kein Citrat mehr aus Acetyl-CoA gebildet werden kann. Die Mitochondrien stehen bei diesen Formen ausschließlich im Dienst des anaeroben Stoffwechsels. *Ascaris* überlebt *in vitro* unter anaeroben Bedingungen genauso gut wie unter aeroben, da seine Nährstoffvorräte im Darminhalt des Wirtstiers gewöhnlich nicht begrenzt sind. Auch bestimmte Gewebe (Nierenmark) oder Zelltypen (Erythrocyten) in Säugetieren arbeiten selbst in Gegenwart von Sauerstoff anaerob. Im Fall der roten Blutkörperchen liegt das daran, dass ihnen nicht nur der Kern, sondern auch alle Organellen (Mitochondrien) fehlen, sodass sie ihren Energiestoffwechsel nur durch Lactatgärung im Cytosol sicherstellen können. Zu der zweiten Gruppe fakultativer Anaerobier, deren Angehörige bei abnehmendem Sauerstoffgehalt des Mediums am kritischen Sauerstoffpartialdruck (pO_2) von oxidativem auf anaeroben Stoffwechsel umschalten, gehören insbesondere viele weniger aktive Invertebraten, die im Wasser leben, das bekanntlich selbst bei Sättigung im Vergleich zur Luft sehr viel weniger Sauerstoff enthält, sodass der Sauerstoff leicht zum Mangelfaktor werden kann. Das ist in tieferen Schichten von Seen und Teichen oder im Bodensediment dieser Gewässer während der heißen Jahreszeit oft der Fall. Auch die Bewohner des Sandschlickwatts müssen während der Ebbe mehrere Stunden ohne Sauerstoff auskommen. Auch im Boden, besonders wenn er morastig ist, oder nach einem heftigen Regen kann Sauerstoffmangel auftreten. Tiere, die in Gängen im Boden leben, sind daher besonders von Sauerstoffmangel bedroht.

Unter anaeroben Bedingungen kann das ATP nicht mehr durch oxidative Phosphorylierung gebildet werden, sondern muss, zumindest überwiegend, durch **Substratkettenphosphorylierung** gewonnen werden. Darunter fasst man die beiden ATP-Bildungsreaktionen in der Glykolyse beim Abbau der Glucose zum Pyruvat zusammen. Im Vergleich zur oxidativen Phosphorylierung ist die ATP-Ausbeute relativ zur Menge eingesetzter Glucose bei der Fermentation (Gärung) sehr beschränkt und liegt etwa bei 5,5 % dessen, was aerob erzielt werden kann. Um den Leistungsstoffwechsel unter diesen Bedingungen auf gleichem Niveau zu halten, muss ein Tier die 18-fache Menge Glucose in den glykolytischen Abbau schicken. Tatsächlich konnte eine solche Änderung der Umsatzrate durch Luftabschluss von Louis Pasteur* beobachtet werden (**Pasteur-Effekt**). Da dies nur bei unbeschränktem Substratangebot auf Dauer funktioniert und Tiere solche Ressourcen an energiereichen Stoffen normalerweise nicht in der Umwelt vorfinden, beobachtet man in der Regel mit dem Übergang vom aeroben zum anaeroben Stoffwechsel auch eine Reduktion der Rate des Gesamtstoffwechsels (**metabolische Depression**), die mit Lethargie oder zumindest stark reduzierter Aktivität des Tieres einhergeht.

Je nachdem, ob Tierarten regelmäßig oder eher selten mit hypoxen oder gar anaeroben Zuständen ihrer Umwelt konfrontiert sind, haben sich in der Evolution Mechanismen für das Umschalten des Stoffwechsels herausgebildet, die das Überleben von Sauerstoffmangel für relevante Zeiträume ermöglichen. Tiere, die entweder nur funktionsbedingte oder nur sehr kurze Phasen biotopbedingter Anaerobiose erleben, weil sie mobil genug sind, solchen Habitaten zu entkommen (z. B. Krebstiere), bilden unter Sauerstoffmangel grundsätzlich nur Lactat (wie der Wirbeltiermuskel unter funktioneller Anaerobiose). Die Milchsäure- bzw. Lactatgärung findet vollständig im Cytosol der Körperzellen statt. Sie erbringt zwar immerhin 2 mol ATP pro mol eingesetzter Glucose und bewirkt gleichzeitig die Oxidation von Reduktionsäquivalenten aus der Glykolyse (■ Abb. 2.43), erzeugt aber längerfristig ein osmotisches Problem im anaerob arbeitenden Gewebe, da Lactat nur sehr geringfügig durch die Plasmamembran diffundiert und als osmotisch wirksame Substanz Wasser im Produktionsgewebe bzw. im Tier bindet. Außerdem häufen sich mit dem Lactat freie Protonen an, die zu einer Übersäuerung des Gewebes führen können. Je länger die Phase der Anaerobiose dauert, desto mehr Lactat akkumuliert und desto deutlicher fällt die osmotisch bedingte Schwellung des Gewebes (Bildung eines Ödems) und die Übersäuerung (metabolische Azidose) aus. Die Ödembildung ist besonders für Tiere mit einem festen Exoskelett ein ernstes Problem, sodass diese nur kurzfristige Phasen der Hypoxie oder Anoxie überleben.

In anderen Fällen ist nicht das Lactat das Endprodukt des anaeroben Glucoseabbaus, sondern Kondensationsprodukte des Pyruvats mit verschiedenen α-Aminosäuren, die **Opine**. Man kennt das Strombin, das Alanopin und das Octopin (■ Abb. 2.43). Die die Strombinbildung aus Pyruvat und Glycin katalysierende Strombin-Dehydrogenase sowie die bei der Alanopinbildung aus Pyruvat und Alanin wirksame Alanopin-Dehydrogenase scheinen bei den Invertebraten weit verbreitet zu sein. Beide Enzyme sind bei den polychaeten Anneliden *Arenicola marina* und *Aphrodite aculeata* genauer beschrieben worden. Die Octopin-Dehydrogenase, die die Bildung von Octopin aus Pyruvat und Arginin katalysiert, ist bei der Seeanemone *Metridium*, den Nemertinen *Cerebratulus* und *Lineus*, bei *Sipunculus nudus* und bei verschiedenen Mollusken (*Buccinum*, *Pecten*, *Loligo* u. a.) nachgewiesen worden. Auch in all diesen Fällen können wir wieder feststellen, dass bei der Kondensation von Pyruvat mit Glycin, Alanin oder Arginin (wie bei der Lactatgärung, s. o.) dafür gesorgt wird, dass das NADH + H^+ durch die Dehydrogenasereaktion wieder zu NAD^+ oxidiert und damit die Redoxbalance der Zellen stabilisiert wird (■ Abb. 2.43). Die Octopinsynthese steht außerdem in Beziehung zum Argininphosphat, dem charakteristischen Phosphagen der Mollusken, Sipunculiden, Nemertinen und Coelenteraten (■ Abb. 2.44). Es liefert bei seiner Hydrolyse nicht nur das Phosphat zum ATP-Aufbau, sondern

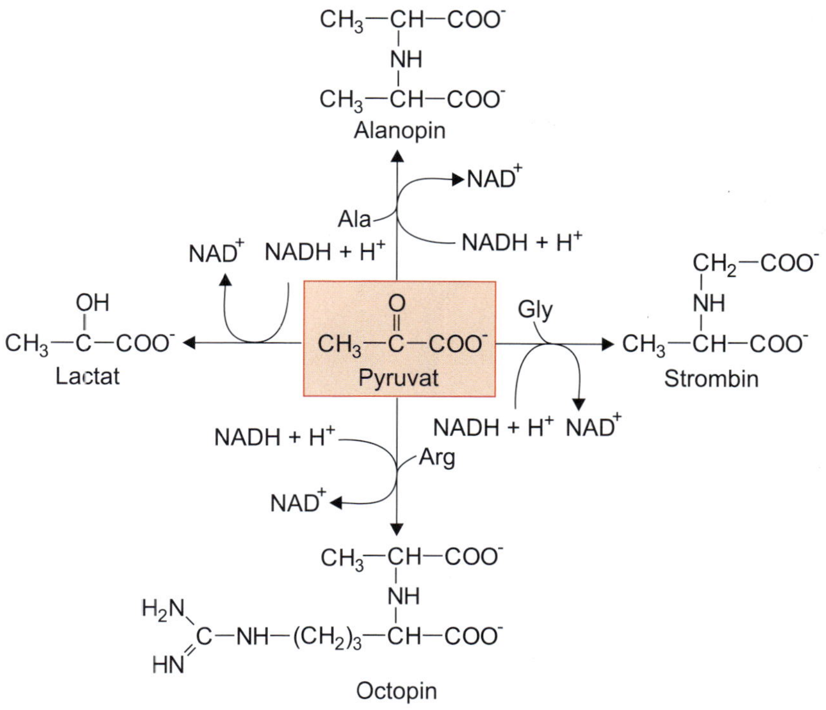

Abb. 2.43 Verschiedene Wege der anaeroben Metabolisierung von Pyruvat, dem Endprodukt der Glykolyse. Die Bildung von Lactat sowie, bei marinen Invertebraten, die Bildung von Opinen geht mit einer Reoxidation der zuvor gebildeten Reduktionsäquivalente NADH + H^+ zu NAD^+ einher, sodass die Redoxbalance der Zellen ausgeglichen bleibt.

gleichzeitig auch das Substrat für die Octopinsynthese. Der Vorteil der Opinsynthese im Vergleich zur Lactatproduktion liegt darin, dass zwei osmotisch wirksame Moleküle zu einem verbunden werden, sodass bei marinen Tieren unter biotopbedingter Anaerobiose die Entwicklung osmotischer Probleme durch die Anreicherung von Endprodukten, die nicht ausgeschieden werden können, immerhin verzögert wird.

Tiere, die längere Phasen ohne Sauerstoff im Lebensraum überleben, setzen daher meist auf andere Endprodukte des anaeroben Stoffwechsels. So gibt es Tierarten, die durch ihr Leben in den Gezeitenzonen der Meere tägliche, mehrere Stunden andauernde Wechsel von Umspülung mit gut belüftetem Meerwasser und Trockenfallen erleben. Durch die beim Trockenfallen einsetzende mangelnde Durchspülung der Bauten von Tieren (z. B. bei Würmern) oder den im Trockenen notwendigen Schalenschluss (bei Muscheln) wird die Sauerstoffzufuhr für die Dauer des Trockenfallens unterbunden. Diese Tiere müssen daher in der Regel mehrere Stunden am Stück oder, in Extremfällen, sogar deutlich länger auf Anaerobiose umschalten. Auch Tiere, die in transienten Gewässern leben und teilweise sehr lange Zeiten der Austrocknung in Schlammkapseln überleben, die sich zum Schutz vor Austrocknung eingraben oder solche, die den Winter in zugefrorenen Gewässern unter Sauerstoffmangel verbringen müssen, haben stoffwechseltechnisch daher geeignete Überlebensmechanismen entwickelt.

Cypriniden (Karpfenfische) haben einen Überlebensvorteil gegenüber anderen Fischarten, da sie selbst in monatelang zugefrorenen und schneebedeckten Teichen ohne Sauerstoffzufuhr überleben können. Der Goldfisch (*Carassius auratus*) bildet in seinen auch bei tiefen Temperaturen noch stoffwechselaktiven Geweben, Herzmuskulatur und Gehirn, unter anaeroben Bedingungen auf dem üblichen Weg Lactat (Abb. 2.44). Dieses wird mit dem Blutstrom zu den Zellen der Körpermuskulatur transportiert, dort aufgenommen und von der cytosolisch vorliegenden Lactat-Dehydrogenase (LDH) unter Reduktion von NAD^+ zu NADH + H^+ in Pyruvat umgewandelt. Dieses Pyruvat wird in die Mitochondrien aufgenommen und dort von einer Pyruvat-Dehydrogenase (PDH) decarboxyliert (Freisetzung von CO_2). Dabei entsteht aber nicht, wie unter aeroben Bedingungen üblich, Acetyl-CoA, sondern Acetaldehyd. Dieses wird von der im Muskelgewebe hochgradig exprimierten Alkohol-Dehydrogenase (ADH) unter Reoxidation der von der LDH gebildeten Reduktionsäquivalente in Ethanol umgewandelt. Da Ethanol schnell durch biologische Membranen diffundiert, ist die alkoholische Gärung ein Weg der Energiebereitstellung, der nicht mit der Genese osmotischer Probleme verbunden ist, weil das Endprodukt den Organismus über die Kiemen diffusiv verlassen kann. Damit ist zwar der Verlust an noch recht energiereichen Molekülen aus dem Körper verbunden, es wird aber neben den osmotischen Problemen, die mit der Lactatakkumulation verbunden sind, auch die Protonenakkumulation und damit die Ansäuerung des Gewebes (**metabolische Azidose**) weitgehend vermieden. Neuere Untersuchungen haben gezeigt, dass auch manche Fischarten in wärmeren ozeanischen Gewässern diesen Stoffwechselweg nutzen, vermutlich, weil sie sich so vor solchen Fressfeinden in Sauerstoffminimalschichten in Sicherheit bringen können, die selbst auf oxidativen Stoffwechsel angewiesen sind.

Da der Stoffwechselweg der Alkoholakkumulation unter Langzeitanaerobiose nicht allen Tierarten zur Verfügung steht, gibt es Alternativen. Bei solchen Tierarten kann man während der Anoxybiose zwei Phasen unterscheiden. Während der frühen Phase, die bis zu 10 h dauern kann, wird Glucose über die

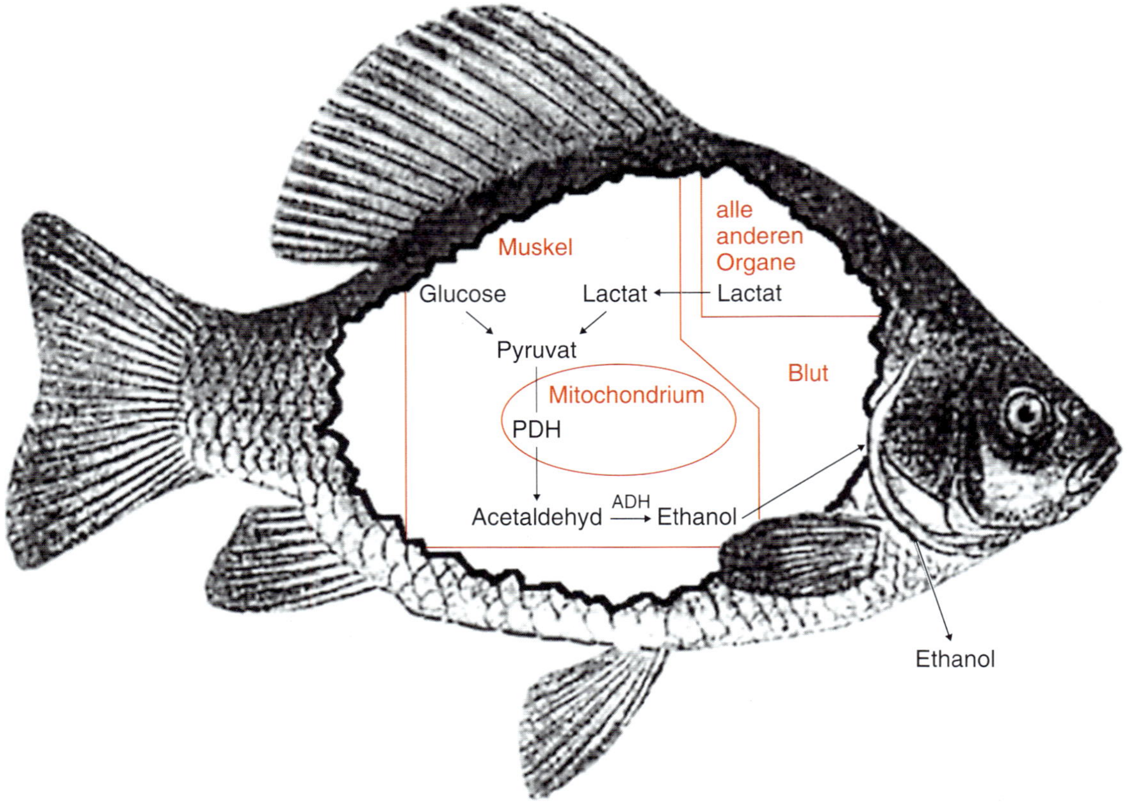

Abb. 2.44 Anaerober Stoffwechsel unter Bildung von Ethanol als metabolischem Endprodukt in Karpfenfischen. Da Ethanol leicht durch biologische Membranen diffundiert, wird es über die Kiemen in das Wasser ausgeschieden. Die Bildung von Ethanol ist daher nicht wie die Lactatakkumulation mit der Bildung von Ödemen oder mit einer Übersäuerung des Gewebes verbunden. PDH = Pyruvat-Dehydrogenase; ADH = Alkohol-Dehydrogenase. (Nach Nilsson GE (2001) Surviving anoxia with the brain turned on. News Physiol Sci 16, 217–221, Abb. 1, S. 218.)

Glykolyse bis zum Pyruvat abgebaut. Aus dem Pool freier Aminosäuren wird Glutamat rekrutiert und transaminiert, wobei aus dem Pyruvat die Aminosäure Alanin entsteht (Abb. 2.45). Der desaminierte Rumpf des Glutamats wird in Form von α-Ketoglutarat (2-Oxoglutarat) weiter im Energiestoffwechsel verstoffwechselt (s. u.). Da bei euryhalinen marinen Arten hohe cytosolische Konzentrationen von freien Aminosäuren, darunter Glutamat und Aspartat, wegen ihrer Funktion als Osmolyte in der Volumenregulation problemlos verfügbar sind, findet man diesen Stoffwechselweg zum Beispiel bei *Mytilus edulis*, *Arenicola marina* und *Sipunculus nudus*. Er wird aber auch bei manchen Süßwasserarten (z. B. *Anodonta cygnea*, *Tubifex tubifex*) beobachtet. In den ersten Stunden nach Einsetzen der Anaerobiose werden auch die Phosphagenreserven – bei *Arenicola* ist es das Taurocyaminphosphat (Abb. 2.46) – stark beansprucht, um Energie bereitzustellen. Im Hautmuskelschlauch von *Arenicola* fällt der Phosphagengehalt innerhalb von 24 h auf 25 % des Ausgangswerts ab. Später verlangsamt sich die weitere Abnahme stark, da in der zweiten Phase durch eine Umstellung des Stoffwechsels zusätzliche Möglichkeiten für die Herstellung von ATP genutzt werden.

Während der späten Phase der Anaerobiose wird die Glykolyse bereits beim Phosphoenolpyruvat (PEP) abgebrochen. Das PEP wird nicht mehr, wie bei der »klassischen« Glykolyse, in Pyruvat überführt, sondern unter Bildung eines energiereichen Nucleotids zu Oxalacetat carboxyliert. Der Mechanismus dieser mehrere Stunden dauernden Umschaltung des Stoffwechselwegs von der Pyruvat-Kinase (PK; katalysiert die Bildung von Pyruvat aus PEP) auf die Phosphoenolpyruvat-Carboxykinase (PEPCK; katalysiert die Bildung von Oxalacetat aus PEP) ist noch nicht völlig aufgeklärt, könnte aber mit genregulatorischen Schritten verbunden sein und in der Übergangsphase durch unterschiedliche pH-Optima der beiden konkurrierenden Enzyme begünstigt werden. Da die PEPCK ein pH-Optimum von etwa pH 5 hat, das der Pyruvat-Kinase aber bei etwa pH 8,5 liegt, ist die PEPCK-Reaktion gegenüber der PK-Reaktion unter anaeroben Bedingungen bei leicht abnehmendem pH-Wert des Cytosols (metabolische Azidose) begünstigt. Überdies wird die Pyruvat-Kinase durch akkumulierendes Alanin gehemmt, die Inhibition der PEPCK aber aufgehoben. Das gebildete Oxalacetat wird weiter zu Malat reduziert, wodurch gleichzeitig das bei der Oxidation des Glycerinaldehyd-3-phosphats in der Glykolyse entstandene NADH + H^+, das seinen Wasserstoff ja nicht mehr in die Atmungskette abführen kann, wieder zu NAD^+ oxidiert wird, sodass die Einhaltung der Redoxbalance in den Zellen begünstigt wird (Abb. 2.47).

Sowohl der Abbau der Glucose zu Phosphoenolpyruvat, dessen Umwandlung zum Oxalacetat durch die PEPCK und die

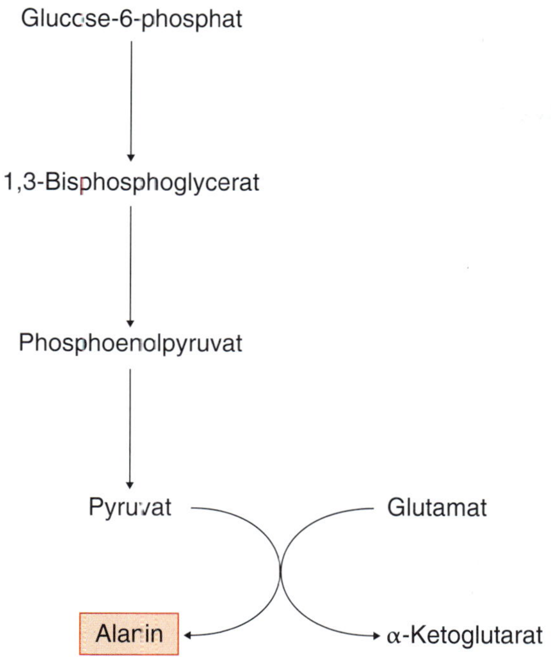

Abb. 2.45 Verstoffwechselung von Glucose im Cytosol während der frühen Phase der Anaerobiose bei Invertebraten (z. B. Bivalvia, Anneliden) und die Bildung von Alanin als Endprodukt.

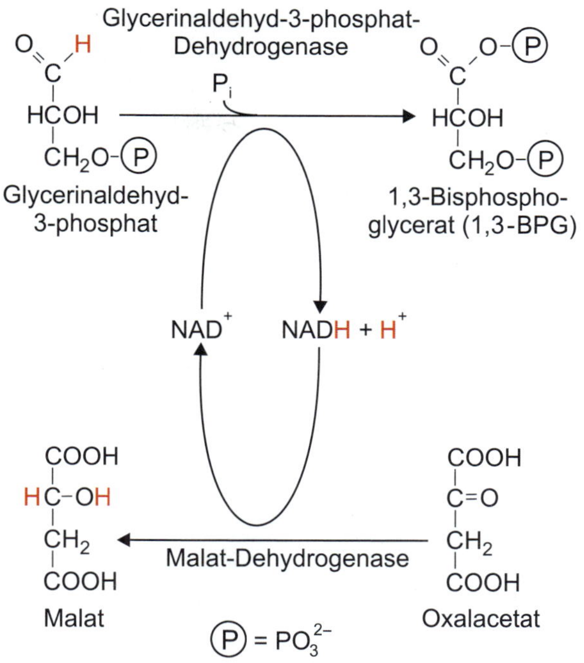

Abb. 2.47 Die Reduktion des Oxalacetats zu Malat im Zuge der Succinatgärung in der späten Phase der biotopbedingten Anaerobiose.

Phosphagen	Strukturformel	Verbreitung
Kreatinphosphat	$H_2N^+{=}C(NH{\sim}P)-N(CH_3)-CH_2-COO^-$	Chordaten (Ausn.: *Ascidia*), Ophiuriden, *Polychaeta errantia*
Argininphosphat	$H_2N^+{=}C(NH{\sim}P)-NH-(CH_2)_3-CH(NH_3^+)-COO^-$	Asteroiden, Holothurien, Echinoiden, Arthropoden, Mollusken, Sipunculiden, Nemertinen, Plathelminthen, Coelenteraten
Taurocyaminphosphat	$H_2N^+{=}C(NH{\sim}P)-NH-(CH_2)_3-SO_3^-$	*Arenicola* (Polychaet) *Glycera gigantea* (Polychaet)
Glykocyaminphosphat	$H_2N^+{=}C(NH{\sim}P)-NH-CH_2-COO^-$	*Nereis diversicolor* (Polychaet)
Lombricinphosphat	$H_2N^+{=}C(NH{\sim}P)-NH-(CH_2)_2-O-P(O^-)(=O)-O-CH_2-CH(NH_3^+)-COO^-$	*Lumbricus* (Oligochaet)

Abb. 2.46 Beispiele für Phosphagene und ihre Verbreitung bei unterschiedlichen Tierarten.

Oxalacetatreduktion zu Malat vollziehen sich im Cytosol. Erst das Malat ist in der Lage, mittels eines Carriers die innere Mitochondrienmembran zu durchqueren (**Malat-Shuttle**). Es wird innerhalb der Mitochondrien in **Succinat** überführt (Succinatgärung), was quasi einem Rückwärtslaufen des Citratzyklus in diesem Abschnitt entspricht (◘ Abb. 2.48). Die Succinatgärung führt gegenüber der Bildung von Lactat oder Opinen auch zu einer größeren Energieausbeute (4 statt 2 mol ATP pro mol eingesetzter Glucose). Die dauerhafte Akkumulation von Succinat führt allerdings ebenfalls zu osmotischen Problemen, da Succinat nicht ohne Weiteres aus dem Gewebe oder dem Organismus entfernt werden kann. Außerdem wird durch die Reduktion von Fumarat zu Succinat die Redoxbalance der Zelle bedroht, weil $FADH_2$ dabei zu FAD reoxidiert wird. Die Succinatgärung funktioniert daher nur dann dauerhaft, wenn ein zusätzlicher Weg existiert, die Reduktionsäquivalente herzustellen, die für die Succinatbildung benötigt werden. Dies kann dadurch geschehen, dass nur ein Teil des in die Mitochondrien eingeschleusten Malats in Fumarat umgewandelt und zur Succinatbildung reduziert wird und der andere Teil des Malats durch das mitochondriale Malatenzym (EC 1.1.1.38) im Zuge einer oxidativen Decarboxylierungsreaktion in Pyruvat umgewandelt wird (Dismutation von Malat):

$$NAD^+ + \text{L-Malat} \leftrightarrows CO_2 + \text{Pyruvat} + NADH + H^+$$

Pyruvat wird durch die Pyruvat-Dehydrogenase (PDH) in Acetyl-CoA umgesetzt, wobei weiteres NADH + H^+ sowie Koh-

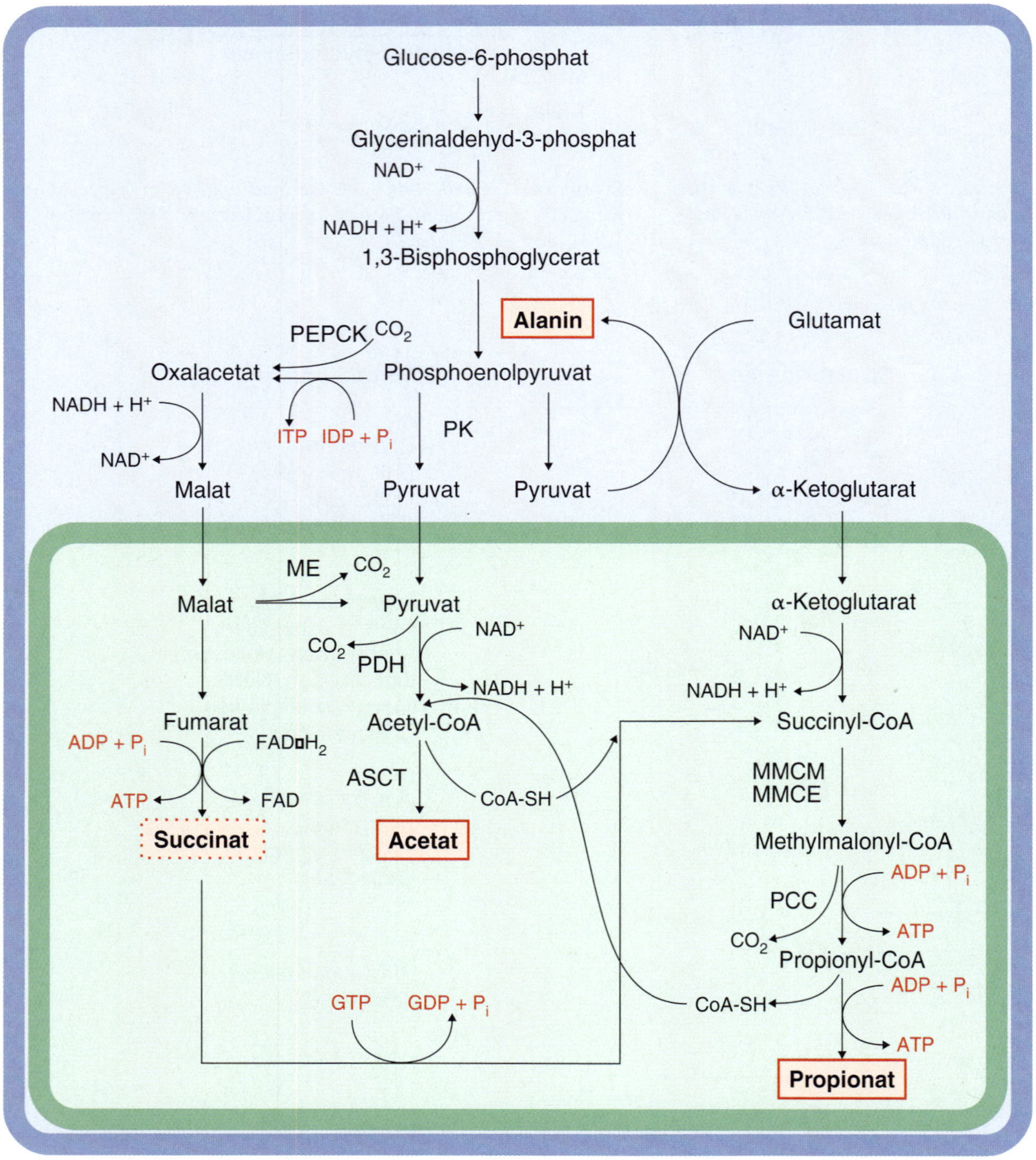

◘ **Abb. 2.48** Übersicht über die Stoffwechselwege unter Langzeitanaerobiose bei Invertebraten. Energiebenötigende und energieliefernde Reaktionen sind rot hervorgehoben. Ausgewählte Schlüsselenzyme: ASCT = Acetat-Succinat-CoA-Transferase; ME = Malatenzym; MMCE = Methylmalonyl-CoA-Epimerase; MMCM = Methylmalonyl-CoA-Mutase; PCC = Propionyl-CoA-Carboxylase; PDH = Pyruvat-Dehydrogenase; PEPCK = Phosphoenolpyruvat-Carboxykinase; PK = Pyruvat-Kinase.

lendioxid entstehen. Acetyl-CoA wird mit Succinat durch eine Acetat-Succinat-CoA-Transferase (EC 2.8.3.8) in Acetat umgesetzt, sodass als weitere Produkte des anaeroben Stoffwechsels Acetat sowie Succinyl-CoA gebildet werden:

Acetyl-CoA + Succinat ⇆ Acetat + Succinyl-CoA

Die durch Protonierung des Acetats unter sauren Bedingungen in den Zellen entstehende Essigsäure ist ein flüchtiges Molekül, das durch biologische Grenzflächen diffundieren kann, sodass die Abgabe von Essigsäure aus dem Tier an das Medium sowohl die Entstehung osmotischer Probleme als auch (durch die Protonenbindung des Acetats) eine Übersäuerung des anaeroben Gewebes verhindern hilft.

Unter längerer Anaerobiose akkumuliert Succinat nur bis zu einem osmotisch tolerablen Niveau in den Geweben der betroffenen Tiere. Überschüsse werden, wie schon gezeigt, in Succinyl-CoA überführt (was durch die Hydrolyse von GTP energetisiert wird) und können auf diese Weise noch weiter metabolisiert werden. Die Aktivität der mitochondrialen Methylmalonyl-CoA-Mutase und der Methylmalonyl-CoA-Epimerase überführen Succinyl-CoA in Methylmalonyl-CoA. Dieses wird von dem Biotinenzym Propionyl-CoA-Carboxylase unter Bildung eines Moleküls ATP und Freisetzung von Kohlendioxid zu Propionyl-CoA umgesetzt, aus dem unter Bildung eines weiteren Moleküls ATP das Coenzym A abgespalten und dieses in die Reaktion vom Pyruvat zum Acetyl-CoA eingeschleust oder auf Succinat übertragen wird. Auf diese Weise entsteht **Propionat**, das unter den leicht sauren Bedingungen des Gewebes zu Propionsäure protoniert wird. Ähnlich wie Essigsäure ist die Propionsäure leicht flüchtig und kann aus dem Tiergewebe in das Medium entweichen, was die Entstehung osmotischer Effekte durch Akkumulation von Endprodukten des anaeroben Stoffwechsels und einer Azidose verhindert.

Die Energieausbeute bei der Succinatgärung in Verbindung mit der Bildung flüchtiger Fettsäuren (Essigsäure, Propionsäure) beläuft sich auf 6 mol ATP pro mol Glucose. Das ist im Vergleich zum oxidativen Abbau der Glucose bis zum Kohlendioxid und Wasser, der mindestens 36 ATP liefert, weniger als ein Sechstel der Energieausbeute. Die Energieausbeute dieses Stoffwechselwegs ist aber im Vergleich zu dem der Milchsäuregärung etwa dreimal effektiver (▣ Abb. 2.48).

Das durch die Transaminierung des Glutamats während der Bildung von Alanin als einem Endprodukt des anaeroben Stoffwechsels anfallende α-Ketoglutarat (2-Oxoglutarat) (s. o.) kann bei Würmern, darunter alle parasitische Würmer des Darmtrakts (*Fasciola hepatica*, *Ascaris* usw.), bei Anneliden und Muscheln zusätzlich in den Stoffwechselweg zur Bildung von Propionat eingeschleust werden, in dem es unter Abspaltung von Kohlendioxid und Bildung weiterer Reduktionsäquivalente sowie durch Übertragung von Coenzym A zu Succinyl-CoA umgewandelt wird. Diese Reaktion trägt, je nach Intensität der Beiträge des Aminosäurestoffwechsels zur Gesamtumsatzrate im anaeroben Stoffwechsel der Tiere, parallel zum Reaktionsweg des Malatenzyms und der Pyruvat-Dehydrogenase, zur Produktion von Reduktionsäquivalenten bei, die für die Reduktion von Fumarat zu Succinat im Zuge der Succinatgärung (s. o.) benötigt werden.

2.4 Fragen zum Selbststudium

- Erläutern Sie, warum zum Aufbau biologischer Makromoleküle bevorzugt solche chemischen Elemente verwendet werden, die kovalente Bindungen eingehen.
- Welche strukturellen Besonderheiten besitzen Moleküle, die die Eigenschaft aufweisen, UV- oder sichtbares Licht zu absorbieren?
- Welche Eigenschaften des Wassers machen dieses Molekül zu einem geradezu perfekten biologischen Lösungsmittel?
- Welche intramolekularen Wechselwirkungen können an der Stabilisierung der Tertiärstruktur eines Proteins mitwirken?
- Welche Zuckerderivate werden bei Tieren als strukturbildende Moleküle genutzt?
- Nennen Sie die wesentlichen strukturellen Unterschiede von DNA und RNA.
- Welche Mechanismen wirken an der Regulation der Gentranskription mit?
- Warum kann es ein stoffwechseltechnisches Problem geben, wenn sich die Körpertemperatur eines Tieres rasch um größere Beträge ändert?
- Wie wird in der Enzymkinetik die Substratkonzentration bezeichnet, bei der die Umsatzgeschwindigkeit einer enzymatischen Reaktion gerade halbmaximal ist?
- Welche Zellorganellen sind an der oxidativen Phosphorylierung beteiligt?
- Erläutern Sie die zentrale Stellung des Pyruvats im Energiestoffwechsel der Tiere.
- Welche Ausbeute an energiereichen Phosphaten erhält man durch die Verstoffwechselung von Glucose unter aeroben und unter anaeroben Bedingungen? Erklären Sie den Unterschied.
- Welche Probleme sind mit der langfristigen Produktion von Milchsäure in anaerob arbeitenden Geweben verbunden?
- Wozu bevorraten Tiere Phosphagene in ihren Körperzellen?

Weiterführende Literatur

Allgemeines

Alberts B, Bray D, Hopkin K et al. (2012) Lehrbuch der Molekularen Zellbiologie. Wiley-VCH, Weinheim.

Bender DA (1985) Amino acid metabolism. 2. Aufl. Wiley, New York.

Berg JM, Tymoczko JL, Stryer L (2012) Stryer Biochemie. 7. Aufl. Springer Spektrum, Heidelberg.

Bruice PY (2004) Organic Chemistry. 4. Aufl. Pearson, Harlow, UK.

Fersht A (1985) Enzyme structure and mechanism. Freeman, New York.

Hochachka PW, Somero GN (2002) Biochemical Adaptation: Mechanism and Process in Physiological Evolution. Oxford University Press, Oxford.

Lodish H, Berk A, Kaiser CA et al. (2008) Molecular Cell Biology. 6. Aufl. Freeman, New York.

Nelson D, Cox M (2009) Lehninger Biochemie. 4. Aufl. Springer, Heidelberg.

Urich K (1990) Vergleichende Biochemie der Tiere. Gustav Fischer Verlag, Stuttgart, New York.

Voet D, Voet JG, Pratt CW (2010) Lehrbuch der Biochemie. 2. Aufl. Wiley-VCH, Weinheim.

2

Spezielle Aspekte

Atkinson DE (1968) The energy charge of the adenylate pool as a regulatory parameter. Interaction with feedback modifiers. Biochemistry 7, 4030-4034.

Chamberland V, Rioux P (2010) Not only students can express alcohol dehydrogenase: goldfish can too! Advances in Physiological Education 34, 222-227.

Choi JH, Park MJ, Kim KW, Choi YH, Park SH, An WG, Yang US, Cheong JH (2005) Molecular mechanism of hypoxia-mediated hepatic gluconeogenesis by transcriptional regulation. FEBS Letters 579, 2795-2801.

Drummond DA, Wilke CO (2009) The evolutionary consequences of erroneous protein synthesis. Nature Reviews Genetics 10, 715-724.

Gäde G, Grieshaber MK (1986) Pyruvate reductases catalyze the formation of lactate and opines in anaerobic invertebrates. Comparative Biochemistry and Physiology Part B: Comparative Biochemistry 83, 255-272.

Hardie DG, Hawley SA (2001) AMP-activated protein kinase: the energy charge hypothesis revisited. Bioessays 23, 1112-1119.

Kamerlin SCL, Warshel A (2009) On the energetics of ATP hydrolysis in solution. The Journal of Physical Chemistry B 113, 15692-15698.

Keller MA, Turchyn AV, Ralser M (2014) Non-enzymatic glycolysis and pentose phosphate pathway-like reactions in a plausible Archean ocean. Molecular Systems Biology 10, 725.

Muckenthaler M, Preis T (2003) Mechanismen der Translationskontrolle in Eukaryonten. In: Ganten, D., Ruckpaul, K. (Hrsg) Grundlagen der Molekularen Medizin. Springer Verlag, Heidelberg. 152 ff.

Pannevis MC, Houlihan DF (1992) The energetic cost of protein synthesis in isolated hepatocytes of rainbow trout (*Oncorhynchus mykiss*). Journal of Comparative Physiology B 162, 393-400.

Pörtner HO, Peck L, Somero GN (2007) Thermal limits and adaptation: an integrative view. Proceedings of the Royal Society of London Series B - Biological Sciences 362, 2233-2258.

Thermann R (2008) Translationskontrolle durch Mikro-RNAs. Biospektrum 3, 243-245.

Tielens AGM, Rotte C, van Hellemond JJ, Martin W (2002) Mitochondria as we don't know them. Trends in Biochemical Sciences 27, 564-572.

Torres JJ, Grigsby MD, Clarke ME (2012) Aerobic and anaerobic metabolism in oxygen minimum layer fishes: the role of alcohol dehydrogenase. Journal of Experimental Biology 215, 1905-1914.

van Grinsven KW, van Hellemond JJ, Tielens AGM (2009) Acetate:succinate CoA-transferase in the anaerobic mitochondria of *Fasciola hepatica*. Molecular & Biochemical Parasitology 164, 74-79.

Westman EC (2002) Is dietary carbohydrate essential for human nutrition? American Journal of Clinical Nutrition 75, 951-953.

II Stoffaufnahme und -verteilung

Lebendige Systeme zeichnen sich durch einen intensiven Stoff- und Energieaustausch mit ihrer Umgebung aus. Sie sind deshalb im thermodynamischen Sinn offene Systeme. Die Offenheit des Systems ist eine notwendige, aber noch keineswegs hinreichende Bedingung für die Existenz von Lebewesen. Alle Lebensleistungen, wobei bereits die Aufrechterhaltung des lebendigen Zustands eine Leistung ist, erfordern die ständige Bereitstellung von Energie. Die einzige Energiequelle, die den Tieren (heterotrophe Organismen) zur Verfügung steht, ist die in den **Nährstoffen** (Kohlenhydrate, Fette, Proteine) enthaltene, chemisch gebundene Energie. Tiere sind deshalb auf die Existenz der Primärproduzenten – in erster Linie grüne Pflanzen – angewiesen, die ihnen entweder direkt (Herbivora) oder indirekt (Carnivora) als Nahrung dienen. Letztlich ist für alles Leben auf unserer Erde die Sonne der einzige Energiespender.
Die **Nahrung** muss allerdings nicht nur in den Verdauungstrakt aufgenommen, sondern die darin enthaltenen Substanzen müssen in resorbierbare Moleküle zerlegt und diese auch tatsächlich resorbiert[137] werden. Die meisten Nahrungsbestandteile können nicht in der komplexen Form, wie sie das Tier in der Natur vorfindet, im eigenen Stoffwechsel verwendet werden, sondern müssen zuvor in ihre chemischen Bausteine (Zucker, Fettsäuren, Aminosäuren) zerlegt werden. Diese Zerlegung von Biopolymeren in resorbierbare Monomere wird als **Verdauung** bezeichnet und findet in der Regel wie die **Resorption** im Darmtrakt statt. Ein Kreislaufsystem muss anschließend dafür sorgen, dass die resorbierten Stoffe jede einzelne Zelle des Organismus, in der sich der Stoffwechsel (Metabolismus) abspielt, in ausreichendem Maße erreichen.

Die resorbierten Stoffe dienen nicht nur als Energieträger zur Aufrechterhaltung der Energieladung der Zellen durch vollständigen (aeroben) oder unvollständigen (anaeroben) Abbau, sondern liefern gleichzeitig auch die Grundbaustoffe zum Aufbau der körpereigenen Substanz. Es besteht keine strikte Trennung zwischen Betriebs- und Baustoffwechsel – beide schöpfen ihre Stoffe aus einem gemeinsamen Pool. Die Lebewesen sind Systeme, die sich aus Stoffen aufbauen, welche ihnen auch als Betriebsstoffe dienen können.

Neben den Energieträgern und den Grundbaustoffen werden weitere Stoffe aus der Umwelt aufgenommen, die für den Organismus **essenzielle Nahrungsbestandteile** sind, weil sie für sehr spezielle Funktionen innerhalb des Organismus benötigt werden und von den Organismen nicht selbst synthetisiert werden können. Neben Wasser gehören Salze und Vitamine zu diesen Funktionsträgern.

Zur vollständigen Verbrennung der Nährstoffe und damit zur bestmöglichen Energieausbeute ist schließlich Sauerstoff (als Wasserstoffakzeptor in der Atmungskette) nötig. Die Aufnahme des Gases (und gleichzeitig die Abgabe des Kohlendioxids) erfolgen unabhängig von der Aufnahme der Nährstoffe, der Salze und des Wassers. Bei kleinen Tieren reicht die Körperoberfläche dazu aus, bei größeren werden wegen des sich ungünstiger gestaltenden Oberfläche/Volumen-Verhältnisses spezielle Organe für den Gasaustausch mit der Umgebung notwendig (Atmungsorgane).

[137] *resorbere* (lat.) = aufsaugen

Versorgung mit Energie- und Funktionsträgern (Ernährung)

Als heterotrophe Organismen zählen die Tiere im Stoffwechselnetzwerk der Natur zu den Konsumenten. Sie ernähren sich entweder von lebenden Tieren oder Pflanzen (**Biophaga**[138]) oder von bereits in Zersetzung begriffenen Pflanzen- und Tierleichen (**Saprophaga**[139]). Unter den biophagen Tieren haben sich die **Carnivora**[140] (Fleischfresser) auf das Fressen anderer Tiere spezialisiert. Ganze Tiergruppen wie die Turbellarien (mit Ausnahme der kleinsten Formen), Skorpione, Spinnen und Cephalopoden gehören diesem Ernährungstyp an. Sie sind generell als **zoophag** zu bezeichnen. Als **Herbivora**[141] kennzeichnet man die Pflanzenfresser. Sie sind **phytophag**[142]. Dazu gehören viele Insekten, die Nagetiere, Huftiere und andere. Handelt es sich bei der Nahrung der Saprophaga um bereits in Zersetzung begriffenes pflanzliches Material, spricht man von **detritophag**[143] (Mulmfresser), handelt es sich um tierische Leichen von **nekrophag**[144] (Aasfresser). Handelt es sich bei der **Nahrung** vornehmlich um Exkremente anderer Tiere wird dieses Verhalten als **koprophag**[145] bezeichnet (Kotfresser). Saprophag ernähren sich zahlreiche Schlammfresser am Boden der Gewässer (viele Nematoden, *Tubifex*, *Gammarus* u. a. im Süßwasser, *Arenicola*, *Sipunculus*, *Priapulus*, viele Holothurien u. a. im Meer) sowie viele Humusbewohner (Regenwurm, Collembolen usw.).

In der Wahl ihrer Nahrung sind manche Tiere sehr anspruchsvoll. Es gibt ausgesprochene Spezialisten. Sie verlangen zum Beispiel eine ganz bestimmte Futterpflanze (die Seidenraupe (*Bombyx mori*) ist beispielsweise auf Blätter des Maulbeerbaums spezialisiert) oder aufgrund ihrer besonderen Enzymausstattung Produkte wie Holz, Chitin, Keratin oder Wachs, die anderen Tieren nicht als Nahrung dienen, da ihnen die entsprechenden Enzyme zur Verarbeitung fehlen. Die Raupe der Wachsmotte (*Galleria mellonella*) hat sich auf den Verzehr des Wachses der Bienenwaben spezialisiert. Allgemein bezeichnet man diese Tiere als **stenophag**[146]. Ihnen stehen die Allesfresser (**Omnivora**[147]) gegenüber. Wenn diese auch nicht gerade alles fressen, wie es der Name andeutet, so setzt sich die Nahrung, je nach Angebot, doch sowohl aus Pflanzen als auch aus erbeuteten Tieren zusammen. Dazu gehören unter anderen Schaben, Wespen, viele Vögel, das Schwein und schließlich auch der Mensch.

Die Aufnahme fester und flüssiger Stoffe erfolgt bei den meisten Tieren in Form der **Nahrung** durch den Mund. Eine parenterale[148] Stoffaufnahme über die Haut unter Umgehung des Darmkanals gehört zu den Ausnahmen. Hier sind insbesondere Blut- und Darmparasiten zu nennen, die in einem Medium resorbierbarer organischer Stoffe schwimmen, die sie teilweise oder ausschließlich durch die Körperoberfläche aufnehmen. Die Bandwürmer (Cestoden) haben in ihrer evolutiven Anpassung an diese extreme Situation bekanntlich den Darmkanal abgeschafft.

Der **Nahrungsaufnahme** über den Mund schließen sich komplizierte Verarbeitungsvorgänge im Magen-Darm-Kanal (Gastrointestinalsystem) an. Zweck dieser Verdauungsprozesse ist, die Stoffe so zu verändern, dass sie im Prozess der **Resorption** oder **Absorption** aus dem physiologisch noch zur Außenwelt zählenden Darmlumen ins Körperinnere aufgenommen werden können. Die unverdaulichen Reste werden durch den After (bei afterlosen Tieren wie Coelenteraten und Turbellarien wieder durch die Mundöffnung) abgegeben (**Defäkation**[149]). Die Vorgänge der Nahrungsaufnahme, Verdauung, Resorption und Defäkation bezeichnet man zusammenfassend als **Ernährung**.

3.1 Essenzielle Nahrungsbestandteile

Die mit der Nahrung aufgenommenen Stoffe kann man grob in zwei Gruppen einteilen, wobei jedoch keine scharfe Trennungslinie zwischen beiden existiert. Die Stoffe der ersten Gruppe dienen der Energienachlieferung, man kann sie als Energieträger bezeichnen. Zu ihnen gehören insbesondere die Kohlenhydrate und Fette. Zur zweiten Gruppe zählen Stoffe mit nur geringen oder gar keinen Energiewerten. Bei ihnen ist die stoffliche Spezifität entscheidend (Funktionsträger). Dazu gehören Vitamine, Lipide, Mineralstoffe (inkl. Spurenelemente) und Wasser. Proteine finden sich in beiden Gruppen (s. auch ▶ Box 3.1).

Box 3.1 Besondere Wirkungen von Nahrungsbestandteilen

In speziellen Fällen können Bestandteile der Nahrung bei Tier und Mensch auch spezifische Signalfunktionen erfüllen, bevor sie verdaut und ihre Bestandteile resorbiert werden. Ein Beispiel könnten Proteine des Gelée Royale (*royal jelly*) der Honigbiene sein, das Arbeiterinnen zu Beginn der Larvalentwicklung an alle Larven, dauerhaft aber offenbar nur an solche Larven verfüttern, die später zu Königinnen werden sollen. Fütterungsversuche mit rekombinant hergestellten Proteinen des Gelée Royale haben zu der Hypothese geführt, dass neben dem Zuckergehalt des Futters auch *major royal jelly*-Proteine eine aktivierende Wirkung auf das Wachstum der Larven haben können. Ob dies auch mit einer determinierenden Funktion dieser Proteine für die Entwicklung zur Königin einhergeht, ist allerdings umstritten. Befunde wie diese haben dazu geführt, dass mittlerweile auch für andere Nahrungsbestandteile von Tier und Mensch Signalfunktionen nachgewiesen wurden, die, teilweise über epigenetische Mechanismen, auf die Ausgestaltung von Organen oder des ganzen Organismus einwirken. Aus diesen Erkenntnissen hat sich eine ganz neue Forschungsrichtung, die **Nutrigenomik**, entwickelt.

---

138 *bios* (griech.) = Leben; *phagein* (griech.) = fressen
139 *sapros* (griech.) = faulig
140 *caro, carnis* (lat.) = Fleisch; *vorare* (lat.) = verschlingen, fressen
141 *herba* (lat.) = grünes Kraut
142 *phyton* (griech.) = Pflanze
143 *detritus* (lat.) = Abfall, Zerfallsprodukt
144 *nekros* (griech.) = tot
145 *kopros* (griech.) = Mist, Kot
146 *stenos* (griech.) = eng, schmal
147 *omnis* (lat.) = alles
148 *para-* (griech.) = neben, vorbei; *enteron* (griech) = der Darm
149 *de-* (lat.) = ab-, weg-; *faex, faecis* (lat.) = Rest, dicke Brühe

Ernährungsversuche haben gezeigt, dass bestimmte Stoffe in der natürlichen Nahrung dauerhaft fehlen werden können, ohne dass beim Versuchstier krankhafte Erscheinungen auftreten. Andere Stoffe müssen dagegen dem Tier regelmäßig mit der Nahrung zugeführt werden, wenn es sich normal entwickeln, fortpflanzen und gesund bleiben soll. Der Organismus kann sie gar nicht oder nicht in genügenden Mengen selbst synthetisieren. Man bezeichnet solche Nahrungsbestandteile als **essenziell**[150]. Der Vergleich der essenziellen Nahrungsbestandteile bei Vertretern der verschiedenen Tiergruppen zeigt viele Übereinstimmungen, aber auch eine Reihe von Unterschieden und Besonderheiten bei bestimmten Vertretern.

3.1.1 Mineralien und Spurenelemente

Die Zufuhr der lebensnotwendigen **Mineralstoffe** erfolgt gewöhnlich in ausreichendem Maße mit der Nahrung bzw. dem Trinkwasser. Für die meisten Tiere sind die Ionen Na^+, K^+, Ca^{2+}, Mg^{2+}, PO_4^{3-} und Cl^- essenziell. Natriumionen sind in der Regel quantitativ die vorherrschende Kationenart im Blut, der Lymphe bzw. der Hämolymphe sowie generell im extrazellulären Flüssigkeitsraum. In der Zelle selbst dominiert dagegen das Kaliumion. Calciumionen sind für verschiedene physiologische Funktionen wie Erregungsleitung, Muskelkontraktion usw. essenziell. Calcium ist außerdem ein wichtiger intrazellulärer Botenstoff.

150 *essentialis* (lat.) = wesentlich, hauptsächlich

Brüllaffen (*Alouatta palliata*), die sich während der Trockenzeit hauptsächlich von Feigen und jungen Blättern von *Ficus insipida* ernähren, können ihren Bedarf an Kupfer, Natrium und Phosphat so nicht decken. Sie sind gezwungen, nach ergänzender Nahrung zu suchen. Ähnliches gilt für die eigentlich fruchtfressenden Lemuren Madagaskars (z. B. *Eulemur collaris*), die ständig einen geringfügigen Anteil an Insekten verspeisen. Andere tropische Tiere verlassen die Baumkronen und suchen am Boden nach Mineralien.

Für eine Reihe von Insekten ist insbesondere eine hinreichende Zufuhr von Kalium und Phosphor (P) lebensnotwendig. Das Wachstum der Larve des Reismehlkäfers *Tribolium* wird verzögert, wenn der P-Gehalt des Mehls unter 0,1 % liegt. Die Taufliege *Drosophila* kann mit einer Nahrung gezüchtet werden, die nur die Salze K_2HPO_4 und $MgSO_4$ enthält ($NaCl$ und $CaCl_2$ traten allerdings als Verunreinigungen der genannten Salze auf). Bei solcher Ernährung sinkt die Na^+-Menge im Tier auf weniger als 5 %, die Ca^{2+}-Menge auf 1 % des Normalwerts ab, ohne dass die Erregbarkeit von Muskel- und Nervenzellen oder die Motilität des Insekts gestört wären. Dieses Phänomen erklärt sich partiell dadurch, dass die Hämolymphe von Insekten, die das größte Teilvolumen des Tierkörpers darstellt, reich an Kaliumionen, aber arm an Natriumionen ist.

Für die Krebse, die in ihre Cuticula zur Steigerung der Festigkeit erhebliche Mengen an Calciumcarbonat einbauen, entsteht ein Problem, wenn sie sich häuten und einen neuen Panzer aufbauen müssen. Vor jeder Häutung muss das Calcium weitgehend aus der Cuticula herausgelöst werden, um ein

Tab. 3.1 Auswahl wichtiger Spurenelemente, einige ihrer Funktionen im Tierkörper und tägliche Aufnahmemengen beim Menschen.

Spurenelement	Funktion	Tagesbedarf (Mensch)
Eisen (Fe)	Bestandteil des Hämoglobins, des Myoglobins, der Cytochrome, der Katalase und der Fe/S-Komplexe	mind. 10 mg (♂) bzw. 18 mg (♀)
Kupfer (Cu)	Bestandteil der Cytochrom-Oxidase; Ceruloplasmin ist ein kupferhaltiges Plasmaprotein, das die Oxidation des Fe^{2+}-Ions zum Fe^{3+}-Ion vermittelt; nur Fe^{3+} kann an Transferrin binden und so zum hämatopoietischen (blutbildenden) Gewebe transportiert werden; Kupfer ist somit mittelbar an der Synthese des Hämoglobins beteiligt	2 mg
Zink (Zn)	strukturbildender Bestandteil der Carboanhydrase, mehrerer Peptidasen und weiterer Enzyme	10–50 mg
Mangan (Mn)	Cofaktor in vielen Enzymen	2 mg
Kobalt (Co)	Bestandteil von Vitamin B_{12}, das für die Blutbildung unerlässlich ist	2–3 mg
Molybdän (Mo)	Bestandteil der Xanthin-Oxidase; spielt deshalb eine Rolle bei der Oxidation von Purin zu Harnsäure	0,05 mg
Jod (J)	Bestandteil des Thyroxins	0,15 mg
Zinn (Sn)	Ratten zeigten Wachstumsstörungen bei Mangel an Zinn in der Nahrung	1–3 mg
Fluor (F)	erhöht die Festigkeit von Knochen und Zähnen	1–5 mg
Silicium (Si)	Hühner zeigten bei Siliciummangel Knochen- und Schädelanomalien	10–50 mg
Arsen (As)	Ratten zeigten bei Arsenmangel ein langsameres Wachstum, ein struppiges Fell, niedrigere Hämatokritwerte und eine vergrößerte Milz	0,01 mg
Selen (Se)	Cofaktor antioxidativer Enzyme wie der Glutathion-Peroxidase	0,05 mg

problemloses Abstreifen der **Exuvie**[151] zu gewährleisten. Die marinen Vertreter verlieren so bei jeder Häutung den größten Teil ihres Kalkes (90 % bei *Carcinus*), den sie sich allerdings aus dem Wasser über die Kiemen oder aus der Nahrung über den Darm wieder leicht beschaffen können. Anders ist es bei den terrestrischen Formen, denen als Calciumquelle nur die Nahrung bleibt. Sie speichern das Calcium vor jeder Häutung als Calciumphosphat vorübergehend in der Mitteldarmdrüse (Brachyura) oder in den Gastrolithen (Flusskrebse, einige Landkrabben) im Cardiateil des Magens zwischen Epidermis und Cuticula. Nach der Häutung fallen die Gastrolithen in den Darmkanal, werden dort aufgelöst, die Mineralien resorbiert und über die Hämolymphe zurück zur Cuticula transportiert, um dort erneut eingebaut zu werden. Bei Isopoden (z. B. bei *Porcellio scaber*) werden vor der Häutung spezielle sternale Epithelzellen mit den aus der Cuticula resorbierten Calciumionen angefüllt. Die Ionen werden nach der Häutung wieder in die sich neu bildende Cuticula eingebaut.

Bei den meisten mitteleuropäischen Landschnecken unterliegt der Calciumstoffwechsel erheblichen jahreszeitlichen Schwankungen. Von März bis September wird viel Kalk aufgenommen und in der Mitteldarmdrüse, in den Nieren, im Fuß und zuletzt auch in der Hämolymphe gespeichert. Er dient zur Ausbildung des Epiphragmas, mit dem während der Winterruhe das Gehäuse verschlossen wird.

Neben den bereits besprochenen Mineralstoffen, die Tiere in größeren Mengen mit der Nahrung aufnehmen müssen, gibt es weitere Elemente, die dem Körper der Tierarten regelmäßig mit der Nahrung zugeführt werden müssen. Allerdings werden diese nur in geringen Mengen benötigt und können in höheren Konzentrationen sogar Probleme verursachen. Man nennt diese essenziellen Nahrungsbestandteile daher **Spurenelemente** (◘ Tab. 3.1).

Einige (nicht alle!) Tunikatenarten akkumulieren im Blut außergewöhnlich hohe Vanadiumkonzentrationen. Der Grund dafür ist nicht bekannt. Eine Besonderheit der zu den Einzellern (Protoctista) zählenden marinen *Acantharea* ist, dass sie ihr Skelett, das aus 10 oder 20 diametral angeordneten Stacheln besteht, aus Strontiumsulfat (Celestit) aufbauen. Diese Beispiele könnten darauf hindeuten, dass für bestimmte Tierarten noch andere, bisher nicht als essenziell erkannte mineralische Substanzen aus der Umwelt als Spurenelemente von Bedeutung sein könnten.

3.1.2 Nährstoffe

Zu den **essenziellen Nährstoffen** zählen Kohlenhydrate, Proteine und Fette. Sie liefern den Tieren die benötigten Baustoffe sowie die für die Aufrechterhaltung des lebendigen Zustands und der Lebensfunktionen notwendige Energie. Die Proteine nehmen insofern eine Sonderstellung ein, als sie neben den auch in den Kohlenhydraten und Fetten vorhandenen Elementen Wasserstoff (H), Sauerstoff (O) und Kohlenstoff (C) zusätzlich auch Stickstoff (N) und Schwefel (S) enthalten.

[151] *exuviae* (lat.) = abgelegte (Tier)haut, leere Hülle

Kohlenhydrate und Fette

Für die meisten Tiere sind die Kohlenhydrate die wichtigsten Energielieferanten. Das Molekülgerüst der Kohlenhydrate kann im oxidativen Stoffwechsel vollständig und rückstandsfrei zu Kohlendioxid und Wasser abgebaut werden. Der physikalische und physiologische Brennwert der Kohlenhydrate beläuft sich bei vollständiger Verbrennung auf 17,2 kJ g^{-1}. Pro Liter Sauerstoff wird das kalorische Äquivalent von 21,1 kJ frei. Viele Tiere können ihren Energiebedarf allein mit der Glucoseverbrennung decken. Obwohl die Kohlenhydrate (Einfachzucker) aus Proteinen (glucoplastische Aminosäuren) durch Umbildung im Stoffwechsel gebildet werden können (Gluconeogenese), muss offenbar die Nahrung eine von Art zu Art verschiedene Menge an Kohlenhydraten enthalten. Fleischfresser benötigen in der Regel weniger Kohlenhydrate als Pflanzenfresser (▶ Box 3.2).

Box 3.2 Kohlenhydrate in der Nahrung

Kohlenhydrate in der Nahrung sind für viele Arten unverzichtbar. Die Mehlmotte *Ephestia* und der Brotkäfer *Sitodrepa* wachsen nicht, wenn man ihnen keine Kohlenhydrate bietet. Larven der omnivoren Küchenschabe *Blatta orientalis* wachsen am schnellsten, wenn die Nahrung zu 25 % aus Proteinen und zu 71 % aus Kohlenhydraten besteht. Für verschiedene Protoctista (*Trypanosoma, Plasmodium*) ist ebenfalls ein hohes Zuckerbedürfnis nachgewiesen. Für *Trypanosoma brucei* ist ein Mischungsverhältnis der Zucker Glucose, Mannose, Maltose, Fructose und Galactose von 100:86:50:21:9 im Nährmedium optimal. Der Ciliat *Tetrahymena* kommt zwar ohne Kohlenhydratzufuhr aus, bietet man ihm aber Kohlenhydrate, so hat das eine Verminderung seines Aminosäureverbrauchs zur Folge.

Fette und Öle sind vom chemischen Grundaufbau her gleichartig. Öle (oft in pflanzlichem Material, seltener in tierischem Material) enthalten am Glycerin veresterte ungesättigte Fettsäuren kürzerer C-Kettenlängen und sind daher bei Raumtemperatur flüssig, während die Fette meist gesättigte Fettsäuren mit etwas längerer C-Kette enthalten. Die Fettsäuren der aufgenommenen Fette und Öle werden entweder im Betriebsstoffwechsel oxidativ abgebaut oder in Form von **Depotfett** gespeichert. Fettsäuren werden in der β-Oxidation in den Mitochondrien abgebaut, das Rückgratmolekül der Fette, Glycerin, kann im Zuge der Glykolyse in den Energiestoffwechsel eingeschleust werden. Das Molekülgerüst der Fette kann so im oxidativen Stoffwechsel vollständig und rückstandsfrei zu Kohlendioxid und Wasser abgebaut werden.

Die Speicherung von Fetten im Gewebe dient Tieren als Energiereserve für Zeiten, in denen energiereiche Moleküle über die Nahrung nicht in ausreichenden Maßen zur Verfügung stehen (Winter, Dürreperioden, Wanderungen usw.).

Tab. 3.2 Essenzielle Aminosäuren (AS) bei Vertebraten und Invertebraten.

AS mit apolarer Seitenkette	AS mit polarer Seitenkette	AS mit Schwefel in der Seitenkette	AS mit Stickstoff in der Seitenkette	AS mit aromatischen Seitenketten
Valin	Threonin	Methionin	Lysin	Phenylalanin
Leucin			Histidin	Tryptophan
Isoleucin			Arginin	

Fette eignen sich deshalb besonders gut als Energiedepots, weil sie im Vergleich mit Kohlenhydraten pro Gramm mehr als das Doppelte an Energie freisetzen. Der physiologische Brennwert von Fett beträgt 39,4 kJ g^{-1}. Im Gegensatz zum Fett kann der Organismus Proteine (Albumin und andere Speicherproteine) und Kohlenhydrate (Glykogen) nur in geringem Umfang als Reserven speichern.

Die Bevorratung von Fett erfolgt bei Vertebraten in weißem oder braunem Fettgewebe. Weißes Fettgewebe liegt mehr oder weniger gleich verteilt unter der Haut (Unterhautfettgewebe), um die Eingeweide herum (viscerales Fett) oder als gelbes Knochenmark innerhalb der großen Röhrenknochen. Braunes Fettgewebe liegt bevorzugt in Bereich des Schultergürtels und um die großen Gefäße im Thorax herum. Die Speicherung von Fett im Unterhautbindegewebe (subkutane Fettschicht) dient bei vielen endothermen Tieren auch der Wärmeisolierung des Körpers. Besonders wichtig ist diese Funktion bei wasserlebenden Säugetieren und Vögeln in kalten Klimazonen (Robben und Pinguine). Bei Invertebraten gibt es andere Speicherorgane, zum Beispiel den Fettkörper bei Insekten, der aber neben der Lipidspeicherung auch anderen Funktionen dient. Bestimmte Fettsäuren sind außerdem essenzielle Nahrungsbestandteile (▶ Box 3.3).

Box 3.3 Bestimmte Fettsäuren als essenzielle Nahrungsbestandteile

Für die ernährungsphysiologisch besonders gut untersuchte Ratte erwiesen sich höher ungesättigte Fettsäuren (Linolsäure $C_{17}H_{31}COOH$, Linolensäure $C_{17}H_{29}COOH$ und Arachidonsäure $C_{19}H_{31}COOH$) als essenziell. Ihr Fehlen in der Nahrung führt zu Mangelsymptomen wie Veränderungen der Haut, Störungen der Fortpflanzung beim weiblichen Tier, in schweren Fällen kommt es auch zu Nierenschäden. Das gilt auch für junge Mäuse, Hunde, Schweine, Kälber und Hühnchen. Für den Menschen ist die mehrfach ungesättigte Linolsäure die wichtigste essenzielle Fettsäure.

Unter den Invertebraten zeichnen sich insbesondere einige Lepidopteren (*Ephestia, Corcyra*) durch ihren Bedarf an Linolsäure aus. Fehlt sie im Futter, so sind das Larvenwachstum und die Entwicklung der Flügel gestört. Eine wichtige Funktion der essenziellen Fettsäuren (z. B. Arachidonsäure) besteht darin, dass sie die Ausgangsstoffe für die Biosynthese bestimmter Gewebehormone sind.

Proteine

Die **Aminosäuren** sind die Hauptlieferanten des Stickstoffs und des Schwefels (durch die im Protein enthaltenen S-haltigen Aminosäuren Cystein, Cystin und Methionin) im **Baustoffwechsel** der Tiere. Es existieren daher (für jede Tierart unterschiedliche) Proteinmengen, die täglich mit der Nahrung zugeführt werden müssen, um den Stickstoffverlust (Desaminierung von Aminosäuren und Ammoniakausscheidung) wieder auszugleichen. Hinzu kommt, dass viele Tiere (z. B. Säuger) keine Möglichkeit haben, größere Proteinmengen zu speichern. Beim Menschen liegt der minimale tägliche Proteinbedarf bei 13–17 g. Dieser Wert reicht allerdings aus verschiedenen Gründen nicht aus, auf Dauer die Gesundheit des Menschen zu garantieren. Erfahrungswerte, die über mehrere Jahre zusammengetragen wurden, zeigen, dass das sogenannte funktionelle Eiweißminimum des Menschen bei 1 g Protein pro kg Körpergewicht und Tag liegt.

Nicht alle im Organismus vorkommenden Aminosäuren müssen in der Nahrung enthalten sein, einige können fehlen, da das Tier sie aus anderen Stoffen im körpereigenen Stoffwechsel synthetisieren kann. Übereinstimmend erwiesen sich bei verschiedenen Wirbeltieren (Lachs, Ratte, Schwein, Mensch) und Insekten (*Musca*, *Drosophila*, *Aedes*-Larven, *Tribolium confusum* u. a) sowie bei dem Nematoden *Caenorhabditis* und dem Ciliaten *Tetrahymena* zehn Aminosäuren als essenziell (Tab. 3.2), während die übrigen proteogenen Aminosäuren durch Übertragung von Aminogruppen aus **essenziellen Aminosäuren** (▶ Box 3.4) auf Intermediärprodukte des Energiestoffwechsels im Tier selbst hergestellt werden können (**nichtessenzielle Aminosäuren**). Durch den Gehalt an essenziellen Aminosäuren sowie durch das Mengenverhältnis derselben zueinander wird die biologische Wertigkeit eines Proteins bestimmt. Tierische Proteine sind in der Regel hochwertiger (also reicher an essenziellen Aminosäuren) als pflanzliche. Das Milcheiweiß (Casein) gehört zu den höchstwertigen Proteinen.

Box 3.4 Essenzielle Aminosäuren

Für Geflügel während der Wachstumsperiode ist Glycin essenziell. Für Ratten und Schweine ist Arginin, für den Menschen außerdem noch Histidin in bestimmten Lebensphasen (Wachstum, Genesung) unentbehrlich. Bei der Honigbiene kann von den in Tab. 3.2 genannten Aminosäuren Methionin, bei der Schmeißfliege *Calliphora* Tryptophan fehlen.

▼

Noch größere Abweichungen finden wir bei denjenigen Insekten, die intrazelluläre Symbionten besitzen, die die in Uratzellen des Fettkörpers gespeicherten Harnsäuresalze wieder mobilisieren und in Aminosäuren umwandeln können. Dazu gehören zum Beispiel *Periplaneta americana* und andere Schabenarten. Die Schabe *Blattella* benötigt zur Erlangung der Geschlechtsreife Arginin und zur Eibildung Phenylalanin und Tyrosin. Der in Insekten parasitierende Flagellat *Strigomonas* benötigt offenbar nur eine einzige Aminosäure, nämlich Methionin.

Pflanzenfresser sind gegenüber carnivoren Tieren bei der Deckung ihres Stickstoffbedarfs generell im Nachteil, da pflanzliches Material überwiegend Kohlenhydratcharakter hat und Beimischungen von Fetten oder Ölen aufweisen kann, aber kaum Protein enthält. In evolutiver Anpassung an diesen Umstand beherbergen Wiederkäuer in ihrem Pansen Bakterien (10^{11} Bakterien pro ml Pansensaft), die aus Amiden (z. B. Harnstoff, hohe Konzentrationen im Speichel des Rindes!) und Ammoniumsalzen Aminosäuren und aus diesen anschließend Protein synthetisieren. Dieses wird anschließend im Labmagen und Dünndarm entweder direkt oder über den Umweg über die bakterienfressenden Pansenciliaten vom Wiederkäuer verdaut und verwertet. Etwa ein Viertel des täglichen Stickstoffbedarfs kann das Rind so über den Amidstickstoff decken. Dieser außerordentlich effektive, interne ruminohepatische Stickstoffkreislauf (■ Abb. 3.1) steht nur Wiederkäuern sowie Kängurus, Kamelen und Lamas zur Verfügung. Eine moderne Hochleistungskuh gibt pro Tag etwa 40 l Milch mit 1,2 kg Milcheiweiß, dessen Aminosäuren ursprünglich von Symbionten synthetisiert wurden.

Bei den Nagetieren, Hasenartigen und manchen Beuteltieren (Koala) unter den Pflanzenfressern liegt die Gärkammer so weit hinten im Darmtrakt, nämlich hinter dem Dünndarm im stark entwickelten Blinddarm, dass die symbiotischen Bakterien nicht mehr verdaut und die Produkte resorbiert werden können. Diese Tiere haben durch Caecotrophie und eine erneute Dünndarmpassage eine besondere Möglichkeit geschaffen, den wertvollen Stickstoff ihrer Bakteriensymbionten ebenso wie die von diesen produzierten Vitamine der B- und K-Gruppe und kurzkettige Fettsäuren doch noch für ihre eigene Ernährung zu nutzen. Den Pferden als Enddarmfermentierern (■ Abb. 3.1) fehlt auch diese Möglichkeit, sodass man Pferde nicht nur von Heu ernähren kann, sondern energiereicheres Futter anbieten muss. Besonders prekär gestaltet sich die Stickstoffversorgung bei solchen Tieren, die sich ausschließlich von Holz ernähren, weil dieses nur sehr geringe Mengen an Stickstoff enthält. Termiten beherbergen stickstofffixierende Bakterien in ihrem Darm. Ebenso ist es bei verschiedenen Schiffsbohrmuscheln (z. B. *Teredo*). Bei der Schiffsbohrmuschel *Bankia* beherbergen sogar die Kiemen intrazelluläre Bakterien, die aus Glucose essenzielle Aminosäuren herzustellen vermögen.

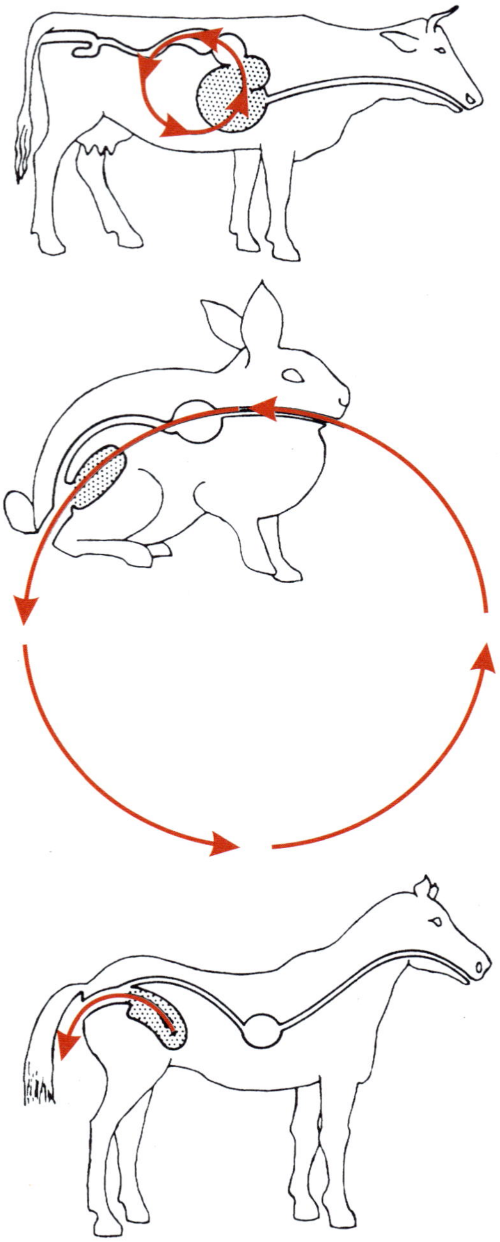

■ **Abb. 3.1** Der Weg des Stickstoffs der symbiotischen Bakterien beim Rind (ruminohepatischer Kreislauf), beim Kaninchen (Caecophagie) und beim Pferd. Die Gärkammern sind jeweils punktiert hervorgehoben. (Aus Pflumm W (1989) Biologie der Säugetiere. Parey, Hamburg.)

3.1.3 Vitamine

Der russische Biochemiker Nicolai Lunin beobachtete 1881, dass junge Mäuse, die ausschließlich mit (ausreichenden) Mengen an Proteinen, Kohlenhydraten, Fetten und Mineralstoffen gefüttert wurden, bereits nach wenigen Wochen nicht mehr wuchsen und schließlich zugrunde gingen. Eine Zufütterung von Milch oder Milchpulver bewahrte die Mäuse vor diesem Schicksal. Er zog den richtigen Schluss, dass im Milchpulver zusätzlich lebensnotwendige Stoffe enthalten sein müssen, die der englische Biologe Frederick Gowland Hopkins* später *ac-*

cessory food factors nannte. Wir sprechen heute von **Vitaminen**, ein Begriff, den der polnische Biochemiker Casimir Funk* im Jahre 1911 für den Anti-Beriberi-Faktor (heute bekannt als Thiamin) einführte.

Vitamine sind hochwirksame, niedrigmolekulare organische Verbindungen, die vom Tier nicht selbst erzeugt werden können. Da sie jedoch für wichtige Funktionen (Sehvorgang, Redoxvorgänge, Knochenbildung, Blutgerinnung usw.) unentbehrlich sind, müssen sie mit der Nahrung zugeführt werden. Unterbleibt die Zufuhr oder ist sie aus bestimmten Gründen unzureichend, so treten Mangelsymptome auf, die für das betreffende Vitamin charakteristisch sind (Hypo- bzw. Avitaminosen) und durch künstliche Zufuhr des Vitamins behoben werden können. Allerdings kann auch eine übermäßige Vitaminzufuhr (z. B. von Vitamin A oder D) krankhafte Veränderungen hervorrufen (Hypervitaminosen).

Die meisten Vitamine werden im Stoffwechsel des Tieres als Cofaktoren oder prosthetische Gruppen wirksam. Sie ermöglichen somit erst die katalytische Funktion vieler Enzyme. Vitamine sind aufgrund dieser Wirkungsweise bereits in sehr geringer Konzentration hochwirksam. Dementsprechend sind die Vitaminmengen, die dem Tier zugeführt werden müssen, stets sehr klein (Ausnahme: Ascorbinsäure). Hinsichtlich des Bedarfs an Vitaminen unterscheiden sich die Tiere beträchtlich (► Box 3.5).

Box 3.5 Besonderheiten des Vitaminbedarfs

Genauer untersucht sind bisher nur Vertreter der Wirbeltiere, Insekten und Protoctista. Während zum Beispiel das Vitamin C (Ascorbinsäure) für Primaten und einige weitere Säugetiere essenziell ist, kann die Mehrzahl der Wirbeltiere es synthetisieren. Im Gegensatz zu den Wirbeltieren scheinen die Insekten die fettlöslichen Vitamine (A, D, E, K) entbehren zu können. Eine Ausnahme machen – soweit bekannt – nur die Heuschrecken *Schistocerca gregaria* und *Locusta migratoria*, bei denen das β-Carotin (Provitamin A) einen fördernden Einfluss auf das Wachstum und die Pigmentierung haben soll. Carnitin scheint nur für einige Käfer aus der Familie der Tenebrionidae ein Vitamin zu sein. Es ist auffällig, dass ursprüngliche Organismen wie die meisten Prokaryoten und viele basale Eukaryoten offenbar keine Vitamine benötigen. Sie können in ihrem Stoffwechsel all die Stoffe herstellen, die sie benötigen. Der Schimmelpilz *Neurospora crassa* gedeiht zum Beispiel auf künstlichen Nährböden, die als einziges Vitamin das Biotin enthalten. Man kann höhere Organismen wegen ihres Vitaminbedarfs deshalb möglicherweise als Mangelmutanten für diejenigen Stoffe, die wir heute Vitamine nennen, auffassen. Sie konnten nur deshalb überleben, weil ihre Nahrung diese Stoffe in ausreichender Menge enthielt. So fehlt zum Beispiel den Katzen das Enzym, das β-Carotin spaltet. Es ist auch nicht notwendig, weil diese Raubkatzen kein Carotin mit ihrer Nahrung aufnehmen. Die Folge ist, dass sie das in anderen Organismen aus dem β-Carotin produzierte Vitamin A direkt mit der Nahrung aufnehmen müssen. Das Vitamin C ist nur für Menschen, Affen und Meerschweinchen ein Vitamin. Sie haben auf irgendeiner Stufe ihrer Stammesgeschichte die Fähigkeit zur Synthese von Vitamin C, die zum Beispiel bei Ratten noch vorhanden ist, verloren. Menschen und Affen überlebten, weil sie viele Früchte verzehren, die reich an Vitamin C sind.

Bei einer Reihe von Tieren wird der tatsächliche Bedarf an bestimmten Vitaminen dadurch verschleiert, dass symbiotisch im Darm oder in anderen Organen lebende Mikroorganismen dem Tier Vitamine liefern. Eine Zufuhr mit der Nahrung ist dann nicht mehr oder nur in sehr geringem Umfang notwendig. Besonderes Interesse verdienen in diesem Zusammenhang die Bakterien im Pansen der Wiederkäuer (Ruminantia). Sie produzieren ausreichende Mengen an B-Vitaminen und Vitamin K. Auch bei Insekten kennt man Symbiosen mit Bakterien oder Hefen, die der Vitaminversorgung dienen. So liefern die intrazellulär in großen Darmblindsäcken beherbergten Hefezellen beim Brotkäfer *Silodrepa panicea* eine Reihe für die Larve wichtiger Vitamine wie Riboflavin, Nicotinsäure, Pyridoxin, Pantothensäure, Folsäure und Biotin, nicht aber Thiamin.

Vitamine werden aus praktischen Gründen nach ihrer Löslichkeit in lipidlösliche und wasserlösliche Vitamine eingeteilt. Im Folgenden sollen jeweils einige wichtige Vertreter vorgestellt und ihre Funktionen im tierischen Organismus erläutert werden.

Lipidlösliche Vitamine

Retinol (Vitamin A, Axerophthol)

Retinol ist ein Polyenalkohol mit einem β-Iononring (◻ Abb. 3.2). Vitamin A ist rein tierischen Ursprungs und wird aus den im Pflanzenreich (in allen grünen Pflanzen, Karotten, Paprika, Hagebutten usw.) sehr weit verbreiteten Carotinen unter der Einwirkung des Enzyms Carotinase gebildet. Man bezeichnet die Carotine deshalb als **Provitamine**. Räuberischen Formen (z. B. Katze oder Schwarzgrundel, *Gobius niger*) scheint die Carotinase zu fehlen. Sie gewinnen das Vitamin direkt in fertigem Zustand aus ihrer Beute, ohne es selbst aus dem Provitamin herstellen zu müssen. Als Provitamin kommt in erster Linie β-Carotin (◻ Abb. 3.2), ein ständiger Begleitstoff des Chlorophylls in Pflanzenzellen, infrage. Durch Spaltung des Moleküls in der Mitte können theoretisch zwei Moleküle Vitamin A entstehen.

Das Vitamin wird oft in großen Mengen gespeichert, vornehmlich in der Leber der Wirbeltiere. Obwohl noch kein Invertebrat bekannt geworden ist, der Vitamin A benötigt, besitzen es viele in erheblichen Mengen. So findet man es zum Beispiel in den Augen vieler pelagischer Crustaceen tieferer Ozeanschichten (z. B. Euphausiaceen) sowie in der Netzhaut und der Mitteldarmdrüse der Tintenfische. Durch Mangel an

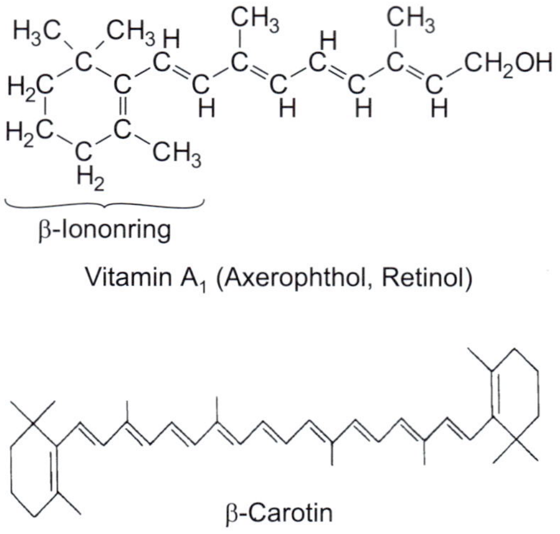

Abb. 3.2 Strukturformeln von Vitamin A_1 sowie des Provitamins β-Carotin.

Vitamin A bei Vertebraten erleiden besonders die Epithelzellen – sowohl Haut als auch Schleimhäute – krankhafte Veränderungen. Charakteristisch ist die Verhornung der Cornea im Auge (Xerophthalmie[152]), die bis zur Erblindung führen kann. Ein Frühsymptom des Vitamin-A-Mangels beim Menschen ist das Auftreten der nichterblichen Nachtblindheit (Hemeralopie). Das hängt damit zusammen, dass der für die Funktionstüchtigkeit der Sehzellen wichtige lichtempfindliche Farbstoff, das Sehpurpur (Rhodopsin), eine Verbindung eines Aldehyds von Vitamin A_1 (Retinal 1) mit einem Proteinträger (Opsin) ist. Bei Mangel an Vitamin A ist die Regeneration des bei der Belichtung in Retinal 1 und Opsin zerfallenden Rhodopsins gestört.

Calciferol (Vitamin D)

Hierzu gehört eine Reihe von Stoffen, die aus Sterinen (Provitaminen) durch Bestrahlung mit UV-Licht entstehen und bei den Wirbeltieren eine antirachitische Wirkung haben. Das natürliche Vitamin ist das Cholecalciferol (Vitamin D_3), das bei UV-Bestrahlung aus dem 7-Dehydrocholesterin hervorgeht. Dabei wird der B-Ring des Steranskeletts gespalten. Anschließend wird das Vitamin D_3 in der Leber in 25-Hydroxycholecalciferol (25-OHD_3) und schließlich in den Nieren zu 1α,25-Dihydroxycholecalciferol [1,25-$(OH)_2D_3$] umgewandelt (Abb. 3.3). Letzteres, man bezeichnet es wegen seiner drei OH-Gruppen auch als **Calcitriol**, ist erst die eigentlich wirksame Form, die hormonartige Regulationsfunktionen erfüllt. Die Synthese von Calcitriol (Expression der renalen 1α-Hydroxylase) wird vom Parathormon der Nebenschilddrüse entscheidend stimuliert, vom Calcitriol dagegen durch negative Rückkopplung gehemmt.

Calcitriol greift in vielfältiger Weise in die Ca^{2+}- und Phosphathomöostase ein. In erster Linie fördert es im Darm durch Aktivierung der Ca^{2+}-ATPase an den basolateralen Plasmamembranen der Dünndarmepithelzellen die Aufnahme von Calcium ins Blut. In den proximalen Tubuli der Niere steigert es die Reabsorption sowohl von Ca^{2+} als auch von Phosphat. Durch diese Prozesse wird die Mineralisierung der Knochen wesentlich unterstützt.

Das Calcitriol kann auch als Hormon wirken, indem es Plasmamembranen von Zellen durchdringt, in den Kern transportiert wird und dort an den Vitamin-D-Rezeptor andockt, der gemeinsam mit dem Retinoid-X-Rezeptor im Zellkern als sogenannter Transkriptionsfaktor bereits an regulatorischen Sequenzabschnitten bestimmter Gene angelagert vorliegt (► Abschn. 12.4). Die Bindung von Calcitriol führt so zur Steigerung der Transkriptionsrate dieser Gene. Zielgene des Calcitriols scheinen unter anderem Gene zu sein, die antimikrobielle Peptide und Proteine codieren, sodass Calcitriol als ein Modulator des innaten Immunsystems (► Abschn. 29.2) angesehen werden muss.

Bei Mangel an Vitamin D tritt bei wachsenden Hunden, Schweinen, Ratten, Hühnern und auch beim Menschen das als **Rachitis** bekannte Krankheitsbild auf. Infolge einer nur unvollkommenen Mineralisierung der Knochen kommt es zur Deformierung belasteter Knochen. Bei erwachsenen Tieren und Menschen (nicht selten bei Menschen, die nachts oder unter Tage arbeiten oder nur vollkommen verschleiert aus dem Haus gehen) tritt ein Mineralmangel in den Knochen ein (**Osteoporose**).

Bisher gibt es keine Hinweise darauf, dass Invertebraten einen Bedarf an Vitamin D haben, obwohl sie durchaus dessen Vorstufe, das **Cholesterin**[153], benötigen. Ein auffälliger Unterschied zwischen den Wirbeltieren einerseits und vielen Invertebraten wie den Insekten und den Crustaceen andererseits besteht nämlich darin, dass nur die Wirbeltiere zur Synthese der Sterine befähigt sind, während die Insekten auf deren Zufuhr mit der Nahrung angewiesen sind. Das wichtigste tierische Sterin ist das Cholesterin (Abb. 3.4). Es ist eine unentbehrliche Strukturkomponente aller tierischen Zellmembranen und Ausgangsmaterial anderer Steroide (Sexualhormone, Hormone der Nebennierenrinde, Vitamin D usw.). Alle Insekten kommen allein mit Cholesterin in der Nahrung aus. Unterschiede zwischen Arten bestehen darin, welche anderen Sterine das Cholesterin ersetzen können. Die meisten pflanzenfressenden Insekten sind in der Lage, die pflanzlichen Sterine (hauptsächlich Sitosterol) in Cholesterin umzuwandeln. Einige Arten mit rein tierischer Ernährung (Speckkäfer *Dermestes*, Pelzkäfer *Attagenus*) fehlt diese Fähigkeit. Der kleine Tabakkäfer *Lasioderma* hat sich vom Sterinangebot in der Nahrung unabhängig gemacht. Seine intrazellulären Symbionten (Hefepilze) liefern ihm neben einigen wichtigen Vitaminen auch die notwendigen

[152] *xeros* (griech.) = trocken; *ophthalmos* (griech.) = Auge

[153] Im Englischen wird Cholesterin als Cholesterol bezeichnet. Der englische Begriff beschreibt die chemische Charakteristik des Moleküls genauer als der deutsche – am ersten Ringsystem befindet sich eine OH-Gruppe –, im Weiteren wird aber dennoch der deutsche Begriff Cholesterin verwendet.

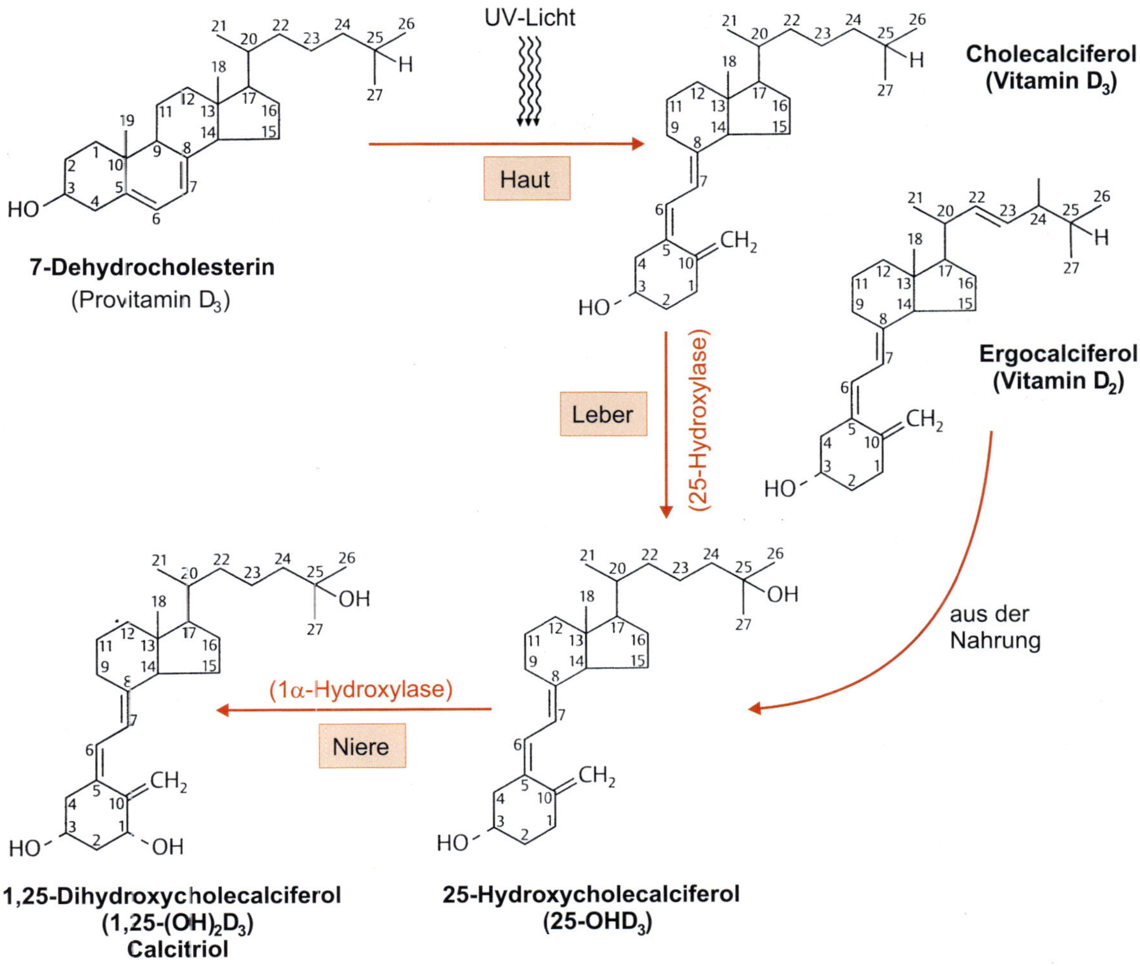

Abb. 3.3 Synthese des Calcitriols beim Menschen. Vorstufen von Vitamin D$_3$ werden im Darm aus der Nahrung absorbiert. Besonders reich an Vitamin D$_3$ sind die Leberöle fettreicher Fische (z. B. Dorsch, Thunfisch). Zusätzlich kann durch Sonneneinstrahlung auf die unbehaarte Haut aus dem Provitamin D$_3$ (das 7-Dehydrocholesterin wird vom Wirbeltier aus dem körpereigenen Cholesterin durch Oxidation hergestellt und in der Haut bevorratet) Vitamin D$_3$ hergestellt werden. Der vom Darm resorbierte Teil schließt endogene Vitamin-D-Produkte ein, die von der Leber in die Galle abgegeben worden sind (enterohepatischer Kreislauf). Das Vitamin D$_3$ wird zuerst in der Leber zu 25-Hydroxycholecalciferol und dann in der Niere zum 1α,25-Dihydroxycholecalciferol (Calcitriol) oxidiert. Die Zielorgane des Produkts sind Niere, Darm, Knochen, Adenohypophyse (Hypophysenvorderlappen, HVL) und Nebenschilddrüse (Parathyreoidea). Die Hormone der Adenohypophyse (Prolactin und das Wachstumshormon) und der Nebenschilddrüse (Parathormon) greifen steuernd in den Stoffwechsel von Vitamin D in der Niere ein. Das Parathormon hat im Rahmen der Ca^{2+}- und Phosphathomöostase unabhängig auch einen direkten Einfluss auf die Knochen und die Niere.

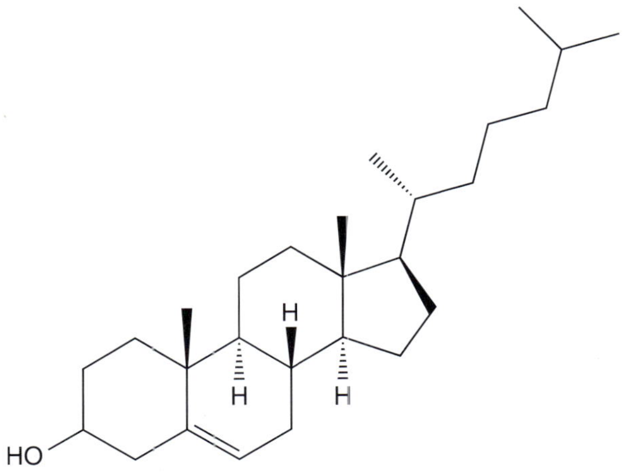

Abb. 3.4 Strukturformel des Cholesterins.

Sterine. Ebenso wie die Insekten muss auch die Weinbergschnecke *Helix* Sterine mit der Nahrung aufnehmen, dasselbe gilt für eine Reihe von Protoctista (*Paramecium aurelia*, Trichomonaden, *Labyrinthula vitellum*). Andere Protoctista synthetisieren die Sterine dagegen selbst (*Tetrahymena*, *Labyrinthula minuta*).

Tocopherol (Vitamin E)

Es ist heute eine Reihe chemisch nahe verwandter Stoffe mit Vitamin-E-Wirkung bekannt. Die wichtigste ist α-Tocopherol (Abb. 3.5), das wie Chlorophyll und Vitamin K einen Phytylrest besitzt.

Die Tocopherole kommen in den Chloroplasten aller höheren Pflanzen vor. Die Resorption der Tocopherole im Darm ist langwierig, die Gegenwart von Gallensäuren ist dabei erfor-

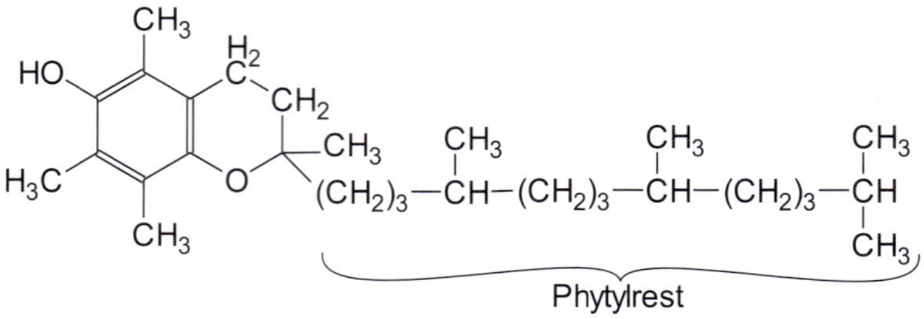

Abb. 3.5 Strukturformel des α-Tocopherols (Vitamin E).

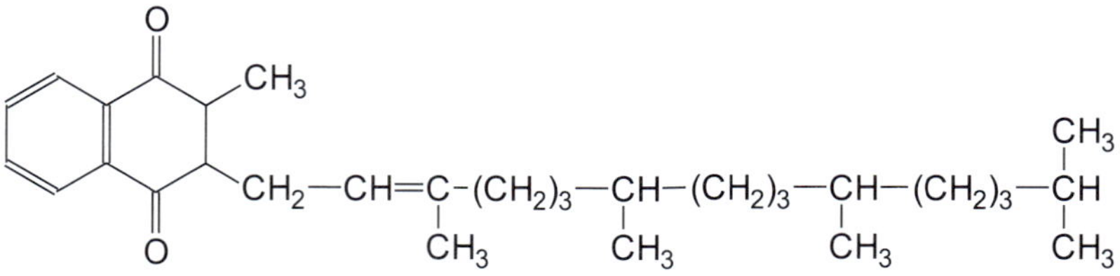

Abb. 3.6 Strukturformel des α-Phyllochinons (Vitamin K_1).

derlich. Im Tier wird Vitamin E hauptsächlich im Körperfett abgelagert. Eine Hypovitaminose äußert sich bei der Ratte in einer Störung der Geschlechtsfunktionen. Beim Männchen treten irreversible Schädigungen der Keimepithelien und Atrophie der Hodenkanälchen auf. Beim Weibchen beschränken sich die Auswirkungen auf die Embryonen, die vorzeitig absterben und vom Muttertier resorbiert werden. Kaninchen und Meerschweinchen reagieren noch empfindlicher als die Ratte. Mangelerscheinungen sind auch beim Hühnchen, bei der Kaulquappe und bei Guppies beobachtet worden. Sie betrafen auch die Leber und Blutgefäße (Hämorrhagien). Tocopherole werden in die Plasmamembranen aller tierischen Zellen eingebaut und dienen dort vermutlich vornehmlich dem Schutz vor oxidativen Schäden an Membranlipiden und Membranproteinen.

Phyllochinon (Vitamin K)

Hierzu zählt eine Gruppe von Stoffen, die aufgrund ihres aktivierenden Einflusses auf die Blutgerinnungsfaktoren II, VII, IX und X eine antihämorrhagische Wirkung haben. Sie enthalten alle Methylnaphtochinon als Grundkörper mit einer mehr oder weniger langen Seitenkette. In der Natur kommen mindestens zwei solcher Methylnaphtochinone vor, am häufigsten das Vitamin K_1 (Abb. 3.6).

Vitamin K_1 kommt besonders in grünen Pflanzen vor (Spinat, Kohl usw.), Vitamin K_2 in Bakterien. Die Säugetiere sind von einer Aufnahme des Vitamins mit der Nahrung weitgehend unabhängig, da unter normalen Bedingungen ihre Bakterienflora in Dünn- und Dickdarm (*Escherichia coli*) ausreichende Mengen synthetisiert. Die Vögel sind gegenüber Vitamin-K-Mangel wesentlich empfindlicher als die Säugetiere. Für die Resorption dieses fettlöslichen Vitamins ist wiederum die **Galle** von großer Bedeutung (Auftreten von Vitamin-K-Mangel-Erkrankungen bei Gallen- oder Leberleiden!). Bei Vitamin-K-Mangel tritt bei Säugetieren und Vögeln wegen der Störung der **Blutgerinnung** (▶ Abschn. 29.2.2) eine Neigung zu inneren Blutungen auf.

Wasserlösliche Vitamine

Zu den wasserlöslichen Vitaminen zählen in erster Linie diejenigen des B-Komplexes: Thiamin (B_1), Riboflavin (B_2), Niacin, Folsäure, Pantothensäure, Pyridoxin (B_6) und Cobalamin (B_{12}). Sie alle haben wichtige Funktionen im intermediären Stoffwechsel der Tiere, fast alle sind sie Bestandteile von Coenzymen (Tab. 3.3). Im Gegensatz zu den fettlöslichen Vitaminen haben sie in der Regel auch für Insekten und viele Protoctista Vitamincharakter. Viele Mikroorganismen können die B-Vitamine selbst synthetisieren. Das haben sich verschiedene Tiere zunutze gemacht, indem sie eine Symbiose mit den Mikroorganismen eingegangen sind (Abb. 3.7).

Thiamin (Vitamin B_1, Aneurin)

Thiamin weist einen Pyrimidin- und einen Thiazolring auf (Abb. 3.8) und bildet mit ATP Thiaminpyrophosphat (TPP), das als prosthetische Gruppe dreier wichtiger Enzyme, der Pyruvat-Dehydrogenase, der α-Ketoglutarat-Dehydrogenase und der Transketolase, fungiert. Alle drei Enzyme spielen beim Transfer von Aldehydeinheiten eine Rolle. Der Pyruvat-Dehydrogenase-Komplex katalysiert bekanntlich die oxidative Decarboxylierung des Pyruvats zu Acetyl-CoA.

Thiamin ist in pflanzlichen und tierischen Geweben weit verbreitet (besonders in Weizenkeimen und -kleie sowie in der Hefe), aber in der Regel in relativ geringen Mengen. Sowohl in den Vormägen der Wiederkäuer als auch im Dickdarm produziert die Mikroflora normalerweise eine erhebliche Menge

Tab. 3.3 Wasserlösliche Vitamine des B-Komplexes, die Bestandteile wichtiger Coenzyme sind.

Vitamin	Coenzym	wichtige Funktionen
Thiamin (Vitamin B_1)	Thiaminpyrophosphat (TPP)	Cofaktor bei der oxidativen Decarboxylierung von Pyruvat zu Acetyl-CoA durch die Pyruvat-Dehydrogenase
Riboflavin (Vitamin B_2)	Flavinadenindinucleotid (FAD) Flavinmononucleotid (FMN)	Elektronencarrier bei der Oxidation von Metaboliten des Intermediärstoffwechsels
Nicotinsäure (Niacin)	Nicotinamidadenindinucleotid (NAD^+)	Elektronenakzeptor bzw. Wasserstoffakzeptor bei der Oxidation von Metaboliten des Intermediärstoffwechsels
Pyridoxin, Pyridoxal, Pyridoxamin (Vitamin B_6)	Pyridoxalphosphat	Übertragung von Aminogruppen
Pantothensäure	Coenzym A	Übertragung von Acylgruppen
Biotin (Vitamin B_7)	kovalente Bindung an Carboxylasen	Carrier von aktiviertem CO_2
Folsäure (Vitamin B_9)	Tetrahydrofolat	Übertragung von C_1-Einheiten, zum Beispiel Methylresten
Cobalamin (Vitamin B_{12})	Cobalamincoenzyme	Vermittlung von Alkylierungsreaktionen

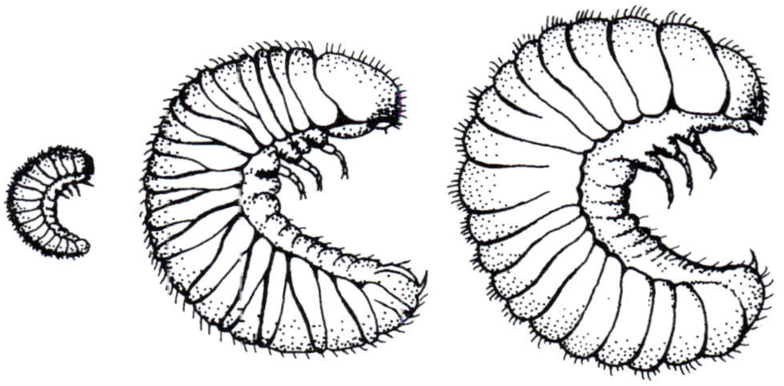

Abb. 3.7 Bedeutung symbiotischer Mikroorganismen für die Synthese von Thiamin (Vitamin B_1) in der Larve des Brotkäfers. Normalerweise beherbergen die zehn Wochen alte Larven des Brotkäfers (*Sitodrepa panicea*) in ihren Mitteldarmblindsäcken Hefezellen. Durch Sterilisierung der Eischalen können die schlüpfenden Larven steril gemacht werden. Dann vermögen die Larven in ebenfalls sterilisierter Nahrung (Erbswurst) nicht mehr zu wachsen (links). Bereits der Zusatz von Trockenhefe (Symbiontenersatz) gewährleistet ein im Vergleich zur Kontrolle mit Symbionten (rechts) fast normales Wachstum und eine normale Entwicklung (Mitte). Die Symbionten liefern Vitamine der B-Gruppe, besonders Thiamin. (Aus Buchner P (1953) Endosymbiose der Tiere mit pflanzlichen Mikroorganismen. Birkhäuser, Basel.)

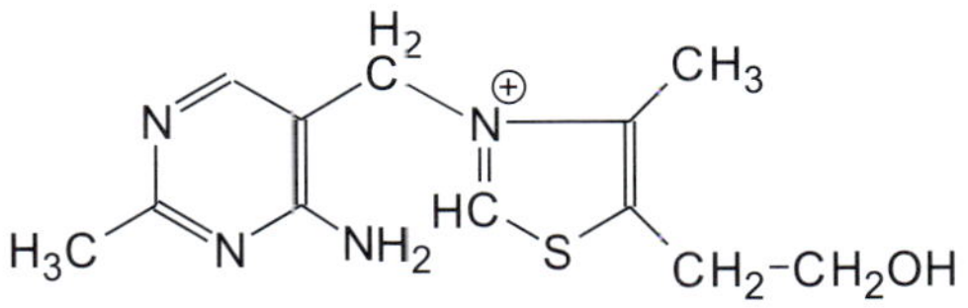

Abb. 3.8 Strukturformel des Vitamin B_1 (Thiamin, Aneurin).

an Vitamin B_1. Dieses enteral gebildete Vitamin wird von den Wiederkäuern und vom Pferd effektiv genutzt, während beim Menschen, Hund, Schwein und Huhn nur geringe Mengen resorbiert werden.

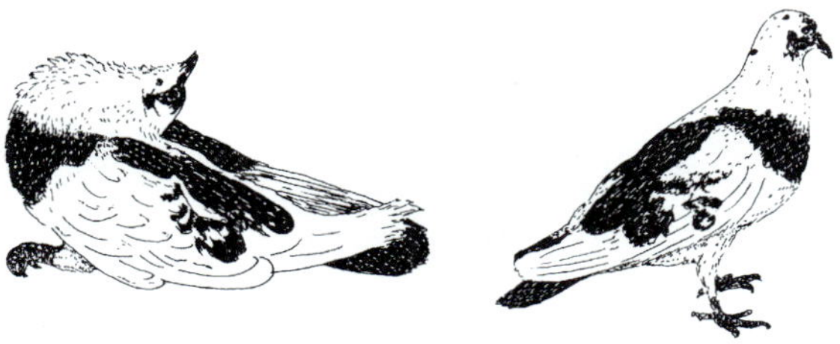

Abb. 3.9 Symptome von Vitamin-B_1-(Thiamin-)Mangel. Typische Krampfstellung bei einer Taube unter Vitamin-B_1-(Thiamin-)Mangel (links). Dasselbe Tier eine halbe Stunde nach Injektion von einigen µg Thiamin (rechts): Die schweren Gleichgewichtsstörungen und Krämpfe sind verschwunden.

Bei B_1-Mangel treten neben allgemeineren Mangelsymptomen (Störung der Magen-Darm- und Herztätigkeit, Appetitlosigkeit) bei Säugetieren und Vögeln vor allem krankhafte Veränderungen im Nervengewebe auf (Polyneuritis), die zu charakteristischen Krämpfen führen (z. B. Zurückbiegen des Kopfes, Spasmen der Gliedmaßen, Abb. 3.9). Die entsprechende Erkrankung des Menschen ist als Beriberi (Schafsgangkrankheit) bekannt. Der Pyruvat- und der α-Ketoglutaratspiegel im Blut sind erhöht, die Transketolaseaktivität der Erythrocyten ist erniedrigt.

Ebenso wie die Wirbeltiere sind auch alle bisher untersuchten wirbellosen Metazoen auf die Zufuhr des vollständigen Thiaminmoleküls angewiesen. Die Larve des Bockkäfers *Leptura rubra*, deren Nahrung (Holz) sehr vitaminarm ist, vermag nur in Kooperation mit seinem Symbionten (*Candida*-Hefe) das lebenswichtige Vitamin B_1 zu bilden. Sie selbst steuert den Pyrimidinrest, die Hefe den Thiazolanteil dazu bei (Abb. 3.10). Wie eng die metabolische Assoziation der beiden Partner in diesem Fall ist, kann man daran erkennen, dass die Hefe auf die Lieferung von Vitamin H (Biotin) durch ihren Wirt, die Käferlarve, angewiesen ist.

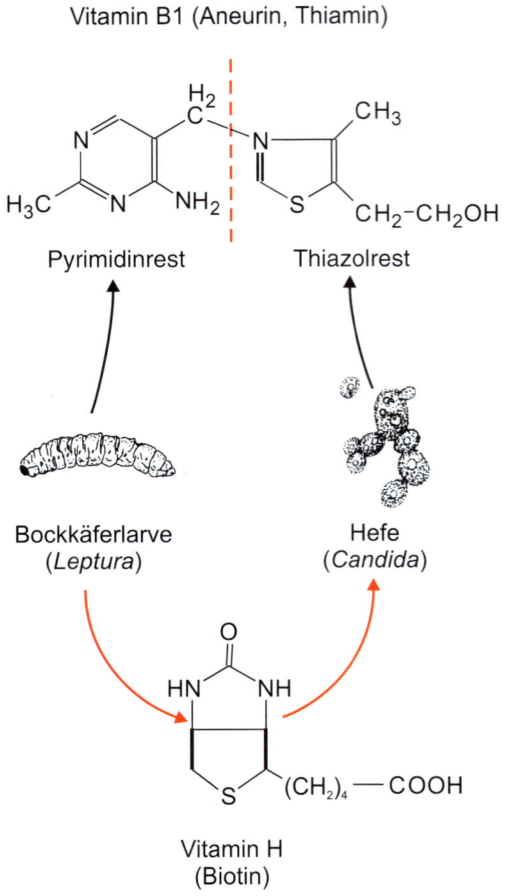

Abb. 3.10 In Ausstülpungen ihres Mitteldarms beherbergt die Bockkäferlarve (*Leptura rubra*) Hefezellen. Diese liefern den Thiazol-, die Käferlarve den Pyrimidinrest für die Vitamin-B_1-Synthese. Für die Synthese des Thiazolrestes durch die Hefe muss die Käferlarve zunächst das Biotin bereitstellen, das die Hefe zur normalen Entwicklung benötigt, selbst aber nicht zu bilden vermag. (Nach Krauss GJ, Miersch J (1979) Chemische Signale. Urania, Leipzig, verändert.)

Riboflavin (Lactoflavin, Vitamin B_2)

Riboflavin ist ein Derivat des Isoalloxazins, das eine C_5-Polyhydroxykette (Ribit) trägt (Abb. 3.11). Es kommt besonders reichlich in der Milch und im Käse sowie in der Hefe vor und ist Bestandteil des Flavinmononucleotids (FMN) und des Flavinadenindinucleotids (FAD). Das sind Coenzyme zahlreicher Flavinenzyme, die zum Beispiel in der Atmungskette bei der Oxidation der reduzierten Pyridinnucleotide wichtig sind. Der Isoalloxazinring wirkt dabei als reversibles Redoxsystem.

Ein Mangel an Riboflavin führt bei jungen Haustieren zum Wachstumsstillstand und zu Bewegungsstörungen. Oft – so auch beim Truthahn und beim Menschen – treten Veränderungen an den Schleimhäuten, der Cornea und der Haut (Dermatitis) auf. Für Riboflavin scheint ebenso wie für Thiamin bei der Mehrzahl der Tiere die Notwendigkeit einer Zufuhr mit der Nahrung zu bestehen.

Nicotinsäureamid (Niacinamid)

Nicotinsäureamid ist eine relativ einfache Verbindung, nämlich das Pyridin-3-carbonsäureamid (Abb. 3.12). Es kann in gewisser Menge und relativ langsam von den meisten Säugetieren (Ratte, Maus, Mensch u. a.) und vom Geflügel aus Tryptophan synthetisiert werden. Zu einem Mangel kommt es nur dann, wenn in der Nahrung sowohl das Vitamin als auch das Tryptophan (essenzielle Aminosäure) in zu geringer Menge enthalten ist. Das Nicotinsäureamid ist Bestandteil des Nicotinamidadenindinucleotids (NAD^+).

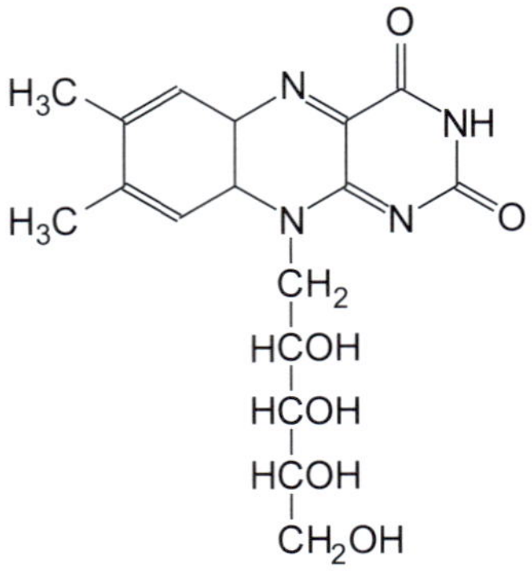

Abb. 3.11 Strukturformel des Riboflavins (Lactoflavin).

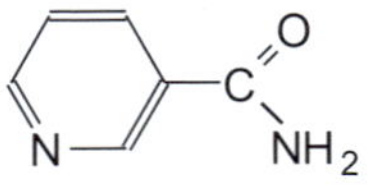

Abb. 3.12 Strukturformel des Nicotinsäureamids (Niacinamid).

Ein Mangel an Nicotinsäureamid führt zu einer beim Menschen als Pellagra[154] bekannten Dermatitis, verbunden mit einer Diarrhö und einem Delirium. Beim Hund treten charakteristische Entzündungen an der Mundschleimhaut und an der Zunge auf. Die Taufliege *Drosophila* benötigt ebenfalls sowohl Tryptophan als auch Nicotinsäureamid in der Nahrung.

Folsäure (Pteroylglutaminsäure, Vitamin B_9)

Folsäure enthält neben dem Pteridinring noch die p-Aminobenzoesäure und die Glutaminsäure im Molekül (Abb. 3.13). Auch dieses Vitamin ist Bestandteil eines wichtigen Coenzyms, Coenzym F (Tetrahydrofolsäure). Dieses ist ein wichtiger Überträger von Methyl-(CH_3-), Methenyl-(CH_2=) und Formyl-(HCO-)gruppen und an der Synthese von Purinbasen und von Desoxythymidinmonophosphat (dTMP), die für die DNA-Replikation notwendig sind, beteiligt. Für die Resorption von Folat und den transzellulären Transport durch die Enterocyten gibt es in der Darmschleimhaut der Säugetiere spezielle protonengekoppelte Transporter. Bei Folsäuremangel kommt es bei den Säugetieren zu einer Anämie, bei der die Erythrocyten vergrößert sind. Folsäuremangel während der Embryonalentwicklung kann Fehlbildungen des Neuralrohrs (Spina bifida)

[154] *pellagra* (ital.) = rauhe Haut

auslösen. Bei Küken tritt neben der Anämie noch eine Wachstumshemmung ein. Folsäure wird wahrscheinlich von allen Tieren in geringen Mengen benötigt.

Pantothensäure (Vitamin B_5)

Pantothensäure besteht aus zwei säureamidartig miteinander verbundenen Säuren, der α,γ-Dioxy-β,β-dimethylbuttersäure und dem β-Alanin (Abb. 3.14). Sie ist Bestandteil des Coenzyms A, das im Stoffwechsel für die Übertragung von C_2-(Acetyl-)Gruppen verantwortlich ist. Die wichtigste Coenzym-A-Verbindung ist das Acetyl-CoA (aktivierte Essigsäure). Bei Säugetieren und dem Menschen kann sich ein Mangel an Pantothensäure durch Müdigkeit, Schlaflosigkeit, Depressionen, tauben oder schmerzenden Muskeln, Anämie, Immunschwächen oder Magenschmerzen bemerkbar machen. Wachstumsstörungen, Schädigungen der Leber und der Nebennierenrinde (Ratte), Ergrauen der Haare und Haarausfall sind Auswirkungen eines längerfristigen Mangels. Bei Küken beobachtete man neben einer Wachstumshemmung eine Dermatitis und Nervenschädigungen. Auch für Insekten ist die Pantothensäure essenziell.

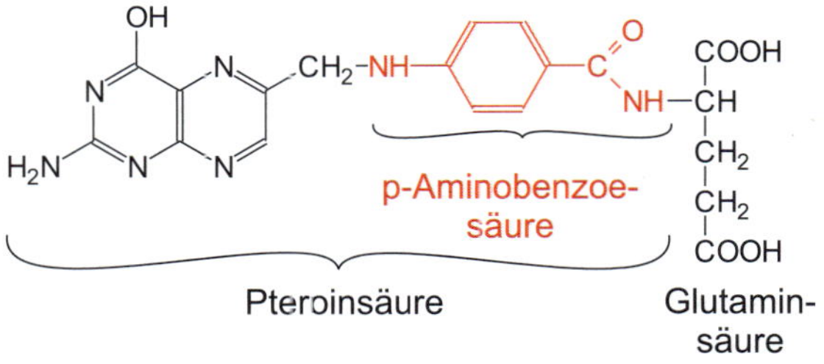

Abb. 3.13 Strukturformel der Folsäure (Pteroylglutaminsäure).

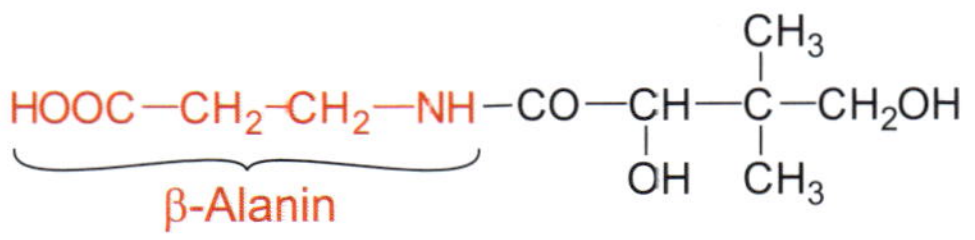

Abb. 3.14 Strukturformel der Pantothensäure.

Pyridoxin (Vitamin B_6, Adermin)

Pyridoxin ist ein Pyridinderivat (Abb. 3.15). Im Tier kann es leicht in Pyridoxal oder Pyridoxamin überführt werden, die – mit Phosphorsäure verestert – Coenzyme darstellen, die insbesondere im Aminosäurestoffwechsel und bei der Hämsynthese von großer Bedeutung sind. Vitamin B_6-Mangel führt bei Ratten zu Haarausfall, Schuppen und Ekzembildung an Extremitäten, Mund und Nase. Bei Küken leidet das Gefieder und die Augenlider verkleben. Insekten benötigen, soweit sie nicht von ihren Symbionten versorgt werden, ebenfalls Pyridoxin in der Nahrung. Bei vielen Protoctista (*Chilomonas*, *Tetrahymena*, *Colpoda*) ist Pyridoxin für das optimale Wachstum erforderlich.

Cobalamin (Vitamin B_{12})

Cobalamin ist die komplizierteste Verbindung unter allen Vitaminen und wurde erst 1957 in ihrer dreidimensionalen Struktur aufgeklärt. Es hat Ähnlichkeit mit dem Porphyrinring des roten Blutfarbstoffs Hämoglobin, es fehlt aber eine der die Pyrrolringe miteinander verknüpfenden Methinbrücken, zwei weitere sind durch Methylgruppen substituiert. Das Zentralatom ist Kobalt (Abb. 3.16).

Cobalamin ist für den Stoffwechsel der Tiere unbedingt notwendig. Eine der Vitamin-B_{12}-abhängigen Enzymreaktionen ist die Synthese der Aminosäure Methionin, die als Proteinbaustein eine Rolle spielt und in fast allen Proteinen als erste Aminosäure eines Proteinstrangs auftritt. Außerdem laufen über das Methionin Methylgruppenübertragungen ab. Cobalamin kann nur von Mikroorganismen gebildet werden, es fehlt in den grünen Pflanzen. Rein pflanzliche Nahrung enthält für den menschlichen Bedarf keine ausreichenden Mengen des Vitamins, dies gilt insbesondere auch für fermentierte Sojaprodukte und Algen. Vitamin B_{12} ist hingegen in fast allen Nahrungsmitteln tierischer Herkunft (Fleisch, insbesondere Leber, Fisch, Eier und Milchprodukte) enthalten. Für seine Resorption durch die Darmschleimhaut ist ein in der Schleimhaut des Magens gebildetes Mucoproteid erforderlich. Ist dieser *intrinsic factor* in unzureichendem Maße vorhanden, so kommt es zur B_{12}-Avitaminose. Sie äußert sich in einer stark verminderten Erythrocytenzahl (perniziöse Anämie). Die Schabe bildet ohne Cobalamin keine lebensfähigen Eier. Cobalamin wird auch von vielen Flagellaten (*Euglena* u. a.) benötigt.

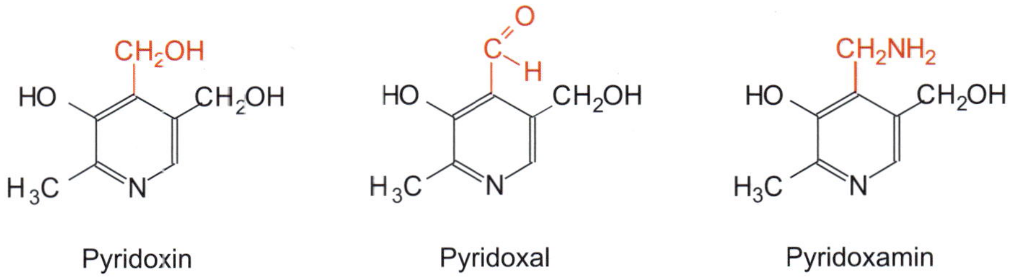

Abb. 3.15 Strukturformeln von Pyridoxin, Pyridoxal und Pyridoxamin.

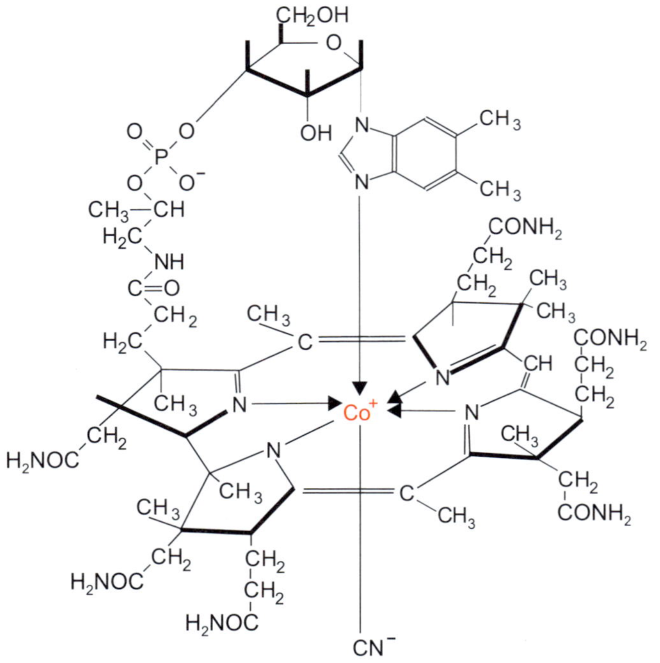

Abb. 3.16 Strukturformel des Vitamin B_{12} (Cyanocobalamin).

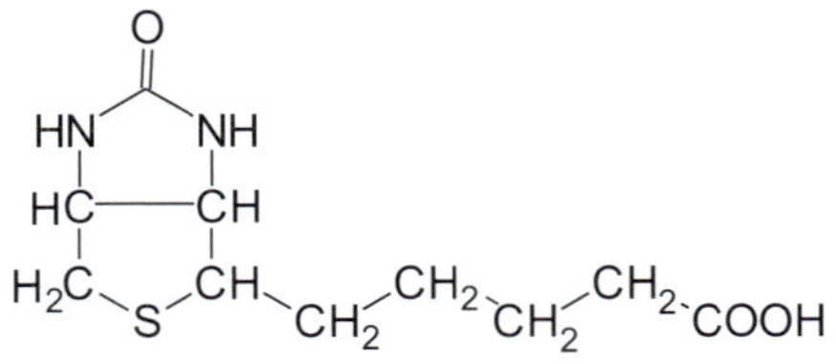

Abb. 3.17 Strukturformel des Biotins (Vitamin H, Vitamin B_7).

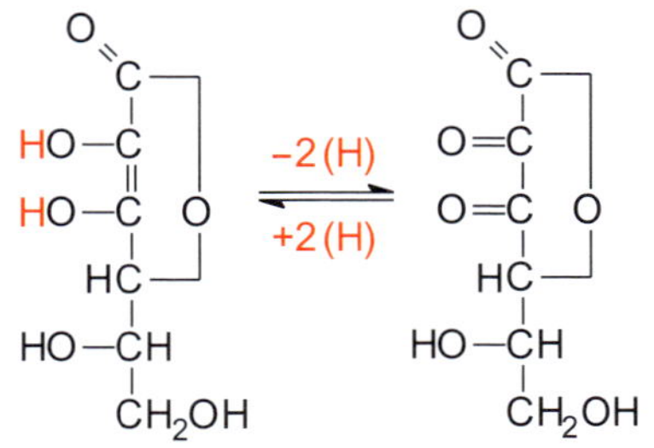

L-Ascorbinsäure

L-Dehydroascorbinsäure

Abb. 3.18 Die reversible Überführung von L-Ascorbinsäure (Vitamin C) in L-Dehydroascorbinsäure.

Biotin (Vitamin H, Vitamin B_7)

Biotin ist eine Säure, die sich aus einem schwefelhaltigen heterozyklischen Ringsystem und der n-Valeriansäure zusammengesetzt (Abb. 3.17). Im Tierkörper ist das Biotin als prosthetische Gruppe in Enzymen (Carboxylasen) vorhanden. Es ist in dieser Form insbesondere an CO_2-Übertragungen beteiligt. Die CO_2-Bindung durch das Biotin erfolgt unter Mithilfe von ATP (endergonisch!) an den Stickstoff des Ringes. Diese Verbindung stellt die »aktivierte Form« von CO_2 dar, von der das CO_2 auf andere Substrate übertragen werden kann. Biotinmangel führt bei Säugetieren und beim Geflügel zum Wachstumsstillstand, neurologischen Auffälligkeiten und zu charakteristischen Hautveränderungen. Bei den Insekten besteht wahrscheinlich allgemein ein Biotinbedarf.

Ascorbinsäure (Vitamin C)

Vitamin C ist ein Kohlenhydratderivat, das leicht reversibel dehydriert und wieder oxidiert werden kann (Abb. 3.18). Es kommt in allen Geweben vor, besonders im frischen Blattgemüse und in Früchten (*Citrus*-Arten!).

Ascorbinsäure ist nur als L-(+)-Isomer biologisch aktiv. Für einen Teil der Säugetiere und Vögel (Primaten, Meerschweinchen, Murmeltier, Flughund [*Pteropus*], Kurzfußdrossel [*Pyconotus*]) ist sie ein Vitamin. Die anderen Säuger und Vögel können den Stoff aus Glucose synthetisieren. Der tägliche Bedarf an Vitamin C ist im Vergleich zu dem aller anderen Vitaminen außergewöhnlich hoch (>50 mg), weil es im Stoffwechsel als wichtiges Antioxidans wirkt. Außerdem ist Vitamin C der Cofaktor der Prolyl-4-Hydroxylase, die für die Synthese von Kollagen benötigt wird. Bei Mangel treten daher Schädigungen der Kapillarwände (Blutungen im Unterhautgewebe und am Zahnfleisch) und Lockerung sowie Ausfall der Zähne ein, eine vor allem bei Seeleuten, Armen und bei Hungersnöten gefürchtete Krankheit, die 1534 von dem Marburger Arzt Euricus Cordes als Scharbock (daraus entstand der heute übliche Name **Skorbut**) bezeichnet wurde. Im 18. und 19. Jahrhundert heilte man die Krankheit mit Sauerkraut, Zitronen oder Apfelsinen. Man wusste auch schon, dass man das Sauerkraut an Bord der Schiffe nicht in kupfernen Kesseln kochen durfte. Kupferspuren zerstören in Gegenwart von Luft das Vitamin C. Insekten bilden die Ascorbinsäure im Stoffwechsel selbst, dasselbe gilt für Ciliaten und frei lebende Flagellaten (*Leptomonas*, *Strigomonas*), während die Blutparasiten, unter ihnen *Leishmania tropica* und *Trypanosoma cruzi*, Ascorbinsäure benötigen.

Inositol (*cis*-1,2,3,5-*trans*-4,6-Cyclohexanhexol, meso-Inosit)

Inositol ist ein sechswertiger zyklischer Alkohol (Abb. 3.19), der sowohl im Pflanzen- als auch im Tierreich weit verbreitet ist. In phosphorylierter Form spielt er als polare Kopfgruppe von Membranlipiden und als intrazellulärer Botenstoff eine wichtige Rolle. Außerdem modulieren Inositolphosphate bei allen Wirbeltieren außer den Säugetieren die Sauerstoffaffinität des Hämoglobins. Bei seinem Fehlen in der Nahrung treten bei Nagetieren und Affen Wachstumshemmungen und Haarausfall auf, was darauf hindeutet, dass Inositol tatsächlich ein Vitamin sein könnte, obwohl es aus Glucose im Tierkörper selbst synthetisiert werden kann.

Cholin

Cholin ist das vollständig methylierte Colamin (Abb. 3.20). In Form seines Essigsäureesters bildet es den Neurotransmitter Acetylcholin, in Form seines Phosphorsäureesters ist es Be-

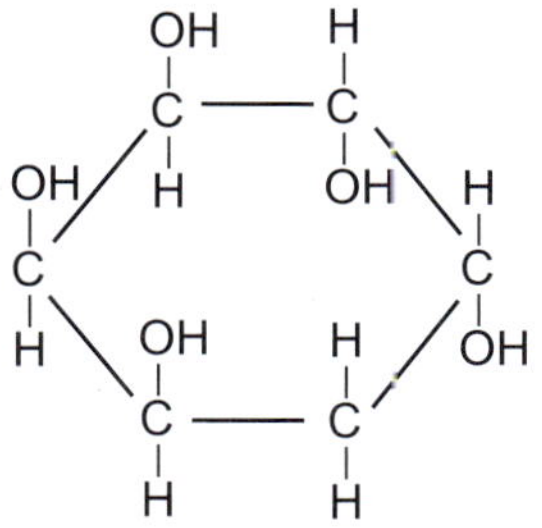

Abb. 3.19 Strukturformel des Inositols.

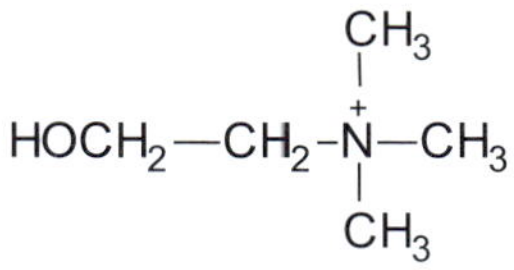

Abb. 3.20 Strukturformel des Cholins.

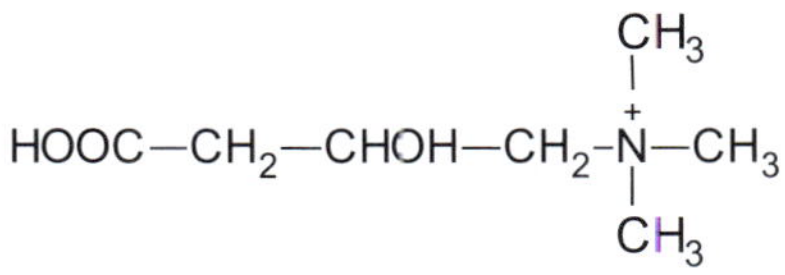

Abb. 3.21 Strukturformel des Carnitins.

standteil der Lecithine (Phosphatidylcholine) und außerdem als Zwischenprodukt des Stoffwechsels ein Baustein vieler Phosphatide in tierischen und pflanzlichen Geweben. Bei ausreichender Zufuhr von Folsäure, Vitamin B_{12} und Methionin kann genügend Cholin im Tierkörper synthetisiert werden, sodass es sich bei Cholin um eine bedingt essenzielle Substanz handelt. Mangel an Cholin führt beim Säugetier zur Leberverfettung und beim Vogel (Huhn) zu Wachstumsstörungen des Knochens.

Carnitin

Carnitin ist ein Konjugat aus den Aminosäuren Lysin und Methionin (Abb. 3.21), das besonders beim Transfer von langkettigen Fettsäuren durch die innere Mitochondrienmembran von Bedeutung ist. Die Substanz kann in den meisten Tierarten synthetisiert werden. Eine interessante Ausnahme machen einige Käfer aus der Familie der Tenebrionidae (*Tenebrio molitor*, *Tribolium confusum*, *Palorus* u. a.), für die Carnitin ein Vitamin ist. Der ebenfalls zu den Tenebrionidae zählende Vierhornkäfer *Gnathocerus* ist dagegen wieder unabhängig von einer Carnitinzufuhr über die Nahrung.

3.2 Verdauung

3.2.1 Allgemeines

Nur ein geringer Teil der in der Nahrung enthaltenen Stoffe kann in unverarbeiteter Form die Darmwand passieren. Dazu gehören vornehmlich Vitamine, Salze und Wasser. Die Mehrzahl der Stoffe, insbesondere die großen Aminosäure- und Kohlenhydratpolymere, muss vor der Resorption von den Tieren in niedermolekulare Verbindungen (Monomere) gespalten werden. Diese unter ziemlich hohem Energieaufwand vom Tier durchzuführende Verarbeitung der Nahrung nennen wir **Verdauung**. Sie umfasst mechanische und chemische (enzymatische) Vorgänge.

Die Verdauung stellt auch sicher, dass artfremde Proteine, die im Tierkörper wie Giftstoffe wirken können, zumindest aber immunogen sein könnten, vor der Überführung in das Körperinnere in die Grundbausteine (Aminosäuren) zerlegt werden. Nach der Resorption dieser universellen Moleküle kann das Tier seine eigenen spezifischen Proteine aus diesen Aminosäuren aufbauen.

Die Verdauungsvorgänge spielen sich bei solchen Tieren, die einen Darmkanal besitzen (und das ist die überwiegende Zahl) entweder ausschließlich oder doch zum Teil im Darmlumen ab. Das Darmlumen selbst zählt physiologisch noch zur Außenwelt des Tieres. Dort hinein werden die Verdauungsenzyme abgegeben. Da sich die Verdauung in diesem Fall außerhalb der Zellen im Darmlumen abspielt, spricht man von einer **extrazellulären Verdauung**. Eine extrazelluläre Verdauung, die die Nahrungsstoffe bis auf die Monomerebene abbaut, findet man bei Nematoden, Nuculiden (unter den Bivalvia), Anneliden (Ausnahme: z. B. *Arenicola*), Onychophoren, Crustaceen, Insekten, Cephalopoden (*Loligo*, *Alloteuthis*), Tunikaten und bei den Vertebraten. Bei anderen Tieren kann man beobachten, dass zunächst eine extrazelluläre Vorverdauung der Nahrung erfolgt, dann aber noch makromolekulare Bruchstücke der Nahrungsstoffe durch Endocytose in die oberflächlichen Zellen aufgenommen werden. Dort schließt sich dann eine intrazelluläre (lysosomale) Verdauung an. Das ist der Fall bei den Coelenteraten, Trematoden (*Polystoma*, *Fasciola*) und Nemertinen, bei manchen Anneliden (*Arenicola*), bei Gastropoden, Bivalviern (Ausnahme: Nuculidae, s. o), Cheliceraten, Bryozoen, Echinodermen und Acraniern (*Amphioxus*).

Der Darmkanal von Tieren besitzt oft mehr oder weniger deutlich voneinander unterscheidbare Abschnitte unterschiedlicher Funktion. Bei Wirbeltieren können zumindest Mund, Ösophagus, Magen, Dünn- und Dickdarm sowie After unterschieden werden. In den Anfangsabschnitt des Dünndarms (Duodenum) münden die Ausführgänge für die Sekrete der als Ausstülpungen des Entoderms zu interpretierenden großen Verdauungsdrüsen (Leber, Pankreas) (Abb. 3.22). Bei den allermeisten Invertebraten finden wir ebenfalls zwei Öffnungen des Darmsystems zur Außenwelt (Mund und After), wobei die dazwischenliegenden Abschnitte anders organisiert sein können als bei den Vertebraten. So gibt es bei Insekten im Anschluss an den Magen den Mitteldarm, der funktionell dem Dünndarm der Vertebraten entspricht. Er wird gefolgt von einem Enddarm, der wiederum ähnliche Funktionen aufweist wie der Dickdarm der Vertebraten (Abb. 3.22). Bei Invertebraten, die kein Blutgefäßsystem besitzen, das aus dem Darm resorbierte Substanzen im Körper verteilen könnte, müssen die Verdauungsprodukte direkt aus dem Darm an die Körperzellen übergeben werden. Neben der Verdauungsfunktion übernimmt in diesen Fällen das Darmsystem auch die interne Verteilung der Verdauungsprodukte. In Anpassung an diese Kombination von Funktionen ist das Darmsystem dieser Tiere sehr stark verzweigt und schiebt sich mit seinen Gliederungen in alle Körperregionen des Tieres vor. Diese Verhältnisse findet man beim Gastrovaskularsystem der Coelenteraten und in Form des stark verzweigten Darms der Strudel- und Saugwürmer (Abb. 3.23).

Im Anfangsteil eines durchgängigen Verdauungssystems hat die Nahrung meist noch einen hohen Anteil an Feststoffen und wird daher in Portionen geformten Materials (Bolus) transportiert. Durch die Sekretion von Verdauungssäften (beim Menschen bis zu 8 l pro Tag) werden die Feststoffe in der Nahrung immer weiter suspendiert, sodass sie im Darm schließlich in Form eines dünnflüssigen Breies (**Chymus**) vorliegen. Der Transport der Nahrungsportionen erfolgt durch die **Peristaltik**[155]. Sie besteht darin, dass sich das Darmrohr oberhalb der Nahrungsportion (Bolus bzw. **Chymus**) durch Kontraktion seiner Ringmuskulatur einschnürt und unterhalb des Bolus gleichzeitig die Muskulatur erschlafft. Durch Kontraktion der Längsmuskulatur wird der Darmabschnitt verkürzt und die Nahrungsportion so vorangetrieben. Auch Pendelbewegungen zur besseren Durchmischung des Darminhalts treten regelmäßig auf. Die Vorzugsrichtung des Nahrungstransports zwischen Mund und After ist unidirektional in Richtung After. Im vorderen Abschnitt des Verdauungstrakts kann es dazu kommen, dass Mageninhalt durch den Mund wieder ausgewürgt wird. Dieses repräsentiert allerdings keine rückwärts gerichtete Peristaltik, sondern geht auf heftige Kontraktionen der Magenmuskulatur zurück. Dieser Vorgang kann zur Befreiung des Verdauungstrakts von unbekömmlichen Speisen (Lebensmittelvergiftung) dienen oder zur gezielten Entsorgung von unverdaulichen Nahrungsbestandteilen genutzt werden. So würgen Greifvögel zuweilen Konglomerate von Federn, Fell und Knochen von Beutetieren (**Gewölle**) hervor, nachdem die leicht verdaulichen Bestandteile bereits herausgelöst wurden.

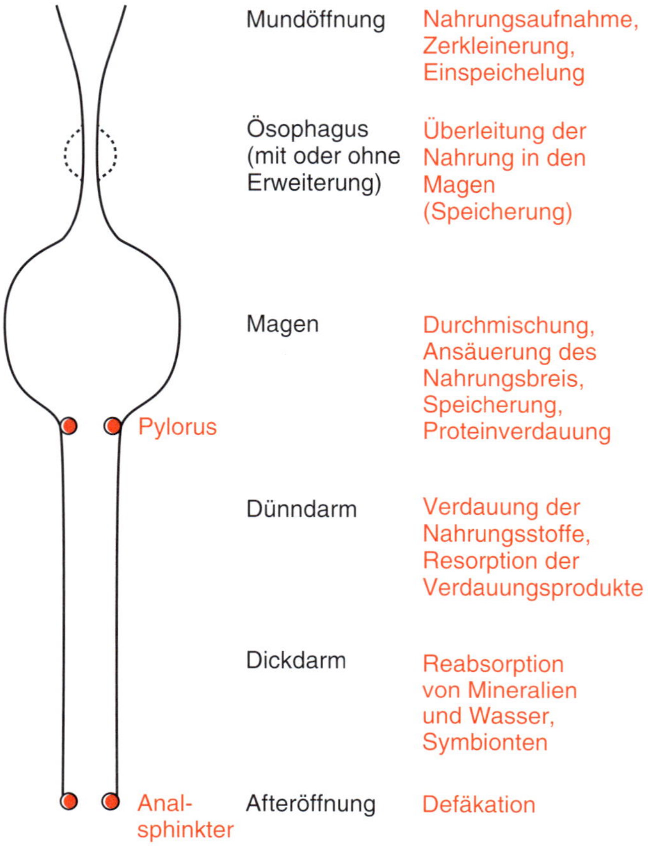

Abb. 3.22 Grundaufbau des Gastrointestinalsystems bei Wirbeltieren und die Hauptfunktionen der Abschnitte.

155 *peristallein* (griech.) = umwickeln

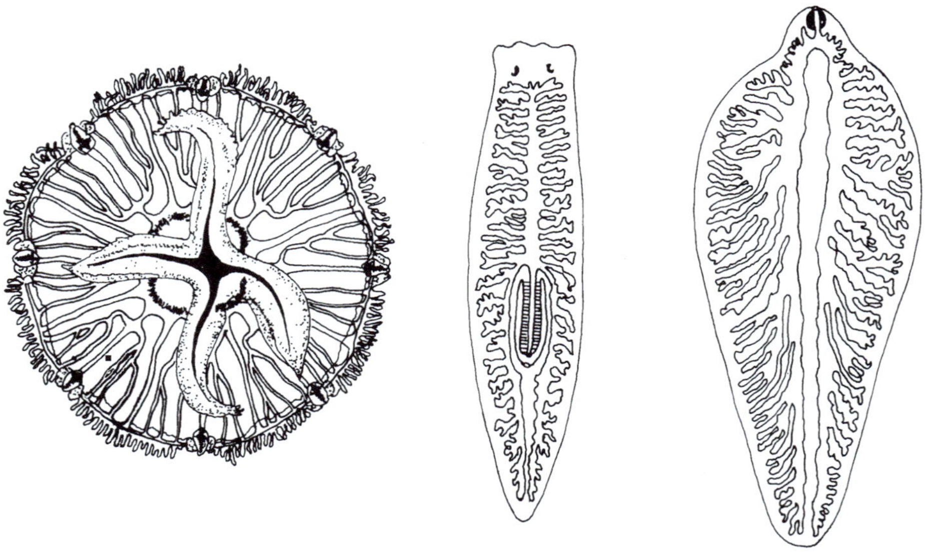

Abb. 3.23 Tierarten mit stark verzweigtem und ausgedehntem Darmsystem ohne Afteröffnung. Links: Gastrovaskularsystem der Ohrenqualle (*Aurelia aurita*); Mitte: Strudelwurm (*Dendrocoelum lacteum*); rechts: Großer Leberegel (*Fasciola hepatica*).

Bei vielen Tieren findet man einen Abschnitt im Verdauungstrakt, dessen internes Milieu deutlich saurer reagiert als das Milieu in anderen Abschnitten. So weist der Speichel des Menschen in Abhängigkeit vom Sekretionsvolumen einen pH-Wert zwischen 5,8 und 7,8 auf, im Magen herrscht jedoch ein stark saures Milieu von pH 1–2 und im Duodenum wird das Milieu durch den Bauchspeichel wieder schwach alkalisch (pH 8). Diese Änderungen des pH-Wertes haben eine wichtige Bedeutung für die in den jeweiligen Abschnitten ablaufenden Verdauungsprozesse, da die Verdauungsenzyme an die jeweiligen Milieuzustände angepasste pH-Optima aufweisen. So ist die Protease Pepsin, die bei Säugetieren ein pH-Optimum im stark sauren Bereich aufweist, nur im Magen aktiv, während die Protease Trypsin, deren pH-Optimum im leicht Alkalischen liegt, nur im Dünndarm arbeitet. In entsprechender Weise kann man beim Regenwurm *Lumbricus terrestris* feststellen, dass die Speicheldrüsen des Pharynx eine bei einem pH-Wert von 5,2–5,7 besonders aktive Protease sezernieren. Hinter dem 60. Körperring herrscht im Darmlumen dagegen ein alkalisches Milieu (pH 7,65–8,05) vor. Auch bei Enchytraeen (Oligochaeta) wird die aufgenommene Nahrung zunächst einem **sauren Verdauungssaft** ausgesetzt. Auf seinem weiteren Weg wird der Darminhalt dann neutralisiert und ist schließlich schwach alkalisch.

3.2.2 Verdauungsenzyme

Verdauungsenzyme gehören ohne Ausnahme der Klasse der Hydrolasen an, die, wie der Name bereits zum Ausdruck bringt, eine hydrolytische Spaltung der kovalenten Bindung zwischen den Gruppen S1 und S2 katalysieren:

$$S1\text{-}S2 + H_2O \rightarrow S1\text{-}OH + S2\text{-}H$$

Carbohydrasen

Das wichtigste Kohlenhydrat der Nahrung von Tieren ist der pflanzliche Reservestoff **Stärke** (Amylum). Stärke besteht zu etwa 20–30 % aus **Amylose**, einem linear gebauten Glucosepolymer (Molmasse zwischen 16 000 und 224 000 g mol^{-1} je nach Kettenlänge) mit α-1,4-glykosidischen Verknüpfungen zwischen den Zuckermonomeren, und zu 70–80 % aus **Amylopektin**, einem verzweigten Glucosepolymer mit Molmassen zwischen 200 000 und 1 000 000 g mol^{-1}, in dem die linearen Glucoseketten α-1,4-glykosidisch verknüpft sind, die Verzweigungen der Kette aber durch α-1,6-glykosidische Verknüpfungen zwischen den Zuckermolekülen zustande kommen (Abb. 3.24).

Als **Carbohydrasen** bezeichnet man allgemein die kohlenhydratspaltenden Enzyme. Das stärkespaltende Enzym bei Tieren wird als α-**Amylase** bezeichnet. Es ist nur in Gegenwart von Cl^--Ionen voll aktiv. Im Gegensatz zu der vornehmlich im Pflanzenreich verbreiteten β-Amylase, die das Stärkemolekül vom Ende her angreift und jeweils die beiden letzten Glucoseeinheiten als Disaccharid (Maltose) abspaltet, spaltet die

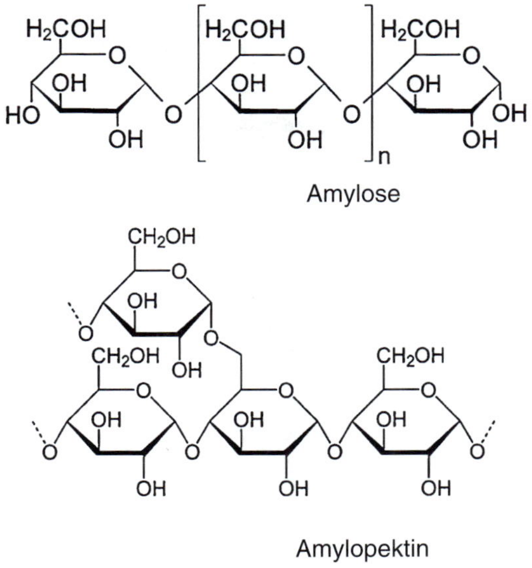

Abb. 3.24 Strukturen von Amylose und Amylopektin.

α-Amylase wahllos Bindungen in der Mitte des Makromoleküls. Es entstehen so zunächst Bruchstücke von sechs bis acht Glucoseeinheiten (Oligosaccharide), die dann anschließend weiter bis zur **Maltose** abgebaut werden. Die α-Amylase ist außerordentlich weit verbreitet (s. auch ▶ Box 3.6). Man findet sie bereits bei den Protoctista (*Pelomyxa*, *Entamoeba*, *Stylonychia* u. a.) sowie bei Vertretern aller Tiergruppen bis hinauf zu den Wirbeltieren. Allgemein kann man feststellen, dass sich omnivore und herbivore Tiere im Vergleich zu carnivoren durch eine höhere Aktivität ihrer Amylasen auszeichnen. Es ist zum Beispiel im Pankreas des omnivoren Karpfens eine 1000-fach höhere amyloklastische Aktivität vorhanden als im Pankreas carnivorer Fische wie Dornhai oder Hecht.

Box 3.6 Vorkommen von Amylasen im Tierreich

Amylasen wurden im Darm aller bisher untersuchten phytophagen und tierparasitischen Nematoden nachgewiesen. Sie sind im Kristallstiel der Bivalvia vorhanden. *Helix* besitzt eine Amylase im Speicheldrüsensekret. Bei vielen Insekten wird eine Amylase von der Speicheldrüse (*Periplaneta*, *Calliphora*, Aphiden u. a.) und (oder) von den Drüsenzellen des Mitteldarms gebildet. Bei allen Vertebraten findet man sie im Pankreassaft, bei einigen Säugetieren und Vögeln, sowie in geringer Menge beim Frosch, außerdem im Speichel.

Soll das Endprodukt der Amylaseaktivität, das Disaccharid Maltose, weiter abgebaut werden, ist ein besonderes Enzym, die Maltase, notwendig. Sie spaltet die Maltose in zwei Glucosemoleküle. Da es sich hierbei um die Lösung einer glykosidischen Bindung handelt, gehört die Maltase zur Gruppe der **Glykosidasen**. Die spezielle Bezeichnung der Glykosidasen bezieht sich auf die Art der gespaltenen glykosidischen Bindung (α oder β) und die Natur des glykosidisch gebundenen Zuckers.

Die Maltase ist somit eine α-Glucosidase. Sie vermag nicht nur die α-glykosidische Bindung in der Maltose, sondern auch in der Saccharose (Rohrzucker, ein Disaccharid aus Glucose und Fructose) zu spalten. Auch sie ist im Tierreich weit verbreitet, oft kommt sie mit der Amylase gemeinsam vor.

Vielfältig ist die Ausstattung der Tiere mit weiteren Glykosidasen, insbesondere bei den Herbivoren und Omnivoren. So besitzt zum Beispiel *Helix* allein mehr als 20 verschiedene Carbohydrasen. Eine β-Glucosidase (spaltet das Disaccharid **Cellobiose** = 4-β-Glucosidoglucose) kommt unter anderen bei *Helix*, bei der Kellerassel (*Porcellio*) und dem Flusskrebs (*Astacus*) sowie bei einigen Insekten (*Lepisma*, *Periplaneta*, *Tenebrio*, *Bombyx* u. a.) vor. Unter den Säugetieren ist das Enzym seltener anzutreffen (z. B. beim Meerschweinchen und der Maus). Eine β-Fructofuranosidase (Saccharase oder Invertase) ist im Speichel der Schaben *Blattella* und *Blaberus* (nicht bei *Periplaneta*) und im Mitteldarm von *Calliphora* vorhanden. In den nur bei den Bienenarbeiterinnen ausgebildeten Pharynxdrüsen treten Amylase und Invertase erst dann auf, wenn die Tiere mit dem Eintragen von Futter beginnen. Invertasen findet man auch im Darm von Seeigel, *Peropatopsis* (Onychophore) und *Ciona* (Ascidie) sowie im Magensaft des Flusskrebses (*Astacus*). Bei den nur noch Blütennektar saugenden Schmetterlingen ist sie das einzige nachweisbare Enzym, während die jeweiligen Raupen eine Vielzahl von Enzymen aufweisen. Eine α-Galactosidase scheint bei den Säugetieren zu fehlen. Unter den Insekten ist sie zum Beispiel bei den Larven und Adulten der Schmeißfliege *Calliphora* und bei der Schabe *Blaberus* vorhanden. Mithilfe einer β-Galactosidase (der Lactase, spaltet Lactose, ein Disaccharid aus Galactose und Glucose) kann die Lactose (Milchzucker) von neugeborenen Säugetieren verwertet werden, nicht aber von der Schildkröte, vom Karpfen, einigen Insekten und vielen Krebsen, denen dieses Enzym fehlt. In vielen Fällen hört die Produktion der Lactase mit der Entwöhnung der Jungtiere auf, sodass erwachsene Säugetiere keinen Milchzucker verdauen können. Der Konsum von Milch führt dann zu Verdauungsbeschwerden (**Lactoseunverträglichkeit**). Beim Menschen gibt es das interessante Phänomen, dass die Mitglieder derjenigen Teilpopulationen, die seit vielen Generationen Viehhaltung betreiben und daher auch als Erwachsene noch Milch trinken, die Lactaseproduktion bis ins hohe Alter beibehalten. Da die Milchviehhaltung, wie die Landwirtschaft überhaupt, seit gerade einmal 10 000 Jahren betrieben wird, zeigt dieses Beispiel, dass die Evolution auch in der menschlichen Population noch wirksam ist.

Proteasen

Die proteinspaltenden Enzyme nennt man **Proteasen** (oder auch **Proteinasen**). Sie katalysieren die hydrolytische Spaltung von Peptidbindungen, durch die die einzelnen Aminosäuren in der Polypeptidkette des Proteinmoleküls miteinander verknüpft sind.

Man unterscheidet Exo- und Endopeptidasen. **Exopeptidasen** spalten Peptidbindungen vom Ende der Kette her: Aminopeptidasen setzen jeweils die N-terminale, Carboxypeptidasen die C-terminale Aminosäure frei. Dipeptidylaminopeptidasen spalten nicht eine, sondern jeweils zwei Aminosäuren (Dipeptide) vom N-terminalen Ende der Polypeptidkette her ab. Die Dipeptidasen trennen die beiden Aminosäuren der Dipeptide voneinander. **Endopeptidasen** spalten Peptidbindungen zwischen bestimmten Aminosäuren immer innerhalb der Aminosäurekette. Sie werden nach der Struktur ihres aktiven Zentrums eingeteilt in

- **Serinproteasen** (Trypsin, Chymotrypsin, Elastase, Enteropeptidase, Kallikrein, Thrombin u. a.),
- **Cysteinproteasen** (Papain, Kathepsine u. a.),
- **Aspartatproteasen** (Pepsin, Chymosin, Renin u. a.) und
- **Metalloproteasen** (Carboxypeptidase A, Kollagenasen u. a.).

Das **Pepsin** ist eine Endopeptidase mit einem pH-Optimum im stark sauren Bereich (pH 1,5–2,5). Es weist in seinem aktiven Zentrum zwei Aspartatreste auf (Aspartatprotease), von denen einer in ionisierter Form vorliegen muss, wenn das Enzym aktiv ist. Das ist auch die Ursache für das außergewöhnlich niedrige pH-Optimum dieses Enzyms. Es spaltet bevorzugt Peptidbindungen, deren Aminogruppe einem Tyrosin- oder Phenylalaninrest (aromatische Aminosäureseitenketten) angehört.

Pepsin scheint in seiner Verbreitung auf die Wirbeltiere beschränkt zu sein. Nur dort werden im Magen entsprechend niedrige pH-Werte erreicht, wie sie für die Wirksamkeit des Enzyms erforderlich sind. Das Pepsin (Molmasse 33 000 g mol^{-1}) wird in Form einer inaktiven Vorstufe (Pepsinogen) von den Hauptzellen des Magenepithels abgegeben. Das Pepsinogen (Molmasse 40 000 g mol^{-1}) enthält ein 44 Aminosäurereste umfassendes, aminoendständiges Vorstufensegment, das über dem aktiven Zentrum des Pepsins liegt und es blockiert. Bei niedrigen pH-Werten (<5) werden die Salzbrücken zwischen dem Vorstufensegment und dem Pepsinanteil aufgebrochen. Dadurch wird das aktive Zentrum frei und das Vorstufensegment löst sich spontan vom Pepsinanteil (pH-vermittelte Proteolyse). Das Pepsin der poikilothermen Fische ist gegenüber dem der homoiothermen Tiere durch eine niedrigere Aktivierungsenergie an die niederen Funktionstemperaturen angepasst. Ihr Pepsin weist bei gleichen Temperaturen eine höhere proteolytische Aktivität auf als das der Säugetiere.

Wie die anderen Serinproteasen besitzt das Trypsin eine **katalytische Triade** aus den Aminosäuren Aspartat, Histidin und Serin im aktiven Zentrum. Trypsin ist eine Endopeptidase mit einem pH-Optimum im leicht alkalischen Bereich. Es ist sowohl der Elastase als auch dem Chymotrypsin chemisch sehr ähnlich (40–60 % der Aminosäurepositionen im Molekül stimmen überein). Alle drei Enzyme stammen vermutlich von einem gemeinsamen Vorläufer ab, sie sind homolog. Das Trypsin spaltet ausschließlich Peptidbindungen, deren Carbonylgruppe einem Arginin- oder Lysinrest (basische Aminosäuren) angehört (■ Abb. 3.25). Diese hohe Schnittspezifität des Trypsins macht man sich auch in der Proteinanalytik mittels proteomischer Methoden zunutze, da man bei bekannter Primärse-

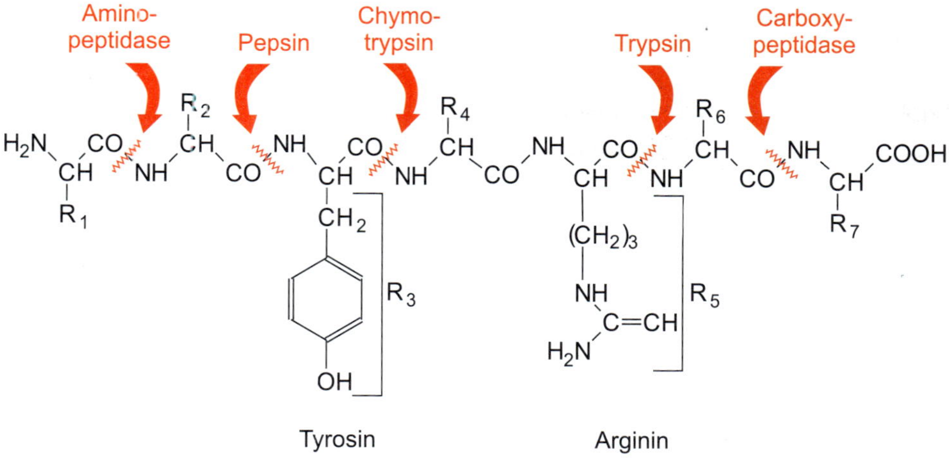

■ **Abb. 3.25** Polypeptidkette mit Angriffspunkten verschiedener Proteasen.

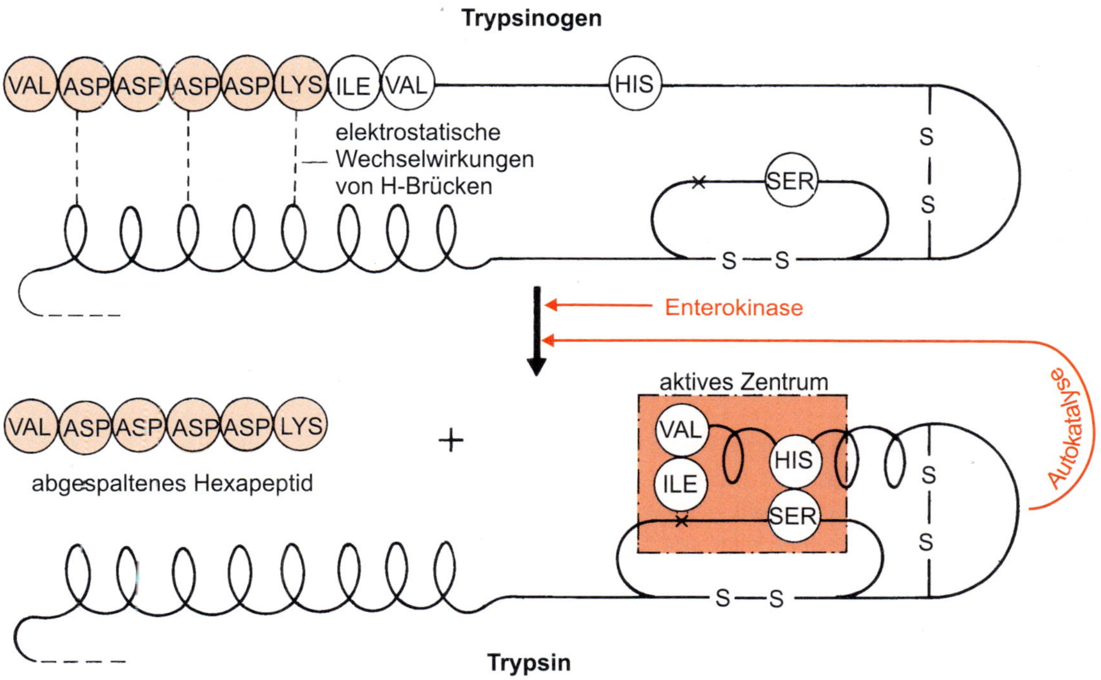

■ **Abb. 3.26** Schematische Darstellung der Vorgänge bei der Aktivierung des Trypsinogens zum Trypsin. Die Abspaltung des Hexapeptids Val-$(Asp)_4$-Lys führt zu einer Veränderung der Tertiärstruktur des Moleküls, wodurch das aktive Zentrum des Trypsins entsteht. (Nach Neurath H (1964) Mechanism of zymogen activation. Fed Proc 23, 1–7.)

quenz eines Proteins vorhersagen kann, welche Peptidmassen sich aus dem Trypsinverdau dieses Proteins ergeben sollten. Dies ermöglicht die Wiedererkennung des Proteins anhand seiner proteolytischen Produkte in der massenspektrometrischen Analyse.

Trypsine sind im Tierreich weit verbreitet und nicht nur auf die Wirbeltiere beschränkt, bei denen es stets als charakteristisches Enzym im Pankreassaft zu finden ist. Es ist auch bei vielen Invertebraten nachgewiesen. Insbesondere sind es die Carnivoren, die sich durch eine hohe proteolytische Aktivität ihrer Verdauungssäfte auszeichnen. So besitzt zum Beispiel die an Fleischkost angepasste Fliegenlarve *Lucilia* eine sehr aktive Protease im Darm. Die Trypsinaktivität im Pankreassaft der carnivoren Fische (Dornhai, Hecht) ist etwa achtmal höher als die des omnivoren Karpfens. Auch Trypsin wird von den acinären[156] Zellen des Pankreas nicht in aktiver Form produziert, sondern in Form eines inaktiven Zymogens, des Trypsinogens (Proenzym). Die proteolytische Aktivierung des Trypsins erfolgt erst im Dünndarm durch eine Enteropeptidase (früher: Enterokinase), die von den duodenalen Enterocyten im Bürstensaum (apikale Zelloberfläche) exprimiert wird. Durch Abspaltung eines Hexapeptids (Val-$[Asp]_4$-Lys) über-

[156] bestimmter Bautyp von Drüsen; mehrzellige Drüse mit keulig verdicktem, blind geschlossenen Anfangsteil mit großvolumigen Epithelzellen und anschließendem, epithelial ausgekleideten Ausführgang

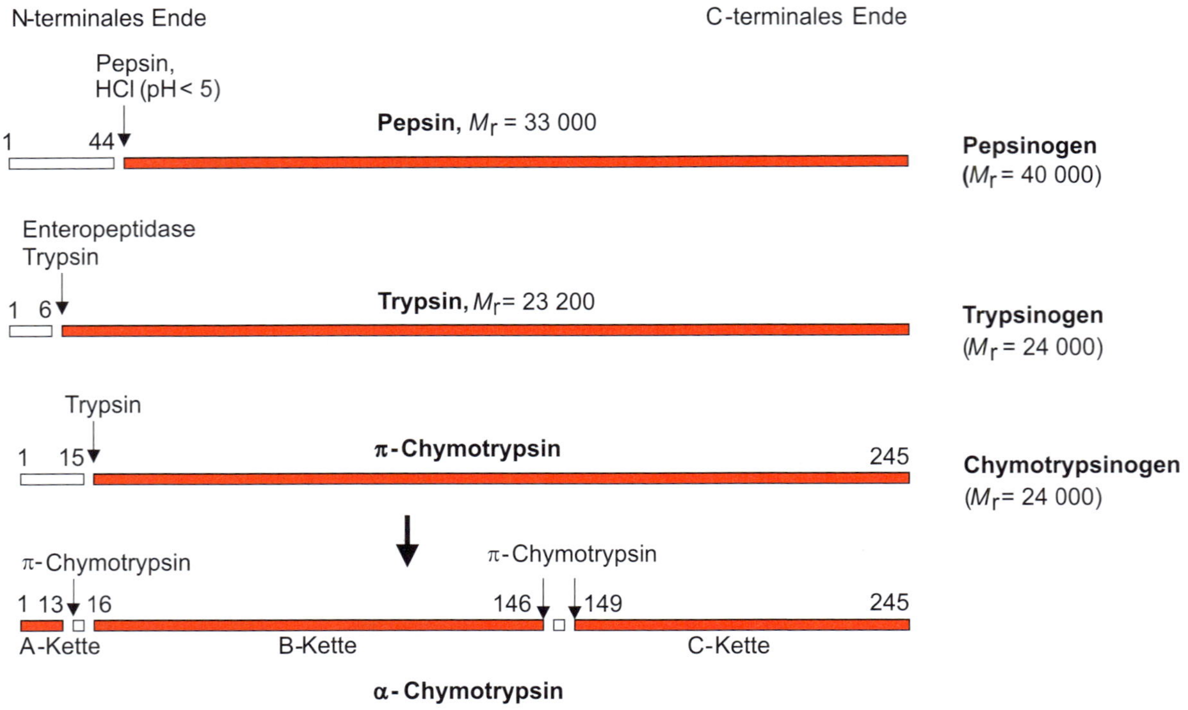

Abb. 3.27 Die Zymogene Pepsinogen, Trypsinogen und Chymotrypsinogen und ihre Aktivierung. Bei der Aktivierung des Trypsinogen zum Trypsin wird ein N-terminales Hexapeptid abgespalten. Das geschieht durch eine zelloberflächengebundene Enteropeptidase. Das Chymotrypsinogen wird durch eine vom Trypsin katalysierte Spaltung der Arg15-Ile16-Peptidbindung zum π-Chymotrypsinogen aktiviert. Dieses unterliegt anschließend einer Autolyse. Dabei kommt es zum Herausschneiden zweier Dipeptide (Ser14-Arg15 und Thr147-Asn148). Es entsteht das ebenfalls aktive α-Chymotrypsin, das aus den Ketten A, B und C besteht, die durch Disulfidbrücken miteinander verbunden bleiben.

führt die Enteropeptidase das Trypsinogen in die aktive Form Trypsin (Abb. 3.26). Ist bereits aktives Trypsin im Darmlumen vorhanden, kann es weiteres Trypsinogen spalten. Die Enteropeptidase von Säugern wirkt auch bei einer Reihe von Invertebratentrypsinen (Beispiele: *Sepia*, *Limulus*) aktivierend, jedoch nicht bei allen, was einerseits darauf hindeutet, dass der Aktivierungsmechanismus des Trypsins recht ursprünglich ist, es aber in der Evolution durch sekundäre Abwandlungen der Proteinstruktur innerhalb einzelner Tierarten auch Sonderanpassungen gegeben hat.

Das am Beispiel des Trypsins erläuterte Prinzip der proteolytischen Aktivierung von Proteasen erst am Ort ihrer beabsichtigten Wirkung gilt für alle bekannten extrazellulären Verdauungsproteasen und dient vermutlich dem Schutz vor dem Selbstverdau der produzierenden Zellen (Abb. 3.27).

Chymotrypsin ist ein Enzym, das im Gegensatz zum Trypsin eine milchgerinnende Wirkung zeigt. Es spaltet bevorzugt Peptidbindungen, deren Carbonylgruppe einem Tyrosin- oder Phenylalaninrest angehört. Es kann durch eine Enteropeptidase nicht aktiviert werden, wohl aber durch Trypsin.

Neben den tryptischen Enzymen sind verschiedene Peptidasen (Amino-, Carboxy- und Dipeptidasen) im gesamten Tierreich weit verbreitet. Die Carboxypeptidase A hydrolysiert die carboxylendständige Peptidbindung in Polypeptidketten, und zwar am besten, wenn die C-terminale Aminosäure eine aromatische oder eine große aliphatische Seitenkette aufweist. Ein fest gebundenes Zinkatom ist dabei essenziell für die korrekte Ausformung des aktiven Zentrums. Das Enzym zählt zur Klasse der Zinkproteasen, was es als einen Vertreter der Metalloproteasen ausweist.

Die **Kathepsine** mit einem pH-Optimum im neutralen bzw. schwach sauren Bereich sind vornehmlich intrazelluläre Proteasen, wo sie in der Regel in den Lysosomen lokalisiert sind. Man trifft sie aber auch frei im Magen von Fischen und Säugetieren und im Verdauungssaft einiger Invertebraten an.

Lipasen und Esterasen

Enzyme, die im Verdauungstrakt die Nahrungsfette und -öle in Glycerin und Fettsäuren spalten, nennt man **Lipasen**[157]. Sie hydrolysieren Esterbindungen, sodass sie im weiteren Sinn zu den Esterasen gezählt werden können. In der Praxis unterscheidet man allerdings zwischen Lipasen und Esterasen, weil sie sowohl Substrat- als auch Strukturunterschiede aufweisen. Im Gegensatz zu den Lipasen, die wasserunlösliche Substrate hydrolysieren, akzeptieren die Esterasen im engeren Sinn nur kurzkettige, wasserlösliche Substrate. Außerdem unterscheiden sich die Esterasen von den Lipasen in der Tertiärstruktur. Lipasen besitzen eine Proteindomäne, die das aktive Zentrum bedeckt, bei Esterasen liegt das aktive Zentrum frei. Das aktive Zentrum

[157] *lipos* (griech.) = Fett

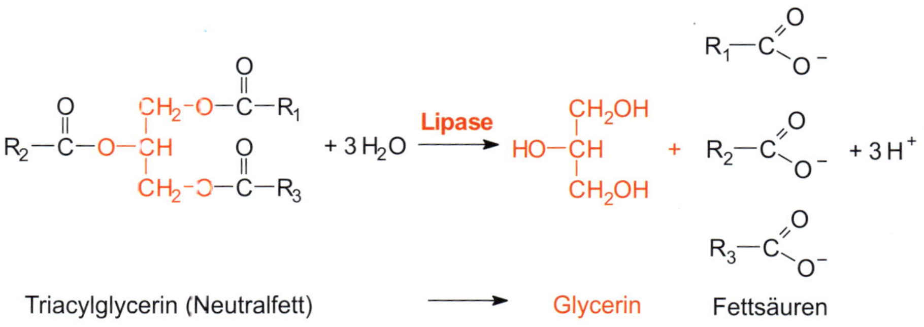

Abb. 3.28 Die Spaltung eines Triacylglycerins (Neutralfett) in Glycerin und drei Fettsäuren durch die Lipase.

der Lipasen ist gekennzeichnet von einer katalytischen Triade, die normalerweise aus Serin, Histidin und Aspartat gebildet wird. Sie ist zwar funktionell, nicht aber strukturell mit der der Serinproteasen vergleichbar.

Die Pankreaslipase spaltet von den Triacylglycerinen zunächst die beiden Fettsäuren in den Positionen 1 und 3 des Glycerins ab. Die in 2-Position verbliebene Fettsäure wird von derselben Lipase erst nach einer spontan ablaufenden »Acylwanderung« abgespalten (Abb. 3.28).

Die (Triacylglycerin-)Lipase wird nur an Öl-Wasser-Grenzflächen wirksam, daher muss das Nahrungsfett in dem wässrigen Milieu des Darminhalts hochgradig emulgiert vorliegen. Die Lipase benötigt außerdem einen Proteincofaktor (Colipase) und ist von Ca^{2+}-Ionen abhängig.

Lipasen sind im Tierreich weit verbreitet. Die Weinbergschnecke *Helix* weist eine Lipase im Kropf auf, eine andere in der Mitteldarmdrüse. Die meisten Insekten besitzen eine Lipase im Mitteldarm, einige räuberische Arten (*Notonecta*, *Naucoris*, *Nepa*) auch im Speichel. Bei den höheren Krebsen ist das Enzym im Mitteldarmdrüsensekret enthalten und später im Magen zu finden. Bei den Wirbeltieren ist das Pankreas Hauptproduktionsort der Lipasen, nur bei manchen Knochenfischen scheinen sie zu fehlen. Diese Fische leben von Kleintieren (Plankton, Mückenlarven usw.) und nutzen die Verdauungsenzyme ihrer Nahrungstiere für die eigene Verdauung. So besitzt zum Beispiel der Karpfen keine körpereigene Lipase. Die zur Fettspaltung notwendige Enzymmenge stammt von aufgenommenen Chironomidenlarven.

Durch bestimmte Verdauungsenzyme erschließen sich manche Tiere besondere Nahrungsquellen (▶ Box 3.7).

Box 3.7 Verdauungsenzyme, die Tieren besondere Nahrungsquellen erschließen

Tiere, die sich ausschließlich von pflanzlicher Kost ernähren (Herbivoren), können häufig Cellulose in ihrer Nahrung für die Gewinnung von Zuckermonomeren nutzen, obwohl sie selbst keine körpereigenen Cellulasen besitzen. In diesen Fällen wird die Cellulosezersetzung von symbiotischen Mikroorganismen durchgeführt. Die Cellulase der Weinbergschnecke Helix und anderer Landschnecken wird wahrscheinlich von symbiotischen Darmbakterien geliefert. Die Larven der Blatthornkäfer (Maikäfer, Hirschkäfer usw.) sowie der Schnaken (Tipuliden) beherbergen in großen sackartigen Erweiterungen des Darms Bakterien, die die Cellulose zersetzen. Bei bestimmten holzfressenden Termiten (Termopsis) haben Flagellaten (Trichomonas permopsidis) die Celluloseverdauung übernommen. Diese Protoctista sind obligate Anaerobier und leben in taschenartigen Ausstülpungen des Enddarms. Werden sie getötet, so sterben die Termiten trotz reichlichen Celluloseangebots innerhalb weniger Tage. Bei pflanzenfressenden Säugetieren findet eine bakterielle Celluloseverarbeitung in verschiedenen, auf diese Funktion spezialisierten Abschnitten des Magen-Darm-Trakts statt. Bei den Wiederkäuern ist es der Pansen, in dem ein umfangreicher Abbau der Cellulose durch streng anaerobe Bakterien (Bacteroides succinogenes, Ruminobacter parvum u. a.) abläuft. Bei den Nicht-Wiederkäuern unter den Säugetieren sind der mächtig entwickelte Dickdarm (Pferd, Schwein) oder der Blinddarm (Nagetiere) der Ort bakterieller Cellulosezersetzung. Allerdings ist die Effektivität bei diesen Tieren gegenüber den Wiederkäuern geringer, da die Celluloseverarbeitung erst nach der Verdauung der Nahrung einsetzt. Anders ist es beim Känguru, wo die bakterielle Celluloseverarbeitung bereits im stark erweiterten Magen abläuft.

Auch bei verschiedenen herbivoren Vögeln und Reptilien findet man eine bakterielle Cellulosevergärung. Bei den Hühnervögeln geschieht das in den stark vergrößerten zwei Blinddärmen, bei dem südamerikanischen Hoatzin (Opisthocomus hoatzin) im Kropf und bei einigen weiteren Vögeln ebenso wie beim Grünen Leguan (Iguana iguana) im Enddarm. Eigene Cellulasen scheinen dagegen die Schiffsbohrmuschel Teredo, der Regenwurm Lumbricus, die holzbohrende Assel Limnoria, das Silberfischchen Ctenolepisma, einige Cerambyciden (z. B. der Große Eichenbock Cerambyx cerdo) und einige Anobiiden (z. B. der Bunte Klopfkäfer Xestobium rufovillosum) zu produzieren.

Nur wenige Tierarten können auch Chitin, ein aus N-Acetylglucosamin aufgebautes Polysaccharid, mithilfe einer Chitinase verdauen und daraus verwertbare Aminozucker-

▼

monomere gewinnen. Chitinasen wurden zum Beispiel in Regenwürmern nachgewiesen. Helix besitzt eine Chitinase bakteriellen Ursprungs.

Spezialisierte Insekten wie die Kleidermotte Tineola biselliella, die Larven des Blütenkäfers Anthrenus sowie anderer Dermestiden und die Mallophagen (Haar- oder Federlinge) vermögen Keratin zu verdauen. Das Haare und Federn aufbauende Keratin ist ein außerordentlich widerstandsfähiges Skleroprotein, das gewöhnlich weder durch Pepsin noch durch Trypsin angegriffen wird. Auch die Keratinase aus dem Darm von Tineola-Larven erwies sich in vitro als wirkungslos, offenbar, weil das Enzym nur milieubedingt denaturiertes Keratin verdauen kann. In vivo wird in dem nur wenig mit Tracheen versorgten Mitteldarm der Tiere durch Abgabe eines starken Reduktionsmittels ein sehr niedriges Redoxpotenzial von rund −200 mV aufrechterhalten. Dadurch werden die zahlreichen Disulfidbrücken (-S-S-) des Keratins zu Thiolgruppen (-S-H) reduziert und so die Proteinkonformation geöffnet. Erst in dieser Form ist das Protein der trypsinähnlichen Keratinase zugänglich. Letztere zeichnet sich im Gegensatz zu den übrigen tryptischen Enzymen durch eine Unempfindlichkeit gegenüber SH-Gruppen aus.

Die Nahrung der Raupe der Wachsmotte Galleria mellonella, die bei Imkern als gefürchteter Parasit in Bienenstöcken gilt, sind die aus Wachs bestehenden Brutwaben der Honigbiene. Bienenwachs ist ein Gemisch aus verschiedenen Estern langkettiger Alkohole und Säuren, besonders Palmitinsäuremyricylester, und anderen lipophilen Komponenten. Die Verdauung des Wachses bei diesem Kleinschmetterling wird einen von symbiotischen Darmbakterien, zum anderen von körpereigenen Enzymen durchgeführt. Es sind eine Lipase, eine Lecithinase (Spaltung von Phosphatidylcholin) und eine Cholesterinesterase gefunden worden. In diesem Zusammenhang muss auch der im südlichen Afrika lebende Honiganzeiger (Indicator indicator) erwähnt werden. Dieser Vogel ist dafür berühmt, dass er Menschen oder auch den Honigdachs (Mellivora capensis) durch sein geräuschvolles Verhalten zu den Nestern der Wildbienen führt. Er wartet geduldig, bis die Räuber das Nest geplündert haben, um sich dann an die Reste zu machen, denn er ist weniger auf den Honig als auf das Wachs erpicht. Er verdaut das Wachs mithilfe symbiotischer Bakterien.

Im Gegensatz zu den terrestrischen Tieren scheinen Wachse in der Nahrungskette mariner Organismen eine größere Rolle zu spielen. Nicht nur, dass viele marine Tiere wie Anthozoen, Mollusken, Cephalopoden, Crustaceen, Fische und Wale (z. B. im Walrat der Pottwale) oft große Mengen Wachse enthalten, die Wachse können auch von verschiedenen räuberischen Tierarten verdaut werden. Hauptproduzenten der Wachse scheinen Copepoden zu sein, die die für die Wachssynthese notwendigen langkettigen Fettsäuren aus Phytoplankton (Diatomeen, Dinoflagellaten) beziehen. Bei Copepoden kann das Trockengewicht zu 70 % aus Wachsestern bestehen. Heringsartige (Clupeiden), Makrelen, junge Salmoniden und andere Fische, die diese kleinen Krebstiere fressen, besitzen Wachslipasen. Die bei der Verdauung entstehenden langkettigen Wachsalkohole werden zu Fettsäuren oxidiert und diese im Zuge der Resorption in körpereigene Triglyceride eingebaut. Auch Sturmvögel und Alken vermögen die Wachsester ihrer Beutetiere (planktische Krebstiere) zu spalten. Krillfressende Sturmschwalben (Oceanites oceanicus) können ausschließlich mit Hexodecyloleat (Oleinsäurepalmitinester) gefüttert werden. Die im Darmtrakt anfallenden Fettsäuren werden nicht ausgeschieden, sondern in körpereigenes Fett eingebaut. Ob bei der Wachsverdauung dieser Vögel symbiotische Bakterien beteiligt sind, ist noch ungeklärt.

Nucleasen

In jeder Art von Nahrung befinden sich große Mengen an Desoxyribonucleinsäure (DNA) und Ribonucleinsäure (RNA), die möglichst weitgehend verdaut werden müssen, weil sie einerseits dem Nahrungsbrei ungünstige Eigenschaften verleihen (große Mengen suspendierter DNA verleihen wässrigen Medien eine hohe Viskosität) und andererseits das Risiko bedingen, dass fremde Erbinformation in die Zellen des konsumierenden Tieres aufgenommen werden könnte. **Nucleasen** hydrolysieren die Phosphodiesterbindungen zwischen den Nucleotiden. Endonucleasen spalten daher die langkettigen DNA- und RNA-Stränge innerhalb der Sequenzen, um zunächst kürzerkettige Oligonucleotide und schließlich einzelne Nucleotide zu erzeugen. Exonucleasen spalten einzelne Nucleotide von Oligonucleotiden ab. Obwohl die einzelnen Nucleotide im Verdauungstrakt von Tieren resorbiert und für den Aufbau eigener DNA bzw. RNA verwendet werden können, werden die meisten Nucleotide noch im Verdauungstrakt von **Nucleotidasen** in die entsprechenden Nucleoside und Phosphat gespalten. **Nucleosidasen** schließlich setzen aus den Nucleosiden die Pyrimidin- oder Purinbasen sowie die Zuckermoleküle (Desoxyribose bzw. Ribose) frei. Bei den Wirbeltieren werden Nucleasen im Pankreassekret in den Darm ausgeschüttet. Nucleotidasen und Nucleosidasen werden von den Enterocyten des Dünndarms synthetisiert.

Die Desoxyribonuclease I des Rinderpankreas spaltet doppel- oder einzelsträngige DNA, bevorzugt in der Nachbarschaft von Pyrimidinnucleotiden (C oder T). Sie ist eine Endonuclease und produziert vor allem 5'-phosphorylierte Di-, Tri und Tetranucleotide. In Gegenwart von Mg^{2+}-Ionen verarbeitet die DNase I jeden der Einzelstränge unabhängig voreinander, sodass zufällige Spaltungsprodukte entstehen. Die Ribonuclease A aus derselben Quelle ist eine Endoribonuclease, die einzelsträngige RNA am 3'-Ende von Pyrimidinresten verdaut. Sie produziert 3'-phosphorylierte Mono- und Oligonucleotide.

3.2.3 Verdauungsorgane und -mechanismen

Nahrungserwerb, Aufnahme und mechanische Zerkleinerung der Nahrung

Nahrungserwerb und Nahrungsaufnahme sind je nach Tierart und ihrer Ernährungsweise sehr verschieden organisiert. Evolutiv unterliegen die strukturellen und funktionellen Anpassungen im Zusammenhang mit Nahrungserwerb und -aufnahme einem hohen Selektionsdruck, weil verwertbare Ressourcen in der Natur begrenzt sind und die Tiere daher einer starken Konkurrenz unterliegen. So ist zum Beispiel die Erschließung einer neuen Nahrungsnische durch zufällige Veränderung der Mundwerkzeuge in der Regel vorteilhaft für die betroffenen Individuen. Die Vielfalt von Auswahl und Aufnahmemechanismen von Nahrung ist im Tierreich daher sehr groß (◻ Tab. 3.4).

Bei den Wirbeltieren werden Anpassungen an die Art der Nahrung und des Nahrungserwerbs besonders deutlich an den Unterschieden im Gebiss und in den Zähnen. Mit den Zähnen wird Nahrung ergriffen, zerrissen, zerraspelt oder zermahlen. Bei einigen Tierarten werden Zähne auch als Imponiermerkmal (Affen), Grabwerkzeuge (Mulle) oder Verteidigungswaffe (Stoßzahn des Elefanten) eingesetzt. Der Mensch bildet manche Sprachlaute (z. B. das »Z«) mithilfe der Zähne.

◻ **Tab. 3.4** Beispiele für Techniken des Nahrungserwerbs und der Nahrungsaufnahme bei Tieren.

Art des Nahrungserwerbs	Tierarte (Beispiel)	Nahrungsressourcen	besondere Anpassungen zur Ressourcennutzung
Weidegänger	Huftiere	Gras	Zähne
	Schnecken	Biofilme von Algen oder Bakterien	Radula
	Seesterne	Korallen	Kieferapparat
Sammler	Eichhörchen	Nüsse und andere Samen	Zähne
Jäger	Hunde, Katzen	andere Tiere	Zähne
	Greifvögel	andere Tiere	Klauen, Hakenschnabel
	Raubfische	andere Fische	Zähne
	Laufkäfer	Insekten, Würmer, Schnecken	Mundwerkzeuge
	Libellen	fliegende Insekten	Fangmaske
Fallensteller	Ameisenlöwe	bodenlebende Insekten	Fanggrube, Mundwerkzeuge
	Radnetzspinnen	Fluginsekten	Netzbau, Mundwerkzeuge, Speichelgifte
Filtrierer	Schwämme	Plankton, suspendiertes Material	Ostien in der Körperwand, Choanocyten
	Muscheln	Plankton, suspendiertes Material	cilienbesetzte Kiemen, Schleim
	Bartenwale	Plankton, besonders Krill	Barten
	Enten, Flamingos	Kleinlebewesen im Gewässersediment	querverlaufende Rillen im Inneren des Oberschnabels
Substratfresser	Regenwurm	organisches Material im Boden	
	Mistkäfer	Kot	Mundwerkzeuge
	Miniermotten	Parenchym von Blättern	Mundwerkzeuge
Schlinger	Pythonschlange	unzerkleinerte Säugetiere	Dehnbarkeit von Kieferapparat, Gastrointestinaltrakt, Körperoberfläche
stechend-saugende Ernährungsweise	Blattläuse	Pflanzensaft	Mundwerkzeuge
	Wanzen	Pflanzensaft, Blut	Mundwerkzeuge
	Flöhe	Blut	Mundwerkzeuge
	Stechmücken	Blut	Mundwerkzeuge
Pool-Feeder	Blutegel, Zecken	Blut, Lymphe	Mundwerkzeuge, gewebelysierende Speichelinhaltsstoffe

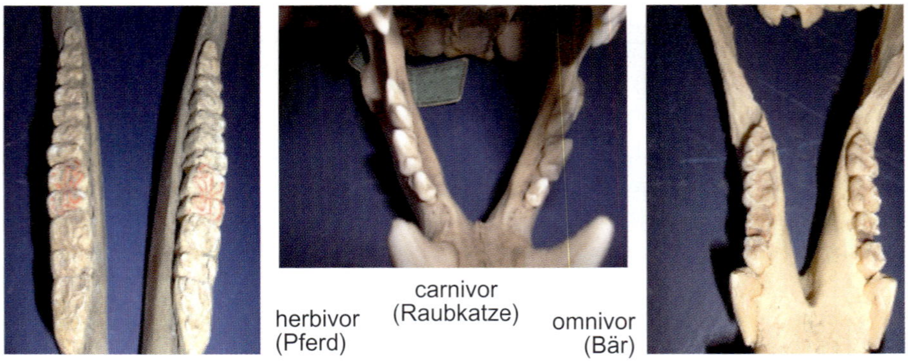

Abb. 3.29 Vergleich der Unterkiefergebisse von Carnivoren, Omnivoren und Herbivoren. Die Schmelzleisten des Pferdegebisses sind zur Verdeutlichung farbig hervorgehoben.

Zähne bestehen aus einem Knochenkern (Dentin), der von Odontoblasten[158], die selbst Derivate von Neuralleistenzellen sind, gebildet wird und, besonders bei den Säugetieren, aus mineralischen Schichten (Zahnschmelz), die entweder oberflächlich (Mensch) oder als konzentrische Leisten um Schichten von Dentin herum (Wiederkäuer) angeordnet sind. Entwicklungsgeschichtlich kann man die Zähne als Derivate eines ursprünglichen Hautskeletts ansehen. So ist zu erklären, weshalb Zähne zum Beispiel bei Elasmobranchiern auf der gesamten Körperoberfläche anzutreffen sind. Primär zahnlos sind unter den Wirbeltieren die Kieferlosen (Agnatha), sekundär zahnlos sind dagegen Schildkröten, Vögel, Monotremata und Bartenwale. Fische (mit Ausnahme einiger samenfressender Characiden), Amphibien und Reptilien nutzen ihre Zähne zum Ergreifen der Nahrung, aber nicht für deren Zerkleinerung. In Anpassung an diese Funktion besitzen diese Tiere **homodonte Gebisse**[159] mit vielen, in der Regel spitz-kegelförmig geformten Zähnen. Die meisten Säugetiere zerkleinern ihre Nahrung und nutzen ihre verschiedenartigen Zähne (**heterodontes Gebiss**) arbeitsteilig für bestimmte Teilleistungen der Nahrungsbeschaffung und -aufbereitung. Die Schneidezähne (Incisivi) dienen in der Regel dem Ergreifen der Nahrung, dem Abbeißen von Teilen der Nahrung oder (bei Hörnchen) zum Aufraspeln harter Fruchtschalen. Eckzähne (Canini) dienen den Carnivoren dem Ergreifen, Festhalten und Zerreißen von Beute. Bei vielen Herbivoren fehlen die Canini oder dienen anderen Funktionen (Abwehr). Prämolare und Molare sind bei Carnivoren in der Zahl reduziert und zu hochgratigen Schneidwerkzeugen geformt. Gemeinsam formen die Zähne des Ober- und Unterkiefers eine Brechschere, die hohe punktuelle Drücke aufbauen kann (Abb. 3.29). Diese Einrichtung dient den Carnivoren zum Aufbrechen von Röhrenknochen (nahrhaftes Knochenmark), andererseits wird es zum Abschneiden von Muskeln und Sehnen vom Knochen der Beutetiere verwendet. Bei Omnivoren und Herbivoren sind Prämolare und Molare mit breiten Kronen ausgestattet und dienen als Mahlzähne, mit denen die Nahrung sehr fein zerkleinert werden kann (Zerquetschen von Getreidekörnern, Aufschluss von Gras, Blättern und anderen Pflanzenmaterialien teilweise bis auf die subzelluläre Ebene, um die intrazellulär gelegenen Nahrungsstoffe der Verdauung zugänglich zu machen).

Speicheldrüsen

Die Mollusken mit Ausnahme der Muscheln, die Onychophoren, Tardigraden, Insekten, Arachnomorphen und die Wirbeltiere mit Ausnahme der Fische besitzen in den Anfangsteil des Verdauungstrakts mündende **Speicheldrüsen**. Das Sekret der Drüsen (**Speichel**) dient der Durchfeuchtung der Nahrung und erhöht durch Beimischungen von Schleimstoffen deren Gleitfähigkeit. Zu diesem Zweck sind in dem Speichel **Mucine** enthalten. Es handelt sich dabei um ein Gemisch aus **Mucoproteinen** und **Mucopolysacchariden**. Zwischen den Mahlzeiten ist die Speichelsekretion minimal (Ausnahme: Wiederkäuer). Bei Nahrungsaufnahme steigt sie schnell an. Auslöser ist die mit der Nahrungsaufnahme verbundene mechanische und chemische Reizung von Rezeptoren in der Mundhöhle, über die das Speichelzentrum in der Medulla oblongata erregt und reflektorisch eine Speichelsekretion ausgelöst wird (unbedingte Reflexe). Die Menge und Zusammensetzung des Speichels ist der jeweils aufgenommenen Nahrung angepasst. Besonders trockene Nahrung löst die Abgabe eines mucinreichen, zähen Gleitspeichels, ätzende Stoffe die Abgabe großer Mengen eines wässrigen Spülspeichels aus. Die pro Tag ausgeschüttete Speichelmenge kann sehr groß sein. Sie erreicht beim Rind bei reiner Grasfütterung 178 l.

Bei vielen wasserlebenden Tieren, deren Nahrung ohnehin feucht ist, fehlen die Speicheldrüsen oder sind zumindest stark reduziert bzw. in ihrer Funktion verändert. Das gilt für die Fische, die Wasser- und die Meeresschildkröten, einige Vögel (Fischreiher u. a.) sowie für Robben und Wale.

Enzyme fehlen im Speichel der meisten Wirbeltiere. Eine α-Amylase (Ptyalin[160]) kommt bei einigen Säugetieren (Ratte, Maus, Meerschweinchen, Kaninchen, Lama, Hirsch, Schwein u. a.) und Vögeln (Truthahn, Gans, Haushuhn u. a.) vor. Besonders aktiv ist sie beim Menschen und beim Elefanten und könnte hier eine zahnprotektive Wirkung ausüben, indem sie

---

158 *odous* (griech.) = Zahn; *blastos* (griech.) = Keim
159 *homo* (griech) = gleich; *dens* (lat.) = Zahn
160 *ptyein* (griech.) = spucken

kohlenhydratreiche Nahrungsreste, die nach einer Mahlzeit an den Zähnen zurückgeblieben sind, nachträglich verdaut und so der anaeroben Verdauungsaktivität durch Mundbakterien entzieht. Die Amylase fehlt beim Pferd, Schaf, Rind, bei der Ziege und der Katze. Lipasen fehlen im Speichel der Säugetiere grundsätzlich, Proteasen kommen in Ausnahmefällen vor (*Petromyzon*, Giftschlangen). Lysozyme und andere antibakteriell wirkende Proteine (▶ Abschn. 29.2) sind jedoch regelmäßig im Speichel von Wirbeltieren anzutreffen.

Vielfältiger ist die Zusammensetzung des Speichels bei den Wirbellosen. Im Speichel der Onychophore *Peripatopsis* ist sowohl eine Amylase als auch eine Protease vorhanden. Dasselbe gilt für die Baumwanze *Eurygaster*. Im Speichel der Insekten kann man Amylase (*Calliphora*, Aphiden, besonders aktiv bei den Schaben, Ruderwanze *Corixa* u.a.), Invertase (Lepidopteren, die Wanzen *Corixa*, *Pentatoma*, *Pyrrhocoris*), Proteasen (*Gerris*, *Notonecta*, *Nepa* u. a.) oder Lipasen (*Notonecta*, *Nepa* u. a.) nachweisen. Es lassen sich deutliche Beziehungen zur chemischen Beschaffenheit der Nahrung (Kohlenhydrat-, Protein- und Fettanteile) erkennen. Die Speichel der blutsaugenden Wanzen *Rhodnius* und *Cimex* sowie der Tsetsefliege *Glossina* scheinen enzymfrei zu sein.

In einigen Fällen besitzt der Speichel charakteristische Spezialfunktionen. So kann er in den Dienst des Beutefangs treten, indem er die Zunge klebrig macht (Frösche, Chamäleon, Spechte, Schnabeltier, Ameisenbär u. a.). Bei den Seglern (Apodidae) sind die Speicheldrüsen während der Brutzeit stark vergrößert. Sie liefern ein klebriges Material, das zum Zusammenkleben der Niststoffe oder allein als Baumaterial (die »essbaren Vogelnester« der Gattung *Collocalia*) dient. Im Speichel vieler blutsaugender Insekten (der Wanzen *Rhodnius* und *Cimex*, der Tsetsefliege *Glossina* sowie bei den Mücken *Culex* und *Aedes* u. a.) sowie anderer hämatophager Arten wie dem medizinischen Blutegel *Hirudo* befinden sich Hemmstoffe, die die Reaktion der Blutplättchen auf Gefäßverletzung oder die Aktivierung der Blutgerinnungskaskade des Wirtstiers (▶ Abschn. 29.2.2) inhibieren. Bei *Culex* findet man im Speichel eine Endonuclease, die doppelsträngige DNA aus den Zellen des Wirtsbluts in Oligonucleotide von acht bis zwölf Basenpaaren zerlegt, vermutlich, um die Viskosität des Nahrungsbluts herabzusetzen. Bei manchen Tierarten kann der Speichel Giftstoffe enthalten, die dem Beuteerwerb oder der Feindabwehr dienen können. Bemerkenswert ist der Säuregehalt des Speichels mancher Schnecken (*Tonna*, *Dolium galea* u. a.), der dazu dient, das Kalkskelett ihrer Beutetiere (Echinodermen oder Muscheln) anzugreifen. Der Speichel der Wiederkäuer zeichnet sich durch einen hohen Stickstoffgehalt aus, der zum überwiegenden Teil (77 % beim Rind) durch den im Speichel enthaltenen Harnstoff bedingt ist. Dieser Harnstoff kann von den Symbionten im Pansen in bakterielles Protein überführt werden.

Die Säugetiere besitzen mindestens drei Paar **Speicheldrüsen**, die Unterkieferspeicheldrüse (Glandula submaxillaris), die Unterzungenspeicheldrüse (Gl. sublingualis) und die Ohrspeicheldrüse (Gl. parotis). Bei den meisten Insektivoren, Nagetieren, Carnivoren und Ruminantia kommt noch eine Glandula

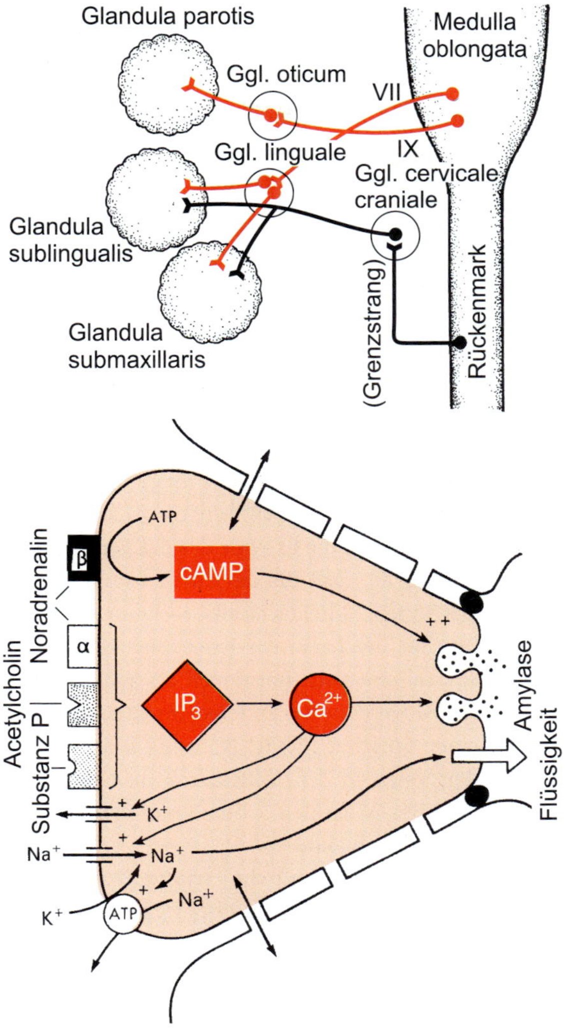

Abb. 3.30 Die Steuerung der Speichelsekretion bei Säugetieren. Noradrenalin löst über β-adrenerge Rezeptoren und die Aktivierung einer Adenylylcyclase eine vermehrte Ausschüttung eines zähen (wasserarmen), enzymreichen Speichels aus. Über α-adrenerge Rezeptoren löst Noradrenalin – ebenso wie Acetylcholin und die Substanz P (SP) über entsprechende Rezeptoren – eine Freisetzung von Ca^{2+}-Ionen aus intrazellulären Speichern und die Aktivierung der Sekretion eines enzymarmen Spülspeichels aus. Rot: parasympathische Innervierung; schwarz: sympathische Innervierung; VII = N. intermediofacialis; IX = N. glossopharyngeus. (Aus Berne RM, Levy MN, Koeppen BM, Stanton BA (1998) Physiology. 4. Aufl. Mosby, St. Louis, MO.)

retrolingualis hinzu. Die Speichelproduktion wird neuronal gesteuert über sympathische und parasympathische Fasern des Nervus facialis und des N. glossopharyngeus (Abb. 3.30), wobei die beiden Fasertypen antagonistische Wirkungen haben. Eine Reizung des Parasympathikus (cholinerg) in der Chorda tympani löst beim Hund eine bessere Durchblutung der Gl. submaxillaris (vasodilatatorische Wirkung) und die Abgabe eines dünnflüssigen, enzymarmen Speichels aus. Die Reizung des Sympathikus (adrenerg) bewirkt dagegen eine Herabsetzung der Durchblutung (vasokonstriktorische Wirkung) und die Abgabe nur geringer Mengen eines zähen, mucin- und enzymreichen Speichels.

Ösophagus und seine Spezialisierungen

Der **Ösophagus** ist in der Regel ein Durchleitungsabschnitt des Verdauungstrakts, in dem die Nahrung nicht lange verweilt. Daher werden hier meist auch keine Sekretionsvorgänge oder enzymatische Aktivitäten beobachtet. Bei einer Reihe von Tieren sind Teile des Ösophagus allerdings stark erweitert. Typisch ist das für viele Schlinger, bei denen die unzerkleinerte Beute dort einer Vorverdauung unterzogen wird. Die dazu notwendigen Verdauungssäfte werden aus rückwärts gelegenen Darmabschnitten (Mitteldarmdrüse bzw. Magen) nach vorne gepumpt. Als Beispiele seien die Schnecken *Pterotrachea* und *Pleurobranchaea* (Abb. 3.31), die Fische *Acanthias* (Dornhai), *Esox* (Hecht) und *Gadus* (Dorsch) sowie die fischfressenden Vögel Pelikan und Kormoran genannt. Auch bei Nicht-Schlingern findet man oft einen **Kropf**. Er ist bei vielen Insekten (Orthopteren, Carabiden u. a.) ebenso wie bei *Helix* ein wichtiger Verdauungsraum, in dem sowohl die Enzyme des mit der Nahrung verschluckten Speichels als auch die des durch Antiperistaltik nach vorn transportierten Mitteldarmsafts wirksam sind. Die Antiperistaltik kann bei der Larve der Kriebelmücke *Chaoborus crystallinus* sowohl chemisch-hormonell als auch nervös-reflektorisch ausgelöst werden. Bei anderen Insekten stellt der Kropf lediglich einen Speicher für die Nahrung dar, aus dem nach und nach Portionen in den Mitteldarm zur Verdauung entlassen werden. So ist es bei den Schmetterlingsraupen, bei der Tsetsefliege *Glossina* und anderen.

Manche Teleosteer (die Lippenfische *Pseudoscarus* und *Labrus*, der fliegende Fisch *Exocoetus* u. a.) besitzen in Ermangelung von Kieferzähnen zur Zerkleinerung der verschluckten Nahrung im branchialen Vorderdarm Mahlvorrichtungen in Form von Reibplatten oder Sägezangen. Bei eierfressenden Schlangen (*Dasypeltis*, *Elachus*) dienen Wirbelfortsätze, die durch die Ösophaguswand hindurchragen, dazu, die harten Schalen beim Vorbeigleiten der Eier aufzusägen.

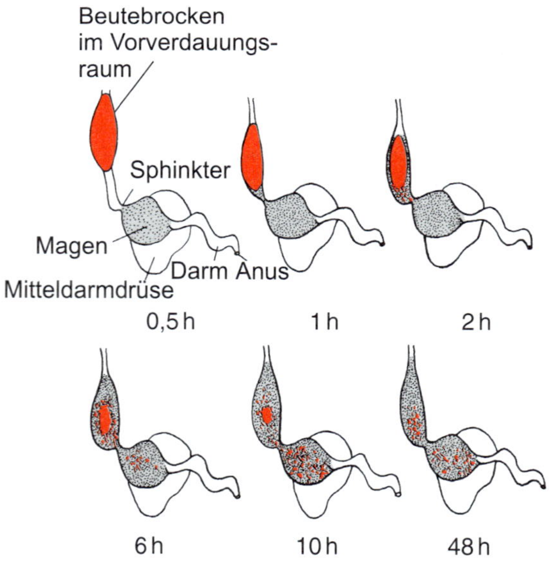

Abb. 3.31 Vorverdauung im Ösophagus der Schnecke *Pleurobranchaea* (Schlinger). Grau ist der Verdauungssaft, rot die Nahrung dargestellt. Die Zeiten nach der Nahrungsaufnahme sind angegeben. (Nach Hirsch GC (1964) Die Lebensäußerungen der Tiere. In: Bertalanffy L v (Hrsg) Handbuch der Biologie, Bd V. Akademische Verlagsgesellschaft Athenaion, Konstanz, Abb. 213, S. 274, verändert.)

Die paarigen, bruchsackartigen Kröpfe mancher Körnerfresser unter den Vögeln (z. B. Taube, Huhn) dienen als Futterbehälter, in denen die Nahrung während der Zwischenspeicherung eingeweicht und so für die Magenverdauung vorbereitet wird. Im Kropf wie im gesamten Ösophagus dieser Tiere findet man daher Schleimdrüsen. Bei der Nahrungsaufnahme wird zunächst der kleinlumige, muskulöse Magen gefüllt, dann der Kropf. Seine Entleerung wird über den N. vagus gesteuert und erfolgt erst, wenn der Magen wieder leer ist. Eine Besonderheit mancher Vogelkröpfe (z. B. Eulenpapagei, Schopfhuhn) ist das Vorkommen horniger Reibplatten zur mechanischen Vorbearbeitung der Nahrung.

Männliche Kaiserpinguine sowie Flamingos und Tauben beiderlei Geschlechts produzieren während der Jungenaufzucht unter dem Einfluss des Brutpflegehormons Prolactin im Kropf die sogenannte **Taubenmilch**. Das weißliche, käsige Sekret besteht aus abgestoßenen, fettdegenerierten Kropfepithelzellen. Es enthält neben Fett (25–30 %) auch bis zu 60 % Protein (darunter auch Immunglobuline vom Subtyp A) und Lecithin (5 %), aber nur geringe Mengen an Kohlenhydraten.

Bei den **Wiederkäuern** (Ruminantia) unter den Säugetieren, zu denen Hirsche, Antilopen, Giraffen, Schafe, Ziegen und Rinder zählen, ist der untere Abschnitt des Ösophagus sehr stark erweitert und mehrkammerig ausgestaltet. Man unterscheidet **Pansen**[161] (Zottenmagen, Rumen[162]), **Netzmagen** (Haube, Retikulum[163]) und **Blättermagen** (Buchmagen, Psalter, Omasum) (Abb. 3.32). Die Pflanzennahrung (Gras, Blätter) wird unmittelbar nach der Nahrungsaufnahme durch Kauen nur grob zerkleinert. Besonders im Pansen, aber auch in den anderen Vormagenabschnitten, leben zahlreiche Mikroorganismen (10^{13} Bakterien pro Liter, 10^{12} Protoctista pro Liter) in einem durch HCO_3^-- und HPO_4^{2-}-Ionen des Speichels gut gepufferten Milieu (pH 5,8–7,0), die die vorhandenen monomeren Kohlenhydrate anaerob zu kurzkettigen Fettsäuren vergären. Diese können durch die mit einer großen inneren Oberfläche ausgestattete Auskleidung des Pansens resorbiert werden (weshalb auch gewaschener Pansen noch sehr stark riecht). Die resorbierten Fettsäuren können vom Wirt zur Energiegewinnung oxidativ abgebaut werden. Alternativ können Acetat und Butyrat auch für die Synthese körpereigener Fette verwendet und Lactat und Propionat zu Kohlenhydraten aufgebaut werden. Die unbedingt notwendige Glucose verschaffen sich die Rinder durch Gluconeogenese aus Lactat bzw. Propionat in der Leber. Sie läuft bei Rindern im Vergleich zu Nicht-Wiederkäuern wesentlich schneller und in wesentlich größerem Umfang ab. Wiederkäuer können auf diese Weise

161 *pantex* (lat.) = Wanst
162 *ruminare* (lat.) = wiederkäuen
163 *reticulum* (lat.) = kleines Netz

40 % ihres Energiebedarfs durch die Nutzung der im Pansen absorbierten Fettsäuren decken.

Neben den Fettsäuren entstehen bei der **Vormagenfermentation** große Mengen CO_2 und durch methanogene Bakterien auch Methan (Rind: 900 l d^{-1}). Da diese vom Tier nicht weiter verwertet werden können, werden die gebildeten Gase hochfrequent durch Aufstoßen abgegeben (Rind: 2 l min^{-1}). Durch die große Zahl von Rindern, die in allen Teilen der Erde zur Milch- und Fleischproduktion gehalten werden, tragen diese Abgase erheblich zur Belastung der Atmosphäre mit **Treibhausgasen** bei (Methan hat eine etwa 20-fach stärkere Treibhauswirkung als CO_2 und ist langlebiger!).

Da die Mikroorganismen in den Vormägen **Cellulasen** freisetzen, sind auch die für Tiere normalerweise unverdaulichen polymeren Kohlenhydrate der Pflanzennahrung für die Wiederkäuer der Verdauung zugänglich. Der Aufschluss der Cellulose und die Vergärung der freigesetzten Glucose liefert den Mikroorganismen die Energie und die C-Körper, der Harnstoffreichtum des Wiederkäuerseichels den Stickstoff, den sie für den Aufbau von Aminosäuren benötigen. Die Mikroorganismen entwickeln eine erhebliche biosynthetische Aktivität und vermehren sich schnell. Der auf diese Weise schon mit Mikroben angereicherte Nahrungsbrei wird innerhalb des Vormagens hin und her bewegt und, beim Rind ab etwa 30–60 min nach der initialen Nahrungsaufnahme, in kleinen Portionen wieder in die Mundhöhle befördert, wo das Wiederkäuen beginnt. Die Rejektion des Inhalts des oberen Pansens wird dadurch vorbereitet, dass Speichel zum Schlüpfrigmachen der Speiseröhre verschluckt wird. Anschließend kommt es zu einem tiefen Einatmen bei geschlossener Glottis, wodurch der Unterdruck im Brustraum erhöht und die Speiseröhre entfaltet wird. Infolge des damit verbundenen Druckgefälles zwischen Pansen und Ösophagus wird bei reflektorischem Öffnen des Magenmundes Nahrungsbrei aus dem Pansen gesaugt (Ansaugphase). Anschließend schließt sich der Magenmund wieder und eine Kontraktionswelle beginnt von der Mitte des Ösophagus aus sich in beide Richtungen auszubreiten. Dadurch wird der pansenseitige Inhalt des Ösophagus zurück in den Magen und der kopfseitige vorwärts in die Mundhöhle gepresst (Auspressphase). Sofort wird die überschüssige Flüssigkeit aus dem Bissen gedrückt und wieder verschluckt und gelangt stets wieder zurück in den Pansen. Das für diese reflektorischen Abläufe verantwortliche Wiederkauzentrum liegt in der Formatio reticularis der Medulla oblongata (Nachhirn) in der Nähe des bei anderen Tieren bekannten Brechzentrums.

Durch das Wiederkäuen werden restliche Nahrungspartikel noch weiter zerkleinert, außerdem wird ein erheblicher Anteil der Mikroorganismen aufgeschlossen, sodass der Nahrungsbrei sich deutlich mit ernährungstechnisch wichtigem Protein anreichert, bevor er erneut verschluckt wird. Im Netzmagen werden dann bereits weitgehend aufgeschlossene Nahrungsbestandteile von anderen getrennt und erstere in den Blättermagen überführt. Dieser wird so genannt, weil seine innere Oberfläche eine größere Zahl von tiefen Einfaltungen enthält, zwischen denen die vorstehenden Gewebeleisten wie Blätter aneinanderliegen. Zwischen diesen wird dem ankommenden Nahrungsbrei Wasser entzogen, bevor er zur eigentlichen chemischen Verdauung in den **Labmagen** (Abomasum) überführt wird. Der Labmagen entspricht entwicklungsgeschichtlich und funktionell dem einhöhligen Magen anderer Säugetiere. Im Vormagen geschlachteter Wiederkäuer finden sich häufig Konglomerate von verschluckten Haaren, unverdaulichen Pflanzenfasern und mineralischen Anteilen, die als Magensteine oder **Bezoare** bezeichnet werden. Sie werden nach ihrer Bildung durch die Sortierfunktion des Netzmagens nicht in den Labmagen weitertransportiert und reichern sich daher im Pansen an. Obwohl diese Tiere nicht zu den Wiederkäuern gehören, haben sich in der Evolution Teile des Ösophagus auch bei Kamelen (Camelidae), Flusspferden (Hippopotamidae), Nabelschweinen (Tayassuidae), Faultieren (Folivora), Schlank- und Stummelaffen (Colobinae) und Kängurus (Macropodidae) zu Gärkammern umgestaltet, die ebenfalls symbiotische Mikroorganis-

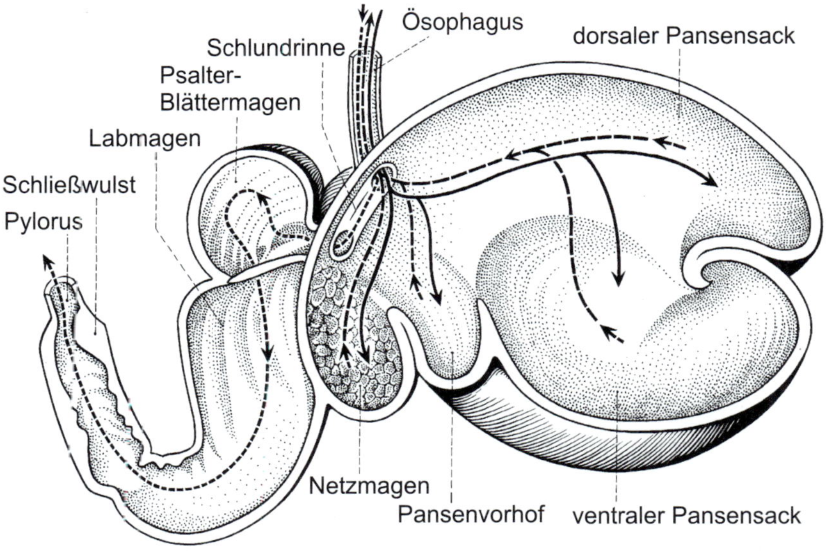

Abb. 3.32 Aufbau und Funktion der Wiederkäuermägen am Beispiel des Schafmagens. Die ausgezogenen Linien geben den Weg der Nahrung in den Pansen, die lang gestrichelten den Rücktransport in die Mundhöhle und die gestrichelten den Transport in den Blätter- und Labmagen bei geschlossener Schlundrinne an. (Aus Kämpfe L, Kittel R, Klapperstück J (1993) Leitfaden der Anatomie der Wirbeltiere. 6. Aufl. Fischer, Jena, Abb. 82, S. 131.)

men enthalten und ganz ähnlich funktionieren wie der Pansen der Ruminantia.

Eine Besonderheit des südamerikanischen Hoatzin (*Opisthocomus hoatzin*) unter den Vögeln ist, dass er, ähnlich wie die wiederkäuenden Säugetiere, seine hauptsächlich aus Pflanzenblättern bestehende Nahrung im Kropf mithilfe anaerob arbeitender Mikroorganismen (Bakterien und Ciliaten) fermentiert. Damit könnte auch die Beobachtung erklärt werden, dass diese Vögel nach frischem Kuhdung riechen und daher auch als Stinkvögel bezeichnet werden.

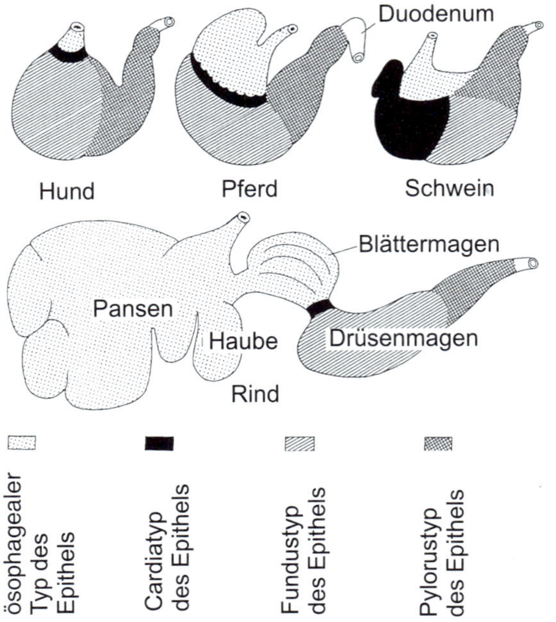

Abb. 3.33 Die unterschiedliche Verteilung der verschiedenen Epitheltypen der Mägen von Hund (Fleischfresser), Pferd, Schwein und Rind (Wiederkäuer). (Aus Smollich A, Michel G (1992) Mikroskopische Anatomie der Haustiere. 2. Aufl. Fischer, Jena.)

Einhöhlige Mägen der Säugetiere

Das Vorkommen eines **Magens** ist für die Wirbeltiere charakteristisch. Er fehlt lediglich einer Reihe von Fischen, nämlich den Holocephali unter den Chondrichthyes, den Cyprinodontiden, Gobiiden, Labriden und Cypriniden unter den Teleosteern und den Dipnoern. Der Magen der Wirbeltiere zeichnet sich gegenüber vergleichbaren Bildungen bei den Invertebraten dadurch aus, dass er selbst Bildungsstätte der Enzyme ist, die in seinem Lumen wirksam sind. Bei den Invertebraten stammen die Verdauungssäfte regelmäßig aus anderen Quellen.

Bei vielen Wirbeltieren und bei allen Säugetieren erfüllt der Magen drei Hauptfunktionen, nämlich

- die Speicherung der Nahrung vor dem Eintritt in das Intestinum,
- die physikalische Bearbeitung der Nahrung (Durchmischung, Emulgierung von Fetten und Ölen) und
- den Beginn der chemischen Aufarbeitung der Nahrung (hauptsächlich Proteolyse durch Pepsin).

Vergleicht man die Mägen der Säugetiere miteinander, so fällt ihre Vielgestaltigkeit auf, die sich widerspiegelt in den Epitheltypen, die die Innenauskleidung bilden (Abb. 3.33). An den mit mehrschichtigem Plattenepithel ausgekleideten Ösophagus schließt sich die Cardiaregion des Magens an. Sie enthält, wie alle anderen Regionen auch, Schleimdrüsen. Es folgt die Fundusregion mit tubulären Drüsen (Abb. 3.34), die Hauptzellen (Pepsinogensekretion), Belegzellen (HCl-Sekretion) und Nebenzellen (Schleimproduktion) erkennen lassen. Die Pylorusregion ähnelt der Cardiaregion und weist zahlreiche verzweigte, schlauchförmige Schleimdrüsen auf.

Eine Besonderheit des einhöhligen (monogastrischen) Wirbeltiermagens ist, dass sein Milieu nach der Nahrungsaufnahme stark angesäuert wird. Diese Reaktion fällt besonders deutlich aus (bis pH 1), wenn die Nahrung reich an Proteinen ist, was über einen Chemorezeptor in der Magenschleimhaut detektiert

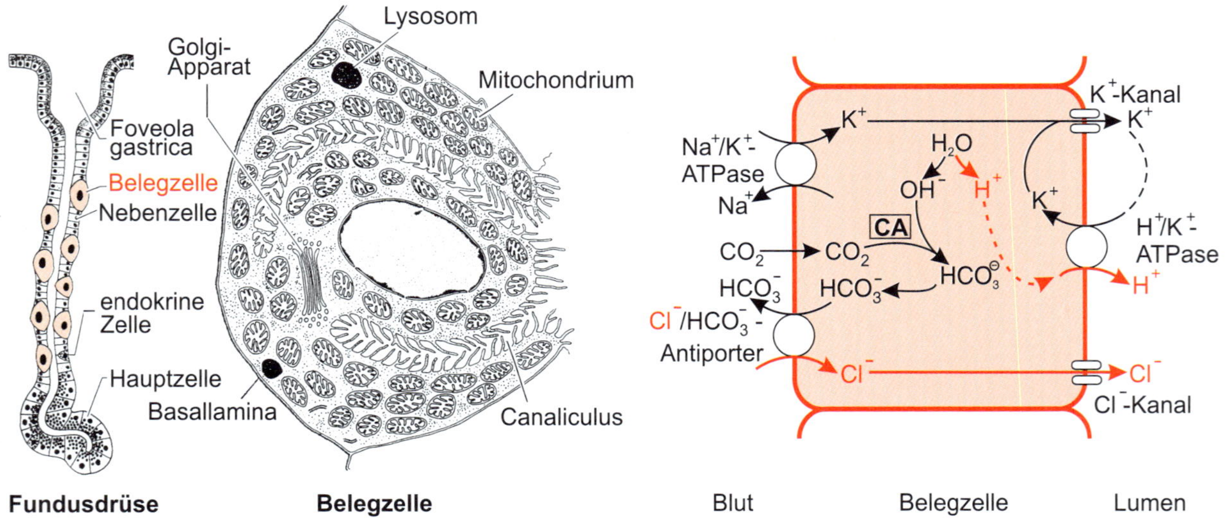

Abb. 3.34 Fundusdrüse aus dem Magen eines Säugetiers und Feinstruktur einer HCl-produzierenden Belegzelle. Rechts: Transportvorgänge in der Belegzelle des Magens bei der HCl-Produktion. CA = Carboanhydrase. (Nach Storch V, Welsch U (2004) Kurzes Lehrbuch der Zoologie. 8. Aufl. Spektrum Akademischer Verlag, Heidelberg.)

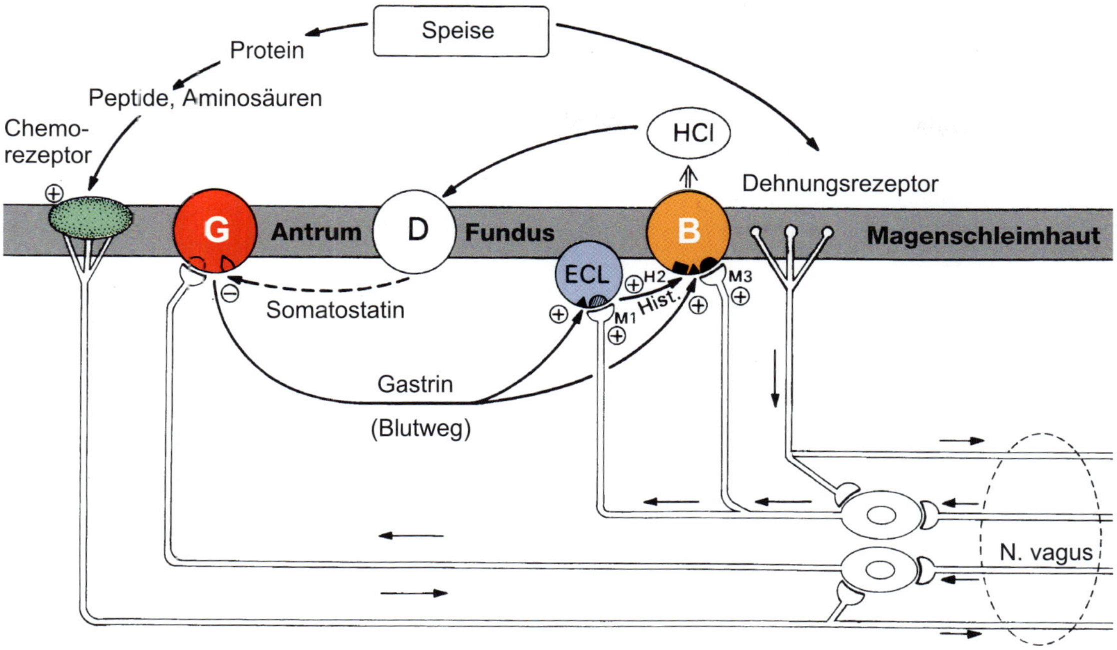

Abb. 3.35 Die Steuerung der Magensäuresekretion. G = gastrinproduzierende G-Zelle; D = somatostatinproduzierende D-Zelle; B = HCl-produzierende Belegzelle; ECL = histamin-(hist.-)produzierende enterochromaffin-ähnliche Zelle; M_1, M_3 = muscarinische ACh-Rezeptoren; H_2 = Histaminrezeptor.

wird. Die **HCl-Sekretion** (▶ Box 3.8) wird aktiviert durch eine parasympathische Innervierung der Belegzellen (Acetylcholin) und eine synergistisch wirkende hormonelle Stimulation durch das gastrointestinale Hormon Gastrin und das Gewebehormon Histamin, die ebenfalls von endokrinen Zellen der Magenwand freigesetzt werden, die vom Parasympathikus innerviert werden (Abb. 3.35). Hohe Protonenkonzentrationen (niedrige pH-Werte) im Magenlumen aktivieren endokrine Zellen in der Magenwand, die das Peptidhormon Somatostatin freisetzen. Dieses bewirkt eine Inhibition der Säuresekretion (negative Rückkopplung).

Box 3.8 Die Sekretion von HCl aus den Belegzellen der Fundusdrüsen

Protonen, die im Energiestoffwechsel der Zellen anfallen, werden normalerweise über den Na^+/H^+-Austauscher in der basolateralen Membran in das Interstitium bzw. ins Blut ausgeschleust, sodass sich der intrazelluläre pH-Wert der Zellen auch unter metabolischer Stimulation der Zellen nicht ändert. Genau diesen Weg nehmen die Protonen auch in den Belegzellen der Magenwand, solange keine neuronalen oder hormonellen Stimuli auf der basolateralen Seite der Belegzellen eintreffen. Nach Nahrungsaufnahme werden diese Signalmechanismen durch mechanische und chemische Stimuli simultan aktiviert. In diesem Fall bindet der parasympathische Transmitter Acetylcholin an muscarinische Acetylcholinrezeptoren vom M_3-Subtyp, Histamin bindet an den H_2-Rezeptor und auch Gastrin bindet an seinen eigenen Rezeptor auf der basalen Oberfläche der Belegzellen. Alle drei Rezeptoren gehören zur Familie der G-Protein-gekoppelten Rezeptoren (▶ Abschn. 12.2.1) und aktivieren die Phospholipase C (H_2-Rezeptoren scheinen darüber hinaus in paralleler Weise auch die Akkumulation von cAMP auslösen zu können). Die aktivierte Phospholipase C setzt aus membranständigen Phospholipiden den intrazellulären Botenstoff Inositol-1,4,5-trisphosphat frei, der wiederum eine Freisetzung von Ca^{2+}-Ionen aus intrazellulären Speichern bewirkt. Die Steigerung der intrazellulären Konzentration freier Ca^{2+}-Ionen aktiviert die in der apikalen Plasmamembran der Belegzellen sitzende H^+/K^+-ATPase, die nun die intrazellulär gebildeten Protonen bindet und über die apikale Membran in Richtung Magenlumen transportiert. Da die ATPase etwa 10^4 Protonen pro Sekunde transportieren kann, entzieht sie dem Na^+/H^+-Austauscher in der basolateralen Membran das Substrat, sodass die aktivierte Belegzelle keine Protonen mehr in das Blut abgibt. Die H^+/K^+-ATPase kann ihre Arbeit aber nur dann verrichten, wenn sie in einem elektroneutralen Austausch für die sezernierten Protonen aus dem Lumen der Fundusdrüse K^+-Ionen in die Zelle transportieren kann (Abb. 3.34). Da nur in seltenen Fällen die Nahrung ausreichende Konzentrationen von K^+-Ionen enthalten dürfte, müssen die Ionen, die ja durch die Aktivität der Na^+/K^+-ATPase innerhalb der Belegzellen hochgradig konzentriert vorliegen, aus den Belegzellen selbst bereitgestellt werden. Dies ist

▼

möglich durch einen in der apikalen Membran liegenden Kaliumkanal. Würden die K^+-Ionen nun direkt in das Lumen der Fundusdrüse ausgeschüttet, würden sie sich sehr zügig durch Diffusion aus der unmittelbaren Umgebung der H^+/K^+-ATPase entfernen. Dieses wird durch eine spezielle Ausgestaltung der apikalen Oberfläche der Belegzelle verhindert. Diese weist nämlich eine zelleinwärts gerichtete Grube auf, die mit diffusionshemmenden Schleimstoffen gefüllt ist. In diesem Mikrokompartiment sammeln sich die austretenden K^+-Ionen und erreichen so hohe Konzentrationen, dass sie für die H^+/K^+-ATPase verfügbar bleiben. Durch dieses Recycling von K^+-Ionen ändert sich die intrazelluläre K^+-Konzentration nicht.

Die sezernierten Protonen stammen, wie oben schon betont, aus dem zellulären Energiestoffwechsel. Sie werden daher immer von äquimolaren Mengen Hydrogencarbonationen (HCO_3^-) begleitet. In aktivierten Belegzellen werden diese überschüssigen HCO_3^--Ionen durch einen in der basolateralen Membran liegenden Cl^-/HCO_3^--Austauscher in den Extrazellularraum entsorgt und dafür Cl^- in die Zelle aufgenommen. Eine dauerhafte Säuresekretion gelingt daher nur, wenn diese überschüssigen Cl^--Ionen wieder aus der Zelle entweichen können. Tatsächlich gibt es dafür einen Kanal in der apikalen Plasmamembran der Belegzelle, sodass als Nettosekretionsprodukt der aktivierten Belegzelle Salzsäure (HCl) freigesetzt wird. Diese sickert durch die Schleimauskleidung der apikalen Grube in das Lumen der Fundusdrüse und von dort in das Magenlumen.

Die HCl-Produktion in den Belegzellen stellt einen aktiven Transport von H^+-Ionen gegen ein erhebliches Konzentrationsgefälle (1:10^6) im Austausch gegen K^+ (H^+/K^+-ATPase, Protonenpumpe) dar. Dies erfordert beträchtliche Energiemengen, die aus dem oxidativen Energiestoffwechsel bereitgestellt werden (O_2-Abhängigkeit der HCl-Produktion). Für die Bildung von 1 mol H^+-Ionen müssen etwa 55 kJ Energie aufgewendet werden.

Eine beim Menschen verbreitete, nervös bedingte Überproduktion von Magensäure wird durch die Gabe von Omeprazol, einem Hemmer der H^+/K^+-ATPase, behandelt, um Folgeschäden der nicht adäquaten Säuresekretion (Magenschleimhautreizung, Magengeschwüre, Krebs) zu verhindern.

Die Ansäuerung des Mageninhalts nach der Nahrungsaufnahme hat mehrere sehr wichtige Funktionen. Zunächst wirkt dieses Säurebad inaktivierend auf möglicherweise pathogene Mikroorganismen, die mit der Nahrung aufgenommen werden und im Darmtrakt ihre krankmachende Wirkung entfalten könnten. Mineralische Bestandteile der Nahrung werden gelöst und liegen somit in einer Form vor, in der sie im Darm resorbierbar sind. Pepsinogen, das von den Hauptzellen der Fundusdrüsen freigesetzt wird, wird nur unter sauren Bedingungen autokatalytisch zu Pepsin aktiviert. Pepsin selbst hat ein pH-Optimum im sauren Bereich (pH 2), sodass es ein saures Milieu für seine proteinverdauende Aktivität benötigt. Da Pepsin eine Endoprotease ist, kann das Enzym nur dann auf Nahrungsproteine einwirken, wenn die Proteinstränge einigermaßen entfaltet (d. h. ohne Tertiärstruktur) vorliegen. Auch die Aufhebung der räumlichen Struktur der Nahrungsproteine (Säuredenaturierung) wird durch das saure Milieu bewirkt (▶ Box 3.9).

Box 3.9 Säuredenaturierung von Nahrungsproteinen im Magen

Vier von den 20 proteinogenen Aminosäuren tragen im neutralen Milieu Ladungen in ihren Seitenketten. Die sauren Aminosäuren Asparaginsäure und Glutaminsäure weisen bei pH 7 negativ geladene Carboxylreste in ihren Seitenketten auf, die basischen Aminosäuren Arginin und Lysin dagegen protonierte und daher positiv geladene Aminogruppen. Ionische Wechselwirkungen zwischen diesen ungleich geladenen Aminosäureresten tragen in erheblichem Maß zur Stabilisierung der Tertiär- (intramolekulare Wechselwirkungen) und der Quartärstrukturen (intermolekulare Wechselwirkungen) von Proteinen bei. Setzt man solche Proteine sauren Bedingungen (pH-Wert im Magen zwischen 1 und 2) aus, so passiert zwar an den ohnehin protonierten Aminogruppen der basischen Aminosäuren nichts, aber die negativ geladenen Carboxylgruppen der sauren Aminosäuren werden protoniert (pK_s ca. 4) und sind damit ungeladen. Dies sprengt die ionischen Wechselwirkungen und destabilisiert die räumliche Struktur der Nahrungsproteine im Magen.

Die Magenmotorik besteht in erster Linie aus peristaltischen Wellen, die etwa in der Mitte des Corpus sehr flach beginnen und in Richtung zum Duodenum fortschreiten, wobei sie an Intensität zunehmen. Für die Magenentleerung durch den Pylorus in den Zwölffingerdarm (Duodenum) ist diese peristaltische Tätigkeit von entscheidender Bedeutung. Die Entleerung erfolgt schubweise. Ein Schub verlässt den Magen immer dann, wenn der durch die peristaltische Welle im Magen erzeugte Druck größer wird als der im Zwölffingerdarm herrschende. Ist Chymus aus dem Magen ausgetreten, so führt das zu einem Druckanstieg im Duodenum, wodurch der Übertritt weiterer Chymusportionen erschwert wird. Die Magenaktivitäten während und nach einer Mahlzeit können beim Säugetier (Zeitangaben für den Menschen) in drei Phasen unterteilt und mit Steuer- und Regelmechanismen assoziiert werden (▶ Box 3.10).

Box 3.10 Die Phasen der Magenaktivität während und nach der Nahrungsaufnahme

Cephalische Phase

Die cephalische Phase findet unmittelbar vor und zu Beginn der Nahrungsaufnahme statt. Es kommt zu einer reflektorisch ausgelösten Magensaftsekretion, wenn die aufgenommene Nahrung die Chemorezeptoren sowie die sensiblen Endplat-

▼

ten in der Mundschleimhaut reizt (unbedingte Reflexe). Beim Hund und beim Schwein ist außerdem eine über bedingte Reflexe ausgelöste Magensaftsekretion bei Anblick und Geruch des Futters beobachtet worden (psychische Magensaftsekretion). Sie ist nur bei intakter Hirnrinde möglich. Die efferente Bahn ist sowohl bei den bedingten als auch bei den unbedingten Reflexen der N. vagus. Nach Durchtrennung des N. vagus (Vagotomie) bzw. nach Gabe von Atropin (Antagonist an muscarinischen ACh-Rezeptoren) bleibt deshalb die Sekretion aus. Die cephalische Phase verläuft bei den Vögeln offenbar in gleicher Weise. Auch eine psychische Magensaftsekretion ist bei Enten beobachtet worden.

Gastrische Phase

Die gastrische Phase findet 3–4 h nach der Nahrungsaufnahme statt. Sie beginnt, wenn die Nahrung in den Magen gelangt und die Magenwand chemisch und mechanisch (Dehnung) reizt (► Abb. 3.35). Der Dehnungsreiz wirkt über einen Axonreflex. Sowohl er als auch die chemischen Reize regen die Produktion und Sekretion des Gewebehormons Gastrin aus den G-Zellen der Schleimhaut des Magenantrums an. Als besonders wirksam erwiesen sich Produkte der Proteinverdauung (Aminosäuren), Fleischextrakte, Röststoffe, Alkohol und Coffein. Gastrin ist ein Peptid mit mehreren Varianten unterschiedlicher Größe (14, 17 oder 34 Aminosäuren). Es regt über die Blutbahn enterochromaffinähnliche Zellen (ECL-[*enterochromaffin-like*-]Zellen) zur Histaminausschüttung an.

Intestinale Phase

Die intestinale Phase findet mehr als drei Stunden nach der Nahrungsaufnahme statt. Gelangt der Chymus in das Duodenum, so sind es wiederum insbesondere Produkte der Proteinverdauung, die im proximalen Teil des Duodenums die Abgabe eines gastrinähnlichen Hormons (intestinales Gastrin) hervorrufen. Dadurch kommt es zu einem abermaligen Anstieg der Sekretionstätigkeit im Magen. Gleichzeitig lösen jedoch andere Stoffe des Chymus (HCl, Fett und Fettsäuren sowie Kohlenhydrate) im Duodenum und Jejunum die Bildung und Freisetzung eines Peptidhormons (gastrisches Inhibitorisches Polypeptid, GIP) aus, das rückwirkend sowohl die sekretorische als auch die motorische Tätigkeit des Magens hemmt. Das GIP ist ein Homolog des Sekretins.

Je nach Tierart können die HCl-produzierenden und die pepsinogensezernierenden Zellen in verschiedenen Bereichen des Magens lokalisiert sein. So wird zum Beispiel das Pepsinogen beim Frosch im Ösophagus und im vorderen Abschnitt des Magens gebildet. Die Säureproduktion ist dagegen auf den hinteren Abschnitt des Magens beschränkt. Es werden pH-Werte erreicht, wie sie auch vom Säugetier bekannt sind. Bei den Vögeln ist der Drüsenmagen sowohl Bildungsort der Salzsäure als auch des Pepsinogens. Bei den Säugetieren ist die HCl-Produktion (in den Belegzellen) und Pepsinogenproduktion (in den Hauptzellen) auf die Drüsen der Fundusregion des Magens beschränkt. Bei den Wiederkäuern wird Pepsinogen erst im Labmagen, dem eigentlichen Magen dieses Verdauungssystems, freigesetzt. Dies ist auch das saure Kompartiment. Ähnlich ist es bei den zweihöhligen Mägen (Hamster, Feldmaus), wo nur im zweiten Abschnitt (Drüsenmagen) HCl und Pepsinogen sezerniert werden. Im Labmagen neugeborener Wiederkäuer findet man als einziges Enzym eine Aspartatendopeptidase, die als Labenzym (Chymosin, Rennin) bezeichnet wird. Das bovine Labenzym besteht aus 323 Aminosäuren. Es kommt auch bei einigen anderen jungen Säugetieren vor und zeichnet sich durch starke milchgerinnende Wirkung aus. Dabei wird ein Milchprotein, das k-Casein, durch Abspaltung eines antibakteriell wirkenden Glykopeptids in das unlösliche para-k-Casein umgewandelt. Für diese Reaktion ist die Anwesenheit von Ca^{2+}-Ionen notwendig. Die Gerinnung der Milch erhöht die Verweildauer der Nahrung im Darm und bewirkt eine bessere Verwertung der darin enthaltenen Nährstoffe.

Kaumägen und andere Spezialisierungen

Bei den **Kaumägen** steht die physikalische Bearbeitung der Nahrung im Vordergrund. Kaumägen sind sowohl bei Vertretern der Invertebraten (verschiedene Schnecken und Insekten, Flusskrebse) als auch bei körnerfressenden Vögeln zu finden. Bei Säugetieren ist ein Kaumagen relativ selten. Man findet ihn hauptsächlich bei Ameisenfressern wie dem Schuppentier (*Mamis*), dem zahnlosen Ameisenbär (*Tamandua*) und dem Gürteltier (*Dasypus*) sowie bei cephalopodenfressenden Zahnwalen wie dem Tümmler (*Phocaena*). Die einzigen pflanzenfressenden Säugetiere mit Kaumägen sind die Sirenen (*Manatus*).

Bei den in Afrika und Asien beheimateten Schuppentieren (Manidae) ersetzt der Kaumagen die fehlenden Zähne, um die gefressenen Ameisen- und Termitenleiber zu zermahlen. Die Magenwand zeigt eine kräftige Ring- und Längsmuskelschicht, ein weitgehend verhorntes, mehrschichtiges Plattenepithel und mit Hornzähnen besetzte Reibplatten. Die sonst zerstreut liegenden Enzymdrüsen sind in einer großen Magendrüse zusammengefasst. Die Schleimdrüsen der Cardiaregion fehlen, die der Pylorusregion sind an den Rand gedrängt (■ Abb. 3.36).

Der Vogelmagen (■ Abb. 3.37) besteht gewöhnlich aus zwei Abschnitten, dem anterioren Drüsenmagen und dem posterioren Muskelmagen. Der Drüsenmagen ist oft nur Produktionsstätte des Magensafts, aber nicht selbst Verdauungsraum, da die Nahrung ihn bei vielen gras- bzw. körnerfressenden Arten (Huhn, Gans, Taube, Papagei, Sperlingsvögel) zu schnell passiert. Bei Kormoran, Sturmvogel, Reiher, Habicht, bei den Möwen und anderen ist es anders. Salzsäure und Pepsin sind regelmäßig im Magensaft der Vögel zu finden.

Der **Muskelmagen** der sekundär zahnlosen Vögel steht im Dienste der Nahrungszerkleinerung. Die Mächtigkeit der Muskulatur nimmt in der Reihenfolge Körnerfresser > Insektenfresser > Fleischfresser = Früchtefresser ab. Die Innenseite des Muskelmagens ist gegenüber mechanischen Verletzungen durch das erhärtende Sekret des ihn auskleidenden Drüsenepi-

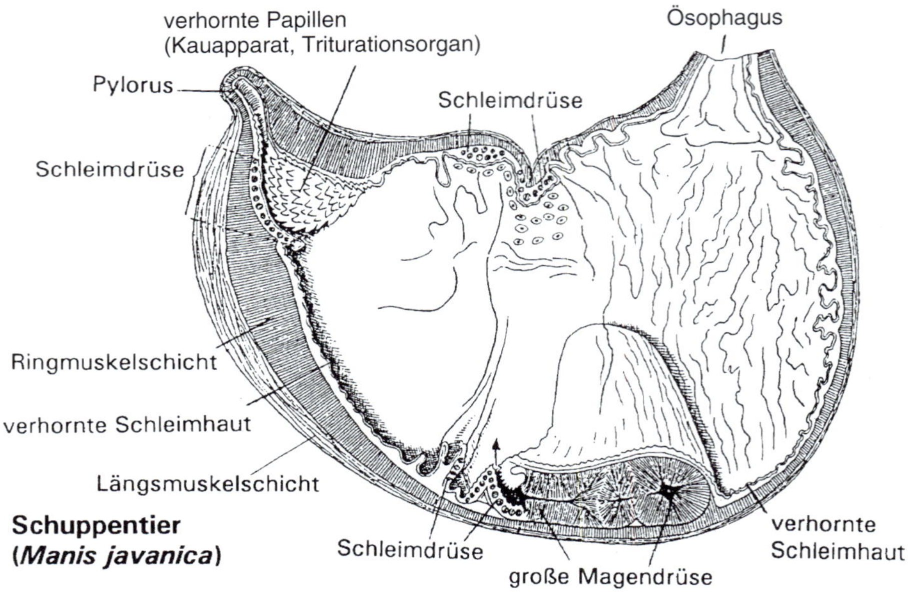

Abb. 3.36 Der Kaumagen des Schuppentiers (*Manis javanica*).

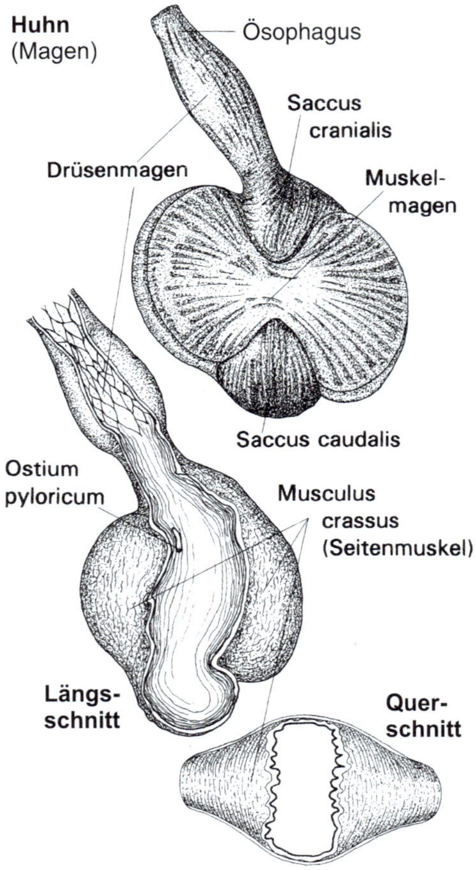

Abb. 3.37 Muskelmagen des Huhns in Aufsicht, im Längs- und im Querschnitt.

thels vortrefflich geschützt, sodass selbst verschluckte Glassplitter abgeschliffen werden, ohne eine Verletzung zu verursachen. Die mechanischen Leistungen des Muskelmagens sind enorm. Glasperlen werden innerhalb kurzer Zeit pulverisiert. Im Inneren des Muskelmagens von Körnerfressern befinden sich regelmäßig Steine, die von außen aufgenommen werden müssen. Mit ihrer Hilfe werden die Körner viel besser zerkleinert, als es ohne sie möglich wäre. Damit ist eine bessere Ausnutzung der Nahrung verbunden. Künstlich steinfrei gemachte Hühner benötigen zur Erhaltung ihres Körpergewichts etwa 30 % mehr Futter als normale Tiere.

Der Magen der Dekapoden besteht aus einem vorderen Kaumagen und einem sich anschließenden Filtermagen (Abb. 3.38). Der Kaumagen besitzt im typischen Fall einen dorsalen medianen und zwei laterale, kräftige Chitinzähne, die durch ein kompliziertes Muskelsystem bewegt werden können. Die indische Pantherkrabbe *Pasatelphusa* vermag mithilfe dieser Magenmühle harte Molluskenschalen zu pulverisieren. Bei den Dekapoden, bei denen die Mühle reduziert ist oder ganz fehlt (*Macrura natantia*), erfolgt bereits bei der Nahrungsaufnahme mithilfe scharfer Zähne auf den Mandibeln eine mechanische Zerkleinerung der Beute. Der sich anschließende Filtermagen sorgt dafür, dass nur fein zerkleinerte, vorverdaute Nahrungspartikel zur Resorption in die dünnen Schläuche der Mitteldarmdrüse gelangen. Die größeren Partikel (bei der Strandkrabbe *Carcinus maenas* >100 nm im Durchmesser) werden dagegen durch einen Trichter direkt dem Mitteldarm zugeleitet. Der im Magen vorliegende Verdauungssaft ist fast ausschließlich ein Produkt der Mitteldarmdrüse. Er enthält alle für die Verdauung notwendigen Enzyme.

Der Magen der Muscheln zeichnet sich durch eine Besonderheit, den **Kristallstiel** (Abb. 3.39) aus. Es handelt sich hierbei um einen Gallertstiel, der aus einem Mucoproteid besteht. Er wird in dem sich analwärts vom Magensack anschließenden Teil des Mitteldarms, dem Magenstiel, oder in einem gesonderten Kristallstielsack gebildet. Mit seinem freien Ende ragt er in den Magen hinein. Durch die Cilienauskleidung im Magenstiel bzw. Kristallstielsack wird er in rotierende Bewegung versetzt. Bei *Ostrea* und *Modiolus* sind es bei Zimmertemperatur etwa

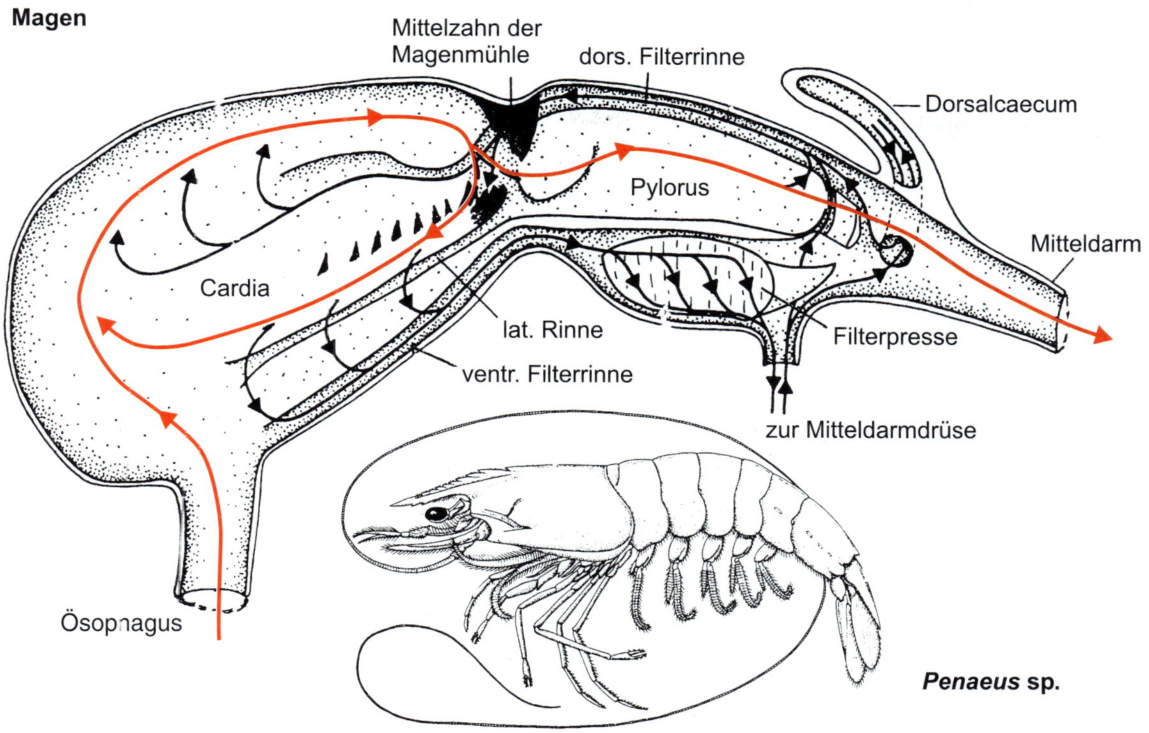

Abb. 3.38 Vermutlicher Weg der Zirkulation der festen (rote Linien) oder der bereits verflüssigten Nahrung inklusive der Enzyme (schwarze Linien) im Magen der Penaeiden. Dem Mittelzahn der »Magenmühle« gegenüberliegen die Seitenzähne. dors. = dorsal; lat. = lateral; ventr. = ventral. (Aus Kästner A (1993) Lehrbuch der Speziellen Zoologie. 4. Aufl. Bd I/4. Fischer, Jena.)

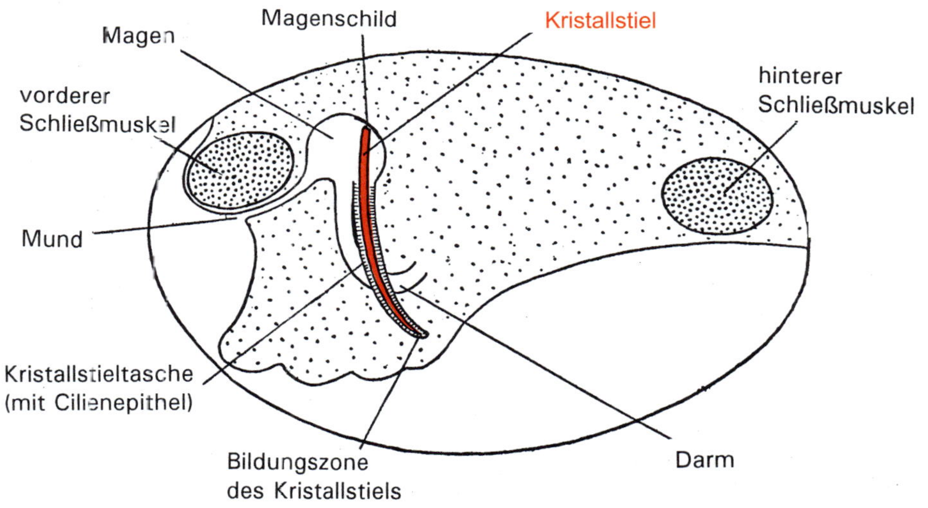

Abb. 3.39 Der anteriore Verdauungskanal einer Muschel mit Kristallstiel, Kristallstielsack, in dem dieser gebildet wird und dem Magenschild, an dem er sich abwetzt. (Aus Ramsay JA (1964) A physiological approach to the lower animals. Cambridge University Press, Cambridge.)

zehn Umdrehungen pro Minute. Gleichzeitig wird er immer weiter in den Magen vorgeschoben. Während er sich an seiner Spitze, die gegen eine chitinhaltige Cuticulastruktur der Magenwand (Magenschild) stößt, allmählich auflöst, wächst er an seinem anderen Ende ständig nach. Bei *Villorita cyprinoides* beträgt die Zuwachsrate ungefähr 0,1 mm pro Minute. Durch die Rotation des Stiels wird der Mageninhalt gut durchmischt und die vom Ösophagus her in den Magen eintretenden Schleimbänder, die die eingestrudelten Nahrungspartikel enthalten, um den Stiel gewickelt. Im Stiel ist hauptsächlich eine α-Amylase vorhanden, die bei allen untersuchten Arten übereinstimmend ihr pH-Optimum bei 5,8–6,0 hat. Diese eigentümliche Art der Enzymproduktion und -freigabe mithilfe des Kristallstielmechanismus ist offenbar eine Anpassung an die nahezu ununterbrochene Zufuhr geringer, aus Kleinstlebewesen des Wassers und feinen Detritusteilchen bestehenden Nahrungsmengen bei den Muscheln. Das geht schon daraus hervor, dass auch einige Schnecken mit mikrophager Ernährungsweise einen Kristallstiel besitzen. Bei den meisten Muscheln ist dieser Kristallstielmechanismus mit einem komplizierten Sortiermechanismus verbunden, der dafür sorgt, dass die relativ fein verteilten Partikel zur Weiterverdauung und zur Phagocytose in die Gänge der Mitteldarmdrüse gelangen, während die groben Bestandteile zum Enddarm weitergeleitet werden. Der pH-Wert im Magen der Muscheln liegt im Einklang mit dem pH-Optimum der Amylase des Kristallstiels (s. o.) zwischen 5,5 und 6,0 und zeigt auffallend geringe Schwankungen. Die Kontrolle der H^+-Konzentration wird wahrscheinlich ebenfalls vom Stiel geleistet, der durch seinen Gehalt an freier **Oxalsäure** stets einen niedrigeren pH-Wert (4,4–5,2) besitzt als der Mageninhalt. Es konnte gezeigt werden, dass der Stiel umso schneller aufgelöst wird, je höher der pH-Wert im Magen ist. Das bedeutet, dass einer Alkalisierung des Magensafts durch die damit verbundene gesteigerte Freisetzung von Oxalsäure automatisch entgegengewirkt wird.

Pankreas

Die im Magen der Wirbeltiere begonnene Verdauung wird im Darm fortgesetzt. Charakteristisch für die Wirbeltiere sind die beiden großen Verdauungsdrüsen, **Bauchspeicheldrüse** (**Pankreas**) und **Leber** (**Hepar**), deren epitheliale Anteile entwicklungsgeschichtlich als Ausstülpungen der Darminnenauskleidung (Entoderm) betrachtet werden können. Durch ein gemeinsames Endstück ihrer Ausführgänge geben sie ihre Sekrete in den Zwölffingerdarm (Duodenum), den ersten Abschnitt des Dünndarms im Anschluss an den Magenausgang, ab.

Das Pankreas hat neben seiner endokrinen Funktion (Insulin, Glukagon) wichtige Aufgaben für die Verdauung zu erfüllen, die Neutralisierung des sauren Chymus und die Lieferung wichtiger Verdauungsenzyme. Der Pankreassaft (Bauchspeichel) ist bei allen Wirbeltieren neutral bis schwach alkalisch (*Raja* 6,6–7,2; Hund 7,0–8,6; Rind 7,6–8,4). Unter den anorganischen Bestandteilen fällt besonders der hohe Gehalt an Hydrogencarbonationen (HCO_3^-) auf, die zur Neutralisierung des aus dem Magen in das Duodenum übertretenden sauren Speisebreies verwendet werden. Die Sekretion des Hydrogencarbonations ist ein aktiver Prozess, an dem zwei Antiporter und die Na^+/K^+-ATPase beteiligt sind. Das Na^+-Ion folgt dem Hydrogencarbonatstrom auf parazellulärem Wege durch das Epithel des Pankreasganges (Abb. 3.40).

Das Pankreas ist der Hauptbildungsort der Verdauungsenzyme in Wirbeltieren. Die Enzyme werden in den **acinären Zellen** des exokrinen Anteils des Pankreasgewebes gebildet, innerhalb der Zellen in Vesikeln bevorratet und auf Anforderung (Eintreffen von Mageninhalt im Duodenum) unter dem Einfluss des gastrointestinalen Hormons Cholecystokinin durch Exocytose in das Lumen des Acinus freigesetzt. Sekundär aktive Chloridsekretion in den acinären Zellen bedingt die isoosmotische Sekretion von Salz und Wasser in das Lumen des Acinus. In dieser Flüssigkeit werden die zeitgleich freigesetzten Verdauungsenzyme oder deren Vorstufen (Zymogene) suspendiert und in Richtung des Duodenums abgeleitet.

Der **Pankreassaft** der Wirbeltiere enthält α-Amylase, eine Lipase (Streapsin), Nucleasen und Proteasevorstufen, die erst im Darm aktiviert werden. Regelmäßig trifft man die Vorstufe

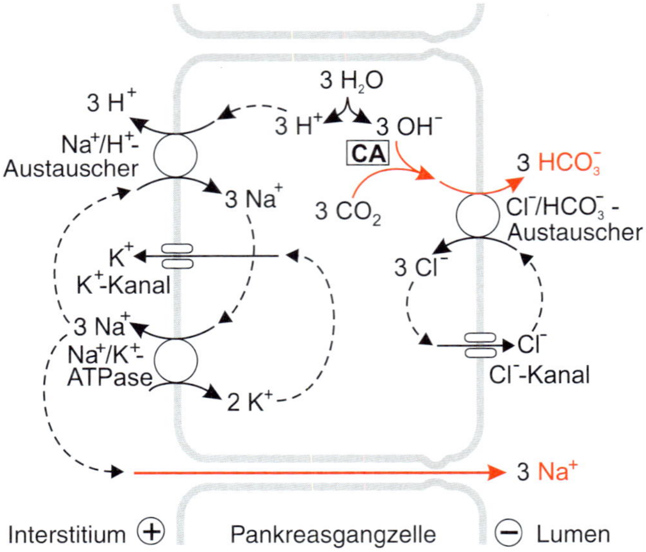

Abb. 3.40 Transportschema für die HCO_3^--Sekretion in den Pankreasgang.

der Endopeptidase Trypsin, das Trypsinogen, an. Ob die Bildung des Trypsinogens allerdings bei den Fischen wie bei den Säugetieren auf das Pankreas beschränkt ist, ist noch nicht ganz sicher. Die Bedeutung der Enterokinase für die Aktivierung des Trypsinogens ist bei verschiedenen Fischen wie auch bei anderen Wirbeltieren klar nachgewiesen. Bei Säugetieren enthält der Pankreassaft außerdem noch Chymotrypsin sowie das früher unter dem Namen Erepsin zusammengefasste Enzymgemisch, das vornehmlich Carboxypeptidasen, Aminopeptidasen und wahrscheinlich noch Spuren von Dipeptidasen enthält. Bei verschiedenen Fischen ist außerdem eine Maltase im Pankreassaft nachgewiesen.

Die Steuerung der Absonderung von Pankreassaft scheint bei allen Wirbeltieren ähnlich zu verlaufen. Am besten untersucht sind wiederum die Säugetiere. Bei ihnen werden kontinuierlich geringe Mengen eines enzymarmen Bauchspeichels abgegeben. Die Tätigkeit des Pankreas wird bereits reflektorisch über den N. vagus gesteigert, wenn die aufgenommene Nahrung die Chemorezeptoren der Mundschleimhaut reizt (erste Phase). Die zweite Phase der Sekretion beginnt mit der Füllung des Magens, das heißt bei Dehnung der Magenwand. Auch diese Phase ist vom N. vagus abhängig. Zu einer weiteren Steigerung der Bauchspeichelsekretion (dritte Phase) kommt es, wenn der Chymus aus dem Magen in das Duodenum übertritt. Unter dem Einfluss von fett und aminosäurereicher Nahrung wird aus speziellen enteroendokrinen Zellen, den sogenannten I-Zellen, das Peptidhormon **Cholecystokinin** (CCK) ins Blut freigesetzt. Dieses Hormon gibt es in drei Varianten unterschiedlicher Kettenlänge (CCK 58, 33 und 8), die alle aus dem gleichen Prohormon gebildet werden. In der basolateralen Oberfläche der acinären Pankreaszellen liegen spezielle Rezeptoren (CCK-A-Rezeptoren, G-Protein-gekoppelt), an die die CCK-Varianten binden und über die Steigerung der intrazellulären Calciumkonzentration die Sekretion von Salz und

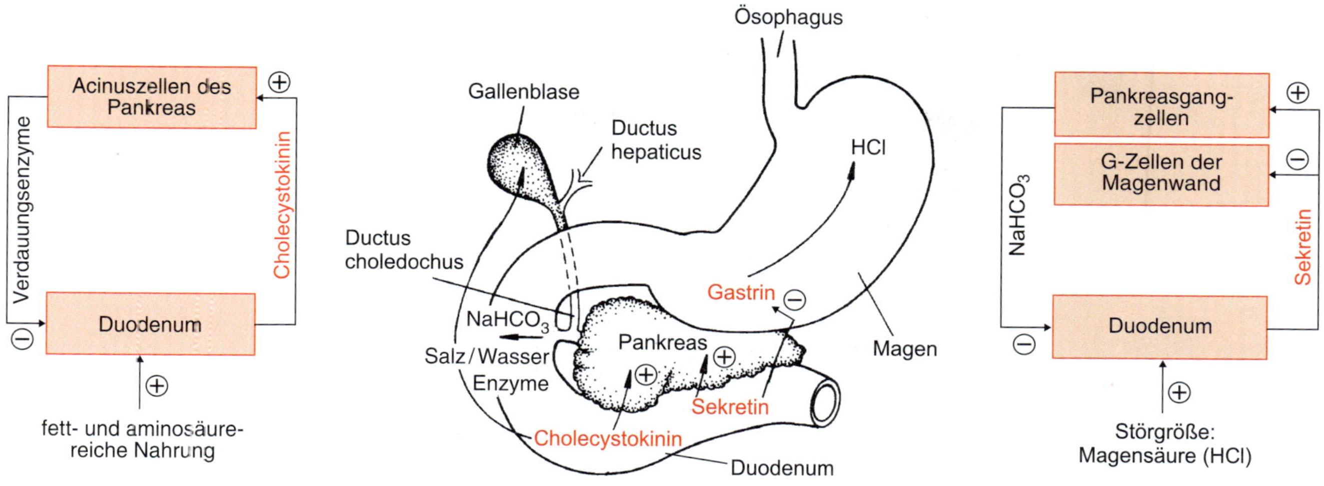

Abb. 3.41 Schemata für die Regulation der Ausschüttung der gastrointestinalen Hormone Cholecystokinin und Sekretin aus enteroendokrinen Zellen des Duodenums und deren Effekte auf die exokrinen Zellen des Pankreas.

Wasser sowie die Enzymsekretion auslösen. Parallel werden im Duodenum durch den sauren Speisebrei aus dem Magen weitere enteroendokrine Zellen, die S-Zellen, aktiviert, die das Peptidhormon **Sekretin** ins Blut freisetzen. Sekretin hat eine Peptidkettenlänge von 27 Aminosäuren, wobei das C-terminale Valin amidiert ist, um die Lebensdauer des Hormons im Blutstrom zu verlängern. Die Zielzellen des Sekretins sind im Wesentlichen die Epithelzellen des Pankreasausführungsgangs, wo das Hormon an G-Protein-gekoppelte Rezeptoren andockt, die unter Aktivierung einer Adenylylcyclase die Akkumulation des Second-Messenger-Moleküls cAMP in den Pankreasgangzellen bewirken. Dies leitet die Sekretion von Hydrogencarbonationen in den Pankreasausführungsgang ein. Auf diese Weise werden die sezernierten Verdauungsenzyme in einem gut gepufferten Milieu in das Duodenum abgegeben, sodass sie von der im Speisebrei vorhandenen Säure nicht direkt denaturiert werden. Die Sekretionsmechanismen für CCK und Sekretin stellen typische Wirkketten mit **negativer Rückkopplung** dar (Abb. 3.41). Durch die Reaktionen (Enzym- bzw. Hydrogencarbonatausschüttung) werden die Faktoren, die die Reaktion ursprünglich auslösten (Fett und Protein bzw. Säure im Duodenum), beseitigt.

Leber

Die **Leber** der Wirbeltiere (Hepar) ist ein kompliziertes Organ, dessen Gewebe hochgeordnete dreidimensionale Strukturen bildet. Schneidet man die Leber einer Ratte, so fallen im mikroskopischen Bild sofort die sechseckigen Leberläppchen ins Auge (Abb. 3.42). In der Mitte jedes Läppchens liegt die senkrecht zur Schnittebene verlaufende Zentralvene, die das Blut aus den sich zu den Rändern der **Leberläppchen** erstreckenden Sinusoiden einsammelt. Die Sinusoide werden so genannt, weil ihre seitlichen Begrenzungen zu den eigentlichen Leberzellen von einem sehr stark durchbrochenen **Endothel** gebildet werden, sodass, sehr außergewöhnlich bei den Wirbeltieren, dieser Abschnitt des Zirkulationssystems fast als offen bezeichnet werden kann. Dieser Aufbau erleichtert den Austausch von gelösten und suspendierten Substanzen zwischen Blut und Hepatocyten. Der Blutzufluss in die Sinusoide erfolgt an den sechs Ecken der Leberläppchen, den Portalfeldern, durch Arterien und die Portalvene. Die Arterien liefern sauerstoffreiches Blut und ermöglichen somit den aeroben Stoffwechsel der Leberzellen, während die Portalvene das nährstoffreiche Blut direkt aus dem Kapillarsystem des Dünndarms anliefert. Neben den zahlreichen Funktionen, die die Leber im Intermediärstoffwechsel zu erfüllen hat (Glykogenspeicherung, Gluconeogenese, Synthese von Lipoproteinkomplexen usw.) liefert die Leber auch ein Sekretionsprodukt, die Galle. Diese enthält Stoffe, die im Dienste der Verdauung und der Resorption von Fetten stehen (Gallensäuren), und darüber hinaus sekundäre Produkte des Stoffwechsels, die ausgeschieden werden sollen (Gallenfarbstoffe). Die Galle ist also gleichzeitig Sekret und Exkret. Hier soll nur die sekretorische Funktion der Leber behandelt werden, auf die exkretorische wird später eingegangen.

Betrachtet man den oben schon erwähnten Schnitt des Lebergewebes, so erscheinen die Hepatocyten eng miteinander verbunden in Reihen (Leberbälkchen) angeordnet, die sich zwischen Zentralvene und Portalfeldern erstrecken. Oberhalb und unterhalb der Schnittebene setzen sich diese Anordnungen fort, sodass, dreidimensional betrachtet, eine Zelltapete entsteht, die seitlich mit dem Blut in den Sinusoiden in Berührung steht. Die Leberzellen sind Epithelzellen und somit polar organisiert. Die basolaterale Oberfläche der Hepatocyten ist dem Blut zugewandt. Jeweils an den Kontaktstellen zweier benachbarter Leberzellen innerhalb eines Bälkchens befinden sich Tight-Junction-Komplexe, die die relativ kleinflächige apikale Oberfläche der Leberzellen begrenzen. Da sich die apikale Zelloberfläche der beiden Leberzellnachbarn genau gegenüberliegen, entsteht ein extrazellulärer Hohlraum, in den die Leberzellen ihr Sekret ausschütten. Dieser Hohlraum, der sich innerhalb der Zelltapete fortsetzt, wird als Gallenkanälchen bezeichnet. Dieses steht mit dem im Portalfeld verlaufenen Gallengang

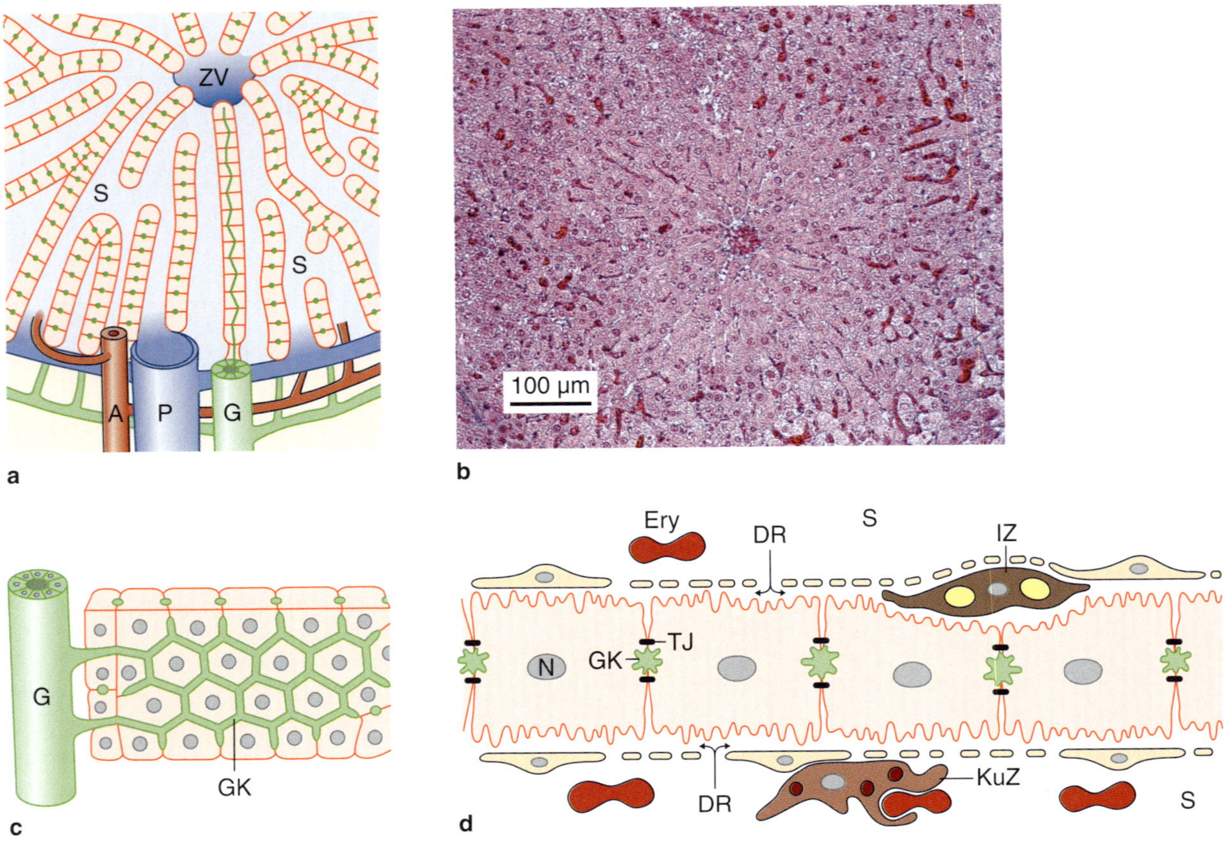

Abb. 3.42 Aufbau des Lebergewebes bei Säugetieren. **a** Blockschnittbild eines Leberläppchens. **b** Histologisches Bild eines Leberläppchens der Ratte (Azan-Färbung). **c** Sammlung der Gallenflüssigkeit aus den Gallenkanälchen im Gallengang. **d** Schematische Darstellung der Anordnung der Leberzellen im Leberbälkchen. A = Arterie; DR = Disse-Raum; Ery = Erythrocyt; G = Gallengang; GK = Gallenkanälchen; IZ = Itoh-Zelle mit Lipidtropfen (Vitamin-A-Speicher); KuZ = Kupffer-Zelle (leberspezifischer Makrophage); P = Portalvene; S = Sinusoid; TJ = Tight Junction; ZV = Zentralvene. (Nach Lüllmann-Rauch R (2006) Histologie. 3. Aufl. Thieme, Stuttgart; histologisches Bild: J-P Hildebrandt)

in Kontakt, sodass die Galle aus den Kanälchen in den Gang abgeführt und entweder in der Gallenblase gespeichert oder direkt in das Duodenum abgegeben werden kann. Während bei den ektothermen Wirbeltieren (Fische, Amphibien, Reptilien) regelmäßig eine Gallenblase anzutreffen ist, fehlt sie bei einer Reihe von endothermen Tieren (Wanderfalke, Seidenschwanz, Zweizehiger Strauß, viele Tauben und Papageien, Ratte, Pferd, Hirsch, Reh, Kamel u. a.). In der Gallenblase findet oft nicht nur eine Speicherung der Galle statt. Infolge einer aktiven Resorption von Na^+ und Cl^-, denen Wasser und andere Ionen passiv folgen, und einer Beimengung von Schleim, kommt es dort in vielen Fällen zu einer Eindickung der Galle (**Blasengalle**; Tab. 3.5).

Die Produktion der Galle in der Leber erfolgt mehr oder weniger kontinuierlich. Sie kann durch Reizung des N. vagus gesteigert, durch Sympathikusreizung gehemmt werden. Nach Nahrungsaufnahme setzt gewöhnlich infolge direkter Einwirkung der im Darm resorbierten Gallen- und Fettsäuren auf die Leberzellen eine vermehrte Gallensekretion ein. Die Entleerung der Gallenblase durch Kontraktion ihrer glatten Muskulatur steht unter Kontrolle des in der Duodenumschleimhaut gebildeten Hormons **Cholecystokinin** nach Aufnahme fettreicher Nahrung. Der N. vagus fördert, der Sympathikus hemmt die Entleerung der Gallenblase.

In der Galle kommen in der Regel keine Verdauungsenzyme vor (Ausnahme: z. B. der Karpfen, in dessen Gallensekret eine Esterase nachgewiesen wurde). Einen Hauptbestandteil der Galle bilden aber die **Gallensäuren**. Chemisch gehören die Gallensäuren wie die Geschlechtshormone, die Corticoide und das Vitamin D zu den Steroiden. Die wichtigsten sind die Cholsäure (3,7,12-Trioxycholansäure) und Desoxycholsäure (3,12-Dioxycholansäure). Daneben kommt die Lithocholsäure (3-Monocholansäure), beim Schwein besonders die Hyodesoxycholsäure (3,6-Dioxycholansäure) und bei Hühnern und Gänsen die Chenodesoxycholsäure (3,7-Dioxycholansäure) vor. Sie liegen jedoch in der Galle nicht als freie Säuren vor, sondern in säureamidartiger Verknüpfung mit den Aminosäuren Glycin (Glykocholsäure) oder Taurin (Taurocholsäure, Abb. 3.43). Während bei den herbi- und omnivoren Säugetieren die Glykocholsäure überwiegt, findet man in der Galle der Carnivoren nur Taurocholsäure.

Die Gallensäuren wirken im Darm als Emulgatoren. Durch ihren amphiphilen Charakter (Abb. 3.43) interagieren sie mit ihrem polaren Ende mit dem wässrigen Medium des Darmin-

Tab. 3.5 Gallenmenge und Eindickungsgrad bei einigen Vögeln und Säugetieren. Die Tiere der ersten Gruppe zeigen intensive Gallenbildung, besitzen aber keine Gallenblase. Die der zweiten Gruppe zeigen ebenfalls intensive Gallenbildung, ihre Gallenblasen sind konzentrierungs-, aber wenig speicherfähig. Die Tiere der dritten Gruppe zeigen nur geringe Gallenbildung, ihre Blasen ist nicht konzentrierungs- und wenig speicherfähig. Die Tiere der vierten Gruppe zeigen eine geringe Gallenbildung, ihre Blasen sind sehr konzentrierungs- und speicherfähig. Die Gallenbildungsrate der Tiere der fünften Gruppe ist mäßig, die Konzentrierungsfähigkeit der Gallenblase aber sehr hoch.

Gruppe	Tierart	Galleproduktion (ml pro kg Körpergewicht pro Tag)	Faktor der Gallekonzentrierung in der Blase
1	Taube	40,1	–
	Pferd	20,8	–
	Ratte	47,1	–
2	Meerschweinchen	228,0	1,5
	Kaninchen	118,0	5
3	Schwein	25,9	1
	Schaf	12,1	1
	Ziege	11,8	1
	Rind	15,4	1
4	Ente	10,2	3–4
	Huhn	14,2	3–6
5	Maus	34,9	4–5
	Hund	12,0	5–10
	Mensch	8–11	5–10

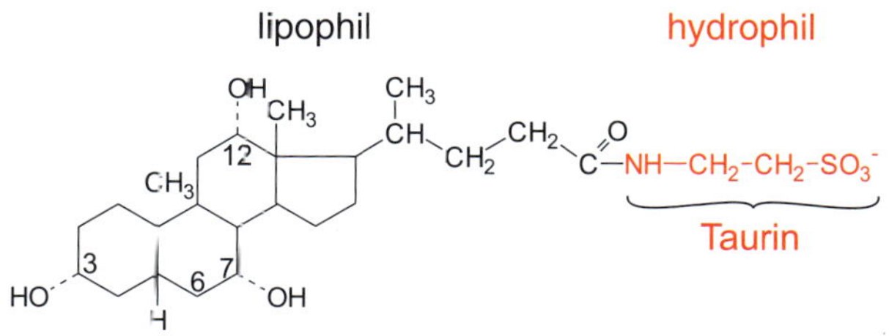

Abb. 3.43 Strukturformel der Taurocholsäure.

halts, mit dem apolaren Ende mit der Oberfläche von Fett- und Öltropfen der Nahrung, die durch die mechanische Durchmischung der Nahrung im Magen und die dadurch bedingte Emulgierung einen Durchmesser von etwa 1–2 µm aufweisen. Wenn sich sehr viele Gallensäuremoleküle in die Lipidtropfen einlagern, wird deren Oberfläche instabil und der Tropfen zerfällt in viele kleine Tröpfchen, die nun Durchmesser von 3–6 nm aufweisen. Die hierdurch bedingte relative Oberflächenvergrößerung erlaubt den Zugriff der Lipase auf die in den Tröpfchen vorhandenen Triacylglycerinmoleküle. Die unter dem Einfluss der Pankreaslipase entstandenen Monoacylglycerine bilden gemeinsam mit den Gallensäuren und langkettigen Fettsäuren geladene, hochstabile Molekülaggregate (Micellen), die außerdem geringe Mengen an Phosphatiden, Cholesterin, Di- bzw. Triacylglycerinen enthalten können. Dadurch wird ein inniger Kontakt der lipophilen Fettspaltprodukte mit den Mucosazellen der Darmwand erst möglich, was eine wichtige Voraussetzung für eine normale Lipidresorption ist.

Mitteldarmdrüsen der Wirbellosen

Bei den Mollusken, Krebsen, Arachniden und Asteroiden (Seesternen) ist eine **Mitteldarmdrüse** ausgebildet. Die ältere Bezeichnung dieser Drüse – Hepatopankreas – sollte möglichst vermieden werden, da sie irreführend ist, denn die Drüse ist weder homolog noch deckt sich ihre Funktion mit der Leber bzw. dem Pankreas der Wirbeltiere. Die Funktion der Mitteldarmdrüse ist vielseitiger. Die Mitteldarmdrüse ist in erster Linie Produktionsstätte für die verschiedensten Verdauungsenzyme. Bei den dekapoden Krebsen sind es eine Protease, die dem Wirbeltiertrypsin nahe steht, eine Carboxypeptidase, eine Aminopeptidase sowie eine Dipeptidase. An Carbohydrasen sind eine α-Amylase (vielleicht auch eine β-Amylase), eine Maltase und eine Saccharase vorhanden. Die Lipase zeigt bei manchen Arten (*Astacus*) eine stärkere Wirkung auf Ester niederer Fettsäuren, bei anderen (*Homarus*, *Palinurus*) auf solche höherer Fettsäuren (Fette).

Die Mitteldarmdrüse ist bei vielen Tierarten auch Hauptresorptionsort der Verdauungsprodukte. Das ist bei den Polyplacophora, den meisten Gastropoden, einigen Cephalopoden wie *Octopus* und *Sepia* und den Crustaceen der Fall. In anderen Fällen ist es eine Stätte umfangreicher Phagocytosetätigkeit.

Das ist der Fall bei den Bivalvia mit Ausnahme der Nuculiden, einigen Gastropoden, Arachniden und Asteroiden. Lediglich bei den Nuculiden unter den Bivalviern und bei einigen Cephalopoden (*Loligo* u. a.) hat die Drüse nur eine sezernierende und keine resorbierende bzw. phagocytierende Funktion.

Schließlich ist die Mitteldarmdrüse wichtiges **Speicherorgan** für Reservestoffe (Glykogen, Lipide). In ihr laufen vielfältige Synthese- und Abbauvorgänge ab, über die allerdings erst wenig bekannt ist. Die Mitteldarmdrüse ist also neben ihrer Bedeutung bei der Verdauung und Resorption bzw. Phagocytose ein zentrales Organ im Stoffwechsel der Tiere. Diese Funktion hat sie mit der Leber der Wirbeltiere gemein.

Die Mitteldarmdrüse bei den dekapoden Krebsen (Decapoda) besteht in der Hauptsache aus langen, dünnen und blind endenden Schläuchen (Tubuli), die von einem einschichtigen Epithel ausgekleidet sind. In diesen Tubuli werden die organischen Moleküle aus dem Verdauungsbrei resorbiert und anschließend die Verdauung intrazellulär fortgesetzt. Im Epithel der Tubuli kann man resorbierende R-Zellen (die häufigsten) und sezernierende B-Zellen (die größten) unterscheiden. Ihre Aktivität ist mit der Nahrungsaufnahme korreliert, die wahrscheinlich über Hormone des Augenstielkomplexes gesteuert wird. Bei den Decapoda, die keine Speicheldrüsen besitzen und bei denen auch der auffallend kurze Mitteldarm kaum oder gar nicht an der Verdauung teilnimmt, läuft nahezu die gesamte Verdauung im Magenraum mithilfe der aus der Mitteldarmdrüse stammenden Enzyme ab. Ein komplizierter Sortiermechanismus im Magen sorgt dafür, dass nur die bereits fein genug aufgeschlossenen Bestandteile des Nahrungsbreies mit einem hohen Anteil gelöster, kleinmolekularer Verdauungsprodukte aus dem Magen in die zarten Schläuche der Mitteldarmdrüse übertreten können, um dort schließlich resorbiert zu werden. Eine Phagocytose mit anschließender intrazellulärer Verdauung findet hier nicht statt. Die groben Partikel (>100 nm bei *Carcinus maenas*) werden ohne Umwege direkt in den Mittel- und Enddarm weitergeleitet.

Dünndarm

Bei Wirbeltieren findet die Verdauung hauptsächlich im **Dünndarm** statt. Es wirken die Enzyme des Bauchspeichels unter Mitwirkung der Galle weiter und der Dünndarm selbst steuert weitere Enzyme bei. Gleichzeitig laufen Prozesse der Resorption ab, die nahezu vollständig auf den Dünndarm beschränkt sind.

Der Dünndarm der Tetrapoden und Teleosteer stellt ein schlankes, oft stark verlängertes Rohr dar, dessen Innenfläche durch Ausbildung von Falten und Zotten erheblich vergrößert ist. Ein längerer Dünndarm erhöht die Passagezeiten der Nahrung und damit die Zeit, die für Verdauungs- und Resorptionsprozesse zur Verfügung steht. Entsprechend findet man lange Dünndärme regelmäßig bei Tieren, die schwer verdauliche oder nährstoffarme Nahrung aufnehmen. Der Dünndarm ist daher bei den herbivoren Tieren in Relation zur Körpermasse wesentlich länger als bei carnivoren. Mit zunehmender Körpermasse muss die Darmlänge wegen des sich verschlechternden Oberfläche-Volumen-Verhältnisses überproportional stärker anwachsen. Deshalb findet man die kürzesten Därme bei kleinen Fleischfressern, die längsten bei großen Pflanzenfressern.

Bei den Säugetieren kann man folgende Abschnitte des Dünndarms unterscheiden (Abb. 3.44): An den Magen schließt der Zwölffingerdarm (**Duodenum**[164]) an. Ihm folgen der Leerdarm (**Jejunum**[165]) und der Krummdarm (**Ileum**[166]), ohne dass die Abschnitte immer sehr deutlich voneinander abgesetzt sind.

Die **Brunner-Drüsen** im Duodenum (Glandulae duodenales) produzieren ein klares, mucin- und hydrogencarbonatreiches, alkalisches Sekret, das der Neutralisierung des sauren Speisebreies aus dem Magen dienlich ist. Außerdem produzieren sie proteolytische Enzyme, darunter die Enteropeptidase (= Enterokinase), die für die proteolytische Aktivierung des Trypsins benötigt wird, sowie Amylase und Maltase. Die Becherzellen der Darmzotten sowie die Epithelzellen der **Lieberkühn*-Krypten** im Jejunum und Ileum (Abb. 3.45) produzieren zum Schutz der zarten Darmschleimhaut vor Proteasen und dem zunächst noch sauren Chymus sowie als Gleitmittel ebenfalls Mucin. Die Hauptzellen der Lieberkühn-Krypten sezernieren zur Erhöhung des Suspendierungsgrades der Nahrungspartikel eine enzymfreie, plasmaisotone NaCl-Lösung. Die im Darmsaft anzutreffenden Enzyme werden – zumindest bei den Säugetieren – nicht sezerniert, sondern gelangen durch Abschilferung von Mucosazellen (Enterocyten) ins Darmlumen. Sie sind ursprünglich im Bürstensaum der Darmzellen lokalisiert. Es handelt sich um Lactase, Trehalase, verschiedene Maltasen, Aminopeptidasen und um eine Monoacylglycerin-Lipase, also ausschließlich um Enzyme, die die letzten Schritte der Verdauung katalysieren.

Durch chemische und mechanische Schäden, die im Zuge der Verdauungs- und Resorptionstätigkeit an den Zellen des einschichtigen Darmepithels entstehen, gehen regelmäßig Enterocyten verloren. Um die Barrierefunktion des Darms nicht zu beeinträchtigen, müssen daher permanent Zellen nachgeliefert werden. Im Epithel in den Lieberkühn-Krypten liegen lebenslang teilungsaktive Zellen, die durch Zellteilung ständig neue Zellen produzieren. Das Außergewöhnliche dabei ist jedoch, dass die Zellteilung nicht zu gleichwertigen Tochterzellen führt, sondern ein Teilungsprodukt seine Teilungsfähigkeit als undifferenzierte Zelle beibehält (**adulte Stammzelle**), während das andere Teilungsprodukt eine Zelldifferenzierung zur funktionstüchtigen Epithelzelle durchläuft. Während der beim Menschen etwa 17 h dauernden Lebensdauer einer Dünndarmepithelzelle durchläuft sie verschiedene funktionelle Differenzierungen und wandert dabei von der Krypte bis zur Spitze der Darmzotte, wo sie schließlich abgeschilfert wird.

Die Motorik und die Sekretionstätigkeit des Dünndarms werden in außerordentlich komplexer Weise sowohl neuronal (**enterisches Nervensystem**) als auch hormonell gesteuert.

[164] *duodeni* (lat.) = je zwölf
[165] *ieiunus* (lat.) = leer, nüchtern
[166] *eilein* (griech.) = drängen, zusammendrehen

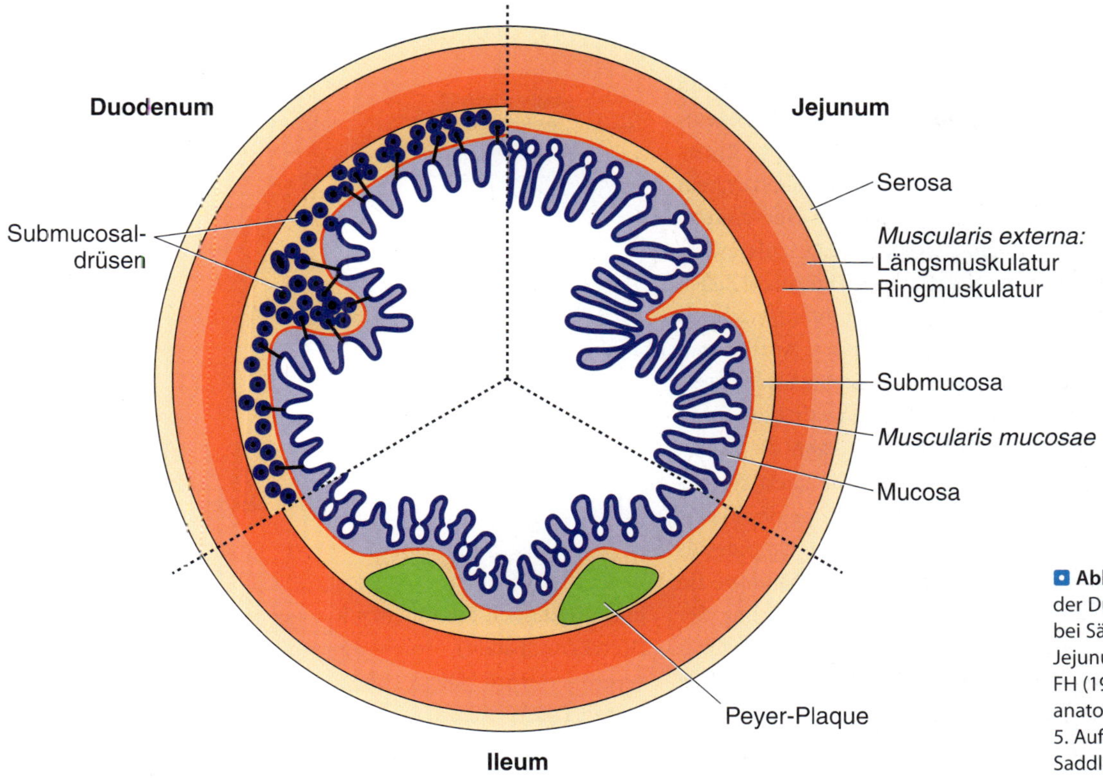

Abb. 3.44 Wandaufbau der Dünndarmabschnitte bei Säugetieren (Duodenum, Jejunum, Ileum). (Aus Martini FH (1989) Fundamentals of anatomy and physiology. 5. Aufl. Prentice Hall, Upper Saddle River, NJ.)

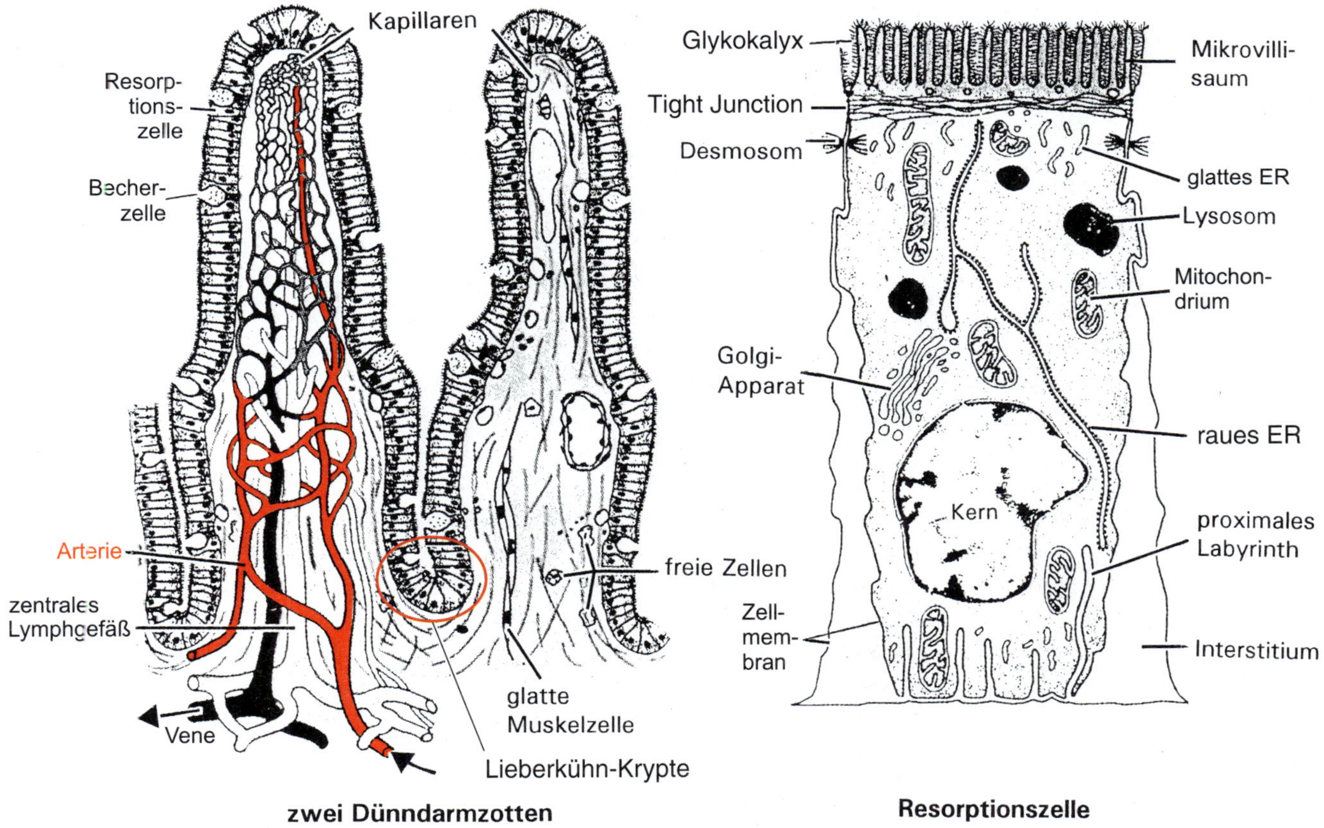

Abb. 3.45 Zwei Dünndarmzotten. Links eine Zotte mit eingezeichneten Blut- und Lymphgefäßen, rechts eine Zotte mit eingezeichneter glatter Muskulatur, sowie die Feinstruktur einer einzelnen Resorptionszelle. (Aus Paul RJ (2001) Physiologie der Tiere. Thieme, Stuttgart, Abb. 12.5, S. 152, verändert.)

Zahlreiche Chemo- und Mechanorezeptoren in der Submucosa (**Plexus submucosus**[167], Meissner*-Plexus) reagieren auf die verschiedensten Reize, die die Nahrung auf die Darmwand ausübt, darunter Berührung, pH-Wert, Aminosäurekonzentration usw., und schicken ihre Impulse über cholinerge Interneurone des **Plexus myentericus**[168] (Auerbach*-Plexus, ein zwischen Ring- und Längsmuskulatur gelegenes Nervennetz) zu den Drüsenzellen, aber auch zur glatten Muskulatur, zu kleinen Blutgefäßen sowie endokrinen und parakrinen Zellen der Darmwand. Die Aktivität des N. vagus (cholinerg) wirkt sekretionssteigernd und steigert die Darmmotilität. Auch durch die gastrointestinalen Hormone Gastrin, Sekretin und Cholecystokinin (CCK) sowie durch vasoaktives intestinales Peptid (VIP), Neurotensin, Histamin und Serotonin kann die Sekretionstätigkeit stimuliert werden. Die postganglionären sympathischen Fasern (adrenerg) sowie efferente Neurone des Plexus myentericus (dessen Neurone Somatostatin und Opioide als Transmitter nutzen) hemmen die exzitatorischen Neurone im Plexus submucosus und bewirken so eine Verminderung der Sekretionstätigkeit und eine Verringerung der Darmmotorik.

Die Muskulatur des Dünndarms besteht aus einer inneren Ring- und äußeren Längsmuskelschicht. Die Durchmischung des Darminhalts erfolgt durch rhythmische Segmentations- und Pendelbewegungen (Abb. 3.46). Bei den Ersteren handelt es sich um die gleichzeitige Kontraktion der Ringmuskulatur an mehreren Stellen des Darmrohrs, wodurch eine Segmentierung des Darminhalts erzielt wird. Die Pendelbewegung kommt durch rhythmisch wechselnde Kontraktion der Längsmuskulatur zustande. Wenn sich die Kontraktionen wieder lösen, treten neue Segmentations- und Pendelbewegungen in den vorher nicht betroffenen Darmabschnitten auf. Rhythmische Segmentations- und Pendelbewegungen wechseln einander ab, sodass eine sehr effektive Durchmischung des Darminhalts erreicht wird. Beide Bewegungsarten unterliegen dem steuernden Einfluss des Plexus myentericus. Der Weitertransport des Darminhalts erfolgt durch **Peristaltik** (Abb. 3.46). Sie besteht in wellenförmig über den Darm fortschreitenden Kontraktionen der Ringmuskulatur. Im Dünndarm ist die Fortpflanzungsrichtung der Kontraktionswellen analwärts festgelegt, eine Antiperistaltik kommt nicht vor. Als auslösender Reiz für die Peristaltik kommt insbesondere die Dehnung der Darmwand in Betracht. Auf alle drei Bewegungsarten hat der N. vagus einen fördernden, der Sympathikus einen hemmenden Einfluss.

Die Aufnahme der niedermolekularen Produkte der Verdauung sowie anderer Stoffe aus dem Darmlumen durch Zellen des Verdauungstrakts zum Zweck der Weitergabe an den Organismus wird **Resorption**[169] genannt. Üblicherweise finden Resorptionsprozesse im Dünndarm statt, in Ausnahmefällen auch an anderen Orten des Gastrointestinalsystems (▶ Box 3.11). Der Dünndarm ist an die Resorptionsfunktion anatomisch

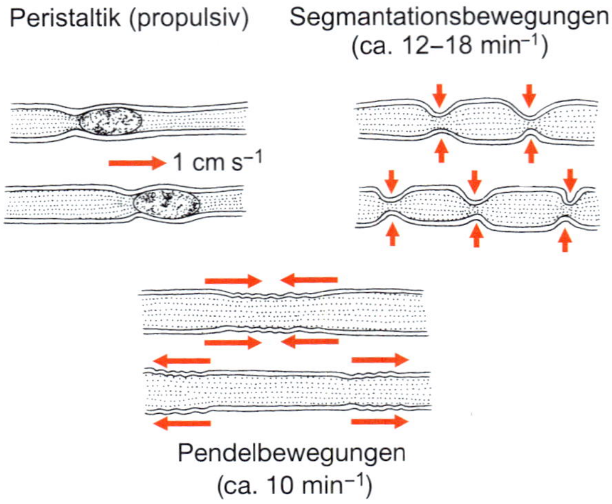

Abb. 3.46 Verschiedene Bewegungsformen des Dünndarms.

und funktionell besonders gut angepasst. Er besitzt Ringfalten (Kerckring-Falten), durch die seine innere Oberfläche stark vergrößert wird. Diese Falten sind dicht mit den etwa 1 mm langen Darmzotten (Abb. 3.45) besetzt. Jede Resorptionszelle trägt an ihrem apikalen Pol einen aus mehreren Tausend **Mikrovilli** bestehenden Bürstensaum. Durch die Falten, Zotten und Mikrovilli vergrößert sich die Resorptionsfläche des gesamten Dünndarms beim Menschen auf etwa 2200 m^2. Benachbarte Epithelzellen treten in der ringförmigen Zona occludens knapp unterhalb ihres apikalen Zellpols miteinander über besonders dichte Tight Junctions in Kontakt. Dadurch wird eine parazelluläre Passage von Stoffen durch das Epithel weitgehend unterbunden und eine Barriere zwischen Darminhalt und Körperinnerem aufrechterhalten.

Box 3.11 Besondere Orte der Nährstoffresorption bei Wirbeltieren

Die Mundhöhle und die Speiseröhre mit ihrem mehrschichtigen Epithel lassen nur verhältnismäßig wenige Stoffe (Nicotin, Steroide u. a.) hindurch. Im Magen können einwertige Ionen (Na^+, K^+, Cl^-, J^-) sowie Alkohol übertreten. Im Pansen-Hauben-Abschnitt des Wiederkäuermagens kann Na^+ aktiv resorbiert werden. Hervorzuheben ist außerdem der Übertritt der im Pansen reichlich entstehenden flüchtigen Fettsäuren entsprechend ihrem Konzentrationsgefälle ins Blut. Dasselbe gilt für Ammoniak. Umgekehrt tritt Harnstoff, der immer im Blut in höherer Konzentration vorliegt, auch direkt in den Pansen über. Im Dickdarm der Säugetiere findet eine umfangreiche Wasser- und Salzresorption statt, auch Monosaccharide und Aminosäuren aus der Nahrung können hier in beschränktem Umfang noch ins Blut übertreten. Aus unverdauten Kohlenhydraten durch bakterielle Fermentation gebildete kurzkettige Fettsäuren treten (in protonierter und daher ungeladener Form) ebenfalls im Dickdarm in den Kör-

▼

[167] *plectere* (lat.) = flechten, Geflecht; *sub* (lat.) = unter; *mucosus* (lat.) = schleimig

[168] *myentericus* (lat.) = zur (Darm)muskulatur gehörig

[169] *resorbere* (lat.) = aufsaugen

per ein. Lipide und freie Fettsäuren aus der Nahrung können dagegen nur im Dünndarm resorbiert werden. Ihre Aufnahme erfolgt schon im oberen Abschnitt des Dünndarms. Beim Übertritt in das Ileum ist der Speisebrei bereits praktisch fettfrei. Allerdings besitzen einige Teleosteer am Magenausgang die Appendices pyloricae[170] (bis zu 1000 Stück bei den Thun- und Schwertfischen), in die Chymus vordringen kann. Dort werden besonders Fette und Wachse resorbiert. Das Epithel dieser Anhänge weist viele Becherzellen auf, aber wohl keine enzymproduzierenden Zellen.

Die Darmzotten können sich durch die Aktivität des Plexus submucosus und der in die Zotten hineinziehenden Muskulatur rhythmisch verkürzen und wieder verlängern. Dadurch wird erreicht, dass sie ständig mit neuem Darminhalt (Chymus) in Berührung kommen. Gleichzeitig wird bei jeder Kontraktion der Inhalt des zentralen Chylusgefäßes (Abb. 3.45) basalwärts entleert (Zottenpumpe). Die Erregung des N. vagus verstärkt, eine Erregung des Sympathikus hemmt die Zottenaktivität.

Die Kohlenhydrate werden vorwiegend in Form der Monosaccharide resorbiert. Die Resorptionsgeschwindigkeit der einzelnen Zucker ist unterschiedlich. Bei der Ratte nimmt sie in folgender Reihenfolge ab: Galactose > Glucose > Fructose > Mannose > Xylose > Arabinose. Auch beim Frosch werden Galactose und Glucose wesentlich schneller als Fructose oder L-Arabinose resorbiert. Diese relativ großen und polaren Moleküle können nicht passiv durch die apikale Membran in die Enterocyten eintreten, sondern müssen mithilfe von Carriern aufgenommen werden. Alle Monosaccharide außer der Glucose diffundieren konzentrationsabhängig durch **erleichterte Diffusion** (carriervermittelt) durch die apikale Membran der Enterocyten und werden durch entsprechende Transporter durch die basolaterale Membran der Enterocyten ins Blut bzw. ins Interstitium freigesetzt (Tab. 3.6) und mit dem Portalblut zur Leber transportiert (Abb. 3.47). Für Glucose funktioniert dies nicht, weil im Blut bzw. Interstitium eine relativ hohe Glucosekonzentration (Blutzucker) von etwa 6 mmol l^{-1} vorherrscht (Abb. 3.48). Für den Austritt der Glucose aus den Enterocyten in das Körperinnere, der ebenfalls durch erleichterte Diffusion erfolgt, bedarf es daher einer höheren Glucosekonzentration im Zellinneren der Enterocyten. Da die Glucosekonzentration im Darmlumen selten höher ist als die im Cytosol der Enterocyten, würde bei Vorhandensein eines Carriers für erleichterte Diffusion ständig – besonders intensiv in den Perioden zwischen den Nahrungsaufnahmen – Glucose aus dem Körperinneren in den Darm abgegeben. Da dieses nicht sinnvoll wäre, hat sich für die Aufnahme der Glucose aus dem Darm in das Innere der Enterocyten ein alternativer Transportmechanismus entwickelt, der dafür sorgt, dass Glucose unabhängig vom gerade herrschenden Konzentrationgradienten nur in Richtung

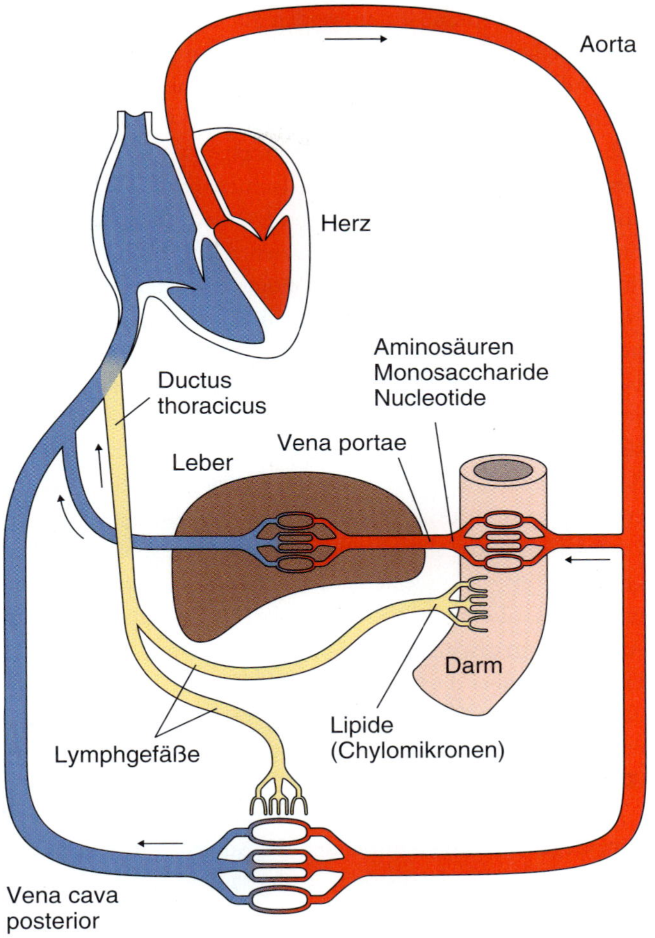

Abb. 3.47 Schema des Säugetierkreislaufsystems unter Berücksichtigung des enterohepatischen* Kreislaufs über die Pfortader der Leber (Vena portae) und der enterischen Lymphbahnen. (Nach Müller WA, Frings S (2009) Tier- und Humanphysiologie. 4. Aufl. Springer, Heidelberg, verändert.)

des Zellinneren transportiert werden kann. Erreicht wird dies durch eine Kopplung des Glucosetransports an den zwischen Darmlumen und Cytosol herrschenden Gradienten für Na^+-Ionen. Durch die Na^+/K^+-ATPase in der basolateralen Membran der Enterocyten wird das Zellinnere natriumarm (10 mmol l^{-1}) gehalten. Im Darmlumen ist die Na^+-Konzentration dagegen immer deutlich höher (140 mmol l^{-1}) und zwar nicht wegen des Salzgehalts der Nahrung, sondern wegen der im Verdauungstrakt allgegenwärtigen isoosmotischen Sekretion von Verdauungssäften. Das Konzentrationsgefälle für Na^+-Ionen zwischen Darmlumen und Zellinnerem treibt einen Carrier, der zwei Natriumionen nur dann in die Enterocyte eintreten lässt, wenn synchron ein Glucosemolekül an den Carrier koppelt und ins Zellinnere transportiert wird. Diesen Transportmodus bezeichnet man als Natrium/Glucose-**Cotransport** oder **Symport**.

Die Proteine müssen zur Resorption zunächst bis auf die Ebene der Aminosäuren abgebaut werden, allerdings werden in geringem Umfang auch Di- und Tripeptide resorbiert. Die

[170] *appendix* (lat.) = Anhängsel; *pyloricus* (lat.) = zum Pylorus gehörig; *pyle* (griech.) = Pforte

* *enteron* (griech.) = Darm; *(h)epar* (griech.) = Leber

verschiedenen Aminosäuren werden mit unterschiedlicher Geschwindigkeit vom Darmepithel aufgenommen. Bei Säugetieren findet man folgende Reihenfolge abnehmender Transportgeschwindigkeit: Glycin > Alanin > Cystin > Glutaminsäure > Valin > Methionin > Leucin > Tryptophan > Isoleucin. Dabei werden generell die natürlichen L-Isomere schneller resorbiert als die D-Isomere, was mit den unterschiedlichen kinetischen Eigenschaften der Aminosäurecarrier zusammenhängt. Ähnlich wie Glucose werden auch monomere Aminosäuren durch Na^+-gekoppelten Transport aus dem Darmlumen in das Innere der Enterocyten aufgenommen. Es existieren mehrere Isotypen von **Natrium/Aminosäure-Cotransportern**, nämlich solche für neutrale Aminosäuren, für verzweigtkettige, für basische und für saure Aminosäuren. Di- und Tripeptide werden durch eigene Cotransporter in die Zellen geschleust, die als energetisierendes Prinzip den H^+-Ionen-Gradienten zwischen Darmlumen und Zellinnerem ausnutzen (Transporter in Säugetieren: PEPT1). Im Inneren der Enterocyten werden die Di- und Tripeptide durch Aminopeptidasen weiter in monomere Aminosäuren gespalten. Monomere Aminosäuren verlassen die Enterocyten über die basolaterale Membran in das Interstitium über erleichterte Diffusion. Auch die resorbierten Aminosäuren werden mit dem Pfortaderblut direkt der Leber zugeführt (▣ Abb. 3.47).

Die Produkte der **Lipolyse** sind zum überwiegenden Teil – im Gegensatz zu den Produkten der Kohlenhydrat- und Proteinverdauung (Einfachzucker, Aminosäuren) – sehr schlecht wasserlöslich. Dadurch ordnen sie sich miteinander in Abgrenzung vom umliegenden wässrigen Milieu des Darmlumens in Micellen an. Micellen sind Molekülaggregate von freien Fettsäuren, Monoacylglycerinen, Phospholipiden, Cholesterin, Cholesterinestern und fettlöslichen Vitaminen sowie Gallensäuren und haben einen Durchmesser von 3 bis 10 nm. An der Oberfläche der Micellen sind die Gallensalze so angeordnet, dass ihre hydrophilen Molekülanteile nach außen zum wässrigen Medium und die lipophilen (hydrophoben) nach innen zur Lipidphase gerichtet sind. Die Micellen sind so klein, dass sie zwischen die Mikrovilli der Enterocyten treten und einen innigen Kontakt mit der apikalen Zellmembran der Enterocyten eingehen können. Aufgrund ihrer guten Lipidlöslichkeit treten dabei die Monoacylglycerine und Fettsäuren direkt in die Zellmembran über. Durch endocytotische Internalisierung von Membranmaterial gelangen sie anschließend ins Zellinnere. Die Gallensalze bleiben dagegen im Darmlumen zurück und können wieder Micellen bilden, oder sie werden (beim Menschen zu 98 %) im terminalen Ileum durch Na^+-Cotransport zurück ins Blut übernommen und über die **Pfortader** zur Leber transportiert, um erneut in die Galle überführt zu werden (enterohepatischer Kreislauf, ▣ Abb. 3.47).

Während freies Glycerin und kurzkettige Fettsäuren (Buttersäure usw.) unverändert in das Pfortadersystem der Leber überführt werden, werden die langkettigen Fettsäuren mit 16 und mehr C-Atomen und die Monoacylglycerine im glatten endoplasmatischen Retikulum der Enterocyten zu Neutralfetten

▣ **Tab. 3.6** Carrier für die Aufnahme von monomeren Zuckermolekülen aus dem Darm in die Enterocyten und für die Ausschleusung dieser Moleküle in das perikapilläre Interstitium beim Menschen.

Lokalisation	Carrier	Energetisierung	Transportgut	Transportmechanismus
apikale Plasmamembran	SGLT1	Na^+-Gradient	Glucose, Galactose	Na^+-Symport
	GLUT5	Konzentrationsgradient des Transportgutes	Fructose	erleichterte Diffusion
basolaterale Plasmamembran	GLUT2	Konzentrationsgradient des Transportgutes	Glucose, Galactose, Fructose	erleichterte Diffusion

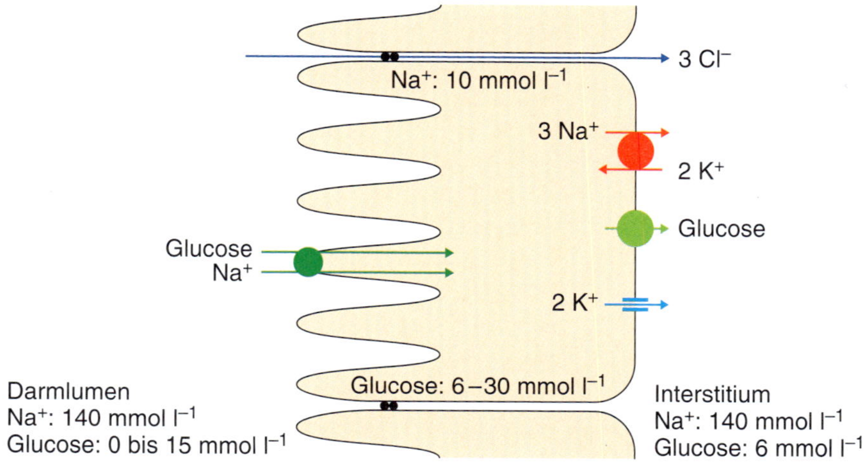

▣ **Abb. 3.48** Transportschema zur Resorption von Glucose in Enterocyten des Dünndarms mit dem Natrium/Glucose-Cotransporter in der apikalen Membran.

(Triacylglycerinen) resynthetisiert. Diese werden anschließend im Golgi-Apparat zusammen mit Cholesterin, Phospholipiden und den in den Darmzellen synthetisierten Apoproteinen zu **Chylomikronen** zusammengefügt und später durch Exocytose in die intestinalen Lymphgefäße entlassen. Sie gelangen über den Ductus thoracicus (■ Abb. 3.47) schließlich in den Kreislauf, wo sie einer komplizierten Prozessierung unterliegen. Nach der Prozessierung in der Leber werden VLDL-(*very-low-density-lipoprotein-*)Komplexe am Endothel der Blutkapillaren des Fettgewebes und anderer Gewebe gebunden. Die enthaltenen Triacylglycerine werden durch eine Lipoprotein-Lipase (LPL) wieder in Fettsäuren und Glycerin zerlegt. Die Fettsäuren werden in die Adipocyten (Fettzellen) aufgenommen und zur Speicherung wieder in Triacylglycerine umgewandelt. Das überschüssige Glycerin wird dagegen in der Leber durch eine Glycerin-Kinase zu L-Glycerin-3-phosphat phosphoryliert und im Energiestoffwechsel verarbeitet.

Die wasserlöslichen Vitamine niederer Molekülmassen (Nicotinsäureamid, Ascorbinsäure, Inositol usw.) werden relativ leicht resorbiert, etwas schlechter bereits die Folsäure und noch schlechter das Thiamin. Für die Resorption von Vitamin B_{12} mit seiner Molekülmasse von rund 1500 Da (■ Abb. 3.16) ist der *intrinsic factor* nötig. Für die Aufnahme der fettlöslichen Vitamine gelten dieselben Bedingungen wie für die der Fette, das heißt, dass die Gallensäuren von großer Bedeutung sind.

Im Darm der magenlosen Cypriniden (Goldfisch, Karpfen, Barbe u. a.) sind drei morphologisch und funktionell deutlich unterschiedliche Zonen erkennbar: Die erste, fettresorbierende ist die relativ längste (>50 % der Gesamtlänge). Es folgt eine proteinabsorbierende Zone und schließlich eine relativ kurze, wahrscheinlich wasser- und ionenresorbierende Zone (Rektum). Die Zellen der proteinabsorbierenden Zone zeigen Pinocytoseaktivitäten. Sie sind offenbar zur Aufnahme von Proteinmakromolekülen befähigt, da eine Pepsinsekretion wegen der Abwesenheit des Magens fehlt und das pankreatische Trypsin offenbar zur vollständigen Hydrolyse von Proteinen nicht ausreicht.

Verdauung und Resorption bei Invertebraten, peritrophische Membranen

Die ursprünglichen Wirbellosen ebenso wie die Anneliden und die Insekten besitzen keine Mitteldarmdrüse. Bei ihnen ist der **Mitteldarm** selbst Hauptproduzent der Verdauungsenzyme, Ort der Verdauung und oft gleichzeitig auch Hauptresorptionsort. Die Resorptionsmechanismen sind nur unzulänglich untersucht, dürften aber auf molekularer Ebene häufig ähnlich organisiert sein wie die bei den Wirbeltieren.

Genauere Untersuchungen über den Ort der **Resorption** sind an Insekten durchgeführt worden. Die Hauptmenge der Zucker wird bei den Mückenlarven (*Aedes*) in der hinteren Hälfte des Mitteldarms, bei den Schaben und bei der Wanderheuschrecke *Schistocerca gregaria* in den Darmblindsäcken (Caeca) sowie im anterioren Teil des Mitteldarms resorbiert. Auch bei der Honigbiene sowie bei adulten Schmetterlingen (*Deilephila*) und Raupen (*Prodenia*) ist der Mitteldarm Hauptresorptionsort für den Zucker. Demgegenüber erwies sich der Vorderdarm in allen Fällen als impermeabel für Zucker. In ihm findet auch keine nennenswerte Fettresorption statt. Das gilt entgegen früheren Befunden wohl auch für die Schaben. Selten ist der gesamte Mitteldarm im gleichen Maße an der Resorption der Fette beteiligt, meistens nehmen die Zellen in bestimmten Abschnitten besonders reichlich Fette auf. Soweit man weiß, findet auch die Resorption der Aminosäuren bei den Insekten vornehmlich im Mitteldarm statt. Anders ist es bei bestimmten Ionen (Na^+, K^+, Cl^- u. a.) und beim Wasser. Diese Stoffe werden in großem Umfang im Enddarm resorbiert.

Bei einigen Insekten, zum Beispiel bei der Schabe *Periplaneta* und der Heuschrecke *Schistocerca*, läuft die Zuckeraufnahme im Darm offenbar passiv ohne Einschaltung aktiver Transportmechanismen ab. Die Glucosekonzentration in der Hämolymphe ist bei ihnen immer sehr gering (0,024 %). Die resorbierte Glucose wird im Fettkörper schnell in Trehalose überführt. Dadurch wird ein für die Resorption notwendiges Konzentrationsgefälle der Glucose zwischen Darm und Hämolymphe aufrechterhalten. Die Überführung von Mannose (bei höheren Konzentrationen) und besonders von Fructose in Trehalose erfolgt jedoch wesentlich langsamer als die der Glucose. Deshalb werden diese Zucker auch wesentlich langsamer resorbiert, denn sie reichern sich in der Hämolymphe an und verkleinern so das Konzentrationsgefälle. Bei anderen Insekten (Larven der Schmeißfliege *Phormia regina* u. a.) muss ein aktiver Transportmechanismus – wie bei den Säugetieren – angenommen werden, denn ihr Glucosespiegel in der Hämolymphe ist sehr hoch. Auch vom Bandwurm (*Cestodes*) ist bekannt, dass seine parenterale Zuckeraufnahme aus dem Nahrungsbrei seines Wirtes aktiv erfolgt.

Bei den Wirbellosen mit einer Mitteldarmdrüse kann diese das wichtigste Resorptionsorgan sein. So ist es zum Beispiel bei den Krebsen. Beim Flusskrebs (*Astacus*) und seinen Verwandten ist der Mitteldarm extrem kurz und die gesamte Resorption findet in der Mitteldarmdrüse statt. Der mit Chitin ausgekleidete Vorder- und Enddarm spielt bei der Nährstoffresorption keine Rolle. In den Tubuli der Mitteldarmdrüse existieren nebeneinander mit Fetttröpfchen und Glykogen beladene Reserve- bzw. Resorptionszellen (R-Zellen) und Sekretionszellen (B-Zellen).

Bei den Tintenfischen (Cephalopoden) *Octopus* und *Sepia* bilden die Mitteldarmdrüse, und zwar der Leberteil, und das Caecum, einen dehnbaren, lang gestreckten und oft spiralig aufgewundenen Blindsack zwischen Magen und Darm, der die Ausführungsgänge der mächtigen paarigen Mitteldarmdrüse aufnimmt, und sind die Resorptionsorte. Bei *Loligo* findet nur im Caecum eine Resorption statt, allerdings ist im Darm auch noch eine Aufnahme von Fett beobachtet worden. Bei *Octopus* und *Sepia* kann man in ähnlicher Weise wie bei den dekapoden Krebsen zwischen Resorptions- und Sekretionszellen im Mitteldarmdrüsenepithel unterscheiden. Bei *Sepia* weisen die Resorptionszellen einen typischen Bürstensaum auf.

Eine gewisse Sonderstellung scheinen die Holothurien (Seegurken) einzunehmen. Es ist in vergangener Zeit immer wieder behauptet worden, dass die Darmwand der Seegurken impermeabel für alle Substanzen mit Ausnahme des Wassers sei. Das bedeutet, dass die gesamte Resorption und Verteilung der Nährstoffe von den zahlreichen Amöbocyten des Hämalsystems geleistet werden muss. In neuerer Zeit sind jedoch Ergebnisse veröffentlicht worden, die zumindest einen Übertritt der Glucose in gelöster Form durch die Darmwand zu beweisen scheinen.

Eine besondere Bildung findet man in Form der **peritrophischen Membran**[171] im Darm nicht nur vieler Arthropoden, sondern auch bei Vertretern fast aller anderen Tierstämme (Ausnahmen: Plathelminthes, Nemertini, Nemathelminthes, Kamptozoen). Es handelt sich dabei um nichtzellige Sekrete des Mitteldarms. Häufig formen mehrere peritrophische Membranen eine peritrophische Hülle, die den Nahrungsbrei innerhalb des Darms allseitig umschließt. Bei den Insekten bestehen diese Membranen aus einem dünnen Film aus Proteinen und Kohlenhydraten (Matrix) mit einem eingelagerten Mikrofibrillennetzwerk aus Chitin. Sie sind entweder eine Bildung des gesamten Mitteldarmepithels (Odonaten, Phasmiden, Acridiiden u. a.) oder nur einer Zellgruppe am Anfang des Mitteldarms in der Nachbarschaft der Valvula cardiaca (Dipterenlarven, Dermapteren). Sie erweisen sich im Experiment als Ultrafilter, der größere Moleküle nicht, wohl aber die Verdauungsenzyme oder die Produkte der Verdauung frei passieren lässt. Die peritrophische Hülle könnte eine Permeabilitätsbarriere für unerwünschte Stoffe aus der Nahrung darstellen oder auch mechanische Bedeutung haben und Verletzungen des Mitteldarmepithels durch harte Nahrungspartikel verhindern oder das Eindringen von Parasiten in das Wirtstier erschweren. Die Vermutung einer solchen Schutzfunktion wird gestärkt durch die Beobachtung, dass die peritrophische Membran bei vielen nur flüssige Nahrung zu sich nehmenden blutsaugenden Insekten (Läuse, Tabaniden u. a.), adulten Schmetterlingen und bei Hemipteren fehlt. Sie fehlt allerdings unverständlicherweise auch bei einigen Formen, die grobe Nahrung aufnehmen (Maulwurfsgrille *Gryllotalpa*, Blütenkäfer *Anthremus* u. a.) und ist demgegenüber bei einigen Blut- und Saftsaugern (*Cicadella*, *Corixa*, *Anopheles*, *Aedes*, *Phlebotomus*, *Glossina* u. a.) vorhanden.

Blinddarm (Caecum) und Dickdarm (Colon) der Wirbeltiere

Bei den Wirbeltieren findet man am Übergang des letzten Abschnitts des Dünndarms (Ileum) in den **Dickdarm** (**Colon**[172]) einen blind geschlossenen Abzweig, den **Blinddarm** (**Caecum**[173]). Die Vögel besitzen im Allgemeinen zwei (nicht wie die Säugetiere nur einen!) Blinddärme, die sehr unterschiedlich groß sein können. Sehr klein sind sie bei den carnivoren Greifvögeln und beim Reiher, sehr groß bei den Rauhfußhühnern (Tetraonidae: Auer-, Birk-, Hasel-, Schneehuhn u. a.) und beim Strauß, die sich von schwer verdaubaren Pflanzenteilen ernähren. Das zu den Rauhfußhühnern zählende Moorschneehuhn (*Lagopus lagopus*) in Alaska ernährt sich während der Wintermonate nur von Weidenknospen und -zweigen. Es bestreitet seinen Energiebedarf zu 30 % aus der Fermentation der ansonsten unverdaulichen Nahrung in den Blinddärmen mithilfe von symbiotischen Mikroorganismen. Die Gärprodukte sind neben Ethanol hauptsächlich Essig-, Propion-, Butter- und Milchsäure, von denen die ersten in protonierter Form auch rein diffusiv aus dem Darmlumen in das Körperinnere übertreten können.

Auch beim Pferd und anderen Unpaarhufern (Perissodactyla) dient der Blinddarm im Zusammenhang mit dem anschließenden Dickdarm als Gärkammer (Fassungsvermögen 90 l). Sie sind im Gegensatz zu den Wiederkäuern (Vorderdarmfermentierer) Hinterdarmfermentierer. Das Caecum ist sacculiert, besitzt Verstärkungen der Längsmuskelstränge (**Taenien**[174]) und bildet eine große Schleife mit zwei parallel verlaufenden Schenkeln. Der postcaecale Dickdarm (Colon ascendens) ist ebenfalls mit Aussackungen versehen und verläuft in einer großen Schlinge. Die Produkte der mikrobiellen Cellulosegärung, die niedermolekularen Fettsäuren (Essig-, Propion-, Buttersäure u. a.), werden vom Pferd wie von den Wiederkäuern auch genutzt (diffusive Aufnahme), nicht aber das mikrobielle Protein, das im Gegensatz zu den Wiederkäuern im Dickdarm nicht mehr verdaut und resorbiert werden kann und daher mit dem Kot verloren geht.

Die Nagetiere (Rodentia) und Hasenartigen (Lagomorpha) haben eine besondere Anpassung an die nährstoffarme pflanzliche Ernährung entwickelt. Diese Tiere produzieren zwei Formen von Kot. Tagsüber geben sie den normalen, dunklen Kot in Form kleiner trockener Ballen ab, während sie während der Ruheperioden feuchte, in Schleim eingehüllte, weiche und hellere Kugeln (Blinddarmkot) abscheiden, die sie sofort wieder vom Anus aufnehmen und unzerkaut verschlucken (**Caecophagie**[175] als Sonderform der Koprophagie). Das Material dieser Kugeln stammt aus dem Blinddarm, wo es bereits einer bakteriellen Fermentation unterworfen wurde. Es ist wesentlich protein- und bakterienreicher als der normale Kot. Der wieder aufgenommene Blinddarmkot wird zunächst im vorderen Fundusteil des Magens gespeichert, wo er, von einer Membran umhüllt, für mehrere Stunden weiter bakteriell vergoren wird. Dabei entsteht unter anderem Milchsäure. Der Fundus der Tiere fungiert also in ähnlicher Weise wie der Pansen der Wiederkäuer als Gärkammer. Erst später wird der Blinddarmkot nach und nach mit dem restlichen Mageninhalt zusammen weiterverarbeitet und der Verdauung zugeführt. Diese zweimalige Passage von 80–100 % der Nahrung durch den Darmkanal und die damit verbundene bessere Ausnut-

171 *peri* (griech.) = rings herum; *trophe* (griech.) = Nahrung, Ernährung
172 *kolon* (griech.) = Darm
173 *caecus* (lat.) = blind
174 *taenia* (lat.) = Band, schmaler Streifen
175 *phagein* (griech.) = fressen

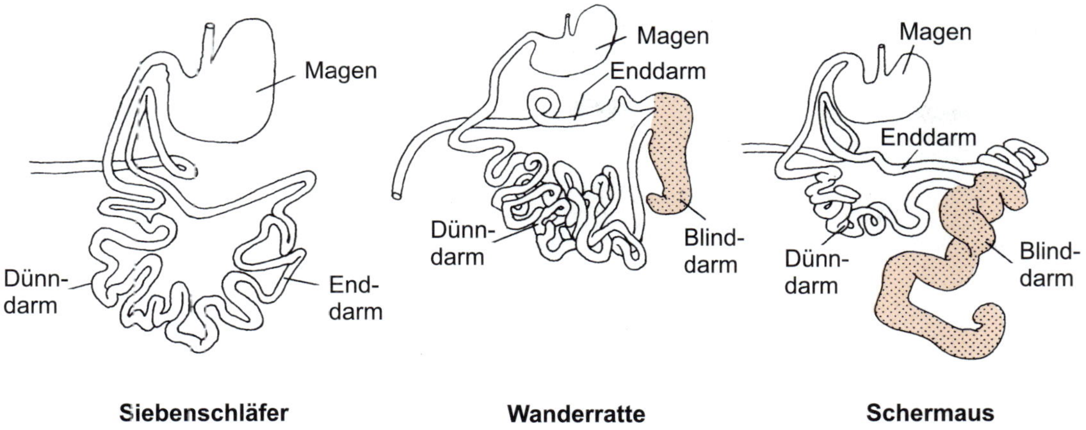

Abb. 3.49 Die Größe des Blinddarms (rot) bei drei Nagetieren (Rodentia) mit unterschiedlicher Ernährungsweise. Während der Siebenschläfer (*Glis glis*) als Früchtefresser keinen Blinddarm besitzt, ist dieser bei der Schermaus (*Arvicola terrestris*) als Wurzelfresser massig entwickelt. Eine Zwischenstellung nimmt die Wanderratte (*Rattus norvegicus*) als Allesfresser ein. (Aus Harder W (1950) Zur Morphologie und Physiologie des Blinddarms der Nagetiere. Verh Dtsch Zool Ges, 95–109.)

Tab. 3.7 Quellen und täglich sezernierte Volumina gastrointestinaler Flüssigkeitsmengen beim Menschen.

Sekretionsort	Sekret	Inhaltsstoffe	täglich sezerniertes Volumen (l)
Speicheldrüsen	Speichel	isoosmotische NaCl-Lösung, Amylase, HCO_3^-	>1
Fundusdrüsen, Magen	Magensaft	isoosmotische NaCl-Lösung, H^+, Pepsinogen, *intrinsic factor*, Rennin (bei Kleinkindern)	1–3
Pankreas	Pankreassaft	isoosmotische NaCl-Lösung, Verdauungsenzyme, HCO_3^-	1
Leber	Galle	isoosmotische NaCl-Lösung, Gallensäuren, Bilirubin	1
Brunner-Drüsen Duodenum	Succus entericus	isoosmotische NaCl-Lösung, Verdauungsenzmye, HCO_3^-	1
Summe			5–7

zung der von den Bakterien aufgeschlossenen Nahrung ist für die Ernährung der Tiere von entscheidender Bedeutung. Auch die hinreichende Versorgung der Tiere mit **Vitaminen**, besonders der B-Gruppe, die von den symbiotischen Bakterien gebildet werden, wird durch diesen Mechanismus gewährleistet. Wenn die Koprophagie verhindert wird, benötigen Ratten zusätzliche Vitamin-K- und Biotinquellen, Mangelsymptome anderer Vitamine treten früher auf und die Wachstumsrate der Tiere ist trotz reichlicher Ernährung um 15–25 % herabgesetzt. Die Größe des Blinddarms ist bei den Nagetieren sehr unterschiedlich. Eine Korrelation zur Ernährungsweise ist sehr deutlich (Abb. 3.49).

Eine getrennte Abgabe von Abfallkot und Caecalkot ist auch beim Koalabär (*Phascolarctos cinereus*) beobachtet worden, der als adultes Tier ausschließlich schwer verdauliche Eukalyptusblätter verzehrt. Bei ihm dient aber der vorverdaute Blinddarmkot nicht nur der eigenen Versorgung mit bakteriell im Blinddarm hergestellten kurzkettigen Fettsäuren, sondern der Infektion der Jungen mit symbiotischen Bakterien sowie deren Zusatzernährung in der späten Beutelphase, wenn sie von der Milch- zur Blätternahrung übergehen. Der Blinddarm erreicht bei erwachsenen Koalas eine Länge von 2,5 m und ist damit relativ der längste unter allen Säugetierblinddärmen.

Neben der diffusiven Aufnahme von kurzkettigen Fettsäuren, die fermentativ durch symbiotische Mikroorganismen im Dickdarm hergestellt werden, hat der Dickdarm die Funktion, die mit den Sekretionsvorgängen im oberen Verdauungstrakt in den Darmkanal eingebrachten Salz- und Wassermengen für den Organismus zurückzugewinnen. Ohne diese **Reabsorption** von Mineralien und Wasser würden Tiere sehr schnell an Mineral- und Volumenmangel zugrunde gehen, wie man an dem Krankheitsbild der Durchfallerkrankung **Cholera** beim Menschen ablesen kann. Die Cholera wird ausgelöst durch Bakterien der Gattung *Vibrio*, die im Darm ein Toxin freisetzen, das durch kovalente Modifikation eines bestimmten Signaltransduktionsproteins den Reabsorptionsmechanismus der Colonepithelzellen für Salz und Wasser vollkommen lahmlegt. Angesichts des großen Volumens von Speichel, Magen- und Darmsaft sowie von Sekreten der großen Verdauungsdrüsen (Tab. 3.7), die alle zum Blut isoosmotisch sind, verliert der Cholerakranke täglich bis zu 6 l mineralhaltige Flüssigkeit

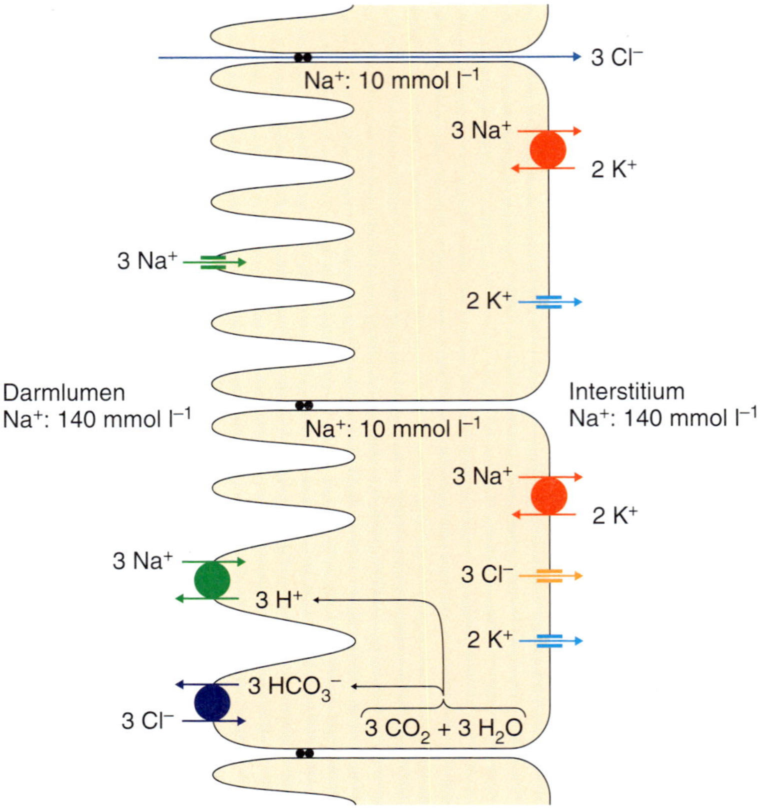

Abb. 3.50 Reabsorption von NaCl durch das Epithel des Dickdarms (Colon) zur Rückgewinnung von Mineralien und Wasser und zur Eindickung des Darminhalts. In Colonepithelzellen existieren zwei unabhängig voneinander arbeitende Mechanismen zur Na^+-Reabsorption. Die obere Zelle zeigt den elektrogenen Mechanismus: Der apikal gelegene Na^+-Kanal ist typisch für Na^+-absorbierende Epithelien und kann durch geringe Konzentrationen von Amilorid (ca. 1 µmol l^{-1}) gehemmt werden. Die untere Zelle zeigt den elektroneutralen Mechanismus: Auch der apikal gelegene Na^+/H^+-Austauscher kann durch Amilorid gehemmt werden, allerdings benötigt man dazu deutlich höhere Konzentrationen.

durch den Darm aus dem Körper, was unbehandelt innerhalb kurzer Zeit zum Tod führt.

Die Colonepithelzellen besitzen eine basolateral gelegene Na^+/K^+-ATPase, die, wie in anderen Zellen auch, die cytosolische Na^+-Konzentration auf sehr niedrige Werte einstellt (ca. 10 mmol l^{-1}). Wie oben bereits erläutert, ist die luminale Na^+-Konzentration im Darm etwa so hoch wie die des Blutes (ca. 140 mmol l^{-1}), sodass ein steiler Na^+-Gradient über der apikalen Membran existiert (Abb. 3.50). Dieser Gradient treibt die Aufnahme von Na^+ aus dem Darm in die Colonepithelzelle, wobei es zwei unabhängige Transportmechanismen gibt. Der elektrogene Mechanismus der Na^+-Aufnahme (er erzeugt eine Spannungsdifferenz über dem Epithel) ist in der oberen Zelle in Abb. 3.50 verdeutlicht. Hier treten Na^+-Ionen aus dem Darm in das Cytosol der Colonepithelzelle durch einen konstitutiv offenen Natriumkanal ein, den **epithelialen Na^+-Kanal** (**ENaC**). Dieser Kanal ist typisch für Na^+-absorbierende Epithelien und kann durch Amilorid mit hoher Effizienz blockiert werden. Die aufgenommenen Na^+-Ionen werden durch die Na^+/K^+-ATPase auf der basolateralen Seite der Zelle ins Interstitium weitergereicht und damit dem Körperinneren wieder zugeführt. Die dabei in die Zelle aufgenommenen K^+-Ionen werden mittels eines basolateral gelegenen Kanals gleich wieder ins Interstitium zurücktransportiert, sodass im Effekt ein transepithelialer Na^+-Transport stattfindet, der allerdings zu einem positiven Ladungsüberschuss auf der interstitiellen Seite führt. Dieses elektrische Potenzial bildet die Triebkraft für den parazellulären Eintritt von Chloridionen (Cl^-) aus dem Darmlumen in das Interstitium durch Tight Junctions, die eine selektive Permeabilität für Cl^--Ionen besitzen. Durch die Nettoaufnahme von NaCl bildet sich nun auch ein osmotischer Gradient über das Epithel aus, dem, ebenfalls durch die Tight Junctions, Wasser aus dem Darm ins Körperinnere bis zum osmotischen Ausgleich folgt. Beim elektroneutralen Mechanismus der Na^+-Aufnahme (Abb. 3.50, untere Zelle) treibt der Na^+-Gradient über der apikalen Membran einen Na^+/H^+-Austauscher an, der im Austausch mit Na^+-Ionen aus dem Zellstoffwechsel stammende Protonen aus der Zelle in das Darmlumen transportiert. Parallel zu den Protonen gebildete Hydrogencarbonationen (HCO_3^-) werden über einen ebenfalls in der apikalen Membran lokalisierten Cl^-/HCO_3^--Austauscher gegen Chloridionen ausgetauscht, sodass innerhalb der Zelle NaCl akkumuliert. Während Na^+-Ionen wiederum durch die ATPase ins Interstitium transportiert werden, verlässt das Chlorid die Zelle durch einen basolateral gelegenen Kanal. Da bei diesem Transportmechanismus keinerlei elektrische Gradienten im System aufgebaut werden, bezeichnet man ihn als elektroneutral.

Durch die Reabsorption von Salz und Wasser aus dem Darm in den Körper vor dem Absetzen des Kots durch den Anus wird ein Verlust von Mineralien und Flüssigkeitsvolumen weitgehend vermieden. Dies ist umso wichtiger, je schwieriger es für ein Tier ist, sich kurzfristig mit Trinkwasser und Mineralien aus der Nahrung zu versorgen. Unter den Wirbeltieren sind es daher die wüstenlebenden Herbivoren (z. B. die zu den Taschenmäusen zählende Art *Dipodomys merriami*), die einen extrem trockenen Kot produzieren. Prinzipiell gelten diese Gesetzmäßigkeiten auch für wirbellose Tiere.

3.2.4 Extraintestinale Verdauung

Zu den Ausnahmeerscheinungen der Verdauungstätigkeit von Tieren gehört es, dass manche Arten bereits außerhalb des Darms eine Verdauung von Nährsubstrat oder Beutetieren vornehmen und anschließend den nährstoffhaltigen Brei aufsaugen. Dazu werden enzymhaltige Verdauungssäfte auf die Oberfläche aufgebracht oder in die Beute injiziert. Das bekannteste Beispiel einer solchen **extraintestinalen Verdauung**[176] liefern die Spinnen. Sie ist außerdem von den Onychophoren (Stummelfüßer), einigen Insekten (Larven des Gelbrandkäfers *Dytiscus*, Glühwürmchen *Lampyris*, Carabiden, Cicindeliden u. a.), den Seesternen und von Wurzelmundquallen (Rhizostomeen) bekannt. Auch einige Cephalopoden (*Octopus*, *Eledone*, nicht aber *Sepia*) haben eine teilweise äußere Verdauung, durch die Weichteile der Beute (Krabben) von den Skeletteilen befreit werden.

Die Spinnen pumpen einen aus der Mitteldarmdrüse stammenden Verdauungssaft, der besonders aktive Proteasen enthält, durch die mit den Chelicerenklauen geschlagenen Wunden in das Opfer (Insekt). Nur bereits verflüssigter Nahrungsbrei und kleinste Partikel können die wie ein Filter wirkende starke Behaarung der Oberlippe und der Laden der Pedipalpenhüften passieren und durch die enge Mundöffnung aufgesaugt werden. Oft wird dabei die Beute gleichzeitig zwischen den Cheliceren geknetet und gewendet.

In den mächtigen zangenförmigen Mandibeln der Gelbrandkäferlarven (*Dytiscus*) verläuft ein Kanal, der kurz vor der Spitze nach außen mündet und am anderen Ende (bei geöffneten Zangen) mit der Mundhöhle in Verbindung steht. Die Mundöffnung selbst ist funktionslos geworden. Beim Einschlagen der Mandibeln in die Beute wird das aus dem Mitteldarm stammende Enzymgemisch injiziert. Später wird der nahezu flüssige Verdauungsbrei ebenfalls durch den Mandibelkanal aufgesaugt. Eine 12 mm lange Köcherfliegenlarve kann so innerhalb von 10 min vollständig ausgehöhlt werden.

Die nachtaktiven Onychophoren tropischer, subtropischer und gemäßigter Gebiete (vor allem der Südhalbkugel) schleudern aus ihren Oralpapillen bis zu 50 cm weit ein fädiges, klebriges Wehrdrüsensekret, durch das am Boden lebende kleine Arthropoden (Asseln, Grillen, Schaben, Termiten, Spinnen u. a.) am Untergrund fixiert werden. Die wulstigen Mundraumlippen werden später fest an das Beuteobjekt gepresst, mithilfe der Mundhaken wird die Cuticula geöffnet und anschließend der enzymhaltige Speichel in das Tier gegeben. Der vorverdaute Brei wird dann in den Mitteldarm gesaugt, dort aufgearbeitet und die Nährstoffe schließlich resorbiert. Onychophoren können aber offensichtlich auch feste Nahrung aufnehmen. Das Mitteldarmepithel weist nur zwei Zelltypen auf. Es erfüllt neben der Verdauungs- und Resorptionsfunktion auch Aufgaben der Nährstoffspeicherung sowie der Exkretion.

Die Forcipulatiden (Zangenseesterne), zu denen auch der weit verbreitete *Asterias rubens* gehört, entwickeln mit ihren in vier bis sechs Reihen stehenden Saugfüßchen eine enorme Zugkraft (4–5 kg), die sie über Stunden aufrechterhalten können. Schließlich können sie die Muschelschalen gerade so weit öffnen (ein Spalt von weniger als 1 mm reicht aus), um ihre Magenwand einzuführen und Verdauungssaft aus den Schläuchen der Mitteldarmdrüse auf das Muschelgewebe zu bringen. Es sind verschiedene Proteasen (Trypsin, Peptidasen, Dipeptidasen, Kathepsin) und eine Amylase im Verdauungssaft nachgewiesen. Sind die Schließmuskeln der Muschel erst etwas angedaut, kann die Muschel dann vollständig geöffnet werden.

3.2.5 Intrazelluläre Verdauung

Eine **intrazelluläre Verdauung**, bei der Nahrungspartikel oder gelöstes extrazelluläres Material durch Endocytose in das Innere der Verdauungszellen aufgenommen und anschließend lysosomal abgebaut werden, ist charakteristisch für viele Protoctista und die Poriferen. Bei Letzteren ist schon deshalb keine extrazelluläre Verdauung möglich, weil jedes abgesonderte Enzym sofort mit dem Wasserstrom, der ständig das Tier durchzieht, fortgetragen werden würde. Wir finden aber auch bei weniger ursprünglichen Metazoen Formen mit offenbar reiner oder fast reiner intrazellulärer Verdauung. Dazu zählen einige Tubellarien wie die Acoela (*Convoluta* u. a.) und der Tricladide *Polycelis*, aber auch die Tardigraden (Bärentierchen), die vornehmlich Pflanzenzellen aussaugen.

Streng genommen ist die intrazelluläre Verdauung ein Prozess, den jede Zelle durchführt, allerdings in unterschiedlichem Maße. **Professionelle Phagocyten** sind spezialisierte Zellen, die in Wirbeltieren (z. B. Makrophagen), aber auch in Wirbellosen (z. B. Amöbocyten in der Coelomflüssigkeit der Regenwürmer) eingedrungene Fremdkörper und Trümmer von zugrunde gegangenen körpereigenen Zellen endocytotisch aufnehmen und lysosomal verdauen. Fast jede andere Körperzelle von Tieren internalisiert hin und wieder extrazelluläres Material, überschüssige oder gealterte Zellmembranfragmente oder intrazelluläre Organellen, um sie dem lysosomalen Abbau zu unterwerfen. Wird auf diese Weise zelleigenes Material recycelt, bezeichnet man den Vorgang als **Autolyse**. Sie ist sehr wichtig zur Aufrechterhaltung des stationären Zustands der Zelle.

Bei derjenigen intrazellulären Verdauung, die im engen Sinne den Ernährungsbedürfnissen von Tieren dient, werden die Stoffe durch Phagocytose (festes Material) oder Pinocytose (flüssiges Material) in Endo- bzw. Phagosomen eingeschlossen und in die Zelle überführt. Der früher gebräuchliche Begriff Ingestionsvakuole sollte nicht mehr verwendet werden, weil das **Phagosom** ja gerade nicht leer ist. Die intrazelluläre Verdauung des Materials erfordert die Vermischung des Phagosomeninhalts mit Verdauungsenzymen. Dies geschieht, indem aus dem endoplasmatische Retikulum stammende primäre

---

176 *exter* (lat.) = äußerlich; *intestinum* (lat.) = Darm

Lysosomen, die mit noch inaktiven Enzymmolekülen befüllt sind, an die Phagosomen herangeführt und durch Fusion der biologischen Membranen beider Organellen ein einheitlicher Reaktionsraum geschaffen wird. Das Fusionsprodukt wird in diesem Zustand als sekundäres Lysosom bezeichnet. Die **V-Typ-ATPase** in der Membran des sekundären Lysosoms sorgt nun dafür, dass Protonen aus dem Cytosol in das Lumen des Vesikels transportiert und dieses dabei angesäuert wird. Dies ist nötig, um die Verdauungsenzyme, die durchweg ein saures pH-Optimum aufweisen, zu aktivieren. Resorbierbare Verdauungsprodukte werden durch Transporter in das Cytosol der Zelle überführt, während unverdauliche Nahrungsreste im Vesikellumen verbleiben und später durch Exocytose wieder ausgeschieden werden.

Gut lässt sich der Vorgang der intrazellulären Verdauung bei den durchsichtigen Protoctista verfolgen. Beim Pantoffeltierchen *Paramecium* lösen sich von Zeit zu Zeit am Cytopharynx, der sich am Grunde des Peristomtrichters befindet, Phagosomen ab. Nach ihrer Ablösung wandern sie entlang von Mikrotubuli durch den Zellkörper. Dabei treten charakteristische Veränderungen in ihnen auf (Abb. 3.51). In der ersten Phase ist eine Abnahme ihrer Größe infolge Wasserentzugs festzustellen. Die Nahrungspartikel treten dabei zu einem zentralen »Klumpen« zusammen. Nach der Fusion des Phagosoms mit primären Lysosomen erfolgt eine starke Ansäuerung des Vesikelinhalts bis zu einem pH-Wert von etwa 4 (es sind auch schon Werte bis zu 1,4 gemessen worden). Diese saure Phase ist nicht nur bei *Paramecium*, sondern auch bei anderen Ciliaten und ganz generell bei eukaryotischen Zellen zu beobachten. Die Ansäuerung ist die Folge der Aktivierung von V-Typ-ATPasen. Durch Behandlung der Zellen mit Bafilomycin, einem Makrolidantibiotikum von *Streptomyces griseus*, kann die lysosomale Verdauung unterdrückt werden, weil Bafilomycin die V-Typ-ATPase hemmt und die Ansäuerung der sekundären Lysosomen blockiert. In der zweiten Phase der intrazellulären Verdauung – sie beginnt bei *Paramecium multimicronucleatum* etwa 15 min nach der Bildung des Phagosoms – nimmt das Verdauungsvesikel wieder an Größe zu, gleichzeitig steigt der pH-Wert auf Werte um 7,8 an, was das Ende der Verdauungstätigkeit anzeigt. Nach erfolgter Resorption der verwertbaren Verdauungsprodukte beginnt die dritte Phase. Das Vesikel wandert an die Zelloberfläche zum Zellafter (Cytopyge). Durch Exocytose werden unverdauliche Reste im Vesikelinneren in den Extrazellularraum bzw. die Außenwelt abgegeben (Defäkation).

Die Suctorie *Tokophrya infusionum* besitzt keinen Defäkationsmechanismus. Deshalb verbleiben die unverdaulichen Reste in den Vesikeln, die zu sogenannten Restkörpern werden. Auch bei Metazoen verbleiben zuweilen metabolische Endprodukte der intrazellulären Verdauung zelleigenen Materials innerhalb der Zellen in **Telolysosomen** (**Residualkörpern**) zurück und werden lebenslang gespeichert. Sie sind häufig mit unlöslichen Protein-Lipid-Komplexen (Lipofuszin) gefüllt, die im Lichtmikroskop eine bräunlich-gelbe Farbe haben. Besonders in postmitotischen Zellen (Nerven-, Herzmuskelgewebe) treten diese

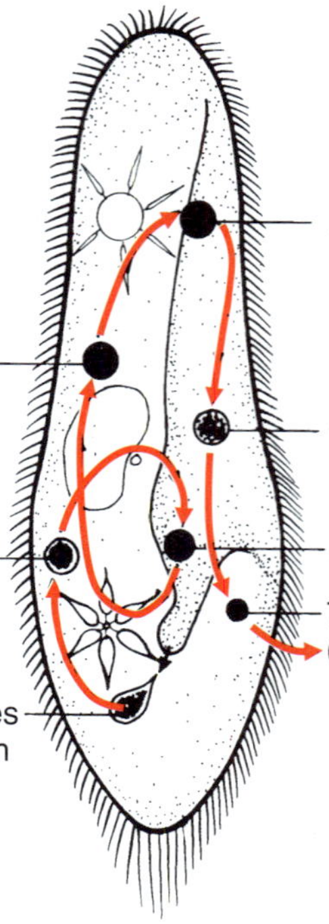

Abb. 3.51 Der Weg des Nahrungsvesikels im Pantoffeltierchen (*Paramecium*, Ciliat).

Lipofuszingranula mit zunehmendem Alter des Individuums immer deutlicher hervor. Sie bilden auch die beim Menschen oberflächlich sichtbaren Flecken der Altershaut.

Über die Verdauungsenzyme bei Einzellern ist erst wenig bekannt. Unter den Proteasen ist das **Kathepsin** wohl das Wichtigste. Es ist bei *Trypanosoma evansi* (pH-Optimum 4,8) und *Amoeba proteus* (pH-Optimum 3,7) genauer untersucht. Bei einigen Vertretern scheint eine tryptische Protease vorzukommen. Eine Dipeptidase ist bei *Amoeba proteus* (pH-Optimum 7,6) und *Trypanosoma* (pH-Optimum 7,8) nachgewiesen, bei *Trypanosoma* außerdem noch eine Aminopeptidase (pH-Optimum 8,4) sowie eine Carboxypeptidase (pH-Optimum 4,5). Lipasen und Carbohydrasen scheinen dagegen bei *Trypanosoma evansi* zu fehlen. Bei anderen Protoctista ist eine Fettverdauung nachgewiesen (Amöben, *Epistylis* u. a.). In *Entamoeba histolytica*, dem Erreger der Amöbenruhr, kommt eine Esterase vor. Außerdem sind bei diesem Rhizopoden eine Amylase und eine Maltase, aber weder eine Saccharase noch eine Lactase gefunden worden. Hervorzuheben ist die Fähigkeit der parasitischen Trichomonadinen, eine große Zahl verschiedener Zuckerarten verwerten zu können. Proteolytische Enzyme sollen ihnen dagegen fehlen. Einige erdbewohnende Amöben (z. B. *Hartmanella*) besitzen eine Cellulase, ebenfalls der im Pansen der Wiederkäuer vorkommende oligotriche Ciliat *Diplodinium* oder die im Termitenenddarm lebenden Flagellaten. In den beiden letzten Fällen ist aber noch nicht sicher, ob die Cellulase von den Protoctista selbst gebildet oder von symbiotischen Bakterien geliefert wird. *Hartmanella* besitzt außerdem eine **Chitinase**.

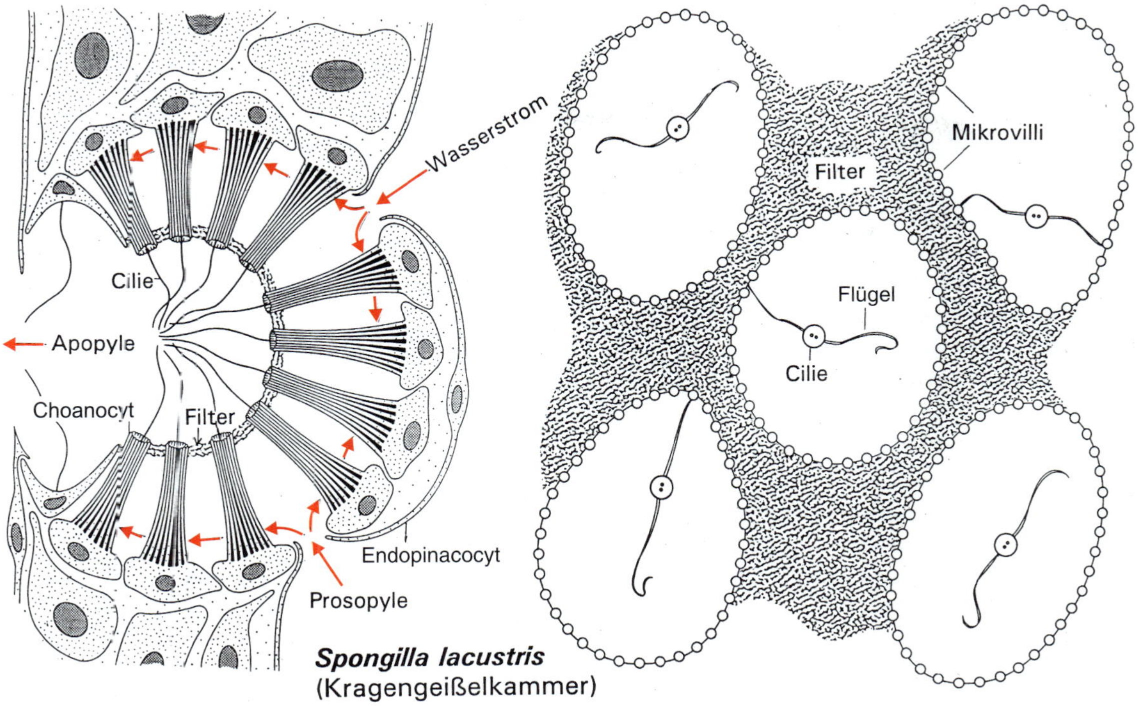

Abb. 3.52 Filtermechanismus beim Süßwasserschwamm. Das durch die Prosopyle in die Geißelkammer eingetretene Wasser dringt durch feine Schlitze zwischen den Mikrovilli der Chaonocyten ins Innere des Kragens vor und verlässt dann die Kammer wieder durch die apikale Kragenöffnung und die Apopyle. Die Spitzen des Choanocytenkragens stehen außerdem über ein Filternetz, das einer Glykokalyx gleicht, miteinander in Verbindung (rechtes Bild). Die in diesem Filtersystem abgefangenen Partikeln werden von besonderen Zentralzellen der Kammern mithilfe netzförmiger Cytoplasmaausläufer phagocytiert. (Nach Weissenfels N (1992) The filtration apparatus for food collection in freshwater sponges (Porifera, Spongillidae). Zoomorphology 112, 51–55.)

Bei den ausschließlich intrazellulär verdauenden Poriferen (Schwämme) werden die Nahrungspartikel mit dem Wasserstrom herbeigestrudelt. Größere Teilchen bleiben bereits in den zuführenden Kanälchen stecken und werden dort von Wanderzellen (**Amöbocyten**) phagocytiert. Die kleineren Partikel gelangen in die Geißelkammern (Abb. 3.52), wo sie an der Außenwand des Kragens der **Kragengeißelzellen** (Choanocyten), der sich im elektronenoptischen Bild als äußerst feinmaschige Reuse entpuppt, haften bleiben. Anschließend gleiten sie am Kragen herab und werden von kleinen Pseudopodien ins Zellinnere aufgenommen. Bei den Kalkschwämmen, die relativ große Choanocyten besitzen, erfolgt bereits in diesen Zellen die Verdauung. Dasselbe scheint bei *Halichondria* der Fall zu sein. Man fand in den Choanocyten dieses Schwamms eine achtmal so hohe Amylase- und Proteaseaktivität und gar eine 15-mal so hohe Lipaseaktivität wie in den Amöbocyten. Bei anderen Formen werden die phagocytierten Partikel an die Amöbocyten weitergegeben, die gleichzeitig den Transport der Nährstoffe zum Verbrauchsort übernehmen. Die Nahrungsvesikel zeigen wie bei *Paramecium* zuerst eine saure und dann eine alkalische Reaktion. Unverdauliche Reste werden von den Amöbocyten zurück in die Kanäle abgegeben.

Umfangreiche intrazelluläre Verdauungsvorgänge spielen sich in der **Mitteldarmdrüse** der Muscheln (Ausnahme: Nuculidae) und einiger Schnecken, der Arachniden sowie der Asteroiden ab. Bei nahezu allen Muscheln ebenso wie bei einigen mikrophagen Schnecken ist die Verdauung sogar fast ausschließlich intrazellulär. Ihre Vorderdarmdrüsen (Speicheldrüsen) sind reduziert oder fehlen ganz, und die bei der Auflösung des Kristallstiels frei werdenden kleinen Mengen einer Amylase (und Lipase?) stellen die einzigen im Magen frei vorkommenden Enzyme dar. Entsprechendes gilt für die Schnecke *Patella*, die den Algen- und Diatomeenbesatz von Felsen und Steinen abweidet. Sie besitzt allerdings keinen Kristallstiel. Die Amylase wird hier in lateralen Divertikeln des Vorderdarms gebildet. Ganz anders ist es bei den carnivoren Schnecken. Eine gut entwickelte Vorderdarmdrüse produziert vornehmlich eine Protease, die Mitteldarmdrüse außerdem Carbohydrasen und Lipasen.

Der Mitteldarm der Chelicerata zeichnet sich im Gegensatz zu dem der Antennata durch Blindsäcke (Divertikel) aus. Diese füllen meist das gesamte Prosoma (Xiphosura) bzw. Opisthosoma (Arachnida) aus. Ihr Epithel weist Drüsenzellen und Nährzellen auf. Der von den Drüsenzellen abgegebene enzymhaltige Verdauungssaft leistet nur eine grobe Vorverdauung. Die Verdauungsprodukte werden anschließend von den Nährzellen aufgenommen und intrazellulär weiterverarbeitet. Eine Ausnahme hierbei bilden die Milben (Acari). Die Nährstoffe treten dann in die Zellen des Bindegewebes über, das die Divertikel umschließt und vom Coelom abstammt.

3.3 Fragen zum Selbststudium

- Erklären Sie den Unterschied zwischen Auto- und Heterotrophie.
- Welche zwei Hauptfunktionen hat ein Gastrovaskularsystem?
- Ein Bandwurm hat eine beträchtliche Körpergröße, aber weder ein Darmsystem noch ein Kreislaufsystem. Wie versorgt er seine Gewebe mit Nahrungsstoffen?
- Erläutern Sie die Vorgänge zum Transport des Nahrungsmaterials innerhalb des Verdauungstrakts der Säugetiere.
- Warum bemerken Sie normalerweise nichts von der Arbeit Ihres Darmes?
- Welches sind die drei Grundfunktionen von Mundwerkzeugen?
- Was versteht man unter dem Begriff »extraintestinale Verdauung« und bei welchen Tiergruppen kommt sie vor?
- Zu welchem Abschnitt des Verdauungssystems gehört der Pansen der Kuh?
- Erläutern Sie die Vorgänge in den Belegzellen der Magenwand, die zur Sekretion von Salzsäure führen.
- Wie wird verhindert, dass Pepsin vor seiner Freisetzung die Proteine der Hauptzellen der Magenwand zerstört?
- Warum wird die Pankreasamylase von saurem Speisebrei aus dem Magen nicht sofort denaturiert?
- Wie unterscheidet sich die Arbeitsweise der Endopeptidasen von der der Exopeptidasen?
- Welche Stoffe sind an der Emulgierung von Fetten in der Nahrung beteiligt? Wo und aus welchen Vorstufen werden diese gebildet?
- Wie werden Aminosäuren und Zucker im Dünndarm resorbiert?
- Welcher Mechanismus ist gestört, wenn Sie Durchfall haben?

Weiterführende Literatur

Allgemeines

Arrese EL, Soulages JL (2010) Insect fat body: energy, metabolism, and regulation. Annual Review of Entomology 55, 207-225.

Bender DA (1992) Nutritional biochemistry of the vitamins. Cambridge University Press.

Brockerhoff H, Jensen RG (1974) Lipolytic enzymes. Academic Press, New York.

Friedrich W (1987) Handbuch der Vitamine. Urban & Schwarzenberg, Wien.

Goodman BE (2010) Insights into digestion and absorption of major nutrients in humans. Advances in Physiological Education 34, 44-53.

Hume ID (1982) Digestive physiology and nutrition of marsupials. Cambridge University Press.

Johnson L, Christensen J, Jackson M, Jacobson E, Walsh J (1987) Physiology of the gastrointestinal tract. 2. Aufl. Raven Press, New York.

Joergensen CB (1975) Comparative physiology of suspension feeding. Annual Reviews of Physiology 37, 57–79.

Johnson LR (1988) Regulation of gastrointestinal mucosal growth. Physiological Reviews 68, 456–502.

Komnick H (1984) Fetttransport im Insektendarm. Verhandlungen der Deutschen Zoologischen Gesellschaft 77, 123–126.

Martin MM (1983) Cellulose digestion in insects. Comparative Biochemistry and Physiology 75A, 313–324.

McDowell LR (1992) Minerals in animal and human nutrition. Academic Press, San Diego.

Rehner G, Daniel H (2002) Biochemie der Ernährung. Spektrum Akademischer Verlag, Heidelberg.

Ruckebusch Y, Thivent P (Hrsg) (1980) Digestive physiology and metabolism in ruminants. AVI, Westport, Connecticut.

Sekirov I, Russell SL, Antunes LCM, Finlay BB (2010) Gut microbiota in health and disease. Physiological Reviews 90, 859-904.

Stevens CE, Hume ID (1995) Comparative physiology of the vertebrate digestive system. 2. Aufl. Cambridge University Press, Cambridge.

Underwood EJ (1987) Trace elements in humans and animals nutrition. 5. Aufl. Academic Press, Orlando.

Vonk HJ, Western JRH (1984) Comparative biochemistry and physiology of enzymatic digestion. Academic Press, London.

Welzl E (1985) Biochemie der Ernährung. Walter de Gruyter, Berlin, New York.

Wright SH, Manahan DT (1989) Integumental nutrient uptake by organisms. Annual Reviews of Physiology 51, 585–600.

Spezielle Aspekte

Bignell DE, Oskarsson H, Anderson JM (1980) Distribution and abundance of bacteria in the gut of a soil-feeding termite *Procubitermes aburiensis* (Termitae, Termitinae). Journal of General Microbiology 117, 393–403.

Böer M, Graeve M, Kattner G (2006) Exceptional long-term starvation ability and sites of lipid storage of the Arctic pteropod *Clione limacine*. Polar Biology 30, 571-580.

Büller NVJA, Rosekrans SL, Westerlund J, van den Brink GR (2012) Hedgehog signaling and maintenance of homeostasis in the intestinal epithelium. Physiology 27, 148-155.

Buttstedt A, Moritz RF, Erler S (2014) Origin and function of the major royal jelly proteins of the honeybee (*Apis mellifera*) as members of the yellow gene family. Biological Reviews 89, 255-269.

Crissey SD, Serio-Silva JC, Meehan T, Slifka KA, Bowen PE, Stacewicz-Sapuntzakis M, Holick MF, Chen TC, Mathieu J, Meerdink G (2003) Nutritional status of free-ranging Mexican howler monkeys (*Alouatta palliata mexicana*) in Veracruz, Mexico: Serum chemistry; lipoprotein profile; vitamins D, A, and E; carotenoids; and minerals. Zoo Biology 22, 239-251.

Donati G, Kesch K, Ndremifidy K, Schmidt SL, Ramanamanjato J-B, Borgognini-Tarli SM, Ganzhorn JU (2011) Better few than hungry: flexible feeding ecology of collared lemurs *Eulemur collaris* in littoral forest fragments. PLoS ONE 6, e19807.

Hamarahan JW, Philips JE (1983) Mechanism and control of salt absorption in locust rectum. American Journal of Physiology 244, R131–R142.

Jensen JL, Lamkin MS, Oppenheim FG (1992) Adsorption of human salivary proteins to hydroxyapatite: a comparison between whole saliva and glandular salivary secretions. Journal of Dental Research 71, 1569-1576.

Kamakura M (2011) Royalactin induces queen differentiation in honeybees. Nature 473, 478-483.

Karasov WH, Martinez del Rio C, Caviedes-Vidal E (2011) Ecological physiology of diet and digestive systems. Annual Review of Physiology 73, 69-93.

Law JH, Ribeiro JMC, Wells MA (1992) Biochemical insights derived from insect diversity. Annual Review of Biochemistry 61, 87-111.

Lipovsek S, Novak T, Janzekovic F, Sencic L, Pabst MA (2004) A contribution to the functional morphology of the midgut gland in phalangiid harvestmen *Gyas annulatus* and *Gyas titanus* during their life cycle. Tissue and Cell 36, 275-282.

Louie DS (1994) Cholecystokinin-stimulated intracellular signal transduction pathways. Journal of Nutrition 124: 1315S-1320S.

Mansbach CM, Siddigi SA (2010) The biogenesis of chylomicrons. Annual Review of Physiology 72, 315-333.

Neues F, Hild S, Epple M, Marti O, Ziegler A (2011) Amorphous and crystalline calcium carbonate distribution in the tergite cuticle of moulting *Porcellio scaber* (Isopoda, Crustacea). Journal of Structural Biology 175, 10-20.

Obst BS (1986) Wax digestion in Wilson's storm petrel. Wilson Bulletin 98, 189-195.

Peters W (1992) Peritrophic membranes. Springer Verlag, Berlin, Heidelberg.

Peifer M (2002) Colon construction. Nature 410, 274-277.

Prosi F, Storch V, Janssen HH (1983) Small cells in the midgut glands of terrestrial isopoda: sites of heavy metal accumulation. Zoomorphology 102, 53-64.

Sandle GI (1998) Salt and water absorption in the human colon: a modern appraisal. Gut 43, 294-299.

White JH, Tavera-Mendoza LR (2008) Das unterschätzte Sonnenvitamin. Spektrum der Wissenschaft 7, 40-47.

Ziegler A (2008) The cationic composition and pH in the moulting fluid of *Porcellio scaber* (Crustacea, Isopoda) during calcium carbonate deposit formation and resorption. Journal of Comparative Physiology B 178, 67-78.

Versorgung mit Sauerstoff (Atmung)

Die **frühe Erdatmosphäre** enthielt vermutlich für etwa 1,5 Mrd. Jahre nach der Erdentstehung wenig freien Sauerstoff, wie sich anhand der Oxidationsstufen des Eisens in sehr alten Sedimenten abschätzen lässt. Sie war »reduzierend«, wodurch die Entstehung von Lebewesen begünstigt worden sein dürfte, da Sauerstoff ein sehr reaktives Element ist, das abiotisch gebildete organische Substanz sehr schnell wieder zerstört hätte. Erst nach der Entstehung von prokaryotischen Organismen und der »Erfindung« der Photosynthese durch einige dieser Organismen war es möglich, dass sich der metabolisch gebildete, molekulare Sauerstoff in der Atmosphäre anreicherte. Dies könnte für die frühen Lebewesen aufgrund der Reaktivität des Sauerstoffs eine recht bedrohliche Entwicklung gewesen sein, die, wie man heute annimmt, zur Entstehung von Schutzproteinen führte. Dazu gehören vermutlich die Vorläufer der heutigen **sauerstoffbindenden Proteine** und der Antioxidantien (Substanzen, die vor Oxidation schützen), die wir heute in den meisten Lebewesen finden. Obligat anaerobe Organismen sind daher auf unserer Erde inzwischen nur noch in bestimmten, dauerhaft sauerstoffarmen Rückzugsräumen (heiße Quellen, Darminhalt usw.) anzutreffen.

Im Laufe der Evolution der Eukaryoten stellten sich immer mehr Organismen auf die Anwesenheit hoher Sauerstoffanteile in der Atmosphäre ein. Sie begannen, den Sauerstoff für ihren Energiestoffwechsel zu nutzen, indem sie ihn als Elektronenakzeptor für Elektronen einsetzten, die aus dem Abbau von energiereichen Kohlenwasserstoffen stammten. Diesen Modus des Stoffwechsels nennt man **Aerobiose**. Die ersten Organismen, die diese Fähigkeit entwickelten, waren vermutlich die Vorläufer heute lebender aerober Bakterien. Die Internalisierung und dauerhafte intrazelluläre Stabilisierung solcher Bakterien im Inneren eukaryotischer Zellen (**Endosymbiose**) führte zur Bildung von **Mitochondrien**, die bis auf wenige Ausnahmen (z. B. Erythrocyten von Säugetieren) in den Zellen aller rezenten Eukaryoten anzutreffen sind.

So gewinnen auch die meisten Tiere die zur Aufrechterhaltung ihres lebendigen Zustands und zur Leistung äußerer und innerer Arbeit notwendige Energie aus dem oxidativen Abbau von Nährstoffen mithilfe des Sauerstoffs. Das macht nicht nur einen ständigen Nachschub von Energieträgern, sondern auch eine ständige Bereitstellung ausreichender Sauerstoffmengen im Gewebe erforderlich. Die Energieträger verschafft sich das Tier durch die Nahrungsaufnahme, Verdauung und Resorption (Ernährung). Die Gesamtheit der an der Sauerstoffaufnahme und -bereitstellung sowie an der damit verbundenen Kohlendioxidabgabe beteiligten Vorgänge nennt man **Atmung**, auch äußere Atmung genannt, weil die zugrunde liegenden Vorgänge alle an der Körperoberfläche bzw. an der Austauschoberfläche zwischen Blutkreislaufsystem und Interstitium (Raum außerhalb der Zellen) ablaufen. Aufbauend auf diese Begrifflichkeit wird die metabolische Nutzung des Sauerstoffs im aeroben Zellstoffwechsel häufig als **Zellatmung** oder innere Atmung bezeichnet.

Der Transport des Sauerstoffs aus dem umgebenden Medium Luft oder Wasser bis zu den O_2-verbrauchenden Zellen im Organismus setzt sich bei den Wirbeltieren aus folgenden vier Teilschritten zusammen:

- **Ventilation:** konvektiver Transport des O_2-beladenen Mediums Luft oder Wasser bis möglichst dicht an die respiratorischen Epithelien
- **externer Gasaustausch:** Übertritt des Sauerstoffs aus dem Medium durch die trennenden Schichten und Membranen (Integument) bis in die Erythrocyten oder die Körperflüssigkeit durch Diffusion
- **Perfusion:** Transport des Sauerstoffs mit dem Blut bis möglichst dicht an die Verbrauchszellen durch Konvektion
- **interner Gasaustausch:** Übertritt des Sauerstoffs aus den Körperflüssigkeiten oder den Erythrocyten in die Zelle und die Mitochondrien durch Diffusion

Die während der Zellatmung gebildeten CO_2-Moleküle nehmen den umgekehrten Weg.

Den größten Teil des Weges legen die Atemgase somit nicht durch Diffusion, sondern durch Konvektion, das heißt zusammen mit dem zirkulierenden Medium, in dem sie gelöst sind, zurück. Nur sehr kleine Tiere kommen ohne eine Zirkulation ihrer Körperflüssigkeit aus. Die O_2-Versorgung ihrer Gewebe erfolgt allein durch Diffusion. Berechnungen haben ergeben, dass bereits in einer Entfernung von einem Millimeter von der Körperfläche eine hinreichende O_2-Versorgung der Gewebe nicht mehr gewährleistet ist. Dabei wurde ein äußerer O_2-Partialdruck von 21 kPa (Partialdruck des Luftsauerstoffs auf Meereshöhe) angenommen.

4.1 Allgemeines

Die trockene atmosphärische **Luft** auf unserem Planeten ist ein Gasgemisch. Dieses besteht zu 78 % aus Stickstoff (N_2), zu 21 % aus Sauerstoff (O_2) und zu knapp 1 % aus dem Edelgas Argon. Das Kohlendioxid (CO_2) macht nur etwa 0,04 % aus. Die Zusammensetzung ist durch die ständig stattfindenden Konvektionsströme überall auf der Erde und auch bis in Höhen von 100 km etwa gleich. Sie hat allerdings in vergangenen Erdepochen einmal ganz anders ausgesehen. Der Sauerstoffanteil spiegelt heute ein Gleichgewicht zwischen O_2-Verbrauch durch die atmenden Organismen und O_2-Produktion durch die grünen Pflanzen (Abb. 4.1) im Rahmen ihrer Photosynthese wider. Gar nicht konstant, sondern – im Gegenteil – recht variabel kann allerdings der Anteil an Wasserdampf in der Luft sein.

Die in unserer Zeit zu beobachtende leichte Zunahme des Kohlendioxidgehalts in der Luft durch die Verbrennung fossiler Brennstoffe (der CO_2-Partialdruck in der Luft stieg zwischen 1958 und 2005 von 0,032 auf 0,038 kPa an) hat zwar noch keine massive direkte physiologische Auswirkung auf die einzelnen Lebewesen[177], kann aber trotzdem für das Leben auf unserer

[177] Neuerdings hat man allerdings besorgniserregende Beobachtungen gemacht, dass die andauernde Versauerung des Ozeanwassers durch hohe CO_2-Einträge dazu führt, dass manche Organismen ihre Calcifizierungsprozesse nicht mehr optimal durchführen können. Für die normale Ausbildung der Kalkskelette mariner Pflanzen (z. B. die Kalkalge *Emiliania huxleyi*) und Tiere (z. B. Flügelschnecken und Korallen) könnte diese Entwicklung problematisch sein.

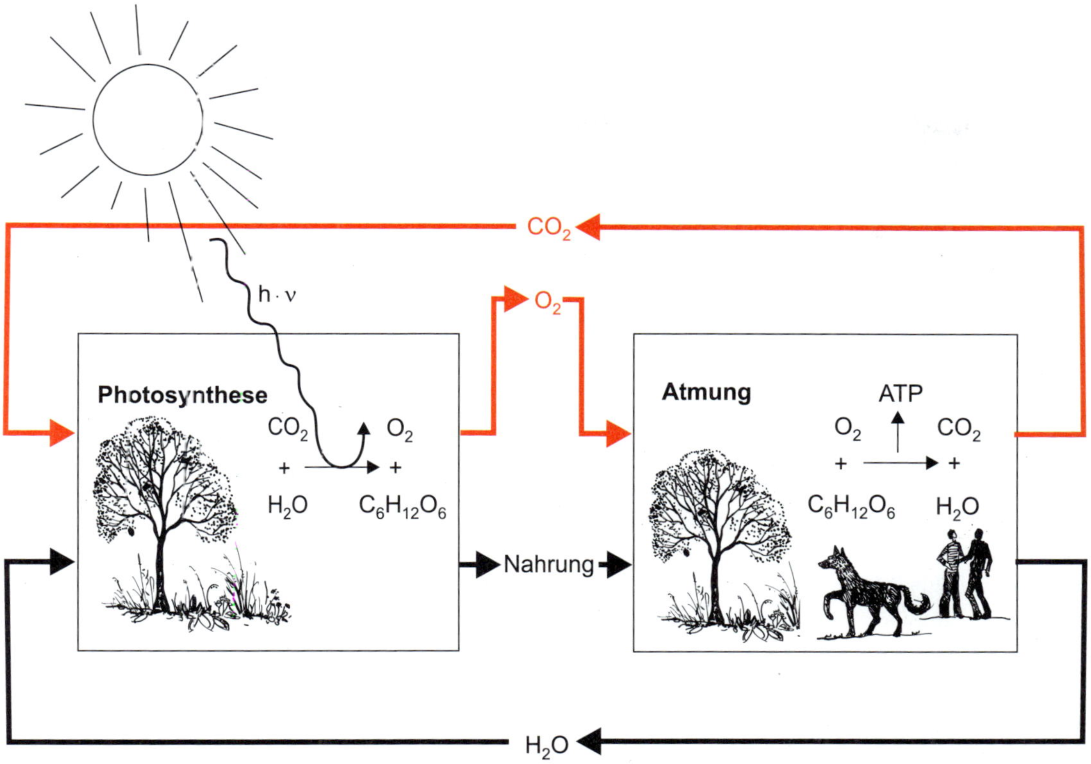

Abb. 4.1 Der biologische Stoff- und Energiezyklus im Überblick. (Aus Sybesma C (1989) Biophysics. Kluwer, Dordrecht.)

Erde bedeutungsvoll werden, weil sich bereits bei einer geringfügigen Änderung des Kohlendioxidgehalts in der Luft die Absorption der Sonnenstrahlung spürbar ändert, was zu einer Verschiebung der klimatischen Verhältnisse auf unserer Erde führen könnte (**Treibhauseffekt**).

4.1.1 Partialdrücke und Konzentrationen

Der **Druck** p ist in der Physik das Verhältnis einer senkrecht auf eine Fläche einwirkenden Kraft F zur Ausdehnung dieser Fläche A:

$$p = \frac{F}{A}$$

Als SI-Einheit des Drucks ergibt sich somit:

1 N (Newton) m^{-2} = 1 Pa (Pascal)

Da die SI-Einheit des Drucks etwas unhandlich ist, wenn man mit physiologisch relevanten Werten umgeht (der Luftdruck auf Meereshöhe beträgt $1{,}01325 \times 10^5$ Pa bzw. 101,325 kPa), sind in Medizin und Biologie auch noch alte, eigentlich ungültige Einheiten für den Druck gebräuchlich. Der Luftdruck auf Meereshöhe ist 1 atm (Atmosphäre). Dieser Wert entspricht 1,013 bar[178]. Da der Druck früher mit quecksilbergefüllten Barometern gemessen wurde, ist auch die Einheit mmHg noch anzutreffen, die den gleichen Zahlenwert hat wie die Einheit Torr[179]. 1 mmHg oder 1 Torr entsprechen exakt 133,3224 Pa, sodass der atmosphärische Druck auf Meereshöhe (1 atm) gerade 760 Torr beträgt.

Der barometrische Gesamtdruck (Barometerdruck, p_B) eines Gasgemischs (z. B. Luft) setzt sich nach der Gesetzmäßigkeit von Dalton* aus der Summe der **Partialdrücke** p_i der in ihm enthaltenen Gase (z. B. Stickstoff, Sauerstoff, Argon und Kohlendioxid usw.) zusammen:

$$p_B = \sum p_i = p_1 + p_2 + p_3 + p_4 + \ldots$$

Jeder einzelne Partialdruck p_i beteiligt sich am Gesamtdruck (Barometerdruck p_B) entsprechend seinem Volumenanteil (Fraktion F_i genannt) am Gesamtvolumen:

$$p_i = F_i \times p_B$$

Das heißt, dass der Partialdruck eines bestimmten Gases im Gemisch dem Druck entspricht, den das betreffende Gas ausüben würde, wenn es alleine in dem Gasraum vorhanden wäre. Der Sauerstoffpartialdruck pO_2 in der trockenen Luft auf Meeresniveau (p_B = 101,3 kPa und F_{O_2} = 0,21) errechnet sich daher zu 21,3 kPa. In unserer Atemluft, die auf ihrem Weg in die Lunge mit Wasserdampf gesättigt und auf 37 °C erwärmt wird, muss natürlich der Wasserdampfdruck (pH_2O = 6,27 kPa, bei

178 *barys* (griech.) = schwer

179 Das Torr ist benannt nach Evangelista Torricelli, einem Assistenten Galileo Galileis.

Tab. 4.1 Sauerstoffgehalt (in ml O_2 l^{-1}) gesättigten Süß- und Meerwassers im Vergleich mit den O_2-Volumenanteilen der Luft in Abhängigkeit von der Temperatur. Der Sauerstoffpartialdruck pO_2 beträgt in allen Fällen 20 kPa.

	0 °C	12 °C	24 °C
Luft	210 (21 Vol.-%)	200 (20 Vol.-%)	192 (19,2 Vol.-%)
Süßwasser	10,2	7,7	6,2
Meerwasser (Salinität 36 ‰)	8,0	6,1	4,9

37 °C) berücksichtigt werden. Dann ergibt sich für die Inspirationsluft an der Alveolenoberfläche ein korrigierter O_2-Partialdruck von $pO_2 = (101{,}3 - 6{,}27) \times 0{,}21$ kPa = 20 kPa.

Gase sind mit Flüssigkeiten nicht beliebig mischbar. Sie lösen sich nur bis zu einem bestimmten Betrag, der ihrer **Löslichkeit** entspricht, in der Flüssigkeit. Die Löslichkeit eines Gases ist von der Gasart, der Art des Lösungsmittels, dem Partialdruck des Gases und von der Temperatur abhängig (Tab. 4.1). Die in der Volumeneinheit der Flüssigkeit bei bestimmter Temperatur maximal lösbare Menge *c* eines Gases steigt nach dem Gesetz von Henry* proportional mit dem Druck *p* an, unter dem das Gas in der Gasphase vorliegt:

$$c = \alpha \times p$$

Der Proportionalitätsfaktor α ist der **Löslichkeitskoeffizient** oder Bunsen*-Absorptionskoeffizient. Er ist von der Temperatur, von der Natur des Gases und vom Lösungsmittel abhängig. Er nimmt im Wasser mit steigender Temperatur und mit zunehmendem Salzgehalt ab. Diese Abnahme beträgt pro Grad Celsius etwa 1,6 %. Die Löslichkeit eines Gases ist unabhängig davon, ob bereits ein anderes Gas in der Flüssigkeit gelöst ist. Das heißt, jedes Gas aus einem Gasgemisch – wie es zum Beispiel die Luft darstellt – löst sich unabhängig von den anderen Gasen entsprechend seinem Partialdruck (**Henry-Dalton-Gesetz** von der Unabhängigkeit der Partialdrücke).

4.1.2 Diffusion der Atemgase

In den Lebewesen verläuft der Gasaustausch sowohl zwischen dem umgebenden Medium (Luft, Wasser) und dem Blut bzw. der Hämolymphe (externer Gasaustausch) als auch zwischen dem Blut (Hämolymphe) und den Geweben und Zellen (interner Gasaustausch) in wässriger Lösung. Er stellt keinen aktiven Transportvorgang, sondern eine passive Diffusion dar. Die Diffusion eines Gases in einer Flüssigkeit erfolgt stets von Orten höheren zu solchen niederen Drucks. Das Druckgefälle (der **Druckgradient**) ist die treibende Kraft der Diffusion. Bezeichnet man mit $p_i - p_a$ die Druckdifferenz (für ein spezifisches Gas in einer Gasmischung: **Partialdruckdifferenz**), die zwischen den durch die Grenzschicht der Dicke *d* und der Flächenausdehnung *A* voneinander getrennten Flüssigkeitsräumen herrscht, so ist die pro Zeiteinheit Δt durch die Membran tretende Gasmenge *M*, das heißt der **Diffusionsstrom**:

$$\frac{M}{\Delta t} = -K\,A\,\frac{p_i - p_a}{d}$$

Dieser Ausdruck entspricht der Gleichung der früher schon besprochenen Diffusion (Diffusionsgesetz nach Fick*) mit dem Unterschied, dass statt der Konzentrationsdifferenz $(c_i - c_a)$ die Partialdruckdifferenz $(p_i - p_a)$ erscheint. Deshalb steht auch statt des Diffusionskoeffizienten *D* die Krogh*-Diffusionskonstante *K*, die ein Produkt aus *D* und dem Löslichkeitskoeffizienten α ist:

$$K = \alpha \times D$$

Die **Krogh-Diffusionskonstante** *K* – man sollte sie besser als **Diffusionsleitfähigkeit** bezeichnen – ist die Gasmenge (in m^3), die bei einem Druckgefälle von einem Pascal (Pa) pro Meter (m) in einer Sekunde durch die Fläche von einem Quadratmeter (m^2) diffundiert. Ihre Dimension ist also ($m^2\ s^{-1}\ Pa^{-1}$). Die Diffusionsleitfähigkeit *K* ist von der Temperatur, von der Art des jeweiligen Gases und von dem Medium, in dem die Diffusion abläuft, abhängig (Tab. 4.2). $K(O_2)$ in der Luft und im Wasser sind um den Faktor $8{,}4 \times 10^3$ verschieden. Im Chitin ist $K(O_2)$ um eine Zehnerpotenz kleiner als in der Muskulatur unter gleichen Bedingungen. Die Diffusionsleitfähigkeit für CO_2 – $K(CO_2)$ – ist im Wasser etwa 28-mal größer als der Wert für Sauerstoff, in der Luft sind beide etwa gleich. Das Kohlendioxid ist im Wasser nämlich wesentlich besser löslich als der Sauerstoff. Im Diffusionsmedium der Lunge ist $K(CO_2)$ etwa 23-mal größer als $K(O_2)$. Das bedeutet, dass unter sonst gleichen Bedingungen 23-mal so viel CO_2 wie O_2 durch die trennende Grenzfläche zwischen Blut und Alveolarluft diffundiert. Andersherum betrachtet gilt auch, dass für den Transport einer bestimmten Menge CO_2 in der Lunge ein 23-fach kleineres Partialdruckgefälle ausreicht als für den Transport der gleichen Menge O_2 in der gleichen Zeit. Praktisch gibt es für das Kohlendioxid in der Lunge keine messbare Diffusionsbehinderung.

In der obigen Diffusionsgleichung kann man die drei Konstanten *K*, *A* und *d* auch zu einer einzigen Konstante D_L zusammenfassen. Das ist schon deshalb ratsam, weil die drei Größen einzeln schwer abzuschätzen bzw. zu messen sind. Zieht man außerdem in Betracht, dass die in der Lunge pro Zeiteinheit durch die Grenzschicht zwischen Alveole und Kapillare tretende Sauerstoffmenge der pro Zeiteinheit aufgenommenen O_2-Menge entspricht, erhält man für letztere eine einfachere Beziehung:

$$\frac{M_{(O_2)}}{\Delta t} = \frac{V_{(O_2)}}{\Delta t} = D_L\,\Delta p_{(O_2)}$$

D_L bezeichnet man als **O_2-Diffusionskapazität**. Sie stellt ein Maß für die Diffusionsfähigkeit des Sauerstoffs im Atmungsorgan dar und beträgt beim Menschen etwa 230 ml min^{-1} kPa^{-1}. ΔpO_2 ist die mittlere Sauerstoffpartialdruckdifferenz zwischen

Tab. 4.2 Die Diffusionskoeffizienten D ($m^2 s^{-1}$), die Löslichkeitskoeffizienten α (Pa^{-1}) und die Diffusionsleitfähigkeiten K ($m^2 s^{-1} Pa^{-1}$) für Sauerstoff in verschiedenen Körperflüssigkeiten des Menschen bei 37 °C.

	$D(O_2)$	$\alpha(O_2)$	$K(O_2)$
Wasser	$3{,}2 \times 10^{-9}$	$2{,}4 \times 10^{-7}$	$7{,}7 \times 10^{-16}$
Grenzschicht zw. Alveole und Kapillare	$1{,}3 \times 10^{-9}$	$1{,}7 \times 10^{-7}$	$2{,}2 \times 10^{-16}$
Blutplasma	$2{,}2 \times 10^{-9}$	$2{,}0 \times 10^{-7}$	$4{,}4 \times 10^{-16}$
Cytoplasma des Erythrocyten	$0{,}8 \times 10^{-9}$	$2{,}8 \times 10^{-7}$	$2{,}2 \times 10^{-16}$
Cytoplasma einer Skelettmuskelzelle	$1{,}2 \times 10^{-9}$	$1{,}7 \times 10^{-7}$	$2{,}0 \times 10^{-16}$

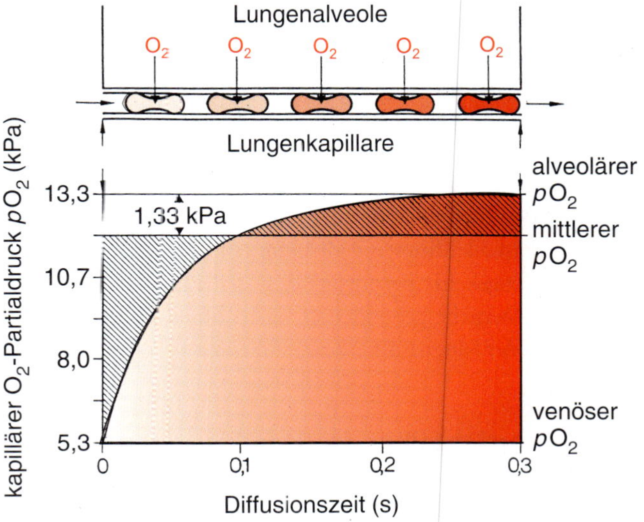

Abb. 4.2 Zunahme des O_2-Partialdrucks im Erythrocyten des Menschen während der etwa 0,3 s dauernden Passage durch die Lungenkapillare (Kontaktzeit). Der mittlere Sauerstoffpartialdruck lässt sich planimetrisch ermitteln: Die schraffierte Flächen unterhalb und oberhalb dieses Wertes sind gleich groß. (Aus Schmidt RF, Thews G (1985) Physiologie des Menschen. 22. Aufl. Springer, Heidelberg, verändert.)

dem Alveolarraum und dem Lungenkapillarblut. Sie liegt beim Menschen zwischen 1,1 und 1,33 kPa (Abb. 4.2).

Aus der Diffusionsgleichung kann man folgende Zusammenhänge für die Atmung ablesen:

1. Die **Sauerstoffaufnahme** steigt – unter sonst konstanten Bedingungen – mit der Größe A der Atemfläche an. Bei relativ kleinen Tieren reicht die Körperoberfläche aus, den Sauerstoffbedarf zu decken. Wie Abb. 4.3 anhand einer Kugel (idealisiertes Modell eines Tierkörpers) veranschaulicht wird, nimmt bei größeren Tieren die O_2-verbrauchende Körpermasse (im Modell das Volumen des Tierkörpers V) mit der dritten Potenz des Durchmessers (D), der in unserem Kugelmodell die Körpergröße des Tieres repräsentiert, zu. Die Körperoberfläche des Tieres (O) nimmt dagegen nur mit der zweiten Potenz des Durchmessers zu, das heißt, das Verhältnis Oberfläche zu Masse nimmt ab (Abb. 4.3). Größere Tiere bzw. solche mit intensiverem Stoffwechsel können deshalb ihren O_2-Bedarf nicht mehr allein durch die Körperoberfläche decken. Sie sind gezwungen, besondere Atmungsorgane mit mehr oder weniger stark ausgedehnter Atemfläche auszubilden: Kiemen, Lungen, Tracheen usw.
2. Wesentlich für den Gasaustausch ist außerdem die **Partialdruckdifferenz** ($p_i - p_a$) beiderseits der trennenden Grenzschicht. Um diese Differenz auf maximaler Höhe zu halten, muss dafür gesorgt werden, dass sowohl die auf der einen Seite der Schicht durch den Diffusionsvorgang eintretende Abnahme als auch die auf der anderen Seite der Schicht eintretende Zunahme des Partialdrucks weitgehend vermindert werden. Diesem Zweck dienen die Strömung der Körperflüssigkeit auf der Innenseite (**Zirkulation**) und die ständige Erneuerung des Atemmediums Wasser oder Luft durch **Ventilation** auf der Außenseite des respiratorischen Epithels. Beides sind konvektive Vorgänge. Wie später näher begründet wird, sind insbesondere die im Wasser lebenden Tiere gezwungen, eine intensive Ventilation des Atemwassers zu unterhalten.
3. Schließlich ist die **Diffusion** der Atemgase von der Dicke d der Grenzschicht, das heißt von der **Diffusionsstrecke**, die zurückgelegt werden muss, abhängig. Sie wird dadurch kurz gehalten, dass die zirkulierende Körperflüssigkeit auf der einen und das ventilierte Atemmedium Luft oder Wasser auf der anderen Seite möglichst dicht an die respiratorische Oberfläche, die selbst möglichst dünn und durchlässig sein muss, herangeführt werden. Die Diffusionsbarriere zwischen Medium und Blut setzt sich aus mehreren Schichten zusammen. Der Sauerstoff muss zunächst den Flüssigkeitsfilm und die hauptsächlich aus Phospholipiden und Proteinen bestehende Schicht aus Surfactant durchdringen, dann die Alveolarepithelzellen (Pneumocyten), anschließend die Basallamina und schließlich die Kapillarendothelzellen, um aus dem Luftraum der Alveole in das Blutplasma überzutreten. Trotz dieser Mehrschichtigkeit der Grenzschicht beträgt die Distanz beim Menschen nur etwa 1 µm (Abb. 4.4), was darauf hinweist, dass es während der Evolution zu einer hochgradigen Anpassung der Grenzschichtstruktur an die Notwendigkeit des effektiven Sauerstoffübertritts gekommen ist.

Oberflächen

$O_1 = \pi D^2$

$O_2 = \pi (2D)^2 = 4\,O_1$

$O_3 = \pi (3D)^2 = 9\,O_1$

Volumina

$V_1 = \frac{\pi}{6} D^3$

$V_2 = \frac{\pi}{6} (2D)^3 = 8\,V_1$

$V_3 = \frac{\pi}{6} (3D)^3 = 27\,V_1$

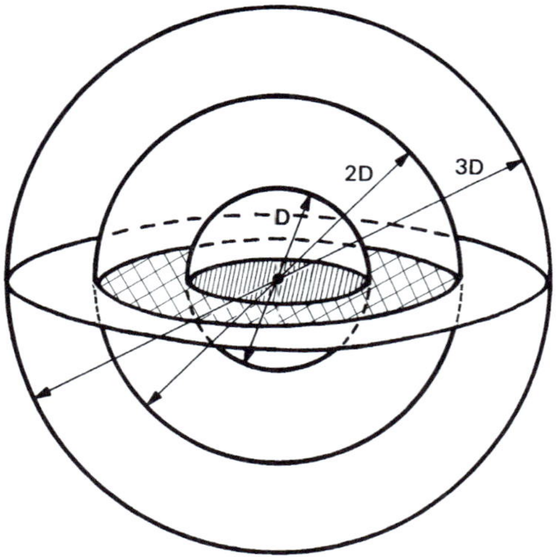

$O_1 : V_1 = 6/D \qquad O_2 : V_2 = 3/D \qquad O_3 : V_3 = 2/D$

Abb. 4.3 Die Zusammenhänge zwischen Oberfläche (*O*) und Volumen (*V*) bei gleichen Körpern (Kugel) mit unterschiedlichem Durchmesser (*D*).

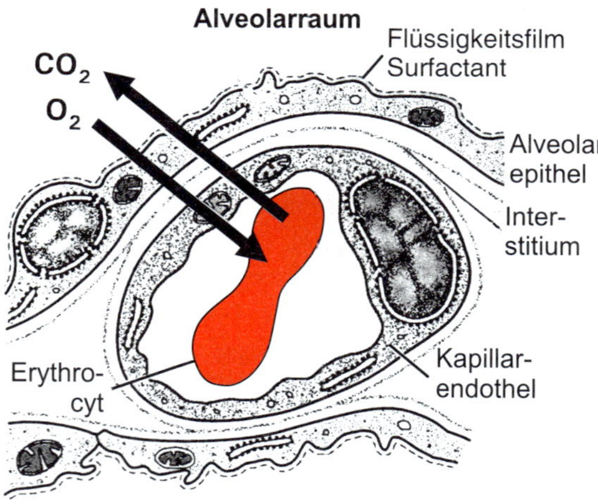

Abb. 4.4 Die Diffusionsbarriere von ca. 1 μm Dicke für den Gasaustausch in der menschlichen Lunge.

Auch bei der Evolution anderer Atmungsorgane im Tierreich ist es zu ähnlichen Optimierungen der Diffusionsbarriere gekommen. Gleichwohl reicht der konvektive Strom der Atemgase mit dem Medium Wasser oder Luft niemals bis unmittelbar an die Gewebebarriere heran, die das Atemmedium von der zirkulierenden Körperflüssigkeit (Blut, Hämolymphe) trennt. Die Gewebebarriere bleibt vielmehr immer von einer mehr oder weniger mächtigen Lage unbewegten Mediums bedeckt, die durch Diffusion durchquert werden muss. Das gilt für die Hautatmung (Schleimauflagerung auf der Haut) ebenso wie für die Lungenatmung (Flüssigkeitsfilm und Surfactant) oder die Kiemenatmung (Schleimfilm). Letzteres lässt sich sehr gut am Beispiel der Fischkiemen veranschaulichen. Das Atemwasser fließt in Form einer **laminaren Strömung** zwischen den sekundären Kiemenlamellen (Abb. 4.10) hindurch. Das Profil einer solchen Strömung stellt bekanntlich eine Parabel mit ihrem Scheitel in der Mitte dar, wo die Flüssigkeit am schnellsten strömt. Zum Rand hin fällt die Strömungsgeschwindigkeit dagegen bis auf null ab, sodass auch hier der Sauerstoff eine unbewegte Flüssigkeitsschicht (*unstirred layer*) passieren muss. Auf der Blutseite ist nochmals eine gewisse Schicht ruhenden Plasmas zu überwinden. Bei den Wirbeltieren mit ihrem in Erythrocyten eingeschlossenen Hämoglobin muss der Sauerstoff schließlich auch noch die Erythrocytenmembran durchdringen und den Erythrocyteninnenraum zum nächsten Hämoglobinmolekül überwinden. Die Weitergabe des Sauerstoffs von einem Hämoglobinmolekül zum nächsten erfolgt allerdings sehr rasch. Man hat festgestellt, dass Sauerstoff durch eine Hämoglobinlösung schneller diffundiert als durch Wasser, wenn der pO_2 am unteren Ende der Diffusionsstrecke sehr niedrig ist. Diese Erscheinung hängt mit der Fähigkeit des Hämoglobins zusammen, Sauerstoff reversibel zu binden. Sie ist allerdings zur Molekülmasse der respiratorischen Pigmente umgekehrt proportional, was darauf schließen lässt, dass die Weitergabe gebundenen Sauerstoffs auch von der Beweglichkeit der Sauerstoffbindungsmoleküle abhängt.

4.1.3 Übersicht über die verschiedenen Gasaustauschorgane

Die mit der Evolution der Tiere verbundene Zunahme der Körpergröße und der allgemeinen Aktivität erfordert Mechanismen, durch die der steigende O_2-Bedarf befriedigt und die anfallende CO_2-Menge effektiv eliminiert werden kann. Die bloße Diffusion reicht nicht mehr aus, da der Diffusionsweg zu groß wird. Zunächst kommt es zur Herausbildung eines **Kreislaufsystems**, durch das der lange Diffusionsweg zwischen der Körperoberfläche und dem O_2-verbrauchenden Gewebe des Körperinneren überbrückt wird. Der nächste Schritt ist die Spezialisierung bestimmter Gebiete der Körperoberfläche für den Gasaustausch, das heißt die Herausbildung von **Atmungsorganen**.

Bei den wasserbewohnenden Formen sind es in der Regel Ausstülpungen der Körperoberfläche, die wir **Kiemen** nennen. Sie sind meistens reichlich mit Blutgefäßen versorgt, besonders dünnhäutig und weisen eine große Oberfläche auf. Sie können frei an der Körperoberfläche des Tieres liegen oder in eine schützende Höhle versenkt sein.

An der Luft würden diese feinhäutigen Ausstülpungen sehr rasch austrocknen und damit funktionsuntüchtig werden. Deshalb finden wir bei den Landbewohnern[180] auch keine Kiemen,

[180] Landlebende Krebstiere (Asseln, Landkrabben) tragen in ihren Atmungsorganen stets eine gewisse Menge Wasser mit sich herum, um die Austrocknung der respiratorischen Oberfläche zu verhindern.

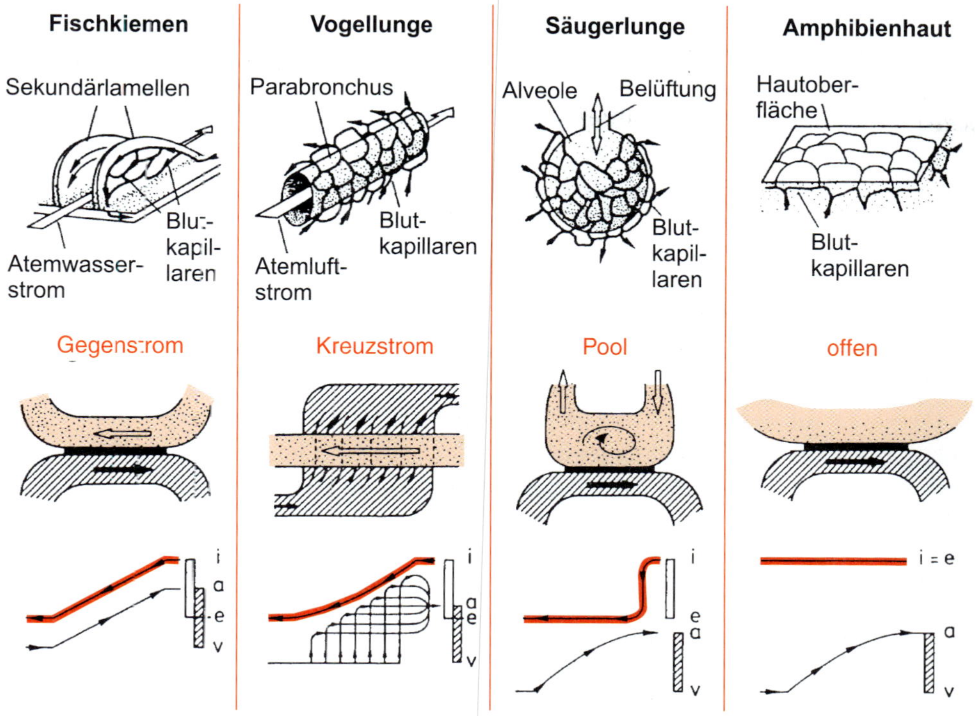

Abb. 4.5 Die vier Grundmodelle der Gasaustauschorgane bei Wirbeltieren im Vergleich. i und e = inspiratorischer und exspiratorischer O_2-Partialdruck im Medium (Wasser, Luft); a und v = arterieller und (gemischt-)venöser O_2-Partialdruck im Blut. (Aus Scheid P, Shams H, Piiper J (1989) Gasaustausch bei Wirbeltieren. Verh Dtsch Zool Ges 82, 57–68.)

sondern **Lungen** oder **Tracheen**. In beiden Fällen handelt es sich um Einstülpungen der Körperoberfläche ins Innere des Tieres. Lungen sind mehr oder weniger sackförmige, Tracheen röhrenförmige Einstülpungen. Für die Lungen gilt dasselbe wie für die Kiemen. Sie werden intensiv durchblutet, sind besonders zarthäutig und zeigen Differenzierungen zur Oberflächenvergrößerung. Lungen und Kiemen sind streng lokalisierte Atmungsorgane, von denen die Gase mithilfe der Körperflüssigkeit zum Verbrauchsort bzw. von ihm weg transportiert werden müssen. Anders ist es bei den Tracheen. Durch die sich immer feiner verzweigenden Röhren wird der Sauerstoff direkt – ohne Zwischenschaltung der Hämolymphe als Transportsystem – zum Verbrauchsort geführt.

Bei den Wirbeltieren können wir nach Piiper* und Scheid* vier Grundmodelle der Gasaustauschorgane (Abb. 4.5) unterscheiden, das offene System, das Poolsystem, das Kreuzstromsystem und das Gegenstromsystem. Der in diesen Systemen zu beobachtende Partialdruckverlauf auf der Medium- (Luft, Wasser) und auf der Blutseite im Bereich der Barriere für den Gasaustausch ist in Abb. 4.5 schematisch wiedergegeben. Daraus geht klar hervor, dass die Effizienz des Sauerstoffübertritts in folgender Reihenfolge abnimmt:

Gegenstromsystem > Kreuzstromsystem > Poolsystem > offenes System

Das **offene System** ist das einfachste. Es liegt zum Beispiel bei der Hautatmung der Amphibien vor. Da die Haut gleichzeitig neben anderen Funktionen auch eine Schutzfunktion hat, ist die Diffusionsbarriere gewöhnlich relativ dick. Der O_2-Partialdruck des arteriellen Blutes bleibt wesentlich unter dem im umgebenden Atemmedium Luft oder Wasser.

Ein **Poolsystem** finden wir zum Beispiel bei den Säugetieren in Form ihrer alveolären Lungen. Im Gegensatz zum offenen System kann die Diffusionsbarriere (respiratorisches Epithel, Alveolarepithel) sehr dünn gehalten werden, was einen wesentlich effektiveren Druckausgleich zwischen Atemmedium und Blut gewährleistet. Allerdings muss das Atemmedium durch Ventilation in das Poolsystem gebracht werden, was bedeutet, dass das alveoläre Gasgemisch bereits beträchtlich vom Atemmedium abweicht. Das die Lunge verlassende O_2-angereicherte Blut kann im günstigsten Fall einen O_2-Partialdruck aufweisen, wie er im exspiratorischen Medium herrscht, ihn aber nie überschreiten (Abb. 4.5). Der Sauerstoffausnutzungsgrad ist in diesem System daher mittelmäßig.

Ein **Kreuzstromsystem** haben die Vögel in ihren Lungen mit ihren relativ langen Parabronchien verwirklicht, die von einem innig miteinander verflochtenen Netz von Luft- und Blutkapillaren umgeben sind. Entlang der Parabronchien erfolgt ein beachtlicher Abfall des O_2- und Anstieg des CO_2-Partialdrucks. Das die Lunge verlassende, O_2-angereicherte Blut entsteht durch Mischung von Blut aus verschiedenen Endkapillaren mit unterschiedlichem O_2-Partialdruck. Es kann in der Summe einen höheren O_2-Partialdruck aufweisen als er im Medium herrscht, das die Parabronchien verlässt. Das bedeutet, dass sich die Partialdruckbereiche im Atemmedium und im Blut beim Kreuzstromsystem mehr oder weniger weit überlappen können (Abb. 4.5), was im Poolsystem prinzipiell nicht möglich ist. Der Sauerstoffausnutzungsgrad kann im Kreuzstromsystem daher sehr hoch sein.

Das **Gegenstromsystem** ist das effektivste unter den vier Grundmodellen. Wir finden es bei den Fischen realisiert. Die Ströme des Atemmediums Wasser entlang der sekundären Kiemenlamellen und die des Blutes in den Kapillaren der Kiemenlamellen sind entgegengesetzt gerichtet (Gegenstromprinzip). Dadurch könnte im günstigsten Fall ein Druckausgleich zwischen dem arterialisierten Blut und dem in das System eintretenden Atemmedium erreicht werden. Das scheint allerdings in der Natur nie verwirklicht zu sein. Aber auch hier überlappen sich die Partialdruckbereiche im Atemmedium und im Blut deutlich. Das die Kiemen verlassende, O_2-angereicherte Blut weist einen höheren O_2-Partialdruck auf als das Atemmedium Wasser nach der Passage durch die Kiemen. Der Sauerstoffausnutzungsgrad ist in diesem System daher sehr hoch. Die hohe Effizienz des Gegenstromsystems der Fische ist notwendig, weil das Wasser aufgrund der geringen Löslichkeit des Sauerstoffs und seiner im Vergleich zu Luft hohen Viskosität ein wesentlich ungünstigeres Atemmedium darstellt als die Luft.

4.2 Externer Gasaustausch und seine Regulation

4.2.1 Hautatmung und Darmatmung

Wie bereits erwähnt, kommen nur sehr kleine Tiere allein mit der O_2-Menge aus, die durch ihre Körperoberfläche diffundiert (**Hautatmung**). Dazu gehören die Plathelminthen, Entoprocten, Nemertinen, Aschelminthen, Echiuriden, Sipunculiden, viele Anneliden (insbesondere Oligochaeten und Hirudineen), viele Entomostraken, viele Acarinen, die Bryozoen sowie viele Larven mariner Tiere. Dazu gehören aber auch die Coelenteraten, unter denen manche Scyphomedusen eine beträchtliche Körpergröße erreichen können. Dass sie trotzdem keine speziellen Atmungsorgane benötigen, hat mehrere Gründe. Durch die zahlreichen Mundarme und Tentakeln besitzen sie einerseits eine relativ große Körperoberfläche, andererseits ist ihre Stoffwechselintensität relativ niedrig, sie bestehen zu 95–98 % aus Wasser.

Besonders erwähnt werden müssen die Poriferen. Auch sie besitzen trotz oft beträchtlicher Körpermaße keine Atmungsorgane. Das Besondere an diesem ursprünglichen Tierstamm besteht darin, dass der Körper von einem komplizierten Kanalsystem durchsetzt ist, durch das ständig ein Wasser strömt, das neben den Nahrungsteilchen auch Sauerstoff herbeiführt. Durch dieses Kanalsystem wird die Atmungsfläche der Tiere sehr groß und gleichzeitig der Diffusionsweg zu den atmenden Zellen klein.

Auch bei solchen Tieren mit spezialisierten Atmungsorganen kann die Hautatmung noch einen mehr oder weniger großen Anteil an dem Gesamtgaswechsel haben (sog. akzessorische Hautatmung, ◘ Abb. 4.6).

Bei den pulmonaten Schnecken des Süßwassers überwiegt noch die Hautatmung. Bei den Asseln *Ligia* und *Oniscus* können 50 % der normalen Atmung durch die Haut erfolgen, bei *Porcellio* sind es noch 34 % und bei *Armadillidium* 26 %. Bestimmte Mückenlarven können sich in gut durchlüftetem Wasser auch dann noch entwickeln, wenn ihr Tracheensystem durch Einfüllen eines ungiftigen Öls ausgeschaltet wird. Der Wasserskorpion *Nepa* kann seinen O_2-Bedarf bei winterlichen Temperaturen (unter 8–10 °C) allein mithilfe seiner besonders an der Rückenseite des Abdomens ablaufenden Hautatmung unter Wasser bestreiten. Beim Aal werden 60 % des O_2-Bedarfs im Wasser durch die Haut gedeckt. Die Hautatmung reicht bei ihm für das Leben auf dem Land aus, solange die Temperatur unterhalb 15 °C bleibt. Auch bei allen Amphibien ist die Hautatmung noch generell von großer Bedeutung. Manche Urodelen (Salamandrina, Plethodontiden) haben ihre Lungen völlig zurückgebildet und atmen nur durch die Haut (85 %) und die Mundhöhlenschleimhaut (15 %). Bei den Fröschen kann bei warmen Temperaturen allerdings die O_2-Aufnahme durch die Lunge diejenige durch die Haut übertreffen. Die CO_2-Abgabe erfolgt auf jeden Fall vornehmlich über die Haut. Während der Winterruhe weisen unsere Frösche dagegen ausschließlich Hautatmung auf. Besondere Anpassungen zeigt der im Titicacasee beheimatete Frosch *Telmatobius culeus*. Durch die Höhenlage des Sees (3810 m über dem Meeresspiegel) ist der O_2-Partialdruck relativ niedrig. Der Frosch bildet am Körper und an den Hinterbeinen zahlreiche gut mit Blut versorgte Hautfalten aus. Auch die Erythrocytenzahl im Blut ist deutlich erhöht. Durch schnelle Schwimmbewegungen im Wasser aufwärts und abwärts erzeugt er einen ständigen Wasserstrom über seine Haut, um genügend Sauerstoff aufnehmen zu können. Die Männchen des Haarfroschs *Trichobatrachus robustus* (◘ Abb. 4.7) bilden zur Zeit der Paarung an Flanken und Schenkeln fingerförmige Hautwucherungen aus, die gut mit Blutgefäßen versorgt werden und dem zusätzlichen Gasaustausch dienen, solange ihnen durch die Umklammerung des Weibchens nur eine eingeschränkte freie Hautoberfläche für den Gaswechsel zur Verfügung steht.

Die terrestrischen Reptilien atmen überwiegend mit Lungen. Die marinen Seeschlangen sind dagegen gute Taucher. Sie können bis zu 150 m tief tauchen, wenn sie ihre Opfer, vornehmlich Jungfische, verfolgen. Die Gelbbauch- oder Plättchen-Seeschlange (*Pelamis praturus*) kann dabei etwa 33 % ihres Sauerstoffbedarfs über die Haut aus dem Wasser decken. Die CO_2-Abgabe erfolgt sogar zu 94 % über die Haut. Vor allem bei den landbewohnenden Tieren mit einem weitgehend undurchlässigen Chitinpanzer oder mit verhorntem, mehrschichtigem Epithel tritt naturgemäß die Hautatmung stark zurück. Die Larve der Schmeißfliege (*Phormia regina*) bezieht normalerweise weniger als 2,5 % des benötigten Sauerstoffs durch die Haut. Beim Menschen liegen die Werte für die Hautatmung bei 1,5 % für die O_2-Aufnahme und 2,7 % für die CO_2-Abgabe. Bei den stark behaarten Säugetieren dürften diese Werte noch niedriger liegen, ebenso bei den Vögeln. Bei den Fledermäusen ist im Zusammenhang mit ihren großflächigen und gut durchbluteten Flughäuten die Hautatmung relativ intensiv. Bei ihnen diffundieren etwa 11,5 % der gesamten abgegebenen CO_2-Menge über die Haut, die O_2-Aufnahme erfolgt nur geringfügig über die Flughäute. Besonders Tiere, die in sauerstoffarmen Gewässern leben, haben als spezielle Anpassung an diese Lebensräume die Darmatmung entwi-

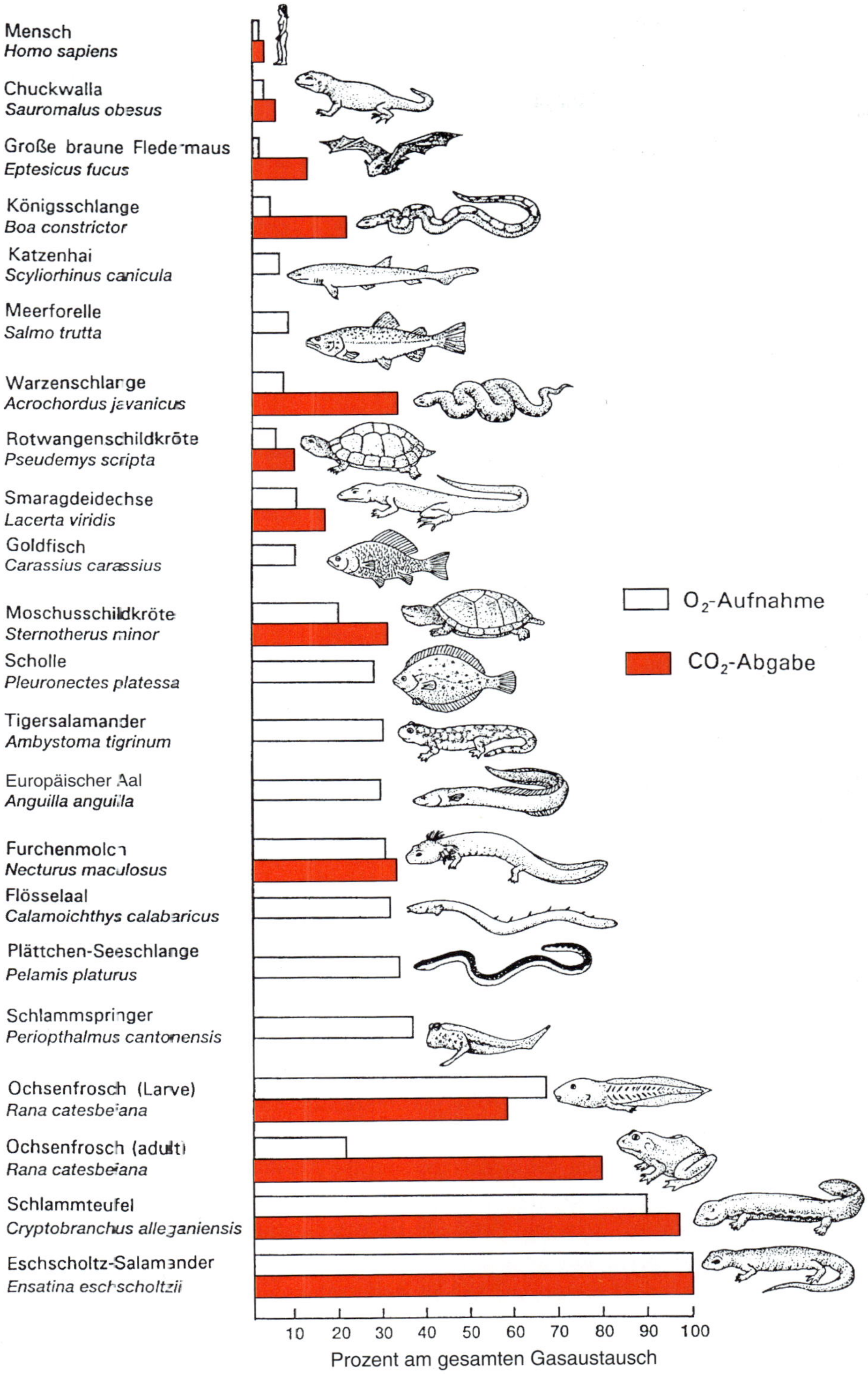

Abb. 4.6 Der Anteil der Hautatmung an der Gesamtatmung bei verschiedenen Wirbeltieren, getrennt für O_2-Aufnahme und CO_2-Abgabe. (Aus Kardong KV (1995) Vertebrates. Comparative anatomy, function, evolution. WC Brown, Dubuque.)

ckelt. Manche Tiere verschlucken dazu O_2-reiches Wasser. Der Schlammpeitzger (*Cobitis fossilis*) nimmt sogar Luft durch den Mund auf, lässt sie durch den Darm passieren und gibt sie durch den After wieder ab. Dabei wird der Luft im mittleren und hinteren Abschnitt des Mitteldarms Sauerstoff entzogen und Kohlendioxid beigemischt. Diese Darmregion ist der Atmungsfunktion in besonderer Weise angepasst. Sie besitzt eine gute Blutversorgung, ihr Epithel ist zart und Darmzotten sind nicht ausgebildet. Ähnlich verhalten sich verwandte Formen (Bartgrundel, Steinpeitzger) sowie einige südamerikanische Welse (*Callichthys*, *Doras*, *Loricaria* u. a.). Andere Arten nehmen O_2-reicheres Wasser auch direkt über den Darmausgang in den Darm auf. Dies ist vermutlich bei einigen Oligochaeten des Süßwassers der Fall (*Nais*, *Tubifex*, *Stylaria* u. a.), die zum Zweck der Atmung durch Cilienschlag einen Wasserstrom durch die Afteröffnung in den Enddarm hinein erzeugen. Beim

Abb. 4.7 Die Männchen des Haarfroschs (*Trichobatrachus robustus*) mit fingerförmigen, gut durchbluteten Hautwucherungen zur zusätzlichen Atmung während der Paarung. (Aus Kardong KV (1995) Vertebrates. Comparative anatomy, function, evolution. WC Brown, Dubuque.)

Schlammwurm *Tubifex* steckt das Vorderende des Wurms im sauerstofffreien Schlamm eutropher Gewässer. Sein Hinterende ragt jedoch frei ins Wasser. Letzteres führt wellenförmige Bewegungen aus, wodurch ein Sog erzeugt wird, der dem Wurm die O_2-reicheren höheren Wasserschichten zuführt. Entgegen früherer Behauptungen scheint die bei vielen Krebsen zu beobachtende rhythmische Aufnahme von Wasser in den Darm nicht der Atmung, sondern dem Hervorbringen reaktiver Peristaltikbewegungen durch Dehnung der Darmwand zu dienen. Auch bei den Echinodermen ist das Darmepithel nicht als Respirationsfläche anzusehen. Verschließt man den Darmkanal bei *Asterias*, *Strongylocentrotus purpuratus* (Seeigel) oder *Holothuria tubulosa* (Seegurke), so ändert sich der O_2-Verbrauch der Tiere nicht.

4.2.2 Kiemenatmung

Da die pO_2- bzw. pCO_2-Werte in Luft und in mit dieser Luft im Gleichgewicht stehenden Wasser gleich sind, stellen die Partialdruckgradienten kein Hindernis für den Gasaustausch in der **Kieme** dar. Allerdings ist der O_2-Gehalt im Wasser infolge der geringen Löslichkeit wesentlich geringer als der in der Luft. Während der Volumenanteil des Sauerstoffs an der Luft 21 % beträgt, liegt er im luftgesättigten Wasser bei weniger als 1 %. Das bedeutet, dass Wassertiere ein viel größeres Volumen des Atemmediums über ihre respiratorische Oberfläche leiten müssen als luftatmende Tiere, um die gleiche Menge Sauerstoff zu extrahieren. Deshalb sind Wassertiere in wesentlich stärkerem Maß gezwungen, durch aktive **Ventilation** für eine ständige Erneuerung des Atemmediums auf der Oberfläche ihrer Atmungsorgane zu sorgen. Hinzu kommt, dass die Diffusion der Gase im Wasser wesentlich langsamer erfolgt als in der Luft und die Ventilationsbewegungen in Wasser energieaufwendiger sind als in Luft, weil Wasser eine höhere Viskosität und eine höhere Dichte besitzt als Luft. Bei narkotisierten Schleien

Tab. 4.3 Der arterielle CO_2-Partialdruck (kPa) bei einigen aquatischen und terrestrischen Tieren im Vergleich.

Wassertiere		Landtiere	
Makrele (*Scomber*)	0,3	Gans (*Anser*)	5,7
Karpfen (*Cyprinus*)	0,5	Hund (*Canis*)	4,8
Dornhai (*Squalus*)	0,4	Pferd (*Equus*)	5,6
Tintenfisch (*Octopus*)	0,3	Mensch (*Homo*)	5,3

(*Tinca tinca*) macht die für die normale Kiemenventilation notwendige Arbeitsleistung daher etwa 30 % des gesamten Ruheumsatzes aus. Bei dreifach erhöhter Ventilation steigt dieser Prozentsatz sogar auf 50 %. Beim Menschen beträgt der für die Ruheatmung notwendige Anteil am Gesamt-O_2-Umsatz nur 0,3–3,2 %. Das Verhältnis zwischen dem ventilierten Volumen und dem in gleicher Zeit vom Herzen ausgeworfenen Blutvolumen beträgt bei Wassertieren rund 16:1 (*Octopus* 16, *Squalus acanthias* 18, Makrele 15), während es bei Luftatmern (Mensch) etwa 1:1 ist. Die hohe Rate der Ventilation und die gute Löslichkeit des CO_2 in Form des Hydrogencarbonations in Wasser hat weiterhin die Konsequenz, dass bei den Wassertieren der arterielle CO_2-Partialdruck wesentlich kleiner ist als bei den Landtieren (Tab. 4.3).

Invertebraten

Von einer echten **Kieme** kann man im physiologischen Sinn erst dann sprechen, wenn über die Oberfläche pro Flächeneinheit ein regerer O_2-Austausch stattfindet als über die restliche Körperoberfläche. In diesem Sinn sind die fünf Paare mundständiger »Kiemen« bei den regulären Seeigeln keine echten Kiemen. Obwohl sicher ein gewisser Gasaustausch an ihnen stattfindet, ist dieser doch für das gesamte Tier von so untergeordneter Bedeutung, dass die vollständige Entfernung dieser Strukturen den O_2-Verbrauch des Tieres nicht nachweisbar herabsetzt. Bei den Echinodermen sind die Ausstülpungen des Wassergefäßsystems in Form der Füßchen (Ambulakralfüßchen), Tentakeln und Petaloide Hauptrespirationsorte (Wasserlungen der Holothurien). Durch die Füßchen erfolgen bei *Asterias rubens* ebenso wie bei *Strongylocentrotus purpuratus* etwa 40 % der gesamten O_2-Aufnahme. Die sauerstoffangereicherte Ambulakralflüssigkeit wird in den Füßchen durch Muskelkontraktionen und Cilienschlag zur zugehörigen Ampulle transportiert. Dort tritt der Sauerstoff diffusiv in die Coelomflüssigkeit über.

Viele Polychaeten besitzen echte Kiemen in Form gut durchbluteter, zarter faden-, kamm- oder baumförmiger Hautausstülpungen an den Körperseiten dorsal von den Parapodien. Sie können an allen Körpersegmenten ausgebildet sein oder sich auf die mittlere Körperregion (z. B. *Arenicola*) bzw. die ersten zwei oder drei Metameren beschränken. Letzteres ist speziell bei den in Röhren lebenden Terebelliden der Fall. Die stark entwickelten Tentakelkronen am Kopflappen der Terebellomorphen sowie der ebenfalls in Röhren lebenden Serpulimor-

Tab. 4.4 Der O_2-Ausnutzungsgrad (Utilisationsgrad) des Atemwassers bei verschiedenen Mollusken.

Bivalvia		Gastro- und Cephalopoden	
Sandklaffmuschel (*Mya arenaria*)	3–10 %	Hinterkiemerschnecke (*Doris tuberculata*)	64–69 %
Herzmuschel (*Cardium tuberculatum*)	6–10 %	Seeohr (*Haliotis tuberculatus*)	48–70 %
Kammmuschel (*Pecten irradians*)	2,5–6,8 %	Krake (*Octopus vulgaris*)	70 %

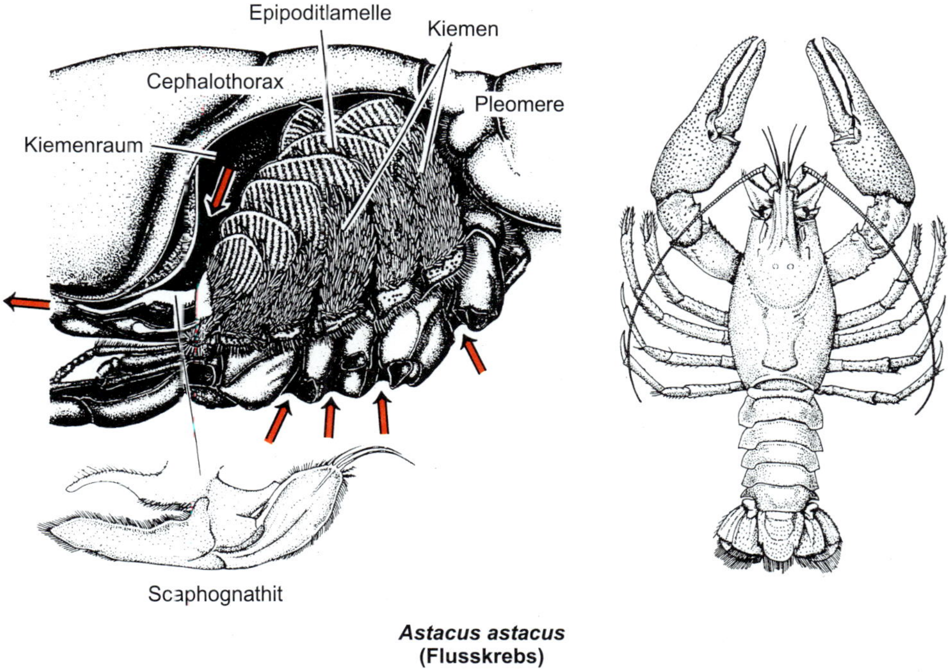

Abb. 4.8 Strömung des Atemwassers (rote Pfeile) durch den Kiemenraum (geöffnet) beim Flusskrebs. Der Scaphognathit (der mit dem Epipoditen verschmolzene Exopodit der zweiten Maxille) ist lang und flach und saugt durch seine oszillierenden Bewegungen Atemwasser unidirektional durch den Kiemenraum. Die Gangbeinpaare sind zur besseren Übersicht entfernt worden. (Aus Kästner A (1993) Lehrbuch der Speziellen Zoologie. 4. Aufl. Bd I/4. Fischer, Jena.)

phen besitzen neben ihrer Bedeutung beim Nahrungserwerb eine Atmungsfunktion. Entfernt man sie, so sinkt bei *Sabella spallanzani* die Sauerstoffaufnahme des Tieres etwa um 60 %. Der größte Teil des durch die Krone aufgenommenen Sauerstoffs wird allerdings von ihr selbst auch verbraucht. Das pro Zeiteinheit durch die Tentakelkrone gepumpte Wasservolumen ist sehr groß (wichtig für den Nahrungserwerb) und deshalb umgekehrt die prozentuale O_2-Ausnutzung im Atemwasser relativ klein (10 % bei *Schizobranchia*). Dieselbe Gesetzmäßigkeit kann man übrigens auch bei Filtrierern anderer Tierklassen beobachten (z. B. Muscheln, Tab. 4.4). Die in schleimigen Röhren lebende Serpulide *Myxicola infundibulum* atmet mithilfe ihrer Tentakelkrone, da sie im Gegensatz zu anderen Formen keinen Irrigationsstrom (aktive Wasserbewegung durch die Wohnröhre) erzeugt.

Bei den Polychaeten sind die Mechanismen zur Erzeugung eines **Irrigationsstroms** zur Erneuerung des Wassers in der Wohnröhre vielfältig. In der Regel wird der Irrigationsstrom von Zeit zu Zeit unterbrochen, um nach einer Ruheperiode von Neuem einzusetzen. Bei dem an unseren Küsten häufigen Wattwurm *Arenicola marina* dauert eine Aktivitätsperiode etwa 10 min. Während dieser Zeit werden ca. 90 ml Wasser durch den im Sand am Boden der Gewässer angelegten L-förmigen Wohngang gepumpt. Der Irrigationsstrom wird durch Verdickungswellen des Körpers erzeugt, die vom Hinterende des Tieres in Richtung zum Kopf fortschreiten. Die prozentuale Sauerstoffausnutzung im Atemwasser beträgt dabei 50–60 %. Die Rhythmik des Irrigationsstroms wird hier ebenso wie bei anderen Formen (Ausnahme: *Nereis virens*) weniger durch äußere Faktoren wie O_2- oder CO_2-Gehalt des Atemwassers bestimmt, sondern offenbar durch ein inneres, vermutlich im Bauchmark gelegenes Schrittmacherzentrum kontrolliert.

Die Kiemen der höheren Krebse (Malacostraca) sind im typischen Fall Epipoditen und entspringen am Basalglied (Coxopodit) der Thorakalbeine (Podobranchien). Zusätzlich können pro Brustsegment ein oder zwei Kiemen an der Gelenkmembran an der Basis der Extremitäten (Arthrobranchien) und eine weitere darüber an der Rumpfwand (Pleurobranchie) entspringen. Die maximal mögliche Kiemenzahl von 32 (acht Thoraxsegmente, pro Segment vier Kiemen) wird jedoch von keinem Krebs erreicht. Die Oberfläche der Kiemen wird von einer sehr dünnen Chitinlage überzogen und ist oft durch Bildung von Blättchen oder Seitenzweigen stark vergrößert. Wie bei allen dekapoden Krebsen liegen die Kiemen beim Flusskrebs (*Astacus*) geschützt in der vom Carapax gebildeten Atemkammer

(Abb. 4.8). In den rostralen Abschnitten der Atemkammer ragt ein blattförmiger Anhang der zweiten Maxille hinein. Durch wippende Bewegungen dieses Scaphognathiten wird ein Wasserstrom durch die Kammer erzeugt. Das Wasser tritt zwischen den Beinen von hinten her in den Atemraum ein, zieht dann, von den Epipoditenlamellen geleitet, an den Kiemen vorbei dorsalwärts und von dort nach vorn zur Austrittsöffnung. Bei einer Temperatur von 13–18 °C werden so 0,2–0,8 l Atemwasser pro Stunde bewegt. Die Sauerstoffausnutzung beträgt dabei 49–71 %.

Eine Reihe von Krabben (Brachyura) – wie die Winkerkrabbe *Uca* und die bei uns seit 1912 vorkommende Chinesische Wollhandkrabbe *Eriocheir sinensis* – können für längere Zeitperioden das Wasser verlassen. Während dieser Zeit des Landlebens wird das in der Atemkammer vorhandene Wasser periodisch mit frischem Sauerstoff aus der Luft angereichert. Dazu richtet das Tier seinen Körper steil auf und pumpt das Wasser in der oben beschriebenen Weise durch Bewegungen der Scaphognathiten durch die Atemhöhle. Das ausgetriebene Wasser rieselt anschließend von Borsten, Rinnen und Gruben geleitet auf der Bauchseite in breiter Front und dünner Schicht caudalwärts, um dann wieder in die Atemhöhle einzutreten. Auf diesem Weg wird es erneut mit Luftsauerstoff beladen und anschließend den Kiemen zugeführt. Bei *Eriocheir* ist während der Passage des Wassers über die Körperoberfläche eine Verdoppelung des O_2-Partialdrucks im Wasser gemessen worden. Gleichzeitig steigt der pH-Wert infolge der CO_2-Abgabe um 0,2–0,3 Einheiten an. Bei der Wollhandkrabbe besteht im Bereich des Sauerstoffgehalts im Atemwasser zwischen 0,6 und 6,6 ml O_2 pro Liter eine umgekehrte Proportionalität zwischen Ventilationsgeschwindigkeit und dem O_2-Partialdruck im umgebenden Wasser. Sinkt der O_2-Gehalt unter 1,4 ml l^{-1}, so geht die Krabbe zur oben beschriebenen Luftatmung über. Andere Brachyuren sowie Anomuren sind in noch besserer Weise an das Landleben angepasst, indem mindestens der dorsale Abschnitt der Atemhöhle zur Lunge geworden ist (z. B. beim Palmendieb *Birgus latro*).

Die Mehrzahl der Mollusken lebt im Wasser. Die Tiere besitzen in der Regel gut entwickelte Kiemen (**Ctenidien**), die geschützt innerhalb der Mantelhöhle liegen. Kiemen und Mantelhöhle sind bei den Schnecken und Muscheln bewimpert. Durch den Cilienschlag wird ein Wasserstrom erzeugt. Bei den meisten Muscheln (Ausnahme: Protobranchia) sind die Kiemen stark vergrößert, denn sie dienen nicht nur der Atmung, sondern auch der Herbeistrudelung der im Wasser schwebenden Nahrungspartikel. Der erzeugte Wasserstrom ist deshalb bei ihnen besonders groß. *Mytilus californianus* (mittleres Gewicht 75–166 g) bewegt pro Stunde 2,2–2,9 l Wasser an den Kiemen vorbei. Die O_2-Ausnutzung ist dabei im Vergleich zu den Schnecken und Tintenfischen (Cephalopoden), die ihre Nahrung auf andere Weise gewinnen, aber relativ klein (Tab. 4.3).

Bei den Cephalopoden wird der Atemwasserstrom nicht durch Cilienschlag, sondern durch Muskelkontraktionen erzeugt. Die hintere Mantelhöhlenwand ist in der Regel stark muskulös. Während der relativ langsamen Erweiterung der Mantelhöhle tritt das Atemwasser am Mantelrand in die Atemhöhle ein, sodass die federförmigen Kiemenbüschel umströmt werden und Sauerstoff aus dem Atemwasser in die Hämolymphe übertritt. Die anschließende Kontraktion der Mantelmuskulatur führt zum automatischen Verschluss der Mantelfalte, sodass das Wasser durch den Trichter wieder nach außen gelangt (Abb. 4.9). Kontrahiert der Mantelmuskulatur mit großer Kraft, wird der Wasserausstoß unter Nutzung des Rückstoßprinzips für die Lokomotion ausgenutzt. Bei dem tetrabranchiaten *Nautilus* führt der Trichter, durch den das Atemwasser ein- und auch wieder austritt, pulsierende Bewegungen aus. Die Zahl der Atembewegungen pro Minute ist bei kleinen Tieren am größten und nimmt mit zunehmendem Körpergewicht ab. Bei *Octopus* beträgt die Ventilationsfrequenz

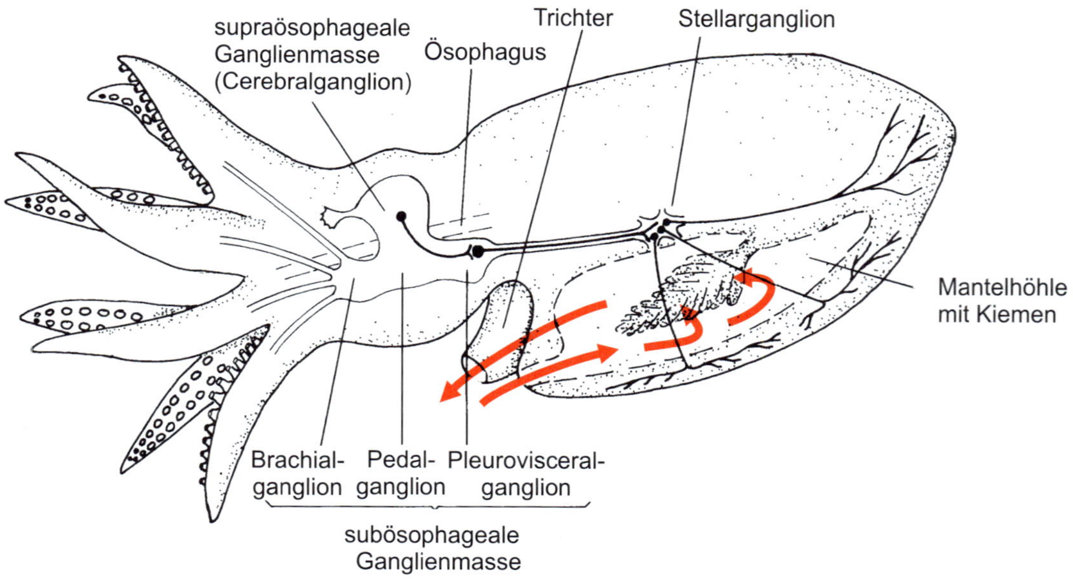

Abb. 4.9 Schematische Darstellung eines Cephalopoden mit Verlauf des Atemwasserstroms (rote Pfeile) sowie der Innervierung der Mantelmuskulatur.

bei 2,5–3 g schweren Tieren 51 pro Minute und nimmt bis bei 8 kg schweren Tieren auf zwölf pro Minute ab. Die Frequenz wird gewaltig gesteigert, wenn das Tier gereizt wird. Die Atembewegungen stehen unter der neuronalen Kontrolle des posterioren Teils der subösophagealen Ganglienmasse (Pleurovisceralappen), auf den höhere Zentren der supraösophagealen Ganglienmasse regulierend einwirken können. Ein Überschuss an Kohlendioxid im Körper steigert bei *Octopus* die Ventilationsfrequenz und – in geringerem Maße – die Amplitude der Atembewegungen.

Vertebraten

Die Kiemen der Knochenfische befinden sich auf den **Kiemenbögen**, die die vom Darm nach außen führenden Kiemenspalten begrenzen. Es sind zarte, stark durchblutete, lanzettförmige Blättchen, die auf jedem der vier Kiemenbögen in einer Doppelreihe angeordnet sind (Abb. 4.10) und neben ihrer respiratorischen Funktion auch exkretorische und ionenregulatorische Aufgaben haben können. Die **Kiemenspalten** werden vom Kopf her von einem Kiemendeckel (Operculum) und einer Kiemenhaut (Branchiostegalmembran) abgedeckt. Dadurch entsteht unter dem Operculum ein großer Raum (Kiemenraum), der vor der Brustflosse unter dem Rand der Branchiostegalmembran nach außen mündet. Das Atemwasser tritt durch die Mundöffnung ein, wird an den Kiemen vorbei durch die Kiemenspalten getrieben und tritt am hinteren oder unteren Rand des Kiemendeckels wieder nach außen.

Der Wasserstrom wird durch das Zusammenspiel zweier Pumpmechanismen – der **Mund-** und der **Kiemenraumpumpe** – erzeugt (Abb. 4.11). Zunächst wird bei geöffnetem Maul der Mundraum erweitert. Dadurch strömt Wasser von außen in die Mundhöhle. Ein Zutritt von Wasser aus dem Kiemenraum wird dadurch verhindert, dass bei Druckabfall im Kiemenraum der freie Rand der Branchiostegalmembran automatisch an den Körper gepresst wird und dicht abschließt. Mit einer geringen Verzögerung gegenüber der Mundhöhle kommt es auch zur Erweiterung des Kiemenraums durch Auswärtsbewegung des Kiemendeckels. Der dadurch erzeugte Sog lässt das Wasser aus der Mundhöhle an den Kiemen vorbei in den Kiemenraum (Saugpumpe) strömen. Anschließend setzt eine Einengung der Mundhöhle ein. Der verursachte Druckanstieg im Mundraum führt automatisch zum Verschluss der Mundöffnung durch die Maxillar- und Mandibularklappen und zur Fortsetzung des Wasserstroms in Richtung des Kiemenraums. Wiederum mit einer geringen Verzögerung gegenüber der Mundhöhlenpumpe wird auch der Kiemenraum verkleinert. Der dadurch bewirkte Druckanstieg im Kiemenraum hebt die freien Ränder der Branchiostegalmembran vom Körper ab. Wasser tritt nach außen (Druckpumpe). Ein Rückfluss des Wassers in die Mundhöhle ist wegen des dort herrschenden höheren Drucks nicht möglich. Erst wenn anschließend wieder die Erweiterung

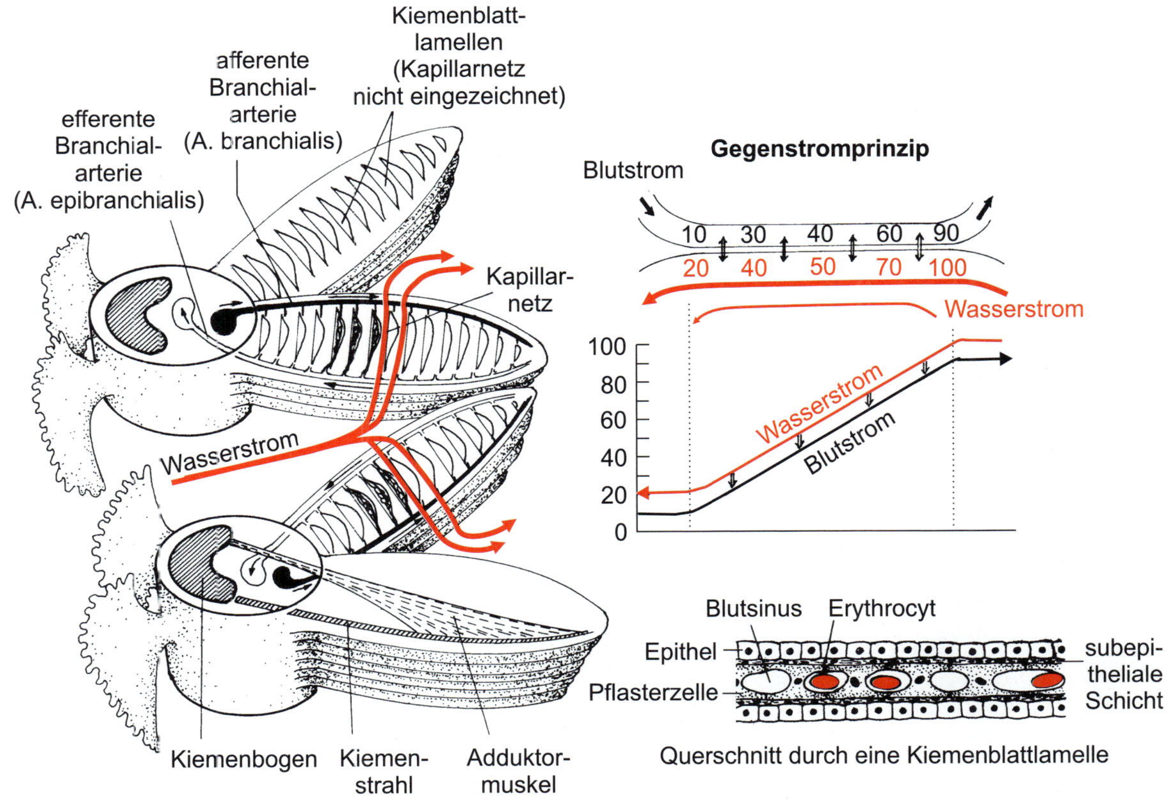

Abb. 4.10 Links: Querschnitt durch zwei Kiemenbögen eines Knochenfischs mit den Kiemenblattreihen. Eingezeichnet sind die gegensinnig gerichteten Blut- und Atemwasserströme. Oben rechts: Das Schema dient der Veranschaulichung des Gegenstromprinzips. Unten rechts: Querschnitt durch eine einzelne Kiemenblattlamelle.

der Mundhöhle beginnt, kann für kurze Zeit ein Rückfluss eintreten, der allerdings sehr schnell durch den automatischen Verschluss der Branchiostegalmembran gestoppt wird. Bei einigen Fischen (*Microstomus*, *Pleuronectes*) tritt überhaupt kein Rückfluss ein. Bei den bodenbewohnenden Fischarten (Pleuronectiden, Lophiiden u. a.) ist der Kiemenraum besonders stark erweiterungsfähig, die Atembewegungen sind langsam und tief. Bei den schnellen Schwimmern (Lachs, Forelle u. a.) ist er dagegen in der Regel klein. Der Atemwasserstrom wird bei offenem Mund allein durch die Fortbewegung im Wasser erzeugt. Die Makrele (*Scomber scombrus*) hat die Fähigkeit zur aktiven Ventilation nahezu verloren und muss daher mit geöffnetem Mund schnell schwimmen, um sich mit einer ausreichenden Menge Sauerstoff zu versorgen. In kleine Aquarien eingesperrt, kann sie ihr Hämoglobin nur noch bis zu 11 % mit Sauerstoff sättigen. Bei den Elasmobranchiern besteht ein ähnlicher Ventilationsmechanismus wie bei den Knochenfischen. Auch sie müssen sich bewegen, um Atemwasser durch die Kiemen zu leiten.

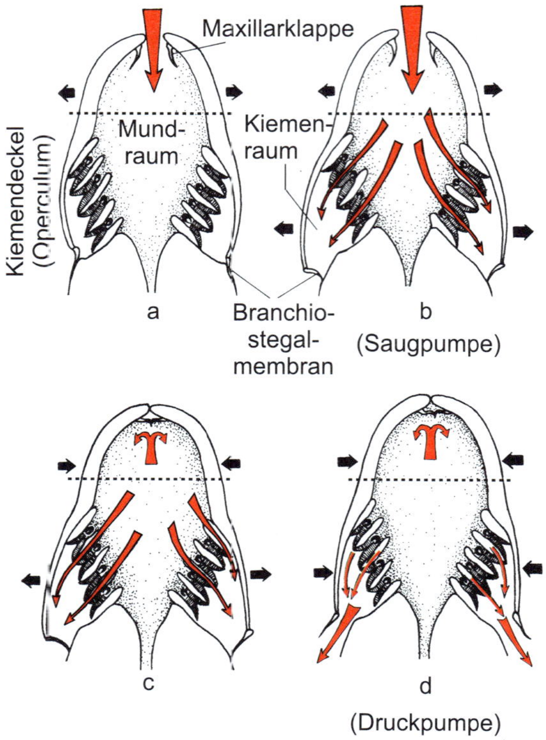

Abb. 4.11 Die Ventilation beim Knochenfisch. **b** und **d** stellen die Hauptphasen, **a** und **c** Übergangsphasen dar, die nur je 1/10 des gesamten Zyklus ausmachen. Die schwarzen Pfeile kennzeichnen die Bewegungen des Mund- und Kiemenapparats, die roten die des Wasserstroms. Der Mundraum mit der Mundöffnung ist von der Seite zu sehen, der Kiemenraum in Aufsicht (Drehung der Betrachtungsrichtung an der gestrichelten Linie um 90°).

Jedes Kiemenblättchen (Filament, primäre Lamelle) zeigt auf seiner Oberfläche viele parallel verlaufende Lamellen (sekundäre Lamellen), an denen der eigentliche Sauerstoffaustausch vor sich geht. In diesen Lamellen ist die Richtung des Blutstroms der des äußeren Wasserstroms entgegengesetzt (Abb. 4.10). Durch dieses **Gegenstromprinzip** wird ein besonders effizienter Gasaustausch zwischen dem Wasser und dem Blut ermöglicht. Die Zahl der Lamellen pro Längeneinheit des Kiemenblättchens ist bei aktiven Fischarten wesentlich größer als bei trägen Formen.

Der **Sauerstoffausnutzungsgrad** des Atemmediums bei einer Passage durch das Atmungsorgan wird auch als **Utilisationsgrad** U (in Prozent) bezeichnet und wie folgt berechnet:

$$U = \frac{(pO_2)_I - (pO_2)_E}{(pO_2)_I} \times 100$$

mit $(pO_2)_I$ = Sauerstoffpartialdruck im Inspirationsmedium, $(pO_2)_E$ = Sauerstoffpartialdruck im Exspirationsmedium.

U ist bei Fischen infolge des Fehlens eines Totraums sowie der gegensinnigen Strömung des Wassers und des Blutes an bzw. in den Kiemenlamellen (Gegenstromprinzip) normalerweise relativ hoch und deutlich oberhalb von 50 % (Schleie *Tinca tinca*: 60 %; zum Vergleich Mensch: 20 %). Ein hoher Prozentsatz des aufgenommenen Sauerstoffs muss allerdings in die beträchtliche Atemarbeit investiert werden, da Wasser einen höheren Viskositäts- und Dichtewert aufweist als Luft. So erklärt sich, dass Schleien bis zu 30 % ihres Grundumsatzes im Energiestoffwechsel für den Betrieb der Ventilation aufwenden müssen, während Menschen dafür nur etwa 1 % ihres Grundumsatzes benötigen. Der Energieaufwand für die Ventilation steigt mit abnehmender O_2-Verfügbarkeit im Atemwasser deutlich an, während der Ausnutzungsgrad abfällt (Tab. 4.5).

Bei den Elasmobranchiern ist der Herzschlag mit der Atembewegung koordiniert. Entweder sind beide Frequenzen gleich

Tab. 4.5 Ausgewählte Parameter der Atmung bei 400 g schweren Aalen (*Anguilla*) und Regenbogenforellen (*Salmo*) bei 17 °C (Aal) bzw. 15 °C (Forelle).

	O_2 im Atemwasser (ml O_2 l^{-1})	ventiliertes Wasservolumen (ml kg^{-1} min^{-1})	Atemfrequenz (min^{-1})	Atemvolumen eines Ventilationszyklus (ml kg^{-1})	Ausnutzungs-, Utilisationsgrad (%)	O_2-Aufnahme (ml kg^{-1} min^{-1})
Aal	6,6	89	16	5,6	82	0,48
	2,2	792	32	23,8	53	0,83
Forelle	6,8	556	80	6,9	35	1,27
	1,8	3350	107	31,3	18	1,05

(1:1-Verhältnis) oder die Atemfrequenz ist ein ganzzahliges Vielfaches der Herzfrequenz (Verhältnis 2:1, 3:1 oder 4:1). In der Regel erfolgt der Pulsschlag (Systole) zu dem Zeitpunkt, wenn das Maul gerade geöffnet worden ist. Dieses Phänomen geht vermutlich auf eine Kopplung der neuronalen Taktgeber für beide Systeme zurück und erscheint biologisch sinnvoll, um die Rate der Sauerstoffaufnahme aus dem Atemmedium mit der Rate des O_2-Abtransports aus den Kiemen in den Körper zu koordinieren.

Regulation der Kiemenatmung

Viele Invertebraten leben in der Regel in kaltem bis mäßig warmem und gut durchlüftetem Wasser, wo es selten zu mangelhaftem **Sauerstoffangebot** kommt. Es ist deshalb nicht überraschend, dass man bei ihnen vielfach überhaupt keine oder eine nur schwach entwickelte **Regulation der Ventilation** findet. Falls Regulationsmechanismen bei wasserlebenden Tieren auftreten, so ist der sie auslösende Faktor nicht, wie bei den terrestrischen Formen, in erster Linie der steigende CO_2-Partialdruck, sondern der fallende O_2-Partialdruck in den Körperflüssigkeiten, da die Sauerstoffversorgung der limitierende Faktor für das Überleben dieser Tiere darstellt. Außerdem haben die aquatischen Formen wegen der notwendigerweise hohen Ventilationsrate stets einen relativ niedrigen arteriellen pCO_2 (Tab. 4.2). Im Süßwasser treten periodische Phasen von Sauerstoffmangel häufiger auf als im Meer. Deshalb zeigen limnische Formen stärkere Regulationsaktivität als marine. So kann man zum Beispiel beobachten, dass der Hummer (*Homarus*), ein Meeresbewohner, seine Ventilationsrate bei sinkendem Sauerstoffangebot nur geringfügig erhöht, der verwandte, aber süßwasserlebende Flusskrebs (*Astacus*) bei abnehmenden pO_2 seines Atemmediums und der Körperflüssigkeit diese dagegen deutlich erhöht (Abb. 4.12). Die Schlagfrequenz der **Scaphognathiten** steigt beim Flusskrebs mit Erniedrigung des O_2-Gehalts des Wassers bzw. Erhöhung der Temperatur an. Das Atemzentrum, das die neuronalen Signale für die Steuerung der Ventilationsbewegungen generiert, liegt im Subösophagealganglion. Durch lokale Erwärmung dieses Zentrums kann die Ventilation bis zu 80 % gesteigert werden.

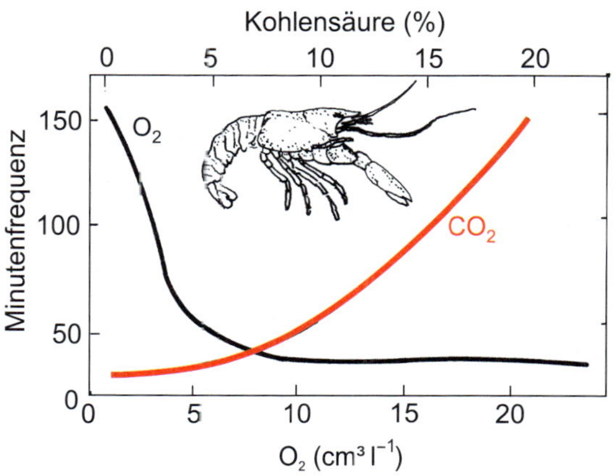

Abb. 4.12 Beziehung zwischen der O_2- bzw. der CO_2-Konzentration des Atemwassers und der Frequenz der Atembewegungen bei *Astacus fluviatilis*. (Nach Peters 1938.) (Nach Peters F (1938) Über die Regulation der Atembewegungen des Flußkrebses *Astacus fluviatilis*. Z vergl Physiol 25, 591–611.)

Auch Fische regulieren ihre Ventilationsfrequenz deutlicher über die Sauerstoffverfügbarkeit im Atemwasser und den internen pO_2 als über den pCO_2 der Körperflüssigkeit. O_2-Mangel ruft bei allen daraufhin untersuchten Knochenfischen (im Gegensatz zum Hai *Mustelus californicus* und anderen Elasmobranchiern) eine Steigerung des pro Zeiteinheit ventilierten Wasservolumens hervor. Dabei steigen sowohl die Atemtiefe (Atemvolumen eines Ventilationszyklus) als auch die Atemfrequenz an (Tab. 4.4). Das Atemzentrum, das diese Parameter auf neuronaler Basis einstellt, liegt wie bei den terrestrischen Vertebraten auch bei Fischen in der Medulla oblongata (dem verlängerten Rückenmark) des Zentralnervensystems.

4.2.3 Lungenatmung

Lungen sind die typischen Atmungsorgane landbewohnender, das heißt luftatmender Tiere. Es handelt sich dabei im Gegensatz zu den Kiemen nicht um feinhäutige Ausstülpungen der Körperoberfläche, sondern um ins Innere des Tierkörpers verlagerte Vergrößerungen der Körperoberfläche. Das respiratorische Epithel muss, um funktionstüchtig zu bleiben, stets feucht sein. Der Gefahr des Austrocknens wird dadurch entgegengewirkt, dass die Lungenhöhlen nur durch eine mehr oder weniger schmale Öffnung mit der Außenwelt in Verbindung stehen. Bei der Passage durch den Verbindungskanal wird die Inspirationsluft angefeuchtet, sodass an der eigentlichen respiratorischen Oberfläche kein Partialdruckgradient für den Wasserdampf existiert und daher keine Austrocknung des Epithels stattfindet. Da die Diffusion der Atemgase in der Luft sehr viel schneller erfolgt als im Wasser, spielen die Atembewegungen (Ventilation) keine ganz so große Rolle wie bei den kiemenatmenden Tieren. In einigen Fällen reicht die Diffusion aus, um ein hinreichend starkes Gefälle des Partialdrucks für Sauerstoff und Kohlendioxid an dem respiratorischen Epithel aufrechtzuerhalten (**Diffusionslungen**). In anderen Fällen wird allerdings sehr wohl durch Ventilation für eine Kürzung des Diffusionswegs gesorgt (**Ventilationslungen**). Diese Ventilation besteht aber in der Regel nicht, wie bei den kiemenatmenden Formen, in einer Zirkulation des Atemmediums an den Atemflächen vorbei, sondern in einer rhythmischen Erneuerung der Luft in der Lunge (Poolsystem). Während der **Exspiration** wird Luft aus der Lunge ausgestoßen, während der **Inspiration** aufgenommen. In der Regel wird bei einem Atemzug nicht das gesamte Luftvolumen der Lunge erneuert, sondern nur ein Teil. Man bezeichnet das in der Lunge bei maximaler Exspiration noch verbleibende Luftvolumen als **Residualvolumen**.

Invertebraten

Einige terrestrische Invertebraten haben Lungen in Form interner vaskularisierter Höhlen entwickelt. Die pulmonaten Schnecken (Lungenschnecken) haben ihre Mantelhöhle zur

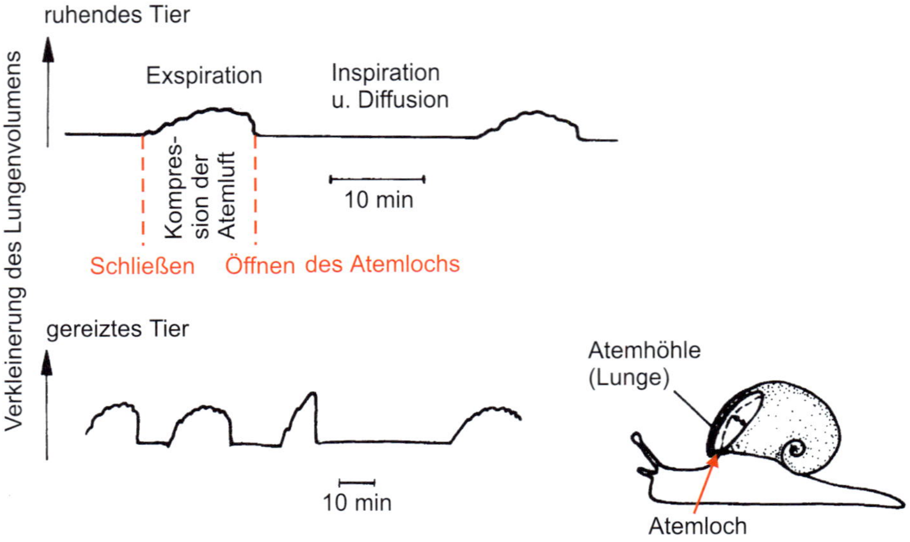

Abb. 4.13 Die Atembewegung bei der Weinbergschnecke *Helix pomatia*. (Nach Maas JA (1939) Über die Atmung von *Helix pomatia*. Z vergl Physiol 26, 605–610, verändert.)

Lunge umgebildet. Skorpione, Webspinnen und einige andere Spinnentiere besitzen **Fächerlungen** und bestimmte Krabben und Einsiedlerkrebse erweitern ihre Kiemenhöhle zur Lunge. Im Vergleich zu den Wirbeltieren sind sie alle relativ einfach organisiert und erscheinen weniger leistungsfähig.

Bei den Lungenschnecken (Pulmonaten) ist das Dach ihrer Mantelhöhle zum Lungenepithel umfunktioniert worden. Es weist viele leistenartige Vorsprünge (Trabekeln) auf, in denen blutführende Lakunen verlaufen. Die Kiemen fehlen. Die Atemhöhle steht durch ein verschließbares Atemloch (**Pneumostom**) mit der Außenwelt in Verbindung. Im Boden der Lungenhöhle verlaufen zahlreiche Muskelfasern. Durch Kontraktion dieser Fasern wird der normalerweise konvex in die Atemhöhle hineinragende Boden gespannt und dabei seine Wölbung vermindert. Das Pneumostom ist dabei geöffnet, Luft strömt in die Atemhöhle (Inspiration). Anschließend wird das Pneumostom geschlossen und der Boden der Atemhöhle wölbt sich infolge des Nachlassens der Muskelspannung wieder vor. Ein Anstieg des Drucks in der Atemhöhle ist die Folge (Abb. 4.13), wodurch der Gasaustausch mit dem Blut wesentlich unterstützt wird. Danach wird das Atemloch geöffnet, Luft strömt aus (Exspiration) und der Zyklus kann von neuem beginnen. Bei der Schlammschnecke *Lymnaea* kann in der Lungenhöhle ein Überdruck von 50–100 kPa erzeugt werden.

Bei denjenigen Pulmonaten, die zur aquatischen Lebensweise zurückgekehrt sind (*Lymnaea*, *Planorbis* u. a.), kommt der **Hautatmung** eine bedeutende Rolle zu. Die Atemhöhle kann daneben ihre Lungenfunktion behalten und wird dann von Zeit zu Zeit an der Wasseroberfläche mit frischer Luft gefüllt. Sie kann aber auch mit Wasser gefüllt werden, das rhythmisch erneuert wird, und hat dann die Funktion einer Kieme.
Ähnlich wie bei den Pulmonaten ist auch bei einigen landlebenden Krebsen (Brachyuren und Anomuren) die Kiemenhöhle zum Teil zur Lunge geworden. Bei dem in Ostindien beheimateten Palmendieb *Birgus latro* sind die Kiemen stark zurückgebildet. Stattdessen ist der dorsale Abschnitt der **Atemhöhle** stark erweitert und die Wand durch zahlreiche traubig verzweigte Vorsprünge vergrößert (Abb. 4.14), die von Blutlakunen durchzogen sind. Er ist mit Luft angefüllt, wobei die respiratorische Oberfläche durch einen Flüssigkeitsfilm vor Austrocknung geschützt ist. Die Ventilation besorgt – wie bei der Kiemenatmung – die Bewegung der **Scaphognathiten**. Der Luftstrom (von hinten nach vorn) ist dem Strom der Hämolymphe in den Lungenkapillaren (von vorn nach hinten) entgegengesetzt (Gegenstromprinzip!). Die Anpassung an die Luftatmung ist hier bereits derart intensiv ausgeprägt, dass *Birgus* innerhalb von ca. 5 h unter Wasser ertrinkt.

Die leistungsfähigste Lunge unter den Invertebraten hat wahrscheinlich die im tropischen Indopazifik bis Australien beheimatete Grenadierkrabbe *Mictyrus longicarpus* entwickelt (Abb. 4.15). Sie lebt an den Sandstränden der Gezeitenzone. Ihre Kiemenkammer ist durch eine vom Branchiostegiten vorgetriebene Hautfalte (epibranchiales System) in zwei Teile unterteilt, in einen oberen (äußeren) Lungenraum und in einen unteren (inneren) Kiemenraum. Der Luftstrom durch die Lunge wird auch hier durch die Bewegung der Scaphognathiten erzeugt und ist dem Strom der Hämolymphe entgegengesetzt. Die Wand des Lungenraums ist stark vaskularisiert und trägt eine 1 mm dicke, schwammartige Gewebeschicht, in der der Gasaustausch erfolgt.

Bei den Landasseln (Porcellioniden und Armadillidiiden) sind in den Exopoditen der fünf oder nur der ersten beiden Pleopodenpaare reich verzweigte, blind endende Epidermiseinstülpungen vorhanden (Abb. 4.16). In diesen sogenannten weißen Körpern ist die Cuticula besonders dünn, was den Gasaustausch zwischen dem mit der Luft in Kontakt stehenden Flüssigkeitsfilm des **Pleoventralraums** und der Hämolymphe erleichtert. Verhindert man bei der Kellerassel *Porcellio* durch Auftragen einer Ölschicht den Gasaustausch zwischen Luft und Pleoventralflüssigkeit, so fällt der O_2-Verbrauch des Tieres auf 39 % des Normalwertes ab und es tritt bald der Tod ein. Die CO_2-Abgabe ist dabei unverändert. Unter Wasser erstickt *Porcellio* bei 20 °C innerhalb von 7 h.

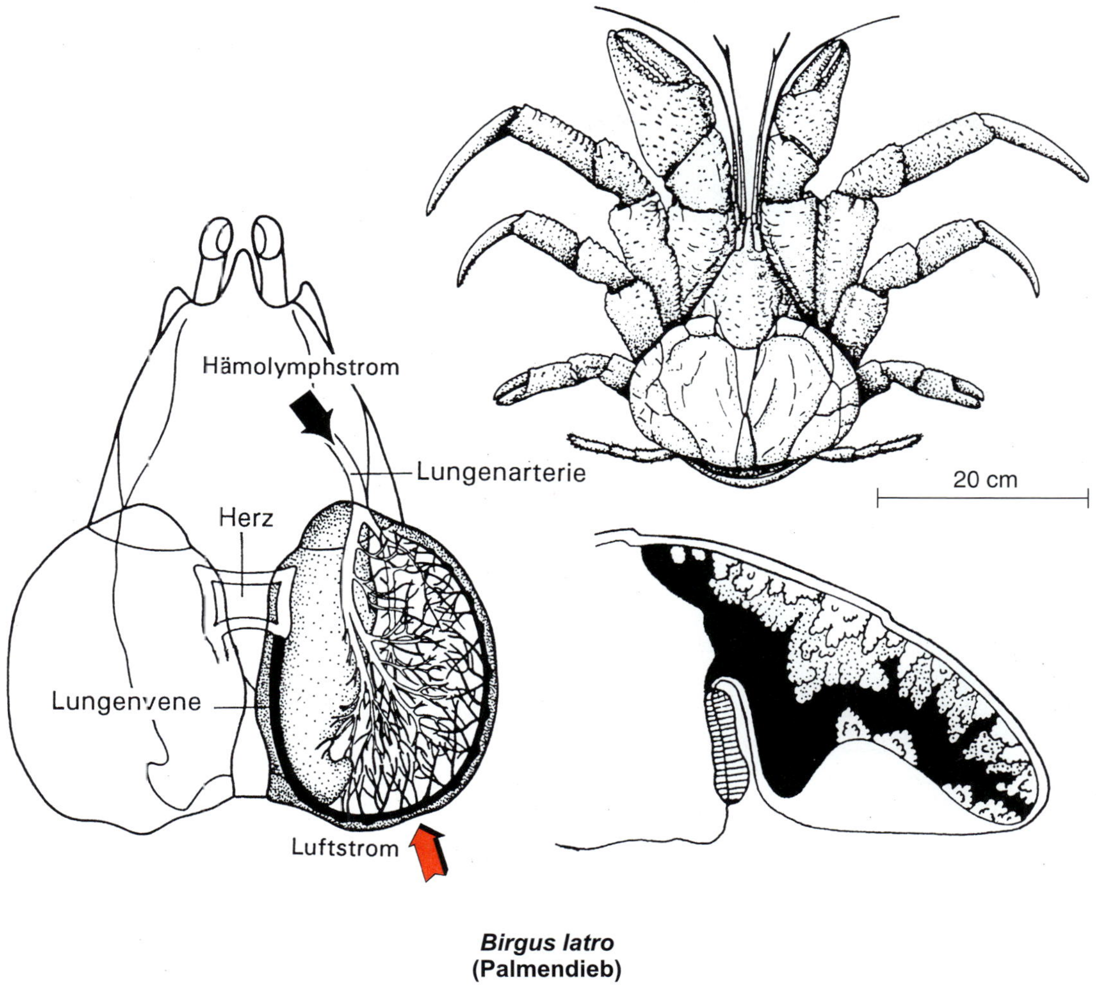

Abb. 4.14 Der Palmendieb (*Birgus latro*) als Beispiel für einen Krebs, der hochgradig an terrestrische Lebensweise angepasst ist. Links: die Lunge in Aufsicht (von dorsal) mit Hämolymphversorgung. Luft und Hämolymphe strömen sich entgegen (Gegenstromprinzip). Rechts unten: Die Atemhöhle im Querschnitt. Der Luftraum ist dunkel dargestellt.

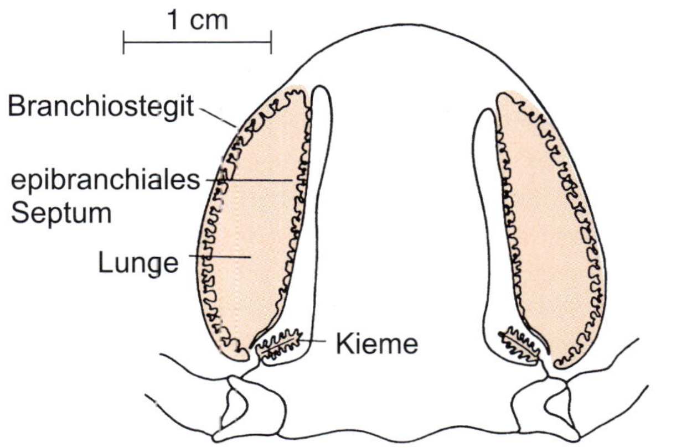

Abb. 4.15 Schematischer Vertikalschnitt durch die Grenadierkrabbe *Mictyris longicarpus* mit Kiemen- und Lungenraum innerhalb der vom Carapax umschlossenen Atemhöhle. Der Lungenraum ist mit einem schwammigen Epithel ausgekleidet, das den Gasaustausch zwischen Luft und Körperflüssigkeit ermöglicht. (Nach Farrelly CA, Greenaway P (1987) The morphology and the vasculature of the lungs and the gills of the soldier crab, *Mictyris longicarpus* (Latreille). J Morphol 193, 285–304, Abb. 1C, S. 288, verändert.)

Die Spinnentiere (Arachnida) besitzen **Fächerlungen**, die wegen der vielfach nebeneinanderliegenden, flächigen Oberflächeneinstülpungen auch als **Buchlungen** bezeichnet werden. Sie liegen im Opithosoma, bei Skorpionen (Scorpiones) in vier, bei den Geißelskorpionen (Thelyphonida) sowie bei Geißelspinnen (Amblypygi) und einigen ursprünglichen Webspinnen (Araneae) in zwei Paaren, oder bei den weiter entwickelten Araneae in einem einzigen Paar. Sie entstehen als ektodermale Einstülpungen der Körperoberfläche an der Hinterseite von Gliedmaßenanlagen. Die Öffnungen zwischen gasgefülltem Inneren und der Außenwelt sind normalerweise durch die elastische Kraft der Cuticula verschlossen. Ein an der Innenseite der Epidermis des Vorhofs ansetzender Muskel kann die Öffnung des schlitzförmigen Stigmas und eine Erweiterung des Vorhofs bewirken. Direkte Messungen an den Vogelspinnen *Eurypelma californicum* und *Thryssothele pissii* zeigten aber, dass die Amplitude der Ventilation sehr gering ist, sodass man annehmen muss, dass der O_2-Transport in die Fächerlungen hauptsächlich durch Diffusion erfolgt (Diffusionslungen). Von der Vorderwand des Vorhofs gehen zahlreiche parallelen Atemtaschen

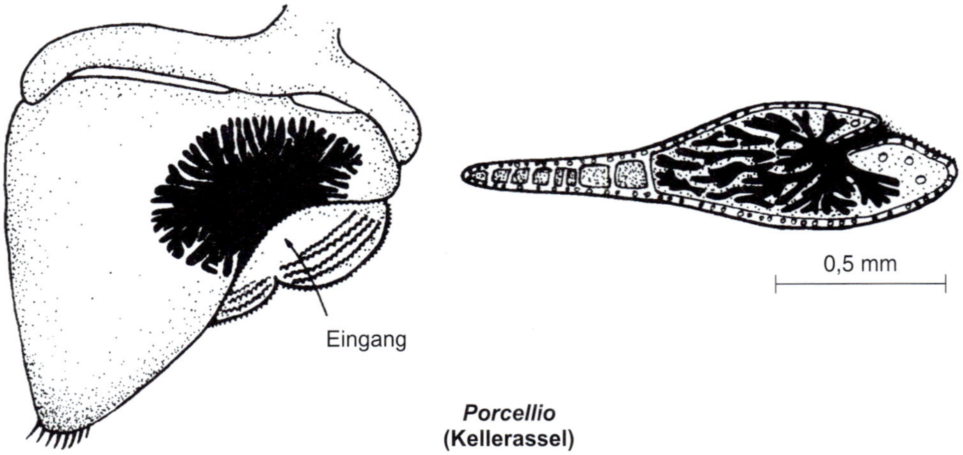

Abb. 4.16 Schematische Darstellung des Atmungsorgans (weißer Körper) bei der Kellerassel *Porcellio* im Exopoditen des Pleopoden. Links: Aufsicht, rechts: Querschnitt. (Aus Herter K, Urich K (1966) Vergleichende Physiologie der Tiere, Bd 1 Stoff- und Energiewechsel. de Gruyter, Berlin.)

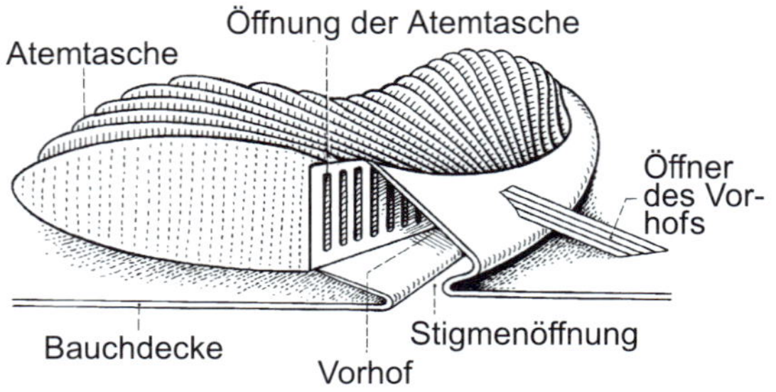

Abb. 4.17 Schema der Fächerlunge einer Spinne. (Nach Dietrich G, Stöcker, FW (1971) ABC der Biologie. 2. Aufl. Harry Deutsch, Frankfurt/M, Abb. Tracheenlunge, S. 833.)

aus (Abb. 4.17). Letztere sind von einer zarten Chitincuticula ausgekleidet und durch zahlreiche Chitinsäulchen abgestützt, wodurch ein Kollabieren ihrer Wände durch den Druck der sie umgebenden Hämolymphe verhindert wird. Die Hämolymphe, die die innere Oberfläche der Buchlungen umspült, stammt aus dem Bauchsinus der Tiere. In die Hämolymphe übergetretener Sauerstoff wird anschließend mit dem Hämolymphstrom in den lateralen, zum Perikard aufsteigenden Sinus abgeführt. Neben diesen Fächerlungen kommen bei den Spinnen auch Röhrentracheen vor.

Eine Sonderstellung unter den lungenartigen Atmungsorganen bei Tieren nehmen die eigenartigen **Wasserlungen** der Seegurken (Holothurien) ein. Es handelt sich um baumartig verzweigte, paarige Ausstülpungen der Kloake (Abb. 4.18). Sie können rhythmisch mit Wasser gefüllt und wieder entleert werden. Das geschieht im Einzelnen in folgenden Teilschritten: Zunächst wird der Kloakenraum bei geöffnetem Analsphinkter durch Kontraktion der radial ansetzenden Muskeln erweitert und mit Wasser gefüllt. Anschließend wird die Afteröffnung geschlossen und das Wasser durch Kontraktion der Kloakenmuskulatur in die erschlafften Wasserlungen getrieben. Dabei ist der Zugang zum Darm verschlossen und die Muskulatur der Körperwand nicht angespannt. Durch Kontraktion der Körperwandmuskulatur sowie der Wasserlungen wird das Wasser später wieder durch die offene Afteröffnung ausgestoßen. Diese Ventilation des Wassers dient der Atmung. Bei *Holothuria tubulosa* erfolgen etwa 50 % der gesamten Sauerstoffaufnahme über diesen Mechanismus, der Rest tritt durch die Haut und durch die Füßchen in den Tierkörper ein.

Vertebraten

Wie die Kieme, so ist auch die **Lunge** der Wirbeltiere ein Derivat des Kiemendarms. Sie entsteht aus einer medioventralen Aussackung am hinteren Teil des Schlundes (Pharynx), die frühzeitig zweilappig wird. Sie ist das typische Atmungsorgan der Tetrapoden, kommt jedoch auch schon bei einigen Fischen vor.

Das ist bei den **Lungenfischen** (Dipnoer) und den Crossopterygiern, aus denen die Landwirbeltiere hervorgegangen sind, sowie beim Flösselhecht (Polypterus) der Fall. Heute leben noch drei Gattungen von Lungenfischen, in Australien *Neoceratodus*, im Amazonasgebiet *Lepidosiren* und in Afrika *Protopterus*. *Neoceratodus* ist der ursprünglichste unter ihnen und lebt gewöhnlich in gut durchlüfteten Flüssen. Es ist ein fakultativer Luftatmer. Die Lunge fungiert lediglich als akzessorisches Atmungsorgan, wenn das Wasser weniger gut durchlüftet ist. Im Allgemeinen reicht die Kiemenatmung aus. *Lepidosiren* findet man dagegen normalerweise in morastigem Wasser, das oft O_2-arm ist und periodisch austrocknet. Sie sind obligate Luftatmer und überdauern die Trockenperioden innerhalb einer Schleimkapsel im Schlamm bei reiner **Luftatmung**. Ähnlich ist es bei *Protopterus*. Adulte Tiere (*Protopterus aethiopicus*) nehmen etwa 90 % des benötigten Sauerstoffs aus der Luft mithilfe der Lungen auf, selbst dann, wenn sie sich in gut durchlüftetem Wasser befinden. Die CO_2-Abgabe erfolgt dagegen zum überwiegenden Teil (60 %) über die Kiemen. Bei dem im Kongo und oberen Nil lebenden Flösselhecht (*Polypterus*) fungiert die zweilappige Schwimmblase (= Lunge) ebenfalls als akzessorisches Atmungsorgan. Sie ist gut durchblutet und besitzt ein respiratorisches Epithel. Der Flösselhecht nimmt Luft an der Oberfläche des Wassers auf, wenn das Wasser O_2-arm oder er körperlich stark aktiv ist. Unmittelbar nach der Einatmung

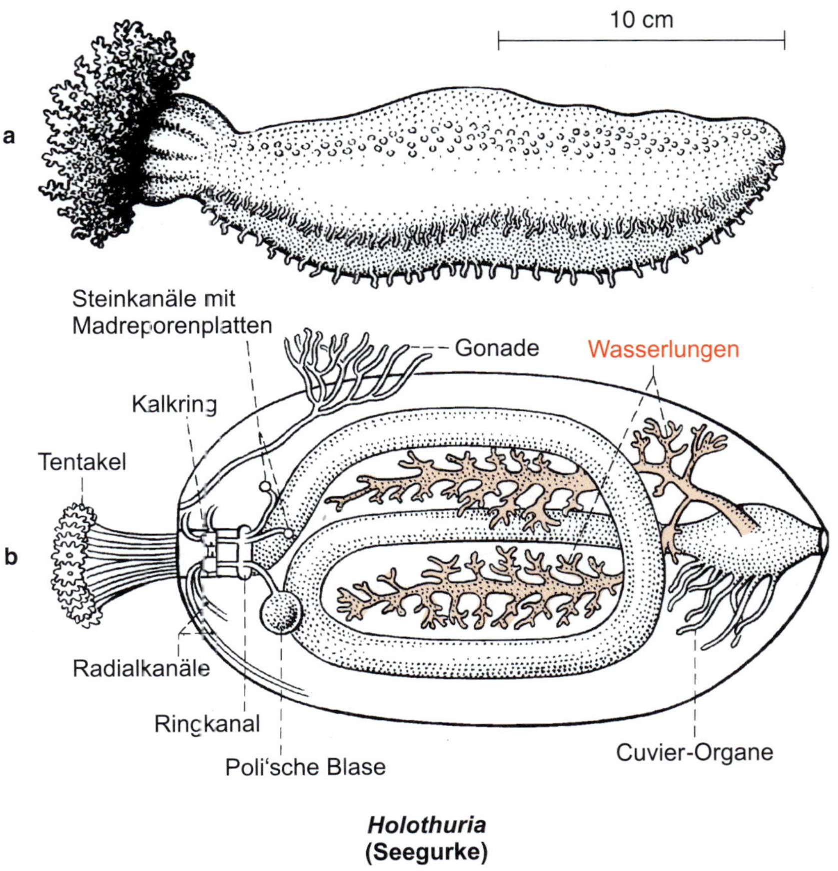

Abb. 4.18 **a** Seegurke (*Holothuria*). **b** Längsschnitt durch eine Seegurke. (Nach Dietrich G, Stöcker, FW (Hrsg.) (1971) ABC der Biologie. 2. Aufl. Harry Deutsch, Frankfurt/M, Abb. Seewalze, S. 756.)

erreicht der O_2-Partialdruck in der Lunge 13,3 kPa, fällt aber relativ schnell auf Werte um 2 kPa ab.

Eine Reihe von Teleosteern zeigt besondere Differenzierungen, die einen zeitweiligen Landaufenthalt bzw. ein Leben in sauerstoffarmen Gewässern ermöglichen. Bei einigen Arten sind Teile des Kiemenraums zur Luftatmung geeignet. So ist zum Beispiel bei dem an den Ufern des indopazifischen Ozeans beheimateten Schlammspringer (*Periophthalmus*) die innere Wand des Operculums und des Kiemenraums durch Falten vergrößert und gut durchblutet. Der Fisch bewegt sich außerhalb des Wassers mithilfe der Brustflossen fort und jagt nach Beute. Raubwelse der Gattung *Clarias* bilden Atemsäcke, die zwischen dem zweiten und dritten Kiemenbogen in den Kiemenraum münden. In sie ragen stark durchblutete, baumförmig verzweigte Anhänge, die von Knorpelfortsätzen des zweiten und vierten Kiemenbogens gestützt werden (Abb. 4.19). Bei dem Kiemensackwels *Saccobranchus* (= *Heteropneustes*) ist die dorsale Kiemenhöhlenschleimhaut beiderseits zu einem langen Sack ausgewachsen, der die Schwanzregion erreicht (Abb. 4.19). Die Anabantiden entwickeln eine Atemkammer – wegen der komplizierten Oberflächenstruktur Labyrinth genannt – vom ersten Kiemenbogen aus. Der ostindische Kletterfisch *Anabas scandens* soll sich sieben bis acht Tage lang ununterbrochen auf dem Land aufhalten können. Er bewegt sich dann mithilfe des ersten Strahls der Brustflosse sowie mit den Stacheln des Kiemendeckels sehr geschickt fort.

Bei einer Reihe von Fischen, bei denen die **Schwimmblase** noch über den Ductus pneumaticus mit dem Darm in Verbindung steht (Physostomen), ist die Schwimmblase mit in den Dienst der Atmung getreten (Knochenhecht *Lepidosteus*, Kahlhecht *Amia calvia*, *Arapaima gigas*, der größte rezente Süßwasserfisch in Überschwemmungsgebieten des Amazonas, der ungarische Hundsfisch *Umbra* sowie einige Mormyriden). *Lepidosteus* kann allein mithilfe der Schwimmblasenatmung in O_2-freiem Wasser leben. Wird dagegen das Schlucken von Luft künstlich verhindert, so stirbt das untergetauchte Tier innerhalb von 4 h. Auch *Arapaima* hat sich vom gelösten O_2 des Wassers völlig unabhängig gemacht. Er atmet atmosphärischen Sauerstoff über seine spongiös ausgebildete Schwimmblasenwand.

Die Struktur der Lungen der **Amphibien** ist verhältnismäßig einfach. Die Lungen zeigen nur eine geringe Kammerung und einen großen zentralen Hohlraum. Die Mundhöhle ist über die Nasenöffnungen mit der Außenwelt verbunden. Diese Öffnungen können aktiv verschlossen und wieder geöffnet werden. Die Rippen sind bei den rezenten Amphibien weitgehend zurückgebildet und bei den Anuren (Ausnahme: Discoglossiden) mit den Querfortsätzen der Wirbel verwachsen, sie erreichen niemals das Sternum. Deshalb kann die Atemluft auch nicht – wie bei den Reptilien, Vögeln und Säugetieren – durch Erweiterung des Thorax in die Lunge gesogen, sondern muss in sie hineingepresst werden. Das geschieht durch Heben

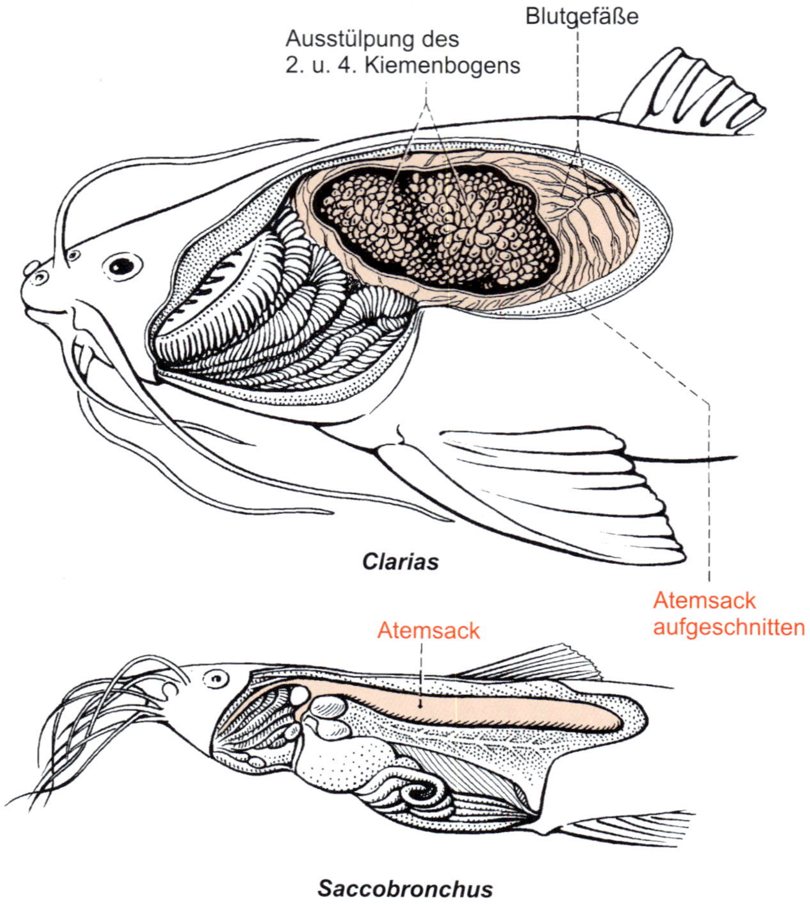

Abb. 4.19 Zwei Beispiele für die Umwandlung von Teilen des Kiemenraums zu Luftatmungsorganen bei Fischen. (Aus Hirsch GC (1964) Die Lebensäußerungen der Tiere. In: Bertalanffy L v (Hrsg) Handbuch der Biologie, Bd V. Akademische Verlagsgesellschaft Athenaion, Darmstadt, 173–334.)

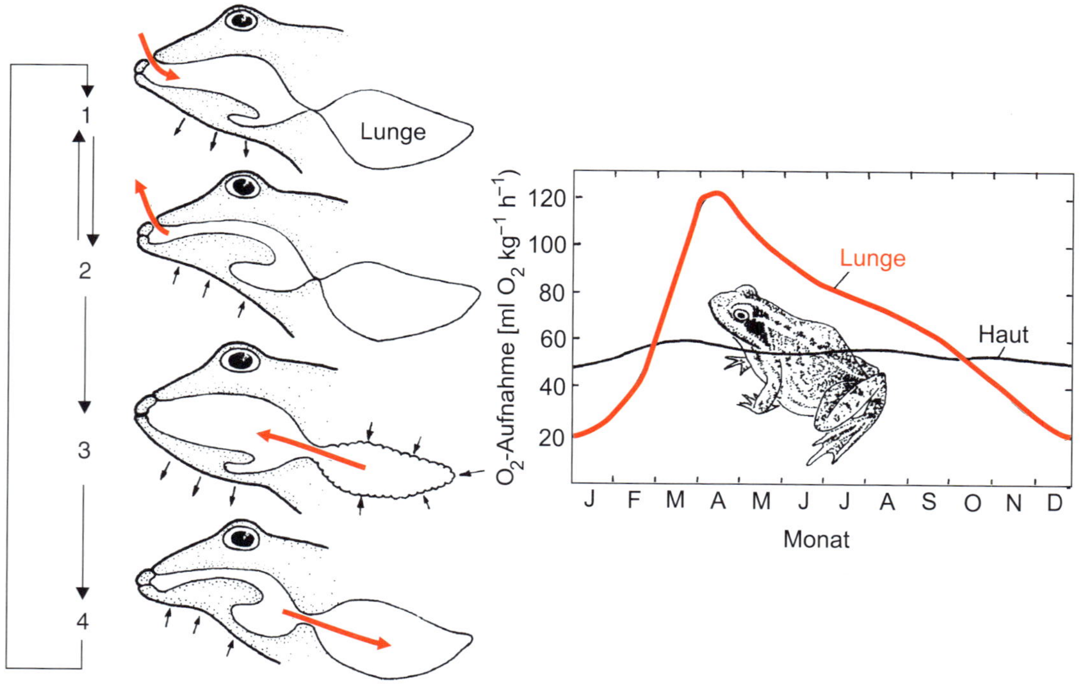

Abb. 4.20 Links: Die Atmungsmechanik beim Frosch (*Rana*). ①, ② Kehloszillation bei geöffneten Nasenlöchern und geschlossener Glottis; ③, ④ Lungenventilation bei geschlossenen Nasenlöchern und geöffneter Glottis. Rechts: O_2-Aufnahme durch Haut bzw. Lunge beim Frosch im Jahreszyklus. (Nach Dolk HE, Postma N (1927) Über die Haut- und die Lungenatmung von *Rana temporaria*. Z vergl Physiol 5, 417–444.)

des Mundhöhlenbodens bei geschlossenen Nasenlöchern. Die Ventilation und der Gasaustausch in der Lunge ist bei unseren einheimischen Fröschen daher recht kompliziert (Abb. 4.20): Zunächst wird bei offenen Nasenlöchern aber geschlossenem Lungengang (Glottis) durch Oszillation des Mundhöhlenbodens die Luft in der Mundhöhle rhythmisch erneuert. Diese Kehloszillation wird von Zeit zu Zeit unterbrochen und die Nasenöffnungen werden geschlossen. Durch Kontraktion der Bauchmuskulatur, unterstützt durch die Eigenelastizität der Lungenwand, erfolgt anschließend bei geöffneter Glottis die Exspiration. Die ausgestoßene Luft vermischt sich mit der Frischluft in der Mundhöhle. Durch Heben des Mundhöhlenbodens wird die Mischluft wieder in die Lunge gepresst. Dieser Vorgang der Lungenentleerung und -füllung kann sich mehrere Male wiederholen, dann setzt bei geschlossener Glottis, aber offenen Nasenlöchern die Kehloszillation wieder ein. Bemerkenswert an diesem Mechanismus ist, dass niemals Frisch-, sondern immer nur Mischluft in die Lunge gelangt. Diesen etwas ineffizient anmutenden Mechanismus können Frösche sich leisten, weil sie einen erheblichen Teil ihres Gaswechsels über die Körperoberfläche vornehmen. Die Frösche nehmen im Winter, wenn die Stoffwechselrate gering ist, mehr Sauerstoff über die Haut als über die Lungen auf. Im Sommer ist es umgekehrt. Während die **Hautatmung** das Jahr über etwa weitgehend konstant bleibt, nimmt im Frühjahr/Sommer die Lungenatmung stark zu (Abb. 4.20). *Rana esculenta* ebenso wie einige andere Frösche können nicht unbegrenzt in gut durchlüftetem Wasser leben, wenn man die Lungenatmung verhindert. Bei einer Temperatur von 19–20 °C tritt nach 10–15 Tagen der Tod ein. Bei *Rana temporaria* und beim Krallenfrosch *Xenopus* wird über die Lunge etwa dreimal so viel Sauerstoff wie über die Haut aufgenommen. Die CO_2-Abgabe erfolgt in jedem Fall vornehmlich über die Haut.

Bei Kröten sind die Verhältnisse ganz ähnlich (Abb. 4.21). Der Gasaustausch der Amerikanischen Kröte (*Bufo americanus*) erfolgt bei höheren Temperaturen anteilig verstärkt durch die Lungen, bei niedrigeren Temperaturen eher durch die Haut. Die Kohlendioxidabgabe über die Haut ist bei allen Temperaturen größer als diejenige über die Lungen.

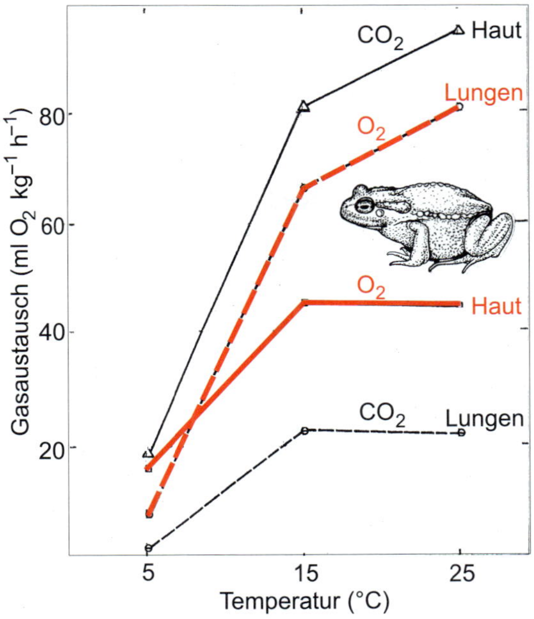

Abb. 4.21 Lungen- und Hautatmung bei verschiedenen Temperaturen bei der Amerikanischen Kröte (*Bufo americanus*). (Nach Hutchinson VH, Whitford WG, Kohl M (1968) Relation of body size and surface area to gas exchange in anurans. Physiol Zool 41, 65–85.)

Die **Vögel** besitzen die leistungsfähigsten Atmungsorgane im Tierreich. Die evolutive Entstehung dieser Organe und ihrer Funktionen ist dadurch bedingt, dass Vögel oft in großen Höhen fliegen, in denen der Gesamtdruck der Luft (30 kPa in 8000 m Höhe) und damit auch der O_2-Partialdruck (6 kPa in 8000 m Höhe) niedrig sind. Trotz dieser Limitierung der Sauerstoffverfügbarkeit müssen sie so effektiv Sauerstoff aufnehmen, dass sie damit ihren aeroben Energiestoffwechsel beim Fliegen dauerhaft auf hohem Niveau betreiben können. Nur so ist es Vögeln möglich, während des jährlichen Zuges lange Strecken über Gebirgen zurückzulegen.

Ihre paarigen Lungen stehen in Verbindung mit fünf ebenfalls paarigen, sich weit in den Körper erstreckenden Luftsäcken, in denen zwar keine nennenswerte O_2-Aufnahme stattfindet, die aber dennoch von großer Bedeutung für die Atmungsmechanik sind. Durch die Lungen zieht ein kompliziertes System von Luftkanälchen, die nicht blind in Alveolen enden, sondern letzten Endes in die **Luftsäcke** münden. Die Oberfläche der Lunge ist von einer dünnen Pleura überzogen und durch Bindegewebsstränge mit der Thoraxwand verbunden, was sonst bei Wirbeltieren nicht vorkommt. Im Gegensatz zur Poollunge der anderen Wirbeltiere arbeitet die Vogellunge nach dem **Durchströmungsprinzip**[181].

In jeden Lungenflügel tritt ein **Bronchus** ein, der als Bronchus 1. Ordnung (primärer Bronchus oder Hauptbronchus) bezeichnet wird, durch die ganze Lunge zieht und in den abdominalen Luftsack mündet (Abb. 4.22). Von seinem oft etwas erweiterten Anfangsteil (Vestibulum) gehen innerhalb der Lunge gewöhnlich vier (maximal sechs) dicke craniomediale Bronchi 2. Ordnung (Ventrobronchien) aus. Sie breiten sich unter Verzweigung unter der ventralen Lungenoberfläche aus. Vom caudalen Teil des Vestibulums und vom anschließenden Teil des Hauptbronchus (nun auch Mesobronchus genannt) entspringen innerhalb der Lunge nach dorsal nochmals sechs bis zehn Bronchi 2. Ordnung (Dorsobronchien). Diese breiten sich unter Verzweigung unter der laterodorsalen Lungenoberfläche aus.

Innerhalb der Lunge treten die Dorsobronchien mit den Ventrobronchien über die **Parabronchien** (Bronchien 3. Ord-

181 Aktuelle Studien an der Lunge des Steppenwarans (*Varanus exanthematicus*) ergaben, dass dieses Tier ebenfalls eine Durchströmungslunge besitzt. Da auch Krokodile ähnliche Merkmale ihrer Lungenanatomie aufweisen, scheint dieses Merkmal schon lange vor der Entwicklung der Vögel evolviert zu sein. Was der dafür notwendige Evolutionsdruck gewesen sein könnte, liegt allerdings im Dunkeln.

nung) in Verbindung. Diese Parabronchien bezeichnet man auch als Lungenpfeifen, weil sie (beim Huhn 150–200 Stück) wie die Orgelpfeifen mehr oder weniger parallel zueinander angeordnet sind. Ihr Durchmesser liegt – von Art zu Art verschieden – zwischen 0,5 und 2 mm. Die Wände der Parabronchien zeigen zahllose kleine Öffnungen, die in Höhlen (Atria) führen, von denen viele sich rasch verzweigende Luftkapillaren (Branchioli) ausgehen. Letztere haben einen Durchmesser von 3–15 µm und enden entweder blind (bei schlechten Fliegern wie dem Huhn usw.) oder anastomosieren mit Luftkapillaren benachbarter Parabronchien (bei guten Fliegern wie der Taube usw.). Sie stehen in engem Kontakt mit Blutkapillaren. In ihnen geht der größte Teil des Gasaustausches vor sich.

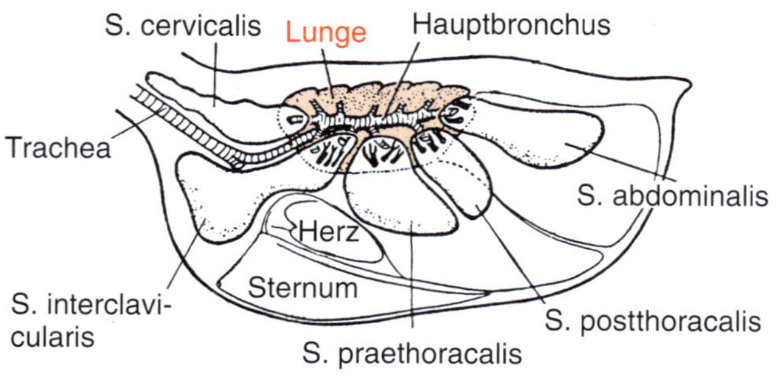

Abb. 4.22 Lage der Lunge und der Luftsäcke beim Vogel. S = Saccus.

Während der **Inspiration** strömt nach Untersuchungen an Gans und Stockente der größte Teil der eingeatmeten Frischluft durch den Hauptbronchus direkt in die posterioren Luftsäcke (Saccus postthoracalis, S. abdominalis) (Abb. 4.23, Zyklus 1: Inspiration). Auch die anterioren Luftsäcke (S. cervicalis, S. interclavicularis, S. praethoracalis) dehnen sich aus, werden aber nicht mit Frischluft, sondern mit weitgehend sauerstofffreier Luft aus den Parabronchien gefüllt (Abb. 4.23, Zyklus 2: Inspiration). Während der sich anschließenden **Expiration** strömt die Frischluft aus den posterioren Luftsäcken in die

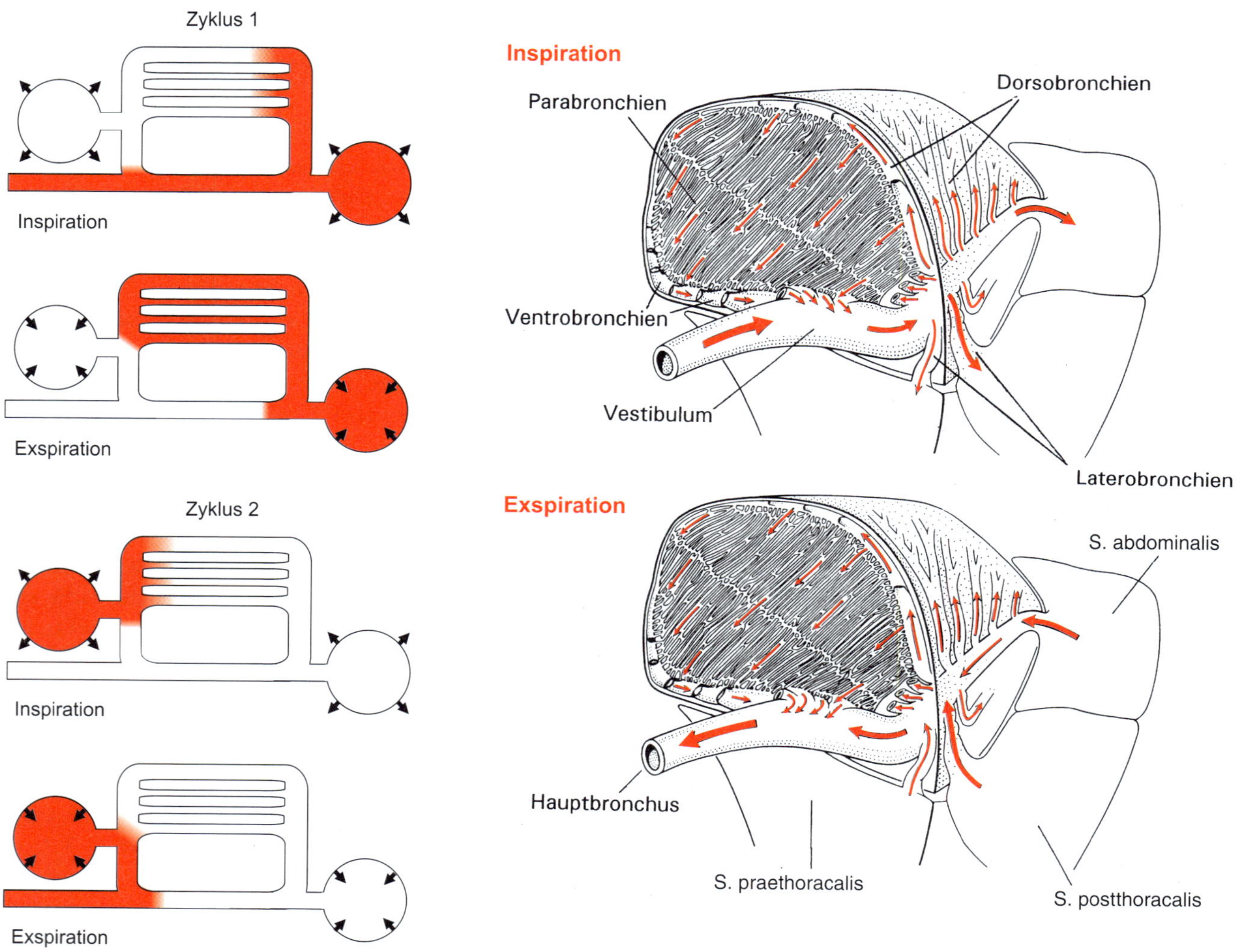

Abb. 4.23 Die Wege der Atemluft in der Vogellunge. Links: Weg eines Bolus inspirierter Luft (rot) während zweier aufeinanderfolgender Atmungszyklen. Rechts: Unidirektionale Durchströmung der Parabronchien und der Luftkapillaren während der Inspiration und der Exspiration. S = Saccus. (Links: nach Schmidt-Nielsen K (1999) Physiologie der Tiere. Spektrum Akademischer Verlag, Heidelberg; rechts: nach Kämpfe L, Kittel R, Klapperstück J (1993) Leitfaden der Anatomie der Wirbeltiere. 6. Aufl. Fischer, Jena, Abb. 97, S. 151.)

Lunge, während die sauerstoffarme Luft aus den anterioren Säcken direkt nach außen geleitet wird. Die Besonderheit der Vogellunge besteht also darin, dass sich die Luftströmung an der Austauschoberfläche in einem Atemzyklus nicht umkehrt, sondern sowohl bei der In- wie auch bei der Exspiration unidirektional von hinten nach vorn durch die Lunge (Parabronchien) gerichtet ist.

Aus den Parabronchien gelangen die Atemgase durch Diffusion in die **Luftkapillaren**, dem Ort des eigentlichen Gasaustausches zwischen der Luft und dem Blut. Diese können blind enden (z. B. bei Laufvögeln oder schlechten Fliegern wie dem Huhn) oder durchgängig sein und zwei Parabronchien verbinden, wie dies bei guten Fliegern (z. B. Schwalben, Gänsen oder Kolibris) der Fall ist. Durch pulsierende Bewegungen der Parabronchien kann die Diffusionsstrecke zwischen Parabronchus und Luftkapillaren verkürzt werden. Außerdem ist bauartbedingt die volumenspezifische Austauschoberfläche des Lungengewebes bei Vögeln (172–389 mm^2 mm^{-3}) durch diese Verzweigungen der Luftwege etwa zehnfach größer als bei Säugetieren. Berechnungen haben ergeben, dass bereits eine Differenz von 4 Pa zwischen dem O_2-Partialdruck in den Parabronchien und dem in den Luftkapillaren ausreicht, den normalen O_2-Verbrauch einer jungen Krähe (von 330 g Gewicht) von 400 ml O_2 h^{-1} zu gewährleisten. Für den etwa 25-fach gesteigerten O_2-Bedarf während des Fluges reicht eine Druckdifferenz von 100 Pa aus. Die Effizienz und die Reserven der Vogellunge werden eindrucksvoll illustriert durch die Beobachtung, dass die Himalaya-Gans (*Anser indicus*) ihren Gaswechsel bis zu einer Flughöhe von 6100 m ohne jede Änderung der Ventilationsrate aufrechterhalten kann. Auch bei einem Flug in 11 000 m Höhe, wo die Sauerstoffkonzentration gerade noch 1,4 mmol l^{-1} beträgt, ist nur eine geringe Steigerung der Ventilationsfrequenz zu messen.

Wesentliches Element der effizienten Funktionsweise der Vogellunge ist die Optimierung des Sauerstoffübertritts aus den Parabronchien bzw. den Luftkapillaren ins Blut. Anders als bei anderen Wirbeltieren strömt das Blut an den respiratorischen Austauschflächen nicht einfach innerhalb eines einfachen Kapillarbettes vorbei, sondern ist als ein **Kreuzstromprinzip** angelegt. Dem unidirektionalen, stetigen Luftstrom in den Luftkapillaren strömt das Blut in einzelnen Kapillarschlingen entgegen, die auf einer Luftkapillare seriell hintereinander immer wieder O_2-armes Blut aus der Lungenvene mit der Austauschoberfläche in Kontakt bringen (◻ Abb. 4.24). Die Schlingen münden in ein Sammelgefäß, das nur O_2-reiches, aber kein Mischblut enthält. So werden die Partialdruckgradienten an jeder Stelle der Austauschoberfläche hoch gehalten. Wie beim Gegenstromprinzip kann auf diese Weise erreicht werden, dass der arterielle Sauerstoffpartialdruck deutlich höher ist als der Sauerstoffpartialdruck der Luft, die die Parabronchien verlässt (◻ Abb. 4.5). Der Sauerstoffausnutzungsgrad ist daher sehr hoch, was prinzipiell beim Poolsystem (Alveolen aus Säugern) wegen des im Ventilationsstillstand abnehmenden Sauerstoffpartialdrucks und des Umstandes, dass der Sauerstoffpartialdruck des Blutes während der Passage durch die Alveolarkapillare zunimmt (Verringerung des Partialdruckgradienten) nicht möglich ist.

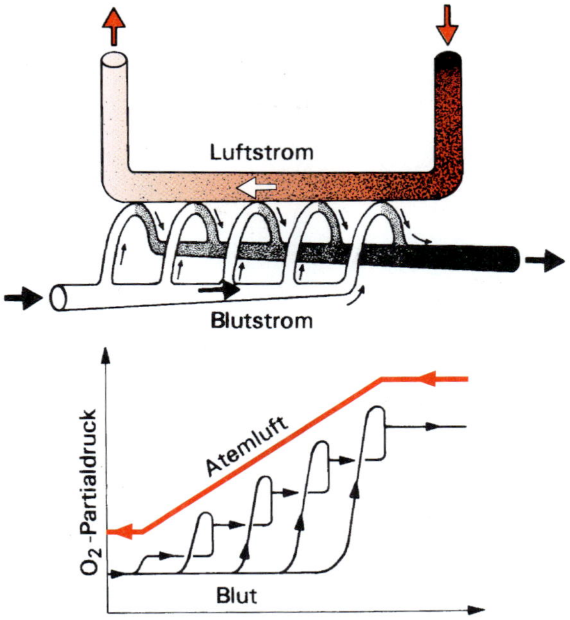

◻ **Abb. 4.24** Kreuzstromprinzip beim Gasaustausch in der Vogellunge. Die seriell angeordneten Blutkapillaren ermöglichen eine Summation der Teilströme des sauerstoffgesättigten Blutes im abführenden Gefäß. Im Verbund mit dem stetigen Luftstrom durch die Parabronchien entsteht dadurch eine ähnliche Effizienz in der Sauerstoffausnutzung des Atemmediums wie beim Gegenstromprinzip, nur dass sich das Blut auf seinem Weg durch das Atmungsorgan nicht kontinuierlich, sondern in Stufen mit Sauerstoff belädt, sodass an den Kontaktstellen von Kapillaren und Parabronchien jeweils größere Partialdruckdifferenzen erhalten bleiben.

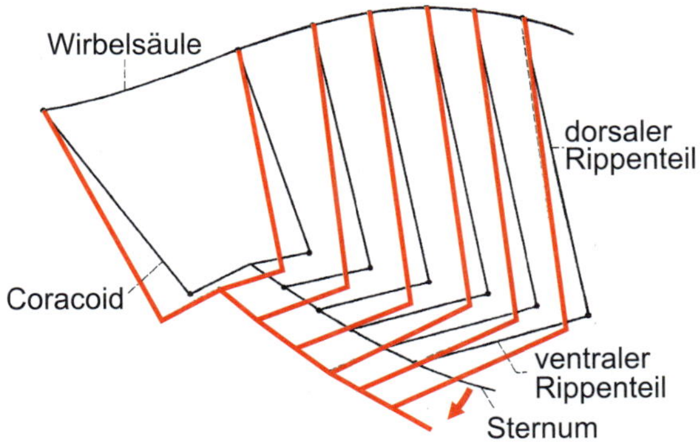

◻ **Abb. 4.25** Schema der Atembewegungen beim ruhenden Vogel. (Aus Kämpfe L, Kittel R, Klapperstück J (1993) Leitfaden der Anatomie der Wirbeltiere. 6. Aufl. Fischer, Jena, Abb. 100, S. 154.)

Das Volumen der Vogellunge verändert sich bei den Atembewegungen nicht wesentlich (Volumenkonstanz). Die Inspirationsbewegung besteht beim Vogel in einem Nachvorneziehen der beiden, gelenkig miteinander verbundenen Rippenabschnitte. Dadurch vergrößert sich der Winkel zwischen diesen Abschnitten und der Abstand des Sternums von der Wirbelsäule nimmt zu (◻ Abb. 4.25). Die Vergrößerung des thorako-

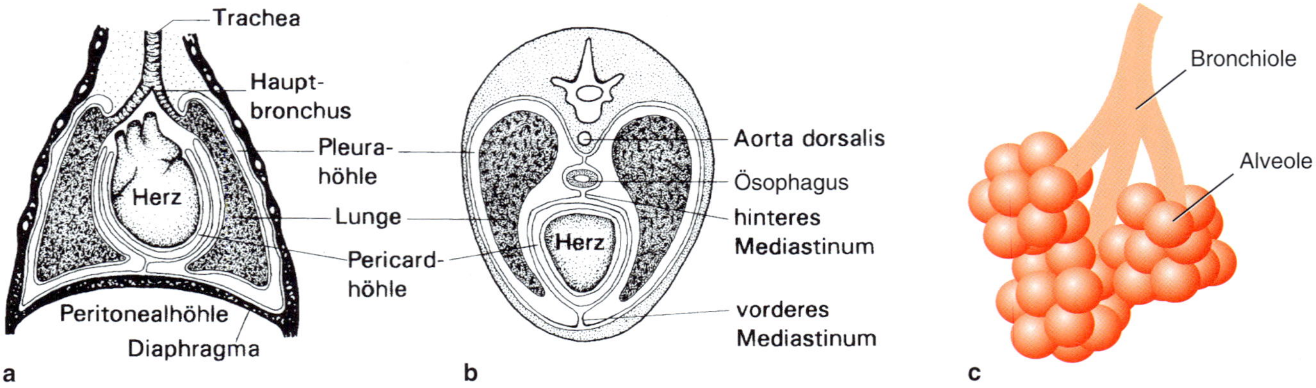

Abb. 4.26 Längsschnitt (**a**) und Querschnitt (**b**) durch den Thorax eines Säugetiers. **c** Schema dreier Bronchiolen mit angeschlossenen Alveolen. (a aus Romer AS, Parsons TS (1983) Vergleichende Anatomie der Wirbeltiere. 5. Aufl. Parey, Hamburg.)

abdominalen Raums ist am caudalen Ende des Sternums am größten. Deshalb sind die thorakalen und besonders die beiden großen abdominalen Luftsäcke für die Ventilation von größter Bedeutung, während die Cervical- und Interclavicularsäcke keine Bedeutung haben. Beim Huhn treten 80 % des eingeatmeten Luftvolumens in die abdominalen Säcke ein. Im Gegensatz zu den Säugetieren muss auch die Exspiration aktiv durchgeführt werden. Dazu werden die dorsalen Rippenabschnitte nach hinten und damit das Sternum nach oben gezogen. Gegen Ende der Exspirationsphase wird dann noch das Sternum in Richtung zum Becken bewegt. Die durch die elastischen Zugkräfte der Ligamente angestrebte Ruhelage des Thorax liegt zwischen seiner Inspirations- und Exspirationsstellung.

Bei großen Vögeln, bei denen der Brustkorb synchron mit dem Flügelschlag alternierend erweitert und vergrößert wird, kann es durch die damit verbundene intensive Durchströmung der Lunge zu einer Auswaschung des Kohlendioxids aus dem Blut (**Hypokapnie**) kommen. Dies führt bei Vögeln zwar nicht so leicht wie bei Säugetieren zu einer reflektorisch gesteuerten Minderdurchblutung des Gehirns durch Vasokonstriktion der Gehirnarteriolen, kann aber eine **Alkalose** (Steigerung des pH-Wertes des Blutes) bewirken, die sich ungünstig auf die Sauerstofftransporteigenschaften des Blutes auswirkt. Um das zu verhindern, haben diese Vögel eine außergewöhnlich lange Luftröhre ausgebildet, die sogar in Schlingen gelegt sein kann, was besonders bei Schwänen (Trompetenschwan) auffällig ist, die aufgrund ihres Gewichts keine langen Strecken im Segelflug zurücklegen können. Durch die Länge der Luftröhre wird ein großer Totraum geschaffen, in dem sich die CO_2-reiche Luft aus der Lunge mit der CO_2-armen Frischluft vermischen kann. Bei den Störchen, die jederzeit segeln können, falls die CO_2-Auswaschung zu stark werden sollte, verläuft die Luftröhre dagegen geradlinig im langen Hals, der Totraum ist gering.

Werden Vögel höheren Temperaturen ausgesetzt, so versuchen sie, durch schnellere, aber weniger tiefe Atemzüge (*panting*[182]) Wärme abzugeben und einer Überhitzung ihres Körpers entgegenzuwirken (▶ Abschn. 10.5.1). Die Luftzirkulation in der Lunge scheint dabei allerdings an der respiratorischen Oberfläche weitgehend vorbeigeleitet zu werden, sodass ein übermäßiger Verlust an CO_2 und eine respiratorische Alkalose vermieden werden.

Die Lunge der **Säugetiere** arbeitet wie die anderer Wirbeltiere (mit Ausnahme der Vögel) nach dem **Poolprinzip**. Allerdings zeigt sie im Vergleich mit der Lunge der Amphibien und Reptilien eine vielfältiger differenzierte innere Oberfläche, die eine große volumenspezifische Fläche aufweist (20–30 $mm^2\ mm^{-3}$). Der in jeden Lungenflügel führende Hauptbronchus spaltet sich in immer feinere Kanäle (**Bronchien**, **Bronchiolen**) auf, bis diese schließlich in die Alveolengänge übergehen, an denen die Lungenbläschen (**Alveolen**[183]) wie die Beeren einer Weintraube sitzen. Jeder Lungenflügel befindet sich in einer dicht abgeschlossenen Höhle (**Pleurahöhle**), die caudal durch das Zwerchfell (**Diaphragma**) begrenzt und allseitig von den Pleurablättern ausgekleidet ist (Abb. 4.26). In der Pleurahöhle befindet sich eine inkompressible Flüssigkeit. Nur beim Elefanten und Tapir sind die Lungen mit der Thoraxwand verwachsen.

In der Pleurahöhle herrscht normalerweise ein gewisser Unterdruck gegenüber dem Lungeninneren vor, der dadurch verursacht wird, dass die selbst noch in Exspirationsstellung gedehnte Lunge die Tendenz hat, sich zusammenzuziehen (**Retraktionskraft**). Die Retraktion kann aber nicht erfolgen, da die Pleurahöhle hermetisch abgeriegelt ist und die Pleurahöhlenflüssigkeit wie alle Flüssigkeiten weder komprimier- noch expandierbar ist. Wird die Pleurahöhle allerdings durch eine Verletzung nach außen geöffnet (**Pneumothorax**[184]), so verschwindet der Unterdruck und die Lunge zieht sich bis zur Ruhelage zusammen, was die Sauerstoffaufnahme stark beeinträchtigen kann. Im Normalfall halten sich Interpleuraldruck und Retraktionskraft die Waage. Jeder aktiven Erweiterung des Thoraxraums muss die Lunge passiv folgen, ohne dass sie dazu mit der inneren Brustwand verwachsen sein müsste. Durch Tho-

182 *to pant* (engl.) = hecheln

183 *alveolus* (lat.) = kleine Aushöhlung

184 *pneuma* (griech.) = Luft; *thorax* (griech.) = Brustkorb

raxerweiterung (**Brustkorbatmung**) oder Zwerchfellabsenkung gegen den Bauchraum (**Bauchatmung**) wird ein Druckabfall im Lungeninneren hervorgerufen, der durch Einstrom von Frischluft kompensiert wird (**Inspiration**). Bei der Verkleinerung des Thoraxraums oder durch Aufwärtsbewegung des Zwerchfells führt umgekehrt ein Druckanstieg in der Lunge zur **Exspiration**. Der Druck in der Pleurahöhle (Interpleuraldruck p_{pl}) bleibt immer unter dem Lungeninnendruck (Intrapulmonaldruck p_{pulm}), da die Retraktionskraft K der Lungenwand in keiner Phase verschwindet. Bezeichnet man die Lungenoberfläche mit F, so gilt:

$$p_{pl} = p_{pulm} - \frac{K}{F}$$

Aus dieser Beziehung kann man ersehen, dass die Differenz zwischen p_{pl} und p_{pulm} zunimmt, wenn die Lunge bei der Inspiration gedehnt wird und damit K ansteigt (Tab. 4.6).

Das Bestreben der Lunge, sich zu verkleinern (Retraktion), kommt durch den Zug der elastischen Fasern des Lungenparenchyms und durch die Oberflächenspannung der Alveolen zustande. Letztere muss allerdings mithilfe oberflächenaktiver Substanzen (Surfactant, Tenside) auf einem relativ niedrigen Wert gehalten werden, um den für die Dehnung der Lunge notwendigen Kraftaufwand zu verringern und ein Kollabieren der Alveolen zu verhindern. Solche Substanzen sind bei Amphibien, Reptilien, Vögeln und Säugetieren gefunden worden. Beim **Surfactant** handelt sich um ein Gemisch aus Lipiden und Proteinen. Die dominierende Lipidkomponente ist das Dipalmitoyllecithin (80 % der Surfactantmasse). Daneben kommt auch Cholesterin vor (10 %). Die restlichen 10 % sind Proteine, die als Surfactantproteine A–D bezeichnet werden. Die Substanzen werden bei den Säugetieren in den Typ-II-Zellen des Alveolarepithels gebildet. Die Synthese und Ausschüttung von Surfactant steht unter der Kontrolle von Glucocorticoiden.

Nach dem Gesetz von Laplace* besteht in einem dehnbaren Hohlorgan zwischen der Oberflächenspannung σ (Oberflächenenergie pro Flächeneinheit), dem Radius r des Hohlorgans und dem im Hohlorgan herrschenden Überdruck Δp folgende einfache Beziehung:

$$\Delta p = \frac{4\sigma}{r}$$

Wäre die Oberflächenspannung σ in Alveolen verschiedener Größe (Abb. 4.27) gleich, so herrschte in der kleineren ein höherer Druck als in der größeren, sie hätte die Tendenz zu kollabieren und sich in die größere hinein zu entleeren. Das geschieht allerdings in der Lunge nicht, weil – abgesehen davon, dass durch das umgebende Gewebe eine zu starke Überdehnung der Alveolen ohnehin weitgehend verhindert wird – mit der Ausdehnung der Alveole gleichzeitig die Menge der Tenside pro Flächeneinheit und damit ihre oberflächenspannungsvermindernde Wirkung abnimmt. Damit wird die Druckdifferenz zwischen kleineren und größeren Alveolen abgebaut und das Risiko des Kollabierens vermindert.

Die Erweiterung des Thorax wird durch die Tätigkeit bestimmter Muskeln (Inspirationsmuskeln) geleistet. Der wichtigste Inspirationsmuskel ist das **Zwerchfell** (**Diaphragma**). Es ist im entspannten Zustand der Exspiration kuppelförmig in die Brusthöhle hinein vorgewölbt und liegt mit seinen Randpartien der Thoraxwand von innen an. Bei seiner Kontraktion flacht es sich ab, wobei es sich gleichzeitig am Rand von der Thoraxwand abhebt (Abb. 4.28). Dadurch wird die Brusthöhle caudalwärts vergrößert. Eine Reihe anderer Muskeln sorgt durch Bewegung der Rippen cranialwärts für eine Vergrößerung des Brustkorbdurchmessers. Wichtig sind in diesem Zusammenhang die Mm. intercostales externi.

Im Gegensatz zur Inspiration verläuft die Exspiration in erster Linie rein passiv bei Erschlaffung der Inspirationsmuskulatur durch elastische Rückstellkräfte, die vorher durch die Inspirationsbewegung entstanden sind. Das Zwerchfell nimmt seine stark vorgewölbte Ruhestellung infolge des herrschenden Überdrucks in der Bauchhöhle und des elastischen Zuges der Lunge wieder ein. Die Rippen kehren automatisch in ihre Ruhelage zurück, aus der sie gegen den elastischen Widerstand ihrer Gelenkbänder und Knorpelverbindungen entfernt worden waren. Allerdings kann die Exspirationsbewegung auch durch aktive Muskeltätigkeit unterstützt werden (Mm. intercostales interni u. a.). Bei solchen Säugetieren (Elefant, Tapir), bei denen die Pleurablätter miteinander verwachsen sind, beschränken sich die Atembewegungen fast vollständig auf die Zwerchfelltätigkeit. Bei den Fledermäusen ist während des schnellen Fluges eine aktive Ventilation nicht nötig. Die Luft wird passiv in die Lungen gepresst. Unterstützt wird die Ventilation durch die Bewegung der Flügel.

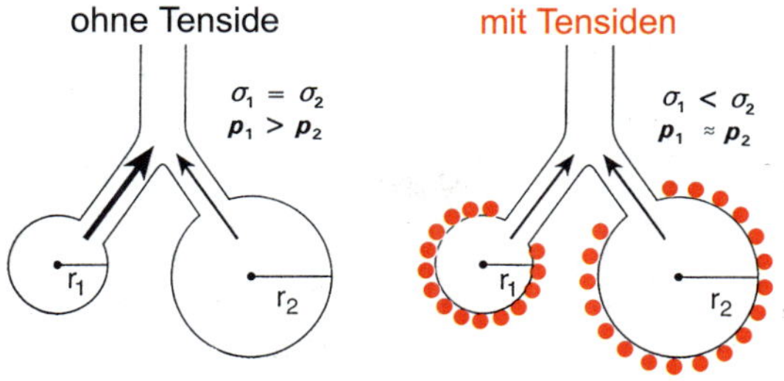

Abb. 4.27 Zwei benachbarte Alveolen unterschiedlicher Größe in der Lunge eines Säugetiers werden durch die Einlagerung von Surfactant und die Einbettung in das Lungengewebe stabilisiert. (Nach Deetjen P, Speckmann E-J (1999) Physiologie. 3. Aufl. Urban & Fischer, München, Abb. 8–9, S. 354, verändert.)

Tab. 4.6 Der Interpleuraldruck p_{pl} im Verhältnis zum Außendruck bei verschiedenen Säugetieren unter statischen Verhältnissen.

	am Ende der Inspiration (kPa)	am Ende der Exspiration (kPa)
Pferd	–4,0	–1,3
Mensch	–3,3	–0,7
Hund	–1,3	–0,5
Kaninchen	–0,6	–0,3

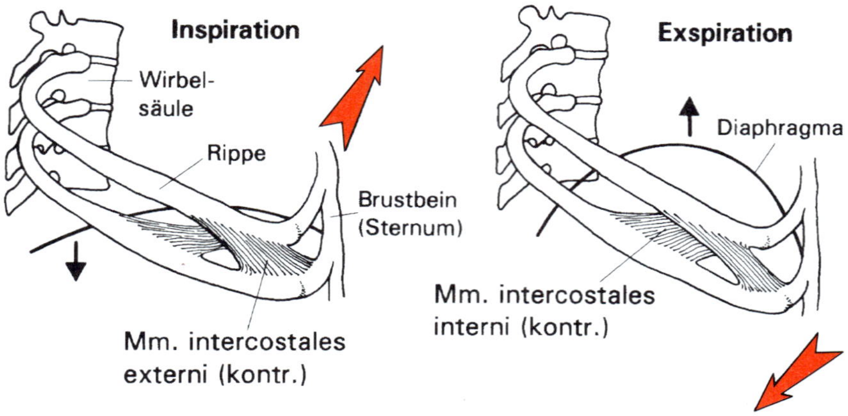

Abb. 4.28 Die Bewegungen der Rippen und des Zwerchfells (Diaphragma) bei der Atmung der Säugetiere. (Nach Eckert R (1986) Tierphysiologie. Thieme, Stuttgart.)

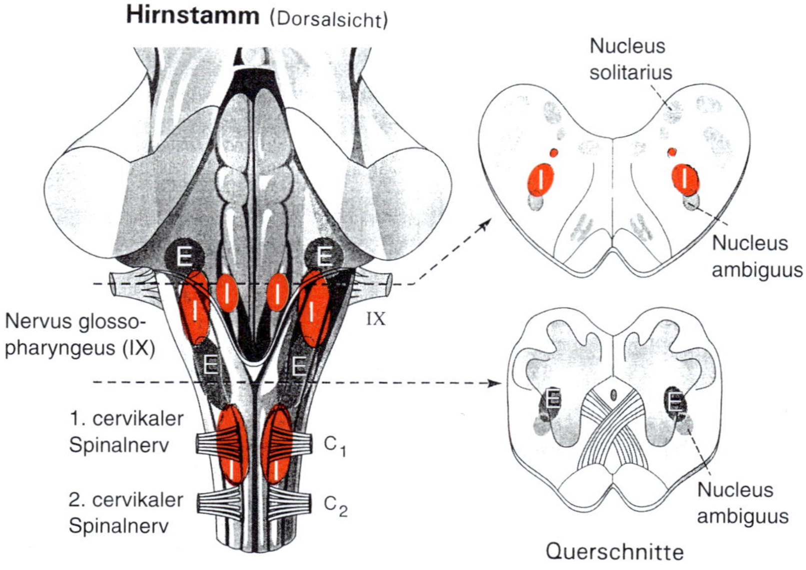

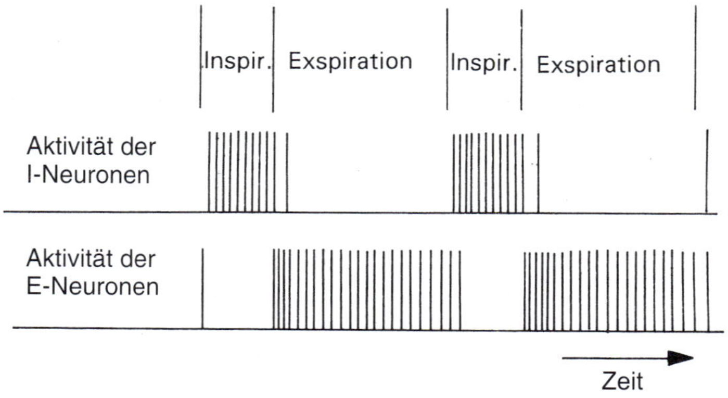

Abb. 4.29 Die Felder inspiratorisch (I) bzw. exspiratorisch (E) aktiver Neurone im Hirnstamm des Menschen. (Aus Deetjen P, Speckmann E-J (1999) Physiologie. 3. Aufl. Urban & Fischer, München, Abb. 8–29, S. 365.)

Während wir bei den Fischen, Vögeln und Säugetieren im Wachzustand gewöhnlich eine regelmäßige und kontinuierlich eingehaltene Atemfrequenz beobachten, treten bei den Amphibien und Reptilien zwischen den rhythmischen Atmungsphasen oft mehr oder weniger lange Pausen mit Atemstillstand auf (**episodische Atmung**), was dadurch zu erklären ist, dass die gute Sauerstoffversorgung aus der Luft (teilweise über die Haut) bei vergleichsweise niedriger Stoffwechselrate ein solches intermittierendes Ventilieren zulässt.

Der regelmäßige **Atemrhythmus** bei Säugetieren und wahrscheinlich auch bei den Vögeln wird beidseitig in der ventrolateralen Medulla oblongata zwischen der Wurzel des Nervus glossopharyngeus (IX) und des zweiten cervikalen Spinalnerven in einem Netzwerk miteinander verschalteter Neuronen entlang dem Nucleus ambiguus generiert (Abb. 4.29). Diese Nervenzellen bilden einen zentralen **Rhythmusgenerator**. Im Gegensatz zu den Schrittmacherzellen des Herzens sind diese Zellen allerdings nicht zur autonomen Rhythmogenese befä-

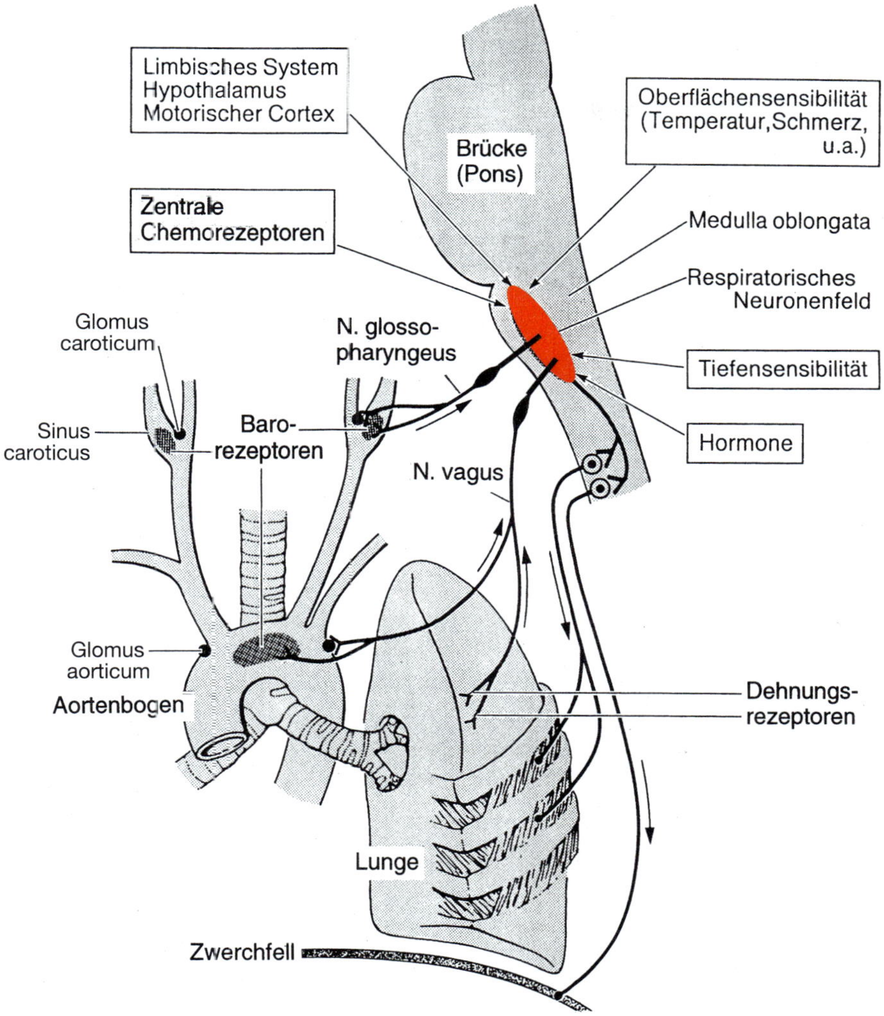

Abb. 4.30 Neuronale Signale aufgrund chemischer und physikalischer Reize werden im Atemzentrum der Medulla oblongata (rot) integriert. Das Ergebnis wirkt modulierend auf die efferenten rhythmischen Signalmuster von Motorneuronen ein, deren Axone die Intercostalmuskulatur und das Zwerchfell versorgen. Auf diese Weise werden Ventilationsfrequenz und -tiefe den aktuellen Bedürfnissen des Organismus angepasst. (Aus Storch V, Welsch U (2005) Kurzes Lehrbuch der Zoologie. 8. Aufl. Spektrum Akademischer Verlag, Heidelberg, Abb. 124, S. 267.)

higt, sondern bedürfen eines Erregungsantriebs vonseiten der Formatio reticularis (retikuläres aktivierendes System, RAS), die ihrerseits unter dem ständigen Einfluss aus der Körperperipherie und von übergeordneten neuronalen Zentren steht.

Im **Rhythmusgenerator** sind die einzelnen Neurone in komplexer Weise miteinander über inhibitorische und exzitatorische Synapsen verknüpft. Die inspiratorischen (I-)Neurone sind während der Einatmung (**Inspiration**), die exspiratorischen (E-)Neurone während der Ausatmung (**Exspiration**) aktiv. Die efferenten Nervenaktivitäten gelangen über reticulospinale Axone zu den spinalen Motoneuronen der Atemmuskulatur, die die Ventilationsbewegungen ausführen.

Der **Atemrhythmus** kommt wahrscheinlich nicht, wie früher angenommen, durch eine wechselseitige, alternierende Hemmung der inspiratorischen und exspiratorischen Neurone zustande. Es ist in der Medulla zwar eine Hemmung der exspiratorischen Neurone durch die inspiratorischen zu beobachten, aber nicht umgekehrt. Von zentraler Bedeutung für die Rhythmogenese scheinen deshalb die I-Neurone zu sein. Ihre Aktivität setzt zu Beginn der Inspiration ziemlich abrupt ein, nimmt dann stetig zu, um schließlich bei Erreichen eines Schwellenwertes wieder ein schnelles Ende zu finden. Die durch die Aktivität der I-Neurone ausgelöste Inspirationsbewegung führt zur Dehnung der Lunge und zur Abnahme des intrapulmonalen Drucks. Dehnungsrezeptoren in der Wand der Trachea und der Bronchien werden aktiviert und adaptieren nur langsam. Sie hemmen über den N. vagus rückläufig die I-Neurone in der Medulla oblongata, die daraufhin ihre Entladungsaktivität einstellen. Dieser Mechanismus, der gleichzeitig eine Lungenüberdehnung verhindert, ist seit 1868 bekannt und als Hering*-Breuer-Reflex (Abb. 4.30) in die Literatur eingegangen. Die sich anschließende Ausatmung (Exspiration) erfolgt, zumindest bei ruhiger normaler Atmung, weitgehend passiv, ist also nicht wesentlich von der Aktivität der Exspirationsneurone abhängig. Die Exspirationsneurone »feuern« nur, wenn die Inspirationsneurone »schweigen«. Sie sind bei Atemstillstand (Ausbleiben der Inspiration) dauerhaft aktiv.

Regulation der Lungenatmung

Der autonom generierte **Atemrhythmus** der luftatmenden Wirbeltiere muss ständig kontrolliert und nachgeregelt werden, um pO_2, pCO_2 und pH-Wert im Organismus möglichst konstant zu halten. Dabei muss eine Abstimmung der Atmungsaktivität mit der Aktivität des Kreislaufs bei körperlicher Arbeit oder ande-

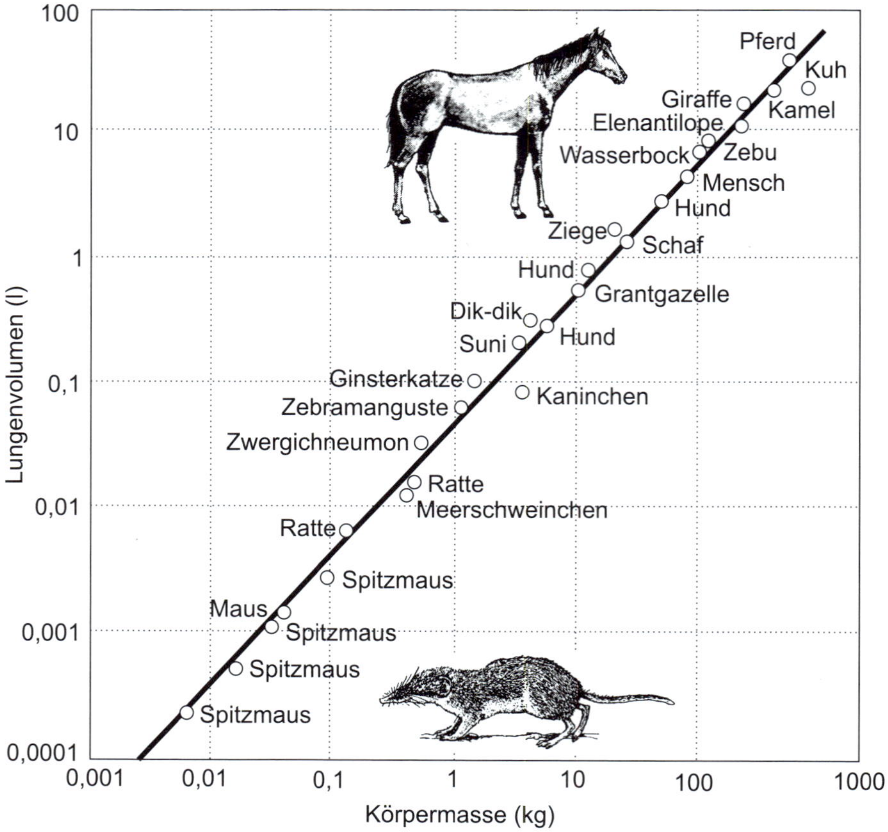

Abb. 4.31 Das Lungenvolumen einiger Säugetierarten in Abhängigkeit von der Körpermasse.

Tab. 4.7 Atemfrequenz (*f*) und Durchschnittsatemvolumen (*V*) bei einigen erwachsenen Vögeln und Säugetieren (Ruhewerte).

Vogel	Körpergewicht	*f* (min⁻¹)	*V* (ml)	Säugetier	Körpergewicht	*f* (min⁻¹)	*V* (ml)
Pelikan		4		Pferd	500 kg	6,4	4870,0
Haushuhn		12–21		Ziege	44 kg	17	610,0
Taube		25–30	5	Katze	2,45 kg	26	12,4
Erlenzeisig	11 g	114		Goldhamster	92 g	74	0,8
Kolibri (*Chlorestes*)	3 g	250		Hausmaus	20 g	163	0,15

ren Belastungen gewährleistet werden. Man kann deshalb von einer komplexen cardiorespiratorischen Regulation sprechen. Wir können reflektorisch-neuronale und chemische Kontrollmechanismen der Atmung unterscheiden.

Die Regulation der Atmung besteht in einer Regulation der **Ventilation**. Zwischen dem Lungenvolumen (V_L in Litern) und der Körpermasse (M in kg) besteht bei den Säugetieren folgende allometrische Beziehung:

$$V_L = 0{,}046\, M^{1{,}06}$$

In doppeltlogarithmischer Auftragung ergibt sich eine Gerade (Abb. 4.31).

Die Anzahl der Atemzüge pro Minute (Ventilationsfrequenz, Atemfrequenz) ist bei kleineren Säugetieren generell höher als bei größeren. Dasselbe gilt für die Vögel. Dort liegen die Werte allerdings wegen des größeren Atemvolumens niedriger als bei gleich großen Säugetieren (Tab. 4.7).

Das bei einem normalen Atemzug ausgewechselte Luftvolumen bezeichnet man als **Atemzugvolumen** (Abb. 4.32). Es beträgt beim Menschen in Ruhe rund 500 cm^3. Davon gelangen allerdings nur etwa 350 cm^3 tatsächlich als Frischluft in die Lunge, die restlichen 150 cm^3 verbleiben in den zuführenden Atemwegen (Totvolumen). Selbst bei maximaler Ausatmung verbleibt ein Restvolumen an Luft in der Lunge, das niemals ausgetauscht wird, das **Residualvolumen**. Es beträgt beim Menschen etwas mehr als 1000 cm^3. Durch Multiplikation des Atemzugvolumens mit der Atemfrequenz erhält man das **Atemminutenvolumen** (AMV). Es kann dem jeweiligen O_2-Bedürfnis des Tieres angepasst werden. Es steigt bei körperlicher Leistung dadurch stark an, dass sowohl die Atemfre-

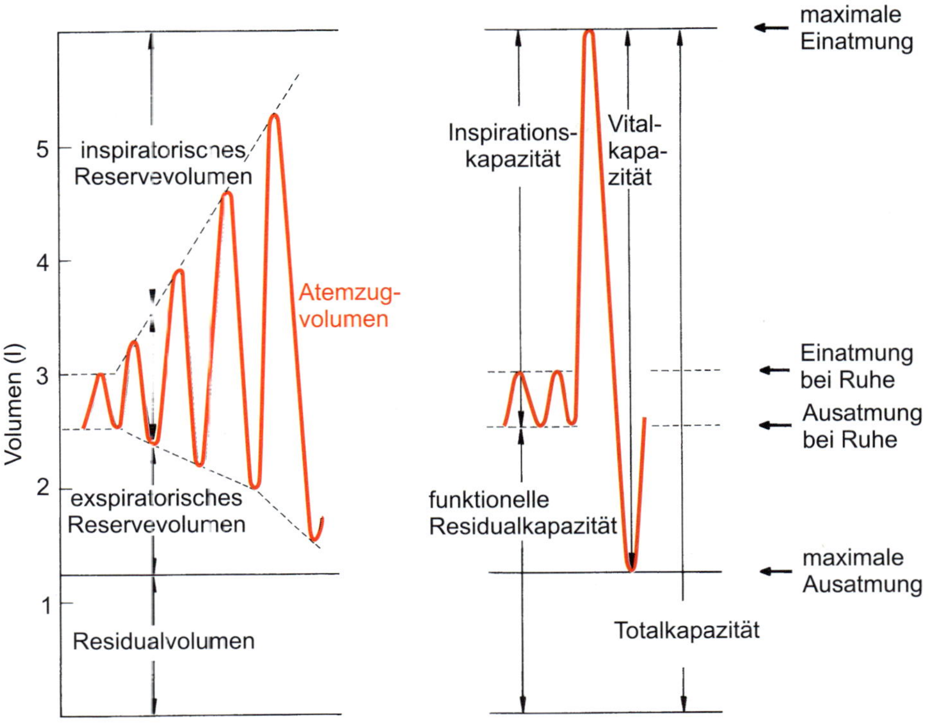

Abb. 4.32 Die verschiedenen Lungenvolumina und -kapazitäten beim Menschen. (Aus Eckert R (2000) Tierphysiologie. 3. Aufl. Thieme, Stuttgart, Abb. 13.23, S. 613.)

quenz als auch das Atemzugvolumen vergrößert werden. Da der Totraum unverändert bleibt, spielt er mit zunehmendem AMV eine immer geringere Rolle.

Luftatmende Tiere haben aufgrund des hohen Sauerstoffangebots in der Luft eine relativ geringe Ventilationsrate. Kohlendioxid wird in Gasform über das Lungenepithel abgegeben und akkumuliert als solches bis zum nächsten Atemzyklus in der Alveole. Dies trägt zu einem relativ hohen pCO_2 der Ausatmungsluft bei, der einen gewissen Rückstau von CO_2 in den Körperflüssigkeiten und den relativ hohen Hydrogencarbonatspiegel im Blut von luftatmenden Tieren mit verursacht (dieser wird zur Pufferung des extrazellulären pH-Wertes genutzt, ▶ Kap. 6). Es macht unter Berücksichtigung dieser Umstände also Sinn, dass die Ventilationsrate bei Vögeln und Säugetieren primär durch den arteriellen CO_2-Partialdruck beeinflusst wird, das heißt, dass der konkrete Atemreiz eher durch einen hohen pCO_2 als durch den absinkenden pO_2 vermittelt wird (Abb. 4.33). Bereits eine Erhöhung des pCO_2 von 5,3 auf 6,0 kPa bewirkt beim Menschen eine Verdopplung des AMV. Die Ventilation kann bis zu einem AMV von 70–80 l min^{-1} ansteigen, fällt dann aber bei weiterer Erhöhung des arteriellen pCO_2 (über 9,3 kPa) infolge narkotischer Wirkung des Kohlendioxids wieder ab. Demgegenüber sind die ebenfalls auftretenden Änderungen des pH-Wertes oder des arteriellen O_2-Partialdrucks zwar auch, aber deutlich schwächer, wirksam.

Die zentralen **Chemorezeptoren** für die Messung des pCO_2 und des pH-Wertes im Liquor cerebrospinalis (bezüglich dieser Parameter im Äquilibrium mit dem Blut) liegen in der Medulla oblongata (Abb. 4.30). Sie befinden sich auf drei Felder verteilt an der ventralen Oberfläche der Medulla oblongata in der

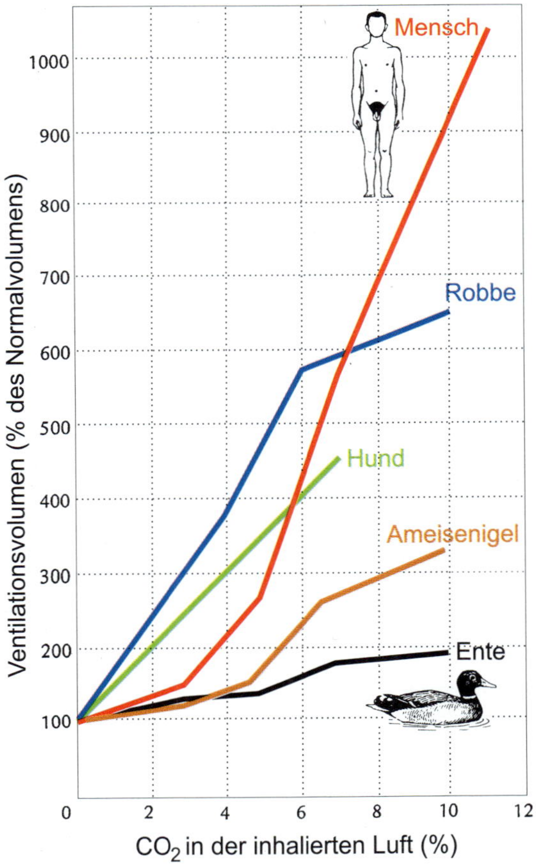

Abb. 4.33 Abhängigkeit des Respirationsvolumens vom CO_2-Gehalt der Inspirationsluft bei Vögeln (Ente) und Säugetieren (Mensch, Robbe, Hund, Ameisenigel). (Nach Bentley PJ, Herreid CF, Schmidt-Nielsen K (1967) Respiration of a monotreme, the echidna, Tachyglossus aculeatus. Am J Physiol 212, 957–961.)

Nachbarschaft der Wurzeln des N. vagus und des N. hypoglossus. Steigt der pCO_2 oder sinkt der pH-Wert, werden von ihnen Steigerungen von Ventilationsfrequenz und Ventilationstiefe eingeleitet.

Die peripheren Chemorezeptoren für die Registrierung des pO_2 im arteriellen Blut liegen bei den Säugetieren in den Glomera carotica (Paraganglien im Teilungswinkel der Kopfschlagader) und den Glomera aortica (Paraganglien im Aortenbogen) (Abb. 4.30), bei den Vögeln ebenfalls in den Glomera carotica und bei den Amphibien im Carotidenlabyrinth. Es handelt sich um sekundäre Sinneszellen (ohne ableitendes Axon), Typ-I-Glomuszellen (die Typ-II-Glomuszellen sind Stützelemente), die untereinander vielfältig synaptisch verbunden sind und von Fasern des N. glossopharyngeus innerviert werden. Sie sind bereits bei einem normalen arteriellen O_2-Partialdruck von 12,5 kPa (Mensch) aktiv. Ihre Aktivität steigt bei Abfall des arteriellen O_2-Partialdrucks. Es scheint sich bei der Typ-I-Glomuszelle um einen **O_2-Sensor** mit einer spezifischen O_2-Bindungskapazität in der Zellmembran zu handeln. Die Zellen reagieren, allerdings weniger empfindlich, auch auf einen Abfall des pH-Wertes des Plasmas und auf die Zunahme des arteriellen CO_2-Partialdrucks. Die pCO_2- und pH-Empfindlichkeit beruht wahrscheinlich primär auf einer Ansäuerung des Cytoplasmas, was erst sekundär über eine Änderung der intrazellulären Ca^{2+}-Konzentration zur Erregung und damit zur Transmitterfreisetzung führt. Der Transmitter aktiviert afferente Fasern im Glomus (sekundäres Neuron), die ihre Signale auf Umschaltneurone in der Medulla oblongata (Nucleus tractus solitarius) schalten. Diese Zellen erregen dann schließlich das respiratorische Netzwerk. Es kommt zur Zunahme der Lungenventilation, was zur Folge hat, dass die ursprünglichen chemischen Antriebsreize (Zunahme des pCO_2 und Abnahme des pH-Wertes in Plasma und Liquor bzw. Abnahme des pO_2 im Plasma) durch Intensivierung der Ventilation wieder abgebaut werden. Dieser Mechanismus ist ein Beispiel für einen **biologischen Regelkreis** mit **negativer Rückkopplung**.

4.2.4 Tracheenatmung

Die bei den Onychophoren, Tausendfüßern (Myriapoda), Insekten und Spinnentieren vorkommenden **Tracheen** nehmen unter den Atmungsorganen insofern eine Sonderstellung ein, als sie nicht nur den Gasaustausch, sondern gleichzeitig den Transport der Atemgase zum Verbrauchsort hin und vom ihm weg übernehmen. Aus diesem Grund fehlen respiratorische Farbstoffe im Blut frei lebender terrestrischer Insekten, denn das Blut hat für den Gastransport kaum noch eine Bedeutung.

Die Tracheen (Abb. 4.34) beginnen an der Körperoberfläche der Tiere mit einer verschließbaren Öffnung (**Stigma**). Unter wiederholter Verzweigung und zunehmender Verkleinerung ihres Durchmessers ziehen sie zu allen Organen des Tieres, wo sie in Form feinster Verzweigungen (**Tracheolen**) mit einem Durchmesser von <1 µm blind enden. Die Enden der Tracheolen können sogar Eindellungen der Plasmamembran umliegender Zellen verursachen, wodurch die Kontaktfläche zwischen Tracheole und Zielzelle erhöht und das intratracheolare Gasvolumen sehr nah an die Oberfläche der Mitochondrien innerhalb der Zielzellen herangeführt wird. Das zeigt, dass die Endstücke der Tracheolen, die gewöhnlich innerhalb einer sternförmigen Tracheenendzelle verlaufen, die wichtigsten Orte des Gasaustausches mit dem Gewebe darstellen. Entsprechend ihrer ektodermalen Herkunft sind die weitlumigen Tracheenstämme innen von einer cuticularen Intima ausgekleidet, die ein Kollabieren der Tracheenlumina durch die Wirkung des Hämolymphdrucks verhindert. Je englumiger die Tracheenäste

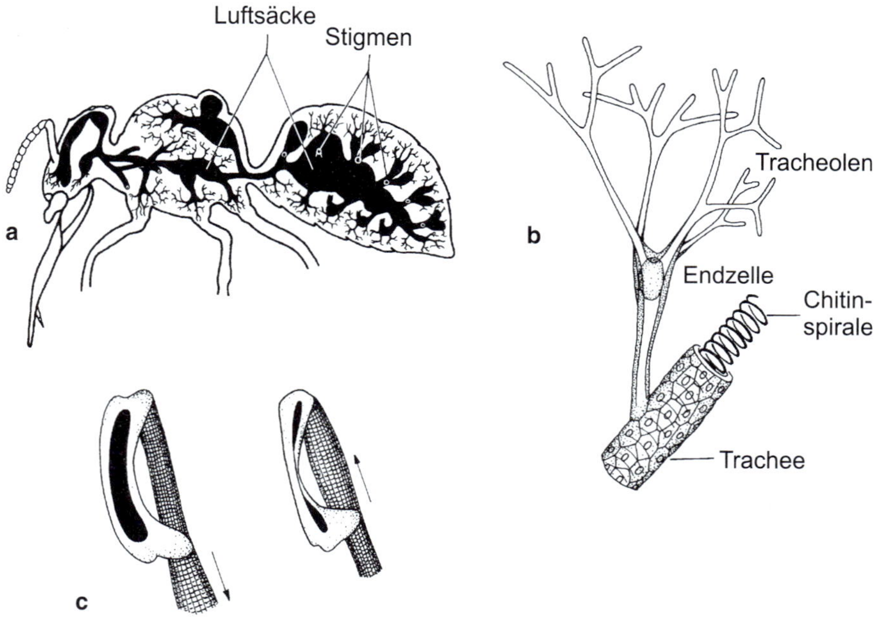

Abb. 4.34 **a** Schema des Tracheensystems eines Insekts (Biene). **b** Trachee mit Chitinauskleidung und Verzeigung in Tracheolen, die von einer Tracheenendzelle gebildet werden. **c** Verschlussmechanismus des Stigmas bei der Biene durch Muskelaktivität und Ausnutzung der elastischen Eigenschaften der Cuticula. (a nach Griffin DR (1966) Bau und Funktion des tierischen Organismus. Bayerischer Landwirtschaftsverlag, München. b und c nach Weber H (1933) Lehrbuch der Enomologie. Fischer, Jena.)

werden, desto dünner wird die cuticuläre Auskleidung. Sie fehlt in den Endstücken der Tracheolen völlig.

In erster Linie erfolgt der Transport der Atemgase im Tracheensystem durch Diffusion. Mithilfe der Krogh-Gleichung kann man bei Kenntnis des mittleren Tracheendurchmessers, der mittleren Tracheenlänge, des O_2-Verbrauchs des Insekts sowie des Diffusionskoeffizienten für O_2 in der Luft die für die Atmung notwendige Differenz der O_2-Partialdrück zwischen dem atmenden Gewebe und der Atmosphäre ($p_i - p_a$) abschätzen. Es zeigt sich, dass bei großen Raupen (*Cossus*) bereits ein Druckabfall um nur etwa 2 kPa ausreicht, die Gewebe mit der notwendigen Sauerstoffmenge zu versorgen. Trotzdem findet man bei den meisten Insekten, insbesondere bei gesteigertem Sauerstoffbedarf, auch Atembewegungen, die der Erneuerung der Luft in den größeren Tracheenstämmen dienen. Dadurch kann der Diffusionsweg der Gase zu den Geweben wesentlich verkürzt werden. Der Gastransport in den feineren Tracheenverzweigungen und Tracheolen erfolgt in jedem Fall allein durch Diffusion. Die Atembewegungen bestehen im Allgemeinen in einer dorsoventralen Abflachung (Saltatoria, Coleopteren u. a.) oder teleskopartigen Verkürzung (Dipteren, Hymenopteren u. a.) des Abdomens. Der dadurch verursachte Druckanstieg in der Hämolymphe drückt die Tracheenstämme zusammen, was zum Ausstoß von Gasvolumen durch das Stigma führt (**Exspiration**). Die **Inspiration** erfolgt anschließend meistens passiv infolge der Elastizität der Körperwand. Bei *Aeshna*-Larven und einigen Heuschrecken sind besondere Inspirationsmuskeln vorhanden.

Adulte Tiere der Wüstenheuschrecke *Schistocerca* erneuern mit einem Atemzug in Ruhe weniger als 5 % des Luftvolumens ihres **Tracheensystems**, bei intensiver Atmung während des Fluges können bis zu 20 % ventiliert werden. Beim Maikäfer (*Melolontha*) sind ca. 33 %, bei *Dytiscus*- und *Eristalis*-Larven sogar bis zu 66 % des Luftvolumens ventilierbar.

Bei einer Reihe von Insekten (die Heuschrecken *Schistocerca* und *Chortophaga*, die Schaben *Noctobora* und *Byrsotria* u. a.) wird durch das Schließen der einzelnen Stigmen zu verschiedenen Zeitpunkten des Atemzyklus ein gerichteter Luftstrom durch die Tracheenlängsstämme erzeugt. Bei *Schistocerca* sind zum Beispiel in Ruhe während der Inspiration die Stigmen des Thorax (1–3) sowie das erste abdominale Stigma (4) geöffnet und diejenigen des restlichen Abdomens geschlossen. Während der ersten Phase der Exspirationsbewegung bleiben alle Stigmen verschlossen (Druckphase), später werden nur die abdominalen (5–10) geöffnet. Durch diese Vorgänge wird ein vom Thorax zum Abdomen gerichteter Luftstrom erzeugt.

Während des Fluges steigt der **Sauerstoffverbrauch** der Insekten stark an, und zwar auf das 24-Fache bei *Schistocerca*, 50-Fache bei der Biene und das 100- bis 150-Fache bei Schmetterlingen. Die abdominale Ventilation reicht dann nicht mehr aus, den O_2-Bedarf des Tieres zu decken. Diese Komponente der Ventilation steigt beispielsweise bei *Schistocerca* infolge erhöhter Frequenz und Amplitude nur auf das Vier- bis Fünffache an. In neuerer Zeit konnte die alte Vermutung bewiesen werden, dass die zwischen der Flugmuskulatur zur Versorgung derselben verlaufenden Tracheenstämme direkt durch die Tätigkeit der Flugmuskulatur selbst bei jedem Flügelschlag ventiliert werden. Alle Stigmen des Thorax (Libellen) oder nur die des Meso- und Metathorax (*Schistocerca*) bleiben deshalb während des Fluges weit geöffnet. Das bei einem Flügelschlag ausgetauschte Luftvolumen beträgt bei Schistocerca 25 mm^3. Das erste thorakale Stigma behält seinen normalen Rhythmus auch während des Fliegens bei, sodass man bei *Schistocerca* während des Fluges zwei weitgehend voneinander unabhängige Luftströme unterscheiden kann: den durch das erste Thoraxstigma eintretenden und durch die abdominalen Stigmen (5–10) wieder austretenden, einsinnig gerichteten Luftstrom und den durch das zweite und dritte Thoraxstigma ein- und auch wieder austretenden Luftstrom, der in erster Linie der Versorgung der aktiven Flugmuskulatur dient.

Die Steuerung der Atmung kann sowohl über ein Schließen oder Öffnen der **Stigmen** (Diffusionsregulation, ▪ Abb. 4.34) als auch über eine Veränderung der **Ventilationsrate** geschehen. Die vorliegenden Versuchsergebnisse an verschiedenen Insekten lassen vorerst nur wenige einheitliche Gesetzmäßigkeiten erkennen. Bei dem Floh *Xenopsylla* nimmt die Länge der Zeitperiode, während der die Stigmen geschlossen bleiben, mit abnehmendem O_2-Anteil in der Atemluft ab. Sinkt der O_2-Gehalt unter 1 %, schließen sich die Stigmen überhaupt nicht mehr. Die Länge der Öffnungsphase wird in erster Linie durch die Schnelligkeit bestimmt, mit der die sich inzwischen angesammelte CO_2-Menge aus den Tracheen entweicht. Sie ist also umso länger, je länger die Stigmen geschlossen waren oder je höher die CO_2-Konzentration in der Außenluft ist. Am Stigma 2 der Heuschrecke *Locusta* konnte gezeigt werden, dass das Kohlendioxid direkt auf die Muskeln des Stigmas wirkt. Bei hohem CO_2-Druck bleibt das Stigma dauernd offen (infolge Erschlaffung des Muskels). Wirksam ist hier nur das CO_2, nicht eine Änderung des pH-Wertes. Unter Bedingungen des O_2-Mangels in der Außenluft sind die Stigmen von Fliegen und Schmetterlingspuppen gegenüber CO_2 besonders empfindlich. Nach Experimenten an Libellen scheint es so zu sein, dass die Frequenz der über das Motoneuron vom Ganglion zum Stigmenmuskel geschickten Impulse bestimmend ist für die Empfindlichkeit des Schließmuskels gegenüber CO_2. Wird die Impulsfrequenz erniedrigt (durch Hypoxie, Kälte usw.), so steigt die Empfindlichkeit, wird die Impulsfrequenz gesteigert (durch Wärme, Austrocknung usw.), so fällt die Empfindlichkeit ab. Puppen von *Manduca sexta* (Sphingidae) in der Diapause haben alle Stigmen geschlossen, nur das linke thorakale Stigma wird alle 1,5–2,0 min kurzfristig geöffnet (intermittierende Atmung). Dieses Verhalten begünstigt den schnellen Austausch von O_2 und CO_2 zwischen Tracheenlumen und Außenwelt, da sich im Tierkörper in den Phasen geschlossener Stigmen hohe pCO_2- und sehr niedrige pO_2-Werte einstellen. Gegenüber dem Zustand langfristiger oder permanenter Öffnung der Stigmen vermeidet die Durchführung der intermittierenden Atmung weitgehend den Verlust von Wasserdampf aus dem Tierkörper an die Umwelt, was besonders bei diapausierenden Insekten wichtig ist, um die teilweise langen Ruhe- und Metamorphosephasen ohne Aufnahme von Wasser zu überleben.

Der **Ventilationsrhythmus** wird wahrscheinlich bei allen Insekten durch in der Bauchganglienkette lokalisierte Nervenzentren (Schrittmacher) bestimmt. Bei den Schaben und Libellen liegt das Zentrum im Abdomen, bei *Locusta* im metathorakalen Ganglion. Eine Erhöhung des CO_2- bzw. Erniedrigung des O_2-Drucks wirkt wahrscheinlich direkt auf die Nervenzentren, die daraufhin durch Steigerung der Atembewegung dafür sorgen, dass der auslösende Reiz wieder verschwindet (negative Rückkopplung). Wie bei den Wirbeltieren sind auch bei den meisten Insekten Änderungen des CO_2-Partialdrucks in der Hämolymphe wesentlich wirksamer als Änderungen des O_2-Drucks. Das deutet auf eine konvergente Evolution des Ventilationsregelmechanismus bei terrestrischen Tieren hin.

Aquatische Insekten (Wasserinsekten) decken ihren Sauerstoffbedarf auf verschiedene Weise. Sie besitzen entweder ein nach außen offenes oder ein geschlossenes Tracheensystem und entziehen den Sauerstoff entweder der Luft oder dem Wasser. Man kann folgende drei Gruppen unterscheiden: holo-, hemi- und branchiopneustische Wasserinsekten.

Holopneustische[185] Wasserinsekten

Die holopneustischen Wasserinsekten leben als Larven und meist auch als Imagines im Wasser. Sie besitzen ein offenes Tracheensystem mit normaler Stigmenzahl. Die Schwimmkäfer (*Dytiscus* u. a.) und die Wasserwanzen (*Notonecta* u. a.) nehmen, ebenso wie die Wasserspinne (*Argyroneta*), einen Luftvorrat mit in das Wasser, aus dem sie während der Tauchzeit ihren Sauerstoff beziehen. *Dytiscus* zum Beispiel setzt unter Wasser seine Ventilationsbewegungen fort. Seine Stigmen liegen auf der Dorsalseite des Abdomens und stehen mit dem sich unter den Deckflügeln (Elytren, Subelytralraum) befindenden Luftvolumen in Verbindung (Abb. 4.35). Die mit dem Sauerstoffentzug verbundene Abnahme des O_2-Partialdrucks in der Luftblase führt dazu, dass Sauerstoff dem Druckgefälle folgend in gewissem Umfang aus dem Wasser in die Gasblase übertritt (physikalische Kieme, genauer: kompressible Gaskieme). Es kann so bis zu achtmal so viel Sauerstoff über die **physikalische Kieme** bereitgestellt werden, wie ursprünglich in dem Luftvolumen vorhanden war. Die so aufgenommene Sauerstoffmenge ist

[185] *holos* (griech.) = ganz; *pneuma* (griech.) = Luft

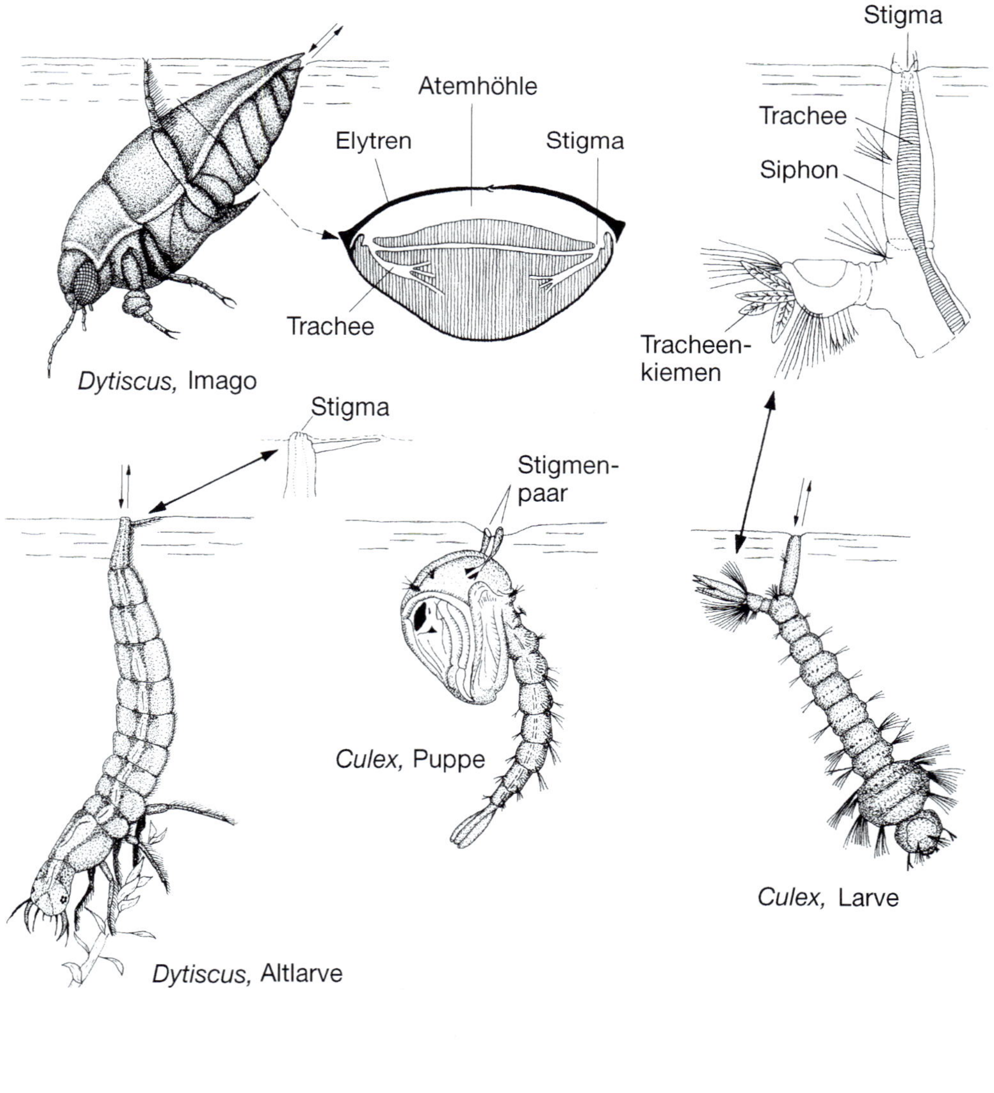

Abb. 4.35 Formen der Tracheenatmung bei verschiedenen Wasserinsekten.

für das tauchende Insekt von großer Bedeutung. Der untergetauchte Rückenschwimmer *Notonecta* stirbt in N_2-gesättigtem Wasser bereits nach 5 min, während er in gut durchlüftetem Wasser bis zu 6 h zu leben vermag. Dieser Unterschied ist auf die Leistung der physikalischen Kieme zurückzuführen, denn ohne sie ist die Sauerstoffaufnahme aus dem Wasser praktisch null. Bei der Ruderwanze *Corixa* reicht die über die kompressible Gaskieme aufgenommene Sauerstoffmenge aus, solange das Tier nicht aktiv schwimmt. Dasselbe gilt für *Dytiscus* während der Winterruhe. Bei niederen Temperaturen ist die Luftblase langlebiger als bei hohen.

Von Zeit zu Zeit müssen die Tiere zur Erneuerung ihres Luftvolumens die Wasseroberfläche aufsuchen, und zwar aus folgendem Grund: Zunächst entsprechen der Gesamtgasdruck und die Zusammensetzung des Gasgemischs in der Luftblase den atmosphärischen Verhältnissen. Taucht das Tier tiefer hinab, so steigt der Gesamtdruck in der Blase an, sodass Sauerstoff und Stickstoff ins Wasser diffundieren. Die Blase wird kleiner, ohne dass sich gleichzeitig der Gesamtdruck in ihr ändert. Wird der Blase nun vom Tier Sauerstoff entzogen, so nimmt der N_2-Partialdruck etwa um den Betrag zu, um den der O_2-Partialdruck abnimmt, sodass die Abgabe von Stickstoff ans Wasser noch gesteigert, der Verlust von Sauerstoff dagegen vermindert oder sogar aufgehoben wird. Durch diesen Stickstoffverlust an das Medium wird die Gasblase mit der Zeit kleiner und muss periodisch an der Oberfläche des Gewässers erneuert werden.

Einige Käfer (*Haemonia, Elmis*) und Wasserwanzen (besonders *Aphelocheirus*) haben sich völlig unabhängig von der Wasseroberfläche gemacht. Ihre Körperoberfläche ist besonders dicht mit feinsten, schief gestellten bzw. am Ende umgebogenen Härchen besetzt (4×10^6 Haare von 2–4 µm Länge pro mm^2 bei *Aphelocheirus*), zwischen denen ein dünner Luftmantel (**Plastron**) eingehängt ist. Dieser Luftmantel ist praktisch inkompressibel (inkompressible Gaskieme), da die wasserabstoßenden (hydrophoben) Härchen das Eindringen von Wasser selbst bei höherem Druck nicht zulassen. Ein Druck von 350–500 kPa wäre nötig, um die Oberflächenspannung des Wassers zu überwinden und den Luftfilm durch Wasser zu ersetzen. Der Luftfilm braucht deshalb niemals erneuert zu werden und ist mit einer großen Oberfläche als physikalische Kieme besonders leistungsfähig. Der O_2-Partialdruck in dem Luftmantel ist konstant etwas niedriger als im umgebenden Wasser. Entzogener Sauerstoff wird deshalb sofort durch Diffusion aus dem Wasser nachgeliefert. Das Tracheensystem steht durch offene Stigmen mit dem Luftmantel in Verbindung. Die Arten mit Plastronatmung können nur in gut durchlüfteten Fließgewässern mit hohem Sauerstoffgehalt leben.

Hemipneustische Wasserinsekten

Die hemipneustischen[186] Wasserinsekten besitzen ebenfalls ein offenes Tracheensystem, die Zahl der Stigmen ist aber drastisch reduziert. Sie können am vorderen (Propneustier, z. B. Stechmückenpuppe, ▣ Abb. 4.35) oder am hinteren Körperende (Metapneustier, z. B. Stechmückenlarve, ▣ Abb. 4.35) erhalten sein und liegen dann meistens an der Spitze röhrenförmiger Körperanhänge. Bei der Stechmückenpuppe ist die Umgebung der Vorderstigmen zu prothorakalen Atemhörnern umgestaltet. Bei den Larven findet man das letzte abdominale Stigma auf einer zum Atemrohr umfunktionierten Struktur (▣ Abb. 4.35). Mit diesen Strukturen durchstoßen sie die Wasseroberfläche und stellen so den Kontakt mit der atmosphärischen Luft her. Sie sind deshalb relativ unabhängig vom Sauerstoffgehalt des Wassers.

Die Larven und Puppen der Stechmücke *Mansonia richardii* haben evolutiv die Fähigkeit entwickelt, mit ihrem Atemrohr bzw. ihren Atemhörnern in die interzellulären Lufträume von Wasserpflanzen vorzustoßen, um sich so den notwendigen Sauerstoff zu besorgen. Auch die Larven und Puppen des Schilfkäfers *Donacia* zapfen die Luftgewebe von Wasserpflanzen an.

Branchiopneustische Wasserinsekten

Die branchiopneustischen[187] Wasserinsekten besitzen ein völlig geschlossenes, innen aber luftgefülltes Tracheensystem, das den Sauerstoff aus dem Wasser bezieht. Die Sauerstoffaufnahme findet entweder durch die gesamte Körperoberfläche (Hauttracheenatmung) oder durch spezialisierte Tracheenkiemen (Pseudobranchien) statt. Tracheenkiemen sind blatt- oder fadenförmige thorakale, abdominale, caudale oder rektale (anisoptere Odonaten, s. u.) Ausstülpungen, die reichlich mit Tracheen versorgt sind (▣ Abb. 4.36). Meistens sind sie auf das Abdomen beschränkt und dort in Längsreihen segmental angeordnet. Die Ephemeridenlarven (Eintagsfliegenlarven) halten sich bevorzugt in flachen Gängen, die sie selbst mithilfe ihrer Grabbeine ausheben, im Boden der Gewässer auf. Mit ihren blattförmigen Tracheenkiemen erzeugen sie einen Wasserstrom (▣ Abb. 4.37), der vorne in den Gang eintritt und über die Rückseite des Abdomens, wo sich die Kiemen befinden, geführt wird.

Das respiratorische Epithel der **Tracheenkiemen** zeigt bei Trichopteren, Plecopteren, Odonata und Käfern einen recht ähnlichen Aufbau. Die Tracheolen sind von einer dünnen Cytoplasmaschicht der Tracheoblasten umgeben und verlaufen im Epithel in extrazellulären Einsenkungen der basalen Plasmamembran dicht unter der Cuticula, sodass sich die Diffusionsbarriere nahezu auf die relativ dünne Cuticula (0,5–1 µm dick) beschränkt.

In den fadenförmigen Tracheenkiemen der Larven der Köcherfliegen (Trichoptera) des Tribus Limnephilini (*Limnephilus, Glyphotaelius*) sind die längs verlaufenden Tracheolen in etwa gleichen Abständen parallel zueinander angeordnet. Die fadenförmigen Tracheenkiemen sind gegenüber den blattförmigen leistungsfähiger, weil bei ihnen – bedingt durch den cha-

[186] *hemi* (griech.) = halb

[187] *branchion* (griech.) = Kieme

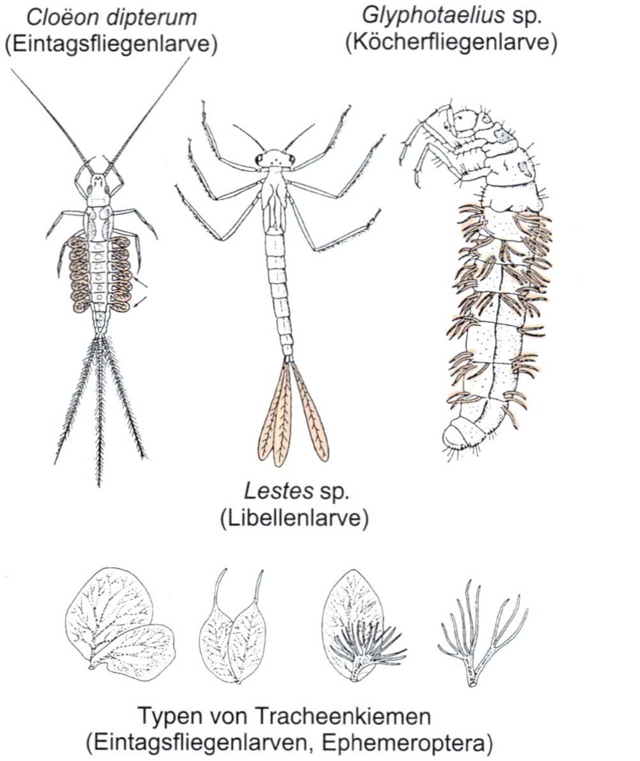

Abb. 4.36 Insektenlarven mit Tracheenkiemen und verschiedene Typen von Tracheenkiemen bei den Eintagsfliegenlarven. (Aus Wichard W, Arens H, Eisenbeis G (1995) Atlas zur Biologie der Wasserinsekten. Fischer, Stuttgart.)

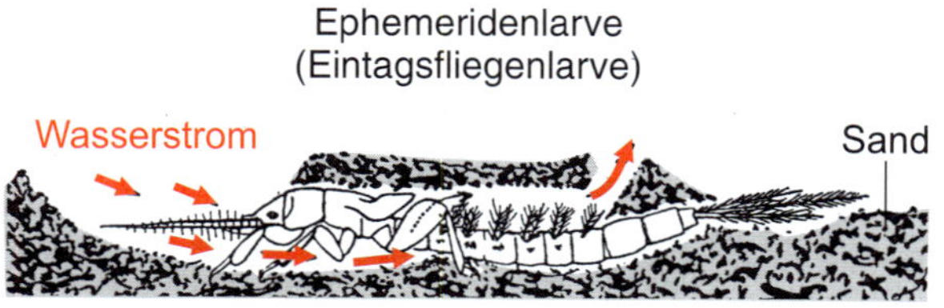

Abb. 4.37 Eine Ephemeridenlarve (Eintagsfliegenlarve) in ihrer horizontalen Höhle am Grund eines Gewässers und der von ihr erzeugte Wasserstrom durch ihre Wohnröhre (rote Pfeile).

rakteristischen Verlauf der Tracheolen – von jeder beliebigen Stelle der Kiemenoberfläche aus Sauerstoff auf kurzem Weg in die Tracheen aufgenommen werden kann, während es bei den blattförmigen Kiemen wegen des divergierenden Verlaufs der Tracheolen Oberflächenareale gibt, von denen aus der Weg zur nächsten Tracheole relativ lang ist. Diese Areale sind bevorzugte Orte der Ionenabsorption und besitzen **Chloridzellen** (▶ Abschn. 7.2).

Bei den zygopteren Libellenlarven liegen die drei Tracheenkiemen am Körperende (sog. Caudallamellen oder **Schwanzkiemen**). Über sie erfolgen bei *Lestes* 20–30 % der gesamten Sauerstoffaufnahme. Dieser Anteil steigt jedoch mit der Erhöhung der Temperatur des umgebenden Wassers und der damit verbundenen Abnahme des gelösten Sauerstoffs bis auf 70 % an. Dieser Wert entspricht dem Anteil der Oberfläche der Kiemen an der Gesamtkörperoberfläche. Bei niederen Temperaturen dominiert somit die Sauerstoffaufnahme über die Körperoberfläche. Der Nutzen der Tracheenkiemen (Vergrößerung der respiratorischen Oberfläche) wird also erst so recht deutlich, wenn das Angebot an Sauerstoff geringer wird (Toleranz gegenüber Sauerstoffmangel).

Die Tracheenkiemen der anisopteren Libellenlarven sind in Längsreihen angeordnete faltenartige Ausstülpungen des Enddarms, Darmtracheenkiemen. Sie werden über den After mit Frischwasser versorgt. Das anal in die rektale Kiemenkammer gepumpte Wasser dient nicht nur der Atmung, sondern auch der Osmoregulation (Ionenabsorption durch Chloridzellen) und der Fortbewegung (Rückstoßantrieb durch gepulstes Austreiben des Wassers).

Eine Besonderheit stellen die Tubuli oder Abdominalschläuche der Chironomidenlarven dar, die in zwei Paaren am achten Abdominalsegment vorkommen. Ihre Größe hängt vom Sauerstoffgehalt, aber nicht von der Osmolarität des Mediums ab. Es sind sogenannte Blutkiemen, die den Sauerstoff passiv aufnehmen, aber nicht an das Tracheensystem, sondern an die Hämolymphe weitergeben. Das dort vorhandene Hämoglobin bindet den Sauerstoff und verteilt ihn mit dem Hämolymphstrom in alle Regionen des Tierkörpers.

4.3 Konvektiver Transport der Atemgase

4.3.1 Sauerstoff

Mit Ausnahme der Tausendfüßer und Insekten, die sich durch ihre Tracheen ein vom Kreislauf unabhängiges Transportsystem für die Atemgase geschaffen haben, erfolgt der **Atemgastransport** gemeinsam mit dem anderer Stoffe (Nährstoffe, Stoffwechselprodukte, Hormone usw.) in der zirkulierenden Körperflüssigkeit. Die physikalische Löslichkeit der Gase in der Körperflüssigkeit ist relativ gering. Sie hängt vom Partialdruck p des betreffenden Gases (in kPa) und einem von der Natur des Gases sowie der Temperatur der Flüssigkeit abhängenden Löslichkeitskoeffizienten α ab. Für die Berechnung der unter bestimmten Bedingungen in der Volumeneinheit der Flüssigkeit maximal löslichen Menge eines Gases gilt das Gesetz von Henry:

$$c = \alpha \times p$$

Durch Einsetzen der für die Lösung von O_2 im menschlichen Blut gültigen Werte (α = 0,023; pO_2 = 12,7 kPa in arteriellem Blut) erhält man die in einem Kubikzentimeter Blut gelöste O_2-Menge:

$$c = 0{,}023 \frac{12{,}7}{101{,}3} = 0{,}00288 \text{ ml } O_2 \text{ cm}^{-3}$$

Das sind umgerechnet 0,29 Vol.-% (0,29 ml O_2 pro 100 cm^3 Blut).

Die Aufnahmefähigkeit der Körperflüssigkeiten vieler Tiere für O_2 wird durch darin suspendierte Proteine erhöht, die

Tab. 4.8 Allgemeine Charakteristik und Verbreitung der respiratorischen Pigmente im Tierreich.

	Vorkommen	Lokalisation	Sauerstoff-bindungsstelle	Molekülmasse einer Untereinheit (Da)	Gesamtmolekülmasse (Da)	Zahl der O_2-Bindungsstellen im gesamten Molekül
tetrameres (intrazelluläres) Hämoglobin	Wirbeltiere	intrazellulär	Häm mit Fe(II)-Ion	16 000	64 000	4
extrazelluläres Hämoglobin	Anneliden	extrazellulär	Häm mit Fe(II)-Ion	16 000	bis zu 4 Mio.	bis zu 250
	Mollusken	extrazellulär	Häm mit Fe(II)-Ion	16 000	bis zu 12 Mio.	bis zu 40 000
	Arthropoden	extrazellulär	Häm mit Fe(II)-Ion	16 000 oder 32 000	bis zu 4 Mio.	bis zu 250
Hämocyanin	Arthropoden	extrazellulär	2 Cu(I)-Ionen	75 000	bis zu 3,6 Mio.	bis zu 48
	Mollusken	extrazellulär	2 Cu(I)-Ionen	450 000	bis zu 9 Mio.	bis zu 160
Hämerythrin	Sipunculiden	intrazellulär	2 Fe(II)-Ionen	14 000	ca. 110.000	8
	Priapuliden	intrazellulär	2 Fe(II)-Ionen	14 000	ca. 110 000	8
	Brachiopoden	intrazellulär	2 Fe(II)-Ionen	14 000	ca. 110 000	8

reversibel den Sauerstoff zu binden vermögen. Die Fähigkeit, Sauerstoff zu binden, hängt von bestimmten Eigenarten der Proteine ab, die ihnen zugleich die Fähigkeit verleihen, Licht im sichtbaren Bereich des Spektrums zu absorbieren. Man kennt im Tierreich heute vier Grundtypen solcher respiratorischen Farbstoffe (**respiratorische Pigmente**). Das sind das **Hämoglobin**[188], das **Chlorocruorin**, das **Hämerythrin** und das **Hämocyanin** (Tab. 4.8).

Durch die Anwesenheit des **Hämoglobins** und seine O_2-Bindungsfähigkeit wird die O_2-Menge im arteriellen Blut des Menschen von 0,29 (physikalisch im Plasma gelöster Anteil) auf 20,3 Vol.-% erhöht. Das bedeutet, dass 98,5 % der gesamten im arteriellen Blut anzutreffende O_2-Menge an Hämoglobin gebunden vorliegen und in dieser Form von der Lunge zu den O_2-verbrauchenden Geweben transportiert werden. Lediglich Tiere mit sehr geringem O_2-Bedarf, solche, die ihre Körpertemperatur auf sehr niedrigem Niveau halten oder sehr kleine Tiere (Querschnitt <1 mm^2) bzw. solche, die sehr außergewöhnliche Körperformen besitzen, die sich auf eine diffusive Sauerstoffversorgung der Gewebe von außen verlassen (Plattwürmer), können ganz auf respiratorische Pigmente in ihrer Körperflüssigkeit verzichten.

Hämoglobine: Struktur und Verbreitung

Das Hämoglobin (Hb) ist ein roter Blutfarbstoff. Es gehört zu den Chromoproteiden, denn es besteht aus einem Protein (Globin) und einer lichtabsorbierenden prosthetischen Gruppe (**Häm**). Während das Häm bei allen Hämoglobinen und Myoglobinen identisch ist, gibt es im Proteinanteil, der etwa 98 % der Molekülmasse ausmacht, erhebliche Unterschiede. Die Farbigkeit des Hämoglobins ist im Wesentlichen auf die elektronische Konfiguration des Häms zurückzuführen. Das planar gebaute Kohlenstoff-Stickstoff-Ringsystem des Häms, der **Protoporphyrinring**, ist gekennzeichnet durch **konjugierte Doppelbindungen**, das heißt, dass sich Einfach- und Doppelbindungen zwischen den Atomen regelmäßig abwechseln (Abb. 4.38). Die π-Elektronen (Doppelbindungselektronen) derartiger Bindungssysteme neigen dazu, gemeinsame Elektronenwolken oberhalb und unterhalb der Atomebene zu bilden (Sandwichstruktur). Diese Elektronen haben die Eigenschaft, Energie im Spektralbereich des sichtbaren Lichts aus der Umgebung aufzunehmen und dadurch selbst in einen angeregten Zustand zu geraten. Beim Zurückfallen in den Grundzustand strahlen die Elektronen die Energie auch wieder ab, allerdings bei einer längeren Wellenlänge (energieärmere Wärmestrahlung) und nicht gerichtet, sondern in alle Raumrichtungen. Deshalb kommt es bei Einstrahlung weißen Lichts in eine Probe von Hämoglobin bei der Betrachtung der Probe von der anderen Seite zu dem Eindruck, dass ein Teil des Lichts verschluckt (absorbiert) wurde, ein anderer Teil aber durch die Probe hindurchgeht. Beim Hämoglobin werden die kurzwelligen Anteile des weißen Lichts (also die Blautöne) absorbiert. Daher hat Blut eine rote Farbe.

Die Absorptionseigenschaften des Hämoglobins für Licht werden von dem in das Häm zentral eingebundenen Fe^{2+}-Ion (Abb. 4.38) beeinflusst. Die beiden Valenzen des Eisens sind durch die N-Atome zweier Pyrrolringe innerhalb des Protoporphyrins gebunden. Mit den N-Atomen der restlichen Pyrrolringe ist das Fe^{2+} durch Nebenvalenzen verbunden. Die fünfte Koordinierungsstelle des Eisens wird benutzt, um das Häm über einen Histidinrest des Globinmoleküls in dieses einzubinden. An die sechste Koordinierungsstelle gegenüber kann reversibel molekularer Sauerstoff (O_2) angelagert werden. Da die Sauerstoffbindung die elektronische Konfiguration des Hämringsystems beeinflusst, ist die **Lichtabsorption** des Moleküls auch von dem Ausmaß der Sauerstoffsättigung des

[188] *haima* (griech.) = Blut; *globus* (lat.) = Kugel

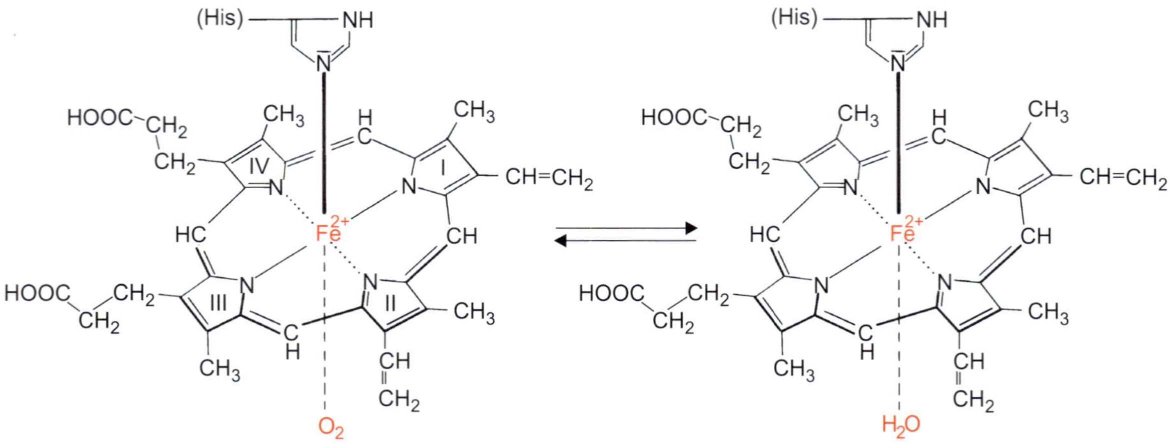

Abb. 4.38 Struktur des Häms, der prosthetischen Gruppe des Hämoglobinmoleküls. Das O_2-Molekül wird an der sechsten Koordinatenstelle locker gebunden. Seine Stelle wird beim desoxygenierten Hämoglobin wahrscheinlich von einem H_2O-Molekül eingenommen.

Hb-Moleküls abhängig (Abb. 4.39). Das Absorptionsspektrum von O_2-beladenem Hämoglobin (Oxyhämoglobin) weist zwei Maxima (eines bei 541 nm und eines bei 577 nm) auf, das von O_2-freiem Hämoglobin (Desoxyhämoglobin) nur eines bei 555 nm. Die Kreuzungspunkte der Kurven kennzeichnen **isosbestische Punkte**[189], das heißt, dass bei diesen Wellenlängen die Absorptionswerte gleicher Hb-Konzentrationen identisch sind, ganz gleich, wie viel Sauerstoff an die Hb-Moleküle der Proben gebunden sind. Diese Wellenlängen könnten für die photometrische Hb-Konzentrationsbestimmung in unbehandeltem Blut benutzt werden, da die Lichtabsorption (dekadischer Logarithmus des Verhältnisses von eingestrahlter Lichtmenge I_0 und jenseits der Probe detektierter Lichtmenge I) proportional zur Konzentration des lichtabsorbierenden Stoffes in der Probelösung ist (**Lambert-Beer-Gesetz**):

$$A = \log \frac{I_0}{I} = \varepsilon\, c\, d$$

mit A = Lichtabsorption, ε = molarer Extinktionskoeffizient ($mol^{-1}\ cm^{-1}$) von Hämoglobin (unter identischen Messbedingungen eine Konstante), d = Schichtdicke der Probelösung bzw. Lichtweg durch die Messküvette (cm), c = Hämoglobinkonzentration.

In der analytischen Praxis werden Blutproben für die Konzentrationsbestimmung des Hämoglobins (**Hb-Wert**) vor der photometrischen Messung allerdings zunächst mit Reagenzien behandelt, die dem Hämoglobin den Sauerstoff quantitativ entziehen. Diese Praxis ermöglicht die reproduzierbare Konzentrationsbestimmung auch in Photometern mit geringerer Präzision in der Wellenlängeneinstellung. Der Normbereich des Hb-Wertes bei Männern ist 8,4–10,9 mmol l^{-1}, der bei Frauen (niedrigerer **Hämatokrit**) 7,4–9,9 mmol l^{-1}.

Wie moderne strukturanalytische Arbeiten ergeben haben, geht die Anlagerung eines Disauerstoffmoleküls an eine Hämoglobinuntereinheit mit einer Veränderung der **Oxidationsstufe**

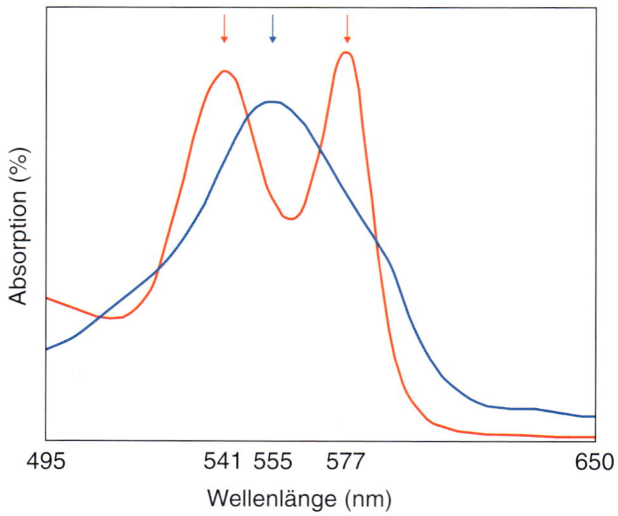

Abb. 4.39 Die Absorptionsspektren von Oxy- (rot) und Desoxyhämoglobin (blau) im Spektralbereich des sichtbaren Lichts. Die jeweiligen Absorptionsmaxima sind durch Pfeile gekennzeichnet.

des Eisenzentrums einher, wobei das Fe^{2+}- zum Fe^{3+}-Ion oxidiert wird. Das Sauerstoffmolekül wird zum **Superoxidanion** (Radikalform) reduziert. Ein zweiter Histidinrest des Globins, der sich in der Nähe befindet, stabilisiert die Bindung zwischen dem Fe^{3+}-Ion und dem Superoxidanion. Bei sinkendem pO_2 wird diese Bindung destabilisiert, das Disauerstoffmolekül wieder hergestellt und das Eisenzentrum wieder zu Fe^{2+} reduziert. Obwohl die Sauerstoffbindung und die -loslösung im mechanistischen Sinne Redoxreaktionen sind, werden die Reaktionen nicht als Oxidation oder Reduktion, sondern als **Oxygenierung** und **Desoxygenierung** bezeichnet. Diese Unterscheidung macht man, um auf die leichte Reversibilität dieser Reaktionen aufmerksam zu machen und die Anlagerung von Sauerstoff von einer dauerhaften Oxidation des Hämoglobins, der Bildung von **Methämoglobin**, zu unterscheiden. Methämoglobin bildet sich dann, wenn das am Fe^{3+}-Ion gebundene Superoxidanion

[189] *iso* (griech.) = gleich; *sbesis* (griech.) = Auslöschung

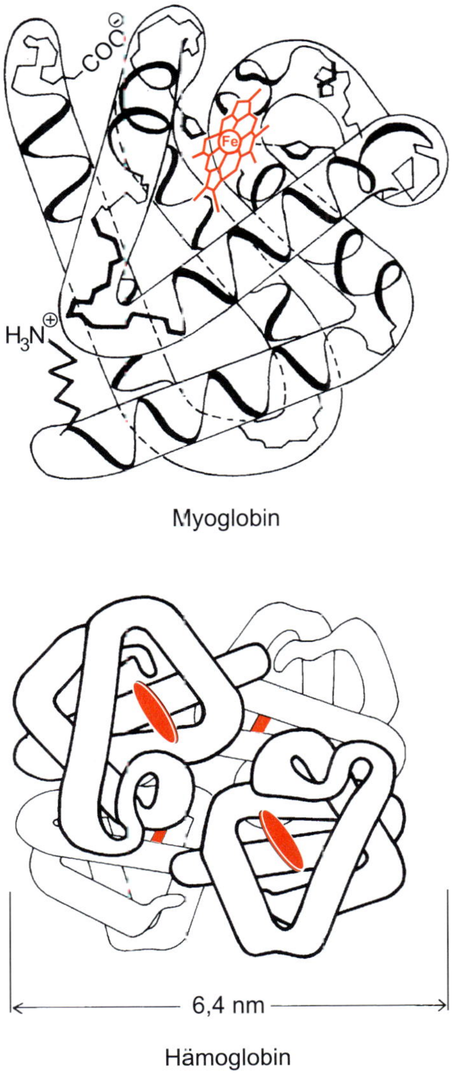

Abb. 4.40 Räumliche Modelle des Myoglobinmoleküls sowie des aus vier Hämoglobinuntereinheiten bestehenden Hämoglobinmoleküls. Jedes der Monomere besitzt eine Hämgruppe und kann ein Molekül Sauerstoff anlagern.

durch ein Chlorid- oder Azidion ersetzt wird, was in Anwesenheit von reaktiven Sauerstoffmolekülen (*reactive oxygen species*, ROS) im Stoffwechsel der Tiere häufiger passiert als ohnehin schon im normalen Sauerstoffumsatz. Ein solches Methämoglobinmolekül fällt für den Sauerstofftransport aus. Die Akkumulation größerer Mengen von oxidiertem Hämoglobin in den Erythrocyten lebender Tiere wird daher durch Schutzmechanismen, die im Cytoplasma von Erythrocyten wirksam sind, verhindert (z. B. durch Radikalfängermoleküle wie **Glutathion**) oder schnellstmöglich rückgängig gemacht (z. B. durch eine NADPH-abhängig arbeitende **Methämoglobin-Reduktase**). In menschlichen Erythrocyten liegt daher nur etwa 1 % des Hämoglobins als Methämoglobin vor.

Das innerhalb der Muskelzellen vieler Tiere – Vertebraten und Invertebraten – vorhandene **Myoglobin** (Abb. 4.40), das der Muskulatur die rote Farbe verleiht, besteht aus nur einer einzigen Peptidkette (153 Aminosäuren [AS] beim Säugetier) mit einer Hämkomponente. Die in den Erythrocyten eingeschlossenen Hämoglobine der Wirbeltiere (Ausnahme: Cyclostomen) bestehen dagegen aus vier Untereinheiten (Monomeren). Jede Untereinheit setzt sich aus einer Polypeptidkette und einer Hämgruppe zusammen. Jeweils zwei Peptidketten dieses Quartetts sind identisch. Sie werden mit den griechischen Buchstaben α (141 AS beim Menschen; 142 AS beim Karpfen) und β (146 AS beim Menschen, 143 AS beim Schaf) bezeichnet, sodass man den tetrameren Aufbau mit $\alpha_2\beta_2$ kennzeichnen kann. Die Hämoglobine verschiedener Wirbeltierarten unterscheiden sich in der Kettenlänge ihrer Peptide und der Sequenz der Aminosäuren.

Das ursprüngliche Gen für den Globinanteil des Hämoglobins hat während der Evolution durch **Genduplikation** und weitere Mutationsereignisse in den rezenten Lebewesen sowohl **Pseudogene** als auch funktionsfähige **Isogene** hervorgebracht, die sich teilweise auf unterschiedlichen Chromosomen finden. Die aus den verschiedenen Genprodukten dieser Isoformen zusammengesetzten Hämoglobine weisen auch innerhalb eines Tieres unterschiedliche Eigenschaften auf. Bei Schafen und Ziegen kommen zwei Hb-Formen (Hb-A und Hb-B) gleichzeitig vor, die sich in ihren β-Ketten unterscheiden (bei anämischen Tieren tritt ein drittes Hb, das Hb-C, hinzu), beim Karpfen und bei *Lampetra* (Neunauge) sind es drei, bei der Regenbogenforelle (*Salmo gairdneri*) vier (darunter ein stark pH-sensitives mit **Root-Effekt** und ein pH-insensitives Hb) und bei *Chironomus*-Arten (Zuckmücken) sogar zehn bis zwölf Hb-Arten (davon drei als Monomere und die übrigen als Dimere). Im Fötus der Säugetiere existiert ebenfalls ein anderes Hämoglobin (**fötales Hämoglobin**) als in den adulten Tieren. Das fötale Hämoglobin wird als HbF bezeichnet. Die Konfiguration seiner Monomere ist $\alpha_2\gamma_2$, das heißt, dass anstelle der β-Ketten des adulten Hämoglobins hier γ-Ketten eingebaut sind. Bei den meisten Säugetieren hat das HbF einen niedrigeren P_{50}-Wert (Sauerstoffpartialdruck, bei dem das Hämoglobin zu 50 % gesättigt ist) als das Hämoglobin des Muttertiers (Kaninchenfötus: 3,7 kPa, Muttertier: 4,2 kPa), was die O_2-Übernahme des HbF an den Austauschflächen in der Placenta aus dem mütterlichen Blut verbessert. Da in einem Hb-Molekül nachträglich keine Proteinuntereinheiten ausgetauscht werden können, müssen neugeborene Tiere über eine genetische Regulation die Synthese von γ-Untereinheiten abschalten und die von β-, aber auch von weiteren α-Untereinheiten einleiten, um damit völlig neue Hb-Moleküle herzustellen, die in ebenfalls neu gebildete Erythrocyten eingebaut werden. Die alten Erythrocyten mit dem fötalen Hämoglobin werden entsorgt. Zuweilen kommt es beim neugeborenen Menschen aufgrund der dabei in großen Mengen anfallenden Hämabfallstoffe (Bilirubin, Biliverdin) und deren Akkumulation in den Geweben zur **Neugeborenengelbsucht**.

Hämoglobin ist das im Tierreich am Weitesten verbreitete respiratorische Pigment. In allen Tierstämmen (von den Plathelminthen bis zu den Chordaten) gibt es zumindest einige Vertreter, die diesen Blutfarbstoff besitzen. Einige Beispiele seien erwähnt: *Derostoma* (rhabdocoeler Turbellar), *Ascaris* (Nematode), *Planorbis* (Posthornschnecke), *Solen* (heterodonte Muschel), *Arenicola* (Fischerwurm), *Nereis*, *Lumbricus*, *Tubifex*, *Hirudo*, *Phoronis* (Tentaculata), *Artemia* (Salinenkrebs), *Daphnia*, *Chironomus*-Larven und *Cucumaria* (Seegurke) unter den Invertebraten. Hämoglobin kommt außerdem bei allen Vertebraten mit Ausnahme einiger antarktischer Fische (Familie der Chaenichthyidae) und der *Leptocephalus*-Aallarve vor, fehlt aber auch bei *Branchiostoma*.

Eine interessante Besonderheit zeigen die antarktischen **Eisfische** (Chaenichthyidae). Sie besitzen weder Erythrocyten noch Hämoglobin im Blut und werden daher auch als Weißblutfische bezeichnet. Eventuell gebildete Erythrocyten zerfallen sehr schnell wieder. Der Verlust des Hämoglobins in der Evolution muss im Zusammenhang mit der niederen Umgebungstemperatur und der damit relativ hohen Löslichkeit des Sauerstoffs im Blutplasma gesehen werden. Durch Vergrößerung der Gefäßdurchmesser, des Blutvolumens und des Herzens (auf das Fünffache gegenüber vergleichbaren Fischen mit Hämoglobin) sowie infolge der mit dem Fehlen der Erythrocyten verbundenen geringeren Viskosität des Blutes pumpen die Eisfische etwa drei- bis viermal so viel Blut pro Zeiteinheit durch ihren Kreislauf wie vergleichbare Fische. Bereits in Ruhe werden von ihnen 63 % der O_2-Kapazität (physikalische Lösung) des Blutes in Anspruch genommen (bei Fischen mit Erythrocyten: 25 %). Auch der zu den Hechtlingen (Galaxiidae) zählende *Galaxias maculatus*, ein Bewohner von Süßgewässern gemäßigter Breiten der Südkontinente, besitzt als juveniles Tier kein Hämoglobin und keine Erythrocyten. Sein Herzvolumen ist – bezogen auf die Körpermasse – sogar um das Sechs- bis Siebenfache vergrößert.

Das Hämoglobin liegt bei den Vertebraten ausschließlich innerhalb der **roten Blutkörperchen** (**Erythrocyten**) vor. Diese haben artspezifisch unterschiedliche Durchmesser (2 µm bei bestimmten Zwerghirschen [Tragulidae], 40–63 µm bei *Amphiura* [Schwanzlurch]). Auch die Phoroniden (*Phoronis*) sowie die Muscheln *Solen*, *Arca* und andere besitzen Hb-haltige Blutzellen. Unter den Polychaeten besitzen Vertreter der Glyceriden und Capitelliden, die anstelle des völlig zurückgebildeten Blutgefäßsystems ihre Coelomflüssigkeit zirkulieren lassen (Coelomkreislauf), Hb-haltige Coelomocyten. Sonst ist es bei den Invertebraten die Regel, dass das Hämoglobin im Plasma gelöst vorliegt. In diesen Fällen ist die Molekülmasse des Hämoglobins meist recht hoch: ca. 3×10^6 Da bei *Lumbricus* und *Arenicola* und $1{,}5 \times 10^6$ Da bei *Planorbis*. Es kommen allerdings auch Aggregate geringerer Größe vor (36×10^3 Da bei *Notomastus* [Capitellide], $33{,}6 \times 10^3$ Da bei *Acra* [Meeresmuschel]). Das extrazelluläre Hämoglobin der Anneliden (auch als Erythrocruorin bezeichnet) enthält 60–192 O_2-bindende Untereinheiten pro Molekül, ist wesentlich komplexer gebaut als das tetramere Wirbeltierhämoglobin, geht aber ebenfalls auf 16-kDa-Untereinheiten zurück (▣ Tab. 4.8).

Um eine für die Aufrechterhaltung des aeroben Stoffwechsels ausreichend hohe **Sauerstofftransportkapazität** der zirkulierenden Körperflüssigkeiten zu erreichen, benötigen Tiere eine hohe Konzentration von Hämoglobinmolekülen. Läge bei Vertebraten die gewaltige Hb-Menge des Blutes mit einer tetrameren Molekülmasse von 64 kDa frei gelöst im Plasma vor, so würde durch sie ein kolloidosmotischer Druck ausgeübt werden, der einen normalen Wasseraustausch zwischen Blut und Interstitium unmöglich machen würde. Daher hat es sich bewährt, dass die kleinmolekularen Hämoglobine in Zellen (Erythrocyten) eingeschlossen werden[190]. Zur Vermeidung des kolloidosmotischen Effekts im Plasma könnten Hämoglobinmoleküle allerdings auch zu größeren Aggregaten zusammengeschlossen werden, da die osmotische Wirksamkeit der Moleküle nur von der Zahl, nicht aber von der Qualität der Teilchen abhängig ist (kolligative Eigenschaft einer Lösung). Diesen Ausweg aus dem osmotischen Problem haben viele Invertebraten (z. B. Anneliden) beschritten, indem sie sehr viele 16-kDa-Untereinheiten zu großen Multimeren vereinigt haben, die im Plasma suspendiert sind und bei gleicher Sauerstofftransportkapazität nur eine geringe kolloidosmotische Wirksamkeit besitzen.

Die Erythrocyten der Säugetiere entstehen im roten Knochenmark aus kernhaltigen Vorstufen (**Erythroblasten**[191]) und haben eine Lebensdauer von nur 100–120 Tagen. Gealterte Erythrocyten werden im reticuloendothelialen System (RES: Leber, Milz, Knochenmark) phagocytiert. Die Nachbildung von roten Blutkörperchen (**Erythropoese**, auch **Erythropoiese**) – beim Menschen 160×10^6 Zellen pro Minute – kann bei Blutverlust, Kältestress und unter Hypoxie stark gesteigert werden. Dabei spielt ein Hormon, das Glykoproteid **Erythropoetin**, eine wichtige aktivierende Rolle. Das Hormon wird in den Nieren gebildet und stimuliert sowohl die Proliferation der hämatopoetischen **Stammzellen** als auch die Hb-Synthese in den Erythroblasten.

Beim Regenwurm (*Lumbricus*, Annelida) wird das später extrazellulär vorliegende Hämoglobin in den Chloragogzellen, die am Peritoneum des Darms und an der äußeren Oberfläche der Blutgefäße zu finden sind, gebildet.

Sauerstoffbindungsverhalten der Hämoglobine

Der Grad der **Sauerstoffsättigung** des Hämoglobins hängt vom O_2-Partialdruck (pO_2) im System, aber auch von Randbedingungen wie der Temperatur und dem pH-Wert ab. In einem Gedankenexperiment füllen wir eine Reihe von Gefäßen mit einer Hämoglobinlösung gleicher Konzentration und begasen diese Lösungen mit Gasmischungen unterschiedlicher Zusammensetzungen, sodass unter Gleichgewichtsbedingungen unterschiedliche pO_2-Werte in der Lösung eingestellt werden. Durch Messung der **Lichtabsorption** bei einer Wellenlänge, bei der sich die Absorptionseigenschaften von oxygeniertem und desoxygeniertem Hämoglobin deutlich unterscheiden (▣ Abb. 4.39), erhält man in den unterschiedlichen Ansätzen Absorptionswerte, die zwischen dem Wert der mit reinem Sauerstoff begasten Hämoglobinlösung (100 % Sättigung) und

---

[190] Außerdem kann bei den in Zellen eingeschlossenen Hämoglobinen die Sauerstoffaffinität leichter durch zelluläre Metabolite moduliert werden (s. u.) als bei freiem Hämoglobin.

[191] *erythros* (griech.) = rot; *blastos* (griech.) = Keim

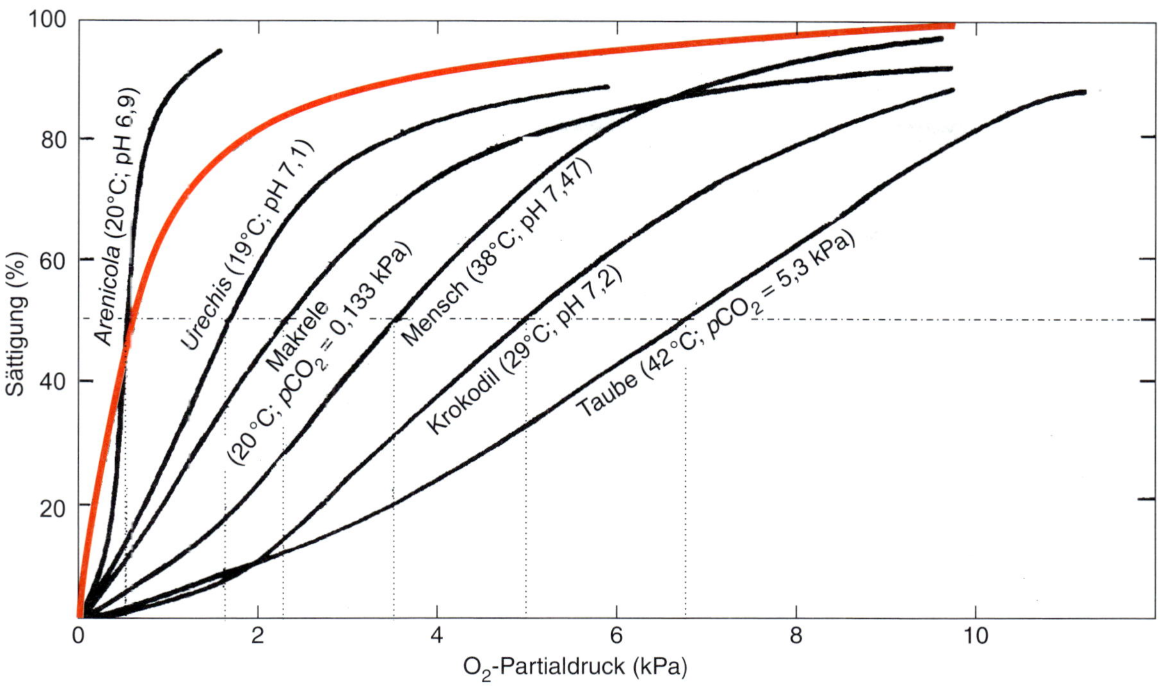

Abb. 4.41 Sigmoide O_2-Dissoziationskurven des Hämoglobins verschiedener Tierarten mit eingezeichneten P_{50}-Werten (fein gestrichelte Linien); rot: hyperbolische O_2-Dissoziationskurve des Myoglobins beim Menschen.

der mit reinem Stickstoff begasten Hb-Lösung (0 % Sättigung) liegen. Aus diesen Werten lässt sich leicht die relative Sättigung der unterschiedlich begasten Hb-Lösungen berechnen. Trägt man auf der Abszisse die experimentell eingestellten pO_2-Werte und auf der Ordinate jeweils die zugehörige relative Sättigung des Hämoglobins mit O_2 (in %) auf, so erhält man die **O_2-Dissoziationskurve** (auch: **Sauerstoffbindungskurve**).

Betrachten wir zunächst den etwas einfacheren Fall der Sauerstoffbindung an ein monomeres sauerstoffbindendes Protein. Das Hämoglobin der Zuckmückenlarve *Chironomus thummi* oder das in den Muskelzellen von Vertebraten vorhandene Myoglobin (Mb) sind Beispiele für solche Proteine:

$$Mb + O_2 \leftrightarrows MbO_2$$

Die relative Sauerstoffsättigung des Myoglobins *y* errechnet sich dann nach:

$$y = \frac{[MbO_2]}{[MbO_2] + [Mb]}$$

mit $[MbO_2]$ = Konzentration des sauerstoffbeladenen Myoglobins, [Mb] = Konzentration des sauerstofffreien Myoglobins. Diese mathematische Funktion repräsentiert die O_2-Dissoziationskurve für das Myoglobin. Sie zeigt einen **hyperbolischen** Verlauf (Abb. 4.41, rote Kurve).

Bei den tetrameren Hämoglobinen hat die O_2-Dissoziationskurve dagegen einen **sigmoiden** Verlauf (Abb. 4.41). Im Oxyhämoglobin besitzen die carboxylendständigen Reste aller vier Ketten nahezu vollständige Rotationsfreiheit. Das ist beim Desoxyhämoglobin nicht der Fall. Dort sind die Untereinheiten durch Salzbrücken (nichtkovalente, elektrostatische Wechselwirkungen) fest aneinander gekoppelt. Es ist deshalb gegenüber dem Oxyhämoglobin starrer bzw. gespannter. Die Quartärstruktur des Desoxyhämoglobins wird daher als **T-Form**[192] und die des Oxyhämoglobins als **R-Form**[193] bezeichnet. Bei der Oxygenierung bewegt sich das Eisenatom, das zuvor etwas unterhalb der Atomebene des Protoporphyrinrings gelegen hat, in die Hämebene hinein. Das zieht Konformationsänderungen im Molekül nach sich, die sich schließlich auf die Kontaktflächen zwischen den Proteinuntereinheiten auswirken. Die insgesamt acht Salzbrücken in und zwischen den vier Untereinheiten des Desoxyhämoglobins brechen auf, das Gleichgewicht zwischen den beiden Quartärstrukturen verschiebt sich von der T- zur R-Form. Dieser Übergang (positive **Kooperativität**) verleiht dem Hb-Molekül eine erhöhte **Sauerstoffaffinität** und eine Steigerung seiner sauren Eigenschaften. Diese Zusammenhänge erklären auch den sigmoiden Verlauf der O_2-Dissoziationskurve (Abb. 4.41). Bei niedrigem pO_2 ist das tetramere Hämoglobinmolekül zunächst in einem niedrig affinen Zustand. Die Bindung des ersten O_2-Moleküls bei ansteigendem pO_2 an eine der Hb-Untereinheiten ist energetisch am aufwendigsten, weil noch relativ viele Salzbrücken getrennt werden müssen. Die Bindung eines zweiten oder dritten Moleküls ist schon weniger energieaufwendig, weil bereits ein Teil der Salzbrücken gelöst ist. Die Bindung des vierten Moleküls erfolgt schließlich mit höchster Affinität. Es wird etwa 300-mal fester gebunden als das erste.

Beim tetrameren Hämoglobin ist die Sauerstoffbindung kooperativ und verläuft sequenziell, das heißt, eine Unterein-

192 *tense* (engl.) = gespannt
193 *relaxed* (engl.) = entspannt

heit nach der anderen bindet je ein Molekül Sauerstoff, und die Sauerstoffbindung jeweils einer Untereinheit beeinflusst die Bindungseigenschaften der noch nicht mit Sauerstoff beladenen Untereinheiten:

$$\mathrm{Hb} + n\,\mathrm{O_2} \leftrightarrows \mathrm{Hb(O_2)}_n$$

Der relative Sättigungsgrad des Hämoglobins bei einem gegebenen Sauerstoffpartialdruck kann mithilfe der **Hill*-Gleichung** ermittelt werden:

$$y = \frac{(pO_2)^n}{(pO_2)^n + K_d} = \frac{(pO_2)^n}{(pO_2)^n + P_{50}}$$

mit pO_2 = aktueller Sauerstoffpartialdruck, K_d = apparente Dissoziationskonstante aus dem Massenwirkungsgesetz für die oben aufgeführte Reaktion (entspricht dem pO_2, bei dem 50 % der O_2-Bindungsstellen am Hb-Molekül besetzt sind: P_{50}), n = Hill-Koeffizient.

Durch Umformung erhält man:

$$\frac{y}{1-y} = \left(\frac{pO_2}{P_{50}}\right)^n$$

Aus dieser Gleichung kann man ablesen, dass das Verhältnis von Oxyhämoglobin (y) zu Desoxyhämoglobin ($1 - y$) der n-ten Potenz des Verhältnisses von pO_2 zu P_{50} entspricht. Im Hill-Diagramm wird der Quotient $y/(1 - y)$ gegen den dekadischen Logarithmus von pO_2 aufgetragen. Das Ergebnis ist eine Gerade, bei der aus der Steigung der **Hill-Koeffizient** n herauszulesen ist. Dieser kann Werte zwischen 1 und der maximalen Anzahl der Bindungsstellen im Bindungsmolekül annehmen. Ein Hill-Koeffizient von 1 zeigt die Bindung zweier Bindungspartner ohne gegenseitige Beeinflussung der Bindungsmoleküle an, ein Wert >1 weist auf eine **positive Kooperativität** zwischen den Bindungsmolekülen hin, ein Wert <1 weist auf **negative Kooperativität** hin.

Der Hill-Koeffizient des tetrameren Hämoglobins der Säugetiere beträgt 3. Beim extrazellulären Hämoglobin im Blut der Anneliden liegen ebenfalls oft Werte von $n > 2$ vor (*Arenicola marina*: 5,4), während bei dem intrazellulären Hämoglobin der Anneliden die n-Werte stets kleiner sind (Hämoglobin der Coelomocyten von *Glycera gigantea*: 1,4–1,8).

Die **Affinität** der Hämoglobine zum O_2 ist bei den verschiedenen Tierarten sehr unterschiedlich. Das drückt sich in der Lage der Dissoziationskurve aus. Ist sie weit nach rechts verschoben, so ist die Affinität gering, eine Verlagerung nach links entspricht einer hohen Affinität. Oft wird die Affinität von Hämoglobinen kurz durch den P_{50}-Wert angegeben (Abb. 4.41). Bei den Säugetieren besteht zwischen dem P_{50}-Wert (in kPa) und dem Körpergewicht G (in kg) angenähert folgende Beziehung im Sinne einer negativen Allometrie:

$$P_{50} = 6{,}7\ G^{-0{,}054}$$

Das bedeutet, dass die kleineren und aktiveren Vertreter einen höheren P_{50}-Wert (niedrigere O_2-Affinität des Hb) besitzen als die größeren und trägeren Formen. Dies erleichtert bei kleinen Tieren den Übertritt von Sauerstoff aus dem Blut in das Gewebe. Die poikilothermen Wirbeltiere – insbesondere die Fische – besitzen in der Regel geringere P_{50}-Werte (indikativ für eine höhere O_2-Affinität ihres Hb) als die Vögel und Säugetiere (Tab. 4.9). Fische, die in O_2-reichen Gewässern leben, haben einen höheren P_{50}-Wert als solche in O_2-armen Gewässern. Unter den Invertebraten herrschen ebenfalls niedrige Werte

Tab. 4.9 Halbsättigungswerte (P_{50}-Werte) des Hämoglobins verschiedener Tierarten.

Tierart	P_{50}-Wert (kPa)	Messbedingung	Messtemperatur
Mensch (*Homo*)	3,6	pCO_2 = 5,3 kPa	38 °C
Laborratte (*Rattus*)	7,5	pCO_2 = 5,3 kPa	37 °C
Taube (*Columba*)	4,7	pCO_2 = 5,3 kPa	37,5 °C
Ente (*Anas*)	6,7	pH 7,1	37,5 °C
Alligator	3,7	pCO_2 = 5,6 kPa	29 °C
Teichfrosch (*Rana esculenta*)	1,8	pH 7,2	20 °C
Regenbogenforelle (*Salmo gairdneri*)	2,4	pCO_2 = 0,2 kPa	15 °C
Karpfen (*Cyprinus carpio*)	0,7	pCO_2 = 0,2 kPa	15 °C
Seegurke (*Cucumaria miniata*)	1,7	pH 7,4	10 °C
Zuckmücke (*Chironomus plumosus*)	0,08	pH 7,7	17 °C
Wasserfloh (*Daphnia*)	0,4	pH 7,7	17 °C
Regenwurm (*Lumbricus*)	0,6	pH 8,2	10 °C
Schlammwurm (*Tubifex*)	0,08	pCO_2 = 0 kPa	17 °C
Posthornschnecke (*Planorbis*)	0,4	pCO_2 = 0,3 kPa	20 °C
Spulwurm (*Ascaris*)	0,007	pH 7,0	11,5 °C

vor. Extrem niedrig sind sie zum Beispiel bei *Tubifex* und *Chironomus* sowie bei *Ascaris*.

Das Myoglobin innerhalb der Muskelzellen hat stets eine höhere O_2-Affinität, das heißt einen niedrigeren P_{50}-Wert (0,43 kPa beim Pferd), als das Blutpigment, von dem es den Sauerstoff übernimmt.

Ein ähnliches Transfersystem für den Sauerstoff mit Pigmenten zunehmender O_2-Affinität existiert beim Polychaeten *Travisia*: Der P_{50} des Hämoglobins des Blutes beträgt 0,07–0,15 kPa, der des Hämoglobins in den Coelomocyten etwa 0,05 kPa, der des Myoglobins der Körpermuskulatur etwa 0,01 kPa. Diese Verhältnisse erleichtern die Übergabe des Sauerstoffs von einem Typ O_2-bindender Proteine zum nächsten an den jeweiligen Austauschflächen.

Tab. 4.10 Werte der Konstante *k* aus der Haldane-Gleichung bei verschiedenen Tierarten.

Tierart	*k*-Wert
Posthornschnecke (*Planorbis*)	40
Schlammwurm (*Tubifex*)	40
Wattwurm (*Arenicola*)	150
Dasselfliege (*Gastrophilus*)	0,67
Zuckmücke (*Chironomus*)	400
Goldfisch (*Carassius auratus*)	63
Aal (*Anguilla vulgaris*)	99–114
Plötze (*Leuciscus rutilus*)	210
Kaninchen (*Oryctolagus*)	40
Pferd	280
Mensch	200–250
Chlorocruorin des Polychaeten *Branchiomma*	570
Myoglobin der Säugetiere	28–51
Cytochrom-Oxidase	0,1

Fast alle bisher getesteten Hämoglobine (Ausnahme: *Ascaris*, *Gastrophilus*) haben eine höhere Affinität zum **Kohlenmonoxid** (CO) als zum Sauerstoff (O_2). Da beide Gase an derselben Bindungsstelle des Hämoglobins angreifen, verdrängt CO gegebenenfalls den dort gebundenen Sauerstoff. Darauf beruht die starke Giftwirkung des Gases, denn ein mit CO beladenes Hb-Molekül fällt für den O_2-Transport aus. Die relative Affinität des Hämoglobins zum CO im Vergleich zum O_2 wird durch die Beziehung

$$\frac{\mathrm{Hb\,CO}}{\mathrm{Hb\,O_2}} = k\,\frac{p\mathrm{CO}}{p\mathrm{O_2}}$$

ausgedrückt (**Haldane*-Gleichung**). Hohe Werte zeigen an, dass die jeweiligen O_2-bindenden Proteine sehr leicht durch CO unbrauchbar gemacht werden, niedrige Werte dagegen zeigen eine Resistenz gegen **CO-Vergiftung** an. Die Werte der Konstante *k* für eine Reihe von Tieren sind in Tab. 4.10 zusammengestellt. Sie zeigt, dass nicht nur das Hämoglobin der Säugetiere sehr empfindlich auf CO reagiert, sondern auch das Myoglobin und die Cytochrom-Oxidase der Atmungskette. CO wird daher auch als Atmungsgift bezeichnet.

Die O_2-Affinität des Hämoglobins und somit die Lage der Sauerstoffdissoziationskurve auf der x-Achse des Diagramms kann durch verschiedene äußere Faktoren modifiziert werden, besonders durch die Temperatur, den Partialdruck des Kohlendioxids (pCO_2), den pH-Wert und die Anwesenheit bestimmter Konzentrationen anorganischer Ionen (Ionenstärken) bzw. organischer Phosphatverbindungen.

Mit Erhöhung der Temperatur nimmt die Affinität zum Sauerstoff im Allgemeinen ab, das heißt, der P_{50}-Wert nimmt zu (Abb. 4.42). Für das homoiotherme Wirbeltier bedeutet

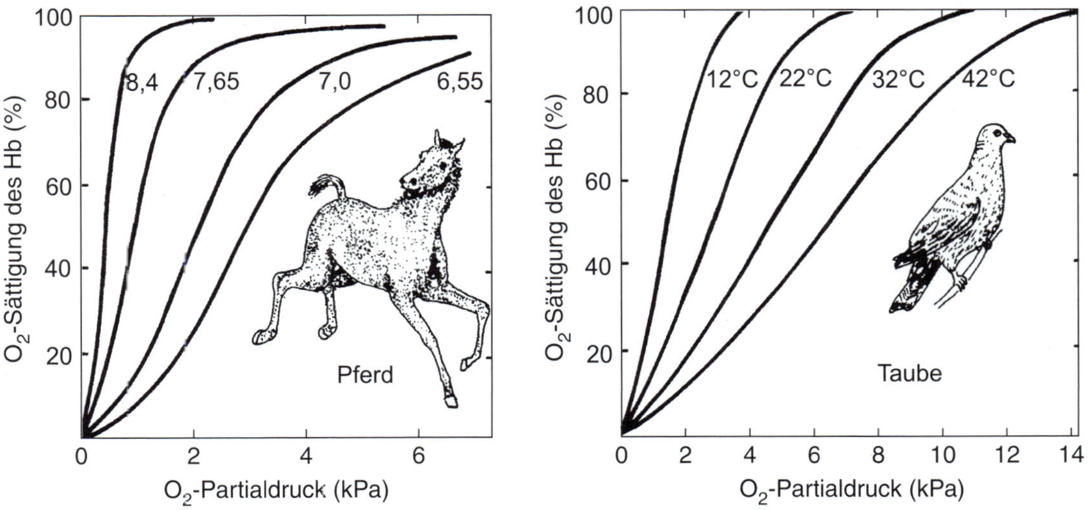

Abb. 4.42 Abhängigkeit der O_2-Sättigung des Hämoglobins vom Sauerstoffpartialdruck (pO_2) bei verschiedenen pH-Werten (links) und bei verschiedenen Temperaturen (rechts). (Rechts: nach Ergebnissen von Wastl H, Leiner G (1931) Beobachtungen über die Blutgase bei Vögeln. I. Mitteil Pflügers Arch ges Physiol 227, 367–420.)

das, dass die in den inneren Organen vorherrschende höhere Körpertemperatur die O_2-Abgabe unterstützt, die geringere Temperatur in den Lungenkapillaren dagegen die O_2-Bindung.

Sinkt im Blutplasma der pH-Wert ab oder steigt der pCO_2 an, wie es im Kapillarsystem arbeitender Gewebe regelmäßig der Fall ist, so wirkt sich dies bei vielen Tieren auf die Sauerstoffbindung am Hämoglobin aus. Die O_2-Dissoziationskurve wird unter diesen Bedingungen nach rechts verschoben, was eine Abnahme der O_2-Affinität des Hämoglobins widerspiegelt (Abb. 4.42). Dieser als **Bohr*-Effekt** bezeichnete Mechanismus ist physiologisch sinnvoll, weil durch die Affinitätsabsenkung bei gleichbleibendem pO_2 in den Gewebekapillaren zusätzlicher Sauerstoff vom Hämoglobin freigesetzt wird und damit den arbeitenden Geweben verfügbar gemacht wird. In der Lunge wird der pH-Wert des Blutplasmas durch CO_2-Abgabe wieder leicht basischer, sodass die O_2-Affinität des Hämoglobins wieder ansteigt. In der Lunge spielt der Bohr-Effekt auch deswegen keine relevante Rolle, weil bei dem dort vorherrschenden pO_2 das Hämoglobin immer vollständig mit O_2 gesättigt ist, unabhängig vom dort herrschenden pH.

Vergleicht man die chemischen Eigenschaften von Hämoglobin mit Bohr-Effekt im O_2-beladenen und O_2-unbeladenen Zustand, so stellt man fest, dass Oxyhämoglobin eine stärkere Säure ist als Desoxyhämoglobin. Eine Steigerung der Konzentration metabolisch gebildeter Protonen und deren Bindung an das Hämoglobin gehen mit der Freisetzung von O_2 vom Hämoglobin in das Gewebe einher. Pro mol H^+-Ionen, die an Hämoglobin angelagert werden, werden 2,9 mol O_2 zusätzlich freigesetzt. An der Protonenbindung sind die Histidinreste der α-Untereinheiten (beim menschlichen Hämoglobin an der Position 122) und der β-Untereinheiten (beim menschlichen Hämoglobin an der Position 146) des Hämoglobins beteiligt. Die pK_s-Werte dieser Gruppen liegen bei etwa 7, sodass eine Änderung des pH-Wertes große Auswirkungen auf den Protonierungsgrad dieser Gruppen hat. Die Protonierung stabilisiert die Konformation des Desoxyhämoglobins.

Die Stärke des Bohr-Effekts eines Hämoglobins wird durch den Bohr-Faktor ausgedrückt:

$$\Phi = \frac{\Delta \lg P_{50}}{\Delta \mathrm{pH}}.$$

Der Bohr-Effekt ist im Allgemeinen bei den Wirbeltieren stärker ausgeprägt als bei den Wirbellosen, wo er oft ganz fehlt (z. B. bei den Polychaeten *Glycera* und *Arenicola*, beim Insekt *Gastrophilus* und bei der Seegurke *Cucumaria*). Bei den Säugetieren nimmt der Bohr-Faktor mit zunehmendem Körpergewicht der Tierarten ab (Abb. 4.43).

Eine Besonderheit vieler Fische, besonders der Teleosteer, gegenüber den terrestrischen Wirbeltieren besteht darin, dass mit steigendem pCO_2 nicht nur die Affinität des Hämoglobins zum Sauerstoff abnimmt, sondern gleichzeitig auch in zunehmendem Maß die vollständige Sättigung des Blutes verhindert wird. Dies ist gleichbedeutend mit einer Reduktion der Sauerstoffbindungskapazität des Hämoglobins und wird nach dem Entdecker des Phänomens als **Root-Effekt** bezeichnet

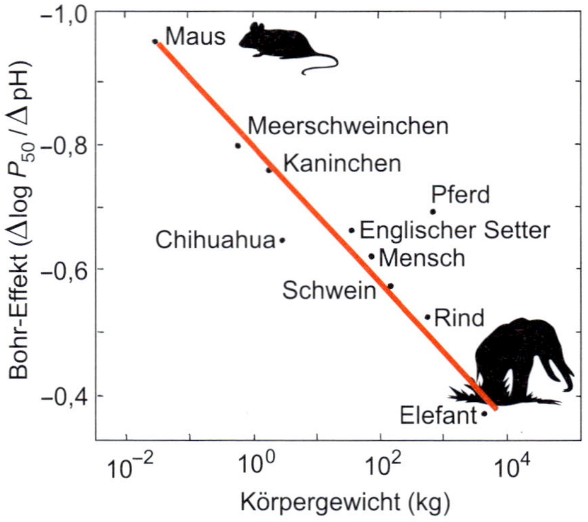

Abb. 4.43 Die Stärke des Bohr-Effekts bei verschiedenen Säugetieren. (Aus Schmidt-Nielsen K (1975) Physiologische Funktionen bei Tieren. Fischer, Stuttgart.)

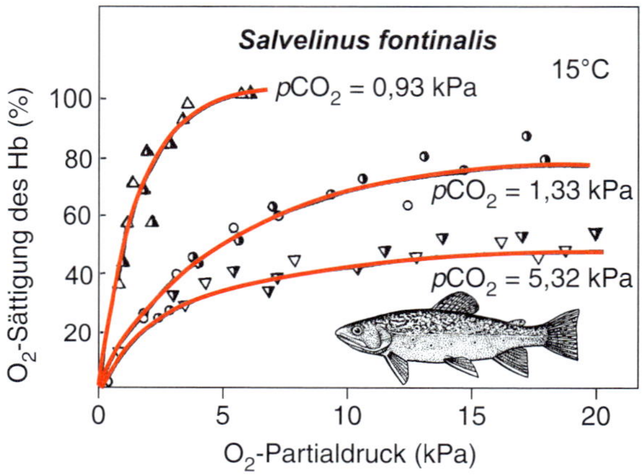

Abb. 4.44 Abhängigkeit des O_2-Sättigung vom CO_2-Partialdruck beim amerikanischen Bachsaibling (*Salmo salvelinus fontinalis*), vom Bohr- und vom Root-Effekt. Leere Symbole: Wintertiere; schwarz/weiß-halbierte Symbole: Sommertiere. (Aus Brown ME (Hrsg) (1957) The physiology of fishes. Academic Press, New York.)

(Abb. 4.44). Der Root-Effekt kann als Spezialfall des Bohr-Effekts angesehen werden, bei dem das Hämoglobin bei niedrigem pH im desoxygenierten Zustand fixiert wird (Stabilisierung des T-Zustands) und die Kooperativität herabgesetzt ist. Dies erzeugt unter Einwirkung von Protonen (durch hohe pCO_2-Werte oder anaeroben Metabolismus unter Produktion von Milchsäure) lokal einen hohen Sauerstoffpartialdruck. Dies geschieht bevorzugt in Geweben, die bevorzugt mit O_2 versorgt werden müssen (z. B. die Retina von Fischen) oder solchen, die gasförmigen Sauerstoff produzieren (z. B. die Gasdrüse der Schwimmblase von Fischen, ▶ Abschn. 4.6).

Bei Wirbeltieren (Ausnahme: Neunaugen, Krokodile, Wiederkäuer) wird die Affinität des Hämoglobins zum Sauerstoff auch durch Anlagerung von **Organophosphaten** an bestimmte Seitengruppen des Hämoglobins vermindert. Die Erythrocyten der Säugetiere enthalten unter bestimmten Bedingungen (z. B. bei Hypoxie während eines Aufenthalts in großen Höhen) bis zu etwa 4–5 mmol l^{-1} des Organophosphats 2,3-Diphosphoglycerat (DPG). Dieses liegt dann in ungefähr derselben molaren Konzentration wie das Hämoglobin vor. DPG verbindet sich mit bestimmten Aminosäureresten der β-Kette, wodurch die O_2-Bindungskurve nach rechts verschoben wird (Abnahme der O_2-Affinität des Hämoglobins). Bei Abwesenheit von DPG beträgt der P_{50}-Wert von Hämoglobin etwa 0,133 kPa, bei Anwesenheit steigt er auf 3,5 kPa an. Das ist auch der Grund für die lange bekannte Tatsache, dass die O_2-Affinität des Hämoglobins in den Erythrocyten deutlich geringer ist als die von Hämoglobin in freier Lösung.

Dieser DPG-Effekt stellt – ebenso wie der Bohr-Effekt – ein sehr ökonomisches Prinzip zur besseren Versorgung der Gewebe mit Sauerstoff dar. Die Sauerstoffbeladung in der Lunge wird dagegen vom DPG kaum oder gar nicht beeinflusst, weil sich das Organophosphat bei dem dort herrschenden höheren pH-Wert wieder vom Hämoglobin löst.

Bei den Nicht-Säugetieren übernehmen andere Organophosphate die Rolle des DPG. Bei den meisten Fischen sind es ATP und/oder GTP, bei den Vögeln Inositolpentaphosphat (IP5). Die Organophosphate beeinflussen auch den Bohr-Effekt, der durch sie verstärkt wird.

Die Unterschiede der Hämoglobine bei den verschiedenen Tieren hinsichtlich der O_2-Affinität, der Stärke des Bohr-Effekts, des Temperatureinflusses, der Lage des isoelektrischen Punktes usw. werden durch den Proteinanteil des Hb-Moleküls bedingt. Sie sind oft Ausdruck einer Anpassung an die jeweiligen Lebensbedingungen. Das Blut eines Kaltblüters hätte unter den Lebensbedingungen des Warmblüters eine so niedrige O_2-Affinität, dass es in der Lunge kaum Sauerstoff aufnehmen würde. Umgekehrt würde das Blut eines Warmblüters im Kaltblüter den O_2 so stark festhalten, dass die O_2-Versorgung der Gewebe nicht gewährleistet wäre. Bei Thunfischen herrscht zwischen den Kiemen, die mit dem Meerwasser im thermischen Gleichgewicht stehen, und der Muskulatur im Körperinneren ein Temperaturunterschied von ca. 10 °C, der durch ein Gegenstromwärmeaustauschsystem in der Gefäßarchitektur aufrechterhalten wird. In Anpassung an diese Besonderheit haben Thunfische ein Hämoglobin entwickelt, bei dem die Temperatur den P_{50}-Wert des Hämoglobins nur wenig beeinflusst.

Funktionen der Hämoglobine

Hinsichtlich der Funktionen des Hämoglobins bei den einzelnen Tierarten lassen sich vier verschiedene Fälle unterscheiden:

- Das Hämoglobin dient sowohl bei niedrigem wie auch bei hohem pO_2 dem O_2-Transport.
- Das Hämoglobin dient hauptsächlich bei niedrigem pO_2 dem O_2-Transport.
- Das Hämoglobin dient als Speicher, aus dem die Gewebe versorgt werden, wenn die Atmung unterbrochen ist.
- Es ist noch keine Funktion des Hämoglobins bekannt (Beispiel: Nematoden).

Transportfunktion bei hohem und niedrigem pO_2

Der erste Fall, die **Transportfunktion** bei hohem und niedrigem pO_2, ist charakteristisch für die Wirbeltiere. Als Beispiel seien die für das menschliche Blut geltenden Werte angeführt. Das Hämoglobin des Menschen hat wie das aller Luftatmer eine relativ niedrige O_2-Affinität (P_{50} bei pCO_2 = 5,3 kPa und 30 °C = 3,6 kPa). Bei dem an der Alveolarmembran herrschenden pO_2 von 13,3 kPa ist eine etwa 98 %ige Sättigung des Blutes mit O_2 gewährleistet. Die O_2-Dissoziationskurve verläuft in diesem Druckbereich bereits abszissenparallel, sodass eine Verminderung des pO_2 in der Luft zunächst die Sättigung des Blutes noch nicht gefährden kann. Bei dem in den Gewebekapillaren herrschenden pO_2 von 5,3 kPa und darunter zeigt die O_2-Dissoziationskurve dagegen einen steilen Verlauf. Das bedeutet, dass bereits eine geringe Abnahme des O_2-Drucks im Gewebe zu einer starken O_2-Abgabe vom Hämoglobin führt. Die arteriovenöse Druckdifferenz von 12,2 − 5,3 = 6,9 kPa (◘ Abb. 4.45) entspricht einer arteriovenösen O_2-Konzentrationsdifferenz von ca. 8 % (v/v). Unter normalen Bedingungen wird die O_2-Kapazität des Blutes von luftatmenden Tieren also noch nicht einmal zur Hälfte ausgenutzt. Dies hat zur Folge, dass die Ausatmungsluft bei diesen Organismen einen relativ hohen pO_2 aufweist. Daher ist es möglich, einen bewusstlosen Menschen Mund-zu-Mund/Nase zu beatmen.

Unter den Invertebraten ist bisher nur von den Oligochaeten *Lumbricus* und *Tubifex* bekannt, dass die Funktion ihres Hämoglobins ebenfalls dem ersten unter den vier erwähnten Fällen entspricht. Die Affinität des *Lumbricus*-Hämoglobins zum O_2 ist hoch (P_{50} = 0,6 kPa). Eine 95 %ige Sättigung ist bei 10 °C bereits bei einem pO_2 von rund 2,4 kPa möglich. Das bedeutet allerdings nicht, dass ein äußerer pO_2 dieser Größe zur Sättigung des Blutes *in vivo* ausreicht. Dazu ist vielmehr ein pO_2 von mindestens 10 kPa notwendig. Es existiert über die für die Atmung wenig spezialisierte Körperwand des Regenwurms ein pO_2-Gradient von etwa 8 kPa. Es muss also nicht notwendigerweise die Transportfunktion des Hämoglobins unter den Bedingungen eines hohen pO_2 im äußeren Medium mit einer geringen O_2-Affinität gekoppelt sein, wie es bei den landlebenden Wirbeltieren der Fall ist. Schaltet man die Beteiligung des Hämoglobins beim O_2-Transport durch Vergiftung mit Kohlenmonoxid (CO) aus, so ist der O_2-Verbrauch des Regenwurms bei einem äußeren O_2-Partialdruck zwischen 21,3 und 5,3 kPa um einen bestimmten Betrag kleiner als im normalen Zustand (◘ Abb. 4.46). Unterhalb von 5,3 kPa reicht offenbar der physikalisch gelöste Sauerstoff zur Versorgung der Gewebe aus, denn die Stoffwechselintensität ist dann in der Regel sehr niedrig. Wenn das Tier unter diesen Bedingungen zu größerer Aktivität gezwungen wird, muss die dafür notwendige Energie durch anaeroben Energiestoffwechsel erwirtschaftet werden.

Transportfunktion des Hämoglobins bei niedrigem pO_2-Wert

Der zweite Fall, die Transportfunktion des Hämoglobins bei niedrigen pO_2-Werten, scheint beim Hämoglobin der *Chironomus*-Larve, der Posthornschnecke *Planorbis*, beim Köderwurm *Arenicola* und beim Wasserfloh *Daphnia* verwirklicht

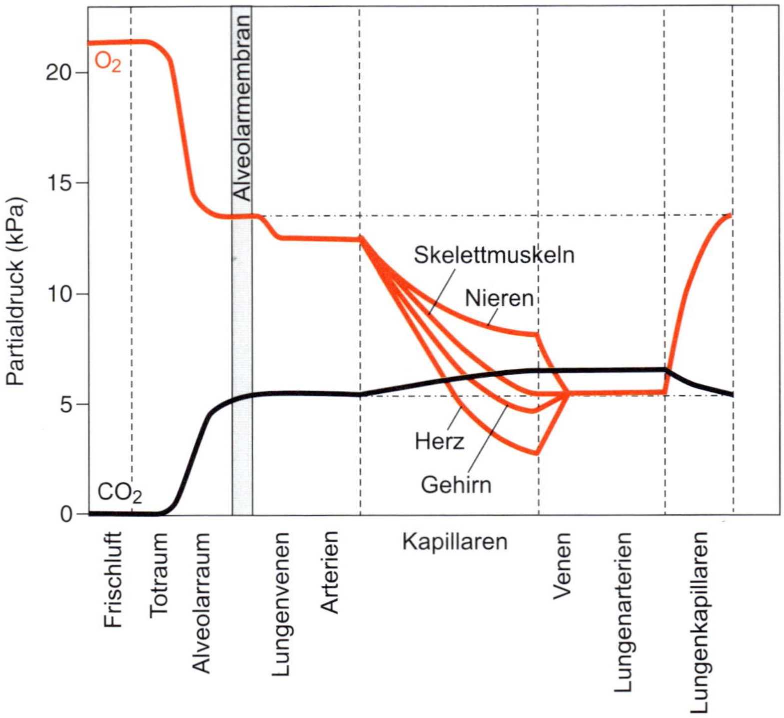

Abb. 4.45 Die Partialdrücke von O_2 und CO_2 in der Atemluft sowie im Kreislauf des Menschen. Der O_2-Partialdruck in den zentralen Venen und den Lungenarterien liegt ein wenig höher als der venöse Ausfluss aus den metabolisch sehr aktiven Organen (Gehirn, Herz), da sich das Blut mit dem Ausfluss aus den metabolisch weniger aktiven Organen (Muskel, Nieren), das einen höheren pO_2 aufweist, mischt.

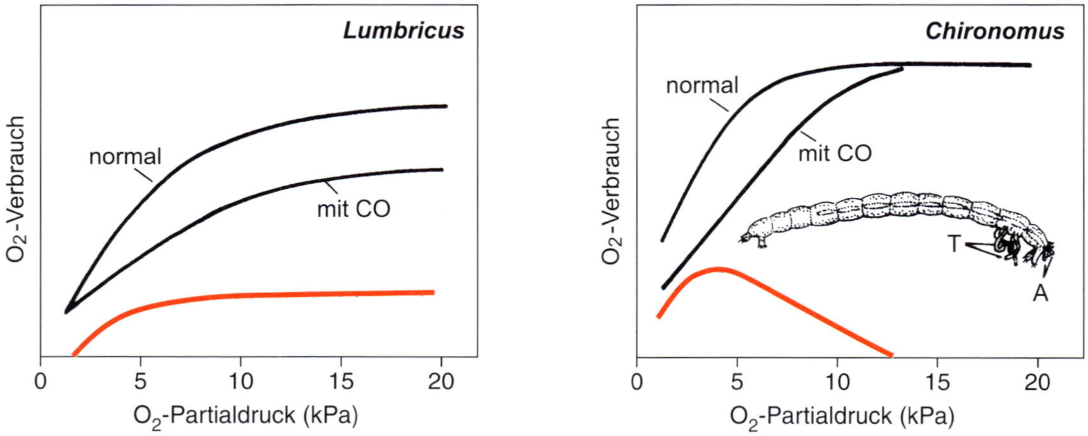

Abb. 4.46 Vergleich des O_2-Verbrauchs bei Normaltieren und CO-vergifteten Tieren. Die rote Kurve gibt jeweils die Differenz zwischen beiden O_2-Verbrauchswerten wieder. Links: *Lumbricus*. Rechts: *Chironomus*. T = Tubuli am vorletzten Segment, deren Funktion noch nicht endgültig geklärt ist (Atmung?); A = Analpapillen, sie spielen eine Rolle bei der Osmo- und Ionenregulation. (Links: aus Jones ID (1963) The function of respiratory pigments of invertebrates. Problems in biology, Vol 1. Pergamon Press, Oxford.)

zu sein. Die Hämoglobine zeichnen sich durch eine hohe O_2-Affinität (Tab. 4.9) aus. Mit Kohlenmonoxid behandelte *Chironomus*-Larven zeigen bei einem pO_2-Wert zwischen 20 und 10 kPa einen nahezu normalen, unveränderten O_2-Verbrauch. Erst unterhalb von zehn bis hinab zu 1,6 kPa fällt der O_2-Verbrauch sowohl bei CO-behandelten wie auch bei Normaltieren deutlich ab, bei den CO-behandelten stärker als bei den normalen Tieren (Abb. 4.46). Bei einem pO_2 von 4 kPa ist der vom Hämoglobin transportierte Anteil (32 % der insgesamt transportierten O_2-Menge) am größten. Die Bedeutungslosigkeit des Hämoglobins bei hohem O_2-Angebot beruht wahrscheinlich darauf, dass unter diesen Bedingungen der pO_2 in den Geweben zu hoch ist, um noch eine Dissoziation des O_2 vom Hämoglobin herbeizuführen.

Das Hämoglobin aus *Daphnia* besteht aus 16 Untereinheiten (Masse des Gesamtmoleküls: 5×10^5 Da), wobei jede Untereinheit zwei Moleküle Sauerstoff zu binden vermag. Daphnien synthetisieren bei Sauerstoffmangel, wie er in den Sommermonaten, wenn das organische Material in den Teichen verstärkt verrottet, leicht auftreten kann, mehr Hämoglobin (Abb. 4.47). Man kann hämoglobinreiche (*red*) und hämoglobinarme (*pale*) Tiere unterscheiden. Nur die Ersteren sind in den sauerstoff-

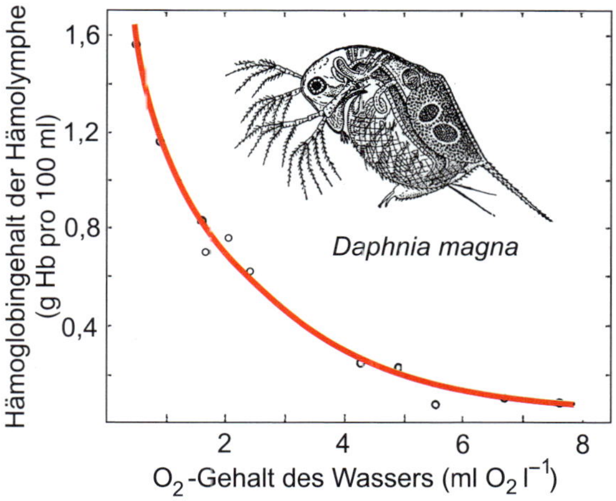

Abb. 4.47 Daphnien (*Daphnia magna*) bilden umso mehr Hämoglobin, je sauerstoffärmer ihr Wohngewässer ist. (Nach Kobayashi M, Hoshi T (1982) Relationship between the haemoglobin concentration of Daphnia magna and the ambient oxygen concentration. Comp Biochem Physiol 72, 247–249, Abb. 1, S. 248.)

armen Perioden noch voll aktiv. Daphnien benötigen also das Hämoglobin, um Perioden verminderten Sauerstoffangebots zu überleben. Interessant ist, dass von der Mutter Hämoglobin möglicherweise auch auf die Eier übertragen wird, wodurch die Versorgung der sich in der Bruttasche entwickelnden Tiere mit Sauerstoff erleichtert wird. Auf den O_2-Verbrauch der Tiere selbst hat die Hämoglobinkonzentration wenig Einfluss.

Speicherfunktion des Hämoglobins

Der dritte Fall, eine **Speicherfunktion** des Hämoglobins, ist bei einigen Tieren gegeben, die kein Zirkulationssystem, aber ein großes Coelomflüssigkeitsvolumen mit Hb-haltigen Zellen besitzen. Hierzu zählt der Echiuride *Urechis caupo*, ein in der Gezeitenzone des Meeres lebendes Tier. Es baut u-förmige Röhren in den Sand, in die durch peristaltische Wellen des Körpers frisches Wasser gepumpt wird. Die O_2-Aufnahme erfolgt durch die dünne Wand des Enddarms (Darmatmung). Von Zeit zu Zeit wird die Irrigation für eine Stunde oder länger unterbrochen. Während dieser Zeit wird die Versorgung der Gewebe aus dem in der Coelomflüssigkeit (20 ml, das entspricht etwa einem Drittel des Körpergewichts) gespeicherten O_2-Vorrat gesichert. Eine mit der Transportfunktion gekoppelte Speicherfunktion hat das Blut bei dem in Röhren lebenden *Arenicola* und bei der *Chironomus*-Larve.

Unbekannte Funktion des Hämoglobins

Die Funktion des Hämoglobins in einigen tierparasitischen Nematoden ist bislang noch unbekannt. Der O_2-Verbrauch bei *Nematodirus* und anderen zeigt unter CO-Einwirkung keine Veränderung. *Ascaris* besitzt ein Myoglobin in der Körperwand und ein Hämoglobin in der Flüssigkeit des Pseudocoels. Letzteres gibt seinen Sauerstoff selbst unter anaeroben Bedingungen nicht ab (P_{50} = 0,007 kPa). Ähnlich ist es beim Nematoden *Strongylus*, einem Parasiten im Dickdarm von Pferden.

Hämocyanine

Die **Hämocyanine** sind nach den Hämoglobinen die am Weitesten verbreiteten O_2-transportierenden Proteine in Körperflüssigkeiten von Tieren. Sie kommen unter den Arthropoden bei den Chilopoden, den Crustaceen (Cirripedia, Malacostraca), den Merostomata und den Arachniden (Scorpiones, Uropygi, Amblypygi, Araneae) vor (**Arthropodenhämocyanine**). Unter den Mollusken sind Hämocyanine bei Vertretern der Amphineura, der Gastropoda und der Cephalopoda anzutreffen (**Molluskenhämocyanine**). Sie sind kupferhaltige globuläre Proteine, wobei jedes **Kupferion** (zwei pro Untereinheit) jeweils direkt über drei Histidinreste (Imidazolstickstoffe) an das Protein gebunden ist. Es gibt keine prosthetische Gruppe. Die stets sehr großen Molekülkomplexe aus vielen Untereinheiten liegen immer in der Körperflüssigkeit gelöst vor, wobei die Konzentrationen zwischen zehn und mehr als 100 mg ml^{-1} betragen können.

Die Hämocyanine der Mollusken sind große zylindrische Moleküle mit 10–20 Untereinheiten und einer Masse von bis zu 9×10^6 Da. Jede Untereinheit hat acht Domänen mit je 50 000 Da und einem Paar von Kupferionen. Der Cu-Gehalt der Molluskenhämocyanine liegt bei 0,25 %. Die Hämocyanine der Arthropoden variieren in der Größe zwischen 5×10^5 und $3{,}5 \times 10^6$ Da und sind hexamer oder oligohexamer aufgebaut aus 6, 12, 24 oder 48 Untereinheiten mit einer Molekülmasse von je 75 000 Da. Ihr Cu-Gehalt liegt bei 0,17 %. Im Gegensatz zu den Unterschieden in der übergeordneten Molekülstruktur der Hämocyanine zeigen die bisher bekannten Aminosäuresequenzen einen hohen Grad an Übereinstimmung: 70 ± 10 % für Mollusken, 75 ± 10 % für Arthropoden und 60 ± 10 % zwischen beiden Tierstämmen. Es wird vermutet, dass alle Hämocyanine einer einzigen Familie phylogenetisch verwandter Proteine angehören, die sich aber bereits sehr früh in der Evolution der Tierstämme aufgespalten haben. Viele Mollusken haben neben dem Hämocyanin im Blut auch ein Myoglobin in der Radulamuskulatur. Die Frage, warum diese Tiere trotzdem am Hämocyanin als respiratorischem Protein festgehalten haben, obwohl sie auch die Fähigkeit zur Bildung hämhaltiger Farbstoffe besitzen, ist ungeklärt.

Jedes Paar dicht benachbarter Kupferionen vermag ein O_2-Molekül zwischen sich zu binden. Im O_2-freien Hämocyanin liegen beide Kupferionen als Cu^+ vor, im O_2-beladenen Molekül liegen ca. 50 % (also jeweils eines der beiden an der O_2-Bindung beteiligten Cu-Ionen) als Cu^{2+}-Ionen vor. Durch diese Oxidation verändern sich die elektronischen Verhältnisse im Molekül, sodass die Hämocyanine im O_2-beladenen Zustand blau, im O_2-freien farblos sind. Die Abhängigkeit der O_2-Sättigung des Hämocyanins verschiedener Arthropoden vom O_2-Partialdruck ist in der Abb. 4.48 grafisch dargestellt. Die O_2-Bindung ist reversibel und gewöhnlich kooperativ (sigmoide O_2-Dissoziationskurven), wobei das Ausmaß der Kooperativität vom pH-Wert, von der Temperatur und von der Gegenwart von Ionen (Ca^{2+}, Mg^{2+}, Cl^-) abhängt. Auch für Hämocyanine sind organische Affinitätsmodulatoren bekannt (z. B. Urat).

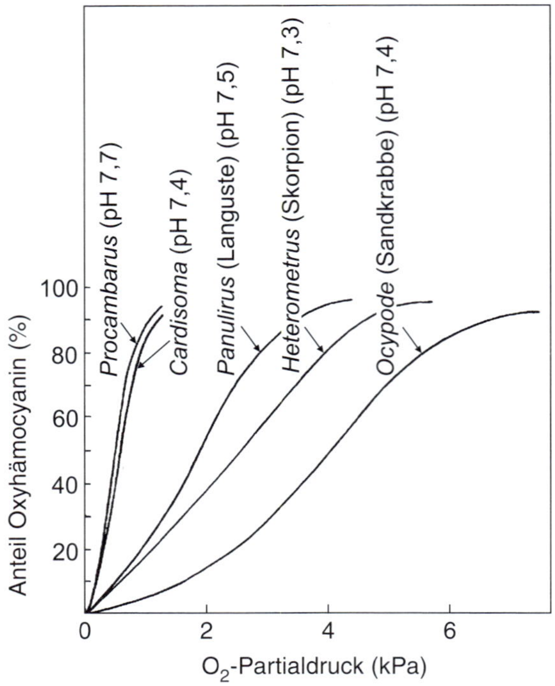

Abb. 4.48 O_2-Dissoziationskurven verschiedener Hämocyanine (Arthropoden) unter physiologischen pH- und Temperaturbedingungen (25 °C). (Nach Florkin M, Scheer BT (Hrsg) (1971) Chemical zoology. Academic Press, New York.)

Tab. 4.11 Ausmaß und Richtung des Bohr-Effekts bei einigen Hämocyaninen anhand der Bohr-Faktoren.

Tierart		Bohr-Faktor Φ
Arthropoden	Isopode (*Glyptonotus antarcticus*)	−1,4
	Stomatopode (*Erugosquilla woodmasoni*)	−2,0
	Hummer (*Homarus americanus*)	−0,7
	Pfeilschwanzkrebs (*Limulus polyphemus*)	+0,3
	Skorpion (*Leiurus quinquestrianus*)	−0,6
	Spinne (*Cupiennius salei*)	−0,9
Mollusken	Prosobranchier (*Fusitriton oregonense*)	+2,1
	Schlammschnecke (*Lymnaea stagnalis*)	−0,5
	Cephalopode (*Loligo pealei*)	−1,0
	Cephalopode (*Octopus dofleini*)	−0,8

Die meisten Hämocyanine zeigen einen positiven **Bohr-Effekt**, das heißt, die O_2-Bindungsaffinität nimmt mit steigendem pH-Wert zu, der Bohr-Faktor Φ ist kleiner als null (Tab. 4.11). Nur einige Hämocyanine (*Limulus*, verschiedene Prosobranchier) zeigen einen negativen Bohr-Effekt (Φ > 0), andere gar keinen. Oft verhalten sich die Hämocyanine nahe verwandter Tierarten unterschiedlich.

Unter den Cephalopoden, deren Hämocyanin stets dem O_2-Transport dient, gibt es hinsichtlich der O_2-Affinität folgende Gesetzmäßigkeit: Die Affinität ihrer Hämocyanine nimmt, beginnend mit dem relativ wenig aktiven *Octopus vulgaris* über *Sepia* bis zu den immerwährend aktiven pelagischen Formen *Loligo vulgaris* und *L. pealei* ab, gleichzeitig nimmt der Bohr-Effekt zu. Das bedeutet, dass die Tierarten in dieser Reihenfolge weniger tolerant gegenüber einem geringen O_2-Druck und einem hohen CO_2-Druck im äußeren Medium werden. Gleichzeitig eignen sich die Tiere immer besser, durch Ausnutzung des hohen O_2-Drucks eine hohe Aktivität zu entfalten. Das die Kiemen verlassende Blut ist tiefblau gefärbt und praktisch mit O_2 gesättigt. Die mitgeführte O_2-Menge wird während der Zirkulation zu etwa 90 % an die Gewebe abgegeben (die arteriovenöse O_2-Differenz beträgt 4,3 − 0,4 = 3,9 Vol.-%). Gleichzeitig steigt der pCO_2 an, allerdings von 0,3 kPa auf nur 0,8 kPa, da das Blut eine hohe Pufferkapazität aufweist. Der Bohr-Effekt ist aber so stark, dass bereits infolge dieser kleinen Änderung des pCO_2 ca. 33 % der Gesamtsauerstoffabgabe bedingt werden. Das in die Kiemen eintretende Blut ist wieder farblos, also weitgehend O_2-frei. Bildungsorte des Hämocyanins bei Cephalopoden sind die paarigen Branchialdrüsen.

Eine relativ hohe O_2-Affinität besitzen die Hämocyanine der Dekapoden. Der P_{50}-Wert beträgt bei der Languste *Panulirus* 0,9 kPa (pH 7,5; 15 °C). Darin ist allerdings keine Anpassung an ein Leben im Wasser mit niedrigem pCO_2-Wert zu sehen, wie wir es etwa bei einigen Hb-besitzenden Tieren kennengelernt haben. Die Vorgänge der O_2-Beladung und -Abgabe spielen sich bei den Dekapoden vielmehr im Gegensatz zu den meisten Tieren in der unteren Hälfte der O_2-Dissoziationskurve ab. Das Hämocyanin der Hämolymphe wird in den Kiemen selbst in gut durchlüfteten Wassern nur zu etwa 50–68 % gesättigt (49 % bei *Homarus americanus*, 54 % bei *Panulirus interruptus*, 68 % bei *Loxorhynchus grandis*). Das entspricht einem pO_2 von 0,7–1 kPa in der postbranchialen Hämolymphe. Die präbranchiale Hämolymphe zeigt einheitlich einen pO_2 von 0,4 kPa. Die mitgeführte O_2-Menge wird zu etwa 58 % an die Gewebe abgegeben. Die Hämocyanine aller untersuchten Dekapoden zeigen einen normalen Bohr-Effekt, das heißt, im physiologischen Bereich vermindert eine höhere Azidität die Affinität des Pigments zum Sauerstoff.

Ein Root-Effekt, das heißt die Abnahme der O_2-Bindungskapazität des Hämocyanins mit fallendem pH-Wert, ist bei *Limulus* und Cephalopoden (*Loligo pealei*, *Sepia officinalis*, *Octopus dofleini*) beschrieben worden. Der marine Prosobranchier *Buccinum undatum* (Wellhornschnecke) zeigt einen umgekehrten Root-Effekt – die O_2-Bindungskapazität nimmt mit fallendem pH zu. Die Affinität der Hämocyanine zu Kohlenmonoxid ist wesentlich geringer als die zum Sauerstoff. Kohlenmonoxid (CO) wird am Hämocyanin nichtkooperativ gebunden, und zwar ein Molekül CO pro zwei Kupferionen.

Chlorocruorine

Die **Chlorocruorine** sind dem Hämoglobin sehr ähnliche, grüne Farbstoffe. Sie kommen bei einigen Polychaetenfamilien vor, bei den Chrysopetalidae, Eunicidae, Flabelligeridae, Sabellidae und den Serpulidae. In manchen Fällen (*Serpula*) kommt es mit dem Hämoglobin gemeinsam vor, was bei der nahen chemischen Verwandtschaft beider Stoffe nicht so sehr verwundert. Das Chlorocruorin liegt immer gelöst im Plasma der Körperflüssigkeit vor, niemals innerhalb von Blutzellen. Seine relative Molekülmasse ist deshalb auch recht hoch (ca. 3×10^6 bei *Serpula vermicularis*).

Die Chlorocruorine besitzen wie das Hämoglobin ein zentrales Fe^{2+}-Ion in einem Porphyrinring, der sich von dem des Häms dadurch unterscheidet, dass an einem Pyrrolring der Vinylrest durch einen Formylrest ersetzt ist. Wie beim Hämoglobin wird jeweils ein Sauerstoffmolekül von einem Fe^{2+}-Ion gebunden. Die **Kooperativität** zwischen den Untereinheiten sowie der **Bohr-Effekt** können beträchtlich sein. Die Affinität der Chlorocruorine für CO ist noch größer als die des Hämoglobins. Bei *Branchiomma* (Sabellide) ist sie 570-mal höher als die für O_2. Das Chlorocruorin des Meeresringelwurms *Spirographis* zeigt wie das Hämoglobin eine sigmoide O_2-Dissoziationskurve, einen positiven Bohr-Effekt sowie eine Temperaturabhängigkeit der O_2-Affinität. Der P_{50}-Wert liegt mit 3,6 kPa (pH 7,7; 20 °C) recht hoch. Chlorocruorin dürfte eine Transportfunktion bei hohen und niedrigen pO_2-Werten haben, da gezeigt werden konnte, dass der O_2-Verbrauch des Wurms unter CO-Einfluss bei allen pO_2-Werten herabgesetzt war.

Hämerythrine

Das **Hämerythrin** ist ein respiratorisches Pigment, das im oxygenierten Zustand violett und im desoxygenierten Zustand farblos ist. Es kommt innerhalb von Zellen vor und ist bei einigen Sipunculiden (*Sipunculus*, *Golfingia* u. a.) und Priapuliden sowie bei dem Polychaeten *Magelona* und dem Brachiopoden *Lingula* vorhanden. Man findet es in erster Linie im Coelom. Ein anderes Hämerythrin kann im Blutgefäßsystem und ein weiteres, das Myohämerythrin, in Muskelzellen desselben Tieres vorkommen.

Das Hämerythrin besitzt gewöhnlich acht identische Untereinheiten, jede aus 113 Aminosäureresten bestehend (Gesamtmolekülmasse 100 kDa). Eine Ausnahme bildet der Spitzwurm *Phascolosoma agassizii* mit trimerem Hämerythrin (40,6 kDa).

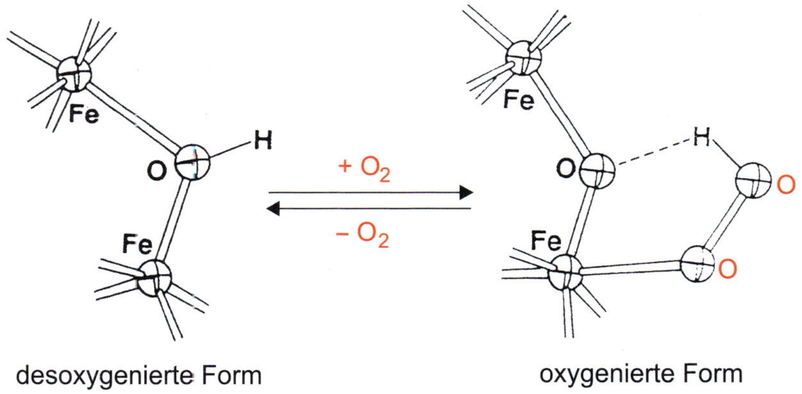

Abb. 4.49 Mechanismus der Oxygenierung des Hämerythrins. (Nach Holmes MA, Le Trong I, Turley S, Sieker LC, Stenkamp RE (1991) Structures of deoxy and oxy hemerythrin at 2.0 Å resolution. J Mol Biol 218, 583–593, Abb. 4, S. 591.)

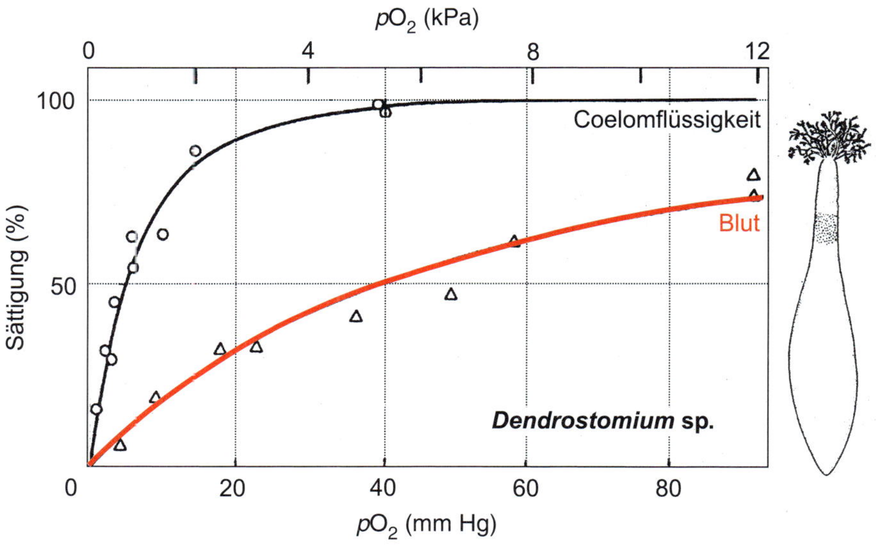

Abb. 4.50 Die O_2-Dissoziationskurven der Hämerythrine im Blut und in der Coelomflüssigkeit bei *Dendrostomium zostericolum* (Sipunculide). Halbsättigung im Blut bei 5,3 kPa, in der Coelomflüssigkeit bereits bei 0,6 kPa. (Nach Manwell C (1960) Histological specificity of respiratory pigments II. Oxygen transfer systems involving hemerythrins in sipunculid worms of different ecologies. Comp Biochem Physiol 1, 277–285, Abb. 1, S. 280.)

Das Myohämerythrin ist monomer. Das aktive Zentrum weist zwei Eisenionen auf, die direkt an das Protein gebunden sind. Eine prosthetische Gruppe fehlt. Die beiden Eisenionen liegen benachbart und werden über eine Sauerstoffbrücke miteinander sowie mit den Carboxylseitenketten eines Glutaminsäure- und eines Asparaginsäurerestes verbunden. Außerdem sind fünf Histidinreste in das aktive Zentrum integriert. Im desoxygenierten Hämerythrin liegen die Eisenionen als Fe^{2+}, im oxygenierten als Fe^{3+} vor (◘ Abb. 4.49).

Die Sauerstoffbindungskurven der Hämerythrine zeigen keine sigmoiden, sondern hyperbolische Verläufe (◘ Abb. 4.50), was darauf hindeutet, dass es keine **Kooperativität** zwischen den Untereinheiten gibt (◘ Abb. 4.50). Die O_2-Affinität des Myohämerythrins ist größer als die des Coelom- bzw. Bluthämerythrins, sodass es zu einer gerichteten Weitergabe des Sauerstoffs vom Meerwasser über die Körperflüssigkeit in die Zellen und zu den Mitochondrien kommt. Hinsichtlich der O_2-Affinität des Blutes gegenüber der der Coelomflüssigkeit muss man allerdings differenzieren: Bei *Dendrostomum* (= *Themiste*) (Sipunculide) ist die O_2-Affinität des Blutes kleiner als die der Coelomflüssigkeit (◘ Abb. 4.50), was bedeutet, dass der Sauerstoff von den stark durchbluteten Tentakeln um die Mundöffnung herum, die der Atmung dienen, leicht an die Coelomflüssigkeit weitergegeben wird. Bei *Siphonosoma* dagegen, bei der die oralen Tentakel nur der Ernährung, nicht aber der Atmung dienen, zeigen Blut und Coelomflüssigkeit eine etwa gleich hohe O_2-Affinität. Der Sauerstoff wird über die gesamte Körperoberfläche aufgenommen.

Im Gegensatz zu den Hämerythrinen bei den Sipunculiden zeigt das Hämerythrin der Brachiopoden einen **Bohr-Effekt**. Hämerythrin kann nicht mit Kohlenmonoxid vergiftet werden.

4.3.2 Kohlendioxid

Wirbeltiere

Bedingt durch die begrenzte Löslichkeit von Gasen in Flüssigkeiten ist die physikalisch gelöste Gasmenge in der Körperflüssigkeit von Tieren in der Regel sehr klein, obwohl sich, relativ betrachtet, CO_2 in wässrigen Medien deutlich besser löst als O_2. Die Aufnahmefähigkeit des Blutes für **Kohlendioxid** wird durch reversible Bindung des Gases an Reaktionspartner im Plasma (bes. Wasser) stark erhöht. In wässrigen Lösungen liegt der Großteil des CO_2 bei physiologischem pH-Wert in Form des Hydrogencarbonations (HCO_3^-) vor.

In den Venen des Menschen herrscht ein pCO_2 von rund 6 kPa (◘ Abb. 4.45). Das bedeutet, dass bei einem α von 0,49 nach dem Gesetz von Henry die in 1 cm³ (= 1 ml) Blut gelöste CO_2-Menge

$$c = 0{,}49 \frac{6}{101{,}1} \cong 0{,}03 \text{ , das heißt ca. 3 Vol.-\%,}$$

ist. Die Löslichkeit von Kohlendioxid im Plasma ist also im Vergleich der des Sauerstoffs wesentlich größer. Die im Blut gelöste CO_2-Menge steigt proportional mit dem pCO_2 in den Geweben an, allerdings werden nur etwa 5 % des CO_2 tatsächlich in gelöster Form im Blutplasma transportiert (◘ Abb. 4.51).

Infolge des Partialdruckgradienten zwischen Gewebe und Blut diffundiert im Gewebe gebildetes Kohlendioxid aus den Zellen ins Interstitium und von dort in das Plasma des Kapillarblutes. Ein Teil des CO_2 reagiert dort mit dem Wasser des Blutplasmas zu Kohlensäure:

$$CO_2 + H_2O \leftrightarrows H_2CO_3$$

Die Konzentration der **Kohlensäure** im Plasma bleibt allerdings sehr klein, weil sie recht zügig dissoziiert:

$$H_2CO_3 \leftrightarrows HCO_3^- + H^+$$

Die dabei anfallenden H^+-Ionen werden von den **Puffersystemen** des Blutplasmas abgefangen.

Da die Gewebekapillaren meist sehr englumig sind, werden die Erythrocyten bei der Passage stark deformiert. Ihre im entspannten Zustand bikonkave Form wechselt zu einer konkav-konvexen Zellform, was den Durchtritt erleichtert. Sie passieren die Kapillare in dichter Folge und schmiegen sich eng an die Gefäßinnenwand. Dieser innige Kontakt zwischen Gefäßwand und Erythrocytenmembran ist ein Grund dafür, weshalb der größte Anteil des aus dem Gewebe austretenden CO_2 sich gar nicht erst im Plasma löst, sondern direkt in die Erythrocyten weiterdiffundiert. Ein weiterer Grund für diesen direkten Übertritt ist, dass innerhalb der Erythrocyten ein Enzym, die **Carboanhydrase** (auch **Carboanhydratase**), vorliegt, die das eingetretene CO_2 viel schneller zu Kohlensäure umwandelt, als dies im Plasma ohne das Enzym geschehen könnte, und dadurch den Diffusionsgradienten für CO_2 zwischen Interstitium und Erythrocytenlumen während der Passage des roten Blutkörperchens durch die Kapillare permanent groß hält. Die bei der Dissoziation der innerhalb der Erythrocyten gebildeten Kohlensäure anfallenden Protonen werden von dem in hoher Konzentration anwesenden Hämoglobin gebunden (Pufferfunktion des Hämoglobins) und bewirken so den **Bohr-Effekt**. Während der Bindung der H^+-Ionen an das Hämoglobin setzt dieses die zuvor gebundenen Kaliumionen (K^+) in das Cytoplasma des Erythrocyten frei. Durch den hierdurch vermittelten Protonenentzug aus dem Gesamtgleichgewicht

$$CO_2 + H_2O \leftrightarrows H_2CO_3 \leftrightarrows HCO_3^- + H^+$$

wird das Reaktionsgleichgewicht deutlich weiter nach rechts verschoben, sodass der ohnehin große pCO_2-Gradient zwischen Interstitium und Erythrocytenlumen weiter stabilisiert wird.

Die **Carboanhydrase** ist eines der aktivsten bekannten Enzyme. Jedes Molekül kann pro Sekunde 10^5 Moleküle CO_2 hydratisieren. Die katalysierte Reaktion läuft damit 107-mal schneller ab als die unkatalysierte. Entscheidend für die Aktivität des Enzyms ist ein Zinkion, das mit den Imidazolringen dreier Histidinreste des Enzyms koordiniert ist. Es liegt in einer tiefen Spalte in der Nähe eines Ortes, der Kohlendioxid erkennt und bindet. Es wandelt das gebundene Wasser sehr schnell in

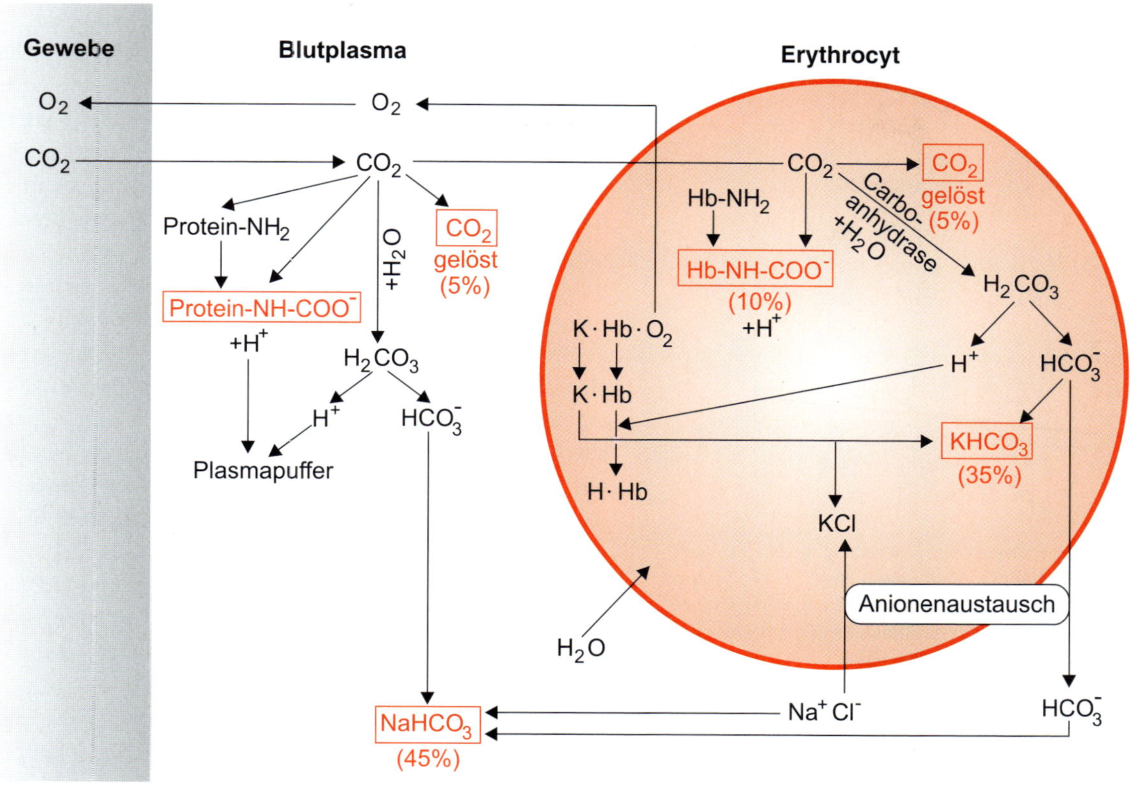

Abb. 4.51 Darstellung der Vorgänge nach dem Übertritt von metabolisch gebildetem Kohlendioxid aus dem Gewebe in das Blut beim Menschen. Die Prozentzahlen geben an, welche Anteile des übergetretenen Kohlendioxids auf die verschiedenen Transportformen und Aufenthaltsorte während des Transports entfallen.

ein Hydroxidion um und orientiert dieses gleichzeitig so, dass es mit dem Kohlendioxid ein Hydrogencarbonation bilden kann.

Die Akkumulation von **Hydrogencarbonationen** im Inneren des Erythrocyten könnte den CO_2-Durchsatz in diesem System während der Kapillarpassage der roten Blutzelle beeinträchtigen. Die Anhäufung von HCO_3^- wird jedoch durch Austausch der Hydrogencarbonationen gegen Chloridionen mittels eines Carriers in der Erythrocytenmembran – ein Vorgang, der als Chloridshift oder nach dem Entdecker als **Hamburger-Shift** bezeichnet wird – verhindert. Der dafür verantwortliche Carrier gehört zu den am stärksten exprimierten Membranproteinen der roten Blutzellen und wird wegen seiner Laufposition im Elektrophoresegel zuweilen als Bande-III-Protein, korrekt aber als **Chlorid/Hydrogencarbonat-Austauscher** bezeichnet. Da der Transport stöchiometrisch in einem 1:1-Verhältnis stattfindet, wird weder ein osmotischer noch ein elektrischer Gradient erzeugt. Die ausgeschleusten Hydrogencarbonationen verbleiben im Blutplasma (der Mensch hat einen recht hohen HCO_3^--Spiegel im Plasma: 22–26 mmol l^{-1}) und werden erst in der Lunge durch die dort erfolgende CO_2-Abgabe wieder abgebaut.

Da kleine Tiere einen höheren Stoffumsatz pro Masseeinheit im Energiestoffwechsel haben als große, überrascht es nicht, dass auch die Aktivität ihrer Carboanhydrase in den Erythrocyten recht hoch ist. Vergleicht man die Enzymaktivität bei Säugetieren unterschiedlicher Körpermasse, so nimmt die Aktivität mit steigender Körpermasse ab.

Über seinen Umweg durch die Erythrocyten kommt es im Endeffekt dazu, dass mehr CO_2 in Form von Hydrogencarbonat im Blutplasma transportiert wird als in den Erythrocyten. Die kationischen Partner der HCO_3^--Ionen sind im Plasma die Na^+-, innerhalb der Erythrocyten die K^+-Ionen. Beim Menschen werden von der aus den Geweben aufgenommenen CO_2-Menge 45 % in Form von $NaHCO_3$ im Plasma und 35 % als $KHCO_3$ in den Erythrocyten transportiert, 10 % werden physikalisch gelöst (Abb. 4.51).

Neben dem physikalisch gelösten und dem als Hydrogencarbonat gebundenen CO_2 wird ein Teil des Kohlendioxids (10 % beim Menschen) noch direkt – ohne Hydratisierung – in Form einer **Carbaminosäure** an die nichtionisierten α-Aminogruppen der Proteine (im Blutplasma) und besonders des Hämoglobins (im Erythrocyten) reversibel gebunden. Aus dem Hämoglobin entsteht dabei **Carbaminohämoglobin**:

$$Hb\ NH_2 + CO_2 \leftrightharpoons Hb\ NH\ COO^- + H^+$$

Die Carbamatgruppen bilden innerhalb des Hämoglobinmoleküls Salzbindungen aus, die die Quartärstruktur des Desoxyhämoglobins, die T-Form, stabilisieren, wodurch die **O_2-Affinität** abnimmt. Auch dieser Prozess unterstützt die Freisetzung von O_2 vom Hämoglobin in den Gewebekapillaren.

In der Lunge verlaufen die erwähnten Prozesse in exakt umgekehrter Richtung, beginnend mit der Diffusion gelösten Kohlendioxids aus dem Blutplasma in die Lungenalveolen so-

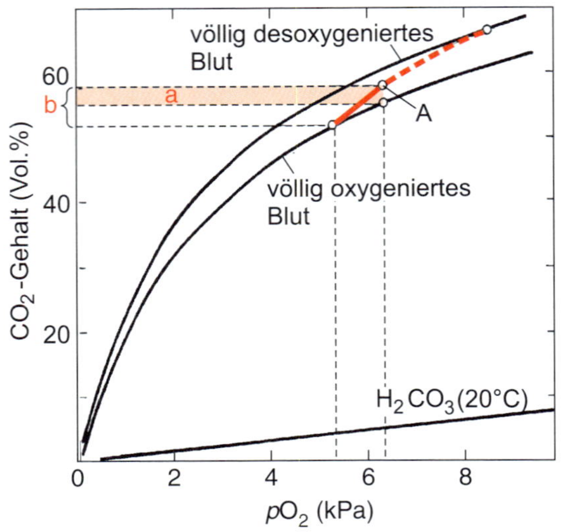

Abb. 4.52 CO_2-Dissoziationskurve des menschlichen Blutes. Der Druckbereich, in dem sich der pCO_2 auf seinem Weg von den Arterien zu den Venen ändert, ist durch die senkrechten gestrichelten Linien markiert. Da das desoxygenierte Blut ein stärkeres CO_2-Bindungsvermögen besitzt als das oxygenierte (Haldane-Effekt), wird die im Kreislauf ausgetauschte CO_2-Menge allerdings noch einmal um den mit a bezeichneten Betrag vergrößert. Da das Blut in den Geweben jedoch nicht vollständig desoxygeniert wird, liegt der tatsächliche maximale CO_2-Gehalt (Punkt A) zwischen den beiden Kurven, sodass die gesamte im Kreislauf ausgetauschte CO_2-Menge auf den Betrag des y-Achsenintervalls, das mit b bezeichnet ist, begrenzt bleibt. (Nach Jones ID (1963) The function of respiratory pigments of invertebrates. Problems in biology. Vol 1. Pergamon Press, Oxford.)

wie der Oxygenierung des Hämoglobins, dessen saure Eigenschaften damit wieder zunehmen.

O_2- und CO_2-Transport sind auf das Engste miteinander verknüpft. Der **Haldane-Effekt**, das heißt der unterschiedliche Verlauf der CO_2-Bindungskurve im oxygenierten und desoxygenierten Blut (Abb. 4.52), wird – wie oben ausgeführt – dadurch hervorgerufen, dass das desoxygenierte Hämoglobin als schwächere Säure ein besseres CO_2-Bindungsvermögen des Blutes bedingt als oxygeniertes Hämoglobin und dass das desoxygenierte Hämoglobin mehr CO_2 in Form des Carbamats bindet als oxygeniertes. Durch den Haldane-Effekt werden die CO_2-Aufnahme aus den Geweben und die CO_2-Abgabe in der Lunge wesentlich begünstigt. In der Lunge des Menschen werden allein durch die dort stattfindende Oxygenierung des Hämoglobins bei unverändertem pCO_2 bereits etwa 40 % der bei Ruhe abgegebenen CO_2-Menge ausgetrieben (Abb. 4.52). Andererseits sorgt der Bohr-Effekt im Gewebe dafür, dass allein durch die CO_2-Aufnahme aus dem Gewebe ins Blut bereits ein Teil des Hb-gebundenen O_2 bei unverändertem pO_2 ausgetrieben wird. Die im venösen Blut transportierte gesamte CO_2-Menge ist bei den lungenatmenden Wirbeltieren größer als bei den Fischen (Mensch ca. 55 Vol.-%, Karpfen ca. 30 Vol.-%, *Raja* 10 Vol.-%). Die im Atmungsorgan abgegebene bzw. in den Geweben aufgenommene CO_2-Menge – ausgedrückt in Prozent der transportierten Gesamtmenge – ist dagegen bei den Fischen größer.

Invertebraten

Bei den Invertebraten ist die im Blut transportierte CO_2-Menge generell kleiner als bei den terrestrischen Wirbeltieren, oft auch noch kleiner als bei den Fischen. Sie ist bei den Süßwasserformen größer als bei den marinen Formen. Die Hauptmenge des CO_2 dürfte auch bei den Wirbellosen als **Hydrogencarbonat** transportiert werden. Die respiratorischen Pigmente repräsentieren oft praktisch die Gesamtmenge der Blutproteine und damit auch die gesamte Pufferkapazität des Blutes. So ist es zum Beispiel bei dem hämocyaninhaltigen Blut von *Limulus*.

Die O_2- und CO_2-Aufnahmefähigkeit des Blutes bzw. der Hämolymphe sind oft nicht gleich groß. Das Blut des Cephalopoden *Loligo* hat zwar eine wesentlich höhere O_2-Kapazität, aber nur eine halb so große CO_2-Kapazität wie die Hämolymphe der Schnecke *Busycon*. In beiden Fällen ist Hämocyanin das respiratorische Pigment. Die Hämolymphe von *Busycon* erreicht eine fast so große Aufnahmefähigkeit für CO_2 wie das Säugetierblut, seine O_2-Kapazität beträgt jedoch nur 10 % derjenigen des Säugetiers. Desoxygeniertes Hämocyanin ist eine schwächere Säure als oxygeniertes, es vermag also mehr CO_2 zu binden (*Octopus*, *Loligo*, *Maja*). Bei *Busycon* ist es gerade umgekehrt. Dort ist auch der Bohr-Effekt negativ. Eine Carboanhydrase ist bei den Wirbellosen selten im Blut anzutreffen (Beispiele: *Lumbricus*, *Nereis*), dagegen oft in großer Menge in den Zellen der Kiemen (Muscheln, Cephalopoden, Polychaeten, *Limulus*).

4.4 Interner Gasaustausch und seine Regulation

Der Übertritt des Sauerstoffs aus den Kapillaren über das Interstitium in die einzelnen Zellen und schließlich in die Mitochondrien wird weitgehend durch Diffusion zurückgelegt, das heißt, dass die treibende Kraft wiederum das herrschende Partialdruckgefälle ist.

Die **Diffusionsstrecke** ist im Gewebe wesentlich länger als die für die Sauerstoffaufnahme in der Lunge. Sie ist außerdem dadurch ausgezeichnet, dass sie durch Zellschichten führt, die selbst bereits Sauerstoff verbrauchen. Das bedeutet, dass der O_2-Partialdruck mit dem Abstand von der Kapillare ständig weiter abnimmt. Zu diesem radialen pO_2-Abfall kommt noch ein longitudinaler, denn das durch die Kapillare strömende Blut verarmt während des Durchflusses an Sauerstoff. Die Diffusionsstrecke – ebenso wie die Austauschfläche für die Diffusion der Atemgase – wird entscheidend vom Grad der **Kapillarisierung** des Gewebes bestimmt. Je dichter das Kapillarnetz ist, desto günstiger sind die Bedingungen für einen intensiven Gasaustausch im Gewebe. Im Myokard des Menschen beträgt der mittlere Abstand benachbarter Kapillaren nur ca. 25 µm. In der Skelettmuskulatur ist er größer (ca. 80 µm). Weiter gefördert wird der Gasaustausch zwischen intravaskulärem und interstitiellem Raum durch die Filtrations- und Reabsorptionsvorgänge im Kapillargebiet, die die Atemgase auch konvektiv mit den Flüssigkeitsströmen transportieren.

Das Sauerstoffangebot in den Geweben, das heißt die Menge an Sauerstoff, die pro Zeiteinheit mit dem Blutstrom bereitgestellt wird, wird entscheidend von zwei Größen bestimmt: vom konvektiven O_2-Antransport mit dem im Kreislaufsystem herangeführten Blut und von der O_2-Diffusion durch die Gewebe. Es errechnet sich somit aus dem Produkt aus der **Durchblutung** und der **arteriellen O_2-Konzentration**. Da der Sauerstoff im Blut zum größten Teil an Hämoglobin gebunden vorliegt, begeht man keinen großen Fehler, wenn man an die Stelle der O_2-Konzentration das Produkt aus O_2-Kapazität des Blutes und seiner O_2-Sättigung in die Gleichung einsetzt:

O_2-Angebot = Durchblutung × O_2-Kapazität des Blutes × arterielle O_2-Sättigung

Aus dieser grundlegenden Beziehung wird die große Bedeutung, die die Durchblutung für das Sauerstoffangebot in den Geweben hat, deutlich. Jede Veränderung dieser Größe durch Änderung des **peripheren Gefäßwiderstands** (Vasokonstriktion bzw. -dilatation) oder durch Änderung des arteriellen Mitteldrucks wirkt sich drastisch auf die Sauerstoffversorgung der Gewebe aus. Deshalb läuft die Regulation der Versorgung der Gewebe mit Sauerstoff auch über eine Regulation der Durchblutung als relevante Steuergröße. Da die meisten Gewebe keinen Sauerstoffvorrat anlegen können, führt jede Einschränkung des O_2-Angebots ohne große Verzögerung zu einer Verminderung des **oxidativen Stoffwechsels** in den Zellen. Gewisse Ausnahmen stellen das Muskelgewebe, das mithilfe seines Myoglobins eine bestimmte Menge an Sauerstoff zu speichern vermag, und das Nervengewebe, das zum selben Zweck monomere **Neuroglobine** enthält, dar. Die Speicherfunktion dieser Proteine (besonders die der Neuroglobine) reicht aber nicht aus, eine mangelnde O_2-Versorgung über längere Zeit zu kompensieren.

Bei hinreichender O_2-Versorgung ist die O_2-Aufnahme der Gewebe gewöhnlich (Ausnahme: Nierengewebe) unabhängig von der Durchblutungsgröße. Der **Utilisationsgrad**, das heißt das Verhältnis des Sauerstoffverbrauchs zum Sauerstoffangebot, beträgt in der Großhirnrinde des Menschen, im Myokard und in der ruhenden Skelettmuskulatur etwa 40–60 %. Er kann allerdings mit zunehmender Organaktivität beträchtlich ansteigen (bis zu 90 % in der arbeitenden Muskulatur).

Am Ende des O_2-Transportwegs stehen die Mitochondrien. In ihnen muss ein Mindest-pO_2 von 0,01–0,1 kPa bestehen, damit die reduzierte **Cytochrom-Oxidase** noch oxidiert werden kann. Wird dieser Wert unterschritten, ist der Wasserstoff- und Elektronentransport in der **Atmungskette** nicht mehr in vollem Umfang gewährleistet. Der aerobe Energiestoffwechsel läuft dann nur noch eingeschränkt.

Die mit jeder Steigerung der Funktion eines Organs einhergehende Zunahme des Sauerstoffbedarfs muss deshalb mit einem höheren Sauerstoffangebot in den betreffenden Geweben begegnet werden. Da die arterielle O_2-Sättigung nicht mehr wesentlich gesteigert werden kann, denn sie liegt normalerweise schon bei über 95 %, und sich auch die Sauerstoffkapazität des Blutes nicht kurzfristig anpassen lässt, bleibt als wichtigste Stellgröße die Steigerung der Durchblutung. Das kann durch Vergrößerung des pro Minute durch das Herz beförderten Blutvolumens (**Herzminutenvolumen**) geschehen. Da die Funktionssteigerung in der Regel jedoch nicht den ganzen Organismus betrifft, sondern nur bestimmte Organe oder Gewebe in unterschiedlichem Maß, spielen lokale Mechanismen der Durchblutungsregulation eine besonders große Rolle. Solche lokalen Durchblutungssteigerungen werden durch Freisetzung lokaler Faktoren (K^+-Ionen, H^+-Ionen, anorganisches Phosphat, Adenosin, Stickstoffmonoxid u. a.) aus den O_2-bedürftigen Zellen herbeigeführt. Diese Stoffe haben Signalcharakter und bewirken eine vasodilatatorische Reaktion der vorgeschalteten Widerstandsgefäße (Arteriolen).

4.5 Atmung unter besonderen Bedingungen

4.5.1 Anpassungen bei Tauchern

Tauchende Wirbeltiere, die eigentlich Luft atmen (einzelne Vertreter der Reptilien, Säugetiere und Vögel), zeigen eine Reihe interessanter physiologischer Anpassungen ihres Atmungs- und Kreislaufsystems an das Leben unter Wasser. Die Weddellrobbe verbringt von der Zeit, in der sie sich im Wasser aufhält, insgesamt 80 % unter Wasser. Die **Tauchzeiten** mancher lungenatmender Wirbeltiere können erstaunlich lang sein (▣ Tab. 4.12). Es sind allerdings Maximalzahlen, die nur selten verwirklicht werden. Die Weddellrobbe kann über eine Stunde unter Wasser bleiben, gewöhnlich liegen die Tauchzeiten aber wesentlich darunter. Dasselbe trifft für die Tauchtiefen zu (▣ Abb. 4.53). Der See-Elefant (*Mirounga angustirostris*) erreicht Tauchtiefen von 1500 m und darüber, was allerdings selten vorkommt. Noch tiefer können die Pottwale (*Physeter macrocephalus*) tauchen. Sie ernähren sich hauptsächlich von großen

▣ Tab. 4.12 Tauchzeiten einiger lungenatmender Wirbeltiere.

Tierart	Tauchzeit (min)
Mississippi-Alligator (*Alligator mississippiensis*)	120
Trottel-Lumme (*Uria troile*)	12
Hausente (*Anas platyrhynchos*)	15
Schnabeltier (*Ornithorhynchus*)	12
Bisamratte (*Ondatra zibethica*)	12
Amerikanischer Biber (*Castor canadensis*)	15
Flusspferd (*Hippopotamus amphibius*)	15
Weddellrobbe (*Leptonychotes weddellii*)	73
Grönlandwal (*Balaena mysticetus*)	80
Pottwal (*Physeter macrocepalus*)	90–112
Schnabelwal (*Hyperoodon rostratus*)	120

Tintenfischen (Riesenkraken), die in Tiefen zwischen 200 und 3000 m auftreten, wo sie auch ihre Eier ablegen. Pottwale sollen es auf Tauchtiefen von mehr als 2000 m bringen. Aber auch bei ihnen findet man häufig Tauchgänge von nur 10 min Dauer in Tiefen von ca. 300 m. Demgegenüber gehen Delfine gewöhnlich nur bis zu Tiefen von 200 m hinab.

Es sind im Wesentlichen zwei physiologische Parameter, die den Tauchleistungen der Tiere Grenzen setzen. Die **Tauchlänge** wird durch den Sauerstoffvorrat und die Stoffwechselrate, die **Tauchtiefe** durch das Vermögen, einem hohen hydrostatischen Druck zu widerstehen, limitiert.

Von besonderer Bedeutung für die tauchenden Vögel und Säugetiere ist ihr Vermögen, Sauerstoff in größeren Mengen im Körper zu speichern. Wie und wo das im Körper geschieht, ist allerdings nicht einheitlich (Tab. 4.13). Die Robben besitzen ein gegenüber den nichttauchenden Säugetieren größeres **Blutvolumen** (bezogen auf die Masseeinheit) und eine höhere Erythrocytenzahl pro Volumeneinheit des Blutes (**Hämatokrit**). Beide Faktoren zusammen gestatten es diesen Tieren, eine relativ große Menge Sauerstoff im Blut zu speichern. Die Weddellrobbe (*Leptonychotes weddellii*) bringt es immerhin auf eine totale Sauerstoffspeicherkapazität von 60 ml O_2 pro kg Körpergewicht, wobei 64 % davon auf das Blut entfallen, nur 5 % auf die Lunge und der Rest (31 %) auf die Muskulatur (Myoglobin). Der Mensch bringt es gerade auf 20 ml O_2 pro kg Körpergewicht. Davon entfallen 35 % auf das Blut und 51 % auf die Lunge. Der kalifornische Seelöwe (*Zalophus californianus*), der im Vergleich zur Weddellrobbe keine so langen Tauchgänge unternimmt, hat eine Sauerstoffspeicherkapazität von 40 ml O_2 kg^{-1}.

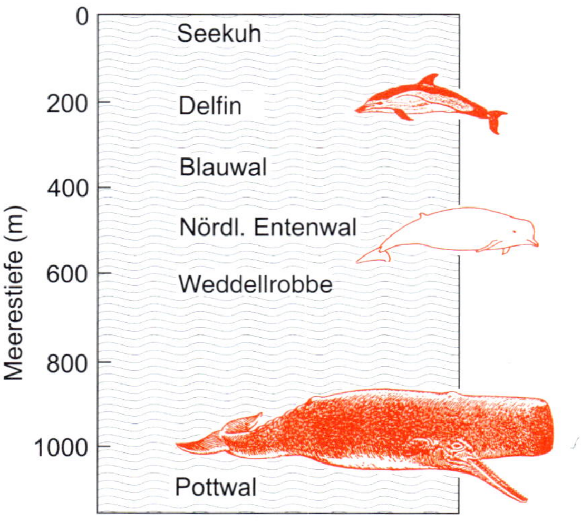

Abb. 4.53 Tauchtiefen verschiedener Säugetiere. Die Tierumrisse entsprechen nicht den natürlichen Größenverhältnissen. (Nach Haltenorth T (1969) Das Tierreich. VII/6, Säugetiere, Teil 1. de Gruyter, Berlin, verändert.)

Die Speicherung von größeren Luftvorräten in der Lunge ist nur dann sinnvoll, wenn Tauchgänge knapp unter der Wasseroberfläche stattfinden. Bei größeren Tauchtiefen wird das Luftvolumen in der Lunge der Tiere durch den zunehmenden hydrostatischen Druck komprimiert, sodass das Gasgemisch sich in den Körperflüssigkeiten löst. Während dieses für die Sauerstoffversorgung der Gewebe noch zweckdienlich erscheinen mag, ist der Übertritt größerer Mengen **Stickstoff** aus der Atemluft insofern problematisch, als dass dieser nicht verstoffwechselt wird und daher beim Auftauchen in Gasform wieder aus der Lösung austritt. Dies erfolgt natürlich nicht vollständig wieder in die Lunge hinein, sondern führt zur Bildung von Gasblasen in der zirkulierenden Flüssigkeit mit der Gefahr einer daraus resultierenden Embolie (**Taucherkrankheit**). Deshalb spielt das Lungenvolumen als Sauerstoffspeicher bei den meisten tauchenden Vögeln und Säugetieren keine große Rolle (Tab. 4.13). Es ist bei Tauchern (Tümmler, Seekühe, Wale u. a.) nicht größer als bei gleichgroßen Nicht-Tauchern. Allerdings tauchen diese Tiere erst nach weitgehender Ausatmung des Lungenvolumens unter, sodass die Menge des Stickstoffs, die während des Tauchgangs ins Blut übertreten kann, begrenzt ist. Bei den Seeschildkröten scheint es etwas anders zu sein. Die Lederschildkröte (*Dermochelys coriacea*) speichert immerhin mehr als die Hälfte (52 %) ihres Sauerstoffs in der Lunge. Dies deutet darauf hin, dass diese Tiere entweder nicht sehr tief tauchen oder ihre relativ inflexible Körperoberfläche eine Kompression der Lungen partiell verhindert.

Wie bereits erläutert, tauchen Tiere, wenn sie ausgeatmet haben (**Exspirationsstellung der Lunge**). Durch den wachsen-

Tab. 4.13 Errechnete O_2-Speicherkapazitäten (ml O_2 kg^{-1}) bei einigen tauchenden Tierarten im Vergleich zum Menschen und die Verteilung des gespeicherten Sauerstoffs auf Lunge, Blut und Muskulatur.

Tierart	O_2-Kapazität	Lunge (%)	Blut (%)	Muskel (%)
Lederschildkröte (*Dermochelys coriacea*)	20	52	42	6
Königspinguin (*Aptenodytes patagonicus*)	58	29	38	33
Weddellrobbe (*Leptonychotes weddellii*)	60	7	65	28
Nördlicher Seebär (*Callorhinus ursinus*)	40	13	54	33
Großer Tümmler (*Tursiops truncatus*)	35	22	30	48
Mensch (*Homo sapiens*)	20	24	57	15

den hydrostatischen Druck beim Abtauchen in größere Tiefen tritt das Residualvolumen der Lunge durch Lösen der Gase in die Körperflüssigkeit über und die Lungenalveolen kollabieren. Wie an Robben gemessen wurde, enthalten die **Alveolen** bei Tiefen über 25–50 m kein Gas mehr. Tieftaucher wie Wale haben vermutlich in Anpassung an die Notwendigkeit der Vermeidung der Taucherkrankheit eine Luftröhre (**Trachea**) entwickelt, die durch Knorpelringe so versteift und offenbar so gut wie undurchlässig für Gase ist, dass unter hohem Druck das Residualvolumen der Lunge in diese Trachea überführt wird. Der Pottwal und der Nördliche Entenwal können ihre Alveolen mithilfe kleiner Ringmuskeln verschließen, sodass kein Gas in die Körperflüssigkeit übertreten kann. Dieser Mechanismus scheint es diesen Tieren möglich zu machen, nicht nur einen hohen hydrostatischen Druck zu tolerieren, sondern auch schnelle Druckänderungen zu überstehen. Pottwale, die in Tiefen um 1000 m hinabsteigen, legen diese Strecke, die mit einer Druckzunahme um 10 000 kPa verbunden ist, innerhalb von nur 15 min zurück. Bei ihnen erfolgt das Beutetauchen generell, wie man schon lange weiß, in sehr steilem Abwärtswinkel. Sie erscheinen auch fast an derselben Stelle wieder an der Oberfläche.

Bei den tauchenden Vögeln und Säugetieren, weniger bei den Reptilien, ist außerdem der **Myoglobingehalt** in der Muskulatur im Vergleich mit den Nicht-Tauchern sehr hoch, wodurch zum Beispiel beim Walfleisch die dunkelrote, fast schwarze Färbung zustande kommt. Dies bedingt, dass der Muskel selbst für tauchende Tiere ein wichtiger Sauerstoffspeicher ist (◘ Tab. 4.13). Der Große Tümmler (*Tursiops truncatus*) speichert fast die Hälfte (48 %) des Sauerstoffvorrats in seiner Muskulatur.

Die **Tauchdauer** hängt nicht nur vom Sauerstoffvorrat ab, sondern wird auch ganz entscheidend von der Stoffwechselrate mitbestimmt. Der Gesamt-O_2-Verbrauch ist beim tauchenden Tier herabgesetzt. Dabei spielen reflektorisch gesteuerte Veränderungen physiologischer Parameter (Herzfrequenz, Durchblutung, basale Stoffwechselrate) eine wichtige Rolle. Eventuell kann damit die Tatsache erklärt werden, dass eine freiwillig tauchende Ente unter Wasser erst nach 20 min, über Wasser mit zugeschnürter Luftröhre aber bereits nach 7 min erstickt. Bei langem Tauchen kann der arterielle pO_2-Wert bei der Weddellrobbe auf 2,4 kPa abfallen (der Normalwert liegt bei 12 kPa) und die O_2-Sättigung nur noch 28 % betragen. Menschen fallen bereits bei 30 % Sättigung innerhalb von 2 min ins Koma.

Mit Ausnahme der Wale ist bei allen tauchenden Säugetieren, Vögeln und Reptilien eine starke Abnahme der Herzfrequenz (**Bradykardie**) mit dem Untertauchen in das Wasser verbunden. Die Herzfrequenz kann bis auf 5 % der Normalfrequenz sinken. Damit nimmt das **Herzminutenvolumen** bei nahezu unverändertem Schlagvolumen ab. Der Blutdruck ist während des Tauchens allerdings nur geringfügig herabgesetzt. Zusätzlich scheinen reflektorisch gesteuerte Umverteilungen der Durchblutung wichtige Funktionen zu haben. Eine umfangreiche Vasokonstriktion bewirkt eine stark herabgesetzte Durchblutung der Haut, der Muskulatur, der Nieren usw.,

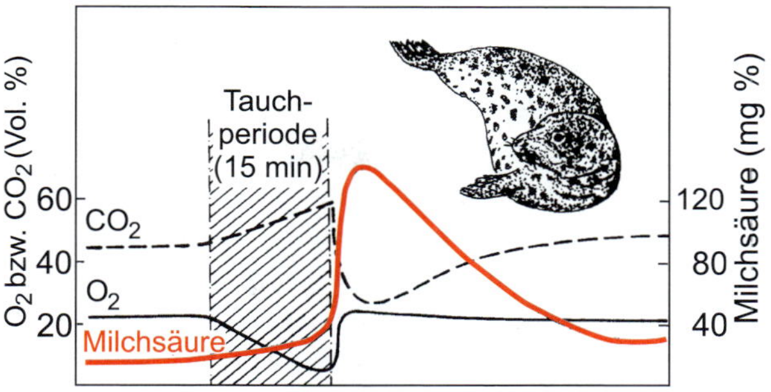

◘ **Abb. 4.54** Die Veränderungen des O_2-, CO_2- und Milchsäurespiegels im Blut der Kegelrobbe *Halichoerus grypus* unter experimentellen Bedingungen während und nach einer Tauchperiode von 15 min. (Nach Scholander PF (1940) Respiratory and circulatory adaptations of whales and other diving animals. Hvalradets Skrifter 22, 1–131.)

während Gehirn und Herz davon nicht betroffen sind. Die renale Filtration kann völlig zum Stillstand kommen. Im Experiment konnte gezeigt werden, dass die Niere des Seehunds (*Phoca vitulina*) eine einstündige Unterbindung der Blutversorgung bei Körpertemperatur ohne Schaden übersteht. Der geringen Durchblutung der Muskulatur ist es zuzuschreiben, dass unter Wasser der Gehalt an Milchsäure in der Muskulatur stark ansteigt, im Blut aber nur wenig zunimmt (bei der Ente mehr als beim Alligator oder bei der Robbe). Erst beim Auftauchen steigt vorübergehend der Milchsäurespiegel im Blut an (◘ Abb. 4.54). Gleichzeitig ist eine vorübergehende Steigerung der Herzfrequenz über den Normalwert hinaus (Tachykardie) zu beobachten. Eine Weddellrobbe (*Leptonychotes weddellii*) benötigt nach einer 45-minütigen Tauchperiode 70 min, um die normale Milchsäurekonzentration und den normalen pH-Wert im Blut wieder herzustellen. Bei Tauchzeiten von nur 15 min verkürzt sich die Erholungszeit auf 4 min. Die meisten Taucher (Reptilien, Vögel, Säugetiere) bevorzugen aus diesem Grund viele kurze Tauchperioden mit kurzen Erholungsphasen. Die früher oft geäußerte Ansicht, dass die tauchenden Tiere gegenüber einer Zunahme des pCO_2 im Blut unempfindlich seien, hat sich in neueren Untersuchungen nicht bestätigen lassen.

4.5.2 Leben unter Sauerstoffmangel (Hypoxie)

Die atmosphärische Luft hat aufgrund der leichten Diffusibilität der Gasmoleküle überall auf der Erde die gleiche Zusammensetzung. Dieses gilt aber nicht für alle Habitate (z. B. den Boden oder extreme Höhen) und Mikrohabitate (z. B. Erdhöhlen), in denen sich luftatmende Tiere aufhalten können. Im Wasser lebende Tiere sind allerdings noch viel häufiger und in stärkerem Maße Änderungen des Sauerstoff- bzw. Kohlendioxidangebots in ihrer Umgebung ausgesetzt. Biotopbedingte Hypoxien (z. B. in eutrophen Binnenseen oder in tiefen Becken von Flachmeeren) finden wir deshalb hauptsächlich bei Organismen des Wassers, aber auch bei luftatmenden Tieren im Boden.

Hypoxie in Gewässern

Die grünen Pflanzen bilden im Rahmen ihrer Photosynthese in Abhängigkeit von der Lichteinstrahlung Sauerstoff und geben diesen an die Atmosphäre ab. Der Luftsauerstoff löst sich entsprechend seines Partialdrucks (Henry-Dalton-Gesetz) und in Abhängigkeit von der Temperatur bis zu einem gewissen Grad im Wasser. Unter normoxischen Bedingungen (Luftdruck 101,3 kPa, 15 °C) lösen sich in einem Liter Süßwasser etwa 9,7 ml O_2. Das ist keine sehr große Menge, deshalb ist für wasserlebende Tiere die Gefahr größer als für landlebende, dass die verfügbare Menge an Sauerstoff geringer wird (**Hypoxie**) oder völlig erschöpft ist (**Anoxie**).

In kleineren Wasseransammlungen innerhalb der Gezeitenzone (z. B. Rockpools) kann während der Nacht der O_2-Partialdruck durchaus schon einmal unter 0,3 kPa abfallen, um bei Tag durch die photosynthetische Aktivität der dort vorhandenen grünen Pflanzen wieder auf Werte von über 65 kPa (**Hyperoxie**) anzusteigen. In eutrophierten Binnenseen dringt das Licht nicht mehr in größere Tiefen vor. Während der warmen und oft auch windstillen Sommermonate kann es deshalb am Grund dieser Gewässer zu einem akuten O_2-Mangel kommen. In nährstoffarmen Seen ist diese Gefahr nicht so groß. Die Pflanzen können noch bis zu Tiefen von 50 m Sauerstoff durch Photosynthese bereitstellen.

In zugefrorenen und zugeschneiten Seen und Teichen während der Wintermonate kann das Wasser zeitweilig und lokal stark hypoxisch oder gar anoxisch werden, denn unter diesen Bedingungen ist der Gasaustausch des Oberflächenwassers mit der Atmosphäre unterbunden und gleichzeitig der für die Photosynthese notwendige Lichteinfall gedrosselt. Die meisten Reptilien und Amphibien überwintern deshalb in unseren Breiten im Zustand der Winterstarre in wind- und frostgeschützten Mikrohabitaten auf dem Land. Nur wenige Amphibien und wasserbewohnenden Schildkröten, wie zum Beispiel die europäische Sumpfschildkröte (*Emys orbicularis*) und die in Südkanada und in den nördlichen USA beheimatete Zierschildkröte (*Chrysemys picta*), suchen zur Überwinterung das Wasser auf. Wenn möglich, bevorzugen sie wegen der besseren Sauerstoffversorgung schwach fließende Gewässer. Der Sauerstoff wird von ihnen direkt aus dem Wasser über die Haut und – wie bei den Amphibien – zusätzlich über die stark durchbluteten Schleimhäute des Rachenraums aufgenommen. Voraussetzung sind allerdings relativ niedrige Temperaturen. Da der Q_{10}-Wert des Sauerstoffbedarfs 2–3, der der Sauerstoffaufnahme dagegen nur 1,1 beträgt, nimmt mit fallender Temperatur der Sauerstoffbedarf viel schneller ab als die Sauerstoffaufnahme. Bei der Sumpfschildkröte dürften auch die gut durchbluteten Wände der Analblase im Dienst der Sauerstoffaufnahme stehen. Es handelt sich dabei um zwei mit dem Enddarm in Verbindung stehende, wassergefüllte Säcke, deren Inhalt aktiv von Zeit zu Zeit erneuert werden kann. Unter hypoxischen oder anoxischen Bedingungen, wie sie im Überwinterungsquartier, wenn das Gewässer über mehrere Monate zufriert, auftreten können, kann die Zierschildkröte ihren Stoffwechsel völlig anaerob weiterführen. Sie scheint nach unseren heutigen Kenntnissen unter Wirbeltieren der Vertreter mit der ausgeprägtesten **Anoxietoleranz** zu sein. Im Labor überlebte sie bei 3 °C in N_2-gesättigtem Wasser vier bis fünf Monate. Unter solchen Bedingungen wird die notwendige Energie ausschließlich durch anaeroben Abbau von Glykogen und Glucose gewonnen. Das Endprodukt ist hauptsächlich Lactat. Diese außergewöhnliche Leistung wird durch eine Reihe wichtiger Anpassungen ermöglicht: Die Stoffwechselrate wird unter anoxischen Bedingungen und niederen Temperaturen stark reduziert. Sie beträgt nur noch 0,5 % der Rate bei 20 °C. Gleichzeitig wird die Herzfrequenz auf einen Schlag alle 5–10 min herabgesetzt. Gegenüber dem anfallenden Lactat im Blut besteht eine ungewöhnlich hohe Toleranz. Der Spiegel kann auf 150–200 mmol l^{-1} ansteigen. Von größter Bedeutung sind dabei die Puffersysteme in der extrazellulären und intrazellulären Flüssigkeit. Extrazellulär ist die **Hydrogencarbonatkonzentration** mit ca. 40 mmol l^{-1} extrem hoch. Auch die Proteinkonzentration im Plasma ist etwa doppelt so hoch wie bei anderen Reptilien. Selbst diese hohe Pufferkapazität würde allerdings nicht ausreichen, der massiven Milchsäurebelastung standzuhalten. Der pH-Wert im Blut müsste drastisch abfallen, wenn der Lactatspiegel 50 mmol l^{-1} übersteigt, da die Pufferkapazität des Plasmas durch die anfallende Protonenmenge überschritten wird. Das tritt aber überraschenderweise nicht ein, der pH-Wert bleibt ziemlich konstant. Das ist darauf zurückzuführen, dass der Panzer ein gewaltiges Reservoir an Mineralien darstellt. Aus ihm und aus den Knochen können bei Bedarf Calcium-, Magnesium- und wahrscheinlich auch Natriumcarbonate (nicht aber Phosphate) in die extrazelluläre Flüssigkeit zur Abpufferung der Milchsäure freigesetzt werden. Außerdem wird ein nicht unerheblicher Teil der Milchsäure in den Panzer und die Knochen aufgenommen, um dort abgepuffert und in komplexer Bindung an Calcium gespeichert zu werden.

Hypoxie in großen Höhen

Abgesehen von mehr oder weniger abgeschlossenen Höhlen, vom Sandlückensystem oder ähnlichen Habitaten treten hypoxische Bedingungen bei terrestrischen Tieren im Gegensatz zu aquatischen seltener auf. In Höhlen kann durch die Atmungstätigkeit der Organismen der O_2-Anteil durchaus einmal auf 15 % und mehr abnehmen. Gleichzeitig kann der CO_2-Anteil drastisch ansteigen. Im Sandlückensystem wird der Sauerstoff oft durch sauerstoffbindende Vorgänge knapp.

In der freien Atmosphäre treten hypoxische Bedingungen hauptsächlich in größeren Höhen auf. Während sich die Zusammensetzung der Luft mit der Höhe über dem Meeresspiegel nicht ändert, nimmt der Luftdruck p vom Meeresniveau (p_0 = 101,3 kPa) beginnend mit der Höhe h exponentiell ab, wobei in der internationalen Höhenformel die Temperatur auf Meeresniveau mit 15 °C (= 288,15 K) angenommen und eine Temperaturgradient von 0,65 K pro 100 m eingerechnet wird (p in Pa, h in m):

$$p(h) = p_0 \left(1 - \frac{0{,}0065\,h}{288{,}15}\right)^{5{,}255}$$

Für die Höhe des Montblanc (4807 m) errechnet man einen barometrischen Luftdruck von nur 55,4 kPa. Daraus ergibt sich ein O_2-Partialdruck in dieser Höhe von nur 11,6 kPa (21 % von 55,4 kPa).

Beim Aufstieg in größere Höhen tritt bei nichtakklimatisierten Menschen sehr bald eine **arterielle Hypoxie** auf, die man durch eine **Hyperventilation** auszugleichen sucht. Das führt allerdings zu einer verstärkten CO_2-Abatmung und damit zu einer **respiratorischen Alkalose**, was zu einer Dämpfung der Ventilationsaktivität führt. Es tritt ein Widerstreit zwischen hypoxischem Atmungsantrieb und hypokapnischer Atmungsbremsung auf. Ebenso gibt es einen Widerstreit zwischen hypoxischer Vasodilatation und hypokapnischer Vasokonstriktion im Gehirn. Bei Bergsteigern ist ein Anstieg des DPG-(2,3-Diphosphoglycerat-)Spiegels im Blut festgestellt worden. Dadurch vermindert sich die O_2-Affinität des Hämoglobins, denn auch das DPG verursacht eine Rechtsverschiebung der O_2-Bindungskurve, das heißt, die O_2-Abgabe im Gewebe wird erleichtert. Das ist auch deshalb von Bedeutung, weil der durch die Hyperventilation verursachte Anstieg des pH-Wertes umgekehrt die O_2-Affinität erhöht.

Bei längerem Aufenthalt (einige Tage und Wochen) in höheren Lagen tritt eine **Akklimatisierung** ein. Die höchste menschliche Siedlung liegt 5800 m über dem Meeresniveau. Der O_2-Partialdruck ist dort mit 10,5 kPa nur noch etwa halb so groß wie auf Meereshöhe. Der respiratorischen Alkalose wird durch verstärkte Ausscheidung von Natriumhydrogencarbonat durch die Nieren entgegengewirkt. Die Hypoxie löst besonders in der Niere eine verstärkte Bildung von **Erythropoetin** aus. Es kommt zu einem deutlichen Anstieg der Erythrocytenzahl und der Hämoglobinkonzentration im Blut. Andenbewohner, die ständig in Regionen auf einer Höhe von 5000 m über dem Meeresspiegel leben, zeigen einen **Hb-Wert** von 200 g l^{-1} (Werte von auf Meereshöhe akklimatisierten Menschen: 155 g l^{-1} beim Mann und 140 g l^{-1} bei der Frau). Der **Hämatokrit** kann auf Werte von 0,7 (70 Vol.-%) ansteigen. (Die Normalwerte liegen beim Mann bei 45 % und bei der Frau bei 42 %.) Damit ist allerdings eine nicht unerhebliche Zunahme der **Blutviskosität** verbunden.

Die Höhentoleranz beim Menschen hängt, abgesehen von dem Grad der Akklimatisierung, stark von der individuellen körperlichen Verfassung und der genetischen Disposition ab. Immerhin ist die höchste Erhebung der Erde, der Mount Everest (8847 m) von einigen wenigen Menschen ohne Sauerstoffgerät bestiegen worden. Diese Höhen (Todeszone) kann ein Mensch allerdings nur kurzfristig tolerieren. Der Mensch dürfte auch das einzige bodenlebende Lebewesen auf der Erde sein, das sich diesen Strapazen überhaupt unterzogen hat.

Von verschiedenen Vögeln ist bekannt, dass sie während des Zuges in Höhen von 6000 m sehr lange Strecken zurücklegen. Es sind auch schon Vögel in 9000–10 000 m Höhe beobachtet worden, wo der O_2-Partialdruck nur noch ungefähr ein Viertel des Wertes auf Meeresniveau beträgt. Die Vögel können nur deshalb in diesen Höhen überleben, weil ihre Lungen nach dem **Durchströmungsprinzip** arbeiten. Setzt man in einem Experiment gleich große Spatzen und Mäuse einem atmosphärischen Druck von 46,5 kPa (entspricht einer Höhe von 6100 m) aus, so sind die Mäuse in kürzester Zeit völlig apathisch, während die Spatzen noch umherfliegen können.

Hinzu kommen spezielle Anpassungen der Vögel an das Leben in großen Höhen. Die betreffen zum Beispiel das Hämoglobin. Bei der Streifengans (*Anser indicus*) hat man eine **Hämoglobinvariante** gefunden, die sich in einer einzigen Aminosäure von den Varianten anderer Wirbeltiere unterscheidet. Dieses Hämoglobin gewährleistet den Tieren eine hinreichende Sauerstoffversorgung ihrer Flugmuskulatur bis in Höhen von 12 200 m. Tatsächlich hat es Fälle gegeben, in denen Streifengänse über Indien mit Flugzeugen in einer Höhe von 9500 m kollidierten.

4.6 Gasgefüllte Auftriebskörper bei wasserlebenden Tieren

Tiere, die an der Oberfläche von Gewässern treiben oder pelagische[194] Formen, die sich in unterschiedlichen Wassertiefen aufhalten, müssen entweder Stoffwechselenergie aufwenden, um ihre vertikale Position zu halten, oder sie benötigen gasgefüllte **Auftriebskörper**, mit deren Hilfe sie die Gesamtdichte ihres Körpers dem des umgebenden Mediums anpassen können. Beispiele für solche Auftriebskörper sind die **Schwimmblasen** der Knochenfische, der **Schulp** der *Sepia* (Cephalopoden) oder die Schwimmkörper (**Pneumatophoren**) der Staatsquallen (Siphonophorae).

Die Luftatmungsorgane der terrestrischen Wirbeltiere entstanden schon bei aquatischen Vorläufern aus einem Paar hinterer Kiementaschen, die ihre Durchbrechungen der Körperwand nach außen (Kiemenspalten) verloren hatten. Zunächst stellten diese Einrichtungen Spezialbildungen für das Überleben in sauerstoffarmen Gewässern dar, wie es heute noch bei den Lungenfischen (Dipnoi) und einigen primitiven Actinopterygiern (*Amia* u. a.) der Fall ist. Aus diesen Strukturen entwickelten sich sowohl die Lungen der Landwirbeltiere als auch die **Schwimmblasen** vieler Teleosteer und Störe. Den Haien fehlt eine Schwimmblase.

Die Schwimmblase liegt in der Regel als länglicher Sack dorsal vom Darm unterhalb der Niere und ist mit einem Gasgemisch gefüllt. Sie ist oft in mehrere Abschnitte unterteilt und entsteht embryonal als dorsale Aussackung aus dem vorderen Abschnitt des Darmkanals. Die primäre Verbindung mit dem Darm, der Ductus pneumaticus[195], kann zeitlebens bestehen bleiben (bei den Physostomen[196]: z. B. Karpfen, Wels, Hecht, Aal, Hering) oder sie kann später verschwinden (bei den Physoclisten[197]: Barsch, Stichling, Dorsch u. a.).

Die erste Füllung der Schwimmblase erfolgt in allen Fällen mit atmosphärischer Luft. Später kann die Zusammensetzung

[194] *pelagos* (griech.) = Meer
[195] *ductus* (lat.) = Leitung; *pneumaticus* (lat.) = lufthaltig
[196] *physa* (griech.) = Blase; *stoma* (griech.) = Mündung
[197] *kleistos* (griech.) = verschlossen

des Gases in der Schwimmblase durch Sekretionsvorgänge erheblich von der der Luft abweichen. Meistens dominiert dann Sauerstoff, bei einigen (z. B. Coregoniden und Salmoniden) dagegen Stickstoff. Auch bei Physostomen in größeren Tiefen des Süßwassers erfolgt die Gasfüllung vornehmlich durch Sekretion und nicht durch Luftschlucken. Man hat bei ihnen mehr als 90 % N_2 gefunden. Der CO_2-Anteil ist meistens gering. Tiefseefische können 80–90 % O_2 in der Schwimmblase aufweisen. Die Funktion der Schwimmblase besteht in den meisten Fällen darin, die Dichte des Fisches der des Wassers anzupassen, um so den notwendigen Kraftaufwand zum Verweilen in bestimmter Tiefe zu erniedrigen. Es ist deshalb verständlich, dass die Schwimmblase bei den am Boden lebenden Fischen wie Schollen und Flundern (Pleuronectiden) fehlt. Sie fehlt allerdings auch einigen pelagischen Formen (z. B. der Makrele *Scomber scombrus*). Für solche dauerhaft schwimmenden, schnellen und kräftigen Räuber ist eine weichhäutige Schwimmblase auch eher hinderlich, behindert sie doch die Bewegungsfreiheit in vertikaler Richtung.

Die Schwimmblase kann bei Fischen auch andere Funktionen übernehmen. Sie kann als Lunge, als O_2-Speicher für O_2-arme Perioden (Barsch, Schlei, Goldfisch, *Opsanus tau* u. a.), als Hilfseinrichtung zur Registrierung von Druckänderungen ohne oder auch in Verbindung mit dem Ohr oder als Resonator bei der Lauterzeugung dienen.

Taucht ein Fisch aus tieferen Wasserschichten auf, so nimmt der auf dem Tier und somit auch auf der Schwimmblase lastende Druck schnell ab (pro 10 m um 101,3 kPa = 1 atm). Die Folge ist, dass die Blase sich ausdehnt und damit die mittlere Dichte des Fisches abnimmt. Um nicht ganz zur Oberfläche des Wassers getrieben zu werden, muss der Fisch Gas aus der Blase entlassen. Das geschieht bei den Physostomen über den Mund und bei den Physoclisten über eine gut durchblutete, verdünnte Wandregion in der Blase, das **Oval**. Das Oval kann durch einen Ringmuskel weitgehend vom übrigen Blasenlumen abgetrennt werden (Abb. 4.55). Eine aktive Kontraktion der gesamten Schwimmblase kann nicht erfolgen, da die Blasenwand keine oder nur eine schwache glatte Muskulatur besitzt. Werden Tiere aus größeren Tiefen relativ schnell hochgezogen, sodass kein Druckausgleich erfolgen kann, kann sich die Schwimmblase so stark ausdehnen, dass sie platzt oder die Eingeweide des Tieres herauspresst (Trommelsucht). Umgekehrt wird die Schwimmblase bei der Abwanderung des Fisches in tiefere Wasserschichten infolge der Druckzunahme zusammengedrückt und es muss zusätzlich Gas in die Blase gepumpt werden, damit sie ihr ursprüngliches Volumen zurückerhält.

Die Sekretion der Gase gegen einen oft erheblichen Druck erfolgt in der **Gasdrüse**, die sich in der Regel cephal-ventral in der Blasenwand befindet. Sie wird wegen ihrer starken Durchblutung auch oft als roter Körper bezeichnet. Die zu ihr verlaufenden Kapillaren bilden ein **Wundernetz** (**Rete mirabile**[198]). Es stellt funktionell eine Haarnadelgegenstromvorrichtung (Abb. 4.56) dar, in der die zuführenden (arteriellen) und die abführenden (venösen) Kapillaren in engem Kontakt und parallel zueinander in entgegengesetzter Richtung verlaufen. Am Scheitel der Vorrichtung stehen beide Kapillaren miteinander in Verbindung. Dort befindet sich die Gasdrüse. In dieser Vorrichtung wird (ähnlich wie in der Henle-Schleife der Säugetiere) durch Vervielfältigung eines Einzeleffekts der Konzentrierung ein so hoher Gasdruck erzeugt, dass er zur Füllung der Schwimmblase selbst in sehr großen Wassertiefen ausreicht.

In Ruhe sind die Gaskonzentrationen in den zu- und abführenden Kapillaren gleich groß. Mit Beginn der **Gassekretion** erfolgt in der Gasdrüse die Abscheidung geringer Mengen von Lactat in das Blut, wenn es den Scheitel der Haarnadelgegenstromvorrichtung passiert. Das Lactat wird in den Zellen der Gasdrüse auch bei guter O_2-Versorgung durch anaeroben Abbau der Glucose gewonnen. Die erhöhte Lactatkonzentration im Blut hat zwei Wirkungen: Die Löslichkeit aller Gase wird herabgesetzt (Aussalzeffekt) und durch die Protonenbildung, die mit der Milchsäureproduktion einhergeht, wird das O_2-Bindungsvermögen des Hämoglobins vermindert (Bohr- und **Root-Effekt**). In dem in die abführenden Kapillaren der Vorrichtung eintretenden Blut steigen deshalb die Konzentration der H^+-Ionen und der O_2-Partialdruck an. Die

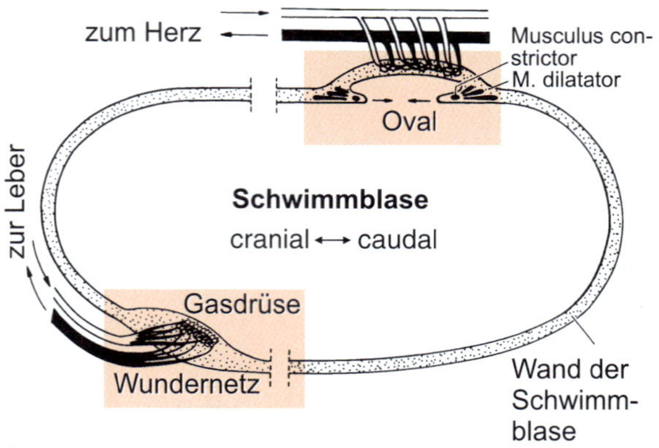

Abb. 4.55 Schema einer Schwimmblase im Längsschnitt mit Gasdrüse und Oval. (Nach Portmann A (1948) Einführung in die vergleichende Morphologie der Wirbeltiere. Birkhäuser, Basel.)

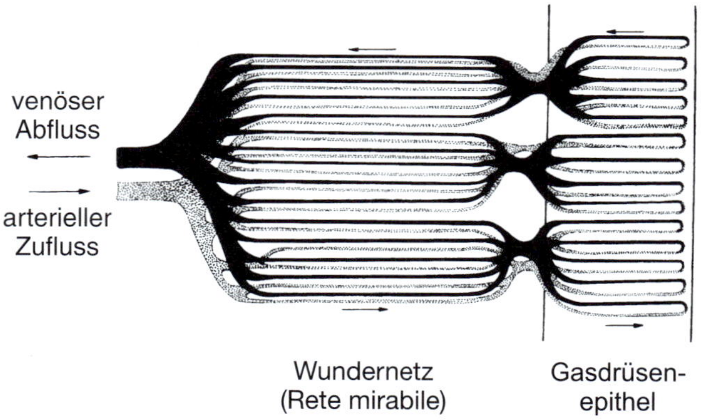

Abb. 4.56 Schema des Wundernetzes in der Gasdrüse bei einem physoclisten Knochenfisch.

198 *rete* (lat.) = Netz; *mirabilis* (lat.) = wunderbar

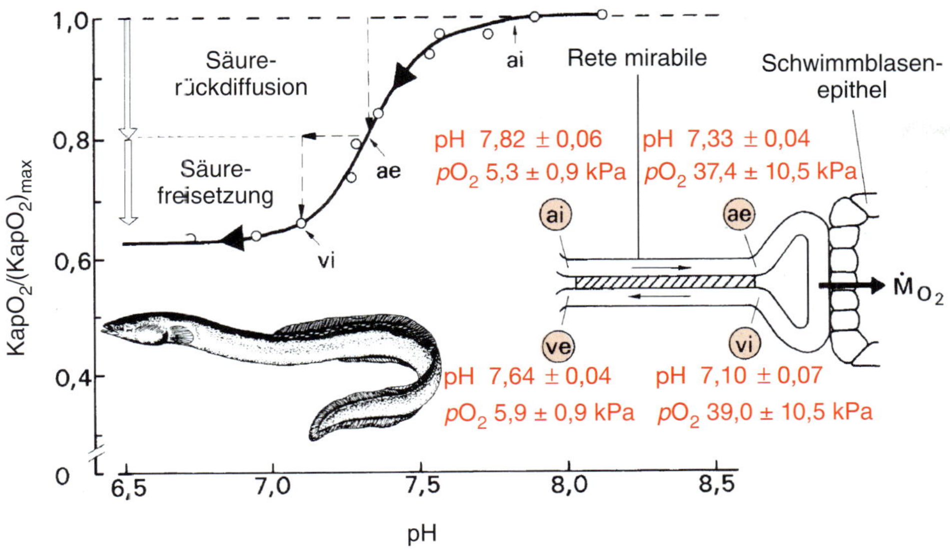

Abb. 4.57 Die Vorgänge im Rete mirabile und in der Gasdrüse des Aals (*Anguilla anguilla*). Das der Gasdrüse zugeleitete Blut wird durch die Produktion und Freisetzung von Säure in der Gasdrüse und durch Säurerückdiffusion aus dem ab- in den zuführenden Schenkel der Haarnadelgegenstromvorrichtung im Rete mirabile angesäuert. Dadurch wird die Sauerstofftransportkapazität des Hämoglobins bei der Passage des Rete um etwa 40 % reduziert, was die Freisetzung gasförmigen Sauerstoffs und dessen Übertritt in die Schwimmblase auch bei einem hohen externen Gesamtdruck ermöglicht. ai bzw. ae = das in den zuführenden Schenkel der Gegenstromvorrichtung ein- bzw. austretende Blut in seiner spezifischen Zusammensetzung; vi bzw. ve = das in den abführenden Schenkel ein- bzw. austretende Blut; $\dot{M}_{O_2}$ = die pro Zeiteinheit durch das Schwimmblasenepithel tretende Sauerstoffmenge; $KapO_2$ = Sauerstoffbindungskapazität des Hämoglobins. (Nach Pelster B, Weber RE (1991) The physiology of the Root effect. Adv Comp Environm Physiol 8, 51–77.)

Folge ist, dass Gas und natürlich auch Säure im Wundernetz aus den abführenden zurück in die zuführenden Kapillaren diffundiert, das heißt, Gaskonzentration und Azidität nehmen im abführenden Schenkel ab und im zuführenden zu. Der zunächst geringfügige Einzeleffekt wird im Gegenstromsystem multipliziert. Bei kontinuierlicher Durchströmung der Vorrichtung baut sich so sowohl im zu- als auch im abführenden Schenkel ein Konzentrationsgefälle auf, dessen Höhepunkte in beiden Fällen an der Scheitelseite liegen (Abb. 4.57), was die Freisetzung gasförmigen Sauerstoffs und dessen Übertritt in die Schwimmblase auch bei einem hohen externen Gesamtdruck ermöglicht.

Von Bedeutung ist weiterhin, dass die Freisetzung des Sauerstoffs bei Ansäuerung des Blutes, der sogenannte Root-off-Effekt, sehr viel schneller abläuft (Halbwertszeit bei 23 °C etwa 50 ms) als umgekehrt die Bindung des Sauerstoffs an Hämoglobin, wenn der pH-Wert wieder ansteigt, der Root-on-Effekt (Halbwertszeit zwischen 10 und 20 s). Das hat zur Folge, dass sich der Sauerstoff in den arteriellen Kapillaren des Wundernetzes sehr schnell vom Hämoglobin löst. In den venösen Kapillaren dagegen, aus denen die Milchsäure in die arteriellen Kapillaren übertritt, verbindet sich der Sauerstoff nur sehr langsam wieder mit dem Hämoglobin. Das hat zur Folge, dass ein hoher Prozentsatz des Hämoglobins die venösen Kapillaren trotz des dort herrschenden hohen O_2-Partialdrucks im desoxygenierten Zustand verlässt.

Bei Tiefseefischen erreicht der pO_2-Wert in der Schwimmblase das 1000-Fache des Wertes im Gewebe. Man kann eine deutliche Beziehung zwischen dem Lebensraum der Fische (Meerestiefe) und der Länge ihres Wundernetzes (Rete) erkennen (Tab. 4.14).

Tab. 4.14 Zusammenhang zwischen dem Aufenthaltsort der Fische (Meerestiefe) und der Länge ihres Rete mirabile.

Zonierung	Meerestiefe (m)	Länge des Rete (mm)
oberes Mesopelagial	200–600	1–2
unteres Mesopelagial	600–1200	3–7
Bathypelagial	1200–4000	15–25

Wichtig ist für den Fisch, der einen großen Anteil seines Blutes durch das Wundernetz leitet, dass er neben dem pH-sensiblen ein pH-unsensibles Hämoglobin besitzt (multiple Hämoglobinisoformen). Letzteres passiert die Regionen niederen pH-Wertes im Netz unverändert und ist damit in der Lage, die Versorgung der Gewebe mit O_2 während des Sekretionsvorgangs aufrechtzuerhalten (Beispiel: Regenbogenforelle, *Salmo gairdneri*).

Die Gassekretion wird reflektorisch ausgelöst. Die beidseitige Durchtrennung der zur Schwimmblase ziehenden Äste des N. vagus (Vagotomie) unterbindet die Gassekretion. Da Atropin ebenfalls die Gassekretion hemmt und die Gasdrüse eine hohe Aktivität der ACh-Esterase besitzt, nimmt man an, dass die sekretorischen Fasern cholinerg sind. Umgekehrt scheint die Gasresorption unter adrenergem Einfluss durch sympathische Fasern zu stehen. Der Schwimmblasengang und sein Schließmuskel werden über katecholaminerge Fasern gesteuert.

Eine **Sekretion von Gas** ist auch von einigen Invertebraten bekannt. Der Wurzelfüßer (Rhizopode) *Arcella* bildet Bläschen (wahrscheinlich Sauerstoff) und lässt sich von ihnen zur Oberfläche des Teichs tragen. Der Cephalopode *Sepia* hat gasgefüllte Räume im Schulp, die wahrscheinlich der Stabilisierung der Körperlage dienen. Bekannt sind die gasgefüllten Blasen (Pneumatophoren[199]) der Physophora unter den Staatsquallen (z. B. bei der Portugiesischen Galeere, *Physalia physalis*). Das Lumen des Pneumatophors wird durch eine Einschnürung in eine distale Gasflasche und eine proximale Gasdrüse unterteilt. Bei *Rhizophysa* ist ein apikaler Porus an der Gasflasche erhalten geblieben. Durch ihn kann bei mechanischer Reizung Luft ausgepresst werden, denn die Gasflaschenwand enthält eine Ringmuskulatur. Dadurch sinkt der Schwimmkörper der Kolonie schnell ab und kann sich so einer möglichen Gefahr entziehen. In erstaunlich kurzer Zeit kann der Gasverlust wieder ausgeglichen werden, womit er wieder an der Wasseroberfläche erscheint. Das Gas im Pneumatophor von *Physalia* enthält neben N_2 und Ar auch 15–20 % O_2 und 0,5–13 % CO. Das Kohlenmonoxid wird aus der Aminosäure L-Serin freigesetzt.

4.7 Fragen zum Selbststudium

- Welche Parameter der respiratorischen Epithelien im Tierreich wurden während der Evolution optimiert, um den Gaswechsel zu erleichtern?
- Durch welche anatomisch-funktionellen Anpassungen erreichen Tiere Sauerstoffausnutzungsgrade von >50 %?
- Warum überlebt ein Frosch, auch wenn ihm für längere Zeit Mund und Nasenlöcher luftdicht verschlossen werden?
- Nennen Sie drei Grundtypen von Atmungsorganen im Tierreich. Bei welchen Tiergruppen kommen diese vor?
- Warum tragen Landwirbeltiere ihre Lungen nicht auf der Außenseite des Körpers?
- Welche Messgröße wird ein wasseratmendes Tier in erster Linie überwachen, um seine Ventilationsrate zu regulieren?
- Nennen Sie zwei Beispiele für respiratorische Pigmente. Bei welchen Tiergruppen kommen diese vor?
- Warum erscheint unser Blut rot? Erklären Sie den zugrunde liegenden physikalischen Mechanismus.
- Warum ist die Sauerstoffbindungskurve des Hämoglobins sigmoid, die des Myoglobins aber hyperbolisch?
- Erläutern Sie den Bohr-Effekt.
- Warum tauschen Placentatiere innerhalb des ersten Lebensjahrs ihr Hämoglobin aus?
- Welches ist die Haupttransportform von Kohlendioxid im Blut?
- Welches Enzym verursacht die schnelle Umwandlung des Kohlendioxids in seine Metaboliten?
- Welche Anpassungen ermöglichen es tauchenden Säugetieren, längere Zeiten in großen Wassertiefen zu verbringen?

[199] *pneuma* (griech.) = Luft; *phorein* (griech.) = tragen

Weiterführende Literatur

Allgemeines

Blank M, Burmester T (2012) Widespread occurrence of N-terminal acylation in animal globins and possible origin of respiratory globins from a membrane-bound ancestor. Molecular Biology and Evolution 29, 3553-3561.

Boutilier RG (Hrsg) (1990) Vertebrate gas exchange: from environment to cell. Advances in Comparative and Environmental Physiology, Bd. 6. Springer Verlag New York.

Brauner CJ, Randall DJ (1996) The interaction between oxygen and carbon dioxide movements in fishes. Comparative Biochemistry and Physiology 113A, 83-90.

Castellini MA (1991) The biology of diving mammals: behavioral, physiological, and biochemical limits. Advances in Comparative and Environmental Physiology 8, 105-134.

Feder ME, Burggren WW (1985) Cutaneous gas exchange in vertebrates: design, patterns, control, and implications. Biological Reviews 60, 1-45.

Knight DA, Holgate ST (2003) The airway epithelium: Structural and functional properties in health and disease. Respirology 8, 432-446.

Maina JN (2000) What it takes to fly: the structural and functional respiratory refinements in birds and bats. Journal of Experimental Biology 203, 3045-3064.

Piiper J, Scheid P (1992) Gas exchange in vertebrates through lungs, gills, and skin. News in Physiological Sciences 7, 199-203.

Richter DW, Ballanyi K, Schwarzacher S (1992) Mechanism of respiratory rhythm generation. Current Opinion in Neurobiology 2, 788-793.

Scheid P, Piiper J (1989) Blood-gas equilibration in lungs and pulmonary diffusing capacity. In: Chang HK, Paiva M (Hrsg) Respiratory physiology: An analytical approach. Vol. 40. Marcel Dekker, New York, Basel, 453-497.

Stamati K, Mudera V, Cheema U (2011) Evolution of oxygen utilization in multicellular organisms and implications for cell signalling in tissue engineering. Journal of Tissue Engineering 2 (1), DOI 10.1177/2041731411432365.

Taylor EW, Jordan D, Coote JH (1999) Central control of the cardiovascular and respiratory systems and their interactions in vertebrates. Physiological Reviews 79, 855-916.

Truchot JP (1990) Respiratory and ionic regulation in invertebrates exposed to both water and air. Annual Reviews in Physiology 52, 61-76.

Spezielle Aspekte

Andreeva AV, Kutuzov MA, Voyno-Yasenetskaya TA (2007). Regulation of surfactant secretion in alveolar type II cells. American Journal of Physiology Lung Cellular and Molecular Physiology 293, L259-L271.

Graham JB (1997) Air-breathing fishes. Evolution, diversity, and adaptation. Academic Press San Diego, CA

Greenaway P (2003) Terrestrial adaptations in the Anomura (Crustacea: Decapoda). Memoirs of Museum Victoria 60, 13-26.

Greenaway P, Morris S, McMahon BR (1988) Adaptations to a terrestrial existence by the robber crab *Birgus latro*. II. In vivo respiratory gas exchange and transport. Journal of experimental Biology 140, 493-509.

Kopp R, Köblitz L, Egg M, Pelster B (2011): HIF - signaling and overall gene expression changes during hypoxia and prolonged exercise differ considerably. Physiological Genomics 43, 506-516.

Lighton JRB (1994) Discontinuous ventilation in terrestrial insects. Physiological Zoology 67, 142-162.

Milvaganam SE (1996) Structural basis for the Root effect in haemoglobin. Nature Structural Biology 3, 275-283.

Rehm P, Pick C, Borner J, Markl J, Burmester T (2012) The diversity and evolution of chelicerate hemocyanins. BMC Evolutionary Biology 12, 19.

Riisgard HU, Berntsen I, Tarp B (1996) The lugworm (*Arenicola marina*) pump: characteristics, modelling and energy cost. Marine Ecology Progress Series 138, 149-156.

Root RW (1931) The respiratory function of the blood of marine fishes. Biological Bulletin 61, 427-456.

Schachner ER, Cieri RL, Butler JP, Farmer CG (2013) Unidirectional pulmonary airflow patterns in the savannah monitor lizard. Nature 506, 367-370.

Zirkulation

5.1 Allgemeines

Für die Aufnahme von Stoffen aus dem umgebenden Medium dienen Tiere besondere Körperteile. So findet die Aufnahme von Flüssigkeiten und gelösten Stoffen in bestimmten Darmabschnitten statt, die Aufnahme von Sauerstoff erfolgt in den Atmungsorganen. Da die aufgenommenen Stoffe aber nicht nur am Ort ihres Eintritts benötigt werden, muss für eine möglichst schnelle **Stoffverteilung** im Tierkörper gesorgt werden. Die **Diffusion** reicht dafür in den allermeisten Fällen nicht aus. Der von den gelösten Teilchen durch Diffusion in Richtung des Konzentrationsgefälles unter konstanten Bedingungen zurückgelegte Weg wächst mit der Quadratwurzel der Zeit. Das bedeutet, dass ein Teilchen zum Erreichen seines Zieles bei einer Verlängerung der Diffusionsstrecke um den Faktor 10 eine 100-fach so lange Zeit benötigen würde. Hinzu kommt, dass im Gewebe die Diffusionskoeffizienten der wichtigsten Stoffwechselprodukte nochmals etwa 100-mal kleiner sind als bei freier Diffusion im Wasser. Die Diffusionsverzögerung der Gase im Gewebe ist allerdings relativ klein.

Bei den größeren Vertretern einiger Wirbelloser (Turbellarien, Trematoden) wird der Transportweg für die Nährstoffe im Gewebe dadurch sehr verkürzt, dass der Darm stark verzweigt ist und praktisch in alle Teile des Körpers zieht. In gleicher Weise wirken sich das Kanalsystem im Körper der Schwämme und das **Gastrovaskularsystem** der Coelenteraten aus. Die Verteilung der Nährstoffe wird außerdem oft (Poriferen, Echinodermaten u. a.) durch Wanderzellen unterstützt.

Bei den meisten Tieren mit geräumiger Leibeshöhle sowie bei den Nemertinen bildet sich für die Verteilung der Nährstoffe und andere Transportzwecke ein besonderes System von Röhren (Gefäßen) aus, deren Wandungen mehr oder weniger kontraktil sind (**Blutgefäßsystem**). Die im Gefäßsystem enthaltene Flüssigkeit wird in Bewegung versetzt und strömt wiederholt durch das System. Man spricht daher von einem **Kreislaufsystem** oder der **Zirkulation**. Mit ihr werden nicht nur Sauerstoff und Nährstoffe zum Verbrauchsort, sondern auch Kohlendioxid und andere Stoffwechselprodukte zum Ort der Ausscheidung transportiert.

Im ursprünglichen Fall laufen peristaltische Wellen über Gefäße hinweg und treiben das Blut voran. In anderen Fällen sind es nur noch bestimmte Abschnitte des Blutgefäßsystems, die als Motor des Kreislaufs dienen. Wir nennen sie **Herzen**. Sie führen rhythmische Kontraktionen aus, die entweder durch exzitatorische Schrittmachernerven auf den Herzmuskel geschaltet (**neurogene Herzen**) oder von spontan aktiven, spezialisierten Muskelzellen des Herzens selbst ausgelöst werden (**myogene Herzen**). Während eines Herzzyklus wechseln sich eine Kontraktions- oder Austreibungsphase (**Systole**) und eine Erschlaffungs- oder Füllungsphase (**Diastole**) in regelmäßiger Folge ab.

Bei vielen Tierarten erfolgt die Zirkulation des **Blutes** vom Herz über die Arterien, Kapillaren und Venen zurück zum Herz ausschließlich innerhalb der mit Endothel ausgekleideten Gefäße. Man spricht in diesem Fall von einem **geschlossenen Kreislaufsystem** (▶ Box 5.1). Bei anderen Tierarten kann das Blut auf seinem Weg durch den Kreislauf die Gefäße verlassen und über mehr oder weniger weite Strecken durch Lückensysteme zwischen den Körperzellen (Interstitialraum) fließen, um dann in das Gefäßsystem (meist das Herz) zurückzukehren. Dieses System wird als **offenes Kreislaufsystem** bezeichnet. Da sich das Blut dieser Tiere auf seinem Weg mit der **Interstitialflüssigkeit** (**Lymphe**) vermischt, bezeichnet man die zirkulierende Flüssigkeit als **Hämolymphe**.

Box 5.1 Evolution offener oder geschlossener Kreislaufsysteme

Alle Wirbeltiere besitzen geschlossene Kreislaufsysteme, während das Vorhandensein von offenen oder geschlossenen Systemen bei den Wirbellosen nicht an die systematische Zugehörigkeit der jeweiligen Tierart gekoppelt ist. Es ist daher erlaubt, Vermutungen darüber anzustellen, welche Selektionsfaktoren bei einigen Tierarten die Entwicklung eines offenen, bei nahe verwandten anderen Arten aber die Entwicklung eines weitgehend oder vollständig geschlossenen Systems bedingt haben könnten. Bei dieser Betrachtung ist es hilfreich, sich limitierende Faktoren anzusehen, die die Transportraten gelöster Substanzen in Blut oder Hämolymphe und die Präzision des Anstroms bestimmter Körperteile in Beziehung zu den Ansprüchen der dort liegenden Gewebe setzen. Es leuchtet ein, dass Tiere, die eine höhere Stoffwechselleistung erbringen (zumindest in den Leistungsspitzen), auch über ein effizienteres Kreislaufsystem verfügen müssen, um Nährstoff- und Sauerstoffbedürfnisse der Gewebe zu decken.

Tatsächlich ist die Strömungsgeschwindigkeit in geschlossenen Gefäßbahnen höher als in Körperhohlräumen und im interstitiellen Raum bei offenen Systemen. Daher liegt die Annahme nahe, dass immer dann, wenn es darauf ankam, Körperflüssigkeit schnell über große Strecken im Körper an bestimmte Orte zu transportieren, die Entwicklung geschlossener Gefäßbahnen von Vorteil war. So kann man auch bei offenen Systemen eine Tendenz erkennen, die vom Herz ausgehenden Gefäße so zu verlängern, dass die Körperflüssigkeit erst kurz vor dem Zielgewebe aus der Gefäßbahn in den Interstitialraum austritt. Für den effektiven Austausch von Substanzen zwischen zirkulierender Flüssigkeit und Zellen vor Ort ist aber der Einschluss der Körperflüssigkeit in Gefäßbahnen eher hinderlich und es müssen Vorkehrungen getroffenen werden, dass die Strömungsgeschwindigkeit stark herabgesetzt wird, um dem diffusiven Austausch die nötige Zeit einzuräumen. Dazu werden die Gefäße auf der Ebene der Kapillaren in einem geschlossenen System intensiv verzweigt (was den Gesamtquerschnitt einer Strombahn stark erhöht und die Strömungsgeschwindigkeit in einer Kapillare deutlich absenkt). In einem offenen System sind dazu keinerlei aufwendige Vorkehrungen vonnöten.

▼

Wo liegt also der Vorteil eines vollkommen geschlossenen Kreislaufsystems?

Tiere haben sich in der Evolution eine Vielzahl von Lebensräumen erschlossen.

Beispiel: Regenwurm

Einige Tierarten graben sich Gänge in die Erde, indem sie ihren Körper mithilfe von Ringmuskeln vorn lang und dünn machen, ihn zwischen die Sandkörner schieben und die Lücke anschließend weiten, indem sie durch Anspannung der Längsmuskulatur den Körperquerschnitt vergrößern. Genau dies geschieht beim Grabvorgang der Regenwürmer, wobei das inkompressible Hydroskelett der Coelomräume als Widerlager für die Muskulatur dient. Dabei tritt im Vorderkörper der Tiere ein enormer Druck auf. Was würde passieren, wenn der Regenwurm ein offenes Kreislaufsystem hätte? Sein Blut würde dem auftretenden Druck ausweichen und durch die Gewebespalten in Bereiche des Körpers laufen, die momentan keinem erhöhten Druck ausgesetzt sind. Dort, wo die Muskulatur am intensivsten arbeiten muss, wäre vermutlich kaum noch Blutvolumen anzutreffen.

Beispiel: Kalmar

Kalmare schwimmen im offenen Ozean mit hoher Geschwindigkeit, um Beute zu machen oder sich selbst aus Gefahrensituationen in Sicherheit zu bringen. Meerwasser, das sie zum Atmen in ihre Mantelhöhle aufnehmen, wird dabei durch synchrone Kontraktion aller Anteile der Mantelmuskulatur unter hohem Druck durch den Trichter an die Außenwelt abgegeben. Durch den dabei entstehenden Rückstoß bewegen sich die Tiere voran, ähnlich wie ein Jetski. Was würde passieren, wenn der Kalmar ein weitgehend offenes Kreislaufsystem hätte? Seine Hämolymphe würde dem auftretenden Druck ausweichen und durch die Gewebespalten in Bereiche des Körpers laufen, die momentan keinem erhöhten Druck ausgesetzt sind (z. B. die Fangarme). Dort, wo die Muskulatur am intensivsten arbeiten muss, wäre vermutlich sehr wenig Hämolymphe übrig.

Es ist allerdings durchaus so, dass Gefäße eines geschlossenen Gefäßsystems durch Einwirkung eines äußeren Drucks verschlossen werden können und damit die lokale Zirkulation unterbrochen wird (Manschette bei der Blutdruckmessung am Menschen). Allerdings findet in geschlossenen Gefäßsystemen im Allgemeinen keine generelle Verdrängung großer Blutvolumina aus den unter Druck stehenden Gefäßen statt. Dafür gibt es zwei Gründe: 1. Das Blut innerhalb des Gefäßes gerät bei Einwirkung eines äußeren Drucks auf das Tier bzw. das Gewebe ebenso unter Druck, sodass eine Verdrängung nur dann stattfinden kann, wenn es offene Verbindungen zu Gefäßabschnitten gibt, die unter einem geringeren Druck stehen. Durch regulative Mechanismen (elastische bzw. muskuläre Arterien, präkapilläre Sphinktere, Venenklappen) kann die Durchlässigkeit solcher Verbindungen kontrolliert werden. 2. Geraten größere Teile des Kreislaufsystems unter erhöhte äußere Druckeinwirkung, so gilt dies auch für das Innere des Antriebsorgans (z. B. das Herz). Daher muss dieses zur Aufrechterhaltung der Durchblutung nur soviel Energie aufwenden, um die Druckgradienten innerhalb des Kreislaufsystems stabil zu halten. Es muss nicht gegen den äußeren Druck arbeiten.

Anhand dieser Beispiele erschließt sich, dass geschlossene Kreislaufsysteme immer dann von Vorteil sind, wenn es aufgrund einer bestimmten Lebensweise für eine Tierart gilt, die selektive Anströmung bestimmter Organe und die Blutverteilung im Körper und in den Gasaustauschorganen auch gegen äußere hydrostatische Einflüsse zu kontrollieren und den jeweiligen Erfordernissen anzupassen. Ein Vorteil offener Systeme ist dagegen, dass sie weniger energieintensiv sind und keine so hohen strukturellen Aufwendungen für die Aufspaltung der Gefäßstrombahn in Kapillaren benötigen, die in geschlossenen Systemen notwendig sind, um die Strömungsgeschwindigkeit im Bereich der Gewebe so weit herabzusetzen, dass ein diffusiver Austausch von Substanzen zwischen Blut und Gewebe stattfinden kann. Daher haben metabolisch hochgradig aktive sowie relativ große Tiere und solche mit besonderen Lebensweisen (wie die in unseren Beispielen) geschlossene Kreislaufsysteme entwickelt, während andere, gegebenenfalls auch nah verwandte Arten, die diesen Limitationen nicht unterliegen, mit offenen Kreislaufsystemen sehr gut funktionieren.

Bei den Nemertinen, Anneliden (Ausnahme: z. B. die Kieferegel = Gnathobdelliformes und Schlundegel = Pharyngobdelliformes), Phoroniden, Holothurien und Acraniern sowie bei allen Vertebraten ist das Kreislaufsystem geschlossen. Bei den Cephalopoden ist der Kreislauf nahezu geschlossen. Demgegenüber besitzen die Mollusken (mit Ausnahme der Cephalopoden), die Arthropoden und Tunikaten offene Kreislaufsysteme. Die sekundäre Reduktion des Blutgefäßsystems kann bei kleinen Tieren allerdings weit fortgeschritten sein, wie zum Beispiel beim Wasserfloh *Daphnia*, bei dem nur noch das sackförmige Herz als geformter Bestandteil des Kreislaufsystems übrig geblieben ist.

Bei Tierarten, denen ein Blutgefäßsystem ganz fehlt, kann die Flüssigkeit in der primären Leibeshöhle als Transportmedium dienen, wie es bei Nematoden zu beobachten ist. Auch die Flüssigkeit der sekundären Leibeshöhle (**Coelomflüssigkeit**) kann als Transportmedium dienen. Sie wird entweder durch Kontraktion der Körperwandmuskulatur, durch Bewegung des Darms oder der Gliedmaßen (z. B. *Cyclops*), durch Flimmerbewegungen von cilientragenden Coelomepithelzellen (z. B. beim pelagischen Polychaet *Tomopteris*) oder durch muskuläre Abschnitte eines zu einem Kanalsystem umgeformten Coelomraums (Polychaeten, Hirudineen, viele Copepoden, Cirripedien, Chaetognathen u. a.) in Bewegung gesetzt. Bei einigen Tierarten ist dieser sekundär entstandene Kreislauf (**Coelomkreislauf**) oberflächlich nicht von einem normalen geschlossenen Blutkreislaufsystem zu unterscheiden. In einigen Fällen führt die Coelomflüssigkeit sogar respiratorische Pigmente mit sich. Aufgrund ihres Gehalts an hochmolekularem Hämoglobin sieht die zirkulierende Flüssigkeit zum Beispiel beim Medizinischen Blutegel *Hirudo medicinalis* sogar tiefrot aus.

Bei den mit einem **geschlossenen Blutkreislauf** versehenen Wirbeltieren, mit Ausnahme der Cyclostomen und Selachier, sorgt ein besonderes **Lymphgefäßsystem** für die Rückführung von Flüssigkeit, die aus dem Kreislaufsystem in das Interstitium übergetreten ist. Das Lymphsystem mündet im Bereich der oberen Hohlvene in das Kreislaufsystem. Bei den Fischen, Amphibien und Reptilien sind besondere, kontraktile Erweiterungen der Lymphbahnen (Lymphherzen) vorhanden. Sie besitzen eine quergestreifte Muskulatur und klappentragende Öffnungen.

5.2 Kreislaufsysteme bei Wirbellosen

Bei den wirbellosen Tieren sind offene Kreislaufsysteme die Regel. In Ausnahmefällen treten auch geschlossene Systeme auf, deren Ausbildung mit der Entwicklung bestimmter Lebensweisen der Tierarten einhergegangen ist (▶ Box 5.1). Entsprechend zeigen offene und geschlossene Kreislaufsysteme unterschiedliche Leistungen (Druckverhältnisse, Durchströmung der Körperteile und Organe; ▶ Box 5.2), die in der Evolution den Erfordernissen der jeweiligen Tierarten entsprechend optimiert wurden. Generell sollte man daher nicht absolute Größen bestimmter Parameter vergleichen und allein daraus Schlüsse auf die Leistungsfähigkeit der Kreislaufsysteme ziehen, sondern die Parameter mit der Lebensweise der jeweiligen Tierart in Beziehung setzen. Auf diese Weise erschließt sich auch wesentlich besser, welche evolutiven Triebkräfte zur Ausbildung der verschiedenen Systeme beigetragen haben könnten und warum sich offene und geschlossene Systeme mit vielen graduellen Übergängen in verschiedenen Arten rezenter Tiere finden.

Box 5.2 Besonderheiten offener Kreislaufsysteme

Der Hämolymphdruck bei Tieren mit offenem Kreislaufsystem ist relativ niedrig und wesentlich variabler als bei Tieren mit geschlossenem System. Er steigt bei motorischer Aktivität an und kann sich beim Einnehmen einer anderen Körperhaltung oder durch die Verlagerung bzw. Aufblähung innerer Organe ändern. Eine allgemeine Steigerung des Drucks infolge einer Aufblähung des Darms mit Luft bzw. – bei Wasserinsekten – mit Wasser spielt oft eine große Rolle beim Häutungsvorgang und bei der Expansion der Flügel oder anderer Körperteile nach dem Schlüpfen der Imagines. Wandernde Seidenspinnerraupen (*Bombyx*) haben zum Beispiel einen Hämolymphdruckwert zwischen 1,3 und 2,0 kPa, der bei frisch geschlüpften Faltern auf 6,7 kPa ansteigen kann. Das Herz selbst übt – wenn überhaupt – nur einen geringen Einfluss auf den Druck aus. Bei den Insekten haben die respiratorischen Bewegungen des Abdomens einen Einfluss auf den Druck im Körper. Die bei der Heuschrecke *Locusta migratoria migratorioides* gemessenen Hämolymphdruckwerte sind in der ◘ Tab. 5.1 zusammengestellt. Sie zeigen, dass die Druckentwicklung während der Herzaktivität eher mäßig ist und dass während der Diastole im hinteren Teil des Herzens ein negativer Druck (Saugdruck) auftritt, der die Füllung des Herzens aus dem offenen Hämolymphraum unterstützt.

Das **Hämolymphvolumen** der Tiere mit offenem Kreislauf ist, bezogen auf das Körpergewicht, größer als das **Blutvolumen** der Tiere mit geschlossenem Kreislauf (◘ Tab. 5.2). Es ist ja auch genau genommen nicht mit dem Blutvolumen, sondern mit dem gesamten extrazellulären Flüssigkeitsvolumen vergleichbar. Ein 500 g schwerer Hummer hat ein Hämolymphsystem von etwa 85 cm^3, ein gleich schwerer Knochenfisch besitzt ein Blutvolumen von nur ca. 15 cm^3 und ein Säugetier von 26 cm^3. Das Hämolymphvolumen der Insekten macht etwa 15–40 % des Körpergewichts aus. Es ist, je nach Entwicklungs- und physiologischem Zustand der Tiere, starken Schwankungen unterworfen.

Die mittlere **Strömungsgeschwindigkeit** der Hämolymphe im offenen Kreislaufsystem ist relativ niedrig. In der Seidenraupe fließt die Hämolymphe bei einer Herzfrequenz von 67 Kontraktionen pro Minute mit einer Geschwindigkeit von ca. 6,5 cm s^{-1}, bei einer Frequenz von 20 sinkt die Geschwindigkeit auf 1,8 cm s^{-1}. An verschiedenen Insekten (an der Fliege *Calliphora*, an den Käfern *Goliathus* und *Oryctes*, an dem Schmetterling *Attacus*) ist übereinstimmend beobachtet worden, dass die Hämolymphe zeitweilig gar nicht zirkuliert, sondern zwischen dem Vorderkörper (Kopf und Thorax), seinen Anhängen und dem Abdomen hin und her pendelt (retrograder Transport). Die Zirkulationszeit (Umlaufzeit der Hämolymphe) ist entsprechend lang. Sie beträgt bei *Daphnia*, *Carcinus* und *Palaemon* 10–20 s, bei größeren Dekapoden 40–50 s und bei der Schabe *Periplaneta americana* sogar 3–6 min. Diese sehr langen Umlaufzeiten garantieren aber nicht, dass in dieser Zeitspanne auch eine vollständige Durchmischung der Hämolymphe stattgefunden hat. Das ist erst, wie man aus Injektionsversuchen (Farbstoffe, radioaktiv markierte Substanzen) weiß, nach 1–3 h der Fall. Die träge Zirkulation der Hämolymphe ist wahrscheinlich ein Grund dafür, dass die Körpergröße der Tiere mit offenem Kreislaufsystem im Vergleich zu den Wirbeltieren eine bestimmte Grenze nicht überschreitet. Die japanische Riesenkrabbe (*Macrocheira kaempferi*) ist das derzeit größte bekannte Krebstier. Der Durchmesser ihres Carapax beträgt bis zu 40 cm und sie hat eine maximale Beinspannweite von 4 m. Wirbeltiere erreichen bekanntlich deutlich größere Körpermaße.

Tab. 5.1 Hämolymphdruck bei der Heuschrecke *Locusta migratoria migratorioides.*

	während der Herzsystole (Pa)	während der Herzdiastole (Pa)
Aorta	843	314
im Herz (anteriores Abdomen)	922	0
im Herz (posteriores Abdomen)	0	–834

Tab. 5.2 Anteil (in %) des Hämolymph- bzw. Blutvolumens am Körpergewicht einiger Vertreter von Tieren mit offenem bzw. mit geschlossenem Gefäßsystem.

Tiere mit offenem Gefäßsystem	
Meeresschnecke (*Aplysia californianus*)	79,3
Strandkrabbe (*Carcinus maenas*)	37,0
Schabe (*Periplaneta americana*)	19,5
Tiere mit geschlossenem Gefäßsystem	
Riesen-Regenwurm (*Glossoscolex giganteus*)	6,1
Krake (*Octopus hongkongensis*)	5,8
Wasserfrosch (*Rana esculenta*)	5,6
Mensch (*Homo sapiens*)	7,7

5.2.1 Mollusken

Das Gefäßsystem der Mollusken ist prinzipiell offen (Abb. 5.1). Bei den Cephalopoden ist es allerdings weitgehend geschlossen. Das Herz ist ein kurzer Sack und liegt in der Nähe des Enddarms in einem aus dem Coelom hervorgegangenen Beutel (**Perikard**). Dem Herz wird das Blut direkt über Venen zugeführt, die von den Kiemen kommen und sich gewöhnlich vor dem Eintritt ins Herz zu Herzvorhöfen (**Atria**) erweitern. Die Anzahl der Vorhöfe entspricht derjenigen der Kiemen, übersteigt aber die Zahl vier nicht. Die Vorhöfe führen in der Regel in eine einzige Herzkammer (**Ventrikel**). An ihrer Eintrittsstelle ist jeweils eine Klappe ausgebildet, die ein Rückfließen von Blut verhindert. Vom Ventrikel führt stets eine kräftige **Aorta** kopfwärts. Die Wand des Perikards ist steif (nicht dehnbar). Deshalb ist die Kontraktion des Ventrikels (Systole) stets mit einer Abnahme des Drucks im Perikard und mit einer Erweiterung der Vorhöfe verbunden (Abb. 5.2).

Die **Erregungsbildung** im Herz der Mollusken erfolgt ausnahmslos myogen. Bei den Gastropoden befindet sich der Schrittmacher im Ventrikel an der Wurzel der Aorta (*Conchlitoma zebra* u. a.) oder an der Seite zum Vorhof (*Haliotis*, *Dolabella*). Untersuchungen an der Auster (*Ostrea*) ergaben, dass dort der Schrittmacher im Gegensatz zu den Gastropoden im Atrium liegt.

Obwohl myogen erregt, schlägt das isolierte Herz entweder gar nicht oder mit stark verminderter Amplitude und Frequenz. Es kann zu normaler Tätigkeit angeregt werden, wenn es durch leichten Zug oder – noch besser – durch Füllung gedehnt wird. Je größer der Füllungsdruck im Herz ist, desto kräftiger sind die Systolen und desto höher ist die Schlagfrequenz. Die Füllung des Herzens und die damit verbundene Dehnung der Wand sind auch im intakten Organismus für den normalen Schlagrhythmus notwendig. Rezeptor und Effektor des Reflexes sind in diesem Fall dieselben Zellen, nämlich die myokardialen Schrittmacherzellen. Sinkt der Druck im *Octopus*-Herz unter 0,2 kPa, so hört es auf zu schlagen. Der in der Systole entwickelte Ventrikeldruck ist umso geringer, je träger die Tiere sind. Er nimmt also in der Reihenfolge Cephalopoden > Gastropoden > Bivalvia ab. Die Bivalvia (Muscheln), die vornehmlich sessil sind, entwickeln die niedrigsten systolischen Ventrikeldruckwerte. Nur eine von zwölf untersuchten Arten erreichte einen durchschnittlichen systolischen Ventrikeldruck, der 0,2 kPa übertraf. Bei Cephalopoden sind Werte bis 6 kPa (*Octopus*), bei der Schnecke *Patella* bis 0,5 kPa registriert worden.

Das Herz der Mollusken wird vom Visceralganglion aus modulatorisch innerviert. Elektrische Reizung des Ganglions oder der Visceralnerven führt in den meisten Fällen zu Veränderungen der Herztätigkeit. Während bei den prosobranchen und opisthobranchen Gastropoden (*Haliotis*, *Aplysia* u. a.) in der Regel eine Beschleunigung der Herztätigkeit eintritt, beobachtete man bei vielen Muscheln (*Anodonta cygnea*, *Mya arenaria*, *Pecten irradians* u. a.) eine Verlangsamung. Es scheint aber, dass bei den Mollusken eine sowohl beschleunigende als auch hemmende Innervierung des Herzens vom Visceralganglion aus die Regel ist. So konnte zum Beispiel bei der Muschel *Venus mercenaria*, die normalerweise auf Reizung des Visceralganglions mit einer Verlangsamung ihres Herzschlags reagiert, durch Blockierung der inhibitorischen Nervenendigungen mit Benzochinon, einem Antagonisten des Acetylcholins, eine Beschleunigung der Herztätigkeit bei Reizung des Visceralganglions beobachtet werden. Bei *Dolabella auricula* (Opisthobranchier) entspringen die Acceleratorfasern an der anterior-dorsalen, die inhibitorischen Fasern an der posterioren Seite des Visceralganglions.

Die meisten Molluskenherzen werden durch sehr geringe Konzentrationen (0,5–5 µmol l^{-1}) Acetylcholin (ACh) gehemmt. Man nimmt an, dass das ACh auch die normale Überträgersubstanz an den Endigungen der inhibitorischen Herzfasern ist. Allerdings haben niedrige ACh-Konzentrationen am Herz der Mytiliden (Miesmuscheln) sowie der südamerikanischen Lungenschnecke *Sirophocheilus* einen entgegengesetzten Effekt. Bei anderen Muscheln wirken höhere ACh-Konzentrationen zuweilen exzitatorisch. Atropin hat – im Gegensatz zum Wirbeltierherz – keine antagonistische Wirkung zum ACh, was nahelegt, dass die ACh-Rezeptoren des Molluskenherzens anders gebaut sind als die des Wirbeltierherzens. Als Überträgersubstanz an den Endigungen der Beschleunigungsnerven scheint bei vielen Mollusken Serotonin (5-Hydroxytryptamin) zu fungieren.

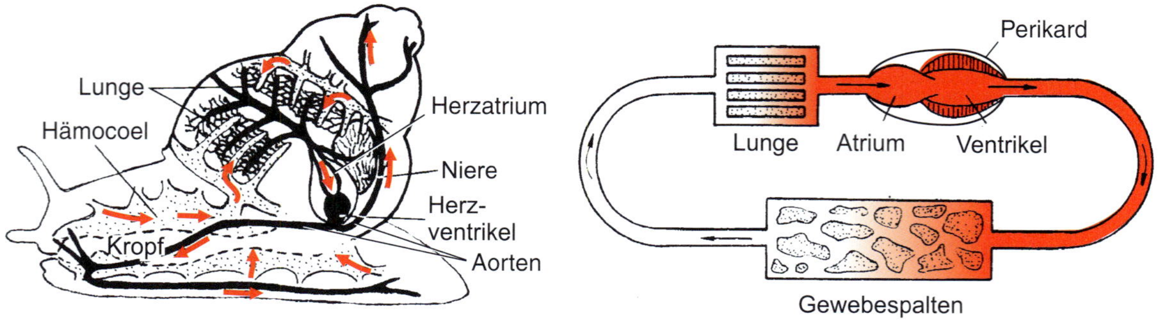

Abb. 5.1 Schematische Darstellung des offenen Kreislaufsystems bei der Weinbergschnecke (*Helix pomatia*). Rote Pfeile in der Abbildung links geben die Strömungsrichtung an. Die rot eingefärbten Abschnitte des Kreislaufsystems in der Abbildung rechts führen O_2-angereicherte Hämolymphe. Das Herz der Weinbergschnecke (*Helix pomatia*) besitzt – wie das der meisten Gastropoden – nur einen Ventrikel und einen Vorhof. Beide sind durch einen Klappenapparat voneinander getrennt, der sich während der Kammersystole verschließt und den Rückstrom der Hämolymphe in Richtung Atrium verhindert. Der Ventrikel ist an seinem arteriellen Ende und das Atrium an seinem venösen Ende mit der steifen (nicht dehnbaren) Wand des Perikards verwachsen, sodass die Systole des Ventrikels nicht nur das Blut in die Aorta treibt, sondern durch Erzeugung eines Unterdrucks in der Perikardialhöhle gleichzeitig auch die Füllung des Vorhofs unterstützt. In gleicher Weise unterstützt die anschließende Systole des Atriums die Füllung des Ventrikels.

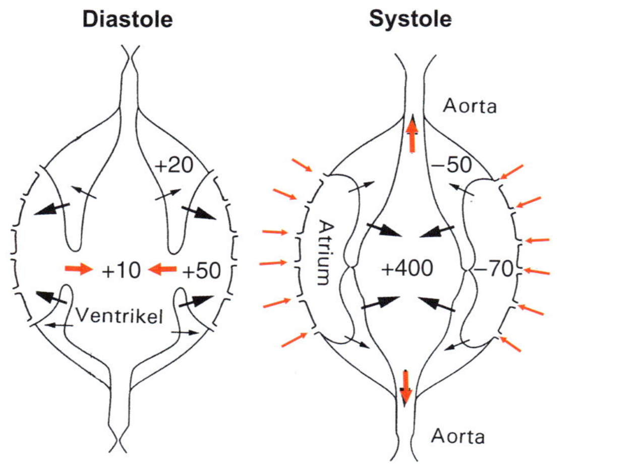

Abb. 5.2 Funktionsweise des mit einem starren Perikard ausgestatteten Herzens der Muschel *Anodonta anatina*. Der Druck ist in Pa angegeben. Die dicken Pfeile zeigen die Verlagerung der Wand der Herzkammer (rechts) bzw. der beiden Vorkammern (links) während der Kontraktionsphase, die dünnen Pfeile diejenigen während der Erschlaffungsphase an. Die roten Pfeile symbolisieren den Strom der Hämolymphe. Während der Diastole (links) bewegen sich die segelartigen Herzkammerwände nach außen in Richtung des starren Perikards. Dabei wird im Herzinneren ein leichter Unterdruck erzeugt, der Volumen aus den Perikardialräumen (Atrien) in die Herzkammer saugt. Während der Systole der Herzkammer (rechts) schließen sich zunächst die seitlichen Lücken der Herzkammer zu den Atrien und bewegen sich dann nach innen, sodass in der Herzkammer ein Überdruck erzeugt wird, der die Hämolymphe in die Aorten treibt. Der dadurch in den Atrien erzeugte Unterdruck saugt Hämolymphe aus dem offenen Hämolymphraum in die Perikardialräume (Atrien). (Nach Brand AR (1972) The mechanism of blood circulation in *Anodonta anatina* (L.) (Bivalvia, Unionidae). J Exp Biol 56, 361–379, Abb. 6, S. 369.)

Die Zirkulation des Blutes bei den Cephalopoden wird nicht allein durch die Tätigkeit des Herzens hervorgerufen. Unterstützt wird das Herz durch **akzessorische pulsatile Organe** wie die an der Basis der Kiemen gelegenen Kiemenherzen (Abb. 5.3). Außerdem führen bei *Octopus dofleini* die Gefäße der Kiemen und Kiemenanhänge pulsierende Kontraktionen aus. Bei einer anderen Art (*Eledone cirrhosa*) beobachtete man in der Vena cava und bei *Sepia officinalis*, *Octopus vulgaris*, *O. macropus* und *Eledone moschata* in den Gefäßen des Arms und der Interbrachialmembran peristaltische Pulsationen. Die Schlagfrequenz des Herzventrikels und der Kiemenherzen ist bei *Octopus dofleini* in der Regel gleich (Abb. 5.3). Wie bereits ältere Untersuchungen an *Octopus vulgaris* gezeigt haben, wird durch jeden Herzschlag reflexiv die nachfolgende Kontraktion der Kiemenherzen ausgelöst. Durchtrennt man die Nervenverbindung zwischen dem am Ventrikel liegenden ersten Herzganglion und dem am Kiemenherz liegenden zweiten Herzganglion an jeder Seite, so hören die Kiemenherzen auf zu schlagen. Die in der großen Vene (Vena cava cephalica) zu beobachtenden Druckwellen entsprechen jedoch nicht diesem Rhythmus, sondern dem Rhythmus der Atembewegungen (Abb. 5.3), die also offenbar ebenfalls den Kreislauf unterstützen.

5.2.2 Anneliden

Die Poly- und Oligochaeten besitzen ein geschlossenes Blutgefäßsystem, dessen Lumen der primären Leibeshöhle entspricht. Es ist deshalb nicht von Endothel ausgekleidet. Die Wand besteht von außen nach innen aus dem Coelothel (Peritoneum), das quer verlaufende Myofibrillen aufweist, einer zellenlosen kollagenen Membran und einer noch umstrittenen Zellschicht unbekannter Herkunft. Die zirkulierende Körperflüssigkeit ist echtes Blut. Das Blutgefäßsystem fehlt lediglich bei einigen sehr kleinen Arten und solchen Formen, die sekundär einen Coelomkreislauf entwickelt haben, wie *Tomopteris*, *Capitellidae* und andere.

Im dorsalen Mesenterium verläuft längs durch das gesamte Tier das Dorsalgefäß. Es ist meistens kontraktil. In ihm fließt das Blut, von den über das Gefäß hinweglaufenden Kontraktionswellen getrieben, von hinten nach vorn. Das Gefäß gabelt

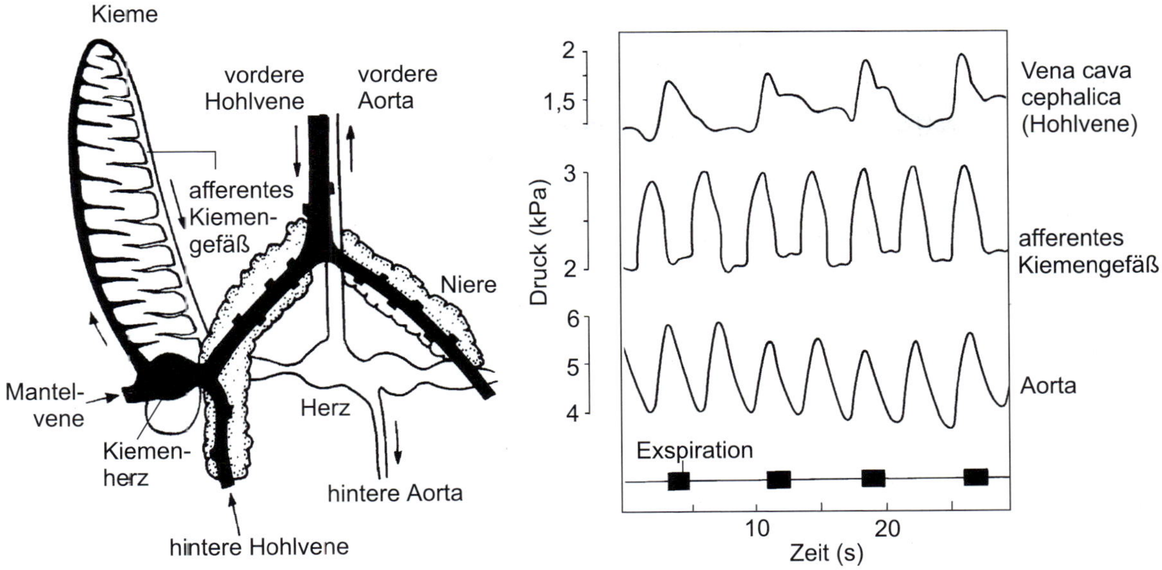

Abb. 5.3 Links: Schematische Darstellung des zentralen und rechten Teils des Gefäßsystems von *Sepia officinalis*. Rechts: Zeitliche Korrelation der Druckschwankungen in den Gefäßen von *Octopus dofleini*. Dicke schwarze Linien: Exspiration.

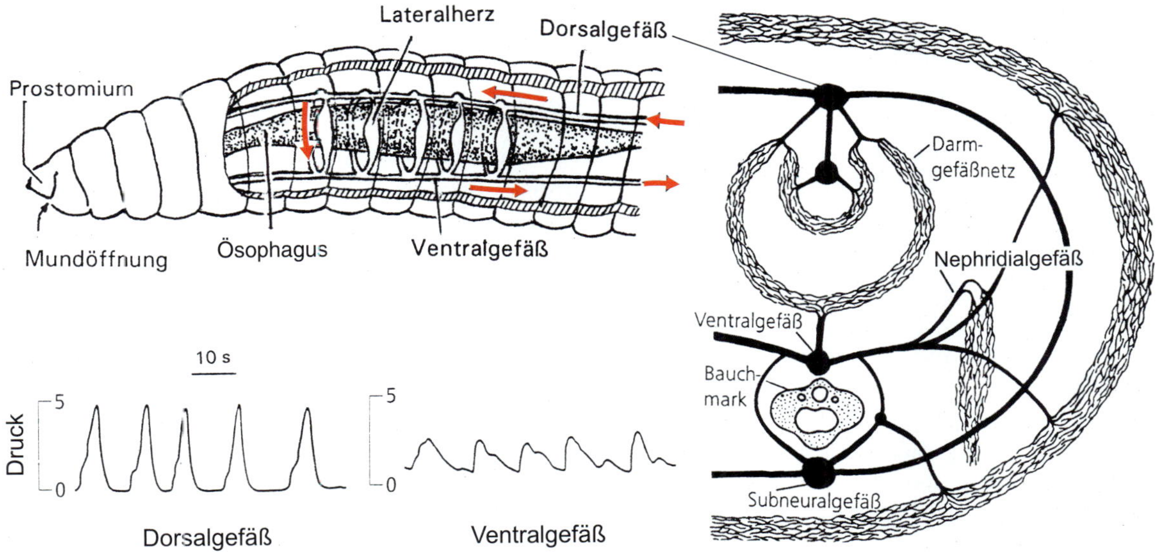

Abb. 5.4 Blutkreislauf des Regenwurms *Lumbricus terrestris*. Rechts: Querschnitt durch den Wurm und Lage der Gefäße. Unten: Registrierung des Blutdrucks (in kPa) im Dorsal- und Ventralgefäß des Australischen Regenwurms *Megascolides australias*. (Rechts: nach Meglitsch PA (1972) Invertebrate zoology. Oxford University Press, New York; unten: nach Jones DR, Bushnell PG, Evans BK, Baldwin J (1994) Circulation in the Gippsland giant earthworm *Megascolides australis*. Physiol Zool 67, 1383–1401.)

sich vorn in zwei Äste, die den Ösophagus umfassen und in das Ventralgefäß münden. Das Ventralgefäß verläuft innerhalb des ventralen Mesenteriums und ist meistens nicht so dick wie das Dorsalgefäß. In ihm fließt das Blut von vorne nach hinten. Es ist bei den meisten Arten nicht kontraktil. Meistens sind die beiden längs verlaufenden Gefäße zusätzlich durch Gefäßschlingen miteinander verbunden, die in den Dissepimenten verlaufen. In diesen Lateralgefäßen fließt das Blut von dorsal nach ventral. Beim Regenwurm (*Lumbricus*) sind fünf Paare solcher Lateralgefäße vorhanden, die kontraktile Anschwellungen (**Lateralherzen**) aufweisen (Abb. 5.4). Beim australischen Riesenregenwurm *Glossoscoles giganteus* sind 13, bei *Tubifex* nur ein Paar solcher Lateralherzen vorhanden. Bei kiementragenden Formen erstrecken sich die Lateralgefäße in die Atmungsorgane hinein. Gewöhnlich wird die Blutzirkulation durch die Körperperistaltik zusätzlich unterstützt.

Beim Blutegel (*Hirudo medicinalis*) wird das völlig zurückgebildete Blutgefäßsystem in seiner Funktion durch ein

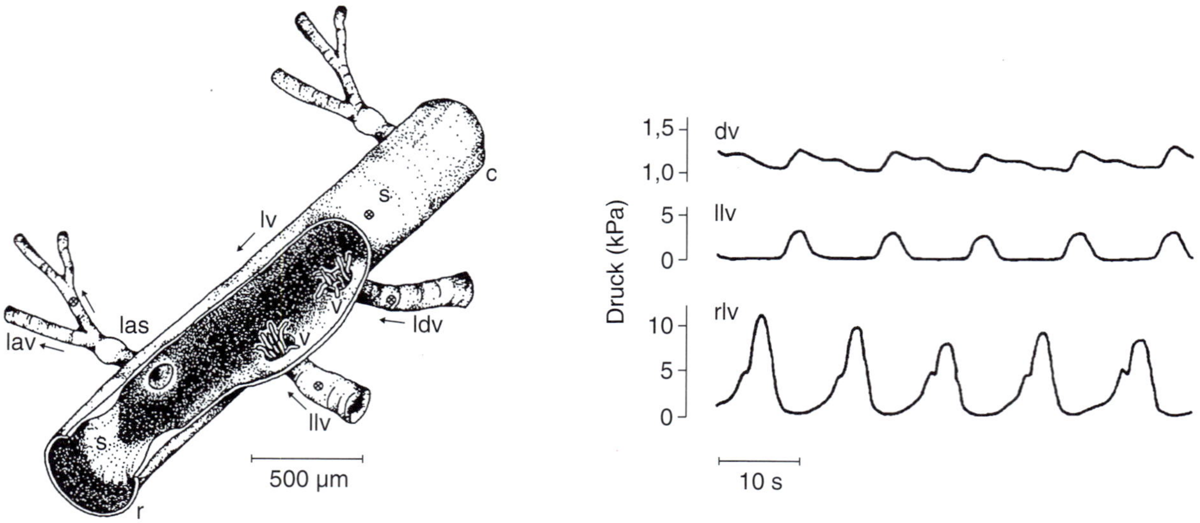

Abb. 5.5 Schematische Darstellung eines Segments des kontraktilen Lateralgefäßes im Kreislaufsystem des Medizinischen Blutegels (*Hirudo medicinalis*) (links) und die zeitlich zusammenfallenden Druckpulse in den Lateralgefäßen und im Dorsalgefäß (rechts). Pfeile markieren die Richung des Blutflusses. c = caudal; las = Lateroabdominalsphinkter; lav = Lateroabdominalgefäß; ldv = Laterodorsalgefäß; llv = Laterolateralgefäß; lv = Lateralgefäß; r = rostral; s = Hauptsphinkter zwischen den Segmenten des Lateralgefäßes; v = Klappenapparate der zuführenden Seitengefäße; x = Orte der simultanen Druckableitung (Abbildung rechts). (Aus Hildebrandt J-P (1988) Circulation in the leech, *Hirudo medicinalis* L. J Exp Biol 134, 235–246, Abb. 1, S. 239, Abb. 4B, S. 241.)

röhrenförmiges Coelomsystem (**sekundäres Blutgefäßsystem**) ersetzt. Zwei laterale Längskanäle (Lateralgefäße) dieses Systems fungieren als Herzen (Abb. 5.5). Sie arbeiten in zwei verschiedenen neuronal gesteuerten Modi. Befindet sich ein Lateralgefäß im Hochdruckmodus (systolische Druckspitzen bis 10 kPa), so arbeitet das andere im Niederdruckmodus (systolische Druckspitzen bis 3 kPa). Mit einer Periode von ca. 5 min wechseln die Modi. Die Kontraktionen der Lateralgefäße im Hochdruckmodus scheinen das Blut über die Längsachse des Tieres von hinten nach vorn zu transportieren. Im Niederdruckmodus füllen die Kontraktionen des Lateralgefäßes segmental angeordnete und mit **Sphinkteren** versehene Seitengefäße, die Lateroabdominalgefäße, die die segmentale Gewebedurchblutung sicherstellen und das Blut schließlich in das Dorsal- und das Ventralgefäß überführen, wo es aus dem vorderen in den hinteren Teil des Tieres fließt. Während der Diastole wird das betrachtete Segment des Lateralgefäßes sowohl aus dem jeweils hinteren Segment des Lateralgefäßes selbst, als auch über zwei mit Klappenapparaten versehene zuführende segmentale Gefäßen, dem Laterodorsalgefäß und dem Laterolateralgefäß, befüllt.

Die Tätigkeit des Lateralgefäßes sowie die der kontraktilen Seitengefäße und Sphinktere ist neuronal gesteuert durch einen zentralen **Rhythmusgenerator** im Zentralvervensystem des Tieres. Von den Ganglien des Bauchmarks zieht jeweils ein Paar exzitatorischer, cholinerger Motoneurone zu den Herzmuskelzellen. Diese Motoneurone (HE-Zellen) sind ursprünglich tonisch aktiv, werden aber von einem Netzwerk vorgeschalteter Interneuronen (HN-Zellen) in den vordersten vier Ganglien (Herz-Oszillator) rhythmisch gehemmt. Insgesamt sind etwa 50 Neurone an der Regulation des Herzrhythmus beteiligt.

5.2.3 Dekapode Krebse

Ein wesentliches Merkmal der Arthropoden ist das aus der Vereinigung der primären und sekundären Leibeshöhle hervorgegangene **Mixocoel** (Hämocoel, »tertiäre Leibeshöhle«). Damit hängt zusammen, dass die Arthropoden ein **offenes Blutgefäßsystem** haben. Die zirkulierende Flüssigkeit bezeichnet man als **Hämolymphe**, da sie aus der Vereinigung von Blut, Lymphe und Coelomflüssigkeit hervorgegangen ist.

Das **Herz** der Arthropoden liegt dorsomedian und ist ursprünglich lang gestreckt. Bei höheren Formen konzentriert es sich auf diejenige Körperregion, in der auch die Atmungsorgane ausgebildet sind. Das ist gewöhnlich der Thorax (Ausnahme: z. B. Isopoden). Bei den Leptostraken und Stomatopoden erstreckt sich das Herz noch in sehr ursprünglicher Weise durch den gesamten Rumpf und weist viele Paare von seitlichen Öffnungen (Ostien) auf, sieben bei den Leptostraken und 13 bei den Stomatopoden.

Bei den Dekapoden ist das Herz mehr sackförmig mit zwei oder drei Paar schlitzförmigen Ostien, die mit Klappenventilen versehen sind. Es hat sehr muskulöse Wände und liegt in einem geräumigen Perikardialsinus, der die Funktion einer Vorkammer erfüllt. Die dekapoden Krebse besitzen – ebenso wie die Muscheln – ein starres, nicht dehnbares Perikard. Deshalb tritt im Perikard während der Systole des Herzens (Austreibungsphase) eine Druckabnahme ein (Abb. 5.6), die den Einstrom von Hämolymphe ins Perikard fördert. Es ist ein verstärkter Hämolymphstrom durch die Kiemen zu beobachten, weil der Druckgradient zwischen dem Infrabranchial- und dem Perikardialsinus ansteigt. Im Perikardialsinus sammelt sich die mit Sauerstoff angereicherte Hämolymphe

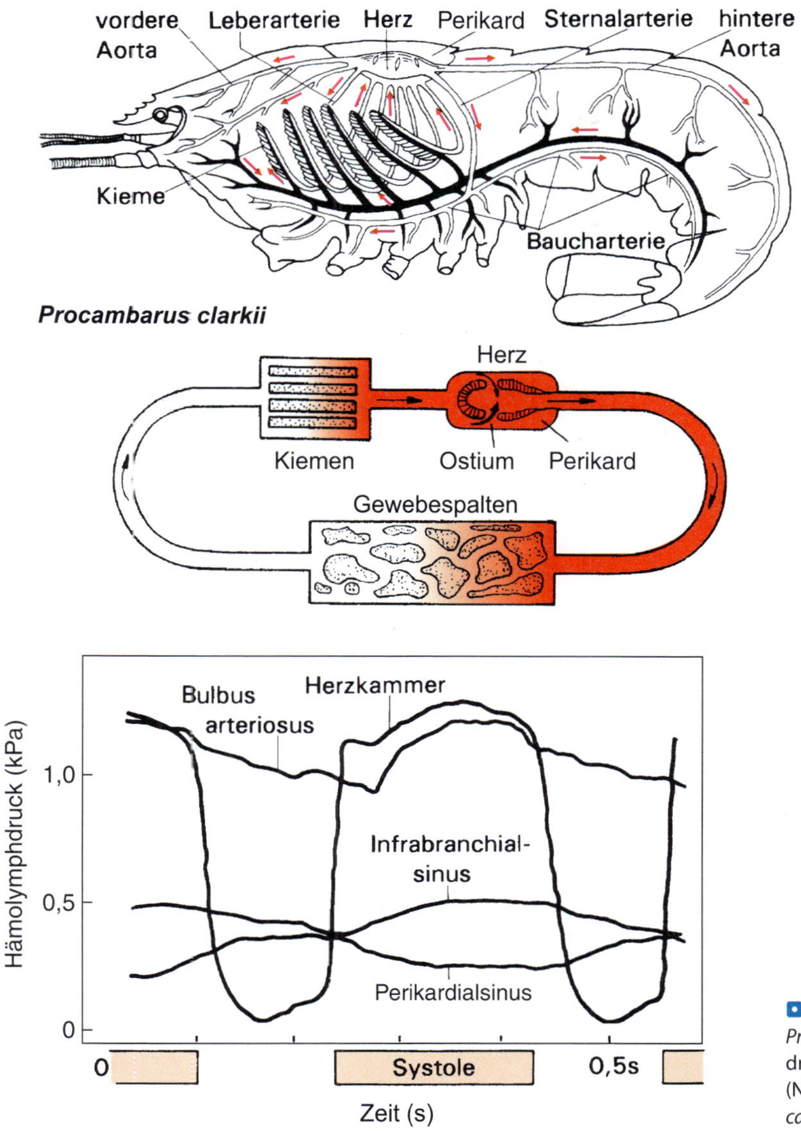

Abb. 5.6 Der Hämolymphkreislauf des Flusskrebses *Procambarus clarkii*. Unten: Die Änderung des Hämolymphdrucks an verschiedenen Punkten des Kreislaufsystems. (Nach Reiber CL (1994) Hemodynamics of the Crayfish *Procambarus clarkii*. Physiol Zool 67, 449–467.)

an, um während der Diastole über die Ostien in das Herz überzutreten.

Vom Herz geht ein mehr oder weniger umfangreiches **Arteriensystem** aus. Eine Aorta anterior ist bei den Malacostracen stets, eine Aorta posterior fast immer vorhanden. Außerdem entspringt am Herz eine unterschiedliche Zahl von Seitenarterien. Während der Systole wird die Hämolymphe in die Aorten und Arterien gepresst. Ventilklappen an der Basis der Gefäße sorgen für einen gerichteten Strom (rote Pfeile in Abb. 5.6). Die Arterien können bei einigen Arten eine **Windkesselfunktion** (elastische Dehnung der Gefäßwand mit Druckspeicherfunktion, ▶ Abschn. 5.3.3) aufweisen. Beim Hummer (*Homarus*) liegt der systolische Wert im Herz wie in der Aorta abdominalis bei 1,2–2,7 kPa, der diastolische in der Aorta bei 0,8–2 kPa, während der Druck im Herz auf 0,1–0,2 kPa absinkt. Bei den meisten Malakostraken (Ausnahme: Leptostraken und Stomatopoden) ist die Aorta anterior im Kopf vor ihrer Verzweigung zu einem Stirnherz (Cor frontale) erweitert. Dieses besitzt aber keine eigene Muskulatur. Es wird durch fremde Muskeln, die das Stirnherz umgeben, rhythmisch erweitert und verengt, was eine bessere Versorgung des Gehirns ermöglicht.

Die Hämolymphe verlässt früher oder später die Arterienäste und tritt in ein Lückensystem der Leibeshöhle (Mixocoel) über. Sie wird durch Septen, die mit Muskelkraft beweglich sind, zu den verschiedenen Organen (besonders zu den Extremitäten) geleitet und sammelt sich schließlich in einer großen Ventrallakune, in die die Hämolymphe aus dem Telson wie auch aus dem Kopf fließt. Venen. Herzvorkammern fehlen. Die Herzrhythmik wird bei den dekapoden Krebsen von Ganglienzellen bestimmt (**neurogene Herzerregung**), die an der Oberfläche des Herzens liegen. Diese bilden ein neurogenes Automatiezentrum. Beim Hummer *Homarus*, bei *Palinurus* und vielen anderen besteht das Herzganglion aus fünf großen (anterioren) und vier kleinen (posterioren) Neuronen (Abb. 5.7), bei *Astacus* aus acht großen und acht kleinen Zellen. Die Entfernung des Ganglions ruft Herzstillstand hervor. Vom Herzganglion kann man etwa 10 ms vor jeder Systole eine kurze Serie von spontan auftretenden Impulsen ableiten. Diese

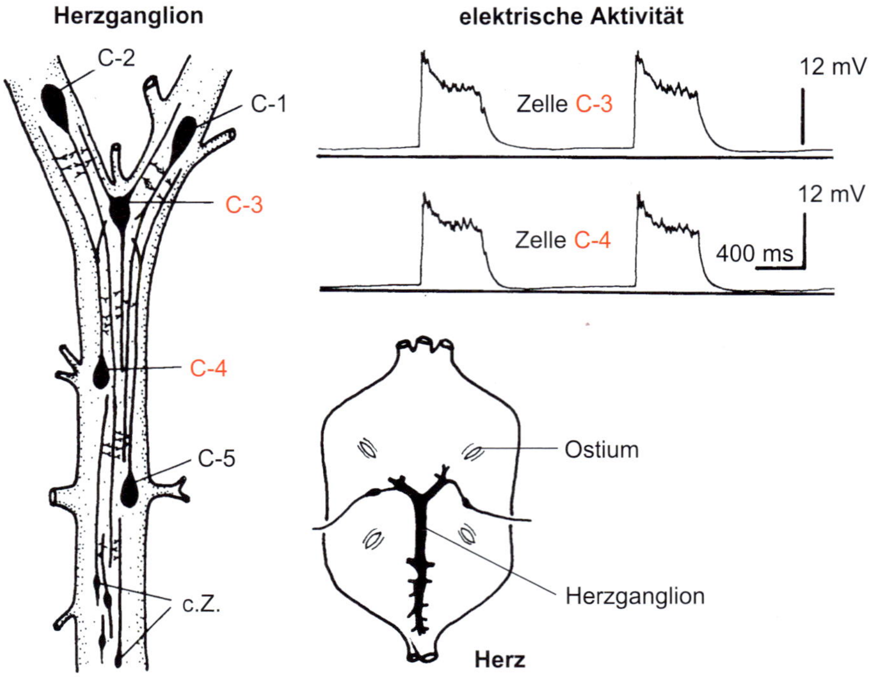

Abb. 5.7 Neurogene Erregung des Herzens der dekapoden Krebse. Rechts unten: Das Herz des Hummers (*Homarus*) mit vier Ostien, anterioren und posterioren Arterien und dem Herzganglion (schwarz). Links: Das Herzganglion (Schrittmacher) mit den fünf großen rostralen Zellen (C-1 bis C-5) und den kleinen caudalen Zellen (c.Z.). Rechts oben: Die elektrische Aktivität der Zellen C-3 und C-4. Simultane Ableitung vom intakten Herzganglion. (Aus Connor JA (1969) Burst activity and cellular interaction in the pacemaker ganglion of the lobster heart. J Exp Biol 50, 275–295, Abb. 2, S. 277, Abb. 5A, S. 282.)

Impulsserien lösen die Herzschläge aus. Zahl und Frequenz der Impulse innerhalb einer Serie bestimmen die Amplitude des Herzschlags. Die vier kleineren Zellen werden als die eigentlichen Schrittmacher angesehen. Sie beginnen früher zu feuern und können die größeren, anterioren Zellen (Folgeneurone) durch die von ihnen ausgehenden Spikes (schnelle Folgen von Aktionspotenzialen) erregen. Die Folgeneurone können allerdings selbst auch spontan tätig sein, wenn man sie von den posterioren Zellen trennt.

Die Schlagfrequenz des Herzens nimmt bei den Crustaceen mit der Größe des Tieres ab. *Daphnia* hat 380–480 Schläge pro Minute, *Gammarus* 260–340 und *Procambarus clarkii* 120 Schläge pro Minute. Die Frequenz steigt mit Erhöhung der Temperatur an. Das Schlagvolumen beträgt bei *Procambarus* 0,06 ml und bei *Panulirus interruptus* etwa 0,6–1,0 ml. Damit ergibt sich für *Procambarus* ein Hämolymphauswurf von 7,2 ml min^{-1}. Die Umlaufzeit ist bei größeren Dekapoden (offenes Kreislaufsystem) mit 40–60 s relativ hoch (bei gleich großen Säugetieren mit geschlossenem Kreislauf sind es nur rund 5 s). An das **Herz** der Crustaceen treten Nervenfasern heran, über die modulatorische Einflüsse ausgeübt werden können. Bei den Dekapoden handelt es sich um ein Paar inhibitorischer (hemmender) Fasern, die vom Subösophagealganglion ausgehen, und zwei Paar acceleratorischer (beschleunigender) Nerven, die in der Höhe des dritten Maxillipeden und ersten Gangbeins entspringen. Alle wirken direkt auf das Herzganglion (▣ Abb. 5.7). Die Dendriten der Zellkörper beider Fasersorten stehen in den Bauchmarkganglien über Synapsen mit anderen Neuronen in Verbindung, die zum Gehirn und auch ins Abdomen ziehen. Deshalb kann man auch durch Reizung des Gehirns eine Änderung der Herztätigkeit herbeiführen. Diese besteht in der Mehrzahl der Fälle in einer Verlangsamung des Herzrhythmus, da bei gleichzeitiger Reizung inhibitorischer und acceleratorischer Fasern der inhibitorische Effekt überwiegt. Die Hemmung bezieht sich gewöhnlich sowohl auf die Amplitude als auch auf die Frequenz der Herzschläge. Eine Beschleunigung der Herztätigkeit ähnlich der bei Erregung des Accelerators kann durch Applikation von Acetylcholin herbeigeführt werden. Mit Atropin lässt sich der ACh-Effekt, nicht aber die Wirkung des Accelerators auf das Herz, blockieren. Mit Physostigmin wird bei *Astacus* (nicht bei *Cancer*) der Einfluss der acceleratorischen Fasern erhöht. Durch GABA-Gaben wird die Herzfrequenz deutlich erniedrigt. Vermutlich wirkt GABA als inhibitorischer Transmitter.

Das meiste Blut verlässt beim Flusskrebs (*Procambarus clarkii*) über die Sternalarterie das Herz (67,5 %). Die vordere Aorta (Aorta anterior) erhält 20,1 %, die hintere (Aorta posterior) nur 12,3 %. Die initiale isovolumetrische Kontraktion des Herzens während der Systole erzeugt einen abrupten Anstieg des Innendrucks der Herzkammer von etwas über 0 auf 1,3 kPa (▣ Abb. 5.6). Übersteigt dieser Druck den arteriellen Druck, öffnen sich die kardioarteriellen Klappen und Hämolymphe fließt aus. Zeitlich umfasst die Systole etwa 65 % des gesamten Herzzyklus. Während der anschließenden Diastole füllt sich das Herz wieder. Der Druck im Perikard erreicht ebenfalls während der isovolumetrischen Kontraktion des Herzens sein Maximum (0,4 kPa). Er fällt während des Ausstoßes der Hämolymphe und der isovolumetrischen Relaxation des Herzens auf 0,2 kPa. Die Relaxation des Myokards führt zur Öffnung der Ostien, Hämolymphe strömt dem Druckgradienten folgend aus dem Perikard in das Herz. Im Bulbus arteriosus zeigt der Druck ein Minimum während der Diastole (0,8 kPa) und steigt auf 1,1 kPa während der Systole an (▣ Abb. 5.6). Im ventralen Blutsinus herrscht gewöhnlich ein Druck von 0,3–0,8 kPa. Die für die Rückführung der Hämolymphe aus diesem Sinus über die Kiemen zum Perikard notwendige Druckdifferenz wird dadurch erzeugt, dass im Perikard und in den Branchioperikardialkanälen, zum Teil infolge der Herzkontraktion während der Systole, ein gegenüber dem ventralen Sinus um 0,3–0,4 kPa niedrigerer Druck (0–0,4 kPa) entsteht (starre Wand des Perikardialsinus).

5.2.4 Xiphosuren und Spinnentiere (Arachniden)

Das **Herz** der Spinnentiere liegt dorsal in einem Perikardialsinus. Es ist in seiner Ausdehnung bei den meisten Ordnungen ausschließlich auf das Opisthosoma beschränkt. Vom Herz wird die Hämolymphe über eine Aorta anterior in den ventralen prosomalen Sinus getrieben. Letzterer liegt dem Unterschlundganglion auf und besteht aus zwei Längsstämmen, die durch Querbrücken miteinander verbunden sind.

Die Herzfrequenz ist bei größeren Tieren in der Regel niedriger als bei kleinen. Bei der großen nordamerikanischen Vogelspinne *Eurypelma californicum* (Körpergewicht 10–15 g) schlägt das Herz in Ruhe im Durchschnitt 21-mal pro Minute. Kleine Spinnen können Ruhefrequenzen von 100 Schlägen und mehr pro Minute aufweisen. Reizt man die Vogelspinne, so kann die Frequenz innerhalb von Minuten auf 67 Schläge pro Minute ansteigen.

Herz und **Perikard** arbeiten bei der nordamerikanischen Vogelspinne im Sinne einer Druck-Saug-Pumpe zusammen (◘ Abb. 5.8). Während der Systole des Herzens folgt die Wand des Perikards den Herzwandbewegungen nur teilweise, sodass ein größerer Abstand zwischen ihnen und damit ein Unterdruck im Perikard und den angrenzenden Lungenvenen entstehen. Während der Diastole des Herzens wird dieser Unterduck im Perikard zwar kleiner, verschwindet aber infolge der elastischen Rückstellkräfte nicht. Der durch die elastischen Ligamente hervorgerufene, im Vergleich zum Perikard stärkere Unterdruck im Herzlumen während der Diastole zieht die Hämolymphe durch die schlitzförmigen Ostien aus dem Perikard in das Herz. So erklärt sich, dass die Hämolymphe sowohl während der Systole als auch während der Diastole mehr oder weniger kontinuierlich durch die Fächerlungen und die Lungenvenen herzwärts fließt. Der Ausstoß des Herzens kann sowohl durch Erhöhung des Schlagvolumens als auch durch Erhöhung der Schlagfrequenz ansteigen. In beiden Fällen steigt der Druck im Herz an. Die Herzaktivität wird vom Herzganglion kontrol-

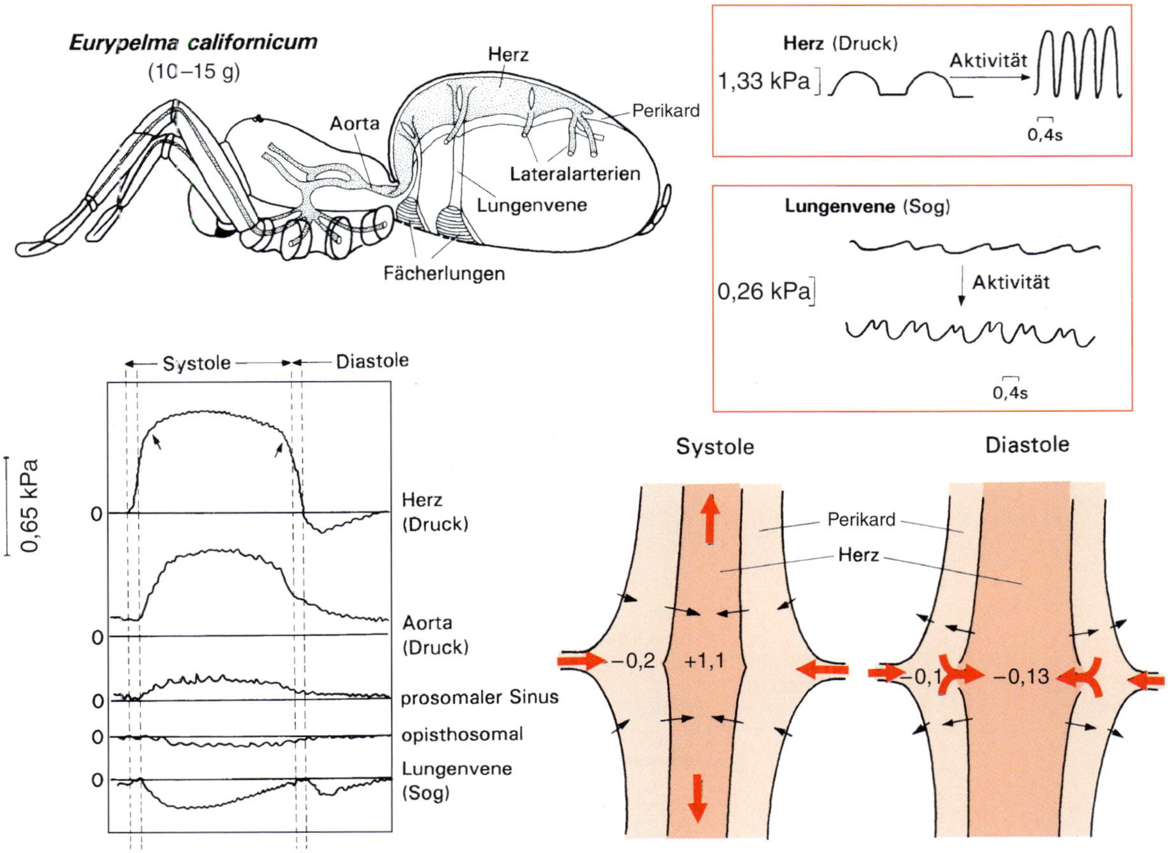

◘ **Abb. 5.8** Kreislaufsystem und -funktionen der Vogelspinne *Eurypelma californicum*. Herz und Perikard arbeiten zusammen als Druck-Saug-Pumpe. Der Druck im Perikard und in den Lungenvenen ist praktisch identisch. Rechts unten: Drücke im Herz und im Perikard während eines Herzzyklus (in kPa). Hämolymphströme sind mit dicken roten, Bewegungen der Wände mit dünnen schwarzen Pfeilen markiert. (Nach Paul RJ, Bihlmayer S (1995) Circulatory physiology of a tarantula (*Eurypelma califonicum*). Zoology 98, 69–81, Abb. 1, S. 70, Abb. 2, S. 72, Abb. 7, S. 74, Abb. 14, S. 78.)

liert (neurogene Automatie) und kann von zentralen Ganglien modulatorisch beeinflusst werden.

Auch das schlauchförmige Herz von *Limulus* (Xiphosura = Pfeilschwanzkrebse) zeigt eine neurogene Automatie. Für die Entstehung der Rhythmik sowie für die Erregungsausbreitung ist ein dorsaler Nervenstrang (mediales Ganglion) verantwortlich, dessen lokale Erwärmung zur Frequenzsteigerung führt. Seine Entfernung hat einen Herzstillstand zur Folge.

5.2.5 Insekten

Bei den Insekten ist vom Gefäßsystem nur noch das lang gestreckte **Dorsalgefäß** übrig geblieben (Abb. 5.9). Das röhrenförmige **Herz** durchzieht im typischen Fall das gesamte Abdomen und ist hinten blind geschlossen (Ausnahme: Tupulidae). Bei vielen Orthopteren erstreckt es sich bis in den Thorax hinein. Nach vorne schließt sich die in der Regel unverzweigte Aorta an, die den Thorax durchquert und auf der Höhe des Retrocerebralkomplexes mit einer offenen Erweiterung endet. Die **Hämolymphe** tritt dort aus und in das Hämocoel (Mixocoel) über. Gehirn und Retrocerebralkomplex werden deshalb besonders gut von Hämolymphe umspült.

Die Wand des Herzens besteht aus einer äußeren bindegewebigen Adventitia und einer dickeren Muskelschicht mit longitudinal und zirkulär verlaufenden Fasern. Sie wird von segmental und paarig angeordneten, seitlichen Spalten (**Ostien**[200]) durchbohrt, deren Lippenklappen sich nur nach innen öffnen, einen Strom der Hämolymphe aus dem Herz heraus aber blockieren. Das Herz ist mit der Rückendecke direkt oder über Fasern verbunden. Seitlich bzw. ventral steht es über das dorsale Diaphragma mit den Seitenwänden des Abdomens in Verbindung. Das Diaphragma bleibt bei den meisten Insekten auf das Abdomen beschränkt. Es ist – besonders an seinem hinteren Ende – stark gefenstert. Im Diaphragma verlaufen intersegmental die Fasern der Flügelmuskeln (Musculi alares), die auf kleiner Fläche an der Körperwand beginnen und sich dann zum Herz hin fächerartig ausbreiten, um schließlich in elastische Fasern überzugehen, die am Herz enden. Die Füllung des Herzens (durch die Ostien) ist mittels der elastischen Aufhängebänder bei Erschlaffen der Herzmuskulatur an die Entwicklung eines negativen Drucks im Herz durch passive Expansion geknüpft. Die Flügelmuskeln scheinen daran nicht beteiligt zu sein.

Insekten haben eine **myogene Herzerregung**, was für Larven (*Anax*, *Chaoborus* u. a.) ebenso zutrifft wie für Adulte (z. B. *Belostoma*, *Periplaneta* und der Seidenspinner *Hyalophora cecropia*). Zerschneidet man das isolierte Herz nach sorgfältiger Entfernung aller Nerven in mehrere Stücke, so schlagen die verschiedenen Teile weiter. Sie haben also ihre eigenen Schrittmacherzellen. Der dominierende Schrittmacher liegt gewöhnlich im hinteren Ende des Herzschlauchs.

Über die gesamte Länge des Herzschlauchs verlaufen Kontraktionswellen, die gewöhnlich am hinteren Ende des Schlauchs beginnen und sich nach vorne ausbreiten. Durch sie wird die Hämolymphe vorangetrieben. Fortpflanzungsgeschwindigkeit und Bildungsrate der Kontraktionswellen sind sehr variabel in Abhängigkeit von der Art, dem Entwicklungsstadium, der Temperatur und dem physiologischen Zustand des Tieres. Für den Schmetterling *Manduca sexta* gelten folgende durchschnittliche Schlagfrequenzen (pro Minute): 34,8 bei der Larve, 21,5 bei der Puppe und zwischen 32,8 und 47,6 bei adulten Tieren.

Die Herzkontraktionen erweisen sich bei der Schabe *Periplaneta* gegenüber Tetrodotoxin, einem wirksamen Inhibitor spannungsabhängiger Na^+-Kanäle, als unempfindlich. Na^+-Ionen scheinen für die Herzkontraktion also nicht essenziell zu sein, was mit der Beobachtung übereinstimmt, dass das isolierte Herz von *Periplaneta* und *Hyalophora* in Na^+-freier Lösung weiterschlägt.

Verschiedene **Neuropeptide** steuern die Herzaktivität. Aus den Corpora cardiaca der Amerikanischen Schabe *Periplaneta americana* ist ein außerordentlich wirksames, herzaktivierendes Neuropeptid isoliert worden, das den Namen **Corazonin** erhielt. Es steigert die Schlagfrequenz des Herzens bereits bei Konzentrationen von 10^{-10} mol l^{-1} (Abb. 5.10). Seine Verbreitung ist nicht auf die Schaben beschränkt. Als ebenso empfindlich gegenüber diesem Faktor erwies sich das Antennenherz der Schabe. Auch das **Proctolin** (fünf Aminosäuren) und das

200 *ostium* (lat.) = Eingang

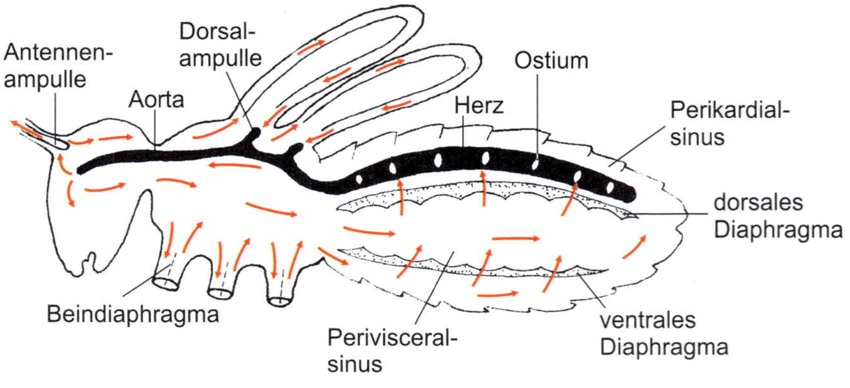

Abb. 5.9 Schematische Darstellung des Kreislaufs der Hämolymphe bei einem Insekt.

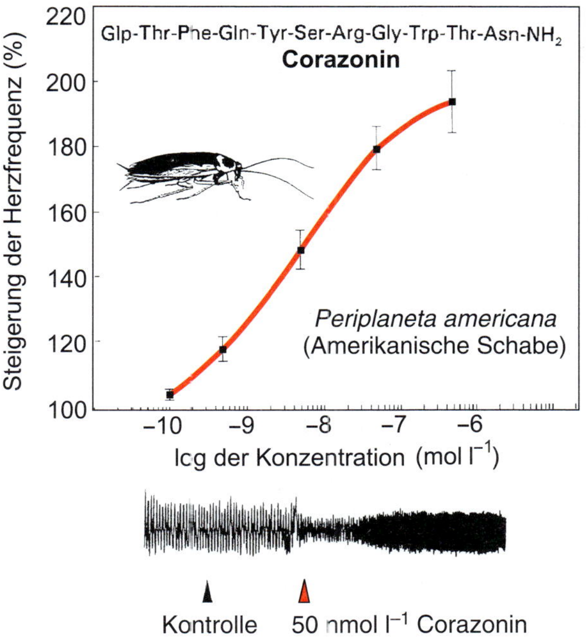

Abb. 5.10 Die Steigerung der Herzaktivität bei der Amerikanischen Schabe durch das Neuropeptid Corazonin. Unten: Originalregistrierung der Herzaktivität. (Nach Predel R, Agricola H, Linde D, Veenstra JA, Wollweber L, Penzlin H (1994) The insect neuropeptide corazonin: immunocytochemical and physiological studies in Blattariae. Zoology 98, 35–49.)

CCAP18 (neun Aminosäuren) sind am Herz wirksam. Unter den klassischen Neurotransmittern erwies sich **Serotonin** (5-HT) als besonders aktiv.

Das Herz der Insekten wird für die Modulierbarkeit der Herzaktivität doppelt innerviert, einmal vom stomatogastrischen Nervensystem und zum anderen von den Ganglien der Bauchmarkkette aus. Beide Fasern zusammen bilden zwei rechts und links am Herz entlang verlaufende Nervenstränge. Ganglienzellen fehlen gewöhnlich am Herz (Ausnahme: z. B. *Carausius*). Eine elektrische Reizung des Gehirns führte bei Heuschrecken und Hirschkäferlarven zum Stillstand des Herzens. In allen anderen Fällen fand man bei indirekter oder direkter Reizung der Herznerven übereinstimmend eine Beschleunigung der Herztätigkeit. Acetylcholin beschleunigt die Schlagfolge, Nicotin steigert die Schlagamplitude.

Bei einer Reihe von Insekten (Tag- und Nachtfalter, *Calliphora*, Goliath- und Nashornkäfer) ist ein periodischer Wechsel der Schlagrichtung des Herzens beobachtet worden. Bei ihnen ist der Herzschlauch auch nicht, wie früher allgemein angenommen, an seinem hinteren Ende geschlossen, sondern weist dort zwei Öffnungen (*Calliphora*) bzw. eine unpaare Öffnung (Käfer) auf. Gewöhnlich ist die Rückwärtsphase langsamer und kürzer als die Vorwärtsphase. Bei den Lepidopteren dienen einlippige Ostien sowohl als Ein- als auch als Ausströmöffnung.

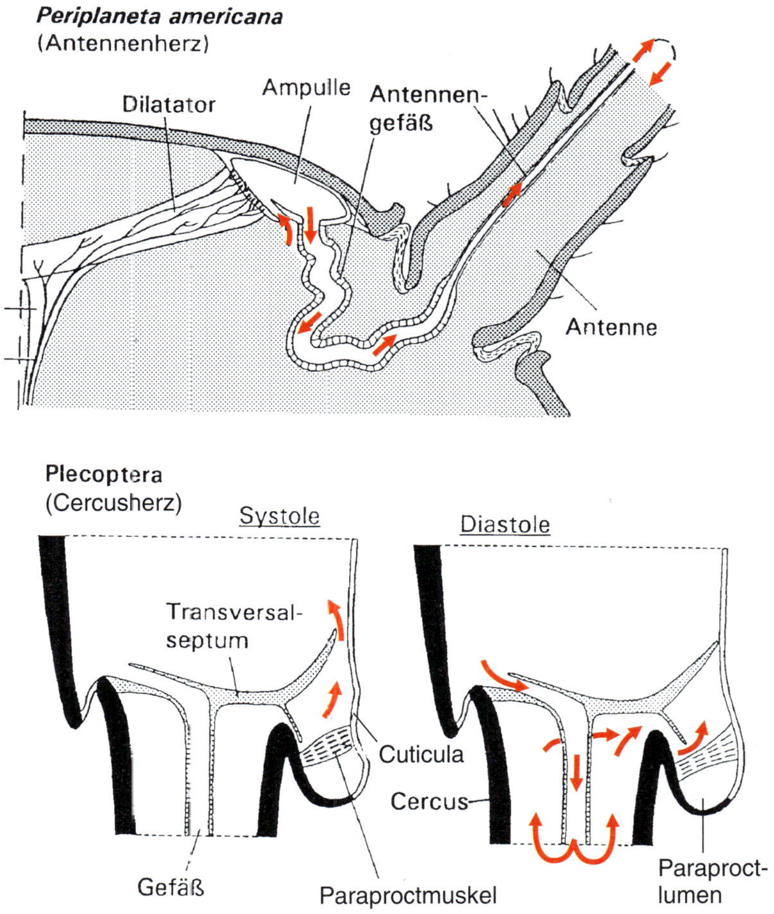

Abb. 5.11 Akzessorische (periphere) Herzen bei Insekten zur Unterstützung der Hämolymphzirkulation in Körperanhängen. Die Pfeile weisen auf die Richtung des Hämolymphstroms hin. Oben: Der Dilatatormuskel des Antennenherzens von *Periplaneta americana* weitet die Ampulle und saugt Hämolymphe aus dem offenen Hämolymphraum hinein. Bei Erschlaffung des Muskels drückt der Hämolymphdruck das zusätzliche Volumen im Sinus in ein Antennengefäß, das an der Spitze offen ist. Im Cercusherz der Steinfliege *Plecoptera* drückt der kontrahierende Paraproctmuskel einen Fortsatz des Transversalseptums des Cercus an das Integument des Paraprocts (Verhinderung des Hämolymphrückstroms aus dem Cercus) und entlässt gleichzeitig die bereits aus dem Cercus in das Paraproctlumen zurückgeflossene Hämolymphe in den allgemeinen Hämolymphraum des Tieres. Während der Dilatation des Paraproctmuskels dehnt sich durch die elastische Rückstellung der Cuticula das Paraproctlumen wieder aus und saugt dabei Hämolymphe aus dem Cercus an. Der dort entstehende Unterdruck sorgt für den Einstrom von Hämolymphe aus dem allgemeinen Hämolymphraum in das Cercusgefäß. (Nach Pass G (1987) The »Cercus heart« in stoneflies - a new type of accessory circulatory organ in insects. Naturwiss 74, 440–441.)

Dadurch wird erreicht, dass die Hämolymphe in Ruhe (und zum Teil auch bei Aktivität) zwischen dem Vorder- und Hinterkörper hin- und her pendelt. Das führt außerdem zu einer von außen nicht sichtbaren Tracheenventilation (Unterstützung der Diffusionsatmung).

Bei den Insekten findet man oft zusätzlich zum Herz **akzessorische pulsatile Organe**. Sie liegen zum Beispiel an der Basis der Antennen (**Antennenherzen**) und sorgen für eine hinreichende Hämolymphzirkulation in diesen lang gestreckten Körperteilen (Abb. 5.11). Thorakale pulsierende Organe findet man oft an der Basis der Flügel. Schließlich sind pulsierende Organe in den Beinen und an der Basis der Cerci verschiedener Insekten (Abb. 5.11) beobachtet worden.

Insekten sind die einzigen Invertebraten, bei denen eine gut entwickelte **Hämolymph-Hirn-Schranke** ausgebildet ist. Sie beschränkt die interzelluläre Diffusion wasserlöslicher Substanzen zwischen der Hämolymphe und dem Flüssigkeitsraum, der die unmittelbare Umgebung der Neurone bildet. Insekten können die ionale Zusammensetzung der Flüssigkeit um die Nervenzellen herum regulieren, wahrscheinlich durch aktiven Transport aus Richtung des Perineuriums und der darunter liegenden Schicht von Gliaelementen. Speziell werden Na^+-Ionen von der eher K^+-reichen und Na^+-armen Hämolymphe in diesen Flüssigkeitsraum hineintransportiert, um die Fähigkeit zur Bildung von Aktionspotenzialen zu erhalten. Dieser Einwärtstransport erfolgt weitgehend aktiv durch die Membranen des Perineuriums und der Gliazellen. Er wird durch das Protonophor 2,4-Dinitrophenol gehemmt, was dafür spricht, dass der Transport eventuell durch einen Protonengradienten energetisiert wird, der von einer H^+-ATPase aufgebaut wird.

5.3 Gefäßsystem der Wirbeltiere

5.3.1 Allgemeines

Die vom Herz fortführenden Gefäße werden als **Arterien**, die zum Herz führenden als **Venen** bezeichnet (Abb. 5.12). Der enge Kontakt zwischen Blut und Gewebezellen wird in der Regel im Bereich feiner Haargefäße (**Kapillaren**) mit Durchmessern zwischen 3 und 10 µm hergestellt, die aus den Arterien durch immer feinere Verzweigung hervorgehen und sich später wieder zu größeren, in die Venen einmündenden Gefäßen zusammenschließen. Zwischen den Arterien und den Kapillaren liegen die relativ dickwandigen **Arteriolen**. Sie sind reflektorisch stark beeinflussbar und üben eine Sphinkterfunktion aus. Damit sind sie die entscheidenden Stellglieder für die Veränderung der Duchblutungsrate eines bestimmten Gewebegebiets. Zwischen den Kapillaren und Venen liegen die **Venolen**. Sie sind in der Regel passive Leitungsbahnen, zeigen aber in manchen Fällen, zum Beispiel im Fledermausflügel, peristaltische Kontraktionen zur Unterstützung des venösen Rückstroms.

1. Die Gefäßwände der Wirbeltiere bestehen aus drei Schichten (von außen nach innen):
2. die **Tunica externa** oder **Tunica adventitia**, eine fibröse Mantelschicht
3. die **Tunica media**, eine Mittelschicht, die in den großen Arterien im Wesentlichen aus elastischen Fasern und aus glatter Ring- und Längsmuskulatur, in den kleinen Arterien und Arteriolen im Wesentlichen aus glatter Ringmuskultur besteht, die für den myogenen Gefäßtonus und die lokale Durchblutungsrate verantwortlich ist und vegetativ innerviert wird
4. die **Tunica intima**, eine aus Endothelzellen sowie elastischen Bindegewebsfasern bestehende Innenschicht

Neben den dehnbaren elastischen Fasern gibt es in der Gefäßwand, besonders in der T. media und der T. adventitia, kollagene Fasern, die sich nur sehr schwer dehnen lassen. Die Arterien haben eine besonders dicke Muskel- und Bindegewebsschicht (Tunica media). Die Aorta und herznahen großen Arterien besitzen besonders viele elastische Fasern in ihrer Tunica intima. Sie repräsentieren Arterien vom elastischen Typ und übernehmen die Windkesselfunktion (s. u.). Demgegenüber zeigen die **distalen** (vom Herz entfernt liegenden) Arterien einen zunehmenden Anteil an glatten Muskelzellen. Sie repräsentieren Arterien vom muskulären Typ. Die dicken Wände der größeren Gefäße müssen über ein besonderes Kapillarnetz (Vasa vasorum) mit Nährstoffen und Sauerstoff versorgt werden, da die Diffusionsstrecken aus dem Gefäßlumen zu lang sind. Die Venen weisen gegenüber den Arterien weniger Muskelgewebe auf, bei manchen fehlt es ganz.

5.3.2 Hämodynamik

Man unterscheidet bei der Strömung einer Flüssigkeit durch ein Rohr zwei Strömungsformen: die laminare und die turbulente Strömung. Bei der **laminaren Strömung** bewegen sich alle Flüssigkeitsteilchen parallel zur Achse des Rohrs, allerdings mit unterschiedlicher Geschwindigkeit. Im Zentrum des Rohrs bewegen sie sich mit maximaler Geschwindigkeit, zum Rand des Rohrs hin fällt sie bis auf null ab. Das Geschwindigkeitsprofil zeigt eine parabolische Form (Abb. 5.13). Eine turbulente Strömung zeichnet sich im Gegensatz zur laminaren durch viele Wirbel aus, in denen sich die Flüssigkeitsteilchen nicht mehr parallel zur Rohrachse bewegen, sondern sich in jedem Winkel dazu bewegen können. Das frontale Geschwindigkeitsprofil bei dieser Strömungsart ist sehr flach.

Bei gleicher Druckdifferenz und Rohrweite fließt im Fall einer laminaren Strömung wesentlich mehr Flüssigkeit pro Zeiteinheit durch das Rohr, das heißt, die Stromstärke I ist wesentlich größer als bei einer turbulenten Strömung. Darüber, welche Strömungsart im Wesentlichen vorliegt, gibt die Reynolds*-Zahl Re Auskunft:

$$Re = d\, v\, \frac{\rho}{\eta}$$

mit d = Durchmesser des Rohrs, v = mittlere Strömungsgeschwindigkeit, ρ = Dichte, η = Viskosität der Flüssigkeit.

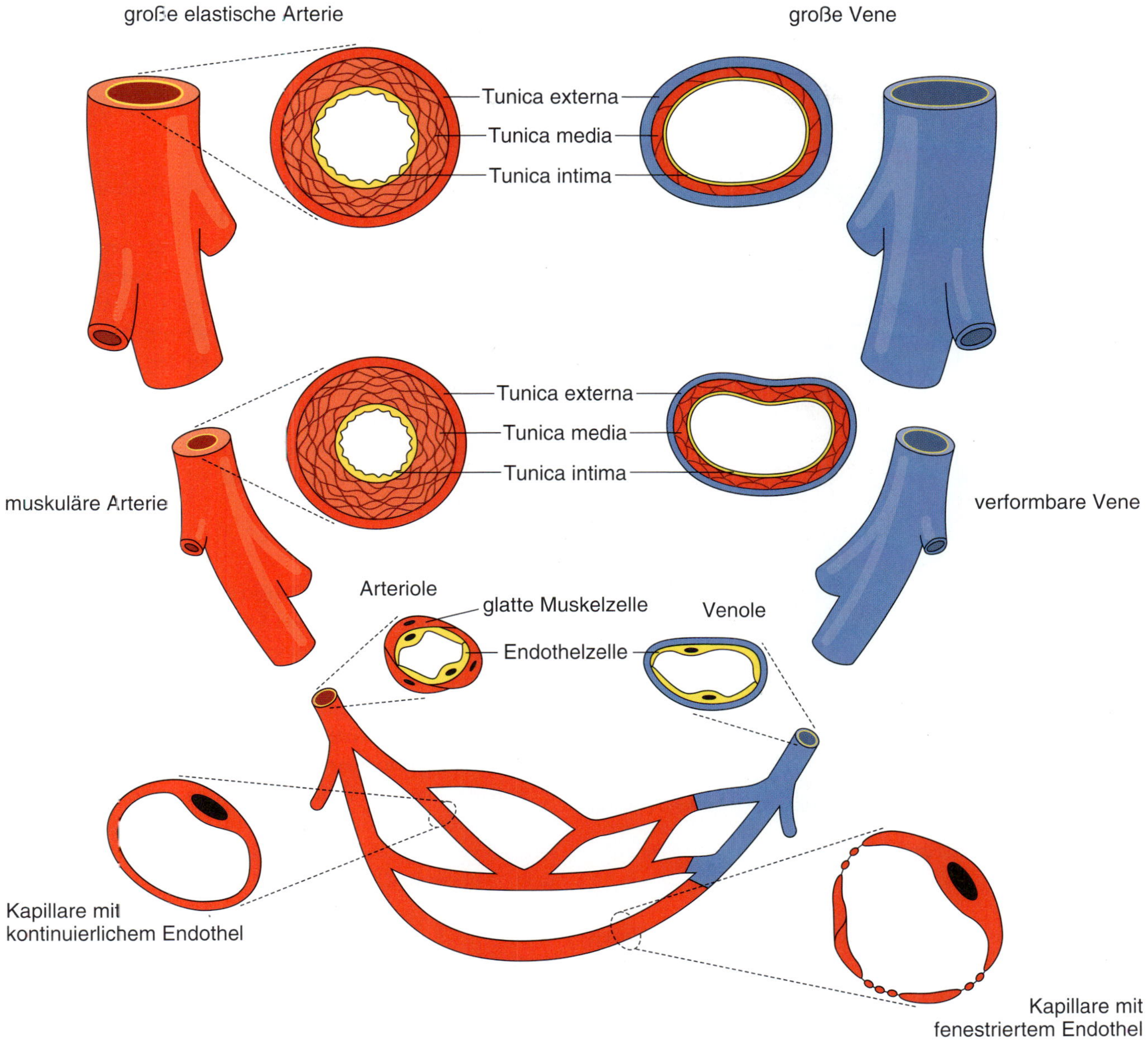

Abb. 5.12 Gefäßtypen und Wandaufbau im Kreislaufsystem der Vertebraten. (Aus Martini F (1989) Fundamentals of anatomy and physiology. Prentice Hall, Eaglewood Cliffs, New Jersey, Abb. 21-3, S. 568.)

Bei Überschreitung eines gewissen Grenzwertes zeigt *Re* an, dass **Turbulenzen** aufgetreten sind. Turbulenzen können beim gesunden Menschen während der Austreibungsphase des Herzens in herznahen Arterien auftreten. Im Zusammenhang mit Gefäßstenosen oder Herzklappenfehlern können sie beträchtlich (für den geübten Arzt auch hörbar) werden. Auch bei erhöhter Strömungsgeschwindigkeit, zum Beispiel nach schwerer körperlicher Arbeit (Sprint), oder bei herabgesetzter Blutviskosität infolge einer starken Anämie können in Arterien Turbulenzen entstehen. Häufiger an bestimmten Stellen auftretende Turbulenzen im Gefäßsystem stellen für das gefäßauskleidende Epithel, das Endothel, eine Stresssituation dar, weil die Endothelzellen durch das turbulent vorbeiströmende Blut dauerhaft Scherkräften ausgesetzt sind. Dies kann dazu führen, dass die Endothelzellen einerseits Signale aussenden, die das Wachstum von Bindegewebe in der Gefäßwand anregen, um das Gefäß an dieser Stelle mechanisch widerstandsfähiger zu machen und andererseits zur Behebung von endothelialen Läsionen Lipidanlagerungen an der Gefäßwand bilden, die sich zu arteriosklerotischen Plaques auswachsen können. Wenn diese zu einer Gefäßstenose führen, können sie pathophysiologisch bedeutsam werden, da sie die Durchblutung bestimmter Gewebebereiche beeinträchtigen. Passiert so etwas zum Beispiel in den Herzkranzgefäßen, kann dies zum Herzinfarkt führen, weil Teile der Herzmuskulatur nicht mehr adäquat mit Nährstoffen und Sauerstoff versorgt werden. Die Aufrechterhaltung der laminaren Strömung innerhalb des arteriellen Gefäßsystems ist daher für Wirbeltiere sehr wichtig.

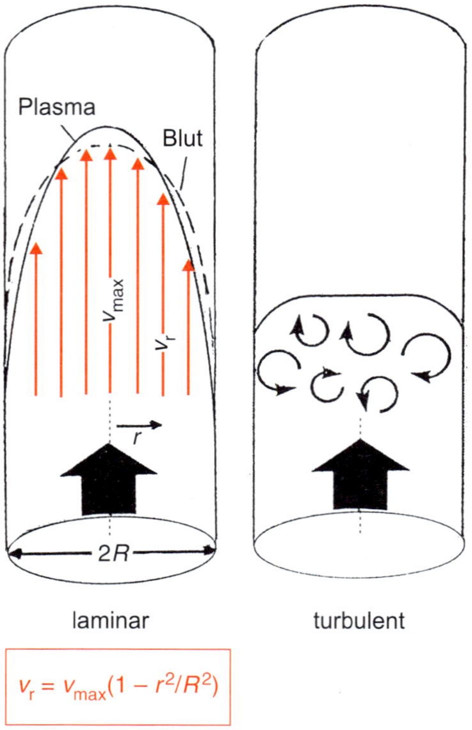

Abb. 5.13 Geschwindigkeitsprofile einer in einem Rohr fließenden Flüssigkeit bei laminarer (links) bzw. turbulenter Strömung (rechts). Die lineare Strömungsgeschwindigkeit der Flüssigkeit in einer der um die zentrale Achse maximaler Geschwindigkeit (v_{max}) herum in Form von Hohlzylindern angeordneten Flüssigkeitsschichten (v_r) berechnet sich nach der angegebenen Formel. Durch die Anwesenheit von Zellen im Blut erscheint das Profil der laminaren Strömung im Vergleich zu reinem Plasma etwas abgeflacht (gestrichelte Linie). R = Radius des Rohrs; r = Abstand der Flüssigkeitsschicht von der zentralen Achse des Rohrs.

Für eine laminare Strömung einer homogenen Flüssigkeit in engen, starren Röhren gilt:

$$R = \frac{8\,l\,\eta}{\pi\,r^4}$$

mit R = Strömungswiderstand, l = Länge des Rohrs in cm, η = Viskosität der Flüssigkeit, r = Radius der lichten Weite des Rohrs.

Darin kommt zum Ausdruck, dass der Strömungswiderstand R eines Rohrs proportional mit der Länge l des Rohrs und der Viskosität η der Flüssigkeit und umgekehrt proportional mit der vierten Potenz des Radius r des Rohrs zunimmt. Es besteht also eine besonders starke Abhängigkeit des Durchflusses vom Durchmesser des Rohrs. Eine Veränderung des Gefäßdurchmessers auf die Hälfte hat bereits ein Anwachsen des Strömungswiderstands auf das 16-Fache zur Folge. Dieser theoretische Zusammenhang hat wichtige Konsequenzen für die Regulation der Durchblutung in einem Gewebegebiet, da die Durchblutung eines Gewebegebiets durch kleine Änderungen des Durchmessers von Arteriolen oder präkapillärer Sphinkteren sehr stark verändert werden kann.

Zwischen der **Durchblutungsstromstärke** (Rate des Volumenstroms $Q = V\,t^{-1}$ der Flüssigkeit) und der Druckdifferenz Δp zwischen Anfang und Ende des Rohrs besteht – entsprechend dem Gesetz von Ohm* in der Elektrizitätslehre – eine lineare Beziehung (**Hagen*-Poiseuille*-Gesetz**):

$$Q = \frac{1}{R}\Delta p = \frac{\pi\,r^4}{8\,l\,\eta}\Delta p$$

Dieses Gesetz gilt für gleichmäßige, laminare Strömungen in geraden, starren Röhren. Die Strömungsrate nimmt mit zunehmender Druckdifferenz zu und fällt mit zunehmendem Strömungswiderstand ab. Eine wichtige Voraussetzung für die Gültigkeit des Gesetzes, nämlich die Starrheit der Wände, trifft allerdings auf Blutgefäße nicht zu. Sie haben mehr oder weniger elastische Wände. Das bedeutet, wenn der Druck in ihnen zunimmt, so steigt gewöhnlich auch der Radius an und es fließt dementsprechend mehr Blut pro Zeiteinheit hindurch. Man bezeichnet die Beziehung zwischen Volumen- und Druckänderung als Weitbarkeit oder **Compliance**:

$$\text{Compliance} = \frac{\Delta V}{\Delta p}$$

mit ΔV = Änderung des Flüssigkeitsvolumens im Gefäßabschnitt in ml, Δp = resultierende Änderung des Drucks in Pa.

Das arterielle System ist aufgrund der hohen Bindegewebsanteile in den Gefäßwänden wesentlich weniger dehnbar als das Venensystem. Es dient deshalb in erster Linie als **Druckreservoir**, das Venensystem dagegen wegen seiner besseren Dehnbarkeit als **Volumenreservoir**.

Statt der linearen Druck-Stromstärke-Beziehung, wie sie im Hagen-Poiseuille-Gesetz zum Ausdruck kommt, werden die Verhältnisse im Gefäßsystem deshalb oft mithilfe einer Potenzfunktion besser beschrieben:

$$Q = R^{-1}\,\Delta p^n$$

In den hochelastischen Gefäßen des Lungenkreislaufs der Säugetiere nimmt Q mit steigendem Δp infolge der passiven Dehnung der Gefäße stärker zu, als es nach dem Hagen-Poiseuille-Gesetz zu erwarten ist ($n > 1$). In anderen Gefäßen (z. B. im Nierenkreislauf der Säugetiere) führt umgekehrt ein Druckanstieg zu einer aktiven Kontraktion der Gefäßwand (**Bayliss*-Effekt**) und damit zu einer geringeren Zunahme der Stromstärke ($n < 1$) (Abb. 5.14). Durch die mechanische Dehnung der Gefäßwand werden Ca^{2+}-Kanäle in der Zellmembran der glatten Muskelzellen der Gefäßwände geöffnet. Es kommt daraufhin zu einem Ca^{2+}-Einstrom aus dem Extrazellularraum, der die Kontraktion auslöst. Dieser Effekt kann so stark sein, dass die Durchblutung dieser Gewebe nahezu unabhängig vom arteriellen Blutdruck wird (Autoregulation), wie es in der Niere und im Gehirn der Fall sein kann. In der Niere wird so verhindert, dass sich arterielle Blutdruckschwankungen (z. B. bei körperlicher Anstrengung) direkt auf die Rate der Ultrafiltration (▶ Abschn. 8.2.10) auswirken.

Die **Viskosität** des Blutes ist insbesondere wegen der vorhandenen Erythrocyten etwa drei- bis viermal höher als die des Wassers. Deshalb sind generell größere Druckgradienten erforderlich, um mit Blut dieselbe Volumentransportrate zu erzielen wie mit zellfreien Lösungen. Bei einer laminaren Strömung werden die korpuskulären Elemente im Blut (im Wesentlichen Erythrocyten) in die Mitte der Strombahn gedrängt, sodass sie sich fast ausschließlich im Axialstrom aufhalten, während der Randstrom nahezu frei von ihnen ist. Die Ansammlung der Erythrocyten im Axialstrom führt dazu, dass sich in den Gefäßen ein Gefälle der Viskosität vom Zentrum zur Peripherie hin aufbaut. Das wiederum hat zur Folge, dass sich das parabolische Geschwindigkeitsprofil etwas abflacht (Abb. 5.13). Gleichzeitig wird dadurch automatisch vermieden, dass schnell fließende Blutzellen Reibungskräfte auf Endothelzellen ausüben.

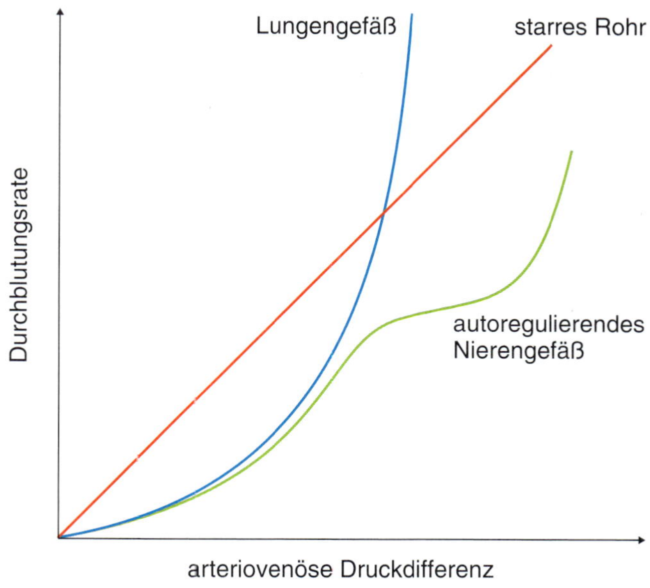

Abb. 5.14 Beziehung zwischen dem Druck und der Stromstärke in einem starren Rohr, in einem Gefäß des Lungenkreislaufs und in einem Gefäß des Nierenkreislaufs.

5.3.3 Arterielles System

Die Kreislaufsysteme der Säugetiere und Vögel lässt sich nach funktionellen Gesichtspunkten in das **Hochdrucksystem** und das **Niederdrucksystem** (Abb. 5.15) unterteilen. Zu Ersterem gehört die linke Herzkammer während der Systole, die Aorta, Arterien und Arteriolen. Die Arteriolen am Ausgang des arteriellen Systems sorgen dafür, dass der arterielle Mitteldruck hoch bleibt (ca. 13,3 kPa beim Menschen), und steuern den Abstrom in die verschiedenen Organsysteme. In ihnen fällt der Blutdruck bereits auf einen Wert von 4 kPa (beim Menschen). Zum Niederdrucksystem gehören alle Körpervenen, der rechte Vorhof, die rechte Herzkammer, der Lungenkreislauf, die linke Vorkammer und die linke Herzkammer während der Diastole. In ihm herrscht ein sehr niedriger Blutdruck. Die Abschnitte dieses Systems enthalten allerdings ca. 85 % des Gesamtblutvolumens. Während das arterielle System

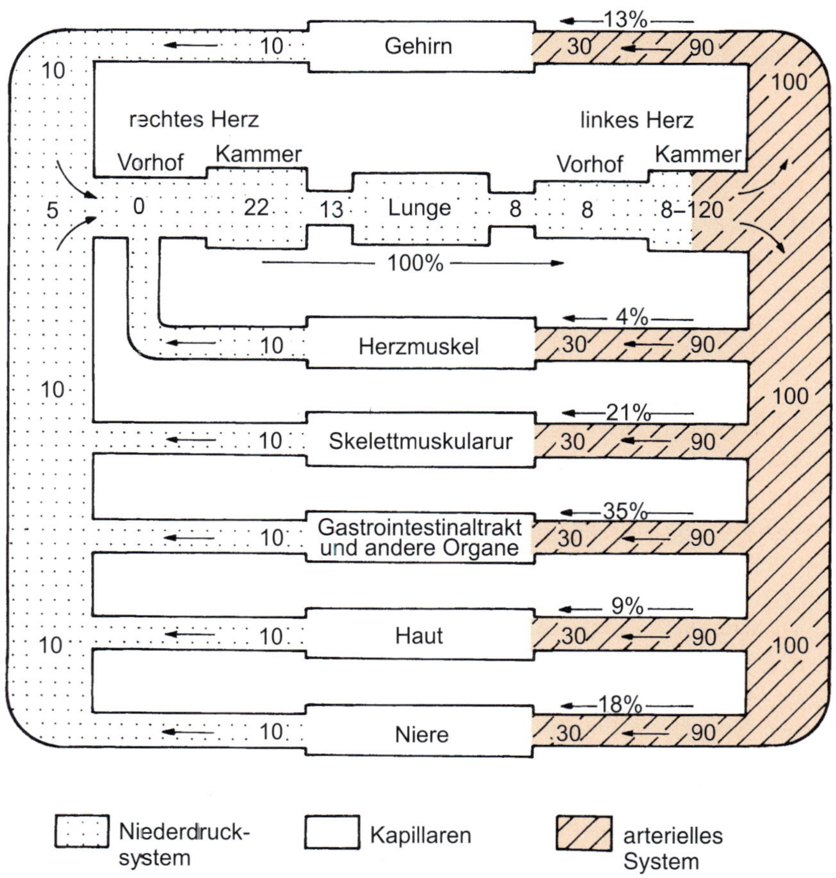

Abb. 5.15 Schema des Kreislaufssystems des Menschen. Es zeigt die funktionelle Einteilung in das arterielle System (Druckspeicherfunktion) und das Niederdrucksystem (Volumenspeicherfunktion). Die Zahlen innerhalb der Gefäßregionen geben den Mitteldruck in kPa an, diejenigen außerhalb die Durchflussmenge in den verschiedenen Organbereichen in Prozent des Herzminutenvolumens. (Aus Drischel H (Hrsg) (1972) Einführung in die Biokybernetik. Akademie-Verlag, Berlin.)

eine **Druckspeicherfunktion** hat, besitzt das Niederdrucksystem eine **Volumenspeicherfunktion**. Zwischen beiden liegt der Kapillarraum, in dem sich der Stoffaustausch zwischen dem Blut und den Zellen abspielt. Funktionell zählt dieser bereits zum Niederdrucksystem.

Wird durch die Herzarbeit Blut mit Druck in die herznahen Arterien gepumpt, so dehnen sich diese passiv aus (Compliance). Das bedeutet, dass das während der Systole vom Herz in die Arterien ausgeworfene Blutvolumen größer ist als das zurselben Zeit aus den Arterien abfließende Volumen (systolisches Durchflussvolumen). Ein Teil des Blutes, das **systolische Speichervolumen**, verbleibt zunächst in den herznahen Arterien und wird erst später, während der sich anschließenden Diastole, weitertransportiert. Ein Teil der Herzarbeit wird also vorübergehend in der gedehnten Wand der herznahen Gefäße als potenzielle Energie gespeichert. Diese potenzielle Energie wird während der Diastole des Herzens durch Rückgang der elastischen Gefäßdehnung wieder in kinetische Energie zurückverwandelt, sodass sie den Blutabfluss aus dem Arteriensystem durch die Kapillaren aufrechterhält. Das Blut im peripheren Kreislaufsystem steht daher auch während der Distole des diskontinuierlich arbeitenden Herzens niemals still. Man bezeichnet diese Funktion der herznahen arteriellen Gefäße wegen ihrer Ähnlichkeit mit dem Windkessel an einer Kolbenpumpe als **Windkesselfunktion** (Abb. 5.16). Durch die Windkesselfunktion der Arterienstämme wird erreicht, dass die Blutzirkulation während der Diastole nicht zum Erliegen kommt, was bei einem starren Röhrensystem der Fall wäre. Die Windkesselfunktion hat auch eine starke Entlastung des systolischen Herzens zur Folge, weil dieses sonst das gesamte (träge) Blutvolumen mit seinem Kraftaufwand aus dem Stillstand beschleunigen und durch die Gefäße pressen müsste.

Bei den Fischen wird die Windkesselfunktion hauptsächlich vom **Conus**[201] **arteriosus** bzw. dem **Bulbus**[202] **arteriosus** (Abb. 5.17) übernommen, aber auch noch die ventrale Aorta (im Gegensatz zur dorsalen) und die zu den Kiemen führenden Arterien der Fische sind sehr dehnbar. So wird eine gleichmäßige Durchströmung der Kiemen gewährleistet, was für den effektiven Gasaustausch sehr wichtig ist. Bei den Walen ist der **Aortenbogen** besonders elastisch. Er nimmt 50–75 % des Schlagvolumens auf.

Die Dehnung der großen Arterien während der Herzsystole pflanzt sich in Form einer Schlauchwelle (**Pulswelle**, auch Druckpulswelle) von der Aortenwurzel aus über die Arterien fort. Ihre Amplitude nimmt dabei ab, um in den feinen Verzweigungen der Arteriolen und Kapillaren ganz zu verschwinden. Die Geschwindigkeit der Pulswelle hängt in erster Linie von der Wandelastizität ab. Sie ist umso größer, je starrer die Wand des Rohrs ist. Sie ist stets größer als die Fließgeschwindigkeit des Blutes in den Arterien, das heißt, die Pulswelle wandert über die strömende Blutsäule der Arterien hinweg. Anhand dieser entweder an der Kopfarterie (Carotis) oder oberhalb des Handgelenks fühlbaren Pulswelle bestimmt der Arzt beim Menschen während der körperlichen Untersuchung die Herzfrequenz. Sie wird auch als Indikator für die sich gegen den Manschettendruck öffnende Armarterie bei der Messung des systolischen Blutdrucks genutzt.

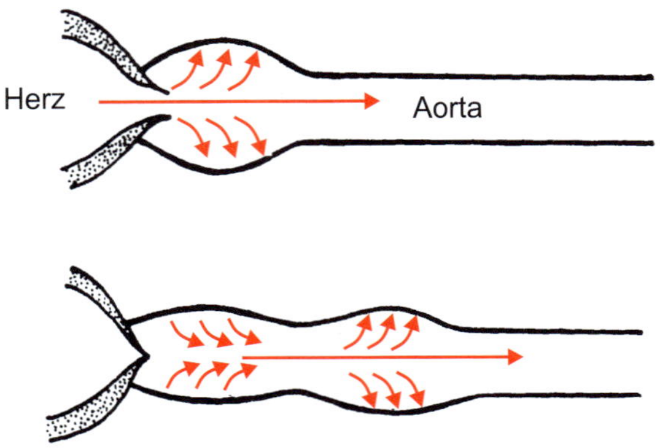

Abb. 5.16 Windkesselfunktion des Anfangsteils der Aorta.

Elastizität und Dicke der äußeren beiden Schichten des Wandaufbaus der Arterien (Tunica externa, Tunica media) nehmen mit der Entfernung vom Herz generell ab, das heißt, die Gefäße werden starrer. Sie verlieren zunehmend ihre Funktion als Druckreservoir und dienen nur noch als Leitungsbahnen für die Versorgung der Organe mit Blut.

Die **lineare Strömungsgeschwindigkeit** des Blutes (cm s^{-1}) ist in den einzelnen Kreislaufabschnitten unterschiedlich groß. In einem starren, unverzweigten Rohr muss die **Volumenstromstärke** – das ist das pro Zeiteinheit (s) durch einen beliebigen Querschnitt eines Rohrs fließende Volumen (cm^3) – wegen der Inkompressibilität der Flüssigkeit an allen Stellen gleich groß sein. Das bedeutet, dass die Strömungsgeschwindigkeit an engen Stellen größer sein muss als an weiten. Gabelt sich das Rohr in viele kleine Äste auf, so ist der Gesamtquerschnitt der Gabeläste entscheidend. Der Gesamtquerschnitt eines Kapillargebiets ist im Vergleich zum Querschnitt der zuführenden Arterien und ihrer Verzweigungen stets sehr groß. Deshalb ist die Strömungsgeschwindigkeit des Blutes in den Kapillaren wesentlich langsamer als in den Arterien (Abb. 5.18) und es bleibt mehr Zeit für die Vorgänge des Stoffaustausches mit den Geweben. In den Venolen und Venen steigt die mittlere Strömungsgeschwindigkeit wieder an, weil der Gesamtquerschnitt kleiner wird, erreicht aber wegen des gegenüber dem arteriellen System doch noch größeren Gesamtquerschnittes nicht wieder die Werte, wie sie im arteriellen System herrschen. Die Zeit, die ein Erythrocyt oder ein anderes Teilchen zur einmaligen Durchwanderung des gesamten Kreislaufs benötigt, bezeichnet man als **Kreislaufzeit**. Sie liegt bei kleinen Säugetieren niedriger (3–8 s, z. B. 6 s beim Kaninchen) als bei größeren (20 s und mehr, z. B. 31,5 s beim Pferd).

Der **arterielle Blutdruck** schwankt periodisch zwischen einem Maximalwert zur Zeit der Herzsystole (systolischer Blutdruck) und einem Minimalwert zur Zeit der Diastole (diastolischer Blutdruck). Dass er während der Diastole nicht auf

[201] *conus* (lat.) = Kegel
[202] *bulbus* (lat.) = Zwiebel

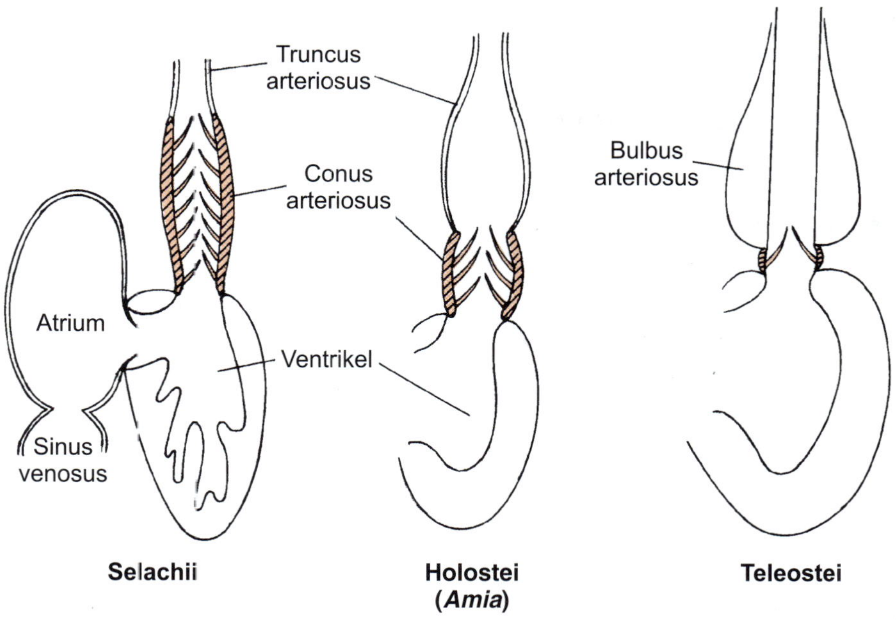

Abb. 5.17 Schematische Längsschnitte durch die Herzen verschiedener Fischarten unter Hervorhebung der elastisch dehnbaren Arterienstämme, die hauptsächlich für die Windkesselfunktion verantwortlich sind.

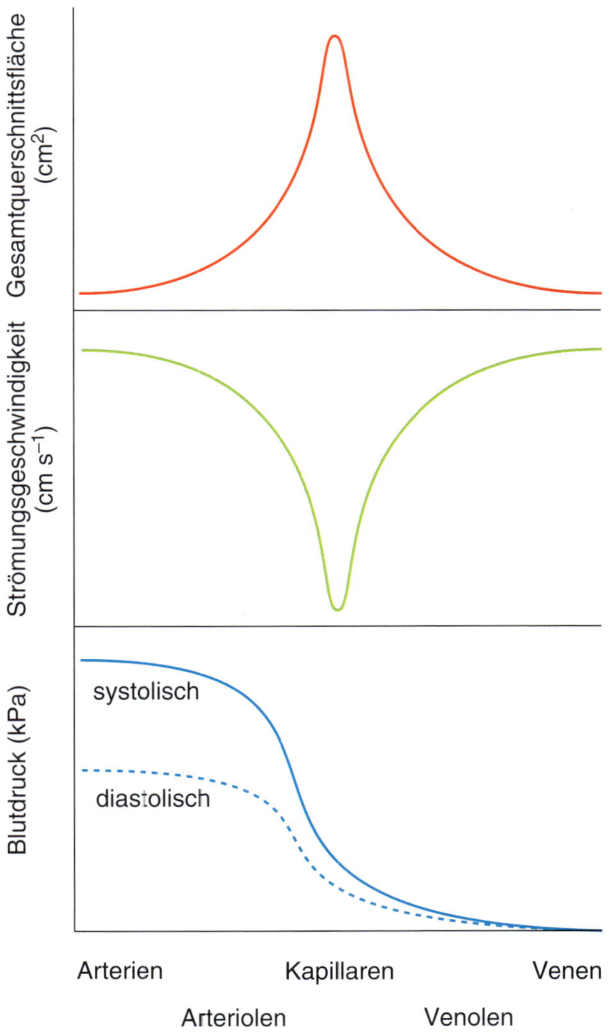

Abb. 5.18 Gesamtquerschnittsfläche der Gefäße, lineare Strömungsgeschwindigkeit des Blutes und Blutdruck in den verschiedenen Abschnitten des Kreislaufsystems eines Hundes.

null absinkt, ist – wie bereits erwähnt – eine Folge der Windkesselfunktion der herznahen Arterien. Unter dem mittleren Blutdruck ist derjenige Wert zu verstehen, der im Durchschnitt während eines Herzzyklus herrscht. Er ist gewöhnlich kleiner als das arithmetische Mittel aus dem systolischen und diastolischen Blutdruckwert, da die diastolische Phase des Blutdrucks länger dauert als die systolische. Der arterielle Blutdruck ruhender Tiere ist von Art zu Art verschieden. Er nimmt bei Vögeln und Säugetieren mit steigendem Alter zu und ist bei männlichen Tieren höher als bei weiblichen. Er liegt bei den Vögeln im Allgemeinen etwas höher als bei den Säugetieren, zeigt dagegen kaum eine Beziehung zur Körpergröße (Tab. 5.3). Bei winterschlafenden Säugetieren fällt der Blutdruck stark ab. Die wechselwarmen Wirbeltiere zeigen relativ niedrige Blutdruckwerte, bei den Knochenfischen liegen sie etwas höher als bei den Knorpelfischen.

Bei der Giraffe sind außergewöhnlich hohe systolische Blutdruckwerte größer als 37 kPa gemessen worden. Das ist im Vergleich zum Menschen mehr als das Doppelte! Diese hohen Werte sind notwendig, um das Blut bei aufrechtem Gang über eine Höhendifferenz von mehr als 2 m zwischen Herz und Gehirn zu transportieren. In Anpassung an diese hohen Druckwerte besitzen die Gefäße des arteriellen Systems der Giraffe außergewöhnlich dicke Wände. Senkt die Giraffe ihren Kopf, um zu trinken, verändern sich die Bedingungen schlagartig drastisch. Um die Durchblutung des Gehirns sowohl bei aufrechter wie auch gesenkter Kopfhaltung (Höhenunterschied: etwa 6 m) auf etwa gleichem Niveau zu halten, verfügt die Giraffe offenbar über leistungsstarke Regulationsmechanismen, den Strömungswiderstand in peripheren Kapillarnetzen außerhalb des Kopfes zu steuern. **Vasodilatation** und **Vasokonstriktion** von Arteriolen in unterschiedlichen Gewebegebieten beim Heben und Senken des Kopfes sorgen für eine gleichmäßige Blutversorgung des Gehirns.

Tab. 5.3 Durchschnittliche systolische und diastolische Blutdruckwerte bei einigen Wirbeltierarten.

Tierart	systolischer/diastolischer Blutdruck (kPa)	Messort
Giraffe	40,0/30,5	Arteria carotis
Pferd	15,2/12,0	Arteria carotis
Mensch	16,0/10,7	Arteria ascendens
Katze	16,7/10,0	Arteria carotis
Maus	19,6/14,1	Arteria carotis
Hahn	25,5/20,5	Arteria carotis
Henne	21,6/17,7	Arteria carotis
Star	24,0/17,3	Arteria carotis
Sperling	24,0/18,7	Arteria carotis
Frosch (*Rana*)	3,6 (Mitteldruck)	Aorta
Aal (*Anguilla*)	5 (Mitteldruck)	ventrale Aorta
Dornhai (*Squalus*)	4,3/2,1	ventrale Aorta

Eine noch größere Herzleistung als die Giraffe unserer Tage musste seinerzeit der Dinosaurier *Brachiosaurus* aufbringen, waren es dort doch insgesamt 8 m Höhenunterschied zwischen Herz und Gehirn (Abb. 5.19). Man geht davon aus, dass dieser Saurier ein vierkammeriges Herz und einen getrennten Körper- und Lungenkreislauf besessen haben dürfte. Sein Blutvolumen wird auf 3000 l und das Herzgewicht auf 230 kg geschätzt. Das Schlagvolumen dürfte ca. 15 l betragen haben bei einer Herzfrequenz von ca. 17 Schlägen pro Minute. Berechnungen ergaben, dass die linke Herzkammer einen Druck von 80 kPa aufbringen musste, um eine hinreichende Versorgung des Gehirns mit Blut zu gewährleisten.

Auf dem Boden lebende Schlangen haben dieses Problem nicht, befindet sich ihr Kopf doch gewöhnlich auf gleicher Höhe mit dem Herz. Ihr Blutdruck ist entsprechend niedrig im Vergleich zu dem der Säugetiere. Bringt man im Experiment solche Schlangen mit dem Kopf nach oben in Schräglage, so ist eine Blutversorgung des Kopfes bereits bei einem Neigungswinkel von 45° nicht mehr gewährleistet (Abb. 5.20). Auf Bäumen lebende Schlangen, die natürlicherweise häufig eine senkrechte Körperhaltung einnehmen, besitzen demgegenüber einen höheren Blutdruck als ihre Verwandten auf dem Boden. Sie können ihren Blutfluss der jeweiligen Körperlage anpassen.

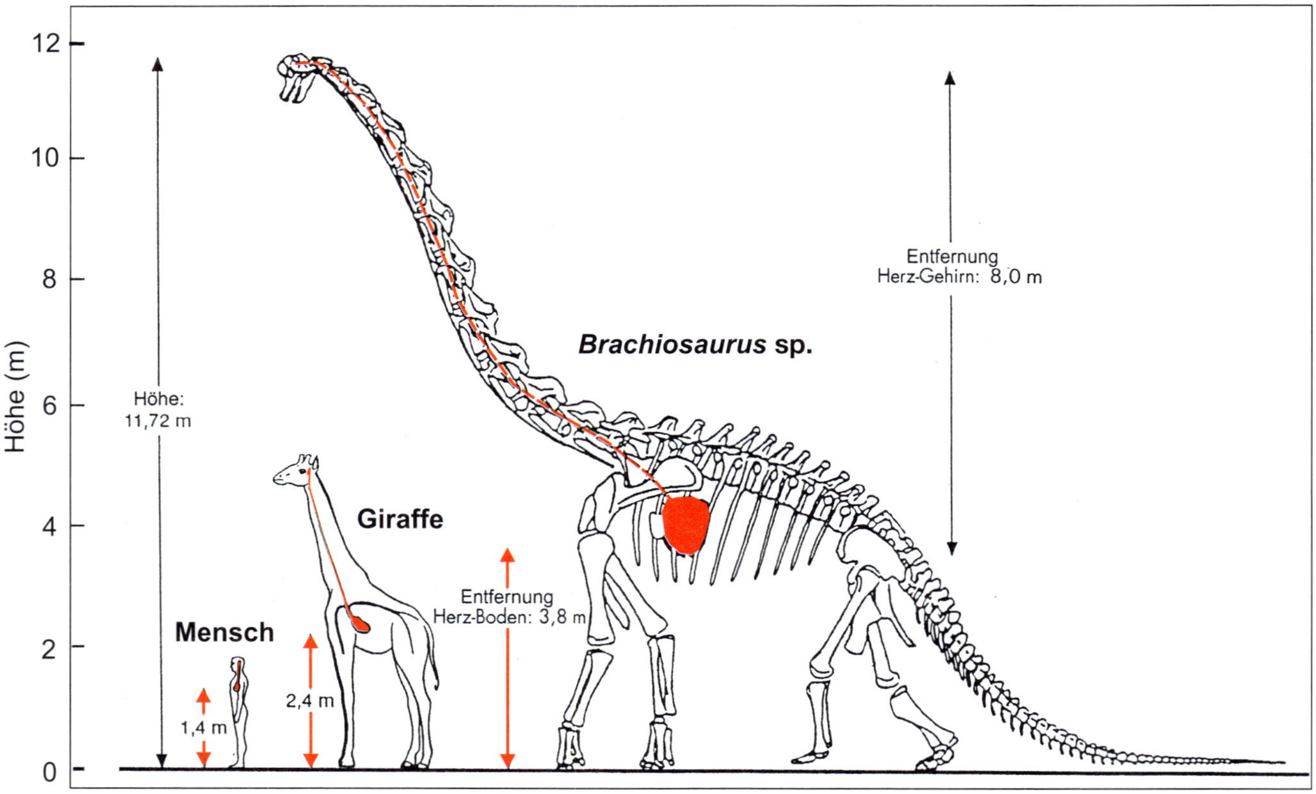

Abb. 5.19 Höhenunterschiede (bzw. die hydrostatischen Druckgradienten), die in den Kreislaufsystemen von Mensch, Giraffe und Dinosaurier (Schätzung anhand von Skelettfunden) zur Versorgung des Gehirns überwunden werden müssen. Der für die gewaltige Hubarbeit notwendige Druck in der linken Herzkammer des Dinosauriers *Brachiosaurus* muss sich Berechnungen zufolge auf etwa 80 kPa belaufen haben. Bei der Giraffe genügen 40 kPa. Das *Brachiosaurus*-Herz muss eine Masse von etwa 230 kg gehabt haben, damit es die Kraft aufbringen konnte, ein Schlagvolumen von 15 l gegen einen hydrostatischen Druck in die Aorta zu pumpen, der durch die 8 m Höhendifferenz zwischen Herz und Gehirn entstand. (Nach Gunga H-C, Kirsch KA, Baartz E, Röcker L (1995) New data on the dimensions of *Brachiosaurus brancai* and their physiological implications. Naturwiss 82, 190–192.)

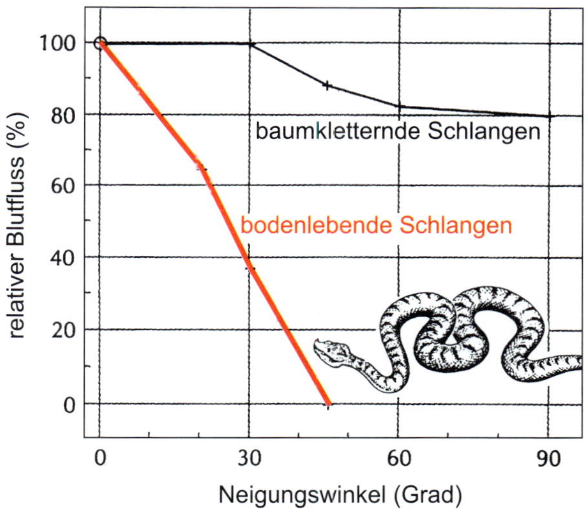

Abb. 5.20 Blutfluss in den Kopf in Abhängigkeit von der Hebung des Kopfes aus der Horizontallage (= 100 %) bei am Boden lebenden Vipern im Vergleich zu Schlangen, die sich in Bäumen kletternd aufhalten. (Nach Lillywhite HB (1993) Orthostatic intolerance of viperid snakes. Physiol Zool 66, 1000–1014.)

Während in den größeren Arterien der Abfall des mittleren Drucks pro Wegstrecke noch relativ langsam erfolgt, fällt er in den engen arteriellen Gefäßen, den Arteriolen, steil ab. In den Venen herrscht bereits ein sehr geringer Druck, die Abnahme pro Wegstrecke ist wieder relativ gering (Abb. 5.18). Bei den Fischen erfolgt der erste Druckabfall (etwa um ein Drittel) bereits in den Kiemen, ein zweiter in den Kapillarnetzen der Gewebe. Der starke Druckabfall in den engen arteriellen Gefäßen wird dadurch hervorgerufen, dass der Strömungswiderstand in ihnen sehr groß ist (**Widerstandsgefäße**).

5.3.4 Kapillarsystem

In vielen Organen der Säugetiere (z. B. in der Haut, Lunge, Niere, in verschiedenen Hormondrüsen usw.) kann das Blut durch Kurzschlussverbindungen (**arteriovenöse Anastomosen**) unter Umgehung des Kapillarnetzes direkt aus den kleinen Arterien (Arteriolen) in die kleinen Venen (Venolen) fließen. Die Entscheidung, ob Blut ausschließlich durch diese Anastomosen

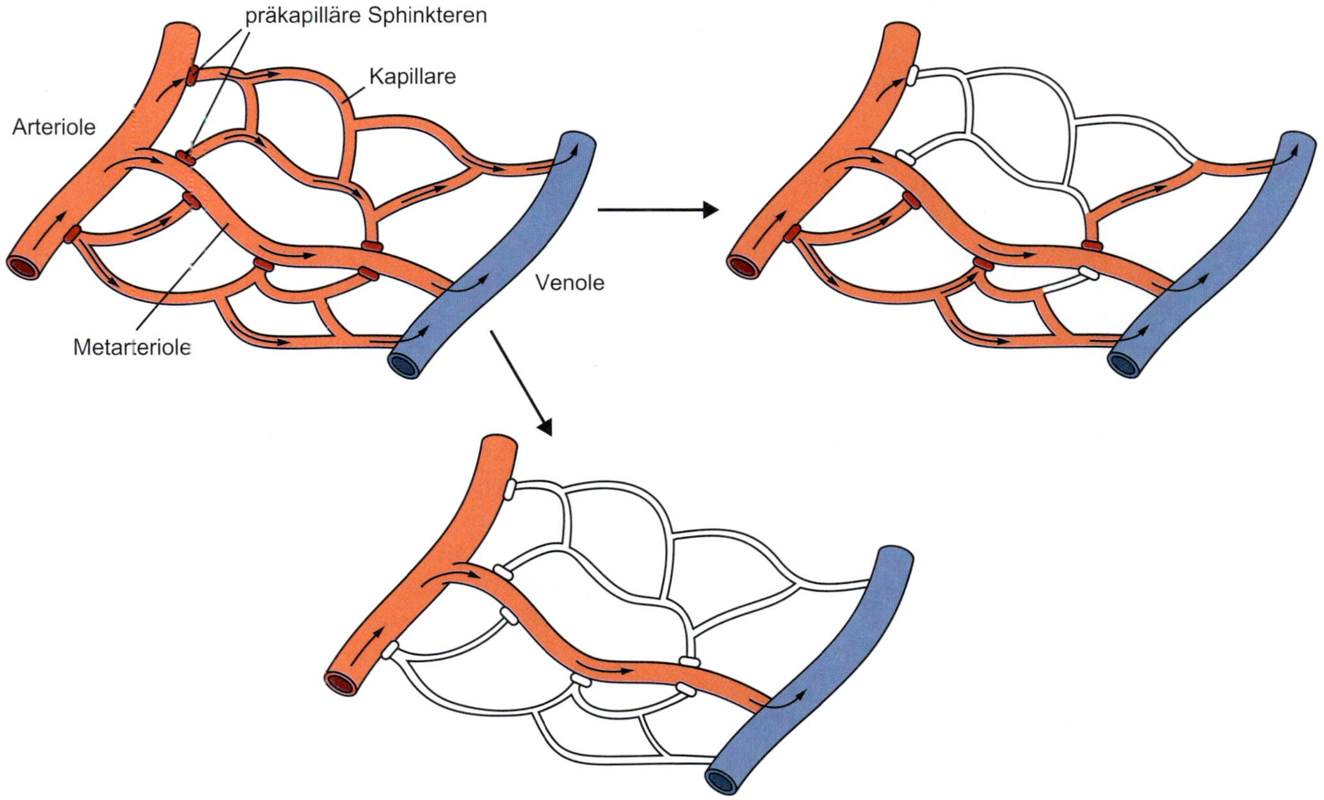

Abb. 5.21 Schema eines Kapillarbettes zwischen Arteriole und Venole mit einer parallel zu den Kapillaren angeordneten Metarteriole. Durch die Öffnung präkapillärer Sphinktere kann das Blutvolumen bestimmt werden, das zur Versorgung der Gewebe durch die Austauschgefäße geleitet wird. In der Darstellung oben links werden alle Kapillaren durchströmt, was im Organismus nur dann erfolgt, wenn das umliegende Gewebe maximale Versorgungsansprüche stellt. Die Reduktion der Durchblutung des Kapillarbettes wird durch Verschluss eines Teils (oben rechts) oder aller (unten rechts) präkapillärer Sphinktere verursacht. Die Pfeile geben die Richtung des Blutstroms in den Gefäßen an. Parallel zu den Metarteriolen und den Kapillaren kann das Blut auch durch zentralwärts gelegene arteriovenöse Anastomosen geleitet werden (Vasokonstriktion der Arteriolen und Verschluss der präkapillären Sphinktere), wenn die Durchblutung des peripher gelegenen Kapillarbettes physiologisch unzweckmäßig ist (z. B. in der Hautdurchblutung des Menschen bei Kälte). (Nach Martini F (1989) Fundamentals of anatomy and physiology. Prentice Hall, Eaglewood Cliffs, New Jersey, Abb. 21–4, S. 569.)

oder durch die **Metarteriolen** geleitet wird, wird durch den Gefäßtonus in den zuführenden Arteriolen festgelegt (Grobkontrolle der **Gewebedurchblutung**). Ist der Anstrom des **Kapillarbettes** durch die erweiterten Arteriolen hoch, kann auch am Übergang von der Metarteriole zur Kapillare die Durchblutung einzelner Kapillarabschnitte geregelt werden, indem **präkapilläre Sphinktere** geöffnet oder geschlossen werden (Feinregulation der Durchblutung). Im Ruhezustand sind viele von ihnen geschlossen, sodass ein großer Teil des zirkulierenden Blutvolumens nicht den Weg durch das Kapillarnetz nimmt, was eine Entlastung des Herzens mit sich bringt, aber einen Austausch von Stoffen zwischen Blut und Interstitium in dem betreffenden Kapillarbett unterbindet. Wird eine Kapillare dagegen durch Öffnung des präkapillären Sphinkters durchblutet, kann ein Stoffaustausch zwischen Blut und Gewebe stattfinden (◘ Abb. 5.21).

Der **Stoffaustausch** zwischen dem Blut im Kapillarlumen und der umliegenden Interstitialflüssigkeit erfolgt diffusiv oder, in besonderen Fällen, durch Carrier, die Stoffe über die Plasmamembranen der Endothelzellen transportieren. Da die Rate des carriervermittelten Stoffaustausches eher gering ist, sei hier nur der quantitativ bedeutsamere Stoffaustausch durch Diffusion betrachtet. Dadurch, dass sich die Kapillaren in vielen Geweben eng an die Zelloberfläche anschmiegen, wird die **Diffusionsstrecke** zwischen Kapillarlumen und Zellinnerem zusätzlich vermindert und die Versorgung der Gewebe optimiert. Auch die kleinen Venolen nehmen noch an den Austauschvorgängen teil.

Diffusive Stoffaustauschvorgänge benötigen Zeit. Um die Kontaktzeit zwischen Blut und Gewebe zu verlängern, wird die lineare Strömungsgeschwindigkeit des Blutes innerhalb einer Kapillare herabgesetzt. Dies gelingt, da viele Kapillaren parallel geschaltet sind, sodass sich der Volumenanstrom aus der Arteriole auf einen größeren Gesamtquerschnitt des Kapillarbettes verteilt (◘ Abb. 5.18). Diese anatomische Besonderheit des Gefäßsystems erhöht gleichzeitig auch die Austauschoberfläche, was sich günstig auf die Diffusionsrate der Stoffe auswirkt. Lipidlösliche Substanzen ebenso wie die Atemgase Sauerstoff und Kohlendioxid können sowohl die Gefäßwand als auch die Zellmembranen passieren, während dem Wasser und den darin gelösten Stoffen nur der parazelluläre Weg bleibt, der allerdings auch noch eine genügend große Austauschfläche bietet. Die Passage hydrophiler Stoffe wird umso stärker behindert, je größer die Molekülmasse ist. Dabei gibt es von Gewebe zu Gewebe jedoch große Unterschiede. Die Wand der Austauschgefäße verhält sich wie ein Ultrafilter, der niedermolekulare Stoffe hindurchlässt, kolloidal gelösten Teilchen (z. B. höhermolekularen Proteinen) den Durchtritt aber mehr oder weniger verwehrt.

Die Wand der Kapillaren ist dünn und besteht aus einer Lage von **Endothelzellen**, der **Basallamina** und den **Pericyten**, die mit ihren Fortsätzen die Kapillaren von seiten des Interstitiums umschlingen und die Austauschgefäße mechanisch stabilisieren. Man unterscheidet drei Kapillartypen, die sich in ihrer Permeabilität deutlich unterscheiden:

- **dichte Kapillaren** mit geringer Permeabilität: Sie besitzen eine durchgehend ausgebildete Basallamina und 4 nm breite Spalten zwischen den Endothelzellen, die ihrerseits viele intrazelluläre Vesikel (Hinweis auf kontrollierten transzellulären Transport) aufweisen. Man findet sie hauptsächlich im Nerven- und Muskelgewebe sowie in Lungen. Im Gehirn der Vertebraten stellen sie einen Teil der Blut-Hirn-Schranke dar.
- **fenestrierte Kapillaren** mit mittlerer Permeabilität: Sie besitzen eine durchgehend ausgebildete Basallamina und Poren zwischen den Endothelzellen, die ihrerseits nur wenige intrazelluläre Vesikel aufweisen. Man findet sie hauptsächlich im Nierenglomerulus, wo das Ultrafiltrat gebildet wird, und im Darm.
- **sinusoide Kapillaren** mit hoher Permeabilität: Sie besitzen eine durchbrochene Basallamina und entsprechend breite parazelluläre Spalten zwischen den Endothelzellen. Dieses Konstruktionsprinzip ermöglicht den Übertritt von hochmolekularen Proteinen und sogar von Zellfragmenten aus dem Blut ins Interstitium. Man findet sie hauptsächlich in der Leber, in den Lymphknoten und im Knochenmark.

Die Grenze, bis zu welcher Molekülgröße die Stoffe hindurchtreten können, ist in den verschiedenen Organen nicht einheitlich. In der Leber und im Darm liegt diese **Blut-Gewebe-Schranke** ziemlich hoch. Am niedrigsten ist sie im Gehirn, wo die Räume zwischen den Endothelzellen durch Tight Junctions weitgehend abgedichtet sind (**Blut-Hirn-Schranke**). Durch die Kapillarwände in den anderen Geweben des Tierkörpers können die Plasmaalbumine (Molekülmasse 69 kDa) schon nicht mehr hindurchtreten, während die Plasmaglobuline (90–190 kDa) vollständig zurückgehalten werden. Alle makromolekularen Bestandteile des Blutplasmas, die Molekülmassen zwischen fünf und 69 kDa aufweisen, können die Kapillarwand passieren, und zwar umso ungehinderter, je kleiner ihre Molekülmasse ist. Kleinmolekulare Bestandteile des Blutplasmas wie Wasser oder Glucose sind frei permeabel. Der Unterschied in der Zusammensetzung zwischen dem Blutplasma und der Interzellularflüssigkeit beruht also hauptsächlich auf dem Proteingehalt. Die niedermolekularen Stoffe sind in gleicher Konzentration vorhanden, wobei die geringfügigen Unterschiede in der Konzentration der permeablen Elektrolyte einer **Donnan-Verteilung** entsprechen.

Eine gewisse Strömung der Flüssigkeit im Interstitium und damit eine Verkürzung des Diffusionswegs von und zu den Geweben kommt dadurch zustande, dass in den meisten Kapillargebieten unter dem Einfluss eines hydrostatischen Druckgradienten zwischen Kapillarlumen und Interstitium Flüssigkeit durch die Poren der arteriellen Kapillaren in das Interstitium gepresst wird, während in den venennahen Abschnitten der Kapillaren umgekehrt Flüssigkeit in die Kapillaren gezogen wird (◘ Abb. 5.22). Die für die Richtung und Größe dieses Flüssigkeitsstroms verantwortliche Kraft ist der **effektive Filtrationsdruck** (p_{eff}). Im Normalfall tritt mehr Flüssigkeit aus dem Blut in das Interstitium über als umgekehrt. Der Überschuss (beim Menschen etwa 10 % des filtrierten Volumens) wird über

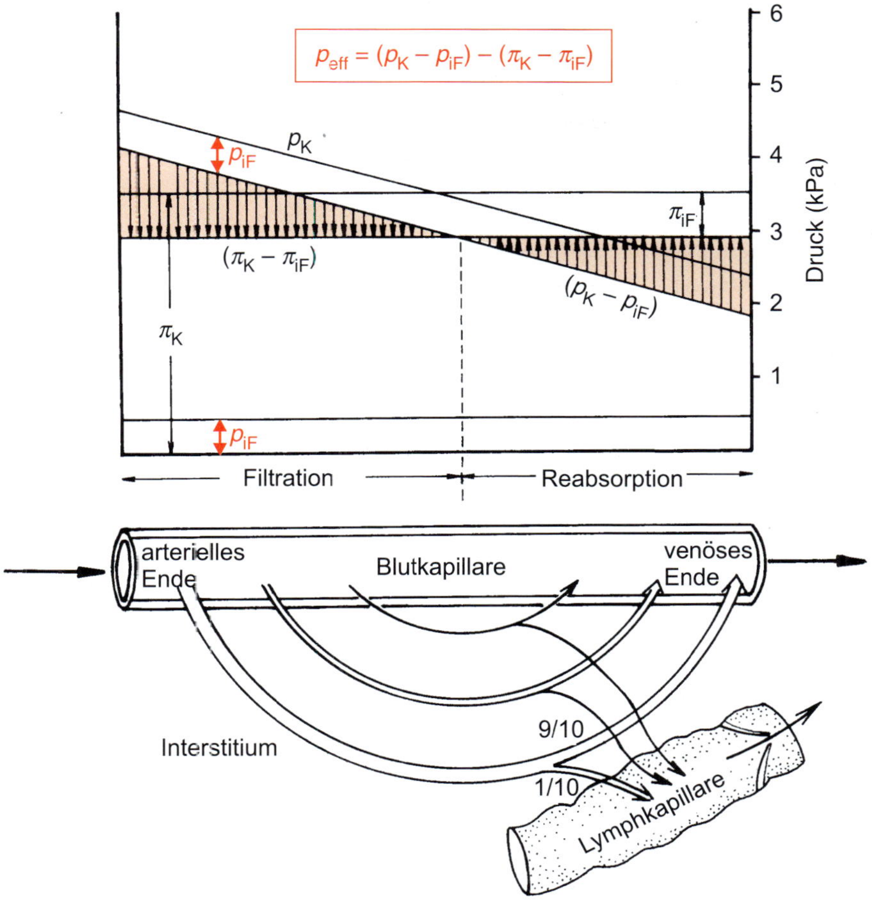

Abb. 5.22 Das Starling-Konzept der Verbesserung des Flüssigkeitsaustausches zwischen Blutplasma und Interstitium. Unter dem Einfluss eines hydrostatischen Druckgradienten zwischen dem Lumen des arteriellen Schenkels der Kapillare (p_K) und dem Intestitium (p_{iF}) wird Flüssigkeit (mitsamt darin gelöster kleinmolekularer Stoffe) aus dem Gefäß in den Interzellularraum abfiltriert. Aufgrund des großen Verteilungsvolumens steigt der Druck im Interstitium dadurch allerdings nicht messbar an (p_{iF} = const.). Durch die bei diesem Filtrationsprozess im Gefäßsystem zurückbleibenden hochmolekularen Plasmabestandteile steigt die kolloidosmotische Wirksamkeit des Plasmas an. Ab dem Ort innerhalb der Kapillare, an dem der hydrostatische Druckgradient in Richtung Interstitium und der entgegengesetzt sich aufbauende kolloidosmotische Druckgradient in Richtung Gefäß gleich groß sind, wird Flüssigkeit aus dem Interstitium wieder in die Kapillare aufgenommen, sodass sich der kolloidosmotische Druck entlang der Kapillare nicht messbar ändert (π_K= const.). Da kein osmotischer Gradient erzeugt wird, gilt Entsprechendes auch für den kolloidosmotischen Druck des Interstitiums (π_{iF}= const.). Auf dem venösen Schenkel der Kapillare unterschreitet der hydrostatische Druckgradient die kolloidosmotische Rückholkraft in zunehmendem Maß, sodass ein großer Teil der zuvor filtrierten Flüssigkeitsmenge (etwa 90 %) aus dem Interstitium wieder in die Kapillare tritt (und dabei Stoffwechselprodukte aus dem Gewebe ins Blut mitnimmt). Die für den Flüssigkeitsübertritt entscheidende Triebkraft ist der effektive Filtrationsdruck (p_{eff}), der im Bereich des arteriellen Schenkels der Kapillare positive, im venösen Abschnitt der Kapillare aber negative Werte annimmt.

die Lymphgefäße drainiert und dem Blut in der oberen Hohlvene wieder zugeführt.

Der **effektive Filtrationsdruck** ergibt sich aus der Differenz des hydrostatischen Druckgefälles zwischen Kapillarblut und Interzellularflüssigkeit ($p_K - p_{iF}$) und des kolloidosmotischen Druckgefälles zwischen beiden Räumen ($\pi_K - \pi_{iF}$):

$$p_{eff} = (p_K - p_{iF}) - (\pi_K - \pi_{iF})$$

Das filtrierte Volumen pro Zeiteinheit errechnet sich wie folgt:

$$\frac{\Delta V}{\Delta t} = K \times p_{eff}$$

Der Filtrationskoeffizient K gibt das isotone Flüssigkeitsvolumen in Millilitern (ml) an, das pro Minute bei 37 °C und einem Druckgefälle von 133,3 Pa in 100 g Gewebe durch die Kapillarwand tritt. Er ist in der Leber (Permeabilität der Kapillarwand hoch) groß und im Gehirn (Permeabilität der Kapillarwand gering) niedrig.

5.3.5 Venöses System

Das **venöse System** hat die Aufgabe, das Blut aus den Austauschgefäßen zurück zum Herz zu führen. Der in ihm herrschende Druck ist relativ niedrig (**Niederdrucksystem**). Er fällt beim Menschen von 2,0–2,7 kPa in den Venolen bis auf 0,2 kPa in den herznahen Venen ab. Die Wände der Venen sind wesentlich dünner und weniger elastisch als die der Arterien. Das System stellt ein **Blutreservoir** dar. In ihm befinden sich bei Säugetieren etwa 50 % des gesamten Blutvolumens.

Der **venöse Rückstrom** des Blutes zum Herz ist nicht nur eine Folge des Blutausstoßes durch das Herz. Er wird beim Menschen und anderen Landwirbeltieren durch eine Reihe von Mechanismen entscheidend unterstützt und verbessert. Das ist schon deshalb notwendig, weil bei den Landwirbeltieren im Gegensatz zu den Wassertieren die Schwerkraft einen starken Einfluss auf die Blutverteilung im Körper hat. Im Stehen ist der hydrostatische Druck in den oberen Körperteilen niedriger, in den unteren höher als im Liegen. Beim Übergang vom Liegen zum Stehen versacken infolge der hydrostatisch bedingten Druckänderungen beim Menschen kurzfristig etwa 400–600 ml Blut in den relativ dünnwandigen Beinvenen. Der venöse Rückstrom, der zentrale Venendruck, das Herzschlagvolumen und der systolische Blutdruck nehmen vorübergehend ab. Es kommt zu einer drastischen Umverteilung des Blutvolumens, die durch aktive Kreislaufregulationen wieder abgebaut wird.

Periphere und zentrale Mechanismen erleichtern den venösen Rückstrom des Blutes zum Herz entgegen dem äußeren Druckgradienten:

- Durch die Kontraktion der Skelettmuskulatur (besonders in den Gliedmaßen) werden die in ihr verlaufenden Venen komprimiert. Die Venenklappen sorgen für eine zum Herz gerichtete (»orthograde«) Blutbewegung (Skelettmuskelpumpe) (■ Abb. 5.23). Oft verlaufen auch Arterien und Venen dicht nebeneinander, sodass sich die arterielle Druckwelle auf die Vene überträgt.
- Der mit der Inspiration verbundene negative intrathorakale Druck erweitert die intrathorakalen Gefäße, wodurch nicht nur der Strömungswiderstand erniedrigt, sondern auch eine Saugwirkung auf das Blut in den großen Venen ausgeübt wird. Gleichzeitig wird mit dem Senken des Zwerchfells der intraabdominelle Druck erhöht und damit der Übertritt des venösen Blutes aus dem Abdomen in den Thorax gefördert (Saug-Druck-Pumpeneffekt der Atmung).
- Schließlich wird durch den Druckabfall im rechten Vorhof während der Austreibungsphase des Herzens in den herznahen Venen ein Sog erzeugt (**Ventilebenenmechanismus**), da die Atrien durch die Abwärtsbewegung des sich kontrahierenden Ventrikels gedehnt werden.
- Ein nochmaliges Strömungsmaximum tritt während der Füllungsphase des Herzens (Entleerung des Atriums in den Ventrikel) auf.

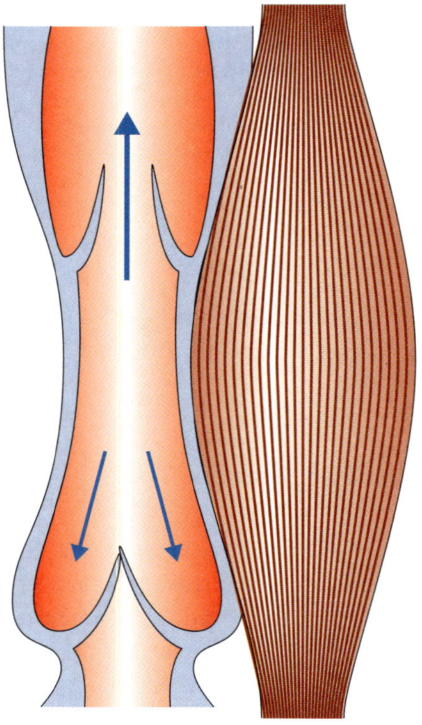

■ **Abb. 5.23** Funktionsschema der Skelettmuskelpumpe zur Unterstützung des venösen Rückstroms in den Extremitäten der Wirbeltiere.

5.3.6 Kreislaufregulation

Die Ansprüche an die Blutversorgung der einzelnen Organe im tierischen Organismus sind bereits im Ruhezustand unterschiedlich. Sie wechseln außerdem stark mit dem Grad der Aktivität. Der O_2-Bedarf aktiver Organe kann um ein Vielfaches ansteigen. Die regulierenden Maßnahmen des Tieres zur Anpassung seines Kreislaufs an die jeweiligen Bedingungen greifen am Herz und an den Gefäßen an. Die ihnen zugrunde liegenden Mechanismen sind mannigfaltig und komplex. Die Kreislaufregulation betrifft erstens die Aufrechterhaltung eines adäquaten **arteriellen Blutdrucks**, zweitens die Einstellung einer entsprechenden Gesamtstromstärke (**Herzzeitvolumen**) und drittens die Kontrolle des zirkulierenden **Blutvolumens**.

Die glatte Gefäßmuskulatur der Wirbeltiere, besonders die Arteriolen, befindet sich gewöhnlich in einem gewissen Kontraktionszustand. Dieser **Ruhetonus** setzt sich aus dem **basalen Tonus** (er bleibt auch nach der Denervierung bestehen) und einem über vasokonstriktorisch wirkende sympathische Nervenaktivität hervorgerufenen Tonusanteil (**neurogener Tonus**) zusammen. Der jeweilige Anteil beider Komponenten am Gesamttonus ist in den verschiedenen Organen unterschiedlich. Organe mit relativ konstant hoher Durchblutung (Gehirn, Niere) zeigen einen geringen, Organe mit sehr stark wechselnder Durchblutung (Skelettmuskeln, Leber, Haut, Gastrointestinaltrakt) einen hohen neurogenen Anteil. Die Innervierungsdichte durch marklose postganglionäre sympathische Fasern ist im arteriellen System deutlich höher als im venösen. Sie nimmt außerdem zu den Kapillaren hin ab. Die Kapillaren selbst und die kleinsten Venolen sind überhaupt nicht innerviert.

Die Freisetzung des Neurotransmitters erfolgt aus den perlschnurartig am Axon angeordneten Verdickungen (**Varikositäten**), die in synaptischem Kontakt mit den glatten Gefäßmuskelzellen stehen. In den Varikositäten findet man große und kleine Vesikel. Der hauptsächliche Transmitter ist das Noradrenalin, das mit verschiedenen Cotransmittern vergesellschaftet auftreten kann. Es übt seine vasokonstriktorische Wirkung hauptsächlich über $\alpha 1$-Rezeptoren aus. Eine hohe Grundaktivität des sympathischen Nervensystems kann daher auch **Bluthochdruck** verursachen.

Die Durchblutung eines Organs kann durch eine Vielzahl von Mechanismen, die die Gefäßweite der kleinen Arterien und größeren Arteriolen verändern, reguliert werden (**myogene Regulation**). Die Verkürzung der in Richtung des Gefäßumfangs ausgerichteten glatten Muskelzellen der Gefäßwände führt zur Verengung, die Relaxation dieser Muskelzellen dagegen zur Vergrößerung des Gefäßdurchmessers, was nach dem Hagen-Poiseuille-Gesetz (▶ Abschn. 5.3.2) zur Verminderung bzw. zur Vermehrung der Durchblutung in den nachgeschalteten Arteriolen und Gewebekapillaren führt.

Neben dieser myogenen Regulation der Gefäßweite lösen verschiedene Metaboliten eine Gefäßerweiterung (**metabolische Vasodilatation**) aus. Sie betrifft in erster Linie die kleinsten präkapillaren Arteriolen, die in unmittelbarer Nähe des zu versorgenden Gewebes liegen. Bei einem Anstieg des CO_2-Partialdrucks oder der Protonenkonzentration, bei Sauerstoffmangel oder bei Erhöhung des ADP-, AMP-, Adenosin- oder K^+-Spiegels im Blut werden die Gefäße weit gestellt und der Blutanstrom verbessert. Über diesen Mechanismus wird in einem Organ »automatisch« die Durchblutung erhöht, wenn sich in ihm infolge einer erhöhten Stoffwechselaktivität Stoffwechselendprodukte ansammeln oder der Sauerstoff knapp wird (funktionelle Hyperämie). Besonders das Gehirn reagiert sehr sensibel auf Änderungen des CO_2-Partialdrucks. Nach einer längeren Periode des Atemanhaltens diffundiert das sich im Blut ansammelnde Kohlendioxid sehr leicht durch die Blut-Hirn-Schranke und verursacht dann im Hirngewebe eine Azidose, die eine Vasodilatation auslöst. Umgekehrt kann eine Hyperventilation wegen des damit verbundenen CO_2-Verlusts aus dem Körper zur Alkalose und damit zu einer intensiven Vasokonstriktion im Gehirn führen. Schwindel und Krämpfe können dann die Folge sein. Die Lungengefäße verhalten sich auch hier wieder anders als die Gefäße im Körperkreislauf. Sie kontrahieren bei O_2-Mangel (Euler*-Liljestrand-Mechanismus).

Von besonderer Bedeutung für die lokale Durchblutungsregulation ist das Stickstoffmonoxid (NO) (vgl. ▶ Box 5.3). Seine Synthese aus L-Arginin unter Beteiligung einer membranständigen NO-Synthase in den Endothelzellen wird durch mechanische Reize (Scherungskräfte) des Blutes auf die Gefäßwand, O_2-Mangel und verschiedene Metaboliten wie Noradrenalin, Acetylcholin, Serotonin, Histamin, Substanz P, vasoaktives intestinales Peptid (VIP), Bradykinin, ATP, ADP und andere stark angeregt. Es verlässt als leicht diffusibles Gas sehr schnell die Endothelzelle und löst in den glatten Gefäßmuskelzellen über die Aktivierung der Guanylylcyclase und die Bildung von cGMP, eine Stimulation der Ca^{2+}-ATPase und die Senkung der intrazellulären Ca^{2+}-Konzentration eine Vasodilatation aus. NO wird daher auch als EDRF (*endothelium-derived relaxing factor*) bezeichnet. NO hemmt außerdem, wie bereits betont, die Freisetzung von Noradrenalin aus den sympathischen Varikositäten in der Gefäßwand, was die Relaxation der Gefäßmuskulatur unterstützt.

Box 5.3 Kreislauffunktionen beim Einsatz von Schwellkörpern

Für spezielle, nur sporadisch ausgeübte Funktionen wie die Begattung besitzen Tiere schwellfähige Organe, die, wären sie mit einem Knochenskelett versteift, im täglichen Leben eher hinderlich wären. Zu diesen Organen gehören unter anderem der Penis und die Klitoris, die bei Säugetieren für die Fortpflanzung wichtige Organe sind und daher nur in bestimmten Situationen (sexuelle Erregung) in voller Größe benötigt werden. Dazu werden sie durch die Befüllung von internen Schwellkörpern mit Blut erigiert.

Am Penis, dem männlichen Begattungsorgan bei Säugetieren, werden drei Schwellkörper unterschieden. Der Penisschwellkörper (Corpus cavernosum penis) ist mit einem paarigen Anfangsteil am Sitzbein befestigt und zieht in den Penisschaft, wo die beiden Teile je nach Tierart mehr oder weniger verschmelzen. Der Eichelschwellkörper (Corpus spongiosum glandis) ist das Schwellgewebe des Vorderendes des Penis, der Eichel (Glans penis). Der Harnröhrenschwellkörper (Corpus spongiosum penis) besitzt einen erweiterten Teil an der Peniswurzel und zieht an der Penisunterseite entlang der Harnröhre in Richtung Penisspitze. Seine Aufgabe ist es, eine Kompression der Harnröhre (Urethra) während der Erektion zu verhindern.

Die Schwellkörper der Klitoris sind aufgebaut wie die Penisschwellkörper. Der paarige Anfangsteil des Corpus cavernosum clitoridis vereinigt sich zum Corpus clitoridis, der unter der Vorhaut auch äußerlich zu sehen ist. Jeweils rechts und links der Harnröhrenöffnung und der Scheidenöffnung liegen zwei Vorhofschwellkörper, die Bulbi vestibuli.

Während der sexuellen Erregung wird über die Aktivierung von parasympathischen Fasern des vegetativen Nervensystems, die Synapsen an den trabekulären Arterien der Schwellkörper besitzen, Acetylcholin freigesetzt. Die Endothelzellen dieser Gefäße reagieren auf diesen Stimulus mit der Produktion und Freisetzung von Stickstoffmonoxid (NO). Das NO diffundiert zu den glatten Gefäßmuskelzellen dieser Arterien und aktiviert in deren Cytosol eine Guanylylcyclase, die aus GTP den intrazellulären Botenstoff cGMP herstellt. Daraus resultiert schließlich die Relaxation der Gefäßmuskulatur, sodass verstärkt Blut in den Schwellkörper strömt. Gleichzeitig wird der venöse Ausstrom aus dem Schwellkörper eingeschränkt, sodass sich die Blutfülle des Schwellkörpers gegen den elastischen Druck von Längs- und Querbändern, die den Schwellkörper umgeben, deutlich erhöht. Die Steifheit der erigierten Organe resultiert also aus dem Wechselspiel von elastischen Bindegewebssträngen und der Erhöhung des Blutvolumens in den Schwellkörpern. Das System kann daher auch als konditionales Hydroskelett bezeichnet werden. Ein Ende der parasympathischen Signalgebung führt zur Kontraktion der glatten Gefäßmuskulatur und beendet den Blutstau in den Schwellkörpern, was zu einer

▼

deutlichen Reduktion in der Größe der Organe führt und mit einer Erschlaffung einhergeht.

Die Erektion ist somit direkt abhängig von einer erhöhten Konzentration des intrazellulären Botenstoffes cGMP in den Zellen der glatten Muskulatur der trabekulären Arterien. Diese Erkenntnis erklärt auch die Wirksamkeit sogenannter Potenzpillen. In ihnen ist der Wirkstoff Sildenafil enthalten, der ein Inhibitor eines cGMP-abbauenden Enzyms, der cGMP-spezifischen Phosphodiesterase Typ 5, ist. Nach Einnahme dieses Präparats wird eine Erektion ausgelöst, auch ohne dass es zuvor zu einer sexuellen Erregung gekommen sein muss, weil sich angesichts des basalen Turnovers der Guanylylcyclase ein erhöhter cGMP-Spiegel in den Muskelzellen aufbaut, der während der Wirkzeit der Droge nicht mehr abgebaut werden kann.

Interessanterweise scheinen auch wirbellose Tiere schwellkörperbasierte Erektionen bestimmter Organe durchführen zu können. So wurde beschrieben, dass die Ligula, die Spitze des Begattungsarms des männlichen *Octopus bimaculoides*, während der Begattung ebenfalls erigiert und somit die Übertragung größerer Spermatophoren auf das Weibchen ermöglicht. Der innere Aufbau der Ligula ähnelt dem eines Säugetierschwellkörpers sehr, was natürlich eine Analogie darstellt. Die sehr hell gefärbte Ligula scheint neben der mechanischen Funktion auch ein Attraktionssignal für die Weibchen darzustellen, sodass die Vergrößerung des Organs von selektivem Wert ist. Ständiges Zeigen des auffälligen Organs könnte aber auch Fressfeinde anlocken, sodass die Erektilität des Organs als ein Ergebnis der Balancierung dieser sich widerstrebenden selektiven Kräfte gedeutet werden könnte.

Die Endothelzellen nehmen durch die Freisetzung weiterer Stoffe eine zentrale Rolle bei der Regulation der Organdurchblutung ein. Der EDHF (*endothelial derived hyperpolarizing factor*), ein Epoxid der Arachidonsäure, wird unter der Einwirkung von Bradykinin und Acetylcholin freigesetzt und hyperpolarisiert die Gefäßmuskelzellen durch Aktivierung Ca^{2+}-sensitiver K^+-Kanäle. Das Prostacyclin (Prostaglandin I_2) wird bei Sauerstoffmangel von den Endothelzellen aus Arachidonsäure gebildet und ausgeschieden und wirkt vasodilatatorisch.

Kommt es über regionale Mechanismen durch eine massive lokale Vasodilatation zu einer stärkeren Durchblutung eines oder mehrerer Organe, zum Beispiel der tätigen Muskulatur, so hat das selbstverständlich Auswirkungen auf den **systemischen Blutdruck**, der abfällt. Der Organismus muss dem entgegenwirken, weil sonst die hinreichende Versorgung sämtlicher Organe, besonders des Gehirns und der Niere, nicht mehr gewährleistet wäre. Er verfügt über verschiedene Mechanismen, den systemischen Blutdruck auf erforderlicher Höhe zu halten, wobei man zwischen kurzfristigen und langfristigen unterscheiden kann. Die kurzfristigen beruhen hauptsächlich auf dem **Depressorreflex**, die langfristigen auf der Anpassung des zirkulierenden Blutvolumens.

Die stetige und sehr kurzfristig (innerhalb von Sekunden und Minuten) stattfindende Regulation des **arteriellen Blutdrucks** erfolgt über einen geschlossenen **Regelkreis** mit **negativer Rückkopplung** (▣ Abb. 5.24). Die **Messglieder** dieses Regelkreises sind Pressorezeptoren (**Barorezeptoren**), die sich vornehmlich in der Adventitia und Media des Carotissinus (Glomus caroticum) und des Aortenbogens (Glomus aorticum) befinden (▣ Abb. 5.25). Der Carotissinus stellt bei den Säugetieren eine dünnwandige Erweiterung der Arteria carotis interna an ihrem Ursprung (Verzweigung der internen und externen Carotiden) dar. Die dort befindlichen Pressorezeptoren sind bereits bei normalem Blutdruckwert aktiv. Sie reagieren empfindlich auf Änderungen des **arteriellen Mitteldrucks**, die eine Dehnung oder eine Entdehnung der Gefäßwand bedingen. Die Rezeptoren zeigen nicht nur die Höhe, sondern auch die Steilheit der Änderung an. Die von ihnen ausgehenden Impulse gelangen über den Carotissinusnerv (ein Ast des N. glossopharyngeus) bzw. den Aortennerv (N. depressor) zunächst zum Nucleus tractus solitarii in der Medulla oblongata (medulläre Kreislaufzentren; ▣ Abb. 5.26). Hier erfolgt eine umfassende Integration mit verschiedenen anderen **Afferenzen** aus der Peripherie (Nozi- und Thermorezeptoren, respiratorisches System) und höher gelegenen Hirnstrukturen (Hypothalamus, Cortex). Die elektrischen Aktivitäten der medullären Neurone führen zu Veränderungen in den Aktivitäten der kreislaufsteuernden Neurone des **Parasympathikus** (Herzvagus) und des **Sympathikus**. Eine Steigerung des arteriellen Blutdrucks führt so zu einer Aktivierung von parasympatischen Neuronen, die an den Zellen des Sinusknotens des Herzens durch Ausschüttung von Acetylcholin eine Verlangsamung der Herzfrequenz bewirken (**Bradykardie**) (▣ Abb. 5.24). Sympathische Fasern, die bei einem Abfall des arteriellen Blutdrucks aktiviert werden, ziehen ebenfalls zu den Sinusknotenzellen des Herzens. Sie beschleunigen durch Ausschüttung von Noradrenalin die Herzfrequenz (**Tachykardie**). Weitere **Stellglieder** des Regulationssystems für den arteriellen Blutdruck sind die glatten Muskelzellen der Gefäßwände (im Wesentlichen die der Arteriolen), die entweder direkt von sympathischen Fasern angesprochen werden (▣ Abb. 5.26) oder mittelbar über die Freisetzung von Adrenalin und Noradrenalin aus den **chromaffinen Zellen** des **Nebennierenmarks** (▣ Abb. 5.24). Diese wirken dann als **Hormone** auf die Zellen der glatten Gefäßmuskulatur ein und bewirken über die Aktivierung von α-adrenergen Rezeptoren die Kontraktion der Muskelzellen und damit eine Zunahme des **peripheren Widerstands**, was den arteriellen Blutdruck im Zusammenwirken mit der Beschleunigung der Herzaktivität steigert.

Wir haben es also mit einer **negativen Rückkopplung** zu tun, da eine Verminderung der Pressorezeptorenaktivität durch einen sinkenden arteriellen Blutdruck durch die sympathikusvermittelte Beschleunigung der Herztätigkeit und die Tonuserhöhung der Gefäßmuskulatur eine Blutdrucksteigerung bewirkt, die Erhöhung der Pressorezeptorenaktivität infolge

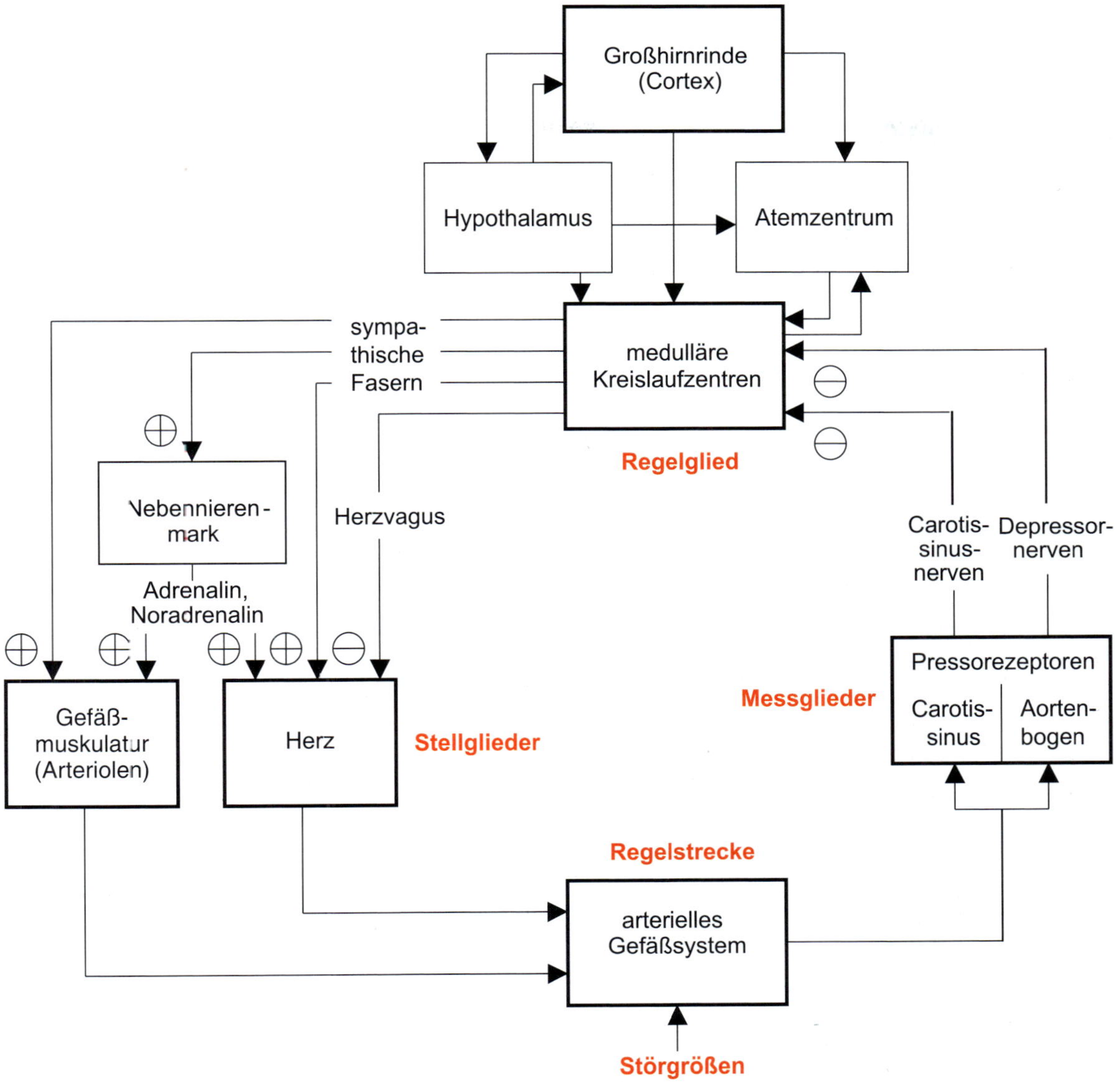

Abb. 5.24 Schema des Regelkreises zur Blutdruckregulation beim Säugetier. Die Pfeile deuten die Richtung des Signalflusses (neuronal oder hormonell) bzw. der mechanischen Wirkung an. + bedeutet Zunahme, – Abnahme der neuronalen Aktivität (Impulsfrequenz), der Hormonkonzentration bzw. der mechanischen Wirkung. Es sind die Vorgänge wiedergegeben, wie sie sich beim Absinken des arteriellen Blutdrucks als Störgröße abspielen. Sie führen über den Regelkreis zur Steigerung der Herztätigkeit und zur Vasokonstriktion.

des Blutdruckanstiegs aber zur Hemmung der Sympathikusaktivität (Nachlassen des vasokonstriktorischen Einflusses) und damit zu einem Blutdruckabfall führt.

Eine Erhöhung des arteriellen Blutdrucks führt somit über die erwähnten beiden Bahnen zur Hemmung der postganglionären sympathischen Efferenzen zum Herz und zu den Gefäßen und zur Aktivierung der postganglionären parasympathischen Efferenzen zum Herz. Es treten drei Effekte auf, die sich in synergistischer Weise ergänzen und zusammen den **arteriellen Blutdruck** effektiv senken:

- In den Bereichen der Widerstandsgefäße (Arteriolen und die ihnen vorgeschalteten terminalen Arterien) kommt es durch die Verminderung des vasokonstriktorischen Einflusses über die sympathischen Nerven zur Abnahme des peripheren Widerstands.
- In den Bereichen der Kapazitätsgefäße (Venen) kommt es durch Dehnung zu einer Kapazitätszunahme.
- Am Herz kommt es durch die Zunahme des parasympathischen Einflusses zur Abnahme des Herzzeitvolumens (Senkung der Schlagfrequenz und der Kontraktionskraft).

Bei einer Erniedrigung des arteriellen Blutdrucks treten die entgegengesetzten Reaktionen auf. Eine experimentell herbeigeführte vollständige Unterbrechung der afferenten Bahnen (Carotissinus- und Aortennerv) hat denselben Effekt wie ein plötzlicher starker Blutdruckabfall, nämlich einen maximalen Blutdruckanstieg. Deshalb bezeichnet man die afferenten Fasern auch gerne als Blutdruckzügler, denn der arterielle Blutdruck wird über sie ständig gedrosselt. Den gesamten blutdruckregulierenden Prozess bezeichnet man oft als Depressorreflex, wobei

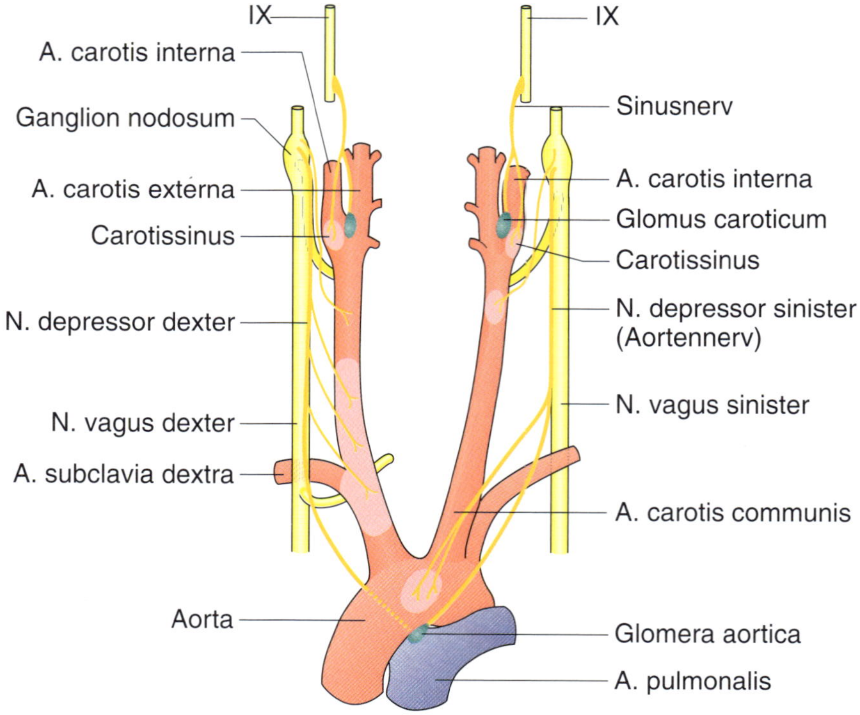

Abb. 5.25 Lokalisation der Pressorezeptoren im Glomus aorticum und im Glomus caroticum zur Regulation des arteriellen Blutdrucks bei Säugetieren am Beispiel des Menschen. Die Signale der Neurone des Glomus aorticum werden über sensorische Fasern des Vagusnervs (X. Hirnnerv) in das ZNS transportiert. Der vom Glomus caroticum ausgehende Sinusnerv (Ramus sinus carotici) tritt in den N. glossopharyngeus (IX. Hirnnerv) ein und transportiert die Pressorezeptorsignale zum Kreislauf- und Atemzentrum der Medulla oblongata. (Aus Thews G, Vaupel P (2005) Vegetative Physiologie. 5. Aufl. Springer, Berlin, Abb. 6.17, S. 209.)

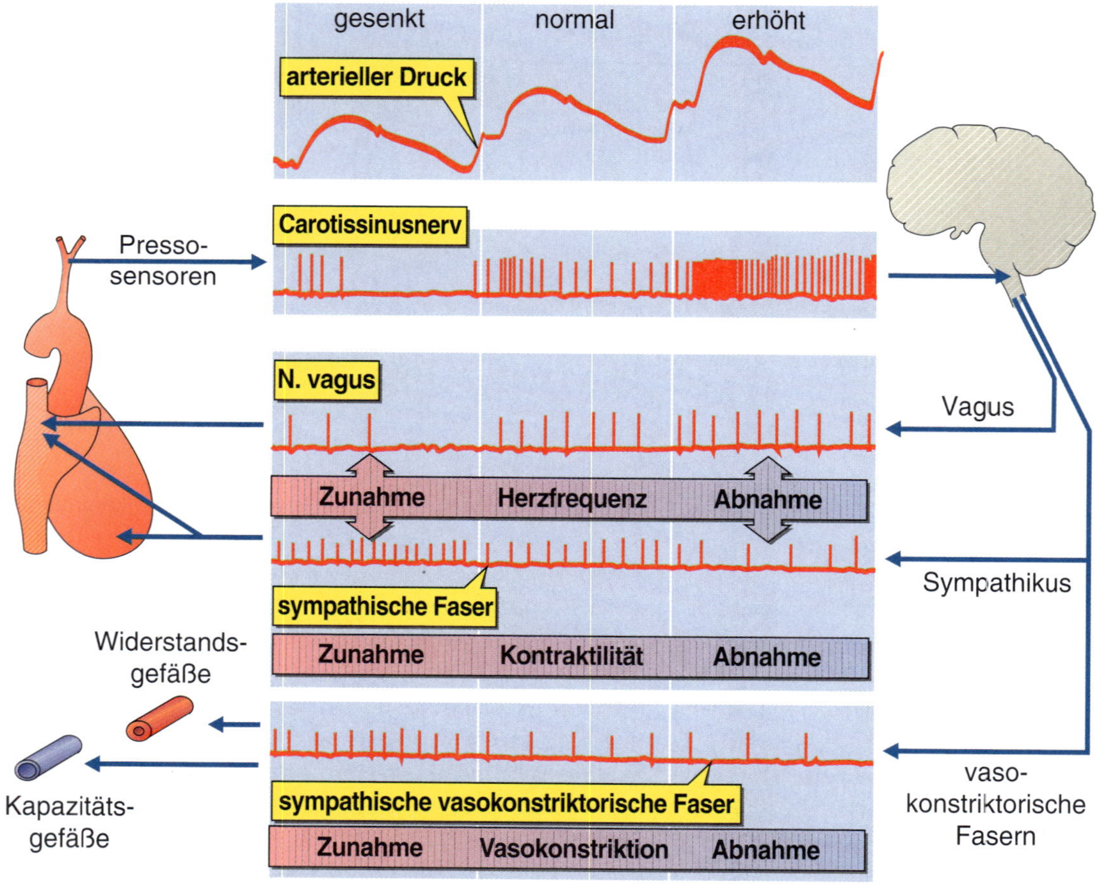

Abb. 5.26 Die wichtigsten afferenten und efferenten Bahnen des Depressorreflexes (reflektorische Senkung des Blutdrucks infolge einer plötzlichen Steigerung des Gefäßdrucks im Carotissinus und im Aortenbogen) und die resultierenden Kreislaufreaktionen. (Aus Thews G, Vaupel P (2005) Vegetative Physiologie. 5. Aufl. Springer, Berlin, Abb. 6.18, S. 210.)

allerdings zu beachten ist, dass dem Mechanismus kein Reflexbogen, sondern ein in sich geschlossener Regelkreis zugrunde liegt. Die neurogene Vasokonstriktion der Widerstandsgefäße als Antwort auf einen Blutdruckabfall fällt in den einzelnen Organen unterschiedlich aus. Sie ist zum Beispiel in den Skelettmuskeln stärker ausgeprägt als in der Haut. Von besonderer Bedeutung ist aber, dass die neurogene Vasokonstriktion die in den aktiven Organen (im arbeitenden Muskel) auftretende metabolische Dilatation nicht rückgängig zu machen vermag. Die maximale Durchblutung des aktiven Muskels bleibt trotz maximaler Steigerung des sympathischen Tonus bestehen.

An der kurzfristigen Kreislaufregulation sind neben den Pressorezeptoren des Carotissinus und Aortenbogens auch Dehnungsrezeptoren in beiden Vorhöfen des Herzens sowie in der Lungenarterie beteiligt. Auch sie beantworten einen Blutdruckanstieg mit höheren Entladungsfrequenzen, die zu einer Hemmung der sympathischen Efferenzen führen. Diese Rezeptoren spielen auch im Rahmen der systemischen Volumenregulation eine Rolle.

Der kurzfristigen Korrektur des systemischen Blutdrucks über den Depressorreflex muss schon deshalb eine langfristige Regulation folgen, weil sich die Pressorezeptoren relativ schnell an den veränderten Blutdruck gewöhnen (Adaptation). Die langfristige Regulation besteht in erster Linie in einer Regulation des zirkulierenden **Blutvolumens**, durch das die venöse Füllung und damit das **Herzzeitvolumen** bestimmt werden. Das geschieht über die Regulation der Flüssigkeitsausscheidung über die Niere (▶ Abschn. 8.2.9). Bei Abfall des Blutdrucks kommt es zur Drosselung, bei Anstieg zur Steigerung der Kochsalz- und Wasserausscheidung.

In diesem Zusammenhang kommt dem **Renin-Angiotensin-Aldosteron-System** (RAA-System) (▶ Abschn. 8.2.10) eine zentrale Bedeutung zu. Bei Abnahme der Nierendurchblutung, zum Beispiel infolge eines systemischen Blutdruckabfalls, kommt es zu einer verstärkten Freisetzung von Renin aus den granulierten Zellen des juxtaglomerulären Apparats in der Niere. Renin spaltet aus dem vorwiegend in der Leber synthetisierten Angiotensinogen ein Dekapeptid, das Angiotensin I, ab. Das ACE (*angiotensin converting enzyme*) der Endothelzellen setzt anschließend aus dem Angiotensin I das stark vasikonstriktorisch wirkende Oktapeptid **Angiotensin II** frei. Es kommt zur Kontraktion der Widerstandsgefäße, sodass der Blutdruck ansteigt. Gleichzeitig löst das Angiotensin II **Durst** aus und fördert die Aldosteronausschüttung aus der Nebennierenrinde. Das Steroidhormon Aldosteron fördert die **Na^+-Reabsorption** in der Niere (d. h., es wird weniger Wasser ausgeschieden). Als Gegenspieler von Angiotensin II treten die natriuretischen Peptide auf. Das zu ihnen zählende **atriale natriuretische Peptid** (ANP) besteht aus 28 Aminosäureresten. Es wird aus den überdehnten atrialen Muskelzellen ausgeschüttet, wenn der venöse Rückstrom aus dem Körperkreislauf in das rechte Atrium während der atrialen Diastole bei hohem Blutvolumen größer ist als gewöhnlich. Die ANP-Rezeptoren auf den Zielzellen haben eine einzige Transmembrandomäne. Sie sind besonders häufig in der glatten Gefäßmuskulatur und in der Zona glomerulosa der Nebenniere (Bildungsort des Aldosterons) anzutreffen. Die Bindung des ANP führt direkt zur Aktvierung einer Guanylylcyclase. Akkumulierendes cGMP aktiviert eine cGMP-abhängige Proteinkinase (Protein-Kinase G). Dies führt zur Vasodilatation und damit zu einer verstärkten Flüssigkeitsverlagerung ins Interstitium hinein. Gleichzeitig hemmt es die Aldosteron- und Vasopressinfreisetzung. In der Niere fördert dies die Na^+- und Wasserausscheidung. Dadurch wird das zirkulierende Blutvolumen reduziert und der Blutdruck gesenkt.

5.4 Das Herz der Wirbeltiere

Das **Herz** der Wirbeltiere ist ein **Hohlmuskel** und stets mehrkammerig. Es liegt in einem Herzbeutel (Perikard[203]), dessen Wand steif (Elasmobranchier, Dipnoer) oder elastisch dehnbar (Teleosteer, Säugetiere) sein kann. Nur im ersten Fall erzeugt die Kontraktion des Ventrikels einen Unterdruck in der Perikardialhöhle, im anderen Falle nicht. Alle Wirbeltierherzen besitzen eine **myogene Automatie**. Die Herzmuskulatur selbst, das Myokard[204], weist eine Querstreifung auf. Es ist sowohl zum Herzlumen hin als auch an der Herzoberfläche von einer dünnen epithelbedeckten Bindegewebsschicht überzogen, dem Endo- bzw. dem Epikard. Zwischen den Herzkammern sowie an den Ein- und Austrittstellen der Gefäße sind Herzklappen ausgebildet, die den Blutstrom nur in eine Richtung hindurchlassen, also für einen gerichteten Blutstrom sorgen. Die ausreichende Versorgung der Herzmuskulatur mit Blut erfolgt über gesonderte Gefäße, die Herzkranzgefäße (Arteriae coronariae).

5.4.1 Bau und Arbeitsweise

Fische

Das **Herz** der Fische besteht aus vier, in Serie angeordneten Kammern (◻ Abb. 5.17). Ein dünnwandiger **Sinus venosus**, in dem das aus den Kardinalvenen und der (oder den) Lebervene(n) kommende Blut gesammelt wird, ist der erste der kontraktilen Abschnitte des Herzens. Ihm angeschlossen ist eine Vorkammer (**Atrium**[205]), eine Hauptkammer (**Ventrikel**[206]) und der **Conus arteriosus** bzw. **Bulbus arteriosus**, ein enges, kräftiges und muskulöses Rohr, das häufig Klappen aufweist und sich in die ventrale **Aorta** fortsetzt. Die zunächst in der Embryogenese hintereinander angelegten vier Abschnitte bilden später eine S-förmige Schleife. Das Myokard der Herzkammer (Ventrikel) besteht bei den Fischen – wie auch bei den Amphibien– aus einem schwammartigen Maschenwerk von Muskelzellen (Spongiosa[207]).

Das Herz der wasseratmenden Fische erhält ausschließlich O_2-armes Blut aus dem Körper und transportiert dieses unmit-

[203] *peri-* (griech.) = herum; *kardia* (griech.) = Herz
[204] *mys* (griech.) = Muskel
[205] *atrium* (lat.) = Eingangshalle
[206] *ventriculus* (lat.) = Herzkammer
[207] *spongos* (griech.) = Schwamm

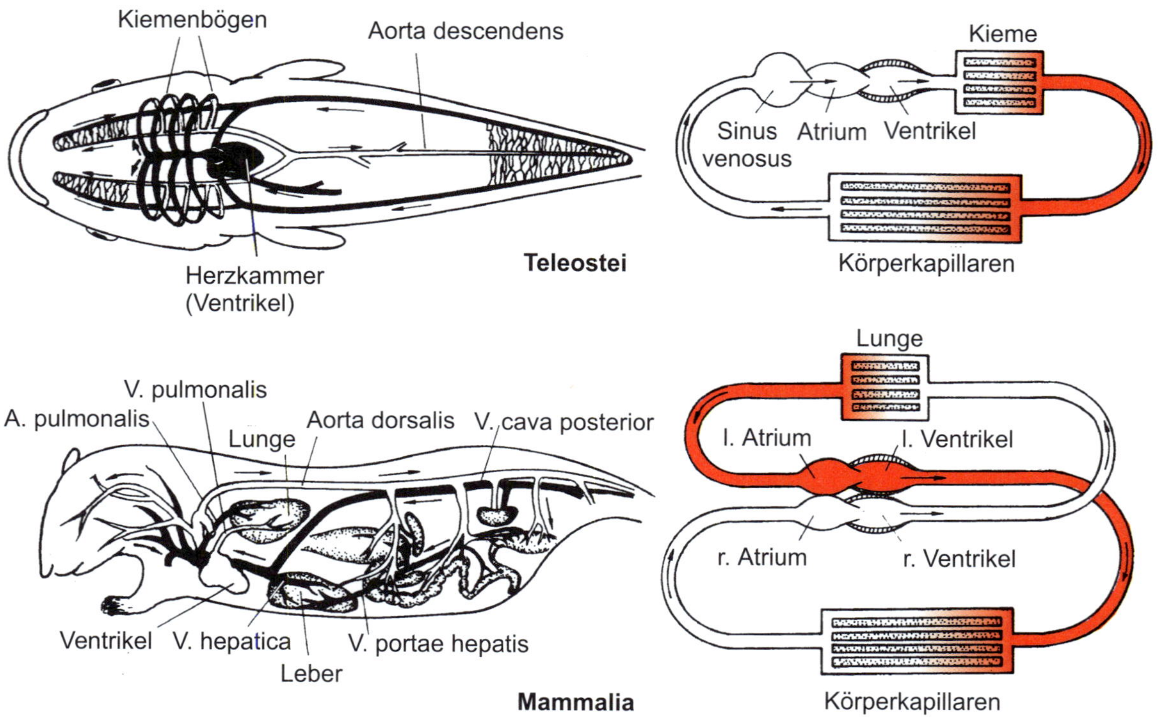

Abb. 5.27 Schematische Darstellung der Blutkreisläufe beim Knochenfisch (Teleostei) und beim Säugetier (Mammalia). (Nach Schwartzkopff J (1957) Herzfrequenz und Körpergröße bei Mollusken. Zool Anz Suppl 20, 463–469.)

telbar zu den Kiemen, von wo das Blut, mit Sauerstoff beladen, erneut in den Körper zurückfließt (Abb. 5.27). Es stellt also funktionell ein »venöses« **Kiemenherz** dar.

Das **Perikard** der Elasmobranchier (Haie, Rochen) und Dipnoer (Lungenfische) ist ebenso wie das der Crustaceen und Muscheln und im Gegensatz zu dem der Teleosteer (Knochenfische) nicht dehnbar. Während der Systole des Atriums von Elasmobranchiern füllen sich sowohl der Ventrikel wie auch der Bulbus arteriosus mit Blut. Bei der sich anschließenden Ventrikelkontraktion wird weiteres Blut aus dem Ventrikel in den Bulbus befördert. Der Druck steigt in beiden Herzabschnitten gleichermaßen an, bis er einen Wert erreicht, bei dem sich die distalen Klappen öffnen und das Blut in den **Truncus arteriosus** und die ventrale Aorta übertritt. Gleichzeitig mit der Ventrikelsystole tritt ein Unterdruck in dem nichtelastischen Perikard auf, wodurch die Füllung des Atriums unterstützt wird. Eine isovolumetrische Phase während der Ventrikelsystole tritt bei Elasmobranchiern nicht auf. Mit einer zeitlichen Verzögerung zur Ventrikelsystole kommt es auch zur Kontraktion des **Bulbus arteriosus**, wobei Klappen zwischen dem Ventrikel und dem Bulbus einen Rückfluss des Blutes in den Ventrikel während seiner Erschlaffung verhindern. Die Bulbussystole schreitet relativ langsam in Richtung die Aorta voran. Dabei öffnen und schließen sich die Klappenpaare des Bulbus nacheinander.

Mit dem Übergang zum Landleben (**Lungenatmung**) trat folgendes Problem auf: Dem Herz floss nicht mehr allein verbrauchtes, O_2-armes Blut aus dem Körper zu, sondern auch O_2-beladenes aus der Lunge. Es mussten Einrichtungen geschaffen werden, durch die eine Vermischung beider Blutsorten verhindert und eine Weiterleitung des O_2-armen Blutes zur Lunge, des O_2-reichen zu den atmenden Geweben gewährleistet wurde. Bereits bei den Lungenfischen (Beispiel: *Protopterus*) begann sich eine Trennung der beiden Blutströme herauszubilden, indem die **Lungenvenen** nicht mehr gemeinsam mit den anderen Venen in den Sinus venosus eintraten, sondern getrennt von ihnen in die linke Hälfte des Atriums. Der Vorhof wurde vollständig und der Ventrikel unvollständig durch ein Septum in eine linke und in eine rechte Hälfte getrennt. Außerdem findet man eine lange Spiralfalte im Bulbus arteriosus. Das O_2-reiche Blut aus der linken Herzseite wird über die anterioren Kiemengefäße (hier gibt es keine Kiemenlamellen mehr) direkt in die Aorta dorsalis und weiter in den Körper geleitet. Das O_2-arme Blut aus der rechten Herzseite gelangt in die posterioren **Kiemenbogengefäße**. An der Basis der dort noch vorhandenen Kiemenlamellen befindet sich eine Kurzschlussverbindung zwischen der afferenten und der efferenten A. branchialis, sodass das Blut im Bedarfsfall an den Lamellen vorbeigeführt werden kann. Das ist zum Beispiel während der Trockenzeit, wenn die Gewässer ausgetrocknet sind und die Tiere in einem Sommerschlaf verharren, der Fall. Dann fließt das Blut unter Umgehung der **Kiemenlamellen** entweder in die Lunge oder über einen besonderen Ductus in die dorsale Aorta und weiter in den Körper. Das Tier verfügt über Möglichkeiten, den einen oder den anderen Weg zu bevorzugen. Dazu ist der Ductus stark innerviert und am Eingang der Lungenarterie befindet sich ein muskulöses pulmonales vasomotorisches Segment.

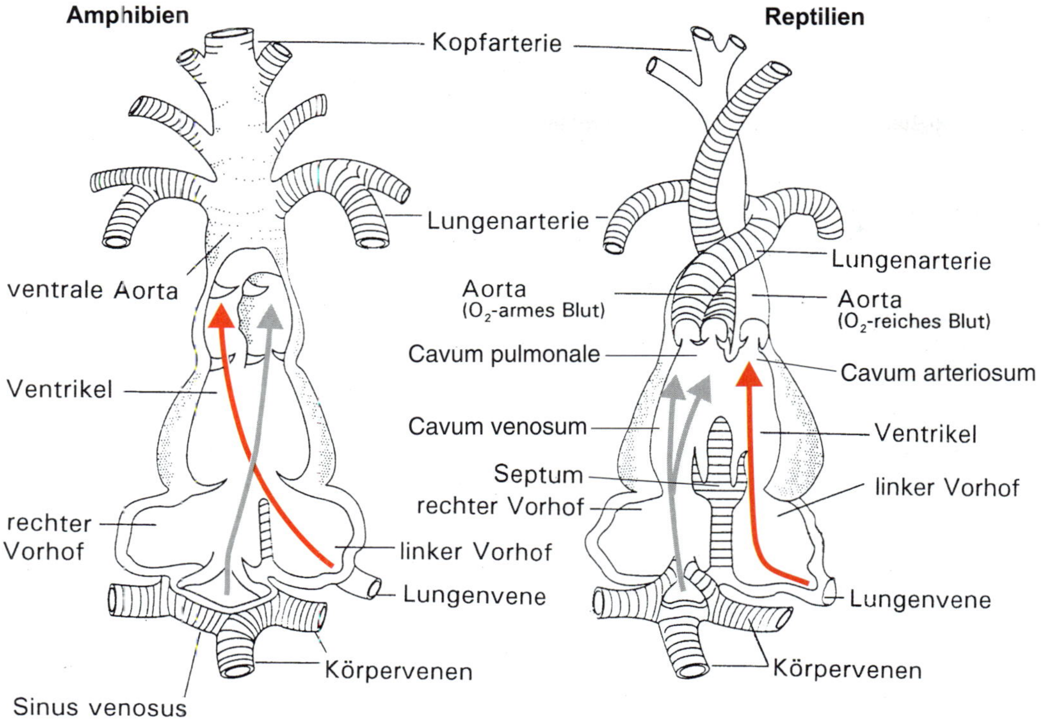

Abb. 5.28 Ventralansicht des Herzens eines Amphibiums (links) und eines Reptils (rechts). Die roten Pfeile zeigen den Weg des in der Lunge mit Sauerstoff angereicherten, die grauen Pfeile den des aus dem Körper über die Körpervenen zum Herz zurückgekehrten, sauerstoffarmen Blutes. (Nach Stahl BJ (1974) Vertebrate history. Problems in evolution. McGraw Hill, New York, verändert.)

Amphibien und Reptilien

Bei den Amphibien sind – wie bei den Reptilien, Aves und Mammaliern auch – zwei getrennte Vorkammern vorhanden. Die rechte Vorkammer (Vorhof) erhält relativ O_2-armes Blut über den Sinus venosus aus dem **Körperkreislauf** (Gewebe und Haut). Die linke Vorkammer erhält ausschließlich mit Sauerstoff angereichertes Blut aus der Lunge. Die Kammer zeigt noch keine morphologische, wohl aber eine weitgehend funktionelle Trennung in zwei Hälften (Abb. 5.28). Es wird angenommen, dass das von der Lunge kommende O_2-reiche Blut aus der linken Hälfte des Herzens durch eine Spiralfalte im Anfangsteil der Aorta vornehmlich in den Körper weitergeleitet wird, das O_2-arme Blut aus der rechten Hälfte dagegen vornehmlich über die Arteria pulmocutanea zur Lunge und zur Haut (Hautatmung).

Vom Herz der Reptilien (Abb. 5.28) gehen drei große Gefäße aus die **Lungenarterie**, ein rechter und ein linker **Aortenbogen**. Der Ventrikel der Reptilien ist mit Ausnahme der Krokodile nur unvollständig durch ein Septum in zwei Hälften geteilt, ist aber sonst recht kompliziert aufgebaut. Man kann einen dorsalen (Cavum dorsale) und einen ventralen Raum (Cavum pulmonale) unterscheiden. Beide sind durch eine horizontal verlaufende Muskelleiste (horizontales Septum) voneinander getrennt. Das Cavum dorsale ist außerdem durch das vertikale **Septum** unvollständig in eine rechte (Cavum venosum) und linke Hälfte (Cavum arteriosum) unterteilt. Die Lungenarterie entspringt vom C. pulmonale, die beiden Aortenbögen vom C. venosum.

Während der Diastole der Herzkammer fließt O_2-armes Blut aus dem rechten Vorhof, der sich etwas früher als der linke kontrahiert, in das C. venosum und über die freie Kante der Muskelleiste weiter ins C. pulmonale. Das O_2-reiche Blut aus dem linken Vorhof füllt das C. arteriosum und zum Teil das C. venosum. O_2-armes Blut, das sich bei Beginn der Kammersystole noch im C. venosum befindet, wird zusammen mit dem O_2-reichen Blut erneut in den Körperkreislauf (Aortenbögen) dirigiert (**Rechts-Links-Shunt**[208]). Umgekehrt kann O_2-reiches Blut, das sich beim Beginn der Kammerdiastole noch im C. venosum befindet, ins C. pulmonale transportiert und zusammen mit dem O_2-armen Blut erneut in den Lungenkreislauf geschickt werden (Links-Rechts-Shunt). Das Ausmaß dieser Shunts ist keine konstante Größe, sondern hängt unter anderem von den endsystolischen und enddiastolischen Volumina des C. venosum relativ zum C. pulmonale und C. arteriosum ab. Es kann vom Tier, dem jeweiligen physiologischen Zustand entsprechend, angepasst werden.

Bei vielen Reptilien, unter ihnen besonders die Schildkröten und Krokodile, wechseln Perioden starker Ventilation mit apnoischen Perioden variabler Länge ab. Der apnoische Zustand geht oft mit Tauchperioden einher und ist mit einer **Bradykardie**[209] verbunden. In diesem Zustand der apnoischen Bradykardie steigt der Widerstand in der Lungenarterie in-

208 *shunt* (engl.) = Kurzschlussverbindung
209 *bradykardia* (griech.) = verlangsamter Herzschlag

folge der Kontraktion eines Sphinktermuskels, was zur Folge hat, dass der Blutfluss in die Lunge vermindert wird und das Blut zum Teil von der rechten in die linke Herzkammerhälfte ausweicht, um zusätzlich in den Körperkreislauf geschickt zu werden (Rechts-Links-Shunt). Der arterielle O_2-Partialdruck ist unter diesen Bedingungen niedrig. Die kardiovaskulären Veränderungen während der Apnoe stehen unter parasympathischem Einfluss (N. vagus). Während der Ventilationsphase finden wir die entgegengesetzten Vorgänge. Der Tonus des N. vagus nimmt ab, die Herzfrequenz steigt (**Tachykardie**) und der Tonus des Sphinktermuskels in der Lungenarterie sinkt. Die Folge ist, dass der Rechts-Links-Shunt deutlich abnimmt und mehr Blut in die Lunge fließt. Der arterielle O_2-Partialdruck steigt. Bei der an den Meeresküsten Indiens und des Indoaustralischen Archipels beheimateten Warzenschlange *Acrochordus granulatus* ist während der Ventilation der Blutfluss in die Lungenarterie zehnmal höher als der in den Körperkreislauf.

Der **arterielle O_2-Partialdruck** hängt bei den Reptilien nicht nur von der Lungenventilation, sondern auch von dem Ausmaß des Rechts-Links-Shunts im Herz ab. Ungestörte, ruhende Reptilien zeichnen sich normalerweise durch einen hohen Vagustonus, geringe Lungendurchblutung und einen hohen Rechts-Links-Shunt des Blutflusses im Herzventrikel aus. Ein relativ niedriger O_2-Spiegel im Blut ist die Folge. Wenn der Stoffwechsel durch höhere Temperaturen, körperliche Tätigkeit oder Verdauung ansteigt, wird der Rechts-Links-Shunt reduziert. Der arterielle O_2-Partialdruck steigt an.

Unter den Reptilien entwickeln diejenigen die höchsten Stoffwechselraten, die ihre beiden Ventrikelhälften funktionell am vollkommensten voneinander getrennt und damit den Shunt am stärksten reduziert haben. Die Warane (Varanidae) – und Ähnliches gilt für viele Schlangen – mit gut entwickelter Muskelleiste und effektiver Trennung der Blutströme in ihrem Herz können Sauerstoffverbrauchsraten (als Maß für die Stoffwechselraten) von 20 ml O_2 min^{-1} kg^{-1} erreichen, während die Schildkröten mit schwach ausgeprägter Muskelleiste es nur auf 10 ml O_2 min^{-1} kg^{-1} bringen. Die vollständige Trennung der Blutflüsse im Herz war eine wichtige Voraussetzung für die hohen Stoffwechselraten, wie wir sie bei Säugetieren und Vögeln finden.

Vögel und Säugetiere

Eine vollständige Trennung beider Blutströme (O_2-reich und O_2-arm) ist erst im **Herz** der Vögel und Säugetiere durch die Herausbildung einer **Ventrikelscheidewand** erreicht. Das Blut fließt von den Lungen zur linken Vorkammer, dann über die linke Kammer in den Körper und von dort zurück zur rechten Vorkammer und über die rechte Kammer wieder zur Lunge. Es ist also nicht ganz exakt, wenn man von zwei Kreisläufen, vom Lungen- und vom Körperkreislauf des Blutes spricht. Es handelt sich nur um einen einzigen, in sich zurückführenden Kreislauf, der allerdings zweimal durch das Herz führt, einmal durch die rechte und einmal durch die linke Herzhälfte (Abb. 5.27).

Die Arbeitsweise des vierkammerigen Herzens soll am Beispiel des Säugetiers genauer besprochen werden. Die Füllung der Vorhöfe geschieht während der Kammersystole. Durch die Kontraktion der Kammermuskulatur wird die Atrioventrikulargrenze (**Ventilebene**) mit den in ihr enthaltenen **Segelklappen**, die wegen des herrschenden höheren Drucks im Ventrikel geschlossen sind, herzspitzenwärts gezogen (Abb. 5.29). Dadurch und durch die gleichzeitige Erschlaffung der Vorhofmuskulatur (Vorhofdiastole) wird das Volumen der Vorhöfe vergrößert und Blut strömt aus den Venen ein.

Während der sich anschließenden **Ventrikeldiastole** hebt sich die Ventilebene wieder. Dabei sind die Segelklappen wegen des gegenüber dem Vorhofdruck geringeren Ventildrucks geöffnet und das Blut tritt aus den Vorhöfen in die Kammern über. Unterstützt wird die Ventrikelfüllung durch die Eigenelastizität der Ventrikelmuskulatur, die den Ventrikel auf sein Ruhevolumen dehnt und somit den Unterdruck gegenüber dem Atrium verstärkt. Die **Vorhofsystole** setzt (bei ruhigem Herzschlag) erst sehr spät ein und befördert nur noch ein geringes zusätzliches Blutvolumen in die Kammer. Da die Vorhofsystole an den Einmündungen der großen Venen beginnt und in Richtung zum Ventrikel fortschreitet, wird ein größerer Rückfluss von Blut in die Venen verhindert.

Während der sich nun anschließenden **Ventrikelsystole** nimmt das Herz zunächst eine annähernd kugelförmige Gestalt an. Ist so die kleinstmögliche Oberfläche der Kammer bei gegebenem Volumen erreicht (Abb. 5.30A), führt die weitere Kontraktion der Kammermuskulatur zu einem Druckanstieg

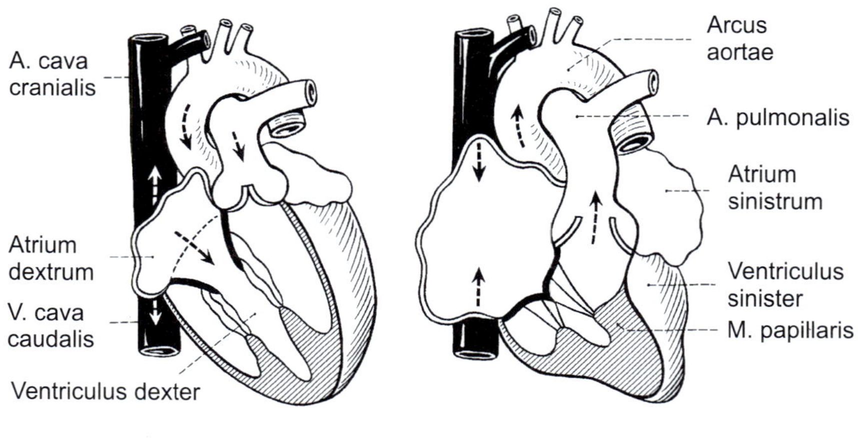

Abb. 5.29 Arbeitsweise des Säugetierherzens anhand eines Blockschnittbildes mit Blick auf die geöffnete rechte Herzhälfte. Links: Diastole des Ventrikels und Systole des Atriums. Rechts: Systole des Ventrikels und Diastole des Atriums. Die Segelklappen zwischen Atrium und Ventrikel sind schwarz dargestellt, die Aortenklappen zwischen Ventrikel und Aorta pulmonaris weiß. (Aus Landois L, Rosemann R (1962) Lehrbuch der Physiologie des Menschen. 28. Aufl. Urban & Schwarzenberg, München.)

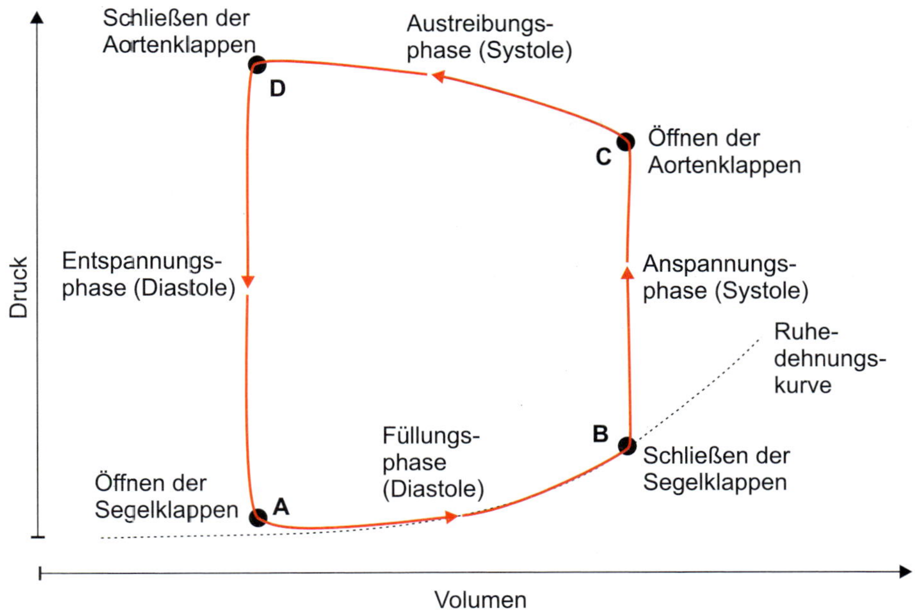

Abb. 5.30 Die Arbeitsphasen der Ventrikelmuskulatur des Säugerherzens anhand des Druck-Volumen-Diagramms im Ventrikel während des Herzzyklus. Erläuterungen im Text. (Nach Fung YC (1984) Biodynamics. Circulation. Springer, Berlin, verändert.)

im Ventrikel (isovolumetrische Kontraktion) (A–B), der zum Schluss der Atrioventrikularklappen (Segelklappen) führt (B). Die weitere Anspannung der Ventrikelmuskulatur führt zwar zu einem weiteren Druckanstieg (B–C), aber wegen der aufgrund des hohen Aortendrucks noch geschlossenen Aortenklappen (Taschen- bzw. Semilunarklappen) noch nicht zur Verkürzung der Ventrikelmuskelfasern. Blut tritt erst in die Aorta über, wenn der Druck im Ventrikel den in der Aorta übersteigt und die Aortenklappen öffnen (C). Unter Verkürzung der Fasern der Ventrikelmuskelzellen beginnt die Austreibungsphase der Systole (C–D), wobei der Druck im Ventrikel annähernd konstant bleibt (isobare bzw. isotone Phase der Systole). Sie dauert so lange an, wie dieser Überdruck durch Kontraktion der Kammermuskulatur aufrechterhalten wird. Mit Beginn der Entspannung der Ventrikelmuskulatur schließen sich durch Rückschlag die Aortenklappen (D) und der der Druck im Ventrikel fällt weiter ab (D–E). Mit dieser Entspannungsphase wird die Diastole eingeleitet. Sinkt der Ventrikeldruck schließlich unter den Vorhofdruck, so öffnen sich wiederum die Atrioventrikularklappen (E) und die Füllungsphase beginnt von vorn.

5.4.2 Herzautomatie

Typisch für alle Herzen ist ihre rhythmische Kontraktion. Die Herzen bestimmter Tiere kann man aus dem Tierkörper präparieren und sie schlagen (unter geeigneten Bedingungen) mit konstanter Frequenz weiter. Die Rhythmik der Herztätigkeit muss also – anders als bei den Atmungsbewegungen – im Herz selbst entstehen und wird nicht von einem im Zentralnervensystem gelegenen Zentrum aus bestimmt. Man bezeichnet diese Eigenschaft des Herzens als **Autonomie** oder **Autorhythmie**. Genauere Untersuchungen haben gezeigt, dass die Erregungsbildung gewöhnlich an einem bestimmten Ort des Herzens (primäres Erregungs- oder **Automatiezentrum**) erfolgt und sich von dort aus über das ganze Herz ausbreitet. Da dieser Ort den Kontraktionsrhythmus bestimmt, nennt man ihn **Schrittmacher** des Herzens.

Die Erregungsbildungszentren können entweder aus Ganglienzellen (neurogen) oder aus modifizierten Muskelzellen (myogen) hervorgegangen sein. Man unterscheidet deshalb zwischen einer neurogenen Automatie und einer myogenen Automatie. Bei **neurogener Automatie** scheint keine Erregungsleitung zwischen den Muskelzellen des Myokards zu bestehen. Die Aktivierung des gesamten Myokards wird vielmehr durch eine polyneuronale und multiterminale Innervierung gewährleistet. Bei der **myogenen Automatie** breitet sich die Erregung dagegen von Zelle zu Zelle im Myokard aus (**elektrische Kopplung** der Herzmuskelzellen durch Gap Junctions). Das ist bei allen Wirbeltierherzen sowie bei einigen Wirbellosen der Fall.

Bei den Elasmobranchiern, den Aalen (*Anguilla*, *Conger*) sowie den Amphibien liegt das primäre **Erregungsbildungszentrum** (Abb. 5.31) im **Sinus venosus**, bei den meisten Fischen ist es auf eine schmale Region zwischen dem Sinus und dem Vorhof beschränkt (sinuatrialer Knoten). Bei den Vögeln und Säugetieren, bei denen der Sinus mit dem rechten Vorhof verschmolzen ist, liegt es im rechten Vorhof an der Einmündungsstelle der großen Venen. Da die Zellgruppe, die die Automatie bedingt, bei Vögeln und Säugern denjenigen Zellen des Sinus venosus bei Fischen entspricht, nennt man das primäre Automatiezentrum des Vogel- und Säugetierherzens **Sinusknoten** (Abb. 5.32). Ein weiteres Automatiezentrum liegt in einer Muskelzellgruppe, die am Übergang vom Atrium zum Ventrikel gelegen ist (**Atrioventrikularknoten**). Der hier erzeugte Rhythmus ist langsamer als der des Sinusknotens und kommt daher im normal schlagenden Herz nie zum Zug. Er dient aber als Reservemechanismus für die Erregung des Ventrikels, wenn

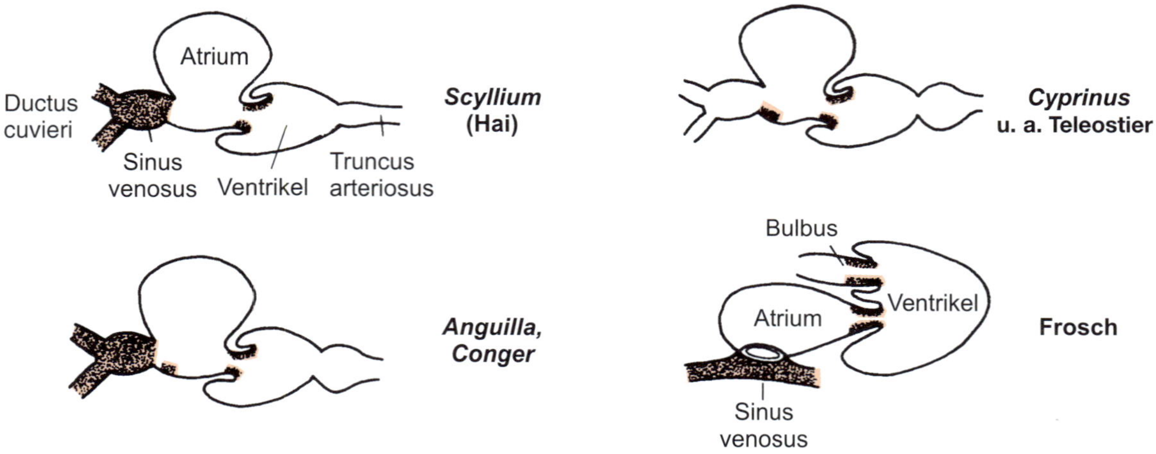

Abb. 5.31 Lage der Automatiezentren (rot unterlegte Punktierung) in den Herzen verschiedener Taxa der Fische und der Amphibien. (Nach von Skramlik E (1935) Über den Kreislauf bei den Fischen. Ergeb Biol 11, 1–130.)

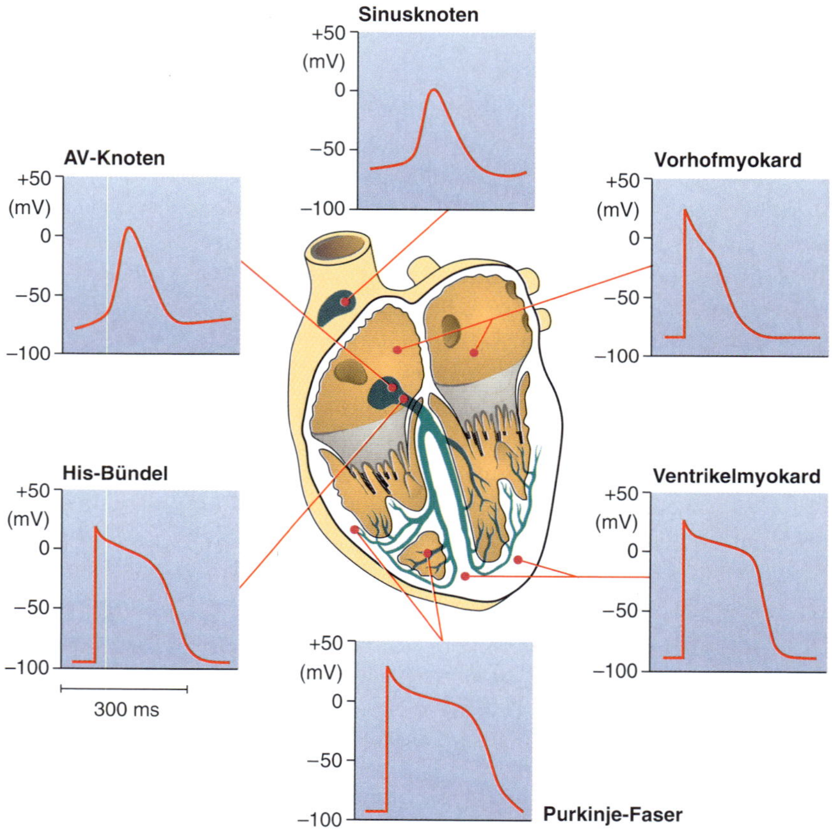

Abb. 5.32 Erregungsbildungszentren und Leitungswege der Erregung im Säugetierherz und die typischen Formen der Aktionspotenziale in den unterschiedlichen Abschnitten des Myokards. (Aus Thews G, Vaupel P (2005) Vegetative Physiologie. 5. Aufl. Springer, Berlin, Abb. 5.2, S. 102.)

der Sinusknoten nicht funktioniert (sekundäres Erregungsbildungszentrum).

Lokale Erwärmung des Erregungsbildungszentrums führt zur Beschleunigung des Herzschlags. Abschnüren des Sinusknotens vom übrigen Herz (Stannius*-Ligatur) hat beim Frosch den Stillstand des Herzens zur Folge, während der Sinus selbst in normaler Frequenz weiterschlägt. Durch mechanische Reizung des abgeschnürten Ventrikels kann man diesen wieder zur rhythmischen Kontraktionstätigkeit anregen, eine Konsequenz der Rhythmusgeneration im sekundären Erregungsbildungszentrum. Die Frequenz ist aber deutlich niedriger als die des Sinus. Es befindet sich bei Fischen und Amphibien an der Atrioventrikulargrenze in der Nähe der Segelklappen (**Atrioventrikularknoten**, AV-Knoten), bei den Vögeln und Säugetieren an der Grenze zwischen dem rechten Vorhof und dem Ventrikel oberhalb des Kammerseptums. Der Rhythmus des AV-Knotens kommt erst dann zur Geltung, wenn das primäre Automatiezentrum ausgefallen ist. Als tertiäres Automatiezentrum mit noch langsamerer Arbeitsrhythmik kann bei den Elasmobranchiern der Conus arteriosus, bei den Vögeln und Säugetieren das **His*-Bündel** in Funktion treten (Abb. 5.32).

Die Automatiezentren bestehen aus sarkoplasmareichen Muskelzellen, die relativ wenige Muskelfibrillen mit undeutlicher Querstreifung aufweisen. Wie alle Muskelzellen, so besitzen auch diese in Ruhe ein **Ruhemembranpotenzial**. Es ist jedoch über die Zeit der Herzdiastole nicht konstant, wie das bei normalen Muskelzellen des Herzens (60–70 mV beim Hund, 55 mV beim Frosch) der Fall ist, sondern steigt infolge der größeren konstitutiven Na^+- und K^+-Permeabilität der Plasmamembran langsam an. Die **spontane Permeabilität** für Na^+- und K^+-Ionen wird durch die Anwesenheit einer bestimmten Sorte von Ionenkanälen bewirkt, die es im Herz nur in den Automatiezentren gibt. Dieses sind **HCN-Kanäle** (HCN für *hyperpolarization-activated cyclic nucleotide-gated*) bzw. **Funny-Kanäle**[210]. Diese Bezeichnung erhielten die Kanäle, weil sie merkwürdigerweise unter Hyperpolarisation des Membranpotenzials aktiv werden. Sie leiten während der Herzdiastole Natrium- und Kaliumionen in die Zellen und depolarisieren die Membran (Vordepolarisation, Schrittmacherpotenzial) bis zum Schwellenpotenzial spannungsgesteuerter Calciumkanäle, das bei etwa −30 mV liegt. Erreicht diese langsame diastolische Depolarisation diesen Wert, so wird durch schnellen Einstrom von Calciumionen durch L-Typ Calciumkanäle ein **Aktionspotenzial** ausgelöst und dieses durch die elektrischen Verbindungen der Herzmuskelzellen untereinander (Gap Junctions) auf die Nachbarzellen übergeleitet. Die HCN-Kanäle sind die Grundlage für eine rhythmische Erregungsauslösung in Sinus- und AV-Knoten des Wirbeltierherzens. Man bezeichnet diesen Automatiemechanismus daher auch als *membrane clock*. Neuere Untersuchungen legen nahe, dass an diesem rhythmusgebenden System auch Calciumkanäle vom T-Typ beteiligt sind und daher schon vor der eigentlichen Auslösung des Aktionspotenzials Ca^{2+}-Ionen in das Cytoplasma der Zellen des Erregungsbildungszentrums einströmen, die über die Aktivierung eines Na^+/Ca^{2+}-Austauschers (NCX) in der Plasmamembran einen beschleunigenden Effekt auf die Depolarisationsrate des Membranpotenzials der Zellen ausüben, weil dieser Austauscher während eines Umlaufs ein Ca^{2+}-Ion aus dem Cytoplasma in den Extrazellularraum transportiert und dieses gegen drei Na^+-Ionen austauscht. Die relative Bedeutung der HCN- und der Ca^{2+}-Kanäle für die Automatie des Herzens scheint bei den Wirbeltiergruppen etwas unterschiedlich zu sein. So konnte beim Ochsenfrosch (*Rana catesbeiana*) ein HCN-Kanal-vermittelter Einstrom von Kationen bisher noch gar nicht nachgewiesen werden. Auch bei Säugetieren kommt der Rhythmusgenerator durch Inhibition der HCN-Kanäle nicht völlig zum Stehen, verlangsamt sich aber beträchtlich.

Langsam öffnende spannungsgesteuerte Kaliumkanäle bewirken anschließend die Repolarisation zum minimalen Ruhewert des Membranpotenzials, der aber sofort nach Erreichen durch die einsetzende Vordepolarisation wieder verlassen wird. So beginnt der Zyklus von Neuem. Das Ergebnis ist die spontane Bildung von Aktionspotenzialen einer bestimmten Frequenz (**Herzrate, Herzfrequenz**).

Das Automatiezentrum, dessen Zellen mit der höchsten Frequenz arbeiten, bestimmt den **Herzrhythmus**. Die von ihm ausgehenden Erregungen erreichen nämlich jedes Mal die langsamer arbeitenden Zentren, bevor die dort im Entstehen begriffene Erregung das kritische Membranpotenzial erreicht hat (Abb. 5.33, rechts). Ein Aktionspotenzial in den Arbeitsmyokardzellen kann – im Gegensatz zu den Schrittmacherzellen – nur durch eine Depolarisation benachbarter Zellen (elektrische Kopplung) ausgelöst werden. Es zeigt eine steile initiale Depolarisation (Aufstrichphase), die wie bei den Nerven- und Skelettmuskelzellen durch eine erhöhte Na^+-Leitfähigkeit verursacht wird und eine Umpolarisation des Membranpotenzials (Overshoot) herbeiführt. In der Ventrikelmuskulatur wird die sich anschließende Repolarisationsphase allerdings durch ein länger andauerndes (einige hundert Millisekunden) Plateau (Abb. 5.33) zeitlich nach hinten verschoben. Die Ursache dafür ist ein langsamer Ca^{2+}-Einstrom, der die Depolarisationsphase der Ventrikelmyocyten verlängert. Dieser Ca^{2+}-Strom fließt durch Ca^{2+}-Kanäle vom HVA-(*high voltage activated*-)Typ und führt zu einer lokalen Erhöhung der Ca^{2+}-Konzentration unterhalb der Zellmembran, was zur Folge hat, dass **Ryanodinrezeptoren** in der Membran des sarkoplasmatischen Retikulums der Herzmuskelzellen aktiviert werden. Diese enthalten selbst eine Ca^{2+}-Leitfähigkeit und setzen Ca^{2+}-Ionen aus intrazellulären Speichern frei (CICR, *calcium-induced calcium release*). Dadurch wird die interne Ca^{2+}-Konzentration generell erhöht und die Kontraktion der Myofibrillen gesteuert.

Wird die Plateauphase im Experiment durch Applikation eines repolarisierenden Stroms künstlich abgekürzt, so wird auch die Kontraktion des Ventrikels verkürzt, was darauf hindeutet, dass das verlängerte Aktionspotenzial der Ventrikelmuskulatur wichtige biologische Bedeutungen hat. Eine liegt darin, dass das Herz als Hohlmuskel zu Beginn der Systole zunächst ein zunächst stillstehendes Flüssigkeitsvolumen unter hohen Druck setzen und dieses dann gegen einen bestehenden Vordruck in die Aorta auswerfen muss. Dabei müssen auch die **Trägheitskräfte des Blutes** überwunden werden. Schließlich benötigt der Auswurf des **Herzschlagvolumens** in die Aorta eine gewisse Zeit. Mit einem normalen Aktionspotenzial von einigen Millisekunden Dauer wäre eine solche Leistung nicht zu erbringen, da der Muskel bereits wieder erschlaffen würde, bevor das Volumen komplett ausgeworfen worden wäre. Das Plateau hat aber neben seiner Funktion der Kontrolle der Kontraktion des Myokards noch eine weitere, für die Tätigkeit des Herzens sehr wichtige Aufgabe zu erfüllen. Es verhindert die Aufhebung der Inaktivierung der Na^+-Kanäle und erzeugt damit eine sehr lange **absolute Refraktärzeit** von mehr als 100 ms. In dieser Zeit ist das Herz nicht erneut erregbar. Die Membran bleibt im Gegensatz zum Skelettmuskel so lange im refraktären Zustand, bis der Muskel wieder vollständig erschlafft ist. Deshalb kann es beim Herzmuskel auch keine zeitliche Fusion der Kontraktionen geben, das heißt der Herzmuskel ist nicht tetanisierbar.

[210] *funny* (engl.) = seltsam, merkwürdig

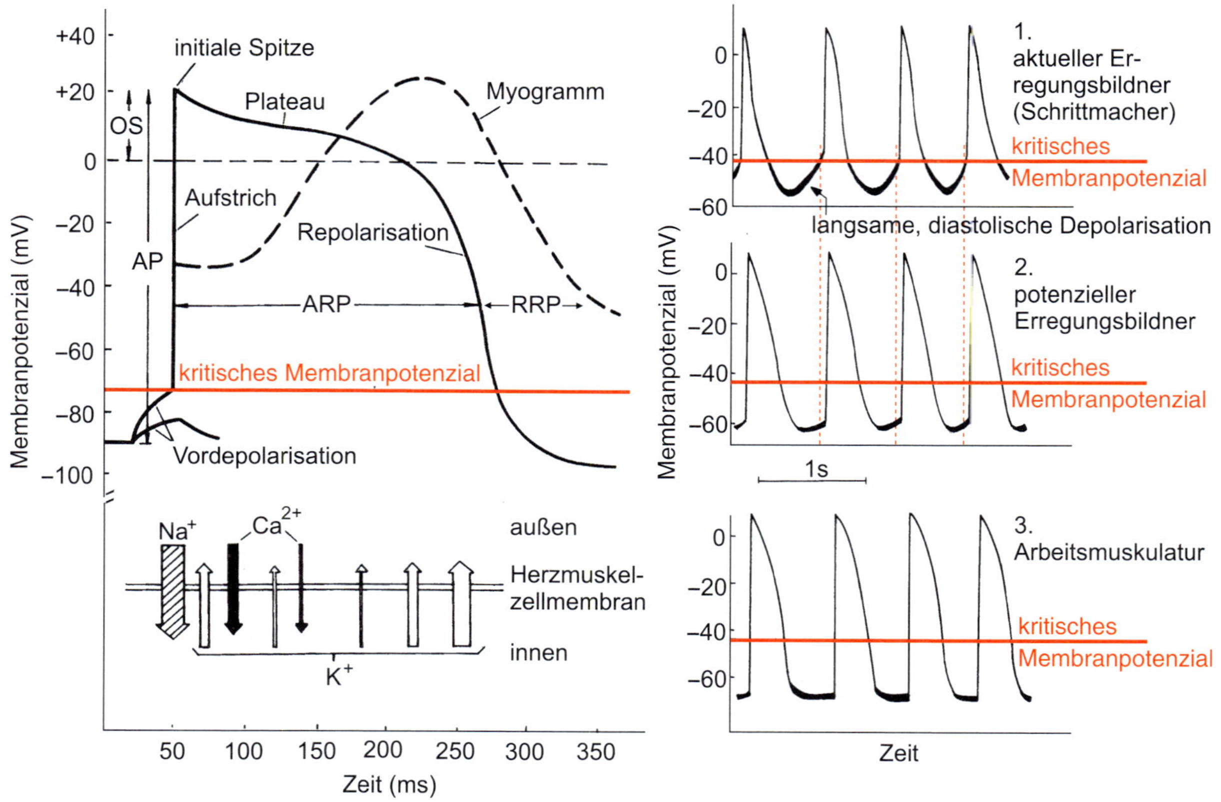

Abb. 5.33 Links: Zeitlicher Verlauf des Membranpotenzials einer Herzmuskelfaser eines Säugetiers und die diesem zugrunde liegenden Veränderungen der Ionenleitfähigkeit der Membran. Lokale Depolarisation (Vordepolarisation), Aktionspotenzial mit Overshoot und Plateau und das resultierende Myogramm (hier: Kraftentwicklung der Ventrikelmuskulatur = Mechanogramm). Das kritische Membranpotenzial entspricht dem Schwellenwert der langsamen spannungsabhängig geregelten Ca^{2+}-Kanäle. Rechts: Erregungsablauf im aktuellen (Sinusknoten) und potenziellen (z. B. AV-Knoten) Erregungsbildner sowie in der Arbeitsmuskulatur (Ventrikelmyokard) des Säugetierherzens. Nur in den Automatiezentren erfolgt während der Diastole eine Spontandepolarisation (ansteigende Basislinie des Membranpotenzials), deren Geschwindigkeit im Sinusknoten (führendes Zentrum = Schrittmacher) am größten ist und im AV-Knoten geringer ausfällt. Das kritische Membranpotenzial, das die Auslösung des Aktionspotenzials bewirkt, wird daher im potenziellen Schrittmacher erst deutlich später erreicht als im aktuellen Schrittmacher (senkrechte, gestrichelte rote Linien). Die spontan gebildeten Aktionspotenziale des Automatiezentrums erregen durch die elektrische Kopplung aller Herzmuskelzellen den Rest des gesamten Myokards. ARP, RRP = absolute bzw. relative Refraktärperiode; AP = Aktionspotenzial; OS = Overshoot. (Nach Keidel WD (1970) Kurzgefasstes Lehrbuch der Physiologie. 2. Aufl. Thieme, Stuttgart, verändert.)

Der **Ca^{2+}-Einstrom** in die **Herzmuskelzellen** zur Auslösung einer Kontraktion ist besonders für ursprüngliche Wirbeltiere von großer Bedeutung, weil er bei ihnen das für die Kontraktion unbedingt notwendige Calcium liefert. Bei Vögeln und Säugern, die wesentlich größere Muskelzellen aufweisen (ungünstigeres Oberfläche/Volumen-Verhältnis) wird dagegen der größte Teil des Calciums während der Plateauphase aus dem gut entwickelten sarkoplasmatischen Retikulum freigesetzt. Das während des Aktionspotenzials ins Cytoplasma übergetretene Ca^{2+} wird während der Diastole durch ATP-getriebene Ca^{2+}-Pumpen wieder in die intrazellulären Speicher und durch membranständige Na^+/Ca^{2+}-Austauscher in den extrazellulären Raum zurücktransportiert. Das dabei im Austausch gegen Ca^{2+} eingeschleuste Na^+ wird anschließend wieder über eine Na^+/K^+-ATPase aus den Myokardzellen entfernt. Wird diese Transport-ATPase durch Applikation von Herzglykosiden wie Digitalis oder Strophantin gehemmt, steigt die Na^+-Konzentration in der Zelle an und es kann weniger Ca^{2+} im Austausch gegen Na^+ aus der Zelle entfernt werden. Die intrazelluläre Ca^{2+}-Konzentration steigt an, wodurch die Kontraktionsfähigkeit insuffizienter Herzen verbessert werden kann (positiver **inotroper Effekt**).

Die vom primären Erregungsbildungszentrum ausgehende Erregung breitet sich zunächst über den Sinus venosus aus. Wo dieser nicht vorhanden ist, greift sie auf die unmittelbar benachbarte Vorhofmuskulatur über. Die Erregung breitet sich mit einer Geschwindigkeit von rund 0,8 m s^{-1} (Säugetier) radiär über die Vorhöfe aus (Abb. 5.34), ohne besondere Bahnen zu bevorzugen. Die Ausbreitung erfolgt von Zelle zu Zelle, indem Polaritätsunterschiede in zwei benachbarten Zellen zu einem Strom über viele Gap Junctions in den zahlreichen, stark gefalteten und verzahnten Kontaktzonen (**Glanzstreifen**) zwischen den beiden Zellen führt, der auch die Nachbarzelle überschwellig depolarisiert. Das ist auch der Grund dafür, dass das Herz auf Reizung entweder mit der Kontraktion aller seiner Fasern antwortet oder, bei unterschwelligen Stimuli, gar nicht.

Der Übertritt der Erregung vom Atrium auf den Ventrikel wird auf der Ebene des AV-Knotens leicht verzögert. Diese

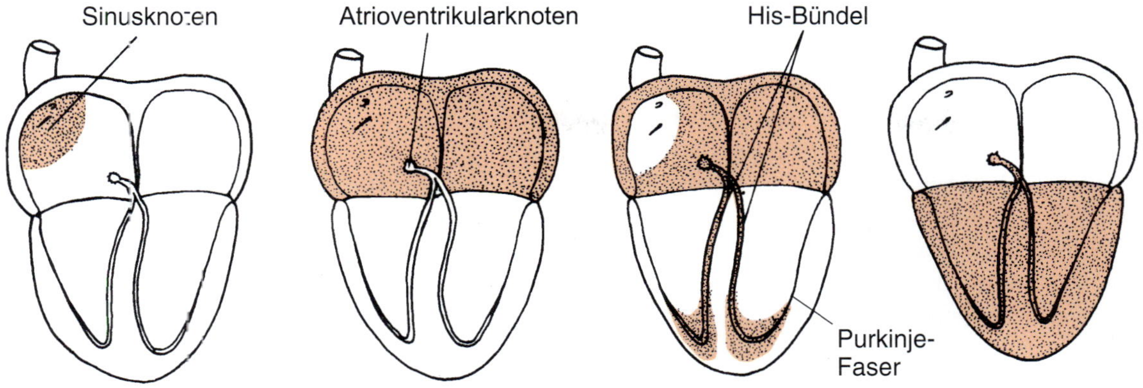

Abb. 5.34 Die Erregungsausbreitung im Säugetierherz. Erregte Regionen sind rot dargestellt. Die Erregung geht vom Sinusknoten aus und breitet sich zunächst über die Vorkammern aus. Im Atrioventrikularknoten (AV-Knoten) wird die Weiterleitung der Erregung kurzzeitig verzögert (Überleitungszeit im EKG). Vom AV-Knoten breitet sich die Erregung über die His-Bündel zuerst zur Herzspitze, von dort über die Purkinje-Fasern über die gesamte Ventrikelmuskulatur aus. (Nach Rushmer RF (1961) Cardiovascular Dynamics. 2. Aufl. Saunders, Philadelphia.)

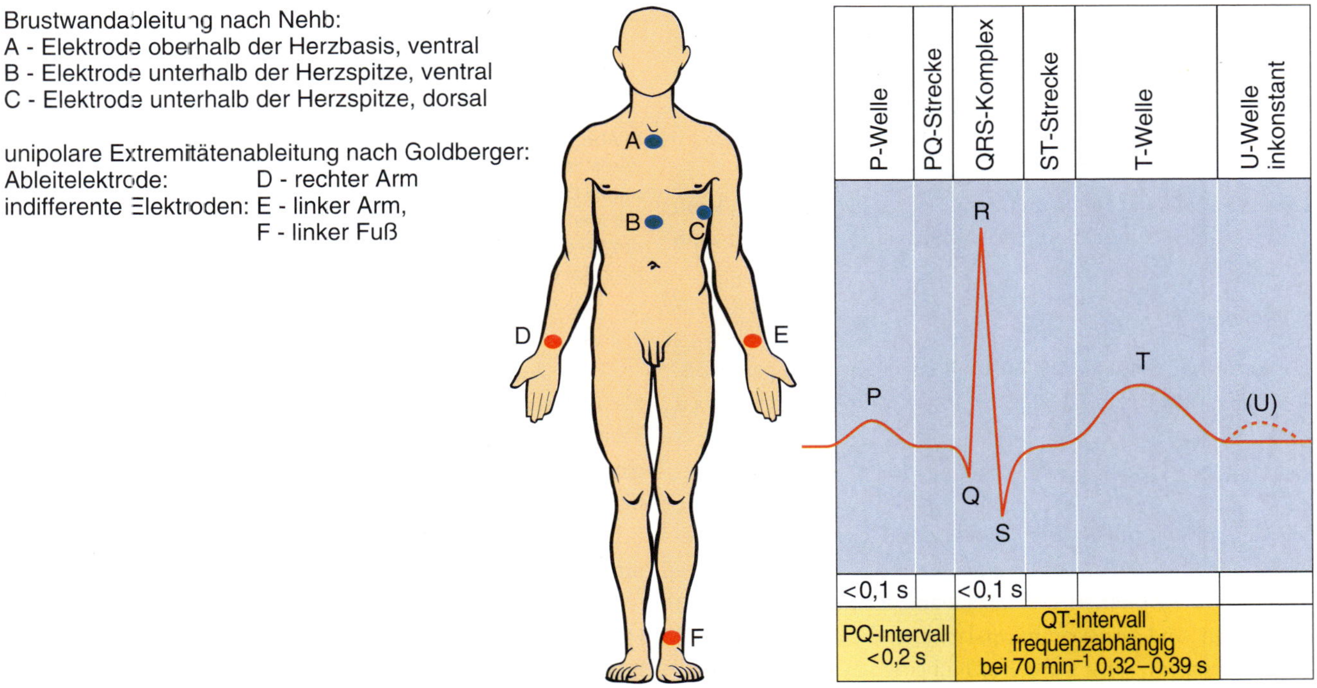

Abb. 5.35 Übliche Ableitungspunkte für das Elektrokardiogramm beim Menschen (links) und typischer Verlauf des EKG (rechts).

Überleitungszeit entspricht der im Elektrokardiogramm (EKG) zu messenden PQ-Strecke. Das ist sehr wichtig, denn dadurch wird erreicht, dass die Kontraktion der Ventrikel erst dann einsetzt, wenn die Atriumsystole bereits abgeschlossen und das atriale Blutvolumen so weit wie möglich in die Ventrikel überführt ist. Die weitere Erregungsausbreitung im Ventrikel erfolgt entweder diffus oder, bei den homoiothermen Wirbeltieren, über besondere Leitungsbahnen aus Bündeln parallel zur Herzachse angeordneten, lang gestreckten Muskelfasern (**His-Bündel**). Das His-Bündel verzweigt sich etwa auf halbem Weg in die beiden im Kammerseptum herzspitzenwärts ziehenden Kammerschenkel (Tawara*-Schenkel). Die Erregung zieht dann schnell (ca. 1,5–3,5 m s^{-1} beim Säugetier) innerhalb der muskulären **Purkinje*-Fasern** (Abb. 5.32) in die Ventrikelmuskulatur, sodass die gesamte Ventrikelmuskulatur annähernd zeitgleich erregt wird und sich synchron kontrahieren kann, was für die Pumpaktivität des Herzens von entscheidender Bedeutung ist.

Die elektrischen Phänomene der Herzaktivität können mithilfe aufgeklebter Elektroden als Summenpotenziale auf der Körperoberfläche von Tieren erfasst werden, da sich während des Ablaufs eines Herzzyklus entlang der Herzachse Potenzialunterschiede aufbauen. Beim Menschen werden diese durch eine standardisierte Elektrodenanordnung erfasst und als **Elektrokardiogramm** (EKG) auch diagnostisch verwendet

(Abb. 5.35). Im EKG nicht zu sehen ist die Erregungsbildung im Sinusknoten. Die Ausbreitung der Erregung über die atriale Muskulatur tritt als P-Welle in Erscheinung. Die PQ-Strecke markiert die Überleitungszeit, das heißt die Verzögerung der Erregungsüberleitung auf den Ventrikel am AV-Knoten. Der QRS-Komplex korreliert mit der Erregungsausbreitung entlang des His-Bündels und der Erregung der Ventrikelmuskulatur. Die T-Welle wird durch die Rückbildung der Ventrikelmuskelerregung verursacht. Diese elektrische Erscheinung kann zum Beispiel nach einem Herzinfarkt verändert sein. Eine U-Welle wird zuweilen durch Nachschwankungen der Kammererregungsrückbildung verursacht. Sie tritt nicht immer auf, aber zum Beispiel bei Hypokaliämie.

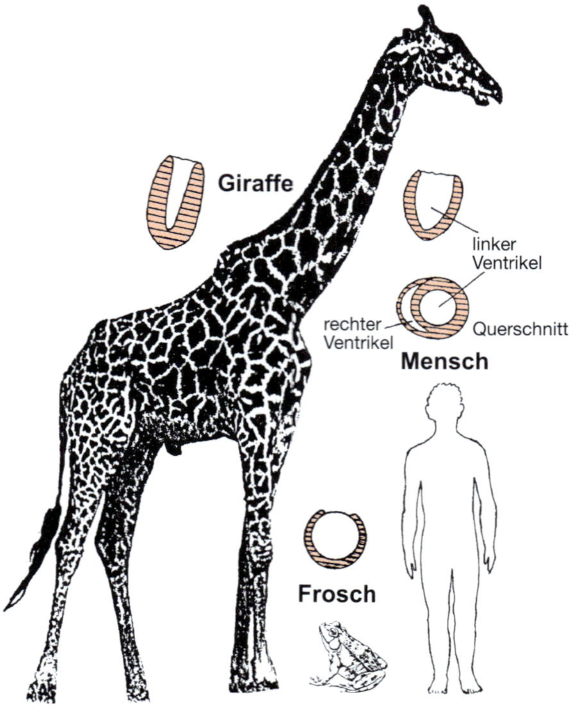

Abb. 5.36 Vergleich der Dicke und Form des Myokards bei drei Wirbeltierarten. Der Ventrikel des Froschs (*Rana*) erzeugt nur einen geringen Druck, ist dünnwandig und nahezu sphärisch. Der linke Ventrikel des Menschen ist dickwandiger und lang gestreckt. Noch deutlicher ist das bei der Giraffe (*Giraffa camelopardalis*). Der nahezu schlauchförmige Ventrikel erzeugt einen Druck, der 40 kPa überschreiten kann.

5.4.3 Herzleistung und ihre Steuerung

Arbeit und Leistung

Der Ausstoß eines Blutvolumens mit einem bestimmten Druck bei der Systole der Herzkammer entspricht physikalisch einem bestimmten Arbeitsbetrag, der sich durch Multiplikation von Druck und Volumen errechnen lässt (**Druck-Volumen-Arbeit**):

$$\text{Pa m}^3 = \text{N m}^{-2}\,\text{m}^{-3} = \text{N m (Kraft} \times \text{Weg)}$$

Die Arbeit, die die Herzkammer bei jedem Schlag leistet, kann somit durch Multiplikation des Schlagvolumens V_s mit dem Druck p berechnet werden:

$$\text{Schlagarbeit} = p\,V_s$$

Da der Druck während der Austreibungsphase nicht ganz konstant bleibt (Abb. 5.30), gibt das Integral die geleistete Arbeit besser wieder:

$$\text{Schlagarbeit} = \int p\,dV_s$$

Für die meisten praktischen Zwecke genügt allerdings das gewöhnliche Produkt.

Das **Schlagvolumen** des linken und rechten Ventrikels ist bei Vögeln und Säugern normalerweise dasselbe (55–100 ml beim Menschen), sonst würden sich über die Zeit zwischen Lungen- und Körperkreislauf Volumendifferenzen aufbauen. Der in beiden Ventrikeln erzeugte Druck ist allerdings stark unterschiedlich, weil der zu überwindende periphere Widerstand im Körperkreislauf wesentlich größer ist als der in der Lungenzirkulation. Somit ist auch die Schlagarbeit des linken und rechten Ventrikels nicht gleich. Die Druck-Volumen-Arbeit im rechten Ventrikel ist nur 1/5 so groß wie im linken, und der Druck in der Lungenarterie erreicht nur etwa 1/5 des Drucks in der Aorta.

Zusätzlich zur Druck-Volumen-Arbeit leistet der Ventrikel noch Beschleunigungsarbeit. Ist m die träge Masse des bewegten Blutvolumens und v die Auswurfgeschwindigkeit, mit der die Blutmasse durch die Aorten- bzw. Lungenarterienklappe fließt, so beträgt die Beschleunigungsarbeit (erzeugte kinetische Energie):

$$\text{Beschleunigungsarbeit} = \tfrac{1}{2}\,m\,v^2$$

Sie ist unter Ruhebedingungen ziemlich klein und für beide Ventrikel im Gegensatz zur Druck-Volumen-Arbeit (s. o.) gleich. Beim Menschen macht sie 1 % der Gesamtarbeit im linken und 7 % derjenigen im rechten Ventrikel aus. Bei körperlicher Belastung bzw. bei Elastizitätsverlust der Aorten im Alter nimmt sie zu.

Diese Unterschiede erklären, warum die Dicke der Herzwand, das heißt die Mächtigkeit der Herzmuskulatur, im linken Ventrikel deutlich größer ist als im rechten. Der Querschnitt des linken Ventrikels ist kreisrund, während der des rechten halbmondförmig aussieht. Der Längsschnitt des linken Ventrikels erscheint lang gestreckt und erreicht bei der Giraffe, die einen Druck bis zu 40 kPa erzeugen muss, eine fast schlauchartige Gestalt (Abb. 5.36).

Die Leistung des Herzens (Arbeit pro Zeiteinheit) ergibt sich durch Multiplikation der Druck-Volumen-Arbeit mit der Herzfrequenz f (Anzahl der Schläge pro Zeiteinheit):

$$\text{Herzleistung} = p \times V_s \times f = p \times \text{HZV}$$

Das Produkt aus Schlagvolumen und Frequenz bezeichnet man als **Herzzeitvolumen** (HZV). Es beträgt beim Menschen normalerweise 5–6 l min^{-1}.

Die Herzfrequenz ist in der Regel bei größeren Tieren niedriger als bei kleinen und bei homoiothermen höher als bei gleich großen poikilothermen Tieren (Tab. 5.4). Es besteht ebenso wie bei der Atemfrequenz eine deutliche Beziehung zur allgemeinen Stoffwechselintensität. Deshalb findet man bei trägen Formen auch eine geringere Herzfrequenz als bei gleich großen aktiveren Verwandten. Bei Vögeln – ebenso wie bei Krebsen und Lungenschnecken (Abb. 5.37) – ergibt sich ein linearer Zusammenhang zwischen dem Logarithmus der Herzfrequenz f und dem Logarithmus des Körpergewichts G im Sinne einer negativen Allometrie:

$f = a \times G^b$ (b < 0)

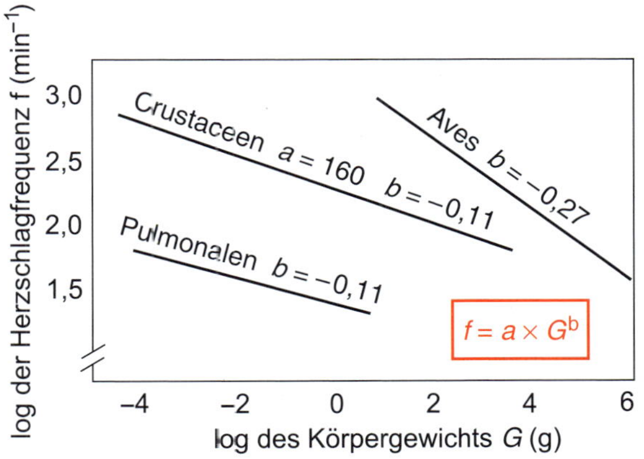

Abb. 5.37 Abhängigkeit der Herzfrequenz vom Körpergewicht bei Lungenschnecken (Pulmonaten), Krebsen (Cladoceren, Isopoden, Amphipoden, Dekapoden, Stomatopoden) und Vögeln (Aves). (Nach Schwartzkopff J (1957) Herzfrequenz und Körpergröße bei Mollusken. Zool Anz Supp 20, 463–469.)

Tab. 5.4 Die Schlagfrequenzen der Herzen einiger Tierarten (Ruhewerte) (min^{-1}).

Säugetiere	Wal	15–16
	Elefant	25–30
	Kuh	55–80
	Katze	110–140
	Ratte	350–450
	Maus	550–650
	Zwergfledermaus	bis 972
Vögel	Truthahn	93
	Bussard	301
	Krähe	342
	Taube	192–244
	Kanarienvogel	800–1000
poikilotherme Wirbeltiere	Aal (13–16 °C)	46–68
	Frosch (22 °C)	35–40
	Schildkröte (22 °C)	11–37
	Kreuzotter	40
	Krokodil (23,5 °C)	70
Wirbellose	*Arenicola marina*	13–22
	Anodonta (18 °C)	4–6
	Octopus (18 °C)	33–40
	Helix (15–20 °C)	50
	Homarus americanus (18 °C)	50–136
	Asellus	180–200
	Daphnia (20 °C)	250–450

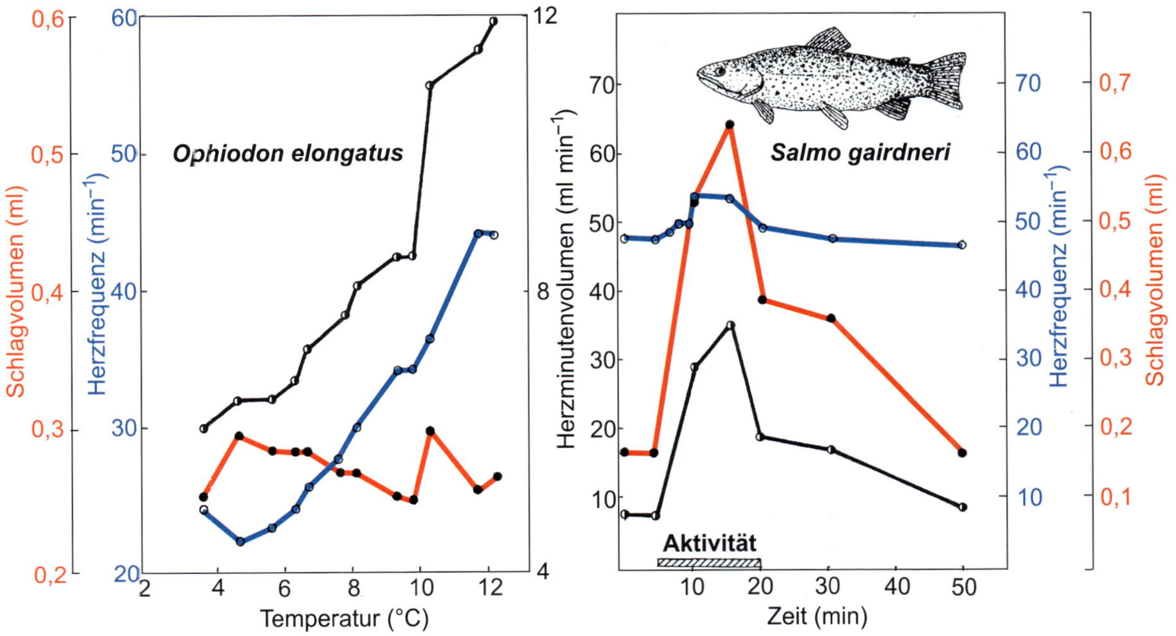

Abb. 5.38 Abhängigkeit der Herzfrequenz (blaue Kurven), des Schlagvolumens (rote Kurven) sowie des Herzminutenvolumens (schwarze Kurven) des Fischherzens von der Temperatur oder von der Aktivität des Tieres. Links: Das HMV nimmt bei der ruhenden Grundel (*Ophiodon elongatus*) bei steigender Temperatur in erster Linie durch Zunahme der Herzfrequenz zu. Rechts: Unter körperlicher Anstrengung (Aktivität) steigt das HMV bei der Regenbogenforelle (*Salmo gairdneri*) in erster Linie durch eine Zunahme des Schlagvolumens. (Nach Randall DJ (1968) Functional morphology of the heart in fishes. Am Zool 8, 179–189.)

Das Herzzeitvolumen ist von zahlreichen äußeren und inneren Faktoren abhängig. So hat zum Beispiel die Körpertemperatur einen starken Einfluss. Die Herzfrequenz nimmt bei Ektothermen im physiologischen Bereich mit steigender Temperatur zu. Die Temperatur wirkt wahrscheinlich direkt auf die Schrittmacherzellen. Bei den Knochenfischen beruht die Zunahme des Herzzeitvolumens bei Temperaturerhöhung hauptsächlich auf der Steigerung der Schlagfrequenz des Herzens. Die Zunahme des Herzzeitvolumens, das durch Steigerung der körperlichen Aktivität (z. B. schnelles Schwimmen) bewirkt wird, beruht in erster Linie auf einer Zunahme des Schlagvolumens (Abb. 5.38). Bei Säugetieren werden bei körperlicher Anstrengung beide Parameter erhöht, um das Herzzeitvolumen den aktuellen Erfordernissen anzupassen.

5

Extrakardiale Steuerung

Unabhängig davon, ob die Automatie des Herzens myogen oder neurogen ist, kann das HMV bei den meisten Tieren über efferente, zum Herz ziehende Nervenfasern und durch Hormone verändert und dem jeweiligen O_2-Bedürfnis bzw. der CO_2-Produktion angepasst werden. Man bezeichnet diese modulatorischen Einflüsse als **extrakardiale Regulation** der Herztätigkeit.

Die einfachsten Verhältnisse unter den Wirbeltieren im Hinblick auf die extrakardiale Regulation treffen wir bei den Myxinoidea (Schleimfische) unter den Cyclostomen an. Ihr Herz ist – wie übrigens das der Tunikaten (Ausnahme: *Ciona intestinalis*) auch – überhaupt nicht innerviert. Es ist auch relativ unempfindlich gegenüber Gaben cholinerger oder adrenerger Agonisten.

Bei allen anderen Wirbeltieren findet man zumindest eine parasympathische (cholinerge) Innervierung über Äste des N. vagus. Bei den lampetroiden Cyclostomen führt eine Reizung des N. vagus bzw. die Applikation nicotinartiger Cholinrezeptoragonisten zu einer Beschleunigung der Herztätigkeit. Blockade dieser Rezeptoren mit Tubocurarin oder Hexamethonium kann diesen exzitatorischen Effekt unterdrücken. Im Gegensatz zu den Lampetroiden ist bei allen anderen Wirbeltieren einschließlich des Menschen die parasympathische Innervierung inhibitorisch und über muscarinische Acetylcholinrezeptoren (mAChR) vermittelt. Der Rezeptorantagonist Atropin (Alkaloid der Tollkirsche *Belladonna*) hemmt diese modulatorischen Einflüsse. Die Ausschüttung von Acetylcholin auf die Zelloberfläche der Zellen der Automatiezentren (in erster Linie die Sinusknotenzellen und in zweiter Linie die Zellen des AV-Knotens) führt über die Aktivierung von mAChRs zur Öffnung von Kaliumkanälen in den **Schrittmacherzellen**. Der dadurch aktivierte Ausstrom von K^+-Ionen dämpft die Rate der spontanen Depolarisation durch spontan aktive Kationenkanäle (**HCN-Kanäle**), wodurch das Schwellenpotenzial der spannungsabhängig geregelten Ca^{2+}-Kanäle vom L-Typ erst später erreicht wird. Unterstützt wird dieser Mechanismus durch die mAChR- und G_i-vermittelte Hemmung der Adenylylcyclase und eine in der Folge absinkenden Konzentration von cAMP im Cytoplasma der Schrittmacherzellen. Da die HCN-Kanäle unter Bedingungen verminderter cAMP-Konzentrationen eine geringere Öffnungswahrscheinlichkeit zeigen, sinkt auch die Rate der spontanen Depolarisation. Dies führt zu einer Senkung der Herzfrequenz (negativer **chronotroper Effekt**). Gleichzeitig wird durch den acetylcholinbedingten Kaliumausstrom aus den Zellen die Repolarisation beschleunigt und somit die Dauer des Aktionspotenzials verkürzt. Dies resultiert in einer Abnahme der Kontraktionsstärke des Vorhofmyokards (negativer **inotroper Effekt**).

Eine sympathische (adrenerge) Innervierung scheint bei den Herzen der Cyclostomen, Elasmobranchier und Dipnoer unter den Wirbeltieren zu fehlen. Trotzdem haben auch hier, wie bei den restlichen Wirbeltieren, Adrenalin und Noradrenalin in vielen Fällen über β-adrenerge Rezeptoren einen positiven ino- und chronotropen Effekt auf das Herz. Bei den Cyclostomen und Dipnoern findet man große Mengen catecholaminspeichernder Zellen (endogene chromaffine Zellen) im Herz. Es wird vermutet, dass bei diesen Tiergruppen in Abwesenheit einer adrenergen Innervierung eine lokale adrenerge Kontrolle der Herztätigkeit von diesen Zellen ausgeübt wird. Bei vielen Teleosteern ist – entgegen früherer Auffassungen – neben der parasympathischen jetzt auch eine sympathische, adrenerge Innervierung des Herzens einwandfrei nachgewiesen worden (Ausnahme: Pleuronectidae). Dasselbe gilt für die Holostei (Knochenganoiden), nicht aber für Chondrostei (Knorpelganoiden). Die dichteste Innervierung zeigt die sinoatriale Region, sie nimmt zum Atrium stark ab, der Ventrikel ist sehr spärlich innerviert. Bei den Tetrapoden ist die doppelte Innervierung des Herzens durch sympathische und parasympathische Fasern allgemein verbreitet.

Der Sympathikus bzw. seine postganglionären Transmitter Adrenalin und Noradrenalin üben über β-adrenerge Rezeptoren einen exzitatorischen Einfluss auf das Herz aus. Man unterscheidet einen positiven chronotropen Effekt (Beschleunigung der Herzfrequenz durch eine G_s-vermittelte Aktivierung der Adenylylcyclase und eine daraus folgende Steigerung der cAMP-Konzentration im Cytoplasma der Schrittmacherzellen, die die Öffnungswahrscheinlichkeit der HCN-Kanäle steigert), einen positiven inotropen Effekt (durch Verstärkung des langsamen Ca^{2+}-Einstroms in der Plateauphase des Aktionspotenzials und damit Intensivierung der elektromechanischen Kopplung) und einen positiven **dromotropen Effekt** (Beschleunigung der Erregungsausbreitung) auf den AV-Knoten (ebenfalls durch Verstärkung des langsamen Ca^{2+}-Einstroms). Durch Inhibitoren der β-Rezeptoren kann man die Sympathikuswirkung am Herz unterbinden.

Unter Ruhebedingungen steht die Frequenz des Herzens der meisten Wirbeltiere unter dem vorherrschenden Einfluss des Parasympathikus (**Vagustonus**). Deshalb führt das Durchschneiden des N. vagus oft zu erheblicher Frequenzsteigerung am Herz, das nun unter den alleinigen Einfluss des Sympathikus gerät. Beim Hasen steigt durch eine solche Operation die Herzfrequenz von 64 auf 264 Schläge pro Minute an.

5.5 Lymphgefäßsystem und Lymphherzen

Das **Lymphgefäßsystem** der Wirbeltiere bildet keinen geschlossenen Kreislauf. Die blind beginnenden Lymphkapillaren besitzen ein einschichtiges Endothel mit relativ großen parazellulären Lücken. Sie vereinigen sich zu immer größeren, schließlich nur noch wenigen sehr dünnwandigen Gefäßen, die gemeinsam in die Kardinalvenen oder – bei den höheren Tetrapoden – nahe am Herz in die Vena cava anterior einmünden, wo der niedrigste Blutdruck herrscht. Die Lymphe aus dem Darm und den hinteren Extremitäten sammelt sich im **Ductus thoracicus** (Milchbrustgang) an.

Die **Lymphe** hat eine ähnliche Zusammensetzung wie die Gewebsflüssigkeit (interstitielle Flüssigkeit), aus der sie hervorgeht. Sie enthält keine Erythrocyten, wohl aber Leukocyten. Das Lymphsystem nimmt den Überschuss an Gewebeflüssigkeit auf, der beim Flüssigkeitsaustausch zwischen Kapillarlumen und Interstitium nicht wieder zurück in die Kapillaren übertritt. Es erfüllt damit die Funktion der Entwässerung der Gewebe (Drainagefunktion). Wird diese Funktion gestört, so kommt es zu Flüssigkeitsansammlungen in den Geweben (**Ödemen**). Bei der durch Mücken auf den Menschen übertragenen Tropenkrankheit Elephantiasis können die Nematodenlarven (Mikrofilarien) bei Massenbefall die peripheren Lymphbahnen völlig blockieren, wodurch die betroffenen Körperteile (Hände, Füße, Scrotum, Brüste) innerhalb von acht bis 20 Jahren gewaltig anschwellen können. Besonders zahlreich treten Lymphgefäße in der Darmwand auf, wo sie den Abtransport der resorbierten Fette mit der infolge des Fettgehalts milchigtrüben Lymphe (Chylus[211]) besorgen. Jede Darmzotte besitzt ein zentrales Lymphgefäß.

Der Lymphstrom ist im Allgemeinen sehr träge. Er wird durch die Bewegungen des Körpers (Muskelarbeit) und seiner Organe unterstützt. In den Lymphgefäßen mit glatter Muskulatur treiben rhythmische Kontraktionen die Lymphe voran. Klappen in den Lymphgefäßen der Säugetiere und Vögel sorgen für einen gerichteten Strom.

Amphibien (Frösche und Kröten) besitzen an den Seiten des hinteren Endes des Os coccygis paarige pulsierende **Lymphherzen**. Diese zählen zu den Herzen mit neurogener Automatie. Sie besitzen keine eigenen Schrittmacher, sondern werden über das autonome Nervensystem aktiviert. Durchtrennt man alle Nervenverbindungen zwischen Rückenmark und Lymphherzen oder zerstört das Rückenmark vollständig, so tritt ein Herzstillstand ein. Lokale Erwärmung bzw. Kühlung des Rückenmarks hat Beschleunigung bzw. Verlangsamung des Herzschlags zur Folge. Auch bei Reptilien und einigen Vögeln (Strauß) treten Lymphherzen auf, bei den meisten Vögeln und bei den Säugetieren fehlen sie dagegen. Bei Gymnophionen können 100 und mehr paarige Lymphherzen vorhanden sein.
Die Anuren besitzen besonders große Lymphräume unterhalb ihrer Haut. Sie dienen als Wasser- und Ionenspeicher. Der Lymphstrom ist bei ihnen wegen der vielen Lymphherzen, die mit relativ hoher Frequenz schlagen, wesentlich intensiver als bei den Säugetieren. Ist das Verhältnis zwischen Lymphstrom und Herzausstoß bei Säugetieren etwa 1:3000, so erreicht es bei Kröten 1:60.

[211] *chylos* (griech.) = Saft, Brühe

5.6 Fragen zum Selbststudium

- Begründen Sie, warum die meisten Tiere Kreislaufsysteme benötigen, um die interne Stoffverteilung zu gewährleisten.
- Welche Bauprinzipien von Zirkulationssystemen kennen Sie? Setzen Sie diese in Beziehung zur Lebensweise der Tiere.
- Charakterisieren Sie eindeutig die Strömungsrichtung des Blutes in Arterien und den Venen.
- Wie wird die Herzkontraktion beim Flusskrebs induziert?
- Erläutern Sie Lage und Funktion des Atrioventrikularknotens.
- Warum muss sichergestellt werden, dass rechtes und linkes Herz beim Säugetier gleiche Blutvolumina pro Zeiteinheit pumpen?
- Welche Bedeutung hat die lange Plateauphase des Ventrikelaktionspotenzials während der Herzkontraktion?
- Welchen Effekt hat eine Adrenalinausschüttung auf die Herzaktion?
- Was ist ein Windkesseleffekt?
- Warum ist eine Arterienverkalkung so gefährlich?
- Welcher Gradient bewirkt den Blutfluss durch das Kapillarbett?
- Welchen Effekt hat eine Adrenalinausschüttung auf die Durchblutung der Gewebe?
- Welche Prozesse im Bereich der Gewebekapillaren führen zur Optimierung des Stoffaustausches zwischen Blut und Interstitium?
- Welche systemischen Bedingungen im Kreislaufsystem der Wirbeltiere begünstigen die Entstehung eines Ödems?

Weiterführende Literatur

Allgemeines

Bundgaard M (1980) Transport pathways in capillaries: in search of pores. Annual Reviews in Physiology 42, 325-326.

Butler PJ (Hrsg) (1982) Control and co-ordination of respiration and circulation. Journal of Experimental Biology 100, 1-139.

Choi I, Lee S, Hong YK (2012) The new era of the lymphatic system: no longer secondary to the blood vascular system. Cold Spring Harbor Perspectives in Medicine 2, a006445.

Clifford PS (2011) Local control of blood flow. Advances in Physiological Education 35, 5-15.

Goerke J, Mines AH (1988) Cardiovascular physiology. Raven Press, New York.

Heisler N (Hrsg) (1995) Mechanisms of systemic regulation: Respiration and circulation. Advances in Comparative and Environmental Physiology 21. Springer Verlag, Berlin.

Johannsen K, Burggren W (Hrsg) (1985) Cardiovascular shunts. Phylogenetic, ontogenetic, and clinical aspects. Alfred Benzon Symposium 21. Raven Press, New York.

LaBarbera M (1990) Principles of design of fluid transport systems in zoology. Science 249, 992-1000.

Li JKJ (1996) Comparative cardiovascular dynamics of mammals. CRC Press Inc., Boca Raton.

Martini FH, Timmons MJ, Tallitsch RB (2012) Human Anatomy, 7. Aufl. Benjamin-Cummings Publishing Company, Bloomington.
Milnor WR (1990) Cardiovascular physiology. Oxford University Press, New York.

Spezielle Aspekte

Bourne GB (1982) Blood pressure in the squid, *Loligo pealei*. Comparative Biochemistry and Physiology 72 A, 23-27.
Bucchi A, Barbuti A, DiFrancesco D, Baruscotti M (2012) Funny current and cardiac rhythm: Insights from HCN knockout and transgenic mouse models. Frontiers in Physiology 3, 240.
Györke S, Györke I, Lukyanenko V, Terentyev D, Viatchenko-Karpinski S, Wiesner TF (2002) Regulation of sarcoplasmic reticulum calcium release by luminal calcium in cardiac muscle. Frontiers in Bioscience 7, d1454-d1563.
Hicks JW, Wang T (1996) Functional role of cardiac shunts in reptiles. Journal of Experimental Zoology 275, 204–216.
Hildebrandt J-P (1988) Circulation in the leech, *Hirudo medicinalis* L. Journal of Experimental Biology 134, 235-246.
Jones DR, Shelton G (1993) The physiology of the alligator heart: left aortic flow patterns and right-to-left shunts. Journal of Experimental Biology 176, 247-269.
Jorgensen DD, Ware SK, Redmond JR (1984) Cardiac output and tissue blood flow in the abalone, *Haliotis cracherodii* (Mollusca, Gastropoda). Journal of Experimental Zoology 231, 309-324.
Moalli R, Meyers RS, Jackson DC, Millard RW (1980) Skin circulation of the frog, *Rana catesbeiana*: Distribution and dynamics. Respiration Physiology 40, 137-148.
Monfredi O, Maltsev VA, Lakatta EG (2013) Modern concepts concerning the origin of the heartbeat. Physiology 28, 74-92.
Shadwick RE, Gosline JM (1981) Elastic arteries in invertebrates: Mechanics of the *Octopus* aorta. Science 213, 759-761.
Syme DA, Gamperl K, Jones DR (2002) Delayed depolarization of the cog-wheel valve and pulmonary-to-systemic shunting in alligators. Journal of Experimental Biology 205, 1843-1851.
Van Vilet BN, West NH (1994) Phylogenetic trends in the baroreceptor control of arterial pressure. Physiological Zoology 67, 1284-1304.

III Homöostase

Lebensvorgänge sind nur dann dauerhaft aufrechtzuerhalten, wenn sich das Lebewesen weit entfernt vom thermodynamischen Gleichgewicht befindet, das heißt gegen alle nivellierenden Kräfte unter Zufuhr von Energie von außen einen hohen Grad an dynamischer Ordnung seiner Struktur und seines **inneren Milieus** beibehält (der Begriff *milieu interieur* wurde von Claude Bernard* geprägt). Dieses setzt eine Abgrenzung (**Kompartimentierung**) des inneren Milieus vom Außenmedium mittels der Körperhülle (Integument) und einen kontrollierten Stoffaustausch zwischen diesen **Kompartimenten** voraus. Die Trennung unterschiedlicher Reaktionsräume mit regulativen Möglichkeiten zur Kontrolle der internen Bedingungen sowie des Stoffaustausches über die Grenzflächen hinweg finden wir auf verschiedenen Organisationsebenen innerhalb des Tierkörpers. So sind Organe durch Epithelschichten und Bindegewebshüllen von ihrer Umgebung, der Extrazellularraum durch die Plasmamembran vom Intrazellularraum und der Intrazellularraum durch Organellmembranen vom Lumen subzellulärer Organellen abgegrenzt.

In jedem dieser Kompartimente können besondere Bedingungen bezüglich der chemischen Zusammensetzung und des physikalischen Zustands herrschen. Viele Tiere wenden sehr viel Energie auf, um durch Regulationsprozesse die internen Bedingungen in jedem seiner Kompartimente möglichst konstant zu halten (**Homöostase**[212]). Diese Strategie ermöglicht es den Tieren, sich relativ unabhängig von Schwankungen der entsprechenden Bedingungen in der Außenwelt zu machen. Diese Tierarten bezeichnet man als **Regulatoren**. Uns Menschen erlaubt diese Fähigkeit, Zitronensaft zu trinken, ohne dass sich der intrazelluläre pH-Wert und damit die Aktivität der Enzyme verändert, Quellwasser oder salzige Hühnerbrühe zu uns zu nehmen, ohne dass unsere Gewebe schwellen oder schrumpfen, oder uns in der Arktis oder in der Sahara aufzuhalten, ohne dass sich unsere Körpertemperatur drastisch ändert.

Warum ist es so wichtig, diese Parameter im Organismus genau zu kontrollieren? Besonders unsere Enzymsysteme reagieren auf Veränderungen des inneren Milieus mit Veränderungen ihrer Aktivität. Ein Anstieg der Protonenkonzentration im Cytosol hätte eine Anlagerung von Protonen an Carboxylgruppen in den Seitenketten von Aminosäuren im Proteinstrang zur Folge. Diese Änderung der Ladungsverhältnisse im Protein führt zu einer Veränderung der räumlichen Struktur des Moleküls und kann ein Enzym im Extremfall völlig unwirksam machen und einen komplizierten Stoffwechselweg lahmlegen. Ähnliches gilt für die osmotische Konzentration einer Körperflüssigkeit und die räumliche Struktur sowie die Aktivitäten der darin gelösten Proteine. Auch Temperaturänderungen können zu einem empfindlichen Ungleichgewicht in den Konzentrationen der Intermediärmetaboliten enzymatischer Reaktionsketten und damit zur Desorganisation von Stoffwechselnetzwerken führen, da die Temperaturabhängigkeit der Umsatzrate der Einzelschritte eines biochemischen Reaktionswegs (Q_{10}) unterschiedlich ist.

Die andere Strategie, solche Veränderungen des inneren Milieus nicht gänzlich zu verhindern, sondern in bestimmten Grenzen zu tolerieren, bezeichnet man als **Konformität**, die Tierarten, die diese Strategie nutzen, als **Konformer**. Konforme Tierarten sparen zwar die zur Regulation notwendige **Stoffwechselenergie** ein, müssen dafür aber zumindest vorübergehend Einschränkungen in der Freiheit ihres Lebenswandels hinnehmen. So werden zum Beispiel wüstenlebende Tiere, die nicht über hinreichend aktive Wärmeabgabemechanismen verfügen, nicht tagaktiv, sondern eher dämmerungs- oder nachtaktiv sein, um eine Überhitzung des Körpers durch Sonneneinstrahlung zu vermeiden. Die osmokonforme Miesmuschel muss bei Niedrigwasser oder Regen ihre Schalen fest schließen, um ihre Gewebe vor Schwellung bzw. Salzverlust zu schützen. Dieses Verhalten beeinträchtigt jedoch die Nahrungsaufnahme und die Atmung.

Strenge Konformer und strenge Regulatoren sind relativ selten. In den meisten Fällen beobachtet man ein Verhalten, das als **beschränkte Regulation** bezeichnet wird. Dabei wird im Rahmen häufig auftretender Schwankungen der Zustandsgröße äußerer Bedingungen der entsprechende interne Parameter unter Energieaufwand reguliert. Nehmen die externen Bedingungen aber selten auftretende Extremwerte an, erschöpfen sich die Regulationskapazitäten (genetisch bedingte Limitationen) und das innere Milieu gleicht sich tendenziell den äußeren Bedingungen an. Je nachdem, in welchem Maß Tiere solche Schwankungen der äußeren Parameter tolerieren, unterscheidet man **stenöke**[213] Arten mit einem engen Toleranzbereich von **euryöken**[214] Arten mit einem weiten Toleranzbereich für die äußeren Bedingungen.

Durch längerfristige Akklimatisierung, die auch als **physiologische Adaptation** bezeichnet wird, gelingt es Tieren im Rahmen der genetisch gesteckten Grenzen, ihren Toleranzbereich im Zuge langsamer Veränderungen der äußeren Bedingungen zu erweitern oder zu verlagern. Auf diese Weise können sich Forellen in kalten Bächen im Winter ebenso flink bewegen wie in warmen Teichen im Sommer. Erzielt wird diese Akklimatisierung häufig durch genregulatorische Maßnahmen wie die Expression von alternativen **Isoenzymen**, die zwar dieselbe Stoffwechselreaktion vermitteln, deren Umsatzoptima aber näher bei den Größen der aktuellen Bedingungen liegen. Die molekularen Mechanismen dieser physiologischen Adaptationen von Tieren an wechselnde Umweltbedingungen sind erst sehr unvollkommen erforscht.

---

[212] *homoios* (griech.) = ähnlich, gleichartig; *stasis* (griech.) = Stillstand

[213] *stenos* (griech.) = eng, schmal

[214] *eurys* (griech.) = breit, weit

Säure-Basen-Regulation

6.1 Säure-Basen-Status, Puffersysteme, pH-Regulation

Die aktuelle Balance zwischen **Säuren** (Protonendonatoren) und **Basen** (Protonenakzeptoren) in den Körperflüssigkeiten von Tieren wird als Säure-Basen-Status bezeichnet. Charakterisiert wird dieser Zustand durch die Konzentration ungebundener **Protonen** (freie Wasserstoffionen, H^+-Ionen), die in Form des negativen dekadischen Logarithmus der Wasserstoffionenkonzentration (**pH-Wert**) angegeben wird. Der pH-Wert der Körperflüssigkeiten von Tieren liegt in der Regel zwischen sechs und acht (entspricht Protonenkonzentrationen von 10^{-8}–10^{-6} mol l^{-1}). Er wird je nach Tierart und Lebenssituation in meist engen Grenzen konstant gehalten (**Isohydrie**[215]). Dies gelingt durch zwei Mechanismen, **pH-Pufferung** und **pH-Regulation**. Die Pufferung des pH-Wertes erfolgt durch gelöste Substanzen, die Wasserstoffionen kurzfristig anlagern oder abgeben können. Längerfristig müssen je nach Stoffwechsellage überschüssige Protonen aus den Zellen bzw. aus dem Organismus ausgeschieden oder ihre Ausscheidung vermindert werden, was durch pH-regulatorische Mechanismen an den Kompartimentgrenzen geschieht.

Puffersysteme im Cytosol, im Blut oder der Hämolymphe sind generell Gemische aus schwachen Säuren und schwachen Basen, die im Gegensatz zu starken Säuren und Basen (z. B. HCl und NaOH) jeweils nur in partiell dissoziierter Form vorliegen. In allen biologischen Flüssigkeiten ist daher die Menge positiver und negativer Ionen, die aus starken Säuren bzw. Basen hervorgehen, nicht gleich (SID, ***strong ion difference***). Diese Differenz wird durch eine entsprechende Menge schwacher Ionen (vornehmlich Anionen) ausgeglichen, sodass das Elektroneutralitätsgebot in allen Körperflüssigkeiten erfüllt ist. Die Ionen starker Säuren oder Basen tragen grundsätzlich nicht zur pH-Pufferung bei.

Ein Säure-Basen-Paar kann entsprechend der Reaktionsgleichung

$$HA \leftrightarrows H+ + A^-$$

H^+-Ionen abgeben (Reaktion läuft von links nach rechts) oder aufnehmen (Reaktion läuft von rechts nach links). HA ist die Säureform des Puffers und fungiert als Protonendonator, A^- ist die Basenform und fungiert als Protonenakzeptor.

Die Dissoziation der schwachen Säure Kohlensäure (H_2CO_3), die ein wichtiges Puffersystem des Blutes luftatmender Wirbeltiere darstellt (**Kohlensäure-Hydrogencarbonat-Puffersystem**), wird beschrieben durch die Reaktionsgleichung

$$H_2CO_3 \leftrightarrows H^+ + HCO_3^-$$

und das Massenwirkungsgesetz:

$$\frac{[H^+][HCO_3^-]}{[H_2CO_3]} = K$$

K ist die apparente Gleichgewichtskonstante dieser Reaktion, die anstelle der wahren Gleichgewichtskonstante steht und berücksichtigt, dass keine unendlich verdünnten Lösungen vorliegen und nicht die chemischen Konzentrationen, sondern die Aktivitäten der Reaktionspartner in die Gleichung eingehen.

Löst man diese Gleichung nach der Protonenkonzentration auf und logarithmiert, erhält man:

$$\log[H^+] = \log K + \log\frac{[H_2CO_3]}{[HCO_3^-]}$$

Ersetzt man in dieser Gleichung entsprechend der Definition des pH-Wertes,

$$-\log[H^+] \equiv pH$$

$-\log\ [H^+]$ durch pH und ebenso den negativen Logarithmus der Gleichgewichtskonstante K durch pK (pK = 6,1 unter den Bedingungen im Säugetierblut), so erhält man die **Puffergleichung** der Kohlensäure (**Henderson-Hasselbalch-Gleichung**):

$$pH = pK + \log\frac{[HCO_3^-]}{[H_2CO_3]}$$

In allgemeinerer Form lautet sie:

$$pH = pK + \log\frac{[A^-]}{[HA]}$$

mit $[A^-]$ = Konzentration der Anionen der schwachen Säure, $[HA]$ = Konzentration der undissoziierten Säure.

Diese Gleichung besagt, dass der pH-Wert in einem Puffersystem durch das Verhältnis der Konzentrationen des Anions und der undissoziierten Säure bestimmt wird. Bei dem im Blut der Säugetiere herrschenden pH-Wert von 7,4 gilt daher für das **Kohlensäure-Hydrogencarbonat-Puffersystem**:

$$pH = 7{,}4 = pK + \log\frac{[HCO_3^-]}{[H_2CO_3]} = 6{,}1 + \log\frac{[HCO_3^-]}{[H_2CO_3]}$$

Durch Umstellen der Gleichung und Auflösen des Logarithmus kommt man zu

$$[HCO_3^-] = 19{,}95\ [H_2CO_3].$$

Dies bedeutet, dass im Blut eines Säugetiers die Hydrogencarbonatkonzentration etwa 20-mal höher ist als die Konzentration der undissoziierten Kohlensäure, das heißt das Gleichgewicht der Dissoziationsgleichung ist bei neutralem pH stark nach rechts verschoben.

Eine Zugabe von Protonen führt zu einer Verminderung von $[HCO_3^-]$ und einer Zunahme von $[H_2CO_3]$, was prinzipiell zu einer Verringerung des pH-Wertes führt. Diese Veränderung fällt jedoch sehr klein aus gegenüber einer Situation, in der die Säure zu ungepufferter Lösung gegeben wird (▶ Box 6.1).

---

215 *isos* (griech.) = gleich; *hydor* (griech.) = Wasser (Hydrogenium, H = Wasserstoff)

> **Box 6.1 Folgen der Pufferung für die Konstanthaltung des pH-Wertes von Körperflüssigkeiten**
>
> Bei einem luftatmenden Wirbeltier (z. B. Säugetier) beträgt die normale Blutkonzentration des HCO_3^- etwa 25 mmol l^{-1}. Daraus folgt bei pH 7,4 für die Konzentration von H_2CO_3 ein Betrag von 1,25 mmol l^{-1}. Geben wir zu dieser gepufferten Lösung 1 mmol l^{-1} Protonen hinzu, resultiert daraus wegen des gleichbleibenden p*K*-Wertes ($H^+ + HCO_3^- \rightarrow H_2CO_3$) eine Verminderung der [HCO_3^-] auf 24 mmol l^{-1} und eine Zunahme der [H_2CO_3] auf 2,25 mmol l^{-1}. Werden diese Werte in die Puffergleichung eingesetzt, erhält man als pH-Wert dieser Lösung den Wert 7,13. Hätte man dieselbe Konzentration an Protonen zu einer ungepufferten Lösung gegeben, läge der resultierende pH-Wert bei 3.

Die mathematische Beschreibung des Verhaltens des pH-Wertes eines gepufferten Systems bei Zugabe oder Entfernung von Protonen bzw. Säureanionen erfolgt durch die sigmoid verlaufende **Pufferkurve** α, deren Steilheit ein Maß für die **Pufferkapazität** β des Systems darstellt (Abb. 6.1):

$$\beta = \frac{\Delta[A^-]}{\Delta pH} = \frac{-\Delta[HA]}{\Delta pH}$$

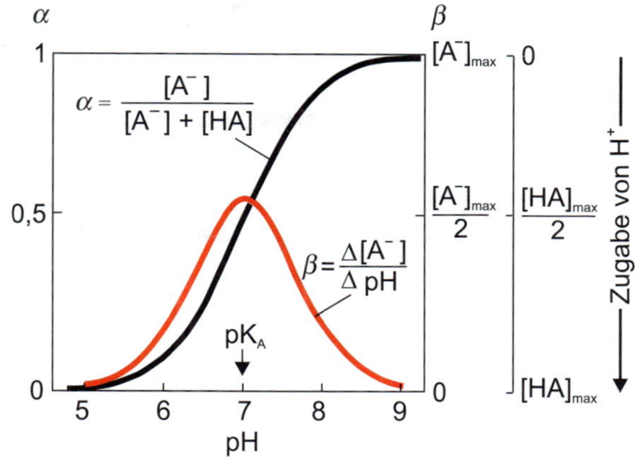

Abb. 6.1 Titrationskurve eines einwertigen, schwachen Säure-Basen-Paares mit einem pK_A = 7. Addiert man Protonen zu einem Puffersystem mit der Gesamtkonzentration C = [A^-] + [HA], so verändert sich der pH-Wert entlang der Pufferkurve α. Die Steilheit dieser Kurve beschreibt die Pufferkapazität β des Systems und liefert eine Glockenkurve, deren Maximum von 0,575 × C den Punkt markiert, an dem [A^-] und [HA] gleich groß sind ([A^-]$_{max}$/2 bzw. pH = pK_A). Physiologische Bedeutung haben in der Regel nur solche Puffersysteme, deren p*K*-Wert ±1,5 pH-Einheiten um den physiologischen pH-Wert der Körperflüssigkeiten liegt. Außerhalb dieses Wertes ist die Pufferung unbedeutend. (Nach Truchot J-P (1987) Comparative aspects of extracellular acid-base balance. Springer, Berlin, Abb. 1.2, S. 7.)

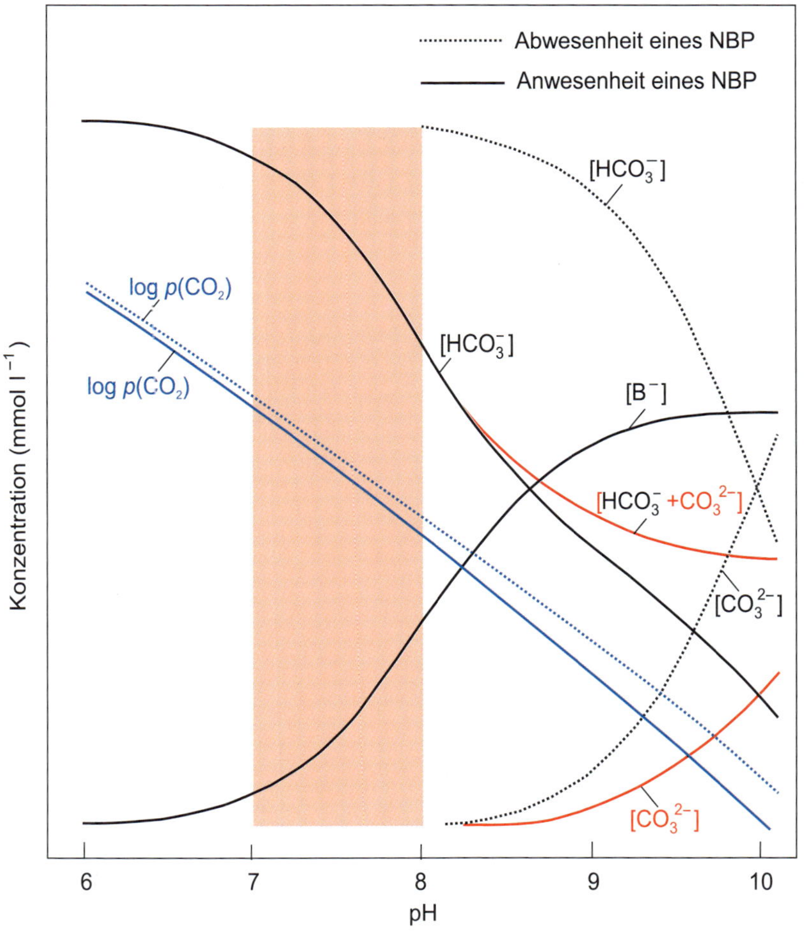

Abb. 6.2 Titration eines Säure-Basen-Systems mit Kohlendioxid (Davenport-Diagramm). Die Zufuhr gasförmigen Kohlendioxids (ansteigender CO_2-Partialdruck, blaue durchgezogene Kurve) zu einer Nicht-Hydrogencarbonat-Puffer-(NBP-)Lösung mit einem pK_A im Bereich zwischen sieben und acht führt zur Bildung von Kohlensäure und deren Dissoziationsprodukten: Protonen (Abfall des pH-Wertes) und Hydrogencarbonationen (schwarze durchgezogene Kurve). Da die gebildeten Protonen an B^- angelagert werden – [B^-] nimmt ab, [HB] nimmt zu –, verändert sich der pH-Wert im physiologisch relevanten Bereich (rot unterlegte Fläche) nur wenig (steiler Verlauf der Kurve für [B^-] und spiegelbildlich dazu der Kurvenverlauf von [HCO_3^-]). Nur bei einem sehr hohen pH-Wert jenseits von pH 8 (was im lebenden Organismus in der Regel nicht vorkommt) und einem sehr niedrigen CO_2-Partialdruck treten freie Carbonationen (CO_3^{2-}) in den Körperflüssigkeiten auf (rote durchgezogene Kurve). Im pH-Bereich zwischen 8 und 10 verhalten sich Konzentrationen der CO_2-basierten Puffersubstanzen spiegelbildlich zu [B^-], wenn die Summe der Konzentrationen von HCO_3^- und CO_3^{2-} berücksichtigt wird (rote durchgezogene Kurve). Die Konzentration der Carbonat- und der Hydrogencarbonationen ist in Anwesenheit eines NBP-Systems jedoch wesentlich geringer als ohne ein solches System (schwarze gestrichelte Linie). Der Grund dafür ist, dass in Abwesenheit eines NBP-Systems bei zunehmendem pCO_2 (blaue gestrichelte Kurve) keine Protonen aus dem Hämoglobin mobilisiert werden können und, wie in Anwesenheit eines NBP-Systems, auf Carbonationen übertragen und dabei Hydrogencarbonationen und freie Base (B^-) regeneriert werden. (Nach Truchot JP (1987) Comparative aspects of extracellular acid-base balance. Springer, Berlin, Abb. 1.4, S. 17.)

Die größte Pufferkapazität liegt vor, wenn die Konzentrationen von A^- und HA gleich groß sind. In diesem Fall (vgl. Henderson-Hasselbalch-Gleichung; log 1 = 0) gilt:

$$pH = pK$$

Das Kohlensäure-Hydrogencarbonat-Puffersystem wird auch **Kohlensäure-Bicarbonat**[216]**-Puffersystem** (BP) genannt und oft allen anderen Puffersystemen (Nicht-Bicarbonat-Puffern, NBP) gegenübergestellt. Die durch NBPs beigesteuerte Pufferkapazität kann durch Begasung eines solchen Puffersystems (B^-/HB) mit Kohlendioxid bestimmt werden. Dieses entspricht einer Titration des NBP-Systems mit Kohlensäure. Im physiologisch relevanten pH-Bereich zwischen sieben und acht resultiert die Steigerung des Kohlendioxidpartialdrucks im Begasungsmedium in einer Akkumulation von Hydrogencarbonationen und einer entsprechenden Abnahme der Konzentration der freien Pufferbase B^-:

$$CO_2 + H_2O + B^- \rightarrow HCO_3^- + HB$$

Im Davenport-Diagramm (Abb. 6.2) verhält sich die Konzentration der Pufferbase B^- daher spiegelbildlich zur Konzentration des Hydrogencarbonats HCO_3^-. Die Steigungen dieser Kurven stellen ein Maß für die Pufferkapazität des NBPs dar:

$$\beta_{NBP} = \frac{-\Delta[HCO_3^-]}{\Delta pH} = \frac{\Delta[B^-]}{\Delta pH}$$

Physiologische Puffergemische bestehen in der Regel aus **schwachen Säuren** und deren Salzen mit **starken Basen**. Neben dem Kohlensäure-Hydrogencarbonat-Puffersystem ($pK = 6{,}1$) findet man besonders im Zellinnenraum das Phosphatpuffersystem (HPO_4^{2-} und $H_2PO_4^-$, $pK = 6{,}8$) und das Proteinpuffersystem, bei dem besonders Aminogruppen in den Seitenketten bestimmter Aminosäuren als Protonenakzeptoren bzw. -donatoren wirken. Diese besitzen je nach ihrer chemischen Qualität und Position im Proteinstrang unterschiedliche *pK*-Werte. Da diese funktionellen Gruppen in jedem Protein mit unterschiedlicher Häufigkeit auftreten, haben die Proteine in ihrer Gesamtheit eine konstante Pufferwirkung im physiologischen pH-Bereich der Körperflüssigkeiten.

Hämolymph- und Plasmaproteine haben bei vielen Tieren wichtige Pufferfunktionen (Hämocyanine von *Limulus* und der Mollusken, Hämoglobine und Albumine bei Wirbeltieren). Bei antarktischen Fischen (*Chionodraco hamatus*), die weder rote Blutkörperchen noch Hämoglobin besitzen, ist die Protonenpufferkapazität des Blutes durch eine Erhöhung des Blutvolumens, der Menge an Plasmaproteinen mit Histidylgruppen sowie der Phosphatkonzentration im Plasma mehr als doppelt so hoch wie die von Fischen temperierter Zonen.

[216] *bicarbonate* (engl.) = Hydrogencarbonat

6.2 Extrazelluläre pH-Balance

6.2.1 Aufnahme und Abgabe von Säuren und Basen

Der p*K* von 6,1 des Kohlensäure-Hydrogencarbonat-Puffersystems im Säugetierblut lässt eine relativ schlechte Pufferung bei pH 7,4 erwarten (Abb. 6.1). Tatsächlich ist die Pufferung des Blutes bei den luftatmenden Tieren aber sehr gut. Dieses ist auf drei Faktoren zurückzuführen:

- Die Gesamtkonzentration des Hydrogencarbonats im Blut liegt mit 25 mmol l^{-1} recht hoch, was durch die gute Löslichkeit des CO_2 in wässrigen Lösungen erklärbar ist (Tab. 6.1).
- Das Kohlensäurepuffersystem steht mit anderen (Nicht-Hydrogencarbonat-)Puffersystemen (B^-, HB) in Wechselwirkung und kann an diese Protonen übergeben bzw. von diesen Protonen aufnehmen.

Tab. 6.1 Extrazelluläre Säure-Base-Parameter bei einigen luft- und wasseratmenden Tierarten.

	Temperatur (° C)	pH	pCO_2 (kPa)	$[HCO_3^-]$ (mmol l^{-1})
Wasseratmer				
Wattwurm (*Arenicola*)	18	7,36	0,11	0,95
Strandkrabbe (*Carcinus*)	15	7,82	0,15	3,86
Forelle (*Salmo*)	15	7,88	0,33	6,71
Froschkaulquappe (*Rana*)	20	7,83	0,43	5,5
Luftatmer				
Schlammschnecke (*Lymnaea*)	20	7,85	1,48	20,9
Spinne (*Eurypelma*)	25	7,57	1,41	11,2
Kokoskrabbe (*Birgus*)	28	7,5	0,82	14,1
Kröte (*Bufo*)	25	7,82	1,48	21,4
Ratte (*Rattus*)	37	7,47	4,58	25,5

Aus Truchot J-P (1987) Comparative aspects of extracellular acid-base balance. Springer, Berlin, verändert.

- Der Organismus ist in der Lage, die Abgabe des CO_2 in der Lunge und damit den Kohlendioxidpartialdruck (pCO_2) im Blut und im gesamten Organismus sehr genau zu regeln. Durch die Möglichkeit der Abgabe von CO_2 in der Lunge vergrößert sich die Hydrogencarbonatpufferkapazität wieder, da mit der Bildung von CO_2 auch Protonen aus dem System entfernt und in Wasser gebunden werden. Die Nettogesamtkonzentration der Pufferbasen $[HCO_3^-] + [B^-]$ verändert sich daher im normalen Funktionszyklus des Puffersystems nicht.

Bei wasseratmenden Tieren ist die Hydrogencarbonatkonzentration in den extrazellulären Körperflüssigkeiten niedrig, da aufgrund der guten Wasserlöslichkeit von CO_2 und der in der Regel hohen Ventilationsrate dieser Tiere an der Kiemenoberfläche sehr viel CO_2 aus dem Blut an das Atemwasser abgegeben wird (Tab. 6.1). Der Beitrag des Kohlensäure-Hydrogencarbonat-Puffers am gesamten extrazellulären Puffersystem dieser Tiere ist daher eher gering. Hohe Proteinkonzentrationen im Blut (hier wirken die Imidazolgruppen der Histidinseitenketten als Protonenpuffer) oder in der Hämolymphe können einen Teil dieses Mangels ausgleichen. Tiere mit einem Kalkskelett oder ähnlichen Kalkspeichern können unter bestimmten Bedingungen (**Azidose**[217] oder **Hyperkapnie**[218]) die Pufferwirkung der Extrazellularflüssigkeit zumindest vorübergehend und geringfügig durch Mobilisierung von Carbonaten aus diesen Reservoirs verbessern:

$$CO_2 + H_2O + CO_3^{2-} \rightarrow 2\ HCO_3^-$$

Wirbellose Tiere scheinen wesentlich toleranter gegenüber Veränderungen des pH-Wertes ihrer Körperflüssigkeiten zu sein als Vertebraten. Während starker lokomotorischer Aktivität kann der pH-Wert der Hämolymphe von Schaben um bis zu 0,9 Einheiten abfallen (vermutlich wegen der Akkumulation von CO_2). Dieses scheint sogar einen positiven Nebeneffekt zu haben, da die Ansäuerung der Hämolymphe eine aktivierende Wirkung auf die Trehalase der Hämolymphe ausübt, sodass der Muskulatur des Tieres vermehrt Glucose zur Verfügung steht.

Bei ektothermen Tieren schwankt der pH-Wert der Extrazellularflüssigkeit mit der **Körpertemperatur**. Dies geht auf passive Effekte (Dissoziationsgrad von Wasser sowie schwacher Säuren und Basen, Löslichkeit von CO_2) und auf aktive Regulation der Tiere zurück. Beobachtet wird in der Regel eine Senkung des pH-Wertes von 0,015–0,02 Einheiten pro Grad steigender Körpertemperatur. Obwohl Tiere durch Veränderung der relativen **Ventilationsrate** (Verringerung der Atemfrequenz oder -tiefe im Verhältnis zur CO_2-Produktion im Gewebe) passive Effekte zu kompensieren versuchen, betragen die zu beobachtenden Änderungen des pH-Wertes im normalen Intervall der Körpertemperaturen (5–40 °C) bis zu 0,5 pH-Einheiten. Daraus kann geschlossen werden, dass nicht ein konstanter extrazellulärer pH-Wert (**pH-stat-Regulation**) übergeordnetes Ziel der Säure-Basen-Regulation im Tierkörper ist, sondern die **Erhaltung des Dissoziationsgrades** (α) von ionischen Gruppen in Proteinen (vornehmlich der Imidazolreste der Histidinseitenketten). Diese regelhafte Beziehung bezeichnet man im Unterschied zur pH-stat- als **α-stat-Regulation**. Sie stellt sicher, dass die Donnan-Verteilung diffusibler Ionen über der Zellmembran und die räumliche Struktur und damit die Funktion von Proteinen (insbesondere von Enzymen) erhalten bleibt. Die pH-stat-artige Regulation des extrazellulären pH-Wertes der endothermen Tiere ist somit nur als Spezialfall zu betrachten.

Entstehen in einem Gewebe vermehrt Wasserstoffionen, fällt zunächst die Konzentration des HCO_3^- im Cytosol ab, da die Protonen mit Hydrogencarbonationen zu Kohlensäure zusammentreten, die anschließend zu Kohlendioxid und Wasser zerfallen kann. **Kohlendioxid** ist als ungeladenes, kleines Molekül sehr diffusibel und kann auch Plasmamembranen leicht durchdringen. Daher verteilt sich Kohlendioxid gleichmäßig zwischen Intra- und Extrazellularraum, wo es jeweils mit Kohlensäure im Gleichgewicht steht. Durch die Dissoziation der gebildeten Kohlensäure sinkt allerdings auch in den extrazellulären Kompartimenten der pH-Wert leicht ab. Diese pH-Verminderung in der Extrazellularflüssigkeit stimuliert bei Vertebraten pH-sensitive Neurone in der Medulla oblongata, die daraufhin eine Steigerung der Ventilationsrate verursachen. Gelangt das Blut anschließend in die Lunge, wird CO_2 aus dem Gleichgewicht selektiv entfernt, der pCO_2 sinkt also ab. Allerdings sinkt auch die Hydrogencarbonatkonzentration weiter, da die überschüssigen Protonen mit HCO_3^- zusammentreten und CO_2 nachbilden, das ebenfalls nach außen abgegeben wird (respiratorische Kompensation einer nichtrespiratorischen Azidose).

Die Pufferkapazität des Blutes ist wie die aller anderen Körperflüssigkeiten begrenzt. Sie wäre bald erschöpft, wenn nicht Hydrogencarbonat-Ionen regeneriert und Protonen aus dem Organismus ausgeschieden würden. Die **Protonenexkretion** erfolgt bei vielen wasserlebenden Tieren hauptsächlich über die Haut oder die Kiemen. Bei den luftatmenden Wirbeltieren übernimmt diese Aufgabe die Niere und in einem gewissen Umfang die Leber.

Die Zellen des proximalen Tubulus der Niere (Abb. 6.3) nehmen aus dem Blut und aus dem filtrierten Harn Kohlendioxid auf. Auch ihr eigener Stoffwechsel erzeugt CO_2. Vermittelt durch die **Carboanhydrase** im Cytosol bildet dieses CO_2 unter Bindung von Wasser Kohlensäure, die in H^+- und HCO_3^--Ionen dissoziiert. Die Protonen werden durch einen in der apikalen Membran der Tubuluszelle gelegenen **Natrium/Protonen-Austauscher** (NHE) in das Tubuluslumen ausgeschleust und dort auf filtrierte Phosphate oder Hydrogencarbonationen (Ausscheidung von Phosphorsäure und Kohlensäure mit dem Harn) oder auf Ammoniak übertragen. Letzteres fällt durch Desaminierung von Glutamin in den Tubuluszellen an und kann als kleines unpolares Molekül leicht durch die apikale Membran in das Tubuluslumen diffundieren, wo es Protonen binden und Ammoniumionen bilden kann. Der größte Teil des NH_3/NH_4^+ wird allerdings im dicken aufsteigenden Ast der Henle-Schleife wieder reabsorbiert, sodass dieses System

---

217 *acidum* (lat.) = Säure

218 *hyper* (griech.) = über; *kapnos* (griech.) = Dunst, Rauch, Gas

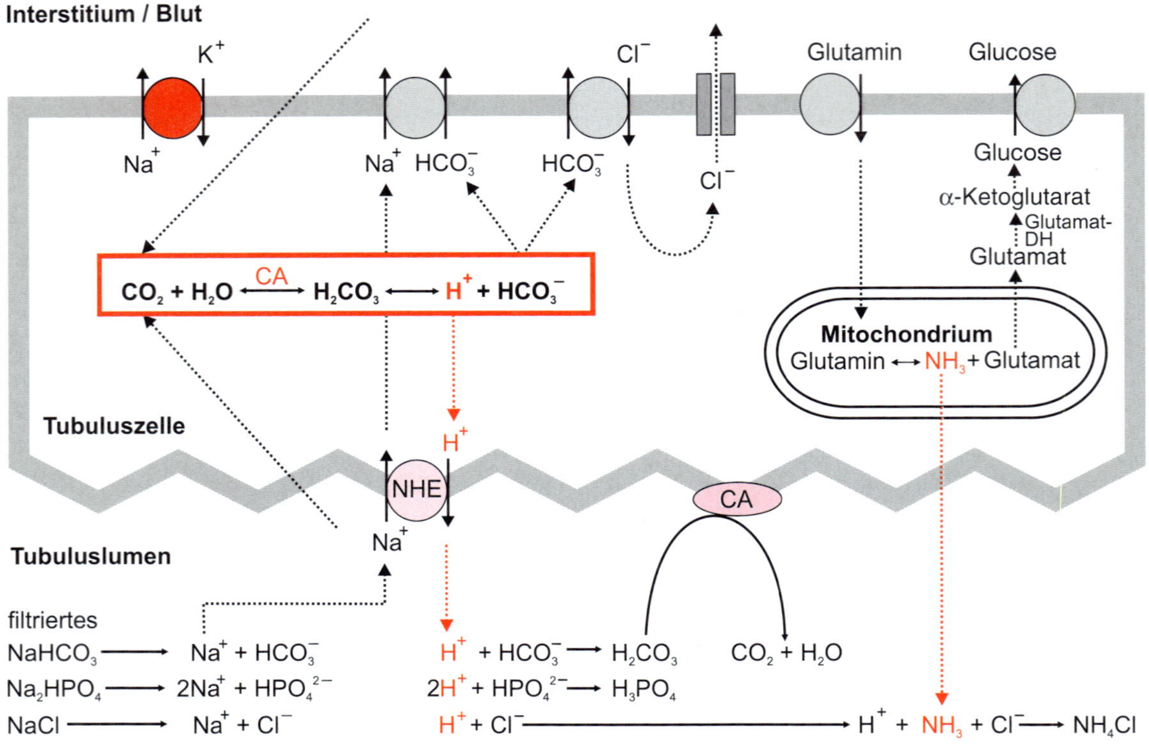

Abb. 6.3 Rückgewinnung von Hydrogencarbonationen und Exkretion von Protonen im proximalen Tubulus der Niere bei Landwirbeltieren. Kohlendioxid aus dem Blut, dem Primärharn und aus dem Stoffwechsel der Tubuluszelle equilibriert sich diffusiv zwischen Tubuluslumen, Interstitium und dem Cytosol der Tubuluszelle. Für die schnelle Gleichgewichtseinstellung zwischen CO_2 und H_2CO_3 im Zellinneren sorgt eine cytosolische Carboanhydrase (CA, Typ II). Die Gleichgewichtseinstellung im Harn beschleunigt eine membranassoziierte Carboanhydrase (CA, Typ IV) in der apikalen Plasmamembran der Tubuluszelle. Die Dissoziation von H_2CO_3 im Cytosol liefert H^+-Ionen, die durch einen apikal gelegenen Natrium/Protonen-Austauscher (NHE) im Austausch für Natriumionen in das Tubuluslumen ausgeschleust werden. Der überwiegende Teil der Protonenausscheidung mit dem Endharn erfolgt in Assoziation mit Phosphaten. Unter Azidose allerdings werden größere Mengen Protonen in Form von Ammoniumchlorid ausgeschieden, unter Alkalose wird dagegen die Basenmenge im Blut durch die Ausscheidung von Hydrogencarbonatsalzen mit dem Harn reguliert. Weitere Erläuterungen im Text.

nur wenig zur Nettoausscheidung von Protonen aus dem Organismus beiträgt. Das in der Tubuluszelle zurückbleibende Hydrogencarbonat wird an der Basolateralseite durch einen Hydrogencarbonat/Chlorid-Austausch- und einen Natrium/Hydrogencarbonat-Cotransportmechanismus ins Blut zurücktransportiert und füllt dort den Pufferspeicher wieder auf.

Der pH-Wert des Endharns ist in starkem Maß von den im Stoffwechsel anfallenden Endprodukten abhängig. Überwiegend tierische Kost führt zur Produktion eines sauren Harns, da Schwefel (aus Aminosäuren) und Phosphor als Sulfat- bzw. Phosphationen ausgeschieden werden. Der Harn herbivorer Tiere reagiert in der Regel basisch, da diese Tiere im großem Umfang Alkali- und Erdalkalisalze pflanzlicher organischer Säuren ausscheiden.

6.2.2 Respiratorische und metabolische Effekte

Abweichungen vom Sollwert des extrazellulären pH-Wertes in Tieren können durch Veränderungen des Kohlendioxidaustausches zwischen Tier und Umwelt im Zuge der Atmung (respiratorische Effekte, Tab. 6.2), durch Veränderungen der Protonenproduktion oder der Menge der nicht durch Carbonationen gebildeten Pufferbasen (metabolische Effekte) zustande kommen. Anhand einiger Beispiele soll dies erläutert werden.

Der normale Sauerstoffanteil der atmosphärischen Luft beträgt 20,95 Vol.-%, der normale Kohlendioxidanteil 0,0335 Vol.-%. Nur sehr wenige luftatmende Tierarten sind größeren Abweichungen von diesen Werten ausgesetzt. So atmen Bewohner von Erdhöhlen zuweilen Luft mit reduziertem Sauerstoffanteil (14 %) und erhöhtem CO_2-Anteil (bis zu 5 %), was zu einer Absenkung des extrazellulären pH-Wertes, einer **respiratorischen Azidose**, führt. **Hyperventilation** normaler Luft kann dagegen durch vermehrtes Abatmen von Kohlendioxid zu einer **respiratorischen Alkalose** (Steigerung des pH-Wertes des Blutplasmas über 7,4) führen. Muskelarbeit, die mit der Bildung von Produkten des anaeroben Stoffwechsels (Milchsäure bzw. Lactat) einhergeht, führt zu einer **metabolischen Azidose** der extrazellulären Flüssigkeiten, da Milchsäure unter diesen Bedingungen aus den Zellen transportiert wird. Eine **nichtrespiratorische Azidose** kann durch übermäßige Aufnahme von Säuren mit der Nahrung herbeigeführt werden. Auch die Unfähigkeit der Nieren, effektiv Protonen auszuschei-

Tab. 6.2 Veränderungen der extrazellulären Säure-Basen-Parameter bei Luftatmern unter Sauerstoffmangel (Hypoxie) oder Kohlendioxidüberschuss (Hyperkapnie), jeweils bei 37 °C.

	pO_2 der Atemluft (kPa)	pH	pCO_2 (kPa)	$[HCO_3^-]$ (mmol l^{-1})
Homo (Mensch)				
Hypoxie	5,7[1]	>7,7	1,0	< 9
Hyperkapnie	19,8	7,4	5,3	24
Myocastor (Biberratte)				
Hypoxie	< 0,1	7,43	4,9	24,3
Hyperkapnie	8,4	7,34	9,4	38,0

[1] geschätzter pO_2 der Atemluft am Gipfel des Mount Everest

den, oder der Verlust von Hydrogencarbonationen mit dem alkalischen Dünndarmsaft bei Diarrhö kann eine nichtrespiratorische Azidose verursachen. Eine **nichtrespiratorische Alkalose** ist die Folge der übermäßigen Aufnahme von Basen mit der Nahrung oder eines Verlustes von Protonen, zum Beispiel durch Erbrechen von Magensaft.

Wasseratmende Tiere sind sehr viel häufiger extremen Situationen der Sauerstoff- und Kohlendioxidkonzentrationen im Atemmedium ausgesetzt als **luftatmende Tiere**. So kann der Sauerstoffpartialdruck pO_2 in Felstümpeln an Küstenlinien nachts von 21 kPa auf 0,1–0,2 kPa absinken. Dort lebende Tiere werden wegen des einsetzenden Sauerstoffmangels zunächst vermehrt ventilieren. Durch die damit verbundene vermehrte Ausscheidung von CO_2 kann es zu einer respiratorischen Alkalose kommen. Sinkt die Sauerstoffkonzentration weiter ab, werden allerdings saure Endprodukte des anaeroben Energiestoffwechsels in den Körperflüssigkeiten akkumulieren, was eine metabolische Azidose verursachen kann. Über Tag können in dem betrachteten Felstümpel durch Photosynthese der Algen dagegen hyperoxische Bedingungen eintreten. Da Tiere unter diesen Bedingungen ihre Ventilation herabsetzen, kann es durch übermäßige Retention von Kohlendioxid zu einer respiratorischen Azidose kommen. Diese kann längerfristig jedoch in eine Alkalose umschlagen, da der hohe Sauerstoffpartialdruck im Wasser zu einer Verdrängung von CO_2 aus dem Medium führt, sodass der pCO_2 von 34 Pa bis auf 0,05 Pa absinken kann. Die Folge ist ein stark ansteigender pH-Wert des Mediums (bis zu pH 10) und ein übermäßiger Verlust von Kohlendioxid aus den dort lebenden Tieren an das Medium mit der Folge einer Alkalose in deren Körperflüssigkeiten.

In tieferen Wasserschichten von schwebstoffreichen Gewässern wiederum, wo durch Verrottung organischen Materials Sauerstoffmangel und ein hoher CO_2-Partialdruck von bis zu 8 kPa herrscht, reagiert das Medium deutlich sauer. Dort lebende Tiere erleiden aufgrund der **Hyperkapnie** (vermehrte diffusive Aufnahme von CO_2) eine Azidose. Komplexe Auswirkung auf die extrazelluläre pH-Balance haben bei wasserlebenden Tieren auch die Salinität, die Carbonatkonzentration und der pH-Wert des Mediums (saurer Regen, Huminsäuren).

6.3 Intrazelluläre pH-Balance

6.3.1 pH-Wert des Cytosols

In Zellen mit einer Rate des aeroben Stoffwechsels nahe dem **Ruheumsatz** ist der pH-Wert des Cytosols konstant und liegt in der Regel um bis zu 0,4 Einheiten unter dem des Extrazellularmilieus. In dieser Situation befindet sich die Produktion von sauren Stoffwechselprodukten (hauptsächlich H_2CO_3 aus der Reaktion von metabolisch gebildetem CO_2 mit Wasser) in einem Gleichgewicht mit deren Ausschleusung aus dem Cytosol (Jacobs-Stewart-Zyklus). Da CO_2 die Zellmembranen fast ungehindert durchdringen kann, gelangt ein Teil diffusiv in den Extrazellularraum. Allerdings besitzt jede tierische Zelle eine mehr oder weniger große Menge an cytosolischer **Carboanhydrase**, die die schnelle Verbindung des CO_2 mit Wasser zu Kohlensäure vermittelt. Die Dissoziationsprodukte der Kohlensäure, Protonen (H^+-Ionen) und Hydrogencarbonationen, sind aufgrund ihrer Ladung nicht diffusiv zellmembrangängig und verbleiben zunächst im Cytosol.

Die metabolische Aktivierung von Zellen, zum Beispiel durch die Bindung von Hormonen oder Neurotransmittern an Oberflächenrezeptoren und die daraus folgende Leistung biologischer Arbeit durch die aktivierten Zellen, führt zu einem Anstieg der **Stoffwechselrate** mit einer vermehrten Produktion von Protonen im Zellstoffwechsel. Im Fall mangelnder Sauerstoffversorgung des Gewebes kann es zusätzlich zur Akkumulation von Produkten des anaeroben Stoffwechsels kommen, die ebenfalls Protonen freisetzen. Unter diesen Umständen erfolgt trotz der initialen Pufferung der Protonenkonzentration durch Phosphate und Proteine (Tab. 6.3) oft eine Ansäuerung des Cytosols, die erst durch Aktivierung von Ausschleusungsmechanismen für Protonen wieder behoben werden kann.

Die Beobachtung, dass die Erholung des **intrazellulären pH-Wertes** (pH_i) von einer Säureladung von der Anwesenheit von Natriumionen im Extrazellularmilieu abhängig ist, hat zur Identifizierung des **Natrium/Protonen-Austauschers** (NHE) als sehr wichtigen, ubiquitär vorkommenden pH_i-regulatorischen Transporter geführt (Abb. 6.4). Der NHE bezieht die

Tab. 6.3 Intrazelluläre Pufferkapazität verschiedener Gewebe. Es wird deutlich, dass die Pufferkapazität des Intrazellularmilieus in solchen Geweben besonders hoch ist, deren Protonenproduktionsrate aktivitätsabhängig stark schwankt (Muskel), während zum Beispiel neuronale Gewebe weniger intrazelluläre Puffersubstanzen besitzen. Diese Gewebe reagieren daher wesentlich empfindlicher auf Säureakkumulation im Zellinneren.

	Pufferkapazität (mmol pH^{-1} l^{-1})	pH_i	Temperatur (°C)
Riesenfaser (Tintenfisch)	9	ca. 7,0	22
Neuron (Schnecke)	11	7,0–7,5	20
Neuron (Krebs)	25	7,0–7,2	21
Muskel (Krebs)	47	7,0–7,3	20
Photorezeptor (Seepocke)	15	ca. 7,3	20
Muskel (Seepocke)	28,5	6,9–7,5	22
Beinmuskel (Huhn)	55	6,3–7,3	40
Brustmuskel (Huhn)	118	6,3–7,3	40

Daten aus Roos A, Boron WF (1981) Intracellular pH. Physiol Rev 61, 296–434.

6

Energie für seine Aktivität aus dem durch die Na^+/K^+-ATPase präformierten Natriumgradienten über der Zellmembran und transportiert in Vertebratenzellen für jedes mit dem Konzentrationsgradienten in die Zelle transportierte Natriumion ein Proton aus der Zelle hinaus. Der Transporter arbeitet also elektroneutral. Bei Invertebraten ist die Stöchiometrie des Austausches jedoch zwei Natriumionen gegen ein Proton, weshalb seine Aktivität depolarisierend (elektrogen) auf die Zellen wirkt. Kinetische Analysen zeigten, dass die Transportrate des Austauschers vom pH_i abhängt. Die Bindung eines Protons an eine intrazelluläre Domäne des Proteins unter sauren Bedingungen im Cytosol aktiviert den Austauscher, Die Dissoziation dieses Protons nach Normalisierung des pH_i inaktiviert den Transporter. Auf diese Weise wird die Exkretionsrate von Protonen aus den Zellen immer genau an die Rate der Protonenproduktion im Zellinneren angepasst (**Autoregulation des pH_i**).

Weitere wichtige Membrantransporter, mit deren Hilfe tierische Zellen ihren intrazellulären pH-Wert regulieren, sind Anionenaustauscher wie der Cl^-/HCO_3^--Austauscher oder natriumabhängige Cotransporter wie der Na^+/HCO_3^--Cotransporter (Abb. 6.3), die je nach Zelltyp in unterschiedlicher Häufigkeit auftreten. In manchen Zelltypen sind auch Protonenpumpen (V-Typ-ATPasen) in die Regulation des pH_i eingebunden, wobei diese Transporter in erster Linie meist der Sekretion von Protonen (z. B. zur Unterstützung der Na^+-Aufnahme aus verdünnten Medien durch die Froschhaut, ▶ Abschn. 7.2.2) dienen.

Passive oder aktive Veränderungen des pH_i dienen vielen Zellen zur Regulation physiologischer Funktionen. So kann eine Ansäuerung des Cytosols den Verschluss von **Gap-Junction-Kanälen** bewirken und somit elektrisch gekoppelte Zellen für die Dauer der Ansäuerung entkoppeln. Saure Bedingungen im Cytosol von Herzmuskelzellen üben daher einen negativen inotropen Effekt aus. Die **Phosphofructokinase**, ein Schlüsselenzym der Glykolyse, ist extrem pH-empfindlich. Bereits eine Ansäuerung des Cytosols um 0,1 pH-Einheiten verursacht eine Aktivitätsabnahme des Enzyms um den Faktor zehn bis 20. Die biologische Bedeutung dieses Effekts könnte in der Reduktion des glykolytischen Fluxes liegen, zum Beispiel zur Vermeidung der schnellen Anhäufung von Endprodukten des anaerobe Stoffwechsels unter Sauerstoffmangel. Die Beobachtung, dass die Stimulation von Zellen mit Mitogenen, das heißt zellteilungsanregend wirkenden Substanzen (z. B. Wachstumsfaktoren), oft eine dauerhafte Alkalinisierung des Cytosols zur Folge hat, führte zu einer anhaltenden Diskussion, ob der pH_i in manchen Zelltypen auch Signal- oder permissive Funktionen für **Zellproliferation** oder **Zelldifferenzierung** haben könnte.

6.3.2 pH-Werte in intrazellulären Organellen

Membranbegrenzte **Zellorganellen** in tierischen Zellen haben oft luminale pH-Werte, die sich von dem des Cytosols unterscheiden. Typische pH-Werte sind 7,2 (wie im Cytosol) für das **endoplasmatische Retikulum**, 6,4 für den **Golgi-Apparat**, 6,2 für frühe und 5,3 für späte **Endosomen**. **Lysosomen** haben einen luminalen pH-Wert von 5,0. Die Ansäuerung wird durch eine membranständige H^+-ATPase vom V-(vakuolären-)Typ verursacht, die sowohl einen Protonengradienten aufbaut, als auch eine Potenzialdifferenz über der Organellmembran (innen positiv) erzeugt, die der weiteren Azidifizierung entgegenwirken. Puffersubstanzen im Organellinneren und die Aktivität von Protonen-, Kalium-, Natrium- und Chloridkanälen in der Organellmembran entscheiden über die Steady-State-Lage des luminalen pH-Wertes.

Die sauren Bedingungen in Lysosomen und späten Endosomen begünstigen die Aktivität lysosomaler Enzyme, die eine wichtige Funktion bei der zellulären Proteindegradation und in der intrazellulären Verdauung endocytierter Substanzen innehaben.

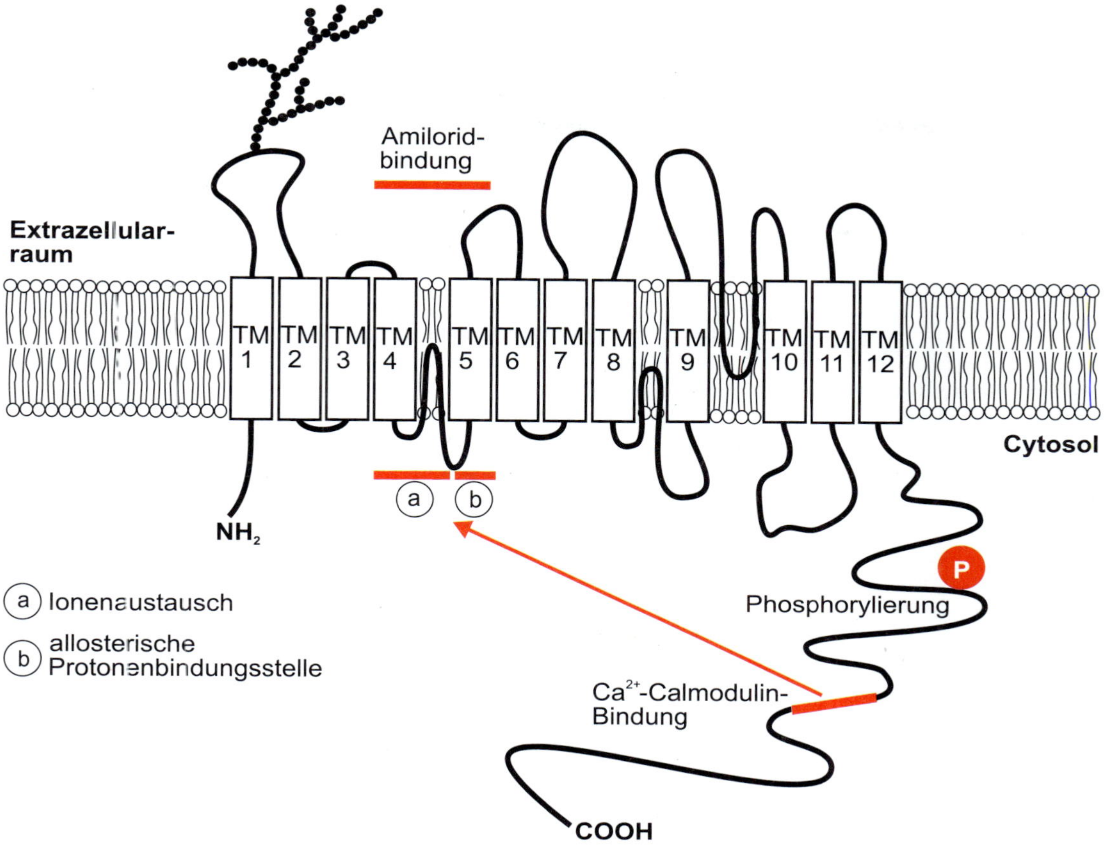

Abb. 6.4 Zweidimensionales topologisches Modell des Natrium/Protonen-Austauschers (NHE1) in der Plasmamembran von Vertebratenzellen. Der Natrium/Protonen-Austauscher der Säugetiere ist ein Protein mit 815 Aminosäuren und hat vermutlich zwölf die Plasmamembran durchspannende Regionen (Transmembrandomainen, TM). N- und C-Termini des Proteins liegen im Cytosol. Die erste extrazelluläre Schleife zwischen TM1 und TM2 ist glykosyliert. Im Bereich von TM4 und TM5, deren Verbindungsschleife eine Reihe von hydrophoben Aminosäuren enthält und daher vermutlich mit den Lipidmolekülen der Plasmamembran assoziiert ist, liegt die Transportdomäne (a), durch die Protonen nach außen und Natriumionen nach innen transportiert werden. Im Extrazellularraum bindet in dieser Region der Transporthemmstoff Amilorid. In unmittelbarer Nähe der Transportdomäne liegt auf der cytosolischen Seite die allosterische Bindungsstelle für Protonen (b), die die Transportaktivität des Austauschers reguliert. Der C-Terminus des Proteins enthält weitere regulatorische Domänen, zum Beispiel Phosphorylierungsstellen für Proteinkinasen und eine Bindungsdomäne für den Calcium-Calmodulin-Komplex. Es scheint möglich, dass Letztere im inaktiven Zustand des Austauschers die cytosolische Region der Transportdomäne und die allosterische Protonenbindungsstelle maskiert (roter Pfeil). (Nach Wakabayashi S, Pang T, Su X, Shigekawa M (2000) A novel topology model of the human Na^+/H^+ exchanger isoform 1. J Biol Chem 275, 7942–7949, Abb. 9, S. 7948, verändert.)

6.4 Fragen zum Selbststudium

- Erläutern Sie, aus welchen Gründen die Konstanthaltung des pH-Wertes der Körperflüssigkeiten für Tiere so wichtig ist.
- Wie unterscheiden sich starke und schwache Säuren?
- Welche Protonenkonzentration finden Sie in reinem Wasser bei 22 °C vor?
- Verändert die Zugabe von NaCl zu reinem Wasser den pH-Wert?
- Welche pH-Puffersubstanzen in den extrazellulären Körperflüssigkeiten von Tieren kennen Sie?
- Erläutern Sie den Mechanismus, der in fast allen tierischen Zellen metabolisch gebildete Protonen aus dem Zellinneren in den Extrazellularraum überführt.
- Wie kann eine respiratorische Alkalose entstehen?
- Welcher Transporter ist in erster Linie für die Ansäuerung von Lysosomen verantwortlich?
- Berechnen Sie den pH-Wert der Lösung, die entsteht, wenn Sie jeweils 100 ml einer einmolaren (1 M) und einer 0,5 molaren (0,5 M) HCl-Lösung mischen.

Weiterführende Literatur

Allgemeines

Claiborne JB, Perry E, Bellows S, Campbell J (1997) Mechanisms of acid-base excretion across the gills of a marine fish. Journal of Experimental Zoology 279, 509-520.

Dantzler WH (1989) Comparative physiology of the vertebrate kidney. Springer-Verlag, Berlin, Heidelberg, New York.

Grabe M, Oster G (2001) Regulation of organelle acidity. Journal of General Physiology 117, 329-343.

Harrison JF (2001) Insect acid-base physiology. Annual Reviews of Entomology 46, 221-250.

Heisler N (1986) Acid-base regulation in animals. Elsevier, Amsterdam, Oxford, New York.

Pörtner H-O, Heisler N, Grieshaber MK (1984) Anaerobiosis and acid-base status in marine invertebrates: a theoretical analysis of proton generation by anaerobic metabolism. Journal of Comparative Physiology B 155, 1-12.

Pucéat M (1999) pH_i regulatory ion transporters: an update on structure, regulation and cell function. Cellular and Molecular Life Sciences 55, 1216-1229.

Roos A, Boron WF (1981) Intracellular pH. Physiological Reviews 61, 296-434.

Siggaard-Andersen O (1974) The acid-base status of the blood. Munksgaard, Kopenhagen.

Truchot J-P (1987) Comparative aspects of extracellular acid-base balance. Springer Verlag, Berlin, Heidelberg, New York, London, Paris, Tokyo.

Spezielle Aspekte

Aronson PS (1985) Kinetic properties of the plasma membrane Na^+/H^+ exchanger. Annual Review of Physiology 47, 545-560.

Brown D, Bouley R, Paunescu TG, Breton S, Lu HAJ (2012) New insights into the dynamic regulation of water and acid-base balance in renal epithelial cells. American Journal of Physiology - Cell Physiology 302, C1421-C1433.

Eladari D, Chambrey R (2010) Amonium transport in the kidney. Journal of Nephrology 23 (Suppl 16), S28-S34.

Huss M, Vitavska O, Albertmelcher A, Bockelmann S, Nardmann C, Tabke K, Tiburcy F, Wieczorek H (2011) Vacuolar H^+-ATPases: Intra- and intermolecular interactions. European Journal of Cell Biology 90, 688-695.

Lahiri S, Forster RE (2003) CO_2/H^+ sensing: peripheral and central chemoreception. International Journal of Biochemistry and Cell Biology 35, 1413-1435.

Lahiri S, Roy A, Baby SM, Hoshi T, Semenza GL, Prabhakar NR (2006) Oxygen sensing in the body. Progress in Biophysics and Molecular Biology 91, 249-286.

Moolenaar WH (1986) Effects of growth factors on intracellular pH regulation. Annual Review of Physiology 48, 363-376.

Wakabayashi S, Shigekawa M, Pouyssegur J (1997) Molecular physiology of vertebrate Na^+/H^+ exchangers. Physiological Reviews 77, 51-74.

Wilson RW, Wood CM, Gonzalez RJ, Patrick ML, Bergman HL, Narahara A, Val AL (1998) Ion and acid-base balance in three species of Amazonian fish during gradual acidification of extremely soft water. Physiological and Biochemical Zoology 72, 277-285.

6

Osmo- und Ionenregulation

7.1 Körperflüssigkeiten

7.1.1 Flüssigkeitskompartimente

Es ist sehr wahrscheinlich, dass die Evolution erster Zellen in der Frühzeit der Erdgeschichte in einem Medium stattfand, das geringe Konzentrationen abiotisch gebildeter, kleiner organischer Moleküle enthielt und reich an Mineralstoffen war. Es ist daher nicht überraschend, dass die ionale Zusammensetzung der Körperflüssigkeiten heute lebender Tiere in vielen Fällen Ähnlichkeiten mit der ionalen Komposition des Meerwassers erkennen lässt. Allerdings sind die Körperflüssigkeiten von Tieren nie exakt mit den jeweiligen Außenmedien identisch. Vielmehr ist die Aufrechterhaltung von Konzentrationsunterschieden (**Gradienten**) zwischen Körperinnerem und Außenwelt sogar ein wesentliches Merkmal lebender Systeme.

Die Körperflüssigkeiten mariner Invertebraten (z. B. bei Echinodermen, die über sehr eingeschränkte Möglichkeiten zur Regulation der Konzentrationen ihrer Körperflüssigkeiten verfügen) zeigen große Ähnlichkeit ihres inneren Milieus zum umgebenden Meerwasser. Andere Tiere, besonders solche, die an ein Leben in Süßwasser (limnische Lebensweise) oder an Land (terrestrische Lebensweise) angepasst sind, weisen häufig eine große Abweichung in der Zusammensetzung ihrer Körperflüssigkeit von der des sie umgebenden Mediums auf. Die Bewahrung von Unterschieden in den Konzentrationen einzelner Ionen oder gar der Gesamtheit der gelösten Teilchen (**osmotische Konzentration**) in zwei benachbarten Kompartimenten (z. B. Körperinneres und Außenwelt) setzt zwei Bedingungen voraus:

- Weder gelöste Teilchen noch Wasser dürfen sich ungehindert über die Kompartimentgrenze hinweg bewegen können (passiver Schutz durch Vorhandensein einer Diffusionsbarriere).
- Es muss Energie aufgewendet werden, um die dem Konzentrationsausgleich entgegenstrebenden Gradienten durch aktiven Transport zu regenerieren, da alle biologischen Grenzflächen eine gewisse Permeabilität für Wasser und gelöste Substanzen aufweisen.

Beide Bedingungen, meist in Kombination, sind im Tierreich in vielen Erscheinungsformen realisiert. Die derbe **Haut** der Säugetiere ist weitgehend undurchlässig für Wasser und Salze, sodass wir als Menschen in einem Teich (ca. 0,05 % Salzgehalt, w/w) oder im Meer (3,3 % Salinität, w/w) baden können, ohne zu schwellen oder zu schrumpfen. Wirbeltiere mit relativ gut wasserdurchlässiger Haut (z. B. Amphibien) drohen zu schwellen, wenn sie in Süßwasser sitzen bzw. zu schrumpfen, wenn sie in Meerwasser gebracht werden. Sie müssen aktive regulative Maßnahmen (Volumenausscheidung bzw. Salztransport) einleiten, um ihre Osmo- und Ionenbalance zu stabilisieren und ihr Körpervolumen homöostatisch zu regulieren.

Innerhalb mehrzelliger Organismen lassen sich mehrere flüssigkeitserfüllte Kompartimente unterscheiden (Abb. 7.1), die grob in **Extrazellularraum** und **Intrazellularraum** unterteilt werden können. Aufgrund einer gewissen **Wasserpermeabilität** der Zellmembran sind die osmotischen Konzentrationen der extra- und intrazellulären Kompartimente in der Regel ausgeglichen. Die Konzentrationen einzelner Ionen können aber durchaus deutlich voneinander abweichen (▶ Box 7.1). So verursacht der aktive Na^+-Auswärts- und K^+-Einwärtstransport der Na^+/K^+-ATPase einen Konzentrationsgradienten für Natriumionen (beim Säugetier intrazellulär 10 mmol l^{-1}, extrazellulär 140 mmol l^{-1}) und Kaliumionen (intrazellulär 120 mmol l^{-1}, extrazellulär 5 mmol l^{-1}), der die Grundlage für sekundäre Transportprozesse über die Plasmamembran (Kanäle, Cotransporter, Austauscher) und die Erregbarkeit von Muskel- und Nervenzellen darstellt.

Box 7.1 Die Zusammensetzung und die Funktionen des Blutes von Wirbeltieren (Zahlenwerte für den Menschen)

Das Blut der Vertebraten enthält zelluläre Bestandteile (Erythrocyten, Granulocyten, Lymphocyten, Monocyten, Thrombocyten) und das Blutplasma. Der Anteil des zellulären Volumens am Gesamtvolumen des Blutes wird als **Hämatokrit** bezeichnet. Beim Menschen liegt er bei etwa 45 %.

Das **Blutplasma** ist eine wässrige Lösung bzw. eine Suspension von Mineralstoffen und ionenbildenden organischen Molekülen (in mmol l^{-1}: Na^+ 140, K^+ 4–6, Ca^{2+} 2,5, Mg^{2+} 1, Cl^- 102, HCO_3^- 27, HPO_4^{2-} 1, SO_4^{2-} 0,5, organische Säurereste 6), kleinen organischen Molekülen (6–8 mmol l^{-1} Glucose, Aminosäuren, freie Fettsäuren, Lipide und Cholesterinester, Vitamine, Hormone und Stickstoffverbindungen) und Plasmaproteinen. Zu diesen gehören **Albumin** (40 g l^{-1}), die α- (10 g l^{-1}), die β- (9 g l^{-1}) und die γ-**Globuline** (13 g l^{-1}) sowie das **Fibrinogen** (3 g l^{-1}), das im **Blutserum** fehlt. Ein Teil der Plasmaproteine besitzt negative Überschussladungen an den Moleküloberflächen und trägt daher auch zur Anionenbilanz des Blutes bei (Umfang etwa 16 mmol l^{-1}). Die osmotische Konzentration des Blutplasmas beträgt etwa 290 mmol kg^{-1} H_2O.

Das Blut hat wichtige **Transportfunktionen**. Es werden Atemgase (O_2, CO_2) zwischen Körperoberfläche und Geweben oder zwischen den Organen und Geweben bewegt, ebenso wie Nähr-, Bau- und Hilfsstoffe (Glucose, Aminosäuren, Lipide, Metabolite, Vitamine, Eisenionen), Hormone und Wärme. Das Blut dient auch als **Speicher** für Energieträger (Blutglucose) und Baustoffe (Albumin als Vorratsprotein). Zusätzlich ist es **Puffermedium** für aus dem Zellstoffwechsel stammende und ins Plasma freigesetzte Protonen (pH-Pufferung, ▶ Kap. 6), für Volumen und Wärme. In bestimmten Situationen fungiert das Blut auch als **Hydroskelett** (Schwellkörper der Sexualorgane, ▶ Box 5.3). Schließlich erfüllt das Blut wichtige Funktionen in der **Abwehr** von Infektionserregern und Giftstoffen (innate und adaptive Immunfunktionen) und beim **Wundverschluss** (▶ Kap. 29).

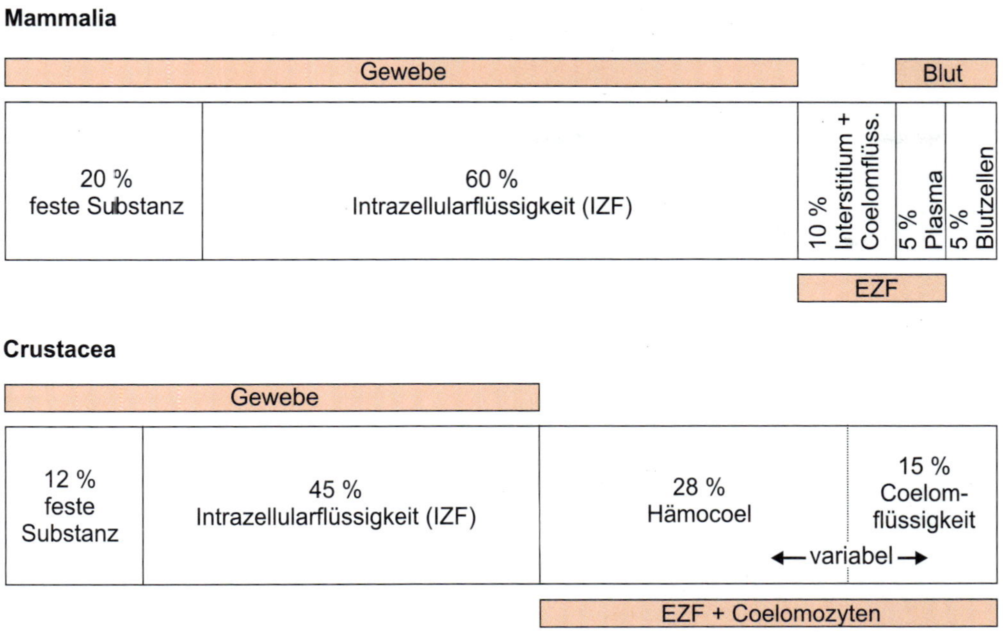

Abb. 7.1 Volumenanteile verschiedener Kompartimente im Körper von Säugetieren und Krebsen. EZF = Extrazellularflüssigkeit. (Nach Potts WTW, Parry G (1964) Osmotic and ionic regulation in animals. Pergamon Press, Oxford, Abb. I.1, S. 7, verändert.)

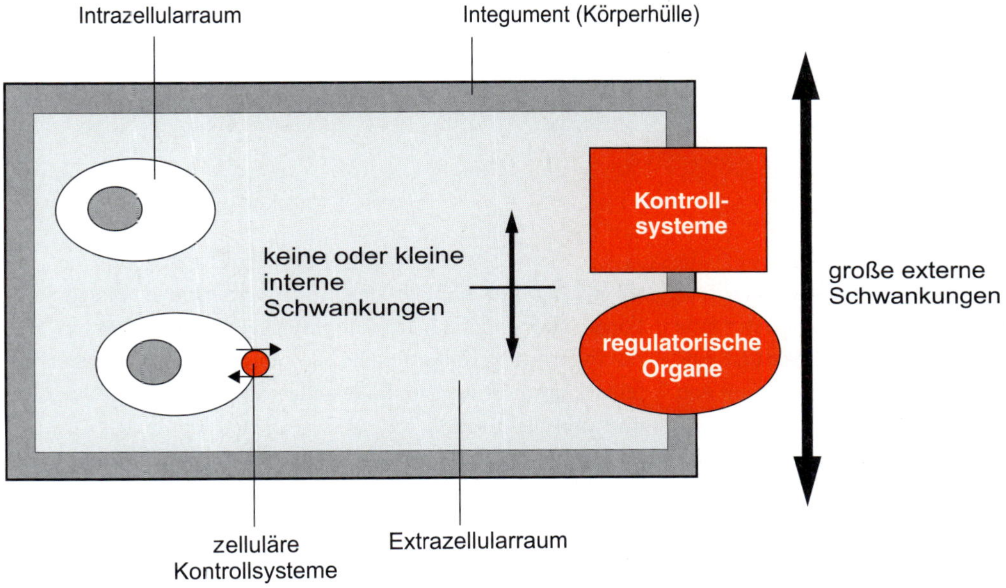

Abb. 7.2 Schematische Darstellung der Kompartimente des Tierkörpers und Lokalisation der Kontrollsysteme zur homöostatischen Regulation der ionalen und osmotischen Bedingungen. (Nach Campbell NA, Reece JB (1997) Biologie. Spektrum Akademischer Verlag, Heidelberg, verändert.)

Ziele der Regulation des Osmo- und Ionenhaushalts eines Tieres sind die Konstanthaltung oder Kontrolle der Zusammensetzung des intrazellulären Milieus im Dienste einer optimalen Zellfunktion und die Kontrolle der Zusammensetzung des Mediums im Extrazellularraum durch osmo- und ionenregulatorische Organe sowie der Schutz des Extrazellularraums vor Schwankungen der Konzentrationen des Außenmilieus durch Kontrollsysteme im Integument (Abb. 7.2). Dabei stellt die Begrenzung der Schwankungsbreite der Konzentrationen und des Volumens im Extrazellularraum die Voraussetzung für eine präzise Kontrolle der intrazellulären Konzentrationen und des Zellvolumens dar.

7.1.2 Wasser und gelöste Stoffe

Die besondere Eignung des **Wassers als Lösungsmittel** in allen lebenden Systemen beruht auf seinem Dipolcharakter. Diese Eigenschaft bedingt die relativ zu den Wasserstoffverbindungen der anderen Elemente der sechsten Hauptgruppe des Periodensystems einen relativ hohen Siede- und Gefrierpunkt des Wassers und seine Fähigkeit, polare oder ionische Bindungen zu lösen, kovalente chemische Bindungen, über die biologisch wichtige Strukturmoleküle (Proteine, Kohlenhydrate, Fette usw.) aufgebaut sind, jedoch zu schonen.

Tab. 7.1 Die ionale Zusammensetzung der extrazellulären Körperflüssigkeiten verschiedener Tierarten im Vergleich mit Meerwasser und Süßwasser (Beispielwerte des normalen Oberflächenwassers).

	$[Na^+]$	$[K^+]$	$[Ca^{2+}]$	$[Mg^{2+}]$	$[Cl^-]$	$[SO_4^{2-}]$	$[HCO_3^-]$	Osmolalität
	(mmol l^{-1})							(mmol kg^{-1} H_2O)
Meerwasser	475,4	10,1	10,3	54,2	554,4	28,6	2,4	1020
Süßwasser	<5	<1,5	<1	<2	<4	<8	<10	<20
Meerestiere								
Seewalze (*Holothuria*)	489	10,7	11	58,5	573	28,4		
Schnecke (*Aplysia*)	492	9,7	13,3	49	543	28,2		1245
Tintenfisch (*Eledone*)	425	12,2	11,6	57,2	480	43,1		
Strandkrabbe (*Carcinus*)	468	12,1	17,5	23,6	524			1020
Süßwassertiere								
Teichmuschel (*Anodonta*)	15,6	0,5	6	0,2	11,7		12	43
Flusskrebs (*Cambarus*)	146	3,9	8,1	4,3	139			430
Neunauge (*Lampetra*)	119,6	3,2	2	2,1	59,9	2,7		
Frosch (*Rana*)	109	2,6	2,1	1,3	78		26,6	215
terrestrische Tiere								
Regenwurm (*Lumbricus*)	105	8,9			43			240
Schabe (Periplaneta)	161	7,9	4	5,6	144			
Seidenspinner (*Bombyx mori*)	14	40	12,3	59,5	21			
Hund (*Canis*)	150	4,4	5,3	1,8	106	2	21	290

Die Gesamtzahl der in einer Körperflüssigkeit gelösten Teilchen verleiht der Lösung im Vergleich mit reinem Wasser eine **osmotische Wirksamkeit**. Die osmotische Wirksamkeit ist eine **kolligative Eigenschaft**, das heißt, ihr Betrag hängt nur von der Zahl gelöster Teilchen, nicht aber von deren Qualität ab. Kolligative Eigenschaften von Lösungen sind der **osmotische Druck** (π), die **Siedepunkterhöhung** oder die **Gefrierpunkterniedrigung** ($\pm\Delta$ °C).

Die osmotische Wirksamkeit (osmotische Konzentration) einer biologischen Flüssigkeit wird gewöhnlich als Anzahl gelöster, osmotisch wirksamer Teilchen (Osmolyte) pro Volumeneinheit des Lösungsmittels (mmol l^{-1} H_2O; **Osmolarität**) oder pro Masseeinheit des Lösungsmittels (mmol kg^{-1} H_2O; **Osmolalität**) angegeben. Dabei ist zu berücksichtigen, dass die Anzahl der osmotisch wirksamen Teilchen nicht mit der Summe der chemischen Konzentrationen der Einzelkomponenten eines Lösungssystems identisch ist, da in einer biologischen Flüssigkeit die Teilchen miteinander in Wechselwirkung treten und viele Salze nur unvollständig dissoziiert vorliegen. Die tatsächlich beobachtete osmotische Konzentration ist daher immer niedriger als die Summe der chemischen Konzentrationen der gelösten Stoffe.

Die **osmotische Konzentration** der Körperflüssigkeit von Tieren ist in erster Linie von der Menge gelöster Salze abhängig (Tab. 7.1). Gewöhnlich stellt Natriumchlorid in dissoziierter Form (Na^+ und Cl^-) die Hauptmenge der **Osmolyte** im Extrazellularraum, Kaliumionen (K^+) und Proteinanionen (Proteinat) sowie Phosphate bilden die vorherrschenden Osmolyte im Intrazellularraum.

Ausnahmen gibt es zum Beispiel bei den Insekten, deren extrazelluläre Osmolytkomposition von der Art ihrer Nahrung abhängt. Während bei carnivoren und omnivoren Insekten wie sonst üblich eher die Natriumkonzentration der Hämolymphe höher ist (z. B. bei der Schabe *Periplaneta*), weist die Hämolymphe herbivorer Insekten, die mit der pflanzlichen Nahrung sehr viel Kalium aufnehmen (z. B. die Larve des Seidenspinners *Bombyx mori*), eine hohe Konzentration von K^+-Ionen auf (Tab. 7.1). Extrazelluläre Kaliumkonzentrationen dieser Größenordnung würden normalerweise Neurone überschwellig depolarisieren. Um einen Dauererregungszustand der Nervenzellen in herbivoren Insekten zu vermeiden, ist das Nervensystem dieser Tiere mit einer K^+-impermeablen Hülle umgeben, sodass die Zellmembran der Neurone keinen direkten Kontakt zur Hämolymphe haben.

Bei den meisten Tieren sind Chloridionen die vorherrschenden Anionen in den extrazellulären Flüssigkeiten (im Säugetierblut 66 % der Anionenkonzentration). Bei einigen Tierarten wird jedoch ein scheinbares Anionendefizit in der extrazellulären Körperflüssigkeit beobachtet, da die Höhe der Chloridkonzentration nicht annähernd die Summe der Kationenkonzentrationen erreicht (**Anionendefizit**). Die gebotene **Elektroneutralität** der Hämolymphe wird bei Insekten (nur 12–18 % der Anionen werden durch Chloridionen gestellt) über eine hohe Konzentration ionisierter organischer Verbindungen (zum Teil Aminosäuren) sichergestellt. Bei Hirudineen (nur etwa 25 % der Anionen sind Chloridionen) findet man hohe Konzentrationen organischer Säurereste (z. B. Malat) im Blut.

Auch nichtionische organische Osmolyte kommen in den Körperflüssigkeiten von Tieren situationsabhängig in unterschiedlichen Konzentrationen vor. Sie werden entweder konstitutiv oder in Reaktion auf besondere Umwelteinflüsse gebildet, besonders in Tieren, die extremen Salinitätsschwankungen im Außenmedium (zur **Volumenhomöostase**, ▶ Box 7.2), der Gefahr der Austrockung (zur Bindung von Wasser) oder des Gefrierens der Körperflüssigkeiten (zur Gefrierpunkterniedrigung) ausgesetzt sind. Ein großer Vorteil dieser Stoffe gegenüber den ionischen Osmolyten ist ihre Kompatibilität[219] mit biologischen Makromolekülen. Während die Veränderung der Ionenstärke einer biologischen Flüssigkeit immer die Gefahr birgt, dass die räumliche Struktur von Proteinen verändert oder gar gelöst wird, können nichtionische organische Osmolyte meist in hohen Konzentrationen in den Körperflüssigkeiten der Tiere akkumulieren, ohne solche Effekte zu verursachen (**kompatible organische Osmolyte**). Die organischen Osmolyte können verschiedenen Stoffgruppen zugeordnet werden. Neben Polyolen (Glycerin, Saccharose, Inositol), Aminosäuren (Taurin, β-Alanin) oder deren Derivaten (Betain, Sarcosin) werden Trimethylaminoxid (TMAO) und Harnstoff in unterschiedlichen Konzentrationen in den Körperflüssigkeiten von Tieren angetroffen.

Box 7.2 Nutzung kompatibler organischer Osmolyte zur Volumenhomöostase bei Tieren

Wenn die Wollhandkrabbe *Eriocheir sinensis* aus Frischwasser in Meerwasser umgesetzt wird, verliert sie durch die wasserpermeablen Anteile der Körperoberfläche (besonders die Kiemen) Wasser, da das Medium eine höhere osmotische Konzentration aufweist als die Körperflüssigkeiten des Tieres. Dies würde zu einem Volumendefizit und zu einer Schrumpfung des Zellvolumens und damit der Gewebe führen, die bei einem Tier mit Exoskelett ein Abreißen der Gewebe von der sklerotischen Körperdecke führen könnte. Um dies zu vermeiden, akkumuliert die Krabbe innerhalb kurzer Zeit nach dem Umsetzen bis zu 80 mmol kg^{-1} Trimethylaminoxid (TMAO) und die Aminosäuren Alanin, Aspartat, Isoleucin, Prolin und Threonin in ihren Geweben. Diese zusätzlichen Osmolyte verringern den osmotischen Gradienten zur Außenwelt und halten Wasser im Körper zurück. Dies trägt dazu bei, Schwankungen des Zellvolumens entgegenzuwirken. Zum selben Zweck akkumulieren Muscheln der Gezeitenzonen (*Mytilus*) große Mengen von Aminosäuren im Cytosol, die sie unter hyperosmotischem Stress aus Speicherproteinen freisetzen. Fische, in deren Haltungsmedium die Salinität ansteigt, akkumulieren zum Schutz ihrer Kiemenzellen vor osmotisch bedingter Dehydratation Inositol in den Epithelzellen ihrer Kiemen. Zur Minimierung osmotischer Gradienten zwischen Blut und Außenmedium akkumulieren marine Elasmobranchier Harnstoff in einer Konzentration bis zu 600 mmol kg^{-1} in ihren Körperflüssigkeiten. Die proteindenaturierenden Eigenschaften des Harnstoffs werden bei diesen Tieren durch TMAO, das zusätzlich in einer Konzentration von bis zu 300 mmol kg^{-1} in den Geweben akkumuliert, neutralisiert. Die Herabsetzung des Gefrierpunkts der Körperflüssigkeiten durch die Akkumulation von Polyolen wie Glycerin, Mannitol und Saccharose wird von vielen Insekten und einigen Amphibien ausgenutzt, um die Eisbildung im Körper bei niedrigen Außentemperaturen zu verhindern.

7.2 Osmotische und ionale Verhältnisse im Körper und im Lebensraum

Die Einstellung eines bestimmten Sollwertes der osmotischen Konzentration der extrazellulären Flüssigkeiten eines Tieres unterliegt wie jeder physiologische Parameter bestimmten Optimierungsgesichtspunkten. Je unabhängiger ein Tier die Konzentration des Körperinneren von Schwankungen der externen Konzentrationen reguliert, desto weniger wird es seine Lebensweise wegen eventuell ungünstiger Bedingungen einschränken müssen. Allerdings erkauft sich das Tier diese Freiheit mit einem hohen Energieaufwand für die Osmo- und Ionenregulation, der umso größer wird, je weiter die Konzentration der Körperflüssigkeiten von der des Mediums entfernt gehalten wird.

In der Evolution hat es sich daher als günstig erwiesen, einerseits die osmotischen Bedingungen im Tier denen des externen Mediums tendenziell anzupassen, dabei aber andererseits sicherzustellen, dass die Funktion von Zellen und Organen des Tieres unter genau diesen Bedingungen optimal ist. Die Wirbeltiere mit einer relativ impermeablen Körperoberfläche und gut ausgeprägter Regulationsfähigkeit haben während der evolutionären Anpassung an unterschiedliche Lebensräume eine recht gleichförmige Innenkonzentration (**homoiosmotische Regulation**[220]) beibehalten (◘ Abb. 7.3). Interessant ist, dass marine Elasmobranchier (Haie und Rochen) zwar mit den anderen Vertebraten vergleichbare Ionenkonzentrationen im Blut aufrechterhalten, einen osmotischen Gradienten zum Meerwasser aber durch die zusätzliche Akkumulation von Harnstoff

[219] *compatior* (lat.) = Mitleid haben

[220] *homoios* (griech.) = gleich, gleichartig

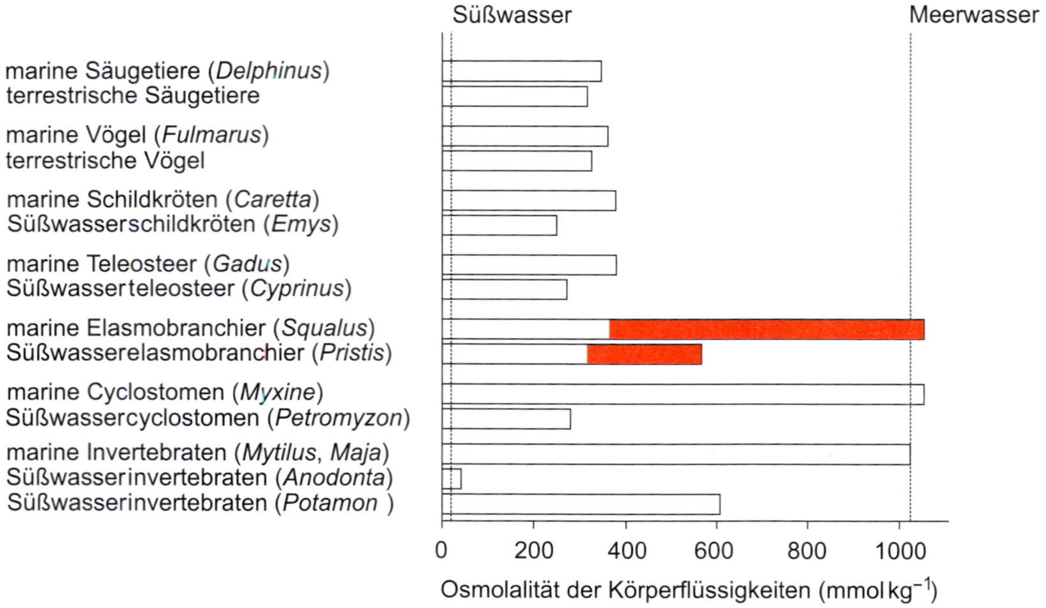

Abb. 7.3 Die Osmolalitäten der Körperflüssigkeiten von einigen marinen, terrestrischen und limnischen Vertretern verschiedener Tiergruppen. Rot unterlegt ist bei den Elasmobranchiern der Anteil der Gesamtkonzentration, der auf den hohen Harnstoffgehalt des Blutes zurückzuführen ist. Zum Vergleich sind die Osmolalitäten von Süßwasser und Meerwasser angegeben (gepunktete senkrechte Linien).

in ihren Körperflüssigkeiten vermeiden. Bei Rundmäulern und vielen Invertebraten ist sogar ein deutlicher evolutiver Trend festzustellen, die Sollwerte der Innenkonzentrationen denen des umgebenden Mediums auf der Basis der anorganischen Ionen anzugleichen. So findet man je nach Beschaffenheit des Lebensraums bei verwandten Arten extreme Unterschiede in den ionalen und osmotischen Konzentrationen der Körperflüssigkeiten. Die sehr niedrige osmotische Konzentration der Körperflüssigkeit der Teichmuschel *Anodonta* im Vergleich mit der quasi auf Meerwasserniveau befindlichen Konzentration der Hämolymphe der marinen Muschel *Mytilus* illustriert dies sehr eindrucksvoll (Abb. 7.3).

Entweder durch homöostatische Regulation (bei **Regulierern**) oder durch **Toleranz** gegenüber wechselnden osmotischen Verhältnissen des Körperinneren (bei **Konformern**) sind Tiere einer Art oft über einen weiten Bereich wechselnder osmotischer und ionaler Bedingungen des Außenmediums lebensfähig. Solche Arten bezeichnet man als **euryhalin**[221]. Dagegen werden Tiere mit einem geringen Toleranzbereich als **stenohalin**[222] bezeichnet. Typische Vertreter stenohaliner Tierarten sind marine Hochseeformen, deren Lebensraum bezüglich der osmotischen und ionalen Bedingungen so gut wie keinen Schwankungen unterworfen ist. Diese Tierarten halten daher weder die regulativen Kapazitäten vor, mit wechselnden Salinitäten im Lebensraum homöostatisch umzugehen, noch sind sie konstruktionsbedingt in der Lage, wechselnde Salinitäten im Lebensraum und in ihren Körperflüssigkeiten in größerem Maße zu tolerieren.

[221] *eurys* (griech.) = breit; *halos* (griech.) = Salz
[222] *stenos* (griech.) = eng

7.2.1 Marine Tiere

Marine Invertebraten besitzen in den meisten Fällen eine zum Außenmedium **isoosmotische**[223] Körperflüssigkeit. Geraten die Tiere in weniger konzentrierte Medien oder konzentrierteres Meerwasser, so tritt rasch ein Konzentrationsausgleich über die zumindest für Wasser relativ gut durchlässige Körperoberfläche ein (Abb. 7.4). Tiere, die solche Veränderungen der osmotischen Konzentrationen und ihres Volumens über einen gewissen Schwankungsbereich tolerieren, bezeichnet man als **poikilosmotisch**[224]. Wenn Tieren allerdings osmo- und volumenregulatorische Fähigkeiten fehlen, können sie solche Veränderungen nur in sehr engen Grenzen tolerieren und überleben im Brackwasser oder gar im Süßwasser nicht. Bei den Krabben *Maja* und *Hyas* liegt die untere Existenzgrenze bei 75–80 % der Meerwasserosmolalität. Bei vielen Muscheln (*Mytilus edulis, Mya arenaria, Cardium edule*) liegt diese Grenze wesentlich niedriger, sodass sie in der Ostsee bis in den Finnischen Meerbusen (Salzgehalt 0,5 %; w/v) vordringen können. Allerdings bleiben diese Tiere mit abnehmendem Salzgehalt kleiner, ihre Schalen sind dünnwandiger und die allgemeine Aktivität (Sauerstoffverbrauch, Herzfrequenz, Cilienschlagfrequenz) wird geringer.

Anders verhalten sich marine Polychaeten (*Nereis diversicolor*) und die Strandkrabbe (*Carcinus maenas*) (Abb. 7.4). Sie sind im Meerwasser oder in konzentrierteren Medien isoosmotisch zur Außenwelt, in verdünnten Medien regulieren sie ihre Körperflüssigkeiten aber deutlich oberhalb der Konzentration

[223] *isos* (griech.) = gleich
[224] *poikilos* (griech.) = verschieden, verschiedenartig

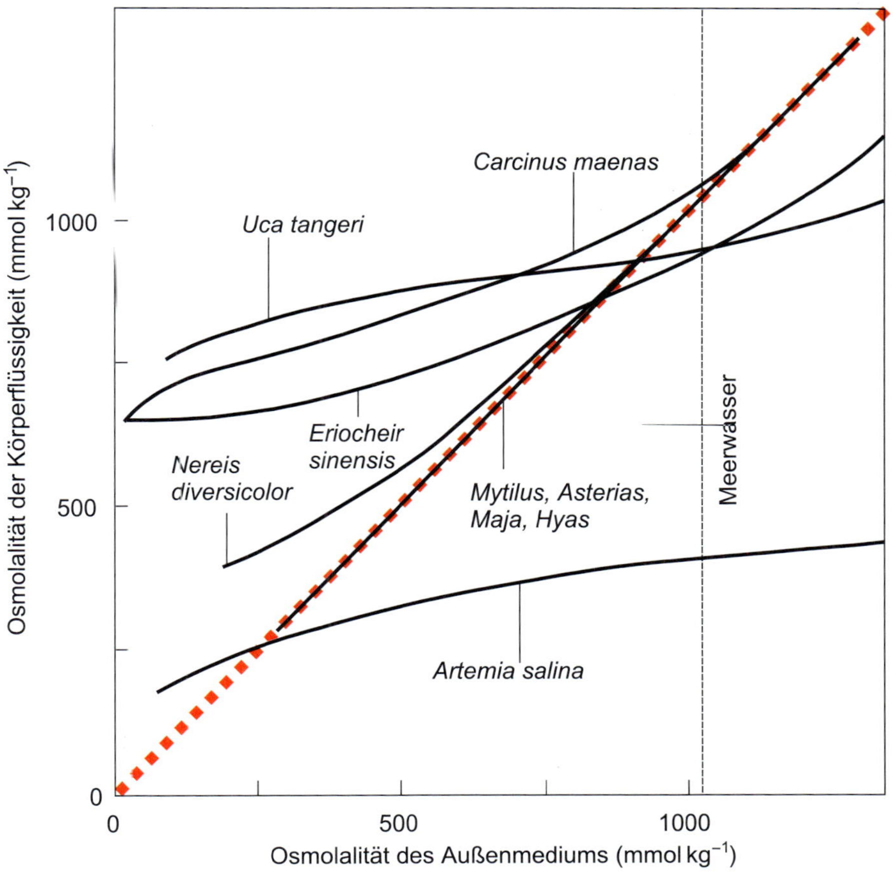

Abb. 7.4 Abhängigkeit der Osmolalität der Körperflüssigkeit von der des Außenmediums bei einigen marinen Invertebraten. Die Linie gleicher Osmolalitäten ist als rot gestrichelte Linie eingezeichnet. Die osmotische Konzentration des Meerwassers ist durch die senkrechte, schwarz gestrichelte Linie markiert.

des Mediums (**hyperosmotische Regulation**[225]). Allerdings gibt es auch bei diesen Tieren untere Grenzen der Lebensfähigkeit. Daher hat die Strandkrabbe in der Ostsee ihre Verbreitungsgrenze auf der Linie Hiddensee-Bornholm. Zwar können adulte Tiere sogar noch niedrigere Salinitäten des Mediums ertragen und daher auch östlich dieser Linie vorkommen, die Larven allerdings sind an Medien höheren Salzgehalts gebunden, sodass die Art auf die westliche Ostsee beschränkt ist.

Voraussetzungen für das Leben als Hyperregulator sind eine niedrige Permeabilität der Körperoberfläche (auch der Kiemen) für Salze und Wasser, die Möglichkeit, osmotisch in den Körper eingedrungenes Wasser durch Harnbildung wieder auszuscheiden (Abb. 7.5), und die Fähigkeit, Salze aktiv aus dem verdünnten Außenmedium in den Körper aufzunehmen, um den mit der Volumenausscheidung zwangsläufig verbundenen Ionenverlust auszugleichen (Abb. 7.6).

Besonders ausgeprägt sind diese Fähigkeiten bei der Chinesischen Wollhandkrabbe (*Eriocheir sinensis*). Diese vermutlich durch Verschleppung von Larven mit dem Ballastwasser von Schiffen heute weit verbreitete Art lebt in größeren Flüssen, wandert aber zur Reproduktion ins Meer, wo sie die Osmolalität der Körperflüssigkeiten anders als andere Crustaceen sogar leicht unterhalb der des Mediums einregulieren kann (**hypoosmotische Regulation**[226]) (Abb. 7.4). Die Ionenregulation, die für diese Lebensweise notwendig ist, erfolgt bei *Eriocheir* im Wesentlichen durch hochgradig transportaktive Epithelzellen der hinteren Kiemen. Während des Aufenthalts der Krabbe in Meerwasser sind die Natriumpermeabilität des Kiemenepithels und der Gehalt an Na^+/K^+-ATPase eher gering. In Süßwasser wird jedoch die Permeabilität der Apikalmembran für Natriumionen wesentlich größer und die **Na^+/K^+-ATPase** in der Basolateralmembran der Transportzellen hochreguliert. Zusätzlich wird unter diesen Bedingungen eine H^+-ATPase vom vakuolären Typ (**V-Typ-ATPase**) in die apikale Membran der Kiemenzellen inseriert. Die Aktivität dieser Pumpe erzeugt eine außen positive Potenzialdifferenz über der apikalen Membran der Kiemenepithelzelle, die einen Eintritt von Natriumionen in die Zelle begünstigt. Mithilfe dieser Transporter findet eine transepitheliale Natriumchloridaufnahme aus dem verdünnten Medium in die Hämolymphe statt (Abb. 7.6).

Nur wenige Tiere können in Wasser mit sehr hohen Salzkonzentrationen (**hypersalines Medium**) leben. Dazu gehören die Larven der Fliege *Ephydra cincerea* und das Salinenkrebschen *Artemia salina*, die als einzige Tierarten im Großen Salzsee in Utah (USA) mit einem Natriumchloridgehalt von 22 % (w/v) anzutreffen sind. Unter diesen Bedingungen hält *Artemia*

[225] *hyper-* (griech.) = über

[226] *hypo-* (griech.) = unter

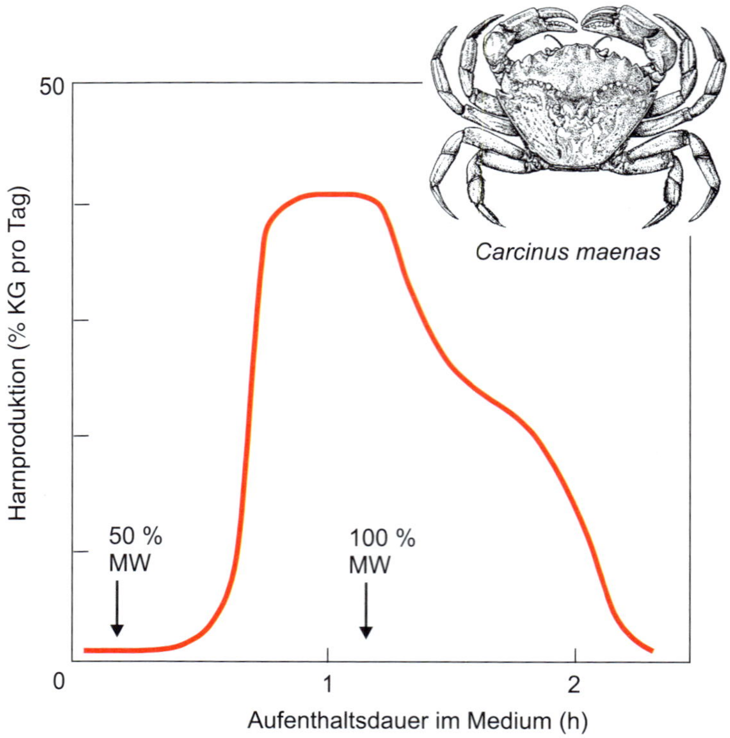

Abb. 7.5 Harnproduktion der Antennendrüse der Strandkrabbe *Carcinus maenas* nach Umsetzung des Tieres von 100 % Meerwasser in 50 % Meerwasser und zurück. MW = Meerwasser. (Nach Rankin JC, Davenport J (1981) Animal osmoregulation. Blackie, Glasgow, Abb. 3.5, S. 41.)

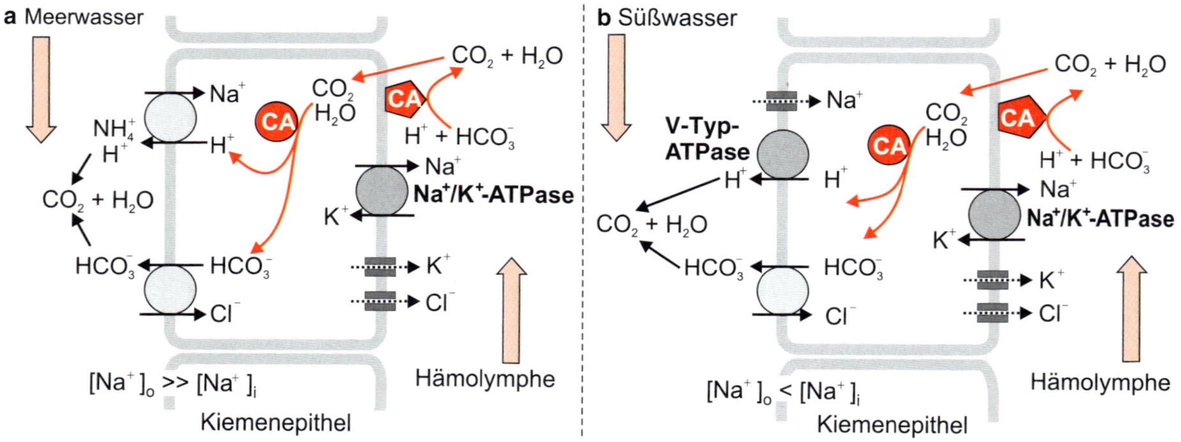

Abb. 7.6 Modelle des transepithelialen Natriumchloridtransports und seiner Kopplung an die CO_2-Exkretion im Kiemenepithel mariner und limnischer Krabben. **a** Marine Krabben nehmen über die Kiemen Natriumchlorid aus dem Mecuticuladium in den Körper auf. Gegen einen Konzentrationsgradienten transportiert die Na^+/K^+-ATPase Na^+-Ionen aus der Zelle in die Hämolymphe. Der dadurch zwischen Außenmilieu und Zellinnerem große Natriumgradient treibt einen Na^+/H^+-Austauscher an, der vermutlich auch Ammoniumionen (NH_4^+) aus der Zelle schaffen kann. Dadurch leistet die Kieme dieser Tiere einen wichtigen Beitrag zur Stickstoffausscheidung. **b** Bei limnischen Krabben ist der Natriumgradient über der apikalen Membran der Kiemenepithelzelle umgekehrt gerichtet, sodass ein Na^+/H^+-Austauscher zum Export von Protonen hier nicht sinnvoll wäre. Der aktive Austransport von Protonen (H^+) erfolgt hier über eine V-Typ-ATPase in der apikalen Membran. Die damit verbundene negative Ladungsakkumulation innerhalb der Zelle erlaubt auch dann den Eintritt der Natriumionen durch Kanäle in der apikalen Membran, wenn die Na^+-Konzentration im Außenmedium leicht unter der des Zellinneren liegt. In den Kiemen dieser Krabben könnte eine räumliche Separation der apikalen Natriumchloridaufnahme und der Abgabe von Protonen und Hydrogencarbonationen in unterschiedlichen Zelltypen existieren. CA = Carboanhydrase. (Nach Morris S (2001) Neuroendocrine regulation of osmoregulation and the evolution of air-breathing in decapod crustaceans. J Exp Biol 204, 979–989, Abb. 1, S. 980; Abb. 2, S. 981, verändert.)

seine Körperkonzentration deutlich unterhalb der des Mediums (Abb. 7.4). Obwohl die Körperoberfläche durch eine dichte Cuticula extrem undurchlässig ist, verliert das Tier unter diesen extremen Bedingungen osmotisch bedingt Wasser an das umgebende Medium. Um diesen Volumenverlust auszugleichen, trinkt *Artemia* Salzwasser, reabsorbiert NaCl und Wasser im Darm und scheidet unter Zurückbehaltung freien Wassers die Ionen über die Kiemen wieder aus. Unterstützt wird die Osmoregulation des Tieres durch seine Fähigkeit, einen im Vergleich mit der Hämolymphe hyperosmotischen Harn zu bilden. Die

Naupliuslarven dieser Tierart besitzen zur Ausscheidung überschüssigen Salzes eine spezielle **Salzdrüse**, die innerhalb einer Erhebung der Cuticula des Cephalothorax liegt. Verschiedene Mückenlarven können in stark salzhaltigem Wasser leben. Ihre Cuticula ist weniger wasserdurchlässig als bei verwandten Süßwasserformen. Obwohl sie zum Ausgleich osmotisch verloren gegangenen Wassers Salzwasser trinken, bleibt die Osmolalität ihrer Hämolymphe fast konstant. Larven von *Aëdes taeniorhynchus*, die in doppelt konzentriertem Meerwasser gehalten wurden, zeigten eine um nur 15 % erhöhte Osmolalität der Hämolymphe im Vergleich mit Tieren, die in 10 %igem Meerwasser gehalten wurden. Die Ausscheidung überschüssigen Salzes erfolgt bei diesen Tieren über die Malpighi-Gefäße im Verein mit dem Enddarm. Die **Malpighi-Gefäße** bilden durch aktiven Transport einen zur Hämolymphe isoosmotischen, kaliumchloridreichen Primärharn. Auch Magnesium- und Sulfationen, die im Meerwasser in hohen Konzentrationen vorhanden sind (Tab. 7.1), können aktiv in das Gefäßlumen sezerniert werden. Bei der Passage des Primärharns durch den ersten Abschnitt des Enddarms werden Kalium- und Chloridionen aus dem Darmlumen in die Hämolymphe reabsorbiert. Im letzten Abschnitt des Enddarms können Natrium-, Kalium- und Chloridionen jedoch aus der Hämolymphe aktiv in das Darmlumen sezerniert und letztlich ein stark hyperosmotischer Harn gebildet werden. Auf diese Weise können die Tiere selektiv gerade diejenigen Ionen aus dem Körper ausscheiden, die mit dem getrunkenen Meerwasser in hohen Konzentrationen in den Körper gelangt sind, und dabei freies Wasser im Körper zurückbehalten. Der posteriore Abschnitt des Enddarms kann daher bei Larven, die in hyperosmotischem Milieu leben, als Salzdrüse bezeichnet werden.

Marine Vertebraten mit Ausnahme der Rundmäuler (Cyclostomata) und der Knorpelfische (Chondrichthyes) halten die osmotischen Konzentrationen ihrer Körperflüssigkeiten unabhängig von der des Lebensraums auf einem Niveau von 300–400 mmol kg^{-1} H_2O. Im Vergleich zum Außenmedium sind Blut und Intrazellularflüssigkeit mariner Vertebraten daher hypoosmotisch. Dieser Konzentrationsunterschied belastet marine Reptilien oder Säugetiere nicht besonders, da ihre Körperoberfläche impermeabel für Wasser und gelöste Stoffe ist. Bei Tieren allerdings, deren Körperoberfläche wasserdurchlässige Anteile aufweist (z. B. die Fischkiemen), bedingt dies einen osmotischen Volumenverlust aus dem Organismus.

Zum Ausgleich dieses Volumenverlustes trinken marine Teleosteer Meerwasser im Umfang von etwa 4–8 % ihres Körpergewichts pro Tag (Abb. 7.7). Im Darm werden Natrium-, Kalium- und Chloridionen aktiv absorbiert und dabei osmotisch Wasser nachgezogen, während Magnesium- und Sulfationen den Darm größtenteils passieren und mit dem Kot ausgeschieden werden. Die im Körper akkumulierten Na^+-, K^+-und Cl^--Ionen werden auf einem extrarenalen Wege durch **Ionocyten** bzw. **Chloridzellen** im Kiemenepithel unter Zurückhaltung von Wasser aktiv ausgeschieden. Diese Ionocyten befinden sich im Epithel der primären Lamellen jeweils an der Basis der sekundären Lamellen der Fischkieme (Abb. 7.8). Sie sind großvolumig, enthalten einen typisch ovalen Kern und eine große Zahl von Mitochondrien. Sie weisen tiefe Einfaltungen der Basolateralmembran und bei vielen Arten eine Einbuchtung der Apikalmembran auf. Diese apikale Grube ist mit Schleim angefüllt, der als Ionenfalle dienen könnte. In diesem externen Kompartiment wurde eine hohe Chloridkonzentration gemessen, daher rührt der Name Chloridzelle. Mit den auch dem Gaswechsel dienenden benachbarten Pflasterzellen und einer zweiten Zellsorte, den Begleitzellen, deren Funktion bisher unklar ist, sind die Ionocyten durch Tight Junctions verbunden, die die parazelluläre Diffusion von Substanzen zwischen Meerwasser und Blut beschränken. Die Ionensekretion wird durch eine basolateral gelegene Na^+/K^+-ATPase energetisiert. Der durch sie aufgebaute Natriumgradient treibt einen ebenfalls in der basolateralen Membran lokalisierten Na^+-/K^+-/Cl^--Cotransporter (NKCC) an, der aus dem Interstitialraum Chloridionen in die Zelle transportiert, die durch einen Kanal in der apikalen Membran an das Meerwasser abgegeben werden. Das dadurch erzeugte negative Potenzial im Außenmedium zieht Natriumionen aus dem Interstitium nach, sodass Natriumchlorid auch gegen einen Konzentrationsgradienten aus dem Blut in das Meerwasser transportiert werden kann. Die Nieren haben bei diesen Tieren keine osmoregulatorische Bedeutung, sondern dienen in erster Linie der Regulation zweiwertiger Ionen. Die geringe Leistung der Niere drückt sich auch in einem weniger

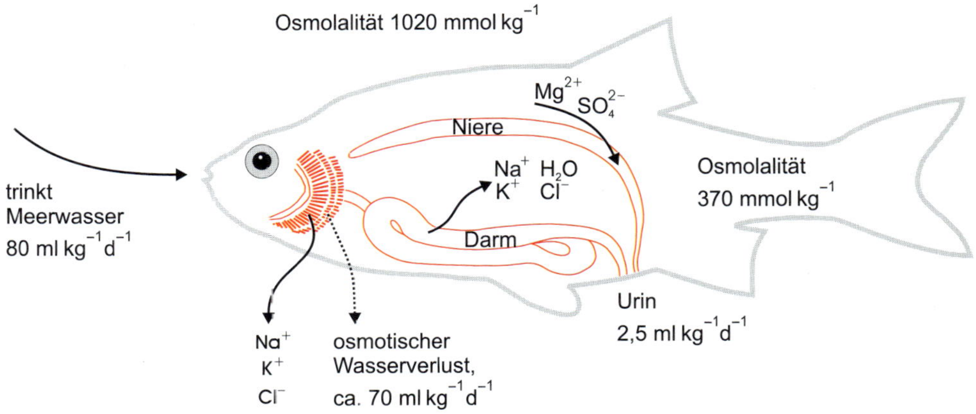

Abb. 7.7 Die osmoregulatorischen Mechanismen bei einem Meeresfisch. Erläuterungen im Text.

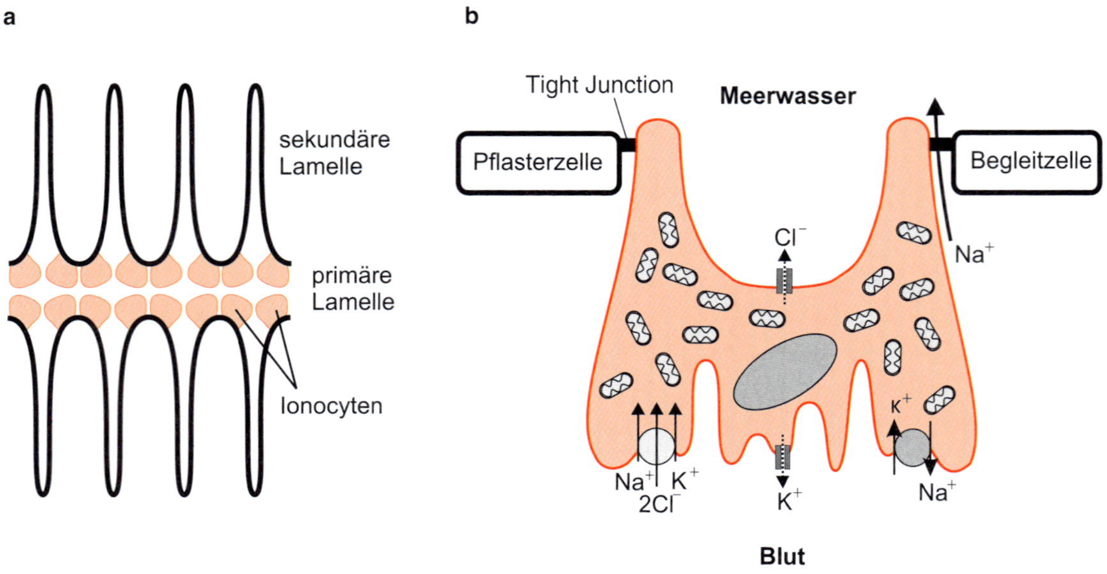

Abb. 7.8 Lage der Ionocyten im Kiemenepithel mariner Knochenfische (**a**) sowie deren Aufbau und Funktionsweise (**b**). Erläuterungen im Text.

differenzierten Bau des Glomerulus und der Tubulussysteme aus. Im Extremfall fehlen die Glomeruli ganz (**aglomeruläre Niere** mancher mariner Knochenfische).

Euryhaline Fischarten, die aus dem Meerwasser in verdünntere Medien oder gar Süßwasser wandern bzw. umgesetzt werden, organisieren das Epithel ihrer Kiemen um. Die im Meerwasser durch **Hyperplasie**[227] (Vermehrung der Zellzahl durch Proliferation) und **Hypertrophie** (Vergrößerung der einzelnen Zelle) häufigen und stark entwickelten Ionocyten bilden sich in verdünnten Medien zurück, die Dichte der Na^+/K^+-ATPase in der basolateralen Membran nimmt dabei ab (Abb. 7.9). In sehr verdünnten Medien nimmt die Aktivität der Na^+/K^+-ATPase im gesamten Kiemenepithel allerdings wieder zu, was auf eine Umdifferenzierung von Zellen zur Ionenaufnahme schließen lässt. Tatsächlich sind es aber weniger die Ionocyten, sondern vornehmlich die **Pflasterzellen**, die vermehrt Na^+/K^+-ATPase bilden, wenn sich die Tiere im Süßwasser aufhalten. Zusätzlich haben diese Zellen eine H^+-ATPase vom V-Typ in der apikalen Membran, die durch Aufbau eines elektrischen Potenzials über der apikalen Membran die Aufnahme von Natriumionen aus dem verdünnten Medium in die Zelle unterstützt (Abb. 7.16). Die Ionocyten dienen im Süßwasser überwiegend der Aufnahme von Calciumionen.

Die **Umdifferenzierung** des **Kiemenepithels** in Fischen, die starken Änderungen der Salinität des Lebensraums ausgesetzt sind, wird hormonell gesteuert. Bei der Wanderung vom Meerwasser ins Süßwasser (**anadrome Wanderung**[228]) steigt die Konzentration von **Prolactin** im Blut der Fische an. Beim europäischen Aal (*Anguilla anguilla*), der als Jungfisch aus dem Meer in die Flüsse aufsteigt und dort bis zur Geschlechtsreife heranwächst, bewirkt das Prolactin die Dedifferenzierung, also den Verlust der apikalen Grube (Abb. 7.8) und die Abnahme der Dichte der Na^+/K^+-ATPase, und sogar den Verlust von Ionocyten, steigert aber gleichzeitig die Dichtigkeit des Kiemenepithels (Umorganisation der Tight Junctions) und begrenzt dadurch sowohl den osmotisch bedingten Wassereinstrom als auch den Natriumverlust aus dem Tier. Bei der Wanderung aus dem Süßwasser in das Meerwasser (**katadrome Wanderung**[229]) steigen die Konzentrationen des **Wachstumshormons** (*growth hormone*, GH) und des Glucocorticoids **Cortisol** im Blut der Fische an. Bei Junglachsen (*Salmo salar*) erfolgt diese Reaktion (*smolting*[230]) bereits in antizipatorischer Weise, noch bevor sie das Meerwasser tatsächlich erreichen. Cortisol steigert die Expressionsrate und die Aktivität der Na^+/K^+-ATPase in den Ionocyten und bewirkt die Ausdifferenzierung dieser Zellen, senkt jedoch die Aktivität dieses Transportsystems in den Pflasterzellen.

Unabhängig von der Wasserpermeabilität der Körperoberfläche nehmen alle marinen Vertebraten im Meerwasser mehr oder weniger große Mengen **Salz** mit der **Nahrung** auf. Besonders deutlich wird dies im Fall der Wale (Cetacea), von denen viele marine Invertebraten (Krill, Cephalopoden) fressen, deren Körperflüssigkeiten bezüglich der osmotischen Konzentration dem Meerwasser gleichen. Auch marine Vögel nehmen auf diese Weise erhebliche Mengen Salz in den Körper auf (krabbenfressende Möwen, muschelfressende Austernfischer). Selbst marine Reptilien wie die auf den Galapagos-Inseln vorkommende Meerechse (*Amblyrhynchos cristatus*) schlucken bei der Abweidung von Algen und Tang unter Wasser erhebliche Mengen Salzwasser.

227 *plassein* (griech.) = bilden, formen
228 *ana-* (griech.) = hinauf, aufwärts; *dromos* (griech.) = Lauf
229 *kata* (griech.) = hinab
230 *smolt* (engl.) = Junglachs oder junge Meerforelle auf dem Weg ins Meer

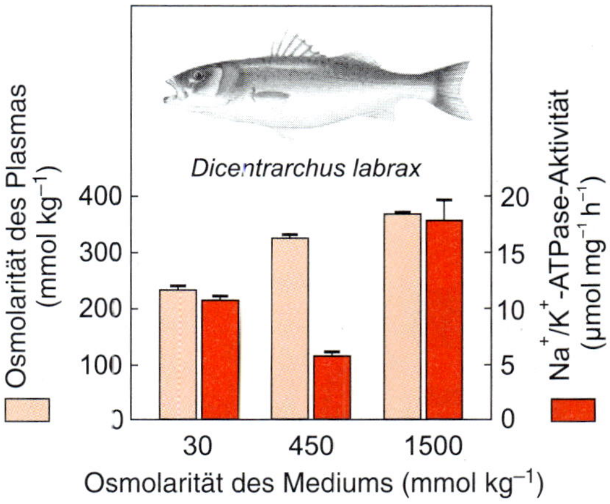

Abb. 7.9 Die Osmolalität des Blutplasmas und die Aktivität der Na^+/K^+-ATPase in den Kiemen des Wolfsbarsches (*Dicentrarchus labrax*) nach physiologischer Adaptation an unterschiedliche Osmolalitäten des Mediums. Während sich die Plasmaosmolalität nach Umsetzen der Fische aus Brackwasser (450 mmol kg^{-1}) in hypersalines Meerwasser (1500 mmol kg^{-1}) bzw. Süßwasser (20 mmol kg^{-1}) nur geringfügig ändert, steigt die Aktivität der Na^+/K^+-ATPase in den Kiemen der Tiere in beiden Fällen an. Im konzentrierten Medium hypertrophieren die Ionocyten und die ATPase treibt den Auswärtstransport von Natriumchlorid an. In Süßwasser ist die ATPase sowohl in den Ionocyten als auch in den Pflasterzellen in hoher Konzentration vorhanden, um die Aufnahme von Salzen aus dem verdünnten Medium zu energetisieren. (Nach Jensen MK, Madsen SS, Kristiansen K (1998) Osmoregulation and salinity effects an the expression and activity of Na^+, K^+-ATPase in the gills of European sea bass, *Dicentrarchus labrax* (L.). J Exp Zool 282, 290–300, Abb. 1, S. 293, verändert.)

Tab. 7.2 Konzentrationen von Natrium- und Kaliumionen (in mmol kg^{-1}) im Sekret der Salzdrüsen mariner Wirbeltiere (Elasmobrachier, Reptilien, Vögel).

	$[Na^+]$	$[K^+]$
Meerwasser (zum Vergleich)	450	12
Dornhai (*Squalus acanthias*)	450	10
Unechte Karettschildkröte (*Caretta caretta*)	732–878	18–31
Nordafrikan. Wüsteneidechse (*Uromastyx aegypticus*)	639	1398
Silbermöve (*Larus argentatus*)	718	24
Wellenläufer (*Oceanodroma leucorhoa*)	900–1000	

Da diese zusätzliche **Salzlast** den hypoosmotischen Zustand der Körperflüssigkeiten bedroht (besonders, wenn die Tiere keinen oder nur einen limitierten Zugang zu Süßwasser haben), müssen die Tiere Mechanismen zur Verfügung haben, die Salze selektiv, das heißt ohne begleitenden Verlust von freiem Wasser, aus dem Körper wieder auszuscheiden. Bei marinen Säugern erfolgt die Salzausscheidung auf renalem Weg durch den Harn, den die Nieren aufgrund der langen Henle-Schleife im Tubulussystem in besonders hoch konzentrierter Form herstellen können. Die Chloridkonzentration im Urin von Walen beträgt etwa 800 mmol l^{-1}, was deutlich oberhalb derjenigen des Meerwassers (554 mmol l^{-1}) liegt, sodass die Tiere nach der Aufnahme von Meerwasser oder salzhaltiger Nahrung durch Bildung eines zum Blut hyperosmotischen Harns freies Wasser im Körper zurückhalten können. Bei Vertebraten, die nicht der Gruppe der Säugetiere angehören, sind die Nieren nicht für die Bildung eines stark hyperosmotischen Harns ausgelegt. Über die Nieren können diese Tiere daher nur dann Salzlasten aus dem Körper eliminieren, wenn sie unbeschränkten Zugang zu Süßwasser haben, was in der Regel bei marinen Tieren nicht der Fall ist. Bei diesen Tieren wurden daher Mechanismen der **extrarenalen Salzausscheidung** entwickelt, die die Salzexkretion unter weitgehender Einsparung von Wasser ermöglichen.

Bei marinen Teleosteern erfolgt dies, wie oben besprochen, durch aktive Salzsekretion über die Ionocyten des Kiemenepithels. Bei Elasmobranchiern scheint dieser Weg zwar ebenfalls vorhanden zu sein, er wird aber zumindest ergänzt durch die salzausscheidende Funktion der **Rektaldrüse**, die durch aktiven Ionentransport ein zum Blut zwar isoosmotisches, aber natriumchloridreiches Sekret(dreifache Blutkonzentration) (Tab. 7.2) bildet und über die Kloake an die Umwelt abgibt. Marine Schildkröten (Cheloniidae) besitzen salzexkretorisch aktive Orbitaldrüsen, Seeschlangen (Hydrophiinae) nutzen zum gleichen Zweck Sublingualdrüsen[231], bei Krokodilen (*Crocodylus porosus*) wird hoch konzentrierte Salzlösung aus Drüsen in der Zungenoberfläche (Lingualdrüsen) ausgeschieden. Bei marinen oder potenziell marinen Eidechsen (Iguanidae, Varanidae) und Vögeln existieren nasale **Salzdrüsen**, die allerdings nicht homologen Ursprungs sind. Bei Vögeln liegen die Drüsen außen am Schädel unter der Kopfhaut. Sie bestehen aus blind geschlossenen, verzweigten Drüsentubuli, die durch ein einschichtiges sekretorisches Epithel begrenzt werden (Abb. 7.10). Ihre Ausführungsgänge münden in die Nasenhöhle, von wo das hoch konzentrierte, natriumchloridhaltige Sekret (Tab. 7.2) durch die Nasenlöcher nach außen abgegeben wird. Bei Möwen (Laridae) und Röhrennasen (Procellariiformes) tropft das Sekret von der Schnabelspitze ab. Eine Besonderheit bei herbivoren Reptilien ist, dass bei ihnen die Salzdrüsen auch ein kaliumreiches Sekret bilden können, sodass diese Tiere überschüssige K^+-Ionen nicht unbedingt mit einem damit obligat verbundenen Wasserverlust über die Nieren ausscheiden müssen.

Die **Ionensekretionsmechanismen** der Salzdrüsen wurden bisher bei der Rektaldrüse der Elasmobranchier und bei der Salzdrüse der Vögel eingehend untersucht. Es handelt sich in beiden Fällen um einen **sekundär aktiven Chloridtransport** (Abb. 7.11). In beiden Drüsen wird der Ionentransport im Wesentlichen durch die Na^+/K^+-ATPase energetisiert, die den Konzentrationsgradienten für Natriumionen über der basolateralen Membran aufbaut. Entlang dieses Gradienten strömen Natriumionen über den basolateral gelegenen, bumetanidsensitiven Na^+/K^+/Cl^--Cotransporter (Homolog des Subtyps

[231] *sub-* (lat.) = unter, unterhalb; *lingua* (lat.) = Zunge

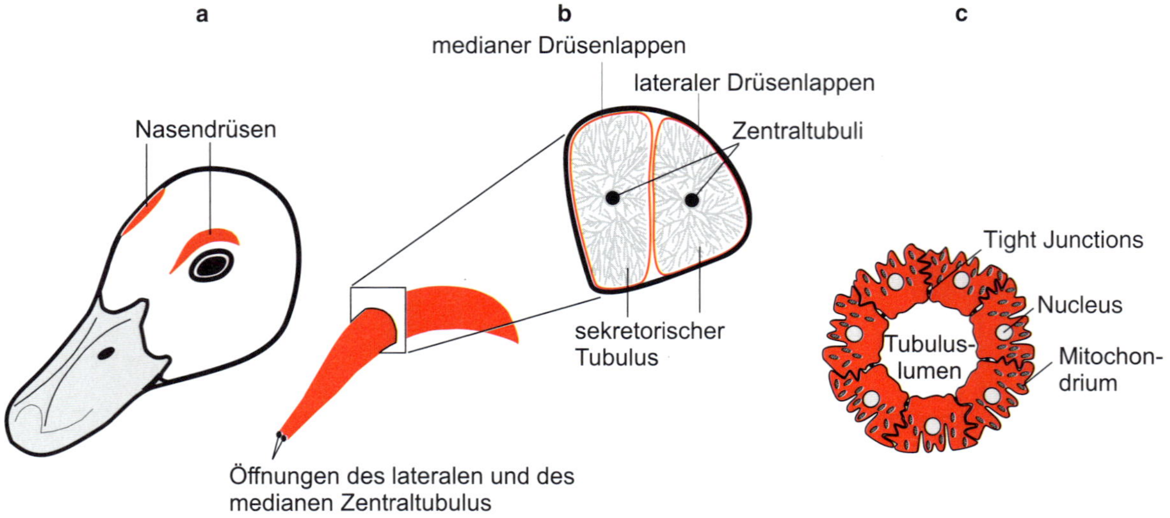

Abb. 7.10 Lage und Bau der Salzdrüsen bei Enten. **a** Lage der Nasendrüsen am Kopf der Ente. **b** Innerer Aufbau der Nasendrüse, dargestellt an einem Querschnitt. **c** Querschnitt eines sekretorischen Tubulus mit transportaktiven Epithelzellen. Erläuterungen im Text. (Nach Müller C, Hildebrandt J-P (2003) Salt glands - the perfect way to get rid of too much sodium chloride. Biologist 50, 255–258, Abb. 1, S. 232, verändert.)

1 des menschlichen $Na^+/K^+/2Cl^-$-Cotransporters, NKCC1) in die Zelle ein. Gegen deren Konzentrationsgradienten nimmt der Cotransporter in jedem Zyklus ein Kalium- und zwei Chloridionen aus dem Interstitium mit in die Zelle. Dieses resultiert in der intrazellulären Akkumulation von Kalium- und Chloridionen in einem Ausmaß, das ein passives Austreten dieser Ionen im Fall der Öffnung entsprechender Membranleitfähigkeiten ermöglicht. Eine solche Möglichkeit gibt es für Kaliumionen durch basolateral gelegene Kaliumkanäle, die in der Rektaldrüse über die Akkumulation von cAMP und in der Nasendrüse durch eine Erhöhung der cytosolischen Calciumkonzentration geöffnet werden. Für Chloridionen liegen die aktivierbaren Leitfähigkeiten auf der apikalen Seite der Zelle. Einer dieser Kanäle ist ein Homolog des CTFR (*cystic fibrosis transmembrane conductance regulator*), ein cAMP/PKA-regulierter Kanal, der in der Rektaldrüse der einzige Austrittspfad für Chloridionen ist. In der Salzdrüse der Vögel ist ein zweiter, calciumregulierter Chloridkanal in der apikalen Membran vorhanden. In beiden Organen resultiert aus der Aktivierung dieser Leitfähigkeiten ein transepithelialer Chloridstrom, der von einem parazellulären Übertritt von Natriumionen aus dem Interzellularraum in das Tubuluslumen begleitet wird. Osmotisch wird vermutlich auf diesem Weg auch eine begrenzte Menge Wasser nachgezogen, allerdings in stark limitiertem Umfang, sodass das Sekret der Salzdrüsen, anders als die im Prinzip auf die gleiche Art produzierten Sekrete menschlicher Drüsenzellen (Speichel, Tränen, Schweiß), mäßig oder stark hyperosmotisch zum Blut (**hyperton**[232]) ist. Wie die hohe Konzentrierungsleistung der Salzdrüse (beim Wellenläufer *Oceanodroma leucorhoa* bis zum Achtfachen der Blutkonzentration) allerdings genau erzielt wird, ist bisher nicht geklärt. Eine Hypothese ist, dass die parazelluläre Permeabilität für Wasser sehr gering ist und die mehr oder weniger stark ausgeprägte Expression von Aquaporinen die unterschiedlichen Konzentrierungsleistungen verschiedener Arten ermöglicht. Ein oft diskutierter Gegenstrom-Konzentrierungsmechanismus scheint aber nicht zu existieren. Was den Salztransport angeht, so weisen die Salzdrüsen unter den bekannten ionentransportierenden Geweben die höchsten Transportrate auf. Tatsächlich kostet der Betrieb der Drüsen einen erheblichen Anteil am Gesamtenergieumsatz der Tiere und kann, wie an Entenküken gezeigt wurde, sogar das Wachstum von Jungtieren verzögern.

Die Aktivierung der Salzdrüsen erfolgt nach der Detektion einer osmotischen Belastung der Tiere durch zentrale und periphere **Osmorezeptoren** und durch Vermittlung des vegetativen Nervensystems. Unter modulatorischer Beteiligung des **Sympathikus** erfolgt die Steuerung der Salzsekretion im Wesentlichen durch das **parasympathische Nervensystem**, dessen Endigungen im Drüsengewebe Acetylcholin und vasoaktives intestinales Peptid (VIP) freisetzen. Die Rezeptoren für diese Transmitter in der Plasmamembran der sekretorischen Zellen sind an heterotrimere GTP-bindende Proteine gekoppelt, die intrazelluläre Enzymsysteme in ihrer Aktivität beeinflussen. Während in der Rektaldrüse VIP-Rezeptoren eine Akkumulation des cytosolischen Botenstoffs cAMP und die Aktivierung der Proteinkinase A (PKA) bewirken, die die Öffnung von apikalen Chloridkanälen hervorrufen, wird in der Salzdrüse der Vögel (Abb. 7.12) durch Acetylcholin die Akkumulation des cytosolischen Botenstoffs Inositol-1,4,5-trisphosphat (IP_3) und hierdurch die Freisetzung von Calciumionen aus intrazellulären Speichern (Derivate des endoplasmatischen Retikulums) eingeleitet. Die Öffnung apikaler Chloridkanäle und basolateraler Kaliumkanäle erfolgt durch den Anstieg der cytosolischen Ca^{2+}-Konzentration. Synergistische Wirkungen auf die NaCl-Sekretion werden durch VIP-vermittelte cAMP-Akkumulation und Öffnung cAMP/PKA-aktivierter Chloridkanäle in der api-

232 *tonos* (griech.) = Spannung, Anspannung

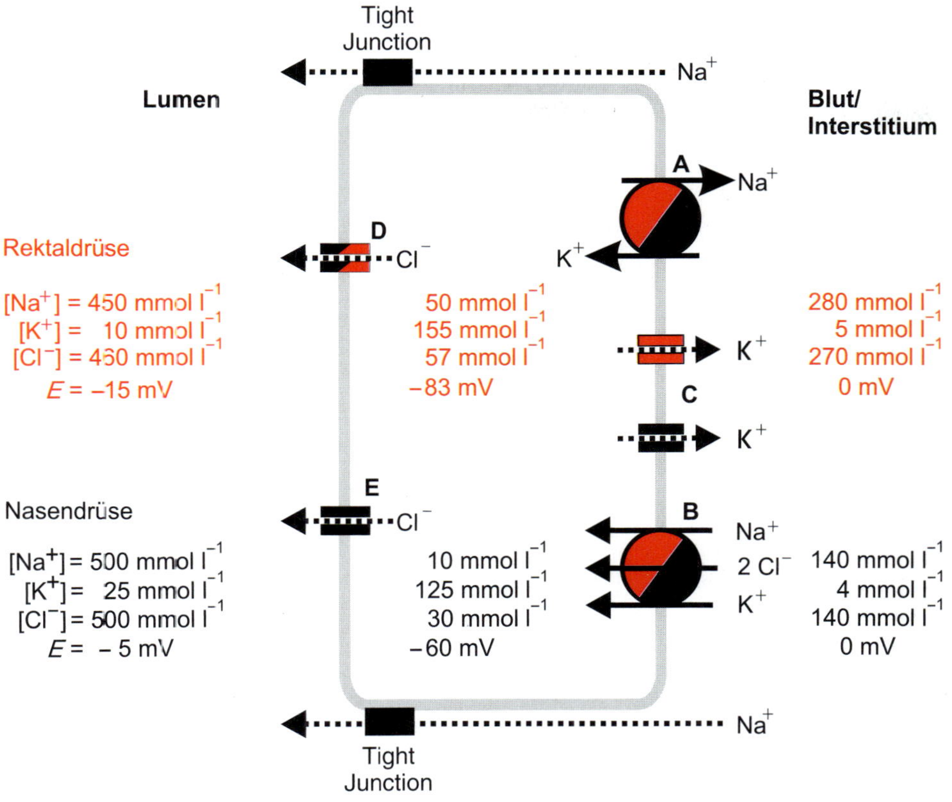

Abb. 7.11 Die Ionentransportmechanismen für die Salzsekretion in der Rektaldrüse des Haies (rot) und der Nasendrüse mariner Vögel (unten, schwarz). Angegeben sind jeweils die Konzentrationen der wichtigsten Ionen in den jeweiligen Kompartimenten und die Spannungsdifferenzen zum Blut bzw. dem Interstitium (*E*). Nähere Erläuterungen im Text. A = Na^+/K^+-ATPase; B = $Na^+/K^+/Cl^-$-Cotransporter; C = K^+-Kanal; D = cAMP/PKA-gesteuerter Chloridkanal; E = calciumgesteuerter Cl^--Kanal. (Nach Shuttleworth TJ (1987) Salt gland function in osmoregulation in terrestrial and aquatic environments. In: Dejours P, Bolis L, Taylor CR, Weibel ER (Hrsg) Comparative Physiology: Life in water and on land. Fidia Research Series IX, Liviana Press, Padua, 537–548, Abb. 1, S. 541, verändert.)

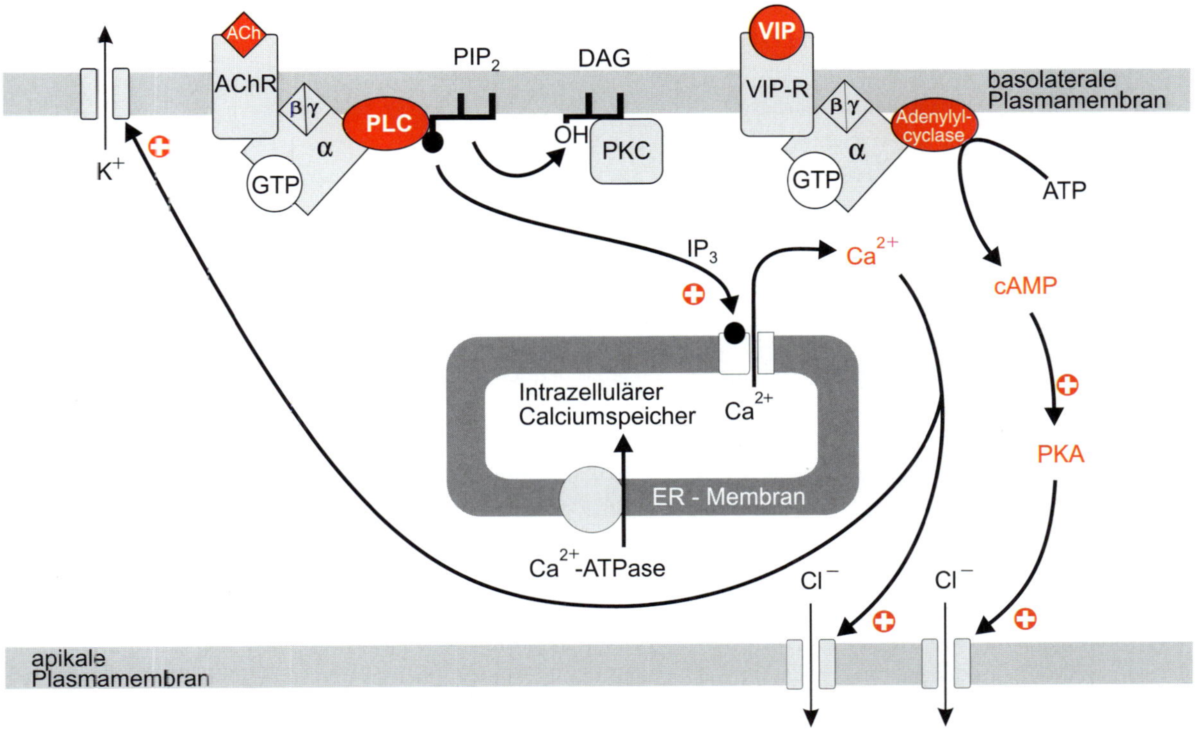

Abb. 7.12 Signaltransduktion zur Steuerung der NaCl-Sekretion in der Salzdrüse der Vögel. Erläuterungen im Text. ACh = Acetylcholin; AChR = muscarinischer Acetylcholinrezeptor; cAMP = zyklisches Adenosinmonophosphat; DAG = Diacylglycerin; GTP = Guanosintriphosphat; PIP_2 = Phosphatidylinositol-4,5-bisphosphat; PKA = Proteinkinase A; PKC = Proteinkinase C; PLC = Phospholipase C; VIP = vasoaktives intestinales Peptid; VIP-R = VIP-Rezeptor. (Nach Hildebrandt J-P (2001) Coping with excess salt: adaptive functions of extrarenal osmoregulatory organs in vertebrates. Zoology 104, 209–220, Abb. 1, S. 211)

kalen Membran der Drüsenzellen erzielt. Historisch interessant ist, dass die erste Beobachtung der Aktivierbarkeit der Hydrolyse von inositolhaltigen Phospholipiden durch muscarinische Acetylcholinrezeptoren, ein inzwischen als grundlegender Aktivierungsmechanismus vieler Zellfunktionen bekannter Prozess, im Jahre 1958 vom Ehepaar Hokin an Nasendrüsengewebe des Wanderalbatros (*Diomedea exulans*) gemacht wurde.

7.2.2 Limnische Tiere

Da kein Tier die osmotische Konzentration seiner Körperflüssigkeiten auf das Niveau des Süßwassers (<25 mmol kg^{-1} H_2O) absenken kann, sind alle Tiere im Süßwasser **hyperosmotisch** zum Medium. Die niedrigsten Innenkonzentrationen findet man bei Mollusken (Teichmuschel *Anodonta*: 45 mmol kg^{-1}; Dreikantmuschel *Dreissena*: 50 mmol kg^{-1}; Schlammschnecke *Limnaea stagnalis*: 45 mmol kg^{-1}), die höchsten bei Crustaceen (Flusskrebse *Astacus* und *Orconectes*: 430 mmol kg^{-1}). Je ausgeprägter der osmotische Gradient zwischen Körperflüssigkeit und Medium bei einem Tier ist, desto größer ist die Triebkraft für gelöste Substanzen, aus dem Tierkörper in das Medium, oder für Wasser, aus dem Medium in das Tier zu diffundieren. Um mit dieser Situation leben zu können, folgen limnische Tiere einer dreifachen Strategie:

- Die äußeren Zelllagen bzw. das Integument limnischer Tiere werden möglichst undurchlässig für Wasser und Salze gehalten (geringe **Permeabilität**).
- Durch den osmotischen Gradienten einströmendes Wasser wird durch geeignete Exkretionsorgane aus dem Körper eliminiert (Bildung eines **hypotonen Harns**).
- Zudem besitzen diese Tiere die Fähigkeit, mit der Harnausscheidung verloren gegangene Ionen auch gegen die Konzentrationsgradienten über die Körperoberfläche aktiv aus dem verdünnten Medium aufzunehmen (**Ionenabsorption**).

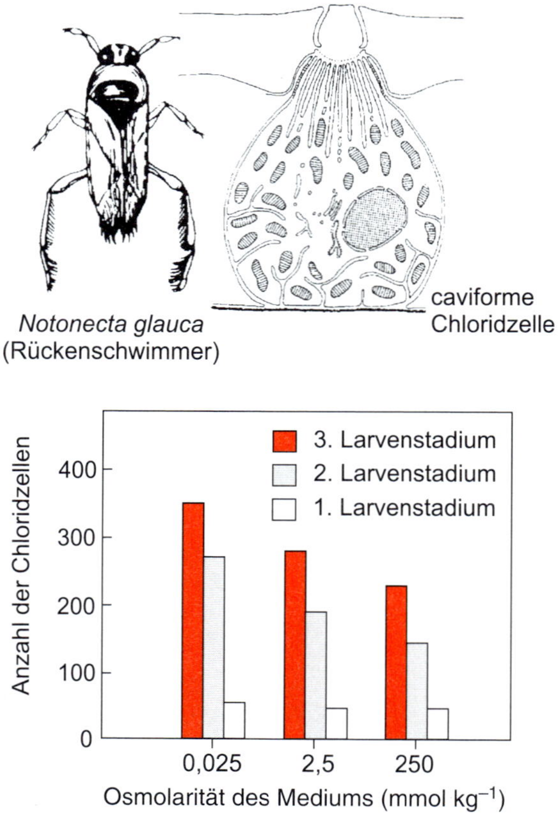

Abb. 7.13 Anzahl der Chloridzellen in Abhängigkeit von der Mediumosmolalität im ersten bis dritten Larvenstadium des Rückenschwimmers (*Notonecta glauca*) (Heteroptera, Wanzen). (Nach Komnick H, Wichard W (1975) Chloride cells of larval *Notonecta glauca* and *Naucoris cimicoides* (Hemiptera, Hydrocorisae). Cell Tissue Res 156, 539–549, Abb. 5, S. 546, verändert.)

Coelenteraten wie der Süßwasserpolyp *Hydra* verfügen über keine osmo- oder ionenregulatorische Organe. Sie halten eine hyperosmotische Situation im Inneren der Ekto- und der Entodermzellen durch aktive Aufnahme von Natriumionen aus dem verdünnten Medium aufrecht. Um eine Schwellung der Zellen durch nachströmendes Wasser zu verhindern, werden die nach außen gerichteten Membrankompartimente wasserdicht gehalten. Bei limnischen Plathelminthen, Nematoden, Mollusken und Anneliden, deren Körperoberfläche relativ permeabel für Wasser ist, wird der osmotische Wassereinstrom durch Harnbildung und -ausscheidung kompensiert. Die Teichmuschel *Anodonta* produziert innerhalb eines Tages eine Harnmenge von einem Viertel ihres Körpergewichts inklusive der Schale. Obwohl dieser Harn stark hypoton ist, gehen mit der Harnbildung mineralische Osmolyte aus dem Körper verloren. Diese müssen durch die Nahrung oder durch aktive Aufnahme über die Körperoberfläche ersetzt werden. Bei Süßwassermuscheln (*Unio*, *Dreissena*), Schnecken (*Lymnaea*), Oligochaeten (*Lumbricus*) und Egeln (*Hirudo*) wurde die aktive Aufnahme von Natriumionen aus verdünnten Medien über die Körperoberfläche nachgewiesen. Der energetische Aufwand für die Bildung des hypotonen Harns (zur Wahrung der Volumenhomöostase) und für die Ionenaufnahme (zur Wahrung des osmotischen Gleichgewichts) ist bei diesen Tieren beträchtlich.

Limnische Crustaceen können einen besonders ausgeprägten osmotischen Gradienten zwischen Körperflüssigkeit und Medium aufrechterhalten, da große Teile ihrer Körperoberfläche durch das Vorhandensein eines Exoskeletts und einer dicken Cuticula auch auf den Intersegmentalhäuten praktisch undurchlässig für Wasser und Salze sind. Die geringe Volumenbelastung, die durch osmotisch eingedrungenes Wasser verursacht wird (90 % des Wassereinstroms erfolgen über die zarthäutige Kiemenoberfläche), kann über die Ausscheidung eines zur Hämolymphe stark hypoosmotischen Harns (Harnmenge bei *Astacus leptodactylus* nur etwa 5 % des Körpergewichts pro Tag) eliminiert werden. Mit der Harnbildung verlorene Ionen, insbesondere Natriumionen, können mithilfe spezialisierter Zellen der hinteren Kiemen aus dem verdünnten Medium reabsorbiert werden.

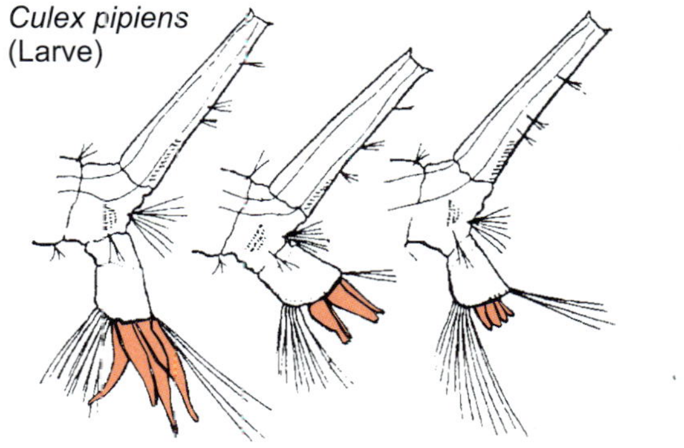

Abb. 7.14 Abhängigkeit der Größe der Analpapillen bei einer limnischen Mückenlarve (*Culex pipiens*) vom Salzgehalt des umgebenden Mediums. (Nach Wigglesworth VB (1972) The principles of insect physiology. 7. Aufl. Chapman & Hall, London.)

Auch die im Süßwasser lebenden Insekten (oft sind nur die Larvenstadien wasserlebend) sind in vielfältiger Weise an ihre besonderen Lebensbedingungen angepasst. Wie die limnischen Crustaceen vermeiden Insekten durch weitgehende Abdichtung der Körperoberfläche (**Cuticula** mit Wachsauflagen) einen osmotischen Wassereinstrom in ihre hyperosmotische Körperflüssigkeit. Zur Stützung ihres Ionenhaushalts sind viele Insekten in der Lage, Salze auch gegen große Konzentrationsunterschiede aus dem verdünnten Medium in den Körper aufzunehmen. Dieses geschieht mithilfe spezialisierter **Chloridzellen** (Abb. 7.13), die an den verschiedensten Körperstrukturen auftreten können. Die Chloridzellen zeigen alle Merkmale transportaktiver Zellen wie Mikrovillisaum, basolaterale Einfaltungen und eine hohe Zahl an Mitochondrien. Die Energetisierung des Transports erfolgt durch die Na^+/K^+-ATPase oder die H^+-ATPase vom V-Typ.

Bei den Eintagsfliegenlarven (Ephemeropteren) befinden sich die **Chloridzellen** hauptsächlich in den Tracheenkiemen, aber auch an den Tergiten und Sterniten des Abdomens und den Extremitäten. Sie treten einzeln als caviforme[233] Zellen mit einer apikalen Eindellung oder als coniforme[234] Zellen in Gruppen mit peripheren Hüllzellen auf. Die Dichte der Chloridzellen scheint einem adaptiven Regulationsmechanismus zu unterliegen. So konnte bei Larven des Rückenschwimmers (*Notonecta glauca*) eine Abnahme der Anzahl der Chloridzellen mit ansteigenden Mediumosmolalitäten beobachtet werden (Abb. 7.13).

Die limnischen Mückenlarven (*Culex*, *Aëdes*, *Chironomus*) besitzen osmoregulatorisch tätige Organe in Form der **Analpapillen** (Abb. 7.14). Es handelt sich dabei um vier blattförmige Ausstülpungen der Körperoberfläche um den After herum, deren Lumina mit Hämolymphe durchströmt werden. Bedingt durch das Fehlen einer dicken Cuticula tritt das Medium in fast direkten Kontakt mit dem transportaktiven Epithel. Dieses führt zwar zur osmotisch bedingten Wasseraufnahme in die zum Medium hyperosmotische Hämolymphe, erlaubt aber auch die aktive Absorption von Ionen, besonders Natrium- und Chloridionen, aus dem verdünnten Medium. Das osmotisch eingedrungene Volumen wird über die Malpighi-Gefäße und den Darm ausgeschieden, die primär mitsezernierten Ionen können allerdings durch aktive Rückresorption aus dem Lumen des Enddarms im Körper zurückgehalten werden. Die Analpapillen sind bei Larven, die an sehr verdünntes Medium adaptiert sind, bedeutend größer als bei Larven, die in Medium mit höherer Salinität gehalten werden.

Limnische Vertebraten halten ihre Körperinnenkonzentration, wenn überhaupt, nur unwesentlich unterhalb der von marinen Formen weitgehend konstant bei etwa 270–300 mmol kg^{-1} H_2O. Der große osmotische Gradient zwischen der Körperflüssigkeit und dem etwa zehnfach geringer konzentrierten Süßwasser bedingt eine Triebkraft für Wasser, über die Körperoberfläche in das Tier einzudringen. Bei Reptilien, Vögeln und Säugetieren wird die osmotische Wasseraufnahme durch eine quasi wasserundurchlässige Körperoberfläche verhindert. Eventuell mit der Nahrung in den Körper gelangtes Wasser kann durch die Produktion eines zum Blut hypoosmotischen Harns wieder entfernt werden.

Bei Süßwasserfischen und Amphibien, die wegen der Notwendigkeit der Respiration über Kiemen oder Haut mehr oder weniger große Anteile einer relativ gut wasserdurchlässigen Körperoberfläche aufweisen, ist der osmotisch bedingte **Wassereinstrom** relativ groß. Um diesen Wassereinstrom nicht noch zu verstärken, trinken diese Tiere nicht. Zur homöostatischen Regulation ihres Körpervolumens produzieren Fische und Amphibien in Süßwasser große Mengen eines zum Blut hypoosmotischen Harns. Die Reabsorption von Salzen während der Passage des Primärharns durch das Tubulussystem der Niere erlaubt zwar die Zurückhaltung eines großen Teils der filtrierten Salze im Körper, führt aber nicht zu einer Absenkung der Harnosmolalität auf das Niveau des Süßwassers, sodass mit der Harnbildung permanent Ionen aus dem Körper an das Medium verloren gehen. Zur Kompensation dieses Ionenverlustes müssen die Tiere aus der Nahrung oder aus dem verdünnten Medium über die Körperoberfläche aktiv Ionen aufnehmen.

Bei Süßwasserfischen wird diese aktive Ionenaufnahme im Wesentlichen durch die **Pflasterzellen** der Kiemen bewerkstelligt (Abb. 7.15), bei Amphibien erfolgt die Ionenresorption in ganz ähnlicher Weise durch die Haut. Historisch interessant ist, dass an der **Bauchhaut** des Froschs von Koefeld-Johnson und Ussing* die ersten Untersuchungen zu Mechanismen und Kinetik aktiver transepithelialer Transportvorgänge vorgenommen wurden. Für diese Untersuchungen wurde die auch heute noch in modifizierter Form in der transportphysiologischen Forschung verwendete **Ussing-Kammer** entwickelt.

Das Konzentrationsgefälle für Natriumionen zwischen Süßwasser und dem Inneren der Epithelzellen von Haut oder Kiemen ist nach außen gerichtet und daher nicht in der Lage,

[233] *cavum* (lat.) = Höhlung; *forma* (lat.) = Gestalt
[234] *konos* (griech.) = Kegel

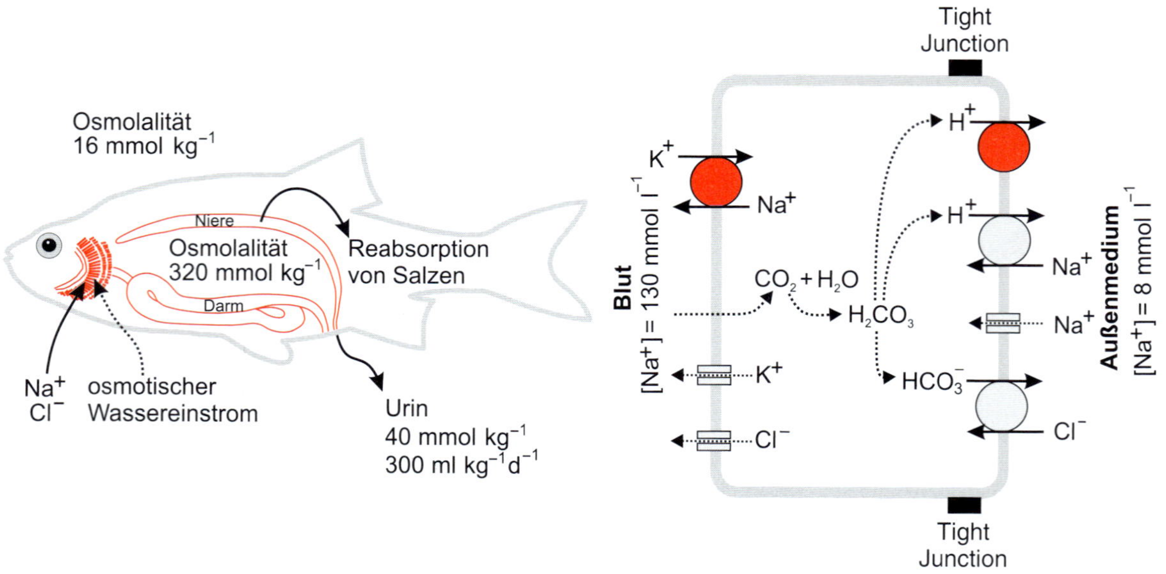

Abb. 7.15 Die osmoregulatorischen Mechanismen beim Süßwasserfisch und die vermuteten Ionentransportvorgänge zur NaCl-Reabsorption in der Pflasterzelle der Kieme. Die Triebkraft für den Eintritt von Natriumionen über die apikale Membran durch Natriumkanäle oder einen Na^+/H^+-Austauscher wird verstärkt durch aktive Sekretion von Protonen mittels einer H^+-ATPase, die innerhalb der den Kiemenzellen außen aufliegenden Schleimschicht ein positives Potenzial aufbaut. Es ist möglich, dass die Aufnahmemechanismen für Natriumionen und die Aufnahmemechanismen für Chloridionen in der Kieme auf zwei spezialisierte Zelltypen verteilt sind. (Nach Evans DH, Piermarini PM, Potts WTW (1999) Ionic transport in the fish gill epithelium. J Exp Zool 283, 641–652, Abb. 4, S. 647, verändert.)

die Triebkraft für die Aufnahme von Natriumionen durch Natriumkanäle in der apikalen Membran der Resorptionszellen bereitzustellen. An der Generation dieser Triebkraft ist vermutlich eine protonentransportierende **V-Typ-ATPase** beteiligt, die aus dem Cytosol H^+-Ionen in einen Schleimfilm auf der Oberfläche der Kiemen bzw. der Froschhaut sezerniert (Abb. 7.15). Das resultierende Defizit von positiven Ladungen im Cytosol erzeugt eine ausreichend große elektrische Triebkraft für Natriumionen, durch die geöffneten Natriumkanäle in das Cytoplasma einzutreten. Eine basolateral lokalisierte Na^+/K^+-ATPase pumpt Natriumionen aus der Zelle in das Interstitium bzw. das Blut. Chloridionen könnten in derselben Zelle im Austausch mit Hydrogencarbonationen aus dem Medium aufgenommen werden. Alternativ ist zumindest für die Fischkieme ein Zweizellmodell in der Diskussion, nach dem die Ionocyten, die bei Süßwasserfischen die aktive Resorption von Calciumionen aus dem Medium betreiben, auch an der Resorption von Chloridionen teilhaben könnten.

Viele limnische Fische und Amphibien sind **euryhaline Tiere**. Sie können längerfristig in mehr oder weniger verdünntem Meerwasser überdauern, wobei sie sogar einen Teil der osmotischen Arbeit, die sie in Süßwasser leisten müssten, einsparen. Daher kommen viele Süßwasserfische (Zander, *Lucioperca lucioperca*) auch in den östlichen Teilen der Ostsee regelmäßig vor. Der südafrikanische Krallenfrosch (*Xenopus laevis*) erträgt konzentrierte Medien dauerhaft bis zu einer Osmolalität von 180 mmol kg^{-1} H_2O. Die Urinproduktion sinkt unter diesen Bedingungen durch den verminderten Wassereinstrom deutlich. Limitiert wird das Überleben von Amphibien in hypertonem Milieu allerdings durch die Unfähigkeit, einen hypertonen Harn zu bilden, da ihre Nieren keine Henle-Schleifen besitzen. Manche Amphibien (Zuckerrohrkröte, *Bufo marinus*) sind in konzentrierten Medien in der Lage, ihre Innenkonzentration durch Akkumulation organischer Osmolyte (Harnstoff) der des Mediums anzugleichen oder gar darüber hinaus zu steigern, um einen stetigen osmotischen Wassereinstrom aufrechtzuerhalten, den sie zur Produktion eines zum Blut hypoosmotischen Harns benötigen.

7.2.3 Terrestrische Tiere

Eine mangelnde Verfügbarkeit von Wasser und der **evaporative Wasserverlust** durch die Körperoberfläche und die Atmungsorgane sind wichtige limitierende Faktoren für landlebende Tiere, die bei suboptimalen Verhältnissen zu Störungen des Salz-Wasser-Haushalts führen können. Der tägliche Wasserumsatz bei Tieren hängt von einer Reihe von Einzelfaktoren (Körpergröße, Temperatur, passiver und aktiver Verdunstungsschutz) ab, die bei verschiedenen Tierarten, auch solchen, die ähnliche **Biotope** bewohnen, sehr unterschiedliche Werte bedingen können.

Je kleiner ein Tier ist, desto größer ist seine Oberfläche in Relation zur Körpermasse. Daher verdunsten afrikanische Tsetse-Fliegen (Glossinidae) Körperwasser im Umfange des 2,4-Fachen ihres Körpergewichts pro Tag. Diese gewaltige Menge Flüssigkeit muss durch **Trinken** ersetzt werden. Beim Menschen liegt dieser Wert aufgrund einer günstigeren Oberfläche/Masse-Relation bei etwa 1,5 % des Körpergewichts pro Tag, was bedeutet, dass ein 70 kg schwerer Mensch mindestens einen Liter Flüssigkeit am Tag trinken oder mit der Nahrung

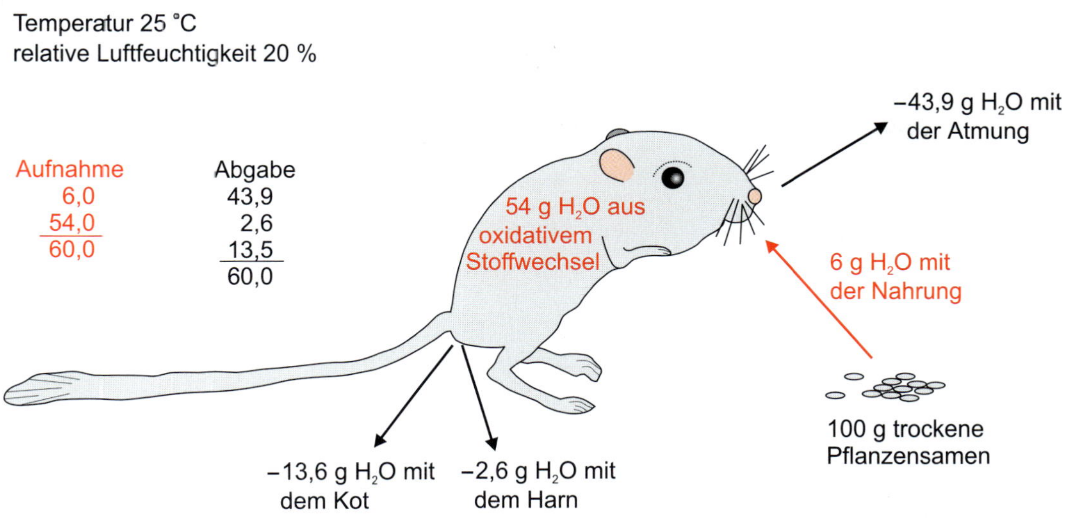

Abb. 7.16 Wasserbilanz der Merriam-Känguruttratte (*Dipodomys marriami*). Die Daten wurden berechnet für einen Zeitraum, in dem 100 g getrocknete Pflanzensamen vom Tier aufgenommen und metabolisiert werden. Das sind gewöhnlich etwa vier Wochen bei ca. 35 g schweren Tieren. Kängururatten trinken überhaupt nicht, sondern ersetzen verlorenes Volumen durch das im Energiestoffwechsel gebildete Oxidationswasser. (Nach Daten von Schmidt-Nielsen K (1964) Desert animals – physiological problems of heat and water. Clarendon, Oxford.)

Tab. 7.3 Tägliche Wasserbilanz beim erwachsenen Menschen unter mitteleuropäischen Bedingungen und bei normaler Ernährungsweise.

	Wasseraufnahme ($l\ d^{-1}$)		Wasserabgabe ($l\ d^{-1}$)
Nahrungsmittel	0,7	Verdunstung (Haut, Atemwege)	0,8
Oxidationswasser	0,3	Kot	0,1
Trinkmenge	>0,6	Urin	>0,7
		Schweiß (je nach Klima und Aktivität)	0–10
Summe	>1,6	Summe	>1,6

aufnehmen muss, um allein seinen evaporativen Wasserverlust (Schweiß, Atemfeuchtigkeit) zu kompensieren.

Der **tägliche Wasserumsatz** wird nicht nur durch die Körpergröße bestimmt. In tropischen Regionen, wo die Verfügbarkeit von Wasser durch tägliche Regenfälle kein Problem ist, leben Tiere mit der höchsten Wasserumsatzrate, da solche Tierarten kaum Schutzmechanismen vor **Wasserverdunstung** entwickelt haben und kaum wassersparende Mechanismen bei der Harnproduktion einsetzen. Eine solche Art ist der Silbergibbon (*Hylobates lar*), der täglich 28,4 % seines Körperwassers umsetzt. Unter denselben Bedingungen setzt der Mensch nur etwa 5,6 % seines Körperwassers um, was ihn als relativ effizienten Wassersparer auszeichnet (Tab. 7.3). Extreme Wassersparer findet man unter den wüstenlebenden Tieren. Die in den Wüsten und Halbwüsten der südwestlichen USA und Mexikos beheimatete Kängururatte (*Diplodomys merriami*) geht so effizient mit ihrem Körperwasser um, dass sie niemals trinken muss (Abb. 7.16).

Wasserverlust durch Transpiration

Halten sich Tiere auf dem Land oder an der Luft auf, so bestehen keine osmotischen Gradienten zwischen Körperinnerem und dem Außenmedium, die Triebkräfte für den Wasserfluss über das Integument darstellen könnten. Stattdessen besteht bei Landtieren die Gefahr, größere Wassermengen durch **Verdunstung** an der Körperoberfläche und an der respiratorischen Oberfläche zu verlieren. Das Maß der Verdunstung von Wasser an einer freien Oberfläche hängt von der Temperatur und dem Wasserdampfgehalt der Luft ab. Unter konstanten Temperaturen verdampft Wasser mit umso größerer Rate, je größer das Dampfsättigungsdefizit der Luft ist. Die **relative Luftfeuchtigkeit** (rLF) drückt das Verhältnis des tatsächlichen Wasserdampfgehalts der Luft (absolute Luftfeuchtigkeit f in g Wasserdampf pro cm^3 Luft) zu dem im Sättigungszustand maximal möglichen Wasserdampfgehalt (f_0) in Prozent aus:

$$\mathrm{rLF} = \frac{f}{f_0} \times 100$$

Die pro Zeiteinheit von einer bestimmten Fläche abgegebene Menge Wasser, die Verdunstungsrate r, ist dem Sättigungsdefizit ($s = f_0 - f$) proportional (Dalton-Gesetz):

$$r = k_1(f_0 - f) + k_2$$

Die Größen k_1 und k_2 sind Konstanten, die die Randbedingungen des Systems beschreiben.

Tab. 7.4 Transpirationsrate (in µg Wasser cm^{-2} h^{-1} Pa^{-1}) einiger Landarthropoden und Reptilien für Temperaturen zwischen 20 und 30 °C.

Arthropoden	Transpirationsrate	Reptilien	Transpirationsrate
Meerassel (*Ligia oceanica*)	1,65	Kaiman (*Caiman*)	0,49
Mauerassel (*Oniscus asellus*)	1,24	Ringelnatter (*Natrix*)	0,31
Kellerassel (*Porcellio scaber*)	0,83	Schmuckschildkröte (*Pseudemys*)	0,18
Kugelassel (*Armadillidium vulgare*)	0,59	Dosenschildkröte (*Terrapene*)	0,08
Küchenschabe (*Blatta orientalis*)	0,36	Grüner Leguan (*Iguana*)	0,08
Larve des Mehlkäfers (*Tenebrio molitor*)	0,04	Gopher-Schlange (*Pituophis*)	0,07
Puppe der Tsetse-Fliege (*Glossina morsitans*)	0,002	Wüstenschildkröte (*Gopherus*)	0,02

Die **Toleranz** von Tieren gegenüber **Wasserverlust** ist sehr unterschiedlich ausgeprägt. Selbst ein Verlust von unter 10 % des Wassergehalts des Körpers hat bei Säugetieren bereits schwerwiegende Folgen. Da meist das extrazelluläre Volumen schneller verloren geht als das intrazelluläre, erhöht sich die **Viskosität** des Blutes, die **Durchblutung** der Organe nimmt ab. Dies bewirkt einen Wärmestau im Gewebe, der gerade für die Neurone im Gehirn tödliche Folgen haben kann. Kamele haben als Anpassung an ein regelmäßig auftretendes Wasserdefizit im Körper einen Regulationsmechanismus entwickelt, der es ihnen erlaubt, Wasser aus dem Intrazellularraum und dem Interstitium in das Blutplasma zu verlagern. Dies bedingt, dass ein Kamel, welches 25 % seines Körperwassers verloren hat, immer noch 90 % seines ursprünglichen Plasmavolumens besitzt und Wärme effektiv aus dem Körper abführen kann. Einige australische Frösche (*Cyclorana*) können durch Verdunstung sogar bis zu 50 % ihres Körpergewichts verlieren, ohne zu sterben. Unser einheimischer Laubfrosch (*Hyla arborea*) stirbt dagegen bereits bei einem Volumenverlust von 25 % seines Körpergewichts. Wirbellose Tiere, die an trockene Lebensräume angepasst sind, tolerieren einen hohen Wasserverlust meist ohne Schaden, so die Wüstenschabe *Arenivaga*, die einen Verlust bis zu 30 % ihrer Körpermasse toleriert, und die Bücherlaus (*Liposcelis divinatorius*), die sogar bis zu 67 % ihres Körpergewichts an Wasser schadlos verlieren kann.

Die meisten Landtiere haben strukturelle Anpassungen entwickelt, um den evaporativen Wasserverlust so klein wie möglich zu halten. Eine besondere **Körperbedeckung** schützt viele Tiere vor übermäßiger Wasserverdunstung. Arthropoden besitzen eine oft mit einer **Wachsschicht** überzogene Chitincuticula, Reptilien einen **Hornpanzer**, Säugetiere ein **Haarkleid** und Vögel ein **Federkleid**. Im Vergleich zum 25–50 %igen Wasserverlust pro Tag, der oben für Amphibien angegeben wurde, verlieren Reptilien wie die Pythonschlange oder die Landschildkröte (*Testudo*) unter ähnlichen Bedingungen nur 0,1–0,3 % ihres Körpergewichts pro Tag. Eine deutliche Beziehung zwischen der Durchlässigkeit des **Integuments** und der Feuchtigkeit des Lebensraums beobachtet man bei den Landasseln (Tab. 7.4). Während sich *Ligia* stets in Ufernähe von Gewässern unter Steinen aufhält, findet man die Mauerassel *Oniscus* unter feuchtem Laub und Steinen in Wäldern, in Gewächshäusern und Kellern. Die Kellerassel *Porcellio* lebt sowohl in Gebäuden als auch im Freien an trockeneren Standorten, während die Kugelassel *Armadillidium* sonnige und trockene Standorte bevorzugt. Die Transpirationsrate ist unter gleichen Luftfeuchtebedingungen bei *Ligia* am höchsten, gefolgt von *Oniscus* und *Porcellio* und am geringsten bei *Armadillidium*.

Bei Insekten besteht die **Cuticula** in der Regel aus drei Schichten. Von innen nach außen folgen die Endo-, die Exo- und schließlich die dünne und chitinfreie Epicuticula aufeinander. Letztere trägt eine 0,1–0,4 µm dicke Wachsauflage. Beim Käfer *Cryptoglossa verrucosa* ordnen sich die Wachsmoleküle unter Bedingungen niedriger Luftfeuchtigkeit in Filamenten an und vernetzen sich auch quer. Diese Veränderung der Wachsauflage wird sichtbar durch eine Veränderung des Farbeindrucks (Blaufärbung durch veränderte Lichtbrechung) und macht die Körperoberfläche des Tieres quasi wasserdicht.

Wasserverlust durch Respiration

Die **Luftatmung** landlebender Tiere macht eine große Oberfläche für den Gasaustausch notwendig, die zur Optimierung der Diffusionsrate eine kurze Diffusionsstrecke aufweist, also möglichst dünnwandig sein sollte. Dieses Erfordernis bedingt, dass beim Kontakt der Atemluft mit der respiratorischen Oberfläche Wasser aus dem Tierkörper entweicht, bis in der Gasphase eine Dampfdrucksättigung eintritt. Durch konvektive oder ventilatorische Entfernung dieser Gasphase verliert der Organismus erhebliche Mengen Wasser. Besonders dramatisch kann dieser Flüssigkeitsverlust bei Tieren sein, die über die gesamte Körperoberfläche atmen, wie es bei vielen Invertebraten und Amphibien der Fall ist. Um oberflächliche Austrocknung zu vermeiden, wird die Haut dieser Tiere zwar mit wasserbindenden Drüsensekreten (in der Regel mucinhaltig) überzogen und dadurch feucht gehalten. Dennoch verlieren die Tiere permanent Verdunstungswasser an die Luft in der Umgebung, sodass sie zum Überleben längerer Trockenphasen einen umfangreichen Verlust von Körperwasser tolerieren müssen. Da die Osmolalität der Körperflüssigkeit unter diesen Bedingungen ansteigt, fällt es den Tieren allerdings leicht, bei Oberflächenkontakt mit Süßwasser den verlorenen Volumenanteil durch passive Diffusion durch die Haut zurückzugewinnen. Manchen Amphibien reicht dazu der innige Kontakt der Bauchhaut mit feuchter Erde. Andererseits wird daraus deutlich, dass Tierarten, die ihre respiratorischen Oberfläche der Außenluft direkt exponieren, normalerweise an wassernahe oder generell feuchte Biotope gebunden sind. Dass einige Amphibien (Anura) dennoch in der Lage sind, längere Trockenphasen zu überstehen, hängt unter anderem damit zusammen, dass sie in Zeiten guter Wasserversorgung in der Harnblase einen großen Vorrat an Wasser in Form eines sehr verdünnten Harns anlegen. Im Fall von **evaporativem Wasserverlust** und steigender Osmolalität der Körperflüssigkeit kann die Wasserpermeabilität des Blasenepithels durch das Neurohypophysenhormon Argininvasotocin gesteigert und die gespeicherte Flüssigkeitsmenge zur Ergänzung des Körperwassers verwendet werden.

Die meisten terrestrischen Tierarten haben ihre respiratorische Oberfläche zur **Vermeidung der Austrocknung** in das Innere des Körpers verlegt (Lungen), sodass der Zutritt von trockener Luft nicht permanent, sondern nur in dem Maß erfolgt, wie es die Atmung erfordert. Bei den Landwirbeltieren wird die Ventilationsfrequenz der Lungen und die Atemtiefe gerade so geregelt, wie es die Notwendigkeit der CO_2-Abgabe und der O_2-Aufnahme verlangt. Die in den trockenen südwestlichen Regionen Nordamerikas beheimateten Klapperschlangen (*Crotalus*) atmen in Ruhe nur zwei- bis dreimal pro Stunde und können daher bis zu drei Monate ohne Wasserzufuhr überleben. Die Stigmen der Tracheensysteme der Insekten bleiben zur Wassereinsparung so lange geschlossen, bis die CO_2-Akkumulation in Geweben und Tracheen eine kurzzeitige Öffnung verlangt (**diskontinuierliche Atmung**). Einige wüstenlebende endotherme Tiere haben spezielle anatomische Anpassungen entwickelt, um die Temperatur und damit den Wassergehalt der ausgeatmeten Luft zu reduzieren. Die Kängururatte *Dipodomys* (◘ Abb. 7.16) hat eine lang gestreckte, schmale Nasenhöhle, in der die aus der Lunge strömende Luft (38 °C, 46 mg $H_2O\ l^{-1}$) abkühlt und Wasserdampf kondensiert. Dieser Mechanismus ist so effektiv, dass die Ausatmungsluft beim Verlassen der Nase nahezu Umgebungstemperatur (25 °C) und einen Restwassergehalt von nur noch 23 mg l^{-1} hat. Das **Kondensationswasser** wird resorbiert oder verschluckt und verbleibt so im Körper.

Wasserverlust durch Exkretion

Schweißdrüsen endothermer Tiere werden zur Sekretion und Verdunstung von Wasser über unterschiedliche Hautpartien eingesetzt, wenn die Wärmeabfuhr aus dem Körper über Strahlung nicht ausreicht, die Körpertemperatur konstant zu halten (► Abschn. 10.5.1). Die Endstücke der Schweißdrüsen sezernieren eine zum Blut isoosmotische Lösung, die im Wesentlichen Natrium- und Chloridionen enthält (**sekundär aktiver Chloridtransport**). Selektive Reabsorption von Ionen im spiralig aufgewundenen Ausführgang der Drüsen führt zur Abgabe eines hypotonen Schweißes auf die Hautoberfläche (◘ Abb. 7.17). Die Verdunstung des Wassers benötigt Wärmeenergie, die zumindest zum Teil dem Körper entzogen wird. In warmen Regionen und in Abhängigkeit von der körperlichen Belastung kann ein Mensch am Tag bis zu 10 l Schweiß absondern (◘ Tab. 7.3).

Durch das **Hecheln** des Hundes (*Canis*), der bis auf die Ballen der Pfoten am Körper keine Schweißdrüsen besitzt, kann das pro Minute ventilierte Luftvolumen von 5 l auf 50–72 l gesteigert werden, was mit einem Wasserverlust von 200 g pro Stunde und einer effizienten Wärmeabfuhr aus dem Körper verbunden ist. Das Kamel (*Camelus*) kann sich ein so hohes Maß an Wasserverlust zur Wärmeabgabe bei Wassermangel nicht leisten. Hat das Kamel Durst, vermeidet es evaporativen Wasserverlust dadurch, dass es seine Körpertemperatur im Tagesverlauf mit der Umgebungstemperatur schwanken lässt (◘ Abb. 7.18). Über Nacht fällt die Körperkerntemperatur des Kamels durch den radiativen Wärmeverlust an die Umgebung auf etwa 34 °C ab. In der heißen Zeit des Tages oder während der Arbeit steigt die Kerntemperatur bis auf 41 °C an, ohne dass das Tier Wärmeabgabemechanismen in Gang setzt, die auf der Verdunstung von Wasser basieren. Tiere, die nicht dursten, verlieren in den zehn wärmsten Stunden des Tages durch Schwitzen etwa 9,1 l Wasser, durstende Tiere aufgrund ihrer Wärmespeicherfähigkeit nur 2,8 l.

Säugetiere und Vögel bilden als **stickstoffhaltige Endprodukte** entweder **Harnstoff** oder **Harnsäure**, die nur in Form von Lösungen oder Suspensionen im Harn ausgeschieden werden können. Harnbildung verursacht bei diesen Tieren daher einen obligaten Wasserverlust, der allerdings je nach Tierart sehr unterschiedlich groß sein kann. Für die finale Ausscheidung von Harnstoff werden große Wassermengen benötigt, für die Ausscheidung von Harnsäure nur sehr wenig. Auch andere Metaboliten endo- oder exogener Stoffe können in vielen Tierarten nur im Harn ausgeschieden werden (**harnpflichtige Substanzen**), sodass die Ausscheidung solcher Substanzen eine gewisse Harnbildungs- und Exkretionsrate verlangt. Nur wenige Tierarten können ihren Harnfluss über längere Zeit völlig einstellen. Diesen müssen für die Exkretion der Endprodukte ihres Stoffwechsels andere Mechanismen zur Verfügung stehen.

Obwohl die meisten Tiere das im Lumen des Enddarms enthaltene Wasser mit der Resorption von Salzen weitgehend zurückgewinnen, geht einiges Wasser mit der **Fäzes** verloren. Bei Herbivoren ist der Verlust besonders hoch, da die Fäzes aufgrund des hohen Faseranteils der Nahrung ein großes Volumen haben. Der Esel (*Equus asinus*) scheidet doppelt so viel Wasser mit dem Kot wie mit dem Harn aus.

Terrestrische Insekten haben ein sehr effizient arbeitendes System der Wasserresorption aus dem Darmlumen und scheiden nur wenig Wasser mit dem harnsäurehaltigen Kot aus (◘ Abb. 7.19). Die Cuticula des Rektums ist sowohl für Ionen als auch für Wasser gut durchlässig. Das Epithel der Rektalpolster der Wüstenheuschrecke besitzt in der apikalen Membran einen vermutlich aktiven Chloridtransporter, der Cl^--Ionen aus dem Lumen des Rektums in die Epithelzelle pumpt. Der sich aufbauende elektrochemische Gradient zieht K^+-Ionen in die Zellen nach und der dadurch entstehende osmotische Gradient auch Wasser. Ein vermutlich aktiver Transporter schleust K^+-Ionen in das Lumen der basolateralen Einfaltungen der Epithelzellen aus, wobei dieser Transport an den Transport von Wasser

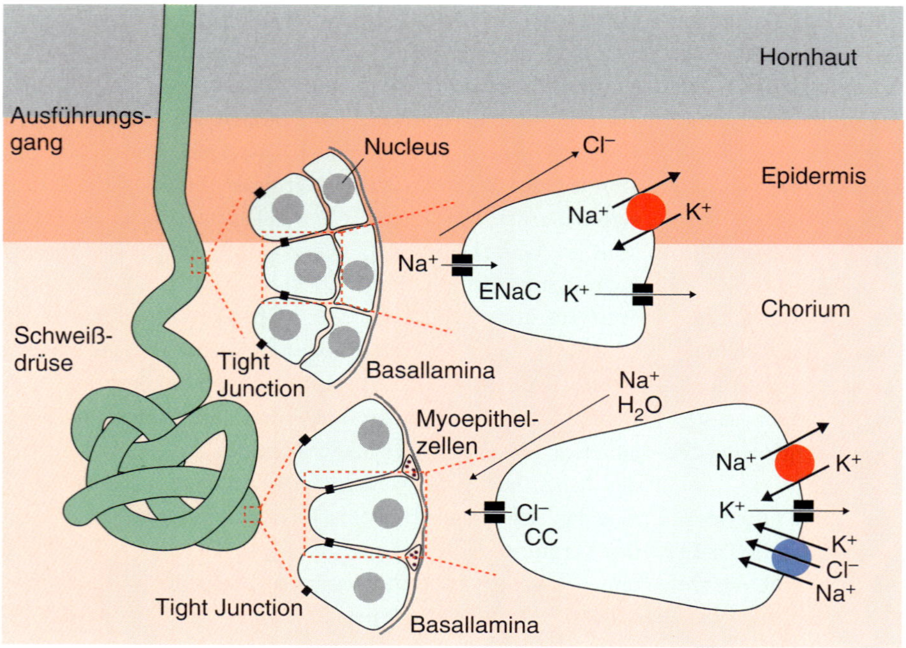

Abb. 7.17 Aufbau und Funktion der ekkrinen Schweißdrüsen (Glandulae sudoriferae minores, Knäueldrüsen) der Primaten. Der Tubulus im blind geschlossenen Anfangsteil der Drüse ist zu einem Knäuel aufgewunden und wird durch ein einschichtiges Epithel sekretorischer Zellen gebildet, das durch Tight Junctions abgedichtet ist. Zwischen den sekretorischen Zellen und der Basallamina liegen Myoepithelzellen, deren Kontraktionen das Auspressen des Sekrets unterstützen. Die Ausführungsgänge der Schweißdrüsen sind nur wenig gewunden und mit einem zweischichtigen Epithel ausgekleidet, deren lumenwärtige Lage einen Mikrovillibesatz zur Oberflächenvergrößerung trägt. Die Schweißsekretion der Zellen im geknäuelten Anfangsteil des Tubulus steht unter der Kontrolle des vegetativen Nervensystems. Die Ausschüttung von Acetylcholin aus den Nervenenden an der basalen Seite der sekretorischen Zellen führt zur Aktivierung von muscarinischen ACh-Rezeptoren, der Aktivierung von inositolphosphat- und calciumvermittelten intrazellulären Signalen und zur Öffnung von lumenwärts gelegenen Chloridkanälen in der Plasmamembran. Der Austritt von Chloridionen in das Lumen erzeugt einen elektrochemischen Gradienten, der auf einem parazellulären Weg (zwischen den Zellen und durch die Tight Junctions hindurch) zunächst Natriumionen, dann durch den sich aufbauenden osmotischen Gradienten auch Wasser aus dem Interstitium in das Lumen nachzieht. Das Sekret besteht daher im Wesentlichen aus einer Natriumchloridlösung, deren Konzentration etwa der des Blutplasmas entspricht (isotonische Lösung). Da Natriumchlorid ein für den Organismus sehr wichtiger Mineralstoff ist, der nicht in großen Mengen durch Schweißbildung aus dem Körper verloren gehen sollte, wird bei der Passage des Sekrets durch den Ausführungsgang ein Teil des enthaltenen Salzes wieder entzogen. Dies erfolgt in den Epithelzellen der gestreckten Teils des Tubulus, wo unter Einwirkung des Mineralocorticoids Aldosteron die Expression des epithelialen Natriumkanals (ENaC) gesteigert wird. Da das Epithel in diesem Tubulusabschnitt weitgehend undurchlässig für Wasser ist, wird der Schweiß in Form einer hypotonen Lösung auf der Hautoberfläche freigesetzt. CC = apikal gelegener calciumaktivierter Chloridkanal; ENaC = epithelialer Natriumkanal. (Aus Schwarzstein M, Hildebrandt J-P (2009) Thermoregulation bei Vertebraten und die evolutive Entstehung der Endothermie. Shaker, Aachen, Abb. 4.19, S. 44.)

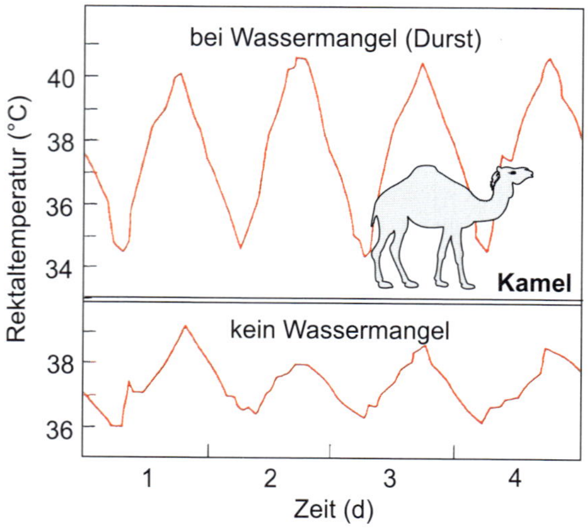

Abb. 7.18 Schwankungen der Rektaltemperatur des Kamels im Tageszyklus bei Wassermangel und einem reichlichen Wasserangebot. (Aus Schmidt-Nielsen K (1999) Physiologie der Tiere. Spektrum Akademischer Verlag, Heidelberg, Abb. 7.26, S. 232.)

gekoppelt zu sein scheint. Dieses führt zu einer relativen positiven Aufladung des Sinusraums, sodass Cl^--Ionen durch einen Kanal in der basolateralen Membran aus den Zellen austreten können. Dieser Mechanismus ermöglicht die Reabsorption von Wasser auch gegen einen osmotischen Gradienten zwischen Darmlumen und Hämolymphe. Ein unter Wassermangel im Tier ausgeschüttetes Peptidhormon scheint über die Akkumulation des Second Messengers cAMP in den Epithelzellen des Rektums die apikalen Transporter für Cl^-- und K^+-Ionen und den basolateralen Cl^--Kanal zu stimulieren.

Vögel können zur Vermeidung eines übermäßigen Wasserverlusts einen zum Blut hyperosmotischen Harn bilden, dessen Osmolalität allerdings selbst bei wüstenlebenden Arten unter Wasserstress nur auf das Doppelte der Blutkonzentration ansteigt (Abb. 7.20), da die Nierentubuli in der Vogelniere nicht alle mit einer Henle-Schleife ausgestattet und nicht so regelmäßig angeordnet sind wie die in der Säugetierniere. Bei vielen Vogelarten wird der aus Niere und Darm stammende Inhalt der Kloake retrograd in ein spezialisiertes Kompartiment, das

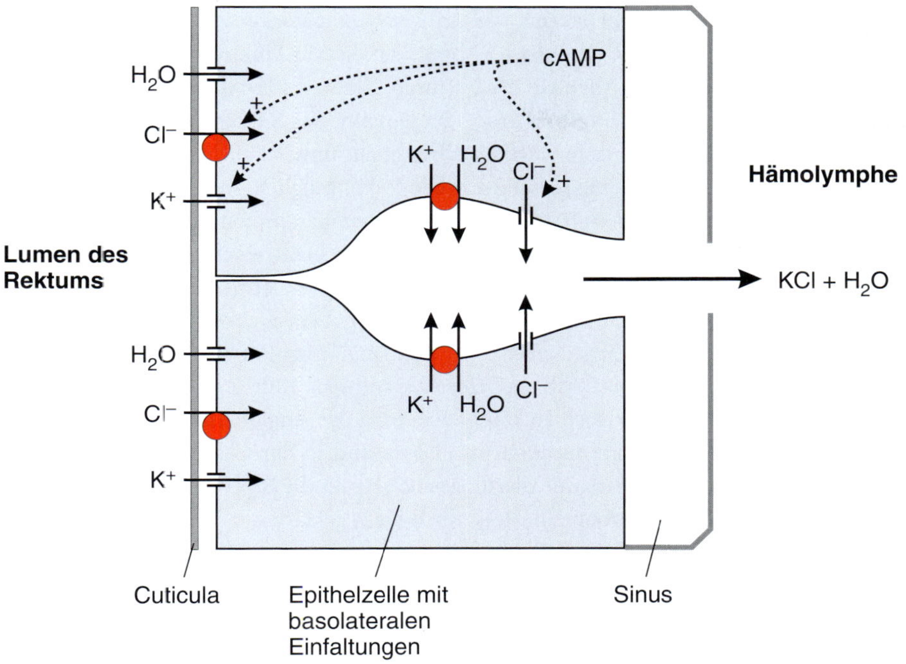

Abb. 7.19 Schema zur Veranschaulichung der Vorgänge im Rektalpolster der Insekten am Beispiel der Wüstenheuschrecke. Erläuterung im Text. (Nach Hanrahan JW, Phillips JE (1983) Cellular mechanisms and control of KCl absorption in insect hindgut. J Exp Biol 106, 71–89, Abb. 9, S. 87, verändert.)

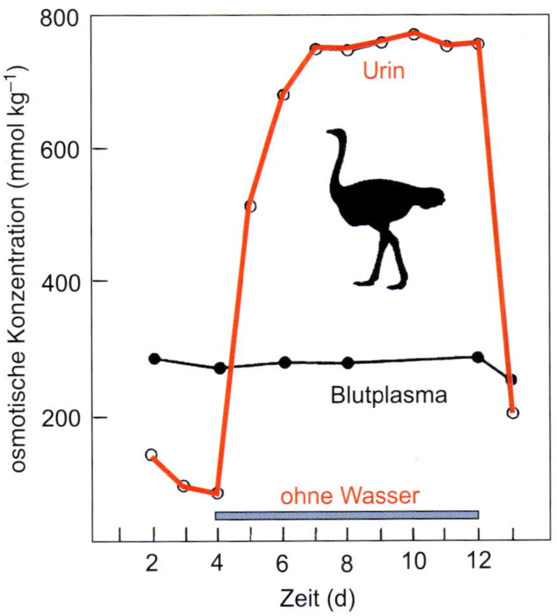

Abb. 7.20 Die rapide Änderung der Harnosmolalität bei Dehydratation im Vergleich zur relativ konstanten Blutkonzentration beim Strauß (*Struthio camelus*). (Nach Louw GN (1993) Physiological animal ecology. Longman Scientific & Technical, Burnt Hill, Abb. 2.21, S. 122.)

Coprodeum, transportiert und dort der größte Teil des Wassers durch aktiven Transport entzogen, bevor der weitgehend trockene Rest durch den Anus ausgeschieden wird.

Aufnahme von Wasser

Fast alle terrestrischen Tiere nehmen Wasser mit der Nahrung und durch **Trinken** auf. Bei Wirbeltieren wird Durst und damit der Stimulus zum Trinken durch ein sinkendes Blutvolumen (Dehnungsrezeptoren in den Wänden der großen Venen) oder einen Anstieg der Plasmaosmolalität (Schrumpfung von zentral und peripher gelegenen osmosensitiven Nervenzellen) ausgelöst. Diese systemischen Bedingungen resultieren auch in der Aktivierung des **Renin-Angiotensin-Aldosteron-Systems**, indem der juxtaglomeruläre Apparat der Niere das Enzym Renin freisetzt, das aus dem in der Leber synthetisierten und im Plasma zirkulierenden Angiotensinogen durch Proteolyse das Prohormon Angiotensin I herstellt. Dieses wird durch das ACE (*angiotensin converting enzyme*) nochmals gespalten, wobei das biologisch aktive Angiotensin II (A II) entsteht. A II bewirkt eine Steigerung des Gefäßtonus in der efferenten Gefäßversorgung der Niere und stützt dadurch den Filtrationsdruck zur Primärharnbildung. Es steigert außerdem in der Nebennierenrinde die Produktion und Sekretion des Mineralocorticoids Aldosteron, dessen Hauptfunktion die Bewahrung von Natriumionen im Körper ist, was mittelbar auch zu einer Zurückhaltung von Wasser im Organismus beiträgt (Abb. 8.26). In bestimmten Hirnregionen (**Subfornicalorgan**) wirkt A II darüber hinaus als **Dipsogen**[235], das ein starkes Trinkbedürfnis auslöst.

Trinkfrequenz und **Trinkmenge** sind bei Tieren sehr unterschiedlich und nicht selten von der Wasserverfügbarkeit abhängig. Da viele Tiere gerade während der Trinkphasen möglichen Fressfeinden weitgehend ungeschützt ausgeliefert sind, müssen diese möglichst kurz gehalten werden. Kamele (*Camelus*) können innerhalb von 10 min bis zu 150 l Wasser aufnehmen, Esel (*Equus asinus*) trinken allerdings noch schneller, nämlich bis zu einem Viertel ihres Körpergewichts innerhalb von 2 min. Die Menge des getrunkenen Wassers wird durch die Dehnung der Magenwand detektiert. Ein Ge-

235 *dypsa* (griech.) = Durst, *gen* (griech.) = herstellen

fühl der Sättigung resultiert aus der Aktivierung der dort lokalisierten Mechanorezeptoren.
Viele terrestrische Tiere können Wasser (Süßwasser, Regenwasser, Tau) durch die **Haut** aufnehmen. Dazu gehören Frösche (*Rana*), Kröten (*Bufo*) und der Regenwurm (*Lumbricus*). Dieser Vorgang ist rein passiver Natur, da die Körperflüssigkeiten osmotisch höher konzentriert sind als das umgebende Medium und das Wasser dem osmotischen Gradienten folgt.

Einige an Trockenheit angepasste Insekten, Milben und Zecken können auch aus ungesättigter Wasserdampfatmosphäre Wasser extrahieren und ihrem Körper zuführen. Bei Zecken scheint die Wassergewinnung mithilfe einer hygroskopischen Substanz abzulaufen, die auf die Mundwerkzeuge sezerniert und nach der Wassersättigung wieder verschluckt wird. Der Floh *Xenopsylla brasiliensis* soll der Luft noch bei einer relativen Feuchtigkeit von 50 % Wasser entziehen können. Ob der Mechanismus mit dem der Zecken vergleichbar ist, ist unbekannt. Bei einigen Käferlarven wurde eine rektale **Wasserdampfaufnahme** beschrieben, die auf der Produktion eines hoch konzentrierten Salzsekrets und dessen Wiederaufnahme nach der Sättigung mit Wasser beruht. Andere Tiere trockener Regionen nutzen ihre Fäzes für die Wassergewinnung. Termiten (Isoptera) setzen trockene Kotpellets ab, die aufgrund ihres Gehalts an hygroskopischen Substanzen über Nacht Tau aufnehmen. Morgens fressen die Tiere ihren Kot und entziehen diesem bei der erneuten Passage durch den Enddarm das Wasser.

Wüstenkäfer haben interessante Verhaltensmechanismen zur **Wassergewinnung** entwickelt. Der normalerweise tagaktive Tenebrionide *Onymacris unguicularis* verlässt beim Auftreten von Nebel in der Nacht sein Versteck, steigt auf die Spitze einer Sanddüne und stellt seinen Leib fast senkrecht in die Brise. Dabei kondensiert auf den Flügeldecken Flüssigkeit, die entlang vorgeformter Rinnen zur Mundöffnung läuft und dort verschluckt wird. Die Tiere können so in einer Nacht bis zu 35 % an Körpergewicht zulegen.

Einige Wassersparspezialisten unter den Tieren haben ihre Wasserabgabe so weit eingeschränkt, dass sie nicht trinken müssen, sondern ihren Wasserbedarf mit dem **Oxidationswasser** der Nahrungsstoffe decken können. Beim oxidativen Abbau von 1 kg Fett entstehen 1,09 kg Wasser, im Fall der Kohlenhydratoxidation 600 g, bei Proteinnutzung 440 g. Die Larven des Mehlkäfers *Tenebrio molitor* können mit wasserfreier Kleie gefüttert werden, ohne dass ihr Wassergehalt abnimmt. Unter den Säugetieren sind es die Mendesantilope (*Addax nasomaculatus*) und die wüstenbewohnende Kängururatte (*Dipodomys*) (Abb. 7.16), die ohne Zufuhr flüssigen Wassers in der Wüste überleben.

Aufnahme von Salz

Terrestrische Tiere müssen Mineralsalze, die mit der Ausscheidung von Schweiß, Harn und Fäzes verloren gehen, mit der Nahrung ersetzen. Carnivore Tiere haben damit in der Regel kein Problem, da die Extrazellularflüssigkeit tierischer Gewebe reich an Natriumchlorid, das Cytosol reich an Kaliumionen ist. Die meisten Landpflanzen akkumulieren zwar Kaliumsalze, aber so gut wie kein Natriumchlorid, sodass für **Herbivoren** ein chronischer Mangel an diesem Mineral herrscht. Herbivore Wirbeltiere decken ihren Mineralbedarf daher durch orale Aufnahme von Erde oder Gestein. Das Kauen von mineralhaltigem Gestein trägt allerdings nicht unwesentlich zur Abnutzung der Zähne dieser Tiere bei. Wenn möglich, suchen solche Tiere daher Salzlecken auf, um Mineralien in konzentrierter Form aufzunehmen. Der **Salzappetit** scheint einerseits eine gerade bei Herbivoren und weniger bei den Carnivoren ausgeprägte hedonistische Komponente zu haben, andererseits aber durch den Eintritt einer Natriummangelsituation im Organismus auch spezifisch ausgelöst zu werden. Natriummangel führt nachweislich zu einer Steigerung der Angiotensin- und Aldosteronkonzentration im Plasma und in der Cerebrospinalflüssigkeit. Ob damit allerdings auch direkt die Erzeugung des Salzappetits verbunden ist, ist noch nicht geklärt.

Es wird diskutiert, ob einige der imposantesten Tierwanderungen, die Züge der Elefanten, Zebras und Gnus in Afrika, auch mit der Notwendigkeit der Salzaufnahme dieser pflanzenfressenden Tiere zu tun haben könnten, da nicht in allen Lebensräumen Na^+-haltige Erde oder Gestein verfügbar ist. Von ostafrikanischen Elefanten ist nachgewiesen, dass einige Leitkühe ihre Sippen periodisch in Felshöhlen am Fuß des Mount Elgon in Kenya führen, wo die Tiere loses Gestein abbauen, um an die begehrten Mineralien zu kommen.

Herbivore Insekten stört der Natriummangel ihrer Nahrung nicht allzu sehr, da ihre Körperflüssigkeit kaum Natrium, dafür aber viel Kalium enthält. Dennoch benötigen auch sie in gewissen Mengen an Natriumionen. Männliche Zahnspinner (*Gluphisia*) gewinnen diese, indem sie an Pfützen über längere Zeit (oft Stunden) ungeheure Mengen Wasser trinken (das Doppelte ihres eigenen Körpergewichts pro Minute) und dieses nach dem Entzug von Natriumionen im Enddarm ebenso schnell wieder aus dem Darm entlassen. Die Männchen geben etwa die Hälfte des auf diese Weise akkumulierten Natriums während der Paarung an die Weibchen weiter, die ihrerseits einen großen Teil davon in die Eier investieren.

7.3 Extreme Lebensbedingungen

7.3.1 Blutsaugende Tiere

Parasitische Tiere, die Körperflüssigkeiten anderer Tiere saugen (**hämatophage Ernährung**), nehmen, wenn sie einen lohnenden Wirt gefunden haben, in kurzer Zeit (um das Risiko der Entdeckung zu minimieren) große Mengen Blut auf. Damit ist eine enorme Belastung ihres Salz-Wasser-Haushalts verbunden. Die Wanze *Rhodnius prolixus* beginnt daher wie andere blutsaugende Insekten schon während oder kurz nach der Blutmahlzeit, die nichtbenötigten Mengen Wasser und Salze wieder auszuscheiden. Dies geschieht durch Aktivierung der Harnbildung (Diurese) mithilfe der Malpighi-Gefäße. Im Verdauungstrakt bleiben nur die energiereichen Bestandteile des Wirtsblutes zurück.

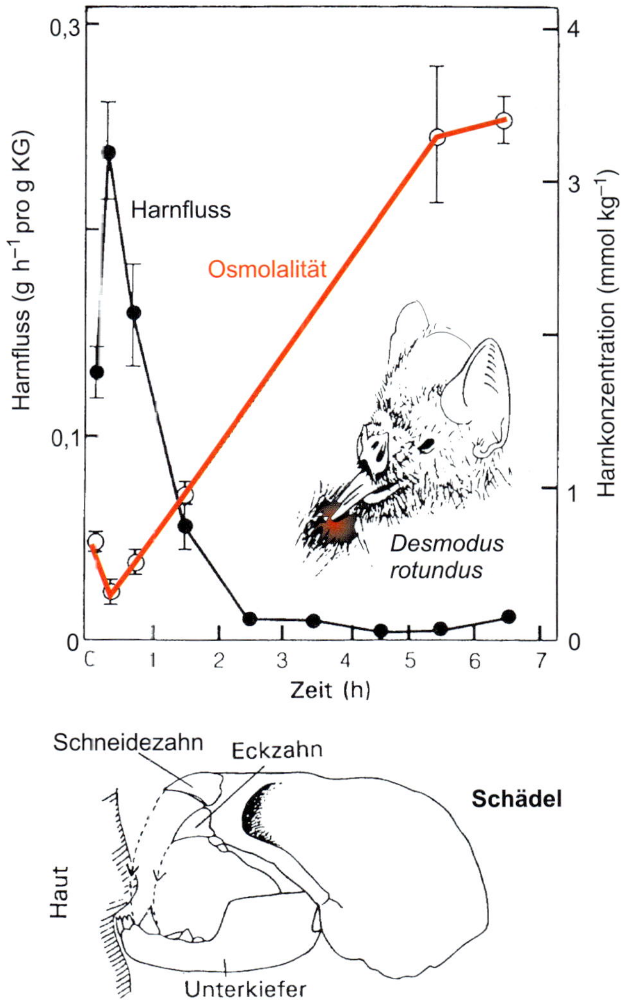

Abb. 7.21 Änderung der Harnflussrate und der Osmolalität des Harns einer Vampirfledermaus nach dem Trinken von Säugetierblut. Unten: Der Schädel des blutleckenden Vampirs. Die klingenförmig verbreiterten, scharfen Schneide- und Eckzähne des Oberkiefers schneiden gegen das Widerlager der unteren Zähne ein Hautstück des Opfers heraus. Das austretende Blut wird mit der spitzen, verhornten Zunge aufgeleckt. (Aus Neuweiler G (1993) Biologie der Fledermäuse. Thieme, Stuttgart.)

Nach einer Blutmahlzeit im Umfang von bis zum Zehnfachen seines eigenen Gewichts ist der Medizinische Blutegel (*Hirudo medicinalis*) durch die Füllung des Speichermagens so dick, dass er kaum noch Schwimm- oder Kriechbewegungen ausführen kann. Dies macht ihn angreifbar für Fressfeinde, sodass es in seinem Interesse liegt, die unverdaulichen Bestandteile des Wirtsblutes (Wasser, Salze) möglichst schnell wieder auszuscheiden und nur die Blutzellen und Plasmaproteine des Wirtsblutes für längere Zeit in seinen Magenblindsäcken einzulagern. Da seine eigene Körperflüssigkeit hypoosmotisch (200 mmol kg^{-1} H_2O) im Vergleich zum Wirtsblut (300 mmol kg^{-1} H_2O) ist, verliert der Egel zunächst Wasser aus dem Körperinneren an sein Magenkompartiment. Dennoch beginnt das Tier schon während des Saugens mit einer Diurese. Dieses ist möglich, da seine segmental angeordneten Nephridien den Primärharn durch aktive Sekretion durch das Epithel des Nephridialkanals bilden und nicht, wie sonst bei Anneliden üblich, mithilfe eines Wimpertrichters Körperflüssigkeit in das Nephridialsystem einstrudeln. Die Zunahme des Harnflusses und vermutlich auch die Steigerung der Harnkonzentration werden neuronal und hormonell gesteuert.

Ähnliche Bedingungen finden wir auch bei den Vampirfledermäusen Amerikas (Desmodontinae). Diese Fledermäuse ernähren sich ausschließlich vom Blut großer Säugetiere. Die mit dem Wirtsblut aufgenommene Flüssigkeitsmenge, die einen unnötigen Flugballast darstellt, muss schnell ausgeschieden werden. Schon innerhalb einer Stunde nach der Mahlzeit wird eine große Menge eines relativ verdünnten Harns (bis 0,24 g h^{-1} g^{-1} Körpergewicht) abgegeben. Dieses ist die höchste Harnflussrate, die in diuretischen Säugetieren gemessen wurde. Während die Harnflussrate innerhalb von 2 h nach der Mahlzeit wieder auf den Normalwert fällt, steigt die Osmolalität des Harns auf das Zehnfache des Ruhewertes an (Abb. 7.21), was auf den hohen Harnstoffgehalt infolge der erhöhten Abbaurate von Proteinen aus dem Wirtsblut zurückzuführen ist.

7.3.2 Anhydrobiose

Die meisten Tiere tolerieren nur einen geringen bis mäßigen Wasserverlust (Amphibien teilweise bis zu 50 %). Es gibt allerdings einige Ausnahmen. Insekten sind besonders resistent gegen Wasserverlust, da sie ein offenes Kreislaufsystem besitzen und ihre Hämolymphe nicht zum Gastransport nutzen müssen. Schaben können bis zu 55 % ihres Hämolymphvolumens verlieren. Die Hämolymphe der Insekten kann daher bis zu einem gewissen Grad als interner Wasserspeicher angesehen werden. Die Larven der wüstenlebenden Chironomide *Polypedilum vanderplanki* können eine fast komplette Dehydratation überleben, wenn die Felslöcher, in denen die Larve lebt, in der regenarmen Saison austrocknen. Der normalerweise in den wasserreichen Räumen zwischen den Bodenpartikeln lebende Nematode *Aphelenchus avenae* kann bis auf einen Wassergehalt von 2 % eintrocknen, ohne zu sterben.

Moos- und bodenbewohnende Tardigraden bilden bei **Trockenheit** Dauerstadien, die nur noch 1 % des ursprünglichen Wassergehalts aufweisen können (**Anhydrobiose**). Wegen ihrer typischen äußeren Form werden die Tiere in diesem Zustand als Tönnchen bezeichnet. Während des Austrocknungsprozesses akkumulieren die Zellen dieser Tiere spezielle Schutzproteine (**Hitzeschockproteine**, HSPs), die es ihnen erlauben, die Stukturproteine und Enzyme in den Zellen auch im weitgehend soliden Zustand vor der Denaturierung zu schützen. Wie bei vielen Tardigraden steigt mit dem Wasserverlust auch bei den sich encystierenden Embryonen des Salinenkrebses *Artemia salina* die Konzentration an Trehalose in den Körperflüssigkeiten an. Der Zucker dient vermutlich der Stabilisierung von Zellstrukturen, indem er sich anstelle des Wassers zwischen die polaren Kopfgruppen der Membranlipide setzt und so das Zerreißen oder Verschmelzen der Zellmembranen verhindert.

7.4 Fragen zum Selbststudium

- Was sind Kosten und Nutzen eines Osmoregulators im Vergleich mit denen eines Osmokonformers?
- Welche strukturellen Anpassungen ermöglichen uns Menschen, im Toten Meer zu baden oder zu Hause in der Badewanne zu liegen, ohne dass unser Körpervolumen schrumpft oder anschwillt?
- Welche Besonderheit zeichnet kompatible Osmolyte aus?
- Warum muss ein mariner Knochenfisch Meerwasser trinken?
- Warum hat ein Bartenwal, obwohl er kein Meerwasser trinkt, Probleme mit überschüssigem Salz im Körper?
- Welches Problem im Hinblick auf ihren Salz-Wasser-Haushalt haben Landtiere, das Wassertiere nicht haben?
- Welche beiden ATPasen bauen die Gradientensysteme auf, die zur Energetisierung der Sekretion oder der Reabsorption von Salz und Wasser in tierischen Epithelzellen benötigt werden?
- Wie stellt die Kängururatte in der Wüste ihren Osmo- und Volumenhaushalt sicher, ohne jemals zu trinken?
- Nennen Sie zwei systemische Bedingungen, unter denen das Renin-Angiotensin-Aldosteron-System aktiviert wird.
- Welche Wege des Wasserverlustes aus dem Körper eines Landtiers kennen Sie?
- Welches ist der Sekretbildungsmechanismus in extrarenalen Organen, die der Regulation des Salz-Wasser-Haushalts dienen?

Weiterführende Literatur

Allgemeines

Alfieri RR, Petronini PG (2007) Hyperosmotic stress response: comparison with other cellular stresses. Pflügers Archive – European Journal of Physiology 454, 173-185.

Cloudsley-Thompson JL (1991) Ecophysiology of desert arthropods and reptiles. Springer Verlag, Berlin, Heidelberg.

Denton D (1982) The hunger for salt. Springer Verlag, Berlin.

Evans DH (Hrsg) (2009) Osmotic and ionic regulation - Cells and animals. CRC Press, Boca Raton, London, New York.

Fitzsimons JT (1998) Angiotensin, thirst, and sodium appetite. Physiological Reviews 78, 583-686.

Gibbs AG (1998) Water-proofing properties of cuticular lipids. American Zoologist 38, 471-482.

Graf J, Guggino WB, Turnheim K (1993) Volume regulation in transporting epithelia. Advances in Comparative and Environmental Physiology 14, 67-117.

Kültz D, Fiol D, Valkova N, Gomez-Jimenez S, Chan SY, Lee J (2007) Functional genomics and proteomics of the cellular osmotic stress response in ‚non-model' organisms. Journal of Experimental Biology 210, 1593-1601.

Larsen EH (1991) Chloride transport by high-resistance epithelia. Physiological Reviews 71, 235-283.

Peaker M, Linzell JL (1975) Salt glands in birds and reptiles. Cambridge University Press, Cambridge.

Perry SF (1998) Relationships between branchial chloride cells and gas transfer in freshwater fish. Comparative Biochemistry and Physiology 119 A, 9-16.

Rankin JC, Davenport J (1981) Animal osmoregulation. Blackie, Glasgow, London.

Yancey PH, Clark ME, Hand SC, Bowlus RD, Somero GN (1982) Living with water stress: evolution of osmolyte systems. Science 217, 1214-1222.

Spezielle Aspekte

Anger K (2014) Zehnfußkrebse – Pioniere der Evolution. Wie Dekapoden terrestrische und limnische Lebensräume erobern. Biologie in unserer Zeit 44, 34-42.

Ballantyne JS, Robinson JW (2010) Freshwater elasmobranchs: a review of their physiology and biochemistry. Journal of Comparative Physiology B 180, 475-493.

Clauss WG (2001) Epithelial transport and osmoregulation in annelids. Canadian Journal of Zoology 79, 192-203.

Engelund MB, Yu AS, Li J, Madsen SS, Færgeman NJ, Tipsmark CK (2012) Functional characterization and localization of a gill-specific claudin isoform in Atlantic salmon. American Journal of Physiology – Regulatory, Integrative and Comparative Physiology 302, R300-R311.

Evans TG (2010) Co-ordination of osmotic stress responses through osmosensing and signal transduction events in fishes. Journal of Fish Biology 76, 1903-1925.

Evans DH, Piermarini PM, Potts WTW (1999) Ionic transport in the fish gill epithelium. Journal of Experimental Zoology 283, 641-652.

Haas M, Forbush B (2000) The Na-K-Cl cotransporter of secretory epithelia. Annual Review of Physiology 62, 515-534.

Hadley NF (1994) Water relations of terrestrial arthropods. Academic Press, San Diego, New York.

Halberg KA, Larsen KW, Jørgensen A, Ramløv, H, Møbjerg N (2013) Inorganic ion composition in Tardigrada: cryptobionts contain a large fraction of unidentified organic solutes. Journal of Experimental Biology 216, 1235-1243.

Hildebrandt J-P (2001) Coping with excess salt: adaptive functions of extrarenal osmoregulatory organs in vertebrates. Zoology 104, 209-220.

Hillyard SD (1999) Behavioral, molecular and integrative mechanisms of amphibian osmoregulation. Journal of Experimental Zoology 283, 662-674.

Hokin LE (1987) The road to the phosphoinositide-generated second messengers. Trends in Physiological Sciences 8, 53-56.

Hootman SR, Conte FP (1975) Functional morphology of the neck organ in *Artemia salina* nauplii. Journal of Morphology 145, 371-385.

Jensen LJ, Willumsen NJ, Amstrup J, Larsen EH (2003) Proton pump-driven cutaneous chloride uptake in anuran amphibian. Biochimica et Biophysica Acta (BBA) – Biomembranes 1618, 120-132.

Jonusaite S, Kelly S, Donini A (2011) The physiological response of larval *Chironomus riparius* (Meigen) to abrupt brackish water exposure. Journal of Comparative Physiology B: Biochemical, Systemic, and Environmental Physiology 181, 343-352.

Katz U, Rozman A, Zaccone G, Fasulo S, Gabbay S (2000) Mitochondria-rich cells in anuran amphibia: chloride conductance and regional distribution over the body surface. Comparative and Biochemical Physiology A 125, 131-139.

Kirschner LB (2004) The mechanism of sodium chloride uptake in hyperregulating aquatic animals. Journal of Experimental Biology 207, 1439-1452.

Komnick H (1977) Chloride cells and chloride epithelia of aquatic insects. International Review of Cytology 49, 285-329.

Lamitina ST, Morrison R, Moeckel GW, Strange K (2004) Adaptation of the nematode *Caenorhabditis elegans* to extreme osmotic stress. American Journal of Physiology - Cell Physiology 286, C785-C791.

McCormick SD (2001) Endocrine control of osmoregulation in teleost fish. American Zoologist 41, 781-794.

Morris S (2001) Neuroendocrine regulation of osmoregulation and the evolution of air-breathing in decapod crustaceans. Journal of Experimental Biology 204, 979-989.

Müller C, Hildebrandt J-P (2003) Salt glands - the perfect way to get rid of too much sodium chloride. Biologist 50, 255-258.

Reina RD, Jones TT, Spotila JR (2002). Salt and water regulation by the leatherback sea turtle *Dermochelys coriacea*. Journal of Experimental Biology 205, 1853-1860.

Riordan JR, Forbush B, Hanrahan JW (1994) The molecular basis of chloride transport in shark rectal gland. Journal of Experimental Biology 196, 405-418.

Rudolph D (1982) Site, process and mechanism of active uptake of water vapour from the atmosphere in the Psocoptera. Journal of Insect Physiology 28, 205-212.

Sacchi R, Li J, Villarreal F, Gardell AM, Kültz D (2013) Salinity-induced regulation of the *myo*-inositol biosynthesis pathway in tilapia gill epithelium. Journal of Experimental Biology 216, 4626-4638.

Shuttleworth TJ (1987) Salt gland function in osmoregulation in terrestrial and aquatic environments. In: Dejours P, Bolis L, Taylor CR, Weibel ER (Hrsg.) Comparative Physiology: Life in Water and on Land. Liviana Press, Padova.

Skadhauge E (1981) Osmoregulation in birds. Springer Verlag, Berlin, Heidelberg, New York.

Smedley SR Eisner T (1996) Sodium: a male moth's gift to its offspring. Proceedings of the National Academy of Sciences of the United States of America 93, 809-813.

Somero GN (1986) From dogfish to dogs: trimethylamines protect proteins from urea. News in Physiological Sciences 1, 9-12.

Taylor GC, Franklin CE, Grigg GC (1995) Salt loading stimulates secretion by the lingual salt glands in unrestrained *Crocodylus porosus*. Journal of Experimental Zoology 272, 490-495.

Tipsmark CK, Sørensen KJ, Madsen SS (2012) Aquaporin expression dynamics in osmoregulatory tissues of Atlantic salmon during smoltification and seawater acclimation. Journal of Experimental Biology 213, 368-379.

Weber W-M, Dannenmaier B, Clauss W (1993) Ion transport across leech integument. Journal of Comparative Physiology B 163, 153-159.

Weihrauch D, McNamara JC, Towle DW, Onken H (2004) Ion-motive ATPases and active, transbranchial NaCl uptake in the red freshwater crab, *Dilocarcinus pagei* (Decapoda, Trichodactylidae). Journal of Experimental Biology 207, 4623-4631.

Wenning A (1996) Managing high salt loads: From neuron to urine in the leech. Physiological Zoology 69, 719-745.

Wilson RT (1989) Ecophysiology of the Camelidae and desert ruminants. Springer Verlag, Berlin, Heidelberg.

Yang W-K, Kang C-K, Chen T-Y, Chang W-B, Lee T-H (2011) Salinity-dependent expression of the branchial $Na^+/K^+/2Cl^-$ cotransporter and Na^+/K^+-ATPase in the sailfin molly correlates with hypoosmoregulatory endurance. Journal of Comparative Physiology B 181, 953-964.

Zerbst-Boroffka I, Kamaltynow RM, Harjes S, Kinne-Saffran E, Gross J (2005) TMAO and other organic osmolytes in the muscles of amphipods (Crustacea) from shallow and deep water of Lake Baikal. Comparative and Biochemical Physiology A 142, 58-64.

Exkretion

8.1 Synthese und Prozessierung von Exkretstoffen

Alle Stoffe, die ein erwachsenes Tier aus der Umwelt durch Nahrungsaufnahme, Atmung und passive Permeation durch die Körperwand aufnimmt, werden nach kürzerer oder längerer Verweildauer entweder unverändert oder nach der Prozessierung im Stoffwechsel in Form von Derivaten oder Abbauprodukten ausgeschieden, da sie nicht weiter verwendet werden können oder gar giftig sind. Man bezeichnet diesen Prozess als **Exkretion**[236], die ausgeschiedenen Stoffe als **Exkretstoffe**.

Neben den natürlichen Stoffwechselendprodukten werden auch Metaboliten von **Xenobiotika**[237] (in der Regel synthetisch hergestellte Substanzen, die weder normale Baustoffe noch normale Stoffwechselprodukte des betreffenden Tieres darstellen, aber biologische Wirkungen haben können) zu den Exkretstoffen gezählt. Sie gelangen diffusiv über die Körperoberfläche, mit dem Trinkwasser oder der Nahrung aus der Umwelt in den Tierkörper hinein oder werden gezielt appliziert (z. B. Medikamente).

Fast alle mehrzelligen Tiere verfügen über ein oder gar mehrere im Dienst der Exkretion stehende Organsysteme (**Exkretionsorgane**). Nur wenige Tiergruppen (Mesozoen, Poriferen, Coelenteraten, aber auch Echinodermen und Tunikaten) beschränken sich auf die Exkretionsleistungen der mit der Umwelt in Kontakt stehenden Epithelzellen ihres Integuments. Exkretionsorgane im speziellen Sinn (z. B. die Niere der Vertebraten) sind in erster Linie für die Regulation des Salz-Wasser-Haushalts und die Ausscheidung der stickstoffhaltigen Stoffwechselendprodukte des Aminosäure- und Nucleinsäurestoffwechsels verantwortlich, können aber durchaus auch andere Aufgaben übernehmen (z. B. Regulation des Säure-Basen-Haushalts). Es gibt darüber hinaus auch Organe, die primär andere Aufgaben haben, nebenher aber auch wichtige Ausscheidungsfunktionen übernehmen. Dazu gehört zum Beispiel die Leber, die unter anderem Produkte des Hämoglobinstoffwechsels, Bilirubin und Biliverdin, mit dem Gallensekret über den Darm zur Ausscheidung bringt.

Bei wirbellosen Tieren stehen die **Exkretionsorgane** (renale Organe[238]) vorwiegend im Dienst der Ausscheidung von Wasser und Salzen, während **Stickstoffexkrete** den Körper über andere Wege verlassen (bei manchen Insekten, z. B. *Periplaneta*, erfolgt die Harnsäureausscheidung über das Epithel des vorderen Darms). Bei wasserlebenden Wirbeltieren gilt dieses entsprechend. So scheiden Knochenfische mithilfe ihrer Nieren im Wesentlichen Wasser und anorganische Salze aus und eliminieren den größten Anteil ihres überschüssigen Stickstoffs in Form von Ammoniak über die Epithelzellen der Kiemen (extrarenale Exkretion). In der Regel übernahmen die Nieren immer dann auch wichtige Funktionen bei der Stickstoffexkretion, wenn in der Evolution in einer Tiergruppe ein Übergang von der wassergebundenen zur terrestrischen Lebensweise erfolgte. Der hierfür ausschlaggebende Selektionsdruck war vermutlich die Notwendigkeit für landlebende Tiere, die Ausscheidung des Stickstoffs mit geringsten Wassermengen zu bewerkstelligen. Manche Arten der im Prinzip von demselben Problem betroffenen landlebenden Wirbellosen scheiden die stickstoffhaltigen Exkrete gar nicht nach außen aus, sondern speichern sie in unschädlicher Form in spezialisierten Geweben innerhalb des Tieres (**Exkretspeicherung, innere Exkretion**).

Viele Endprodukte des Stoffwechsels werden in der Form ausgeschieden, wie sie im Stoffwechsel ohnehin anfallen (**primäre Exkretstoffe**). Beispiele dafür sind Ammoniak, Kohlendioxid und Wasser. In vielen Fällen werden im Stoffwechsel anfallende Endprodukte allerdings für die Exkretion aufbereitet. Dies erfolgt in der Regel unter Aufwendung von Energie durch enzymatisch vermittelte Synthese (z. B. Harnstoff, Harnsäure). Die Produktion solcher **sekundären Exkretstoffe** kann für den Organismus in vielerlei Hinsicht sinnvoll sein, um toxische Effekte zu vermeiden oder um Limitationen in den Ausscheidungswegen oder in der Ausscheidungsrate zu umgehen.

8.1.1 Wasser, Kohlendioxid

Im aeroben Energiestoffwechsel der Zelle werden Kohlenhydrate mit dem eingeatmeten Sauerstoff zu **Kohlendioxid** und **Wasser** abgebaut. Die Überschüsse dieser energiearmen Endprodukte müssen aus dem Organismus entfernt werden.

Metabolisch gebildetes Wasser wird innerhalb des Organismus relativ gleichmäßig verteilt, da durch die Anwesenheit von **Aquaporinen** (Wasserkanäle) in den Plasmamembranen aller Zelltypen eine recht hohe Permeabilität über die Zellgrenzen hinweg gegeben ist. Durch Ein- und Ausbau von Isoformen bestimmter Aquaporine kann in manchen Zellen die transzelluläre Wasserpermeabilität geregelt werden. Auch die parazelluläre Wasserdurchlässigkeit von Epithelien ist oft hoch, da viele Tight Junctions Wassermoleküle passieren lassen. Auch dieser Weg ist durch Änderungen der Expressionsraten und der Anordnung der Strukturproteine der Tight Junctions regulierbar. Überschüssiges Wasser wird aus den Tieren meist durch renale Exkretion ausgeschleust. Bei terrestrischen Tieren kann auch die Wasserverdunstung über das Integument (■ Tab. 7.4) quantitativ bedeutsam sein.

Kohlendioxid ist ein kleines und ungeladenes Molekül und kann daher durch passive Diffusion über die Kompartimentgrenzen innerhalb des Organismus und über das Integument von Tieren in die Umgebung des Tieres diffundieren. Es wird in erster Linie im Zuge der Atmung über die respiratorische Oberfläche des Tieres an die Umwelt abgegeben. Da bei physiologisch relevantem pH-Wert in der Körperflüssigkeit Kohlendioxid und Wasser sich zu **Kohlensäure** (H_2CO_3) vereinigen und diese fast vollständig in **Protonen** (H^+) und **Hydrogencarbonationen** (HCO_3^-) dissoziiert, muss im Dienste der homöostatischen Regulation des Säure-Basen-Haushalts allerdings auch eine Ausscheidungsmöglichkeit für Überschüsse dieser Ionen

[236] *ex* (lat.) = aus; *cernere* (lat.) = abscheiden, aussondern
[237] *xenos* (griech.) = fremd, ungewöhnlich; *bios* (griech.) = Leben
[238] *renes* (lat.) = Nieren

gegeben sein. Bei vielen Invertebraten erfolgt die Ausscheidung über die Körperoberfläche, oft durch aktiven bzw. sekundär aktiven Transport. Bei Wirbeltieren wird diese Aufgabe von den **Nieren** übernommen. Mit dem Primärharn filtrierte Protonen und Hydrogencarbonationen werden je nach Stoffwechsellage des Tieres durch die Epithelzellen des Tubulussystems reabsorbiert oder zusätzlich sezerniert. Es sei jedoch darauf hingewiesen, dass die Ausscheidung von Protonen und Hydrogencarbonationen eher der pH-Homöostase und nicht in erster Linie der CO_2-Ausscheidung dienen.

8.1.2 Organische Säuren und deren Derivate

Im **anaeroben Energiestoffwechsel** der Zelle werden organische, noch relativ energiereiche Moleküle als Endprodukte gebildet. Neben Alkoholen und Aminosäuren sind dies häufig kurzkettige Fettsäuren (Milchsäure, Bernsteinsäure, Propionsäure) bzw. deren Salze (Lactat, Succinat, Propionat). Die überwiegende Menge dieser Produkte verbleibt im Tier und wird bei Wiederherstellung der aeroben Bedingungen unter Energieaufwand wieder zu komplexen Kohlenhydraten resynthetisiert (**Gluconeogenese**). Unter längerfristiger Anaerobiose ist der Akkumulation organischer Säuren in den Körperflüssigkeiten der Tiere allerdings eine Grenze gesetzt, da diese Moleküle osmotische Wirksamkeit besitzen und hohe Konzentrationen zu einer Schwellung der Gewebe führen können.

Einige Wirbellose wie der schlammbewohnende Oligochaet *Tubifex tubifex* produzieren unter diesen Bedingungen daher sehr **kurzkettige Fettsäuren** (Propionsäure, Buttersäure), die in den leicht sauren Körperflüssigkeiten nur partiell dissoziiert vorliegen und in ihrer protonierten Form das Integument des Tieres durch Diffusion passieren und in das Medium austreten können. Wirbeltiere können überschüssige organische Anionen über die Niere ausscheiden. Besonders die Epithelien des proximalen Tubulus besitzen spezielle Transporter für organische Anionen, die neben endogen gebildeten organischen Säuren auch **Xenobiotika** in den Primärharn ausscheiden, wenn diese zuvor in der Leber zum Beispiel durch **Sulfatierung** oder **Glucuronisierung** anionisch und damit wasserlöslich gemacht wurden.

Beim Menschen besitzen die basolateralen Plasmamembranen der Epithelzellen des proximalen Tubulus Transmembrantransporter für **organische Anionen**. Das vorherrschende Protein wird als OAT1 (*organic anion transporter 1*) bezeichnet. Es ist auch unter der Bezeichnung SLC22A6 (*solute carrier family 22 member 6*) bekannt. Daneben kommen auch OAT3 und OATP4C1 vor. Diese Transporter tauschen zelleigene Dicarboxylate (Glutarat oder Ketoglutarat) gegen auszuscheidende Anionen im Plasma aus und reichern diese im Cytosol der proximalen Tubuluszelle an. Durch erleichterte Diffusion mittels MDR1, MRP2, MRP4 und URAT1 verlassen diese Anionen anschließend die Tubuluszelle über die apikale Plasmamembran und können so mit dem Harn ausgeschieden werden. OAT1 kommt beim Menschen auch im Gehirn, der Placenta, den Augen und in glatten Muskelzellen vor. Homologe des humanen OAT1 wurden in Nagetieren, Schweinen, Fischen und Nematoden gefunden, sodass man davon ausgehen kann, dass Vertreter fast aller Tierstämme über ähnliche Transportsysteme für die Ausscheidung organischer Anionen verfügen.

8.1.3 Ammoniak

Insbesondere die Desaminierung von Aminosäuren aus dem Proteinabbau führt zur Produktion großer Mengen **Ammoniak** (NH_3). Ammoniak ist giftig, da es in wässrigen Lösungen den pH-Wert erhöht und dadurch Proteinkonformationen verändert und außerdem dem Citratzyklus das α-Ketoglutarat entzieht. Er darf daher nicht in hohen Konzentrationen im Organismus akkumulieren. Einige Wirbellose ertragen Konzentrationen von bis zu 50 mg l^{-1}, Säugetiere allerdings nur ein Hundertstel dieser Konzentration. Da Ammoniak ein kleines und ungeladenes Molekül ist, kann es Zellgrenzen leicht diffusiv überwinden und verteilt sich in allen Reaktionsräumen eines Organismus. In wässrigen Medien vereinigt sich Ammoniak mit Wasser zu Ammoniumhydroxid, das durch Dissoziation **Ammoniumionen** (NH_4^+) und Hydroxylionen (OH^-) bildet. Durchdringt das Ammoniak die Körperoberfläche eines wasserlebenden Tieres, so wird durch diese Reaktion auch im Außenmedium das Ammoniak in Ammoniumionen überführt und somit dem Diffusionsgleichgewicht über der Körperhülle entzogen. In wässrigen Medien ist daher die Ausscheidung von Ammoniak über permeable Anteile der Körperoberfläche ein sehr effektiver Mechanismus der **Stickstoffausscheidung**. Bei Tieren mit Nephridien oder Nieren, die osmotisch eingedrungenes Wasser aus dem Körper eliminieren, wird ein großer Teil des in den Körperflüssigkeiten zirkulierenden Ammoniaks zusätzlich im Harn ausgespült. In die Harnwege gelangt der Ammoniak durch Diffusion und, im Fall einer Harnbildung durch Filtration – den Übertritt von Ammoniumsalzen aus dem Blut – in den Primärharn. In den Zellen des proximalen Tubulus der Wirbeltierniere werden Ammoniumionen durch die mitochondriale Desaminierung von Glutamin hergestellt und vermutlich in das Tubuluslumen sezerniert, sodass im Harn eine hohe Ammoniumkonzentration erreicht wird. Es ist daher nicht verwunderlich, dass Tiere, die ganz oder überwiegend im Wasser leben und eine relativ durchlässige Körperoberfläche besitzen, vornehmlich den primären Exkretstoff Ammoniak als Endprodukt des Stickstoffstoffwechsels ausscheiden (**ammoniotelische Tiere**[239]). Dazu gehören die Einzeller, die Poriferen, Coelenteraten, Anneliden, Crustaceen, Echinodermen, Teleosteer und Urodelen sowie die wasserlebenden Larvenformen der Insekten und Anuren. Tiere, die mit ihrem Körperwasser sparsam umgehen müssen, da sie es nicht jederzeit von außen in beliebigen Mengen ergänzen können (**terrestrische Tiere**), haben dagegen meist andere Formen der Stickstoffausscheidung entwickelt (Abb. 8.1).

[239] *telos* (griech.) = Ende, Ziel

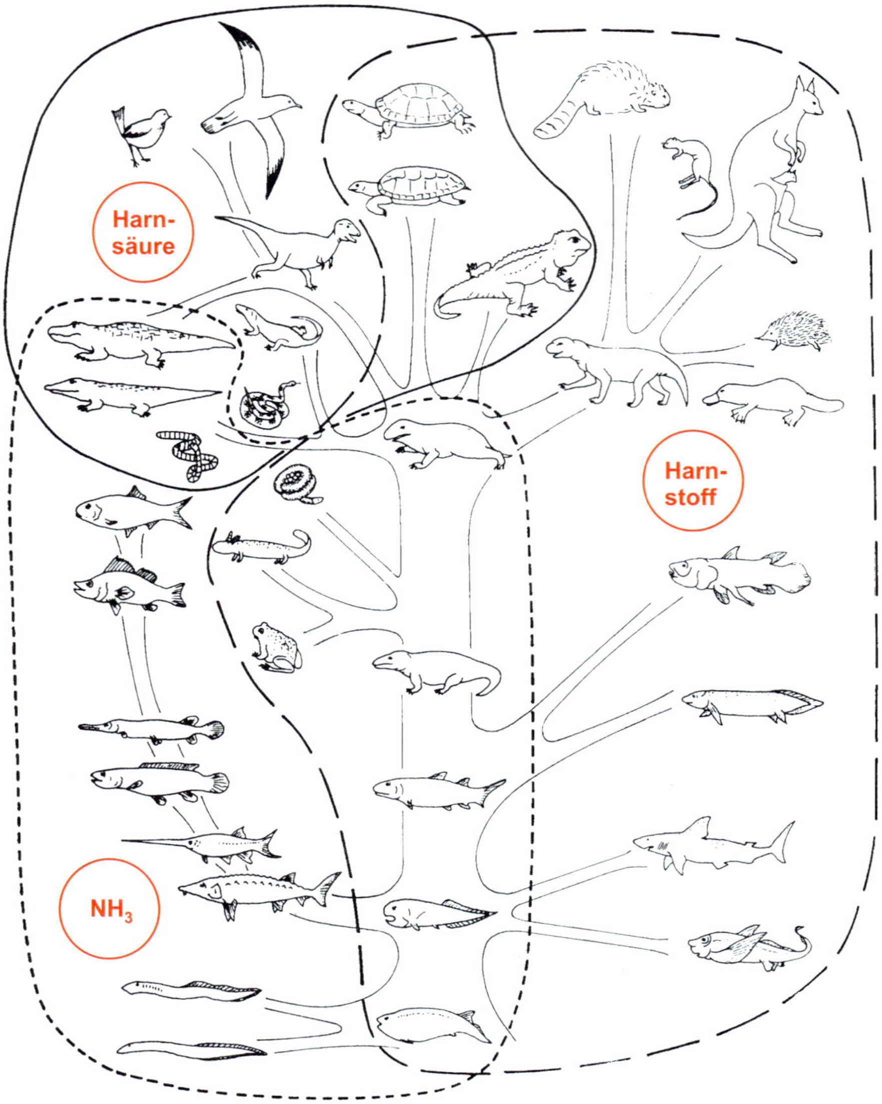

Abb. 8.1 Beziehung zwischen Phylogenie und Lebensweise der Wirbeltiere und der Art der Stickstoffausscheidung. (Nach Schmidt-Nielsen K (1972) Mechanisms of urea excretion by the vertebrate kidney. In: Campbell JW, Goldstein L (Hrsg) Nitrogen metabolism and the environment. Academic Press, London.)

Ganz deutlich wird der Zusammenhang zwischen Ammoniotelie und dem Leben im Wasser auch bei der Betrachtung der Mollusken. So scheiden unter den Gastropoden nur die marinen Vertreter der Prosobranchier (*Haliotis*) und Opistobranchier (*Aplysia*) und die aus dem Meer ins Süßwasser eingewanderten Formen (*Hydrobia jenkinsi*) Ammoniak aus, nicht aber die terrestrischen Vertreter der Prosobranchier (*Pomatias*) und Pulmonaten (*Helix*). Bei den Anuren (*Bufo*, *Rana*) scheiden die im Wasser lebenden Kaulquappen Ammoniak aus, die terrestrischen Adulttiere (Kröten und Frösche) aber **Harnstoff**. Bei *Rana catesbeiana* (Amerikanischer Ochsenfrosch) konnte gezeigt werden, dass während der Metamorphose der Kaulquappe die Synthese des Harnstoffs etwa zum Zeitpunkt der Extremitätenbildung beginnt. Dagegen bleibt der zeitlebens im Wasser verweilende Krallenfrosch *Xenopus laevis* auch als adultes Tier ammoniotelisch. Der afrikanische Lungenfisch *Protopterus* ist ammoniotelisch, solange er bei genügender Wassermenge in seinem Wohngewässer aktiv sein kann. In dieser Phase scheidet er Stickstoff zu 75 % als Ammoniak aus. Trocknet das Gewässer im Sommer allerdings aus, so zieht sich der Fisch in seine Schleimkapsel im Sediment zurück und bildet im **Ornithinzyklus**[240] hauptsächlich Harnstoff, der bis zu einer Konzentration von 2 % des Körpergewichts des Tieres akkumulieren kann. Wenn Regen das Gewässer wieder auffüllt, scheidet der Fisch diese Harnstoffmenge aus und geht dann wieder zur Ammoniakausscheidung über.

8.1.4 Harnstoff

Harnstoff ist der wichtigste Exkretstoff vieler Wirbeltiere. Selachier, terrestrische Amphibien, einige Schildkröten sowie alle Säugetiere nutzen diesen sekundären Exkretstoff zur Ausscheidung überschüssigen Stickstoffs (**ureotelische Tiere**). Bei wirbellosen Tieren ist Harnstoff als Exkretstoff von unterge-

[240] *ornis* (griech.) = Vogel

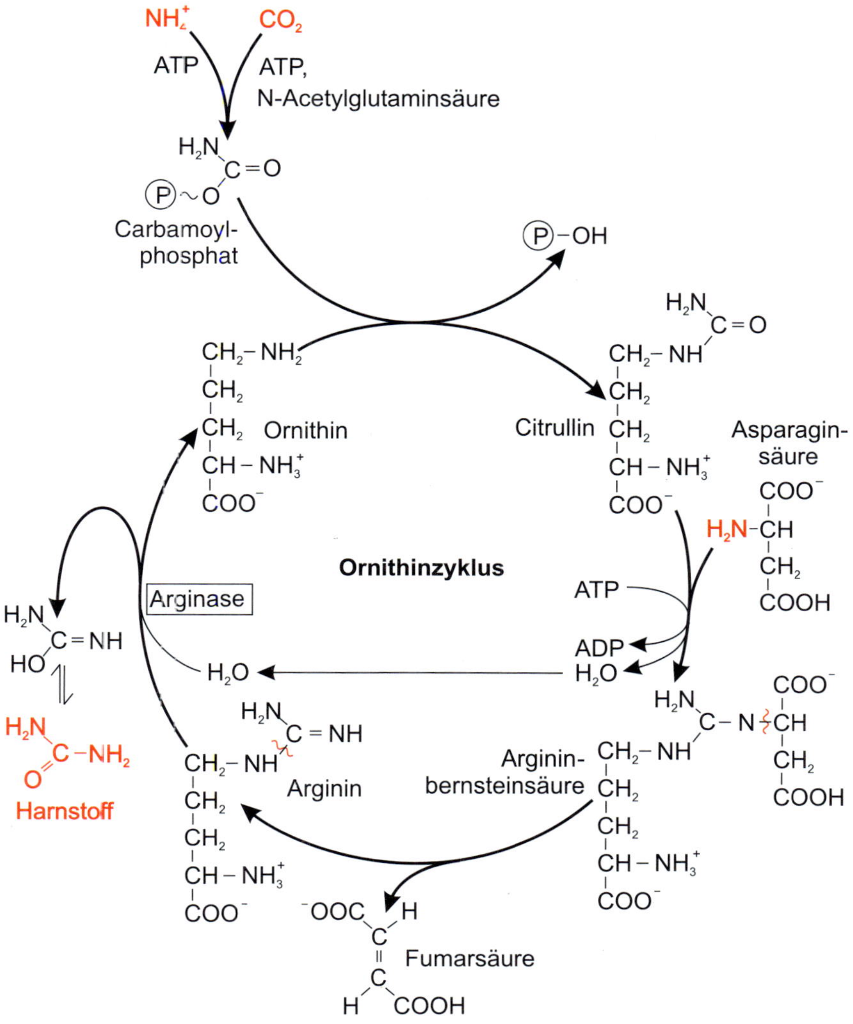

Abb. 8.2 Der Syntheseweg des Harnstoffs im Ornithinzyklus. Erläuterungen im Text.

ordneter Bedeutung, wird in einigen Fällen aber hergestellt (wie bei der Süßwassermuschel *Anodonta* oder dem Hummer *Homarus*).

Harnstoff ist das Diamid des Kohlendioxids (Abb. 8.2). Er kann aufgrund seiner nur geringen Giftigkeit in hohen Konzentrationen in den Körperflüssigkeiten von Tieren akkumulieren (bis zu 800 mmol l^{-1} bei Elasmobranchiern). Seine proteindenaturierenden Eigenschaften werden erst bei höheren Konzentrationen, die im lebenden Tier nicht auftreten, wirksam. Um diese aber sicher auszuschließen, akkumulieren Tiere, die Harnstoff in ihren Körperflüssigkeiten anhäufen, zusätzlich kompatible Osmolyte wie **Trimethylaminoxid** (TMAO), die Proteine vor harnstoffbedingten Konformationsänderungen schützen. Da Harnstoff gut wasserlöslich ist, muss er stets mit einer gewissen Menge Wasser ausgeschieden werden. Dieses ist ein Grund dafür, dass die glomeruläre Filtrationsrate in der Niere bei Wirbeltieren streng kontrolliert und bei vielen Arten (z. B. Säugetieren) unabhängig vom Status ihres Salz-Wasser-Haushalts sogar weitgehend konstant gehalten wird.

Die **Harnstoffsynthese** erfolgt bei Wirbeltieren in der Leber (**Ornithinzyklus**, **Krebs*-Henseleit-Zyklus**) und ist mit einigem Energieaufwand verbunden. Für jedes synthetisierte Harnstoffmolekül werden drei ATP-Moleküle hydrolysiert (Abb. 8.2). Im Cytosol der Leberzelle durch die Desaminierung von Aminosäuren freigesetztes Ammoniak bildet mit Wasser Ammoniumionen, die in die Matrix der Mitochondrien transportiert werden. Alternativ werden Ammoniumionen auch innerhalb der Mitochondrien durch oxidative Desaminierung von Glutamat direkt hergestellt. Mithilfe der durch N-Acetylglutamat allosterisch aktivierten Carbamoylphosphat-Synthetase wird aus der Atmungskette stammendes Kohlendioxid (in Form von HCO_3^-) mit Ammonium und aus der ATP-Hydrolyse stammendem Phosphat zu Carbamoylphosphat vereinigt. Dieses wird auf in das Mitochondrium importiertes Ornithin übertragen, sodass die nichtproteinogene Aminosäure Citrullin entsteht. Diese wird wiederum aus dem Mitochondrium in das Cytosol der Leberzelle exportiert und unter Hydrolyse eines weiteren ATP-Moleküls mit Aspartat zu Argininosuccinat kondensiert. Durch Abspaltung von Fumarat entsteht Arginin, das durch die Arginase in Ornithin (tritt wieder in den Kreislauf ein) und Harnstoff gespalten wird.

Bei vielen Teleosteern (Cypriniden), Elasmobranchiern, terrestrischen Amphibien und einigen Wirbellosen (*Homarus*, *Mytilus*) wird Harnstoff auch im Rahmen des Purinabbaus durch Harnsäurespaltung (Uricolyse) gebildet. Nach ausdauerndem Flug steigt bei Brieftauben die Harnstoffkonzentration im Blutplasma stark an und erreicht Werte, die sonst nur bei ureotelischen Tieren zu beobachten sind. Der Harnstoff stammt in diesem Fall allerdings nicht aus dem Ornithinzyklus, sondern entsteht durch Argininolyse (Proteinabbau zwecks Energiegewinnung).

8.1.5 Harnsäure und Guanin

Bei den **uricotelischen Tieren** dominiert die **Harnsäure** unter den stickstoffhaltigen Exkretstoffen. Zu diesen Tiergruppen gehören verschiedene Gastropoden, vornehmlich die terrestrischen Vertreter der Prosobranchier (*Cyclosioma elegans*) und Pulmonaten (*Helix pomatia*) sowie einige limnische Arten (*Planorbis*, *Lymnaea*, *Bithynia*). Darüber hinaus sind Insekten, Schlangen, Eidechsen und Vögel uricotelisch. Unter den Landschildkröten (*Testudo*) scheiden einige Arten mehr Harnsäure, andere mehr Harnstoff aus (ureouricotelische Tiere). Terrestrische Arten trockener Habitate, wie die Amerikanische Landschildkröte, *Gopherus berlandieri*, können große Mengen Harnstoff bilden. Bei Krokodilen scheiden einige Vertreter statt der üblichen Harnsäure mehr Ammoniak aus. Sie sind ammoniouricotelisch. Die Stickstoffexkrete bei *Crocodylus niloticus* bestehen zu 25,4 % aus Ammoniak, zu 68,5 % aus Harnsäure und zu 4,5 % aus Harnstoff, wobei die genaue Komposition vom Hydratations- und Ernährungszustand des Tieres abhängt. Im Hungerzustand wird relativ mehr Ammoniak ausgeschieden, bei Wassermangel nimmt dagegen die Harnsäureausscheidung relativ zu. Die Harnsäure ist wegen ihrer extrem geringen Löslichkeit in wässrigen Medien nicht giftig.

Die korrekte chemische Bezeichnung für die Harnsäure ist 2,6,8-Trioxypurin. Sie kommt in zwei tautomeren Formen mit gleicher Summenformel vor: der Keto- bzw. Lactamform und der Enol- bzw. Lactimform (Abb. 8.3). Anhand der Enolform ist erkennbar, dass die Harnsäure eine schwache Säure ist. Die Salze der Harnsäure sind die **Urate**. Im Organismus kann Harnsäure mit Na^+-Ionen assoziieren, was beim Menschen pathophysiologische Bedeutung für die Entstehung von Gicht oder Nierensteinen erlangen kann, oder mit Ca^{2+}- und Mg^{2+}-Ionen interagieren, was besonders bei Vögeln zur Bildung von submikroskopischen Urataggregaten im Blut und im Primärharn beiträgt. Im Harn werden diese Uratsphären mit dem Flüssigkeitsstrom in die Kloake transportiert. Der Suspension kann dort das Wasser weitgehend entzogen und

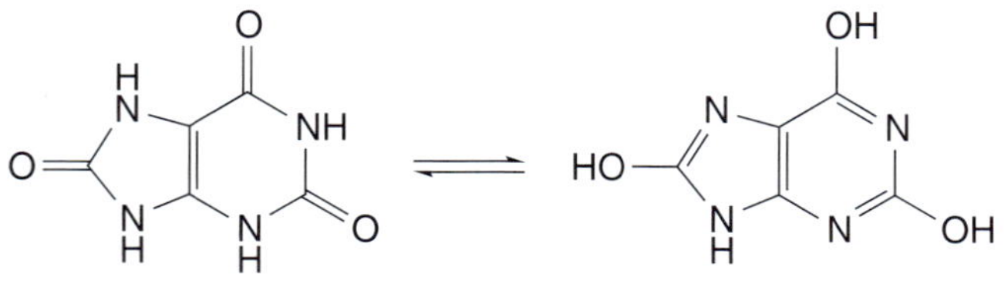

Abb. 8.3 Keto- (links) und Enolform (rechts) der Harnsäure.

die Harnsäure als fast trockener Brei ausgeschieden werden, sodass die Tiere bei Wassermangel mit der Harnsäureausscheidung nur sehr wenig Wasser verlieren. Die Produktion von Harnsäure als **Stickstoffexkret** hat sich daher besonders bei Tierarten herausgebildet, die an trockene Lebensräume angepasst sind.

Harnsäure entsteht im Stoffwechsel auf zwei verschiedenen Wegen, einerseits im Rahmen des **Purinabbaus** (alle Tiere in unterschiedlichem Maße) und speziell bei Vögeln und Reptilien im Rahmen der Purinsynthese (s. u.) aus Ribose-5-phosphat. Im ersten Fall wird die Harnsäure aus dem Abbau der Purinbasen Adenin und Guanin freigesetzt (Abb. 8.4), die entweder aus dem körpereigenen Basenvorrat des Nucleinsäurestoffwechsels stammen oder von außen mit der Nahrung in das Tier gelangt sind. Bei vielen Tierarten ist die Harnsäure das Endprodukt dieses Stoffwechselwegs, da ihnen die **Uricase** als harnsäurespaltendes Enzym fehlt. Die Menschenaffen und der Mensch gehören dazu. Bei ihnen wird etwa 1 % des Stickstoffs im Harn als Harnsäure ausgeschieden. Uricase fehlt auch den Vögeln, terrestrischen Reptilien, den Cyclostomen und den meisten Insekten, sodass bei diesen Tieren Harnsäure das alleinige Stickstoffexkret im Harn ist. Bei den restlichen Säugetieren, Dipteren und Gastropoden, die über eine Uricase verfügen, wird die beim Purinabbau gebildete Harnsäure im uricolytischen Weg oxidativ zu **Allantoin**, das bei diesen Arten Endprodukt des Purinabbaus ist, umgewandelt. Einige Teleosteer (Salmoniden, Pleuronectiden und Anguilliden), carnivore Coleopteren und die Orthopteren besitzen auch ein allantoinabbauendes Enzym, die Allantoinase, die Allantoin in **Allantoinsäure** umwandelt. Der Besitz eines weiteren Enzyms, der Allantoicase, die Allantoinsäure in Harnstoff spaltet, versetzt terrestrische Amphibien, einige Teleosteer (Cypriniden), Dipnoer, Crossopterygier, Selachier und limnische Lamellibranchier in die Lage, auf diesem Weg auch Harnstoff zu produzieren. Bei dekapoden Krebsen und marinen Lamellibranchiern, die zusätzlich eine **Urease** besitzen, kann aus dem Harnstoff sogar Ammoniak freigesetzt werden.

Der zweite Weg, auf dem Vögel und Reptilien **Harnsäure** in Leber und Nieren (bei Insekten im Fettkörper) synthetisieren, ist ein Nebenweg der Neusynthese von Purinen, den es im Prinzip in allen Organismen gibt. An dem C-1-Atom des aus dem Pentosephosphatzyklus stammenden Ribose-5-phosphats wird in einer mehrstufigen Reaktion ein Hypoxanthinringsystem aufgebaut. Das Produkt ist die **Inosinsäure**. Diese Substanz ist Ausgangsstoff für die Synthese der Purinnucleoside Adenosin und Guanosin, aber auch für die Produktion von Harnsäure, die nach Abtrennen des Riboserings aus Xanthin hergestellt wird (Abb. 8.4). Mithilfe radioaktiv markierter Verbindungen war es möglich, die Herkunft der C- und N-Atome des Puringerüsts zu klären. Die N-Atome stammen aus den Aminosäuren Glutaminsäure, Asparaginsäure und Glycin, die C-Atome aus aktivierter Ameisensäure, Glycin und Hydrogencarbonationen (Abb. 8.5).

Bei Spinnentieren (Arachniden) wird als Endprodukt des Stickstoffstoffwechsels **Guanin** gebildet. Guanin (2-Amino-6-

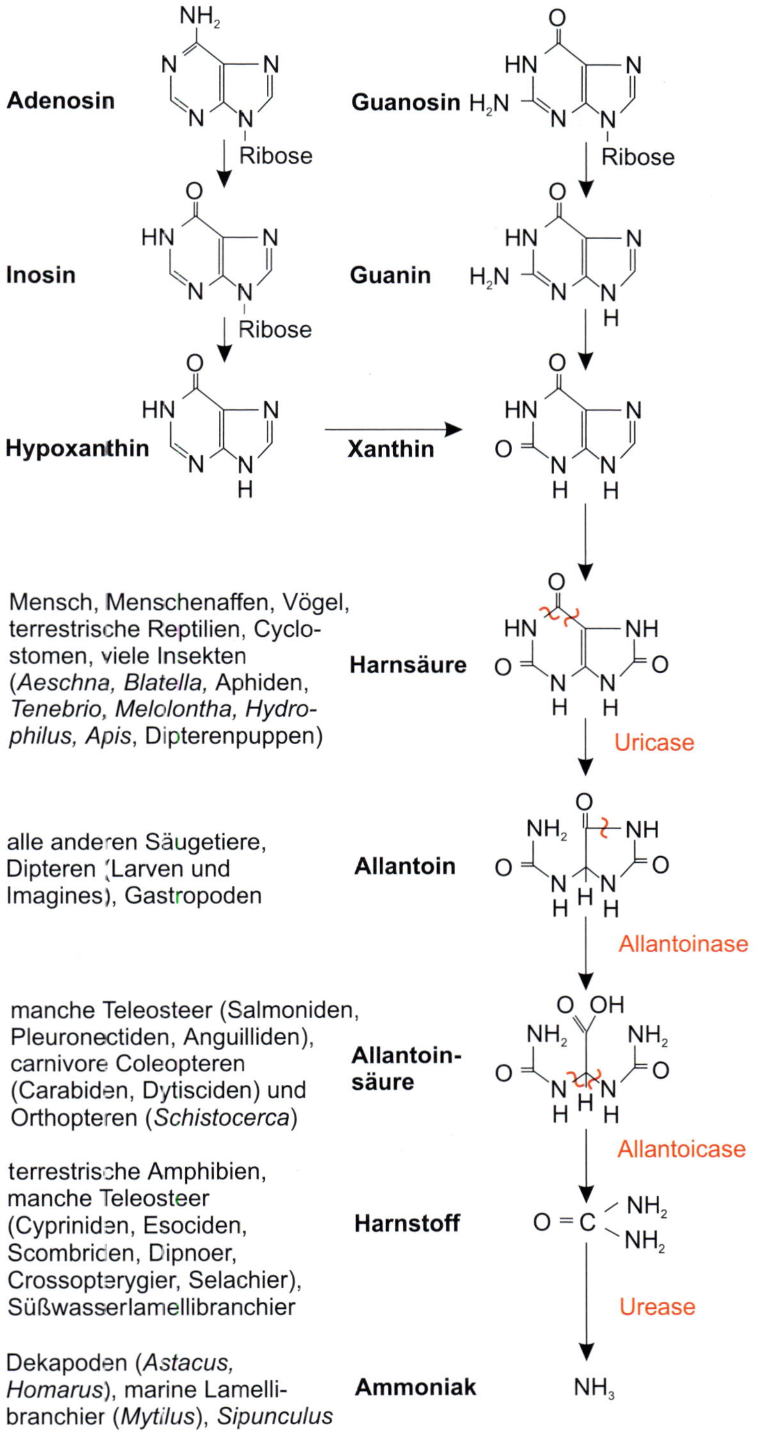

Abb. 8.4 Abbau der Purine bis zur Harnsäure und die sich anschließende Uricolyse, die bei manchen Tierarten bis zum Ammoniak führt, bei anderen aufgrund des Fehlens der zur Weiterverarbeitung der Abbauprodukte notwendigen Enzyme (Bezeichnungen und Spaltstellen in roter Schrift) vorzeitig endet.

oxypurin) enthält noch ein Stickstoffatom mehr im Molekül als Harnsäure und ist in wässrigen Medien noch weniger löslich als diese, sodass es sich gut als Exkret eignet, wenn Tiere eine Stickstoffeliminierung ganz ohne Wasserverlust anstreben. Bei vielen Spinnen wird Guanin daher als kristalline Masse unterhalb der Cuticula abgelagert (weiße Markierungen der Kreuzspinne *Araneus*). Ebenfalls in kristalliner Form wird Guanin bei Cephalopoden in den Iridocyten abgelagert.

8.1.6 Andere Exkretstoffe

Im Harn der Wirbeltiere und einiger Wirbelloser wird kontinuierlich eine geringe Menge **Kreatinin** (Abb. 8.6) ausgeschieden. Es entsteht durch inneren Ringschluss aus Kreatinphosphat, das besonders im Muskel als Phosphat- und Energiespeicher (Phosphagen) benötigt wird, um bei plötzlicher Beanspruchung schnell ATP resynthetisieren zu können. Täglich zyklisieren

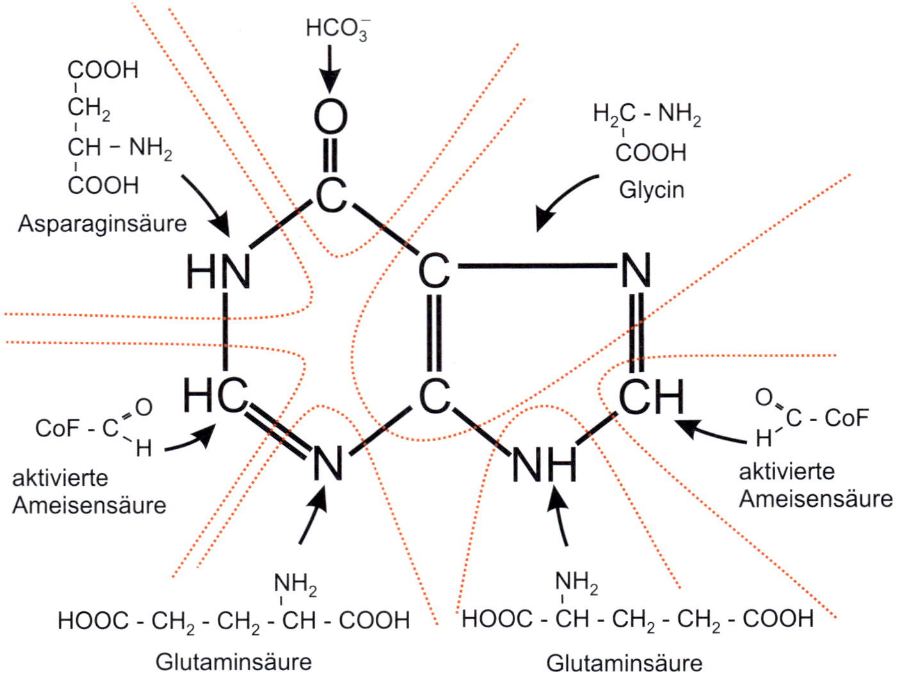

Abb. 8.5 Herkunft der einzelnen Molekülgruppen bei der Biosynthese des Purinskeletts in der Harnsäuresynthese.

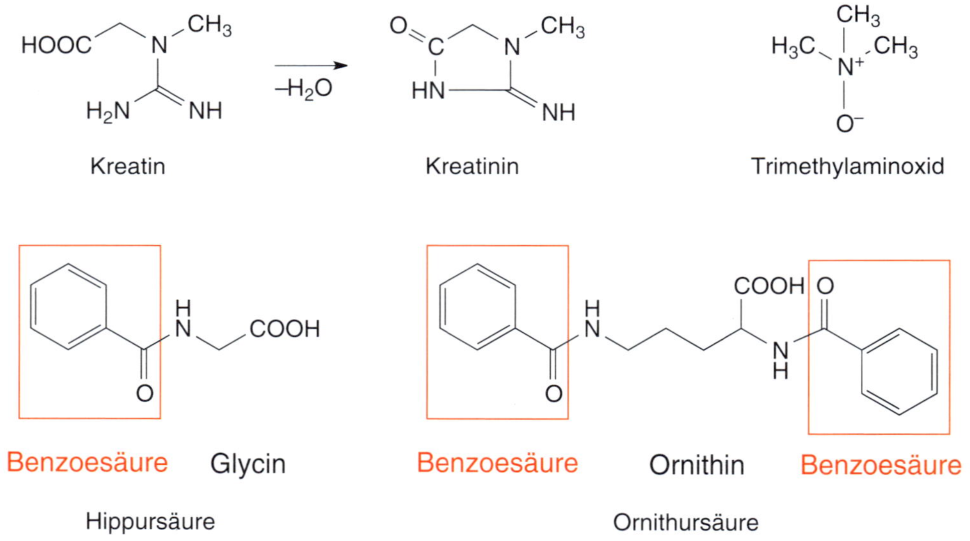

Abb. 8.6 Strukturen verschiedener alternativer Stickstoffexkrete bei Tieren.

spontan annähernd 2 % des im menschlichen Körper vorhandenen Kreatinphosphats und werden mit dem Urin ausgeschieden. Dieser konstanten Rate der Bildung und Ausscheidung wegen eignet sich Kreatinin als endogene Markersubstanz für die Nierenfunktionsprüfung (**Kreatinin-Clearance**).

Besonders die marinen Fische scheiden mit dem geringen Harnvolumen, das sie bilden, eine große Menge **Trimethylaminoxid** (TMAO) aus. Diese Substanz wird von manchen marinen Organismen als kompatibles Osmolyt in den Körperflüssigkeiten in unterschiedlicher Konzentration vorgehalten, so bei vielen Vertretern des Zooplanktons, das die Nahrungsgrundlage vieler Fische darstellt. Bei Lachsen konnte gezeigt werden, dass das von ihnen ausgeschiedene TMAO vollständig aus der Nahrung stammt. Andere Meeresfische können die Substanz aber auch selbst herstellen. Bei Elasmobranchiern wird neben Harnstoff immer auch eine gewisse Menge TMAO in den Körperflüssigkeiten vorrätig gehalten (bis zu 30 % der organischen Osmolyte), um die proteindenaturierenden Eigenschaften des Harnstoffs zu neutralisieren. In totem Fisch setzt sich das enthaltene TMAO zu Trimethylamin um, das leicht flüchtig ist und den typischen Fischgeruch bedingt.

Viele endogene, wasserunlösliche Stoffwechselprodukte, aber auch in den Körper aufgenommene lipophile Fremdstoffe

(**Xenobiotika**) werden mit körpereigenen Stoffen konjugiert, um sie besser wasserlöslich und ausscheidbar zu machen oder um sie zu entgiften. Die häufigsten mit dem Harn ausgeschiedenen Konjugate sind **Schwefelsäureester**, zum Beispiel die Indoxylschwefelsäure (Harnindican) und die Phenolschwefelsäureester. In dieser Weise wird Östrogenen, die phenolischen Charakter haben und sehr schlecht wasserlöslich sind, ein polarer Charakter verliehen, sodass sie über die Nieren ausgeschieden werden können. Weitere übliche Konjugate stellen die **Glucuronide** und **Glucoside** dar. Bei Säugetieren werden Alkohole und Phenole mit Glucuronsäure glykosidisch konjugiert oder aromatische Carbonsäuren esterartig mit Glucuronsäure verbunden, was die Wasserlöslichkeit und Nierengängigkeit der Substanzen verbessert und oft auch eine Verminderung der Giftigkeit der Substanz zur Folge hat. Bei Insekten werden phenolische Pflanzeninhaltsstoffe, die sie mit der Nahrung aufnehmen, oft durch Konjugation mit Glucose (Glucosylierung) entgiftet. Die Glucosylierung erfolgt in einer zweistufigen Reaktion im Fettkörper der Tiere unter Hydrolyse von Uridintriphosphat (UTP):

Glucose-1-phosphat + UTP ⟶ UDP-Glucose + Pyrophosphat

UDP-Glucose + Phenol ⟶ Phenylglucosid + UDP

Aromatische Pflanzeninhaltsstoffe werden im Stoffwechsel der Tiere häufig in Benzoesäure umgewandelt. Um diese besser ausscheidungsfähig zu machen, wird die Benzoesäure mit Aminosäuren gekoppelt (Abb. 8.6). So findet man im Harn pflanzenfressender Säugetiere (Rind, Pferd) oft in großen Mengen die **Hippursäure**[241]. Sie wird aus Benzoesäure und der Aminosäure Glycin unter ATP-Hydrolyse und Beteiligung von Coenzym A hauptsächlich in der Niere hergestellt und im proximalen Tubulus in den Primärharn sezerniert. Die ausgeschiedene Menge ist abhängig von der Menge der aromatischen Pflanzenstoffe, die im Organismus in Benzoesäure umgewandelt werden können. Die Aminosäure Glycin ist kein limitierender Faktor, da sie aus Speicherproteinen und durch Neusynthese in großer Menge mobilisierbar ist. Auch herbivore Invertebraten können Hippursäure ausscheiden, zum Beispiel die pflanzenfressenden Muscheln und die Larve der Mücke *Aëdes aegypti*. Carnivore Säugetiere scheiden nur sehr wenig Hippursäure aus. Die Vögel können im Gegensatz zu den Säugetieren Glycin nicht oder nur in geringer Menge selbst synthetisieren und sind daher auf die Zufuhr von Glycin aus der Nahrung angewiesen. Da sie darüber hinaus als uricotelische Tiere je ein Molekül Glycin für die Synthese jedes Moleküls Harnsäure benötigen, ist ihr Glycinbedarf sehr hoch und erlaubt es nicht, Glycin für die Kopplung von Benzoesäure zu verwenden. Daher koppeln Vögel Benzoesäure nicht mit Glycin, sondern einer anderen Aminosäure, dem Ornithin, zu **Ornithursäure**. Die Kopplungsreaktion ist sehr effektiv, da Ornithin gleich zwei Moleküle Benzoesäure anlagern kann.

241 *hippos* (griech.) = Pferd

8.2 Renale Exkretion

8.2.1 Allgemeines

Je nach der Art des **Harnbildungsmechanismus** können bei Tieren Exkretionsorgane, die ihr unmittelbares Produkt (**Primärharn**) durch hydrostatisch angetriebene Filtrationsprozesse bilden (**Filtrationsniere**), von solchen unterschieden werden, die ihr Produkt durch Sekretionsprozesse bilden (**Sekretionsniere**). Die Triebkraft für die Bildung des Primärharns der Sekretionsnieren wird durch die Hydrolyse von ATP und den Aufbau von Ionengradienten durch Transport-ATPasen bereitgestellt.

Die Zusammensetzung des Primärharns während der Passage durch Ausführungsgänge oder Tubulussysteme verändert sich anschließend unabhängig vom Mechanismus für die Bildung des Primärharns durch Transport von Stoffen aus dem Blut oder der Hämolymphe in den Primärharn (**Sekretion**) oder durch Transport von Stoffen aus dem Primärharn in das Blut oder die Hämolymphe (**Reabsorption**). Der auf diese Weise gebildete **Sekundärharn** bzw. **Endharn** kann zwischengespeichert (Harnblase, Kloake) oder unmittelbar an die Außenwelt abgegeben werden.

Der durch **Filtration** gebildete **Primärharn** ist bezüglich der Konzentrationen kleinmolekularer, gelöster Stoffe mit dem Ursprungsmedium (**Filtrand**; Blut oder Hämolymphe) identisch. Je nach Größe der Poren in der Filtrationsbarriere werden größere Moleküle ausgeschlossen und bleiben im Ursprungsmedium zurück. Je kleiner eine gelöste Molekülspezies ist, desto vollständiger wird sie durch die Filtrationsbarriere in das **Filtrat** übertreten. Da die Porengröße der Filtrationsbarrieren in biologischen Systemen sehr klein ist und in der Regel einen Ausschluss von Stoffen in der Größenordnung mittelgroßer Proteine bewirkt, bezeichnet man Mechanismus zur Bildung des Primärharns als **Ultrafiltration**. Die Triebkraft für die Filtration ist in der Regel ein hydrostatischer Druckgradient (p^h) zwischen dem Blut- oder Hämolymphraum und dem Harnraum hinter der Filtrationsbarriere. Der hydrostatische Blut- oder Hämolymphdruck (p^h_{KF}) wird erzeugt durch die Tätigkeit des Herzens, akzessorischer kontraktiler Strukturen im Kreislaufsystem oder von der Muskulatur der Körperwand.

Während der Passage durch die ableitenden Strukturen wird der Primärharn in der Regel in seiner Zusammensetzung verändert. Die Sekretion von Stoffen oder Reabsorption von Salzen, Wasser und noch nutzbaren organischen Molekülen (Zucker, Aminosäuren) bedingen eine im Vergleich zum Primärharn völlig andere Zusammensetzung des Endharns. Welche Stoffe in welchem Maß aus den Körperflüssigkeiten filtriert bzw. sezerniert oder aus dem Harn reabsorbiert werden, ist für jede Art von Ausscheidungsorgan und für die jeweilige physiologische Situation des Tieres spezifisch. In der Wirbeltierniere wird Glucose zusammen mit dem Plasmawasser frei filtriert, allerdings normalerweise schon bei der Passage durch den proximalen Nierentubulus fast vollständig reabsorbiert.

Der Transport der Glucose über die apikale Membran der menschlichen Tubuluszellen wird durch zwei Isoformen eines

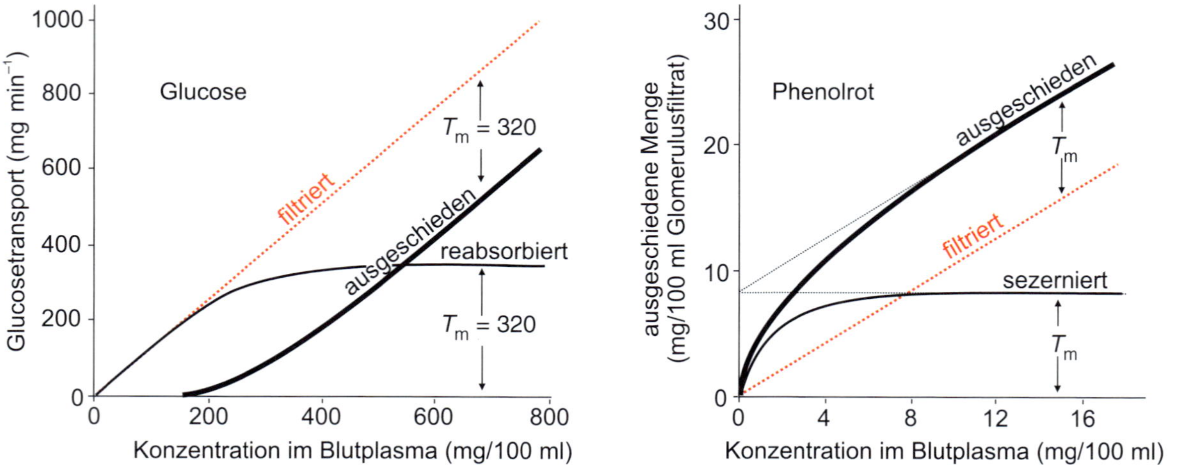

Abb. 8.7 Demonstration des Transportmaximus T_m in den Zellen der Nierentubuli bei der Reabsorption (Beispiel Glucose) und bei der Sekretion (Beispiel Phenolrot). Im ersten Fall ist die Gesamtausscheidung gleich der Differenz zwischen der filtrierten und der reabsorbierten Menge, im zweiten Fall gleich der Summe aus der filtrierten und der sezernierten Menge. Die in den Glomeruli pro Zeiteinheit filtrierte Menge nimmt in beiden Fällen proportional mit der Konzentration des Stoffes im Plasma zu. (Links: nach Rein H, Schneider M (1960) Einführung in die Physiologie des Menschen. 14. Aufl. Springer, Berlin; rechts: nach Shannon JA (1935) The excretion of phenol red by the dog. Am J Physiol 113, 602–610, Abb. 3, S. 608.)

sättigbaren Carriers der SLC-(*solute carrier-*)Familie 5, SGLT1 und SGLT2 (SGLT für *sodium/glucose cotransporter*) vermittelt. Diese Transporter nutzen den Na^+-Gradienten zwischen Primärharn und Zellinnerem für die Energetisierung der Glucoseaufnahme in die Zelle (**Na^+/Glucose-Cotransport**). Im Fall einer normalen Blut- bzw. Primärharnkonzentration wird die Glucose vollständig aus dem Harn entfernt. Die Aufnahme von Glucose aus der Tubulusepithelzelle ins Interstitium erfolgt dann mittels **erleichterter Diffusion** durch Moleküle der SLC-Familie 2, GLUT1 und GLUT2, die zwar eine niedrige Affinität für Glucose (hohe Glucosekonzentration innerhalb der Zellen) besitzen, aber eine hohe Transportkapazität, sodass sie unter normalen Umständen nicht sättigbar sind.

Ist der Blutglucosespiegel wie im Fall eines **Diabetes mellitus**[242] aber sehr hoch (jenseits von 500 mg pro 100 ml Plasma), ist auch die Glucosekonzentration im Primärharn entsprechend hoch, sodass die SGLT-Cotransporter dauernd im Sättigungsbereich arbeiten und die Glucose nicht vollständig aus dem Primärharn reabsorbieren können. Dieses führt zu einem typischen Diabetessymptom, nämlich der Ausscheidung von Glucose im Endharn (Abb. 8.7).

In das Blut injiziertes **Inulin**, ein pflanzliches Polyfructosemolekül mit einer relativen Molekülmasse von 5500 Da, wird zwar wie Glucose frei filtriert, aber nicht metabolisiert, sezerniert oder reabsorbiert, sodass dieses normalerweise im Organismus nicht vorkommende Molekül als Markersubstanz für die Prüfung der Nierenfunktion dienen kann. Im Gegensatz dazu wird injiziertes Phenolrot nicht nur über Filtration ausgeschieden, sondern im Nierentubulus sezerniert, sodass seine Konzentration während der Tubuluspassage auch unabhängig von Volumenänderungen des Harns ansteigt (Abb. 8.7).

Die **Sekretion** und **Reabsorption** von Stoffen durch die Epithelauskleidung der Exkretionsorgane erfordert einen Aufwand von Energie, da der Stofftransport entweder primär aktiv abläuft, das heißt direkt durch ATPasen (Pumpen) vermittelt (**aktiver Transport**) oder durch Ionengradienten angetrieben wird (**sekundär aktiver Transport**), die ihrerseits durch die Aktivität der ATPasen aufrechterhalten werden. Im Gegensatz zu **passiven Transportvorgängen** (z. B. Diffusion durch Kanäle oder erleichterte Diffusion mittels einfacher Carrier) kann ein Stoff durch primär oder sekundär aktive Mechanismen auch gegen einen Konzentrationsgradienten transportiert werden, wie dies im Fall der Glucosereabsorption durch SGLT-Carrier möglich ist.

Das Prinzip der Harnbildung durch **Ultrafiltration** von Körperflüssigkeiten und Reabsorption von brauchbaren Harnbestandteilen ist in der Evolution mehrere Mal parallel entwickelt worden, obwohl es energetisch relativ aufwendig ist. Der Vorteil dieses Prinzips liegt allerdings darin, dass es die Ausscheidung auch von solchen Metaboliten und Fremdstoffen erlaubt, für die es im Organismus keine eigenen Transport- oder Exkretionsmechanismen gibt. Auf diese Weise entledigt sich ein Tier automatisch aller (unter Umständen auch giftiger) Fremdstoffe, sofern sie im Körper als wasserlösliche Substanzen vorhanden sind.

8.2.2 Exkretionsvesikel der Einzeller

Das osmoregulatorische Organell der **süßwasserlebenden Einzeller** (*Paramecium*, *Amoeba*) ist das **Exkretionsvesikel**[243], das auch als **kontraktile Vakuole** bezeichnet wird, obwohl diese Be-

[242] *diabainein* (griech.) = hindurchfließen, *mellitus* (lat.) = honigsüß

[243] *vesicula* (lat.) = Bläschen

zeichnung eigentlich falsch ist, da das Lumen dieses Organells niemals leer ist. Die Hauptaufgabe des Exkretionsvesikels ist die Ausscheidung osmotisch in die Zelle eingedrungenen Wassers, um ein Schwellen und mögliches Platzen der Zelle zu verhindern. Amöben (*Amoeba proteus*) scheiden über das Organell ein zum Cytoplasma (101 mmol kg^{-1} H_2O) hypoosmotisches, wässriges Sekret (32 mmol kg^{-1} H_2O) in die Umgebung aus. Die Zusammensetzung des Sekrets weist bezüglich der Ionen deutliche Unterschiede zu der des Cytoplasmas auf, was neben der volumenregulatorischen auch auf eine ionenregulatorische Funktion hindeutet. Marine und endoparasitische Einzeller, die aufgrund der hohen Osmolalität ihres Lebensraums keinen osmotischen Wassereinstrom erleben, besitzen keine Exkretionsvesikel.

Ob die Vesikel auch eine Rolle bei der Stickstoffausscheidung spielen, ist noch ungeklärt. Der größte Teil der Stickstoffexkrete dürfte bei Einzellern als Ammoniak anfallen und über die Zelloberfläche an das Medium abgegeben werden. Bei *Paramecium* und *Tetrahymena* wurde die Produktion von Harnstoff, bei *Amoeba* auch Harnsäure nachgewiesen. Parasitische Einzeller wie *Trypanosoma* geben Stickstoff nicht nur in Form von Ammoniak, sondern auch in komplexen organischen Verbindungen ab, da sie den Energiegehalt der vom Wirt bereitgestellten Moleküle wegen des großen Angebots meist nicht vollständig ausnutzen.

Das Exkretionsvesikel (▣ Abb. 8.8) besteht aus einem Zentralvesikel, das von fünf bis zehn radialen Armen schlauchförmiger Vesikel (Ampullen) umgeben ist und mit der Plasmamembran der Zelle über einen mithilfe spiraliger Mikrotubuli konisch geformten Hals in Kontakt steht. Von dieser Halsstruktur aus laufen stabilisierend wirkende Bündel von Mikrotubuli über den Corpus des zentralen Vesikels hinweg und begleiten die Ampullen. Die Lumina der Ampullen gehen über in je einen membranumschlossenen Sammelkanal, der sich netzwerkartig durch das gesamte Cytosol erstreckt und in der Peripherie schwammartige Strukturen formt, die mithilfe von Mikrotubuli zur Zellmembran abgespannt sind. Hierdurch wird das schwammige Membransystem (**Spongiom**) stabilisiert und seine Lumina offen gehalten, sodass die flüssigen Bestandteile des Cytosols durch die Membranbegrenzung des Systems in das Lumen eintreten können. Der Flüssigkeitstransport scheint von der Aktivität einer Protonen-ATPase vom V-Typ angetrieben zu werden, da die lang gestreckten Spongiomkanälchen im Cytoplasma eng mit **V-Typ-ATPase**-Molekülkomplexen belegt sind (dekoriertes Spongiom). Wie genau der Transport von Protonen zu einem osmotischen Gradienten führen könnte, ist noch unbekannt. Möglicherweise ist ein H^+/K^+-Austauscher beteiligt. Die Akkumulation von K^+-Salzen im Lumen der Spongiomkanälchen könnte den osmotischen Gradienten schaffen, der für den **Wassertransport** aus dem Cytosol in die Kanälchen hinein benötigt wird.

Die Sammelphase von Flüssigkeit aus dem Cytosol ist die längere der beiden Funktionsphasen des Exkretionsvesikels. Dabei ist die Pore des zentralen Vesikels nach außen geschlossen, die Ampullenlumina aber mit dem Zentralvesikel verbunden, sodass aus dem Sammelkanal stammende Flüssigkeit sowohl die Ampullen als auch das Zentralvesikel füllt. Unmittelbar vor der Öffnung der Exkretionspore in der Plasmamembran werden die Verbindungen zwischen Zentralvesikel und den Ampullen getrennt. Durch Öffnung der Exkretionspore entlässt das Zentralvesikel anschließend sein Volumen in den Extrazellularraum. Obwohl die Entleerung des Exkretionsvesikels in den Extrazellularraum mit einer Verkleinerung des Vesikelvolumens einhergeht und dieses bisher als eine Art Kontraktion gedeutet worden ist, legen neuere Studien nahe, dass es keine kontraktilen Strukturen im Umfeld des Vesikels gibt und dass es sich bei dem Volumenausstoß nicht um eine durch Motorproteine verursachte Kontraktion im eigentlichen Sinn handelt. Vielmehr scheint das befüllte Vesikel eine elastisch vorgedehnte Membran aufzuweisen. Beim Entleeren des Vesikels geht die Membran in den energieärmeren Zustand über. Nach der Entleerung schließt sich die Plasmamembran im Porenbereich und die Ampullenmembranen fusionieren wieder mit dem leeren und damit kaum sichtbaren Zentralvesikel, das anschließend mit Flüssigkeit aus den Ampullen erneut befüllt wird.

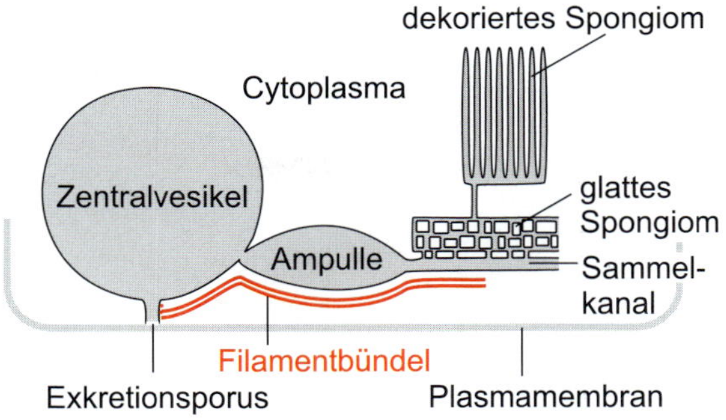

▣ **Abb. 8.8** Schema der Membransysteme der pulsatilen Exkretionsvesikel süßwasserlebender Ciliaten. (Nach Tominaga T, Naitoh Y, Allen RD (1999) A key function of non-planar membranes and their associated microtubular ribbons in contractile vacuole membrane dynamics is revealed by electrophysiologically controlled fixation of *Paramecium*. J Cell Sci 112, 3733–3745, Abb. 8a, S. 3743, verändert.)

8.2.3 Exkretionssystem der Nematoden

Frei lebende Nematoden wie *Caenorhabditis elegans* unterliegen wegen des Oberflächenkontakts zu Porenwasser einem osmotisch bedingten **Wassereinstrom**, der durch Exkretion kompensiert werden muss, damit die Tiere ihre **Volumenhomöostase** aufrechterhalten können. Die Exkretionsleistung übernimmt eine einzige, hochdifferenzierte Zelle, die sich in zwei parallelen Strängen (**H-Zelle**) durch den ganzen Tierkörper erstreckt (▣ Abb. 8.9). Durch Fusion intrazellulärer Vesikel bildet diese Zelle ein intrazelluläres Kanalsystem sowie ein angeschlossenes Canaliculussystem aus. Durch die apikale Zelloberfläche innerhalb des im Cytosol netzwerkartig angeordneten Systems wird mittels einer **V-Typ-ATPase** ein Protonengradient zwischen Cy-

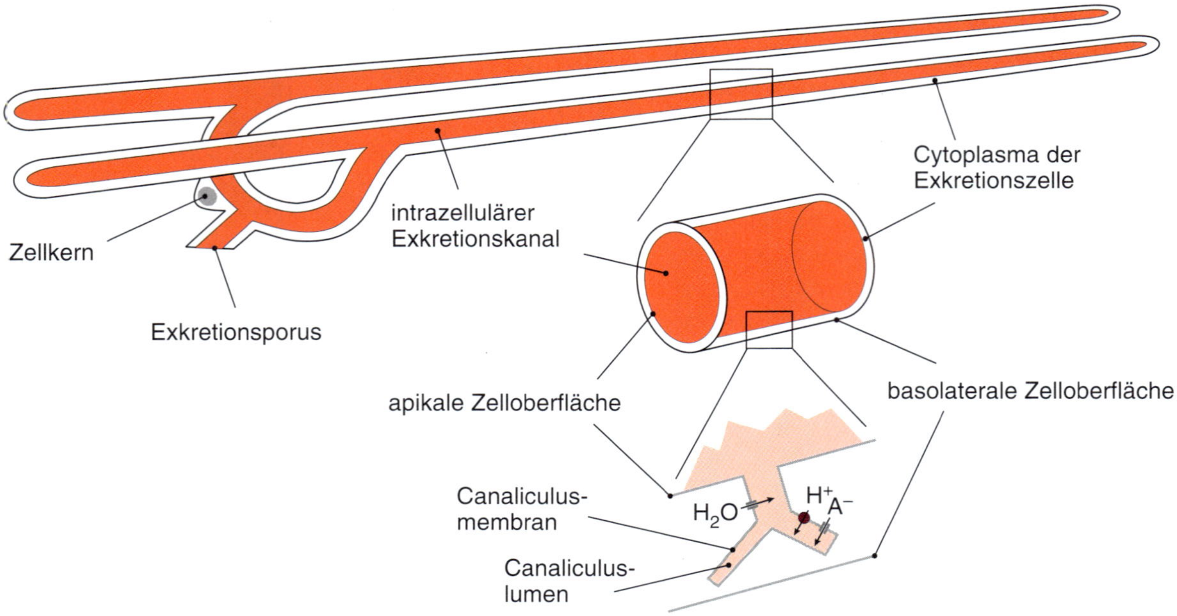

Abb. 8.9 Struktur und Funktion der Exkretionszelle (H-Zelle) frei lebender Nematoden (*Caenorhabditis elegans*). Eine im Embryo unterhalb des Pharynx gelegene Zelle bildet durch Fusion intrazellulärer Vesikel zunächst eine Pore durch die Körperwand und anschließend in Richtung des Tierinneren ein intrazelluläres Kanalsystem (dunkelrot). Weitere Erläuterungen im Text.

tosol und Lumen des Canaliculus aufgebaut, der einen H^+/K^+-Austauscher antreiben dürfte. Dem dadurch entstehenden K^+-Gradienten dürften passiv sowohl Anionen als auch Wasser in Richtung Lumen folgen. Dieses Volumen wird durch die intrazellulären Kanäle und den Exkretionsporus an die Außenwelt abgegeben.

8.2.4 Protonephridien

Das typische Exkretionsorgan der Plathelminthen, Aschelminthen und der Nemertinen ist das **Protonephridium**[244]. Es findet sich auch bei manchen Larven von Mollusken, Anneliden, Echiuren und Tentaculaten. Das Protonephridium wird durch Invagination des Ektoderms gebildet, was erklärt, dass die entstehenden einfachen oder verzweigten Kanäle im Interstitialraum des Parenchyms blind enden. Den Abschluss eines jeden Kanals bildet eine Terminalzelle (**Cyrtocyte** oder **Reusengeißelzelle**) (Abb. 8.10), aus deren Soma eine in das Kanallumen gerichtete **Wimperflamme** entspringt, die durch undulierende Bewegungen für den Abtransport von Flüssigkeit entlang des Kanals sorgt und dadurch einen leichten Unterdruck im Kanallumen erzeugt. Dieser reicht aus, um durch den Reusenapparat, der aus transzellulären Längsschlitzen in dem gestreckten Teil der Cyrtocyte besteht, Interstitialflüssigkeit in das Kanallumen zu saugen. Dieser Prozess ist mit einer **Ultrafiltration** der Interstitialflüssigkeit verbunden, da jeder Längsschlitz des Reusenapparats durch ein Netzwerk extrazellulärer Matrixproteine, dem **Diaphragma**, verschlossen ist, das nur Wasser und kleinmolekulare Bestandteile passieren lässt.

Eine **Reabsorption** von Natrium- und Kaliumionen sowie Wasser aus dem Kanallumen in den Körper des Tieres während der Passage des Primärharns durch das Kanalsystem ist bei dem Rädertierchen *Asplanchna* nachgewiesen worden. Versuche unter Einsatz radioaktiv markierten Inulins ergaben, dass bei diesem Tier etwa 30 % des filtrierten Volumens während der Kanalpassage wieder reabsorbiert werden.

Protonephridien haben eine wichtige Aufgabe bei der Regulation des **Salz-Wasser-Haushalts**. In erster Linie scheiden sie osmotisch in den Tierkörper eingedrungenes Wasser aus. Daher ist dieses Organ bei Süßwasserformen auch stets besser entwickelt als bei marinen Verwandten, die zum Teil gar keine Protonephridien besitzen (Acoela). Bei *Geonemeries dendyi* konnte man beobachten, dass die Aktivität der Wimperflamme zunimmt, wenn Wasser in das Tier eindringt. Nach dem Umsetzen der Tiere aus ihrem Haltungsmedium in destilliertes Wasser steigt der Harnfluss bei *Asplanchna* auf das 1,3-Fache des Kontrollwertes an. Die Na^+- und K^+-Konzentrationen und die Osmolalität sind im Endharn der Protonephridien stets geringer als in der Interstitialflüssigkeit, was auf eine ionenregulatorische Funktion der Protonephridialkanäle schließen lässt. Auch filtrierte kleine organische Moleküle (Glucose, Aminosäuren und Lactat) werden offenbar durch das Kanalepithel hindurch reabsorbiert (Abb. 8.11, links).

[244] *protos* (griech.) = erster; *nephros* (griech.) = Niere

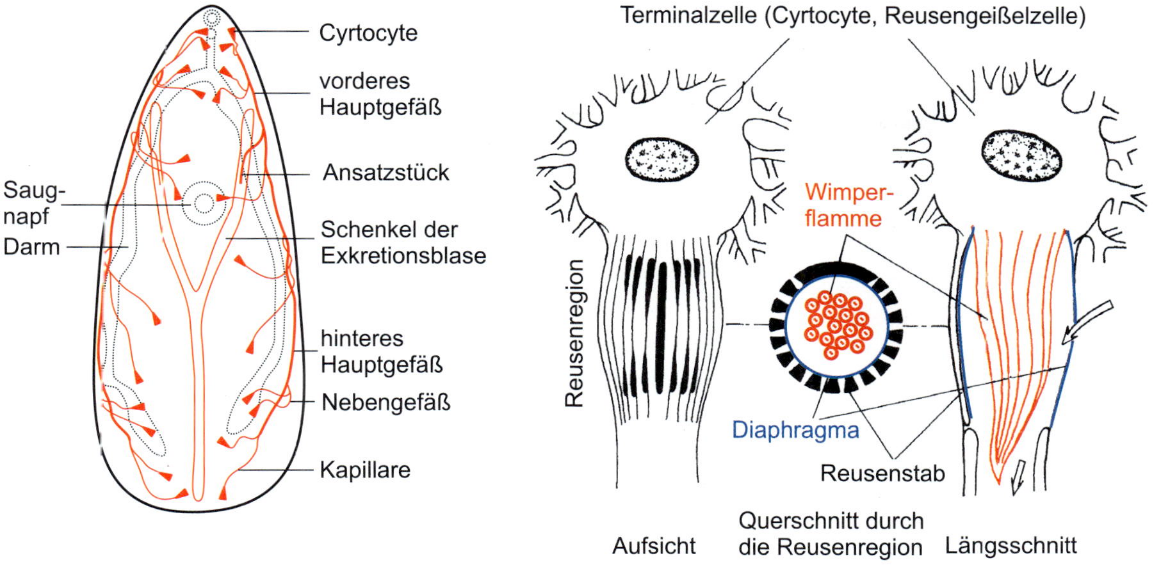

Abb. 8.10 Links: Das Exkretionssystem (24 Cyrtocyten) des digenetischen Saugwurms (Trematode) *Prosthogonimus ovatu*. Rechts: Schema einzelner Terminalzellen eines Protonephridiums (Cyrtocyte) in Aufsicht, Quer- und Längsschnitt. (Links: nach Odening K (1984) Plathelminthes. In: Lehrbuch der speziellen Zoologie. Bd I, 2. Teil /Gruner HE (Hrsg.), 4. Aufl. Fischer, Jena; rechts: nach Czihak G (1981) Biologie. 3. Aufl. Springer, Berlin, verändert.)

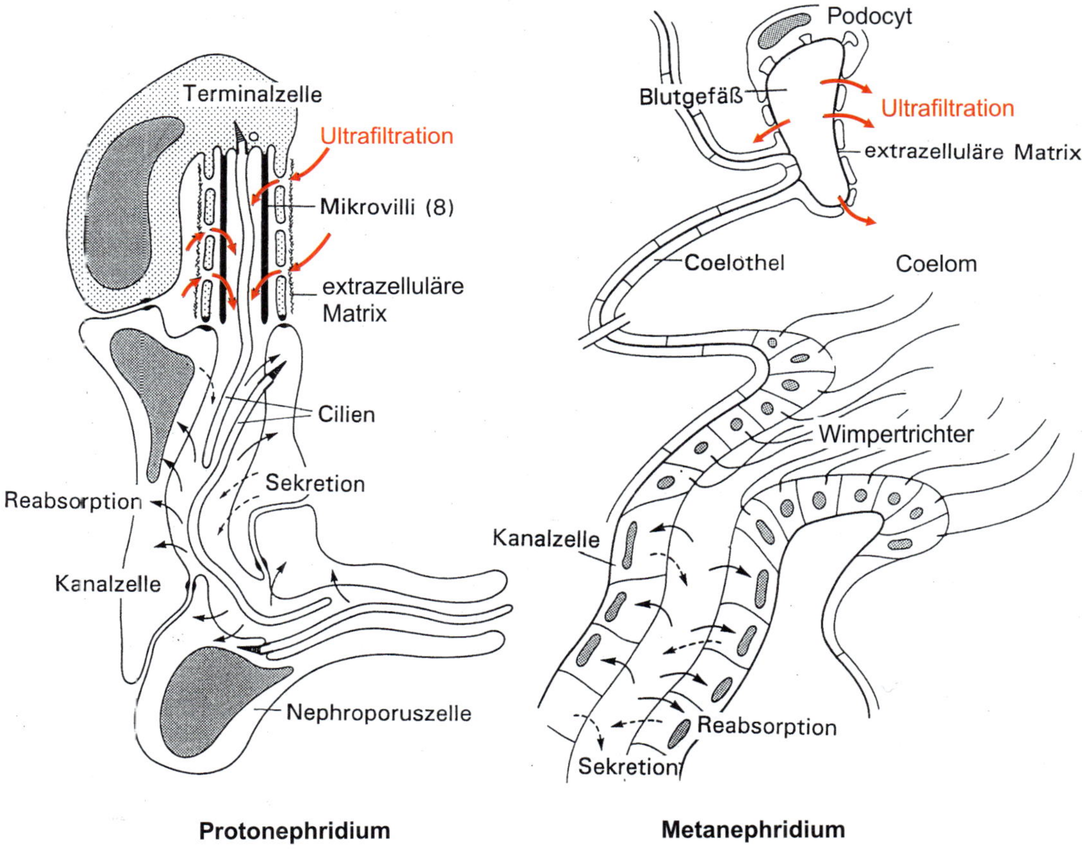

Abb. 8.11 Funktionelle Morphologie eines Protonephridiums (links) und eines metanephridialen Systems (rechts). Nähere Erläuterungen im Text. (Nach Bartholomäus T, Ax P (1992) Protonephridia and metanephridia – their relation with the bilateria. J Zool Syst Evol Res 30, 21–45.)

8.2.5 Metanephridien

Die Exkretionsorgane der Anneliden sind die **Metanephridien**[245]. Ihr Anfangsteil ist typischerweise ein cilienbesetzter Trichter (**Nephrostom**[246]), der im Coelomraum des Tieres liegt (Abb. 8.12). Dieser **Wimpertrichter** mündet in einen Nephridialkanal, der das Coelomepithel (Dissepiment) zum rostral gelegenen Segment durchstößt, vielfach gewunden sein und eine **Harnblase** bilden kann und im nächsten Segment des Tieres über einen Exkretionsporus im Integument nach außen mündet (Abb. 8.12).

Der nach außen gerichtete Flüssigkeitstransport in dem Nephridialsystem wird durch die Aktivität lumenseitiger Cilien der Epithelzellen gewährleistet. Die Flüssigkeit, die in den Wimpertrichter eingestrudelt wird, ist **Coelomflüssigkeit**. Coelomzellen werden von den Cilien aussortiert, sodass nur Flüssigkeit und gelöste Stoffe abtransportiert werden. Die **Ultrafiltration** von Stoffen findet bereits vor dem Eintritt der Coelomflüssigkeit in das Nephridialsystem beim Übertritt von Wasser und gelösten Substanzen aus dem Blut durch das Coelomepithel in den Coelomraum statt (die Coelomflüssigkeit entspricht also dem **Primärharn**). Die Kapillaren des meist in der Nähe des Wimpertrichters lokalisierten Gefäßknäuels weisen unterhalb des Endothels eine Lage von **Podocyten** auf. Diese geben der eigentlichen Ultrafiltrationsstruktur, der Basallamina unterhalb der Gefäßendothelzellen (extrazelluläre Matrix), während der Druckfiltration mechanischen Halt (Abb. 8.12).

Die im Nephridialkanal transportierte Flüssigkeit wird während der Passage in ihrer Zusammensetzung verändert. Der Endharn weicht bezüglich der Konzentration der gelösten Substanzen sowohl vom Blut als auch von der Coelomflüssigkeit deutlich ab (Abb. 8.12; Tab. 8.1). Bei dem indischen Regenwurm *Pheretima* wird Glucose vollständig, Aminosäuren und Kreatinin zum größten Teil reabsorbiert. Da im Endharn nur Spuren von Protein nachzuweisen sind, die Coelomflüssigkeit aber proteinreich ist, muss auch eine **Reabsorption** von Proteinen im Nephridialkanal erfolgen. Auch Ionen werden während der Passage des Harns durch das Nephridium reabsorbiert, wie beim Regenwurm *Lumbricus terrestris* durch Mikropunktionsuntersuchungen gezeigt werden konnte. Eine deutliche Abnahme des osmotischen Drucks und der Konzentrationen von Natrium- und Chloridionen erfolgt im mittleren Abschnitt des Nephridiums, im mittleren Tubulus und der sich anschließenden Ampulle (Abb. 8.12). Die Reabsorption wird vermutlich durch aktiven Transport von Natriumionen angetrieben, während Chloridionen passiv folgen. Die Blase dient offenbar nur der Aufbewahrung von sehr verdünntem Endharn, mit dem der Regenwurm bei Austrocknungsgefahr die Schleimschicht auf seiner Körperoberfläche feucht halten kann.

Die Metanephridien dienen in erster Linie der Regulation des **Salz-Wasser-Haushalts**. Da die süßwasser- oder erdbewohnenden Anneliden in der Regel in einem Medium leben oder mit Porenwasser Kontakt haben, deren osmotische Konzentration niedriger liegt als die ihrer Körperflüssigkeiten, haben sie einen dauernden **Wassereinstrom** zu verkraften. Der Volumenüberschuss im Körper wird unter weitgehender Einsparung von Nährstoffen und Ionen über die Nephridien in Form eines im Vergleich zu den Körperflüssigkeiten stark hypoosmotischen Harns wieder an die Umwelt abgegeben.

Die **Stickstoffexkretion** erfolgt beim Regenwurm (*Lumbricus*) hauptsächlich in Form von Ammoniak oder Ammoniumionen, entweder über die Haut oder zu einem beträchtlichen Maß über den Darm. In gewissen Mengen synthetisierter Harnstoff wird über die Nephridien ausgeschieden.

Die **Hirudineen**, von denen einige blutsaugende Parasiten sind (▶ Box 8.1), sind unter den übrigen Anneliden von besonderem Interesse, weil bei ihnen (mit Ausnahme einiger Glossiphoniden) zwischen dem **Wimpertrichter** und dem Nephridialsystem keine offene Verbindung besteht. Bei den Gnathobdelliden liegt ein Rudiment des ehemaligen Wimpertrichters innerhalb eines Abschnitts des zu einem Blutgefäßsystem umgebildeten Coelomraums und hat vermutlich eine Funktion bei der Bildung von Blutzellen (Coelomocyten). Die Primärharnbildung im Nephridium der Hirudineen kann deshalb nicht durch Filtration geschehen, sondern ist nur durch Sekretion von Stoffen und Wasser durch die Zellen der Epithelauskleidung der Nephridialtubuli möglich (**Sekretionsniere**). In das Blut injiziertes Inulin wird tatsächlich nicht im Harn ausgeschieden.

Tab. 8.1 Zusammensetzung der Körperflüssigkeiten und des Harns bei *Pheretima posthuma* (Oligochaet) (in mg pro 100 ml).

	Blut	Coelomflüssigkeit	Endharn
Glucose	100	0	0
Protein	6340	480	30
Aminosäuren	6	0	0,04
Triglyceride	200	0	0
Ammoniak	4	2,7	2,7
Harnstoff	2,6	2,5	3,2
Kreatinin	3,5	2,7	0,5
Na^+	95	18,5	23,5
K^+	73,8	23,1	9,2
Ca^{2+}	17	22,5	12
Cl^-	50	80	3,7
Wasser (in %, v/v)	89,8	98,9	99,1
Osmolalität (mmol kg^{-1} H_2O)	215–270	155–166	25–38

[245] *meta* (griech.) = nach, hinter; *nephros* (griech.) = Niere
[246] *stoma* (lat.) = Mund

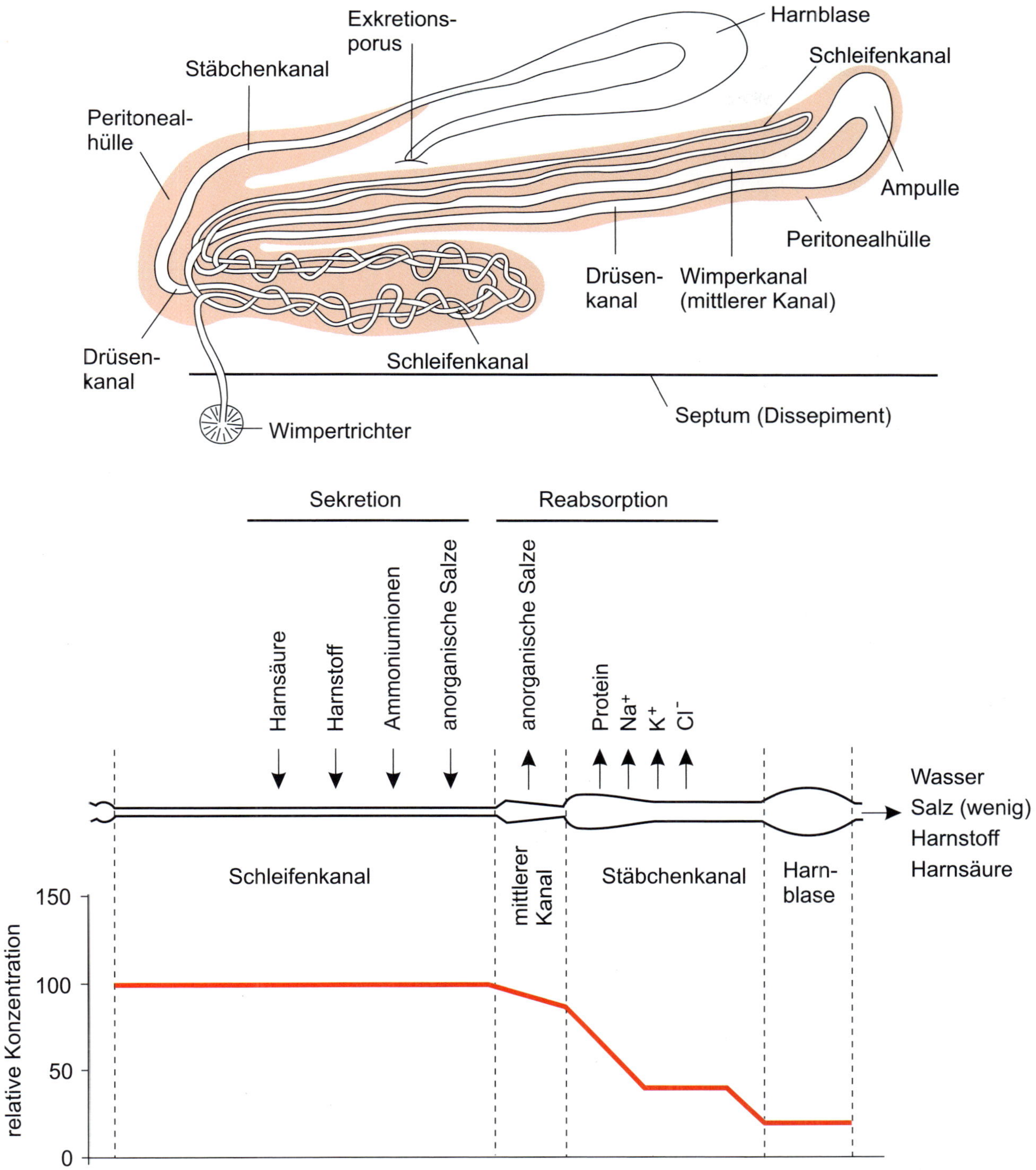

Abb. 8.12 Morphologie eines Metanephridiums und relative Konzentration (Coelomflüssigkeit = 100) in den verschiedenen Abschnitten des Metanephridiums des Regenwurms *Lumbricus*. Während der Passage des Primärharns (Coelomflüssigkeit) durch den mittleren Kanal und den Stäbchenkanal findet eine Reabsorption von Salzen und anderen lebenswichtigen Stoffen statt, sodass das Metanephridium einen deutlich hypotonen Endharn zur Ausscheidung bringt. (Oben: nach Maziarski (1935) In: Hesse R, Doflein F (1935) Tierbau und Tierleben. Bd 1, 2. Aufl. Fischer, Jena; unten: nach Ramsay JA (1949) The site of formation of hypotonic urine in the nephridium of *Lumbricus*. J Exp Biol 26, 65–75, Abb. 3, S. 72.)

Box 8.1 Ausscheidung größerer Salz- und Flüssigkeitsmengen beim medizinischen Blutegel nach einer Blutmahlzeit

Der medizinische Blutegel (*Hirudo* sp.) ist ein **hämatophager Ektoparasit**. Von Zeit zu Zeit trinkt er Blut von Wirbeltieren, bevorzugt von warmblütigen Wirbeltieren (Vögel, Säugetiere). Da der Egel nur selten die Gelegenheit zur Nahrungsaufnahme erhält, trinkt er bei einer Mahlzeit nach Möglichkeit große Mengen (bis zum Zehnfachen seines Körpergewichts) und füllt dabei seinen großlumigen Speichermagen vollständig, sodass das Tier kaum noch beweglich ist. Nach einer Blutmahlzeit werden über die Nephridien die flüssigen Bestandteile des Wirtsblutes (Osmolalität: 290 mmol kg^{-1} H_2O), die angesichts der osmotischen Konzentration seiner eigenen Körperflüssigkeit (200 mmol kg^{-1} H_2O) eine Belastung für den Egel darstellen, zügig ausgeschieden. Die Blutzellen und Plasmaproteine des Wirtsblutes werden im Speichermagen des Tieres zurückgehalten. Sie dienen über einen längeren Zeitraum (etwa ein Jahr) als Nahrungsvorrat. Die schnelle Ausscheidung von Plasmaelektrolyten und -wasser des Wirtsblutes erfolgt durch eine Steigerung sowohl der Harnflussrate als auch der Harnkonzentration (**Diurese**) innerhalb von wenigen Stunden. Die Kontrolle der Diurese erfolgt vermutlich durch Messung des Blutvolumens und der Dehnung des Speichermagens sowie über die Konzentrationsmessung der Körperflüssigkeit, anschließende zentralnervöse Verarbeitung dieser Signale und effektorisch durch die neuronale Ansteuerung der Nephridien. Es ist bisher unbekannt, welche Transmittersubstanzen die Sekretion der Nephridien beeinflussen. Es könnte sich um diuretisch wirkende Peptide handeln.

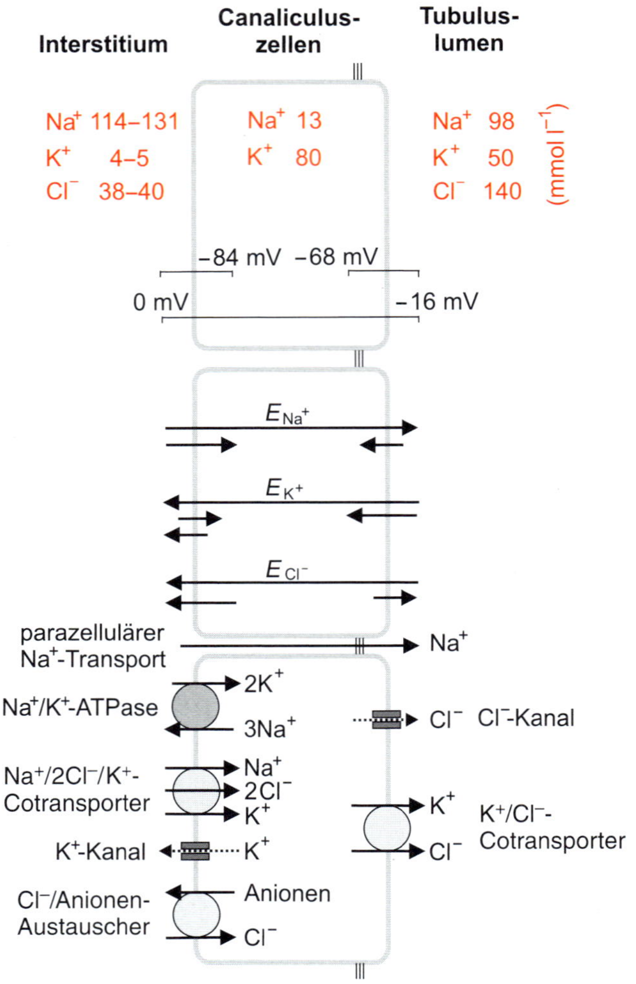

Abb. 8.13 Ionale Konzentrationen (oben), Richtungen der elektrochemischen Potenzialdifferenzen (*E*, Mitte) und Ionentransport zur Primärharnbildung (unten) im sekretorisch arbeitenden Nephridium des Medizinischen Blutegels, *Hirudo medicinalis*. Nähere Erläuterungen im Text. (Nach Zerbst- Boroffka I, Bazin B, Wenning A (1997) Chloride secretion drives urine formation in leech nephridia. J Exp Biol 200, 2217–2227, Abb. 7, S. 2224.)

Der Nephridialtubulus des Medizinischen Blutegels (*Hirudo medicinalis*) vollführt in seinem Verlauf mehrere Wendungen und bildet durch die nahe beieinander liegenden Tubuli zwei lappenartige Strukturen: den Hauptlappen und den apikalen Lappen. Der Primärharn wird von transportaktiven Zellen in ein vernetztes Canaliculussystem im Apikallappen sezerniert und während der Passage durch das Tubulussystem im Hauptlappen in seiner Zusammensetzung verändert (Abb. 8.13). Die Canaliculuszellen transportieren Chloridionen sekundär aktiv aus dem Interstitium in das Canaliculuslumen, wobei ein elektrischer Gradient aufgebaut wird, der die parazelluläre Ausschleusung von Natriumionen bewirkt. Da dieser Ionentransport osmotisch Wasser in das Canaliculuslumen nachzieht, ist der Primärharn isoosmotisch zum Blut der Tiere. Die Harnsekretion ist hemmbar durch Ouabain und Bumetanid, was auf die Beteiligung der Na^+/K^+-ATPase und des $Na^+/K^+/2Cl^-$-Cotransporters am transepithelialen Transportgeschehen hindeutet. Bei der Passage des Harns durch den Zentralkanal des Hauptlappens werden mehr als 80 % der sezernierten Natrium- und Kaliumionen reabsorbiert, sodass der in der Harnblase zwischengespeicherte Endharn stark hypoosmotisch zum Blut ist, was in erster Linie der Ausscheidung des osmotisch in das süßwasserlebende Tier eingedrungenen Wassers dient. Pro Tag scheidet der Medizinische Blutegel Harn im Umfang seines eigenen Körpergewichts aus. Mit dem hypoosmotischen Harn gehen kontinuierlich geringe Mengen Salze aus dem Körper verloren, die durch aktive Ionenresorption aus dem verdünnten Medium über die Haut wieder aufgenommen werden müssen.

8.2.6 Molluskenniere

Die entweder paarig (Bivalvier) oder unpaarig (Gastropoden) angelegten Nieren der Mollusken besitzen einen **Wimpertrichter** im **Perikard**[247], das als ein Rest des Coelomraums dieser

[247] *peri-* (griech.) = um, herum; *kardia* (griech.) = Herz

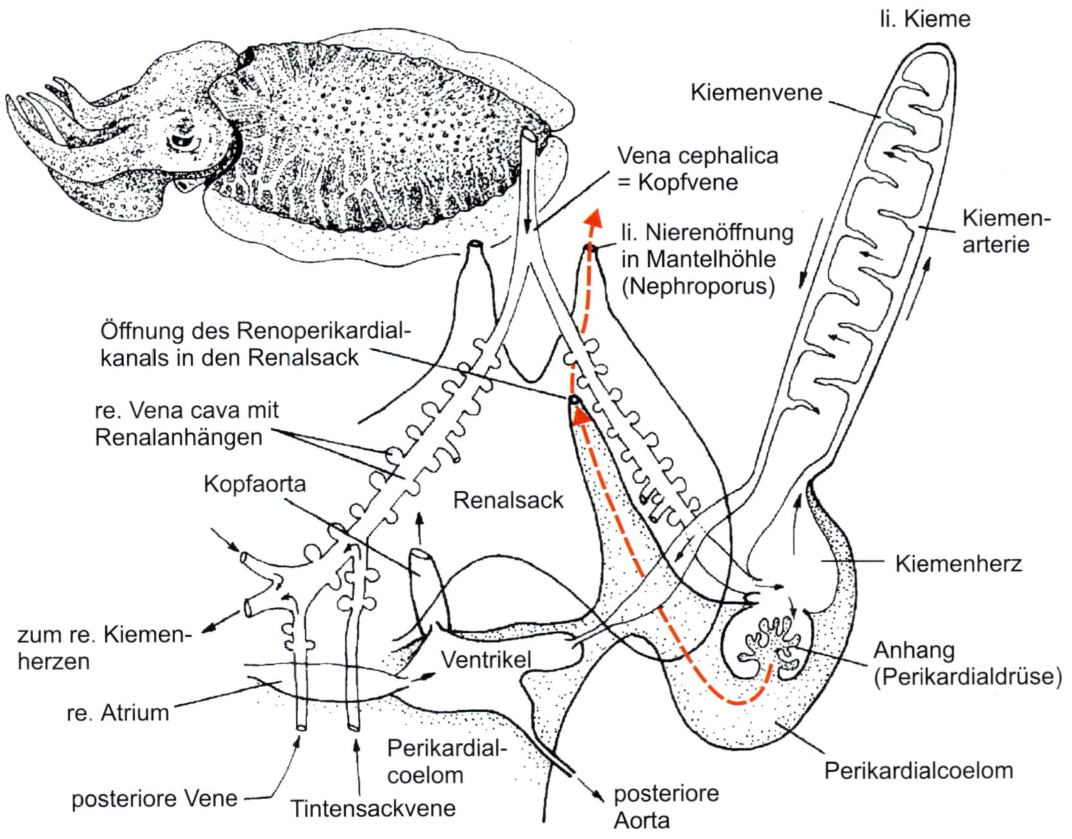

Abb. 8.14 Schematische Darstellung (ventrale Ansicht) des linken und zentralen Teils des Gefäßsystems sowie der Niere von *Sepia officinalis*. Der Übersichtlichkeit halber unberücksichtigt blieb der dorsale unpaare Nierensack mit den Anhängen des Ductus hepatopancreas. Schwarze Pfeile: Blutstrom, roter Pfeil: Weg des Harns. (Nach Schipp R, von Boletzky S (1975) Morphology and function of the excretory organs in dibranchiate cephalopods. Fortschr Zool 23, 89–111.)

Tiere aufzufassen ist. Ein kurzer Renoperikardialgang (Ductus renopericardialis) führt vom Wimpertrichter zum **Nierensack**, dessen Oberfläche durch Septen und Einfaltungen stark vergrößert ist. Der Nierensack ist von Hämolymphlakunen umgeben. Aus dem Nierensack entspringt ein Ureter, der in die Mantelhöhle mündet.

Die **Primärharnbildung** beginnt bei Gastropoden (*Haliotis, Viviparus, Lymnaea*) und Muscheln (*Anodonta, Crassostrea*) mit der **Ultrafiltration** der Hämolymphe durch die Herzwand in den Perikardialraum. Der Filtrationsdruck wird durch die Kontraktion des Herzens aufgebracht. Bei den landlebenden Lungenschnecken (*Helix pomatia, Achatina fulica*) entsteht der Primärharn erst im Nierensack durch Ultrafiltration der Hämolymphe durch das Nierensackepithel. Bei den Cephalopoden *Octopus* und *Sepia* findet die Ultrafiltration in den Anhängen der **Kiemenherzen** (Perikardialdrüse) in das Perikardialcoelom hinein statt (Abb. 8.14). Die Filtrationsbarriere ist die Basallamina des Coelomepithels, das zur Erhöhung der mechanischen Festigung aus podocytenartig verzahnten Zellen besteht. Bei *Octopus dofleni* haben Druckmessungen auf beiden Seiten der Filtrationsbarriere der Kiemenherzanhänge, die rhythmisch im Wechsel mit den Kiemenherzen kontrahieren, ergeben, dass der während der Systole der Kiemenherzanhänge erzeugte Druck ausreicht, die Filtration anzutreiben. Der **transmurale Druckgradient** zwischen dem Lumen der Kiemenherzanhänge und dem Perikardialcoelom ist unabhängig von der Wassertiefe, in der das Tier schwimmt, und vom aktuellen Druck in der Mantelhöhle, da diese Einflüsse beide Seiten des Filtrationssystems gleichermaßen betreffen.

Der Primärharn im Perikardialcoelom fließt über den Renoperikardialgang in den Nierensack und von dort in die Mantelhöhle. Auf seinem Weg wird die Zusammensetzung des Harns stark verändert. Die **Reabsorption** von Salzen ist sowohl bei den Süßwasser- als auch bei den terrestrischen Formen beträchtlich. Dem aktiven Salztransport folgt je nach Permeabilität der Epithelien der ableitenden Harnwege Wasser osmotisch nach. Bei süßwasserlebenden Mollusken ist die Wasserpermeabilität sehr gering, sodass ein zur Hämolymphe stark hypoosmotischer Harn gebildet wird. So ist bei *Anodonta cygnea* die Cl^--Konzentration im Harn nur halb so hoch wie in der Hämolymphe. Bei terrestrischen Arten findet wegen der guten Wasserdurchlässigkeit der Epithelien der Harnwege eine isoosmotische Reabsorption von Ionen statt, sodass der Endharn die gleiche Konzentration aufweist wie die Hämolymphe. Bei den Cephalopoden werden hauptsächlich K^+-, Ca^{2+}- und Mg^{2+}-Ionen reabsorbiert, während SO_4^{2-}-Ionen gemeinsam mit NH_4^+-Ionen, die in größeren Mengen im Stoffwechsel anfallen, bevorzugt ausgeschieden werden. Trotz seiner gegenüber der Hämolymphe veränderten Ionenzusammensetzung bleibt der Harn isoosmotisch zur Hämolymphe. Auch organische Bestandteile des Ultrafiltrats, die dem Organismus noch dienlich sein können, werden reabsorbiert. Bei verschiedenen Molluskenarten wurde die Wiederaufnahme von Glucose aus dem Primärharn nachgewiesen. Wie bei Vertebraten und Crustaceen kann dieser Vorgang durch das Glykosid Phlorizin blockiert werden, was darauf hindeutet, dass ein Na^+-abhängiger Glucosetransporter (vermutlich ein Homolog des humanen SGLT1) an diesem Vorgang beteiligt ist.

Die Orte der **Reabsorption** und **Sekretion** von Stoffen sind bei Mollusken sehr unterschiedlich. Bei *Anodonta* ist die Nierenkammer von einem transportaktiven Epithel ausgekleidet, bei den Gastropoden *Helix* und *Archachatina* der Ureter. Bei der japanischen Auster (*Crassostrea gigas*) sind die Hämolymphe und die Perikardialflüssigkeit in ihrer ionalen Zusammensetzung nicht identisch, was dadurch zu erklären ist, dass nicht nur die Ultrafiltration durch die Herzwand erfolgt, sondern auch die Reabsorption von K^+- und Ca^{2+}-Ionen. In der Herzwand wurde eine Na^+/K^+-ATPase nachgewiesen, die den Ionentransport energetisieren könnte. Auch bei den Cephalopoden finden bereits in der Nähe der Ultrafiltrationsorte Reabsorptionsvorgänge von Stoffen aus dem Primärharn statt. Die wichtigsten transportaktiven Epithelien finden sich aber im Nierensack. Ausläufer der Venae cavae (Renalanhänge) ziehen entlang der Falten und Einstülpungen der Nierensäcke und bilden eine große Kontaktfläche für den Austausch von Stoffen zwischen Primärharn und Hämolymphe. Bei den Sepioidea finden schließlich auch in den Anhängen des Ductus hepatopancreas im dorsalen unpaaren Renalsack Sekretions- und Reabsorptionsvorgänge statt. Ihnen verdanken die Tiere die Fähigkeit, die Ammoniumkonzentration im Endharn weitaus stärker zu erhöhen (bis auf 100 mmol l^{-1}) als andere Cephalopoden.

Bei den terrestrischen Lungenschnecken (*Helix pomatia*) wird nur bei ausreichendem Wasserangebot ein flüssiger Harn ausgeschieden. Bei Wassermangel wird das Wasser aus dem Primärharn während dessen Passage durch den Nierensack und den Ureter vollständig reabsorbiert. Die ausscheidungspflichtigen Substanzen (hauptsächlich **Harnsäure**) fallen im Nierensackepithel in Form von **Harnkonkrementen** an, die nach der periodisch stattfindenden Freisetzung in das Lumen des Nierensacks und Ausschwemmung in den Ureter dort durch den völligen Entzug von Wasser zu einer Säule erstarren, die abschnittsweise über die Mantelhöhle nach außen abgegeben wird. Während des Winters akkumulieren die Harnkonkremente im Nierensack und werden erst nach Beendigung der Winterruhe ausgestoßen. Harnkonkremente findet man auch bei den Muscheln (Ausnahme: Auster). Sie bestehen vornehmlich aus Calciumphosphat, Magnesiumphosphat und Calciumcarbonat und können recht groß werden.

8.2.7 Arthropodennieren

Die Nieren der Arthropoden leiten sich vermutlich ebenfalls von den Metanephridien der Anneliden ab. Sie treten (mit Ausnahme der Xiphosuren) nur noch in höchstens zwei Körpersegmenten auf und münden jeweils an der Basis der zu dem betreffenden Segment gehörenden Extremität über einen Porus nach außen. Je nach der Lage im Tier werden die Nieren unterschiedlich bezeichnet: **Maxillardrüsen** (auch Schalendrüsen genannt) finden sich bei den adulten Entomostraken und einigen Malakostraken (z. B. Isopoden), **Antennendrüsen** bei den Euphausiaceen, Mysidaceen, Dekapoden und Amphipoden (bei den Ostracoden und bei *Nebalia* kommen Maxillar- und Antennendrüsen nebeneinander vor), die **Labialdrüsen** bei den Collembolen und Japygiden sowie die **Coxaldrüsen** bei den Cheliceraten.

Die Terminalstruktur der Arthropodennieren ist ein Endsäckchen (Sacculus), dessen Lumen einen Rest des Coeloms darstellt. Es schließt sich ein mehr oder weniger langer, gewundener Exkretionskanal an, der in eine Harnblase oder direkt nach außen mündet. Speziell bei den Dekapoden hat sowohl der Sacculus als auch der Anfangsteil des Exkretionskanals (Labyrinth) durch Septenbildung eine starke Oberflächenvergrößerung erfahren (■ Abb. 8.15).

In den Antennendrüsen der dekapoden Krebse wird der Primärharn durch **Ultrafiltration** der Hämolymphe in den Sacculus gebildet. Das einschichtige Sacculusepithel ist stark gefaltet und die einzelnen Zellen sind seitlich durch fingerförmige Ausstülpungen und Fortsätze podocytenartig miteinander verzahnt. Die dazwischenliegenden Interzellularspalten sind mit einem Diaphragma verschlossen, das gemeinsam mit der hämolymphseitig aufgelegten Basallamina die Ultrafiltrationsbarriere bildet. Die Basallamina steht mit der Hämolymphe in Kontakt, die direkt vom Herzen über einen geschlossenen Abschnitt des Kreislaufsystems, die Antennenarterie, herantransportiert wird. Diese Anordnung ermöglicht die Aufrechterhaltung eines gegenüber den offenen Abschnitten des Zirkulationssystems erhöhten Drucks, der für die Primärharnbildung durch Ultrafiltration benötigt wird.

Wie für **Filtrationsnieren** üblich, wird in die Hämolymphe injiziertes Inulin auch von den Nieren der Dekapoden während des Filtrationsprozesses in den Primärharn überführt. Beim Hummer (*Homarus*) ist die Inulinkonzentration im Primärharn die gleiche wie in der Hämolymphe. Je nach Tierart und ihren Lebensbedingungen in unterschiedlichem Maß wird die Inulinkonzentration während der Passage des Harns durch den Exkretionskanal sekundär verändert. Beim Süßwasserkrebs *Procambarus clarkii* ist die Inulinkonzentration im Endharn zwei- bis fünfmal so hoch wie in der Hämolymphe. Die limnischen Krebse scheiden deutlich weniger Harnvolumen aus als ihre marinen Verwandten, was auf eine effektive Rückresorption von Wasser aus dem Primärharn hindeutet. Die **Reabsorption** von Wasser im Exkretionskanal beruht auf der Rückresorption von Ionen, die besonders für die süßwasserlebenden Formen von Wert sind und daher im großen Maßstab aus dem Primärharn in die Hämolymphe zurückgeholt werden, um nicht an das Me-

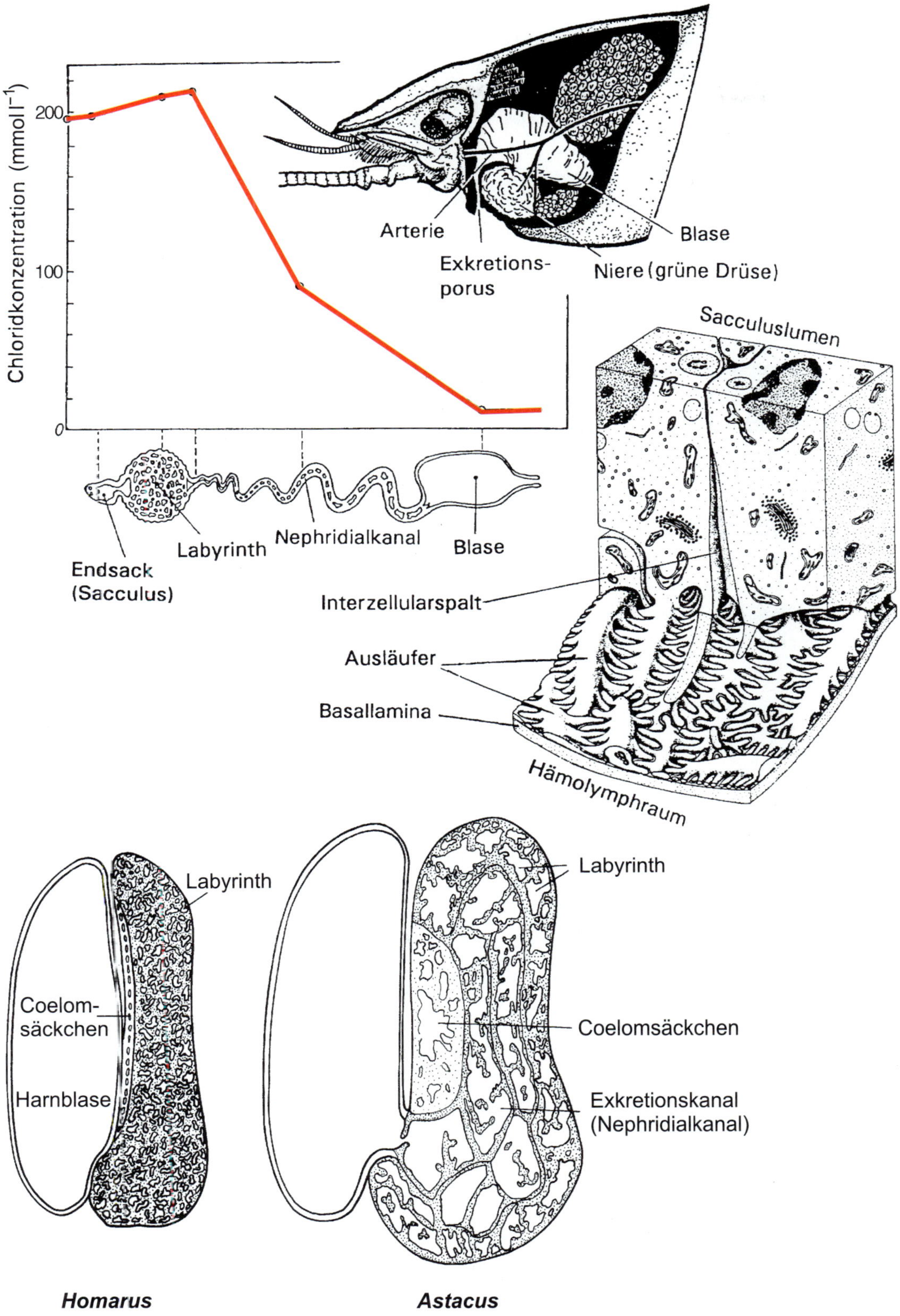

Abb. 8.15 Oben links: die Konzentration des Harns in den verschiedenen Abschnitten der Niere beim Flusskrebs *Astacus fluviatilis*. Rechts: Darstellung der Epithelzellen des Sacculus (Podocyten) mit ihren Ausläufern und seitlichen Fortsätzen (Pedicellen) und den dazwischenliegenden Epitheldurchbrüchen (Interzellularspalten). Diese sind durch eine Basallamina verschlossen, die den Hämolymphraum von dem Sacculuslumen trennt. Darunter: Querschnitt durch die Antennendrüse eines marinen Krebses (Hummer, *Homarus*) und eines limnischen Verwandten (Flusskrebs, *Astacus*). Der Nephridialkanal, in dem die Resorption von Salzen erfolgt, ist beim süßwasserlebenden Flusskrebs stark differenziert, beim marinen Hummer fehlt er fast völlig. (Oben links: nach Peters H (1935) Über den Einfluss des Salzgehalts im Außenmedium auf den Bau und die Funktion der Exkretionsorgane dekapoder Krebse. Z Morph Ökol Tiere 30, 355-381; oben rechts: nach Kümmel G (1964) Das Coelomsäckchen der Antennendrüse von *Cambarus affinis* Say. (Decapoda, Crustacea). Zool Beitr NF 10, 227–252.)

dium verloren zu gehen. Ähnliches gilt für filtrierte organische Moleküle wie Glucose, die beim Flusskrebs bis zu einer Hämolymphkonzentration von 2 g l^{-1} quantitativ aus dem Primärharn reabsorbiert wird. Auch hieran zeigt sich die größere Reabsorptionsleistung der Nieren süßwasserlebender Crustaceen, da die Glucose bei marinen Formen (*Homarus*) bereits ab einer Hämolymphkonzentration von 1 g l^{-1} im Endharn ausgeschieden wird, was auf eine Überschreitung der Reabsorptionskapazität des Exkretionskanals hindeutet. Ein Na^+-abhängiger Glucosetransporter (SGLT-Homolog) scheint an diesem Reabsorptionsvorgang beteiligt zu sein, da nach Behandlung der Tiere mit Phlorizin auch bei normalem Glucosespiegel in Blut und Primärharn eine **Glucosurie** (Ausscheidung von Glucose mit dem Endharn) auftritt. Auch Sekretionsprozesse finden im Exkretionskanal bei Crustaceen statt. Ähnlich wie in der Wirbeltierniere müssen p-Aminohippursäure und Phenolrot im Exkretionskanal sezerniert werden können, da diese Stoffe im Endharn konzentrierter vorliegen als in Hämolymphe und Primärharn.

Spinnen besitzen zwei unabhängig arbeitende Exkretionssysteme. Das anale System ähnelt dem der Insekten und besteht aus den **Malpighi*-Gefäßen**, den Mitteldarmdivertikeln und der Kloake. Das coxale System besteht aus den segmental angeordneten **Coxaldrüsen**. Bei den ursprünglichen Gliederspinnen (Mesothelae) und den Vogelspinnen (Mygalomorphae) sind zwei Paar Coxaldrüsen vorhanden, bei den Webspinnen (Araneomorphae) nur noch ein Paar. Die Bildung des Harns erfolgt wie in den Antennendrüsen der Krebse über **Ultrafiltration** und **Reabsorption**, jedoch scheint die Harnproduktion bei den Spinnen weniger eine Ausscheidungsfunktion als vielmehr eine Unterstützungsfunktion bei der Verdauung zu haben, da der Endharn über eine ventral in der Cuticula gelegene Rinne (Subcapitularrinne) zum Mundvorraum geführt wird. Bei der Spinne *Porrhothele antipodiana* (Mygalomorphae) münden die Coxaldrüsen an den Basen des ersten und des dritten Schreitbeinpaars. Bei guter Wasserversorgung und normaler Ionenzufuhr aus den Beuteinsekten ist die Aktivität der Coxaldrüsen auf die Phase der Nahrungsaufnahme beschränkt. Die Na^+-reiche Coxaldrüsenflüssigkeit wird in die Beute geleitet und zum größten Teil mit deren Körperflüssigkeiten wieder aufgenommen. Bei erhöhtem Natriumgehalt der Hämolymphe der Spinne steigen sowohl der Natriumgehalt als auch die Produktionsrate der Coxaldrüsenflüssigkeit an. Im Gegensatz zur coxalen findet die anale Flüssigkeitsabgabe erst nach der Mahlzeit statt. Sie dient in erster Linie der Eliminierung des mit der Insektennahrung aufgenommenen Überschusses an K^+-Ionen. Auch Na^+-Ionen können während einer länger anhaltenden Diurese auf diesem Weg effektiv ausgeschieden werden. Stickstoffhaltige Exkrete werden ausschließlich auf dem analen Weg abgegeben.

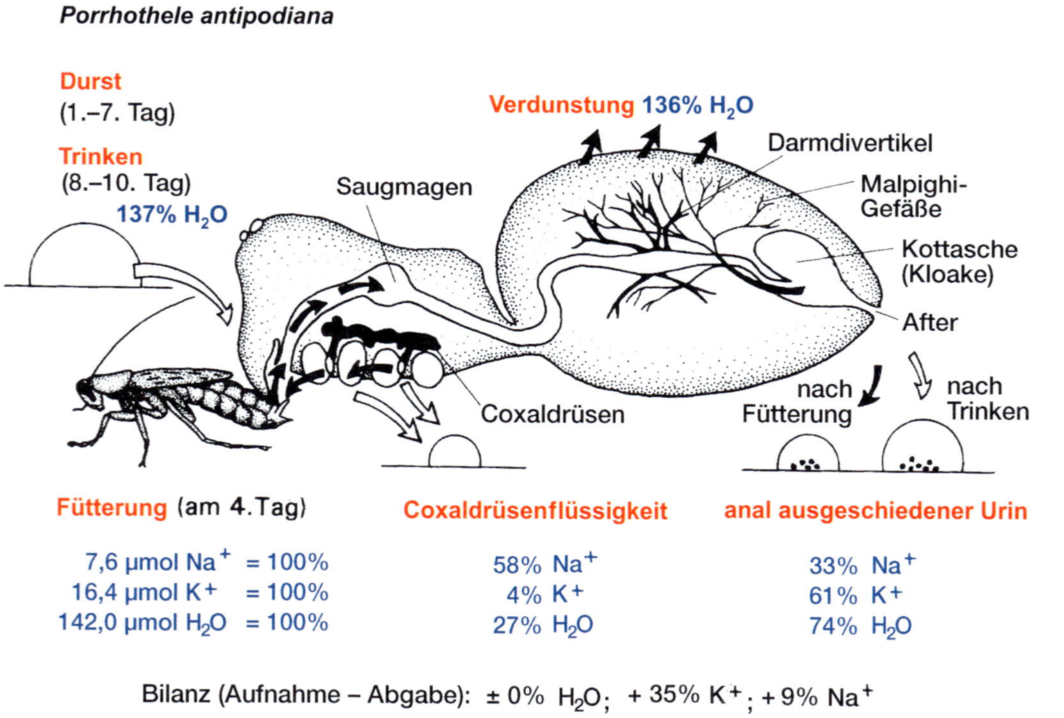

Abb. 8.16 Wasser- und Ionenbalance bei der dehydratisierten (Durst vom 1.–7. Tag) Spinne *Porrhothele antipodiana* (Mygalomorpha, Dipluridae) nach Fütterung mit drei Schabenlarven (0,85 g) am 4. Tag und Tränkung vom 8. bis 10. Tag. Na^+ wird hauptsächlich über die Coxaldrüsen, K^+ über den analen Urin eliminiert. Der relativ hohe Wasserverlust durch Verdunstung zeigt an, dass die Spinne trinken muss, um ihre Wasserbalance zu halten. Die Diurese dient primär der Ionen- und weniger der Volumenregulation. Es verbleibt ein Überschuss an Ionen, der nur durch Trinken und einer damit verbundenen Diurese über längere Zeit eliminiert werden kann. (Nach Butt A, Taylor H (1995) Regulatory responses of the coxal organs and the anal excretory system to dehydration and feeding in the spider *Porrhothele antipodiana* (Mygalomorpha: Dipluridae). J Exp Biol 198, 1137–1149, Abb. 5, S. 1146.)

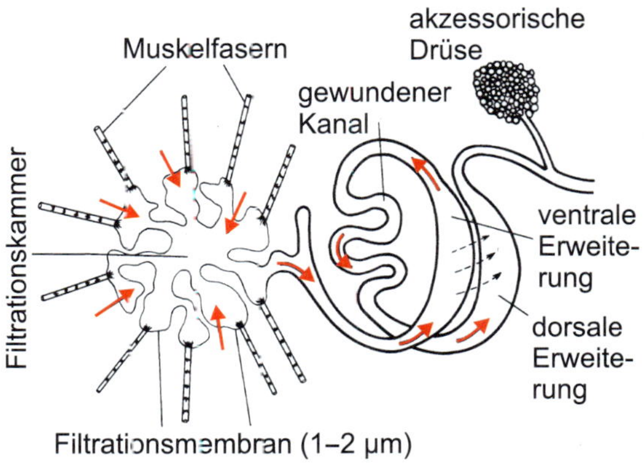

Abb. 8.17 Schema der Coxaldrüse der Milbe *Ornithodorus moubata*. (Nach Lees (1967) In: Florkin M, Scheer BT (Hrsg) Chemical zoology. Academic Press, New York.)

Hungernde und durstende Exemplare von *Porrhothele* verlieren pro Tag etwa 2,5 % ihres Körpergewichts durch evaporativen Wasserverlust. Gleichzeitig steigen Osmolalität und Na^+- sowie K^+-Konzentration der Hämolymphe deutlich an. Die Flüssigkeitsabgabe über das coxale und das anale System wird eingeschränkt und nach vier Tagen Durst völlig eingestellt. Erneute Fütterung solcher Tiere führt zu einer gesteigerten Abgabe von Na^+-Ionen bei unveränderter K^+-Konzentration im coxalen System und nachfolgend zu vermehrter Abgabe von K^+-Ionen über das anale System bei unveränderter Na^+-Abgabe. Da *Porrhothele* weder im coxalen noch im analen System in der Lage ist, im Vergleich mit der Hämolymphe hyperosmotische Flüssigkeiten zu produzieren, ist eine vollständige Eliminierung aller mit der Nahrung aufgenommenen Ionen jedoch nur möglich, wenn die Spinne Zugang zu Trinkwasser hat und eine **Volumendiurese** durchlaufen kann (Abb. 8.16).

Die **Coxaldrüse** der Zecke *Ornithodorus moubata* (Abb. 8.17) scheint in der Lage zu sein, den zur **Ultrafiltration** der Hämolymphe notwendigen Druckgradienten über der nur 1–2 µm dicken Sacculusmembran selbst zu generieren. Durch die Kontraktion der radial an der Sacculusmembran ansetzenden Muskelfasern wird die Membran gedehnt und im Inneren im Verhältnis zum Hämolymphdruck ein leichter Unterdruck erzeugt, der Flüssigkeit aus der Hämolymphe in das Sacculuslumen übertreten lässt. Die Poren in der Filtrationsmembran lassen kleinere Proteinmoleküle (<16 kDa) passieren, während größere (> 50 kDa) zurückgehalten werden. Nach der Erschlaffung der Coxaldrüsenmuskeln fließt der Primärharn langsam im Exkretionskanal ab und wird dabei durch Rückresorption von Ionen und organischen Molekülen in seiner Zusammensetzung verändert.

8.2.8 Malpighi-Gefäße

Landlebende Arthropoden (Tracheaten, Cheliceraten) müssen ähnlich wie die terrestrischen Vertebraten mit dem **Wasservorrat** in ihren Körperflüssigkeiten haushalten, um notfalls auch längere Perioden ohne Flüssigkeitszufuhr überstehen zu können. Daher sind die auf einen gewissen Durchfluss von Wasser ausgelegten Filtrationsnieren für diese Tiere nicht die optimalen Exkretionsorgane und in der Evolution durch **Malpighi*-Gefäße** ersetzt worden, die sekretorisch arbeiten.

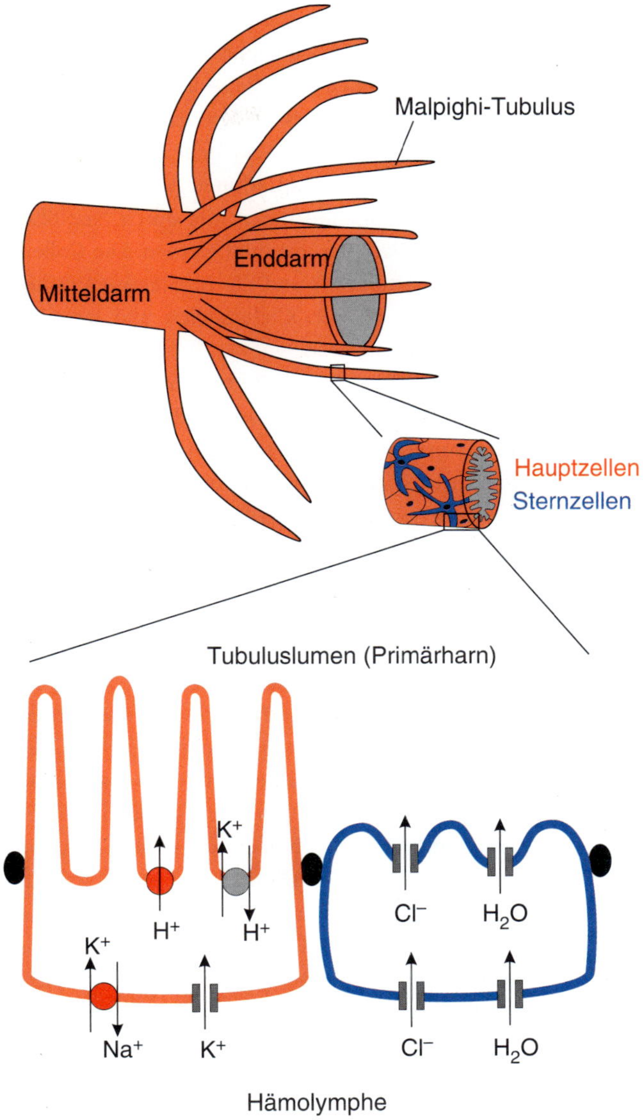

Abb. 8.18 Bau und Ionentransport der Malpighi-Tubuli von Insekten. Die blind geschlossenen Tubuli sind außen von Hämolymphe umspült. Sie entspringen dem Darmrohr an der Grenze zwischen Mittel- und Enddarm. Sekrete werden in das Lumen der Tubuli hinein gebildet und in den Darm überführt. Das einschichtige Transportepithel der Tubuli besteht aus gegeneinander mit Tight Junctions abgedichteten Hauptzellen (rot) und Sternzellen (blau). Die Funktion der Hauptzellen besteht im transepithelialen Transport von Kationen (vorwiegend K^+). Dem Kationenstrom folgen Cl^--Ionen durch eine transzelluläre Permeabilität der Sternzellen. Die Sternzellen ermöglichen auch einen transzellulären Wassertransport, der zur Bildung eines zur Hämolymphe isoosmotischen Sekrets führt.

Die Malpighi-Gefäße sind blind geschlossene Ausstülpungen des Darms, die fingerartig in die Leibeshöhle der Tiere (Mixocoel) hineinragen und an der Grenze zwischen Mittel- und Enddarm in den Verdauungstrakt münden (Abb. 8.18).

Die Zahl der Malpighi-Tubuli liegt bei den Oligonephria zwischen zwei und acht, bei den Polynephria können bis zu 150 Malpighi-Schläuche vorhanden sein, die zudem morphologisch und funktionell voneinander verschieden sind (Orthopteren und Hymenopteren). Die Malpighi-Schläuche einiger Insekten weisen eine Muskelschicht auf und können pendelnde Bewegungen in der Hämolymphe ausführen, die durch Neurohormone der Corpora cardiaca beschleunigt werden. Die Collembolen, die Japygiden (Dipluren) und die Blattläuse (Aphiden) besitzen keine Malpighi-Gefäße, Collembolen und Japygiden besitzen stattdessen **Labialdrüsen**.

Die Wandung der **Malpighi-Gefäße** besteht aus einem einschichtigen Transportepithel, durch das der Primärharn durch aktive Sekretion von Substanzen und nachfolgenden Wasserstrom gebildet wird. Bei der Taufliege *Dosophila* besteht das Epithel im Wesentlichen aus zwei Zelltypen: den Hauptzellen (*principal cells*) (ca. 75 % der Zellen im Tubulus) und den Sternzellen (*stellate cells*) (ca. 25 % der Zellen im Tubulus) (◘ Abb. 8.18). Die apikale Membran der Hauptzellen enthält eine durch zyklische Nucleotide (cAMP, cGMP) aktivierbare V-Typ-ATPase, die Protonen aus dem Cytosol in das Lumen der Malphighi-Tubuli pumpt. Der dadurch über der Membran aufgebaute Protonengradient treibt einen ebenfalls in der Apikalmembran lokalisierten Protonen/Kationen-Austauscher, der die Protonen wieder in die Zelle zurück, dafür im Wesentlichen K^+-Ionen, unter Umständen aber auch andere Kationen (z. B. Na^+), ins Lumen der Gefäße transportiert. Durch das Recycling der Protonen bleibt der Inhalt der Malpighi-Gefäße etwa neutral (pH 6,8–7,5). Die K^+-Ionen, die auf diese Weise über die apikale Membran abgegeben werden, werden durch eine in der Basolateralmembran der Hauptzellen liegende Na^+/K^+-ATPase und einen ebenfalls basolateral lokalisierten Kaliumkanal (Irk3,*inwardly rectifying potassium channel*) aus der Hämolymphe nachgeliefert. Der transepitheliale K^+-Transport erzeugt einen elektrischen Gradienten zwischen Hämolymphe und Lumen des Malpighi-Gefäßes, dem Cl^--Ionen folgen, und zwar durch transzellulären Transport durch die Sternzellen, die sowohl in der basolateralen als auch in der apikalen Membran Chloridkanäle besitzen. Der durch die KCl-Sekretion aufgebaute **osmotische Gradient** zieht durch **Wasserkanäle** (Homologe der humanen Aquaporine 4 und 8) in beiden Membrankompartimenten der Sternzellen Wasser ins Lumen der Malpighi-Gefäße nach, sodass ein zur Hämolymphe **isoosmotisches Sekret** gebildet wird. Die ionale Komposition des Sekrets kann aber stark von der der Hämolymphe abweichen. So kann die K^+-Konzentration bis zum 20-Fachen der Hämolymphkonzentration betragen, während die Na^+-Konzentration des Sekrets in der Regel niedriger ist als die der Hämolymphe.

Bei **blutsaugenden Insekten** (z. B. bei *Aedes aegypti*) werden neben K^+-Ionen auch die Na^+-Ionen des Wirtsblutes über die apikale Plasmamembran der Epithelzellen der Malpighi-Gefäße sezerniert. Die basolaterale Aufnahme der Na^+-Ionen aus der Hämolymphe wird hier durch einen $Na^+/K^+/Cl^-$-Cotransporter (Homolog des humanen NKCC) ermöglicht, und die in die Zelle aufgenommenen Cl^--Ionen durch einen basolateral gelegenen Chloridkanal in die Hämolymphe zurücktransportiert. Der dem transepithelialen Kationenstrom folgende Nachstrom von Cl^--Ionen erfolgt hier daher nicht transzellulär, sondern in parazellulärer Weise. Die Permeabilität der Tight Junctions ist bei diesen Tieren regelbar durch das Neuropeptid Leucokinin.

Die blutsaugende Wanze *Rhodnius prolixus* zeigt aufgrund ihrer speziellen Ernährungsweise einige Besonderheiten in der Funktion der Malpighi-Gefäße (◘ Abb. 8.19). Während einer **Blutmahlzeit** kann ihr Körpergewicht auf das Zehnfache des Ausgangswertes ansteigen. Um diese Last möglichst schnell zu reduzieren, scheidet *Rhodnius* innerhalb von 2–3 h Salz- und Wasseranteile des Wirtsblutes im Umfang von 50 % des Gesamtgewichts wieder aus (**Diurese**). Unmittelbar nach Beginn des Saugaktes wird der Transport von Salz und Wasser aus dem Mitteldarm in die Hämolymphe angeregt, die dadurch deutlich mit Na^+- und Cl^--Ionen angereichert wird. Die Sekretionsrate besonders der Natriumionen wird nach einer Blutmahlzeit durch Serotonin (5-Hydroxytryptamin) stark gesteigert, der Primärharn bleibt aber isoosmotisch zur Hämolymphe. Bereits im proximalen Teil des Malpighi-Gefäßes (und nicht wie sonst erst im Rektum) setzt die **Reabresorption** von noch benötigten anorganischen Ionen (besonders K^+-Ionen) und organischen Molekülen ein, denen Wasser osmotisch folgt. Auf diese Weise wird eine Natriurese unter Zurückhaltung von Kaliumionen im Körper realisiert.

Bei vielen Schmetterlingslarven (Reismotte *Corcyra* u. a.), manchen Käfern und bei Ameisenlöwen (Myrmeleonidae) sind die Malpighi-Gefäße mit der Rektumwand assoziiert (**cryptonephridiale Anordnung** der **Malpighi-Gefäße**). Die biologische Bedeutung dieser Assoziation liegt darin, die Wasser- und Salzzirkulation zwischen Hämolymphe, Tubuluslumen und Darm für die Produktion eines wasserarmen Kots zu optimieren (◘ Abb. 8.20). Bei der Larve des Mehlkäfers (*Tenebrio molitor*) hat der aus dem Mitteldarm in das Rektum übertretende Nahrungsbrei etwa dieselbe Osmolalität wie die Hämolymphe und der aus den Malpighi-Gefäßen in den Darm eintretende Harn. Der Konzentrationsausgleich zwischen Gefäßlumen und Hämolymphe erfolgt bei der Passage des Harns durch den proximalen Teil des Gefäßes, der direkt von Hämolymphe umspült wird. Durch aktiven Auswärtstransport von Ionen aus dem Rektum steigt in dem umliegenden Perirektalraum die Osmolalität von anterior nach posterior kontinuierlich an. Wasser folgt diesem osmotischen Gradienten in den Perirektalraum. Ein diffusiver Konzentrationsausgleich des Perirektalraums mit der Hämolymphe wird durch die Begrenzung des Perirektalraums durch eine wasserundurchlässige **Perinephridialmembran** verhindert. Diese Membran verdankt ihren Namen dem Umstand, dass sie auch die distalen Teile der Malpighi-Gefäße des Tieres im Perirektalraum einschließt und von der Hämolymphe fernhält. Kontakt zur Hämolymphe haben nur spezialisierte Zellen der Malpighi-Gefäße, deren basale Oberfläche über Durchbrechungen in der Perinephridialmembran (Leptophragmata) in die Hämolymphe ragt. Durch diese Oberfläche werden K^+-Ionen aus der Hämolymphe in die Malpighi-Gefäße sezerniert.

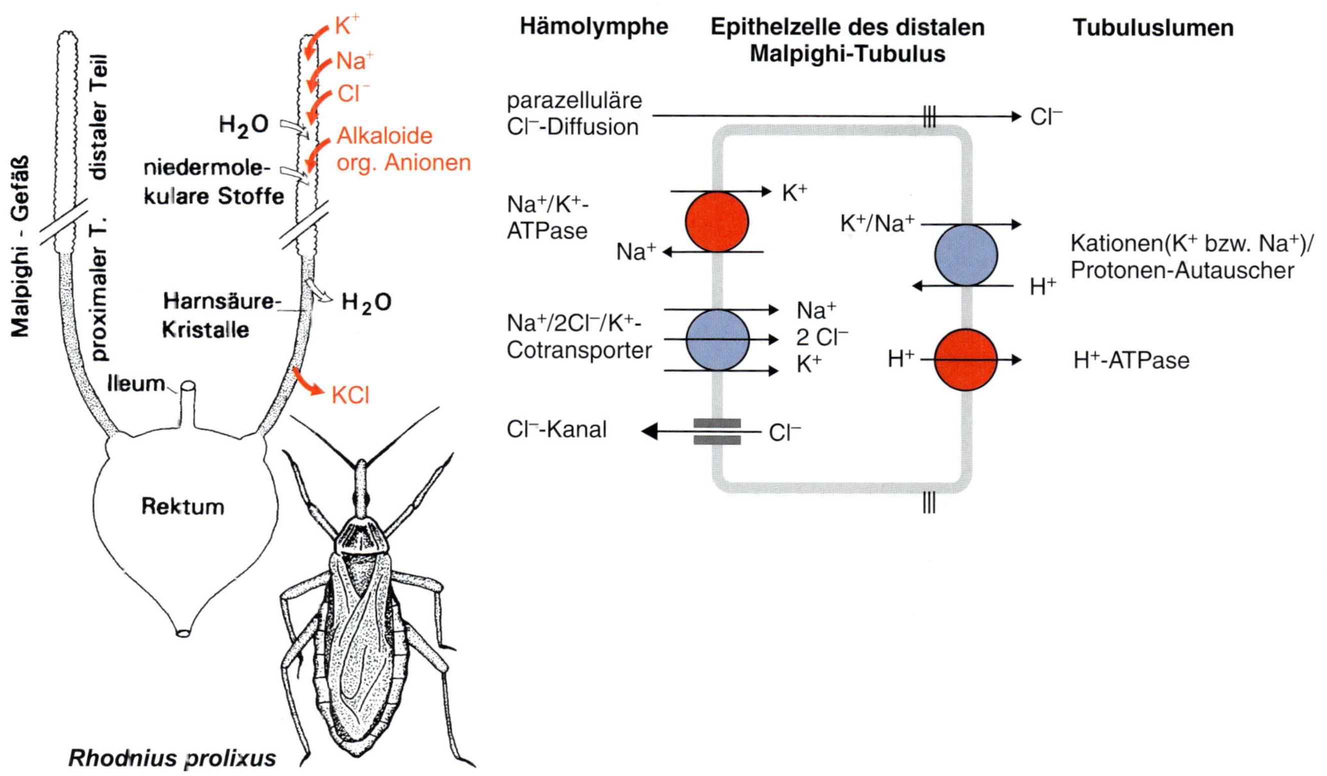

Abb. 8.19 Funktion der Malpighi-Gefäße bei blutsaugenden Insekten während der Diurese. Im distalen Abschnitt der Tubuli werden neben K^+-Ionen auch Na^+-Ionen aus dem Wirtsblut in das Tubuluslumen sezerniert. Schon während der Passage des Primärharns durch den proximalen Abschnitt des Tubulus werden noch brauchbare Inhaltsstoffe reabsorbiert. (Links: nach Bradley FJ (1985) The excretory system: structure and physiology. In: Kerkut GA, Gilbert LI (Hrsg) Comprehensive insect physiology, biochemistry, and pharmacology. Vol. 4. Pergamon Press, Oxford.)

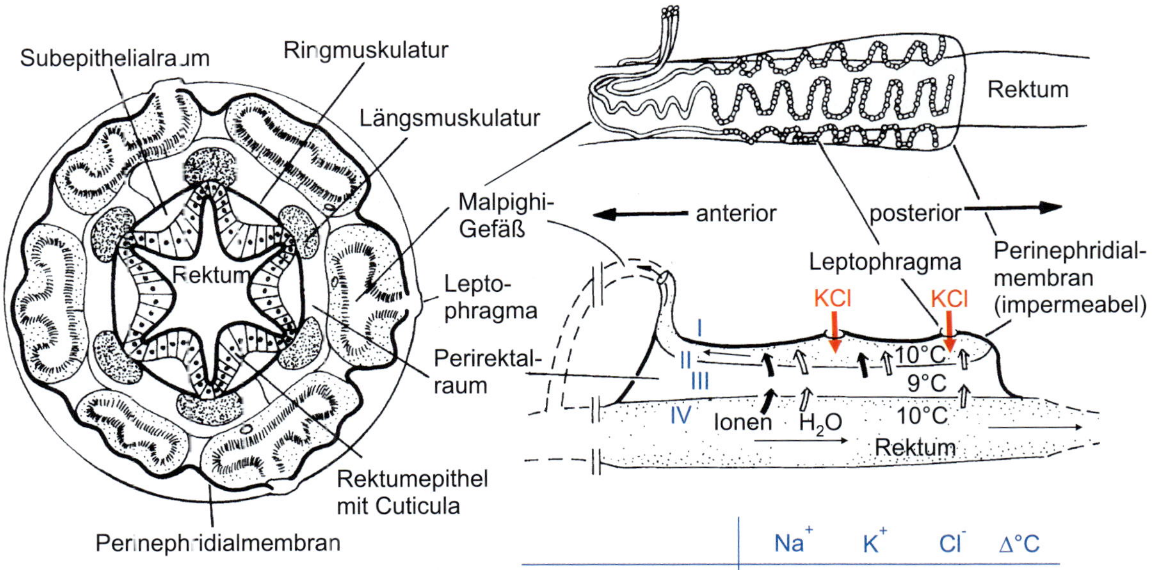

	Na^+	K^+	Cl^-	Δ°C
I (Hämolymphe)	84	78	134	1,4
II (Malpighi-Gefäß)	56	1070	855	3,1
III (Perirektalraum)	85	270	440	3,0
IV (Rektum)	23	132	73	1,5

Abb. 8.20 Das cryptonephridiale System beim Mehlkäfer (*Tenebrio molitor*) im Querschnitt (links), in der Aufsicht (rechts oben) und im schematischen Längsschnitt (rechts unten) mit Angaben der Ionenkonzentrationen in mmol l^{-1} und der Gefrierpunkterniedrigung in °C. Erläuterungen im Text. (Zusammengefasst nach Grimstone AV, Mullinger AM, Ramsay JA (1968) Further studies on the rectal complex of the mealworm, *Tenebrio molitor* L. (Coleoptera, Tenebrionidae). Phil Trans Roy Soc Lond B 253, 343–382 und Maddrell SHP (1972) The mechanisms of insect excretory systems. Adv Insect Physiol 8, 199–331. Abb. 61 a–c, S. 312/313.)

Da K^+-Ionen auch aus dem Perirektalraum aktiv in das Gefäßlumen sezerniert werden, steigt die K^+-Konzentration dort auf über 1000 mmol l^{-1} an. Diese hohe Konzentration bewirkt eine osmotische Triebkraft, die Wasser aus dem Enddarm über den Perirektalraum in das Malpighi-Gefäß übertreten lässt. Dieser Mechanismus ermöglicht es der Larve, das im Enddarm vorhandene Wasser fast vollständig zu reabsorbieren und einen sehr **wasserarmen Kot** zu produzieren.

Der transepitheliale Kationentransport durch die Epithelzellen der Malpighi-Gefäße wird komplettiert durch bisher nicht eindeutig charakterisierte Transportaktivitäten für Harnsäure, Aminosäuren, Zucker, Fremdstoffe und weitere Ionen. Unter basalen Konditionen bilden die Malpighi-Gefäße weiblicher Gelbfiebermücken (*Aedes aegypti*) ein Harnvolumen von etwa 4,6 ml d^{-1}, das heißt, die Tubuli setzen ein Volumen durch, dass etwa dem Zwölffachen des gesamten Hämolymphvolumens des Tieres entspricht. Im Endeffekt werden mithilfe dieser hohen Sekretionsrate alle in der Hämolymphe enthaltenen Stoffe in die Lumina der Malpighi-Gefäße ausgeschwemmt. Bei der Passage des Harns durch die proximalen Abschnitte der Malpighi-Gefäße, durch den Enddarm und das Rektum finden dann aber umfangreiche **Reabsorptionsprozesse** von noch brauchbaren Molekülen statt. Aminosäuren, Vitamine, Zucker, anorganische Ionen sowie Wasser werden in unterschiedlichem Maß reabsorbiert. Dabei könnte neben einer H^+-ATPase auch eine **Cl^--ATPase**, deren Existenz allerdings immer noch nicht gesichert ist, eine Rolle spielen. Die Reabsorption von brauchbaren Stoffen inklusive Wasser aus dem Malpighi-Sekret im Enddarm ist unter basalen Bedingungen so effektiv, dass eine bezüglich der harnpflichtigen Exkrete hoch konzentrierte Mischung aus Malpighi-Sekret und Darminhalt vom Insekt nur in großen Intervallen an die Außenwelt abgegeben wird, da der größte Teil des Volumens des Malpighi-Sekrets im Enddarm reabsorbiert wird.

Für **giftige Stoffe**, die von vielen Insekten mit der pflanzlichen Nahrung aufgenommen und über die Malpighi-Gefäße ausgeschieden werden (Nicotin, Morphin, Atropin, Ouabain usw.), existieren spezifische Sekretionsmechanismen in den Epithelzellen. Dabei sind Transporter beteiligt, die der Familie der ABC-Transporter angehören und Verwandte der bei Wirbeltieren verbreiteten MDR-Proteine (*multidrug resistance proteins*) sind. Auch im Stoffwechsel hergestellte Konjugate von lipophilen **Xenobiotika** wie Alkylamide (PAH) und Sulfonate werden so ausgeschieden.

Der wichtigste Exkretstoff für die **Stickstoffeliminierung** bei terrestrischen Insekten ist die **Harnsäure**, die im Wesentlichen im Fettkörper synthetisiert und in die Hämolymphe abgegeben wird. Die Epithelzellen der Malpighi-Gefäße nehmen die Harnsäure auf und scheiden sie, auch gegen einen Konzentrationsgradienten, in das Lumen aus. Wegen der hohen Kaliumkonzentration und des nahezu neutralen Milieus liegt die Harnsäure hier vorwiegend als Kaliumsalz vor. Manche Insektenarten spalten die Harnsäure in den Zellen der Malpighi-Gefäße mittels der Uricase, Allantoinase und Allantoicase zu Glyoxalsäure und Harnstoff und scheiden diese aus. Einige Insektenarten, denen im Fettkörper die Xanthin-Dehydrogenase fehlt, bilden Xanthin und Hypoxanthin als Endprodukte des Stickstoffmetabolismus.

Die Steuerung der **Primärharnbildungsrate** in den Malpighi-Gefäßen, die zum Beispiel bei *Aedes aegypti* nach einer Blutmahlzeit von 0,2 (basal) auf 3,0 ml h^{-1} (Diurese) ansteigt, erfolgt durch neurosekretorische Hormone. Aus der Hämolymphe verschiedener Insektenarten wurden diuretisch wirkende Peptide isoliert. Für diese Peptide werden zwei synonyme Bezeichnungen verwendet. Die **Myokinine** (so genannt wegen ihrer myotropen Aktivität) bzw. **Leucokinine** (so genannt, weil sie in *Leucophaea* erstmals entdeckt wurden) sind relativ kleine Peptide (weniger als zehn Aminosäurereste) mit einem charakteristischen C-terminalen Pentapeptid der Grundstruktur Phe-X_1-X_2-Trp-Gly-NH_2 (X_1 = Asn, His, Ser oder Tyr; X_2 = Ser oder Pro). Vertreter dieser Peptidfamilie sind mittlerweile aus vielen Insektenarten bekannt. Das *Aëdes*-Leucokinin bindet vermutlich auf der Basolateralseite der Epithelzellen der Malpighi-Gefäße an einen G-Protein-gekoppelten Rezeptor (GPCR). Es senkt die Dichtigkeit des Epithels (*leaky epithelium*) und steigert dadurch die Rate des passiven Stroms von Chloridionen in das Lumen, die den aktiv sezernierten Natrium- und Kaliumionen folgen. Wesentlich größere Moleküle (30–46 Aminosäurereste) sind die mit dem mit CRH (*corticotropin-releasing hormone*) verwandten diuretischen Peptide (*CRH-related hormones*), welche von der Schabe *Periplaneta americana*, der Hausgrille *Acheta domesticus*, der Stubenfliege *Musca domestica*, der Heuschrecke *Locusta migratoria* und dem Tabakschwärmer *Manduca sexta* bekannt sind. Diese von den Corpora cardiaca ausgeschütteten Peptide binden an G-Protein-gekoppelte Rezeptoren in der Basolateralmembran der Malpighi-Zellen und bewirken die Akkumulation des Second Messengers cAMP und die Aktivierung der Proteinkinase A im Cytoplasma. Auch das herzbeschleunigende Neuropeptid CAP (*cardioacceleratory peptide*) aktiviert die Sekretionsrate der Malpighi-Gefäße, indem es an GPCRs bindet. Diese mobilisieren intrazellulär Ca^{2+}-Ionen, aktivieren dadurch die Stickoxid-(NO-)Synthese und durch die Produktion von NO eine Guanylylcyclase. Die dadurch bedingte Akkumulation von cGMP in den Epithelzellen des Tubulus aktiviert die Proteinkinase G. Die Diurese wird vermutlich über die Veränderung der Transportleistung von Membrantransportern (u. a. die V-Typ-ATPase) durch PKG-vermittelte Proteinphosphorylierung eingeleitet.

8.2.9 Säugetierniere

Die **Niere** der Wirbeltiere besitzt als funktionelle Grundeinheit das **Nephron**[248] (Abb. 8.21), das aus dem **Malpighi-Körperchen** und einem harnableitenden Tubulussystem (Nierenkanälchen) besteht. Das Malpighi-Körperchen wird von dem blind geschlossenen, trichterartig eingesenkten Ende des Tubulus (**Bowman*-Kapsel**) und dem dieser Terminalstruktur aufsit-

[248] *nephros* (griech.) = Niere

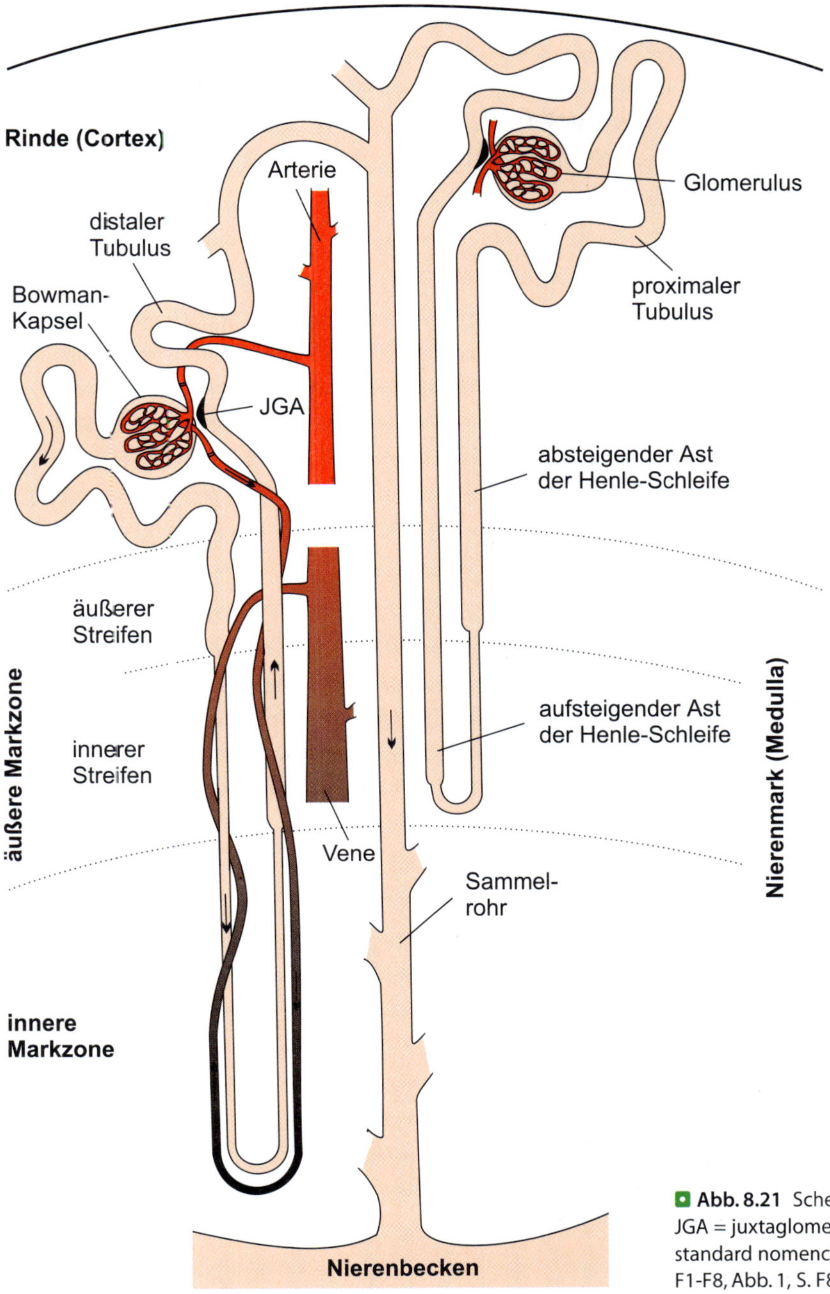

Abb. 8.21 Schema des anatomischen Aufbaus der Säugetierniere. JGA = juxtaglomerulärer Apparat. (Nach Kriz W, Bankir L (1988) A standard nomenclature for structures of the kidney. Am J Physiol 254, F1-F8, Abb. 1, S. F8.)

zenden Kapillarknäuel (**Glomerulus**) gebildet. Der sich anschließende Nierentubulus gliedert sich in den **proximalen Tubulus** und den **distalen Tubulus**, zwischen denen bei Säugetieren und Vögeln ein gestrecktes, mit einer Haarnadelkrümmung versehenes Überleitungsstück (**Henle-Schleife***) eingegliedert ist. In der Niere der Säugetiere werden diese Tubulusabschnitte entsprechend der Zellmorphologie und -funktion noch weiter unterteilt. Der proximale Tubulus besitzt einen gewundenen Anfangsteil (proximales Konvolut), das in einen gestreckten Teil (**Pars recta**[249]) übergeht. Der gestreckte absteigende Teil der Henle-Schleife wird auch als absteigender dünner Schenkel bezeichnet, der sich unmittelbar an die Haarnadelkurve des Tubulus anschließende Abschnitt variabler Länge als dünner aufsteigender Teil. Dieser Tubulus erweitert sich im weiteren Verlauf zum **dicken aufsteigenden Ast** der **Henle-Schleife**, der schließlich in den **distalen Tubulus** übergeht, der wegen seines gewundenen Verlaufs auch als distales Konvolut bezeichnet wird. Der distale Tubulus öffnet sich in das **Sammelrohr**, das den Harn mehrerer Nephrone zum Nierenbecken befördert.

Das Gewebe der **Säugetierniere** ist klar gegliedert in Nierenrinde (**Cortex**) und Nierenmark (**Medulla**). Der Glomerulus sowie distales und proximales Konvolut liegen in der Regel in der Rindenschicht, während sich die Henle-Schleife mehr oder weniger tief in das Nierenmark einsenkt. Die relative Länge

249 *pars* (lat.) = Teil, *rectus* (lat.) = aufrecht, gerade

der Henle-Schleife bei einer Tierart entscheidet maßgeblich über das Ausmaß der **Harnkonzentrierungsfähigkeit** der Niere. Je länger die Schleife ausgeprägt ist, desto höhere Osmolytkonzentrationen können im Endharn eines Tieres auftreten. Allerdings hängt die Harnkonzentrierungsfähigkeit der Niere nicht nur mit der Länge, sondern auch mit der Anordnung der Nierentubuli zueinander zusammen. Sind die Henle-Schleifen im Nierengewebe hochgradig parallel angeordnet (wie in der Säugetierniere), so arbeiten die einzelnen Nephrone beim Aufbau eines Konzentrationsgradienten zwischen Nierenrinde und Nierenmark besser zusammen, als wenn die Tubulussysteme der Nephrone keine einheitliche Ausrichtung haben, sondern in unterschiedlichen Orientierungen im Nierengewebe liegen, wie es bei Vögeln der Fall ist. Bei Vögeln ist daher auch keine eindeutige Unterscheidung von Nierenrinde und Nierenmark möglich.

Die Anzahl der **Nephrone** ist am höchsten bei landlebenden Tieren mit hoher Stoffwechselaktivität. Terrestrische endotherme Tiere wie Vögel (Huhn: 200 000) oder Säugetiere (Maus: 20 000; Mensch: 2 000 000; Rind: 8 000 000) besitzen eine um mindestens eine Größenordnung höhere Zahl im Vergleich mit vergleichbaren ektothermen wasserlebenden Tieren (Wasserfrosch *Rana*: 2000; Molch *Triturus*: 400). Der Grund für diesen Unterschied dürfte darin zu suchen sein, dass die Niere bei terrestrischen Tieren neben den ionen- und volumenregulatorischen Aufgaben auch die Stickstoffexkretion zu leisten hat und die Menge an harnpflichtigen Stickstoffexkreten, die pro Zeiteinheit anfällt, bei tachymetabolen[250] Tieren größer ist als bei bradymetabolen[251].

Die Blutversorgung der Glomeruli erfolgt bei allen Wirbeltieren von der Aorta aus über die **afferente Arteriole**. Bei Cyclostomen und erwachsenen Säugetieren erfolgt die Blutversorgung der Tubuli ausschließlich über die aus dem Glomerulus entspringende **efferente Arteriole**, die in mehreren Gefäßschlingen das Tubulussystem einschließlich der Henle-Schleife begleitet, dort kapillarisiert und anschließend in das venöse System übergeht. Bei den Angehörigen anderer Vertebratentaxa liegt zusätzlich ein renales Pfortadersystem vor, das venöses Blut aus dem hinteren Körperabschnitt und der Schwanzregion des Tieres an das Tubulussystem heranführt. Es wird in der Entwicklungsreihe der Wirbeltiere, beginnend mit den Amphibien, schrittweise reduziert und fehlt bei den Säugetieren ganz.

Die Funktionen der Nephrone in der Wirbeltierniere wurden unter anderem durch **Mikropunktionen** untersucht. Sehr feine Quarzkapillaren (5–10 µm Spitzendurchmesser), die in die Bowman-Kapsel oder die Lumina der Tubulusabschnitte eingestochen wurden, ermöglichten die Entnahme kleiner Flüssigkeitsmengen, die mit physikochemischen Methoden auf ihre Zusammensetzung untersucht wurden. Die Analysen ergaben, dass aus dem in die Glomeruluskapillaren eintretenden Plasma ein Primärharn in die Bowman-Kapsel übertritt, der alle im **Blutplasma** gelösten, kleinmolekularen Substanzen in gleicher Konzentration enthält wie das Plasma selbst. Plasmaproteine und Blutzellen werden im Primärharn in der Regel nicht gefunden. Diese Beobachtung belegt, dass es sich bei dem Prozess der Primärharnbildung in der Wirbeltierniere um eine **Ultrafiltration** handelt.

Die **Filtrationsstruktur** besteht aus dem gefensterten Kapillarendothel und der gemeinsam vom Kapillarendothel und von der Epithelzellschicht der Bowman-Kapsel gebildeten **Basallamina** (Abb. 8.22). Manche Autoren nehmen auch an, dass das wie die Basallamina aus extrazellulärer Matrix bestehende **Diaphragma** (Schlitzmembran), das zwischen den fingerartigen Ausstülpungen des Epithels der Bowman-Kapsel aufgespannt ist, an der Filtrationsleistung teilhat. Das Epithel der Bowman-Kapsel ist zur Stabilisierung der Filtrationsstrukturen als Zelllage von **Podocyten** ausgebildet, die trotz der vorhandenen interzellularen Lücken mittels fingerförmiger Verzahnungen ihrer Zellfortsätze einen mechanisch beanspruchbaren Zellverband bildet. Die mechanische Festigkeit der Filtrationsstruktur wird weiterhin durch die zwischen die Kapillarschlingen eingebetteten **Mesangialzellen** verbessert. Dies ist nötig, weil die treibende Kraft für die Ultrafiltration ein hydrostatischer Druckgradient zwischen Kapillarraum und Lumen der Bowman-Kapsel ist.

Der **effektive Filtrationsdruck** (p_{eff}), der die Rate des Flüssigkeitsübertritts, die **glomeruläre Filtrationsrate** (GFR), bestimmt, errechnet sich aus dem arteriellen Blutdruck im Glomerulus (p^h_{KF}) abzüglich des hydrostatischen Drucks der Harnflüssigkeit (Primärharn) in der Bowman-Kapsel (p^h_{PH}) und des durch die hochmolekularen Bestandteile verursachten kolloidosmotischen Drucks des in der Kapillare verbliebenen Plasmas (p^k_{KF}):

$$p_{eff} = p^h_{KF} - p^h_{PH} - p^k_{KF}$$

Der Durchmesser der Poren in der Basallamina, die vermutlich als eigentliche **Filtrationsbarriere** für Moleküle dient, beträgt bei der Ratte im Mittel 6 nm, wobei einzelne Poren eine lichte Weite von 9 nm aufweisen können. Durch diese großen Poren könnten theoretisch Proteine bis zu einer Molekülmasse von 80–90 kDa in den Primärharn übertreten (durch spontanen Zerfall von Erythrocyten in geringem Umfang im Plasma gelöstes tetrameres Hämoglobin hat 64 kDa und könnte somit den Filter passieren). In der Praxis erfolgt das aber kaum (eingeschränkte Filtration), da großlumige Poren recht selten sind und die Moleküle nur hindurchtreten könnten, wenn sie in einer optimalen Orientierung auf die Pore träfen, was selten der Fall ist. Eine uneingeschränkte Filtration, die in Konzentrationsgleichheit des Plasmas und des Primärharns resultiert, beobachtet man nur für Moleküle bis zur Molekülmasse des Inulins (ca. 5 kDa) (Tab. 8.2).

In den **Nieren des Menschen** beträgt die durchschnittliche glomeruläre Filtrationsrate 100 ml min^{-1}. Würde der Primärharn so abgegeben, wie er in der Bowman-Kapsel anfällt, würden wir täglich fast 150 l Flüssigkeit ausscheiden. Tatsächlich wird nur etwa 1 % dieses Volumens als tägliche Urinmenge

[250] *tachys* (griech.) = schnell
[251] *brady* (greich.) = langsam

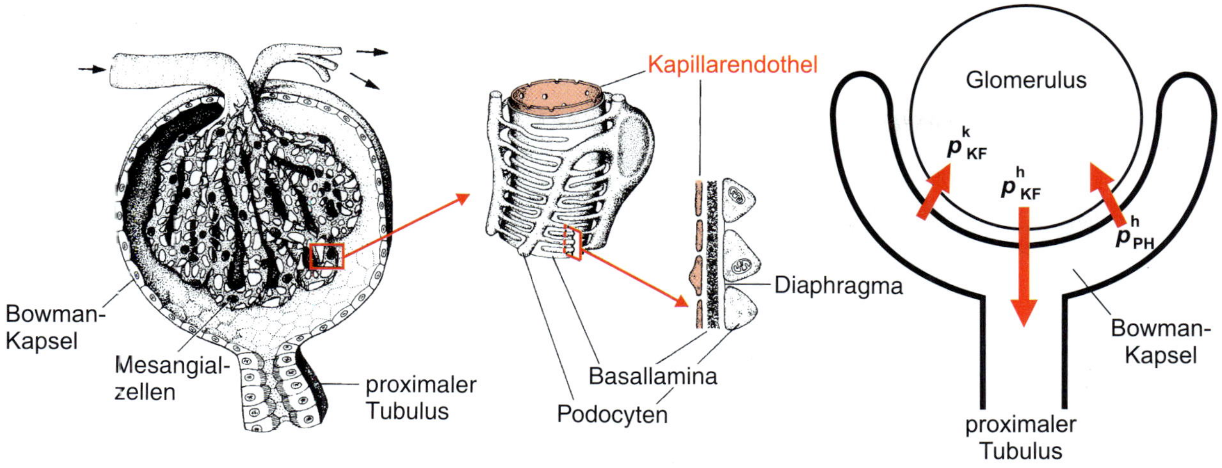

Abb. 8.22 Aufbau eines Malpighi-Körperchens (links), Feinstruktur des Ultrafilters (Mitte, stark schematisiert) und Darstellung der Druckgradienten zur Bestimmung des effektiven Filtrationsdrucks zwischen Kapillarlumen und dem Lumen der Bowman-Kapsel (rechts). Nähere Erläuterungen im Text.

Tab. 8.2 Die Filtrierbarkeit einiger Stoffe in der menschlichen Niere. Die Molekülradien wurden aus den Diffusionskoeffizienten ermittelt.

Stoff	Molekülmasse (Da)	Molekülradius (nm)	Filtratkonzentration/ Plasmakonzentration
Wasser	18	0,1	1,0
Harnstoff	60	0,16	1,0
Glucose	180	0,36	1,0
Saccharose (Rohrzucker)	342	0,44	1,0
Inulin	5 500	1,48	0,98
Myoglobin	16 000	1,95	0,75
Ovalbumin	43 500	2,85	0,22
Hämoglobin	64 500	3,25	0,03
Serumalbumin	69 000	3,55	<0,01

produziert und ausgeschieden. Diese Bilanzbetrachtung zeigt, dass der größte Teil des Ultrafiltrats auf seinem Weg durch den Nierentubulus reabsorbiert wird. Durch **Reabsorption** und **Sekretion** bestimmter Substanzen wird dabei auch die Harnzusammensetzung sekundär verändert.

Bereits im **proximalen Tubulus** erfolgt eine umfangreiche Reabsorption von Elektrolyten (Na^+, K^+, Ca^{2+}, Cl^-, PO_4^{3-} u. a.) sowie von Wasser. Epithelzellen der Wand des proximalen Tubulus verfügen über apikale Oberflächenvergrößerungen der Zellmembranen (mikrovillibesetzter **Bürstensaum**), um größtmöglichen Kontakt zum vorbeifließenden Harn herzustellen und die hohe Dichte von transportaktiven Membranproteinen zu beherbergen. Einfaltungen der basolateralen Membran erfüllen am gegenüberliegenden Pol der Zellen den gleichen Zweck. Die dort gelegene Na^+/K^+-ATPase senkt unter ATP-Hydrolyse die intrazelluläre Na^+-Konzentration und akkumuliert K^+-Ionen im Cytoplasma, die durch basolateral gelegene Kanäle partiell in den Extrazellularraum entweichen können. Dadurch wird in der Tubuluszelle ein gegenüber außen negatives elektrisches Potenzial aufgebaut, das zusätzlich zum chemischen Konzentrationsgradienten für Na^+-Ionen zwischen Primärharn (140 mmol l^{-1}) und Cytoplasma (10 mmol l^{-1}) eine enorme Triebkraft für Na^+-Ionen bedingt, aus dem Primärharn durch die apikale Plasmamembran in das Cytosol der Tubuluszelle einzutreten. Dieses wird realisiert durch die Expression eines Na^+/H^+-Austauschers (NHE3) sowie verschiedener Na^+-gekoppelter Transporter für Zucker und Aminosäuren in der apikalen Membran der Tubuluszelle. Dem sich auf diese Weise einstellenden transzellulären Na^+-Transport folgen Cl^--Ionen, wobei deren größter Anteil parazellulär durch die relativ gut durchlässigen Tight Junctions strömt (*leaky epithelium*). Die Reabsorption von NaCl wird von einem osmotisch bedingten Wasserausstrom aus dem Tubuluslumen begleitet (Abb. 8.23), sodass sich die osmotische Konzentration des passierenden Harns nicht verändert (**isoosmotische Reabsorption**). Die Ionentransportrate der Zellen des proximalen Tubulus ist so groß, dass mit der teilweise durch die Tight Junctions zwischen den Zellen nachströmende Wassermenge zusätzliche Ionen und andere gelöste Moleküle mitgerissen werden (**Solvent Drag**[252]). Auf diese Weise nimmt beim Säugetier das Primärharnvolumen bei der Passage durch den proximalen Tubulus um etwa 70 % ab.

Während der Passage des Primärharns durch den **proximalen Tubulus** werden dem Primärharn aber nicht nur Ionen und Wasser entzogen, sondern auch organische Moleküle, die aufgrund ihrer Größe zwar filtriert werden, wegen ihrer Bedeutung als Energieträger, Bau- oder Funktionsmolekül aber nicht

252 *solvent drag* (engl.) = Terminus technicus, der den passiven Strom von gelösten Stoffen mit einem vorhandenen Lösungsmittelstrom beschreibt

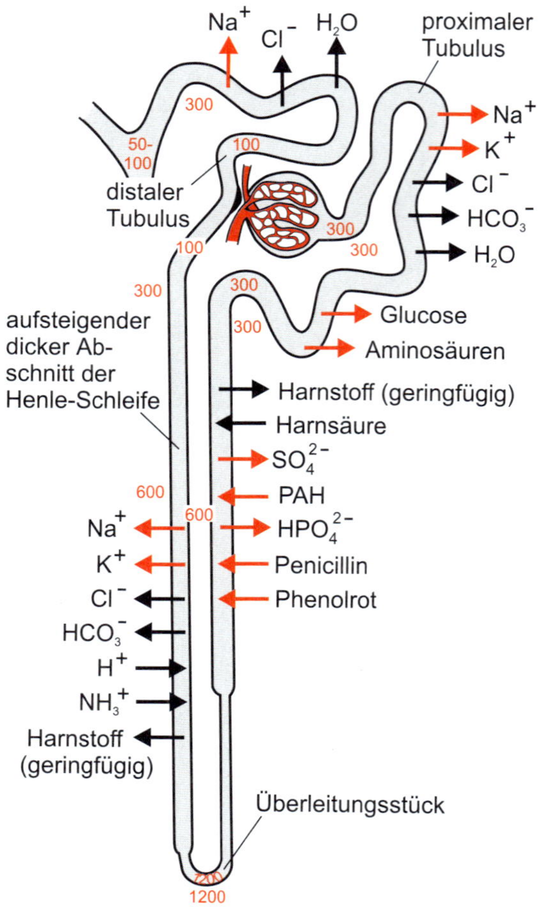

Abb. 8.23 Darstellung der Haupttransportleistungen der Epithelzellen in den verschiedenen Abschnitten des Tubulussystems der Säugetierniere. Die Zahlenwerte stehen für die Osmolalitäten der Flüssigkeiten im Tubuluslumen und im Interstitium des Nierengewebes (in mmol kg^{-1} H_2O). Rote Pfeile = aktiver Transport; schwarze Pfeile = passiver Transport; PAH = Paraaminohippurat.

aus dem Organismus verloren gehen sollten. So wird im Normalfall die filtrierte Glucose vollständig reabsorbiert, indem in der apikalen Plasmamembran der Epithelzellen des proximalen Tubulus sitzende **Na^+/Glucose-Cotransporter** (SGLT1 und SGLT2) die Glucosemoleküle einfangen und mittels des Na^+-Gradienten zwischen Tubuluslumen und Zellinnerem in die Zelle transportieren. Aus dem Blutplasma abfiltrierte Vitamine werden gemeinsam mit ihren Carrierproteinen an Dockingproteine (Megalin), die die Epithelzellen auf ihrer Mikrovillioberfläche vorhalten, adsorbiert und durch Endocytose in die Zellen aufgenommen. In Verbindung mit einem anderen Dockingprotein, dem Cubilin, ist Megalin auch für die Bindung und Aufnahme filtrierter Proteine und Peptide aus dem Primärharn verantwortlich. Auf diese Weise ist der Harn beim Übertritt in den absteigenden Teil der Henle-Schleife weitgehend frei von filtrierten, aber noch verwertbaren organischen Molekülen.

Im **proximalen Tubulus** werden organische Anionen aus dem Blut (Hippurate, Urate und Oxalate) aktiv in das Lumen sezerniert. Dazu existieren in der basolateralen Membran der Tubuluszellen spezifische Transportproteine für organische Anionen (OAT, *organic anion transporter*), die organische Säuren entweder im Natriumsymport oder im Antiport gegen α-Ketoglutarat (Intermediat des Citratzyklus) in die Zelle transportieren. Auch organische Kationen (pflanzliche Alkaloide wie Atropin oder Morphin bzw. körpereigenes Histamin) werden sezerniert, wobei die Ausschleusung von H^+-Antiportern in der apikalen Membran übernommen wird. Der dafür notwendige Protonengradient wird durch den Na^+/H^+-Austauscher und eine H^+-ATPase in der apikalen Membran der Tubuluszelle aufrechterhalten.

Die Epithelzellen des **distalen Tubulus** sind ebenfalls in der Lage, Na^+-Ionen aktiv aus dem vorbeiströmenden Harn zu reabsorbieren. Chloridionen folgen den transportierten Kationen (Abb. 8.23). Im Vergleich mit dem proximalen Tubulus ist die Wasserpermeabilität des distalen Tubulus allerdings etwas eingeschränkt, sodass der osmotische Nachzug von Wasser limitiert ist und eine Verdünnung des passierenden Harns erfolgt. Bei süßwasserlebenden Wirbeltieren, die nicht der Gruppe der Säugetiere angehören, erlaubt dieses Transportsystem die Produktion eines stark hypoosmotischen Endharns, sodass über diesen Weg das osmotisch in den Tierkörper eingedrungene Wasser eliminiert, aber dennoch wichtige Salze im Körper zurückgehalten werden können. Die **Reabsorption** von Ionen aus dem distalen Tubulus in das Blut wird von natriumtransportierenden Systemen (apikal: epithelialer Na^+-Kanal; basolateral: Na^+/K^+-ATPase) getragen. Expressionsraten und Aktivitäten dieser Transporter in den Zellen des distalen Tubulus und des oberen Sammelrohrs werden hormonell kontrolliert über das **Renin-Angiotensin-Aldosteron-System** (Abb. 8.26), sodass bei **Mineralmangel** im Organismus vermehrt Na^+-Ionen aus dem Harn reabsorbiert und damit im Körper zurückgehalten werden können.

Bei Säugetieren und bedingt auch bei Vögeln (▶ Box 8.2) liegt zwischen dem gestreckten Abschnitt des proximalen Tubulus und dem distalen Tubulus die **Henle-Schleife**. Sie ist bei Säugetieren relativ lang und erstreckt sich entlang des Sammelrohrs aus dem cortikalen Gewebe bis tief in das Nierenmark. Bei Vögeln gibt es Nephrone ohne Henle-Schleife, die deshalb oft irreführend als »reptilienartig« charakterisiert werden, und »säugetierartige« Nephrone mit einer ausgeprägten Henle-Schleife. Da die Anordnung der Henle-Schleifen in der Vogelniere aber in der Regel nicht so regelmäßig ist wie in der Säugetierniere, kann das Gewebe der Vogelniere nicht in Cortex und Medulla untergliedert werden. In physiologischer Hinsicht ist die Konsequenz dieses Unterschieds, dass in der Säugetierniere ein großer, in der Vogelniere aber fast kein osmotischer Gradient über die Tiefe des Nierengewebes aufgebaut wird. Dementsprechend scheidet ein Vogel einen Endharn in die Kloake aus, dessen Osmolalität bis zum Doppelten der Plasmaosmolalität ansteigen kann, während manche Säugetiere ihren Endharn weitaus höher, nämlich bis zum 25-Fachen der Plasmaosmolalität, konzentrieren können. Diese Fähigkeit zur **Harnkonzentrierung** ist für landlebende Tiere von großer ökologischer Bedeutung, da sie dadurch nur wenig Wasser aufnehmen (und mit sich herumtragen) müssen, um große Mengen überschüssiger Ionen und harnpflichtiger Exkretstoffe aus dem Körper auszuscheiden.

Box 8.2 Warum brauchen Vögel keine langen Henle-Schleifen im Nierentubulussystem?

Die Organisation der Vogelniere und ihr Leistungsvermögen scheinen im Vergleich mit der Säugerniere suboptimal zu sein. Dieser Eindruck relativiert sich allerdings, wenn man bedenkt, dass Säugetiere Harnstoff als Stickstoffexkretstoff nutzen, der nur in gelöster Form (wenn auch in hoher Konzentration) mit Wasser ausgeschieden werden kann, sodass die Exkretionsleistung der Säugetiere immer auch mit einem gewissen Wasserverlust verbunden ist. Vögel scheiden als Endprodukt des Stickstoffstoffwechsels Harnsäure aus, die auch in verdünnten Lösungen wie dem Primärharn im Nierentubulus nicht in echter Lösung, sondern in Form mikroskopisch kleiner Sphären (Calcium- und Magnesiumsalze der Harnsäure) als Aufschwemmung vorliegt. Würde dieser Suspension bei der Passage durch die Henle-Schleife in demselben Maß wie in der Säugerniere Wasser entzogen, würde die Suspension zu einem Brei eingedickt und eventuell den Tubulus mechanisch verstopfen. Daher ist es sinnvoll, dass ein Vogel ein relativ großes Volumen eines nur mäßig konzentrierten Harns nutzt, um die Harnsäuresphären aus dem Tubulus in die Kloake zu spülen. Wie gewinnt der Vogel aber unter diesen Umständen das auch für ihn sehr wichtige Wasser aus der Kloake zurück? Er tut dies, indem eine reverse Peristaltik der Darmmuskulatur den Inhalt der Kloake in ein weiter oben gelegenes Darmsegment zwischen Enddarm und Kloake transportiert. Dort, im **Coprodeum**, wird der Harn durch Protonensekretion angesäuert, was zur Freisetzung der Mg^{2+}- und Ca^{2+}-Ionen aus den Uraten und zur Bildung von Harnsäure führt. Durch das Transportepithel werden dem Harn aktiv Ionen (neben den Mg^{2+}- und Ca^{2+}-Ionen auch Na^+-Ionen) entzogen. Da sowohl Anionen (Cl^-) als auch Wasser passiv nachfolgen, dickt sich die Mischung aus Harn und Kot im Enddarm soweit ein, dass ein Vogel in der Regel nur sehr wenig Wasser mit den Exkreten aus dem Körper verliert. Daher muss ein Vogel für den Zweck der Stickstoffexkretion auch nur sehr wenig Wasser im Körper bevorraten, was für das Fliegen sehr günstig ist. Im Verein mit dem Enddarm arbeitet eine Vogelniere daher nicht weniger effizient als die Säugetierniere.

Die Epithelzellen der **Henle-Schleife** der Säugetierniere weisen in den einzelnen Abschnitten sehr unterschiedliche Transport- und Permeabilitätseigenschaften auf (Abb. 8.23, Tab. 8.3). Während im absteigenden Ast der Henle-Schleife kein aktiver Ionentransport zu beobachten ist, gibt es dort eine sehr gute Durchlässigkeit des Epithels für Wasser, sodass sich ein osmotisches Gleichgewicht zwischen den Flüssigkeiten im Tubuluslumen und im Interstitium des Nierengewebes

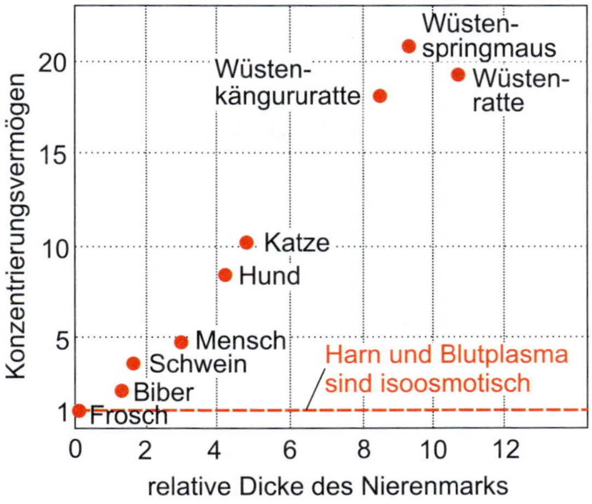

Abb. 8.24 Beziehung zwischen der relativen Dicke des Nierenmarks (Quotient aus den Dicken von Nierenmark und Nierenrinde des jeweiligen Tieres), die repräsentativ für die Länge der Henle-Schleife in der betreffenden Niere ist, und dem Konzentrierungsvermögen für den Endharn (osmotische Konzentration des Endharns bezogen auf die des Blutplasmas desselben Tieres) bei verschiedenen Wirbeltierarten. ACE = *angiotensin-converting enzyme*. (Daten aus Schmidt-Nielsen B, O'Dell R (1961) Structure and concentrating mechanism in the mammalian kidney. Am J Physiol 200, 1119–1124.)

einstellt. Im dünnen aufsteigenden Ast der Henle-Schleife findet ebenfalls kein Ionentransport statt, aber die **Wasserpermeabilität** ist hier stark eingeschränkt. Dieses trifft auch für den dicken aufsteigenden Ast der Henle-Schleife zu, allerdings ist hier die Fähigkeit der Zellen zur aktiven **Reabsorption** von NaCl besonders gut ausgeprägt. Die apikale Plasmamembran der Zellen in diesem Tubulusabschnitt verfügt über einen durch die Aktivität der basolateral gelegenen Na^+/K^+-ATPase energetisierten $Na^+/K^+/2Cl^-$-Cotransporter (NKCC), der durch Schleifendiuretika wie Furosemid oder Bumetanid gehemmt werden kann. Bei der Passage des Harns durch diesen Abschnitt werden ihm daher laufend Ionen entzogen (im distalen Tubulus beträgt die Harnosmolalität deshalb gerade noch 50–100 mmol kg^{-1} H_2O), ohne dass der sich daraus aufbauende osmotische Gradient zwischen Tubuluslumen und Interstitium des Nierengewebes durch Wassernachstrom vermindern könnte (Abb. 8.23). Da die Nephrone der Säugerniere gestaffelt in der Tiefe des Nierengewebes liegen (Abb. 8.21), ergibt sich durch die Anhäufung von Na^+-Ionen im Interstitium um die dicken Schenkel der Henle-Schleifen in der Summe auch ein **osmotischer Gradient** zwischen der cortikalen Region und der inneren Markzone des Nierengewebes. Dabei hat das Interstitium im Cortex die osmotische Konzentration des Blutes (ca. 300 mmol kg^{-1} H_2O), die innere Zone der Medulla nahe des Nierenbeckens je nach Tierart und relativer Länge der Henle-Schleife dagegen eine Osmolalität von bis zu 9370 mmol kg^{-1} H_2O (bei der Springmaus *Notomys*). Beim Menschen erreicht die interstitielle Osmolalität des Nierenmarks maximal 1400 mmol kg^{-1} H_2O (Abb. 8.24) und der Endharn daher gerade das Vierfache der Blutkonzentration (Tab. 8.4).

Tab. 8.3 Transport- und Permeabilitätseigenschaften der einzelnen Abschnitte des Nephrons beim Kaninchen.

Tubulusabschnitt	aktiver Ionentransport	Wasserpermeabilität	Ionenpermeabilität	Harnstoffpermeabilität
Henle-Schleife				
dünner absteigender Schenkel	0	++++	0	+
dünner aufsteigender Schenkel	0	0	+++	+
dicker aufsteigender Schenkel	++++	0	0	0
Sammelrohr				
in Rinde und äußerer Markzone	+	+++ (nur unter ADH-Wirkung)	0	0
in innerer Markzone	0	+++ (nur unter ADH-Wirkung)	0	+++

Tab. 8.4 Maximale Osmolalität des Endharns (mmol kg^{-1} H_2O), Verhältnis der osmotischen Konzentrationen von Urin und Plasma (U/P) und relative Dicke des Nierenmarks (D) verschiedener Säugetiere.

Tierart	Osmolalität des Endharns	U/P	D
Biber (*Castor*)	520	2,0	
Mensch (*Homo*)	1430	4,2	3,0
Kamel (*Camelus*)	2800	8,0	
weiße Laborratte (*Rattus*)	2900	8,9	5,8
Katze (*Felis*)	3250	9,9	4,8
Kängururatte (*Dipodomys*)	5500	14,0	8,5
Sandratte (*Psammomys*)	6340	17,0	10,7
Springmaus (*Notomys*)	9370	24,6	12,2

Nach Dantzler WH (1989) Comparative physiology of the vertebrate kidney. Springer, Berlin.

Zu der hohen osmotischen Konzentration im **Nierenmark** trägt allerdings nicht nur die Fracht an gelösten anorganischen Ionen im Harn und die Ionenkonzentrationen im Interstitium bei, sondern auch der **Harnstoff**. Da alle Abschnitte der Henle-Schleife, der distale Tubulus und der obere Abschnitt des Sammelrohrs relativ impermeabel für Harnstoff sind (Tab. 8.3), verändert sich seine Konzentration im Tubulus nur durch die Veränderungen des Wassergehalts des Harns. Im unteren Abschnitt (innere Markzone) des Sammelrohrs findet man regelmäßig hohe Harnstoffkonzentrationen, da die Wasserpermeabilität des Sammelrohrepithels im Bereich der äußeren Markzone über das antidiuretische Hormon gesteuert und daher relativ hoch ist und Wasser wegen der hohen Salzkonzentration im Interstitium osmotisch aus dem Sammelrohrlumen austritt. Durch den Wasserverlust steigt die Harnstoffkonzentration im Sammelrohr an. Im Bereich der inneren Markzone ist das Epithel des Sammelrohrs durchlässig für Harnstoff (nicht aber für Wasser), sodass Harnstoff entsprechend seines Konzentrationsgradienten in das Interstitium des Nierenmarks austritt. Dort

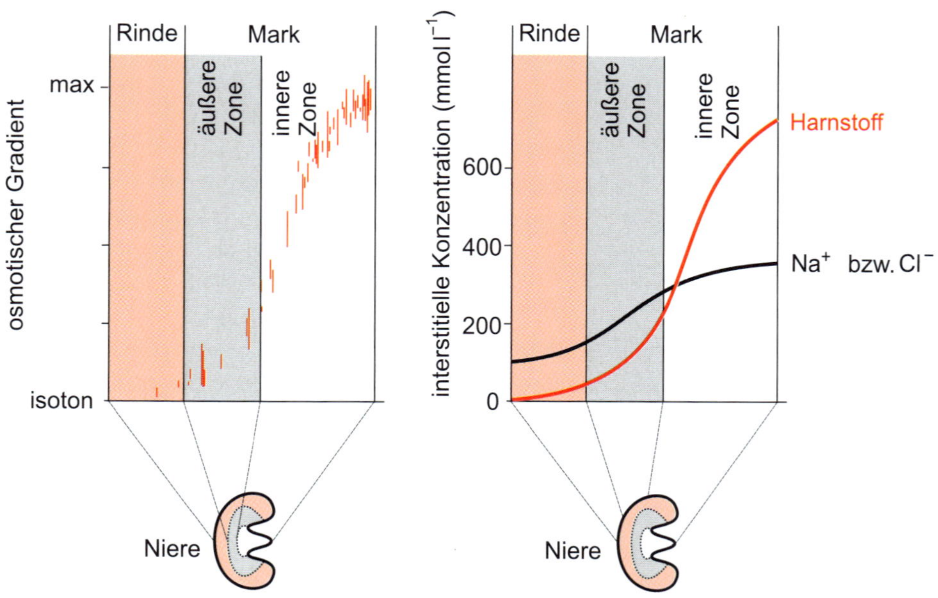

Abb. 8.25 Osmotischer Gradient (links) und Gradienten der Harnstoff-(rote Kurve) sowie der Na^+- und Cl^--Ionenkonzentration im Nierengewebe der Säugerniere. (Nach Ullrich KJ, Kramer K, Boylan JW (1961) Present knowledge of the counter current system in the mammalian kidney. Prog Cardiovasc Dis 3, 395–431.)

wiederum vergrößert die Akkumulation von Harnstoff die osmotische Triebkraft für den Austritt von Wasser aus dem Lumen des absteigenden Schenkels der Henle-Schleife und trägt damit zur Ausbildung der osmotischen Spitzenkonzentration des Harns im Bereich der Haarnadelkurve der Henle-Schleife bei (Abb. 8.25).

Es ist eine interessante Korrelation zwischen der ökologischen Notwendigkeit der Wasserersparnis bei der Harnbildung zum Beispiel bei **wüstenlebenden Säugetieren** oder rein **marinen Säugetieren** und der relativen Länge ihrer **Henle-Scheifen** festzustellen. Die extrem wassersparende Kängururatte (*Dipodomys merriami*), die lebenslang ohne Trinken flüssigen Wassers auskommt, kann ein Konzentrationsverhältnis zwischen Endharn und Plasma von 14 (beim Menschen: 4) aufrechterhalten, da sie im Vergleich zu unserer Niere über eine relativ etwa dreimal längere Henle-Schleife im Nephron verfügt (Tab. 8.4).

Eine bemerkenswerte Besonderheit der Nierenanatomie findet man bei einigen marinen Teleosteern (alle Syngnathiden, *Opsanus tau* sowie beim Seeteufel *Lophius piscatorius*). Die Nierenkanälchen besitzen bei diesen Tieren keine Malpighi-Körperchen, sondern enden blind (**aglomeruläre Nieren**). Die Harnbildung erfolgt in diesen Organen nicht durch Filtration, sondern durch aktive **Sekretion** durch das Tubulusepithel. Die gebildete Harnmenge ist klein (*Opsanus tau*: 2,5 ml kg^{-1} d^{-1}; zum Vergleich beim Süßwasser-Katzenwels: 300 ml kg^{-1} d^{-1}). Die Nieren dienen in erster Linie der Exkretion bestimmter Ionenarten, die mit dem durch Trinken aufgenommenen Meerwasser in den Körper gelangt sind. Mg^{2+}-, Ca^{2+}- und SO_4^{2-}-Ionen werden auf diese Weise im Endharn häufig extrem konzentriert (das 100-Fach der Plasmakonzentration) ausgeschieden.

8.2.10 Leistung und neuronale sowie hormonelle Kontrolle der Niere

Das Maß für die Leistungsfähigkeit eines Ausscheidungsorgans ist die **Clearance**[253]. Unter der Clearance eines Stoffes versteht man dasjenige Plasmavolumen (nicht Blutvolumen), das in einer gegebenen Zeit von dem betreffenden Stoff vollständig befreit wird. Man kennt eigentlich keine Stoffe, die tatsächlich während der einmaligen Nierenpassage eines bestimmten Plasmavolumens vollständig eliminiert werden, daher ist die Clearance eine zwar theoretische, gleichwohl aber sehr nützliche Rechengröße. Exogene Stoffe, die zur Bestimmung der Clearance in der Nierendiagnostik eingesetzt werden, müssen folgende Bedingungen erfüllen:

- Die Substanz darf nach der Injektion in das Kreislaufsystem des Tieres nicht verstoffwechselt oder kompartimentiert werden (z. B. durch Aufnahme in phagocytierende Blutzellen).
- Sie muss konzentrationsunabhängig frei filtrierbar sein, das heißt, ihre relative Molekülmasse darf 5 kDa nicht wesentlich überschreiten (Tab. 8.2).
- Nach der Filtration darf die Substanz nicht aus dem Nierentubulus reabsorbiert oder in den Tubulus sezerniert werden.

Die Clearance, die man mithilfe eines solchen Stoffes bestimmt, der in das Kreislaufsystem eines Wirbeltiers injiziert wird und sich im Plasmavolumen gleichmäßig verteilt, entspricht exakt der **glomerulären Filtrationsrate** (GFR). Ein Stoff, der diese Kriterien sowohl im Menschen als auch in sehr vielen Tieren fast perfekt erfüllt, ist das aus Pflanzen isolierbare Polyfructosemolekül **Inulin**.

Ist c_U die Konzentration des Inulins im Urin (in mmol l^{-1}) und V_U das pro Minute ausgeschiedene Harnvolumen (in l), so ist das Produkt der beiden Faktoren die pro Minute ausgeschiedene Stoffmenge des Inulins (in mmol). Diese Stoffmenge muss aufgrund der oben definierten Bedingungen gleich der in derselben Zeit (1 min) aus dem Plasma verschwundenen Stoffmenge sein, die sich aus dem Produkt der Plasmakonzentration c_P und dem vom Inulin gereinigten Plasmavolumen, der Clearance Cl_{In} ergibt:

$$c_U\,[\text{mmol l}^{-1}] \times V_U\,[\text{ml min}^{-1}] = c_P\,[\text{mmol l}^{-1}] \times Cl_{In}\,[\text{ml min}^{-1}]$$

Um die Clearance des Inulins zu berechnen, wird diese Beziehung nach Cl_{In} aufgelöst, da alle anderen Größen durch direkte Messung zugänglich sind:

$$Cl_{In} = \frac{c_U \times V_U}{c_P}\left[\text{ml min}^{-1}\right]$$

Um die Clearance unterschiedlicher Tiere oder Tierarten zu vergleichen, ist es sinnvoll, den Wert auf das Körpergewicht, das Nierengewicht oder die Körperoberfläche zu beziehen.

Der Vergleich der Clearance anderer frei filtrierbarer Substanzen mit dem des Inulins kann Aufschluss über den Modus der Behandlung des Stoffes im Nierentubulus geben. Ist ihre Clearance größer als die des Inulins, muss eine tubuläre **Sekretion** des Stoffes stattfinden, ist sie kleiner, unterliegt der betreffende Stoff der tubulären **Reabsorption**.

Beim Menschen liegt die **glomeruläre Filtrationsrate** (GFR) bei 150–170 l pro Tag, was bedeutet, dass das gesamte Plasmavolumen eines durchschnittlichen Menschen mehr als 30-mal am Tag durch die Ultrafiltrationsapparate der Nephrone geschickt wird. Vergleichende Untersuchungen am Menschen und verschiedenen Haustierarten der Säugetiergruppe zeigten, dass die Inulinclearance recht konstant und unabhängig von der konkreten physiologischen Situation (Diurese oder Antidiurese) des Tieres bei 1,1–1,8 ml min^{-1} kg^{-1} liegt. Bei Wirbeltieren anderer Gruppen ist dieser Wert deutlich niedriger (Alligator: 0,03–0,06 ml min^{-1} kg^{-1}; Frosch: 0,05–0,65 ml min^{-1} kg^{-1}) und oft nicht konstant. Bei **Wassermangel** wird die GFR bei Fröschen abgesenkt, um die Ausscheidung von Körperwasser einzuschränken. Dieses ist möglich, weil die Art des stickstoffhaltigen Exkretstoffs (Ammoniak) eine extrarenale Aus-

253 *clearance* (engl.) = Reinigung

scheidung erlaubt und die ununterbrochene Produktion eines wässrigen Harns daher nicht unbedingt nötig ist.

Tiere, die stickstoffhaltige Exkretstoffe obligatorisch über die Nieren ausscheiden müssen, haben dagegen Mechanismen zur Konstanthaltung der GFR entwickelt. Da die glomeruläre Filtrationsrate im Wesentlichen von dem hydrostatischen Druckgradienten zwischen Kapillarlumen des Glomerulus und dem Inneren der Bowman-Kapsel abhängt, wird vornehmlich der Blutdruck in der afferenten Arteriole und damit die Glomerulusdurchblutung reguliert. Beim Hund setzt die glomeruläre Filtration bei einem Mindestdruck von 4 kPa in der afferenten Arteriole ein. Das pro Zeiteinheit filtrierte Volumen nimmt mit dem Anstieg des Blutdrucks proportional zu (**Druckdiurese**). Die Steigerung des mittleren **arteriellen Blutdrucks** über etwa 12 kPa hinaus hat aber keine messbare Auswirkung auf die Rate des renalen Blutflusses und die glomeruläre Filtrationsrate, die ab diesem Blutdruckwert annähernd konstant bleiben (**renale Autoregulation**). Auch eine isolierte Niere besitzt diese Regulationsfähigkeit, sodass ein nervöser Einfluss oder extrarenale Hormonsysteme als steuernde Prinzipien ausgeschlossen werden können. Wie diese Reaktion vermittelt wird, ist noch unklar. Eine Komponente der Autoregulation ist vermutlich die myogene Reaktion (**Bayliss*-Effekt**). Diese resultiert aus der Fähigkeit der Nierenrindengefäße einschließlich der afferenten Arteriole, auf eine intraluminale Druckerhöhung mit einer Konstriktion der Gefäßmuskulatur zu reagieren, sodass die Glomerulusdurchblutung konstant bleibt.

In geringem Umfang kann die glomeruläre Filtrationsrate durch hormonvermittelte Dilatation der Gefäßmuskulatur der afferenten Arteriole auch gesteigert werden, um ein erhöhtes Plasmavolumen durch renale Flüssigkeitsausscheidung zu normalisieren. Eine erhöhte passive Füllung des rechten Atriums des Herzens durch vermehrten Volumenrückstrom aus dem Körperkreislauf führt zur Freisetzung von **atrialem natriuretischen Peptid** (ANP) in das Blut. Rezeptoren für ANP befinden sich in besonders hoher Dichte auf den Endothelzellen der afferenten Arteriole der Niere. Unter dem Einfluss der aktivierten ANP-Rezeptoren wird in den Endothelzellen Stickstoffmonoxid (NO) gebildet, ein leicht diffusibler Botenstoff, der in den umliegenden Gefäßmuskelzellen durch Aktivierung einer Guanylylcyclase die Akkumulation des Second Messengers cGMP verursacht. Dieser Botenstoff vermittelt die Relaxation der glatten Gefäßmuskulatur und bewirkt so eine vermehrte **Durchblutung** des **Glomerulus**.

Eine zusätzliche Funktion bei der Konstanthaltung der glomerulären Filtrationsrate könnte das **Renin-Angiotensin-Aldosteron-System** innehaben (◘ Abb. 8.26). Ein Abfall des Blutdrucks in der afferenten Arteriole resultiert in einer Freisetzung der Protease **Renin**[254] aus den Epitheloidzellen des **juxtaglomerulären Apparats**[255], einer Verdickung der Wand des distalen Tubulus in der Gegend seiner Kontaktstelle mit der afferenten Arteriole. Renin tritt in die Arteriole und die Lymphbahn über und schneidet dort aus dem in der Leber synthetisierten und im Plasma zirkulierenden Angiotensinogen (zur Plasmaproteinfraktion der α-Globuline gehörig) das Dekapeptid Angiotensin I heraus, das biologisch allerdings noch inaktiv ist. Eine weitere Protease, das ACE (*angiotensin-converting enzyme*), die vornehmlich lumenwärts den Endothelzellen der Lungenkapillaren aufsitzt, spaltet am C-Terminus zwei weitere Aminosäuren von dem Peptid ab und bildet so das biologisch aktive Oktapeptid **Angiotensin II**.

Angiotensin II hat durch Aktivierung des PLC-gekoppelten AT-1-Rezeptors in den Zellen der glatten Gefäßmuskulatur eine sehr stark vasokonstriktorische Wirkung (besonders ausgeprägt in der **efferenten Arteriole**), die eine blutdruckregulierende Funktion im Glomerulus erfüllt und die Aufrechterhaltung der Filtration auch im Fall von Blutvolumen- und Tonusverlust im Kreislaufsystem sicherstellt. Außerdem bewirkt Angiotensin II die Freisetzung von **Aldosteron** aus den Zellen der Nebennierenrinde. Aldosteron ist ein **Mineralocorticoid**, das im distalen Tubulus und im oberen Sammelrohr der Niere die Expression und die Aktivität Na^+-transportierender Systeme (epithelialer Na^+-Kanal, Na^+/K^+-ATPase) steigert. Durch die unter diesen Bedingungen gesteigerte **Reabsorption** von Na^+-Ionen in diesen Tubulusabschnitten wird der Verlust von Natriumionen mit dem Harn vermindert und Salz im Körper zurückgehalten. Mit dem reabsorbierten Salz wird dem Primärharn zugleich osmotisch Wasser entzogen und im Körper zurückgehalten, was dem Volumen- bzw. Druckverlust, der den Renin-Angiotensin-Aldosteron-Mechanismus initial ausgelöst hat, entgegenwirkt.

Die blutdrucksteigernde Wirkung von Angiotension II wird dadurch verstärkt, dass ACE auch das Hormon **Bradykinin** abbaut, ein hochgradig gefäßerweiternd wirkendes (und damit blutdrucksenkendes) Nonapeptid im Blutplasma. Die Gifte einer Reihe südamerikanischer und japanischer Schlangen (*Bothrops jararace, Agkistrodon halys blomhoffii)* enthalten Penta- bis Tridekapeptide, die als kompetitive Inhibitoren des ACE wirken. Sie blockieren so den Abbau des Bradykinins (*bradykinin-potentiator-peptides*) und verbessern die lokale Durchblutung. Die biologische Bedeutung dieser Peptide im Schlangengift ist darin zu sehen, dass die Verteilung des injizierten Giftes im Beutetier unter ihrem Einfluss stark beschleunigt wird. Eine Reihe von Derivaten dieser Peptide ist beim Menschen als Antihypertensiva (Captopril, Enalapril) zur Bekämpfung des Bluthochdrucks im Einsatz.

Je nach **Volumenstatus** des Organismus kann im mittleren Abschnitt des Sammelrohrs die **Reabsorption** von **Wasser** aus dem Tubuluslumen in das Interstitium des Nierengewebes hormonell reguliert werden. Ist der Hydratationszustand eines Tieres gut, passiert der verdünnte Harn aus dem distalen Tubulus (50–100 mmol kg^{-1} H_2O) das Sammelrohr wegen der sehr geringen Wasserpermeabilität des Tubulusepithels weitgehend unverändert, sodass die Rate der Volumenausscheidung hoch, die osmotische Konzentration des Endharns allerdings niedrig ist (**Diurese**[256]). Sinkt das Plasmavolumen jedoch unter den

[254] *ren* (lat.) = Niere

[255] *juxta* (lat.) = neben, dicht bei

[256] *dia* (griech.) = hindurch; *ureo* (griech.) = Harn abgeben

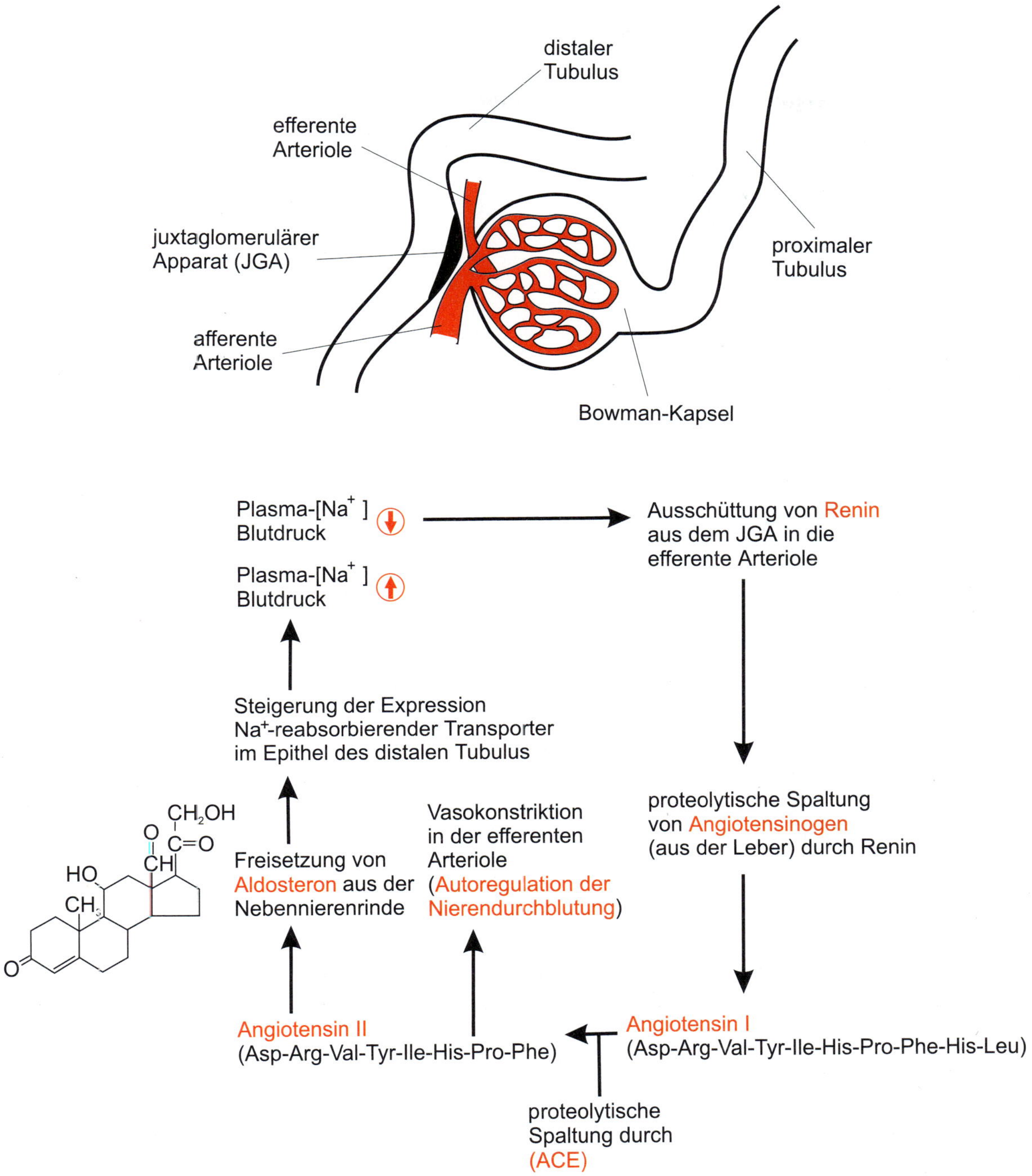

Abb. 8.26 Lage des juxtaglomerulären Apparats in der Säugetierniere (oben) und Übersicht über den Renin-Angiotensin-Aldosteron-Regelkreis zur Stabilisierung des Natriumhaushalts im Körper des Säugetiers und des Blutdrucks in der Niere (unten). Erläuterungen im Text.

Normalwert, wird zur Vermeidung weiteren Volumenverlusts das Volumen des Endharns stark vermindert und seine Konzentration entsprechend gesteigert (**Antidiurese**). Dieses erfolgt unter Vermittlung des Hypothalamus (Osmo- und Volumenrezeption) und der Neurohypophyse, die das **antidiuretische Hormon** (ADH, identisch mit **Vasopressin** bei Säugetieren bzw. **Vasotocin** bei anderen Vertebraten) in das Blut freisetzt. Dieses Hormon bindet an V2-Rezeptoren in der Basolateralmembran der Sammelrohrzellen und bewirkt die Akkumulation des Second Messengers cAMP im Cytosol. Dieses Signal sorgt für den Einbau der bereits fertig in intrazellulären Vesikeln vorrätigen Wasserkanäle (Homologe der menschlichen Typ-2-Aquaporine) in die apikale Membran der Sammelrohrzellen. Hierdurch kann Wasser entlang eines steilen osmotischen Gradienten durch die Zelle in das umliegende Interstitium übertreten. Das Harnvolumen wird dadurch vermindert und erreicht die hohe osmotische Konzentration des Nierenmarks. Die Ausschüttung des antidiuretischen Hormons kann durch Alkoholeinwirkung auf die hypothalamischen Neurone unterdrückt werden (▶ Box 8.3).

Box 8.3 Hatten Sie schon einmal einen »Brand«?

Während und nach dem Genuss größerer Mengen Alkohol wird die Ausschüttung von ADH aus den in der Neurohypophyse liegenden neurosekretorischen Synapsen von Neuronen des Nucleus supraopticus und N. paraventricularis (Hypothalamus) gehemmt. Dies resultiert in einer lang anhaltenden Diurese, die mehr Volumen aus dem Körper ausschwemmt als zur Aufrechterhaltung der Volumenhomöostase des Körpers angezeigt wäre. Dies führt am Morgen nach dem Alkoholkonsum unter Umständen zu einem erheblichen Volumenmangel im Organismus, der durch die Aktivierung des Renin-Angiotensin-Aldosteron-Systems zu großem Durst (»Brand«) führt. Die Durstempfindung wird dabei durch systemisch zirkulierendes Angiotensin II ausgelöst oder verstärkt, das über eine nur wenig ausgebildete Blut-Hirn-Schranke im Bereich der circumventrikulären Organe des Gehirns die Neurone des Subfornicalorgans aktiviert.

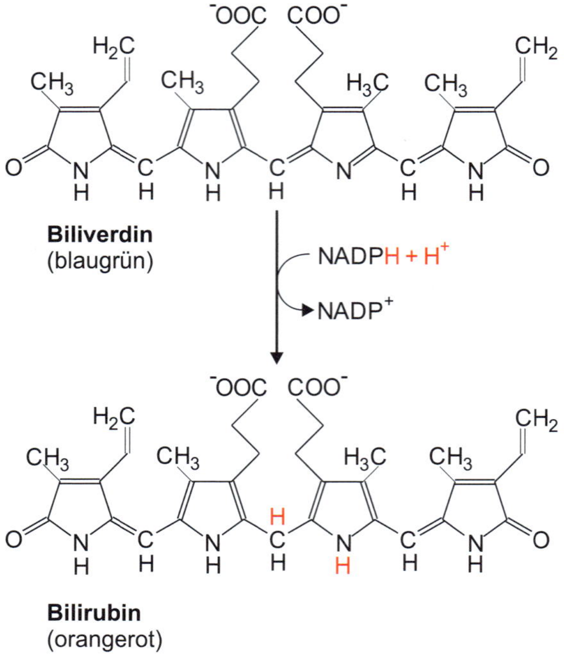

Abb. 8.27 Strukturformeln der Abbauprodukte des Häms, Biliverdin und Bilirubin, die bei Vertebraten mit dem Gallensekret auf extrarenalem Weg ausgeschieden werden.

8

8.3 Extrarenale Exkretion

Obwohl bei den meisten Tierarten spezielle Exkretionsorgane vorhanden sind, werden viele Stoffe auf extrarenalem Weg ausgeschieden. Als Orte der **extrarenalen Ausscheidung** können insbesondere die Kiemen, die Leber, sowie das Darmepithel fungieren.

Bei verschiedenen Insekten (*Forficula auricularia*, *Periplaneta americana*, *Chrysopa perla*) ist es nicht gelungen, Harnsäure im Lumen der Malpighi-Gefäße nachzuweisen, obwohl die aus dem Darm entlassenen Exkrete durchaus Harnsäure enthalten. Bei *Periplaneta* wird die Harnsäure durch den vorderen Teil des Enddarms abgegeben. Eine exkretorische Funktion des Darms ist auch bei anderen Insekten nachgewiesen. Die blutsaugende Wanze *Rhodnius prolixus* scheidet das beim Abbau des Hämoglobins entstehende Biliverdin über das Mitteldarmepithel in das Darmlumen aus. Das aus dem Hämoglobin stammende Eisen wird dagegen zeitlebens in den Mitteldarmzellen gespeichert. Bei den Wirbeltieren übernimmt die **Leber** die Exkretion des **Biliverdins** und des **Bilirubins** (grünlich-braune Farbe des Gallensekrets sowie der Fäzes). Die Gallenfarbstoffe Biliverdin und Bilirubin entstehen beim Abbau des Hämoglobins im reticuloendothelialen System, hauptsächlich – bei den Vögeln ausschließlich – in der Leber. Nach Herauslösen des zentralen Eisenions des Häms bilden die vier Pyrrolringe eine offene Kette. Biliverdin enthält als Oxidationsprodukt des Bilirubins zwei Wasserstoffatome weniger als dieses (Abb. 8.27).

Bei Crustaceen und Fischen verlässt ein hoher Prozentsatz des im Stoffwechsel anfallenden Ammoniaks den Körper nicht über die Nieren, sondern über das Kiemenepithel. Verschließt man bei der Wollhandkrabbe *Eriocheir* beide Exkretionspori und den Darm, so werden trotzdem noch beträchtliche Mengen Ammoniak und Harnstoff ausgeschieden. Fische (Teleosteer) können bis zu 90 % des im Stoffwechsel anfallenden Stickstoffs durch das Kiemenepithel entlassen. Es handelt sich dabei vornehmlich um Ammoniak und Spuren von Harnstoff. Die weniger diffusiblen Substanzen wie Harnstoff und Kreatinin verlassen den Körper in erster Linie durch die Nieren. Bei den Selachiern ist die extrarenale Harnstoffausscheidung gering. Ihr Kiemenepithel ist weniger permeabel. Deshalb ist es diesen Arten möglich, ihre Körperflüssigkeiten mithilfe des hohen Harnstoffgehalts isoosmotisch zum Meerwasser zu machen.

Geringe Mengen Harnstoff, Ammoniak, Harnsäure und andere stickstoffhaltige Substanzen sind auch regelmäßig im **Schweiß** der Säugetiere enthalten. Die Schweißsekretion dient jedoch nicht der Stickstoffexkretion, sondern der Wärmeregulation. An diese Aufgabe ist der Schweiß insofern besonders gut angepasst, als er das am wenigsten konzentrierte aller Sekrete des Körpers ist. Er enthält weniger als 1 % an festen Bestandteilen, vornehmlich NaCl. Höhere Konzentrationen würden die Verdampfung des Wassers erschweren. Im Anfangsteil der Schweißdrüse wird das Sekret zunächst isoosmotisch zum Blut sezerniert. Bei der Passage durch den geknäuelten Anteil des Ausführungsgangs der Schweißdrüse werden Natriumionen aktiv reabsorbiert. Zahl und Aktivität natriumtransportierender Systeme in den Epithelzellen des Ausführungsgangs werden durch Aldosteron reguliert (Abb. 7.17).

8.4 Exkretspeicherung

Nicht immer werden die Exkretstoffe durch Nieren oder andere Organe ausgeschieden. Oft werden sie innerhalb des Körpers in bestimmten Zellen abgelagert. Diese **Exkretspeicherung** kann transient sein, wobei die akkumulierten Exkrete von Zeit zu Zeit abgestoßen werden, oder dauerhaft für die gesamte Lebensspanne des Lebewesens (**innere Exkretion, Inkretion**) erfolgen.

Ein Beispiel für die temporäre Exkretspeicherung ist die Akkumulation von Harnsäure in den Nierensackzellen während des Winters bei der Weinbergschnecke *Helix* und der Wegschnecke *Arion*. Die wegen der Stagnation der Harnausscheidung über den Winter angesammelten Harnkonkremente werden im Frühjahr abgestoßen, während über den Sommer ein flüssiger Harn ohne Konkremente gebildet wird. Bei Insektenlarven, die noch nicht über voll ausgebildete Malpighi-Gefäße verfügen (z. B. die Honigbiene, *Apis mellifica*), wird die Harnsäure bis zur Verpuppung im Fettkörper akkumuliert und erst nach dem Schlüpfen des Imagos durch die Malpighi-Gefäße ausgeschieden.

Collembolen speichern Harnsäure Zeit ihres Lebens in den **Uratzellen**, welche in den Fettkörper eingestreut sind. Auch Schaben, die offenbar mithilfe ihrer Malpighi-Gefäße keine Harnsäure ausscheiden können, akkumulieren diese in bestimmten Zellen des Fettkörpers. Bei Arachniden wird eine Exkretablagerung in sogenannten Nephrocyten, im Darmepithel, in der Epidermis sowie in der Kloakenwand beobachtet. Bei den Anneliden dienen Chloragog- bzw. Botryoidgewebe neben anderen Funktionen auch als Exkretspeicher. Regelrechte **Speichernieren** besitzen die Ascidien. Bei diesen Tieren, denen Exkretionsorgane fehlen, lagern sich Blutzellen mit großen Purineinschlüssen an bestimmten Orten des Körpers zusammen (oft am Darm) und verharren dort zeitlebens. Fische lagern **Guanin** in kristalliner Form in den Iridocyten der Haut und bei manchen Arten auch in der Retina (retinales Tapetum) sowie im choroidalen Tapetum der Augen ab.

Manche sekundäre Metaboliten des normalen Stoffwechsels können auch beim Menschen nicht vollständig ausgeschieden werden und akkumulieren daher in den Körperzellen. So kommt es in den Geweben älterer Menschen oft zu einer Ansammlung gefärbter Endprodukte (hauptsächlich oxidativ geschädigte Proteine und Lipide), die als **Lipofuscingranula** auch in den Zellen der Haut zu bräunlichen Verfärbungen führen (**Altersflecken**).

8.5 Fragen zum Selbststudium

- Warum ist es für Tiere nicht möglich, aus der Desaminierung von Aminosäuren stammendes Ammoniak in höheren Konzentrationen im Körper zu speichern?
- Welche Tiergruppe nutzt Harnsäure als hauptsächliches Produkt der Stickstoffausscheidung? Erläutern Sie die Gründe.
- Vergleichen Sie die Bildungsmechanismen für die Ausscheidungen von limnischen Einzellern und frei lebenden Nematoden.
- Welche Tiergruppe besitzt Protonephridien als typische Ausscheidungsorgane und wie funktioniert deren Primärharnbildung?
- Wie wird die Coelomflüssigkeit bei Anneliden gebildet?
- Wie vermeidet ein Flusskrebs den Verlust großer Mengen von Mineralien mit seiner Harnausscheidung?
- Aus welchen Parametern setzt sich der effektive Filtrationsdruck zusammen, der die glomeruläre Filtration in der Säugetierniere bedingt?
- Warum ist es für Säugetiere und Vögel wichtig, die glomeruläre Filtrationsrate in ihren Nieren unter allen Umständen möglichst konstant zu halten?
- Welche Transportproteine sind an der Reabsorption von Na^+-Ionen im proximalen Tubulus der Säugetierniere beteiligt?
- Welche Unterschiede gibt es in der Wasserpermeabilität der Epithelien in den verschiedenen Abschnitten der Henle-Schleife?
- Generell können Säugetiere ihren Endharn wesentlich höher konzentrieren als Vögel. Woran liegt das?
- Was passiert in ihrem Volumenhaushalt, wenn Sie größere Mengen Alkohol trinken?
- Erklären Sie, warum die Fäzes von Tieren eine grünlich-braune Grundfarbe haben.

Weiterführende Literatur

Allgemeines

Evans DH (Hrsg) (2008) Osmotic and ionic regulation: Cells and animals. CRC Press; Boca Raton.
Dantzler WH (1989) Comparative physiology of the vertebrate kidney. Springer Verlag; Berlin, Heidelberg, New York, London, Paris, Tokyo.
Dantzler WH (2003) Regulation of renal proximal and distal tubule transport: sodium, chloride and organic ions. Comparative Biochemistry and Physiology A 136, 453-478.
Greger R (2000) Physiology of renal sodium transport. American Journal of the Medical Sciences 319, 51-62.
Wieczorek H, Beyenbach KW, Huss M, Vitavska O (2009) Vacuolar-type proton pumps in insect epithelia. Journal of Experimental Biology 212, 1611-1619.
Wright PA (1995) Nitrogen excretion: three end products, many physiological roles. Journal of Experimental Biology 198, 273-281.

Spezielle Aspekte

Alexander RT, Grinstein S (2006) Na^+/H^+-exchangers and the regulation of volume. Acta Physiologica 187, 159-167.
Allen RD (2000) The contractile vacuole and its membrane dynamics. Bioessays 22, 1035-1042.
Aronson PS (2002) Ion exchangers mediating NaCl transport in the renal proximal tubule. Cellular Biochemistry and Biophysics 36, 147-153.
Arroyo JP, Ronzaud C, Lagnaz D, Staub O, Gamba G (2011) Aldosterone paradox: differential regulation of ion transport in distal nephron. Physiology 26, 115-123.
Berkhin EB, Humphreys MH (2001) Regulation of renal tubular secretion of organic compounds. Kidney International 59, 17-30.
Beyenbach KW (2003) Transport mechanisms of diuresis in Malpighian tubules of insects. Journal of Experimental Biology 206, 3845-3856.
Buechner M (2002) Tubes and the single *C. elegans* excretory cell. Trends in Cell Biology 12, 479-484.
Christensen EI, Birn H, Storm T, Weyer K, Nielsen R (2012) Endocytic receptors in the renal proximal tubule. Physiology 27, 223-236.
Coast GM (2001) The neuroendocrine regulation of salt and water balance in insects. Zoology 103, 179-188.
Cogan MG (1990) Renal effects of atrial natriuretic factor. Annual Review of Physiology 52, 699-708.
Dow JAT (2009) Insights into the Malpighian tubule from functional genomics. Journal of Experimental Biology 212, 435-445.

Eladari D, Chambrey R (2010) Ammonium transport in the kidney. Journal of Nephrology (Suppl. 16), S28-S34.
Geerling JC, Loewy AD (2008) Central regulation of sodium appetite. Experimental Physiology 93, 177-209.
Gonska T, Hirsch JR, Schlatter E (2000) Amino acid transport in the renal proximal tubule. Amino Acids 19, 395-407.
Greenwald L (1989) The significance of renal relative medullary thickness. Physiological Zoology 62, 1005-1014.
Harvey WR, Wieczorek H (1997) Animal plasma membrane energization by chemiosmotic H^+ V-ATPases. Journal of Experimental Biology 200, 203 -216.
Henry RP, Lucu C, Onken H, Weihrauch D (2012) Multiple functions of the crustacean gill: Osmotic/ionic regulation, acid-base balance, ammonia excretion, and bioaccumulation of toxic metals. Frontiers in Physiology 3, 431.
Martinez-Quintana JA, Yepiz-Plascencia G (2012) Glucose and other hexoses transporters in marine invertebrates: a mini review. Electronic Journal of Biotechnology 15, 12.
McCormick SD, Bradshaw D (2006) Hormonal control of salt and water balance in vertebrates. General and Comparative Endocrinology 147, 3-8.
Nishimura H (2008). Urine concentration and avian aquaporin water channels. Pflügers Archive – European Journal of Physiology 456, 755-768.
Ortiz RM (2001) Osmoregulation in marine mammals. Journal of Experimental Biology 204, 1831-1844.
Rafey MA, Lipkowitz MS, Leal-Pinto E, Abramson RG (2003) Uric acid transport. Current Opinion in Nephrology and Hypertension 12, 511-516.
Renfro JL (1999) Recent developments in teleost renal transport. Journal of Experimental Zoology 283, 653-661.
Sekine T, Miyazaki H, Endou H (2006) Molecular physiology of renal organic anion transporters. American Journal of Physiology - Renal Physiology 290, F251-F261.
Wenning A, Erxleben CF, Calabrese RL (2001) Indirectly gated Cl^--dependent Cl^- channels sense physiological changes of extracellular chloride in the leech. Journal of Neurophysiology 86, 1826-1838.
Wilkie MP (1997) Mechanisms of ammonia excretion across fish gills. Comparative Biochemistry and Physiology A 118, 39-50.
Wright EM, Loo DDF, Hirayama BA (2011) Biology of human sodium glucose transporters. Physiological Reviews 91, 733-794.
Yu M-J, Beyenbach KW (2001) Leucokinin and the modulation of the shunt pathway in Malpighian tubules. Journal of Insect Physiology 47, 263-276.
Zerbst- Boroffka I, Bazin B, Wenning A (1997) Chloride secretion drives urine formation in leech nephridia. Journal of Experimental Biology 200, 2217-2227.

8

Energiehaushalt

Der thermodynamisch unwahrscheinliche und sehr labile Zustand des Lebendigseins kann nur aufrechterhalten werden, wenn ständig **Energie** umgesetzt wird. Die heterotrophen Organismen – und dazu zählen alle Tiere – holen sich die Energie aus ihrer natürlichen Umgebung, indem sie dort vorhandene energiereiche Stoffe aufnehmen und in ihren Zellen zu energiearmen Stoffen umsetzen. Die bei dieser Umsetzung frei werdende Energie setzen sie ein, um ihren Zustand zu erhalten, zu wachsen, sich zu vermehren und äußere Arbeit zu leisten.

Energie kann von Lebewesen weder neu erschaffen noch vernichtet werden. Sie können Energie nur von einer Form in eine andere umwandeln. Bei solchen Umsetzungen geht immer ein Teil der Energie in Form von Wärme (Zunahme der **Entropie**) verloren, diese steht dann nicht mehr für den energiebedürftigen Prozess selbst oder andere Arbeitsleistungen zur Verfügung. Ein Maß für die Effektivität der Energieumsetzung ist der **Wirkungsgrad** η, das Verhältnis der für Arbeitsleistung verfügbar gemachten zur insgesamt umgesetzten Energie:

$$\text{Wirkungsgrad } \eta\ (\%) = \frac{\text{geleistete Arbeit}}{\text{umgesetzte Energie}} \times 100$$

Der maximale Wirkungsgrad der Skelettmuskulatur des Menschen unter *in-vivo*-Bedingungen beträgt etwa 25 %.

Da sich der Stoffwechsel jedes Lebewesens aus sehr vielen nacheinander ablaufenden chemischen Umsetzungsreaktionen zusammensetzt und bei jeder einzelnen Reaktion ein bestimmter Energiebetrag nicht mehr nutzbarer Energie anfällt, wird letztlich die gesamte im Organismus umgesetzte Energie als **Wärme** frei. Seine innere Ordnung kann ein Lebewesen daher nur aufrechterhalten, wenn es ständig Energie aus der Umwelt aufnimmt.

Die aufgrund internationaler Vereinbarungen übliche SI-Einheit für die Energie ist das Joule (J), das die früher übliche Einheit Kalorie (cal) abgelöst hat:

1 Joule (J) = 1 Newtonmeter (N m) = 0,2389 Kalorien (cal)

9.1 Energiebudget und seine Komponenten

Der von einem Tier mit der Nahrung in einer bestimmten Zeitspanne aufgenommene Betrag an Energie wird als **Bruttoenergie des Futters** (E_{in}) bezeichnet. Sie kann im **Kalorimeter** (Abb. 9.1) bestimmt werden, indem man eine definierte Futtermenge in einer Sauerstoffatmosphäre verbrennt und die Temperaturänderung in einem sich um die Brennkammer herum befindenden Wasservolumen bestimmt. Die Bruttoenergie des Futters wird im Tierkörper allerdings nicht vollständig in Wärme umgesetzt, sondern setzt sich zusammen aus einem Teil, der resorbiert und ultimativ tatsächlich in Wärme umgesetzt wird (assimilierte Energie, E_{ass}), und in den Teil, der lediglich den Darm passiert und mit dem Kot wieder ausgeschieden wird (E_{Kot} = physikalischer Brennwert des Kots) (Abb. 9.2):

$$E_{in} = E_{ass} + E_{Kot}$$

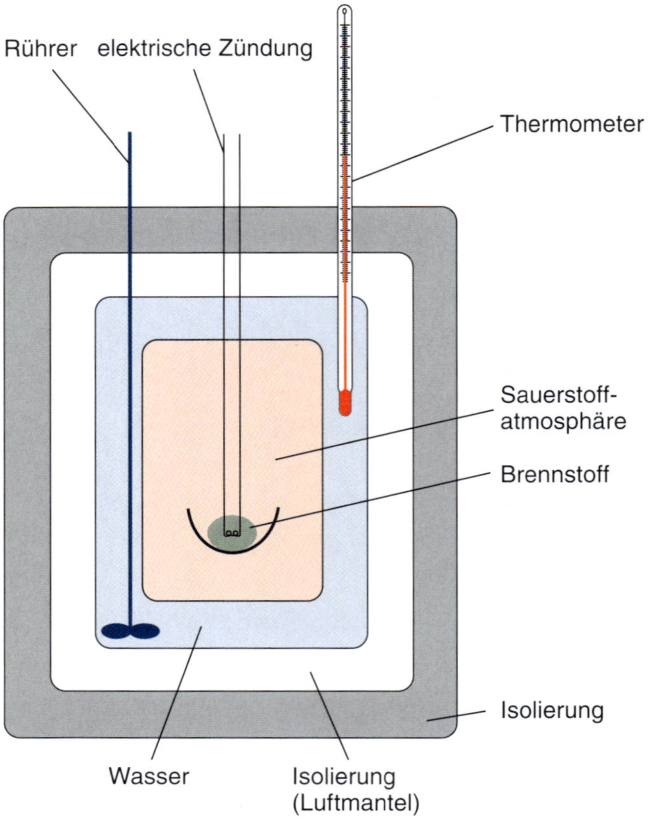

Abb. 9.1 Schema eines Verbrennungskalorimeters zur Bestimmung des Gesamtenergieinhalts einer Substanz (z. B. Tierfutter).

Der nutzbare Anteil der Bruttoenergie des Futters (E_{ass}) ist bei Pflanzenfressern (Herbivora), die Heu, Gras oder Blätter zu sich nehmen, durchweg relativ niedrig. Er kann bei Rindern deutlich unter 70 % der Bruttoenergie liegen. Carnivore erreichen durch den Konsum von protein- und fetthaltiger Nahrung allerdings meist Werte von über 90 %.

Von der **assimilierten Energie** muss zum Zweck der Entgiftung ein nicht unbeträchtlicher Teil in die Synthese der sekundären Exkretstoffe (Harnsäure, Harnstoff u. a.) gesteckt werden. Mit den im Harn befindlichen Stoffen verlässt den Organismus deshalb ein mit E_{Harn} bezeichneter Energiebetrag (6,1 % der assimilierten Energie beim Rind). Bei Wiederkäuern muss außerdem noch der Energiebetrag berücksichtigt werden, der mit dem bakteriell im Vormagen gebildeten Methan an die Umwelt abgegeben wird (E_{Methan}; beim Rind 300 l pro Tag; 6,3 % der assimilierten Energie). Nur der als metabolisierbare (umsetzbare) Energie (E_{met}) bezeichnete Rest der assimilierten Energie bleibt im Organismus und steht ihm für seine diversen Lebensleistungen zur Verfügung:

$$E_{ass} = E_{met} + E_{Harn} + E_{Methan}$$

Ein relativ großer Anteil der metabolisierbaren Energie wird in die Verdauung gesteckt. Aus diesem Grund muss bei der Bestimmung des Grundumsatzes darauf geachtet werden, dass die letzte Mahlzeit lange genug zurückliegt (Ruhe-Nüchtern-Wert). Bei Hunden kann sich der Energieumsatz nach einer

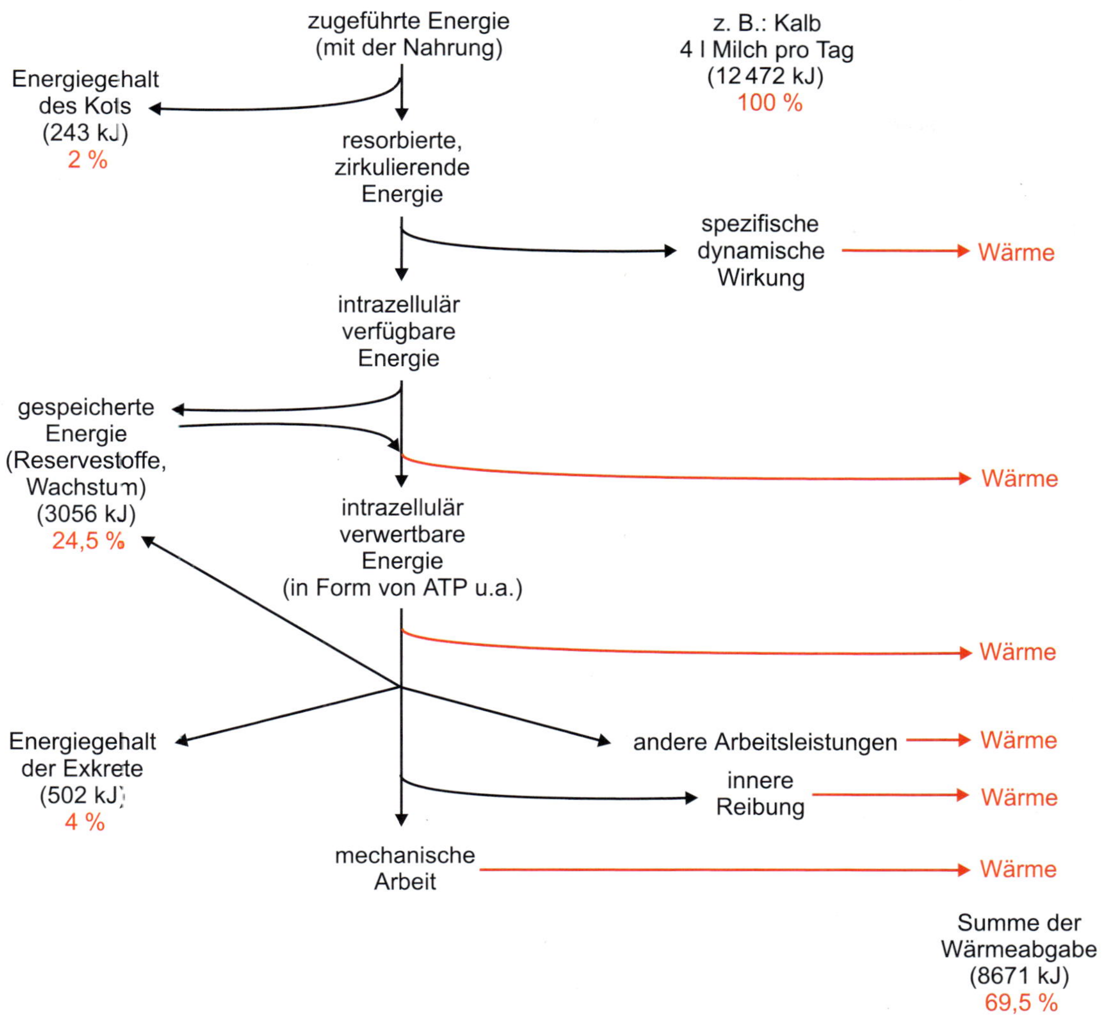

Abb. 9.2 Energiebilanz eines Säugetiers nach Aufnahme einer bestimmten Nahrungsmenge. Die Zahlenwerte beziehen sich auf das Beispiel eines Kalbs, das pro Tag ein Milchvolumen von 4 l mit einem Energiegehalt von 12 472 kJ trinkt.

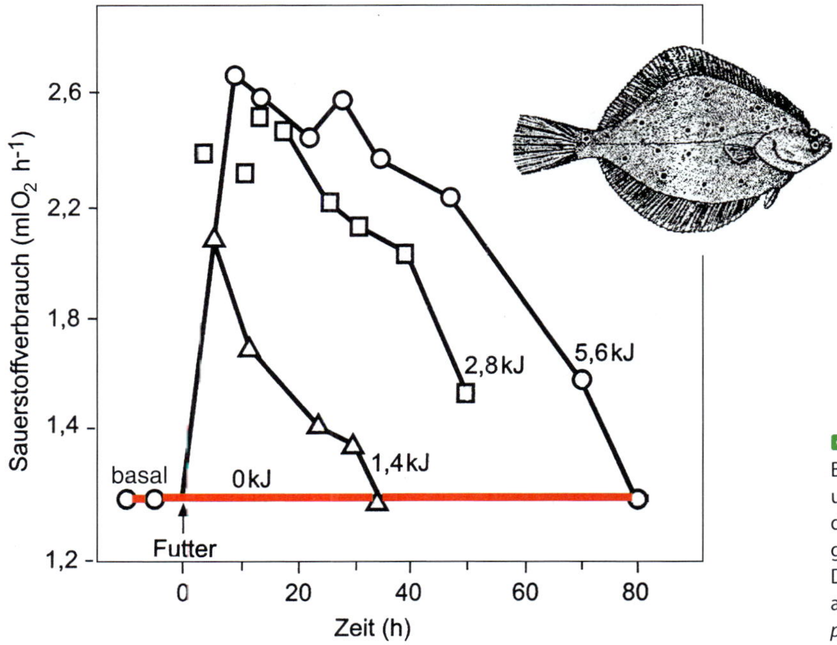

Abb. 9.3 Die spezifische dynamische Wirkung am Beispiel der Scholle (*Pleuronectes platessa*). Amplitude und Dauer der Wirkung nehmen mit dem Umfang der aufgenommenen Nahrung (die enthaltene Energiemenge ist in kJ angegeben) zu. (Nach Jobling M, Davies PS (1980) Effects of feeding on metabolic rate, and the Specific Dynamic Action in plaice, *Pleuronectes platessa* L. J Fish Biol 16, 629–638, Abb. 1, S. 632.)

ergiebigen Mahlzeit verdoppeln und erst nach 20 h wieder abklingen. Intensität und Dauer der Umsatzsteigerung (**spezifische dynamische Wirkung**) sind vom Umfang der Nahrung abhängig (Abb. 9.3). Die mit der Nahrungsaufnahme verbundene Zunahme des Energieumsatzes (postbrandiale[257] Umsatzsteigerung) ist allerdings nicht allein auf die Verdauungsarbeit (Magen-Darm-Motorik, Enzymausschüttung, aktiver Transport usw.) zurückzuführen, sondern auch auf die Anregung des biochemischen Stoffumsatzes (Synthese von körpereigenen Biopolymeren, Synthese von Exkretstoffen u. a.). Da der Betrag der metabolisierbaren Energie alle lebensnotwendigen Funktionen des Tieres abdecken muss, zählt die Erhaltungsarbeit ebenso wie die Vermehrung der organischen Substanz (Wachstum, Ei- oder Milchproduktion, Wachstum von Feten), die motorischen Aktivitäten (Darm, Herz, Atmung, Lokomotion usw.) ebenso wie die osmotische Arbeit, Thermoregulation sowie die Exkretion und vieles mehr zu den Funktionen, für die E_{met} ausreichen muss.

9.2 Respiratorischer Quotient

Setzt man ein Tier in ein speziell dafür konstruiertes Kalorimeter (Abb. 9.4), so kann man dessen Stoffwechselrate anhand der Wärmeproduktion pro Zeiteinheit bestimmen. Misst man gleichzeitig den O_2-Verbrauch und die CO_2-Produktion des Tieres anhand der Differenz der Konzentrationen dieser Atemgase im Gasgemisch, das in die Tierkammer geleitet wird bzw. aus dieser wieder entweicht, kann darauf geschlossen werden, in welchem Maß verschiedene Nährstoffe am Gesamtumsatz des Tieres beteiligt waren. Das Verhältnis des in einer bestimmten Zeitspanne abgegebenen CO_2-Volumens zu dem in derselben Zeitspanne unter gleichen Bedingungen aufgenommenen O_2-Volumen bezeichnet man als **respiratorischen Quotienten** (RQ):

$$RQ = \frac{\dot{V}_{CO_2}}{\dot{V}_{O_2}}$$

Der RQ-Wert ist bei reiner (und vollständiger) Kohlenhydratverbrennung gleich 1, denn es werden dabei genauso viele Mol CO_2 produziert wie O_2 verbraucht werden, wie an der Nettogleichung der Umsetzung von Stärke zu sehen ist:

$$(C_6H_{10}O_5)_n + 6n\ O_2 \rightarrow 6n\ CO_2 + 5n\ H_2O$$

Bei der Verbrennung reinen Fettes ist relativ mehr O_2 nötig, was sich in einem niedrigeren RQ von 0,7 niederschlägt. Als Beispiel dient das Triolein:

$$C_{57}H_{104}O_6 + 80\ O_2 \rightarrow 57\ CO_2 + 52\ H_2O$$

Für Proteine gilt allgemein ein RQ von 0,81, weil der Stickstoffanteil der Proteine im Metabolismus von Tieren nicht oxidiert wird.

Bei vorwiegend pflanzlicher Kost wird sich der RQ-Wert 1, bei vorwiegend animalischer Kost 0,8 nähern. Bei gemischter Kost werden Zwischenwerte gemessen (Tab. 9.1).

[257] *prandium* (lat.) = Frühstück

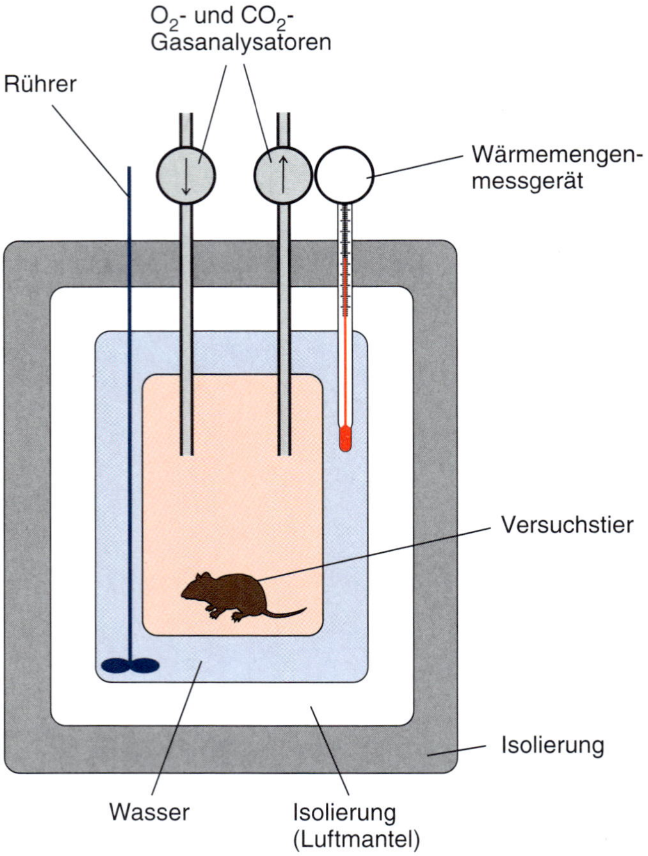

Abb. 9.4 Direkte Kalorimetrie eines Versuchstiers in einem offenen Kalorimeter in Kombination mit einer Atemgasanalyse (Respirometrie) zur Berechnung des RQ.

Tab. 9.1 RQ-Werte in Abhängigkeit von der Ernährung.

Tierart	überwiegende Nährstoffe	RQ
Fliege	nach Zuckerfütterung	1,00
Fliege	nach Fleischfütterung	0,80
Rind	pflanzliche Nahrung (Kohlenhydrat)	0,96
Schwein	Mischkost	0,86
Katze	tierische Kost (Protein, Fett)	0,74

Der RQ ist ein Wert, der nur dann ein realistisches Bild von der Art des momentan im Energiestoffwechsel genutzten Betriebsstoffes liefert, wenn das Tier seine Körpermasse während des Versuchs nicht ändert, das heißt weder Nährstoffe in Form von körpereigenen Polymeren abspeichert noch körpereigene Vorratsstoffe für den Energiestoffwechsel mobilisiert (▶ Box 9.1). Außerdem darf das Tier die Produkte des Energiestoffwechsels nicht speichern, sondern muss sie vollständig ausscheiden. Auch das ist nicht immer der Fall, da zum Beispiel gehäusetragende Tiere das metabolisch gebildete CO_2 in Form von Calciumcarbonat in ihren Schalen ablagern können. Um diesen Besonderheiten Rechnung zu tragen, verwendet man

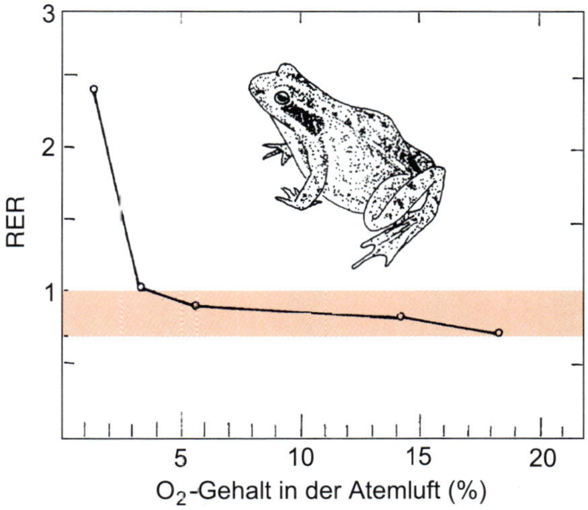

Abb. 9.5 Abhängigkeit des RER-Wertes vom O_2-Angebot beim Frosch (*Rana*). RER = respiratorische Austauschrate. (Nach Koller G (1934) Einführung in die Physiologie der Tiere und des Menschen. Thieme, Stuttgart.)

für die Ergebnisse der respirometrischen Messungen im Kalorimeter oft auch den allgemeineren Begriff der **respiratorischen Austauschrate** (*respiratory exchange ratio*, RER). Dieser Begriff beschreibt ebenfalls das Volumenverhältnis des ausgeatmeten Kohlendioxids zum eingeatmeten Sauerstoff, macht aber die für den RQ geltenden Einschränkungen nicht. Der RQ ist insofern als Spezialfall der respiratorischen Austauschrate anzusehen.

Box 9.1 Bedingungen, die zu einer respiratorischen Austauschrate (RER) über 1 oder unter 0,7 führen

Unter besonderen Bedingungen kann die RER über 1,0 ansteigen bzw. unter 0,7 abfallen.

RER über 1

Die RER nimmt höhere Werte als 1,0 an, wenn der Nenner des Bruchs (das pro Zeitintervall aufgenommene O_2-Volumen) unter die Norm abfällt. Das tritt ein, wenn im intermediären Stoffwechsel aus sauerstoffreichen Kohlenhydraten sauerstoffärmeres Fett gebildet wird. Der dabei frei werdende Sauerstoff steht dem Stoffwechsel zur Verfügung, braucht also nicht aus der Atemluft bezogen zu werden. Beispiele sind Bienenköniginnen, Säuger in Vorbereitung auf den Winterschlaf wie auch Gänse (RER bis 1,38) und Schweine (RER bis 1,58) in der Fettmast.

Die RER nimmt auch dann höhere Werte als 1,0 an, wenn der Zähler des Bruchs (das pro Zeitintervall abgegebene CO_2-Volumen) über die Norm steigt. Diese Situation tritt bei Tieren ein, die vorwiegend unter Sauerstoffabschluss (anoxibiotisch) leben. Beispiele sind *Suberites* (Schwamm, RER: 2,9) und *Cucumaria* (Holothurie, RER: 3,6–3,8). Auch bei Sauerstoffmangel (Abb. 9.5) oder plötzlicher intensiver Muskelarbeit bei ansonsten aerob lebenden Tieren kann die RER vorübergehend über 1,0 steigen, weil der tätige Muskel teilweise anaerob arbeiten kann und vorübergehend eine Sauerstoffschuld eingeht. Die dabei auftretenden Lactatmenge führt zu einer metabolischen Azidose im Blut, die teilweise durch eine Hyperventilation (vermehrte CO_2-Abatmung aus den großen Speichern in Geweben und Blut bei gleichbleibender O_2-Aufnahme) kompensiert wird.

RER unter 0,7

Die RER kann unter 0,7 sinken, wenn der Nenner des Bruchs (das pro Zeitintervall aufgenommene O_2-Volumen) infolge einer Umwandlung der Fette und Proteine in die relativ sauerstoffreicheren Kohlenhydrate über die Norm steigt. Beispiele sind Säugetiere während des Winterschlafs oder im Hungerzustand.

Außerdem kann die RER kann auch unter 0,7 sinken, wenn der Zähler des Bruchs (das pro Zeitintervall abgegebene CO_2-Volumen) unter die Norm abfällt. Man kennt Beispiele dafür, dass ein Teil des metabolisch gebildeten CO_2 nicht in der Atemluft erscheint, sondern in Kalkschalen oder den kalkhaltigen Chitinpanzer (Crustaceen) eingelagert oder in den Geweben zurückgehalten wird (Säuger während des Winterschlafs). Letzteres trifft auch für viele Insekten – insbesondere während des Puppenstadiums – zu, die das CO_2 nicht kontinuierlich, sondern periodisch während der Öffnungsphasen der Stigmen abgeben (diskontinuierliche Ventilation). Der Rhythmus ist bei den verschiedenen Arten unterschiedlich. Es sind Arten bekannt, die 25-mal in der Stunde jeweils eine Minute lang CO_2 entlassen, und andere, die in 24 h nur einmal eine halbe Stunde lang CO_2 abgeben (Abb. 9.6).

Die angeführten Beispiele haben gezeigt, dass man bei der Interpretation der gemessenen RER vorsichtig sein muss. Trotzdem gestattet die Kenntnis der RER in vielen Fällen eine Aussage darüber, in welchem Maß die verschiedenen Nährstoffe am Gesamtumsatz beteiligt waren. Käme neben den Kohlenhydraten nur noch das Fett als Verbrennungssubstrat in Betracht, so ließe sich direkt aus dem gemessenen Volumenverhältnis des ausgeschiedenen CO_2 und des eingeatmeten O_2 (RQ-Wert) das Mischungsverhältnis der umgesetzten Nährstoffe errechnen (Tab. 9.2). In Wirklichkeit sind aber in mehr oder weniger starkem Umfang auch Proteine am Gesamtumsatz eines Tieres beteiligt. Den Umfang kann man anhand der Stickstoffausscheidung im Harn gesondert bestimmen. Er beträgt beim Menschen (ausgewogene mitteleuropäische Kost) ziemlich konstant 15 % des Ruheumsatzes. Demgegenüber ist der Kohlenhydrat- und Fettumsatz sehr unterschiedlich. Aus dem RQ nach Abzug der auf den Proteinumsatz entfallenden CO_2- und O_2-Volumina (Nichtprotein-RQ) kann man das Verhältnis von Fett- zu Kohlenhydratabbau bestimmen. Unter Berücksichtigung des energetischen Äquivalents (s. u.) kann man dann die Gesamtwärmeproduktion des Tieres aus dem O_2-Verbrauch berechnen (**indirekte Kalorimetrie**).

Tab. 9.2 Das energetische Äquivalent und der RQ in Abhängigkeit von der Zusammensetzung der Nahrung (verschiedene Mischungsverhältnisse von Kohlenhydraten und Fetten).

RQ	energetisches Äquivalent (kJ l^{-1} O_2)	Energieanteil aus Kohlenhydraten (%)	Energieanteil aus Fetten (%)
0,7	19,6	0	100,0
0,8	20,1	33,4	66,6
0,9	20,6	57,5	32,5
1,0	21,1	100,0	0

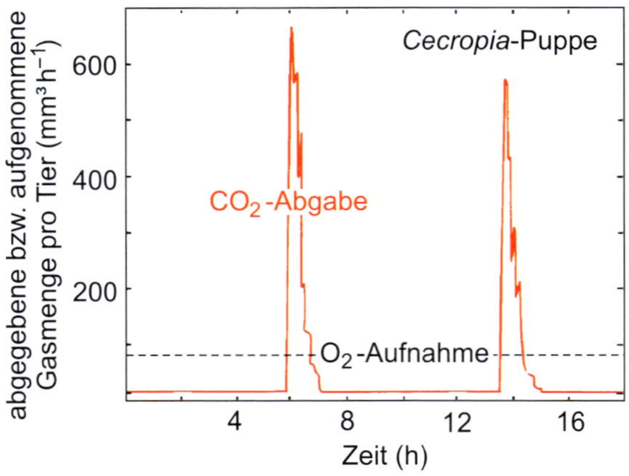

Abb. 9.6 O_2-Verbrauch und CO_2-Abgabe bei *Cecropia*-Puppen. (Nach Schneiderman HA, Williams CM (1955) An experimental analysis of the discontinuous respiration of the *cecropia* silkworm. Biol Bull 109,123–143, Abb. 2, S. 126.)

9.3 Die Stoffwechselrate

9.3.1 Allgemeines

Als **Stoffwechselrate** bezeichnet man den Energieumsatz eines Organismus pro Zeiteinheit. Sie ist keine feste Größe, sondern unterliegt Schwankungen. Sie ist vom Alter und vom Geschlecht, aber auch von der Tages- und Jahreszeit und von der Zusammensetzung der Nahrung abhängig. Ein Vergleich der Stoffwechselraten von Tieren erscheint deshalb nur sinnvoll, wenn sie unter kontrollierten Bedingungen gemessen wurden. Die niedrigsten Stoffwechselwerte werden dann erreicht, wenn jede nicht unbedingt zur Erhaltung des Lebenszustands notwendige zusätzliche Leistung des Tieres so weit wie möglich unterbleibt. Man spricht dann vom **Ruhestoffwechsel**. Er dient der Aufrechterhaltung der Funktionstüchtigkeit des Organismus. Seine Intensität wird als Ruhestoffwechselrate bezeichnet und in verbrauchtem Sauerstoff (in l oder mm^3) pro Zeit (Stunde) und Körpermasseneinheit (g oder kg) angegeben. An ihr sind die einzelnen Organe des Körpers in unterschiedlichem Maß beteiligt. Der höchste Anteil mit je 26 % entfällt beim Menschen auf Leber und Muskulatur. Auf das Gehirn entfallen rund 18 %.

Der für klinische Belange definierte **Grundumsatz** oder die **basale Stoffwechselrate** (Ruhe-Nüchtern-Wert, *basal metabolic rate*) des Menschen entspricht der Stoffwechselintensität des unbekleidet ruhig liegenden (aber nicht schlafenden) Menschen morgens, nüchtern (letzte Nahrungsaufnahme vor mindestens 12 h) bei einer Temperatur von 28 °C (Indifferenztemperatur). Ein 70 kg schwerer Mann setzt unter diesen Bedingungen etwa 7100 kJ pro Tag (d) um. Der Grundumsatz von Frauen ist kleiner (6300 kJ d^{-1}) als der von Männern und nimmt bei beiden Geschlechtern mit dem Alter ab. Diese vom praktischen Standpunkt aus sehr nützliche Begriffsbestimmung ist vom Biologischen her nicht exakt definierbar. In Tierexperimenten ist es schwierig, die Bedingung der völligen Bewegungslosigkeit des Untersuchungsobjekts während der Versuchsdauer einzuhalten. Daher versteht man bei endothermen Tieren (▶ Abschn. 10.2) unter dem Begriff **basale Stoffwechselrate** entspricht dem niedrigsten Umsatzwert eines gesunden Tieres (Vogel, Säugetier), der gemessen werden kann, wenn sich das Tier in Ruhe befindet und keinem physischen (Kälte, Hitze usw.) oder sozialen Stress ausgesetzt ist. Auch sollte die letzte Nahrungsaufnahme längere Zeit zurückliegen (Ruhe-Nüchtern-Wert). Die basale Stoffwechselrate setzt sich aus zwei Komponenten zusammen: der Stoffwechselrate, die auch während des Schlafs messbar ist (*sleeping metabolic rate*), und der Stoffwechselrate, die sich zusätzlich aus dem Zustand der Wachheit (*energy cost of arousal*) ergibt.

Bei ektothermen Tieren (▶ Abschn. 10.2), deren Stoffwechselrate bekanntermaßen von der Umgebungstemperatur abhängt, definiert man den Standardstoffwechsel als Ruhe-Nüchtern-Wert bei einer bestimmten Körpertemperatur. Über die tatsächliche Stoffwechselrate der Tiere in ihrer natürlichen Umgebung geben die unter kontrollierten Bedingungen gemessenen Werte weder des Basal- noch des Standardstoffwechsels hinreichend Auskunft. Messungen des Energieumsatzes unter Freilandbedingungen ergeben die Freilandstoffwechselrate. Sie entspricht dem mittleren Energieverbrauch eines Tieres während eines ganzen Tages, schließt also Phasen der Ruhe und der Aktivität mit ein.

Der Anteil der Stoffwechselrate, der sich zusätzlich zur basalen Stoffwechselrate durch die Aufnahme und Prozessierung von Nahrung ergibt, wird als **nahrungsinduzierte Stoffwechselrate** (*food-induced metabolic rate*) bezeichnet. Körperliche

Aktivität treibt die Stoffwechselrate zusätzlich in die Höhe (*energy cost of physical activity*).

Diese Einzelkomponenten des Umsatzes im Energiestoffwechsel (basale, nahrungsinduzierte und aktivitätsbedingte Stoffwechselrate) addieren sich zur **Gesamtstoffwechselrate** (*total energy expenditure*).

9.3.2 Kalorimetrie

Unter der Voraussetzung, dass keine äußere Arbeit geleistet wird und auch kein Wachstum stattfindet oder Energie beispielsweise durch Anlegen von Fettdepots gespeichert wird, erscheint die gesamte mit dem Futter aufgenommene und im Stoffwechsel umgesetzte Energie (E_{ass}) letztendlich wieder als Wärme in der Umgebung eines Tieres. Man kann also die Wärmebildung pro Zeiteinheit als Maß für den Energieumsatz verwenden (**direkte Kalorimetrie**) (Abb. 9.4). Das ist möglich, weil nach dem Wärmesummengesetz von Hess* die bei einem chemischen Prozess freigesetzte Energiemenge nur von den Ausgangsstoffen und den Endprodukten abhängt, nicht aber von den einzelnen Reaktionsschritten, die dazwischenliegen. Eine andere Möglichkeit zur Bestimmung der Stoffwechselrate wäre über die Messung des Stoffumsatzes selbst in Form des Nährstoff- und/oder Sauerstoffverbrauchs pro Zeiteinheit ohne direkte Messung der Wärmefreisetzung aus dem Tier (**indirekte Kalorimetrie**).

Zur direkten Kalorimetrie wird das Versuchstier in eine thermisch gut isolierte Kammer gesetzt. Die vom Tier abgegebene Wärmemenge wird von Wasser aufgenommen, das in Kupferrohren durch die Kammer zirkuliert, und genau bestimmt. Außerdem muss die Masse des vom Tier über die Haut und Lunge abgegebenen Wasserdampfes (latente Wärme in Form der Verdampfungswärme: 2,45 kJ pro g Wasser bei 20 °C) gemessen werden. Die direkte Kalorimetrie ist bei Tieren mit sehr niedrigeren Stoffwechselraten und bei sehr großen Tieren schwierig, wird aber bei kleinen Vögeln und Säugern sehr erfolgreich angewendet.

Bei der indirekten Kalorimetrie geht man davon aus, dass die bei aerobem Abbau der Nährstoffe im Organismus freigesetzte Energie proportional der verbrauchten Sauerstoffmenge ist. Die Bestimmung der pro Zeiteinheit aufgenommenen Sauerstoffmenge (in mol h^{-1}) und der in derselben Zeit abgegebenen CO_2-Menge (**Respirometrie**) kann in einem geschlossenen oder offenen System vorgenommen werden. Die Gasumsatzwerte können in Stoffmenge pro Stunde oder in Volumen pro Stunde angegeben werden. Letzteres ist aber nur erlaubt, wenn Druck- und Temperatur, bei denen die Messungen durchgeführt wurden, auch genannt werden.

Die indirekte Kalorimetrie basiert auf drei Voraussetzungen:

- Das Tier muss einen aeroben Katabolismus ausführen.
- Der Speicher für Sauerstoff in den Geweben muss möglichst klein sein.
- Zwischen der verbrauchten Sauerstoffmenge und der freigesetzten Wärmemenge muss eine feste Beziehung bestehen, unabhängig davon, ob Kohlenhydrate, Fette oder Proteine verstoffwechselt werden.

Die ersten beiden Voraussetzungen sind bei den meisten ruhenden Tieren über längere Zeiträume gewöhnlich erfüllt. Für fakultativ oder obligat anaerob lebende Tiere müssen andere Ansätze zugrunde gelegt werden. Die dritte Voraussetzung ist, wie Messungen ergeben haben, in den meisten Fällen annähernd erfüllt, da die pro Liter verbrauchtem Sauerstoff produzierte Wärmemenge weitgehend konstant ist, unabhängig davon, ob Kohlenhydrate, Fette oder Proteine abgebaut werden (Tab. 9.2). Man nennt diese Beziehung das kalorische oder energetische Äquivalent des Sauerstoffs, dessen Wert zwischen 21,0 kJ pro l O_2 bei reinem Kohlenhydratumsatz und 18,8 kJ pro l O_2 bei reinem Proteinumsatz schwankt, wenn Harnstoff das Stickstoffendprodukt ist (Tab. 9.3). Ist Harnsäure das Endprodukt, so liegt der Wert mit 18,4 kJ pro l O_2 etwas niedriger. In der Praxis ist es eingedenk der Tatsache, dass gewöhnlich ein Gemisch von Kohlenhydraten, Fetten und Proteinen umgesetzt wird, üblich, von einem Durchschnittswert von 20,3 kJ pro l O_2 auszugehen (Tab. 9.4). Der Fehler bleibt dann in der Regel vernachlässigbar klein.

Im Vergleich zum O_2-Verbrauch eignet sich die CO_2-Produktion weniger gut als Maß für den Stoffumsatz, weil im Körper (in den Geweben) ein Vorrat an Kohlendioxid (z. B. beim Menschen 25–27 mmol l^{-1} HCO_3^--Ionen im Plasma) existiert, der beispielsweise bei Hyperventilation abgebaut und danach wieder aufgefüllt wird, ohne dass diese Änderung der CO_2-Abgabe eine Änderung der Stoffwechselintensität widerspiegelt. Es besteht also nicht zu jeder Zeit eine feste Beziehung zwischen der in den Geweben produzierten und der gleichzeitig ausgeatmeten CO_2-Menge. Das ist beim Sauerstoff anders, weil die O_2-Speicherkapazität beim Wirbeltier gewöhnlich gering ist.

Tab. 9.3 Wichtige Kenndaten für die indirekte Kalorimetrie.

Nährstoff	O_2-Verbrauch ($l\ g^{-1}$)	physikalischer Brennwert ($kJ\ g^{-1}$)	physiologischer Brennwert ($kJ\ g^{-1}$)	energetisches Äquivalent ($kJ\ l^{-1}\ O_2$)	ATP-Ausbeute (mmol g)
Kohlenhydrat	0,82	17,2	17,2	21,0	211 (Glucose)
Fett	2,02	39,4	39,4	19,5	514 (Tristearylglycerin)
Protein	0,96	23,4	18,0	18,8	199 (Myosin)

Tab. 9.4 Der respiratorische Quotient (RQ) und das energetische Äquivalent in Abhängigkeit vom Mischungsverhältnis der Kohlenhydrate und Fette in der Nahrung (nichtproteinhaltige Kost). Bei vielen Untersuchungen liefert die Zugrundelegung eines RQ-Wertes von 0,85 und eines energetischen Äquivalents von 20,3 brauchbare Werte.

% des O_2-Verbrauchs		RQ	energetisches Äquivalent (kJ l^{-1} O_2)
durch Kohlenhydrat	Fett		
0,0	100,0	0,707	19,59
14,7	85,3	0,750	19,81
31,7	68,3	0,800	20,07
48,8	51,2	0,850	20,32
65,9	34,1	0,900	20,58
82,9	17,1	0,950	20,84
100,0	0,0	1,000	21,10

Aus Wieser W (1986) Bioenergetik. Energietransformationen bei Organismen. Thieme, Stuttgart.

9

Das energetische Äquivalent ergibt sich aus der Division des Brennwertes des Stoffes (kJ g^{-1}) durch den bei der Verbrennung verbrauchten Sauerstoff (l g^{-1}):

$$\text{energetisches Äquivalent} = \frac{\text{Brennwert}}{\text{verbrauchter Sauerstoff}}$$

Der physikalische Brennwert lässt sich leicht durch Verbrennung einer Substanz in reiner Sauerstoffatmosphäre unter hohem Druck im Verbrennungskalorimeter (Abb. 9.1) bestimmen. Er entspricht bei Kohlenhydraten und Fetten, die vollständig bis CO_2 und H_2O abgebaut werden, auch dem im Organismus bei der schrittweisen Oxidation über die zahlreichen Zwischenstufen des intermediären Stoffwechsels frei werdenden Energiebetrag, dem **physiologischen Brennwert**. Nur beim Protein differieren physikalischer und physiologischer Brennwert, weil in den Endprodukten des Proteinstoffwechsels, im Harnstoff (ureotelische Tiere) oder in der Harnsäure (uricotelische Tiere), noch ein Teil der Energie enthalten ist. Bei den Wiederkäuern, die einen großen Teil der Kohlenhydrate ihrer Nahrung als Methan ausscheiden, muss das natürlich auch in der Bilanz berücksichtigt werden. Den weitaus höchsten Brennwert unter den Nährstoffen hat das Fett, weshalb es als Energiespeicher besonders gut geeignet ist. Der Wert ist mehr als doppelt so hoch wie bei Kohlenhydraten und Proteinen.

In der Realität können sich physikalischer und physiologischer Brennwert auch bei der Fett- und der Kohlenhydratnutzung unterscheiden. Im Stuhl von Tieren finden sich auch Restmengen an Fetten und Kohlenhydraten. Diese Makronährstoffe werden meist nicht komplett verdaut und resorbiert (manche Kohlenhydrate wie Cellulose können von Tieren nur mithilfe der Darmmikrobiota verwertet werden, was selten vollständig geschieht). Auf Lebensmittelverpackungen werden daher nur die nutzbaren Energiebeträge (in kJ) angegeben, die den physiologischen Brennwerten entsprechen. Diese Angaben gehen auf eine Initiative von Wilbur Olin Atwater* zurück (er wies schon vor mehr als 100 Jahren darauf hin, dass Menschen in den entwickelten Ländern zu viele Kohlenhydrate konsumieren und sich zu wenig bewegen) und berücksichtigen, dass nicht die Gesamtmenge der Energie in den Nahrungsstoffen auch tatsächlich resorbiert wird.

9.3.3 Gesetz der Stoffwechselreduktion

Vergleicht man die Werte des **Sauerstoffverbrauchs** pro Zeiteinheit (l O_2 h^{-1}) (Stoffwechselintensität) großer und kleiner Tiere derselben Art oder verschieden großer Arten derselben Tiergruppe miteinander, so findet man eine deutliche Abhängigkeit dieser Größen von der Körpermasse (m):

$$\dot{V}_{O_2} = a \times m^b$$

Es ist die allgemeine Gleichung des allometrischen Wachstums. In der Biologie werden mit dem Begriff **Allometrie**[258] ungewöhnliche Abhängigkeiten von Variablen beschrieben, deren theoretische Hintergründe oft noch unklar sind. Die fraktale Geometrie hat eine mögliche Erklärung für das Auftreten solcher Abhängigkeiten geliefert. Sie bezeichnet Objekte, die mit zunehmender Auflösung mehr Strukturierung (Details) erkennen lassen, als fraktal strukturierte Systeme. Diese sind allgemein gekennzeichnet durch die Abhängigkeit des Messergebnisses einer Variablen von der Messauflösung, was auch als Skalenabhängigkeit des Messwertes (*scaling*) bezeichnet wird. Die Skalenabhängigkeit einer Messgröße, zum Beispiel in Form einer Potenzfunktion mit nichtganzzahligem Exponenten, tritt immer dann auf, wenn eine Messgröße nicht unabhängig vom gewählten Maßstab, sondern selbst eine Funktion des zur Messung angelegten Maßstabs ist. Insofern könnte die oben beschriebene Abhängigkeit der Stoffwechselrate von der Gesamtmasse verschiedener Tiere ein Artefakt sein, das dadurch zustande kommt, dass wir die Umsatzrate der einzelnen Gewebe und der einzelnen Zellen in den betrachteten Individuen nicht genau genug bestimmen können (s. u.). Dennoch ergeben sich aus der Betrachtung dieser eventuell artifiziellen Abhängigkeit interessante Überlegungen zur Biologie von Tieren, sodass dieser Faden noch ein wenig weiter gesponnen werden soll.

In logarithmischen Koordinaten aufgetragen, ergibt sich für die oben beschriebene Funktion eine Geradengleichung (Abb. 9.7):

$$\log \dot{V}_{O_2} = b \times \log m + \log a$$

Die Konstante b entspricht der Steigung der Geraden. Die Konstante a gibt den Schnittpunkt der Geraden mit der y-Achse an. Diese durch b ausgedrückte Abhängigkeit zwischen O_2-

[258] *allos* (griech.) = anders, fremd; *metron* (griech.) = Maß

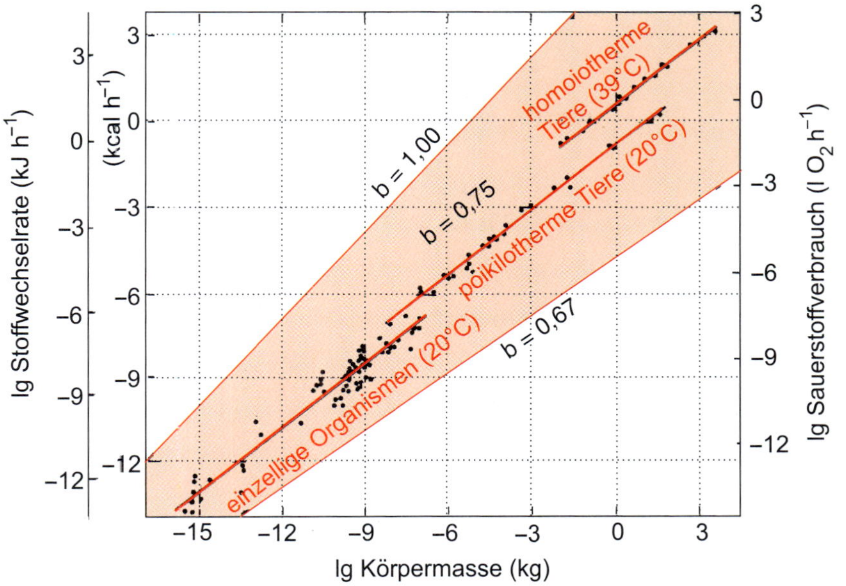

Abb. 9.7 Abhängigkeit der Stoffwechselrate bzw. des Sauerstoffverbrauchs von der Körpermasse verschiedenster Tierformen in doppelt-logarithmischer Auftragung. Die Steigung der eingezeichneten Geraden entspricht einem b-Wert von 0,75. (Nach Hemmingsen AM (1960) Energy metabolism as related to body size and respiratory surfaces, and its evolution. Reports from the Steno Memorial Hospital and the Nordisk Insulin-laboratorium 9, 1–110.)

Verbrauchsrate bzw. Energieumsatzrate und der Körpermasse von Tieren ist nicht – wie man früher annahm – unveränderlich. Sie hängt von der betrachteten Tierart, dem betrachteten Gewebetyp, dem physiologischen Zustand der Betrachtungsobjekte (Ernährung, Aktivität usw.) und von den experimentellen Bedingungen (Temperatur, Salzgehalt des Mediums bei Wassertieren, Bezugsbasis für den Stoffwechsel usw.) ab.

Eine lineare Abhängigkeit (b = 1) der O_2-Verbrauchsrate bzw. Energieumsatzrate von der Körpermasse *m* ist selten. Sie ist bei einigen Insektenlarven und -imagines (Orthopteren, Dipteren) sowie einigen prosobranchen Schnecken und einigen Muscheln (*Dreissena*, *Anodonta*, *Unio*) beobachtet worden. In diesen Fällen haben große Individuen pro Gewichtseinheit denselben O_2-Verbrauch wie ihre kleineren Artgenossen.

In der Regel ist der Exponent b <1, das heißt, die relative Stoffwechselintensität nimmt mit steigender Körpermasse *m* ab:

$$\frac{\dot{V}_{O_2}}{m} = a \times m^{b-1}$$

Diese Erscheinung ist als **Gesetz der Stoffwechselreduktion** bekannt.

Sowohl bei Einzellern als auch bei mehrzelligen Tieren nimmt der Sauerstoffverbrauch (l) pro Zeiteinheit (h), die **Stoffwechselrate**, bei doppeltlogarithmischer Auftragung linear mit der Körpermasse (kg) zu, wobei die Steigung der Regressionsgeraden in allen drei Fällen übereinstimmend etwa den Wert b = 0,75 aufweist (Abb. 9.7). Wir können deshalb zunächst sehr allgemein formulieren, dass die Stoffwechselrate innerhalb vergleichbarer systematischer Gruppen angenähert mit der ¾-Potenz ihrer Körpermasse zunimmt. Das bedeutet, dass sich der Sauerstoffverbrauch bei einer Verdopplung der Körpermasse nicht ebenfalls verdoppelt, sondern nur auf das $2^{0,75}$ = 1,68-Fache ansteigt.

Dieser weitgehenden Übereinstimmung der Konstante b stehen die deutlichen Differenzen der Niveaukonstante a gegenüber (Tab. 9.5). Der Sauerstoffverbrauch ist bei den poikilothermen Metazoen im Durchschnitt um 1,5 Zehnerpotenzen niedriger als bei den homoiothermen und bei den Einzellern nochmals um durchschnittlich eine Zehnerpotenz kleiner als bei den Poikilothermen (siehe die Parallelverschiebung der Regressionsgerade in Abb. 9.7).

Tab. 9.5 Allometrische Beziehung der O_2-Verbrauchsrate von der Körpermasse bei homoiothermen Tieren. Die Konstante a gibt den Schnittpunkt der Geraden (vgl. Abb. 9.7) mit der y-Achse an. Die Konstante b entspricht der Steigung der Geraden.

Tiergruppe	Körpermasse (g)	a	b
Placentatiere	4,8–3,8 × 10^6	0,676	0,75
Beuteltiere	9–5,4 × 10^4	0,409	0,75
Vögel	3–1 × 10^5	0,679	0,723
Sperlingsvögel	6–866	1,11	0,724

Die Sperlingsvögel besitzen eine Stoffwechselrate, die etwa um 65 % höher ist als die der restlichen Vögel mit gleicher Körpermasse, die wiederum eine mit den Placentatieren (Eutheria) vergleichbare Höhe ihrer Stoffwechselrate aufweisen (Tab. 9.5). Der relativ niedrige a-Wert bei den Marsupialiern ist weitgehend auf die im Vergleich zu den Eutheria im Durchschnitt um 3 °C niedrigere Körpertemperatur zurückzuführen. Extrapoliert man die Stoffwechselrate auf eine Standardkörpertemperatur, so sind diese Werte bei Monotremen, Marsupialiern und Eutheria gleich und ebenso groß wie bei den Nicht-Sperlingsvögeln, während die Sperlingsvögel (Passeriformes) auch dann noch eine um ca. 50 % höhere Stoffwechselrate aufweisen.

Das **Gesetz der Stoffwechselreduktion** ist für die homoiothermen Tiere von sehr großer Bedeutung. Die Maus hat im Vergleich zum Elefanten eine etwa 17-mal so hohe Stoffwechselin-

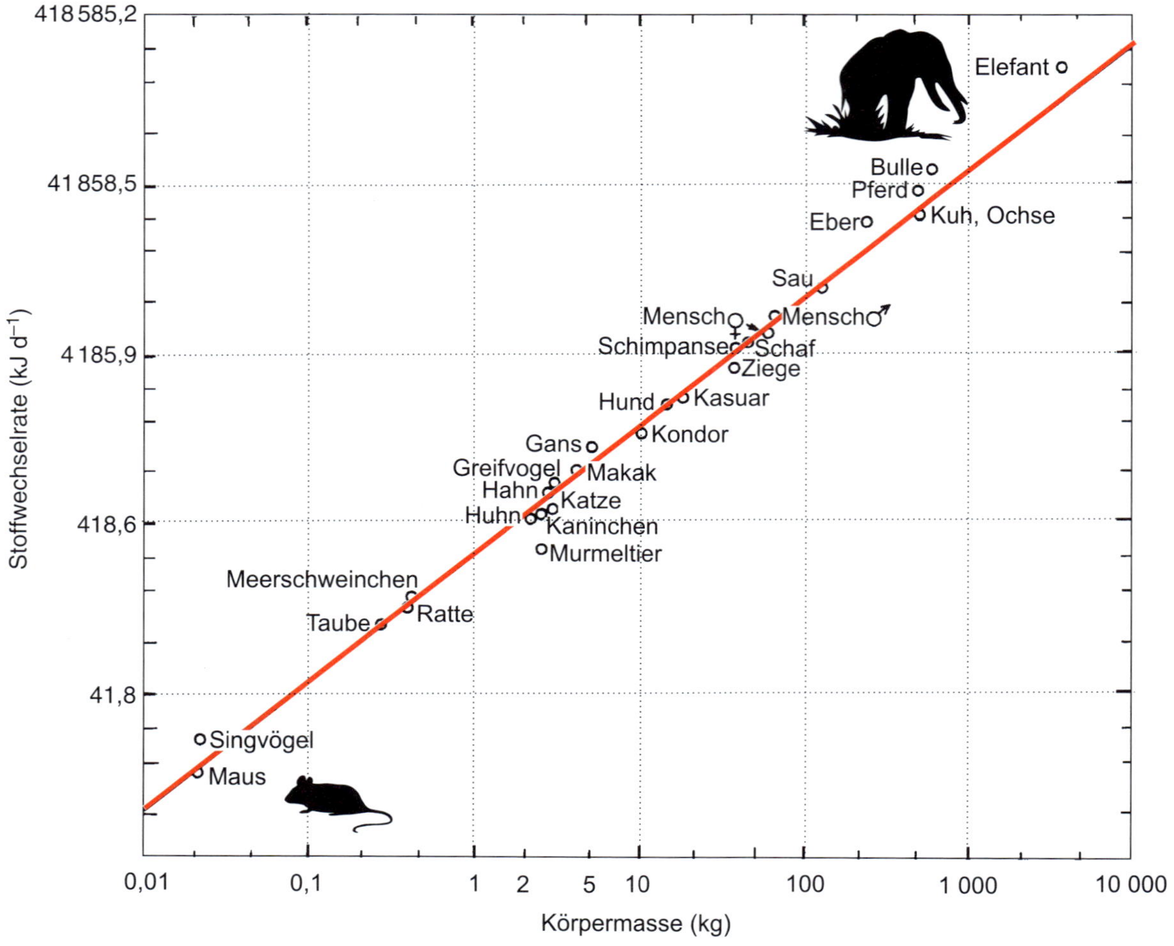

Abb. 9.8 Abhängigkeit der Stoffwechselrate von der Körpermasse bei Säugetieren und Vögeln (doppeltlogarithmische Auftragung). (Nach Benedict FG (1938) Vital energetics: A study in comparative basal metabolism. Carnegie Institution of Washington Monograph Series 503, 1–215.)

tensität, bezogen auf 1 kg Körpergewicht und 24 h (Abb. 9.8). Hätte ein Ochse dieselbe relative Stoffwechselintensität wie die Maus, würde er die von ihm selbst produzierte Wärmemenge nur dann mit derselben Geschwindigkeit, wie sie entsteht, wieder ableiten können, wenn seine Oberflächentemperatur über dem Siedepunkt läge. Umgekehrt würde eine Maus einen 20 cm dicken isolierenden Pelz benötigen, um ihre Körperinnentemperatur bei Raumtemperatur aufrechtzuerhalten. Es wird deutlich, dass die Wärmeproduktion bei Säugetieren nicht direkt proportional zur Körpermasse (das entspräche b = 1) steigen kann. Die ziemlich rasche Zunahme der spezifischen Stoffwechselintensität mit abnehmendem Körpergewicht führt schließlich zu einem so hohen Stoffwechselwert, dass das Tier die notwendige Nahrungsmenge nicht mehr beschaffen und verarbeiten kann. Dieser Grenzwert ist bei dem kleinsten Säugetier, der im Mittelmeergebiet beheimateten Etruskerspitzmaus (*Suncus etruscus*), mit einem Körpergewicht von 1,5–2 g bei einer Kopf-Rumpf-Länge von 3,6–5,2 cm nahezu erreicht. Die kleinen Spitzmaus- und Kolibriarten haben bereits einen so hohen Stoffumsatz, dass sie fast ununterbrochen Nahrung zu sich nehmen müssen, um nicht zu verhungern. Sie benötigen täglich eine Nahrungsmenge, die etwa ihrem eigenen Körpergewicht entspricht.

Natürlich stellen die genannten allometrischen Beziehungen zwischen Stoffwechselrate und Körpermasse Durchschnittswerte dar. Man darf nicht vergessen, dass es auch charakteristische Unterschiede in der Stoffwechselrate selbst zwischen sehr nahe verwandten Formen gibt. So zeigen zum Beispiel unter den Insektenfressern (Insectivora) die Igel einen sehr niedrigen Grundumsatz (a = 2,76) im Vergleich zu den Spitzmäusen (a = 8,96). Selbst wenn man diese Werte auf dieselbe Körpertemperatur extrapoliert, bleibt ein Unterschied der Werte von 1 zu >2 bestehen. Von den beiden Hasenarten Amerikas, *Lepus americanus* und *L. arcticus*, setzt die erste pro Masseneinheit etwa doppelt so viel Sauerstoff um wie die letztgenannte. Klimatische Bedingungen des Lebensraums können ebenso bedeutungsvoll sein wie die Art der Ernährung. Wüstentiere setzen pro Zeiteinheit in der Regel weniger Sauerstoff um als ihre gleich großen Verwandten aus gemäßigteren Zonen.

Der eigentliche Grund für das Auftreten des Phänomens der Stoffwechselreduktion bei Tieren ist unter Fachleuten nach wie vor umstritten. Betrachtet man nur diejenigen Tierarten, die gegenüber der Außenwelt eine erhöhte Körperinnentemperatur aufrechterhalten, könnte man annehmen, dass bei kleinen Tieren das ungünstigere Oberflächen/Volumen-Verhältnis ein

Grund dafür ist, dass sie eine höhere massespezifische Stoffwechselrate benötigen als große Tiere, um ihre Körpertemperatur trotz einer höheren Wärmeverlustrate konstanthalten zu können. Wie wir gesehen haben (Abb. 9.8), trifft dieselbe Beziehung zwischen Körpergewicht und Stoffwechselrate allerdings auch auf Organismen zu, die gar keinen Temperaturgradienten zwischen Körperinnerem und Außenwelt aufweisen. Man sucht daher nach anderen Gründen, wobei man generell annimmt, dass die Allometrie aus einer zu stark vereinfachten Vorstellung einer für alle Tiere gleichermaßen gültigen simplen Abhängigkeit der Gesamtstoffwechselrate von der Gesamtkörpermasse resultiert. Diese Vorstellung lässt außer acht, dass nicht alle Gewebe eines Tieres dieselbe Dichte aufweisen (die Gewebe also unterschiedliche Raumanteile von Feststoffen und Flüssigkeiten besitzen) und die inneren Oberflächen im Verhältnis zum Volumen in gewebespezifischer Weise unterschiedlich groß sein dürften. Daraus ergibt sich die Möglichkeit, dass die relative Verteilung stoffwechselaktiverer und weniger stoffwechselaktiver Gewebe in großen und kleinen Tieren unterschiedlich sein könnte. Wenn größere Tiere zur Aufrechterhaltung der Körperstabilität einen relativ größeren Anteil an Knochenmasse (ein Gewebe mit relativ niedrigem Umsatz) am Gesamtkörpergewicht aufwiesen als kleine, die Masse der stoffwechselintensiven Gewebe (Leber, Muskel, Gehirn) aber direkt mit der Körpermasse korreliert wäre, könnte in der Summe eine der Stoffwechselreduktion entsprechende massenspezifische Umsatzratenbeziehung resultieren. Es würde sich daher lohnen, diese Frage durch Messung gewebespezifischer Stoffwechselraten und durch Bestimmung der Masseanteile aller unterschiedlichen Gewebe an der Gesamtmasse eines Tierkörpers für diverse Arten und unterschiedlich große Tiere derselben Arten zu klären.

9.3.4 Ruhe- und Leistungsumsatz

Es leuchtet ein, dass die Stoffwechselintensität der Tiere, wie jede Enzymreaktion auch, von der Temperatur im Sinn der RGT-Regel (Gesetz von van 't Hoff) abhängt. Wenn R_2 und R_1 die Stoffwechselraten bei den Temperaturen T_2 und T_1 sind, können wir unter Benutzung des **Q_{10}-Wertes** den Zusammenhang in Form einer Exponentialfunktion ($y = b \times a^x$) schreiben:

$$R_2 = R_1 Q_{10}^{\frac{(T_2 - T_1)}{10}}$$

Diese Beziehung kann in logarithmischer Form ausgedrückt werden:

$$\log R_2 = \log R_1 + \log Q_{10} \frac{T_2 - T_1}{10}$$

Zwischen $y = \log R_2$ und $x = (T_2 - T_1)/10$ besteht eine lineare Beziehung. Die Gerade schneidet die y-Achse bei $\log R_1$ und steigt mit dem Faktor $\log Q_{10}$ an. In der Abb. 9.9 ist dieser Zusammenhang am Beispiel der Stoffwechselrate (Sauerstoffverbrauch) des Kartoffelkäfers (*Leptinotarsa decemlineata*) dargestellt.

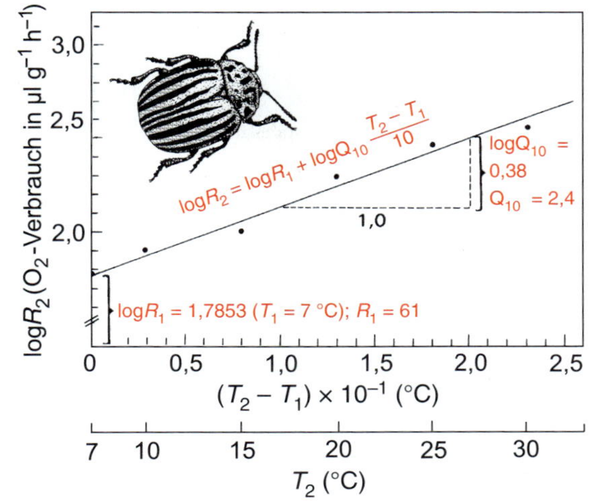

Abb. 9.9 Stoffwechselrate (gemessen anhand des Sauerstoffverbrauchs) des Kartoffelkäfers (*Leptinotarsa decemlineata*) in Abhängigkeit von der Temperatur. (Daten nach Marzusch K (1952) Untersuchungen über die Temperaturabhängigkeit von Lebensprozessen bei Insekten unter besonderer Berücksichtigung winterschlafender Kartoffelkäfer. Z vergl Physiol 34, 75–92, Abb. 4, S. 82, verändert.)

Es leuchtet ebenfalls ein, dass die Stoffwechselintensität mit der Aktivität der Tiere steigt. Tiere mit festsitzender (sessiler) oder halbsessiler Lebensweise haben einen relativ niedrigen Energieumsatz (s. Seeanemone, *Chaetopterus* und Auster *Ostrea*, Tab. 9.6). Unter nahe verwandten Formen haben die lebhaften und schnellen Arten einen höheren Energieumsatz als die trägen (vergleiche *Arenicola* – *Chaetopterus*, *Pecten* – Auster, Forelle – Aal). Jede Muskelaktivität, jede höhere Anforderung an die Wärmeproduktion oder an die Osmoregulation, kurzum jede Art biologischer Aktivität (auch die Vermehrung der Körpermasse) lässt die Stoffwechselintensität ansteigen (Tab. 9.7).

Bei manchen Tieren kann die Differenz zwischen Ruhe- und Leistungsumsatz beträchtlich sein. Während hoher **motorischer Aktivität** kann die Stoffwechselrate bei Amphibien auf das Zehnfache, bei Reptilien auf das sechs- bis 18-Fache, bei den Säugetieren gar auf das 20- bis 30-Fache und noch darüber (Mensch, Hund, Pferd, Antilope) ansteigen. Der Leistungsumsatz des Kolibris ist nur etwa achtmal so hoch wie der Ruheumsatz (Tab. 9.6), der bei diesen kleinen Tieren bereits außergewöhnlich intensiv ist. Bei einigen Insekten (*Melolontha*, *Amphimallus*, verschiedene Lepidopteren) hat man während der Flugaktivität eine Stoffwechselsteigerung auf mehr als das 100-Fache des Ruhewertes beobachtet. Andere Insekten (*Chrysopa*, *Coccinella*, verschiedene brachycere Dipteren) steigern ihren Stoffwechsel kaum auf das 20-Fache. Bei der Biene hat man Steigerungen des aeroben Stoffwechsels auf das 40-Fache des Ruhewertes gemessen.

Die Stoffwechselrate ist dadurch nach oben hin begrenzt, dass bei Annäherung an die **maximale aerobe Kapazität** des Tieres eine zusätzliche ATP-Produktion auf anaerobem Wege

Tab. 9.6 Sauerstoffverbrauch (in mm^3 pro g Körpermasse und Stunde) bei verschiedenen Tierarten.

Tierart (Wirbellose)	O_2-Verbrauch	Tierart (Wirbeltiere)	O_2-Verbrauch
Seeanemone	13	Aal (*Anguilla*)	130
Ringelwurm (*Chaetopterus*)	8	Forelle (*Salmo*)	230
Wattwurm (*Arenicola*)	30	Frosch (*Rana*)	60
Auster (*Ostrea*)	6	Ratte (*Rattus*)	880
Kammmuschel (*Pecten*)	70	Maus (*Mus*)	1700
Tintenfisch (*Sepia*)	156–309	Kolibri in Ruhe	10 700
Maikäfer (*Melolontha*) in Ruhe	360	Kolibri im Flug	85 000
Maikäfer (*Melolontha*) im Flug	39 700		

Tab. 9.7 Stoffwechselrate bei Wiederkäuern und Mensch während unterschiedlicher Tätigkeiten.

Wiederkäuer (100 kg)	Umsatz (% des Ruhestoffwechsels)	Mensch (70 kg, männlich)	Umsatz (kJ h^{-1})	Umsatz (% des Grundumsatzes)
Ruhestoffwechsel	100	Grundumsatz	296	100
Stehen	110	ruhiges Sitzen	420	142
Wiederkäuen	126	Spazierengehen	840	284
Futteraufnahme	159	Treppensteigen	4.600	1.554
Gehen (ebene Fläche)	164			
Gehen (10 % Steigung)	235			
Laufen	800			

9

einsetzt. Das dabei entstehende Lactat akkumuliert zunächst in der Muskulatur, was zu deren schneller Ermüdung beiträgt, und wird schließlich von der Muskulatur ans Blut abgegeben. Der Lactatspiegel im Blutplasma nimmt dann rapide zu. Man bezeichnet die Belastung, bei der die Lactatbildung in größerem Umfang beginnt, als **anaerobe Schwelle**. Sie ist bei den meisten Wirbeltieren erreicht, wenn 95 % der maximalen aeroben Kapazität ausgeschöpft werden (Abb. 9.10).

Vergleichende Untersuchungen an verschiedenen Wirbeltieren ergaben, dass der Sauerstoffverbrauch annähernd linear mit der Fortbewegungsgeschwindigkeit des Tieres zunimmt. Dies trifft für das **Schwimmen** ebenso zu wie für das **Laufen** (Abb. 9.11). Betrachtet man diese Beziehung beim Pferd genauer, das bekanntlich zwischen drei verschiedenen Gangarten – Schritt, Trab und Galopp – auswählen kann, so stellt man fest, dass der O_2-Verbrauch innerhalb einer **Gangart** bei einer bestimmten Geschwindigkeit ein Minimum aufweist und sowohl bei langsamerer als auch bei schnellerer Fortbewegungsgeschwindigkeit ansteigt. Ein Pferd bevorzugt in jeder Gangart jeweils die Geschwindigkeit, bei der es den geringsten O_2-Verbrauch hat. Wo sich die Kurven überschneiden, wählt das Tier die Gangart, in der ein besseres Verhältnis von Geschwindigkeit zu Energieaufwand zu erzielen ist (Abb. 9.12).

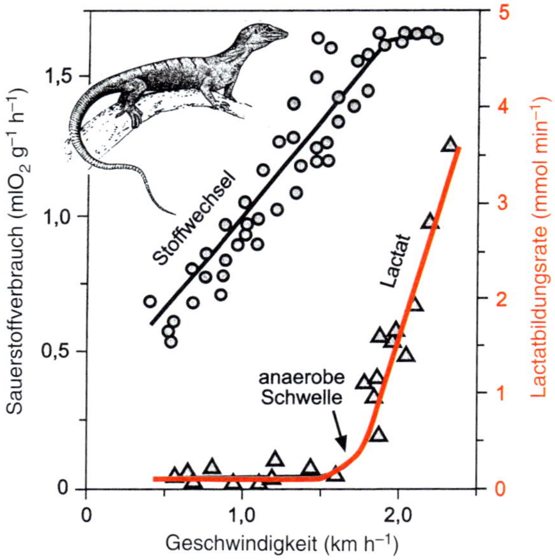

Abb. 9.10 Die Echse *Varanus exanthematicus* auf einem Laufrad. Der O_2-Verbrauch steigt mit der Laufgeschwindigkeit. Kurz vor Erreichen der maximalen aeroben Kapazität, an der anaeroben Schwelle, setzt eine anaerobe ATP-Produktion durch Glykolyse ein, der Lactatspiegel im Blut nimmt dann rapide zu. (Nach Seehermann et al. (1983) In: Knuttgen HG, Vogel JA, Poortmans JR (Hrsg) 5th International Symposium on Biochemistry of Exercise, Boston 1982. International Series on Sports Science 13, 421–427.)

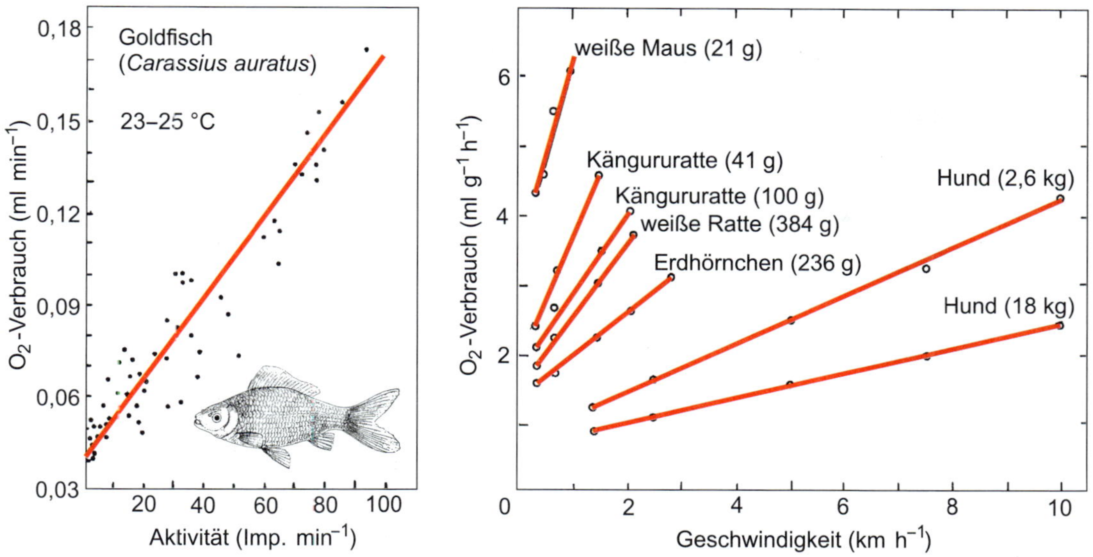

Abb. 9.11 Abhängigkeit des Sauerstoffverbrauchs von der Aktivität (Zahl der Schwimmstöße pro Minute) beim Goldfisch *Carassius* bzw. von der Laufgeschwindigkeit bei verschiedenen Säugetieren. (Links: nach Spoor WA (1946) A quantitative study of the relationship between the activity and oxygen consumption of the goldfish, and its application to the measurement of respiratory metabolism in fishes. Biol Bull 91, 312–325, Abb. 4, S. 321; rechts: nach Taylor CR, Schmidt-Nielsen K, Raab JL (1970) Scaling of the energetic cost of running to body size in mammals. Am J Physiol 219, 1104–1107, Abb. 1, S. 1105.)

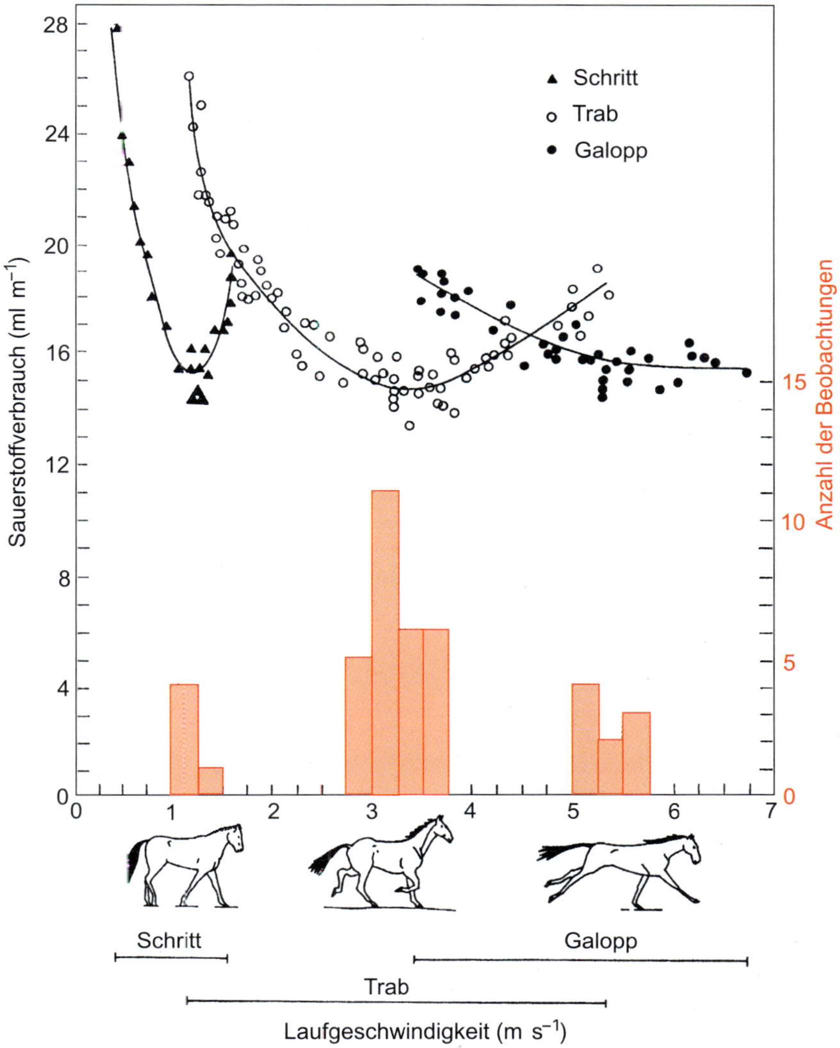

Abb. 9.12 O_2-Verbrauch (ml m^{-1}) bei einem laufenden Pferd, das darauf dressiert worden war, die Gangart über eine möglichst große Geschwindigkeitsspanne beizubehalten. Kann das Tier die Gangart frei wählen, so bevorzugt es in jeder Gangart jeweils die Geschwindigkeit, bei der der O_2-Verbrauch ein Minimum hat. Daraus ergibt sich, dass jedes Tier in jeder der drei Gangarten jeweils seine individuelle Vorzugsgeschwindigkeit hat. (Nach Hoyt DF, Taylor CR (1981) Gait and the energetics of locomotion in horses. Nature 292, 239–240, Abb. 2, S. 240.)

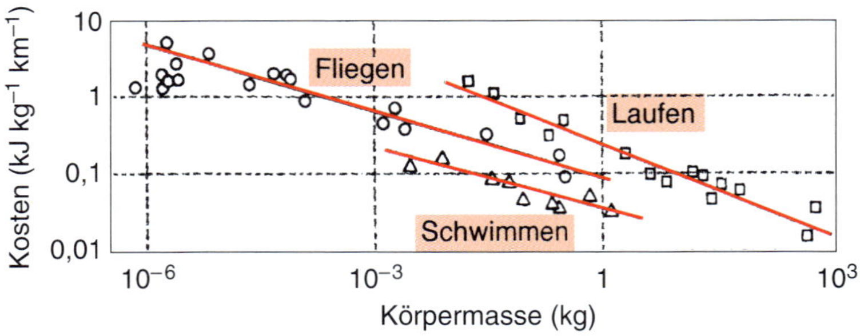

Abb. 9.13 Die energetischen Kosten verschiedener Tiere pro Kilogramm Körpergewicht und zurückgelegtem Kilometer bei schwimmender, fliegender und laufender Fortbewegung. (Nach Schmidt-Nielsen K (1972) Locomotion: Energy cost of swimming, flying, and running. Science 177, 222–228, Abb. 4, S. 226.)

Ob dies auch für Islandpferde gilt, die neben den genannten Gangarten noch über die Gangarten Tölt und Pass verfügen, ist nicht bekannt.

Bei kleinen Tieren steigt der Energieumsatz bei Zunahme der **Fortbewegungsgeschwindigkeit** steiler an als bei großen (Abb. 9.11). Betrachtet man vergleichend den Energiebetrag, der zum Transport einer Körpermasseeinheit (z. B. kg) über eine Distanzeinheit (z. B. km) notwendig ist, so stellt man fest, dass dieser Wert mit zunehmendem Körpergewicht linear abnimmt (Vergleich: Hund [2,6 kg] oder Kängururatte [41 g]; Abb. 9.11). Laufende Tiere sind, wenn sie groß sind, deshalb ökonomisch im Vorteil. Überraschenderweise gilt dieselbe Regressionsgerade über eine große Spanne von Körpergrößen (Elefant bis Schabe und Tausendfüßer) unabhängig davon, ob die Tiere vier, sechs, acht oder mehr Beine haben, ob sie ektotherm oder endotherm sind oder ob sie seitwärts laufen wie Krabben. Welche Mechanismen für diesen Umstand verantwortlich sein könnten, ist nach wie vor unklar. Es könnte sein, dass dieses Phänomen wiederum mit dem unterschiedlichen Masseanteil der hochaktiven Muskulatur und der weniger metabolisch aktiven Gewebe an der Gesamtmasse des jeweiligen Tierkörpers zu tun hat.

Im Gegensatz zum Laufen steigt beim **Fliegen** der Sauerstoffverbrauch mit der Geschwindigkeit nicht linear an. Die Kurve zeigt vielmehr einen u-förmigen Verlauf. Bei einer bestimmten Fluggeschwindigkeit besitzt der Sauerstoffverbrauch ein deutliches Minimum. Dieses liegt beim Wellensittich (*Melopsittacus undulatus*) bei 35 km h^{-1} und bei der Haustaube bei 43 km h^{-1}.

Bei gegebener Körpergröße erfordert das Zurücklegen einer bestimmten Wegstrecke bei einem schwimmenden Tier weniger Energie als bei einem fliegenden. Fliegen ist wiederum ökonomischer als Laufen (Abb. 9.13). Der stromlinienförmige Körper schwimmender Tiere (Fische, Robben, Pinguine) ist extrem gut an die Fortbewegung im Wasser (hohe Dichte und Viskosität) angepasst, und sie brauchen praktisch keine Energie dafür, sich in der Schwebe zu halten. Laufen erfordert bei gleicher Körpermasse der Tiere etwa einen zehnfach höheren Energieaufwand als Schwimmen. Interessant ist, dass der sich biped fortbewegende Mensch für das Laufen etwa den doppelten Energiebetrag eines vierfüßigen Säugetieres gleicher Größe benötigt. Auch dies weist darauf hin, dass die biomechanischen Aspekte der Körperhaltung und Fortbewegung ganz maßgeblich zum Energieaufwand für die Fortbewegung beitragen.

9.4 Fragen zum Selbststudium

- Erläutern Sie die momentane Stoffwechsellage von Tieren, deren RQ oberhalb von 1 oder unterhalb von 0,7 liegt.
- Welcher Parameter wird genutzt, um bei der indirekten Kalorimetrie den momentanen Energieumsatz eines Tieres zu bestimmen?
- Unter welchen Randbedingungen kann beim Menschen der Grundumsatz (basale Stoffwechselrate) bestimmt werden?
- Welche Komponenten der Gesamtumsatzrate im Energiestoffwechsel eines Tieres können unterschieden werden?
- Ordnen Sie die Hauptnährstoffe von Tieren nach den Beträgen ihrer physiologischen Brennwerte.
- Beschreibt das Gesetz der Stoffwechselreduktion tatsächlich einen biologisch zu begründenden Zusammenhang?
- Was sagt der Q_{10}-Wert einer Stoffwechselreaktion aus?
- Geben Sie einen wichtigen Grund an, warum die maximale Stoffwechselrate eines Tieres nicht beliebig steigerbar ist.
- Was könnte der Grund dafür sein, dass schwimmende Tiere mit dem gleichen Energieaufwand größere Strecken zurücklegen können als fliegende oder laufende mit gleicher Körpermasse?

Weiterführende Literatur

Allgemeines

Bishop CM (1999) The maximum oxygen consumption and aeropic scope of birds and mammals: getting to the heart of the matter. Proceedings of the Royal Society of London B 266, 2275-2281.

Darveau CA, Suarez RK, Andrews RD, Hochachka PW (2002) Allometric cascade as a unifying principle of body mass effects on metabolism. Science 417, 166-170.

Frankenfield D, Roth-Yousey L, Compher C (2005) Comparison of predictive equations for resting metabolic rate in healthy nonobese and obese adults: A systematic review. Journal of the American Dietetic Association 105, 775-789.

Hammond KA, Diamond J (1997) Maximal sustained energy budgets in humans and animals. Science 386, 457-462.

Hayssen V, Lacy RC (1985) Basal metabolic rates in mammals: Taxonomic differences in the allometry of BRM and body mass. Comparative Biochemistry and Physiology 81A, 741-754.

Kleiber M (1967) Der Energiehaushalt von Mensch und Tier. Parey, Berlin.

Klingenspor M (2013) Regulation des Energiehaushaltes. In: D Haller, T Grune, G Rimbach (eds) Biofunktionalität der Lebensmittelinhaltsstoffe. Springer-Verlag, Berlin, Heidelberg.

Koteja P (1987) On the relation between basal and maximum metabolic rate in mammals. Comparative Biochemistry and Physiology 87A: 205-208.

Nicholls DG, Ferguson SJ (1992) Bioenergetics. Academic Press, New York.
Rolfe DF, Brown GC (1997) Cellular energy utilisation and molecular origin of standard metabolic rate in mammals. Physiological Reviews 77, 731-758.
Schmidt-Nielsen K (1984) Scaling. Why is animal size so important. Cambridge University Press, Cambridge.
Sernetz M, Gelléri B, Hofmann J (1985) The organism as bioreactor. Interpretation of the reduction law of metabolism in terms of heterogeneous catalysis and fractal structure. Journal of Theoretical Biology 117, 209-239.
West GB, Brown JH, Enquist BJ (1997) A general model for the origin of allometric scaling laws in biology. Science 276, 122-126.
Westerterp KR (2013) Physical activity and physical activity induced energy expenditure in humans: Measurement, determinants, and effects. Frontiers in Physiology 4, 90.
Wieser W (1986) Bioenergetik. Energietransformationen bei Organismen. Thieme Verlag, Stuttgart.

Spezielle Aspekte

Bairlein F, Gwinner E (1994) Nutritional mechanisms and temporal control of migratory energy accumulating in birds. Annual Review of Nutrition 14, 187-215.
Jobling M, Davis PS (1980) Effects of feeding on metabolic rate and the specific dynamic action in plaice, *Pleuronectes platessa*. Journal of Fish Biology 16, 629-638.
Taylor SR, Schmidt-Nielsen K, Raab JL (1970) Scaling of the energetic cost of running to body size in mammals. American Journal of Physiology 219, 1104–1107.

Wärmehaushalt: Adaptation und Regulation

10.1 Wärme und Temperatur

Wärme ist eine Form von Energie. Die **Wärmeenergie** in einem System zeigt sich dadurch, dass die Teilchen des Systems schwingen, das heißt, sie sind permanent in Bewegung. Der **Wärmegehalt** eines Körpers bedingt eine bestimmte **Temperatur**, die in Kelvin (K; absolute Temperatur) oder in °C (relative Temperaturskala, bezogen auf den Gefrierpunkt des Wassers) gemessen wird. Je höher die Temperatur, desto intensiver sind die Schwingungen der Teilchen, aus denen das System besteht. Am absoluten Nullpunkt der Temperaturskala (0 K bzw. –273 °C) hört jede Teilchenbewegung auf, der Energiegehalt des Systems ist minimal. Bei Raumtemperatur (293 K bzw. 20 °C) enthält jeder Körper eine große Menge an Wärmeenergie, und zwar umso mehr, je größer die Masse des Körpers ist. Die thermisch bedingte Bewegung der Moleküle nach Robert Brown* (**Brown'sche* Molekularbewegung**) ist Voraussetzung für biologisch wichtige Prozesse, zum Beispiel die Diffusion, aber auch für chemische Reaktionen von zufällig zusammenstoßenden Atomen oder Molekülen. Es ist daher nicht verwunderlich, dass die Reaktionsgeschwindigkeiten (bio-)chemischer Reaktionen temperaturabhängig sind.

Entsprechend der Van 't-Hoff*-Regel verdoppelt bis vervierfacht sich die Geschwindigkeit einer (bio-)chemischen Reaktion, wenn die Temperatur um 10 °C ansteigt (Abb. 10.1).

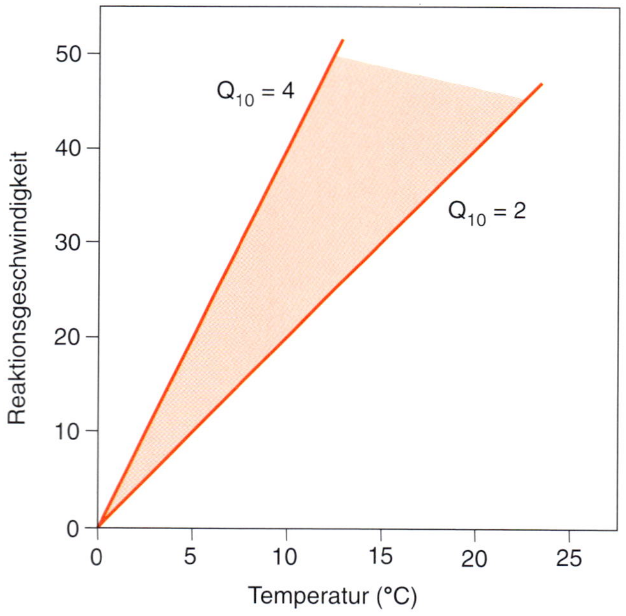

Abb. 10.1 Temperaturabhängigkeit von (bio-)chemischen Reaktionen (Q_{10}). Die Geschwindigkeiten von Einzelreaktionen sind verschieden stark von der Temperatur abhängig. Da in komplexen Netzwerken von biochemischen Reaktionen immer die langsamste Einzelreaktion den Gesamtumsatz bestimmt, kann es zu Unausgewogenheiten im Stoffwechsel kommen, wenn eine erste Teilreaktion einen Q_{10} von 2, eine nachgeschaltete Reaktion aber einen Q_{10} von 4 aufweist. Bei einer Temperaturerhöhung um 10 °C würde daher wegen des für die nachgeschaltete Reaktion eintretenden Substratmangels für den Gesamtumsatz nur eine Verdopplung erreicht.

Dieser Effekt, der auch als **Q_{10}-Effekt** bezeichnet wird, stellt potenziell ein Problem für Tiere dar, weil umweltbedingte Veränderungen der Körpertemperatur die Raten der Einzelschritte der in Netzwerken oder Reaktionsketten organisierten metabolischen Vorgänge im Stoffwechsel in unterschiedlichem Maß beeinflussen und es dadurch zu Ungleichgewichten in den Produktions- und Reaktionsraten einzelner Intermediärprodukte kommen kann. Dieses könnte in einem Produktüberschuss des einen und in einem Substratmangel für einen anderen Reaktionsschritt resultieren, was die Gesamtleistung des Stoffwechsels beeinträchtigt.

10.2 Ektothermie und Endothermie

Verschiedene Tierarten gehen mit dem Problem der Temperaturabhängigkeit der Stoffwechselrate unterschiedlich um. Bei der ersten Gruppe führen Schwankungen der Außentemperatur zu entsprechenden Veränderungen der Körperinnentemperatur (**ektotherme Tiere**). Diese Tiere tolerieren in Grenzen umweltbedingte Schwankungen der Effizienz von Stoffwechselprozessen und unterliegen dabei unter Umständen auch Beeinträchtigungen ihrer Leistungsfähigkeit (lokomotorische Aktivität, Fortpflanzungsrate usw.). Bei der zweiten Gruppe von Tieren werden Dysbalancen des Stoffwechsels vermieden, indem die Körperinnentemperatur durch endogene Wärmeproduktion auf einem vorgegebenen Sollwert gehalten wird, auch wenn die Außentemperatur deutlich niedriger ist (**endotherme Tiere**). Auf diese Weise erhalten diese Tiere ihre Leistungsfähigkeit durchgehend in vollem Umfang aufrecht.

Ektotherme Tiere verhalten sich, wenn die äußere Temperatur sich tatsächlich ändert, **poikilotherm**[259], das heißt, ihre Körpertemperatur folgt den von außen vorgegebenen Schwankungen. Ändert sich die Temperatur im Lebensraum solcher Tiere allerdings lebenslang nicht (wie in den Tropen oder in der Tiefsee), so zeigen diese ektothermen Tiere *de facto* eine **Homoiothermie**[260]. Man erkennt aus dieser Betrachtung, dass die Begriffe Poikilothermie und Homoiothermie zur Beschreibung des Verlaufs der Körpertemperatur über die Lebenszeit der Tiere herangezogen werden, während sich die Begriffe Ektothermie und Endothermie auf die Unfähigkeit bzw. die Fähigkeit der Tiere beziehen, eine bestimmte Körpertemperatur aktiv einzustellen und dazu körpereigene regulatorische Maßnahmen (**Wärmeproduktion** bzw. **Wärmeabgabe**) zu aktivieren. Insofern sind die beiden Begriffspaare nicht bedeutungsgleich.

Ektotherme Tiere müssen keine oder nur wenig Energie in regulatorische Maßnahmen zur Konstanthaltung ihrer Körpertemperatur investieren (**bradymetabole**[261] **Lebensweise**). Da sie bei höheren Temperaturen aufgrund der höheren Gesamtumsatzrate ihres Metabolismus in der Regel aktiver sind

259 *poikilos* (griech.) = verschieden
260 *homoios* (griech.) = gleich
261 *bradys* (griech.) = langsam

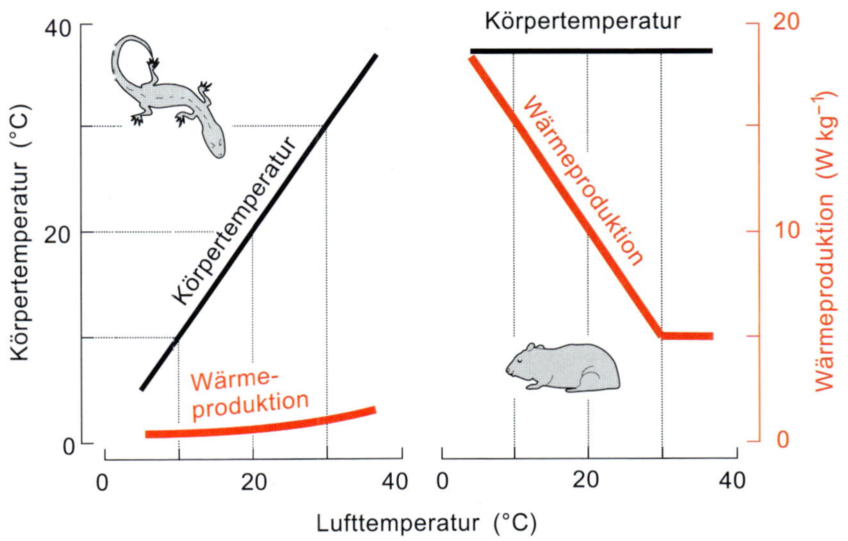

Abb. 10.2 Körpertemperatur (schwarz) und endogene Wärmeproduktion (rot) eines ektothermen (Reptil, links) und eines endothermen Tieres (Säugetier, rechts) bei verschiedenen Außentemperaturen. (Nach Jessen C (2001) Temperature regulation in humans and other vertebrates. Springer, Berlin.)

als bei niedrigeren Temperaturen, nimmt auch ihre körpereigene Wärmeproduktion mit steigender Körpertemperatur zu (Abb. 10.2). Dies resultiert daraus, dass aus jeder biochemischen Reaktion ein Teil der umgesetzten Energie als Abwärme verloren geht (**Entropie**). Außerdem entsteht Reibungswärme im Organismus durch Bewegungsvorgänge (Muskeln, Blutzellen in Gefäßen usw.), die zu einem geringen Teil zur Gesamtwärmeproduktion beiträgt.

Endotherme Tiere aktivieren ihren Stoffumsatz sehr deutlich zum Zwecke der endogenen Wärmeproduktion, wenn die Außentemperaturen absinken. Bei warmen Außentemperaturen sinkt die Wärmeproduktion. Allerdings kostet auch die Abgabe überschüssiger Wärmemengen aus dem Körper an die Umgebung Energie, sodass endotherme Tiere eine generell höhere Stoffwechselrate aufweisen (**tachymetabole**[262] **Lebensweise**) als ektotherme Tiere (Abb. 10.2).

Warum haben sich in der Evolution offenbar beide Strategien, **Ektothermie** und **Endothermie**, als erfolgreich erwiesen und bis heute auch in den gemäßigten Zonen der Erde erhalten, und eben nicht die eine die andere abgelöst? Natürlich kann diese Frage nicht eindeutig beantwortet werden, aber wir können Plausibilitätsüberlegungen dazu anstellen. Offenbar geht die Ektothermie mit einer ressourcensparenden Lebensweise einher, die ektotherme Tiere einem weniger starken Konkurrenzdruck (z. B. bei der Nahrungsbeschaffung) aussetzt. Die Eigenschaft der ektothermen Tiere, den Metabolismus bei sehr niedrigen Außentemperaturen sogar ganz auszusetzen, ermöglicht es diesen Tieren, auch nahrungsarme Zeiten (Winter) unbeschadet zu überleben und nur dann aktiv zu sein, wenn es auch genügend Nahrung gibt. Diese Vorteile der ektothermen Lebensweise werden aber erkauft mit einer wechselnden Leistungsfähigkeit. So können ektotherme Tiere kalte Perioden nur überleben, wenn sie sich vor Fressfeinden verstecken, potente Abwehrmaßnahmen gegen Mikroorganismen vorhalten und sich fortpflanzungstechnisch an die jahreszeitliche Periodik anpassen. Endothermie geht dagegen mit einem hohen Nahrungsbedarf einher, was den inner- und interartlichen Konkurrenzdruck um limitierte Ressourcen für diese Tiere deutlich höher erscheinen lässt als für die Ektothermen. Dafür kann ein endothermes Tier durchgehend aktiv sein, ohne seine Lebensweise nach den äußeren Temperaturbedingungen ausrichten zu müssen. Diese *tradeoffs* scheinen je nach Lebensweise verschiedener Tierarten sowohl bei Endo- als auch bei Ektothermen ausbalanciert werden zu können, sodass sich in der Evolution beide Strategien erhalten haben.

Ektotherme Tiere, in beschränkterem Umfang allerdings auch endotherme, benötigen temperaturgesteuerte genregulatorische oder posttranslationale Mechanismen, um die Enzymausstattung ihrer Zellen so optimal an die herrschenden thermischen Bedingungen anzupassen, dass die unter Umständen sehr verschiedenen Umsatzraten von Einzelreaktionen innerhalb von Stoffwechselwegen bei wechselnden Temperaturen nicht störend auf den ganzen Weg wirken (▶ Box 10.1). Im Rahmen der genetisch gesteckten Grenzen besitzen alle Tiere mehr oder weniger ausgeprägt die Fähigkeit, bei Änderungen der Körpertemperatur Anpassungen ihrer Enzymsysteme vorzunehmen, sodass auch bei veränderten Temperaturen die kinetischen Parameter von Einzelreaktionen optimal im Sinne der Aufrechterhaltung der Durchsatzraten im gesamten Stoffwechsel bleiben. Die Fähigkeit von Individuen, ihre genetische Information in Abhängigkeit von den Umweltbedingungen unterschiedlich auszuprägen, bezeichnet man als **phänotypische Plastizität**. Das Ergebnis, ein bestimmter Phänotyp, stellt also eine Spielart der gesamten Breite der genetisch möglichen Ausprägungsformen von Merkmalen dieser Tierart dar. Innerhalb dieses Rahmens kann ein Tier allerdings auch dadurch auf wechselnde Umweltbedingungen reagieren, dass es (unter Umständen in gewebsspezifischer Weise) das Ablesen bestimmter genetischer Informationen beschleunigt oder verlangsamt (z. B. Expression von Isoformen von Enzymen) oder durch physio-

[262] *tachys* (griech.) = schnell

logische Maßnahmen Änderungen von Zell-, Gewebe- und Organfunktionen herbeiführt, die seine Fitness auch unter den veränderten Bedingungen erhalten. Dieser Prozess wird als **physiologische Anpassung** oder **Akklimatisierung** bezeichnet. Ändern sich die Umweltbedingungen erneut, sind diese Anpassungen relativ schnell reversibel. Die Fähigkeit zur physiologischen Anpassung kann zu einem limitierenden Faktor für das Überleben einer Tierpopulation bei veränderten thermischen Bedingungen in der Umwelt (z. B. durch den Klimawandel) werden.

Box 10.1 Direkt von der Temperatur gesteuerte Genexpression bei Tieren

Bei Tieren sind noch nicht sehr viele Beispiele für eine temperatursensitive Genregulation bekannt, einige sind allerdings recht spektakulär. So besitzen Himalaya-Kaninchen ein C-Gen, dessen Produkt (eine Tyrosinase) für die Bildung dunkler Pigmente in der Haut, den Augen und im Fell notwendig ist. Das Gen wird bei Temperaturen über 35 °C nicht transkribiert, ist aber maximal aktiv bei Temperaturen zwischen 15 und 25 °C. Daher zeigen die Kaninchen in den Oberflächen der zentralen Körperzonen (Kopf inkl. der Augen und Rumpf), die auch bei niedriger Außentemperatur eine Gewebetemperatur nahe der Kerntemperatur aufweisen, eine helle Pigmentierung, aber in Körperbereichen, die aufgrund der niedrigen Außentemperatur deutlich kühler sind (Ohren, Nasenspitze, Füße und Schwanz), eine dunkle Pigmentierung. Hält man diese Kaninchen bei einer Umgebungstemperatur von über 30 °C, werden sie nach und nach vollkommen weiß.

Die der physiologischen Anpassung zugrunde liegenden Mechanismen können temperaturabhängig geregelte genregulatorische Prozesse sein. Voraussetzung dafür ist, dass es in den zuvor abgelaufenen evolutiven Prozessen zu Genduplikationen und unabhängigen Mutationen in den Genen für bestimmte Enzyme gekommen ist (**genetische Anpassung**), die zur Bildung von funktionsfähigen Genvarianten geführt haben, die Enzyme codieren, welche zwar die gleiche oder sehr ähnliche Substratspezifität besitzen, aber unterschiedliche Temperaturoptima aufweisen.

Weitere Mechanismen, die der thermischen Anpassung von Tieren zugrunde liegen, können posttranslationale Modifikationen von Enzymen sein, die in Abhängigkeit von der herrschenden Temperatur nach ihrer Synthese oder später vorgenommen werden und die kinetischen Eigenschaften der Enzyme verändern. Auch die temperaturabhängig gesteuerte Bildung von kleinen Modulatormolekülen und deren Bindung an die Enzyme könnte solche Folgen haben.

In diesem Zusammenhang ist auch die Beobachtung interessant, dass Tiere unter wechselnden Temperaturen offenbar bestrebt sind, die Fluidität bzw. Viskosität ihrer biologischen Membranen möglichst gleich zu halten, um die Integrität von Zellen und intrazellulären Organellen zu gewährleisten (**homöoviskösе Regulation**). Durch die vermehrte Synthese von Phospholipiden mit ungesättigten Fettsäuren und deren Einbau in Membranlipide verändert sich innerhalb weniger Tage das Lipidspektrum in den biologischen Membranen des Tieres deutlich und die Fluidität der Membranen bleibt trotz sinkender Temperatur konstant. Im Gegenzug wird bei steigender Temperatur der Anteil an Phospholipiden mit gesättigten Fettsäuren erhöht. Einige Fische, die in Wasserlöchern in der Wüste leben, nutzen diesen Mechanismus sogar so effektiv, dass die Fluidität ihrer zellulären Membranen trotz der täglichen Aufheizung des Tümpels und nächtlicher Abkühlung auf gleichbleibendem Niveau gehalten wird.

Während in den meisten Fällen die spezifischen Mechanismen, die solchen Anpassungen zugrunde liegen, noch unklar sind, scheint es doch die Regel zu sein, dass Tiere immer gerade solche Muster von Enzymen in ihren Körperzellen exprimieren, die in der Gesamtheit bei den verschiedenen vorherrschenden Temperaturen in ihren kinetischen Parametern

Tab. 10.1 Kinetische Parameter der myofibrillären Ca^{2+}/Mg^{2+}-ATPasen von Fischen aus verschiedenen Habitaten.

Tierart	Habitat und Umgebungs-temperatur	relative Umsatz-geschwindigkeit bei 0 °C	relative Umsatzgeschwindigkeit bei Umgebungstemperatur	Enzymstabilität (Halbwertszeit der Inaktivierung bei 37 °C in min)
Bänder-Eisfisch (*Champsocephalus gunnari*)	Antarktis −1 bis +2 °C	1,13	1,01–1,40	1
antarktischer Dorsch (*Notothenia neglecta*)	Antarktis 0 bis +3 °C	0,70	0,70–0,97	1
Groppe (*Cottus bubalis*)	Nordsee +3 bis +12 °C	0,52	0,73–1,92	12
Preußenfisch (*Dascyllus carneus*)	Pazifik +18 bis +26 °C	0,05	0,41–0,94	60
Pomatocentrus uniocellatus	Pazifik +18 bis +26 °C	0,04	0,36–0,83	80

Cossins AR, Bowler K (1987) Temperature biology of animals. Chapman & Hall, London.

so aufeinander abgestimmt sind, dass die Stoffwechselwege mit optimaler Durchsatzrate laufen.

Die meisten bekannten Beispiele für solche Anpassungen sind jedoch solche, bei denen sich die Funktionsproteine durch evolutive Mechanismen (also auf der genetischen Ebene) an bestimmte thermische Lebensverhältnisse der Trägerorganismen angepasst haben. Vergleicht man ionentransportierende AT-Pasen bei Fischen, die in sehr unterschiedlichen thermischen Verhältnissen leben, so stellt man fest, dass die relative Umsatzgeschwindigkeit fast gleich ist, aber nur, wenn die Transportaktivität bei der jeweiligen Temperatur gemessen wird, die im Habitat der Fische vorherrscht (Tab. 10.1).

Bei nah verwandten Barrakuda-Arten (*Sphyraena*), die unter unterschiedlichen thermischen Bedingungen leben, findet man Varianten von Lactat-Dehydrogenasen, die trotz der verschiedenen Habitattemperaturen sehr ähnliche Wechselzahlen aufweisen. Grund dafür sind einzelne Aminosäureaustausche in Regionen der Enzyme, die fern vom aktiven Zentrum liegen, sodass sie sich nicht auf die enzymatische Spezifität, wohl aber auf die kinetischen Eigenschaften der Enzyme (thermische Optima) auswirken. So erklärt sich, dass die Fische trotz der unterschiedlichen Habitattemperatur gleiche Spitzenwerte ihrer Muskelleistung (maximale Schwimmgeschwindigkeiten) erreichen. Ein extremes Beispiel für eine evolutive Anpassung des **thermischen Optimums** eines Enzyms an die gleichförmig kalte Temperatur des Lebensraums seines Trägers ist die Acetylcholin-Esterase (AChE) des antarktischen Fisches *Pagothenia borchgrevinki*. Dieses Enzym hat bei 2 °C eine fünfmal höhere Affinität für sein Substrat als bei 3 °C. Man kann vermuten, dass solche extremen Anpassungen diese Tiere bei steigender Temperatur ihres Lebensraums leicht an die Grenzen der Überlebensfähigkeit bringen.

10.3 Passiver Wärmeaustausch zwischen Tier und Umwelt

Gleichwarme Körper tauschen keine Wärmeenergie untereinander aus. Treffen jedoch zwei unterschiedlich warme Körper aufeinander, so tritt Wärme immer vom wärmeren auf den kälteren Körper über. Wärmeaustausch kann dabei durch **Radiation**[263] (Infrarotstrahlung) geschehen. Viele Tiere wärmen sich zum Beispiel in der Sonne, geben aber an eine kühlere Umgebung auch Strahlungsenergie ab. Wärme kann den Tierkörper aber auch auf anderen Wegen verlassen (Abb. 10.3), so zum Beispiel durch **Konduktion**[264], das heißt direkten Kontakt der warmen Oberfläche des Tieres mit dem unbewegten umgebenden Medium. Ist dessen Wärmeleitfähigkeit hoch, so wird dem wärmeren Tierkörper schneller Wärme entzogen als in Kontakt mit einem Material niedrigerer Wärmeleitfähigkeit (Wärmeleitfähigkeiten: Metall > Stein > Wasser > Holz = Fett > Luft). Wenn das unbewegte Medium um das Tier herum durch den

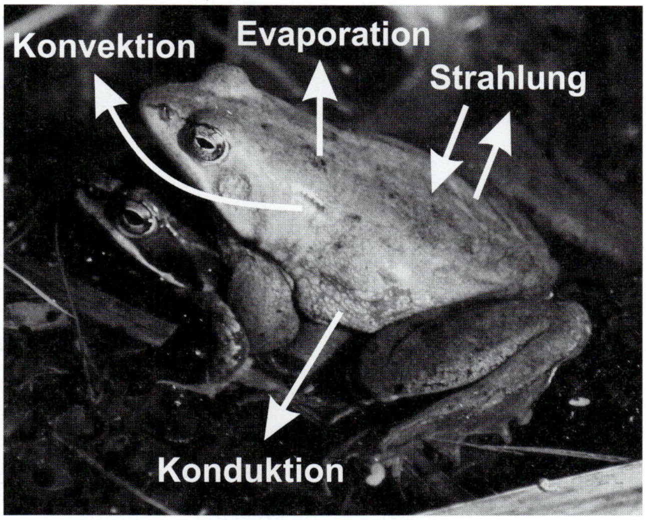

Abb. 10.3 Mechanismen des Wärmetransfers zwischen Tier und Umwelt.

konduktiven Wärmetransfer auf die gleiche Temperatur wie der Tierkörper gebracht worden ist, wird netto keine Wärme mehr aus dem Tier abgegeben. Bewegt sich jedoch ein kühleres Medium über den Tierkörper hinweg (**Konvektion**[265]), so bleibt der thermische Gradient zwischen der warmen Oberfläche des Tierkörpers und dem Medium dauerhaft hoch. Dadurch wird dem Tier relativ schnell Wärme entzogen. Kommt dabei noch eine **evaporative Wärmeabgabe** durch die Verdunstung von Wasser von der Körperoberfläche des Tieres hinzu, so geht der Wärmeverlust aus dem Tier besonders schnell vonstatten.

Die Wärmemenge Q (in Watt), die bei einem gegebenen Temperaturgradienten zwischen der Oberfläche des Tierkörpers (T_o) und der Umgebung (T_u) und gegebener Austauschoberfläche A aus einem Tier ständig an die Umwelt abgegeben wird, hängt von dem **Wärmedurchgangskoeffizienten** U der Körperoberfläche des Tieres ab:

$$Q = -U A\,(T_o - T_u)$$

Ist der Wärmedurchgangskoeffizient hoch, so ist auch der Wärmeverlust hoch, solange ein Temperaturgradient ($T_o - T_u$) existiert. Durch Isolierung der Körperoberfläche wird der Wärmedurchgangskoeffizient der Körperoberfläche gesenkt und auch der Wärmeverlust minimiert. Eine **Isolierung der Körperoberfläche** ist besonders wichtig für endotherme Tiere, die in gemäßigtem oder kaltem Klima leben, um metabolisch gebildete Wärme nicht zu schnell aus dem Körper an die Umgebung zu verlieren. In bestimmten Fällen kann die Isolierung der Körperoberfläche allerdings auch in heißem Klima günstig sein, weil der Durchgang von auftreffender Wärmestrahlung durch Reflektion minimiert werden kann (dichtes Rückenfell der Kamele). Ektotherme haben in der Regel keine Mechanismen entwickelt, den Wärmedurchgang durch die Körperoberfläche durch passive Isolierung zu verhindern. Daher befinden sie sich in der Regel mit ihrer

263 *radiare* (lat.) = strahlen
264 *conducere* (lat.) = zusammenführen
265 *convehire* (lat.) = mitfahren

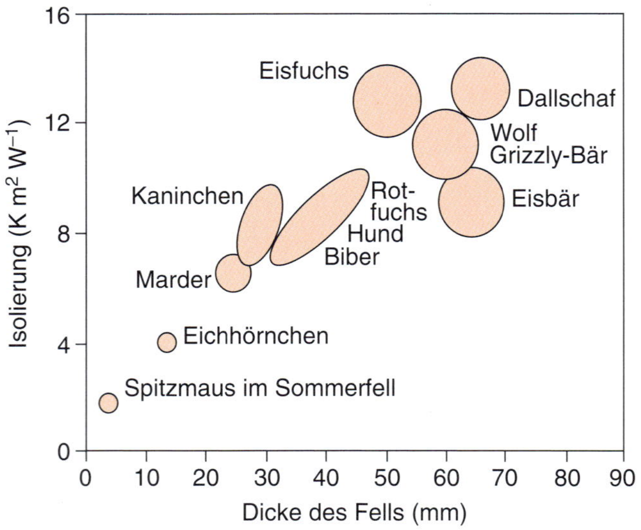

Abb. 10.4 Die Isolierung der Körperoberfläche durch Fell unterschiedlicher Dicke bei Säugetieren, die in gemäßigtem oder kaltem Klima leben. (Nach Scholander PF, Walters V, Hock R, Irving L (1950) Body insulation of some arctic and tropical mammals and birds. Biol Bull 99, 225–236, Abb. 3, S. 230.)

Umgebung im thermischen Äquilibrium. Endotherme Tiere nutzen entweder eine unter der Haut liegende **Speckschicht** (*blubber* bei Walen und Robben) oder ein Fell bzw. ein Federkleid auf der Körperaußenseite, um sich gegen passiven Wärmeaustausch zu schützen. Da Fett ein extrem schlechter Wärmeleiter ist, schützt eine dicke **Fettschicht** unter der Epidermis ein Tier recht effektiv vor Auskühlung, auch wenn ein sehr kaltes Medium (Luft, Wasser) direkt auf seine Körperoberfläche trifft. Ein **Fell** oder ein **Federkleid** ist eine Struktur, in der sich größere Mengen weitgehend unbeweglicher Luftmoleküle befinden (*unstirred layer*). Innerhalb dieser Luftschicht bildet sich zwar von der Körperoberfläche zur äußeren Oberfläche ein Temperaturgradient aus, dieser ist jedoch aufgrund der fehlenden Konvektion stabil und lässt wegen der geringen Wärmeleitfähigkeit von Luft nur wenig Wärmeenergie passieren. Je dicker das Fell oder Federkleid, desto besser ist die Isolierung (Abb. 10.4), allerdings muss die Felldicke immer auch der Größe des Tieres angepasst sein, weil dieses ansonsten Probleme bekäme, sich fortzubewegen. Allein darin liegt schon eine besondere Limitierung im Wärmehaushalt kleiner endothermer Tiere.

Ein weiteres Problem für kleine endotherme Tiere ist, dass sie im Vergleich mit größeren Tieren ein ungünstiges Verhältnis von Körpervolumen (repräsentativ für die wärmeproduzierenden Gewebe) zu Körperoberfläche (repräsentativ für die wärmeabgebenden Flächen) aufweisen. Wenn wir als Modell eines Tierkörpers eine Kugel betrachten, so wird deutlich, dass die Oberfläche der Kugel mit dem Quadrat des Radius wächst, das Volumen aber mit der dritten Potenz (Tab. 10.2). Dies bedeutet, dass ein größeres endothermes Tier im Verhältnis zu seiner Oberfläche deutlich mehr wärmeproduzierendes und -speicherndes Gewebe besitzt als ein kleines Tier. Umgekehrt bedeutet es auch, dass ein kleines Tier bei einem gegebenen thermischen Gradienten zwischen Körperinnerem und Außenwelt pro Zeiteinheit wesentlich mehr Wärme über seine Oberfläche verliert als ein großes.

Tab. 10.2 Verhältnis von Oberfläche zu Volumen von kugelförmigen Körpern, die als Modelle für unterschiedlich große Tiere dienen können.

	$r_1 = 1$ cm	$r_2 = 2$ cm	Faktor von *A* bzw. *V* zwischen Kugeln mit r_2 und r_1
Kugeloberfläche $A = 4\pi r^2$	12,57 cm^2	50,27 cm^2	4
Kugelvolumen $V = 4/3\,\pi r^3$	4,19 cm^3	33,51 cm^3	8

Endotherme Tiere halten gewöhnlich ihre Körpertemperatur auch bei bei fluktuierenden Außentemperaturen konstant hoch und zwar artspezifisch im Bereich zwischen 30 und 42 °C (Mensch: 35,8–37,2 °C). Endotherme Tiere dürften daher bis auf wenige Ausnahmen immer wärmer sein als ihre Umgebung, sodass sie Wärme an diese verlieren. Aufgrund einer weniger ausgeprägten Isolierung und der relativ größeren Körperoberfläche ist dieser Wärmeverlust bei kleinen Tieren tendenziell größer als bei großen. Kleine Tiere müssen diesen Nachteil dadurch kompensieren, dass sie eine hohe Stoffwechselrate aufrechterhalten. Dies bedingt, dass sie eine relativ große Menge an Nahrung benötigen (▶ Box 10.2). Eines der kleinsten Säugetiere, die etwa 2 g wiegende Etrusker-Spitzmaus (*Suncus etruscus*) hat einen Energieumsatz von etwa 0,8 kJ h^{-1}. Sie muss pro Tag ihr eigenes Körpergewicht an Nahrung finden, um überhaupt überleben zu können. Nur wenige Stunden Nahrungsentzug bringen dieses Tier zum Verhungern. Eines der größten Landsäugetiere, der Eisbär (*Ursus maritimus*) wiegt etwa 300 kg und setzt einen Energiebetrag von 1766 kJ h^{-1} um. Setzt man diese Werte allerdings in Relation zur Körpermasse der Tiere (Spitzmaus: 330 kJ h^{-1} kg^{-1}; Eisbär: 6 kJ h^{-1} kg^{-1}), so fällt sofort auf, dass das große Tier wesentlich ökonomischer mit den Ressourcen wirtschaftet als das kleine (▶ Kap. 9). Obwohl diese Korrelation nur lose ausfällt, ist daher eine Tendenz zu verzeichnen, dass Tiere eine umso größere Körpermasse entwickelten, je weiter sie ihre Lebensräume aus den tropischen Zonen der Erde in nördliche oder südliche Breiten verschoben haben.

Box 10.2 Warum werden Vögel und kleine Säugetiere in der Regel nackt geboren?

Gerade endotherme Tierarten mit geringer Körpermasse bringen ihre Jungtiere in der Regel nackt zur Welt, auch wenn sie in in den gemäßigten Breiten leben. Die Fähigkeit der Neugeborenen zur metabolischen Wärmeproduktion ist sogar meist unvollkommen ausgebildet, sodass sie durch die Körperwärme der Eltern warmgehalten werden müssen, um nicht zu erfrieren (Abb. 10.5). Worin könnte der Sinn dieser vordergründig widersprüchlichen Anpassung liegen? Wären die Jungtiere

▼

von Anfang an selbständig in der Lage, ihre Körpertemperatur durch Wärmeproduktion auf hohem Niveau zu halten, müssten sie einen sehr großen Anteil der Energie der durch die Elterntiere herangeschafften Nahrung für die Thermoregulation aufwenden (Konsumption) und hätten nur eine geringe Energiemenge für Wachstum und Entwicklung (Investition) zur Verfügung. Daher scheint es günstiger zu sein, in der ersten Zeit des Lebens den umgekehrten Weg zu gehen und mit der verfügbaren Nahrung eine maximale Wachstumsrate zu unterstützen und die Aufrechterhaltung der Körpertemperatur passiv durch die Eltern sicherstellen zu lassen. Der Modus der Energieallokation wird erst nach und nach umgestellt, wenn sich die Jungtiere in der Endphase der Brutpflege durch die Elterntiere auf ein eigenständiges Leben vorbereiten.

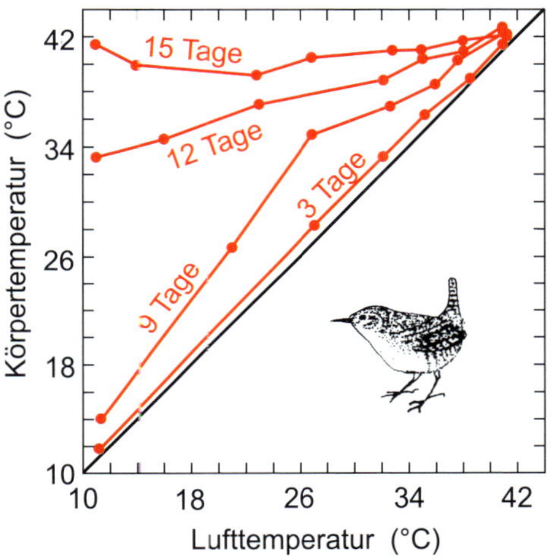

Abb. 10.5 Körpertemperatur des Zaunkönigs (*Troglodytes*) bei verschiedenen Lufttemperaturen während der ersten 15 Lebenstage. Das Bild zeigt den allmählichen Übergang von der Poikilothermie am Tag des Schlüpfens zur Homoiothermie. (Nach Kendeigh SC (1939) The relation of metabolism to the development of temperature regulation in birds. J Exp Zool 82, 419–438, Abb. 3, S. 423.)

10.4 Thermische Toleranz und Leistungsoptimum

Das Intervall der äußeren Temperatur, in dem auch die Körpertemperatur der ektothermen Tiere schwanken kann, ohne dass die Tiere sterben, liegt zwischen der unteren **kritischen Temperatur** (KT_{min}) und der oberen kritischen Temperatur (KT_{max}) und markiert den thermischen Toleranzbereich eines Tieres (Abb. 10.6). Bei einer Temperatur unterhalb oder oberhalb dieser kritischen Werte sind Tiere nicht dauerhaft überlebensfähig. Es gibt verschiedene Hypothesen dazu, welchen Limitierungen Tiere beim Erreichen der kritischen Temperatur ausgesetzt sein könnten. Besonders empfindliche Proteine könnten ihre Struktur und damit ihre Funktion einbüßen, oder die Übertragung von neuronalen Signalen an die Muskulatur könnte beeinträchtigt werden. Es gibt allerdings sehr viele experimentelle Daten, die mit der Hypothese konsistent sind, dass ober- oder unterhalb der kritischen Temperatur die Sauerstoffversorgung der Gewebe und damit die Möglichkeit, aeroben Energiestoffwechsel und ausreichende ATP-Produktion aufrechtzuerhalten, nicht mehr gewährleistet ist. Optimale Aktivität erreichen ektotherme Tiere nur in einem schmalen Temperaturintervall. Durch Verhaltensmechanismen versuchen die Tiere, ihre Körpertemperatur genau in dieses Intervall (**Optimaltemperatur**) zu bringen. Auch ektotherme Tiere haben also eine Information darüber, in welchem Bereich ihre Körpertemperatur im besten Fall liegen sollte (Sollbereich).

Bei kühler Außentemperatur kann die Einstellung dieses Sollbereiches dadurch geschehen, dass die Tiere sich in der Sonne wärmen (leicht zu beobachten bei Eidechsen und Schildkröten). Der Frosch *Bokermannohyla alvarengai* wärmt sich bei einer suboptimalen Körpertemperatur von 18 °C in der Sonne auf, was durch die Dunkelfärbung seiner Haut unterstützt wird (dunkle Oberflächen absorbieren Wärmestrahlen besser als helle). Hat er die optimale Körpertemperatur von 28 °C erreicht, hellt er seine Körperfarbe auf, reflektiert dadurch Sonnenstrahlung und vermeidet auf diese Weise eine Überhitzung des Körpers. Andere ektotherme Tiere heizen ihren Körper durch Mus-

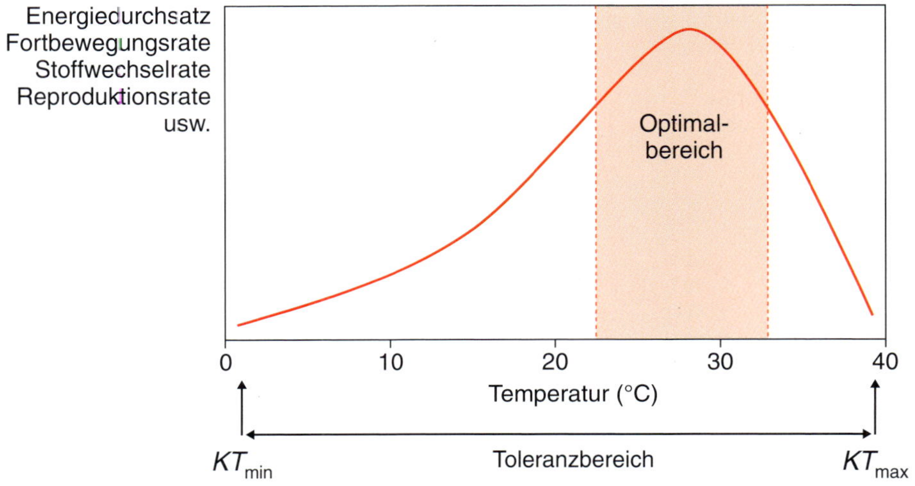

Abb. 10.6 Thermische Toleranz und Optimum der Körpertemperatur zur Erzielung bestmöglicher Leistungsparameter bei ektothermen Tieren. Bei Annäherung der Körpertemperatur an eine kritische Temperatur werden die Tiere inaktiv (Kälte- oder Hitzestarre). Bei Überschreitung dieses Wertes nach unten oder oben sind die Tiere nicht dauerhaft lebensfähig.

kelarbeit auf. So kann man Bienenarbeiterinnen (*Apis mellifera*) morgens vor Beginn des Sammelflugs am Flugloch des Stocks dabei beobachten, wie sie durch Flügelschlagen und periodische Bewegungen der Hinterleibmuskulatur Wärme erzeugen, um die optimale Betriebstemperatur, die bei einer Thoraxtemperatur von 33 °C liegt, zu erreichen. Im Inneren des Bienenstocks achten die Arbeiterinnen auf die Einhaltung einer optimalen Temperatur für das Brutgeschäft. Bei niedriger Außentemperatur erzeugen die Tiere mithilfe ihrer Flugmuskeln soviel Wärme, dass das Innere des Stocks konstant auf 35 °C gehalten wird. Man erkennt an diesem Beispiel, dass die Kategorisierung in ekto- und endotherme Tiere nicht absolut zu verstehen ist und es auch bei den Wirbellosen Beispiele für eine beschränkte oder zumindest phasenweise Endothermie gibt.

Bei sehr hoher Außentemperatur suchen ektotherme Tiere Kontakt mit kühleren Oberflächen, um konduktiv Wärme abzugeben. Andere Tiere besitzen spezielle, meist gut durchblutete dünnhäutige Oberflächen, über die überschüssige Wärme durch Strahlung oder konvektiv abgegeben werden kann. Die tagaktive australische Kragenechse *Chlamydosaurus kingii* stellt mithilfe beweglicher Fortsätze ihres Zungenbeins ein kragenförmiges Hautsegel auf, was sie einerseits bei Bedrohung durch Predatoren tut, um größer zu erscheinen als sie tatsächlich ist, andererseits aber auch bei großer Hitze, um Wärme abzugeben. Man nimmt an, dass auch viele absonderliche Körperanhänge, die wir von fossilen Überresten der Dinosaurier kennen, den Tieren zur **Wärmeabgabe** aus dem Körper gedient haben könnten, so vermutlich auch die zu Lebzeiten vermutlich mit gut durchbluteter Haut überzogenen dorsalen Knochenplatten von *Stegosaurus*. Auch die evaporative Wärmeabgabe wird von ektothermen Tieren genutzt. So kann man während der Mittagszeit auf Sandbänken ruhende Krokodile beobachten, die durch ihre weit aufgerissenen Kiefer die Schleimhäute von Mund- und Rachenraum der vorbeistreichenden Luft aussetzen. Man vermutet, dass mit dem verdunstenden Wasser auch Wärme aus dem Körper der Tiere abgeführt wird. Der afrikanische Steppenwaran *Varanus exanthematicus* gräbt sich Erdhöhlen, in die er sich bei großer Hitze zurückzieht, um Überhitzung und Austrocknung zu vermeiden. Die Beispiele zeigen, dass ektotherme Tiere sehr wohl über thermoregulatorische Fähigkeiten verfügen, die allerdings, neben den oben beschriebenen biochemischen Anpassungen, im Wesentlichen auf Verhaltensänderungen beschränkt sind.

Endotherme Tiere zeigen ebenfalls Toleranz gegenüber Schwankungen der externen Temperaturen (Abb. 10.7). Allerdings gelingt es endothermen Tieren durch regulatorische Maßnahmen, die Körperkerntemperatur über ein sehr weit gestecktes Intervall der externen Temperaturen auf konstantem Niveau und damit ihre Leistungsparameter auf einem optimalem Wert zu halten. Sinkt die Außentemperatur, so aktivieren endotherme Tiere in zunehmendem Maß die **metabolische Wärmebildung** und minimieren den Wärmeverlust durch Anpassung des Verhaltens und physiologischer Funktionen. Viele soziale Tierarten vermeiden den Verlust von Körperwärme durch **soziale Wärmeeinsparung**, indem sich mehrere oder viele Tiere eng aneinanderkuscheln und auf diese Weise nur ein geringer Anteil der individuellen Oberfläche der niedrigen Umgebungstemperatur aussetzen. Man kann dieses Verhalten sehr gut bei Frischlingen (Jungtiere von Wildschweinen) beobachten. Berühmt ist auch das Beispiel der brütenden männlichen Königspinguine, die in Kolonien eng beieinanderstehen und sich so gegen die Auskühlung durch die antarktischen Winde schützen. Die Tiere einer solchen Kolonie führen kleine Trippelschritte aus und bleiben dadurch dauernd in Bewegung, was dazu führt, dass sich jedes einzelne Tier statistisch länger im Inneren der Gruppe aufhält als im Randbereich. Dieses Verhalten der sozialen Wärmespeicherung ermöglicht es den Pinguinen, die mehrwöchige Brutperiode im antarktischen Winter ohne Nahrungsaufnahme zu überstehen.

Steigt die Außentemperatur, so werden Verhalten und Physiologie auf die Abgabe überschüssiger Wärme an die Umgebung eingestellt. Nur in einem relativ engen Intervall der Außentemperatur, der **Thermoneutralzone**, werden thermoregulatorische Maßnahmen auf ein Minimum reduziert. Liegt die aktuelle externe Temperatur innerhalb der Thermoneutralzone eines Tieres, so beschränkt sich die Temperaturregulation auf »trockene« Wärmeabgabe (z. B. auf die Regulation der peripheren Durchblutung), das heißt, es muss zur Aufrechterhaltung der

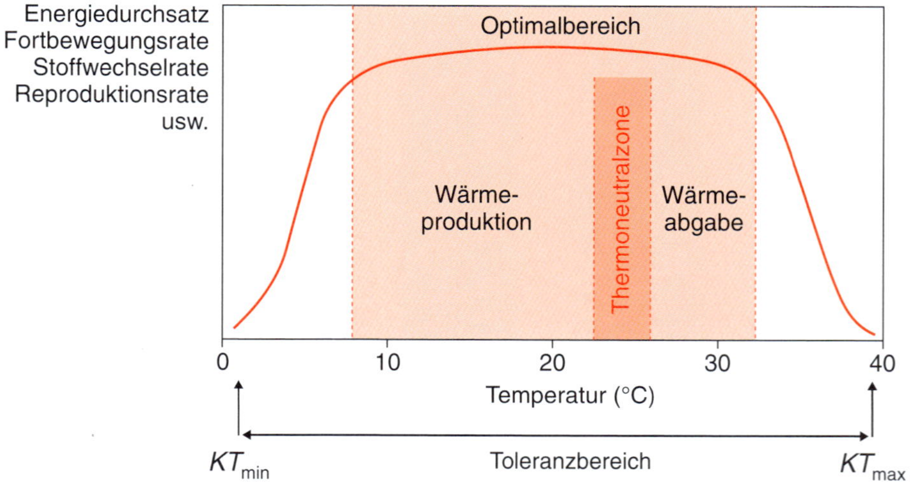

Abb. 10.7 Thermische Toleranz und Optimum der Körpertemperatur zur Erzielung bestmöglicher Leistungsparameter bei endothermen Tieren. Bei Annäherung der äußeren Temperatur an die kritische Temperatur werden die Tiere inaktiv (Kälte- oder Hitzestarre). Bei Überschreitung dieser Werte nach unten oder oben sind die Tiere nicht dauerhaft lebensfähig. Liegt die externe Temperatur in der Thermoneutralzone, braucht das Tier keine Verhaltensänderungen und nur minimale physiologische Regelungen, um in körperlicher Ruhe die Körperkerntemperatur konstant zu halten.

Körpertemperatur kein metabolischer Aufwand für die Wärmeproduktion oder für die evaporative Abgabe von überschüssiger Wärme aus dem Tierkörper erbracht werden. Es ist daher verständlich, dass die Thermoneutralzone kein Absolutum ist, sondern von dem Maß der Wärmeisolierung der Körperoberfläche (Dicke der Speckschicht, des Haar- oder Federkleids), von der Körperhaltung (Fläche der umweltexponierten Körperoberfläche, Abb. 10.11) und von der basalen Stoffwechselrate abhängt. Beim Menschen ist die Thermoneutralzone deckungsgleich mit dem Indifferenztemperaturbereich. Als **Indifferenztemperatur** bezeichnet man die Hauttemperatur, bei der keinerlei Unwohlsein (zu warm, zu kalt) empfunden wird.

Nähert sich die Außentemperatur dem kritischen Minimal- bzw. Maximalwert, so werden allerdings auch bei endothermen Tieren die Lebensfunktionen sukzessive heruntergefahren. Bei Erreichen dieser Marke wird die körperliche Aktivität eingestellt und metabolische Funktionen werden minimiert (**Kältestarre** bzw. **Hitzestarre**). Jenseits dieser Grenzen sind auch endotherme Tiere nicht dauerhaft lebensfähig.

10.5 Thermoregulation bei Endothermen

Die **Körperkerntemperatur** endothermer Tiere wird je nach Tierart auf unterschiedlichem Niveau mit geringer Schwankungsbreite konstant gehalten (Tab. 10.3). Dies setzt voraus, dass die Tiere eine Information darüber besitzen, bei welchem Wert ihre Körperkerntemperatur liegen soll (**Sollwert, *set point***).

Die präzise Einstellung einer bestimmten Körperkerntemperatur (Regelgröße) setzt voraus, dass ein hochorganisierter Regelmechanismus (biologischer Regelkreis) vorhanden ist, der Abweichungen der Regelgröße vom Sollwert (z. B. Abfall der Körpertemperatur durch Steigerung des Wärmeverlustes oder Anstieg der Körpertemperatur durch Bildung überschüssiger Wärme durch Muskelarbeit) erkennt und durch Aktivierung von Wärmebildung oder -abgabe für eine Konstanthaltung des Wärmegehalts und damit der Körpertemperatur sorgt (Abb. 10.8).

Messfühler für die Erfassung der Kerntemperatur scheint es an unterschiedlichen Positionen des Körperkerns zu geben. Bei Vögeln und Säugetieren liegen solche **thermosensitiven Messfühler** im **Rückenmark**. Lokale Kühlung oder Heizung des Rückenmarks führen zu ähnlichen thermoregulatorischen Reaktionen wie Veränderungen der gesamten Kerntemperatur

Tab. 10.3 Rektaltemperatur (°C) und deren Schwankungsbreite bei einigen Säugetieren und Vögeln.

Säugetiere		Vögel	
Schnabeltier	31,0–33,0	Sperling	36,0–40,0
Känguru	35,0–37,0	Taube	38,0–40,0
Spitzmaus	34,0–37,0	Huhn	37,5–40,5
Ratte	37,5–38,5	Falke	38,0–40,5
Hund	37,5–38,5	Ente	38,0–39,5
Mensch	35,8–37,2	Emu	37,5–39,0
Seebär	37,0–38,0	Pinguin	36,0–39,0
Pferd	37,0–38,5	Strauß	38,0–39,0

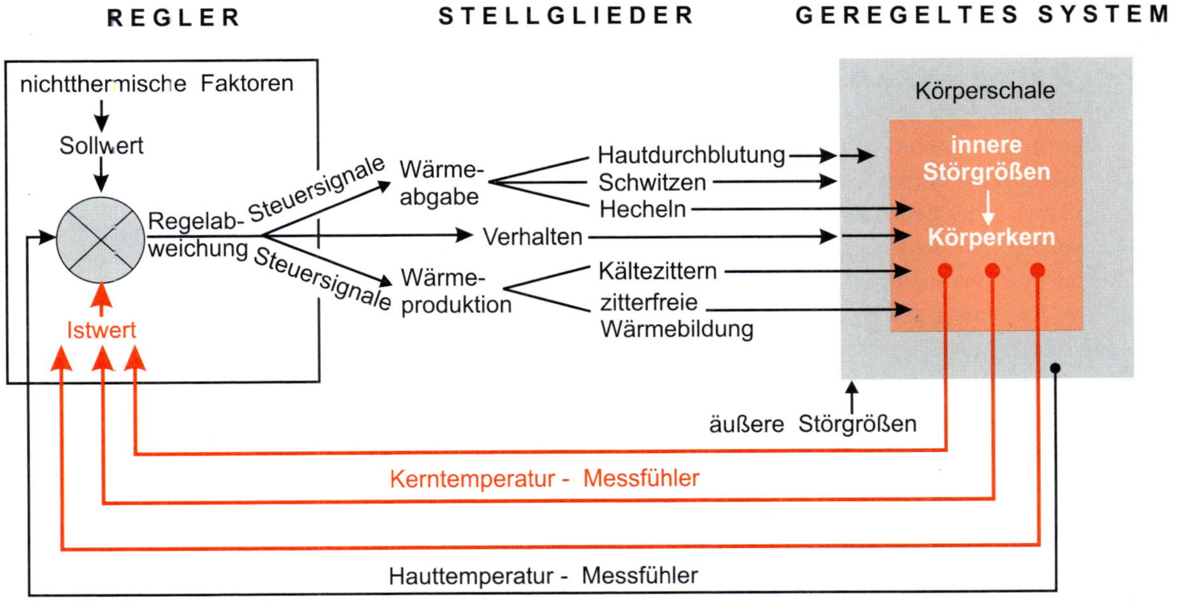

Abb. 10.8 Regelkreis der Thermoregulation. Der Istwert der Kerntemperatur (gemessen an verschiedenen Orten im Kern, bes. Hypothalamus) wird durch innere Störgrößen verändert, sodass im Regler (Hypothalamus) eine Differenz zwischen Ist- und Sollwert auftritt (Regelabweichung). Die daraus resultierenden Steuersignale aktivieren Stellglieder, welche die Regelabweichung begrenzen (negative Rückkopplung). Äußere Störgrößen wirken primär auf die Haut (auch im Nasen-Rachen-Raum) und werden durch den Regler bei der Generation von Steuersignalen an die Stellglieder eingerechnet.

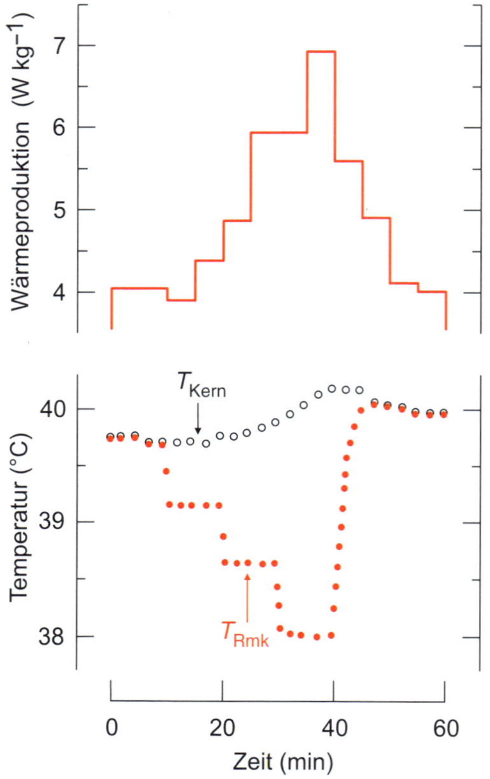

Abb. 10.9 Messfühler für die Kerntemperatur im Rückenmark. Die lokale Kühlung des Rückenmarks (T_{Rmk}) einer Taube erhöht die Wärmeproduktion durch Kältezittern, sodass die Kerntemperatur (T_{Kern}, in der Kloake gemessen) von 39,8 auf 40,2 °C ansteigt. Nach Beendigung der Rückenmarkskühlung nähern sich Wärmeproduktion und Kerntemperatur ihrem Ausgangswert an (Lufttemperatur 25 °C). (Nach Rautenberg W (1969) Die Bedeutung der zentralnervösen Thermosensitivität für die Temperaturregulation der Taube. Z vergl Physiol 62, 235–266; Teil der Abb. 4, S. 246.)

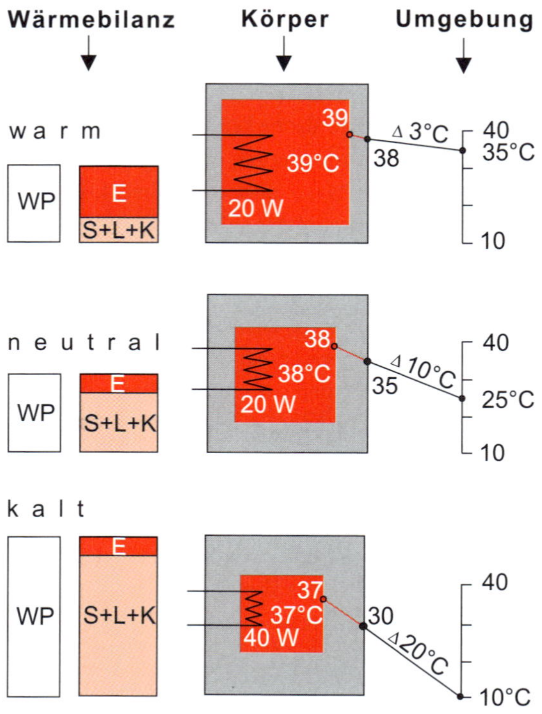

Abb. 10.10 Wärmebilanz und Temperatur von Körperkern und Körperschale in warmer, thermoneutraler und kalter Umgebung. Links: Wärmebilanz. Mitte: Körperkern (rot) und Körperschale (grau). Rechts: Umgebungstemperatur. Ein Tier kann überschüssige Wärme nur dann durch Konduktion oder Konvektion an die Umwelt abführen, wenn die Umgebungstemperatur niedriger ist als die Körpertemperatur. In thermoneutraler Umgebung ist der thermische Gradient zwischen Tieroberfläche und Umgebung ohne jede regulatorische Maßnahme gerade so beschaffen, dass metabolisch gebildete Wärme in dem gleichen Maß ihrer Produktionsrate passiv an die Umgebung abgegeben werden kann. In der Wärme (oben) wird die Körperschale zur Wahrung des Gradienten durch vermehrte Hautdurchblutung auf die Temperatur des Körperkerns gebracht. Zusätzlich kann die Evaporation als Mittel zur Abgabe von Wärme eingesetzt werden. In der Kälte (unten) steigt der Wärmeverlust aus dem Tier durch Radiation, Konduktion und Konvektion automatisch an, sodass vermehrt Wärme im Metabolismus des Tieres erzeugt werden muss, um die Körpertemperatur konstant zu halten. Durch eine Reduktion der Durchblutung der Körperschale wird zudem versucht, den thermischen Gradienten an der Körperoberfläche zu minimieren. WP = Wärmeproduktion; E = Wärmeabgabe durch Evaporation (Verdunstung von Körperwasser), S + L + K = Wärmeabgabe durch Strahlung, Leitung (Konduktion) und Konvektion. (Nach Jessen C (2000) Wärmebilanz und Temperaturregulation. In: von Engelhardt W, Breves G (Hrsg) Physiologie der Haustiere, Enke, Stuttgart, S. 467-481.)

(Abb. 10.9). Zumindest bei Säugetieren, vermutlich aber auch bei den Vögeln, gibt es auch **temperatursensitive Neurone** im **Hypothalamus**. Selektive Kühlung oder Erwärmung des Hypothalamus (z. B. mithilfe von implantierten Peltierelementen) resultieren in einer intensiven thermoregulatorischen Antwort des Tieres, auch ohne dass sich die Körperkerntemperatur insgesamt ändert. Die Funktionen des **Reglers** sind allesamt mit dem Hypothalamus assoziiert. Die Steuersignale an die Stellglieder werden entweder über das motorische Nervensystem oder über das vegetative Nervensystem (Sympathikus) in die Peripherie des Körpers übermittelt. Die Frage, wie eigentlich der Sollwert der Körpertemperatur festgelegt wird und welche neuronale Struktur diese Information für die Abfrage durch den Regler bereithält, ist ungeklärt.

10.5.1 Mechanismen zur Abgabe überschüssiger Wärmemengen bei Endothermen

Die Wärmeabgabe aus einem warmen Körper an die kühlere Umgebung kann durch Radiation (Infrarotstrahlung), Konduktion, Konvektion (**trockene Wärmeabgabe**) oder durch Evaporation (**feuchte Wärmeabgabe**) erfolgen. Die Rate der Wärmeabgabe durch diese Mechanismen wird durch den thermischen Gradienten zwischen Körperinnerem und Außenwelt limitiert. Für ein von Überhitzung bedrohtes Tier ist es daher günstig, die Körperschale auf dieselbe Temperatur zu bringen wie der Körperkern sie bereits aufweist, da auf diese Weise der Temperaturgradient über der Körperoberfläche maximiert wird (Abb. 10.10). Dies erfolgt durch reflektorisch kontrollierte Umleitung der Durchblutung in das peripher in der Haut gelegene Kapillarbett. Dadurch wird der Anstrom von Blut an der Grenzfläche zwischen Chorium und Epidermis und somit der

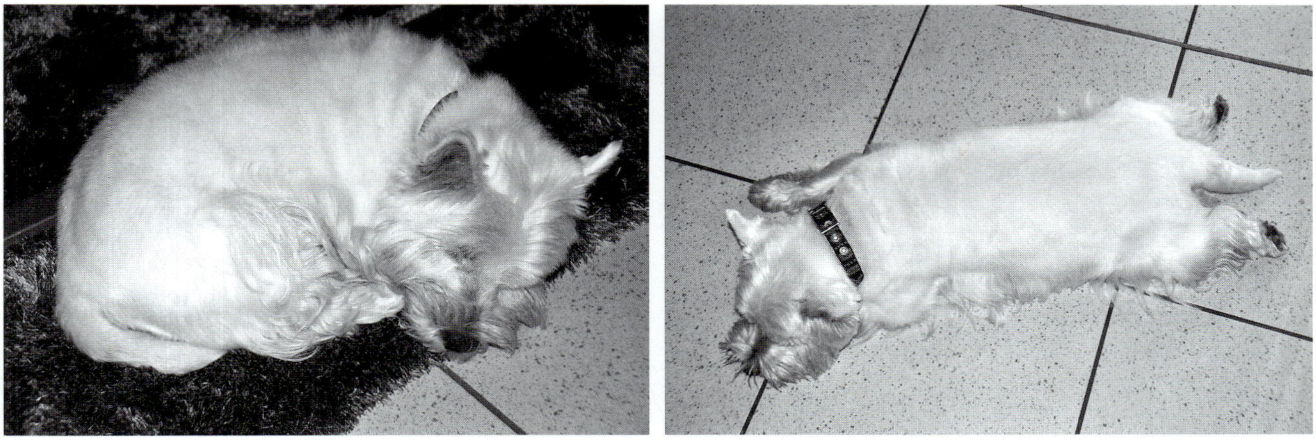

Abb. 10.11 Öffnen und Verschließen von thermischen Fenstern zur Regulation der Wärmeabgabe bei Hunden. Links: Der Hund liegt auf gut isolierendem Material und rollt sich ein, das heißt, er hält die weniger dicht behaarten Anteile der Körperoberfläche (Brust, Bauch, Innenseiten der Hinterschenkel) zur Vermeidung von Wärmeverlust aus dem Körper bedeckt. Rechts: Das Tier sucht eine kühle Oberfläche mit guter Wärmeleitung und presst seine weniger dicht behaarten Anteile der Haut möglichst flächig an den Boden. Dies verbessert die Wärmeableitung aus dem Körper durch Konduktion.

Wärmetransport aus dem Körperkern in die Körperschale stark gesteigert.

Bei Tieren, deren Körperoberfläche durch eine Speckschicht oder Fell isoliert ist, werden bestimmte Hautpartien bevorzugt durchblutet und ermöglichen so die Wärmeabgabe. Bei Robben wurde nach körperlicher Anstrengung mithilfe von Infrarotkameras eine warme Hautpartie im Bereich des Schultergürtels sichtbar, durch die in besonderem Maß Wärme abgegeben wird (**thermisches Fenster**), während der Rest der Körperoberfläche auf Umgebungstemperatur blieb. Bei Hundeartigen liegt das thermische Fenster im Bereich der Brust, des Bauchs und der Innenseite der Oberschenkel der Hintergliedmaßen. Hier ist die Haut nur mäßig behaart, sodass eine Zunahme der Hautdurchblutung zu einer effektiven Wärmeabgabe durch Konvektion (Wind beim Laufen) oder Konduktion (Niederlegen auf kühler Oberfläche, Abb. 10.11) beitragen kann.

Die radiative, konduktive oder konvektive Wärmeabgabe kann unterstützt werden durch besondere Körperanhänge, die je nach thermischer Situation des Tieres zusammen- oder angelegt oder aufgestellt bzw. entfaltet werden können, um eine größere Fläche für die Wärmeabgabe bereitzustellen. So scheinen die großen Ohrmuscheln des Wüstenfuchses (*Vulpes zerda*, Fennek), die bis zu 20 % der gesamten Körperoberfläche des Tieres bilden, im Dienst der Thermoregulation zu stehen. Auch Elefanten (*Loxodonta*) nutzen ihre Ohren zur Wärmeabgabe, indem sie durch fächelnde Bewegungen für einen Luftzug und somit eine konvektive Wärmeabgabe aus dem Tierkörper sorgen.

Bei einigen Tierarten wird die Wärmeabgabe aus dem Körper durch die Verdunstung von Flüssigkeit von der Körperoberfläche (**Evaporation**) unterstützt. Dies ist ein besonders effektiver Mechanismus der Wärmeabgabe, weil Wasser eine hohe Verdampfungswärme aufweist (2400 kJ l^{-1}). Das bedeutet, dass eine relativ große Wärmemenge erforderlich ist, um eine bestimmte Menge Wasser aus dem flüssigen in den dampfförmigen Zustand zu überführen. Die dafür notwendige Energie wird dem Tierkörper entzogen, was den Kühlungseffekt bewirkt. Natürlich ist die Rate der Wasserverdunstung und somit der Wärmeabgabe (E) auch eine Funktion des Wasserdampf-Partialdruckgradienten zwischen der feuchten Oberfläche des Tieres (e_O) und der Umgebungsluft (e_L), der verfügbaren Oberfläche (A), und abhängig von einem tierartspezifischen evaporativen Übergangskoeffizienten (h_E):

$$E = A\,(e_O - e_L)\,h_E$$

Ist die Luftfeuchtigkeit sehr hoch, so ist die Wärmeabgabe durch Evaporation limitiert, was die körperliche Leistungsfähigkeit von Mensch und Tier in den Tropen gegenüber den gemäßigten Breiten deutlich einschränkt.

Die Wärmeabgabe durch Evaporation erfolgt zwangsläufig mit der **Lungenventilation**, weil die trockenere Einatmungsluft bei der Passage durch die Atemwege angefeuchtet wird und diese Verdunstung dem Körper Wärme entzieht. Manche Tiere nutzen diesen Kühlungseffekt an der Nasenschleimhaut für die **selektive Gehirnkühlung**, indem sie arterielles Blut aus dem Körperkreislauf, das in Richtung Gehirn fließt (Verzweigungen der Arteria maxillaris), im Sinus cavernosus eine gewisse Strecke antiparallel zu dem kühlen Blut in venösen Gefäßen aus der Nasenschleimhaut laufen lassen, bevor es das Gehirn erreicht. Dieser Kühlungseffekt für das Gehirn durch das **Wundernetz** (**Rete mirabile**) erklärt, weshalb Paarhufer und Hundeartige lange Sprintphasen überstehen, ohne dass es trotz eines durchaus möglichen Anstiegs der Körperkerntemperatur zu Überhitzungen des Gehirns (Hitzschlag) kommt (Abb. 10.12).

Durch Veränderung der Ventilation kann die Verdunstungsrate an den feuchten Oberflächen der Atemwege, der

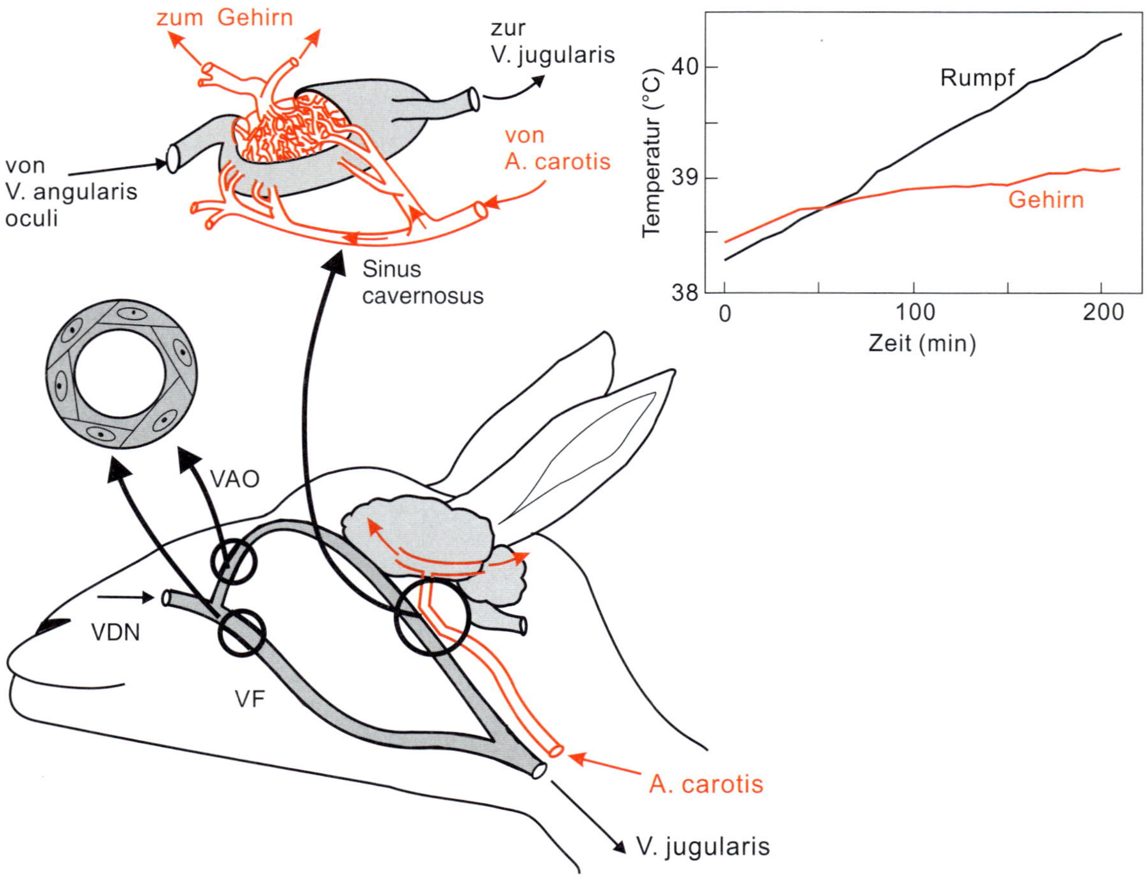

Abb. 10.12 Selektive Kühlung des Gehirns bei arbeitenden Paarhufern. Links: Wärmeaustausch zwischen dem warmen arteriellen Zufluss zum Gehirn und dem kühlen venösen Rückstrom aus dem Nasen-Rachen-Raum im Rete mirabile-Sinus cavernosus. Rechts: Durch selektive Hirnkühlung folgt die Hirntemperatur dem aktivitätsbedingten Anstieg der Körperkerntemperatur nicht im gleichen Maß. Die Durchblutung des Rete mirabile wird auf der venösen Seite reflektorisch geregelt, sodass die Hirnkühlung nur dann erfolgt, wenn sie tatsächlich benötigt wird. In diesem Fall wird durch die Aktivität von Sphinktern venöses Blut aus dem Nasen-Rachen-Raum durch die Vena dorsalis nasi (VDN) über die Vena angularis oculi (VAO) zum Sinus cavernosus geleitet. Wird der Wärmeaustauschmechanismus nicht benötigt, fließt das venöse Blut aus dem Nasen-Rachen-Raum über die Vena facialis (VF) direkt wieder zum Herzen zurück. (Nach Jessen C (1998) Brain cooling: An economy mode of temperature regulation in artiodactyls. News Physiol Sci 13, 281–286, Abb. 2, S. 283, Teil der Abb. 3, S. 284, verändert.)

Zunge und des Rachenraums noch deutlich gesteigert werden. Durch **Hecheln**, eine hochfrequente, aber flache Ventilation, werden große Volumina von Luft an den feuchten Oberflächen des Nasen-Rachen-Raums vorbeigeführt, ohne dass es zu unerwünschten Veränderungen des O_2/CO_2-Partialdruckverhältnisses an den respiratorischen Oberflächen kommt (Abb. 10.13). Die Wärmeabgabe durch Hecheln ist nur dann effektiv, wenn gleichzeitig die Speichelsekretion aktiviert wird, um das Substrat für die Verdunstung von Wasser bereitzustellen. Die ebenfalls im Speichel enthaltenen Mineralien gehen durch das Hecheln nicht aus dem Körper verloren (es sei denn, der Speichel tropft ab), weil nur das Wasser verdunstet und die Tiere das bezüglich der Mineralien angereicherte Restvolumen des Speichels periodisch verschlucken. Hecheln wird nicht nur bei Hundeartigen, sondern zum Beispiel auch bei Fledermäusen und Vögeln zur Abgabe überschüssiger Wärme aus dem Körper eingesetzt.

Bei den Kloaken- und Beuteltieren, Primaten, Paarhufern und Unpaarhufern gibt es zur Anfeuchtung von größeren Abschnitten der Körperoberfläche spezielle Drüsen in der Haut (**ekkrine Schweißdrüsen**), die primär ein isotones NaCl-Sekret herstellen und während dessen Passage durch den Ausführgang zur Hautoberfläche unter Einfluss von Aldosteron selektiv NaCl reabsorbieren, um den Salzverlust durch das Schwitzen (**Transpiration**) zu minimieren (Abb. 7.17). Auf diese Weise können überhitzungsbedrohte Tiere größere Mengen Wasser von der Körperoberfläche verdunsten und damit sehr effektiv Wärme abführen. Wegen des mit dem Schwitzen verbundenen Mineralverlustes können Tiere diesen Weg der Wärmeabfuhr nur dann dauerhaft nutzen, wenn sie regelmäßig Zugang zu Mineralien haben.

Manche Tierarten nutzen andere Wege der Anfeuchtung der Körperoberfläche zur evaporativen Wärmeabgabe. Schweine, Elefanten und Nashörner suhlen sich in Schlamm, der eine ganze Weile Feuchtigkeit bindet und während der langsamen Austrocknung die Abgabe von Wärme ermöglicht. Beutel- und Nagetiere befeuchten in großer Hitze ihre Vorderbeine mit Speichel, um die Wärmeabgabe zu unterstützen.

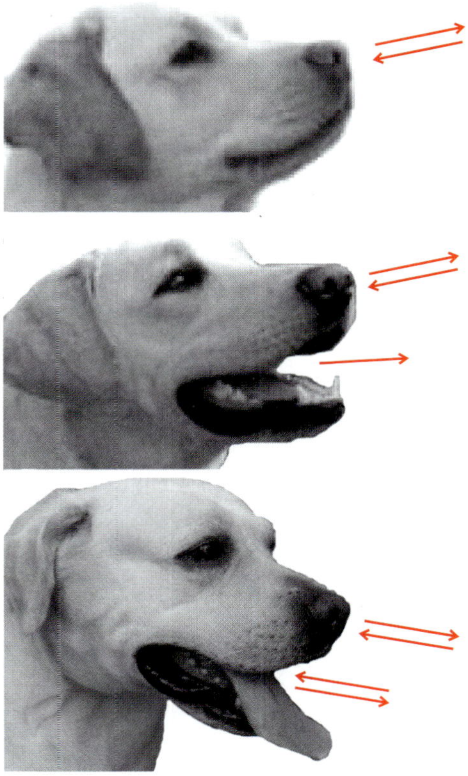

■ **Abb. 10.13** Hecheln zur evaporativen Wärmeabgabe beim Hund. **a** Ein Tier in Ruhe und normaler Umgebungstemperatur atmet durch die Nase ein und aus und hält den Mundraum verschlossen. **b** In warmer Umgebung oder nach mäßiger körperlicher Aktivität wird partiell durch den Mundraum ausgeatmet und damit durch gleichzeitige Steigerung der Speichelsekretion Verdunstungswärme abgeführt. **c** In großer Hitze oder nach starker körperlicher Belastung wird die hochfrequente und flache Ein- und Ausatmung parallel durch Nase und Mundraum geführt. Begleitende Speichelsekretion stellt das Substrat für die Verdunstung von Wasser zur Verfügung.

■ **Abb. 10.14** Aufrichten der Dunenfedern (Aufplustern) und Niederhocken (Kauern) bei einer Taube. Diese typischen Reaktionen auf Kältebelastung wurden durch isolierte Kühlung des Rückenmarks in warmer Umgebung (32 °C) ausgelöst. Oben: Unmittelbar vor Beginn der Kühlung. Unten: Vier Sekunden nach Beginn der Kühlung. Neben dem Schwanz sind die Zu- und Abführungen eines haarnadelartig geformten Schlauchs sichtbar, der im Wirbelkanal verlief und mit Kühlflüssigkeit durchströmt wurde. (Nach Rautenberg W (1969) Die Bedeutung der zentralnervösen Thermosensitivität für die Temperaturregulation der Taube. Z vergl Physiol 62, 235-266, Teil der Abb. 2, S. 244.)

10.5.2 Mechanismen zur Bewahrung oder Bildung von Körperwärme bei Endothermen

Wie oben bereits diskutiert wurde (▶ Abschn. 10.3), kann der Wärmeverlust durch Einlagerung von Fett in die Haut oder durch Auflagerung von **Fell** oder eines **Federkleids** auf die Haut minimiert werden. Entsprechend findet man gerade bei solchen Arten, die saisonal stark schwankenden Außentemperaturen ausgesetzt sind, die Tendenz, die isolierenden Schichten des Körpers in der kalten Jahreszeit zu verdicken, indem die Fettvorräte in der Haut vor Eintritt des Winters vergrößert werden und/oder ein dichteres Winterfell mit längeren Haaren gebildet wird. Diese Anpassungsprozesse werden oft hormonell gesteuert und über die sich im Jahresgang verändernde Tageslänge eingeleitet, sodass sie Langzeitanpassungen darstellen und nicht für kurzfristige Änderungen genutzt werden können.

Akute Bedürfnisse der Reduktion des Wärmedurchgangs durch die Körperoberfläche müssen daher anders realisiert werden. Dies erfolgt in erster Linie durch das Verhalten. So kann ein Säugetier seine thermischen Fenster schließen, indem es eine Körperposition wählt, in der die gut wärmeleitenden Oberflächenanteile weitgehend verborgen werden (■ Abb. 10.11). In gewissem Umfang kann auch eine **pilomotorische Reaktion**, die durch Kontraktion von Muskelfasern am Haarschaft bedingte Aufstellung der Haare, helfen, die Dicke des Fells zu vergrößern und damit den Wärmedurchgang zu minimieren. Da dadurch allerdings auch der Haarabstand vergrößert wird, hilft diese Reaktion nur bei Windstille. Bei Vögeln, die wegen der Limitierung durch die Aerodynamik kein dickeres Winterfederkleid bilden können, stellt die Aufrichtung der wärmedämmenden Dunenfedern allerdings eine wichtige Maßnahme zur Verbesserung der Isolierung dar, weil die umhüllenden Deckfedern die konvektive Wärmeabgabe auch bei veränderter Stellung der Dunen kleinhalten. Somit ist das Aufplustern bei sitzenden Vögeln eine sehr effektive Maßnahme zur Vermeidung von Wärmeverlust bei niedrigen Außentemperaturen (■ Abb. 10.14).

Eine wichtige Maßnahme zur Vermeidung des Verlustes von Körperwärme an die Umgebung ist die Verminderung der **Hautdurchblutung**, was sich in der Ausbildung eines größeren ther-

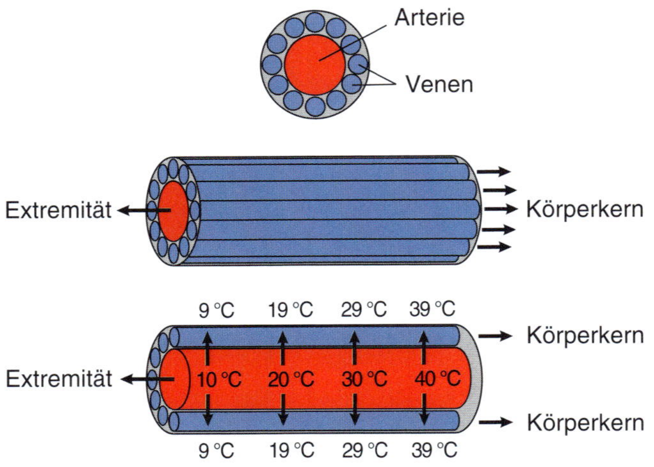

Abb. 10.15 Die Anordnung von Arterien und Venen in den Extremitäten von Vögeln und Säugetieren begünstigt einen diffusiven Wärmeaustausch zwischen dem warmen arteriellen Blut aus dem Körperkern und dem aus der Peripherie in den Körperkern zurückfließenden kühlen Blut in den Venen. Oben: Querschnitt des Gefäßbündels. Mitte: Strömungsrichtungen des Blutes in den jeweiligen Gefäßen. Unten: Wärmeaustausch und resultierender Temperaturgradient zwischen Körperkern und der Peripherie der Extremität.

mischen Gradienten zwischen Körperkern und Körperschale niederschlägt (Abb. 10.10). Da Muskel- und Bindegewebe eine ähnliche Wärmedurchgangszahl aufweist wie Fett, ist dies ein wichtiger Beitrag zur Senkung des Wärmeverlustes aus dem Tierkörper. Der wesentliche Mechanismus der Regulation der peripheren Durchblutung besteht in der reflektorisch gesteuerten Veränderung des Kontraktionszustands glatter Muskelzellen in den arteriellen Widerstandsgefäßen der Haut, die das anströmende Blut bei Kälte in weiter zentralwärts gelegene arteriovenöse Anastomosen leiten und so gar nicht in die kälteren Zonen der peripheren Kapillaren vordringen lassen (Abb. 10.15).

Der Kontraktionszustand von **Widerstandsgefäßen** in der Körperperipherie wird bei Säugetieren in der Regel über das sympathische Nervensystem geregelt. Dabei führt die Ausschüttung von Noradrenalin zur Aktivierung von α-adrenergen Rezeptoren auf der Oberfläche der glatten Gefäßmuskelzellen. Diese Aktivierung führt zur Bildung des Second-Messenger-Moleküls Inositol-1,4,5-trisphosphat (IP_3) und zu einer Steigerung der cytosolischen Calciumkonzentration, was eine Vasokonstriktion zur Folge hat. Auch die das Gefäß auskleidenden Endothelzellen besitzen α-adrenerge Rezeptoren, die an das IP_3/Ca^{2+}-Signalsystem gekoppelt sind. In diesen Zellen führt eine Steigerung der intrazellulären Calciumkonzentration zur Aktivierung einer Stickoxid-Synthase. In der Folge wird der Botenstoff NO produziert, der aus den Endothelzellen in die umliegenden glatten Gefäßmuskelzellen der Gefäßwand diffundiert und dort durch seine gefäßerweiternde Wirkung den direkten vasokonstriktorischen Effekt des Noradrenalins abmildern kann. Kältereize führen auch zur Ausschüttung von Adrenalin aus dem Nebennierenmark in den Blutstrom. Adrenalin bindet an β-adrenerge Oberflächenrezeptoren der glatten Gefäßmuskelzellen und resultiert in der cytosolischen Akkumulation des Second-Messenger-Moleküls cAMP (zyklisches Adenosinmonophosphat), was in den glatten Muskelzellen der Hautgefäße zur Vasokonstriktion führt.

In der Haut von Säugetieren wurden neben diesen durch das vegetative Nervensystem vermittelten Effekte allerdings auch lokal begrenzte direkte Auswirkungen der Temperatur auf den Kontraktionszustand glatter Gefäßmuskulatur beobachtet. Oberflächliche Arteriolen und Venen zeigen bei Abkühlung eine **Vasokonstriktion**, was zu einer Minderdurchblutung in dem betreffenden Kapillargebiet führt. Neuere Studien am Menschen deuten darauf hin, dass ein solcher Mechanismus für die Entstehung von Kopfschmerzen nach Einwirkung sehr kalter Speisen (z. B. Eis) auf das Gaumenepithel verantwortlich sein könnte. Dauert die Abkühlung der Haut in Körperanhängen, die weit aus dem Körperkern herausragen (Finger, Zehen, Ohren) allerdings länger an, so werden die darin befindlichen Gefäße periodisch vorübergehend wieder weitgestellt (Lewis*-Reaktion), um die Versorgung der betroffenen Körperpartien mit Sauerstoff und Nährstoffen nicht völlig zu unterbinden und Frostschäden zu verhindern. Der genaue Mechanismus dieser Reaktion ist bisher nicht verstanden.

In den Extremitäten von kältetoleranten Tieren liegt zudem eine spezielle Gefäßanordnung vor, die bei Bedarf das aus dem Körperkern in die Peripherie fließende warme arterielle Blut über längere Strecken antiparallel zu dem aus der Peripherie zentralwärts strömenden kalten venösen Blut fließen lässt, sodass während der Passage ein **Wärmeaustausch** möglich ist (Abb. 10.15). Eine solche Anordnung der Gefäße und deren Regulation erlaubt es zum Beispiel Huftieren oder Wassergeflügel, ohne großen Wärmeverlust im Schnee oder auf Eis zu stehen. Durch eine entsprechende Anordnung von Arterien und Venen in den zu Flossen umgestalteten Extremitäten wasserlebender Säugetiere (z. B. beim Delphin) und dem damit realisierten Wärmeaustauschmechanismus wird der Wärmeverlust aus dem Körperkern minimiert.

Da besonders größere Huftiere je nach Aktivität entweder Wärme sparen oder metabolisch gebildete Überschusswärme effektiv abgeben müssen, besitzen diese einen regulierbaren Wärmeaustauschmechanismus in ihren Extremitäten. Die Gefäßanordnung von zentraler Arterie und darum herum angeordneten Venen existiert auch hier, allerdings kann der venöse Rückstrom bei Wärmebelastung des Körpers in weitlumige oberflächliche Venen umgeleitet werden, sodass Wärme effektiver über die Haut der Extremitäten an die Umgebung abgeleitet werden kann (Abb. 10.16). Die Durchblutung der unterschiedlichen Venen wird durch reflektorische Steuerung der Ring- und Längsmuskelzellen von tief im Gewebe liegenden **arteriovenösen Anastomosen** kontrolliert.

Wenn der Wärmeverlust aus dem Tierkörper durch sinkende Außentemperaturen zunimmt und sind physiologische Reaktionen zur Wärmebewahrung ausgeschöpft, muss das endotherme Tier seine **Wärmeproduktion** über das durch den Grundumsatz im Stoffwechsel ohnehin stattfindende Maß hinaus erhöhen, um seine Körpertemperatur konstant zu halten.

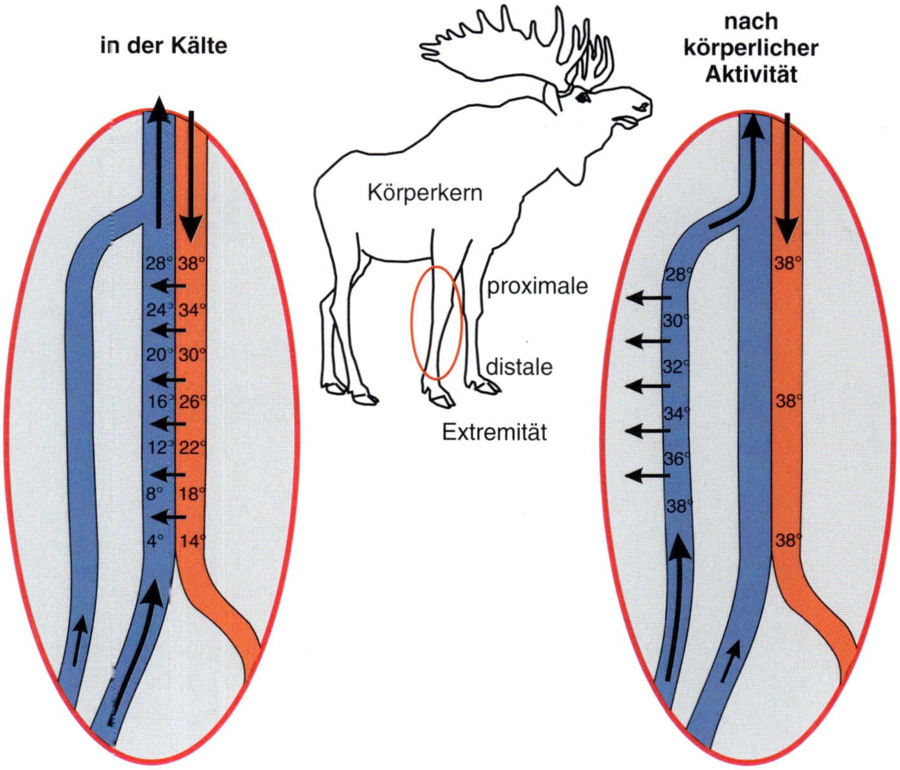

Abb. 10.16 Regulation der Hautdurchblutung und Wärmeaustausch zwischen arteriellem und venösem Blut in den Extremitäten. Bei Kälte (links) ist die Durchblutung peripherer Kapillargebiete in der Haut gering. Der arterielle Blutstrom wird über tieferliegende arteriovenöse Anastomosen in die Gegenstrom-Wärmeaustauschervenen geleitet. Der venöse Rückstrom erfolgt in diesem Fall durch Venen, die den Arterien eng anliegen, sodass ein Wärmeübergang von Arterie zu Vene erfolgt (horizontale Pfeile). Bei Wärmebelastung (rechts) ist die Hautdurchblutung stark und der venöse Rückstrom erfolgt über weitlumige (Durchmesser bis zu 150 µm), oberflächlich unter der Haut verlaufende Venen. Damit nehmen auch die proximalen Abschnitte der Extremitäten an der Wärmeabgabe nach außen teil (horizontale Pfeile).

Alle endothermen Tiere haben die Möglichkeit, zusätzliche Wärme durch **Kältezittern** zu erzeugen. Dabei werden durch das motorische Nervensystem einzelne Muskelfasern des Skelettmuskels zu Einzelzuckungen stimuliert, wobei die exzitatorischen motorischen Signale zufällig auf die einzelnen Zellen aufgeschaltet werden, sodass es zwar zu einer muskulären Aktivität kommt, aber nicht zu größeren Bewegungen des Skelettapparats. Die Frequenzen, in denen Muskelfasern zur Aktivität gebracht werden, sind abhängig von der Tiergröße und betragen 12 Hz beim Hund und etwa 40 Hz bei der Maus. Da bei jeder Einzelzuckung ATP hydrolysiert wird, das im Zuge des aeroben Energiestoffwechsels resynthetisiert werden muss, wird eine erhebliche Umsatzsteigerung im Energiestoffwechsel erzielt, die mit einer Wärmeproduktion bis zum Fünf- bis Zehnfachen des Ruheumsatzes verbunden ist. Das Kältezittern wird bereits aktiviert, wenn die Kerntemperatur des Körpers 1 °C unterhalb des Sollwertes liegt, und erreicht sein Maximum bei einer Kerntemperatur von 2 °C unterhalb des Sollwertes.

Viele endotherme Tiere haben zusätzlich die Möglichkeit, die in **braunem Fettgewebe** in Form von Triglyceriden gespeicherte Energie auf direktem Weg in Wärmeenergie umzuwandeln. Dieser Modus der Wärmeproduktion wird daher auch als **zitterfreie Wärmebildung** (Thermogenese) bezeichnet. Tiere, die die Fähigkeit zur zitterfreien Wärmebildung haben, aktivieren die **Adipocyten**[266] des braunen Fettgewebes bei Bedarf mittels Noradrenalin, das aus sympathischen Fasern des vegetativen Nervensystems freigesetzt wird. Die Bindung von Noradrenalin an β-adrenerge Rezeptoren der Adipocytenzellmembran aktiviert ein G-Protein vom G_s-Typ und führt zur Akkumulation des Second Messengers cAMP im Cytosol der Fettzellen. Das cAMP aktiviert die Proteinkinase A, die ihrerseits durch Proteinphosphorylierung eine Lipase aktiviert, die aus den in multilokulären Vesikeln gespeicherten Triglyceriden auf hydrolytischem Weg Fettsäuren freisetzt. Während ein Produkt der **Lipolyse**, das Glycerin, aus den Zellen des braunen Fettgewebes in den Extrazellularraum freigesetzt wird, werden die gebildeten freien Fettsäuren noch innerhalb der Fettzellen durch **β-Oxidation** zu Acetatresten (bzw. Acetyl-CoA) abgebaut (Abb. 10.17). Acetyl-CoA wird im Citratzyklus zu CO_2 und Wasser abgebaut, wobei größere Mengen reduzierter Cofaktoren (NADH + H^+ bzw. $FADH_2$) anfallen. Diese werden, wie in anderen aerob arbeitenden Zellen auch, in die **Atmungskette** in der inneren Mitochondrienmembran eingeschleust, wo die Elektronen schrittweise ihre Energie abgeben (und schließlich auf den eingeatmeten Sauerstoff übertragen werden) und die Protonen mittels dieser Energie von den Enzymen der Atmungskette aus der mitochondrialen Matrix in den Intermembranraum transportiert werden. Der sich aufbauende H^+-Gradient über der inneren Mitochondrienmembran wird normalerweise dazu genutzt, ATP herzustellen – nicht aber in den aktivierten Adipocyten des braunen Fettgewebes. Hier wird nämlich (ebenfalls unter der Einwirkung einer erhöhten cytosolischen cAMP-Konzentration) ein **Entkopplerprotein** (*uncoupling protein*, UCP1)

266 *adiposus* (lat.) = fettreich; *kytos* (griech.) = Zelle

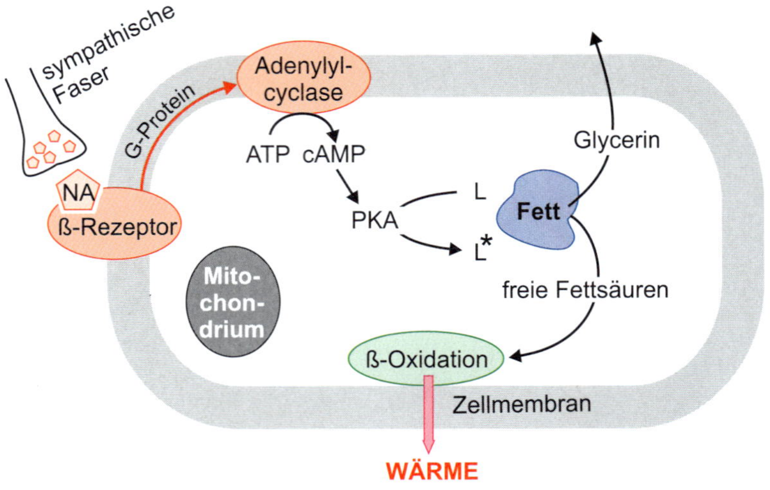

Abb. 10.17 Aktivierung der zitterfreien Wärmebildung in den Zellen (Adipocyten) des brauen Fettgewebes. NA = Noradrenalin; PKA = Proteinkinase A; L = Lipase; L* = durch die Proteinkinase A aktivierte Lipase.

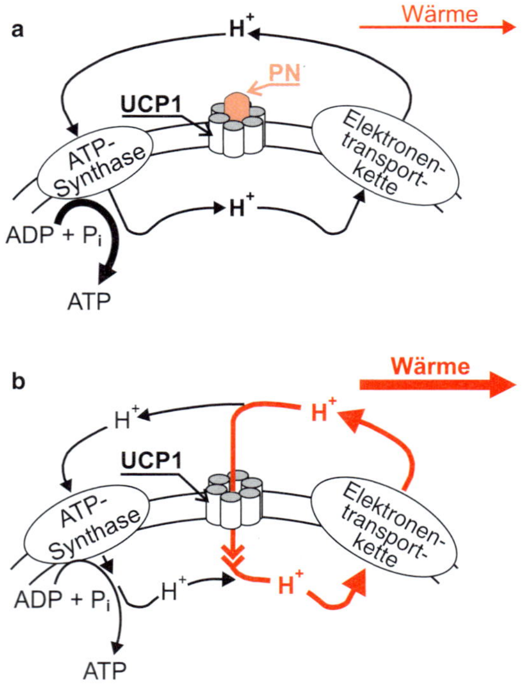

Abb. 10.18 Ausschnitt aus der inneren Mitochondrienmembran einer braunen Fettzelle. **a** Im inaktiven Zustand des Gewebes wird der UCP1-Protonenkanal durch ein Purinnucleotid (PN) blockiert, sodass die im basalen Stoffwechsel der Zellen gebildeten Protonen nur über die F_0F_1-ATPase (ATP-Synthase) und unter ATP-Synthese in die Matrix des Mitochondriums zurückkehren können. **b** Im aktivierten Zustand ist der Protonenkanal der UCP1 deblockiert und wird zusätzlich vermehrt exprimiert. Die in dem Protonengradienten über der inneren Mitochondrienmembran steckende potenzielle Energie wird vollständig in Wärmeenergie umgesetzt.

exprimiert, das als Transmembranprotein in die innere Mitochondrienmembran integriert wird und dort als **Protonophor** fungiert. Dieser H^+-Ionenkanal erlaubt es, dass die im Intermembranraum akkumulierenden Protonen direkt wieder in die mitochondriale Matrix eintreten, sodass es nicht zur Produktion von ATP, sondern zu einer direkten Umwandlung der in dem Protonengradienten steckenden Energie in Wärme kommt (Abb. 10.18). Auf diese Weise erhitzt sich das aktivierte Gewebe. Die zusätzliche Wärme wird durch eine spezielle Gefäßanordnung im Gewebe (Sulzer-Vene) abgeführt und im Tierkörper verteilt.

Der zelluläre Mechanismus der zitterfreien Wärmebildung zeigt, dass nur das aufgrund seines Mitochondrienreichtums rötlich-braun gefärbte Fettgewebe Wärme auf direktem Weg aus chemisch gespeicherter Energie freizusetzen vermag. Weißes Fettgewebe mit seinem niedrigen Mitochondriengehalt, das bei allen Tierarten vorkommt, ist dazu nicht in der Lage. Welche Tiere verfügen eigentlich über braunes Fettgewebe und die Fähigkeit zur zitterfreien Wärmebildung? Braunes Fett kommt nur bei Säugetieren vor, nicht bei Vögeln und auch nicht bei Kloaken- und Beuteltieren. Unter den sonstigen Säugetieren findet man es bevorzugt bei kleinen Arten, besonders stark ausgeprägt bei einigen Nagetieren (z. B. Hamster) und bei Fledertieren, aber auch bei bestimmten Primaten und Carnivoren (Abb. 10.19).

Bei **Kleinsäugern** und echten **Winterschläfern** bleibt das braune Fettgewebe lebenslang erhalten. Meist ist die Menge saisonal unterschiedlich. Für Säugetiere, die mehr oder weniger regelmäßig Torporphasen durchlaufen, ist das braune Fettgewebe von entscheidender Bedeutung für das Wiederaufwärmen des Körpers zum Ende einer solchen Phase. Bei größeren Arten (z. B. beim Menschen) scheint das braune Fettgewebe eher eine Bedeutung für die Thermoregulation bei Neugeborenen zu besitzen, da diese einer größeren Gefahr von Auskühlung unterliegen als die Adulten. Neuere Studien am Menschen scheinen allerdings zu zeigen, dass es braunes Fettgewebe in individuell stark unterschiedlichem Maß auch bei Erwachsenen geben kann, sodass nicht ausgeschlossen ist, dass auch größere Säugetiere sich die Fähigkeit zur Bildung braunen Fetts lebenslang erhalten können.

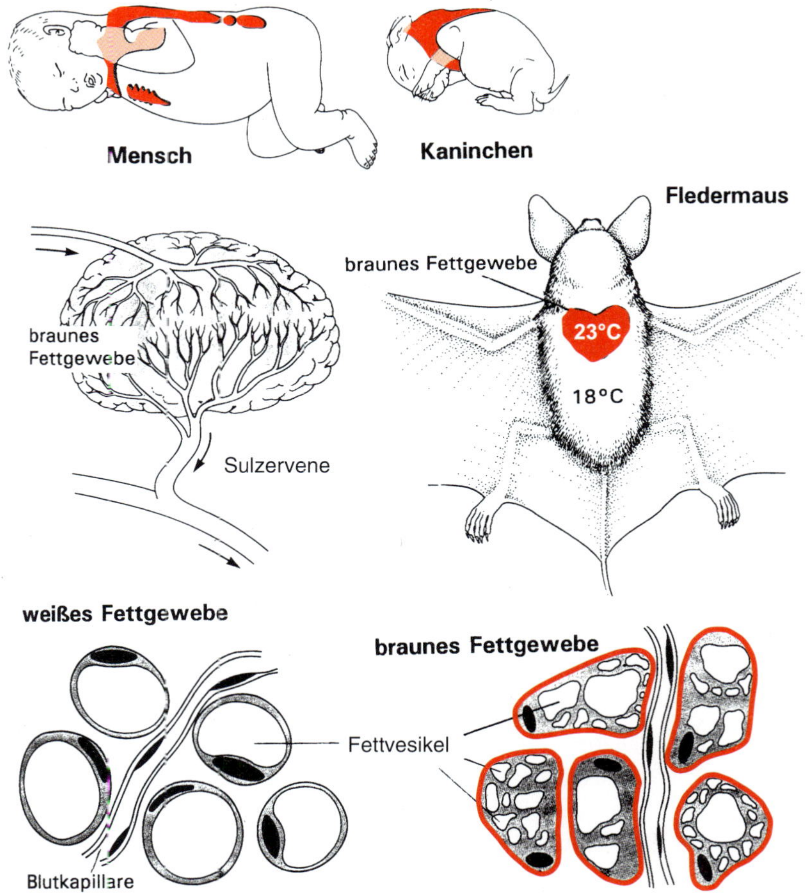

Abb. 10.19 Verteilung des braunen Fettgewebes (rot) beim neugeborenen Menschen und beim Kaninchen (oben). Gefäßversorgung des braunen Fettgewebes (Mitte, links). Lokalisation des braunen Fettgewebes zwischen den Schulterblättern bei der Fledermaus (Mitte, rechts). Weißes Fettgewebe mit unilokulären Fettzellen (unten links) im Vergleich mit braunem Fettgewebe mit multilokulären Fettzellen (unten rechts). Zur Verdeutlichung sind die Plasmamembranen der braunen Fettzellen in der unteren Abbildung rot dargestellt. (Oben: nach Dawkins MJ, Hull D (1965) The production of heat by fat. Sci Am 213, 62–67; Mitte, links: nach Eckert R (2000) Tierphysiologie. 3. Aufl. Thieme, Stuttgart; Mitte links: Teil aus Abb. 16.26, S. 803; unten rechts: nach Pflumm W (1985) Das braune Fettgewebe – eine Wärmequelle der Säugetiere. Biologie in unserer Zeit 15, 137–140; unten: Abb. 2, S. 138; Mitte, rechts: Abb. 5, S. 139.)

10.6 Zwischenformen der Thermoregulation

Wie oben bereits deutlich wurde, trifft die strikte Einteilung der Tierarten in endotherme und ektotherme Tiere nicht in allen Fällen zu. Tatsächlich gibt es in räumlicher und zeitlicher Hinsicht viele Fälle von graduellen oder deutlichen Abweichungen. So hat auch der menschliche Körper bei normaler Umgebungstemperatur nicht in allen Teilen dieselbe Temperatur (Abb. 10.20), ein Zustand, den man als lokale bzw. **regionale Heterothermie** bezeichnet. Umgekehrt findet man bei ektothermen Tieren zuweilen, dass metabolisch aktive Gewebe eine recht gleichförmig erhöhte Temperatur gegenüber dem Rest des Körpers bzw. der Umwelt aufweisen. Dies ist zum Beispiel bei ständig schwimmenden Fischen wie dem weißen Hai (*Carcharodon carcharias*) in der roten Muskulatur, die tief im Körper liegt, der Fall. Sie weist eine konstant erhöhte Temperatur von bis zu 25 °C auf, obwohl die Außentemperatur und damit die äußeren Gewebelagen des Fisches deutlich kühler sein können.

Bei vielen räuberischen Fischen wird nicht nur in der Körpermuskulatur und den visceralen Organen, sondern auch im Gehirn eine höhere Temperatur gemessen als in oberflächlichen Geweben des Fischkörpers. Diese **craniale Heterothermie** beruht darauf, dass zu einem **Heizorgan** umgebildete Muskelfasern der Augenmuskulatur ständig Wärme erzeugen (myogene Thermogenese), ohne dass dabei Bewegungen generiert werden. Dies ist möglich, weil die Muskelzellen ihren Gehalt an Myosin und Aktin sehr stark reduziert haben und regulatorische Muskelproteine fehlen. Auf diese Weise führen die über motorische Endplatten erzeugten Aktionspotenziale und die daraus resultierende Steigerung der freien Calciumkonzentration im Sarkoplasma der Muskelzellen nicht zu einer Kontraktion, sondern nur zur Bildung von Wärme, da sowohl die ATPasen der Plasmamembran als auch die sarkoplasmatische Ca^{2+}-ATPase unter Spaltung von ATP bestrebt sind, die Ionengradienten für Na^+, K^+ und Ca^{2+} über der Plasmamembran bzw. über der Membran des sarkoplasmatischen Retikulums wiederherzustellen (Abb. 10.21).

Alle bekannten heterothermen Fischarten sind relativ große, kontinuierlich schwimmende pelagische Räuber, die über weite Distanzen migrieren und sich vertikal innerhalb der Wassersäule bewegen, sodass sie auf stark schwankende Außentemperaturen stoßen. Vermutlich werden durch das Aufrechterhalten einer stabilen Temperatur in Muskulatur, visceralen Organen, Auge und Gehirn Leistungsschwankungen vermieden. Die Hypothese der **Expansion der thermischen Nische** geht davon aus, dass sich regionale Heterothermie bei Fischen in der Evolution zusammen mit der Abkühlung der Ozeane entwickelt hat und den Fischen eine Migration in kältere Gewässer großer Produktivität und ein Tauchen in kühlere Wasserschichten ermög-

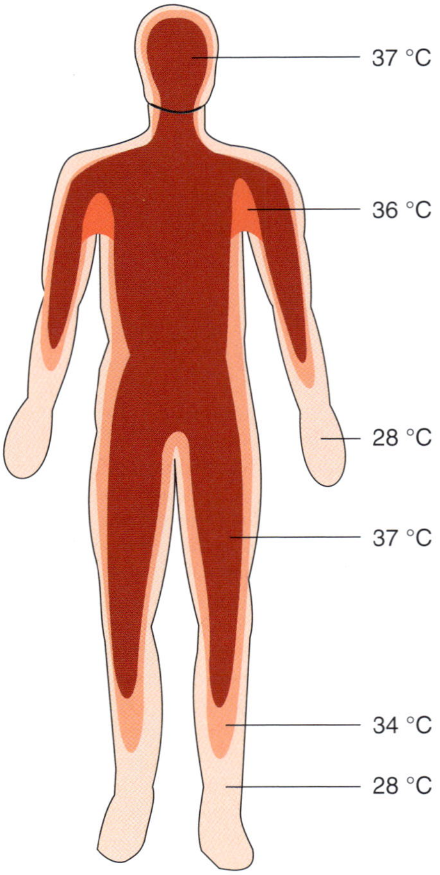

Abb. 10.20 Lokale bzw. regionale Heterothermie beim Menschen. (Nach Schwarzstein M, Hildebrandt J-P (2009) Thermoregulation bei Vertebraten und die evolutive Entstehung der Endothermie. Shaker, Aachen, Abb. 2.2, S. 13)

lichte, ohne dass damit ein Verlust an Sinnes-, Muskel- oder Verdauungsleistung einher ging.

Ektotherme Tiere, die normalerweise isotherm mit ihrer Umgebung sind, können in bestimmten Lebensphasen von diesem Muster abweichen. Man nennt diese Eigenschaft **temporäre Heterothermie**. So steigern weibliche Pythonschlangen (*Python molurus*) beim Bebrüten der Eier ihre Körpertemperatur auf Werte um 33 °C, wenn die Umgebungstemperatur unter diese Temperatur sinkt. Sie erzeugen diese zusätzliche Wärme durch nach außen fast unsichtbares Muskelzittern.

10.6.1 Zeitlich begrenzte Steigerung der Körpertemperatur (Fieber)

Im Rahmen der angeborenen Immunantwort auf den Kontakt mit Infektionserregern oder deren Produkten können Tiere ihre Körpertemperatur phasenweise über die normale Körpertemperatur anheben. Dieses Phänomen wird als **Fieber** bezeichnet. Es wird allgemein bei endothermen Tieren (Säugetiere, Vögel) beobachtet, wobei entsprechende Verhaltensweisen auch bei Reptilien, Amphibien und Fischen sowie bei einigen Invertebraten (Insekten) beobachtet wurden. Die Fieberreaktion scheint eine höhere Überlebensrate infizierter Tiere zu bedingen und ist daher offenbar von evolutivem Vorteil.

Ektotherme Tiere suchen im Fall einer Infektion eine wärmere Umgebungen auf, um ihre Körpertemperatur zu erhöhen. Endotherme Tiere, denen Lipopolysaccharide (Bestandteile aus der Zellwand gramnegativer Bakterien) injiziert wurden, setzen besonders aus Monocyten endogene **Pyrogene** (fiebererzeugende Signalstoffe) frei, und zwar zunächst den Tumornekrosefaktor (TNF), etwas später das proinflammatorisch wirkende Chemokin Interleukin-8 und, in geringen Mengen, das Interleukin-1β. Schließlich wird die Sekretion des Cytokins Interleukin-6 gesteigert, die zeitlich recht genau mit der vorübergehenden Steigerung der Körpertemperatur korreliert.

Hypothalamische Neurone, die bei erhöhtem Wärmeanfall im Organismus die Mechanismen zur Wärmeabgabe aktivieren, werden durch diese Pyrogene in ihrer Aktivität gehemmt, sodass die Fieberreaktion vermutlich in erster Linie nicht durch erhöhte Wärmeproduktion, sondern durch eine Verminderung der Wärmeabgabe erzielt wird. Steigt die Körpertemperatur beim Menschen auf etwa 41 °C an, wird die Freisetzung der Pyrogene gedrosselt und der Temperaturanstieg automatisch begrenzt.

Normalerweise hemmen diejenigen hypothalamischen Neurone, die bei Überhitzung des Körpers die Wärmeabgabemechanismen aktivieren, die Neurone, die die Wärmeproduktion durch Kältezittern auslösen. Bei Fieber ist diese Hemmung wegen der oben geschilderten pyrogenvermittelten Hemmung der Wärmeabgabeneurone unwirksam, sodass bereits geringfügige Kältereize, die auf die Haut einwirken, zu intensivem Muskelzittern führen können.

10.6.2 Temporäre Heterothermie bei Endothermen

Der Belding-Ziesel (*Spermophilus beldingi oregonus*), der im mittleren Westen Nordamerikas lebt, fällt während der heißen Sommermonate in einen Dormanzzustand. Dieser wird als **Ästivation**[267] bezeichnet und dient diesen und anderen, unter ähnlichen Umständen lebenden, Kleinsäugern dazu, sommerliche Phasen des Nahrungs- und Wassermangels zu überstehen. Die Ästivation zeichnet sich wie der Winterschlaf durch einen reduzierten Energieumsatz, die Einstellung aller körperlichen Aktivitäten, eine Unempfindlichkeit für Sinnesreize und eine passive Veränderung der Körpertemperatur in Richtung der Umgebungstemperatur aus. Den Zustand eines solchen Tieres bezeichnet man als **Torpor**[268].

Die Nutzung torpider Strategien in einer sehr warmen Umgebung, zum Beispiel beim Fettschwanzmaki (*Cheirogalus medius*) bei einer Außentemperatur über 30 °C, zeigt, dass bei verschiedenen Tierarten nicht nur in der Kälte, sondern auch

[267] *aestivare* (lat.) = den Sommer verbringen
[268] *torpor* (lat.) = Erstarrung

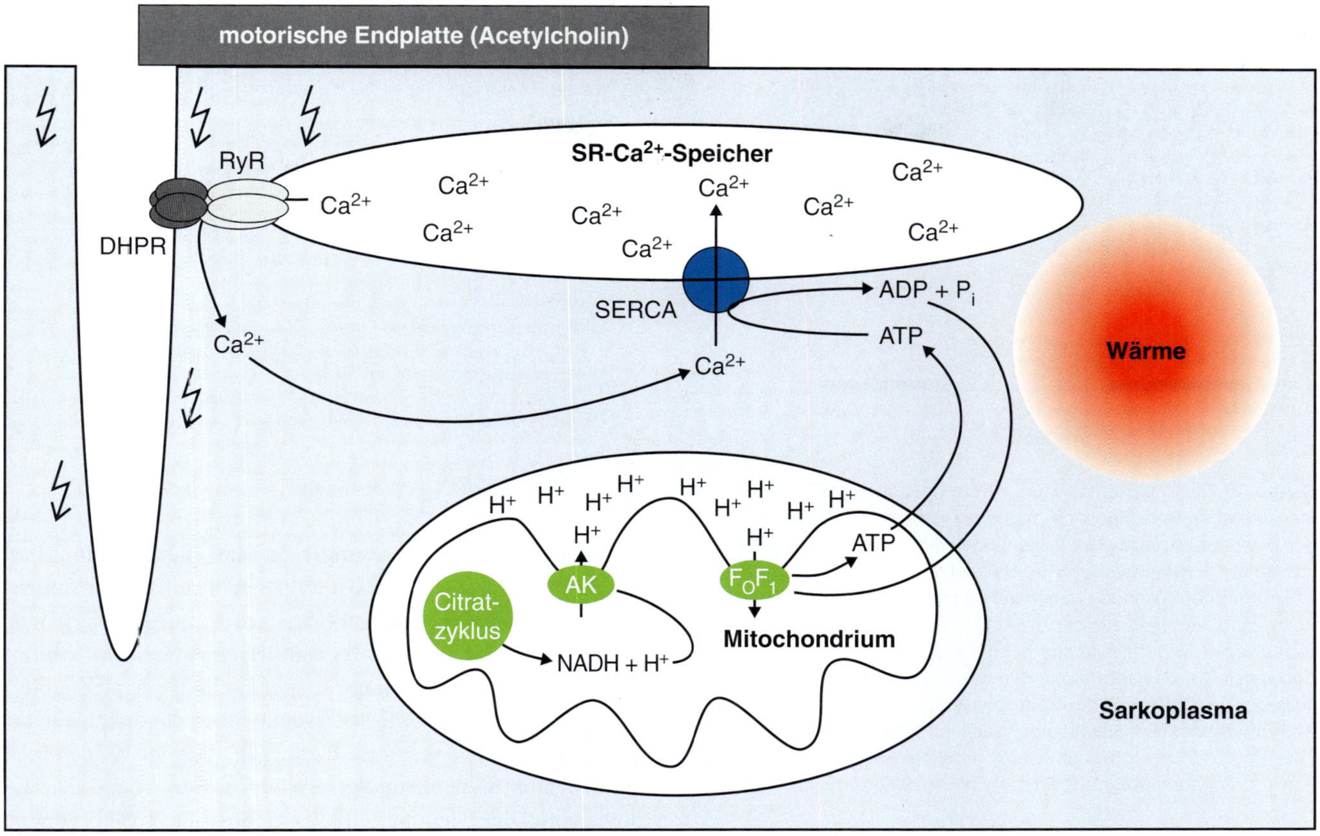

Abb. 10.21 Ca^{2+}-Kreislauf im Heizorgan der Fische. Die Zellen des Heizgewebes besitzen ein stark gefaltetes SR, in das zahlreiche Mitochondrien eingebettet sind. Sarkomere fehlen und typische Muskelproteine wie Aktin und Myosin sind nur in geringer Menge vorhanden. Enzyme des Energiestoffwechsels sind allerdings im Vergleich mit anderen Muskelgeweben vermehrt exprimiert. Bei elektrischer Erregung der Zelle gelangt Ca^{2+} über die Aktivierung des spannungssensitiven Dihydropyridinrezeptors und des daran gekoppelten Ryanodinrezeptors in der SR-Membran aus dem Lumen des SR in das Cytoplasma. Die Ca^{2+}-Konzentration im Sarkoplasma steigt daraufhin stark an. Dieses stimuliert die SERCA. Diese Ca^{2+}-ATPase transportiert Ca^{2+}-Ionen unter ATP-Verbrauch wieder ins SR, wobei die hohe Rate der ATP-Hydrolyse die oxidative Phosphorylierung in den Mitochondrien anregt. Der Ca^{2+}-Kreislauf zwischen SR und Cytoplasma wird ohne Muskelkontraktion unter Verbrauch von ATP aufrechterhalten, sodass die Energie, die durch gekoppelte Respiration der Mitochondrien gebildet wird, in Form von Wärme freigesetzt wird. AK = Atmungskette; DHPR = Dihydropyridinrezeptor; F_0F_1 = ATP-Synthase; RyR = Ryanodinrezeptor; SERCA = Ca^{2+}-ATPase des sarkoplasmatischen Retikulums; SR = sarkoplasmatisches Retikulum. (Nach Block BA (1994) Thermogenesis in muscle. Annu Rev Physiol 56, 535–577, Abb. 1a, S. 546.)

in der Wärme, bestimmte Lethargieformen ausgelöst werden können, um zeitlich limitierte Engpässe im Zugang zu Ressourcen zu überstehen. In speziellen Fällen scheinen solche Phasen aber auch der Verlängerung der Lebens- und der Reproduktionsphase zu dienen. So wurde beim Siebenschläfer (*Glis glis*) nachgewiesen, dass manche Tiere bis zu zehn Monate im Jahr in Dormanz verbringen, obwohl energetische Einschränkungen dieses Verhalten nicht rechtfertigen. Es könnte daher sein, dass Siebenschläfer, die sich nur in nahrungsreichen Jahren fortpflanzen, die weniger günstigen Jahre gut versteckt weitgehend verschlafen, um sich nicht unnötig in Gefahr durch Fressfeinde zu bringen. Tatsächlich werden Siebenschläfer für Säugetiere ihrer Größe ungewöhnlich alt (bis zu neun Jahre).

Kurzfristige Phasen des Torpors werden oft als **Tagesschlaflethargie** bezeichnet und im Gegensatz zu den anderen Lethargieformen häufig in den circadianen Rhythmus integriert (Abb. 10.22). Auch hier werden Metabolismus, Aktivität, Reizbarkeit und Körpertemperatur während einiger Stunden des Tages zur Einsparung von Energie abgesenkt, wobei die Mechanismen des Eintretens und der Beendigung des torpiden Zustands bei Kleinsäugern wohl sehr ähnlich denen sind, die auch während des Winterschlafs beobachtet werden. Der nachtaktive Dsungarische Zwerghamster (*Phodopus sungorus*) reduziert zu Beginn der täglichen Ruhephase den Energieumsatz um 25 %, was zu einer passiven Absenkung der Körpertemperatur von 34,2 auf 17,9 °C innerhalb von 40 min führt. Zum Ende der bis zu 9 h dauernden Torporphase aktiviert das Tier die zitterfreie Wärmebildung und kann so innerhalb von 30 min den Zustand der Euthermie erreichen. Kurzfristige Torporphasen zur Energieeinsparung zeigen auch kleine Vögel (z. B. Kolibris). Da Vögel kein braunes Fettgewebe besitzen, erfolgt das Aufwärmen des Tierkörpers zum Ende der Torporphase bei ihnen allerdings durch Muskelzittern.

Der **Winterschlaf**, der auch als **Hibernation**[269] bezeichnet wird, ist eine längere Phase, in der sich mehrfach längere torpide Zustände mit kurzen Wachphasen abwechseln. Der Win-

[269] *hibernatio* (lat.) = das Überwintern

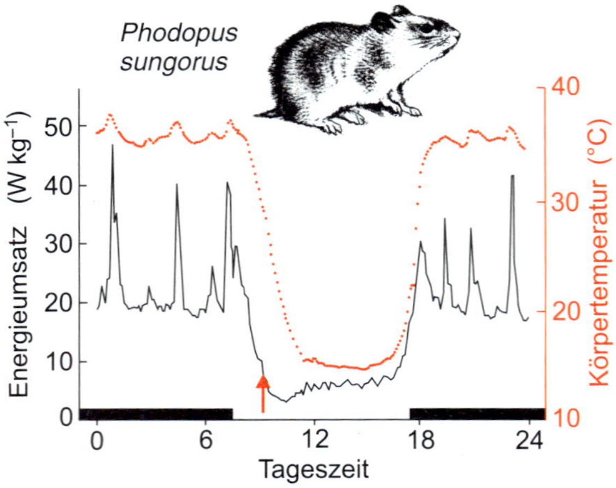

Abb. 10.22 Körpertemperatur und Energieumsatz eines nachtaktiven Zwerghamsters (*Phodopus sungorus*) während Normothermie in der Dunkelphase (schwarze Balken) und während des Torpors in der Lichtphase (Lufttemperatur 5 °C). Die Spitzen des Energieumsatzes in der normothermen Phase gehen auf lokomotorische Aktivität zurück. Roter Pfeil: Der Energieumsatz nähert sich bereits seinem Minimalwert, während die Körpertemperatur noch hoch ist. Diese zeitliche Korrelation spricht für eine spezifische Hemmung des Stoffwechselumsatzes zu Beginn und während der Torporphase, der eine begrenzte passive Auskühlung des Tierkörpers folgt. (Nach Ruf T, Heldmaier G (1992). The impact of daily torpor on energy requirements in the Djunagarian hamster, *Phodopus sungorus*. Physiol Zool 65, 994–1010.)

terschlaf tritt dann ein, wenn jahreszeitliche Beschränkungen im Zugang zu Ressourcen das Überleben der Tiere gefährden oder unmöglich machen. Da solche widrigen Umstände in den gemäßigten und kalten Zonen der Erde vorwiegend im Winter auftreten (Mangel an pflanzlichem Futter oder flüssigem Wasser), gehen Tiere nach intensiver Vorbereitung (Anlegen von Reserven, Aufsuchen eines thermisch stabilen Hibernaculums[270]) längerfristig in einen dormanten Zustand. Ein solches Verhalten ist gerade für kleinere Tiere mit ihrem normalerweise hohen spezifischen Stoffwechselumsatz, deren Oberflächenisolierung dazu noch limitiert ist (begrenzte Felldicke), überlebenswichtig.

Größere Säugetiere, die in kalten Regionen leben (z. B. Schwarzbär und Dachs), gehen dagegen nicht wirklich in einen lang anhaltenden, tiefen Winterschlaf, sondern verbringen ungünstige Perioden in **Winterruhe**. Wie der Winterschlaf ist die Winterruhe durch eine metabolische Depression und die Reduktion lebenswichtiger Funktionen gekennzeichnet, wobei die minimale Körpertemperatur der torpiden Phasen allerdings nicht unter 30 °C liegt. Der Unterschied zum Winterschlaf der Kleinsäuger (Igel, Fledermäuse, Nagetiere) ist allerdings nicht prinzipieller, sondern nur gradueller Natur, weil der in jedem Fall aufrechterhaltene Minimalstoffwechsel bei den massereichen und gut isolierten Bären ausreicht, die Körpertemperatur auf relativ hohem Niveau zu erhalten, während er bei schlecht isolierten und massearmen Kleinsäugern gerade ausreicht, um

[270] Hibernaculum oder Hibernarium: Lagerplatz, den ein Tier für die Winterruhe oder den Winterschlaf auswählt.

Tab. 10.4 Artspezifische kritische Außentemperaturen als Signal für den Eintritt in den Winterschlaf und minimale Körpertemperaturen während der Torporphasen bei Kleinsäugern.

Tierart	kritische Außentemperatur (°C)	minimale Körpertemperatur (°C)
Ziesel (*Citellus citellus*)	20	0
Siebenschläfer (*Glis glis*)	18	2–7
Haselmaus (*Muscardinus avellanarius*)	15–16	0
Igel (*Erinaceus europaeus*)	14,5	1
Hamster (*Cricetus cricetus*)	9–10	4

ein Absinken der Körpertemperatur auf einen Minimalwert (Tab. 10.4), der aber auch bei weiterem Absinken der Außentemperatur niemals unterschritten wird, aufrechtzuerhalten. Gerade der Umstand, dass die Körpertemperatur von winterschlafenden Tieren bestimmte artspezifische Werte nicht unterschreitet, obwohl die Umgebungstemperatur deutlich niedriger liegen kann, deutet aber auch darauf hin, dass der Winterschlaf ein aktiv kontrollierter und geregelter Zustand ist und der Hypothalamus der Tiere zu jeder Zeit den veränderten Sollwert mit dem aktuellen Istwert der Körperkerntemperatur vergleicht und bei Bedarf die notwendigen Maßnahmen einleitet, damit das Tier nicht erfriert.

Während des Winterschlafs sind alle Lebensvorgänge extrem reduziert. Der Energieumsatz kann bis auf etwa 4 % des normalen Umsatzes begrenzt werden, was als **metabolische Reduktion** bezeichnet wird. Die hormonell und neuronal vermittelte Senkung der Stoffwechselrate der Körpergewebe führt dann zum passiven Auskühlen des Tieres, bis die **minimale Körpertemperatur** (Tab. 10.4) erreicht ist. Die Winterschläfer regeln während der Absenkung der Körpertemperatur ihren extrazellulären pH-Wert auf konstantem Niveau (pH-stat-Regulation als Spezialfall der α-stat-Regulation). Die Beibehaltung des pH-Wertes von 7,4 in der Kälte scheint eine wichtige Funktion bei der Umstellung des Energiestoffwechsels der Tiere in allen Geweben (außer den Neuronen) vom Kohlenhydratabbau in der Glykolyse zur Verwertung von mobilisierten Fettsäuren in der β-Oxidation zu spielen. Durch Hemmung der Pyruvat-Dehydrogenase durch die aktivierte Pyruvat-Dehydrogenase-Kinase (PDK4) steht in den Zellen winterschlafender Tiere weniger Acetyl-CoA bereit, das in den Citratzyklus eingeschleust werden kann. Außerdem wird die Expression der Acetyl-CoA-Carboxylase reduziert, sodass nur sehr wenig Malonyl-CoA vorhanden ist. Da in den Adipocyten winterschlafender Tiere zudem die hemmende Wirkung einer erhöhten Insulinkonzentration auf die vorratsfettspaltende Lipase fehlt, stehen vermehrt freie Fettsäuren im Blutplasma zur Verfügung. Diese werden in die Körperzellen aufgenommen und durch den Carnitin-Shuttle in die Mitochondrien eingeschleust. In den Körperzellen winterschlafender Tiere ist durch

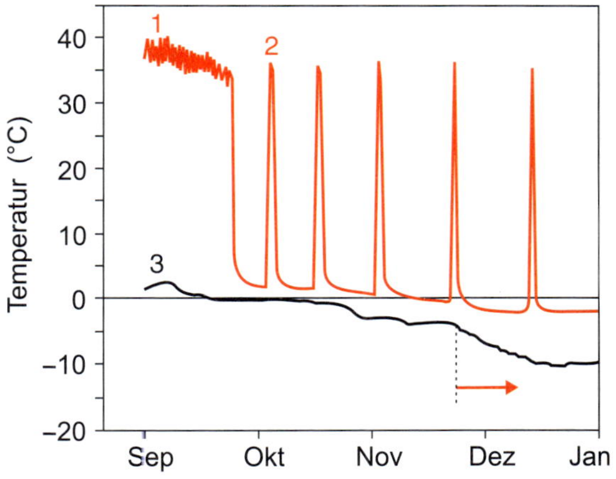

Abb. 10.23 Verlauf der Körperkerntemperatur (①, ②) und der Umgebungstemperatur in der natürlichen Winterschlafhöhle (③) eines arktischen Ziesels (*Spermophilus parryii*) während der ersten Hälfte eines siebenmonatigen Winterschlafs. ①: Normotherme Phase vor Beginn des Winterschlafs. ②: Erste intermediäre Wachphase. Roter Pfeil: Trotz des Abfalls der Umgebungstemperatur von −4 °C auf −10 °C blieb die Körperkerntemperatur konstant bei minimal −2 °C. (Nach Boyer BB, Barnes BM, Lowell BB, Grujic D (1998) Differential regulation of uncoupling protein gene homologues in multiple tissues of hibernating ground squirrels. Am J Physiol – Regul Integr Comp Physiol 275, R1232–R1238, Abb. 1, S. R1233.)

den sehr niedrigen Malonyl-CoA-Spiegel die normalerweise hemmende Wirkung von Malonyl-CoA auf diesen Shuttle-Mechanismus aufgehoben, sodass vermehrt Fettsäuren in der mitochondrialen **β-Oxidation** verwertet werden. Während neuronale Zellen während des Winterschlafs weiterhin oxidativen Kohlehydratstoffwechsel betreiben, schalten alle anderen Körperzellen auf diesem Weg auf Fettsäuremetabolismus zur Energiegewinnung um, sodass die internen Fettspeicher der Tiere für den Betriebsstoffwechsel genutzt werden können.

Obwohl die Gesamtdauer des Winterschlafs mehrere Monate dauern kann, heißt das nicht, dass winterschlafende Tiere während dieser Periode durchgehend in tiefem Torpor verharren. Vielmehr wird dieser in regelmäßigen Abständen durch kurze Wachphasen unterbrochen, für die die Tiere durch Hochfahren des Energiestoffwechsels zunächst ihre Körpertemperatur wieder auf Normalmaß (Normothermie) bringen müssen (Abb. 10.23). Experimente mit Curare, einem Hemmstoff der neuronalen Signalübertragung an der neuromuskulären Endplatte, an winterschlafenden Tieren haben gezeigt, dass die dazu notwendige Wärme nicht aus dem Muskelmetabolismus, sondern aus der **zitterfreien Thermogenese** im **braunen Fettgewebe** stammt. Das periodische Aufheizen des Tierkörpers, auf den ersten Blick eine unnötige Energieverschwendung, erscheint in einem anderen Licht, wenn man bedenkt, dass der Metabolismus winterschlafender Tiere nicht völlig zum Erliegen kommt. Daher fallen auch in den längeren Phasen tiefen Torpors in geringen Mengen an metabolischen Produkte (z. B. harnpflichtige Substanzen) an, die zur Vermeidung von Vergiftungen periodisch ausgeschieden werden müssen. Zusätzlich scheinen winterschlafende Tiere während der kurzen Aufwachperioden Immunkontroll- und -abwehrfunktionen zu aktivieren, die es ihnen ermöglichen, potenziell pathogene Mikroorganismen in Schach zu halten. Trotz dieser energetischen Aufwendung für die Gewährleistung intermediärer Wachphasen lohnt sich das Winterschlafen für die Tiere. Bilanzrechnungen zeigten, dass Winterschläfer im Vergleich mit nichtwinterschlafenden Tieren gleicher Körpergröße etwa 80 % weniger Energie benötigen, um die ungünstigen Jahreszeiten zu überstehen.

Aus der Analyse des Auftretens von Heterothermie in den einzelnen Taxa der endothermen Vertebraten wurde deutlich, dass die Fähigkeit zum **Hypometabolismus** und des Eintritts in torpide Zustände vermutlich eine ursprüngliche Eigenschaft der Vertebraten (plesiomorphes Merkmal) darstellt. Die Homoiothermie der reinen Endothermen wird demnach als ein sekundärer Verlust der ursprünglichen Fähigkeit, Torpor auszuüben, verstanden. Diesen Verlust konnten sich, unabhängig von ihrer systematischen Stellung, nur solche Tiere leisten, die eine kritische Körpergröße überschritten. Kleinere Tiere unterlagen dagegen einem harten Selektionsdruck, die Fähigkeit zur Einnahme torpider Zustände beizubehalten, sodass diese Eigenschaft allen rezenten Säugetieren und Vögeln mit geringer Körpergröße und fluktuierender Nahrungsverfügbarkeit erhalten geblieben ist.

10.7 Vermeidung thermisch bedingter Schäden

Nähert sich die Körpertemperatur von ektothermen Tieren der **kritischen Temperatur** an (Abb. 10.6) oder reichen die Verhaltensweisen und thermoregulatorischen Maßnahmen bei Endothermen angesichts extremer Außentemperaturen (Abb. 10.7) nicht, um die normale Körperkerntemperatur aufrechtzuerhalten, so besteht die Gefahr, dass besonders temperaturempfindliche Proteine ihre dreidimensionale Struktur und somit ihre Funktion einbüßen (**thermische Denaturierung**). Besonders in der Kälte besteht zudem die Gefahr, dass die Körperflüssigkeiten von ektothermen Tieren gefrieren, sodass die Bildung von Eiskristallen oder die Umbildung der Kristalle beim Auftauen die biologischen Membranen der Zellen beschädigen und die Lebensfähigkeit des Organismus gefährden. Sowohl die Überhitzung des Tierkörpers als auch die Unterkühlung sind reale Bedrohungen, da die äußeren Bedingungen (intensive Bewegung in tropischem Klima bzw. harter Frost in gemäßigten oder kalten Klimazonen) regelmäßig im Leben von Tieren auftreten. Daher sind während der Evolution spezifische und weniger spezifische Abwehrmechanismen entwickelt worden, die Tieren das Überleben solcher Zustände ermöglichen.

10.7.1 Gefrierschutz und Gefriertoleranz

In gemäßigten und kalten Klimazonen der Erde sind ektotherme Tiere zumindest im Winter durch suboptimale Proteinfunktion oder gar thermische Denaturierung der Proteine sowie durch **Gefrieren der Körperflüssigkeiten** der Gefahr von

Frostschäden an ihren Geweben ausgesetzt. Normalerweise suchen Tiere daher schon im Herbst voraussichtlich frostfreie Überwinterungsorte auf (Eingraben in die Erde, Verkriechen in Höhlen, Überwintern am Boden von tieferen Gewässern usw.). Dennoch ist es nicht prinzipiell zu vermeiden, dass Tiere Phasen extremer Kälte ausgesetzt sind.

So leben arktische und antarktische Fische phasenweise bei einer Wassertemperatur von bis zu −1,9 °C, dem Gefrierpunkt von Meerwasser. Die Körpertemperatur der Tiere liegt damit unterhalb des Gefrierpunktes der Körperflüssigkeiten (−0,8 °C). Auch im Waldboden eingegrabene Frösche (*Rana sylvatica*) sind bei extremer Kälte Temperaturen ausgesetzt, die weit unterhalb der Gefriertemperaturen ihrer Körperflüssigkeiten liegen können. In gewissem Maß können Körperflüssigkeiten unter ihren eigentlichen Gefrierpunkt abgekühlt werden, ohne zu gefrieren (*supercooling*), solange keine Eisbildungsnuclei existieren. Diesen Mechanismus nutzen Tiere tatsächlich aus, allerdings birgt er das Risiko des schlagartigen Gefrierens des Blutes, sobald ein Eiskristall in den Körper eindringt (z. B. durch gefrierendes Wasser aus der Außenwelt) oder ein schon vorhandener Fremdkörper (z. B. im Verdauungstrakt) einen Nucleus für die Eisbildung darstellt, Dieser Effekt kann daher nur ausgenutzt werden, wenn die Tiere ihren Gastrointestinaltrakt vor der Winterruhe komplett entleert haben und in der Kälte trocken liegen. Zusätzlich oder alternativ zum Supercoolingeffekt muss es daher noch andere Mechanismen geben. Tiere haben daher verschiedene Maßnahmen entwickelt, das Gefrieren der Körperflüssigkeiten ganz zu verhindern (**Gefrierschutz**) oder die Eisbildung in den Körperflüssigkeiten so zu gestalten, dass sich keine zerstörerisch wirkenden spitzen oder scharfkantigen Eiskristalle bilden (**Gefriertoleranz**).

Einen Schutz vor dem Gefrieren der Körperflüssigkeiten bietet die Akkumulation osmotisch aktiver niedermolekularer Stoffe wie Glucose, Trehalose, Methylamine, Harnstoff oder Polyole (z. B. Glycerin) in den Körperflüssigkeiten, da diese den **Gefrierpunkt** der Lösung herabsetzen (bei einem Anstieg der Osmolalität um 1 mol kg^{-1} H_2O um −1,89 °C), ohne die Proteinstruktur negativ zu beeinflussen (**kompatible Osmolyte**). So akkumuliert der arktische Stint (*Osmerus mordax*) bei einer Erniedrigung der Wassertemperatur auf −1 °C bis zu 500 mmol l^{-1} Glycerin. Seine Körperflüssigkeiten werden auf diese Weise isoosmotisch zum Meerwasser. Eidechsen (*Lacerta vivipara*) können durch Akkumulation von Glucose in den Körperflüssigkeiten für mehr als drei Wochen Außentemperaturen bis zu −35 °C in einem unterkühlten Zustand ertragen, ohne dass es zu Eisbildung im Körper kommt. Voraussetzung dafür ist jedoch eine trockene Umgebung (zusätzliche Ausnutzung des Supercoolingeffekts). Die Produktion von solchen Osmolyten wird bereits eingeleitet, wenn die Tiere im Herbst sinkende Temperaturen wahrnehmen und sich auf die Winterruhe vorbereiten.

Manche Arten haben Anpassungen entwickelt, die zwar nicht die Bildung von Eiskristallen in den Körperflüssigkeiten verhindern, aber deren Wachstum auf eine gefährliche Größe unterbinden. Dieses geschieht zum Beispiel durch die Synthese und Akkumulation von spezifischen Proteinen oder Glykolipiden, die sich nach der Bildung sehr kleiner Eiskristalle in den Körperflüssigkeiten so an diese anlagern, dass keine weiteren Wassermoleküle rekrutiert werden können (**Gefrierschutzmoleküle**). Auf diese Weise gefriert das Blut von unterkühlten arktischen oder antarktischen Fischen gar nicht, sondern bleibt mit einem hohen Anteil an suspendierten Mikroeiskristallen ohne schädliche Auswirkungen flüssig.

In anderen Fällen führt die Akkumulation von osmotisch aktiven Stoffen in Kombination mit spezifischen Proteinen und Glykolipiden dazu, dass die Körperflüssigkeiten bei Unterschreitung einer bestimmten Temperatur zwar gefrieren, dies aber nicht in kristalliner, sondern in weitgehend amorpher Form geschieht. Dies verhindert die Zerstörung von biologischen Membranen und macht zum Beispiel den Waldfrosch (*Rana sylvatica*) gefriertolerant. Er überlebt in hart gefrorenem Zustand sehr kalte Perioden des kanadischen Winters und taut am Ende dieser Perioden ohne Anzeichen von Frostschäden wieder auf.

10.7.2 Hitzeschockproteine

Die Überhitzung der Gewebe eines Tieres stellt eine Stresssituation dar, wie viele andere Belastungssituationen, denen Tiere im Lauf ihres Lebens ausgesetzt sind (osmotischer Stress, Strahlenbelastung, Sauerstoffmangel usw.). Daher überrascht es nicht, dass unter thermischer Belastung recht ähnliche zelluläre und molekulare Mechanismen aktiviert werden wie unter anderen **Stress**konditionen. Zu den ubiquitär im Tierreich zu beobachtenden frühen zellulären Antworten auf solche Stresssituationen gehört die Induktion des HIF-1α-Gens (HIF-1α für *hypoxia-induced factor 1 alpha*). Dieser Faktor wirkt als Transkriptionsfaktor und induziert seinerseits eine Reihe von Genaktivitäten, die zu Veränderung des Proteinexpressionsmusters der betroffenen Zellen führen. Auf diese Weise werden zum Beispiel viele Einzelprozesse der Proteinexpression bei Tieren reguliert, die im Begriff sind, in Winterschlaf zu gehen. In Kombination mit anderen Stresssignalen (Aktivierung bestimmter Proteinkinasen, z. B. der MAP-Kinase p38) kann dieser Faktor aber auch für die Bewältigung von Hitzestress hilfreich sein, indem Proteine vermehrt exprimiert werden, die entweder verhindern, dass an Housekeeping-Proteinen thermische Denaturierungsschäden gesetzt werden, oder, wenn solche bereits eingetreten sind, helfen, diese Strukturänderungen durch Rückfaltung der Housekeeping-Proteine in die ursprüngliche Tertiärstruktur wieder zu beheben. Die ubiquitär verbreiteten Hilfsproteine (Chaperone), die diese Funktion in Zellen erfüllen, haben aus historischen Gründen die Bezeichnung **Hitzeschockproteine** (*heat shock proteins*, Hsp) erhalten, weil man sie im Zusammenhang mit thermischem Stress entdeckt hat. Sie werden allerdings auch in anderen Stressituationen in tierischen Zellen vermehrt gebildet.

Die Aminosäuresequenzen der Subtypen dieser Proteine (▣ Tab. 10.5) sind evolutiv weitgehend konserviert und daher

Tab. 10.5 Beispiele für weit verbreitete Subtypen von induzierbaren Hitzeschockproteinen in tierischen Zellen und ihre Funktionen.

Subtyp	Molekülmasse (kDa)	Funktion
Hsp27	27	Substrat von stressaktivierten Proteinkinasen durchläuft Oligomerisierung stabilisiert Housekeeping-Proteine nach Einwirkung von Stress auf tierische Zellen hat antiapoptotische Wirkung
Hsp40	40	Cofaktor von Hsp70
Hsp70	70	bindet und hydrolysiert ATP nutzt die gewonnene Energie für die Stabilisierung der dreidimensionalen Struktur von Housekeeping-Proteinen unter Stressbedingungen
Hsp90	90	bindet und hydrolysiert ATP Stabilisierung der Konformation von unbesetzten Steroidhormonrezeptoren, Transkriptionsfaktoren, Kinasen und des Tumorsuppressorproteins p53

bei verschiedenen Tierarten sehr ähnlich, was auf eine fundamentale Bedeutung dieser Proteine für die Aufrechterhaltung der Zellfunktion und für die Entwicklung der **Thermotoleranz** schließen lässt. Durch Induktion der Hsp-Expression im Zuge einer Hitzeeinwirkung auf den Organismus kann es innerhalb von wenigen Stunden zur Entwicklung einer Thermotoleranz kommen, die mehrere Tage andauern kann und die Tiere gegen weitere Hitzestressereignisse und deren potenziell negative Auswirkungen auf das Überleben resistent macht (*hardening*). Dabei akkumulieren verschiedene Formen von Hsps im Cytosol, in den Mitochondrien, im endoplasmatischen Retikulum und im Zellkern der Körperzellen des betroffenen Tieres. Ektotherme Arten in Habitaten mit stark schwankenden Außentemperaturen besitzen eine stark ausgeprägte Fähigkeit zur Induktion von Hsp-codierenden Genen, während Tiere in stabilen thermischen Nischen eher schwächere Hsp-Reaktionen zeigen. Besonders wichtig für die Aufrechterhaltung der Funktionen von Housekeeping-Proteinen unter Hitzestress scheint das Hsp70-Protein zu sein, da seine Expression direkt mit der Intensität der Wärmebelastung eines Gewebes korreliert.

10.8 Fragen zum Selbststudium

- Welche Probleme können sich durch Veränderungen der Temperatur für die Balance der Einzelreaktionen von Stoffwechselwegen ergeben?
- Welche Fähigkeiten zeichnen endotherme Tiere gegenüber ektothermen Tieren aus?
- Sind ektotherme Tiere tatsächlich immer poikilotherm?
- Was können ektotherme Tiere tun, um ihre Körpertemperatur zu steigern?
- Welche Mechanismen der Wärmeabgabe aus dem Tierkörper zählen zu den »trockenen«, welche zu den »feuchten«?
- Welche Maßnahmen der Isolierung der Körperoberflächen gegen Wärmeverlust gibt es und bei welchen Tiergruppen treten sie auf?
- Definieren Sie den Begriff Thermoneutralzone.
- In welchem Organ findet der Vergleich von Ist- und Sollwerten der Körperkerntemperatur von endothermen Tieren statt?
- Warum hilft eine pilomotorische Reaktion Säugetieren nur sehr bedingt bei dem Versuch, den Wärmeverlust des Körpers zu vermindern?
- Welcher Mechanismus ist in der Regel für die Verminderung der Hautduchblutung bei Endothermen in der Kälte verantwortlich?
- Warum schmilzt ein auf dem Eis stehender Schwan in der Regel kein Loch ins Eis?
- Welche zwei Mechanismen zur Erzeugung von zusätzlicher Körperwärme werden bei Säugetieren genutzt?
- Wie unterscheiden sich die Adipocyten des weißen und des braunen Fettgewebes?
- Welche Funktion haben Pyrogene im Organismus?
- Welchen Vorteil ziehen Winterschläfer aus dem Winterschlaf?
- Welche Maßnahmen nutzen Tiere, um thermisch bedingte Schäden an Proteinen und Zellen zu vermeiden oder zu beheben?

Weiterführende Literatur

Allgemeines

Angilletta MJ (2009) Thermal adaptation – A theoretical and empirical synthesis. Oxford University Press, Oxford, New York.

Heldmaier G, Klingenspor M (Eds.) (2000) Life in the cold. Springer Verlag, Berlin, Heidelberg, New York.

Hochachka PW, Somero GN (1980) Strategien biochemischer Anpassung. Thieme-Verlag, Stuttgart, New York.

Jessen C (2001) Temperature regulation in humans and other mammals. Springer-Verlag, Berlin, Heidelberg, New York.

Romanovsky AA (2007) Thermoregulation: some concepts have changed. Functional architecture of the thermoregulatory system. American Journal of Physiology – Regulatory, Integrative and Comparative Physiology 292, R37-R46.

Somero GN (2004) Adaptation of enzymes to temperature: searching for basic »strategies«. Comparative Biochemistry and Physiology B: Biochemistry and Molecular Biology 139, 321-333.

Somero GN (2010) The physiology of climate change: how potentials for acclimatization and genetic adaptation will determine ‚winners' and ‚losers'. Journal of Experimental Biology 213, 912-920.

Spezielle Aspekte

Bieber C, Ruf T (2009) Summer dormancy in edile dormice (*Glis glis*) without energetic constraints. Naturwissenschaften 96, 165-171.

Bicudo JEPW, Vianna CR, Chaui-Berlinck JG (2001) Thermogenesis in birds. Bioscience Reports 21, 181-188.

Block BA (1994) Thermogenesis in muscle. Annual Review of Physiology 56, 535-577.

Block BA, Carey FG (1985) Warm brain and eye temperatures in sharks. Journal of Comparative Physiology B 156, 229-236.

Boyer BB, Barnes BM, Lowell BB, Grujic D (1998) Differential regulation of uncoupling protein gene homologues in multiple tissues of hibernating ground squirrels. American Journal of Physiology 275, R1232-R1238.

Cannon B, Nedergaard J (2004) Brown adipose tissue: Function and physiological significance. Physiological Reviews 84, 277-359.

Carey HV, Andrews MT, Martin SL (2003) Mammalian hibernation: Cellular and molecular responses to depressed metabolism and low temperatures. Physiological Reviews 83, 1153-1181.

Clark M, Worland M (2008) How insects survive the cold: molecular mechanisms - a review. Journal of Comparative Physiology B 178, 917-933.

Daanen HAM (2003) Finger cold-induced vasodilation: a review. European Journal of Applied Physiology 89, 411-426.

Dausmann KH, Glos J, Ganzhorn JU, Heldmaier G (2004) Hibernation in a tropical primate. Nature 429, 825-826.

Ewart KV, Lin Q, Hew CL (1999) Structure, function and evolution of antifreeze proteins. Cellular and Molecular Life Sciences 55, 271-283.

Fields PA, Wahlstrand BD, Somero GN (2001) Intrinsic versus extrinsic stabilization of enzymes. The interaction of solutes and temperature on A4-lactate dehydrogenase orthologs from warm-adapted and cold-adapted marine fishes. European Journal of Biochemistry 268, 4497-4505.

Geiser F (1998) Evolution of daily torpor and hibernation in birds and mammals: importance of body size. Clinical and Experimental Pharmacology and Physiology 25, 736-739.

Heldmaier G (2011) Life on low flame in hibernation. Science 331, 866-867.

Heldmaier G, Ortmann S, Elvert R (2004) Natural hypometabolism during hibernation and daily torpor in mammals. Respiratory Physiology and Neurobiology 141, 317-329.

Holland LZ, McFall-Ngai M, Somero GN (1997) Evolution of lactate dehydrogenase-A homologs of barracuda fishes (genus *Sphyraena*) from different thermal environments: Differences in kinetic properties and thermal stability are due to amino acid substitutions outside the active site. Biochemistry 36, 3207-3215.

Hutchinson VH, Dowling HG, Vinegar A (1966) Thermoregulation in a brooding female Indian python, *Python molurus bivittatus*. Science 151, 694-695.

Jessen C (2001) Selective brain cooling in mammals and birds. Japanese Journal of Physiology 51, 291-301.

Kenny GP, Journeay WS (2010) Human thermoregulation: separating thermal and nonthermal effects on heat loss. Frontiers in Bioscience 15, 259-290.

MacMillan HA, Sinclair BJ (2011) Mechanisms underlying insect chill-coma. Journal of Insect Physiology 57, 12-20.

Maistrovski Y, Biggar KK, Storey KB (2012) HIF-1α regulation in mammalian hibernators: role of non-coding RNA in HIF-1α control during torpor in ground squirrels and bats. Journal of Comparative Physiology B 182, 849-859.

Mozo J, Emre Y, Bouillaud F, Ricquier D, Criscuolo F (2005) Thermoregulation: what role for UCPs in mammals and birds? Bioscience Reports 25, 227-249.

Nedergaard J, Bengtsson T, Cannon B (2007) Unexpected evidence for active brown adipose tissue in adult humans. American Journal of Physiology - Endocrinology and Metabolism 293, E444-E452.

Pörtner HO (2004) Climate variability and the energetic pathways of evolution: The origin of endothermy in mammals and birds. Physiological and Biochemical Zoology 77, 959-981.

Pörtner HO, van Dijk PLM, Hardewig I, Sommer A (2000) Levels of metabolic cold adaptation: tradeoffs in eurythermal and stenothermal ectotherms. In: Antarctic ecosystems: models for wider ecological understanding. Eds: W Davison, C Howard-Williams. Caxton Press, Christchurch New Zealand, 109-122.

Ruf T, Heldmaier G (1992) The impact of daily torpor on energy requirements in the Djungarian hamster, Phodopus sungorus. Physiological Zoology 65, 994-1010.

Scherbarth F, Steinlechner S (2010) Endocrine mechanisms of seasonal adaptation in small mammals: from early results to present understanding. Journal of Comparative Physiology B 180, 935-952.

Seebacher F (2005) A review of thermoregulation and physiological performance in reptiles: What is the role of phenotypic flexibility? Journal of Comparative Physiology B 175, 453-461.

Shabtay A, Arad Z (2005) Ectothermy and endothermy: Evolutionary perspectives of thermoprotection by Hsps. Journal of Experimental Biology 208, 2773-2781.

Storey KB (2002) Life in the slow lane: molecular mechanisms of estivation. Comparative Biochemistry and Physiology A 133, 733-754.

Sturtevant H (1913) The Himalayan rabbit case, with some considerations on multiple allelomorphs. American Naturalist 47, 234-238.

Toien O, Blake J, Edgar DM, Grahn DA, Heller HC, Barnes BM (2011) Hibernation in black bears: independence of metabolic suppression from body temperature. Science 331, 906-909.

Tomanek L, Somero GN (2002) Interspecific- and acclimation-induced variation in levels of heat-shock proteins 70 (hsp 70) and 90 (hsp 90) and heat-shock transcription factor-1 (HSF1) in congeneric marine snails (genus *Tegula*): implications for regulation of hsp gene expression. Journal of Experimental Biology 205, 677-685.

Walters K, Serianni A, Voituron Y, Sformo T, Barnes B, Duman J (2011) A thermal hysteresis-producing xylomannan glycolipid antifreeze associated with cold tolerance is found in diverse taxa. Journal of Comparative Physiology B 181, 631-640.

Weissenböck NM, Arnold W, Ruf T (2012) Taking the heat: thermoregulation in Asian elephants under different climatic conditions. Journal of Comparative Physiology B 182, 311-319.

Wilz M, Heldmaier G (2000) Comparison of hibernation, estivation and daily torpor in the edible dormouse, *Glis glis*. Journal of Comparative Physiology B 170, 511-521.

10

IV Informationsverarbeitung und Verhalten

Information und Informationsverarbeitung

11.1 Biologisch relevante Information

In Organismen – ebenso wie in technischen Systemen – spielen Informations-, Steuer- und Regelungsprozesse eine zentrale Rolle. Eine selbständige wissenschaftliche Disziplin, die sich – unabhängig von dem konkreten System – mit den allgemeinen Gesetzmäßigkeiten dieser Prozesse beschäftigt, hat sich in der Mitte des vergangenen Jahrhunderts unter Führung des Mathematikers Norbert Wiener* herausgebildet. Er gab ihr den Namen Kybernetik[271]. Ihre Anwendung auf lebendige Systeme (biologische Kybernetik) hat inzwischen in vielen Fällen zu wesentlich tieferen Einsichten bis zur quantitativen Beschreibung von Zusammenhängen geführt.

Die von Shannon* und Weaver 1949 begründete Informationstheorie untersucht die quantitativen Eigenschaften von Signalen und Informationskapazitäten von Signalwegen unter Berücksichtigung von Wahrscheinlichkeit und Statistik. Als solche ist sie nicht nur in der Nachrichtentechnik, sondern auch für biologische Systeme relevant und vor allem bei der Analyse des Informationsgehalts neuronaler Aktivitäten hilfreich. Der Ansatz von Shannon betrachtet allerdings ausschließlich den quantitativen Aspekt der Information, die syntaktische Komponente, nicht aber den für den Biologen mindestens ebenso wichtigen qualitativen, semantischen Aspekt. Das Informationsmaß sagt nichts über die Bedeutung der Nachricht für den Empfänger aus, wie wichtig ihr Inhalt für ihn ist. Es bleibt daher offen, welcher Anteil der 2×10^{11} bit[272] an physikalischer Information, die Morowitz für *Escherichia coli* berechnet hat, wirklich für die Existenz des Bakteriums notwendig ist. Sind es die 10^7 bit, die in seinem Genom verschlüsselt sind, sind es weniger oder sind es mehr? Für einen Organismus und sein Weiterleben ist nicht die Menge, sondern die Qualität, das heißt der **Wert der Information**, entscheidend. Die Schaffung eines formellen Apparats der Informationstheorie, der die Qualität berücksichtigt, könnte ein wichtiger Schritt in Richtung auf die Herausbildung einer zukünftigen Theoretischen Biologie sein. Wenn in einem bestimmten Gen ein einziges Guaninmolekül durch ein Adenin ersetzt wird, so ändert sich damit der Informationsinhalt nach Shannon überhaupt nicht. Für den Physiker hat sich, selbst wenn die Mutante letal ist, nichts geändert. Für den Organismus kann ein solches Ereignis aber Auswirkungen haben, die seine weitere Existenz infrage stellen.

11.2 Steuerung und Regelung biologischer Systeme

Steuer- und Regelmechanismen im Bereich des Lebendigen sind oft mit denen im Bereich der Technik vergleichbar und daher unter Abstraktion ihrer physiologischen bzw. physikalischen Besonderheiten einer einheitlichen Betrachtung und einer Analyse mit einheitlicher Methodik zugänglich (Abb. 11.1). Die **biologische Kybernetik** untersucht Steuerungs- und Regelvorgänge, die in biologischen Systemen vorkommen. Hierzu zählen unter anderem die Regulation von Blutdruck, Körpertemperatur, Atmung, Hormontiter, Bewegungen und viele weitere physiologische Vorgänge. Den Begriff des **Steuerns** gebrauchen wir in der Physiologie im gleichen Sinn wie in der Technik, nämlich zur Bezeichnung der »Einwirkung einer Nachricht auf einen Energiefluss« (Küpfmüller und Kohn 2000, Abb. 11.1). Reine Steuervorgänge sind im Organismus relativ selten. Oft wird die durch den Steuervorgang erzielte Wirkung kontrolliert. Wirkt die Nachricht über die erzielte Wirkung auf den Steuervorgang zurück, so spricht man von einer **Rückkopplung** (*feedback*). Eine **negative Rückkopplung** liegt dann vor, wenn eine Änderung der kontrollierten Größe Vorgänge auslöst, durch die eben diese Änderung vermindert oder rückgängig gemacht wird. Durch solche negativen Rückkopplungsmechanismen können bestimmte Betriebsgrößen selbsttätig konstant gehalten, das heißt ändernden Außeneinflüssen kann entgegengewirkt werden. Wir sprechen dann von einer **Regelung** (Abb. 11.1).

11.2.1 Prinzipieller Aufbau eines Regelkreises

Dem Regelmechanismus liegt im Gegensatz zur einfachen Steuerung ein geschlossener Wirkungskreis, der **Regelkreis** (Abb. 11.2) zugrunde. Er setzt sich aus einzelnen Baugliedern, den **Regelkreisgliedern**, zusammen. Sie werden als Kästchen (*black boxes*) dargestellt. Diese besitzen auf der einen Seite **Signaleingänge** (Inputs) und auf der anderen **Signalausgänge** (Outputs), die als Pfeile dargestellt werden. Die Nachrichten können nur vom Eingang zum Ausgang weitergegeben werden, nicht umgekehrt – man sagt: Die Regelkreisglieder sind gerichtet. Im Regelkreis wird somit die Nachricht ebenfalls nur in einer Richtung (Wirkungsrichtung) von Glied zu Glied weitergeleitet.

Die **Regelstrecke** ist der Bereich, in dem die zu regelnde Größe vorliegt. Der **Regler** umfasst die Glieder, die die Regelung durchführen: Mess-, Regel- und Stellglied. Das **Messglied** (oft auch als Fühler bezeichnet) ist die Instanz, die die **Regelgröße** x messend überwacht und jede Regelabweichung registriert. Generell gilt: Was nicht gemessen werden kann, kann auch nicht geregelt werden. Die Information über den jeweiligen Istwert der Regelgröße wird in geeigneter Form an die nächste Instanz, das Regelglied, gemeldet. Im **Regelglied** wird der Istwert der Regelgröße mit seinem Sollwert verglichen, der von der Führungsgröße w vorgegeben wird. Tritt eine Regelabweichung auf, ergibt $(x - w)$ einen von null abweichenden Wert, so wird vom Regelwerk ein bestimmter Stellbefehl zur Veränderung der Stellgröße y am **Stellglied** ausgesandt. Durch diese Änderung der Stellgröße wird auf die Regelgröße derart eingewirkt, dass sie mehr oder weniger vollständig wieder zu ihrem Sollwert zurückgeführt wird (**negative Rückkopplung**)

[271] *kybernetes* (griech.) = Steuermann; *kybernetike* (griech.) = bei Platon die Lehre vom Steuern

[272] abgeleitet von engl. *binary digit*, Maßeinheit für den Informationsgehalt

11

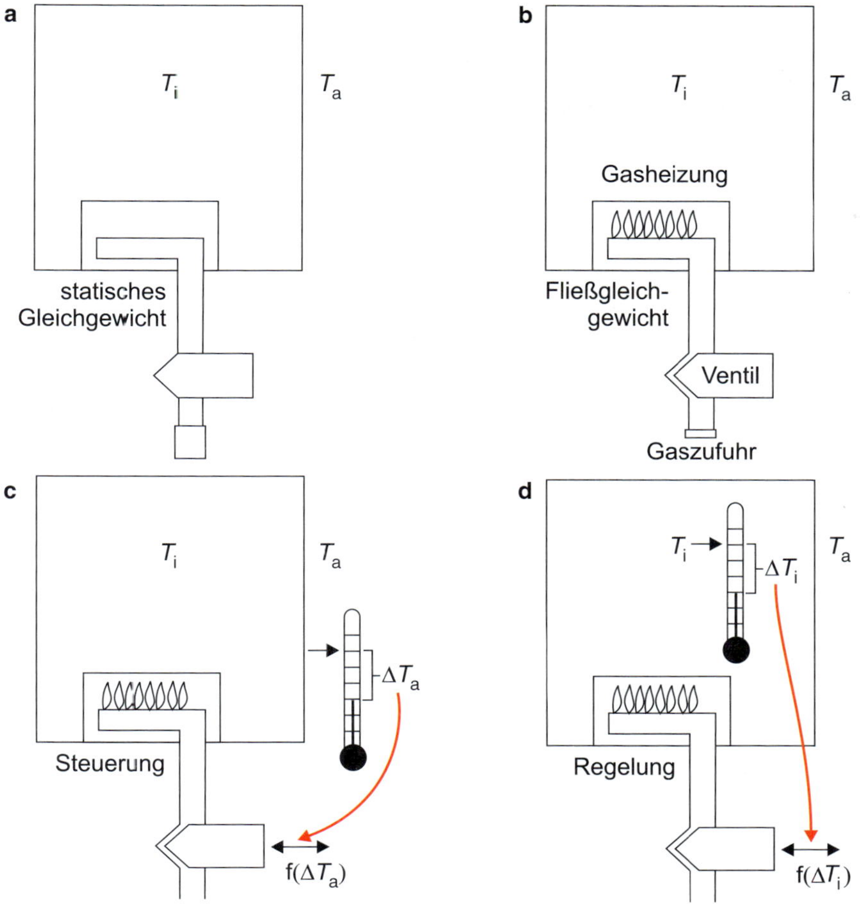

Abb. 11.1 Gegenüberstellung eines statischen Gleichgewichts, eines Fließgleichgewichts, einer Steuerung und einer Regelung. Ein Raum mit der Temperatur T_i ist gegenüber seiner Umgebung mit der konstanten Temperatur T_a nicht vollständig wärmeisoliert. Er kann beheizt werden. Die Gaszufuhr kann über ein Ventil reguliert werden. **a** Beim statischen Gleichgewicht (keine Beheizung) verharrt das System in Ruhe, wenn sich die Innentemperatur der jeweiligen Außentemperatur angeglichen hat. **b** Beim Fließgleichgewicht (konstante Beheizung) steigt die Innentemperatur so lange, bis die Wärmezufuhr durch den Wärmeabfluss nach außen gerade kompensiert wird. Jede Änderung der Außentemperatur zieht eine Änderung der Innentemperatur nach sich. **c** Im Fall der Steuerung (Beheizung von T_a abhängig) kann die Innentemperatur solange konstant gehalten werden, solange am System keine anderen Störungen als die der Außentemperaturänderung auftreten. **c** Nur bei der Regelung (Beheizung von der zu regelnden Größe, der Innentemperatur, abhängig) kann die Innentemperatur (innerhalb bestimmter Grenzen) gegenüber Störungen jeder Art konstant gehalten werden. (Aus Varjú D (1977) Systemtheorie für Biologen und Mediziner. Springer, Berlin, S. 132, Abb. 28.)

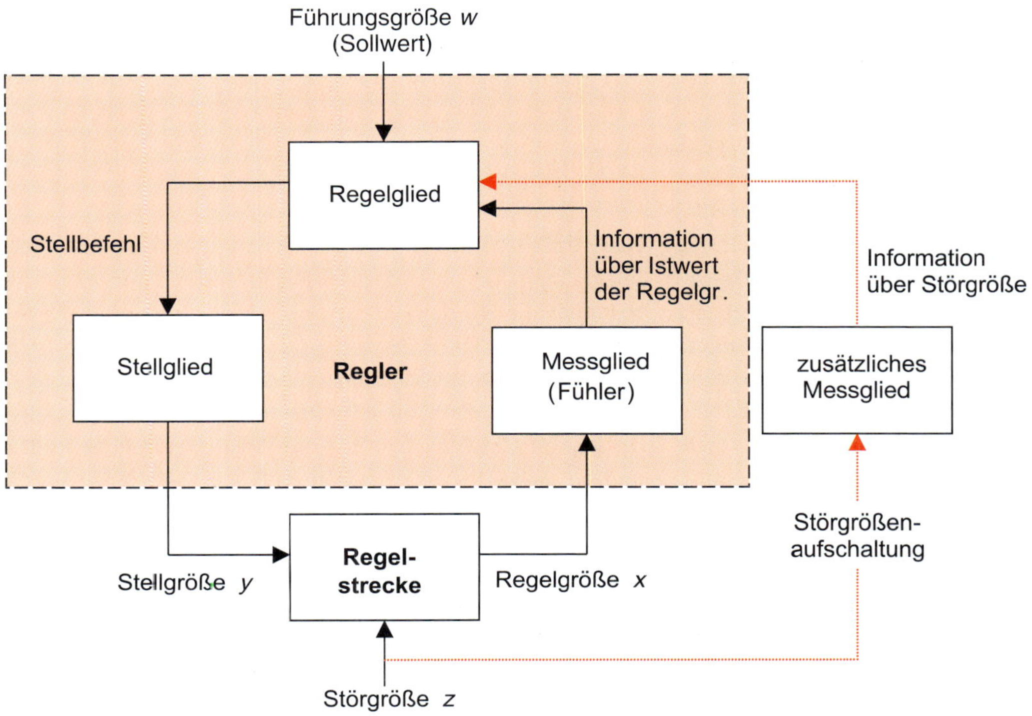

Abb. 11.2 Prinzipieller Aufbau eines einfachen geschlossenen Regelkreises mit seinen Übertragungsgliedern und Größen. Zur Erläuterung der Störgrößenaufschaltung siehe ► Abschn. 11.2.3.

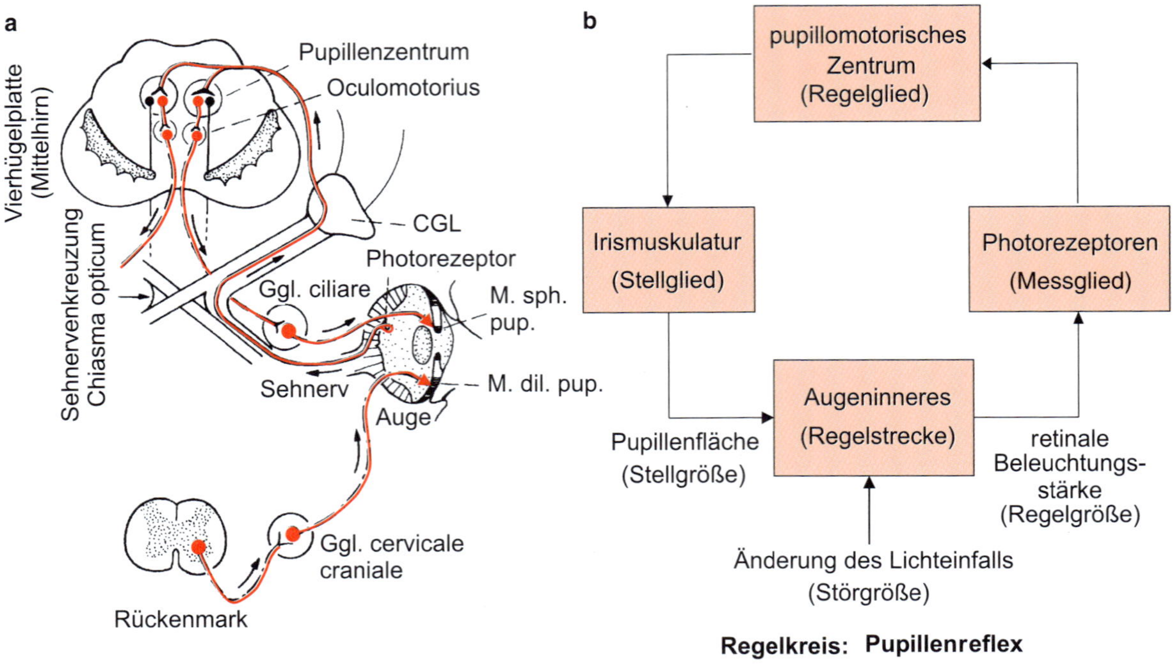

Abb. 11.3 Der Pupillenregelkreis. **a** Die anatomischen Verhältnisse. Der M. sphincter pupillae wird parasympathisch über das Ganglion ciliare innerviert und verkleinert die Pupille, der M. dilatator pupillae wird vom Halssympathikus über das Ganglion cervicale craniale innerviert und vergrößert die Pupille. Überwiegt der parasympathische Einfluss, tritt eine Verkleinerung der Pupille ein, überwiegt der sympathische, folgt eine Erweiterung. **b** Schema des Regelkreises: In der Regelstrecke, das heißt im Augeninneren, wird mithilfe der Messglieder (Fotorezeptoren) die Regelgröße (retinale Beleuchtungsstärke) ständig überwacht und die entsprechenden Informationen darüber dem Regelglied (pupillomotorisches Zentrum) mitgeteilt. Dort wird die Information über den jeweiligen Istwert der Regelgröße mit dem Sollwert verglichen. Stimmen beide nicht überein, das heißt existiert eine Regelabweichung, wird ein Stellbefehl zum Stellglied weitergegeben, das daraufhin eine Verstellung vornimmt. Diese ist so gerichtet, dass die Regelgröße wieder in Richtung auf ihren Sollwert zurückgeführt wird (Halteregelung). CGL = Corpus geniculatum laterale; Ggl. = Ganglion; M. sph. pup. = M. sphincter pupillae; M. dil. pup. = M. dilatator pupillae.

– die Regelabweichung wird abgebaut. Die Regelstrecke besitzt somit die Regelgröße *x* als Ausgang und die Stellgröße *y* als Eingang. Der Regler hat zwei Eingänge, die Regelgröße *x* und die Führungsgröße *w*, und einen Ausgang, die Stellgröße *y*.

Als **Beispiel** eines Regelkreises sei der **Pupillenmechanismus** der Vögel und Säugetiere näher beschrieben (Abb. 11.3). Er baut auf dem Pupillenreflex auf und dient dazu, die Lichtintensität im Auge (retinale Beleuchtungsstärke = **Regelgröße**) unabhängig von der in der Umwelt herrschenden Intensität möglichst konstant zu halten. Das **Messglied** des Regelkreises sind die Sehzellen in der Retina, die den jeweiligen Istwert der Regelgröße messen und die Information darüber den pupillomotorischen Zentren im Kerngebiet des N. oculomotorius sowie den sympathischen Zentren im Gehirn (**Regelglied**) zuleiten. Von dort aus werden entsprechende Befehle an das **Stellglied** (Irismuskulatur) weitergeleitet. Die Reaktion der Irismuskulatur führt entweder zur Verkleinerung (bei Erhöhung der Reizlichtintensität) oder zur Vergrößerung (bei Abnahme der Reizlichtintensität) der Pupillenfläche (Stellgröße). Das bedeutet, dass die Stellgröße im Sinne einer negativen Rückkopplung auf die Regelgröße in der Regelstrecke (Augenbulbus) zurückwirkt: Die Erhöhung der Lichtintensität im Auge löst eine Pupillenverkleinerung und damit die Rückführung der Lichtintensität auf erträgliche Werte aus, bei Abnahme der Lichtintensität wird umgekehrt durch Vergrößerung der Pupille ein stärkerer Lichteinfall ins Auge herbeigeführt. Im ersten Fall überwiegt der parasympathische Einfluss auf den M. sphincter[273] pupillae, im zweiten der sympathische Einfluss auf den M. dilatator[274] pupillae.

11.2.2 Zeitverhalten von Regelkreisen

Nach ihrem Verhalten unterscheidet man Proportional- und Integralregler (P- und I-Regler). Beim **I-Regler** (Integralregler) bestimmt die Regelabweichung als Eingangsgröße die Änderungsgeschwindigkeit der Stellgröße. Das bedeutet, dass sich die Stellgröße ändert, solange eine Regelabweichung besteht. Sie kommt erst dann zur Ruhe, wenn die Abweichung infolge des Regelprozesses im geschlossenen Regelkreis null geworden und der Sollwert wieder erreicht ist (Abb. 11.4).

Beim **P-Regler** (Proportionalregler) ist das grundsätzlich anders. Hier bestimmt die Regelabweichung nicht die Änderungsgeschwindigkeit, sondern den Wert der Stellgröße (Proportionalität zwischen beiden!). Sie kann deshalb im Regelprozess auch nicht vollständig kompensiert werden, denn das würde bedeuten, dass derselbe Regelgrößenwert (vor und

[273] *sphingein* (griech.) = schnüren, einschnüren
[274] *dilatare* (lat.) = erweitern

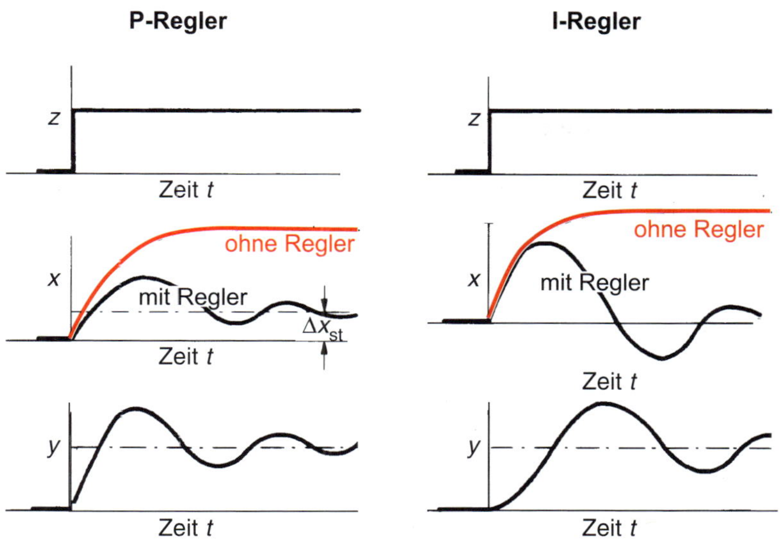

Abb. 11.4 Das zeitliche Verhalten der Regelgröße *x* und der Stellgröße *y* nach sprunghafter Änderung der Störgröße *z* (Sprungreiz) beim P- und beim I-Regler. Während beim I-Regler die Störung vollständig ausgeregelt wird, bleibt beim P-Regler nach Erreichen des stationären Zustands eine Restabweichung (Δx_{st}) bestehen.

nach der Regelung) zwei verschiedene Stellgrößenwerte hervorruft. Beim P-Regler stellt sich im Fall einer konstanten Störung – im Gegensatz zum I-Regler – eine bleibende, stationäre Abweichung (Δx_{st}, Abb. 11.4) der Regelgröße vom Sollwert ein (**Proportionalabweichung**), die als Restreiz den neuen Stellgrößenwert bedingt. Ein solches Verhalten findet man zum Beispiel beim **Pupillenmechanismus** der Vögel und Säugetiere (▶ Abschn. 18.3). Es besteht zwischen der retinalen Beleuchtungsstärke (Regelgröße) und dem Pupillendurchmesser (Stellgröße) Proportionalität. Durch Verkleinerung der Pupille werden nur etwa 50 % der aufgetretenen Störung (erhöhte retinale Beleuchtungsstärke) abgeschirmt, eine Restabweichung von 50 % bleibt bestehen.

Als **Regelfaktor** *R* wird das Verhältnis der bestehen bleibenden Regelabweichung nach erfolgter Regelung und nach Ausschalten des Reglers bezeichnet:

$$R = \frac{\Delta x_{st}\,(\text{mit Regler})}{\Delta x'_{st}\,(\text{ohne Regler})}$$

Er beträgt beim Pupillenmechanismus:

$$R_{\text{Pupille}} = \frac{50}{100} = 0{,}5$$

11.2.3 Halte- und Folgeregelung, vermaschte Regelkreise

Bislang sind wir davon ausgegangen, dass sich der Wert der Führungsgröße in der Zeit nicht ändert. Durch die Führungsgröße wird der Sollwert festgelegt, mit dem der jeweilige Istwert der Regelgröße verglichen wird. In diesem Fall beschränkt sich die Funktion des Regelkreises darauf, die durch Störgrößen hervorgerufenen Regelabweichungen mehr oder weniger vollständig (Regelfaktor!) zu kompensieren. Man spricht von einer Festwert- oder **Halteregelung.**

Es gibt in biologischen Systemen allerdings viele Beispiele dafür, dass sich der Sollwert unter bestimmten Bedingungen ändert. Eine solche **Sollwertverstellung** liegt zum Beispiel bei Fieber vor. Der Organismus reguliert dann seine Körpertemperatur nicht mehr auf den Normalwert, sondern auf einen höheren, den Fieberwert, ein. Auch die Photomenotaxis der Sonnenkompassorientierung leitet sich von der gewöhnlichen Phototaxis durch Sollwertverstellung ab. Die Führungsgröße kann sich auch nach einem bestimmten Programm, etwa im Tag-Nacht-Rhythmus, ändern (**Programmregler**). Darauf sind bei Warmblütern die Schwankungen der Körpertemperatur im 24-h-Rhythmus und andere **biologische Rhythmen** zurückzuführen.

Eine Änderung der Führungsgröße (des Sollwerts) führt zum Auftreten einer Regelabweichung (s. o.), ohne dass eine äußere Störung eingewirkt hat. Unter diesen Umständen arbeitet der Regelkreis so lange, bis die Regelgröße dem neuen Sollwert folgend nachgeführt worden ist. Die Aufgabe des Regelsystems ist nicht mehr die eines Halte-, sondern eines **Folgereglers.**

Ein gutes Beispiel einer solchen Folgeregelung ist der **Dehnungsreflex.** Für die Überwachung des Muskeltonus sind bei Säugetieren Rezeptoren von Bedeutung, die sich in den Muskeln befinden – die **Muskelspindeln.** Sie stellen Messglieder innerhalb eines wichtigen Regelsystems dar (Abb. 11.5) und sind parallel zu den Arbeitsfasern des Muskels (**extrafusale**[275] **Muskelfasern**) angeordnet. Sie sind mehrere Millimeter lang, spindelförmig, von einer Bindegewebshülle umgeben und weisen im Inneren tonische, quergestreifte Muskelfasern (**intrafusale**[276] **Muskelfasern**) auf (▶ Kap. 23). In dem etwas aufgetriebenen Mittelabschnitt der Spindeln verlieren die intrafusalen Fasern ihre Querstreifung und damit wahrscheinlich auch ihre Kontraktilität. Eine dicke (10–20 µm), markhaltige sensorische Nervenfaser (Ia-Faser) tritt hier in die Spindeln ein und umspinnt die Fasern (annulospiralige oder primäre Endungen). Dieser

275 *extra* (lat.) = außerhalb; *fusus* (lat.) = Spindel
276 *intra* (lat.) = innerhalb

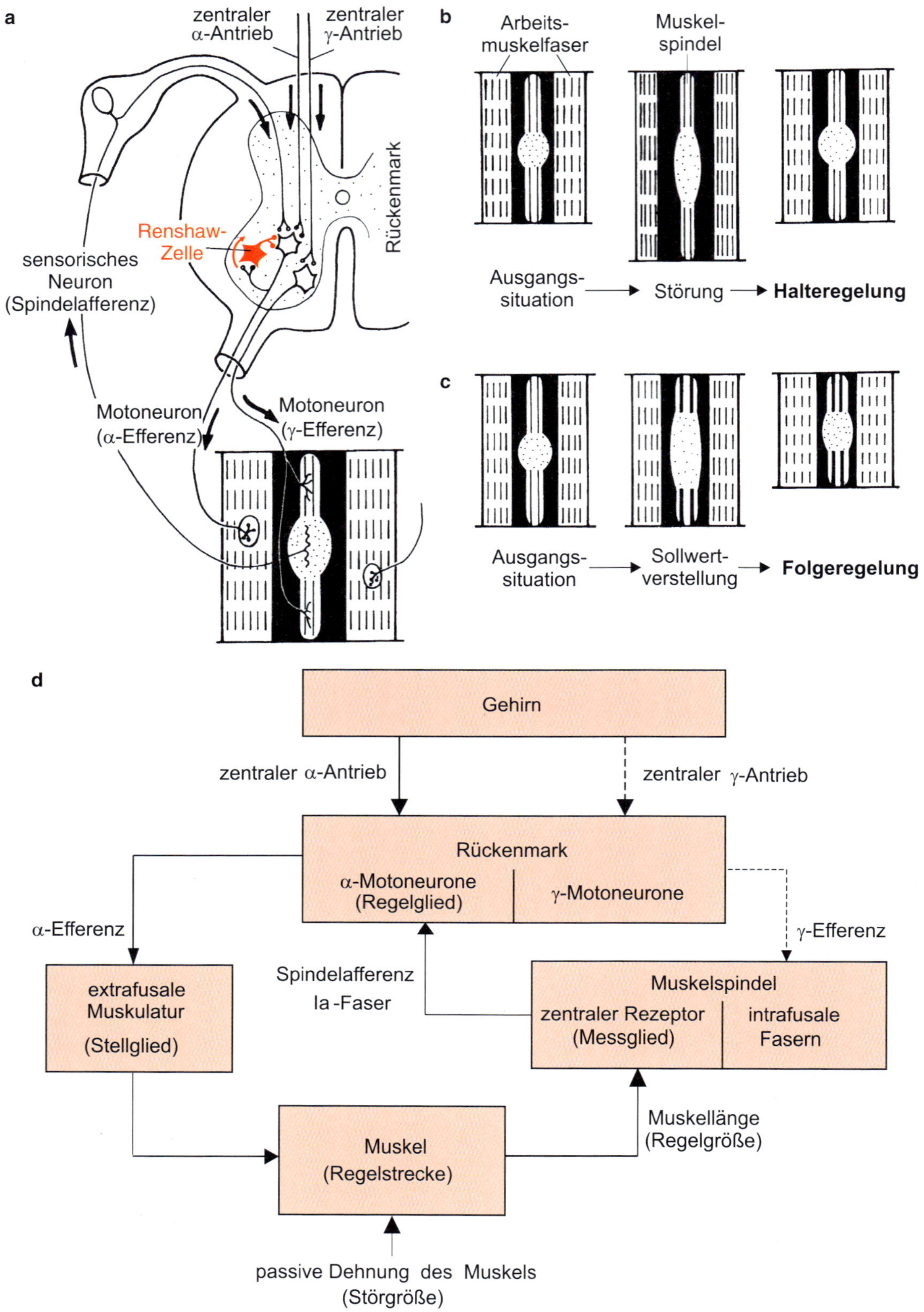

Abb. 11.5 Schema zur Muskelspindelfunktion als Halte- und als Folgeregler. **a** Übersicht über die anatomischen Elemente des Regelkreises. **b** Werden der Muskel und damit auch die in ihm fest verankerten Muskelspindeln passiv gedehnt (Störung), so werden die dabei von der Spindel ausgehenden Erregungen (Spindelafferenz) direkt auf die α-Motoneurone übertragen und zur Muskulatur zurückgeleitet, wo sie eine Verkürzung des Muskels auslösen, bis die ursprüngliche Länge wieder erreicht ist (Halteregler im Dienst der Längenstabilisierung des Muskels). **c** Wird über die γ-Motoneurone eine Kontraktion der intrafusalen Fasern ausgelöst, so entspricht dies einer Sollwertverstellung. Die Erregung des Spindelrezeptors wird jetzt nicht durch eine äußere Störung (wie im ersten Fall), sondern durch eine innere Verstellung herbeigeführt. Wieder wird durch die Spindelafferenz eine Muskelkontraktion ausgelöst. Der Regelkreis arbeitet jetzt im Sinn eines Folgereglers, indem er die Regelgröße (Muskellänge) der veränderten Sollgröße nachführt. Dieser Mechanismus spielt bei der Einleitung langsamer Willkürbewegungen sowie von Lage- und Haltereflexen eine Rolle. **d** Schaltbild zu den beschriebenen Zusammenhängen.

mittlere Abschnitt stellt ein dehnungsempfindliches Organ dar (**Dilatorrezeptor**). Über die sensorischen Fasern laufen normalerweise ständig Impulse zentralwärts. Bei Dehnung des Muskels um einen bestimmten Betrag steigt die Entladungsfrequenz zunächst steil an und fällt dann auf einen neuen, gegenüber der ursprünglichen Entladung erhöhten Wert ab. Während das Ausmaß der überschießenden Primärreaktion von der Geschwindigkeit abhängt, mit der die Muskellängenänderung erfolgte, hängt die schließlich erreichte Impulsfrequenz nur vom absoluten Längenzuwachs ab (phasisch-tonischer Rezeptor). Dauert der Dehnungszustand länger an, so tritt kaum Adaptation ein. Bei Kontraktion des Muskels wird umgekehrt die Frequenz der Spontanentladungen vermindert. Sie kann sogar ganz verschwinden. Die von der Spindel ausgehenden Impulse treten über die Ia-Afferenzen am Hinterhorn in das Rückenmark ein und werden über eine einzige Synapse (**monosynaptisch**) auf die motorische Vorderhornzelle (**α-Motoneuron**) übertragen, deren Axon (12–21 μm dick) zu den Arbeitsfasern desselben Muskels zurückführt (**monosynaptischer Reflexbogen**).

Die Ruheentladungen der Muskelspindeln reichen nur aus, einige wenige Motoneurone zu aktivieren. Sie führen somit reflexiv zu keiner sichtbaren Muskelverkürzung, sind jedoch für die Entwicklung und Aufrechterhaltung des **kontraktilen Tonus** von Bedeutung. Diese Tatsache wird deutlich, wenn man die hinteren (sensorischen) Wurzeln des Rückenmarks durchtrennt: Es tritt dann infolge des Ausfalls des Erregungseinstroms eine Abnahme der Grundspannung bei den von den betreffenden Rückenmarkssegmenten motorisch versorgten Muskeln ein. Eine plötzliche Dehnung des Muskels – etwa durch passive Verlagerung des betreffenden Körperteils oder durch einen Schlag auf die Sehne (Beispiel: Patellarsehnenreflex) – verursacht eine Steigerung der von den Muskelspindeln ausgehenden Aktivität (Spindelafferenz). Die Impulsserien aktivieren Motoneurone des gedehnten Muskels und hemmen gleichzeitig diejenigen des Antagonisten (reziproke Innervierung). Die Folge ist eine Kontraktion des gedehnten Muskels (monosynaptischer Dehnungsreflex). Dabei werden die Muskelspindeln wieder entdehnt. Wir haben es also – genauer gesagt – nicht mit einem Reflex, sondern mit einem geschlossenen Regelkreis zu tun, über den die Muskellänge als Regelgröße konstant gehalten werden kann (**Halteregler**). Der Sollwert dieses Regelkreises kann über die **γ-Motoneurone** (γ-Efferenz) verstellt werden. Die Neurite der γ-Motoneurone (2–8 μm dick) ziehen zu den intrafusalen Fasern. Ihre Erregung führt zur Kontraktion der Spindelfasern und damit zur Dehnung des sensorischen Mittelabschnitts, ohne dass sich die Länge des Gesamtmuskels geändert hat. Die damit verbundene verstärkte Spindelafferenz löst über α-Motoneurone eine Kontraktion des betreffenden Muskels aus. Eine Muskelkontraktion kann also nicht nur durch direkte (von höheren Zentren) oder reflexive (Dehnungsreflex) Aktivierung der α-Motoneurone, sondern auch über eine Aktivierung der γ-Motoneurone eingeleitet werden. Das ist bei vielen fein abgestuften Bewegungen (willkürlichen wie auch unwillkürlichen) auch tatsächlich der Fall. Der Spindelapparat arbeitet dann nicht mehr als Halte- sondern als **Folgeregler** (Abb. 11.5). Die γ-Motoneurone werden von zentralen Stellen ständig aktiviert (**zentraler γ-Antrieb**). Unterbleibt die Aktivierung (z. B. im Schlaf), so sinkt der Sollwert des Regelkreises, der Muskeltonus fällt ab. Beim Einschlafen im Sitzen sinkt deshalb der Kopf auf die Brust (»einnicken«).

In biologischen Systemen gehört der einfache oder einläufige Regelkreis, der nur eine einzige Schleife aus Regelstrecke und Regler aufweist, eher zu den selteneren Erscheinungen. Biologische Regelsysteme zeichnen sich oft durch einen hohen Grad an Komplexität aus. Von **vermaschten Regelkreisen** spricht man dann, wenn innerhalb des Regelkreises weitere Schleifen existieren. So kann zum Beispiel durch ein zusätzliches Messglied die Störgröße gemessen werden. Der Regler kann dann bereits Verstellungen am Stellglied einleiten, bevor es durch die Störgröße zu einer wesentlichen Änderung der Regelgröße kommt. Eine solche **Störgrößenaufschaltung** (Abb. 11.2) ist zum Beispiel bei der Thermoregulation der endothermen Wirbeltiere von Bedeutung (▶ Abschn. 10.5). Die Regelgröße ist die Temperatur im Körperkern, die von internen Thermorezeptoren überwacht wird. Die in der Haut an der Körperoberfläche liegenden Thermorezeptoren messen zusätzlich unmittelbar die Störgröße (Änderungen der Außentemperatur). Sie setzen thermoregulatorische Mechanismen in Gang, bevor es zu einer merklichen Änderung der Körperkerntemperatur (Regelgröße) kommt.

Eine **Mehrfachregelung** liegt dann vor, wenn in derselben Regelanlage mehrere verschiedene Regelgrößen geregelt werden, die nicht unabhängig voneinander durch die zugehörigen Stellglieder zu beeinflussen sind. Ein bekanntes Beispiel dafür ist die chemische Regulation der Atmung durch den CO_2-Partialdruck, den O_2-Partialdruck und die H^+-Konzentration im arteriellen Blut der Säugetiere (▶ Abschn. 4.2.3). Dieser Regelkreis hat die Aufgabe, diese drei Regelgrößen weitgehend konstant zu halten, steht also im Dienst der **Homöostase**.

11.3 Fragen zum Selbststudium

- Erläutern Sie den Unterschied zwischen Steuerung und Regelung.
- Erläutern Sie anhand eines Regelkreises die Begriffe Sollwert, Istwert, Stellgröße und Regelgröße.
- Was versteht man unter einer Halteregelung, was unter einer Folgeregelung?

Weiterführende Literatur

Borst A, Theunissen FE (1999) Information theory and neural coding. Nature Neuroscience 2, 947-957.

Cruse H (1981) Biologische Kybernetik: Einführung in lineare und nichtlineare Systemtheorie. Verlag Chemie, Weinheim.

Hassenstein B (1977) Biologische Kybernetik. Quelle und Meyer, Heidelberg.

Küpfmüller K, Kohn G (2000) Theoretische Elektrotechnik und Elektronik. Springer, Heidelberg.

Rieke F, Warland D, de Ruyter van Steveninck R, Bialek W (1997) Spikes: Exploring the neural code. MIT Press, Cambridge MA.

Signaltransduktion

Der Begriff **Signaltransduktion**[277] beschreibt alle Vorgänge, die mit dem Empfang und der Prozessierung von Information auf der zellulären Ebene zu tun haben. Viele Formen von Energie, die aus dem Extrazellularraum auf Zellen in tierischen Organismen einwirken können, haben an oder in den Zellen Änderungen der molekularen Zustände von Molekülen zur Folge, die wiederum Änderungen der Zellfunktion nach sich ziehen können. Neben vielen unspezifischen Wirkungen, zum Beispiel eine Beschleunigung der zellulären Stoffwechselprozesse durch Erwärmung einer Zelle, gibt es allerdings auch hochspezifische zelluläre Antworten auf bestimmte extrazelluläre Stimuli, die mechanischer, elektrischer, elektromagnetischer oder chemischer Natur sein können. Die Selektion der für die Zelle bedeutsamen Signale aus der Fülle an energetischen Einwirkungen und deren Prozessierung durch die Zelle wird im engeren Sinne als Signaltransduktion bezeichnet.

12.1 Signale und Signalstoffe

Die Körperzellen von Tieren sind in der Regel zu mehreren in Geweben organisiert und tragen in ihrer Plasmamembran Proteine mit speziellen posttranslationalen Modifikationen (Glykosylierungen, Lipidierungen), mit denen sie in Kontakt zur extrazellulären Matrix treten, sowie Bindungsproteine (Adhäsine), mit denen die einzelne Zelle sich entweder an der extrazellulären Matrix festhält (z. B. **Integrine**) oder mit benachbarten Zellen Verbindungen eingeht (z. B. die **Cadherine** in den Desmosomen oder Adherens Junctions oder die **Connexine** in Gap Junctions usw.). Oft werden solche Kontaktproteine durch mechanische Einflüsse (Dehnung, Kompression oder Scherung des Gewebes) beansprucht. In manchen Fällen werden die Adhäsionsproteine in den Plasmamembranen der Zellen nicht nur zur Wahrung der Gewebeintegrität unter der Einwirkung von mechanischem Stress genutzt, sondern auch als **Mechanorezeptoren**, die Art und Intensität dieser Einwirkungen detektieren und in zellverwertbare Information (elektrische Antworten durch Veränderungen von Membranleitfähigkeiten, Produktion von intrazellulären Signalmolekülen, Veränderungen in der Phosphorylierungsmuster von Zielproteinen usw.) umsetzen (▶ Kap. 16).

Entsprechende zelluläre Veränderungen können auch durch elektromagnetische oder chemische Einflüsse hervorgebracht werden. So wird die Einwirkung von **elektromagnetischen Stimuli** ganz bestimmter Frequenzen auf die Oberfläche von Tieren von bestimmten Zellen (z. B. den Sinneszellen des visuellen Systems) mittels einer Konformationsänderung bestimmter Moleküle (in diesem Fall des Rhodopsins) an das Informationsverarbeitungssystem der Zelle gemeldet (▶ Kap. 18). Bei diesem Beispiel steht die zelluläre Signaltransduktion im Dienst der Sinneswahrnehmung, einer Systemleistung. Das ist aber durchaus nicht immer der Fall, da entsprechende extrazelluläre Stimuli zuweilen auch nur die Funktion einer einzelnen Zelle (der Zielzelle) verändern. So kann es sein, dass hohe Konzentrationen eines Signalstoffs im Extrazellularraum zur Bindung einzelner Moleküle dieses Stoffes an Oberflächen- oder intrazelluläre Rezeptormoleküle der Zelle führen (**Chemorezeption**) (▶ Kap. 20). Die Interaktion von Signalstoff (**Ligand**[278]) und Empfängermolekül (**Rezeptor**[279]) führt zur Aktivierung einer zellulären Signalkaskade, die die Arbeitsweise der betroffenen Zelle verändert (z. B. Sekretion von Verdauungsenzymen aus einer acinären Zelle des exokrinen Pankreas). In anderen Fällen hat die Prozessierung der durch den extrazellulären Botenstoff vermittelten Information nicht nur Auswirkungen auf die Zielzelle selbst, sondern mittelbar auch auf andere Zellen (z. B. bei elektrisch gekoppelten Zellen der glatten Muskulatur oder bei neuronalen Zellen, in denen die Aktivierung einer Zelle zu Erregungen in ganzen Netzwerken führen kann). Chemorezeption wird von Tieren einerseits im Dienst der Sensorik genutzt, um bestimmte Eigenschaften der Umwelt zu prüfen (Geruchs- bzw. Geschmacksstoffe) oder interne Zustände des Organismus abzufragen (z. B. den CO_2-Partialdruck der Körperflüssigkeiten), andererseits aber auch, um Information zwischen den Zellen eines Organismus auszutauschen. So werden **Transmittermoleküle**[280] aus synaptischen Endigungen von Nervenzellen freigesetzt, um postsynaptische Zielzellen in ihren Funktionsintensitäten zu verändern (**Neurotransmission**), oder **Hormone**[281] aus bestimmten Zellen freigesetzt, um Zell-, Gewebe- oder Organfunktionen in anderen Körperteilen zu regulieren (**humorale Regulation**[282]). Transmitter und Hormone werden daher auch als **extrazelluläre Botenstoffe** (First Messenger) bezeichnet.

Diese Beispiele zeigen, dass die aus dem Extrazellularraum stammenden Signale in Form von Energie oder Materie (Botenstoffe) auf Zellen einwirken können. Aus dem großen Spektrum an extrazellulären Einflüssen wählen Zellen durch Expression bestimmter Rezeptoren, die durch Veränderungen ihrer räumlichen Struktur auf spezifische extrazelluläre Signale reagieren, die für den Organismus oder die Zelle sinnvollen Signale aus und reagieren je nach Intensität des **spezifischen Stimulus** mit einer biologisch verwertbaren Antwort. Alle anderen Einflüsse gehen an der Zelle ohne Auslösen einer spezifischen Wirkung vorbei.

12.2 Membranrezeptoren und ihre Signaltransduktion

Als **Membranrezeptoren** bezeichnet man alle auf der Oberfläche oder im Inneren von Zielzellen befindlichen Rezeptoren, die als Transmembranproteine in biologische Membranen eingebettet sind, unabhängig davon, welche Art von Signalen

[277] *transducere* (lat.) = überführen

[278] *ligare* (lat.) = binden
[279] *recipere* (lat.) = aufnehmen, empfangen
[280] *to transmit* (engl.) = übermitteln
[281] *hormao* (griech.) = in schnelle Bewegung versetzen
[282] *humor* (lat.) = Flüssigkeit, Feuchtigkeit

(Energie, Botenstoffe) sie aufnehmen und unabhängig von ihrer speziellen molekularen Struktur. Die bekannteste Gruppe stellen die **Plasmamembranrezeptoren** für **Transmitter** und **Hormone** dar. Zu den Membranrezeptoren gehören aber auch die lichtabsorbierenden Rhodopsine der Photorezeptoren oder manche ligandenabhängigen Ionenkanäle (z. B. der Inositoltrisphosphatrezeptor), die sich in den Membranen intrazellulärer Organellen befinden.

12.2.1 G-Protein-gekoppelte Rezeptoren

Eine im Tierreich und in fast allen Zellen eines Individuums universell verbreitete Sorte von Membranrezeptoren ist der **G-Protein-gekoppelte Rezeptor**. Für diesen Rezeptortyp, der bis auf wenige Ausnahmen in den Plasmamembranen von Zellen anzutreffen ist, sind eine sehr große Vielfalt in Bezug auf die **Ligandenspezifität** und mehrere Möglichkeiten der intrazellulären Kopplung an bestimmte **Effektormechanismen** bekannt. Allen gemeinsam ist aber ein bestimmtes Bauprinzip. G-Protein-gekoppelte Rezeptoren bestehen aus einem einzigen Aminosäurestrang mit einem im Extrazellularraum liegenden N-Terminus, einem im Cytosol liegenden C-Terminus und sieben Transmembrandomänen (7-TM-Rezeptoren; TM für Transmembrandomäne), die untereinander durch jeweils drei extrazelluläre sowie drei intrazelluläre Schleifen verbunden sind (◘ Abb. 12.1).

Eine weitere Gemeinsamkeit dieser Gruppe von Rezeptoren ist ihre Kopplung an ein intrazelluläres Schalterprotein, das als **heterotrimeres G-Protein** bezeichnet wird, da es aus drei Untereinheiten besteht. Die α-Untereinheit trägt im inaktiven Zustand des Rezeptor/G-Protein-Verbundes an ihrer Nucleotidbindungsstelle ein Guanosindiphosphat (GDP) und ist mit dem durch einen Lipidanker in der Plasmamembran befestigten Komplex aus β- und γ-Untereinheiten, die im normalen Funktionsgeschehen des Signalsystems niemals unabhängig voneinander auftreten, gekoppelt. Bindet ein extrazellulärer Ligand an den Rezeptor, so ändert sich die räumliche Zuordnung der Transmembranregionen und der Rezeptor wird zu einem aktiven Guaninnucleotidaustauschfaktor (*guanine nucleotide exchange factor*, GEF), was sich intrazellulär in einer Aktivierung des G-Proteins niederschlägt. An dessen Nucleotidbindungsstelle sinkt die Affinität zum GDP, sodass sich dieses löst. Gleichzeitig steigt die Affinität zum Guanosintriphosphat (GTP), sodass aus dem cytosolischen Pool an GTP ein Molekül an die Nucleotidbindungsstelle andockt. Die damit verbundene Änderung der räumlichen Struktur der α-Untereinheit führt zu einem mehr oder weniger weitgehenden Loslösen der α-Untereinheit vom βγ-Komplex, sodass an dessen Oberfläche liegende Bindungsstellen für zelluläre Effektorsysteme freigelegt werden, die nun interagieren können und damit ihre Funktion verändern.

Die Aktivierung des Systems wird durch eine intrinsische GTPase-Aktivität der α-Untereinheit des heterotrimeren G-Proteins nach einer Weile automatisch beendet (Hydrolyse des GTP zu GDP und P_i), sodass es durch eine dauerhafte Aktivität des Effektorsystems nicht zu überschießenden Reaktionen der Zelle kommen kann. Allerdings bleibt der Zyklus aus GDP-GTP-Austausch, Aktivierung des Effektorsystems, Hydrolyse von GTP und Inaktivierung des Effektorsystems in der Regel so lange bestehen (und das gesamte Signalsystem somit aktiv), wie der Rezeptor seinen Liganden gebunden hat. Durch eine negative Feedbackregulation kann es jedoch auch zur **Desensibilisierung des Rezeptors** kommen. Dies erfolgt entweder durch Bindung eines Modulatorproteins an den ligandengebundenen Rezeptor (z. B. Arrestin im Fall des β-adrenergen Rezeptors) oder eine Phosphorylierung des Rezeptors von der cytosolischen Seite aus. Diese Prozesse setzen entweder die Affinität der Ligandenbindungsstelle des Rezeptors herab, sodass der Rezeptor auch bei noch erhöhter Konzentration des Liganden im Extrazellularraum den Liganden nicht mehr binden kann, oder blockieren die Interaktion des aktivierten Rezeptors mit seinem G-Protein. In beiden Fällen wird die Signaltransduktion beendet.

Man kennt aus tierischen Zellen mittlerweile etwa 800 verschiedene G-Protein-gekoppelte Rezeptoren, die sich in den Primärsequenzen unterscheiden und daher sowohl verschiedene Rezeptorspezifitäten als auch unterschiedliche Effektorspezifitäten aufweisen (◘ Tab. 12.1). So löst die Aktivierung des M1-Subtyps des muscarinischen Acetylcholinrezeptors

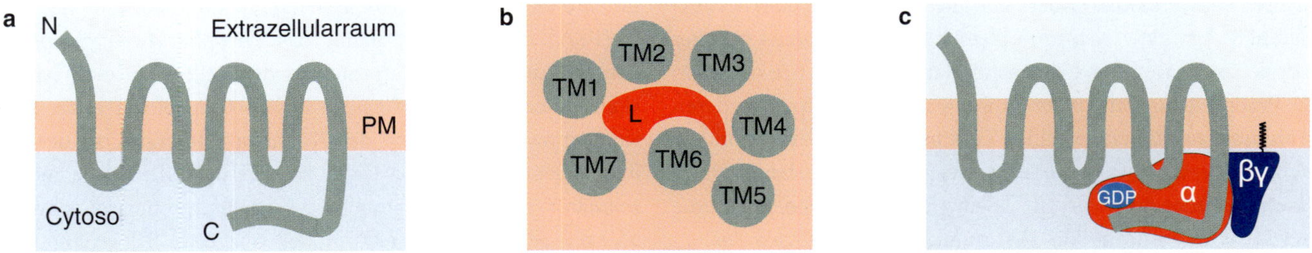

◘ **Abb. 12.1** Molekulare Struktur eines G-Protein-gekoppelten Membranrezeptors. **a** Topologie (Art des Einbaus des Rezeptorproteins in die Plasmamembran. **b** Aufsicht aus dem Extrazellularraum auf die Transmembrandomänen (TM) des Rezeptors zur Veranschaulichung der Bindung des Liganden. **c** Kopplung des Rezeptors an sein heterotrimeres G-Protein. α = α-Untereinheit; βγ = der durch einen Lipidrest in der Plasmamembran verankerter βγ-Komplex; GDP = Nucleotidbindungsstelle der α-Untereinheit; L = Ligand; PM = Plasmamembran.

Tab. 12.1 In tierischen Zellen verbreitete Subtypen von heterotrimeren G-Proteinen mit ihren Effektorsystemen.

Subtyp des G-Proteins	Subtyp der α-Untereinheit	Signaltransduktionsweg	physiologische Funktionen (Beispiele)
Familie der G_s Proteine			
G_s	α_s	Aktivierung der Adenylylcyclase, cytosolische Akkumulation von cAMP	Steigerung der Herzfrequenz bei Säugern durch Aktivierung des β-adrenergen Rezeptors
G_{olf}	α_{olf}	Aktivierung der Adenylylcyclase, cytosolische Akkumulation von cAMP	Geruchswahrnehmung
Familie der G_i-Proteine			
$G_{i/o}$	$\alpha_{i/o}$	Inhibition der Adenylylcyclase, Senkung der cytosolischen cAMP-Konzentration	antagonistisch zu G_s; Kontraktion glatter Muskelzellen
G_t (Transducin)	α_t	Aktivierung der Phosphodiesterase 6 (PDE6), Senkung der cytosolischen cGMP-Konzentration	Lichtwahrnehmung
G_{gust} (Gustducin)	α_{gust}	Aktivierung der Phosphodiesterase 6 (PDE6), Senkung der cytosolischen cGMP-Konzentration	Geschmackswahrnehmung
Familie der $G_{q/11}$-Proteine			
G_q	α_q, α_{11}	Aktivierung der Phospholipase Cβ, Bildung von Inositoltrisphosphat (IP_3) und Diacylglycerin (DAG)	Aktivierung des Calciumsignalsystems, Flüssigkeitssekretion
$G_{12/13}$	α_{12}, α_{13}	Aktivierung von Rho-GTPasen und von Rho-Kinasen	Reorganisation des Aktincytoskeletts

12

(mAChR-M1) in humanen Speicheldrüsenzellen über die Aktivierung eines G_q-Proteins ein cytosolisches Calciumsignal (Effektor: Phospholipase Cβ) und Speichelsekretion aus. Der M2-Subtyp des mAChR in den Zellen des Sinusknotens im Herzen ist jedoch mit dem G_i-Protein gekoppelt (Effektor: cAMP-spezifische Phosphodiesterase) und vermittelt über die Senkung der cytosolischen cAMP-Konzentration die Steigerung der K^+-Leitfähigkeit sowie eine Senkung der Ca^{2+}-Leitfähigkeit der Plasmamembran, sodass die spontane Depolarisation der Zellen erst verspätet den Schwellenwert zum Auslösen eines Aktionspotenzials erreicht. Dieser Mechanismus erklärt die negativ chronotrope und negativ inotrope Wirkung parasympatischer Aktivität im menschlichen Herzen.

Die Zahl der bekannten Typen von G-Protein-gekoppelten Rezeptoren ist weitaus größer als die Zahl der verschiedenen G-Protein-Subtypen. Für die trimeren G-Proteine sind 20 Gene für α-, fünf für β- und zwölf für die γ-Untereinheiten bekannt. Dieses Missverhältnis erklärt sich allerdings, wenn man berücksichtigt, dass eine bestimmte Zelle eines Organismus in einer speziellen Phase ihres Lebens ein klar definiertes Spektrum an G-Protein-gekoppelten Rezeptoren exprimiert, das in anderen Funktionszuständen derselben Zelle teilweise oder völlig anders sein kann, ebenso wie die in vergleichbaren Geweben anderer Tierarten oder diejenigen in Zellen anderer Gewebe. Durch die selektive Expression von bestimmten G-Protein-gekoppelten Rezeptoren wird eine hochgradig spezifische Zuordnung der für eine Zelle detektierbaren extrazellulären Botenstoffe (First Messenger) an bestimmte G-Proteine und die entsprechenden Effektorsysteme innerhalb der Zelle gewährleistet.

12.2.2 Second Messenger

Viele G-Protein-gekoppelte Rezeptoren in tierischen Zellen beeinflussen die Aktivität von intrazellulären Effektorsystemen, die Enzymeigenschaften aufweisen und nach ihrer Aktivierung die Umwandlung bestimmter Stoffe im Cytosol der Zielzellen verursachen. Wie bereits in Tab. 12.1 gezeigt wurde, führt die rezeptorvermittelte Aktivierung des G_q-Proteins zur Aktivierung der Phospholipase Cβ, ein Enzym, das aus einem plasmamembranständigen Phospholipid, dem Phosphatidylinositol-4,5-bisphosphat (PIP_2), das in der Membran verbleibende **Diacylglycerin** (DAG) und das wasserlösliche **Inositol-1,4,5-trisphosphat** (IP_3) heraus löst (Abb. 12.2). Diese Moleküle haben jeweils Funktionen in der intrazellulären Informationsübertragung und werden daher als intrazelluläre Botenstoffe bzw. sekundäre Signalmoleküle oder kurz als **Second Messenger** bezeichnet. Während das in aktivierten Zellen akkumulierende Diacylglycerin aktivierend auf die Proteinkinase C (PKC) einwirkt und damit das Phosphorylierungsmuster von bestimmten Substratproteinen der Zelle verändern kann, akkumuliert das wasserlösliche IP_3 im Cytosol der Zelle. Die Konzentrationssteigerung des IP_3 führt schließlich zu dessen Bindung an den IP_3-Rezeptor, der auf der Oberfläche intrazellulärer Membransysteme sitzt, in deren Lumina größere Mengen an Ca^{2+}-Ionen akkumuliert vorliegen. Diese vom endoplasmatischen Retikulum (ER) der Zelle abgeleiteten Organellen werden deshalb auch als **intrazelluläre Calciumspeicher** bezeichnet. Nach Bindung von IP_3 an den Rezeptor wird eine im selben Protein lokalisierte Ca^{2+}-Leitfähigkeit geöffnet

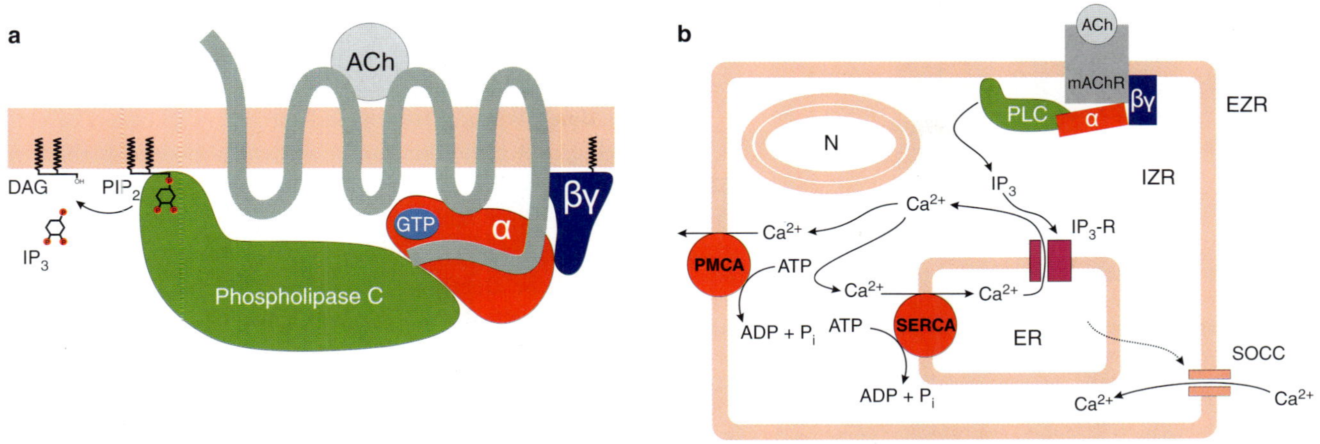

Abb. 12.2 Aktivierung des Calciumsignalsystems durch muscarinische Acetylcholinrezeptoren. Einige Isoformen des muscarinischen Acetylcholinrezeptors gehören einer Gruppe von 7-TM-Rezeptoren an, die über G-Proteine der $G_{q/11}$-Familie die Phospholipase Cβ aktivieren. **a** Bindung von Acetylcholin an den muscarinischen Rezeptor verändert dessen Interaktion mit dem G-Protein, sodass an der α-Untereinheit das im Ruhezustand gebundene GDP gegen GTP ausgetauscht wird. Die GTP-Bindung führt zu einer partiellen Dissoziation der α-Untereinheit vom βγ-Komplex und zur Freilegung einer Interaktionsdomäne an der α-Untereinheit, an die das Effektorprotein Phospholipase C bindet. Dieses Enzym wird durch die Bindung aktiviert und hydrolysiert ein in der Plasmamembran aller tierischen Zellen bevorratetes Phospholipid, das PIP_2. Die Spaltung des PIP_2 führt zur Bildung der Second-Messenger-Moleküle DAG, das in der Plasmamembran verbleibt, und IP_3, das wasserlöslich ist und daher im Cytosol der Zelle akkumuliert. **b** Einzelne Moleküle des im Cytosol akkumulierten IP_3 binden an die in der Membran des endoplasmatischen Retikulums gelegenen IP_3-Rezeptoren (IP_3-R). Diese ligandenaktivierten Ionenkanäle werden durch die IP_3-Bindung aktiviert und entlassen Calciumionen in das Cytosol, die in ruhenden Zellen in den vom ER abgeleiteten intrazellulären Calciumspeicherorganellen bevorratet werden. Die Calciumfreisetzung führt zu einer Steigerung der intrazellulären Calciumkonzentration ($[Ca^{2+}]_i$). Das Maß der Entleerung der Calciumspeicher wird in vielen Zelltypen über einen noch nicht vollständig verstandenen Mechanismus detektiert und an einen Calciumkanal in der Plasmamembran gemeldet (gepunkteter Pfeil). Da die Öffnungswahrscheinlichkeit dieses Kanals umso größer ist, je leerer der intrazelluläre Calciumspeicher ist, wird der Kanal auch als SOCC und der durch diesen vermittelte Einstrom von Calciumionen aus dem Extra- in den Intrazellularraum als kapazitativer Calciuminflux bezeichnet. In vielen Zellen steigt die freie Calciumkonzentration durch diese gekoppelten Mechanismen der Calciummobilisierung vom Kontrollniveau bei 100 nmol l^{-1} auf 400–600 nmol l^{-1} an und verharrt dort, solange die Rezeptoraktivierung bestehen bleibt, weil die Calcium-ATPasen, die Calciumionen wieder in den intrazellulären Speicher (SERCA) oder aus der Zelle hinaus pumpen (PMCA) sowie die Calciumfreisetzung und der Calciuminflux ein neues Fließgleichgewicht (Steady State) einstellen. Erst nach Beendigung der Rezeptoraktivierung werden die intrazellulären Speicher durch die SERCA wieder maximal befüllt und überschüssige Calciumionen durch die PMCA in den Extrazellularraum zurücktransportiert. Dabei sinkt die $[Ca^{2+}]_i$ auf das Kontrollniveau. ACh = Acetylcholin; DAG = Diacylglycerin; ER = endoplasmatisches Retikulum; EZR = Extrazellularraum; IP_3 = Inositol-1,4,5-trisphosphat; PIP_2 = Phosphatidylinositol-4,5-bisphosphat; IZR = Intrazellularraum; PMCA = Plasmamembran-Ca^{2+}-ATPase; SERCA = *sarcoplasmic/endoplasmic reticulum calcium ATPase*; SOCC = *store-operated calcium channel.*

(ligandengesteuerter Ionenkanal), sodass entsprechend des herrschenden Konzentrationsgradienten Ca^{2+}-Ionen aus dem Speicherlumen in das Cytosol der Zelle austreten und so die intrazelluläre Calciumkonzentration ($[Ca^{2+}]_i$)von etwa 100 nmol l^{-1} in ruhenden Zellen vorübergehend bis auf über 1 µmol l^{-1} gesteigert wird. Die hohe $[Ca^{2+}]_i$ führt zur Interaktion von Ca^{2+}-Ionen mit cytosolischen (z. B. Calmodulin) oder membranständigen (z. B. Ca^{2+}-aktivierbarer K^+-Kanal) Bindungsproteinen (Tab. 12.2) und zieht Änderungen der Zellfunktion nach sich (z. B. Kontraktion von Muskelzellen oder Aktivierung der Flüssigkeitssekretion in Drüsenzellen).

Ein anderes bekanntes Second-Messenger-Molekül in tierischen Zellen ist das **zyklische Adenosinmonophosphat (cAMP)**, das in aktivierten Zellen (Ligandenbindung an 7-TM-Rezeptoren mit einer Kopplung an G_s-Proteine) von der **Adenylylcyclase**[283] aus ATP synthetisiert und bei Abschaltung der Signaltransduktion durch eine cAMP-spezifische Phospho-

Tab. 12.2 Ausgewählte Ca^{2+}-bindende Proteine und einige ihrer regulatorischen Funktionen.

Protein	physiologische Funktion
Troponin C	Vermittlung der Kontraktion in Skelettmuskelzellen
Caldesmon	Vermittlung der Kontraktion in glatten Muskelzellen
Villin	Organisation des Aktincytoskeletts
Calmodulin (CaM)	Vermittlung der Aktivierung der Ca^{2+}-CaM-abhängigen Proteinkinase
Calpain	Vermittlung der Proteaseaktivierung
Phospholipase A2	Vermittlung der Enzymaktivierung zur Produktion von Arachidonsäure
Calsequestrin	hochkapazitative und niedrigaffine Bindung von Ca^{2+}-Ionen in intrazellulären Speichern
Calbindin	Pufferung und Transport von Ca^{2+}-Ionen im Extrazellularraum

283 Die für das Enzym ebenfalls gebräuchliche Bezeichnung Adenylatcyclase ist im ganz strengen Sinn nicht korrekt, weil das Enzym den Adenylylrest erst nach Abspaltung eines Pyrophosphats zyklisiert.

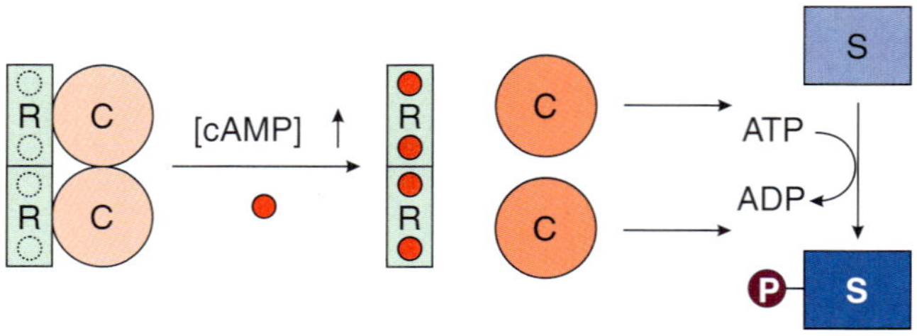

Abb. 12.3 Regulation der Aktivität der Proteinkinase A durch zyklisches Adenosinmonophosphat (cAMP). In ruhenden Zellen liegt die Proteinkinase A als Komplex aus zwei katalytischen Untereinheiten (C) und zwei regulatorischen Untereinheiten (R) vor, die die enzymatische Aktivität der katalytischen Untereinheiten unterdrücken. Die regulatorischen Untereinheiten besitzen je zwei cAMP-Bindungsstellen, die in aktivierten Zellen nach Steigerung der cAMP-Konzentration im Cytosol besetzt werden. Durch die damit verbundene Konformationsänderung in den regulatorischen Untereinheiten lösen sich diese von den katalytischen Untereinheiten, die nun aktiv sind und unter Hydrolyse von zellulärem ATP dessen endständiges Phosphat auf Substratproteine (S) der Zelle übertragen können (Proteinphosphorylierung). Die Substratproteine verändern in phosphorylierter Form ihre räumliche Struktur sowie ihre Aktivität in der Zelle.

diesterase unter Hydrolyse der zyklischen Phosphatbindung (Produktion von signaltechnisch inaktivem 5'-AMP) zerstört wird. Hohe Konzentrationen von cAMP aktivieren die **Proteinkinase A** (PKA), deren Phosphatübertragung auf Substratproteine deren Funktion und damit die Physiologie der betroffenen Zelle verändert (Abb. 12.3). In analoger Weise funktioniert auch ein weiterer zur Familie der zyklischen Nucleotide gehöriger Second Messenger, das **zyklische Guanosinmonophosphat** (**cGMP**). Seine Akkumulation in Zellen wird allerdings nicht durch G-Protein-gekoppelte Signalwege bewirkt, sondern durch Guanylylcyclasen, die entweder als plasmamembranständige Rezeptoren von extrazellulären Liganden aktiviert werden (z. B. atriales natriuretisches Peptid, ANP) oder als lösliche Guanylylcyclasen im Cytosol vorliegen und, zum Beispiel in den Zellen der glatten Muskulatur, von Stickstoffmonoxid (NO), einem membranpermeablen Botenstoff, aktiviert werden. In glatten Muskelzellen hat die cGMP-Akkumulation eine Relaxation zur Folge, was im Gefäßsystem zur Senkung des Vasotonus und des Blutdrucks, in erektilen Geweben durch vermehrten Blutanstrom aber zu deren Versteifung führen kann. cGMP-spezifische Phosphodiesterasen bauen cGMP zu 5'-GMP ab. Dies ist ein wichtiger Prozess bei der Lichtrezeption in den Photorezeptoren der Netzhaut von Wirbeltieren.

12.2.3 Tyrosinkinaserezeptoren

Tyrosinkinaserezeptoren (*receptor tyrosine kinases*, RTKs) sind in allen Zellen mehrzelliger tierischer Organismen anzutreffen. Sie regeln dort basale Funktionen im Zusammenhang mit der Zellerhaltung, vermitteln im Bedarfsfall aber auch die Einleitung von Zellproliferation oder Zelldifferenzierung.

Tyrosinkinaserezeptoren haben einen recht einheitlichen molekularen Bauplan. Sie weisen eine einzige α-helikale Transmembrandomäne auf, an die sich auf der intrazellulären Seite des Moleküls eine Tyrosinkinasedomäne anschließt. Die extrazelluläre Rezeptordomäne ist bei verschiedenen Mitgliedern der RTK-Familie allerdings recht unterschiedlich gestaltet. So weist dieser Molekülteil bei Rezeptoren für EGF (*epidermal growth factor*, epidermaler Wachstumsfaktor) mehrere cysteinreiche Domänen auf, während in den Rezeptoren für PDGF (*platelet-derived growth factor*) oder FGF (*fibroblast growth factor*, Fibroblastenwachstumsfaktor) unterschiedliche viele immunglobulinähnliche Domänen vorhanden sind. Die Domänenstruktur ist maßgeblich für die Spezifität der Ligandenbindung.

Die Bindung eines Liganden an die extrazelluläre Rezeptordomäne eines Rezeptors mit einer einzigen Transmembrandomäne könnte kaum eine Konformationsänderung des Rezeptormoleküls bewirken, die sich im Zellinneren bemerkbar macht. Daher ist die Signaltransduktion der RTKs anders organisiert. Bei den meisten RTKs fungiert der extrazelluläre Ligand als Bindeglied zwischen zwei Rezeptormolekülen, die sich, angetrieben durch die Bindungskraft des Liganden, mittels lateraler Diffusion in der Plasmamembran aufeinander zu bewegen und dadurch auf ihrer ganzen Länge in enge räumliche Nähe gebracht werden. Auf diese Weise treten auch die intrazellulär gelegenen Kinasedomänen der beiden Rezeptormoleküle miteinander in Kontakt. Diese durch den extrazellulär gebundenen Liganden erzielte, lang anhaltende räumliche Assoziation ermöglicht es, dass jede der beiden Kinasedomänen des Rezeptormolekülpaars die jeweils andere an einem bestimmten Tyrosinrest phosphoryliert (**Transautophosphorylierung**, Abb. 12.4) und durch die damit einhergehende Konformationsänderung Bindungsstellen für cytosolische Kopplungsproteine geschaffen werden. Diese im Cytosol in gelöster Form vorliegenden Kopplungsproteine (z. B. das *growth factor binding protein 2*, Grb2) besitzen eine SH2-Domäne (SH2 für *sarcoma homology domain 2*), durch die sie an die Phosphotyrosinpositionen aktivierter RTKs andocken können. Die mit der Kopplung verbundene Konformationsänderung dieser Proteine ermöglicht die Rekrutierung weiterer Signalmoleküle, die das Signal der Ligandenbindung durch den Rezeptor im Extrazellularraum letztlich zur intrazellulären Signaltransduktionskaskade vermitteln.

Einen leicht von der Grundstruktur der RTKs abweichenden Aufbau zeigt der Insulinrezeptor, der bei allen Wirbeltieren und einer großen Zahl von Wirbellosen sowohl für die Regulierung der zellulären Glucoseversorgung als auch für die Regelung von Wachstums- und Zelldifferenzierungsprozessen verantwortlich ist. Er besitzt zwei extrazellulär gelegene α-Untereinheiten und zwei mit je einer Transmembranregion sowie mit je einer intrazellulären Tyrosinkinasedomäne ausgestattete β-Untereinheiten. Je eine α- und eine β-Untereinheit, die durch ein einziges Gen codiert und erst durch proteolytische Prozessierung des Proproteins hergestellt werden, sind untereinander mittels Disulfidbrücken verbunden. Im Ruhezustand

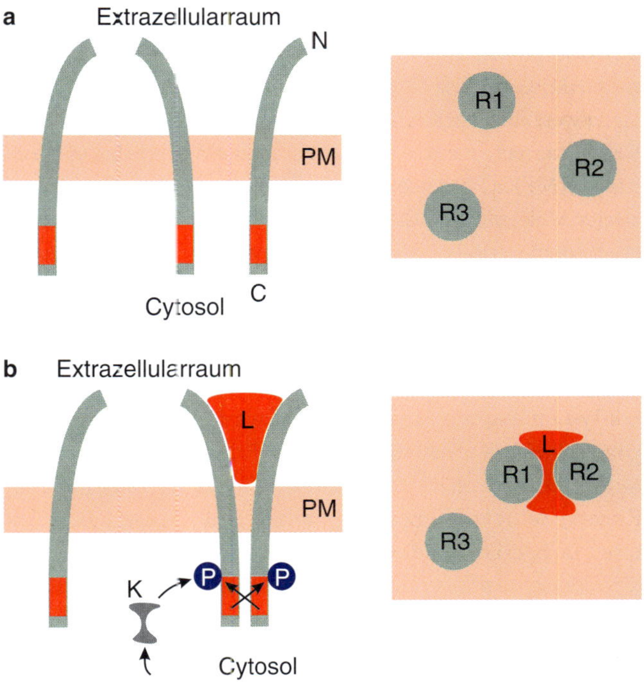

Abb. 12.4 Ligandenvermittelte Dimerisierung und kreuzweise Tyrosinphosphorylierung der intrazellulär gelegenen Kinasedomänen von RTKs. Jeweils links sind drei RTK-Moleküle jeweils in Längsansicht dargestellt, rechts die drei RTK-Moleküle jeweils in Aufsicht aus dem Extrazellularraum. Jedes Molekül verfügt über eine extrazellulär gelegene Ligandenbindungsdomäne, eine Transmembranregion und eine intrazellulär gelegene Kinasedomäne (dunkelrot). **a** In Abwesenheit eines Liganden liegen die drei RTK-Moleküle als Monomere unabhängig voneinander in der Membran, die Tyrosinkinasedomänen sind inaktiv. **b** In Anwesenheit einer ausreichend hohen Konzentration eines Liganden rekrutiert ein Ligandenmolekül jeweils zwei RTK-Moleküle und bringt diese Moleküle über deren gesamte Länge in enge räumliche Nähe. Die Tyrosinkinasedomäne des einen Rezeptormoleküls überträgt nun eine Phosphatgruppe aus zellulärem ATP auf die jeweils andere. Durch die damit verbundene Konformationsänderung des cytosolischen Rezeptoranteils werden Bindungsstellen für Kopplungsmoleküle geschaffen, die aus dem Cytosol rekrutiert werden und ihrerseits Bindungsstellen für weitere Signaltransduktionsmoleküle darstellen, die durch die Assoziation mit dem aktivierten RTK selbst aktiv werden. K = Kopplungsmolekül; L = Ligand P = Phosphatgruppe; PM = Plasmamembran; R = RTK-Molekül.

des Insulinrezeptors befinden sich bereits jeweils zwei Paare aus α- und β-Untereinheit zusammengelagert in der Membran ($\alpha_2\beta_2$). Die Ligandenbindung an die beiden α-Untereinheiten im Extrazellularraum führt dazu, dass ein weiteres Paar des Insulinrezeptors rekrutiert wird, sodass sich am Ende ein Tetramer bildet und die intrazellulär gelegenen Kinasedomänen der vier β-Untereinheiten in räumliche Nähe gebracht werden. Die dadurch ermöglichte gegenseitige Proteinphosphorylierung an mehreren Tyrosinresten (beim Menschen sind es sieben pro Kinasedomäne) ermöglicht die Bindung eines speziellen Kopplungsmoleküls, des Insulinrezeptorsubstrats (IRS), das nach der Bindung mittels seiner SH2-Domäne seinerseits an Tyrosinresten phosphoryliert wird. Die Phosphotyrosinreste des IRS dienen dann als Bindungsstellen für verschiedene weitere Signalmoleküle. So wird unter anderem die regulatorische Untereinheit (p85) der heterodimeren (p85/p110) Phosphatidylinositol-3-Kinase (PI3K) gebunden und dadurch aktiviert. Dieses Enzym phosphoryliert Phosphatidylinositol-4,5-bisphosphat an der 3-Position des Inositolrings. Das resultierende Phosphatidylinositol-3,4,5-trisphosphat (PIP_3) kann daraufhin die Proteinkinase B (PkB, auch Akt-Kinase) binden, die dadurch in den Einflussbereich der PIP_3-abhängigen Proteinkinase PDK-1 kommt und am Threonin 308 (beim Menschen) phosphoryliert wird. Die PkB-Aktivität ist für die Selbsterhaltung und das Überleben von Zellen erforderlich. Ohne PkB/Akt-Signale werden viele Zellen in den programmierten Zelltod (**Apoptose**[284]) geschickt.

12.3 Intrazelluläre Signalwege

Die **intrazelluläre Signaltransduktion** tierischer Zellen, die die Rezeptoraktivierung durch extrazelluläre Agonisten an die physiologischen Effektoren (Ionenkanäle, Enzyme, Transkriptionsfaktoren usw.) meldet, ist in den meisten Fällen kaskadenartig organisiert. Die sequenzielle Anordnung einzelner Signalmodule innerhalb solcher Kaskaden ermöglicht die gegenseitige Beeinflussung der Signalleitung in unterschiedlichen Kaskaden auf bestimmten Zwischenebenen (*cross-talk*) und eröffnet vielfältige Möglichkeiten für das Angreifen von Modulatoren an bestimmten Signalmodulen (Abb. 12.5).

Eine Signalkaskade, die in allen bisher untersuchten tierischen Zellen vorkommt, ist der durch viele Wachstumsfaktoren (in einigen Fällen aber auch durch G-Protein-gekoppelte Rezeptoren) aktivierte **Ras/MAP-Kinase-Signalweg** (Abb. 12.6). Ein aktivierter Wachstumsfaktorrezeptor mit seinen kreuzweise phosphorylierten Tyrosinresten in den cytosolisch gelegenen Kinasedomänen der Rezeptormoleküle bildet eine hochaffine Bindungsstelle für cytosolische Kopplungsproteine wie Grb (*growth factor binding protein*). Grb bindet mit einer SH2-Domäne an die Phosphotyrosinreste des Rezeptormoleküls. Neben der SH2-Domäne kommt in diesem Protein auch eine SH3-(*Src-homology 3*-)Domäne vor, an die nach der Rekrutierung von Grb an den aktivierten Rezeptor ein weiteres Kopplungsprotein mittels einer prolinreichen Domäne binden kann. Dieses Kopplungsprotein, Sos (*son of sevenless*[285]), bindet anschließend ein kleines GTP-bindendes Protein, **Ras** (*rat sarcoma*), das mit zwei Lipidankern (Palmitoyl- und Farnesylreste) im inneren Blatt der Plasmamembran der Zelle verankert ist, und aktiviert dieses.

Kleine GTP-bindende Proteine wie das Ras-Protein sind monomere G-Proteine, die strukturell den α-Untereinheiten der heterotrimeren G-Proteine ähnlich sind. Wie diese liegen

[284] *apopiptein* (altgriech.) = abfallen
[285] Diese eigenartige Bezeichnung des Kopplungsproteins rührt daher, dass man dieses Protein erstmalig als Downstream-Bindungsprotein (*son of …*) für einen Wachstumsfaktorrezeptor identifiziert hat, der in der Augenentwicklung von *Drosophila* eine Bedeutung hat. Mutationen in dieser RTK führen dazu, dass der siebte Photorezeptor im Ommatidium nicht ausgebildet wird (… *sevenless*).

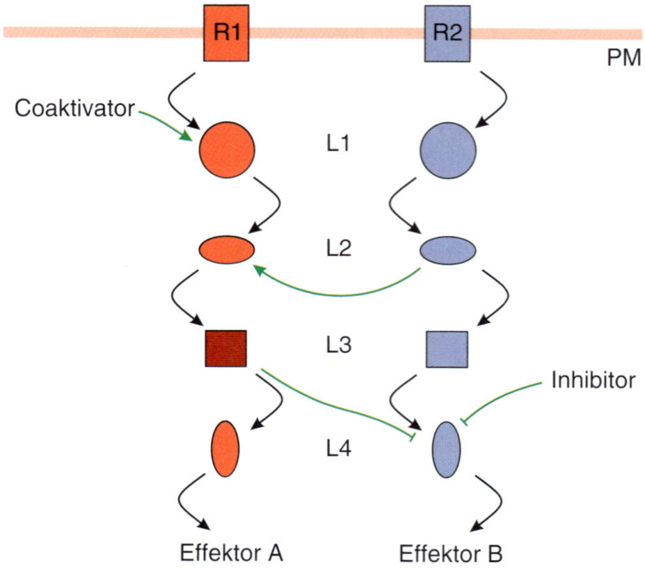

Abb. 12.5 Modell intrazellulärer Signalkaskaden. Die Signalmodule (Rezeptoren, Schaltermoleküle, Kinasen, Enzyme, Transkriptionsfaktoren usw.) sind in Form von Kaskaden angeordnet, wobei die Module der höheren Ebene (hier z. B. L1) jeweils die Module der nächsten Ebene (hier z. B. L2) aktivieren. Die Anwesenheit eines Coaktivators im Cytoplasma kann den Informationsfluss durch eine Kaskade intensivieren, obwohl er ohne Aktivierung des Plasmamembranrezeptors (hier R1) keine Wirkung auf den Signalweg hat. Die Anwesenheit von Inhibitoren bestimmter Signalmodule können deren Aktivität dämpfen oder ganz blockieren, sodass trotz Aktivität des Plasmamembranrezeptors (hier R2) und der Signalmodule in den höheren Ebenen (hier L1–L3) (Upstream-Module) nur geringfügige oder keine aktivierenden Signale beim Effektor B ankommen. Ein aktivierter Signalweg kann durch Interaktion von Signalmodulen auf verschiedenen Ebenen (hier L2) aktivierend auf einen anderen Signalweg einwirken, obwohl dessen Rezeptor (hier R1) und die Upstream-Signalmodule (hier L1) inaktiv sind (Transaktivierung). In analoger Weise können aktivierte Signalmodule einer Signalkaskade (hier in Ebene L3) auch inhibierend auf ein Signalmodul in einer anderen Kaskade (hier in Ebene L4) einwirken und den Signalfluss in dieser Kaskade dämpfen oder ganz unterdrücken. Solche Wechselwirkungen zwischen verschiedenen Signalwegen in Zellen werden allgemein als *cross-talk* bezeichnet.

auch die kleinen G-Proteine im inaktiven Zustand in GDP-gebundener Form vor und tauschen GDP gegen GTP aus, sobald sie aktiviert werden. Im Fall von Ras wirkt das über Grb am aktivierten Rezeptor befestigte Sos als Guaninnucleotidaustauschfaktor (GEF), sodass Ras allein durch die Anbindung an den Komplex aus Rezeptor und Kopplungsproteinen aktiviert wird.

Das direkte Effektorprotein von aktiviertem Ras ist das **Raf**-(*rat fibrosarcoma*-)Protein, eine Serin/Threonin-spezifische Proteinkinase, die durch Interaktion mit aktiviertem Ras selbst aktiviert wird. Die Aktivierung der Raf-Kinase bildet den Startpunkt der Aktivierung einer Proteinkinasekaskade, die wegen ihrer Aktivierbarkeit durch extrazelluläre Wachstumsfaktoren als Erk-(*extracellular signal-regulated kinase*-)Kaskade bezeichnet wird. Da in vielen tierischen Zellen Signale durch diese Kaskade vermittelt werden, die letztlich zur Aktivierung von Genen führen, deren Produkte fördernd auf die Zellproliferation wirken (z. B. Cycline), trägt diese Proteinkinasekaskade neben dem Namen Erk auch die Bezeichnung MAP-(*mitogen activated protein kinase*-)Kaskade oder kurz **Erk-MAPK-Signalweg**. Aktiviertes Raf ist die erste Proteinkinase im Erk-MAPK-Signalweg, die sogenannte MAP-Kinase-Kinase-Kinase (MAPKKK), die von manchen Autoren auch als MAP/Erk-Kinase-Kinase (MEKK) bezeichnet wird. Sie überträgt unter Hydrolyse zweier Moleküle ATP die jeweiligen γ-Phosphate auf Serinreste oder einen Serin- und einen Threoninrest (*dual-specificity kinase*) einer weiteren Proteinkinase, der MAP-Kinase-Kinase (MAPKK) oder MEK, die dadurch aktiviert wird. Auch sie ist eine *dual-specificity kinase* und überträgt ihrerseits zwei Phosphatgruppen auf die MAPK, die auch als **MAP-Kinase vom Erk-Typ** im engeren Sinn bezeichnet wird. In tierischen Zellen gibt es zwei Isoformen dieser Kinase (Erk1 und Erk2) mit einer Molekülmasse von 41 bzw. 42 kDa. Die Aktivierung der Erk-Kinasen führt zur Phosphorylierung von Transkriptionsfaktoren (z. B. c-Fos) und anderen regulatorischen Proteinen, die die Genexpression und viele komplexe Funktionen tierischer Zellen beeinflussen.

Es gibt drei Typen von MAP-Kinase-Signalwegen mit insgesamt zwölf MAP-Kinasen (Abb. 12.6), die durch teilweise überlappende extrazelluläre Stimuli aktiviert werden. So führt die Inkubation vieler tierischer Zelltypen in Medien mit hoher Osmolalität zur Aktivierung des **p38-MAP-Kinase**-Signalwegs und zur Expression von Genen, deren Produkte den Zellen in ihrer Volumenregulation nützlich sind. Auch die Einwirkung von UV-Licht oder Hitze führt zur Aktivierung dieser Kinase, sodass man sie auch als eine der beiden stressaktivierten Proteinkinasen (SAPK) in tierischen Zellen bezeichnet. Die andere stressaktivierte Proteinkinase ist die **c-Jun-N-terminale Kinase (JNK)**, die neben dem Transkriptionsfaktor c-Jun auch andere Substrate phosphoryliert und den Zellen dadurch wie die aktivierte p38-MAP-Kinase eine größere Resistenz gegen widrige Umweltbedingungen verschafft.

Neben den Rezeptoren für Wachstumsfaktoren mit Tyrosinkinasefunktion gibt es weitere Klassen von Rezeptoren für extrazelluläre Liganden, die in ihren cytosolischen Domänen eine Tyrosinkinaseaktivität aufweisen, ihre Signale jedoch nicht an die MAP-Kinase-Kaskaden übergeben, sondern durch Tyrosinphosphorylierung direkt an bestimmte Transkriptionsfaktoren weiterleiten. Zu diesen Rezeptoren gehören die **Cytokin-** und **Chemokinrezeptoren**, die Funktionen bei der Aktivierung des innaten und des adaptiven Immunsystems innehaben und durch **Interleukine** oder **Interferone** aktiviert werden. Wie bei den klassischen Wachstumsfaktorrezeptoren kommt es nach der Bindung eines Agonisten im Extrazellularraum zu einer räumlichen Annäherung zweier oder mehrerer Rezeptormoleküle und einer gegenseitigen Phosphorylierung von Tyrosinresten in den cytosolisch gelegenen Domänen der Rezeptormoleküle. Diese erfolgt allerdings nicht wie bei Wachstumsfaktorrezeptoren durch die Rezeptormoleküle selbst, sondern durch spezifische Kinasen, die auch im inaktiven Zustand der Rezeptoren mit den cytoplasmatischen Domänen der Rezeptoren verbunden, aber inaktiv sind. Durch die Multimerisierung der Rezeptormoleküle werden die Kinasen aktiv und phospho-

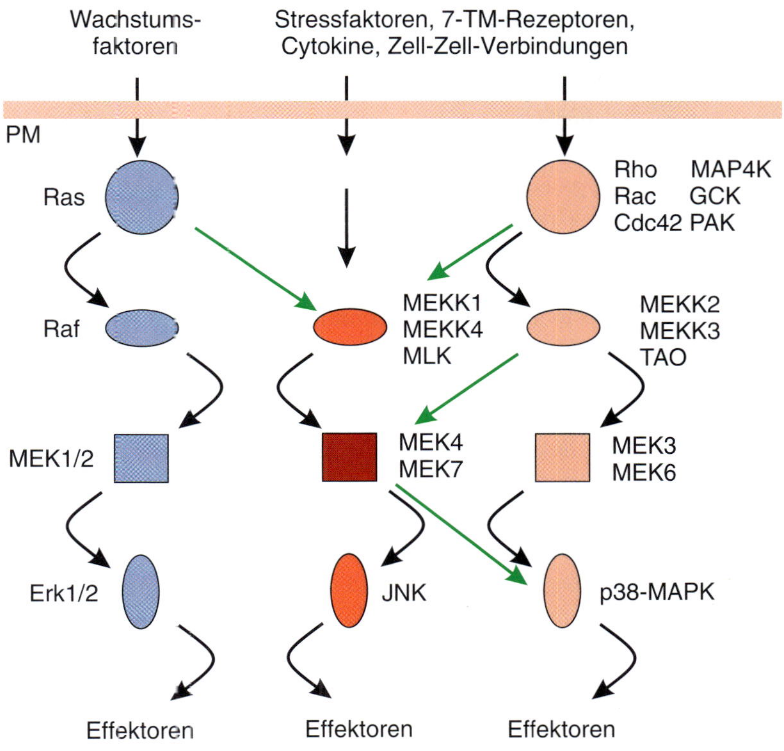

Abb. 12.6 MAP-Kinase-Signalkaskaden in Säugetierzellen. Wachstumsfaktoren binden an Tyrosinkinaserezeptoren in der Plasmamembran, die über Ras und Raf die MAP-Kinasen vom Erk-Typ aktivieren, die über Effektoren (Rezeptoren, Schaltermoleküle, Kinasen, Enzyme, Transkriptionsfaktoren usw.) sowohl genregulatorische als auch zellphysiologische Auswirkungen haben. Stressfaktoren, Agonisten bestimmter G-Protein-gekoppelter Rezeptoren, Cyto- und Chemokine und mechanische Einflüsse auf die Zelloberflächen aktivieren stressaktivierte MAP-Kinase-Kaskaden (c-Jun-N-terminale Kinase [JNK] und/oder p38-MAP-Kinase), die unterschiedlich viele Ebenen von Signalmodulen aufweisen können. Rho, Rac und Cdc42 sind Angehörige der Familie der kleinen GTP-bindenden Proteine. Die MAP4K ist eine der MAP-Kinase-Kinase-Kinase vorgeschaltete Proteinkinase. Die GCK (*germinal center kinase*, Keimzentrumkinase) kann die Upstream-Kinasen in JNK- und p38-MAPK-Signalwegen in Keimbahnzellen von Tieren modulierend beeinflussen. PAK (*p21-activated kinase*) wird aktiviert, wenn Zellen ihre Form ändern müssen (Reorganisation des Aktincytoskeletts), aber auch unter extremem Stress (Regulation einiger Teilprozesse der Apoptose). PM = Plasmamembran. (Nach Krauss G (2008) Biochemistry of signal transduction and regulation. Wiley-VCH, Weinheim.)

rylieren einerseits die cytoplasmatisch gelegenen Domänen der Rezeptoren, andererseits phosphorylieren sie sich gegenseitig. Wegen dieser Doppelfunktion haben sie die Bezeichnung **Januskinasen**[286] erhalten. An die Phosphotyrosine der Rezeptormoleküle binden mittels ihrer SH2-Domänen aus dem Cytosol der Zellen stammende **Stat**-(*signal transducer and activator of transcription*-)Proteine, die anschließend ebenfalls durch die Januskinasen an Tyrosinresten phosphoryliert und dadurch aktiviert werden. Phosphorylierte Stat-Proteine lösen sich von den Rezeptormolekülen, bilden im Cytosol der Zellen Dimere und werden so in den Zellkern aufgenommen, wo sie an spezielle regulatorische Abschnitte der DNA einiger Zielgene binden und dort als Transkriptionsfaktoren aktiv werden. Auf diese Weise wirkt unter Infektionsbedingungen von tierischen Zellen das Interleukin-6 über die Aktivierung von Stat1 auf die Genexpression von Genen in Immunzellen ein, die inflammatorische Antworten vermitteln.

Ebenfalls in die intrazelluläre Signaltransduktion für die Regulation inflammatorischer Prozesse und anderer Immunfunktionen eingebunden ist noch ein weiterer Signalweg, der eine recht direkte Verbindung extrazellulärer Signale mit transkriptioneller Regulation darstellt, nämlich der in allen tierischen Zellen vorhandene **NFκB-Signalweg** (NFκB für *nuclear factor kappa-light-chain-enhancer of activated B cells*; Abb. 12.7). Konstitutiv werden in allen tierischen Zellen zwei der drei Komponenten des NFκB-Signalkomplexes hergestellt,

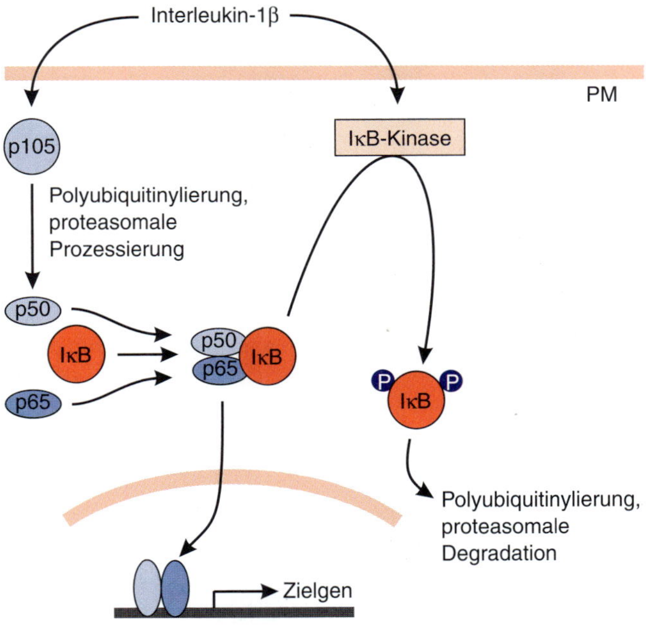

Abb. 12.7 Funktionsschema des NFκB-Signalwegs. Die Aktivierung wird in diesem Beispiel durch Interleukin-1β bewirkt, das von vielen tierischen Zellen gebildet und sezerniert werden kann, die mit Fremdzellen oder Sekretionsprodukten von potenziell pathogenen Mikroorganismen in Kontakt gekommen sind. Interleukin-1β löst in Immunzellen über die Aktivierung des NFκB-Signalwegs die Produktion von antibakteriell wirkenden Stoffen oder von oxidativen Abwehrmechanismen aus. PM = Plasmamembran.

[286] Janus ist nach der alten römischen Mythologie der römische Gott des Anfangs und des Endes. Er hat zwei Gesichter.

das p65-Protein (auch als Rel-Protein bezeichnet) und das IκB-Protein. Die zusätzlich im Signalkomplex notwendige p50-Komponente wird aus einem Vorläuferprotein p105 nach dessen Polyubiquitinylierung durch proteolytische Prozessierung im Proteasom hergestellt und tritt im Cytosol der Zelle mit p65 und dem IκB-Protein zum NFκB-Signalkomplex zusammen, wobei das IκB-Protein die NLS (*nuclear localization signals*) der anderen beiden Proteine verdeckt und somit kein Transport von p50/p65-Komplexen in das Nucleoplasma erfolgen kann. Da die Polyubiquitinylierung des p105 ein regulierter Prozess ist, besitzen nicht alle Zellen eines Tieres gleiche Mengen an NFκB-Signalkomplexen. Auch wenn diese Signalkomplexe in Zellen tatsächlich bereits vorhanden sind, müssen sie durch extrazelluläre Signale aktiviert werden, um eine transkriptionelle Wirkung zu entfalten. Dies geschieht durch Aktivierung eines Plasmamembranrezeptors (z. B. eines Toll-Rezeptors), der eine Proteinkinase (IKK, IκB-Kinase) aktiviert, die ihrerseits das IκB-Protein phosphoryliert. Die Phosphorylierung des IκB-Proteins führt zu seiner Lösung aus dem NFκB-Signalkomplex, zu seiner Polyubiquitinylierung und zum proteasomalen Abbau. Der nun freie Komplex aus p50/p65 wird in den Zellkern aufgenommen und bindet an spezielle regulatorische Abschnitte der DNA der NFκB-Zielgene und wirkt dort als Transkriptionsfaktor.

12.4 Cytosolische und nucleäre Rezeptoren

Extrazelluläre Botenstoffe, die wegen ihrer stark lipophilen Eigenschaften in den Körperflüssigkeiten von Tieren an Carrierproteine gebunden transportiert werden, können von diesen bei Kontakt mit Zelloberflächen in die Lipiddoppelschicht der Zelle übertreten. Ihre Signalwirkung entfalten sie daher erst, wenn sie die Plasmamembran diffusiv durchquert haben und auf der cytosolischen Seite der Membran mit passenden Bindungsproteinen interagieren können. Diese Bindungsproteine können selbst als Rezeptoren für diese Botenstoffe fungieren (**cytosolische Rezeptoren**) oder als Carrier arbeiten, die die lipophilen Signalstoffe in den Zellkern transportieren und sie dort an ihre eigentlichen Rezeptoren (**nucleäre Rezeptoren**) übergeben.

Da die Erkennung solcher Botenstoffe erst nach ihrer Passage der Plasmamembran erfolgt, entscheidet sich erst in diesem Stadium, ob der Botenstoff eine Zielzelle erreicht hat oder in eine Körperzelle eingeschleust wurde, die nicht als Zielzelle fungiert, weil sie (zurzeit) keine passenden Rezeptoren exprimiert. Zudem unterliegen die lipophilen Botenstoffe einer äquimolaren Bindung an ihre Rezeptormoleküle. Mit diesen gemeinsam stellen sie in der Regel **Transkriptionsfaktoren** dar, die im Zellkern längerfristig an regulatorische DNA-Elemente bestimmter Gene binden und deren Transkriptionsrate regulieren. Auch diese Wirkung wird ohne Signalverstärkung während des Transduktionsvorgangs erzielt. Dieser Modus der Signaltransduktion erfordert es, dass die botenstoffproduzierenden Zellen des Organismus große Mengen dieser Signalstoffe produzieren und ausschleusen, da nur ausreichend hohe Botenstoffkonzentrationen eine zelluläre Wirkung hervorrufen können und ein großer Teil der Moleküle in Zellen gerät, in denen sie nur bedingt oder gar keine physiologischen Effekte erzielen können. Da die metabolische Produktion und Freisetzung großer Mengen eines solchen Signalstoffs zur Erreichung einer wirksamen Plasmakonzentration und die durch die Botenstoffe erzielten genregulatorischen Prozesse eine gewisse Zeitspanne in Anspruch nehmen, wird deutlich, dass solche Botenstoffe nicht zur Vermittlung von schnell einsetzenden physiologischen Wirkungen eingesetzt werden können. Auch die Abschaltung eines solchen Signals dürfte eine gewisse Zeit in Anspruch nehmen, weil die große Stoffmenge des Botenstoffs in den extrazellulären Körperflüssigkeiten metabolisch abgebaut oder ausgeschieden werden muss, bevor die zelluläre Wirkung in Zielzellen nachlässt. Dieses wiederum legt nahe, dass solche Signalstoffe eher für die Regelung längerfristiger physiologischer Prozesse und nicht für kurzfristige Signaltransduktion eingesetzt werden dürften.

Tatsächlich entspricht die physiologische Wirkung lipophiler Signalstoffe (Abb. 12.8) in tierischen Organismen dieser theoretischen Voraussage. So regulieren **Sexualsteroide** häufig morphogenetische Prozesse, also solche, die in bestimmten Entwicklungsphasen des Individuums für die Ausprägung bestimmter körperlicher Merkmale in Abhängigkeit vom genetischen Geschlecht ablaufen. **Schilddrüsenhormone** fungieren als metabolische Hormone, die die basale Stoffwechselrate im Energieumsatz von Zellen regulieren. **Retinsäure** hat in vielen Zellen Signalfunktionen und scheint bestimmte Zelldifferenzierungsprozesse (z. B. das Axonwachstum in Neuronen) zu fördern.

Klassische Steroidrezeptoren (Tab. 12.3) wie der Testosteron-(Androgen-)rezeptor (AR) befinden sich im inaktiven Zustand an Hitzeschockproteine gebunden am inneren Blatt der Plasmamembran von Zielzellen. Nach Bindung von Testosteron wird das Rezeptorprotein vom Hitzeschockprotein abgetrennt und jeweils zwei ligandengebundene Rezeptormoleküle dimerisieren. In dieser Form werden die Komplexe durch eine Kernpore in den Zellkern importiert. Der dimere Ligand-Rezeptor-Komplex bindet als Transkriptionsfaktor mithilfe eines Zinkfingerstrukturmotivs an ein Androgen-Response-Element (ARE) mit der Basensequenz 5'-AGAACA-3' in regulatorischen Abschnitten der DNA von Zielgenen und verändert deren Transkriptionsraten.

Andere Steroid-, die Thyroidhormon- oder die Retinsäurerezeptoren (Tab. 12.3) befinden sich bei der Ligandenbindung (an cytosolische Carriermoleküle nahe der Plasmamembran) bereits im Zellkern. Die Carrier transportieren die lipophilen Signalstoffe in den Kern und übergeben diese an die eigentlichen Rezeptoren, die dort bereits mit den jeweiligen **Response Elements** der DNA von Zielgenen vergesellschaftet sind. Die Aktivierung dieser Rezeptoren und die Änderung der Genexpression erfolgt nach Bindung eines Liganden. Auch diese Rezeptoren besitzen ein Zinkfingerstrukturmotiv, das in diesem Fall an DNA-Sequenzen des Grundschemas 5'-XGGTCA-3'

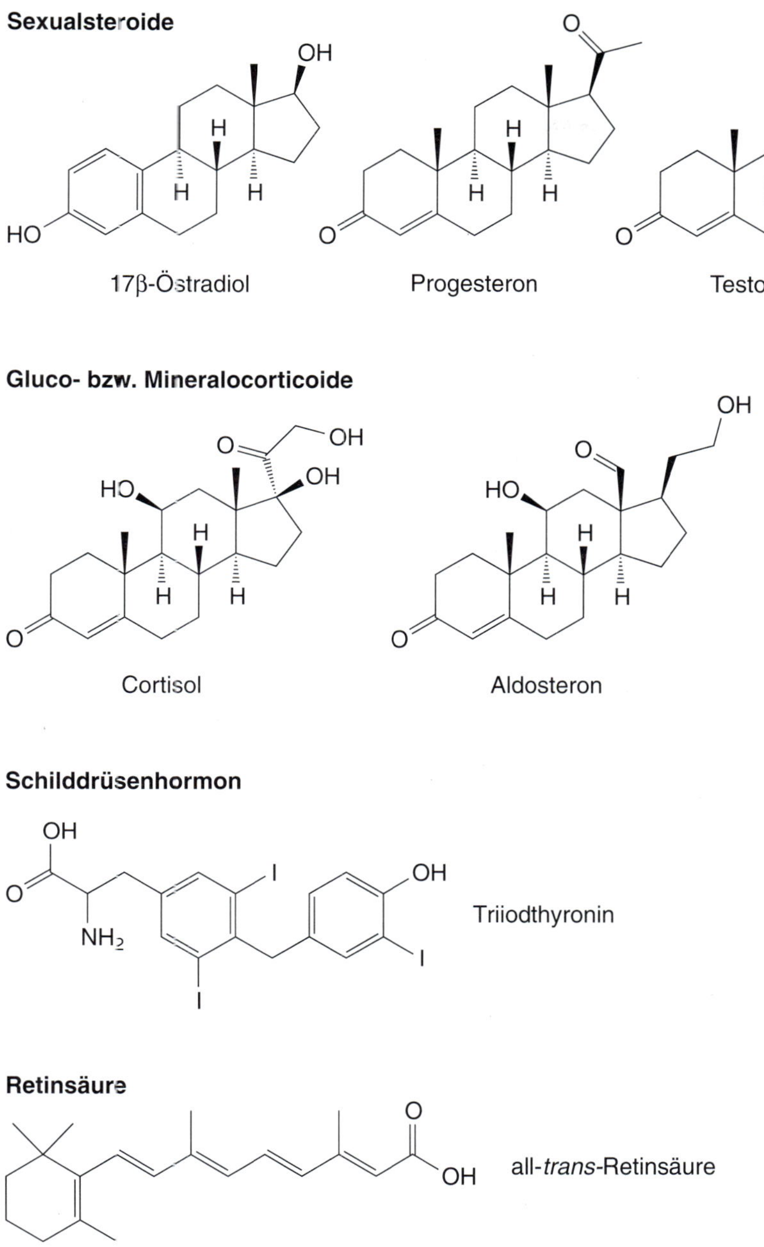

Abb. 12.8 Beispiele für lipophile Signalstoffe, die in tierischen Zellen an cytosolische oder nucleäre Rezeptoren binden.

Tab. 12.3 Liganden von cytosolischen und nucleären Signalstoffrezeptoren und deren Response Elemente (REs) in den regulatorischen Abschnitten von Zielgenen bei Säugetieren. DR = *direct repeat*; ER = *everted repeat*; IR = *inverted repeat*.

Rezeptor	Ligand	5′-3′-Sequenz des RE	Konfiguration des RE
Glucocorticoidrezeptor	Cortisol	AGAACA	IR-3
Mineralocorticoidrezeptor	Aldosteron	AGAACA	IR-3
Progesteronrezeptor	Progesteron	AGAACA	IR-3
Androgenrezeptor	Testosteron	AGAACA	IR-3
Östrogenrezeptor (α und β)	17β-Östradiol	RGGTCA	IR-3
Trijodthyroninrezeptor	Trijodthyronin (T3)	RGGTCA	IR-0, DR-4, ER-6, ER-8
Retinsäurerezeptor	all-*trans*-Retinsäure	AGTTCA	IR-0, DR-2, DR-5, ER-8

Krauss G (2008) Biochemistry of signal transduction and regulation. Wiley-VCH, Weinheim.

bindet (die Base X ist immer eine Purinbase, also entweder A oder G).

Die DNA-Sequenzen, an die ligandenbesetzte cytosolische oder nucleäre Rezeptoren binden, enthalten jeweils zwei Kopien einer Hexanucleotidsequenz (Tab. 12.3), die unterschiedliche Anordnung und Entfernung in der gesamten Basensequenz des Response Elements haben können. Man kennt ***direct repeats*** (DR), in denen die beiden Hexanucleotidsequenzen durch wenige Zwischenbasen getrennt in gleicher Orientierung in der DNA-Sequenz des Response Elements liegen, ***everted repeats*** (ER), in denen eine Hexanucleotidsequenz in Rückwärtsorientierung durch wenige Zwischenbasen (sechs bis acht) von der zweiten Hexanucleotidsequenz in Vorwärtsorientierung getrennt ist, und ***inverted repeats*** (IR), in denen die erste Hexanucleotidsequenz in Vorwärtsorientierung, die zweite aber in Rückwärtsorientierung vorliegt (**Palindrom**[287]) und die Zahl der Zwischenbasen auf null bis eins beschränkt ist. Das zweifache Vorkommen der HRE-Sequenz in einem Response Element ermöglicht die hochaffine Bindung des Dimers aus ligandengebundenen Rezeptorproteinen und somit eine sehr effektive Genregulation, die in vielen Fällen von anderen Molekülen, welche sich an den Ligand-Rezeptor-Komplex anlagern und als **Coaktivatoren** oder als **Corepressoren** wirken, moduliert wird.

12.5 Fragen zum Selbststudium

- Woran kann man erkennen, ob eine Zelle eine Zielzelle für einen bestimmten extrazellulären Signalstoff ist?
- In welchem Kompartiment des Tierkörpers trifft man in der Regel einen First Messenger an, wo einen Second Messenger?
- Mit welcher Art von Bautyp eines G-Proteins ist ein G-Protein-gekoppelter Rezeptor vergesellschaftet?
- Welches Nucleotid ist an ein G-Protein gebunden, wenn sich dieses im inaktiven Zustand befindet?
- In welchen Körperzellen gibt es G-Proteine vom G_t-Subtyp?
- Aus welchen Quellen können die Ca^{2+}-Ionen stammen, die Zellen zur intrazellulären Calciumsignaltransduktion benutzen?
- Durch welche Mechanismen können Zellen die cytosolische Konzentration freier Calciumionen absenken?
- Benennen Sie zwei Typen von Proteinkinasen, die durch zyklische Nucleotide aktiviert werden.
- In welchem Kompartiment des Tierkörpers liegen die Ligandenbindungsdomänen von Tyrosinkinaserezeptoren?
- Welchen Vorteil bietet es, dass viele intrazelluläre Signalwege in Form von Kaskaden seriell angeordneter Signalmodule organisiert sind?
- Welcher wichtige Proteinabbaumechanismus ist in die Signaltransduktion durch den NFκB-Signalkomplex eingebunden?
- Durch welche Art von Signalstoffen werden schnelle, kurzfristige zellphysiologische Effekte vermittelt, durch welche Art die trägen, lang anhaltenden?
- Welchen grundlegenden zellulären Mechanismus beeinflussen Liganden von cytosolischen und nucleären Rezeptoren?

Weiterführende Literatur

Allgemeines

Krauss G (2008) Biochemistry of signal transduction and regulation. Wiley-VCH, Weinheim.

Spezielle Aspekte

Aranda A, Pascual A (2001) Nuclear hormone receptors and gene expression. Physiological Reviews 81, 1269-1304.

Bockaert J, Marin P, Dumuis A, Fagni L (2003) The ‚magic tail' of G protein-coupled receptors: An anchorage for functional protein networks. FEBS Letters 546, 65-72.

Hernández-Sánchez C, Mansilla A, de Pablo F, Zardoya R (2008) Evolution of the insulin receptor family and receptor isoform expression in vertebrates. Molecular Biology and Evolution 25, 1043-1053.

Hur E-M, Kim K-T (2002) G protein-coupled receptor signalling and cross-talk: Achieving rapidity and specificity. Cellular Signalling 14, 397-405.

Karin M, Ben-Neriah Y (2000) Phosphorylation meets ubiquitination: the control of NF-κB activity. Annual Review of Immunology 18, 621-663.

Kyriakis JM, Avruch J (2001) Mammalian mitogen-activated protein kinase signal transduction pathways activated by stress and inflammation. Physiological Reviews 81, 807-869.

Levin M (2012) Molecular bioelectricity in developmental biology: New tools and recent discoveries. Bioessays 34, 205-217.

Putney JW, Bird GS (1993) The inositol phosphate-calcium signaling system in nonexcitable cells. Endocrine Reviews 14, 610-631.

Saltiel AR, Kahn CR (2001) Insulin signalling and the regulation of glucose and lipid metabolism. Nature 414, 799-806.

Simons SS (2008) What goes on behind closed doors: Physiological versus pharmacological steroid hormone actions. Bioessays 30, 744-756.

Sudhop S, Coulier F, Bieller A,Vogt A, Hotz T, Hassel M (2004) Signalling by the FGFR-like tyrosine kinase, Kringelchen, is essential for bud detachment in *Hydra vulgaris*. Development 131, 4001-4011.

Weston CR, Davis RJ (2007) The JNK signal transduction pathway. Current Opinion in Cell Biology 19, 142-149.

Wettschureck N, Offermanns S (2005) Mammalian G proteins and their cell type specific functions. Physiological Reviews 85, 1159-1204.

Zhang Y, Dong C (2007) Regulatory mechanisms of mitogen-activated kinase signaling. Cellular and Molecular Life Sciences 64, 2771-2789.

[287] *palindromos* (griech.) = rückwärts laufend

Neuronale Systeme

Neuronale Systeme sind eine »Errungenschaft« der **Eumetazoa**. Bei ihnen stellen Nervensysteme eine unbedingte Voraussetzung für die sensomotorische und autonome Integration dar. Die Aktivität des Nervensystems bestimmt das gesamte Verhalten von relativ einfachen motorischen Programmen bis hin zu komplexen Handlungen höherer Tiere, wie Fernorientierung, Generalisierung, Begriffsbildung, Planen und Denken.

Ein Indiz für die große Bedeutung des Nervensystems für den tierischen Organismus ist die hohe **Stoffwechselrate**. Sie beträgt in der besonders stoffwechselaktiven Hirnrinde des Menschen 7–8 mg O_2 g^{-1} h^{-1} und entspricht damit derjenigen des Herzens bei körperlicher Ruhe. Während bei der Ratte, der Katze und dem Hund etwa 4–6 % des Energieumsatzes auf das Gehirn entfallen, sind es beim Rhesusaffen (*Macacus mulattus*) bereits 9 % und beim Menschen 20 %.

Die genannten Werte werden von den **Mormyriden**, die zu den schwach elektrischen Fischen zählen (▶ Abschn. 25.1), noch wesentlich übertroffen. Ihr Cerebellum ist vermutlich im Zusammenhang mit ihrer Elektroorientierung stark vergrößert (Gigantocerebellum). Das Gehirn von *Gnathonemus petersii* stellt 3,1 % der Körpermasse (Mensch: 2,3 %) und verbraucht 60 % des aufgenommenen Sauerstoffs. Während die O_2-Aufnahme bei endothermen Wirbeltieren etwa um den Faktor 13 höher ist als bei ektothermen Tieren gleicher Körpergröße (bei gleicher Temperatur), ist der spezifische O_2-Verbrauch des Gehirns bei ektothermen Wirbeltieren nicht wesentlich geringer als bei endothermen (Tab. 13.1). Deshalb ist es im Hinblick auf ihr Gesamtenergiebudget für ektotherme Wirbeltiere wesentlich kostspieliger als für endotherme, sich ein größeres Gehirn zu leisten. Das mag auch ein Grund dafür sein, dass ektotherme Wirbeltiere in der Regel (Ausnahme: Mormyriden, s. o.) ein relativ kleines Gehirn besitzen.

In den meisten Fällen schöpft das Nervensystem seine **Energie** oxidativ aus der im Blut enthaltenen Glucose und – zusätzlich – aus den sogenannten Ketonkörpern (Acetacetat, Hydroxybutyrat). Dagegen können die Fettsäuren in der Regel vom Gehirn – im Gegensatz zu anderen Organen – nicht verwertet werden. In **Insektengehirnen** hat man die höchsten **Umsatzraten** überhaupt gemessen (Tab. 13.2). Insektengehirne zeigen hinsichtlich ihrer **Substrate** im Energieumsatz gegenüber allen anderen Gehirnen eine auffallende Besonderheit: Im Gegensatz zu den Wirbeltiergehirnen besitzen sie eine nur geringe Kapazität zur Milchsäurebildung, was sich in einer niedrigen Aktivität ihrer Lactat-Dehydrogenase (LDH) ausdrückt (Tab. 13.2). Während die Honigbiene (*Apis mellifera*) kein und die Schmeißfliege (*Calliphora erythrocephala*) ein nur geringes Vermögen zur Oxidation von Fettsäuren besitzen (RQ = 1,0), ist der Fettsäureumsatz im Gehirn des Seidenspinners (*Bombyx mori*) erheblich (RQ 0,7–0,8; letzte Spalte Tab. 13.2).

13.1 Evolutionärer Ursprung und Komplexität von Nervensystemen

Nervenzellen (**Neurone**[288]) und Gliazellen bilden zusammen das Nervensystem eines Tieres. Die Anzahl der im Nervensystem vereinigten Neurone und damit der Komplexitätsgrad des Systems sind sehr unterschiedlich (Tab. 13.3). Die Grundprin-

[288] *neuron* (griech.) = Nerv

Tab. 13.1 Spezifischer Sauerstoffverbrauch (mg O_2 g^{-1} h^{-1}) des Gehirngewebes, bezogen auf 37 °C; Q_{10} = 2,1. Der Sauerstoffverbrauch von ektothermen Tieren (links, Knochenfische) unterscheidet sich nicht wesentlich von dem der endothermen Tiere (rechts, Säugetiere).

ektotherme Tierarten	O_2-Verbrauch	endotherme Tierarten	O_2-Verbrauch
Gnathonemus petersii	4,57	*Mus musculus* (Hausmaus)	3,65
Carassius (Karausche)	2,54	*Rattus rattus* (Hausratte)	6,02
Salmo/Salvelinus	7,77	Mensch	2,61

Nilsson GE (1996) Brain and body oxygen requirements of *Gnathonemus petersii*, a fish with an exceptionally large brain. J Exp Biol 199, 603–607, Tab 1, S. 507.

Tab. 13.2 Der Stoffwechsel des Gehirngewebes bei verschiedenen Tieren (25 °C). LDH = Lactat-Dehydrogenase (EC 1.1.1.27). RQ = respiratorischer Quotient.

	LDH-Aktivität (µmol g^{-1} min^{-1})	O_2-Verbrauch (mg g^{-1} h^{-1})	RQ	$^{14}CO_2$, entstanden aus ^{14}C-Fettsäuren (dpm mg^{-1} h^{-1})
Honigbiene (*Apis mellifera*)	0,4 ± 0,1	6,2 ± 1,5	1,0 ± 0,05	63 ± 34
Schmeißfliege (*Calliphora*)	1,3 ± 0,4	7,1 ± 1,2	0,96 ± 0,04	1.082 ± 179
Seidenspinner (*Bombyx mori*)	9,0 ± 2,0	5,9 ± 0,9	0,74 ± 0,04	5.017 ± 290
Hausmaus (*Mus musculus*)	97,1 ± 18,9	1,5 ± 0,2		

Wegener G (1983) Brains burning fat: Different forms of energy metabolism in the CNS of insects. Naturwissenschaften 70, 43–45. Tab. 1, S. 44.

zipien der Informationsweitergabe und -übertragung an den Synapsen sind allerdings im gesamten Tierreich überraschend ähnlich. Über den **Ursprung** der Nervenzelle herrscht noch Unklarheit. Die Vorläufer der Neurone waren vermutlich sekretorisch tätige Zellen, die gleichzeitig eine Rezeptorfunktion ausübten. Von *Hydra* sind solche Zellen bekannt. Sie weisen apikal ein rezeptorisches Cilium auf und zeigen am basalen Zellpol Neuriten, über die synaptische Kontakte zu Effektorzellen (Muskel- oder Nesselzellen) hergestellt werden. Außerdem enthalten die Zellen Neurosekretgrana.

Fest steht, dass die für das Nervensystem so typischen Stoffe und Strukturen wie Transmitter, Neuropeptide, Rezeptor- und Transportmoleküle sowie Ionenkanäle nicht erst mit der Nervenzelle aufgetreten sind, sondern phylogenetisch älter sind, denn man findet sie bereits bei Einzellern und auch bei Pflanzen. Spannungsabhängige K^+- und Ca^{2+}-Kanäle sind von Protoctista bekannt. Anders ist es mit den spannungsabhängigen Na^+-Kanälen, die erst bei den Cnidariern auftreten. Auch die als klassische Transmitter bekannten Stoffe wie Acetylcholin, biogene Amine und Aminosäuren lassen sich bereits bei den Protoctista nachweisen.

Die **Evolution** der Nervensysteme im Tierreich darf man – ebenso wie die Entwicklung anderer Organsysteme – auf keinen Fall als eine lineare Zunahme an **Komplexität** sehen. Sie ist vielmehr durch parallele, unabhängige Entwicklungslinien gekennzeichnet, die nicht nur im Sinne einer Zunahme an Komplexität verliefen, sondern auch **Vereinfachungen** aufgewiesen haben. Letztere sind unabhängig voneinander bei verschiedenen Tiergruppen zu beobachten, die zu einer parasitischen oder sessilen/halbsessilen Lebensweise übergegangen sind. Man findet beispielsweise auch innerhalb der Amphibien bei den Gymnophionen und Salamandern deutlich vereinfachte Gehirne. Der Colliculus superior (▶ Abschn. 13.6.2) erscheint bei Säugetieren gegenüber dem Tectum opticum anderer Gnathostomen deutlich vereinfacht, um nur einige Beispiele zu nennen.

13.2 Zelluläre Grundlagen

Hinsichtlich des Aufbaus des Nervensystems standen sich im ausgehenden 19. Jahrhundert zwei Anschauungen unversöhnlich gegenüber: Camillo Golgi*, Joseph von Herlach und andere Neurohistologen sahen im Nervensystem eine komplexe netzartige Struktur, in der die Nervenzellen die »Knoten« bilden. Die von ihnen ausgehenden Fasern verzweigen sich stark und verschmelzen miteinander zu einem syncytialen Netzwerk (**Retikulartheorie**[289]). Die Vertreter des anderen Lagers, zu denen Wilhelm His in Leipzig, Auguste-Henri Forel in Zürich, Ramón y Cajal* in Madrid, Charles Scott Sherrington* (von ihm stammt der Begriff der Synapse) in Oxford und andere gehörten, sahen in den Nervenzellen selbständige zelluläre Einheiten, deren Ausläufer nicht miteinander in plasmatischer Verbindung stehen, sondern lediglich in engen Kontakt zueinander treten. Wilhelm von Waldeyer* prägte 1891 für diese anatomisch, physiologisch, metabolisch und genetisch selbständige Einheit des Nervensystems den Begriff des Neurons (**Neuronendoktrin**). Die Neuronendoktrin erhielt durch die Ergebnisse der Degenerationsexperimente eine starke Stütze. Endgültig entschieden wurde diese Frage zugunsten der Doktrin 1954 mithilfe der Elektronenmikroskopie durch George Emil Palade* und Stanford Louis Palay.

[289] *reticularis* (lat.) = netzförmig, zum Netz gehörig

Tab. 13.3 Anzahl der Neurone im Nervensystem verschiedener Tiere und des Menschen.

Tierart	Struktur	Anzahl der Neurone
Meeresschnecke (*Aplysia*)	Zentralnervensystem	$10–15 \times 10^3$
Tintenfisch (*Octopus vulgaris*)	Gehirn	ca. $1,7 \times 10^8$
Flusskrebs (*Astacus*)	Zentralnervensystem	ca. $0,5 \times 10^6$
Honigbiene, Arbeiterin (*Apis mellifera*)	Gehirn Pilzkörper	$8,5 \times 10^5$ $1,7 \times 10^5$
Hausfliege (*Musca domestica*)	Gehirn	$3,5 \times 10^5$
Taufliege (*Drosophila*)	Gehirn Pilzkörper	ca. 10^5 5×10^3
Fliege (*Calliphora*)	Pilzkörper	$4,2 \times 10^4$ ($1,6 \times 10^7$ mm^{-3}!)
Schabe (*Periplaneta*)	Pilzkörper 6. Abdominalganglion	4×10^5 $4,5 \times 10^3$
Mensch (*Homo sapiens*)	Gehirn Hirnrinde (Neocortex) Rückenmarkssegment	ca. 10^{11} 2×10^{10} (4×10^4 mm^{-3}) $3,75 \times 10^5$

13.2.1 Neurone

Die Nervenzellen oder **Neurone** (Ganglienzellen) der Tiere bestehen aus dem Zellkörper (**Perikaryon**[290], **Soma**[291]) mit dem Zellkern und einer unterschiedlichen Anzahl von ihm ausgehender kurzer und langer Fortsätze (**Neuriten**). Die kurzen Fortsätze, die oft in großer Zahl auftreten und baumartig verzweigt sind, bezeichnet man als **Dendriten**[292] und stellt sie dem in manchen Fällen weit über einen Meter langen **Axon**[293] gegenüber (▫ Abb. 13.1). Das Axon kann in seinem Verlauf Seitenzweige (**Kollateralen**)[294] abgeben. Es ist ebenso wie seine Kollateralen an seinem Ende baumartig verzweigt.

Neurone kommen in einer großen Formenvielfalt vor. Nach der Lage des Somas und Polarität der Fortsätze unterscheidet man multipolare, bipolare, pseudounipolare und anaxonale (amakrine) Neurone. Ein Neuron nennt man **multipolar**, wenn von seinem Perikaryon neben dem Axon mehrere Dendriten getrennt voneinander ausgehen. Dieser Typ ist besonders bei Wirbeltieren häufig, bei Invertebraten dagegen selten anzutreffen. Typische Vertreter sind Wirbeltiermotoneurone (▫ Abb. 13.1), Pyramidenzellen im Cortex, sowie die Purkinje-Zellen im Cerebellum (▫ Abb. 13.2). Bei **bipolaren** Neuronen gehen vom Soma zwei Fortsätze aus, einer von beiden kann dendritische, der andere axonale Funktion übernehmen. Klassische Vertreter sind die Bipolarzellen und Ganglienzellen in der Retina (▫ Abb. 18.14), sowie Mechano- und Photorezeptorzellen bei Insekten. Typisch für Wirbellose sind **pseudounipolare**[295] Neurone. Bei ihnen geht vom Perikaryon nur ein einziger Ausläufer aus, der sich in einiger Entfernung vom Soma in einen Ast mit den Dendriten und ein Axon gabelt, von dem außerdem Kollateralen ausgehen können (▫ Abb. 13.2). Zu den Neuronen ohne Axon (anaxonale oder amakrine Neurone) zählen die Amakrinzellen der Retina (▫ Abb. 13.2) sowie lokale Interneurone im Antennallobus von Insekten.

Für die Funktion der elektrischen Erregung, Signalintegration, -weiterleitung und -übertragung sind Soma, Dendriten

[290] *peri-* (griech.) = um herum; *karyon* (griech.) = Kern
[291] *soma* (griech.) = Körper
[292] *dendron* (griech.) = Baum
[293] *axon* (griech.) = Achse
[294] *con* (lat.) = mit; *lateralis* (lat.) = seitlich
[295] *pseudos* (griech.) = fälschlich

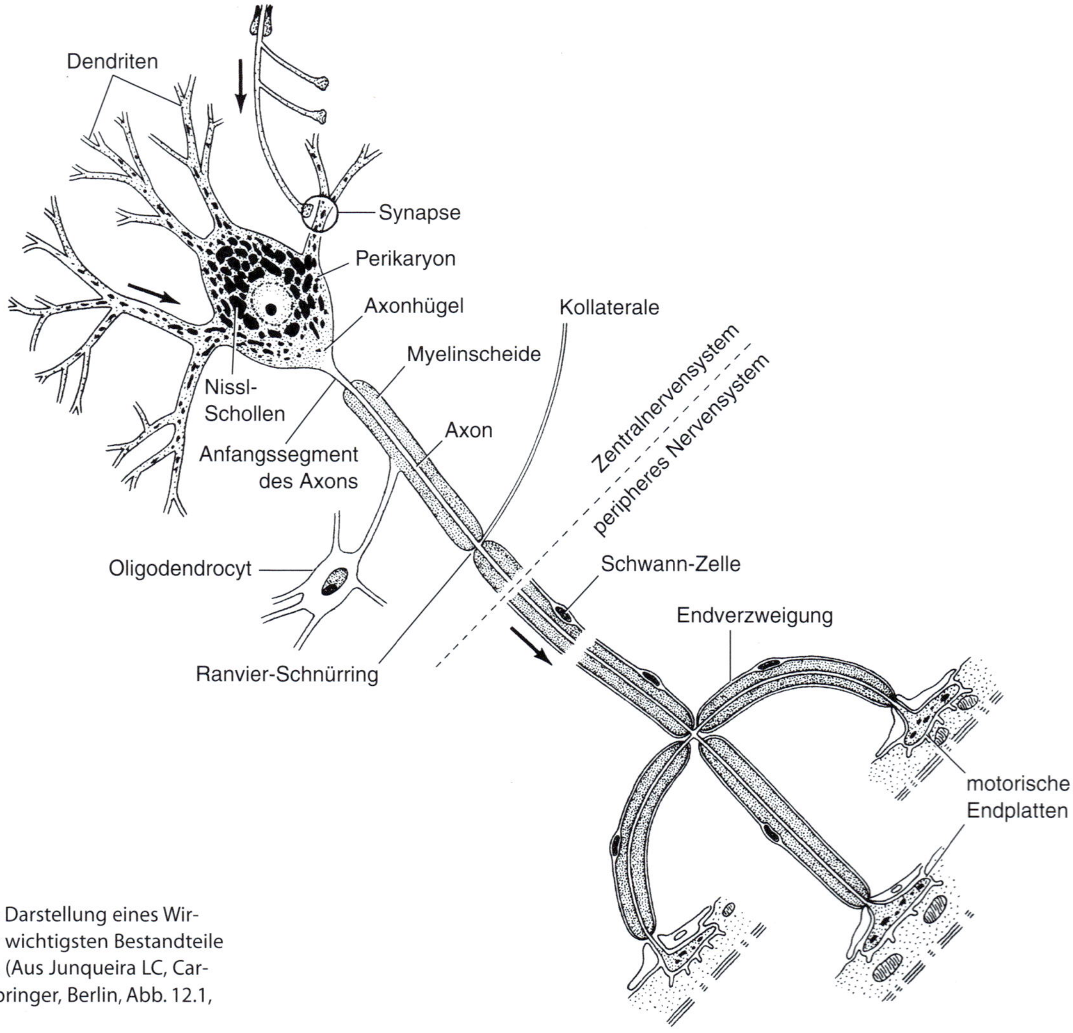

▫ **Abb. 13.1** Schematische Darstellung eines Wirbeltiermotoneurons, seiner wichtigsten Bestandteile und assoziierten Gliazellen. (Aus Junqueira LC, Carneiro J (1996) Histologie. Springer, Berlin, Abb. 12.1, S. 243.)

sowie das Axon in vielfacher Weise spezialisiert. Das **Soma** ist das biosynthetische Zentrum des Neurons. Hier liegen der Zellkern, der Golgi-Apparat, glattes und raues endoplasmatisches Retikulum (mit klassischen Färbemethoden als Nissl*-Substanz darstellbar) sowie andere Zellorganellen. Die Synthese sekretorischer Proteine und von Membranproteinen wie Ionenkanälen und Rezeptorproteinen findet im Soma statt. **Dendritische Verzweigungen** stellen den Hauptinformationseingang des Neurons dar. Ihre postsynaptischen Rezeptoren sind oft in spezialisierten dendritischen **Dornfortsätzen** (Spines[296]) lokalisert, mit denen die Dendritien übersät sein können. Dendriten generieren üblicherweise keine Aktionspotenziale, sondern zeigen – wie auch das Soma – lediglich graduierte Antworten bei synaptischer Aktivität. Das Cytoplasma des Somas geht vor allem bei multipolaren und bipolaren Neuronen kontinuierlich in das der Dendriten über, sodass mit Ausnahme des Zellkerns alle Organellen auch in dendritischen Fortsätzen vorkommen, wobei allerdings die Dichte von endoplasmatischem Retikulum, Golgi-Apparat, und anderer Organellen mit zunehmender Entferung vom Soma erheblich abnimmt. Glattes endoplasmatisches Retikulum sowie Polyribosomen findet man zur lokalen Proteinbiosythese häufig an der Basis **dendritischer Spines**. Im Gegensatz zur Kontinuität zwischen Zellsoma und und Dendriten stellt der Übergang zum **Axon** eine funktionelle Barriere dar. Dieser Bereich wird bei Wirbeltierneuronen auch **Axonhügel** genannt. Hier treten spannungssensitive Na^+-Kanäle in besonderer Dichte auf. Daher ist hier die Schwelle zur Auslösung von **Aktionspotenzialen** besonders niedrig (*spike-trigger zone*), die sich dann aktiv über das Axon fortpflanzen. Bei Wirbeltieren weisen viele Axone Myelinscheiden auf (▶ Abschn. 13.2.2).

[296] *spine* (engl.) = Dorn

Zur Stabilität, Formgebung sowie für Transportfunktionen sind Neurone mit einem ausgeprägten **Cytoskelett** ausgestattet, welches auch die Polarität zwischen Dendriten und Axon aufrechterhält. Dabei lassen sich Mikrotubuli, Neurofilamente und Mikrofilamente unterscheiden. **Mikrotubuli** sind röhrenförmige Proteinpolymere (Durchmesser 24 nm), die aus assoziierten, globulären Tubulindimeren (α-, β-Untereinheiten) gebildet werden. Sie erstrecken sich vom Soma (negatives Ende) in alle Fortsätze (positives Ende) und dienen der Stabilität der Verzweigungen sowie dem Transport von Organellen. **Neurofilamente** gehören zur Familie der intermediären Filamente. Sie sind das Hauptgerüstelement in Axonen. Sie bestehen aus

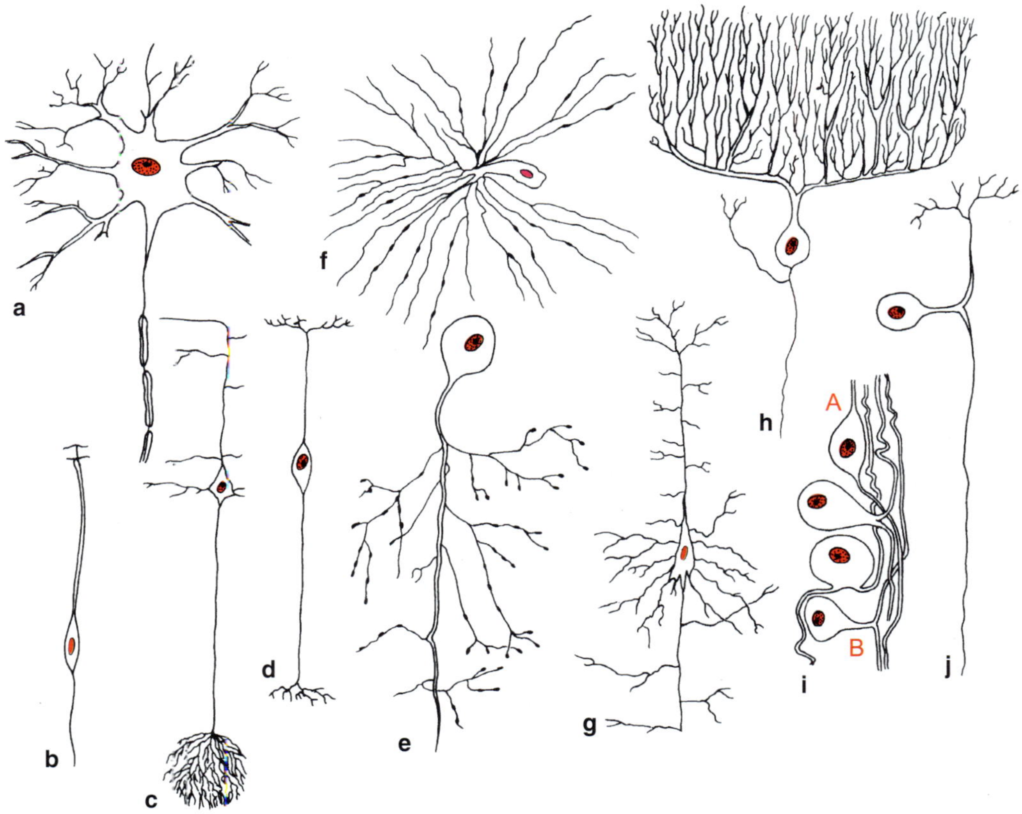

Abb. 13.2 Verschiedene Neurontypen. **a** Multipolares Motoneuron aus dem Rückenmark des Menschen. **b** Bipolares Neuron (Hautsinneszelle) eines Polychaeten (*Nereis*). **c** Mitralzelle (multipolar) aus dem Bulbus olfactorius (zweites Riechbahnneuron) des Menschen. **d** Bipolarzelle aus der Retina des Menschen. **e** Unipolares Neuron aus dem Bauchmark des Pferdeegels (*Haemopis*). **f** Amakrines Neuron aus der Retina eines Knochenfisches (*Esox*). **g** Pyramidenzelle (multipolar) aus der Großhirnrinde des Menschen. **h** Purkinje-Zelle aus der Kleinhirnrinde des Menschen. **i** Spinalganglienzellen eines Knochenfisches (*Gadus*) mit allen Übergängen vom bipolaren (A) zum pseudounipolaren (B) Typ. **j** Pseudounipolares Motoneuron aus dem Zentralnervensystem eines Insekts.

mehrfach helikal angeordneten filamentösen Untereinheiten, haben einen Durchmesser von ca. 10 nm und sind überaus stabil. **Mikrofilamente** sind die kleinsten Cytoskelettelemente (Durchmesser 4–7 nm) und bestehen aus globulären Aktinuntereinheiten, die wie im Cytoskelett von Muskelzellen als zwei perlschnurartige, helikal verdrillte Ketten vorliegen. Zusammen mit assoziierten Proteinen entsteht eine dynamische Vernetzung von kurzen Aktinfilamenten, die häufig mit der Plasmamembran assoziiert sind und wesentlich an Formänderungen des Neurons während der Entwicklung beteiligt sind sowie beim Ab- und Aufbau dendritischer Spines, was zum Beispiel bei Lernvorgängen stattfindet.

Schneller und langsamer cytoplasmatischer Transport stellt sicher, dass auch in Neuronen mit langen Fortsätzen (Axone bis über 1 m Länge) Organellen, Proteine und andere Moleküle ihr Zielgebiet erreichen. Da dieser Transport vor allem in Axonen untersucht wurde, spricht man von **axonalem Transport**, die Mechanismen dürften aber in Dendriten ähnlich sein. Man unterscheidet allgemein anterograden (vom Soma zu Endigungen) und retrograden (von Endigungen zum Soma) axonalen Transport. Über einen **langsamen axonalen Transport** werden cytoplasmatische Proteine, Enzyme und Cytoskelettbausteine ausschließlich in anterograder Richtung transportiert. Hierbei werden Untereinheiten der Neurofilamente, α- und β-Tubulin, sowie assoziierte Proteine mit ca. 0,2–1 mm pro Tag und Clathrin, Aktin, aktinbindende Proteine sowie verschiedene Enzyme mit etwa doppelter Geschwindigkeit (bis ca. 6 mm pro Tag) transportiert. Demgegenüber erfolgt der Transport von membranumhüllten Organellen und ihren Inhaltsstoffen (synaptische Vesikel, große *dense-core*-Vesikel, Mitochondrien u. a.) über mikrotubuliassoziierten **schnellen axonalen Transport**, der eine Geschwindigkeit von bis zu 40 cm pro Tag erreicht. Bewerkstelligt wird der Transport über zwei Klassen von Motorproteinen, den Kinesinen und Dyneinen, die mit Fracht (Vesikel) beladen an den Mikrotubuli entlang wandern (Abb. 13.3). **Kinesine** bestehen aus vier Untereinheiten (Heterotetramere): zwei schweren und zwei leichten Ketten. Die schweren Ketten bilden einen doppelten globulären Kopf, mit dem sie sich an Mikrotubuli heften, während ein helikaler Stab in einem fächerartigen Schwanz endet, an dem Vesikel anheften. Kinesine transportieren ausschließlich in anterograde Richtung, zum Beispiel synaptische Vesikel und ihre Vorläufer, und vollführen unter ATP-Spaltung rotierend-schreitende Bewegungen zum Plusende (anterograd) des Mikrotubulus. **Dyneine** dagegen transportieren zum Minusende des Mikrotubulus und damit in anterograde Richtung (somawärts). Dyneine sind multimere Proteine, die wie Kinesine einen doppelten globulären Kopf (Bindung an Mikrotubulus) und einen Schwanz mit basalen Strukturen (Bindung der Fracht) besitzen. Sie transportieren vor allem Endosomen mit Abbauprodukten, aber auch Transkriptionsfaktoren und andere periphere Signalmoleküle, die dann im Nucleus die Genexpression beeinflussen. Verschiedene Toxine (Tetanustoxin) und Pathogene (Herpes-, Tollwut-, Poliovirus) gelangen auf diese Weise ebenfalls von der Peripherie zum Soma der Nervenzelle.

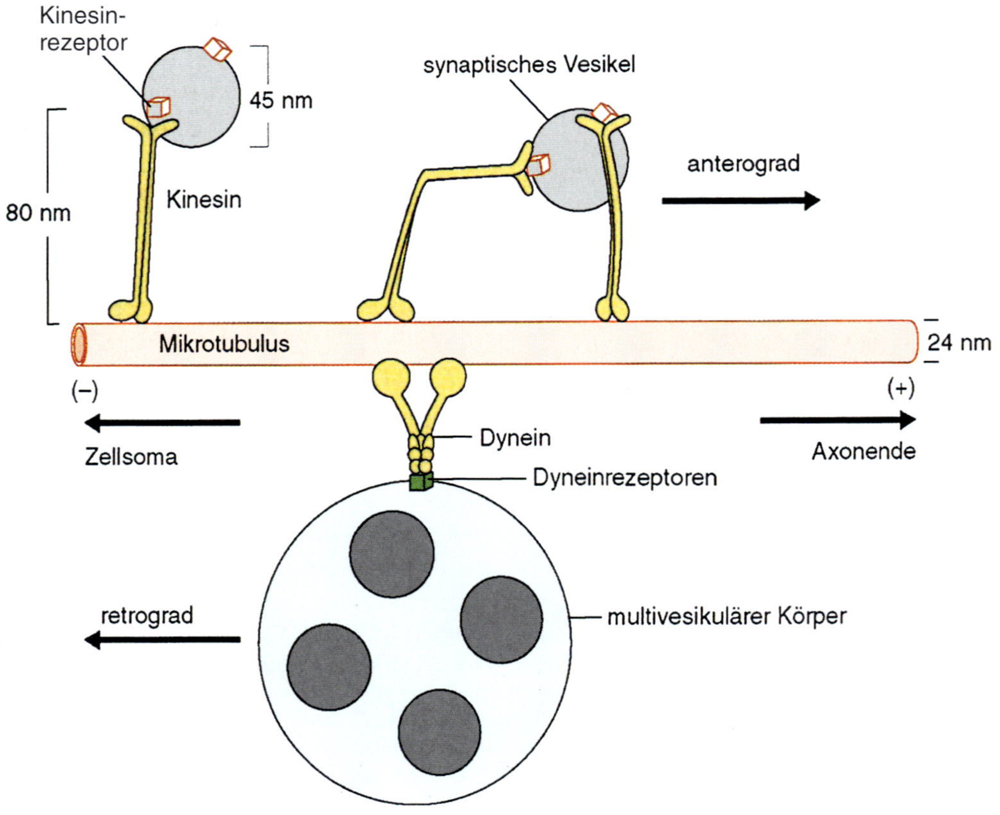

Abb. 13.3 Schneller axonaler Transport mittels Kinesin- und Dyneinmotorproteinen entlang von Mikrotubuli. (Nach Zimmermann H (2001) Molekulare Funktionsträger der Nervenzelle. In: Dudel J, Menzel R, Schmidt RF (Hrsg) Neurowissenschaft. Springer, Berlin, S. 33–61, Abb. 2–16, S. 54.)

13.2.2 Gliazellen

Neben den Nervenzellen sind im Nervensystem regelmäßig **Gliazellen**[297] anzutreffen. Den Begriff Neuroglia prägte 1846 Rudolf Virchow* zur Kennzeichnung der »Substanz« im Gehirn und Rückenmark, in die die Nervenzellen eingebettet seien. Die ersten genaueren histologischen Beschreibungen der Glia lieferte Deiters*. Heute unterteilt man die Gliazellen bei Wirbeltieren in **Astrocyten**[298], **Oligodendrocyten**[299], **Schwann-Zellen** und **Mikroglia**. Oligodendrocyten bilden die Myelinscheide im Zentral-, Schwann-Zellen im peripheren Nervensystem und ermöglichen damit die für Wirbeltiere charakteristischen hohen Leitungsgeschwindigkeiten (▶ Abschn. 13.3.2). Die Astrocyten sind am häufigsten. Sie zeigen einen mehr oder weniger sternförmigen Zellkörper (Name!) mit oft relativ langen Fortsätzen, die am Ende breite Endfüßchen aufweisen können.

Gliazellen haben neben einer Stütz- und Füllfunktion eine trophische Funktion bei der Regulation der K^+-Homöostase, indem sie die überschüssige K^+-Ionen aus dem Extrazellulärmedium aufnehmen (*spatial buffering*). In sich entwickelnden Gehirnen haben sie eine Bedeutung bei der Führung der Neuronen während ihrer Migration. Darüber hinaus synthetisieren Astrocyten aber auch verschiedene Neurotransmitter und -modulatoren, nehmen sie auf und setzen sie frei. An unterschiedlichen Gliazelltypen sind inzwischen die verschiedensten Ionenkanäle und Transmitterrezeptoren nachgewiesen, ohne dass man allerdings über ihre Funktion Sicheres aussagen kann. Entgegen früherer Meinungen wird heute vermutet, dass Gliazellen direkt in die neuronale Informationsverarbeitung einbezogen sind und zur Plastizität im Nervensystem beitragen, obwohl sie selbst keine Aktionspotenziale zu generieren vermögen. Interessant ist, dass der **Gliaindex** (die Anzahl der Gliazellen im Verhältnis zu der der Neuronen) in der menschlichen Großhirnrinde im Vergleich zu fast allen anderen Säugetieren (Maus: 0,29–0,42) mit 1,24–1,98 enorm hoch ist. Eine Ausnahme bilden die Delfine, deren Gliaindex den des Menschen noch übertrifft, was übrigens auch hinsichtlich der Faltungsstruktur des Cortex gilt (■ Abb. 13.53).

Die **Astrocyten** spielen bei der Herausbildung der **Blut-Hirn-Schranke** bei Wirbeltieren eine Rolle. Sie kontaktieren die Blutkapillaren und veranlassen das sie auskleidende Endothel, Tight Junctions zu bilden (Schließen der Spalten zwischen den Endothelzellen). Dadurch und durch die Tatsache, dass die Endothelzellen der Gehirnkapillaren kaum transzelluläre Poren aufweisen (▶ Abschn. 1.5.10), ist das Kapillarlumen gegenüber dem das Nervensystem umgebende Interstitium relativ gut abgeschottet. Nur gut lipidlösliche Substanzen wie Ethanol, Nicotin, Heroin und andere können neben den Atemgasen O_2 und CO_2 die Blut-Hirn-Schranke passieren. Für die lebensnotwendige Glucose und bestimmte Aminosäuren existieren besondere carriervermittelte Transportsysteme in der Endothelzellmembran.

Bei den Invertebraten mit offenem Blutkreislauf (Arthropoden u. a.) bilden im Gegensatz zu den Wirbeltieren die Gliazellen *selbst* die notwendige Barriere um das Nervensystem (**Hämolymphe-Hirn-Schranke**). Sie schließen sich durch Ausbildung von Tight Junctions eng zusammen. Das ist für pflanzenfressende Insekten ganz besonders wichtig, die mit ihrer Nahrung große Mengen an K^+-Ionen aufnehmen. Durch aktiven Transport sorgt die Gliazellscheide dafür, dass im Interstitium die für die neuronale Aktivität wichtige niedrige K^+-Konzentration im Extrazellularraum aufrechterhalten wird.

13.3 Axonaler Informationstransfer

Alle mehrzelligen Organismen – Pflanzen wie Tiere – benutzen, wie wir gesehen haben, eine große Zahl verschiedener Signalstoffe (Hormone, Parahormone usw.), mit deren Hilfe Informationen über mehr oder weniger weite Strecken übertragen werden können, um oft weitab von ihrem Entstehungsort wichtige Funktionen zu steuern (▶ Kap. 14). Ohne diesen chemischen Informationstransfer zwischen den Zellen und Geweben eines Organismus wäre die Abstimmung der verschiedenen Leistungen aufeinander, die Integrität eines Lebewesens, nicht denkbar.

Tierische Organismen (von den Cnidariern aufwärts) haben sich im Gegensatz zu den Pflanzen in ihrem **Nervensystem** ein zusätzliches Informationssystem geschaffen, das ihnen eine schnellere und – noch wichtiger! – gezieltere Informationsweitergabe gestattet. Die langen **Axone** der Neurone, deren Länge in extremen Fällen mehrere Meter betragen kann, kontaktieren direkt ihre Zielzellen. Die an den Endigungen des Axons, an den Synapsen, abgegebenen Signalstoffe (Transmitter) entfalten ihre Wirkung deshalb gewöhnlich spezifisch an diesen Zielzellen. Dieser **individuell adressierte Informationstransfer** war die Grundlage und Voraussetzung für das komplexe Verhalten, wie es sich im Tierreich in beeindruckender Vielfalt entwickelt hat.

13.3.1 Das Aktionspotenzial

Die Ausbildung der Nervenzellen mit ihren mehr oder weniger langen Ausläufern, den Axonen, erforderte allerdings einen neuen Modus des Informationstransfers vom Zellsoma bis in die letzten Ausläufer des Axons, den Synapsen. Der schnelle axonale Transport mit maximal 40 cm pro Tag ist für die normale Datenübertragung viel zu langsam. Der Informationstransfer über das Axon wird deshalb nicht mithilfe von Stoffen, wie wir es sonst gewohnt sind, sondern mithilfe genormter elektrischer Signale (Impulse), der **Aktionspotenziale** oder Spikes, realisiert. Diese kurzen Impulse werden immerhin mit Geschwindigkeiten bis zu $100\,m\,s^{-1}$(!) fortgeleitet und lösen an den Synapsen die Freisetzung des Transmitters aus.

297 *glia* (griech.) = Leim
298 *astron* (griech.) = Stern; *kytos* (griech.) = Zelle
299 *oligos* (griech.) = wenig, gering, klein; *dendron* (griech.) = Baum

Allgemeiner Verlauf

Es wurde bereits ausführlich erörtert, dass die ruhende, das heißt unerregte Nervenzelle ein Membranpotenzial E_M bestimmter Höhe und Polarität besitzt und aktiv aufrechterhält (▶ Abschn. 1.5.8). Stets ist das Zellinnere gegenüber dem extrazellulären Raum negativ. Dieses Ruhemembranpotenzial ist die Voraussetzung für die Erregbarkeit der Zelle und beläuft sich – bei den verschiedenen Zellen etwas unterschiedlich – auf −70 bis −90 mV.

Sticht man je eine feine Mess- und eine Reizelektrode nebeneinander ins Axon und schickt Rechteckimpulse unterschiedlicher Polarität und Höhe durch die Membran, so kann man Folgendes beobachten (◘ Abb. 13.4): Fließt ein negativer Strom (negative Ladungen) während des Reizimpulses durch die Membran ins Axoplasma, wird das Membranpotenzial negativer (**Hyperpolarisation**). Dieses **elektrotonische Potenzial** klingt nach Beendigung des Reizes schnell wieder ab und breitet sich mit abnehmender Amplitude nur über kurze Entfernung vom Ort seiner Entstehung aus (**lokale Antwort**). Die Verdopplung der Stromstärke des Reizimpulses hat auch eine Verdopplung des elektrotonischen Potenzials zur Folge. Kehrt man die Polarität des Reizimpulses um, wird das Membranpotenzial weniger negativ (**Depolarisation**). Wiederum besteht eine Abhängigkeit der Depolarisationshöhe von der Reizstromstärke.

Erreicht oder überschreitet die Depolarisation eine bestimmte Höhe, das heißt, erreicht sie das kritische Membranpotenzial (**Schwellenpotenzial**, Membranschwelle), so kehrt das Potenzial nach Beendigung des Reizimpulses nicht sofort wieder zum Ruhewert zurück, sondern wächst, im Gegenteil, weiter zum **Aktionspotenzial** (Spitzenpotenzial, Spike) aus. Die Membranladung (Polarisation) wird am Schwellenpotenzial instabil. Sie baut sich selbständig ab. Das Membranpotenzial bricht innerhalb weniger als einer Millisekunde völlig zusammen, kehrt sich kurzfristig sogar um (Innenseite wird rund 30–50 mV positiv gegenüber der Außenseite) und kehrt erst dann wieder zum Ruhewert zurück. Die Amplitude des Aktionspotenzials ist wegen der vorübergehenden Umpolarisation der Membran in der Regel größer als das Ruhepotenzial.

Der **Begriff des Potenzials** wird in der Elektrophysiologie in doppeltem Sinn gebraucht. Er dient entweder zur Bezeichnung eines tatsächlichen Potenzials (wie im Fall des Membranpotenzials) oder zur Bezeichnung einer zeitlichen Abfolge gemessener Potenzialwerte (wie im Fall des Aktionspotenzials und der noch zu behandelnden Generator- und postsynaptischen Potenziale).

Am Aktionspotenzial kann man folgende Phasen unterscheiden (◘ Abb. 13.4). Es beginnt mit einer außerordentlich schnellen **Depolarisation** (**Aufstrich**) mit einer Steilheit bis zu 3000 V s^{-1}, die sich in einer **Umpolarisation** der Membran

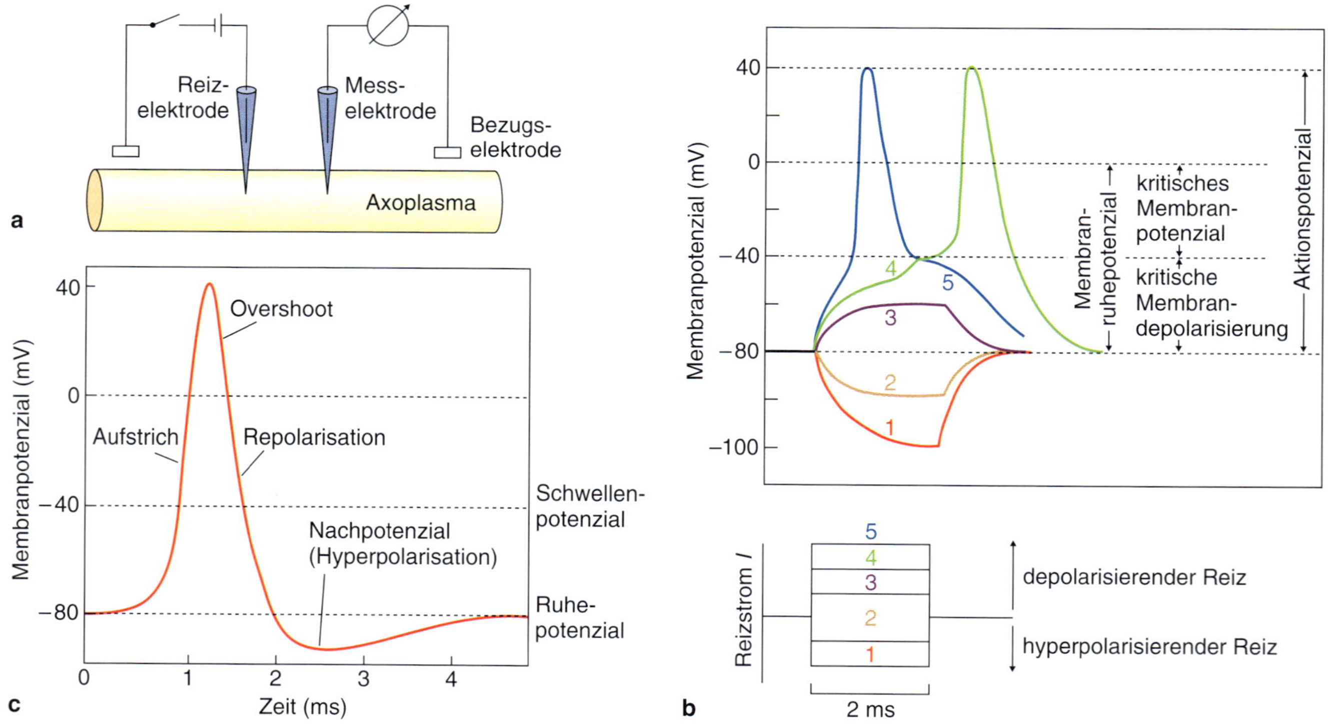

◘ **Abb. 13.4** Wirkung de- und hyperpolarisierender Reize auf ein neuronales Axon. **a** Reiz- und Messelektrode sind dicht beieinander ins Axon eingestochen. **b** Rechteckstromimpulse gleicher Dauer (2 ms), aber unterschiedlicher Höhe und Polarität (1–2: abnehmend hyperpolarisierender, 3–5: zunehmend depolarisierender Einfluss) werden durch die Membran geschickt. Dadurch wird das Membranpotenzial vorübergehend verschoben (Kurvenschar). Erreicht die Depolarisation das kritische Membranpotenzial (4 und 5), so wird ein Aktionspotenzial ausgelöst. **c** Die verschiedenen Phasen eines Aktionspotenzials. (Nach Katz B (1974) Nerv, Muskel und Synapse. Thieme, Stuttgart.)

fortsetzt. Diese über die Nulllinie hinausschießende Potenzialänderung bezeichnet man als **Overshoot**[300]. Es folgt dann die **Repolarisation**, durch die das Potenzial wieder zum Ruhewert zurückgeführt wird. Bei manchen Zellen (z. B. Muskelzelle) kann man beobachten, dass sich die Repolarisationsgeschwindigkeit kurz bevor der Ruhewert des Membranpotenzials wieder erreicht wird, mehr oder weniger plötzlich verlangsamt. Dieser Abschnitt der langsameren Potenzialänderung wird als **depolarisierendes Nachpotenzial** bezeichnet. Bei anderen Zellen (z. B. Neurone des Rückenmarks) schwingt das Potenzial bei der Repolarisation vorübergehend über den Ruhewert hinaus (**hyperpolarisierendes Nachpotenzial**).

Verlauf und **Geschwindigkeit der Potenzialänderung** während des Aktionspotenzials sind in verschiedenen Präparaten unterschiedlich (Abb. 13.5). Während bei Nervenfasern das Ruhepotenzial bereits nach einer Millisekunde wieder erreicht wird, dauert es bei Skelettmuskelfasern mehrere Millisekunden. Das Aktionspotenzial der **Herzmuskelzelle** (Arbeitsmyokard) der Wirbeltiere zeichnet sich dadurch aus, dass auf die schnelle Depolarisation (Aufstrich) eine Repolarisation folgt, die durch ein mehrere 100 ms andauerndes **Plateau** mit nur langsam abfallendem Potenzial unterbrochen ist. Erst danach setzt die schnelle Repolarisation zum Ruhewert ein. So ist die Dauer des gesamten Aktionspotenzials ungewöhnlich lang, bei Amphibien bis zu 1 s. Das Plateau wird durch einen langsamen **Ca^{2+}-Einstrom** verursacht (▶ Abschn. 5.4.2).

Form und Höhe des Aktionspotenzials jeder einzelnen Zelle sind allerdings unabhängig von der Stärke des einwirkenden Reizes. Das Aktionspotenzial wird entweder gar nicht ausgelöst (bei zu schwachen, unterschwelligen Reizen), oder es baut sich selbsttätig (autoregenerativ) in voller Höhe auf, nämlich immer dann, wenn die Membran durch einen überschwelligen Reiz mindestens bis zum Schwellenpotenzial (s. o.) depolarisiert worden ist (**Alles-oder-Nichts-Antwort** im Gegensatz zur lokalen Antwort des elektrotonischen Potenzials, s. o.). Anschließend wird das Aktionspotenzial über die Nerven- bzw. Muskelfaser aktiv fortgeleitet (**fortgeleitete Antwort**), ohne dabei an Höhe zu verlieren (▶ Abschn. 13.3.2). Die Aktionspotenziale sind die genormten Signale, mit deren Hilfe die Informationen in codierter Form schnell über größere Entfernungen in den Nerven- und Muskelfasern weitergegeben werden.

Versucht man unmittelbar nach einem Aktionspotenzial durch Depolarisation ein zweites Aktionspotenzial an demselben Membranort auszulösen, so schlägt das fehl. Das betreffende Membranelement ist nicht gleich wieder erregbar. Diese Zeitspanne absoluter Unerregbarkeit nach Ablauf eines Erregungsvorgangs wird als **absolute Refraktärphase**[301] bezeichnet und dauert bei Nervenzellen von Warmblütern etwa

300 *overshoot* (engl.) = hinausschießen über

301 *refractarius* (lat.) = widerstrebend

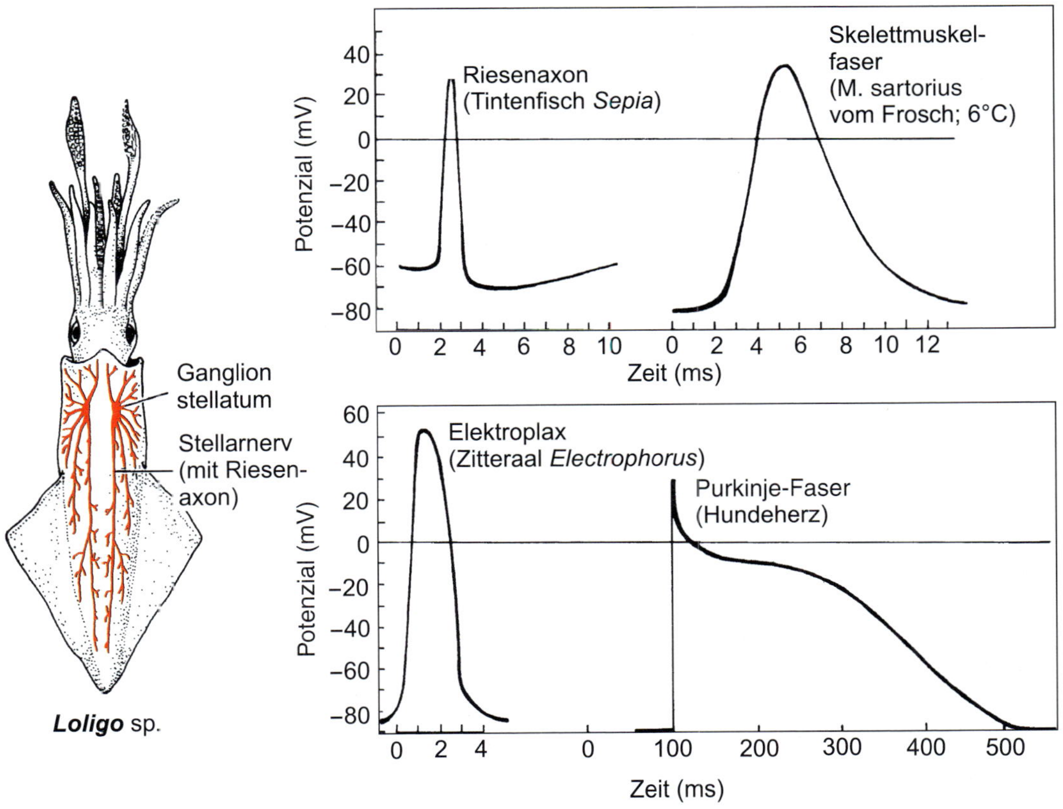

Abb. 13.5 Beispiele intrazellulär abgeleiteter Aktionspotenziale.

eine Millisekunde. Anschließend kehrt die Erregbarkeit nicht sprunghaft, sondern langsam zurück. Diese Periode verminderter, aber nicht mehr absolut fehlender Erregbarkeit bis zum Wiedererlangen des normalen Reizschwellenwertes nennt man **relative Refraktärphase**. Sie ist gewöhnlich kürzer als die absolute. Die Refraktärität ist eine Folge der Inaktivierung des Na^+-Systems.

Ionale Grundlagen

Die wesentlichen Einsichten in die Abläufe an der erregbaren Membran während eines Aktionspotenzials wurden erstmals am **Riesenaxon der Tintenfische** (Cephalopoden) analysiert. Im Jahr 1936 berichtete der britische Zoologe J. Z. Young, dass die vorher für Blutgefäße gehaltenen Strukturen bei Tintenfischen in Wirklichkeit Riesenaxone mit einem Durchmesser bis zu 1 mm seien. Drei Jahre später, im Jahre 1939, wiesen die Amerikaner K. S. Cole und H. J. Curtis in ihren Experimenten an Tintenfischaxonen nach, dass das Aktionspotenzial mit einer **Zunahme der Membranleitfähigkeit** ohne signifikante Änderung der Membrankapazität einhergeht. Im selben Jahr entdeckten die Engländer A. L. Hodgkin* und A. F. Huxley*, dass das Membranpotenzial während des Durchlaufs eines Aktionspotenzials nicht einfach zusammenbricht, sondern sich die **Polarität** der Membran vorübergehend umkehrt. 1949 zeigten A. L. Hodgkin und B. Katz*, dass die Amplitude des Aktionspotenzials ganz wesentlich von der Na^+-Konzentration im Außenmedium bestimmt wird. Fehlen Na^+-Ionen, so kann kein Aktionspotenzial mehr gebildet werden. Die Forscher entwickelten ihre »**Natriumhypothese**«, die bis heute die Grundlage unseres Verständnisses bildet. Weitere wesentliche Fortschritte wurden mit der durch Hodgkin und Huxley 1952 eingeführten **Voltage-Clamp-Methode** (▶ Box 13.1) erzielt.

Im Einzelnen spielt sich während der Ausbildung eines Aktionspotenzials am Riesenaxon des Tintenfischs wie auch in vielen anderen Fällen Folgendes ab. Es wurde bereits betont, dass für das Auslösen des Aktionspotenzials ein Reiz in Form einer Depolarisation bestimmter Höhe erforderlich ist. Durch diese Depolarisation und die damit verbundene Änderung des elektrischen Feldes in der Membran werden einige vorher geschlossene **spannungsgesteuerte Na^+-Kanäle** in der Nervenzellmenbran geöffnet (**Na^+-Aktivierung**). Durch die geöffneten Kanäle, was gleichbedeutend ist mit einer Steigerung der Leitfähigkeit der Membran für Na^+ (g_{Na^+} nimmt zu), strömen Na^+-Ionen ihrem elektrochemischen Gradienten folgend (extrazellulär herrscht eine höhere Konzentration als intrazellulär) in das Axoplasma ein (**Na^+-Einwärtsstrom**, I_{Na^+}):

$$I_{Na^+} = g_{Na^+}(E_M - E_{Na^+})$$

mit E_M = Ruhemembranpotenzial, E_{Na^+} = Na^+-Gleichgewichtspotenzial, ▶ Abschn. 1.5.8.

Das Eindringen von Na^+-Ionen ins Zellinnere hat eine weitere Zunahme der Depolarisation der Membran zur Folge. Dadurch werden weitere Na^+-Kanäle geöffnet, die nochmals den Na^+-Einstrom verstärken usw. Durch diesen positiven **Rückkopplungsmechanismus** (◘ Abb. 13.6, **Hodgkin-Zyklus**)

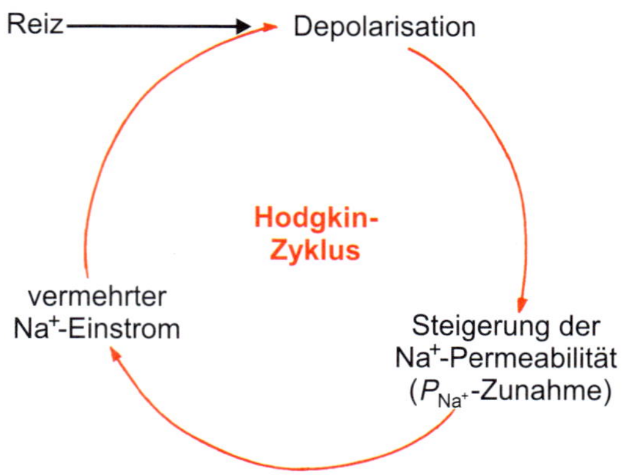

◘ **Abb. 13.6** Schema des positiven Rückkopplungsmechanismus an der erregbaren Membran bei der Bildung des Aktionspotenzials (Hodgkin-Zyklus).

schaukelt sich der Prozess sehr schnell auf, sodass es zu der explosionsartigen Änderung des Membranpotenzials in Richtung auf das **Na^+-Gleichgewichtspotenzial** E_{Na}

$$E_{Na^+} = \frac{RT}{F} \ln \frac{[Na^+]_a}{[Na^+]_i},$$

kommt (▶ Abschn. 1.5.8), das allerdings nicht erreicht wird (**Depolarisationsphase** des Aktionspotenzials; ◘ Abb. 13.7). Die Depolarisation verläuft bei allen Nerven- und Muskelzellen sehr schnell. Die Spitze des Aktionspotenzials ist nach etwa 0,5 ms erreicht.

Beim Riesenaxon des Tintenfischs steigt die relative Na^+-Permeabilität P_{Na+} gegenüber ihrem Ruhewert vorübergehend auf das 500-Fache an bei zunächst nahezu unverändertem P_{K+}- und P_{Cl-}-Wert. Das bedeutet, dass die Permeabilität für Na^+ etwa 20-mal so groß wird wie die für K^+.

	Permeabilität		
	P_{K^+}	P_{Cl^-}	P_{Na^+}
in Ruhe	1	0,44	0,04
bei Erregung	1	0,44	20

Der Na^+-Einstrom erreicht nach der überschwelligen Depolarisation schnell seinen Maximalwert (**Na^+-Aktivierung**), fällt dann aber innerhalb von weniger als 1 ms wieder auf null zurück (◘ Abb. 13.8). Dafür sind zwei Faktoren verantwortlich:

- Wenn das Membranpotenzial sich dem Na^+-Gleichgewichtspotenzial E_{Na^+} nähert, wird die stromantreibende Potenzialdifferenz ($E_M - E_{Na^+}$) immer kleiner. Sie wird schließlich bei Erreichen des Gleichgewichtspotenzials null.
- Die Na^+-Kanäle schließen sich nach kurzer Zeit selbständig wieder, ohne in den geöffneten Zustand zurückzukehren (**Na^+-Inaktivierung**).

Der kontinuierliche Zeitverlauf des makroskopischen Na^+-Einwärtsstroms beruht nicht auf einer synchronen Änderung der Leitfähigkeit aller Na^+-Kanäle, sondern auf einer zeitlichen

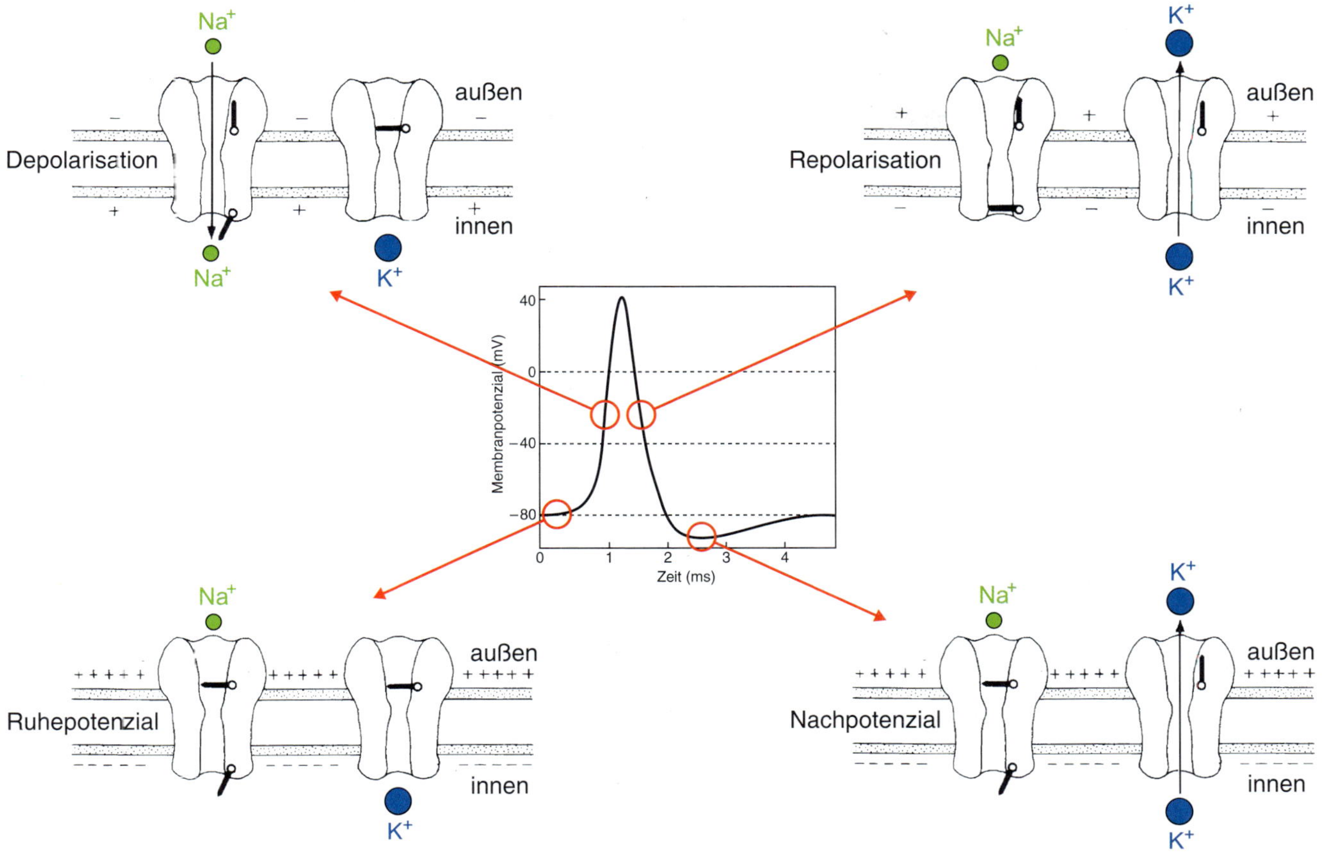

Abb. 13.7 Die Ionenverschiebungen während des Ablaufs eines Aktionspotenzials. Im Ruhezustand (unten links) sind die spannungsgesteuerten Na^+- und K^+-Kanäle (▶ Abschn. 1.5.6) geschlossen. Während der Depolarisationsphase (oben links) öffnen die Na^+-Kanäle. Einströmendes Na^+ treibt das Membranpotenzial in Richtung des Na^+-Gleichgewichtspotenzials (E_{Na^+}). Kurz darauf werden die Na^+-Kanäle inaktiviert, nichtleitend* (oben rechts) während sich die K^+-Kanäle öffnen und der zunehmend dominierende K^+-Ausstrom das Membranpotenzial in Richtung E_{K^+} treibt. Die K^+-Kanäle bleiben nach Ende des Aktionspotenzials noch kurzzeitig offen, was zur Hyperpolarisation führt (unten rechts), während die Na^+-Kanäle wieder in ihren Ruhezustand (nichtleitend aber aktivierbar) übergehen.

Modulation der Anzahl der offenen Kanäle. Einzelkanalregistrierungen haben gezeigt, dass das Zeitmuster der Öffnung eines Kanals bei einer bestimmten Depolarisation nicht festgelegt ist, wohl aber das durchschnittliche Verhalten der Kanäle. Die durchschnittlichen Ströme und auch die durchschnittlichen Öffnungszeiten der Kanäle stehen mit dem jeweils herrschenden Membranpotenzial in gesetzmäßiger Beziehung. Mit einer bestimmten Depolarisation wird nicht der Zeitverlauf der Öffnung jedes einzelnen Kanals festgelegt, sondern die Wahrscheinlichkeiten werden bestimmt, mit denen sich die Kanäle kurzfristig öffnen und wieder schließen.

Mit einer gewissen zeitlichen Verzögerung gegenüber den Na^+-Kanälen öffnen sich auch spannungsgesteuerte K^+-Kanäle in der Zellmembran (**K^+-Aktivierung**). Es kommt aufgrund des herrschenden elektrochemischen Gradienten (extrazellulär eine niedrigere Konzentration als intrazellulär) zum **K^+-Auswärtsstrom** aus der Zelle, wodurch das Membranpotenzial wieder auf seinen Ruhewert zurückgeführt wird (**Repolarisationsphase**). Der **K^+-Strom** I_{K^+} wird deutlich langsamer aktiviert als der Na^+-Strom und erreicht seinen Endwert erst, wenn der Na^+-Strom schon wieder inaktiviert ist (■ Abb. 13.8). Er fließt, solange die Depolarisation anhält, da die K^+-Kanäle im Gegensatz zu den Na^+-Kanälen (■ Abb. 1.20) während der Depolarisation nicht in einen nichtleitenden Zustand übergehen, das heißt, dass ihre Öffnungswahrscheinlichkeit bei konstantem Potenzial nahezu unverändert bestehen bleibt. Die diesem spannungsgesteuerten K^+-Strom zugrunde liegenden Kanäle hat man als **verzögerte Gleichrichter** (*delayed rectifiers*) charakterisiert, weil sie sich nach Depolarisation der Membran verzögert öffnen und sie bei Potenzialen um den Ruhewert fast immer geschlossen sind, sich aber bei einer Depolarisation auf Potenziale positiver als −50 mV mit einem steilen Schwellenverhalten öffnen. Die Analyse der komplexen Abläufe während eines Aktionspotenzials verdanken wir zum großen Teil der Einführung der sogenannten Spannungsklemme (**Voltage-Clamp**[302]) (▶ Box 13.1, ■ Abb. 13.9). Beim Erregungsvorgang führt eine reizbedingte

* Neurobiologen bezeichnen die Na^+-Kanäle im aktivierten aber nichtleitenden Zustand (Abb. 1.20) als inaktiviert.

302 *voltage* (engl.) = elektrische Spannung; *clamp* (engl.) = Klammer, Klemmschraube

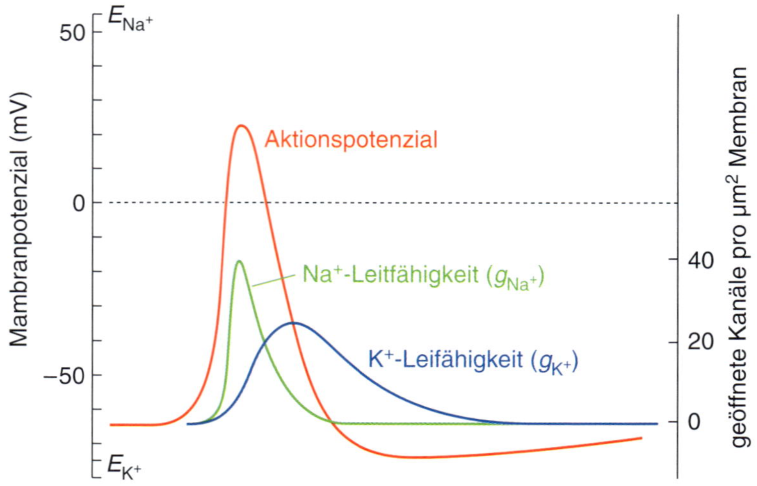

Abb. 13.8 Die Änderungen der Ionenleitfähigkeiten für Na^+ (g_{Na^+}) und K^+ (g_{K^+}) sowie das daraus resultierende Aktionspotenzial.

Depolarisation zu Änderung der Membranleitfähigkeit (Öffnen von Kanälen) für bestimmte Ionen und diese wiederum zu Potenzialänderungen, wodurch erneut Leitfähigkeitsänderungen herbeigeführt werden usw. (Hodgkin-Zyklus, s. o.).

Box 13.1 Spannungsklemme (Voltage-Clamp)

Durch die Methode der Spannungsklemme ist es möglich, den Parameter »Spannung« konstant zu halten und das zeitliche Verhalten des zweiten Parameters, der Leitfähigkeit bzw. des Membranstroms, in seiner Abhängigkeit vom jeweiligen Potenzial messend zu verfolgen.

In Abb. 13.9 ist der Strom durch die Riesenaxonmembran (I_{ges}) nach einem Depolarisationssprung von −60 mV (Ruhepotenzial) auf 0 mV (Haltepotenzial) wiedergegeben. Er besteht im Wesentlichen aus zwei Komponenten: dem Na^+-Strom (I_{Na+}) und dem K^+-Strom (I_{K+}). Die **I_{K+}-Komponente** erhält man in Na^+-freiem Meerwasser oder nach Blockierung der Na^+-Kanäle durch **Tetrodotoxin** (TTX; Abb. 28.2). Sie stellt einen auswärts gerichteten Strom dar, steigt langsam an und verharrt schließlich auf gleichbleibendem Niveau, das in seiner Höhe von der Klemmspannung abhängt. Durch Subtraktion des I_{K+} vom I_{ges} oder durch Blockierung der K^+-Kanäle mit **Tetraethylammonium** (TEA) erhält man die **I_{Na+}-Komponente**. Sie stellt einen einwärts gerichteten Strom dar, erreicht schnell ein Maximum und fällt dann – trotz Weiterbestehens der Depolarisation – langsam wieder auf null ab (Na^+-Inaktivierung, s. o.). Das Maximum des Einwärtsstroms nimmt mit Erhöhung der Klemmspannung (Haltepotenzial) ab und verschwindet schließlich bei ca. 120 mV (Sprung von −60 auf +60 mV), da E_{Na+} zwischen +50 und +60 mV liegt (**Umkehrpotenzial**). Bei noch höheren Klemmspannungen kehrt sich der Na^+-Strom um (Auswärtsstrom), da unter diesen Bedingungen der nach außen gerichtete elektrische Gradient größer wird als der nach innen gerichtete chemische.

▼

Die während eines Aktionspotenzials am Riesenaxon von *Sepia* pro Quadratzentimeter Membranoberfläche ins Zellinnere übergetretene Na^+-Menge bzw. aus der Zelle ausgetretene K^+-Menge ist so gering (ca. 4×10^{-12} mol), dass sich die Konzentrationsverhältnisse nicht ändern. Die Na^+-Konzentration in der Zelle steigt pro Aktionspotenzial um etwa 1/100 000. Selbstverständlich liegen diese Werte bei weniger voluminösen Fasern wesentlich höher. Bei C-Fasern des Säugetiers berechnete man zum Beispiel, dass sich die interne Na^+- und K^+-Konzentration pro Impuls um etwa 1 % ändert. Dem entspricht eine Änderung des Membranpotenzials um ca. 0,3 mV.

In der intakten Zelle sorgen ständig aktive Transportmechanismen für die Rückführung der durch die Membran geflossenen Ionenmengen. Diese »**Pumpen**« spielen zwar bei der

Tab. 13.4 Anzahl aktiver Membranorte pro µm² bei verschiedenen Zellen.

Zelle	Na^+-Kanäle	Na^+-Pumpen	Rezeptormoleküle
Riesenaxon (Tintenfisch)	300–600		
Gangbeinnerv (Hummer)	90		
Riechnerv (Hornhecht)	35	300	
Nervus vagus (Kaninchen)	110	750	
Ranvier-Knoten (Kaninchen)	12 000		
Muskelendplatte			1200 (Acetylcholin)
Fettzellen			1 (Insulin)

13

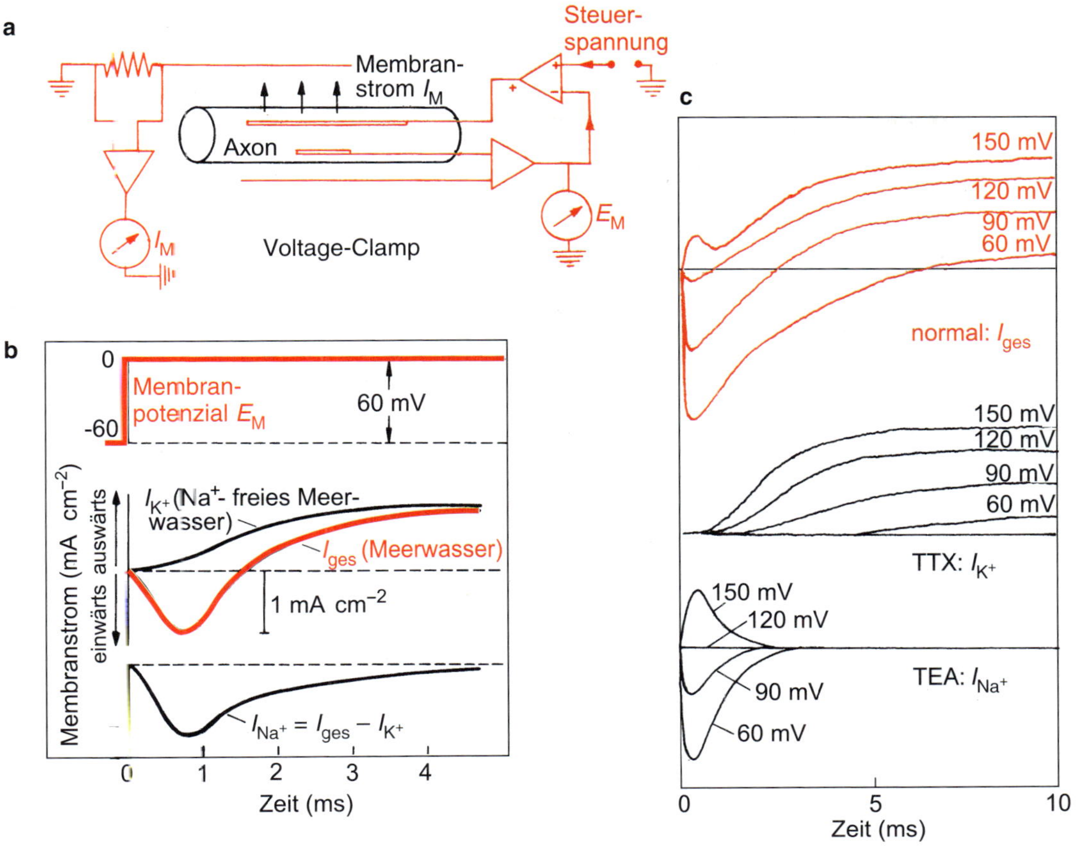

Abb. 13.9 **a** Schaltbild der Voltage-Clamp-Messmethode am Riesenaxon des Tintenfischs. Zwei Elektroden werden in die Zelle eingeführt. Über die eine Elektrode (Messelektrode) wird das Membranpotenzial E_M ständig gemessen und mit der vom Experimentator festgelegten Steuerspannung verglichen. Über die zweite Elektrode (Stromelektrode) wird jeweils so viel Strom über die Membran geschickt, dass das E_M mit der Steuerspannung übereinstimmt und dort verharrt. Fließt bei dieser Klemmspannung ein Ionenstrom durch die Membran, so wird dieser durch einen gleich großen, aber entgegengesetzten Strom über die Stromelektrode ständig gerade kompensiert. Dieser Klemmstrom wird registriert. Er liefert sozusagen ein Spiegelbild des bei der jeweiligen Klemmspannung durch die Membran fließenden Stroms (I_{Na^+}). **b** Die im Voltage-Clamp-Experiment bei einem Depolarisationssprung von 60 mV gemessenen Ströme in normalem Meerwasser (I_{ges}, rot) und im Na$^+$-freien Meerwasser (I_{K^+}, Na$^+$ durch Cholin ersetzt). Die Differenz beider Ströme ergibt den von Na$^+$-Ionen getragenen Strombeitrag (I_{Na^+}). **c** Die Darstellung der Na$^+$- und K$^+$-Ströme durch Blockierung jeweils des anderen Kanals, des Na$^+$-Kanals durch TTX, des K$^+$-Kanals durch TEA. Unter TTX verschwindet der durch die Na$^+$-Ionen getragene frühe Einwärtsstrom, wie er unter normalen Bedingungen und unter TEA zu beobachten ist. Dasselbe ist bei hohen positiven Reizspannungssprüngen von mehr als 120 mV der Fall. Das Umkehrpotenzial für I_{Na^+} liegt bei einem Depolarisationssprung von ca. 120 mV (E_{Na^+} zwischen +50 und +60 mV). Unter TEA verschwindet der durch K$^+$ getragene langsame Auswärtsstrom. TEA = Tetraethylammonium; TTX = Tetrodotoxin. (a nach Kandel ER, Schwartz JH, Jessel TM (1996) Neurowissenschaften. Spektrum Akademischer Verlag, Heidelberg; b nach Hodgkin HL, Huxley AF (1952) Current carried by sodium and potassium ions through the membrane of the giant axon of *Loligo*. J Physiol (London) 116, 449–472; c nach Hille B (1977) Ionic basis of resting and action potentials. In: Kandel ER (Hrsg) Handbook of Physiology. Sec. 1, Vol. 1, Pt. 1, Am Physiol Soc, Bethesda, S. 99–136.)

Aufrechterhaltung der Konzentrationsgradienten an der Zellmembran und damit für die Erregbarkeit eine große Rolle, sind aber nicht direkt an der Produktion der Aktionspotenziale beteiligt. Sie existieren unabhängig von den Na$^+$- und K$^+$-Kanälen und unterliegen ganz anderen Gesetzmäßigkeiten als diese (▶ Abschn. 1.5.7). So sind sie beispielsweise durch TTX oder TEA nicht, aber durch **Ouabain** (Strophantin) blockierbar (▣ Abb. 1.28). Ihre Anzahl pro Quadratmikrometer ist wesentlich höher als die Zahl der Kanäle (▣ Tab. 13.4).

Es gibt viele Beispiele aus dem Tierreich, bei denen **andere Ionenmechanismen** an der Bildung der Aktionspotenziale beteiligt sind. In bestimmten Muskelfasern von Crustaceen (*Balanus*, *Astacus*, *Procambarus* u. a.) sowie gewisser Insekten, in den glatten Muskelzellen der Wirbeltiere, in verschiedenen Molluskenneuronen (*Helix* u. a.) sowie beim Ciliaten *Paramecium* (▣ Abb. 16.7) wird die Rolle der Na$^+$-Ionen zum Teil oder vollständig von **Ca^{2+}-Ionen** übernommen. Die Ca^{2+}-Kanäle der Metazoen können durch Co^{2+}, Mn^{2+}, Ni^{2+} oder La^{3+} blockiert werden, während Sr^{2+} und Ba^{2+} gut passieren. Bei Skelettmuskelfasern des Mehlwurms (Larve des Mehlkäfers *Tenebrio*) übernehmen **Mg^{2+}-Ionen** die Rolle der Na$^+$-Ionen. Schließlich sei noch erwähnt, dass bei den Algen *Nitella* und *Chara* die Bildung des Aktionspotenzials gar nicht mit einem Influx von Kationen (Na$^+$ oder Ca^{2+}) verbunden ist, sondern mit einem Efflux eines Anions (**Cl^--Ausstrom**). In ähnlicher Weise sind die Aktionspotenziale in den Elektroplatten des Rochen *Raja erinea* (▶ Abschn. 25.2) von einem Anstieg der Cl^--Permeabilität begleitet.

Na^+-Kanal und Gating-Strom

Wie wir erfahren haben, ist die schnelle initiale Depolarisationsphase des Aktionspotenzials in Nerven-, Skelettmuskel- und Herzmuskelzellen – der Aufstrich – auf einen schnellen spannungsabhängigen Anstieg der Membranpermeabilität für Na^+-Ionen zurückzuführen. Diese spezifische Veränderung der Membranpermeabilität beruht auf der Öffnung selektiver transmembraner, spannungsgesteuerter Na^+-Kanäle. Der **spannungsabhängige Na^+-Kanal** besteht, wie bereits besprochen (Abb. 13.10), aus einer einzigen Polypeptidkette mit vier homologen Transmembrandomänen (I–IV) mit je rund 300 Aminosäureresten. Jede Domäne besteht aus sechs transmembranen α-Helices (Segmente 1–6). Das Kanalprotein umschließt im offenen Zustand eine **wassergefüllte Pore** von ca. 0,31–0,51 nm Durchmesser. Dieser Durchmesser ist so gering, dass Na^+-Ionen (Durchmesser im voll hydratisierten Zustand 0,56 nm, Abb. 2.6) nur teilweise passieren können, wobei sie wahrscheinlich unter Bildung von Wasserstoffbrücken mit Sauerstoffatomen der Kanalwand in Kontakt treten (Abb. 13.11).

Aus der maximalen Membranleitfähigkeit für Na^+ (zu Beginn des Aktionspotenzials) und der Anzahl der Na^+-Kanäle pro Flächeneinheit (μm^2) hat man abgeschätzt, dass jeder Kanal einen **Leitwert** von ca. 3 pS ($= 3 \times 10^{-12}$ S $= 3 \times 10^{-12}$ W^{-1}) hat. Dem entspricht bei einer Spannung von 100 mV eine **Transportrate** des Kanals von 2×10^6 Na^+-Ionen pro Sekunde. Sie ist damit wesentlich höher, als man es von Carriertransporten (▶ Abschn. 1.5.5) her kennt, und nur möglich, wenn niedrige Energiebarrieren existieren.

Die Ionendurchlässigkeit des Na^+-Kanals wird, wie wir gesehen haben, durch zwei verschiedene spannungsabhängige Prozesse geregelt: Aktivierung und Inaktivierung. Die **Aktivierung** bestimmt die Schnelligkeit und Spannungsabhängigkeit des Anstiegs der Na^+-Permeabilität nach einer sprunghaften Depolarisation. Die **Inaktivierung** bestimmt die Schnelligkeit und Spannungsabhängigkeit der anschließenden Rückkehr der Na^+-Permeabilität zum Normalwert trotz Weiterbestehens der Depolarisation (Abb. 13.9). Aktivierung und Inaktivierung liegen verschiedene Mechanismen zugrunde.

Die Na^+-Kanäle können in drei **Zuständen** vorkommen (Abb. 13.7):

- aktivierbar und geschlossen,
- aktiviert und offen und
- inaktiviert und geschlossen (nicht aktivierbar).

Im Kanalinnern befindet sich ein Verschlussmechanismus, ein Tor (*gate*), das in zwei Zuständen vorkommt: geschlossenen und offenen (Abb. 13.11). Da das Öffnen dieses Tores der Na^+-Aktivierung entspricht, bezeichnet man es auch als **Aktivierungstor** (m-Tor). Der Übergang von dem einen in den anderen Zustand geht mit intramembranalen Ladungsverschiebungen einher, die durch Änderung der Feldstärke in der Membran ausgelöst werden können. Diese verschiebbaren Ladungen sind im **Feldsensor** in einiger Entfernung vom eigentlichen Tor lokalisiert. Man vermutet, dass die Transmembransegmente S4 des Kanalproteins (Abb. 13.10) wegen ihrer hohen Anteile an positiv geladenen Arginin- und Lysinresten als Feldsensoren fungieren. Der mit der Verlagerung der positiven elektrischen Elementarladungen innerhalb des Na^+-Kanals während der Na^+-Aktivierung einhergehende winzige Strom, der bereits 1952 von Hodgkin und Huxley vorausgesagt wurde, wurde 1973 erstmalig am Riesenaxon des Tintenfischs und wenig später auch an markhaltigen Nervenfasern registriert. Dieser **Gating-Strom** ist ca. 1 nA stark und auswärtsgerichtet. Er stellt eine langsame und nichtlineare (asymmetrische) Komponente des kapazitiven Stroms dar, denn der Kanal wird nur durch positive, nicht aber durch negative Pulse geöffnet. Er erreicht sein Maximum bereits kurz nach der Depolarisation innerhalb von 80 µs, wenn die Na^+-Aktivierung gerade beginnt.

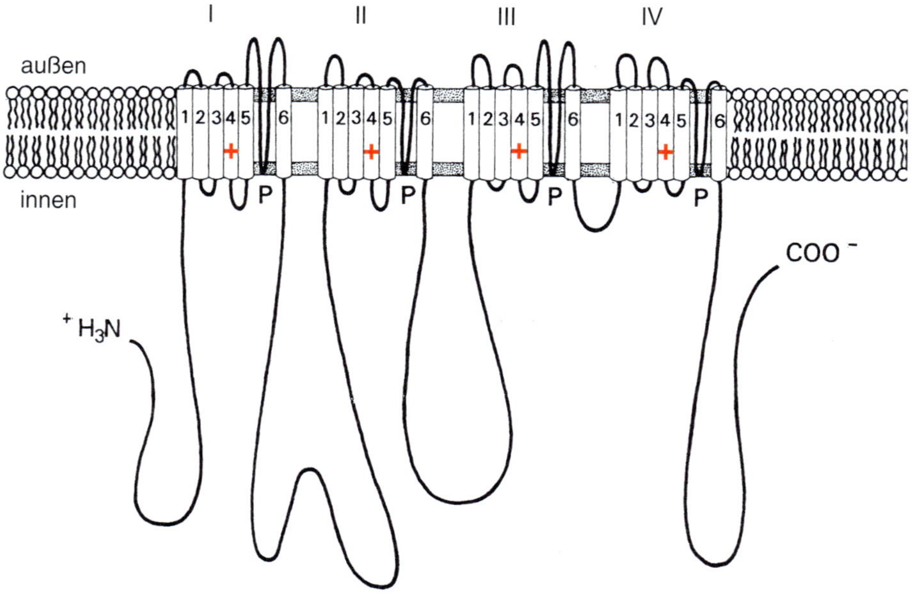

Abb. 13.10 Transmembranstruktur des spannungsgesteuerten Na^+-Kanals. Der Kanal besteht aus einer einzigen Polypeptidkette mit vier homologen Transmembrandomänen (I–IV) mit je rund 300 Aminosäuren (hier in Serie gezeichnet). Jede Domäne besteht aus sechs transmembranen α-Helices (Segmente 1–6). Die vier P-Regionen (Paare von β-Strängen) zwischen den Segmenten 5 und 6 bilden wahrscheinlich die Kanalwand. Die Segmente 4 sollen wegen ihrer hohen Anteile an positiv geladenen Arginin- und Lysinresten als Spannungssensor fungieren (▶ Abschn. 1.5.6, Abb. 1.23) und an der Öffnung und Schließung des Kanals beteiligt sein. P = P-Regionen. (Nach Catterall WA (1988) Structure and function of voltage sensitive ion channels. Science 202, 1306–1308.)

In der Öffnung des Kanals an der Membranaußenseite existiert eine **negative Fixladung**, an die sich die kanalpermeablen Kationen während der Passage vorübergehend heften, an die aber auch die kanalblockierenden Neurotoxine Tetrodotoxin (TTX) und Saxitoxin (STX) mit hoher Affinität binden (◘ Abb. 13.11, ► Kap. 28). **Tetrodotoxin** stammt aus dem japanischen Kugelfisch. **Saxitoxin** produzieren bestimmte Dinoflagellaten (*Gonyaulax* u. a.) und verschiedene Cyanobakterien des Süßwassers, die selbst keine Na^+-Kanäle besitzen. Es ist interessant, dass eine Reihe planktonfressender Filtrierer (Muscheln) eine beachtliche Resistenz gegenüber diesen Giften entwickelt hat. Einige Arten sind stärker gegen TTX (*Mya*, *Taricha*), andere gegen STX (*Mercenaria*, *Pecten*) resistent. Wieder andere sind gegen beide Gifte gleichermaßen resistent (*Mytilus*, *Placopecten*).

In der Schlundregion des Kanals vermutet man auch den **Selektivitätsfilter** (vgl. ◘ Abb. 1.19), der durch sterische und elektrostatische Wechselwirkungen dafür sorgt, dass bestimmte Kationen passieren können, andere aber mehr oder weniger stark daran gehindert werden und Anionen gar nicht penetrieren können (◘ Tab. 13.5).

Lithium kann, da es in ähnlicher Weise wie Na^+ die Kanäle passiert (◘ Tab. 13.5), Na^+ im Außenmedium bei der Erzeugung von Aktionspotenzialen weitgehend vertreten. Das in die Zelle

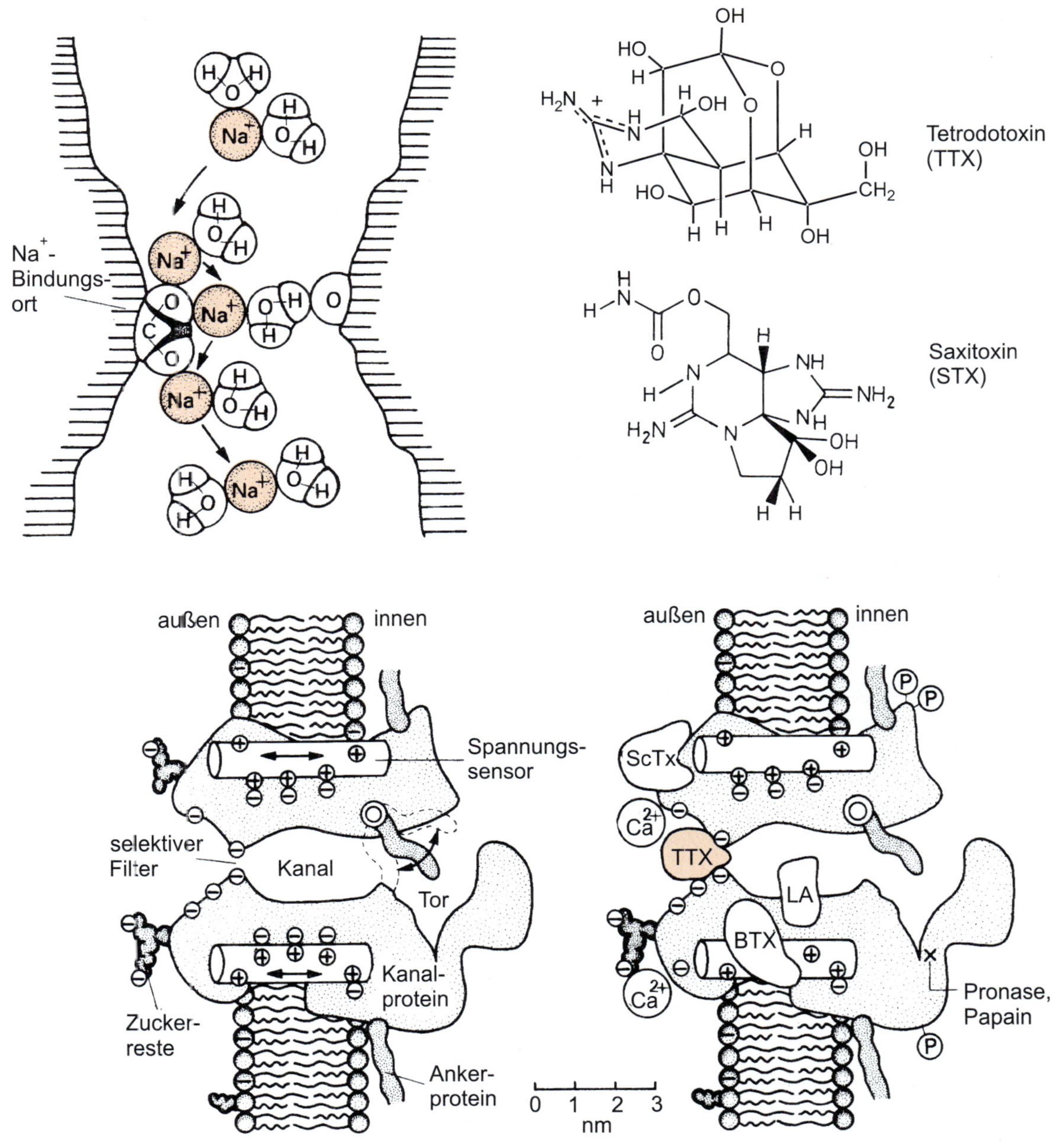

◘ **Abb. 13.11** Hypothetisches Diagramm des spannungsgesteuerten Na^+-Kanals. Rechts: Angabe der Bindungsorte für verschiedene Toxine, die den Kanal beeinflussen. TTX = Tetrodotoxin oder Saxitoxin; ScTx = Scorpiontoxin oder Anemonentoxin; BTX = Batrachotoxin, Aconitin, Veratridin oder Grayanotoxin; LA = Lokalanästhetika; Ca^{2+} = bivalente Ionen, die sich mit negativen Oberflächenladungen assoziieren. (Nach Hille B (1992) Ionic channels of excitable membranes. 2. Aufl. Sinauer, Sunderland, MA.)

Tab. 13.5 Die relativen Permeabilitäten der Na^+-Kanäle des Ranvier-Schnürrings für verschiedene monovalente Kationen.

Kation	relative Permeabilität
Natrium	1,00
Hydroxylammonium	0,94
Lithium	0,93
Thallium	0,33
Ammonium	0,16
Kalium	0,086
Cäsium	<0,013
Rubidium	<0,012
Cholin	<0,007

Hille B (1975) Ionic selectivity of Na and K channels of nerve membranes. In: Eisenmann G (Hrsg) Membranes – A series of advances. Vol. 3: Lipid bilayers, and biological membranes: Dynamic properties. Dekker, New York, S. 255–323.

eingedrungene Li^+ reichert sich aber dort an, da es von der Na^+-Pumpe nicht wieder entfernt wird. Es verdrängt äquivalente Mengen intrazellulären Kaliums. Eine Abnahme des K^+-Konzentrationsgradienten und damit des Ruhepotenzials ist die Folge. Diese dauerhafte Depolarisation inaktiviert das Na^+-System (s. o.) bis hin zur Unerregbarkeit des Axons.

Die **Inaktivierung** des Na^+-Kanals erfolgt innerhalb von weniger als 1 ms nach Kanalöffnung (Abb. 13.7). Diese Inaktivierung kann durch das proteolytische Enzym **Pronase** selektiv verhindert werden, allerdings nur, wenn es intrazellulär appliziert wird. Man geht davon aus, dass das für die Inaktivierung verantwortliche Tor, das **Inaktivierungstor** (h-Tor), am inneren Ende des Kanals liegt (Abb. 1.20). Es ist nicht mit dem Aktivierungstor (m-Tor, s. o.) identisch. Durch die Repolarisation am Ende des Aktionspotenzials geht der Na^+-Kanal wieder in seinen geschlossenen, aktivierbaren Zustand über. Der zeitliche Verlauf dieses Prozesses korreliert mit der Dauer der relativen Refraktärzeit, in der die Schwelle zur Auslösung eines weiteren Aktionspotenzials erhöht ist, da erst ein Teil der Kanäle wieder in seinen geschlossenen, aktivierbaren Zustand übergegangen ist.

13.3.2 Ausbreitung elektrischer Signale

Passive Ausbreitung

Nervenfasern sind auf die Erregungsleitung spezialisiert. Grundsätzlich kann die Erregung in beide Richtungen entlang der Nervenfaser fortgeleitet werden. Das Axon besitzt ein elektrisch gut leitendes Axoplasma, welches von einer schlecht leitenden Hülle (Membran) umgeben ist. Die damit zum Ausdruck kommende Ähnlichkeit mit einem Kabel ist allerdings irreführend, weil die Mechanismen der Signalleitung in einem Elektrokabel völlig andere sind als in einem Axon. Ein gegebenes Spannungssignal V_0 an einem Punkt des Axons würde bei seiner passiven Ausbreitung (wie in einem Kabel) exponentiell mit der zurückgelegten Strecke an Höhe abnehmen:

$$V = V_0 \times e^{-\frac{x}{\ddot{e}}}.$$

λ ist die **Längs-** oder **Raumkonstante** der Membran (in cm). Sie entspricht der Strecke, auf der das Spannungssignal V auf den e-ten Teil (37 %) seines Ausgangswertes V_0 abgefallen ist. Sie kann wie folgt berechnet werden:

$$\lambda = \sqrt{\frac{r_m}{r_i + r_a}} = \sqrt{\frac{R_m}{2\pi a} \times \frac{\pi a^2}{R_i}} = \sqrt{\frac{a \times R_m}{2 \times R_i}},$$

mit r_m = Querwiderstand der Membran, r_i = Längswiderstand des Axoplasmas, r_a = Längswiderstand des Außenmediums und a = Axonradius.

Alle drei Größen werden auf die Einheitslänge »Zentimeter des Axons« bezogen). Dabei setzt man die auf die Flächen- bzw. Volumeneinheit bezogenen spezifischen Widerstände R_m (spezifischer Widerstand eines Quadratzentimeters der Membran; $= r_m \times 2\,\pi a$) und R_i (spezifischer Widerstand eines Kubikzentimeters des Axoplasmas; $= r_i \times \pi a^2$) ein und vernachlässigt r_a, da das Volumen des Mediums im Extrazellularraum unvergleichlich größer als das eines entprechend langen Axonabschnitts ist.

Der Wert λ beträgt bei Transatlantikkabeln viele Hundert Kilometer. Beim myelinfreien Axon der Crustaceen (a = 15 µm; R_m = 5000 Ω cm²; R_i = 50 Ω cm) würde das Spannungssignal dagegen bei passiver Ausbreitung bereits nach 2,7 mm und beim Axon des Tintenfischs (a = 0,25 mm; R_m = 700 Ω cm²; R_i = 30 Ω cm) nach ca. 4 mm auf den e-ten Teil abgefallen sein. Damit die Impulsamplitude bei der Weiterleitung über das Axon konstant bleibt, ist eine Energiequelle notwendig. Die Signalfortleitung in der Nervenfaser kann nicht wie in einem Kabel passiv erfolgen. Sie ist eine aktive Leistung der Zelle.

Aktive Ausbreitung (Erregungsleitung)

Die Vorgänge der Erregungsleitung spielen sich an der dünnen Membran der Nervenfaser ab. Nach der **Strömchentheorie** der Erregungsleitung hat man sich das folgendermaßen vorzustellen. Die Umpolung des Membranpotenzials an der erregten Stelle führt zu Ausgleichsströmen mit den noch unerregten Nachbarbezirken (Abb. 13.12). Dadurch werden diese Bezirke so weit depolarisiert, dass das kritische Schwellenpotenzial der Membran erreicht und ein Aktionspotenzial ausgelöst wird, während das Ruhepotenzial in der ursprünglich erregten Zone bereits wieder aufgebaut wird. Durch Wiederholung dieses Vorgangs pflanzt sich die Erregung kontinuierlich über die Nervenfaser in beide Richtungen vom Reizort ausgehend fort. Da das Aktionspotenzial an jedem Ort der Membran als Reaktion auf die Depolarisation neu gebildet wird, wird es mit unverminderter Größe (ohne **Dekrement**[303]) fortgeleitet. Ein

303 *decrementum* (lat.) = Abnahme

13

Umkehren der Erregungswelle auf der Nervenfaser ist deshalb nicht möglich, weil jedem Aktionspotenzial eine Zone folgt, in der sich die Membran noch in der Refraktärphase befindet, also noch nicht wieder erregbar ist. Normalerweise kann die Erregung auch nicht von einer Faser auf eine andere desselben Nervs überspringen (**Prinzip der isolierten Leitung**; E. H. Weber* 1830).

Die hier vorgestellte Art der Erregungsleitung existiert in der Form nur bei den markarmen Fasern. Die ursprünglichen Axone der Tiere besitzen keine **Markscheiden** (**Myelinscheiden**), sie sind markarme Axone. Diese Verhältnisse findet man bei Wirbeltieren allerdings nur noch selten (z. B. postganglionäre Fasern des vegetativen oder autonomen Nervensystems). Die markarmen Fasern verlaufen in der Regel zu mehreren in einer Satellitenzelle (**Schwann*-Zelle**) eingebettet (Abb. 13.13). Sie sind in ihrer ganzen Länge erregbar. Senken sich die Fasern tiefer in die Schwann-Zelle ein, so wird die Membran der Schwann-Zelle mitgenommen und bildet eine Duplikatur (Mesaxon), die sich zwischen dem Axon und der Zelloberfläche ausspannt. Die **Markscheide** der markhaltigen Fasern entsteht dadurch, dass das Mesaxon auswächst und sich dabei spiralig um das Axon legt. So besteht die Markscheide aus einer Anzahl (bis über 100) eng umeinander gewickelter Doppelmembranen (Abb. 13.13). Sie ist in Abständen von 1–3 mm in der Längsrichtung des Axons durch die **Ranvier*-Schnürringe** (Ranvier-Knoten) unterbrochen. Dort endet und beginnt jeweils eine Schwann-Zelle. Zwischen ihnen bleibt ein myelinfreier Spalt bestehen, in dem die erregbare Plasmamembran freiliegt. Im ZNS bilden die **Oligodendrocyten** die Markscheide. Das die Markscheide aufbauende Myelin von Oligodendrocyten im ZNS und von Schwann-Zellen im peripheren Nervensystem ist strukturell sehr ähnlich, nicht aber in seiner Proteinzusammensetzung. Bei der **Multiplen Sklerose**, einer Autoimmunkrankheit, werden Antikörper gegen die eigenen basischen Myelinproteine gebildet. Die Myelinscheiden im ZNS werden abgebaut und die Zahl der Oligodendrocyten nimmt ab.

Bei markhaltigen, myelinisierten Fasern finden wir eine Abwandlung des kontinuierlichen Leitungstyps. Die Markscheide stellt einen wirksamen Isolator dar, denn sie besteht zu 75 % aus Lipiden. Daher liegt im Bereich der Markscheide

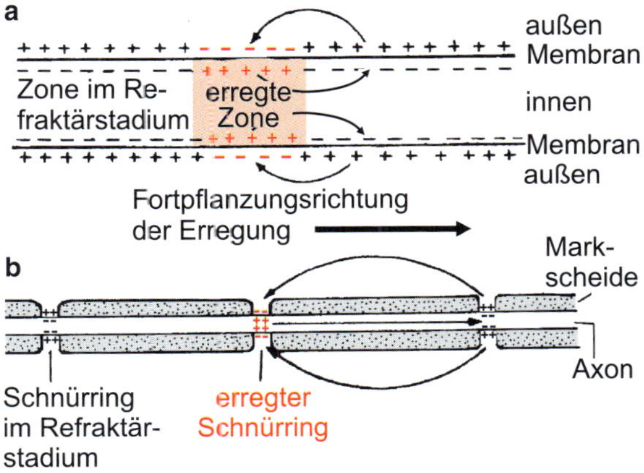

Abb. 13.12 Die kontinuierliche (**a**) und saltatorische (**b**) Fortleitung der Erregung an markarmen bzw. markhaltigen Fasern.

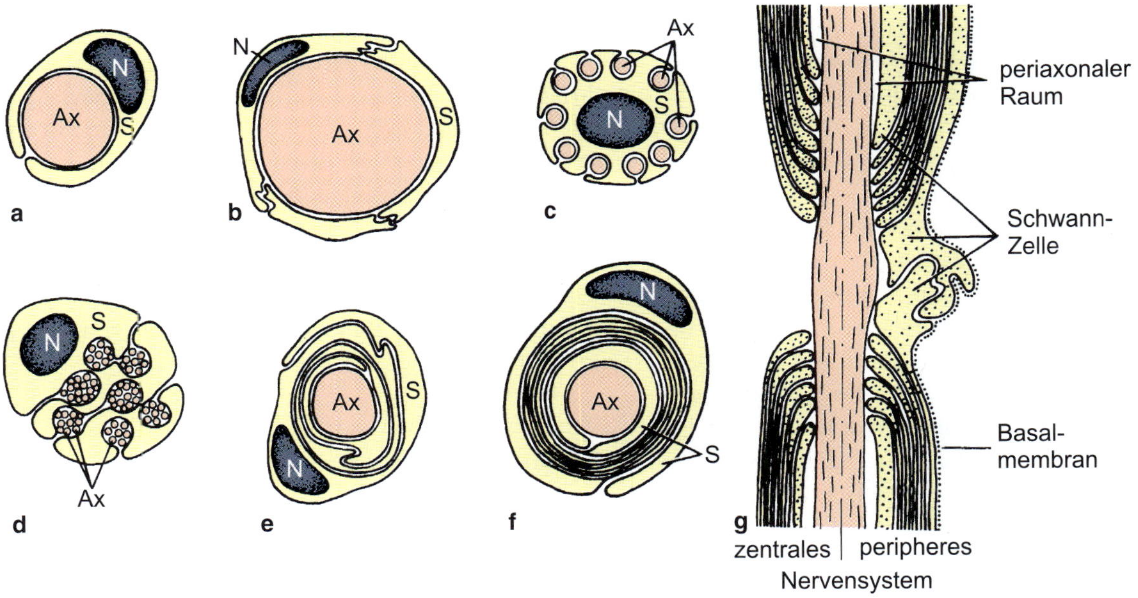

Abb. 13.13 Verschiedene Formen der glialen Einhüllung von Nervenfasern. **a** Großes Axon, von einer einzigen Schwann-Zelle umgeben (peripheres Nervensystem der Insekten). **b** Großes Axon, von mehreren Schwann-Zellen umgeben (Tintenfisch). **c** Viele dünne marklose Axone liegen einzeln in Einsenkungen der Schwann-Zelle (peripheres Nervensystem der Säugetiere). **d** Sehr dünne marklose Axone liegen in Gruppen vereinigt in Einsenkungen der Schwann-Zelle (Riechnerv der Wirbeltiere). **e** Die Schwann-Zelle legt sich locker spiralig um das Axon (peripheres Nervensystem der Insekten). **f** Die Schwann-Zelle legt sich in dichten Spiralen um das Axon und bildet so das Myelin (peripheres Nervensystem der Wirbeltiere). **g** Schema eines Ranvier-Schnürrings im zentralen (links) und peripheren (rechts) Nervensystem eines Wirbeltiers. Ax = Axon; N = Nucleus; S = Hüll- oder Schwann-Zelle. (Nach Bunge RP (1968) Glial cells and the central myelin sheath. Physiol Rev 48, 197–251.)

eine wesentlich niedrigere Membrankapazität C_m vor. Durch die Isolation werden passive Ströme durch die Membran erheblich reduziert. Dadurch vergrößert sich die Entfernung, über die sich lokale Stöme ausbreiten können. Wegen der niedrigen Membrankapazität erfolgt die Umladung im Bereich der Myelinscheide sehr schnell und verlangsamt sich nur an den in Abständen von 1–2 mm auftretenden Ranvier-Schnürringen, wo die Markscheide unterbrochen ist. Die Erregung wird also nicht kontinuierlich fortgeleitet, sie springt vielmehr von Schnürring zu Schnürring weiter (**saltatorische**[304] **Erregungsleitung**, Abb. 13.12). Die Vorteile dieser Form der Erregungsleitung liegen auf der Hand:

- Erreichen höherer Leitungsgeschwindigkeiten, da die passiven Ströme sich schnell von einem zum nächsten Schnürring ausbreiten und die zeitraubenden Prozesse der Aktionspotenzialgenerierung nur an den Schnürringen erfolgt,
- Einsparen von Stoffwechselenergie, da nur noch an den eng begrenzten Membranflächen der Schnürringe die notwendigen Ionengradienten aktiv aufrechterhalten werden müssen, und
- Erzielen einer höheren Sicherheit bei der Erregungsleitung, da die Stromdichte an den Schnürringen höhere Werte erreicht.

Phylogenetische Aspekte der Leitungsgeschwindigkeit

Die **Geschwindigkeit v der Erregungsleitung** (Tab. 13.6) nimmt bei **markhaltigen Nerven** linear mit dem Durchmesser d der Faser zu:

$$v = k_1 \times d \; (k_1 = \text{Konstante})$$

Bei den wesentlich langsamer leitenden **markarmen Fasern** besteht angenähert eine Proportionalität mit der Quadratwurzel aus dem Durchmesser:

$$v = k_2 \times \sqrt{d} \; (k_2 = \text{Konstante})$$

Bestünde der Ischiasnerv des Menschen aus markarmen und nicht aus markhaltigen Nervenfasern, so müsste er einen Durchmesser von 20–40 cm besitzen, um dieselbe Leitungsgeschwindigkeit seiner Fasern zu erreichen. Erst durch die Ausbildung markhaltiger Fasern und die damit verbundene Ökonomisierung und Beschleunigung der Erregungsleitung in der Phylogenie sind die sehr komplexen, schnellen und gut aufeinander abgestimmten Reaktionen und Aktivitäten großer Wirbeltiere möglich geworden (Abb. 13.14).

Diese Abhängigkeiten kann man sich leicht folgendermaßen klarmachen. Die Erregungsleitungsgeschwindigkeit hängt in erster Linie von der **Stromausbreitung** ab, das heißt von dem Zeitbedarf für die Aufladung der Kapazität der benachbarten Membranregion bzw. des benachbarten Ranvier-Schnürrings bis zum kritischen Membranpotenzial durch den sich elektrotonisch ausbreitenden Aktionsstrom. Das bedeutet, je größer der Längswiderstand des Axoplasmas (r_i) bzw. die Membrankapazität (c_m) ist, umso länger dauert die Umladung bis zum kritischen Wert des Membranpotenzials.

Tab. 13.6 Erregungsleitungsgeschwindigkeiten bei verschiedenen Nervenfasern von Vertebraten und Invertebraten.

Objekt	Durchmesser (µm)	Geschwindigkeit (m s^{-1})
Aurelia (Nervennetz)	6–12	0,5
Procambarus (mediane Riesenfaser)	100–250	15–20
Procambarus (laterale Riesenfaser)	85–200	10–15
Periplaneta (Riesenaxon)	50	7
Periplaneta (Cercalnerv)	5–10	1,5–2,0
Protopterus (Mauthneraxon)	45	18,5
Rana (A-Faser, markhaltig)	15	30
Katze (A-Faser, markhaltig)	13 –17	78–102
Katze (C-Faser, marklos)	0,5–1,0	0,6–2,0

Mit der Vergrößerung des **Faserquerschnitts** bei sonst konstanten Bedingungen (unveränderte Werte für R_m, R_i und R_a sowie für die spezifische Membrankapazität C_m) nimmt r_i wesentlich stärker ab als gleichzeitig r_m, da r_i mit dem Quadrat des Radius (a^2), r_m aber nur mit dem einfachen Radius (a) verbunden ist. Dadurch ergibt sich ein weiteres Ausgreifen der elektrotonischen Ströme, das heißt eine Beschleunigung der Erregungsleitung. Mit der Vergrößerung des Faserquerschnitts nimmt zwar auch die Membrankapazität ($c_m = 2\,aC_m$) zu, was eine Verlangsamung der Fortleitung der Erregung zur Folge hat. Dieser Effekt ist aber wesentlich schwächer als der durch die Abnahme von r_i verursachte, sodass sich insgesamt die bereits erwähnte Zunahme der Erregungsleitungsgeschwindigkeit mit der Quadratwurzel des Faserdurchmessers ergibt.

Die vielfach übereinander gepackten Membranen der Schwann-Zellen in der **Markscheide** (Abb. 13.13) führen zu einem starken Anstieg des Widerstands

$$R_{gesamt} = \sum_n R_n$$

und zu einer drastischen Abnahme der Kapazität

$$1/C_{gesamt} = \sum_n 1/C_n$$

um mehrere Größenordnungen (Beispiel myelinisierte Froschfaser: 160 000 Ω cm^2, 0,0025 µF cm^{-2}; einfache Zellmembran: 600–7000 Ω cm^2, 1 µF cm^{-2}). Wegen des hohen Membranwiderstands fließt in den Internodien praktisch kein Strom durch die Membran. Die elektrotonische Stromausbreitung erfolgt relativ verlustfrei von einem zum nächsten Schnürring.

Neben dem Durchmesser des Axons und dem Erregungsleitungstyp (saltatorisch oder kontinuierlich) sind die **Tempe-**

[304] *saltare* (lat.) = springen

Tab. 13.7 Einteilung peripherer Nervenfasern nach Durchmesser und Leitungsgeschwindigkeit.

Faserdurchmesser	Fasertyp	Leitungsgeschwindigkeit ($m\ s^{-1}$)	Funktion
10–20 µm	Aα	80–120	Motoneurone, Muskelspindel- und Sehnenorganafferenzen
5–8 µm	Aβ	30–70	Mechanorezeptoren der Haut
4–8 µm	Aγ	20–50	Motoneurone zu intrafusalen Muskelfasern
2–5 µm	Aδ	10–30	Mechano-, Kalt- und Warmrezeptoren, nozizeptive Afferenzen der Haut
1–3 µm	B	5–20	präganglionäre vegetative Fasern
1 µm (marklos)	C	0,5–2	postganglionäre vegetative Fasern, viscerale Afferenzen, nichtmyelinisierte Mechano-, Kalt- und Warmrezeptoren, langsame nozizeptive Afferenzen

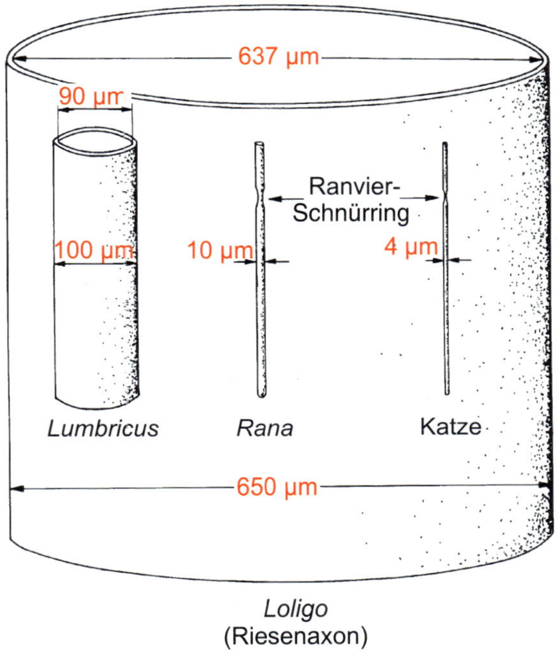

Abb. 13.14 Maßstabgerechte Wiedergabe von vier Nervenfasern aus dem Tierreich mit gleicher Leitungsgeschwindigkeit der Erregung (25 m s^{-1} bei 20 °C bzw. im Fall der Katze bei 37 °C). Man erkennt die gewaltige Materialeinsparung, die bei gleichbleibender Leistung möglich wird: erstens durch die Ausbildung einer Myelinscheide (*Loligo – Lumbricus*), zweitens beim Übergang von der kontinuierlichen zur saltatorischen Erregungsleitung (*Lumbricus – Rana*) und drittens beim Übergang von der Poikilothermie zur Homoiothermie (*Rana* – Katze). (Nach Muralt A (1958) Neuere Ergebnisse der Nervenphysiologie. Springer, Berlin.)

ratur und der **Grad der Myelinisierung** (Verhältnis des Axondurchmesser zum äußeren Durchmesser der Faser) für die Leitungsgeschwindigkeit von Bedeutung (Abb. 13.14). Bei Kaltblütern sind die Geschwindigkeiten stets niedriger als bei Warmblütern. Die höchsten Werte hat man in den langen Rückenmarksbahnen der Säuger gemessen (120 m s^{-1}), wo die Internodienlänge mehrere Millimeter betragen kann.

Nach dem Faserdurchmesser und der damit zusammenhängenden Leitungsgeschwindigkeit sowie nach weiteren Merkmalen hat man die Nervenfasern der Wirbeltiere in Klassen eingeteilt. Man unterscheidet **A-** (mit den Unterklassen α, β, γ, δ), **B-** und **C-Fasern**. Die A-Fasern sind diejenigen mit dem größten und die C-Fasern diejenigen mit dem kleinsten Durchmesser. Die A- und B-Fasern sind markhaltig, die C-Fasern marklos (Tab. 13.7).

13.4 Erregungsübertragung: chemische Synapsen

Die Neurone stehen im Nervensystem in mannigfacher und komplexer Weise miteinander in Kontakt. Diese Kontaktstellen nennt man seit Sherrington* (1897) **Synapsen**[305] (Abb. 13.15). Man unterscheidet prinzipiell zwischen elektrischen Synapsen (▶ Abschn. 13.5) und chemischen Synapsen, bei denen die Erregungsübertragung mithilfe von Überträgersubstanzen (**Neurotransmittern**[306]) erfolgt. Chemische Synapsen sind in der Regel polarisiert, das heißt, die Erregungsübertragung erfolgt nur einsinnig von der prä- auf die postsynaptische Faser, nicht umgekehrt. Man spricht daher auch von der **Ventilfunktion** der Synapse. Zwischen der prä- und der postsynaptischen Zelle bzw. zwischen prä- und postsynaptischer Membran bleibt ein **synaptischer Spalt** frei, den der Transmitter überwinden muss. Dieser ist mit 20–30 nm wesentlich breiter als bei den elektrischen Synapsen (s. u.). Je nachdem, ob sich die Synapsen am Dendriten, Soma oder Axon befinden, spricht man von **axodendritischen**, **axosomatischen** oder **axoaxonalen Synapsen**. Die Synapse zwischen einem Motoneuron und der Muskelzelle wird als **neuromuskuläre Synapse** bezeichnet.

Der Transmitter liegt in besonderen präsynaptischen Vesikeln vor (Durchmesser ca. 50 nm). Diese sind nur in der prä-, nicht aber in der postsynaptischen Zelle anzutreffen (Abb. 13.15). Die Freisetzung der Transmitter aus den Vesikeln erfolgt an speziellen **aktiven Zonen** der präsynaptischen

305 *syn-* (griech.) = zusammen; *apsis* (griech.) = Verknüpfung
306 *trans-* (lat.) = über-, hin-; *mittere* (lat.) = senden, schicken

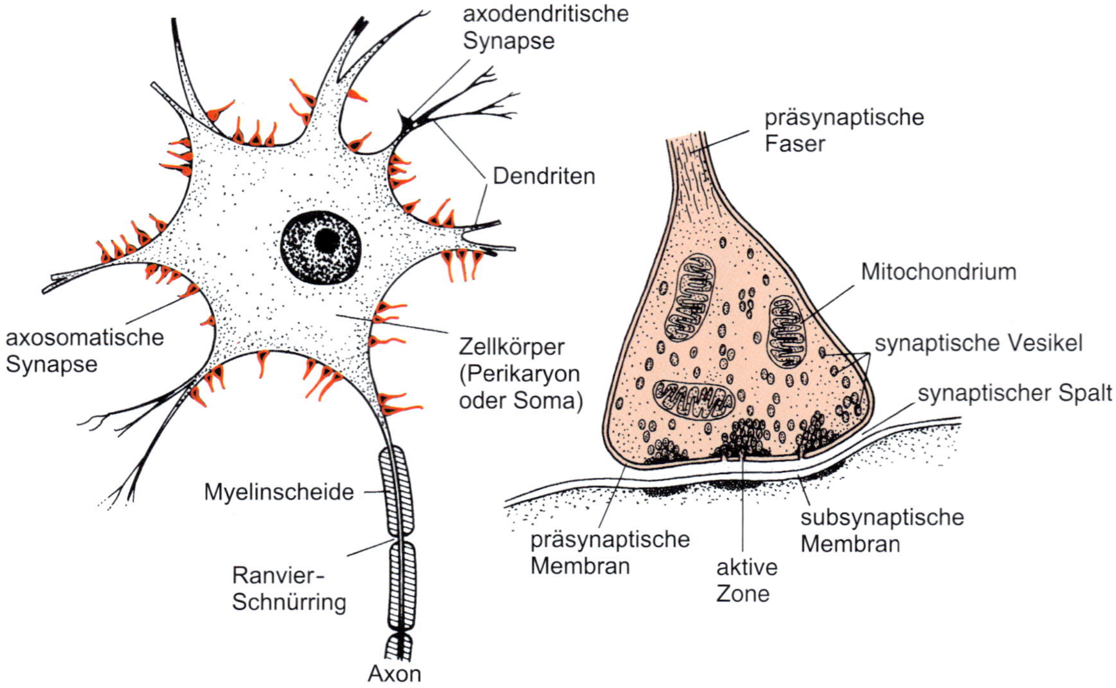

Abb. 13.15 Schematische Darstellung eines Wirbeltiermotoneurons mit zahlreichen synaptischen Endknöpfchen sowie eines einzelnen Endknöpfchens.

Membran, die durch Auflagerung elektronendichten Materials gekennzeichnet sind (Abb. 13.15). Bei Erregung wird der Transmitter durch Exocytose aus den Vesikeln in den Synapsenspalt entlassen, um anschließend an der gegenüberliegenden postsynaptischen (subsynaptischen) Membran von spezifischen Rezeptormolekülen gebunden zu werden. Die Bindung des Liganden an den Rezeptor führt anschließend in der postsynaptischen Zelle zu Veränderungen des Membranpotenzials. Ein Transmitter muss folgende Kriterien erfüllen:

- Er wird vom Neuron synthetisiert.
- Eine Erregung des Neurons führt zu seiner Freisetzung.
- Seine biologischen Effekte nach Freisetzung aus dem Neuron sind die gleichen wie nach seiner äußeren Applikation.
- Es existieren Mechanismen für seine Beseitigung: Wiederaufnahme ins Neuron und/oder enzymatischer Abbau.

Das traditionelle Bild einer chemischen Synapse mit einem spezifischen Transmitter und dem dazugehörigen postsynaptischen Rezeptor muss heute in mehrfacher Hinsicht korrigiert werden. Es hat sich gezeigt, dass für viele Transmitter nicht nur ein, sondern zwei oder mehr **verschiedene Rezeptortypen** existieren. Die Rezeptoren sind in ihrer Verbreitung nicht auf die postsynaptischen Membranen beschränkt, sondern können auch präsynaptisch auftreten (Feedbacksteuerung; sog. **Autorezeptoren**). Und in vielen Fällen liegt präsynaptisch nicht nur ein Transmitter vor, sondern mehrere verschiedene gleichzeitig. Sie können in denselben Vesikeln gespeichert sein (**Cospeicherung**[307]), können aber auch auf verschiedene Vesikel verteilt sein (**Coexistenz**). Im ersteren Fall erfolgt natürlich auch immer eine gleichzeitige Freisetzung der verschiedenen Mediatoren (**Cotransmission**). Häufig coexistiert ein »klassischer« niedermolekularer Transmitter (ACh, GABA, biogenes Amin) mit einem, zwei oder noch mehr Neuropeptiden in verschiedenen Vesikeln (Tab. 13.8). In vielen Fällen erfolgt dann die Freisetzung abhängig von der Entladungsfrequenz des Neurons: Bei niedriger Aktivität wird nur der klassische Transmitter freigesetzt, bei hoher Aktivität zusätzlich das Peptid. Damit ändern sich die chemischen Signaleigenschaften des Neurons abhängig von seiner Erregungsstärke.

Wir müssen die chemische Synapse als ein **komplexes System** auffassen, in dem eine Vielzahl von Prozessen aufeinander abgestimmt abläuft, die in vielfältiger Weise modifiziert oder moduliert werden können (**Synapsenmodulation**; ▶ Abschn. 13.4.4). Synapsen können zeitweilig oder auch dauerhaft ihre Eigenschaften ändern, sie zeigen **Plastizität**, was zum Beispiel im Zusammenhang mit Lernvorgängen wichtig ist. Sie sind es auch, an denen die Psychopharmaka und andere Drogen ihre Wirkung entfalten.

Die chemische Erregungsübertragung an den Synapsen besteht aus einer Kaskade von einzelnen Schritten, die Zeit benötigen (Abb. 13.16). Deshalb ist die synaptische **Übertragungszeit**, das heißt die Zeitspanne zwischen Eintreffen der Aktionspotenziale an der Präsynapse und der Entstehung einer fortgeleiteten Erregung im postsynaptischen Neuron, nicht unbeträchtlich. Die **synaptische Verzögerung** beträgt zum Beispiel im vegetativen Nervensystem der Wirbeltiere 2–10 ms. In zentralen Synapsen und in den motorischen Endplatten ist sie mit 0,3–0,8 ms kürzer.

[307] *costorage* (engl.) = gemeinsame Speicherung

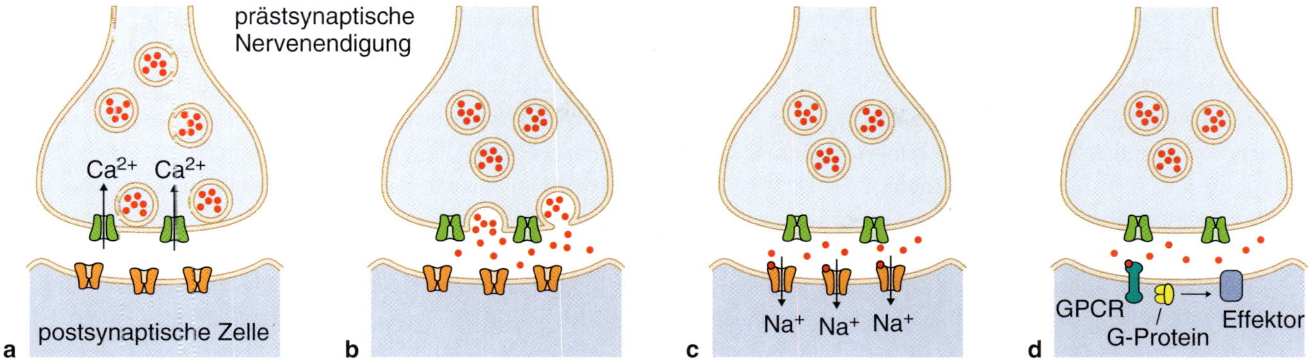

Abb. 13.16 Wirkungsweise einer chemischen Synapse im Überblick. **a** Ein präsynaptisches Aktionspotenzial führt zur Depolarisation der präsynaptischen Endigung und damit zum Öffnen spannungssensitiver Ca^{2+}-Kanäle. **b** Der Ca^{2+}-Einstrom führt zur Fusionierung synaptischer Versikel mit der präsynaptischen Membran und damit zur Freisetzung des Transmitters in den synaptischen Spalt. **c** Die Bindung des Transmitters an ionotrope Rezeptoren führt direkt zum Öffnen von Ionenkanälen und in Folge zu einer Depolarisation, wie es hier der Fall ist, oder zu einer Hyperpolarisation. **d** Bindung des Transmitters an metabotrope Rezeptoren führt zu einer Second-Messenger-Kaskade und Modulation von Ionenkanälen. GPCR = G-Protein-gekoppelter Rezeptor. (Hill RW, Wyse GA, Anderson M (2008) Animal physiology, 2. Aufl. Sinauer, Sunderland, MA, Abb. 12.5, S. 307.)

Tab. 13.8 Beispiele von Coexistenz zweier (in einem Falle dreier) neuroaktiver Substanzen, eines niedermolekularen Transmitters und eines Neuropeptids oder zweier niedermolekularer Transmitter in Synapsen des Zentralnervensystems von Wirbeltieren.

niedermolekularer Neurotransmitter	Cotransmitter	Gehirnregion	Tierart
Dopamin	Cholecystokinin	ventrales Mesencephalon	Ratte, Maus, Katze, Affe
Noradrenalin	Vasopressin	Locus coeruleus	Ratte
Adrenalin	Neuropeptid Y	Medulla oblongata	Ratte
Serotonin	Substanz P + TRH	Medulla oblongata	Ratte
Acetylcholin	vasoaktives intestinales Peptid	Cortex (Großhirnrinde)	Ratte
Glycin	Neurotensin	Retina (Netzhaut)	Schildkröte
GABA	Enkephalin	Retina (Netzhaut)	Hühnchen
GABA	Serotonin	Nucleus raphe dorsalis	Ratte
GABA	Dopamin	Bulbus olfactorius	Ratte
GABA	Glycin	Cerebellum (Kleinhirn)	Ratte

13.4.1 Transmitterfreisetzung

Beim Eintreffen eines Aktionspotenzials an einer chemischen Synapse und der damit verbundenen präsynaptischen Membrandepolarisation kommt es zur Öffnung **spannungssensitiver Ca^{2+}-Kanäle** vom **N-Typ**[308]. Dieser Kanaltyp gehört zur Klasse der hochschwelligen (*high voltage activated*, HVA) Ca^{2+}-Kanäle, da er sich erst bei einer relativ hohen Depolarisation (auf etwa −20 mV) öffnet. Ihm stehen die niederschwelligen (*low voltage activated*, LVA) Ca^{2+}-Kanäle gegenüber, die bereits bei einer Depolarisation auf −50 mV aktiviert werden. Die **HVA-Kanäle** inaktivieren viel langsamer als die LVA-Kanäle, wobei die Aktivierung stark von der intrazellulären Ca^{2+}-Konzentration abhängt. Inzwischen können aufgrund ihrer pharmakologischen Eigenschaften verschiedene N-ähnliche HVA-Kanäle unterschieden werden. Die »echten« N-Typ-Kanäle werden hochsensitiv durch ein Toxin aus der Kegelschnecke *Conus geographus* (ω-Conotoxin GVIA) (► Abschn. 28.6.2) blockiert. Die Kanäle vom **P/Q-Typ**[309] reagieren dagegen hoch sensitiv auf ein Toxin der Spinne *Agelenopsis aperta*, das ω-Agatoxin IVA. Die Kanäle vom **R-Typ** sind schließlich gegenüber diesen beiden Toxinen resistent. Funktionell sind die verschiedenen Kanäle sehr ähnlich: Alle zeigen eine gewisse spannungsabhängige Inaktivierung und alle werden über G-Protein-gekoppelte Rezeptoren gehemmt.

Durch den **Ca^{2+}-Influx** und die damit auftretende Erhöhung der intrazellulären Ca^{2+}-Konzentration werden Anlagerung,

[308] N steht für neuronal (nach R. W. Tsien)

[309] P steht für Purkinje-Zelle

Fusion und Exocytose der synaptischen Vesikel und damit die Transmitterfreisetzung geregelt. Ca^{2+}-Ionen haben hierbei eine doppelte Funktion:

- Vesikel außerhalb der aktiven Zone sind nicht frei beweglich, sondern über **Synapsin** am Aktincytoskelett verankert. Die erhöhte Ca^{2+}-Konzentration in der Zelle aktiviert die **Ca^{2+}-Calmodulin-abhängige Kinase**, welche ihrerseits Synapsin phosphoryliert. Hierdurch lösen sich die Vesikel vom Cytoskelett und können sich in Richtung auf die aktive Zone zu bewegen. Dabei sind ihnen kleine GTP-bindende Proteine (monomere G-Proteine) der **Rab-Familie** behilflich.
- Vesikel, die bereits an der aktiven Zone angedockt liegen, werden durch einströmendes Ca^{2+} veranlasst, mit der präsynaptischen Membran zu fusionieren und ihren Transmitter in den synaptischen Spalt zu entlassen. Die **Fusion** der Vesikel mit der präsynaptischen Plasmamembran wird durch ein komplexes Zusammenspiel verschiedener Fusionsproteine vermittelt, dessen genauer Mechanismus nach wie vor nicht in allen Einzelheiten verstanden ist (▶ Box 13.2). Nach der Freisetzung des Transmitters werden die Vesikel über Endocytose zurückgewonnen oder schnüren sich bei unvollständiger Öffnung direkt wieder nach innen ab (sogenannter *kiss-and-run*-Mechanismus), sodass es durch dieses Recycling nicht zu einer übermäßigen Vergrößerung der präsynaptischen Membran kommt.

Box 13.2 Die Fusion synaptischer Vesikel

Eine komplexe und im Tierreich weitgehend konservierte Maschinerie an interagierenden Proteinen sorgt für das Andocken synaptischer Vesikel und ihre anschließende Fusion mit der präsynaptischen Membran zur Freisetzung von Transmitter. Diese Fusionsproteine werden kollektiv als **SNARE-Komplex** (SNARE für *soluble N-ethylmaleimide-sensitive factor attachment receptors*) bezeichnet und in vesikelassoziierte v-SNAREs (**Synaptobrevin**) und die zellmembranassoziierten t-SNAREs (**Syntaxin**, **SNAP-25**) unterteilt. Diese drei Proteine lagern sich ähnlich wie ein Reißverschluss aneinander (◘ Abb. 13.17) und bringen damit den Vesikel in engen Kontakt mit der Zellmembran (Andockphase). Hierfür ist als zusätzlicher molekularer Partner, das Protein Munc-18 erfoderlich, welches an Syntaxin gebunden ist und in einer Klammer die SNARE-Proteine zusammenhält. Da die Fusion der Vesikel nach Einlaufen eines Aktionspotenzials in Bruchteilen von Millisekunden erfolgt, wird angenommen, dass der Andockvorgang bereits vor dem Einstrom von Ca^{2+}-Ionen abgeschlossen ist. Als Ca^{2+}-Sensor fungiert ein weiteres vesikelassoziiertes Protein, das **Synaptotagmin**. Die Bindung von Ca^{2+}-Ionen an Synaptotagmin wirkt offenbar wie ein Schalter, wodurch Synaptotagmin mit den SNARE-Proteinen und der Phospholipidschicht der Zellmembran interagiert. Wie dies genau zur Vesikelfusion führt, ist nach wie vor unklar.

Mehrere bakterielle Toxine interferieren mit dem Fusionsprozess. Das von dem Bakterium *Clostridium tetani* abgegebene **Tetanustoxin** spaltet das Synaptobrevin und blockiert damit die Transmitterfreisetzung an inhibitorischen Synapsen des Rückenmarks. Eine Überaktivität der Motoneurone ist die Folge, die zu Krämpfen führt. **Botulinumtoxine** aus *Clostridium botulinum* werden dagegen bevorzugt von Motoneuronen aufgenommen und hemmen die synaptische Übertragung durch Spaltung von Synaptobrevin (Typ B,D,F und G), Syntaxin (Typ C) oder SNAP-25 (Typ A und E), was Lähmungen zur Folge hat. Beide Toxine sind äußerst potent und Vergiftungen enden daher oft tödlich. In niedrigen Konzentrationen wird Botox auch als Mittel gegen Falten eingesetzt, da es die Gesichtsmuskulatur durch Zerstörung der synaptischen Übertragung lähmt.

In der subsynaptischen Membran befinden sich spezifische **Rezeptormoleküle** (▶ Abschn. 12.2), die den Transmitter zu binden vermögen. Werden die Rezeptoren mit ihren Liganden besetzt, ändert sich direkt oder indirekt die Leitfähigkeit der Membran für bestimmte Ionen durch Öffnen von Kanälen. Die Leitfähigkeitsänderung in der subsynaptischen Membran kann zu einer **Depolarisation** des Ruhepotenzials führen. Die Depolarisation ist – wie das Rezeptorpotenzial (▶ Abschn. 15.1.2) – eine lokale Antwort, die sich nur elektrotonisch ausbreitet. Man bezeichnet sie als **exzitatorisches postsynaptisches Potenzial** (abgekürzt: EPSP). Die Leitfähigkeitsänderung kann in anderen Fällen auch zu einer **Hyperpolarisation** führen. Dadurch wird die Bildung von Aktionspotenzialen in der betreffenden Nervenzelle erschwert oder ganz verhindert, da das Membranpotenzial vom Schwellenwert der Spikeerzeugung weggeführt wird. Man spricht dann von einem **inhibitorischen postsynaptischen Potenzial** (IPSP).

An geeigneten zentralen wie peripheren Synapsen konnte gezeigt werden, dass bereits an der unerregten Synapse in zufälliger Folge spontan **Miniatur-Depolarisationen** an der postsynaptischen Membran auftreten (◘ Abb. 13.18). Sie weisen eine einheitliche, geringe Größe auf, bzw. ihre Amplitude stellt ein ganzzahliges Vielfaches dieses kleinsten Wertes (in der Regel <1 mV) dar. Auch die EPSP-Amplitude ändert sich nur schrittweise in kleinsten Stufen, die den Miniatur-Depolarisationen entsprechen. Diese Erscheinung des Aufbaus der Depolarisation aus einem ganzzahligen Vielfachen eines kleinsten Wertes ist darauf zurückzuführen, dass auch die Transmitterfreisetzung nur in kleinen Portionen, in **Quanten**, vor sich geht. Die Quanten enthalten etwa 10^3–10^4 Transmittermoleküle, werden aber stets nach dem Alles-oder-Nichts-Prinzip freigesetzt. Etwa 10^3 Transmittermoleküle müssen simultan mit den subsynaptischen Rezeptormolekülen reagieren, um die Miniatur-Depolarisation hervorzubringen. Die Anzahl der bei Freisetzung eines Transmitterpakets geöffneten Kanäle (◘ Tab. 13.9) ist sehr unterschiedlich. Sie hängt insbesondere von der Rezeptoraffinität und -dichte ab.

Die Vorgänge der Freisetzung, Diffusion und Einwirkung des Transmitters benötigen Zeit. Die Zeitspanne zwischen dem Eintreffen der präsynaptischen Impulse bis zum Auftreten der

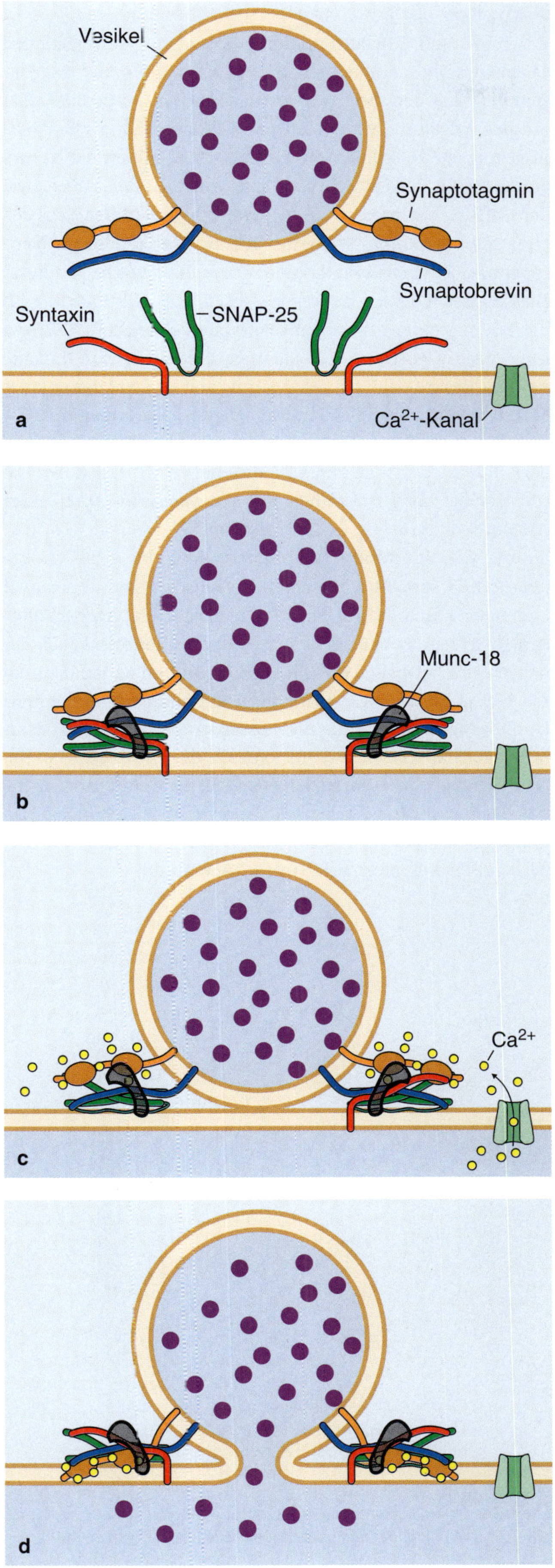

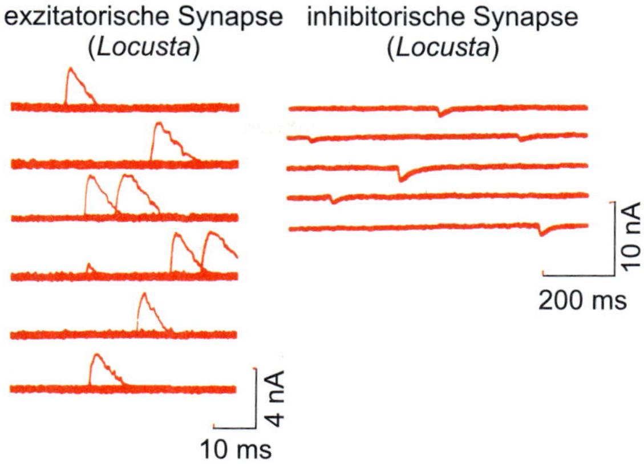

Abb. 13.18 Exzitatorische Miniaturströme (links) (*miniature excitatory junctional currents*) und inhibitorische Miniaturströme (rechts) (*miniature inhibitory junctional currents*) in einer Muskelfaser der Heuschrecke *Locusta*. Links: unter normalen Bedingungen, Klemmspannung bei –10 mV. Rechts: nach mehrstündigem Aufenthalt der Faser in 10^{-3} mol l^{-1} Glutamat, um die exzitatorischen Synapsen vollständig zu desensibilisieren; Klemmspannung 0 mV, was etwa dem Gleichgewichtspotenzial für den exzitatorischen Transmitter (Glutamat) entspricht. Man erkennt, dass die Amplitude inhibitorischer Quanteneffekte wesentlich kleiner ist als die der exzitatorischen. (Aus Cull-Candy SG (1983) Glutamate- and GABA-receptor channels at the locust nerve-muscle junction: noise analysis and single channel recording. Cold Spring Harb Symp Quant Biol 48, Pt1, 269–278.)

postsynaptischen Erregung wird als **synaptische Verzögerung** (s. o.) bezeichnet.

Damit die Synapse funktionstüchtig bleibt, muss nach der Freisetzung und dem Wirksamwerden des Transmitters auch für dessen schnelle Beseitigung gesorgt werden. Dafür stehen drei Mechanismen zur Verfügung:

- Ein **enzymatischer Abbau** des freigesetzten Transmitters, wie er zum Beispiel an der cholinergen Synapse durch das hochaktive Enzym Acetylcholinesterase vollzogen wird.
- Die **Wiederaufnahme** des ausgeschütteten Transmitters (*reuptake*) in das präsynaptische Endknöpfchen, wie es zum Beispiel für die GABAerge Synapse zutrifft (Abb. 13.29).
- Die **Diffusion** aus dem Bereich der Synapse und Abtransport mit dem Blut.

Abb. 13.17 Modell der durch Ca^{2+}-Einstrom ausgelösten Vesikelfusion. Die SNARE-Proteine Synaptobrevin, Syntaxin und SNAP-25 bilden zusammen mit dem Klammerprotein Munc-18 einen Komplex, der zum Andocken des Vesikels an die Zellmembran führt (**a**, **b**). Einströmendens Ca^{2+} bindet an Synaptotagmin (**c**), welches nun mit der Zellmembran und den SNARE-Proteinen interagiert und hierdurch die Membranpore zur Transmitterfreisetzung öffnet (**d**). (Nach Purves D, Augustine GJ, Fitzpatrick D, Hall WC, LaMantia A-S, McNamara JO, White LE (2008) Neuroscience, 4. Aufl. Sinauer, Sunderland, MA, Abb. 5.14, S. 104.)

13.4.2 Postsynaptische Rezeptoren, Kanäle und Potenziale

Die subsynaptische Membran ist gegenüber dem Überträgerstoff (Transmitter) selektiv empfindlich, weil nur sie entsprechende **Rezeptormoleküle** aufweist. Sie ist dagegen nicht oder kaum elektrisch erregbar. Wie bereits betont, führt die Bindung des Transmitters an den Rezeptor zu charakteristischen **Änderungen der Leitfähigkeit** in der Membran, was in der Regel eine lokale Depolarisation (EPSP) oder Hyperpolarisation (IPSP) zur Folge hat.

Wir können zwei **Hauptgruppen von Rezeptoren** unterscheiden (Abb. 13.19):

Rezeptoren, die unmittelbar Ionenkanäle steuern

Rezeptor- und Effektorfunktion werden von verschiedenen Domänen desselben Moleküls übernommen (**ionotrope**[310] **Rezeptoren** = ligandengesteuerte Ionenkanäle). Diese Rezeptoren lassen sich zwei genetischen Familien zuordnen. Zur ersten Familie gehören der nicotinische Acetylcholinrezeptor (nACh-Rezeptor) sowie ionotrope Rezeptoren für γ-Aminobuttersäure ($GABA_A$-Rezeptor), Glycin und Serotonin, zur zweiten Familie gehören drei Typen von Glutamatrezeptoren, nämlich die NMDA-(N-Methyl-D-Aspartat-)Rezeptoren auf der einen, AMPA- und Kainatrezeptoren auf der anderen Seite. Da der Ionenkanal ein integraler Bestandteil des Rezeptors ist, arbeiten ionotrope Rezeptoren im Millisekundenbereich und sind damit schneller als metabotrope Rezeptoren (s. u.).

[310] *tropos* (griech.) = Richtung

Rezeptoren, die den Ionenkanal indirekt steuern

Rezeptor- und Effektorfunktion werden von verschiedenen Molekülen übernommen (**metabotrope Rezeptoren**). Die Rezeptoren sind über heterotrimere G-Proteine (▸ Abschn. 12.2.1) mit den Effektoren verbunden und werden daher als G-Protein-gekoppelte Rezeptoren bezeichnet. Dazu zählen die α- und β-adrenergen Rezeptoren, der muscarinische ACh-Rezeptor, der $GABA_B$-Rezeptor, sowie metabotrope Rezeptoren für Glutamat und Serotonin. Weiterhin gehören Rezeptoren für Neuropeptide, Geruchsrezeptoren und das Rhodopsin zu dieser Klasse. Der Effektor ist im typischen Fall ein Enzym, das die Bildung eines diffusiblen sekundären Botenstoffs (Second Messenger, ▸ Abschn. 12.2.2) katalysiert, der über eine Kaskade weiterer Reaktionen (z. B. Aktivierung von Proteinkinasen oder Mobilisierung intrazellulärer Ca^{2+}-Depots) die Ionendurchlässigkeit der subsynaptischen Membran verändert. Als sekundäre Botenstoffe (▸ Abschn. 12.2.2) treten cAMP, Inositol-1,4,5-trisphosphat (IP_3) zusammen mit Diacyglycerin (DAG) oder Arachidonsäure auf.

Das über **ionotrope Rezeptoren** vermittelte EPSP, die Depolarisation, kommt durch einen Nettoeinwärtsstrom positiver Ladungen zustande. Im Fall des nicotinischen Acetylcholin-(nACh-)rezeptors handelt es sich um einen Kationenkanal, der nahezu gleichermaßen durchlässig für Na^+ und K^+ ist. In anderen Fällen (an anderen exzitatorischen Synapsen) können das Durchlässigkeitsverhältnis und damit natürlich auch das Umkehrpotenzial (Gleichgewichtspotenzial des EPSP) anders sein. Das **Gleichgewichtspotenzial des EPSP** ist daher ein Mischpotenzial aus den Gleichgewichtspotenzialen der beteiligten Ionensorten und liegt in der Regel zwischen −30 und +30 mV, beim nACh-Rezeptor nahe 0 mV (Abb. 13.20).

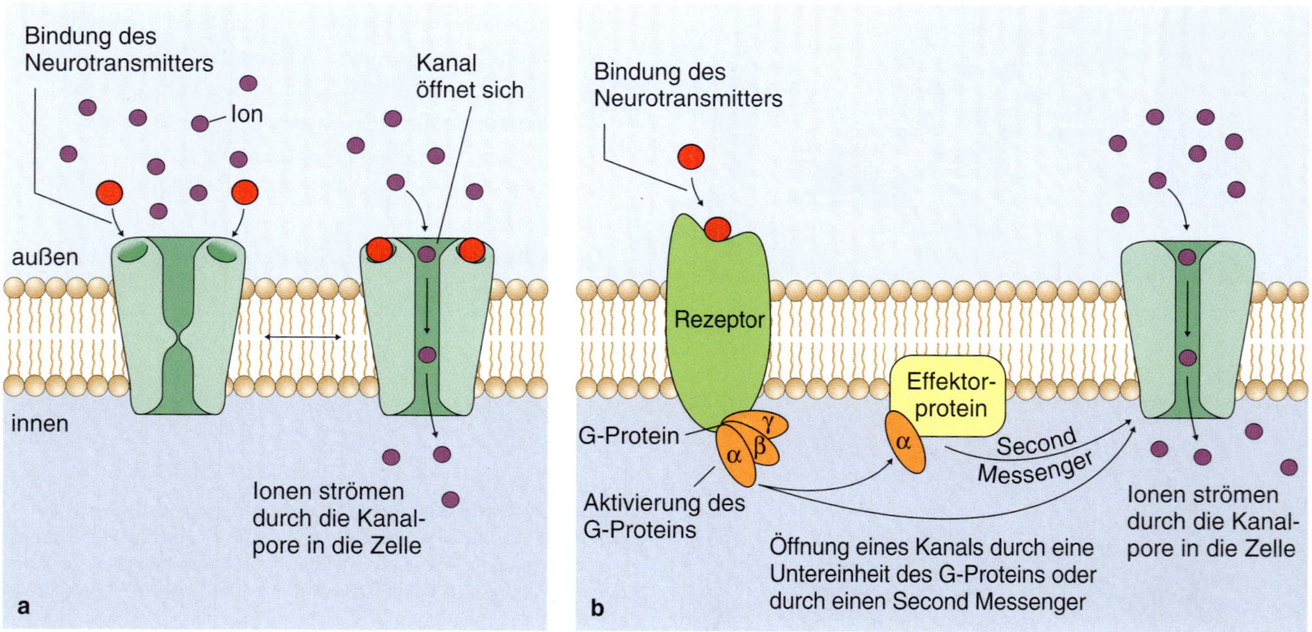

Abb. 13.19 Transmitterrezeptoren. **a** Ionotrope Rezeptoren (ligandengesteuerte Ionenkanäle) kombinieren Rezeptor und Ionenkanal in einem Proteinkomplex. **b** Metabotrope Rezeptoren aktivieren heterotrimere G-Proteine, die Ionenkanäle direkt oder indirekt durch Aktivierung cytoplasmatischer Signalkaskaden beeinflussen können.

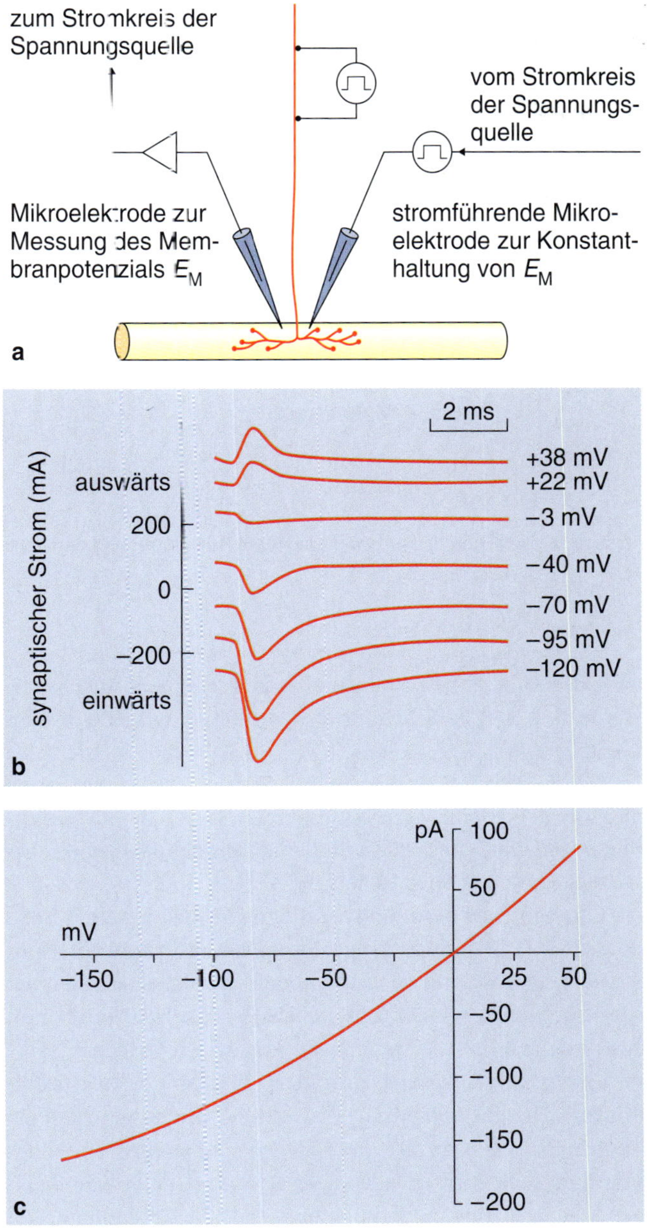

Das IPSP ist auf eine Steigerung der Permeabilität für K^+ (z. B. ACh-Wirkung am Herzen) und (oder) Cl^- (z. B. Glycin an spinalen Motoneuronen, GABA an Zellen des Deiters-Kerns) zurückzuführen (Abb. 13.21). Durch die selektive Permeabilitätssteigerung kommt ein Nettoauswärtsstrom positiver Ladungen zustande. Das Membranpotenzial nähert sich dem K^+- bzw. Cl^--Gleichgewichtspotenzial. Da diese gewöhnlich etwas negativer sind als das postsynaptische Ruhepotenzial, erfolgt eine Steigerung des Potenzials (Hyperpolarisation). Ist das Ruhepotenzial allerdings durch experimentelle Eingriffe oder auch unter normalen Bedingungen negativer als das **Gleichgewichtspotenzial des IPSP**, dann kommt es unter dem inhibitorischen Einfluss nicht mehr zu einer Hyper-, sondern zu einer geringen Depolarisation, die aber stets unter der Schwelle zur Auslösung von Aktionspotenzialen bleibt (Abb. 13.22). Fallen Ruhe- und Gleichgewichtspotenzial des IPSP zusammen, so führt die Erregung der inhibitorischen Synapsen nicht zu einer Potenzialänderung, sie reduziert aber ein gleichzeitig auftretendes EPSP in seiner Amplitude, das heißt schließt es kurz. Im Unterschied zum EPSP bleibt die Na^+-Permeabilität unter der inhibitorischen Synapse unverändert.

Die Interaktion des Transmitters mit dem Rezeptor besteht aus zwei Teilschritten: der Bindung des Transmitters (Ligand) und der dadurch induzierten Konformationsände-

Abb. 13.20 Voltage-Clamp-Ableitung zur Bestimmung des Umkehrpotenzials des synaptischen Stroms an der Nerv-Skelettmuskel-Synapse (motorischen Endplatte). **a** Schema der Spannungsklemme. **b** Ableitung synaptischer Ströme bei Membranpotenzialen von −120 bis +38 mV. Membranpotenziale negativer als 0 mV führen zu einem Nettoeinwärtsstrom positiver Ionen, Membranpotenziale positiver als 0 mV zu einem Nettoauswärtsstrom. **c** Die Strom-Spannungs-Kennlinie ist nahezu linear mit einem Umkehrpotenzial nahe 0 mV. (Nach Magleby KL, Stevens, CF (1972) The effect of voltage on the time course of end-plate currents. J Physiol 223,151–171.)

Tab. 13.9 Charakteristika einiger transmittergesteuerter Kanäle.

Synapse	Transmitter	aktive Kanäle pro Transmitterpaket	Wirkung	Leitfähigkeit (pS)	Öffnungszeit (ms)
Endplatte (Mensch)	ACh	1500	exzitat.	22	1,5
parasympathisches Ganglion (Ratte)	ACh	<100	exzitat.	31	7–35
neuromuskuläre Synapse (*Locusta*)	Glutamat	250	exzitat.	120–150	2,5
neuromuskuläre Synapse (*Locusta*)	GABA	600–1000	inhibit.	22	4,0
neuromuskuläre Synapse (Flusskrebs)	GABA	750	inhibit.	9	5,0
Hirnstamm (Neunauge)	Glycin	1500	inhibit.	73	34,0

Cull-Candy SG (1984) Inhibitory synaptic currents in voltage clamped locust muscle fibres desensitized to their excitatory transmitter. Proc R Soc Lond B Biol Sci 221, 375–383.

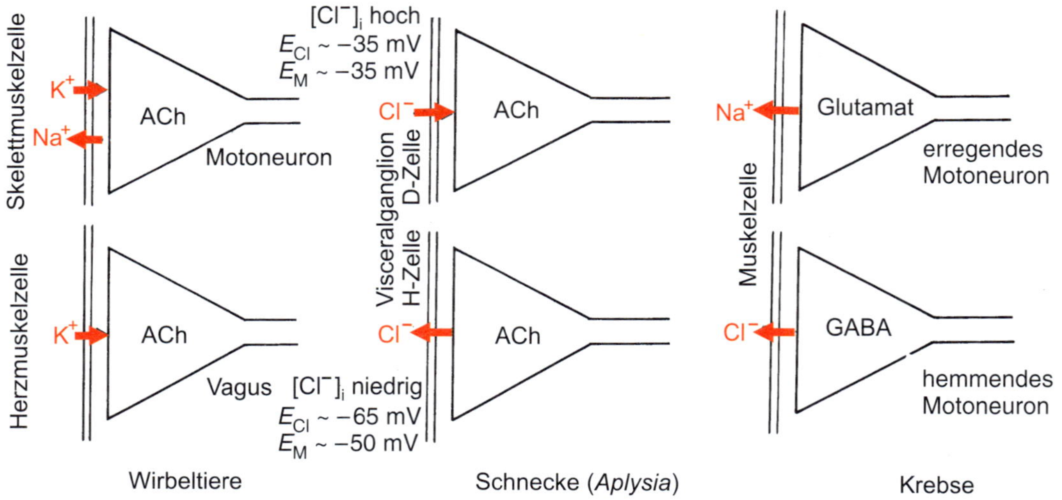

Abb. 13.21 Beispiele exzitatorischer (oben) und inhibitorischer (unten) Synapsen aus dem Tierreich mit eingetragenem Transmitter und den von ihm verursachten Ionenströmen an der subsynaptischen Membran.

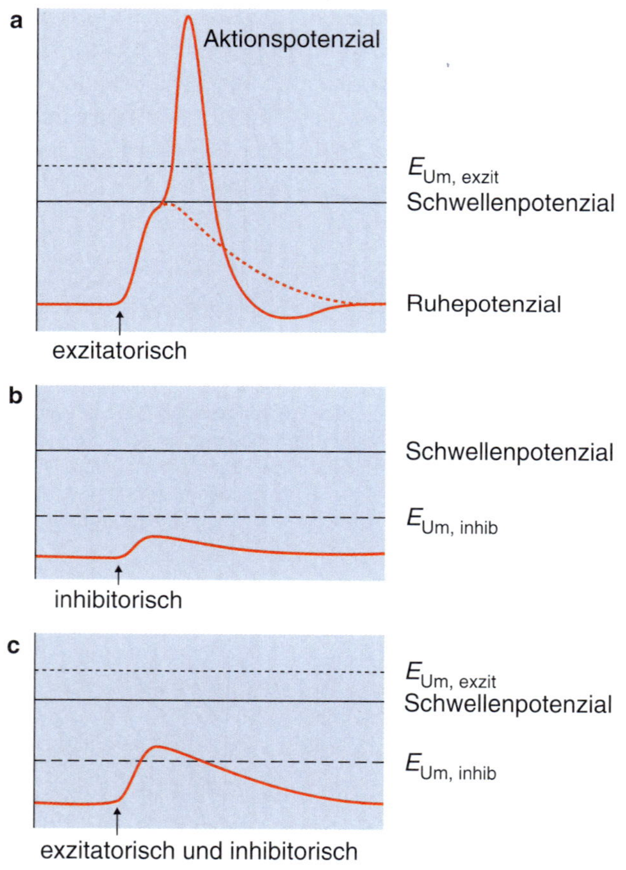

Abb. 13.22 Interaktion zwischen inhibitorischer und exzitatorischer Synapse. **a** Ein EPSP führt zu einem Aktionspotenzial, wenn es das Schwellenpotenzial übersteigt. **b** Ein depolarisierendes postsynaptisches Potenzial ist inhibitorisch, wenn sein Umkehrpotenzial negativer ist als das Schwellenpotenzial zur Auslösung von Aktionspotenzialen. **c** Gleichzeitige Aktivierung der Synapsen in **a** und **b** führt zur Reduktion des EPSPs und verhindert das Auslösen eines Aktionspotenzials. $E_{Um, exzit}$ = exzitatorisches Umkehrpotenzial; $E_{Um, inhib}$ = inhibitorisches Umkehrpotenzial. (Nach Eckert R, Randall D, Augustine G (1988) Animal physiology, 3. Aufl. Freeman, New York, Abb. 6–25, S. 155.)

rung des Kanalproteins, wodurch sich der Kanal öffnet (Aktivierung). Der erste Schritt erfolgt wesentlich schneller als der zweite.

Mit der **Patch-Clamp-Technik**[311] (▸ Box 1.3) kann der Strom durch einzelne Kanäle gemessen werden, sodass ihre **Öffnungsdauer** (*life-time*) registriert und die **Leitfähigkeitswerte** berechnet werden können (Tab. 13.9).

Ob es an einer bestimmten Zelle zur Ausbildung eines EPSP oder eines IPSP kommt, hängt sowohl von der Transmittersubstanz ab, als auch von den Rezeptoren und Signalkaskaden der subsynaptischen Membran der Zielzelle. Ein Neuron setzt an allen präsynaptischen Endigungen jeweils den gleichen Transmitter bzw. den gleichen Transmitter/Cotransmitter frei (**Dale*-Prinzip**). Die postsynaptische Antwort auf den ausgeschütteten Transmitter kann an den verschiedenen Zielzellen allerdings sehr unterschiedlich ausfallen. Derselbe Transmitter kann in einem Fall exzitatorisch und in einem anderen Fall inhibitorisch wirken. Acetylcholin ist zum Beispiel bei den Wirbeltieren in den motorischen Endplatten ein exzitatorischer und in den Synapsen zwischen dem N. vagus und den Herzmuskelfasern ein inhibitorischer Überträgerstoff (Abb. 13.21). Im ZNS der Meeresschnecke *Aplysia* gibt es Zellen, die auf Acetylcholin mit einer Hyperpolarisation (sog. **H-Zellen**), aber auch solche, die mit einer Depolarisation reagieren (sog. **D-Zellen**). Das ACh bewirkt in beiden Fällen eine Erhöhung der Cl^--Permeabilität. Die entgegengesetzten Effekte sind auf unterschiedliche Cl^--Konzentrationen in den D- und H-Zellen zurückzuführen (Abb. 13.21). Das Noradrenalin wirkt am Wirbeltierherzen exzitatorisch und an Synapsen im Gehirn desselben Tieres inhibitorisch.

[311] *patch* (engl.) = Fleck; *clamp* (engl.) = Klammer, Klemmschraube

13.4.3 Örtliche und zeitliche Summation (synaptische Integration)

Postsynaptische Potenziale sind lokale, graduierte Antworten, die sich nur elektrotonisch (d. h. mit abnehmender Amplitude bzw. mit **Dekrement**) entlang der Nervenzellmembran ausbreiten. Bei den meisten Synapsen mit chemischer Erregungsübertragung reicht ein einziger präsynaptischer Impuls bei Weitem nicht aus, in der postsynaptischen Zelle ebenfalls ein Aktionspotenzial auszulösen, da seine Wirkung viel zu schwach ist. Es müssen mehrere Impulse entweder gleichzeitig an verschiedenen Endknöpfen (**örtliche Summation**) oder kurzfristig nacheinander an demselben Endknopf (**zeitliche Summation**) dasselbe Neuron erreichen. Ihre Einzelwirkungen summieren sich dann zu einem Gesamt-EPSP (Abb. 13.23). Wirken gleichzeitig inhibitorische Einflüsse auf die Nervenzelle, so gehen auch sie – allerdings mit negativem Vorzeichen – in die Summe ein (Abb. 13.22). Dabei handelt es sich keinesfalls um einfache arithmetische Summationen der postsynaptischen Potenziale. Die Interaktion der simultan oder sukzessiv an derselben Zelle ausgelösten EPSPs und IPSPs gestaltet sich wesentlich komplizierter. Man spricht allgemein von der **Integrationsfunktion** des Neurons.

Überschreitet das Gesamt-EPSP an der Spike-generierenden Zone des Neurons das Schwellenpotenzial, löst es in der postsynaptischen Zelle ein Aktionspotenzial bzw. eine Folge von Aktionspotenzialen aus, die anschließend über das Axon fortgeleitet werden. Die **Spike-generierende Zone** liegt bei vielen Wirbeltierneuronen am Axonhügel, wo das Axon am Zellkörper entspringt. Bei pseudounipolaren Neuronen von Mollusken und Arthropoden liegt sie in der Regel dort, wo der Dendritenbaum auf den axonalen Fortsatz trifft.

In den motorischen Endplatten der quergestreiften Skelettmuskulatur (»schnelle« Muskeln, ▶ Abschn. 23.2.3) der Wirbeltiere (cholinerg s. o.) reicht bereits ein einziger präsynaptischer Impuls aus, in der postsynaptischen Muskelzelle ein Aktionspotenzial auszulösen. Eine solche **1:1-Übertragung** findet man – außer bei den Synapsen mit elektrischer Erregungsübertragung (s. u.) – auch in den Synapsen der autonomen Ganglien sowie zwischen den sensorischen Fasern und Motoneuronen im Rückenmark der Wirbeltiere. Sie liegt auch der Schallerzeugung bei manchen Singzikaden (▶ Abschn. 24.2.2) zugrunde. Über ein Motoneuron werden dem Trommelmuskel etwa 100 Impulse pro Sekunde zugeführt. Dementsprechend kommt es zu 100 Kontraktionen des Muskels pro Sekunde. Bei jeder Kontraktion wird ein im ersten Hinterleibssegment gelegener Schalldeckel eingedellt, um anschließend wieder in seine Ruhelage zurückzuschnellen.

13.4.4 Modulation der Effizienz synaptischer Transmission

Die synaptische Erregungsübertragung (Transmission) ist kein starrer, stets in gleicher Weise ablaufender Prozess. Das Tier hat vielmehr die Möglichkeit, die Effizienz der synaptischen Transmission zu verändern, um sie den jeweiligen Erfordernissen anzupassen. Dabei kann es sich um eine Steigerung (**Bahnung**) oder auch um eine Senkung der Effizienz (**Hemmung**) handeln. Verhältnismäßig schnell wieder abklingende, Sekunden bis Minuten anhaltende Veränderungen bezeichnet man gewöhnlich als **Neuromodulation**. Von ihr zu unterscheiden sind Erscheinungen der **synaptischen Plastizität**, mit der strukturelle Veränderungen im Nervensystem gekennzeichnet werden, die längerfristiger – im Extremfall permanent – sind. Eine scharfe Trennung zwischen Modulation und Plastizität lässt sich allerdings nicht ziehen. Es gibt alle Übergänge. Beispiele neuronaler Plastizität sind die Entwicklung motorischer Fertigkeiten durch Übung oder allgemein das Lernen durch Erfahrung.

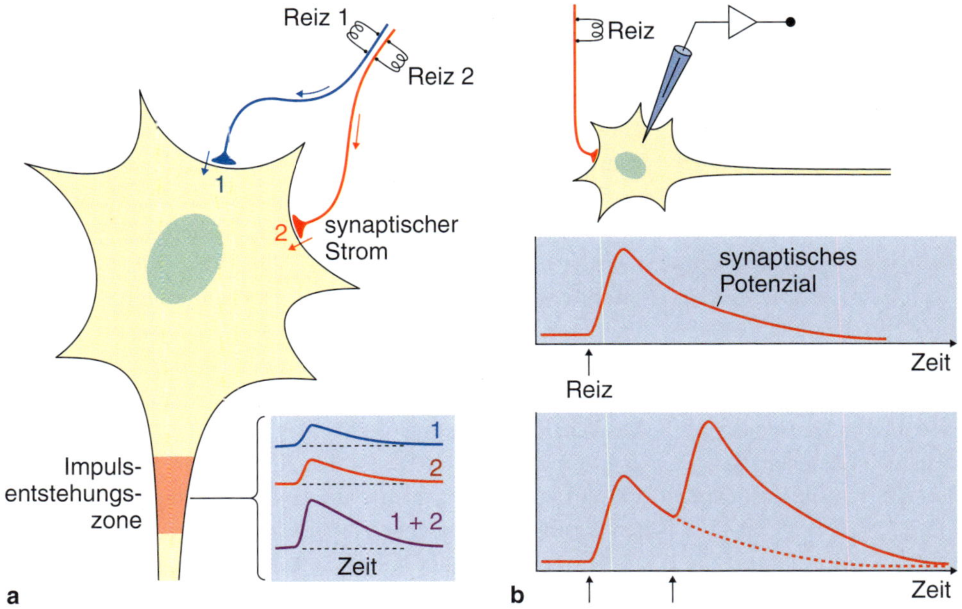

Abb. 13.23 Räumliche und zeitliche Summation von EPSPs. **a** Die EPSPs zweier gleichzeitig an verschiedenen Stellen eines Neurons aktiven Synapsen summieren sich. Dabei spielen Synapsen, die näher am Axonhügel liegen (Impulsentstehungszone) für die Auslösung von Aktionspotenzialen eine größere Rolle, da ihre Amplitude weniger stark abgefallen ist. **b** Die EPSPs zeitlich aufeinanderfolgender Aktionspotenziale summieren sich. (Nach Eckert R, Randall D, Augustine G (1988) Animal physiology, 3. Aufl. Freeman, New York, Abb. 6–38, S. 166, und Abb. 6–40, S. 167.)

Die Änderung der synaptischen Effizienz kann durch **präsynaptische** oder **postsynaptische** Mechanismen erfolgen oder durch eine Kombination aus beiden. Bei den präsynaptischen Mechanismen kann man nochmals zwischen **homosynaptischer** und **heterosynaptischer Modulation** unterscheiden. Im ersten Fall wird die Transmitterausschüttung durch die längeranhaltende Aktivität der Präsynapse selbst, im zweiten Fall durch Modulatorsubstanzen, die von Fremdneuronen in der Nachbarschaft der Präsynapse freigesetzt werden, verändert.

Homosynaptische Modulation

Eine Form der homosynaptischen Modulation haben wir bei der **homosynaptischen Bahnung** (**Fazilitation**[312]) vor uns. Sie ist bei vielen Synapsen einschließlich der neuromuskulären Synapse beim Frosch und Krebs (Abb. 13.24) anzutreffen. Werden zwei Reize in so kurzer Folge an derselben Synapse appliziert, dass das durch den ersten Reiz aufgebaute postsynaptische Potenzial noch nicht ganz wieder abgeklungen ist, wenn bereits das zweite Potenzial aufgebaut wird, so kommt es, wie wir bereits besprochen haben (▶ Abschn. 13.4.3) zur zeitlichen Summation der Antworten. In vielen Fällen ist das zweite Potenzial jedoch nicht nur (mit gleicher Amplitude) auf das erste aufgesetzt, sondern deutlich größer als das erste. Das kann sogar auch dann noch der Fall sein, wenn das zweite Potenzial kurz nach dem vollständigen Abklingen des ersten initiiert wird. Eine schnell hintereinandergesetzte Folge gleichstarker Reize kann so zu einer kontinuierlichen Zunahme der postsynaptischen Antwort führen, die von der Reizfrequenz abhängig ist (Abb. 13.24).

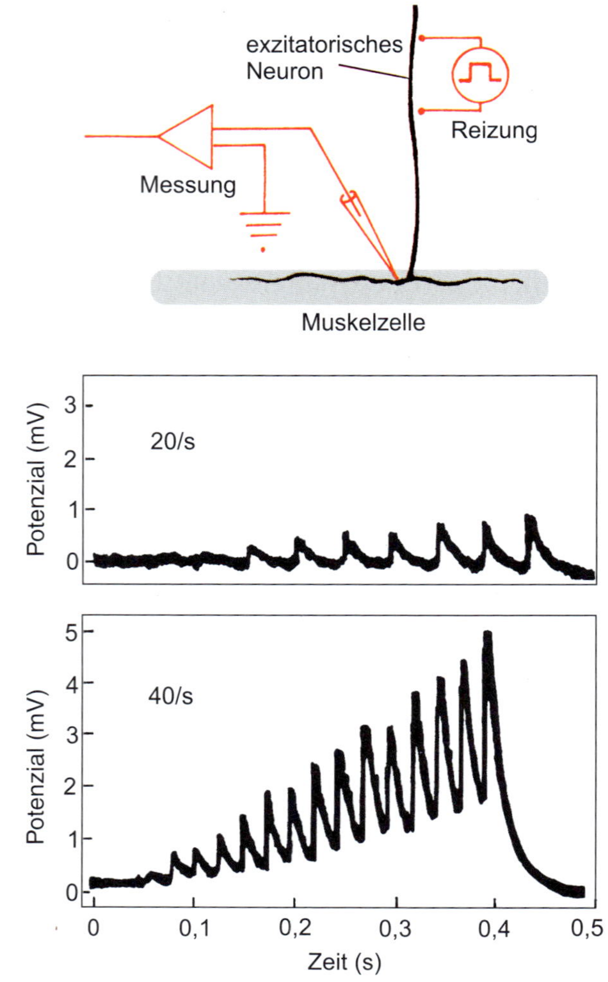

Abb. 13.24 Synaptische Fazilitation am Beispiel der neuromuskulären Synapse des Flusskrebses. Die Reizung mit einer Frequenz von 20 bzw. 40 Impulsen pro Sekunde führt sukzessiv zur Erhöhung der pro Reiz freigesetzten Anzahl von Transmitterquanten und damit des erzeugten Potenzials. (Nach Dudel J, Kuffler SW (1961) Presynaptic inhibition at the crayfisch neuromuscular junction. J Physiol 155, 543–562.)

Diese homosynaptische Bahnung, die bei der motorischen Endplatte des Froschs etwa 100–200 ms anhält, ist darauf zurückzuführen, dass der durch den ersten Reiz durch Öffnung spannungsabhängiger Ca^{2+}-Kanäle hervorgerufene Anstieg der intrazellulären Ca^{2+}-Konzentration (▶ Abschn. 13.4.1) nicht so schnell wieder abklingt – es verbleibt ein »**Rest-Calcium**«, das mit dem zweiten und folgenden Ca^{2+}-Inputs aufsummiert wird. Da die Transmitterfreisetzung von der intrazellulären Ca^{2+}-Konzentration nicht linear, sondern in Form einer Potenzfunktion abhängt, fällt sie auf den zweiten und folgenden Reiz hin deutlich höher aus. Die Bahnung besteht darin, dass die Wahrscheinlichkeit, mit der die Transmitterquanten an der Präsynapse freigesetzt werden, erhöht ist.

Eine andere homosynaptische Modulation, die länger anhält als die Fazilitation, ist die **posttetanische Potenzierung** (▶ Abschn. 13.8.3, Abb. 13.85), die bei vielen Synapsen zu beobachten ist. Darunter versteht man die Erscheinung, dass die Antwort auf einen Testimpuls nach einer hochfrequenten (»tetanischen«) Serie von depolarisierenden Impulsen wesentlich größer ausfallen kann, als bei Abwesenheit einer solchen potenzierenden Impulsserie. Auch für dieses Phänomen, das bei den verschiedenen Synapsen in sehr unterschiedlicher Stärke auftritt, scheint zunächst die intrazelluläre Ca^{2+}-Konzentration, das Rest-Calcium, verantwortlich zu sein. Für die Nachhaltigkeit der Potenzierung müssen allerdings weitere Ursachen verantwortlich gemacht werden, die man noch nicht im Einzelnen kennt.

Es gibt auch Fälle, dass nach einer tetanischen Reizung die Amplitude der Antwort auf den nachfolgenden Testimpuls nicht größer, sondern kleiner ausfällt. Diese Phase der **posttetanischen Depression** kann sehr kurz sein und dann in eine Phase der posttetanischen Potenzierung übergehen. Sie kann aber auch Hunderte von Millisekunden dauern. Als Ursache ist ein Mangel an zur Verfügung stehenden präsynaptischen Vesikeln in Erwägung gezogen worden. Das ist allerdings eher unwahrscheinlich, da die Anzahl der Vesikel in der Präsynapse die Anzahl der bei einem Reizimpuls freigesetzten Vesikel meistens bei Weitem übertrifft. Man muss eher an Veränderungen im Rahmen des Freisetzungsmechanismus denken.

[312] *facilitation* (engl.) = Erleichterung, Förderung

Heterosynaptische Modulation

Während axodendritische und axosomatische Synapsen die Wahrscheinlichkeit beeinflussen, mit der an der Spike-generierenden Zone des Neurons ein Aktionspotenzial entsteht, modulieren axoaxonische Synapsen spezifisch die Übertragung an einzelnen Terminalen. Häufig wird der Ca^{2+}-Einstrom in die präsynaptische Endigung erhöht oder erniedrigt und hierüber die Transmitterfreisetzung verstärkt bzw. verringert.

Eine Form der heterosynaptischen Modulation ist die **präsynaptische Hemmung**. Sie ist an neuromuskulären Synapsen der Crustaceen am besten untersucht. Dabei treten inhibitorische Synapsen präsynaptisch an Axonterminale eines exzitatorischen Neurons heran und setzen dort die Transmitterausschüttung herab (Abb. 13.25a). Man kennt heute **drei Mechanismen** präsynaptischer Hemmung, durch die – auf verschiedenem Weg – jeweils die Transmitterausschüttung an der betreffenden Synapse herabgesetzt wird:

- Es werden Cl^--Kanäle geöffnet, wodurch die Amplitude des Aktionspotenzials in der Präsynapse verringert wird. Das hat zur Folge, dass weniger Ca^{2+}-Kanäle aktiviert werden (geringerer Ca^{2+}-Einstrom). Der Transmitter des inhibitorischen Neurons ist an der Muskelfaser der Krebse wie auch in vielen anderen Fällen **γ-Aminobuttersäure** (▶ Abschn. 13.4.5), die direkt Cl^--Kanäle öffnet. Eine verminderte Ausschüttung des exzitatorischen Transmitters Glutamat an der Muskelfaser ist die Folge.
- Der zweite Mechanismus beruht auf der Aktivierung G-Protein-gekoppelter Rezeptoren. Die aktivierte βγ-Untereinheit schließt spannungsgesteuerte Ca^{2+}-Kanäle (verminderter Ca^{2+}-Einstrom) und öffnet gleichzeitig spannungsgesteuerte K^+-Kanäle (gesteigerter K^+-Ausstrom) was die Repolarisation der Zelle nach einem Aktionspotenzial beschleunigt, sodass insgesamt weniger Ca^{2+} in die Zelle einströmt.
- Im letzten Fall schließlich, der ebenfalls auf einer Aktivierung G-Protein-gekoppelter Rezeptoren beruht, wirkt die βγ-Untereinheit offenbar direkt hemmend auf die Freisetzung synaptischer Vesikel.

Bei der **heterosynaptischen Fazilitation** wird die Übertragung einer Synapse durch Aktivität einer dritten, präsynaptischen Endigung verstärkt (Abb. 13.25b). Ein Fall einer heterosynaptischen Bahnung ist sehr eingehend von Eric Kandel* und seinen Mitarbeitern am **Kiemenrückziehreflex** der Nacktschne-

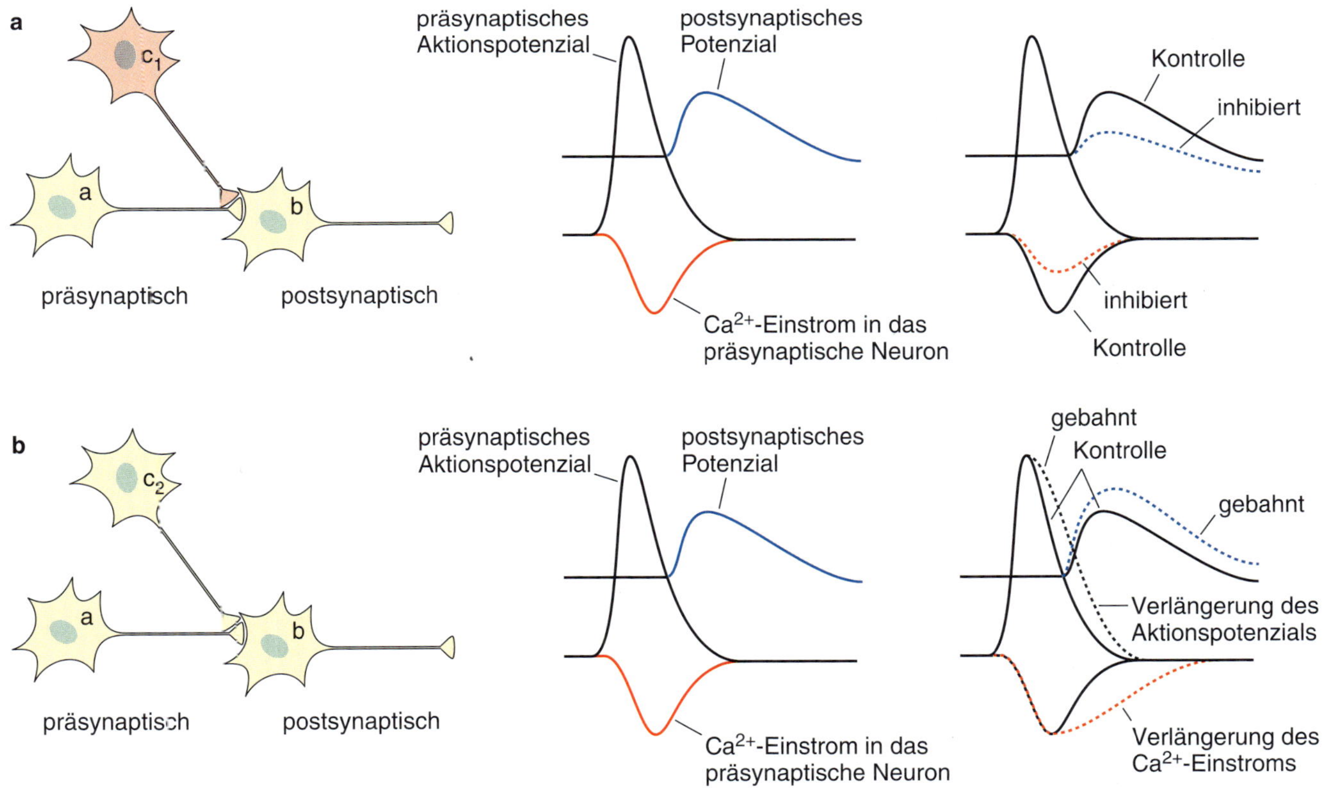

Abb. 13.25 Heterosynaptische Modulation. **a** Präsynaptische Hemmung. Ein inhibitorisches Neuron c_1 bildet eine Synapse auf den Terminalen des Neurons a. Dies führt bei Reizung von Neuron c_1 zur Reduktion des Ca^{2+}-Einstroms in die Endigung von Neuron a, damit zu einer Reduktion der Transmitterfreisetzung und so zu einer Erniedrigung des postsynaptischen Potenzials in Neuron b. **b** Präsynaptische Fazilitation. Ein fazilitatorisches Neuron c_2 aktiviert in den Endigungen des Neurons a über metabotrope Rezeptoren eine Proteinkinase, die K^+-Kanäle phosphoryliert und damit blockiert. Als Folge verlangsamt sich die Repolarisation einlaufender Aktionspotenziale. Dies führt zu einem verlängerten Ca^{2+}-Einstrom, in Folge zu einer verstärkten Transmitterfreisetzung und damit zu einem erhöhten postsynaptischen Potenzial in Neuron b. (Nach Kandel ER, Schwartz JH, Jessell TM (1995) Neurowissenschaften. Spektrum Akademischer Verlag, Heidelberg, Abb. 15.16, S. 296.)

cke *Aplysia californica* untersucht worden (▶ Abschn. 13.8.2). Reizt man die Haut des Siphos (Atemröhre), dann kommt es reflexiv zur Kiemenretraktion. Ein präsynaptisches Neuron an der sensomotorischen Synapse verstärkt diese Reaktion durch Ausschüttung von Serotonin. Serotonin bewirkt über die Aktivierung von G-Proteinen eine cAMP-abhängige Phosphorylierung und damit ein Schließen von K^+-Kanälen in der präsynaptischen Endigung der Sinneszelle. Dies führt zur Verbreiterung einlaufender Aktionspotenziale und infolgedessen zu einem verlängerten Ca^{2+}-Einstrom in die präsynaptische Endigung, was ein erhöhtes postsynaptisches Potenzial zur Folge hat (◘ Abb. 13.25b). Eine solche heterosynaptische Fazilitation kann auch über fernerliegende Varikositäten erfolgen, aus denen modulierende Überträgerstoffe wie Serotonin, Octopamin oder Proctolin freigesetzt werden, die auf eine größere Anzahl von Nervenendigungen gleichzeitig einwirken.

13.4.5 Neurotransmitter und ihr Stoffwechsel

Wir unterscheiden **zwei Hauptklassen** von Überträgersubstanzen im Nervensystem (◘ Tab. 13.10), die niedermolekularen, meist positiv geladenen »klassischen« Transmitter (Acetylcholin, Catecholamine, Indolamine, Aminosäuren) und die weitaus größere Gruppe neuroaktiver, kurzkettiger (bis zu etwa 50 Aminosäurereste) Peptide (Neuropeptide). Die niedermolekularen Transmitter sind – mit Ausnahme des Acetylcholins – L-Aminosäuren (Glycin, Glutamat, Aspartat, γ-Aminobuttersäure) oder Derivate von Aminosäuren: Catecholamine und Octopamin leiten sich vom Tyrosin, Histamin vom Histidin und Serotonin vom Tryptophan ab. Es hat sich, obwohl chemisch unpräzise, eingebürgert, die Catecholamine (Dopamin, Noradrenalin und Adrenalin) und Indolamine (Serotonin) als **biogene Amine** zusammenzufassen und auch Histamin und Octopamin dort mit einzuordnen. Weitere Substanzen, für die eine Transmitterfunktion nachgewiesen ist oder vermutet wird, sind die **Purine** ATP und ADP, die **Gase** Stickstoffmonoxid (NO) und Kohlenmonoxid (CO), **D-Serin** und Wachstumsfaktoren (**Neurotrophine**).

Niedermolekulare Transmitter können überall im Cytoplasma mithilfe von Enzymen synthetisiert werden, so auch an den Nervenendigungen in unmittelbarer Nähe ihres Freisetzungsortes. Nach ihrer Synthese werden sie aktiv in Vesikel aufgenommen und angereichert. Dort werden sie gleichzeitig vor den abbauenden Enzymen geschützt. Sie können sehr schnell und in großen Mengen durch Exocytose an der Synapse abgegeben werden. Die leeren Vesikel werden zurückgeführt (Recycling) und anschließend wieder mit niedermolekularen Transmittern aufgefüllt.

Im Gegensatz dazu können **Neuropeptide** in der Regel nur im Soma der Nervenzellen in Zusammenarbeit zwischen Kern, membrangebundenen Polysomen und dem Golgi-Appa-

◘ **Tab. 13.10** Zusammenstellung einiger bekannter bzw. vermuteter Transmitter.

chemische Gruppe	Vertreter
Essigsäureester	Acetylcholin
Aminosäuren	Glutamat, Aspartat, GABA (γ-Aminobuttersäure), Glycin
biogene Amine	Adrenalin, Noradrenalin, Dopamin, Octopamin, Tyramin, Serotonin (= 5-Hydroxytryptamin), Histamin
Peptide	Substanz P, Enkephalin, Somatostatin, Neuropeptid Y, Vasoaktives intestinales Peptid, Proctolin, u. v. a.
gasförmige Transmitter	Stickstoffmonoxid (NO), Kohlenmonoxid (CO)
Sonstige	Zink, Neurotrophine, Arachidonsäure, D-Serin, ATP, ADP

◘ **Tab. 13.11** Gegenüberstellung der wichtigsten Charakteristika klassischer niedermolekularer Transmitter und Peptidtransmitter.

	niedermolekularer Transmitter	Peptidtransmitter
Synthese	in den synaptischen Endigungen in aktiver Form, anschließende Einschleusung in Vesikel	im Zellkörper (Soma) oft in Form eines wesentlich größeren Vorläufermoleküls, vom Golgi-Komplex in Vesikel verpackt, durch schnellen axonalen Transport an die Synapse gebracht und schließlich durch limitierte Proteolyse aus dem Vorläufermolekül herausgeschnitten
Verpackung	in kleinen *clear-* oder *dense–core*-Vesikeln	in großen elektronendichten Vesikeln
Freisetzung	in den synaptischen Spalt	oft in der Nachbarschaft der Synapse über synaptoide Strukturen
Aufheben der Wirkung	durch enzymatischen Abbau und/oder Wiederaufnahme in die Synapse (*reuptake*)	durch Proteolyse und Dissoziation der Spaltprodukte
Latenzzeit	in der Regel kurz, ebenfalls die Wirkungsdauer (Millisekunden)	in der Regel längere Latenzzeit und Wirkungsdauer (Sekunden)

rat synthetisiert werden. Sie werden schließlich in sekretorische **Granula** verpackt und gelangen mit dem schnellen axonalen Transport bis in die synaptischen Endknöpfchen. Eine Übersicht über weitere charakteristische Unterschiede zwischen den Peptidtransmittern und den niedermolekularen Transmittern liefert ◘ Tab. 13.11.

Acetylcholin

Die zwei wichtigsten **exzitatorischen Transmitter** sind Acetylcholin (ACh) und Glutamat (s. u.). Bei **Wirbeltieren** ist Acetylcholin der Neurotransmitter an den neuromuskulären Synapsen der Skelettmuskulatur, während Glutamat an der schnellen Transmission zwischen Neuronen des ZNS beteiligt ist. Bei **Arthropoden** ist es umgekehrt: Acetylcholin ist der wichtigste exzitatorische Transmitter im ZNS und Glutamat der Transmitter an den neuromuskulären Synapsen der Skelettmuskulatur. ACh ist auch der Transmitter in den neuromuskulären Synapsen der Längsmuskulatur beim Blutegel (*Hirudo medicinalis*) und des Retraktormuskels der Seewalze (*Stichopus regalis*) sowie in den Synapsen zwischen den inhibitorischen Fasern und dem Herzen bei der Muschel *Venus mercenaria*.

Acetylcholin ist bei **Wirbeltieren** nicht nur der Neurotransmitter an den motorischen Endplatten der quergestreiften Skelettmuskulatur, sondern auch bei fast allen Fasern des Parasympathikus (prä- sowie postganglionär) und den präganglionären Fasern des Sympathikus (◘ Abb. 13.26). Das bedeutet, dass wahrscheinlich auch in allen Synapsen innerhalb der **Ganglien des vegetativen Nervensystems** der Wirbeltiere ACh als Transmitter auftritt. Man bezeichnet Neurone, die an ihren Endigungen ACh als Transmitter abgeben, generell als **cholinerg**[313].

Auch im **Gehirn** der Wirbeltiere ist ACh weit verbreitet (◘ Abb. 13.27). Es wird ein Zusammenhang zwischen der Degeneration cholinerger Zellen in den Basalganglien des Menschen, die weit in den Cortex hinein ausstrahlen, und dem Auftreten der **Alzheimer-Krankheit**, einer Form der senilen Demenz, vermutet. Kennzeichnend bei den Patienten ist eine Verminderung der ACh-synthetisierenden Cholin-Acetyltransferase sowie der ACh-abbauenden ACh-Esterase in dieser Hirnregion. Charakteristische histologische Symptome dieser Krankheit sind das Auftreten von Knäuel von Neurofibrillen in den Somata von Cortexneuronen und sogenannten Plaques (extrazelluläre Amyloidanhäufungen) in der grauen Substanz des Cortex.

Die Synthese des ACh erfolgt im gesamten Neuron. Sie benötigt ATP und erfolgt in zwei Schritten. Der erste Schritt besteht in der Bildung der aktivierten Essigsäure (Acetyl-CoA) und der zweite in der Übertragung der Acetylgruppe vom CoA auf das Cholin unter Mithilfe der **Cholin-Acetyltransferase** (◘ Abb. 13.27). Postsynaptisch unterscheidet man zwei Typen von ACh-Rezeptoren: **Nicotinische ACh-Rezeptoren** (nAChR) sind **ionotrope Rezeptoren**, das heißt, Rezeptor- und Effektorfunktion werden von verschiedenen Domänen desselben Molekülkomplexes übernommen (ligandengesteuerter Ionenkanal, ▶ Abschn. 1.5.6). Der nAChR-Rezeptor besteht aus fünf homologen Untereinheiten (2α, 2β und 1γ), die bei Bindung von zwei Molekülen ACh einen für Kationen permeablen Ionenkanal bilden (◘ Abb. 1.22). **Muscarinische ACh-Rezeptoren** (mAChR) sind dagegen **metabotrop** (G-Protein-gekoppelt, ▶ Abschn. 12.2.1), das heißt, Rezeptor und Ionenkanal sind verschiedene Moleküle. Bei Wirbeltieren sind fünf Subtypen mACh-Rezeptoren bekannt (M1–M5), die mit unterschiedlichen G-Proteinen gekoppelt sind. Der Abbau von ACh in seine Bestandteile Cholin und Acetat erfolgt im synaptischen Spalt sehr schnell durch eine Hydrolyse, die von der **Acetylcholinesterase** katalysiert wird. Die Wechselzahl der ACh-Esterase ist mit $1{,}8 \times 10^7$ außergewöhnlich hoch (▶ Abschn. 2.2.4). Durch einen Cholintransporter wird Cholin anschließend wieder in die präsynaptische Endigung aufgenommen.

Die ACh-Rezeptoren besitzen an ihrem Bindungsort zwei »aktive Zentren« (◘ Abb. 13.27): ein anionisches Zentrum, das spezifisch mit dem positiv geladenen Stickstoff der quarternären Stickstoffbase Cholin reagiert, und ein esteratisches Zentrum. Letzteres kann so angeordnet sein, dass es mit dem relativ positiven (elektronenarmen) Sauerstoff der Esterbrücke zwischen Essigsäurerest und Cholin reagiert. In diesem Fall kann der Rezeptor auch mit Muscarin, in dessen Molekül der quarternäre Stickstoff und der »positive« Sauerstoff in gleichem Abstand wie beim ACh vorliegen, reagieren (muscarinischer ACh-Rezeptor). Beim nicotinischen ACh-Rezeptor ist das esteratische Zentrum dagegen so angeordnet, dass es mit dem relativ negativen (elektronenreichen) Carbonylsauerstoff des Essigsäurerestes reagiert. Dann bindet der Rezeptor auch Nicotin (nicotinischer ACh-Rezeptor). Muscarinische ACh-Rezeptoren vermitteln die ACh-Wirkung an postganglionären parasympathischen Neuronen (◘ Abb. 13.26). Diese muscarinischen ACh-Wirkungen können durch **Atropin**, ein Alkaloid aus der Tollkirsche *Atropa belladonna* (Nachtschattengewächs), kompetitiv gehemmt werden. Nicotinische ACh-Rezeptoren vermitteln die ACh-Wirkung dagegen an den motorischen Endplatten sowie in den parasympathischen und sympathischen Ganglien. Hier wirkt **Nicotin** als **Agonist**, das heißt, es imitiert die Wirkung von Acetylcholin, ohne durch die ACh-Esterase abgebaut zu werden. Die cholinerge Transmission kann durch verschiedene weitere **Gifte** blockiert werden, wobei der Angriffsort an unterschiedlichen Stellen liegen kann (▶ Box 13.3).

Box 13.3 Toxine an der cholinergen Synapse

Da ACh bei vielen Tieren der Transmitter an neuromuskulären Synapsen ist, ist es nicht überraschend, dass zahlreiche Toxine die cholinerge synaptische Übertragung beeinflusssen. Einige **organische Phosphatverbindungen** wie DIPF (Diisopropylfluorophosphat) blockieren die Transmission an der motorischen Endplatte durch Hemmung der ACh-Esterase-Aktivität. Es kommt zur Anhäufung von ACh und damit zur

▼

[313] *ergon* (griech.) = Arbeit, Werk

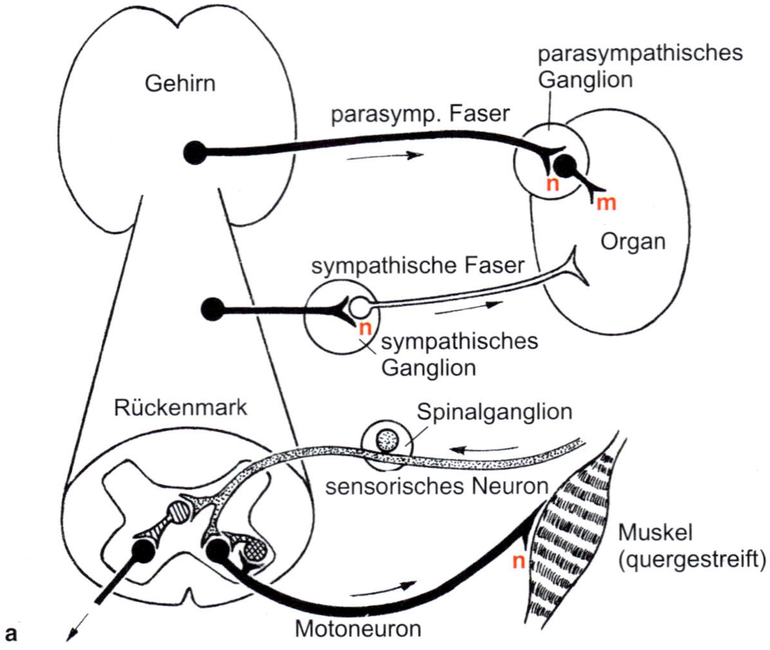

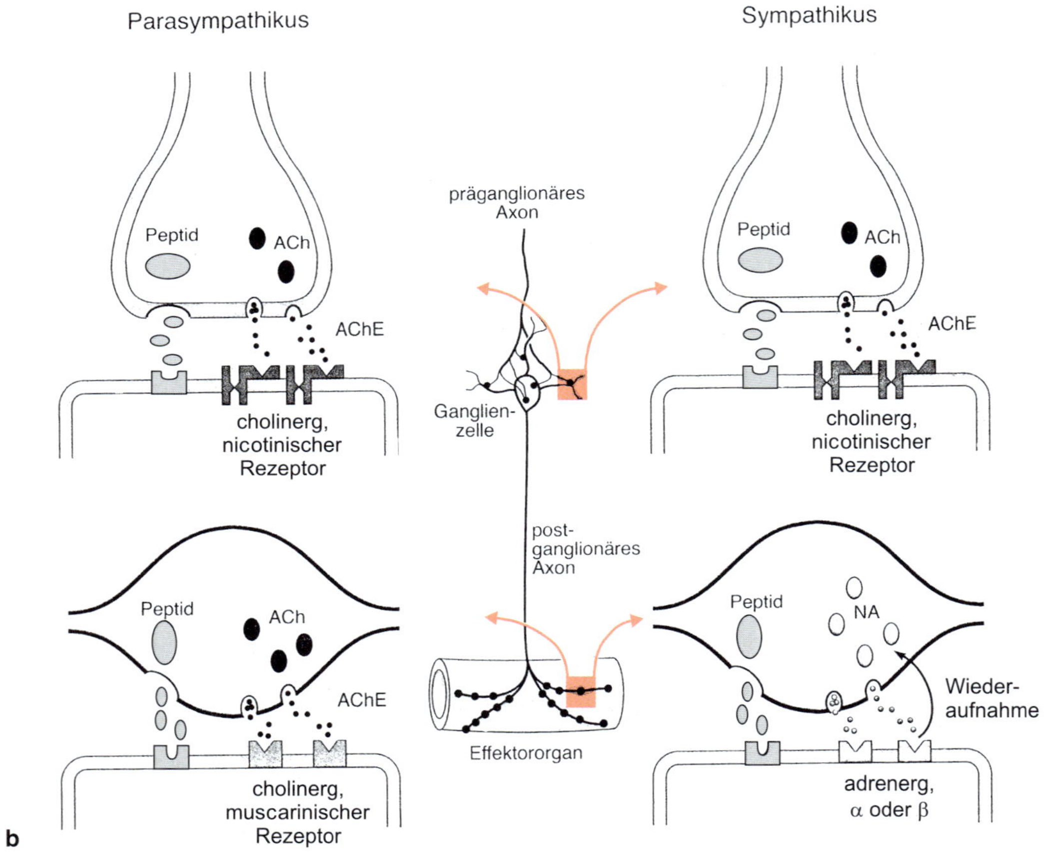

13

Abb. 13.26 **a** Die chemische Erregungsübertragung im Nervensystem der Wirbeltiere. Cholinerge Neurone schwarz, adrenerge weiß, inhibitorische (mit noch unbekanntem Überträgerstoff) schraffiert und sensorische (mit ebenfalls noch unbekanntem Überträgerstoff) punktiert. Renshaw-Zelle mit Glycin als Transmitter kariert. **b** Autonomes Nervensystem der Wirbeltiere. In den Ganglien sowohl des parasympathischen als auch des sympathischen Systems erfolgt die Erregungsübertragung cholinerg (nicotinische Rezeptoren). Die postganglionären Neurone im parasympathischen System sind ebenfalls cholinerg (muscarinische Rezeptoren), im sympathischen System dagegen in der Regel adrenerg (Rezeptoren vom α_1- und β_1-Subtyp). In den meisten Synapsen des autonomen Systems sind außerdem Neuropeptide anzutreffen, die modulierend auf die Transmission einwirken können (insbesondere bei hochfrequenter Erregung des Neurons). ACh = Acetylcholin; AChE = Acetylcholinesterase; NA = Noradrenalin; n = nicotinische ACh-Rezeptoren; m = muscarinische ACh-Rezeptoren. (a nach Florey E (1970) Lehrbuch der Tierphysiologie. Thieme, Stuttgart, verändert; b aus Deetjen P, Speckmann EJ (1999) Physiologie. 3. Aufl. Urban & Fischer, München.)

dauerhaften Depolarisation der Endplattenmembran und so zu Krämpfen. DIPF ist durch Atemlähmung beim Menschen so toxisch, dass es militärische Bedeutung erlangt hat. Das mit ihm verwandte **Sarin** erfuhr 1995 traurige Berühmtheit durch seinen terroristischen Einsatz auf einem U-Bahnhof Tokios. Die Phosphatverbindungen Parathion und Malathion sind für Insekten wesentlich giftiger als für den Menschen und wurden deshalb als Insektizide eingesetzt. Das südamerikanische Pfeilgift **Curare**, bzw. das in ihm enthaltene **Tubocurarin**, sowie das im Gift der Kraitschlange *Bungarus multicinctus* enthaltene **α-Bungarotoxin** besetzen und blockieren nACh-Rezeptoren (**Antagonisten**). Als Folge werden die Beutetiere gelähmt. Während das Tubocurarin durch hohe Dosen von Acetylcholin wieder vom Bindungsort verdrängt werden kann (**kompetitive Hemmung**), ist die Bindung von α-Bungarotoxin irreversibel (**irreversible Hemmung**). Viele andere Gifte von Schlangen, Kegelschnecken und anderen Organismen enthalten ebenfalls Komponenten, die an ACh-Rezeptoren wirken (▶ Kap. 28). Die ACh-Freisetzung wird durch **Botulinumtoxine** blockiert. Dabei handelt es sich um hochwirksame Gifte aus dem Bakterium *Clostridium botulinum*. Durch Injektion geringer Mengen Botulinumtoxin (Botox) können daher die Muskelfasern der Gesichtsmuskulatur lahmgelegt und die Haut dadurch geglättet werden.

Glutamat, GABA, Glycin

Die Aminosäure L-**Glutamat** ist der wichtigste **exzitatorische Transmitter** im Gehirn (◘ Abb. 13.28) und Rückenmark der Wirbeltiere. Bei Säugetieren sind zum Beispiel die **Körnerzellen** der Kleinhirnrinde (▶ Abschn. 13.6.2, ◘ Abb. 13.46), die zahlreicher sind als Nervenzellen im gesamten restlichen Nervensystem, glutamaterg. Sie verbinden die Körnerschicht mit der Molekularschicht in der Kleinhirnrinde. Bei Crustaceen, Insekten und Schnecken ist Glutamat der exzitatorische Transmitter der Körpermuskulatur.

Unter den Glutamatrezeptoren findet man sowohl ionotrope als auch metabotrope Rezeptoren.

Zu den ionotropen Glutamatrezeptoren zählen:

- **NMDA-Rezeptoren** (Agonist ist N-Methyl-D-Aspartat): Es sind unspezifische Kationenkanäle, die sowohl Ca^{2+} als auch Na^+ und K^+ durchlassen. Sie öffnen bzw. schließen langsam. Eine weitere Besonderheit ist, dass sie sowohl glutamat- als auch spannungsgesteuert sind. Ein maximaler Strom fließt dann, wenn Glutamat vorhanden und die Zelle gleichzeitig depolarisiert ist. Bei hyperpolarisiertem Membranpotenzial ist der Kanal durch Mg^{2+} »verstopft«. Dieser Mg^{2+}-Block wird durch Depolarisation aufgehoben. Die doppelte Steuerung des Kanals (Depolarisation und Glutamat) wird in vielen Fällen als molekulare Grundlage synaptischer Informationsspeicherung (▶ Abschn. 13.8.3) im Gehirn angesehen.

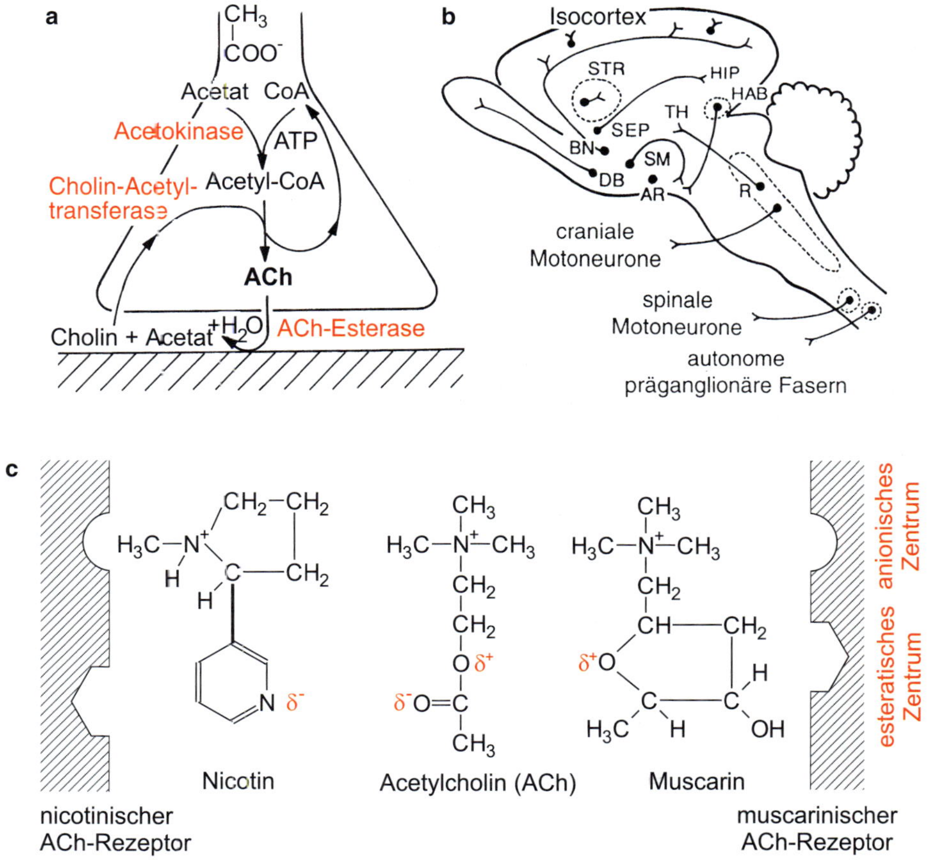

◘ **Abb. 13.27** Synthese und Abbau des Acetylcholins (ACh) in der cholinergen Synapse (**a**), die Verteilung und Projektionen cholinerger Zentren im Rattengehirn (**b**) und der nicotinische bzw. muscarinische ACh-Rezeptor (**c**). AR = Nucleus arcuatus; BN= Basalganglien; HAB = Habenula; HIP = Hippocampus; R = Nucleus reticularis; SEP = Septum; SM = Stria medullaris; STR = Striatum; TH = Thalamus. (b aus Shepherd GM (1993) Neurobiologie. Springer, Berlin.)

- Quisqualat- oder **AMPA-Rezeptoren** (ein selektiver Agonist bei den Wirbeltieren ist α-Amino-3-Hydroxy-5-Methyl-4-Isoxazol-Proprionat): Sie sind besonders gut am Arthropodenmuskel (Krebse, Heuschrecken) untersucht, haben eine hohe Leitfähigkeit von 100–150 pS und desensitivieren schnell. Bei Wirbeltieren sind diese Rezeptoren im Zentralnervensystem weit verbreitet.
- **Kainatrezeptoren** (Agonist ist Kainsäure).

Die metabotropen Glutamatrezeptoren (mGluR) bestehen wie die mACh-Rezeptoren aus einem Polypeptid mit sieben transmembranen α-Helices. Man unterscheidet bezüglich ihrer Kopplung an G-Proteine (▶ Abschn. 12.2.1) verschiedene Subtypen.

Die **γ-Aminobuttersäure** (GABA) wird aus der Aminosäure Glutaminsäure in einer durch das Enzym Glutaminsäure-Decarboxylase katalysierten Reaktion synthetisiert (◘ Abb. 13.29).

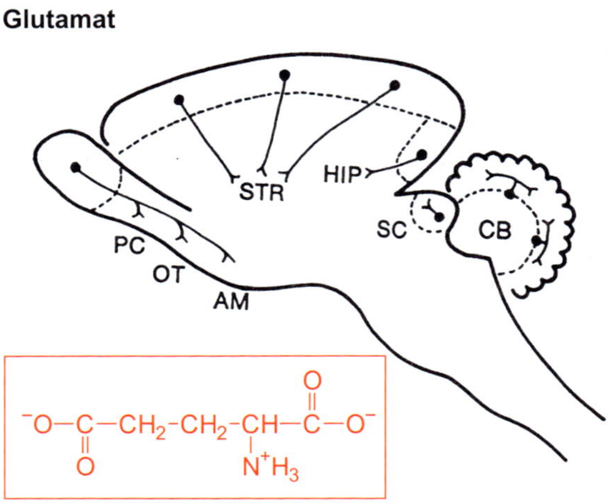

◘ **Abb. 13.28** Übersicht über die Verteilung glutamaterger Systeme im Säugetiergehirn (Ratte). AM = Amygdala; CB = Cerebellum; HIP = Hippocampus; PC = piriformer Cortex; OT = olfaktorischer Tuberkel; SC = Colliculus superior; STR = Striatum. (Nach Angevine JB jr., Cotman CW (1981) Principles of neuroanatomy. Oxford University Press, Oxford, aus Shepherd GM (1993) Neurobiologie. Springer, Berlin.)

Die Transmitterrolle wurde ursprünglich im Flusskrebs entdeckt, wo sie für die Wirkung der inhibitorischen Synapsen an der Skelettmuskulatur sowie am Streckrezeptor verantwortlich ist. Auch bei Insekten ist GABA der inhibitorische Transmitter an neuromuskulären Synapsen. Bei Säugetieren ist das Vorkommen von GABA fast ausschließlich auf Gehirn und Rückenmark beschränkt, wo GABA ebenfalls vornehmlich inhibitorische Wirkung hat. GABA kommt in manchen Hirnregionen in ungewöhnlich hoher Konzentration vor. Da GABA dämpfende Einflüsse auf Teile des Großhirns ausübt und auch das Bewusstsein einschränkt, werden Analoga des GABA missbräuchlich als Drogen eingesetzt (K.-o.-Tropfen). Prominente GABAerge Neuronen sind die Purkinje-Zellen des Cerebellums. Das **Tetanustoxin** (ein Polypeptid) aus dem Bakterium *Clostridium tetani* blockiert die Freisetzung sowohl von GABA als auch von Glycin.

Wie bei den Glutamat- und ACh-Rezeptoren gibt es ionotrope und metabotrope GABA-Rezeptoren. Zu den **ionotropen Rezeptoren** zählt der $GABA_A$-Rezeptor. Er besitzt wie der nACh-Rezeptor eine pentamere Struktur mit je vier transmembranen Regionen. Die Kanäle sind permeabel für Cl^--Ionen. Sie werden durch **Bicucullin** und **Picrotoxin** (Antagonisten) blockiert, durch **Muscimol** (ein sehr wirksamer Agonist) aktiviert. Die **metabotropen Rezeptoren** ($GABA_B$-Rezeptor) sind G-Protein-gekoppelt und führen an cortikalen Neuronen postsynaptisch zu einer Erhöhung der K^+-Leitfähigkeit. Ein wirksamer Antagonist ist **Baclofen**.

Glycin ist neben GABA ein weiterer wichtiger **inhibitorischer Transmitter**. Der Glycinrezeptor ist wie der $GABA_A$-Rezeptor ein ligandengesteuerter Cl^--Kanal, dessen Aktivierung eine Hyperpolarisation und damit eine Hemmung nachgeschalteter Neurone hervorruft. Glycin kommt im Hirnstamm und Rückenmark der Säugetiere vor und ist unter anderem der Transmitter der Renshaw-Zellen im Rückenmark (◘ Abb. 11.5). Das Pflanzenalkaloid **Strychnin** bindet an den Glycinrezeptor und hemmt damit die Wirkung von Glycin, was zu einer Übererregung von Motoneuronen und Krämpfen führt. Glycin scheint bei Invertebraten als Transmitter zu fehlen.

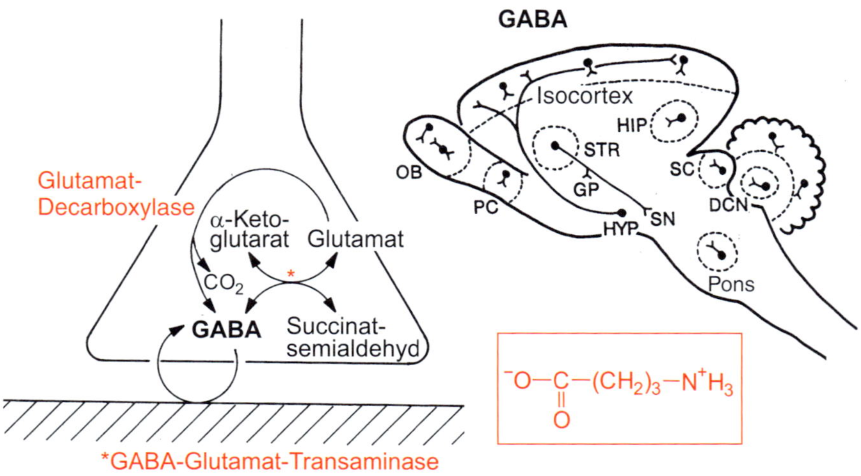

◘ **Abb. 13.29** Übersicht über die Vorgänge an einer GABAergen Synapse (nähere Erläuterungen im Text) sowie über die Verteilung GABAerger Systeme im Säugetiergehirn. DCN = tiefe Kleinhirnkerne; GP = Globus pallidus; HIP = Hippocampus; HYP = Hypothalamus; OB = Bulbus olfactorius; PC = piriformer Cortex; SC = Colliculus superior; SN = Substantia nigra; STR = Striatum. (Rechte Teilabbildung nach Angevine JB jr., Cotman CW (1981) Principles of neuroanatomy. Oxford University Press, Oxford, aus Shepherd GM (1993) Neurobiologie. Springer, Berlin.)

Catecholamine und Octopamin

Die biogenen Amine Dopamin, Noradrenalin, Adrenalin sowie Tyramin und Octopamin leiten sich von der Aminosäure **Tyrosin** ab. Dopamin (DA), Noradrenalin (NA) und Adrenalin enthalten den **Catecholring** (o-Dihydroxybenzol) als gemeinsames Strukturelement (**Catecholamine**). Sie werden aus Tyrosin über L-Dopa (3,4-Dihydroxyphenylalanin) synthetisiert (Abb. 13.30). Alle bekannten Catecholaminrezeptoren sind G-Protein-gekoppelt (▶ Abschn. 12.2.1). Im Vergleich zu Glutamat oder GABA kommen Catecholamine nur in relativ wenigen Gehirnneuronen vor, diese oft aber mit weit ausgedehnten Innervierungsarealen.

Dopamin (DA) kommt vor allem in Kerngebieten des Mesencephalons im Säugetiergehirn vor (Abb. 13.31). Hierzu zählen Neurone, die von der Substantia nigra, einer flächenhaften Masse melaninhaltiger Neurone im Tegmentum des Mittelhirns (Mesencephalon), zum Striatum im Telencephalon ziehen. Diese Neurone degenerieren bei der **Parkinson-Krankheit**. Der damit verbundene Verlust an DA im Striatum wird als Ursache für die charakteristischen Symptome (Parkinson-Syndrom) wie Akinese (Ausfall oder Störung der langsamen Bewegungen: mimische Starre, zögernder, kleinschrittiger Gang u. a.) und Ruhetremor (Zittern der Hand) angesehen.

Bei Wirbeltieren sind inzwischen fünf **Subtypen von DA-Rezeptoren** identifiziert worden. Während der D_1- und der D_5-Rezeptor die Adenylylcyclase stimulieren, wird dieses Enzym über den D_2-, den D_3- und den D_4-Rezeptor gehemmt. Auch eine G-Protein-vermittelte Wechselwirkung mit Ionenkanälen ist beschrieben worden.

Noradrenalin (NA, *norepinephrine*[314]) ist bei Wirbeltieren ein wichtiger zentraler und peripherer Transmitter. Aus ihm kann durch Methylierung der endständigen Aminogruppe **Adrenalin** (A, *epinephrine*) entstehen. Letzteres wird besonders im Nebennierenmark produziert und ist ein wichtiges Stresshormon (▶ Abschn. 14.3). Neurone, die Noradrenalin und Adrenalin synthetisieren und an ihren Endigungen freisetzen, werden als **adrenerg** bezeichnet.

Die Mehrzahl der **postganglionären Fasern** des sympathischen Anteils des vegetativen Nervensystems (**Sympathikus**) der Säugetiere ist adrenerg (Abb. 13.26) – vornehmlich diejenigen Fasern, die das Herz, die Gefäße und den Darmkanal versorgen. Eine Ausnahme bilden die postganglionären sympathischen Neurone, die die **Schweißdrüsen** innervieren, sie sind cholinerg. Die adrenergen Neurone bilden in den Effektororganen lange, dünne, sich vielfach aufteilende Axone (sog. adrenerge Plexi), die Verdickungen (**Varikositäten**) aufweisen (Abb. 13.26), in denen das Noradrenalin synthetisiert und in kleinen, elektronenoptisch dichten Granula von 50–100 nm Durchmesser (*dense-core*-Vesikel) zusammen mit ATP gespeichert wird (ca. $4–6 \times 10^{-15}$ g NA pro Varikosität). Die Freisetzung erfolgt aus einer Vielzahl von Varikositäten gleichzeitig. Das Ziel ist nicht eine einzelne glatte Muskelzelle, sondern jeweils ein kleiner Verband von Zellen. Bei **Wirbellosen** ist eine adrenerge Erregungsübertragung nicht mit Sicherheit bekannt.

Nach pharmakologischen Kriterien unterscheidet man am Zielorgan zwischen α- und β-adrenergen Rezeptoren. Die

[314] *epi-* (griech.) = auf, über; *nephros* (griech.) = Niere

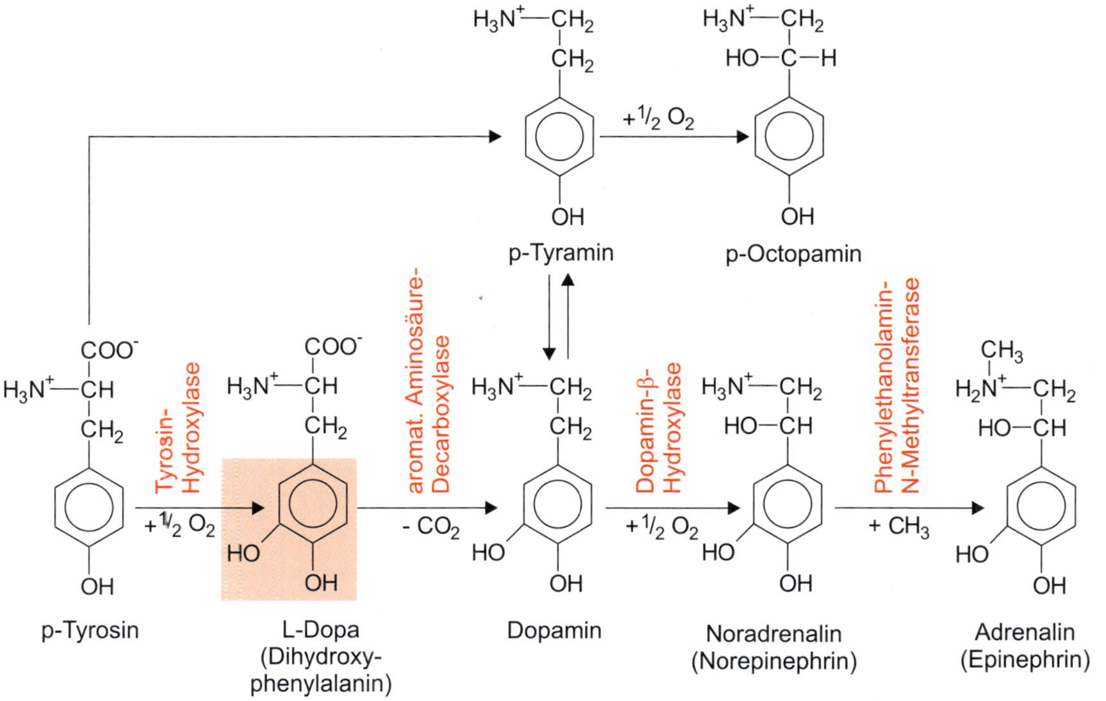

Abb. 13.30 Synthesewege der Catecholamine Dopamin, Noradrenalin, Adrenalin sowie Tyramin und Octopamin aus der Aminosäure p-Tyrosin und die beteiligten Enzyme (rot). Rot unterlegt: Catecholrest.

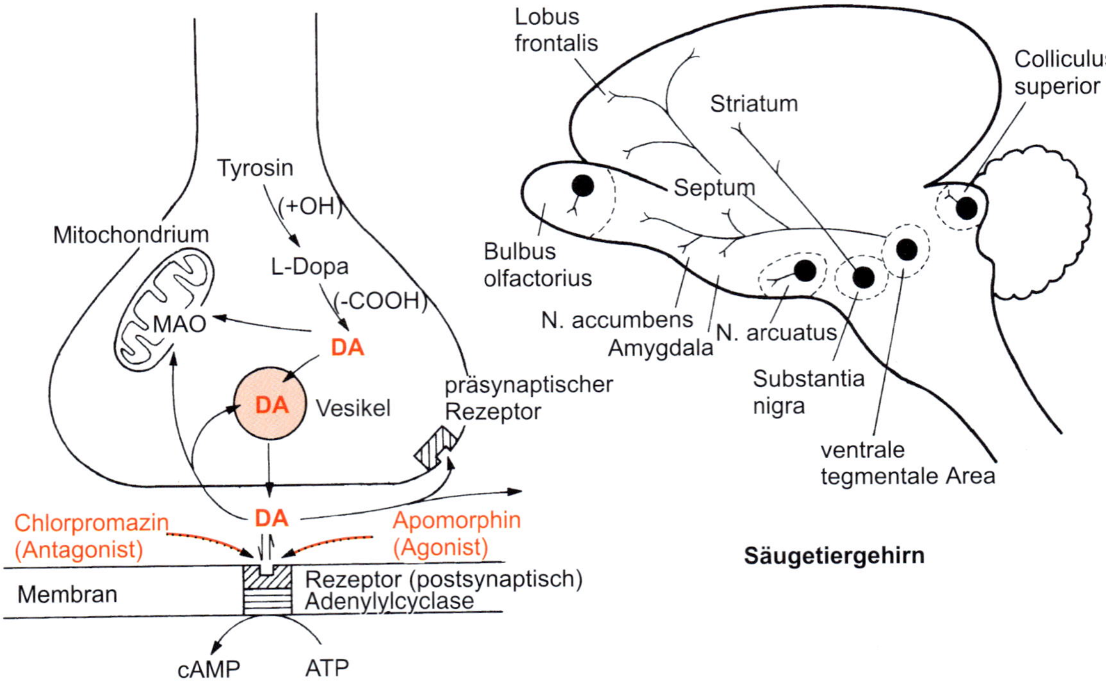

Abb. 13.31 Übersicht über die Vorgänge an einer dopaminergen Synapse (nähere Erläuterungen im Text) sowie über die Verteilung dopaminerger Systeme im Säugetiergehirn (Ratte). DA = Dopamin; MAO = Monoaminooxidase; N = Nucleus. (Rechte Teilabbildung in Anlehnung an Angevine JB jr., Cotman CW (1981) Principles of neuroanatomy. Oxford University Press, Oxford, aus Shepherd GM (1993) Neurobiologie. Springer, Berlin.)

α-Rezeptoren, an die sowohl Noradrenalin wie Adrenalin mit hoher Affinität binden, vermitteln in den meisten Organen den Sympathikuseinfluss. An den Zellen der glatten Gefäßmuskulatur existiert ein Subtyp, der **$α_1$-Subtyp**. Er löst bei Bindung des Liganden über IP_3 eine Erhöhung der intrazellulären Ca^{2+}-Konzentration aus, was zur Kontraktion der Gefäße (Vasokonstriktion) führt (▶ Abschn. 5.3.6). Präsynaptisch existiert noch ein anderer Subtyp der α-Rezeptoren, der **$α_2$-Subtyp**. Über ihn kann die Transmitterfreisetzung rückwirkend gehemmt werden (Autorezeptoren). Ein spezifischer Blocker von α-Rezeptoren ist das **Prazosin** (ein sog. **α-Blocker**).

Die **β-adrenergen Rezeptoren** sind an vielen Organen von Säugetieren zu finden. Über sie können sehr verschiedene Zellreaktionen ausgelöst werden, weil sie an unterschiedliche G-Proteine koppeln. Sie existieren in mehreren Untertypen. Am Herzen ist der **$β_1$-Subtyp** verbreitet, über den bei Reizung des Sympathikus Schlagkraft und Schlagfrequenz erhöht werden (▶ Abschn. 5.4.3). Die glatte Muskulatur der Gefäße, Bronchien usw. besitzt adrenerge Rezeptoren vom **$β_2$-Subtyp**, die hauptsächlich auf das zirkulierende Hormon Adrenalin, weniger auf den synaptischen Transmitter Noradrenalin ansprechen und über eine Verringerung der intrazellulären Ca^{2+}-Konzentration eine Erschlaffung der Muskulatur herbeiführen. Ein spezifischer Blocker der β-Rezeptoren ist das Propranolol (ein sog. **β-Blocker**). Das **Atenolol** blockt spezifisch die Rezeptoren des Herzens, ohne gleichzeitig die glatte Bronchialmuskulatur zu beeinflussen ($β_1$-Blocker).

Viele Organe und Gewebe der Säugetiere, die über Catecholamine gesteuert werden, besitzen sowohl α- als auch β-Rezeptoren. Da beide Rezeptortypen oft antagonistische Effekte haben, hängt die Antwort des Systems unter physiologischen Bedingungen von dem jeweiligen Konzentrationsverhältnis der beiden Transmitter, NA und A, an der Zielstruktur und vom vorhandenen Rezeptortyp ab. So führt zum Beispiel die Aktivierung der α-Rezeptoren in der glatten Gefäßmuskulatur zur Kontraktion, die der β-Rezeptoren zur Dilatation (s. o.).

Nach der Ausschüttung kehrt ein Teil des Noradrenalins in die Nervenzelle zurück, der Rest wird am Rezeptorort durch die **Catechol-O-Methyltransferase** (COMT) abgebaut (inaktiviert). In den Nervenendigungen innerhalb der Mitochondrien befindet sich ein anderes Enzym, die **Monoaminooxidase** (MAO), die das außerhalb der Granula befindliche Noradrenalin oxidativ desaminiert. Sie übt daher einen regulierenden Einfluss auf die Noradrenalinkonzentration in der Zelle aus (Abb. 13.32).

Im Zentralnervensystem der Säugetiere findet man noradrenerge Neurone besonders im **Locus coeruleus** des Hirnstamms. Es handelt sich hierbei nur um wenige Hundert Neurone, die aber ihre Axone weit verstreut in alle Bereiche des Großhirns, ins Kleinhirn und ins Rückenmark entsenden (Abb. 13.32). Noradrenalin wird eine zentrale Rolle bei der Steuerung von Schlaf-Wach-Zuständen sowie der Regelung von Aufmerksamkeit, Interesse und Motivation zugeschrieben. Die antriebssteigernde Wirkung von **Antidepressiva** (Imipramin u. a.) beruht zum Beispiel auf der Hemmung des Rücktransports des ausgeschütteten Noradrenalins in die Nervenzelle (s. o.) und des damit zusammenhängenden höheren Noradrenalinangebots an der Rezeptorseite. Auch durch **MAO-Inhibitoren** (MAO-I) kann man das Noradrenalinangebot am Rezeptor

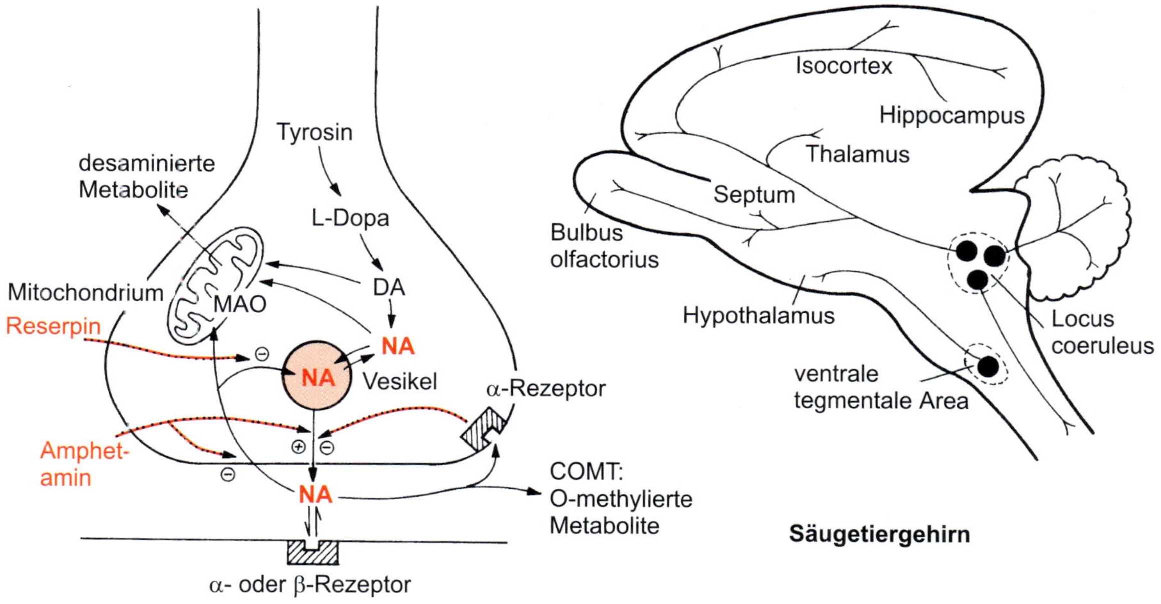

Abb. 13.32 Übersicht über die Vorgänge an einer noradrenergen Synapse (nähere Erläuterungen im Text) sowie über die Verteilung noradrenerger Systeme im Säugetiergehirn (Ratte). NA = Noradrenalin. (Rechte Teilabbildung in Anlehnung an Angevine JB jr., Cotman CW (1981) Principles of neuroanatomy Oxford University Press, Oxford, aus Shepherd GM (1993) Neurobiologie. Springer, Berlin.)

steigern. Sie werden deshalb seit Langem als antriebssteigerndes Mittel bei Depressionen verabreicht. Reserpin verursacht umgekehrt durch Freisetzung des Noradrenalins aus den Granula, das damit der Einwirkung der MAO ausgesetzt wird (s. o.), einen Noradrenalinmangel am Rezeptor. Bei Säugetieren wird deshalb durch Reserpin eine beruhigende Wirkung erzielt.

Octopamin (p-Hydroxyphenylethanolamin) leitet sich ebenfalls von der Aminosäure Tyrosin ab, die Synthese verläuft aber nicht, wie bei Dopamin, Noradrenalin und Adrenalin, über L-Dopa, sondern über **Tyramin** (Abb. 13.30). Octopamin wurde erstmalig in der giftproduzierenden posterioren Speicheldrüse des Tintenfischs *Octopus vulgaris* 1951 (daher der Name!) nachgewiesen. Es tritt besonders bei Invertebraten als verbreiteter Neuromodulator auf und wird oft als Pendant zum Noradrenalin/Adrenalin der Vertebraten angesehen, bei denen Octopamin weitgehend fehlt. Neuere Untersuchungen legen auch für Tyramin eine eigenständige neuroaktive Rolle nahe. Seit Langem ist bekannt, dass Octopamin am Leuchtorgan von Leuchtkäfern als exzitatorischer Transmitter auftritt.

Gut untersucht ist auch die modulatorische Wirkung von Octopamin am Extensor-tibiae-Muskel des Sprungbeins der Heuschrecke *Schistocerca gregaria*. Beim **Hummer** (*Homarus americanus*) inhibiert Octopamin die exzitatorischen Flexorneurone, während das inhibitorische Flexorneuron erregt wird. Eine allgemeine Streckung des Abdomens (Körperextension) ist die Folge: Diese Aktion wird auch als **Unterwerfungshaltung** interpretiert, denn in einem Konflikt unterlegene Tiere drücken ihr ausgestrecktes Abdomen eng an den Boden und schließen ihre Scheren. Serotonin (s. u.) hat einen genau entgegengesetzten Effekt, nämlich eine allgemeine Körperflexion, die **Aggressionshaltung**. Die Tiere richten sich mit geöffneten Scheren, gestreckten Beinen und eingeschlagenem Abdomen hoch auf.

Serotonin und Histamin

Serotonin (5-Hydroxytryptamin, 5-HT) wird aus der Aminosäure **Tryptophan** synthetisiert und enthält einen mit dem Benzolring verknüpften, N-haltigen Fünferring (Indolamin, Abb. 13.33). Serotonerge Neurone findet man bei Säugetieren in und nahe der Mittellinie der **Raphekerne** (Nuclei raphes), die bei der Regulierung der Aufmerksamkeit, Schlaf-Wach-Zuständen und anderer komplexer kognitiver Funktion eine zentrale Funktion innehaben. Die Ausläufer dieser Zellen ziehen – ähnlich wie die der noradrenergen Zellen des Locus coeruleus (Abb. 13.32) – in weite Teile des Gehirns und des Rückenmarks.

Die **5-HT-Rezeptoren** werden aufgrund ihrer pharmakologischen Profile, ihrer primären Sequenz und ihres Signaltransduktionsmechanismus in **sieben Klassen** mit zum Teil weiteren Subtypen unterteilt: 5-HT_1 bis 5-HT_7. Mit Ausnahme des 5-HT_3-Rezeptors, der einen ligandengesteuerten, pentameren Kationenkanal (durchlässig für Na^+, K^+ und Ca^{2+}) bildet, gehören alle zur Superfamilie der G-Protein-gekoppelten Rezeptoren mit sieben transmembranen Domänen (▶ Abschn. 12.2.1). Alle fünf Subtypen des 5-HT_1-Rezeptors wirken über $G_{i/o}$-Proteine inhibitorisch auf die Adenylylcyclase, die Rezeptoren 5-HT_4, 5-HT_6 und 5-HT_7 aktivieren dieses Enzym über ihre Kopplung an G_s-Proteine. Die drei Subtypen der 5-HT_2-Rezeptorfamilie sind dagegen über G_q-Proteine mit dem Phosphoinositolsignaltransduktionssystem verbunden (▶ Abschn. 12.2.2).

Histamin ist chemisch gesehen weder ein Catecholamin noch ein Indolamin, sondern ein Imidazol. Es wird aus der

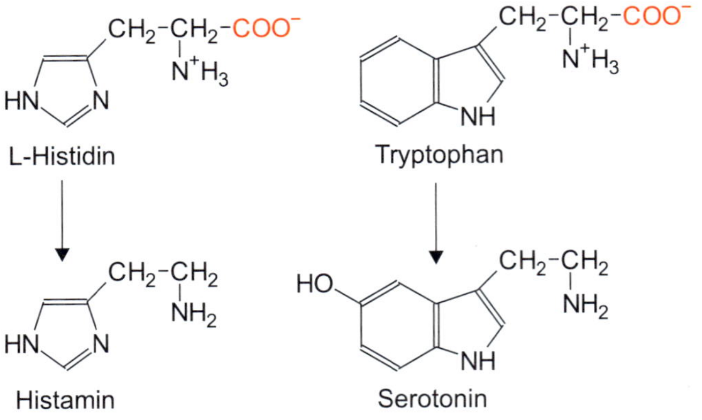

Abb. 13.33 Die Entstehung von Histamin aus L-Histidin und von Serotonin aus Tryptophan.

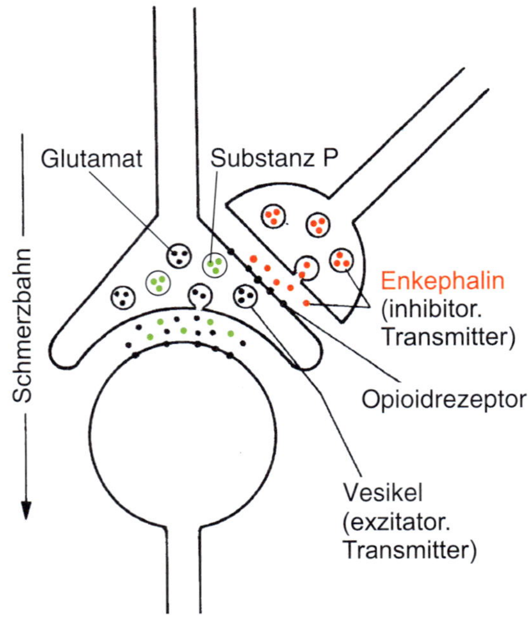

Abb. 13.34 Präsynaptische Hemmung der Schmerzbahn (Transmitter: Glutamat und Neuropeptid) durch ein enkephalinerges Neuron im Rückenmark der Säugetiere. Das Peptid Enkephalin als endogenes Opioid bindet an den Opioidrezeptor, an den auch Morphin bindet, worauf die analgetische Wirkung der Opioide zurückzuführen ist. (Nach Jessel TM, Iversen LL (1977) Opiate analgesics inhibit substance P release from rat trigeminal nucleus. Nature 268, 549–551.)

Aminosäure **Histidin** durch Decarboxylierung synthetisiert (Abb. 13.33) und ist ein verbreiteter Transmitter bei Invertebraten. Bei Arthropoden ist Histamin als Transmitter der Photorezeptoren etabliert und führt postsynaptisch zum Öffnen von histamingesteuerten Cl^--Kanälen. Bei Wirbeltieren ist es hauptsächlich ein bei Entzündungsreaktionen wirkendes lokales Hormon, daneben spielt es in hypothalamischen Neuronen mit Projektionen in weite Bereiche des Gehirns eine Rolle in der Regulation von Wachheit und Erregungszustand (*arousal*).

Neuropeptide

Neben den klassischen niedermolekularen Transmittern hat eine Vielzahl mehr oder weniger **kurzkettiger Peptide** (mit zwei bis zu etwa 50 Aminosäureresten) ebenfalls Transmitter- oder Modulatorfunktionen. Manche dieser Peptide wie das TRH (*thyreotropin-releasing hormone*), Somatostatin, das adrenocorticotrope Hormon (ACTH), Vasopressin, Cholecystokinin und Gastrin waren als Hormone schon länger bekannt, bevor man entdeckte, dass sie auch an bestimmten Synapsen des Nervensystems als Transmitter/Modulator auftreten können.

Besonderes Interesse haben zwei natürlich vorkommende Neuropeptidgruppen der Säugetiere – die längerkettigen **Endorphine** und die **Enkephaline**[315] (Pentapeptide: Leu- und Met-Enkephalin) – gefunden, die auch als **endogene Opioide** bezeichnet werden, weil an ihre Rezeptoren (Opioidrezeptoren) im Nervensystem auch verschiedene pflanzliche oder synthetische Alkaloide wie Morphin und Heroin binden. Darauf beruht die Tatsache, dass die Endorphine und Enkephaline ähnlich wie das Opium analgetische (schmerzlindernde) und euphorische Effekte auszulösen vermögen. **Naloxon** ist ein wirksamer Antagonist der endogenen Opioide, weil er die Rezeptoren (sog. μ-Rezeptoren) blockiert. Die Verteilung enkephalin- und endorphinhaltiger Neurone im Nervensystem ist deutlich voneinander verschieden. Während Enkephalin im gesamten Nervensystem verbreitet ist, beschränkt sich das Vorkommen von Endorphin fast ausschließlich auf den Hypothalamus. Es wird vermutet, dass Enkephalin die synaptische Transmission in nozizeptiven (schmerzverarbeitenden) Leitungsbahnen im Rückenmark durch präsynaptische Inhibition (▶ Abschn. 13.4.4) abzuschwächen bzw. zu blockieren vermag (Abb. 13.34).

Während die niedermolekularen Transmitter, wie wir gesehen haben, im gesamten Cytoplasma und somit auch – was für ihre Funktion von besonderer Bedeutung ist – in den Nervenendigungen selbst mithilfe von Enzymen synthetisiert werden können, bleibt die Synthese der **Neuropeptide** auf den Zellkörper (Soma) beschränkt, da sie nur an den Ribosomen ablaufen kann und – wie bei anderen sekretorischen Proteinen auch – die Maschinerie des endoplasmatischen Retikulums und Golgi-Apparats durchlaufen muss. Der Golgi-Apparat verpackt die Peptide schließlich in sekretorische Granula, die anschließend durch axonalen Transport in die Nervenendigungen gelangen (Tab. 13.11). Gewöhnlich entsteht zunächst ein viel größeres **Vorläufermolekül** (Präpropeptid, Abb. 13.35), aus dem erst später die aktiven Neuropeptide enzymatisch herausgeschnitten werden (**posttranslationale Modifikationen**).

Die Vielfalt der in jedem tierischen Organismus – Invertebraten wie Vertebraten – wirksamen Neuropeptide ist sehr groß. Viele Neuropeptide lassen sich aufgrund ihrer ähnlichen Aminosäuresequenzen zu Familien homologer Peptide vereinigen. Die Familien können Mitglieder aus verschiedenen Tiergruppen umfassen und dabei sehr unterschiedliche Funktionen haben. So hat zum Beispiel das Sulfakinin-1 der Schabe *Periplaneta* große Ähnlichkeit mit dem Gastrin II des Menschen

[315] *en-* (griech.) = in; *kephale* (griech.) = Kopf

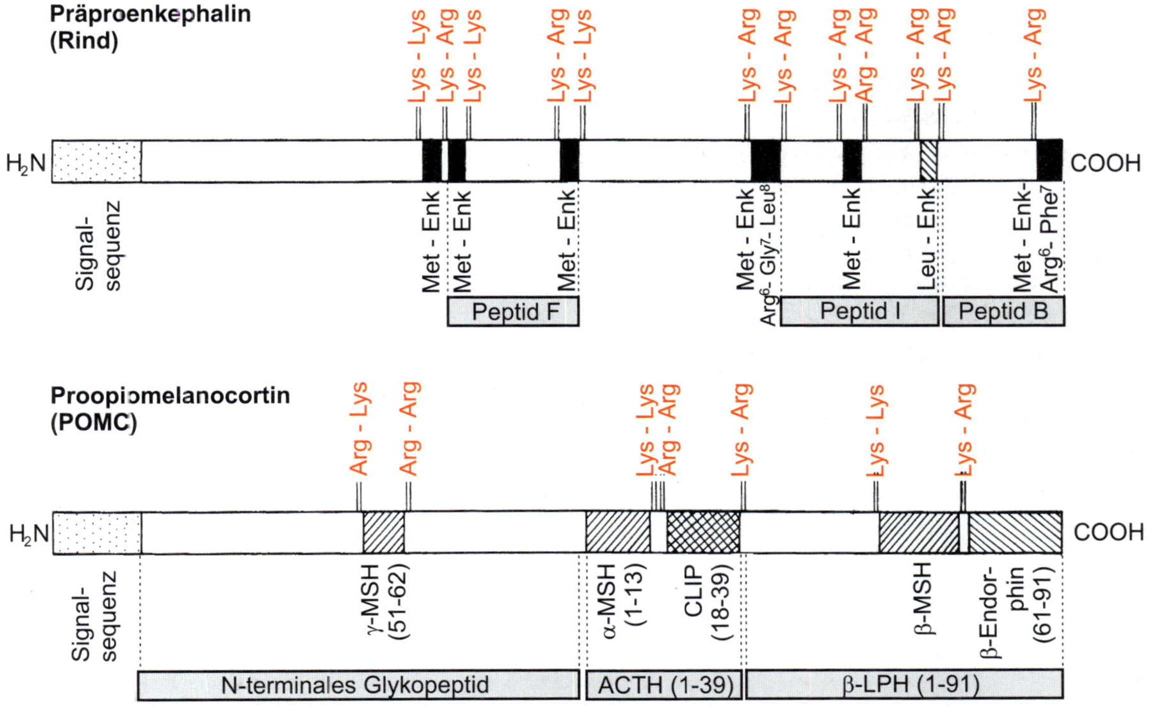

Abb. 13.35 Schematische Darstellung der Struktur des Präproenkephalins aus dem Rind sowie des Proopiomelanocortins. Peptidasen setzen aus diesen Sequenzen die wirksamen Peptide durch Spaltung an Paaren basischer Aminosäuren (Lys-Arg, Lys-Lys, Arg-Arg) frei. ACTH = adrenocorticotropes Hormon; Enk = Enkephalin; β-LPH = β-Lipotropin; MSH = Melanotropin (melanocytenstimulierendes Hormon); POMC = Proopiomelanocortin.

und das prothorakikotrope Hormon des Seidenspinners *Bombyx* mit der A-Kette des menschlichen Insulins. Inzwischen ist selbst beim Süßwasserpolypen *Hydra* die Expression eines Insulinrezeptorhomologs nachgewiesen, das in die Regulation von Wachstum und Differenzierung integriert ist.

Als Beispiel einer Peptidfamilie sollen die **Neurokinine** (ehem. Tachykinine) dienen, deren Mitglieder am C-terminalen Ende ihrer Peptidkette übereinstimmend die Aminosäuresequenz -Phe-X-Gly-Leu-Met-Amid aufweisen. Der erste Vertreter dieser Familie, das **Eledoisin**, wurde in den Speicheldrüsen des Tintenfischs *Eledone moschata* gefunden. Weitere Vertreter sind das Phyllomedusin, Kassinin, Physalämin und Uperolein, die alle in den Hautdrüsen von Amphibien (Frosch, Kröte) vorkommen. Schließlich gehört auch **Substanz P**, ein Undekapeptid, dazu. Es war das erste (1931) von U. von Euler und J. Gaddum aus dem Gehirn isolierte neuroaktive Peptid. Es hat bei Säugetieren eine vasodilatatorische Wirkung und senkt den Blutdruck. Auf die Muskulatur des Magen-Darm-Trakts wirkt es dagegen konstriktorisch. Substanz P spielt außerdem bei der synaptischen Transmission an nozizeptiven Neuronen (Abb. 13.34) eine wichtige Rolle. Das Peptit kann sowohl analgetische (bei hoher Sensitivität) wie auch hyperalgetische Effekte (bei niedriger Sensitivität) auslösen. Inzwischen sind aus verschiedenen Insekten tachykininverwandte Peptide isoliert und identifiziert worden, die C-terminal eine ähnliche Sequenz aufweisen: -Phe-X$_1$-Gly-X$_2$-Arg-Amid.

Neuropeptide kommen nicht selten mit niedermolekularen Transmittern vergesellschaftet in derselben synaptischen Endstruktur (**Colokalisation**, Tab. 13.8) oder sogar in denselben Vesikeln vor (**Cospeicherung**). Im letzteren Fall werden die Peptide stets auch gemeinsam mit dem niedermolekularen Transmitter freigesetzt. Cospeicherung und gemeinsame Freisetzung der Überträgerstoffe braucht aber noch nicht notwendigerweise auch Cotransmission zu bedeuten. Die **Cotransmission** setzt die Existenz entsprechender Rezeptoren für beide Substanzen in der Synapse voraus. Es ist erst wenig über das Zusammenspiel der beteiligten Substanzen im Rahmen der synaptischen Cotransmission bekannt. Man kennt synergistische, aber auch antagonistische Effekte.

Als Beispiel einer Cotransmission mit antagonistischem Effekt können bestimmte Neurone im Hippocampus dienen. Sie setzen bei ihrer Aktivierung sowohl Glutamat als auch das Opioidpeptid Dynorphin in den Synapsenspalt frei. Glutamat übt einen exzitatorischen, Dynorphin dagegen einen inhibitorischen Einfluss über spezifische Rezeptoren auf die postsynaptische Zelle aus. Die peptidfreisetzenden Granula sind stets größer als die Vesikel, die niedermolekulare Transmitter freisetzen. Sie benötigen auch keine Spezialisierung der präsynaptischen Membran für ihre **Exocytose**, sondern können sich an beliebigem Ort – auch außerhalb des synaptischen Bereichs – öffnen. Das freigesetzte Peptid wird schließlich enzymatisch abgebaut und verschwindet wieder. Es findet keine Wiederaufnahme (*reuptake*) der Spaltprodukte und Resynthese der Peptide in der synaptischen Struktur statt. Die ausgeschütteten Peptide müssen grundsätzlich vom Soma her durch axoplasmatischen Transport nachgeliefert werden.

Stickstoffmonoxid

Das gasförmige **Stickstoffmonoxid** (NO, Stickoxid), eines der kleinsten Moleküle in der Natur, hat im Säugetier vielfältige biologische Funktionen als **transzellulärer Botenstoff**. Es diffundiert sehr leicht durch Membranen und ist außerordentlich kurzlebig. Im **Gehirn** wird eine Funktion als retrograder Botenstoff (von der post- auf die präsynaptische Zelle wirkend) im Rahmen einer Regulierung der Transmitterfreisetzung diskutiert. NO wird zum Beispiel bei Einwirkung des Transmitters Glutamat über NMDA-Rezeptoren durch Aktivierung des Enzyms NO-Synthase in den Neuronen erzeugt, verlässt die Zelle sehr leicht und wirkt auf benachbarte Zellen, ohne dass besondere Oberflächenrezeptoren notwendig sind.

In der Peripherie wird NO zum Beispiel durch Aktivität des Parasympathikus von Endothelzellen der Blutgefäße freigesetzt und bewirkt über die Aktivierung der Guanylylcyclase und damit Akkumulation von cGMP in der glatten Gefäßmuskulatur eine Relaxation der glatten Muskelzellen (Blutgefäße, Schwellkörper des Penis, ▶ Box 5.3).

13.5 Erregungsübertragung: elektrische Synapsen

Bei den **elektrischen Synapsen** wird im Gegensatz zu der chemischen Signalübertragung der ankommende Nervenimpuls direkt – ohne Einschaltung eines Botenstoffes (Transmitters) – auf die kontaktierte Zelle übertragen (**elektrische Kopplung der Zellen**; ◻ Abb. 13.36). Die elektrische Transmission stellt mit hoher Wahrscheinlichkeit keine gegenüber der chemischen Transmission ursprünglichere Form des interzellulären Informationstransfers dar. Sie hat sich in der Phylogenie an solchen Strukturen sekundär herausgebildet, bei denen es ausschließlich auf eine schnelle Weiterleitung der elektrischen Impulse ankommt, aber nicht auf einen in vielfacher Hinsicht »modulierbaren« Transfer.

Bei elektrischen Synapsen treten kaum Verzögerungen in der Weitergabe der Erregung auf (Überleitungszeit <0,1 ms). Im Bereich der elektrischen Synapse nähern sich die Plasmamembranen der Zellen einander bis auf 3 nm an. Grundlage für die elektrische Kopplung ist neben einer genügend großen Kontaktfläche, dass beide beteiligten Zellen durch interzelluläre Brücken miteinander elektrisch leitend (niedriger Widerstand!) in Verbindung getreten sind. Das geschieht durch **Gap Junctions**[316], zellverbindende Strukturen, die auch in vielen nichtneuronalen Geweben (Epithelien, mesenchymale Gewebe, Herzmuskel) zu finden sind. Weitere Besonderheiten der elektrischen Synapse gegenüber der chemischen sind in der ◻ Tab. 13.12 gegenübergestellt.

Das funktionelle Element der Gap junctions sind die **Connexone** (◻ Abb. 13.36), die aus sechs rosettenartig angeordneten und einen Kanal von ca. 2 nm Durchmesser umschließenden

[316] *gap* (engl.) = Spalte, Kluft; *junction* (engl.) = Verbindung

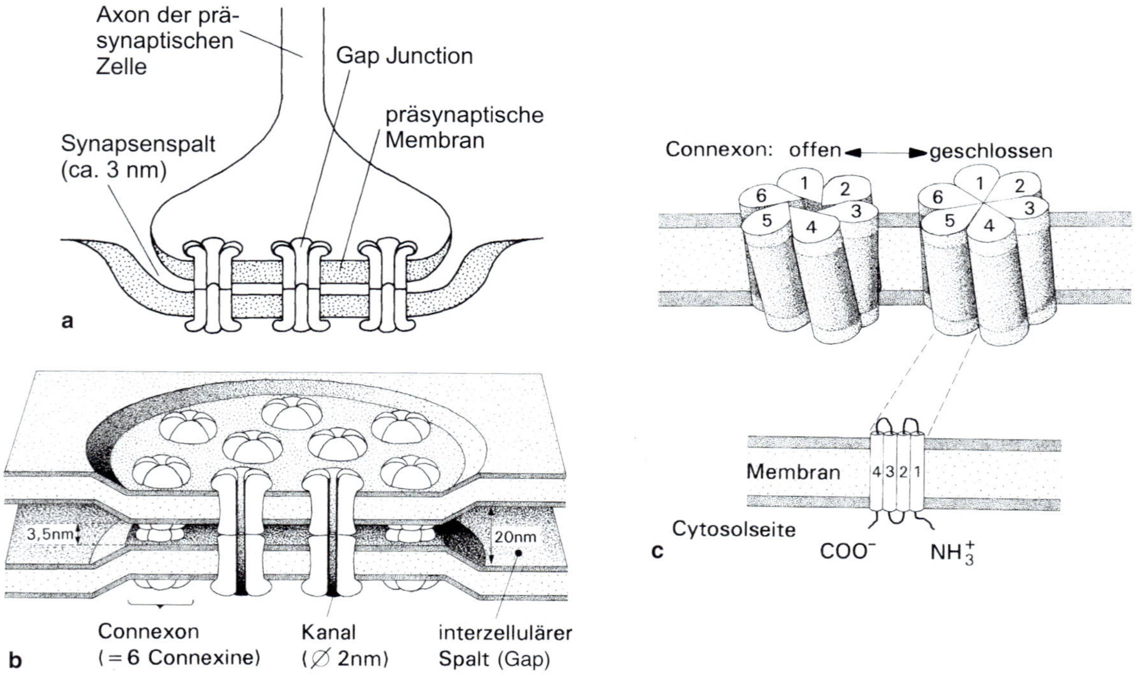

◻ **Abb. 13.36 a** Aufbau einer elektrischen Synapse (stark schematisiert). Die prä- und postsynaptischen Membranen sind in ihrer Dicke stark überhöht dargestellt. **b, c** Gap Junctions. Die Connexone bestehen aus sechs identischen Polypeptidketten (Connexinen). Sie liegen in den Membranen der beiden beteiligten Zellen genau gegenüber, sodass ein durchgehender Kanal entsteht. Beim Übergang vom offenen in den geschlossenen Zustand führen die Connexine eine radiale und tangentiale Bewegung durch (rechts). Ein einzelnes Connexin weist vier transmembrane α-Helices auf. (Nach Unwin PNT, Zampighi G (1980) Structure of the junction between communicating cells. Nature 283, 545–549; Makowski L, Caspar DLD, Phillips WC, Baker TS, Goodenough DA (1984) Gap junction structures VI. Variation and conservation in connexion conformation and packing. Biophys J 45, 208–218.)

Connexinen bestehen. Die Connexone der beiden beteiligten Zellmembranen liegen genau übereinander, sodass ein beide Membranen durchsetzender Kanal entsteht. Jedes Connexin weist vier transmembrane α-Helices auf. Der Kanal kann sich durch Konformationsänderung reversibel öffnen und wieder schließen. Durch ihn können Ionen und kleinere Moleküle (Zucker, Aminosäuren, Nucleotide) von <1 kDa zwischen den Zellen ausgetauscht werden.

Eine **elektrische Erregungsübertragung** findet man wegen der hohen Übertragungsgeschwindigkeit besonders in solchen Systemen, die auf eine schnelle Weitergabe der Erregung optimiert sind, wie zum Beispiel im Rahmen der Auslösung des **Fluchtverhaltens**: in den **Riesenfasersystemen** bei Regenwurm (*Lumbricus*), Crustaceen, Insekten und Cephalopoden. Dieser Vorteil der unverzögerten Weitergabe der Erregung ist mit dem Nachteil verbunden, dass die Synapse ihre Funktion als Ort komplexer Interaktionen zwischen Transmittern und Modulatoren, als Ort der Informationsverarbeitung und Plastizität einbüßt. Die Zellen, die über eine elektrische Synapse miteinander gekoppelt sind, verschmelzen miteinander zu einem **funktionellen Syncytium** und verlieren weitgehend ihre funktionelle Selbständigkeit.

Die gut untersuchten **polarisierten Synapsen** zwischen der lateralen Riesenfaser und den motorischen Neuronen im Flusskrebs (▣ Abb. 13.37) arbeiten wie **Gleichrichter**, indem sie einem positiven Strom von der prä- zur postsynaptischen Faser einen geringen Widerstand entgegensetzen, einem Strom in entgegengesetzter Richtung dagegen einen großen Widerstand. Es breitet sich also eine Depolarisation der präsynaptischen Faser über die Synapse auf die postsynaptische Faser aus, nicht

▣ **Tab. 13.12** Elektrische und chemische Synapsen im Vergleich.

Merkmal	elektrische Synapse	chemische Synapse
Synapsenspalt	–	20–30 nm
cytoplasmatischer Kontakt	ja	nein
ultrastrukturelle Komponenten	Gap Junctions	präsynaptisch: Vesikel postsynaptisch: Rezeptoren
Erregungsübertragung durch	Ionenstrom	chemische Transmitter
synaptische Verzögerung	minimal: <0,1 ms	bis 10 ms
Erregungsweitergabe	bi- oder unidirektional	unidirektional

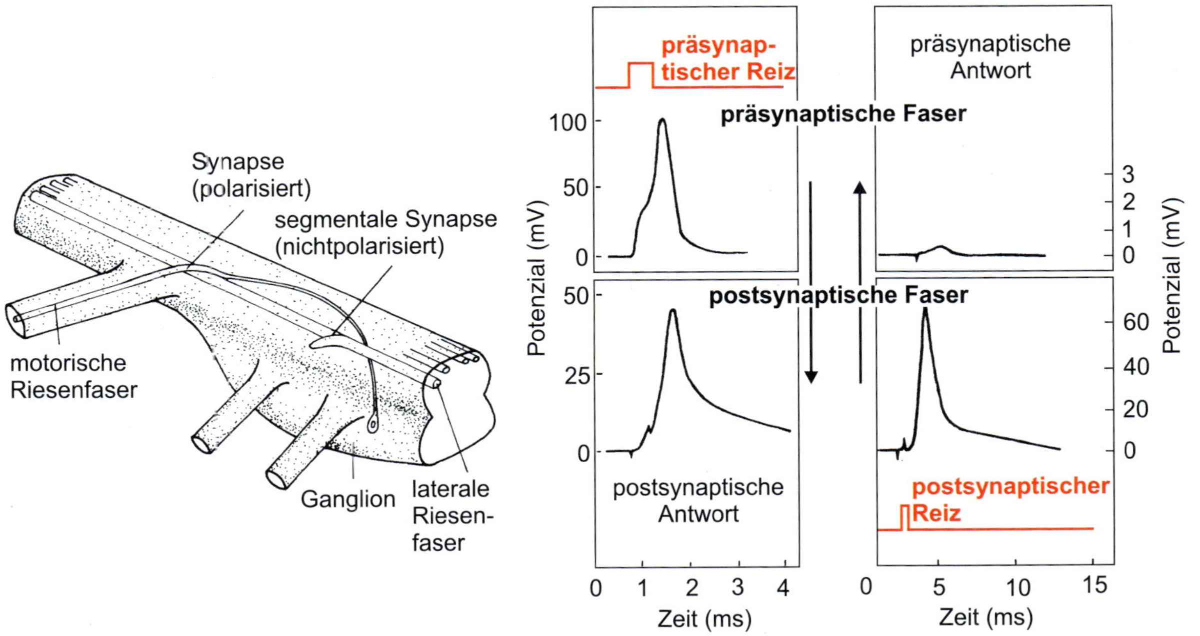

▣ **Abb. 13.37** Die Riesenfasern mit ihren segmentalen (nichtpolarisierten) Synapsen und den Synapsen mit den Motoneuronen (polarisiert) im abdominalen Ganglion des Flusskrebses *Cambarus*. Bei Reizung der präsynaptischen Fasern wird der Impuls von der lateralen Riesenfaser auf die motorische Riesenfaser übertragen. Bei Reizung der postsynaptischen Faser erfolgt in umgekehrter Richtung keine Impulsweitergabe (Gleichrichterwirkung). (Nach Furshpan EJ, Potter DD (1959) Transmission at the giant motor synapses of the crayfish. J Physiol 145, 289–325.)

aber eine Hyperpolarisation. Diese würde sich in entgegengesetzter Richtung ausbreiten.

Zu den Synapsen mit einer elektrischen Erregungsübertragung zählen außerdem die monosynaptischen Verknüpfungen zwischen sich überkreuzenden Axonen im diffusen Nervensystem der **Cnidaria** sowie zwischen den im Bauchmark des **Regenwurms** und des **Flusskrebses** *Cambarus* verlaufenden Riesenfasern (nur die lateralen beim Flusskrebs, Abb. 13.37). Sie sind im Gegensatz zu dem oben erwähnten Beispiel **nicht polarisiert**, das heißt, die Erregung kann in beiden Richtungen weitergegeben werden.

Über elektrische Synapsen mit ihren minimalen synaptischen Verzögerungen können sich Erregungen in einem Zellverband sehr schnell ausbreiten und so eine weitgehende **Synchronisation** der vielen Einzelaktivitäten herbeiführen. So findet man zum Beispiel elektrische Synapsen im **Myokard der Wirbeltiere** zwischen den Herzmuskelzellen (▸ Abschn. 5.4.2), in der glatten **Muskulatur des Darms** (Peristaltik) und zwischen den Neuronen, die die **Elektroplatten** der elektrischen Fische (▸ Abschn. 25.2) innervieren (Synchronisation der Einzelentladungen).

Besonderes Interesse haben die **Mauthner-Zellen** gefunden (Abb. 13.38). Die von Ludwig Mauthner* (1859) im Rückenmark des Hechts (*Esox lucius*) entdeckten zwei **Riesenaxone** sind bei den meisten **Fischen**, **Urodelen** und **Kaulquappen** zu finden. Sie fehlen bei adulten Elasmobranchiern, Anguilliformes (Aalartige) und vielen marinen Bodenfischen. Bei den Anuren gehen sie mit der Metamorphose verloren. Die dazugehörigen Zellkörper sind auffallend groß (bis 100 µm im Durchmesser) und liegen symmetrisch zueinander in der Medulla oblongata im Boden des vierten Ventrikels auf der Höhe des achten Hirnnervs (Nervus statoacusticus). Sie sind eine der ersten Zellen, die bei der Entwicklung des Nervensystems auftreten (bereits am Ende der Gastrulation).

Von den Zellen gehen neben kleineren zwei große Dendriten aus, ein **Ventral-** und ein **Lateraldendrit** (Abb. 13.38). Letzterer zieht nahezu ohne Verzweigung zum Deiters-Kern (Nucleus vestibularis lateralis). Der Ventraldendrit endet im motorischen Haubenkern (Nucleus motorius tegmenti) des Mittelhirns. Auf der Oberfläche der Zelle befinden sich etwa 200 000 synaptische Endknöpfchen (Kaulquappe). Der nichtmyelinisierte Anfangsteil des Axons sowie der Axonhügel sind von einer **Axonkappe** umschlossen. Sie besteht aus einem spezialisierten Neuropil, das von einer dicken Lage Gliazellen umschlossen wird. Die **Axone** führen medial zur Mittellinie der Medulla, überkreuzen sich dort und ziehen dann im Rückenmark ventral vom Zentralkanal kaudalwärts. Über Kollateralen stehen sie mit den ipsilateralen motorischen Vordersäulenzel-

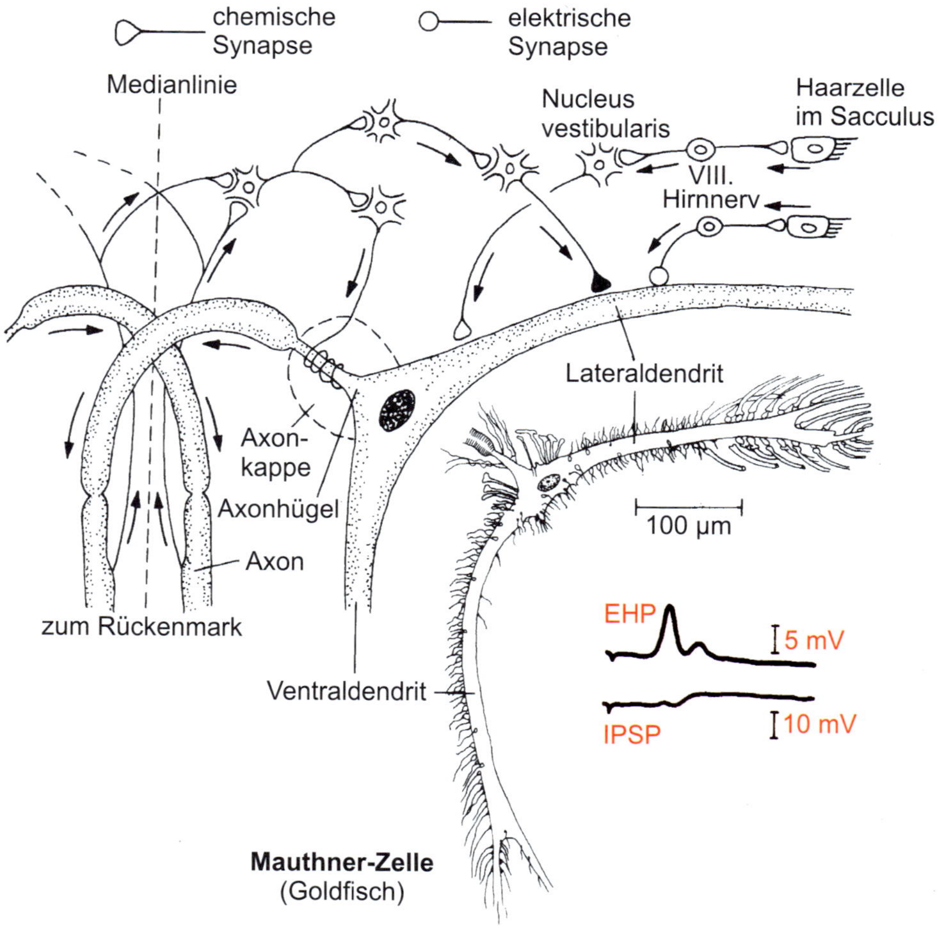

Abb. 13.38 Die Mauthner-Zelle eines Goldfischs und ihre synaptischen Eingänge. Das registrierte EHP in der Axonkappe und das IPSP am Axonhügel, hervorgerufen durch Impulse der kontralateralen Mauthner-Zelle. EHP = extrinsisches hyperpolarisierendes Potenzial; IPSP = inhibitorisches postsynaptisches Potenzial. (Nach Furukawa T (1966) Synaptic interaction at the Mauthner cell of golodfish. Progr Brain Res 21A, 44–70, verändert.)

len in Verbindung, die die Rumpf- und Schwanzmuskulatur versorgen.

Eingänge erhalten die Mauthner-Zellen hauptsächlich über Fasern des Nervus vestibulocochlearis (VIII. Hirnnerv) aus dem auditorischen und dem Vestibulo-lateralis-Apparat (**elektrische Synapsen**). Einige Fasern treten nicht direkt, sondern über den Nucleus vestibularis (Umschaltung auf ein neues Neuron) an die Mauthner-Zellen heran (chemische Synapsen). Die Existenz sowohl einer mono- wie auch einer disynaptischen Bahn erinnert an die Verhältnisse bei den Crustaceen. Daneben existieren polysynaptische, inhibitorische Rückkopplungsschleifen über Kollateralen (vergleichbar mit den Renshaw-Zellen im Rückenmark). Die einen bilden inhibitorische chemische Synapsen am Lateraldendriten. Die anderen Fasern winden sich innerhalb der Axonkappe um Axonhügel und Initialsegment. Sie wirken wie eine Quelle und erzeugen beim Eintreffen von Aktionspotenzialen eine externe Positivität, das **EHP** (extrinsisches hyperpolarisierendes Potenzial) durch das ein inhibitorischer Effekt auf die Generierung von Aktionspotenzialen am Axonhügel der Mauthner-Zelle ausgeübt wird. Das EHP kann bei intrazellulären Ableitungen nicht registriert werden.

Der über die Mauthner-Zellen vermittelte **Reflex** (Abb. 13.39) wird vom Vestibularapparat oder vom Seitenliniensystem über den Nervus vestibulocochlearis ausgelöst und weist eine sehr kurze Reflexzeit auf. Die Riesenaxone besitzen einen Durchmesser von 50–80 µm und damit eine Erregungsleitungsgeschwindigkeit von 60–100 m s^{-1} Ranvier-Schnürringe fehlen. Die Aktionspotenziale werden alle 2–2,5 mm an besonderen, aktiven Orten, die sich durch eine sehr hohe Dichte an spannungsgesteuerten Na^+-Kanälen auszeichnen, neu generiert. Die Reflexantwort besteht in einer kraftvollen Kontraktion der Rumpf- und Schwanzmuskulatur auf der kontralateralen Seite, wodurch sich das Tier »sprunghaft« seitlich fortbewegt. Synchrone Erregung beider Mauthner-Zellen führt zu keiner Reaktion. Die biologische Bedeutung des Reflexes besteht in der Flucht vor einem Räuber.

Bei **Säugetieren** findet man im **Hirnstamm** viele elektrische Synapsen (Abb. 13.40). Im Kerngebiet des Nervus trigeminus im Mittelhirn sind sowohl zwischen Perikaryen untereinander als auch zwischen Perikaryen und den Initialsegmenten der Axone elektrische Synapsen bekannt. Im Deiters-Kern des Nervus statoacusticus sind Zellen über Axonterminale elektrisch miteinander verbunden. Im inferioren Olivenkern schließlich sind zwischen dendritischen Spines elektrische Synapsen ausgebildet. Diese Spines erhalten gleichzeitig Kontakte über chemische Synapsen. Man nimmt an, dass bei Aktivität dieser Synapsen der Strom von der elektrischen Synapse fortgeleitet wird und dadurch die beiden Spines elektrisch entkoppelt werden (Abb. 13.40).

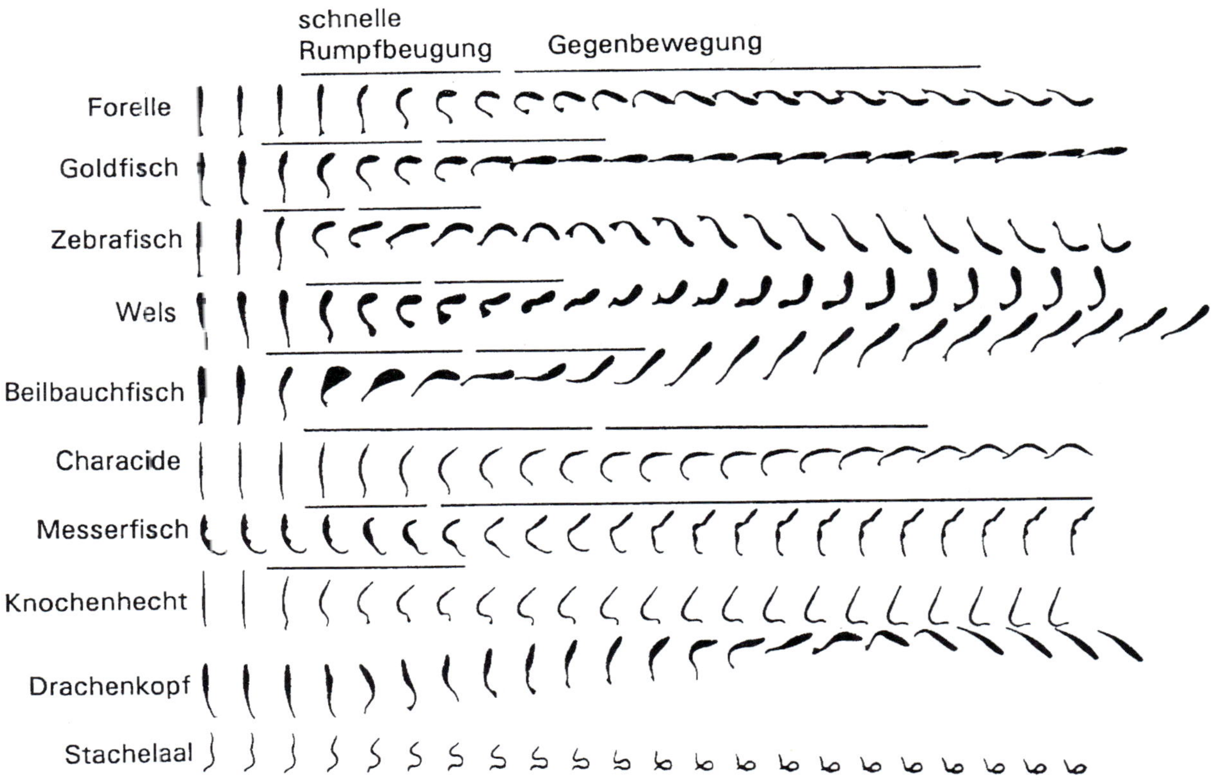

Abb. 13.39 Schreckreaktionen verschiedener Knochenfische. Die Silhouetten der Fische sind nach Bildern im Abstand von 5 ms gezeichnet. Erstes Bild: 5 ms vor der Reizsetzung (leichtes Klopfen mit einem Hämmerchen an der Aquariumwand). (Nach Eaton RC, Bombardieri RA, Meyer DL (1977) The Mauthner-initiated startle response in teleost fish. J Exp Biol 66, 65–81.)

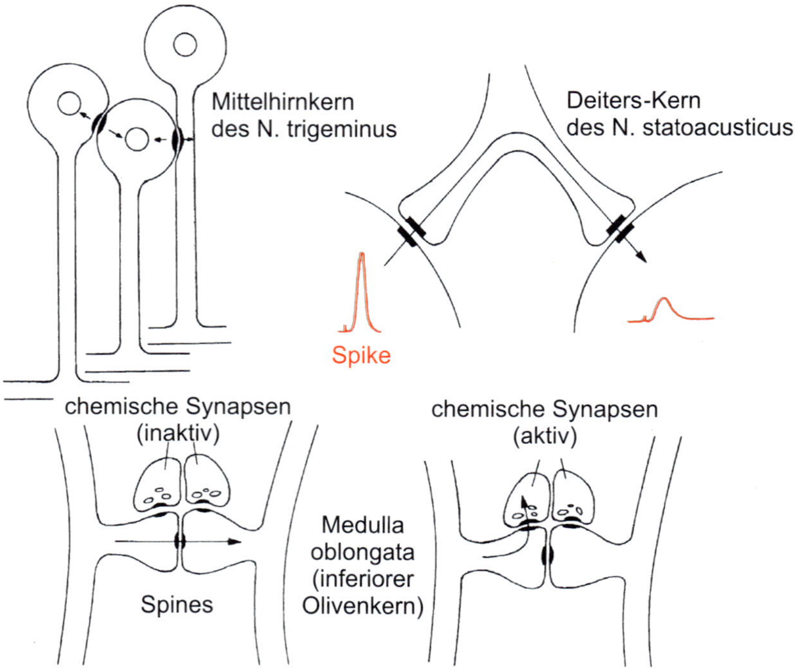

Abb. 13.40 Beispiele elektrischer Synapsen im Säugetiergehirn. Weitere Erläuterungen im Text. (Aus Shepherd GM (1993) Neurobiologie. Springer, Berlin, Abb. 7.3, S. 97.)

13.6 Nervensysteme

13.6.1 Nervennetze, Ganglien, Gehirne

Abhängig von der Evolutionsstufe zeigen Nervensysteme im Tierreich unterschiedlichen Organisations- und Komplexitätsgrad. Die einfachsten Nervensysteme findet man bei Cnidariern in Form diffuser Nervennetze, wie sie zum Beispiel für Hydropolypen charakteristisch sind (Abb. 13.41). Bereits hier finden sich allerdings Konzentrationen an Nervenzellen im Bereich der Tentakeln und Mundöffnung. Bei Medusen sind Neurone in einem Nervenring am Mantelrand konzentriert. Obwohl augenscheinlich sehr einfach organisiert, finden sich bereits auf der Entwicklungsstufe der Cnidaria alle auch bei höheren Organismen anzutreffenden Neurotransmittersysteme, inklusive biogener Amine, Neuropeptide sowie der klassischen Transmitter GABA, Acetylcholin und Glutamat.

Mit dem Übergang zur Bilateralsymmetrie bildet sich bei den wurmförmigen Plathelminthes und Nemathelminthes in zunehmendem Maße ein Kopf (**Cephalisation**) mit einer Mundöffnung und der Konzentration wichtiger Sinnesorgane zur Fortbewegung und Nahrungsaufnahme. Dies wird begleitet von einer **Cerebralisation**, einer Konzentration von Nervenzellen im Kopfbereich. Das Nervensystem von Plathelminthes und Nemathelminthes besteht aus **Marksträngen**, Konzentrationen aus Nervenfasern und Somata, die den Körper in Längsrichtung durchziehen, den Hautmuskelschauch versorgen und über ringförmige Kommissuren miteinander verbunden sind (Abb. 13.41). Eine Konzentration von Nervenzellen zu einem »Gehirn« findet sich über dem Schlund im Kopfbereich. Das Nervensystem des Nematoden *Caenorhabditis elegans* zählt

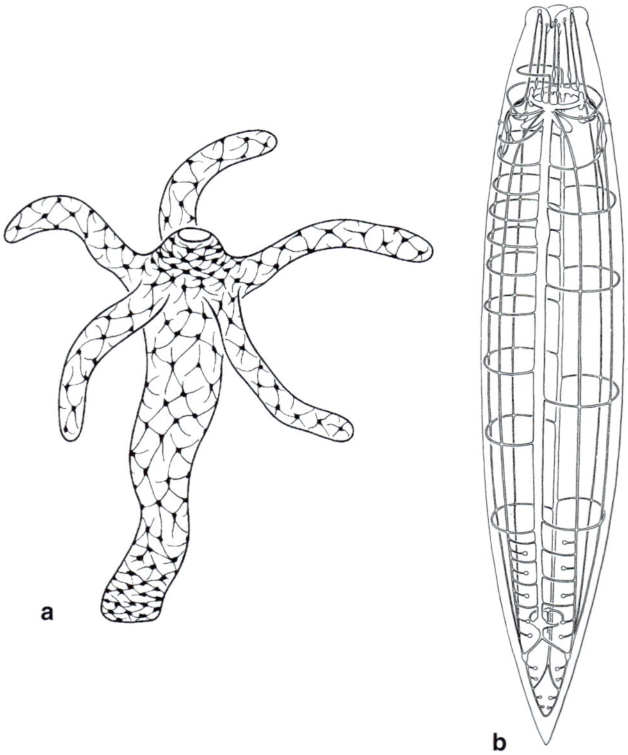

Abb. 13.41 Nervensysteme der Cnidaria und Nematoda. **a** Nervennetz eines Süßwasserpolypen. Konzentrationen an Neuronen finden sich im Bereich des Fußes und der Mundöffnung. **b** Nervensystem des Spulwurms *Ascaris* (Nematoda), Ventralansicht. Das Nervensystem ist durch einen Nervenfaserring um den Schlund (»Gehirn«) gekennzeichnet, mehrere posterior ziehende Markstränge (insbesondere ein ventraler Markstrang) sowie kleinere Ganglien im Schwanz- und Kopfbereich. (b aus Bullock TH, Horridge GA (1965) Structure and functions in the nervous systems of invertebrates. Vol I. Freeman, San Francisco, Abb. 11–8, S. 606.)

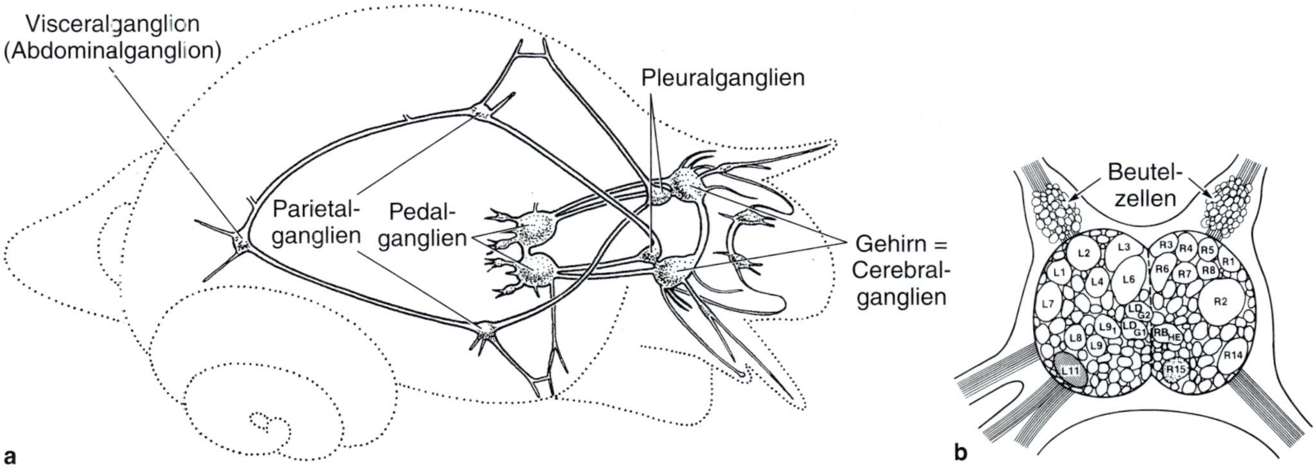

Abb. 13.42 Nervensysteme der Mollusken. **a** Nervensystem der Schnecke *Littorina*. Neben einem Paar Cerebralganglien (»Gehirn«) können fünf Paare weiterer Ganglien identifiziert werden. **b** Dorsalansicht auf die Somaschicht des Abdominalganglions von *Aplysia californica*. Die endokrinen *bag*-Zellen sowie andere individuell identifizierte Neurone haben vegetative Funktionen bei der Kontrolle der Eiablage (Beutelzellen), des Herz-Kreislauf-Systems (R3-8, R14) sowie bei der Regulation des Wasserhaushalts (R15). (a aus Czihak G, Langer H, Ziegler H (1976) Biologie. Springer, Berlin, S. 451, Abb. 5.136; b aus Scheller RH, Kaldany R-R, Kreiner T, Mahon AC, Nambu JR, Schaefer M, Taussig R (1984) Neuropeptides: Mediators of behavior in *Aplysia*. Science 225, 1300–1308, Abb. 1C, S. 1301.)

zu den am besten untersuchten Nervensystemen im Tierreich (www.wormatlas.org). Der hermaphroditische Wurm besitzt lediglich 302 Neurone, von denen jedes individuell katalogisiert und charakterisiert ist. Die Neurone sind über etwa 6400 chemische und 900 elektrische Synapsen (Gap Junctions) miteinander verbunden. Die meisten Neurone liegen in einem Ganglion/Schlundring im Kopf (»Gehirn«) und sind an der Steuerung der Schwimmbewegung, der Sinneswahrnehmung usw. beteiligt. Eine weitere Neuronenkonzentration liegt im Schwanz.

Das Nervensystem von Mollusken zeigt eine sehr unterschiedliche Organisationshöhe. Bei Gastropoden ist eine Organisation in fünf bis sechs Ganglienpaaren charakteristisch. Ein **Ganglion** ist generell ein Nervenknoten – eine Konzentration von Neuronen –, wobei bei Invertebraten die Somata der unipolaren Neurone in einer peripheren Somarinde liegen und an der elektrischen Erregungsbildung nicht beteiligt sind, während Neurite und Synapsen in einem zentralen **Neuropil** konzentriert sind. Neben den Cerebralganglien werden die die Fußmuskulatur versorgenden Pedalganglien, die die Mantelmuskulatur kontrollierenden Pleuralganglien, die Buccalganglien und die Abdominal-/Visceralganglien unterschieden (Abb. 13.42). Bei Mollusken kommen durch Polyploidie Riesennervenzellen vor, deren Somadurchmesser Größen von mehr als einem Millimeter erreichen und daher experimentell besonders gut zugänglich sind (Abb. 13.42b). Ein Modellorganismus, der vor allem im Hinblick auf die zellulären und molekularen Mechanismen der Gedächtnisbildung (▶ Abschn. 13.8.2), der Nahrungsaufnahme sowie des Eiablageverhaltens untersucht ist, ist der Kalifornische Seehase *Aplysia californica*. Eine besonders hohe Entwicklungsstufe des Nervensystems haben Cephalopoden erreicht, bei denen Cerebral-, Pedal- und Pleuralganglien zu einem kompakten Gehirn fusioniert sind. Mit über 500 Mio. Nervenzellen ist das Gehirn des Tintenfischs *Octopus vulgaris* das komplexeste Nervensystem von Invertebraten. Riesensynapsen und Riesenfasersysteme mit einem Axondurchmesser von bis zu 1 mm erlauben bei Kalmaren hohe Leitungsgeschwindigkeiten und damit besonders schnelle Schwimmbewegungen (Abb. 13.14).

Charakteristisch für Anneliden und Arthropoden ist das Strickleiternervensystem, bei dem jedem Körpersegment ein Paar Ganglien zugeordnet sind. Diese sind durch Bündel von Neuriten in Längsrichtung (**Konnektive**) und bilateral (**Kommissuren**) miteinander verbunden. Bei Insekten kommt es im Kopf sowie artspezifisch auch im Thorax und Abdomen zur Fusionierung mehrerer segmentaler **Neuromere**. Das übergeordnete neuronale Steuerzentrum ist das Gehirn, welches sich aus dem Ober- und dem Unterschlundganglion zusammensetzt. Jedes dieser beiden Ganglien ist wahrscheinlich aus drei segmentalen Neuromeren entstanden (Oberschlundganglion: Protocerebrum, Deutocerebrum, Tritocerebrum, Abb. 13.43). Bei hemimetabolen Insekten sind Ober- und Unterschlundganglion durch Schlundkonnektive getrennt, während sie bei holometabolen Insekten zu einem kompakten Gehirn fusioniert sind, durch das lediglich der Ösophagus zieht.

Den größten Teil des Oberschlundganglions von Insekten nimmt das **Protocerebrum** ein. Hier enthalten die optischen Loben, die der Verarbeitung visueller Signale vom Komplexauge dienen, oft weit über 50 % aller Neurone. Jeder optische Lobus besteht aus drei Neuropilen: der Lamina, der Medulla und dem Lobulakomplex. Letzterer besteht bei Fliegen, Käfern und Schmetterlingen aus zwei Untereinheiten: der Lobula und der Lobulaplatte (▶ Abschn. 18.4.3). Lamina, Medulla und die Eingangsstationen des Lobulakomplexes zeigen eine retinotope Organisation, das heißt, benachbarte Punkte im Sehraum werden von benachbarten Neuronen analysiert. Im Zentralhirn lassen sich zwei hochgeordnete Gehirnbereiche unterscheiden: die paarigen **Pilzkörper** und eine Gruppe von zentral gelegenen Neuropilen, die als **Zentralkomplex** zusammengefasst werden (Abb. 13.43). Jeder Pilzkörper besteht aus Tausenden (bei der Honigbiene 170 000) kleinen Neuronen, den Kenyon-Zellen, deren dendritische Verzweigungen den Calyx bilden. Axone ziehen dann über den Pedunculus in den vertikalen und medialen Lobus. Der Pilzkörper erhält olfaktorischen, bei bestimmten Arten auch visuellen und mechanosensorischen Eingang und wird als Ort des Geruchsgedächtnisses angesehen (▶ Abschn. 13.8.3). Der Zentralkomplex umfasst die die Gehirnmittellinie überspannende Protocerebralbrücke und den Zentralkörper. Ihm wird eine Funktion bei der Verhaltenssteuerung, vor allem im Hinblick auf räumliche Orientierung und Navigation zugesprochen. Eingänge von polarisationsempfindlichen Neuronen deuten auf eine Funktion als interner Himmelskompass hin (▶ Abschn. 18.6). Neuronale Zellgruppen im superioren Protocerebrum, der Pars intercerebralis und Pars lateralis kontrollieren die Peptidhormonabgabe analog zum Hypothalamus von Wirbeltieren. Ihre axonalen Fortsätze ziehen zu den Corpora cardiaca (Neurohämalorgan) und Corpora allata (Hormondrüse) in der Nähe des Hypocerebralganglions, von wo verschiedene Peptidhormone und Juvenilhormon freigesetzt werden (▶ Abschn. 14.4.3; Abb. 13.43b).

Sinneszellen der Antenne projizieren in den zweiten Gehirnabschnitt, das **Deutocerebrum**. Sein Hauptbestandteil ist der **Antennallobus**, ein Neuropil, das analog zum Bulbus olfactorius der Wirbeltiere aus Glomeruli, kleinen Neuropilkondensationen, besteht, von denen jedes eine bestimmte Geruchsspezifität aufweist. Projektionsneurone ziehen vom Antennallobus direkt zum Calyx des Pilzkörpers.

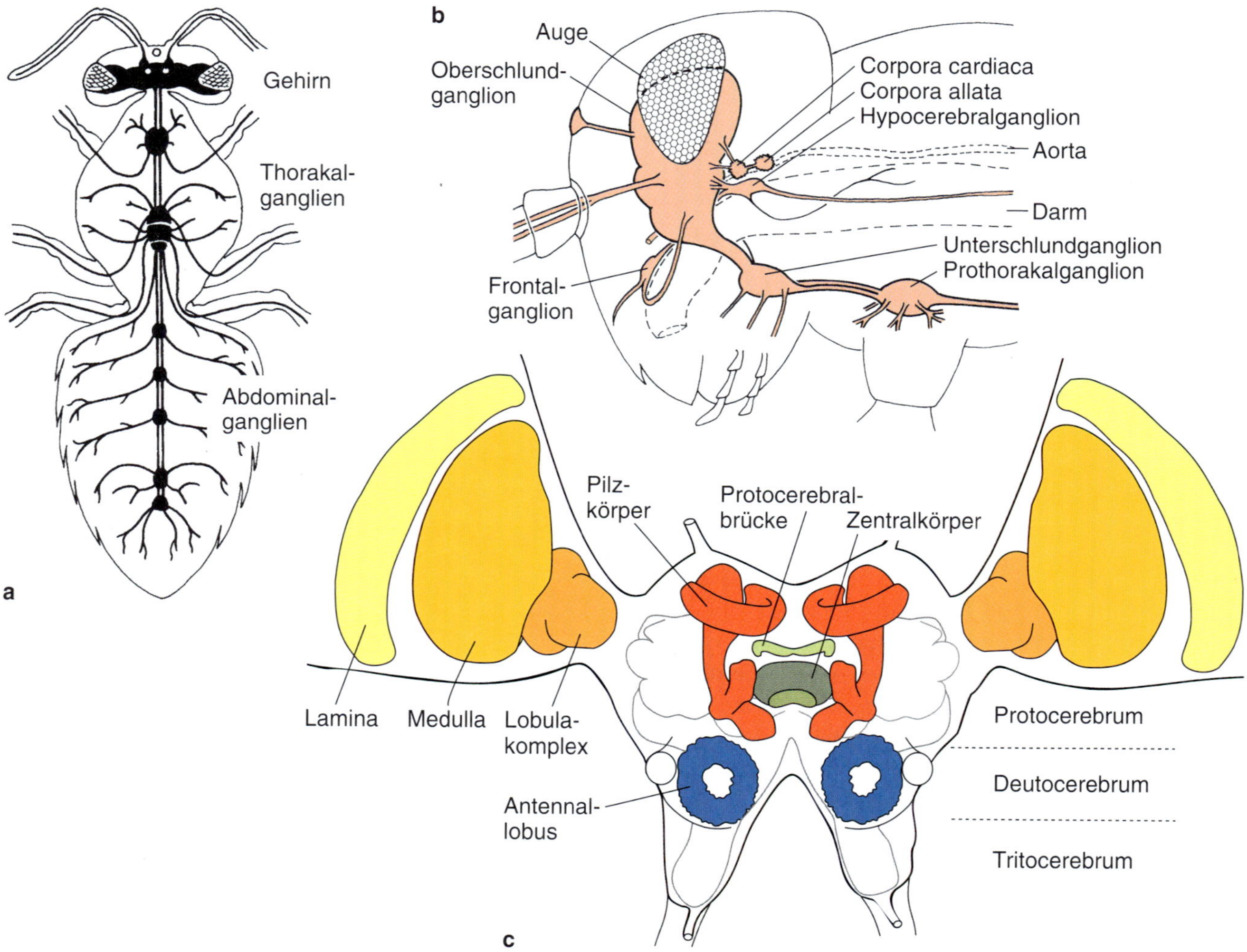

Abb. 13.43 Nervensystem der Insekten. **a** Nervensystem einer Bienenarbeiterin. Ober- und Unterschlundganglion sind zu einem kompakten Gehirn fusioniert. Weitere Fusionen von Ganglien finden sich im Thorax und Abdomen. **b** Seitliche Ansicht der Kopfganglien eines Insekts mit stomatogastrischem Nervensystem. Das Oberschlundganglion steht über Schlundkonnektive mit dem Unterschlundganglion in Verbindung. Frontal- und Hypocerebralganglion kontrollieren die Darmtätigkeit. **c** Frontalansicht auf das Gehirn der Wüstenheuschrecke mit den wichtigsten Neuropilen. Die beiden optischen Loben (Lamina, Medulla, Lobulakomplex) enthalten fast 2/3 aller Gehirnneurone. (a und b aus Siewing R (1980) Lehrbuch der Zoologie. Bd. 1 Allgemeine Zoologie, 3. Aufl. Fischer, Stuttgart, S. 562, Abb. 16.16 und Abb. 16.17.)

Das **Tritocerebrum** bildet den kleinsten Gehirnabschnitt. Es hat teilweise vegetative Funktionen und kontrolliert über das Frontalganglion und Hypocerebralganglion die Darmaktivität (Abb. 13.43b). Die Ganglien des Bauchmarks kontrollieren die Aktivität der jeweiligen segmentalen Muskulatur, Neurone des Unterschlundganglions die Bewegungen der Mundwerkzeuge und die Nahrungsaufnahme, Neurone der Thorakalganglien die Bein- und Flugmuskulatur und im terminalen Abdominalganglion die Geschlechtsorgane.

13.6.2 Zentralnervensystem der Wirbeltiere

Das Zentralnervensystem der Wirbeltiere entsteht in der Embryogenese als dorsale Einsenkung der Neuralplatte, die sich zum **Neuralrohr** schließt. Am vorderen Ende des Rohrs entsteht das **Gehirn** (Encephalon[317]) und dahinter das **Rückenmark** (Medulla spinalis[318]). Gehirn und Rückenmark zusammen bilden das Zentralnervensystem. Der mit **Liquor cerebrospinalis** gefüllte Hohlraum des Rohrs bildet im Bereich des Gehirns die **Ventrikel** und im Bereich des Rückenmarks den **Zentralkanal**. An der Hirnanlage lassen sich sehr frühzeitig fünf seriell angeordnete Abschnitte unterscheiden (Abb. 13.44). Man bezeichnet sie als Myelencephalon (Nachhirn), Metencephalon (Hinterhirn), Mesencephalon (Mittelhirn), Diencephalon (Zwischenhirn) und Telencephalon (Endhirn).

Rückenmark

Das **Rückenmark** zeigt noch einen relativ ursprünglichen Aufbau. Die Somata der Neurone liegen entsprechend ihrer einstigen Abstammung aus der inneren Schicht des Neuralrohrs noch im zentralen Teil des Rückenmarks und bilden die charakteristische Schmetterlingsfigur der **grauen Substanz** um den Zentralkanal herum. In der grauen Substanz kann man vier Zellareale voneinander unterscheiden (Abb. 13.45). Im ventralen Horn liegen die Somata der somatomotorischen Neurone und in ihrer Nachbarschaft (etwas dorsolateral) die der visceromotorischen Neurone. Im dorsalen Horn sind die Somata von Interneuronen zu finden, die Eingang von sensorischen Neuronen erhalten: Dorsomedial enden vornehmlich somatosensorische und etwas ventrolateral davon viscerosensorische Fasern. Peripher liegt die **weiße Substanz**, die neben Gliazellen und Blutgefäßen (fehlen bei Neunaugen) nur axonale Fasern aufweist. Hier verlaufen die auf- und absteigenden Bahnen des Rückenmarks (Abb. 16.13).

Pro Körpersegment treten lateral jeweils zwei Nerven aus dem Rückenmark aus, die dorsale und die ventrale Wurzel, die sich im kurzen Abstand vom Rückenmark (Ausnahme: Neunaugen) zum **Spinalnerv** vereinigen. In der dorsalen Wurzel liegt eine Anschwellung, das **Spinalganglion**. Im Spinalnerv sind typischerweise vier funktionelle Fasertypen vereinigt: zwei motorische (**Efferenzen**) und zwei sensorische (**Afferenzen**). Während bei den höheren Wirbeltieren die beiden motorischen Fasertypen (die somatomotorischen und die visceromotorischen) in der ventralen Wurzel verlaufen, treten die beiden sensorischen (die somatosensorischen und die viscerosensorischen) über die dorsale Wurzel in das Rückenmark ein. Die Perikaryen der sensorischen Fasern liegen im Spinalganglion, die der motorischen Fasern im ventralen Horn der grauen Substanz des Rückenmarks. Bei niederen Wirbeltieren tritt ein Teil der visceromotorischen Fasern auch über die dorsale Wurzel aus (Abb. 13.57). Während bei Fischen und Amphibien lokale Rückenmarksschaltkreise noch teilweise autonom arbeiten, nimmt die supraspinale Kontrolle dieser Netzwerke im Verlauf der Wirbeltierevolution beträchtlich zu. Bei Säugetieren schließlich übernehmen absteigende Neurone der Pyramidenbahn des motorischen Cortex die direkte Kontrolle spinaler Motoneurone (▶ Abschn. 23.2.10).

Hirnstamm

Das **Myelencephalon**[319] oder die **Medulla oblongata**[320] (Nachhirn, verlängertes Mark) verkörpert den Übergang des Rückenmarks zum Gehirn und zeigt im Querschnitt einen ähnlichen

[317] *en-* (griech.) = innen; *kephale* (griech.) = Kopf
[318] *medulla* (lat.) = Mark, Innerstes; *spinalis* (lat.) = zum Rückgrat gehörig
[319] *myelos* (griech.) = Mark
[320] *oblongare* (lat.) = verlängern

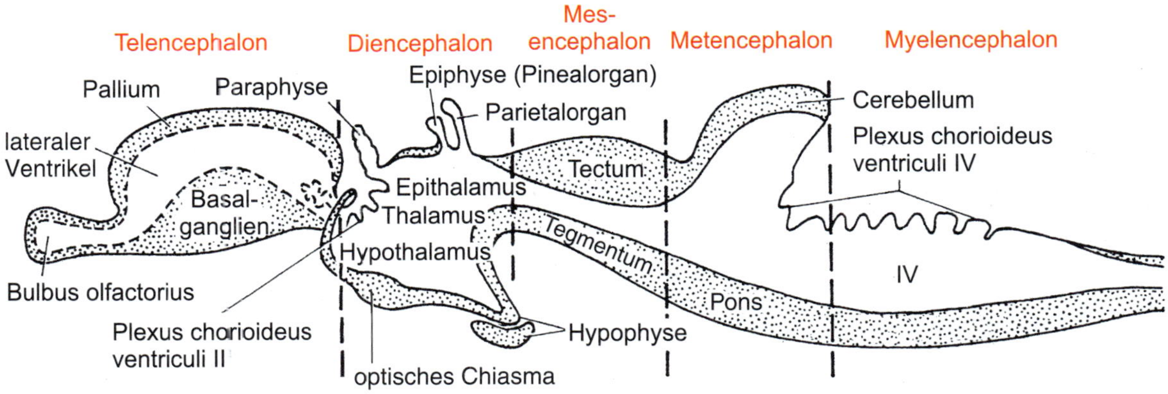

Abb. 13.44 Mediansagittalschnitt durch das Wirbeltiergehirn mit den wichtigsten Abschnitten und Strukturen.

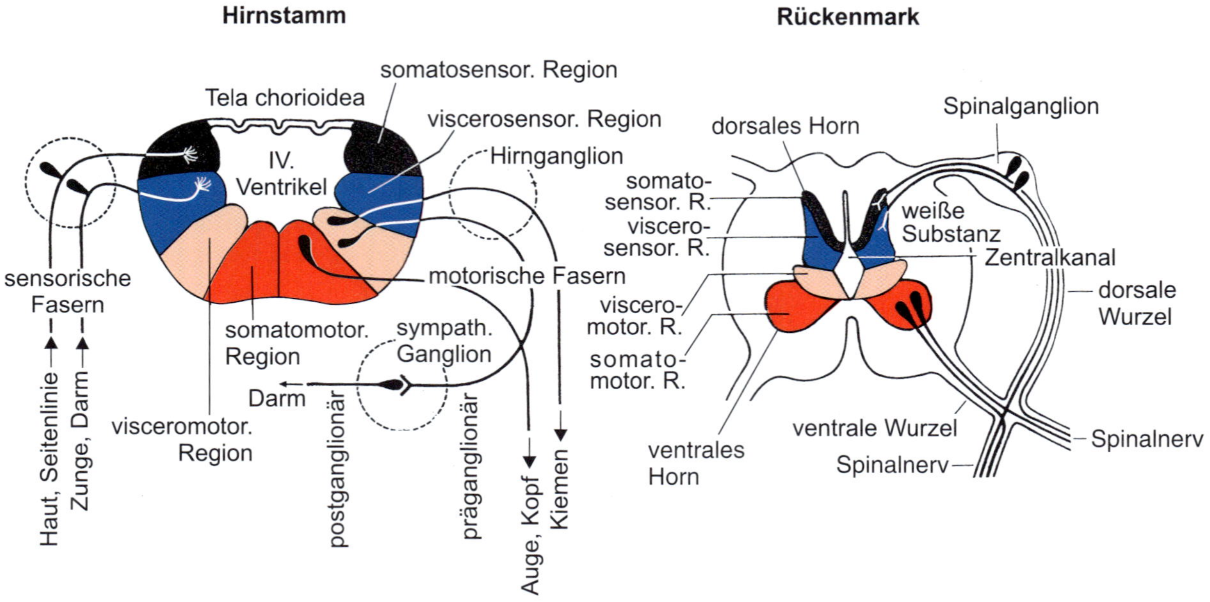

Abb. 13.45 Querschnitt durch den Hirnstamm (**a**) und das Rückenmark (**b**). Das dorsale Horn ist sensorisch und besteht aus der somatosensorischen (dorsal) und viscerosensorischen Region (ventral). Das ventrale Horn ist motorisch und besteht aus der visceromotorischen (dorsal) und der somatomotorischen Region (ventral). (Aus Wehner R, Gehring W (1995) Zoologie, 23. Aufl. Thieme, Stuttgart.)

Aufbau wie das Rückenmark (Abb. 13.45). Allerdings ist der Zentralkanal zum vierten Ventrikel erweitert. Das Nachhirn enthält die primären sensorischen und motorischen Kerngebiete der Hirnnerven IV–XII (bei Fischen zusätzlich die sensorischen Kerngebiete der Seitenliniennerven). Sie sind im Prinzip genauso angeordnet wie im Rückenmark (s. o.), nämlich von dorsal nach ventral die somatosensorische, die viscerosensorische, die visceromotorische und die somatomotorische Region. Das Dach des Nachhirns ist dünn und gefaltet (**Plexus chorioideus ventriculi quarti**, Abb. 13.45).

Die Medulla oblongata bildet zusammen mit dem Pons des **Metencephalons** (Hinterhirns) und dem **Mesencephalon** den **Hirnstamm**. Sein metencephaler Anteil, der **Pons**[321] (Brückenhirn, Abb. 13.44, Abb. 13.53), liegt ventral vom Cerebellum und spielt eine wichtige Rolle bei der Verschaltung von Neuronen aus den Großhirnhemisphären zum Kleinhirn. Im Hirnstamm liegt neben wichtigen motorischen Zentren zur Kontrolle der Körperstellung im Raum (**Nucleus ruber**, **Nucleus vestibularis**) ein diffus verteiltes Netzwerk, die **Formatio reticularis** (Retikulärformation). Sie erhält Kollateralen von sensorischen Projektionsbahnen (Abb. 13.127), enthält relativ autonome vegetative Zentren wie die **Atmungs-** (▶ Abschn. 4.2.3) und **Kreislaufzentren** und hat eine wichtige Rolle bei der Steuerung von Wachheit (▶ Abschn. 13.9.4) und Aufmerksamkeit (▶ Abschn. 13.13). Sie tritt erstmals bei Reptilien auf; ihre Zerstörung führt beim Menschen zum Koma.

Im **Mesencephalon** (Mittelhirn) entsteht dorsal (Mittelhirndach) das **Tectum opticum**[322]. Es ist ursprünglich laminiert, das heißt, oberflächenparallel verlaufende Somata- und Neuropilschichten wechseln miteinander ab. Es stellt ein wichtiges Schaltzentrum für visuelle und auditorische Informationen dar. Bei Amphibien wird das retinale Bild in Punkt-zu-Punkt-Zuordnung (retinotop) im Tectum abgebildet (Abb. 18.52). Die auditorischen Eingänge ebenso wie Afferenzen aus dem Seitenliniensystem der Fische bzw. von den Elektrorezeptoren der elektrischen Fische projizieren in topografischer Ordnung von Kernen des Nachhirns in den **Torus semicircularis** (Abb. 19.7) unterhalb des Tectum opticum, wobei die auditorischen Eingänge bevorzugt im medianen und die Seitenlinien- bzw. elektrosensorischen Eingänge im lateralen Bereich enden. Bei Säugetieren treten die akustischen Zentren als paarige **Colliculi inferiores** an die Oberfläche, wo sie mit den ebenfalls paarigen **Colliculi superiores** (Tectum) die **Vierhügelplatte** (Corpora quadrigemina) bilden.

Während die Colliculi inferiores ihre zentrale Funktion als wichtige Station der Hörbahn nicht verlieren, zieht mit den Reptilien beginnend ein wachsender Anteil der visuellen Fasern nicht mehr zum Tectum, sondern zum Thalamus des Diencephalons (Corpus geniculatum laterale, CGL) und steht dort mit Axonen in Verbindung, die weiter zum Cortex des Vorderhirns ziehen (Abb. 18.53). Ein kleiner Teil an Fasern des Sehnervs zieht aber auch bei Säugetieren in die Colliculi superiores, die insbesondere bei der Lokalisation visueller Objekte im Raum sowie der Steuerung von Augenbewegungen (Sakkaden) eine wichtige Funktion haben. Die Schleiereule (*Tyto alba*) mit ihrer hohen Befähigung zur Schalllokalisation stellt im Mittelhirndach akustisch gewonnene Raumkarten zusammen, die mit den im selben Hirnbereich konstruierten visuellen Raumkarten zusammengeführt und verglichen werden (▶ Abschn. 17.4.2). In entsprechender Weise bilden die schwach elektrischen Fische (▶ Abschn. 19.2.2) in diesem Hirnbereich

[321] *pons* (lat.) = Brücke
[322] *tectum* (lat.) = Dach

13

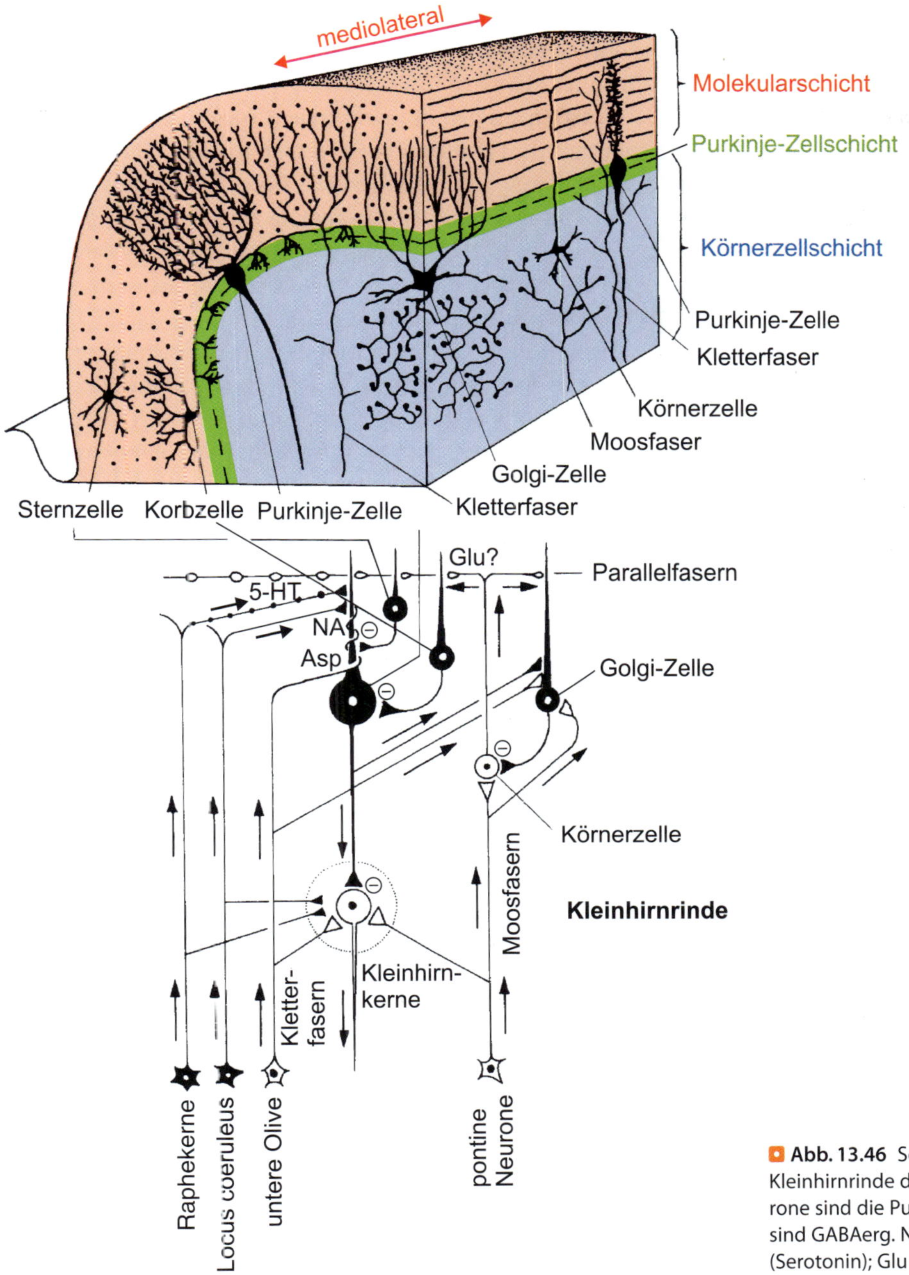

Abb. 13.46 Schema der neuronalen Organisation der Kleinhirnrinde des Säugetiers. Inhibitorische, GABAerge Neurone sind die Purkinje-, Korb-, Stern- und die Golgi-Zelle. Sie sind GABAerg. NA = Noradrenalin; 5HT = 5-Hydroxytryptamin (Serotonin); Glu = Glutamat; Asp = Aspartat.

ihre Umwelt aufgrund ihrer mit dem elektrischen Sinn gewonnenen Informationen ab.

Unterhalb des Tectums bzw. – bei Säugetieren – der Vierhügelplatte liegt das **Tegmentum** (Haube). Es hat hauptsächlich motorische Funktion. Bei Säugetieren verläuft in seinem ventralen Teil die Pyramidenbahn (▶ Abschn. 23.2.10). Im Tegmentum liegen außerdem mehrere wichtige Kerngebiete des extrapyramidalen motorischen Systems, wie der Nucleus ruber und die Substantia nigra. Der **Nucleus ruber** empfängt bei allen Gnathostomen (Ausnahme: Haie?) gekreuzte efferente Kleinhirnbahnen und ist gleichzeitig Ursprungsort ebenfalls gekreuzter absteigender motorischer Bahnen zum Rückenmark (rubospinale Bahnen). Die **Substantia nigra** zeigt eine reziproke Verbindung mit dem Striatum im Telencephalon. Seine Efferenzen sind dopaminerg (Abb. 13.31), seine Afferenzen GABAerg (Abb. 13.29), enthalten aber auch Substanz P.

Cerebellum

Der dorsale Teil des Metencephalons entwickelt sich zum **Kleinhirn** (**Cerebellum**[323]). Es zeigt einen dreischichtigen Aufbau (Ausnahme Petromyzonten): Von der Oberfläche in die Tiefe folgen eine Molekularschicht, eine Purkinje-Zellschicht und eine Körnerzellschicht aufeinander (Abb. 13.46). Das Kleinhirn spielt eine wichtige Rolle bei der Koordination von Körperhaltung und Bewegung. Vom Cerebellum gehen keine direkten absteigenden Bahnen zum Rückenmark aus, trotzdem kommt

[323] *cerebrum* (lat.) = Gehirn

ihm eine große Bedeutung bei der Erhaltung der Gleichgewichtslage, der Regulierung der Reflexerregbarkeit und der Verteilung des Muskeltonus sowie bei der Koordinierung von Willkürbewegungen, ihre Anpassung an Ausgangsbedingungen, Abstimmung der zeitlichen Aufeinanderfolge der Muskelkontraktionen usw. zu. Obwohl das Cerebellum über 50 % aller Gehirnneurone enthält, läuft seine gesamte Aktivität unbewusst ab. Die vom prämotorischen und primär motorischen Cortex ausgelösten motorischen Befehle und Bewegungen werden vom Kleinhirn indirekt reguliert, abgeglichen und koordiniert. Im Gegensatz zu Läsionen im motorischen Cortex führen Läsionen im Kleinhirn nicht zu Lähmungen oder zur Herabsetzung von Kraft und Geschwindigkeit der Bewegungen, sondern zur Verminderung des Muskeltonus und zur Beeinträchtigung des Gleichgewichts sowie der Koordination von Bewegungen der Arme, der Beine oder der Augen.

Nach neuronalen Eingängen und Ausgängen lässt sich das Cerebellum bei Säugetieren in Vestibulo-, Spino- und Pontocerebellum unterteilen (Abb. 13.47): Das **Vestibulocerebellum** erhält Eingänge aus den Vestibulariskernen in der Medulla oblongata, mit denen es auch efferent verknüpft ist. Es entspricht in seiner Ausdehnung dem Lobus flocculonodularis. Es steuert das Gleichgewicht beim Stehen und Gehen sowie die Augenbewegungen. Das **Spinocerebellum** nimmt die zentralen Teile beider Kleinhirnhälften mit Vermis und Pars intermedia ein. Es erhält spinale (Rückenmark) und trigeminale Eingänge. Die ventralen und dorsalen spinocerebellären Bahnen (**Tractus spinocerebellaris**) sind lange bekannt. Sie und andere Bahnen enden hier, in gewissem Umfang **somatotop** gegliedert. Das Spinocerebellum kontrolliert Arm- und Beinbewegungen über tieferliegende Kleinhirnkerne (Nucleus fastigii, N. interpositus) und mediale und laterale absteigende motorische Systeme. Das **Pontocerebellum** (Cerebrocerebellum) nimmt die seitlichen Teile der Kleinhirnhälften (laterales Cerebellum) ein und erhält Afferenzen aus den Brückenkernen (Nuclei pontis), die wiederum mit dem Cortex afferent verbunden sind. Die Efferenzen des Pontocerebellums projizieren über den **Nucleus dentatus** zum **Thalamus** und weiter zum motorischen und prämotorischen Cortex. Es wird vermutet, dass das Pontocerebellum und die Basalganglien (s. u.) wichtige Informationen für ihre Bewegungsplanung aus dem parietal-temporal-okzipitalen Assoziationscortex erhalten. Die unter Berücksichtigung dieser Informationen ausgestalteten Bewegungskommandos gehen zum prämotorischen und primären motorischen Cortex, der die Bewegung einleitet und gleichzeitig das Spinocerebellum darüber unterrichtet, das seinerseits rückläufig eine Kontrollfunktion auf den Bewegungsvorgang ausübt.

Das Kleinhirn ist bei bewegungsarmen Tieren von geringerer Bedeutung und deshalb relativ klein. Es nimmt mit der Komplexität und Behendigkeit der auszuführenden Bewegungen an Größe zu. Bei Knochenfischen ergibt sich folgende Reihe zunehmenden Ausbildungsgrades: träge Grundfische (Flunder, Scholle) < pelagische Planktonfresser (Hering) < Raubfische der Hochsee (Makrele). Ein besonders großes Kleinhirn zeigen schwach elektrische Fische (Abb. 19.6). Beim Inger (*Myxine*) dagegen, der sich an Wirbeltieren festgesaugt transportieren lässt, fehlt das Kleinhirn ganz. Die höchstentwickelten Kleinhirne sind bei Vögeln und Säugetieren zu finden (Abb. 13.46). Bei Vögeln erlangt das Kleinhirn die größte Bedeutung, was weniger mit ihrem Flugvermögen als mit dem Gehen und Stehen auf zwei Stelzenbeinen (Gleichgewichtsbalance) zusammenhängt.

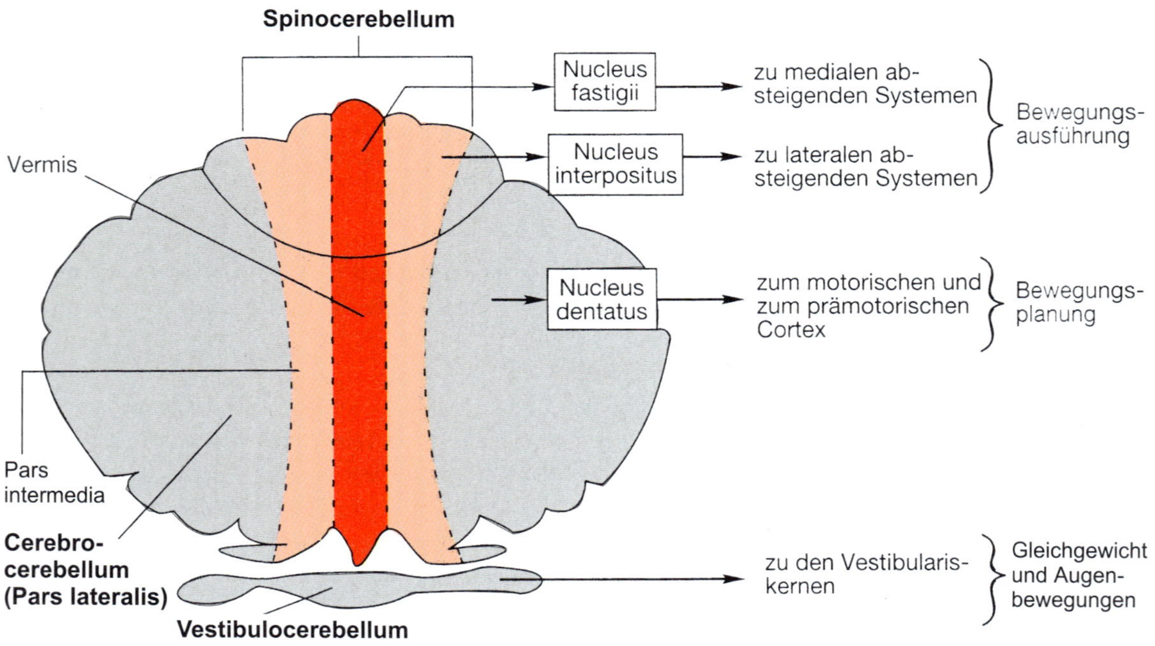

Abb. 13.47 Das Cerebellum (Kleinhirn) des Menschen mit seinen drei funktionellen Einheiten (Spino-, Ponto- und Vestibulocerebellum) und den Ausgängen. (Aus Kandel ER, Schwartz JH, Jessel TM (1995) Neurowissenschaften. Spektrum Akademischer Verlag, Heidelberg, Abb. 29.8A, S. 551.)

Diencephalon

Das **Diencephalon** (Zwischenhirn) schließt in seinem Inneren den dritten Hirnventrikel ein. Seine Wände werden als **Thalamus**[324] bezeichnet. Man unterscheidet ventral den Hypothalamus, lateral den Thalamus (im engeren Sinn) und dorsal den Epithalamus. Der Thalamus ist eine wichtige Umschaltstelle für motorische und sensorische Bahnen. Er ist bei den Amnioten besonders in seinem dorsalen Teil stark entwickelt. Bei Säugetieren werden alle sensorischen Bahnen zum Cortex in benachbarten Thalamuskernen auf Relaisneurone verschaltet, die dann in die entsprechenden Cortexareale ziehen.

Visuelle Informationen von der Retina werden im **Corpus geniculatum laterale** zum primären visuellen Cortex umgeschaltet (▶ Abschn. 18.7.2), auditorische Informationen vom inferioren Colliculus über das **Corpus geniculatum mediale** zum Cortex weitergeleitet. Im Thalamus enden auch alle aufsteigenden Fasern der somatosensorischen Bahnen: die Afferenzen des Rumpfes über den Hinterstrang und den Vorderseitenstrang (▶ Abschn. 16.3.5) und die Afferenzen der Gesichtsregion über den Trigeminusnerv. Innerhalb des Thalamus, im spezifischen Kerngebiet für das somatosensorische System (**Ventrobasalkerne**, **caudale Ventralkerne**), erfolgt die Übertragung der Afferenzen auf Neurone, deren Neurite die Großhirnrinde erreichen. Auf ihrem Weg zum Thalamus wechseln die Projektionen (Ausnahme Sehsystem, ▶ Abschn. 18.7.2) zur jeweils anderen Seite des Nervensystems, sodass die Peripherie der rechten Körperhälfte mit Kerngebieten der linken Thalamushälfte und umgekehrt in Verbindung steht. Die entsprechenden Thalamuskerne sind topografisch (Sehsystem: retinotop, ▶ Abschn. 18.7.2; Gehör: tonotop) organisiert. Im somatosensorischen System sind jeweils benachbarte Körperregionen auch auf benachbarte Bereiche innerhalb des spezifischen Kerngebiets des Thalamus abgebildet (**somatotope Gliederung** des Thalamus). Sie sind nach Körperregionen gegliedert und nicht etwa nach Sinnesmodalitäten, denn die Erregungen von Schmerz- oder Tastrezeptoren aus derselben Körperregion – im Rückenmark noch auf getrennten Bahnen weitergeleitet – ziehen jeweils in dieselbe Kernregion. Die verschiedenen Körperteile werden in Abhängigkeit von ihrer Bedeutung auf unterschiedlich große Flächen des Thalamus projiziert (◘ Abb. 13.48). Eine großflächige sensorische Vertretung im Thalamus bedeutet hohe räumliche Auflösung bei der Abbildung.

◘ **Abb. 13.48** Schema zur Veranschaulichung der sensorischen Körpervertretungen im Thalamus. Beim Kaninchen ist der Kopf (N. trigeminus) noch am stärksten vertreten, bei der Katze und – noch mehr – beim Affen nimmt die Vertretung der Gliedmaßen zu. Der Rumpf ist dagegen bei allen drei Säugetieren nur kleinflächig repräsentiert. (Nach Rose J, Mountcastle VB (1959) Touch and kinesthesis. In: Magoun HW, Field J (Hrsg) Handbook of physiology, Sec. 1: Neurophysiology, Vol. 1, American Physiological Society, Washington, S. 387–429.)

Aus dem Zwischenhirnboden geht die **Neurohypophyse** hervor, die mit dem Gehirn (Hypothalamus) über den Tractus hypothalamohypophyseus in Verbindung bleibt (▶ Abschn. 14.3.1). Der **Hypothalamus** mit seinen neurosekretorischen Zentren und die Hirnanhangdrüse (Hypophyse) nehmen gemeinsam (Hypothalamus-Hypophysen-System, ◘ Abb. 14.13) wichtige homöostatische Funktionen im Organismus wahr, wie die Regulation des Wasser- und Ionenhaushalts, der Körpertemperatur usw. Vom Hypothalamus werden aber auch lebenswichtige Verhaltensweisen wie Fress-, Abwehr-, Flucht- und Sexualverhalten gesteuert. Aus dem Zwischenhirndach geht rostral das **Parietalorgan** (Parapinealorgan) und caudal die **Epiphyse** (Pinealorgan, Zirbeldrüse) (▶ Abschn. 14.3.1) hervor. Beide Organe sind wahrscheinlich primär lichtempfindlich und sekretorisch aktiv gewesen. Bei Brückenechsen (*Sphenodon*) und Leguanen ist ein Parietalauge (Blasenauge unterhalb einer Öffnung des Schädeldachs) noch gut entwickelt. Während das Parietalorgan bei vielen Gnathostomen zurückgebildet wird, übernimmt die Epiphyse in zunehmenden Maß Drüsenfunktion (Hormondrüse: Melatonin, ▶ Abschn. 14.3.1).

Telencephalon

Das noch unpaare embryonale **Telencephalon** (Endhirn) bildet durch Evagination zwei **Hemisphären** (◘ Abb. 13.49), die den ersten und zweiten Hirnventrikel[325] (Lateralventrikel) umschließen. Das Telencephalon erhält olfaktorische Projektionen über den Riechnerv, die in den **Bulbus olfactorius** ziehen (◘ Abb. 13.50). Daneben existieren auch schon bei Fischen aufsteigende Bahnen aus anderen Sinnesbereichen (visuell, auditorisch, mechanosensorisch, elektrosensorisch). In der aufsteigenden Wirbeltierreihe treten die olfaktorischen Einzugsgebiete zugunsten der Entwicklung des Telencephalons zu einem übergeordneten Kontroll- und Integrationszentrum zurück, was mit einer erheblichen Größenzunahme und einer starken histologischen Differenzierung einhergeht.

Im Telencephalon unterscheidet man das dorsal gelegene **Pallium**[326] – später in laterales, dorsales und mediales Pallium unterteilt – und das ventral gelegene **Subpallium**. Letzteres gliedert sich nochmals in das medial gelegene **Septum** und das lateral davon liegende **Striatum** (Corpus striatum, Basalganglien), sodass wir in der Reihenfolge von ventromedial nach dorsomedial fünf Areale unterscheiden können: Septum, Striatum, laterales, dorsales und mediales Pallium (◘ Abb. 13.49). Das **Striatum** differenziert sich bei Säugetieren in mehrere Kerngebiete: **Putamen** und **Nucleus caudatus**. Es hat wichtige Funktionen bei der motorischen Steuerung (übergeordnetes Zentrum der extrapyramidalen Motorik, ▶ Abschn. 23.2.10). Die

[324] *thalamos* (griech.) = Brautgemach

[325] *ventriculus* (lat.) = kleiner Bauch

[326] *pallium* (lat.) = Mantel

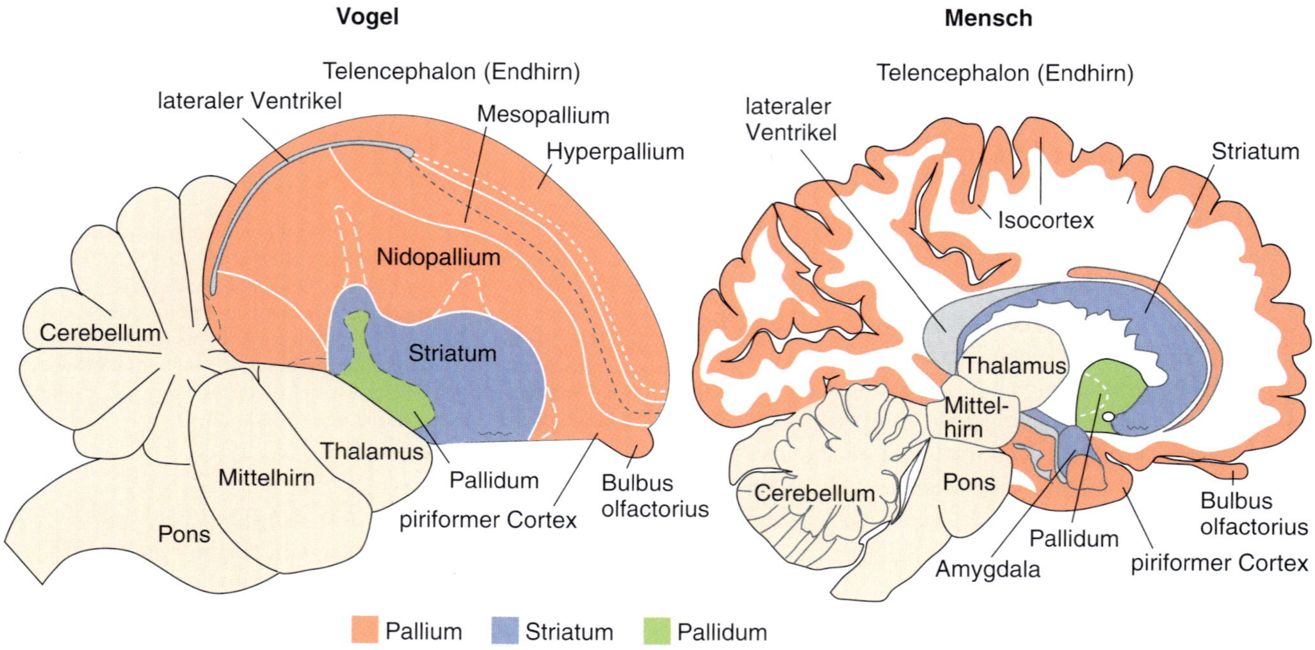

Abb. 13.49 Vergleich der Gehirnorganisation bei Vögeln (Zebrafink, **a**) und Säugern (Mensch, **b**). Das Pallium der Vögel entspricht in seinen kognitiven Leistungen und seinem vermutlichen evolutiven Ursprung dem cerebralen Cortex von Säugern. (Nach Jarvis ED, Güntürkün O, Bruce L, Csillag A, Karten H, Kuenzel W, Medina L, Paxinos G, Perkel DJ, Shimizu T, Striedter G et al. Avian Brain Nomenclature Consortium (2005) Avian brains and a new understanding of vertebrate brain evolution. Nat Rev Neurosci 6, 151–179, S. 163, Abb. 1C.)

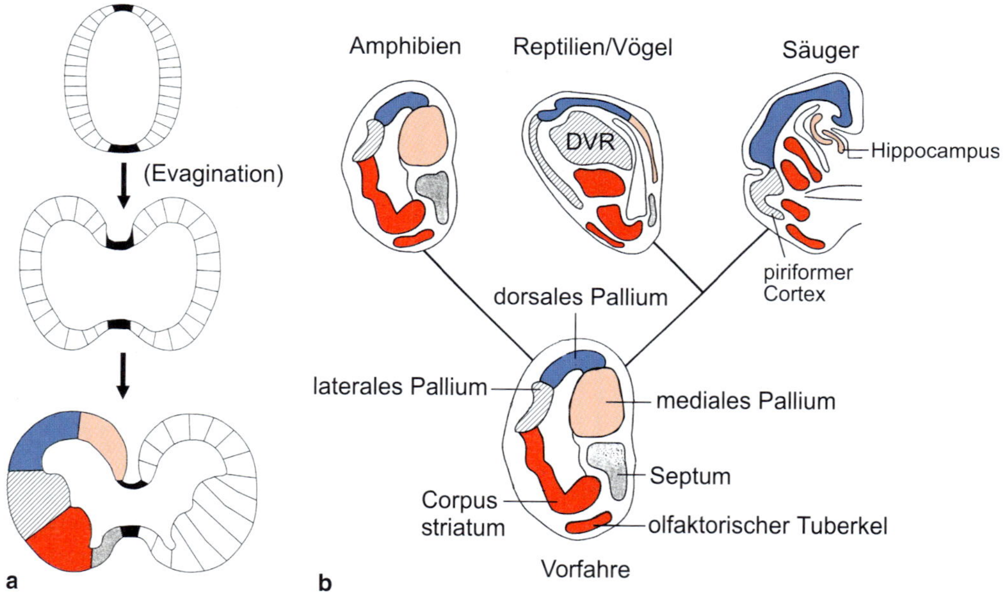

Abb. 13.50 **a** Ontogenetische Entstehung der Gehirnhemisphären des Telencephalons durch Evagination (Querschnitte). **b** Phylogenese des Telencephalons der Wirbeltiere. DVR = dorsaler ventrikulärer Kamm. (a nach Dudel J, Menzel R, Schmidt RF (2001) Neurowissenschaft. Springer, Berlin; b nach Northcutt RG, Kaas J (1995) The emergence and evolution of mammalian neocortex. Trends Neurosci 18, 373–379.)

Degeneration dopaminerger Projektionen von der Substantia nigra zum Striatum führt beim Menschen zur Parkinson-Krankheit mit charakteristischem Ruhetremor, erhöhtem Muskeltonus (Rigor) und mimischer Starre.

Bei **Säugetieren** entwickelt sich das mediale Pallium zum **Hippocampus**, der unter anderem bei Lernvorgängen (▶ Abschn. 13.8.3) von Bedeutung ist. Das laterale Pallium wird zum piriformen bzw. primären **olfaktorischen Cortex**. Unterhalb des olfaktorischen Cortex liegt eine weitere Ansammlung mehrerer Gehirnkerne, die **Amygdala** (Mandelkern). Sie spielt eine wichtige Rolle bei der emotionalen Bewertung und Erkennung von Situationen (▶ Box 13.4). Die weitaus stärkste Entwicklung und Massezunahme macht das dorsale Pallium durch. Es wird zum **Großhirn** (Cerebrum) mit seinem **Stirnlappen** (Lobus frontalis), **Scheitellappen** (Lobus parietalis), **Schläfenlappen** (Lobus temporalis) und **Hinterhauptslappen** (Lobus occipitalis) (Abb. 13.53). Seine Wand besteht wie das Rückenmark aus grauer und weißer Substanz, allerdings mit dem Unterschied,

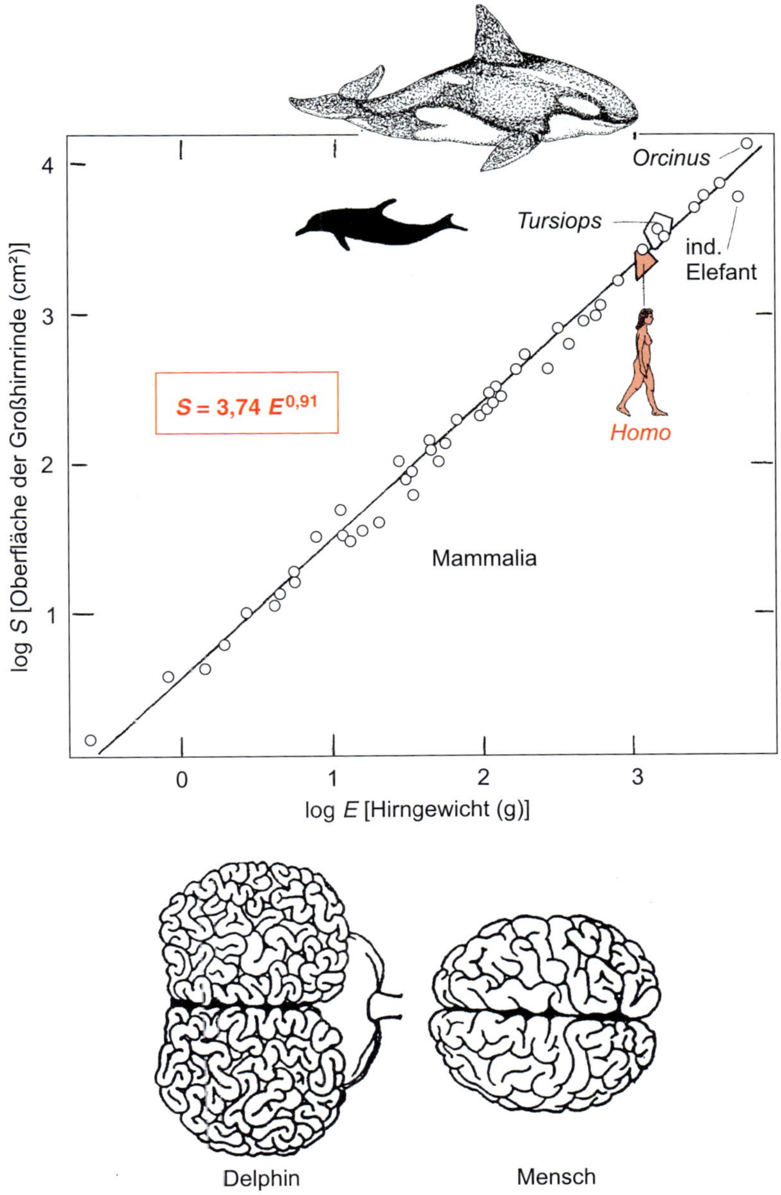

Abb. 13.51 Die Beziehung zwischen der Oberfläche der Großhirnrinde (*S*) und dem Hirngewicht (*E*) bei 49 Säugetierarten. Besonders gekennzeichnet sind die Felder für den großen Tümmler (*Tursiops truncatus*) und den Menschen (*Homo sapiens*) sowie die Werte für den Schwertwal (*Orcinus*) und den indischen Elefanten. Unten: das Gehirn des Delfins und des Menschen im Vergleich. (Diagramm nach Jerison HJ (1973) Evolution of the brain and intelligence. Academic Press, New York, verändert; unten aus Gewalt W (1993) Wale und Delphine. Springer, Berlin, und Petzold HG (1981) Rätsel um Delphine. Ziemsen, Wittenberg.)

dass hier die graue Substanz als **Cortex**[327] **cerebri** (Großhirnrinde) oberflächlich und die weiße darunter (tiefer) liegt. Die Hirnrinde weist sechs Schichten auf. Die Oberfläche des Großhirns zeigt bei Carnivoren, Ungulaten, Walen und Primaten Windungen (**Gyri**[328]) und Furchen (**Sulci**[329]). Die Grenze zwischen dem Frontal- und Parietallobus verläuft im Sulcus centralis und diejenige zwischen dem Temporal- und dem Frontallobus im Sulcus lateralis (Sylvius-Fissur) (Abb. 13.53).

Bei den **Sauropsiden** fällt im Bereich des lateralen Palliums eine große neuronenreiche Struktur auf, der **dorsale ventrikuläre Kamm** (DVR[330]), der sich von ventral in den Ventrikel hinein vorwölbt und deshalb früher als Teil des Striatums angesehen wurde. Neuere Untersuchungen zeigen, dass er dem dorsalen bzw. lateralen Pallium zuzuordnen ist (Abb. 13.50) und somit funktionell dem Isocortex der Säugetiere entspricht.

Isocortex der Säugetiere

Aus dem Telencephalon entsteht das **Großhirn**, das zum beherrschenden Assoziationszentrum und Sitz der höchsten mentalen Fähigkeiten wird und beim Menschen seine höchste funktionelle Ausprägung erfährt. Zwischen dem **Hirngewicht** *E* und dem Körpergewicht *P* besteht folgende allometrische Beziehung (Abb. 13.51):

$$E = k \times P^{0,66}$$

Das bedeutet, dass zwischen dem Logarithmus des Körpergewichts und dem Logarithmus des Hirngewichts – bei doppeltlogarithmischer Auftragung – eine lineare Beziehung besteht:

$$\log E = \log k + 0,66 \log P$$

327 *cortex* (lat.) = Schicht
328 *gyrus* (lat.) = Windung
329 *sulcus* (lat.) = Furche
330 abgeleitet von (engl.) *dorsal ventricular ridge*

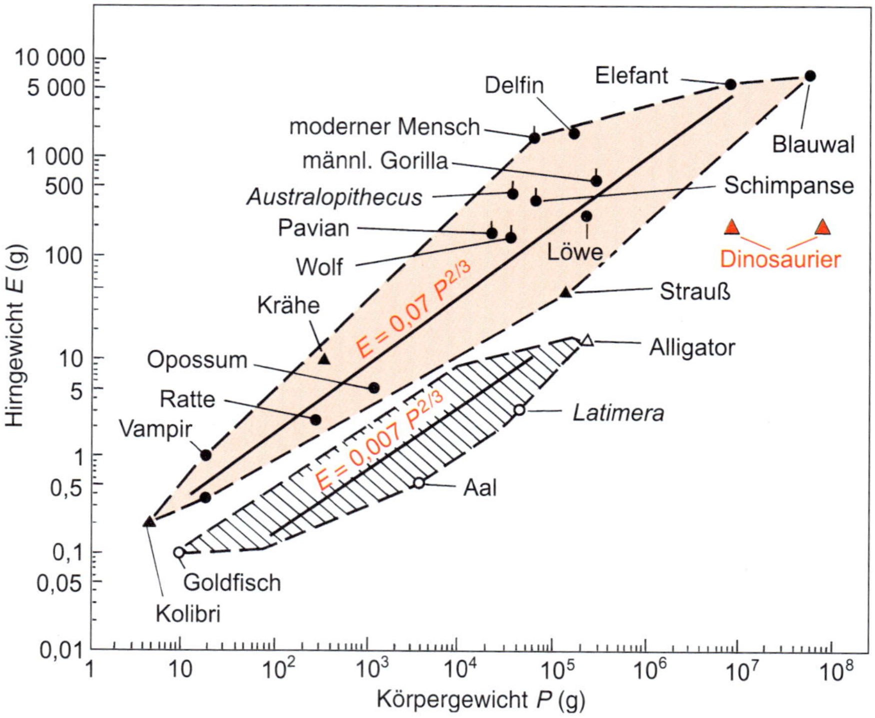

Abb. 13.52 Hirngewicht der Wirbeltiere in Abhängigkeit vom Körpergewicht in doppeltlogarithmischer Auftragung. »Niedere« Wirbeltiere (Fische, Amphibien, Reptilien: schraffiert) und »höhere« Wirbeltiere (Vögel, Säugetiere) sind in getrennten Polygonen dargestellt. Die eingetragenen Werte für Dinosaurier liegen in der Verlängerung der für die niederen Wirbeltiere geltenden Geraden. (Nach Jerison HJ (1973) Evolution of the brain and intelligence. Academic Press, New York, verändert.)

Die Steigung der Geraden wird durch den Exponenten 0,66 ausgedrückt. Er besagt, dass das Hirngewicht proportional zur Körperoberfläche zunimmt (Oberflächengesetz). Die Konstante k beträgt bei niederen, poikilothermen Wirbeltieren (Fische, Amphibien, Reptilien) 0,007 und bei den höheren, homoiothermen Wirbeltieren (Vögel, Säugetiere) 0,07. Das bedeutet, dass »höhere« Wirbeltiere ein zehnfach höheres Hirngewicht aufweisen als gleichgroße »niedere« Wirbeltiere (Abb. 13.52). Bezieht man nur rezente Säugetiere in die Berechnungen ein, so kommt man zu einem noch etwas höheren k-Wert von 0,12.

Der **Mensch** besitzt keinesfalls das größte Gehirn unter den Säugetieren. Sein Gehirn erreicht mit durchschnittlich 1400 g nicht einmal 30 % des Gewichts des Elefantengehirns (5000 g), ganz zu schweigen von dem Pottwalgehirn mit 8500 g. Auch wenn man das Hirngewicht auf die Körpermasse bezieht (relative Hirnmasse), nimmt der Mensch keine Spitzenposition ein. Hier schneiden generell kleinere Tiere besser ab als größere. Beim Menschen macht der Anteil des Gehirns am Körpergewicht rund 2 % aus, beim Elefanten sind es nur 0,2 % und bei den großen Walen gar nur 0,04 %. Demgegenüber erreicht bei den Kleinsäugern (z. B. Spitzmäusen) die relative Hirnmasse 4 %. Auch von dem Kapuzineräffchen wird der Mensch in dieser Hinsicht übertroffen.

Die beeindruckende Größenzunahme des Telencephalons in der Säugetierevolution ist in erster Linie eine Vergrößerung seiner **Oberfläche**. Zwischen der Oberfläche der Großhirnrinde S und dem Hirngewicht E besteht folgender Zusammenhang:

$$S = 3{,}74 E^{0{,}91}$$

Die Oberfläche wächst also nahezu proportional mit dem Hirngewicht. Das bedeutet, dass die Hirnoberfläche mit zunehmender Größe des Gehirns Falten bilden muss. Das menschliche Gehirn nimmt auch in diesem Zusammenhang keine Spitzenposition ein, es ist sogar etwas weniger gefaltet, als es bei der Größe zu erwarten ist (Abb. 13.51). Die Großhirnrinde der Delfine hat zum Beispiel eine deutlich stärkere Furchung und einen im Vergleich zum restlichen Gehirn größeren Cortex als die des Menschen (Abb. 13.51).

Die **Großhirnrinde** (Cortex cerebri) besteht bei den Säugetieren zum größten Teil aus dem sechsschichtigen **Isocortex** (beim Menschen zu ca. 90 %) und zum kleineren Teil aus dem **Allocortex**[331], der aus weniger Schichten besteht und olfaktorische Cortexareale sowie den Hippocampus umfasst. Die ursprüngliche Untergliederung der Großhirnrinde in Neocortex (»neuer Cortex«), Archicortex (»alter Cortex«) und Palaeocortex (»ganz alter Cortex«) ist irreführend, da Unterschiede im evolutiven Alter dieser Cortexareale nicht belegt sind. Der Isocortex besitzt beim Menschen eine Dicke zwischen 1,3 und 4,5 mm und zeigt eine einheitliche Grundstruktur (»Iso-«). Die sechs Schichten des Isocortex werden von der Oberfläche zur Tiefe hin mit den Zahlen I–VI belegt. Manche Schichten werden nochmals in zwei und mehr Unterschichten unterteilt. Die Schichten zeigen regional teilweise erhebliche Unterschiede hinsichtlich ihrer relativen Dicke, ihrer Zelldichte, der Anordnung und Form der Neurone und der Myelinisierung der Axone, sodass Korbinian Brodmann* beim Menschen **52 Felder** aufgrund ihrer **Cytoarchitektur** unterscheiden konnte.

Ein Vergleich der cytoarchitektonischen Gliederung der Großhirnrinde beim Menschen mit der beim Orang Utan (*Pongo*) – vom Schimpansen fehlen leider entsprechende Da-

[331] *allos* (griech.) = ein anderer, anders

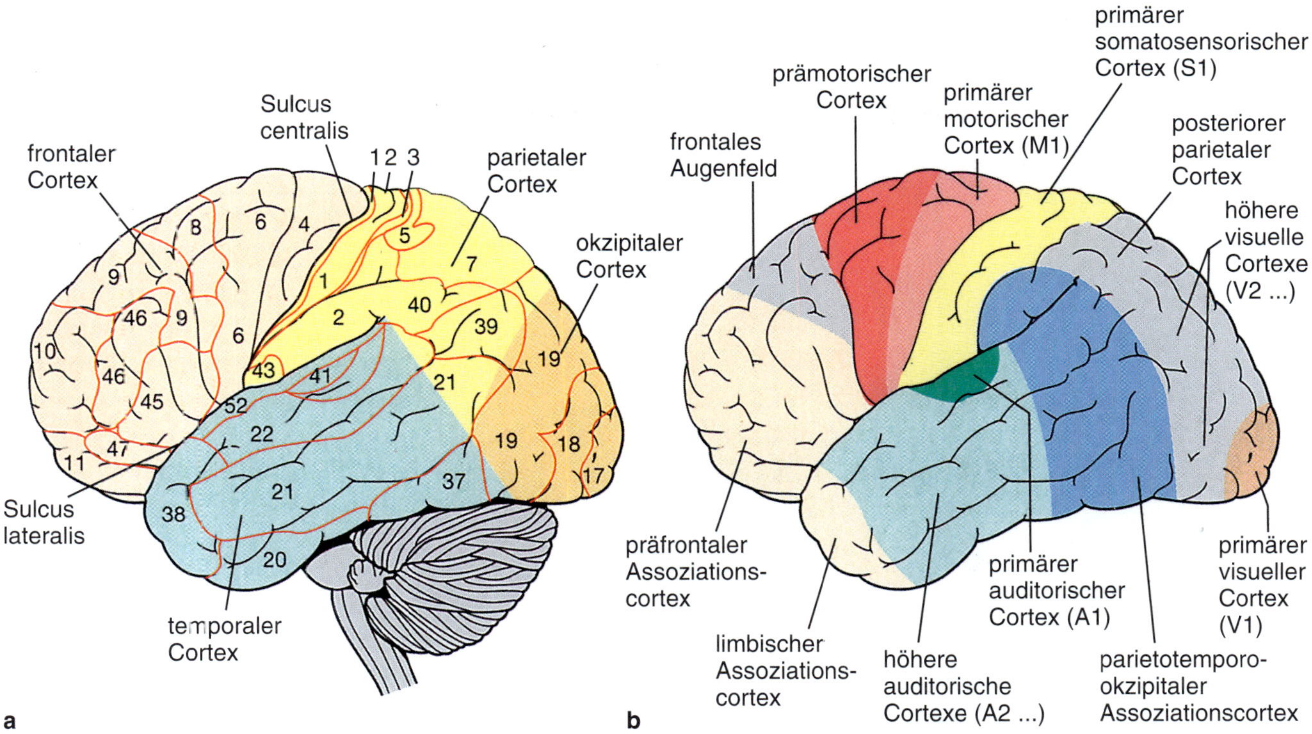

Abb. 13.53 Laterale Ansicht des linken Isocortex des Menschen mit seinen vier Loben sowie der Einteilung der Hirnrinde nach Brodmann (1909) in 52 Felder (**a**) und den wichtigsten sensorischen, motorischen und assoziativen Rindenfeldern (**b**). (Aus Deetjen P, Speckmann E-J, Hescheler J (2005) Physiologie. 4. Aufl. Elsevier, München, S. 315, Abb. 5–23.)

ten – offenbart zunächst eine frappierende Ähnlichkeit, aber auch einige interessante Unterschiede im Detail. So sind die Felder 39 und 40, die beim Menschen einen erheblichen Teil der Wernicke-Sprachregion ausmachen, beim Orang Utan sehr klein. Das Feld 37 im Schläfenlappen ist überhaupt nicht zu finden. Auch die Felder 44 und 45 des (motorischen) Broca-Sprachzentrums sind beim Orang Utan nicht erkennbar.

Die Informationsverarbeitung im Isocortex – in sensorischen und motorischen, aber auch in assoziativen Hirnrindenarealen – erfolgt im Wesentlichen in senkrecht zur Oberfläche orientierten **cortikalen Säulen** oder Kolumnen. Die Säulen des motorischen Cortex haben einen Durchmesser von etwa 1 mm und enthalten viele Hundert Pyramidenzellen, wobei sich benachbarte motorische Säulen überlappen können.

In funktioneller Hinsicht unterscheidet man auf der Großhirnrinde **primäre sensorische** und **motorische Felder**. Die primären sensorischen Felder erhalten unimodale Eingänge vorwiegend aus ihnen zugeordneten thalamischen Kernen. Die primären motorischen Felder enthalten Neurone, die direkt ins Ventralhorn des Rückenmarks projizieren und an den α-Motoneuronen enden. Was weder dem einen noch dem anderen zugeordnet werden konnte, bezeichnete man als unspezifischen oder **assoziativen Cortex**. Mit fortschreitender Kenntnis ergab sich, dass die sensorischen und motorischen Felder eine wesentlich größere Ausdehnung besitzen, als ursprünglich angenommen. Heute werden sie entsprechend ihrer Modalität mit großen Buchstaben gekennzeichnet: A (für auditorisch oder akustisch), S (für somatosensorisch), V (für visuell) und M (für motorisch). Man unterscheidet inzwischen beim Menschen allein im visuellen Bereich 20 verschiedene Felder. Der primäre somatosensorische Cortex (S1, Abb. 13.53) befindet sich auf dem Gyrus postcentralis, der dem Gyrus praecentralis unmittelbar benachbart ist, auf dem sich der primäre motorische Cortex (M1) befindet. Der primäre visuelle Cortex (V1) liegt am caudalen Pol des Okzipitallobus und der primäre auditorische Cortex (A1) im Temporallobus (beim Menschen in der Nähe der Sprachzentren von Broca und Wernicke in der linken Hemisphäre).

Jedes Sinnesorgan, die Haut, das Auge und das Ohr, ist somit in der Hirnrinde mehrfach repräsentiert, wobei die verschiedenen Repräsentationen eines bestimmten Sinnesorgans in Nachbarschaft zueinander liegen. Diese Felder zeigen, wie bereits betont, eine **somatotope**, **retinotope** bzw. **tonotope Organisation**, das heißt, die Körperoberfläche, die Retina des Auges bzw. das Corti-Organ des Innenohrs werden in ihnen – wenn auch verzerrt – in Punkt-Punkt-Zuordnung repräsentiert. Die sekundären, tertiären usw. Repräsentationsfelder sind jedoch den primären nicht nur hierarchisch nachgeordnet. Sie erhalten, insbesondere im somatosensorischen Cortex, zusätzlich spezifische thalamische Projektionen und integrieren damit Informationen, die aus primären sensorischen Arealen einlaufen.

Die nach Abzug der motorischen und sensorischen Felder noch verbleibenden Bereiche der Großhirnrinde werden von den **assoziativen** oder unspezifischen **Feldern** eingenommen.

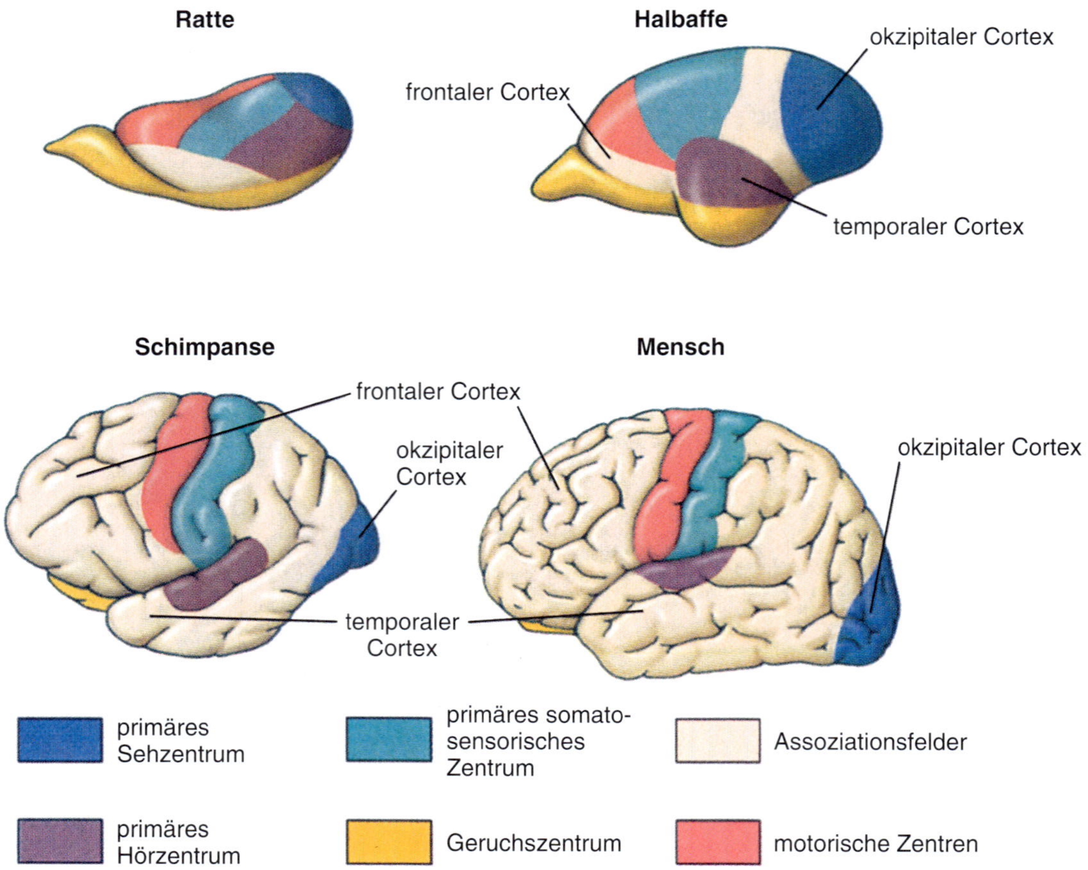

Abb. 13.54 Die Ausdehnung sensorischer und motorischer Felder im Vergleich zur Größe unspezifischer Felder (Assoziationscortex) auf der Großhirnrinde (Cortex) verschiedener Säugetiere. (Nach Randall D, Burggren W, French K (1997) Eckert – Animal physiology. 4. Aufl. Freeman, New York, Abb. 11–11, S. 417.)

Sie erfüllen wichtige Funktionen bei der Verknüpfung multisensorischer Informationen mit motorischen Aktionen sowie mit Motivationen. Der Anteil der Assoziationsfelder an der Gesamtfläche der Großhirnrinde nimmt mit der Höherentwicklung stark zu (Abb. 13.54). Er ist beim Menschen im Vergleich zu den anderen Säugetieren besonders groß. **Läsionen** im Bereich der Assoziationsfelder können erhebliche Störungen der Sinneswahrnehmungen zur Folge haben. So kann die Fähigkeit, die Bedeutung der Sinneseindrücke zu erkennen, verloren gehen (**Agnosie**[332]). Bei Zerstörung des akustischen Assoziationsfeldes des Menschen im hinteren Temporallappen verliert sich zum Beispiel bei intaktem Hörvermögen das Sprachverständnis. Schädigungen im inferioren temporalen Bereich können dazu führen, dass bei intaktem Sehvermögen die Fähigkeit, Objekte zu erkennen oder zu benennen, verloren geht (**Objektagnosie**). Läsionen im okzipitotemporalen Bereich der rechten Hirnhemisphäre des Menschen führen oft zum Verlust, Gesichter zu erkennen (**Prosopagnosie**), wobei die Wiedererkennung von Gebäuden und Landschaften erhalten bleibt.

Die drei wichtigsten **assoziativen Felder** sind beim Menschen und bei Affen das präfrontale, das parietal-temporal-occipitale und das limbische Assoziationsfeld (Abb. 13.53). Das von Richard Owen* 1868 als präfrontaler Cortex bezeichnete Stirnhirnareal (präfrontaler Assoziationscortex) erwies sich beispielsweise bei der Planung und Koordinierung motorischer Aktivitäten von besonderer Bedeutung. Es liegt vor den motorischen und prämotorischen Rindenfeldern und erhält Informationen aus übergeordneten sensorischen Zentren. Bereits 1912 stellte Brodmann die große Bedeutung des Lobus frontalis (ohne die Felder 4 und 6) für den Menschen heraus. Beim Menschen nimmt er 29 % der gesamten Großhirnrinde ein, beim Schimpansen nur 17 % und beim Makaken gar nur 11,3 % (Abb. 13.55).

Die Unversehrtheit des **präfrontalen Assoziationscortex** ist nötig, wenn Aufgaben zu lösen sind, die eine verzögerte räumliche Handlung (*spatial delayed response*) beinhalten. Versteckt man vor den Augen hungriger Affen zum Beispiel eine Nuss unter einem von zwei gleich aussehenden Gefäßen und gibt den Weg erst mit einer Verzögerung von einigen Sekunden bis Minuten frei, während der die Affen die Gefäße nicht sehen können, so lernen gesunde Tiere sehr schnell, sich die begehrte Nahrung zu holen. Sie können die Aufgabe noch bei Verzögerungen von einer Minute einwandfrei lösen. Tiere mit Läsionen im Bereich des Sulcus principalis des Frontallobus haben dage-

[332] *gnosis* (griech.) = Erkenntnis

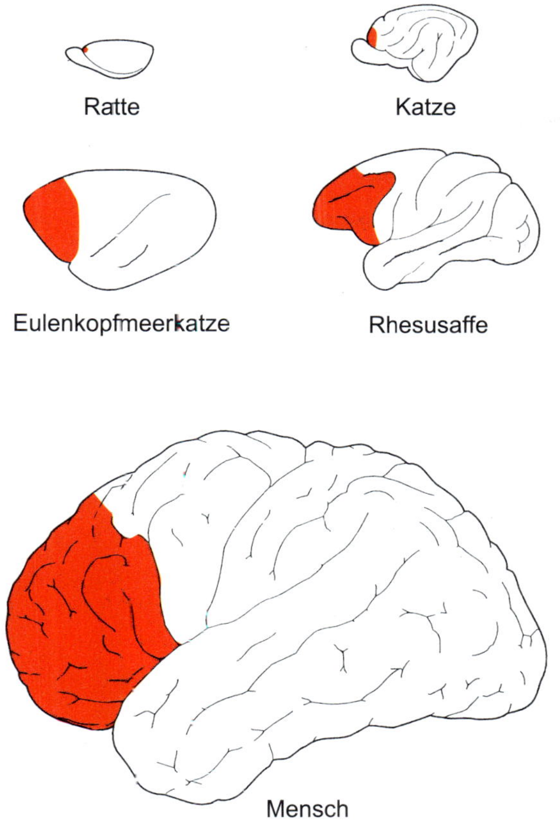

Abb. 13.55 Der frontale Assoziationscortex (rot) nimmt bei Säugetieren mit der Höherentwicklung stark an Umfang zu. Die Größenunterschiede des Gesamthirns sind nicht maßstabgetreu. (Aus Kandel ER, Schwartz JH, Jessell TM (1995) Neurowissenschaften. Spektrum Akademischer Verlag, Heidelberg.)

gen selbst bei Verzögerungen von nur 5 s große Schwierigkeiten. Man geht davon aus, dass der präfrontale Cortex über ein Kurzzeitgedächtnis, ein **Arbeitsgedächtnis** (*working memory*), verfügt, das ihm gestattet, komplexe motorische Handlungen strategisch richtig zu planen. Im Arbeitsgedächtnis kann die handlungsrelevante Information über eine gewisse Zeitspanne päsent gehalten und gegebenenfalls auch modifiziert und in Kontingenz zu anderen kognitiven Prozessen gebracht werden.

Das **parietal-temporal-okzipitale Assoziationsfeld** hat die wichtige Aufgabe, verschiedene sensorische Informationen für die Planung zweckbestimmten Handelns zu integrieren und dem Pontocerebellum sowie den Basalganglien zwecks Ausformung eines Bewegungskommandos zuzuleiten, das anschließend dem prämotorischen und motorischen Cortex übermittelt wird (▶ Abschn. 23.2.10).

13.6.3 Autonome Integration: Wirbeltiere

Vegetatives Nervensystem

Das efferente vegetative Nervensystem lässt sich bei den höheren Wirbeltieren funktionell und topografisch in zwei Untersysteme unterteilen: das »eigentliche« oder orthosympathische System (meistens kurz als **sympathisches System** bezeichnet) und das neben- oder **parasympathische System**. Die meisten inneren Organe (Ausnahme z. B. die Arterien und Venen mit nur sympathischer Innervierung) werden von beiden Systemen innerviert. Die Aktivität des sympathischen Systems erhöht summarisch die momentane Leistungsfähigkeit (die Aktionsbereitschaft), indem es den Blutdruck steigert, den Kreislauf ankurbelt, die Bronchien erweitert, den Blutzuckerspiegel anhebt und gleichzeitig die Verdauungstätigkeit drosselt (Tab. 13.13). Man spricht summarisch von einer **ergotropen Wirkung**. Die Aktivität im parasympathischen System hat in vielen Fällen entgegengesetzte Wirkungen, es begünstigt die »vegetative« Stoffwechsellage und dient der Erholung. Man kennzeichnet die Wirkungen als **trophotrop**[333].

Bei Säugetieren entspringen die **sympathischen Fasern** im Brust- und oberen Lendenmark (Abb. 13.56). Im Gegensatz zu den vom Rückenmark zu den Erfolgsorganen ohne Unterbrechung ziehenden motorischen Fasern des somatischen Systems (somatomotorische Fasern) bestehen die efferenten Fasern des sympathischen Systems (visceromotorische Fasern) aus zwei hintereinandergeschalteten Neuronen. Es ist also immer eine Synapse zu überwinden. Diese Synapsen befinden sich in **Ganglien**. Das **präganglionäre Neuron** hat seinen Zellkörper wie das somatomotorische Neuron im Rückenmark. Es sendet seine markhaltige Faser über die dorsale bzw. ventrale Wurzel (bei den Säugetieren ausschließlich über die ventrale Wurzel) in den Spinalnerv und von dort nach kurzer gemeinsamer Wegstrecke über den Ramus visceralis (Ramus communicans albus[334]) zum vegetativen Ganglion (Abb. 13.57). Dort erfolgt die Umschaltung auf das **postganglionäre Neuron**, dessen gewöhnlich markscheidenloses Axon an den Zielorganen endet. Die postganglionären Neurone entstehen ontogenetisch aus der Neuralleiste.

Die **sympathischen Ganglien** liegen rechts und links neben der Wirbelsäule und bilden dort bei den Teleosteern und allen Tetrapoden (noch nicht bei den Selachiern!) die paravertebrale Ganglienkette, den sogenannten **Grenzstrang**, oder sie liegen zumindest in der Nähe der Wirbelsäule, in den unpaaren **prävertebralen Ganglien** (Abb. 13.58). Letzteres ist zum Beispiel beim Ganglion coeliacum der Säugetiere der Fall, von dem der Magen-Darm-Kanal und die Niere sympathisch innerviert werden. Die Kopforgane (Irismuskulatur, Tränen- und Speicheldrüsen) werden vom Ganglion cervicale craniale aus sympathisch innerviert (Abb. 13.56).

Die **parasympathischen Fasern** verlaufen in den Hirnnerven III (N. oculomotorius), VII (N. facialis), IX (N. glossopharyngeus) und zum allergrößten Teil im Nervus vagus (X). Lediglich die parasympathische Innervierung des Dickdarms, der Harnblase sowie der Geschlechtsorgane erfolgt vom Sakralbereich des Rückenmarks (N. pelvicus, Plexus hypogastricus) aus. Die **parasympathischen Ganglien** liegen verstreut in den Wänden der Zielorgane oder in ihrer unmittelbaren Nähe. Die

333 *trophe* (griech.) = Ernährung, Nahrung; *tropos* (griech.) = Richtung
334 *ramus* (lat.) = Ast; *communicare* (lat.) = vereinigen; *albus* (lat.) = weiß

Tab. 13.13 Wirkungen des vegetativen Nervensystems auf verschiedene Organfunktionen.

Organ	Wirkung des Sympathikus	Wirkung des Parasympathikus
Pupille	Erweiterung	Verkleinerung
Ciliarmuskel (Auge)	–	Kontraktion
Speicheldrüsen	wenig Speichel; zähflüssig	viel dünner Speichel
Schweißdrüsen	wenig Schweiß; klebrig (Angstschweiß)	viel dünner Schweiß
Myokard	Frequenz u. Kontraktionskraft ↑ Überleitungszeit verkürzt	Frequenz u. Vorkammerkontraktion ↓ Überleitungszeit verlängert
Coronararterien	Erweiterung	Verengung
Bronchien	Erweiterung	Verengung
Lungengefäße	ziemliche Verengung	–
Ösophagus	erschlafft	kontrahiert
Darmmuskulatur	Peristaltik und Tonus ↑	Peristaltik und Tonus ↓
Magen-Darm-Drüsen	Hemmung	Anregung
Leber	Glucosefreisetzung	–
Gallenblase und -gänge	Hemmung	Gallenentleerung gefördert
Blutgerinnung	Steigerung	–
Blutzuckerspiegel	Erhöhung	–
Nebennierenrinde	Aktivierung	–
Skelettmuskel	Glykogenolyse ↑	–
Harnblase	Harnverhalten	Harnentleerung
Penis	Gefäßverengung, Ejakulation	Gefäßerweiterung, Erektion
Grundumsatz	Erhöhung	–
geistige Tätigkeit	Erhöhung	–

Hauptstrecke zwischen Zentralnervensystem und Zielorgan wird also in diesen Fällen in den präganglionären Fasern zurückgelegt, die postganglionären sind sehr kurz (Abb. 13.56).

In beiden Systemen sind die **präganglionären Fasern cholinerg** (Abb. 13.26). Das bedeutet, dass in beiden Systemen die Erregungsübertragung vom prä- auf das postganglionäre Neuron in dem Ganglion über Acetylcholin als Transmitter verläuft. Die entsprechenden Rezeptoren für das ACh gehören dem nicotinischen Typ (▶ Abschn. 13.4.5) an. Die **postganglionären Fasern** (Abb. 13.26) sind im parasympathischen System ebenfalls **cholinerg** (mit vorwiegend muscarinischen Rezeptoren) und im sympathischen System **adrenerg** (mit α- und β-Rezeptoren). Eine Ausnahme bilden zum Beispiel die Schweißdrüsen des Menschen (nicht die des Rindes oder Schafes), deren sympathische Innervierung cholinerg ist. Das Nebennierenmark (▶ Abschn. 14.3.2) bildet dagegen nur scheinbar eine Ausnahme. Es stellt ein spezialisiertes sympathisches Ganglion dar. Deshalb ist es nicht überraschend, dass es cholinerg innerviert wird, da es sich um präganglionäre Fasern handelt.

In prä- und postganglionären Neuronen treten mit den »klassischen« Transmittern Acetylcholin bzw. Noradrenalin vergesellschaftet oft **Neuropeptide** als **Cotransmitter** auf (Abb. 13.26). So enthalten zum Beispiel die postganglionären Sudomotoneurone[335], die bei ihrer Aktivität die Schweißsekretion fördern, neben Acetylcholin (cholinerg) noch das **vasoaktive intestinale Peptid** (VIP) und die postganglionären sympathischen Vasokontriktorneurone neben Noradrenalin (adrenerg) noch das **Neuropeptid Y** (NPY). Neben dem klassischen Transmitter und dem Neuropeptid kann als dritter Transmitter **Stickstoffmonoxid** (NO) in Erscheinung treten, so zum Beispiel an Motoneuronen des Darmsystems, die eine relaxierende Wirkung auf die Ringmuskukatur ausüben, und an postganglionären parasympathischen Neuronen des erektiven Penisgewebes, die eine vasodilatatorische Wirkung haben. In beiden Fällen wird bei Freisetzung von NO über die Aktivierung der Guanylylcyclase und den Anstieg des intrazellulären cGMP-Spiegels eine Relaxation der Muskulatur hervorgerufen.

335 *sudor* (lat.) = Schweiß

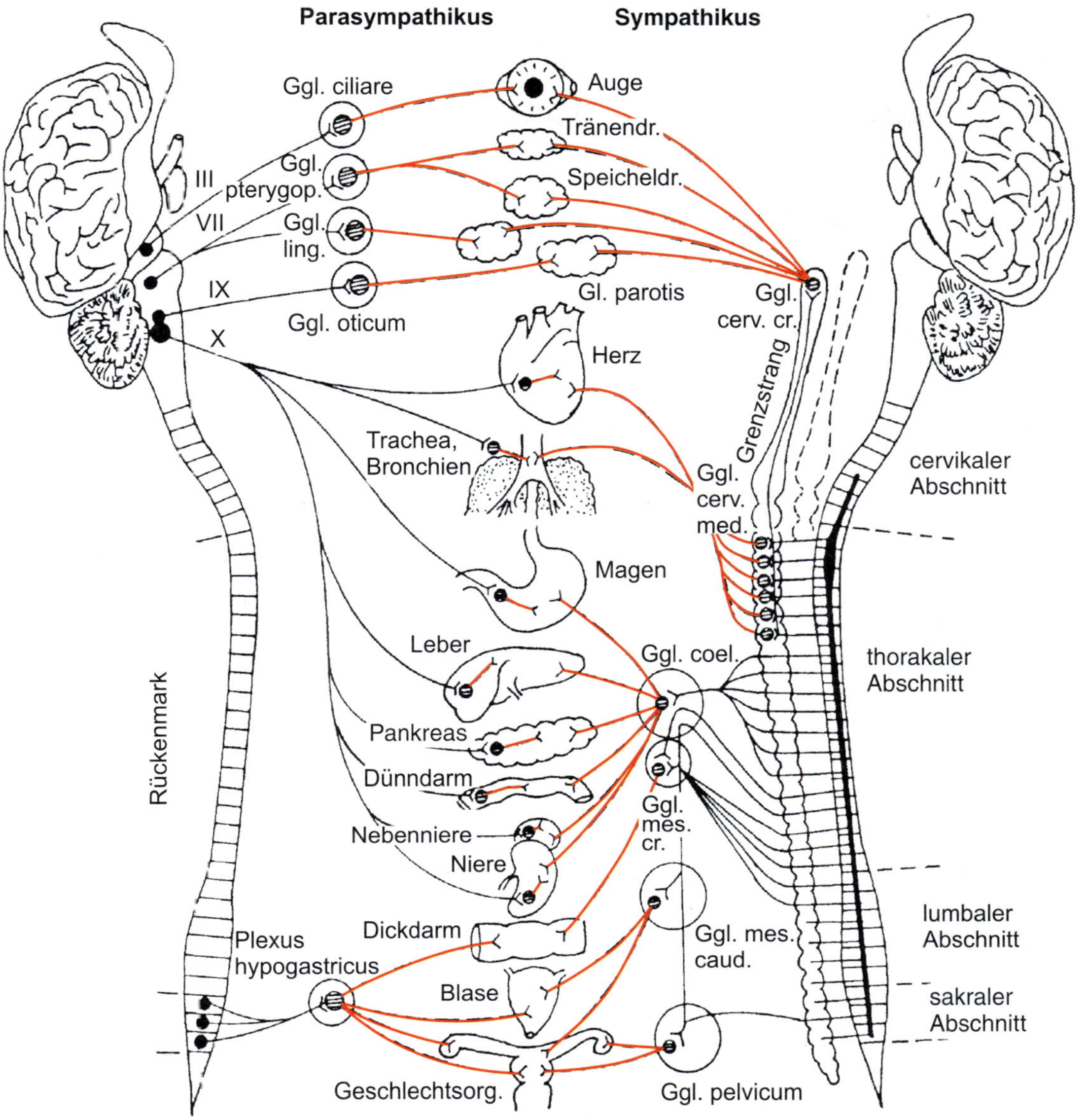

Abb. 13.56 Schema des vegetativen (autonomen) Nervensystems eines Säugetiers. III = Nervus oculomotorius; VII = N. facialis; IX = N. glossopharyngeus; X = N. vagus; präganglionäre Fasern durchgezogen schwarz, postganglionäre rot gezeichnet; Ggl. pterygop. = Ganglion pterygopalatinum; Ggl. ling. = Ganglion linguinale; Ggl. cerv. med. bzw. cr. = Ganglion cervicale mediale bzw. craniale; Ggl. mes. cr. bzw. caud. = Ganglion mesentericum craniale bzw. caudale; Ggl. coel. = Ganglion coeliacum. (Nach Haltenorth T (1969) Das Tierreich VII/6, Säugetiere, Teil I. de Gruyter, Berlin, verändert.)

Auch die beiden anderen Transmitter (ACh und VIP) wirken relaxierend, allerdings mit unterschiedlichem Zeitverhalten: Das NO wirkt am schnellsten und nur kurzfristig, die Wirkung des Peptids erfolgt wesentlich langsamer, hält dafür aber länger an. Das ACh liegt in seiner Wirksamkeit zwischen beiden.

Die **Transmitterfreisetzung** an den Endstrukturen der postganglionären Fasern erfolgt nicht so sehr lokal begrenzt an synaptischen Endknöpfchen, sondern in vielen (bis zu 10 000 oder mehr) perlschnurartig aufgereihten Anschwellungen (**Varikositäten**, Abb. 13.26) entlang des sich verzweigenden Axons, das in diesen Bereichen nicht von Schwann-Zellen umhüllt wird. Dementsprechend sind auch die Rezeptoren in ihrer Verbreitung nicht auf den engen postsynaptischen Bereich beschränkt, sondern liegen viel großflächiger verstreut auf der Oberfläche der Zielgewebe: Folge ist ein längerer Diffusionsweg für den Transmitter durch das Interstitium. Pharmaka, die die Wirkung des natürlichen Transmitters imitieren, bezeichnet man als Mimetika und unterscheidet **Sympatho-** und **Parasympathomimetika**[336]. Pharmaka, die die Erregungsübertragung an den vegetativen Synapsen hemmen, bezeichnet man als **Sympatho-** bzw. **Parasympatholytika**[337].

Bei den niederen Wirbeltieren verlaufen die postganglionären Fasern in selbständigen Nerven oder entlang der Blutgefäße. Bei den Säugetieren verlaufen sie im sympathischen System

336 *mimesis* (griech.) = Nachahmung
337 *lysis* (griech.) = Auflösung

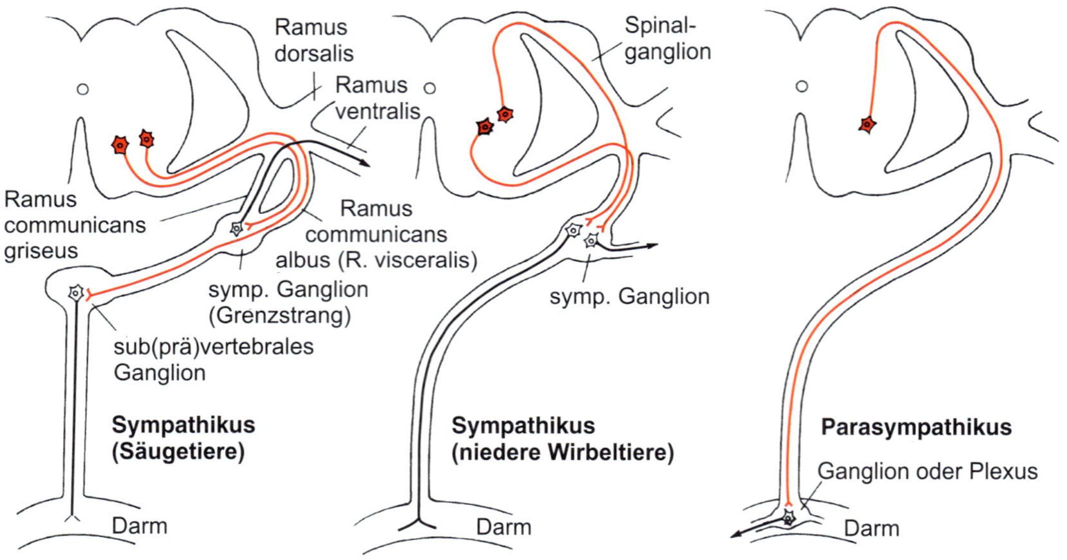

Abb. 13.57 Schematische Darstellung der Faserverläufe vom Rückenmark, ausgehend im efferenten vegetativen (autonomen) Nervensystem der Wirbeltiere. Nähere Erläuterungen im Text. (Aus Romer AS, Parsons TS (1983) Vergleichende Anatomie der Wirbeltiere. 5. Aufl. Parey, Hamburg.)

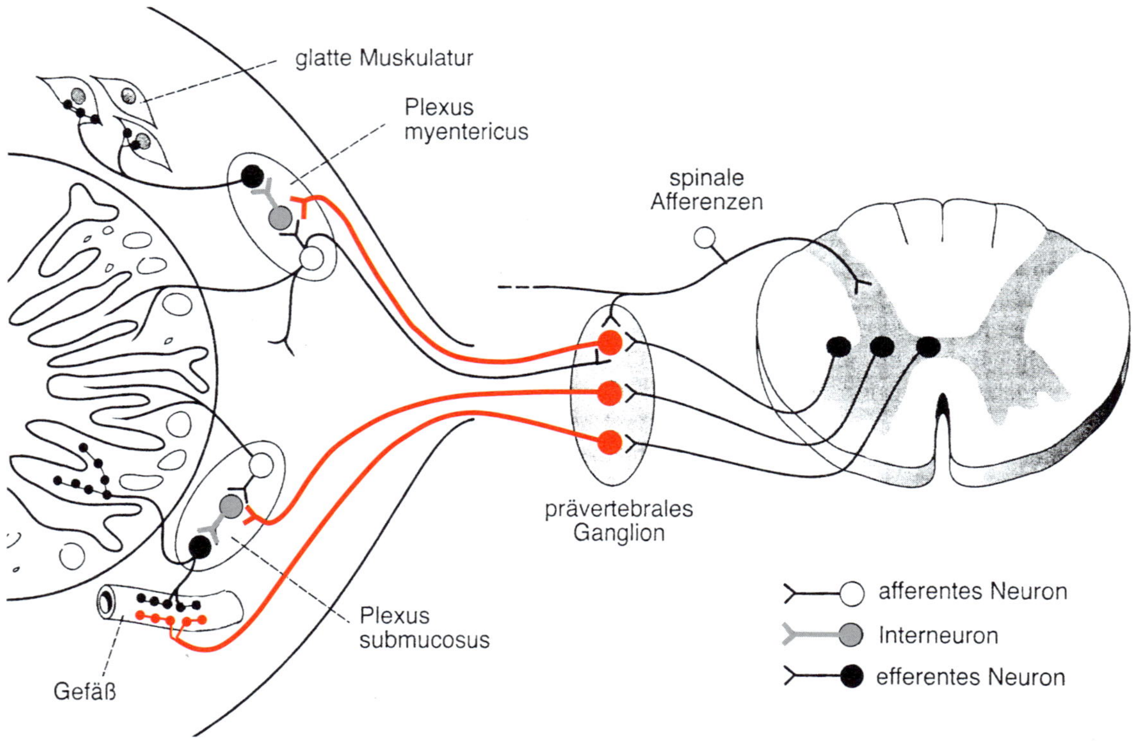

Abb. 13.58 Das enterische Nervensystem eines Säugetiers. Der Plexus myentericus (Auerbach) steuert vornehmlich die Motilität, der Plexus submucosus (Meissner) die Durchblutung und Sekretionsaktivität des Gastrointestinaltrakts. Nähere Erläuterungen im Text. (Aus Deetjen P, Speckmann EJ (1999) Physiologie. 3. Aufl. Urban & Fischer, München.)

zum Teil innerhalb der **Rami communicantes grisei**[338] von den Grenzstrangganglien zurück in die Spinalnerven (Abb. 13.57) und dann weiter innerhalb ihrer Äste zu den Zielorganen, insbesondere zu den Haarbalgmuskeln und Schweißdrüsen in der Peripherie.

[338] *griseus* (lat.) = grau

Die **visceralen Afferenzen** – nicht in sympathische und parasympathische unterschieden – kommen von den Druck- (arterielles System, Harnblase, Enddarm), Schmerz- (Serosa), Temperatur- und Chemorezeptoren (Aorten- und Carotiswand) innerer Organe und werden über die viscerosensorischen Fasern geleitet. Diese passieren zum Teil ohne Unterbrechung den Grenzstrang und treten – wie die somatosensorischen Fasern auch – über die dorsale Wurzel ins Rückenmark ein. Ihre Perikaryen liegen in den Spinalganglien (spinale Afferenzen). Viele viscerale Afferenzen aus dem Brust- und Bauchraum verlaufen im N. vagus. 80 % aller Axone im N. vagus sind afferent. Ihre Zellkörper liegen im Ganglion jugulare.

Der **Magen-Darm-Trakt** zeigt eine gewisse **Autonomie**. Er funktioniert auch dann noch, wenn er vom sympathischen und parasympathischen System abgetrennt worden ist. Diese Fähigkeit verdankt er dem enterischen Nervensystem (**Darmnervensystem**), das etwa so viele Neurone besitzt (ca. 10^8) wie das Rückenmark. Es besteht aus zwei Nervengeflechten in den Wänden (intramural[339]) des Verdauungstrakts: dem **Plexus myentericus**[340] (Auerbach*-Plexus) zwischen der Längs- und der Ringmuskulatur und dem **Plexus submucosus**[341] (Meissner*-Plexus) innerhalb der Ringmuskulatur (Abb. 13.58). Es hat eine wichtige Funktion im Rahmen der Koordination und Überwachung der Mobilität des Magen-Darm-Trakts, seiner Sekretions- und Resorptionsaktivität inne. Das parasympathische und sympathische Nervensystem wirken modulierend auf das Darmnervensystem.

Zentrale Steuerung, Hypothalamus

Im sakralen und lumbalen Rückenmark befindet sich eine Reihe wichtiger **Reflexzentren** zur Steuerung vegetativer Funktionen, die insbesondere die Beckenorgane betreffen. Es seien die Zentren zur **Darmentleerung** (Centrum anopinale), zur **Blasenentleerung** (C. vesicospinale) und für **Genitalreflexe** (C. genitospinale) erwähnt. Sie stehen unter der Kontrolle übergeordneter Zentren in der Brücke (Pons) des Hirnstamms und des Hypothalamus (s. u.). Das Centrum anospinale und das Centrum vesicospinale arbeiten beim menschlichen Säugling noch autonom. Sie treten erst später unter die willkürliche Kontrolle übergeordneter Zentren.

Das wichtigste **Integrationsorgan** zur Konstanthaltung des inneren Milieus ist der **Hypothalamus**. Er stellt die ventrale Wand des Diencephalons dar. Der Hypothalamus enthält eine Reihe lebenswichtiger Kerngebiete und ist das höchste Zentrum des vegetativen Nervensystems. Gleichzeitig ist er das Steuerzentrum für viele endokrine Prozesse (▶ Abschn. 14.3.1). E. G. Walsh (1964) meinte einmal zusammenfassend: »Es ist tatsächlich schwierig auch nur eine Körperfunktion anzunehmen, die nicht, direkt oder indirekt, vom Hypothalamus abhängt.«

Man findet im Hypothalamus **Rezeptoren**, die als **Fühler von Regelkreisen** (▶ Abschn. 11.2.1) eine große Rolle spielen. Für verschiedene Hormone existieren membranständige Rezeptormoleküle, über die die aktuelle Konzentration des betreffenden Hormons im Blut auf seine Steuerzentrale im Sinne einer negativen Rückkopplung zurückwirken kann (▶ Abschn. 14.3). **Thermorezeptoren** überwachen die Körperkerntemperatur und **Osmorezeptoren** die Osmolarität des Blutes. Eine lokale Erwärmung der temperatursensiblen Bezirke im Hypothalamus löst beim Tier **Schwitzen** und **Hecheln** (▶ Abschn. 10.5.1), lokale Unterkühlung **Zittern** aus (▶ Abschn. 10.5.2). Elektrisch oder durch lokale Applikation einer hypertonischen Salzlösung gereizte sensible Strukturen in lateralen Gebieten des Hypothalamus haben eine vermehrte Ausschüttung des antidiuretischen Hormons (**ADH/Vasopressin** (▶ Abschn. 14.3.1) und die Auslösung eines **Durstgefühls** zur Folge. Der Durst ist so groß, dass selbst bittere oder Salzlösungen akzeptiert werden, die normalerweise heftig abgelehnt werden. Die Zerstörung dieser Zentren führt bei Ratten umgekehrt zur Verweigerung jeder Flüssigkeitsaufnahme.

Wir können zusammenfassend feststellen, dass im Hypothalamus durch Messung der Temperatur, der Osmolarität und der Konzentration bestimmter Hormone physiologische Ungleichgewichte erkannt werden und zu somatomotorischen, vegetativen und endokrinen Reaktionen führen, die sowohl Verhaltensänderungen als auch Änderungen physiologischer Parameter umfassen. Es gibt im Hypothalamus eine Vielzahl solcher Neuronenpopulationen. Ihre Aktivierung löst somatomotorische, vegetative und endokrine Reaktionen aus, die in vorteilhafter Weise so aufeinander abgestimmt sind, dass ein »sinnvolles« Gesamtverhalten des Tieres resultiert. So führt beispielsweise eine elektrische Reizung bestimmter Zellgruppen im **lateralen Hypothalamus** über implantierte Elektroden bei einer **Katze** zur Aktivierung des **Fressverhaltens**. Das vorher ruhig daliegende Tier hebt den Kopf, steht auf und sucht mit hoher Aufmerksamkeit die Umgebung nach Fressbarem ab (Appetenzverhalten). Ist es erfolgreich, so beginnt es sofort zu fressen und hört erst wieder auf, wenn die Reizung unterbrochen wird. Parallel zu diesem typischen Verhalten werden physiologische Parameter verändert: Blutdruck, Darmmotorik (durch Erhöhung des Vagustonus) und Durchblutung des Darms (durch Erniedrigung des Sympathikustonus) nehmen zu, die Durchblutung der Skelettmuskulatur (durch Erhöhung des Sympathikustonus) dagegen ab (Umverteilung der Blutflüsse). Es handelt sich also um eine gut abgestimmte Koordination von somatomotorischen und vegetativen Reaktionen. Man bezeichnet das betreffende Zentrum im lateralen Hypothalamus als **Fress-**, Nahrungs- oder **Hungerzentrum**. Seine Zerstörung führt zur permanenten Nahrungsverweigerung (**Aphagie**[342]), die bis zum Verhungern führen kann. Dieses Zentrum steht anatomisch und funktionell in enger Beziehung zu dem oben erwähnten Trinkzentrum. Adrenerge Mechanismen scheinen in dieser Region das Fressverhalten, cholinerge das Trinkverhalten zu fördern.

Im **ventromedialen Hypothalamus** gibt es eine Zellgruppe, deren Zerstörung umgekehrt zur Fresssucht (**Hyperphagie**) führt. Man nennt es das **Sättigungszentrum**, weil eine elektrische Reizung in dieser Region eine Hemmung des Fressverhaltens zur Folge hat. Von einer anderen Region des Hypothalamus kann man durch elektrische Reizung ein **Abwehrver-**

[339] *murus* (lat.) = Mauer, Wand
[340] *myentericus* (lat.) = zur (Darm)muskulatur gehörig
[341] *sub* (lat.) = unter; *mucosus* (lat.) = reich an Schleim, schleimig (Schleimhaut)
[342] *a-* (griech., Präfix) = Verneinung, Nichtvorhandensein; *phagein* (griech.) = fressen

halten auslösen. Die vorher ruhig daliegende Katze steht auf, macht einen Buckel, beginnt zu zischen und zu knurren und streckt die Krallen vor. Verbunden ist dieses Verhalten mit einer Atmungssteigerung, Sträuben der Haare (Aktivität des Sympathikus) und einer verstärkten Speichelbildung (Aktivität des Parasympathikus). Die Bewegung und die Durchblutung des Darms nehmen gleichzeitig ab, die Durchblutung der Skelettmuskulatur nimmt zu. Ebenfalls vom Hypothalamus wird die **Sexualbereitschaft** entscheidend kontrolliert. Läsionen im Hypothalamus können das Brunstverhalten bei Säugetieren stoppen, in anderen Fällen aber auch die Brunst beschleunigen oder eine Dauerbrunst hervorrufen.

Keineswegs darf man sich diese Zentren im Hypothalamus streng lokalisiert und starr vorstellen. Das Nervensystem zeigt auch hier eine hohe **Plastizität**. Man hat oft beobachtet, dass die durch Läsionen zuerst ausgelösten Effekte später wieder ausgeglichen werden können. Offenbar kann die Funktion von anderen Zellgruppen übernommen werden. Wahrscheinlich gibt es im Hypothalamus für jede dieser Steuerfunktionen Areale mit erregender und hemmender Wirkung, wobei die Gleichgewichtslage zwischen den Aktivitäten beider Areale entscheidend ist. Diese als Abwehr-, Fress-, Trink- oder Sexualverhalten zu charakterisierenden Reaktionen der Tiere können auch noch bei **großhirnlosen Tieren** ausgelöst werden, verlaufen dann aber recht stereotyp und klingen sofort mit Beendigung des Reizes wieder ab. Man geht heute davon aus, dass der Hypothalamus zwar für das Ingangsetzen der genannten Verhaltensweisen mit ihren charakteristischen physiologischen Begleiterscheinungen verantwortlich ist, dass in die Kontrolle aber weitere Teile des Nervensystems integriert sind (▶ Box 13.4).

13

Box 13.4 Das emotionale Gehirn

Affektives, emotionales Verhalten ist gekennzeichnet durch ein Zusammenspiel von somatomotorischen, vegetativen und neuroendokrinen Reaktionen. Umweltreize, die als bedrohlich interpretiert werden (z. B. Gewitter, Beutegreifer), lösen motorische Reaktionen (z. B. Erstarren, Flucht, Abwehr) aus, die begleitet werden von vegetativen Reaktionen wie eine Erhöhung des Blutdrucks, der Herzfrequenz, die Aktivierung von Schweißdrüsen sowie der Ausschüttung von Hormonen wie ACTH/Cortisol und Adrenalin. Ähnliches gilt für andere emotionale Äußerungen wie Freude, Trauer, Ekel usw. Drei cortikale Strukturen sind vor allem an der Kontrolle emotionalen Verhaltens beteiligt: der Mandelkern (**Amygdala**[343]) im medialen Temporallobus, der anteriore **Gyrus cinguli**[344] oberhalb des Corpus callosum sowie der **präfrontale Cortex** (■ Abb. 13.59). Amygdala und Gyrus cinguli werden traditionell dem limbischen System, einer Gruppe ringförmig verbundener cortikaler und subcortikaler Strukturen, zu denen auch der Hippocampus und Hypothalamus gerechnet werden, zugeordnet. Ursprünglich hatte man dem limbischen System insgesamt eine Rolle im emotionalen Verhalten zugesprochen, weiß aber inzwischen, dass dies nur für Teilbereiche zutrifft. Die Amygdala spielt bei der Verarbeitung von emotionaler Information eine Schlüsselrolle und ist vor allem an Angstreaktionen und Aggressionsverhalten beteiligt. Sie erhält Eingang vom olfaktorischen, visuellen, auditorischen und somatosensorischen System und sendet Efferenzen zu motorischen Zentren (Hirnstamm, Striatum, Cortex) sowie über mächtige Faserstränge zu vegetativen und neuroendokrinen Zentren des Hypothalamus. Reziproke Verbindungen existieren zum präfrontalen Cortex.

Ratten mit Läsionen der Amygdala erkunden neugierig, und sedierte Katzen und Affen, denen die Amygdala entfernt wurde, verlieren jede Aggressivität und werden zahm. Die potenzielle Bedrohung bei Annäherung eines Beutegreifers wird somit nicht mehr erkannt und die Fluchtreaktion bleibt aus. Bei Primaten reagieren Neurone der Amygdala auf emotinale Gesichtsausdrücke. Gesichter, die Angst oder Erschrecken ausdrücken, führen beim Menschen zu erhöhter neuronaler Aktivität, vor allem in der linken Amygdala (■ Abb. 13.59). Experimente im Labor von LeDoux an Ratten haben gezeigt, dass auch **konditionierte Angstreaktionen** mit der Amygdala assoziiert sind. In den Versuchen wurde einer Ratte ein Ton präsentiert, der von einem milden Elektroschock gefolgt wurde. Ratten zeigten nach mehrmaliger Paarung bereits bei Präsentation des Tons erhöhten Blutdruck und charakteristisches Erstarren im Verhalten. Nach Zerstörung der Verbindung vom Nucleus geniculatum mediale (Hörbahn) zur Amygdala verschwanden die konditionierten Angstreaktionen. Die Autoren zeigten auch, dass Verbindungen der Amygdala zur Formatio reticularis des Hirnstamms für die Erstarrungsreaktion verantwortlich sind, während Projektionen zum Hypothalamus die Erhöhung des Blutdrucks vermitteln.

Die Versuche zeigen, dass die Amygdala und andere Strukturen der emotionalen Koordination zwar die verschiedensten vegetativen Reaktionen im endokrinen, Herz-Kreislauf-, Atmungs-, Exkretions- oder Verdauungssystem auslösen können, dieses aber über die **modulatorische Kontrolle** des Hypothalamus geschieht und mit Verhaltensreaktionen **koordiniert** wird, denn beidseitige **Amygdalektomie** führt nicht *per se* zu wesentlichen Störungen elementarer vegetativer Regulationen.

13.7 Sensomotorische Integration

Organismen sind in vielfältiger Weise mit ihrer Umgebung, von der sie in hohem Maß abhängig sind, verknüpft. Sie finden in ihr nicht nur die für ihre Existenz zuträglichen physikochemischen Bedingungen vor, sondern auch die für sie lebensnotwendigen Nährstoffe und den Geschlechtspartner. In der Umgebung lauern andererseits auch ständig Gefahren in Form abi-

343 *amygdale* (griech.) = Mandel
344 *cingulum* (lat.) = Gürtel, Leibgurt

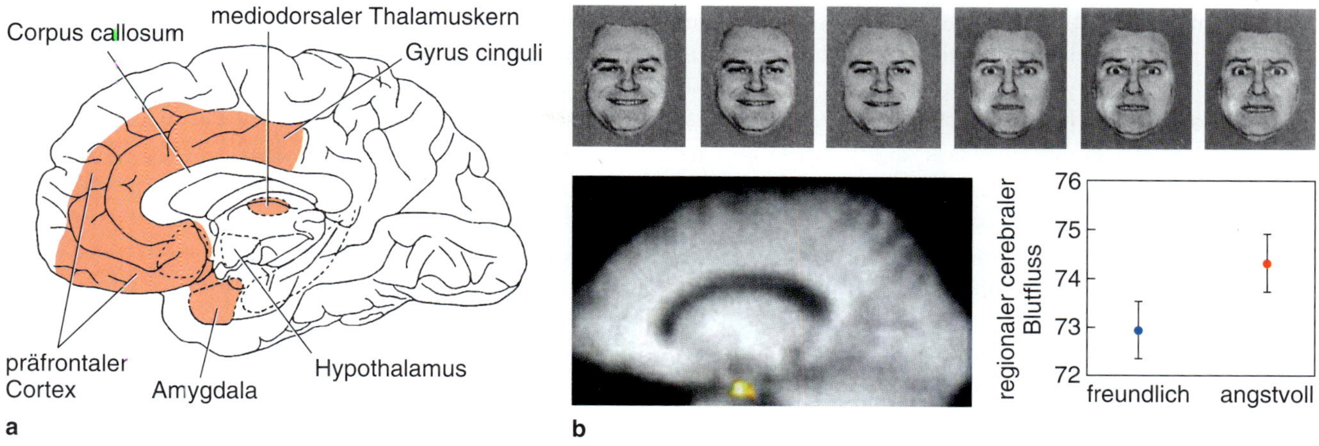

Abb. 13.59 **a** Gehirnregionen des Menschen mit zentraler Rolle an emotionaler Koordination. **b** Identifikation der Amygdala als Emotionszentrum. In einer fMRT-Studie wurden Probanden angsterfüllte und freundliche Gesichter präsentiert. Die Betrachtung angstvoller Gesichter korrelierte mit erhöhtem regionalem cerebralen Blutfluss in der linken Amygdala der Probanden. fMRT = funktionelle Magnetresonanztomografie. (a nach Purves D, Augustine GJ, Fitzpatrick D, Hall WC, LaMantia A-S, White LE (2012) Neuroscience. 5. Aufl. Sinauer, Sunderland, MA, Abb. 29.4, S. 653; b nach Kandel ER, Schwartz JH, Jessell TM (2000) Principles of neural science. 4. Aufl. McGraw-Hill, New York, Abb. 50–6, S. 989, und Morris, JS, Frith CD, Perrett DI, Rowland D, Young AW, Calder AJ, Dolan RJ (1996) A differential neural response in the human amygdala to fearful and happy facial expressions. Nature 383, 812–815.)

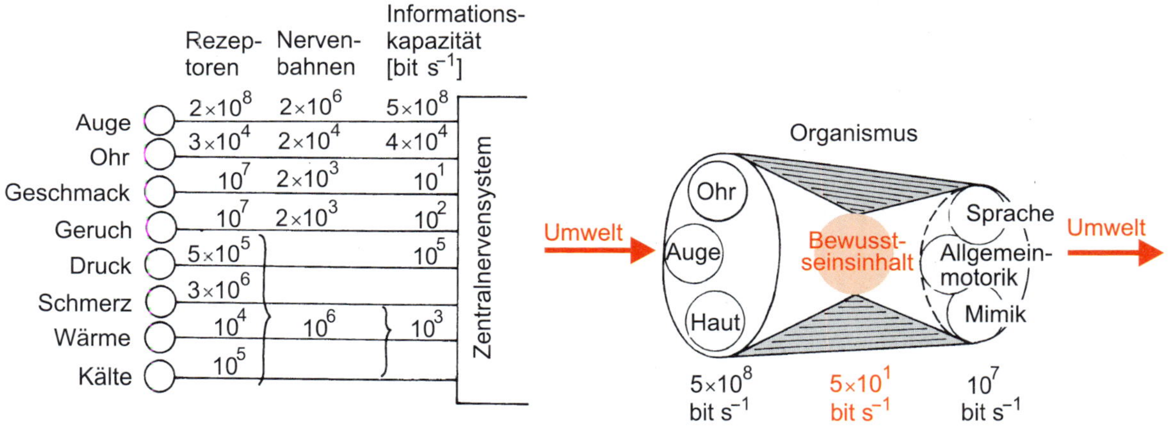

Abb. 13.60 Links: Informationsfluss zwischen Umwelt und Zentralnervensystem über die verschiedenen Sinneskanäle beim Menschen. Rechts: Schema des Gesamtinformationsflusses beim Menschen. Die optimierende Informationsselektion bei der bewussten Informationsverarbeitung beträgt nach Schätzungen 1:10^7. Die Informationsabgabe erreicht durch Zufluss gespeicherter Programme wieder wesentlich höhere Werte. (Links: nach Marko H (1965) Physikalische und biologische Grenzen der Informationsübermittlung. Kybernetik 2, 274–284; rechts: nach Keidel W-D (1963) Kybernetische Systeme des menschlichen Organismus. Arbeitsgemeinschaft für Forschung des Landes Nordrhein-Westfalen, Heft 18, 31–71, Abb. 9, S. 46, verändert.)

otischer Veränderungen oder in Form von Konkurrenten und Feinden. Es ist deshalb notwendig, dass Tiere über bestimmte, für sie relevante Ereignisse in ihrer Umgebung rechtzeitig und in ausreichendem Maß Kenntnis erhalten, um in sinnvoller Weise darauf reagieren zu können.

Der Aufnahme von Informationen dienen Sinnesorgane der verschiedensten Art. Nach komplexer Verarbeitung der eintreffenden Informationen im Zusammenhang mit ererbtem Wissen werden passende motorische Systeme aktiviert, die auf die Umwelt zurückwirken. Der Verbindung von Sensorik und Motorik dienen sensomotorische Integrationsnetzwerke, die im Nervensystem verankert sind.

Man hat versucht, den **Gesamtinformationsfluss** beim Menschen abzuschätzen: Der maximale über alle sensorischen Eingänge einwärts gerichtete Informationsfluss beläuft sich größenordnungsmäßig auf 10^8–10^9 bit s^{-1}. Dabei spielt die visuelle Komponente die weitaus dominierende Rolle (Abb. 13.60).

Die Abschätzung des Informationseinstroms über den **visuellen Kanal** unter Berücksichtigung der dem Auge auflösbaren Bildwiederholfrequenz (16 Bilder s^{-1}), der Anzahl der Photorezeptoren in der Retina (2×10^6) und der möglichen Farb- und Intensitätsabstufungen ergab eine ungefähre Rate von 5×10^8 bit s^{-1}. Dabei wurde vorausgesetzt, dass alle Grau- und Farbabstufungen mit der gleichen Wahrscheinlichkeit auftreten.

Auf dem Weg von der Peripherie zu den sensorischen Zentren erfolgt eine gewaltige **Informationsreduktion** der 5×10^8 auf etwa 5×10^1 bit s^{-1}. Sie ist gleichzeitig eine optimierende **Informationsselektion**. Das ist dringend notwendig, denn es sollen ja nicht alle Einzelheiten über die Außenwelt bis ins Bewusstsein vordringen, sondern nur die wesentlichen, von der Redundanz befreiten Informationen. Man nimmt an, dass von den 5×10^1 bit s^{-1}, die ins Bewusstsein übertreten, nur etwa 1 bit s^{-1} im Gedächtnis dauerhaft gespeichert werden können. Die Aktionen des Menschen, das heißt die Steuerung der Tätigkeit von Drüsen, Muskeln usw., erfordern umgekehrt einen **auswärts gerichteten Informationsfluss**. Er beläuft sich nach groben Schätzungen auf etwa 10^7 bit s^{-1} (Abb. 13.60). Diese hohe Informationsübertragungsrate kommt durch den Zufluss aus gespeicherten Programmen zustande.

13.7.1 Reflexe

Reflexe stellen die einfachste Art neuronaler Verknüpfungen zwischen Sensorik und Motorik dar. Unter einem **Reflex** (Unzer 1771) versteht man die bei allen Individuen einer Art in gleicher, stereotyper Weise eintretende, nervös ausgelöste Reaktion eines Tieres auf einen spezifischen Reiz hin. An jedem Reflex sind ein Rezeptor und ein Effektor beteiligt. Beide sind durch eine erregungsleitende (nervöse) Bahn miteinander verbunden. Am Rezeptor erfolgt die Aufnahme des auslösenden Reizes, am Effektor die Reaktion. Marshall Hall* (1850) sprach vom **Reflexbogen**, ein Begriff, der sich in der Folgezeit eingeprägt hat. Wir müssen uns aber darüber im Klaren sein, dass durch ihn die Zusammenhänge nur unvollkommen wiedergegeben werden. So bleibt insbesondere unberücksichtigt, dass in den meisten Fällen die Reaktion des Tieres auf den auslösenden Reiz zurückwirkt, ihn verändert oder gar beseitigt. So wird zum Beispiel der Pupillenreflex (Abb. 11.3) durch eine erhöhte Lichtintensität ausgelöst. Die Reaktion an der Iris (Pupillendurchmesser) vermindert anschließend rückwirkend die Stärke des in den Augapfel fallenden Lichts. Die Putzreflexe haben das Ziel, den auslösenden Reiz zu löschen (s. auch Wischreflex). Im gleichen Sinn ist der Patellarsehnenreflex zu interpretieren: Er wird durch Dehnung des Muskels ausgelöst, die Reaktion (Kontraktion) macht die Dehnung rückgängig. So haben wir es in Wirklichkeit nicht mit einem Reflex»bogen«, sondern mit einem in sich zurücklaufenden **Funktionskreis** zu tun, in den die Umwelt einbezogen ist. Reflexe bilden in der Tat die Grundlage vieler Regelkreise (▶ Abschn. 11.2.1).

Im einfachsten Fall (Beispiel: Tentakel der Aktinie) besteht der Reflexbogen nur aus zwei Zellen: aus einer, die gleichzeitig Sinnes- und Nervenzelle ist, und einem Effektor (Muskelzelle). Völlig ohne eine zwischengeschaltete Synapse verlaufen die **Axonreflexe** (Abb. 13.61), die bei der Steuerung verschiedener vegetativer Funktionen im Wirbeltier eine große Rolle spielen. Es handelt sich dabei um Reflexe, bei denen die Erregungen vom Rezeptor zum Effektor, ohne den Umweg über das ZNS zu machen, über die Verzweigungen (Kollaterale) eines einzigen Axons verlaufen.

Gewöhnlich sind mehrere Neurone am Aufbau eines Reflexbogens beteiligt. Wir können dann ein vom Rezeptor kommendes **afferentes (sensorisches) Neuron** und ein zum Effektor ziehendes **efferentes Neuron** unterscheiden. Beide sind in der Regel über mehrere Interneurone miteinander verknüpft (**polysynaptische Reflexe**). Das Fehlen zwischengeschalteter Interneurone, das heißt die direkte Übertragung der Erregung vom afferenten zum efferenten Neuron (**monosynaptischer Reflex**), ist seltener.

Als Beispiel eines monosynaptischen Reflexes kann der allen bekannte **Kniesehnenreflex** (Patellarsehnenreflex, Abb. 13.61) dienen. Bei ruckartiger Dehnung des Quadriceps durch einen

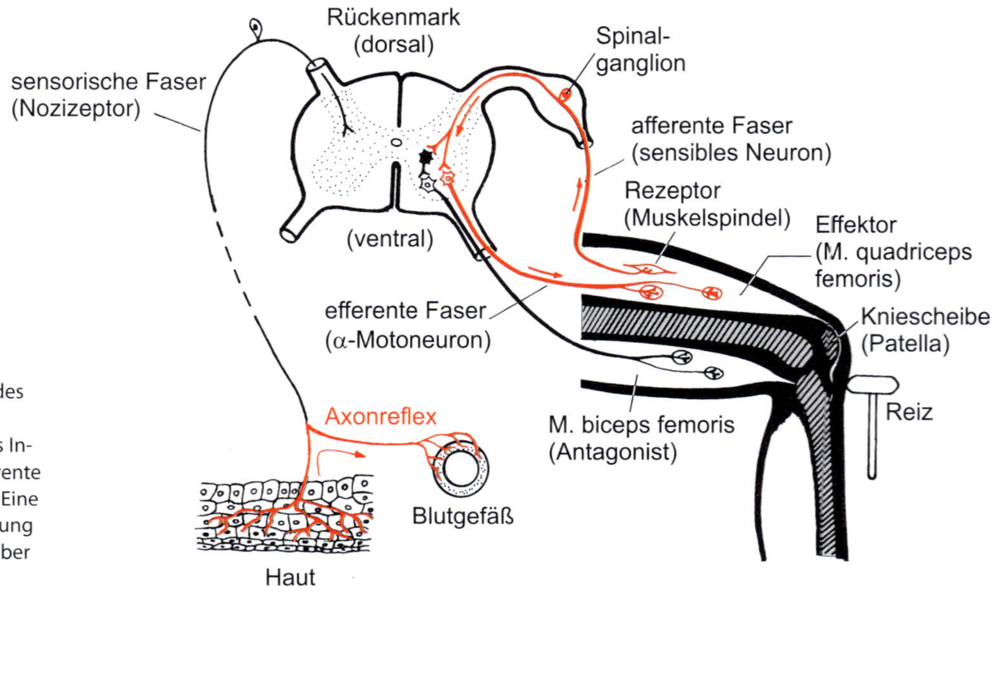

Abb. 13.61 Schema eines monosynaptischen Eigenreflexes. Rechts: Kniesehnenreflex beim Menschen (rot). Gleichzeitig mit der Erregung des Streckers (Agonist) wird der Beuger (Antagonist) über ein inhibitorisches Interneuron (schwarz) gehemmt (afferente kollaterale Hemmung). Links unten: Eine lokale Gefäßerweiterung durch Reizung oberflächlicher Nozizeptoren läuft über einen Axonreflex ab.

Schlag auf die Patellarsehne werden reflexiv eine Kontraktion des Quadriceps und damit eine Streckung im Kniegelenk ausgelöst. Rezeptoren sind in diesem Fall die Muskelspindeln (▸ Abschn. 23.2.9), Effektor ist der Quadriceps. Dieser Reflex gehört zu den **Eigenreflexen**, weil Rezeptor und Effektor demselben Organ angehören. Nicht alle Eigenreflexe sind monosynaptisch. Bei den **Fremdreflexen** befinden sich beide in verschiedenen Organen, oft topografisch weit voneinander entfernt. Fremdreflexe sind immer polysynaptisch. Zu ihnen gehören zum Beispiel die verschiedenen Putz-, Schutz- und Fluchtreflexe. Gut untersucht ist der Wischreflex beim Frosch. Legt man ein mit Säure getränktes Filterpapierstückchen auf die Haut der Flanke eines hirnlosen (spinalen) Froschs (»Rückenmarksfrosch«), so wird dieses mit einer gezielten Wischbewegung der hinteren Extremität derselben Körperseite fortgeschlagen. Zur Gruppe der Schutzreflexe gehören der Totstellreflex bei vielen Insekten, der Lidschluss- und der Pupillenreflex (◻ Abb. 11.3) sowie der Husten- und Niesreflex.

Reflexe können auf ein einziges Rückenmarkssegment bzw. Ganglion des Strickleiternervensystems beschränkt sein (**unisegmentale Reflexe**), oder sie können mehrere Körpersegmente einbeziehen (**plurisegmentale Reflexe**). Unisegmental verläuft der reflexive Abwurf des gereizten oder verletzten Beins bei vielen Dekapoden und Spinnen (Autotomiereflex[345]). Dasselbe gilt für das Vorstrecken des Bienenstachels, das über das letzte Abdominalganglion erfolgt.

Die Zeitspanne zwischen dem Einwirken des Reizes und dem Beginn der Reaktion nennt man **Reflexzeit**. Sie setzt sich aus dem Zeitbedarf für die Reiztransformation im Rezeptor, für die Erregungsbildung, -leitung und -übertragung an den Synapsen und aus der Latenzzeit des Effektors zusammen. Sie ist am Kürzesten bei monosynaptischen Eigenreflexen und am Längsten bei gewissen vegetativen Reflexen, bei denen relativ träge reagierende glatte Muskelfasern oder Drüsenzellen die Effektoren sind. Im Gegensatz zu (phasischen) Eigenreflexen ist die Reflexzeit bei Fremdreflexen nicht konstant. Sie nimmt mit zunehmender Reizstärke exponentiell ab. Die Verkürzung ist nicht durch eine Beschleunigung der Erregungsleitung, sondern durch eine Verkürzung der Synapsenzeit infolge eines Summationseffekts (▸ Abschn. 13.4.3) der zahlreich eintreffenden Impulse bedingt.

Gleichzeitig nimmt in der Regel mit zunehmender Reizstärke die Reaktionsintensität des Reflexes zu, verbunden mit einer **Ausbreitung**. So führt zum Beispiel bei der Küchenschabe eine starke Reizung der Antenne dazu, dass die Putzbewegung nicht mehr – wie gewöhnlich – mit einem, sondern mit beiden Vorderbeinen ausgeführt wird. Die Erscheinung der Ausbreitung der Reflexbahn fehlt den Eigenreflexen, die stets mit gleicher Geschwindigkeit und in gleicher Weise ablaufen. Demgegenüber kann man bei Fremdreflexen – insbesondere bei sogenannten Bewegungsreflexen – beobachten, dass die Reaktion des Tieres in Abhängigkeit von den herrschenden Bedingungen unterschiedlich ausfallen kann. Hindert man zum

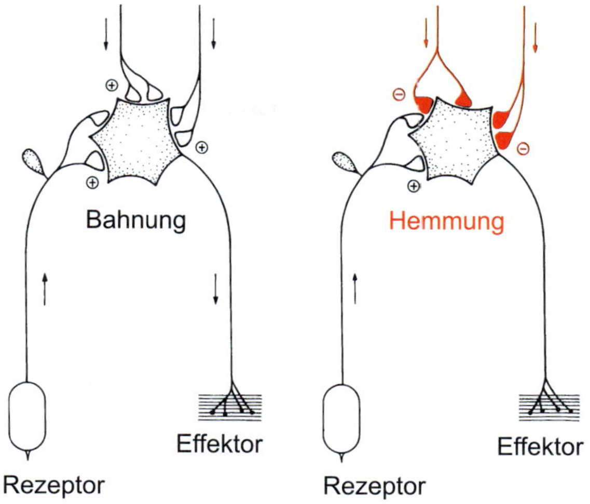

◻ **Abb. 13.62** Bahnung und Hemmung eines Reflexes durch den Einfluss zweier Fremdneurone. Erklärung im Text.

Beispiel bei einem Rückenmarksfrosch die Extremität an der Durchführung des Wischreflexes (s. o.), so wird das Bein der anderen Körperseite zum Reizort geführt. Man nennt diese Erscheinung **Plastizität** der Reflexhandlung.

Die Erscheinung der Plastizität führt uns deutlich vor Augen, dass wir das ZNS keineswegs als Komplex definitiv und irreversibel miteinander »verdrahteter« Neurone sehen dürfen. Im ZNS kann je nach den vorliegenden Bedingungen der jeweils mögliche Weg zur erfolgreichen Beantwortung eines Reizes ausgewählt werden. Von großer Wichtigkeit ist auch, dass Tiere über Möglichkeiten verfügen, den Ablauf eines Reflexes zu fördern (zu bahnen) bzw. zu hemmen. Diese Vorgänge spielen sich an den Synapsen ab. Normalerweise steht die Reflexerregbarkeit unter der dauernden Kontrolle hemmender und bahnender Einflüsse von höheren Abschnitten des ZNS. Die **Bahnung** (◻ Abb. 13.62) kann in einer Begünstigung der Erregungsübertragung am Schaltneuron bestehen: Exzitatorische Fremdneurone treten an die betreffende Nervenzelle des Reflexbogens heran und beteiligen sich an der positiven Summation der Einzeldepolarisationen zum Gesamt-EPSP (▸ Abschn. 13.4.3). Umgekehrt kann durch die Aktivität inhibitorischer Fremdneurone der Erregungsdurchgang am Schaltneuron erschwert werden. Wir sprechen dann von einer **Hemmung**.

Bei **Arthropoden** sind sowohl hemmende als auch bahnende Einflüsse des **Gehirns** auf die **Reflexaktivität** bekannt, doch scheinen die hemmenden Einflüsse zu überwiegen. Dekapitierte Libellen können nicht mehr laufen, weil ein normalerweise vom Gehirn her gehemmter Klammerreflex die Tiere fest an ihre Unterlage bindet. Bei der Krabbe *Carcinus maenas*, der man die Schlundkonnektive durchtrennt hat, ist der Fressreflex derart enthemmt, dass alle Gegenstände zum Mund geführt werden und bei reichlicher Fütterung bis zum Platzen des Magens gefressen wird. Oft gehen von Sinnesorganen stimulatorische Impulse aus, durch die die Reflexerregbarkeit des Tieres erhöht wird.

[345] *auto* (griech.) = Selbst-; *tomein* (griech.) = trennen

13.7.2 Prinzipien sensorischer Verarbeitung

Unabhängig von der Modalität (sehen, riechen, hören usw.) lassen sich bei der Prozessierung der Sinnesinformation bestimmte allgemeine Prinzipien feststellen. Hierzu zählen

- die Filterung der Information nach biologisch relevanten Aspekten (sensorische Filter),
- die Verarbeitung einer Modalität in parallelen Bahnen, die jeweils einen bestimmten Aspekt der Sinnesinformation analysieren und andere Aspekte vernachlässigen und
- die Beibehaltung räumlicher Beziehungen durch topografische (räumliche) Repräsentation der sensorischen Umwelt in den aufeinander folgenden Verarbeitungsstufen im Gehirn.

Sensorische Filter sind erforderlich, damit sich der Organismus auf die für ihn biologisch relevanten Aspekte der Reizsituation konzentrieren kann. Diese Filter haben sich im Lauf der Evolution herausgebildet und bereiten den Organismus auf eine wahrscheinlich zu erwartende Umweltsituation vor. Sensorische Filter existieren bereits auf Ebene der Sinneszellen, teilweise haben auch Hilfsstrukturen bereits eine Filterfunktion. Viele nachtaktive Insekten (Nachtschmetterlinge, Netzflügler) besitzen sehr einfach organisierte Gehörorgane, deren einzige Funktion in der Detektion von Ultraschalllauten jagender Fledermäuse besteht. Bei vielen Nachtfaltern besteht das Gehörorgan nur aus zwei bilateralen Paaren an Sinneszellen, die nur im Ultraschallbereich empfindlich sind. Kenneth Roeder zeigte, dass dieses Gehörorgan für seine Funktion, Fledermäuse zu orten und Fluchtreaktionen einzuleiten, perfekt konstruiert ist. Eine der beiden Sinneszellen wird bereits bei geringer Reizintensität (große Entfernung der Fledermaus) erregt und führt zur Änderung der Flugrichtung von der Reizquelle weg. Die zweite Sinneszelle wird erst durch hohe Reizintensitäten aktiviert und initiiert einen finalen Sturzflug, um der sich nähernden Fledermaus im letzten Moment zu entkommen.

Häufiger sind sensorische Filter in verschiedenen Ebenen der Sinnesbahn lokalisiert, was die Möglichkeit eröffnet, das Sinnesorgan für verschiedene Funktionen einzusetzen. Ein besonders eindrucksvolles Beispiel ist die visuelle Verarbeitung kleiner bewegter Objekte, die bei Kröten eine Beutefangreaktion auslösen (◘ Abb. 13.63). Kröten zeigen bei interner Motivation (Hunger) Beutefangverhalten (Hinwenden – Fixieren – Zuschnappen), wenn kleine, langgestreckte Objekte sich in ihrem Sehfeld in Richtung ihrer Längsächse bewegen. Jörg Peter Ewert hat diese Reizkonstellation als »Wurmkonfiguration« bezeichnet. Auf Objekte, die sich quer zu ihrer Längsachse durch das Sehfeld bewegen (»Antiwurm«) erfolgt keine Reaktion. Während es in der Retina keine Präferenz für wurmartige Objekte gab, fanden sich entsprechende Neurone tatsächlich im Tectum opticum. Hier befindet sich ein sensorischer Filter, der das Beuteschema der Kröte darstellt. Ewert konnte zeigen, dass die Interaktion von Neuronen der prätectalen Region und des Tectums für dieses Reaktionsmuster verantwortlich ist. Eine Durchtrennung der Verbindung zwischen Prätectum und Tectum zerstörte diese Präferenz und führte dazu, dass die Tiere selbst auf die Hand des Experimentators Hinwendung und Schnappreaktion zeigten.

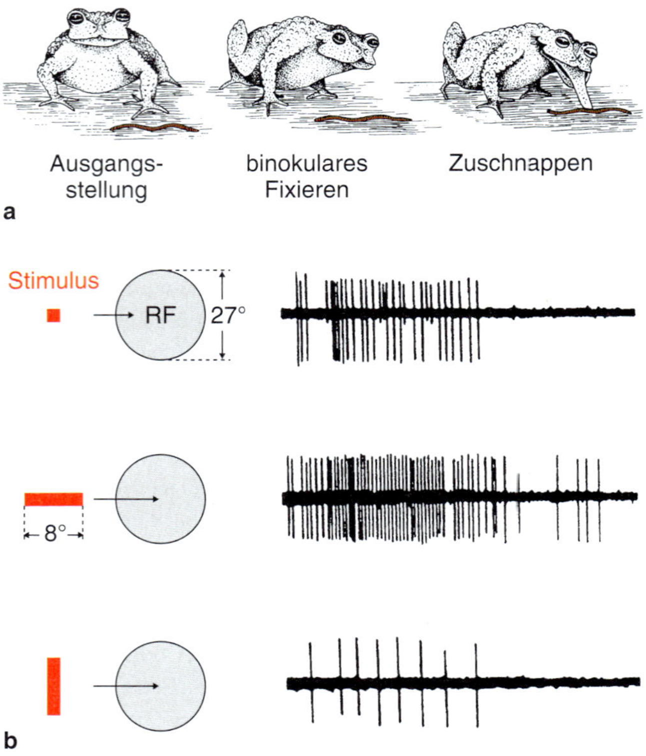

◘ **Abb. 13.63** a Beutefangverhalten der Erdkröte. b Wurmdetektorneuron im Tectum opticum. Das Neuron zeigt stärkste Erregung bei Bewegung eines schwarzen Balkens, der sich in seiner Längsrichtung durch das rezeptive Feld des Neurons bewegt (Wurmkonfiguration). RF = rezeptives Feld. (a nach Franck D (1997) Verhaltensbiologie. Thieme, Stuttgart, Abb. 5, S. 7; b nach Ewert J-P (1974) The neural basis of visually guided behavior. Sci Am 230(3), 34–42, S. 40.)

In ähnlicher Weise konnte gezeigt werden, dass Neurone, die bei der weiblichen Feldgrille spezifisch auf das zeitliche Muster des Werbegesangs der Männchen reagieren, erst auf einer bestimmten Ebene des Gehirns vorkommen und auch hier vermutlich der Erkennung dieses biologisch wichtigen Kommunikationssignals dienen. In der Wahrnehmungspsychologie werden solche internen Filter auch **Gestaltfilter** genannt (*feature detector*). Sie sind die Grundlage für mannigfaltige biologisch relevante Objektidentifizierungen und Klassifizierungen. Im inferioren temporalen Cortex von Makaken wurden Neurone gefunden, die spezifisch auf Gesichter in Frontalansicht oder im Profil reagieren (◘ Abb. 13.64) und somit besonders hochspezifische Reizfilter darstellen, die der Erkennung von Artgenossen dienen (▶ Abschn. 18.7.4).

Die Verarbeitung der eingehenden Sinnesinformation in **parallelen Bahnen** ist besonders augenfällig im visuellen, auditorischen und somatosensorischen System. So findet man im Sehsystem von Säugetieren wie auch Insekten getrennte Bahnen zu Verarbeitung von Form und Farbe sowie Bewegung (▶ Abschn. 18.4.3, 18.7.4). Ähnliches gilt für die parallele Prozessierung akustischer Reizparameter im Echoortungssys-

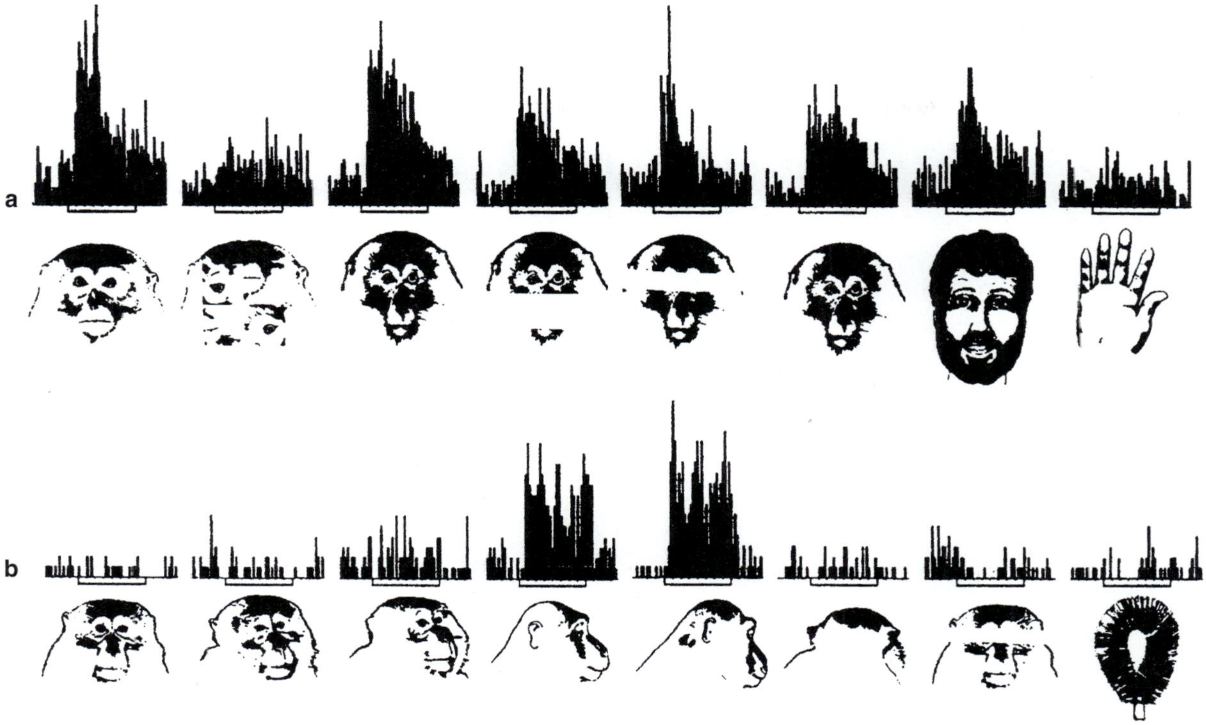

Abb. 13.64 Antworten von gesichtsspezifischen Neuronen aus dem inferioren temporalen Cortex eines Makaken. **a** Antworten eines Neurons, das bevorzugt auf frontale Gesichter reagiert. **b** Antworten eines anderen Neurons auf verschieden stark rotierte Gesichter. Das Neuron antwortet nur auf Gesichter im Profil. (Nach Desimone R, Albright TD, Gross CG, Bruce C (1984) Stimulus-selective properties of inferior tempopral neurons in the macaque. J Neurosci 4, 2051–2062, Abb. 6A,B, S. 2057.)

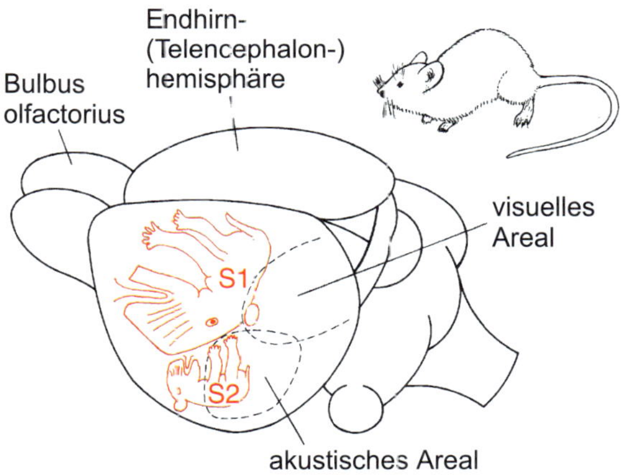

Abb. 13.65 Die Projektion der Körperoberfläche der Maus (*Mus musculus*) auf die beiden somatosensorischen Areale des Cortex (S1 und S2). (Nach Woolsey TA (1967) Somatosensory, auditory and visual cortical ares oft he mouse. Johns Hopkins Hospital Bull 121, 91–112, verändert.)

tem von Fledermäusen (▶ Abschn. 17.4.2, Abb. 17.24) und im somatosensorischen System von Säugetieren (Abb. 13.65; ▶ Abschn. 16.3.5, Abb. 16.15). Eine übergeordnete Instanz, in der die verschiedenen Reizparameter zusammengeführt werden, scheint es nicht zu geben.

Ausgeprägt ist schließlich die Beibehaltung räumlicher Beziehungen (**Topografie**) von Sinneseingängen in aufeinander folgenden Verarbeitungsstufen einer Sinnesbahn, auch hier wieder besonders augenfällig bei Wirbeltieren, in Ansätzen aber auch bei höheren Invertebraten anzutreffen. Das Sehsystem von Arthropoden und Wirbeltieren zeichnet sich generell durch eine **Retinotopie** aus, bei der benachbarte Punkte im Sehraum von benachbarten Neuronen in den Verarbeitungszentren analysiert werden (▶ Abschn. 18.7), im auditorischen System findet man bei Wirbeltieren und einigen Insekten eine **Tonotopie**, eine Frequenz-Orts-Abbildung des akustischen Reizes (▶ Abschn. 17.3, Abb. 17.8, Abb. 17.18). Besonders ausgeprägte artspezifische topografische Repräsentationen findet man schließlich im somatosensorischen System von Säugetieren. Der primäre und sekundäre somatosensorische Cortex (S1 und S2) liegen bei den Primaten auf dem **Gyrus postcentralis**, direkt hinter dem Sulcus centralis (Abb. 13.54, Abb. 13.66). S2 liegt am Fuß des Gyrus postcentralis und oberen Rand des Sulcus lateralis Sylvii, der Parietal- und Temporallappen voneinander trennt.

Sowohl für S1 als auch S2 ist eine **somatotope Organisation** charakteristisch, die allerdings in S2 gröber ist als in S1. Das bedeutet, dass in beiden Arealen die gesamte Körperoberfläche repräsentiert ist, allerdings nicht in linearer Projektion. Allgemein besitzen Organe mit hoher Rezeptordichte (Lippen, Zunge, Hand, Fuß) großflächige, solche mit geringer Rezeptordichte (Arm, Rumpf, Stirn) kleinflächigere Projektionsgebiete. Es ergibt sich so für den Menschen ein **sensorischer Homunculus**, wie er in Abb. 13.66 dargestellt ist. Er korrespondiert mit dem motorischen Homunculus im

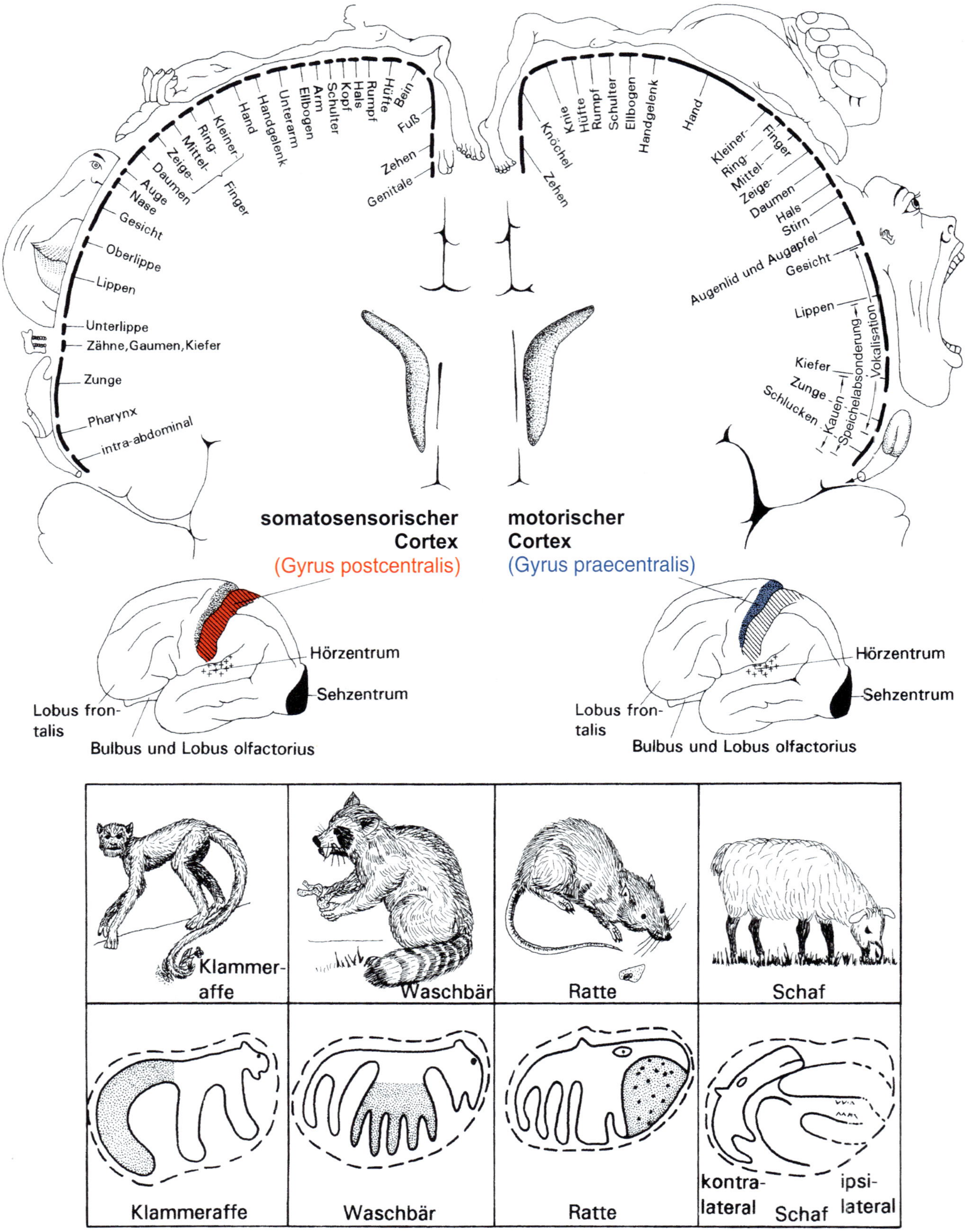

Abb. 13.66 **a** Die sensorische Repräsentation des menschlichen Körpers (Somatotopie) im somatosensorischen Cortex S1 (Gyrus postcentralis) (sensorischer Homunculus). Die Organisation des motorischen Cortex im Gyrus praecentralis zum Vergleich. **b** Die Flächenausdehnung der Repräsentation der wichtigsten taktilen Erkundungsorgane bei verschiedenen Säugetieren im somatosensorischen Cortex. (a nach Penfield W, Rasmussen T (1950) The cerebral cortex of man. Macmillan, New York; b aus Thompson RF (1994) Das Gehirn. 2. Aufl. Spektrum Akademischer Verlag, Heidelberg.)

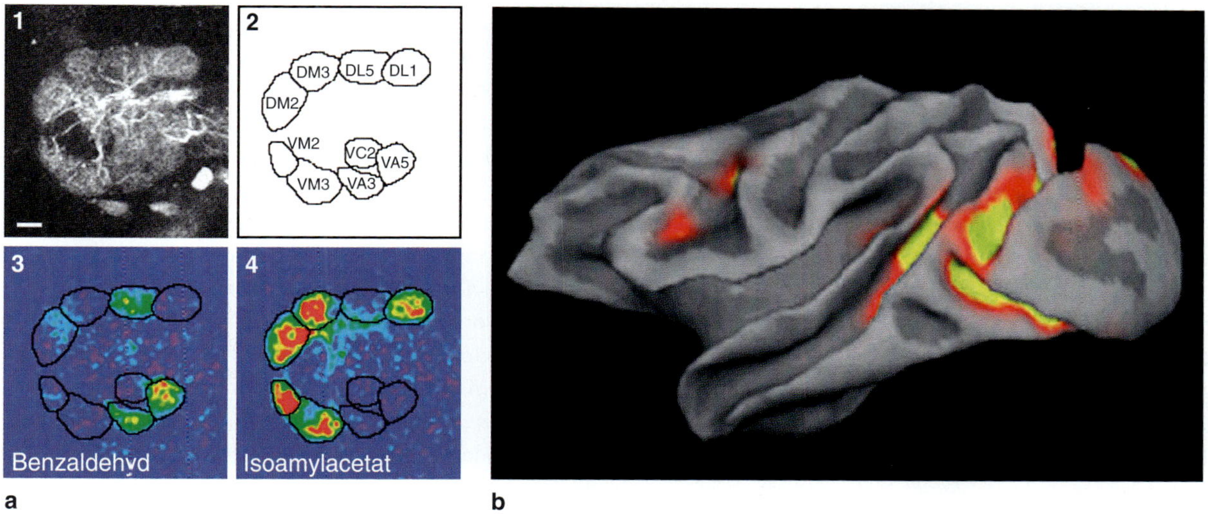

Abb. 13.67 Räumliche Kartierung neuronaler Aktivität. **a** Ca^{2+}-Imaging im Antennallobus der Taufliege *Drosophila*. Die Geruchsstoffe Benzaldehyd und Isoamylacetat aktivieren Projektionsneurone in unterschiedlichen olfaktorischen Glomeruli des Antennallobus (Maßstab in 1:10 µm). **b** fMRT-Analyse eines Makaken (linke Gehirnhälfte) mit Darstellung von Gehirnarealen, die statistisch signifikant höhre Aktivität bei einem bewegten im Vergleich zu einem stationären Zufallspunktemuster zeigten. (a aus Wang JW, Wong AM, Flores J, Vosshall LB, Axel R (2003) Two-photon calcium imaging reveals an odor-evoked map of activity in the fly brain. Cell 112, 271–282, Abb. 2A-D, S. 273; b aus Orban GA, Fize D, Peuskens H, Denys K, Nelissen K, Sunaert S, Todd J, Vanduffel W (2003) Similarities and differences in motion processing between the human and mayaque brain: evidence from fMRI. Neuropsychologia 41, 1757–1768, Abb. 2, S. 1761.)

Gyrus praecentralis der Primaten (Abb. 13.66). Die verschiedenen Sinnesmodalitäten des somatosensorischen Systems sind im Gyrus postcentralis nicht streng getrennt. So liegen in der unmittelbaren Nachbarschaft der sensorischen Projektionen für den Berührungssinn der Zunge auch Neurone, die nur bei Geschmacksreizen aktiviert werden. Andere Neurone zeigen sowohl bei Wärme- als auch bei Berührungsreizen eine Aktivität (Konvergenz).

Es sind jeweils diejenigen Körperpartien besonders großflächig im somatosensorischen Cortex repräsentiert, mit denen das Tier seine Umwelt vorrangig taktil erkundet. Das sind bei Pferden die Nüstern, die großflächiger vertreten sind als die Beine. Bei Ziegen und Schafen sind es die Lippen und die Zunge, beim Schwein die Schnauze, bei der Ratte die Bereiche mit den Schnurrhaaren (Vibrissen), beim Klammeraffen der Kletterschwanz und beim Waschbär die vordere Extremität (Abb. 13.66).

Neben der Beibehaltung topografischer Beziehungen von der Rezeptorebene zum Cortex können durch neuronale Verrechnungen, insbesondere beim Vergleich von Sinneseingängen aus beiden Körperhälften, auch neue Topografien entstehen, die auf der Rezeptorebene noch nicht vorhanden sind. Ein Beispiel ist die zweidimensionale akustische Raumkarte im Tectum von Schleiereulen (▶ Abschn. 17.4.2), die erst durch Verrechnung der Sinneseingänge aus beiden Ohren entsteht und auf der Ebene des Gehörorgans nicht vorhanden ist. Man spricht hier von einer ***computational map***, einer internen Verrechnungskarte. Mit bildgebenden Verfahren lassen sich verschiedene Funktionen den unterschiedlichen Gehirnarealen in immer besserere Auflösung räumlich zuordnen (▶ Box 13.5).

Box 13.5 Funktionelle Bildgebung neuronaler Aktivität

Um neuronale Aktivitäten im Gehirn räumlich zu erfassen und ihre zeitliche Dynamik zu studieren, werden in zunehmendem Maß bildgebende Verfahren (funktionelle Bildgebung, *functional imaging*) entwickelt, die es erlauben, Gehirnareale mit hoher neuronaler Aktivität selektiv sichtbar zu machen. Bei Wirbeltieren und Invertebraten gleichermaßen wird die **Ca^{2+}-Imaging-Technik** eingesetzt. Hierbei werden Ca^{2+}-Indikatorfarbstoffe in die Neurone eingebracht. Dieses kann entweder über Farbstoffinjektionen geschehen oder auf genetischem Weg durch Verwendung transgener Tiere, die den Farbstoff (z. B. das grün fluoreszierende Protein, GFP) in ihren Neuronen exprimieren. Die Fluoreszenz dieser Farbstoffe ändert sich abhängig von der intrazellulären Ca^{2+}-Konzentration. Da neuronale Aktivität in der Regel mit einem Ca^{2+}-Einstrom einhergeht, lassen sich auf diese Weise aktive Gehirnregionen erfassen und ihre Beteiligung an bestimmten Verarbeitungsprozessen untersuchen (Abb. 13.67).

Bildgebende Verfahren zur Kartierung cortikaler und subcortikaler Funktionen beruhen auf Messungen der Durchblutungsrate von Gehirngewebe, die wegen des höheren Sauerstoffbedarfs in aktiven Regionen höher ist als in inaktiven. Bei der **Positronenemmissionstomografie (PET)** führen ins Blut injizierte Moleküle mit instabilen Isotopen (z. B. ^{18}F) bei ihrem Zerfall zur Erzeugung von γ-Strahlen durch Kollision von Positronen mit Elektronen. Diese werden mit Elektroden außerhalb des Kopfes registriert und ihr Ursprungsort durch dreidimensionale Rekonstruktion ermittelt. Wegen des Ein-

▼

satzes von Radioisotopen und seiner geringen räumlichen (mehrere Millimeter) und zeitlichen Auflösung wird die PET-Scan-Technik heute im Wesentlichen für diagnostische Zwecke (z. B. Detektion von Gehirntumoren) eingesetzt, ist in vielen Bereichen sowie für funktionelle Bildgebung an nichthumanen Säugetieren aber weitgehend durch die **funktionelle Magnetresonanztomografie (fMRT)** abgelöst (■ Abb. 13.59, ■ Abb. 13.67). Die fMRT-Technik basiert auf den unterschiedlichen magnetischen Eigenschaften von sauerstoffreichem (oxygeniertem) und sauerstoffarmem (desoxygeniertem) Blut. Die Aktivierung von Gehirnarealen führt zu einer Steigerung des Stoffwechsels. Dies führt zu verstärkter Durchblutung dieser Gehirnareale mit oxygeniertem (diamagnetischem) relativ zu desoxygeniertem (paramagnetischem) Hämoglobin. In einem starken Magnetfeld kann dieser Unterschied durch Vergleich zwischen einem Kontrollzustand und einem stimulierten Zustand gemessen werden. Die räumliche Auflösung liegt derzeit bei einer Voxelgröße nahe 0,125 mm^3.

13.7.3 Motorische Steuerung

Die Analyse motorischer Netzwerke erfordert eine präzise und quantitative Verhaltensbeobachtung, zu der die zugrunde liegende neuronale Aktivität in Bezug gesetzt wird. Verhaltensbeobachtungen zeigen, dass Verhalten oft aus einfachen, formkonstanten Grundelementen besteht, die auf einem relativ fest verdrahteten neuronalen Netzwerk basieren. Besonders augenfällig ist dies bei rhythmischen Verhaltensmustern wie Laufen, Springen, Kriechen, Schwimmen, Fliegen, Putzen, Atmen, Kauen, Trinken, Lautäußerungen, Kopulation usw. An ausgewählten Beispielen, vor allem an einfach zugänglichen Präparaten, sind die neuronalen Netzwerke rhythmischer Aktivität untersucht und teilweise aufgeklärt worden.

Wenn die Meeresschnecke *Tritonia* vom Arm ihres wichtigsten Beutegreifers, einem Seestern, berührt wird, reagiert sie mit rhythmischem Fluchtschwimmen, bei der sich Kontraktionen der dorsalen und ventralen Körperlängsmuskular abwechseln. Die Kontraktionen werden von zwei Klassen von Motoneuronen im Pedalgangion gesteuert. Peter Getting zeigte, dass auch nach Läsion aller sensorischen Eingänge rhythmische Aktivität von den Motoneuronen abgeleitet werden kann, sodass der Schwimmrhythmus von einem zentralen neuronalen Netzwerk, einem **Mustergenerator** (*central pattern generator*, CPG), erzeugt wird. Dieses Netzwerk lässt sich auf drei Klassen von Interneuronen reduzieren (■ Abb. 13.68). Über ein Kommandoneuron erhalten dorsalen Schwimminterneurone tonischen erregenden Eingang und produzieren durch reziproke synaptische Verbindung mit ventralen Schwimminterneuronen abwechselnde rhythmische Aktivität, die auf die dorsalen und ventralen Motoneurone übertragen wird.

Ähnliche zentrale Mustergeneratoren wurden für verschiedene andere rhythmische Verhaltensweisen nachgewiesen. Bei komplexeren rhythmischen Programmen ist eine **sensorische Rückkopplung** häufig wichtig für den präzisen zeitlichen Ablauf des Verhaltens. So zeigt sich, dass ein zentrales neuronales Netzwerk in den Thorakalganglien der Heuschrecke zwar eine rhythmische Aktivierung der Flugmotoneurone produziert, aber die im natürlichen Flug zu beobachtende Flügelschlagfrequenz (20 Hz) die sensorische Rückmeldung von Propriorezeptoren am Flügelansatz erfordert (■ Abb. 13.69). Somit sind hier die Mechanorezeptoren – streng genommen – ein Teil des natürlichen Mustergenerators.

Bei Insekten werden neben dem Flug viele weitere rhythmische Verhaltensweisen (schwimmen, laufen, stridulieren, atmen) von Mustergeneratoren in den Thorakalganglien ge-

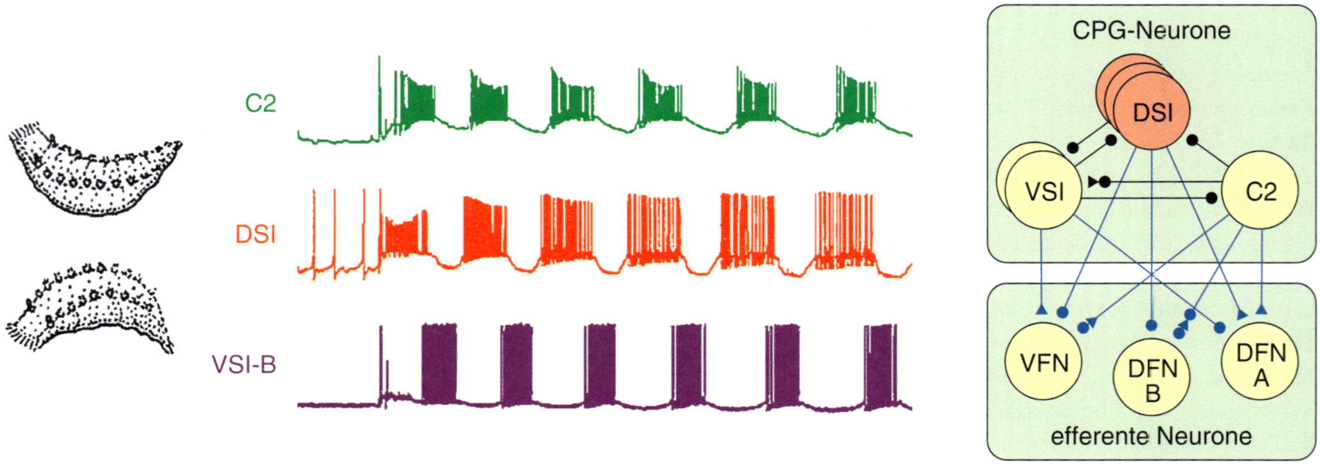

■ **Abb. 13.68** Mustergenerator zur Erzeugung des Schwimmrhythmus bei der Meeresschnecke *Tritonia*. Erregende (Dreiecke), hemmende (Kreise) und komplexe synaptische Verbindungen (Kreis mit Dreieck) zweier ventraler und dreier dorsaler Schwimminterneurone und eines cerebralen Interneurons erzeugen die rhythmische Aktivität der dorsalen und ventralen Flexorneurone (DFN A, DFN B, VFN). CPG = Mustergenerator; C2 = cerebrales Interneuron; DSI = dorsales Schwimminterneuron; VSI = ventrales Schwimminterneuron. (Nach Katz P (2009) *Tritonia* swim network. Scolarpedia 4, 3638.)

steuert. Zu ihrer Ansteuerung bedarf es aber wie im Fall des Fluchtschwimmens von *Tritonia* erregender Eingänge von höheren Ebenen des Nervensystems, in der Regel des Gehirns. In wenigen Fällen sind diese **Kommandoneurone** identifiziert worden. Es handelt sich hierbei um absteigende Interneurone, deren tonische Aktivität zur Auslösung eines rhythmischen Verhaltens führt. So führt bei Grillenmännchen die Depolarisation eines bestimmten aus dem Gehirn absteigenden Neurons zur Auslösung von rhythmischem Werbegesang, der so lange aufrechterhalten wird, wie der erregende Eingang des Kommandoneurons bestehen bleibt (Abb. 13.70).

In ähnlicher Weise muss man sich auch die Kontrolle rhythmischen Verhaltens bei Wirbeltieren vorstellen. Intensiv untersucht ist die Steuerung der Lokomotion bei Mäusen, Ratten und Katzen. Nach Durchtrennen des Rückenmarks einer Katze im Brustbereich zeigen die Hinterbeine auf einem Laufband nach wie vor koordinierte alternierende Schreitbewegungen. Das zeigt, dass auf Ebene des Rückenmarks

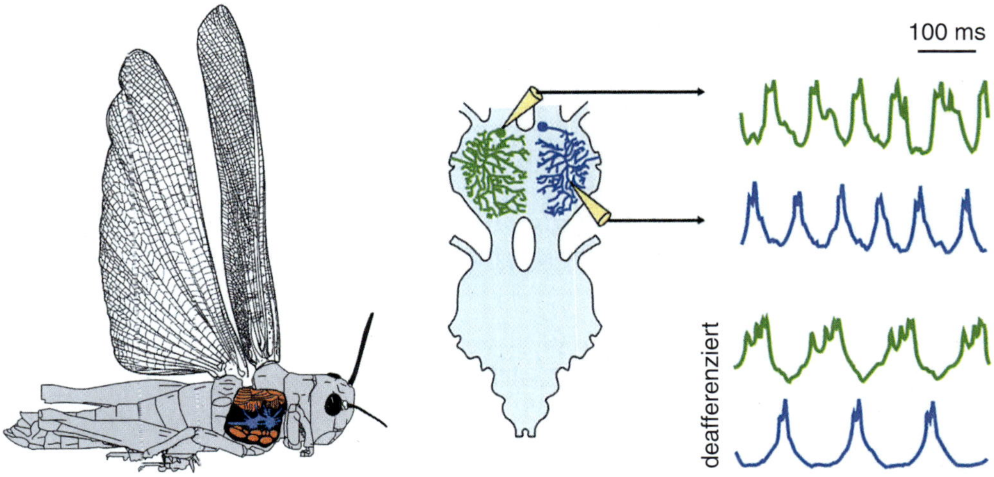

Abb. 13.69 Rhythmische Aktivität eines Flügelsenkermotoneurons (blau) und eines Flügelhebermotoneurons (grün) aus dem Mesothorakalganglion der Wanderheuschrecke. Die alternierende Aktivität beider Motoneurone bleibt auch nach Entfernen der mechanosensorischen Eingänge (deafferenziert, untere Spuren) erhalten, die Frequenz des Rhythmus sinkt aber von ca. 20 Hz auf etwa 10 Hz. (Nach Wolf H, Pearson K (1988) Proprioceptive input patterns elevator activity in the locust flight system. J Neurophysiol 59, 1831–1853, aus Dudel J, Menzel R, Schmidt RF (2001) Neurowissenschaft. 2. Aufl. Springer, Berlin, Abb. 7–14, S. 186.)

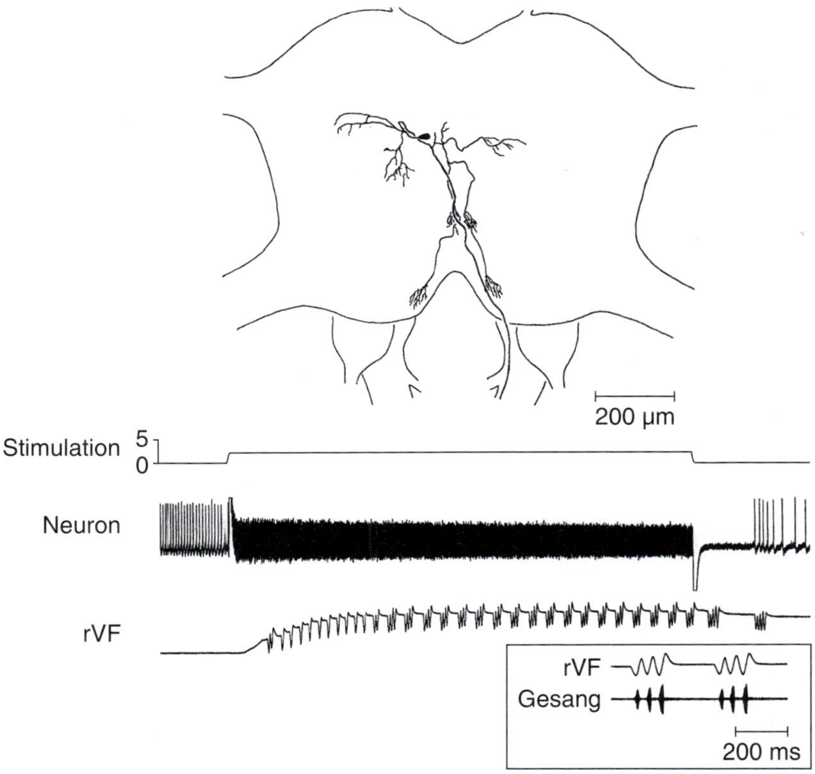

Abb. 13.70 Die Aktivierung eines aus dem Gehirn absteigenden Kommandoneurons löst bei der Feldgrille rhythmischen Werbegesang aus, ersichtlich an der rhythmischen Bewegung des Vorderflügels. rVF = Vorderflügel. (Nach Hedwig B (1996) A descending brain neuron elicits stridulation in the cricket *Gryllus bimaculatus* (de Geer). Naturwissenschaften 83, 428–429, Abb. 1A,B, S. 429.)

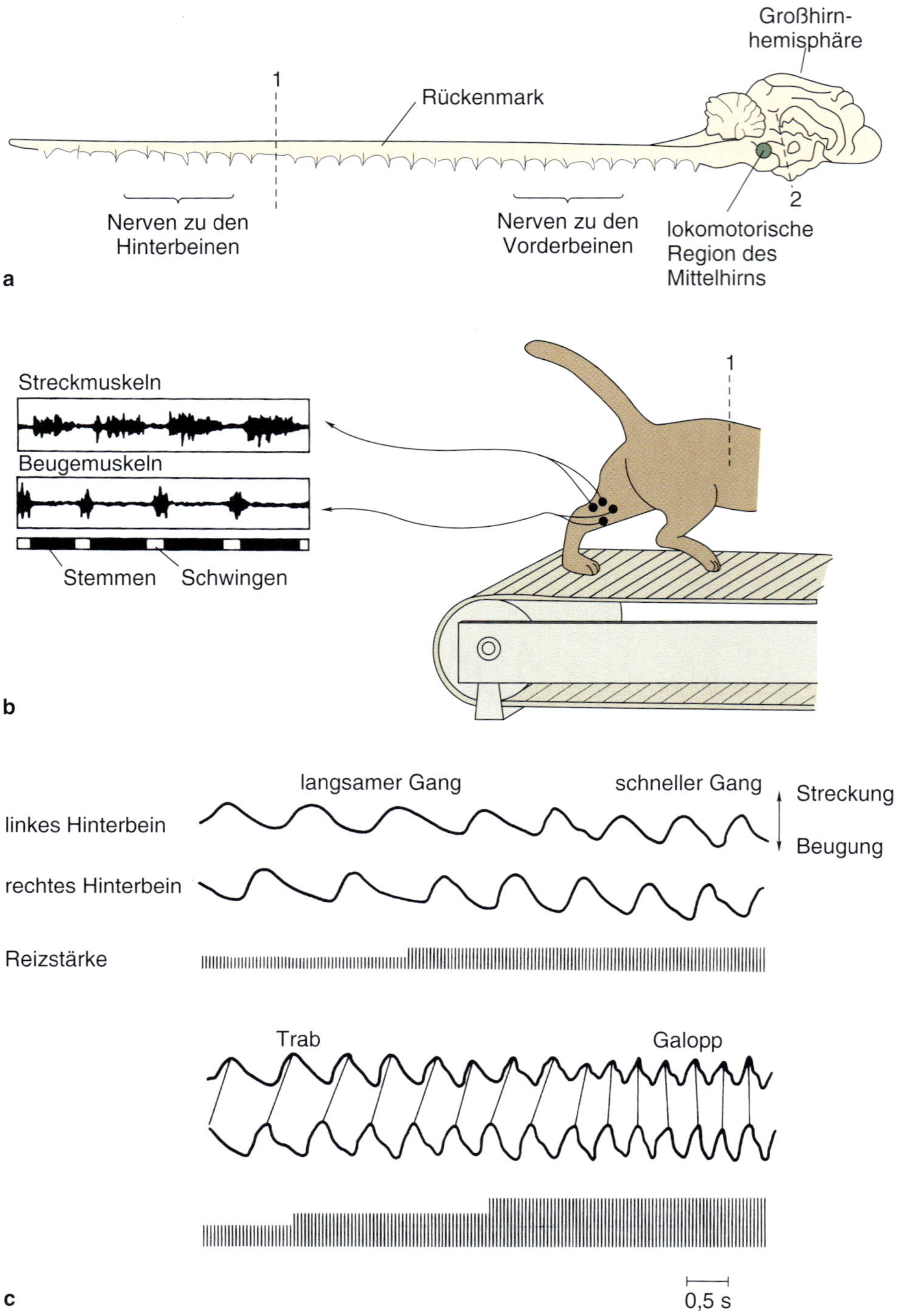

Abb. 13.71 Steuerung der Lokomotion bei Katzen. **a** Durchtrennung des Rückenmarks auf der Ebene 1 führt zur Isolation der Hinterbeinsegmente des Rückenmarks von höheren Einflüssen, Durchtrennung auf Ebene 2 führt zur Isolation vom Großhirn. **b** Lokomotion der Katze auf dem Laufband nach Durchtrennung des Rückenmarks auf Ebene 1. **c** Fortbewegung nach Durchtrennung auf Ebene 2. Elektrische Reizung der lokomotorischen Mittelhirnregion führt mit zunehmender Reizstärke zum Übergang von langsamem Gang zu schnellem Gang, Trab und schließlich Galopp. (Nach Kandel ER, Schwartz JH, Jessell TM (1995) Neurowissenschaften. Spektrum Akademischer Verlag, Heidelberg, Abb. 28.7, S. 538.)

Mustergeneratoren die rhythmische Laufaktivität steuern. Bei decerebrierten Katzen (Durchtrennung auf Ebene des Mesencephalons; Mesencephalonpräparation) lässt sich über die Erhöhung der Reizstärke von Elektroden im Mesencephalon ein Übergang von langsamen (Schritt) zu schnellen Gangarten (Trab, Galopp) erzeugen, sodass auch die unterschiedliche Koordination der vier Beine auf Ebene des Rückenmarks erfolgt, während sich im Mesencephalon Kommandozentralen befinden, deren Aktivitätsniveau die Lokomotionsart bestimmt (Abb. 13.71).

An der supraspinalen Kontrolle der Lokomotion und anderer motorischer Programme von Wirbelieren sind verschiedene

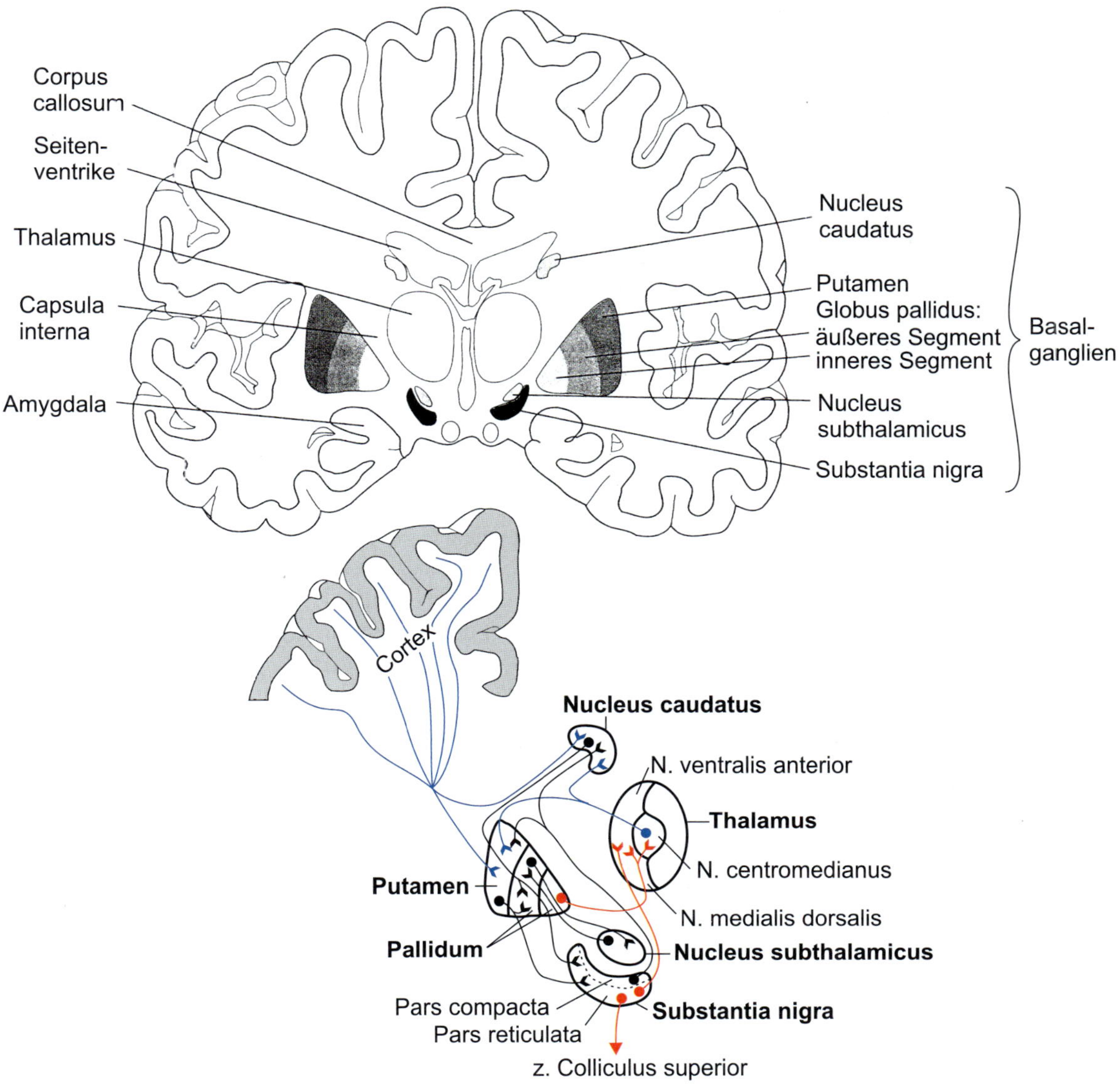

Abb. 13.72 Coronarschnitt durch das Großhirn des Menschen mit Basalganglien. Unten: Die wichtigsten Verbindungen zwischen den Basalganglien (schwarz) sowie ihre Afferenzen (blau) und Efferenzen (rot). (Nach Nieuwenhuys R, Voogd J, Huijzen C v (1981) The human central nervous system: a synopsis and atlas. Springer, Berlin.)

Gehirnregionen beteiligt. Dabei spielen der primäre motorische Cortex (Area 4) und der prämotorische Cortex (Area 6) eine zentrale Rolle. Beide Gebiete sind somatotop organisiert (s. o.) und verfügen sowohl über massive direkte cortikospinale Bahnen zum Rückenmark als auch über indirekte Einflüsse auf die Motorik über Kerne des Hirnstamms, die ihrerseits ins Rückenmark projizieren. Beide Gebiete werden in ihrer Funktion von zwei subcortikalen Strukturen, dem Kleinhirn (Cerebellum) und den Basalganglien, die selbst keine direkte Verbindung zum Rückenmark besitzen, wesentlich unterstützt.

Die Neurone des **primären motorischen Cortex** sind unmittelbar an der Auslösung von Bewegungen beteiligt, wobei die Bewegungsrichtung nicht von Einzelzellen, sondern von Neuronenpopulationen bestimmt wird. Die Neurone werden rückläufig über den somatosensorischen Cortex wie auch über direkte Bahnen des Thalamus über den Erfolg der jeweiligen Bewegung informiert. Der unmittelbar rostral an den primären motorischen Cortex angrenzende **prämotorische Cortex** (Abb. 13.53) nimmt in der Evolution zum Menschen stark an Größe zu. Er ist beispielsweise beim Menschen sechsmal größer als beim Makaken. Seine Neurone projizieren in den primären motorischen Cortex, in subcortikale Strukturen und ins Rückenmark. Reizungen im prämotorischen Cortex führen zu komplexen koordinierten Bewegungen, Läsionen zu Ausfällen in der Entwicklung bestimmter Bewegungsstrategien. Bestimmte Neurone im prämotorischen Cortex eines Affen sind nur bei der Vorbereitung einer Bewegung aktiv, nicht aber während der Bewegung selbst. Das **supplementär-motorische Areal** innerhalb des prämotorischen Cortex wird im Zusammenhang mit mentalen Vorgängen bei der Planung von Bewegungen aktiv, unabhängig davon, ob die Bewegung tatsächlich durchgeführt wird oder nicht.

Ebenso wie das Kleinhirn spielen auch die **Basalganglien** lediglich eine indirekte Rolle im Rahmen der Bewegungskontrolle, da auch sie keine direkten Efferenzen zum Rückenmark besitzen. Ihre Efferenzen ziehen über den Thalamus direkt zum präfrontalen, prämotorischen und primären motorischen Cortex. Im Gegensatz zum Kleinhirn erhalten die Basalganglien auch keine direkten sensorischen Afferenzen. Die Basalganglien bestehen aus vier Kernen, die eng miteinander vernetzt, aber unterschiedlichen Ursprungs sind (Abb. 13.72): Das **Striatum**[346] (bestehend aus Nucleus caudatus und Putamen[347]) entsteht aus dem lateralen Subpallium (▶ Abschn. 13.6.2), das blassgelbliche **Pallidum** (Globus pallidus[348]) mit einem äußeren und einem inneren Teil und der **Nucleus subthalamicus** gehören dem Diencephalon und die **Substantia nigra** gehört dem Mesencephalon an.

Nahezu alle **Afferenzen** zu den Basalganglien enden im **Striatum** (Putamen und Nucleus caudatus). Sie kommen vom gesamten Cortex (cortikostriäre Fasern) und von den intralaminären Kernen (Nuclei intralaminares) des Thalamus (Abb. 13.72). Der Ausfall des Striatums äußert sich beim Menschen nicht nur in einer Hypotonie, sondern auch in einer Hyperkinese (Veitstanz). Die verschiedenen Kerne der Basalganglien stehen untereinander in topografisch organisierter Weise in Verbindung. Die wichtigsten **Efferenzen** des Striatums führen vom inneren Teil des Pallidums und der retikulären Zone der Substantia nigra zu verschiedenen Kernen des **Thalamus** (Abb. 13.72), der wiederum mit dem präfrontalen Cortex, dem prämotorischen Cortex, dem supplementärmotorischen Areal und dem primären motorischen Cortex in Verbindung steht. Die Basalganglien erhalten somit Eingänge vom gesamten Cortex und projizieren über den Thalamus zurück zum Cortex, wo sie Einfluss auf die Bewegung von Körper und Gliedmaßen nehmen. Über eine zusätzliche Projektion von der retikulären Zone der Substantia nigra zum **Colliculus superior** wird auch die Augenbewegung von den Basalganglien kontrolliert.

Eine erstmals 1817 von James Parkinson beschriebene und später nach ihm benannte motorische Krankheit (**Morbus Parkinson**) beruht auf der Degeneration dopaminerger Neurone, die von der Substantia nigra (Pars compacta) ins Striatum projizieren (nigrostriatale Projektion). Dadurch kommt es zur Enthemmung der inhibitorischen GABA-/enkephalinhaltigen Neurone und gleichzeitig zur reduzierten Aktivierung der ebenfalls inhibitorischen GABA-/Substanz-P-haltigen Zellen im Striatum. Über weitere Stufen resultiert schließlich eine tonische Inhibition thalamischer Schaltkerne, die in den Cortex projizieren. Charakteristische Symptome sind der zögerliche kleinschrittige Gang der Patienten, das Zittern ihrer Hände und Finger (Ruhetremor), ein erhöhter Muskeltonus (Rigor) und eine mimische Starre.

[346] *striatus* (lat.) = gestreift, mit Streifen versehen
[347] *putamen* (lat.) = Schale, Hülle
[348] *pallidus* (lat.) = blass, bleich

13.8 Plastizität, Lernen und Gedächtnis

Tiere sind keine Automaten, die bestimmte Reize stets in gleicher Weise beantworten, und im Nervensystem ausgewachsener Tiere sind die Neurone keineswegs in fester, endgültiger Weise miteinander verdrahtet. Ein solches Tier wäre auf Dauer nicht lebensfähig. Jedes Tier besitzt in unterschiedlichem Maß die unabdingbare Fähigkeit, sein Verhalten den jeweiligen Bedingungen anzupassen. An die Seite der **Modulation** synaptischer Transmissionsprozesse (▶ Abschn. 13.4.4), die nur Sekunden bis Minuten anhält, tritt die langfristige bis permanente Veränderung neuronaler Funktionen aufgrund gesammelter Erfahrungen – die **Plastizität** des Nervensystems.

Verhalten wird weder durch die vom Tier gesammelten Erfahrungen noch durch die von den Eltern ererbten Programme (stammesgeschichtliche Erfahrung) allein bestimmt. An seinem Zustandekommen sind vielmehr beide Phänomene beteiligt. In einem Fall kann das Erlernte überwiegen, im anderen das genetisch Vorprogrammierte. Wenn man das genetisch fixierte Verhalten dem durch Erfahrung entstandenen oder veränderten entgegenstellt, darf man darf nicht vergessen, dass auch das Lernvermögen hinsichtlich seines Umfangs und besonders auch im Hinblick auf bestimmte Lerndispositionen genetisch fixiert ist.

Ein weitgehend genetisch determiniertes Verhalten hat immer dann Nachteile, wenn die Bedingungen in der Umwelt, mit denen das Tier konfrontiert wird, stark variieren und deshalb schwer voraussagbar sind. Das wird bei Tieren mit einer relativ langen, mehrjährigen Lebensspanne in stärkerem Maß der Fall sein als bei kurzlebigen Formen. Das durch Lernen herausgebildete bzw. stark modifizierte Verhalten kann in wesentlich stärkerem Maß veränderten Bedingungen angepasst werden. Andererseits liegt der Vorteil eines weitgehend genetisch fixierten Verhaltens in seiner Zuverlässigkeit. Es läuft – vorausgesetzt, es sind die erwarteten Lebensbedingungen gegeben – sofort in optimaler Weise ab und braucht nicht erst neu durch Versuch und Irrtum gelernt zu werden, was erstens Zeit kostet und zweitens nicht ungefährlich ist. Ein einziger Irrtum kann schon tödlich sein.

Insekten können sich beispielsweise in größerem Umfang als die Landwirbeltiere auf den Erfolg ihres genetisch fixierten Verhaltens, das heißt auf ihr in der Evolution erworbenes »Artgedächtnis«, verlassen, weil ihre aktive Lebensspanne als Imago relativ kurz ist. Ihnen bliebe auch wenig Zeit für längere Lernprozesse. Trotzdem: Auch im Leben der Insekten spielen in genetisch fixierte Verhaltensgrundmuster eingespeiste Lerninhalte eine große Rolle, was in der Vergangenheit vielfach unterschätzt wurde.

13.8.1 Lernvermögen und Lerndispositionen

Die Lernfähigkeit der Tiere gehört zu den interessantesten Phänomenen tierischen Verhaltens. Vom **Lernen** spricht man generell dann, wenn sich die Wahrscheinlichkeit für das Auftreten einer bestimmten Verhaltensweise in bestimmten Reizsituationen aufgrund früherer Erfahrungen mit dieser Reizsituation ändert. In Kurzform: Lernen ist eine adaptive Änderung des Verhaltens aufgrund gesammelter Erfahrungen. Lernvorgänge sind bei Vertretern aller Metazoenstämme bekannt. Entgegen früher wiederholt geäußerter Angaben geht man heute davon aus, dass Protoctista nicht konditionierbar (s. u.) sind. Bei sorgfältiger Planung und Durchführung der Versuche und kritischer Ausschaltung aller Fehlerquellen lässt sich keine Konditionierung bei ihnen nachweisen.

Vergleiche von Lernleistungen zwischen verschiedenen Arten, Gattungen, Familien, Ordnungen oder gar Klassen sind außerordentlich problematisch. Genetische Lerndispositionen, Rangordnungen gelernter Merkmale sowie die Motivation lernadäquater Umweltbedingungen können grundsätzlich verschieden sein und so lediglich Unterschiede in der Lernleistung vortäuschen.

Die Lernfähigkeit der Tiere ist sowohl in qualitativer als auch in quantitativer Hinsicht genetisch fixiert. Diese **ererbten Lerndispositionen** sind artspezifisch und mit der besonderen Lebensweise des Tieres sowie mit der natürlichen Umwelt verknüpft. Mäuse und Ratten – auch Ameisen – lernen zum Beispiel schnell, sich in künstlichen Gangsystemen (Labyrinth) zurechtzufinden (Abb. 13.81). Pferden und Rindern, obwohl nicht weniger lernbegabt, fällt das wesentlich schwerer. Bestimmte Dinge werden sehr leicht, andere – keinesfalls schwierigere Aufgaben – dagegen sehr schlecht oder gar nicht gelernt. Nicht jede Reaktion lässt sich mit jedem Reiz konditionieren: Ratten assoziieren zum Beispiel leicht Tonsignale mit Schmerzempfindungen, die durch schwache Elektroschocks ausgelöst werden können, oder einen bestimmten Geschmack mit Übelkeit, wie sie durch leichte Röntgenbestrahlung herbeigeführt werden kann. Es gelingt aber nicht, ein Tonsignal mit Übelkeit oder einen bestimmten Geschmack mit Schmerz zu konditionieren. Diese Reiz-Reaktions-Kombinationen dürften im normalen Leben der Ratte auch kaum vorkommen. Silbermöwen (*Larus argentatus*) lernen nicht, ihre eigenen Eier von fremden, abweichend getüpfelten und gefärbten zu unterscheiden. Sie finden ihr eigenes Gelege nur aufgrund der eingeprägten Ortsmerkmale wieder (▶ Abschn. 13.10.3). Das angeborene Auslöseschema für die Bebrütung ist offenbar so stark, dass es sich durch Lernakte nicht beeinflussen lässt. Hingegen lernen Silbermöwen innerhalb der ersten fünf Tage, ihre eigenen Jungen von jedem fremden, auch außerordentlich ähnlichen Jungtier zu unterscheiden. Durch entsprechende **Motivationen** können die Lernprozesse beschleunigt werden. Hungrige Ratten lernen zum Beispiel im Labyrinth den Weg zum Ziel schneller, wenn dort Futter zur Belohnung angeboten wird.

Oft beobachtet man eine Rangordnung gelernter Merkmale. Hat man Bienen simultan auf Duft, Farbe und Form dressiert und bietet anschließend alle drei Merkmale örtlich getrennt voneinander an, dann bevorzugen sie Duft vor Farbe und die Farbe vor der Form. Diese Rangordnung drückt sich auch in den für die endgültige Speicherung des Gelernten notwendigen Wiederholungen aus. Die Biene benötigt 30–40 Lernakte, um Formen zu unterscheiden, drei bis vier Lernakte bei Farbdressuren und nur einen Lernakt, um sich eine Duftmarke einzuprägen. Selbst innerhalb derselben Modalität (z. B. Geruch) existiert eine Rangordnung: Dem angebotenen Zuckerwasser wird ein entsprechender Duftstoff beigegeben. Nach jedem Saugakt wird getestet, ob die Biene den Dressurduft einer duftlosen Zuckerwasserschale vorzieht. Fenchel und Benzylacetat werden in 90 % der Fälle bereits nach dem ersten belohnten Anflug bevorzugt, Valeriansäure und Buttersäure erreichen in ca. 85 bzw. 75 % der Fälle erst nach zehn Saugakten eine Bevorzugung. Buttersäure hat offenbar einen genetisch festgelegten, relativ geringen Signalwert (Informationsgehalt) für die Bienen und besitzt deshalb gegenüber duftlos auch relativ wenig »Fremd«information.

Bei **Wirbeltieren** besteht eine gewisse Korrelation zwischen der **Lernleistung** und der Gehirngröße bzw. der Anzahl von Neuronen. Die Anzahl sukzessiv andressierbarer Aufgaben (Unterscheidung und Bewertung von Farb- bzw. Musterpaaren), die gleichzeitig beherrscht werden können, weist interessante Unterschiede auf. Vielfach zeigt unter nahe verwandten

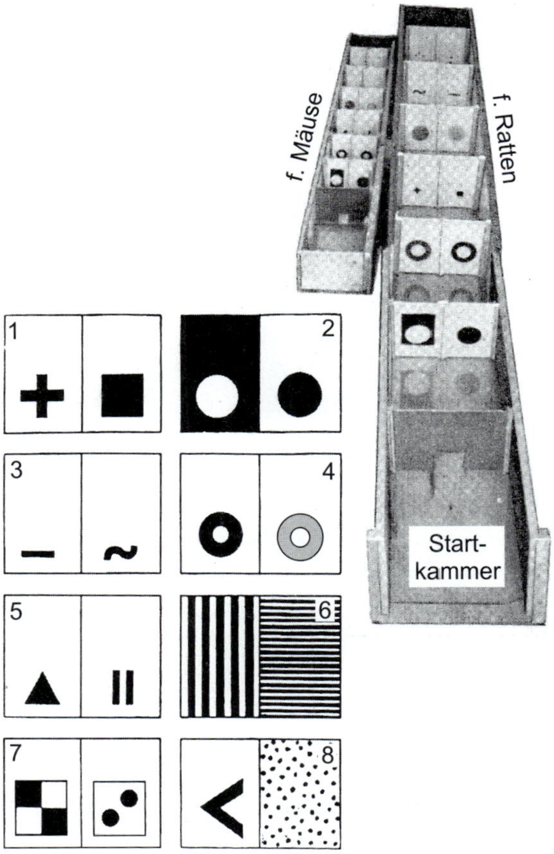

Abb. 13.73 Laufkasten für den Sechsfachtest für Mäuse bzw. Ratten. Die Positivmuster sind auf nachgebenden, die Negativmuster auf blockierten Klapptüren angebracht. Hinter dem letzten Muster winkt die Belohnung. Links: Ein Beispiel von acht andressierten und beherrschten Schwarz-Weiß-Musterpaaren. (Nach Boxberger F (1952) Vergleichende Untersuchungen über das visuelle Lernvermögen bei weißen Ratten und weißen Mäusen. Z Tierpsychol 9, 433–451, Abb. 8, S. 439, und Reetz W (1957) Unterschiedliches visuelles Lernvermögen von Ratten und Mäusen. Z Tierpsychol 14, 347–361, Abb. 3, S. 350.)

Abb. 13.74 Die Schimpansin Sarah befolgt die an der Tafel stehende Aufforderung »Sarah lege Apfel Schale Banane Eimer« korrekt. Rechts sind zwei Satzbeispiele (von oben nach unten zu lesen) wiedergegeben, bei denen sich zeigt, dass das Tier das Zeichen für »wenn – dann« richtig verstehen und verwenden kann. Mary ist die Pflegerin von Sarah. (Nach Premack D (1971) Language in Chimpazee? Science 172, 808–822, und Premack AJ, Premack D (1972) Teaching language to an ape. Sci Am 227(4), 92–99.)

Formen jeweils die größere auch die höhere **Lernkapazität**: Unter den Knochenfischen können zum Beispiel Guppys (*Lebistes*) bis zu vier, Forellen (*Trutta iridea*) aber bis zu sechs optische Aufgaben gleichzeitig beherrschen. Mäuse lernen sechs bis sieben, Ratten aber bis zu acht verschiedene optische Musterpaare richtig zu beantworten (Abb. 13.73). Ein Zebra bringt es auf zehn, ein Esel auf 13 und ein Pferd auf bis bis zu 20 gleichzeitig beherrschbare Aufgaben. Indische Arbeitselefanten werden in erster Linie akustisch dressiert: Rensch & Altevogt (1954) berichteten, dass drei erfahrene Tiere (40 bzw. 60 Jahre alt) 21–23 von den Mahut gegebene akustische Befehle unterscheiden und mit entsprechenden Handlungen richtig beantworten konnten. Ein Schäferhund erlernte 35 Wortbefehle ohne Zuhilfenahme zusätzlicher optischer Informationen zu unterscheiden und richtig zu befolgen.

Das Schimpansenkind Vicki hatte gelernt, 50 Wörter bzw. Wortfolgen dem Klang nach zu unterscheiden. Damit ist die Lernkapazität der **Menschenaffen** bei Weitem noch nicht erschöpft. Premack lehrte eine juvenile Schimpansin Sarah eine künstliche Sprache mit Plastikchips unterschiedlicher Form und Farbe (Abb. 13.74). Das Tier beherrschte schließlich die Bedeutung von 130 Symbolen mit hoher Sicherheit (75–80 %). Am Weitesten hat es ein weiblicher Gorilla namens Koko gebracht. Er lernte 400 Zeichen der amerikanischen Zeichensprache (ASL) zu unterscheiden.

Vergleichbare Unterschiede gibt es hinsichtlich der **Gedächtnisdauer**. Guppys behielten die Unterscheidung zweier optischer Merkmale drei Tage im Gedächtnis, Forellen 150, und ein Karpfen beherrschte die Aufgabe noch nach zwei Jahren und acht Monaten.

Nicht jede Veränderung von Bewegungsweisen im Verlauf des Lebens ist auf Lernvorgänge zurückzuführen. Wachstums- und Reifungsprozesse angeborener Verhaltensweisen täuschen oft Lernen vor, sind aber davon zu trennen. So wird zum Beispiel der Flug junger Vögel zunächst durch **Wachstumsvorgänge** zentralnervöser Mechanismen und nicht durch Lernvorgänge besser. In engen Röhren eingeschlossene Jungtauben konnten nach ihrer Freilassung ebenso wie ihre frei aufgewachsenen Altersgenossen 10 m weit fliegen. Später werden allerdings das Landemanöver, das Erjagen fliegender Beute, das Segeln usw. durch Lernen immer sicherer (Übung). Im Gegensatz zum Wachstumsvorgang handelt es sich bei der **Reifung** um die Aktivierung bereits voll entwickelter Verhaltensweisen, zum Beispiel um die Aktivierung des Fortpflanzungsverhaltens durch Hormone. Am Beispiel des Ammerweibchens kann man folgenden Reifungsprozess des Nestbauverhaltens beobachten:

1. Gras wird sporadisch aufgepickt und gleich wieder fallen gelassen.
2. Grashalme werden ein paar Sekunden ziellos umhergetragen und dann erst wieder fallen gelassen.
3. Grashalme werden zum Nistplatz gebracht und nach einigen oberflächlichen Nestbaubewegungen wieder fallen gelassen.

Und so entwickelt sich das Verhalten allmählich weiter.

13.8.2 Formen des Lernens und Gedächtnisses

Die Humanphysiologen und Psychologen unterscheiden zwischen dem deklarativen und dem nichtdeklarativen Gedächtnis. Das **explizite**[349] (deklarative[350]) **Gedächtnis** umfasst Informationen über biografische, zeitlich und örtlich definierte Geschehnisse (episodisches Gedächtnis) sowie Faktenwissen und grammatische oder arithmetische Kenntnisse (semantisches Gedächtnis). In die Bildung dieser Gedächtnisinhalte sind kognitive Prozesse integriert, die durch Erinnerung zurück ins Bewusstsein geholt und gewöhnlich auch verbalisiert werden können. Demgegenüber ist das **implizite**[351] (nichtdeklarative) **Gedächtnis** eher reflexiver und automatischer Natur. Weder seine Bildung noch sein Abrufen müssen mit kognitiven Vorgängen verbunden sein. Es bildet sich durch viele Wiederholungen und äußert sich in verbesserten Leistungen, ohne dass es verbalisiert werden kann. Hierher zählen die Prägung und das **prozedurale Gedächtnis**. Letzteres wird auch als Verhaltens- oder Habitgedächtnis bezeichnet. Es arbeitet schon im Säuglingsalter, während das deklarative Gedächtnis erst mit dem vierten bis fünften Lebensjahr voll funktionstüchtig ist. Das implizite Lernen kann assoziativ oder nichtassoziativ sein.

Prägung

Bei der **Prägung** (Lorenz* 1935; *priming*) handelt es sich um einen oft irreversiblen, relativ schnell ablaufenden und nur innerhalb einer mehr oder weniger kurzen sensiblen Periode in früher Jugend möglichen Lernvorgang, zum Beispiel Nachlauf-, Gesangs-, Orts- oder sexuelle Prägung. Die Prägung ist an bestimmte, eng begrenzte Lebensabschnitte (**sensible Perioden**) geknüpft.

Nestflüchter unter den Vögeln folgen zum Beispiel bald nach dem Schlüpfen ihren Eltern. Dieses **Folgeverhalten** wird innerhalb der ersten Lebenstage sehr schnell erlernt und dann in der Regel zeitlebens nicht mehr vergessen. Es handelt sich dabei um eine »Anknüpfung einer Antwort an eine nur ein oder wenige Male in einer prägsamen Phase erlebte Reizsituation« (Lorenz 1969). Das Folgeverhalten kann bei Entenküken auch durch bewegte Gegenstände ganz anderer Art als die Eltern ausgelöst werden, zum Beispiel durch einen bewegten Kasten oder auch durch einen aufrecht gehenden Menschen, wenn dies das einzige sich bewegende Objekt während der Prägungsphase ist. Die Entenküken folgen dann dem »Ersatzelterntier«, auf das sie geprägt worden sind, und flüchten vor Artgenossen, wenn sie diese vorher nicht gesehen haben. Die **Prägungsphase** für das Folgeverhalten ist bei Nestflüchtern relativ kurz. Bei der Stockente (*Anas platyrhynchos*) zwischen der ersten und 40. Lebensstunde mit höchster Sensibilität zwischen der 13. und 16. Stunde (Abb. 13.75), bei Gänsevögeln ist sie bereits 12–24 h nach dem Schlüpfen beendet. Bei Nesthockern ist die Prägungsphase wesentlich länger (Fuchs: 24.–36. Lebenstag).

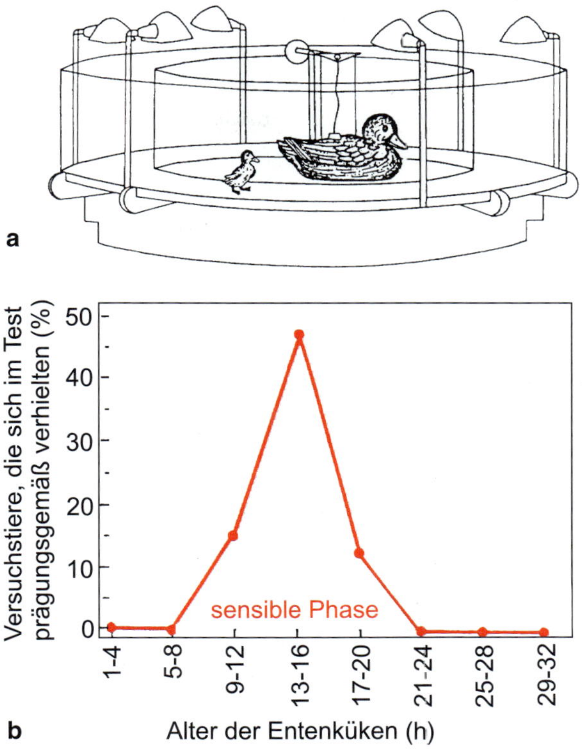

Abb. 13.75 Prägungskarussell von Hess. **a** Das unerfahrene Entenküken folgt der Attrappe, die im Kreis bewegt wird und über einen Lautsprecher Laute von sich gibt. **b** Die unterschiedlich alten Entenküken (Abszisse) wurden jeweils eine Stunde bei einer Attrappe gelassen. Später wurden sie im Wahlversuch auf Prägung getestet. (Nach Hess EH (1959) An effect of early experience, imprinting determines later social behavior in animals. Science 130, 133–141.)

Tauscht man bei erstbrütenden **Cichliden** (Buntbarsche) die Eier gegen artfremde aus, so werden die schlüpfenden Jungen angenommen und großgezogen. Diese Tiere sind dann zeitlebens derart auf diese fremden Jungen geprägt, dass sie arteigene Junge sofort nach dem Schlüpfen töten. Die Cichliden erwerben also ihre Kenntnisse über die Artjungen beim Ausschlüpfen ihrer ersten Brut.

Bei **Vögeln** und **Säugetieren** ist auch eine **sexuelle Prägung** bekannt. Die sensible Periode dauert einige Wochen bis Monate. Sie liegt in einer Lebensphase, in der das Sexualverhalten noch nicht gereift ist. Man hat zum Beispiel beobachtet, dass ein australischer **Zebrafink** (*Taeniopygia guttata*), der von Pflegeeltern einer anderen Art aufgezogen worden ist, nach Eintritt der Geschlechtsreife Weibchen von der Art seiner Pflegeeltern anbalzt und auf eigene Artgenossen nicht reagiert. Wurde er von Menschenhand aufgezogen, so balzt er später die Hand seines Pflegers an. Die sensible Phase für die sexuelle Prägung beginnt beim Zebrafinken ungefähr mit dem zehnten Tag und endet mit dem 40. Tag. Am intensivsten wird um den 15. Tag gelernt. Die Prägung eines Zebrafinken auf die Stiefelternart (z. B. auf ein Japanisches Mövchen, *Lonchura striata* f. *domestica*) ist nicht auslöschbar. Sie ist noch nach sieben Monaten

349 *explico* (lat.) = entfalten, erklären
350 *declaro* (lat.) = deutlich machen, bezeichnen oder zeigen
351 *implico* (lat.) = einwickeln

nachweisbar. Das heißt allerdings nicht, dass auf Mövchen geprägte Zebrafinken nicht auch in der Lage wären, eine Bindung mit Weibchen der eigenen Art einzugehen, wenn sie keine andere Wahl haben. Es existiert also keine absolute Fixierung auf das Prägungsobjekt.

Die sexuelle Prägung – wie andere Prägungen auch – spielt sich in zwei Phasen ab. In der sensiblen Periode (sensorische Phase) werden interne Repräsentationen der sozialen Umwelt gespeichert (**Aquisitionsphase**). In der zweiten Phase wird die gespeicherte Information stabilisiert (**Konsolidierungsphase**). Letztere erfolgt während der ersten Balz. Sie ist mit einer deutlichen Reduktion der Dichte dendritischer Spines im lateralen und medialen Pallium (▶ Abschn. 13.6.2) verbunden.

Auch das **Gesanglernen** beruht bei vielen Vögeln (▶ Abschn. 24.3.4) auf einer Prägung. In der sensorischen Phase, die beim Zebrafinken etwa mit derjenigen für die sexuelle Prägung (s. o.) zusammenfällt, bilden die jungen Männchen eine interne Repräsentation des Gesangs eines Vorbilds, in der Regel des Vaters. Erst viel später beginnen sie selbst zu singen, zunächst unstrukturiert und variabel, dann fortschreitend den eigenen Gesang der intern gespeicherten Repräsentation angleichend (sensomotorische Phase). Später ist der Gesang nur noch wenig flexibel.

Bei jungen Küken ist die Prägung mit einer Erhöhung der Inkorporation radioaktiv markierten Uracils in die RNA in bestimmten Teilen des Vorderhirns (medialer Teil des Mesopallium ventrale) verbunden. Exstirpation des Meso- und Hyperpalliums, das sich bei Vögeln auf dem Striatum im Hemisphäreninnern entwickelt, hat den Verlust des Gedächtnisses und der Lernfähigkeit zur Folge, wobei das Repertoire stereotyper Verhaltensweisen unbeeinflusst bleibt. Diese mit der Prägung einhergehende Erhöhung des **RNA-Umsatzes** führt zu einer Steigerung der **Proteinsynthese**, die notwendig wird, um die Effizienz synaptischer Übertragungen zu steigern oder auch synaptische Kontakte in der Region zu vergrößern. Tatsächlich konnte mithilfe elektronenmikroskopischer Aufnahmen gezeigt werden, dass die Kontaktflächen um 20 % gegenüber den Kontrollen zunehmen.

Nichtassoziatives Lernen

Beim **nichtassoziativen Lernen** werden die Versuchstiere mehrfach hintereinander mit einem bestimmten Reiz konfrontiert. Die Antwort des Tieres kann im Verlauf des Versuchs sukzessive schwächer ausfallen (Habituation) oder aber auch intensiver werden (**Sensitivierung**, auch Sensitisierung; *sensitization*).

Die Gewöhnung (**Habituation**[352]) besteht darin, dass Tiere, die wiederholt demselben Reiz ausgesetzt werden, auf den aber keine biologisch bedeutungsvollen Ereignisse folgen, eine immer schwächere und schließlich gar keine Reaktion mehr zeigen. Buchfinken (*Fringilla coelebs*) reagieren zum Beispiel auf einen Steinkauz mit Warnrufen (Hassreaktion). Reagiert der Steinkauz nicht, so fällt die täglich einmal ausgelöste Reaktion immer schwächer aus, bis sie etwa am zwölften Tag praktisch ver-

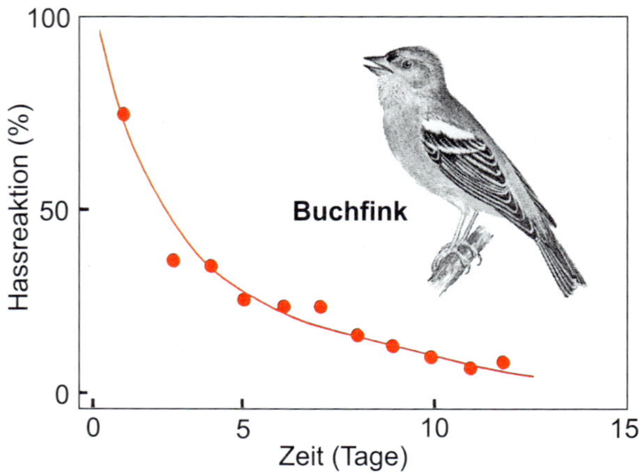

Abb. 13.76 Hassreaktion des Buchfinks (*Fringilla coelebs*). Die Reaktion wurde durch einen lebenden Steinkauz, der täglich 20 min präsentiert wurde, ausgelöst. Sie fällt zunehmend schwächer aus (Habituation). (Nach Hinde aus Horn G, Hinde RA (1970) Short-term changes in neural activity and behaviour. Cambridge University Press, Cambridge.)

schwunden ist (Abb. 13.76). Die habituierten Reaktionen können sich schnell erholen, wie zum Beispiel das Beutefangverhalten der Erdkröte (innerhalb von 24 h). Sie können aber auch erst nach Wochen oder Monaten zurückkehren, wie zum Beispiel die Reaktion von Hühnern auf als harmlos erkannte Flugobjekte.

Ein weiteres Beispiel ist die Habituation der Fluchtreakion von Staren. Versucht man, sie durch wiederholte Schreckschüsse von Kirschbäumen fernzuhalten, so hat man damit zwar zunächst Erfolg. Sehr schnell gewöhnen sich die Vögel allerdings an die Schreckschüsse und ignorieren sie. Selbst nach tagelanger Unterbrechung zeigen sie keine Reaktion auf die wieder einsetzenden Schüsse. Als Ursache kommen weder eine Adaptation der Rezeptoren noch eine Muskelermüdung infrage. Wir müssen vielmehr davon ausgehen, dass es aufgrund der Erfahrungen zu einer zentralnervösen Drosselung der Handlungsbereitschaft gekommen ist.

Habituation beruht auf einer **homosynaptischen Depression** (▶ Abschn. 13.4.4), einer Verminderung der synaptischen Transmission infolge anhaltender stimulatorischer Aktivität. Mit einem sehr einfachen Modell zur Untersuchung der Habituation konnten Eric Kandel und seine Mitarbeiter tiefere Einblicke in die neurobiologischen Grundlagen dieses Lernvorgangs gewinnen. Die Meeresschnecke *Aplysia* zeigt einen defensiven **Rückziehreflex** des Siphos und der Kieme, wenn sie mechanisch durch einen kleinen Wasserstrahl gereizt wird. Wiederholte Reizung führt zu zunehmend schwächeren Reaktionen (Abb. 13.77). Elektrische Reizung der sensorischen Zelle und Ableitung der Antwort von dem Motoneuron zum Kiemenmuskel zeigte, dass das EPSP im Motoneuron parallel zur Habituation an Amplitude abnimmt, was auf eine Verminderung der freigesetzten Transmitterquanten in der Synapse pro Reiz zurückgeht. Ursache für diese herabgesetzte Transmitterabgabe ist wahrscheinlich eine Abnahme des **Ca^{2+}-Einwärtsstroms** in das synaptische Endknöpfchen. Eine lange, über Wochen andauernde Habituation hat darüber hinaus Än-

[352] *habituation* (engl.) = Gewöhnung

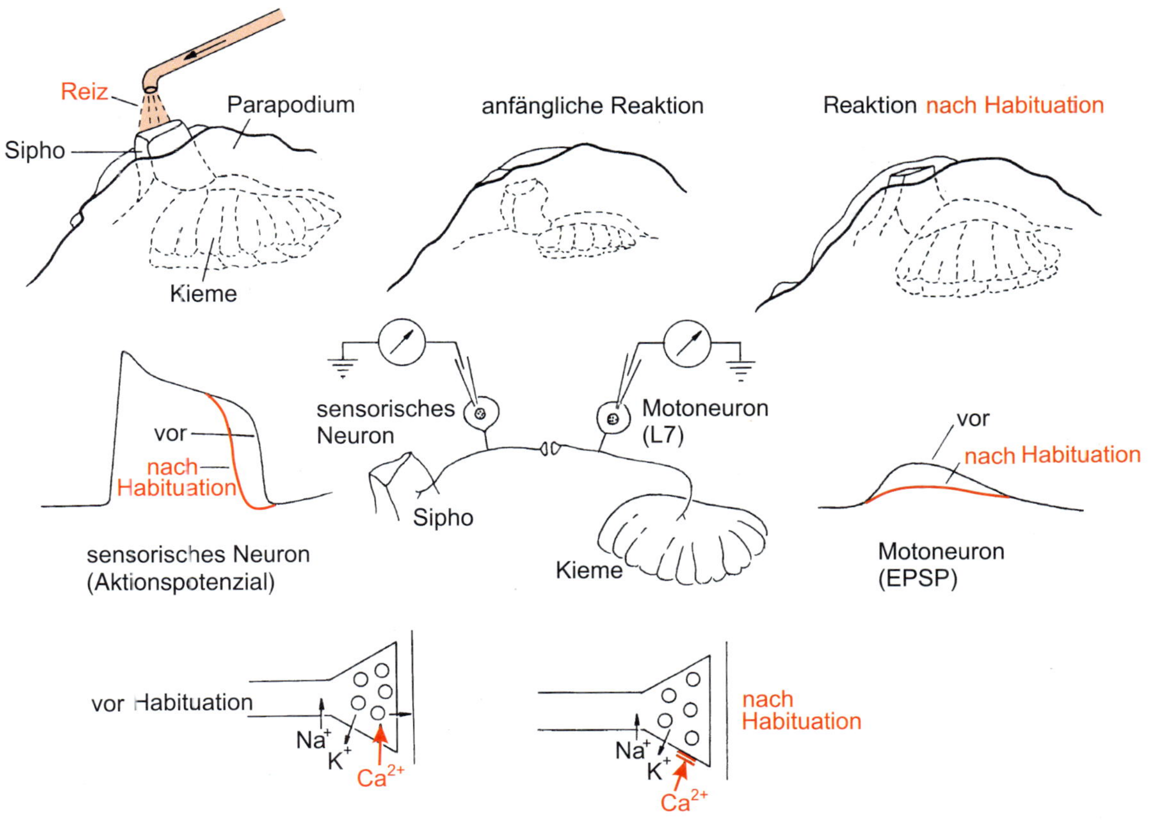

Abb. 13.77 Kiemenrückziehreflex bei *Aplysia* (Meeresschnecke) vor und nach erfolgter Habituation. Das intrazellulär registrierte Aktionspotenzial der sensorischen Zelle wird verkürzt, das EPSP im Motoneuron erniedrigt. Als Ursache der Habituation wird eine Depression des Ca^{2+}-Einstroms ins synaptische Endknöpfchen angenommen. (Nach Kandel ER (1974) An invertebrate system for the cellular anaysis of of simple behaviors and their modifications. In: Schmidt FO, Worden FG (Hrsg) Neurosciences third study programm MIT Press, Cambridge, S. 347–370, und Kandel ER (1979) Cellular insights into behavior and learning. Harvey Lect 73, 19–92.)

derungen in der Genexpression und infolgedessen strukturelle Veränderungen an den Synapsen mit verringerter Zahl aktiver Zonen zur Folge.

Manchmal kann man beobachten, dass es bei wiederholtem Auslösen eines Verhaltens zunächst zu einer Zunahme der Reaktionsstärke (**Sensitivierung**) und dann erst zu einer Habituation kommt. Ein sensitiviertes Tier reagiert beispielsweise auf einen leichten Berührungsreiz auffällig empfindlicher, wenn es vorher mit diesem Reiz schmerzhafte Erfahrungen gemacht hat. Der Sensitivierung liegt nicht – wie bei der Habituation (s. o.) – eine Verminderung, sondern eine Verstärkung der synaptischen Transmission durch **heterosynaptische** (präsynaptische) **Fazilitation** (Bahnung) zugrunde (▶ Abschn. 13.4.4).

Sehr eingehend ist der Mechanismus der Sensitivierung wiederum von Eric Kandel und Mitarbeitern am Kiemenrückziehreflex von *Aplysia* untersucht worden (Abb. 13.78). Dieser Reflex kann durch schmerzhafte Reizung am Schwanz oder Kopf des Tieres sensitiviert werden. Die Reize aktivieren über sensorische Neurone ein serotonerges Interneuron, welches Synapsen mit sensorischen Neuronen besitzt, die von der Siphohaut kommen und das Zurückziehen der Kiemen über Motoneurone reflexiv auslösen. Das Interneuron verstärkt die Transmitterausschüttung an den sensomotorischen Synapsen, indem es in der Präsynapse den cAMP-Spiegel (cAMP ist ein sekundärer Botenstoff) anhebt (Abb. 13.78).

Assoziatives Lernen

Zum assoziativen Lernen zählt das Lernen durch Ausbildung **bedingter Reflexe** (**klassische Konditionierung** nach Ivan P. Pavlov). Der bedingte Reflex wird im Gegensatz zu dem angeborenen (unbedingten) Reflex erst im Lauf des Lebens erworben. Er stellt eine Reaktion dar, die durch die Verknüpfung eines bedingten Reizes, der normalerweise keinen Reflex auslöst, mit einem Fremdreflex zustande kommt. Ein bekanntes Beispiel ist das Auslösen des Speichelflusses durch ein akustisches oder optisches Signal beim Hund. Wird einem Hund Nahrung geboten oder verdünnte Säure ins Maul gespritzt (unbedingter Reiz), so beginnt reflektorisch die Speichelsekretion (unbedingter Reflex = Fremdreflex). Ein Klingelzeichen oder Lichtsignal löst dagegen keine Sekretion aus (bedingter Reiz). Werden bedingter und unbedingter Reiz jeweils gleichzeitig oder kurz hintereinander geboten und der Versuch oft genug wiederholt, so bildet sich eine Verknüpfung zwischen beiden Informationen heraus, sodass schließlich das Tier auf den bedingten Reiz allein mit der Speichelsekretion antwortet, ohne dass der unbedingte noch geboten werden muss (Abb. 13.79).

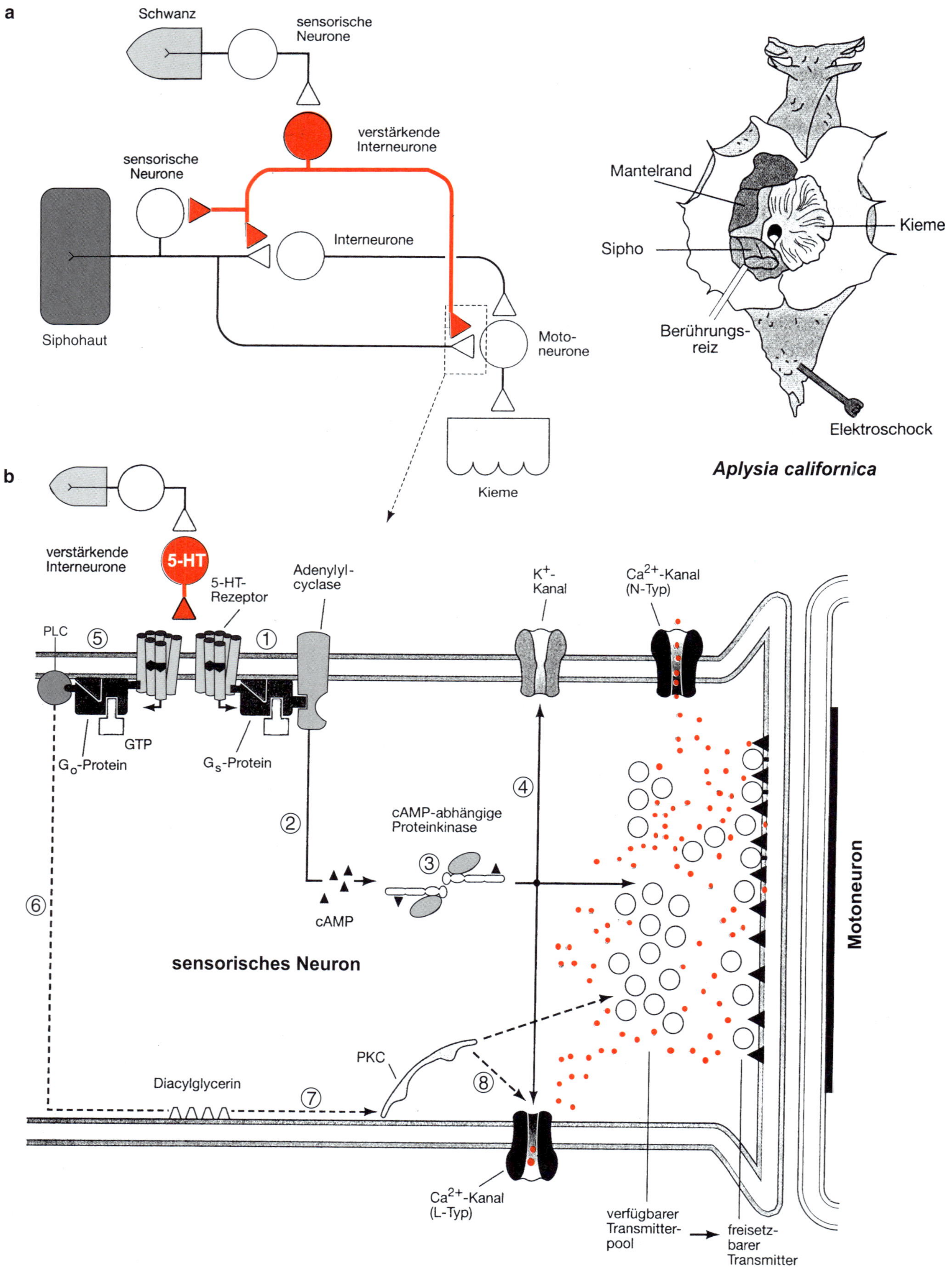
a
Schwanz
sensorische Neurone
verstärkende Interneurone
sensorische Neurone
Interneurone
Siphohaut
Moto-neurone
Kieme
Mantelrand
Kieme
Sipho
Berührungs-reiz
Elektroschock
Aplysia californica
b
verstärkende Interneurone
5-HT
5-HT-Rezeptor
Adenylyl-cyclase
K+-Kanal
Ca2+-Kanal (N-Typ)
PLC
⑤
①
GTP
Go-Protein
Gs-Protein
④
②
cAMP-abhängige Proteinkinase
③
cAMP
⑥
sensorisches Neuron
Motoneuron
PKC
Diacylglycerin
⑦
⑧
Ca2+-Kanal (L-Typ)
verfügbarer Transmitter-pool
freisetz-barer Transmitter

Abb. 13.78 Sensitivierung des Kiemenrückziehreflexes der Meeresschnecke *Aplysia*. **a** Durch Elektroschockreizung des Schwanzes werden serotonerge Interneurone aktiviert. Diese verstärken über präsynaptischen Kontakt die Transmitterausschüttung von sensorischen Neuronen des Siphos, die reflexiv das Zurückziehen der Kieme auslösen. **b** Im Einzelnen spielt sich dabei Folgendes ab: ① Serotonin erhöht über ein G_s-Protein die Aktivität der Adenylylcyclase. ② Daraufhin steigt der cAMP-Spiegel in der Zelle an. ③ cAMP lagert sich an die regulatorische Untereinheit der cAMP-abhängigen Proteinkinase. ④ Daraufhin trennt sich deren katalytische Untereinheit ab und phosphoryliert K^+-Kanäle. Der Strom durch die Kanäle wird daraufhin reduziert und damit das Aktionspotenzial verlängert. Das hat zur Folge, dass mehr Ca^{2+} über Ca^{2+}-Kanäle des N-Typs einströmt, was wiederum eine verstärkte Transmitterausschüttung nach sich zieht. ⑤ Serotonin steigert über einen anderen Rezeptor und über ein anderes G-Protein (G_o-Protein) eine Phospholipase C, die Diacylglycerin in der Zellmembran freisetzt (⑥), das seinerseits die Proteinkinase C aktiviert (⑦). ⑧ Gemeinsam mit der über die erste Reaktionskaskade aktivierten cAMP-abhängigen Proteinkinase steigert die Proteinkinase C die Öffnung von Ca^{2+}-Kanälen des L-Typs sowie die Bewegung der transmittergefüllten Vesikel in Richtung auf deren Freisetzungsorte und deren anschließende Exocytose. cAMP = zyklisches Adenosinmonophosphat; PKC = Proteinkinase C; PLC = Phospholipase C. (Aus Kandel ER, Schwartz JH, Jessell TM (1995) Neurowissenschaften. Spektrum Akademischer Verlag, Heidelberg, Abb. 36.1A, S. 687 und Abb. 36.3, S. 690.)

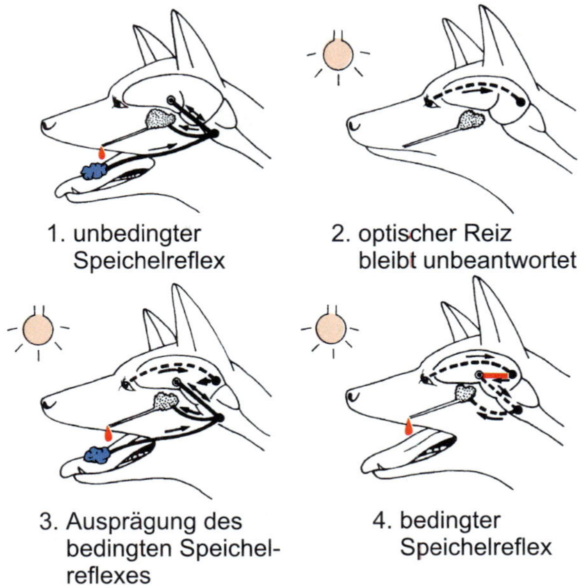

Abb. 13.79 Ausbildung eines bedingten Reflexes beim Hund. Unbedingter Reiz: Nahrung, bedingter Reiz: Lichtsignal. (Aus Gottschick J (1955) Die Leistungen des Nervensystems. 2. Aufl. Fischer, Jena.)

Klassische und operante Konditionierung (s. u.) werden oft auch als **assoziatives Lernen** zusammengefasst und sowohl den niederen Lernformen (Habituation und Prägung) als auch den höheren (Lernen durch Beobachtung und Nachahmung, Lernen durch Einsicht) gegenübergestellt. Bei der **klassischen Konditionierung** stellt das Tier eine Assoziation zwischen dem **bedingten Reiz** (*conditioned stimulus*, CS), etwa einem Licht- oder Tonsignal, und dem **unbedingten Reiz** (*unconditioned stimulus*, US), zum Beispiel der Darbietung von Nahrung oder Applikation eines schwachen Stromstoßes, her. Die reflexive Reaktion (unbedingter Reflex, *unconditioned response*, UR) auf den unbedingten Reiz ist angeboren. Sie besteht im Fall der Nahrungsdarbietung in einem vermehrten Speichelfluss (appetitive Konditionierung), im Fall des Elektroschocks in einer Abwehrreaktion (aversive Konditionierung). Wichtig für den Lernerfolg ist die zeitliche Nähe beider Reize. Der günstigste Lernerfolg stellt sich ein, wenn der bedingte Reiz dem unbedingten Reiz unmittelbar (um wenige Sekunden) vorausgeht, wie es am Beispiel des Rüsselreflexes der Biene (Abb. 13.80) gezeigt wurde. Die Stärke oder Wahrscheinlichkeit des aufgebauten bedingten Reflexes nimmt wieder ab, wenn dem bedingten Reiz wiederholt kein unbedingter folgt. Man spricht dann von der **Extinktion** (Auslöschung) des Reflexes.

Die amerikanischen Behavioristen gingen bei ihren Untersuchungen über Lernvorgänge von spontanen Aktionen des Tieres aus, die in bestimmter Weise belohnt werden (instrumentelle oder **operante Konditionierung**). Sehr beliebt ist die **Skinner*-Box** (Abb. 13.81). Das Versuchstier (z. B. Ratte) befindet sich in einem Käfig und kann durch Drücken einer Taste erreichen, dass eine Futterpille aus einem Vorratsbehälter freigegeben wird und in den Futternapf fällt. Es lernt sehr schnell, auf ein bestimmtes Signal hin die Taste zu betätigen. Gern benutzt wird auch die erstmalig von Small (1900) an Ratten eingeführte **Labyrinthmethode**. Das Tier muss lernen, durch ein Gewirr von Gängen und Sackgassen den kürzesten Weg zum Ziel (Köder) zu finden. Die einfachsten Labyrinthe sind T- oder Y-förmig.

Bei der **operanten Konditionierung** wird eine Assoziation zwischen der Betätigung des Hebels und der Belohnung hergestellt, also nicht zwischen zwei Reizen (dem bedingten und dem unbedingten) wie bei der klassischen Konditionierung, sondern zwischen dem Verhalten und einem Reiz. Auch hier ist die zeitliche Nähe von Aktivität und Belohnung fast immer Voraussetzung für den Lernerfolg. Je nach biologischem Zusammenhang kann der zeitliche Abstand aber auch größer sein: Wenn Ratten vergiftete Nahrung zu sich nehmen und ihnen mehrere Stunden nach dem Fressen schlecht wird, lernen sie, diese Nahrung in Zukunft zu vermeiden. Die operante Konditionierung kann auch als »Lernen am Erfolg« oder als »Lernen durch **Versuch und Irrtum**« (*trial and error learning*) bezeichnet werden. Bleibt die Belohnung aus, so wird das Gelernte auch hier wieder gelöscht (Extinktion).

Viele insektenfressende **Vögel** müssen es erst lernen, die ungenießbaren Wespen zu meiden (Lernen aufgrund schlechter Erfahrungen). Ein solches Lernen nach dem Prinzip von Versuch und Irrtum ist im Tierreich oft zu beobachten. Kolkraben versuchen zum Beispiel zunächst mit allem Material, das sie erreichen können, ihr Nest anzufertigen. Aufgrund gesammelter Erfahrungen lernen sie schnell, besser und schlechter geeignetes Material zu unterscheiden und verwenden dann nur noch dünne Zweige. **Säugetiere** lernen auf gleiche Weise, nachdem sie sich zunächst wahllos an allen Gegenständen scheuern, später Kanten glatten Flächen vorzuziehen.

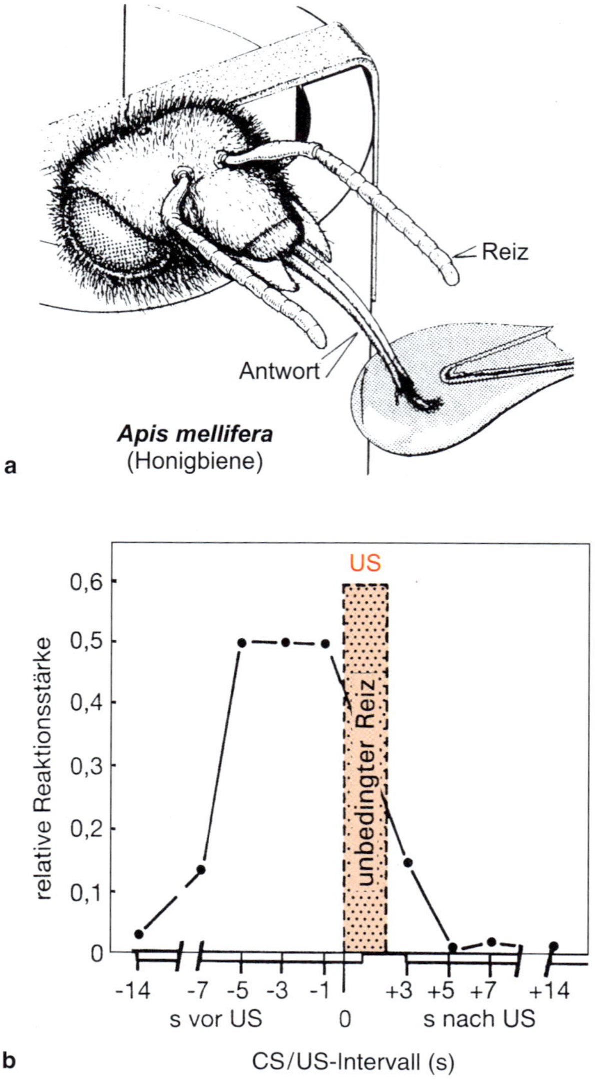

Abb. 13.80 Klassische Konditionierung bei der Honigbiene (*Apis mellifera*). **a** Die Berührung der Antenne mit einem Tropfen Zuckerlösung (unbedingter Reiz, US) wird reflektorisch (unbedingter Reflex, UR) mit dem Ausstrecken des Rüssels (Reaktion) beantwortet. Durch zeitliche Paarung des unbedingten Reizes mit einem Duftsignal (Nelkenduft, bedingter Reiz) kann ein bedingter Reflex (CR) ausgebildet werden. **b** Das gelingt am besten, wenn der CS 5–1 s vor dem US (Zuckerwasserbelohnung) gegeben wird. CS = bedingter Reiz; US = unbedingter Reiz. (Nach Menzel R (1995) Orientierung. In: Gewecke M (Hrsg) Physiologie der Insekten. Fischer, Stuttgart, S. 353–412, Abb. 8-20, S. 390 und Abb. 8-22, S. 392.)

Wenn – wie erwähnt – ein Vogel es lernt, generell Wespen zu meiden, so setzt das ein Wiedererkennen des ungenießbaren Insekts unter oft sehr verschiedenen Umständen voraus. Er sieht das Insekt jeweils aus anderer Entfernung, anderem Blickwinkel usw. Ein Wiedererkennen unter diesen verschiedenen Bedingungen ist nur möglich, wenn der Vogel **abstrahiert**, sich nur das »merkt«, was bei wechselnden Reizsituationen immer wiederkehrt, gleich bleibt. Ein Ausdruck dieser Abstraktion ist die bekannte Erscheinung in der Natur, dass solche Vögel dann nicht nur Wespen meiden, sondern auch die ähnlich gefärbten und gemusterten, aber durchaus genießbaren Schwebfliegen. Eine solche Nachahmung eines Lebewesens durch ein anderes unter Ausnutzung seiner Signalfunktion nennt man **Mimikry**. Die Mimikry kann sich, anstatt auf das Aussehen, auch auf das Verhalten beziehen. Die in Nestern der Ameisen (*Formica, Myrmica*) lebenden Käfergattungen *Atemeles* und *Lomechusa* ahmen zum Beispiel das Bettelverhalten sowie die Pheromone der Ameisenlarven so gut nach, dass die Ameisen sie wie ihre eigenen Larven füttern.

Dressurversuche an den verschiedensten Tieren machten immer wieder deutlich, dass sich die Tiere nicht alle Details des Objekts, sondern nur markante **Merkmale** einprägen. Elritzen, denen durch Futterbelohnung eine Bevorzugung eines schwarzen Dreiecks gegenüber einem schwarzen Quadrat andressiert worden war, bevorzugten dann zum Beispiel auch einen aufrechten spitzen Winkel gegenüber einer waagerechten Linie. Bienen konnte die Bevorzugung gegliederter Figuren gegenüber kompakten unabhängig von ihrer Farbe andressiert werden, Forellen, einem Elefanten sowie Unpaarhufern die Bevorzugung gekreuzter Linien gegenüber andersartigen Mustern. Es gelingt auch, Tiere auf Relationen zu dressieren (**relatives Lernen**, ▶ Abschn. 13.11), das heißt, von zwei Quadraten jeweils das kleinere, von zwei Korridoren jeweils den helleren oder von zwei gestreiften bzw. karierten Mustern jeweils das feinere zu bevorzugen.

Höhere Formen des Lernens

Von Vögeln und Säugetieren ist eine Weitergabe individuell erworbener Erfahrungen an Artgenossen durch **Beobachtung und Nachahmung** bekannt. Dagegen scheint eine gezielte Weitergabe von Erfahrungen durch Unterweisung (Lehren) den Menschen vorbehalten zu sein.

Beispiele solcher Erfahrungsübermittlung (**Traditionsbildung**) zeigen sich am **Gebrauch von Werkzeugen**. Bei **Schimpansen** hat Jane Goodall* beobachtet, dass sie sich im Freiland mithilfe von Zweigen, die sie tief in den Termitenbau einführen, die begehrten Insekten herausangeln, die sich an dem Zweig festbeißen und so mit ihm zusammen herausgezogen werden können (Abb. 13.82). Die Jungen lernen dieses Vorgehen durch Beobachtung und Nachahmung von den älteren Tieren. Sie lernen sogar, die Werkzeuge für den Zweck richtig herzurichten. Von Schimpansen ist auch bekannt, dass sie Blätter zerkauen und anschließend als Schwamm benutzen, um so an schwer zugängliche Wasseransammlungen in Baumhöhlen zu gelangen. Ein weiteres Beispiel: In einer Kolonie japanischer **Makaken** bildete sich die Tradition heraus, Kartoffeln vor dem Verzehr im Meerwasser zu waschen. Ein zwei Jahre altes Tier namens Imo hatte entdeckt, wie man süße Kartoffeln durch Waschen vom anhaftenden Sand befreien kann. Diese Entdeckung breitete sich langsam in der Kolonie aus, wobei zu beobachten war, dass die älteren Tiere die letzten waren, die die nützliche Erfahrung übernahmen. Dasselbe Tier »erfand« einige Zeit später auch, wie man Weizenkörner vom Sand trennen kann. Es warf die Mischung kurzerhand ins Wasser und sammelte anschließend die Weizenkörner von der Oberfläche

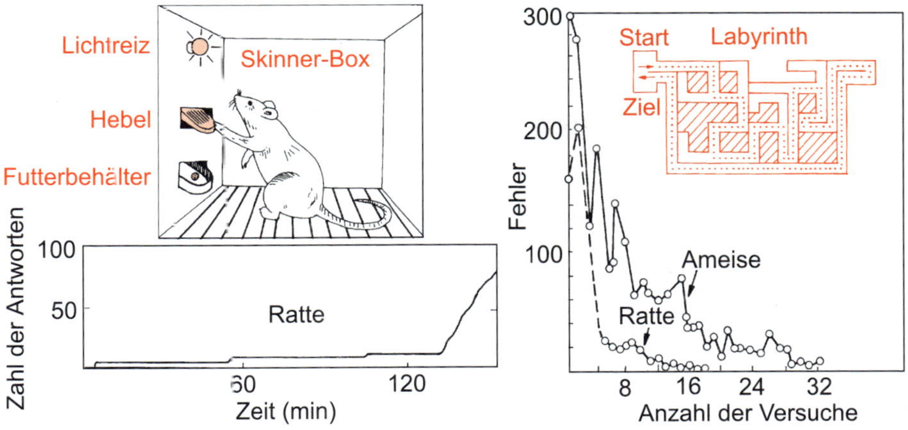

Abb. 13.81 **a** Dressur in einer Skinner-Box. Drückt die Ratte nach einem Lichtsignal auf den Hebel, so fällt ein Futterkügelchen in den Behälter. Dies lernt die Ratte sehr schnell. In der Lernkurve (darunter) wird jede erfolgreiche Betätigung des Hebels durch eine bestimmte Niveauerhöhung wiedergegeben. Vom vierten Erfolg an nimmt die Zahl der richtigen Antworten rasch zu. **b** Labyrinthversuch mit Ameisen und Ratten. Während die Ratte bereits nach 13 Versuchen den Weg gelernt hat, benötigt die Ameise 31. (a nach Scott JP (1958) Animal behavior. University of Chicago Press, Chicago; b nach Schneirla TC (1946) Ant learning as a problem in comparative psychology. In: Harriman PL (Hrsg) Twentieth century psychology, part III. Philosophical Library, New York.)

Abb. 13.82 Schimpansen angeln mit selbstgefertigten Ruten Termiten aus dem Bau, wobei sie von Jungtieren beobachtet werden. (Nach Aufnahmen von Goddall J (1967) My friends the wild chimpanzees. National Geographic Society, Washington, aus Bonner JT (1983) Kultur-Evolution bei Tieren. Parey, Hamburg, Abb. 47, S. 178.)

Abb. 13.83 Blaumeisen (*Parus caeruleus*) haben gelernt, die Aluminiumkappe einer Milchflasche zu durchstoßen, um an die begehrte Sahne zu gelangen. (Aus Bonner JT (1983) Kultur-Evolution bei Tieren. Parey, Hamburg.)

ab. In Großbritannien beobachtete man ab ca. 1940 eine neue Verhaltensweise der **Meisen**, die zunächst lokal begrenzt auftrat. Die Meisen hatten gelernt, den Aluminiumverschluss der allmorgendlich vor den Häusern abgestellten Milchflaschen zu durchstoßen, um an die begehrte Sahne heranzukommen (Abb. 13.83). Diese Fertigkeit »machte Schule« und breitete sich in wenigen Jahren in verschiedenen Meisenpopulationen über weite Teile des Landes aus.

Nicht sicher ist, ob der Gebrauch eines Kaktusstachels zum Aufstöbern von Insekten in der Baumrinde, wie man es bei den Galapagosfinken (*Cactospira pallida*) beobachten kann, auch erst erlernt werden muss oder bereits angeboren ist. Die Benutzung eines zwischen den Mandibeln gehaltenen Steinchens zum Festklopfen des Sandes, mit dem der Nesteingang zuvor verschlossen wurde, ist bei der Grabwespe *Ammophila pictipennis* mit Sicherheit genetisch fixiert und nicht erlernt.

Eine hohe Variabilität in den Verhaltensreaktionen unter Artgenossen weist auf Lernvorgänge hin, während umgekehrt ein einheitliches Verhalten der Artgenossen einen Lernvorgang keineswegs ausschließt. So ist zum Beispiel der **Artgesang** der Nachtigallen, Feldlerchen, Buchfinken und Stieglitze im Freien sehr einheitlich. Erst Isolationsversuche machen deutlich, dass jeder Jungvogel durch Nachahmung den Artgesang erlernen muss (Abb. 13.84).

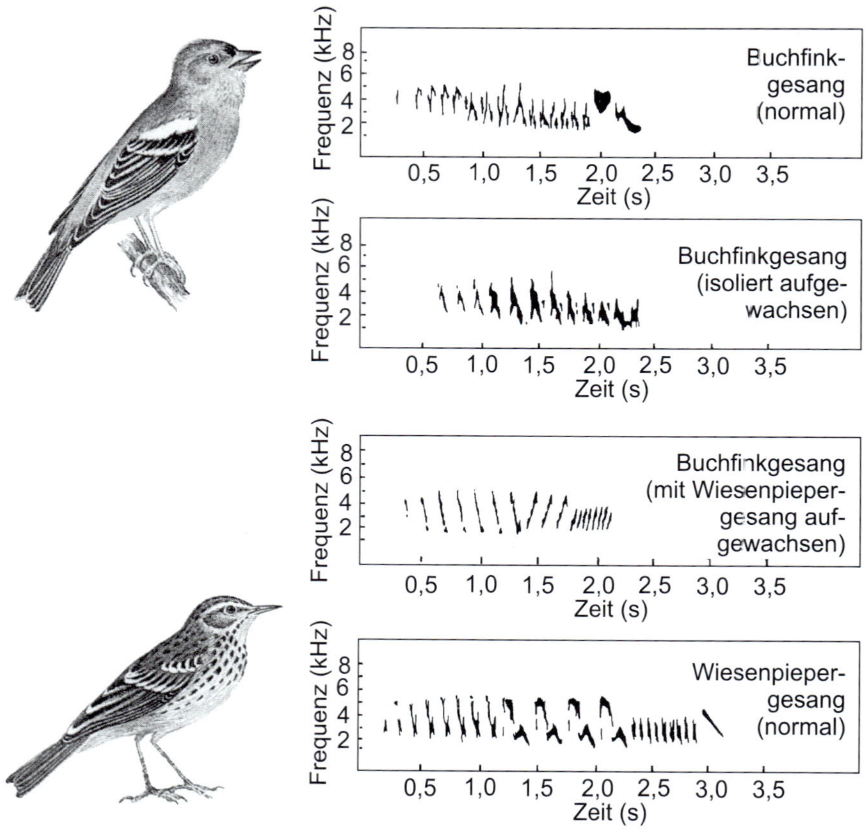

Abb. 13.84 Gesangsprägung beim Buchfinken (*Fringilla coelebs*). Isoliert aufgewachsen, bleibt der Gesang unvollständig. Mit dem Gesang des Wiesenpiepers (*Anthus pratensis*) aufgezogen, erhält der Finkengesang charakteristische Merkmale des Wiesenpiepergesangs. (Aus Thorpe WH (1961) Bird song. Cambridge University Press, Cambridge.)

13.8.3 Physiologie komplexer Lern- und Gedächtnisvorgänge

Lernen beruht auf dauerhaften Veränderungen synaptischer Verschaltungen im Gehirn und ist nicht, wie viele eine Zeit lang glaubten, eine Speicherung von Informationen in einzelnen Molekülen vergleichbar der Speicherung genetischer Informationen in DNA-Molekülen. Die Suche nach »Gedächtnismolekülen« kann als aussichtslos betrachtet werden. Wir müssen davon ausgehen, dass das Gedächtnis auf der **Plastizität neuronaler Netze** beruht, wie es schon von Ramón y Cajal vermutet wurde. Die plastischen Veränderungen, die die Engramme bilden, müssen wir primär im synaptischen Bereich suchen. Sie können morphologische und biochemisch-physiologische Parameter betreffen.

Nach Vorstellungen von Richard Semon* (1904) soll jeder Reiz, der das Tier trifft, im Gehirn eine materielle Spur, ein **Engramm**, hinterlassen. Die Suche nach solchen Engrammen hat in der Folgezeit viele Forscher beschäftigt. Insbesondere durch die umfangreichen Hirnabtragungs-(Ablations-)versuche des amerikanischen Neuropsychologen Karl Lashley* und seiner Schüler an Ratten wurde jedoch die Vorstellung von der strengen **Lokalisierbarkeit des Gedächtnisses** widerlegt. Es zeigte sich, dass es nicht möglich ist, in den Assoziationsfeldern der Hirnrinde fixierte Orte nachzuweisen, in denen bestimmte Gedächtnisinhalte gespeichert werden. Ratten, die gelernt hatten, einen bestimmten Weg im Labyrinth einzuschlagen, verloren diese Fähigkeit nicht, solange das Ausmaß der Zerstörung sowohl sensorischer als auch motorischer Rindenfelder einen gewissen Umfang nicht überschritt. Dabei war es von untergeordneter Bedeutung, welche Rindenbezirke jeweils ausgeschaltet wurden. Auch andere Untersuchungen führten zu dem überraschenden Ergebnis, dass langfristig gespeicherte Gedächtnisinhalte – oft in ihre Teilaspekte zerlegt – in sehr unterschiedlichen Regionen der Hirnrinde fixiert sein können (**distributive Speicherung**). Dabei bleibt die Frage, wie der Organismus diese, an verschiedenen Orten niedergelegten Gedächtnisinhalte aufruft und wieder zu einem Ganzen zusammenzufügen vermag, noch ziemlich unklar.

Viele Beobachtungen und Experimente machen deutlich, dass der dynamische Prozess der **Gedächtnisbildung** eine frühe sensible und eine späte stabile Phase umfasst. Die Gedächtnisinhalte liegen anfänglich in einer leicht störbaren Form vor und werden erst später sukzessive in eine stabile Form überführt (**Konsolidierung**). Das Kurzzeitgedächtnis kann durch verschiedene Eingriffe gestört werden, so zum Beispiel durch kurze Elektroschocks, die über am Schädel angelegte Elektroden der Ratte appliziert werden und Krämpfe, verbunden mit Bewusstlosigkeit, hervorrufen. Das gelingt allerdings nur innerhalb von 1–2 h nach dem Lernakt. Spätere Schocks haben keine Wirkung mehr. Das Gelernte hat sich dann bereits so gefestigt, dass es nicht mehr ausgelöscht werden kann. Ähnliche Wirkung haben krampfauslösende Pharmaka (Cardiazol u. a.), Unterkühlung des Tieres (Hypothermie), mangelnde O_2-

Versorgung des Gehirns (Anoxie) oder Narkose. In diesem Zusammenhang ist auch die Erscheinung der **retrograden Amnesie** beim Menschen interessant, eines Ausfalls von Erinnerungen an die Zeit mehr oder weniger kurz vor der Störung der normalen Hirnfunktion durch Gehirnerschütterung, Hirnschlag, Narkose oder Elektroschock.

Aus diesen und anderen Beobachtungen geht hervor, dass man bei der Gedächtnisbildung drei aufeinander folgende Stadien unterscheiden kann, denen offenbar auch unterschiedliche Elementarmechanismen zugrunde liegen:

1. Das **Sofortgedächtnis** (Immediatspeicher): Es umfasst nicht viel mehr als die Gegenwart. Alles, was jeweils aktuell an sensorischer Aktivität einläuft, klingt eine kurze Zeit nach und verschwindet dann unwiderruflich, falls es nicht in den Kurzzeit- bzw. Langzeitspeicher (s. u.) überführt wird. So können wir zum Beispiel drei bis fünf Glockenschläge von der Turmuhr, die wir nicht sofort mitgezählt haben, noch eine gewisse Zeit nachträglich sozusagen rückwärts in die Vergangenheit hinein zählen. In diese Zeit fällt auch die Assoziation mit anderen Reizen.
2. Das **Kurzzeitgedächtnis** (Kurzzeitspeicher): Es hat eine Speicherzeit von einigen Sekunden bis Minuten, ist sehr störanfällig gegenüber neuen Ereignissen und amnestischen Einwirkungen und besitzt eine relativ geringe Kapazität. Beim Menschen umfasst die Kapazität weniger als zwölf einzelne Objekte, Zahlen oder Stimulationen. In ihm findet eine umfangreiche Informationsreduktion und -selektion (Abb. 13.60) statt. Aus der großen Menge von Informationen, die ständig über die Rezeptoren zum Gehirn weitergeleitet wird, werden hier diejenigen ausgewählt, die für das Lebewesen von Bedeutung sind, und nur diese in den Langzeitspeicher überführt. Redundante Meldungen und bedeutungslose Informationen werden hier ausgelöscht und gehen verloren.
3. Das **Langzeitgedächtnis** (Langzeitspeicher): Es besitzt eine Speicherzeit von Tagen, Jahrzehnten bis Lebenslänge, eine Resistenz gegenüber Störungen und eine große Kapazität. In ihm werden durch strukturelle Umbauten im Neuronennetzwerk Gedächtnisinhalte jederzeit abrufbar niedergelegt.

Eine wichtige Rolle bei der intrazellulären Umsetzung von Gedächtnisinhalten spielen nach Untersuchungen an transgenen Taufliegen und Mäusen **CRE-bindende Proteine** (CREBP), Transkriptionsfaktoren, die an die *early-immediate*-Gene mit dem cAMP-Response-Element (CRE), eine Erkennungssequenz, binden und die Synthese von Regulatorproteinen kontrollieren. CREBP wird von der Proteinkinase A (PKA) durch Phosphorylierung von Serinresten aktiviert. Phosphatasen dephosphorylieren es wieder. Die CREB-1-Proteine sind Aktivatoren, die CREB-2-Proteine Repressoren.

Bei **Säugetieren** und **Vögeln** besitzt der **Hippocampus** eine zentrale Bedeutung im Rahmen bestimmter Lern- und Gedächtnisprozesse. Die **Hippocampusformation** geht aus dem medialen Pallium hervor (▶ Abschn. 13.6.2). Durch das sich bei Säugetieren stark entfaltende dorsale Pallium (Isocortex) wird das mediale Pallium auf die mediane Hemisphärenfläche verdrängt und rollt sich ein, es wird zur Hippocampusformation. Während der Hippocampus bei Vögeln und Reptilien in der dorsomedialen Oberflächenposition verharrt, wandert er bei Säugetieren in die mediale Tiefe des Gehirns. Er erhält Eingänge vom entorhinalen Cortex, vom Septum und vom kontralateralen Hippocampus. Charakteristisch für den Hippocampus ist die trisynaptische afferente Bahn (Abb. 13.85): 1. Die Axone des im entorhinalen Cortex entspringenden Tractus perforans enden an den Körnerzellen im Hilus des Gyrus dentatus. 2. Von den Körnerzellen führt das Faserbündel der Moosfasern zu den Pyramidenzellen der CA3-Region. 3. Aus diesen Pyramidenzellen entspringen erregende Axonkollateralen (Schaffer-Kollateralen), die an den Pyramidenzellen der CA1-Region enden. Die Axone der CA1-Region führen schließlich über das Subiculum zurück in den entorhinalen Cortex.

Die bilaterale operative Entfernung des Hippocampus, wie sie bei dem 27-jährigen Fließbandarbeiter Henry M. als letztes Mittel gegen schwerste epileptische Anfälle vorgenommen wurde, führte zur irreversiblen und vollkommenen **anterograden Amnesie**[353], das heißt zur Unfähigkeit, neue Informationen dauerhaft und zugriffsbereit zu speichern. Der Patient konnte zwar durch ständiges Vorsichhersagen bestimmte Informationen im Kurzzeitgedächtnis bewahren, vergaß sie aber augenblicklich, wenn er abgelenkt wurde. Sein Gedächtnis für zurückliegende Ereignisse (retrogrades Gedächtnis) war dagegen nicht beeinträchtigt. Die anterograde Amnesie des Patienten betraf nur das **deklarative** oder explizite **Gedächtnis**, das heißt die Erinnerung an bewusst erlebte, verbalisierbare Ereignisse und Erfahrungen im Kontext von Ort und Zeit (episodisches Gedächtnis) sowie an gespeicherte Bedeutungen von Begriffen und Symbolen (semantisches Gedächtnis). Dagegen blieb das **prozedurale** oder implizite **Gedächtnis**, das nichtverbalisierte Informationen wie manuelle Fertigkeiten unbewusst speichert, unberührt.

Der Hippocampus ist für die Entstehung des **deklarativen Langzeitgedächtnisses**, das heißt für das Speichern episodischer und semantischer Informationen (▶ Abschn. 13.8.2), unabdingbar, nicht aber für die Speicherung selbst. Seine Aktivität liegt somit zeitlich zwischen dem frischen Kurzzeitgedächtnis und dem endgültigen Langzeitgedächtnis. Viele Synapsen im Hippocampus zeigen eine besondere Form der Plastizität, die für die Bildung expliziter Erinnerung grundlegend sein könnte, die sogenannte **Langzeitpotenzierung** (*long term potentiation*, LTP): Wird eines der drei Axonbündel für einige Sekunden mit einer hochfrequenten Salve von Impulsen gereizt, so kann man anschließend eine deutliche Erhöhung der exzitatorischen postsynaptischen Potenziale (EPSPs) registrieren, die über Stunden, Tage oder sogar Wochen bestehenbleiben kann (Abb. 13.85). Diese Potenzierung ist auf eine Erhöhung des Transmitterausstoßes zurückzuführen. Elektronenoptisch ist eine Größenzunahme der dendritischen Spines der hippocampalen Zellen beobachtet worden.

353 *ante-* (lat.) = vorn, vorwärts; *gradus* (lat.) = Schritt

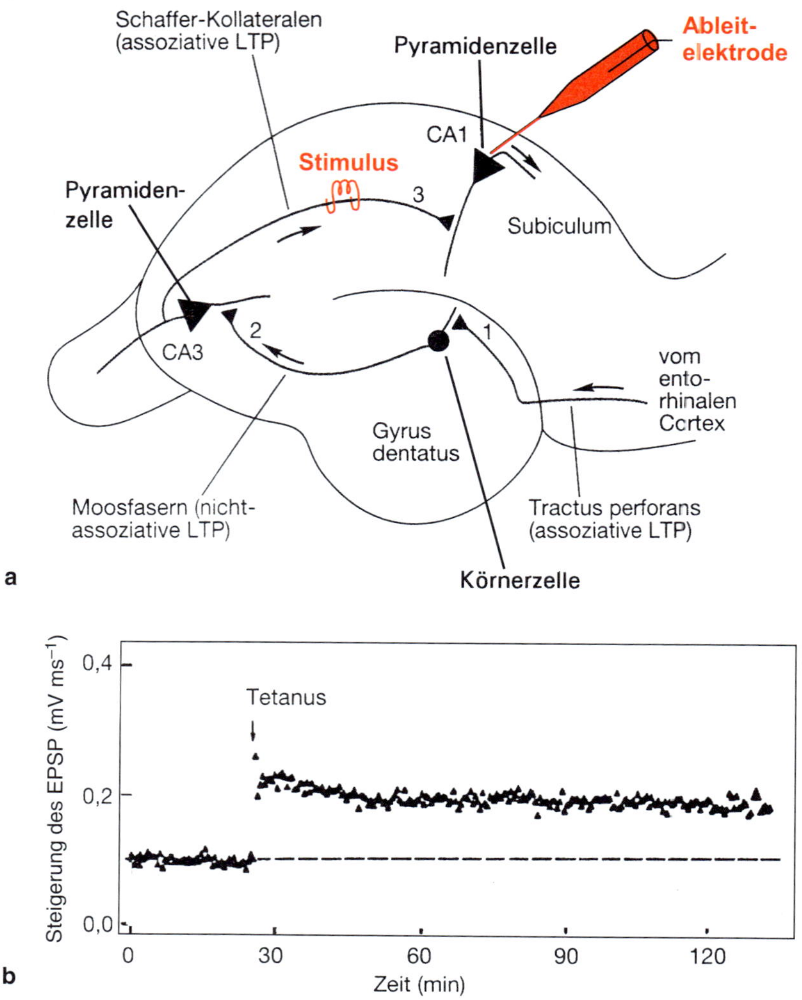

Abb. 13.85 **a** Die trisynaptische afferente Bahn im Hippocampus der Säugetiere. **b** Die Geschwindigkeit des EPSP-Anstiegs (Maß für die synaptische Effizienz) in einer Zelle der CA1-Region nach tetanischer Reizung. Im Abstand von 20 s wurden zwei tetanische Reizsalven von 100 Hz und 1 s Dauer auf die Schaffer-Kollateralen gegeben, um die Langzeitpotenzierung zu erzeugen. Alle 10 s wurde ein Testreiz gegeben und das EPSP extrazellulär abgeleitet. Weitere Erläuterungen im Text. EPSP = exzitatorisches postsynaptisches Potenzial; LTP = Langzeitpotenzierung. (Nach Nicoll RA, Kauer JA, Malenka RC (1988) The current excitement in long-term potentiation. Neuron 1, 97–103.)

13

Die Langzeitpotenzierung in der CA1-Region (Applikation tetanischer Reizsalven auf die Schaffer-Kollateralen und anschließende wiederholte Testung der EPSPs, Abb. 13.85) ist im Gegensatz zur LTP in der CA3-Region assoziativ, das heißt, es müssen mehrere afferente Fasern gleichzeitig aktiviert werden. In beiden Fällen ist der Transmitter Glutamat, das sowohl an NMDA-(N-Methyl-D-Aspartat-)Rezeptoren als auch an Nicht-NMDA-Rezeptoren bindet. Normalerweise sind die Membrankanäle der meisten NMDA-Rezeptoren durch Mg^{2+} blockiert (Abb. 13.86a). Sie öffnen sich erst, wenn die postsynaptische Zelle durch die gleichzeitige Aktivität vieler präsynaptischer Neurone depolarisiert wird. Der NMDA-Rezeptorkanal erweist sich also als »doppelt gesteuert«: Er öffnet sich erst, wenn Glutamat an ihn bindet und gleichzeitig die Membran depolarisiert wird (Abb. 13.86b). Der dann eintretende Ca^{2+}-Einstrom in die Zelle ist für die Induktion der LTP essenziell. Durch ihn wird die synaptische Erregungsübertragung verstärkt, indem er zwei Ca^{2+}-abhängige Serin/Threonin-spezifische Proteinkinasen (Ca^{2+}-Calmodulin-abhängige Kinase, Proteinkinase C) und eine Tyrosinkinase aktiviert. Diese postsynaptischen Ereignisse müssen allerdings durch eine Steigerung der präsynaptischen Transmitterfreisetzung ergänzt werden, um die LTP aufrechtzuerhalten. Der dabei integrierte retrograde Botenstoff ist noch nicht mit Sicherheit bekannt. Man vermutet, dass es Stickstoffmonoxid (NO) oder Kohlenmonoxid (CO) ist.

Mit dem Mechanismus der Langzeitpotenzierung in der CA3-Region bestätigte sich ein bereits 1949 von Donald Hebb* postulierter Mechanismus der aktivitätsabhängigen synaptischen Plastizität als Grundlage von Gedächtnisbildung. Nach Hebb führt die gleichzeitige Aktivität eines prä- und postsynaptischen Neurons zur Verstärkung der Wirksamkeit des präsynaptischen Neurons (Hebb-Regel) und damit zur Modifikation der Effizienz der Synapse.

Unter den **Meisen** legen die Schwanzmeise (*Parus montanus*) und die Sumpfmeise (*Parus palustris*) und unter den **Corviden** der Eichelhäher (*Garrulus glandarius*) Vorräte für nahrungsarme Jahreszeiten an, indem sie zahlreiche Samen und Nüsse an den verschiedensten Stellen ihres Reviers verstecken. Sie finden diese Stücke noch nach Wochen und Monaten zielsicher wieder. Diese Arten haben gegenüber ihren nahe verwandten Arten (Blaumeise, Dohle), die keine solchen Vorräte anlegen, einen deutlich **größeren Hippocampus**, der auch eine **höhere Neuronenzahl** aufweist. Im Experiment mit drei von Hand aufgezogenen Meisenarten (Kohl-, Berg- und Sumpf-

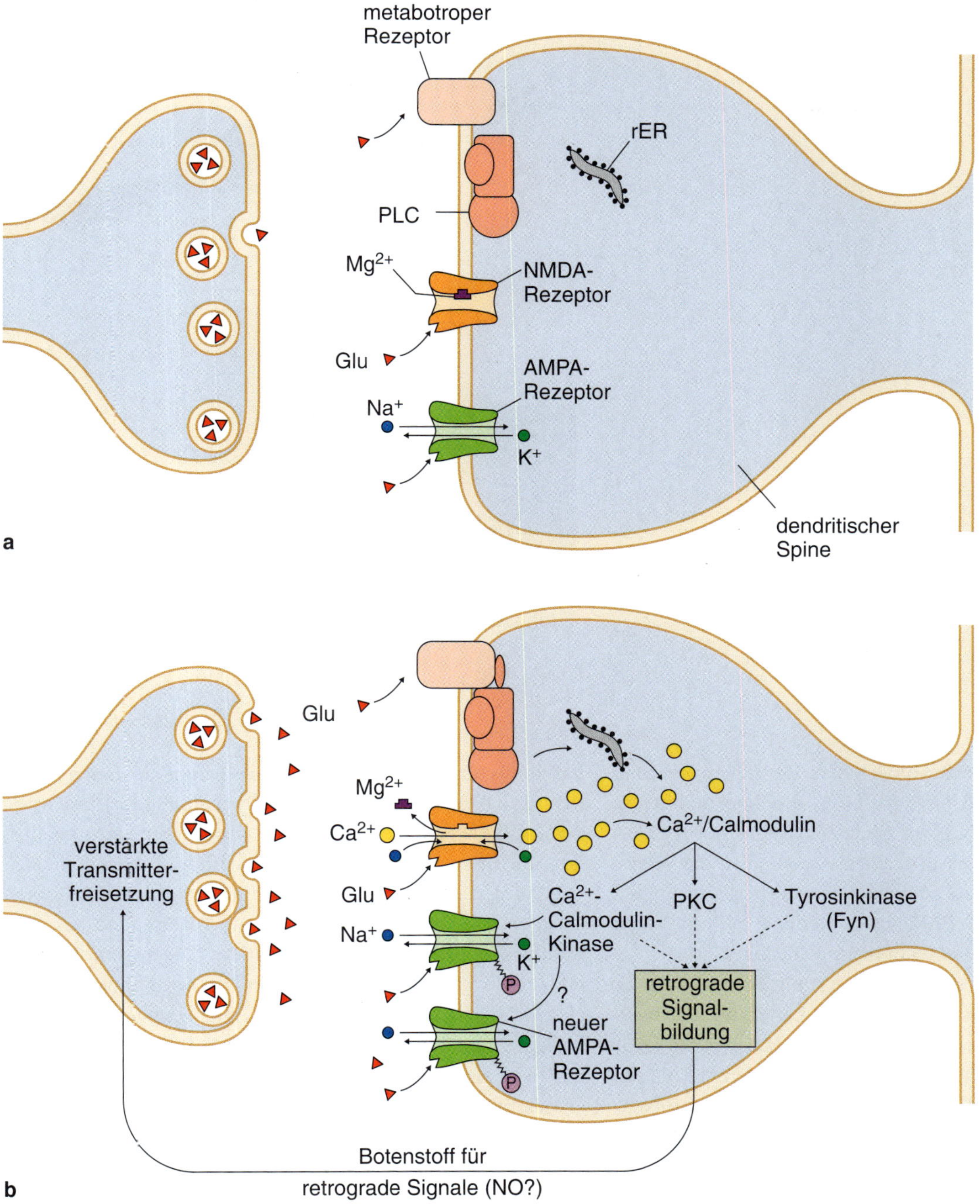

Abb. 13.86 Zellulärer Mechanismus der Langzeitpotenzierung in der CA1-Region des Hippocampus. **a** Normale niederfrequente synaptische Übertragung. NMDA-Rezeptoren sind durch Mg^{2+} blockiert. **b** Durch hochfrequente tetanische Stimulation der Schaffer-Kollateralen wird die postsynaptische Membran depolarisiert und damit der Mg^{2+}-Block der NMDA-Rezeptoren aufgehoben. Der Ca^{2+}-Einstrom durch die NMDA-Kanäle aktiviert verschiedene Proteinkinasen. Die Ca^{2+}-Calmodulin-abhängige Kinase phosphoryliert AMPA-Rezeptoren und erhöht damit ihre Sensitivität für Glutamat. Darüber hinaus werden neue AMPA-Rezeptoren in die postsynaptische Membran eingebaut. Schließlich wird von der postsynaptischen Zelle ein retrograder Botenstoff (Stickoxid, NO?) freigesetzt, der in der präsynaptischen Endigung zur verstärkten Transmitterfreisetzung führt. Glu = Glutamat; PKC = Proteinkinase C; PLC = Phospholipase C. (Nach Kandel ER, Schwartz JH, Jessell TM (2000) Principles of Neural Science. McGraw Hill, New York, Abb. 63–10, S. 1261.)

meise) ließ sich zeigen, dass bei denjenigen Tieren, die Gelegenheit bekamen, Sonnenblumenkerne zu verstecken, nach 35 Tagen ein größeres Hippocampusvolumen mit einer höheren Neuronenzahl auftrat als bei ihren Artgenossen, die nichts verstecken konnten, weil sie nur mit Mehl aus Sonnenblumenkernen gefüttert worden waren.

Der Häher (*Aphelocoma coerulescens*) verfügt nicht nur über ein Orts-, sondern über ein ausgeprägtes **episodisches Gedächtnis**. Er kann sich nicht nur daran erinnern, wo er die Futterhappen, sondern auch wann er sie versteckt hat und was es war. Die Tiere verstecken nicht nur Erdnüsse, sondern auch leicht verderbliche Raupen, die sie als Nahrung bevorzugen.

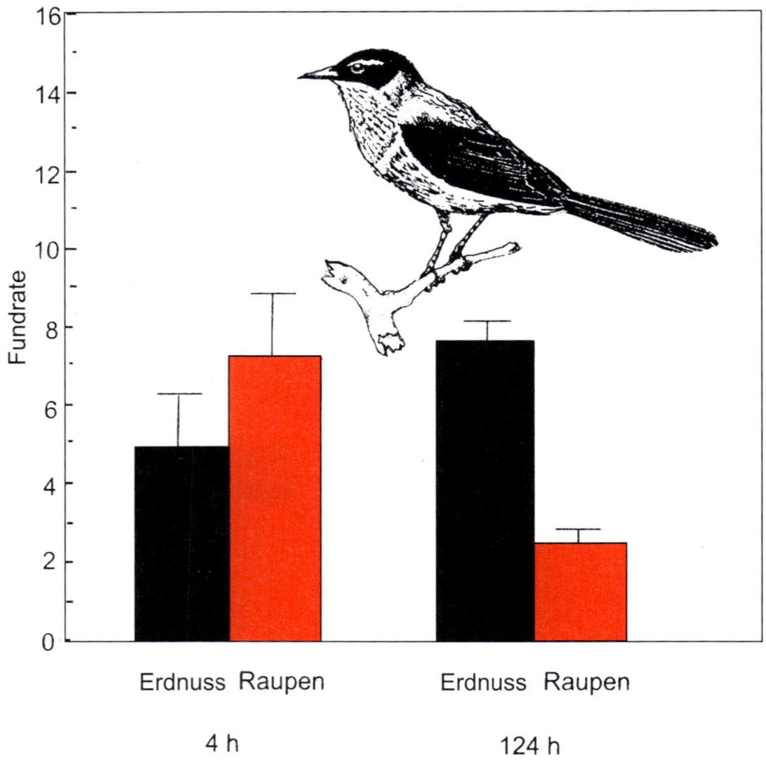

Abb. 13.87 Episodisches Gedächtnis beim Häher (*Aphelocoma coerulescens*). Tiere, die sowohl Erdnüsse als auch Raupen versteckt hatten, suchten nach 4 h zuerst nach den begehrteren, aber nicht lange haltbaren Raupen. Nach einer Pause von 124 h suchten die Vögel dagegen zuerst die Erdnüsse. Sie erinnerten sich offenbar daran, wann sie das Futter versteckt hatten, und gingen davon aus, dass die Raupen inzwischen verdorben sein würden. (Nach Clayton NS, Dickinson A (1999) Episodic-like memory during cache recovery by scrub jays. Nature 395, 272–274.)

Im Versuch durften sie sich 4 h nach dem Verstecken Nahrung holen, wobei sie deutlich öfter (zu 80 %) die Raupenverstecke aufsuchten (Abb. 13.87). Nach einer Zeitspanne von fünf Tagen war das anders: Die Tiere suchten vornehmlich die Verstecke auf, in denen sie Erdnüsse vermuteten. Sie berücksichtigten offenbar, dass die begehrten Raupen innerhalb von fünf Tagen verdorben sein müssen und nicht mehr genießbar sind.

Bei **Insekten** erwies sich der **Pilzkörper** (Abb. 13.43) für die Herausbildung eines **olfaktorischen Langzeitgedächtnisses** als unbedingt notwendig. Diese paarige Gehirnstruktur ist bei sozial lebenden Insekten (Bienen, Ameisen, Termiten), aber auch bei solitären Bienen (reichhaltiges Verhaltensinventar!) besonders stark entwickelt. Taufliegen, denen nach dem Schlüpfen gemeinsam mit anderen Fliegen die verschiedensten olfaktorischen und visuellen Reize geboten wurden, entwickelten eine größere Zahl von Neuronen im Pilzkörper als solche Tiere, die einzeln und reizarm aufwuchsen. Blockiert man bei Bienen in den ersten Minuten nach einer olfaktorischen Konditionierung für kurze Zeit durch Kühlung die normale Aktivität des Pilzkörpers, so wird kein Langzeitgedächtnis mehr ausgebildet. Bei *Drosophila*-Mutanten mit degeneriertem Pilzkörper ist sowohl das olfaktorische als auch das gustatorische Lernen stark geschädigt.

13.9 Biorhythmik

Auch am Wochenende wachen die »Lerchen« auch ohne Wecker früh am Morgen auf, während die »Eulen« endlich richtig ausschlafen können. Eine **innere Uhr** reguliert den zeitlichen Rhythmus unserer Aktivität und weckt uns an freien Tagen zuverlässig zur gleichen Zeit. Geophysikalische Rhythmen wie der Licht-Dunkel-Wechsel auf der Erde haben dazu geführt, dass die meisten biologischen Prozesse in wahrscheinlich allen Organismen auf der Erde in bestimmten zeitlichen **Rhythmen** ablaufen. Das heißt, die biologischen Prozesse sind auf allen Komplexitätsstufen – von der Biozönose (Lebensgemeinschaft) bis zur Zelle – **zeitlich strukturiert**. Sie wiederholen sich in gleichmäßiger, geordneter Abfolge mit Periodenlängen von Millisekunden bis zu mehreren Jahren und treten zum Beispiel nur zu bestimmten Tages- oder Jahreszeiten auf.

Der am besten untersuchte biologische Rhythmus ist der tägliche, der **diurnale Rhythmus** (Abb. 13.88) mit einer Periodenlänge (τ) von ca. 24 h, der im Einklang mit dem regelmäßigen Wechsel von Tag und Nacht den Aktivitätsbeginn steuert und auch andere physiologische Parameter reguliert, wie die Körpertemperatur und Hormonkonzentrationen im Blut. Viele dieser unterschiedlichen biologischen Rhythmen laufen auch unter konstanten Umweltbedingungen ab (Abb. 13.88). Sie sind **autonom** und **endogen** und werden von einer Vielzahl endogener **Oszillatoren** aufgebaut, die auf zellulären und/oder molekularen Rückkopplungsschleifen (*feed backs*) basieren, die Dämpfungen der Oszillationen durch interne Energiequellen ausgleichen. Einige dieser Oszillatoren in einem Organismus sind an bestimmte externe Rhythmen (**Zeitgeber**) gekoppelt, ebenso wie sie untereinander mehr oder weniger stark gekoppelt sind. Sie erzeugen auf diese Weise eine einheitliche Zeitstruktur mit gleicher Periodenlänge, aber unterschiedlichen, konstanten **Phasenlagen** zueinander und gewährleisten einen rhythmischen Einklang von Innen- und Außenwelt.

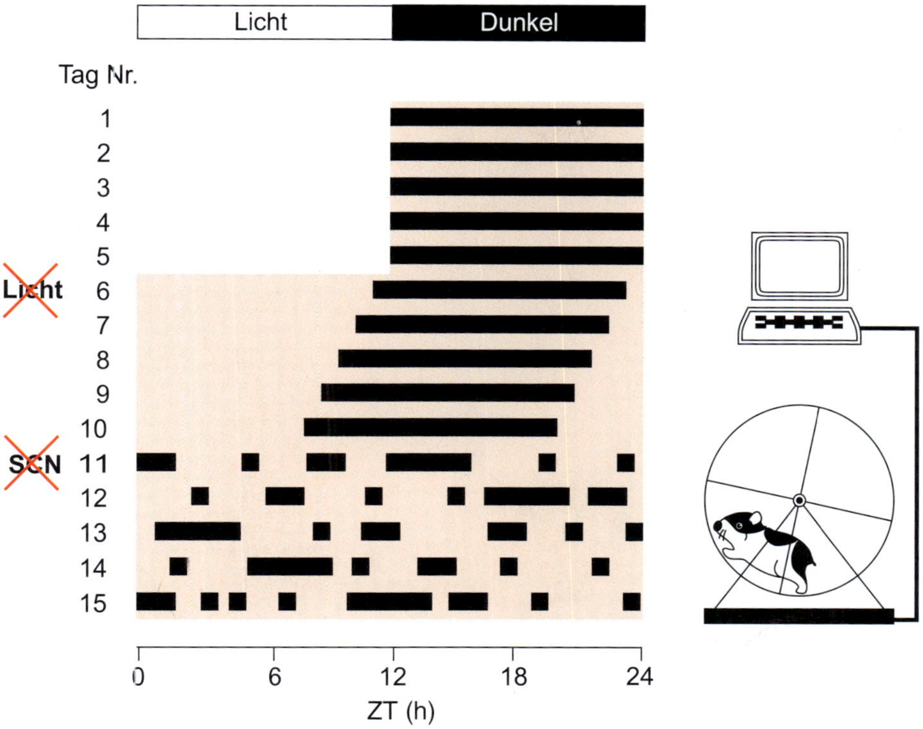

Abb. 13.88 Schematische Darstellung der circadianen lokomotorischen Aktivität eines nachtaktiven Hamsters im Laufrad. Die x-Achse zeigt die Zeitgeberzeit von 0–24 h eines Tages, die y-Achse gibt die Anzahl aufeinander folgender Tage an. Die schwarzen Balken symbolisieren die über einen Computer aufgezeichnete Laufradaktivität, die in den ersten fünf Tagen im 24-stündigen Licht-Dunkel-Wechsel nur auf die Nacht beschränkt ist. Beim Übergang ins Dauerdunkel (Tag 6–15) zeigt sich ein endogener, freilaufender Lokomotionsrhythmus mit einer Periodenlänge, die etwas kürzer als 24 h ist. Nach dem zehnten Tag wurde der suprachiasmatische Nucleus des Hamsters zerstört, und das Tier wird arrhythmisch. SCN = suprachiasmatischer Nucleus; ZT = Zeitgeberzeit. (Freundlicherweise zur Verfügung gestellt von Dr. T. Reischig, Göttingen.)

13.9.1 Die verschiedenen Biorhythmen

Geophysikalische Rhythmen wie der Tag-Nacht-Wechsel und rhythmische Schwankungen in der Tageslänge (**Photoperiode**) oder der Temperatur haben als **exogene Zeitgeber** zur Entwicklung von biologischen Rhythmen auf der Erde geführt. Der Tag-Nacht-Rhythmus der Intensität des Sonnenlichts ($\tau = 24$ h) entsteht durch die Drehung der Erde um ihre Achse. Der alle 29,53 Tage (synodischer Monat: der Mond ist wieder in gleicher Stellung bzgl. der Sonne) sich ändernde Rhythmus der Mondlichtintensität (0,01–0,2 lx) ist ebenso ein exogener Zeitgeber, wie der sich rhythmisch ändernde Einfluss der Gravitationskraft des Mondes (27,32 Tage, siderischer Monat, gleiche Stellung bzgl. der Sterne). Das Wechselspiel der Gravitationskräfte von Erde, Mond und Sonne steuert alle 12 h und 25 min Ebbe und Flut und den 14,77-tägigen Wechsel zwischen Spring- und Nipptiden. Die Umdrehung der Erde um die Sonne und die Neigung der Erdachse (23° Inklination zur Ekliptik) führen an unterschiedlichen Breitengraden auf der Erde zu unterschiedlichen, zyklischen Temperaturrhythmen.

Allgemein unterscheidet man die verschiedenen Biorhythmen danach, ob sie exogen oder endogen sind. **Exogene Rhythmen** werden durch äußere, meistens unregelmäßig auftretende rhythmische Schwankungen exogener **Zeitgeber** gesteuert und aufrechterhalten. Im Gegensatz zu den endogenen Rhythmen (s. u.) verlieren sie unter konstanten Umweltbedingungen ihren Rhythmus. Bei verschiedenen komplexen Verhaltensrhythmen von Tieren, zum Beispiel der Futtersuche bei unregelmäßig-zyklischem Nahrungsangebot, ist anzunehmen, dass es sich um exogene Rhythmen handelt. Dieselben exogenen Zeitgeber, wie der Tag-Nacht-Rhythmus, können der Steuerung exogener und der Synchronisation endogener Rhythmen dienen.

Beispiel einer Synchronisation endogener Rhythmen ist die sogenannte **Vogeluhr**. Jede Singvogelart besitzt in unseren Breiten ihre für sie charakteristische Weckhelligkeit, bei der sie mit ihrem Gesang beginnt. Die verschiedenen Arten setzen deshalb allmorgendlich in derselben Reihenfolge mit dem Gesang ein. Da die Sonne vor der Sonnenwende täglich um vier Minuten früher aufgeht, beginnt auch der Gesang jeweils um dieselbe Zeitspanne früher (Abb. 13.89). Der Jäger kennt die alte Regel: »Der Waidmann soll zur Frühpirsch aufbrechen, wenn der Lerchenschlag beginnt, und an Ort und Stelle sein, wenn der Kuckucksruf ertönt.« Die Synchronisation dieses Rhythmus durch Licht wird deutlich, wenn Bewölkung oder Nebel die Helligkeit mindern. Dann verzögert sich auch der Beginn des Gesangs. Dass es sich dabei um die **Synchronisation eines endogenen Rhythmus** und nicht um eine Steuerung exogener Rhythmen handelt, merkt man, wenn man die Vögel unter konstanten Lichtverhältnissen hält: Auch im Dauerdunkel singen die Vögel circadian rhythmisch.

Endogene Rhythmen treten auch unter konstanten Umweltbedingungen auf und werden von ungedämpften, endogenen, autonomen **Oszillatoren** im Organismus selbst erzeugt. Einige der endogenen Rhythmen können durch exogene **Zeitgeber** synchronisiert und in ihrer Periodenlänge verändert werden, andere laufen unbeeinflusst durch externe Zeitgeber ab und dienen der physiologischen Homöostase im Organismus (▶ Einführung zu Abschnitt III). Der am besten untersuchte endogene Rhythmus mit Ankopplung an externe Zeitgeber ist der **circadiane Rhythmus** (▶ Abschn. 13.9.3). An seinem Beispiel

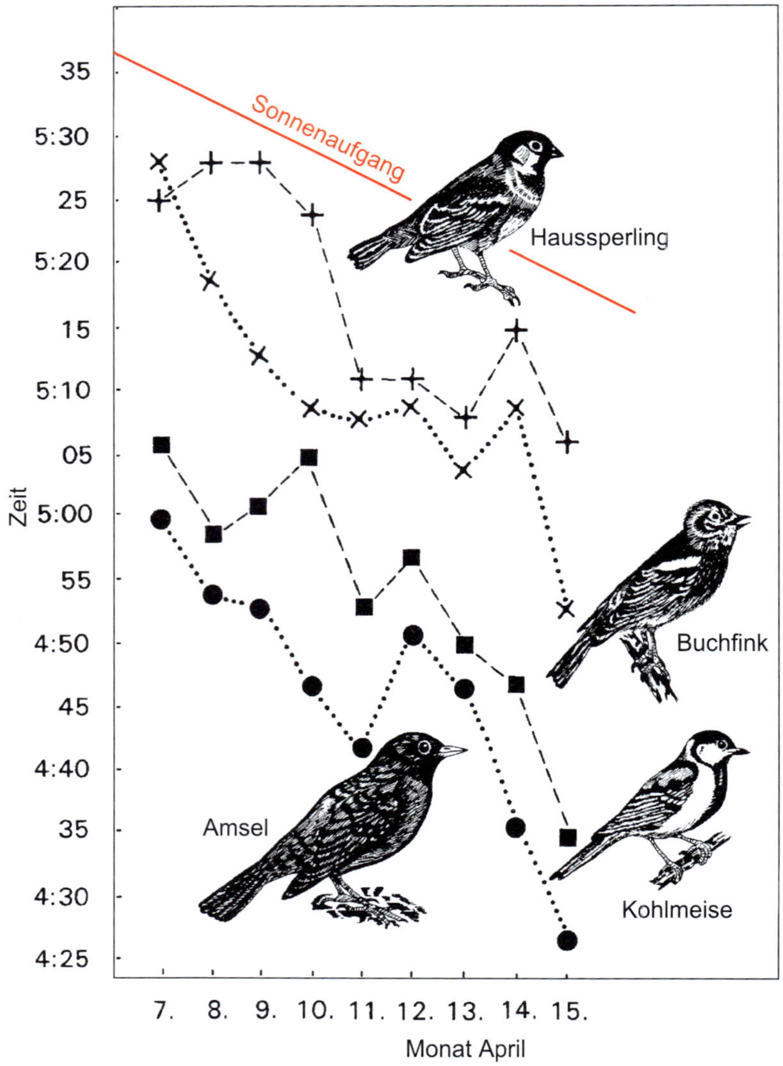

Abb. 13.89 Synchronisation eines endogenen Rhythmus durch Licht am Beispiel der Vogeluhr. Nähere Erläuterungen im Text. (Aus Hesse R, Doflein F (1943) Tierbau und Tierleben, Bd. 2, Fischer, Jena, verändert.)

sollen die besonderen Eigenschaften endogener Rhythmen genauer erläutert werden.

Ultradiane Rhythmen laufen mit einer Periodenlänge von $\tau < 24$ h ab (Tab. 13.14). Sie sind in der Regel nicht temperaturkompensiert, das heißt, sie laufen bei höheren Temperaturen schneller und bei niedrigeren Temperaturen langsamer ab und sind nicht notwendigerweise an externe Zeitgeber wie den Tag-Nacht-Rhythmus gekoppelt. Ultradiane Rhythmen dienen der Aufrechterhaltung der Homöostase physiologischer Prozesse im Organismus. Zu den ultradianen Rhythmen gehören die **Kurzzeit-** oder **Mikrorhythmen** mit einer Periodenlänge von einigen Millisekunden, Sekunden oder Minuten ebenso wie **mittelwellige Rhythmen** von mehreren Stunden Dauer, die bevorzugt im ganzzahligen Verhältnis zur 24-h-Periode stehen. Mikrorhythmen findet man zum Beispiel in der elektrophysiologischen Aktivität von Neuronen. Sie entstehen offensichtlich durch Rückkopplungsschleifen auf der Ebene von Ionenkanälen, Enzymen und intrazellulären Botenstoffen.

Herzschrittmacherneurone erzeugen in ihren Aktionspotenzialen zum Beispiel ultradiane, endogene Rhythmen und steuern so die rhythmische Pumpaktivität des Vertebratenherzens mit einer endogenen Periodenlänge von etwa 1 s. Gekoppelt an die Pulsfrequenz ist die Atemfrequenz, die beim Menschen eine Periodenlänge von etwa 4 s besitzt. Zu den mittelwelligen Rhythmen gehört der Seitigkeitsrhythmus der

Tab. 13.14 Nach Periodenlänge unterschiedene Rhythmen im Tierreich.

Rhythmus	Periodenlänge τ	Beispiele
ultradiane Rhythmen	< 24 h	Herzschrittmacher, Atemrhythmus
diurnale Rhythmen	= 24 h	Schlaf/Wachen, Schlupfrhythmen
infradiane Rhythmen	> 24 h	Östruszyklus, lunare Rhythmen
annuale Rhythmen	~ 1 Jahr = 365 Tage	Winterschlaf, Vogelzug

Nasenatmung bei Mensch und Tier, der auf einer Umstellung der Durchblutungsasymmetrie der Nasenschleimhäute beruht, ebenso wie Rhythmen im Tonus der glatten Muskulatur im Minutenbereich.

Tidale Rhythmen (Tidenrhythmen) sind an die Gezeiten von Ebbe und Flut gekoppelt. Sie laufen entweder nur bei Flut oder nur bei Ebbe mit einer Periodenlänge von 12,4 h ab. Circatidal werden sie genannt, wenn sie auch unter konstanten Umweltbedingungen erhalten bleiben und mit einer Periodenlänge von etwa 12 h und 25 min ablaufen. Verantwortlich für die Entstehung von Ebbe und Flut sind die unterschiedlichen Gravitationskräfte auf beiden Seiten der Erde, die durch die Überlagerung der Gravitationsfelder von Erde, Mond und Sonne entstehen. Auf der dem Mond zugewandten Erdseite herrscht eine stärkere Anziehung als auf der dem Mond abgewandten. Die Erde dreht sich im 24-h-Takt, der Mond wandert in dieser Zeit etwa 50 min weiter. Daher haben Ebbe und Flut einen Takt von 24 h und 50 min und die Periode für das Auftreten der Flut beträgt – da es zwei Flutberge (und zwei Täler) gibt – dann 12 h und 25 min. Bei Neumond und Vollmond addieren sich die Gravitationskräfte von Mond und Sonne, man spricht von der Springflut, während die Sonne bei zu- und abnehmendem Halbmond im 90°-Winkel zum Mond steht und sich die Gravitationskräfte von Sonne und Mond gegenseitig abschwächen (Nipptide).

Diurnale[354] Rhythmen laufen mit einer Periodenlänge von exakt 24 h ab (Tab. 13.14) und sind an den Tag-Nacht-Rhythmus gekoppelt (Abb. 13.88). **Circadiane[355] Rhythmen** sind endogene Rhythmen und besitzen unter konstanten Umweltbedingungen eine Periodenlänge von etwa 24 h (▶ Kap. 13.9.3). Ein endogener circadianer **Schrittmacher** im suprachiasmatischen Nucleus des Hypothalamus steuert zum Beispiel den Schlaf-Wach-Zyklus und die motorische Aktivität von Säugetieren.

Infradiane Rhythmen wie die lunaren und semilunaren Rhythmen besitzen eine Periodenlänge von mehr als 24 h bis zu einigen Wochen (Tab. 13.14). Fortpflanzungszyklen wie der Ovarialzyklus, der beim Menschen etwa 29 Tage, bei der Ratte etwa 4,5 Tage dauert, können als Beispiele infradianer, endogener Rhythmen angeführt werden.

Beim bekannten **Palolo-Wurm** (*Eunice viridis*) der Südsee (Samoa-, Fidschiinseln) werden drei Rhythmen miteinander kombiniert: ein lunarer, ein tidaler und ein annualer. Der Wurm, das heißt genauer gesagt, nur sein hinterer abgeschnürter »epitoker« Körperteil mit den Geschlechtsorganen, kommt alljährlich an einem einzigen Tag, und zwar jeweils mit dem letzten Viertel der Mondphase des 12. oder 13. Mondmonats, an die Wasseroberfläche. Ob im 12. (nach 353 Tagen) oder 13. Monat (nach 382 Tagen), hängt vom Eintritt der Springflut ab. Die Würmer erscheinen dann an bestimmten Stellen in so großen Mengen, dass sie von den Eingeborenen mühelos korbweise zum Verzehr aus dem Wasser gefischt werden können

Semilunare[356] Rhythmen steuern Prozesse, die zum Beispiel nur bei Halb- oder Vollmond ablaufen, mit einer Periodenlänge von 14,77 h. Sie können synchron mit dem 14,77-tägigen Wechsel zwischen Spring- und Nipptiden verlaufen. Lunarrhythmen sind dagegen mit dem 29,53-tägigen Wechsel der Mondphasen gekoppelt.

Die Fliegen *Povilla adusta* schlüpfen am Victoriasee kurz vor oder kurz nach dem Vollmond, wenn die Dämmerung durch den Vollmond verlängert wird. Dann finden Hochzeitsflug und Kopulation statt. Das mit einem lunaren Zyklus gekoppelte, **synchronisierte Schlüpfen** von Weibchen und Männchen ist notwendig, weil die Adulten, die nur 1,5 h lang leben, sich sonst nicht finden würden. Die adulten Männchen der marinen Zuckmücke *Clunio marinus* schlüpfen gegen Mitte des Jahres alle 12,4 h bei ablaufendem Wasser, wenn kurz vor dem Trockenfallen warmes Oberflächenwasser die Algenmatten der Wattgebiete aufheizt. Die geflügelten Männchen suchen in den bei Ebbe trockengefallenen Algenmatten die flügellosen Weibchen und helfen ihnen aus ihrer Puppenhülle heraus. Nach erfolgter Befruchtung werden die Eier an den freigelegten Rotalgen angeheftet.

Annuale[357] Rhythmen (Tab. 13.14) treten alle 365 Tage auf und sind offensichtlich an den Wechsel in der Taglänge (Photoperiode) und/oder der Nachtlänge gekoppelt, der während der 365-tägigen Umlaufzeit der Erde um die Sonne entsteht. **Circannuale Rhythmen** wie Vogelzug und Winterschlaf treten jährlich zu etwa derselben Zeit auf. Sie besitzen eine endogene Periodenlänge von etwa 365 Tagen. Bei **Zugvögeln** (▶ Abschn. 13.10.4), die alljährlich zu ihren Winterquartieren und ihren Brutstätten migrieren, sind verschiedene circannuale, genetisch determinierte Rhythmen beschrieben worden, wie Wechsel in Federkleid, Körpergewicht, der Futterwahl, im Gonadenwachstum und Migrationsverhalten. Diese Rhythmen können äußerst präzise sein, wie zum Beispiel beim migrierenden Wasserläufer, der in Helsinki zwischen dem 1. und 8. Mai (4,5 ± 2,06 Tage) erscheint. Auch **Insekten** zeigen circannuale Rhythmen. Der Käfer *Anthrenus verbasci* (Dermestidae) verpuppt sich zum Beispiel alljährlich zur etwa selben Zeit bzw. geht zur selben Zeit in Diapause. Dabei scheint der Wechsel vom Langtag zum Kurztag der Zeitgeber zu sein.

13.9.2 Biologischer Nutzen der Inneren Uhr

Biorhythmen sind deshalb so verbreitet, weil endogene **Schrittmacher** die **biologische Fitness** erhöhen und daher im Lauf der Evolution selektioniert wurden. Die Fertilität und die Überlebenschancen von Organismen werden durch eine strikte zeitliche Regelung der physiologischen Prozesse deutlich verbessert. Tiere mit inneren Uhren sparen Energie durch die zeitliche Abstimmung ihrer Körpervorgänge. Sie können die Zeit messen

354 *diurnus* (lat.) = Tages-, zu einem Tag gehörig, täglich
355 *circa* (lat.) = (zeitl.) um, gegen, ungefähr; *dies* (lat.) = der Tag

356 *semi-* (lat.) = halb- (in Zusammensetzungen); *lunaris* (lat.) = zum Mond gehörig, monatlich
357 *annus* (lat.) = Jahr

und so zeitliche Veränderungen der Umwelt vorausberechnen. Sie sind in der Lage, die zeitliche Dauer eines Vorgangs zu bestimmen (Stoppuhr) und sich somit räumlich-zeitlich zu orientieren. Schließlich können sie interne, zyklische physiologische Vorgänge durch äußere Zeitgeber steuern lassen.

Taufliegen (*Drosophila melanogaster*) haben ohne funktionierende circadiane Uhr eine geringere Anzahl von Nachkommen und eine verkürzte Lebensdauer. Insekten, die in den frühen Morgenstunden alle auf einmal schlüpfen, sind geschützter vor austrocknender Hitze und vor Fressfeinden, die in späteren Zeitfenstern aktiv werden. Ein circadianer Rhythmus der Augenempfindlichkeit kann die lichtempfindlichen Strukturen auf die hohe Lichtintensität des Tages vorbereiten und sie so vor Schädigung schützen. Außerdem steuern externe Temperaturrhythmen die Aktivität der Fliegen.

Man kann davon ausgehen, dass regelmäßige geophysikalische Rhythmen zur Entwicklung entsprechender endogener Rhythmen geführt haben, während in ihrem Auftreten variable Rhythmen exogener Faktoren, wie zum Beispiel soziale Faktoren und Vorhersehbarkeit von Nahrung, zur Entwicklung erlernter exogener Rhythmen geführt haben. Verschiedene Tiere (Arthropoden, Wirbeltiere) haben gelernt, unter Nutzung ihrer inneren Uhr, die Sonne als Kompass bei ihrer Orientierung im Raum zu gebrauchen (**Sonnenkompassorientierung**, ▶ Abschn. 13.10.3). **Bienen** können darauf dressiert werden, ihr Futter in einer ganz bestimmten Himmelsrichtung vom Stock aus zu suchen. Sie richten sich sowohl beim Hin- als auch beim Rückflug nach dem Sonnenstand. Dabei erfolgt eine Verrechnung der täglichen Sonnenbewegung am Himmel: Hält man dressierte Bienen für 1,5 h am Futterplatz in Dunkelhaft, so starten sie anschließend nicht – wie man vermuten könnte – in eine um 22,5° falsche Richtung, sondern kalkulieren die veränderte Sonnenstellung exakt ein und fliegen auf dem kürzesten Weg zum Stock zurück. Noch mehr: Bienen, denen man nur nachmittags den Ausflug gestattet und auf eine bestimmte Himmelsrichtung dressiert hatte, fanden auch vormittags die gewünschte Richtung. Sie waren in der Lage, aus der ihnen bekannten Hälfte der Sonnenbahn die andere Hälfte zu rekonstruieren. Diese Raum-Zeit-Verrechnungen sind erlernt, wobei die circadiane Uhr angeboren ist. Zieht man die Nachkommenschaft einer Königin von der Nordhalbkugel auf der Südhalbkugel auf, so extrapolieren die Jungbienen dort die Sonnenbahn orts- und nicht herkunftsgemäß im Gegenuhrzeigersinn.

Die Sonnenkompassorientierung spielt auch eine große (nicht die alleinige) Rolle beim **Vogelzug** (▶ Abschn. 13.10.4), um die Zugrichtung unabhängig von topografischen Merkmalen zu finden und über weite Strecken beizubehalten. Kurz vor oder während des Zuges gefangene und verfrachtete Jungvögel flogen nach der Freilassung parallel zur ursprünglichen Zugrichtung in dieselbe Himmelsrichtung weiter. Dabei kann die innere Uhr bei Vögeln (und bei Nagetieren) auf wenige Minuten pro Tag genau gehen. Zugunruhige **Stare** streben innerhalb von Käfigen im Freiland etwa in die gleiche Himmelsrichtung wie ihre freien Artgenossen, auch bei konstanten magnetischen oder elektrischen Feldern. Bei bedecktem Himmel

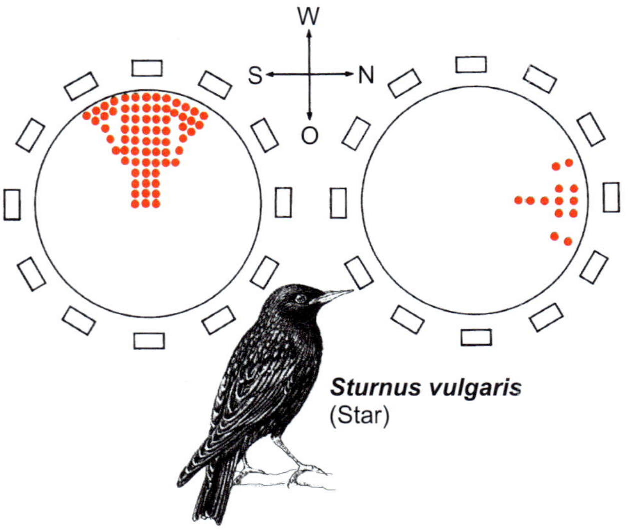

Abb. 13.90 Stare wurden durch Futterdarbietung auf die Himmelsrichtung West (W) dressiert. Anschließend wurde ihnen ein um 6 h gegenüber dem Normaltag verschobener Hell-Dunkel-Wechsel geboten. Nach der Umstimmung (zwölf bis 18 Tage) wählten die Stare erwartungsgemäß eine um 90° von der Dressurrichtung abweichende Flugrichtung (N). Jeder Punkt symbolisiert eine Einzelwahl, jedes Rechteck einen Futterbehälter. (Nach Hoffmann K (1954) Versuch zu der im Richtungsempfinden der Vögel enthaltenen Zeitschätzung. Z Tierpsychol 11, 453–475.)

werden sie desorientiert. Lässt man die Sonnenstrahlen über Spiegel aus anderen Richtungen in den Käfig fallen, ändert sich die Zugrichtung der Stare in vorausberechenbarer Weise.

Die Fähigkeit zur Verrechnung der Sonnenbewegung mithilfe einer inneren Uhr geht auch aus folgenden Versuchsergebnissen hervor: **Stare** lassen sich in einem Rundkäfig durch Futterdarbietung innerhalb weniger Tage auf eine bestimmte Himmelsrichtung dressieren. Es ist klar, dass das Tier die tageszeitliche Wanderung der Sonne verrechnen muss, wenn es zu jeder Tageszeit mithilfe des Sonnenazimuts die andressierte Himmelsrichtung findet. Bot man auf die westliche Himmelsrichtung dressierten Staren einen gegenüber dem natürlichen Tag-Nacht-Wechsel um 6 h verschobenen Hell-Dunkel-Wechsel (Verstellen der inneren Uhr, s. o.), so flogen die Tiere nach einer gewissen Umstimmungszeit von zwölf bis 18 Tagen nicht mehr nach Westen zur Futtersuche, sondern erwartungsgemäß nach Norden (Abb. 13.90). Richtungsdressierten Staren, die man in das Gebiet der Mitternachtssonne brachte, verrechneten selbst nachts die Sonnenbahn im Uhrzeigersinn weiter.

Einige physiologische Vorgänge werden durch die Photoperiode (Lichtdauer pro Tag) gesteuert. Man spricht vom **Photoperiodismus**. Die Vorgänge werden in Abhängigkeit von der Dauer der Licht- bzw. Dunkelperiode innerhalb eines 24-stündigen Licht-Dunkel-Wechsels ausgelöst oder gehemmt. Raupen des Schmetterlings *Acronycta rumicis* aus Populationen des 50. Breitengrades entwickeln sich zum Beispiel bei Langtagen (>18 h) immer weiter; erst wenn die Nacht länger als 6 h wird, treten Verpuppung und Ruheperiode (Diapause) ein. Auch die Entwicklung der Gonaden und der sekundären Geschlechts-

a

NSELINSILGLPKVMNDA-amid	*Uca pugilator*
NSELINSLLSLPKNMNDA-amid	*Drosophila melanogaster*
NSELINSLLGLPKVLNDA-amid	*Periplaneta americana*
NSEIINSLLGLPKVLNDA-amid	*Gryllus bimaculatus*

b

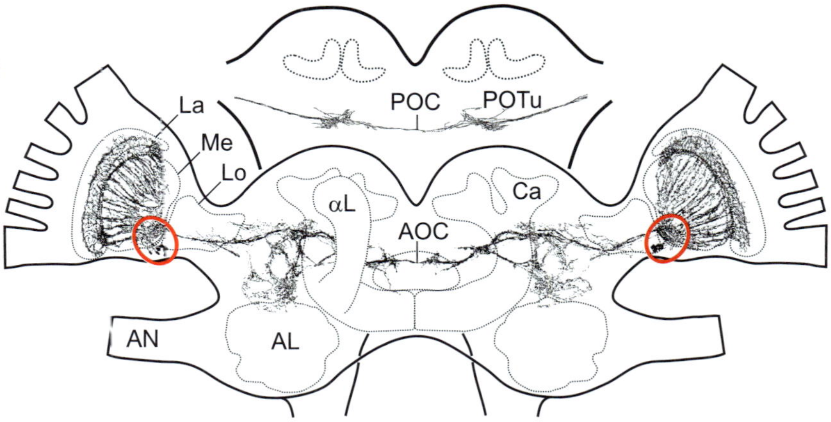

Abb. 13.91 Kandidaten für circadiane Schrittmacher im Gehirn der Schabe *Rhyparobia maderae*. Die Neurone wurden mithilfe von Antikörpern gegen das Neuropeptid PDF identifiziert. Das 18 Aminosäuren lange Peptid PDF wurde in Insekten (wie z. B. der Taufliege *Drosophila melanogaster*, der Schabe *Periplaneta americana* und der Grille *Gryllus bimaculatus*) und Crustaceen (PDH in der Winkerkrabbe *Uca pugilator*) gefunden. Die Somata der PDF-Neurone liegen neben der akzessorischen Medulla (rot umrahmt), dem circadianen Schrittmacherzentrum der Schabe, welches von den PDF-Zellen dicht innerviert wird. Außerdem schicken die PDF-Neurone Verzweigungen über die Medulla in die Lamina und über die anteriore und posteriore optische Kommissur ins Zentralgehirn, wo sie in weiten Bereichen verzweigen. AOC, POC = anteriore bzw. posteriore optische Kommissur; vL = vertikaler Lobus des Pilzkörpers; AL = Antennallobus; AN = Antennalnerv; Ca = Calyx des Pilzkörpers; POTu = posteriorer optischer Tuberkel; La = Lamina; Lo = Lobula; Me = Medulla; PDF = *pigment-dispersing factor*. (Freundlicherweise zur Verfügung gestellt von Dr. T. Reischig, Marburg, verändert von Dr. A. Werckenthin, Kassel.)

merkmale wird bei vielen Vögeln und anderen Wirbeltieren durch die Photoperiode gesteuert. Durch **Messung der Nachtlänge** (und nicht etwa der Lichtintensität, der Lichtmenge oder gar der mittleren Temperatur) wird das zuverlässigste Kriterium zur Bestimmung der jeweiligen Jahreszeit vom Tier genutzt, denn eine bestimmte Nachtlänge tritt nur zweimal im Jahr auf, einmal in der ersten und einmal in der zweiten Jahreshälfte.

13.9.3 Circadiane Uhren

Circadiane Rhythmen sind die am intensivsten erforschten Biorhythmen. Die Funktionsweise eines **zellulären Oszillators** ist am Beispiel des circadianen Schrittmachers besonders detailliert untersucht. Im Folgenden werden Lokalisation, Eigenschaften und molekularer Aufbau circadianer Oszillatoren von Insekten und Vertebraten genauer betrachtet.

Im Jahr 1968 gelang es Nishiitsutsuji-Uwo und Pittendrigh durch Läsionsexperimente erstmals, eine endogene **circadiane Uhr** in einem Tier zu lokalisieren. Im Gehirn der **Schabe** *Rhyparobia (Leucophaea) maderae* wurde im optischen Lobus ein Bereich entdeckt, ventral zwischen Medulla und Lobula, der die circadiane Laufaktivität der Schaben steuert. Durch weiterführende Untersuchungen konnte die Schrittmacherregion auf die akzessorische Medulla mit assoziierten PDH[358]-immunreaktiven Neuronen (PDH für *pigment-dispersing hormone*) am ventralen Rand der **Medulla** (Abb. 13.91) eingeengt werden.

In den 1970er-Jahren konnte auch an einem **Säugetier** die circadiane Uhr lokalisiert werden, die Lokomotionsrhythmen steuert. Sie liegt im **suprachiasmatischen Nucleus** (SCN) des Hypothalamus (Abb. 13.92). Dieses Kerngebiet liegt direkt über dem optischen Chiasma, der Überkreuzung der Sehnerven an der Schädelbasis. Der SCN besteht aus einem Netzwerk vieler circadianer Schrittmacherneurone und steht in enger funktioneller Beziehung zur Epiphyse (Pinealorgan, Zirbeldrüse, ▶ Abschn. 14.3.1), welche das Hormon **Melatonin** (»Hormon der Nacht«) rhythmisch produziert. Der SCN ist jedoch nicht die einzige circadiane Uhr im Säuger. Es wurden circadiane Schrittmacher in vielen Zellen des Körpers gefunden, wie in der Leber, eng verknüpft mit verschiedenen Stoffwechselprozessen.

Bei einigen **Vögeln** (z. B. Amseln) steuert vor allem der suprachiasmatische Nucleus die Aktivitätsrhythmik, während bei anderen (z. B. Haussperling, *Passer domesticus*) die Epiphyse durch circadiane Freisetzung von Melatonin (▶ Abschn. 14.3.1)

358 *pigment-dispersing hormone* in Crustaceen = *pigment-dispersing factor* in Insekten

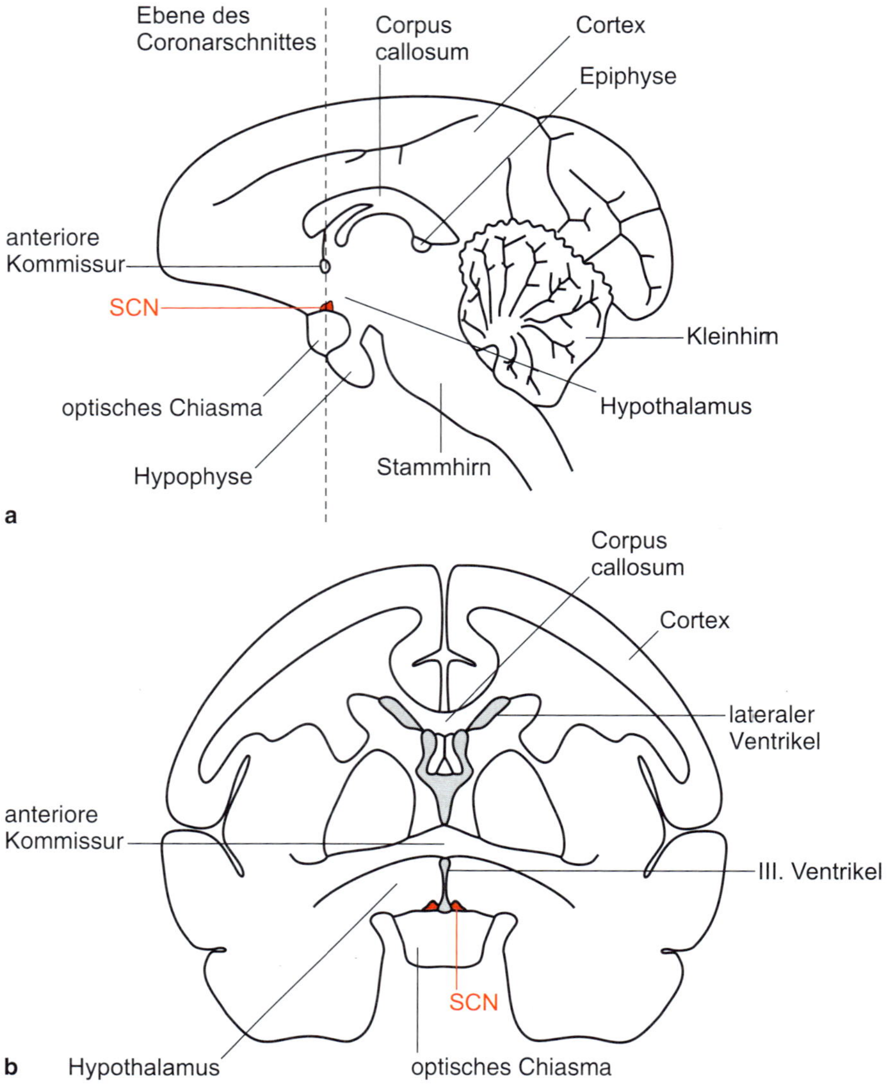

Abb. 13.92 Der suprachiasmatische Nucleus ist der Sitz des circadianen Schrittmacherzentrums der Säugetiere, welches Schlafen und Wachen, Lokomotions- und Fressrhythmen, Körpertemperatur und zyklische Hormonausschüttungen steuert. Er liegt im Hypothalamus, neben dem dritten Ventrikel. Die gestrichelte Linie zeigt an, in welcher Ebene des sagittalen Schnittes (**a**) der Coronarschnitt durch das Großhirn (**b**) erfolgte. SCN = suprachiasmatischer Nucleus. (Nach Moore-Ede MC, Sulzman FM, Fuller CA (1982) The clocks that time us. Harvard University Press, Cambridge, MA, Abb. 4.3, S. 156, verändert.)

13

circadiane Aktivitätsrhythmen lenkt. Bei **Reptilien** produziert nicht nur die Epiphyse, sondern auch das Parietalorgan einen circadianen Rhythmus in der Melatoninfreisetzung, der bei beiden Organen auch *in vitro* durch Licht-Dunkel-Rhythmen synchronisiert werden kann. Bei **Mollusken** wie den Meeresschnecken *Aplysia californica* oder *Bulla gouldiana* wird das circadiane Schrittmacherzentrum von Zellen in den Augen, den basalen retinalen Neuronen, gebildet, die circadiane Rhythmen in der Frequenz von Summenaktionspotenzialen erzeugen.

Eigenschaften von Oszillatorsystemen

Die charakteristischen Eigenschaften circadianer Uhren, die man bereits bei Prokaryoten und Einzellern findet, sind folgende (Abb. 13.93):

- Sie sind **selbsterregte Oszillatoren**, die unter konstanten Umweltbedingungen eine endogene Periode von etwa 24 h erzeugen (Freilauf, *free run*).
- Sie können von exogenen, rhythmischen Zeitgebern durch zeitabhängige Phasenverschiebungen **synchronisiert** werden (Ankopplung, *entrainment*).
- Ihre Periodenlänge kann durch verschiedene, länger wirkende Faktoren und Reize (z. B. Lichtintensität, -frequenz und -dauer, elektromagnetische Felder, Arbeit, psychologische Faktoren, soziale Kontakte) beeinflusst werden.
- Sie sind temperaturkompensiert, laufen also bei unterschiedlichen physiologischen Temperaturen mit der gleichen Periodenlänge ab. Wie diese **Temperaturkompensation** zustande kommt, ist im Detail noch nicht verstanden. Man vermutet, dass die Temperaturerhöhung sowohl hemmende als auch erregende Rückkopplungsschleifen im Oszillator gleichermaßen beeinflusst, sodass sich beide entgegengesetzte Änderungen gegenseitig aufheben.
- Sie sind **genetisch programmiert**. Ihre Periodenlänge und ihre Phasenlage im Verhältnis zur Phase eines Zeitgebers können genetisch determiniert sein.
- In der Regel besitzt ein Organismus mehrere circadiane Uhren, die sich untereinander durch schwache Wechselwirkungen synchronisieren und so eine **gemeinsame Periodenlänge** erzeugen.

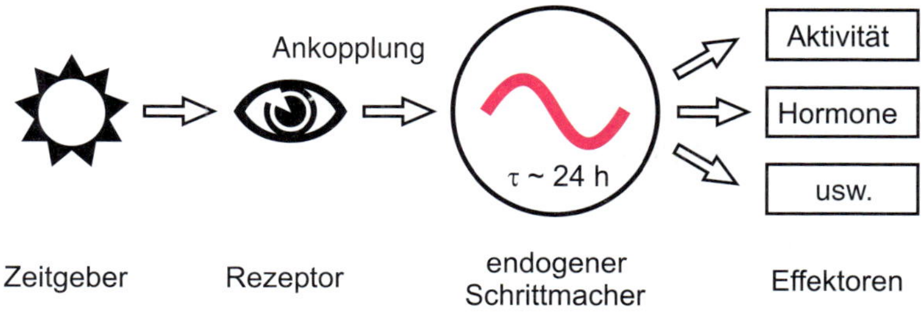

Abb. 13.93 Das circadiane System besteht aus einem circadianen Schrittmacher, der eine endogene Periodenlänge (τ) von etwa 24 h generiert. Der Schrittmacher wird synchronisiert (*entrainment*) durch einen externen rhythmischen Zeitgeber, zum Beispiel durch das rhythmisch zu- und abnehmende Sonnenlicht, das durch spezialisierte Rezeptoren im Auge detektiert wird. Der Schrittmacher steuert den zeitlichen Verlauf verschiedener physiologischer Prozesse (Effektoren) im Organismus durch Ausgänge, die bei gleicher Periodenlänge in unterschiedlicher Phasenlage zueinander stehen können.

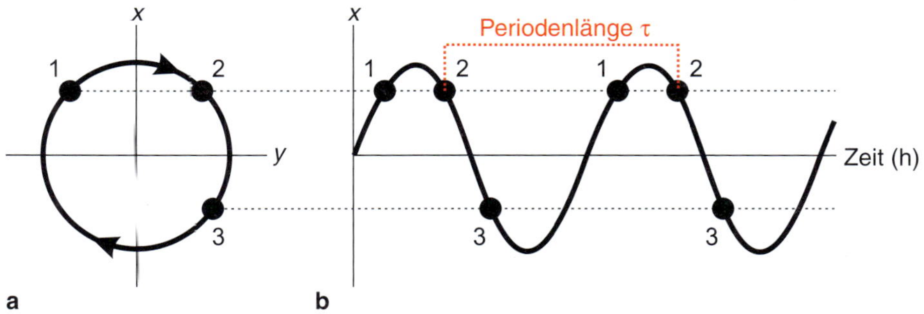

Abb. 13.94 **a** Eine periodische Oszillation ist durch eine geschlossene Kurve im Phasenraum des Systems dargestellt. Dieser Grenzzyklus stellt einen Attraktor dar: Bei Störungen der Oszillation kehrt der Phasenpunkt (*x,y*) wieder zum Grenzzyklus zurück. Die Variablen *x* und *y* beschreiben den Zustand des Systems. Der Punkt mit den Koordinaten (*x,y*) ist der Phasenpunkt oder die Phase (Phasenlage). **b** Die Oszillation wiederholt sich mit der Periodenlänge τ im Zeitplot *x*(t). (Nach Pikovsky A, Rosenblum M, Kurths J (2001) Synchronization: A universal concept in nonlinear sciences. Cambridge University Press, Cambridge, UK, verändert.)

- Circadiane Schrittmacherzentren steuern durch Ausgänge mit unterschiedlicher Phasenlage zu unterschiedlichen Tageszeiten verschiedene physiologische Prozesse im Organismus.

Unter konstanten Umweltbedingungen zeigt sich im Freilauf die **endogene Periodenlänge** (τ) eines circadianen Schrittmachers, die entweder etwas länger oder etwas kürzer als 24 h ist (Abb. 13.88). Sie wird vom Beginn der Aktivität des ersten Tages bis zum Beginn der Aktivität des darauffolgenden Tages gemessen. Der endogene Rhythmus wird dabei von einem **Oszillatorsystem** bestimmt, das durch interne Rückkopplungsschleifen (*feedback loops*) eine Oszillation aufbaut und durch eine interne Energiequelle Dämpfungen ausgleicht. Ein endogener, sich selbst erhaltender, ungedämpfter Oszillator kann im einfachsten Fall durch zwei Variablen (*x,y*) beschrieben werden, so beispielsweise die Schwingungen eines Pendels durch den Auslenkungswinkel im Bezug auf die Vertikale (*x*) und die Winkelgeschwindigkeit (*y*) des Pendels. Nur *x* oder nur *y* allein könnten die Schwingungszustände des Pendels nicht eindeutig beschreiben. Die Variablen (*x,y*) nennt man die **Koordinaten** im Phasenraum (*phase space* = *state space*). Der Punkt mit den Koordinaten *x* und *y* ist der Phasenpunkt (*phase point*) und die Auftragung von *y*(t) gegen *x*(t) nennt man das **Phasenportrait** des Systems (Abb. 13.94). Da Oszillationen periodisch verlaufen, wiederholen sie sich mit der Periode von τ:

$$x(t) = x(t + \tau),$$

wobei *x*(t) eine geschlossene Kurve bildet, den **Grenzzyklus** (*limit cycle*) im Phasenraum.

Wenn man von zwei nicht miteinander gekoppelten, im Gleichtakt mit gleicher Phasenlage ungedämpft schwingenden Pendeln eines anstößt, es sozusagen aus dem Grenzzyklus (*limit cycle*) herausstößt, kehrt es nach einigen Übergangsschwingungen unterschiedlicher Amplitude und Periodenlänge wieder zum Grenzzyklus zurück. Der Grenzzyklus ist also ein **Attraktor**. Das ungedämpfte Pendel schwingt nun wieder mit der ursprünglichen Amplitude und derselben Periodenlänge wie vorher, aber es hat im Vergleich zu dem nicht angestoßenen Pendel eine andere Phasenlage, die es nun beibehält. Für jeden endogenen Rhythmus gilt, dass die Amplitude der Oszillation stabil, die Phase dagegen variabel ist. Es wird (wie beim obigen Pendelbeispiel) nach jeder Störung die ursprüngliche Amplitude der Oszillation wieder hergestellt, während Phasenverschiebungen beibehalten werden. Deshalb können endogene Oszillationen durch externe Störungen synchronisiert

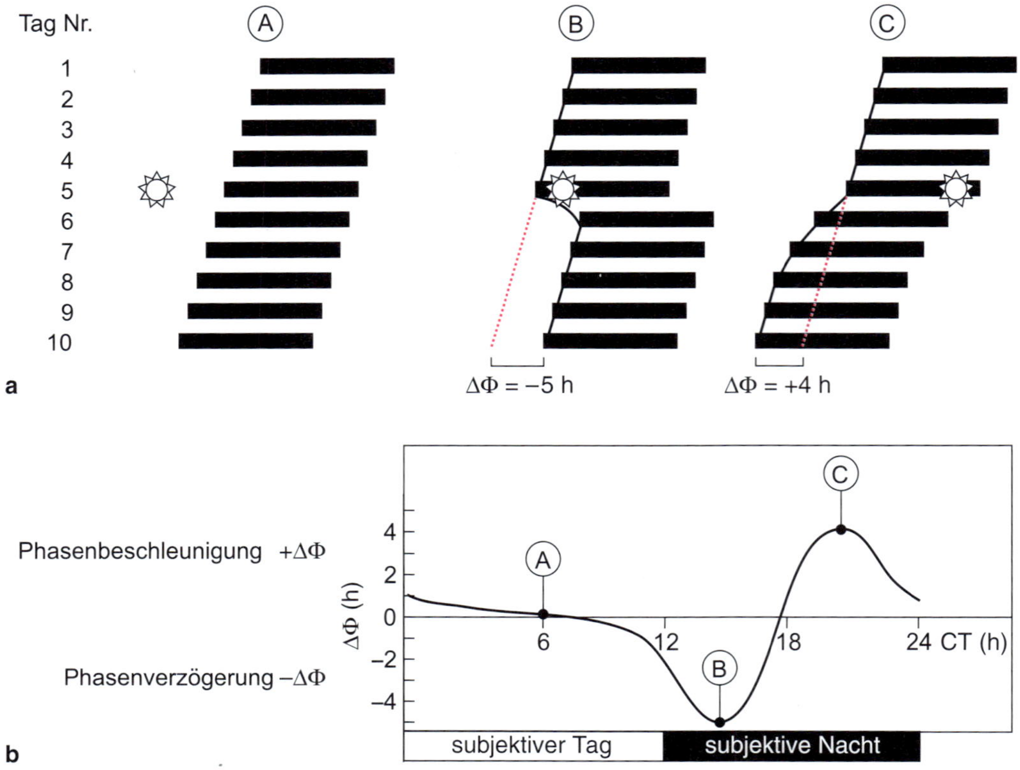

Abb. 13.95 Phasenantwortkurven. Die Kurven beschreiben Größe und Art der reizabhängigen Phasenverschiebung einer periodischen Oszillation im Lauf eines circadianen Tages. **a** Die Aktogramme A–C symbolisieren die freilaufende Aktivität einer Ratte im Laufrad unter konstanten Umweltbedingungen an aufeinanderfolgenden Tagen vor (Tag 1–4), während (Tag 5) und nach (Tag 6–10) eines Lichtreizes (Sonne). **b** Die x-Achse der Phasenantwortkurve zeigt die circadiane Zeit (CT im Dauerdunkel) an, wobei sich von CT1–CT12 der subjektive Tag und von CT12–CT24 die subjektive Nacht erstreckt. In den Aktivitätshistogrammen wird der Beginn der Aktivität der nachtaktiven Ratte als CT12 definiert. Licht während des subjektiven Tages (A) beeinflusst den circadianen Aktivitätsrhythmus nicht, während Licht zum Beginn der subjektiven Nacht (B) zu Phasenverzögerungen (–ΔΦ) und in der späten subjektiven Nacht zu Phasenbeschleunigungen (+ΔΦ) führt (C). Die daraus resultierende lichtabhängige Phasenantwortkurve ist charakteristisch für Säugetiere, ebenso wie für Insekten und Mollusken. x-Achse: circadiane Zeit in circadianen Stunden (1 h = τ/24) gemessen, y-Achse: Phasenverschiebungen in circadianen Stunden. CT = circadiane Zeit; ΔΦ = Phasenverschiebungen; h = circadiane Stunden; PRC = Phasenantwortkurve. (Nach Moore-Ede MC, Sulzman FM, Fuller CA (1982) The clocks that time us. Harvard University Press, Cambridge, MA, Abb. 2.23, S. 86, verändert.

werden. Die Phasenverschiebung, die durch eine externe Kraft erreicht wird, kann zu unterschiedlichen Tageszeiten völlig verschieden sein.

Ein Pendel, das durch eine bestimmte Kraft angestoßen wird, erfährt eine Phasenverzögerung, wenn seine Schwingungsrichtung und die Richtung des Kraftpulses einander entgegengesetzt sind, und es erfährt eine Phasenbeschleunigung, wenn Kraftpuls und Schwingungsrichtung gleich ausgerichtet sind.

Abhängig davon, welchen Parameter eines Oszillators die externe »Störung« betrifft, ergeben sich charakteristische **Phasenantwortkurven** (*phase-response curves*, PRCs) (Abb. 13.95), von denen man zwei Grundtypen unterscheiden kann: die mono- und die biphasischen. Die **monophasischen** Phasenantwortkurven zeichnen sich dadurch aus, dass sie nur Beschleunigungen (*all advance*) oder nur Verzögerungen (*all delay*) aufweisen. Die **biphasischen** Phasenantwortkurven sind dagegen dadurch charakterisiert, dass sie sowohl Beschleunigungen als auch Verzögerungen aufweisen. Man unterscheidet dabei die **Lichtkurven**, die in der frühen Nacht Verzögerungen und in der späten Beschleunigungen zeigen, von den **Dunkelkurven**, die (spiegelbildlich zur Lichtkurve) in der frühen Nacht Beschleunigungen und in der späten Verzögerungen zeigen.

Wenn Lichtpulse in der frühen Nacht einen Hamster oder eine Schabe beleuchten, verzögern sich die circadiane Uhr und damit der von ihr gesteuerte Beginn der lokomotorischen Aktivität der Tiere. Lichtpulse während der späten Nacht hingegen führen zu einer Phasenbeschleunigung der circadianen Uhr, also zu einem früheren Beginn der Laufaktivität. So ergeben sich die charakteristischen biphasischen Phasenantwortkurven (Lichtkurven). Interessanterweise sind alle lichtabhängigen Phasenantwortkurven von allen bisher untersuchten Tieren (verschiedene Mollusken, Arthropoden und Wirbeltiere) einander verblüffend ähnlich. Das spricht für einen grundsätzlich ähnlich aufgebauten endogenen circadianen Oszillator in diesen Tiergruppen, bei dem der Lichteingang dieselben Bausteine, dieselben kinetischen Parameter, des Uhrwerks beeinflusst.

Finden die lichtabhängigen Phasenverschiebungen nicht nur einmalig, sondern kontinuierlich im 24-h-Rhythmus statt, so verändert sich die Periodenlänge des endogenen Oszillators,

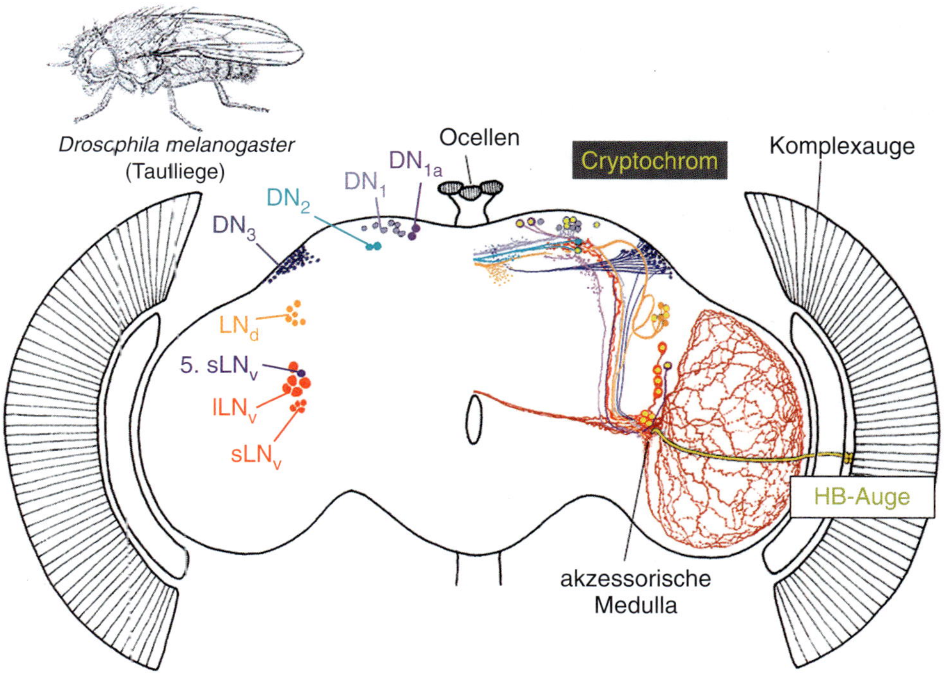

Abb. 13.96 Verschiedene Lichteingänge synchronisieren das circadiane System der Taufliege *Drosophila melanogaster*. Rot markiert sind die Somata von *per/tim*-exprimierenden lateralen Neuronen und dorsalen Neuronen im Gehirnschema der Fliege. In der rechten Gehirnhemisphäre sind die unterschiedlichen Lichteingänge dargestellt. Die kleinen ventralen lateralen Neurone erhalten Lichtinformation vom extraretinalen Hofbauer-Buchner-Äuglein, während die Komplexaugen und vielleicht auch die Ocellen die großen ventralen lateralen Neurone und die dorsalen lateralen Neurone mit Lichtinformation versorgen. Auch der Blaulichtphotorezeptor Cryptochrom, der in den circadianen Schrittmacherneuronen exprimiert wird, spielt eine Rolle bei der Lichtsynchronisation. In der *norpA^{P41}/cry^{b}*-Mutante sind alle bekannten Photorezeptoreingänge außer dem HB-Auge zerstört. Die Doppelmutante *gl^{60j}/cry^{b}* ist blind im circadianen Sinn. Cry = Cryptochrom; DN = dorsale Neurone; HB-Auge = Hofbauer-Buchner-Äuglein; LN = laterale Neurone; LN_d = dorsale laterale Neurone; lLN_v = große ventrale laterale Neurone; sLN_v = kleine ventrale laterale Neurone. (Nach Helfrich-Förster C, Winter C, Hofbauer A, Hall JC, Stanevsky R (2001) The circadian clock of fruit flies is blind after elimination of all known photoreceptors. Neuron, 30, 249–261, verändert.)

wobei die Phasenlage des endogenen Oszillators und des Zeitgebers zueinander durch die Stärke und Art der **Synchronisation** definiert wird. Beeinflusst der Zeitgeber den Oszillator, ohne dass der Oszillator auf den Zeitgeber zurückwirken kann, erhält der Oszillator nach einiger Zeit dieselbe Periodenlänge wie der ihn synchronisierende Zeitgeber.

Kann ein endogener Oszillator auf einen anderen einwirken, entstehen **gekoppelte Oszillatoren** mit einer neuen gemeinsamen Periodenlänge. Interagieren zum Beispiel in einem Organismus verschiedene Oszillatoren miteinander, synchronisieren sie sich durch gegenseitige charakteristische Phasenverschiebungen, die als Kopplungssignale fungieren. Abhängig von der Kopplungsart und der Stärke der Kopplung erreichen die gekoppelten Systeme eine charakteristische Phasenlage zueinander und eine neue gemeinsame Periodenlänge, die stabil beibehalten wird. So kann in einem Organismus durch ein Netzwerk gekoppelter Oszillatoren ein **stabiles Zeitgefüge** erzielt werden, in dem alle physiologischen Prozesse in konstanter Phasenlage und mit gemeinsamer Periodenlänge ablaufen. Durch unbeeinflussbare geophysikalische Rhythmen als Zeitgeber (wie den Tag-Nacht-Rhythmus) wird das endogene Zeitgefüge, vermittelt durch Sensoren, mit den Umweltrhythmen synchronisiert.

Molekulare Mechanismen, Uhrmoleküle

Circadiane Schrittmacherzentren, die die Lokomotionsrhythmen steuern, bestehen offensichtlich bei Mollusken, Arthropoden und Wirbeltieren aus einem **Netzwerk peptiderger Neurone** und liegen in einem Gehirnbereich, der eng mit dem Sehsystem verknüpft ist. Von Mollusken, Insekten und Vertebraten weiß man, dass circadiane Schrittmacherneurone als Einzelzellen einen endogenen Rhythmus in der Frequenz von Aktionspotenzialen mit einer Periodendauer von etwa 24 h erzeugen. Durch Eingänge von verschiedenen Zeitgebern wie Licht-Dunkel-Wechsel und Temperaturschwankungen ebenso wie durch interzelluläre Synchronisation wird der endogene Rhythmus des Schrittmacherzentrums auf exakt 24 h synchronisiert.

Bei **Säugetieren** sind die Augen für die **Lichtsynchronisation** notwendig. Untersuchungen an Blinden haben jedoch gezeigt, dass die Zapfen und Stäbchen die innere Uhr nur zu einem sehr geringen Teil synchronisieren. Man vermutet, dass **Melanopsine** und vielleicht auch Cryptochrom, die in Untergruppen von retinalen Ganglienzellen vorkommen, für die Lichtsynchronisation der inneren Uhr verantwortlich sind. Bei der **Taufliege** *Drosophila melanogaster* wird die Lichtsynchronisation des circadianen Schrittmacherzentrums, das die

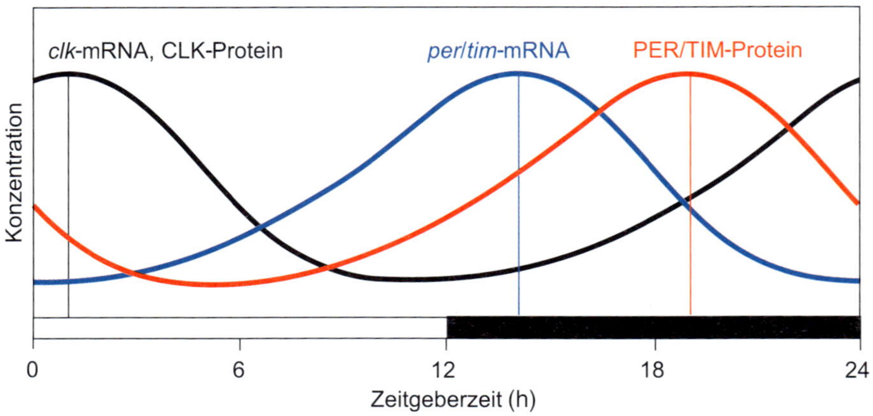

Abb. 13.97 Die Konzentration der mRNA der Uhrgene *period* (*per*) und *timeless* (*tim*) zeigt circadiane Schwankungen im Tagesverlauf mit einem Maximum bei etwa 15 Uhr, während die circadianen Schwankungen in den Konzentrationen des Period-(PER-) und Timeless-(TIM-)Proteins ihr Maximum etwa 4 h später aufweisen. Der Transkriptionsfactor Clock (CLK) zeigt ebenfalls oszillierende mRNA- und Proteinkonzentrationen mit einem Maximum in der späten Nacht bis zum frühen Tag. Die x-Achse zeigt die Zeitgeberzeit, wobei der dunkle Balken die Nacht von ZT12–ZT24 symbolisiert. ZT = Zeitgeberzeit. (Freundlicherweise zur Verfügung gestellt von Dr. T. Reischig, Göttingen.)

Aktivitätsrhythmen steuert, von den Komplexaugen, von einem extraretinalen Photorezeptororgan, dem **Hofbauer-Buchner-Äuglein**, und vom Blaulichtphotorezeptor **Cryptochrom** bewirkt (Abb. 13.96). Letzteres ist ein Flavoprotein, dessen Absorptionsbereich im Blauen und UV liegt.

Innerhalb eines Tieres gibt es mehrere temperaturkompensierte circadiane Schrittmacherzentren. Man vermutet, dass eine **Hauptuhr** (*master clock*) existiert, die dadurch charakterisiert ist, dass sie die meisten Eingänge von externen Zeitgebern erhält und die Kopplung an geophysikalische Rhythmen ermöglicht. Diese Hauptuhr koordiniert und synchronisiert dann die vielen anderen Uhren im Körper (z. B. in der Leber der Säugetiere, in den Antennen der Insekten) durch direkte neuronale Verknüpfungen oder durch parakrine Freisetzung von Neuropeptiden und Hormonen. Die Hauptuhr liegt beim Säugetier im suprachiasmatischen Nucleus (SCN), bei der Schabe in der akzessorischen Medulla. Der wichtigste interzelluläre Kopplungsfaktor circadianer Schrittmacher bei Insekten ist das Neuropeptid PDF (*pigment-dispersing factor*) und bei Säugern VIP (vasoaktives intestinales Peptid). Die beiden Kopplungsfaktoren PDF und VIP teilen nicht nur ihre physiologischen Funktionen in den circadianen Schrittmacherzentren von Insekten und Säugern, sie scheinen auch die gleichen molekularen Signalkaskaden zu verwenden. Die untereinander gekoppelten Uhren zeigen stabile Phasenbeziehungen zueinander und synchronisieren verschiedene Rhythmen im Körper. Nicht nur die interzelluläre Kopplung durch Neuropeptide ist sehr konserviert. Allen circadianen Uhren gemeinsam ist auch ihre Ausstattung mit circadianen Uhrmolekülen.

In der **Taufliege** *Drosophila melanogaster* gibt es mehrere Gruppen von lateralen und dorsalen Neuronen im Gehirn, die das Uhrgen *period* exprimieren und offensichtlich circadiane Schrittmacherneurone darstellen. Alle großen (lLN_v) und die meisten der kleinen lateralen Neurone (sLN_v) enthalten PDF, das auch in circadianen Schrittmacherneuronen der inneren Uhr anderer Insekten vorkommt, wie in Neuronen der akzessorischen Medulla der Schabe *Rhyparobia maderae* (Abb. 13.91). In den Zellkernen der Schrittmacherneurone von *Drosophila* tickt eine molekulare Uhr, die zu circadianen Konzentrationsschwankungen von **Uhrmolekülen** in den Zellen führt (Abb. 13.97). Diese Oszillationen in der Konzentration der Uhrmoleküle sind über noch unbekannte Mechanismen mit Oszillationen des Membranpotenzials der Schrittmacherneurone verknüpft. Deshalb desynchronisiert sich die Zellkernuhr, wenn die Zellmembran anhaltend hyperpolarisiert wird. Die Zellkernuhr besteht aus mehreren miteinander vernetzten Rückkopplungsschleifen von Uhrmolekülen, die bei verschiedenen Insekten und Säugern ähnlich aufgebaut sind (Abb. 13.98). Diese Uhrmoleküle, von denen die PAS-Domänen-Proteine Period (PER) und Timeless (TIM), der Blaulichtphotorezeptor Cryptochrom (CRY1, CRY2) und die Transkriptionsfaktoren Clock (CLK) und Cycle (CYC, BMAL bei Säugern) die bekanntesten sind, kommen als homologe Moleküle bei Insekten und Säugern vor. Interessanterweise finden sich aber inzwischen bei verschiedenen Insekten deutliche Unterschiede zum molekularen Uhrwerk der inneren Uhr von *Drosophila* (Abb. 13.98).

Bei der **Fliege** (*per*, *tim*) wie bei der **Maus** (*per*, *cry*) werden die Uhrgene in einem circadianen Rhythmus abgelesen, sodass die Konzentration ihrer mRNA circadian schwankt (Abb. 13.97). Die Proteinmenge von PER und TIM in der Fliege schwankt ebenfalls circadian mit einer Phasendifferenz zu ihrer mRNA-Menge von etwa 4 h. In *Drosophila* werden PER und TIM mehrfach phosphoryliert und bilden dann gemeinsam stabilere Heterodimere, die sich in der subjektiven Nacht im Zellkern anreichern. Diese **Phosphorylierungen** sind für die Erzeugung der etwa 24-h-Rhythmen essenziell, da sie offensichtlich sowohl den Eintritt in den Zellkern, wie auch den circadianen Abbau von PER und TIM steuern. PER und TIM hemmen im Zellkern ihre eigene Synthese durch Inter-

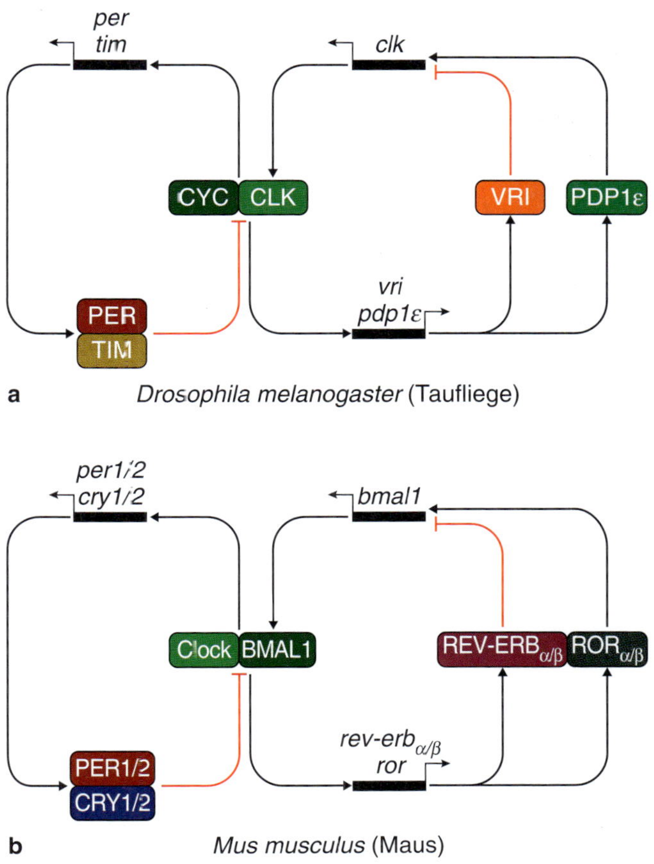

Abb. 13.98 a Der Zellkernoszillator eines circadianen Schrittmacherneurons von *Drosophila melanogaster* (oben) besteht aus miteinander verschränkten, negativen Rückkopplungsschleifen. Die Uhrmoleküle Period (PER) und Timeless (TIM) hemmen ihre eigene Transkription, indem sie mit den Transkriptionsfaktoren Clock (CLK) und Cycle (CYC) interagieren, welche die *per*- und *tim*-mRNA-Synthese aktivieren. Die Transkription von *clk* wird durch den Transkriptionsfaktor PDP1ε positiv und durch den Transkriptionsfaktor Vrille (VRI) negativ beeinflusst. **b** Der Zellkernoszillator eines circadianen Schrittmacherneurons eines Säugetiers (unten) besteht ebenso wie im Insekt aus miteinander verschränkten negativen Rückkopplungsschleifen. Die Uhrmoleküle Period (PER1, PER2) und Cryptochrom (CRY1, CRY2) hemmen ihre eigene Transkription, indem sie mit den Transkriptionsfaktoren Clock und BMAL1 interagieren, welche die *per*- und *cry*-Transkription aktivieren. Die Transkription von *bmal1* wird durch den Orphanrezeptor REV-ERB$_{\alpha/\beta}$ gehemmt, während sie durch ROR$_{\alpha/\beta}$ aktiviert wird. (Abbildung freundlicherweise zur Verfügung gestellt von A. Werckenthin.)

aktion mit den Transkriptionsfaktoren CLK und CYC (bei *Drosophila*), die wiederum von anderen Transkriptionsfaktoren in mehreren vernetzten Rückkopplungsschleifen kontrolliert werden (Abb. 13.98).

Interessanterweise sind die Grundprinzipien der molekularen Oszillationen bei Insekten und Säugern gleich (Abb. 13.98). Einige Unterschiede gibt es lediglich in den Details der **Regulation**. Zum Beispiel spielt der Blaulichtphotorezeptor Cryptochrom offensichtlich bei Insekten und Säugern unterschiedliche Rollen im zentralen Uhrwerk. Während CRY im suprachiasmatischen Nucleus der Säugetiere die Rolle von TIM bei der Heterodimerbildung mit PER übernimmt und für das Uhrwerk essenziell ist, hat CRY bei *Drosophila* in den zentralen lateralen Schrittmacherneuronen eher eine Funktion bei der Lichtsynchronisation.

13.9.4 Schlafen – Wachen

Einer der auffälligsten, auch von der circadianen Uhr kontrollierten Rhythmen ist der **Schlaf-Wach-Rhythmus**, der das Leben von Invertebraten und Vertebraten strukturiert. Für das Auftreten von Schlaf ist ein hoch entwickeltes Gehirn eine wesentliche Voraussetzung.

Der **Schlaf** ist eine besondere **Tätigkeit des Gehirns**. Das Gehirn schlafender Säugetiere ist keineswegs inaktiv, sondern befindet sich in einem gegenüber dem Wachzustand anderen, aktiven Zustand. Hauptnutznießer des Schlafs ist das Gehirn selbst, da sich bei Schlafentzug als erstes Störungen der Gehirntätigkeit einstellen, die behoben werden, sobald man wieder regelmäßig schläft. Totaler Schlafentzug kann bei Mensch und Tier zum Tod führen. Während des Schlafs, weitgehend abgeschirmt von externen Störungen, synchronisieren und harmonisieren sich offensichtlich die verschiedenen physiologischen Rhythmen im Körper (Homöostase) und können so wieder ökonomischer ablaufen. Dabei scheinen regelmäßige Oszillationen in Schaltkreisen von Hirnstamm, Thalamus und Cortex eine wesentliche Rolle zu spielen.

Schlafstadien und -verhalten

Bei Säugetieren kann man den Schlaf verlässlich nach charakteristischen, vollständig reversiblen **Verhaltensmerkmalen** definieren: Jede bisher untersuchte Säugetierart nimmt beim Schlafen eine für sie stereotype **Ruhestellung** ein, in der die Tiere bewegungslos verharren. Die Reaktionsbereitschaft auf äußere Reize ist dabei stark reduziert, sodass die Tiere mit längerer Latenz, geringerer Frequenz und kürzerer Dauer auf externe Störungen reagieren.

Der Fuchs zeigt ein Schlafritual. Er scharrt den Boden auf und tritt dann durch Drehung um sich selbst eine kreisförmige Liegemulde zurecht. Er setzt sich mit bogenförmig nach vorn geschlagenem Schwanz hinein, sodass der Kopf zur Schwanzwurzel gerichtet ist. Zuletzt hebt er die Schnauze kurz an und schiebt sie unter den Schwanz. Menschenaffen richten sich auf Bäumen jede Nacht ein neues Schlafnest ein, während die Mönchsrobbe an steilen Klippen in Höhlen Schlafplätze sucht, die nur unter Wasser zugänglich sind. Fledermäuse verbringen täglich 20 h schlafend in charakteristischer Hängehaltung, während Kuh, Pferd und Elefant mit nur 3–4 h Schlaf pro Tag auskommen. Tümmler, die zu den im Schwarzen Meer lebenden Delfinen gehören, scheinen abwechselnd mit nur einer Gehirnhemisphäre zu schlafen, wobei ihre Schlafepisode bis zu 2 h dauern kann.

Das **Gehirn** schlafender Säugetiere zeigt rhythmische Zyklen der **Synchronisation** von neuronalen Schaltkreisen in Hirnstamm, Thalamus und Cortex (Abb. 13.99). Mit dem

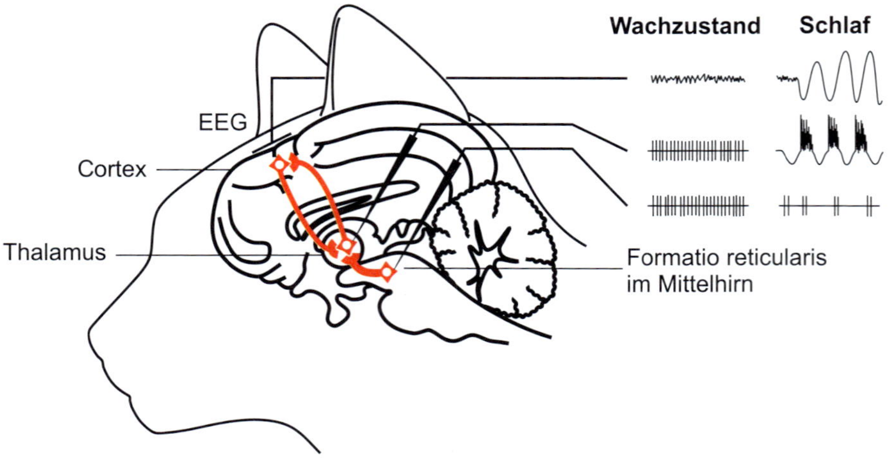

Abb. 13.99 Sensorische Eingänge werden über den Thalamus an die Großhirnrinde weitergeleitet, die ihrerseits Signale an den Thalamus zurücksendet. So entsteht eine thalamocortikale Rückkopplungsschleife, die durch Signale aus der Formatio reticularis des Mittelhirns kontrolliert wird. Während des Wachzustands feuern Thalamusneurone gleichmäßig, getrieben von einer Dauererregung aus der Formatio reticularis des Mittelhirns. Während des Schlafs nimmt die retikuläre Erregung ab. Daraufhin beginnen die Neurone der thalamocortikalen Rückkopplungsschleife in alternierenden Salven zu feuern. Diese schubweise Aktivierung ist Ursache für die im cortikalen EEG auftretenden Schlafspindeln des Non-REM-Schlafs. (Nach Hobson JA (1989) Schlaf: Gehirnaktivität im Ruhezustand. Spektrum der Wissenschaft, Heidelberg, verändert.)

Elektroencephalogramm (EEG) kann diese Synchronisation elektrischer Aktivität von Neuronenpopulationen durch Elektroden auf der Schädeldecke (beim Menschen) oder der Dura (bei Tieren) extrazellulär gemessen werden. Beim Menschen dient das EEG auch zur Definition verschiedener Grundzustände mentaler Aktivität – inaktive Wachzustände: α-Wellen mit 8–13 Hz, mentale Aktivität: β-Wellen mit 14–30 Hz, zunehmende Schläfrigkeit: θ-Wellen mit 4–7 Hz und tiefer Schlaf: δ-Wellen mit 0,5–3 Hz.

Säugetiere und Vögel zeigen zwei charakteristische Stadien des Schlafs, den **Tiefschlaf** (*slow wave sleep*, SWS; auch **Non-REM-Schlaf**, NREM-Schlaf, genannt) und den **REM-Schlaf** (REM von *rapid eye movement*, s. u.), die sich in EEG-Registrierungen gekoppelt mit Messungen von Muskelaktivität klar unterscheiden lassen (Abb. 13.100). Während jedes Schlafzyklus, von denen der Mensch pro Nacht etwa vier bis fünf absolviert, werden jeweils eine bestimmte Abfolge von mehreren NREM-Stadien und einem REM-Stadium durchlaufen. Bei nahezu allen untersuchten Säugetieren (Placentalia: Maus, Ratte, Hamster, Kaninchen, Katze, Affe) wechseln NREM- und REM-Schlafperioden miteinander ab. Bei den ursprünglichsten Säugern, den Monotremata, wie dem australischen Kurzschnabeligel (*Tachyglossus aculeatus*), wurde zuerst aus EEG-Messungen des Vorderhirns geschlossen, dass Schnabeligel (Echidna) keinen REM-Schlaf besitzen. Jedoch wurde in einer weiteren Studie gezeigt, dass der Hirnstamm der Echidna eine Aktivität aufweist, die der des REM-Schlafs ähnelt, während das Vorderhirn sich im NREM-Schlaf-Stadium befindet. Bei *Platypus* (Monotremata) war im Gegensatz zu den anderen Säugern, den Placentalia und Marsupialia, eine REM-Schlaf-ähnliche Aktivität auf den Hirnstamm beschränkt. Daraus wurde gefolgert, dass im Lauf der Evolution offensichtlich die frühesten Mammalia nur REM-Schlaf-Aktivität im Hirnstamm aufwiesen. Die Reduktion der Aktivität des Hirnstamms im NREM-Schlaf, verbunden mit einer Reduktion des Energieverbrauchs, könnte dann erst eine Neuerung in der Evolution der späteren Säuger sein. Bei Ektothermen dagegen gibt es keine Unterscheidung in REM- und NREM-Schlaf-Stadien. Sie besitzen aber auch unterschiedliche Ruhe- und Aktivitätsphasen. Diese gehen ebenfalls mit charakteristischen Veränderungen ihrer Gehirnaktivität einher.

Das zu den **Reptilien** gehörende Chamäleon lässt sich einige Stunden vor Sonnenuntergang auf einem Ast nieder, rollt seinen Schwanz ein und bleibt völlig ruhig sitzen. Obwohl sich seine Augen immer noch unabhängig voneinander bewegen, ignoriert es selbst Insekten, die in unmittelbarer Nähe landen. Kurz nach Sonnenuntergang schließen sich seine ringförmigen Augenlider, die Augäpfel ziehen sich in die Augenhöhlen zurück und das Tier scheint zu schlafen. Bei 13 von 16 untersuchten Reptilienarten konnte man charakteristisches Schlafverhalten mit einer Schlafdauer von 3–22 h pro Tag beobachten. Der Schlaf der Reptilien war mit Änderungen im EEG gekoppelt, wobei sich diese deutlich vom Schlaf-EEG der Säugetiere unterschieden. Neun **Amphibienarten**, die untersucht wurden, zeigten alle übereinstimmend Perioden von Ruheverhalten, die meist mehr als 12 h pro Tag umfassten. In allen Studien, in denen EEGs (extrazelluläre Ableitungen der Gehirnaktivität) abgeleitet wurden, zeigte sich eine veränderte Gehirnaktivität während des Schlafs, die sich aber deutlich von der der Säuger und Vögel unterschied. **Fische** zeigen ebenfalls ein sehr charakteristisches Schlafverhalten in stereotypen Ruhestellungen. Der Papageifisch (*Scarus* sp.) sondert eine Schleimhülle ab, in der er sich während des Schlafs versteckt. Auch **Insekten** wechseln regelmäßig zwischen Aktivität und Inaktivität und zeigen während der Ruhephase herabgesetzte Reaktionsbereitschaft und charakteristische Körperstellungen.

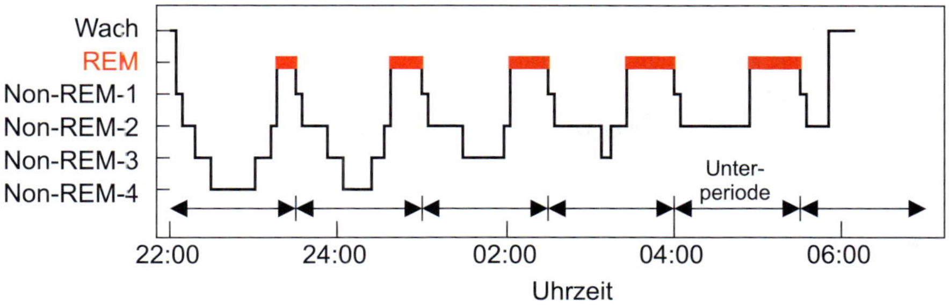

Abb. 13.100 Ein idealisiertes Schlafdiagramm eines Menschen zeigt die Abfolge von vier NREM-Schlaf-Zyklen (Non-REM-1–4) und einem REM-Schlaf-Zyklus während einer Nacht von 22:00–7:00 Uhr. Im Lauf der Nacht nimmt die Dauer des REM-Schlafs zu und die Dauer und Tiefe des NREM-Schlafs ab. (Freundlicherweise zur Verfügung gestellt von Dr. K. Kesper, Marburg.)

Die unterschiedlichen **Schlafstadien** sind beim **Menschen** am besten charakterisiert, ähnliche Daten gibt es aber auch von anderen Säugetieren (Abb. 13.99). Sie werden durch den Frequenzgehalt der EEGs, durch Augenbewegungen (Elektrookulogramm, EOG) und die Muskelspannung (Elektromyogramm, EMG) definiert. Ein **Schlafzyklus** umfasst eine charakteristische Abfolge von NREM-Stadien und einem REM-Stadium.

Mit dem **REM-Schlaf** (etwa alle 1,5 h beim erwachsenen Menschen) sind Salven schneller Augenbewegungen (*rapid eye movements*, REM), zuweilen auch kurze Zuckungen anderer Muskeln (z. B. im Gesicht) verbunden. Die Weckschwelle ist während des REM-Schlafs gegenüber dem Tiefschlaf nahezu unverändert, während das EEG wie beim Einschlafen verhältnismäßig desynchronisiert erscheint. Beim Aufwecken aus dem REM-Schlaf werden die meisten Träume berichtet (»Traumschlaf«), obwohl auch im NREM-Schlaf geträumt werden kann.

Der **NREM-Schlaf** lässt sich beim Menschen in vier Stadien einteilen, wobei das EEG mit zunehmender Schlaftiefe immer langsamer und synchroner wird:

- Stadium 1 (**Leichtschlaf**): Beim Übergang zwischen Wachen und Schlafen treten im EEG die vor dem Einschlafen vorherrschenden α-Wellen zugunsten der θ- und δ-Wellen zurück. Die Augen bewegen sich beim Einschlafen pendelförmig hin und her.
- Stadium 2 (**mitteltiefer Schlaf**): Dieses sehr wichtige Stadium kann mehr als 50 % der Gesamtschlafzeit ausmachen. Im EEG treten höhere Wellen auf, die von raschen Wellen, den sogenannten Spindeln von 12–15 Hz und von hohen, langsamen Ausschlägen, den K-Komplexen, überlagert werden können. Der Muskeltonus ist reduziert, Augen und Atem sind ruhig.
- Stadium 3 und 4 (**Tiefschlaf, δ-Schlaf**): Die EEG-Wellen werden höher und langsamer (δ-Wellen von 1–4 Hz). Wenn die langsamen δ-Wellen großer Amplitude in mehr als 50 % der Registrierzeit auftreten, erreicht man das Stadium 4. Der Tiefschlaf dominiert in den ersten 1–2 h nach dem Einschlafen. In dieser Zeit kommt es zur starken Freisetzung des Wachstumshormons (*growth hormone*, GH, ▶ Abschn. 14.3.1) (70–90 % der Gesamtmenge pro Tag). Die Muskelspannung ist niedrig und die Augen sind ruhig.

Pro Nacht durchläuft der Mensch mehrere dieser NREM-REM-Schlaf-Zyklen, wobei ein NREM-REM-Zyklus eine Dauer von etwa 1,5 h hat (Abb. 13.100). Im Verlauf der Schlafzyklen pro Nacht nimmt der Anteil an NREM-Schlaf langsam ab und der an REM-Schlaf zu. Neugeborene zeigen einen höheren Anteil an REM-Perioden während der Gesamtschlafdauer als Erwachsene. Im Alter nimmt der REM-Anteil ab und der Schlaf wird insgesamt kürzer und leichter.

Regulation und Funktion des Schlafs

Die Regulation des Schlafs ist noch nicht völlig verstanden. NREM- und REM-Schlaf scheinen sich gegenseitig auszuschließen und werden unterschiedlich reguliert. Während der REM-Schlaf durch den **circadianen Schrittmacher** im suprachiasmatischen Nucleus (Abb. 13.92) gesteuert wird, wird der Tiefschlaf auch durch einen **Schlafhomöostaten** im basalen Vorderhirn reguliert, der ohne suprachiasmatischen Nucleus funktioniert. Der circadiane Schrittmacher bestimmt das bevorzugte Zeitfenster pro Tag für den Schlaf, während der Schlafhomöostat das Schlafbedürfnis misst. Dabei zeigt sich, dass der Anteil an Tiefschlaf (SWS, NREM) das Schlafbedürfnis am besten widerspiegelt. Nach Schlafentzug wachsen deshalb Dauer und Intensität des NREM-Schlafs in Abhängigkeit von der Länge der Wachphase an. Dabei sind der Schlafhomöostat und der circadiane Schrittmacher durchaus nicht unabhängig voneinander, denn die elektrische Aktivität der SCN-Neurone wird durch REM- und NREM-Schlaf-Stadien beeinflusst. Außerdem weiß man durch Läsions- und Stimulationsexperimente, dass verschiedene Bereiche im Hirnstamm und Vorderhirn mit unterschiedlichen Neurotransmittersystemen die Schlafdauer und Art des Schlafs strukturieren (z. B. schaltet die ventrolaterale präoptische Region des Hypothalamus *arousal*-Zentren ab). Das heißt, Schlafen und Wachen sind aktiv gesteuerte Zustände und es gibt mehrere Gehirnbereiche für deren Regulation.

Durch **elektrische Stimulationen** des Zwischenhirns (Diencephalon) konnte man bei Versuchstieren Schlaf auslösen, während elektrische Reizungen in der Formatio reticularis des Hirnstamms (Abb. 13.99) schlafende Tiere aufweckte. Es gibt also Gruppen neuronaler Systeme mit antagonistischen Effekten auf den Wach- (*wakefulness*) bzw. Schlafzustand (*sleep*). Für die Aufrechterhaltung des **Wachzustands** ist im Cortex und Zwischenhirn ein gewisses Aktivitätsniveau (*arousal*) essenziell. Es wird durch aktivierende, aufsteigende Impulse aus der Formatio reticularis des Hirnstamms aufrechterhalten. Das **aufsteigende retikuläre aktivierende System** (ARAS, ▶ Abschn. 13.13) ist in seiner Aktivität wiederum abhängig von sensorischen Eingängen in die Formatio reticularis über Kollateralen der spezifischen Projektionsbahnen auf ihrem Weg durch den Hirnstamm zur Hirnrinde (◘ Abb. 13.128). Als **Formatio reticularis** (Retikulärformation) bezeichnet man ein netzartiges Maschenwerk von Neuronen, das sich durch den ganzen Hirnstamm – Medulla oblongata, Brücke (Pons), Mittelhirn bis zum Thalamus des Zwischenhirns – erstreckt. Es tritt erstmals bei den Reptilien auf. Die über Axonkollaterale von den verschiedenen aufsteigenden sensorischen Bahnen in die Formatio eintretenden Erregungen konvergieren zum Teil auf die gleichen Neurone. Die Retikulärformation kann somit durch die verschiedensten Sinnesreize aktiviert werden.

Die REM-Schlaf-Periode lösen **serotonerge Neurone** (z. B. im dorsalen und medianen Nucleus raphe) aus, während **noradrenerge** (z. B. im Nucleus coeruleus) und **cholinerge Neurone** (z. B. im Nucleus basalis) den REM-Schlaf-Ablauf zu steuern scheinen. Eine Blockierung der Serotoninsynthese mit Parachlorophenylalanin (Hemmung der Tryptophan-Hydroxylase) führt bei Katzen ebenso zur Schlaflosigkeit wie die Zerstörung der Raphekerne. Die Entscheidung für Schlafen oder Wachen wird maßgeblich beeinflusst durch den histaminergen **Nucleus tuberomammillaris** und die ventrolaterale **Area praeoptica** (enthält GABA und Galanin, wird aktiviert durch Adenosin und Serotonin, wird gehemmt durch Noradrenalin und Acetylcholin), welche sowohl durch den suprachiasmatischen Nucleus als auch durch andere aktivierende Bahnen aus dem Diencephalon moduliert werden.

13

Die funktionellen **Ursachen** für das Wachen bzw. Schlafen sind noch nicht völlig verstanden. Schlaf kann als eine intermediäre Form von adaptiver Inaktivität des Organismus betrachtet werden, innerhalb des Kontinuums von langanhaltender, völliger Inaktivität und ununterbrochener Aktivität. Verschiedenste Studien versuchten Korrelationen zwischen verschiedenen Schlafparametern (Dauer des REM- oder Non-REM-Schlafs) und physiologischen Parametern (z. B. metabolische Aktivität, Körper- oder Gehirnmasse) bei verschiedenen Tieren zu entdecken. Dabei zeigten sich viele widersprüchliche Ergebnisse, bei denen nur eine klare negative Korrelation zwischen der Dauer des Non-REM-Schlafs und dem Feinddruck (*predation risk*) Bestand hatte.

Schlafen ist sicherlich nicht als Ruhezustand des Gehirns zu betrachten, sondern stellt eine andere funktionelle Organisationsform des Gehirns dar, in der sich das Gehirn offensichtlich mehr mit sich selbst (z. B. zur Langzeitgedächtnisbildung) und nicht so sehr mit der Umwelt auseinandersetzt. Es hat sich gezeigt, dass die neuronale Aktivität des Gehirns auch beim Schlafen ihre Komplexität nicht verliert. Wenn der Schlaf beginnt, schalten sich cortikale und thalamische Nervenzellen in eine Oszillation ein (◘ Abb. 13.99). Die funktionelle Bedeutung dieser **synchronisierten, oszillierenden Aktivität** ist noch unbekannt, aber man vermutet, dass damit die Langzeitgedächtnisbildung verknüpft ist.

Verschiedene Hinweise deuten darauf hin, dass der Schlaf eine sehr wichtige Funktion für das **Lernen** und die **Gedächtnisbildung** hat. So nimmt der Anteil von REM-Schlaf nach bestimmten Lernexperimenten zu, eine Deprivation von REM-Schlaf beeinflusst im Anschluss an ein Lernexperiment den Lernerfolg negativ. Außerdem wurden die neuronalen Schaltkreise, die während des Lernexperiments aktiv waren, während der darauffolgenden Schlafepisode nochmals aktiviert. Diese Reaktivierung im Schlaf deutet darauf hin, dass sich beim Schlafen eventuell das Langzeitgedächtnis etabliert, indem sich durch anhaltende Aktivität in oszillierenden Schaltkreisen die synaptische Effizienz zwischen definierten neuronalen Bahnen erhöht. Für einen funktionellen Zusammenhang zwischen Schlaf und **neuronaler Plastizität** spricht auch, dass Schlafentzug die neuronale Plastizität während der Entwicklung des visuellen Cortex modifiziert. Außerdem beeinträchtigt eine Schlafdeprivation das vom Hippocampus abhängige räumliche Lernen (▶ Abschn. 13.8.3), reduziert die neuronale Aktivität in definierten Neuronen des Hippocampus und inhibiert die Langzeitpotenzierung von Synapsen im Hippocampus (▶ Abschn. 13.8.3) und im Gyrus dendatus. Obwohl man den Schlaf in seiner Funktion noch nicht vollständig verstanden hat, beginnt sich abzuzeichnen, dass vor allem die neurophysiologische Schlafforschung in naher Zukunft plausible Erklärungen für das Schlafbedürfnis des Menschen und der Tiere liefern wird.

13.10 Orientierung im Raum

Alle Tiere besitzen die Möglichkeit eines Ortswechsels, bei den festsitzenden (sessilen) Formen ist dies zumindest in einer Lebensphase (Larvenstadium) der Fall. In der Regel besteht dieser nicht in einer einfachen, passiven Verdriftung, sondern in einer mehr oder weniger stark ausgeprägten aktiven Ortsveränderung, verbunden mit einer Festlegung des Kurses. Das setzt ein Orientierungsvermögen der Tiere im Raum voraus.

13.10.1 Tropismen und Kinesen

Tropismen[359] und **Kinesen**[360] zählen zu den einfachsten Orientierungsreaktionen. Bei den Tropismen (Einzahl: Tropismus) handelt es sich um gerichtetes Wachstum sessiler Tiere in Abhängigkeit von der Einfallsrichtung des Reizes. So wächst die Hydroidpolypenkolonie *Eudendrium* dem einfallenden Licht entgegen (positiver Phototropismus). Die Zoidknospen der marinen Bryozoa *Bugula* sind ebenfalls positiv, die Rhizoidknospen dagegen negativ phototrop.

Bei den **Kinesen** frei beweglicher Tiere ist die Fortbewegung ungerichtet, trotzdem sammeln sich die Tiere schließlich

[359] *tropos* (griech.) = Wendung, Richtung
[360] *kinesis* (griech.) = Bewegung

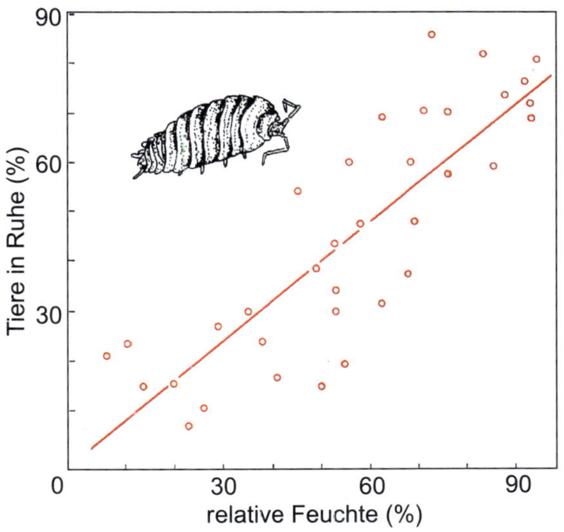

Abb. 13.101 Die lokomotorische Aktivität der Kellerassel (*Porcellio scaber*) in Abhängigkeit von der Luftfeuchte. (Nach Fraenkel GS, Gunn DL (1961) The orientation of animals: Kineses, taxes and compass reactions. 2. Aufl. Dover, New York, verändert.)

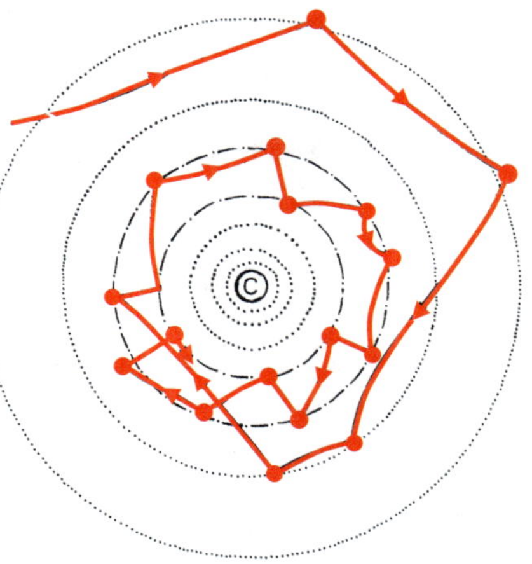

Abb. 13.102 Weg eines Pantoffeltierchens (*Paramecium*) im Diffusionsfeld eines Säuretropfens. Die Kreise kennzeichnen jeweils Orte gleicher Konzentration. An den durch die Punkte gekennzeichneten Stellen reagierte das Tier mit Kurswechsel (Fluchtreaktion). Es bleibt schließlich in der durch die Punkt-Strich-Linie begrenzten optimalen Zone (Klinokinese). C = Säuretropfen. (Nach Kühn A (1919) Die Orientierung der Tiere im Raum. Fischer, Jena.)

in einem Reizfeld in der Zone an, die ihnen am zuträglichsten ist (Präferendum). Das kann dadurch geschehen, dass die Aktivität des Tieres mit der Entfernung vom Präferendum zu- und mit Annäherung abnimmt (**Orthokinese**[361]). Als Beispiel können **Landasseln** (z. B. die Kellerassel, *Porcellio scaber*) angeführt werden. Ihre lokomotorische Aktivität ist in trockener Umgebung hoch. Sobald sie in Lebensräume mit angenehmeren Feuchtigkeitsgraden gelangen, setzen sie ihre lokomotorische Aktivität herab (Abb. 13.101). Im statistischen Mittel halten sich diese Tiere demzufolge viel länger in feuchten als in trockenen Gebieten auf.

Die Ansammlung im Präferendum kann aber auch dadurch zustande kommen, dass die Tiere infolge einer ausgeprägten Unterschiedsempfindlichkeit immer dann ihre Bewegung unterbrechen, um sie in anderer Richtung fortzusetzen, wenn sie in eine weniger optimale Zone gelangt sind. Beim Betreten optimaler Zonen tritt dagegen keine solche Reaktion auf (**Klinokinese**[362]). Die neue Fortbewegungsrichtung wird allein durch die Organisation des Tieres bestimmt und nicht durch die Richtung des eintreffenden Reizes. Wird beispielsweise das führende Pseudopodium einer kriechenden Amöbe aus beliebiger Richtung beleuchtet, dann erstarrt es und ein anderes Pseudopodium wächst dafür in beliebig andere Richtung aus. So erreicht die Amöbe schließlich die erstrebte dunklere Region in ihrer Umgebung.

Eine Klinokinese liegt auch der Orientierung des **Pantoffeltierchens** (*Paramecium*) im Diffusionsfeld eines Säuretröpfchens zugrunde (Abb. 13.102). Die **Fluchtreaktion** beim Betreten weniger optimaler Zonen besteht jeweils aus drei Phasen: erstens schnelles Rückwärtsschwimmen, zweitens Stoppen und Ausführen einer Kreisbewegung, wobei *Paramecium* einen Kegelmantel beschreibt, und drittens erneutes Vorwärtsschwimmen. Die Tiere sammeln sich schließlich in einer sich ringförmig um das Diffusionszentrum erstreckenden Zone an, in der der für sie optimale pH-Wert zwischen 5,4 und 6,4 herrscht. Die gleichen Fluchtreaktionen führt *Paramecium* auch dann aus, wenn es auf mechanische Hindernisse (Abb. 16.7) oder thermische Intensitätsänderungen trifft.

13.10.2 Taxien und Lichtrückenverhalten

Unter **Taxien**[363] (Einzahl, Taxis) versteht man die gerichteten Einstellungen (Richtungsorientierungen) frei beweglicher Tiere innerhalb eines Reizfeldes. Es kann sich dabei um eine Körperachsenausrichtung handeln oder auch, da sie oft mit einer Ortsveränderung einhergeht, um eine Kursorientierung. Bewegt sich ein Tier aufgrund eines solchen Orientierungsmechanismus geradlinig auf die Reizquelle zu, spricht man von **positiver**, bewegt es sich von ihr fort, von **negativer** Taxis.

Je nach Art des auslösenden Reizes unterscheidet man zwischen:

- Thigmotaxis[364]: Orientierung nach Berührungsreizen
- Rheotaxis[365]: Orientierung nach der Wasserströmung
- Anemotaxis[366]: Orientierung nach der Luftströmung
- Geotaxis: Orientierung nach dem Schwerefeld der Erde
- Phonotaxis[367]: Orientierung nach der Richtung des eintreffenden Schalls

[361] *orthos* (griech.) = gerade, richtig
[362] *klinein* (griech.) = neigen, biegen

[363] *taxis* (griech.) = Stellung
[364] *thigma* (griech.) = Berührung
[365] *rhein* (griech.) = fließen
[366] *anemos* (griech.) = Wind
[367] *phone* (griech.) = Ton

- Thermotaxis: Orientierung im Temperaturgefälle
- Phototaxis: Orientierung nach dem Lichteinfall
- Galvanotaxis: Orientierung im elektrischen Feld
- Chemotaxis: Orientierung nach dem Konzentrationsgefälle
- Hydrotaxis: Orientierung nach der Feuchtigkeit

Eine positiv **rheotaktische Orientierung** kann man bei vielen Wassertieren, zum Beispiel Fischen, beobachten. Die Tiere stellen sich im fließenden Gewässer stets so ein, dass sie mit dem Vorderende stromaufwärts weisen und so gegen den Strom schwimmen, um nicht von der Strömung fortgetragen zu werden. Bei *Paramecium* beobachtet man eine **Galvanotaxis**. Die Tiere schwimmen im elektrischen Feld zur Kathode (▶ Abschn. 23.7). Eine Reihe von Tieren – der Ohrwurm *Forficula*, Schaben, Wanzen, der Zwergwels *Amiurus* und andere – zeigen eine positive **Thigmotaxis**. Sie haben das Bestreben, Orte aufzusuchen, wo sie möglichst ausgedehnte Kontaktflächen mit festen Gegenständen haben.

Im Hinblick auf den zugrunde liegenden Mechanismus unterscheidet man Klino-, Tropo- und Telotaxis.

Bei der **Klinotaxis** wird der Kurs durch »Abtasten« der Umgebung gefunden. Eine Photoklinotaxis ist zum Beispiel bei kleinen Tieren zu finden, die sich im Wasser mittels Cilien oder Geißeln fortbewegen. Sie rotieren beim Schwimmen um ihre Längsachse und beschreiben eine Schraubenbahn. Dabei wird die Umgebung optisch abgetastet. Trifft das Licht schräg zur Drehachse ein, wird das photosensible Organell bzw. werden die einfachen Augenpunkte rhythmisch durch den eigenen Körperschatten (bei *Stentor*), durch einen Pigmentfleck (bei *Euglena*, ◘ Abb. 13.103) oder durch Pigmentzellen (Trochophoralarve) beschattet. Sobald das Tier die Richtung zur Lichtquelle hin oder von ihr fort eingeschlagen hat, fällt dieser rhythmische Wechsel zwischen Belichtung und Beschattung

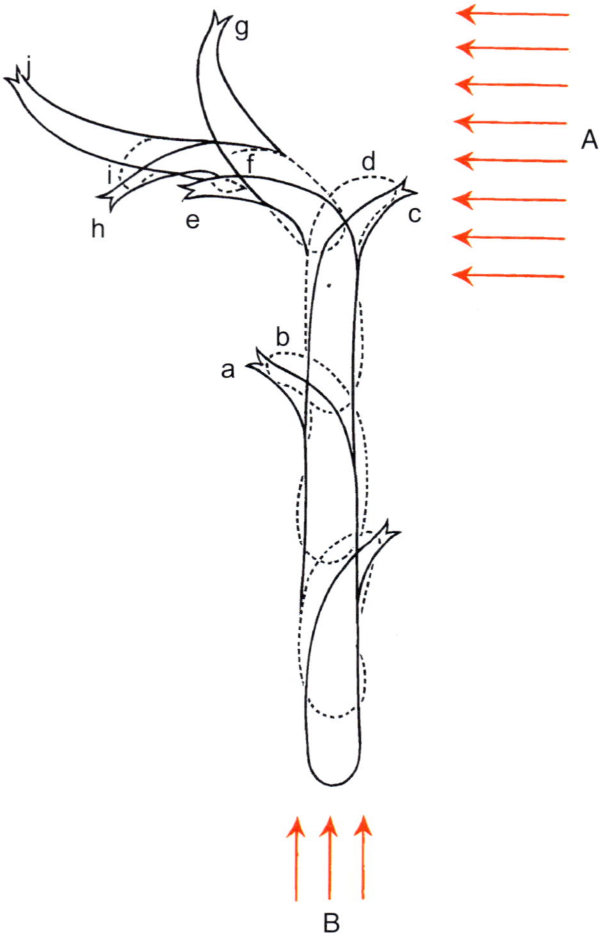

◘ **Abb. 13.104** Negative Photoklinotaxis bei der Larve der Schmeißfliege (*Calliphora*; a–j). Zunächst kommt das Licht aus der Richtung A, dann aus B. (Nach Fraenkel GS, Gunn DL (1961) The orientation of animals: Kineses, taxes and compass reactions. 2. Aufl. Dover Publications, New York.)

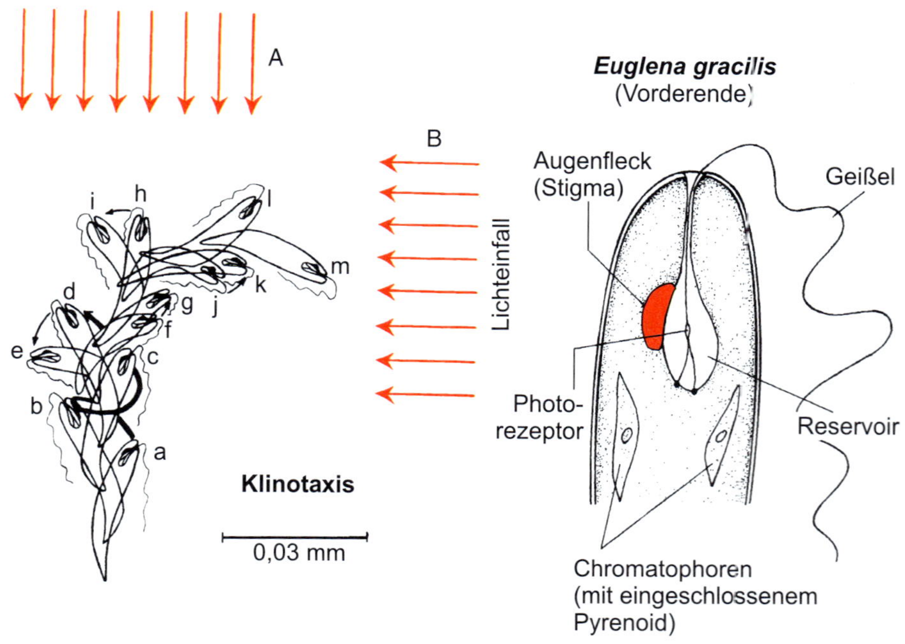

◘ **Abb. 13.103** Positiv phototaktische Orientierung (Klinotaxis; a–m) beim Augentierchen (*Euglena*, Flagellata). Zum Zeitpunkt c wechselt die Lichtrichtung von A nach B. (Nach Fraenkel GS, Gunn DL (1961) The orientation of animals: Kineses, taxes and compass reactions. 2. Aufl. Dover Publications, New York.)

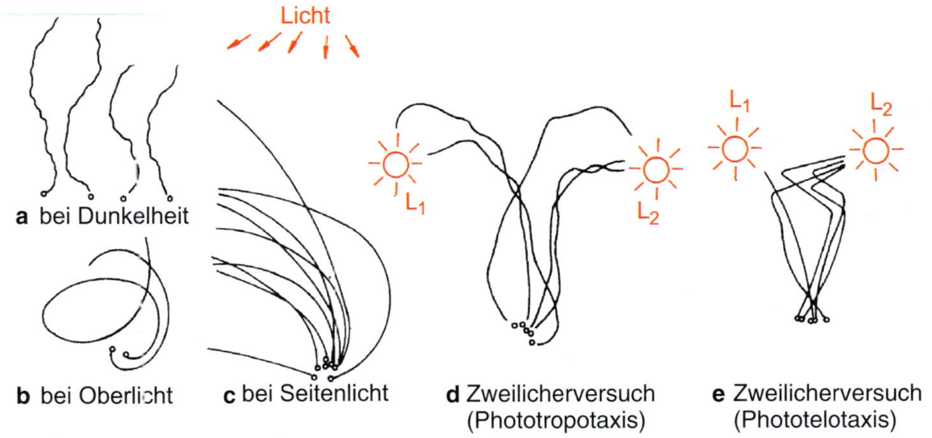

Abb. 13.105 a–d Kriechspuren der Rollassel *Armadillidium* (positive Phototropotaxis). **a–c** Rechtsseitig geblendet. **d** Im Zweilichterversuch. **e** Kriechspuren eines Einsiedlerkrebses (positive Phototelotaxis). (a–c nach Henke K (1930) Die Lichtorientierung und die Bedingungen der Lichtstimmung bei der Rollassel *Armadillium cinereum* Zenker. Z vgl Physiol 13, 534–626, d nach Müller A (1925) Über Lichtreaktionen von Landasseln. Z vgl Physiol 3, 113–144, e nach Buddenbrock W (1922) Mechanismen der phototropen Bewegungen. Wiss Meeresunters NF Abt Helgoland 15, 1–10.)

fort. Die **Fliegenmaden** (*Calliphora, Musca, Lucilia* u. a.) bewegen beim Kriechen ihr lichtempfindliches Vorderende ständig hin und her. Dabei spüren sie am Schattenwurf ihres eigenen Körpers, aus welcher Richtung das Licht kommt, und finden so die angestrebte Richtung von der Lichtquelle fort, um sich zu verpuppen (**negative Photoklinotaxis**; Abb. 13.104).

Als Beispiel einer **Photoklinotaxis** soll der **Flagellat** *Euglena* vorgestellt werden. *Euglena* schwimmt in Form einer Spirale und dreht sich dabei gleichzeitig um seine Längsachse, sodass der Pigmentfleck stets nach außen weist (Abb. 13.103). Bewegt sich der Einzeller schräg zum Lichteinfall, so tritt der Photorezeptor bei der Bewegung des Tieres zeitweilig in den Schatten des Pigmentflecks, zeitweilig ist er der Lichtwirkung ausgesetzt. *Euglena* ändert den Kurs bei jeder Beschattung um einen kleinen Betrag in Richtung der Seite, auf der sich der schattenwerfende Augenfleck befindet. So wird erreicht, dass sich das Tier schließlich zum Licht hin bewegt. Der Photorezeptor wird dann dauernd beleuchtet. *Euglena* ist bei schwachem Licht positiv und bei starkem Licht negativ phototaktisch. Es handelt sich um eine Klinotaxis, da der Weg zur Lichtquelle bzw. von ihr fort aufgrund der Suchbewegungen (Spiralbahn) und des dabei durchgeführten Vergleichs der Reizintensitäten gefunden und eingehalten wird, das heißt, das Ziel wird nicht direkt, sondern in Kurvenbewegungen angesteuert. Bei der gleichzeitigen Einwirkung zweier Lichtquellen aus verschiedenen Richtungen bewegt sich *Euglena* auf der Halbierenden des Winkels, den beide Lichtquellen einschließen. Die wirksamste Wellenlänge für die positive Phototaxis liegt bei der grünen *Euglena gracilis* bei 495 nm. Die Phototaxis ist für die grünen Flagellaten von großer Bedeutung. Die Tiere brauchen das Licht für ihre Photosynthese (autotrophe Ernährung).

Bei der **Tropotaxis** ändert ein Tier seinen Kurs so lange, bis in den symmetrisch angeordneten Sinnesorganen ein Erregungsgleichgewicht herrscht. Es sind zur Orientierung mindestens zwei symmetrisch am Tier ausgebildete Rezeptoren notwendig. Eine einseitige Entfernung des Rezeptors hat zur Folge, dass sich die Tiere in einem diffusen Reizfeld infolge des anhaltenden Erregungsungleichgewichts im Kreise bewegen (Zirkus- oder **Manegebewegung**). Beispiele für eine **Phototropotaxis** liefern Asseln, das Silberfischchen *Lepisma* und andere. Im Versuch mit zwei gleich starken Reizquellen in gleichem Abstand und symmetrisch zum Tier werden die Tiere im Fall einer tropotaktischen Orientierung weder sofort die eine noch die andere Reizquelle ansteuern, sondern sich zunächst auf der Winkelhalbierenden zwischen beiden bewegen (Abb. 13.105).

Bei einer **Telotaxis**[368] (Kühn* 1919) ist das Tier in der Lage, mit einem Sinnesorgan direkt und nicht mehr durch Abtasten oder Verrechnung symmetrisch eintreffender Sinneserregungen die Richtung des eintreffenden Reizes zu erfassen. Es bewegt sich geradlinig auf die Reizquelle zu oder von ihr fort. Die Orientierung kann mit nur einem Rezeptor durchgeführt werden. Bei gleichzeitiger symmetrischer Einwirkung zweier gleich starker Reizquellen gleicher Modalität wendet sich das Tier der einen oder anderen Quelle zu und bewegt sich nicht auf dazwischenliegendem Kurs (Abb. 13.105e). Offenbar wird der Einfluss jeweils einer Reizquelle zentral gehemmt. Deckt sich die Fortbewegungsrichtung des Tieres einmal nicht mit der erstrebten Grundrichtung (zur Reizquelle oder von ihr fort), so wendet es sich im Allgemeinen um den jeweils kleineren Winkel ($\leq 180°$) in die gewünschte Richtung (**Prinzip des kleinsten Drehwinkels**). Das geschieht im Bereich $0° \leq 90°$ umso heftiger, je größer der Abweichungswinkel α ist, mit wachsendem α über 90° hinaus nimmt die Stärke der Wendetendenz wieder ab. Genauer gesagt, es besteht eine Proportionalität zwischen der Stärke der Reaktion (Wendetendenz) und dem Sinus des Abweichungswinkels α (Sinusregel). Es werden bei der Telotaxis also sowohl Vorzeichen als auch Stärke der Reaktion von der momentanen Reizrichtung bestimmt. **Phototelotaxis** findet man zum Beispiel bei Planarien, höheren Krebsen, bei der Biene und vielen anderen Tieren.

Das Taxisverhalten der Tiere kann durch **äußere** oder **innere Faktoren** umgestimmt werden. So ist zum Beispiel die Zecke *Hyalomma* nur im nüchternen Zustand positiv phototaktisch, vollgesogen meidet sie das Licht. Eine Reihe von Wassertieren (Trochophoralarve von *Polygordius*, Naupliuslarve von *Lepas*, Wasserfloh *Daphnia* u. a.) sind bei niederen Wassertemperaturen positiv, bei höheren negativ phototaktisch. Daphnien

[368] *telos* (griech.) = Ziel, Ende

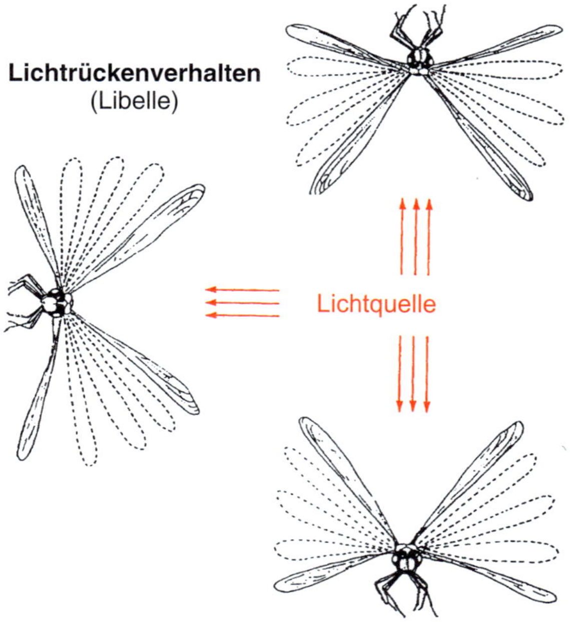

■ **Abb. 13.106** Das Lichtrückenverhalten bei einer Libelle. (Nach Bullock TH, Orkand R, Grinnell A (1977) Introduction to nervous systems. Freeman, San Francisco.)

werden positiv phototaktisch, wenn der Kohlensäuregehalt des Seewassers zunimmt. Die Imagines der Insekten sind meistens positiv phototaktisch, während sich die Larven negativ verhalten. Die Umstellung erfolgt bei den holometabolen Insekten während des Puppenstadiums.

Eine besondere Form der Orientierung zum Lichteinfall zeigen einige terrestrische Insekten wie Libellen (■ Abb. 13.106), Sandlaufkäfer (■ Abb. 13.107) sowie verschiedene aquatische Tiere (der pelagische Polychaet *Alciope*, der Blutegel *Hirudo*, viele Krebse, Ephemeriden- und Dytiscidenlarven, Wasserkäfer, viele Fische u. a.). Sie stellen sich quer zur Lichtrichtung so ein, dass der Rücken (in selteneren Fällen die Bauchseite) dem Licht zugewandt ist. Dieses **Lichtrückenverhalten** (Lichtrückenreflex, Buddenbrock* 1914) dient der Stabilisierung der Körperlage im freien Raum. Da das Licht im Wasser wegen der Totalreflexion schräg einfallender Strahlen an der Luft-Wasser-Grenze normalerweise von oben kommt, wird durch dieses Verhalten allein oder in Zusammenwirkung mit den statischen Organen die normale Schwimmlage garantiert. Lässt man im Experiment das Licht von der Seite einfallen, so neigen sich viele Fische – falls sie quer zum Lichteinfall schwimmen – mehr oder weniger stark zur Seite (■ Abb. 13.108). Die

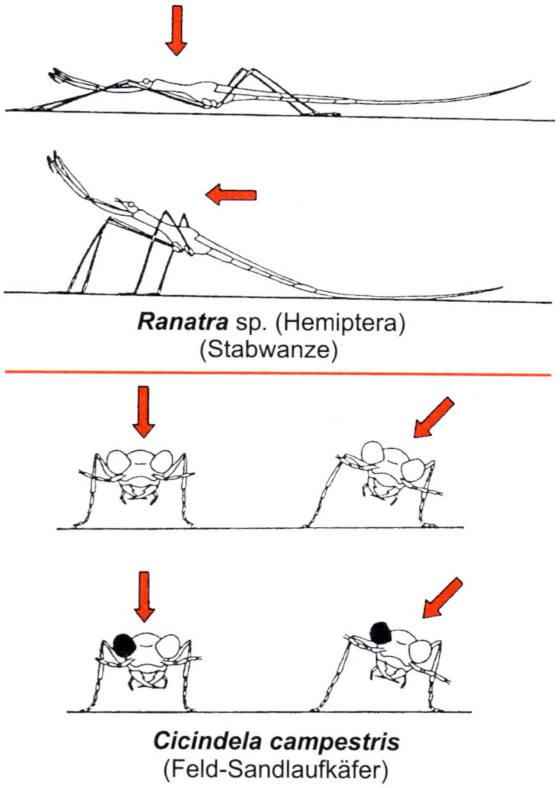

■ **Abb. 13.107** Lichtrückenverhalten bei Insekten. Der Lichteinfall ist durch die Pfeile wiedergegeben. – Unten: rechtes Auge verdeckt. In diesem Fall ist die Position bei Schrägeinfall des Lichts weniger stabil. (Nach Holmes SJ (1905) The reactions of *Ranatra* to light. J Comp Neurol 15, 305–349, Friederichs HF (1931) Beiträge zur Morphologie und Physiologie der Sehorgane der Cicindelinen (Col.). Z Morphol Ökol Tiere 21, 1–172.)

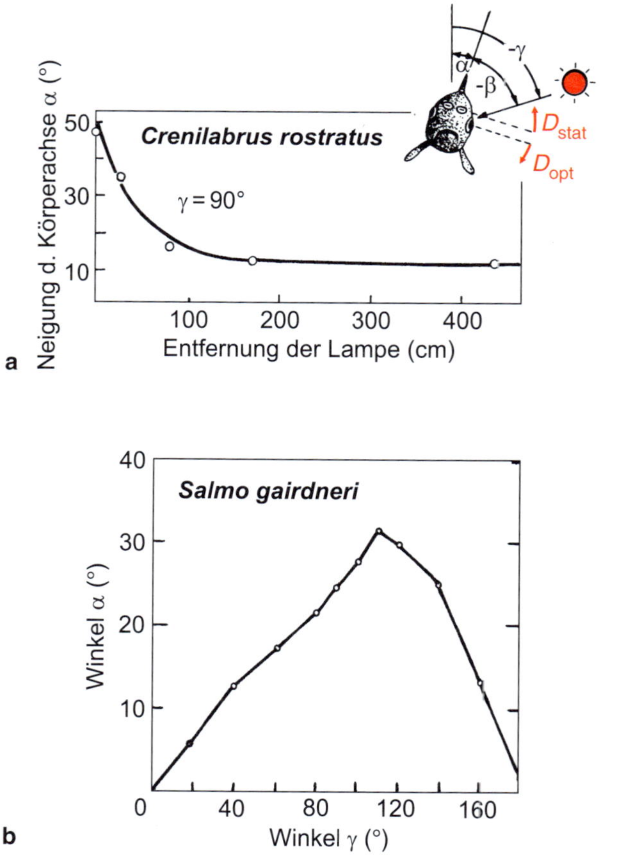

■ **Abb. 13.108** **a** Abhängigkeit der Schräglage des Fisches *Crenilabrus* von der Intensität des horizontal einfallenden Lichts. **b** Schräglage der Regenbogenforelle (*Salmo gairdneri*) in Abhängigkeit vom Lichteinfallswinkel. (a nach Holst E (1935) Über den Lichtrückenreflex bei Fischen. Publ Staz Zool Napoli 15, 143–158.)

Schräglage tritt umso deutlicher in Erscheinung, je heller das Licht ist. Sie ist das Ergebnis zweier entgegengesetzt wirkender Drehtendenzen. Die statische Drehtendenz D_{stat} ist proportional der am Statolithen angreifenden Scherungskraft ($F \times \sin \alpha$ (► Abschn. 16.5.4)

$$D_{stat} = c \times F \times \sin \alpha$$

mit c = Konstante und F = mechanische Feldstärke, Erdschwere und zieht das Tier in die senkrechte Lage. Die optische Drehtendenz ergibt sich aus

$$D_{opt} = -f(L) \times \sin \beta$$

und zieht das Tier in die Lichtrückenlage. $f(L)$ ist eine Funktion der Lichtintensität, ist aber außerdem noch abhängig von internen Faktoren (Retinastruktur, Hunger, Erregungszustand des Tieres, beim Guppy auch von der Lunarperiode). Der Schräglage entspricht ein Zustand sich gegenseitig aufhebender Drehtendenzen (**Gleichgewichtsbedingung**),

$$D_{stat} = -D_{opt}$$

bzw.

$$D_{stat} + D_{opt} = 0.$$

Bei »entstateten« Krebsen oder Fischen ($D_{stat} = 0$) findet man eine rein optische Orientierung. Sie legen sich bei horizontalem Lichteinfall völlig auf die Seite und schwimmen sogar in Rückenlage, falls das Licht von unten kommt.

13.10.3 Fernorientierung

»Fernorientierung« bedeutet, dass die Tiere einem Ziel zustreben, das sie zu dem Zeitpunkt sensorisch nicht direkt wahrnehmen, also zum Beispiel weder sehen noch hören oder riechen können. Griffin unterscheidet drei Grundformen: (1) Kompassorientierung, (2) Landmarkenorientierung und (3) Navigation.

Kompassorientierung, Menotaxis

Von der Telotaxis leitet sich die **Menotaxis**[369] (Kühn 1919) ab. Man versteht darunter die Kurseinstellung des Tieres in einem bestimmten, von 0° bzw. 180° abweichenden Winkel zur Einfallsrichtung des wahrgenommenen Reizes. So orientieren sich zwar viele Arthropoden und Vertebraten nach dem Licht, bewegen sich aber nicht zur Lichtquelle hin bzw. von ihr fort, sondern nehmen auf ihrem Weg einen bestimmten Winkel zum Licht ein. Da die Sonnenstrahlen parallel einfallen, bewegt sich das Tier dabei geradlinig fort. Die Sonne wird in solchen Fällen wie ein Kompass benutzt (**Sonnenkompassorientierung**). Sie ist bei sehr vielen Tieren nachgewiesen, erwähnt seien der Strandfloh (*Talitrus*), die Wolfsspinne (*Arctosa*), viele Insekten (Biene, Ameise, Maikäfer u. a., ◘ Abb. 13.109, ► Box 13.6), Fische (Cichliden, Salmoniden u. a.), Schildkröten und Vögel (◘ Abb. 13.121). Kompassorientierungen nach dem **Mond** (*Talitrus*, der Isopode *Tylos*) oder nach den **Sternen** (Vögel, z. B. Grasmücken) sind seltener.

> **Box 13.6 Schwänzeltanz der Honigbiene**
>
> **Bienen** können ihren Artgenossen den menotaktischen Kurs zu einer ergiebigen Futterquelle durch den **Schwänzeltanz** mitteilen. Die von erfolgreichem Sammelflug heimgekehrten Bienen führen den Tanz im dunklen Stock auf den Waben aus. Die Biene beschreibt dabei einen engen Halbkreis und kehrt dann geradlinig zum Ausgangspunkt zurück, wobei sie ihren Hinterleib schwänzelnd hin und her bewegt. Am Ausgangspunkt angekommen, beschreibt sie erneut einen Halbkreis, nun aber zur anderen Seite, worauf wiederum die gerade Strecke schwänzelnd durchschritten wird usw. Karl von Frisch* zeigte, dass mit der Richtung des auf der vertikalen Wabenfläche durchgeführten Schwänzeltanzes relativ zur Schwerkraft die Richtung zur Futterquelle relativ zur Sonneneinstrahlung mitgeteilt wird. Ein senkrecht nach oben durchgeführter Tanz bedeutet, dass die Futterquelle in Richtung der Sonne, ein senkrecht nach unten durchgeführter Tanz, dass sie in entgegengesetzter Richtung liegt. Eine entsprechende Winkelabweichung des Tanzes nach links oder rechts von der vertikalen Richtung bedeutet, dass die Artgenossen die Futterquelle in entsprechender Winkelabweichung rechts bzw. links von der Sonne finden können (◘ Abb. 13.110). Die Bienen können mit ihren Tänzen im Schwerefeld den Sonnenwinkel bis auf 1–2° genau wiedergeben. Die Stockgenossinnen folgen der Tänzerin und halten dabei über die Fühler mit ihr Kontakt. In der Anzahl der pro Zeiteinheit durchgeführten Tanzfiguren ist außerdem die Entfernung codiert: bei 100 m etwa neun bis zehn, bei 500 m sechs, bei 1000 m vier bis fünf und bei 5000 m etwa drei Durchläufe pro 15 s (◘ Abb. 13.111).
>
> Liegt die Futterquelle in der Nähe des Stocks (80–100 m entfernt), so tritt an die Stelle des Schwänzeltanzes der **Rundtanz** ohne Richtungsweisung. Die Rentabilität der Quelle wird durch die Lebhaftigkeit und Dauer der Tänze signalisiert. In ähnlicher Weise kann von den Kundschafterinnen dem ausgeschwärmten und zusammen mit der Königin wartenden Volk auch ein geeigneter Nistplatz mitgeteilt werden. Je besser die Qualität ist, desto lebhafter tanzen die Bienen und desto mehr Tiere werden veranlasst, den Nistplatz zu prüfen, um, selbst heimgekehrt, für den Nistplatz zu werben.

Die Sonnenkompassorientierung ist eine **Photomenotaxis**. Sie stellt keine prinzipiell neue Reaktionsform dar, sondern leitet sich von der Phototelotaxis ab. Regeltechnisch handelt es sich dabei um eine **Führungsgrößenaufschaltung** auf den Phototaxisregelkreis (◘ Abb. 13.112). Bei der Phototaxis geht es darum, die Richtung zur Lichtquelle bzw. von ihr fort einzuschlagen. Abweichungen von dieser Richtung werden als Regelabweichungen mit dem Auge registriert und weitergemeldet. Es wer-

369 *meno* (griech.) = bleibe, verharre

den aktive Wendetendenzen ausgelöst, bis die normale Laufrichtung wieder eingenommen ist. Die Wendetendenz nimmt gewöhnlich mit dem Sinus des Abweichungswinkels zu, ist also bei einem Winkel von 90° am größten. Bei der Menotaxis tritt die Tendenz, sich in einem bestimmten Winkel schräg zum Lichteinfall einzustellen, als zentralnervöse Führungsgröße in den Regelkreis ein (Abb. 13.112). Meldet das Auge eine Kursabweichung vom Lichteinfall, die dem Betrag nach der Führungsgröße entspricht, so ist die resultierende Wendetendenz null, der Kurs wird beibehalten. Wird die Kursabweichung größer oder kleiner, so werden entsprechende Wendetendenzen ausgelöst, bis die Menotaxisrichtung wieder eingenommen ist.

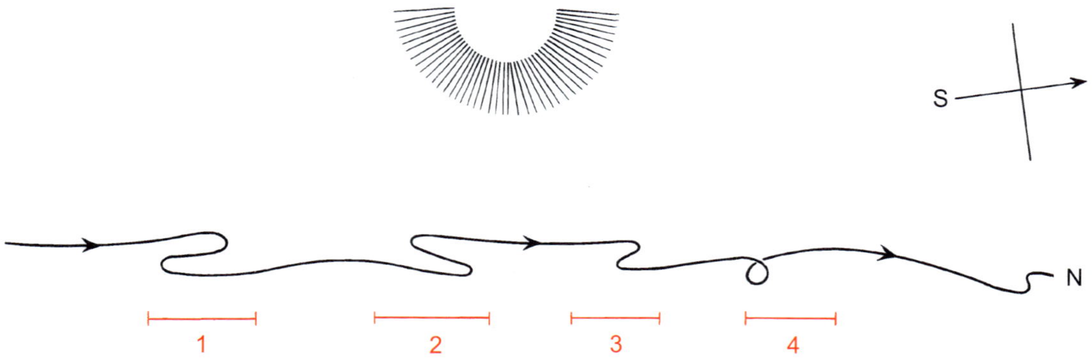

Abb. 13.109 Photomenotaktische Orientierung bei einer Ameise. Bei 1, 2, 3 und 4 wurde das direkte Sonnenlicht abgeschirmt und durch einen Spiegel aus entgegengesetzter Richtung auf die Ameise gerichtet. (Nach Santschi F (1911) Observations et remarques critiques sur le mécanisme de l'orientation. Rev Suisse Zool 19, 303–338.)

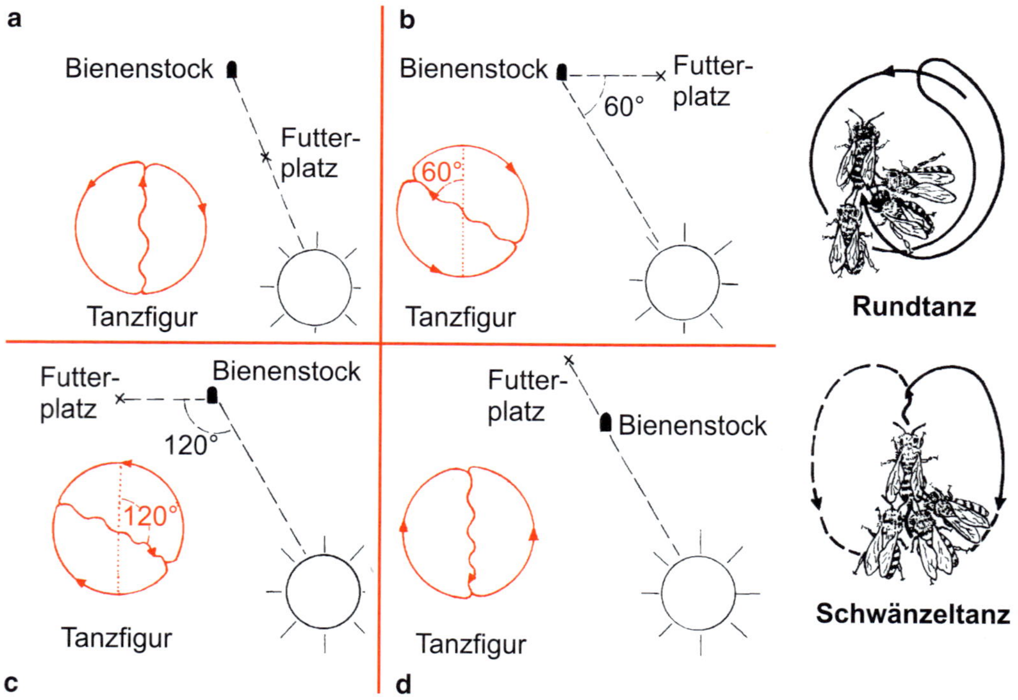

Abb. 13.110 Heimgekehrte Bienen können ihren Artgenossen mithilfe des auf der vertikalen Wabenfläche durchgeführten Schwänzeltanzes die Richtung der Futterquelle mitteilen. **a, d** Wird die Schwänzelstrecke senkrecht nach oben durchschritten, so heißt das, dass sich die Futterquelle in Sonnenrichtung befindet. **b, c** Ist die Schwänzelstrecke gegenüber der Vertikalen geneigt, so entspricht der Neigungswinkel dem Winkel zwischen Futter- und Sonnenrichtung. Der Rundtanz ohne Richtungsweisung tritt auf, wenn die Futterquelle nahe liegt (80–100 m). (Nach von Frisch K (1953) The dancing bees: An account of the life and senses of the honeybee. Methuen, London, und von Frisch K (1962) Dialects in the language of the bees. Sci Am 207(2), 78–87.)

Die Führungsgröße tritt im Experiment selbst als Wendetendenz unmittelbar in Erscheinung, wenn man die Lichtquelle, nach der sich das Tier menotaktisch orientiert hat, plötzlich abschaltet. Man kann dann beobachten, dass die Tiere mit einer kurzen Drehung reagieren.

Der **menotaktische Kurs** kann zufällig eingenommen werden (Meisen, Mistkäfer *Geotrupes*), erblich bedingt (Wanderschmetterlinge, Zugvögel, Fische, der Strandfloh *Talitrus* u. a.) oder erlernt (Ameisen, Bienen) sein. Eine angeborene Festlegung des menotaktischen Kurses nach einem Zeitplan (**Programmsteuerung**) ist bei Junglachsen (*Oncorhynchus nerka*) in Kanada nachgewiesen worden. Sie ziehen aus dem Morrison Lake zuerst nach Südosten in den Babine Lake und dann nach Nordwesten in Richtung Pazifik. Dabei orientieren sie sich an der Sonne (starke Desorientierung bei bedecktem Himmel). Dasselbe Verhalten zeigen im Morrison Lake gefangene Tiere in einem Wasserbecken bei Himmelssicht. Sie sind zuerst nach Südosten orientiert, um nach etwa zwei Wochen den gleichen Nordwestkurs zu steuern, wie ihre Geschwister in Freiheit, die inzwischen den Babine Lake auf ihrer Wanderung erreicht hatten. Ähnliches ist im Hinblick auf die Zugrichtung von Gartengrasmücken (*Sylvia borin*) gezeigt worden (Abb. 13.120).

Eine Kompassorientierung nach Sonne, Mond oder Sternen kann nur dann zuverlässig sein, wenn die Tiere bei der Festlegung ihres Kurses über längere Zeit hinweg die Wanderung der Himmelskörper berücksichtigen. Dazu ist eine **innere Uhr** notwendig, über die viele, wenn nicht alle Tiere verfügen (▶ Abschn. 13.9.3). Von **Staren** (*Sturnus vulgaris*) ist bekannt, dass sie ihren menotaktischen Sonnenkompasskurs stetig entsprechend der Azimutwanderung der Sonne am Himmel um etwa 15° pro Stunde korrigieren. Man kann diese Vögel in einem Rundkäfig leicht auf eine bestimmte Himmelsrichtung dressieren (Abb. 13.113), indem man ihnen nur dort Futter anbietet, alle anderen elf Futternäpfe aber leer lässt. Ein auf diese Weise zu einer bestimmten Tageszeit (9:00 Uhr wahre Ortszeit, WOZ) auf Süden dressierter Star wählte die südliche Himmelsrichtung bei Prüfungen auch zu jeder anderen Tageszeit (z. B. 15:00 Uhr WOZ) richtig. Er hat also die Azimutwanderung der Sonne in sein andressiertes Verhalten integriert. Um 9:00 Uhr WOZ musste er den Futterbehälter 45° rechts von der Sonne, um 15:00 Uhr aber denjenigen 45° links von der Sonne wählen. Wurde derselbe Star mehrere Tage bei künstli-

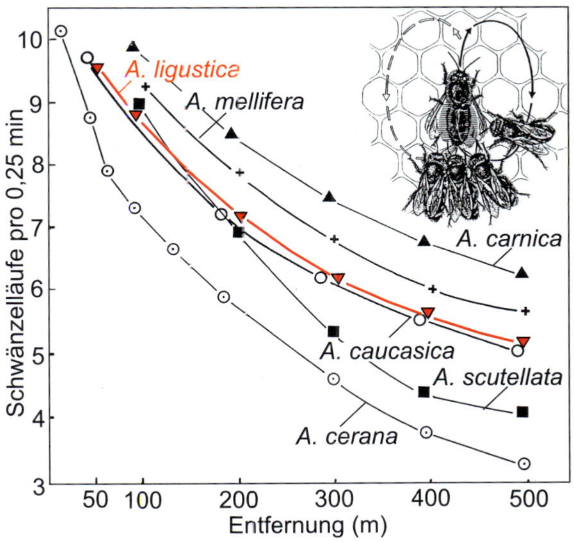

Abb. 13.111 Die Häufigkeit der Umläufe erfolgreicher Trachtbienen (*Apis mellifera*) beim Schwänzeltanz auf den Waben signalisiert die Entfernung der Futterstelle vom Stock. Bezüglich der Entfernungscodierung scheint es bei verschiedenen Bienenrassen allerdings charakteristische Unterschiede zu geben. Bei Entfernungen von 100 m liegen die Tiere verschiedener Rassen noch dicht beieinander, bei größeren Entfernungen (500 m) tanzen die ostafrikanischen Hochlandbienen (*A. m. scutellata*) und, noch ausgeprägter, die ostasiatischen (*A. m. cerana*) mit deutlich niedrigerer Frequenz als die Kärntner-(Krainer-)Bienen (*A. m. carnica*). (Nach Ruttner F (1962) Naturgeschichte der Honigbienen. Ehrenwirth, München.)

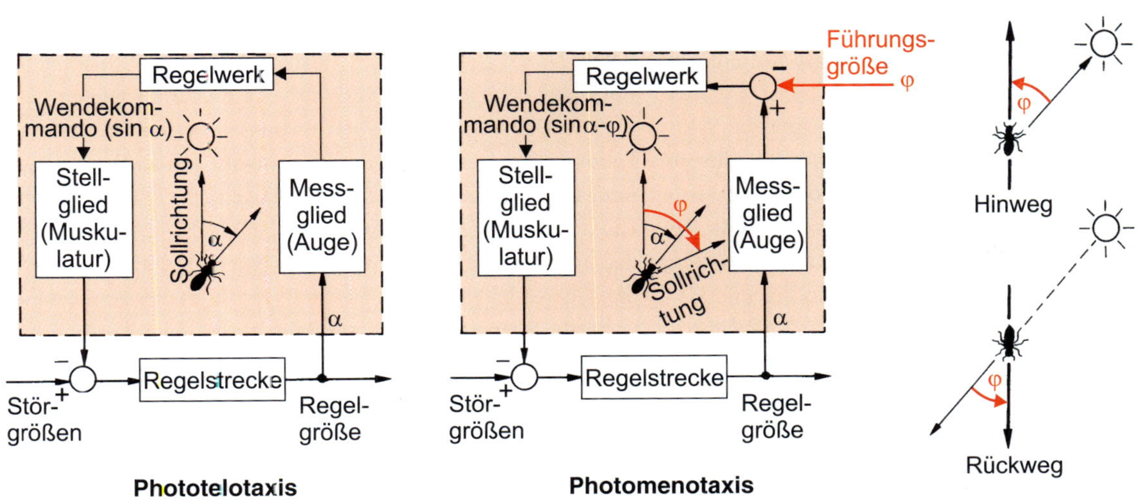

Abb. 13.112 Regelkreis beim phototelotaktischen und photomenotaktischen Verhalten mit Führungsgrößenaufschaltung (hypothetisch). Die rechten Teilabbildungen sollen veranschaulichen, dass die Kursabweichung von der telotaktischen Grundorientierung auf dem Hin- und Rückweg nach Richtung und Betrag gleich groß ist. Auf dem Hinweg ist die Grundorientierung des Tieres positiv, auf dem Rückweg negativ phototaktisch.

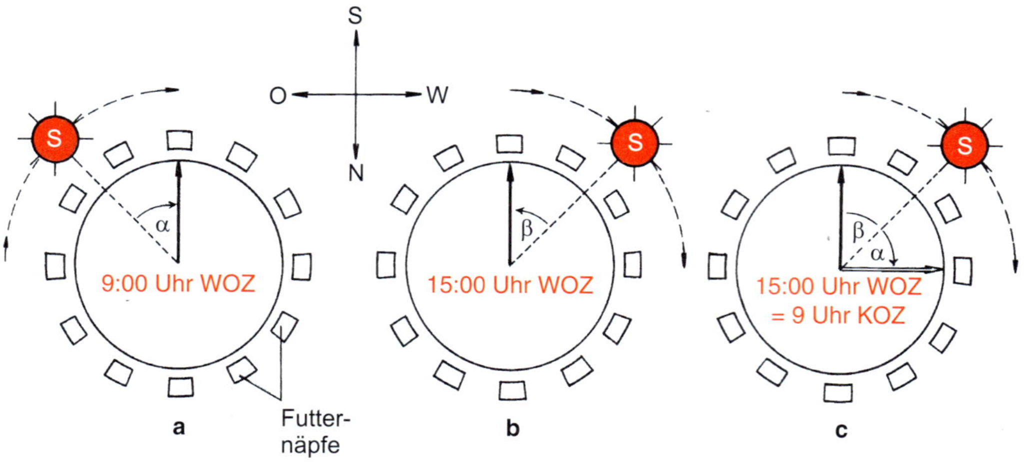

Abb. 13.113 Stare (*Sturnus vulgaris*), in einem Rundkäfig auf Süden konditioniert, wählen diese Himmelsrichtung im Test nicht nur zur Dressurzeit (9:00 Uhr WOZ) (**a**), sondern auch zu jeder anderen Tageszeit richtig, zum Beispiel um 15:00 Uhr WOZ (**b**). Die Vögel verrechnen die Azimutwanderung der Sonne: Um 9:00 Uhr WOZ befindet sich der begehrte Futternapf α = 45° rechts, um 15:00 Uhr WOZ β = 45° links von der Sonne. Verstellt man die innere Uhr des Vogels durch mehrtägigen Aufenthalt unter einem um 6 h verspäteten, künstlichen Hell-Dunkel-Wechsel, so zeigt seine den neuen Bedingungen angepasste innere Uhr erst 9:00 Uhr KOZ an, wenn es bereits 15:00 Uhr WOZ ist. Folgerichtig strebt der Vogel im Test jetzt nicht mehr in südliche, sondern in westliche Richtung (45° rechts von der Sonne) (**c**). KOZ = künstliche Ortszeit; S = Sonne; WOZ = wahre Ortszeit. (Nach Hoffmann K (1954) Versuch zu der im Richtungsempfinden der Vögel enthaltenen Zeitschätzung. Z Tierpsychol 11, 453–475.)

chem Hell-Dunkel-Wechsel gehalten, der gegenüber dem natürlichen Rhythmus um 6 h verspätet ablief, so passte sich seine innere Uhr dem neuen Lichtwechsel an. Sie zeigte erst 9:00 Uhr (künstliche Ortszeit, KOZ) an, wenn es bereits 15:00 Uhr WOZ war. Folgerichtig suchte der Vogel das Futter in dem Napf 45° rechts von der Sonne, das heißt in westlicher und nicht mehr in südlicher Richtung.

Indigofinken (*Passerina cyanea*), eine nachts ziehende Vogelart, orientieren sich – wie in früheren Zeiten die Seefahrer – nach dem **Polarstern**, der bekanntlich seine Stellung am Himmel nicht ändert. Die **Grauammer** (*Passerculus sandwichensis*), ein ausgesprochener Langstreckenflieger, justiert von Zeit zu Zeit während kurzer Zwischenstopps auf ihrer Route ihren magnetischen und Himmelkompass jeweils neu.

Das Einhalten eines konstanten Kurses gegenüber der Windrichtung (**anemotaktische Orientierung**) ist von einigen Käfern (z. B. vom Mistkäfer *Geotrupes*) und mehreren anderen Insektenarten bekannt. Sie bevorzugen eng begrenzte Winkelbereiche rechts bzw. links von der Windrichtung, die sie unbeeinflusst von Temperatur, Sättigungsgrad oder auch von der Tageszeit beibehalten. Dieses Verhalten tritt bereits bei Windgeschwindigkeiten von nur 0,15 m s^{-1} auf und wird vom Johnston-Organ (▶ Abschn. 17.3.2) zwischen Pedicellus und Flagellum ausgelöst. Es wird vermutet, dass sich der Käfer durch eine solche Winkeleinstellung zur Windrichtung optimalere Bedingungen zum Empfang chemischer Reize aus der Luft (Nahrung, Sexuallockstoffe oder ähnliches) verschafft.

Landmarkenorientierung, Pilotieren

Eine Orientierung anhand ins Gedächtnis eingeprägter Wegmarken oder Landmarken ist bei vielen Tieren beobachtet worden. Honigbienen (*Apis mellifera*) führen im Alter von 15–20 Tagen Orientierungsflüge durch, auf denen sie sich die Umgebung des Stocks mithilfe bestimmter Peilmarken einprägen. Versetzt man den Stock, so suchen die heimkehrenden Bienen das Flugloch zunächst an der alten Stelle. Bienen, Wespen und Hummeln kehren auf festen Routen zum Nest zurück, die sich durch eine bestimmte Sequenz und Anordnung von Landmarken auszeichnen, welche sie sich bei ihren Lernflügen zuvor eingeprägt haben. Dabei können sich die Routen verschiedener Individuen durchaus unterscheiden. Verschiebt man die Marken im Gelände, so ändert sich auch entsprechend ihre Route. Von der amerikanischen Stechameise (*Paltothyreus*) ist bekannt, dass sie sich nach erfolgreichem Sammellauf bei ihrer Rückkehr zum Nest nach dem Fleckenmuster der Bäume und Sträucher über ihr orientiert. Ins Labor verfrachtet wurde den Tieren eine Fotografie des Fleckenmusters über einer Arena geboten. Durch Drehen dieses Musters ließ sich die Richtung der Rückläufe der Tiere zum Nest vorhersagbar umdirigieren.

Nico Tinbergen* wies in einem klassischen Versuch die Landmarkenorientierung des **Bienenwolfs** (*Philanthus triangulum*) nach. Während das Tier in seinem Nest verweilte, legte er einen Ring von Kiefernzapfen um seinen Nesteingang. Bevor das Insekt erneut fortflog, machte es einen Orientierungsflug in die nähere Umgebung des Nestes. Während seiner Abwesenheit versetzte Tinbergen den Ring um 30 cm (Abb. 13.114), sodass das Nest jetzt außerhalb des Ringes lag. Der heimkehrende Bienenwolf suchte sein Nest dann erfolglos im Ringzentrum. Durch weitere Experimente konnte gezeigt werden, dass die Orientierung nicht aufgrund einzelner Landmarken erfolgt, sondern dass er sich mehrere Marken in ihrer räumlichen Zuordnung (**Reizkonfiguration**) einprägt. Wurde der Kreis aus Kiefernzapfen während der Abwesenheit durch einen Kreis aus Holzklötzchen ersetzt und mit Kiefernzapfen gleichzeitig ein

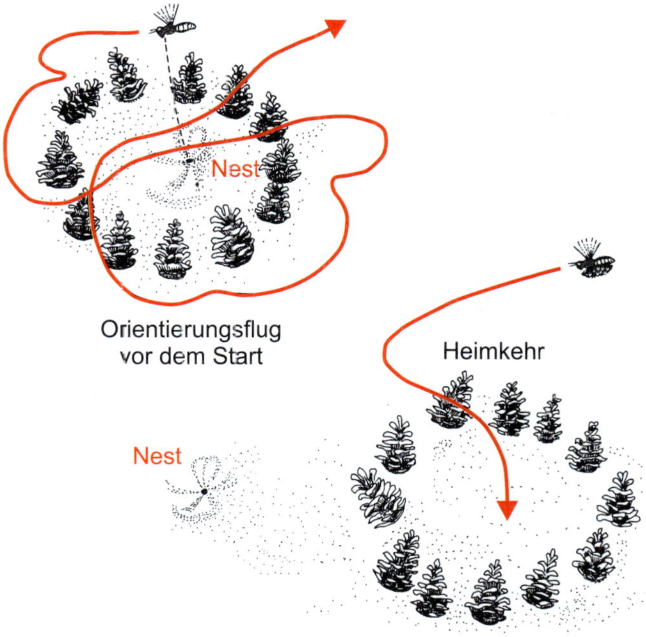

Abb. 13.114 Experiment zur Orientierung des Bienenwolfs (*Philanthus triangulum*). Die heimkehrende Wespe sucht das Nest im Zentrum des inzwischen versetzten Kiefernzapfenkreises, wo es sich beim Abflug befunden hat. (Nach Tinbergen N (1951) The study of instinct. Oxford University Press, Oxford.)

Quadrat gelegt, flog das heimkehrende Insekt in die Kreismitte. Entscheidend war die Kreisfigur, die auch von einer Ellipse unterschieden werden kann.

Auch für verschiedene Wirbeltiere ist eine Orientierung nach Landmarken von großer Bedeutung. Das gilt zum Beispiel für verschiedene **Strandvögel**, die in großen Kolonien gemeinsam brüten und ihre Jungen aufziehen. Die heimkehrenden Eltern finden, wie man experimentell ermitteln konnte, ihr Nest aufgrund charakteristischer Landmarken wieder. Versetzt man diese Marken, werden die Tiere deutlich fehlgeleitet. Silbermöwen (*Larus argentatus*) lernen niemals, ihre eigenen Eier von fremden, abweichend getüpfelten und gefärbten zu unterscheiden. Sie finden ihr eigenes Gelege allein aufgrund der eingeprägten Ortsmerkmale wieder.

Der Landmarkenorientierung können zwei unterschiedliche Mechanismen zugrunde liegen: 1. Das Tier könnte die gespeicherten Landmarken in eine topografische Karte einbauen, die es in seinem Gehirn als **mentale Karte** niederlegt. So wäre das Tier in der Lage, seinen Standort in dieser mentalen Karte zu bestimmen und das gewünschte Ziel anzulaufen bzw. anzufliegen, und zwar von jedem belieben Standort (innerhalb dieser Karte) aus, auch dann, wenn von diesem Standort vorher noch nie ausgegangen worden war. 2. Alternativ könnte die Orientierung auf Sequenzen von Gedächtnisbildern beruhen, die in ihrer richtigen Reihenfolge im Gedächtnis niedergelegt werden (**sequenzielle Schnappschusskarte**). In diesem Fall können nur bekannte Routen verfolgt werden. Wird das Tier in Regionen außerhalb der bekannten Routen versetzt, so kann es sich erst dann wieder gezielt zurückorientieren, wenn es beim Suchen wieder auf bekannte Routen gestoßen ist.

Experimente mit **Insekten** sprechen bisher dafür, dass die Tiere sich nach der sequenziellen Schnappschusskarte und nicht nach einer mentalen Karte orientieren, wobei Letzteres allerdings noch nicht ganz ausgeschlossen werden kann. Dabei gehen sie äußerst ökonomisch vor: Die unterschiedlichen Entfernungen der Landmarken bleiben unberücksichtigt. Der gespeicherte Schnappschuss ist ein direktes zweidimensionales Abbild der Umwelt. Wird ein Teil des Komplexauges abgedeckt, so fallen die mit diesem Augenareal empfangenen Marken als Orientierungshilfen aus. Das Insekt sucht also beim Umherfliegen jeweils nach der besten Passung des empfangenen retinalen Bildes mit dem im Gehirn gespeicherten Schnappschuss.

Bei **Wirbeltieren**, besonders bei Vögeln und Säugetieren, kann man kognitive Leistungen beobachten, die ohne das Vorhandensein eines mentalen Modells ihrer Umwelt (einer mentale Karte) schwer vorstellbar sind. Der **Häher** (*Aphelocoma coerulescens*) hat beispielsweise die Gewohnheit, Vorräte anzulegen und Tausende Nahrungsstücke (Raupen, Früchte usw.) an den verschiedensten Orten zu verstecken. Er findet diese Stücke nicht nur in der Regel wieder, sondern weiß auch, was er wann und wo versteckt hat (▶ Abschn. 13.8.3). Dabei fliegt er von den verschiedenen Orten – also keineswegs auf vorgeschriebenen Routen – die einzelnen Verstecke an.

Im Hippocampus und entorhinalen Cortex von Ratten wurden Neurone gefunden, deren Aktivitätsmuster Navigationsaufgaben zugeordnet werden können. **Kopfrichtungszellen** (*head direction cells*) »feuern« immer dann, wenn die Ratte in einer bestimmten Richtung orientiert ist, **Ortszellen** (*place cells*) sind dann aktiv, wenn das Tier sich in einem bestimmten Areal innerhalb seines Territoriums aufhält, und **Gitterzellen** (*grid cells*) zeigen Aktivitätsmaxima an mehreren in einem hexagonalen Muster angeordneten Orten (Abb. 13.115). Detaillierte Studien zeigen, dass Informationen der generellen visuellen Umgebung das spezifische räumliche Aktivitätsmuster dieser Zellen bestimmen. Die Orts- bzw. Richtungscharakteristik der Neurone bleibt über längere Zeit (auch über Nacht) stabil und ändert sich erst, wenn das Tier in eine neue Umgebung gebracht wird.

Navigation

Eine Navigation nach Himmelskörpern (Sonne, Mond, Sterne), nach dem Erdmagnetfeld oder dem polarisierten Himmelslicht ist bei verschiedenen Tieren beobachtet worden, darunter bei Zugvögeln (▶ Abschn. 13.10.4), wandernden Fischen, aber auch bei Bienen, Ameisen und anderen Insekten. Im Unterschied zu einer reinen Kompassorientierung verfügt das Tier bei einer Navigation nicht nur über eine Kenntnis der einzuschlagenden Richtung (Kompass), sondern auch der Distanz zum Ziel. Man spricht deshalb von einer **Vektornavigation**, da ein Vektor durch Richtung und Länge definiert ist.

Stare (*Sturnus vulgaris*), die im Herbst von ihrem Brutgebiet im Baltikum und in Weißrussland zur Überwinterung nach Großbritannien, Irland und Nordfrankreich, aufbrechen,

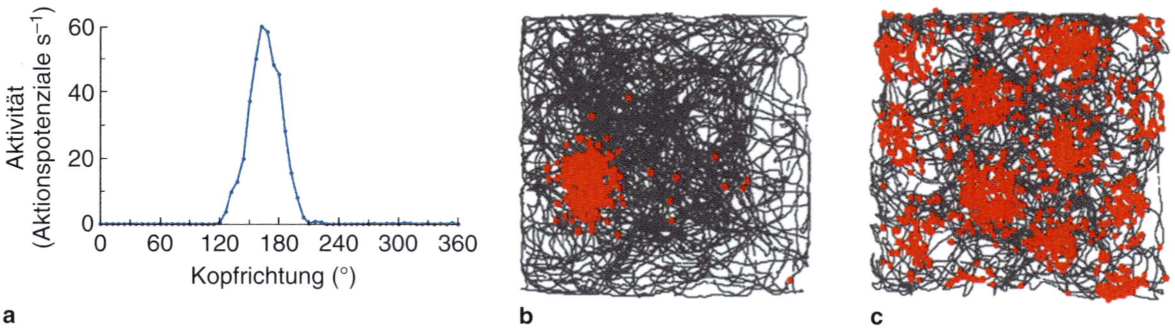

Abb. 13.115 Aktivitätsmuster einer Kopfrichtungszelle, einer Ortszelle und einer Gitterzelle aus der Hippocampusformation einer Ratte. **a** Die Kopfrichtungszelle zeigt ortsunabhägig erhöhte Aktivität, wenn der Kopf der Ratte in eine bestimmte Richtung orientiert ist (hier etwa 170°). **b** Die Ortszelle zeigt erhöhte Aktivität, wenn das Tier sich in einem bestimmten Areal aufhält (rot). **c** Die Gitterzelle ist an mehreren in einem Gitter angeordneten Arealen aktiv. Graue Linien in b, c: Laufspuren der Tiere. (a aus Taube JS (2007) The head direction signal: Origins and sensory-motor integration. Annu Rev Neurosci 30, 181–207, Abb. 1, S. 184; b,c aus Derdikman D, Moser EI (2010) A manifold of spatial maps in the brain. Trends Cogn Sci 14, 561–569, Abb. 1, S. 562.)

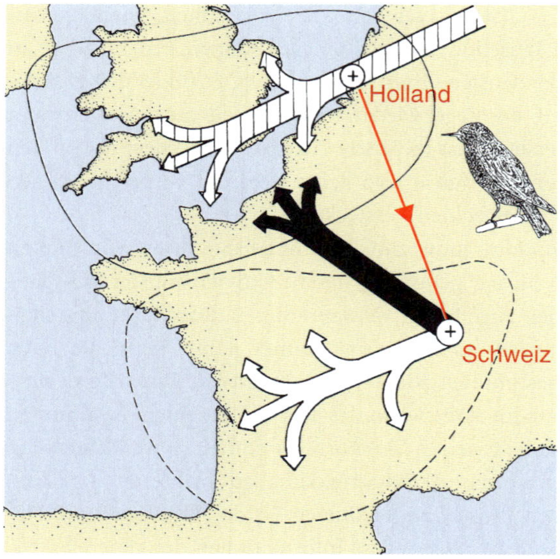

Abb. 13.116 Nach dem Transport von Staren (*Sturnus vulgaris*) während ihres Herbstzugs (schraffierter Pfeil) von Holland in die Schweiz flogen die Jungtiere nach ihrer Freilassung in der ursprünglichen Himmelsrichtung weiter (weißer Pfeil) und überwinterten in dem gestrichelt umrandeten Gebiet, während die Altvögel in ihr angestammtes Überwinterungsgebiet (einfach umrandet) zurückflogen (schwarzer Pfeil). (Nach Perdeck AC (1958) Two types of orientation in migrating starlings, *Sturnus vulgaris* L. and chaffinches, *Fringilla coelebs* L. as revealed by displacement experiments. Ardea 56, 1–37 aus Schöne H (1980) Orientierung im Raum. Wissenschaftliche Verlagsgesellschaft, Stuttgart, Abb. 2.8/1, S. 109.)

verfügen über zweierlei Daten: die einzuschlagende Richtung und die zurückzulegende Distanz (Abb. 13.116). Auf ihrem Weg ins Winterquartier hat man 11 000 Tiere in Holland abgefangen und anschließend per Flugzeug südwärts in die Schweiz verfrachtet, wo sie nach Beringung wieder frei gelassen wurden (**Verfrachtungsexperiment**). Während die Jungtiere ihren Kurs in westliche und südwestliche Richtung fortsetzten und in Südfrankreich und Spanien überwinterten (um die Strecke Holland-Schweiz südlicher als das normale Überwinterungsgebiet in Südengland), flogen die Altvögel unter Kursänderung in nordwestliche Richtung in ihr angestammtes Winterquartier. Im Gegensatz zu den Altvögeln, die auf ihren früheren Flügen bereits Erfahrungen sammeln konnten, mussten sich die Jungvögel nach der Verfrachtung allein auf ihren Vektornavigator verlassen und verfehlten ihr eigentliches Winterquartier.

Bienen und **Ameisen** sind in der Lage, nach Beendigung eines auf verschlungenem Weg abgelaufenen, mehr oder weniger ausgedehnten Sammelflugs (Biene) bzw. Beutesuchlaufs (Ameise) sofort den direkten Kompasskurs zurück nach Hause einzuschlagen. Die Wüstenameise *Cataglyphis* jagt mit Geschwindigkeiten von 1 m s^{-1} über die strukturarmen Böden ihrer Wüstenhabitate in Nordafrika und entfernt sich dabei bis zu 200 m von ihrem unterirdischen Nest. Hat sie eine Beute gefangen, kehrt sie auf kürzestem Weg zum Nest zurück (Abb. 13.117). Fängt man die Insekten am Ende ihres Sammelflugs bzw. Beutesuchlaufs und verfrachtet sie in einem geschlossenen Behälter über eine bestimmte Distanz, so schlagen sie – am neuen Ort freigelassen – denselben Kompasskurs ein, wie sie es am Fangort getan hätten. Auf diesem Kurs legen sie eine Distanz zurück, die der zwischen Fangort und ihrem Stock bzw. Nest entspricht. Das bedeutet, dass die Tiere ihr Ziel an einem Ort suchen, der vom tatsächlichen Ziel um den Transportweg (sowohl hinsichtlich der Distanz als auch der Richtung) entfernt ist (Abb. 13.117).

Um den Kompasskurs für den direkten Heimweg aus den Informationen, die während des Sammelflugs oder Beutesuchlaufs gesammelt worden sind, zu ermitteln, ist in hohem Maß Rechenarbeit erforderlich, die offenbar von dem kleinen Insektenhirn jederzeit mühelos geleistet wird. Theoretisch entspricht diese Leistung einer **Wegintegration**. Das Tier muss ständig seine rotatorischen (Winkel) und translatorischen Bewegungskomponenten (Wegstrecken) messen und speichern, um daraus jederzeit Richtung und Entfernung zum Ausgangspunkt (Rücklaufvektor) berechnen zu können.

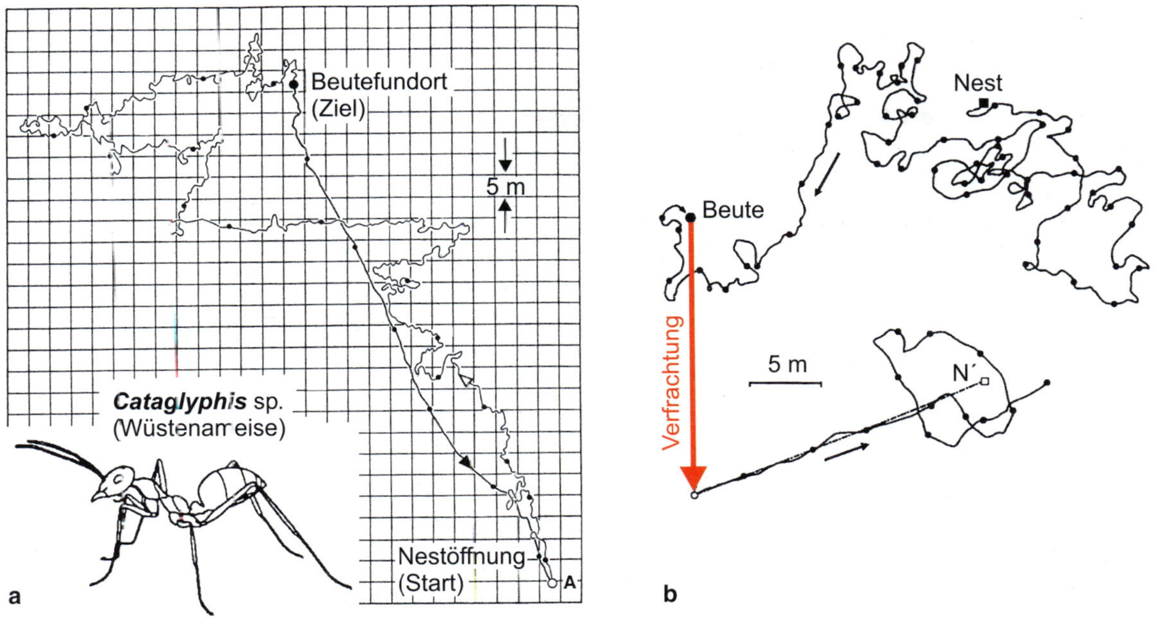

Abb. 13.117 **a** Die Wüstenameise (*Cataglyphis*) kehrt nach erfolgreichem Beutesuchlauf auf kürzestem Weg zum Nest zurück. **b** Nach Verfrachtung suchen die Ameisen ihr Nest parallelverschoben zur ursprünglichen Richtung in richtiger Entfernung, aber an falschem Ort. Weitere Erläuterungen im Text. (Nach Wehner R (1982) Himmelsnavigation bei Insekten. Neurophysiologie und Verhalten. Neujahrsbl Naturforsch Ges Zürich 184, 1–132.)

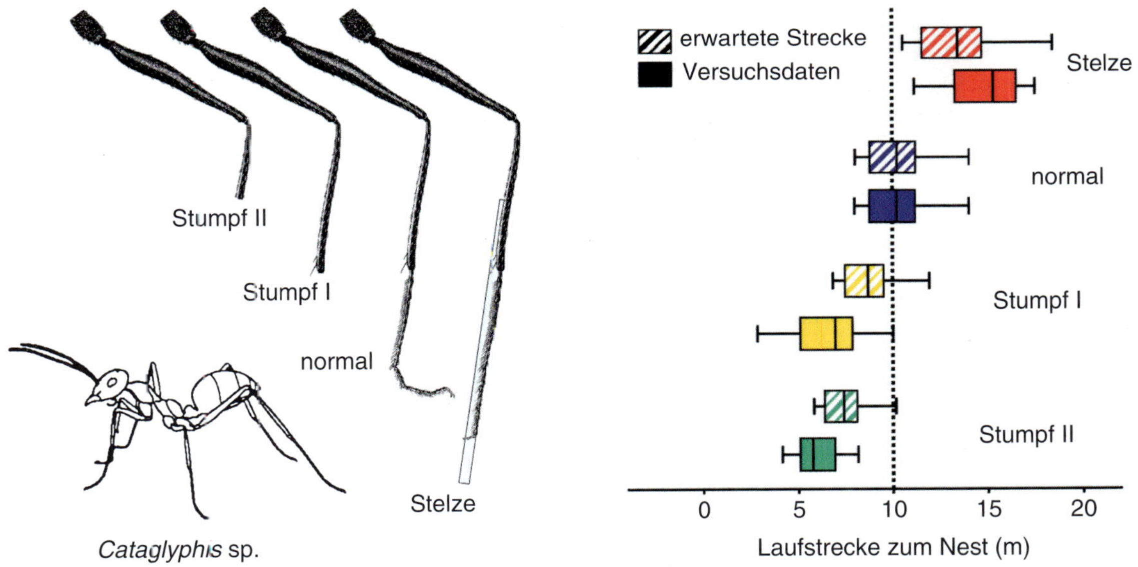

Abb. 13.118 Entfernungsmessung bei der Wegintegration der Wüstenameise *Cataglyphis bicolor*. Ameisen, die auf einen Futterplatz in 10 m Entfernung vom Nest dressiert worden waren, suchten das Nest beim Heimlauf in kürzerer Distanz, wenn ihnen die Beine gekürzt wurden und sie dadurch kürzere Schritte machten (Stumpf I und II). Bei einem Heimlauf auf Stelzen (Stelze) suchten sie das Nest erst in größerer Entfernung. (Nach Wittlinger M, Wehner R, Wolf H (2007) The desert ant odometer: a stride integrator that accounts for stride length and walking speed. J Exp Biol 210, 198–207, Abb. 2, S. 200; Abb. 4A, S. 202.)

Als **astronomischer Kompass** dient den Bienen, Ameisen und anderen Insekten vornehmlich das Polarisationsmuster des Himmelslichts. Die Analysatoren sind Rezeptoren, die in der dorsalen Randregion der beiden Komplexaugen liegen (▶ Abschn. 18.6). Bei verschiedenen Insekten wurde gezeigt, dass die Himmelspolarisationssignale von beiden Augen im Zentralkomplex des Gehirns zusammenlaufen. Bei der Wüstenheuschrecke und vermutlich auch anderen Insekten beinhaltet der Zentralkomplex eine kompassartige Repräsentation von Himmelsrichtungen (▶ Abschn. 18.6), die der Ameise *Cataglyphis* vermutlich die notwendigen Winkelmessungen ermöglichen, welche mit den zurückgelegten Distanzen zum Rücklaufvektor verrechnet werden. Lange Zeit war unklar, wie die Wüstenameisen die zurückgelegten **Laufstrecken** ermitteln. Inzwischen hat sich gezeigt, dass sie im Wesentlichen einen **Schrittzähler** einsetzen. Wenn man den Ameisen vor dem Heimlauf die Beine kürzt oder künstlich verlängert, suchen sie den Nesteingang vorhersehbar nach einer zu langen oder zu kurzen Wegstrecke (Abb. 13.118).

Bienen und andere fliegende Insekten kalkulieren Entfernungen mithilfe von **visuellen Bewegungsinformation** (optischer Fluss), die sie im Suchflug erfahren. Dressiert man sie auf Futterplätze, die mithilfe eines Ballons zunehmenden Abstand vom Boden haben, so zeigen sie ihren Artgenossen mithilfe des Schwänzeltanzes (▶ Box 13.6; Abb. 13.111) eine zu geringe Entfernung an, da mit zunehmendem Abstand vom Boden die insgesamt erfahrene Menge des optischen Flusses abnimmt.

13.10.4 Vogelzug

Viele Tiere legen in ihrem Leben – periodisch oder aperiodisch – oftmals große Strecken zurück, sei es aus Gründen des Nahrungsangebots wie bei Huftieren oder Fischschwärmen, aus Gründen der Fortpflanzung wie bei den anadromen[370] Lachsen (schwimmen zum Laichen vom Meer kommend flussaufwärts) und katadromen[371] Aalen (schwimmen zum Laichen flussabwärts ins Meer), oder zum Aufsuchen von Winterquartieren wie bei Fledermäusen, Zugvögeln und einigen Insekten. In anderen Fällen wie bei Wanderheuschrecken, Lemmingen und anderen Nagetieren steht die Wanderung im Dienst der Artausbreitung und der Vermeidung der sich aus der Massenvermehrung ergebenden negativen Konsequenzen einer Übervölkerung.

Unter den Tierwanderungen hat die jahresperiodische Wanderung der **Zugvögel** zwischen Brut- und Überwinterungsgebiet bereits sehr früh das besondere Interesse des Menschen auf sich gezogen. Einige Hundert Millionen Vögel wechseln jährlich im Spätsommer und Herbst oft über viele Tausend Kilometer von Europa nach Afrika. Von 234 in Mitteleuropa regelmäßig vorkommenden Vogelarten sind 105 echte Zugvögel.

Wenn auch der ökologische Sinn des Vogelzugs darin gesehen werden muss, dass die Tiere so den extrem ungünstigen Lebensbedingungen während des Winters entgehen, so sind Temperaturabfall oder Nahrungsverknappung doch nicht notwendigerweise die **Auslöser** des Vogelzugs. Es gibt Vögel, die uns bereits verlassen, wenn noch sommerliche Temperaturen und ein ungemindertes Angebot an Insekten herrschen. So bleibt zum Beispiel der Mauersegler (*Apus apus*) nur in den Monaten Mai, Juni und Juli in hiesigen Breiten. Bei diesen Vögeln wird der Zeitpunkt des Abflugs weitgehend endogen bestimmt (endogene circannuale Rhythmik, ▶ Abschn. 13.9.1). In Käfigen gehaltene Vögel zeigen zum selben Zeitpunkt eine deutlich messbare **Zugunruhe**, zu dem ihre frei lebenden Artgenossen auf Wanderschaft gehen. Nicht nur der Beginn, sondern auch Verlauf und Dauer der Zugunruhe zeichnen bei den Labortieren die Zugaktivität der Freilandtiere nach. Das alles geschieht oft mit erstaunlicher zeitlicher Präzision. Viele Zugvögel kehren über Tausende von Kilometern Jahr für Jahr fast auf den Tag genau zu uns zurück. Man bezeichnete sie auch als **Kalendervögel**. Sie sind besonders unter den Vögeln zu finden, deren Brutgebiet weit nördlich liegt, wo der für das erfolgreiche Brüten so wichtige Sommer sehr kurz ist.

Einem **jahresperiodischen (circannualen) endogenen Rhythmus** unterliegt nicht nur die Zugunruhe, sondern auch eine Reihe damit im Zusammenhang stehender physiologischer Veränderungen im Vogelkörper wie **Gonadenreifung**, **Mauser** und **Fettansatz** (Abb. 13.119). Über zehn Jahre abgeschirmt von der Außenwelt unter völlig konstanten Bedingungen (künstlicher Hell-Dunkel-Wechsel, konstante Temperatur, gleichbleibendes Nahrungsangebot) gehaltene Gartengrasmücken (*Sylvia borin*) zeigten immer noch – wie ihre Artgenossen im Freien – zweimal jährlich Mauser, Zugunruhe und Fettdeposition. Allerdings betrug der freilaufende circannuale Rhythmus nicht zwölf, sondern nur neun bis elf Monate.

Diesen Instinktvögeln stehen die **Wettervögel** gegenüber, die zwar ebenfalls endogen bedingt im Herbst eine Zugbereitschaft zeigen, aber wirklich erst ziehen, wenn sich die Witterungsbedingungen verschlechtern. Zwischen beiden Extremen gibt es viele Übergänge.

Küstenseeschwalben (*Sterna paradisaea*) legen jährlich eine Strecke in der Größenordnung von bis zu 50 000 km, Schwalben und Steinschmätzer (*Oenanthe oenanthe*) etwa 20 000–30 000 km zurück. Beim Zug werden Barrieren wie Ozeane, Wüsten, Gebirge, Regenwälder und Eisflächen von den Vögeln überquert, zum Teil in Nonstopflügen von 7000 km Länge und 100 h Dauer. Die **Energie** für den Flug während des Zuges liefert in erster Linie das **Fett**. Vor dem Zug werden deshalb Fettreserven angelegt (**Fettdeposition**). Gartengrasmücken (*Sylvia borin*) können so ihre Körpermasse im Herbst und im Frühjahr verdoppeln. Dabei steigern sie die tägliche Nahrungsaufnahme um ca. 60 %. Es wird nicht nur mehr gefressen, oft ändert sich auch die Nahrungswahl. Viele Singvögel, die zur Brutzeit vornehmlich Arthropoden fressen, ernähren sich während der Fettdeposition zum erheblichen Teil von Beeren und fleischigen Früchten. Das hängt mit dem Gehalt dieser Früchte an ungesättigten Fettsäuren zusammen, denn das »Zugfett« besteht vornehmlich aus langkettigen ungesättigten Fettsäuren (Ölsäure, Linolsäure usw.).

Ein weiteres Problem für die Zugvögel besteht im Abführen der durch die Muskelarbeit erzeugten **Wärme**. Das geschieht hauptsächlich durch Evaporation (▶ Abschn. 10.5.1), kostet also Körperwasser, das nur zu 10 % aus dem Oxidationswasser gedeckt werden kann. Das bedeutet, dass Langstreckenflüge bei hohen Außentemperaturen nicht möglich sind. Etwa 200 europäische Vogelarten überwintern südlich der **Sahara** in Afrika. Viele von ihnen überqueren zweimal jährlich die 2000–3000 km breite Wüste. Dabei bieten sich zwei Alternativen an: Entweder der Vogel zieht in geringer Flughöhe und dann nur in der kühlen Nacht, oder er zieht in hinreichender Höhe, wo es kühler ist, dann auch tagsüber. Letzteres ist aber nur mög-

[370] *ana* (griech.) = hinauf
[371] *kata* (griech.) = hinunter

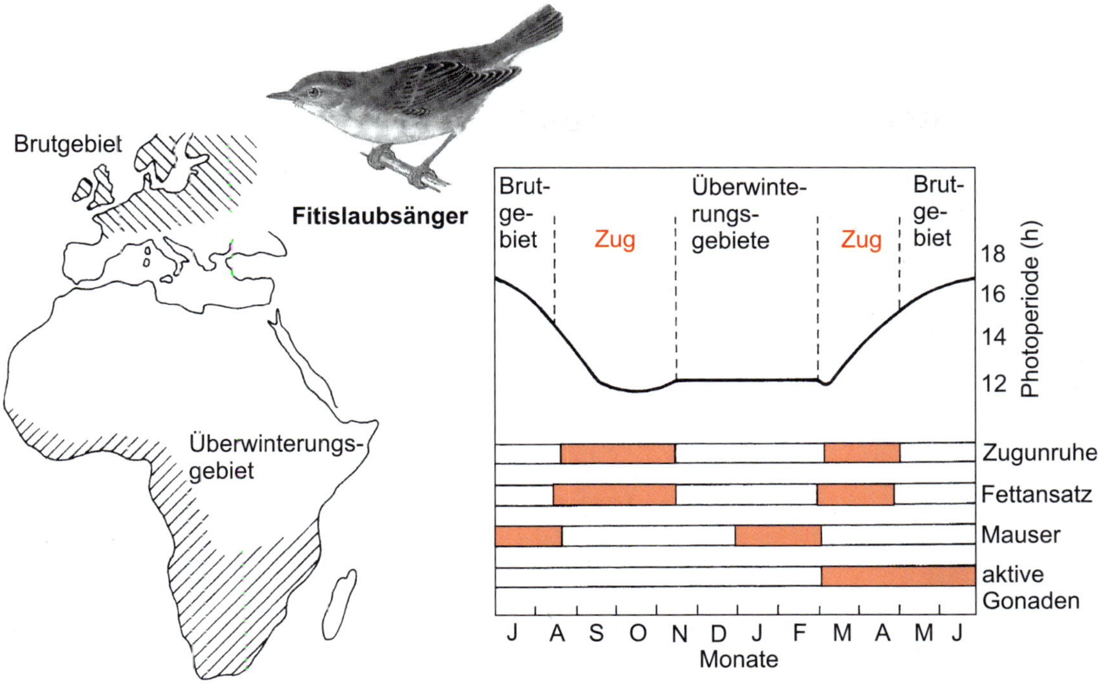

Abb. 13.119 Überwinterungs- und Brutgebiete des Fitislaubsängers (*Phylloscopus trochilus*), die circannuale Rhythmik verschiedener Funktionen und die photoperiodischen Bedingungen in seinen Aufenthaltsgebieten während eines Jahres. (Nach Czihak G, Langer H, Ziegler H (1981) Biologie. Springer, Berlin, verändert.)

lich, wenn in größeren Höhen Rückenwind herrscht, was oft nicht der Fall ist. Viele Vögel sieht man deshalb während des Tages im Schatten der Vegetation in Oasen oder der Felsen in den Gebirgen rasten, um nachts den Flug fortzusetzen.

Die meisten Zugvögel ziehen im Herbst in breiter Front und verfolgen dabei eine bestimmte Vorzugsrichtung. Einige Arten bevorzugen aber auch typische **Zugstraßen**, so zum Beispiel der Kranich (*Grus grus*), der als ausdauernder und schneller Flieger ohne Rücksicht auf Meere und hohe Gebirgsketten seinen Weg macht. Demgegenüber überquert der Storch (*Ciconia ciconia*) als Segelflieger das Mittelmeer an seinen schmalsten Stellen: Die »Weststörche« ziehen über Gibraltar ins tropische Westafrika, die »Oststörche« über den Bosporus, Jordangraben und Golf von Suez nach Ostafrika bis zum Kap der Guten Hoffnung. Bei einer Reihe von Zugvögeln wird auf der Herbstwanderung eine andere Route genommen als auf der Frühlingswanderung. So überquert der mitteleuropäische Neuntöter (*Lanius collurio*) im Herbst das Mittelmeer, im Frühjahr geht die Route (besserer Rückenwind?) über das Rote Meer und Kleinasien.

Durch viele **Verfrachtungsexperimente** ist eindeutig belegt, dass Jungvögel, die im Herbst starten, über zweierlei Daten verfügen: erstens über die Richtung und zweitens über die zurückzulegende Distanz. Sie vollführen also eine **Vektornavigation** (▶ Abschn. 13.10.3, ◘ Abb. 13.116). Die Versuche machten aber auch deutlich, dass es neben der angeborenen Orientierungskomponente (Vektornavigation) auch eine Erfahrungskomponente (bei den Altvögeln) gibt.

Die Weitergabe von Erfahrungen von den Altvögeln auf die Jungtiere (**Tradierung**; ▶ Abschn. 13.8.2) spielt in vielen Fällen eine nicht unerhebliche Rolle. Viele Zugvögel sammeln sich vor dem Abflug. Alt- und Jungtiere fliegen gemeinsam. Bei den Störchen sind es besonders jene Altvögel, die nicht zur Brut gekommen sind, die die Jungvögel begleiten, während die Brutvögel etwas später folgen. Im Jahr 1933 wurden Jungstörche aus Ostpreußen ins Ruhrgebiet gebracht. Die Tiere, die noch Anschluss an die dort beheimatete Storchpopulation finden konnten, zogen mit den »Weststörchen« in die südwestliche Richtung. Diejenigen Jungvögel aber, die erst frei gelassen wurden, als die dort ansässigen Störche bereits fort waren, flogen – wie ihre Artgenossen in Ostpreußen (»Oststörche«) – in südöstliche Richtung. Es gibt allerdings auch Zugvögel, bei denen die Jungvögel niemals gemeinsam mit den erfahrenen Alttieren ziehen, sich also eine Tradition nicht ausbilden kann.

Die bei vielen Arten offenbar genetisch fixierte und übertragene **Zugrichtung** muss nicht konstant sein. Sie kann sich – ebenfalls endogen gesteuert – nach einem bestimmten **Zeitprogramm** ändern. Die Gartengrasmücke (*Sylvia borin*) zieht aus ihren mitteleuropäischen Brutgebieten zunächst (August/September) südwestwärts nach Spanien, um dann nach Überqueren der Straße von Gibraltar über Afrika eine südöstliche Richtung zum Überwinterungsquartier einzuschlagen (◘ Abb. 13.120). Die Zugunruhe bei in einem Rundkäfig gefangengehaltenen Artgenossen wies zunächst (August/September) ebenfalls in die südwestliche Richtung auf und schlug später (Oktober bis Dezember) in eine südöstliche Richtung um.

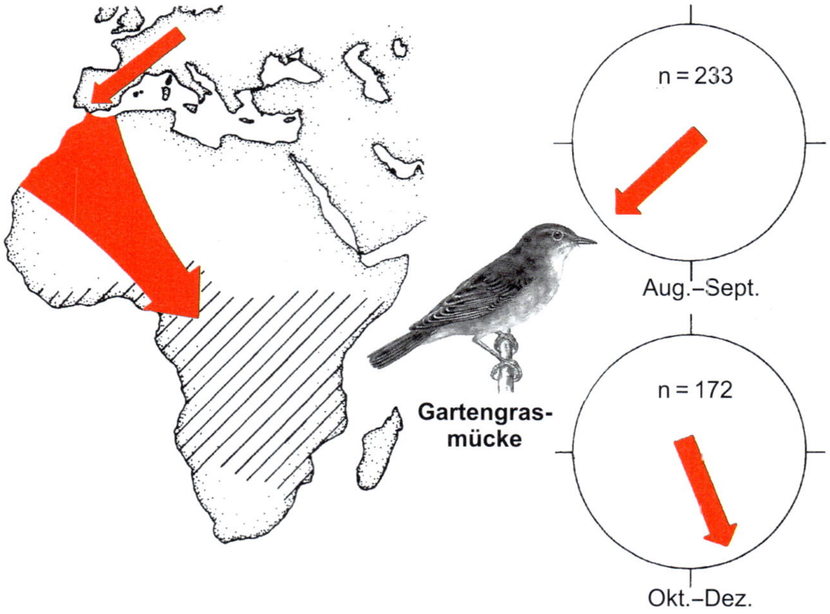

Abb. 13.120 Der Herbstzug der mitteleuropäischen Gartengrasmücke (*Sylvia borin*) ins Überwinterungsgebiet (schraffiert) im Vergleich zur Richtung der Zugunruhe bei Vögeln unter jahresperiodisch konstanten Bedingungen im Rundkäfig im August/September bzw. Oktober/Dezember (Mittelwerte aus *n* Beobachtungen). Nähere Erläuterungen im Text. (Nach Gwinner E, Wilschko W (1978) Endogenously controlled changes in migratory direction of the garden warbler, *Sylvia borin*. J Comp Physiol 125, 267–273, aus Schöne H (1980) Orientierung im Raum. Wissenschaftliche Verlagsgesellschaft, Stuttgart, Abb. 2.8/10, S. 119.)

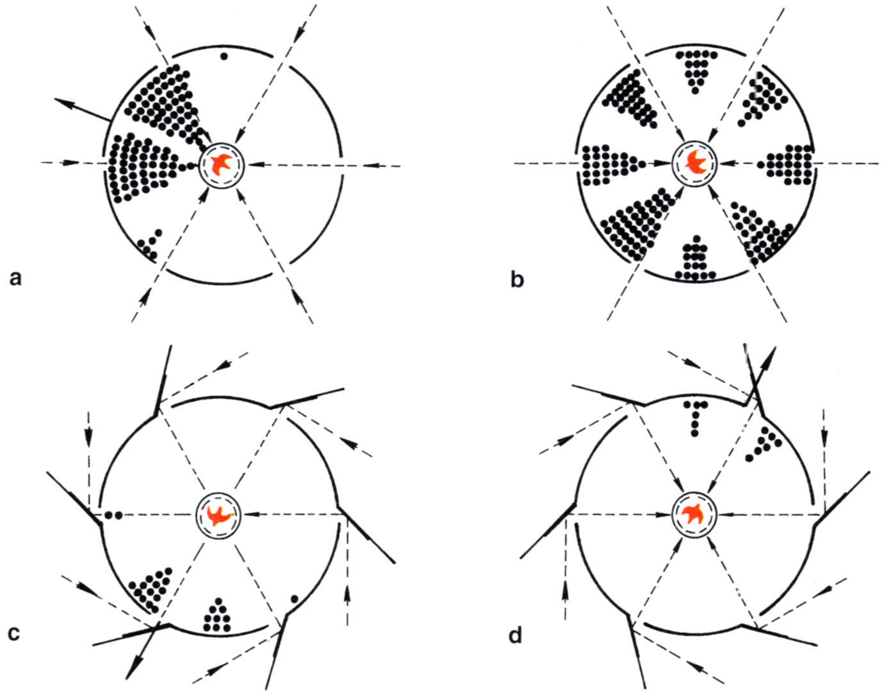

Abb. 13.121 Die Abhängigkeit der Zugrichtung zugunruhiger Stare (*Sturnus vulgaris*) in einem Käfig vom Lichteinfall (Sonnenstand). Jeder Punkt bedeutet 10 s gerichtetes Ziehen in einem der sechs Käfigsektoren. Der dicke Pfeil weist in die Zugrichtung (Mittelwert) des Stars, die gestrichelten Pfeile symbolisieren den Weg des Lichteinfalls. Bei unbedecktem Himmel (**a**) deutliche Bevorzugung einer Richtung, unter bedecktem Himmel (**b**) nicht. Wird durch Spiegelung ein um 90° veränderter Sonnenstand vorgetäuscht, bevorzugen die Stare erwartungsgemäß eine um 90° gegenüber der normalen Zugrichtung nach links (**c**) bzw. nach rechts (**d**) verlagerte Richtung. (Nach Kramer G (1950) Weitere Analyse der Faktoren, welche die Zugaktivität des gekäfigten Vogels orientieren. Naturwissenschaften 34, 377–378.)

Um eine bestimmte Richtung einschlagen und beibehalten zu können, müssen sich die Tiere natürlicher Bezugsgrößen bedienen. Zugvögel benutzen sowohl die Sonne als auch die Sterne als Bezugsgrößen (Sonnen- und Sternkompass). Hinzu kommt die Orientierung nach dem Magnetfeld der Erde (▶ Abschn. 19.3.1), die noch den Vorteil hat, dass es praktisch keine tagesperiodischen Schwankungen zeigt. Die **Sonnenkompassorientierung** (▶ Abschn. 13.10.3) bei Vögeln wurde von G. Kramer 1950 entdeckt und ist heute durch viele Experimente sehr gut belegt (Abb. 13.121). Registriert wird die Azimutkomponente (Horizontalkomponente) der Sonnenbewegung, denn nur sie sagt etwas über die Himmelsrichtung aus. Unberücksichtigt bleibt dagegen die Höhe des Sonnenstands. Die Sonnenorientierung kann selbstverständlich nur funktionieren, wenn sie durch eine innere Uhr (▶ Abschn. 13.9.3) gesteuert wird.

Eine **Sternenkompassorientierung** wurde erstmals von Sauer im Jahr 1956 an Grasmücken und Laubsängern nachgewiesen. Nach Untersuchungen an Rotkehlchen (*Erithacus rubecula*) muss die Orientierung nach den Sternen erst erlernt werden (Sekundärorientierung). Sie zeigten sich bei Darbietung eines künstlichen Sternenmusters ohne Magnetfeld desorientiert. Wurde zusätzlich ein Magnetfeld geboten, wurde die Zugunruhe richtungsorientiert. Diese Richtungstendenz blieb bestehen, wenn man das Magnetfeld wieder entfernte. Die Tiere hatten offensichtlich inzwischen das Sternenmuster mithilfe des Magnetfelds geeicht. Unter experimentellen Bedingungen (Planetarium) können völlig willkürlich zusammengesetzte Sternenmuster ebensogut erlernt werden wie natürliche Konstellationen. Auf die **Magnetkompassorientierung** bei Vögeln wird in ▶ Abschn. 19.3.2 näher eingegangen.

Von einer **echten Navigation** sprechen wir erst dann, wenn eine Positions- und Kursbestimmung von einem unbekannten Ort vorgenommen werden kann, um von dort aus ein bekanntes Ziel anzusteuern. In dieser Hinsicht zeigen **Brieftauben** erstaunliche Leistungen. Ihr Heimfindevermögen beruht nicht darauf, dass die Orientierung für den Rückweg aus den gespeicherten Informationen aller Wendungen und Wegstrecken während des Hinwegs gewonnen wird. Brieftauben finden auch dann ihren Weg zurück, wenn sie während des Weges zum Auflassort fortwährend rotieren oder vollnarkotisiert sind. Wahrscheinlich liegt der Navigation ein Vermögen zur geografischen Ortsbestimmung zugrunde, einer »Navigation nach Karte und Kompass« (Kramer). Der Vogel stellt zunächst seinen Standort in einem »Koordinatennetz« (Karte) fest und bestimmt daraus die Richtung zum Ziel. Diese Richtung wird dann mithilfe der bereits erwähnten Kompassorientierung eingestellt und eingehalten. Über die Natur des Koordinatennetzes gibt es keine sicheren Kenntnisse. Das Auge spielt eine untergeordnete Rolle: Tauben, die getrübte Augengläser tragen (keine Mustererkennung, nur Helligkeitsunterscheidung), finden trotzdem bis in die Nähe ihres Heimatschlags zurück. Diskutiert wird eine Geruchskarte (Assoziation von Windrichtungen mit unterschiedlichen Gerüchen am heimatlichen Taubenschlag) sowie eine Ortsbestimmung mithilfe kartenartiger Unterschiede in Stärke und Inklination des Erdmagnetfelds, die zusammen mit einem Magnetkompass eine echte Navigation ermöglichen würden (▶ Abschn. 19.3.1).

13.11 Begriffsbildung und Planhandlungen

Der Erfolg einfacher Dressuren in Zweifachwahlversuchen (◘ Abb. 13.73) setzt eine gewisse **angeborene Fähigkeit zur Abstraktion** beim Tier voraus (▶ Abschn. 13.8.2). Es muss fähig sein zu lernen, nur auf die dargebotenen Dressurmuster zu achten und von der Umgebung zu abstrahieren. Es muss außerdem lernen, das immer wiederkehrende positive bzw. negative Muster als gleich, beide nebeneinander aber als verschieden zu erkennen. Ein weiterer Abstraktionsvorgang besteht darin, dass sich das Tier in der Regel nicht alle Einzelheiten des Reizmusters einprägt, sondern nur bestimmte Charakteristika desselben. So ist das Tier auch in der Lage, angeborenermaßen Ähnlichkeiten zu erfassen. Sehr eindrucksvoll wird die Abstraktionsfähigkeit der Tiere in den erfolgreichen Experimenten zum relativen Lernen demonstriert.

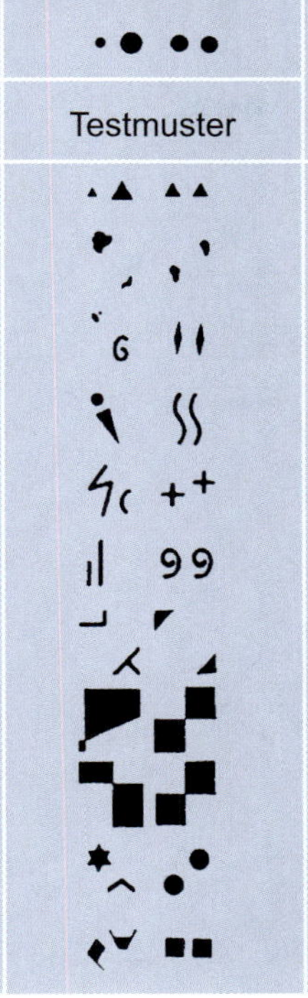

Nr.	Ausgangsmuster / Testmuster	Anzahl der Tests	Prozentsatz der "Richtig-Wahlen"
1.			
2.		100	70
3.		95	87
4.		70	99
5.		50	90
6.		60	80
7.		60	85
8.		110	75
9.		50	78
10.		60	73
11.		50	90
12.		50	80

◘ **Abb. 13.122** Eine Kleine Zibetkatze (*Viverricula malaccensis*) wurde auf die Unterscheidung gleich-ungleich (gleiche und ungleiche Kreisflächen) dressiert. In der Tabelle: Prozentsätze von Spontanwahlen im Sinn der Ausgangsdressur auf neue, nicht andressierte Musterpaare. (Nach Rensch B, Dücker G (1959) Versuche über visuelle Generalisation bei einer Schleichkatze. Z Tierpsychol 16, 671–692.)

Ein Vermögen zur **Generalisierung von »Ungleich« gegen »Gleich«** ist bei Säugetieren wiederholt im Experiment nachgewiesen worden. Eine Zibetkatze (*Viverricula malaccensis indica*) konnte mit Erfolg darauf dressiert werden, Muster ungleicher Gegenstände gegenüber Mustern gleicher Gegenstände zu bevorzugen (◘ Abb. 13.122). Harlow dressierte Rhesusaffen darauf, aus drei dargebotenen Objekten (zwei gleiche und ein ungleiches) jeweils das ungleiche Objekt auszuwählen. (◘ Abb. 13.123). Als sie dieses Problem beherrschten, wurde die Aufgabe noch komplizierter gestaltet: Die Affen mussten das in der Form ungleiche Objekt wählen, wenn die Unterlage cremefarben, aber das in der Farbe ungleiche Objekt, wenn die Unterlage orange war. Auch diese komplexe Aufgabe lernten die Makaken zu beherrschen, überraschenderweise sogar problemloser als die Schimpansen.

Vögel und Säugetiere sind auch zur Bildung **averbaler Zahlenbegriffe** in der Lage. Die Versuchstiere wurden darauf dressiert, von zwei Ködergruppen, die sich nur um eine Ködereinheit unterschieden, die eine unberührt zu lassen und nur die andere zu fressen. Die obere Grenze des Erfassens einer Anzahl war bei Haustauben, Dohlen und Wellensittichen sechs gegen fünf, bei Kolkraben und Eichhörnchen sieben gegen sechs, beim Graupapagei acht gegen sieben und beim Rhesusaffen 13 gegen zwölf. Der letzte Wert liegt bereits nahe an den für den

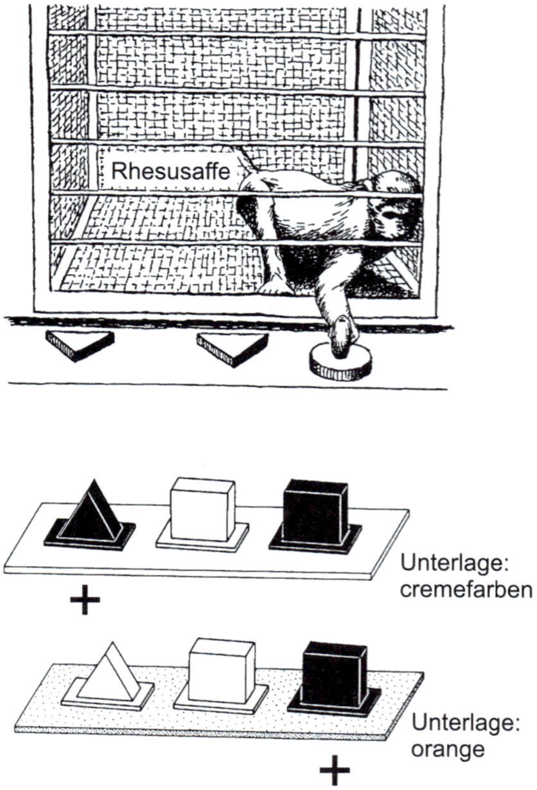

Abb. 13.123 Rhesusaffe (*Macacus rhesus*) beim Auswählen des ungleichen Objekts. Unten: Auf einem cremefarbenen Untergrund musste der Affe das formungleiche, auf einem orangefarbenen das farbungleiche Objekt wählen. (Nach Harlow HF (1951) Primate learning. In: Stone CP (Hrsg) Comparative psychology. 3. Aufl. Prentice Hall, Englewood Cliffs, NJ, S. 183–238.)

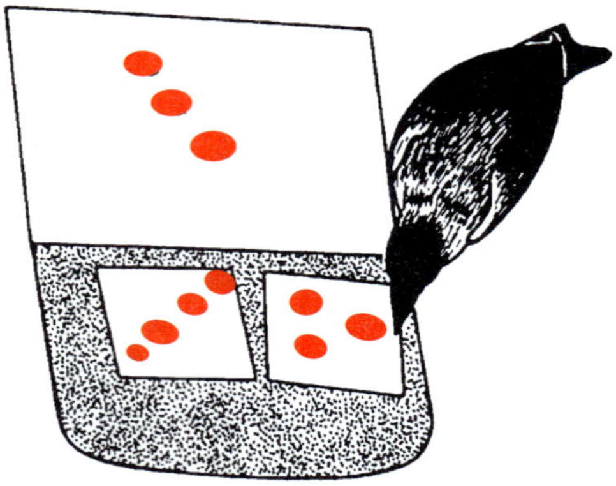

Abb. 13.124 Eine Dohle (*Corvus monedula*) bei der Wahl des Deckels auf einer Futterschale, der die Punktzahl der Anweisetafel trug. Beachte die unterschiedliche Anordnung der drei Punkte auf dem Deckel und auf der Anweisetafel. (Nach Koehler O (1941) Vom Erlernen unbenannter Anzahlen bei Vögeln. Naturwissenschaften 29, 202–218)

Menschen bei sehr kurzer Reizdarbietung gefundenen Werten (17 gegen 16).

Dohlen konnten darauf dressiert werden, zunächst auf einer Anweisetafel die gewünschte Punktzahl abzulesen und anschließend von zwei dargebotenen Futterschalen nur denjenigen Deckel abzuwerfen, der diese Punktzahl aufwies. Dabei spielte schließlich die Anordnung der Punkte keine Rolle mehr, sondern nur die Anzahl. Die Anordnung konnte auf der Anweisetafel und auf dem Deckel völlig verschieden sein (Abb. 13.124).

Dieses Abschätzen und Erlernen verschieden großer Anzahlen setzt noch kein Zählvermögen voraus. Dass die Tiere auch dazu in Grenzen in der Lage sind, zeigen Versuche, bei denen die Vögel darauf dressiert wurden, jeweils nur eine bestimmte Anzahl von Körnern in zeitlich von Versuch zu Versuch verschiedener Folge aufzunehmen (**averbales Zählvermögen**). So lernten beispielsweise Tauben von insgesamt neun Futterschalen, die unterschiedlich viele Erbsen enthielten (manche waren auch leer), nur so lange die Deckel abzuwerfen, bis sie die ihnen andressierte Anzahl von Erbsen entnommen hatten.

Wie ein Tier seine averbalen Zahlenbegriffe bildet, ist unklar. Vögel sind vielleicht durch eine instinktive Anlage dazu besser in der Lage als andere Tiere. Viele Arten beginnen erst dann zu brüten, wenn eine bestimmte Anzahl von Eiern im Nest liegt. Entnimmt man dem unvollständigen Gelege immer wieder ein Ei, kann man den Brutbeginn verzögern.

Ein relativ hoher Grad der Generalisation ist erreicht, wenn das Tier in der Lage ist, die durchgeführte **Abstraktion auf eine andere Sinnesmodalität** zu übertragen. Ein Graupapagei hatte gelernt, aus acht verdeckten Schälchen auf zwei Lichtblitze zwei und auf drei Lichtblitze drei Körner zu entnehmen. Wurden anschließend statt der Lichtsignale zwei oder drei Tonsignale gegeben, entnahm der Vogel spontan jeweils die richtige Anzahl von Körnern.

Am höchsten ist die Fähigkeit zur Abstraktion und Generalisation selbstverständlich bei den **Menschenaffen** entwickelt. Rhesusaffen lassen sich darauf dressieren, bei Darbietung verschiedengestalteter und verschiedenfarbiger Objekte von der Form und Größe zu abstrahieren und nur unter Beachtung der Farbe alle gleichfarbigen Objekte aus einer Menge herauszusuchen. Sie sind also in der Lage, Objekte aufgrund bestimmter Merkmale zusammenzufassen, das heißt, eine **Invarianzklassenbildung über Objektmengen** vorzunehmen, wir würden sagen, Begriffe zu bilden, ohne sie allerdings mit Worten zu kennzeichnen (**averbale Begriffe**). Derartige Begriffsbildungen kommen offenbar durch eine Reihe von Abstraktionen zustande und nicht durch logische Operationen.

Menschenaffen sind offenbar sogar in der Lage, in gewissem Grad zu einem **Begriff des eigenen Ichs** zu gelangen. Während Gibbons und andere Altweltaffen stets mit Artgenossenreaktion auf ihr eigenes Spiegelbild reagieren, zeigen Orang Utans und Schimpansen im Spiegelversuch ein auf sich selbst bezogenes Verhalten (z. B. das Bemühen, einen aufgetragenen Farbfleck bei sich zu entfernen).

Affen sind auch zur Bildung **averbaler Wertbegriffe** in der Lage. Eine Rhesusaffenweibchen lernte, dass es mit einem gelben Ring an einem Pseudoautomaten 15 Viertel Erdnüsse einlösen konnte, für einen weißen dagegen nur sechs, für einen

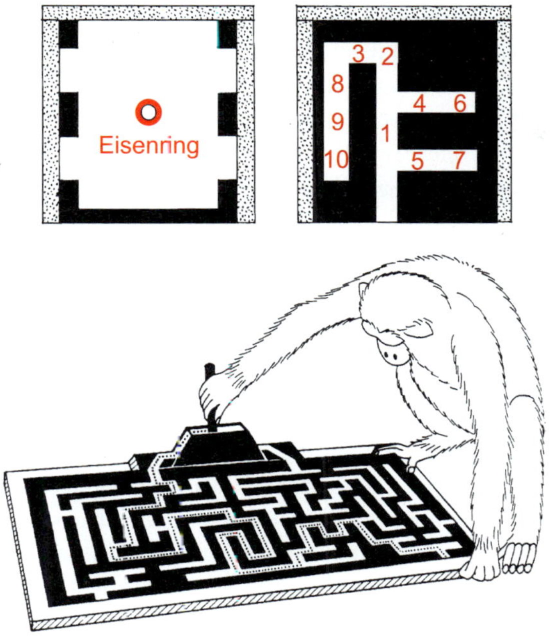

Abb. 13.125 Nach längerem Training, angefangenen mit ganz einfachen Labyrinthaufgaben (obere Skizzen: die Zahlen geben die Ausgangsposition des Eisenrings in den sukzessiven Versuchen an), lernt die Schimpansin, mithilfe eines Magneten einen Eisenring aus einem sukzessiv immer komplizierter gestalteten Labyrinth fehlerfrei (ohne in Sackgassen zu geraten) zum Ausgang am Brettrand zu führen. Die Labyrintanordnungen wurden von Versuch zu Versuch jeweils anders gestaltet. (Nach Rensch E, Döhl J (1968) Wahlen zwischen zwei überschaubaren Labyrinthwegen durch einen Schimpansen. Z Tierpsychol 25, 216–231, aus Franck D (1985) Verhaltensbiologie. 2. Aufl. Thieme, Stuttgart.)

grünen drei, für einen blauen ein und für einen roten gar kein Viertel. Es lernte weiter, von einem dargebotenen Brett, auf dem zwölf verschiedenfarbige Ringe hingen, jeweils drei zu entnehmen und am Automaten gegen Erdnüsse einzutauschen. Am Ende des Experiments wählte sie vornehmlich zuerst die höchstbelohnten Farbringe: fehlten die gelben, nahm sie zunächst die weißen. War nur ein weißer Ring vorhanden, nahm sie auch noch grüne usw.

Für das **einsichtige Lernen** ist charakteristisch, dass die **Kann-Phase**, in der eine Assoziation zwischen Reiz und Handlung etabliert ist, mit neu kombiniertem Verhalten plötzlich auftritt. Ihr geht eine Lernphase bei weitgehender motorischer Inaktivität des Tieres voraus. Während der Lernphase muss das Tier im Geiste bereits verschiedene Handlungsmöglichkeiten ohne vorheriges Ausprobieren durch Versuch und Irrtum (s. o.) gegeneinander abgewogen haben, bevor es die Entscheidung für die in der Situation adäquat erscheinende Handlung fällt. Solche Spontanlösungen mit räumlicher Einsicht sind von Elritzen, Vögeln und Säugetieren bekannt. Besonders eindrucksvoll ist folgender Versuch mit einer **Schimpansin**. Ihre Aufgabe bestand darin, aus einem komplizierten, variablen Labyrinth, das mit einer Plexiglasscheibe abgedeckt war, mithilfe eines Magneten einen flachen Eisenring herauszubefördern. Es gelang ihr, nach Überdenken der Raumsituation, verbunden mit Blick- und Kopfwendungen (bis zu 75 s), mit großer Sicherheit innerhalb von höchstens 61 s, ohne mit dem Ring in eine Sackgasse zu geraten (Abb. 13.125). Studenten benötigten im Durchschnitt etwas weniger als die Hälfte der Zeit,

Abb. 13.126 Einsichtiges Handeln beim Schimpansen. Der Affe türmt drei Kisten übereinander (links) oder benutzt einen harkenartigen Stab (rechts), um an die begehrte Banane zu gelangen. Das geschieht in der Regel spontan, ohne vorausgegangenes Probieren oder Lernen durch Versuch und Irrtum, nachdem er vorher mehr oder weniger lange vergeblich auf direktem Weg ohne Hilfsmittel versucht hat, die Banane zu erreichen. (Aus Fischel U (1970) Können Tiere denken? Urania, Leipzig.)

um den richtigen Weg herauszufinden. Anschließend konnte die Schimpansin den Ring beim Versuchsleiter gegen Futter eintauschen (Belohnung).

Deutlich tritt die Einsicht beim **planmäßigen Handeln** und bei der **Verwendung von Gegenständen** hervor. Schimpansen holen einen Stock oder schieben leere Kisten herbei, die sie anschließend aufeinandertürmen, um an eine für sie sonst unerreichbare, hochhängende Banane zu gelangen (Abb. 13.126). Sie stecken verschieden dicke Stöcke ineinander, um damit eine außerhalb des Käfigs liegende Frucht zu erreichen. Voraussetzung ist allerdings, wie spätere Experimente zeigten, dass die Schimpansen vorher gewisse Erfahrungen mit den verwendeten Gegenständen sammeln konnten.

Eine junge **Schimpansin** lernte sukzessiv, 14 verschiedene Behälter in bestimmter Reihenfolge mit 14 verschiedenen Werkzeugen (Schlüssel, Stock, Haken, Zange usw.) zu öffnen. Das Werkzeug zum Öffnen eines Behälters fand sie jeweils in dem in der richtigen Reihenfolge vorangegangenen Behälter. Im letzten Behälter befand sich die Belohnung in Form einer Banane. Die zunächst auf einer Latte in der richtigen Reihenfolge montierten Behälter konnten später beliebig im Käfig verteilt werden. Bot man der Schimpansin zu Beginn zwei verschiedene Öffner, so wählte sie in den meisten Fällen den, der auf kürzerem Weg zur gewünschten Belohnung im letzten Behälter führte.

Von frei lebenden Schimpansen sind schließlich bereits primitive Formen der **Werkzeugherstellung** bekannt. Sie formen sich aus Zweigen Stöcke passender Größe, um sie in Termitenbauten zu stecken und, voll besetzt mit Termiten, anschließend zum Mund zu führen (Abb. 13.82). Es ist auch beobachtet worden, dass Schimpansen zerkleinerte Blätter als Schwamm benutzen, um damit Trinkwasser aus Baumhöhlen zu saugen.

13

13.12 Sprache

Wie diese wenigen Beispiele schon deutlich zeigen, besitzen die Tiere, und unter ihnen insbesondere die Schimpansen, hinsichtlich Lernkapazität, Gedächtnisdauer, Abstraktionsvermögen, averbaler Begriffsbildung, Planhandlung und einsichtigen Verhaltens erstaunliche Fähigkeiten, wie sie noch Anfang des 20. Jahrhunderts nicht für möglich gehalten wurden. Was ihnen aber im Vergleich zum Menschen fehlt, ist die **Sprache**, die »abstraktes Denken in Wörtern, die Bildung höherer Abstrakta und das Ausdrücken von kausalen und logischen Beziehungen und die vor allem eine Traditionsbildung ermöglicht« (Rensch 1964).

Wenn Tiere lernen, bestimmte Handlungen auf Zuruf auszuführen, so hat das nichts mit einem Sprachverständnis zu tun, sondern ist lediglich eine besondere Form des auditiven Lernens. Hier gibt es erstaunliche Leistungen. Ein Schäferhund konnte darauf dressiert werden, auf 53 verschiedene Wortbefehle ohne Zuhilfenahme optischer Reize mit verschiedenen Handlungen zu antworten. Die Schimpansin Vicki konnte 50 Wörter bzw. Wortfolgen akustisch unterscheiden und mit entsprechenden Handlungen beantworten.

Alle Versuche, Schimpansen zu lehren, Wörter zu sprechen und sinngemäß anzuwenden, sind fehlgeschlagen. Die wie ein menschliches Kind aufgezogene Schimpansin Vicki brachte es schließlich auf vier Wörter: Mama, Papa, *cup* und *up*. Vicki verhielt sich wie ein Mensch mit funktionsuntüchtigem motorischem Sprachzentrum. Der Misserfolg dieser und anderer Versuche beruht darauf, dass Schimpansen, ebenso wie den anderen Menschenaffen, im Gegensatz zum Menschen die Fähigkeit zur präzisen, fein abgestimmten muskulären Steuerung ihres Stimmapparats, besonders des Larynx (Kehlkopf), fehlt. Auch scheinen sie kein entsprechend ausgebildetes cortikales Assoziationszentrum zu besitzen. Der Kehlkopf erhält beim erwachsenen Menschen außerdem eine wesentlich tiefere Lage (Abb. 13.127). Aufbauend auf diesen Misserfolgen versuchte man unter Umgehung der phonetischen Kommunikation, Menschenaffen eine vereinfachte Form der amerikanischen Zeichensprache für Taubstumme, die American Sign Language (ASL), beizubringen, wie es das Ehepaar Beatrice und Allen Gardner in jahrelangen Experimenten mit der Schimpansin Washoe unternommen hat. Washoe erwarb sich zwar ein Vokabular von 132 Zeichen, die sie zu Sätzen mit bis zu vier Wörtern zusammensetzen konnte. Die Wortfolgen ließen aber keine Beherrschung syntaktischer Regeln erkennen. Die Zeichen für »mich«, »kitzeln« und »du« wurden in beliebiger Reihenfolge verwandt, um dem Wunsch danach, gekitzelt zu werden, Ausdruck zu verleihen. Demgegenüber offenbaren Kinder von drei Jahren durchaus schon syntaktische Fertigkeiten. Nahezu alle Botschaften blieben bei Washoe in ihrem Bezug auf das Bitten um Futter, um Dienstleistungen oder um soziale Zuwendung beschränkt, waren also pragmatisch orientiert. Demgegenüber ist die Sprache der Kinder bereits sehr frühzeitig auch auf das Erkunden und Kennenlernen der sie umgebenden Welt gerichtet, hat die Sprache eine »mathematische« (kenntniserwerbende) Funktion.

Am Weitesten hat es die Schimpansin Sarah gebracht (Premack). Sie **lernte**, farbige Plastikgebilde mit metallischer Rückseite auf eine magnetische Platte zu heften und als **Wortsymbole zu benutzen** (Abb. 13.74). So lernte sie zunächst eine Reihe von Symbolen für Substantive (Banane, Apfel, Orange, Trainer Mary, Trainer Randy), dann die Symbole für »gleich« und »verschieden«, für »Fragezeichen« und für »ja« und »nein«. Damit konnte Sarah durch Anbringen der entsprechenden Symbole untereinander auf der Magnetplatte gefragt werden, ob zwei Symbole gleich oder ungleich sind, wobei sie die Fragen in der Mehrzahl der Fälle richtig beantwortete. Sarah konnte durch Reihung von Symbolen auch selbst Wünsche äußern, wie »Mary gib Feige Sarah«. Später lernte Sarah auch Symbole für abstrakte Begriffe (rot, gelb, rund, viereckig, groß, klein), für die Begriffe »Farbe«, »Gestalt«, »Größe«, »ist« sowie für den Plural. In der Frage »gelb? Gestalt« ersetzte Sarah in diesem Stadium richtig das Fragezeichen durch »nicht«. Später lernte Sarah die Begriffssymbole für »eins«, »keins«, »mehrere«, »alle«, »wenn – dann« hinzu. Schließlich beherrschte sie ein Vokabular von 130 Bezeichnungen, die sie mit hoher Sicherheit (75–80 %) korrekt zuordnete.

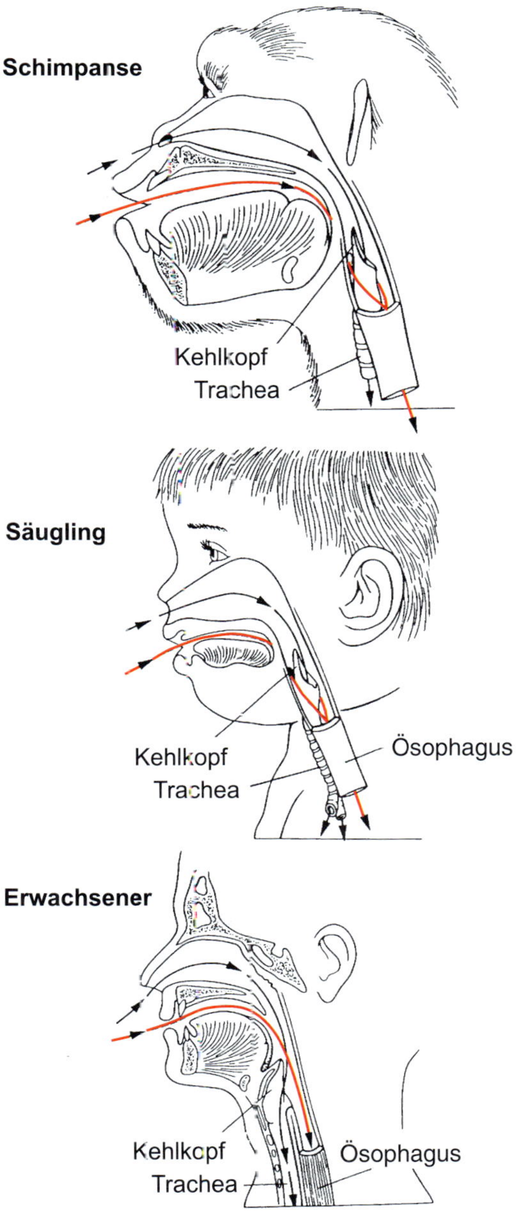

Abb. 13.127 Durch die hohe Lage des Kehlkopfs (Larynx) können der Schimpanse und der Säugling Nahrung und Flüssigkeiten aufnehmen, ohne gleichzeitig die Atmung unterbrechen zu müssen. Beim Erwachsenen ist das durch die tiefere Lage des Kehlkopfs, eine Voraussetzung für das Sprechen, nicht mehr möglich. (Nach Kolb B, Whislaw IQ (1993) Neuropsychologie. Spektrum Akademischer Verlag, Heidelberg.)

Die Fähigkeit von Menschenaffen, bestimmte Dinge und Handlungen zu erlernen, ist erstaunlich groß. Sie können auch die erlernten Symbole einzeln oder in Kombinationen bis zu vier einsetzen, um in pragmatischer Weise ihren gegenwärtigen Wunsch nach Futter oder Zuneigung oder auch ihre gegenwärtigen Gefühle auszudrücken. Sie beherrschen also in der von Karl Bühler erarbeiteten Klassifikation die beiden unteren Funktionen der Sprache, nämlich die **Ausdrucks-** und **Signalfunktion**, nicht aber die für die menschliche Sprache so typische und essenzielle **Darstellungs-** oder **Beschreibungsfunktion**. Es gibt keinen Hinweis, dass die Affen ihr Erlerntes in deskriptiver Weise einsetzen. Es gibt auch keinen eindeutigen Beweis, dass die Affen eine Syntax erlernen können.

Der Mensch bleibt im Hinblick auf den Besitz einer **sprachlichen Kommunikation**, das heißt, einer Kommunikation mithilfe sinnvoller Sätze, die nach den Regeln einer Grammatik aufgebaut und verstanden werden, einzigartig. Es gibt beim Menschen eine starke **genetisch fixierte Disposition** zum Erlernen der Sprache. Kleinkinder erlernen die Sprache spielend in einem Alter, in dem das operationale und abstrakt-logische Denken noch nicht entwickelt ist.

13.13 Bewusstsein

Das Phänomen des Bewussten ist uns Menschen ebenso alltäglich wie rätselhaft. Die gegenwärtige Neurobiologie mit ihren weit entwickelten elektrophysiologischen und bildgebenden Verfahren hat deutlich machen können, dass es zwischen bewussten Ereignissen im Zusammenhang mit Wahrnehmen, Vorstellen, Erinnern, Denken und Fühlen und registrierbaren Hirnaktivitäten eindeutige **Entsprechungen** gibt. Wenden wir unsere Aufmerksamkeit einer Melodie zu, so ist das mit einer messbar erhöhten Aktivität im rechten oberen Schläfenlappen verbunden, versuchen wir, einen gesprochenen Satz zu verstehen, ist das Broca- und Wernicke-Sprachzentrum im linken Cortex aktiv, oder bemühen wir uns um die Lösung eines Problems, so ist das mit einer verstärkten Aktivität im Stirnhirn verbunden (**Aufmerksamkeitsbewusstsein**). Es gibt keine bewusste Erfahrung ohne eine mit ihr in spezifischer Weise korrelierte Hirnaktivität. Die Umkehrung des Satzes ist allerdings nicht gültig: Es gibt Hirnaktivitäten – und das ist die Mehrzahl – die mit keinerlei Bewusstsein verbunden sind.

Diese deutlichen und jeweils spezifischen Entsprechungen zwischen neuronaler Aktivität und bewusstem Erleben sagen allerdings noch nichts über eine eventuelle **kausale Beziehung** zwischen Physischem und Geistigem aus, was die Dualisten mit Recht hervorheben. Eine solche Beziehung anzunehmen, wird allerdings durch neurobiologische Analysen der Gegenwart ebenfalls immer zwingender. Es konnte in vielen Experimenten eindeutig gezeigt werden, dass allen bewussten Erlebnissen unbewusste Ereignisse im Gehirn vorausgehen. Es konnte aber niemals beobachtet werden, dass es einmal umgekehrt war und die bewussten Erlebnisse den neuronalen Aktivitäten im Gehirn vorausgingen.

Das Bewusstwerden einer Wahrnehmung, beispielsweise eines Objekts, benötigt, wie man heute weiß, eine vorausgehende neuronale Aktivität von etwa 0,33–0,5 s Dauer. Diese Aktivität muss nicht nur eine Mindestdauer, sondern auch eine gewisse Mindeststärke überschreiten: Reizungen der Großhirnrinde führen erst dann zu einer bewussten Wahrnehmung, wenn sie eine gewisse Zahl von Neuronen aktivieren und mindestens 100 ms andauern. Kürzere Reize werden nicht wahrgenommen, obwohl sie (unbewusst) wirksam sein können. Das Gehirn produziert Bewusstsein und das benötigt Zeit und Energie. Neuromodulatorische Systeme im Hirnstamm und basalen Vorderhirn sowie Zentren des limbischen Systems müssen den assoziativen Cortex eine gewisse Zeit in gewisser Stärke aktivieren, damit dort Bewusstsein entsteht. Der mit der Bewusstseinsbildung in der Großhirnrinde einhergehende erhöhte Energiebedarf äußert sich beispielsweise in einem lokal erhöhten Blutzufluss, wie man es mit den bildgebenden Verfahren sehr schön zeigen kann.

Menschliches Bewusstsein setzt offenbar ein bestimmtes mittleres Maß an neuronaler Aktivität in den betreffenden neuronalen Strukturen voraus. Sowohl zu niedrige (Koma, Narkose) als auch zu hohe Aktivitäten (epileptischer Anfall, Elektroschocks) sind dem Bewusstsein nicht zuträglich. Während des Schlafes und in der Narkose erweist sich die Übertragung der peripher ausgelösten Aktivitäten über die spezifischen Thalamuskerne (s. o.) zum sensorischen Cortex (**spezifischer Leitungsweg**) als relativ ungestört. Sie allein reicht also für das Bewusstwerden der Sinneswahrnehmungen nicht aus. Der **unspezifische Leitungsweg** der Aktivitäten ist dagegen bei Schlaf und Narkose stark unterdrückt. Er enthält im Gegensatz zu den drei Synapsen der spezifischen Bahn (▶ Abschn. 16.3.5) viele Synapsen (multisynaptisch) und führt über die Formatio reticularis (retikuläres System) des Hirnstamms und unspezifische Thalamuskerne bis zum Cortex (diffuse Gehirnprojektion).

Als **Formatio reticularis** (Retikulärformation) bezeichnet man ein netzartiges Maschenwerk von Neuronen, das sich durch den ganzen Hirnstamm (verlängertes Mark = Medulla oblongata + Brücke = Pons + Mittelhirn) erstreckt. Es tritt erstmals bei Reptilien auf. In die Formatio reticularis treten über Axonkollaterale Erregungen von den im Rückenmark aufsteigenden sensorischen Bahnen ein und konvergieren zum Teil auf die gleichen Neurone (deshalb die Bezeichnung »unspezifisch«) (◘ Abb. 13.128). Die Retikulärformation kann somit durch die verschiedensten Sinnesreize aktiviert werden. Man hat aus vielen Beobachtungen die Überzeugung gewonnen, dass die Großhirnrinde von der Formatio reticularis über den unspezifischen Leitungsweg ständig aktiviert wird (**aufsteigendes, retikuläres, aktivierendes System**, ARAS, ◘ Abb. 13.128; **Einstellung der Bewusstseinslage**). Setzt diese Aktivierung aus, so tritt Schlaf oder ein schlafähnlicher Zustand (Bewusstlosigkeit, Narkose usw.) ein (▶ Abschn. 13.9.4). Viele Schlafmittel, Narkotika und Psychopharmaka wirken wahrscheinlich primär auf die Formatio reticularis, die infolge ihrer multisynaptischen Struktur besonders empfindlich ist. Andere Experimente an Tieren haben gezeigt, dass die Retikulärformation nicht nur für die Einstellung der allgemeinen Bewusstseinslage, sondern auch für die Einstellung der **Aufmerksamkeitsrichtung** mit verantwortlich ist, sie bewirkt eine **Erregungsselektion**. In neuerer Zeit wird ein um die unspezifischen (intralaminären und retikulären) Kerne des Thalamus erweitertes ARAS, das **ETRAS** (*extended reticulo-thalamic activating system*), in diesem Zusammenhang diskutiert.

Wichtige Fortschritte in der Kenntnis der strukturellen Voraussetzungen für das Bewusstsein haben Untersuchungen an Patienten geliefert, denen aus therapeutischen Gründen der beide Großhirnhemisphären miteinander verbindende Balken (Corpus callosum mit etwa 2 × 10^8 Fasern beim Menschen) sowie die Commissura anterior durchtrennt worden waren. Bereits aus Versuchen mit Katzen, Rhesusaffen und Schimpansen war bekannt, dass nach einer solchen Operation bei diesen sogenannten **Split-Brain-Tieren**[372] keine auffälligen Verhaltensänderungen auftreten. Genauere Testuntersuchungen machten allerdings deutlich, dass die getrennten Großhirnhemisphären völlig unabhängig voneinander Sinnesinformationen verarbeiten können. So gelang es, **Katzen** in ihrer linken Gesichtshälfte (verbunden mit der rechten Sehrinde) positiv auf ein Kreuz und negativ auf einen Kreis und in ihrer rechten Gesichtshälfte umgekehrt positiv auf einen Kreis und negativ auf ein Kreuz zu dressieren. Bei intakter Verbindung beider Hemisphären würde ein solcher Versuch zu keinem Erfolg führen.

Auch **Split-Brain-Patienten** verhielten sich nach der Operation unauffällig. Mithilfe einer speziellen Versuchsanordnung (◘ Abb. 13.129) konnte für die Dauer von einer Zehntelsekunde der rechten oder linken Gesichtsfeldhälfte eine Nachricht (Bild bzw. Wort) übermittelt werden, außerdem war es den Patienten nicht möglich, die Tätigkeit ihrer Hände visuell zu kontrollieren. Dann zeigt sich Folgendes: In der rechten Gesichtsfeldhälfte (verbunden mit dem linken Cortex) dargebotene Gegenstandsabbildungen können richtig benannt oder mit der rechten Hand aus einer Reihe verschiedener Gegenstände herausgesucht werden. Gegenstandsbezeichnungen können laut gelesen, aufgeschrieben oder auch – auf Wunsch – der entsprechende Gegenstand mit der rechten Hand herausgesucht werden. Auch umgekehrt treten keinerlei Leistungsmängel gegenüber gesunden Menschen auf: In die rechte Hand gelegte Gegenstände können richtig benannt werden.

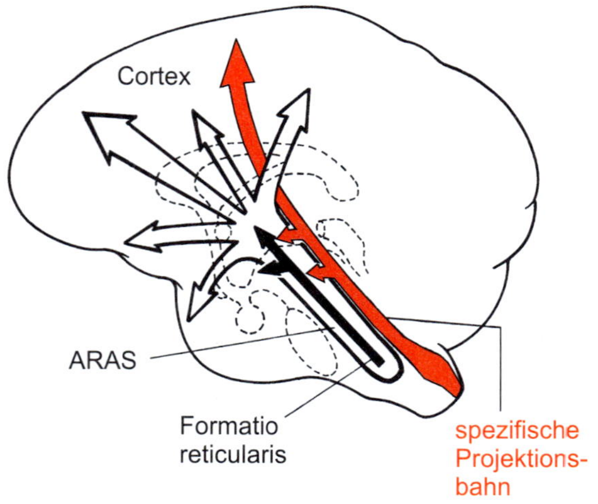

◘ **Abb. 13.128** Schema des aufsteigenden, retikulären, aktivierenden Systems (ARAS) und seine Aktivierung über Kollateralen der spezifischen Projektionsbahnen im Hirnstamm. (Aus Raths P, Biewald G-A (1970) Tiere im Experiment. Urania, Leipzig.)

[372] *split* (engl.) = spalten

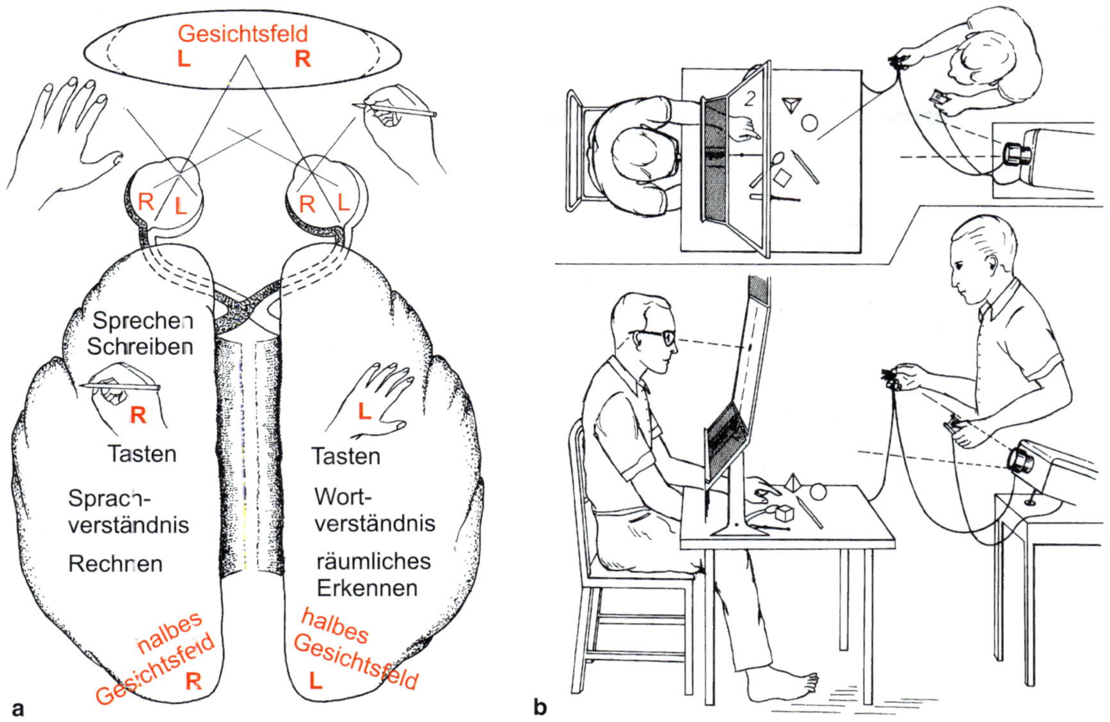

Abb. 13.129 **a** Schema des menschlichen Gehirns von dorsal mit durchtrenntem Balken (Corpus callosum; Split-Brain.) Eingetragen sind die aufgrund von Verhaltensexperimenten an Split-Brain-Patienten festgestellten Hauptfunktionen der »dominanten« (linken) und »subordinierten« (rechten) Hemisphäre. **b** Versuchsanordnung von Sperry et al. bei Untersuchungen von Split-Brain-Patienten. Weitere Erläuterungen im Text. (Aus Ploog D (1973) Wie produziert das Gehirn Verhaltensweisen? Umschau in Wissenschaft und Technik 73, 749–756.)

Ganz anders sieht es aus, wenn die Gegenstandsabbildung in die linke Gesichtsfeldhälfte (verbunden mit dem rechten Cortex) projiziert wird. Der Patient ist nicht in der Lage, das Objekt zu benennen. Dass er es trotzdem »registriert« hat, geht daraus deutlich hervor, dass er das Objekt auf Wunsch aus einer Reihe verschiedener Gegenstände heraustasten, allerdings auch dann noch nicht benennen kann. In die linke Gesichtsfeldhälfte projizierte Begriffe alltäglicher Gegenstände können nicht laut gelesen werden. Der Patient kann aber wiederum auf Wunsch den bezeichneten Gegenstand mit der linken Hand heraustasten, ohne ihn anschließend benennen oder mit der rechten Hand heraussuchen zu können.

Projiziert man gleichzeitig in die linke und rechte Gesichtsfeldhälfte völlig verschiedene Gegenstandsabbildungen, so behaupten die Patienten auf Befragung, nur einen Gegenstand gesehen zu haben und bezeichnen den in der rechten Feldhälfte erschienenen. Werden sie allerdings anschließend aufgefordert, den gesehenen Gegenstand mit der linken Hand aus einer Reihe verschiedener Gegenstände herauszutasten, wählen sie das in der linken Feldhälfte beobachtete, aber nicht benannte Objekt. Bei Aufforderung, den ertasteten Gegenstand zu benennen, geben sie das in die rechte Gesichtsfeldhälfte projizierte, aber völlig andersartige Objekt an.

Diese und weitere Beobachtungen machen deutlich, dass offenbar allein die mit der rechten Gesichtsfeldhälfte und dem rechten Arm motorisch und sensorisch in Verbindung stehende **linke Großhirnhemisphäre** das neuronale **Substrat für das Bewusstsein** in Verbindung mit der Sprache liefert. Mit der rechten Hirnhälfte allein kann sich der Mensch weder verbal noch schriftlich äußern, noch werden ihm die Sinneseindrücke oder Tätigkeiten bewusst. Trotzdem ist das Erfassen einfacher Gegenstandsbezeichnungen (aber nicht einfacher Verben) mit der rechten Hirnhälfte möglich, ebenso eine visuelle oder taktile Formerkennung und ihre zeitweilige Speicherung im Gedächtnis. Mit der rechten Hirnhälfte kann offenbar auch der emotionale Gehalt von Informationen erkannt werden. Der Patient reagiert auf solche Nachrichten mit Vergnügen, Betretensein oder ähnlichem, ohne das allerdings auf Befragen erklären zu können. In mancher Hinsicht wie beim Musikverständnis und räumlichen Vorstellungsvermögen ist die rechte Hemisphäre der linken dagegen überlegen. Es scheint, dass die Leistungen der **rechten Hemisphäre** allein bereits sehr hoch entwickelt sind und deutlich über dem Niveau des höchstentwickelten Affenhirns stehen. Die rechte Hemisphäre kann sich selbst sprachlich nicht ausdrücken, ist also auch nicht in der Lage, irgendeine Bewusstseinserfahrung kundzutun, sodass die Frage, ob in der isolierten Hemisphäre ein Bewusstsein vorhanden ist und – wenn ja – in welcher Weise, offen bleiben muss.

Die Frage nach einem **Bewusstsein bei Tieren** kann nur spekulativ beantwortet werden, weil wir den bewussten Zustand nur introspektiv erleben, nicht aber messend nachweisen können. Die Physiologie kann durch Vergleich und Analyse nur Anhaltspunkte liefern, die ein Vorhandensein von Bewusstsein bei Tieren nahelegen. Viele Psychologen bringen unter anderem folgende Aspekte mit Bewusstsein in Beziehung:

- das Phänomen der Aufmerksamkeit und die Fähigkeit, die Aufmerksamkeit auf bestimmte Punkte unter Vernachlässigung anderer zu lenken
- die Fähigkeit, verschiedene mögliche Handlungen in ihrer Bedeutung gegeneinander abzuwägen, um sich dann für eine zu entscheiden (planmäßiges Handeln)
- die Fähigkeit zur Abstraktion und Generalisierung
- die Fähigkeit, sich selbst als Person zu erkennen (z. B. im Spiegel)

Bei Zugrundelegung dieser Liste muss man zu dem Ergebnis kommen, dass Bewusstsein nicht ein Privileg des Menschen allein ist, sondern auch bei Tieren – zumindest bei denjenigen mit hochkomplexen Nervensystemen – vorkommt. Beim Schimpansen kann man sich so gut wie sicher sein, dass er ein Bewusstsein besitzt, das unserem zumindest ähnlich sein dürfte. Auf welcher Stufe der Evolution das Bewusstsein als neue Qualität in Erscheinung getreten ist, lässt sich nicht sagen, auch nicht, mit welchen qualitativen Neuerungen im Nervensystem es verbunden gewesen sein mag, denn ein Erscheinen aufgrund einer rein quantitativen Zunahme des neuronalen Substrats kann ausgeschlossen werden. Man muss wohl auch davon ausgehen, dass verschiedene Formen und Abstufungen des Bewusstseins im Tierreich verwirklicht sind, sodass man nicht von *dem* Bewusstsein sprechen kann. Jede neue, höhere Bewusstseinsstufe brachte dem Besitzer Fitnessvorteile in der weiteren Evolution, sodass sicher auch ein gewisser Selektionsdruck zur Entwicklung von Bewusstseinsstufen vorgelegen haben mag.

13

13.14 Fragen zum Selbststudium

- Wie ändert sich das Ruhemembranpotenzial eines Neurons bei Erhöhung der a) K^+-Ionen-Leitfähigkeit, b) Na^+-Ionen-Leitfähigkeit?
- Welche Gliazellen bilden die Myelinscheide im a) zentralen, b) peripheren Nervensystem von Wirbeltieren?
- In welchen Funktionszuständen kommt der spannungsgesteuerte Na^+-Kanal vor?
- Welche Leitfähigkeitsänderungen und Ionenströme liegen einem Aktionspotenzial zugrunde?
- Welche Faktoren bestimmen die Leitungsgeschwindigkeit in axonalen Fasern?
- Was ist eine Voltage-Clamp (Spannungsklemme)?
- Erläutern Sie den Begriff der Längskonstante eines Axons.
- Welche Rolle spielen Ca^{2+}-Ionen bei der synaptischen Übertragung?
- Erläutern Sie den Mechanismus der Andockung und Fusionierung synaptischer Vesikel mit der präsynaptischen Membran.
- Was ist ein inhibitorisches postsynaptisches Potenzial und wie kommt es zustande?
- Erläutern Sie im Rahmen der synaptischen Integration die Phänomene der räumlichen und zeitlichen Summation.
- Erläutern Sie den Mechanismus der a) präsynaptischen Hemmung, b) präsynaptischen Fazilitation.
- Für Acetylcholin existieren nicotinische und muscarinische Rezeptoren. Erläutern Sie die Unterschiede in der Signalbildung durch diese beiden Rezeptorklassen. Wo kommen diese Rezeptortypen vor?
- Erläutern Sie die Wirkung von Nicotin und α-Bungarotoxin auf den nicotinischen Acetylcholinrezeptor.
- Welche Rolle spielen Opioidpeptide im Nervensystem von Wirbeltieren und wie wirken sie?
- Was sind Gap Junctions?
- Erläutern Sie den Aufbau des Nervensystems eines Insekts.
- Welches sind die fünf grundlegenden Abschnitte des Gehirns eines Wirbeltiers?
- Erläutern Sie den zellulären Aufbau sowie einige Funktionen des Cerebellums. Bei welchen Tiergruppen ist es besonders groß?
- Welche Funktionen hat der Hypothalamus?
- Erläutern Sie die Begriffe »Somatotopie«, »Tonotopie«, »Retinotopie«. Welche Gehirnregionen zeigen diese Eigenschaften?
- Welche Wirkung haben das sympathische und parasympathische Nervensystem auf die Herzschlagfrequenz und Darmmotilität?
- Was ist ein sensorischer Filter? Erläutern Sie den Begriff an einem Beispiel.
- Wie wird die Flugmotorik von Heuschrecken gesteuert?
- Was versteht man unter Prägung?
- Erläutern Sie die Begriffe Habituation und Sensitivierung.
- Welche molekularen Mechanismen liegen der Sensitivierung des Kiemenrückziehreflexes der Meeresschnecke *Aplysia* zugrunde?
- Erläutern Sie zwei einfache Formen assoziativen Lernens.
- Welche Bedingungen müssen für eine klassische Konditionierung erfüllt sein?
- Was versteht man unter Langzeitpotenzierung? Wo kommt sie vor?
- Erläutern Sie die Begriffe Schrittmacher und Zeitgeber im Zusammenhang mit der inneren Uhr.
- Wie lässt sich die endogene Periodenlänge der inneren Uhr im Verhaltensversuch bestimmen?
- Welche Gehirnregionen sind an der Kontrolle des Schlaf-Wach-Zustands beteiligt?
- Was versteht man unter menotaktischer Orientierung?
- Welche Information übermittelt eine heimkehrende Honigbiene mit dem Schwänzeltanz?
- Wie lässt sich im Verhaltensversuch eine Vektororientierung von einer echten Navigation unterscheiden?
- Erläutern Sie die Eigenschaften von Kopfrichtungs- und Ortszellen im Gehirn einer Ratte.
- Welche Unterschiede zeigen die beiden Cortexhemisphären des Menschen hinsichtlich ihrer kognitiven Fähigkeiten?

Weiterführende Literatur

Allgemeines

Brown MW, Aggleton JP (2001) Recognition memory. Nature Reviews Neuroscience 2, 51-61.

Burnstock G, Hoyle CHV (1992) Autonomic neuroeffector mechanisms. Harwood Academic, Chur.

Carew TJ, Menzel R, Shatz C (1998) Mechanistic relationship between development and learning. John Wiley & Sons, Chichester.

Carew TJ (2000) Behavioral neurobiology. Sinauer, Sunderland, MA.

Chen YA, Scheller RH (2001) SNARE-mediated membrane fusion. Nature Reviews Molecular Cell Biology 2, 98-106.

Eichenbaum H (2000) A cortical-hippocampal system for declarative memory. Nature Reviews Neuroscience 1, 41-50.

Foster RG, Hankins MW (2002) Non-rod, non-cone photoreception in vertebrates. Progress in Retinal and Eye Research 21, 507-527.

Furness JB, Bornstein JC, Murphy R, Pompolo S (1992) Roles of peptides in transmission in the enteric nervous system. Trends in Neurosciences 15, 66-71.

Fuster JM (1997) Network memory. Trends in Neurosciences 20, 451-459.

Gäde G, Hoffmann KH, Spring JH (1997) Hormonal regulation in insects: Facts, gaps, and future directions. Physiological Reviews 77, 963-1032.

Galizia CG, Lledo P-M (2013) Neurosciences. Springer Spektrum, Heidelberg.

Gvilia I (2010) Underlying brain mechanisms that regulate sleep-wakefulness cycles International Review of Neurobiology 93, 1-21.

Helfrich-Förster C, Stengl M, Homberg U (1998) Organisation of the circadian system in insects. Chronobiology International 15, 567-594.

Hildebrandt G, Moser M, Lehofer M (1998) Chronobiologie und Chronomedizin. Biologische Rhythmen, medizinische Konsequenzen. Hippokrates Verlag, Stuttgart.

Hille B (2001) Ion channels of excitable membranes. 3rd ed. Sinauer, Sunderland/Mass.

Hirst GDS, Bramich NJ, Edwards FR, Klemm M (1992) Transmission of autonomic neuroeffector junctions. Trends in Neurosciences 15, 40-46.

Hobson JA (1990) Schlaf: Gehirnaktivität im Ruhezustand. Spektrum, Heidelberg.

Jänig W (1996) Spinal cord reflex organization of sympathetic systems. Progress in Brain Research 107, 43-77.

Jarvis ED, Güntürkün O, Bruce L, Csillag A, Karten H et al. (2005) Avian brains and a new understanding of vertebrate brain evolution. Nature Reviews Neuroscience 6, 151-159.

Kaczmarek LK, Levitan IB (1987) Neuromodulation. The biochemical control of neuronal excitability. Oxford Univ. Press, New York, Oxford.

Kandel ER, Schwartz JH, Jessell TM, Siegelbaum SA, Hudspeth AJ (2013) Principles of neural science. McGraw Hill, New York.

Kaufmann WJ, Freedman RA (1999) Universe. Freeman WH and Company, New York.

Krauss G (2003) Biochemistry of signal transduction and regulation. 3rd. ed. Wiley-VCH.

Lamb TD, Pugh EN (1992) G-protein cascades: gain and kinetics. Trends in Neurosciences 15, 291-298.

LeDoux J (1996) The emotional brain: The mysterious underpinnings of emotional life. Simon und Schuster, New York.

Lindner NE, Gilman AG (1992) G-proteins. Scientific American 276, 36-43.

Loewy AD, Spyer KM (1990) Central regulation of autonomic functions. Oxford University Press, Oxford.

Martin W, Müller M (1998) The hydrogen hypothesis for the first eukaryote. Nature 392, 37-41.

McLachlan EM (1995) Autonomic ganglia. Harwood Academic, Chur.

Menzel R (1990) Learning, memory, and »cognition« in the honey bees. In: Kesner RP, Clton DS (eds.) Neurobiology of comparative cognition. Erlbaum, Hillsdale/NY, pp. 237-292.

Menzel R, Müller U (1996) Learning and memory in honeybees: From behavior to substrates. Annual Reviews of Neuroscience 19, 379-404.

Menzel R, Giufra M (2001) Cognitive architecture of a mini-brain: The honeybee. Trends in Cognitive Sciences 5, 62-71.

Nilsson S, Holmgren S (1994) Comparative physiology and evolution of the autonomic nervous system. Harwood Academic, Chur.

Penzlin H (1985) Stomatogastric nervous system. In: Comprehensive Insect physiology, biochemistry, and pharmacology (Kerkut GA, Gilbert LI, eds.) Vol. 5. Pergamon Press, Oxford, New York, pp. 371-406.

Penzlin H (1999) Neuropeptide und die Steuerung visceraler Funktionen bei Insekten. Jahrbuch 1998 der Deutschen Akademie der Naturforscher Leopoldina 44, 411-426.

Pikovsky A, Rosenblum M, Kurths J (2001) Synchronization: A universal concept in nonlinear sciences. Cambridge University Press, Cambridge, UK.

Pinel JPJ (1997) Biopsychologie. Spektrum, Heidelberg.

Posner MI, Raichle ME (1996) Bilder des Geistes. Hirnforscher auf den Spuren des Denkens. Spektrum Akad. Verlag, Heidelberg.

Ritter S, Ritter RC, Barnes CD (1992) Neuroanatomy and physiology of abdominal vagal afferents. CRC Press, Boca Raton Ann Arbor.

Roth G (1997) Das Gehirn und seine Wirklichkeit. Kognitive Neurobiologie und ihre philosophischen Konsequenzen. Suhrkamp Verlag, Frankfurt a.M.

Sancar A (2000) Cryptochrome: the second photoactive pigment in the eye and its role in circadian photoreception. Annual Reviews of Biochemistry 69, 31-67.

Siegel JM (2011) Sleep in animals, a state of adaptive inactivity. In: Principles and practice of sleep medicine, 5th ed. (Kryger MH, Roth T, Dement WC, eds.), Chapter 10, pp.126-138, Elsevier, St. Louis MO

Snyder SH (1988) Chemie der Psyche. Drogenwirkungen im Gehirn. Spektrum, Heidelberg.

Squire LR (1992) Encyclopedia of learning and memory. MacMillan, New York.

Squire LR, Kandel ER (1999) Gedächtnis. Die Natur des Erinnerns. Spektrum, Heidelberg.

Stanewsky R (2002) Clock mechanisms in *Drosophila*. Cell and Tissue Research 309,11-26.

Shepherd GM (1993) Neurobiologie. Springer, Berlin, Heidelberg, New York.

Strand FL (1999) Neuropeptides. Regulators of physiological processes. MIT Press, Cambridge/Mass.

Südhof TC (1995) The synaptic vesicle cycle: A cascade of protein-protein interactions. Nature 375: 645-653.

Spezielle Aspekte

Beaver LM, Gvakharia BO, Vollintine TS, Hege DM, Stanewsky R, Giebultowicz JM (2002) Loss of circadian clock function decreases reproductive fitness in males of *Drosophila melanogaster*. Proceedings of the National Academy of Sciences USA 99, 2134-2139.

Deboer T, Vansteensel MJ, Détári L, Meijer JH (2003) Sleep states alter activity of suprachiasmatic nucleus neurons. Nature Neuroscience 6, 1086-1090.

Derdikmann D, Moser E (2010) A manifold of spatial maps in the brain. Trends in Cognitive Sciences 14, 561-569.

Helfrich-Förster C, Winter C, Hofbauer A, Hall JC, Stanewsky R (2001) The circadian clock of fruit flies is blind after elimination of all known photoreceptors. Neuron 30, 249-261.

Honma S, Shirikawa T, Katsuno Y, Namihira M, Honma K (1998) Circadian periods of single suprachiasmatic neurons in rats. Neuroscience Letters 250, 157-160.

Kass-Simon G, Pierobon P (2007) Cnidarian chemical neurotransmission, an updated review. Comparative Biochemistry and Physiology A: Molecular and Integrative Physiology 146, 9-25.

Nässel DR (1996) Neuropeptides, amines and amino acids in an elementary insect ganglion: Functional and chemical anatomy of the unfused abdominal ganglion. Progress in Neurobiology 48, 325-420.

Nitabach MN, Blau J, Holmes TC (2002) Electrical silencing of *Drosophila* pacemaker neurons stops the free-running circadian clock. Cell 109, 485-495.

Petri B, Stengl M (2001) Phase response curves of a molecular model oscillator: implications for mutual coupling of paired oscillators. Journal of Biological Rhythms 16, 125-141.

Reischig T, Stengl M (2003) Ectopic transplantation of the accessory medulla restores circadian locomotor rhythms in arrhythmic cockroaches (*Leucophaea maderae*). Journal of Experimental Biology 206, 1877-1886.

Swanson LW, Sawchenko PE (1983) Hypothalamic integration: integration of the paraventricular and supraoptic nuclei. Annual Review of Neuroscience 6, 275-325.

Unwin N (1995) Acetylcholine receptor channel imaged in the open state. Nature 373, 37-43.

Yazawa T, Kuwasawa K (1992) Intrinsic and extrinsic neural and neurohumoral control of the decapod heart. Experientia 48, 834-840.

Endokrines System

14.1 Allgemeines

In Organismen, die aus mehr als einer Zelle bestehen, müssen diese sich so abstimmen, dass Struktur und Funktion der einzelnen Zelle für die arbeitsteilige Erfüllung ihrer Aufgaben im Sinn der Erhaltung und Funktion des Gesamtorganismus optimiert sind. Die interzelluläre Kommunikation kann durch direkte Zell-Zell-Kontakte erfolgen, was jedoch nur bei unmittelbar benachbarten Zellen möglich ist. Entfernt voneinander liegende Zellen kommunizieren daher entweder über neuronale Signalleitung (Fortleitung von Aktionspotenzialen, elektrische oder chemische Informationsübertragung) oder durch **Hormone**[373] (Informationsübertragung auf die Zielzellen durch chemische Botenstoffe), die mit den Körperflüssigkeiten vom Ort ihrer Produktion und Freisetzung zum Ort ihrer Zielzellen transportiert werden. Je nach der Beziehung der hormonproduzierenden und der Zielzellen zueinander werden **autokrine**[374], **parakrine**[375] und **endokrine**[376] Hormonwirkungen unterschieden (Abb. 14.1).

Hormone können von vielen Körperzellen gebildet und aus diesen durch Exocytose freigesetzt werden, so aus nichterregbaren Zellen wie Epithelzellen, Immunzellen und Bindegewebszellen. In manchen Fällen entlassen allerdings auch elektrisch aktive Neurone ihre Signalstoffe aus den synaptischen Endigungen in die Körperflüssigkeiten eines Tieres und nicht, wie eigentlich üblich, in den synaptischen Spalt. In diesen Fällen fungiert der Neurotransmitter als Hormon und wird daher als **Neurohormon** bezeichnet. Der Vorgang der Freisetzung eines Neurohormons wird als **Neurosekretion** bezeichnet, seine Wirkung als **neuroendokrin**.

Moleküle aus vier verschiedenen Substanzklassen werden von Tieren als Hormone genutzt (▶ Box 14.1), wobei allerdings die physiologische Funktion eines Hormons (▶ Box 14.2) nicht aus seiner chemischen Qualität erschlossen werden kann oder umgekehrt.

[373] *horman* (altgriech.) = antreiben, erregen
[374] *autos* (griech.) = selbst; *krinein* (griech.) = trennen, abgeben
[375] *para* (griech.) = daneben
[376] *endon* (griech.) = innen

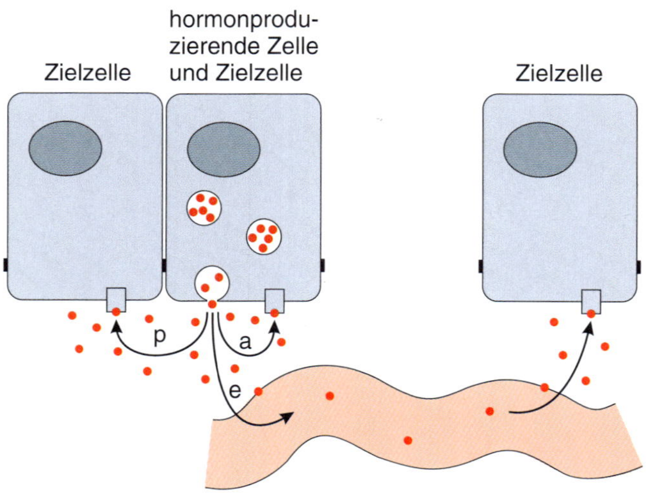

Abb. 14.1 Autokrine, parakrine und endokrine Hormonwirkung. Exprimiert eine hormonproduzierende Zelle gleichzeitig auch ein Rezeptormolekül für dieses Hormon, so ist sie auch selbst Zielzelle. Dies bezeichnet man als autokrine Hormonwirkung. Trägt eine mit der hormonproduzierenden Zelle in unmittelbarer Nachbarschaft befindliche Zelle einen Rezeptor für dieses Hormon, so ist diese Zelle ebenfalls Zielzelle. Diese Wirkung des Hormons bezeichnet man als parakrin. Wird ein Hormon nach der Freisetzung aus einer hormonproduzierenden Zelle mit dem Blutstrom über weitere Strecken im Organismus zur Zielzelle transportiert, so wird diese Hormonwirkung als endokrin bezeichnet. a = autokrine Hormonwirkung; e = endokrine Hormonwirkung; p = parakrine Hormonwirkung.

Box 14.1 Zugehörigkeit der Hormone zu bestimmten chemischen Stoffklassen

Peptidhormone sind Hormone, die aus Ketten von Aminosäuren aufgebaut sind, wobei die benachbarten Aminosäuren in der Kette jeweils durch Peptidbindungen untereinander verbunden sind. Diese Hormone sind somit kleine Proteine, die in der Regel hydrophile Oberflächeneigenschaften aufweisen und daher gut in den Körperflüssigkeiten der Tiere löslich sind. Da solche Hormone nicht in der Lage sind, die Plasmamembranen von Zielzellen diffusiv zu durchdringen, binden sie auf der Oberfläche von Zielzellen an Rezeptormolekülen, die in der Plasmamembran lokalisiert sind und deren ionotrope oder metabotrope Signaltransduktionsprozesse die Zielzelle über Anwesenheit und Konzentration des Hormons informieren. Zu den Peptidhormonen gehören zum Beispiel die Gonadotropine sowie die Hormone der Neurohypophyse der Wirbeltiere.

Die zweite Gruppe von Hormonen umfasst Moleküle, die direkte Derivate von Aminosäuren sind. Zu dieser Gruppe gehören die **Catecholamine** (z. B. Adrenalin und L-Dopamin) sowie die **Schilddrüsenhormone** (z. B. Trijodthyronin, T3). Erstere sind gut wasserlöslich, werden im Tierkörper gelöst im Plasma vom Freisetzungs- zum Wirkort transportiert und binden an Plasmamembranrezeptoren auf den Zielzellen. Schilddrüsenhormone sind dagegen eher lipophil und werden im Blutplasma an Carriermoleküle gebunden transportiert. Wenn diese Komplexe auf die Oberfläche von Zellen geraten, so löst sich das Hormonmolekül mit einer gewissen Wahrscheinlichkeit vom Carriermolekül und tritt in die Lipiddoppelschicht der Plasmamembran der Zelle über. Ist diese Zelle eine Zielzelle für Schilddrüsenhormon (was so gut wie alle Körperzellen tatsächlich sind), so befindet sich auf der cytosolischen Seite der Plasmamembran wiederum ein Carriermolekül in Wartestellung, das das Hormonmolekül aus der Lipidschicht herauslöst und gemeinsam mit diesem in den Kern aufgenommen wird. Dort übergibt der Carrier das Hormonmolekül an einen bereits DNA-gebundenen nucleären Rezeptor, was zu einer transkriptionellen Antwort in bestimmten Genen führt (▶ Abschn. 12.4).

▼

Die dritte Gruppe von Hormonen sind die Steroidhormone, die in bestimmten Geweben mesodermaler Abstammung (bei den Wirbeltieren in Gonaden und der Nebennierenrinde) hergestellt werden können. Zu dieser Gruppe gehören die **Sexualsteroide** und die **Glucocorticoide**. Alle Steroidhormone haben eine Kohlenwasserstoffringstruktur und sind lipophil. Sie werden in den Körperflüssigkeiten daher an Carriermoleküle gekoppelt, lösen sich bei Kontakt mit der Zelloberfläche von diesen ab und treten in die Lipiddoppelschicht über. Auf der cytosolischen Seite der Plasmamembran wartet wiederum ein Bindungsmolekül, das entweder bereits das Rezeptormolekül selbst ist (cytosolischer Rezeptor) oder ein Carrier, mit dessen Hilfe das Hormon das Cytoplasma durchqueren kann. In beiden Fällen wird das an das Bindungsprotein gekoppelte Hormonmolekül aus der Lipidschicht gelöst und gemeinsam mit diesem in den Kern aufgenommen. Ist das Bindungsmolekül der Hormonrezeptor, bindet der Komplex an regulatorische Elemente der DNA und verändert die Transkriptionsrate bestimmter Zielgene. Eine entsprechende Wirkung hat im anderen Fall die Übergabe des Hormonmoleküls vom Carrier an den nucleären Rezeptor (▶ Abschn. 12.4).

Die Vertreter der vierten Gruppe von Hormonen haben chemisch den Charakter von Sesquiterpenen. Diese Kohlenhydrate bestehen aus drei Isopreneinheiten und weisen die Summenformel $C_{15}H_{24}$ auf. Das Juvenilhormon der Insekten ist ein prominenter Vertreter dieser Hormone.

Schließlich werden Derivate der **Arachidonsäure**, einer ungesättigten Fettsäure mit einer Kettenlänge von 20 C-Atomen, zu einer weiteren Gruppe der Hormone zusammengefasst, zu der die Prostaglandine, die Leukotriene und die Thromboxane gehören. Da diese Signalstoffe nicht in speziellen Hormondrüsen, sondern prinzipiell von allen in bestimmter Weise aktivierten Körperzellen hergestellt werden können, und ihre Wirkung meist in räumlicher Nähe zu ihrem Produktionsort im Organismus entfalten, werden diese Hormone auch als **Gewebehormone** bezeichnet.

Box 14.2 Einteilung der Hormone in Funktionsklassen

Unabhängig von ihrer chemischen Qualität können Hormone auch nach ihren spezifischen Wirkungen im Organismus eingeteilt werden.

Die **kinetisch wirkenden Hormone** lösen bestimmte Organfunktionen aus, die mit Bewegungs- oder Transportprozessen assoziiert sind. Die Auslösung der Kontraktion glatter Muskulatur (Zusammenziehen der Uterusmuskulatur unter Einwirkung von Oxytocin) gehört ebenso dazu wie das Auslösen der Magensäuresekretion durch Gastrin.

Die **metabolisch wirkenden Hormone** beeinflussen Stoffwechselprozesse in Zellen. So führt die Stimulation von weißen Fettzellen (Adipocyten) durch Adrenalin zur Aktivierung einer Lipase, zur Spaltung gespeicherter Triglyceride und zur Freisetzung von freien Fettsäuren in das Blutplasma. Hohe Plasmakonzentrationen von Schilddrüsenhormon (T3) bewirken bei Säugetieren eine Zunahme der basalen Stoffwechselrate und eine erhöhte Wärmeproduktion.

Die **morphogenetisch wirkenden Hormone** induzieren die Ausbildung bestimmter Organe oder körperlicher Merkmale (Wachstum des Hahnenkamms unter Einwirkung von Testosteron) oder stimulieren in bestimmten Entwicklungsphasen des Individuums (z. B. bei Säugetieren in der Kindheit) das allgemeine Körperwachstum (Wachstumshormon [*growth hormone*] = Somatotropin).

Schließlich müssen die **verhaltensändernden Hormone** erwähnt werden, weil alle Tiere entweder dauerhaft oder in bestimmten Lebensphasen aufgrund des Vorhandenseins bestimmter Hormone eine bestimmte Selbstwahrnehmung und bestimmte Verhaltensweisen zeigen. So scheint ein hoher Testosteronspiegel bei Männern mit einer Tendenz zu offensiven, manchmal aggressiven Verhaltensweisen assoziiert zu sein. Bei Tieren sind Verhaltensänderungen aufgrund saisonaler, mit der Fortpflanzungsaktivität verknüpfter Steigerungen der Testosteronkonzentration im Plasma allerdings viel augenfälliger, zum Beispiel beim Platzhirsch während der Brunft.

Tab. 14.1 Die Halbwertszeiten einiger Hormone des Menschen.

Hormon	Halbwertszeit (min)
Bradykinin	<1
Adrenalin	<2
Liberine, Statine, Oxytocin	5
Progesteron, Östrogen, antidiuretisches Hormon	6
Insulin, Glukagon	<10
Corticotropin (ACTH)	10
Testosteron	15
Aldosteron, luteinisierendes Hormon (LH), Parathormon, Calcitonin	20
Prolactin	20
Corticosteron	60
Thyreotropin (TSH)	100
follikelstimulierendes Hormon (FSH)	200
Choriogonadotropin (hCG)	500
Trijodthyronin, T3	1 Tag
Tetrajodthyronin, Thyroxin, T4	7 Tage

Die Wirkung chemischer Informationsüberträger hängt nicht ausschließlich von der Veränderung ihrer Konzentration in den Körperflüssigkeiten (d. h. der Synthese- und Freisetzungsrate) ab, sondern auch von der Verweildauer der Substanzen im Organismus. Hormone mit morphogenetischer Wirkung im Organismus haben daher in der Regel eine längere **Halbwertszeit** (Zeitspanne, in der die Konzentration eines Signalstoffes in den Körperflüssigkeiten vom Anfangswert auf 50 % des Anfangswertes abgesunken ist) als solche, die für das Auslösen kinetischer Wirkungen (z. B. Kontraktion glatter Muskulatur) verantwortlich sind (◘ Tab. 14.1).

14.2 Biosynthesewege der Hormone

14.2.1 Peptidhormone

Die Hormone mit Proteincharakter bzw. die **Peptidhormone**[377] werden in tierischen Zellen an Ribosomen synthetisiert, die an der cytoplasmatischen Membranoberfläche des endoplasmatischen Retikulums (ER) angeheftet sind. Die neu synthetisierten Proteine sind **Präprohormone**. Wie erstmals der deutsch-amerikanische Biochemiker Günter Blobel* korrekt erkannte, enthalten sie eine N-terminale Aminosäuresequenz (**Signalsequenz**), die als Erkennungssequenz für den Importmechanismus des ER, **SRP** (*signal recognition particle*), dienen. Das SRP schleust die Proteine unmittelbar nach der Synthese in das Lumen des ER ein, wo die Signalsequenz proteolytisch entfernt wird. Das Produkt, ein **Prohormon**, befindet sich nun im Lumen des ER, wo weitere proteolytische Prozessierungschritte durch **Prohormon-Konvertasen** erfolgen, um die biologisch wirksamen Peptidhormone herzustellen.

In vielen Fällen folgen innerhalb des ER noch weitere enzymatisch vermittelte Derivatisierungsschritte einzelner Aminosäuren des Hormons, die die Stabilität des Proteins im Extrazellularraum nach seiner Exocytose beeinflussen. So steigt die Verweildauer bzw. die Halbwertszeit eines Peptidhormons im Blutplasma durch Oxidation des C-terminalen Glycins (Amidierung) oder durch eine Ringschlussreaktion im N-terminalen Glutamin (zu Pyroglutamat) im Vergleich zum nichtderivatisierten Protein gleicher Sequenz deutlich an.

Die fertigen Hormone werden in Vesikel verpackt und bei normalen Hormondrüsenzellen in einem in Richtung der apikalen Zelloberfläche liegenden Subkompartiment des Cytosols (Bereitstellungsraum) gespeichert. Auf ein spezifisches Signal hin setzt die **Hormondrüse** den Inhalt der Vesikel durch Exocytose frei, sodass die Hormone über das Interstitium in das Blutplasma diffundieren können und mit dem Blutstrom im Organismus verteilt werden. In **neurosekretorischen Zellen** werden die hormongefüllten Vesikel aus dem Zellsoma entlang des Axons in die synaptische Endigung transportiert (axonaler Transport) und dort bereitgehalten, bis die Exocytose durch Eintreffen eines oder mehrerer Aktionspotenziale induziert wird. Bei fast allen Tieren kommen besondere Organe vor, in denen die synaptischen Endigungen neurosekretorischer Zellen in hoher Dichte in räumlicher Nähe von Kapillarnetzen des Blutkreislaufsystems liegen, sodass die freigesetzten Neurohormone zügig in das Blutplasma übertreten können. Solche Organe werden als **Neurohämalorgane** bezeichnet.

14.2.2 Terpene (Steroide und Juvenilhormone)

Die Ausgangssubstanz für die Synthese der terpenartigen Hormone ist das **Cholesterin**[378]. Für viele Invertebraten (z. B. Insekten) ist das Cholesterin ein essenzieller Nahrungsbestandteil. Vertebraten können es aus Acetyl-CoA selbst herstellen. Je drei Moleküle Acetyl-CoA werden zu der verzweigten Verbindung 3-Hydroxy-3-methylglutaryl-CoA (HMG-CoA) kondensiert. Unter Reoxidation von zwei Molekülen NADPH + H^+ entsteht durch Abspaltung von HS-CoA das **Mevalonat**, nach dem dieser Syntheseweg (◘ Abb. 14.2) oft benannt wird.

Mevalonat wird zweimal phosphoryliert und schließlich decarboxyliert, sodass Isopentenylpyrophosphat entsteht. Durch Kondensation von drei Molekülen Isopentenylpyrophosphat entsteht Farnesylpyrophosphat. Jeweils zwei dieser Moleküle werden unter Reoxidation von NADPH + H^+ zu Squalen umgesetzt, das nach einer Oxidation zu Squalen-2,3-epoxid eine Ringschlussreaktion durchläuft, aus der nach mehreren Zwischenschritten schließlich das Cholesterin hervorgeht (◘ Abb. 14.3). Bei den Insekten und anderen Invertebraten fehlen allerdings die für den Ringschluss notwendigen Enzyme, sodass Cholesterin für diese Tiere ein Vitamin ist.

Cholesterin bleibt aufgrund seiner lipophilen Eigenschaften in größeren Mengen mit den Lipiden der Plasmamembranen der Zellen vergesellschaftet. Mittels des **Star-Proteins** (Star für *steroidogenic acute regulatory protein*) wird Cholesterin aus der Plasmamembran in die Mitochondrien überführt, wo unter Beteiligung des P450-Monooxygenase-Systems die Umwandlung in **Pregnenolon** als Ausgangssubstanz für die Synthese aller Steroidhormone erfolgt. Die Synthesewege der Steroide (◘ Abb. 14.4) werden bei den Wirbeltieren innerhalb eines Organismus in verschiedenen Geweben qualitativ und quantitativ unterschiedlich intensiv durchlaufen, sodass in einem Tier in Abhängigkeit von dessen physiologischer Situation sehr unterschiedliche Mischungen von Steroidhormonen vorhanden sein können.

Orte der Steroidhormonsynthese in Wirbeltieren sind die Zellen der Nebennierenrinde und bestimmte Zellen der Gonaden, die das in der Leber synthetisierte Cholesterin aus dem

[377] Als Protein wird ein Strang von mehr als 100 α-Aminosäuren bezeichnet, die untereinander durch Peptidbindungen verknüpft sind. Ein Peptid ist völlig gleichartig aufgebaut, hat aber eine Kettenlänge von weniger als 100 Aminosäuren.

[378] Aus dem angloamerikanischen Raum wurde die Bezeichnung Cholesterol' auch ins Deutsche übernommen und hier inzwischen gleichwertig benutzt. Diese Bezeichnung charakterisiert das Vorhandensein einer OH-Gruppe am C-3-Atom des Ringsystems.

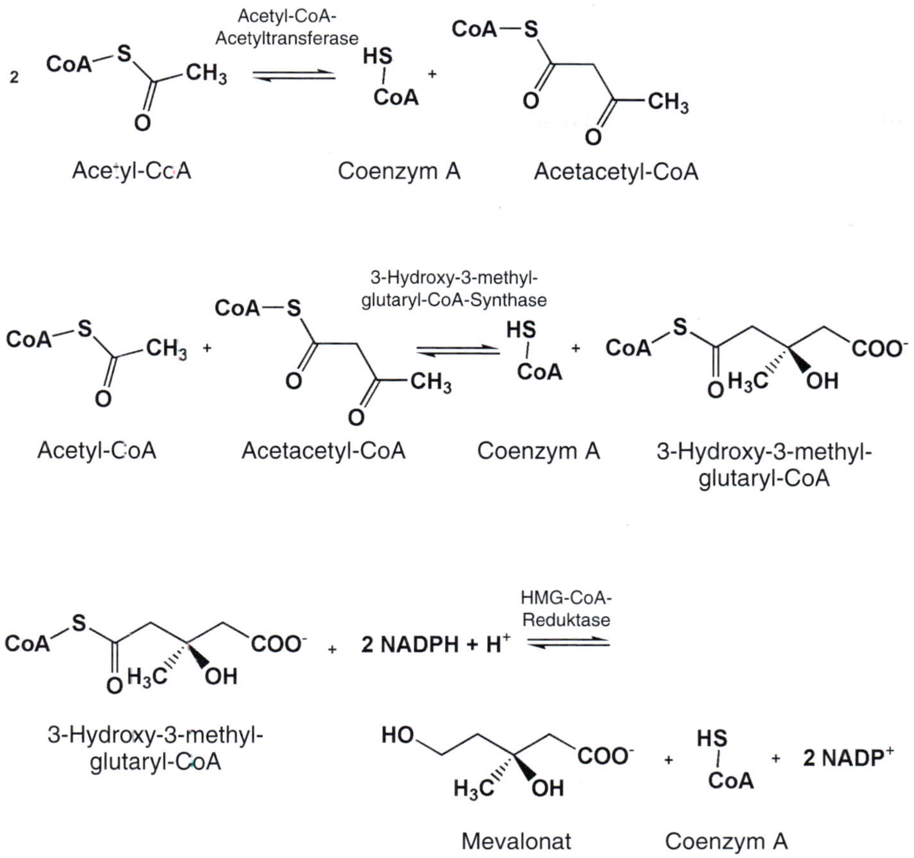

Abb. 14.2 Synthese von Mevalonat.

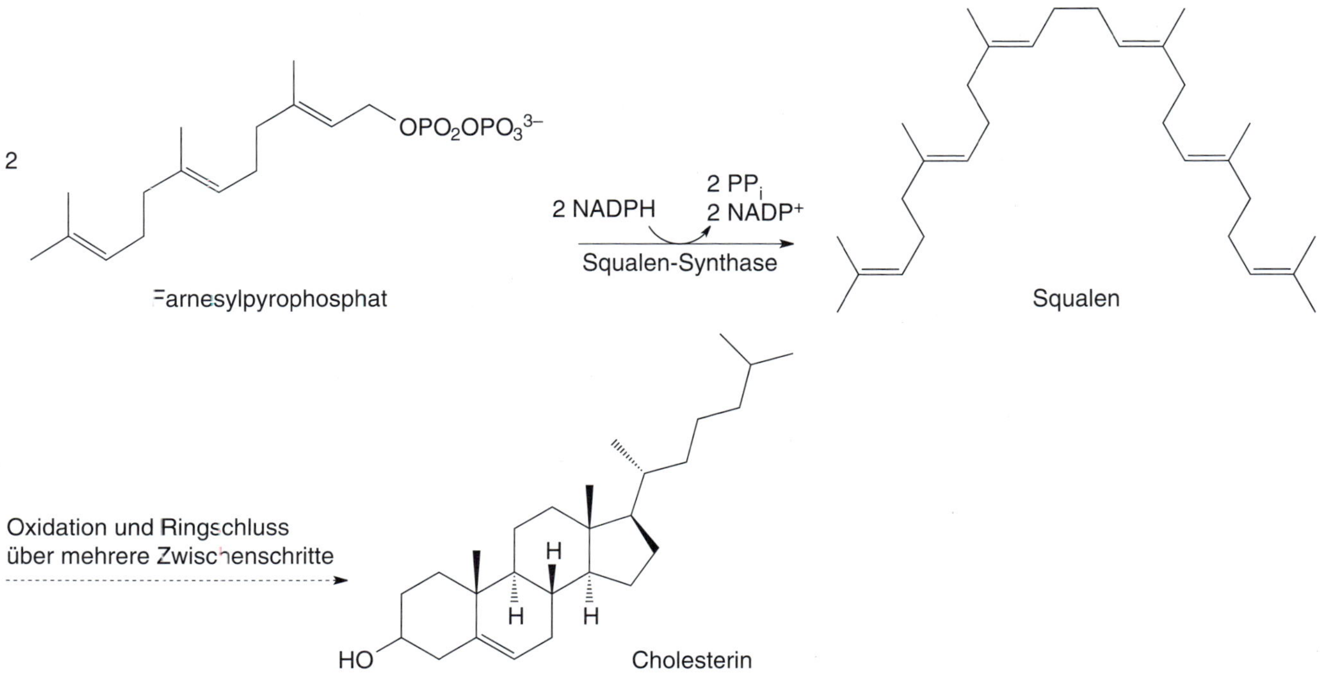

Abb. 14.3 Synthese des Cholesterins.

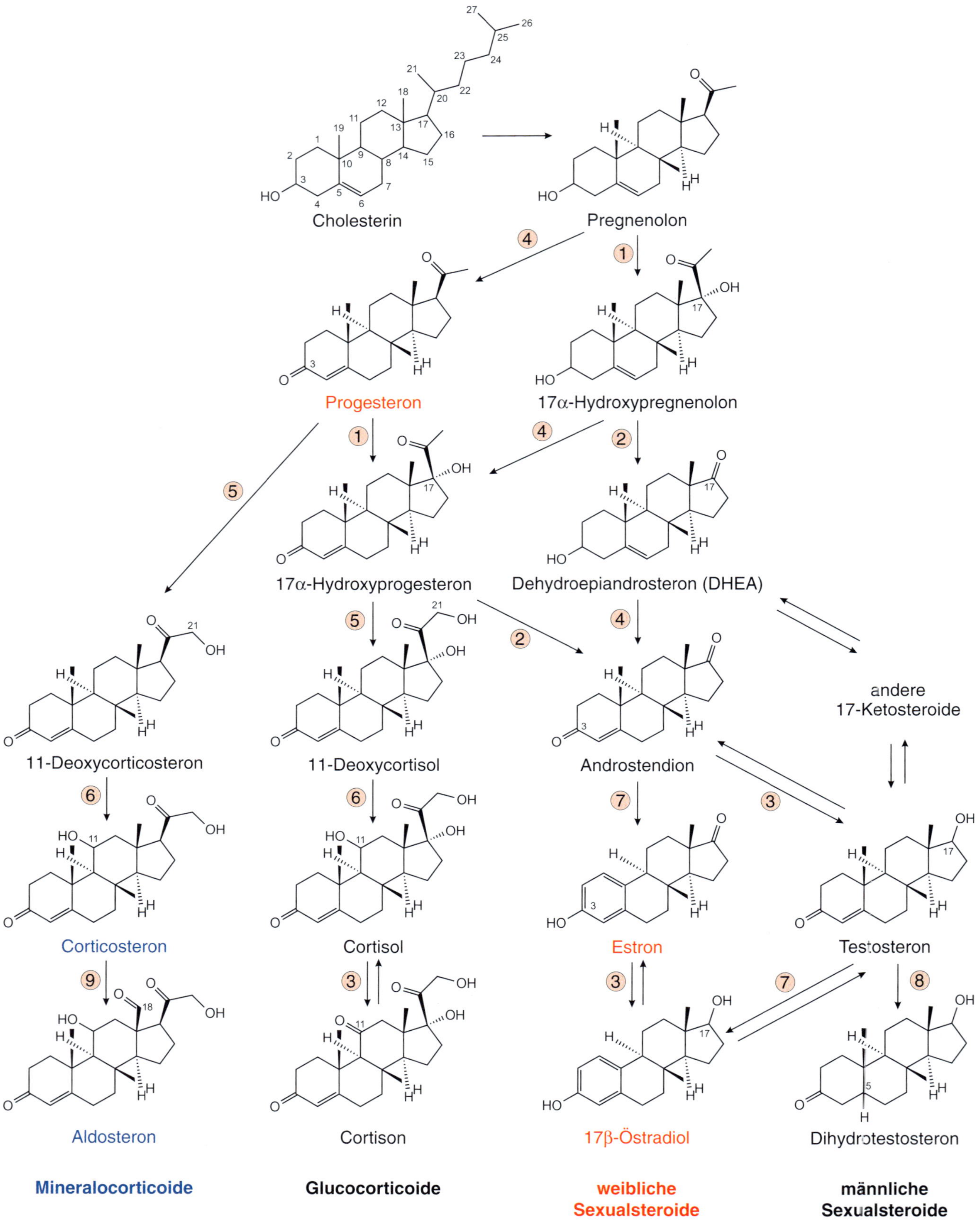

Abb. 14.4 Syntheseschema der verschiedenen Steroidhormone bei Wirbeltieren. Ausgangssubstanz aller Steroide ist das Cholesterin, dessen Struktur oben links mit der Zählung der insgesamt 27 C-Atome dargestellt ist. Die jeweilige C-Position, an der bei der Umwandlung eines Steroids in ein anderes Veränderungen stattfinden, ist jeweils mit ihrem Zahlenwert markiert. Fett gedruckte Molekülbezeichnungen deuten darauf hin, dass diese Substanzen biologisch relevante hormonelle Wirksamkeit im Tier besitzen. Die Zahlen in den Kreisen weisen auf die jeweiligen Enzyme hin: ① = 17α-Hydroxylase; ② = 17,20-Lyase; ③ = 17β-Hydroxysteroid-Dehydrogenase; ④ = 3β-Hydroxysteroid-Dehydrogenase; ⑤ = 21α-Hydroxylase; ⑥ = 11β-Hydroxylase; ⑦ = Aromatase; ⑧ = 5α-Reduktase; ⑨ = Aldosteron-Synthase.

Blut aufnehmen, wo es in Form eines Cholesterinesters als wichtiger Bestandteil der Lipoproteinpartikel angeboten wird. Aus dem metabolischen Schema in Abb. 14.4 ist erkennbar, dass die wichtigsten enzymatisch vermittelten Veränderungen am Steroidgrundmolekül jeweils an den C-Atomen 3, 11, 17 und 21 stattfinden. Die Nebennierenrinde bzw. das Interrenalgewebe enthält 11-, 17- und 21-Hydroxylasen, die an diesen Positionen OH-Gruppen in das Substratmolekül einfügen. Da

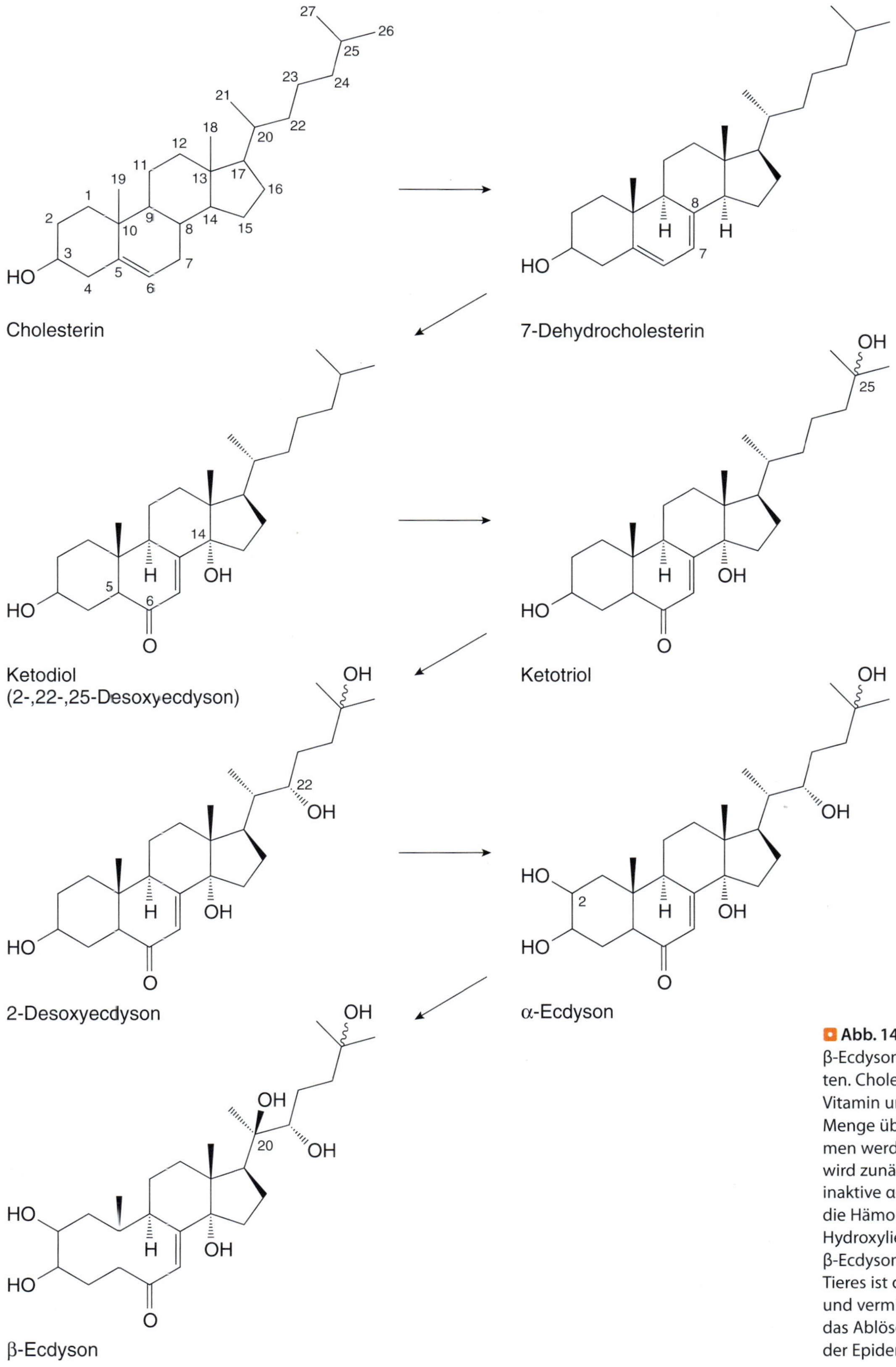

Abb. 14.5 Syntheseweg des β-Ecdysons aus Cholesterin bei Insekten. Cholesterin ist für Insekten ein Vitamin und muss in ausreichender Menge über die Nahrung aufgenommen werden. In der Prothoraxdrüse wird zunächst das biologisch noch inaktive α-Ecdyson hergestellt und in die Hämolymphe freigesetzt. Nach der Hydroxylierung in C-20-Position zum β-Ecdyson im peripheren Gewebe des Tieres ist das Hormon biologisch aktiv und vermittelt während der Häutung das Ablösen der alten Cuticula von der Epidermis.

eine Hydroxylierung am C-Atom 21 das Steroid von einem Angriff der 17-Hydroxylase schützt, werden in der Folge dieser Reaktion nur Mineralocorticoide hergestellt. Wird allerdings zuerst die Position 17 hydroxyliert, so entstehen entweder Glucocorticoide oder unter Umgehung des Progesterons auch 17-Ketosteroide, die als Zwischenstufen der Synthese der Sexualsteroide auftreten. Dieser Weg ermöglicht es auch kastrierten Tieren bzw. postmenopausalen Frauen, bei denen die Ovarien keine Sexualsteroide mehr herstellen, in der Nebennierenrinde Dehydroepiandrosteron herzustellen, sodass die Sexualsteroidsynthese auch bei fehlender Gonadenfunktion noch in beschränktem Ausmaß stattfinden kann. In allen Wirbeltieren außer den Agnathen und den Chondrichthyes werden aus dem Progesteron neben den Glucocorticoiden auch Mineralocorticoide hergestellt, die allerdings in wesentlich geringerer Konzentration im Plasma vorhanden sind als das Glucocorticoid Cortisol (Verhältnis von 1:1000). Da die Rezeptoren in Zielzellen der Mineralocorticoide (Na^+-reabsorbierende Epithelzellen der Niere, des Darms, der Speichel- und der Schweißdrüsen) sowohl durch Aldosteron als auch durch Cortisol aktiviert werden, exprimieren diese Zellen ein spezielles Enzym, die 11β-Hydroxysteroid-Dehydrogenase, die in die Zellen eintretendes Cortisol sehr effektiv zu Cortison dehydriert, welches am Mineralocorticoidrezeptor unwirksam ist. Auf diese Weise wird in den Zielzellen der Mineralocorticoid die Signalspezifität des Aldosterons gewährleistet.

Bei **Fischen** ist das systemisch auftretende Hauptandrogen das **11-Ketotestosteron**, das im Hoden aus dem dort zunächst gebildeten 11β-Hydroxyandrostendion hervorgeht. Das ratenlimitierende Enzym für diese Umwandlung ist wiederum die 11β-Hydroxysteroid-Dehydrogenase, deren Expression in den Hoden männlicher Fische durch Gonadotropine induziert wird.

Die Umwandlung von Testosteron in Dihydrotestosteron (Abb. 14.4) wird durch die **5α-Reduktase** vermittelt. Die Überführung von Testosteron in 17β-Östradiol sowie die Rückreaktion werden durch die **Aromatase** vermittelt. Beide Enzyme werden in gewebespezifischer Weise exprimiert, sodass diese Reaktionen im Tierkörper nur lokal stattfinden und die Produkte der Reaktionen auch nur lokal wirksam werden.

Überschüssige Steroidhormone werden hauptsächlich in der Leber durch **Sulfatierung** oder **Glucuronisierung** ihrer OH-Gruppen chemisch so verändert, dass sie besser wasserlöslich werden. In dieser Form werden sie entweder über die Galle oder über den Harn aus dem Körper ausgeschieden.

Bei den **Ecdysozoa** (Häutungstieren), zu denen neben den Arthropoden auch Nematoden, Nematomorphe und Priapuliden zählen, wird die äußere, sklerotische Körperhülle während des Wachstums der Tiere mehrfach abgeworfen (**Häutung**, **Ecdysis**) und jeweils durch eine neues chitinhaltiges Exoskelett ersetzt. Die eigentliche Häutung steht unter hormoneller Kontrolle eines Steroidhormons, des **Ecdysons** (Abb. 14.5). Dieses Steroidhormon wird aus Cholesterin hergestellt, das Insekten aus ihrer Nahrung beziehen müssen (Vitamin). In der Prothoraxdrüse wird zunächst durch ein bisher nicht näher chara-

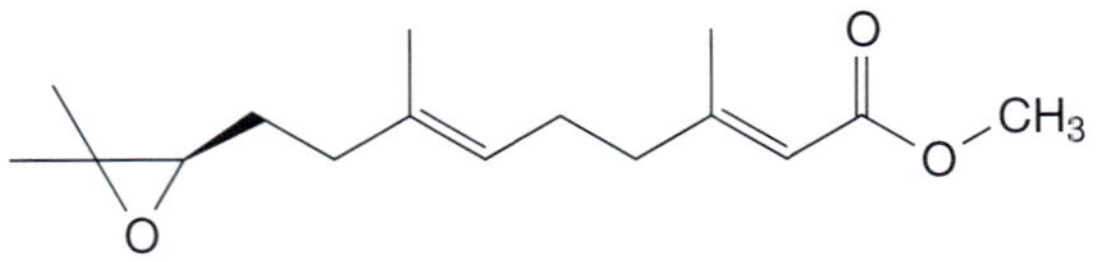

Abb. 14.6 Struktur des Juvenilhormons III.

kerisiertes P450-Enzym das 7-Dehydrocholesterin hergestellt. Auch die nachfolgenden Oxidationsreaktionen zum 2,22,25-Desoxyecdyson sind noch nicht vollkommen aufgeklärt. Die drei folgenden Hydroxylierungsreaktionen liefern als Endprodukt die biologisch noch inaktive Vorstufe α-Ecdyson, das aufgrund eines hormonellen Stimulus (PTTH) (▶ Abschn. 14.4.3) in die Hämolymphe abgegeben wird. Biologische Aktivität erhält das Hormon allerdings erst durch eine weitere Hydroxylierung an der C-20-Position (20-Hydroxyecdyson, Ecdysteron, **β-Ecdyson**). Das hierfür notwendige Enzym wird in peripheren Geweben des Tierkörpers exprimiert.

Die **Juvenilhormone** (JH) der Insekten werden in Anhangdrüsen des Gehirns, den Corpora allata, synthetisiert und leiten sich wie die Steroidhormone vom Farnesylpyrophosphat ab. Ein Subtyp der Juvenilhormone, das JH III (Abb. 14.6), kommt in allen Insektenarten vor. Bei Schmetterlingen gibt es zusätzlich die Juvenilhormone JH I, II und 0. JH I kann an der Position 4 des C-Gerüsts methyliert vorliegen (z. B. in Larven von *Manduca sexta*). JH III kann (z. B. bei Heuschrecken) an unterschiedlichen Positionen des C-Gerüsts hydroxyliert werden (12′-OH-JH III, 8′-OH-JH III, 4′-OH-JH III).

14.2.3 Von Aminosäuren abgeleitete Hormone

Zu dieser Gruppe zählt man die Catecholamine, Serotonin, Melatonin und das Schilddrüsenhormon, Trijodthyronin.

Die **Catecholamine** leiten sich von der Aminosäure **Tyrosin** ab. Das Enzym Tyrosin-Hydroxylase überträgt zunächst eine OH-Gruppe auf den aromatischen Ring dieser Aminosäure und produziert so **L-Dopa** (Abb. 14.7). L-Dopa wird als metabolische Vorstufe nicht nur für die Hormonsynthese genutzt, sondern bei manchen Tieren auch für ganz andere Zwecke (z. B. Härtung der Byssusfäden bei der Miesmuschel, *Mytilus edulis*). Die Synthese der Catecholamine findet im Wesentlichen im glatten endoplasmatischen Retikulum statt, sodass die fertigen Produkte in sekretorischen Vesikeln bereitgestellt und durch Exocytose aus den produzierenden Zellen freigesetzt werden. Eine Decarboxylierungsreaktion am α-C-Atom von L-Dopa, vermittelt durch die aromatische L-Aminosäure-Decarboxylase, erzeugt **L-Dopamin**. Als Cofaktor für diese Reaktion wird Pyridoxalphosphat (Vitamin B_6) benötigt. L-Dopamin wird in manchen neuronalen Zellen auch selbst als Signalstoff genutzt, kann aber in anderen Zellen durch die Dopamin-β-Hydroxylase weiter zum **Noradrenalin**, oder, je nach Tierart in mehr oder weniger großem Ausmaß, durch die Phenylethanolamin-N-Methyltransferase zu **Adrenalin** methyliert werden. L-

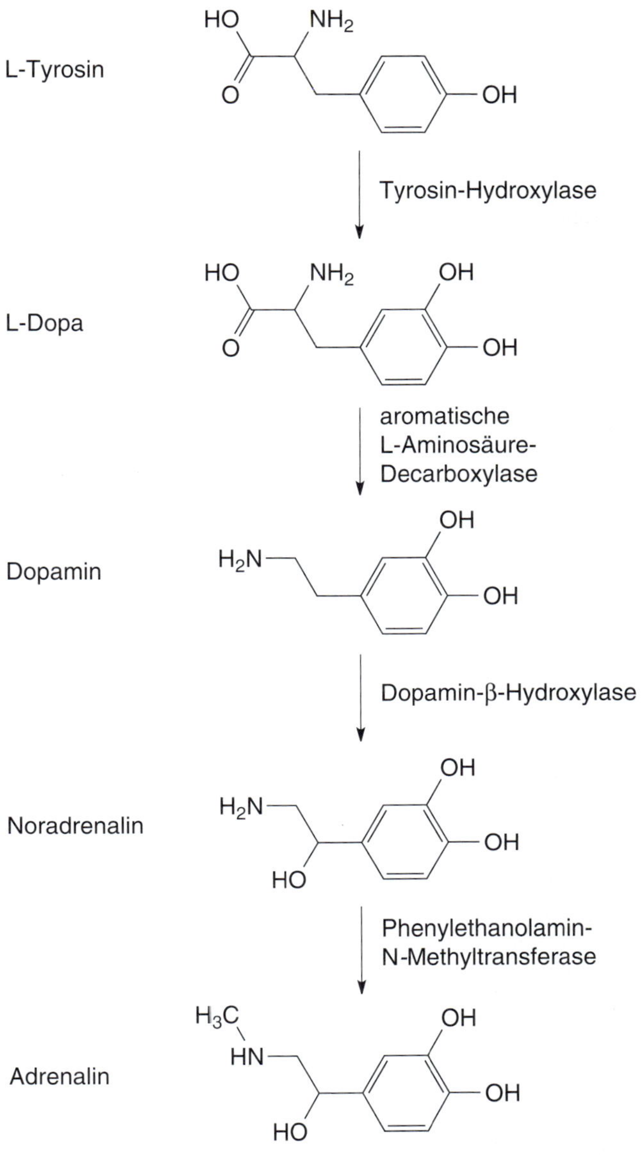

Abb. 14.7 Syntheseweg der Catecholamine.

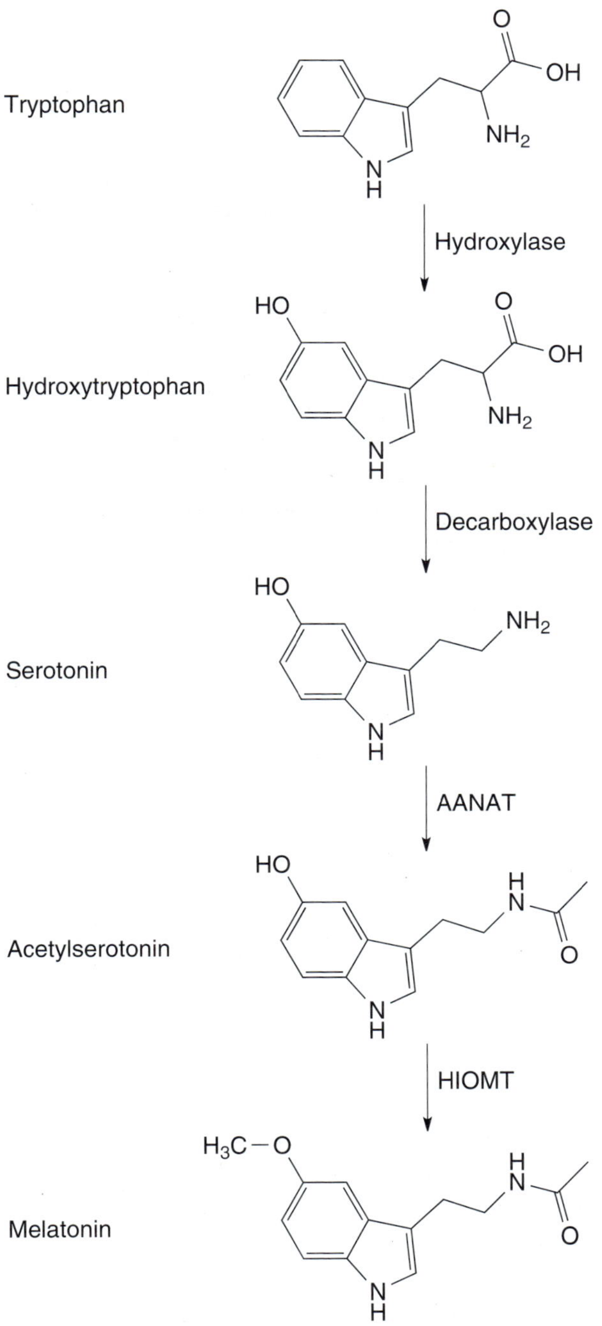

Abb. 14.8 Syntheseweg des Serotonins und des Melatonins. AANAT = Arylalkylamin-N-Acetyltransferase (auch: Serotonin-N-Acetyltransferase); HIOMT = Hydroxyindol-O-Methyltransferase.

Dopamin, Noradrenalin und Adrenalin werden in bestimmten neuronalen Zellen als Transmitter eingesetzt, werden aber aus anderen Zellen neurosekretorisch freigesetzt und als Hormone wirksam.

Nach der Freisetzung in den Extrazellularraum können Catecholamine durch Aufnahme in die Leber (bei Neuronen auch durch Wiederaufnahme in die präsynaptische Endigung) einem enzymatischen Abbau zugeführt werden. Daran sind die Monoaminooxidase oder die Catechol-O-Methyltransferase beteiligt.

Die Synthese von **Serotonin** und **Melatonin** geht von der Aminosäure **Tryptophan** aus. Eine Tryptophan-Hydroxylase überträgt eine OH-Gruppe auf den aromatischen Ring, es entsteht Hydroxytryptophan (Abb. 14.8). Die anschließende Decarboxylierungsreaktion erzeugt Serotonin (**5-Hydroxytryptamin**, 5-HT), das von manchen neuronalen Zellen als Transmitter verwendet oder als Neurosekret freigesetzt und anschließend als Hormon wirksam wird. Bei den Wirbeltieren wird in den neuronalen Zellen der Epiphyse (Zirbeldrüse, Pinealorgan) durch die Arylalkylamin-N-Acetyltransferase (AANAT) eine Acetylgruppe auf das Serotonin übertragen. Das Produkt, Acetylserotonin, wird durch die Hydroxyindol-O-Methyltransferase (HIOMT) methyliert, sodass Melatonin entsteht. Die Bildung von Melatonin läuft bei den Wirbeltieren bevorzugt im Dunkeln ab und wird im Hellen gehemmt.

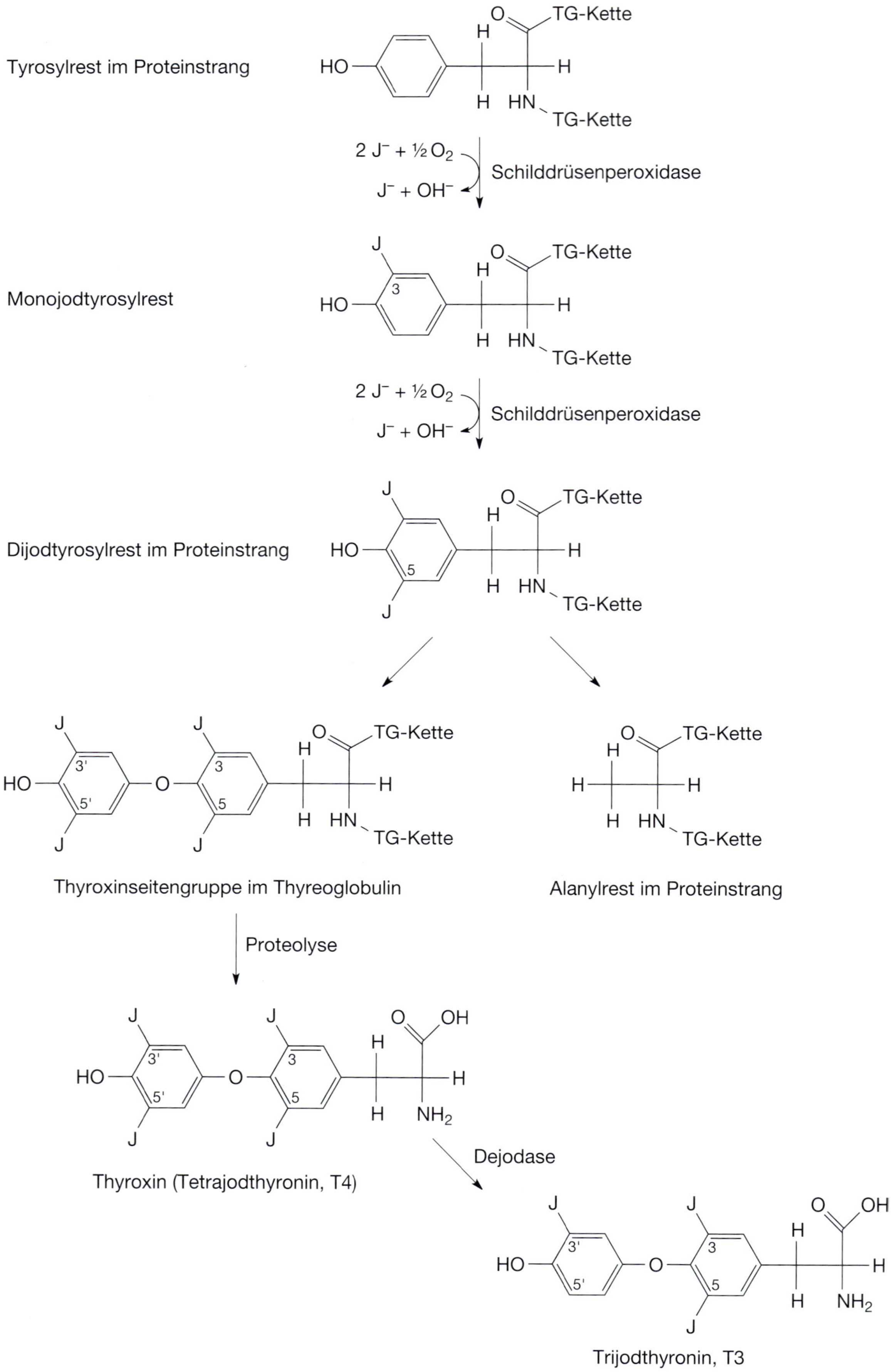

Abb. 14.9 Syntheseweg des Schilddrüsenhormons (Trijodthyronin, T3) bei den Wirbeltieren. TG = Thyreoglobulin.

Die Hormonwirkung wird durch Abbau des Melatonins beendet. In der Leber wird Melatonin durch Cytochrom-P450-Monooxygenasen in 6-Hydroxymelatonin umgewandelt und dieses in Form von sulfatierten oder glucuronidierten Metaboliten über den Urin ausgeschieden.

Die **Schilddrüsenhormone** (**Trijodthyronin** und **Thyroxin**) leiten sich von der Aminosäure **Tyrosin** ab und werden in den follikulären Zellen der Schilddrüse hergestellt. In einem ersten Schritt wird in diesen Zellen das Protein **Thyreoglobulin** (TG) synthetisiert, das viele Tyrosinreste enthält. Menschliches Thyreoglobulin hat eine Molekülmasse von etwa 660 kDa. Nach der Synthese wird dieses Protein in das endoplasmatische Retikulum der Follikelzellen importiert und anschließend, sofern dem Organismus mit der Nahrung genügend Jod zugeführt wird, an jedem der aromatischen Seitenreste der Tyrosine zweifach jodiniert (◘ Abb. 14.9). Diese Reaktion wird von der Schilddrüsenperoxidase (Thyreoperoxidase, TPO) katalysiert. In einem weiteren Schritt wird von einem der zweifach jodinierten Tyrosinreste im Protein der aromatische Ring auf einen anderen übertragen, wobei an der Spenderposition ein Alaninrest zurückbleibt, an der Empfängerposition aber eine **Thyroxinseitengruppe** entsteht. Das derivatisierte Protein wird durch Exocytose über die apikale Membran der Follikelzellen in das Follikellumen abgegeben und dort als gelartiges Kolloid gespeichert. Fast die Gesamtmenge des Jods im Säugetierkörper ist daher in der Schilddrüse gebunden. Wird im Körper Schilddrüsenhormon benötigt, was den Follikelzellen über die Steigerung der Plasmakonzentration des schilddrüsenstimulierenden Hormons TSH (*thyreoidea stimulating hormone*, Thyreotropin) angezeigt wird, nehmen die Follikelzellen von dem im Follikellumen gespeicherten Thyreoglobulin eine gewisse Menge endocytotisch in die Zelle auf und setzen das Thyroxin durch proteolytischen Abbau des Thyreoglobulins in Lysosomen frei. Das relativ gut lipidlösliche Thyroxin durchdringt die Vesikel- und die Plasmamembran der Follikelzellen diffusiv und gelangt in den Blutstrom, wo es an ein Carrierprotein, das thyroxinbindende Globulin (TBG) gebunden und im Kreislaufsystem verteilt wird. Gelangt dieses Carrierprotein mit gebundem Thyroxin in den Interstitialraum, so wird das Protein dort durch die Elastase gespalten und das Thyroxin in der Nähe der Oberflächen der Zielzellen freigesetzt.

Bereits in den Follikelzellen, aber auch im Blut und vermutlich auch im Umfeld der Zielzellen gibt es verschiedene Isoformen von selenabhängigen Dejodasen, die das Thyroxin (auch Tetrajodthyronin) zum Trijodthyronin dejodinieren. **Trijodthyronin** (T3) ist die biologisch aktive Form des Hormons, die die nucleären Rezeptoren der Zielzellen aktiviert und genregulatorische Antworten erzeugt.

14.2.4 Arachidonsäurederivate

Die **Arachidonsäure** (AA) ist eine C_{20}-Fettsäure mit vier *cis*-Doppelbindungen (◘ Abb. 14.10). Die korrekte chemische Bezeichnung lautet all-*cis*-5,8,11,14-Eicosatetraensäure. AA ist eine ω-6-Fettsäure, da, vom hinteren Ende aus gezählt, die erste ungesättigte C-C-Bindung am sechsten C-Atom auftritt. AA ist Ausgangsstoff für die Produktion von **Leukotrienen**, **Prostaglandinen** und **Thromboxanen**, die auf der Gewebeebene wichtige Signalfunktionen ausüben.

Arachidonsäure kommt in allen Zellen von Tieren vor. Sie wird von diesen (bei Wirbeltieren besonders in der Leber) aus der essenziellen Fettsäure Linolensäure durch Kettenverlängerung um zwei C-Atome hergestellt und bei der Synthese von Glycerophospholipiden mit dem C-2-Atom des Glycerins verknüpft. In lebenden Zellen tritt AA in freier Form nur nach akuter Stimulation der Phospholipase A2 (PLA2) auf. Ihre Verweilzeit ist sehr kurz, weil sie sofort von verschiedenen zellulären Enzymsystemen verstoffwechselt wird.

Eines dieser Enzyme, die 5-Lipoxygenase, oxidiert die AA und führt an der Position 5 eine Hydroperoxidgruppe ein, es entsteht 5-Hydroperoxyeicosatetraensäure (5-HPETE). Über verschiedene Zwischenstufen wird diese Substanz in Leukotriene umgebaut, die wichtige Funktionen in der Anlockung und Aktivierung von Immunzellen ausüben und inflammatorische Prozesse auslösen.

Alternativ kann AA von der Prostaglandin-H-Synthase, die auch als **Cyclooxygenase** (Cox) bezeichnet wird, verstoffwechselt werden. Dabei wird ein Ringschluss zwischen C-8 und C-12 und eine Peroxidbrücke zwischen C-9 und C-11 der Fettsäurekette eingefügt. Nach Einführung einer OH-Gruppe am C-15 entsteht das Prostaglandin H2 (PGH_2). Eine Hemmung der Cox durch nichtsteroidale Entzündungshemmer wie Acetylsalicylsäure (Aspirin) und Ibuprofen usw. resultiert in der antiinflammatorischen und schmerzlindernden Wirkung dieser Substanzen. PGH_2 ist allerdings nur Zwischenprodukt und wird, je nachdem, welcher Zelltyp analysiert wird, auf verschiedenen Wegen weiter metabolisiert. Bei den Säugetieren stellen zwei verschiedene Prostaglandin-Synthasen Isoformen der Prostaglandine (PGE_2, PGF_2, PGI_2) her. Diese übernehmen, je nach Subtyp von Plasmamembranrezeptoren der Zielzellen, unterschiedliche Funktionen: Sie veranlassen die Zellen der glatten Atemwegsmuskulatur zur Bronchokonstriktion oder zur Bronchodilatation, nehmen an der autonomen Rhythmusgeneration für die Peristaltik des Gastrointestinaltrakts teil, lösen bei Placentasäugern Kontraktionen der Uterusmuskulatur aus, verursachen Veränderungen des Blutdruckes oder können die Anheftung von Blutplättchen an verletzte Gefäßwände unterdrücken. Die Thromboxan-Synthase stellt aus PGH_2 das

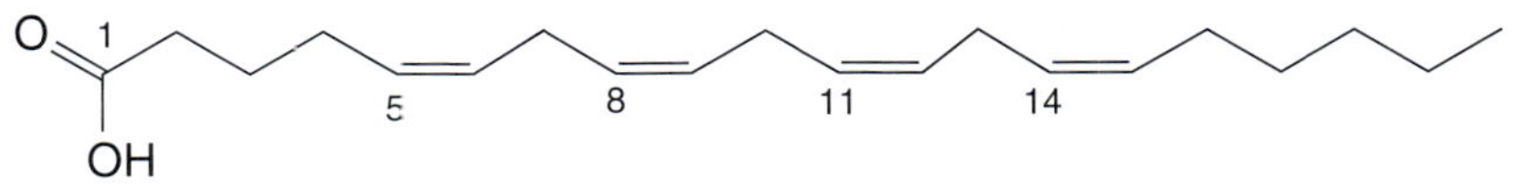

◘ **Abb. 14.10** Struktur der Arachidonsäure.

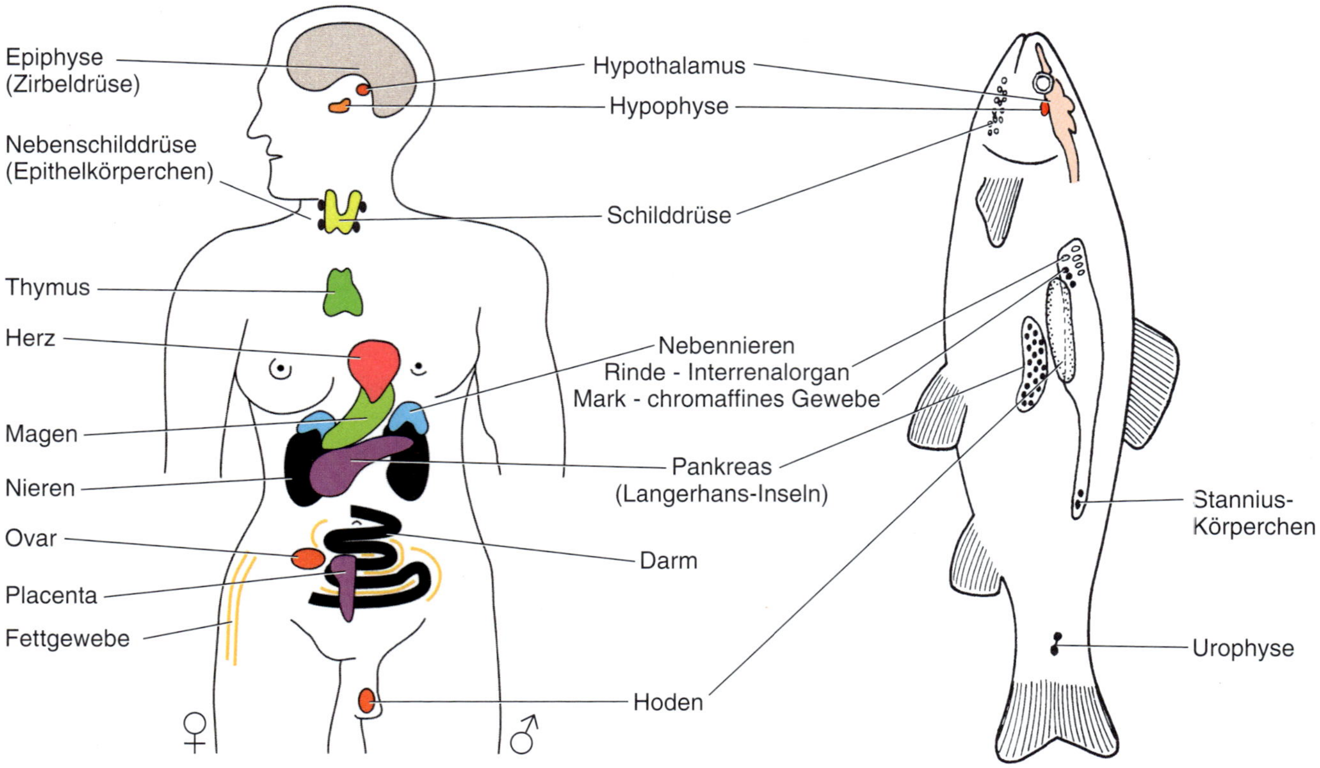

Abb. 14.11 Bezeichnung und Lage der sich entsprechenden neurosekretorischen Gewebe und Hormondrüsen bei Mensch und einem typischen Knochenfisch.

Thromboxan A2 (TXA_2) her. TXA_2 wird besonders in aktivierten Blutplättchen synthetisiert und vermittelt dort die Anheftung weiterer Plättchen (Thrombocyten) an verletzte Gefäßwände, um einen ersten Wundverschluss herzustellen. Da Acetylsalicylsäure (s. o.) auch die Synthese von Thromboxan unterdrückt, hat dieser Arzneistoff auch eine antithrombotische Wirkung. TXA_2 vermittelt auch die Kontraktion glatter Muskulatur im Tierkörper.

14

14.3 Hormonsysteme der Wirbeltiere

Hormone werden bei den Wirbeltieren entweder von nichtneuronalen Zellen (**Hormondrüsen**) oder von neuronalen Zellen hergestellt und freigesetzt (**neurosekretorische Zellen**). Letztere können entweder im zentralen oder im peripheren Nervensystem liegen. In den meisten Fällen, aber durchaus nicht immer, nehmen hormonelle Signalsysteme ihren Ausgang im Zentralnervensystem. Bestimmte Einflüsse der Umwelt auf die Tiere werden über den **Hypothalamus** und das **endokrine System** direkt beantwortet, ohne dass die Großhirnrinde (Beteiligung des Bewusstseins) maßgeblich einbezogen wäre. Über diesen Weg werden die **vegetativen Funktionen** eines Tieres ständig den äußeren Bedingungen angepasst. Hypothalamische Neurone stellen in diesen Fällen die oberste Ebene in der Hierarchie des Hormonsystems dar. Ihre Signale und Signalstoffe können auf nachgeschaltete Ebenen wirken, die selbst wieder Hormondrüsen- oder neurosekretorischen Charakter haben. Erst ganz am Ende einer solchen Kaskade steht dann die Wirkung eines Hormons auf das Erfolgsorgan oder die Zielzelle. Die Organisation vieler Hormonsysteme in solchen Kaskaden hat den Vorteil, dass auf den verschiedenen Ebenen **modulatorische Einflüsse** wirksam oder durch **negative Rückkopplung** wichtige Kontrollfunktionen über Intensität und Dauer der hormonvermittelten Änderungen physiologischer Funktionen ausgeübt werden können. Entsprechend zahlreich sind die Gewebe der Wirbeltiere, die in die Produktion und Freisetzung von Hormonen eingebunden sind (Abb. 14.11).

14.3.1 Hypothalamus und Hypophyse

Hypothalamische Neurone sind die Signalgeber für die Regulation der allermeisten vegetativen Funktionen der Wirbeltiere. Je nachdem, in welchem hypothalamischen Kerngebiet die Somata dieser Neurone liegen, ziehen ihre Axone in verschiedene Zielgewebe der sich unterhalb des **Hypothalamus** befindenden **Hypophyse**[379]. Die Hypophyse steht über den Hypophysenstiel (Infundibulum) mit dem Thalamus in Verbindung.

[379] *hypophysis* (griech.) = das »unten anhängende Gewächs«

Tab. 14.2 Hormone der Neurohypophyse, ihre Primärsequenzen und ihre Verbreitung in den verschiedenen Vertebratentaxa. In rot sind Positionen markiert, in denen die Aminosäuren von denen der Ursprungssequenz (erste Zeile) abweichen.

Hormonbezeichnung	Primärsequenz	Vorkommen
Argininvasotocin	Cys-Tyr-Ile-Gln-Asn-Cys-Pro-Arg-Gly-NH_2	alle Vertebraten (in Mammalia nur fetal, adult in der Epiphyse)
Glumitocin	Cys-Tyr-Ile-Ser-Asn-Cys-Pro-Gln-Gly-NH_2	Rochen
Valitocin	Cys-Tyr-Ile-Gln-Asn-Cys-Pro-Val-Gly-NH_2	Chondichthyes
Aspargtocin	Cys-Tyr-Ile-Asn-Asn-Cys-Pro-Leu-Gly-NH_2	Chondichthyes
Asvatocin	Cys-Tyr-Ile-Gln-Asn-Cys-Pro-Val-Gly-NH_2	Chondichthyes
Phasvatocin	Cys-Tyr-Phe-Gln-Asn-Cys-Pro-Arg-Gly-NH_2	Chondichthyes
Isotocin	Cys-Tyr-Ile-Ser-Asn-Cys-Pro-Ile-Gly-NH_2	Chondichthyes
Mesotocin	Cys-Tyr-Ile-Gln-Asn-Cys-Pro-Ile-Gly-NH_2	Dipnoi, Crossopterygii, Amphibia, Reptilia, Aves, Marsupialia
Phenypressin	Cys-Tyr-Phe-Gln-Asn-Cys-Pro-Arg-Gly-NH_2	Marsupialia
Lysinvasopressin	Cys-Tyr-Phe-Gln-Asn-Cys-Pro-Lys-Gly-NH_2	Marsupialia, Placentalia
Argininvasopressin	Cys-Tyr-Phe-Gln-Asn-Cys-Pro-Arg-Gly-NH_2	Mammalia (außer Hausschwein und Känguru)
Oxytocin	Cys-Tyr-Ile-Gln-Asn-Cys-Pro-Leu-Gly-NH_2	Mammalia

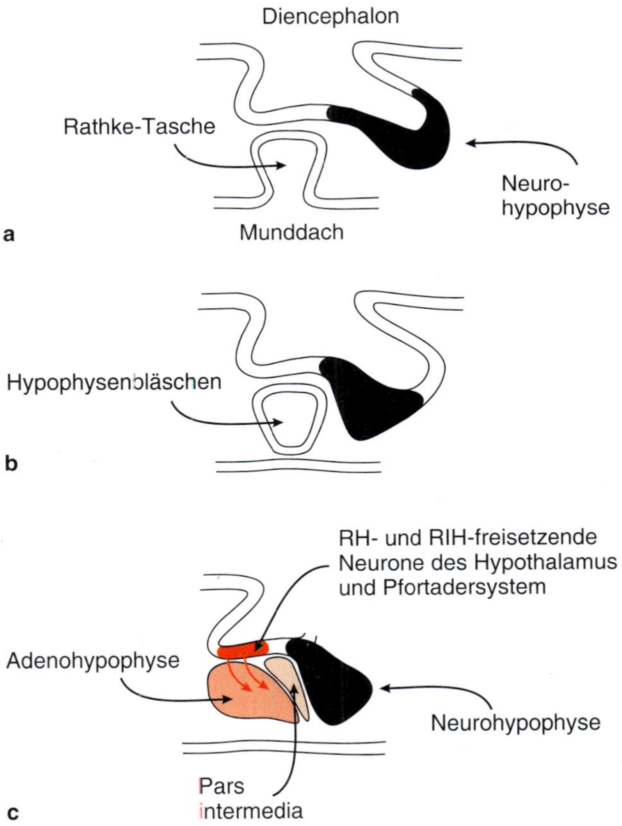

Abb. 14.12 Ontogenetische Entwicklung der Hypophyse aus neuronalem Gewebe des Hypothalamus und aus epithelialem Gewebe des Vorderdarms. **a** Bildung einer ventralwärts gerichteten Ausstülpung des Diencephalons und die Bildung der Rathke-Tasche aus dem Gewebe des Munddachs. **b** Abschnürung der Rathke-Tasche und Bildung des Hypophysenbläschens. **c** Differenzierung des Hypophysenbläschens zur Adenohypophyse und zur Pars intermedia. RH = *releasing hormones*; RIH = release-inhibiting hormones.

Die Hypophyse ist aus Geweben verschiedener embryonaler Herkunft zusammengesetzt und bildet sich während der fetalen Entwicklung eines Wirbeltiers einerseits aus einer ventralwärtigen Ausstülpung des Zwischenhirns (Diencephalon), die später zur **Neurohypophyse** wird, und einer dieser entgegenwachsenden Ausstülpung des Rachendachs (**Rathke*-Tasche**), die aus epithelialem Gewebe des Vorderdarms besteht (Abb. 14.12) und später zur **Adenohypophyse** und zum **Zwischenlappen** (Pars intermedia) wird. Die Rathke-Tasche wird während der weiteren Entwicklung vom Munddach abgeschnürt und verliert somit die Verbindung zur Mundhöhle. Das sich auf diese Weise bildende Hypophysenbläschen wird bei einigen Säugetieren (Carnivora, Ruminantia) als Hohlraumstruktur bis in das Erwachsenenalter erhalten, bei anderen Säugern wird der Hohlraum während der weiteren Organentwicklung verschlossen. Beim Menschen liegt die Neurohypophyse caudal zur Adenohypophyse, sodass sie auch als **Hypophysenhinterlappen** (HHL) bezeichnet wird. Die Adenohypophyse ist entsprechend der **Hypophysenvorderlappen** (HVL) (Abb. 14.13). Bei einigen Huftieren und bei den Carnivora wird die Neurohypophyse allerdings komplett vom adenohypophysären Gewebe umschlossen, sodass diese Bezeichnungen nur für die Beschreibung der topologischen Verhältnisse beim Menschen Anwendung finden sollten.

Hormone der Neurohypophyse

Die Axone bestimmter Untergruppen von hypothalamischen Neuronen senden ihre Axone über den Tractus hypothalamohypophyseus in die **Neurohypophyse** und entlassen ihre Signalstoffe dort über Neurosekretion in das in einem Kapillarbett vorbeiströmende Blut. Die Neurohypophyse stellt somit ein **Neurohämalorgan** dar (Abb. 14.13).

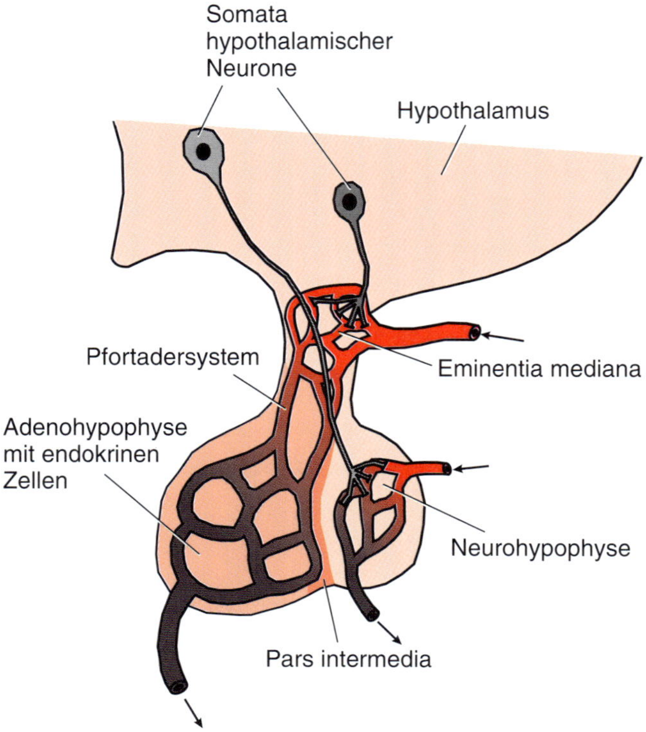

Abb. 14.13 Überblick über Aufbau und Funktionsweise der menschlichen Hypophyse. Die Pfeile geben die Richtung des Blutflusses an.

Bei den Amnioten werden im Nucleus supraopticus[380] gebildetes **antidiuretisches Hormon**[381] (ADH) bzw. **Vasopressin**[382] und im Nucleus paraventricularis[383] gebildetes **Oxytocin** für den axonalen Transport an Carrierproteine (**Neurophysine**) gebunden. Die Neuropeptidhormone und die Neurophysine sind proteolytische Prozessierungsprodukte derselben Prohormone. Die Hormon-Neurophysin-Komplexe werden in den synaptischen Endigungen der Neurone in der Neurohypophyse bereitgestellt. Nach Einlaufen von Aktionspotenzialen werden die Signalstoffe von den Neurophysinmolekülen getrennt und exocytotisch in die Blutbahn abgegeben.

Alle Isoformen der Hormone der Neurohypophyse sind **zyklische Nonapeptide** (Disulfidbrücke zwischen den Cysteinen in den Positionen 1 und 6), die zur Erhöhung ihrer Stabilität eine C-terminale Amidierung aufweisen (Tab. 14.2). All diese Peptidhormone gehen auf eine gemeinsame Vorläuferstruktur (vermutlich ähnlich dem rezenten Argininvasotocin) zurück und sind daher Homologe.

Die Hormone der Neurohypophyse werden nach ihrer Entlassung mit dem Blutstrom zu ihren Zielorganen transportiert und dort direkt wirksam, indem sie an Plasmamembranrezeptoren binden und über G-Protein-gekoppelte Rezeptoren metabotrope Wirkungen in den Zielzellen entfalten.

Das **antidiuretische Hormon** (**ADH**; alternative Kurzbezeichnung: Adiuretin) bzw. **Vasopressin** hat zwei wichtige Funktionen, die ursprünglich unabhängig voneinander entdeckt wurden, ohne dass man wusste, dass die diese Wirkungen vermittelnden Signalstoffe miteinander identisch sind. Daher gibt es zwei Bezeichnungen für ein und dasselbe Hormon. Vasopressin führt zur Kontraktion der glatten Gefäßmuskulatur, indem das Hormon an einen Vasopressinrezeptor (V_1-Subtyp) bindet, der an ein G_q-Protein gekoppelt ist und dessen Aktivierung zur Akkumulation von Inositol-1,4,5-trisphosphat und zur Auslösung intrazellulärer Calciumsignale führt. Diese vermitteln die Kontraktion der Muskelzellen, was zu einem Anstieg des Blutdrucks führt. In der basalen Zelloberfläche der Epithelzellen des Sammelrohrs der Nephrone in der Niere gibt es Vasopressinrezeptoren vom V_2-Subtyp. Diese sind über ein G_s-Protein an die Adenylylcyclase gebunden, sodass ihre Aktivierung die Akkumulation von cAMP im Cytosol der Sammelrohrzellen nach sich zieht. Dies hat den Einbau konstitutiv leitfähiger Wasserkanalmoleküle (beim Menschen: AQP2) aus intrazellulären Vesikeln in die apikale Membran der Epithelzellen zur Folge. Da in den Sammelrohrzellen AQP3-Kanälen in der basolateralen Zellmembran konstitutiv exprimiert werden, besteht eine transzelluläre Wasserpermeabilität, die es erlaubt, dass aus dem im Lumen an der apikalen Zelloberfläche vorbeifließenden hypotonen Primärharn Wasser in das Interstitium der Niere reabsorbiert wird. Dies führt zur Ausscheidung eines Endharns, der ein geringes Volumen, aber hohe Konzentrationen an Osmolyten und harnpflichtigen Substanzen aufweist, eine Kondition, die als **Antidiurese** bezeichnet wird. Die Sekretion von antiduretischem Hormon aus den hypothalamischen Neuronen wird also immer dann einsetzen, wenn der Organismus unter Volumenmangel (z. B. bei Durst) zu leiden hat. Er bewahrt das ohnehin reduzierte Blutvolumen durch Reduktion der Harnausscheidung vor weiterem Verlust und stützt den Blutdruck trotz des geringeren Blutvolumens durch Erhöhung des Gefäßtonus.

Beim Menschen führt das Unvermögen, genügend antidiuretisches Hormon/Vasopressin herzustellen, oder ein Verlust der V_2-Rezeptoren bzw. der Wasserkanäle vom AQP2-Typ in den Sammelrohrzellen der Niere zum **Diabetes insipidus**[384]. Die Betroffenen leiden unter vermehrter Urinausscheidung (Polyurie; bis zu 30 l Harn pro Tag) und einem gesteigerten Durstgefühl, das zu vermehrtem Trinken (Polydipsie) führt.

Die wesentlichen Funktionen von **Oxytocin** bestehen ebenfalls in der Auslösung von Kontraktionen glatter Muskulatur. Bei Säugetieren vermittelt Oxytocin die Kontraktion der Uterusmuskulatur unter der Geburt (Wehen). Östrogene sensitivieren die Uterusmuskulatur für Oxytocin. Progesteron bewirkt das Gegenteil und unterdrückt die Expression von Oxytocinrezeptoren in der Plasmamembran der Muskelzel-

380 *supra* (lat.) = oberhalb von; *optike* (griech.) = Sehen
381 *a-* (griech.) = verneinende Vorsilbe; *dia* (griech.) = hindurch; *ouron* (griech.) = Harn
382 *vas* (lat.) = Gefäß; *pressare* (lat.) = drücken
383 *para* (griech.) = daneben; *ventriculus* (lat.) = Höhlung
384 *diabainein* (griech.) = hindurch passieren; *insipidus* (lat.) = ohne Geschmack

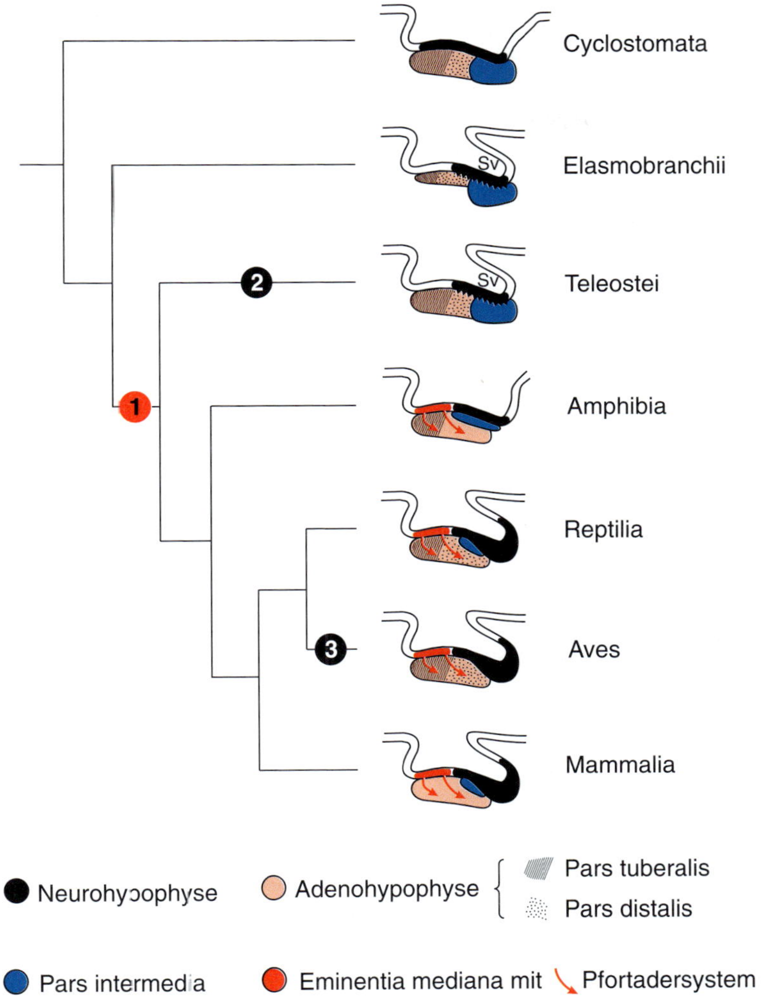

Abb. 14.14 Evolution der Hypophyse bei den Wirbeltieren und die funktionelle Beziehung der Gewebeanteile untereinander. Bei den Cyclostomen ist die Neurohypophyse noch nicht scharf vom hypothalamischen Gewebe abgesetzt. Ein Hypophysenzwischenlappen (Pars intermedia) ist bei den Säugetieren ausgebildet, allerdings fehlt er bei den Insectivora, den Xenarthra (Nebengelenktiere, Gürtel- und Faultiere) und den Carnivora. ① = Neuentwicklung des Pfortadersystems zwischen Eminentia mediana und Adenohypophyse; ② = sekundärer Verlust des Pfortadersystems; ③ = sekundärer Verlust der Pars intermedia; Sv = Saccus vasculosus.

len, sodass die Oxytocinausschüttung während der Trächtigkeit bzw. der Schwangerschaft nicht zu vorzeitigen Uteruskontraktionen führt. Während der **Lactationsperiode** bewirkt eine durch den Saugreiz des Säuglings induzierte Ausschüttung von Oxytocin reflektorisch die Kontraktion der Myoepithelien, die die Milchlakunen und die Ausführgänge der Milchdrüse umgeben, in denen die inzwischen in den acinären Endstücken der Milchdrüsen produzierte Milch gespeichert wird. Bei der Kuh löst ein Anmelken (oder das Ansaugen der Zitzen durch das Kalb) einen Reflexbogen aus, der die hypothalamischen Neurone des Muttertiers zur Freisetzung von Oxytocin bringt. Völlig gleichartig wird der Milchfluss auch beim Menschen aktiviert, wenn ein Säugling an die Brust angelegt wird und dessen Saugstimulus mechanische Reize auf die Brustwarze der Mutter ausübt (Abb. 14.15).

Die Adenohypophyse und ihre Ansteuerung

Neurone in bestimmten Kerngebieten des Hypothalamus produzieren Signalstoffe, die die verschiedenen Zelltypen der Adenohypophyse aktivieren oder inhibieren. Die Liberine bzw. Freisetzungshormone (releasing hormones, RHs) aktivieren Hormonproduktion und -freisetzung in den Zielzellen der Adenohypophyse, während die Statine (release-inhibiting hormones, RIHs) die adenohypophysären Zielzellen hemmen. Die synaptischen Endigungen dieser Neurone befinden sich allerdings nicht auf der Oberfläche der Zielzellen in der Adenohypophyse, sondern liegen einem Kapillarbett auf, das sich in einem bestimmten Abschnitt des Hypophysenstiels, der Eminentia mediana[385], entfaltet (Abb. 14.13). Die RHs und RIHs werden daher per Neurosekretion in den Blutstrom abgegeben. Die Blutkapillaren vereinigen sich noch innerhalb des Hypophysenstiels wieder zu einem arteriellen Gefäß, das sich in der Adenohypophyse noch einmal in Kapillaren aufzweigt (hypophysäres Pfortadersystem), sodass die im Blutstrom angeschwemmten hypothalamischen Botenstoffe die Oberflächen der adenohypophysären Zielzellen diffusiv erreichen und deren Funktion beeinflussen können (Tab. 14.3). Bei den Cyclostomen und Elasmobranchiern scheint in der Evolution allerdings ein solches Pfortadersytem nie existiert zu haben. Bei den Fischen ist es offenbar sekundär wieder verloren gegangen,

[385] *eminentia* (lat.) = die Herausragende; *medianus* (lat.) = in der Mitte liegend

Tab. 14.3 RHs und RIHs des Hypothalamus, die Zielzellen in der Adenohypophyse und deren Hormone bei Säugetieren.

RH bzw. RIH	RH-produzierender hypothalamischer Nucleus	Zielzellen in der Adenohypophyse	Hormon dieser adenohypophysären Zellen
RH: unbekannt, möglicherweise TRH (Thyreoliberin) RIH: L-Dopamin		mammotrope bzw. lactotrope Zellen	Prolactin (PL)
RH: GHRH (Somatoliberin) RIH: GHRIH (Somatostatin)	RH: N. arcuatus RIH: N. paraventricularis	somatotrope Zellen	STH (Somatotropin) = GH (Wachstumshormon)
RH: CRH (Corticoliberin) und Vasopressin RIH: CRIH	N. paraventricularis	Proopiomelanocortin-(POMC-)zellen	ACTH (Adrenocorticotropin), MSH (Melanotropin), Lipotropin, β-Endorphin
RH: TRH (Thyreoliberin) RIH: TRIH	N. paraventricularis	thyreotrope Zellen	TSH (Thyreotropin)
RH: GnRH (Gonadoliberin) RIH: GnRIH	N. praeopticus N. suprachiasmaticus N. arcuatus	gonadotrope Zellen	LH (Luteotropin), FSH (Follikotropin)

ACTH (adrenocorticotropes Hormon); CRH (*corticotropin-releasing hormone*); CRIH (*corticotropin-release-inhibiting hormone*); FSH (follikelstimulierendes Hormon); GH (*growth hormone*); GHRH (*growth hormone-releasing hormone*); GnRH (*gonadotropin-releasing hormone*); GnRIH (*gonadotropin-release-inhibiting hormone*); LH (luteinisierendes Hormon); MSH (melanocytenstimulierendes Hormon); RH (*releasing hormone*, Liberin); RIH (*release-inhibiting hormone*, Statin); STH (somatotropes Hormon); TRH (*thyreotropin-releasing hormone*); TRIH (*thyreotropin-release-inhibiting hormone*); TSH (*thyreoidea stimulating hormone*)

sodass die RHs und RIHs bei diesen Tieren noch innerhalb des Hypothalamus in das Blut freigesetzt und mit nur geringer Zielgenauigkeit in die Hypophyse weitertransportiert werden. Bei Angehörigen der übrigen Vertebratentaxa wird durch die Ausbildung des Pfortadersystems eine hohe Sensitivität in der Signalübermittlung erreicht, da der Transfer der Botenstoffe vom Freisetzungsort zum Wirkort auf direktem Weg erfolgt (Abb. 14.14).

Die **mammotropen Zellen**[386] (auch lactotrope Zellen) der Adenohypophyse von Säugetieren verhalten sich in der histologischen Färbung acidophil, das heißt, sie lassen sich gut mit sauren Farbstoffen anfärben. Sie produzieren **Prolactin**, das auch als Lactotropin oder lactrotropes Hormon bezeichnet wird. Humanes Prolactin besteht aus 199 Aminosäuren, besitzt eine Molekülmasse von 22,9 kDa und enthält drei Disulfidbrücken.

Schon während der Trächtigkeit bzw. Schwangerschaft wird Prolactin in geringen Mengen freigesetzt und wirkt an der Ausdifferenzierung der Milchdrüse in Vorbereitung auf die Lactation mit. Nach der Geburt setzen Muttertiere dieses Hormon nach Aktivierung hypothalamischer Zellen durch einen Saugreiz eines Neugeborenen an der Milchdrüse frei (Abb. 14.15). Prolactin regt die acinären Epithelzellen der Milchdrüse zur Neusynthese der **Muttermilch** an. Diese wird in Erweiterungen der Ausführgänge (Milchlakunen), die große Volumina aufnehmen können, gespeichert. Die um diese Lakunen herum angeordnete glatte Muskulatur steht unter Kontrolle von Oxytocin aus der Neurohypophyse. Die reflektorische bedingte Freisetzung von Oxytocin in den Blutkreislauf der Mutter nach Auftreten eines Saugreizes führt zur Kontraktion der Muskulatur, einer Erhöhung des Drucks in den Lakunen und zum Austreten der Milch aus der Milchdrüse. Da die Neusynthese der Milch zwischen den Stillperioden länger dauert als das Stillen selbst, dauert die Prolactinausschüttung nach dem Auslösen deutlich länger an als die Ausschüttung des Oxytocins (Abb. 14.15). Beim Menschen hemmt das häufige Anlegen des Säuglings an die Brust der Mutter die Follikelreifung im Ovar und die Ovulation (**Lactationsamenorrhö**[387]). Es ist noch unklar, wie diese negative Rückkopplung bewirkt wird und ob die periodisch erhöhte Prolactinkonzentration im Blut der stillenden Mutter zu diesem Effekt beiträgt.

Bei allen bisher untersuchten Säugetieren und vielen Vertretern anderer Vertebratentaxa bewirkt Prolactin zudem ganz allgemein das **Brutpflegeverhalten**. Bei Arten, bei denen sich beide Eltern an der Brutpflege beteiligen, erfolgt die Prolactinausschüttung sowohl bei Weibchen als auch bei Männchen. Bei brutpflegenden **Tauben** (Columbidae) verursacht Prolactin die Produktion der **Kropfmilch**, eines fett- und proteinreichen Sekrets des Kropfepithels, das durch Abschelferung von ganzen Zellen des Epithels entsteht (holokrine Sekretion). Sie wird während der ersten Tage nach dem Schlupf der Küken von den Elterntieren an die Nestlinge verfüttert. Bei brutpflegenden **Stichlingsmännchen** (*Gasterosteus aculeatus*) hängen Frequenz und Intensität der durch Flossenbewegungen verursachten Durchströmung des Nestes mit sauerstoffreichem Wasser direkt von der Konzentration des Prolactins im Blutplasma ab.

[386] *trepo* (griech.) = wende, wirke fördernd auf etwas ein, bewirke eine Reaktion

[387] *a-* (griech. Vorsilbe) = ohne; *menos* (griech.) = Monat; *rhoe* (griech.) = Fluss

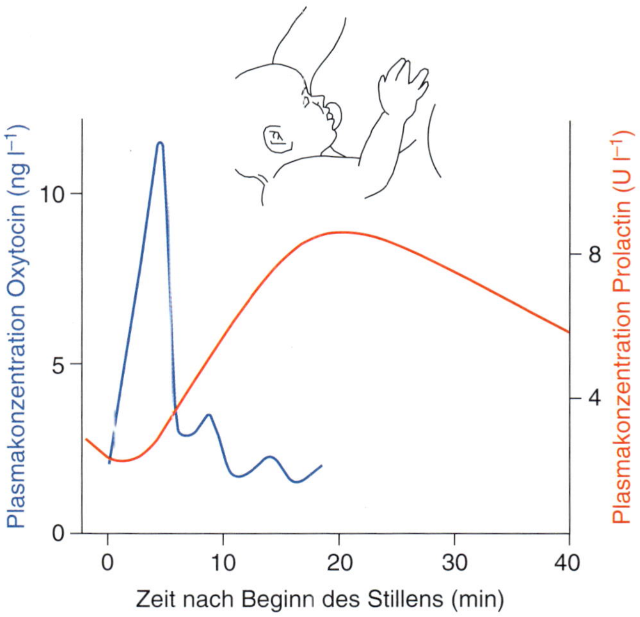

Abb. 14.15 Zeitlich abgestimmte Aktivierung der Milchabgabe in der lactierenden Brustdrüse durch Oxytocin und Stimulation der Neusynthese von Muttermilch durch Prolactin.

Beim Aufstieg der Jungtiere des **europäischen Aals** (*Anguilla anguilla*) aus dem Meer in die Flüsse erfolgt ein Anstieg der Prolactinkonzentration im Blutplasma. Prolactin bewirkt hier eine Umdifferenzierung der transportaktiven Zellen des Kiemenepithels zur Bewältigung der osmotischen Probleme, die der Aufenthalt der Tiere in Süßwasser mit sich bringt.

Die **somatotropen Zellen** der Adenohypophyse stellen **Somatotropin** (STH) her, das auch als **Wachstumshormon** (*growth hormone*, GH) bezeichnet wird. Humanes Somatropin hat 191 Aminosäuren, eine Molekülmasse von 22,1 kDa und weist vier α-Helices und zwei intramolekulare Disulfidbrücken auf.

Bei Tieren in der juvenilen Wachstumsphase wird Somatotropin in großen Mengen hergestellt und ausgeschüttet und bewirkt in der Leber (aber auch in anderen Zielzellen) die Produktion und Freisetzung von IGF-1 (*insulin-like growth factor 1*), das auch als Somatomedin C (SM-C) bezeichnet wird. Dieses wirkt auf alle somatischen Gewebe des Organismus und bewirkt das Größenwachstum. Es hat besonders ausgeprägte anabole Wirkungen auf die Skelettmuskulatur, die Leber und die Knochen. Bei Fischen bewirken STH und IGF-1 ein lebenslang anhaltendes **Größenwachstum**, wenn die äußeren Bedingungen (Größe des Wohngewässers, Ernährung) dies zulassen. Bei anderen Vertebraten wird das Größenwachstum meist mit dem Eintritt der Geschlechtsreife (Pubertät) eingestellt. STH behält allerdings auch später eine wichtige Bedeutung, da es an der Regulation der Zellerneuerung im Organismus (Erhaltungswachstum) beteiligt ist. Beim Menschen resultiert ein Mangel an STH während der juvenilen Wachstumsphase in Zwerg- oder Minderwuchs, ein Überschuss an STH führt zu Riesenwuchs. Hält die vermehrte Freisetzung von STH während des adulten Lebens an, resultiert dies im Krankheitsbild der **Akromegalie**[388]. Das anhaltende Knochenwachstum führt zur Verknöcherung der Akren wie Nase, Kinn und Finger, anhaltender Knochenbildung in allen Öffnungen des Schädelknochens sowie Verknöcherung aller Weichteile.

Bei den Ruminantia (Wiederkäuern), die für die Milchproduktion eingesetzt werden (z. B. Rinder) bewirkt die Verabreichung von rekombinantem STH, dass die Milchproduktion auch in größeren Zeitspannen zwischen den Trächtigkeiten aufrechterhalten bleibt, da die normalerweise etwa zwei Monate nach dem Kalben einsetzende Degeneration der acinären Zellen der Milchdrüsen dadurch unterbunden wird.

Die **POMC-Zellen** der Adenohypophyse stellen ein Präprohormon her, das als **Proopiomelanocortin** (POMC) bezeichnet wird. Menschliches POMC hat 267 Aminosäuren und eine Molekülmasse von 29,4 kDa (Abb. 14.16). Unmittelbar nach Synthese und Import des Proteins in das Lumen des endoplasmatischen Retikulums wird ein 26 Aminosäuren langes N-terminales Signalpeptid proteolytisch entfernt. Die weitere proteolytische Prozessierung des Prohormons (Abb. 14.16) resultiert in der Produktion einiger wichtiger Signalstoffe, die aus den POMC-Zellen in den Blutkreislauf freigesetzt werden.

Das **adrenocorticotrope Hormon**[389] **(ACTH)** (Abb. 14.16), das auch als Adrenocorticotropin bezeichnet wird, wirkt im Wesentlichen auf die Zona fasciculata der Nebennierenrinde und setzt dort vorwiegend Glucocorticoide wie **Cortisol** (Hydrocortison) frei. Cortisol gilt als das zentrale Hormon, das dem Organismus die Bewältigung von **chronischem Stress** ermöglicht, indem es die Blutzuckerkonzentration steigert, wie auch zur Mobilisierung von Triglyceriden aus dem Fettgewebe und dadurch zu einem Anstieg der Konzentration freier Fettsäuren im Blutplasma führt. Auch die Konzentration freier Aminosäuren im Plasma wird heraufreguliert. Dies versetzt das Tier in die Lage, mit energiezehrenden Lebenssituationen besser fertig zu werden und mögliche Schäden an körpereigenem Material schnellstmöglich zu reparieren. Zugleich hat aber eine solche Situation auch ihren Preis, da Cortisol das Immunsystem negativ reguliert.

Beim Menschen und anderen tagaktiven Säugetieren wird die Ausschüttung von ACTH und Cortisol circadian reguliert. Die Cortisolkonzentration im Blutplasma ist morgens vor dem Aufstehen am höchsten mit einer individuellen Variation zwischen 150 und 700 nmol l^{-1} (Gesamtcortisol) bzw. 5–23 nmol l^{-1} (freies Cortisol) und sinkt im Tagesverlauf.

Das **melanocytenstimulierende Hormon (MSH)** (Abb. 14.16) wird von den POMC-Zellen der Adenohypophyse und von den Zellen der Pars intermedia hergestellt und freigesetzt. Bei Fischen, Amphibien und Reptilien steigert es die Synthese des **Melanins**[390] und reguliert die Verteilung der Pigmentgranula (Melanosomen) in den Chromatophoren, was zu einer Hautverdunklung führen kann. Bei Tieren, die keinen Farbwechsel durchlaufen (Vögel, Säugetiere), und beim Menschen hat MSH keine Funktion in der

388 *akros* (griech.) = spitzenwärts bzw. außen gelegen; *megas* (griech.) = groß
389 *adrenal gland* (engl.) = Nebenniere; *cortex* (lat.) = Rinde
390 *melas* (griech.) = schwarz

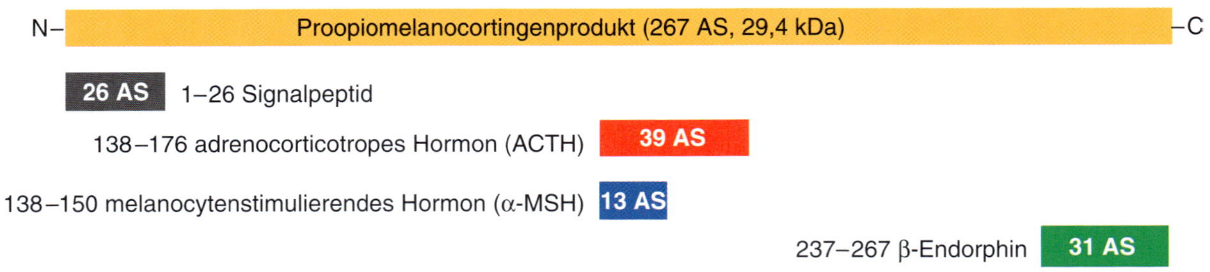

Abb. 14.16 Schema des Genprodukts des humanen *pomc*-Gens, das Präprohormon Proopiomelanocortin, und ausgewählte Produkte seiner proteolytischen Prozessierung. AS = Aminosäuren; weitere Abkürzungen siehe Tab. 14.3.

Gewebepigmentierung, hat aber seine Funktion als **Sättigungssignal** im ventrolateralen Teil des Hypothalamus behalten.

Die zunehmende **Pigmentierung** der Haut beim Menschen nach dem Sonnenbaden wird nicht durch MSH, sondern durch ACTH bewirkt, das die Melaninsynthese anregt und die Melanosomenübergabe von den Melanocyten an die Keratinocyten der Haut beschleunigt. Die vermehrte Einlagerung von Melanin in den oberen Hautschichten schützt vor Hautschäden durch UV-Strahlung, vermindert aber gleichzeitig die Produktion von Vitamin D.

Ein weiteres Produkt der POMC-Zellen ist das **β-Endorphin** (Abb. 14.16). Dies ist ein endogener Ligand für die Opioidrezeptoren des Hirnstamms und hemmt die Weiterleitung von Schmerzsignalen aus dem Rückenmark in das Gehirn und deren Wahrnehmung.

Die **thyreotropen Zellen** der Adenohypophyse stellen das **schilddrüsenstimulierende Hormon (TSH)** her, das auch als Thyreotropin bezeichnet wird. TSH ist ein Glykoprotein und besteht aus zwei Untereinheiten, der glykosylierten α-Untereinheit mit (beim Menschen) 92 Aminosäuren und der β-Untereinheit mit (beim Menschen) 112 Aminosäuren. Die α-Untereinheit ist evolutiv hochgradig konserviert und kommt fast unverändert bei verschiedenen Tierarten vor. Außerdem hat sie große Sequenzähnlichkeit mit den α-Untereinheiten der Gonadotropine. Die Sequenzen der β-Untereinheiten sind dagegen hochgradig speziesspezifisch. Innerhalb einer Art ist die Sequenz der β-Untereinheit des TSH auch anders als die der β-Untereinheiten der Gonadotropine.

Die **gonadotropen Zellen** der Adenohypophyse produzieren zwei Formen von Gonadotropinen, das **follikelstimulierende Hormon (FSH)** und das **luteinisierende Hormon (LH)**. Beide zeigen einen ähnlichen Aufbau wie das TSH und bestehen aus einer konservierten glykosylierten α-Untereinheit mit jeweils 92 Aminosäuren und einer spezies- und hormonspezifischen β-Untereinheit mit (beim Menschen) 111 Aminosäuren (FSH) bzw. 121 Aminosäuren (LH).

Epiphyse (Pinealorgan, Zirbeldrüse)

Die **Epiphyse**[391] (Glandula pinealis) entsteht aus einer Ausstülpung des Zwischenhirns (Diencephalon) und trägt ihren alternativen Namen **Pinealorgan** wegen ihrer zapfenförmigen Gestalt. Die mehrfache Faltung des Gewebes während der Ontogenese führt zur Bildung von anastomisierenden Gängen, denen auch die Blutgefäße folgen. Die Zellen, die **Melatonin** synthetisieren (bei Säugern: Pinealocyten), und die Gliazellen liegen im Gewebe dicht beieinander, ihre Fortsätze sind eng miteinander verwoben. Charakteristisch für das Gewebe der Epiphyse sind parazelluläre Einschlüsse von Calciumphosphat (Acervuli) mit einem Durchmesser von 50–450 μm, deren Funktion bisher unbekannt ist.

Die Funktion der Epiphyse als **circadianer Schrittmacher** ist phylogenetisch älter als die entsprechende Funktion im suprachiasmatischen Nucleus (SCN). Bei Anamnioten sowie einigen Vögeln und Reptilien tickt die innere Uhr der Epiphyse noch selbständig und steuert dort die Melatoninproduktion autonom, da sie selbst lichtempfindliche Zellen enthält. Bei den Säugetieren werden die Rhythmen der Melatoninproduktion in der Epiphyse und andere circadiane Rhythmen vom SCN im Hypothalamus erzeugt (► Abschn. 13.6.2). Die Photorezeptoren, die die Epiphyse in ihrer Tätigkeit modulieren, liegen in der Retina. Es handelt sich vermutlich um lichtsensitive Ganglienzellen, die Melanopsin exprimieren, und ihre Signale über den retinohypothalamischen Trakt, einen Teil des Sehnervs, zum SCN weiterleiten. Bei Belichtung setzen bestimmte Nervenendigungen im SCN Glutamat frei, bei Dunkelheit erfolgt die Freisetzung von PACAP (*pituitary adenylyl cyclase-activating polypeptide*). Diese lichtabhängigen Signale beeinflussen die Bildungsrate spontan erzeugter Aktionspotenziale in Neuronen des SCN, deren Axone zum Nucleus paraventricularis (PVN) des Hypothalamus ziehen. Die Zielneurone des PVN innervieren ihrerseits das Ganglion cervicale superius (GCS), einen außerhalb des ZNS gelegenen Nervenknoten im Bereich des zweiten Halswirbels. Von dort ziehen postganglionäre Fasern des Sympathikus zur Epiphyse und innervieren die Oberfläche der Pinealocyten, die selbst keinerlei Lichtempfindlichkeit mehr besitzen. In der Epiphyse unter Dunkelbedingungen freigesetztes Noradrenalin führt zur Akkumulation von cAMP in den Pinealocyten und zur Aktivierung der Proteinkinase A (PKA). Die PKA-vermittelte Phosphorylierung des Transkriptionsfaktors CREBP (*cAMP-response element binding protein*) führt zur vermehrten Transkription des Gens für die N-Acetyltransferase (NAcT) und zu einem erhöhten Expressionsniveau

[391] *epiphysis* (griech.) = Aufwuchs, aufsitzendes Gewächs

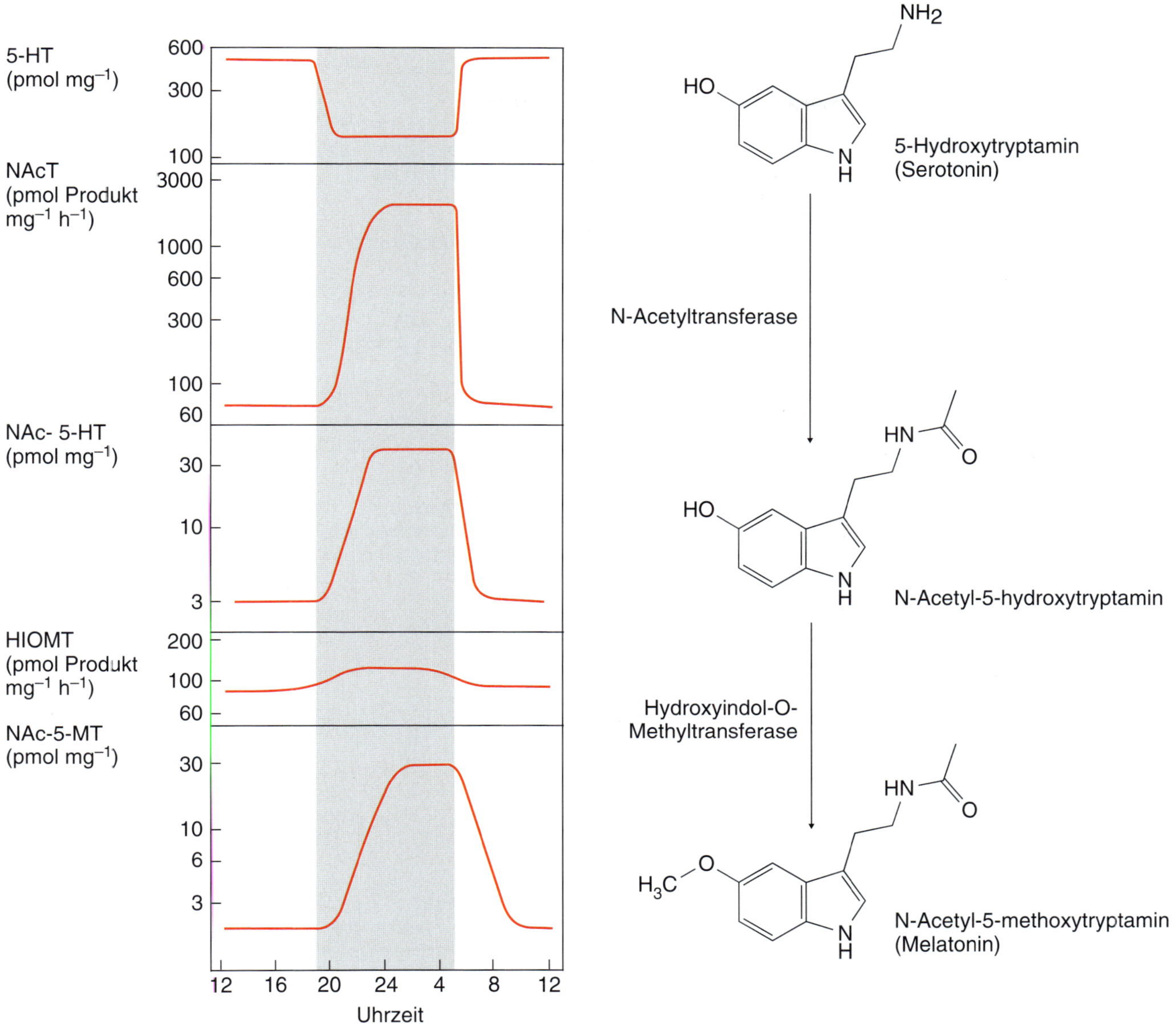

Abb. 14.17 Tageszeitliche Änderung der Substrat- bzw. Produktkonzentration und der Enzymaktivität im Biosyntheseweg des Melatonins in Pinealocyten der Ratte. Die Dunkelphase während der Nacht ist im Diagramm durch den grauen Hintergrund angedeutet. Die im Dunkeln stattfindende Aktivierung der N-Acetyltransferase führt zur Umwandlung ihres Substrats Serotonin in N-Acetyl-5-hydroxytryptamin. Eine nur wenig von der Beleuchtungsstärke regulierte Hydroxyindol-O-Methyltransferase methyliert das gebildete N-Acetyl-5-hydroxytryptamin zu Melatonin, das aus den Pinealocyten in den Blutstrom freigesetzt wird. HIOMT = Hydroxyindol-O-Methyltransferase; 5-HT = 5-Hydroxytryptamin (Serotonin); NAcT = N-Acetyltransferase; NAc-5-HT = N-Acetyl-5-hydroxytryptamin; NAc-5-MT = N-Acetyl-5-methoxytryptamin (Melatonin). (Nach Klein DC (1974) Circadian rhythms in indole metabolism in the rat pineal gland. In: Schmitt FO, Worden FG (Hrsg) The neurosciences: third study program. MIT Press, Cambridge, MA, S. 509–515, Abb. 1, S. 510, verändert.)

des Enzyms. Zudem führt die PKA-vermittelte Phosphorylierung der NAcT zu einer deutlichen Steigerung der Aktivität des Enzyms (Abb. 14.17), sodass in den Pinealocyten gespeichertes Serotonin (5-Hydroxytryptamin) im Dunkeln rapide in N-Acetyl-5-hydroxytryptamin umgewandelt wird. Das reiche Substratangebot für die Hydroxyindol-O-Methyltransferase (HIOMT), die zudem durch β-adrenerge Stimulation der Pinealocyten induzierbar ist, führt zur Produktion von Melatonin, das von den Pinealocyten nicht gespeichert, sondern sofort exocytotisch freigesetzt wird. Eine hohe Melatoninkonzentration im Blutplasma hemmt die neuronale Aktivität des SCN (negative Rückkopplung).

Melatonin reguliert bei Wirbeltieren viele physiologische Funktionen (Schlaf, Körpertemperatur, Glucocorticoidfreisetzung), die dadurch mit dem äußeren Tagesrhythmus abgeglichen werden. Melatonin wird ausschließlich in der Nacht sezerniert und zwar unabhängig davon, ob der betrachtete Organismus tag- oder nachtaktiv ist. Auch kurzfristige Lichteinwirkung (besonders blaues Licht) während der Nacht beeinträchtigt in akuter Weise die Melatoninproduktion und kann zu Störungen der physiologischen Rhythmen führen. Bei den Placentatieren scheint Melatonin die Placentabarriere zwischen Muttertier und Embryo leicht zu überwinden, sodass der Tag-Nacht-Rhythmus der Mutter sich schon während der Trächtigkeit bzw. Schwangerschaft auf den Embryo überträgt.

14.3.2 Periphere Hormonwirkungen

Die Hormone des Zentralnervensytems und seiner Anhänge können in der Peripherie des Körpers direkte Wirkungen auf physiologische Funktionen der Zielgewebe entfalten oder aber auf solche Zielgewebe regulierend einwirken, die wiederum Hormondrüsen darstellen und ihrerseits Botenstoffe freisetzen (Abb. 14.18). Die kaskadenartige Organisation des Hormonsystems hat entscheidende Vorteile gegenüber einem, das einstufig organisiert ist. Ein Vorteil ist, dass in **mehrstufigen Signalsystemen** vielfältigere Möglichkeiten der modulierenden Einflussnahme existieren, die die Feinabstimmung der Intensität einer Signalübermittlung ermöglichen. Durch negative Rückkopplung können zudem Effektgrößen wesentlich genauer und damit effektiver auf die Auslösemechanismen zurückwirken, als dies bei einstufigen Systemen möglich ist.

Im Folgenden werden einige ausgewählte Hormonsysteme und ihre physiologischen Effektorsysteme vorgestellt.

Thyreoidea (Schilddrüse)

Das von den thyreotropen Zellen der Adenohypophyse freigesetzte **schilddrüsenstimulierende Hormon** (*thyroidea stimulating hormone*, **TSH**) wirkt fördernd auf die Funktionen der Epithelzellen der Schilddrüsenfollikel, die einen Großteil des Schilddrüsengewebes bilden (Abb. 14.19). Unter dem Einfluss von TSH wird in diesen Zellen vermehrt Thyreoglobulin (TG) hergestellt. Dieses wird einerseits in Form des Kolloids in der Follikelhöhle abgelagert, andererseits durch proteolytische Spaltung und weitere Derivatisierungsschritte in die Schilddrüsenhormone Thyroxin (Tetrajodthyronin; T4) und Trijodthyronin (T3) umgewandelt. Diese werden in die Blutbahn freigesetzt (▶ Abschn. 14.2.3). Hohe Konzentrationen dieser Hormone hemmen sowohl die thyreotropen Zellen der Adenohypophyse als auch die TRH-produzierenden hypothalamischen Neurone.

Die biologisch aktive Form des Schilddrüsenhormons ist **Trijodthyronin** (T3). Fast jede Körperzelle ist Zielzelle für dieses Hormon. Durch T3 werden die Körperzellen gegenüber adrenergen Stimuli sensitiviert, sodass die basale Stoffwechselrate in den Körperzellen beschleunigt wird. Dies führt auch zu vermehrtem Sauerstoffverbrauch und zu einer größeren Wärmeproduktion. Insofern steht T3 bei den endothermen Wirbeltieren auch in Verbindung mit der Thermoregulation und wird zum Beispiel bei Absenkung der Hauttemperatur vermehrt ausgeschüttet.

Das Schilddrüsenhormon vermittelt aber auch Signale für die Förderung von Zellwachstum (Hypertrophie), indem es die Proteinsyntheserate der Zelle erhöht. Es reguliert daher gemeinsam mit Somatotropin und IGF-1 das Größenwachstum von

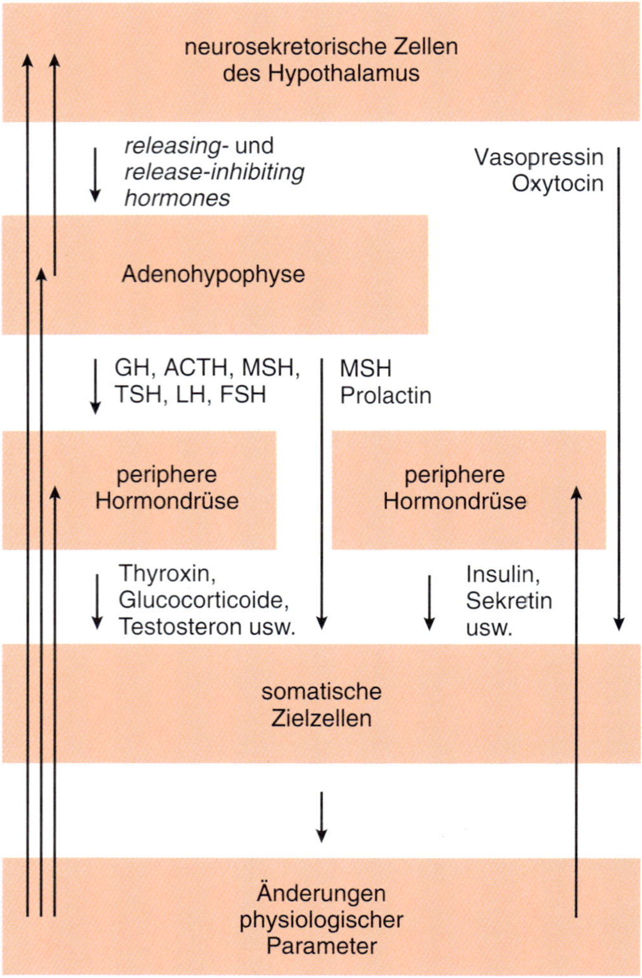

Abb. 14.18 Organisation des Hormonsignalsystems im Körper von Wirbeltieren. Neurosekretorische Zellen des Hypothalamus sind die in der Hierarchie des Hormonsystems zuoberst stehenden Signalgeber. Sie setzen Hormone (z. B. Vasopressin oder Oxytocin) frei, die direkt auf Zielgewebe des Organismus einwirken und physiologische Parameter im Körper verändern. Andere neurosekretorische Zellen des Hypothalamus entlassen RHs oder RIHs, welche die Funktion der adenohypophysären Zellen regulieren. Ein Teil dieser Zellen setzt Hormone (z. B. MSH und Prolactin) frei, die direkt auf nicht-endokrine Zielzellen einwirken, ein anderer Teil sezerniert Hormone (GH, ACTH, MSH, TSH, LH, FSH), die bestimmte periphere endokrine Drüsen in ihrer Aktivität beeinflussen. Neben diesen von adenohypophysären Signalstoffen gesteuerten peripheren Hormondrüsen gibt es allerdings auch andere, die nicht unter der Kontrolle des Zentralnervensytems stehen, sondern autonom agieren (z. B. das endokrine Pankreasgewebe). Die Signalstoffe aller peripheren Hormondrüsen wirken auf die Körperzellen ein und verändern deren Funktionen. Dies hat Veränderungen physiologischer Parameter im Organismus zur Folge, durch die sich Tiere besser mit veränderten Umweltbedingungen auseinandersetzen können. Um überschießende Reaktionen auszuschließen, werden die hormonvermittelten Veränderungen der physiologischen Parameter gemessen und wirken auf die verschiedenen Ebenen der Hormonkaskade zurück (negative Rückkopplung). Abkürzungen siehe Tab. 14.3.

Tieren, besonders in der Juvenilphase. T3 hat auch wichtige regulatorische Funktionen bei der Zelldifferenzierung und damit bei der Ausbildung der Gewebe während der Entwicklung.

Bei Amphibien wird die **Metamorphose**, also die Umwandlung der Larvenform (Kaulquappe) in die Adultform (z. B.

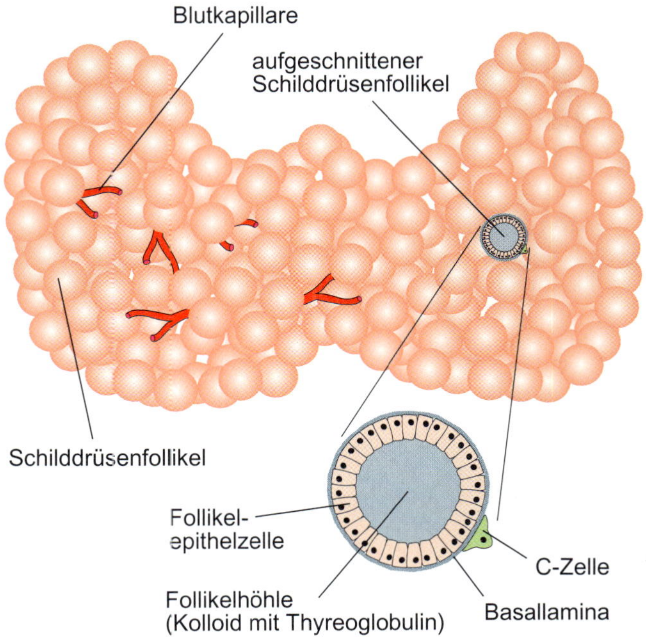

Abb. 14.19 Skizze des inneren Aufbaus der Schilddrüse des Menschen (Bindegewebshülle entfernt). Die Schilddrüse liegt unterhalb des Kehlkopfs und umschließt ventralwärts die Luftröhre (Trachea). Die Hauptmasse des Schilddrüsengewebes wird durch Epithelzellen gebildet, die Hohlkugelstrukturen (Follikel) ausbilden, in denen das Kolloid mit dem Thyreoglobulin (tyrosinreiches Protein) gespeichert wird. Zwischen den Follikeln verlaufen die Blutgefäße. Im Bindegewebe zwischen den Follikeln liegen auch die parafollikulären Zellen, welche wegen ihrer Fähigkeit, Calcitonin zu produzieren, auch als C-Zellen bezeichnet werden.

einen Frosch) durch das Schilddrüsenhormon gesteuert. Dieser Prozess kann daher erst dann einsetzen, wenn die Hypothalamus-Hypophysen-Schilddrüsen-Achse voll ausgebildet und funktionell ist. Unterbleibt die Ausbildung der Schilddrüse (wie es arttypisch beim mexikanischen Molch Axolotl (*Ambyostoma mexicanum*) der Fall ist, verbleiben die Kaulquappen zeitlebens in diesem Larvenzustand und werden sogar als Larve geschlechtsreif (**Neotenie**[392]). Behandelt man ein solches Tier über längere Zeit mit T3, so lässt sich tatsächlich eine Metamorphose auslösen. Die Kiemen bilden sich zurück (Apoptose), der Schwanz bildet sich um und die Extremitäten wachsen, sodass das Tier den Habitus eines Landmolchs erhält.

Die Unterfunktion der Schilddrüse geht meist auf Jodmangel in der Nahrung zurück. Chronische Unterversorgung mit Jod führt zur Kropfbildung, weil der Körper den Mangel von Schilddrüsenhormon durch proliferatives Wachstum der Schilddrüsenfollikel (Hyperplasie) auszugleichen versucht. Begleiterscheinungen der Schilddrüsenunterfunktion beim erwachsenen Menschen und der daraus folgenden Verminderung des basalen Stoffwechsels der Körperzellen sind trockene Haut, Frieren, Gewichtszunahme und Leistungsverlust. Eine Überfunktion der Schilddrüse (entweder durch vermehrte TSH-Ausschüttung durch eine erkrankte Hypophyse oder durch die Bildung von Follikelgewebe in der Schilddrüse, das konstitutiv T4 und T3 freisetzt, ohne auf TSH anzusprechen) führt umgekehrt zu Gewichtsverlust, Schlaflosigkeit, Gereiztheit, atrialen Rhythmusstörungen, Wärmeintoleranz, Schweißausbrüchen, Osteoporose und Zyklusstörungen.

Gonaden und Reproduktionszyklus

In Wirbeltierembryonen werden die **Gonaden** zunächst als undifferenzierte Gewebestruktur angelegt und in kritischen embryonalen Entwicklungsphasen durch verschiedene Einflüsse in unterschiedliche Richtung weiter ausdifferenziert, entweder zum **Hoden** oder zum **Ovar**. Individuen, deren Gonadenentwicklung in Richtung Hoden verläuft, werden als männlich bezeichnet (Symbol ♂[393]), solche, deren Gonadenentwicklung zur Ausbildung eines Ovars führt, als weiblich (Symbol ♀[394]). Die Entscheidung darüber, welchen Weg die normale Entwicklung nimmt, wird bei vielen Tierarten genetisch vorgegeben (genetische Geschlechtsfestlegung), bei anderen Tierarten durch Umweltfaktoren bestimmt (umweltbedingte bzw. phänotypische Geschlechtsfestlegung).

Werden Schildkröteneier nach der Eiablage etwa drei Wochen lang bei Temperaturen oberhalb von 33 °C bebrütet, so schlüpfen aus diesen Eiern mit hoher Wahrscheinlichkeit weibliche Tiere, bei niedrigeren Temperaturen jedoch Männchen. Bei Alligatoren verhält es sich umgekehrt. Werden die Eier im Entwicklungszeitraum von 10–20 Tagen nach dem Ablegen hohen Temperaturen ausgesetzt (ca. 34 °C), entwickeln sich Männchen, bei niedrigeren Bruttemperaturen hingegen Weibchen. Auch bei *Bonellia viridis*, einem Vertreter der Igelwürmer (Echiurida), ist phänotypische Geschlechtsfestlegung nachgewiesen. Diese erfolgt erst, wenn sich die Larve aus dem frei schwimmenden in den festsitzenden Zustand begibt. Setzt sich die Larve auf Hartsubstrat fest, so entwickelt sich das Tier mit hoher Wahrscheinlichkeit zu einem Weibchen. Trifft die Larve dagegen auf das **Prostomium** eines schon entwickelten Weibchens, so entwickelt es sich mit hoher Wahrscheinlichkeit zu einem Zwergmännchen, das lebenslang mit dem Weibchen assoziiert bleibt und dessen Eier befruchtet. *Bonellia*-Weibchen tragen daher oft viele Zwergmännchen auf ihrer Körperoberfläche.

Bei den Tierarten mit **genetischer Geschlechtsfestlegung** (u. a. Säugetiere, Vögel, Fliegen, *Caenorhabditis*) kommt es während bestimmter Phasen der Organogenese zur Aktivierung von Genen, die Transkriptionsfaktoren codieren, welche die Entwicklung in die eine oder die andere Richtung einleiten. Auf dem Y-Chromosom der Säugetiere findet sich ein solcher DNA-Abschnitt, der als SRY (*sex determining region Y*) bezeichnet wird. Wird dieses Gen transkribiert (beim Menschen etwa sechs Wochen nach der Befruchtung), entwickelt sich die indifferente Gonadenanlage zum Hoden, wobei sich die testosteronproduzierenden **Leydig*-Zellen** und die **Sertoli*-Zellen** herausdif-

392 *neos* (griech.) = jung; *tenein* (griech.) = halten

393 stilisierte Darstellung von Schild und Speer des römischen Gottes Mars

394 stilisierte Darstellung des Handspiegels der römischen Göttin Venus

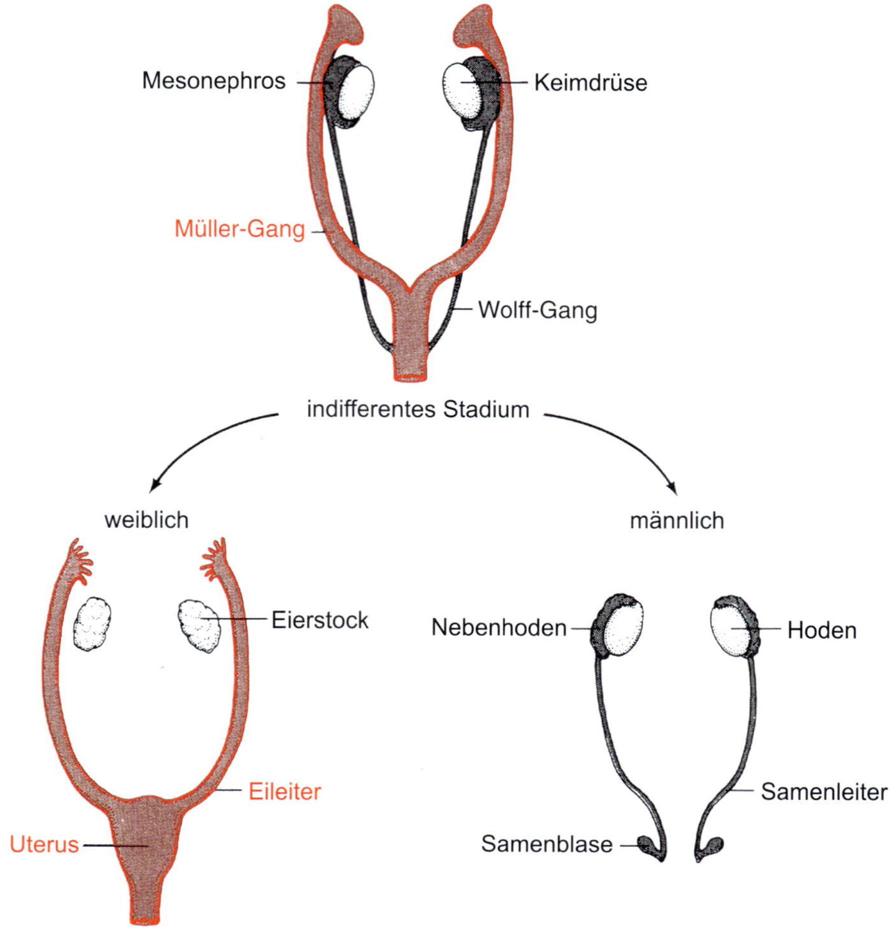

Abb. 14.20 Ontogenetische Entwicklung der indifferenten Gonadenanlage zu Ovar oder Hoden beim Säugetier. (Nach Crapo LM (1986) Hormone, die chemischen Boten des Körpers. Spektrum der Wissenschaft, Heidelberg.)

14

ferenzieren. Die Sertoli-Zellen produzieren das Anti-Müller-Hormon (AMH), das während der weiteren Entwicklung zur Degeneration des **Müller*-Ganges** (Ductus paramesonephricus) in der indifferenten Gonadenanlage führt. Eine ansteigende Konzentration von Testosteron im Embryo induziert zugleich die Differenzierung der **Wolff*-Gänge** der indifferenten Gonadenanlage zu Nebenhoden (**Epididymis**[395]) und Samenleiter (Ductus deferens bzw. Vas deferens). Da weibliche Säuger kein Y-Chromosom besitzen, unterbleibt die Aktivierung von SRY während der Embyonalentwicklung. Die Differenzierung der indifferenten Gonadenanlage läuft daher zunächst ohne direkten steuernden Einfluss in Richtung der Entwicklung eines Ovars ab. Die Produktion von Östrogenen und Gestagenen leitet dann die Degeneration des Wolff-Ganges und die Ausdifferenzierung des Müller-Ganges zum Eileiter (Ovidukt) ein. Die geschlechtspezifische Akkumulation der Geschlechtshormone (Testosteron bzw. Östradiol) in der weiteren Entwicklung bestimmt dann die weitere Entwicklung der primären und sekundären Geschlechtsmerkmale bis zum Adultstadium und deren lebenslangen Struktur- und Funktionserhalt.

Bei **männlichen Vertebraten** werden die Vorläufer der Gameten, die **Keimbahnzellen**, in Form dauerhaft teilungsaktiver **Spermatogonien** an der Basis der Lumina der Samenkanälchen der **Hoden** (Testes) bewahrt. Sie bringen durch Zellteilung die Spermatocyten I hervor, die anschließend in die **Meiose** gehen. Die Produkte, die Spermatocyten II, besitzen dann nur noch einen haploiden Chromosomensatz und durchlaufen eine Zelldifferenzierung, die zunächst zur Bildung von Spermatiden, schließlich aber zur Bildung reifer **Spermatocyten** (Spermien) führt. Die Nährstoffversorgung der Keimbahnzellen und das Einstellen des richtigen Milieus im Samenkanälchen besorgen die randständig im Lumen des Samenkanälchens liegenden Sertoli-Zellen (Abb. 14.21), die durch das follikelstimulierende Hormon (FSH) der Adenohypophyse aktiviert werden. Die Sertoli-Zellen sezernieren auch stetig Salz und Wasser in das Lumen des Samenkanälchens, damit in diesem Flüssigkeitsstrom die reifen Spermatocyten in Richtung des Nebenhodens ausgeschwemmt werden können. Die Spermiogenese kann allerdings nur erfolgreich ablaufen, wenn die im Bindegewebe zwischen den Samenkanälchen liegenden Leydig-Zellen unter dem Stimulus des luteinisierenden Hormons (LH) der Adenohypophyse ausreichend **Androgene**[396] (bei Säugetieren Testosteron oder bei Fischen 11-Ketotestosteron) herstellen und somit in ausreichend hoher Konzentration

[395] *epi* (griech.) = über, oberhalb; *didumos* (griech.) = Hoden

[396] *andro* (griech.) = männlich; *gen* (griech.) = erzeugend

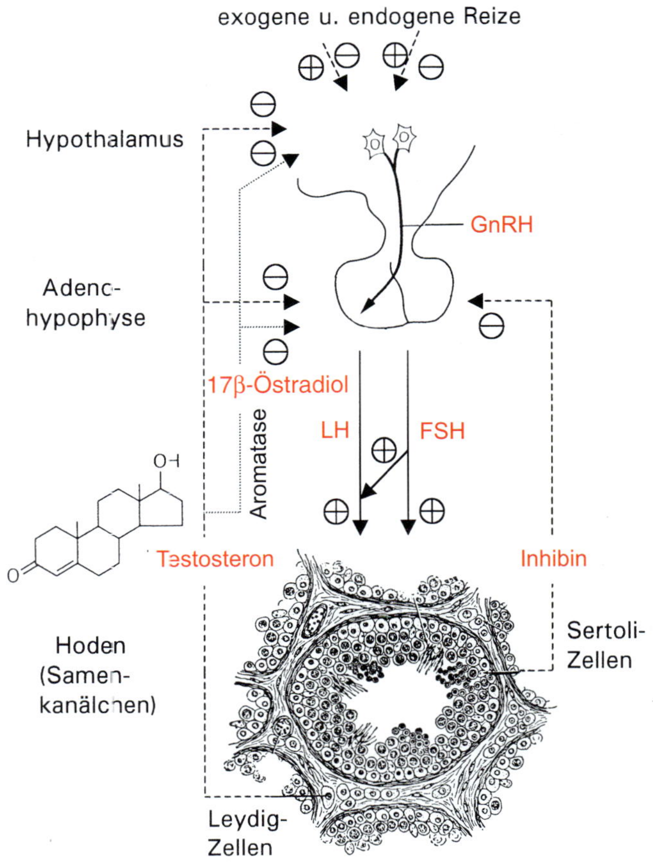

Abb. 14.21 Regulation der Hypothalamus-Hypophysen-Hoden-Achse beim männlichen Säugetier. Unter dem Einfluss von GnRH, das von hypothalamischen Neuronen in den Blutstrom des Pfortadersystems der Adenohypophyse freigesetzt wird, geben deren gonadotrope Zellen LH und FSH ins Blut ab. LH induziert die Bildung von Testosteron in den Leydig-Zellen des Hodens, während FSH die Sertoli-Zellen zur Unterstützung der Spermiogenese veranlasst. Die Freisetzung von Inhibin aus maximal stimulierten Sertoli-Zellen liefert ein negatives Rückkopplungssignal an die Adenohypophyse. Da von bestimmten Zellen in der Adenohypophyse und im Hypothalamus das Enzym Aromatase exprimiert wird, welches Testosteron in 17β-Östradiol umwandelt, führt eine hohe systemische Testosteronkonzentration in diesen Geweben ganz lokal auch zu einer hohen Konzentration von 17β-Östradiol. Dieses wirkt etwa 200-mal intensiver als Testosteron selbst als negatives Rückkopplungssignal auf die GnRH- bzw. gonadotropinfreisetzenden Zellen in diesen Geweben. Abkürzungen siehe Tab. 14.3.

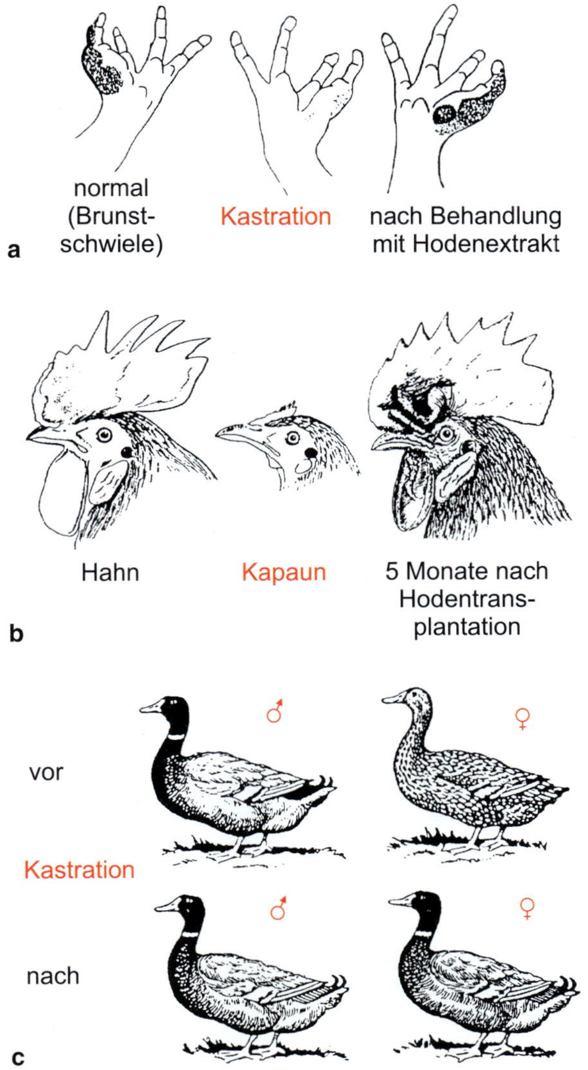

Abb. 14.22 Beispiele für die Auswirkung der Kastration auf Wirbeltiere. **a** Kastrierte Froschmännchen bilden keine oder nur unbedeutende Daumenschwielen aus. **b** Reversible Rückbildung der sekundären männlichen Geschlechtsmerkmale Kamm und Kehllappen beim kastrierten Haushahn (Kapaun). **c** Kastrierte Erpel behalten ihr charakteristisches Gefieder, während das Gefieder kastrierter weiblicher Enten männlich umgeprägt wird.

im Blutplasma vorliegen (beim Mann 12–30 nmol l^{-1}). Eine Überstimulation dieser beiden Zelltypen im Hoden durch adenohypophysäre Gonadotropine wird durch zwei negative Rückkopplungsmechanismen vermieden. Einerseits setzen maximal stimulierte Sertoli-Zellen das Peptidhormon **Inhibin** frei, das dämpfend auf die Aktivität der gonadotropen Zellen der Adenohypophyse wirkt. Andererseits führt ein hoher Testosteronspiegel im Blutplasma im Verein mit der gewebespezifischen Expression des Enzyms Aromatase dazu, dass in der Adenohypophyse und im Hypothalamus lokal hohe Konzentrationen von 17β-Östradiol vorliegen, die die Freisetzung von Gonadotropinen bzw. GnRH (*gonadotropin-releasing hormone*) vermindern.

Bei Tieren, deren Fortpflanzungszyklus eng an die Jahreszeit gekoppelt ist, werden die Testosteronproduktion und die Spermiogenese nicht durchgehend aufrechterhalten. Man vermutet, dass eine erhöhte GnRH-Freisetzung vor Beginn der Fortpflanzungsperiode durch Signale aus der Umwelt (z. B. Tageslänge) eingeleitet wird.

Androgene haben morphogenetische sowie metabolische Wirkung und beeinflussen das Verhalten von Tieren. Testosteron bewirkt in parakriner Weise die Ausdifferenzierung der Samenkanälchen in den Hoden und erhält die Funktionsfähigkeit der Sertoli-Zellen. In endokriner Weise wirkt es auf quasi alle anderen Zellen des Organismus. Primäre (Penis und Scrotum) und sekundäre Geschlechtsmerkmale (Hahnenkamm, Bart-

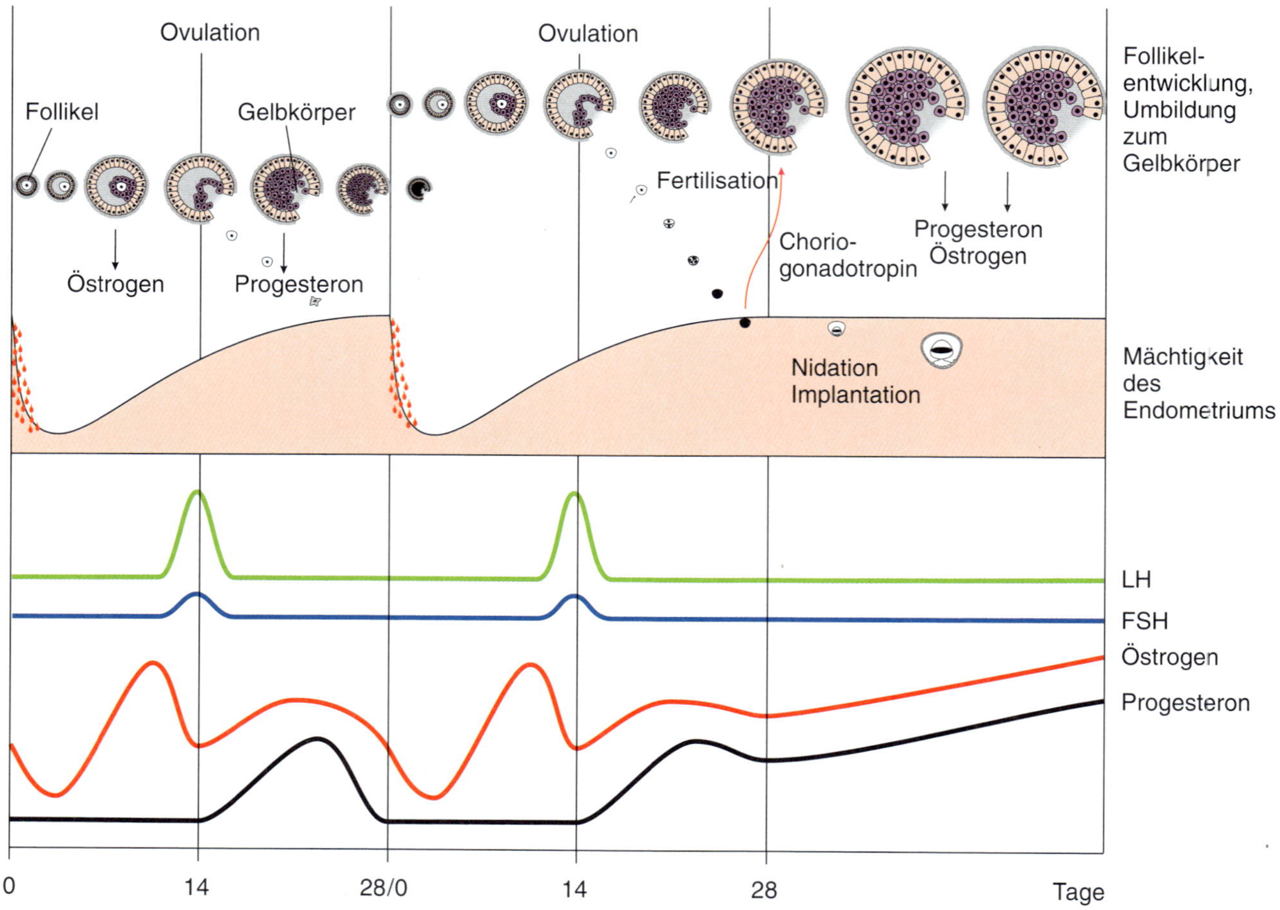

Abb. 14.23 Schema zu den strukturellen Veränderungen in Ovar und Uterus sowie der Änderungen der systemischen Konzentrationen von relevanten Hormonen während des Menstruationszyklus weiblicher Primaten (Beispiel: Mensch). Dargestellt sind die Vorgänge im Verlauf zweier Zyklen, wobei der erste ohne Befruchtung der Eizelle abläuft, der zweite dagegen zu einer Schwangerschaft führt. Der reifende Ovarialfollikel verursacht die ansteigende Konzentration von Östrogenen im Blutplasma der Frau, die den Aufbau des Endometriums befördert und etwa am Tag 12 eines Zyklus ihr höchstes Niveau erreicht. Dieses über mehrere Stunden anhaltende hohe Niveau der Östrogenkonzentration führt im hypothalamisch/hypophysären System zu einer Umkehr der an sich negativen Rückkopplung auf die Freisetzung der Gonadotropine, was etwa am Tag 14 des Zyklus zu einem sprunghaften Anstieg der Konzentration von LH und FSH im Blutplasma der Frau führt. Besonders der starke Anstieg der LH-Konzentration induziert die Ovulation am Tag 14 (Mitte des Zyklus). Während die Eizelle im Eileiter in Richtung Uterus transportiert wird, bildet sich das restliche Gewebe des Follikels zum Gelbkörper um, der Progesteron produziert, dessen Konzentration im Blutplasma der Frau deutlich ansteigt. Die hohe Progesteronkonzentration bringt das Endometrium erst in die Bereitschaft für die Einnistung des Keims (Dezidualisierung). Bleibt die Befruchtung und damit die Einnistung aus, kann der Gelbkörper nicht funktionell bleiben und degeneriert. Dadurch sinkt die Progesteronkonzentration. Wenn diese auf basale Werte zurückgegangen ist (Ende des Zyklus), kann das Endometrium nicht mehr aufrechterhalten werden und wird abgestoßen (Menstruationsblutung).
Wird die Eizelle nach der Ovulation im Eileiter durch ein aufsteigendes Spermium befruchtet, so finden die ersten Zellteilungen bereits während der weiteren Passage in Richtung Uterus statt. Etwa im 16-Zell-Stadium erreicht der Keim das Endometrium des Uterus und adhäriert an dessen Oberfläche. Chemische Wechselwirkungen ermöglichen es dem Keim, sich in die oberen Zellschichten des Endometriums »einzunisten« (Nidation, Implantation) und dort fest zu verankern. Eine Zellpopulation des Keims beginnt nun mit der Produktion von humanem Choriogonadotropin (hCG), das den Gelbkörper stabilisiert und diesen veranlasst, große Mengen Progesteron und Östrogene herzustellen, was die Konzentrationen beider Hormone im Blut der werdenden Mutter ansteigen lässt, das Endometrium der Gebärmutter stabilisiert und zur Ausbildung einer Placenta beiträgt. Abkürzungen siehe Tab. 14.3.

14

wuchs usw.) werden ausgebildet und ihre Form und Funktion durch Androgene aufrechterhalten (Abb. 14.22). Testosteron begünstigt das Wachstum der Skelettmuskulatur (anabole Wirkung) und hemmt die Fähigkeit bestimmter Fettzellen, Lipide zu akkumulieren. Das führt beim Menschen dazu, dass Männer in der Regel eine kräftigere Muskulatur und eine andere Fettverteilung im Körper aufweisen als Frauen. Testosteron stimuliert auch die Bildung von Blutzellen im hämatopoietischen Gewebe, was dazu führt, dass Männer einen leicht höheren **Hämatokrit** besitzen als Frauen. Androgene beeinflussen das Verhalten, was bei Tieren deutlicher sichtbar ist (Balzverhalten, Brunftkämpfe) als beim Menschen.

Bei weiblichen Vertebraten werden während der Embryonalentwicklung die **Keimbahnzellen** in Form der Oogonien in das Gewebe des Ovars eingelagert. Obwohl zu Beginn der Entwicklung meist mehrere Millionen Oogonien angelegt werden, gehen bis zum Ende der Embyogenese die meisten durch apoptotische Prozesse zugrunde.

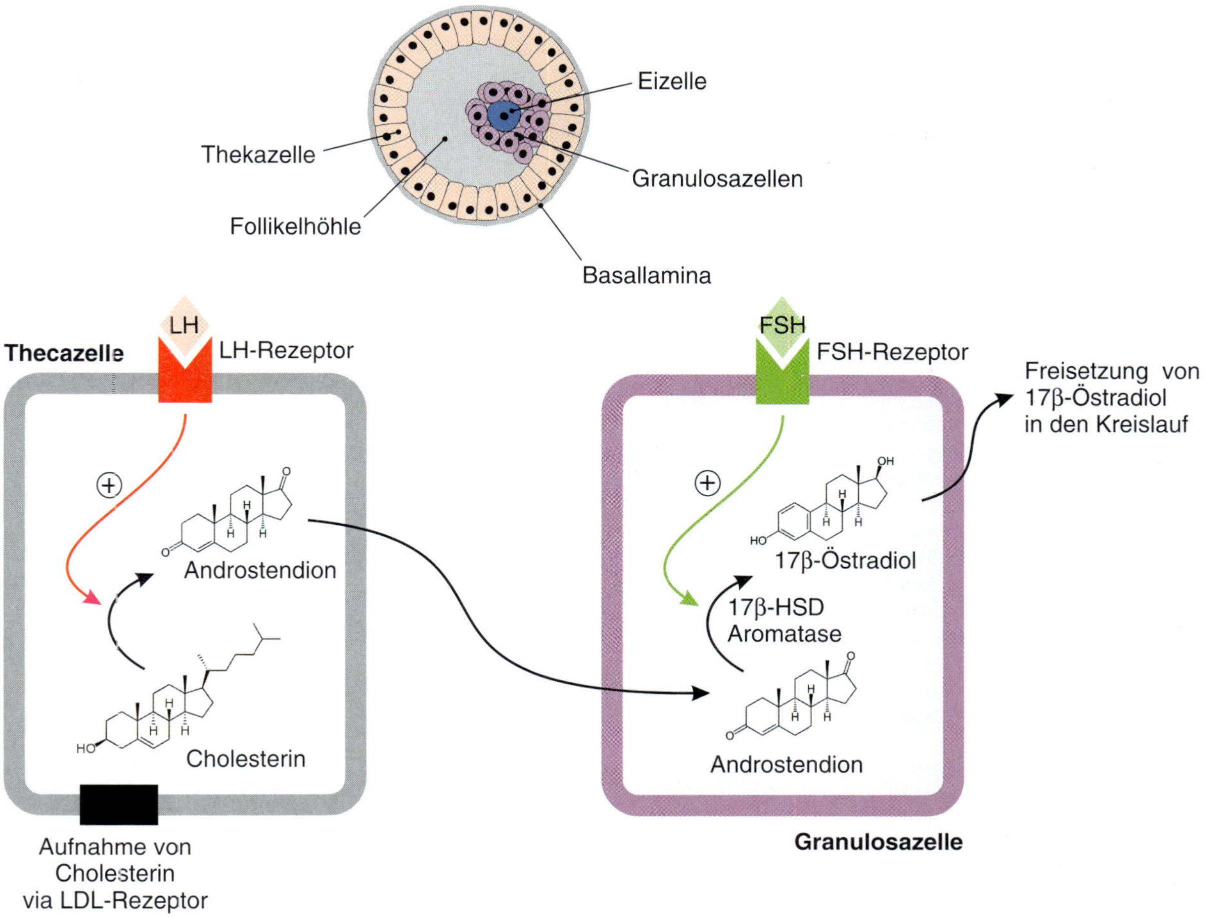

Abb. 14.24 Funktionsschema der Synthese von 17β-Östradiol im Ovar weiblicher Säugetiere. Theka- und Granulosazellen kooperieren bei der Synthese des systemisch auftretenden weiblichen Geschlechtshormons. Wie die Leydig-Zellen im Hoden nehmen auch die Thekazellen des Ovars mittels des LDL-Rezeptors Cholesterin aus den Lipoproteinpartikeln des Blutes auf und synthetisieren daraus Androstendion. Thekazellen exprimieren weder eine 17β-Hydroxysteroid-Dehydrogenase noch eine Aromatase, sodass Androstendion aus den Thekazellen freigesetzt und aufgrund ihrer räumlichen Nähe besonders von den Granulosazellen des Follikels aufgenommen wird. Diese exprimieren unter dem förderlichen Einfluss von FSH sowohl die 17β-Hydroxysteroid-Dehydrogenase als auch die Aromatase, die die Umwandlung von Androstendion zu 17β-Östradiol vermitteln. FSH = follikelstimulierendes Hormon; 17β-HSD = 17β-Hydroxysteroid-Dehydrogenase; LH = luteinisierendes Hormon, Luteotropin; LDL = *low density lipoprotein.*

Beim **Menschen** bleiben von etwa 7 Mio. **Oogonien**, die im fünften Monat nach der Befruchtung vorhanden sind, im siebten Monat noch bis zu 500 000 übrig. Diese Oogonien teilen sich nicht mehr, sondern differenzieren sich zu Oocyten I um und treten in die erste Phase der Meiose ein. In diesem Zustand verharren die Zellen. Von der Geburt eines Mädchens bis zum Ende des gebärfähigen Alters der Frau wachsen einige dieser Oocyten I durch Einlagerung von Dottermaterial (Vitellogenine) auf eine Größe von bis zu 0,1 mm heran, während viele andere zugrunde gehen. Mit Beginn der Pubertät sind im Durchschnitt noch etwa 40 000 **Oocyten** im Ovar der jungen Frau übrig.

Während der monatlichen **Fortpflanzungszyklen** von Frauen (Abb. 14.23) werden unter der Einwirkung des follikelstimulierenden Hormons (FSH) aus der Adenohypophyse jeweils nur einzelne dieser Oocyten I wieder aktiv und beenden (bis zur Mitte eines Zyklus) die schon begonnene Meiose. Aus den zwei meiotischen Teilungen gehen jeweils eine Oocyte II und drei Polkörperchen hervor, die alle mit einem haploiden Chromosomensatz ausgestattet sind. Die Oocyte II, nicht aber die Polkörperchen, erhalten während der Teilungen das gesamte cytoplasmatische Material inklusive der Dotterproteine. Im heranwachsenden **Ovarialfollikel**[397], der durch eine Schicht von **Thekazellen** vom Bindegewebe des Ovars (Stroma) abgetrennt ist, reift die Oocyte II nun unter Versorgung durch die ebenfalls innerhalb des Follikels liegenden **Granulosazellen** heran. Parallel zur Reifung des Follikels, der in zunehmendem Maß 17β-Östradiol produziert und freisetzt (Abb. 14.24), baut sich unter dem Einfluss des systemischen Östrogens die innere Auskleidung des Uterus (Endometrium; Gebärmutterschleimhaut) durch Zellproliferation und Zelldifferenzierung zur vollen Stärke auf. Obwohl die Freisetzung

[397] *folliculus* (lat.) = Hülle, Hülse

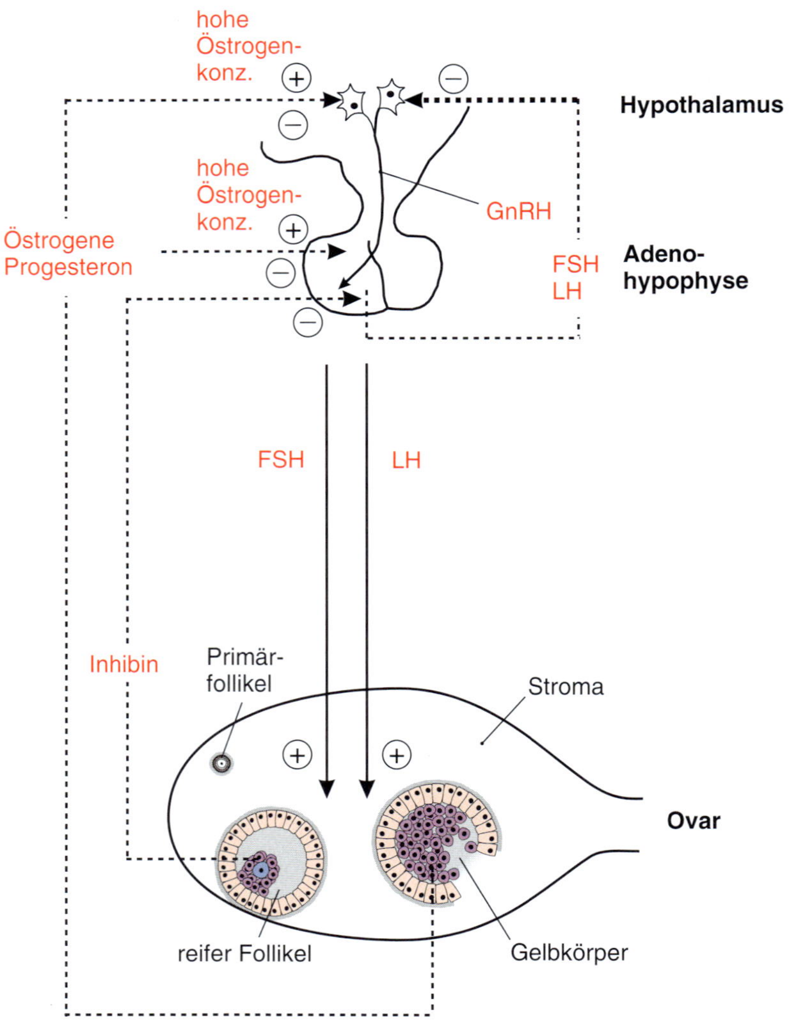

Abb. 14.25 Regulation der Hypothalamus-Hypophysen-Ovar-Achse beim weiblichen Säugetier. Unter dem Einfluss von GnRH, das von hypothalamischen Neuronen in den Blutstrom des Pfortadersystems der Adenohypophyse freigesetzt wird, geben deren gonadotrope Zellen LH und FSH ins Blut ab. LH induziert die Bildung von Androstendion in den Thekazellen des Ovars, während FSH die Granulosazellen zur Synthese von 17β-Östradiol anregt und die Follikelreifung veranlasst. Die Freisetzung von Inhibin aus den Granulosazellen liefert ein negatives Rückkopplungssignal an die Adenohypophyse. 17β-Östradiol und Progesteron liefern sowohl an die Adenohypophyse als auch an die GnRH-Zellen im Hypothalamus negative Rückkopplungssignale. Über einen Tag anhaltende, sehr hohe Konzentrationen von 17β-Östradiol stimulieren dagegen die hypothalamischen Zellen zur vermehrten Ausschüttung von GnRH und die adenohypophysären Zellen zur vermehrten Ausschüttung von Gonadotropinen, besonders von LH, welches die Ovulation auslöst. Die Gonadotropine FSH und LH bewirken auch selbst eine negative Rückkopplung auf die GnRH-Zellen des Hypothalamus. Abkürzungen siehe Tab. 14.3.

14

des Peptidhormons Inhibin aus den aktivierten Thekazellen sowie eine hohe Plasmakonzentration von 17β-Östradiol eine Inhibition der Freisetzung von GnRH (*gonadotropin-releasing hormone*) aus dem Hypothalamus bzw. von Gonadotropinen aus der Adenohypophyse bewirken (Abb. 14.25), kehrt sich diese negative Rückkopplung kurz vor der Ovulation um. Wenn nämlich die Plasmakonzentration von 17β-Östradiol über 24 h auf sehr hohem Niveau verharrt (was dann der Fall ist, wenn der reife Follikel seine größte Östrogenproduktionskapazität besitzt), kippt die negative Rückkopplung in eine Vorwärtsstimulation (*feed forward activation*) der GnRH-Neurone und der gonadotropen Zellen der Adenohypophyse um, sodass besonders viel LH, aber auch viel FSH freigesetzt wird. Der rapide Konzentrationsanstieg der Gonadotropine im Blutplasma ist das Signal für den Follikel, die Ovulation einzuleiten (Abb. 14.23).

Der an der Oberfläche des Ovars gelegene reife Follikel (Graaf*-Follikel) reißt auf und entlässt die **Eizelle** in den Bauchraum (Follikel- oder Eisprung, **Ovulation**). Der trichterförmige Anfangsteil des Eileiters (Infundibulum des Ovidukts), dessen Epithelzellen durch Cilienschlag ständig einen Flüssigkeitsstrom in Richtung der Gebärmutter (Uterus) aufrechterhalten, fängt die Einzelle ein und transportiert sie mit dem Flüssigkeitsstrom in Richtung Uterus. Während die Eizelle ihre mehrtägige Passage in Richtung Uterus absolviert und während dieser Zeit befruchtungsfähig ist (▶ Box 14.3), bildet sich die im Ovar zurückgebliebene Zellmasse des Follikels zum **Gelbkörper** (**Corpus luteum**[398]) um und produziert das Sexualsteroid **Progesteron**. Von der erhöhten Plasmakonzentration des Progesterons ist die Erhaltung und die Ausdifferenzierung (**Dezidualisierung**[399]) des nun voll entwickelten **Endometriums**[400] (innere Auskleidung des Uterus) abhängig. Wird die Eizelle auf ihrem Weg in Richtung Gebärmutter nicht befruchtet, degeneriert der Gelbkörper zum Ende des Zyklus. Die dadurch abfallende Progesteronkonzentration führt dann ab dem 28. Tag des Zyklus zur Erosion des Endometriums (**Menstruation**[401], Regelblutung) (▶ Box 14.4) und zum Beginn eines neuen Zyklus (Abb. 14.23).

[398] *corpus* (lat.) = Körper; *luteus* (lat.) = gelb
[399] *decidere* (lat.) = abfallen
[400] *endos* (griech.) = innen; *metra* (griech.) = Gebärmutter
[401] *menstruus* (lat.) = monatlich

Box 14.3 Vorgänge bei der Befruchtung

Der Begriff **Befruchtung** oder **Fertilisation** beschreibt die Verschmelzung von männlichen und weiblichen Keimzellen während der geschlechtlichen Fortpflanzung. Das wesentliche Element dieses Prozesses ist die Zusammenführung der haploiden Zellkerne von **Spermium** und **Eizelle** und die Bildung der diploiden **Zygote**.

Die reife Eizelle (Oocyte) ist von der Zona pellucida umgeben, die während der Eizellreifung von den Granulosazellen des Primärfollikels gebildet wurde. Die Zona pellucida schützt die Eizelle während ihres Transports innerhalb des Oviduktes (z. B. bei Säugetieren) oder außerhalb des mütterlichen Körpers (z. B. bei Amphibien) vor mechanischen und chemischen Einflüssen. Sie ist reich an Glykoproteinen, unter anderem den Zona-pellucida-Proteinen ZP1, ZP2 und ZP3. Das ZP3 ist wichtig für die Befruchtung, weil es als Rezeptor für ein Oberflächenmolekül der Spermatocyten fungiert. Die Bindung dieser beiden Moleküle löst im Spermium die **Akrosomenreaktion** aus. Dabei werden Enzmye, die im Akrosom des Spermiums gespeichert sind (z. B. die Protease **Akrosin**), exocytotisch in Richtung Oberfläche der Zona pellucida freigesetzt und lösen diese lokal auf, sodass der Spermienkopf Kontakt zur Plasmamembran der Eizelle aufnehmen kann, wobei ZP2 als spezifischer Rezeptor fungiert. Die anschließende Fusion der Plasmamembranen von Spermium und Eizelle ermöglicht den Übertritt des Spermienkerns in das Eiplasma. Die übrigen Bestandteile des Spermiums (Membranen und Organellen) werden in der Folge von der Eizelle verdaut. Daher sind die in der Zygote und später auch im entwickelten Tier vorhandenen Mitochondrien in der Regel ausschließlich mütterlichen Ursprungs.

Bei den Säugetieren ist eine erfolgreiche Entwicklung der Zygote nur dann sichergestellt, wenn es nur einem Spermium gelingt, seinen Kern in das Eiplasma zu überführen. Die Befruchtung einer Eizelle durch mehrere Spermien (Polyspermie) wird daher durch einen sehr spezifischen Mechanismus verhindert. Die unbefruchtete Eizelle setzt aus peripher im Cytoplasma gelegenen Vesikeln (Cortikalgranula) durch eine in geringer Rate konstitutiv ablaufende Exocytose ständig geringe Mengen von Enzymen frei, unter anderem das **Ovastacin**. Diese Protease kann die ZP-Proteine spalten, wonach die Produkte sich quer vernetzen, sodass Spermien keine Chance hätten, die Zona pellucida zu durchdringen. Die geringe Konzentration von Ovastacin im Umfeld der Zona pellucida der noch unbefruchteten Eizelle wird allerdings durch einen von der Mutter gebildeten extrazellulären Proteaseinhibitor, das **Fetuin B**, so effektiv blockiert, dass die Zona-pellucida-Proteine für das Akrosin zugänglich bleiben. Hat ein Spermium jedoch seinen Zellkern in das Cytoplasma der Einzelle transferiert, so durchläuft diese unverzüglich die **Cortikalreaktion**, das heißt eine massive exocytotische Freisetzung von Ovastatin in den sich nun weitenden perivitellinen Raum (extrazellulärer Raum zwischen Eizellmembran und Zona pellucida). Die lokale Fetuin-B-Konzentration reicht nun nicht mehr aus, das Ovastacin komplett zu inhibieren, sodass die Spaltung der ZP-Proteine nun effektiv erfolgen kann. Dies führt einerseits zum Verlust des funktionellen ZP2-Proteins, das nun nicht mehr als Plasmamembranrezeptor für bereits durch die Zona pellucida vorgedrungene Spermien fungieren kann, und andererseits zur Aushärtung der Zona pellucida, sodass weitere Spermien keine Chance mehr haben, die Zona pellucida von außen zu durchdringen. Polyspermie wird auf diese Weise effektiv verhindert.

Weibliche Mäuse, denen durch eine genetische Manipulation die Expression von Fetuin B nicht möglich ist, sind unfruchtbar (vermutlich, weil bei ihren Eizellen die Cortikalreaktion zwar langsam, aber schon vor der Befruchtung abläuft). Transplantiert man solchen Mäusen Ovarien gesunder Mäuseweibchen, so stellt sich die Fruchtbarkeit wieder ein.

Box 14.4 Vergleich von Menstruations- und Östruszyklus

Einen **Menstruationszyklus** haben Menschen, alle Altweltaffen, Rüsselspringer (Macroscelididae) und manche Fledermäuse. Alle anderen viviparen Säugetiere zeigen einen Östruszyklus. Bei den meisten Tieren lösen sich Phasen geschlechtlicher Aktivität und solche ohne Paarungsbereitschaft ab. Der Wechsel von Paarungsbereitschaft und sexueller Inaktivität kann in beiden Geschlechtern einer Art auftreten (z. B. bei Hirschen) oder nur die Weibchen betreffen (z. B. bei Hunden). Bei bestimmten Arten sind dagegen häufig sexuelle Aktivitäten zu beobachten, die nicht durch merkliche Phasen ohne Paarungsbereitschaft unterbrochen werden (z. B. bei Bonobos und beim Menschen). In der Regel sind diese Phasen hormonell begründet. Ist eine Rhythmik vorhanden, wird diese oft von äußeren Zeitgebern (z. B. von den Jahreszeiten, Futterverfügbarkeit, Anwesenheit geeigneter Geschlechtspartner) getriggert. In diesen Fällen stellt das Weibchen zu einem durch diese Faktoren bestimmten Zeitpunkt befruchtungsfähige Eizellen her, bereitet das Endometrium für die Nidation vor und signalisiert seine Paarungsbereitschaft durch das Aussenden von Pheromonen oder durch ihr Verhalten. Diese Phase der Paarungsbereitschaft wird als **Östrus** (Brunst- oder Brunftzeit, »Hitze«) bezeichnet und ist meist nur von kurzer Dauer. In den Zwischenphasen (Diöstrus) ist die Paarungsbereitschaft sehr gering oder nicht vorhanden, zuweilen werden sogar die primären Geschlechtsmerkmale in Größe und Differenzierung reduziert. Monöstrische Tiere (z. B. Rinder, Hirsche, Pferde) haben einen Östrus pro Jahr, polyöstrische Tiere (z. B. die Labormaus) durchlaufen den **Östruszyklus** mehrfach pro Jahr. Der Zeitpunkt der Ovulation ist im Östruszyklus häufig

▼

nicht hormonell bestimmt (wie dies im Menstruationszyklus immer der Fall ist), sondern wird bei vielen Tierarten (z. B. bei Kaninchen, Katzen, Kamelen u. a.) durch die Kopulation selbst ausgelöst, indem die Sexualorgane des Weibchens Druck-, Zug- oder Scherkräften ausgesetzt sind. Diese Kräfte werden von mechanorezeptiven Nervenzellen an den Hypothalamus signalisiert, der dann eine massive LH-Sekretion in Gang setzt (Reflexovulation). Dies stellt eine Anpassung im Sinn der Optimierung des Fortpflanzungserfolgs dar, da befruchtungsfähige Eizellen nur dann und pünktlich bereitgestellt werden, wenn im Genitaltrakt des Weibchens Spermien vorhanden sind. Im Östruszyklus von Rindern und Schafen ist der Zeitpunkt der Ovulation jedoch wie im Menstruationszyklus hormonabhängig geregelt und wird durch eine hohe Östradiolkonzentration im Blutplasma des Tieres mit dadurch induzierter LH-Freisetzung ausgelöst (Abb. 14.26). Bei Tieren mit Östruszyklus wird das Endometrium nicht so massiv aufgebaut wie bei Tieren mit Menstruationszyklus. Am Ende eines Zyklus ohne Befruchtung wird das Gewebe auch nicht abgestoßen wie bei der Menstruationsblutung, sondern resorbiert, sodass es nicht zu einer Regelblutung kommt. Die Blutung, die im Zusammenhang mit dem Östruszyklus der Hündin auftritt, hat nichts mit der Regelblutung der Menstruation gemeinsam. Diese Blutung findet im Präöstrus statt, bevor die Hündin in den eigentlichen Östrus gerät, und besteht aus einem Transsudat, das von der Vaginalschleimhaut gebildet wird und vermutlich der Reinigung der Sexualorgane dient.

▼

In Anpassung an das Leben in extremen Klimaten wird das Jungtier eines Kängurus (Beuteltiere, Marsupialia) gerade während der heißesten und trockensten Periode des Jahres in sehr unreifem Zustand geboren und klettert anschließend selbsttätig in den Beutel der Mutter, wo es mit Muttermilch genährt wird. Je größer das Jungtier wird, desto höher sind seine Bedürfnisse an Menge und Nährstoffgehalt der Muttermilch. Dadurch, dass der Mutter aufgrund der inzwischen einsetzenden Regenperiode nun reichlich Futter zur Verfügung steht, wird diesem Bedarf üblicherweise entsprochen und das Jungtier erfolgreich aufgezogen. Geht das Jungtier trotzdem früh verloren, so wird die laufende Reproduktionsperiode dennoch genutzt, weil die Mutter bereits kurz nach der Geburt des ersten Jungtiers wieder in den Östrus eintritt und sich begatten lässt. Der daraus resultierende Keim entwickelt sich aber im Uterus nur bis zum Blastocystenstadium, da die häufigen Saugreize des ersten Jungtiers an der Zitze zu einer hohen Prolactinkonzentration im Blut der Mutter führen, die das Wachstum des Gelbkörpers und damit die weitere Entwicklung der Blastocyste im Uterus unterdrückt (Abb. 14.27). Fehlt dieser Saugreiz (regulär, nachdem das erste Jungtier den Beutel verlassen hat und sich selbständig ernährt, oder nach dem vorzeitigen Verlust des ersten Jungtiers) nimmt diese Blastocyste ihre Entwicklung wieder auf. Die Vorratshaltung eines **Reserveembryos** ermöglicht es den Kängurus, ihre Fortpflanzungsrate trotz der phasenweise sehr widrigen Lebensbedingungen hoch zu halten.

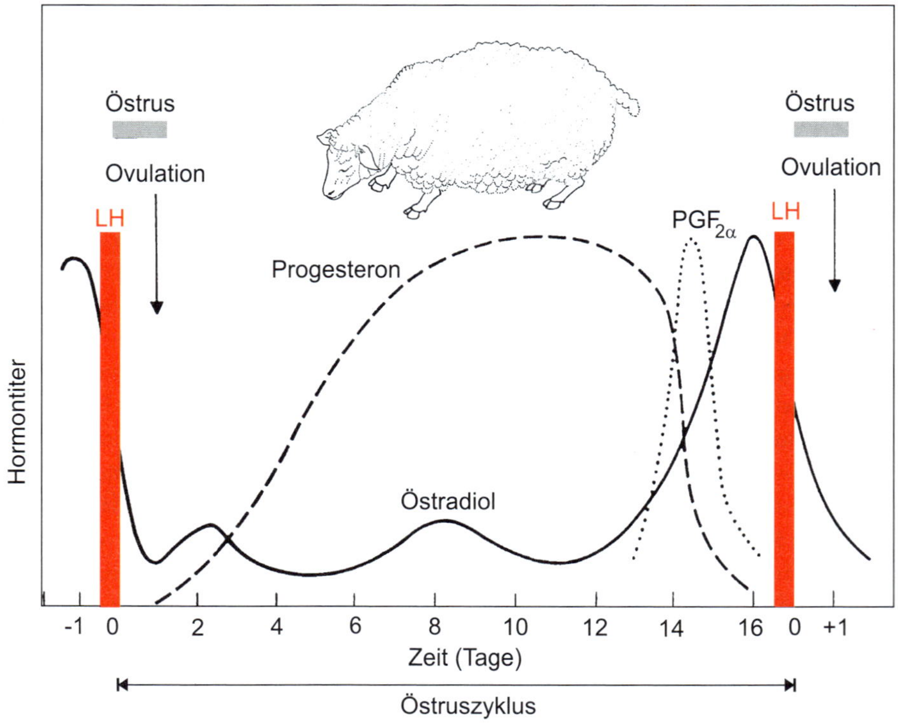

Abb. 14.26 Veränderung der Hormonkonzentration im Blutplasma während des Östruszyklus beim Schaf. Die Ovulation wird im Östruszyklus des Schafes wie im Menstruationszyklus durch östradiolabhängige LH-Sekretion ausgelöst. Die gesteigerte Konzentration von Prostaglandin F2α ($PGF_{2\alpha}$) führt zur Degeneration des Gelbkörpers und damit zum Absinken der Progesteronkonzentration im Blutplasma. (Nach Goldsworthy GJ, Robinson J, Mordue W (1981) Endocrinology. Blackie, London, verändert.)

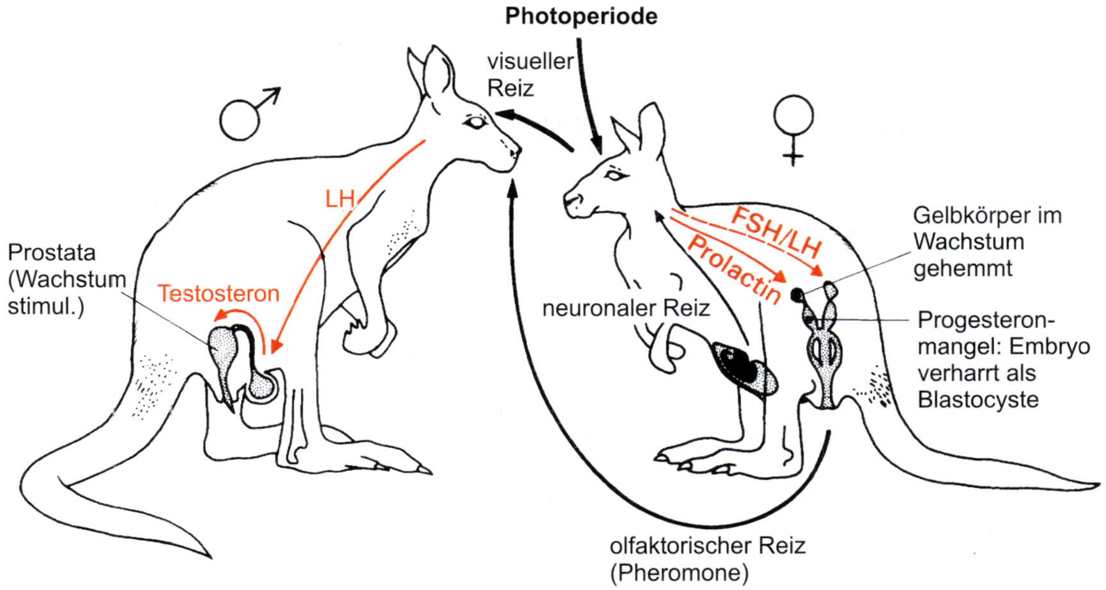

Abb. 14.27 Das saugende Junge im Beutel des weiblichen Tammar-Kängurus (*Macropus eugenii*) stimuliert durch den Saugreiz die Milchproduktion und unterdrückt die Entwicklung des zwischenzeitlich angelegten nächsten Embryos im Uterus. Während des Östrus kurz nach der Geburt des ersten Jungtiers sendet das Weibchen optische und geruchliche Signale (Pheromone), die die Kopulationsbereitschaft des Männchens auslösen. (Nach Tyndale-Biscoe H (2005) Life of marsupials. CSIRO Publications 12/05, 37–102, verändert.)

Wird die Eizelle während der Passage durch den Ovidukt befruchtet, so werden die **Furchungsteilungen** noch innerhalb der Eihülle (Zona pellucida) eingeleitet. Die Produktion neuer Zellen muss quasi vollständig aus Energie- und Baustoffreserven erfolgen, die von der Mutter in der Eizelle deponiert wurden (daher ist es sinnvoll, dass während der Meiose nur eine der vier Tochterzellen das gesamte Cytoplasma zugeteilt bekommt). Im Uterus kommt der Keim bereits als 16-Zell-Stadium (Morula) an. Hier erfolgt etwa am fünften Tag nach der Befruchtung die Einnistung (**Nidation**) in das empfangsbereite Endometrium, nachdem der Keim die Blastulation eingeleitet hat und aus der äußeren Eihülle (Zona pellucida) geschlüpft ist. Durch chemische Signale, die zwischen Keim und dem umliegenden Endometrium ausgetauscht werden, beginnen einige Zellen des Embryos (der vielkernige Syncytiotrophoblast) damit, ein spezielles Peptidhormon zu produzieren und freizusetzen, das **Choriogonadotropin** (CG) (▶ Box 14.5). Dieses Hormon weist eine große Strukturähnlichkeit mit den Gonadotropinen der Adenohypophyse auf. Es wirkt auf den Gelbkörper im Ovar der Mutter und bewirkt dessen Erhaltung und Vergrößerung, sodass während der Schwangerschaft die Konzentration von Progesteron und Östrogen im Plasma der Mutter ansteigt (■ Abb. 14.23). Dadurch kommt es zur Umwachsung des Keims durch Epithelzellen des Endometriums (**Implantation**), Auswachsen und Eindringen von Chorionzotten in das Endometrium und schließlich zur Ausbildung einer **Placenta**[402], die die Versorgung des Keims mit Nährstoffen und Sauerstoff aus dem mütterlichen Kreislaufsystem übernimmt. Beim Menschen, anderen Primaten, Katzen, Meerschweinchen und anderen behält der Gelbkörper seine hormonproduzierende Funktion nur etwa über das erste Drittel einer Schwangerschaft/Trächtigkeit bei. Danach übernehmen Zellen der embryonalen Anteile der Placenta (Trophoblast) die Synthese von Progesteron und Östrogenen. Bei anderen Säugetieren (viele Nagetierarten, Ratten, Mäuse, Hunde usw.) ist die Placenta dazu allerdings nicht in der Lage, sodass das Ovar bei diesen Arten die Produktion von Progesteron und Östrogenen über die gesamte Periode aufrechterhält.

Box 14.5 Schwangerschaftstests

Der Nachweis von über dem basalen Wert (5 IU l^{-1}; UI für *international units*) liegenden Konzentrationen von humanem Choriogonadotropin (hCG) im Blut oder Urin einer Frau ist ein zuverlässiger Indikator für eine bestehende Schwangerschaft. Quasi alle käuflich zu erwerbenden Schwangerschaftstests funktionieren über einen Nachweis von hCG im Urin. Da die Aminosäuresequenz der β-Untereinheit einzigartig und für dieses Hormon spezifisch ist, nutzt man zum Nachweis des Gesamthormons Antikörper, die gegen Epitope der β-Untereinheit gerichtet sind. Die Antikörperbindung wird mit einem Farbindikator gekoppelt, sodass ein Farbumschlag die Anwesenheit einer erhöhten hCG-Konzentration anzeigt. Zu Beginn einer Schwangerschaft (nach der Nidation) steigt die hCG-Konzentration kontinuierlich an (3. Woche: bis 50 IU l^{-1}; 4. Woche: bis 400 IU l^{-1}) und erreicht etwa im 3. Monat ihr Maximum (230 000 IU l^{-1}). Bis etwa zur 20. Woche der Schwangerschaft fällt die Konzentration des hCG wieder auf basale Werte ab.

402 *placenta* (lat.) = Kuchen

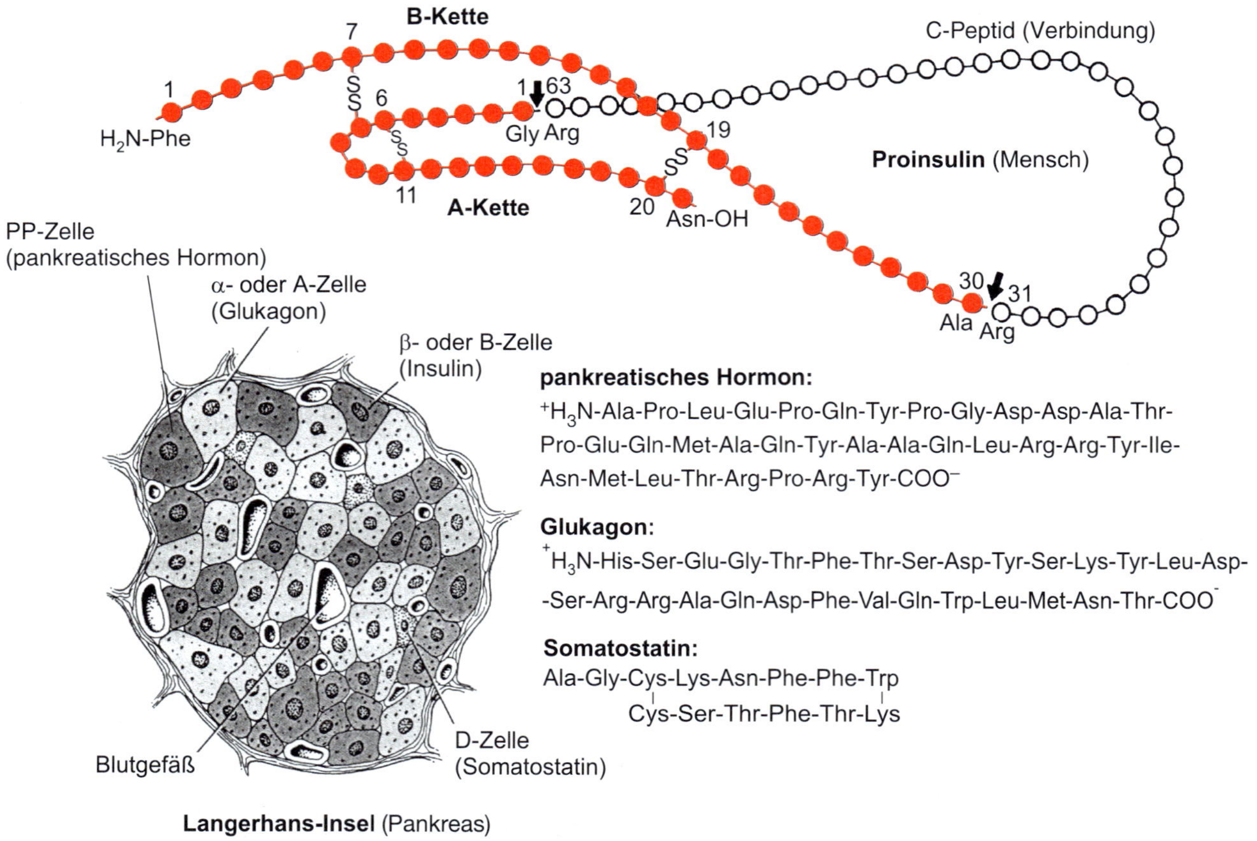

Abb. 14.28 Schema des Aufbaus einer Langerhans-Insel im Pankreas und die Sequenzen der dort gebildeten Hormone. (Inselschema aus Lehninger AL, Nelson DL, Cox MM (1987) Prinzipien der Biochemie. de Gruyter, Berlin, verändert.)

Eine hohe Konzentration des Progesterons im mütterlichen Blutplasma ist Voraussetzung für die Aufrechterhaltung der Schwangerschaft, indem das Endometrium und die Placenta ausgebildet und funktionsfähig erhalten werden und die Uterusmuskulatur ruhiggestellt wird. Dieses erfolgt vermutlich durch nichtgenomische Wirkungen des Progesterons auf die Muskelzellen des Uterus, da zwar die Expression des Oxytocinrezeptorproteins, nicht aber die Menge der mRNA unter Progesteroneinwirkung abnimmt. Während einer Schwangerschaft stattfindende Oxytocinausschüttungen werden auf diese Weise von der Uterusmuskulatur nicht mit dem Auslösen von Muskelkontraktionen beantwortet. Die Behandlung schwangerer Frauen mit einem Antagonisten für den Progesteronrezeptor (Mifepriston, RU-486) führt zum Schwangerschaftsabbruch (»Abtreibungspille«), weil die Oxytocinrezeptoren in der Uterusmuskulatur wieder exprimiert werden.

Langerhans-Inseln und die Regulation der Blutzuckerkonzentration

Das Pankreas[403] der Wirbeltiere ist ein aus unterschiedlichen Zelltypen zusammengesetztes Gewebe. Der größte Teil des Gewebes wird von exokrinen Zellen gebildet. Diese sind Derivate des Darmepithels und stellen Vorstufen der Verdauungsenzyme her, die in das Darmrohr abgegeben werden. Die vier Typen endokriner Zellen des Pankreas, die α-, die β-, die δ-(D-) und die PP-Zellen, sind miteinander vereint inselartig in das exokrine Gewebe eingestreut (Langerhans*-Inseln) (Abb. 14.28) und kommen bei allen Wirbeltieren vor.

Die α-Zellen stellen das Peptidhormon **Glukagon** her, das aus 29 Aminosäuren aufgebaut ist. Die Glukagonmoleküle von Schwein, Rind und Mensch haben identische Sequenzen, was auf ein hohes Maß an evolutiver Konservierung dieses Hormons schließen lässt. Glukagon wird von den α-Zellen in das Blutplasma freigesetzt, wenn die Blutglucosekonzentration unter einen bestimmten Grenzwert (beim erwachsenen Menschen 3 mmol l^{-1}) fällt.

Zielgewebe des Hormons ist die Leber. Die Aktivierung von Glukagonrezeptoren auf der basolateralen Oberfläche der Hepatocyten aktiviert die Adenylylcyclase und verursacht die Akkumulation von cAMP im Cytosol und die Aktivierung der Proteinkinase A (PKA). Eine durch die PKA aktivierte Phosphorylasekinase stimuliert durch Proteinphosphorylierung die Glykogen-Phosphorylase, die aus cytosolisch vorliegenden Glykogengranula Glucose-6-phosphat freisetzt. Die Glucose wird nach Dephosphorylierung aus den Zellen freigesetzt und dient der Stabilisierung des Blutzuckerspiegels (Abb. 14.29). Gluka-

[403] *pan* (griech.) = alles; *creas* (griech.) = Fleisch

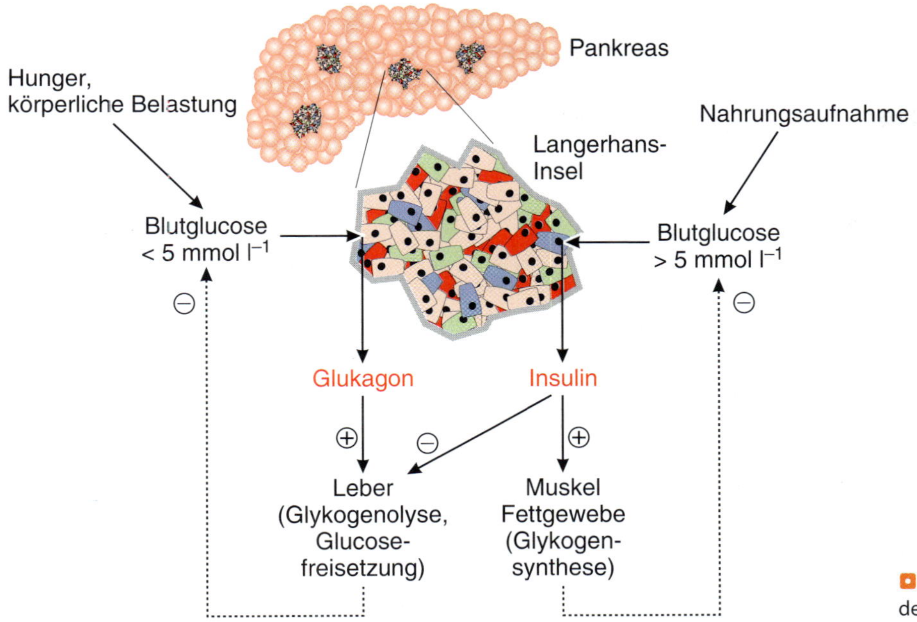

Abb. 14.29 Regelkreise zur Konstanthaltung der Glucosekonzentration im Blutplasma.

gon stimuliert nicht nur die Glykogenolyse in den Leberzellen, sondern auch die Neusynthese von Glucose (Gluconeogenese). Hierzu werden bestimmte Aminosäuren (Glutamat, Aspartat) von den Leberzellen desaminiert. Das dabei anfallende Ammoniak wird zu Harnstoff derivatisiert (Ornithinzyklus bzw. Krebs-Henseleit-Zyklus) und über den Harn ausgeschieden. Außerdem werden in den Leberzellen über den Anstieg der cytosolischen cAMP-Konzentration Lipasen aktiviert. Der Abbau von in der Leber gespeicherten Triglyceriden führt zu einem Anstieg freier Fettsäuren im Blut.

Die β-Zellen des Pankreas stellen das **Proinsulin** her, das durch posttranslationale Prozessierung in **Insulin**[404] umgebaut wird. Das aus zwei Peptidketten, die miteinander durch zwei Disulfidbrücken verbunden sind, bestehende Hormon wird bei Überschreitung eines bestimmten Grenzwertes der Glucosekonzentration im Blutplasma (beim erwachsenen Menschen 6 mmol l^{-1}) ins Blut freigesetzt (z. B. nach der Nahrungsaufnahme und Resorption von Glucose).

Die β-Zellen verfügen dazu über eine Möglichkeit, die Glucosekonzentration im Blutplasma zu messen. Dazu exprimieren sie den **Glucosetransporter GLUT2** (SLC2A2) in ihrer Membran, der Glucose durch **erleichterte Diffusion** je nach Konzentrationsgradient in die Zellen hinein oder aus den Zellen heraus transportiert. Steigt die Glucosekonzentration außen gegenüber innen deutlich an, so lädt der Transporter das Zellinnere mit Glucose auf, was den Energiestoffwechsel anregt und die Energieladung der Zelle in Richtung eines Maximums treibt. Dieses hohe Konzentrationsverhältnis von ATP zu ADP führt zum Verschluss der K_{ATP}-Kanäle in der Plasmamembran der β-Zellen. Durch den verminderten Kaliumausstrom kommt es zur Depolarisation des Membranpotenzials der Zelle. Dies wiederum führt zur Aktivierung von spannungsabhängig geregelten Calciumkanälen, durch die Ca^{2+}-Ionen in das Cytosol der β-Zellen einströmen. Die erhöhte intrazelluläre Ca^{2+}-Konzentration bewirkt die Exocytose von Insulin aus hormongefüllten sekretorischen Vesikeln.

Zielzellen des Insulins sind quasi alle Zellen des Körpers. In der Leber ist das Insulin direkter Antagonist des Glukagons. Insulin bindet auf der Oberfläche der Körperzellen an **Insulinrezeptoren**, die in ihren intrazellulären Molekülabschnitten Tyrosinkinasedomänen aufweisen. Die durch Insulin ausgelösten Signaltransduktionsprozesse führen zu einer Translokation von GLUT4-Transportern aus intrazellulären Vesikeln in die Zelloberfläche. GLUT4 und seine Homologe transportieren Glucose durch erleichterte Diffusion, ohne dass es einer weiteren Aktivierung bedarf. In der Leber erfolgt die Glucoseaufnahme allerdings insulinunabhängig über GLUT2. Die vermehrte Glucoseaufnahme aus dem Blut in die Zellen führt zu einem Absinken des **Blutglucosespiegels** (Abb. 14.29).

In Leber- und Muskelzellen sorgt Insulin für die Neubildung von **Glykogenvorräten**. Der aktivierte Insulinrezeptor phosphoryliert das Insulinrezeptorsubstrat 1 (IRS1), was zur Aktivierung der Phosphoinositid-3-kinase (PI3K) führt. Dieses Enzym überträgt einen Phosphatrest aus dem ATP auf die Position 3 des plasmamembranständigen Lipids Phosphatidylinositol-4,5-bisphosphat (PIP_2), sodass Phosphatidylinositol-3,4,5-trisphosphat (PIP_3) entsteht. Die Akkumulation dieses Lipids in der Membran aktiviert die Phosphoinositidabhängige Kinase 1 (PDK1) und die Proteinkinase B (PKB/Akt). PKB phosphoryliert die Glykogen-Synthase-Kinase 3 (GSK3), die dadurch inaktiviert wird. Da die GSK3 die Glykogen-Synthase durch Phosphorylierung inaktiviert, bewirkt die PKB-Aktivität eine Deblockierung dieses Enzyms. Dadurch wird die in die Zellen aufgenommene Glucose in Form von Glykogen gespeichert. Die GSK3 steht außerdem in Konkurrenz zur Proteinphosphatase 1 (PP1). Dadurch, dass die GSK3 unter Insulineinfluss nicht

[404] *insula* (lat.) = Insel

mehr wirken kann, liegt daher immer mehr Glykogen-Synthase in ihrer dephosphorylierten (d. h. aktiven) Form vor. Zusätzlich aktiviert die PKB eine cAMP-spezifische Phosphodiesterase, die cytosolisch akkumuliertes cAMP (z. B. nach Glukagoneinwirkung auf Leberzellen) zum signaltechnisch unwirksamen AMP hydrolysiert. Insulin ist durch diesen Mechanismus in Leberzellen ein direkter Antagonist des Glukagons.

Fehlfunktionen des Insulinsignalsystems können bei allen Vertebraten zur Zuckerkrankheit (**Diabetes mellitus**[405]) führen (▶ Box 14.6). Aufgrund des fehlenden Einflusses von Insulin auf die Translokation von GLUT4 verbleibt die Glucose zu einem großen Teil im Blutplasma, sodass der Blutzuckerspiegel stark ansteigt (beim Menschen über 7 mmol l^{-1}). Da Glucose ein relativ kleines Molekül ist (Molekülmasse 180 g mol^{-1}), wird es in der Niere frei filtriert und erreicht im Primärharn dieselbe Konzentration wie im Blutplasma. Normalerweise wird die Glucose während der Passage des Primärharns durch den proximalen Tubulus des Nephrons durch einen in der apikalen Membran der Tubulusepithelzellen gelegenen Na^+/Glucose-Symporter (SLC5A2) fast quantitativ reabsorbiert, sodass der Endharn so gut wie gar keine Glucose enthält. Ist der Blutzucker aber stark erhöht, so ist auch die Menge der filtrierten Glucose so hoch, dass der Symporter ständig im Sättigungsbereich arbeitet und die nicht reabsorbierte Glucose mit dem Harn ausgeschieden wird. Da Glucose ein osmotisch aktives Molekül ist, hält es bei der Passage des Harns durch das Sammelrohr eine beträchtliche Menge Wasser im Harn zurück, was zur Ausscheidung großer Harnvolumina führt. Die damit einhergehende Verringerung des Volumens der Körperflüssigkeiten löst ein Durstgefühl aus, sodass der betroffene Organismus sehr viel trinkt (Polydipsie[406]). Diese drei Symptome, das Auftreten von Glucose im Harn, die Ausscheidung großer Harnvolumina und chronisches Durstgefühl sind sichere Hinweise auf das Vorliegen eines Diabetes mellitus. Nach den Ursachen für das Auftreten des Diabetes mellitus unterscheidet man zwei Formen: den Typ-1- und den Typ-2-Diabetes.

14

Typ-1-Diabetes

Werden die β-Zellen durch Autoimmunprozesse oder Entzündungen beschädigt oder wird aus anderen Gründen kein Insulin mehr produziert und freigesetzt, so kann die aus der Nahrung im Darm resorbierte Glucose nur noch unvollständig in die Zellen des Körpers überführt werden. Der Blutzuckerspiegel steigt an.

Typ-2-Diabetes

Wird zwar ausreichend Insulin gebildet, ist aber der Rezeptor für Insulin auf den Zielzellen nicht vorhanden oder defekt, so kommt es zu einem ähnlichen Krankheitsbild. Früher bezeichnete man den Typ-2-Diabetes beim Menschen auch als »Altersdiabetes«, weil er häufig mit zunehmendem Leibesumfang im Alter auftrat. Mittlerweile entwickelt sich diese Form des Diabetes in den entwickelten Ländern der Erde zur Volkskrankheit, die, vermutlich im Zusammenhang mit Überernährung, häufig auch schon im Kindesalter auftritt.

[405] *diabainein* (griech.) = hindurchtreten; *mellitus* (lat.) = (Honig-)süß
[406] *polys* (griech.) = viel; *dipsa* (griech.) = Durst

Box 14.6 Könnte eine milde Insulinresistenz beim Menschen adaptiven Wert haben?

Nicht nur bei alten Menschen, sondern auch bei Kindern in den Industrie- und Schwellenländern, werden in den letzten Jahren in zunehmendem Maß erhöhte Blutfettwerte, Fettleibigkeit, hoher Blutdruck und eine Insulinresistenz der Körperzellen beobachtet. Dieses Symptommuster bezeichnet man als **metabolisches Syndrom**, dessen Auftreten es sehr wahrscheinlich macht, dass die betroffene Person an **Typ-2-Diabetes** und Herz-Kreislauf-Problemen erkranken und eventuell einen frühen Tod erleiden wird. Offenbar gibt es genetische Dispositionen, die es wahrscheinlich machen, dass bestimmte Menschen ein metabolisches Syndrom entwickeln, andere dagegen nicht. Die medizinische Forschung sucht daher sehr intensiv nach den vermutlich polygenen Faktoren, die die Entwicklung dieses Syndroms begünstigen. Oft werden diese Faktoren als Gendefekte bezeichnet, die es zu korrigieren gilt. Aus der Perspektive des Biologen sollte mit solchen Begrifflichkeiten und daraus resultierenden Maßnahmen sehr vorsichtig umgegangen werden. Der Grund für diese Mahnung soll hier kurz an einem Beispiel erläutert werden.

Nicht alle Körperzellen regulieren ihre Glucoseaufnahme wie Muskel- und Fettzellen in insulinabhängiger Weise durch Translokation von GLUT4 aus intrazellulären Vorratsvesikeln in die Plasmamembran. So versorgen sich zum Beispiel die Neurone des Gehirns bei Säugetieren vornehmlich durch die Aktivität des GLUT1-Transporters. Dies ist ein konstitutiv exprimierter Transporter, dessen Expressionsniveau nicht durch Insulin beeinflusst wird. Sein K_m-Wert liegt bei 1,5 mmol l^{-1}, sodass er bei der üblichen Blutglucosekonzentration von etwa 5 mmol l^{-1} durchgehend im Sättigungsbereich arbeitet. Auf diese Weise wird eine ständige Aufnahme von Glucose in die Zelle sichergestellt. Der Glucosetransporter, der in den acinären Zellen der lactierenden Milchdrüsen bei Säugern für die Aufnahme der Glucose sorgt, die für die Milchproduktion benötigt wird, ist vermutlich ebenfalls GLUT1. Die Expression dieses Proteins wird bei Säugetieren und Mensch offenbar am Ende der Trächtigkeit bzw. Schwangerschaft durch Sexualsteroide und Prolactin deutlich gesteigert, sodass aus dem mütterlichen Blut ständig große Mengen Glucose für die Milchproduktion bereitgestellt werden. Tritt im Blut ein Glucosemangel ein (z. B. durch starke körperliche Aktivität oder durch geringe Kohlenhydrataufnahme mit der Nahrung, wie dies in Hungerperioden geschehen kann), dann treten die Zellen des Körpers untereinander in Wettbewerb um die noch vorhandenen Glucosevorräte im Blutplasma. Dabei könnten die insulinabhängigen GLUT4-exprimierenden Zel-

▼

len den insulinunabhängigen GLUT1-exprimierenden Zellen leicht den Glucosestrom »abgraben«, was im Zweifel bedeuten würde, dass stillende Mütter ihre Säuglinge nicht mehr optimal mit Muttermilch versorgen könnten.

Da in der Evolutionsgeschichte des Menschen auch längere Hungerperioden eher die Regel als die Ausnahme waren, könnte man die Hypothese aufstellen, dass eine genetische Disposition für ein gewisses Maß an **Insulinresistenz** (Mangel an Insulinrezeptoren oder Verminderung ihrer Signaltransduktionsleistung) in Muskel- und Fettgewebe von adaptivem Wert gewesen sein könnte, um die Versorgung des Nachwuchses sicherzustellen, auch wenn dies bedeutete, dass die Mutter keine körperlich anstrengenden Arbeiten erledigen oder Fettreserven anhäufen konnte. Nach dieser Hypothese wäre ein gewisses Maß an Insulinresistenz eben kein genetischer Defekt, sondern eine lebensnotwendige Anpassung. Dass diese Anpassung uns heutzutage in vielen Fällen Probleme bereitet, ist unbestritten, liegt aber nach dieser Lesart eher an der prompten und unbegrenzten Verfügbarkeit großer Mengen an hochprozessierter, kohlenhydratreicher Nahrung in der modernen Gesellschaft, die keine Hungerperioden mehr kennt.

Eine weitere Wirkung des Insulins ist die Hemmung der **Lipolyse** im Fettgewebe und somit die Bewahrung von Fettvorräten. Ein Insulinmangel führt daher zu einer gesteigerten Lipolyse und der Bildung von Ketonkörpern, die bei schlecht eingestellten Typ-1-Diabetikern zur Ketose mit dem charakteristisch fruchtigen Atemgeruch führt. In der Leber, im Fettgewebe und in der Muskulatur wird unter Insulineinfluss auch die Synthese von Fetten stimuliert. Unter Insulineinwirkung werden auch Aminosäuren verstärkt in diese Gewebe aufgenommen und für die Proteinsynthese verwendet. Eine weitere zentrale Funktion des Insulins liegt in der Regulation von Wachstumsprozessen durch Förderung des Zellwachstums (Hypertrophie) und der Zellteilung (Hyperplasie). Insulin aktiviert hierbei die Transkription von Genen, die für die Kontrolle des Zellzyklus bedeutsam sind.

Die β-Zellen der Langerhans-Inseln stellen neben Insulin ein weiteres Peptidhormon, das **Amylin**, her, allerdings nur ein Hundertstel der Menge von Insulin. Das Amylin des Menschen hat eine Länge von 37 Aminosäuren und besitzt eine Disulfidbrücke zwischen den Cysteinen in den Positionen 2 und 7. Es könnte eine homöostatische Funktion bezüglich des Blutzuckerspiegels ausüben, da es die Abgabe von Glukagon aus den α-Zellen hemmt.

Die δ-Zellen (auch D-Zellen) der Langerhans-Inseln produzieren das Peptidhormon **Somatostatin**. Das biologisch wirksame Peptid hat 14 oder 28 Aminosäuren und ist in beiden Fällen ein Produkt der proteolytischen Spaltung eines 92 Aminosäuren langen Prohormons. Somatostatin wirkt antagonistisch zum Wachstumshormon (Somatotropin, GH), da es Bildung und Freisetzung des Wachstumshormons in der Adenohypophyse hemmt. Darüber hinaus hemmt Somatostatin auch die Sekretion von Pankreasenzymen, von Gastrin und von Pepsin in den Zellen des Verdauungstrakts.

Die PP-Zellen (auch F-Zellen) der Langerhans-Inseln stellen das **pankreatische Polypeptid** bzw. **pankreatische Hormon** her. Das Peptidhormon des Menschen hat eine Länge von 36 Aminosäuren und wird nach der Aufnahme proteinreicher Nahrung ins Blut ausgeschüttet. Es moduliert bei Tieren die Darmmotilität sowie bei Tier und Mensch den Gallefluss und zügelt den Appetit.

Adrenalsystem (Nebennierenmark)

Das **Adrenalsystem** bei den Vertebraten hat seinen Ursprung in Ganglien des **sympathischen Nervensystems**. Die Zellen lassen sich mit Chromverbindungen anfärben, daher haben sie die Bezeichnung **chromaffine Zellen** erhalten. Die Aktivierung des sympathischen Nervensystems führt zur Freisetzung der **Catecholamine** Adrenalin (Epinephrin) und Noradrenalin (Norepinephrin) in das Blutplasma. Die Mengenverhältnisse der beiden Catecholamine sind von Tierart zu Tierart unterschiedlich (beim Menschen etwa 80:20). Da die Catecholamine eigentlich neuronale Botenstoffe sind, die hier als Hormone wirksam werden, kann man das Adrenalsystem auch als ein Neurohämalorgan ansehen.

Adrenalin und **Noradrenalin** werden immer dann freigesetzt, wenn der Organismus akuten Belastungen physischer oder psychischer Natur ausgesetzt ist. Daher wird Adrenalin auch mit dem Funktionsbegriff »**Stresshormon**« belegt. Es versetzt durch verschiedene systemische Wirkungen den Organismus in die Lage, auf bedrohliche Situationen mit Abwehrmaßnahmen oder Flucht (***fight or flight***) zu reagieren. Die Leber wird aktiviert, Glykogenreserven abzubauen, um im Blutplasma die Glucosekonzentration zu steigern. Das Fettgewebe setzt unter Adrenalineinwirkung freie Fettsäuren ins Blut frei. In der Muskulatur wird ebenfalls Glykogen abgebaut, wodurch der Muskelzelle unmittelbar Glucose für die Energiegewinnung zur Arbeitsleistung zur Verfügung steht. Adrenalin wirkt positiv chronotrop auf das Automatiezentrum der Herzerregung und steigert die Herzfrequenz. Adrenalin vermittelt auch eine positiv inotrope Wirkung auf die Ventrikelmuskulatur, sodass der Blutdruck erhöht wird. Diese Maßnahmen steigern in der Summe die generelle Leistungsbereitschaft eines Organismus (ergotrope Wirkung). In reflektorischer Weise (d. h. mittelbar über die Wahrnehmung der peripheren Wirkung) steigert Adrenalin die generelle Aufmerksamkeit, eine Wirkung, die vermutlich hauptsächlich im Thalamus entfaltet wird.

Auf die Muskelzellen der Blutgefäße wirkt Adrenalin ebenfalls, allerdings aufgrund der Tatsache, dass die glatten Muskelzellen unterschiedlicher Gefäßabschnitte verschiedene Subtypen adrenerger Rezeptoren exprimieren, die verschiedene Signaltransduktionswege aktivieren, in unterschiedlicher Weise. Man unterscheidet α1-adrenerge Rezeptoren, die über G_q-Proteine aktivierend auf das an das Inositolphosphat- und Calciumsignalsystem wirken, α2-Rezeptoren, die über $G_{i/o}$-Proteine inhibierend auf das cAMP-Signalsystem wirken und

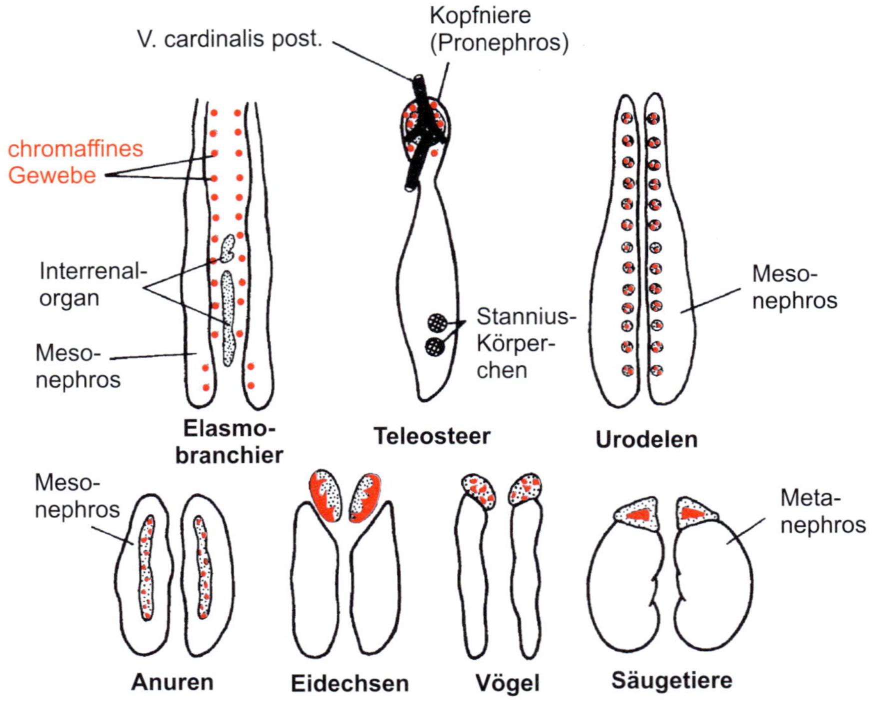

Abb. 14.30 Anordnung des Adrenal- und des Interrenalgewebes bei Wirbeltieren. (Nach Romer AS, Parsons TS (1983) Vergleichende Anatomie der Wirbeltiere. 5. Aufl. Parey, Hamburg.)

β-adrenerge Rezeptoren, die über G_s-Proteine aktivierend auf das cAMP-Signalsystem wirken. Adrenalin stimuliert alle Subtypen der adrenergen Rezeptoren etwa mit gleicher Effizienz, während Noradrenalin bevorzugt auf α-adrenerge Rezeptoren wirkt. Die Aktivierung von α1-Adrenorezeptoren wirkt auf die Muskelzellen kleiner Gefäße in Haut und Nieren kontrahierend. Dies verlagert Blutvolumen in die großen zentralen Gefäße des Körpers und in die Zirkulation des Skelettmuskels. Die Muskelzellen der Gefäßwände der Skelettmuskelversorgung werden gleichzeitig über Aktivierung des β-Adrenorezeptors weit gestellt, sodass die Durchblutung der Skelettmuskulatur erhöht wird.

Die Gewebeorganisation des Adrenalsystems ist bei den verschiedenen Gruppen der Vertebraten unterschiedlich (Abb. 14.30). Bei den Elasmobranchiern reihen sich kleine Cluster von **chromaffinen Zellen** entlang der Niere (Mesonephros) und sind klar vom **Interrenalgewebe**[407] (▶ Abschn. 14.3.2) abgesetzt. Bei den Teleosteern sitzen diese Cluster gemeinsam mit dem Interrenalgewebe der Kopfniere (Pronephros) auf. Bei den Amphibien, Reptilien und Vögeln vermischen sich chromaffine Zellen und das Interrenalgewebe und formen entweder mehrere Cluster, die entlang des Mesonephros liegen (Urodelen), oder massivere Gewebestrukturen, die räumlich mit der Niere assoziiert sind. Bei den Säugetieren bilden die chromaffinen Zellen einen zentralen Komplex des Nebenniergewebes (**Nebennierenmark**), während das Interrenalgewebe eine mehrschichtige Umhüllung des Nebennierenmarks bildet und daher als **Nebennierenrinde** bezeichnet wird.

[407] *inter* (lat.) = zwischen; *renalis* (lat.) = zur Niere gehörig

Interrenalsystem (Nebennierenrinde), Mineralo- und Glucocorticoide

Das **Interrenalgewebe** ist mesodermalen Ursprungs und entsteht aus dem Coelomepithel in der Nähe der Gonadenanlagen. Das Interrenalgewebe produziert entweder konstitutiv oder unter der Kontrolle zentraler (adrenocorticotropes Hormon, ACTH) oder peripherer (Angiotensin II, A II) Hormone verschiedene **Steroide** und entlässt diese als Hormone in die Blutzirkulation. Bei den Säugetieren ist die Nebennierenrinde (NNR) dreischichtig.

Gleich unterhalb der Bindegewebskapsel liegt die **Zona glomerulosa** (Zona arcuata), die etwa 15 % der Interrenalzellen des Organs beinhaltet. Die Zellen sind bei Paarhufern und beim Menschen in kleinen Knäueln angeordnet, bei allen anderen Säugetieren in Bögen. Hier werden unter der Einwirkung von A II Mineralocorticoide (vornehmlich **Aldosteron**) produziert und freigesetzt. Aldosteron entfaltet im distalen Tubulus und im oberen Sammelrohr der Niere seine Wirkung, indem es in den Epithelzellen die vermehrte Transkription der Gene solcher Proteine bewirkt, die an der Reabsorption von Na^+-Ionen aus dem Primärharn beteiligt sind (Na^+/K^+-ATPase, epithelialer Na^+-Kanal). Die Aktivität dieser Proteine erhöht die Natriumretention und stabilisiert den Salzgehalt des Körpers. Eine entsprechende Wirkung hat Aldosteron auf die Epithelzellen der Ausführgänge von exokrinen Drüsen. Aus dem zunächst isotonen Sekret der ekkrinen Schweißdrüsen werden während der Tubuluspassage Na^+-Ionen reabsorbiert, sodass der auf der Haut ankommende Schweiß deutlich hypoton ist und Na^+ als wertvoller Mineralbestandteil im Körper zurückgehalten wird.

Aus diesen Zusammenhängen wird klar, dass die physiologische Bedingung, unter der Aldosteron aus der NNR freigesetzt wird, in erster Linie ein **Natriummangel** im Körper ist. Dieser kann zum Beispiel durch Mineralmangel in der Nahrung entstehen (bei herbivorer Ernährung häufig) oder durch Verlust von Mineralien aus dem Körper durch Blutungen, Erbrechen oder übermäßiges Schwitzen. Mit dem Natriumgehalt des Körpers sinkt auch die Fähigkeit der Nieren, Wasser im Körper zurückzuhalten, sodass sich zum Mineralmangel oft auch ein Volumenmangel gesellt. Diese beiden Konditionen sind es, die im **juxtaglomerulären Apparat**[408] der Niere detektiert und von ihm beantwortet werden. Dieser aus Epithelzellen eines verdickten Teils des distalen Nierentubulus bestehende Gewebekomplex enthält mehrere verschiedene Zelltypen. Die **Macula densa** ist ein Gebiet chemosensitiver Zellen, die eine unter dem Sollwert liegende Na^+-Konzentration (<120 mmol l^{-1}) im vorbeiströmenden Blut in der afferenten Arteriole des Glomerulus detektieren. Die als Polkissen bezeichnete Gruppe epitheloider Myocyten (im Epithel liegende Muskelzellen) reagiert einerseits darauf und andererseits direkt auf eine Verminderung der Gefäßwandspannung in der afferenten Arteriole (Volumenmangel), indem die Zellen gespeichertes Renin[409] in den Blutstrom der afferenten Arteriole freisetzen. Renin ist eine **Protease**, die das in der Leber gebildete und im Blutstrom zirkulierende Prohormon **Angiotensinogen** spaltet, woraus das Angiotensin I hervorgeht. Dieses Molekül ist biologisch nicht aktiv und wird durch eine weitere auf der Oberfläche der Endothelzellen der Lunge sitzende Protease, dem *converting enzyme*, durch Proteolyse in das biologisch aktive **Angiotensin II** (A II) umgewandelt. Dieses steigert den Tonus der glatten Gefäßmuskelzellen der efferenten Arteriole (und erhöht somit den glomerulären Filtrationsdruck) und veranlasst die Zellen der Zona glomerulosa der Nebennierenrinde zur Freisetzung von **Aldosteron**, das die Steigerung der Na^+-Reabsorption aus dem Primärharn im distalen Tubulus und oberen Sammelrohr vermittelt (Abb. 8.26).

Aldosteron kommt unter den Vertebraten nur bei den Tetrapoden und den Knochenfischen vor. Cyclostomen und Elasmobranchier haben nach dem derzeitigen Stand der Forschung wohl kein Aldosteron (Abb. 14.31). Bei ihnen übernimmt offenbar das Cortisol die Funktion eines Mineralocorticoids.

Weiter in der Tiefe der Nierenrinde liegt die **Zona fasciculata**, die etwa 78 % der Zellen des Interrenalgewebes umfasst. Diese Zellen bilden überwiegend **Glucocorticoide** (**Cortisol** und **Corticosteron**). Die Produktion und die Freisetzung der Glucocorticoide werden durch das adrenocorticotrope Hormon (ACTH) aus der Adenohypophyse stimuliert. Darüber hinaus werden geringe Mengen von Androgenen (Dehydroepiandrosteron) gebildet.

Corticosteron ist bei allen Wirbeltieren vorhanden. Das bei vielen Vertebraten parallel gebildete Cortisol fehlt allerdings bei einigen Amphibien und allen Reptilien, die offenbar die Fähigkeit zur 11β-Hydroxylierung von Steroiden verloren haben (Abb. 14.31). Die Glucocorticoide wirken auf quasi jede Zelle des Tierkörpers ein, haben aber duchaus unterschiedliche physiologische Wirkungen. Generell vermitteln sie einen durchaus längerfristigen Anstieg der Blutkonzentration von Glucose, Aminosäuren und freien Fettsäuren. In der Leber wird die Gluconeogenese aktiviert, indem die Expression der Phosphoenolpyruvat-Carboxykinase (PEPCK) und der Pyruvat-Carboxylase heraufreguliert wird. Dadurch steigt der Blutzuckerspiegel. Der Organismus kann aus der Glucose zusätzliche Energie beziehen, um sich mit widrigen Umweltbedingungen erfolgreich auseinanderzusetzen, und er kann Aminosäuren und Fettsäuren als Baustoffe nutzen, um zügig Schäden an Zellen oder Geweben zu beheben. Daher ist das Glucocorticoidsignalsystem auch ein System, das den Organismus auf Stresssituationen vorbereitet. Durch die spezifische Wirkungsweise der Steroidhormone setzt die physiologische Hormonwirkung zwar etwas langsamer ein, hält dafür aber deutlich länger an als zum Beispiel beim Catecholaminsignalsystem. Das Glucocorticoidsystem ist daher eher für die Bewältigung von **chronischem Stress** zuständig. Daher kann man die Blutkonzentrationen an Cortisol und Corticosteron bei Tieren in menschlicher Obhut als ein Maß für die Güte der Haltungsbedingungen heranziehen.

Ein hoher Glucocorticoidspiegel im Blut dämpft die Aktivität des **Immunsystems**, indem er Zahl und Aktivität von B- und T-Zellen absenkt. Es ist sehr wahrscheinlich, dass dieser Effekt durch eine Inhibition des NFκB-Signalsystems verursacht wird, das in Immunzellen und deren Vorläuferzellen unter Einwirkung von Cyto- und Chemokinen aktiviert wird und für die Regulation der Immunfunktion bzw. die Zellteilung verantwortlich ist. Auch das innate Immunsystem wird beeinträchtigt, indem die Genexpression für proinflammatorische Cyto- und Chemokine unterdrückt wird. Davon sind auch die Gene für Interleukin-8 (IL-8) und Interleukin-6 (IL-6) betroffen. IL-8 lockt neutrophile Granulocyten in Gewebebereiche, in denen Infektionen oder andere Störungen aufgetreten sind. Dort produzieren sie dann große Mengen an reaktiven Sauerstoffmolekülen, um Infektionserreger zu bekämpfen. IL-6 moduliert danach die Entzündungsreaktion und andere Reaktionen, indem es die Zelldifferenzierung von Monocyten zu Makrophagen beschleunigt. Die Suppression des Immunsystems durch Glucocorticoide kann man sich therapeutisch zunutze machen, um unerwünschte Entzündungsreaktionen zu unterdrücken.

Im Zentralnervensystem beeinflussen Glucocorticoide das **Lernvermögen**, die emotionalen Aspekte der **Wahrnehmung** und das **Verhalten**. Kognitions- und Lernexperimente am Menschen haben gezeigt, dass Probanden, die mit hohen Dosen an Glucocorticoiden behandelt wurden, schlechter lernen und dazu auch noch eine Neigung zu depressiver Verstimmung entwickeln können. Man nimmt an, dass diese negativen Effekte durch Zerstörung von Zellen im Frontallappen, im Hippocampus und in der Amygdala zu erklären sind, da man bei Versuchstieren, die dauerhaft unter heftigen Stress gesetzt wurden, Nervenzellschäden in diesen Hirnregionen beobachtet hat.

408 *iuxta* (lat.) = daneben
409 *ren* (lat.) = Niere

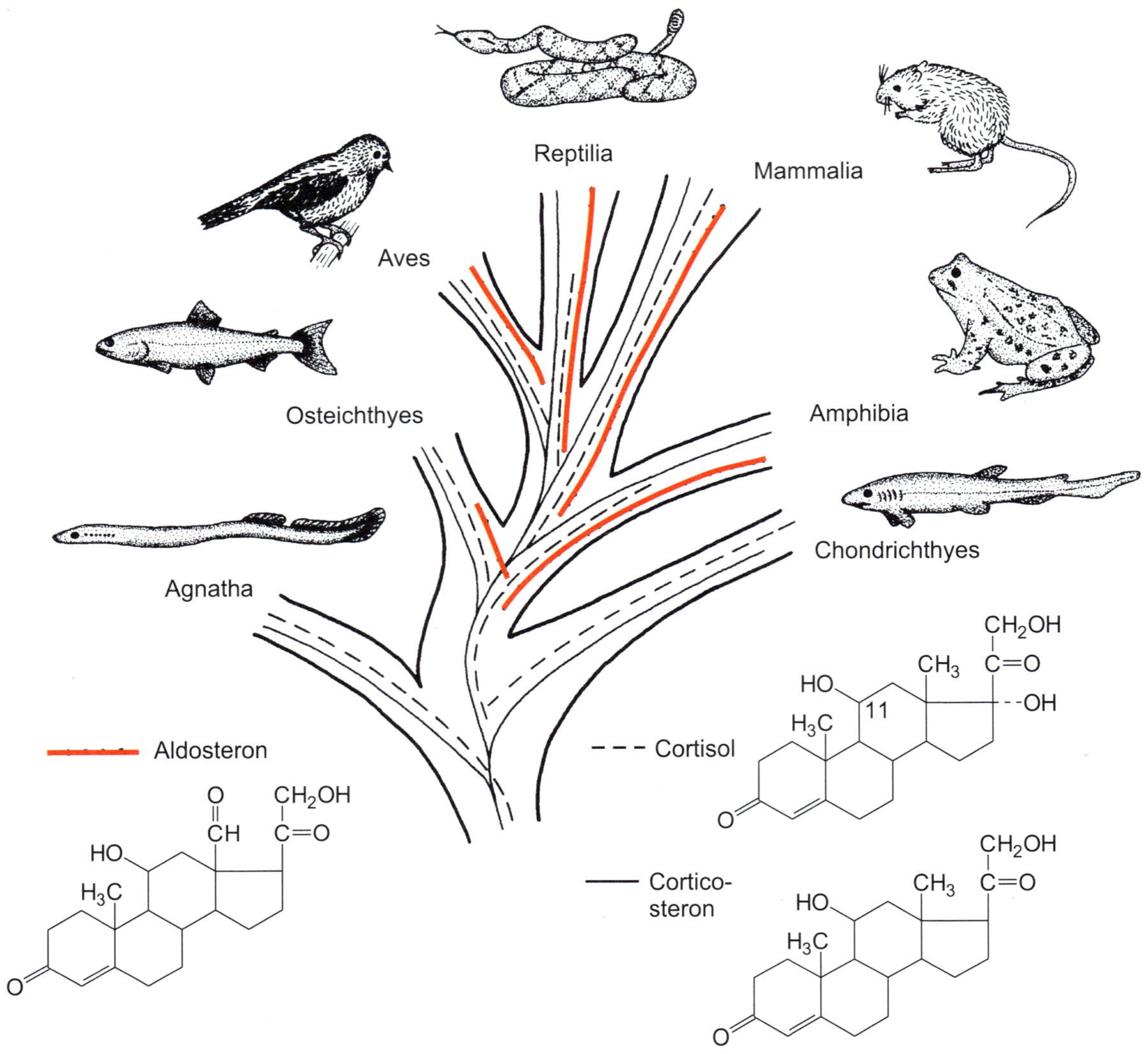

Abb. 14.31 Die wichtigsten Hormone des Interrenalsystems und ihre Verbreitung bei Wirbeltieren. (Nach Hanke W (1973) Probleme der vergleichenden Physiologie der Hormone. Die Kapsel 30, 1287-1301, verändert.)

14

Die innerste Schicht der Nebennierenrinde, die **Zona reticularis**[410] grenzt direkt an das Nebennierenmark und enthält netzförmig angeordnete, relativ kleine Zellen (etwa 7 % der Gesamtzellzahl des Interrenalgewebes). Diese bilden in konstitutiver Weise (also ohne äußere Stimulation) Androgene, besonders **Dehydroepiandrosteron**, und geringe Mengen 17β-Östradiol.

Urophyse und Stannius-Körperchen

Bei den Knochenfischen gibt es zwei besondere Hormondrüsensysteme, die bei anderen Vertebraten keine Entsprechungen haben: die Urophysis spinalis caudalis und die Stannius*-Körperchen.

Die **Urophyse** ist ein neurosekretorisches Organ im caudalen Abschnitt des Rückenmarks. Die Somata der Nervenzellen liegen im Rückenmark. Die Axonendigungen dieser Neurone befinden sich ventral davon in einer wenig differenzierten Neurohämalzone. Signalstoffe, die dort in das Blut abgegeben werden, sind **Argininvasotocin** und die Neuropeptide **Urotensin** I, II und III. Die gemeinsame Wirkung dieser Peptide ist die Kontraktion glatter Muskulatur, die unter anderem zu einem Anstieg des Blutdrucks führt, und die Aktivierung ionenresorbierender Epithelzellen in der Niere und in den Kiemen. Urotensin I (40 oder 41 Aminosäuren) stimuliert gemeinsam mit dem CRH (*corticotropin-releasing hormone*) die Freisetzung von ACTH aus den corticotropen Zellen der Adenohypophyse.

Die **Stannius-Körperchen** entstehen bei den Knochenfischen aus der posterioren Region der Niere (Opistonephros) und liegen in adulten Fischen auf der dem Peritoneum zugewandten Oberfläche der Niere. Sie sind sympathisch innerviert und setzen nach neuronaler Stimulation **Stanniocalcin** frei. Dabei handelt es sich um ein homodimeres, glykosyliertes Peptidhormon, das offenbar an der Homöostaseregulation für

[410] *reticulum* (lat.) = Netz

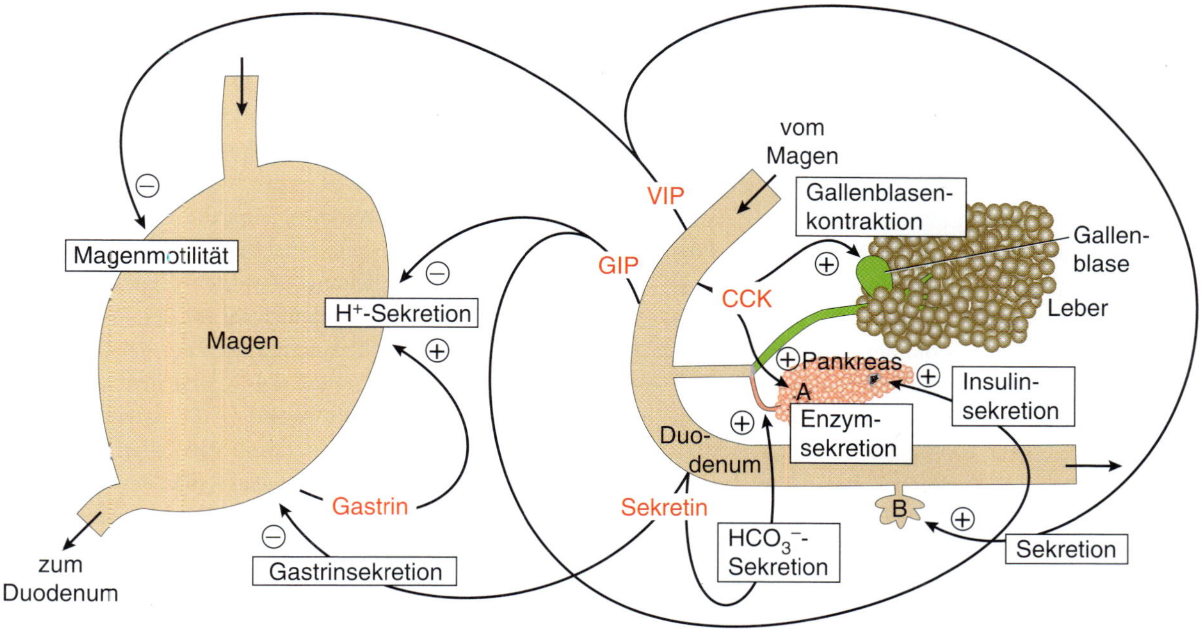

Abb. 14.32 Wirkungen ausgewählter gastrointestinaler Hormone auf die Funktionen der Verdauungsorgane bei Wirbeltieren. A = Acinus des exokrinen Pankreasgewebes; B = Brunner-Drüsen des Duodenums (sezernieren einen glykoproteinhaltigen, alkalischen Schleim, der den sauren Nahrungsbrei aus dem Magen neutralisiert); CCK = Cholecystokinin; GIP = glucoseabhängiges insulinotropes Peptid; VIP = vasoaktives intestinales Peptid.

Calcium-, Natrium- und Kaliumionen sowie Phosphationen in den Körperflüssigkeiten beteiligt ist. Beim Aal (*Anguilla*) und beim Goldfisch (*Carassius*) führt eine operative Entfernung der Stannius-Körperchen zu einem Anstieg der Ca^{2+}- und der K^+-Konzentration im Blutplasma, wobei zugleich die Konzentration der Na^+- und der PO_4^{3-}-Ionen abfällt. Stanniocalcin wird freigesetzt, wenn die Ca^{2+}-Konzentration im Blut über die Normalwerte ansteigt. Es bewirkt eine Reduktion der Ca^{2+}-Aufnahme aus dem Darm und aus dem Medium über das Kiemenepithel in den Körper und einen Anstieg der Phosphatreabsorption im proximalen Nierentubulus.

Das Gen für Stanniocalcin gibt es auch beim Menschen und es wird offenbar in vielen Geweben exprimiert. Das Genprodukt scheint auch im Säugetier eine regulative Bedeutung für den Ca^{2+}- und PO_4^{3-}-Ionenhaushalt zu besitzen. Die einzige molekulare Funktion, die diesem Protein bisher zuzuordnen war, ist eine Funktion als E3-Ligase bei der Sumoylierung von Substratproteinen.

Gastrointestinale Hormone und die Regulation der Nahrungsaufnahme

Im Magen-Darm-Trakt bilden verschiedene endokrine Zellen in Abhängigkeit von der Menge (durch Dehnung aktivierte Mechanorezeptoren) und der chemischen Qualität der Nahrung (intestinale Geschmacksrezeptoren) unterschiedliche Peptidhormone (**gastrointestinale Hormone**), die für die Kontrolle von Teilleistungen des Gastrointestinalsystems verantwortlich sind. Einige dieser Signalstoffe, die in der Regel die Blut-Hirn-Schranke nicht passieren können, wirken aber dennoch auf das Zentralnervensystem. Dieses kann entweder daran liegen, dass sie auf Neurone einwirken, die innerhalb der zirkumventrikulären Organe liegen (deren Blut-Hirn-Schranke recht durchlässig ist), oder dass sie von zentralnervösen Neuronen selbst produziert und als Transmitter eingesetzt werden. Letzteres ist zum Beispiel für das Cholecystokinin (CCK), das Sekretin und das vasoaktive intestinale Peptid (VIP) bekannt. Die umfänglichsten Untersuchungen zur Vielfalt der gastrointestinalen Hormone sind an Säugetieren gemacht worden, sodass bei diesen etwa 30 verschiedene Signalstoffe bekannt sind. Die meisten sind Peptidhormone, die sich aufgrund ihrer Sequenzen und der daraus resultierenden räumlichen Strukturen in Peptidfamilien einordnen lassen.

Gastrin bildet zusammen mit **Cholecystokinin** (CCK) eine solche Familie. Gastrin ist ein Peptidhormon des Magen-Darm-Trakts (Abb. 14.32). Es wird vornehmlich in den G-Zellen des Antrum pyloricum des Magens in Form eines Prohormons gebildet und durch proteolytische Prozessierung in verschiedene kleinmolekulare Spaltprodukte mit biologischer Aktivität zerlegt. Beim Menschen kommen Varianten mit 34 (*big gastrin*), 17 (Gastrin I und II) sowie 14 Aminosäuren Länge (Minigastrin) vor. Diese Hormone werden auf der basolateralen Seite der G-Zellen in das Interstitium ausgeschüttet und von dort über Blutgefäße zu ihren Wirkorten transportiert. Auslöser für die Sekretion von Gastrin sind eine Dehnung des Magens, die Ankunft von Nahrung, die sehr reich an Proteinen und Peptiden ist, sowie die Reizung des Nervus vagus (postganglionärer Transmitter: Acetylcholin) und die darauffolgende Ausschüttung von GRP (*gastrin releasing peptide*). Gastrine bewirken eine Kontraktion der glatten Muskulatur des Magens (Magenmotilität), die Produktion von Pepsinogen (Zymogen der Hauptzellen der Fundusdrüsen, aus dem im Magenlumen die aktive Verdauungsprotease Pepsin hergestellt wird), die Sekretion von Salzsäure aus den Belegzellen (Parietalzellen) der Fundusdrüse und die Freisetzung von Histamin aus den enterochromaffinähnlichen Zellen (ECL-Zellen; ECL für *enterochromeaffin-like*) der Magenwand, was als Costimulus die Säuresekretion der Belegzellen steigert.

Aus dem beim Menschen 95 Aminosäuren langen Prohormon Procholecystokinin werden in den I-Zellen des Duodenums und des Jejunums proteolytisch verschiedene kleinmolekulare Varianten des **Cholecystokinins** (CCK58, CCK33, CCK8) hergestellt. Die Ausschüttung des Hormons wird durch das Eintreffen von fett- und aminosäurereicher Nahrung im Dünndarm angeregt. Zielorgane von CCK sind die glatte Muskulatur der Gallenblase und die acinären Zellen des exokrinen Pankreas (Abb. 14.32). CCK regt die Sekretion von Zymogenen (inaktive Vorstufen der Verdauungsenzyme) und von Salz und Wasser in den Pankreasgang an. Die Flüssigkeit schwemmt die Zymogene in den Darm und vermischt diese mit den Inhaltsstoffen des Nahrungsbreies. Durch gleichzeitige Kontraktion der glatten Muskulatur der Gallenblase sowie die Erschlaffung des Sphinkters des gemeinsamen Ausführgangs von Leber und Pankreas in das Duodenum (Musculus sphincter Oddii*) tritt Gallenflüssigkeit in das Darmlumen über. Gleichzeitig vermindert das CCK durch kompetitive Verdrängung des Gastrin vom CCKB-Rezeptor (der auch von Gastrin aktiviert wird) die Wirkung von Gastrin im Magen.

Zur zweiten Hormonfamilie gehören das **Sekretin**, das **glucoseabhängige insulinotrope Polypeptid** (gastrisches inhibitorisches Polypeptid, GIP) und das **vasoaktive intestinale Peptid** (VIP). In diese Proteinfamilie gehören auch das **Glukagon**, das sowohl aus den α-Zellen des endokrinen Pankreas (▶ Abschn. 14.3.2) als auch aus den L-Zellen des Dünndarms freigesetzt wird, sowie die **glukagonähnlichen Peptide** (GLPs).

Sekretin wird von den S-Zellen des Duodenums (Zwölffingerdarm) aus einem Prohormon (Länge der Aminosäurekette beim Menschen: 120 AS) hergestellt. Das biologisch aktive Sekretin ist ein Peptidhormon aus 27 Aminosäuren. Der Stimulus für das Auslösen der Sekretinfreisetzung ist der Übertritt von Nahrungsbrei aus dem Magen, der dem Lumen des Duodenums ein saures Milieu verleiht (pH <4,5). Wesentliche Zielzellen des Sekretin sind die Epithelzellen der Ausführgänge des exokrinen Pankreas, die durch Einwirken dieses Hormons auf G_s-Protein-gekoppelte 7TM-Rezeptoren und Akkumulation von cAMP im Cytosol zur Sekretion einer hochkonzentrierten Lösung von Hydrogencarbonationen (Bicarbonat, HCO_3^-) angeregt werden (Abb. 14.32). Diese sorgen im Darmlumen für die Neutralisation des sauren Speisebreies und verhindern die Säuredenaturierung der pankreatischen Verdauungsenzyme. Eine weitere Wirkung des Sekretins ist die Hemmung der gastrinvermittelten Säuresekretion in den Belegzellen der Magendrüsen durch die Inhibition der G-Zellen der Magenwand und die daraus resultierende Hemmung der Gastrinfreisetzung.

Das **glucoseabhängige insulinotrope Peptid** (gastrisches inhibitorisches Polypeptid, GIP) besteht aus 42 Aminosäuren (Mensch) und wird in den K-Zellen des Duodenums gebildet. Die Freisetzung in den Blutkreislauf erfolgt nach dem Übertritt von Nahrungsbrei aus dem Magen in den Zwölffingerdarm. GIP inhibiert die Säuresekretion der Belegzellen der Fundusdrüsen und aktiviert die Insulinausschüttung aus den β-Zellen des endokrinen Gewebes des Pankreas (Abb. 14.32). Eine Hemmung der GIP-Wirkung kann die Entwicklung von Fettsucht und Insulinresistenz bei Nagetieren unter langfristiger Verfütterung einer fettangereicherten Diät verhindern. GIP könnte ein wichtiges Umschaltsignal für den Wechsel von Fettoxidation zur Fettspeicherung mit der nach der Nahrungsverdauung abklingenden Insulinwirkung darstellen.

Das **vasoaktive intestinale Peptid** (VIP) ist ein gastrointestinales Neuropeptid mit einer Länge von 28 Aminosäuren (Mensch). VIP wird von den neuronalen Zellen des Plexus myentericus im Bereich des Duodenums gebildet, besonders, wenn aus dem Magen fetthaltiger Nahrungsbrei in das Duodenum übertritt. VIP bewirkt die Erschlaffung glatter Muskulatur (Vasodilatation) in Magen, Darm, Trachea und Bronchien sowie in den Blutgefäßwänden. Weitere Wirkungen von VIP sind die Steigerung der Sekretion von Darmsaft in den Brunner-Drüsen sowie von HCO_3^- in Darm, Pankreas und Leber. Außerdem hemmt es die Sekretion von Magensäure (Abb. 14.32). Beim Menschen aktiviert VIP während der sexuellen Erregung die Produktion von **Vaginalsekret** durch seine gefäßerweiternde und durchblutungsfördernde Wirkung. Die Vaginalschleimhaut enthält keine Drüsen, daher ist das Vaginalsekret ein Transsudat des Blutplasmas. Die VIP-vermittelte Aktivierung der Bartholin*-Drüsen am Scheideneingang führt zusätzlich zur Freisetzung von Schleimstoffen (Mucinen). Die biologischen Wirkungen von VIP werden über zwei verschiedene Subtypen von 7TM-Rezeptoren (VPAC1R und VPAC2R) vermittelt.

Zwei **glukagonähnliche Peptide** (GLP-1 und GLP-2; GLP für *glucagon-like peptide*) mit einer Länge von 30 bzw. 33 Aminosäuren werden von den L-Zellen des Dünndarms nach dessen Füllung mit Nahrungsbrei freigesetzt. GLP-1 sensitiviert die β-Zellen der Langerhans-Inseln im Pankreasgewebe (▶ Abschn. 14.3.2) für Glucose, indem es die Expression von GLUT2 in den β-Zellen steigert.

Die dritte Familie gastrointestinaler Hormone umfasst das **pankreatische Polypeptid** (PP) (▶ Abschn. 14.3.2), das Neuropeptid Y (NPY) und das Peptid YY (PYY). Das Neuropeptid Y (beim Menschen mit einer Länge von 36 Aminosäuren) wird hauptsächlich von sympathischen Fasern des vegetativen Nervensystems im Zentralnervensystem freigesetzt und dient dort als orexigenes[411] Signal (löst Hungergefühle aus). In der Peripherie des Körpers wirkt es auf das Fettgewebe und stimuliert die Fettspeicherung. Das Peptid YY (beim Menschen mit einer Länge von 36 Aminosäuren) wird von endokrinen Zellen (L-Zellen) des mit Nahrungsbrei gefüllten Ileums und des Colons freigesetzt. Es wirkt über die Aktivierung von NPY-Rezeptoren und scheint eine Hemmung der Darmmotilität sowie eine Steigerung der Salz- und Wasserreabsorption im

[411] *orexis* (lat.) = Verlangen, Hunger, Appetit

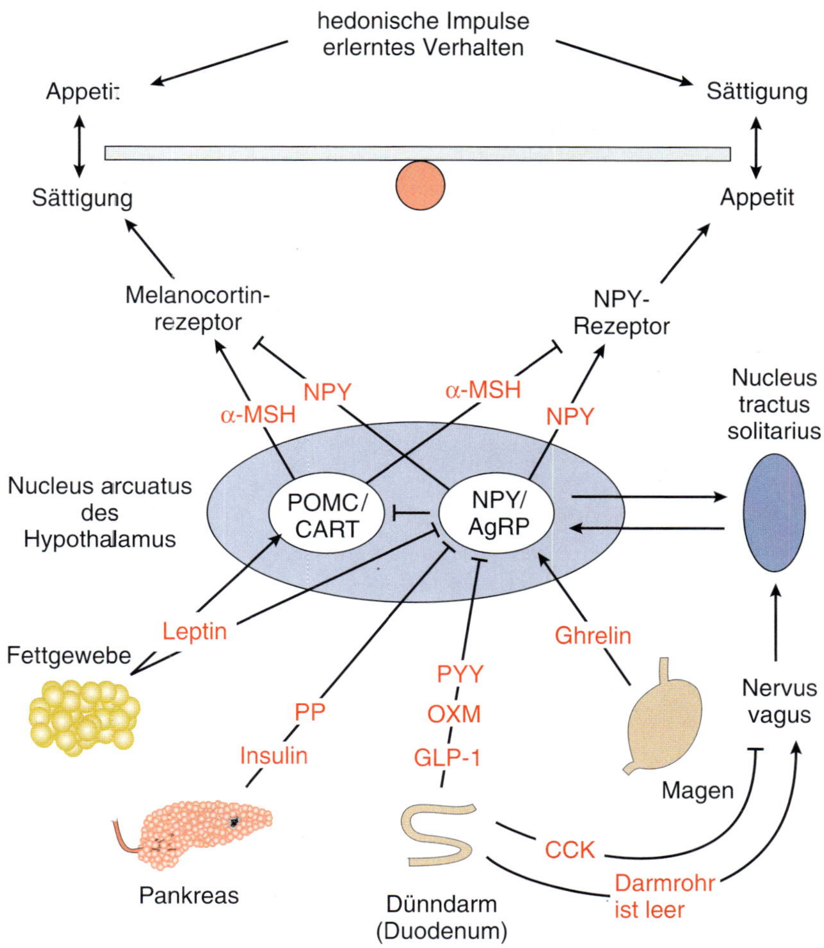

Abb. 14.33 Neuronale und humorale Prozesse zur Entstehung der Empfindungen Appetit und Sattheit. Im Nucleus arcuatus des Hypothalamus freigesetztes Neuropeptid Y stimuliert den Appetit. Ghrelin steigert, andere Hormone des Darms und des Fettgewebes inhibieren die Freisetzung von Neuropeptid Y. Das POMC-Genprodukt aus dem Zwischenlappen der Hypophyse, das melanocytenstimulierende Hormon, vermittelt im Hypothalamus ein Sättigungsgefühl. Die MSH-Freisetzung wird durch das Hormon Leptin, das von Adipocyten mit einem hohen Gehalt an Vorratsfetten in der Peripherie ins Blut freigesetzt und durch einen spezifischen Rezeptor- und Translokatormechanismus durch die Blut-Hirn-Schranke ins Gehirn transportiert wird, gesteigert. Pfeile weisen auf aktivierende Wirkungen hin, die Querstriche auf inhibitorische Wirkungen. AgRP = agouti-related peptide; CART = kokain- und amphetaminreguliertes Transkript; CCK = Cholecystokinin; GLP-1 = glucagon-like peptide-1; MSH = melanocytenstimulierendes Hormon; NPY = Neuropeptid Y; OXM = Oxyntomodulin; POMC = Proopiomelanocortin; PP = pankreatisches Polypeptid; PYY = Peptid YY. (Nach Baynes KC, Dhillo WS, Bloom SR (2006) Regulation of food intake by gastrointestinal hormones. Curr Opin Gastroenterol 22, 626–631, Abb. 1, S. 627, verändert.)

Colon hervorzurufen. Auch eine Hemmung des Appetits wird PYY zugeschrieben.

Die vierte Familie wird durch die Peptidhormone Bombesin und GRP (gastrin releasing peptide) gebildet. Bombesin verdankt seinen Namen dem Umstand, dass es zuerst in der Haut der Rotbauchunke (Bombina bombina) isoliert wurde. Erst im Nachhinein fand man es auch bei Säugetier und Mensch. Das Peptidhormon besteht aus 14 Aminosäuren und hat mit dem 27 Aminosäuren langen GRP neun der zehn Aminosäuren am C-terminalen Ende, das die biologische Aktivität der Signalstoffe vermittelt, gemeinsam. Beide Hormone stimulieren die β-Zellen des endokrinen Pankreas zur Freisetzung von Insulin und fördern die Freisetzung von Gastrin aus den G-Zellen der Magenwand, was mittelbar auch eine erhöhte Säuresekretion bewirkt.

Weitere Hormonsysteme sind in ein komplexes Netzwerk für die Regulation der Nahrungsaufnahme einbezogen (Abb. 14.33) und arbeiten eng mit neuronalen Funktionen zusammen. Dabei ist die Abgrenzung von peripheren und zentralen Funktionen der Signalstoffe oft nicht einfach oder gar unmöglich, weil manche Neuropeptide sowohl als Transmitter als auch als Neurohormone eingesetzt werden und, umgekehrt, manche peripher freigesetzten Hormone entweder mittelbar über die Aktivierung von sensorischen Neuronen in das ZNS wirken, durch permeable Anteile der Blut-Hirn-Schranke direkten Kontakt mit Oberflächenrezeptoren auf Neuronen in den zirkumventrikulären Organen aufnehmen oder sogar durch spezifische Translokatoren durch die Blut-Hirn-Schranke in das extrazelluläre Milieu des Gehirns aufgenommen werden, das für andere periphere Hormone unzugänglich ist.

Oxyntomodulin ist ein Peptidhormon, das während der Nahrungsaufnahme von den L-Zellen des Dünndarms freigesetzt wird. Es hat eine appetitzügelnde Wirkung, indem es die Freisetzung orexigener Signalstoffe (z. B. NPY) im Hypothalamus hemmt (Abb. 14.33).

Ghrelin (growth hormone release inducing hormone) ist ein Peptidhormon mit einer Länge von 28 Aminosäuren, welches aus dem unter anderem in den Belegzellen der Fundusdrüsen des Magens produzierten Präproghrelin (117 Aminosäuren) durch proteolytische Prozessierung hervorgeht. Das Serin an Position 3 des Ghrelin ist mit Oktansäure verestert. Diese Modifikation ist für die Hormonwirkung essenziell. Die Ghrelinsekretion nimmt bei leerem Magen zu, ein gefüllter Magen sezerniert kein Ghrelin. Schlafmangel kann eine erhöhte Ghrelinausschüttung bewirken. Ghrelin stimuliert die Sekretion von Neuropeptid Y und von AgRP (agouti-related peptide) im Nucleus arcuatus des Hypothalamus. Von beiden Signalstoffen ist bekannt, dass sie den Appetit steigern und eine erhöhte Nahrungsaufnahme bewirken (Abb. 14.33). Die Bezeichnung des Hormons geht auf eine weitere Wirkung des Hormons zurück, nämlich die Stimulation der Freisetzung von Somatotropin (Wachstumshormon) aus den somatotropen Zellen der Adenohypophyse (▶ Abschn. 14.3.1).

Leptin[412] wird von dem obese-Gen codiert, vornehmlich in Adipocyten mit einem hohen Gehalt an gespeicherten Triglyceriden produziert und von diesen ins Blut freigesetzt. Ein Hungerzustand, der zum Abbau der Fettspeicher führt, vermindert auch den Leptinspiegel im Blut der betroffenen Organismen. Leptin wirkt auf das Zentralnervensystem (Abb. 14.33). Leptinrezeptoren sind in der Plasmamembran von Neuronen in Kerngebieten des Nucleus arcuatus und des Nucleus paraventricularis des Hypothalamus gefunden worden. Die Aktivierung der Leptinrezeptoren im Nucleus arcuatus hemmt deren Produktion der appetitstimulierenden Neuropeptide AgRP (agouti-related peptide) und NPY (Neuropeptid Y). Die Aktivierung der Leptinrezeptoren im Nucleus paraventricularis des Hypothalamus stimuliert die Produktion von POMC (Proopiomelanocortin), aus dem durch proteolytische Prozessierung von MSH (melanocytenstimulierendes Hormon) hervorgeht, und von CART (kokain- und amphetaminreguliertes Transkript). Diese beiden Signalstoffe vermitteln ein Sättigungsgefühl und verringern die Nahrungsaufnahme.

Renale Hormone

Das Nierengewebe hat neben seiner Exkretionsfunktion auch endokrine Aufgaben und stellt zwei Signalstoffe her, die der Homöostase bestimmter Körperfunktionen dienen.

Durch Enzyme der Nierenzellen wird die letzte Reaktion der Synthese von **Calcitriol** vermittelt, das eine wichtige Rolle im Calciumhaushalt des Organismus hat. Das Cholesterinderivat 7-Dehydrocholesterin wird unter Einwirkung von UV-Licht in der Haut zum Cholecalciferol (**Vitamin D_3**) umgelagert (Abb. 3.3). Die erste Hydroxylierung in Position 25 erfolgt anschließend in der Leber. Schließlich wird in der Niere durch die 1α-Hydroxylase auch die Position 1 des Ringsystems hydroxyliert, sodass das 1,25-Dihydroxycholecalciferol (Calcitriol) entsteht. Diese Substanz wird im Darm als Cofaktor bei der Resorption von Ca^{2+}-Ionen aus dem Nahrungsbrei benötigt. Das Parathormon der Nebenschilddrüse aktiviert die 1α-Hydroxylase und vermittelt dadurch eine Verbesserung der Ca^{2+}-Aufnahme im Darm.

Sinkt der arterielle Sauerstoffpartialdruck (pO_2) für längere Zeit unter einen kritischen Wert (z. B. bei Aufenthalt bzw. Arbeitsleistung in großen Höhen) oder nimmt der Hämoglobingehalt des Blutes ab, so setzen die Endothelzellen der um die Nierenkanälchen gelegenen Kapillaren in der Nierenrinde **Erythropoietin**[413] (Epo) frei. Dieses Peptidhormon trägt Glykosylierungen im Umfang von etwa 40 % der Gesamtmasse des Moleküls und hat beim Menschen eine Primärsequenz von 165 Aminosäuren. Epo bindet an einen plasmamembranständigen Cytokinrezeptor (Epo-Rezeptor) ausgewählter Zellen des blutbildenden Gewebes, das bei erwachsenen Tieren und Menschen im Knochenmark liegt. Zielzellen von Epo sind Vorläuferzellen des Typs BFU-E (*erythroid burst forming unit*), die unter dem Einfluss von Epo verstärkt proliferieren und schließlich die Dichte der Erythrocyten im Blutplasma (Hämatokrit) steigern. Dadurch steigt die Sauerstofftransportkapazität des Blutes an. Die Fähigkeit zur Arbeitsleistung des Organismus unter Aufrechterhaltung des aeroben Energiestoffwechsels wird dadurch verbessert. Zu Therapiezwecken biotechnologisch hergestelltes Erythropoietin wurde häufig im Profisport als Dopingmittel missbraucht.

Natriuretische Hormone

Natriuretische Hormone verursachen einen erhöhten Natriumverlust aus dem Organismus, indem im Tubulussystem der Niere die Na^+-Reabsorption gehemmt wird. Der biologische Zweck dieser Signalstoffe liegt darin, den Volumenstatus des Organismus auf normalem Niveau zu halten, auch wenn mit der Nahrung sehr viel Na^+-Ionen in den Körper gelangen und entsprechend viel Wasser im Körper reteniert wird. Es gibt drei Formen der natriuretischen Peptide: ANP (atriales natriuretisches Peptid; auch atrialer natriuretischer Faktor, ANF), BNP (*brain natriuretic peptide*; auch *B-type natriuretic peptide*) und CNP (C-Typ natriuretische Peptid).

Das **ANP** (atriales natriuretisches Peptid) geht durch proteolytische Prozessierung eines beim Menschen 151 Aminosäuren langen Präpropeptids hervor. Die membranständige Serinprotease Corin spaltet das 28 Aminosäuren lange ANP vom C-Terminus ab. Zwischen zwei Cysteinen in den Positionen 7 und 23 des Peptids ist das Molekül wird eine Disulfidbrücke ausgebildet. ANP wird vornehmlich von Muskelzellen des rechten Herzvorhofs (Atrium) hergestellt und ausgeschüttet, wenn diese durch einen erhöhten Volumenstatus des Organismus während der diastolischen Füllung aus dem Körperkreislauf stärker gedehnt werden, als dies bei normalem Volumenstatus des Organismus üblich ist.

Das in den Blutstrom freigesetzte ANP hat zweierlei physiologische Wirkungen. Einerseits ist es ein **vasodilatatorischer Botenstoff**, der blutdrucksenkend wirkt. Es aktiviert die Rezeptordomänen von membranständigen Guanylylcyclasen in den glatten Muskelzellen der Widerstandsgefäße und steigert die cytosolische Konzentration des Second Messengers cGMP. cGMP aktiviert die cGMP-abhängige Proteinkinase (PKG), welche durch die Phosphorylierung und Aktivierung plasmamembranständiger Ca^{2+}-ATPasen die cytosolische Ca^{2+}-Konzentration absenkt. Dadurch kommt es zur Relaxation der glatten Muskelzelle. Andererseits wirkt ANP auch in der **Niere**, indem es die **tubuläre Na^+-Reabsorption** hemmt und damit eine vermehrte renale Ausscheidung von NaCl und Wasser verursacht. Die damit verbundene Verminderung des Plasmavolumens führt ebenfalls zu einer Verminderung des Blutdrucks. Zudem übt ANP eine inhibitorische Wirkung

[412] *leptos* (griech.) = dünn
[413] *erythros* (griech.) = rot; *poiein* (griech.) = machen

auf die **Reninfreisetzung** des juxtaglomerulären Apparats aus. Da unter diesen Bedingungen weniger Angiotensin II gebildet wird, bleibt dessen blutdrucksteigernde Wirkung aus. Außerdem wird die **Aldosteronfreisetzung** in der Nebennierenrinde vermindert. Im Hypothalamus hemmt ANP die Entstehung des **Durstgefühls**. In der Hypophyse wird die **Ausschüttung von ADH** herabgesetzt. All diese Wirkungen zielen gemeinschaftlich in eine Richtung: Senkung des Volumenstatus und des systemischen Blutdrucks durch Reduktion des Na^+-Gehalts des Körpers.

Das **BNP** (*brain natriuretic peptide*) ist ein proteolytisches Produkt eines beim Menschen 108 Aminosäuren langen Vorläufermoleküls. BNP selbst hat 28 Aminosäuren. Die Bezeichnung geht darauf zurück, dass BNP zuerst im Gehirn von Schweinen nachgewiesen wurde. Tatsächlich wird es aber in viel größerer Menge bei übermäßiger Dehnung der Muskelzellen des linken Herzventrikels während der Diastole freigesetzt. BNP wirkt ganz ähnlich wie ANP als ein vasodilatatorischer und natriuretischer Signalstoff. Darüber hinaus wirkt es auch auf Fettzellen und stimuliert dort die **Lipolyse**. In Versuchen mit Mäusen fand man heraus, dass eine Überexpression von BNP die Tiere auch bei üppiger Nahrungszufuhr vor Fettleibigkeit und Diabetes schützen kann. Diese Tiere wiesen eine verminderte Fettmasse und eine erhöhte Expression von Genen auf, die üblicherweise in braunem Fettgewebe exprimiert werden. Auf diese Befunde stützen sich neuere Hypothesen, dass es möglicherweise bei adipösen Menschen gelingen könnte, weiße Fettzellen in braune Fettzellen umzudifferenzieren und dadurch in der Kälte den Energieumsatz dieser Personen bedeutend zu beschleunigen.

Das gewebespezifische Expressionsmuster von **CNP** (C-Typ natriuretisches Peptid) ist anders als bei den beiden zuvor diskutierten Peptiden. Es tritt in vielen Geweben auf, besonders im Gehirn, in Chondrocyten und in Endothelzellen. Man nimmt an, dass CNP nur als auto- oder parakrin wirkender Signalstoff fungiert. Es hat zwar ebenfalls vasodilatatorische Wirkungen, aber keine dem ANP oder BNP vergleichbare natriuretische Wirkung. CNP wurde wegen seiner Fähigkeit, glatte Muskelzellen der Gefäßwände auch stromaufwärts von der Applikationsstelle zu hyperpolarisieren und zu relaxieren, ursprünglich als **EDHF** (*endothelium-derived hyperpolarizing factor*) bezeichnet. CNP scheint auch auf Osteoblasten zu wirken und deren Syntheserate von Knochensubstanz zu steigern.

Calciumhaushalt

Bei Wirbeltieren liegt die Gesamtkonzentration der **Ca^{2+}-Ionen** in den extrazellulären Körperflüssigkeiten bei etwa 2,5 mmol l^{-1}. Der größere Anteil des Calciums ist jedoch an Proteine gebunden, sodass die Konzentration der im Plasma gelösten freien Ca^{2+}-Ionen bei nur etwa 1,2 mmol l^{-1} liegt. Dieser Wert wird sehr konstant eingehalten, um den Gradienten zum Intrazellularraum, der unter akuten Stimulationsbedingungen der Zelle für den Calciumeinstrom in das Zellinnere als Triebkraft dient, möglichst konstant und sehr groß zu halten. Wie an anderen Stellen ausführlicher erläutert (▶ Abschn. 12.2.2), dient die akute Steigerung der intrazellulären Ca^{2+}-Konzentration, die oft auf den Einstrom von Calcium aus dem Extrazellularraum zurückgeht, dem Auslösen und der Kontrolle basaler Zellfunktionen. So werden die Aktionspotenziale im Herzmuskel oder Anteile davon durch Ca^{2+}-Ionen getragen (▶ Abschn. 5.4). In synaptischen Endigungen von Nervenzellen könnte ohne den Influx von Ca^{2+}-Ionen durch spannungsabhängig geregelte Ca^{2+}-Kanäle keine Freisetzung von Transmittern aus synaptischen Vesikeln erfolgen, da exocytotische Prozesse generell erhöhte Calciumkonzentrationen im Cytosol der Zellen voraussetzen (▶ Abschn. 1.5.9).

Die **Calciumhomöostase** des Tierkörpers erfordert es daher, dass die Calciumaufnahme mit der Nahrung und die Calciumexkretion sich möglichst genau die Waage halten. Um kurzfristige Änderungen der einen oder der anderen Funktion abzupuffern, ist es außerdem ratsam, einen Vorrat an Calciumionen im Körperinneren anzulegen, was bei Wirbeltieren im Wesentlichen in den Knochen erfolgt. Die Calciumaufnahme und die Calciumausscheidung werden in Wirbeltieren durch Hormonsysteme so geregelt, dass die Konzentration freier Ca^{2+}-Ionen in den Extrazellularflüssigkeiten unter allen Umständen konstant gehalten werden (◘ Abb. 14.34).

Die Calciumaufnahme in den Körper erfolgt im Dünndarm. Dieser Prozess wird durch **Calcitriol**, ein Derivat von Vitamin D_3, gefördert. Es bewirkt die Öffnung von apikal in den Epithelzellen (Enterocyten) gelegenen Ca^{2+}-Kanälen, durch die Calciumionen in Richtung des elektrochemischen Gradienten in das Innere der Enterocyten eintreten können. Gleichzeitig werden in der basolateralen Plasmamembran der Enterocyten liegenden Ca^{2+}-ATPasen durch Calcitriol stimuliert, durch die Calciumionen aus den Zellen in das Interstitium transportiert werden. Durch diesen aktiven Transport wird der Gradient für Ca^{2+}-Ionen über der apikalen Plasmamembran der Zellen ständig auf hohem Niveau gehalten. Calcitriol fördert auch die Aufnahme von Phosphat aus dem Darm in den Organismus.

Die Ausscheidung von überschüssigen Ca^{2+}-Ionen erfolgt über die Niere (▶ Abschn. 8.2.9) und steht unter der antagonistischen Kontrolle von **Parathormon** und **Calcitonin**. Im Glomerulus aus dem Blutplasma abfiltrierte Ca^{2+}-Ionen werden üblicherweise bereits im proximalen Tubulus zu etwa 55 % aus dem Primärharn reabsorbiert, weitere 40 % während der Passage des Primärharns durch die Henle-Schleife. Die restlichen 5 % des gelösten Calciums werden, bei hohem Calciumstatus des Körpers, mit dem Endharn ausgeschieden oder, bei Ca^{2+}-Mangel im Organismus, bei der Passage des Primärharns durch den distalen Tubulus fast vollständig reabsorbiert. Wesentlicher Ca^{2+}-Resorptionsmechanismus im proximalen Tubulus und im aufsteigenden Ast der Henle-Schleife ist vermutlich eine passiver, parazellulärer Transport, der durch das luminal positive transepitheliale Potenzial von etwa 2 mV angetrieben wird. Auch transzellulär werden Ca^{2+}-Ionen reabsorbiert, wobei in der apikalen Membran gelegene Ca^{2+}-Kanäle für einen passiven Einstrom von Calciumionen in die Tubulusepithelzelle

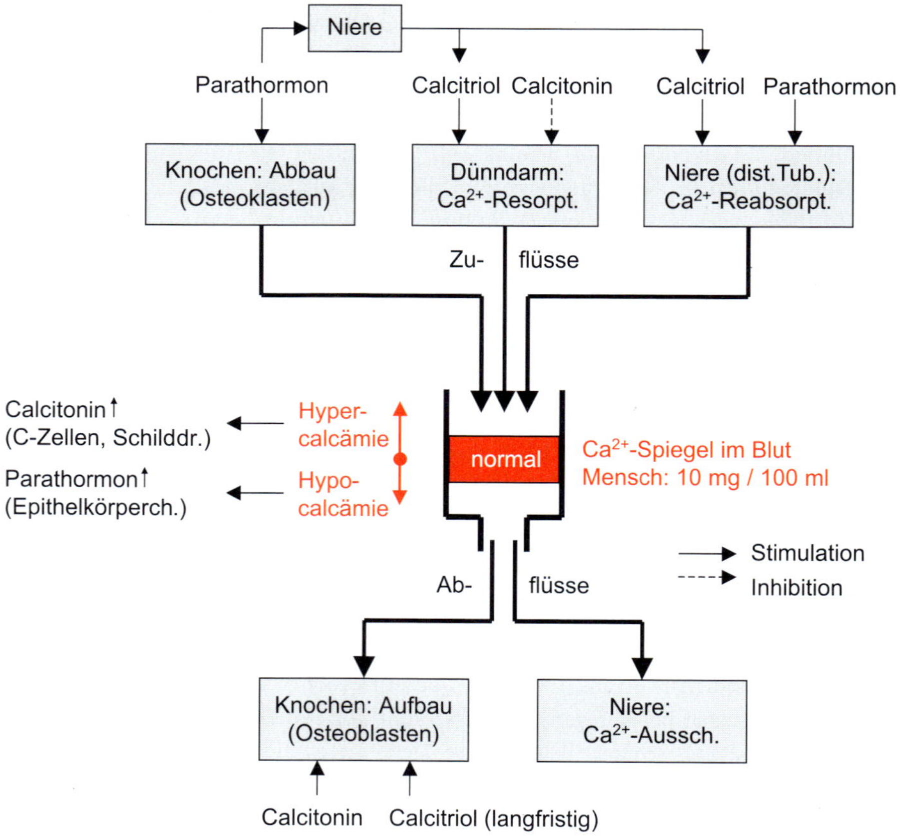

Abb. 14.34 Übersicht über die hormonelle Regulation der Konzentration freier Ca^{2+}-Ionen im Blutplasma von Wirbeltieren.

verantwortlich sind und, je nach Tubulusabschnitt, entweder Calcium/Natrium-Austauscher (1 Ca^{2+}/3 Na^{+}) (proximaler Tubulus) oder Ca^{2+}-ATPasen (distaler Tubulus) für den Übertritt der Ionen aus dem Zellinneren ins Interstitium durch die basolaterale Zelloberfläche zuständig sind. Eine gewisse Menge an Ca^{2+}-Ionen wird während der Passage durch das Cytosol der Tubuluszellen an ein geringaffines, aber hochkapazitatives Ca^{2+}-Bindungsprotein, das **Calbindin**, gebunden und dadurch gepuffert. Die Expression von Calbindin sowie die Aktivität der apikalen Ca^{2+}-Kanäle wird von Calcitriol gefördert. Da der letzte Schritt in der Synthese des Calcitriols in Nierenzellen unter der Kontrolle des Parathormons (Steigerung der Expression der 1α-Hydroxylase) erfolgt, ist es wahrscheinlich, dass das **Parathormon** das eigentliche Hormon ist, welches eine stimulierende Wirkung auf die Reabsorption von Ca^{2+}-Ionen aus dem Primärharn ausübt. Gleichzeitig hemmt das Parathormon die Phosphatreabsorption im proximalen Tubulus durch Aktivierung des lysosomalen Abbaus des Na^{+}/PO_4^{3-}-Cotransporters der Epithelzellen. Dies steigert die Konzentration freier Ca^{2+}-Ionen im Blutplasma, da eine vermehrte Bindung von Ca^{2+}-Ionen in schwer löslichen Calciumphosphaten verhindert wird. Calcitonin hemmt diese Prozesse in der Niere und steigert daher die Ca^{2+}-Ausscheidung.

Auch bezüglich der Bewirtschaftung des internen **Ca^{2+}-Speichers**, der Knochen, verhalten sich Parathormon und Calcitonin wie Spieler und Gegenspieler (Abb. 14.34). Das **Parathormon** vermittelt die Aktivierung der **Osteoklasten** und damit eine Mobilisierung von Calcium- und Phosphationen aus dem Knochengewebe. Der damit verbundene Anstieg der Ca^{2+}-Konzentration im Blutplasma ist allerdings nur durch die oben beschriebene Wirkung des Parathormons auf die Retention von Ca^{2+}-Ionen und die Ausscheidung von Phosphationen in der Niere möglich. Interessant ist, dass die knochensubstanzabbauenden Osteoklasten selbst gar keine Rezeptoren für das Parathormon besitzen, sodass die Wirkung des Parathormons auf die Osteoklasten indirekt ist. Tatsächlich besitzen nur die knochensubstanzproduzierenden **Osteoblasten** Rezeptoren für das Parathormon. Unter dem Einfluss des Hormons wird von den Osteoblasten ein Protein aus der Familie der Tumornekrosefaktoren hergestellt und sezerniert, der RANK-(*receptor activator of NFκB*-)Ligand. Monocytäre Vorläuferzellen der Osteoklasten wiederum besitzen den Rezeptor für diesen RANK-Liganden, wodurch deren Differenzierung zu reifen Osteoklasten und damit der Knochenabbau beschleunigt werden. **Calcitonin** hemmt die Aktivität der Osteoklasten und führt daher zu einer Absenkung des Ca^{2+}-Spiegels im Blutplasma, indem die Ionen zur Mineralisierung des Knochens verwendet werden. Calcitonin hat im Blutplasma eine deutlich längere Halbwertszeit als das Parathormon, das nach der Ausschüttung nur wenige Minuten biologisch aktiv ist und dann durch proteolytischen Abbau in Leber und Niere unwirksam gemacht wird. Dieses Verhältnis der biologischen Halbwertszeiten der beiden Hormone begünstigt die Aufrechterhaltung eines hohen Mineralisierungszustands der Knochen.

Das **Parathormon** wird als Präprohormon (Mensch: 115 Aminosäuren) in den Epithelkörperchen der **Nebenschilddrüsen** (Parathryreoidea) hergestellt. Bei Amphibien und Reptilien liegen diese paarigen Gewebeblöcke den Aortenbögen auf. Bei Vögeln und Säugetieren befinden sie sich auf der Oberfläche der Schilddrüse (Thyreoidea). Nach der Synthese wird das Prohormon durch Proteolyse zu dem biologisch aktiven Hormon (Mensch: 84 Aminosäuren) prozessiert. Die Sekretionsrate wird in Abhängigkeit von der extrazellulären Ca^{2+}-Konzentration reguliert. Die Zellen der Epithelkörperchen besitzen einen G-Protein-gekoppelten Rezeptor, den **calciumsensitiven Rezeptor**, der unter Einwirkung einer hohen Konzentration freien Calciums im Extrazellularraum ($[Ca^{2+}]$ >1,25 mmol l^{-1}) aktiv ist. Der aktivierte Rezeptor schaltet den Inositolphosphatsignalweg der Epithelkörperzellen an. Man nimmt an, dass dies die Adenylylcyclase hemmt und dadurch die Freisetzung des Parathormons sinkt. Liegt die Konzentration freier Ca^{2+}-Ionen im Extrazellularraum jedoch unter 1 mmol l^{-1}, steigt die Sekretionsrate des Parathormons aus den Zellen der Epithelkörperchen auf ein Maximum.

Calcitonin ist ebenfalls ein Peptidhormon. Es wird bei Säugetieren in den parafollikulären Zellen der **Schilddrüse**, den C-Zellen, gebildet. Bei Wirbeltieren der anderen Taxa erfolgt die Bildung im ultimobranchialen Körper. Der ultimobranchiale Körper entsteht ontogenetisch aus der letzten Schlundtasche und liegt in der Region zwischen Ösophagus und Herz. Bei Vögeln liegt er am Brusteingang an der Arteria carotis communis in der Nähe der Schilddrüse. Histologisch ähnelt das Gewebe des ultimobranchialen Körpers dem der Schilddrüse, da es viele kleine Follikel aufweist.

Die Calcitonine der Vertebraten bestehen aus 32 Aminosäuren. Sie sind evolutiv hochgradig konserviert und besitzen jeweils eine intramolekulare Disulfidbrücke zwischen den Cysteinen in den Positionen 1 und 7. Der C-Terminus ist amidiert. Diese Strukturelemente sind essenziell für die biologische Aktivität des Hormons und verlängern die Halbwertszeit des Proteins im Plasma.

Östrogene haben ebenfalls einen Einfluss auf den Calciumhaushalt der Knochen. Sie haben einerseits einen direkten fördernden Einfluss auf die Osteoblasten und üben andererseits einen positiven Effekt auf die Sekretion von Calcitonin aus. Wegen des Mangels an 17β-Östradiol bei Frauen jenseits der Menopause kommt es bei diesen häufig (etwa 30 %) zu mehr oder weniger weitgehender Entmineralisierung der Knochen (Osteoporose[414]), die diese für Brüche anfälliger macht. Auch bei Männern jenseits des 70. Lebensjahrs ist ein solches Phänomen zu beobachten, da der systemische Testosteronspiegel sinkt und daher durch die lokal exprimierte Aromatase nur noch wenig 17β-Östradiol hergestellt werden kann. Die Osteoporose ist die Ursache für die oft bei alten Menschen beobachtete Abnahme der Körpergröße. Eine körperlich aktive Lebensweise, Sonneneinwirkung auf die Haut (Bildung von Calcitriol) und eine ausgewogene Ernährung können der Entwicklung einer Osteoporose im Alter vorbeugen.

[414] *ostoun* (griech.) = Knochen; *poros* (griech.) = Furt, Pore

14.4 Hormonsysteme wirbelloser Tiere

14.4.1 Mollusken

Die Nervensysteme bei den Mollusken enthalten jeweils eine Vielzahl von neurosekretorischen Zellen, die teilweise in Gruppen (**Neurohämalorgane**) oder einzeln im Körper verteilt sind, ihre Signalstoffe (**Neuropeptide**) in die Körperflüssigkeit (Hämolyphe, Blut) abgeben und fast alle Körperfunktionen (mit) beeinflussen. Zwei Modellarten sind besonders gut untersucht: der marin lebende Seehase (*Aplysia*), ein Vertreter der Opisthobranchia, und die limnische Schlammschnecke *Lymnaea*, ein Vertreter der Pulmonata. Etwa 70 verschiedene Neuropeptide sind bei diesen Tieren bisher identifiziert worden, von denen einige auch bei anderen Gruppen der Invertebraten, aber auch bei den Vertebraten, vorkommen (z. B. insulinähnliche Peptide).

Die Ganglienpaare der ursprünglichen anterioren Segmente des Körpers der Schlammschnecke *Lymnaea* (Cerebral-, Pleural-, Pedal-, Parietal- und Visceralganglien) haben sich einander stark angenähert und bilden im adulten Tier einen Ring um das Schlundsystem herum (Abb. 14.35). Durch differenzielle Färbetechniken lassen sich mindestens 18 verschiedene Zelltypen in diesen Ganglien unterscheiden, die unterschiedliche Neuropeptide herstellen. Die Freisetzungsorte dieser Neuropeptide sind nicht konzentriert, sondern über das gesamte Zentralnervensystem verteilt. Eine Ausnahme bildet die Intercerebralkommissur, wo eine größere Dichte von Terminalstrukturen der in den Cerebralganglien liegenden caudodorsalen Zellen (*caudodorsal cells*, CDC) vorkommt. Diese Zellen bilden neben anderen kleinen Peptiden **CDCH** (*caudodorsal cell hormone*) und **Calfluxin**, die durch proteolytische Prozessierung aus demselben Prohormon hervorgehen. Sie steuern viele Einzelprozesse im Zusammenhang mit dem Eiablageverhalten. Die Vitellogenese, die Differenzierung der weiblichen akzessorischen Sexualorgane und die Eiablage werden bei *Lymnaea* außerdem durch ein noch nicht bekanntes Hormon der paarig angelegten **Dorsalkörper**, die als nichtneuronale Hormondrüsen fungieren, beeinflusst.

Auch beim Seehasen *Aplysia* gibt es ein Hormon, welches das Eiablageverhalten steuert. Es handelt sich um das **Eiablagehormon** (*egg laying hormone*, ELH), das wie das CDCH von *Lymnaea* ein basisches Peptid mit 36 Aminosäuren ist. Es wird allerdings nicht im Cerebralganglion, sondern von den Beutelzellen (*bag cells*) gebildet. Bei den Beutelzellen handelt es sich um zwei Gruppen von je 400 neurosekretorischen Zellen, die am Vorderrand des Adominalganglions um die beiden Pleuroabdominalnerven herum angeordnet sind (Abb. 14.36). Die multipolaren Zellen sind sowohl untereinander als auch mit der kontralateral gelegenen Zellgruppe über Gap Junctions verbunden. Außer dem ELH produzieren diese Zellen weitere

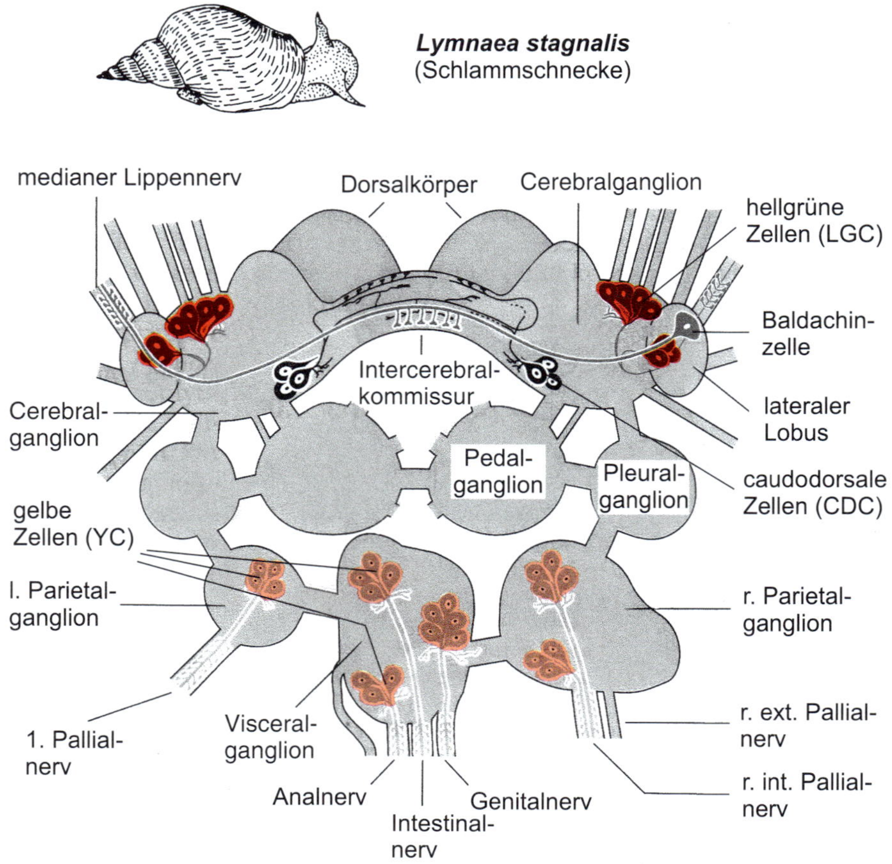

Abb. 14.35 Das Zentralnervensystem der Schlammschnecke *Lymnaea stagnalis*. Die Neurohämalzone der singulären Baldachinzelle (nur auf der rechten Seite eingezeichnet) liegt hauptsächlich contralateral, die der hellgrünen Zellen ipsilateral an der Oberfläche des medianen Lippennervs. Die caudodorsalen Zellen (schwarz) haben ihre Neurohämalzone an der Oberfläche der Intercerebralkommissur, die hauptsächlich im Parietal- und Visceralganglion verbreiteten gelben Zellen an der Oberfläche der Ganglien und der von ihnen abgehenden Nerven. Der dem Gehirn aufliegende Dorsalkörper ist mesodermalen Ursprungs und wird nicht innerviert. Er kontrolliert hormonell die Vitellogenese sowie Wachstum und Differenzierung der weiblichen akzessorischen Sexualorgane. (Nach Matsumoto A, Ishii S (1992) Atlas of endocrine organs: Vertebrates and invertebrates. Springer, New York.)

Neuropeptide, zum Beispiel die **Beutelzellpeptide** (α-, β- und γ-BCP; BCP für *bag cell peptide*). Die BCP-enthaltenden Vesikel werden in das Innere des Abdominalganglions transportiert und dort in der Nähe anderer neurosekretorischer Zellen freigesetzt. In parakriner Weise werden diese Zellen (z. B. das Neuron R15) ihrerseits zur Abgabe von Neurosekreten angeregt. Die Neuropeptide der Zelle R15 spielen eine wichtige Rolle bei der Regulation des Salz-Wasser-Haushalts der Schnecke.

Die hellgrünen Zellen (*light green cells*, LGC) der Schlammschnecke *Lymnaea* liegen seitlich in den Cerebralganglien und setzen ihre Neuropeptide vornehmlich an den medianen Lippennerven ab. Diese Neuropeptide, die **MIRPs** (*molluscan insulin-related peptides*), sind dem Insulin der Wirbeltiere sehr ähnlich. Die Gene, die diese Peptide codieren, zeigen einen dem menschlichen Insulingen ähnlichen Aufbau. Beide enthalten drei Exons und zwei Introns in miteinander vergleichbaren Positionen. Das Präprohormon weist wie das menschliche Pendant neben einer Signalsequenz eine A- und eine B-Sequenz auf, die durch ein C-Peptid miteinander verbunden sind und bei der Herstellung des fertigen Hormons proteolytisch voneinander getrennt werden. Die A-Kette der MIRPs hat etwa 40 %, die B-Kette knapp 20 % Übereinstimmung in den Aminosäuresequenzen, was darauf hindeutet, dass diese Proteine homolog sind. Die MIRPs regulieren bei der Schnecke allerdings nicht die Zuckerkonzentration in der Hämolymphe, sondern Wachstums- und Differenzierungsprozesse der Gewebe.

Die gelben Zellen (*yellow cells*, YC) in Parietal- und Visceralganglien der Schlammschnecke bilden das aus 76 Aminosäuren bestehende **Na^+-Influx-stimulierende Hormon** (*sodium influx stimulating peptide*, SIS), das eine wichtige Rolle bei der Regulation des Wasser- und Ionenhaushalts innehat. *Lymnaea* hat als limnisches Tier durchgehend das Problem, das im Lebensraum eine nur geringe Konzentration von Na^+-Ionen verfügbar ist. Auch aus der Nahrung bezieht dieser Weidegänger nicht genügend Na^+-Ionen. Die Schnecke muss daher einen sehr effizient arbeitenden Mechanismus haben, aus dem verdünnten Medium Natriumionen über die Haut in den Körper aufzunehmen. Die gelben Zellen werden durch Na^+-Mangel in der Hämolymphe aktiviert, geben SIS in die Hämolymphe ab, unter dessen Einfluss die Na^+-absorbierenden Zellen der Haut zu größerer Aktivität angeregt werden.

Bei Cephalopoden (außer den Nautiloidea) gibt es neben neurosekretorischen Zellen des Zentralnervensystems auch ein nichtneuronales, hormonsezernierendes Organ, die **optische Drüse**, die paarig in Assoziation mit den optischen Trakten zwischen den optischen Loben und dem Gehirn angeordnet ist. Die optische Drüse sezerniert ein **Gonadotropin**, das die Proliferation von Gametocyten in beiden Geschlechtern stimuliert, die Differenzierung der akzessorischen Sexualorgane vermittelt und im Weibchen die Synthese von Dotterproteinen stimuliert. Auch das Eiablageverhalten des Weibchens scheint von diesem Hormon gesteuert zu werden.

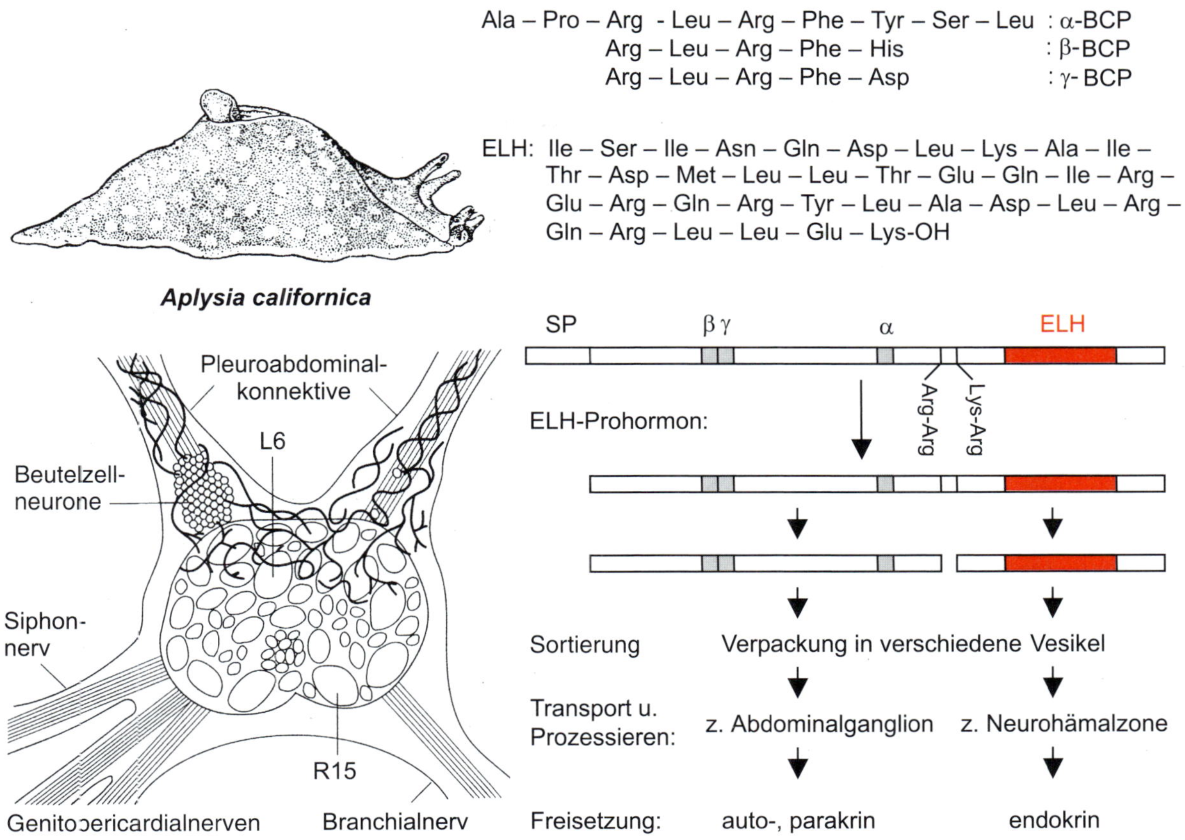

Abb. 14.36 Dorsalsicht des Abdominalganglions der Meeresschnecke *Aplysia californica*. In den etwa 400 Beutelzellneuronen (auf der rechten Seite sind der Übersichtlichkeit halber nur zwei eingezeichnet) werden ELH und α-, β- und γ-BCPs gebildet, die Bestandteile desselben Prohormons sind, aber nach der proteolytischen Prozessierung des Prohormons in verschiedene Vesikel verpackt und an unterschiedlichen Orten freigesetzt werden. BCP = Beutelzellpeptid, ELH = Eiablagehormon. (Nach Scheller RH, Kaldany RR, Kreiner T, Mahon AC, Nambu JR, Schaefer M, Taussig R (1984) Neuropeptides: mediators of behavior in *Aplysia*. Science 225, 1300–1308; Fisher JM, Sossin W, Newcomb R, Scheller RH (1988) Multiple neuropeptides derived from a common precursor are differentially packaged and transported. Cell 54, 813–822.)

14.4.2 Crustaceen

Im Zentralnervensystem der Crustaceen findet man mehrere Kerngebiete mit Clustern von Zellkörpern neurosekretorischer Zellen und eine Reihe von verschiedenen **Neurohämalorganen**. Bei Dekapoden sind mindestens drei solcher neurohormonellen Systeme beschrieben worden (Abb. 14.37), das **X-Organ** und das **Sinusdrüsensystem** im Augenstiel, die **neurohämalen Postkommissuralorgane**, deren Somata im Gehirn lokalisiert sind, und die **Perikardialorgane**, deren Zellkörper im Unterschlundganglion und in den Thorakalganglien liegen. Deren **Neuropeptide** beeinflussen die Herztätigkeit.

Am besten untersucht ist das neurosekretorische System des Augenstiels. In der Medulla terminalis, dem **X-Organ**, sind die Somata besonders vieler neurosekretorischer Neurone konzentriert. Ihre Axone durchqueren den Augenstiel und enden in einem Neurohämalorgan, der **Sinusdrüse**. Sie wird so bezeichnet, weil sie an einen großen Hämolymphsinus grenzt, in den die Neurosekrete abgegeben werden (Abb. 14.37). Zu den freigesetzten Signalstoffen gehören das **RPCH** (*red pigment concentrating hormone*) und das **PDH** (*pigment dispersing hormone*). RPCH beeinflusst die Frequenz der Impulsbildung eines zentralnervösen Rhythmusgebers für die Pylorusmuskulatur, während PDH die Pigmentbewegung in den Chromatophoren der Körperoberfläche steuert. Weiterhin werden das **Crustaceen-hyperglykämische Hormon (CHH)**, das den Blutzuckerspiegel erhöht, und zwei weitere Neuropeptide, die die Entwicklung regulieren, dort freigesetzt. Das **häutungshemmende Hormon (MIH**, *moult inhibiting hormone*) unterdrückt die Ecdysonsekretion der Prothoraxdrüse und das **gonadenhemmende Hormon (GIH**, *gonad inhibiting hormone*) inhibiert das Wachstum der Gonaden.

Zusätzlich zum neurosekretorischen System besitzen Crustaceen weitere Hormondrüsen, die aus nichtneuronalen Zellen bestehen. Dazu gehören die paarig angelegten Y-Organe (Häutungsdrüsen, Carapaxdrüsen) im ersten Maxillen- oder Antennensegment, die aus epidermalen Zellen hervorgehen und eine metabolische Vorstufe (α-Ecdyson) des Häutungshormons (β-Ecdyson) bilden. Außerdem gehören dazu die Mandibularorgane und die nur in männlichen Tieren vorhandenen androgenen Drüsen am Vas deferens. Letztere sind mesodermalen Ursprungs.

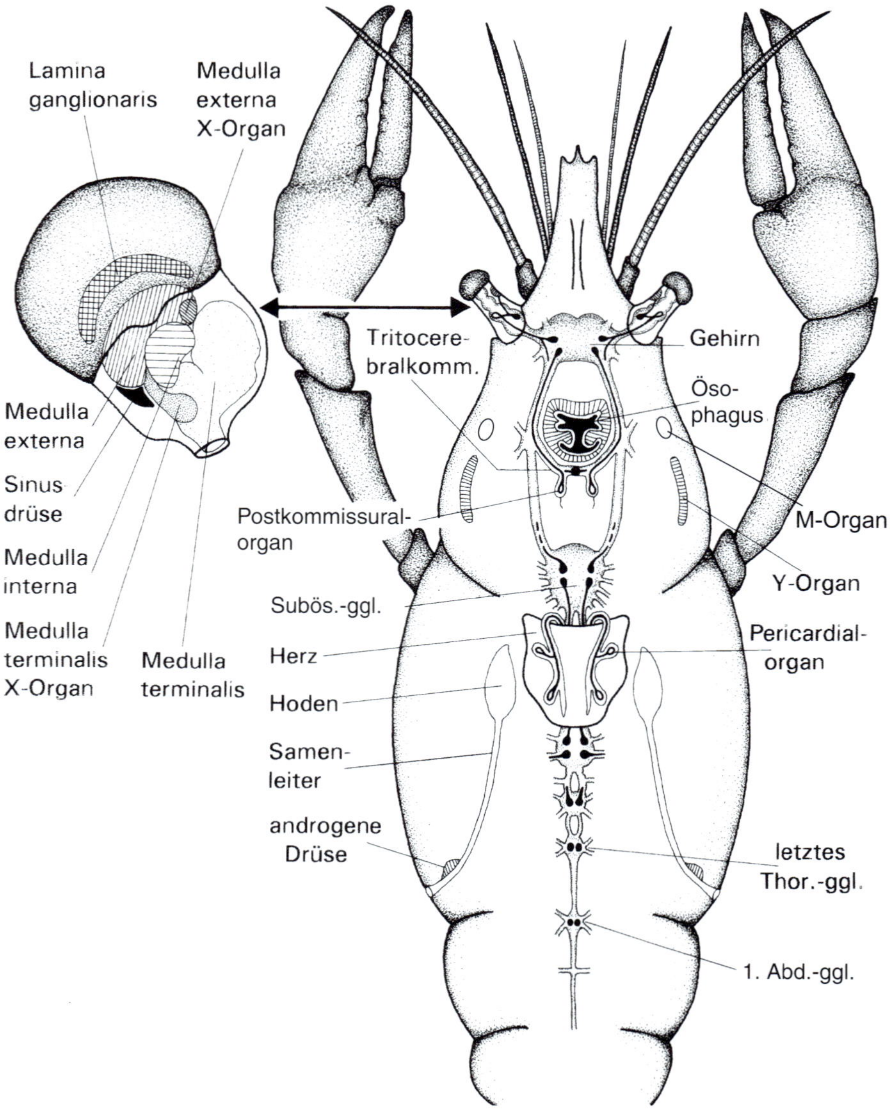

Abb. 14.37 Lokalisation endokriner Zellen und die Freisetzungsorte der Neuropeptide bei dekapoden Krebsen. Links: linker Augenstiel der Krabbe *Palaemon serrata* mit den neurosekretorischen Kerngebieten des X-Organs und der Sinusdrüse als Neurohämalorgan. Rechts: endokrines System eines männlichen Krebses (Decapoda). Abd.-ggl. = Abdominalganglion; M-Organ = Mandibularorgan; Subös.-ggl. = Subösophagealganglion; Thor.-ggl. = Thorakalganglion; Tritocerebralkomm. = Tritocerebralkommissur. (Links: nach Bellon-Humbert C, van Herp F, Strolenberg GECM, Denuce JM (1981) Histological and physiological aspects of the Medulla externa X organ, a neurosecretory cell group in the eyestalk of *Palaemon serratus* Pennant (Crustacea, Decapoda, Natantia). Biol Bull 160, 11-30, Teil von Abb. 1, S. 14; rechts: nach Gorbman A, Bern HA (1962) Comparative endocrinology. Wiley, New York, verändert.)

Diese außerhalb des neuronalen Systems liegenden Drüsen werden von übergeordneten Hormondrüsen des neuronalen Systems kontrolliert. Man erkennt daran eine interessante Parallele zur hierarchischen Organisation des Hypothalamus-Hypophysen-Systems der Wirbeltiere, dessen neuronale Faktoren ebenfalls zur Steuerung peripher gelegener, nichtneuronaler Hormondrüsen heran gezogen werden (▶ Abschn. 14.3.2).

Stoffwechsel und Häutung

Der Blutzuckerspiegel wird bei den Krebstieren durch das **Crustaceen-hyperglykämische Hormon** (**CHH**) gesteuert. Es besitzt bei verschiedenen Arten eine Länge von 72 oder 73 Aminosäuren. In den zentralen Teilen der Moleküle zeigen diese Peptide eine große Sequenzübereinstimmung. Alle Peptide haben sechs Cysteinreste, die zur Ausformung einer ähnlichen räumlichen Peptidstruktur mittels dreier Disulfidbrücken herangezogen werden. Das CHH wird im Augenstiel in Zellen des X-Organs synthetisiert und in der Sinusdrüse freigesetzt. Serotonerge Einflüsse steigern die CHH-Freisetzung, die Einwirkung des Neuropeptids Leuenkephalin inhibiert sie. Zielgewebe des CHH sind die abdominale Muskulatur und die Mitteldarmdrüse. Die Einwirkung des CHH auf die Zellen der Mitteldarmdrüse aktiviert die Adenylylcyclase, die Akkumulation von cAMP und die Proteinkinase A (PKA). Die PKA-vermittelte Proteinphosphorylierung an der Glykogen-Phosphorylase und der Glykogen-Synthase aktivieren das erste und hemmen das zweite Enzym, sodass es zu einem Abbau von Glykogen und zu einer Steigerung der Glucosekonzentration in der Hämolymphe kommt (**Hyperglykämie**).

Da Crustaceen auch im Adultstadium wachsen und deutlich an Körpermasse zunehmen, häuten sie sich in regelmäßigen Abständen. Diese **Adulthäutungen** werden durch das Häutungshormon β-Ecdyson (▶ Abschn. 14.2.2) gesteuert. **β-Ecdyson** vermittelt die genregulatorischen Voraussetzungen für die Resorption eines Teils der alten Cuticula, das Lösen der Muskelansatzstellen und der Epidermis von der alten Cuticula und die Sekretion von Salz und Wasser durch die Epidermis zur Weitung des Zwischenraums zwischen Epidermis und alter

Cuticula vor deren Abwurf, der eigentlichen **Häutung** (Ecdysis). Die terrestrischen Crustaceen (z. B. Isopoden) und die Crustaceen des Süßwassers entziehen der alten Cuticula zuvor einen großen Anteil des dort eingebauten Calciums, speichern dieses in speziellen $CaCO_3$-Konkrementen und bauen die Calciumionen anschließend wieder in die neue, erhärtende Cuticula ein.

Auf die Sekretion von α-Ecdyson aus dem Y-Organ hemmend wirkt das **häutungshemmende Hormon** (*moult inhibiting hormone*, MIH) aus dem Augenstiel. Die operative Entfernung der MIH-freisetzenden neurosekretorischen Zellen führt zu einer vorzeitigen Häutung des operierten Tieres. MIH ist ein evolutiv recht weitgehend konserviertes Peptidhormon. Die Sequenzübereinstimmung der MIHs von *Carcinus maenas* (Strandkrabbe), *Callinectes sapidus* (Blaukrabbe) und *Cancer pagurus* (Taschenkrebs) (bei jeweils 78 Aminosäuren Länge) beträgt etwa 80 %. Strukturell und funktionell ähnliche Peptidhormone wurden auch in Flusskrebsen und in Garnelen gefunden. Die Wirkung des MIH besteht in der Hemmung der Genexpression in den Zellen des Y-Organs, deren Produkte für die Synthese von α-Ecdyson benötigt werden.

Ausprägung des Geschlechts

Bei den Malacostraca (»höhere« Krebse) steht die Ausbildung der Gonaden und der sekundären Geschlechtsmerkmale unter der Kontrolle von Hormonen des ZNS (Neuropeptide) sowie peripherer Hormondrüsen.

Die nur im männlichen Geschlecht ausgebildete **androgene Drüse** produziert zwei Peptidhormone. Das **AGH** (*androgen gland hormone*) fördert die Entwicklung der Hoden sowie der sekundären männlichen Geschlechtsmerkmale. Wird die Drüse beim erwachsenen Tier operativ entfernt, degenerieren die Hoden und die sekundären Geschlechtsmerkmale gehen verloren. Die Implantation von androgenen Drüsen in Weibchen führt dagegen zu einer Geschlechtsumwandlung, die Ovarien bilden sich zu Hoden um und männliche sekundäre Geschlechtsmerkmale treten auf. Ovarien, die in Männchen transplantiert werden, denen vorher die androgene Drüse entfernt wurde, werden nicht umgewandelt und setzen ihre Dotterbildung fort. Das bedeutet, dass die Hormone der androgenen Drüse allein für die Richtung der Geschlechtsausprägung verantwortlich sind, die morphogenetischen Ausformungsprozesse der Organe aber durch andere Faktoren gesteuert werden.

Die Entwicklung und Reifung der Gonaden sowohl in männlichen als auch in weiblichen Tieren werden durch das Hormon der paarigen **Mandibularorgane** stimuliert, die ventral im Thorax lokalisiert sind. Sie synthetisieren **Methylfarnesoat**, das auch eine Vorstufe der Juvenilhormone der Insekten ist. Es fördert nicht nur die Entwicklung der Gonaden, sondern auch die Vitellogenese (Dotterbildung) in der Mitteldarmdrüse und den Einbau der Dotterproteine in die Eizellen in den Ovarien. Die Mandibularorgane stehen unter der Kontrolle eines inhibitorischen Hormons der Sinusdrüse, des **MOIH** (*mandibular organ inhibiting hormone*). Dieses Neuropeptid mit einer Länge von 78 Aminosäuren wird in neurosekretorischen Zellen des X-Organs gebildet und über die Sinusdrüse an die Hämolymphe abgegeben. In den Mandibularorganen hemmt MOIH die Aktivität einer Methyltransferase, die den letzten Schritt der Biosynthese des Methylfarnesoats katalysiert.

Ein weiteres inhibitorisches Neuropeptid wird durch die Sinusdrüse von Crustaceen sezerniert, das **gonadenhemmende Hormon** (GIH). Es besteht ebenfalls aus 78 Aminosäuren und kann die Entwicklung der Gonaden und die Aufnahme von Dotter in die Oocyten unterdrücken, weshalb wird es auch als VIH (*vitellogenin inhibiting hormone*) bezeichnet wird.

14.4.3 Insekten

Das Hormonsystem der Insekten ist wie das der Vertebraten streng hierarchisch organisiert. An der Spitze dieses Systems stehen neurosekretorische Zentren in verschiedenen Teilen des Zentralnervensystems. Bis heute sind insgesamt mehr als 300 **Neuropeptide** aus verschiedenen Insektenarten bekannt. Die neurosekretorischen Kerngebiete des Gehirns liegen in der an der Mittelseite der Hirnhemisphären gelegenen Pars intercerebralis sowie in weiter von der Mittellinie entfernten Hirnbereichen (Abb. 14.38). Ihre Axone verlaufen über die Nervi corporis cardiaci in den Retrocerebralkomplex. **Neurosekretorische Zellen** in den Ganglien des thorakalen und abdominalen Bauchmarks entlassen ihre Sekrete meist über die perisympathischen Organe. Das sind ursprünglich metamer angelegte Verdickungen des Mediannervs oder der Transversalnerven, die aus stark verzweigten, mit Neurosekret angefüllten Nervenfasern bestehen.

Der dorsal auf der Aorta und hinter dem Gehirn gelegene **Retrocerebralkomplex** besteht aus den paarigen **Corpora cardiaca** und den ebenfalls paarigen **Corpora allata** (Abb. 14.38). Während die Corpora cardiaca mit dem Hypocerebralganglion aus einer gemeinsamen Anlage hervorgehen, also neuronalen Ursprungs sind, leiten sich die Corpora allata aus ektodermalen Einstülpungen zwischen Mandibel und erster Maxille ab. Beide Strukturen enthalten daher neuronale und nichtneuronale Zellen. Eine anatomische Trennung beider Funktionen (neurohämaler Speicherbereich und glandulärer Teil) ist bei manchen Arten (Heuschrecke *Locusta*) in den Corpora cardiaca erkennbar, in anderen Arten nicht. Der glanduläre Teil produziert metabolisch wirkende Peptidhormone (**adipokinetische Hormone, AKH**). Die neurosekretorischen Zellkörper liegen entweder im Protocerebrum (mediane Zellgruppen der Pars intercerebralis, laterale Zellgruppen der Pars lateralis) sowie in anderen Bereichen des Oberschlundganglions. Ihre Axone überkreuzen sich teilweise und gelangen über drei Nervi corporis cardiaci in das Neurohämalorgan. Die über den Nervus allatus mit den Corpora cardiaca caudal verbundenen Corpora allata sind nichtneuronale Hormondrüsen, deren Parenchymzellen das **Juvenilhormon** (JH) (▶ Abschn. 14.2.2) produzieren. In ihrer Peripherie liegen jedoch auch zahlreiche Nervenendigungen, sodass sie auch als Neurohämalorgane angesehen wer-

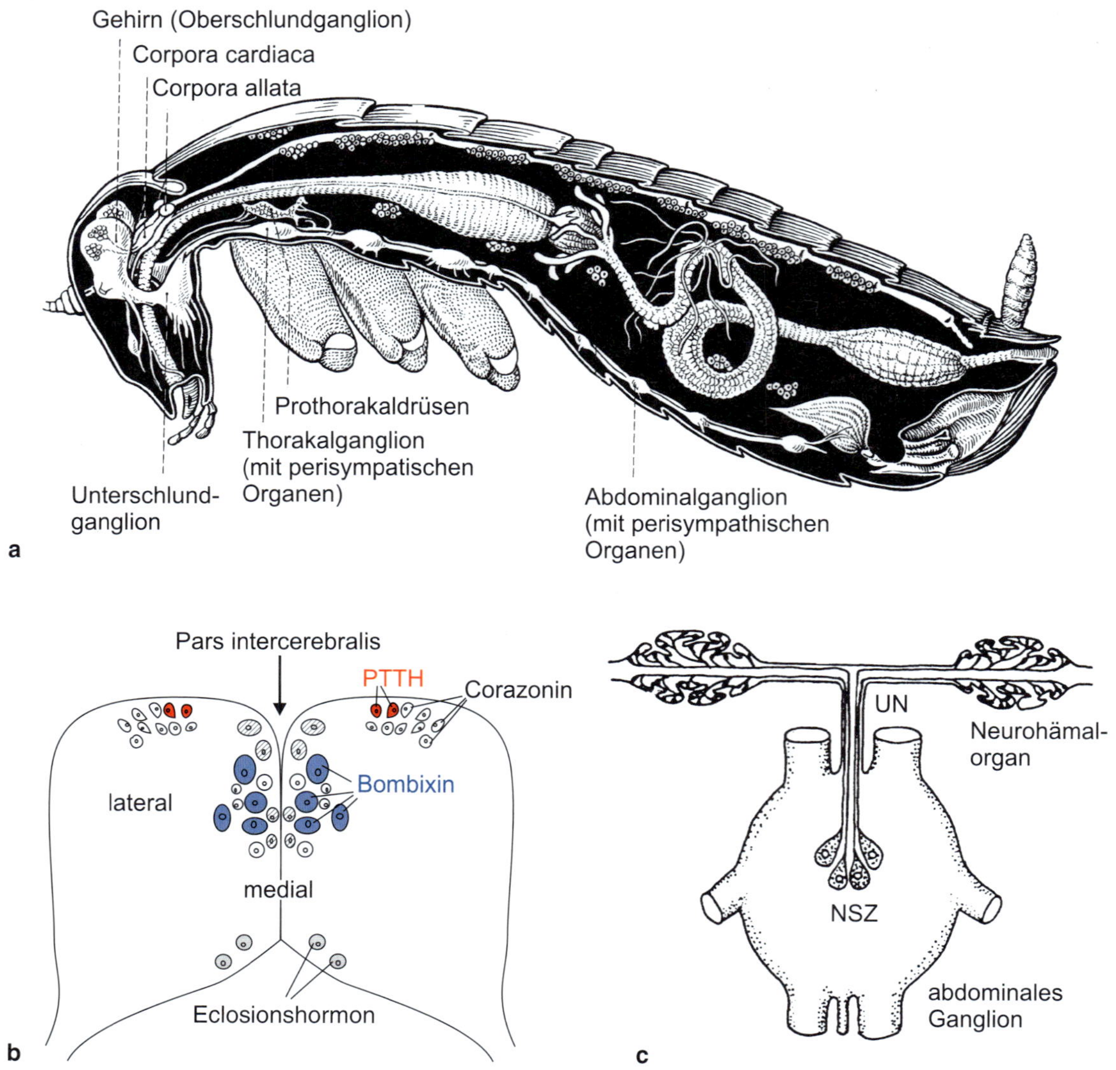

Abb. 14.38 Neurosekretorische und peripher gelegene hormonsezernierende Organe und Zellen bei Insekten. **a** Hormonbildungsorte bei einem Insekt. **b** Verteilung neurosekretorischer Zellen und der von ihnen gebildeten Hormone im Gehirn des Seidenspinners *Bombyx mori*. **c** Abdominalganglion mit abdominalen perisympathischen Organen, den Neurohämalorganen der medial gelegenen neurosekretorischen Zellen. NSZ = neurosekretorischen Zellen; PTTH = prothorakikotropes Hormon; UN = unpaarer Nerv. (a nach Gersch M (1957) Das Hormonsystem der Insekten. Forsch Fortschr 31, 9–15; b nach Ishizaki H, Suzuki A (1992) Brain secretory peptides of the silkmoth *Bombyx mori*: Prothoracicotropic hormone and bombyxin. In: Joosse J, Buijs RM, Tilders FJH (Hrsg) The peptidergic neuron. Progress in brain research 92, Elsevier, Amsterdam, S. 1–14; c nach Novak VJA (1975) Insect hormones. 4. Aufl. Chapman & Hall, London.)

den. Dort wird das **prothorakikotrope Hormon** (PTTH)[415], das in lateralen neurosekretorischen Zellen des Gehirns gebildet wird, freigesetzt (Abb. 14.39).

Neben den schon erwähnten Corpora allata ist auch die **Prothorakaldrüse** eine nichtneuronale Hormondrüse. Sie geht aus paarigen epidermalen Einstülpungen im zweiten Maxillarsegment hervor und bildet im Juvenilstadium des Insekts das Häutungshormon α-Ecdyson (Abb. 14.5). Nach der Imaginalhäutung degeneriert die Häutungsdrüse innerhalb weniger Tage, da sich adulte Insekten nicht mehr häuten. Während der Juvenilphase steht die Häutungsdrüse unter dem Einfluss des **prothorakikotropen Hormons** (PTTH) aus dem Gehirn.

Stoffwechsel

Die Mobilisierung von Energiereserven aus den Lipid- und Glykogenspeichern des Fettkörpergewebes wird durch die **adipokinetischen Hormone** (AKHs) vermittelt. Sie bestehen jeweils aus acht bis zehn Aminosäuren und bilden mit dem RPCH (*red pigment concentrating hormone*) der Crustaceen (► Abschn. 14.4.2) eine große Peptidfamilie. Manche Arten (z. B die Wanderheuschrecke *Locusta migratoria*) besitzen drei verschiedene AKHs, andere nur zwei oder eines, wie der amerikanische Tabakschwärmer *Manduca sexta*. Sie werden im glandulären Teil der Corpora cardiaca gebildet. Die Freisetzung wird über

[415] Das prothorakikotrope Hormon ist nach der Lokalisation seines Produktionsorts, der Prothoraxdrüse, benannt. Es wird oft auch als prothorakotropes Hormon bezeichnet.

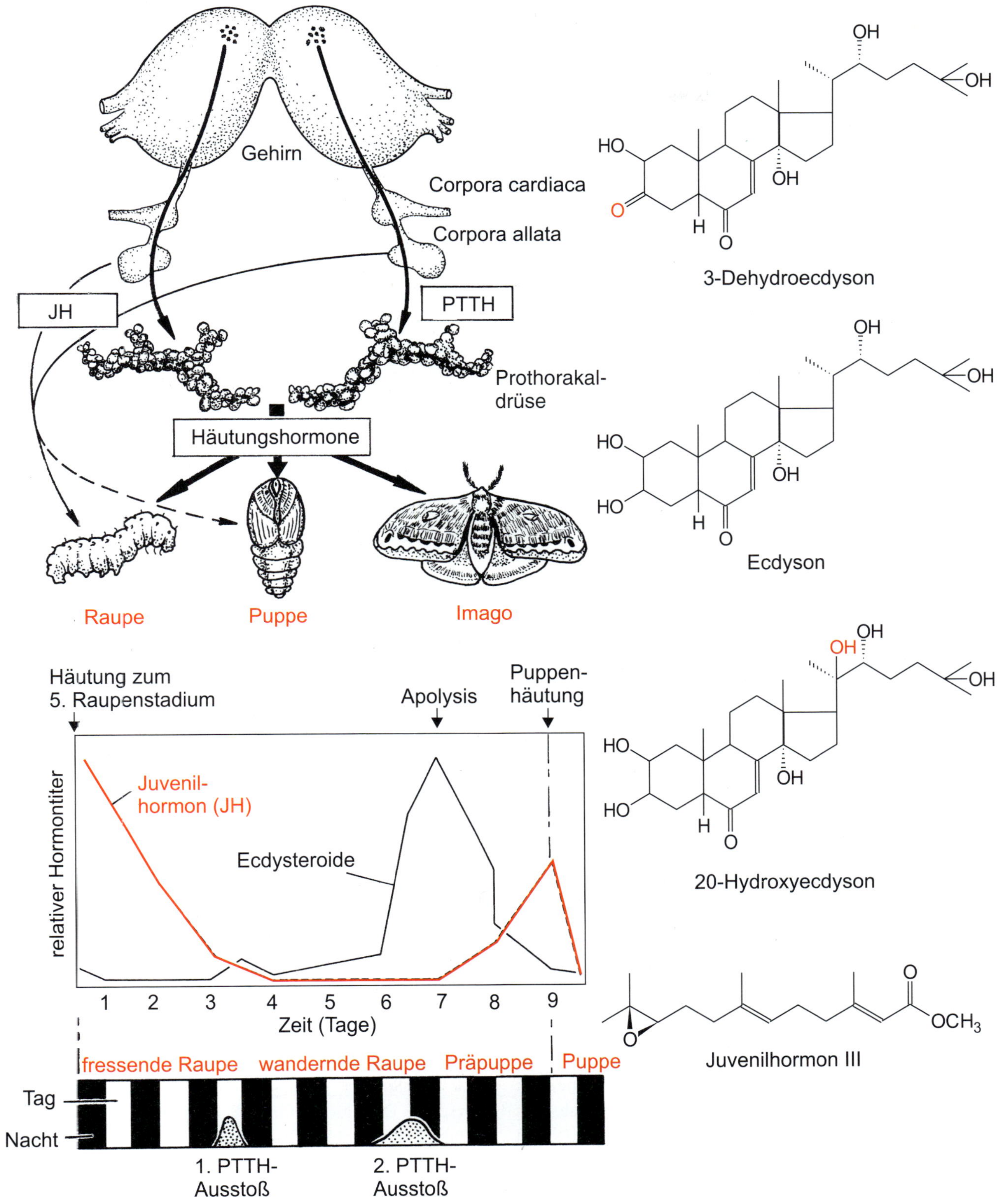

Abb. 14.39 Regulation der postembryonalen Entwicklung holometaboler Insekten am Beispiel des Tabakschwärmers *Manduca sexta*. Das prothorakikotrope Hormon wird in vier Neuronen des Gehirns gebildet, in den Corpora allata gespeichert und aus diesen aufgrund von endogenen (kritische Körpermasse) oder exogenen Stimuli (Temperatur) freigesetzt. Es stimuliert die Synthese und Freisetzung von Ecdyson und/oder 3-Dehydroecdyson in den Prothorakaldrüsen, die in peripheren Geweben zum eigentlichen Häutungshormon, 20-Hydroxyecdyson, hydroxyliert werden. Das Juvenilhormon (JH) der Corpora allata bestimmt den Charakter der Häutung: Bei hohem JH-Titer erfolgt eine Larvalhäutung, bei niedrigem eine Häutung zur Puppe, ohne JH in der Hämolymphe führt eine erneute Ausschüttung von Ecdyson zum Schlupf der Imago. Der relative Hormontiter während des letzten (fünften) Raupenstadiums zeigt die Abhängigkeit der Freisetzung der Vorstufen des Häutungshormons (β-Ecdyson) von PTTH. Der JH-Titer ist zur Zeit der Puppenhäutung wesentlich geringer als bei den Larvalhäutungen. JH = Juvenilhormon; PTTH = prothorakikotropes Hormon. (Nach Raabe M (1982) Insect neurohormones. Plenum, New York.)

einen neuronalen Weg bedarfsgemäß gesteuert. So lösen zum Beispiel motorische Aktivitäten (Laufen oder Fliegen) oder eine beginnende Hungerphase mit absinkender Blutzuckerkonzentration die Sekretion von AKHs aus.

Das Zielorgan der AKHs ist der **Fettkörper**, das Hauptstoffwechselorgan der Insekten. Bei Insekten, die zu langdauernden Flügen (>30 min) befähigt sind (z. B. Heuschrecken), wird durch AKHs die Aktivierung der Triacylglycerin-Lipase im Fettkörper aktiviert und gespeichertes Fett hydrolysiert. Das dadurch entstehende Diacylglycerin wird aus dem Fettkörper transportiert, in Lipoproteinpartikel mit einem Durchmesser von 20–50 nm (Lipophorin A^+) eingebaut und diese mit dem Hämolymphstrom zur Flugmuskulatur transportiert. Dort hydrolysiert eine oberflächlich sitzende Lipoprotein-Lipase das ankommende Diacylglycerin. Die freien Fettsäuren werden in die Muskelzellen aufgenommen und zur Energiegewinnung oxidativ abgebaut. Außerdem wird durch AKHs das Enzym Glykogen-Phosphorylase in den Zellen des Fettkörpers aktiviert. Dieses Enzym setzt aus den Glykogenvorräten des Fettkörpers **Trehalose** frei, die zur Stabilisierung des Blutzuckerspiegels in die Hämolymphe abgegeben wird. Aus dem Trehalosegehalt der Hämolymphe wird bei kurzzeitig fliegenden Insekten oder für die ersten 30 min des Fluges von Langzeitfliegern der Betriebsstoff für die Flugmuskulatur bezogen.

Der **Proteinstoffwechsel** bei Insekten wird durch Ecdyson und das Juvenilhormon gesteuert. Ersteres wird bei erwachsenen Insekten, deren Prothorakaldrüsen bereits degeneriert sind, in den Follikelzellen der Ovarien und in den Hoden gebildet. Das Juvenilhormon entsteht in den Corpora allata, die im Adultstadium persistieren. Beide Hormone fördern im Fettkörper die Synthese von Vitellogeninen, die anschließend auf dem Blutweg zu den Ovarien transportiert, von den Oocyten aufgenommen und zu den lagerfähigen Dotterproteinen prozessiert werden.

Insekten besitzen verschiedene Neuropeptide mit **diuretischer Wirkung**. Sie weisen zum Teil strukturelle Ähnlichkeiten mit dem CRH (*corticotropin releasing hormone*) der Wirbeltiere und dem Urotensin der Fische auf und werden daher als ***CRH-like diuretic peptides*** bezeichnet. Die Wirkung in Zielzellen erfolgt über eine Aktivierung der Adenylylcyclase. Durch den ansteigenden cAMP-Spiegel wird die Na^+-Leitfähigkeit der basolateralen Membran der Epithelzellen der Malpighi-Gefäße erhöht. Die zweite Gruppe diuretisch wirkender Peptide bei Insekten sind die **Kinine**. Der Name leitet sich davon ab, dass man zunächst ihre myotrope Aktivität beobachtet hatte. Es sind relativ kleine Peptide mit sechs bis 13 Aminosäuren. Ihr C-terminales Pentapeptid hat die Konsensussequenz $FX_1X_2WG_{Amid}$ (F = Phe, W = Trp, G = Gly), wobei die Positionen X_1 durch die Aminosäuren Ser, His, Asp oder Tyr und X_2 durch Ser oder Pro besetzt sein können. Zusätzlich zu ihrer myotropen und diuretischen Wirkung können die Kinine die Abgabe von Verdauungsenzymen im Darm steuern. Die diuretische Wirkung der Kinine auf die Malpighi-Gefäße wird offenbar in erster Linie durch die Steigerung der parazellulären Cl^--Durchlässigkeit hervorgebracht. Bei der blutsaugenden Wanze *Rhodnius prolixus* steigt nach einer Blutmahlzeit die Konzentration eines diuretischen Hormons in der Hämolymphe an, wodurch sich die Sekretionsrate der **Malpighi-Gefäße** auf das 200-Fache erhöht. Der Stimulus für die Ausschüttung des Hormons, das aus zehn neurosekretorischen Zellen des Mesothorakalganglions freigesetzt wird, ist die Dehnung der Rumpfmuskulatur.

Auch **antidiuretische Hormone** sind bei Insekten bekannt. Sie fördern die Reabsorption von Salz und Wasser im Enddarm, sodass nur wenig Wasser mit den Fäzes aus dem Körper verloren geht. Antidiuretische Hormone werden bei verschiedenen Heu- und Gespenstschrecken sowie bei Schaben aus den Drüsenzellen der Corpora cardiaca freigesetzt, bei anderen Arten werden solche Peptide allerdings auch aus neuronalen Zellen des Gehirns oder der Bauchmarkganglien entlassen.

Außer den Kininen sind zahlreiche andere Neuropeptide bei Insekten durch ihre **myotrope Wirkung** auffällig geworden. Dabei wurde vor allem eine Beeinflussung der Herztätigkeit beobachtet. Das Oktapeptid PeaCAH I[416] (**CAH** für *cardioaccelerating hormone*) der Schabe *Periplaneta americana*, für das auch die Synonyme Neurohormon D oder Myotropin I verwendet werden, gehört zur umfangreichen AKH/RPCH-Peptidfamilie und wird im glandulären Bereich der Corpora cardiaca gebildet. Die Abgabe in die Hämolymphe kann durch Stress ausgelöst werden und bewirkt die Beschleunigung der Herzschlagfrequenz. Eine vergleichbare Wirkung auf die Herztätigkeit wird durch das Pentapeptid **Proctolin** (Arg-Tyr-Leu-Pro-Thr), welches außerdem Kontraktionen des Darms stimuliert, das Undekapeptid **Corazonin** (Glu-Thr-Phe-Gln-Tyr-Ser-Arg-Gly-Trp-Thr-Asn-Amid; Abb. 5.10) sowie die **Periviscerokinine** der perisympathischen Organe und die **Pyrokinine** verursacht. Letztere beeinflussen auch die Motilität der visceralen Organe. Eine ähnliche Wirkung auf die Kontraktilität der Eingeweidemuskulatur haben bei Insekten auch die **R(F)-Amide**, die keine einheitliche Familie darstellen, sondern Peptide mit den C-terminalen Sequenzen -FLRF-Amid, FMRF-Amid, -RF-Amid und -R-Amid (F = Phe, L = Leu, M = Met, R = Arg) einschließen. Solche kleinmolekularen Neuropeptide (z. B. das FRMF-Amid bzw. Phe-Met-Arg-Phe-Amid) finden sich als Neurosekrete mit unterschiedlichen physiologischen Wirkungen auch bei Mollusken, Nematoden, Anneliden und bei Wirbeltieren. Andere Neuropeptide von Insekten wie PeaMIP (MIP für **myoinhibitorisches Peptid**) und **Leukomyosuppressin** (aus dem Speicheranteil der Corpora cardiaca von Schaben, Mantiden und Termiten) hemmen den Herzschlag. Ob diese Faktoren allerdings auch *in vivo* von Bedeutung sind, ist noch nicht sicher bekannt.

Postembryonale Entwicklung

Holometabole Insekten[417] durchlaufen während ihrer postembryonalen Entwicklung mehrere **Larvenstadien** sowie ein **Puppenstadium** und erreichen erst danach die finale Gestalt des

[416] »Pea« ist aus den ersten beiden Buchstaben des Gattungsnamens der amerikanischen Küchenschabe *Periplaneta* und dem ersten Buchstaben ihres Artnamens *americana* zusammengezogen.

[417] *holos* (griech.) = ganz; *metabole* (griech.) = Verwandlung

14

geschlechtsreifen Adulttiers. Den letzten Schritt in dieser Entwicklung nennt man **Metamorphose**[418]. Jeder der Übergänge von einem zum nächsten Larvenstadium, vom letzten Larvenstadium zur Puppe und von der Puppe zur **Imago**[419] geht mit einer **Häutung** (Ecdysis) einher (Abb. 14.39). Die Imago häutet sich nicht mehr. **Hemimetabole Insekten**[420] durchlaufen diese Entwicklung nur unvollständig. Bei ihnen sind die äußerlichen Merkmale der Imago (bis auf die Ausbildung der Gonaden und der Flügel) schon bei den Larvenstadien zu erkennen. Häutungen und Metamorphose werden durch Hormone peripherer Hormondrüsen gesteuert, die wiederum unter der Kontrolle von Neurohormonen aus dem Gehirn stehen.

Die Häutungen werden durch **Ecdysteroide** (Häutungshormone) ausgelöst (Abb. 14.39), die als Vorstufen (α-Ecdyson, 3-Dehydroecdyson) aus dem Cholesterin in der Prothorakaldrüse gebildet und in den peripheren Geweben (z. B. Malpighi-Gefäßen) in das biologisch aktive **β-Ecdyson** umgewandelt werden (Abb. 14.5). Der Ecdysonrezeptor (EcR) ist ein cytosolisches Protein, das viele Gemeinsamkeiten in Struktur und Funktion mit den Steroidrezeptoren der Wirbeltiere aufweist (▶ Abschn. 12.4). Das hormongebundene Rezeptordimer bindet in den regulatorischen Abschnitten von ecdysonregulierten Genen an die DNA (Ecdyson-Response-Elemente) und wirkt dort als Transkriptionsfaktor.

Das Häutungshormon beeinflusst mehrere physiologische und biochemische Vorgänge, die mit der Vorbereitung der Häutung assoziiert sind. Unter dem Einfluss von β-Ecdyson zeigen die Tiere auffallende Verhaltensänderungen. So wird die Nahrungsaufnahme eingestellt, der Darm entleert und, vor der Verpuppung bei Schmetterlingslarven, der Kokon gesponnen. Die eigentliche Häutung wird dann eingeleitet durch die von β-Ecdyson vermittelte Teilung der Epidermiszellen. Die Teilungsprodukte bilden an der innersten Schicht der Endocuticula eine Häutungsmembran. Diese löst sich von den eigentlichen Epidermiszellen ab (Apolyse), sodass ein flüssigkeitserfüllter Raum zwischen dem lebenden Tiergewebe und der alten Cuticula entsteht. Das Abwerfen der alten Cuticula (Ecdysis) wird durch zwei Peptidhormone eingeleitet: **ETH** (*ecdysis triggering hormone*) und **PETH** (*pre-ecdysis triggering hormone*). Sie werden in bestimmten Zellen (Inka-Zellen) der segmental angeordneten Epitrachealdrüsen, die in der Nähe der Tracheenöffnungen liegen, gebildet. Beide Hormone bereiten bestimmte Motoneurone des Bauchmarks auf deren Funktionen beim Abwurf der alten Cuticula vor. Zugleich wird durch das ETH die Sekretion des **Eclosionshormons** (Neuropeptid mit 61 Aminosäuren und zwei Disulfidbrücken) bewirkt. Dieses wird in Neuronen des Gehirns gebildet (Abb. 14.38), deren Axone durch die gesamte Länge des Bauchmarks ziehen. Ihre Enden haben diese Fortsätze in den abdominalen Proctodealnerven, wo das Eclosionshormon freigesetzt wird. Dieses Hormon initiiert Erregungen in den bereits durch ETH und PETH vorbereiteten Motoneuronen, die rhythmische Bewegungen des Tierkörpers erzeugen und die alte Cuticula an bestimmten Sollbruchstellen einreißen lassen, sodass das Tier ausschlüpfen kann (Abb. 14.40). Die Epidermiszellen haben inzwischen mit der Sekretion einer neuen Cuticula begonnen, die den Epidermiszellen aufliegt und noch sehr flexibel ist. Die Aushärtung der neuen Cuticula erfolgt unter der hormonellen Kontrolle von **Bursicon**[421], das in median im Insektengehirn liegenden neurosekretorischen Zellen gebildet, ins Blut entlassen und in den Corpora cardiaca gespeichert werden kann. Die Härtung selbst geschieht durch einen biochemischen Prozess, in dem durch eine Tyrosinase aus der Aminosäure Tyrosin auf oxidativem Weg zunächst L-Dopa und daraus anschließend Dopachinon hergestellt wird. Das Chinon gerbt die neue Cuticula, was ihre Festigkeit deutlich steigert.

Die Produktion und Freisetzung von α-Ecdyson in bzw. aus den Prothorakaldrüsen wird aktiviert durch das **prothorakikotrope Hormon (PTTH)**. Dessen Struktur scheint evolutiv nicht besonders hochgradig konserviert worden zu sein. Die Hormone aus vier Arten von Lepidopteren haben eine Länge zwischen 106 und 126 Aminosäuren und weisen Positionsübereinstimmungen in nur 30 % ihrer Aminosäuren auf. Die PTTHs werden bei diesen Tieren in vier neurosekretorischen Zellen des Gehirns gebildet, die ihre Fortsätze in die Corpora allata schicken und dort PTTH-Freisetzungsstrukturen bilden. Die Hormonsekretion wird durch verschiedene Stimuli angeregt. Dabei spielen exogene Faktoren wie Temperatur oder Tageslänge, aber auch endogene Faktoren wie die Füllung des Darms (z. B. bei der Wanze *Rhodnius prolixus* nach der Blutmahlzeit), die Erlangung eines kritischen Larvengewichts oder die Beeinflussung durch andere Hormone eine Rolle.

Ob eine Ecdysonausschüttung zu einer weiteren Larvenhäutung, zur Verpuppung oder zur Metamorphose führt, hängt von der Hämolymphkonzentration eines weiteren Hormons, des **Juvenilhormons** (JH), ab. Bis heute sind sieben Isoformen dieses Hormons bei Insekten bekannt. Das JH III (Abb. 14.6) ist bei den meisten Insektenarten vorhanden. Die Juvenilhormone sind Produkte der Corpora allata. Ihre Biosynthese wird durch antagonistisch wirkende Neuropeptide des Gehirns reguliert. Das **Allatotropin** wirkt stimulierend, das **Allatostatin** hemmend auf die Produktion und die Freisetzung von Juvenilhormon. In der Hämolymphe wird das Juvenilhormon wird wegen seiner lipophilen Eigenschaften und, um es vor der destruktiven Einwirkung der in der Hämolymphe vorhandenen Juvenilhormon-Esterase zu schützen, an Carrierproteine gebunden und zu den Zielzellen transportiert, wo es diffusiv die Zellmembranen durchdringt. Den intrazellulären Signalmechanismus der Juvenilhormone kennt man noch nicht. Möglicherweise werden manche Ecdyson-

418 *metamorphosis* (griech.) = Umgestaltung
419 *imago* (lat.) = Bild
420 *hemi* (griech.) = halb; *metabole* (griech.) = Verwandlung
421 *bursikos* (griech.) = gerben

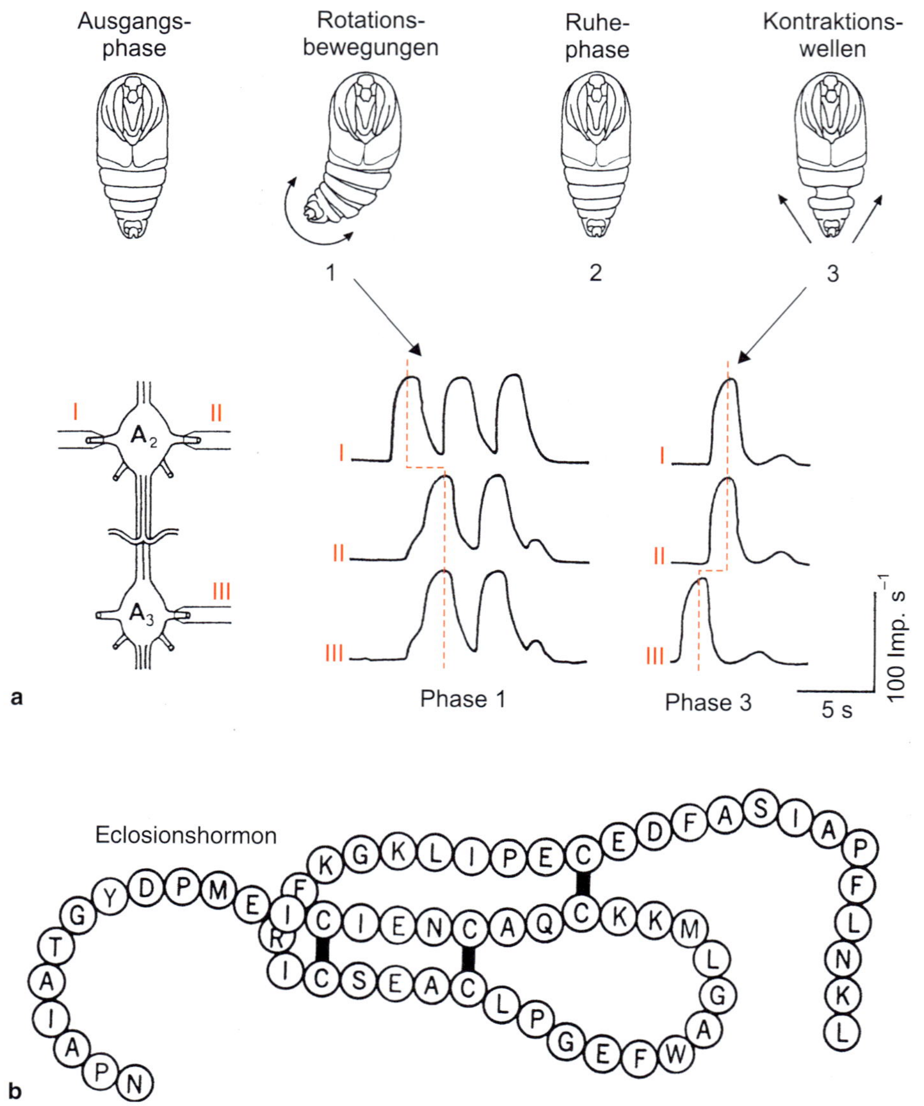

Abb. 14.40 **a** Das vom Eclosionshormon ausgelöste Schlupfverhalten der Puppe des nordamerikanischen Pfauenspinners *Hyalophora cecropia* setzt sich aus Rotationsbewegungen des Abdomens (Phase 1) gefolgt von einer Ruhephase (Phase 2) und einer sich anschließenden Phase 3 mit von hinten nach vorn fortschreitenden Kontraktionswellen zusammen. Die von den Nerven I, II und III der isolierten Abdominalganglien (2 und 3) etwa 20–40 min nach Zugabe des Eclosionshormons *in vitro* abgeleiteten Aktivitäten während der Phasen 1 (Rotationen) und 3 (Kontraktionswellen) spiegeln exakt die motorischen Aktivitäten der intakten Puppe *in vivo* wider. **b** Eclosionshormon. (Nach Truman JW, Riddiford LM (1974) Hormonal mechanisms underlying insect behavior. Adv Insect Physiol 10, 297–352; Truman JW (1992) The eclosion hormone system of insects. In: Joose J, Buijs RM, Tilders FJH (Hrsg) The peptidergic neuron. Progress in Brain Research 92, Elsevier, S. 361–374; aus Gersch M, Richter K (1981) Das peptiderge Neuron. Fischer, Jena.)

Response-Elemente in ihrer Zugänglichkeit für die Ecdyson/Ecdysonrezeptor-Komplexe moduliert.

In der Frühphase der **Larvalentwicklung** eines holometabolen Insekts hat das **Juvenilhormon** in der Hämolymphe noch eine hohe Konzentration (Abb. 14.39), sodass eine Ecdysonausschüttung zu einer Larvalhäutung führt. Während der Larvalentwicklung nimmt die Konzentration des Juvenilhormons allerdings stetig ab, sodass nach einer gewissen Zahl von Häutungen in der nun stark gewachsenen Larve fast kein Juvenilhormon mehr in der Hämolymphe nachweisbar ist. Der nächste Ausstoß von Ecdyson führt daher nicht zu einer weiteren Larvenhäutung, sondern zur Verpuppung. Entsprechendes gilt für den Schlupf der Imago aus der Puppenhülle. Erst nach der Metamorphose steigt die Konzentration des Juvenilhormons in der Hämolymphe der Imago wieder an und übt dann steuernde Funktionen auf die Ausbildung der akzessorischen Geschlechtsorgane bei den Männchen und die Vitellogeninsynthese sowie die Gametenproduktion bei den weiblichen Tieren aus.

Bei **sozialen Insekten** mit **Kastenpolyphänismus** wird die Entwicklung der Reproduktionsfähigkeit der Arbeiter bzw. der Soldaten durch eine sehr niedrige Konzentration von Juvenilhormon in der Hämolymphe unterdrückt. Bei diesen Tieren wird die Freisetzung des Juvenilhormons aus den Corpora allata durch Pheromone oder bestimmte Nahrungsinhaltsstoffe gehemmt. Bei der Honigbiene (*Apis mellifera*) wechseln die Arbeiterinnen entsprechend ihres Alters ihre Tätigkeiten, was durch unterschiedliche Konzentrationen von Juvenilhormon in der Hämolymphe reguliert wird. Junge Arbeiterinnen haben eine niedrige Konzentration des Hormons in der Hämolymphe und verbleiben innerhalb des Bienenstocks, wo sie mit der Pflege der Brut beschäftigt sind. Im Alter von zwei bis drei Wochen beginnt bei diesen Tieren der Titer des Juvenilhormons zu steigen und die Bienen beginnen damit, Pollen und Nektar außerhalb des Bienenstocks zu sammeln.

14.5 Fragen zum Selbststudium

- ? Welche Bezeichnungen werden zur Charakterisierung der räumlichen Beziehungen zwischen hormonproduzierenden bzw. -freisetzenden Zellen und den Zielzellen dieser Hormone benutzt?
- ? Wie können lipophile Hormone (Steroide, Schilddrüsenhormone) im wässrigen Milieu der Körperflüssigkeiten überhaupt zu ihren Zielzellen gelangen?
- ? Welche Ausgangssubstanz nutzen Tiere für die Synthese von Steroidhormonen?
- ? Erklären Sie die ontogenetische Bildung der Hypophyse bei den Wirbeltieren.
- ? Welche Funktion hat das Pfortadersystem der Hypophyse bezüglich ihrer Hormonsekretion?
- ? Gibt es Unterschiede zwischen den Hormonen mit den Bezeichnungen »Vasopressin« und »antidiuretisches Hormon«?
- ? Die Freisetzung von Oxytocin und Prolactin wird von demselben Stimulus ausgelöst. Vergleichen Sie die Freisetzungskinetiken der beiden Hormone bezüglich ihrer biologischen Funktionen!
- ? Welche Hormone werden in den gonadotropen Zellen der Adenohypophyse freigesetzt und in welchen Zielzellen entfalten sie ihre Signalwirkung?
- ? Wie werden die melatoninsezernierenden Zellen der Epiphyse bei Fischen und bei Säugetieren reguliert?
- ? Welche funktionell wichtige Aminosäure ist im Thyreoglobulin sehr häufig?
- ? Unter welchem auf die Funktion dieser Hormone hinweisenden Sammelnamen kann man die Hormone Androstendion und Testosteron zusammenfassen?
- ? Bei welchen Säugetiertaxa ist der Fortpflanzungszyklus der weiblichen Tiere als Menstruationszyklus organisiert?
- ? Durch welches Hormon wird in den Zellen des Skelettmuskels der Glucosecarrier GLUT4 vermehrt in die Plasmamembran transloziert?
- ? Erklären Sie, warum Adrenalin im peripheren Nervensystem als Transmitter benutzt, gleichzeitig von den Zellen des Nebennierenmarks aber als Hormon ausgeschüttet wird.
- ? Erklären Sie, warum chronisch gestresste Personen häufiger erkältet sind als andere.
- ? Wie ist es möglich, dass endokrine Zellen des Verdauungstrakts auf den Füllungszustand oder die chemische Beschaffenheit des Nahrungsbreies im Darm reagieren und spezifische Hormone freisetzen?
- ? Benennen Sie einen physiologischen Zustand, unter dem es in den Zellen der Nierenrinde zur Freisetzung von Erythropoietin kommt.
- ? Welches Hormon kann die Rate der Reabsorption von Ca^{2+}-Ionen aus dem im Nierentubulus fließenden Primärharn steigern?
- ? An welches System bei Wirbeltieren erinnert Sie die Beziehung zwischen Gehirn, Corpara cardica und Corpora allata der Insekten?
- ? Unter welchen Bedingungen würden Sie bei Insekten eine erhöhte Konzentration von adipokinetischem Hormon in der Hämolymphe erwarten?
- ? Welche Teilprozesse des Häutungsvorgangs werden von β-Ecdyson vermittelt?

Weiterführende Literatur

Allgemeines

Hartenstein V (2006). The neuroendocrine system of invertebrates: A developmental and evolutionary perspective. Journal of Endocrinology 190, 555-570.

Kleine B, Rossmanith WG (2010) Hormone und Hormonsystem. Springer Verlag Berlin, Heidelberg.

Matsumoto A, Ishii S (eds) (1992) Atlas of endocrine organs: Vertebrates and invertebrates. Springer Verlag, Berlin.

Predel R, Eckert M (2000) Neurosecretion: peptidergic systems in insects. Naturwissenschaften 87, 343-350.

Spezielle Aspekte

Baynes KC, Dhillo WS, Bloom SR (2006). Regulation of food intake by gastrointestinal hormones. Current Opinion in Gastroenterology 22, 626-631.

Blanks AM, Shmygol A, Thornton S (2007) Regulation of oxytocin receptors and oxytocin receptor signaling. Seminars in Reproductive Medicine 25, 52-59.

Boonyaratanakornkit V, Edwards DP (2007) Receptor mechanisms mediating non-genomic actions of sex steroids. Seminars in Reproductive Medicine 25, 139-153.

Brosens JJ, Gellersen B (2006) Death or survival - progesterone-dependent cell fate decisions in the human endometrial stroma. Journal of Molecular Endocrinology 36, 389-398.

Bradshaw WE, Holzapfel CM (2010) Light, time, and the physiology of biotic response to rapid climate change in animals. Annual Review of Physiology 72, 147-166.

Coast GM (2001) The neuroendocrine regulation of salt and water balance in insects. Zoology 103, 179-188.

d'Anglemont de Tassigny X, Colledge WH (2010) The role of kisspeptin signaling in reproduction. Physiology 25, 207-217.

Darrouzet E, Mauchamp B, Prestwich GD, Kerhoas L, Ujvary I, Couillaud F (1997) Hydroxy juvenile hormones. New putative juvenile hormones biosynthesized by locust Corpora allata in vitro. Biochemical and Biophysical Research Communications 240, 752-758.

Diamanti-Kandarakis E, Bourguignon JP, Giudice LC, Hauser R, Prins GS, Soto AM, Zoeller RT, Gore AC (2009) Endocrine-disrupting chemicals: An Endocrine Society scientific statement. Endocrine Reviews 30, 293-342.

Dietzel E, Wessling J, Floehr J, Schäfer C, Ensslen S, Denecke B, Rösing B, Neulen J, Veitinger T, Spehr M, Tropartz T, Tolba R, Renné T, Egert A, Schorle H, Gottenbusch Y, Hildebrand A, Yiallouros I, Stöcker W, Weiskirchen R, and Jahnen-Dechent W (2013) Fetuin-B, a liver-derived plasma protein is essential for fertilization. Developmental Cell 25, 1-7.

Dunmore SJ, Brown JEP (2013) The role of adipokines in β-cell failure of type 2 diabetes. Journal of Endocrinology 216, T37-T45.

Dusso AS, Brown AJ, Slatopolsky E (2005) Vitamin D. American Journal of Physiology Renal Physiology 289, F8-F28.

Emera D, Romero R, Wagner G (2011) The evolution of menstruation. A new model for genetic assimilation: Explaining molecular origins of maternal responses to fetal invasiveness. Bioessays 34, 26-35.

Florant GL, Healy JE (2012) The regulation of food intake in mammalian hibernators: a review. Journal of Comparative Physiology B 182, 451-467.

Freeman ME, Kanyicska B, Lerant A, Nagy G (2000) Prolactin: Structure, function, and regulation of secretion. Physiological Reviews 80, 1523-1631.

Gäde G (2004) Regulation of intermediary metabolism and water balance of insects by neuropeptides. Annual Review of Entomology 49, 93-113.

Gautron L, Elmquist JK (2011) Sixteen years and counting: An update on leptin in energy balance. The Journal of Clinical Investigation 121, 2087-2093.

Gimpl G, Fahrenholz F (2001) The oxytocin receptor system: Structure, function, and regulation. Physiological Reviews 81, 629-683.

Ghersevich SA, Poutanen MH, Rajaniemi HJ, Vihko RK (1994). Expression of 17β-hydroxysteroid dehydrogenase in the rat ovary during follicular development and luteinization induced with pregnant mare serum gonadotrophin and human chorionic gonadotrophin. Journal of Endocrinology 140, 409-417.

Hardeland R (2008) Melatonin, hormone of darkness and more: Occurrence, control mechanisms, actions and bioactive metabolites. Cellular and Molecular Life Sciences 65, 2001-2018.

Hazon N, Tierney ML, Takei Y (1999) Renin-angiotensin system in elasmobranch fish: A review. Journal of Experimental Zoology 284, 526-534.

Honegger HW, Dewey E, Ewer J (2008) Bursicon, the tanning hormone of insects: Recent advances following the discovery of its molecular identity. Journal of Comparative Physiology A: Neuroethology, Sensory, Neural, and Behavioral Physiology 194, 989-1005.

Köhler HR, Kloas W, Schirling M, Lutz I, Reye AL, Langen JS, Triebskorn R, Nagel R, Schonfelder G (2007) Sex steroid receptor evolution and signalling in aquatic invertebrates. Ecotoxicology 16, 131-143.

Kolka CM, Bergman RN (2012) The barrier within: Endothelial transport of hormones. Physiology 27, 237-247.

Konturek SJ, Konturek JW, Pawlik T, Brzozowski T (2004) Brain-gut axis and its role in the control of food intake. Journal of Physiology and Pharmacology 55, 137-154.

Levavi-Sivan B, Bogerd J, Mananos EL, Gomez A, Lareyre JJ (2010) Perspectives on fish gonadotropins and their receptors. General and Comparative Endocrinology 165, 412-437.

Maruska KP, Fernald RD (2011) Social regulation of gene expression in the hypothalamic-pituitary-gonadal axis. Physiology 26, 412-423.

Matozzo V, Gagne F, Marin MG, Ricciardi F, Blaise C (2008) Vitellogenin as a biomarker of exposure to estrogenic compounds in aquatic invertebrates: A review. Environment International 34, 531-545.

McCormick SD (2001). Endocrine control of osmoregulation in teleost fish. American Zoologist 41, 781-794.

Näslund E, Hellstrom PM (2007) Appetite signaling: From gut peptides and enteric nerves to brain. Physiology & Behaviour 92, 256-262.

Novak VJA (1975) Insect hormones. 2nd Ed. Chapman & Hall, London.

Ögren SO, Kuteeva E, Elvander-Tottie E, Hökfelt T (2010) Neuropeptides in learning and memory processes with focus on galanin. European Journal of Pharmacology 626, 9-17.

Rebar RW, Yen SSC (1979) Endocrine rhythms in gonadotropins and ovarian steroids with reference to reproductive processes. In: Endocrine rhythms. Krieger DT (ed.) Raven Press, New York. pp. 259-298.

Russell SJ, Kahn CR (2007) Endocrine regulation of ageing. Nature Reviews Molecular Cell Biology 8, 681-691.

Scherbarth F, Steinlechner S (2010) Endocrine mechanisms of seasonal adaptation in small mammals: From early results to present understanding. Journal of Comparative Physiology B: Biochemical, Systemic, and Environmental Physiology 180, 935-952.

Schulz RW, Vischer HF, Cavaco JEB, Santos EM, Tyler CR, Goos HJT, Bogerd J (2001) Gonadotropins, their receptors, and the regulation of testicular functions in fish. Comparative Biochemistry and Physiology B 129, 407-417.

Simmons DL, Botting RM, Hla T (2004) Cyclooxygenase isozymes: The biology of prostaglandin synthesis and inhibition. Pharmacological Reviews 56, 387-437.

Tessmar-Raible K, Raible F, Christodoulou F, Guy K, Rembold M, Hausen H, Arendt D (2007) Conserved sensory-neurosecretory cell types in annelid and fish forebrain: Insights into hypothalamus evolution. Cell 129, 1389-1400.

Thummel CS, Chory J (2002) Steroid signaling in plants and insects - common themes, different pathways. Genes & Development 16, 3113-3129.

Wierman ME (2007) Sex steroid effects at target tissues: Mechanisms of action. Advances in Physiological Education 31, 26-33.

Wilhelm D, Palmer S, Koopman P (2007) Sex determination and gonadal development in mammals. Physiological Reviews 87, 1-28.

Wynne K, Stanley S, McGowan B, Bloom S (2005) Appetite control. Journal of Endocrinology 184, 291-318.

Yen PM (2001) Physiological and molecular basis of thyroid hormone action. Physiological Reviews 81, 1097-1142.

V Rezeption von Signalen

Jedes Lebewesen wird in eine Welt geboren, die durch bestimmte chemisch-physikalische Parameter charakterisiert ist. Viele dieser Ereignisse und Zustände der Umwelt sind für den Organismus ohne Belang, andere dagegen können für das Tier eine große Bedeutung haben, sei es, dass sie Feinde oder einen Geschlechtspartner ankündigen, oder dass sie begehrte Nahrungsquellen anzeigen. Es liefe dem in der lebendigen Natur herrschenden Ökonomieprinzip zuwider, wenn die Organismen mit der Fähigkeit ausgestattet wären, alle oder möglichst viele Ereignisse der Umwelt wahrzunehmen. Ein Selektionsdruck herrscht jeweils nur für die Registrierung und Verarbeitung von Reizen, die für das betreffende Lebewesen eine biologische Relevanz besitzen. So sind nicht alle Tiere mit der Fähigkeit ausgestattet, Töne zu hören, Farben zu unterscheiden oder das Magnetfeld der Erde zu registrieren. Der Mensch ist dabei keineswegs das Maß aller Dinge, wie Protagoras von Abdera (ca. 481–411 v. Chr.) meinte. Es gibt Sinnesleistungen bei Tieren, die denen des Menschen bei Weitem überlegen sind, wie die sprichwörtliche Spürnase des Hundes oder das Gehör der Eulen. Auch gibt es bei Tieren Sinnesleistungen, die uns völlig fremd sind, wie das Hören von Ultraschall, das Sehen von ultraviolettem Licht, das Registrieren elektrischer Felder oder die Orientierung nach dem Magnetfeld der Erde.

Einer objektiv gegebenen Welt »da draußen«, in der sich Tier und Mensch bewegen, ernähren und fortpflanzen, kann man die subjektive Welt gegenüberstellen, die sich jeder Organismus aufgrund seiner sinnlichen Eingänge, ererbter Programme und gespeicherter Erfahrungen selbst aufbaut. Während die objektive Umgebung für alle Tiere am gleichen Ort identisch ist, sind die subjektiv erfassten Umwelten für jede Tierart – auch in identischer Umgebung – anders, denn jede Tierart ist mit einem anderen Satz von Empfangsstrukturen, Verarbeitungssystemen und genetisch fixierten oder erworbenen Programmen zur Verarbeitung der Sinneseindrücke ausgestattet. Es gibt eine bienen-, eine hunde-, eine fledermaus- oder regenwurmtypische Umwelt, man kann auch kurz sagen: eine Bienenwelt, Hundewelt, Fledermauswelt oder Regenwurmwelt. Uns wird für immer verschlossen bleiben, wie diese für uns fremden Welten aussehen, ob sie unserer ähneln oder ganz andersartig sind, wie wahrscheinlich die Umwelt einer Fledermaus, die in erster Linie nicht visuell sondern mithilfe der Sonarortung konstruiert wird.

Diese subjektive Umwelt der Tiere ist ein Konstrukt, das sich das Tier selbst schafft. In der realen Welt gibt es keine Qualitäten, weder rot noch grün, weder warm noch kalt, weder bitter noch süß. Es gibt nicht einmal Helligkeit, denn das Licht kommt erst mit den Lebewesen, die Augen zum Sehen besitzen, in unsere Welt. Wir erblicken deshalb nicht, wie der Volksmund gerne sagt, bei der Geburt das Licht der Welt, sondern zünden uns das Licht selbst an. Wie bereits Demokrit (ca. 460–370 v. Chr.), ebenfalls aus Abdera, völlig zu Recht feststellte, tragen die sinnlich wahrnehmbaren Qualitäten der Dinge subjektiven Charakter. Sie können und dürfen nicht den Dingen selbst zugeschrieben werden. John Locke (1632–1704) stellte sie als »sekundäre Sinneseigenschaften« den primären, wie Solidität, Ausdehnung, Gestalt, Bewegung, Ruhe und Anzahl, gegenüber, von denen er annahm, dass sie Ebenbilder von Mustern seien, die in den Körpern wirklich existieren. Der Physiker in seiner strikten Beschränkung auf die unabhängig vom Beobachter ablaufenden objektiven Vorgänge in der Natur müsste den Begriff »Licht« längst aus seinem Vokabular gestrichen haben. Er hat es nicht getan, wohl wissend, dass der Lichtstrahl des Physikers (elektromagnetische Strahlung) etwas ganz anderes ist als die Lichtempfindung, die er selbst habe.

Das Konstrukt der subjektiven Umwelt ist kein Abbild der realen Welt, es ist aber auch kein beliebiges Konstrukt. Es muss gewisse Entsprechungen zur realen Welt aufweisen, eine gewisse Passung auf die reale Welt besitzen, andernfalls wäre nicht verständlich, dass wir – und mit uns die Tiere – in so vortrefflicher Weise mit unserem subjektiven Weltbild in der realen Welt zurechtkommen. Immanuel Kants (1724–1804) epochale Erkenntnis, dass der »rohe Stoff sinnlicher Empfindungen« erst durch vor aller Erfahrung – *a priori* – vorhandene »Anschauungsformen« und »Denkkategorien« verarbeitet und geordnet werden müsse, um daraus Erfahrungen zu machen, warf damals wie heute die Frage auf, wie diese Anschauungsformen und Denkkategorien in unseren Kopf gekommen sein mögen.

Während Kant zu seiner Zeit keine akzeptable Antwort anbieten konnte, kann sie heute im Rahmen der von Konrad Lorenz (1903–1989) begründeten **evolutionären Erkenntnistheorie** geliefert werden: So, wie die Leistung des Auges die Berücksichtigung der Gesetze der linearen Optik, die des Ohres die Berücksichtigung der Gesetze der Akustik und die des Delfinkörpers die der Hydrodynamik zur Voraussetzung hat, so spiegelt auch die Leistung des Gehirns bestimmte Aspekte der realen Welt wider. So gibt es tatsächlich *a priorische* Anschauungsformen und Kategorien im Sinne Kants, die uns angeboren sind, in gewisser Weise auf die Welt passen und ein Erkennen erst ermöglichen. Sie passen auf die Welt, weil sie sich in Anpassung an diese Welt und ihre Gesetze im langen Prozess der Evolution schrittweise herausgebildet haben und nun in unserem Genom verankert sind. Dabei bleibt offen, ob die reale Welt tatsächlich dreidimensional ist oder nicht, wichtig ist allein, dass wir bisher mit einem solchen dreidimensionalen Weltbild überleben konnten, bisher gut mit ihm zurechtgekommen sind. Es ist deshalb, um mit Bernhard Bavink (1879–1947) zu sprechen, davon auszugehen, dass unsere angeborenen »Anschauungsformen und Kategorien gerade deshalb so sind, wie sie sind, weil sie in irgendeinem Grade wirkliche Ordnung der Dinge widerspiegeln«. Vorfahren mit einem falschen Weltbild hatten keine Chance, lange zu existieren und ihr falsches Weltbild an die nächste Generation weiterzugeben.

Allgemeine Sinnesphysiologie

Tiere verfügen über Fähigkeiten, sich über bestimmte Zustände und Veränderungen in ihrer natürlichen Umgebung sowie über Eigenzustände zu informieren. Der Registrierung solcher **Reize** (Schall, Druck, Licht, Geruchsstoffe usw.) und der Weitergabe von verschlüsselten Informationen darüber in Form bioelektrischer Signalmuster an nachfolgende Zellen des Nervensystems dienen die Sinneszellen oder **Rezeptoren**[422]. Granit* nannte sie die »persönlichen Messinstrumente« der Tiere. **Exterorezeptoren** (Exterozeptoren) sprechen auf Reize in der Umwelt des Tieres an, **Enterorezeptoren** (Interozeptoren) dienen dagegen der Information über Zustände und Vorgänge im Inneren des Körpers.

Bei der in den Rezeptoren vor sich gehenden Umsetzung der Reizenergie in neuronale Signalmuster geht die Qualität des auslösenden Reizes verloren. Den Sequenzen von Aktionspotenzialen, die im Nervensystem den höheren Zentren zugeleitet werden, ist es nicht mehr anzusehen, ob sie akustisch, optisch oder taktil ausgelöst wurden (genormte Signale, ▶ Abschn. 13.3.1). Die verschiedenen sensorischen Eingänge werden in höheren neuronalen Zentren in vielfältiger und komplexer Weise zusammengeführt (integriert). Sie führen beim Menschen subjektiv zu elementaren Sinneseindrücken wie »blau«, »warm« oder »Kammerton a«. Aus den elementaren Sinneseindrücken werden **Empfindungen** (*sensations*) und aus verschiedenen Empfindungen schließlich **Wahrnehmungen** (*perceptions*) geformt. Sowohl Empfindungen als auch Wahrnehmungen sind Konstrukte unseres Gehirns.

Wahrnehmung heißt Deutung der Empfindungen aufgrund ererbter Dispositionen und erworbener Erfahrungen. Sie ist kein passiv entstandenes Abbild der Umwelt, das uns die Sinne vermitteln, sondern ein aktives Produkt, eine **Leistung unseres Gehirns**. Diesen Sachverhalt führen uns zahlreiche Wahrnehmungstäuschungen vor Auge, die darauf beruhen, dass die zentralnervöse Verarbeitung sensorischer Information auf bestimmten Verrechnungsprinzipien und internen Annahmen zur Interpretation der äußeren Welt beruht (▶ Box 15.1).

[422] *recipere* (lat.) = aufnehmen

Box 15.1 Wahrnehmungstäuschungen

Wahrnehmungstäuschungen gibt es in allen Sinnesmodalitäten, besonders anschaulich sind optische Täuschungen. Sie zeigen, dass das Gehirn, vermutlich für schnelle Entscheidungen und Interpretationen, bestimmte Annahmen über die Konfiguration der Außenwelt macht, die sich im Lauf der Evolution als sinnvoll erwiesen haben.

Kippfiguren zeigen, dass eine Szenerie stets in Vordergrund (Objekt) und Hintergrund aufgeteilt wird (Objekt-Grund-Unterscheidung). Ein prominentes Beispiel ist die **Rubin*-Vase**. Man kann die Abbildung entweder als Vase oder als zwei Gesichter im Profil sehen (◘ Abb. 15.1a). Fixiert man das Bildzentrum, so alternieren beide Wahrnehmungen – bei gleichem sensorischen Input – miteinander. Wie der Kontext auf die Wahrnehmung wirkt, zeigt auch die **Ponzo*-Täuschung**. Größenabschätzungen werden stets in Bezug zum Hintergrund gemacht (◘ Abb. 15.1b). Wir können uns durch Abmessen davon überzeugen, dass alle drei abgebildeten Personen gleich groß sind, können uns aber dem Diktat unseres Gehirns nicht entziehen – die Figuren bleiben für unsere Wahrnehmung unterschiedlich groß. Auch die Illusion, dass der Mond am Horizont größer erscheint als weiter oben am Himmel, beruht wahrscheinlich auf diesem Phänomen. Schließlich führt uns die **Kanizsa*-Täuschung** in eindrucksvoller Weise die **konstruktive Rolle unseres Gehirns** bei unseren Wahrnehmungen vor Augen (◘ Abb. 15.1c): Man sieht ein helles Dreieck, das das darunterliegende Dreieck sowie Sektoren aus den drei schwarzen Kreisen zu verdecken scheint, aber in Wirklichkeit gar nicht da ist. Man spricht auch von »kognitiven Konturen«, da das Gehirn Konturen ergänzt, um Objekte zu erkennen und so zum Beispiel durch Ergänzen von Konturen ein Haus hinter Baumzweigen erkennen kann. Durch zwei waagerechte Linien kann die Konstruktion des Dreiecks durch unser Gehirn unterbunden werden.

15

◘ **Abb. 15.1** Wahrnehmungstäuschungen. Die Rubin-Vase ist eine zweideutige Figur: Vase oder Profil zweier Gesichter. Die Ponzo-Täuschung suggeriert eine falsche Größenwahrnehmung. In der Kanizsa-Täuschung werden unterbrochene Linien ergänzt (oben).

Die **Sinnes- und Neurophysiologie** untersucht die Mechanismen der Signaltransduktion und zentralnervösen Prozesse, die der Verarbeitung von Sinnesinformation zugrunde liegen. Hierzu werden die physikochemischen Vorgänge der Sinneserregung in Abhängigkeit von Reizen sowie die Weiterleitung und Verarbeitung der Erregung in verschiedenen Teilen des Nervensystems analysiert. Es werden Rezeptorpotenziale, Nervenimpulse, »evozierte« Potenziale, Elektroencephalogramme usw. registriert.

Die **Neuroethologie** stellt den Zusammenhang von Reizaufnahme und -verarbeitung mit Verhaltensäußerungen und -leistungen der Tiere her; hierbei werden Verhaltensantworten und die ihnen zugrunde liegenden neuronalen Prozesse in Abhängigkeit von Reizparametern und internen Zuständen untersucht.

Die **Wahrnehmungspsychologie** schließlich untersucht Wahrnehmungsleistungen sowie interne Repräsentationen und Codes, die diesen Wahrnehmungen zugrunde liegen. Sie ist ein wichtiges Instrument der kognitiven Neurowissenschaften, die unter anderem die Mechanismen untersuchen, auf denen unsere internen Vorstellungen von der Außenwelt basieren. Die interne Wahrnehmungswelt des Menschen ist zwar ein Konstrukt des Gehirns, welches sich allerdings durch die Phylogenese in hohem Maß bewährt und dazu geführt hat, dass die Leistungen unseres Gehirns an die Gegebenheiten der real existierenden Welt gut angepasst sind, soweit dies für unser Überleben notwendig ist.

15.1 Sinneszellen (Rezeptoren)

Alle Rezeptoren besitzen eine **funktionelle Polarität**. Ein Pol dient der Aufnahme der Information (**rezeptive** oder **Inputregion**) und der entgegengesetzte Pol dient der Übertragung der Information auf andere Zellen des Nervensystems (**präsynaptische** oder **Outputregion**). Beide Regionen können sich morphologisch von der übrigen Zelle abheben. Zwischen ihnen können sich eine Perikaryonregion, die den Zellkern beherbergt, und ein mehr oder weniger langes Axon befinden. In der rezeptiven Region erfolgt die Umformung, die **Transduktion**, des von außen auf sie einwirkenden Reizes in einen Erregungsvorgang. Unter **Erregung** verstehen wir die Summe der sich in dem Rezeptor bei Reizeinwirkung abspielenden Vorgänge. Dazu gehören Änderungen der Membranpermeabilität, die Entstehung von elektrischen Potenzialen, Änderungen des O_2-Verbrauchs usw. Es handelt sich dabei um keine einfache Transformation der Reizenergie in die Erregung. Dem **Reiz** kommt lediglich eine auslösende bzw. steuernde Rolle zu. Seine Energie kann deshalb wesentlich kleiner sein als die des von ihm ausgelösten oder gesteuerten Erregungsvorgangs. Die für die Erregung notwendige Energiemenge entstammt dem Zellstoffwechsel und nicht dem Reiz. Die Rezeptoren werden aktiv in ihrem Zustand der Erregbarkeit gehalten.

Die **Morphologie der Rezeptorzellen** ist sehr verschieden (▣ Abb. 15.2). **Primäre Sinneszellen** zeichnen sich durch ein vom Perikaryon entspringendes Axon aus (▣ Abb. 15.2a–c). Bei ihnen kann die rezeptive Region Teil eines distalen Zellfortsatzes sein (Photorezeptoren der Cephalopoden und Vertebraten, Geruchsrezeptoren der Vertebraten, ▣ Abb. 15.2a; Mechanorezeptoren der Arthropoden u. a.) oder sie bildet viele dendritenartige Fortsätze (z. B. Streckrezeptor beim Krebs, ▣ Abb. 15.2b). In anderen Fällen hebt sich die dendritische Region morphologisch nicht vom Perikaryon ab (Photorezeptoren vieler Invertebraten, Statorezeptoren der Cephalopoden u. a.). Schließlich kann die rezeptive Region auf den verzweigten marklosen

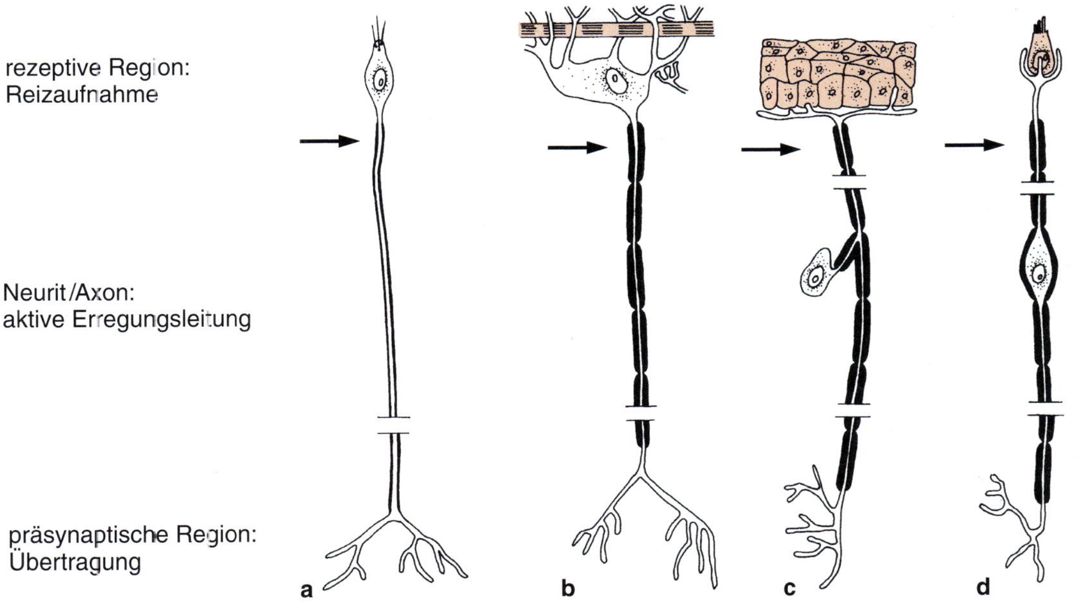

▣ **Abb. 15.2** Schematische Darstellung verschiedener sensorischer Neurone. **a** Riechzelle (Wirbeltier): primäre, bipolare, markarme Sinneszelle. **b** Streckrezeptor (Krebs): primäre, multipolare, markhaltige Sinneszelle. **c** Hautsinneszelle (Wirbeltier): Sinnesnervenzelle (pseudounipolar, markhaltig) mit freien Nervenendigungen. **d** Hörzelle (Wirbeltier): sekundäre Sinneszelle mit nachgeschalteter bipolarer, markhaltiger Nervenzelle. Pfeil: Ursprungsort der Aktionspotenziale. (Nach Bodian D (1962) The generalized vertebrate neuron. Science 137, 323–326, Abb. 1, S. 325.)

Ausläufern einer markhaltigen Nervenfaser lokalisiert sein: sogenannte freie Nervenendigungen (viele Rezeptoren in der Haut von Wirbeltieren, ◘ Abb. 15.2c). **Sekundäre Sinneszellen** sind dagegen durch das Fehlen eines Axons charakterisiert. Sie kommen nur bei Wirbeltieren vor. Hierzu gehören die Hörzellen (Haarzellen) im **Corti-Organ** der Wirbeltiere (◘ Abb. 15.2d; ► Abschn. 17.3) ebenso wie die Geschmacksrezeptoren (► Abschn. 20.2), bei denen die rezeptive als auch die präsynaptische Region Teil des Perikaryons sind. Eine Vielzahl von Membranspezialisierungen kommt bei Rezeptorzellen vor, häufig findet man speziell angeordnete Mikrovilli oder verschiedene Abwandlungen ciliärer Strukturen.

Zur differenzierten Analyse von Sinnesreizen sind Rezeptorzellen häufig mit besonderen **akzessorischen Strukturen** zu komplizierten **Sinnesorganen** vereinigt. Die akzessorischen Strukturen können folgende Aufgaben haben:

- Sie können der Abschirmung dienen und dafür sorgen, dass Reize nur aus einer bestimmten Region die Rezeptoren erreichen (z. B. Pigmente im Auge).
- Sie können in die adaptiven Vorgänge eingeschaltet sein, das heißt in die Anpassung an die jeweilige Reizintensität (z. B. Pupille).
- Sie können der Weiterleitung des Reizes dienen (reizleitender Apparat), wie der schallleitende Apparat im Ohr oder der dioptrische Apparat des Auges.

Der **reizleitende Apparat** dient nicht nur der Weitergabe des Reizes, er führt oft gleichzeitig eine **Reiztransformation** durch. Das bedeutet, dass die Größe, die am Eingang des reizleitenden Apparates wirksam ist und den Energiefluss über den Apparat bestimmt (**Eingangsreiz**), nicht mit derjenigen Größe identisch sein muss, die aus dem reizleitenden Apparat austritt und auf die sensiblen Endstrukturen einwirkt (**Nutzreiz**). So besteht der Eingangsreiz beim Säugerohr aus einem Wechsel des Schalldrucks, während der Nutzreiz die Auslenkung der Haarzellen des **Corti-Organs** ist (► Abschn. 17.3).

15

15.1.1 Adäquater Reiz

Rezeptorzellen zeichnen sich gewöhnlich durch eine hohe **Spezifität** aus, das heißt, sie reagieren jeweils nur auf eine bestimmte Reizart, den **adäquaten Reiz**[423], optimal und mit höchster Empfindlichkeit, während die inadäquaten Reize unbeantwortet bleiben oder erst bei wesentlich höheren, oft unphysiologisch hohen Intensitäten wirksam werden. Wir können deshalb von Photo-, Thermo-, Mechano-, Chemo- oder Nozirezeptoren sprechen. Die geringe bzw. fehlende Wirksamkeit inadäquater Reize kann ihre Ursache im reizleitenden Apparat, über den die Reizenergie zu den nicht frei zugänglichen Rezeptoren geführt wird, oder in morphologisch-physiologischen Besonderheiten der Rezeptorzelle selbst haben. So beruht die Erscheinung, dass die meisten Wirbeltiere nur bis hinab zu einer Wellenlänge von ca. 400 nm sehen, darauf, dass das kurzwellige Licht (Ultraviolett) auf seinem Wege durch die Linse und den Glaskörper bereits absorbiert wird und die Retinazellen gar nicht mehr erreicht, obwohl sie durch dieses Licht noch erregbar wären. Andererseits ist die obere Grenze des sichtbaren Spektrums bei etwa 800 nm durch Eigenschaften des Rezeptors selbst bedingt, denn das Licht wird von den Sehfarbstoffen nicht mehr absorbiert.

Die **Sinne** pflegt man nach der Natur ihrer adäquaten Reize zu unterteilen. So unterscheidet man die mechanischen Sinne, den Temperatursinn, den optischen Sinn, den elektrischen Sinn und die chemischen Sinne voneinander. Zur Gruppe der mechanischen Sinne gehören der Tast- und Vibrationssinn, der statische und der akustische Sinn. Im Bereich des chemischen Sinnes kann man oft zwischen einem Geruchs- und Geschmackssinn differenzieren. Aristoteles* ging fälschlicherweise noch von nur fünf Sinnen aus, die der Mensch habe: Gesicht, Gehör, Geruch, Geschmack und Tastsinn. Noch heute spricht man umgangssprachlich gerne davon, dass man seine »fünf Sinne« beisammen haben müsse und gesteht nur Personen mit »übersinnlichen« Kräften einen sechsten Sinn zu. Tatsache ist allerdings, dass der Mensch mit nur fünf Sinnen hoffnungslos verloren wäre.

Die Ausstattung mit verschiedenen Sinnen unterscheidet sich von Tierart zu Tierart oft erheblich. Während fast alle Tiere einen Schwere- und einen Tastsinn besitzen, fehlt manchen Tieren ein optischer Sinn (z. B. dem blinden Höhlenfisch *Astyanax mexicanus*), nur wenige Tiere (Wirbeltiere und manche Insekten) besitzen ein Gehör. Uns Menschen fehlt ein magnetischer Sinn, wie er zum Beispiel bei Zugvögeln ausgeprägt ist (► Abschn. 19.3.2), und ein elektrischer Sinn, den elektrische Fische zur Orientierung und Kommunikation nutzen (► Abschn. 19.2). Honigbienen können im Gegensatz zum Menschen ultraviolettes Licht wahrnehmen. Fische können mit ihrem Seitenliniensystem noch kleinste Wasserbewegungen registrieren (► Abschn. 16.4.3). Fledermäuse hören besonders gut im Ultraschallbereich (► Abschn. 17.3.7). Klapperschlangen können bei völliger Dunkelheit mit ihren infrarotempfindlichen Grubenorganen Warmblüter ausfindig machen (► Abschn. 21.3) und pyrophile Käfer nutzen Infrarotorgane, um Waldbrände anzufliegen (► Abschn. 21.3.3).

Grundsätzlich registrieren wir – und mit uns alle Tiere – mit unseren Sinnen nur einen winzigen Ausschnitt aus der Vielzahl der Ereignisse, die unablässig in unserer Umgebung auftreten. Im optischen Bereich sind es die Wellenlängen zwischen 400 und 800 nm, im akustischen die Frequenzen zwischen 16 und 20 000 Hz. Das meiste wird, weil für uns von keiner biologischen Relevanz, von keinem Sinn erfasst und bleibt unbeachtet. Wir »merken« sinnlich nichts von der Existenz der Wechselströme, der Rundfunkwellen, des Ultrarots, des Ultravioletts, der Röntgenstrahlen oder der γ-Strahlen oder vom Ultraschall. Die Gegenwart der UV-Wellen wird uns erst dann schmerzlich bewusst, wenn wir uns am Strand einen Sonnenbrand zugezogen haben. Wir spüren nichts davon, dass wir uns ständig im Magnetfeld der Erde bewegen und können den

---

[423] *adaequare* (lat.) = angleichen

lebenswichtigen Sauerstoff weder riechen noch schmecken. Die sinnlichen Welten der verschiedenen Tiere sind – weil in unterschiedlicher Weise mit Sinnesorganen ausgestattet – so verschiedenen wie deren Baupläne.

Der adäquate Reiz kann verschiedene **Empfindungen** hervorrufen. So können wir das Licht nach Farbton und -sättigung, die Töne nach Höhe und Klangfarbe unterscheiden. Diese innerhalb desselben Sinnes möglichen verschiedenen Empfindungen nennt man **Qualitäten**. Sie sind miteinander wesensverwandt und bilden in ihrer Gesamtheit einen Qualitätskreis innerhalb einer **Modalität**. Während also Blau und Grün derselben Modalität angehören, sind Blau und der Kammerton a zwei verschiedenen Modalitäten zuzuordnen. Visuelle und auditorische Empfindungen sind nicht miteinander vergleichbar. Innerhalb des Temperatursinns müssen wir zwei Modalitäten – kalt und warm – unterscheiden. Es gibt, streng genommen, einen Kälte- und einen Wärmesinn. Innerhalb der chemischen Sinne stößt die Differenzierung in Modalitäten und Qualitäten noch auf Schwierigkeiten.

Die Erfahrung lehrt, dass ein einzelner Sinn jeweils nur Empfindungen einer einzigen Modalität auslösen kann. Unabhängig davon, ob die Netzhaut durch Licht (adäquater Reiz) gereizt wird, oder ob wir das Auge oder auch den optischen Nerv künstlich elektrisch oder mechanisch reizen, kommt es immer nur zur Licht- oder Farbempfindung. Ebenso führt eine mechanische Reizung (Berührung, Durchschneiden) der Chorda tympani, ein Seitenast des Nervus facialis, der Geschmacksknospen der Zunge innerviert, nicht zur Tast-, sondern zur Geschmacksempfindung. Diese Gesetzmäßigkeit ist als **Gesetz der spezifischen Sinnesenergie** (Johannes Müller* 1826) in die Physiologie eingegangen und wird im englischen Sprachgebrauch als ***labeled-line*-Codierung** bezeichnet.

15.1.2 Transduktion (Rezeptorpotenzial)

Alle Rezeptorzellen erfüllen zwei wichtige Funktionen. Sie wandeln die reizspezifische Energie (Licht, Druck, Temperatur usw.) in ein zelleigenes Signal, in elektrochemische Energie des **Rezeptorpotenzials** um. Hierbei wirken die Rezeptoren gleichzeitig als Verstärker, da die Reizenergie in der Regel wesentlich geringer ist als die Energie des Rezeptorpotenzials. Beide Vorgänge sind eng miteinander verbunden und werden als **Transduktion**[424] bezeichnet. Jeder Reiz muss einen Mindestbetrag an Energie zum Rezeptor bzw. von ihm weg führen, wenn er wirksam werden, das heißt eine fortgeleitete Erregung auslösen soll. Als Folge der Einwirkung eines adäquaten Reizes hinreichender Stärke tritt eine **Änderung der Membranleitfähigkeit** auf, die auf das Öffnen oder Schließen bestimmter Membrankanäle zurückzuführen ist. Die molekularen Mechanismen der Transduktion (▶ Kap. 12) sind sehr verschieden. Bei vielen Mechanorezeptoren wirkt der Reiz direkt auf Ionenkanäle, bei Photorezeptoren und vielen Chemorezeptoren

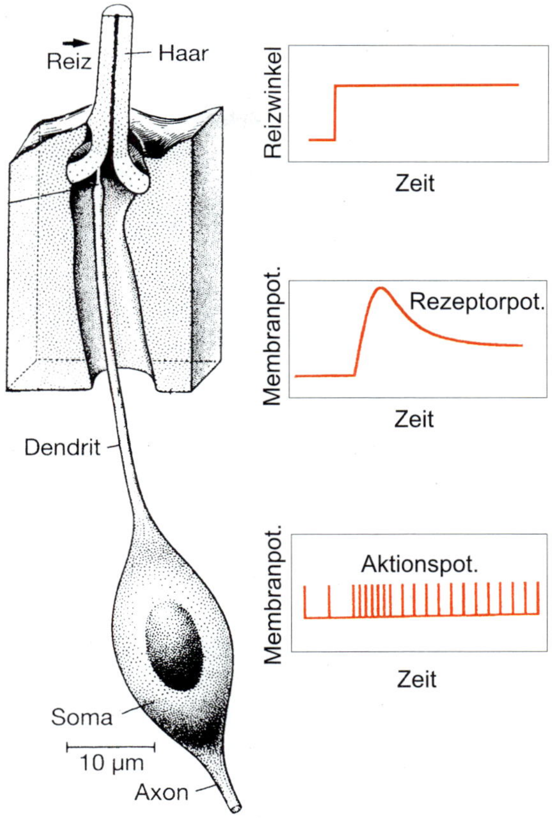

Abb. 15.3 Die Reiz-Erregungs-Transduktion am Beispiel eines Borstenfeldsensillums der Honigbiene *Apis mellifera*. (Aus Gewecke M (1995) Physiologie der Insekten. Fischer, Stuttgart, Abb. 4-39, S. 202.)

führt erst eine biochemische Kaskade von Enzymaktivitäten und Second-Messenger-Molekülen zum Schließen oder Öffnen von Ionenkanälen. Dadurch entsteht ein Rezeptorstrom, der gewöhnlich am Reizeinwirkungsort eine zunächst lokal auf die rezeptive Membran begrenzte Abnahme des Ruhemembranpotenzials (**Depolarisation**) erzeugt. Eine Ausnahme bilden die Sehzellen der Wirbeltiere. Dort tritt eine Hyperpolarisation bei Reiz-(Licht-)einwirkung auf, da Na^+-Kanäle nicht geöffnet, sondern geschlossen werden und damit der »Dunkelstrom« gedrosselt wird (▶ Abschn. 18.1.3).

Die Amplitude der Potenzialänderung, das **Rezeptorpotenzial** (Abb. 15.3) nimmt in gesetzmäßiger Weise mit der Reizintensität zu und ist damit ein graduiertes Potenzial. Es bleibt oft so lange bestehen, wie der Reiz einwirkt. Ist der Reiz beendet, so klingt das Potenzial allmählich wieder ab. Es ist noch bis zu einer Millisekunde nach der Reizeinwirkung nachweisbar. Die als Rezeptorpotenzial auftretende, messbare elektrische Energie ist gewöhnlich sehr viel größer als die einwirkende Reizenergie (**Verstärkerfunktion** des Rezeptors).

Wirbeltierstäbchen reagieren bereits auf die Absorption eines einzigen Lichtquants zuverlässig mit einem **Miniatur-Rezeptorpotenzial** von etwa 1 mV. Ein Photon roten Lichts besitzt eine Strahlungsenergie von etwa 3×10^{-19} J, das im Wirbeltierphotorezeptor hervorgerufene Rezeptorpotenzial verfügt aber bereits über eine elektrische Energie von ca. 5×10^{-14} J. Das

424 *transducere* (lat.) = hinüberführen, leiten

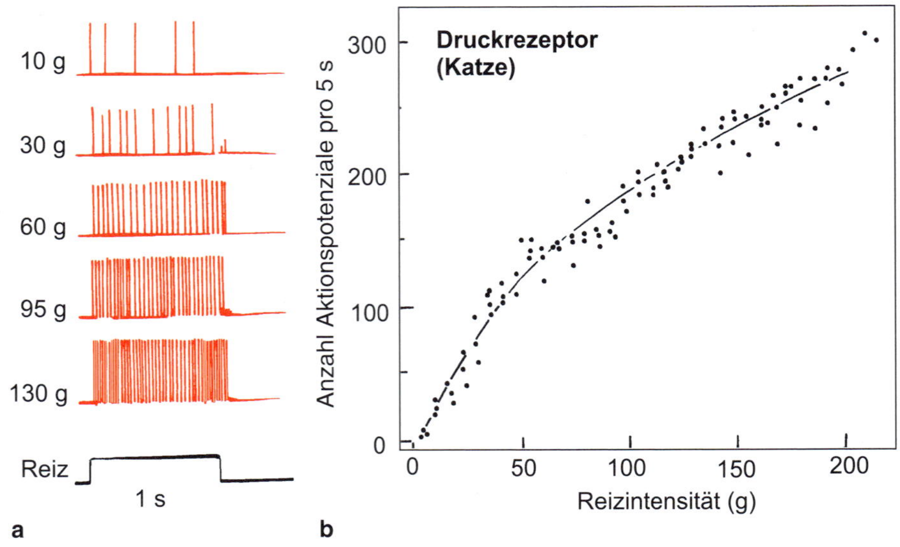

Abb. 15.4 Druckrezeptor des Katzenfußes. **a** Entladungen der afferenten Faser bei verschieden starken Reizen von 1 s Dauer. **b** Impulse pro 5 s in Abhängigkeit von der Reizintensität. Jeder Punkt entspricht einer Messung. Man beachte die Streuung der Messpunkte. (Nach Zimmermann M (1971) Sensorisches System. In Schmidt RF (Hrsg) Neurophysiologie programmiert. Springer, Berlin, S. 287–348, Abb. 32-22, S. 343.)

entspricht einer Verstärkung der Energie um den Faktor $1{,}7 \times 10^5$. Der Reiz ist daher nicht die Quelle der Energie für das Rezeptorpotenzial, er steuert (triggert) lediglich die Ionenströme, die durch die von der Zelle aktiv aufgebauten und aufrechterhaltenen Konzentrationsdifferenzen angetrieben werden.

15.1.3 Transformation (Frequenzcodierung)

Das Rezeptorpotenzial ist eine **lokale Antwort**. Es wird nicht aktiv fortgeleitet, sondern breitet sich elektrotonisch von seinem Entstehungsort über die Zellmembran aus. Unter einer **elektrotonischen Ausbreitung** versteht man eine passive Umladung der Membrankapazität durch Stromfluss entlang des Innenwiderstands des Cytoplasmas und des Querwiderstands der Membran ohne aktive Erregung, das heißt ohne nennenswerte Permeabilitätsänderungen für die verschiedenen Ionen. Sie ist stets mit einer Abnahme der Potenzialhöhe (**Dekrement**[425]) verbunden.

Ist die Amplitude des **Rezeptorpotenzials** groß genug, greift bei primären Sinneszellen die von ihm ausgehende Depolarisation schließlich auch auf den Anfangsteil des zugehörigen Axons (Axonhügel) über. Überschreitet die Depolarisation dort das **Schwellenpotenzial** (▶ Abschn. 13.3.1), das etwa zwischen −40 und −60 mV liegt, so entsteht ein **Aktionspotenzial**, das aktiv über das Axon fortgeleitet wird. Das Rezeptorpotenzial wirkt in diesem Fall als elektrischer Reiz (**Generatorpotenzial**[426]) auf das Axon.

Die Entstehungsorte des Rezeptorpotenzials (**rezeptive Region**) und der Impulse (**spikegenerierende Zone**) sind räumlich voneinander getrennt. Bei den sehr gut untersuchten Pacini-Körperchen (▶ Abschn. 16.3.3) tritt das Rezeptorpotenzial an den nichtmyelinisierten (markfreien) Endigungen des Axons innerhalb des Sinneskolbens auf, das Aktionspotenzial dagegen am ersten Ranvier-Schnürring (▶ Abschn. 13.2). Ist nach Abschluss der **Refraktärperiode** (▶ Abschn. 13.3) die Erregbarkeit in diesem Membranelement wieder hergestellt, so wird bei bestehendem Rezeptorpotenzial erneut ein Aktionspotenzial ausgelöst und auf diese Weise Dauerreize in Serien von Aktionspotenzialen übersetzt. Die Impulse folgen umso schneller aufeinander, das heißt, die Impulsfrequenz ist umso größer, je höher das Rezeptorpotenzial bzw. – da Letzteres von der Reizintensität abhängt – je stärker der einwirkende Reiz ist (■ Abb. 15.4). Man spricht von einem **überschwelligen Reiz**, wenn er eine fortgeleitete Erregung in Form von Aktionspotenzialen herbeiführt.

Zusammenfassend kann festgestellt werden, dass man zwei aufeinanderfolgende Schritte der Erregungsbildung unterscheiden muss (■ Abb. 15.3):

1. die Bildung eines von der einwirkenden Reizintensität graduiert abhängigen, lokalen Potenzials (Rezeptorpotenzial), die **Transduktion**,
2. die Bildung und Fortleitung von Aktionspotenzialen (*spikes*) genormter Höhe und Dauer in bestimmter zeitlicher Folge, die **Transformation**[427].

Die Information über die Reizintensität steckt nicht in den einzelnen Aktionspotenzialen, sondern wird in der zeitlichen Abfolge (Frequenz) der Aktionspotenziale codiert. Das gilt für fast alle Sinnesmeldungen in gleicher oder ähnlicher Weise. Die bioelektrischen Signalmuster liefern den sensorischen Zentren im Gehirn keine Information über die Modalität bzw. Qualität des auslösenden Reizes (**Neutralität des neuronalen Codes**). Die Qualität unserer Empfindung geht aus der Konnektivität der Neurone innerhalb der verschiedenen, voneinander getrennten sensorischen Systeme hervor. Treffen Aktionspotenzi-

[425] *decrementum* (lat.) = Abnahme
[426] *generatio* (lat.) = Zeugung
[427] *transformare* (lat.) = umgestalten, verwandeln

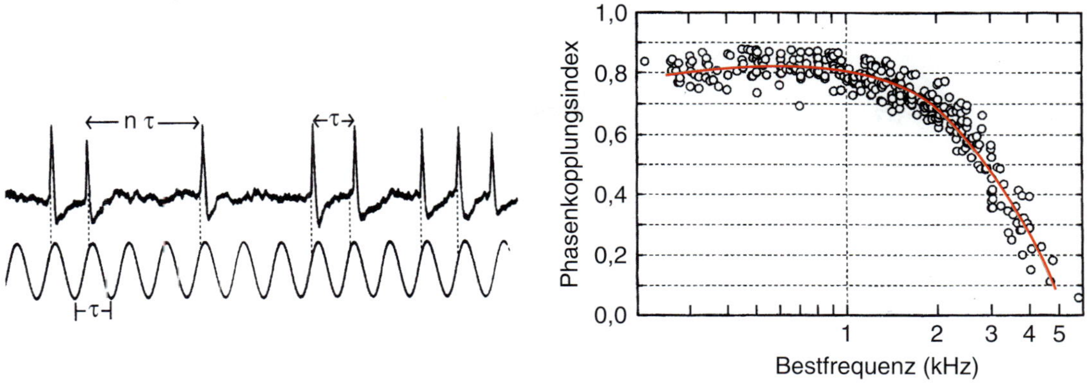

Abb. 15.5 Temporaler Code. Bei Hörnervenfasern des Wirbeltierohrs sind Aktionspotenziale im unteren Frequenzbereich (hier Reizton 300 Hz, τ = 3,3 s) streng phasengekoppelt. Die Abstände der Aktionspotenziale betragen τ oder ein Vielfaches davon. Rechts: Die Phasenkopplung geht bei Säugetieren bei höheren Schallfrequenzen (>2–3 kHz) verloren, zu erkennen am steilen Abfall der Kurve des Phasenkopplungsindexes oberhalb dieses Frequenzbereichs. (Aus Heldmaier G, Neurweiler G (2007) Vergleichende Tierphysiologie, Bd. 1. Springer, Heidelberg, Abb. 8.34b, S. 283, nach Hartmann WM (1996) Pitch, periodicity, and auditory organization. J Acoust Soc Am 100, 3491–3502.)

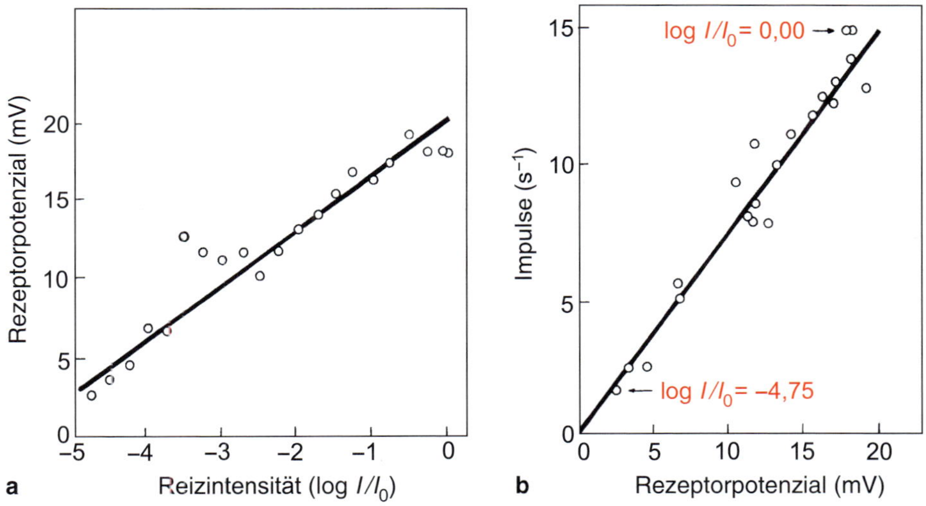

Abb. 15.6 *Limulus*-Auge. **a** Die Höhe des Rezeptorpotenzials ist proportional zum Logarithmus der Reizintensität. **b** Die Anzahl der Impulse pro Sekunde in den Fasern des Sehnerven ist dagegen direkt proportional zur Höhe des Rezeptorpotenzials. Demzufolge hängt die Impulsfrequenz von der Reizintensität (Über-alles-Beziehung) ebenfalls logarithmisch ab. (Nach MacNichol EF (1956) Visual receptors as biological transducers. In: Grenell RG, Mullins LJ (Hrsg) Molecular structure and functional activity of nerve cells. Am Inst Biol Sci, S. 34–62, Abb. 8, S. 42, Abb. 9, S. 43.)

ale über die Sehbahn in den cortikalen Sehzentren ein, so führen sie zu visuellen Empfindungen, treffen Aktivitäten über die Hörbahn in den akustischen Zentren ein, führen sie zu akustischen Empfindungen. Würde es gelingen, so schrieb Helmholtz einmal, den Seh- und den Hörnerv zu durchtrennen und vertauscht wieder miteinander zu verbinden, so würden wir nicht mehr den Blitz sehen und den Donner hören, sondern umgekehrt, den Donner sehen und den Blitz hören können. Während in einem **Frequenzcode** (*rate code, frequency code*) die Information über die Reizintensität in der mittleren Frequenz der Aktionspotenziale enthalten ist, kommt in einigen Sinnessystemen (z. B. Thermorezeptoren) auch ein **temporaler Code** (*temporal code*) vor, bei dem auch die zeitliche Verteilung der Aktionspotenziale eine Codierungsfunktion hat. So spielt die präzise Phasenkopplung von Aktionspotenzialen im Hörnerv bei unteren Schallfrequenzen (Abb. 15.5) eine wichtige Codierungsfunktion beim Richtungshören (▶ Abschn. 17.2.2).

15.1.4 Kennlinien: Reiz-Erregungs-Beziehungen

Bei allen bisher untersuchten Beispielen besteht im physiologischen Bereich eine **lineare Abhängigkeit** der Impulsfrequenz von der Höhe des Rezeptorpotenzials (Abb. 15.6). Die Beziehung zwischen einwirkender Reizintensität und Höhe des Rezeptorpotenzials ist dagegen oft nicht linear. Damit ist auch die **Über-alles-Beziehung** zwischen Reizintensität *I* und Impulsfrequenz *f* (**Kennlinie** des Rezeptors) nicht linear (Abb. 15.7).

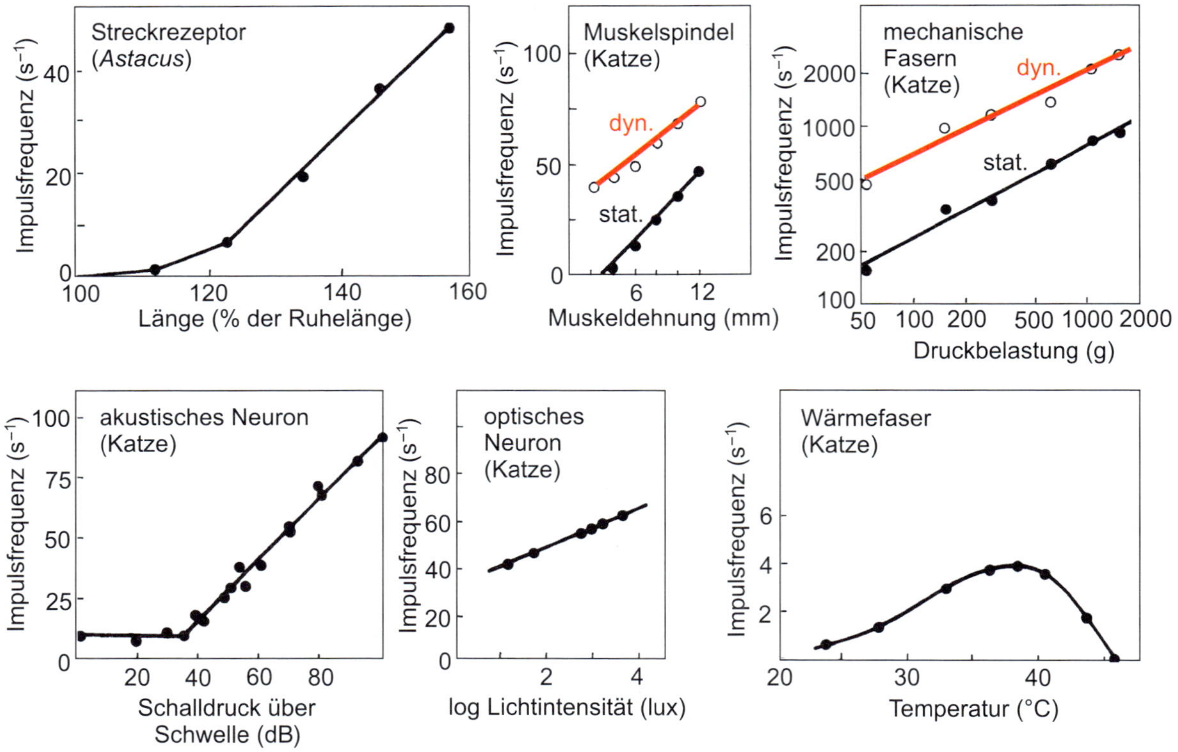

Abb. 15.7 Kennlinien verschiedener Rezeptorneurone. Der Streckrezeptor und der Muskelspindelrezeptor zeigen lineare Kennlinien, die mechanischen Fasern eine Potenzfunktionskennlinie (doppelt logarithmische Auftragung), das akustische und das optische Neuron besitzen logarithmische Kennlinien (einfach logarithmische Auftragung) und die Wärmefaser eine Extremwertkennlinie. dyn = dynamische Kennlinie (Impulsfrequenz kurz nach Reizeinwirkung, während des *overshoots*); stat = statische Kennlinie (Impulsfrequenz im eingeschwungenen Zustand).

Die meisten **Exterorezeptoren** (Photorezeptoren der Wirbeltiere, Cephalopoden und Arthropoden, Rezeptoren in den Grubenorganen der Klapperschlangen, akustische Neurone der Katze, Geruchsrezeptoren u. a.) besitzen **logarithmische Kennlinien**, das heißt, die Erregungsgröße (Impulsfrequenz f) nimmt linear mit dem Logarithmus der Reizintensität I zu:

$$f = k_1 \times \log(I - I_0) + f_0 \text{ (Impulse s}^{-1}\text{) für alle } I > I_0$$

mit k_1 = Konstante; I_0 = Schwellenreizintensität; f_0 = Spontanfrequenz, kann null sein.

Der Arbeitsbereich, in dem Reizunterschiede codiert werden, erstreckt sich von der **Schwellenreizintensität** I_0 bis zur **Sättigung**, über die die neuronale Antwort nicht gesteigert werden kann (Abb. 15.8). Bei Änderungen der Umgebungsintensität kann die Kennlinie zu höheren oder niedrigeren Reizintensitäten verschoben werden (Adaptation, ▶ Abschn. 15.1.7).

Bei anderen Rezeptoren besteht zwischen der einwirkenden Reizintensität und der sich einstellenden Erregungsgröße ein Zusammenhang in Form einer Potenzfunktion:

$$f = k_2(f - f_0)^n + f_0 \text{ (Impulse s}^{-1}\text{) für alle } I > I_0.$$

Im einfachsten Fall ist $n = 1$ (**lineare Kennlinie** bei vielen Interorezeptoren: zum Beispiel Muskelspindeln der Säugetiere [▶ Abschn. 23.2.9; Abb. 15.7], abdominale Streckrezeptoren der Dekapoden, Barorezeptoren im Carotissinus). Für n < 1 ähneln Potenzfunktionen sehr stark logarithmischen Kennlinien und können aufgrund experimenteller Daten oft nicht von diesen unterschieden werden.

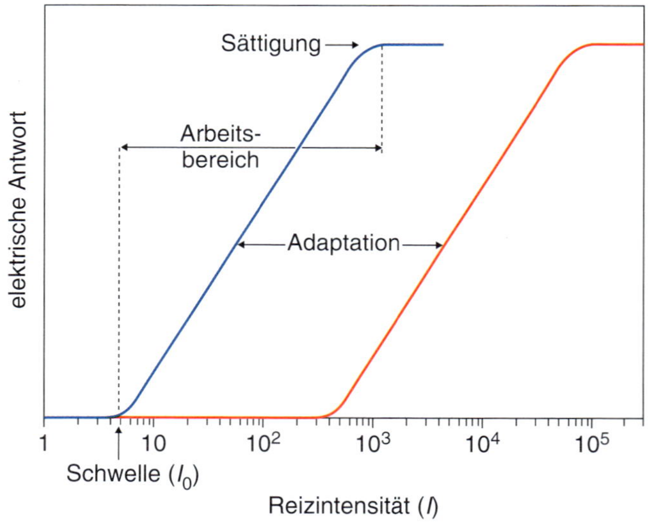

Abb. 15.8 Prinzipieller Verlauf einer logarithmischen Kennlinie. Reizintensitäten werden im Arbeitsbereich der Kennlinie, oberhalb der Schwellenintensität und unterhalb der Sättigung codiert. Durch Adaptation kann die Kennlinie zu höheren oder niederen Umgebungsintensitäten verschoben werden, ohne dass die relative Unterschiedsempfindlichkeit beeinflusst wird.

Rezeptoren mit logarithmischer Kennlinie haben den Vorteil, dass sich ihr Arbeitsbereich über einen größeren Intensitätsbereich erstreckt als solche mit linearer Kennlinie. Bei linearen Kennlinien bleibt im gesamten Arbeitsbereich die absolute **Unterschiedsempfindlichkeit** gleich, während sie bei Rezeptoren mit logarithmischer Kennlinie mit steigender Reizintensität abnimmt. Bei ihnen bleibt dagegen die relative Unterschiedsempfindlichkeit konstant:

$$\frac{\Delta I}{I} = \text{konstant}$$

Dieses vor allem aus der Psychophysik bekannte **Weber*-Gesetz** entspricht unserer Wahrnehmung, dass zum Beispiel ein Gegenstand unabhängig von der Beleuchtungsintensität stets gleich hell erscheint (Helligkeitskonstanz), da er immer denselben Prozentanteil des Lichts reflektiert.

Es gibt schließlich auch Rezeptoren, die bei einer bestimmten Reizintensität eine maximale Erregung erreichen und sowohl bei höheren als auch bei niederen Reizintensitäten weniger stark erregt werden (**Extremwertkennlinie**). Das ist zum Beispiel für die Thermorezeptoren charakteristisch (▶ Abschn. 21.1). Auch die Extremwertkennlinie bedingt – ebenso wie die lineare Kennlinie – einen schmalen Arbeitsbereich der Sinneszelle.

15.1.5 Zeitverhalten

Eine sprunghafte Zunahme der Reizintensität (**Sprungreiz**) beantworten die meisten Rezeptoren mit einer vorübergehenden **Erregungsspitze** (überschießende Erregung, engl. *overshoot*) und anschließendem Abfall auf ein neues Niveau. Die Höhe der initialen Erregungsspitze ist von der Geschwindigkeit abhängig, mit der sich die Reizstärke ändert, das heißt mit der sie vom ursprünglichen auf den neuen Wert wechselt. Sie spiegelt also den zeitlichen Differenzialquotienten der Reizintensität (D- oder **Differenzialquotientenempfindlichkeit**) wider. Die Höhe des Niveaus, bis zu dem die Erregungsgröße anschließend wieder abfällt, ist dagegen nur von der herrschenden Reizintensität selbst – linear oder logarithmisch (s. o.) – abhängig (**Absolut-, P- oder Proportionalempfindlichkeit**). Man bezeichnet diese Rezeptoren wegen ihrer kombinierten Proportional- und Differenzialquotientenempfindlichkeit als PD- oder **phasisch-tonische Rezeptoren** (◘ Abb. 15.9). Ein solches Verhalten zeigen zum Beispiel die Thermorezeptoren der Wirbeltiere. Bei sprunghafter Abnahme der Reizintensität (Abwärtssprung) wird der Differenzialquotientenanteil der Empfindlichkeit negativ. Das führt oft dazu, dass die Impulsfrequenz vorübergehend bis auf null sinkt (überschießende Hemmung oder *silent period*[428]).

[428] *silent* (engl.) = schweigend, stumm

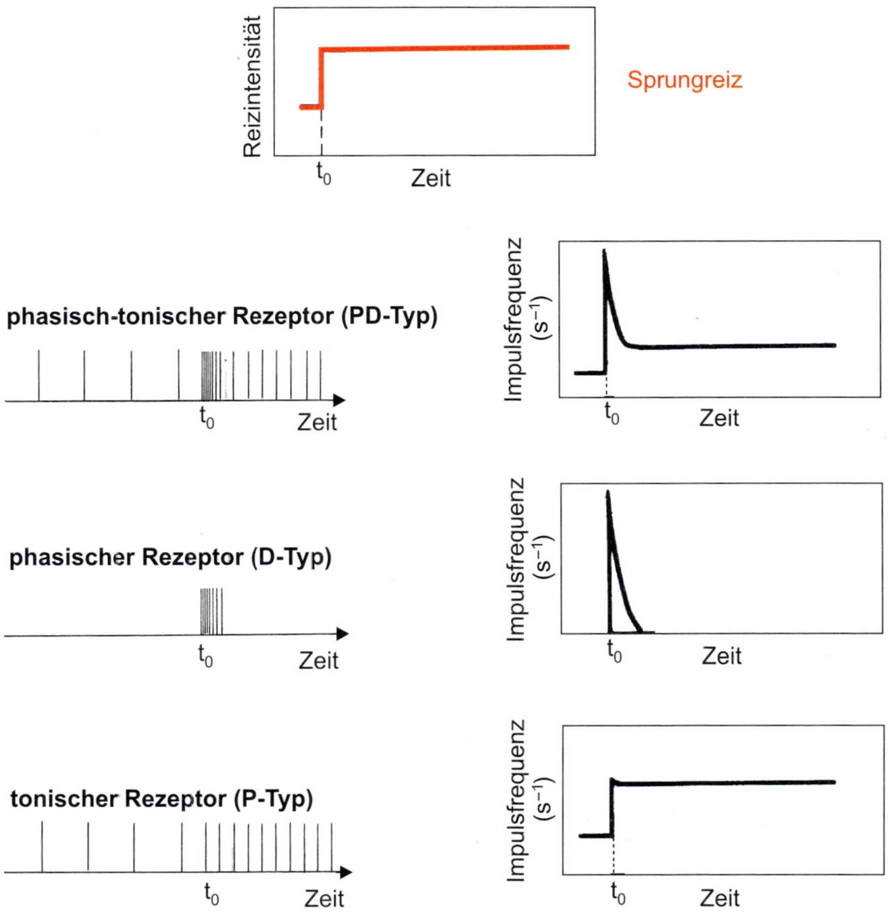

◘ **Abb. 15.9** Verlauf der Erregungsgröße (Impulsfrequenz) nach Sprungreizen bei verschiedenen Rezeptortypen.

Im Gegensatz zu den PD-Rezeptoren besitzen die P- oder **tonischen Rezeptoren** nur eine Absolutempfindlichkeit. Sie beantworten einen Sprungreiz lediglich mit einer Änderung ihrer stationären Erregungsgröße, ohne eine Erregungsspitze zu durchlaufen (◘ Abb. 15.9). Hierzu gehören zum Beispiel die Stellungsrezeptoren der Krebse. Schließlich gibt es verschiedene Rezeptoren, die nur eine Differenzialquotientenempfindlichkeit besitzen. Sie reagieren bei sprunghafter Zunahme der Reizintensität lediglich mit einer kurzen Impulssalve, und »schweigen« anschließend. In dieser Salve folgen die Impulse umso dichter aufeinander, je größer die Anstiegsgeschwindigkeit der Reizintensität ist (D- oder **phasische Rezeptoren**). Steigt die Reizintensität zu langsam an, so bleiben die phasischen Rezeptoren stumm. Als Beispiele seien die **Pacini-Körperchen** (▶ Abschn. 16.3.3) sowie Rezeptoren des **Johnston-Organs** der Schmeißfliege *Calliphora* (▶ Abschn. 16.4.1) genannt.

15.1.6 Reizschwellen, Empfindlichkeit

Auskunft über die **absolute Empfindlichkeit** einer sensorischen Endstruktur kann man durch Bestimmung der **Reizschwelle** bei adäquater Reizung erhalten. Es wird die geringste Energiemenge bestimmt, die pro Zeiteinheit der Empfangsstruktur zugeführt werden muss, um eine Erregung auszulösen. Diese **Schwellenintensität** hat die Dimension einer Leistung und wird in Watt ($J\ s^{-1}$) angegeben. Aus ihr kann man die **Schwellenenergie** berechnen, wenn man die Mindestdauer (Nutzzeit) kennt, die ein Reiz mit Schwellenintensität einwirken muss, um eine Erregung auszulösen. In ◘ Tab. 15.1 sind einige Schwellenwerte aufgeführt.

Berücksichtigt man, dass ein großer Teil der Schwellenenergie (ca. 90 %) bereits beim Passieren der Augenmedien verloren geht und gar nicht die **Lichtsinneszellen** erreicht, so kommt man zu dem Ergebnis, dass die Absorption eines einzigen Lichtquants (4×10^{-19} J bei $\lambda = 507$ nm) ausreicht, ein Stäbchen zu erregen. Die Empfindlichkeit des einzelnen Stäbchens erreicht somit »die absolute Grenze, die durch den atomistischen Charakter der Lichtphänomene gesetzt ist« (Bohr).

Ähnlich ist es beim **Geruchssinn** mancher Tiere: Oft reicht ein einziges Duftmolekül aus, eine Riechsinneszelle zu erregen (Beispiele: Aal, Seidenspinnermännchen).

Die Empfindlichkeit des **Säugetierohrs** liegt an der Grenze des physiologisch Sinnvollen. Eine weitere Steigerung würde bereits die durch die thermischen Bewegungen der Moleküle hervorgerufenen Druckschwankungen am Trommelfell hörbar machen, was zu einem ständigen Rauschpegel im Ohr, also zu keiner Verbesserung des Hörvermögens, führen würde. Berechnungen ergaben, dass der Störpegel durch thermisches Rauschen umso größer ist, je größer der Frequenzbereich optimalen Hörens ist. Der Schalldruck p des thermischen Störgeräusches ist:

$$p=\sqrt{KT\left(f_2^3-f_1^3\right)}\ ;K=8\pi\rho\frac{k}{3}v,$$

wobei K eine Konstante ist, in die die Dichte der Luft ρ, die Schallgeschwindigkeit v und die Boltzmann-Konstante k eingehen. T ist die absolute Temperatur, f_2 die obere und f_1 die untere Frequenzgrenze des betrachteten Störgeräusches. Für den optimalen Hörbereich des Menschen ($f_1 = 1000$ Hz, $f_2 = 6000$ Hz) ergibt sich ein thermischer Störschalldruck von $5{,}5 \times 10^{-6}$ Pa $= 5{,}5 \times 10^{-5}$ µbar. Die Schwelle für das menschliche Ohr liegt etwas höher bei 2×10^{-5} Pa, also – wie gesagt – an der Grenze des physiologisch Sinnvollen.

Die Empfindlichkeit der Rezeptoren ist, wie oben dargelegt, in vielen Fällen bis an die Grenze des physikalisch Möglichen bzw. physiologisch noch Verträglichen gesteigert. Von diesen Reizschwellen einzelner Rezeptorzellen, den **peripheren Schwellen**, sind die Schwellenwerte für die Reaktion des ganzen Tieres bzw. – beim Menschen – für die bewusste Empfindung (**zentrale Schwelle**) zu unterscheiden. Letztere liegen in der Regel wesentlich höher. So reicht zwar die Absorption eines einzigen Lichtquants aus, das Stäbchen in der menschlichen Netzhaut zu erregen, zur Lichtempfindung kommt es aber erst dann, wenn innerhalb der Nutzzeit eine bestimmte Zahl von Stäbchen, die alle demselben rezeptiven Feld (▶ Abschn. 15.2.1) angehören müssen, erregt werden. Beim Menschen (völlig dunkeladaptiert, Reizlicht von 500 nm Wellenlänge auf eine Fläche 15° nasal von der Fovea gerichtet) ergibt sich eine Wahrnehmungsschwelle von 59–73 Quanten, die auf die Cornea fallen müssen. Davon erreichen etwa 15 unter günstigsten Bedingungen die etwa 100 Stäbchen der gereizten Fläche. Die auf die Rezeption des Sexualduftstoffs Bombykol (▶ Abschn. 20.3.1) spezialisierten Riechzellen des Seidenspinnermännchens reagieren zwar schon bei Kontakt mit einem einzigen Reizmole-

◘ **Tab. 15.1** Schwellenintensität und -energie einiger Sinnesorgane unter optimalen Bedingungen.

Sinnesorgan	Schwellenintensität ($J\ s^{-1}$)	Nutzzeit (s)	Schwellenenergie (J)
menschliches Auge (dunkeladaptiert, blau-grünes Licht: 507 nm)	$5{,}6 \times 10^{-17}$	~ 0,5	~ $0{,}3 \times 10^{-17}$
menschliches Ohr (1200 Hz)	$8–40 \times 10^{-18}$	~ 0,5	$4–20 \times 10^{-18}$
Tympanalorgan (Ultraschall)	5×10^{-17}		
Subgenualorgan (1400 Hz)	6×10^{-17}		

Nach Autrum* H (1948) Über Energie- und Zeitgrenzen der Sinnesempfindungen. Naturwissenschaften 35, 361–369.

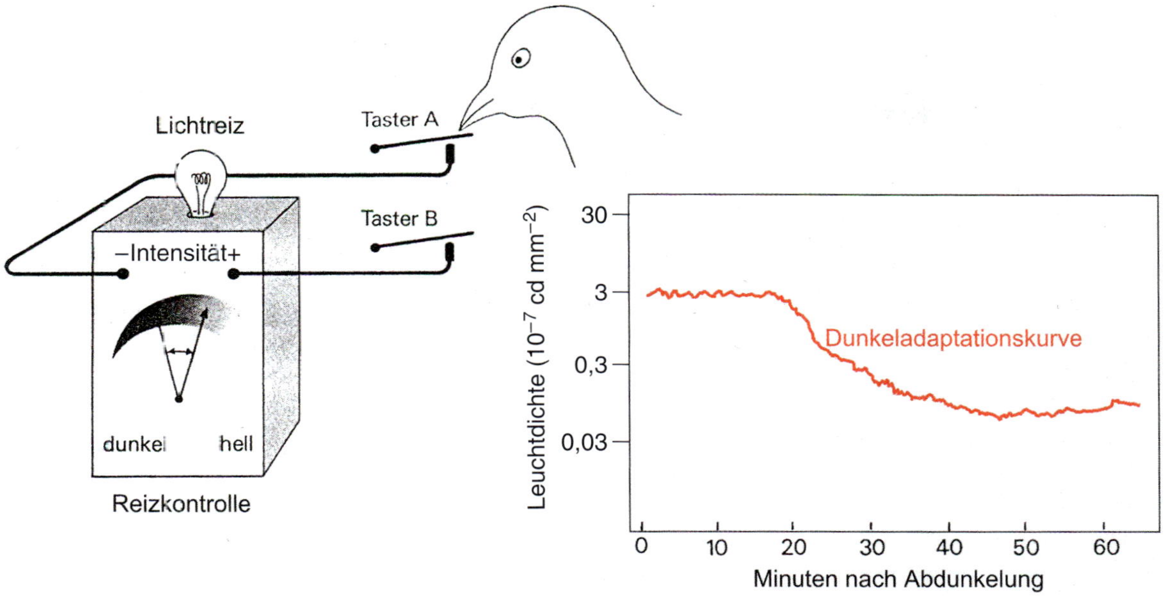

Abb. 15.10 Operante Konditionierung einer Taube zur quantitativen Verfolgung der Dunkeladaptation. Nähere Erläuterungen im Text. (Nach Blough DS (1956) Dark adaptation in the pigeon. J Comp Physiol Psychol 49, 425–430.)

kül, zur Reaktion des ganzen Tieres kommt es aber erst, wenn ca. 170 Riechzellen pro Sekunde mit einem Reizmolekül erregt werden. Dadurch schützen sich die Tiere vor Fehlinformationen infolge spontaner Entladungen einzelner Sinneszellen. Es scheint nicht möglich zu sein, höchstempfindliche Rezeptorsysteme gleichzeitig hinreichend rauscharm zu machen, damit Reaktionen des Tieres von einer einzigen Zelle aus gesteuert werden können.

15.1.7 Adaptation

Bei lang andauernden Reizen beobachtet man oft eine deutliche Abnahme der Empfindungsintensität. Gerüche nehmen wir oft nach kurzer Zeit nicht mehr wahr, ebenso die Kleidung an unserem Körper und den Ring an unserem Finger. Man spricht von **Adaptation**[429]. Sie kann verschieden schnell und in unterschiedlich starkem Ausmaß verlaufen, scheint aber bei fast allen Sinnen (Ausnahme: Schmerz, ▶ Kap. 22) ausgeprägt zu sein (▶ Box 15.2). Durch die Adaptation vermag der Organismus die Fähigkeit zur Unterscheidung von Intensitäten über einen großen Intensitätsbereich hinweg aufrechtzuhalten. Wir können sowohl am sonnenüberfluteten Strand als auch bei Mondschein unsere Zeitung lesen. Mit unserem Ohr erfassen wir Intensitäten, die um zwölf log-Einheiten voneinander differieren. Hierbei wird die Kennlinie in Anpassung an unterschiedliche Umgebungsintensitäten zu höheren oder niedrigeren Reizintensitäten verschoben (Abb. 15.8), ohne dass sich die relative Unterschiedsempfindlichkeit verändert. »Erkauft« wird diese Leistung der Sinne allerdings in der Regel mit einem gewissen Verlust, Informationen über die absoluten Intensitäten zu gewinnen.

> **Box 15.2 Experiment zum quantitativen Nachweis der Dunkeladaptation bei Tauben**
>
> Um eine Dunkeladaptation im Experiment (Abb. 15.10) nachzuweisen, erfolgt vorbereitend eine operante Konditionierung (▶ Abschn. 13.8) der Taube: Sie lernt, die Taste A zu bedienen, wenn sie einen Lichtreiz sieht, und die Taste B, wenn sie keinen Lichtreiz sieht. Die Apparatur ist so konstruiert, dass die Betätigung der Taste A automatisch eine Verringerung und die Betätigung der Taste B eine Erhöhung der Intensität des nächsten Lichtreizes zur Folge hatte. Im Verlauf des Versuchs stellt die Taube durch Betätigung der beiden Tasten selbst jeweils die Lichtstärke ein, die etwa der absoluten Sehschwelle entspricht. Nach Übergang von einer hellen zu einer abgedunkelten Raumbeleuchtung (Dunkeladaptationskurve) erkennt man, dass die eingestellte Schwellenreizstärke nach etwa 20 min kontinuierlich abnimmt, bis sie nach etwa einer Stunde einen Minimalwert (10^{-8} cd mm^{-2}) erreicht.

Die **Ursachen** der Adaptation können verschiedener Natur sein. Adaptation kann auf allen Ebenen der Sinneskanäle ablaufen. Grob unterscheidet man zwischen peripherer und zentraler Adaptation. Es kann bereits aufgrund der physikalischen Eigenschaften des reizleitenden Apparats oder einer neuronalen Beeinflussung desselben (Beispiel: Pupillenverengung) zu einem Abklingen des auf die sensiblen Endstrukturen einwirkenden Nutzreizes bei gleichbleibendem Eingangsreiz kommen

[429] *adaptare* (at.) = geeignet machen, anpassen

(**Inputkontrolle**). Es können aber auch Inaktivierungen von Komponenten der Signaltransduktionskaskade (z. B. Phosphorylierung des Rezeptors, von Ionenkanälen usw.) für den Erregungsabfall verantwortlich sein. Schließlich gibt es Fälle, bei denen die Aktivität der Rezeptoren über **efferente Fasern** vom Zentralnervensystem reguliert wird (**zentrifugale Erregungskontrolle**). Oft sind mehrere Ursachen gleichzeitig für den Erregungsabfall verantwortlich. So findet man zum Beispiel beim Wirbeltierauge neben dem Pupillenmechanismus und einer zentrifugalen Erregungskontrolle auch eine unter der Reizeinwirkung stattfindende Abnahme der Empfindlichkeit der Lichtsinneszellen selbst (▶ Abschn. 18.3).

15.2 Sinnesepithelien

15.2.1 Rezeptive Felder

In den Sinnesorganen bilden die Sinneszellen oft – zusammen mit eingestreuten Stützzellen – einen flächig ausgebreiteten epithelialen Verband, die **Sinnesepithelien**. Die Anzahl der Rezeptoren übertrifft in der Regel die Anzahl nachgeschalteter Interneurone. Das bedeutet, dass eine mehr oder weniger große Zahl von Rezeptoren mit ein und demselben Folgeneuron synaptische Kontakte bildet, wir sprechen von **Konvergenz**. In der Katzenretina konvergieren beispielsweise 1500 Photorezeptoren auf etwa 100 Folgeneurone (Bipolarzellen) und diese Folgeneurone konvergieren nochmals auf eine einzige Ganglienzelle, die ihr Axon über den Sehnerven zentralwärts schickt. Das periphere Areal, in dem bei Reizung die Aktivität eines Neurons der Sinnesbahn beeinflusst wird, bezeichnet man als **rezeptives Feld**. Im somatosensorischen System umfasst es ein bestimmtes Hautareal, das bei Reizung eine Erregung auslöst, im visuellen System bezeichnet es den Raumwinkel, innerhalb dessen Reize eine Aktivitätsänderung auslösen. Je größer die Ausdehnung der peripheren rezeptiven Felder ist, desto ungenauer kann der einwirkende Reiz lokalisiert werden (Punkttrennschärfe bzw. Ortsunterschiedsschwelle). Eine verbesserte Lokalisation wird allerdings oft wieder dadurch erreicht, dass sich benachbarte rezeptive Felder in einem sensorischen Zentrum teilweise überlappen. Der Vergleich der Aktivitäten in diesem sensorischen Zentrum durch ein »höheres« Neuron gestattet dann eine wesentlich genauere Lokalisation.

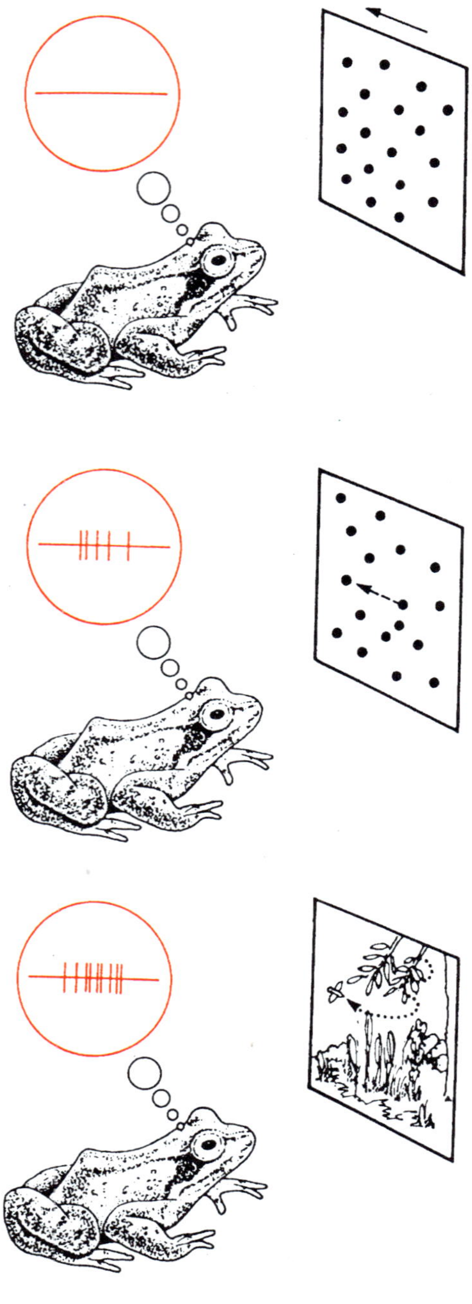

Abb. 15.12 Beutedetektoren beim Frosch. Die Detektoren reagieren nicht, wenn alle Punkte im Gesichtsfeld gleichsinnig bewegt werden (oben), wohl aber, wenn nur ein einzelner Punkt bewegt wird, oder – noch stärker –, wenn diese Bewegung nicht geradlinig, sondern unregelmäßig erfolgt. (Aus McFarland D (1989) Biologie des Verhaltens. Evolution, Physiologie, Psychobiologie. VCH Verlagsgesellschaft, Weinheim.)

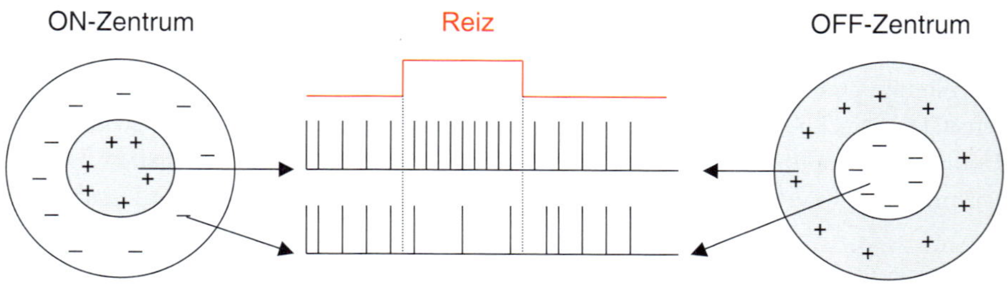

Abb. 15.11 Rezeptive Felder mit antagonistischer Organisation. Reaktion einer ON-Zentrum- (links) und OFF-Zentrum-Zelle (rechts) nach Reizung des Zentrums bzw. der Peripherie.

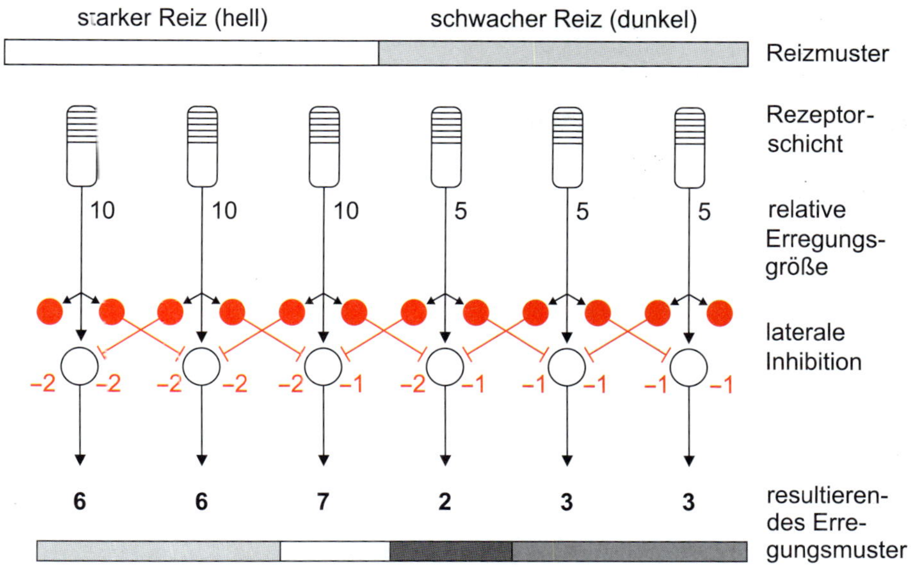

Abb. 15.13 Laterale Inhibition in der Wirbeltierretina. Ein Hell-Dunkel-Kontrast wird in ein überhöhtes Erregungsmuster überführt. Näheres im Text.

Die Fähigkeit, **Reizorte zu lokalisieren**, ist im Tastsinn – in den einzelnen Körperregionen allerdings in sehr unterschiedlichem Maß, beim Menschen besonders stark an den Fingerspitzen und im Mundbereich – und besonders im visuellen Bereich ausgeprägt. Ihr liegt eine topografisch angeordnete Repräsentation der Körperoberfläche bzw. der Retina in den sensorischen Cortexfeldern zugrunde. In den primären und sekundären somatosensorischen Arealen der Großhirnrinde (▶ Kap. 13) ist die gesamte Körperoberfläche **somatotop**[430] repräsentiert, das heißt benachbarte Punkte auf der Körperoberfläche werden an benachbarten Punkten der Großhirnrinde verarbeitet. Die Projektion ist aber keineswegs linear. Hautareale mit hoher peripherer Rezeptordichte und hoher örtlicher Auflösung (Lippe, Zunge, Hand usw.) nehmen relativ große Projektionsgebiete ein, Areale mit niedriger Rezeptordichte (z. B. Rumpf) relativ kleine. Von der Retina werden die zentralen Bereiche (um die Fovea herum) in der primären Sehrinde wesentlich großflächiger abgebildet als die peripheren. Auch das Corti-Organ im Innenohr besitzt eine flächige Repräsentation im Cortex: die **tonotope Organisation** der primären Hörrinde. Die Lokalisation des Reizortes dient in diesem Fall der Unterscheidung von Tönen unterschiedlicher Höhe (▶ Abschn. 17.4.2). Ähnliches findet man auch im auditorischen System von Heuschrecken.

Von jedem Punkt des rezeptiven Feldes kann das nachfolgende Neuron beeinflusst werden. Im einfachsten Fall repräsentiert das rezeptive Feld einen Summationsbereich, aus dem das nachgeschaltete Neuron seinen exzitatorischen Input erhält. Oft stellt man allerdings fest, dass eine Reizung im Zentrum des Feldes eine der Reizung in der Peripherie entgegengesetzte Wirkung hat (**antagonistische Zentrum-Peripherie-Struktur**). Führt eine Reizung im Zentrum zur Erregung, in der Peripherie zur Hemmung, so spricht man von einem ON-Zentrum-Neuron, im umgekehrten Fall von einem OFF-Zentrum-Neuron (◘ Abb. 15.11). Durch weitere Verschaltungen können rezeptive Felder nachgeschalteter Neurone sehr komplexe Organisationsformen annehmen (▶ Abschn. 18.7.3). Beim Frosch sind Neurone bekannt, die nur auf einen kleinen Lichtreiz reagieren, der sich außerdem erstens vom Hintergrund abhebt und zweitens in eine bestimmte Richtung bewegt. Man spricht in solchen Fällen von Gestaltfiltern (*feature detectors*). In diesem Beispiel dient der Filter dem Beutefang (Beutedetektoren; ◘ Abb. 15.12).

Die **Ausdehnung und Organisation von rezeptiven Feldern** darf man übrigens nicht als unveränderbare Größen ansehen. Es sind Fälle bekannt, in denen die Ausdehnung durch zentral gesteuerte Hemmvorgänge verkleinert werden kann, selbst die Grenze zwischen Zentrum und Peripherie kann verschoben und den jeweiligen Bedingungen angepasst werden. Letzteres spielt zum Beispiel bei der Dunkeladaptation des menschlichen Auges (▶ Abschn. 18.3) eine Rolle. Bei herabgesetzter Beleuchtungsstärke wird das ON-Zentrum relativ zur Peripherie vergrößert.

15.2.2 Laterale Inhibition

Ein wichtiges Prinzip der Verschaltung von Neuronen in sensorischen Systemen ist die **laterale Inhibition**[431]. Sie dient der Kontrastverschärfung innerhalb von Erregungsmustern durch Überhöhung (◘ Abb. 15.13). Solche **Kontrastüberhöhungen** sind uns als **Mach*-Streifen** bei der Betrachtung von Trennlinien zwischen hellen und angrenzenden dunklen Flächen geläufig: In unmittelbarer Nachbarschaft der Grenze zwischen beiden Flächen erscheint uns die dunkle Fläche noch dunkler und die helle Fläche heller. Die Kontrastüberhöhung ist eine allgemeine Erscheinung im Bereich verschiedener Sinne. Wir

[430] *soma* (griech.) = Körper, Leib; *topos* (griech.) = Ort

[431] *latus* (lat.) = Seite; *inhibere* (lat.) = unterbinden, anhalten

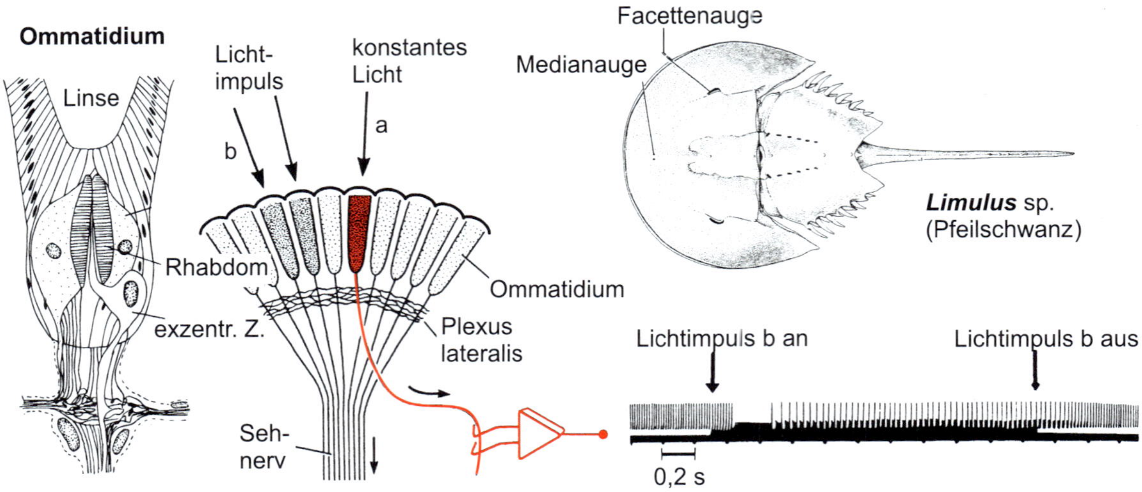

Abb. 15.14 Laterale Inhibition im Auge des Pfeilschwanzes *Limulus*. Das Ommatidium a wird mit Licht konstanter Intensität gereizt. Die vom afferenten Neuron dieses Ommatidiums ableitbare Antwort wird reduziert, wenn ein benachbartes Ommatidium b gleichzeitig gereizt wird. Die Hemmung ist umso stärker, je näher die beiden Ommatidien zueinander liegen und je stärker die Reizung des Ommatidiums b ist. Links: Ein einzelnes Ommatidium des Facettenauges in stärkerer Vergrößerung. exzentr. Z = exzentrische Zelle.

finden sie nicht nur im Sehsystem, sondern auch beim Gehör, Geschmack und Hautsinn.

Am eingehendsten ist eine solche laterale Inhibition im **Lateralauge** von *Limulus polyphemus* von Hartline* und seinen Mitarbeitern an der Rockefeller-University in den USA Mitte der 1950er-Jahre untersucht worden (Abb. 15.14). Reizt man ein Ommatidium des Auges mit Licht bestimmter Intensität, löst dies eine bestimmte Impulsfrequenz aus. Erregt man allerdings zusätzlich ein benachbartes Ommatidium, so führt das zur Abnahme der Impulsfrequenz, das heißt zur Hemmung des Ommatidiums. Diese Hemmung ist umso stärker, je geringer der Abstand zwischen beiden Ommatidien ist und je stärker das Nachbarommatidium gereizt wird. Ähnliche Gesetzmäßigkeiten sind in der Retina des Wirbeltierauges beobachtet worden. Während im *Limulus*-Auge dendritische Fortsätze der Nervenfasern der Rezeptorzellen die lateralen Verbindungen herstellen, sind es im Wirbeltierauge besondere Neurone, die Horizontalzellen und amakrine Zellen.

16

15.3 Fragen zum Selbststudium

- Welche Vorteile bietet eine logarithmische Kennlinie gegenüber einer linearen?
- Was ist ein rezeptives Feld?
- Wie unterscheiden sich phasische und tonische Rezeptoren in ihrer Antwort auf einen Dauerreiz?
- Welche Mechanismen können der sensorischen Adaptation zugrunde liegen?
- Erläutern Sie die Kontrastverstärkung durch laterale Inhibition.
- Beschreiben Sie die Kennlinie einer Wärmefaser der Haut von Säugetieren.
- Was sind primäre, was sekundäre Sinneszellen? Nennen Sie Beispiele.
- Welche Vorgänge laufen bei der Signaltransduktion in einer Sinneszelle ab?
- Welche Beziehung besteht zwischen der Amplitude eines Rezeptorpotenzials und der resultierenden Frequenz an Aktionspotenzialen in einer Sinneszelle?

Weiterführende Literatur

Autrum H, Jung R, Loewenstein WR, MacKay DM, Teubner HL (eds.) (1971 ff.) Handbook of sensory physiology, 9 vols., Springer Verlag, Berlin, Heidelberg.

Barlow HB, Mollon JD (eds.) (1982) The senses. Cambridge Univ. Press, Cambridge.

Barth FG (2001) Sinne und Verhalten: aus dem Leben der Spinne. Springer Verlag, Berlin, Heidelberg.

Campenhausen C von (1993) Die Sinne des Menschen. Thieme, Stuttgart.

Duesenberg DB (1992) Sensory ecology. How organisms acquire and respond to information. WH Freeman Comp, New York.

Goldstein EB (2002) Wahrnehmungspsychologie. 2. Aufl. Spektrum Akademischer Verlag, Heidelberg, Berlin.

Hanlon RT, Messenger JB (1996) Cephalopod behavior. Cambridge University Press, Cambridge.

Maelicke A (Hrsg.) (1990) Vom Reiz der Sinne. VCH Verlagsgesellschaft, Weinheim.

McFarland D (1989) Biologie des Verhaltens. Evolution, Physiologie, Psychologie. VCH Verlagsgesellschaft, Weinheim.

Penzlin H (2004) Für wie wahr dürfen wir unsere Wahrnehmungen nehmen? Abhandlungen der Sächsischen Akademie der Wissenschaften zu Leipzig. Mathematisch-Naturwissenschaftliche Klasse.

Rock I (1985) Wahrnehmung. Vom visuellen Reiz zum Sehen und Erkennen. Spektrum der Wissenschaft, Heidelberg.

Roth G (1996) Das Gehirn und seine Wirklichkeit. Kognitive Neurobiologie und ihre philosophischen Konsequenzen. Suhrkamp Taschenbuch Wissenschaft 1275, Frankfurt a.M.

Schmidt RF, Schaible HG (2001) Neuro- und Sinnesphysiologie. Springer, Heidelberg.

Verständliche Forschung (1994) Physiologie der Sinne. Spektrum Akademischer Verlag, Heidelberg, Berlin, Oxford.

Mechanische Sinne

Mechanische Kräfte (Druck, Zug, Scherung, Torsion) wirken in vielfältiger Weise auf Tiere und den Menschen ein und übermitteln wichtige Informationen über innere (z. B. Blutdruck) und äußere (z. B. Berührung) Ereignisse und Zustände. Ionenkanäle, deren Öffnungsgrad direkt von mechanischen Reizen gesteuert wird, sind schon von Bakterien bekannt und kommen mit hoher Wahrscheinlichkeit in allen eukaryotischen Zellen vor. Es verwundert deshalb nicht, dass auch einzellige Organismen mechanisch ausgelöste Verhaltensweisen zeigen (▶ Abschn. 16.3.2). Es gibt vermutlich kein Tier, das ohne Mechanosensibilität überleben kann. Reaktionen auf mechanische Kräfte gehören deshalb zu den ursprünglichsten Leistungen lebender Zellen. Obwohl das so ist, wissen wir immer noch sehr wenig über den molekularen Aufbau der Ionenkanäle, die an der Mechanotransduktion beteiligt sind. In jüngster Zeit wurden allerdings drei Klassen von Kanälen identifiziert, die hierfür infrage kommen. Es handelt sich um DEG/ENaC-Kanäle (DEG/ENaC von *degenerin/epithelial* Na^+ *channels*), TRP-Kanäle (TRP von *transient receptor potential*) und K_{2p}-Kanäle (Zwei-Poren-Domänen K^+-Kanäle). Darüber hinaus sind Piezoproteine (Piezo 1 und Piezo 2) wahrscheinlich ebenfalls an der Mechanotransduktion beteiligt.

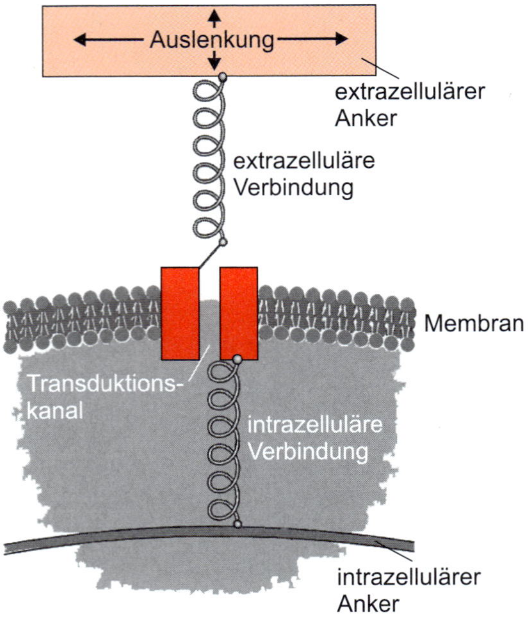

Abb. 16.1 Modell der mechanosensorischen Transduktion. Ein Ionenkanal, der an einem intrazellulären Anker befestigt ist, steht mit einer extrazellulären reizführenden Struktur in Verbindung, auf die mechanische Kräfte wirken. Der Ionenkanal reagiert auf Spannungen im System, die in Abhängigkeit von äußeren mechanischen Reizen zu- oder abnehmen, mit einer Änderung seiner Öffnungswahrscheinlichkeit. (Nach Gillespie PG, Walker RG (2001) Molecular basis of mechanosensory systems. Nature 413, 194–202.)

16.1 Mechanorezeptoren

Alle vielzelligen Tiere verfügen über spezialisierte Sinneszellen, die mechanische Energie in elektrische Signale übersetzen. Diese Mechanorezeptoren reagieren meist hochempfindlich (im nm-Bereich) und sehr schnell (im µs-Bereich) auf mechanische Reize. Die **kurze Latenzzeit** deutet bereits darauf hin, dass die mechanische Energie ohne Umweg über ein Second-Messenger-System (▶ Abschn. 12.2.2) direkt zu den für die Signaltransduktion verantwortlichen Ionenkanälen geleitet wird (Abb. 16.1). Über die molekularen Eigenschaften dieser Ionenkanäle ist mit Ausnahme der Kanäle der Haarsinneszellen (▶ Abschn. 16.2) nur wenig bekannt. Da durch jeden Kanal zahlreiche Ionen in eine Zelle einströmen können, wirken Mechanorezeptoren auch als **Verstärker**.

Mechanische Sinneszellen antworten oft nur zu Beginn eines Reizes, sie haben demnach die Fähigkeit zur **Adaptation**. Diese verläuft je nach Zelltyp sehr unterschiedlich (von 3 ms bis zu mehreren 1000 ms bei manchen nozizeptiven mechanosensorischen Neuronen). Trotz der Adaptation reagieren mechanische Sinneszellen auf einen neuen Reiz, selbst wenn dieser eine um mehrere Zehnerpotenzen kleinere Amplitude hat. Die Adaptation gewährleistet, dass die Zellen bei anhaltender Stimulation ihre hohe Empfindlichkeit für neue Reize behalten. Eine Adaptation kann durch Deformation externer Strukturen, die Verlängerung eines externen oder internen Ankers, durch das Gleiten des internen Ankers relativ zum **Cytoskelett** oder durch strukturelle Änderungen des Transduktionskanals erfolgen (Abb. 16.1).

Mechanorezeptoren können im Hinblick auf ihre Struktur und Funktion außerordentlich unterschiedlich sein. Sie können im Dienste der Kontrolle interner Organfunktionen wie Muskellänge, Gelenkstellung, Gewebsspannung oder **Blutdruck** stehen (**Propriorezeptoren**[432]), sie können aber auch bei der Registrierung äußerer mechanischer Reize wie Berührung, Strömung, Gravitation, Vibration oder Schall eine Rolle spielen (**Exterorezeptoren**). Sie können aus Epithelzellen (epitheliale Mechanorezeptoren, Abb. 16.2) oder aus Ganglienzellen (ganglionäre Mechanorezeptoren) entstehen. Zu den **ganglionären Mechanorezeptoren** gehören zum Beispiel die freien Nervenendigungen und Tastkörperchen in der Haut der Wirbeltiere (▶ Abschn. 16.3.3), die Muskelspindeln (▶ Abschn. 23.2.9) und die Golgi-Sehnenspindeln (▶ Abschn. 23.2.9). Für Invertebraten sollen beispielhaft nur die propriorezeptorischen Streckrezeptoren der Arthropoden genannt werden.

Epitheliale Mechanorezeptoren sind **polar** organisiert. Ihre apikale Membran dient dabei der Reizaufnahme (Abb. 16.2). Die Membran trägt gewöhnlich eine oder mehrere Cilien (jedes Cilium hat neun periphere und ein zentrales Paar von Mikrotubuli, ▶ Abschn. 23.7), die in der Regel ihre aktive Bewegungsfähigkeit eingebüßt haben (Verlust der Dyneinärmchen und des zentralen Tubuluspaars). In der Nachbarschaft des Ciliums findet man (mit Ausnahme der Arthropoden und Nematoden, s. u.) mehrere große, durch Aktinfilamente versteifte Mikrovilli (**Stereovilli**)[433], die früher auch als Stereocilien bezeichnet wurden.

[432] *proprius* (lat.) = dauernd, beständig; *receptio* (lat.) = Aufnahme
[433] *stereos* (griech.) = steif

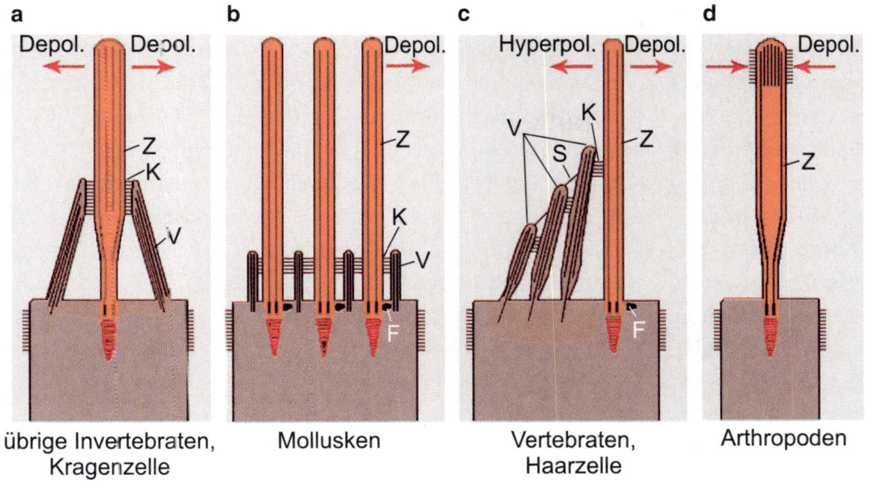

Abb. 16.2 Epitheliale Mechanorezeptoren mit ihren reizaufnehmenden, apikalen Zellstrukturen. **a** Kragenzelle vieler Wirbelloser. **b** Mechanosensorische Sinneszelle der Mollusken. **c** Haarzelle der Wirbeltiere. **d** Mechanosensorische Sinneszelle der Arthropoden. F = Basalfuß; K = Konnektoren; S = Spitzenfilament; V = Stereovilli; Z = Cilien. (Nach Dudel J, Menzel R, Schmidt RF (2001) Neurowissenschaft. Springer, New York, verändert.)

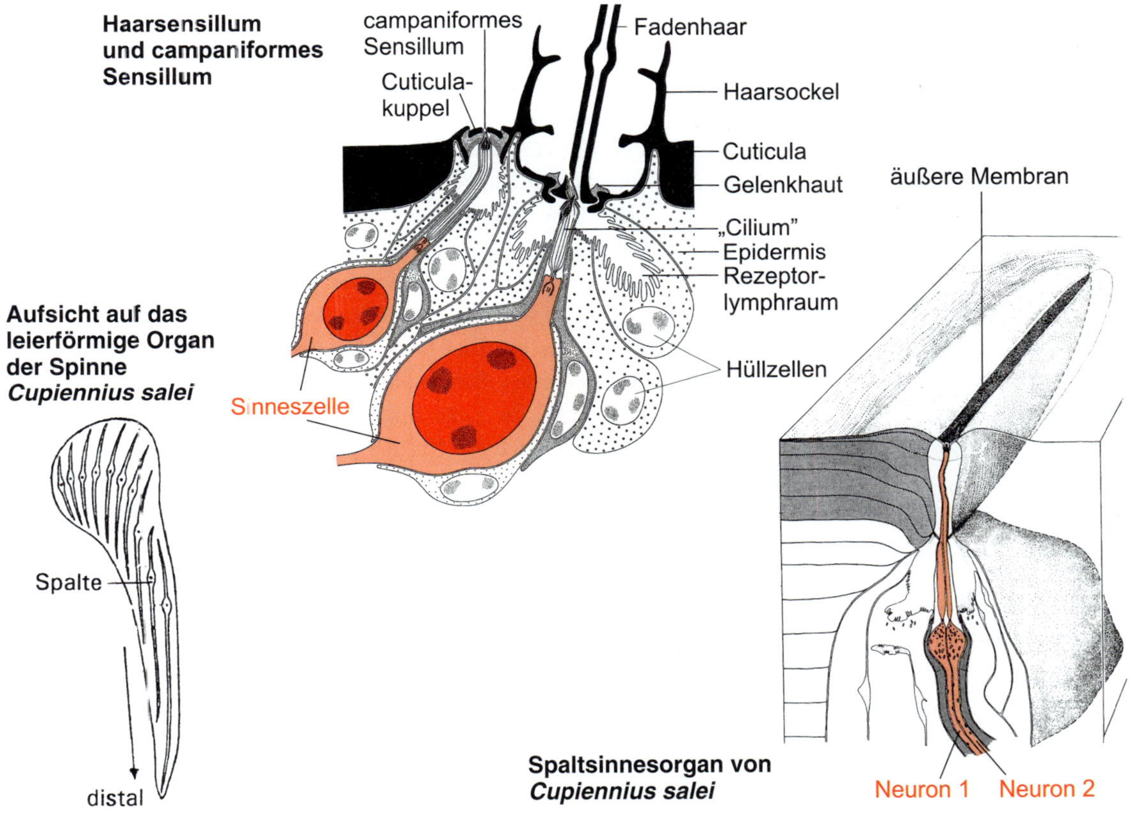

Abb. 16.3 Sinnesorgane der Arthropoden, die empfindlich auf eine Verformung der Cuticula reagieren. Sensilla campaniformia (Sinneskuppeln) von den Halteren einer Fliege und die Spaltsinnesorgane der Spinnen. (Nach Snodgrass RE (1935) Principles of insect morphology. Cornell University Press, und nach Barth FG (2001) Sinne und Verhalten. Aus dem Leben einer Spinne. Springer, New York.)

Die Stereovilli können in Form eines Kranzes um das zentrale Cilium angeordnet sein (**Kragensinneszellen**). Dieser Zelltyp ist bei Invertebraten, von den Cnidariern bis zum Lanzettfischchen (*Branchiostoma*), weit verbreitet. Bei den **Haarzellen** der Vertebraten befinden sich die 30–300 Stereovilli in Form eines Bündels neben einem exzentrisch am Rand der Zelle liegenden Cilium (**Kinocilium**; Abb. 16.2). Haarzellen findet man in den Hör- und Gleichgewichtsorganen der Vertebraten und in den Seitenlinienorganen der Fische und Amphibien. Bei den Mollusken, insbesondere bei den Cephalopoden, enthalten mechanische Sinneszellen bis zu 200 Cilien. Zwischen den Cilien liegen mit Spitzenfilamenten verbundene Stereovilli (Abb. 16.2). Bei den **Arthropoden** (Insekten, Spinnen) bildet die Sinneszelle keine Stereovilli aus, nur ein meist stark modifiziertes Cilium ist vorhanden.

Die **Mechanorezeptoren der Arthropoden** (◘ Abb. 16.2, ◘ Abb. 16.3) nehmen eine Sonderstellung ein, da bei ihnen, wie erwähnt, die Stereovilli fehlen. Außerdem ist das Cilium durch die schützende, geschlossene Chitincuticula einer direkten Reizeinwirkung entzogen. Es ist zu einem **ciliären Außenglied** umgebildet und steht oft mit einem Haar in Verbindung, das als cuticulärer Hebel wirkt. Seine Auslenkung bei Einwirkung einer mechanischen Kraft führt zu einer **Kompression** des ciliären Außenglieds, wodurch eine Depolarisation ausgelöst wird (umgekehrt führt eine Zugspannung am Außenglied zu einer Hyperpolarisation, falls die Zelle in Ruhestellung teildepolarisiert war). Differenzierungen der Cuticula (ein Haar oder von einem Haar abgeleitete Strukturen) zusammen mit den an sie herantretenden primären Sinneszellen bezeichnet man als **Sensillum**[434].

Die nur wenige Mikrometer dicken **Fadenhaare** (Sensilla trichodea) der Insekten stellen zweiarmige Hebel dar und reagieren bereits auf kleinste Auslenkungen. Mit dem kurzen Arm wird die Reizkraft direkt auf die Spitze des ciliären Außenglieds einer Sinneszelle übertragen, die komprimiert wird. Bei den **campaniformen Sensillen** (Sensilla campaniformia) der Insekten ist die Haarstruktur zu einer dünnen Cuticulakuppel reduziert (◘ Abb. 16.3, oben). Die an sie herantretende und in eine Matrix eingebettete Cilienspitze registriert die in der Körperwand durch äußere Kräfte oder Muskelkontraktionen verursachten Veränderungen. In ähnlicher Weise arbeiten auch die **Spaltsinnesorgane** der Spinnen, die kleinste Verformungen der Cuticula registrieren (◘ Abb. 16.3, unten). Bei den in ihrer Verbreitung auf die Insekten beschränkten stiftführenden Sensillen (**Scolopidien**[435]) steht die Cilienspitze nicht mehr in direktem Kontakt mit der Cuticula, sondern endet in einer von einer Kappenzelle sezernierten Kappe. Der sich um die Sinneszelle erstreckende Rezeptorlymphraum ist durch Bündel von Aktinfilamenten (Cuticularspange) in der thecogenen[436] Zelle versteift (darauf nimmt der Name Bezug!).

16.2 Mechanotransduktion (Haarzellen)

Der Prozess der Mechanotransduktion soll beispielhaft für die Haarzelle beschrieben werden. Bei den Haarzellen der Wirbeltiere nimmt die Länge der **Stereovilli** mit der Entfernung vom Kinocilium ab. Die Stereovilli sind an ihrer Basis verjüngt (elastisches Gelenk). Sie sind außerdem untereinander und mit dem Kinocilium (sofern vorhanden) über **Konnektoren** verbunden und bewegen sich demnach immer gemeinsam und in dieselbe Richtung. Zusätzlich ist ein einzelner Ionenkanal an der Spitze jedes Stereovillus über einen feinen elastischen Molekülfaden (Tip Link, **Spitzenfilament**), der einen Durchmesser von 5 nm hat, mit der Insertionsstelle eines Ionenkanals des nächstlängeren Stereovillus verbunden. Bei Scherung des Stereovillibündels in Richtung zum Kinocilium nimmt die Wahrscheinlichkeit zu, dass sich die **Transduktionskanäle** in der Zellmembran der Stereovilli öffnen (◘ Abb. 16.4). Ursache dafür ist wahrscheinlich ein Zug der Tip Links an den Ionenkanälen. Durch die geöffneten Kanäle strömen ausschließlich **Kationen** (hauptsächlich K^+-Ionen, da die extrazelluläre K^+-Konzentration in der Endolymphe des Innenohrs ähnlich hoch ist wie die intrazelluläre Konzentration von K^+-Ionen in den Haarzellen (siehe auch ► Kap. 17). Das Gleiche gilt auch für die Haarzellen der Seitenlinie, da die K^+-Konzentration in der Seitenliniencupula ebenfalls sehr hoch ist. Die Leitfähigkeit dieser Ionenkanäle ist mit 17 pS (bei Zimmertemperatur) relativ hoch, die Kanäle weisen demnach nur eine geringe Ionenselektivität auf. Ihre Anzahl wird auf 50–100 pro Haarzelle (ein bis drei pro Stereovillus) geschätzt. Der durch die Auslenkung des Stereovillibündels verursachte K^+-Einstrom führt zur **Depolarisation** der Zelle und schließlich zur Öffnung von **spannungsabhängigen Ca^{2+}-Kanälen**. Der Ca^{2+}-Einstrom bewirkt zunächst eine weitere Depolarisation der Zelle, führt dann aber zur Öffnung von **Ca^{2+}-abhängigen K^+-Kanälen** an der Zellbasis. Da der extrazelluläre Raum im Bereich der Zellbasis nur wenige K^+-Ionen enthält, strömt K^+ aus der Zelle heraus. Durch die dadurch bewirkte Repolarisation schließen sich die spannungsabhängigen Ca^{2+}-Kanäle wieder. Die intrazelluläre Ca^{2+}-Konzentration wird dann durch die Aufnahme in die Mitochondrien sowie durch eine plasmamembranständige Ca^{2+}-Pumpe (PMCA) wieder auf ihren Ausgangswert zurückgeführt. Schon im Ruhezustand sind ca. 15 % der an der Reiztransduktion beteiligten K^+-Kanäle geöffnet. Wird das Stereovillibündel in Richtung des kürzesten Stereovillus bewegt, schließen sich diese Ionenkanäle, die Zelle wird hyperpolarisiert. Ursache dafür ist wahrscheinlich ein Nachlassen der von den Tip Links auf die Ionenkanäle ausgeübten Spannung. Die Depolarisation einer Haarzelle verursacht eine Zunahme, die Hyperpolarisation eine Abnahme der **Transmitterausschüttung** (wahrscheinlich Glutamat) und damit der Entladungsrate der die Haarzelle innervierenden afferenten Nervenfaser (◘ Abb. 16.5). Da die Antwort bei gegebener Auslenkung proportional zur Auslenkamplitude des Stereovillibündels bzw. des Kinociliums erfolgt, kann eine Haarzelle auch als richtungsempfindlicher Wegaufnehmer beschrieben werden. Im Bereich der Hörschwelle werden die Stereovillibündel im Innenohr der Säuger nur um 0,3 nm oder dreitausendstel Grad ausgelenkt.

Die **Latenzzeit** von Haarzellen ist außerordentlich kurz. Zwischen Bündelauslenkung und Beginn des Rezeptorstroms vergehen bei 37 °C nur etwa 10 µs. Eine weitere Eigenschaft der Ionenkanäle (Reiztransduktionskanäle) von Haarzellen ist, dass ihr Leitwert nach Öffnung mit zunehmender Geschwindigkeit nicht allmählich ansteigt, sondern gleich mit voller Anstiegsgeschwindigkeit einsetzt. Daraus kann man schließen, dass die Kanäle durch eine einfache Schaltbewegung geöffnet werden. Dieses Verhalten der Transduktionskanäle ist die Grundlage für die hohe zeitliche Auflösung von Haarzellen, eine Eigenschaft, die für das Hören von großer Bedeutung ist (► Abschn. 17.3).

[434] *sensillum* (lat.) = sensus, Sinn
[435] *scolops* (griech.) = Stift
[436] *theca* (griech.) = Behälter

16

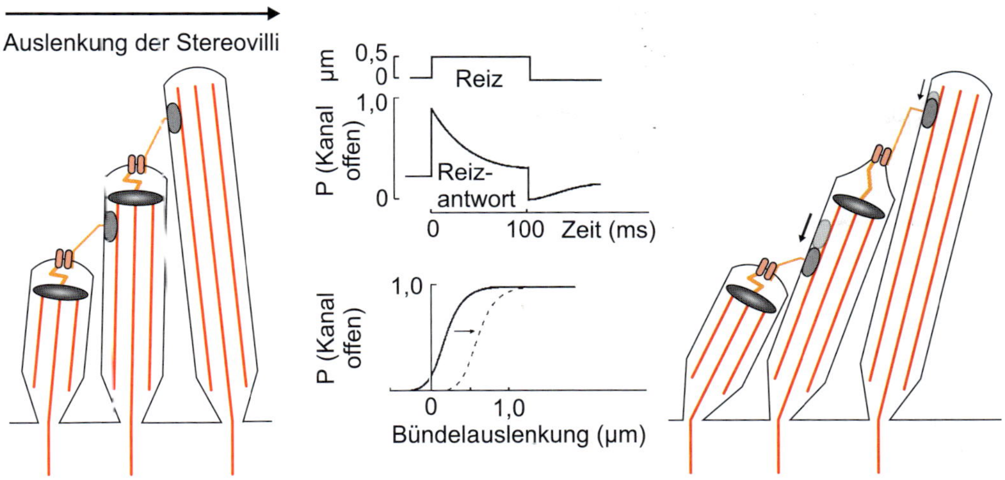

Abb. 16.4 Gating-Spring-Modell der Haarzellmechanotransduktion. Die Transduktionskanäle sind über ein elastisches Spitzenfilament mit dem jeweils benachbarten größeren Stereovillus verbunden. Im Ruhezustand sind diese Kanäle in ca. 15 % der Zeit geöffnet. Bei Auslenkung des Stereovillibündels in Richtung Kinocilium wird das elastische Spitzenfilament gestreckt. Dies erhöht die Wahrscheinlichkeit P für das Öffnen der Transduktionskanäle (sigmoide Input-Output-Kurve, Mitte unten). Bei anhaltender Auslenkung des Stereovillibündels nimmt P wieder ab (Mitte, mittlere Kurve), da sich die Ansatzstelle des Spitzenfilaments am Stereovillus nach unten verlagert (Abnahme der Spannung). (Nach Piekles JO, Corey DP (1992) Mechanotransduction by hair cells. Trends Neurosci 15, 254–259 und Gillespie PG, Müller U (2009) Mechanotransduction by hair cells: models, molecules, and mechanisms. Cell 139, 33–44, verändert.)

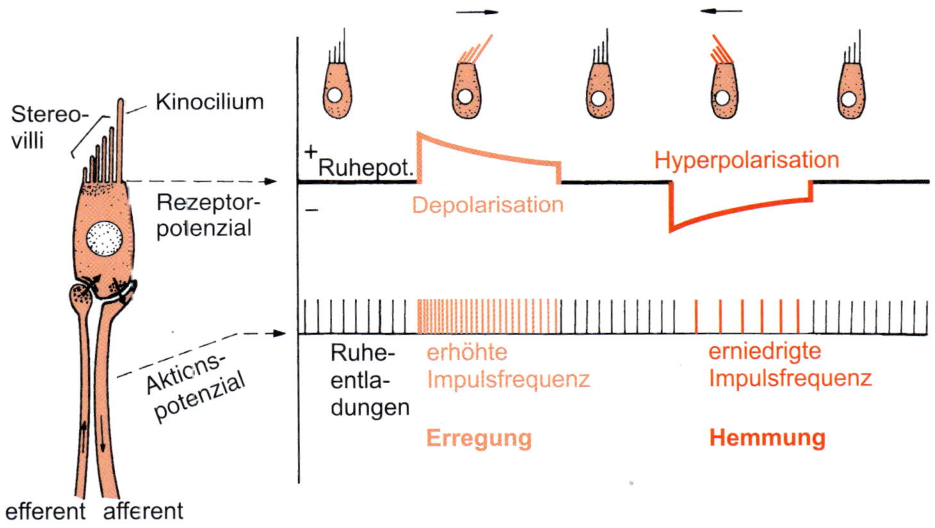

Abb. 16.5 Die Antwort einer Seitenlinienhaarzelle und einer sie innervierenden afferenten Nervenfaser. Eine Auslenkung des Haarbündels in Richtung des Kinociliums führt zu einem depolarisierenden, eine Auslenkung in die entgegengesetzte Richtung zu einem hyperpolarisierenden Rezeptorpotenzial. Die Depolarisation der Haarzelle hat eine Zunahme, die Hyperpolarisation eine Abnahme der Spontanfrequenz der die Haarzelle innervierenden afferenten Nervenfaser zur Folge. Beachte die Adaptation. (Nach Flock A (1965) Electronmicroscopic and electrophysiological studies on the lateral line canal organs. Acta otolaryng (Stockh.) Suppl. 199, 1–90, verändert.)

16.3 Rezeption von Berührung, Druck und Vibration

16.3.1 Allgemeines

Bei den meisten Tieren ist die gesamte Körperoberfläche, sofern sie nicht durch eine Schale (Schnecken, Muscheln) oder einen Panzer (Krebse) bedeckt ist, tastempfindlich. Der **adäquate Reiz** für den Tastsinn ist eine mit Scherungs- oder Biegungskräften verbundene Verformung von Mechanorezeptoren. Die **Schwellenwerte** einzelner Mechanorezeptoren können sehr verschieden sein. Bei Fröschen genügt zum Beispiel für eine mechanische Erregung eine Auslenkung der Haut um 2 µm.

Oft ist die **Tastempfindlichkeit** bestimmter Körperteile besonders groß. Das gilt zum Beispiel für die Fühler verschiedener Tiere, die Schnauzenspitze wühlender Säuger (z. B. Maulwurf *Talpa europaea*, Sternmull *Condylura cristata* [Abb. 16.12], Schwein *Sus crofa*), die Schnabelspitze vieler Vögel (Schnepfen,

Enten) und die Fingerbeeren des Menschen. Die menschliche Haut ist an den sogenannten Tastpunkten, die in Regionen mit hoher Tastempfindlichkeit besonders dicht liegen, äußerst empfindlich. In der Fingerbeere des Menschen befinden sich bis zu 200 Tastpunkte pro cm^2.

Der Tastsinn vieler Tiere übermittelt neben einer Berührung detaillierte **Informationen** über die **Oberflächenbeschaffenheit**, Festigkeit und Form eines Gegenstands. Der Tintenfisch *Octopus vulgaris* kann mit den Saugnäpfen seiner Fangarme glatte von geriffelten Plexiglaszylindern unterscheiden, unterschiedlich raue Oberflächen werden ebenfalls diskriminiert. Die Schweinelaus *Haematopinus suis* kommt nur auf rauen Flächen zur Ruhe, auf glatten Oberflächen bleibt sie ständig in Bewegung. Die frei schwimmende Cyprislarve der Entenmuschel *Lepas* setzt sich bevorzugt an rauen Oberflächen fest. Der Bienenwolf *Philanthus triangulum* besitzt an der Stachelscheide ein Tastorgan, mit dessen Hilfe er den Stachel in eine winzige, weichhäutige Stelle dicht hinter dem ersten Beinpaar der erbeuteten Biene vorantreibt.

Eine auffällige Leistung des Tastsinns ist die **Lokalisierbarkeit** der berührten **Körperstelle**. Diese Fähigkeit ist schon bei Hydromedusen entwickelt, die ihr Manubrium (Magenstiel) zielgerichtet zu einer taktil gereizten Stelle auf der Unterseite des Schirms führen. Die Kammmuschel *Pecten* entfernt mit ihrem fingerförmigen Fuß Fremdkörper, die man auf ihre Kiemen gelegt hat.

Fische mit Schwimmblase (▶ Abschn. 4.6) können den **Wasserdruck** messen und nutzen diese Fähigkeit zur vertikalen Orientierung. Viele **aquatische Tiere**, die über keine komprimierbaren luftgefüllten Hohlräume verfügen, können dennoch den hydrostatischen Druck registrieren. Die im Verhaltensexperiment ermittelten Druckunterschiedsschwellen von planktonischen Krebsen liegen bei 0,5–2,5 kPa, dies entspricht Unterschieden in der Wassertiefe von 5–25 cm. Sinneshaare im Bereich der Statocysten der Krabbe *Carcinus maenas* reagieren sowohl auf ihre Auslenkung als auch auf eine Änderung des Wasserdrucks. Eine Zu- oder Abnahme des Wasserdrucks führt wahrscheinlich zu einer Änderung des Haarvolumens, die von mechanosensorischen Sinneszellen registriert wird. Hundshaie (*Scyliorhinus canicula*) haben, wie alle Knorpelfische, keine Schwimmblase. Da die Haarzellen in den horizontalen Bogengängen der Hundshaie auf Änderungen des hydrostatischen Drucks reagieren, können diese Tiere vermutlich dennoch Druckänderungen messen.

16.3.2 Tastsinn (Wirbellose)

Wahrscheinlich verfügen alle Tiere über einen Tastsinn. So reagieren bereits **Protoctista** in charakteristischer Weise auf taktile Reize. Hypotriche Ciliaten (*Stylonychia* u. a.) gehen bei Berührung eines festen Gegenstandes von der schwimmenden zur schreitenden Fortbewegung über. Ein an der Unterlage festsitzender **Einzeller** (*Vorticella*) antwortet auf leichte Berührungen oder Erschütterung mit der Kontraktion seines Stieles

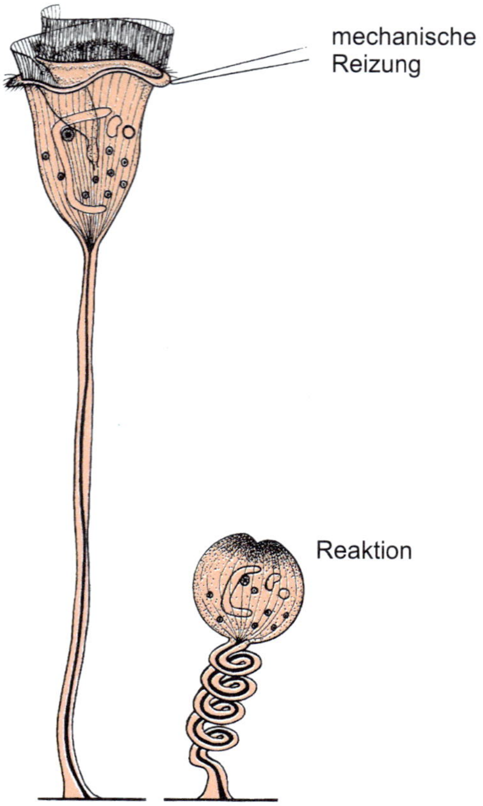

Abb. 16.6 Der Einzeller *Vorticella* zieht sich bei Erschütterung oder leichter mechanischer Reizung zusammen; dabei wird der Wimperapparat eingezogen und der Stiel spiralig aufgerollt. Im Stiel verlaufen viele parallel gerichtete kontraktile Fibrillen (Myoneme), die in eine plasmatische Grundsubstanz eingebettet sind.

und dem gleichzeitigen Einziehen seines empfindlichen Wimperapparates (Abb. 16.6).

Trifft das Vorderende des **Einzellers** *Paramecium* beim Schwimmen auf ein Hindernis, so wird eine aus drei Phasen bestehende Ausweichreaktion ausgelöst (Abb. 16.7): 1. Das Tier weicht zunächst zurück (Rückwärtsschwimmphase). 2. Dann beschreibt es mit dem Zellkörper einen Kegel (Kegelschwingungsphase). 3. Es schwimmt in eine andere Richtung fort. Durch einen mechanischen Reiz am Vorderende von *Paramecium* (Auftreffen auf ein Hindernis) kommt es zu einer lokalen Steigerung der Ca^{2+}-Permeabilität (Öffnung **mechanosensibler Ca^{2+}-Kanäle**, Abb. 16.7). Ca^{2+} strömt in die Zelle, das Membranpotenzial wird depolarisiert. Die Depolarisation breitet sich anschließend elektrotonisch über die Zelloberfläche aus und führt zur Umkehr der Schlagrichtung der Cilien: Der Einzeller schwimmt rückwärts (1. Phase der Ausweichreaktion). Innerhalb weniger Sekunden wird die Ca^{2+}-Konzentration durch die Aktivität von Ca^{2+}-Pumpen wieder auf den ursprünglichen Wert gesenkt und die Schlagrichtung der Cilien stellt sich abermals um: Der Einzeller schwimmt wieder vorwärts. Ändert er dabei gleichzeitig seine Richtung (2. Phase, Kegelschwingungsphase), kann er ein erneutes Auftreffen auf das Hindernis eventuell vermeiden. Wird das Hinterende des Einzellers mechanisch gereizt, ist eine erhöhte K^+-Leitfähigkeit

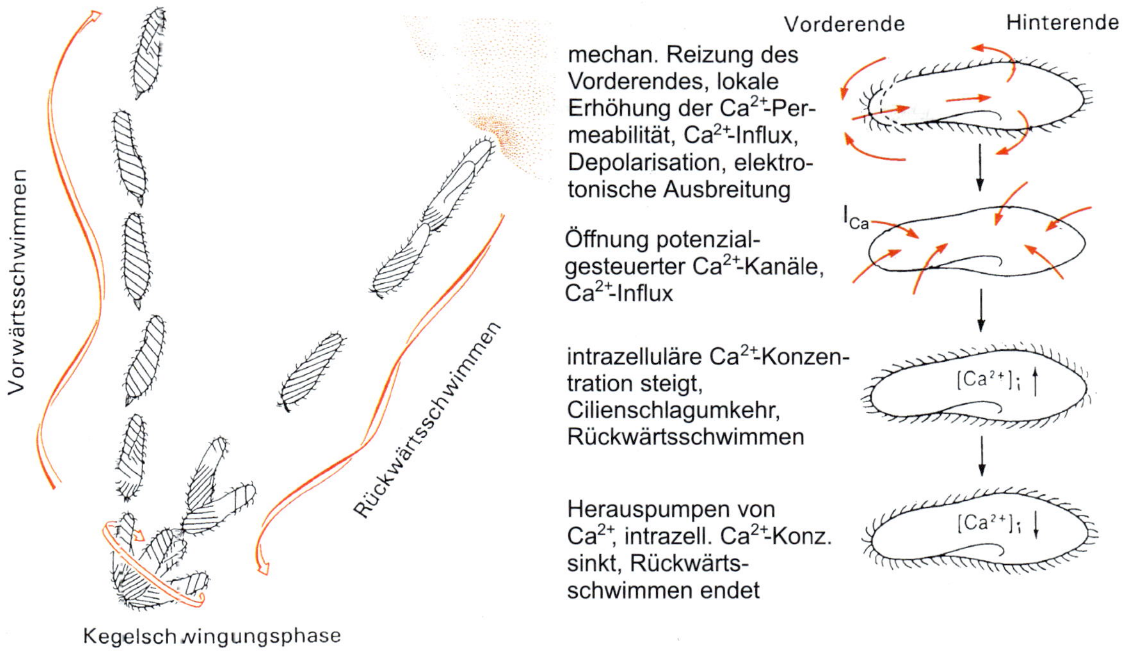

Abb. 16.7 Die Ausweichreaktion von *Paramecium* beim Auftreffen auf ein Hindernis in ihren drei typischen Phasen: 1. Rückwärtsschwimmen, 2. Kegelschwingungsphase, 3. Vorwärtsschwimmen mit neuer Richtung. Die Streifenmuster auf dem Zellleib zeigen den Verlauf der metachronen Wellen an. Rechts: die Ionenströme, die zum Rückwärtsschwimmen führen. (Nach Eckert R (2000) Tierphysiologie. Thieme, Stuttgart.)

(Öffnung von **mechanosensorischen K^+-Kanälen**) die Folge. Die damit verbundene **Hyperpolarisation** breitet sich ebenfalls elektrotonisch aus, kehrt aber die Schlagrichtung der Cilien nicht um, sondern erhöht deren Schlagfrequenz: Der Einzeller steigert bei Beibehaltung seines Kurses seine Geschwindigkeit (Fluchtreaktion).

Festsitzende **Metazoen** (Polypen, Ascidien u. a.) entziehen sich durch **Körperkontraktion** der taktilen Reizeinwirkung. Der Nematode *Caenorhabditis elegans* (wegen seiner Zellkonstanz ein beliebtes Modelltier der Genetiker und Entwicklungsbiologen) besitzt sechs Neurone mit Mechanorezeptoren, die ihn tastempfindlich machen. Die Mechanosensitivität dieser Neurone beruht auf der Expression von zwölf Genen, von denen drei **mechanosensitive Ionenkanäle** codieren. Röhrenwürmer, Bryozoen, Schnecken und Muscheln ziehen sich bei taktiler Reizung in ihr Gehäuse zurück.

Viele **Insekten** reagieren auf mechanische Berührungen mit einem **Totstellreflex.** Bei Tarsenkontakt stellen Insekten ihren Flug ein. Umgekehrt beginnen sie bei Verlust des Tarsenkontakts mit Flügelbewegungen (**Tarsalreflex**). Dreht man einen Seestern auf die Aboralseite, biegt er alle Arme dorsalwärts (**Dorsalreflex**). Für diesen Reflex sind in erster Linie die fehlenden Kontaktreize an den Füßchen verantwortlich. Der **Klammerreflex** bei männlichen Kröten und Fröschen wird durch die mechanische Reizung der Bauchhaut ausgelöst. Viele Tiere (Ohrwurm *Forficula*, Schaben, Zwergwels *Amiurus*, Schlangen u. a.) bevorzugen Ruheplätze, an denen sie viele Kontaktpunkte mit festen Gegenständen finden (**positive Thigmotaxis**[437]).

[437] *thigma* (griech.) = Berührung; *taxis* (griech.) = Anordnung, Stellung

Die **Tasthaare** der **Arthropoden** reagieren entweder phasisch oder phasisch-tonisch. Meist gehören die schlanken, vereinzelt stehenden Tasthaare dem phasischen Typ an und die dickeren, oft in Form von Borstenfeldern auftretenden Tasthaare dem phasisch-tonischen Typ. Die Tastborsten am Ovipositor der Schmeißfliege *Phormia regina* reagieren bei Abbiegen in eine bestimmte Richtung am empfindlichsten, sie zeigen eine **Richtcharakteristik**. Die Höhe der Impulsfrequenz nimmt bei gegebener Auslenkrichtung mit der Geschwindigkeit der Haarbiegung zu.

Skorpione haben in ihren **kammförmigen Organen** – aktiv beweglichen, ventral gelegenen, kammförmigen Anhängen des neunten Körpersegments – besondere Mechanorezeptoren. Die auf dem »Zinken« der kammförmigen Organe liegenden Sensillen verhalten sich phasisch. Bei mechanischer Reizung kommt es zum Auslösen von einem bis maximal fünf Impulsen. Vibrationen werden bis zu 150 Hz reizsynchron beantwortet, bei höheren Reizfrequenzen bleiben zunehmend mehr Schwingungen unbeantwortet.

Bei den über die gesamte Körperoberfläche der Spinnen und anderer Arachniden verbreiteten **Spaltsinnesorganen** von 5–200 µm Länge und 1–2 µm Breite handelt es sich um hochempfindliche Mechanorezeptoren, die belastungsbedingte Verformungen der Cuticula messen. Spaltsinnesorgane liegen zum überwiegenden Teil (86 % der insgesamt ca. 3300 Organe bei der Laufspinne *Cupiennius salei*) auf den Extremitäten. Jeder Sinnesspalt ist durch eine nach innen gewölbte dünne Membran verschlossen und wird von zwei bipolaren Sinneszellen innerviert. In den erweiterten Mittelteil der Sinnesspalte dringt der Dendrit der einen Sinneszelle bis zur Verschlussmembran vor und endet dort in einem Tubularkörper. Der Dendrit der anderen Sinneszelle terminiert an der inneren Membran am Spalteingang (◘ Abb. 16.3). Beide Sinneszellen reagieren hochempfindlich auf eine Spaltverformung. Bei kleinen Reizamplituden reagieren beide Zellen phasisch, bei großen Reizamplituden antwortet die eine Zelle phasisch und die andere phasisch-tonisch. Synapsen auf den Somata der Sinneszellen deuten darauf hin, dass die Spaltsinnesorgane der Spinnen auch einer efferenten Kontrolle unterliegen.

Spaltsinnesorgane treten einzeln oder in Gruppen auf. Stehen sie in Gruppen (bis zu 29 bei der Laufspinne *Cupiennius salei*) eng beieinander wie die Saiten einer Leier, spricht man von **leier-** oder **lyraförmigen Organen**. Diese Organe sind in ihrer Verbreitung auf die Extremitäten beschränkt und liegen vornehmlich in Gelenknähe. Die in ihnen zusammengefassten einzelnen Spaltsinnesorgane unterscheiden sich hinsichtlich ihrer Länge und Empfindlichkeitsschwellen, da die Empfindlichkeit mit der Spaltlänge zunimmt. Lyraförmige Organe können in die kinästhetische Orientierung von Spinnen involviert sein. Das metatarsale lyraförmige Organ vieler Spinnen registriert feinste Erschütterungen des Bodens, des Netzes, oder – wie bei den auf der Wasseroberfläche jagenden Spinnen der Gattung *Dolomedes* – der Wasseroberfläche. Minimale physiologische Reizschwellen liegen im Frequenzbereich von 1–5 kHz. In diesem Bereich erzeugen Vibrationsamplituden des Substrats von 1–2,5 nm bereits eine neuronale Antwort.

16.3.3 Tastsinn (Wirbeltiere)

Die **Rezeptoren** des Tastsinns sind bei den Wirbeltieren mannigfaltig. Es handelt sich durchweg um die Endausläufer sensibler (pseudounipolarer) und adendritischer Ganglienzellen, deren Zellkörper in den **Spinalganglien** der dorsalen Wurzeln am Rückenmark oder – im Fall der Mechanorezeptoren des Gesichts – in den Ganglien des Nervus trigeminus liegen. Entweder enden die Ausläufer dieser Ganglienzellen in Form feiner, markloser Verzweigungen frei zwischen den Zellen der Epidermis, Cutis oder Subcutis (**freie Nervenendigungen**), oder sie umspinnen die Federwurzeln bzw. Haarwurzelscheiden. Einige dieser nichtmyelinisierten Neurone, die im Bereich behaarter Hautbezirke enden, antworten auf Streicheln, nicht aber auf andere mechanische Reize.

Die **Endkörperchen** (◘ Abb. 16.8), die es bei den Säugetieren und den Vögeln in großer Vielfalt gibt, sind im Gegensatz zu den freien Nervenendigungen nicht in der Epidermis, sondern nur in den tiefen Schichten der Haut zu finden. Sie zeichnen sich durch eine marklose Nervenendigung aus, die von Hüllzellen umgeben und zusammen mit diesen in eine lamellenartige Bindegewebskapsel eingeschlossen ist. Bekannt sind die knapp 50 µm großen **Pacini*-Körperchen** der Vögel und Säugetiere (z. B. in den Fingerspitzen des Menschen, der Schnauzenspitze der Delphine, den Pfotenballen, den Mesenterien, der Analregion, der Clitoris, im Pankreas der Katze und in den Blutgefäßwänden), die wesentlich kleineren **Herbst*-Körperchen** der Säuger und Vögel (bei Vögeln in und auf Häuten, die die Knochen der Hinterextremität miteinander verbinden und überziehen, in der Schnabelhaut, den Flügeln und in der Zunge von Spechten), die **Gandry-Körperchen** der Vögel (in der Schnabelhaut der Wasservögel vergesellschaftet mit Herbst-Körperchen), die **Merkel*-Scheiben** der Säuger sowie die **Meissner*-** und **Ruffini*-Körperchen** der Primaten (Fingerbeeren, Lippen). Die Tastrezeptoren in der Haut der Primaten ermöglichen es diesen Tieren, Gegenstände nicht nur zu erkennen, sondern auch nach Form, Größe und Oberflächenstruktur zu unterscheiden. Damit wird die Haut zu einem taktilen Kognitionsorgan.

Elektrophysiologische Untersuchungen haben gezeigt, dass die Tastrezeptoren entweder dem phasischen, schnell adaptierenden (RA[438]-Rezeptoren), oder dem phasisch-tonischen, langsam adaptierenden Typ (SA[439]-Rezeptoren) angehören. Zu den **RA-Rezeptoren** gehören die Meissner- und die Pacini-Körperchen (◘ Abb. 16.8). Bei den Meissner-Körperchen – sie adaptieren mittelschnell – ist die Entladungsrate proportional zur Geschwindigkeit der Reizbewegung. Sie sind Geschwindigkeitsdetektoren oder **Berührungsrezeptoren**. Die Pacini-Körperchen adaptieren dagegen sehr schnell und reagieren deshalb ausschließlich auf Änderungen der Geschwindigkeit. Sie sind **Beschleunigungsrezeptoren**. Sie werden vor allem durch Vibrationsreize aktiviert (s. u.). Zu den langsam adaptierenden **SA-Rezeptoren** zählen die Merkel-Scheiben und die Ruffini-Körperchen. Sie sind **Intensitätsdetektoren**. Während die Merkel-Scheiben besonders empfindlich auf Druckreize reagieren (SA-I-Rezeptoren), sprechen die Ruffini-Kolben in erster Linie auf Scherkräfte (Spannungen in der Haut) an (SA-II-Rezeptoren). Die unterschiedlichen Antworteigenschaften kommen dadurch zustande, dass die zu dem jeweiligen Rezeptortyp gehörenden Nervenendigungen mit spezifischen Zellen (akzessorische Zellen) assoziiert sind, die den mechanischen Reiz auf bestimmte Reizqualitäten eingrenzen.

Die langen, steifen **Schnurr- oder Nasenhaare** (**Vibrissen**[440]) verschiedener Säugetiere (z. B. Katze, Ratte, Seehund, Walross) sind hoch spezialisierte Tastsinnesorgane. Nager, vor allem Ratten und Mäuse, bewegen bei Nacht ihre Schnauzenvibrissen im Rhythmus von wenigen Hertz hin und her und tasten dabei aktiv ihre Umgebung ab. Ratten, deren Vibrissen entfernt wurden, sind beim Laufen durch ein Labyrinth stärker beeinträchtigt als solche, deren Gesichts-, Gehör- oder Geruchssinne ausgeschaltet wurden. Ratten nutzen ihre Vibrissen demnach zur Wahrnehmung und Lokalisation von Objekten relativ zu einem kopfzentrierten Koordinatensystem. Selbst mit nur einer Vibrisse und fixiertem Kopf gelingt ihnen dies innerhalb von 150 ms. Sie können darüber hinaus mithilfe ihrer Vibrissen Informationen über die Größe und Form, aber auch über die

[438] von engl. *rapidly adapting*
[439] von engl. *slowly adapting*
[440] *vibrare* (lat.) = zittern, schwingen, schwenken

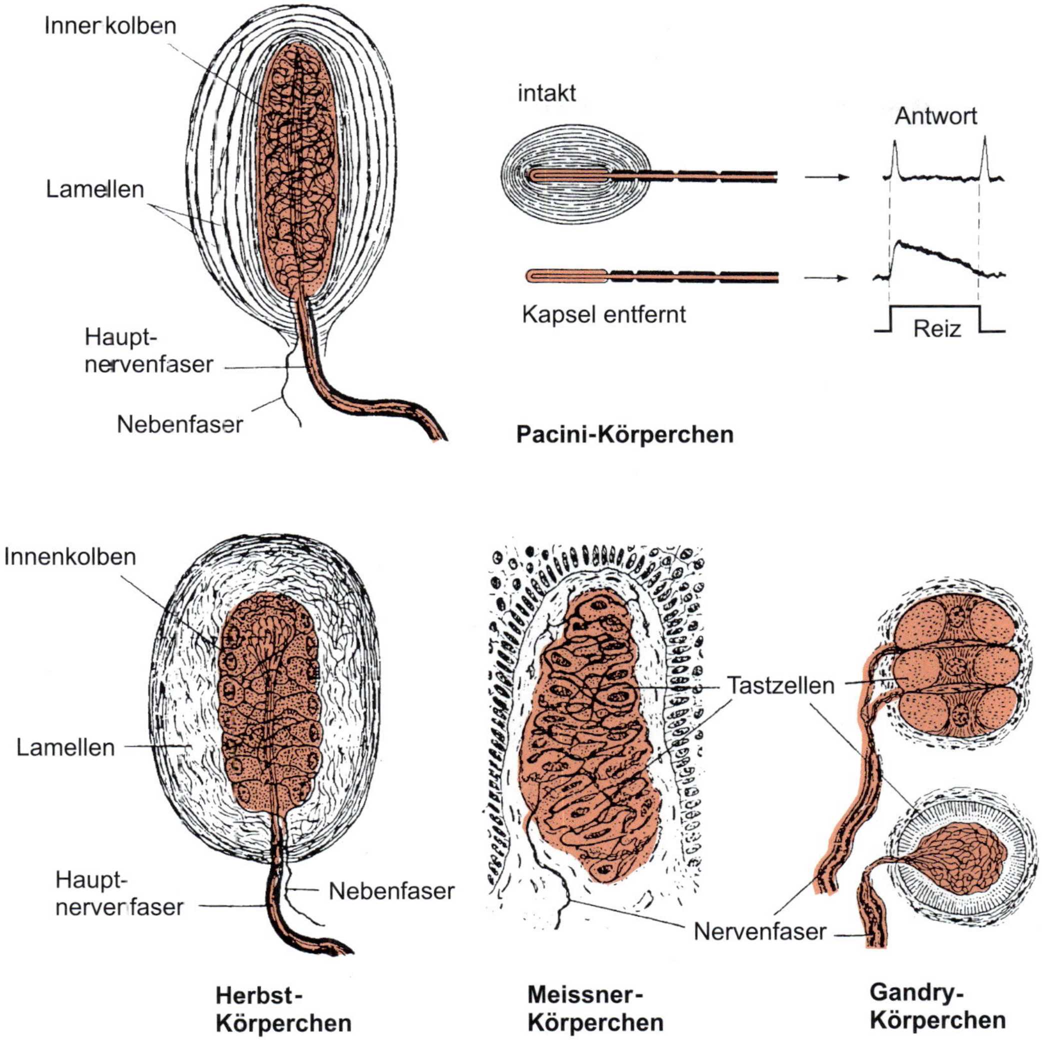

Abb. 16.8 Beispiele für Mechanorezeptoren in der Haut der Säugetiere und Vögel. Nur die intakten Pacini-Körperchen reagieren auf eine Deformation phasisch, was auf die mechanischen Eigenschaften der Kapsel zurückzuführen ist (rechts oben). (Nach Loewenstein (1960) Biological transducers. Sci Am 203, 98–108.)

Oberflächenbeschaffenheit eines Objekts erlangen. So unterscheiden sie zum Beispiel eine glatte Oberfläche von einer Oberfläche mit 30 µm tiefen Rillen. Auch Seelöwen (*Zalophus californianus*) und Seehunde (*Phoca vitulina*) diskriminieren mithilfe ihrer Vibrissen Objekte unterschiedlicher Oberflächenstruktur, Größe und Form. Die Unterschiedsschwellen betragen weniger als 5 %. Bartenwale haben Vibrissen an den Kiefern und an den Blaslöchern, das Verteilungsmuster dieser Vibrissen ist artspezifisch.

Die Vibrissen der Säuger sind in einen speziellen Haarfollikel eingebettet, der reich mit verschiedenen Mechanosensoren und mechanisch sensitiven Nervenfasern (bei Ratten ca. 200) versorgt wird, die im **Trigeminuskern des Hirnstamms** enden. Von dort erreichen die Informationen über den Thalamus den somatosensorischen Cortex in drei bis vier getrennten Bahnen. Bei Ratten löst ein Abbiegen der Vibrissen um nur 20 nm (0,1–0,2°) bereits eine neuronale Antwort aus. Dabei werden Amplitude, Richtung, Geschwindigkeit, Dauer und Frequenz der Auslenkung der Vibrissen neuronal abgebildet. Vibrissenkontakte mit einer rauen Oberfläche lösen mehr Aktionspotenziale aus als die mit einer glatten Oberfläche. Da die Ratten ihre Vibrissen bei einer Diskriminierungsaufgabe aktiv bewegen, hängt das afferente Erregungsmuster sowohl von dieser Bewegung als auch von der Rauigkeit der zu diskriminierenden Oberflächen ab. Die etruskische Spitzmaus, *Suncus etruscus*, ist das kleinste terrestrische Säugetier. Sie kann ihre Beute (Grillen und andere Insekten) nach nur einer Berührung mit ihren Vibrissen identifizieren.

16.3.4 Vibrationssinn

Der **Vibrationssinn** (Erschütterungssinn) ist eine besondere Form des Tastsinns. Sein **adäquater Reiz** ist mechanische Schwingungsenergie, die bei direkter Berührung eines rhythmisch schwingenden Gegenstands oder über rhythmische Me-

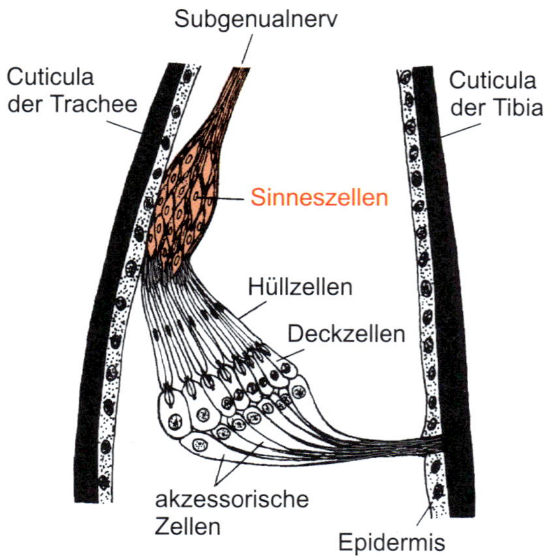

Abb. 16.9 Das Subgenualorgan in der Tibia der Ameise *Formica*. (Nach Schöne A (1911) Bau und Entwicklung des tibialen Chordotonalorgans bei der Honigbiene und bei Ameisen. Zool Jb Anat 31, 439-472.)

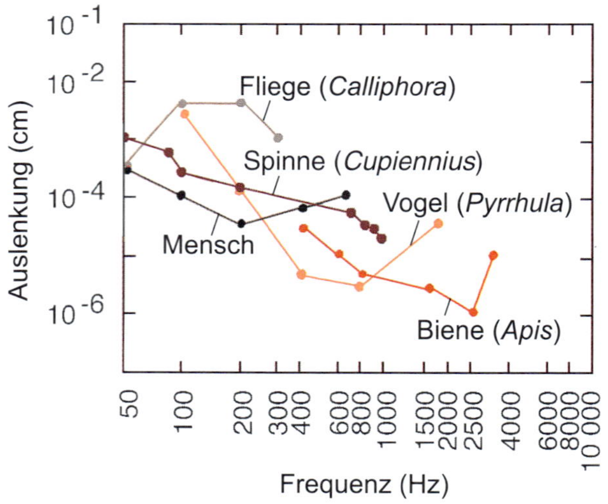

Abb. 16.10 Vergleich der Vibrationsschwellen in Abhängigkeit von der Reizfrequenz bei einigen Tieren. (Nach Schneider W (1950) Über den Erschütterungssinn von Käfern und Fliegen. Z vgl Physiol 32, 287-302 und Barth FG (2001) Sinne und Verhalten. Aus dem Leben einer Spinne. Springer, New York.)

dienströmung in der Nähe eines schwingenden Körpers oder über Oberflächenwellen an Mediengrenzflächen (Boden-Luft, Pflanze-Luft, Wasser-Luft) auf den Rezeptor übertragen wird. Der Vibrationsreiz hat im Gegensatz zum arrhythmischen Berührungsreiz einen periodischen Zeitverlauf (zur Abgrenzung gegenüber der Schallrezeption siehe ▶ Abschn. 17.1).

Viele **Insekten** besitzen in den Beinen Sinnesorgane zur Wahrnehmung von Substratvibrationen. Männchen des Wasserläufers *Gerris remigis* und der semiaquatischen Spinne *Dolomedes triton* erzeugen Oberflächenwellen zur Kommunikation (Anlocken von Weibchen, Abschrecken von Männchen). Mithilfe von Oberflächenwellen können Wasserläufer, Wasserwanzen (*Notonecta glauca*), Taumelkäfer (*Gyrinus substriatus*) und semiaquatische Spinnen (*D. triton*) ins Wasser gefallene Insekten wahrnehmen und lokalisieren. Perzipiert werden die Oberflächenwellen durch Sensillen der **Johnston-Organe** der Antennen (*Gyrinus*), durch **Scolopidialorgane** im Endglied der Tarsen, durch cuticuläre Haare (*Notonecta*) und durch Spaltsinnesorgane (*Dolomdes*).

Insekten besitzen mit den **Subgenualorganen** (Abb. 16.9) sehr empfindliche Rezeptoren für Substratvibrationen. Subgenualorgane bestehen aus etwa 20–30 scolopidialen Sensillen, die in den proximalen Bereichen der Tibien fächerförmig aufgespannt sind. Die Subgenualorgane der Schabe *Periplaneta* antworten bei einer Reizfrequenz von 1,4 kHz bereits bei einer Schwingungsamplitude des Substrats von 0,2 nm (2×10^{-10} m). Die Minimalschwelle (Amplitude) für Vibrationsreize an der menschlichen Fingerspitze beträgt bei 200 Hz ca. 10^{-7} m. Hier wie bei den Insekten sind die Schwellenwerte frequenzabhängig (Abb. 16.10).

Bei den **Arachniden** stehen die **Sinnesspalten** (s. o.) der Laufbeine auch im Dienst der Wahrnehmung von Erschütterungen. Mithilfe von am distalen Ende des Metatarsus gelegenen Spaltsinnesorganen registrieren Spinnen zum Beispiel die von Beutetieren verursachten Vibrationen des Bodens, der Oberfläche von Pflanzen, der Wasseroberfläche und des Netzes. Wüstenskorpione (*Parurectonus mesaensis*) können mithilfe von Spaltsinnesorganen in den Beinen die von Beuteinsekten verursachten Vibrationen des Wüstensandes wahrnehmen und die Beute lokalisieren.

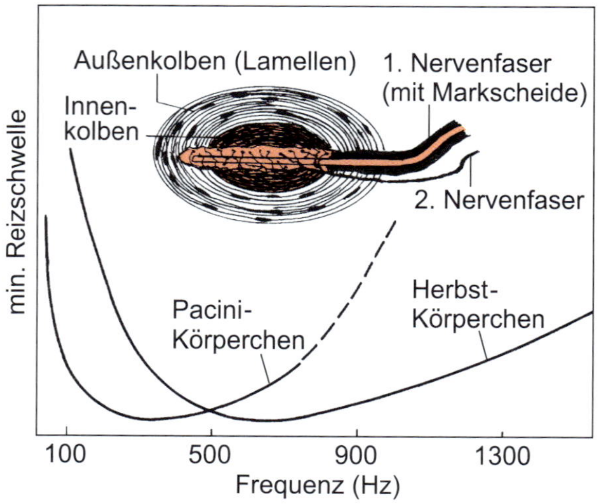

Abb. 16.11 Empfindlichkeit der Pacini- bzw. Herbst-Körperchen auf Vibrationsreize verschiedener Frequenz. (Nach Quillmann TA, Armstrong J (1963) Mechanorezeptoren. Endeavour 22, 55–60.)

Bei den **Wirbeltieren** dienen die bereits erwähnten Pacini- und Herbst-Körperchen als Vibrationsrezeptoren. Die **Pacini-Körperchen** reagieren auf mechanische Schwingungen zwischen 50 und 900 Hz, ihre maximale Empfindlichkeit liegt bei ca. 300 Hz. Die **Herbst-Körperchen** sprechen auf einen wesentlich breiteren Schwingungsbereich an (Abb. 16.11). Tauben

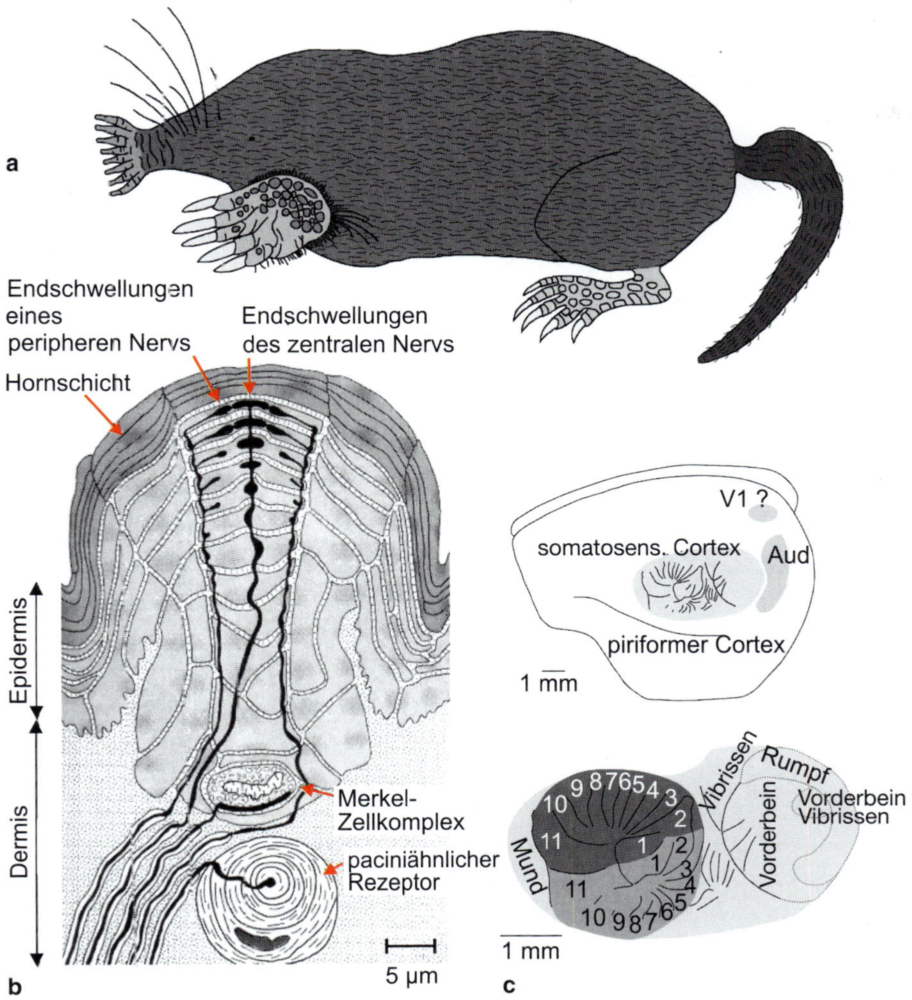

■ **Abb. 16.12** **a** Der Sternmull (*Condylura cristata*) mit Vibrissen an den Vorderbeinen und der Tastscheibe an der Schnauzenspitze. **b** Schematischer Längsschnitt durch ein Eimer-Tastorgan aus der Tastscheibe des Sternmulls. Die Nervenfasern mit ihren Endschwellungen sind schwarz gezeichnet. **c** Der somatosensorische Cortex des Sternmulls. Die Repräsentation der Tastscheiben mit den Armen 1–11 und die des übrigen Körpers im somatosensorischen Cortex. Die Tastarme sind überrepräsentiert und nehmen auf dem Cortex mehr Fläche (52 %) ein als der ganze übrige Körper. Aud = auditorischer Cortex; V1 = primärer visueller Cortex. (Nach Catania KC, Kaas JH (1995) Organization of the somatosensory cortex of the star nosed mole. J Comp Neurol 351, 549–567, verändert.)

(*Columba livia*) und Gimpel (*Pyrrhula pyrrhula*) reagieren auf Vibrationen der Sitzstange. Diese werden wahrscheinlich mit den Herbst-Körperchen, die in dem Strang zwischen Tibia und Fibula liegen, registriert. Mithilfe zahlreicher in den Flügeln lokalisierter Herbst-Körperchen können Vögel wahrscheinlich Luftbewegungen (z. B. das Ablösen der Grenzschicht) messen und ihren Flug kontrollieren. Die Hornviper *Cerastes cerastes* nimmt, wie die ebenfalls in der Sahara lebenden Echse *Scincus scincus*, mithilfe von noch nicht identifizierten Vibrationsrezeptoren die von Beutetieren verursachten Erschütterungen des Wüstensandes wahr.

Der **Sternmull** *Condylura cristata* (Insectivora) gräbt seine Gänge im sumpfigen Boden und ist bei der Suche nach Beutetieren vorwiegend auf Mechanosensoren angewiesen. Er verschafft sich taktile Informationen nicht nur mithilfe von Vibrissen, sondern vor allem auch mit der Schnauzenspitze, die um jedes Nasenloch zu einer elfarmigen Tastscheibe umgewandelt ist (■ Abb. 16.12). Die insgesamt 22 Arme des Sternmulls sind mit 30 000 mechanosensorischen Papillen, den **Eimer*-Organen**, besetzt. Neben Nervenfasern mit Endschwellungen finden sich an der Basis der Eimer-Organe Merkel-Zell-Komplexe und Pacini-ähnliche Rezeptorzellen.

16.3.5 Zentralnervöse Verarbeitung (Säugetiere)

Die von den Mechanorezeptoren der Haut, der Muskeln und der Gelenke kommenden **afferenten**[441] **Axone**, deren Zellkörper (Perikaryen) im **Spinalganglion** (■ Abb. 16.13) liegen, schließen sich auf ihrem Weg zum ZNS zu Nerven zusammen (afferente Nervenfasern). Diese treten bei den Säugetieren (mit wenigen Ausnahmen) über die Hinterwurzel in das **Rückenmark** ein, wo sie sich in mehrere Äste (Kollaterale) aufspalten: Ein Ast tritt entweder direkt oder unter Vermittlung von Interneuronen an die Zellkörper der Motoneurone im Vorderhorn der grauen Substanz (■ Abb. 16.13) des gleichen Rückenmarksegments heran (mono- bzw. polysynaptischer Bogen der Eigen- bzw. Fremdreflexe; ▶ Abschn. 13.7.1). Außerdem teilen sich die Axone in einen ab- und einen aufsteigenden Ast, über die die Informationen das betreffende Rückenmarksegment verlassen.

441 *afferens* (lat.) = heranbringen

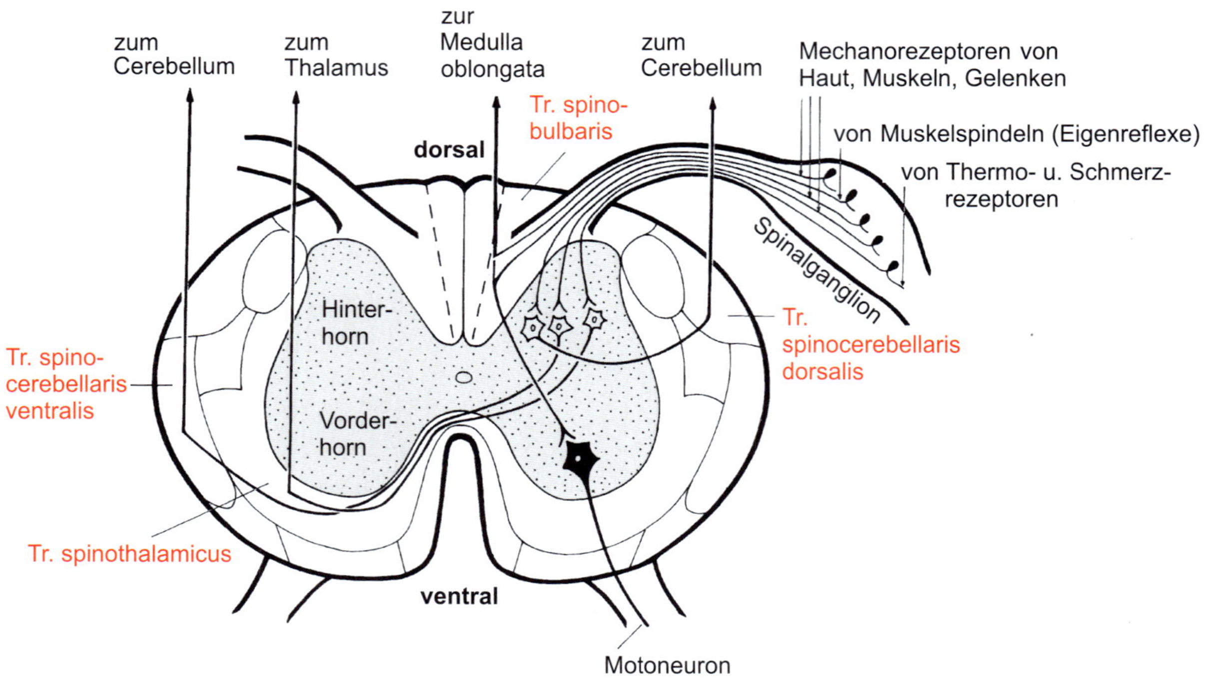

Abb. 16.13 Querschnitt durch das Rückenmark des Menschen mit den aufsteigenden Bahnen. Der Übersichtlichkeit halber sind keine Kollateralen eingezeichnet, sondern für jede Faser gesondert Spinalganglionzellen angenommen. Punktiert: graue Substanz, weiß: weiße Substanz; Tr = Tractus.

Die **aufsteigenden Axone** verlaufen in der weißen Substanz des Rückenmarks und treten zu Bündeln (als Trakt oder Strang bezeichnet) zusammen. Wichtige aufsteigende Bahnen sind:

- Vorderseitenstrang (Tractus spinothalamicus)
- Kleinhirnseitenstrang (Tractus spinocerebellaris)
- Hinterstrang (Tractus spinobulbaris)

Während sich die deutschen Namen der Stränge auf die Lage im Rückenmark beziehen, bezeichnen die lateinischen Namen Anfang und Ende der Bahnen, die alle im Rückenmark (»spino«) beginnen und zum Thalamus, zur Medulla oblongata bzw. zum Kleinhirn (Cerebellum) ziehen.

Der **Vorderseitenstrang** (Tractus spinothalamicus) ist der stammesgeschichtlich älteste. In ihm verlaufen Axone von Zellen aus den Hinterhörnern der gegenüberliegenden Seite des Rückenmarks (gekreuzt) ohne Unterbrechung bis zum Thalamus, wo eine Umschaltung auf Neurone (Relaiszellen) erfolgt, deren Axone die Großhirnrinde erreichen. Die Leitungsbahn zwischen Peripherie und Großhirnrinde umfasst somit jeweils drei Neurone: Spinalganglionneuron, Hinterhornneuron und Thalamusneuron. Da dieser Strang vornehmlich Afferenzen von **Thermo-** und **Schmerzrezeptoren** leitet, soll er an dieser Stelle nicht weiter besprochen werden.

Der **Kleinhirnseitenstrang** (Tractus spinocerebellaris) ist entwicklungsgeschichtlich ebenfalls relativ alt und kommt bereits bei den Fischen vor. In ihm verlaufen Axone von Zellen aus den Hinterhörnern der gleichen (ungekreuzt: Tractus spinocerebellaris dorsalis) bzw. – weniger zahlreich – der gegenüberliegenden Seite (gekreuzt: Tr. spinocer. ventralis) des Rückenmarks ohne Unterbrechung bis zum Kleinhirn. Sie erhalten afferente Impulse von **Mechanorezeptoren der Haut, von Muskeln und Gelenken**. Die Axone zeigen eine hohe Leitungsgeschwindigkeit (135 m s^{-1} beim Menschen). Das **Kleinhirn** (► Abschn. 13.6.2) kontrolliert mithilfe der eintreffenden Informationen die Muskeltätigkeit, ohne dass uns dies bewusst wird.

Der **Hinterstrang** (Tractus spinobulbaris, Abb. 16.14) ist stammesgeschichtlich jünger als der Vorderseitenstrang. Er tritt erstmals bei den Reptilien auf und ist beim Menschen besonders stark ausgeprägt. Er setzt sich aus Ästen (Kollateralen) der Spinalganglienzellen derselben Körperseite ohne Umschaltung auf sekundäre Neurone des Rückenmarks zusammen. In ihm verlaufen die Axone ohne Unterbrechung bis zur **Medulla oblongata** (Nucleus gracialis und N. cuneatus). Erst dort erfolgt die Übertragung der Information auf sekundäre Neurone, deren Neurite etwas weiter oberhalb auf die Gegenseite kreuzen und dann als mediale **Schleifenbahn** (Tractus lemniscus medialis) parallel mit den Neuriten des Vorderseitenstrangs (s. o.) durch den Hirnstamm ziehen und schließlich im **Thalamus** enden. Nach Umschaltung im Thalamus werden die Informationen bis zur Hirnrinde weitergeleitet. Der Strang enthält Afferenzen von **Mechanorezeptoren** der Haut, von Muskeln und Gelenken. Über ihn erhält das Gehirn Informationen über mechanische Reizung der Körperoberfläche (Druck, Berührung) sowie über die Stellung der Gelenke, die uns bewusst werden. Ein hohes räumliches Auflösungsvermögen im Bereich des Tastsinns ist nur bei intaktem Hinterstrang vorhanden. Die Lemniscus-Fasern geben im Hirnstamm Kollaterale zur **Formatio reticularis** ab (► Abschn. 13.6.2).

16

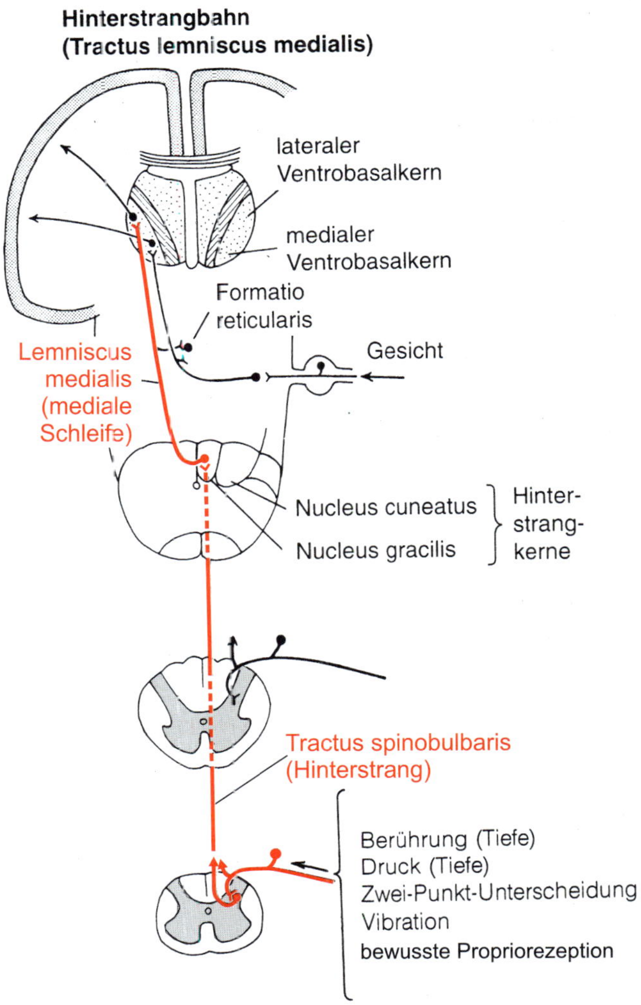

Abb. 16.14 Die Hinterstrangbahn (Tractus lemniscus medialis). (Aus Shepherd GM (1993) Neurobiologie. Springer, Berlin.)

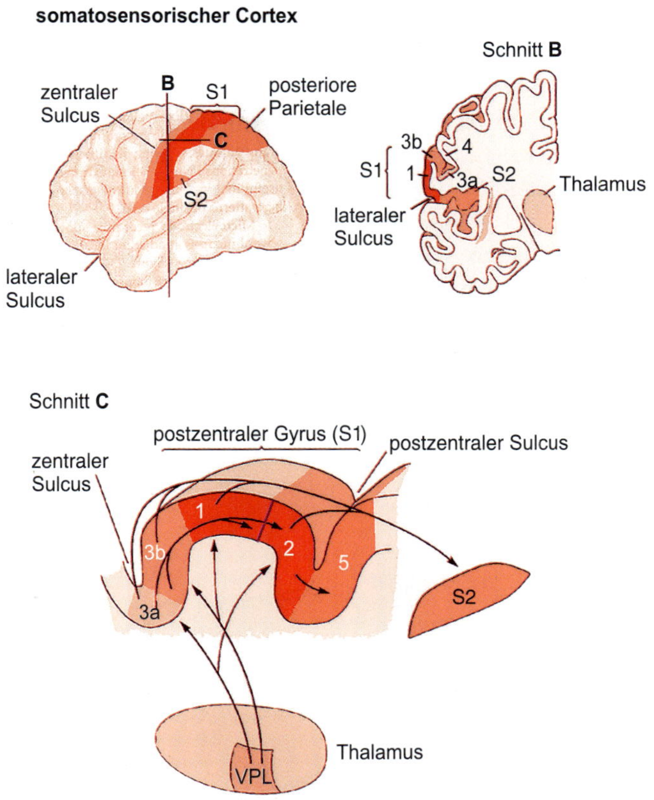

Abb. 16.15 Der somatosensorische Cortex der Primaten wird in einen primären (S1), einen sekundären (S2) und in einen posterioren parietalen Cortex unterteilt. Oben links: Die laterale Ansicht der Cortexoberfläche zeigt die Lage der genannten cortikalen Areale. Oben rechts: Lage der cortikalen Areale S1 (mit den vier cytoarchitektonisch unterscheidbaren Regionen 3a, 3b, und 1) und S2 in einem coronalen Schnitt. Unten: Das cortikale Areal S1. Der gezeigte Sagittalschnitt illustriert die räumliche Beziehung der Regionen 1, 2 und 3. Der somatosensorische Eingang der Cortexregion S-I stammt aus dem ventralen posterioren lateralen Kern des Thalamus. Die Pfeile weisen auf die anatomischen Verbindungen zwischen den einzelnen Hirnarealen hin. VPL = posteriorer lateraler Kern. (Nach Kandel ER, Schwartz JH, Jessel TM (2000) Principles of Neural Science. McGraw-Hill, New York, verändert.)

Der **Thalamus** liegt im Zwischenhirn (Diencephalon), also zwischen Großhirn und dem Hirnstamm. Bei ihm laufen die somatischen, aber auch viscerale Afferenzen zusammen: die Afferenzen des Rumpfes über den Hinterstrang und den Vorderseitenstrang (s. o.), die Afferenzen der Gesichtsregion über den Trigeminusnerv. Innerhalb des Thalamus, im **spezifischen Kerngebiet** für das somatosensorische System (Ventrobasalkerne, Abb. 16.14; kaudale Ventralkerne), erfolgt die Übertragung der Afferenzen auf Neurone, deren Neurite die Großhirnrinde erreichen. Da alle Bahnen auf ihrem Weg zum Thalamus früher oder später zur jeweils anderen (kontralateralen) Seite des Rückenmarks bzw. des Hirnstamms kreuzen, steht die Peripherie der rechten Körperhälfte mit Kerngebieten der linken Thalamushälfte und umgekehrt in Verbindung. Jeweils benachbarte Körperregionen werden auf benachbarten Bereichen innerhalb des spezifischen Kerngebiets des Thalamus abgebildet (**somatotope Gliederung**). Das Kerngebiet gehört somit zu den Projektionskernen. Es ist nach Körperregionen gegliedert und nicht etwa nach Sinnesmodalitäten, denn die Erregungen von Schmerz- oder Tastrezeptoren aus derselben Körperregion – im Rückenmark noch auf getrennten Bahnen weitergeleitet – ziehen jeweils zur selben Kernregion. Die Afferenzen von benachbarten Rezeptoren eines mehr oder minder großen Hautareals (rezeptives Feld) laufen dabei an einem einzigen Neuron des Kerngebiets zusammen (Konvergenz!).

Die Ventrobasalkerne im Hypothalamus sind durch auf- und absteigende Axone mit dem **primären** und **sekundären somatosensorischen Areal** (S1 und S2) der Großhirnrinde verbunden (Abb. 16.15).

Die verschiedenen Sinnesmodalitäten sind im Gyrus postcentralis nicht streng getrennt. So liegen in der unmittelbaren Nachbarschaft der sensorischen Projektionen für den Berührungssinn der Zunge auch Neurone, die nur bei Geschmacksreizen aktiviert werden. Andere Neurone zeigen sowohl bei Wärme- als auch bei Berührungsreizen eine Aktivität (Konvergenz!).

Es sind jeweils diejenigen Körperpartien besonders großflächig im somatosensorischen Cortex als somatosensorische Karte repräsentiert, mit denen das Tier seine Umwelt vorrangig taktil erkundet (◘ Abb. 16.17). So liegt in den Arealen 3a, 3b, 1 und 2 jeweils eine komplette somatotope Karte. Diese Karten sind allerdings verzerrt: 1 mm^2 Haut auf der Fingerkuppe wird 100-mal größer im Cortex abgebildet als 1 mm^2 Haut auf dem Rücken. Die somatotopen Karten bilden nicht die Größe der Hautareale, sondern deren Innervierungsdichte und damit die Bedeutung des jeweiligen Körperteils für das Tier ab. Aus diesem Grund sind zum Beispiel die Vibrissenfelder der Nager und Seehunde zentralnervös überrepräsentiert. Bei Ratten beansprucht eine einzige Vibrisse eine Cortexfläche (als Barrel bezeichnete cortikale Kolumne) von 0,6 × 0,6 mm. Bei Pferden sind die Nüstern großflächiger vertreten als die Beine. Bei Ziegen und Schafen sind es die Lippen und die Zunge, beim Schwein die Schnauze, bei der Ratte die Bereiche mit den Schnurrhaaren (Vibrissae), beim Klammeraffen der Kletterschwanz, beim Waschbär die vordere Extremität (◘ Abb. 13.66) und beim Sternmull die Tastarme (◘ Abb. 16.12).

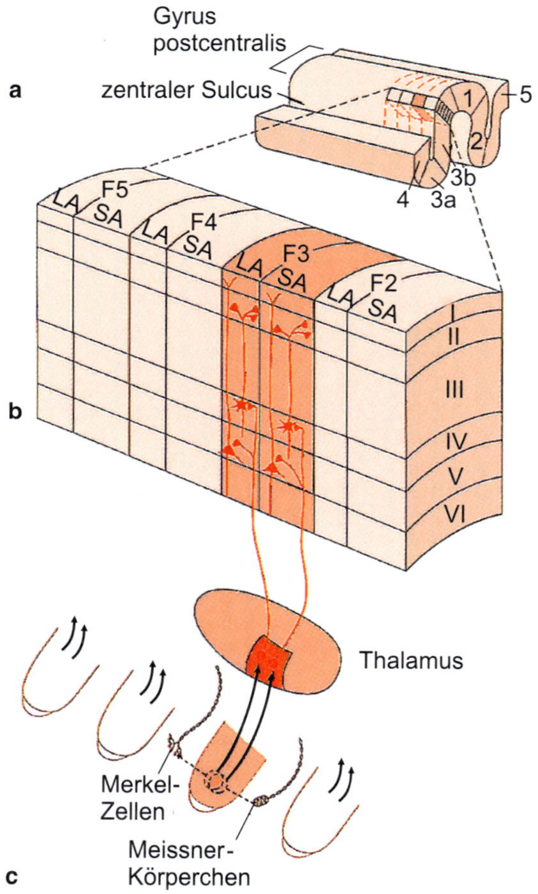

◘ **Abb. 16.16** Jede Region des somatosensorischen Cortex erhält hauptsächlich von einem Rezeptortyp Eingang. **a** In jeder der vier Regionen des somatosensorischen Cortex – Brodmann-Areale 3a, 3b, 1 und 2 – sind die Eingänge von einem Rezeptortyp und einer bestimmten Körperregion in Säulen angeordnet, die sich von der Gehirnoberfläche bis zur weißen Substanz des Großhirns erstrecken. **b** Vergrößerte Ausschnitte einzelner Säulen im Areal 3b, die Eingänge von den Fingern 2, 3, 4 und 5 (F2–F5) erhalten. Alternierende Säulen erhalten Eingänge von schnell und langsam adaptierenden Rezeptoren aus den oberflächlichen Schichten der Haut. **c** Überlappende rezeptive Felder von LA- und SA-Rezeptoren projizieren zu diskreten Säulen im Areal 3b. LA = langsam adaptierende Rezeptoren; SA = schnell adaptierende Rezeptoren. (Nach Kandel ER, Schwartz JH, Jessel TM (2000) Principles of Neural Science. McGraw-Hill, New York, verändert.)

Der **primäre somatosensorische Cortex** (S1) besteht aus den Brodmann-Arealen 3a, 3b, 1 und 2 (◘ Abb. 16.15). Die meisten thalamischen Fasern des Tastsinns terminieren bei Primaten in den Arealen 3a und 3b. Die Axone der Zellen dieser Areale projizieren in die cortikalen Brodmann-Areale 1 und 2. Schwache Projektionen gehen zusätzlich direkt vom Thalamus zu diesen cortikalen Arealen (◘ Abb. 16.15). Die vier somatosensorischen Regionen des **Cortex** unterscheiden sich funktionell (▸ Box 16.1). Während die Brodmann-Areale 3b und 1 hauptsächlich Informationen von Hautrezeptoren erhalten, verarbeiten die Areale 3a und 2 vor allem propriorezeptive Eingänge von den Muskeln und Gelenken. Die Neurone in S1 sind schnell oder langsam adaptierend. Sie signalisieren damit entweder die Geschwindigkeit der Reizänderung oder die Amplitude eines Reizes. Neurone in S1 codieren auch den Ort der Reizung: Wenn sie elektrisch stimuliert werden, empfindet eine Versuchsperson nur an einer bestimmten Körperstelle eine Berührung.

Box 16.1 Hautareale und rezeptive Felder

Das von einem sensorischen Neuron erfasste Hautareal beschreibt das rezeptive Feld (RF) dieses Neurons. Die rezeptiven Felder von Neuronen in S1 sind wesentlich größer als die von primären somatosensorischen Afferenzen (z. B. einer kleiner Teil einer Fingerspitze gegenüber mehreren Fingerkuppen). Die RFs der Neurone in dem Areal 3b sind relativ klein, ein cortikales Neuron erhält Eingang von bis zu 400 primären Afferenzen. Die RFs der Neurone in den Arealen 1, 2 und 5 sind deutlich größer. Viele Neurone im posterioren parietalen Cortex haben bilaterale RFs, die Lage und Größe der RFs von cortikalen Neuronen hängt unter anderem von der individuellen Erfahrung ab.

Der somatosensorische Cortex ist in 300–600 µm breiten **Säulen** organisiert. Die Neurone einer Säule erhalten Eingang von einer bestimmten Hautstelle, und zwar immer nur von einem Rezeptortyp (Tastsinn, Temperatursinn, Schmerzsinn, Drucksinn, Vibrationssinn; ◘ Abb. 16.16). Eine Säule enthält demnach Information über einen bestimmten Ort und einen bestimmten Rezeptortyp. Im Areal 3a dominieren die Informationen von den Propriorezeptoren der Muskeln, im Areal 3b die Informationen von den Mechanorezeptoren der Haut. Es alterniert jeweils eine Säule von langsam adaptierenden und schnell adaptierenden Mechanorezeptoren. Im Areal 1 werden vor allem die Informationen von schnell adaptierenden Mechanorezeptoren verarbeitet. Areal 2 ist multimodal.

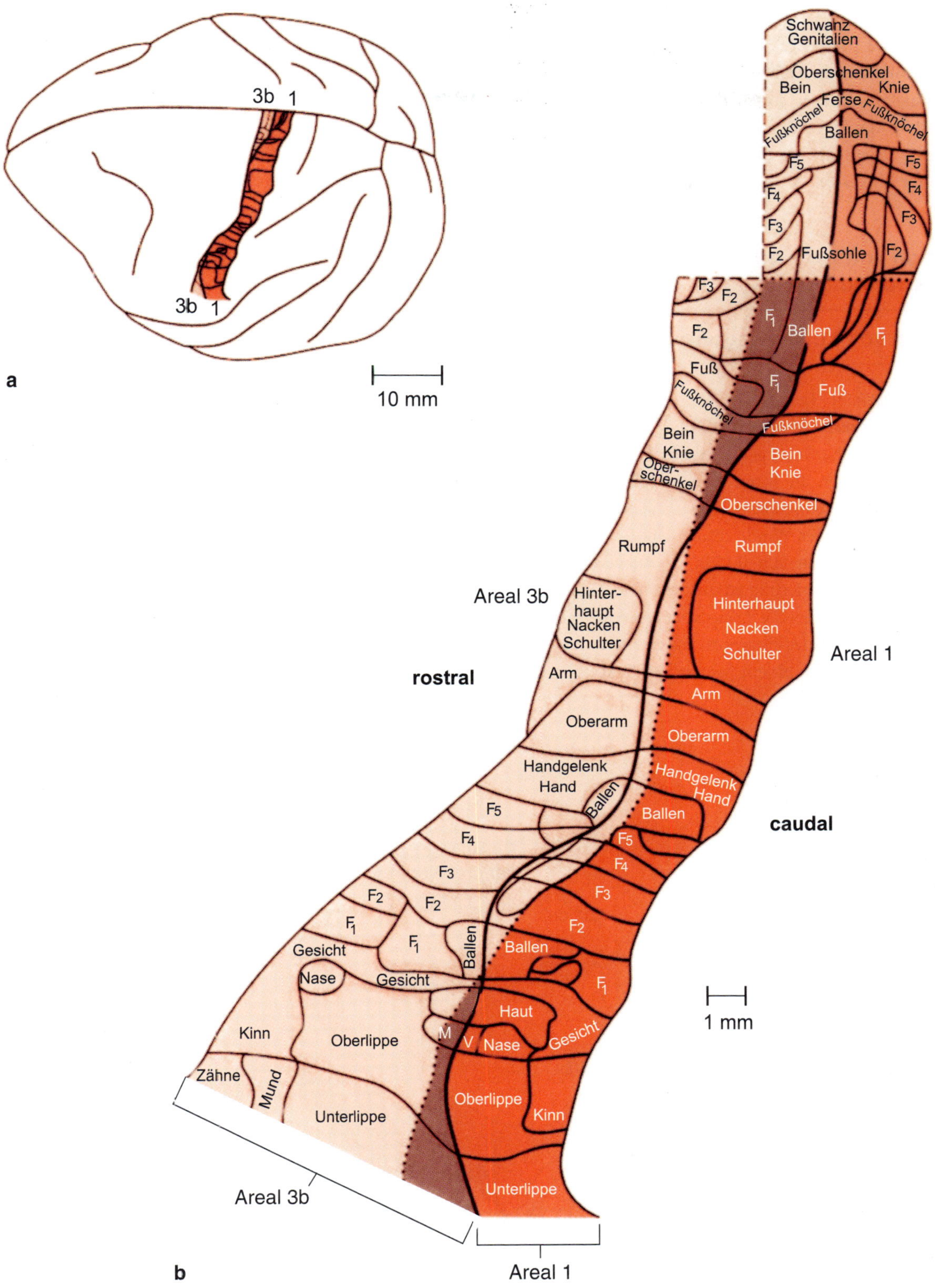

Abb. 16.17 Somatosensorische Repräsentation im Cortex. Jede Region des primären somatosensorischen Cortex enthält eine vollständige Karte der Körperoberfläche. **a** Lage des primären somatosensorischen Cortex bei einem Makaken. Die Körperoberfläche wird als Streifen auf der Cortexoberfläche abgebildet. **b** Vergrößerte Darstellung der Areale 3b und 1 des primären somatosensorischen Cortex eines Makaken. In dem Diagramm wurde der Cortex entlang des Sulcus centralis (gepunktete Linie, die parallel zur Grenze zwischen Areal 3b und 1 verläuft) entfaltet. Weiter rostral gelegene Segmente werden mehr lateral abgebildet, die am weitesten lateral liegenden Teile des Cortex enthalten die Repräsentation des Nackens, des Gesichts, des Mundes und der Zunge. Der größte Teil des somatosensorischen Cortex wird bei Makaken für die Abbildung der Hände und Füße verwendet, jeder Finger ist entlang einer mediolateralen Achse des Cortex separat repräsentiert. F = Finger; M = Mandibel des Unterkiefers; V = Maxille des Oberkiefers. (Nach Kandel ER, Schwartz JH, Jessel TM (2000) Principles of Neural Science. McGraw-Hill, New York, verändert.)

Der **sekundäre somatosensorische Cortex** (S2) erhält Eingänge von allen S1-Arealen. S2 projiziert zum insularen Cortex, der Region des **Temporallobus**, die wahrscheinlich für das taktile Gedächtnis zuständig ist. Andere somatosensorische cortikale Areale sind im posterioren parietalen Cortex (Brodmann-Areal 5 und 7) lokalisiert. Im Areal 7 konvergieren visuelle, taktile und propriorezeptive Eingänge.

16.4 Rezeption von Luft- und Wasserströmungen

16.4.1 Rezeption von Luftbewegungen

Viele Tiere können kleinste Luft- oder Wasserbewegungen wahrnehmen. Manche **Insekten** können zum Beispiel die Richtung und Intensität von Luftströmungen messen. Termiten registrieren die Luftströmungen in ihren Bauten mithilfe der **Johnston-Organe** an der Antennenbasis. Das Einhalten eines konstanten Kurses gegenüber der Windrichtung ist von Käfern bekannt. Windgeschwindigkeiten von 0,15 m s^{-1} reichen, um eine anemomenotaktische Orientierung auszulösen. Die Antennen ermöglichen es der Heuschrecke *Locusta migratoria*, ihre Eigengeschwindigkeit während des Fluges zu messen. Die Antennen der Insekten bestehen aus einem proximalen **Scapus**[442], der mit dem zweiten Antennenglied, dem **Pedicellus**[443], gelenkig verbunden ist. Auf den Pedicellus folgt das lange **Flagellum**[444], das aus zahlreichen Gliedern besteht. Als Maß für die Fluggeschwindigkeit dient die Auslenkung des Flagellums gegen den Pedicellus, die von den Sensillen des Johnston-Organs und von mehreren campaniformen Sensillen gemessen wird.

Insekten, Symphyla (Zwergfüßler) und Spinnentiere nutzen zur Perzeption von Strömungsreizen vor allem ihre Fadensensillen. Bei Spinnen und Skorpionen werden diese **Trichobothrien**[445] (Becher- bzw. Fadenhaare) genannt. Trichobothrien sind 100–3000 µm lang, an ihrer Basis 5–15 µm dick, haben oft eine gefiederte Oberfläche und werden schon von kleinsten Luftbewegungen ausgelenkt (Abb. 16.18). Aufgrund von Grenzschichteffekten ändert sich bei gleicher Luftgeschwindigkeit der Auslenkwinkel in Abhängigkeit von der Länge des Trichobothriums mit der Reizfrequenz. Dies hat zur Folge, dass lange Haare eine niedrigere **Bestfrequenz** haben als kurze Haare. Manche **Spinnen** besitzen bis zu 100 Trichobothrien pro Laufbein. Der lange Haarschaft der Trichobothrien entspringt am Boden einer becherförmigen Vertiefung auf einer zylinderförmigen cuticulären Erhöhung, die von einer Membran bedeckt ist (Abb. 16.18). Unterhalb dieser Membran liegt der flüssigkeitsgefüllte Rezeptorlymphraum. Die dendritischen Fortsätze von vier Neuronen ziehen von dorsal und ventral

442 *scapus* (lat.) = Schaft, Stiel

443 *pedicellus* (lat.) = Stengel, Stiel, Füßchen

444 *flagellum* (lat.) = Geißel

445 *trich, tricho* (griech.) = Haar; *bothros* (griech.) = kleine Grube

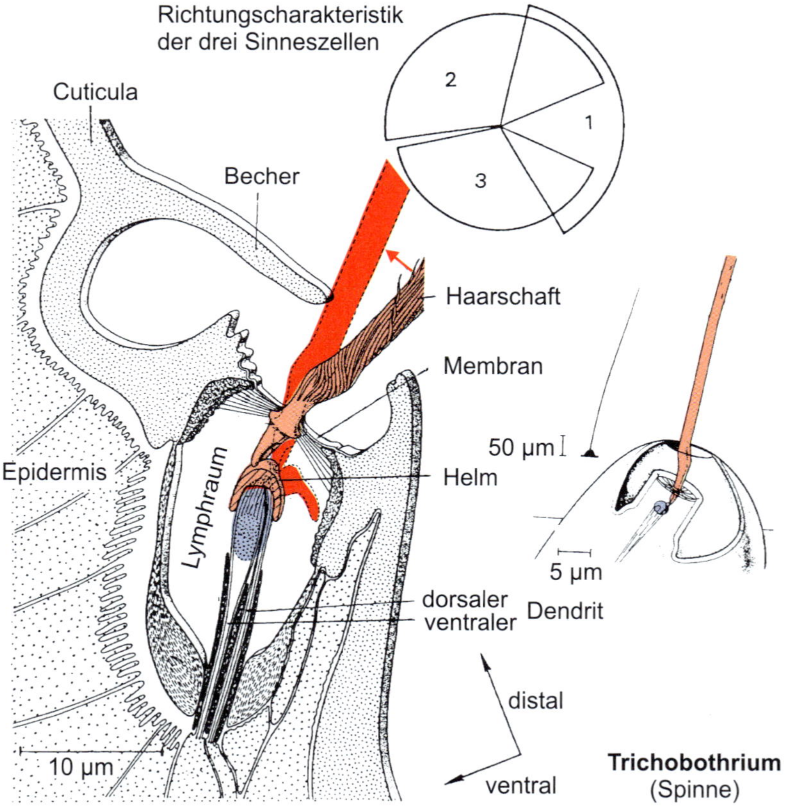

Abb. 16.18 Trichobothrium der Winkelspinne *Tegenaria derhami*. Bei distaler Auslenkung des Haars (gestrichelt) wird der »Helm« in die entgegengesetzte Richtung bewegt. Dies führt zur Auslösung einer Erregung in den dendritischen Endigungen. Die Auslenkung wird von drei Sinneszellen registriert, die eine unterschiedliche Richtcharakteristik haben (1, 2 und 3). (Nach Christian UH (1972) Trichobothrien, ein Mechanorezeptor bei Spinnen. Elektronenmikroskopische Befunde bei der Winkelspinne *Tegenaria derhami* (Scopoli), (Agelinidae, Aranea). Verhandl Dtsch Zool Ges, Fischer, Stuttgart, S. 31–36, verändert.)

sowie von vorne und hinten bis an den Helm heran, der wiederum mit dem Becherhaar in Verbindung steht. Drei Neurone zeigen eine **Richtcharakteristik**: Sie reagieren jeweils auf eine bestimmte Auslenkrichtungsrichtung des Trichobothriums maximal (◘ Abb. 16.18). Adäquate Reize sind unter anderem die von fliegenden Insekten erzeugten Luftbewegungen.

Die **Fadenhaare** der Insekten funktionieren ähnlich wie die Trichobothrien, werden aber nur von einem Dendriten innerviert. Bei den Fadenhaaren der Grillen reicht zur Erregungsbildung eine Energie, die kleiner ist als die eines Quantums grünen Lichtes, der Dendritenquerschnitt der Sinneszelle ändert sich dabei nur um 0,05 nm. Mit Fadenhaaren können zum Beispiel Raupen herannahende parasitische Wespen erkennen. Bis zu 2000 Fadenhaare befinden sich auf den Cerci der Schaben und Grillen. Sie warnen diese Tiere vor sich von hinten annähernden Feinden (z. B. der heranschnellenden Zunge einer Kröte) und lösen Fluchtreaktionen aus. Windsensitive Haarsensillen informieren Insekten aber auch über ihre Fluggeschwindigkeit und Flugrichtung. Sie kommen einzeln oder in Form von Haarfeldern auf den Flügeln und auf dem Kopf vor.

Mechanorezeptoren in der Haut der **Vögel** messen Stellung, Auslenkung und Vibrationsfrequenz der Federn. Diese Rezeptoren dienen vermutlich der Kontrolle der Stellung und Bewegung der Federn während des Fluges und damit der Wahrnehmung der den Vogel umströmenden Luft. Fliegende Dipteren registrieren ihre Lage im Raum mithilfe ihrer **Halteren**, die phylogenetisch aus den hinteren Flügeln entstanden sind. Bei Änderung der Flugrichtung erfahren die oszillierenden Halteren ein Drehmoment, das mithilfe von zahlreichen campaniformen Sensillen gemessen wird. Die Halteren wirken als **Gyroskope**.

16.4.2 Rezeption von Wasserbewegungen

Viele aquatische und semiaquatische Invertebraten (Cnidaria, Plathelminthen, Mollusken, Anneliden, Arthropoden, Chaetognathen, Bryozoen, Echinodermen), aber auch Krokodile (*Alligator mississipiensis*, *Crocodylus niloticus*) und einige aquatische und semiaquatische Säuger können mithilfe von Mechanorezeptoren Wasserbewegungen perzipieren. Krebse nutzen zu diesem Zweck die vielfältigsten Sinneshaare, semiaquatische Spinnen der Gattung *Dolomedes* vermutlich Spaltsinnesorgane. Tintenfische (*Sepia officinalis*) perzipieren Wasserbewegungen mithilfe der Cilienzellen ihrer Arm- und Kopflinien. Alligatoren und Nilkrokodile nehmen Oberflächenwellen des Wassers mit kuppelförmigen Druckrezeptoren wahr. Morphologische und physiologische Befunde deuten darauf hin, dass die kuppelförmigen Druckrezeptoren in der Haut von Warzenschlangen (z. B. *Acrochordus* sp.) und Seeschlangen der Unterfamilie Hydrophiinae (z. B. *Lapemis curtus*) ebenfalls auf Wasserbewegungen reagieren.

Schwimmratten (*Hydromys chrysogaster*), Seehunde (*Phoca vitulina*) und Seelöwen (*Zalophus californianus*) nutzen ihre Vibrissen (deren Haarfollikel bei Seehunden von bis zu 1600 afferenten Nervenfasern innerviert werden) nicht nur zur Wahrnehmung und Diskriminierung von Objekten, sondern auch zur Wahrnehmung von Wasserbewegungen. So können Seehunde und Seelöwen mit intakten Vibrissen nicht nur die von dipolförmigen Reizquellen erzeugten Wasserbewegungen, sondern auch künstlich erzeugte hydrodynamische Spuren wahrnehmen, diskriminieren und verfolgen (◘ Abb. 16.19). Dabei sind die Vibrissen von Seehunden (nicht aber die von Seelöwen) zur Empfindlichkeitssteigerung so geformt, dass sie beim Schwimmen das Ablösen von Kármán*-Wirbelstraßen und die damit einhergehenden Eigenvibrationen weitgehend unterdrücken. Da jeder schwimmende Fisch eine hydrodynamische Spur hinterlässt, die – je nach Fischgröße – im Stillwasser noch nach mehreren Minuten nachweisbar ist, nutzen Seehunde und Seelöwen diese Fähigkeit wahrscheinlich zum Aufspüren und Verfolgen von Beutefischen.

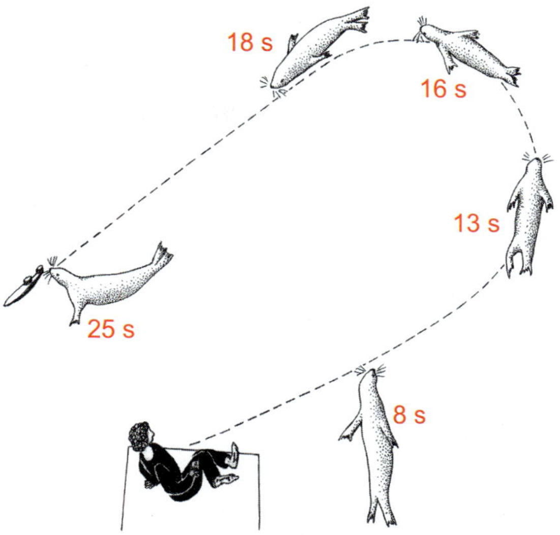

◘ **Abb. 16.19** Die Verfolgung einer hydrodynamischen Spur durch den Seehund (*Phoca vitulina*). Zu Beginn des Versuchs wurde der Seehund in Ufernähe positioniert und zur Unterdrückung visueller und akustischer Reize mit einer Augenmaske und Kopfhörern ausgestattet. Zum Zeitpunkt t = 0 s wurde das U-Boot gestartet. Der Motor lief ca. 6 s lang. Nach dem Abschalten des Motors wurden die Kopfhörer entfernt und der Seehund begann mit der Suche ($t = 8$ s). Gestrichelte Linie: Weg des U-Bootes, das der Seehund nach 25 s erreicht. Die Spurverfolgung gelingt dem Seehund nur, wenn seine Vibrissen intakt sind. (Nach einem Foto von G. Dehnhardt.)

16.4.3 Das Seitenliniensystem

Periphere Reizverarbeitung

Schleimaale (*Eptatretus stouti*), Neunaugen (*Petromyzon marinus*), alle Knorpel- und Knochenfische, aber auch viele aquatische Amphibien (*Ambystoma mexicanum*, *Xenopus laevis* u. a.) besitzen ein Sinnessystem (Seitenliniensystem), das sehr empfindlich auf lokale Wasserbewegungen reagiert (bei einigen Fischarten liegt die minimale Reizschwelle bei einer Frequenz von 100 Hz bei 0,01 µm von Spitze zu Spitze der Wasserbewe-

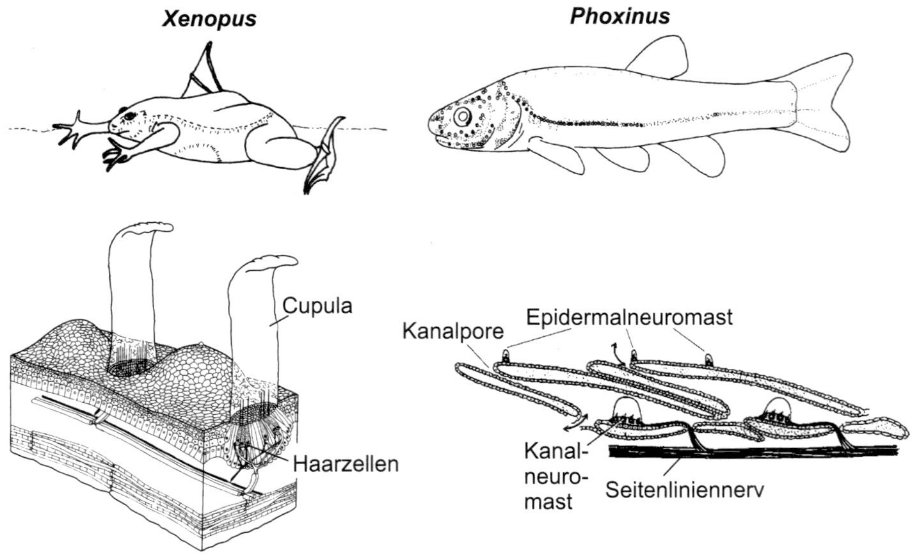

Abb. 16.20 Anordnung der Seitenlinienneuromasten beim Krallenfrosch *Xenopus laevis* (oben links) und bei der Elritze *Phoxinus laevis* (oben rechts). Unten links: zwei Epidermalneuromasten des Krallenfroschs. Unten rechts: Längsschnitt durch Teile des Rumpfseitenlinienkanals einer Forelle. Striche (*Xenopus*) bzw. Punkte (*Phoxinus*) = Epidermalneuromasten; Kreise (*Phoxinus*) = Poren des Seitenlinienkanals. (Oben links: nach Kramer G (1933) Untersuchungen über die Sinnesleistungen und das Orientierungsverhalten von *Xenopus laevis*. Zool Jb Abt Physiol 52, 629–676; oben rechts: nach Dijkgraaf S (1934) Untersuchungen über die Funktion der Seitenorgane an Fischen. Z vergl Physiol 20,162–214; unten links: nach Görner P (1963) Untersuchungen zur Morphologie und Elektrophysiologie des Seitenlinienorgans vom Krallenfrosch (*Xenopus laevis* Daudin). Z vergl Physiol 47, 316–338; unten rechts: nach Kroese ABA, Schellart NAM (1992) Velocity- and acceleration-sensitive units in the trunk lateral line of the trout. J Neurophysiol 68, 2212–2221.)

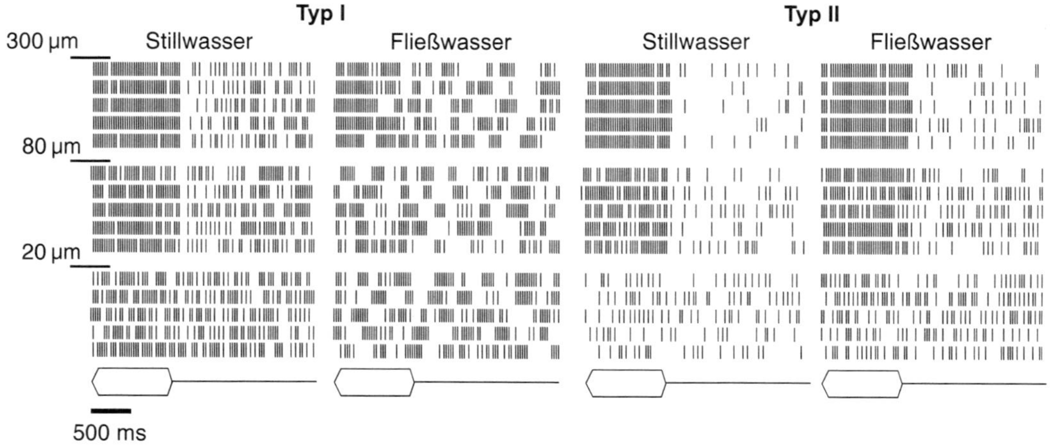

Abb. 16.21 Antwort einer Typ-I- (links) und Typ-II-Afferenz (rechts) des Goldfischs *Carassius auratus* auf einen 50-Hz-Sinusreiz (Reizdauer 1 s, siehe Reizumhüllende ganz unten) unter Stillwasser- (jeweils links) und Fließwasserbedingungen (10 cm s^{-1}, jeweils rechts). Jeder senkrechte Strich entspricht einem Aktionspotenzial. Die Versuche wurden bei den Reizamplituden 300, 80 und 20 µm jeweils fünfmal (von oben nach unten) wiederholt. Nur die Antworten der Typ-I-Afferenz sind unter Fließwasserbedingungen maskiert. (Nach Engelmann J, Hanke W, Mogdans J, Bleckmann H (2000) Hydrodynamic stimuli and the fish lateral line. Nature 408, 51–52.)

gungsamplitude). Das Seitenliniensystem kann je nach Fischart aus bis zu mehreren Tausend Sinnesknospen (**Neuromasten**) bestehen, die im Bereich des Kopfes und Rumpfes meist linienförmig angeordnet sind (Abb. 16.20). Epidermalneuromasten stehen frei auf der Kopf- und Körperoberfläche, bei manchen Arten auch auf kleinen Stielen oder in Gruben. Im Gegensatz zu den aquatischen Amphibien, die nur über Epidermalneuromasten verfügen, bilden die meisten Fische auch Kanalneuromasten aus. Kanalneuromasten befinden sich in den Kanälen der Kopf- und Rumpfseitenlinie jeweils zwischen zwei Kanalporen, die eine Verbindung zwischen dem Kanallumen und dem den Fisch umgebenden Wasser gewährleisten, aber auch mit einer dünne Membran verschlossen sein können. Seitenlinienkanäle können artspezifisch einfach oder verzweigt sein und keine oder zahlreiche Nebenkanäle (Tubuli) aufweisen. Artspezifisch sind auch die Zahl, Anordnung und Größe der Kanalporen sowie die Form, Wandbeschaffenheit (hart oder nachgiebig) und der Durchmesser der Hauptkanäle (► Box 16.2). Seitenlinienneuromasten enthalten einige wenige (Epidermalneuromasten) bis zu mehrere Tausend (manche Kanalneuromasten) Haarzellen. Das

Kinocilium und die Stereovilli der Seitenlinienhaarzellen ragen in eine Gallertkappe (Cupula[446]), die schon von kleinsten Wasserpartikelbewegungen verschoben oder ausgelenkt wird.

Box 16.2 Differenzierung der Seitenlinie in ein Epidermal- und ein Kanalsystem

Die periphere Differenzierung der Seitenlinie in ein Epidermal- und ein Kanalsystem hat funktionelle Konsequenzen. Im Stillwasser antworten beide Systeme ähnlich gut auf sinusförmige Wasserbewegungen. Erst im Fließwasser werden physiologische Unterschiede sichtbar.

Epidermalneuromasten bzw. die sie innervierenden Typ-I-Afferenzen werden unter Fließwasserbedingungen kontinuierlich gereizt. Da Haarzellen adaptieren, antworten sie dabei aber nicht auf die DC-Komponente der Strömung (der Teil eines Signals der in dem gemessenen Zeitintervall immer die gleiche Amplitude hat), sondern hochempfindlich lediglich auf die der Strömung überlagerten Fluktuationen (AC-Komponente; der Teil eines Signals, der in dem gemessenen Zeitintervall seine Amplitude verändert). Da jede Strömung kleinste Fluktuationen aufweist, werden die Antworten (Aktionspotenzialfrequenz, Phasenkopplung) von Typ-I-Afferenzen auf sinusförmige Wasserbewegungen (Dipolreize) im Fließwasser maskiert (◘ Abb. 16.21).

Demgegenüber werden **Kanalneuromasten** bzw. die sie innervierenden Typ-II-Afferenzen vom Fließwasser nicht oder nur geringfügig gereizt, da Seitenlinienkanäle mechanische Hochpassfilter darstellen. Kanalneuromasten antworten deshalb unter Fließwasserbedingungen ähnlich gut auf sinusförmige Wasserbewegungen wie unter Stillwasserbedingungen (◘ Abb. 16.21). Einige Fischarten (z. B. der marine Teleosteer *Xiphister atropurpureus*) haben bis zu vier Rumpfseitenlinienkanäle auf jeder Körperseite. Die Rumpfseitenlinienkanäle von *Xiphister* enthalten zahlreiche Nebenkanäle (Tubuli), die keine Neuromasten, aber jeweils bis zu fünf Poren aufweisen. Dieses Kanalsystem unterdrückt als räumlicher Filter hochfrequentes hydrodynamisches Rauschen. Der damit verbundene Verlust an räumlicher Auflösung wird durch die Ausbildung von mehreren Rumpfseitenlinienkanälen kompensiert.

Die Haarzellen der Seitenlinie werden von afferenten Nervenfasern innerviert, über die spontan ständig Impulse zum Zentralnervensystem laufen. Seitenlinienhaarzellen können zusätzlich von efferenten Fasern innerviert sein, über die das Gehirn die Antworteigenschaften der peripheren Seitenlinie beeinflussen kann. Die Verschiebung der Cupula auf dem Sinnesepithel eines Neuromasten erfolgt proportional zur Geschwindigkeit der Wasserpartikelbewegung entlang der Cupula. Epidermalneuromasten (bzw. die sie innervierenden afferenten Fasern) antworten demnach proportional zur Geschwindigkeit von relativ zur Fischoberfläche auftretenden **Wasserbewegungen**. Da die Geschwindigkeit der Flüssigkeit in einem Seitenlinienkanal proportional zur Druckdifferenz zwischen benachbarten Kanalporen ist, können Fische auch die **Druckgradienten** entlang ihrer Seitenlinienkanäle messen.

Die Haarzellen eines Seitenlinienneuromasten bilden im Hinblick auf die Ausrichtung des Kinociliums zwei gegensätzlich angeordnete Gruppen. Da die Erregungen der beiden unterschiedlich ausgerichteten Haarzellgruppen von verschiedenen afferenten Nervenfasern zum Gehirn geleitet werden, bleibt die auf der Ebene der Haarzellen vorhandene **Richtungsinformation** bis zur ersten Verarbeitungsstation im Gehirn erhalten.

Oberflächenfische (z. B. *Aplocheilus lineatus*) und Krallenfrösche (*Xenopus laevis*) können mithilfe des Seitenliniensystems das **Zentrum einer Wasseroberflächenwelle** lokalisieren (◘ Abb. 16.22). Zur Entfernungsschätzung nutzen die Fische dabei den Krümmungsgrad, die Frequenzmodulation zu Beginn eines Oberflächenwellenzugs und die spektrale Zusammensetzung des Wellensignals, da sich die genannten physikalischen Parameter gesetzmäßig mit der Laufstrecke eines Oberflächenwellenzugs ändern. Mit dem Seitenliniensystem können Freiwasserfische eine vibrierende Kugel wahrnehmen und lokalisieren. Goldfische nutzen im Zweifachwahlversuch die von einem bewegten Objekt erzeugten hydrodynamischen Reize, um Informationen über Größe, Form, Geschwindigkeit und Bewegungsrichtung des Objekts zu erlangen.

Über den **Staudruck**, der beim Anschwimmen an einen Gegenstand auftritt, können Fische Hindernisse mit der Seitenlinie schon aus einer Entfernung von mehreren Zentimetern ertasten (**Ferntastsinn**). Besondere Bedeutung gewinnt die Seitenlinie beim blinden Höhlenfisch *Astyanax jordani*. Dieser Fisch registriert beim Vorbeigleiten an Gegenständen mit seiner Seitenlinie die durch den Gegenstand verursachten Störungen des selbst erzeugten Strömungs- und Druckfelds. Blinde Höhlenfische erhalten so nicht nur Informationen über Form, Größe und Oberflächenbeschaffenheit dieser Gegenstände, sondern auch über deren dreidimensionale Anordnung im Raum (**kognitive neuronale Karte**).

Zentrale Reizverarbeitung

Seitenlinieninformationen werden im Nachhirn, Mittelhirn, Kleinhirn und Vorderhirn der Fische verarbeitet. Im Gegensatz zu primären Seitenlinienafferenzen reagieren viele zentrale Seitenlinienneuronen erstaunlich unempfindlich auf Dipolreize, die Antwort einer spontan aktiven Zelle kann aus einer Erregung oder Hemmung bestehen (◘ Abb. 16.23). Diese Unempfindlichkeit sowie die meist großen rezeptiven Felder weisen darauf hin, dass viele zentrale Seitenlinienneurone Eingang von mehreren, oftmals weit entfernt liegenden Neuromasten erhalten. Viele zentrale Seitenlinienneurone, die auf einen stationären Dipolreiz gar nicht antworten, reagieren aber sehr empfindlich auf ein am Fisch vorbei bewegtes Objekt (◘ Abb. 16.23c_1, c_2). Neurone dieses Typs benötigen offensichtlich eine bestimmte zeitliche und/oder räumliche Abfolge von Wasserbewegungen zur Generierung einer Antwort. Bewegt man im Stillwasser

446 *cupula* (lat.) = Becher, Gewölbe

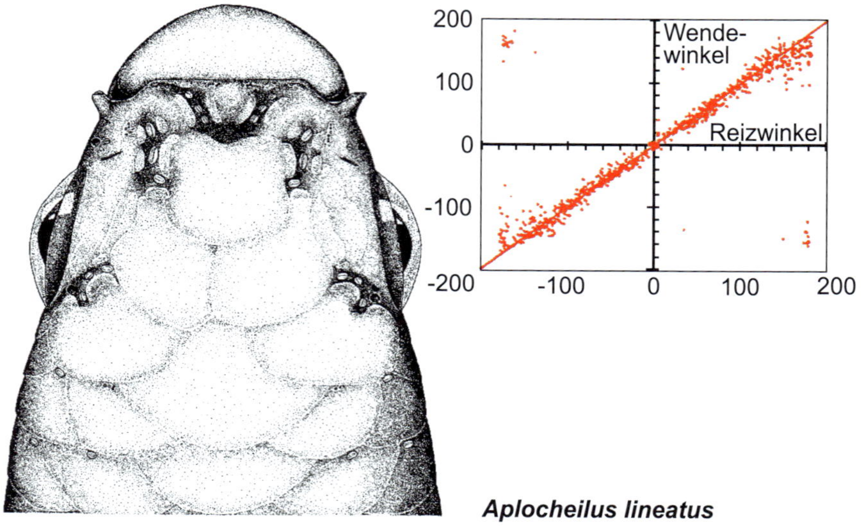

Abb. 16.22 Das Kopfseitenliniensystem des Oberflächenfischs *Aplocheilus lineatus*. Die 18 Epidermalneuromasten des Kopfes sind jeweils in Dreiergruppen angeordnet. Rechts: Wendewinkel des Fisches in Abhängigkeit vom Reizwinkel. Jeder Punkt entspricht einer Reaktion. Der Reiz bestand aus Oberflächenwellen, die durch Eintauchen eines Stabes erzeugt wurden. (Zeichnung von G. Tittel; nach Tittel G (1991) Verhaltensphysiologische, ultrastrukturelle und ontogenetische Studien am Seitenliniensystem von *Aploceilus lineatus*. Dissertation, Universität Gießen.)

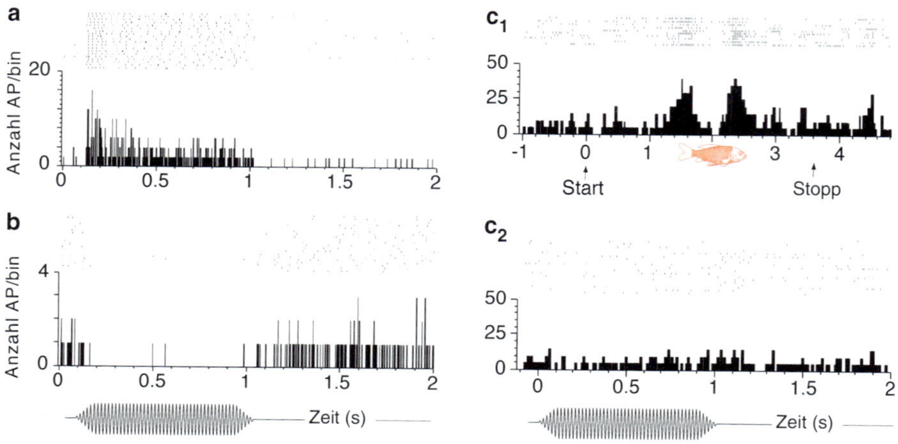

Abb. 16.23 Antworten von drei medullären Seitenlinienneuronen eines Goldfischs auf die von einer vibrierenden Kugel (Durchmesser 8 mm) erzeugten Wasserbewegungen. Die Vibrationsfrequenzen betrugen 100 Hz (**a**) und 50 Hz (**b**). Das Neuron in **c** antwortet zwar auf eine seitlich am Fisch vorbei bewegte Kugel (Durchmesser 8 mm, Geschwindigkeit 10 cm s^{-1}, Bewegungsrichtung von posterior nach anterior) (c_1), nicht jedoch auf eine vibrierende Kugel (Durchmesser 8 mm, Spitze-Spitze Vibrationsamplitude 330 µm) (c_2) antwortet. Das Fischsymbol in c_1 zeigt Lage, Orientierung und Größe des Versuchstiers in Relation zur Position der bewegten Kugel. (Nach Engelmann J, Kröther S., Bleckmann H, Mogdans J (2003) Effects of running water on lateral line responses to moving objects. Brain Behav Evol 61, 195–212.)

ein Objekt (z. B. eine kleine Kugel) seitlich am Fisch vorbei, antworten die meisten Typ-I- und Typ-II-Afferenzen zunächst mit einer Erhöhung (oder Erniedrigung), dann mit einer Erniedrigung (oder Erhöhung) ihrer Entladungsrate. Bei Umkehr der Bewegungsrichtung des Objekts kehrt sich das Muster der Antwort um (Abb. 16.24a). Dies ist eine Folge der Richtungssensitivität der von der ableitenden Afferenz innervierten Haarsinneszellen. Neben dieser frühen, reproduzierbaren Antwortkomponente antworten Typ-I-Afferenzen auf ein bewegtes Objekt mit weiteren Aktionspotenzialen, deren zeitliches Auftreten nicht genau vorhergesagt werden kann. Diese späte Antwortkomponente wird durch die ungeordneten Wasserbewegungen im Nachlauf des Objekts ausgelöst. Im Gegensatz zu primären Afferenzen zeigt das zeitliche Antwortmuster vieler zentraler Seitenlinienneurone keine Abhängigkeit von der Richtung eines am Fisch vorbei bewegten Objekts (Abb. 16.24b, oben). Neurone dieses Typs erhalten wahrscheinlich Eingang von antagonistisch angeordneten Haarzellen. Andere zentrale Seitenlinienneurone antworten nur auf eine bestimmte Richtung eines bewegten Objekts (Abb. 16.24b, unten).

Zentrale Seitenlinienneurone des **Mittelhirns** (Torus semicircularis) zeigen eine **somatotope Organisation**. Rostral gelegene Neurone antworten, wenn ein bewegtes Objekt den Kopfbereich passiert, mehr caudal gelegene Neurone, wenn es

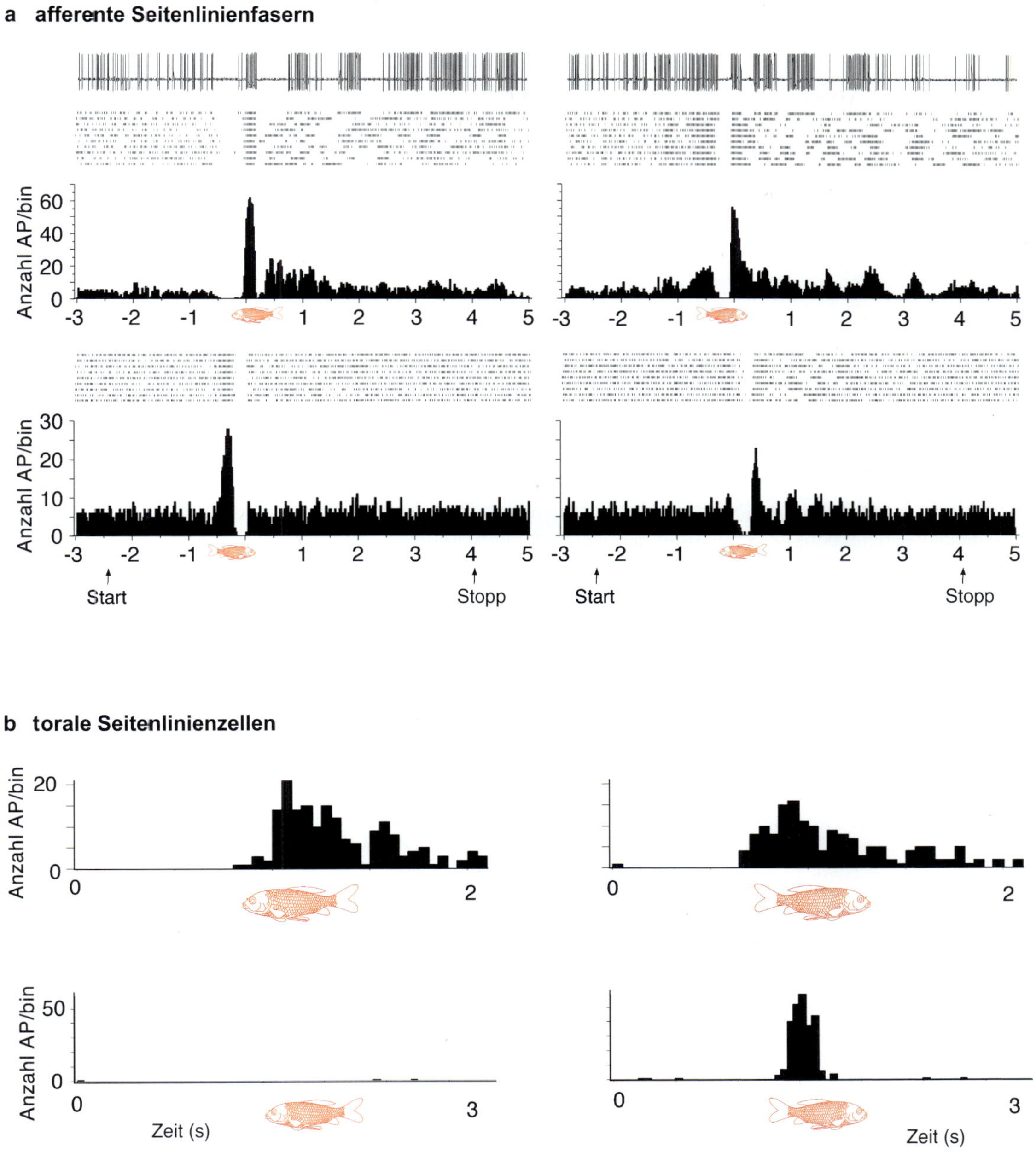

Abb. 16.24 **a** Antworten einer Typ-I- (oben) und einer Typ-II- (unten) afferenten posterioren Seitenlinienfaser auf einen von anterior nach posterior (links) bzw. von posterior nach anterior (rechts) seitlich an einem Goldfisch vorbei bewegten Stab (Querschnitt 1 × 1 cm). Jedes Teilbild zeigt von oben nach unten eine Originalantwort, das Rasterdiagramm von zehn Einzelantworten (jeder Strich entspricht einem Aktionspotenzial) sowie das dazugehörige Peri-Stimulus-Time-Histogramm. Die Pfeile markieren den Beginn (Start) und das Ende (Stopp) der Objektbewegung. **b** Antworten (in Form von Peri-Stimulus-Time-Histogrammen) von zwei toralen Seitenlinienneuronen auf ein seitlich am Fisch vorbei bewegtes Objekt. Die Antworten des im oberen Teil der Abbildung gezeigten Neurons zeigt keine Abhängigkeit von der Bewegungsrichtung des Objekts. Das im unteren Teil der Abbildung dargestellte Neuron antwortet demgegenüber nur, wenn das Objekt den Fisch von posterior nach anterior passiert. In **a** und **b** deutet das Fischsymbol die Lage, Orientierung und Größe des Versuchstiers in Relation zur Position des bewegten Objekts an. (Nach Mogdans J, Bleckmann H (1998) Responses of the goldfish trunk lateral line to moving object. J Comp Physiol A 182, 659–676, und Wojtenek W, Mogdans J, Beckmann H (1993) The responses of midbrain lateral line units of the goldfish *Carassius auratus* to moving objects. Zoology 101, 69–82.)

den Rumpfbereich des Fisches passiert. Neurone dieses Typs bilden den Ort von bewegten Objekten ab.

In **Nachhirn** und **Mittelhirn** abgeleitete Seitenlinienneurone können im Fließwasser eine erhöhte oder erniedrigte (sofern sie spontan aktiv sind) Entladungsrate zeigen, die Antworten dieser Neurone auf einen stationären Dipolreiz werden unter Fließwasserbedingungen meist maskiert. Die Entladungsrate anderer zentraler Neurone ändert sich unter Fließwasserbedingungen nicht. Neurone dieses Typs zeigen im Fließwasser häufig die gleichen Antworten auf Dipolreize wie im Stillwasser. Die zuerst genannten Neurone erhalten vermutlich Eingang von Epidermalneuromasten, die zuletzt genannten von Kanalneuromasten. Informationen des Epidermal- und Kanalsystems werden demnach zumindest teilweise getrennt im Zentralnervensystem der Fische verarbeitet.

16.5 Rezeption der Schwerkraft

16.5.1 Allgemeines

Das Gravitationsfeld der Erde übt in Erdnähe auf alle Körper eine Beschleunigung (**Erdbeschleunigung**) von 9,81 m s^{-2} aus. Diese zum Erdmittelpunkt gerichtete Beschleunigung (**Schwerkraft**) wird von vielen Organismen als Informationsquelle bei der Raumorientierung genutzt. Die Funktionsweise der **Schweresinnesorgane** basiert auf dem Newton*-Gesetz: Kraft = Masse × Beschleunigung. Eine Masse übt durch die Erdbeschleunigung eine Kraft auf Ionenkanäle oder ein Sinnesepithel aus. Frei schwimmende **Einzeller** detektieren die Richtung der Schwerkraft, um durch aktive Bewegung in Gegenrichtung ein Absinken zu verhindern. Beim Pantoffeltierchen *Paramecium* sollen dichtgepackte Mitochondrien als belastende Masse schwerkraftabhängige, mechanosensitive Ionenkanäle steuern. Viele **mehrzellige Tiere** – von den Medusen bis hin zu den Wirbeltieren – können mithilfe von speziellen Sinnesorganen die Richtung der Schwerkrafteinwirkung feststellen.

Es handelt sich bei diesen Sinnesorganen in den meisten Fällen um **Statocysten**[447] – runde bis ovale, mit Flüssigkeit gefüllte Blasen, in denen sich ein schwerer Körper (**Statolith**[448]) oder viele kleinere **Statokonien** befinden. Der Statolith (Abb. 16.25) kann frei beweglich sein (z. B. bei Schnecken und Muscheln). Aufgrund der Schwerkraft nimmt er in diesem Fall immer den tiefsten Punkt der Statocyste ein und drückt je nach Lage des Tieres auf jeweils andere Sinneszellen in der Statocystenwand. Über Reflexbewegungen kann so die Einhaltung einer bestimmten Lage im Raum gewährleistet werden. Bei Ctenophoren, Mysidaceen, vielen Dekapoden und den Wirbeltieren ist der Statolith mit den Härchen von Sinneszellen verbunden. Ändert das Tier seine Lage, ändert sich sowohl die senkrecht auf das Sinnespolster gerichtete Druck- bzw. Zugkomponente als auch die parallel zum Sinnespolster gerichtete Scherungskomponente der auf den Statolithen einwirkenden Schwerkraft (Abb. 16.25). Die erregungsauslösende Kraft, der **adäquate Reiz**, ist in diesem Fall die **Scherungskomponente** der Schwerkraft.

447 *statos* (griech.) = stehend, gestellt; *kystis* (griech.) = Blase
448 *lithos* (griech.) = Stein

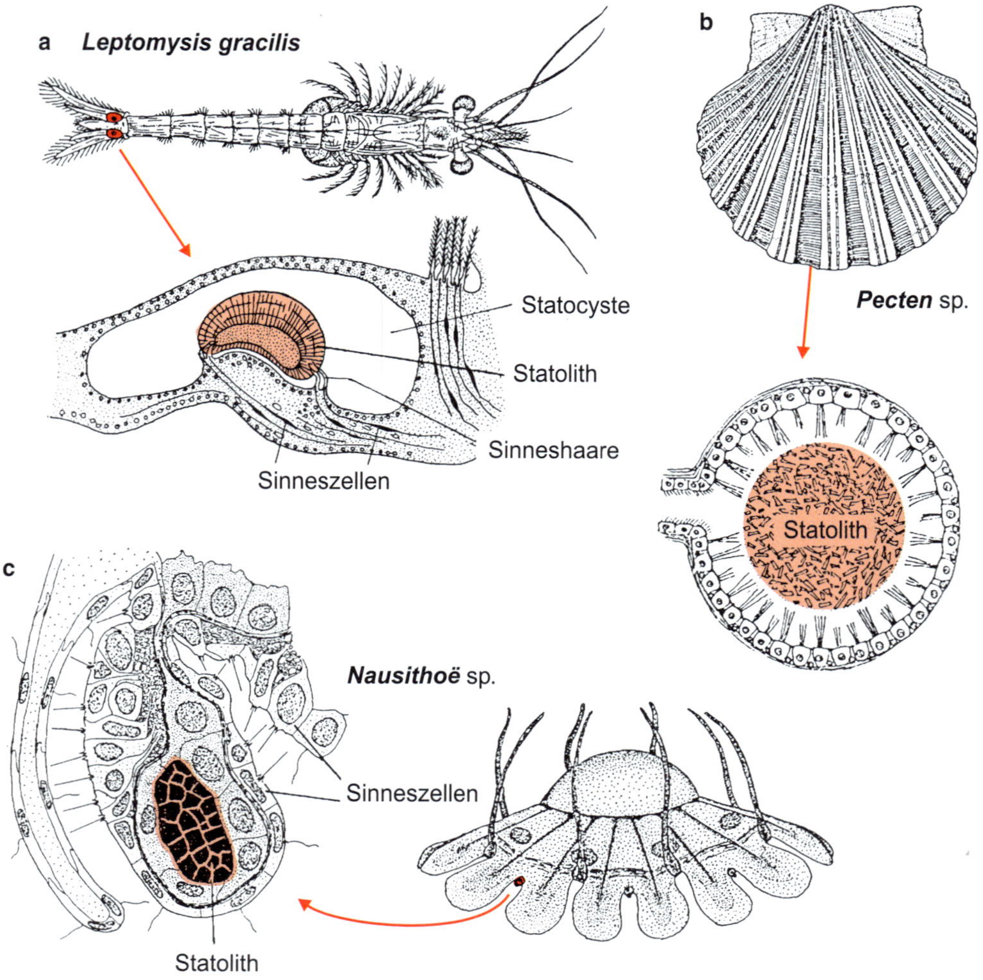

Abb. 16.25 Die verschiedenen Statolithensysteme. **a** An Sinneshaaren aufgehängter Statolith in einer Statocyste (Beispiel: der Krebs *Leptomysis*). **b** Frei beweglicher Statolith in einer Statocyste (Beispiel: die Kammmuschel *Pecten*). **c** Fest im Gewebe eingeschlossener Statolith (Rhopalium) (Beispiel: die Scyphomeduse *Nausithoë*).

Der Statolith kann auch in einem kolbenförmigen, kompakten Organ (**Rhopalium**[449]) fest eingeschlossen sein. In diesem Fall fehlt eine Statocyste. Sinneszellen mit starren Sinneshaaren an der Oberfläche und in der Nachbarschaft des Rhopaliums registrieren bei Scypho- und Cubomedusen (■ Abb. 16.25) jede Lageveränderung dieses Organs im Schwerefeld.

Bei den bilateralen Tieren herrschen paarige, symmetrisch angeordnete Statocysten vor. Eine Sonderstellung unter den Metazoen nehmen die **Insekten** hinsichtlich ihrer Schweresinnesorgane ein (▸ Abschn. 16.5.3). Obwohl sie keine statocystenähnlichen Organe oder Statolithen besitzen, orientieren sich viele Insekten nach der Schwerkraft.

16.5.2 Wirbellose (ohne Insekten)

Echte **Gleichgewichtsorgane** treten bereits bei den Medusen auf. Am Schirmrand der **Scyphomedusen** befinden sich acht Sinneskolben (Randkörper oder **Rhopalien**), die klöppelartige Ausstülpungen des Körpers darstellen und jeweils von einer ektodermalen Deckplatte überragt werden (■ Abb. 16.25). In den Entodermzellen an der Spitze des Kolbens befinden sich schwere Kristalle. Die an der Basis des Randkörpers liegenden Sinneszellen registrieren die Lage des Sinneskolbens relativ zum Schirmrand und leiten ihre Informationen einem basepithelialen Ganglienpolster zu. Diese Nervenzentren zeigen eine autonome Aktivität, durch die der Rhythmus der Schirmkontraktion bestimmt wird. Stärke und Frequenz dieses Rhythmus werden durch die von den Sinneskolben eintreffende Erregung modifiziert. So kehrt die Mittelmeerqualle *Cotylorhiza* aus der Schräg- in die Normallage zurück, wenn sich die tieferliegenden Schirmpartien stärker kontrahieren als die höherliegenden. Entfernt man einige Randkolben, verliert die Meduse die Fähigkeit der Schwerkraftorientierung.

Die paarig angelegten Statocysten der **Mollusken** gehen aus ektodermalen Einstülpungen hervor und befinden sich meist in der Nähe des Pedalganglions, werden aber vom Cerebralganglion aus innerviert (Ausnahme: die Lungenschnecke *Australorbis*). Die Statolithen bzw. Statoconien sind entweder frei beweglich (Muscheln und Schnecken) oder liegen dem Sinnesepithel fest auf (Tintenfische bzw. Cephalopoden). Die primären Sinneszellen tragen neben kleineren Mikrovilli mehrere bis viele Cilien. Das Sinnesepithel (Macula) enthält bei *Octopus* 3000–4000 mechanosensorische Sinneszellen. Vom Statonerv der Pulmonaten lässt sich bereits in Normallage eine bestimmte Impulsfrequenz ableiten. Mit zunehmender Schräglage bei Drehung des Tieres um seine Längs- oder Querachse nimmt die Impulsfrequenz zu. Sie erreicht in Rückenlage (180°) ein Maximum und fällt bei weiterer Drehung jenseits von 260° wieder ab. Bei Drehung von Oktopoden treten charakteristische **kompensatorische Augenbewegungen** (s. u.) auf, die von der Funktionstüchtigkeit der Statoorgane abhängig sind. Im Gegensatz zum Verhalten der höheren Krebse und der Wirbeltiere (s. u.) scheinen diese Bewegungen nicht von der Stärke der Scherungskraft, sondern nur von der Richtung der tangentialen Verschiebung (Scherung) der Statolithen auf dem Sinnesepithel abzuhängen. Tintenfische haben ein **Maculaorgan** mit einem Statolithen, das die Gravitation und lineare Körperbeschleunigung misst. Sie besitzen zusätzlich ein Crista-/Cupulaorgan, mit dem sie die Winkelbeschleunigung registrieren. Bei den Dauerschwimmern, den Kalmaren, ist die Macula dreidimensional (vertikal, longitudinal, transversal) angeordnet. Demgegenüber ist sie bei den selten schwimmenden Kraken (*Octopus*) nur senkrecht ausgebildet.

Bei den **dekapoden Krebsen** gehen die Statocysten aus epidermalen Einstülpungen hervor und liegen im Basalglied der ersten Antenne (■ Abb. 16.26). Sie sind mit einer Chitincuticula ausgekleidet, die mit zahlreichen Sinneshaaren besetzt ist, und bleiben oft durch eine Öffnung mit der Außenwelt in Verbindung (bei den meisten Makruren). Der in ihnen enthaltene Statolith wird nicht vom Tier produziert, sondern ist aus aufgenommenen kleinen Fremdkörpern (Kieselsplitter usw.) zusammengesetzt. Die Sinneshaare dringen bis in die durch ein Sekret miteinander verbackene Statolithenmasse vor. Bei jeder Häutung werden die Statolithen zusammen mit dem Panzer abgeworfen. Kann der Krebs nach der Häutung keine neuen Steinchen aufnehmen, verhält er sich wie ein Tier, dem die statischen Organe beidseitig operativ entfernt wurden.

Der erregungsauslösende Reiz ist – wie bereits betont – nicht der vom Statolithen auf das Sinnespolster ausgeübte Druck bzw. Zug, sondern die mit der Verlagerung der Statolithen parallel zum Sinnespolster einhergehende **Scherung** der Sinneshaare (■ Abb. 16.27). Bei horizontaler Lage des Sinnespolsters ist die vom Statolithen induzierte Drehtendenz des Tieres null, bei vertikaler Lage zeigt sie ein Maximum. Da die Sinnespolster beider Statocysten bei normaler Körperlage des Krebses (Rücken nach oben) jeweils um 30° geneigt sind (■ Abb. 16.27), werden von beiden Statocysten Drehtendenzen induziert, die sich – da sie gleich, aber entgegengesetzt sind – gegenseitig aufheben. Entfernt man einseitig den Statolithen unter Schonung des Sinnesepithels, nimmt das Tier eine um etwa 30° zur Operationsstelle geneigte Körperhaltung ein (■ Abb. 16.27). Überraschenderweise verschwindet dieser Effekt innerhalb weniger Tage. Die Tiere verfügen demnach über Möglichkeiten der **zentralnervösen Kompensation** des künstlich hervorgerufenen Erregungsungleichgewichts. Diese Fähigkeit der Krebse ist deshalb von großer Bedeutung, weil die nach jeder Häutung neu zu bildenden Statolithen in beiden Statocysten in der Regel nicht das gleiche Gewicht aufweisen. Die Statocysten der Krebse dienen zur Registrierung der Lageänderung nicht nur bei Drehung um die Körperlängsachse, sondern auch bei Drehung um die Querachse.

Schon im Ruhezustand gehen ständig Impulse von den Statocysten aus, die zentralwärts geleitet werden. Die spontanen Entladungen (**Ruheentladungen**) sind unabhängig von der Existenz eines Statolithen. Sie treten auch dann noch auf, wenn man den Statolithen mit einer feinen Pipette vorsichtig vom Sinnesepithel absaugt, sodass das Sinnesepithel unbeschä-

449 *rhopalium* (griech.) = kleine Keule, Keulchen

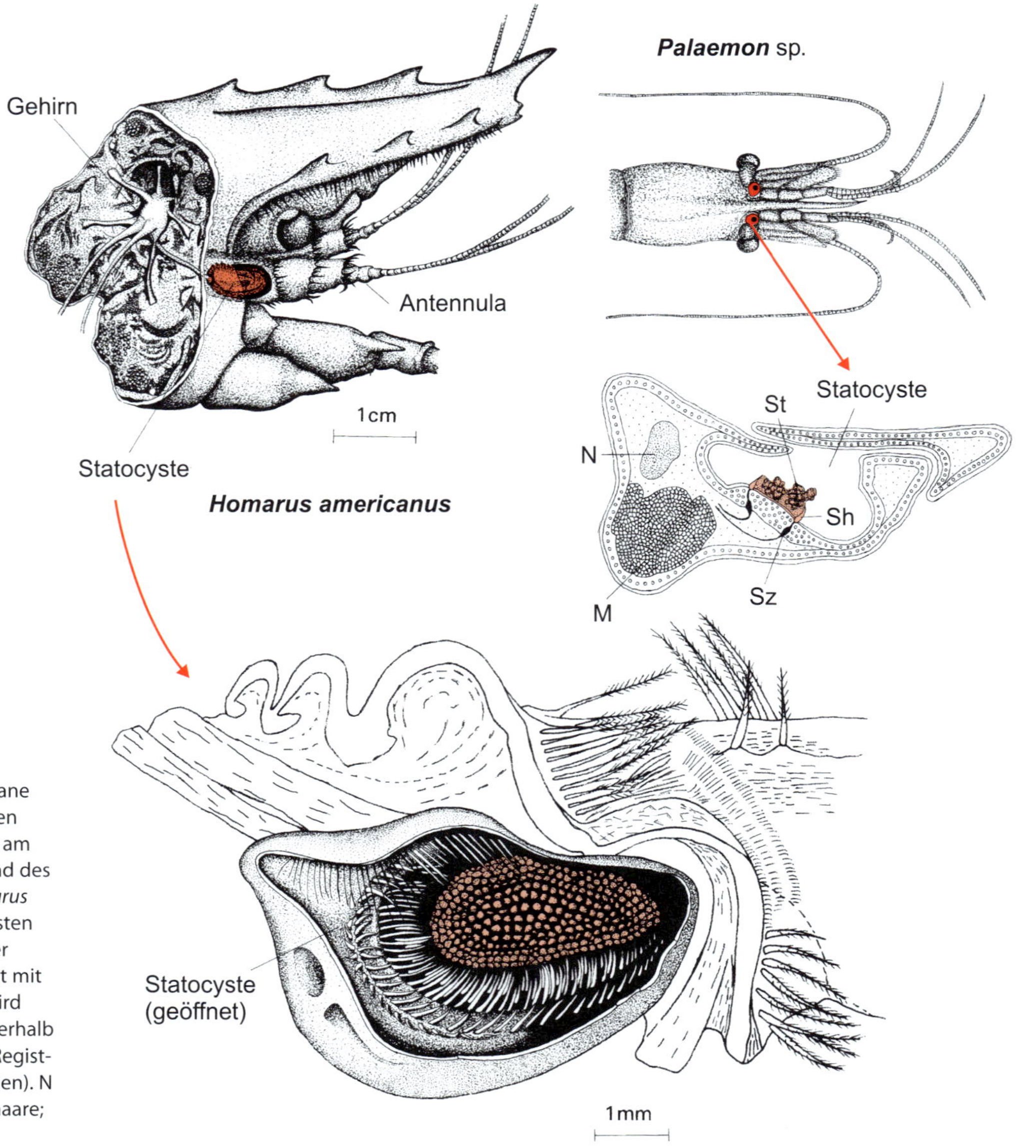

Abb. 16.26 Die statischen Organe bei dekapoden Krebsen im basalen Glied der Antennula (1. Antenne) am Beispiel der Garnele *Palaemon* und des Amerikanischen Hummers, *Homarus americanus*. Die Reihe langer Borsten im hinteren medianen Bereich der Statocyste von *Homarus* tritt nicht mit dem Statolithen in Kontakt, sie wird von Flüssigkeitsbewegungen innerhalb der Statocyste leicht abgelenkt (Registrierung von Drehbeschleunigungen). N = Nerv; M = Muskel; Sh = Sinneshaare; St = Statolith; Sz = Sinneszellen.

digt bleibt. Die von der linken Statocyste ausgehenden Impulse würden eine Drehtendenz zur rechten Seite hervorrufen und umgekehrt. Die Wirkung beider Daueraktivitäten hebt sich beim intakten Tier auf. Bei einseitiger Zerstörung des Sinnepithels wird dieses Gleichgewicht gestört (Abb. 16.27). Die Folge ist, dass das betreffende Tier unabhängig von seiner Lage eine starke Drehtendenz um die Längsachse zur defekten Seite zeigt. Garnelen rotieren deshalb unter diesen Bedingungen beim Schwimmen ständig um ihre Längsachse. Die Frequenz der von der Statocyste ausgehenden Impulse (**Ruheerregungen**) ändert sich, wie Versuche am Hummer gezeigt haben, wenn durch die Verlagerung der Statolithen eine Scherung auf das Sinnesepithel ausgeübt wird. Sie wird bei Scherung von der Mittellinie des Körpers fort nach außen erhöht und bei Scherung in entgegengesetzter Richtung verringert. Diese elektrophysiologischen Befunde decken sich mit den Ergebnissen verhaltensphysiologischer Untersuchungen. Die von der einen Statocyste ausgehende Dauererregung ruft die gleiche Wendetendenz hervor wie eine Ablenkung der Sinneshaare von innen nach außen.

Von der Statocyste gehen die bereits erwähnten **kompensatorischen Stellreflexe**, durch die das Tier wieder in seine Normallage zurückgeführt wird, und die **tonischen Reflexe** aus. Bei Letzteren handelt es sich um tonische Kontraktionen bestimmter Muskeln in Abhängigkeit von der Statocystenlage. Am bekanntesten sind die kompensatorischen Bewegungen des Augenstiels bei den Dekapoden. Bei langsamer Drehung des Körpers in eine Schräglage werden die Augenstiele in entgegengesetzter Richtung bewegt, sodass sie nahezu ihre Stellung im Raum und damit ihr Blickfeld beibehalten.

Bei Oktopoden treten kompensatorische **Rollbewegungen der Augen** bei aktiver oder passiver Drehung der Tiere um ihre Querachse auf. Sie bestehen in einer Drehung der Augen um die Längsachse und sind von den Augenauslenkungen zu unterscheiden. Letztere treten bei Drehung der Tiere um ihre Längsachse auf und bestehen in Wendungen der Augenachse.

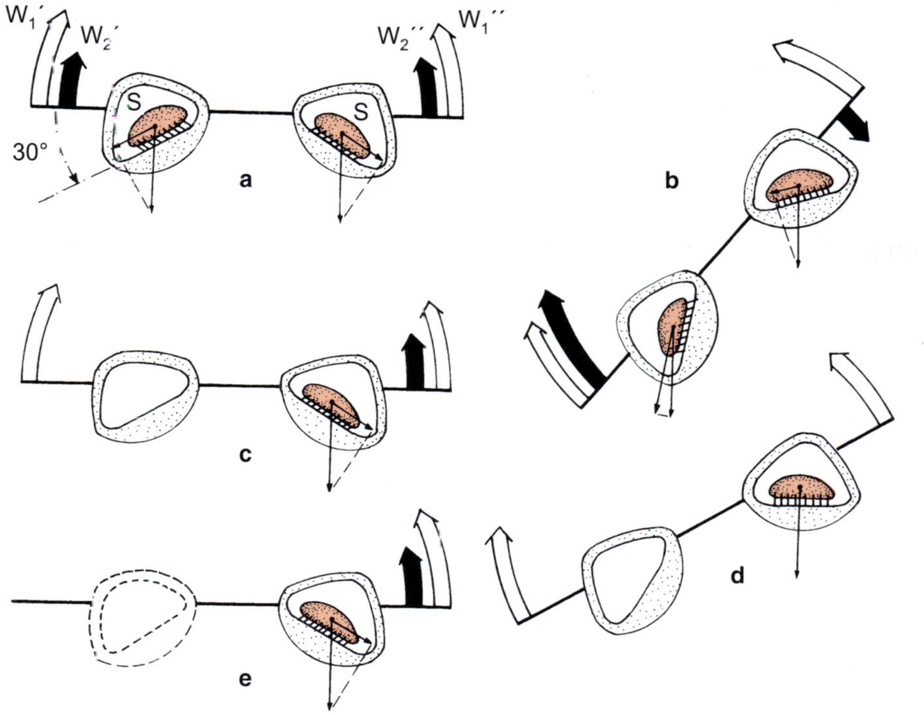

Abb. 16.27 Schematische Darstellung von Wendetendenzen, die von spontanen Ruheentladungen (Dauererregung) der Haarzellen und von dem von Statolithen ausgehenden Scherungsreiz S hervorgerufenen werden. **a, b** Normale Bedingungen. **c, d** Bei Entfernung eines Statolithen. **e** Nach Zerstörung einer Statocyste. Ein Erregungsgleichgewicht herrscht im Fall **a** (Normallage) und **d** (Schräglage bei Tieren mit nur einem Statolithen). Im Fall **e** resultierte eine Dauerwendetendenz zur defekten Seite. S = Statolith; W_1 und W_2 = Wendetendenzen. (Nach Versuchen von Schöne am Flusskrebs *Astacus fluviatilis* und anderen Dekapoden, beschrieben in Schöne H (1980) Orientierung im Raum. Wissenschaftliche Verlagsgesellschaft, Stuttgart.)

Während sich die tonischen Reflexe auf bestimmte Muskeln beziehen, geht von der Statocyste auch ein Einfluss auf die **allgemeine Muskelspannung** aus. Zerstörung der Statocysten führt zu einer allgemeinen Muskelschwäche, die sich bei dem Krebs *Penaeus* im Nachlassen der Schlagkraft des Schwanzes, bei der Strandkrabbe *Carcinus* in einer verminderten Beißkraft der Scheren und beim Tintenfisch *Eledone* in einer Abnahme der Widerstandskraft der Körpermuskulatur gegenüber Dehnungskräften äußert. Die Ursache dafür liegt in dem Ausfall der von den Statocysten ausgehenden Spontanaktivität (s. o.).

16.5.3 Insekten

Viele **Insekten** richten sich nach der Schwerkraft. Der im Sand des Wattenmeers grabende Käfer *Bledius bicornis* baut auch in völliger Dunkelheit schnurgerade senkrechte Wohnröhren. Hindert man den Käfer durch eine schräge Glasplatte daran, seine Gänge in gewohnter Weise senkrecht in den Sand zu graben, baut er seine Wohnröhren in der steilsten Richtung, die entlang der schiefen Ebene möglich ist. Er findet diese Richtung noch, wenn die Glasplatte nur um 20° geneigt ist. Noch erstaunlicher sind die Leistungen der Honigbienen und Ameisen. Letztere finden noch auf einer nur um 3,5° geneigten Ebene sicher die Richtung nach oben. Viele Insekten benutzen die Schwerkraft nicht nur dazu, den kürzesten Weg nach oben bzw. nach unten zu finden (**Geotaxis**), was besonders für Wassertiere und im Boden grabende Arten von großer Bedeutung ist, sondern auch, um die Schwerkraft als Kompass zu benutzen, indem sie während der Fortbewegung einen bestimmten Winkel zur Schwerkraftrichtung einhalten (**Geomenotaxis**) (Schwänzeltanz der Bienen auf der vertikalen Wabenfläche im dunklen Stock).

Bei Insekten gibt es zwei Typen von Schweresinnesorganen, die **Auftriebsstatoorgane** der Nepiden (Wasserwanzenfamilie) und die auf der Basis von Propriorezeptoren arbeitenden Statoorgane der Landinsekten. Am Abdomen der Larven von Wasserwanzen (*Nepa, Ranatra*) verläuft ventral beiderseits je eine mit Atemluft gefüllte Rinne, die durch Deckborsten verschlossen ist. An vier Stellen (drittes bis sechstes Segment) ist die äußere Reihe der langen Deckborsten unterbrochen. Hier sind Sinneshaare ausgebildet, die dem Luftraum aufliegen und mit seiner Veränderung ebenfalls ihre Stellung ändern (Abb. 16.28). Bei horizontaler Lage des Tieres ist die Stellung der Sinneshaare an den vier Orten gleich. Senken die Tiere das Kopfende, nimmt an den vorderen Segmenten die Luftfüllung ab und in den hinteren Segmenten zu, die Sinneshaare in den vorderen Segmenten werden damit angezogen, die der hinteren Segmente stärker abgehoben. Beim Heben des Kopfes ist es umgekehrt. Das Tier kann sich so über die Lage seines Körpers im Raum relativ zur Schwerkraft durch den Vergleich der von den Sinneszellen kommenden Meldung orientieren. Bei den Imagines fehlen die Rinnen am Abdomen, die Atemluft befindet sich unter den Flügeldecken. Die Sinnesborsten des vierten bis sechsten Abdominalsegments sind jedoch erhalten und bilden in unmittelbarer Nachbarschaft der Stigmen Polster aus. Sie registrieren die Wölbung des aus den Stigmen hervorquellenden Luftvolumens. Je nach Lage des Tieres tritt eine Verlagerung der Luft im Tracheensystem ein. Dadurch nimmt die Vorwölbung des Luftraums an den Stigmen zu oder ab.

Bei der **Wasserwanze** *Notonecta* befindet sich eine Luftblase unterhalb der Antennen. Ändert die Luftblase ihre Form oder Lage entsprechend der Richtung der Schwerkraft, wird dies durch die Auslenkung der Antennen gemessen. Nach Entfernen der Luftblase oder nach Ausschalten der Antennen schwimmt die Wanze unorientiert.

Einige Grillen und Schaben besitzen Sensillen mit keulenförmigen Haaren, deren Gewicht zu einer von der Schwerkraftrichtung abhängigen Auslenkung der Haare führt. Ändert das Tier seine Körperhaltung, treten kompensatorische Kopfbewegungen auf. Honigbienen, Ameisen und andere **Hymenopteren** bestimmen die Richtung der Schwerkraftwirkung mit polsterartig angeordneten Haarsensillen (**Propriorezeptoren**), die jede durch Schwerkraft verursachte relative Verlagerung von Körperteilen registrieren. Bei Bienen liegen solche Sinnespolster zwischen dem ersten und zweiten Antennengelenk, zwischen dem Kopf und erstem Antennengelenk, am Hals zwischen dem Kopf und Thorax (mehrere), zwischen Thorax und Abdomen (zwei) und zwischen dem Thorax und den Beinen (◘ Abb. 16.29). Bei einer Durchtrennung der von den Borstenfeldern am Hals zum Thorakalganglion ziehenden Nerven können Bienen sich nicht mehr im Schwerefeld orientieren. Bei den Stechmücken soll die Registrierung der schwerebedingten Verlagerung der Antennen mit dem **Johnston-Organ** der Schwererezeption dienen.

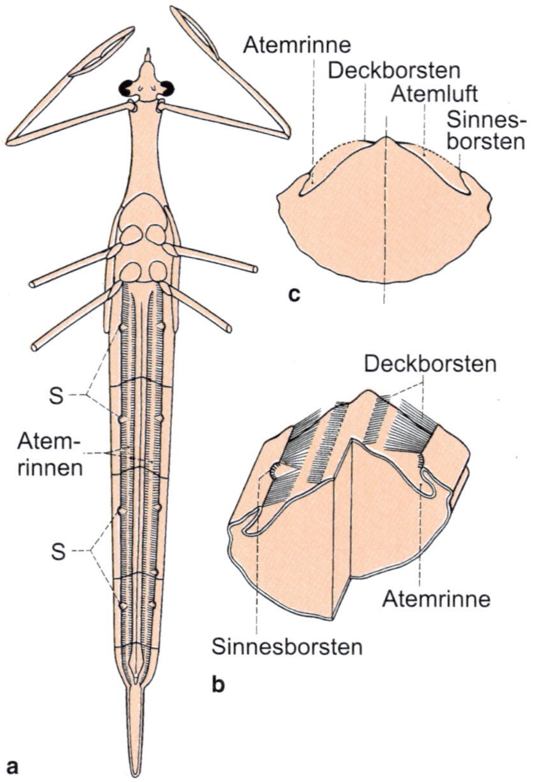

◘ **Abb. 16.28** Die Schweresinnesorgane bei der Stabwanzenlarve *Ranatra.* **a** Ventralansicht des Tieres. **b, c** Querschnitt durch das Abdomen. S = Schweresinnesorgane. (Nach Markl H (1973) In: Lindauer M (Hrsg) Leistungen des Vibrationssinns bei wirbellosen Tieren. Fortschritte der Zoologie, Bd 21. Fischer, Stuttgart, S. 100–116.)

Die **Haarsensillen** in den Borstenfeldern sind asymmetrisch gebaut. Sie besitzen eine Richtung, in der sie bevorzugt abbiegen. Dabei wird die mit der Sinnesborste verbundene Sinneszelle erregt und es kommt zur Aussendung einer anfänglich sehr hohen Entladungsfrequenz, die allerdings schnell auf ein konstantes Niveau abfällt (phasisch-tonisches Verhalten). Eine spontane Dauerentladung wie bei den Statorezeptoren der Wirbeltiere und Krebse fehlt.

Fliegende Insekten können ihr Gleichgewicht ohne statische Sinnesorgane erhalten. Bei schwerfälligen Fliegern (viele Käfer und Tagschmetterlinge) ist durch die Schwerpunktlage des Körpers tief zwischen den beiden Ansatzstellen der Flügel eine stabile Fluglage garantiert, in die das Tier bei Abweichungen stets wieder von allein zurückkehrt. Solche Insekten können auch im Dunkeln ihren Flug fortsetzen. Andere Arten, dies sind in der Regel die geschickteren Flieger, orientieren sich beim Flug vor allem optisch (Lichtrückenverhalten).

Libellen, Honigbiene und Fliegen bilden eine Ausnahme. Es sind außerordentlich geschickte Flieger ohne stabile Fluglage, die auch bei Dunkelheit fliegen können. Diese Insekten können

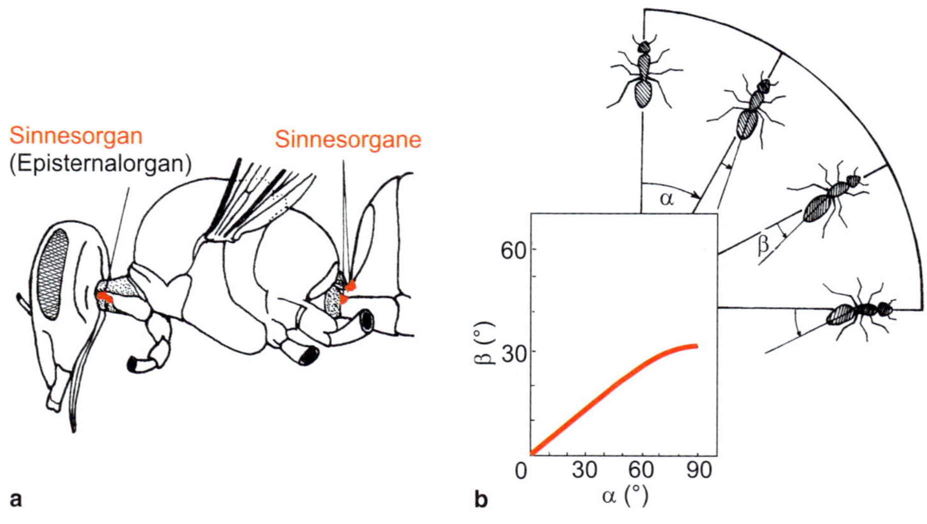

◘ **Abb. 16.29** **a** Die Borstenfelder bei der Biene (*Apis mellifera*) zwischen Kopf und Thorax sowie zwischen Thorax und Abdomen. **b** Auslenkung des Abdomens in Abhängigkeit von der Schräglage des Körpers im Raum. Sie dient der Ameise bei der Orientierung im Schwerefeld. (a nach Lindauer M, Nedel JO (1959) Ein Schweresinnesorgan der Honigbiene. Z vergl Physiol 42, 334–364; b aus Dröscher (1966) Magie der Sinne im Tierreich. Deutscher Taschenbuchverlag, München.)

die Drehung ihres Körpers aus der normalen Fluglage feststellen. Ähnlich wie in den Bogengängen der Wirbeltiere und den Statocysten der Krebse werden **Trägheitskräfte**, die sich der Drehung widersetzen, zur Erkennung der Situation ausgenutzt. Bei den großen Libellen (*Anax* u. a.) ist es der massige Kopf, der infolge seiner Trägheit die Wendungen des Körpers nicht mitmacht (Abb. 16.30). Die Drehung des Rumpfes relativ zum ruhenden Kopf wird mithilfe von Sinneshaarpolstern am Hals (**dynamisches Organ**) registriert und führt zu kompensatorischen Flügelbewegungen, bis die normale Fluglage wieder eingenommen ist. Ähnlich soll es bei der Honigbiene *Apis* sein, die neben Sinnespolstern am Hals auch Sinnespolster zwischen Thorax und Abdomen aufweist.

Bei den **Fliegen** sind es die zu den keulenförmigen Schwingkölbchen (**Halteren**) umgebildeten Flügel des dritten Thoraxsegments, die bei der Erhaltung der normalen Fluglage mitwirken. Ohne Halteren können viele Fliegen (z. B. *Calliphora*, nicht aber die Tabaniden) das Gleichgewicht beim Flug nicht mehr halten. Die beiden Halteren werden synchron mit gleicher Frequenz wie die Vorderflügel, aber mit entgegengesetzter Phase, auf und ab bewegt. Durch die Schnelligkeit der Bewegungen (im Durchschnitt 200–600 Flügelschläge pro Sekunde) entstehen Trägheitskräfte, die bestrebt sind, die Schwingungsebene der Halteren im Raum festzuhalten. Verlässt die Fliege ihre normale Fluglage, treten an der Halterenbasis Scherungskräfte in der Cuticula auf, die mit in mehreren Reihen angeordneten **campaniformen Sensillen** (Abb. 16.3) registriert werden. Dass die Halteren darüber hinaus auch noch als Stimulatoren von Bedeutung sind, sei nur am Rande bemerkt. Durch die von ihnen ausgehenden Erregungen wird offenbar der Tonus zahlreicher Muskeln auf einem gewissem Niveau gehalten.

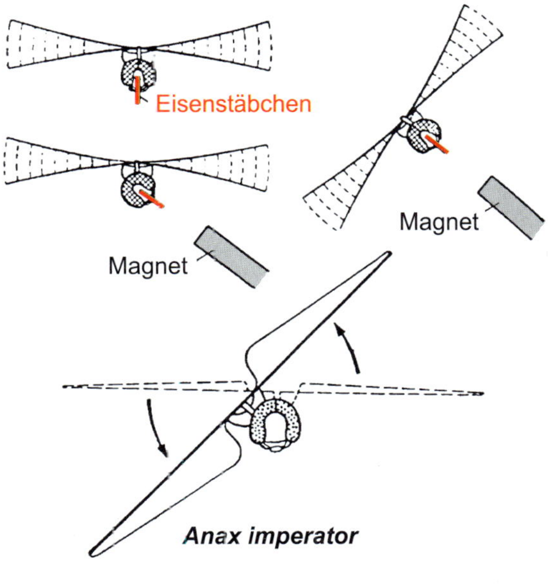

Abb. 16.30 Bedeutung des Kopfes und der auf ihn wirkenden Trägheitskräfte für den Flug der Libelle *Anax imperator* (Aeshnidae). Der Libelle wurde ein Eisenstückchen am Kopf befestigt. Wird der Kopf durch Annäherung eines Magneten aus der Ruhelage gedreht, bringt die Libelle durch aktive Flügelbewegung ihren Körper in eine Schräglage, bis die normale Position des Körpers relativ zum Kopf wieder hergestellt ist. Wird der Libellenkörper durch einen Stoß (Pfeilrichtung, unten) aus der Normallage gebracht, macht der massige Kopf diese Drehung infolge seiner Trägheit zunächst nicht mit. Die Flügel zeigen daraufhin gegenüber der Normalstellung (gestrichelte Linien) eine Linksverwindung (durchgezogene Linie). (Nach Mittelstaedt H (1950) Physiologie des Gleichgewichtssinnes bei fliegenden Libellen. Z vergl Physiol 32, 422–463.)

16.5.4 Wirbeltiere

Das Gleichgewichtsorgan der Wirbeltiere (**Vestibularapparat** oder **Labyrinth**) besteht aus drei **Bogengängen** (bei Neunaugen aus zwei) und drei **Otolithenorganen**. Das häutige Labyrinth der Wirbeltiere liefert nicht nur die für die Lageorientierung notwendigen Informationen über die Richtung der einwirkenden Schwerkraft, sondern reagiert darüber hinaus auch auf jede Linear- und Winkelbeschleunigung des Kopfes (▶ Abschn. 16.6). Es entsteht beiderseits am Kopf aus einer grubenförmigen Ektodermverdickung (Labyrinthplacode), die sich zu einem Bläschen (Ohrbläschen) schließt, das – mit Ausnahme der Haie – die Verbindung mit der Außenwelt verliert. Es ist mit Endolymphe gefüllt und von Perilymphe umgeben. Frühzeitig schnürt sich das Ohrbläschen in der Horizontalen ein. Der dorsale Abschnitt wird zum **Utriculus**[450], der ventrale zum **Sacculus**[451] (von ersterem grenzen sich später die Bogengänge (▶ Abschn. 16.6.1) ab. Am Boden des Sacculus bildet sich eine taschenähnliche Vertiefung, die **Lagena**[452].

Mit Ausnahme der Schleimfische mit nur einem Sinnespolster ist in der Wand aller drei Hohlräume ein ovales Sinnespolster ausgebildet, die Macula[453] utriculi, Macula sacculi und Macula lagenae (Abb. 16.31). In den **Maculaorganen** befinden sich, zwischen Stützzellen eingelagert, Haarsinneszellen (▶ Abschn. 16.2). Ihre Cilien sowie die längsten Stereovilli ragen in eine dünne, der Macula aufliegende Gallertmasse (Statolithenmembran) hinein, die Gehörsteine (**Otolithen**[454]) enthält. Bei den Knochenfischen sind die Otolithen große, konzentrisch geschichtete (Jahresringe!) solide Steinchen aus $CaCO_3$, mit artspezifisch ganz unterschiedlichen Formen. Während der Otolith des Utriculus (**Lapillus**[455]) auf seinem Sinnespolster liegt, sind die Otolithen des Sacculus (**Sagitta**[456]) und der Lagena (**Asteriscus**[457]) ihrem Sinnesepithel seitlich angelagert. Bei den restlichen Wirbeltieren bestehen die Otolithen aus einzelnen $CaCO_3$-Kristallen.

Während sich der Sacculus in vielen Fällen (Haie, Hechte, Elritzen, Frösche und Kaninchen) für die Lageorientierung als entbehrlich erweist, löst eine Reizung des Utriculus in den meisten Fällen eine Lagereaktion aus. Der Maculaapparat des

450 *utriculus* (lat.) = kleiner Schlauch
451 *sacculus* (lat.) = kleiner Sack
452 *lagena* (lat.) = Flasche, Weinkrug
453 *macula* (lat.) = Fleck
454 *oto* (griech.) = Ohr; *lithos* (griech.) = Stein
455 *lapillus* (lat.) = Steinchen
456 *sagitta* (lat.) = Pfeil
457 *aster* (griech.) = Stern

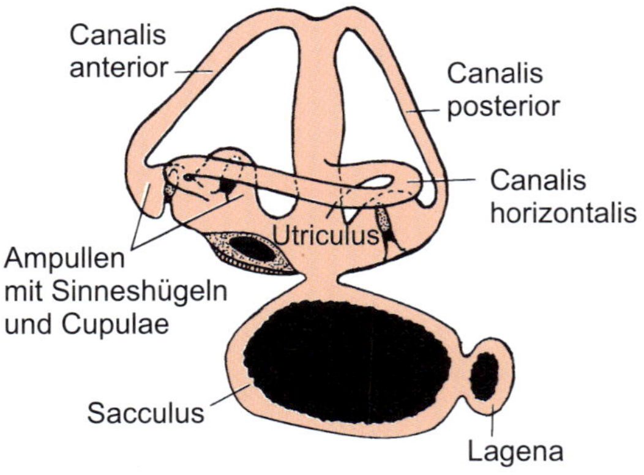

Abb. 16.31 Das Ohrlabyrinth eines Fisches. (Nach Dijkgraaf S (1952) Bau und Funktion der Seitenorgane und des Ohrlabyrinths bei Fischen. Experientia 8, 205–216.)

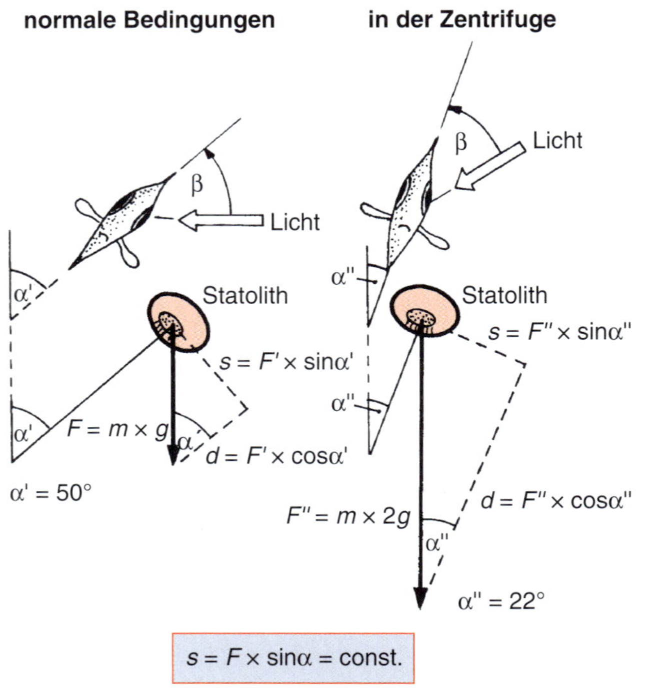

Abb. 16.32 Einstellung des Fisches (*Pterophyllum*) unter normalen Bedingungen ($F = m \times g$) und in der Zentrifuge ($F = m \times 2g$) bei seitlichem Lichteinfall. Winkel β zwischen Lichtrichtung und Fischachse sowie die Lichtintensität blieben konstant. Der Fisch stellt sich stets so ein, dass die Scherungskomponente *s* der mechanischen Kraft *F* konstant bleibt. *d* = Druckkomponente der Kraft *F*; *m* = Statolithenmasse; *g* = Erdbeschleunigung. (Nach Holst E (1961) Biologische Regelung: Eine kritische Betrachtung. In: Mittelstaedt H (Hrsg) Regelungsvorgänge in lebenden Wesen. Oldenbourg, München.)

Utriculus hat somit für die **Lageorientierung** der Wirbeltiere eine große Bedeutung. Fische nutzen den Sacculus und die Lagena vorwiegend zum Hören (▶ Abschn. 17.3.4), doch ist eine klare funktionelle Trennung zwischen Utriculus, Sacculus und Lagena meist nicht möglich. Während die Heringsfische (Clupeiden) den Utriculus vorwiegend zum Hören nutzen, scheint der Sacculus bei Plattfischen entsprechend ihrer Lebensgewohnheit, auf der Seite zu liegen, als Lageanzeiger die größere Bedeutung zu haben.

Von den **Maculae** des Labyrinths gehen ebenso wie von den Neuromasten der Seitenlinien (s. o.) und den Statocysten der Krebse spontane Erregungen aus, die vom Statolithenreiz unabhängig sind. Diese **Ruheaktivität** beider Seiten bewirkt gleich große aber entgegengesetzte Drehtendenzen, sodass sich diese im intakten Tier gegenseitig aufheben. Zerstört man das Labyrinth unilateral oder – bei Fischen – auch nur den Utriculus, so drehen sich die betreffenden Tiere um ihre Längsachse zur defekten Seite, weil jetzt die durch die Daueraktivität der intakten Seite induzierte Drehtendenz nicht mehr kompensiert wird. Entfernt man einseitig (unilateral) einen Statolithen unter Schonung des Sinnesepithels, verhalten sich die Tiere fast normal. Ein solches Experiment ist bei Haien (*Mustelus californicus*) durch vorsichtiges Ausspülen und bei Meerschweinchen durch Abschleudern des Statolithen gelungen.

Die vom Sinnesepithel ausgehende Ruheerregung wird durch die Verlagerung des Statolithen verstärkt bzw. vermindert. Der **adäquate Reiz** ist die **Scherungskomponente** *s* und nicht die Druckkomponente *d* der am Statolithen angreifenden mechanischen Kraft. Das geht aus folgendem Versuch hervor (Abb. 16.32): Man steigert die auf den Statolithen einwirkende Schwerkraft *F*, indem man das Tier zusammen mit seinem Behälter in einer konstant umlaufenden Zentrifuge beobachtet, und hält wegen des Lichtrückenverhaltens gleichzeitig die Intensität und den Einfallswinkel *b* des Lichtes relativ zum Fisch konstant. Dann stellt sich der Fisch immer so ein, dass die Scherungskraft des Steins auf dem Sinnespolster konstant bleibt: $s = F \times \sin\alpha$ = konstant (**Sinusregel**). In erster Näherung ist die Impulsrate in den vom Utriculus kommenden Fasern dem Sinus von α (Abb. 16.32) proportional.

Die vom Statolithenapparat ausgehenden Reflexe (**Statoreflexe**) erstrecken sich auf Augen-, Kopf, Hals- und Körpermuskulatur. Dreht man ein Tier in eine ungewohnte Körperlage (kopfabwärts, Rückenlage usw.), wird der Kopf den passiven Lageveränderungen so entgegenbewegt, dass der Scheitel stets nach oben weist (**Kopfstellreflex**, Abb. 16.33). Ähnliches gilt für die Bewegungen der Augen bei passiver Drehung des Kopfes. Auch sie werden reflektorisch der passiven Lageänderung entgegenbewegt, sodass das Blickfeld erhalten bleibt (**statische Augenreflexe**). Durch die vom Statolithenapparat ausgehenden Stellreflexe werden weitere Reflexe ausgelöst. Insbesondere gehen von der reflektorisch angespannten Halsmuskulatur Reflexe aus, die, nachdem der Kopf in die Normallage gebracht wurde, dafür sorgen, dass der gesamte Körper in die Normalstellung zurückgeführt wird (**tonische Halsreflexe**).

Bei der Drehung von Fischen (Barsch, Karpfen, Elritze) oder Kaninchen um ihre Querachse treten charakteristische Drehungen der Augen um ihre Längsachse (sog. **Rollungen**) auf. Die Augenauslenkungen zeigen bei allen Tieren ein Maximum bei vertikaler Körperlage (Kopf nach oben bzw. nach unten). Bei dieser Stellung erreicht die Scherung des Utriculusstatolithen ebenfalls ein Maximum. Die vom rechten und

16

Abb. 16.33 Stellung des Kopfes bei ungewöhnlicher Körperlage einer frei im Raum gehaltenen Ente. (Nach Huxley HE (1965) Praktikum der Zoophysiologie. 3. Aufl. Fischer, Stuttgart.)

linken Labyrinth ausgehenden Erregungen addieren sich zur Gesamtwirkung. Bei einseitiger Labyrinthexstirpation tritt die Augenauslenkung nur noch mit halber Stärke auf.

Tauben (*Columba livia*) besitzen segmental angelegte Knochenkanäle im Bereich der Lumbosakralwirbel, die mit akzessorischen Loben des Rückenmarks in Verbindung stehen. Neurone in den akzessorischen Loben sind mechanosensitiv. Sie projizieren zu den segmentalen Motorkernen und zum Kleinhirn. Es handelt sich bei dem **lumbosakralen System** wahrscheinlich um ein extravestibuläres Schweresinnesorgan, da Tauben nach Ausschalten dieses Systems Schwierigkeiten beim Landen, Sitzen und Balancieren auf einer Stange und beim Laufen haben.

16.6 Rezeption von Linear- und Winkelbeschleunigung

16.6.1 Wirbellose

Viele **Krebse** (*Palaemon, Astacus, Carcinus, Maja*) reagieren auf eine passive Rotation um ihre Vertikalachse in charakteristischer Weise. Sie besitzen einen **Rotationssinn**. Die Reaktion besteht in einer Augenstielbewegung: Wird das Tier zum Beispiel nach rechts gedreht, werden beide Augenstiele nach links bewegt. Entweder verharren die Stiele in dieser Stellung, oder sie schnellen von Zeit zu Zeit ruckartig zur Ausgangsstellung zurück, um erneut nach links gegen die Rotationsrichtung bewegt zu werden usw. (**Nystagmus**). Bei anhaltender Rotation mit konstanter Winkelgeschwindigkeit kehren die Augenstiele – anders als bei den tonischen Augenstellreflexen (s. u.) – schließlich in ihre normale Position zurück. Erst beim Abstoppen der Rotation treten erneut Augenstielbewegungen auf, allerdings in die entgegengesetzte Richtung (**Nachreaktion**). In einer Reihe auf einer in die Statocyste ragenden Erhebung angeordnete dünne und lange **Fadenhaare** sind für den Rotationssinn verantwortlich.

Der **adäquate Reiz** ist die durch Strömung des Statocysteninhalts verursachte Auslenkung der Haare an ihrer Anheftungsstelle. Bei einsetzender Rotation um die Vertikalachse wird der Cysteninhalt wegen seiner Trägheit die Bewegung der Cystenwand nicht sofort mitmachen, das heißt, in der Cyste entsteht eine Strömung, die der Rotationsbewegung entgegengesetzt ist. Bei anhaltender Rotation mit gleichbleibender Winkelgeschwindigkeit gleicht sich dieser Geschwindigkeitsunterschied zwischen Cysteninhalt und Cystenwand allmählich infolge der auftretenden Reibung aus. Wird die Rotation gestoppt, tritt wegen des Beharrungsvermögens des Cysteninhalts erneut eine Strömung in der Statocyste auf, deren Richtung mit der zuvor stattgefundenen Rotation übereinstimmt. Bei *Palinurus* (Languste), *Pagurus* (Einsiedlerkrebs) und *Uca* (Winkerkrabbe) konnte kein Rotationssinn nachgewiesen werden.

16.6.2 Wirbeltiere

Vom Utriculus der Wirbeltiere gehen mit Ausnahme der Cyclostomen drei **Bogengänge** (Canales semicirculares[458]) aus, die an beiden Enden mit dem Utriculus in Verbindung stehen. Die drei Bogengänge verlaufen in senkrecht zueinander stehenden Ebenen, zwei verlaufen bei normaler Körperhaltung vertikal und einer horizontal. Der vordere rechte und der hintere linke Kanal liegen ebenso wie der vordere linke und der hintere rechte jeweils in zueinander parallelen Ebenen (Abb. 16.34).

An dem einen Ende jedes Bogengangs erkennt man eine als **Ampulle** bezeichnete sackartige Auftreibung. In der Ampulle befindet sich ein leistenförmiger Vorsprung (**Crista**[459] **ampullaris**), der – zwischen Stützzellen eingebettet – typische Haarzellen trägt, wie wir sie auch bei den Maculaorganen finden. Das Kinocilium und die größeren Stereovilli ragen tief in eine gallertartige Masse, die Cupula, hinein.

Der adäquate Reiz für das Bogengangsystem ist die **Winkelbeschleunigung**, die bei Drehung des Kopfes oder des ganzen Körpers auftritt. Bei solchen Bewegungen wird das fest im Schädel verankerte Labyrinth stets mitgeführt. Die Endolymphe, die sich in dem in der Drehebene liegenden Bogengang befindet, macht diese Drehbewegung wegen ihrer Trägheit nur verzögert mit. Durch diese **Remanenz** entsteht in dem Bogengang eine Flüssigkeitsbewegung, die dem Drehsinn entgegengerichtet ist und eine entsprechende Auslenkung der Cupula, die mit der Kanalwand verwachsen ist, in den Ampullen hervorruft (Abb. 16.35). Wird die Drehung mit gleichbleibender Winkelgeschwindigkeit über einen längeren Zeitraum fortgesetzt, wird die Endolymphe durch die Reibung an der Kanalwand in zunehmendem Maße mitbewegt, bis sie mit der gleichen Geschwindigkeit wie der Bogengang rotiert. Dann kehrt die Cupula in ihre Ruhelage zurück. Bei Beendigung der Drehung tritt erneut eine Auslenkung der Cupula ein, nun aber in Richtung der abgeschlossenen Drehbewegung, denn die Endolymphe strömt für eine gewisse Zeit wegen ihres Beharrungsvermögens weiter und kommt erst allmählich zur

[458] *canalis* (lat.) = Kanal, Wasserrinne; *semi-* (lat.) = Vorsilbe für halb; *circulus* (lat.) = Kreis
[459] *crista* (lat.) = Kamm

Ruhe (◘ Abb. 16.35). Jede Beschleunigung bzw. Verzögerung der Winkelgeschwindigkeit verursacht demnach eine Auslenkung der Cupula, die als Reiz für die Haarzellen wirkt.

Bereits in Ruhelage gehen vom Sinnesepithel der Ampullen Impulse aus (**Ruheaktivität**). Bei einsetzender Drehbewegung nimmt die Impulsfrequenz entweder zu oder ab. Am horizontalen Bogengang des Nagelrochens (*Raja clavata*) sowie der Katze führt eine aus dem Kanal in die Ampulle (ampullopetal) gerichtete Endolymphströmung zu einer Steigerung, eine entgegengesetzte Strömung (ampullofugal) zu einer Abnahme der Erregung (◘ Abb. 16.36). Die vertikalen Bogengänge von *Raja* zeigen demgegenüber bei ampullofugaler Strömung eine Steigerung der Entladungsfrequenz.

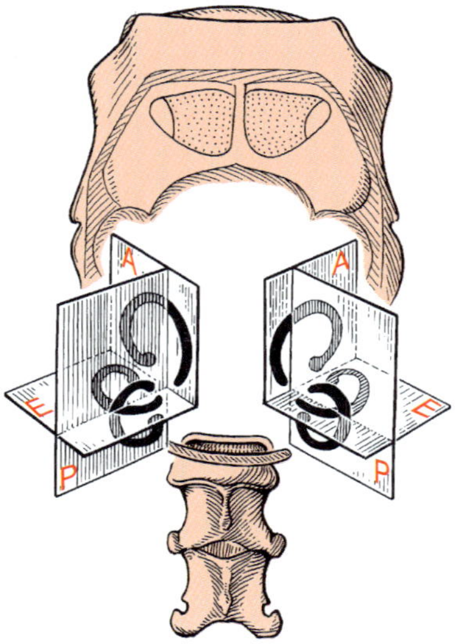

◘ **Abb. 16.34** Lage der Bogengänge im Schädel der Taube (von hinten gesehen). A = Canalis anterior; E = C. externus; P = C. posterior. (Nach Ewald (1965) Praktikum der Zoophysiologie. 3. Aufl. Fischer, Stuttgart.)

Die bei einer Bogengangreizung auftretenden **Reflexe** erstrecken sich auf die Augen- und Körpermuskulatur und auf das vegetative Nervensystem. Bei passiver Drehung des Körpers sind **kompensatorische Gegenbewegungen** des Kopfes (◘ Abb. 16.37) bzw. des ganzen Tieres zu beobachten. Sie können so intensiv sein, dass das Tier sein Gleichgewicht verliert und umfällt. Die Fallrichtung ist stets der passiven Drehrichtung entgegengesetzt. Bei der Unterbrechung der Drehung treten gleichartige Reaktionen auf, jetzt aber in Richtung der vorangegangenen Drehung (Nachdrehung). Charakteristisch sind außerdem die als **Nystagmus** bezeichneten Augenbewegungen bei Bogengangreizung. Zu Beginn der passiven Drehung des Körpers werden die Augen mit gleicher Winkelgeschwindigkeit, aber entgegengesetztem Drehsinn bewegt (langsame Phase), sodass sie im Raum stehen bleiben. Dann wird diese Gegenbewegung plötzlich unterbrochen und die Augen schnellen rasch in ihre Ausgangslage zurück (schnelle Phase). Diese Vorgänge wiederholen sich in regelmäßiger Folge. Der Augennystagmus tritt auch dann auf, wenn die Augen geschlossen sind. Er verschwindet allmählich, wenn die Rotation lange anhält. Er tritt dann erst beim Abstoppen der Drehung mit entgegengesetztem Vorzeichen wieder in Erscheinung.

16.6.3 Zentralnervöse Verarbeitung (Säuger)

Die afferenten Fasern des **Vestibularsystems** terminieren in den vier Vestibulariskernen des Hirnstamms. Diese Kerne steuern die Reflexe, die den Körper situationsgerecht im Gleichgewicht halten. Der Nucleus superior stabilisiert das Sehfeld (okulomotorischer Reflex) nach Umschaltung in den Kernen der Augenmuskulatur mithilfe von Motoneuronen, die die Augenmuskeln innervieren. Ausgangsneurone des N. medialis und N. inferior innervieren bilateral die Halsmuskulatur des Kopfes. Sie sind Teile von Reflexbögen, die bei Tieren mit willkürlicher

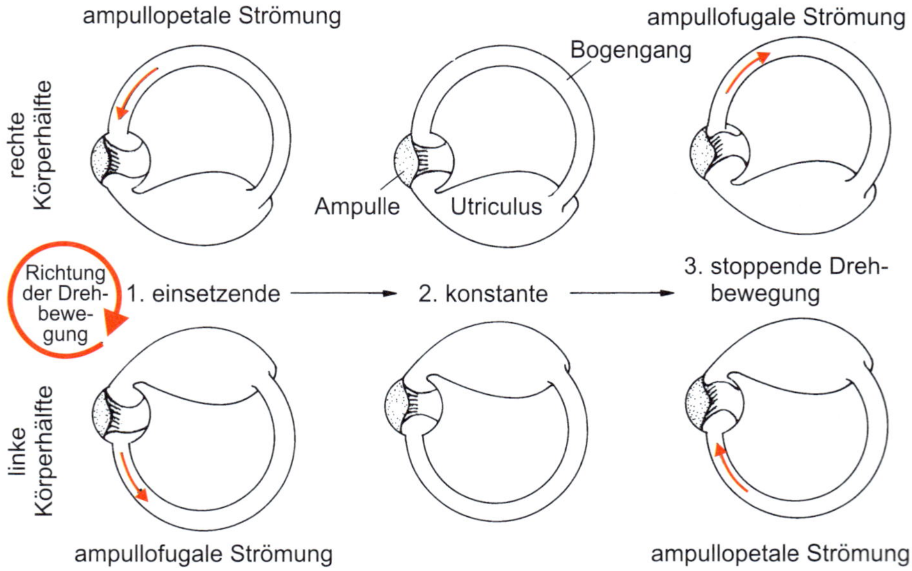

◘ **Abb. 16.35** Skizze zur Veranschaulichung der Strömungsrichtung der Endolymphe in den horizontalen Bogengängen bei Rechtsdrehung um die Vertikalachse.

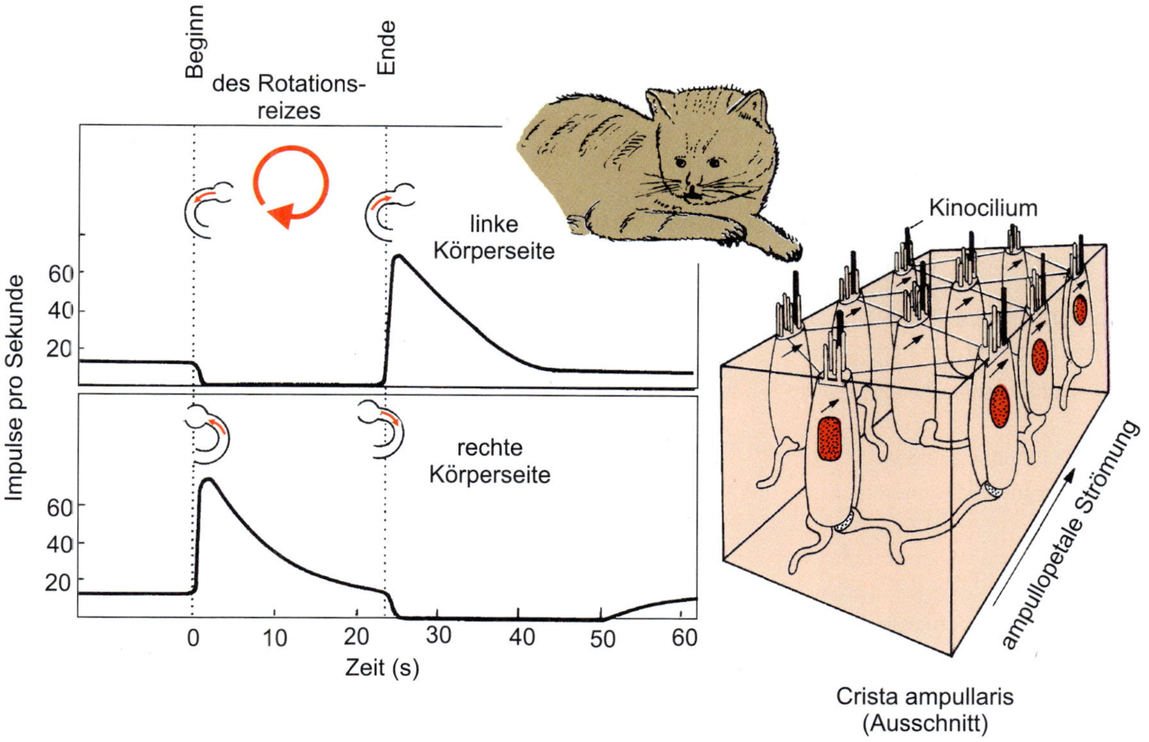

Abb. 16.36 Änderung der Impulsfrequenz in den vom horizontalen Bogengang kommenden Neuronen bei Rotationsbewegungen. Nur die ampullopetale Endolymphströmung führt zur Erregung, das heißt zur Steigerung der Impulsfrequenz. (Nach Ranke OF (1961) Variabilität der Führungsgrößenaufschaltung bei biologischen Programmreglern. In: Mittelstaedt H (Hrsg) Regelungsvorgänge in lebenden Wesen. Oldenbourg, München, verändert.)

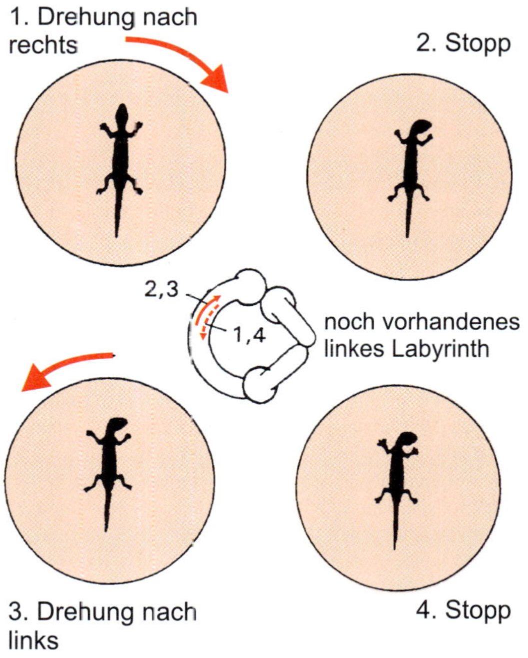

Abb. 16.37 Verhalten einer Eidechse auf einer Drehscheibe nach Exstirpation des rechten Labyrinths. 1. Keine Reaktion. 2. Nachdrehen des Kopfes. 3. Kompensatorische Gegenbewegung. 4. Keine Nachdrehung. Die Pfeile im horizontalen Bogengang zeigen die Strömung der Endolymphe. Nur die ampullopetale Strömung (2., 3.) zeigt Wirkung, die ampullofugale Strömung (1., 4.) ist unwirksam. (Nach Trendelenburg W, Kühn A (1908) Vergleichende Untersuchungen zur Physiologie des Ohrlabyrinthes der Reptilien. Arch Anat Physiol, S. 160–188.)

Kopfbeweglichkeit wichtig sind, da die Kopfhaltung und -drehung über Blickfeld- und Bewegungsrichtung entscheiden und zielorientiertes Verhalten bestimmen. Der N. lateralis erreicht über den vestibulospinalen Trakt die Körper- und Extremitätenmuskulatur vom Hals bis zum Lendenbereich und hat die Aufgabe, situationsgerechte Extremitätenbewegungen und Körperhaltungen zu stabilisieren. Die vier Vestibulariskerne senden darüber hinaus noch Informationen an das Kleinhirn zur Steuerung komplizierter Bewegungsabläufe und über den Thalamus zum somatosensorischen Cortex zur bewussten Raumwahrnehmung.

16.7 Perzeption von Bodenvibrationen

Da die Lagerezeptoren des Innenohrs jede Relativbewegung zwischen den Haarzellen und den Otolithen registrieren, eignen sie sich auch zur Perzeption von Bodenvibrationen (seismische Signale oder Substratschall). Männchen des Weißlippenfroschs *Leptodactylus albilabris* erzeugen mit der Schallblase Bodenvibrationen, die von anderen Fröschen, wie Ableitungen vom Sacculusnerv gezeigt haben, wahrgenommen werden können. Weibliche Baumfrösche (Polypedates) locken mit Substratschall Männchen an. Säugetiere, die in unterirdischen Gangsystemen oder auf Sanddünen leben, erzeugen mit ihren Hinterbeinen seismische Signale, die von den Weibchen bis zu einer Entfernung von 3 m wahrgenommen und beantwortet werden.

Der in der Namibwüste lebende blinde Goldmull *Eremitalpa granti* nutzt winderzeugten Bodenschall zum Auffinden von Termitenhügeln. Zudem kann der Goldmull einzelne Termiten mithilfe von Bodenschall wahrnehmen und orten. Zu diesem Zweck hat sich der Malleus des Mittelohrs mächtig entwickelt. Er wiegt bei einem 45 g schweren Goldmull 20 mg, bei einem 70 kg schweren Menschen aber nur 28 mg.

16.8 Fragen zum Selbststudium

- Welche Ionenkanäle sind an der Mechanotransduktion beteiligt?
- Welche Funktion haben Propriorezeptoren?
- Wo kommen Fadenhaare und Spaltsinnesorgane vor und welche Aufgabe haben sie?
- Beschreiben Sie den Prozess der Mechanotransduktion am Beispiel der Haarzelle.
- Welche Mechanorezeptoren findet man in der Haut des Menschen?
- Was versteht man unter einem Vibrationssinn?
- Welches cortikale Areal erhält bei Säugetieren Eingang von den Mechanorezeptoren der Haut?
- Was versteht man unter einer somatotopen Karte?
- Welche Funktion haben die Vibrissen der Säuger? Nennen Sie Beispiele.
- Welche Tiere haben ein Seitenliniensystem und welche Funktion hat dieses System?
- Beschreiben Sie den Aufbau eines Seitenlinienneuromasten.
- Beschreiben Sie den Aufbau und die Funktion eines Statolithen.
- Was ist ein kompensatorischer Stellreflex?
- Wie ist der Vestibularapparat der Wirbeltiere aufgebaut?

Weiterführende Literatur

Allgemeines

Albert JT, Göpfert MC (2013) Mechanosensation. In: Galizia CG, Lledo PM (Eds.) Neurosciences. Springer Verlag, Berlin, Heidelberg, pp. 321-334

Atema J, Fay RR, Popper AN, Tavolga WN (1988) Sensory biology of aquatic animals. Springer, New York.

Autrum H, Jung R, Loewenstein WR, MacKay DM, Teuber HL (1973) Handbook of Sensory Physiology Vol. II. Springer, Berlin.

Barth FG (2001) Sinne und Verhalten. Aus dem Leben einer Spinne. Springer, Berlin.

Bleckmann H (1994) Reception of hydrodynamic stimuli in aquatic and semiaquatic animals. In: Progress in Zoology. Rathmayer W (ed.) Gustav Fischer, Stuttgart, pp. 1-115.

Bleckmann H, Mogdans J, Coombs SL (eds.) (2014) Flow sensing in air and water. Behavioral, neural and engineering principles of operation. Springer, Berlin, Heidelberg.

Budelmann BU (1987) Morphological diversity of equilibrium receptor systems in aquatic invertebrates. In: Sensory biology of aquatic animals. Atema J, Fay RR, Popper AN, Tavolga WN (eds.). Springer, Heidelberg, pp. 757-782.

Chalfie M (2009) Neurosensory mechanotransduction. Nature Reviews 10, 44-52.

Coombs S, Bleckmann H, Fay RR, Popper AN (eds.)(2014) The lateral line system. Springer Handbook of auditory research. Springer, New York, pp. 1-347.

Delmas P, Hao J, Rodat-Despoix L (2011) Molecular mechanisms of mechanotransduction in mammalian sensory neurons. Nature Reviews Neuroscience 12, 139-153.

Spezielle Aspekte

Andres KH (1969) Zur Ultrastruktur verschiedener Mechanorezeptoren von höheren Wirbeltieren. Anatomischer Anzeiger 124, 551-565.

Banes AJ, Tsuzaki M, Yamamoto J, Fischer T, Brigman B, Brown T, Miller L (1995) Mechanoreception at the cellular level: The detection, interpretation, and diversity of responses to mechanical signals. Biochemistry and Cell Biology 73: 349-365.

Barth FG (2002) Spider senses – technical perfection and biology. *Zoology* 105, 271-285.

Bleckmann H (1993) The role of the lateral line and fish behaviour. In: Behaviour of teleost fishes. Pitcher TJ (ed.). Chapman and Hall, London, pp. 201-246.

Brinkmann M, Oliver D, Thurm U (1996) Mechanoelectric transduction in nematocytes of a hydropolyp (Corynidae). Journal of Comparative Physiology A 178, 125-138.

Budelmann BU (1990) The statocysts of squid. In: Squid as experimental animals. Gilbert DL, Adelmann WJ, Arnold JM (eds.). Plenum, London pp. 421-439.

Brecht M, Naumann R, Anjum F, Wolfe J, Munz M, Mende C, Roth-Alpermann C (2011) The neurobiology of the Etruscan shrew active touch. Philosophical Transactions of the Royal Society B 366, 3026-3036.

Catania KC (1995) Structure and innervation of the sensory organs on the snout of the star-nosed mole. Journal of Comparative Neurology 351, 536-548.

Catania KC (1995) Organization of the somatosensory cortex of the star-nosed mole. Journal of Comparative Neurology 351, 549-567.

Christopher IM, Nelson SB, Sur M (1999) Dynamics of neuronal processing in rat somatosensory cortex. Trends in Neuroscience 22, 513-520.

Coombs S, Janssen J, Montgomery J (1992) Functional and evolutionary implications of peripheral diversity in lateral line systems. In: The evolutionary biology of hearing. Webster DB, Fay RR, Popper AN (eds.). Springer, New York, pp. 267-294.

Dehnhardt G, Mauck B, Hanke W, Bleckmann H (2001) Hydrodynamic trail-following in harbor seals (*Phoca vitulina*). Science 293, 102-104.

Diamond ME, von Heinemdahl M, Knutsen PM, Kleinfeld D, Ahissar E (2008) »Where« and »what« in the whisker sensorimotor system. Nature Reviews Neuroscience 9: 601-612

Engelmann J, Hanke W, Bleckmann H (2002) Lateral line reception in still- and running water. Journal of Comparative Physiology A 188: 513-526

French AS (1992) Mechanotransduction. Annual Review of Physiology 54: 135-152

Garcia-Anoveros J, Corey DP (1996) Touch at the molecular level. Current Biology 6: 541-543

Gillespie PG, Walker RG (2001) Molecular basis of mechanosensory systems. Nature 413: 194-202.

Halata Z (1993) Die Sinnesorgane der Haut und der Tiefensensibilität. In: Handbuch der Zoologie, Band 8. Teil 57. Niethammer J, Schliemann H, Starck D (eds.). de Gruyter, Berlin.

Hamill OP, McBride DW (1995) Mechanoreceptive membrane channels. American Scientist 83: 30-37.

Hanke W, Wieskotten S, Marshall C, Dehnhardt G (2013) Hydrodynamic perception in true seals (Phocidae) and eared seals (Otariidae). Journal of Comparative Physiology A 199: 421-440.

Hudspeth AJ, Gillespie PG (1994) Pulling springs to tune transduction: Adaptation by hair cells. Neuron 12: 1-9.

Johnson KO (2001) The roles and functions of cutaneous mechanoreceptors. Current Opion in Neurobiology 11: 455-461.

Keil TA (1997) Functional morphology of insect mechanoreceptors. Microscopy Research and Technique 39: 506-531.

Keil TA (2012) Sensory cilia in arthropods. Arthopod Structure and Development 41: 515-534.

Klein A, Münz H, Bleckmann H (2014) The functional significance of lateral line canal morphology on the trunk of the marine teleost *Xiphister atropurpureus* (Stichaeidae). Journal of Comparative Physiology A 199, 735-749.

Markl H (1973) Leistungen des Vibrationssinnes bei wirbellosen Tieren. Fortschritte der Zoologie 21, 100-120.

Markl H (1974) The perception of gravity and angular acceleration in vertebrates. In: Handbuch der sensorischen Physiologie VI/1. Kornhuber HH (ed.). Springer, Heidelberg, pp.17-44.

Mehta SB, Withmer D, Figueroa R, Williams BA, Kleinfeld D (2007) Active spatial perception in the vibrissa scanning sensorimotor system. *PLOS Biology* 5(2): e15. doi:10. 1371/journal.pbio.0050015

Piekles JO, Corey DP (1992) Mechanotransduction by hair cells. Trends in Neuroscience 15, 254-259.

Russell IJ, Sellick IM (1976) Measurement of potassium and chloride ion concentations in the cupulae of the lateral lines of *Xenopus laevis*. J Physiol 257, 245-255.

Sathian K (1989) Tactile sensing of surface features. Trends in Neuroscience 12, 513-519.

Sewell WF (1990) Synaptic potentials in afferent fibers innervating hair cells of the lateral line organ in *Xenopus laevis*. Hearing Research 44, 71-82.

Strassmaier M, Gillespie PG (2002) The hair cell's transduction channel. Current Opinion in Neurobiology 12: 380-386.

Tautz J (1989) Medienbewegung in der Sinneswelt der Arthropoden. Fallstudien zu einer Sinnesökologie. Fischer, Stuttgart.

Thurm U (1982) Grundzüge der Transduktionsmechanismen in Sinneszellen. Mechanoelektrische Transduktion. In: Biophysik. Hoppe W, Lohmann W, Markl H, Ziegler H (eds.). Springer, Berlin, pp. 681-696.

Gehörsinn

17.1 Physikalische Grundlagen

»Hören« bezeichnet die Fähigkeit, Schall wahrzunehmen. Um die unterschiedlichen Funktionsweisen der im Tierreich vielfach unabhängig voneinander entstandenen Hörorgane zu verstehen, sind einige Kenntnisse über die Physik des Schalls notwendig. Schall bezeichnet eine Welle fortschreitender mechanischer Deformation in einem Medium. Dabei bewegen sich die Medienpartikel (z. B. Luft- oder Wassermoleküle) in Ausbreitungsrichtung der Schallwelle und kollidieren mit benachbarten Partikeln. Sie übertragen bei der Bewegung einen Teil ihres Impulses auf ihre Nachbarn und bewegen sich zurück in Richtung ihrer Ruheposition. Auf diese Weise pflanzen sich Schallwellen in einem Medium fort. Da die Medienpartikel in Ausbreitungsrichtung der Welle um ihre Ruheposition schwingen, bezeichnet man Schallwellen auch als **Longitudinalwellen** (im Gegensatz zu **Transversalwellen**, in denen die Welle orthogonal zur Ausbreitungsrichtung schwingt, z. B. Wasseroberflächenwellen). In einer Schallwelle wird fortwährend Kompressionsenergie in Bewegungsenergie umgewandelt und umgekehrt. Diese Energieformen können physikalisch durch den **Schalldruck** p (in N m^{-2} = Pascal) bzw. die **Schallschnelle** v (Geschwindigkeit der um ihre Ruhelage schwingenden Medienpartikel in m s^{-1}) beschrieben werden. Schallwellen breiten sich mit einer für das Medium und dessen Zustand (z. B. Temperatur, Druck) charakteristischen konstanten Geschwindigkeit aus. Die Ausbreitungsgeschwindigkeit von Schall beträgt unter Normalbedingungen in Luft 343 m s^{-1} und in Wasser 1484 m s^{-1}. Sie ist nicht zu verwechseln mit der Schallschnelle (► Box 17.1).

Box 17.1 Unterscheidung von Nah- und Fernfeld

Schallwellen entstehen, wenn ein Gegenstand sein Volumen ändert (**Monopol**) oder sich in einem Medium bewegt (**Dipol**). Der Impuls des Gegenstands überträgt sich bei Kollision auf die Medienpartikel und die Kollisionskaskade der Schallwelle beginnt. In Luft und Wasser breiten sich Schallwellen radial von der Schallquelle (dem Gegenstand) aus, wobei die Schalldruckamplitude (bzw. die Partikelbewegung) im Fall eines Dipols in Bewegungsrichtung maximal und orthogonal zur Bewegungsrichtung minimal (theoretisch Null) ist (vgl. ▪ Abb. 17.1). In der Nähe eines Gegenstands beobachtet man zusätzlich zu den Schallwellen noch Partikelbewegungen (**Nahfeldphänomene**), die einen anderen Ursprung haben. Bezogen auf die Bewegungsrichtung ist der Druck vor einem sich bewegenden Gegenstand erhöht und hinter dem Gegenstand verringert. Das hat zur Folge, dass sich Medienpartikel um den Gegenstand herum bewegen, um die Druckunterschiede auszugleichen. Dies geschieht auf Bahnen, die den Feldlinien eines Stabmagneten ähneln (▪ Abb. 17.1). Die Druckschwankungen und Teilchenbewegungen, die auf die Verdrängung der Medienpartikel im Nahfeld zurückzuführen sind, überlagern sich mit den Druckschwankungen und Teilchenbewegungen der Schallwelle. Beide Phänomene beginnen an der Schallquelle und reichen theoretisch bis ins Unendliche.

Schallschnelle v und Schalldruck p nehmen proportional zur Reizquellenentfernung ab. Demgegenüber schwächen sich die Nahfeldphänomene mit der zweiten Potenz (Monopol) bzw. dritten Potenz (Dipol) der Entfernung zur Reizquelle ab. Deshalb dominieren die Nahfeldphänomene nur in der Nähe einer Schallquelle, in größeren Entfernungen dominiert der Schall. Der Übergang vom Nahfeld zum **Fernfeld** erfolgt definitionsgemäß in einer Entfernung, in der die Schallschnelle gleich groß ist wie die Geschwindigkeit der Partikelbewegung des Nahfeldes. Dies entspricht im Fall eines Monopols der Entfernung λ/2λ (λ = Wellenlänge des Schalls), im Fall eines Dipols entlang der Vibrationsachse der Entfernung ¼ λ/2λ (▪ Abb. 17.1). Da die Wellenlänge einer Schallwelle sowohl von der Frequenz F als auch von der Ausbreitungsgeschwindigkeit c des Schalls abhängt ($\lambda = c/F$), hängt die Grenze zwischen Nah- und Fernfeld auch vom Medium ab (welches ja die Schallgeschwindigkeit bestimmt, s. o.).

Schallwellen können nicht nur über Luft und Wasser, sondern auch über den Untergrund übertragen werden. Im letzteren Fall spricht man von Substratschall, dessen Wahrnehmung als Vibrationssinn bezeichnet wird (► Abschn. 16.3.4). Da Schallquellen fast immer gleichzeitig Luft- und Substratschall erzeugen (jedes Substrat wird durch Luftschall in Schwingungen versetzt), ist der Übergang zwischen Gehörsinn und Vibrationssinn fließend.

Im einfachsten Fall besteht eine Schallwelle aus nur einer Frequenz (in Hertz*, 1 Hz = eine Schwingung pro Sekunde), man spricht in diesem Fall von einem reinen **Ton**. Neben seiner Frequenz kann ein Ton durch seine Schalldruckamplitude p und seine Phasenlage (zwischen 0 und 360° pro Sinusschwingung) charakterisiert werden. Reine Töne kommen in der Natur so gut wie nie vor. Fast immer finden sich harmonische Frequenzen (ganzzahlige Vielfache der Grundschwingung = Obertöne), sodass sich Klänge ergeben. **Klänge** sind Gemische von endlich vielen Tönen. **Geräusche** sind nichtperiodische Schwingungen, die sich theoretisch aus unendlich vielen Sinusschwingungen zusammensetzen. Alle Schallsignale lassen sich mithilfe einer Fourier-Transformation in ihre spektralen Anteile (Sinusschwingungen) zerlegen.

Neben der Frequenz bzw. spektralen Zusammensetzung ist die **Druckamplitude** p einer Schallwelle von großer Bedeutung. p kann, wie schon weiter oben erwähnt, in N m^{-2} angegeben werden. Der Arbeitsbereich der meisten Hörorgane, von der geringsten noch wahrnehmbaren Druckamplitude bis zu den Druckamplituden, die eine Schädigung verursachen, beträgt bis zu 13 Zehnerpotenzen. Deshalb verwendet man in der Akustik als Maß meist nicht den unhandlichen Schalldruck, sondern den **Schalldruckpegel** L. L wird in Dezibel (dB) an-

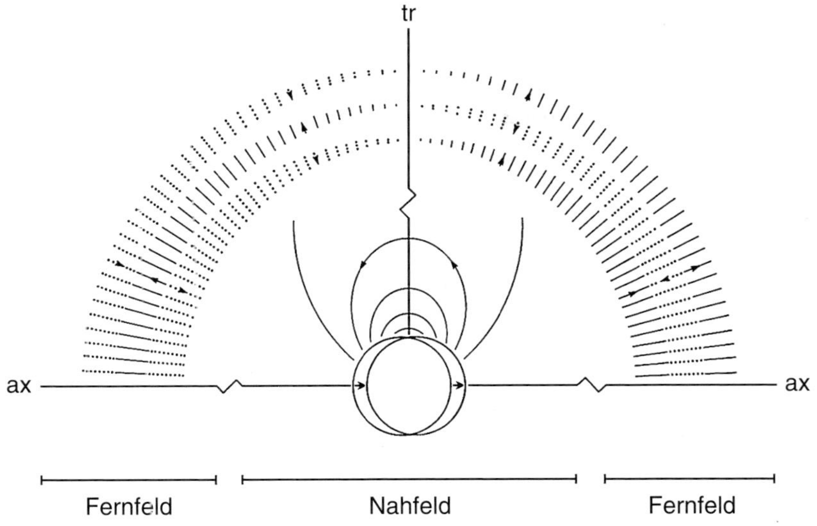

Abb. 17.1 Dipolfeld einer vibrierenden Kugel. Die durch die Kugel (Schallquelle) verursachten Partikelbewegungen und Druckänderungen sind dargestellt. Die Kugel vibriert entlang der Achse ax, die Pfeile geben die Richtung der Kugel- bzw. Partikelbewegungen an. Alle Feldlinien beginnen und enden auf der Oberfläche der Kugel. Die Partikelbewegungen im Nahfeld sind dipolförmig und nehmen mit der dritten Potenz der Entfernung zur Reizquelle ab. Die Schallwellen werden demgegenüber radial von der Kugel in alle Richtungen abgestrahlt, sind aber radial nicht symmetrisch. Die mit den Schalldruckwellen verbundenen Partikelbewegungen im Fernfeld nehmen mit der einfachen Reizquellenentfernung ab, haben jeweils ihr Maximum in Bewegungsrichtung der Kugel und fallen dann cosinusförmig bis auf den Wert null in der transversalen Ebene. Die Länge der durchgezogenen bzw. gepunkteten Linien symbolisiert die jeweilige Schallschnelleamplitude. Radiale durchgezogene Linien: hohe Schalldruckamplitude; radiale Punktlinien: niedrige Schalldruckamplitude; ax = Vibrationsachse der Kugel; tr = transversale Ebene. (Nach Kalmijn AJ (1988) Hydrodynamic and acoustic field detection. In: Atema J, Fay RR, Popper AN, Tavolga WN (Hrsg) Sensory biology of aquatic animals. Springer, New York, S. 83–130, verändert.)

gegeben. Es handelt sich dabei um eine Verhältniszahl, bei der ein beliebiger Schalldruck p_x mit dem willkürlich festgelegten Bezugsschalldruck $p_o = 2 \times 10^{-5}\,\mathrm{N\,m^{-2}}$ verglichen wird. Der Bezugswert p_o entspricht dabei der mittleren Hörschwelle des Menschen bei 2000 Hz. Zur Ermittlung des Schalldruckpegels logarithmiert man den Quotienten p_x/p_o (dekadischer Logarithmus) und multipliziert das Ergebnis mit 20. Der Schalldruckpegel L ist demnach folgendermaßen definiert:

$$L = 20 \log_{10} (p_x/p_o) \text{ (dB)}.$$

Erhöht sich p_x um den Faktor 10 (100, 1000), nimmt demnach der Schalldruckpegel um 20 (40, 60) dB zu. Da oft auch andere Größen (z. B. elektrische Spannungen) in einer dB-Skala angegeben werden, nennt man den Schalldruckpegel meist dB SPL (*sound pressure level*).

Mit der Entfernung von einer Schallquelle nimmt der Schalldruck entsprechend der geometrischen Ausbreitung mit dem Abstand *d* zur Schallquelle ab (siehe weiter oben). Allerdings gibt es eine zusätzliche atmosphärische Abschwächung, die mit steigender Frequenz zunimmt und im Ultraschallbereich (> 20 kHz) mehrere Dezibel bei einer Verdopplung der Distanz erreichen kann.

Die Ausbreitung und Abschwächung von Schall wird von Objekten im Schallfeld beeinflusst. An schallharten Wänden (z. B. dem Untergrund) und Objekten, die im Verhältnis zur Wellenlänge des Schalls groß sind, wird Schall **reflektiert**. Dies führt zur Entstehung von Schallschatten; an der schallabgewandten Seite ist der Schalldruck geringer als auf der schallzugewandten Seite. An Gegenständen, die kleiner sind als die Wellenlänge des Schalls (ein Ton von 1 kHz hat in Luft eine Wellenlänge von ca. 34 cm), werden Schallwellen nicht mehr reflektiert, sondern **gebeugt**. An Trennflächen zwischen unterschiedlichen Ausbreitungsmedien (z. B. Luft/Wasser) wird ein Teil des Schalls reflektiert, der Rest **gebrochen** (d. h. er tritt – bei schrägem Einfall – unter Richtungsänderung in das Medium ein). So wird nur ein Tausendstel der Luftschallenergie in das Wasser (Flüssigkeiten) übertragen. Reflexionen und Beugung führen dazu, dass an einem entfernten Punkt von der Schallquelle Signale auf unterschiedlichem Wege und daher mit unterschiedlicher Laufzeit eintreffen. Dies bewirkt zum einen Interferenzerscheinungen durch Überlagerung (Verstärkung oder Auslöschung), zum anderen Echos oder zeitliche Verschmierung des Schallsignals. Viele Tiere besitzen die Fähigkeit, die physikalischen Eigenschaften der Schallausbreitung sowohl zur effektiveren Signalerzeugung (▶ Kap. 24) als auch zum Hören biologisch relevanter Frequenzbereiche zu nutzen (▶ Abschn. 17.3).

17.2 Allgemeine Anforderungen an Hörorgane

Hörsinnesorgane können den von einer Schallquelle ausgehenden **Schalldruck**, die **Schalldruckgradienten** oder die Partikelbewegungen registrieren. Hörorgane bestehen aus schwingungsfähigen Strukturen, die durch Schallwellen angeregt werden. Dabei werden der wirksame Frequenzbereich und die Empfindlichkeit durch die Größe der Struktur, ihre Masse und Trägheit und ihr Eigenschwingungsverhalten (**Resonanz**)

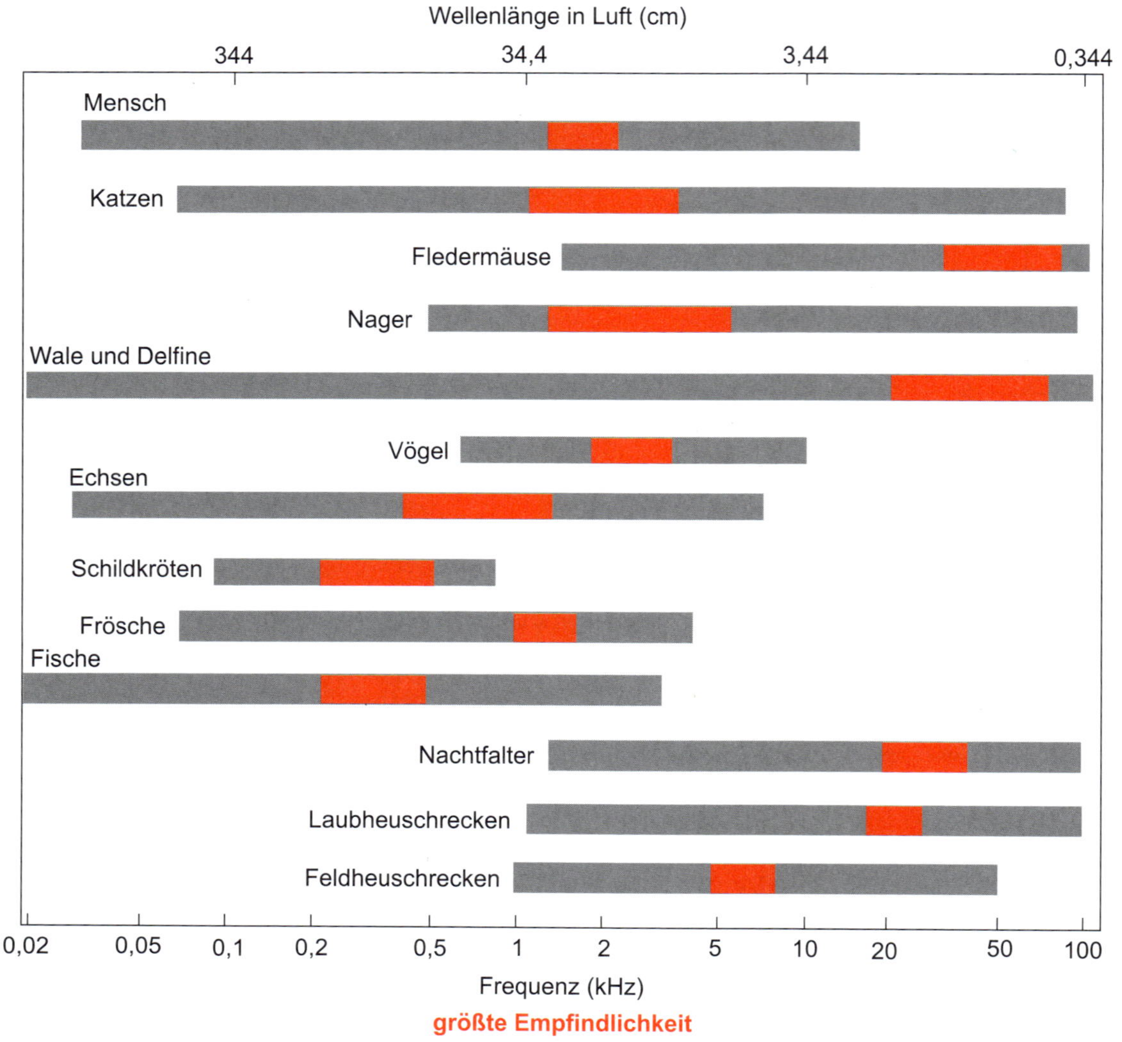

Abb. 17.2 Ungefähre Hörbereiche von verschiedenen Tieren (grau) und Bereiche maximaler Empfindlichkeit (rot).

bestimmt. Der Hörbereich von Tieren kann sich bis in den Infraschallbereich erstrecken (<16 Hz, z. B. bei Elefanten, Tauben und manchen Fischen), der Wellenlängen von vielen Metern hat, oder weit in den Ultraschall hineinreichen (>16 000 Hz, z. B. bei Fledermäusen, Delfinen, einigen Fischen und Insekten), dessen Wellenlängen bei nur wenigen Millimetern liegen (Abb. 17.2). Während der Mensch (entsprechend der Wahl des Referenzschalldrucks) eine maximale Empfindlichkeit bei 0 dB SPL besitzt, können manche Säugetiere (z. B. Katzen) Schwellen um −20 dB SPL besitzen. Aufgrund von Rauschphänomenen sind niedrigere Schwellen nicht möglich.

17.2.1 Druck-, Druckgradienten- und Schallschnelleempfänger

Die meisten Hörorgane arbeiten als **Druckempfänger** (Abb. 17.3, links). Wechselnder Schalldruck führt zur Schwingung einer Membran, die direkt oder über Hebelmechanismen von Sinneszellen gemessen wird. Die schwingungsfähige Membran ist so angebracht, dass der Schall nur von einer Seite auftreffen kann. Im Gegensatz dazu erreicht der Schall bei einem **Druckgradientenempfänger** (Abb. 17.3, Mitte) die Membran von beiden Seiten. Die Bewegung der Membran erfolgt demnach nur, wenn der Druck auf beiden Seiten ungleich ist. Während ein einzelner Druckempfänger die Schallrichtung nicht registrieren kann, zeigt ein Druckgradientenempfänger eine inhärente Richtungsempfindlichkeit, da die beiden Druckwellen mit einer Laufzeitdifferenz (unterschiedliche Phasenwinkel) auf die Membran treffen. **Schallschnelleempfänger** (Abb. 17.3, rechts) sind ebenfalls richtungsempfindlich. Bei terrestrischen Tieren handelt es sich um frei in die Luft ragende Strukturen sehr geringer Masse, die an ihrer Basis leicht beweglich sind. Beispiele sind die Antennen der Mückenmännchen und die Fadenhaare der Skorpione, Spinnen und Insekten. Bei aquatischen Tieren wird, da sie eine ähnliche Dichte wie das umgebende Wasser aufweisen, der gesamte Organismus im Schallfeld bewegt. Diese Bewegung können freischwimmende Fische mithilfe ihrer Otolithenorgane registrieren. Da die Partikelbewegung im Nahfeld einer dipolförmigen Schallquelle

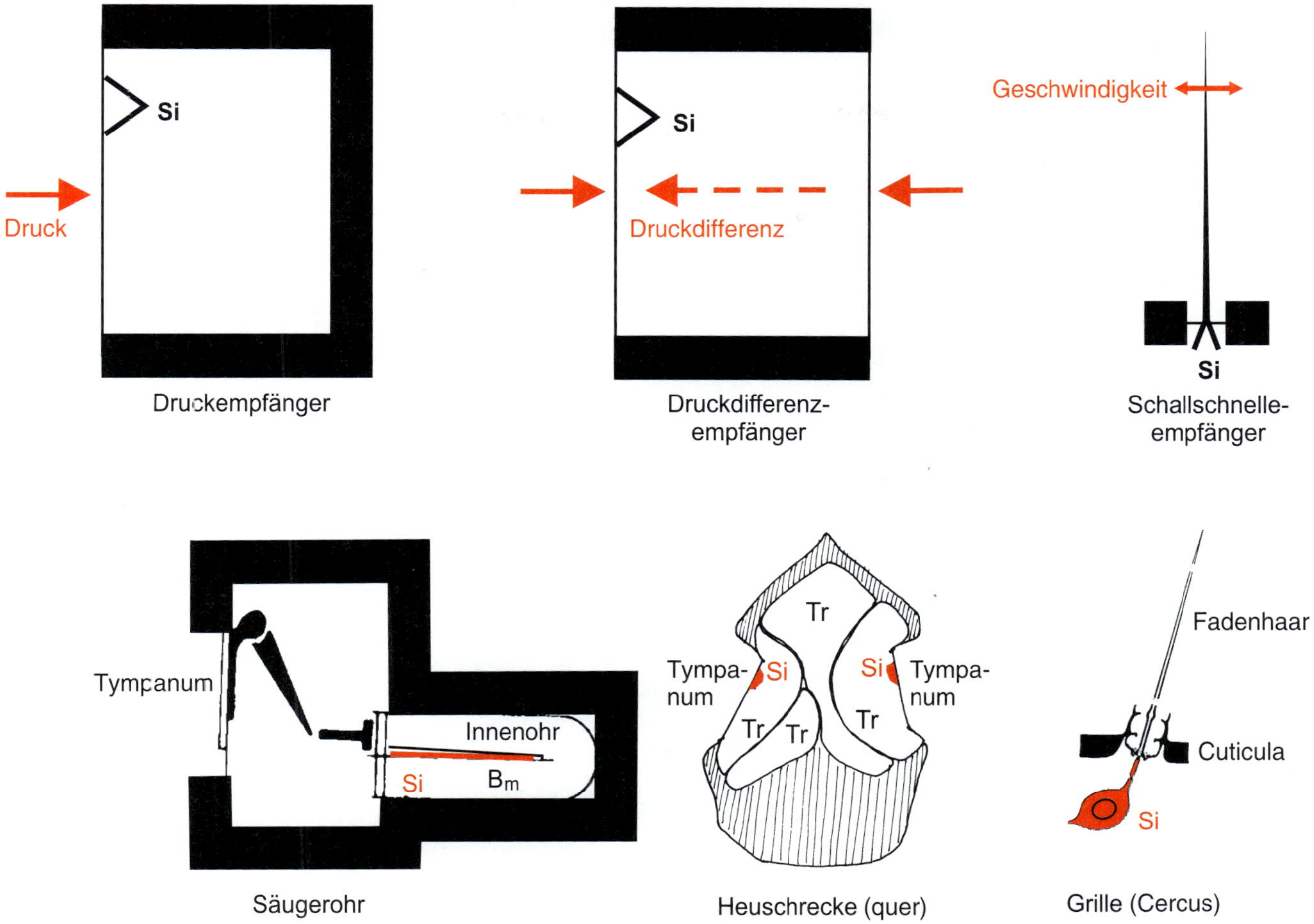

Abb. 17.3 Schematische Darstellung eines Druck-, Druckdifferenz- und Schallschnelleempfängers und Beispiele für den jeweiligen Empfängertyp. Unten: Rot ist jeweils das Sinnesorgan (die Sinneszellen) markiert. Bm = Basilarmembran; Si = Sinneszellen; Tr = Tracheenblase. (Obere Reihe: nach Autrum H (1942) Schallempfang bei Tier und Mensch. Naturwiss. 30, 6–85; Empfängertypen nach Gnatzy W, Hustert R (1989) Mechanoreceptors in behavior. In: Huber F, Moore TE, Loher W (Hrsg) Cricket behavior and neurobiology. Cornell University Press, Ithaca, S. 198–226.)

mit der dritten Potenz der Entfernung abnimmt (s. o.), ist die Reichweite von Rezeptoren, die Partikelbewegungen messen, meist nur gering.

17.2.2 Richtungshören

Ein Organismus mit zwei räumlich getrennten Ohren kann theoretisch die Richtung einer Schallquelle in der Horizontalebene (Azimut) mithilfe von binauralen[460] **Intensitätsunterschieden** (ΔI), **Zeitunterschieden** (Δt) und **Phasenunterschieden** ($\Delta\varphi$) bestimmen (Abb. 17.4). Welcher Parameter jeweils am besten geeignet ist, hängt von der Frequenz des Signals, der Größe des Tieres (dem Abstand der Ohren) und dem Aufbau der Ohren ab.

Zur Ausnutzung von ΔI muss der Körperteil, an dem sich die Ohren befinden, größer sein als die Wellenlänge des Schallsignals, da sonst kein Schallschatten entsteht. Bei kleinen Tieren

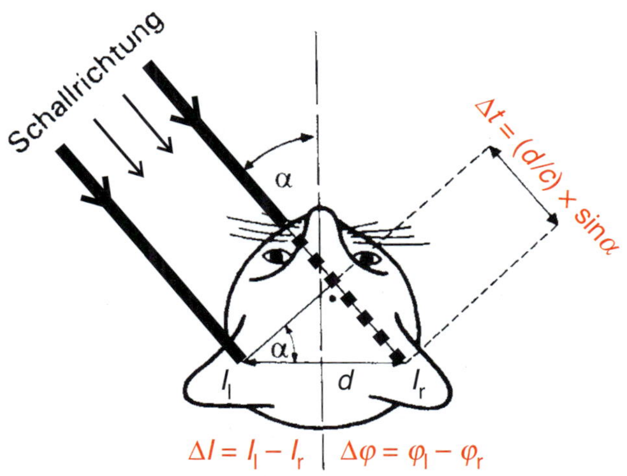

Abb. 17.4 Parameter, die von einem Tier mit zwei Ohren zur Analyse der horizontalen Schallrichtung verwendet werden können. Der Schall hat den Winkel α zur Symmetrieebene des Kopfes. Δt = Laufzeitunterschied des Schalls; ΔI = Intensitätsunterschied durch Schattenwirkung des Kopfes; $\Delta\varphi$ = Phasenunterschied (nur nutzbar, falls <360°); d = Ohrabstand; c = Schallgeschwindigkeit; l, r = links, rechts.

460 *bi* (lat.) = zweimal (in Zusammensetzungen); *auris* (lat.) = Ohr

und tiefen Frequenzen (große Wellenlängen) strebt ΔI gegen sehr kleine Werte und liegt deshalb meist unterhalb der Auflösungsgrenze dieser Tiere für Intensitätsunterschiede. **Zeitunterschiede** (Δt) entstehen durch Laufzeitunterschiede zwischen linkem und rechtem Ohr. Zeitunterschiede bei horizontaler Reizung treten bei Reizwinkeln ungleich 0° (Schallquelle genau vor dem Tier) bzw. ungleich 180° (Schallquelle genau hinter dem Tier) auf und sind am größten, wenn sich eine Schallquelle genau links oder genau rechts vom Tier befindet. Δt hängt nicht nur von der Ausbreitungsgeschwindigkeit des Schalls, sondern auch vom Abstand der Ohren ab (◘ Abb. 17.4). Zur Messung von Δt eignet sich zum einen der Beginn eines Signals, zum anderen aber auch die fortlaufenden Zeitunterschiede (Ereignisse gleicher Phase) während der Dauer eines Signals.

Sofern die Wellenlänge des Schalls größer ist als der Ohrabstand, können **Phasenunterschiede** ($\Delta\varphi$) zur Richtungslokalisation genutzt werden. Voraussetzung ist, dass die neuronale Aktivität eine strenge Phasenkopplung an das Signal zeigt. Dies kann im einzelnen Neuron wegen der Dauer eines **Aktionspotenzials** und der **Refraktärzeit** nur unterhalb von 500 Hz erfolgen, während in einer Neuronenpopulation eine Phasenkopplung bis maximal etwa 5 kHz möglich ist (Salvenprinzip; ◘ Abb. 17.5). Manche Wirbeltiere erkennen ein Δt von 4 µs, eine erstaunliche Leistung, wenn man bedenkt, dass ein Aktionspotenzial etwa 1000 µs dauert. Die Phasenkopplung einer neuronalen Antwort kann auch zur Frequenzerkennung genutzt werden. Ohren, die als Druckgradientenempfänger arbeiten, sind inhärent phasenabhängig. Dies gilt für die meisten Insektenohren. Die Grenzfrequenz F, bis zu der bei Ausnutzung von $\Delta\varphi$ keine Mehrdeutigkeit auftritt, berechnet sich nach:

$$F = \frac{c}{6d \times \sin a}$$

mit c = Schallgeschwindigkeit, d = Ohrabstand, α = Schalleinfallswinkel von der Mittellinie.

Für die **Lokalisation in der Vertikalebene** (Elevation) können binaurale Unterschiede bei symmetrisch angeordneten Ohren nicht genutzt werden. Stattdessen können Unterschiede in der spektralen Zusammensetzung eines Signals verwendet werden, die durch eine entsprechende Asymmetrie des einzelnen Ohrs (monaural) entstehen. Hierzu ist eine Ohrmuschel (Pinna[461]), die bei den meisten Tieren beweglich ist, oder eine vergleichbare Asymmetrie der äußeren Ohrstrukturen von entscheidender Bedeutung. Die Signale müssen erstens bekannt sein und zweitens ein breites Spektrum mit hochfrequenten Anteilen besitzen (Mensch z. B. >4 kHz), damit spektrale Unterschiede überhaupt erkannt werden können. Die Quelle eines reinen Tons ist demnach in der Vertikalen nicht zu orten. Eine interessante Ausnahme machen Schleiereulen, deren hinter dem Schleier liegende Ohröffnungen asymmetrisch gebaut sind (die linke Ohröffnung ist etwas nach unten, die rechte etwas nach oben gerichtet), wodurch es bei Schallquellen, die sich nicht auf der Ohrebene befinden, zu Intensitätsunterschieden zwischen den beiden Ohren kommt. Diese werden zur Erkennung der Elevation genutzt, während für die Bestimmung des **Azimut** Zeitunterschiede herangezogen werden.

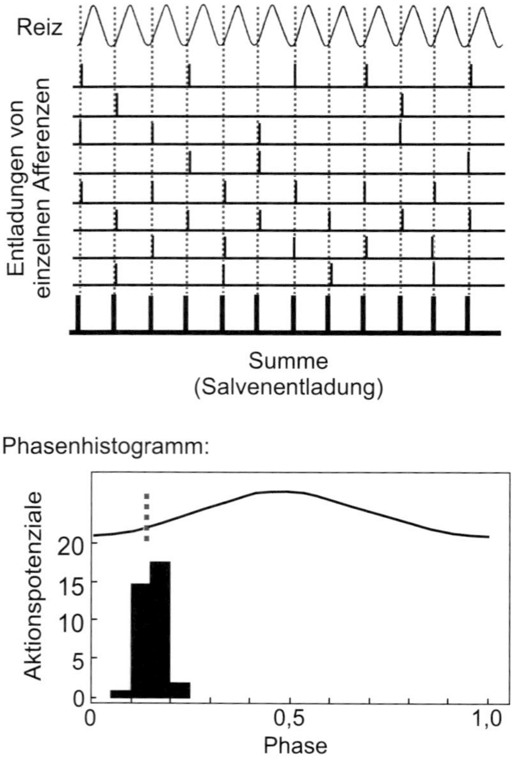

◘ **Abb. 17.5** Salvenprinzip. Einzelne Afferenzen antworten zwar nur auf jede zweite, dritte oder vierte Periode des Schallsignals, immer aber annähernd zum gleichen Zeitpunkt in der Periode (rote gestrichelte Linie, siehe auch Phasenhistogramm unten). Die Summe der Entladungen (z. B. als graduiertes Potenzial einer nachgeschalteten Zelle) erhält aber Erregung mit jeder Periode.

17.2.3 Signalanalyse in der Hörbahn

Akustische Signale werden typischerweise unter mehreren Aspekten analysiert, von denen hier die spektrale Zusammensetzung (Frequenzgehalt) und die Amplitudenmodulation (Zeitmuster) erwähnt werden sollen. Zudem findet man oft noch eine Was-Bahn (Erkennung und Analyse des Informationsgehaltes) und eine Wo-Bahn (Erkennung des Ortes der Schallquelle).

Für eine **Frequenzanalyse** sind zunächst die Filtereigenschaften der Peripherie (also der Hörorgane) entscheidend (► Abschn. 17.33). Schon im Ohr findet oftmals eine Frequenz-Ort-Transformation statt (◘ Abb. 17.8; ◘ Abb. 17.13; ◘ Abb. 17.18). Diese setzt sich zentral als **Tonotopie**[462] fort: Anatomisch definierte Bereiche verarbeiten bestimmte Frequenzen. Durch laterale Inhibition kann die Frequenzempfindlichkeit zentraler Neurone verschärft werden. Zusätzlich

[461] *pinna* (lat.) = Flügel, Flosse

[462] *topos* (griech.) = Ort

ermöglichen selektive Frequenzfilter eine Verbesserung des Signal/Rausch-Verhältnisses und damit eine bessere Detektion und Erkennung schwacher Signale. Für manche Tiere ist die Analyse von Frequenzmodulationen, also von Veränderungen der Trägerfrequenz eines Signals, von besonderer Bedeutung.

Für eine **Zeitmusteranalyse** ist ein hohes zeitliches Auflösungsvermögen des Hörsystems notwendig. Dieses wird sowohl durch die maximale Feuerrate der Sinneszellen bzw. Afferenzen als auch durch die Genauigkeit der **Phasenkopplung** (◘ Abb. 17.5) bestimmt. Vielfach verwirklicht sind Hochpass-, Tiefpass- und Bandpassfilter sowie Filter, die auf repetitive Signale in unterschiedlicher Weise ansprechen (► Abschn. 17.4.1). Die Kombination verschiedener Zeitmuster, eventuell sogar in bestimmter Reihenfolge, kann für die Arterkennung notwendig sein. Das zeitliche Auflösungsvermögen liegt bei vielen Tieren im µs-Bereich.

Das **Intensitätsunterscheidungsvermögen** erreicht bei einigen Vögeln und Säugetieren etwa 1 dB, bei anderen Tieren – zum Beispiel Amphibien – liegt es über 3 dB. Diese Fähigkeit ist erstaunlicherweise nicht nur nahezu frequenzunabhängig, sondern nimmt auch mit zunehmender Signallautstärke zu, was dem Weber-Fechner-Gesetz widerspricht. Dagegen nimmt die Fähigkeit, die **Reizdauer** unterscheiden zu können, mit zunehmender Signaldauer ab. Gleichzeitig sinkt die Hörschwelle mit zunehmender Signaldauer um etwa 10 dB pro Dekade (Signaldauer z. B. 1, 10 und 100 ms), was den Eigenschaften eines Energiedetektors entspricht. Das zeitliche Auflösungsvermögen liegt bei vielen Tieren im µs-Bereich.

17.3 Spezielle Hörphysiologie

17.3.1 Luftschall

Hören von Luftschall hat sich mehrfach unabhängig voneinander innerhalb des Tierreichs entwickelt. Entsprechend sind die Ohrstrukturen und die zum Hören entstandenen Mechanismen oftmals sehr unterschiedlich. **Hörorgane** finden sich in mindestens sieben Insektenmonophyla (Ensifera, Caelifera, Mantodea, Hemiptera, Coleoptera, Lepidoptera, Diptera) und sind auch innerhalb einer Gruppe mehrmals unabhängig voneinander entstanden (z. B. innerhalb der Lepidoptera und Di-

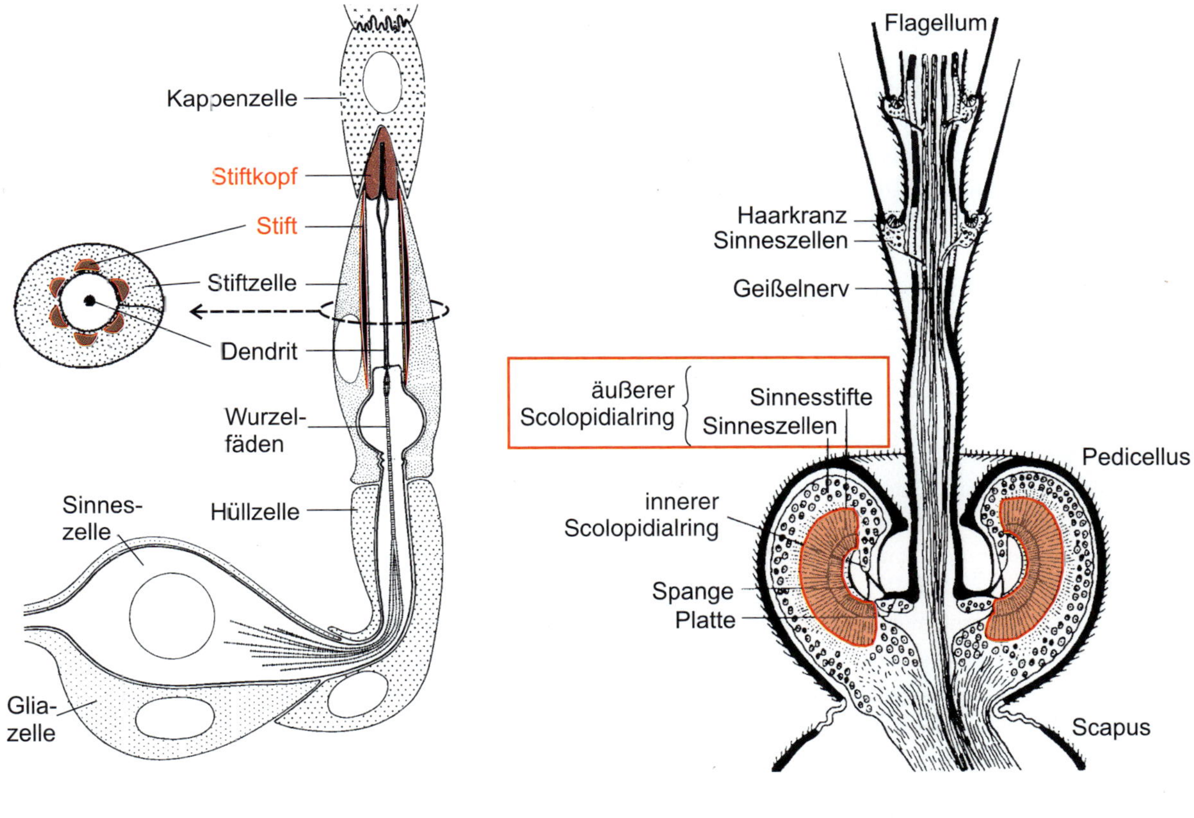

a **Scolopidium** (Tympanalorgan, Grille)

b **Johnston-Organ** (Antenne, Mücke)

◘ **Abb. 17.6** Insektengehörorgane sind mit Scolopidien (**a**) ausgestattet. Im Johnston-Organ an der Basis des Flagellums der Mückenantenne (**b**) sind viele Tausend Scolopidien angeordnet (roter Bereich). Die Antenne ist ein Schallschnelleempfänger. Das Scolopidium (aus dem Hörorgan der Grille) hat seinen Namen von stiftartigen Versteifungen, die den Dendriten der Sinneszelle umgeben, und einer skolopalen Kappe (Stiftkopf), in die die Dendritenspitze hineinragt. (a nach Michel K (1974) Das Tympanalorgan von *Gryllus bimaculatus* De Geer (Saltatoria, Gryllidae). Z Morphol Tiere 77, 285–315, verändert.)

ptera). Insektenohren gehören zur Gruppe der Scolopidialorgane, während die akustischen Sinnesepithelien aller Wirbeltierohren aus Haarzellen (▶ Abschn. 16.2) aufgebaut sind. Bei den Wirbeltieren ist das Innenohr zwar nur einmal entstanden, die Umwandlung einzelner Anteile zu Gehörsinnesepithelien und die schallleitenden Strukturen dagegen mehrfach.

17.3.2 Hörhaare und Johnston-Organ

Viele Invertebratengruppen (Chelicerata, Insecta) besitzen Luftströmungsrezeptoren, die gleichzeitig als **Schallschnelleempfänger** arbeiten. Es handelt sich dabei um **Hörhaare** (**Trichobothrien** bei den Skorpionen und Spinnen) oder um Antennen, die in der Nähe einer Reizquelle (im inneren Nahfeld) für die Feinderkennung (z. B. Fluggeräusche parasitoider Hautflügler), aber auch für die innerartliche Kommunikation (z. B. bei den Diptera) wichtig sein können. Hörhaare kommen auf den Cerci (Insekten), aber auch in großer Zahl auf den Beinen und der Körperoberfläche (Skorpione und Spinnen) vor.

Viele pterygote Insekten haben Antennen, deren Geißel (Flagellum) schon von kleinsten Luftbewegungen ausgelenkt wird. Jede Flagellumbewegung überträgt sich auf ringförmig angeordnete Sinneszellen (**Scolopidien**[463]), die als **Johnston*-Organ** das Gelenk zwischen Flagellum und dem angrenzenden zweite Antennenglied (Pedicellus) innen überspannen (◘ Abb. 17.6). Das Johnston-Organ, das bis zu 15 000 Sinneszellen enthalten kann, ist besonders gut bei Stechmücken (*Culex, Anopheles, Aëdes*) und Taufliegen (*Drosophila melanogaster*) untersucht. Eine Bewegung der Antennengeißelspitze von 20 nm reicht aus, um eine neuronale Antwort zu generieren. Die Schwingungseigenschaften der Antenne sind bei Mücken auf die Flügelfrequenz des anderen Geschlechts abgestimmt (bei Weibchen von *Anopheles subpictus* 380 Hz und den Männchen 540 Hz). Dies erleichtert es den Männchen, die Weibchen akustisch zu erkennen. Das rechts und links an der Rüsselbasis sitzende **Piliferorgan** der Schwärmer (Sphingidae) dient zur Wahrnehmung der Echoortungslaute von Fledermäusen. Beschallt man dieses Organ mit Schallwellen der Frequenz 20–60 kHz, leiten Schwärmer umgehend einen erratischen Sturzflug ein.

Insekten können mit ihren Antennen auch die Richtung einer Luftbewegung registrieren, da die Antennen durch ihren asymmetrischen Bau richtungsabhängige Schwingungen durchführen. Wie die äußeren Haarzellen der Wirbeltiere (▶ Abschn. 17.3.6), erzeugen auch die auditorischen Sinneszellen in der Fliegen- und Mückenantenne (*D. melanogaster, Toxorhynchites brevipalpis*) mithilfe molekularer Motoren aktiv Kräfte, die frequenz- und amplitudenabhängig schallinduzierte Schwingungen der Antennen um bis zu 8 dB verstärken. Das Johnston-Organ einiger Insekten erreicht damit eine dem menschlichen Ohr vergleichbare Empfindlichkeit.

[463] *skolops* (gr.) = Stift; Scolopidium: stiftführende Sinneszelle

17.3.3 Tympanalorgane

Insekten aus sieben Ordnungen (Neuroptera, Lepidoptera, Coleoptera, Dictyoptera, Orthoptera, Hemiptera, Diptera) hören mit **Tympanalorganen**[464]. Tympanalorgane sind vermutlich aus Chordotonalorganen entstanden, also aus Organen, die Spannungen messen und über das ganze cuticuläre Exoskelett der Insekten verteilt sind. Chordotonalorgane verfügen ebenfalls über Scolopidien. Ja nach Insektenart liegen die Tympanalorgane aufgrund ihrer stammesgeschichtlichen Herkunft an der Flügelbasis, auf dem Abdomen, dem Metathorax, an den Beinen oder am ventralen Prosternum. Tympanalorgane besitzen ein **Trommelfell**, sind immer paarig angelegt und bestehen aus einer dünnen (meist <1 µm dicken) Cuticula, die sich von innen an eine Tracheenblase lagert. Schall trifft deshalb bei vielen Arten nicht nur von außen, sondern auch über schallleitende Tracheen von innen auf das Trommelfell. In diesem Fall ist nicht nur der von außen auftreffende Schall für die Erregung entscheidend, sondern die Druckdifferenz zwischen außen und innen oder sogar nur der von innen auftreffende Schall. Die genaue Funktionsweise ist oftmals frequenzabhängig. So arbeiten die Tympanalorgane von einigen Feld- und Laubheuschrecken bei Frequenzen <10 kHz als Druckgradientenempfänger, bei Frequenzen >10 kHz als reine Druckempfänger. Jede Schwingung des Trommelfells führt direkt oder indirekt zur Erregung der Scolopidien (◘ Abb. 17.6). Bei **Feldheuschrecken**, deren Tympanalorgane im ersten Abdominalsegment liegen, sitzt ein sogenanntes **Müller-Organ** direkt auf der Innenseite des Trommelfells (◘ Abb. 17.7). Schwingungen des Trommelfells führen zu frequenzabhängigen Bewegungen des Organs, die jeweils nur bestimmte Gruppen von Sinneszellen erregen.

Aufgrund ihrer Kleinheit (ihres geringen Ohrabstands) treten bei schallexponierten Insekten nur sehr geringe Zeit- und Intensitätsunterschiede zwischen dem rechten und linken Hörorgan auf. Dennoch können einige kleine Insekten die Richtung einer Schallquelle lokalisieren. Die Weibchen der parasitischen Fliege *Ormia ochracea* orten singende Grillen mithilfe von auf der Unterseite des Prothorax liegenden Miniatur-Tympanalorganen. Aufgrund ihrer geringen Körpergröße steht *Ormia* dafür im günstigsten Fall (Reizquelle genau rechts oder genau links von der Fliege) Zeitunterschiede von 1,5 µs und Intensitätsunterschiede von 1 dB zur Verfügung. Menschen können maximal Zeitunterschiede von 4–8 µs (Abweichung der Schallquelle von der Mittellinie 1–2°) auflösen. Trotz ihrer Kleinheit (die beiden Tympanalorgane von *Ormia* haben einen Abstand von 0,5 mm) kann *Ormia* eine Schallquelle in der Horizontalebene mit einer Genauigkeit von 2° orten, das entspricht einer Zeitdifferenz von 50 ns. Diese Genauigkeit wird durch eine mechanische Kopplung der beiden Tympanalorgane mithilfe einer verbiegbaren Cuticulabrücke erreicht, die zu reizwinkelabhängigen asymmetrischen Oszillationen führt. Aufgrund dieser Oszillationen werden auftretende Zeitunterschiede um

[464] *tympanum* (lat.) = Handpauke, Tamburin

17

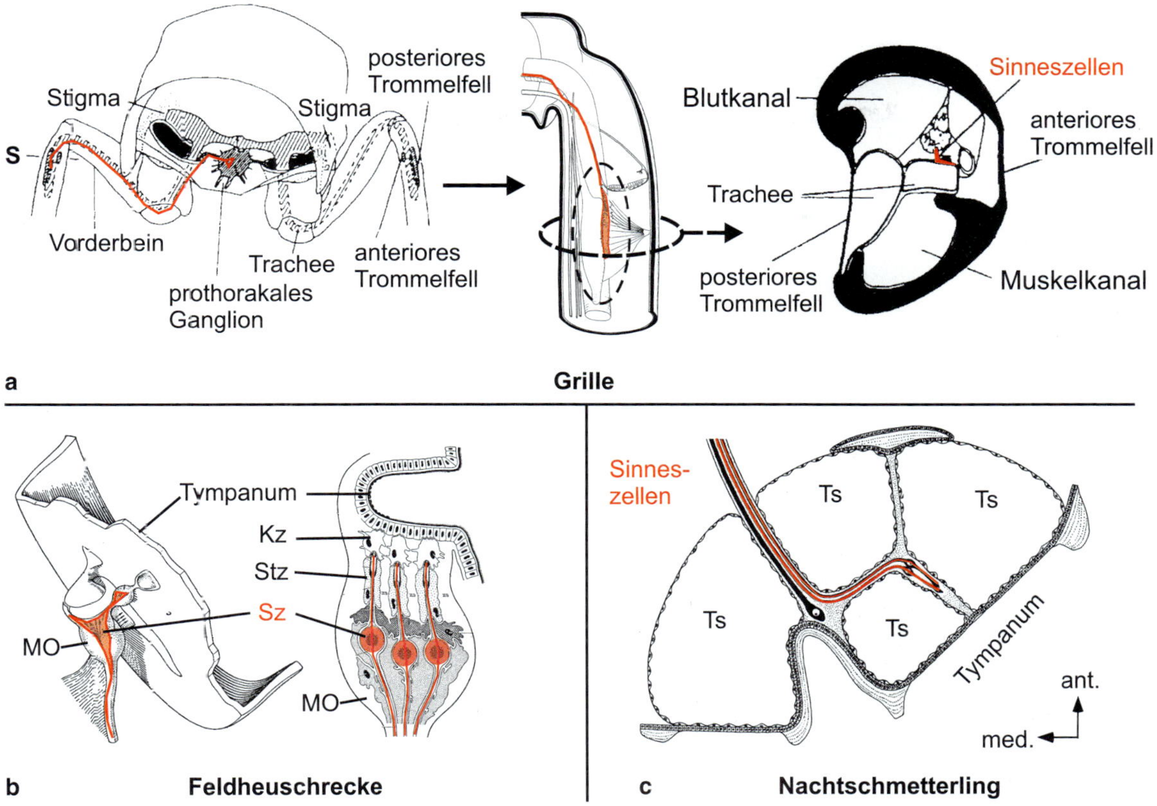

Abb. 17.7 Hörorgane der Insekten. Die Sinneszellen sind jeweils rot eingezeichnet. **a** Grille. Links: Grillenprothorax mit Trommelfellen im Vorderbein (nur das posteriore ist schallempfindlich) und auditorischer Trachee zur Schallleitung. Mitte: Grillenbein mit segelartig aufgespannten Anheftungsbändern der Crista acustica. Rechts: Querschnitt durch die Tibia in Höhe des Sinnesorgans (siehe S links). Die Sinneszellen sitzen auf der auditorischen Trachee und berühren das Trommelfell nicht. **b** Feldheuschrecke. Das Müller-Organ sitzt direkt auf dem Tympanum im ersten Abdominalsegment. Die Sinneszellen sind über die Kappenzellen direkt mit der Hypodermis des Tympanums verbunden. **c** Nachtschmetterling. In einem Arrangement von Tracheenblasen liegen zwei schallempfindliche Sinneszellen pro Körperseite sowie ein Propriorezeptor. ant. = anterior; Kz = Kappenzellen; med. = medial; MO = Müller-Organ; Stz = Stiftzelle; Sz = Sinneszelle; Ts = Tracheensack. (a nach Huber F, Moore TE, Loher W (Hrsg) (1989) Cricket behavior and neurobiology. Cornell University Press, Ithaca, verändert; b nach Gray EG (1960) The fine structure of the insect ear. Phil Trans R Soc London B 243, 75–94, verändert; c nach Yager DD (1999) Structure, development, and evolution of insect auditory systems. Microsc Res Tech 47, 380–400, verändert.)

den Faktor 40, auftretende Intensitätsunterschiede um den Faktor drei bis zwölf verstärkt.

Bei **Laubheuschrecken** und **Grillen** liegen die Tympanalorgane in den Vorderbeinen (Abb. 17.7). Die Sinneszellen stehen nicht direkt mit dem Trommelfell in Verbindung, sondern liegen der Mittelwand jener (geteilten) Trachee auf, die den luftgefüllten Raum hinter dem Trommelfell bildet. Die Zahl der **Sinneszellen** in den Tympanalorganen der Insekten liegt zwischen einer (manche Nachtschmetterlinge: Noctuidea, Notodontidae) bis weit über 1000 (Zikaden, manche Feldheuschrecken). Die besonders gut untersuchten Grillen und Heuschrecken besitzen zwischen 20 und 100 Sinneszellen. Grillen können die Richtung einer Schallquelle nicht nur in der Horizontalebene, sondern auch in der Vertikalebene lokalisieren. Einige Insekten (z. B. *Ormia*) können wahrscheinlich auch die Entfernung einer Schallquelle erkennen.

Die **Frequenzbereiche** der meisten Tympanalorgane reichen von unter 1 kHz (Schwellen um 20–70 dB SPL) bis weit in den Ultraschallbereich hinein (minimale Schwellen um 20–30 dB SPL), bei der Wachsmotte *Galleria mellonella* sogar bis 300 kHz. Insekten besitzen sowohl tympanale (z. B. Wanderheuschrecken) als auch scolopidiale Frequenzfilter (z. B. Grillen und Laubheuschrecken). Bei Nachtschmetterlingen (Eulenfalter, Noctuidae) sind beide Filtermechanismen verwirklicht. Tympanale Frequenzfilter entstehen, wenn unterschiedlich dicke Areale des Tympanums frequenzabhängig schwingen. Als Folge davon weisen einige Tympanalorgane eine viergipflige Empfindlichkeitskurve auf. So zeigen die Hörsinneszellen der Wanderheuschrecken Empfindlichkeitsmaxima im Frequenzbereich 3,5–4 kHz, 4 kHz, 5,5–6 kHz und 10–20 kHz. Bei den Laubheuschrecken sind die Sinneszellen im Gehörorgan (**Crista acustica**) – im Gegensatz zu den Sinneszellen in der Säugercochlea (▶ Abschn. 17.3.6) – mit zunehmender Entfernung von der Basis auf zunehmend höhere Frequenzen abgestimmt (Abb. 17.8). Bei diesen Tieren sind die Scolopidien unterschiedlich lang, also vermutlich mechanisch auf unterschiedliche Frequenzen abgestimmt. Oftmals zeigen zentrale Neurone eine schärfere Frequenzabstimmung (z. B. bei der Grille

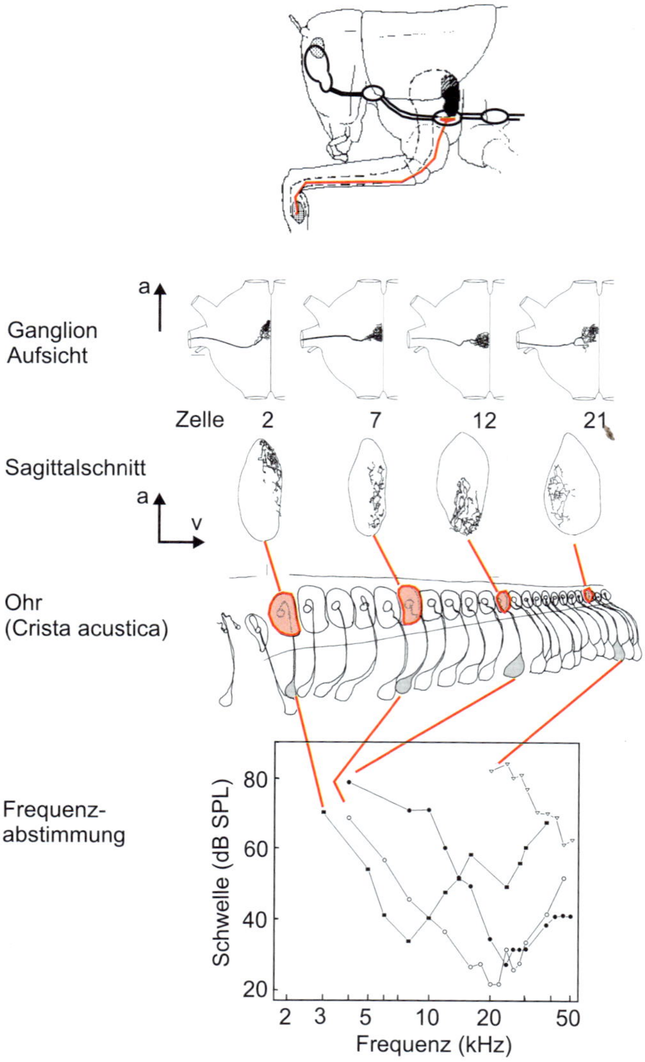

Abb. 17.8 Tonotope Organisation des Gehörs einer Laubheuschrecke (Strauchschrecke *Pholidoptera griseoaptera*). Oben: Schema des Vorderkörpers mit Tympanum im Vorderbein, auditorischer Trachee (gestrichelt), Sinneszellen (rot) und Ganglienkette gezeigt. Darunter: Aufsicht auf eine Hälfte des Prothorakalganglions mit den Zentralprojektionen von vier Sinneszellen. Darunter: Sagittalschnitt durch das Gehörneuropil. Darunter: Serie der Sinneszellen in der Crista acustica mit Dendriten und Kappenzellen. Unten: zugehörigen Frequenzschwellenkurven. Je weiter distal im Gehörorgan eine Zelle liegt, desto weiter posterior (und schließlich dorsal) liegen ihre Endverzweigungen und desto höher ist ihre Bestfrequenz. a = anterior; v = ventral. (Nach Stölting H, Stumpner A (1998) Tonotopic organization of auditory receptor cells in the bushcricket *Pholidoptera griseoaptera* (Tettigoniidae, Decticini). Cell Tissue Res 294, 377–386, verändert.)

17

Caedicia simplex) und – ebenfalls bei Grillen - einen größeren Amplitudendynamikbereich (ca. 50 dB) als periphere Neurone (20–30 dB). Wie die Hörnervenfasern der Wirbeltiere zeigen auch die Hörsinneszellen der Insekten eine geordnete Projektion in das Zentralnervensystem (**Tonotopie**; Abb. 17.8).

Insekten wenden sich einer attraktiven Schallquelle auch dann zu, wenn andere weniger attraktive Schallquellen in der Nähe sind (selektive Aufmerksamkeit). Sie sind damit ebenso wie die Wirbeltiere zu einer auditorischen Szenenanalyse in der Lage. Einige Insekten besitzen mehrere Ohren, die entweder unterschiedliche Schwellen haben (z. B. die Feldheuschrecke *Bullacris*) oder auf unterschiedliche Frequenzbereiche abgestimmt sind (z. B. bei einigen Gottesanbeterinnen).

17.3.4 Fische

Die physikalischen Voraussetzungen zum Hören unter Wasser sind völlig anders als in Luft. Im Gegensatz zu landlebenden Organismen sind aquatische Organismen von einem Medium umgeben, das annähernd dasselbe spezifische Gewicht (dieselbe Dichte) aufweist wie sie selbst. Aus diesem Grund sind sie für Unterwasserschall transparent (sie reflektieren keine Schallwellen). Äußere Gehörstrukturen (z. B. Ohrmuscheln) verlieren damit ihre Funktion und fehlen gänzlich. Ebenso wie Landwirbeltiere haben Fische aber ein Innenohr, das bei unterschiedlichen Arten zwar große Unterschiede aufweisen kann, prinzipiell aber fast immer aus drei (bei Schleimfischen zwei) Bogengängen sowie einem Utriculus, einem Sacculus und einer Lagena besteht (Abb. 16.31). Physikalisch bestehen zwei Möglichkeiten, Unterwasserschall zu registrieren:

- Jedes Tier (Objekt) mit demselben (oder einem ähnlichen) spezifischen Gewicht wie Wasser wird sowohl im Nahfeld als auch im Fernfeld einer Schallquelle wie das ihn umgebende Wasser passiv bewegt. Obwohl die von einer Schallquelle verursachten Bewegungsamplituden im Fernfeld im Nanometerbereich liegen, haben aquatische Organismen damit zumindest theoretisch die Möglichkeit, die Schnellekomponente einer Schallwelle auch im Fernfeld zu registrieren.
- Da Schallwellen aus Zonen erhöhten und erniedrigten Drucks bestehen, verändern luftgefüllte Räume (z. B. Schwimmblasen) mit der Frequenz einer Schallwelle rhythmisch ihr Volumen. Da alle Volumenänderungen mit Wand- bzw. Membranbewegungen verbunden sind, besteht für aquatische Tiere, sofern sie über luftgefüllte Blasen verfügen, prinzipiell auch die Möglichkeit, die Druckkomponente einer Schallwelle zu registrieren.

Ursprünglich nahm man an, dass Fische stumm und taub sind. Karl von Frisch hat als Erster gezeigt, dass Fische auf für uns hörbare Töne konditioniert werden können. Einige Fische hören sogar Infraschallwellen (<16 Hz; *Salmo salar, Gadus morhua, Anguilla anguilla*) oder Ultraschallwellen (>150 KHz; *Gadus morhua* und einige Heringsartige). Im Gegensatz zu den landlebenden Wirbeltieren ist der Hörbereich vieler Fische (in der älteren Literatur als Hörgeneralisten bezeichnet) allerdings eingeschränkt, er liegt zwischen ca. 50 und 1500 Hz. Weitere verhaltensphysiologische Untersuchungen ergaben, dass Fische die Frequenz, Amplitude und Phase von Schallwellen diskriminieren können.

Karl von Frisch nahm noch an, dass Fische trotz ihres Gehörsinns eine Schallquelle nicht lokalisieren können. Da die

Ausbreitungsgeschwindigkeit von Schall in Wasser mit 1500 m s^{-1} 4,5-mal schneller ist als in Luft (333 m s^{-1}), treten im aquatischen Lebensraum nur geringe Zeitdifferenzen zwischen der rechten und linken Körperseite auf. Zudem besitzen die meisten Fische nur eine unpaare Schwimmblase. Da Fische akustisch transparent sind, entstehen auch keine verwertbaren Intensitätsunterschiede zwischen der rechten und linken Körperhälfte. Dass Fische dennoch eine Schallquelle lokalisieren können, wurde erstmals an Haien beobachtet, die im offenen Meer über große Entfernungen gezielt eine Schallquelle anschwammen. Unter kontrollierten Bedingungen durchgeführte Verhaltensversuche ergaben, dass Knochenfische sowohl in der Horizontalebene (Lippfisch *Labrus berggylta*; Genauigkeit 20°) als auch in der Vertikalebene (Dorsch *Gadus morhua*; Genauigkeit 16°) eine Schallquelle lokalisieren können. Dorsche unterscheiden darüber hinaus auch Schallquellen, die genau vor oder genau hinten ihnen liegen (identische Zeit- und Intensitätsunterschiede). Sie nutzen zur Beseitigung dieser Zweideutigkeit Phasenunterschiede zwischen Schalldruck und Partikelbewegung. Außerdem können sie Schallwellen diskriminieren, die in unterschiedlichen Entfernungen erzeugt wurden, aber am Ort des wahrnehmenden Fisches die gleiche Amplitude und die gleiche Frequenz haben. In diesem Fall dienen entfernungsabhängige Phasenunterschiede zwischen Schalldruck und Schallschnelle als Informationsquelle.

Wahrnehmung der Schallschnelle

Lange Zeit blieb es ein Rätsel, wie Fische hören. Heute weiß man, dass vermutlich alle Fische die Partikelbewegungskomponente einer Schallwelle mithilfe ihrer Otolithenorgane (Sacculus, Utriculus und Lagena) registrieren können, die gleichzeitig als Lagerezeptoren fungieren. Da **Otolithen** ein höheres spezifisches Gewicht (ca. 3,0) als Wasser (ca. 1,0) aufweisen, kommt es bei jeder Fischbeschleunigung zu Relativbewegungen zwischen Otolith und Sinnesepithel, die von den Haarzellen des jeweiligen Sinnesepithels (Macula) registriert werden. Die Cilienbündel der Haarzellen sind in den **Maculae** der Otolithenorgane in verschiedenen Richtungen angeordnet (z. B. rostrocaudal oder dorsoventral). Da die Sinnesepithelien der Otolithenorgane artspezifisch in allen drei Raumrichtungen angeordnet sind (beim Goldfisch *Carassius auratus* sind zum Beispiel der Sacculus und die Lagena vertikal und der Utriculus horizontal orientiert) und einzelne Hörnervenfasern nur Haarsinneszellen innervieren, die die gleiche Ausrichtung im jeweiligen Sinnesepithel haben, kann ein Fisch prinzipiell seine Bewegungen in allen drei Raumrichtungen registrieren. Dies bildet vermutlich die Grundlage für das Richtungshören der Fische. Im Fernfeld einer Schallquelle oszillieren alle Wasserpartikel (und damit der Fisch) in Richtung der Schallausbreitung. Die Lokalisation einer Schallquelle wird damit vergleichsweise einfach. Bei einer dipolförmigen Schallquelle erfolgt die Partikelbewegung (die Fischbewegung) im Nahfeld relativ zur Reizquelle aber in alle möglichen Richtungen (◘ Abb. 17.1). Warum Fische dennoch den Ort einer Schallquelle im Nahfeld orten können, ist ungeklärt. Bei **Knorpelfischen** (Haie, Rochen) scheint neben den Otolithenorganen auch die Macula neglecta, ein Sinnesepithel mit bis zu 260 000 Haarzellen in der Nähe von Lagena und Sacculus, als Hörorgan zu fungieren.

Bei den Säugetieren lassen sich **Haarsinneszellen** vom Typ I und Typ II unterscheiden. Die Haarsinneszellen in den Otolithenorganen der Fische entsprechen denen, die man im Vestibularisapparat von Landwirbeltieren findet (► Abschn. 17.3.6). Äußerlich ähneln sie den Typ-II-Sinneszellen der Säugetiere, aber physiologische, histologische und immuncytochemische Untersuchungen zeigen Unterschiede zwischen den Haarsinneszellen in den verschiedenen Regionen des Fischinnenohrs (z. B. in der Zahl und Form der Zellorganellen), sodass einige dem Typ I, andere dem Typ II der Haarsinneszellen von Säugetieren ähnlicher sind. Bei manchen Arten (z. B. *Carassius auratus*) unterscheiden sich die Sinneszellen in den unterschiedlichen Bereichen des Hörepithels, insbesondere in der Länge ihrer Cilienbündel. Dies könnte mit den unterschiedlichen Frequenzantworten der Zellen korrelieren.

Wahrnehmung des Schalldrucks

Fische, die über eine Schwimmblase oder sich daraus ableitende luftgefüllte Hohlräume verfügen, können theoretisch auch die Druckkomponente einer Schallwelle wahrnehmen. Die Übertragung des Schalls auf das Innenohr geschieht dabei auf unterschiedliche Weise. Bei vielen Fischarten gibt es rostrale Erweiterungen der Schwimmblase, die in der Nähe des Innenohrs enden (z. B. bei den Holocentridae, den Myripristinae und den Gadidae). Bei Heringen bilden diese Erweiterungen zwei luftgefüllte Blasen, die sich dem Innenohr anlagern, aber über enge Gänge mit der Schwimmblase verbunden bleiben. Bestimmte **Ostariophysen**[465] (Otophysi, insbesondere Cypriniformes = Karpfenartige und Siluriformes = Welse) besitzen umgewandelte Strukturen der ersten vier Wirbel, die **Weber*-Knöchelchen**, die über einen Ausläufer des perilymphatischen Raums (Sinus impar) den Vestibularapparat (hier insbesondere den Sacculus) mit der Schwimmblase verbinden. Sie haben die Funktion, mithilfe eines Hebelmechanismus den Übergang von Schwingungen aus einem luftgefüllten Raum (Schwimmblase) in einen flüssigkeitsgefüllten Raum (Innenohr) zu erleichtern. Einige Ostariophysen (Characidae = Salmler) besitzen ein Pseudotympanum, eine besonders dünne Körperwand im Bereich der Schwimmblase. Bei anderen Ostariophysen (Siluridae = Welse) steht die Schwimmblase nur noch im Dienst des Gehörs und ist bis auf einen vorderen Teil (Camera weberiana) reduziert. Bei einigen Welsen ist die Schwimmblase zweigeteilt und steht direkt mit dem Innenohr und der Kopfseitenlinie in Verbindung. Mormyriden – schwach elektrische Fische aus Afrika (► Abschn. 25.1) – besitzen ebenfalls zwei sich von der Schwimmblase abschnürende luftgefüllte Blasen als Gehörorgane, die dem Sacculus eng anliegen. Anabantoidei (Labyrinthfische) – barschartige Fische, die über Land wandern können – haben für die Luftatmung eine Atemhöhle (► Abschn. 4.2.3),

[465] *ostarios* (gr.) = knöchern; *physa* (gr.) = Blasebalg, (Schwimm-)Blase

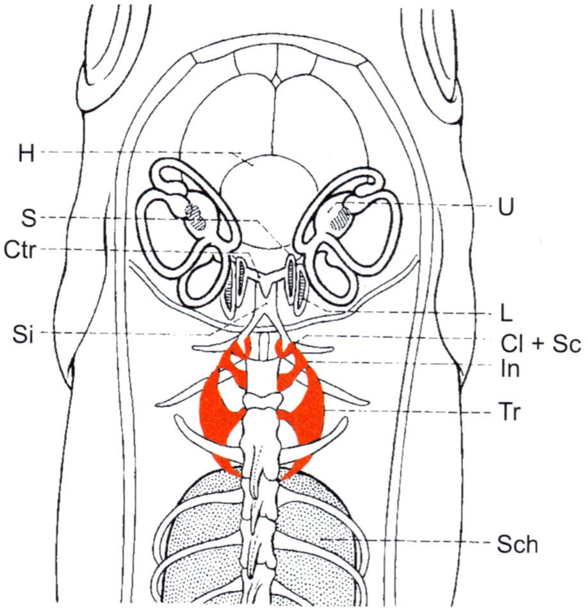

Abb. 17.9 Weber-Knöchelchen (rot) zur Schallübertragung von der Schwimmblase auf die Perilymphe bei Ostariophysen. Cl + Sc = Claustrum und Scaphium; Ctr = Canalis transversus; H = Gehirn; In = Intercalarium; L = Lagena; Sch = Schwimmblase; Si = Sinus impar; Tr = Tripus; S = Sacculus; U = Utriculus. (Nach Frisch K (1938) Über die Bedeutung des Sacculus und der Lagena für den Gehörsinn der Fische. Z vergl Physiol 25, 703–747.)

die über eine dünne Membran mit dem Sacculus in Kontakt tritt. Sie dient als Resonanzraum für das Gehör.

Gehörapparate, die mit luftgefüllten Hohlräumen in Verbindung stehen, haben nicht nur eine höhere Empfindlichkeit (etwa 10 dB über der der meisten anderen Fische), sondern auch eine höhere obere Frequenzgrenze (3–10 kHz). Einige Heringsartige können sogar Ultraschalllaute wahrnehmen. Diese Fähigkeit ist offenbar an die Frequenz der Echoortungslaute ihrer Hauptfeinde, der Delfine, angepasst.

Akustische Kommunikation

Zahlreiche Fische verständigen sich mit Lauten. Dabei spielt die akustische innerartliche Kommunikation bei Auseinandersetzungen mit Kontrahenten, aber auch bei der Fortpflanzung eine große Rolle. Um Weibchen anzulocken, erzeugen die Männchen des im Mittelmeer und im Atlantik lebenden Krötenfischs *Halobatrachus didactylus* über Tage hinweg krötenähnliche Balzlaute. Klopfsignale haben zum Ziel, andere Männchen zu vertreiben. Das Hörsystem weiblicher und männlicher Krötenfische ist dabei in der Lage, die zeitlichen Muster, die Frequenzzusammensetzung und die Amplitudenunterschiede innerhalb komplexer Lautäußerungen präzise aufzulösen. Krötenfische nutzen aber auch die Lautäußerungen anderer, ökologisch relevanter Arten als Informationsquelle. Delfine jagen zum Beispiel gerne lautgebende Fische, weil sie gut wahrnehmbar sind und leicht geortet werden können. Hören Krötenfische die Laute eines Delfins, verstummen sie, um sich nicht zu verraten.

17.3.5 Tetrapoden (ohne Säugetiere)

Alle landlebenden **Tetrapoda** messen die Druckkomponente einer Schallwelle. Aufgrund der Impedanzdifferenz zwischen Luft und Lymphe des Innenohrs würden am Innenohreingang 99,9 % der Schallenergie reflektiert. Zur Impedanzanpassung hat sich das **Mittelohr** entwickelt, das aus einer nicht durchgebrochenen Kiemenspalte entstanden ist (homolog dem Spiraculum der Knorpelfische). Die Stelle, an der sich Kiemenfurche und Kiementasche berühren, bildet das Trommelfell (Tympanum). Das Mittelohr steht über die Tuba[466] Eustachii* mit dem Rachenraum in Verbindung und besitzt ein oder drei **Gehörknöchelchen**, die eine Übertragung des Schalls vom Trommelfell (Luft) auf eine dünne Membran (ovales Fenster bzw. Fenestra ovalis[467]) ermöglicht. Schwingungen der Membran führen zu Schwingungen der Perilymphe des Innenohrs, die schließlich zum Hörvorgang führen. Die Impedanzwandlung mithilfe von Gehörknöchelchen wird durch den Größenunterschied zwischen der Fläche des Trommelfells und des ovalen Fensters ermöglicht (Tab. 17.1). Wichtig ist auch die Hebelwirkung der Gehörknöchelchen bei einigen Reptilien und Vögeln (Columella/ Extracolumella) sowie bei den Säugetieren (Hammer/ Amboss). Die erreichte Empfindlichkeitszunahme durch die Funktion der Gehörknöchelchen ist frequenzabhängig; sie erreicht bei Katzen 45 dB.

Die **Hörschwellenkurven** der verschiedenen Tetrapoda unterscheiden sich vor allem bei den hohen Frequenzen. Vögel können Schallwellen bis zu einer Frequenz von ca. 10 kHz gut hören. Der Hörbereich etlicher Säugetiere reicht weit darüber hinaus, bei Delfinen zum Beispiel bis 180 kHz (Abb. 17.10a). Ähnlich wie viele Säuger können Vögel Schallwellen unterschiedlicher Frequenz und Amplitude diskriminieren. Während die Hörschwelle vieler Amphibien und Reptilien wesentlich höher ist als die der Säugetiere, gibt es Reptilien, die bei tieferen Frequenzen eine ähnliche Empfindlichkeit aufweisen wie Säuger. Der niedrigste Hörschwellenwert der Vögel liegt im Bereich 2–3 kHz, er variiert zwischen 0 und 10 dB SPL. Schleiereulen haben eine noch tiefere Hörschwelle von etwa –15 dB SPL.

Amphibien und alle Nicht-Säugetiere unter den Amniota besitzen nur ein Gehörknöchelchen, die **Columella**[468], welche aus einem Kieferknochen, dem Hyomandibulare der Fische, entstanden ist. Bei den Amnioten (Ausnahme: Säugetiere) setzt die Columella allerdings über eine knorpelige Extracolumella am Tympanum an, wodurch ein zusätzliches Hebelsystem entsteht, das bei Geckos bis ca. 4 kHz effektiv arbeitet. Bei Amphibien ist der von außen auf das Trommelfell auftreffende Schall in der Regel nicht der einzige Weg, über den Schall auf das Innenohr übertragen wird. Vor allem bei Fröschen kann tieffrequenter Schall auch über Resonanzräume des Körpers (Lunge, Mundraum) zum Mittelohr gelangen. Salamander und

[466] *tuba* (lat.) = Trompete, Tube
[467] *fenestra* (lat.) = Fenster
[468] *columella* (lat.) = das Säulchen

17

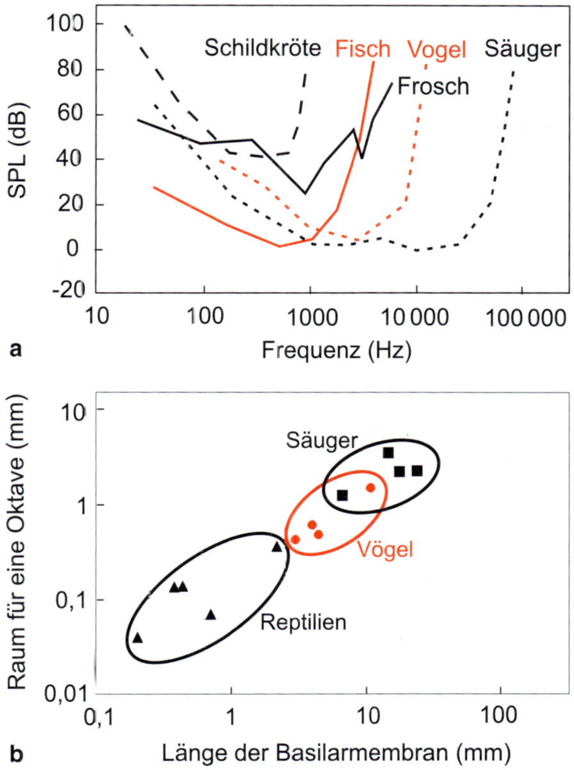

Abb. 17.10 **a** Repräsentative Hörschwellenkurven verschiedener Wirbeltiere. Der Fisch gehört zu den Ostariophysen. Frösche haben meist mehrgipfelige Hörschwellenkurven. **b** Die Frequenzraumkonstante in Abhängigkeit von der Länge der Basilarmembran bei verschiedenen Wirbeltieren. Man sieht, dass die Basilarmembran von den Reptilien über die Vögel bis zu den Säugetieren nicht nur immer länger wird, sondern dass der Raum, den eine Oktave auf der Basilarmembran einnimmt, zunehmend größer wird (mit einer deutlichen Überlappung zwischen Vögeln und Säugern). (b nach Manley GA (2000) Cochlear mechanisms from a phylogenetic viewpoint. Proc Natl Acad Sci USA 97, 11736–11743, verändert.)

Tab. 17.1 Das Flächenverhältnis von Trommelfell zur Fußplatte des Steigbügels bei verschiedenen Wirbeltieren.

Art	Wert
Ochsenfrosch klein groß	 6:1 45:1
Leguan	13:1
Haubentaucher	18:1
Kohlmeise	25:1
Waldohreule	40:1
Schnabeltier	10:1
Maus	24:1
Mensch	17–20:1
Ratte	34:1
Elefant	42:1

metamorphosierende Anura besitzen zusätzlich ein Opercularissystem. Es besteht aus dem M. opercularis, der vom Schultergürtel zu einem knorpeligen Operculum zieht, welches das ovale Fenster bedeckt, aber beweglich eingelenkt ist. Dadurch kann über die Vorderextremitäten Substratschall unter 1 kHz auf das ovale Fenster und damit auf die Perilymphe übertragen werden. Eine zweite Funktion dieses Systems könnte die Modifikation der Frequenzempfindlichkeit des tympanalen Systems sein.

Unter den Amphibien sind es vor allem die Anura (Froschlurche) und hier insbesondere die **Frösche**, die ein hoch entwickeltes akustisches Kommunikationssystem besitzen. Einem breiten Spektrum von Rufsignalen (▶ Abschn. 24.2.4) steht eine differenzierte akustische Signalverarbeitung gegenüber. Die höchste Empfindlichkeit findet sich in der Regel im Frequenzbereich 0,5–1,5 kHz bei 20–30 dB SPL. Es gibt aber auch Frösche (*Odorrana tormota* und der auf Borneo lebende Frosch *Huia cavitympanum*), die im Ultraschallbereich (20–40 kHz) kommunizieren. Das Richtungshören ist sehr gut ausgeprägt, da Frösche (meist die Weibchen) Phonotaxis (▶ Abschn. 13.10.2) zeigen. Von Bedeutung ist dabei, dass die Tuba Eustachii nicht geschlossen ist, also Schall von außen und innen (über das andere Trommelfell oder auch über die Körperwände und die Lunge) zum Tympanum gelangt. Dabei überwiegt aber der von außen auftreffende Druck den von innen auftreffenden. Das Ohr der Amphibien ist demnach weder ein reiner Druckempfänger noch ein reiner Druckgradientenempfänger. Letztere Eigenschaften ermöglichen den zumeist kleinen Amphibien selbst bei Frequenzen unter 2 kHz (Wellenlängen in Luft >16 cm) die Richtung einer Schallwelle mithilfe von Phasenunterschieden zu bestimmen: Bei Gegenphasigkeit, also einer Verschiebung um 180°, ist die Schwingungsamplitude des Trommelfells maximal, bei Gleichphasigkeit minimal, da der Schall ja von entgegengesetzten Seiten am Trommelfell angreift.

Als Sinnesepithelien des Gehörs finden wir bei vielen Amphibien eine Papilla basilaris und eine Papilla amphibiorum. Eine von beiden oder beide (sie entstehen ontogenetisch aus einer gemeinsamen Anlage) sind möglicherweise zur Macula neglecta der Fische homolog (▶ Abschn. 17.3.4). Allerdings geht man davon aus, dass die Papilla basilaris der Amphibien dem gleichnamigen Sinnesepithel der Amniota nicht homolog ist. Während die Papilla amphibiorum auf Frequenzen zwischen 100 Hz bis etwas über 1000 Hz anspricht, reagieren die Sinneszellen der Papilla basilaris auf Schallwellen von 900–4000 Hz. Die Empfindlichkeit variiert artspezifisch zwischen 10 und 60 dB SPL, die höchste Frequenzempfindlichkeit liegt im Bereich 100–2000 Hz. Eine **Tonotopie** wurde bei verschiedenen Arten nachgewiesen. Über das Hörvermögen der Reptilien ist nur wenig bekannt. Schildkröten (*Pseudemys* sp.) können Schallwellen der Frequenz 10–1000 Hz wahrnehmen. Die niedrigsten Schwellen liegen mit ca. 40 dB SPL im Frequenzbereich 200–7000 Hz.

Höchstwahrscheinlich war die Gehörpapille der ersten **Amniota** schon tonotop organisiert: Hohe Frequenzen wurden am ovalen Fenster abgebildet (▶ Abb. 17.18b). Ihre Haarzellen zeigten eine elektrische Frequenzabstimmung, wie sie auch im vestibulären System zu finden ist (▶ Abschn. 16.6), und besaßen neben ableitenden Nervenfasern (Afferenzen) auch vom Gehirn kommende Fasern (Efferenzen, Details ▶ Abschn. 17.3.5). Wahrscheinlich gab es auch schon aktive Prozesse, die in den Stereovilli (◘ Abb. 17.16) lokalisiert waren. Die ursprüngliche Papilla basilaris war relativ kurz, erfuhr aber innerhalb der verschiedenen Gruppen, ganz besonders bei Vögeln und Säugetieren, eine erhebliche Verlängerung, was eine Erhöhung der Zahl der Haarsinneszellen von einigen 100 auf 15 000 oder mehr zur Folge hatte. Damit einher ging vor allem eine Ausweitung des Hörbereichs für hohe Frequenzen (bei einigen Echsen bis 7 kHz, bei Vögeln bis etwa 12 kHz; ◘ Abb. 17.2, ◘ Abb. 17.10a) und eine Vergrößerung der Frequenzraumkonstante, die ein Maß dafür ist, welchen Bereich der Gehörpapille eine Oktave einnimmt (◘ Abb. 17.10b). Da die Frequenzen annähernd logarithmisch repräsentiert sind, bleibt der Raum, den eine Oktave entlang der Papille einnimmt, in etwa gleich.

Die Hörorgane der Sauropsiden sind sehr unterschiedlich gebaut. So besitzen Echsen, Krokodile und Vögel zwei Typen von Sinneszellen, deren Funktion und Anordnung im Hörorgan aber unterschiedlich sind: Bei Echsen sind sie in verschiedenen Bereichen der Papille lokalisiert, bei den übrigen kommen sie im selben Bereich der Papille vor. Ihre Funktion bei Vögeln mag denen der inneren und äußeren Haarzellen der Säugetiere entsprechen (s. u.). Zudem gibt es Gruppen mit invertierter Tonotopie (Geckos) und solche mit einer auditorischen Fovea (z. B. Schleiereule, vgl. auch Fledermäuse, ▶ Abschn. 17.3.6), in der ein besonders verhaltensrelevanter Frequenzbereich einen ausgedehnten Bereich der Gehörpapille einnimmt (Schleiereule: Frequenzen von 5–10 kHz). Tauben können auch Infraschallwellen wahrnehmen; sie nutzen diese Fähigkeit bei ihren Heimflügen zur Orientierung.

Den Schlangen und beinlosen Amphisbaeniden (Doppelschleichen) fehlt ein tympanales Mittelohr. Die Columella steht bei diesen Tieren in direkter Verbindung mit dem Quadratum des Kiefergelenks und leitet so Substratschall vom Unterkiefer direkt zum Innenohr. Die Columella endet demzufolge nicht an einem ovalen Fenster, sondern mit einer breiten Fußplatte direkt in der Perilymphe. Jede Bewegung dieser Fußplatte führt zu Perilymphbewegungen, die von den Haarsinneszellen des Innenohrs registriert werden. Das Mittelohr der Schlangen nimmt aber nicht nur Substratschall, sondern auch Luftschall durch Knochenleitung direkt vom Quadratum auf (◘ Abb. 17.11). Ein ähnliches Mittelohr haben auch die Meeresschildkröten.

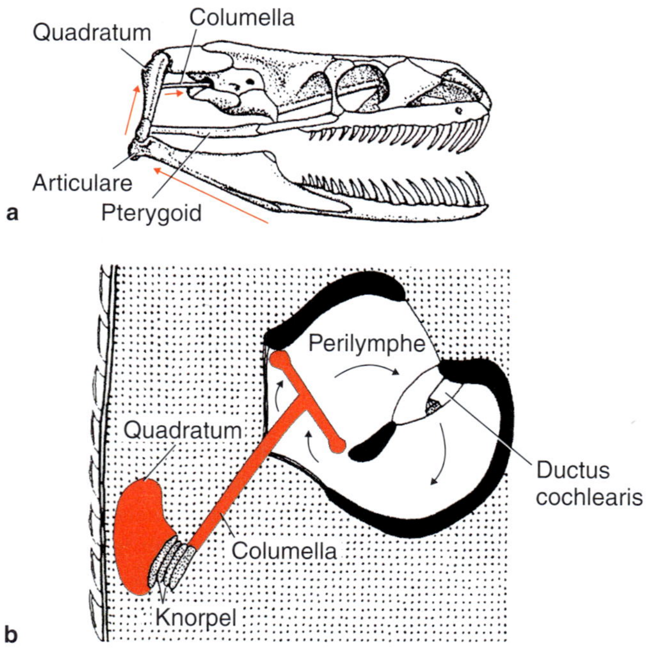

◘ **Abb. 17.11** Mittelohr einer Schlange (*Python* sp.). **a** Das Kopfskelett zeigt die Verbindung zwischen Columella (Stapes), Quadratum und Articulare (rote Pfeile: Weg des Substratschalls). **b** Die Columella taucht in die Perilymphe des Innenohrs ein und bewegt die Perilymphe (und mit ihr den Ductus cochlearis) entsprechend der Pfeilrichtungen kreisförmig hin und her. (Nach Heldmaier G, Neuweiler G, Rössler (2014) Vergleichende Tierphysiologie. Springer, Berlin.)

17.3.6 Säugetiere (ohne Fledermäuse und Wale)

Das Ohr der Säugetiere ist von allen Gehörorganen am besten untersucht. Dies gilt sowohl für die peripheren Strukturen, als auch für die Sinneszellen und die Funktion des gesamten Organs. Unter allen Wirbeltieren ist das Hörvermögen der Säugetiere am besten ausgeprägt, zumindest was das Hören hoher Frequenzen (>10 kHz) betrifft. Am empfindlichsten im Ultraschallbereich (also über 20 kHz, unter Umständen bis 212 kHz) sind Wale und Fledermäuse, welche wegen ihres Echoortungssystems gemeinsam mit einigen echoortenden Vogelarten separat besprochen werden. Die niedrigsten Hörschwellen der meisten Säugetiere liegen um 0 dB SPL. Den auffälligsten Unterschied zum Ohr der anderen Tetrapoda bilden die **drei Gehörknöchelchen** und die **Cochlea** (Schnecke; ◘ Abb. 17.12).

Der Columella der Amphibien entspricht bei Säugetieren der **Steigbügel** oder Stapes[469]. Durch die Evolution des sekundären Kiefergelenks wurden bei den Säugetieren zwei weitere Knochen des primären Kiefergelenks, nämlich Articulare und Quadratum, zu **Hammer** (Malleus[470]) und **Amboss** (Incus[471]) im Mittelohr umgebildet. Die drei Gehörknöchelchen haben gegenüber dem einen Gehörknöchelchen der anderen Tetrapoda den Vorteil, zusätzlich zur Verstärkung durch den Flächenunterschied zwischen Trommelfell und ovalem Fenster (s. o.) eine Hebelwirkung zu erzielen. Dadurch wird die Empfindlichkeit des Säugerohrs noch einmal gesteigert. Um das Ohr vor Schädigung bei zu lautem Schall zu schützen, kann die Empfindlichkeit des Gehörs vor allem bei tiefen Frequenzen

[469] *stapes* (lat.) = Steigbügel
[470] *malleus* (lat.) = Hammer
[471] *incus* (lat.) = Amboss

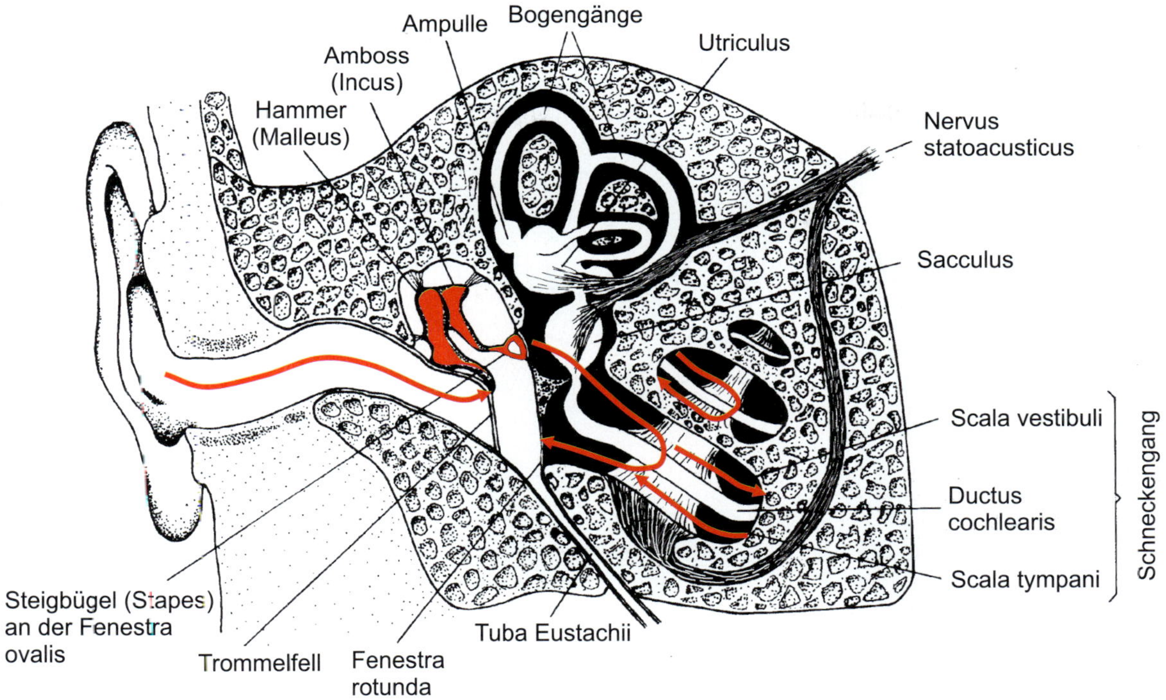

Abb. 17.12 Halbschematische Anordnung der Strukturen des menschlichen Ohrs. Rot ist der Weg angedeutet, den ein Schallsignal nimmt: über den äußeren Gehörgang zum Trommelfell, dann über die Gehörknöchelchen zum ovalen Fenster, schließlich über die Perilymphe (schwarz) der Scala vestibuli in die Schnecke mit Anregung der Endolymphe (weiß) und Ausgleichsschwingungen der Perilymphe der Scala tympani zum runden Fenster.

(<2 kHz) mithilfe des am Hammer angreifenden **Musculus tensor tympani** sowie des am Steigbügel ansetzenden **Musculus stapedius** reflektorisch vermindert werden. Die Kontraktion dieser Muskeln vergrößert die Steifheit der Elemente im Mittelohr, dies führt neben der Empfindlichkeitsminderung auch zu einer Erhöhung des dynamischen Bereichs.

Schallreize können auch direkt über **Knochenleitung** auf das Innenohr übertragen werden. Die Resonanzeigenschaften der schallübertragenden Elemente und die Elastizität des Mittelohrvolumens bewirken eine Frequenzfilterung des eintretenden Schallsignals. Tiere mit relativ voluminösem Mittelohr (z. B. Wüstenrennmäuse, Maulwürfe) besitzen eine hohe Empfindlichkeit für tiefe Frequenzen.

Das eigentliche Hörorgan der Säugetiere ist die Hörschnecke oder **Cochlea**. Das Sinnesepithel der Cochlea, das **Corti-Organ** (Abb. 17.14, Abb. 17.15), ist sehr wahrscheinlich zur Papilla basilaris der Sauropsiden homolog und liegt in der verlängerten und gewundenen Lagena, die nun **Scala media**[472] oder **Ductus cochlearis** genannt wird. Diese ist an zwei gegenüberliegenden Stellen mit der Knochenkapsel verbunden und von perilymphatischen Räumen (**Scala vestibuli**[473] und **Scala tympani**) umgeben (Abb. 17.12, Abb. 17.16). Die Cochlea enthält bis zu fünf Windungen (Abb. 17.13). Die Schwingungen des Trommelfells werden über die Gehörknöchelchen auf das ovale Fenster und damit auf die natriumreiche Perilymphe der Scala vestibuli übertragen. Nur starke Schwingungen führen zu einer Perilymphbewegung bis zur Spitze der Cochlea, dem Helicotrema[474], an dem die Scala vestibuli in die Scala tympani übergeht.

Das eigentliche Sinnesepithel liegt in der Scala media, die von **Endolymphe**, einer kaliumreichen Flüssigkeit (ca. 145 mmol l^{-1}) ausgefüllt ist. Für die Aufrechterhaltung der chemischen Zusammensetzung der Endolymphe sorgt ein blutgefäßreiches Organ, die Stria vascularis[475] an der Außenwand der Scala media (Abb. 17.16). Man findet in der Stria vascularis Ionenpumpen, über die das für die Funktion des Innenohrs wichtige positive Potenzial (gegenüber der Perilymphe) von +80 mV in der Endolymphe aufrechterhalten wird. Scala vestibuli und Scala media sind durch die flexible **Reissner-Membran** getrennt, sodass Bewegungen der Perilymphe ohne nennenswerte Abschwächung auf die Endolymphe übertragen werden. Dadurch kommt es zu Bewegungen der Basilarmembran, die an der Basis der Scala media liegt und das **Corti-Organ** trägt (Abb. 17.14, Abb. 17.16). Als Folge entsteht eine Relativbewegung zwischen der zellfreien, gallertigen Deckmembran (Membrana tectoria[476]) und den unmittelbar unter ihr liegenden drei Reihen von äußeren Haarsinneszellen (Abb. 17.14). Dies führt zu einer Auslenkung der Stereovilli dieser Haarsinneszellen und damit zu einer Veränderung ihres Membran-

[472] *scala* (lat.) = Treppe; *medius* (lat.) = inmitten von, der mittlere
[473] *vestibulum* (lat.) = Vorhof, Vorhalle
[474] *helix* (griech.) = Windung; *trema* (griech.) = Loch
[475] *stria* (lat.) = Streifen; *vasculosus* (lat.) = gefäßreich
[476] *tectum* (lat.) = Dach

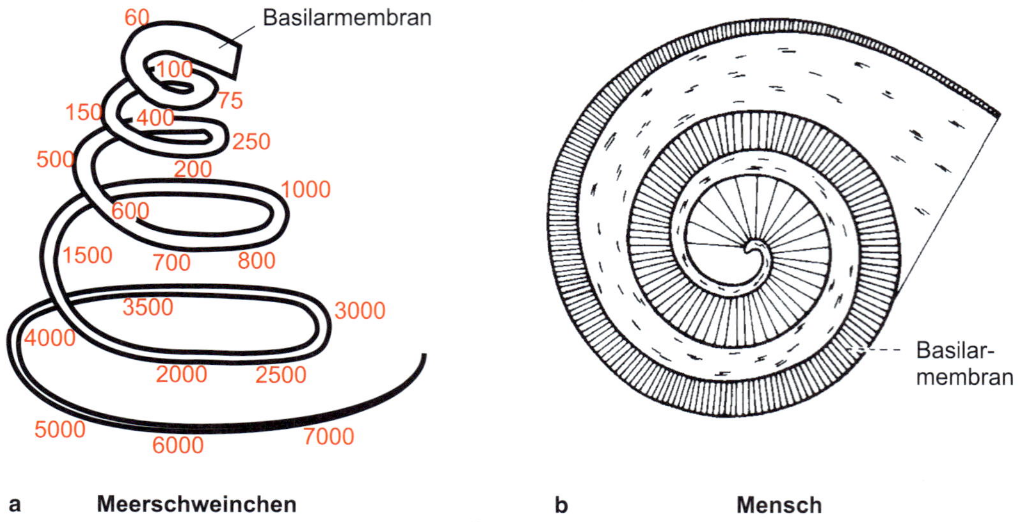

Abb. 17.13 **a** Basilarmembran eines Meerschweinchens (schematisch) mit den ungefähren Angaben zur Frequenzantwort von 7000 Hz am basalen Ende bis zu 75 Hz am apikalen Ende (Helicotrema). **b** Basilarmembran eines Menschen, halbschematisch. Das Helicotrema liegt im Zentrum der Spirale. (Nach Culler EA (1935) Symposium on tone localization in the cochlea. Ann Otol 44, 809, und aus Schütz E (1958) Physiologie. Urban & Schwarzenberg, Wien, verändert.)

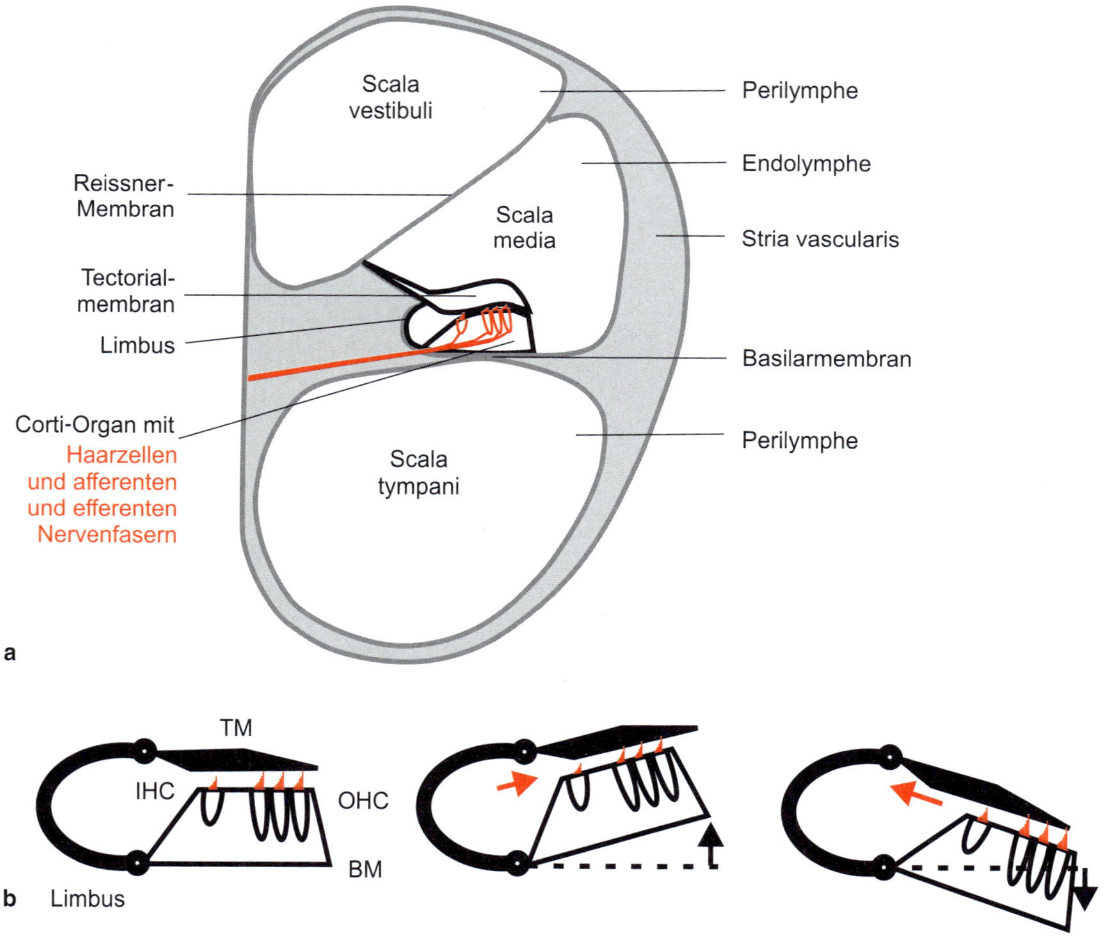

Abb. 17.14 **a** Schematischer Querschnitt durch die Cochlea eines Säugetiers mit den wichtigsten Elementen. **b** Vergrößerte und vereinfachte Darstellung des Corti-Organs sowie der Art und Weise, wie es durch Bewegung der Basilarmembran und damit des Corti-Organs zu einer Scherung der Stereocilienbündel der Haarzellen kommt. Der rote Pfeil deutet die gleichzeitig stattfindende Bewegung der Endolymphe an. BM = Basilarmembran; IHC, OHC = innere und äußere Haarzellen; TM = Tectorialmembran. (Nach Brodal A (1981) Neurological anatomy in relation to clinical medicine. 3. Aufl. Oxford University Press, New York, verändert.)

potenzials (s. u. und ▶ Abschn. 16.2). Die Stereovillibündel der inneren Haarzellreihe stehen nicht in direktem Kontakt mit der Deckmembran. Sie werden durch Endolymphbewegungen ausgelenkt, die bei jeder Relativbewegung zwischen Deckmembran und Basilarmembran auftreten. Über die Bewegungen der Basilarmembran, die ihrerseits Scala media und Scala tympani voneinander abgrenzt, wird auch die Perilymphe der Scala tympani zu Schwingungen angeregt. Da Flüssigkeiten inkompressibel sind, müssen die Flüssigkeitsbewegungen am runden Fenster, das wiederum an die Tuba Eustachii angrenzt, ausgeglichen werden.

Dieses komplexe System erlaubt eine höchst effiziente **Frequenzanalyse** des Schallsignals. Entscheidend zur Entwicklung der heute noch weitgehend gültigen Hörtheorie haben die Untersuchungen von G. von Békésy* beigetragen. Für das Verständnis sind zunächst einige anatomische Voraussetzungen zu bedenken. Die Basilarmembran wird vom ovalen Fenster zum Helicotrema immer breiter und nachgiebiger (◘ Abb. 17.13, ◘ Abb. 17.15). Der Durchmesser der Scalae nimmt vom ovalen Fenster zum Helicotrema hin ab. Die am ovalen Fenster beginnenden Schwingungen laufen auf der Basilarmembran in Form von **Wanderwellen** helicotremawärts (◘ Abb. 17.15). Die Amplitude dieser Wellen steigt zunächst an, erreicht ein lokales Maximum und nimmt dann schnell wieder ab. Die anfängliche Zunahme der Schwingungsamplitude erfolgt, solange die Reibungsverluste der Welle an den Wänden der Cochlea geringer sind, als die Zunahme der Nachgiebigkeit. Allerdings steigt gleichzeitig auch die Trägheit der Basilarmembran, sodass sich auch die Wellenlänge der Basilarmembranschwingung helicotremawärts verringert, da ihre Geschwindigkeit abnimmt. All dies führt zu einer starken Abnahme der lokal schwingenden Masse von der Basis zum Helicotrema. Unter anderem wegen dieser Asymmetrien kommt es nach dem Schwingungsmaximum auf relativ kurzer Distanz zum Erliegen der Schwingung. Die Schwingungen an der Cochleabasis sind also vor allem von der Steifheit der Basilarmembran geprägt, zum Helicotrema hin vor allem von ihrer Trägheit bestimmt. Diese Abhängigkeit gewährleistet, dass auch Schwingungen der Basilarmembran, die über Knochenleitung ausgelöst wurden, vor allem vom ovalen Fenster ausgehen.

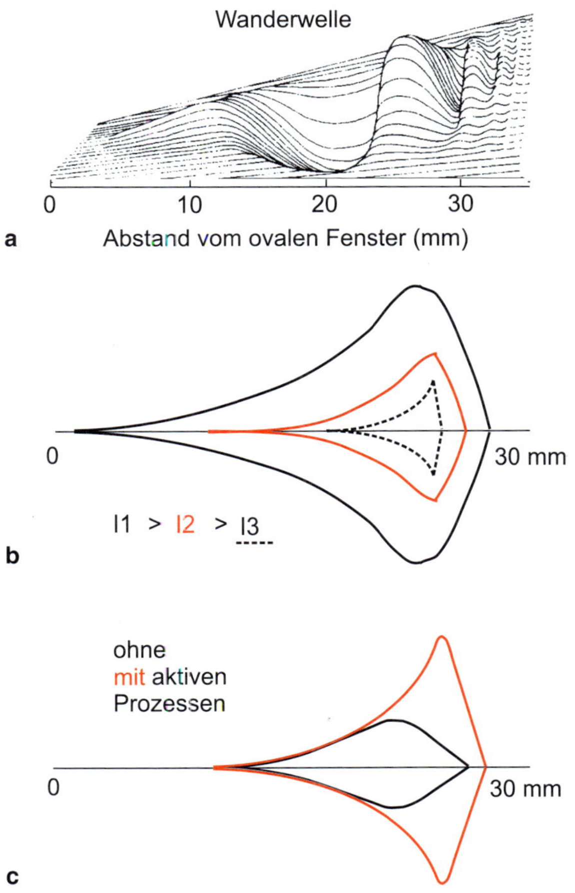

◘ **Abb. 17.15** Modellhafte Vorstellung der Wanderwelle auf der Basilarmembran. **a** Räumliche Darstellung einer Schwingung. **b, c** Schematische Darstellungen der Umhüllenden bei verschiedenen Intensitäten (I1–I3) bzw. mit und ohne aktive Verstärkungsprozesse durch die äußeren Haarzellen. Weitere Erläuterungen im Text. (Nach Nobili R, Mammano F, Ashmore J (1998) How well do we understand the cochea? Trends Neurosci 21, 159–167.)

Die Lage des Amplitudenmaximums auf der Basilarmembran hängt von der Frequenz des Tons ab (**Ortstheorie**). Je höher die Frequenz ist, desto näher liegt das Amplitudenmaximum am ovalen Fenster (Frequenzdispersion, ◘ Abb. 17.13; ◘ Abb. 17.18b). Die Frequenzabhängigkeit des Maximums ist erstens ein Effekt der Veränderung der Nachgiebigkeit der Basilarmembran (je nachgiebiger sie ist, desto geringer wird sie bei hohen Frequenzen ausgelenkt) und zweitens der frequenzabhängigen Dämpfung der Schwingungen (je höher die Frequenz, desto stärker die Dämpfung). Wenn das Ohr mit Klängen beschallt wird, ergeben sich mehrere unabhängige Amplitudenmaxima, je nach den in den Klängen enthaltenen Frequenzen.

Ohne zusätzliche Prozesse wären eine so genaue Frequenzunterscheidung und hohe Empfindlichkeit, wie sie gemessen wurden, gar nicht möglich. Sauerstoffmangel und manche Antibiotika (z. B. Streptomycin) führen nicht nur zu einer Abnahme der Empfindlichkeit des Gehörs, sondern auch zu einer Abnahme der Frequenzauflösung. Ursache ist die Beeinträchtigung **aktiver cochleärer Verstärker**. Die zelluläre Basis dieses Verstärkungsprozesses, der wahrscheinlich zur Grundausstattung des Hörorgans aller Tetrapoda gehört, ist nicht bei allen Wirbeltieren identisch. Um die Hintergründe zu verstehen, müssen wir uns das Corti-Organ und die Sinneszellen genauer ansehen (◘ Abb. 17.16).

Die Haarsinneszellen oder **Haarzellen** des Corti-Organs der Säugetiere teilen sich in eine Reihe innerer und meist drei Reihen äußerer Haarzellen auf. Bei den **inneren Haarzellen** spielen K^+-Ströme sowohl bei der De- als auch bei der Repolarisation eine Rolle. Wie bei anderen epithelialen Zellen, ist die apikale Zelloberfläche der inneren Haarzellen von der basolateralen durch Tight Junctions abgetrennt. Die apikale Oberfläche steht in Kontakt mit der K^+-reichen und Na^+-armen Endolymphe der Scala media und die basolaterale mit einem Na^+-reichen

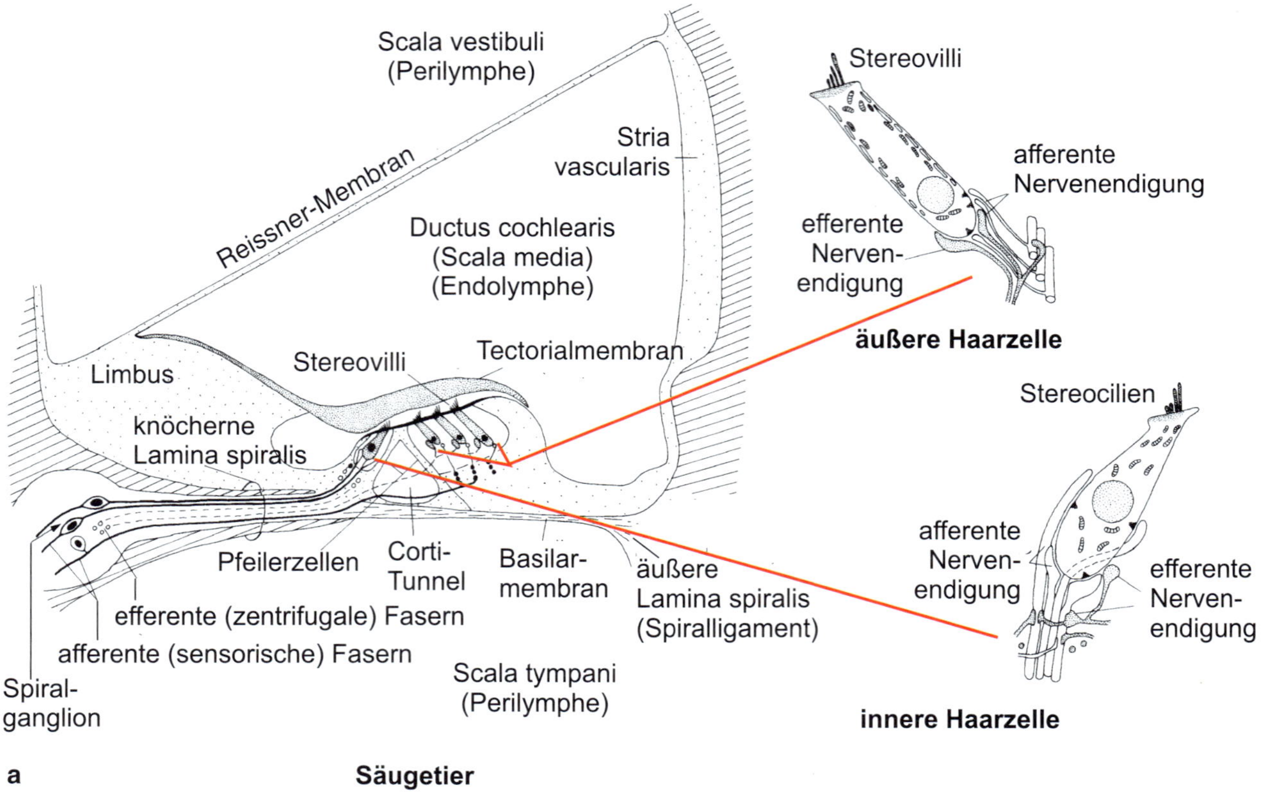

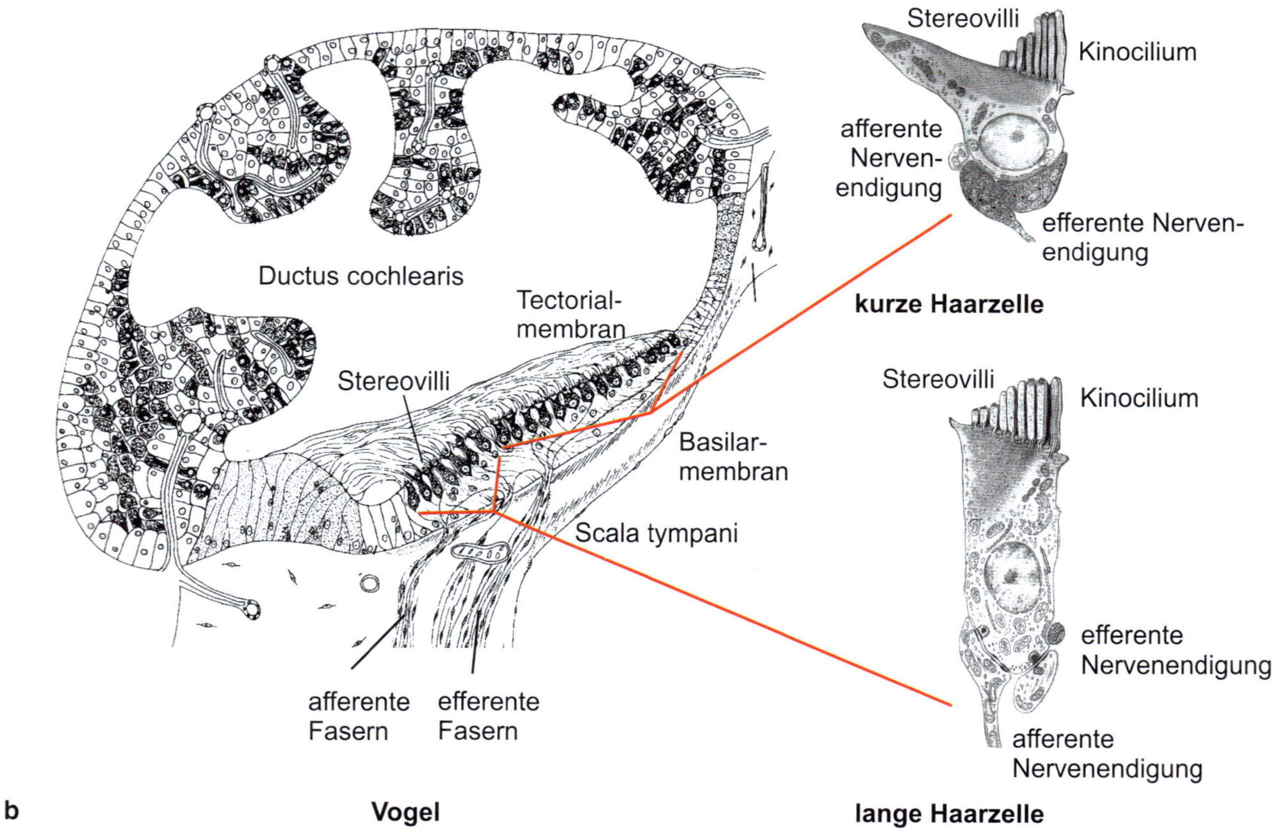

Abb. 17.16 Querschnitte durch die Cochlea eines Säugetiers (Meerschweinchen, **a**) und die Lagena eines Vogels (Haushuhn, **b**). Vergrößert sind jeweils die beiden unterschiedlichen Typen von Haarzellen (Meerschweinchen bzw. Taube). (Nach Ruch T, Paton HD (Hrsg) (1979) Physiology and Biophysics. Vol. I. 20. Aufl., Saunders, Philadelphia, verändert, und Scharzkopf J (1973) Mechanoreception. In: Farner DA, King JR, Parkes KC (Hrsg) Avian Biology, Vol. III. Academic Press, New York, S. 417–477, sowie Manley GA (1990) Peripheral hearing mechanism in reptiles and birds. Zoophysiology, Vol. 26, Springer, Berlin.)

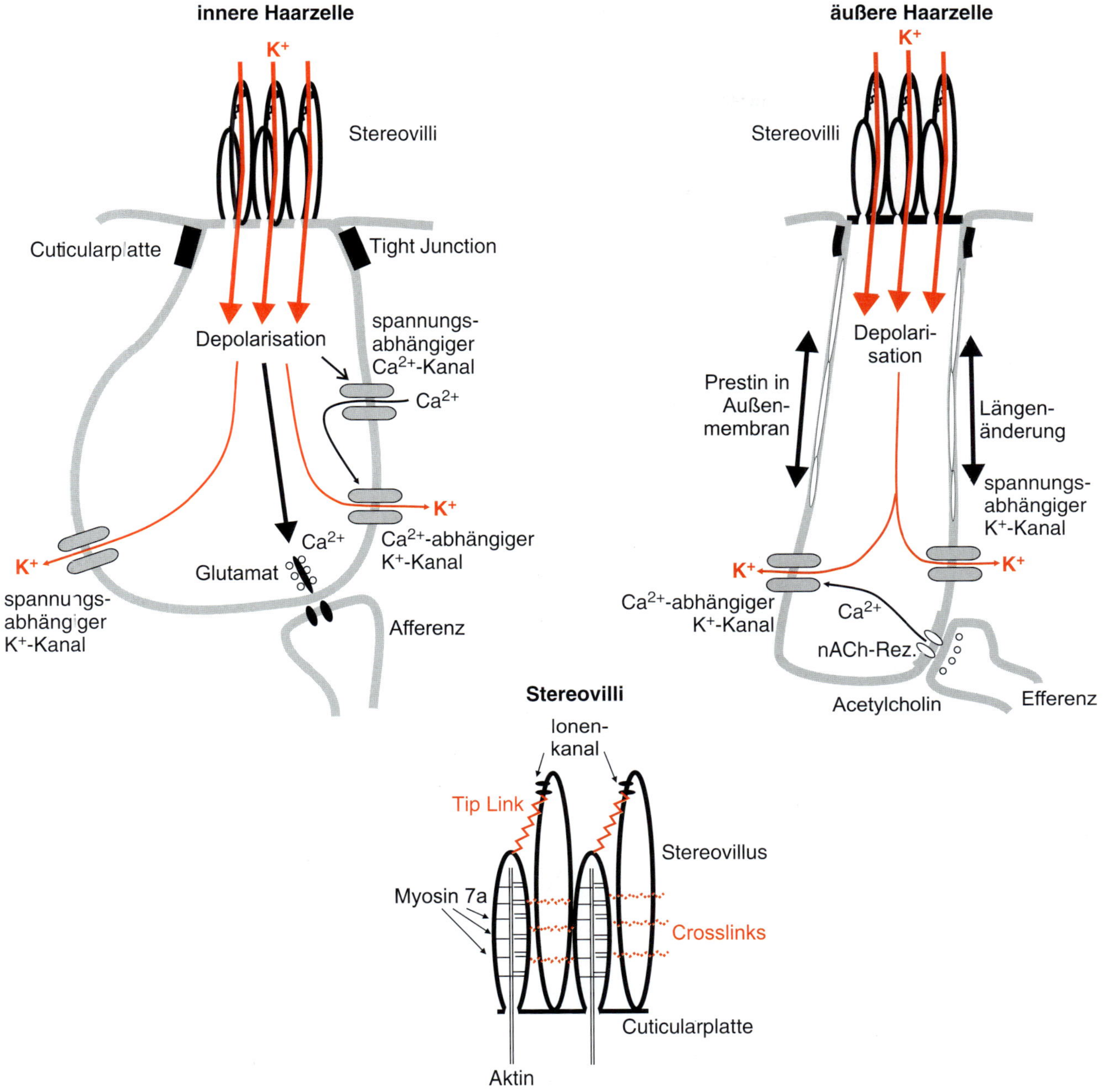

Abb. 17.17 Wichtigste Komponenten bei der Erregung der Haarzellen in der Säugetiercochlea. Während der Haupteffekt bei der inneren Haarzelle die Ausschüttung eines Transmitters ist, liegt er bei der äußeren Haarzelle in der Längenänderung der Zelle. Nähere Erläuterungen im Text. nACh-Rez. = nicotinischer Acetylcholinrezeptor.

und K^+-armen Medium, wie es für extrazelluläre Flüssigkeiten und die Perilymphe charakteristisch ist. Die Scala media ist rund 80 mV positiver und die inneren Haarzellen rund 45 mV negativer als der perilymphatische Raum. Zwischen Haarzellen und der Scala media existiert somit eine **Potenzialdifferenz** von 125 mV.

Die Stereovilli der Haarzellen sind durch feine Proteinfäden verbunden. Die apikalen Verbindungen (Tip Links) setzen wahrscheinlich direkt an einem kationenselektiven Ionenkanal an. Bei Auslenkung der Stereovilli in Richtung des größten Stereovillus (ein Kinocilium fehlt) öffnen sich diese Kanäle (mechanosensitive Ionenkanäle, ► Abschn. 1.5.6), durch die infolge des hohen Potenzialgradienten K^+ aus der Endolymphe in die Haarzelle einströmt, obwohl dort bereits eine relativ hohe K^+- Konzentration herrscht. Der **K^+-Einstrom** führt zur Depolarisation der Haarzelle (Abb. 17.17). Dadurch öffnen sich **spannungsabhängige Ca^{2+}-Kanäle** im basolateralen Bereich der Zelle. Der mit dem Ca^{2+}-Einstrom verbundene Anstieg der intrazellulären Ca^{2+}-Konzentration führt zur Freisetzung des Neurotransmitters Glutamat an der basolateralen Membran, der in den afferenten Fasern Aktionspotenziale auslöst, und zur Öffnung von **Ca^{2+}-abhängigen K^+-Kanälen** führt. K^+ verlässt die Zelle wieder in Richtung Perilymphe, weil dort eine niedrige K^+-Konzentration herrscht und das K^+-Gleichgewichtspotenzial negativer ist als das Ruhepotenzial der inneren Haarzellen. Es kommt zur Repolarisation der Haarzelle.

Die Stereovilli der **inneren Haarzellen** der Säugetiere stehen nicht mit der Tectorialmembran in Verbindung. Die inneren Haarzellen werden von afferenten Nervenfasern (ca. 20–30 pro Haarzelle) innerviert, die im Nucleus cochlearis des Zentralnervensystems enden. Die Hörinformation wird fast ausschließlich von den inneren Haarsinneszellen bestimmt – jede Afferenz vermittelt die Aktivität nur einer Haarsinneszelle. Die wenigen Efferenzen, die zu den inneren Haarzellen ziehen und aus der **oberen Olive** stammen (s. u.), nehmen Kontakt mit den Endigungen der Afferenzen, nicht aber mit den Haarsinneszellen auf (◘ Abb. 17.16).

Nur 10 % der afferenten Hörnervenfasern innervieren die **äußeren Haarsinneszellen**, jede Afferenz innerviert zahlreiche benachbarte Haarzellen. Die Stereovilli der äußeren Haarzellen stehen mit der Tectorialmembran in Verbindung. Die äußeren Haarzellen sind für die Empfindlichkeit des Gehörs von entscheidender Bedeutung. Sie besitzen in ihrer lateralen Membran ein Protein (**Prestin**), welches der Zelle spannungsabhängige Längenänderungen um bis zu 4 % ermöglicht (eine Auslenkung der Stereovillibündels in Richtung zum längsten Stereovillus führt zur Depolarisation bzw. Verkürzung, eine Auslenkung in die entgegengesetzte Richtung zur Hyperpolarisation bzw. Verlängerung der Haarzelle). Diese Längenänderungen, die bei direkter elektrischer Reizung einer Frequenz von bis zu 80 kHz folgen, verändern die mechanischen Eigenschaften des Innenohrs und bewirken im unteren Intensitätsbereich eine Empfindlichkeitszunahme von bis zu 40 dB (Faktor 100). Gleichzeitig nimmt die Frequenzabstimmung wegen einer lokalen Zunahme der Basilarmembranbewegung zu. Die äußeren Haarzellen sind vorwiegend efferent innerviert, jede Efferenz innerviert viele Haarzellen (◘ Abb. 17.16, oben) und schüttet bei Aktivierung Acetylcholin aus. Dies führt zu einem Kaliumausstrom der Haarzellen (in die Endolymphe) und damit zu einer Erniedrigung (Hyperpolarisation) des Membranpotenzials. Die Folge ist eine Reduktion der Längenänderung der äußeren Haarzellen und eine damit verbundene Verringerung der Empfindlichkeit des Gesamtsystems.

Auch bei diversen **Reptilien** und **Vögeln** finden sich zwei Typen von Haarzellen im Innenohr, bei den Vögeln zum Beispiel lange, vorwiegend afferent innervierte und kurze, vorwiegend efferent innervierte Haarzellen. Ihre Aufgabenteilung ist offenbar ähnlich derjenigen in der Säugetiercochlea.

Sowohl bei Säugetieren als auch bei Vögeln und Reptilien stellt das Ergebnis der Frequenzverarbeitung im Innenohr ein Feld von Schwellenkurven dar (◘ Abb. 17.18), die sich über einen großen Frequenzbereich erstrecken (einige 100 Hz bis viele kHz) und dem Gehirn eine weitgehende Analyse der Schallsignale ermöglichen (s. u.).

Die aktiven Prozesse im Innenohr sind auch die Ursache für **otoakustische Emissionen**, also Schallsignale, die vom Ohr ausgesendet werden. Solche erfolgen selten spontan, lassen sich aber zuverlässig auslösen. Da otoakustische Emissionen auch bei Tetrapodengruppen beobachtet wurden, die keine klare Differenzierung in verschiedene Haarsinneszellen haben, werden auch die Stereovillibündel als Quelle solcher Emissionen diskutiert, was dann mit einer periodischen Änderung der Steifigkeit des Bündels in Zusammenhang stehen würde. Aktive Bewegungen des Bündels wurden bei Fröschen und Schildkröten schon gemessen.

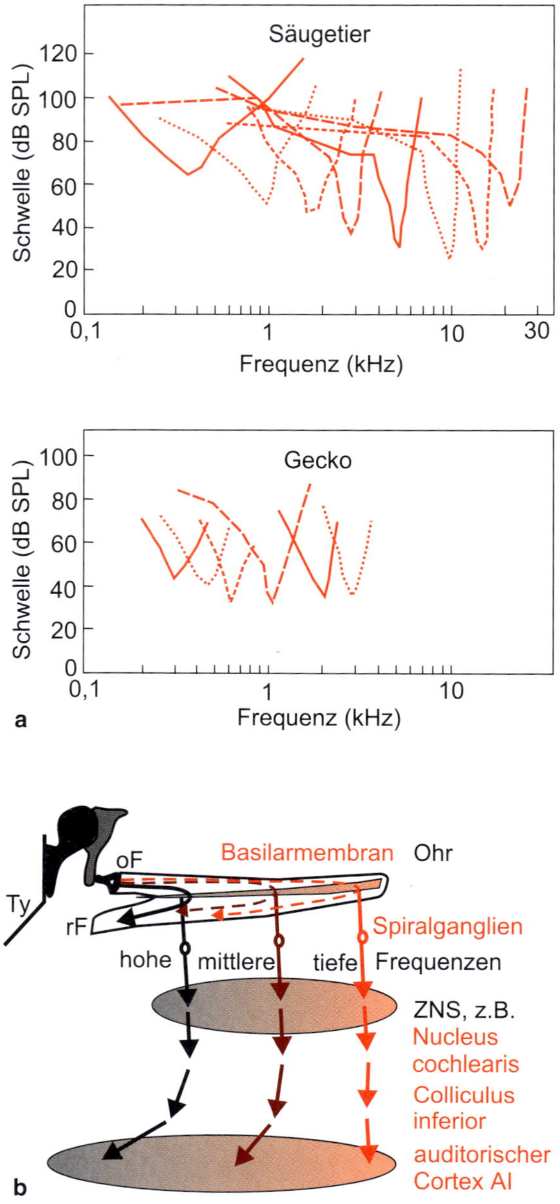

◘ **Abb. 17.18** **a** Schwellenkurven verschiedener Afferenzen bei einem Säugetier (Meerschweinchen) und einem Gecko (Tokeah). Die Maßstäbe sind zum besseren Vergleich identisch. **b** Prinzip der Tonotopie der Vertebraten am Beispiel eines Säugetiers. Die zentrale Tonotopie findet sich an vielen Stationen wieder. oF, rF = ovales bzw. rundes Fenster; Ty = Tympanum. (Meerschweinchen nach Evans EF (1972) The frequency repsonse and other properties of single fibres of the guinea-pig cochlear nerve. J Physiol (Lond) 226, 263–287; Tokeah nach Eatock RA, Manley GA, Pawson L (1981) Auditory nerve fibre activity in the tockey gecko. I. Implications for cochlear processing. J Comp Physiol A 142, 203–218.)

17.3.7 Echoortung bei Fledermäusen, Walen und Vögeln

Insektivore Fledermäuse senden zum Auffinden ihrer Beute Rufe aus, die von den Insekten reflektiert werden (Echoortung). Zur Ortung und Identifizierung der Insekten nutzen sie dabei sowohl den zeitlichen Abstand zwischen Ruf und Echo als auch den Frequenz- und Amplitudengehalt des Echos. Da Objekte nur dann Schall reflektieren, wenn sie größer sind als die Wellenlänge des Schalls, müssen Fledermäuse zur Echoortung hochfrequente Laute (bis 100 kHz) aussenden. Bei CF-Fledermäusen bestehen die Echoortungslaute aus einem konstantfrequenten (CF) Anteil, dem ein frequenzmodulierter (FM) Anteil folgt (◘ Abb. 17.19a, ◘ Abb. 24.20). FM-Fledermäuse senden demgegenüber ausschließlich frequenzmodulierte Laute aus. Die Ruflänge von CF-Fledermäusen variiert zwischen 10 und 100 ms, FM-Fledermäuse erzeugen kurze Rufe (0,5–5 ms), die einen großen Frequenzbereich (bis 70 kHz) umfassen und eine auffällige, meist abwärts gerichtete Frequenzmodulation aufweisen (◘ Abb. 17.19a, ◘ Abb. 24.20). Sowohl der CF-Teil als auch der FM-Teil eines Rufs enthält mehrere Harmonische. Der FM-Teil dient zur Entfernungslokalisation; die Fledermaus misst dabei das Zeitintervall zwischen der Rufaussendung und dem zurückkommenden Echo. Mithilfe des CF-Teils bestimmt die Fledermaus ihre Relativgeschwindigkeit zum Beutetier sowie dessen Flügelschlagfrequenz. Insektivore Fledermäuse zeigen wegen ihres Echoortungssystems Besonderheiten des Gehörs. Darauf weisen nicht nur die meist ungewöhnlich großen und beweglichen Ohrmuscheln hin (z. B. bei Langohrfledermäusen der Gattung *Plecotus*), sondern auch spezielle Anpassungen im Bereich des Innenohrs und der Hörbahn.

Die Ruffrequenz (und damit die Echofrequenz) von **CF-Fledermäusen** unterscheidet sich von Individuum zu Individuum. Ihre Hörschwellenkurven sind mehrgipfelig mit einem breiten Empfindlichkeitsmaximum im nahen Ultraschall, wie auch bei den FM-Fledermäusen, aber einem weiteren scharfen Empfindlichkeitsmaximum bei der individuellen Echofrequenz, die durch Variation der Ruffrequenz konstant gehalten wird (◘ Abb. 17.19c). Passend hierzu findet sich in der Cochlea eine **akustische Fovea** in der Nähe der Basis. Hier wird ein Bereich, der sonst für eine Oktave verwendet wird, für die Codierung von wenigen Kilohertz genutzt, was (je nach artspezifischer Frequenz) nur dem Bruchteil einer Oktave entspricht. Im Bereich der akustischen Fovea ist die Basilarmembran deutlich dicker und die Tectorialmembran deutlich dünner als in den angrenzenden Bereichen. Dies verändert die Resonanzeigenschaften des Gesamtsystems so, dass die individuelle Echofrequenz besonders gut abgebildet wird. Die Abstimmungsschärfe der auf die Echofrequenz antwortenden Neurone ist etwa zehn- bis 20-mal größer als die vergleichbarer Hörnervenfasern anderer Säugetiere.

FM-Fledermäuse generieren normalerweise so kurze Rufe, dass sich Ortungssignal und Echo nicht überlappen. Dies erleichtert die Analyse, insbesondere auch die Lokalisation. FM-Fledermäuse besitzen am Eingang der Ohrmuschel eine besondere Struktur, den Tragus (der CF-Fledermäusen fehlt). Dieser erfüllt offenbar seinen Zweck vor allem bei der Lokalisation des Insekts, das das Echo zurückwirft. Wahrscheinlich entstehen richtungsabhängige Amplituden- und Frequenzmodulationen, welche die Fledermaus zusätzlich zu den geringen Laufzeitun-

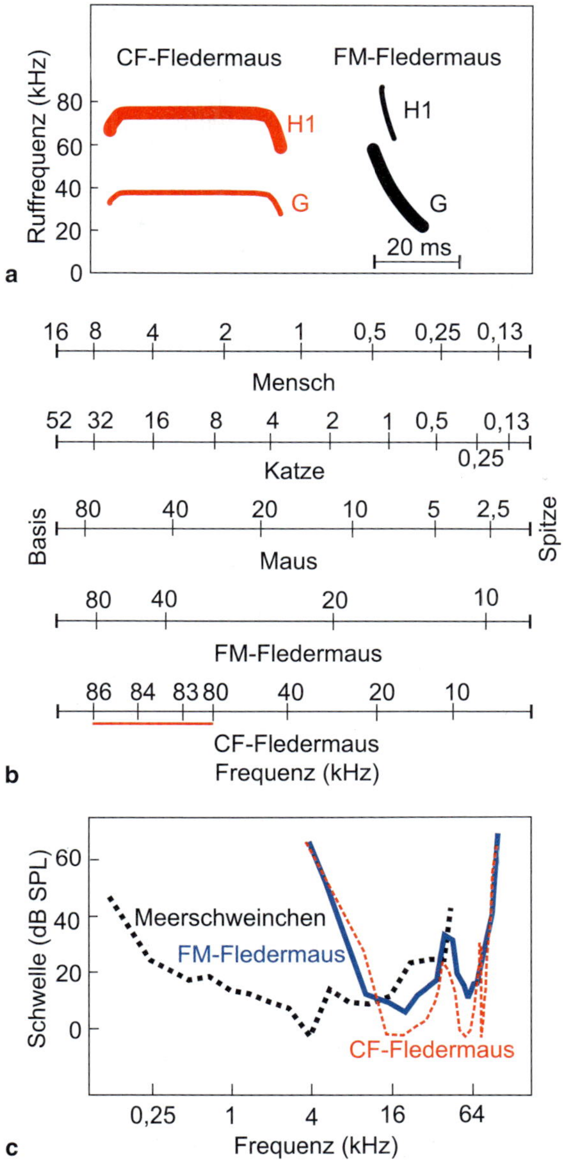

◘ **Abb. 17.19** **a** Ruftypen einer CF-Fledermaus und einer FM-Fledermaus. Auch der Ruf der CF-Fledermaus hat FM-Anteile, und zwar zu Beginn und Ende des Rufs. **b** Ungefähre Anordnung der Frequenzen auf der Basilarmembran verschiedener Säugetiere. Der rote Balken deutet die auditorische Fovea der CF-Fledermaus an. **c** Hörschwelle von Meerschweinchen, CF-Fledermaus (Große Hufeisennase) und FM-Fledermaus (*Eptesicus fuscus*). G = Grundfrequenz; H1 = erste Harmonische. (b Nach Neuweiler G (1984) Akustische Orientierung im Raum bei echoortenden Fledermäusen. In: Information und Kommunikation – naturwissenschaftliche, medizinische und technische Aspekte. Verh Ges Dtsch Naturforsch und Ärzte. Wissenschaftliche Verlagsgesellschaft, Stuttgart, verändert, und Neuweiler G (2003) Neuro- und Sinnesphysiologie. In: Heldmaier G, Neuweiler G (Hrsg) Vergleichende Tierphysiologie, Bd 1. Springer, Berlin; c nach Stebbins WC (1983) The acoustic sense of animals. Harvard, Cambridge, USA, verändert.)

terschieden zwischen den Ohren nutzen kann. Sonst entsprecht ihre Cochleastrukturen und ihre Hörschwellenkurven recht gut denen anderer Säugetiere ähnlicher Größe.

Die Echoortungslaute der **Wale** und **Delfine** erreichen Frequenzen bis 180 kHz. Diese hohen Frequenzen sind notwendig, da die Wellenlänge des Schalls im Wasser bei gleicher Frequenz etwa fünfmal größer ist als in Luft. Wale und Delfine können folgerichtig auch sehr hochfrequente Ultraschalllaute wahrnehmen. Bei Zahnwalen und Delfinen steht der Hammer nicht mehr mit dem Trommelfell in Verbindung, die Schallleitung zum Mittel- und Innenohr erfolgt in erster Linie über die Unterkieferknochen und die darin befindlichen ölgefüllten Kanäle (◘ Abb. 24.22). Zusätzliche Wege der Schallleitung über weitere Ölkanäle werden diskutiert.

Höhlenschwalben (*Collocalia brevirostris unicolor*) und **Ölvögel** (*Steatornis caripensis*) orientieren sich in Höhlen, die sie zum Brüten aufsuchen, ebenfalls mit Echoortungssignalen. Da schallreflektierende Wände groß sind, genügen in diesem Fall niederfrequente Laute zur Echoortung. So erzeugen Höhlenschwalben Klicklaute mit einer dominanten Frequenz von 4–5 kHz und einer Rate von 10 Hz. Bei den Ölvögeln sind die entsprechenden Werte 7 kHz und 300 Hz.

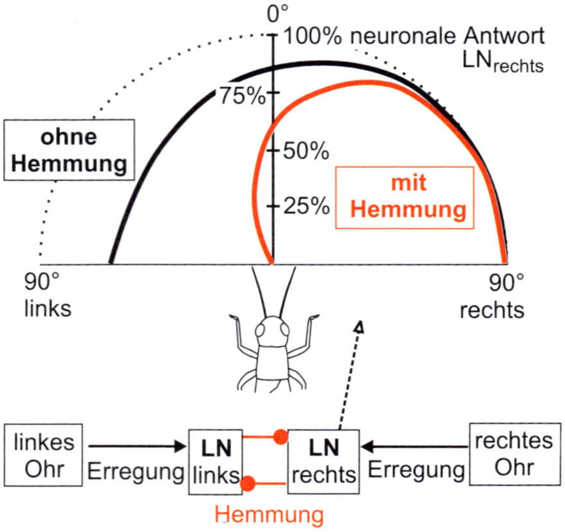

◘ **Abb. 17.20** Verstärkung der Richtungsabhängigkeit durch Hemmung. Ein Interneuron einer Laubheuschrecke (Omega, LN rechts im Schema unten) reagiert bei mittlerer Reizintensität im vorderen Hörfeld nahezu nur auf Schallreize der rechten Körperseite (rote Linie). Nach Ausschalten der Hemmung durch das spiegelbildliche Omeganeuron (der linken Seite) ist der Antwortbereich stark in die gegenüberliegende (linke) Hälfte (schwarze Linie) erweitert. LN = lokales Neuron. (Nach Römer H, Hedwig B, Ott S (2002) Contralateral inhibition as a sensory bias: The neural basis for a female preference in a synchronously calling bush-cricket, *Mecapoda elongata*. Europ J Neurosci 15, 1655–1662, verändert.)

17.4 Zentrale Verarbeitung der akustischen Information

Obwohl die Grundlagen für alle Gehörleistungen bereits im Bau und in der Funktion der peripheren Strukturen angelegt sind, werden viele spezifische Fähigkeiten erst durch zentrale Verarbeitungsmechanismen erreicht. So müssen die von beiden Ohren übermittelten Informationen miteinander verglichen werden, um die Richtung einer Schallquelle zu bestimmen (die **Wo-Bahn**). Hierbei wird fast immer eine Kontrastverschärfung durch **laterale Inhibition** erreicht (▶ Abschn. 15.2.2).

Für die Analyse von Signalparametern (die **Was-Bahn**, in der die spezifischen Eigenschaften eines Schallereignisses analysiert werden) werden die Erregungen beider Seiten meist addiert. Zudem werden die verschiedenen Informationen wie Periodizität, Signaldauer, Signalamplitude, Signalfrequenz usw. meist parallel ausgewertet. Während bei Invertebraten bereits der Ausfall einzelner zentraler Hörneurone zu Verhaltensänderungen führen kann, arbeiten bei Vertebraten meist Gruppen von Neuronen zusammen, in denen einer einzelnen Nervenzelle nur eine geringe Bedeutung zukommt.

17.4.1 Insekten

Die Hörsinneszellen der Insekten sind primäre Sinneszellen und projizieren direkt in die zugehörigen zentralen Ganglien. Dabei enden sie auf der ipsilateralen Körperseite in einem dichten Neuropil. Dort wird die Hörinformation entweder direkt oder über Interneurone ins Gehirn oder in die Peripherie zu den Bewegungszentren der Thorakalganglien geschickt. Die Interneurone zeigen unterschiedliche Grade der Informationsverarbeitung. So findet sich meist schon in dem zentralen Ganglion, von welchem der Hörnerv abgeht, eine **Richtungsverarbeitung** in Form von wechselseitiger Inhibition. Als Beispiel sollen die Omeganeurone ON1 und ON2 der Orthopteren dienen, deren Namen von der Form ihrer Verzweigung abgeleitet ist, die in einem Bogen die Mittellinie des Bauchmarks überbrückt. ON1 erzeugt bei ipsilateraler Beschallung Aktionspotenziale, die ungefiltert ins kontralaterale Dendritenfeld wandern und dort den kontralateralen Partner inhibieren. Durch diese Hemmung wird der Richtungskontrast um das 1,6-Fache erhöht und damit die Richtungsbestimmung durch asymmetrische Erregung verbessert.

Da die Sinneszellen nur auf der ipsilateralen Körperseite terminieren, werden hierfür Interneurone benötigt, die die Interneurone der gegenüberliegenden Seite hemmen. Das Erregungsmuster dieser Interneurone kann schon eine Verhaltensreaktion (z. B. Phonotaxis) zur einen oder anderen Seite bewirken. Wird eines der beiden Neurone experimentell manipuliert, kann sich das Vorzeichen der Richtungsentscheidung im Verhalten ändern. Dabei entscheidet das spezifische Aktivitätsmuster, insbesondere die Aktionspotenzialfrequenz, ob die Aktivität eines Neurons zum Hinwenden zu einer Schallquelle oder zum Abwenden von ihr führt. So besitzen Grillen ein Neuron, das vom Thorax zum Gehirn aufsteigt und bei einem arttypischen Zeitmuster oberhalb einer Aktionspotenzialfrequenz von ca. 200 Hz zu einer negativen Phonotaxis, bei geringerer Aktivierung zu einer positiven Phonotaxis führt. Allerdings

17

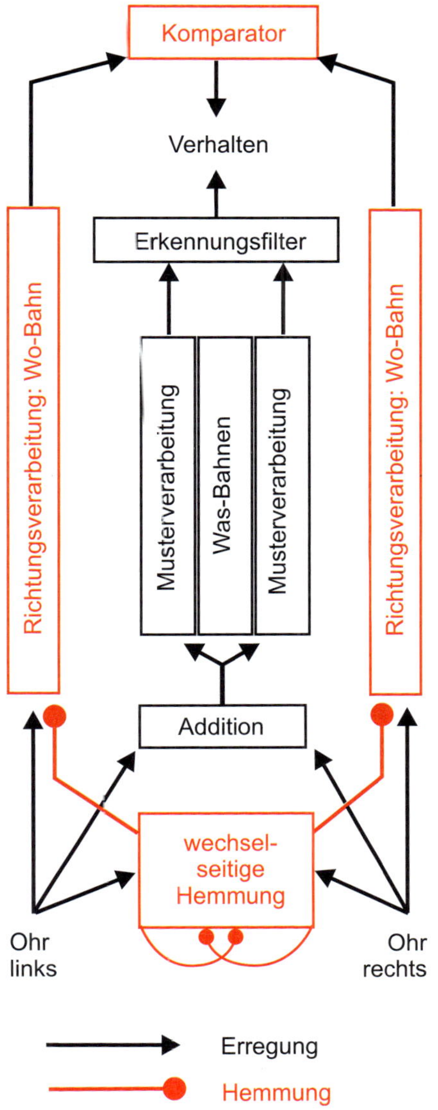

Abb. 17.21 Modellvorstellung der Schallverarbeitung bei Feldheuschrecken. Für die Richtungsverarbeitung findet eine Kontrastverschärfung statt, während auf parallelen Bahnen für die Musterverarbeitung (Was-Bahnen) eine Addition der Meldungen beider Ohren stattfindet. Die stark richtungsabhängigen Wo-Bahnen der linken und rechten Seite werden in einem Komparator im Gehirn verglichen und lösen dann in Zusammenspiel mit dem Ergebnis der Was-Bahnen das angemessene Verhalten aus. (Nach Helversen O v, Helversen D v (1987) Innate receiver mechanisms in the acoustic communication of orthopteran insects. In: Guthrie DM (Hrsg) Aims and methods in neuroethology. Manchester University Press, Manchester, S. 104–150, verändert.)

scheint dieses Neuron nicht nur die Richtung, sondern auch die Signaleigenschaften zu bewerten. Feldheuschrecken haben Neurone, die wahrscheinlich ausschließlich Richtungsinformation verarbeiten, also typische Elemente einer Wo-Bahn sein dürften (Abb. 17.20, Abb. 17.21).

Die **Frequenzverarbeitung** zentraler Neurone der Insekten ist in aller Regel weniger spezifisch als diejenige einzelner Sinneszellen, da Interneurone Eingang von zahlreichen Sinneszellen erhalten. Zentrale Mechanismen der **Frequenzverschärfung** kommen vor. So können bei Laubheuschrecken Neurone, die in einem bestimmten Frequenzbereich optimal antworten, bei höheren und tieferen Frequenzen gehemmt werden. Die Frequenzschärfe wird dadurch in der Regel aber nicht größer als die der Sinneszellen (und ist im Allgemeinen deutlich niedriger als bei Säugetieren und Vögeln). Insekten scheinen Frequenzen nur kategorial zu verarbeiten, sodass zum Beispiel bei fliegenden Grillen Frequenzen unterhalb von 10 kHz zu positiver, Frequenzen oberhalb von 10 kHz zu negativer Phonotaxis führen.

Tab. 17.2 Die von verschiedenen Tieren minimal erkannte Pausendauer bei Signalen. P = neurophysiologisches Experiment; V = Verhaltenstest.

Art	minimale Pause (ms)	Test
Feldheuschrecke	3,0 (20 °C) 1,5 (30 °C)	P V, P
Nachtfalter (Noctuide)	2	P
Star	12,8 1,8	V V
Schleiereule	1,5	V
Chinchilla	3	P
Mensch	3,1	P

Für die Erkennung von Signalen, die eine Fluchtreaktion auslösen (insbesondere von Rufen der Fledermäuse), wird kein spezifisches Zeitmuster benötigt. Meist genügt dafür die Frequenz (bei einer minimalen Intensität). Dagegen gibt es für artspezifische Signale, wie sie zum Beispiel zur Anlockung von Paarungspartnern gebildet werden, eine hoch entwickelte **Zeitmusterverarbeitung**. Das zeitliche Auflösungsvermögen ist bei Insekten, soweit bisher untersucht, offenbar genauso gut wie bei Vögeln oder Säugetieren (Tab. 17.2). Dabei werden beispielsweise Eigenschaften der Rezeptorpopulationen ausgenutzt, um anhand der Synchronisation von Aktionspotenzialen, die nach jedem steilen Amplitudenanstieg eines Schallsignals gleichzeitig auftreten, das Vorhandensein kurzer Pausen im Millisekundenbereich zu erkennen. Der gleiche Mechanismus könnte dazu genutzt werden, die Steilheit eines Amplitudenanstiegs zu erkennen. Einige Feldheuschrecken reagieren empfindlich auf Änderungen der sogenannten Flankensteilheit und verwenden diesen Parameter zur Unterscheidung von Signalen von Männchen und Weibchen. Besonders häufig werden auch Rhythmen sich wiederholender Elemente erkannt, zumal viele Insekten repetitive Signale erzeugen, deren Rhythmus (Wiederholungsrate) artspezifisch ist.

Die wenigen vorhandenen Daten (vorwiegend von Grillen, Abb. 17.22) sprechen für die Existenz von **Bandpassfiltern**, die durch die Zusammenführung eines Hochpass- und eines Tiefpassneurons entstehen und nur auf einen engen Bereich von Wiederholungsraten ansprechen. Vergleichbare Filter wurden auch bei Fröschen gefunden. Die Eigenschaften, die zu diesen Filterleistungen führen, sind allerdings nur teilweise verstanden.

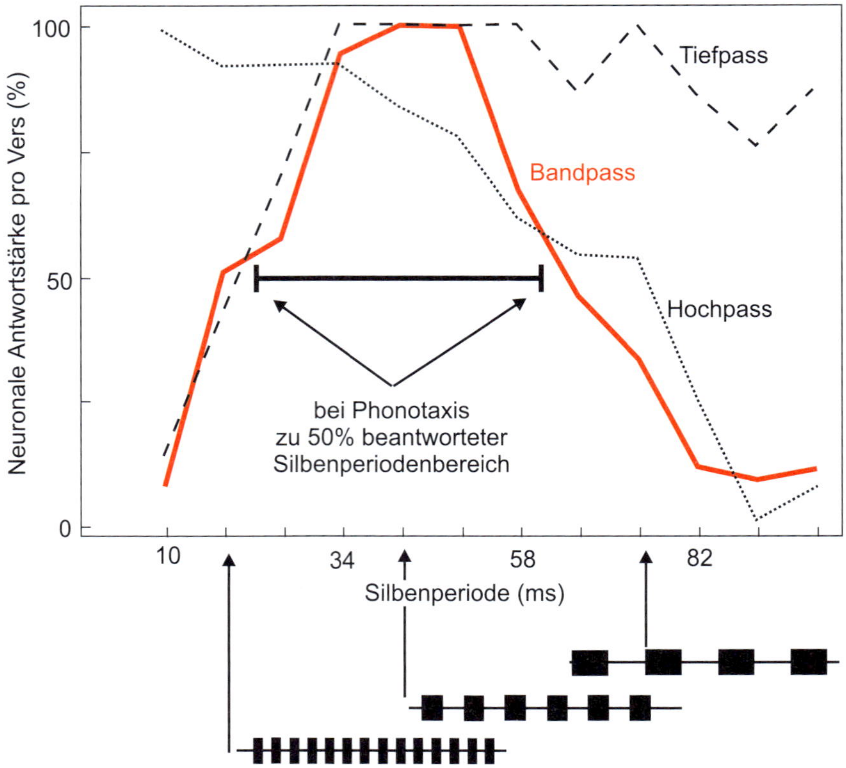

Abb. 17.22 Selektive Antwort auf bestimmte Reizwiederholungsraten bei zentralen Neuronen von Grillen (*Gryllus bimaculatus*). Tiefpassneurone antworten nur auf niedrige Wiederholungsraten (große Silbenperioden), Hochpassneurone nur auf hohe Wiederholungsraten, während Bandpassneurone nur die gemeinsame Schnittmenge beantworten. Die Reaktion der Bandpassneurone korreliert gut mit dem phonotaktischen Verhalten der Grillenweibchen. Unten sind drei Beispielreize gezeigt (ein Kästchen entspricht einer Silbe). (Nach Schildberger K, Huber F, Wohlers DW (1989) Central auditory pathway. Neuronal correlates of phonotacitc behavior. In: Huber F, Moore TE, Loher W (Hrsg) Cricket behavior and neurobiology. Cornell University Press, Ithaca, S. 423–258, verändert.)

Ähnlich wie bei den Wirbeltieren werden auch bei den Insekten unimodale Informationen mit unterschiedlicher Bedeutung in unterschiedlichen Arealen des Zentralnervensystems verarbeitet. Dies betrifft zum Beispiel die bei *Drosophila* durch das Johnston-Organ vermittelten Antworten. So werden die durch Wind verursachten Antennenbewegungen in anderen Gehirnarealen verarbeitet als die Antennenbewegungen, die durch die oszillierenden Partikelbewegungen im Nahfeld einer Schallquelle verursacht wurden.

17.4.2 Wirbeltiere

Bei allen Wirbeltieren terminieren die Fasern des achten Hirnnervs (Hörnerv) in bis zu vier oder fünf (bei Fischen) Kerngebieten des Hirnstamms. Von dort erreichen die akustischen und vestibulären Informationen auf parallelen Bahnen Kerngebiete im Mittelhirn, Zwischenhirn und Endhirn (Abb. 17.23). Die akustischen Kerne der Wirbeltiere besitzen bei den verschiedenen Gruppen teilweise unterschiedliche Namen und sind nicht ohne Weiteres zu homologisieren (Tab. 17.3). Kreuzende Bahnen dominieren, die Hauptrepräsentation der mit dem linken (rechten) Ohr aufgenommenen Hörinformation erfolgt demnach in der rechten (linken) Gehirnhälfte. Die zentrale Hörbahn der Wirbeltiere führt eine Intensitätsanalyse, Frequenzanalyse und Zeitanalyse durch. Vermutlich wird bei allen Wirbeltieren durch den Vergleich des Schalls am linken und am rechten Ohr auch der Ort einer Schallquelle ermittelt.

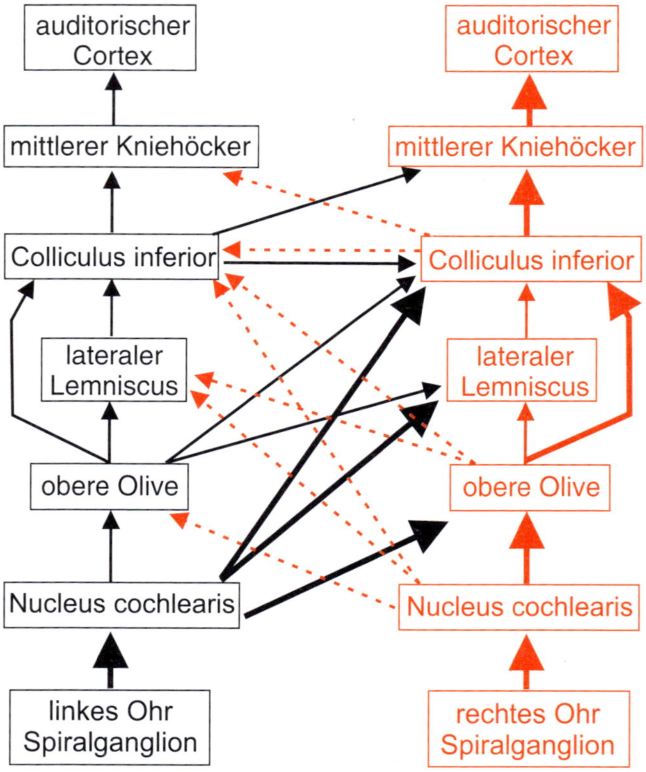

Abb. 17.23 Generalisiertes Schema der Hirnkerne und des Informationsflusses in der Hörbahn der Säugetiere. Die dickeren Pfeile deuten den Hauptinformationsfluss an. Es gibt vom Nucleus cochlearis bis zum Colliculus inferior mehrere parallele Bahnen (Weg über die obere Olive vor allem Wo-Bahn, die anderen eher Was-Bahn; siehe Text).

17

Tab. 17.3 Funktion und Entsprechung der Kerne der Gehörbahn bei verschiedenen Wirbeltieren. N = Nucleus.

Funktion/Morphologie	Amphibien	Reptilien/Vögel	Säuger
Projektion der Afferenzen	N. caudalis N. dorsolateralis	N. angularis N. magnocellularis	N. cochlearis
Zielgebiet kreuzender Bahnen im Hirnstamm	N. olivaris superior	N. olivaris superior	N. olivaris superior
Zielgebiet kreuzender (und z. T. nichtkreuzender) Bahnen im Hinterhirn	Lemniscus lateralis	Lemniscus lateralis	Lemniscus lateralis
wichtiges Konvergenzzentrum im Mittelhirn	Torus semicircularis	Torus semicircularis/ Colliculus inferior	Colliculus inferior
Umschaltstation im Zwischenhirn	thalamische Kerne	N. ovoidalis	Corpus geniculatum mediale

Über die zentralnervöse Verarbeitung von akustischen Informationen bei Fischen (und Reptilien) ist vergleichsweise wenig bekannt. Der Hauptgrund dafür liegt bei Fischen in der schwierigen Reizkontrolle. Physiologische Versuche haben gezeigt, dass Ganzkörperbeschleunigungen, wie sie in einer Schallwelle auftreten, bei Knochenfischen (*C. auratus*, *Opsanus tau*, *Dormitator latifrons* und *P. notatus*) Antworten in Sacculus-, Utriculus-, und Lagenafasern hervorrufen können. Die niedrigsten Schwellen betragen 0,1 nm Bewegungsamplitude bei 140 Hz. Die meisten Otolithenafferenzen haben cosinusförmige Antwortkurven. Eine bestimmte Bewegung in der x-, y- oder z-Achse des Versuchstiers führt demnach zu einer maximalen, eine davon um 90° abweichende Richtung zu einer minimalen Antwort. Dies deutet darauf hin, dass jede Hörnervenfaser nur Eingang von Haarzellen erhält, die gleichsinnig im Sinnesepithel des jeweiligen Otolithenorgans angeordnet sind. Zentrale Hörneurone können phasisch, tonisch oder phasisch-tonisch mit Erregung oder Hemmung auf einen Reiz antworten, haben unterschiedliche Bestfrequenzen (Frequenz auf die ein Neuron am besten reagiert) und sind zum Teil scharf abgestimmt. In der Medulla und im Mittelhirn von Fischen gibt es Neurone, die – ähnlich wie die Afferenzen des Utriculus, des Sacculus und der Lagena – eine cosinusförmige Richtcharakteristik aufweisen.

Bei Fröschen gibt es im Nachhirn tonotop organisierte Hörkerne: den Nucleus dorsolateralis und den Nucleus caudalis. Diese Kerne erhalten Eingang vom Sacculus und von der Lagena. Der Nucleus caudalis projiziert bilateral zum oberen Olivenkomplex, der für binaurale Verarbeitung zuständig ist. Der Nucleus dorsolateralis projiziert zusätzlich zum Torus semicircularis. Von dort gibt es Projektionen über das Zwischenhirn zum medialen Pallium des Vorderhirns. Der Frosch *Huia cavitympanum* kommuniziert ausschließlich mit Ultraschalllauten, Neurone im Torus semicircularis dieses Froschs antworten besonders gut im Frequenzbereich 20–30 kHz.

Viele Vögel kommunizieren akustisch und haben ein ausgezeichnetes Hörvermögen. Beispielhaft soll hier die akustische Informationsverarbeitung bei Schleiereulen (*Tyto alba*) besprochen werden. Bei diesen Vögeln schickt jede primäre Hörnervenfaser eine Kollaterale in den Nucleus magnocellularis und in den N. angularis. Die Zellen des N. magnocellularis sind tonotop organisiert und zeigen bis zu 9 kHz eine strenge Phasenkopplung, reagieren aber kaum auf Amplitudenänderungen. Neurone im N. laminaris erhalten bilateralen Eingang vom N. magnocellularis. Sie sind empfindlich für interaurale Laufzeitdifferenzen, antworten aufgrund von **Verzögerungslinien** (**Koinzidenzdetektoren**) also nur, wenn sich die Schallquelle in der Horizontalebene in einem bestimmten Winkel befindet. Neurone im N. angularis zeigen nur eine schwache Phasenkopplung, sie codieren die Amplitude eines Reizes. Sie projizieren bilateral in einen Kern, dessen Neurone selektiv auf Amplitudeunterschiede zwischen dem rechten und dem linken Ohr reagieren. Im Colliculus inferior (bzw. **Torus semicircularis**) gibt es erstmals eine Hörraumkarte. Diese Karte wird im optischen Tectum mit einer visuellen Raumkarte zusammengeführt.

Bei Säugern erreichen alle akustischen Informationen über die Cochlea die Schneckenkerne (**Nuclei cochleares**) des Hirnstamms, die eine tonotope Organisation aufweisen (Abb. 17.18). Von dort zieht ein Teil der Neurone zum ebenfalls im Hirnstamm gelegenen oberen **Olivenkomplex**, der sich in mehrere Unterkerne aufteilt (trapezoider Körper, mediale und laterale obere Olive), während eine andere Population unter Umgehung der Olive zum Hinterhirn (**lateraler Lemniscus**) oder direkt zum Mittelhirn (**Colliculus inferior**) zieht. Letzterer sendet die Information an den medialen Kniehöcker (**Corpus geniculatum mediale**) des Zwischenhirns. Von dort ziehen Bahnen in den **Cortex**, der mehrere auditorische Areale mit unterschiedlichen Funktionen aufweist.

Schon auf der ersten Ebene der Hörbahn, dem posteroventralen, anteroventralen und dorsalen **Nucleus cochlearis**, erfolgt wie bei Vögeln eine parallele Informationsverarbeitung, sodass unterschiedliche Zelltypen nicht nur unterschiedliche Antwortmuster zeigen (tonisch, phasisch mit starker Markierung des Signalanfangs und weitere Muster), sondern auch schon komplexe Frequenzabhängigkeiten aufweisen können. Die **oberen Olivenkerne** sind vor allem mit der Richtungsanalyse beschäftigt: In der mittleren oberen Olive (MSO) werden vorwiegend binaurale Zeitunterschiede verarbeitet, während Zellen der lateralen oberen Olive (LSO) in erster Linie auf Intensitätsunterschiede ansprechen (sogenannte EI-Zellen, die vom ipsilateralen Ohr erregt und vom contralateralen Ohr inhibiert werden). Bei bestimmten Säugetieren wurden **hemmende Verbindungen** für die Verarbeitung von Zeitunterschieden in der oberen Olive (MSO) nachgewiesen.

Selbst im **auditorischen Cortex** der Säuger findet sich noch eine **tonotope Repräsentation**. Wie schon auf tieferen Stationen gibt es Neurone, die von beiden Ohren erregt werden (EE) und solche, die von einem Ohr erregt, vom anderen gehemmt werden (EI). Entsprechend zur Organisation des visuellen Cortex finden sich **Kolumnen** von Neuronen (▶ Abschn. 18.7.3), die auf dieselbe Frequenz abgestimmt sind. Benachbarte Kolumnen zeigen in regelmäßigem Muster abwechselnd EE- und EI-Zellen. In den cortikalen Zentren besitzen die auditorischen Neurone oft unregelmäßige Erregungsmuster und zeigen unter Umständen nur noch eine grobe zeitliche Kopplung an den Reiz. Vor allem aber können zunehmend auch andere Sinnesmodalitäten die Aktivität von auditorischen Neurone beeinflussen. So werden im menschlichen Gehirn beim stummen Lippenlesen auch auditorische Gehirnkerne aktiviert.

Die Frequenz von Signalen unter 4–5 kHz kann mithilfe des **Salvenprinzips** direkt codiert werden (▶ Abschn. 17.2.3, ◘ Abb. 17.5). Eine solche Kopplung tritt noch deutlich im Nucleus cochlearis auf. In höheren Kernen geht in der Regel die Phasenkopplung der Aktionspotenziale verloren. Allerdings lassen sich Frequenzkarten auf allen Stufen der Hörbahn bis hin zum auditorischen Cortex nachweisen. Wie schon bei Invertebraten spielt die Frequenzverschärfung durch laterale Inhibition (▶ Abschn. 15.2.2) eine wichtige Rolle. Dabei ergeben sich zwischen den Gruppen erhebliche Unterschiede in der Verarbeitungsgenauigkeit, die schon zum wesentlichen Teil durch die unterschiedlich scharfen Frequenzabstimmungen der Sinneszellen verursacht wird. Säugetiere sind hier (neben den Vögeln) besonders hoch entwickelt und besitzen ein etwa zehnmal genaueres System (Q_{10dB}-Werte bis zu 20; der Q_{10dB}-Wert ist der Quotient aus Frequenzwert maximaler Empfindlichkeit und Breite der Kurve bei 10 dB über diesem Wert) als niedere Tetrapoden (Q_{10dB}-Werte 1–2). Bei Arten mit scharfer peripherer Frequenzabstimmung (z. B. CF-Fledermäuse, Q_{10dB}-Werte weit über 100) wird zentral allerdings keine wesentliche Verschärfung beobachtet.

Die **Zeitmusteranalyse** wird auch bei den Wirbeltieren von dem zeitlichen Auflösungsvermögen der Gehörsinneszellen begrenzt. Nicht zuletzt durch die Konvergenz auf höheren Ebenen wird das Aktivitätsmuster zentraler Neurone dem der Afferenzen zunehmend unähnlicher (▶ Box 17.2). Zum Beispiel werden im Colliculus inferior der Säugetiere Meldungen von zehn oder mehr verschiedenen Bahnen verarbeitet und unter anderem biologisch relevante, komplexe Signale (z. B. Abstimmung auf bestimmte Frequenzmodulationen im Echo bei Fledermäusen) mit einem Schwerpunkt auf ihre zeitliche Struktur hin analysiert. Besonders wichtig dürften hier Neurone sein, die bevorzugt auf einen bestimmten Bereich von sogenannten Periodizitäten in einem Signal antworten (Periodizität ist die Frequenz der Amplitudenmodulation, die aus Gründen der einfacheren Analyse im Experiment sinusförmig erfolgt) und daher die Eigenschaft von Bandpassfiltern zeigen. Diese Neurone antworten auf Periodizitäten von bis zu 1 kHz. Es gibt Hinweise darauf, dass die Analyse der Trägerfrequenz und der Frequenz von Amplitudenmodulationen getrennt erfolgt. Wie bei der Frequenzverarbeitung ist auch bei der Zeitmusterverarbeitung die Interaktion von Erregungen und Hemmungen entscheidend für das Antwortmuster der Zellen.

Box 17.2 Akustische Karten im Cortex der Fledermaus *Pteronotus parnelli*

Insektivore **Fledermäuse** liefern ein beeindruckendes Beispiel für akustische Karten (◘ Abb. 17.24). Das **DSCF-Areal** (DSCF für *doppler shifted constant frequency*) der CF-Fledermäuse ist tonotop organisiert, die zweite Harmonische der Echofrequenz ist in diesem Areal aber deutlich überrepräsentiert (zentrale akustische Fovea). Neurone in der Fovea sind kreisförmig angeordnet. Bewegt man sich vom Zentrum des Kreises nach außen, steigt ihre Bestfrequenz (von 60,6–62,3 kHz) systematisch an. Bewegt man sich demgegenüber in einer bestimmten Entfernung zum Kreiszentrum durch den Kreis, ändert sich systematisch die Bestamplitude (Amplitude auf die das Neuron am besten reagiert). Die Neurone detektieren damit nicht nur die zweite Harmonische des Echos, sondern auch die durch fliegende Insekten ausgelösten rhythmischen Frequenzmodulationen im Echo. Zerstört man das DSCF-Areal, nehmen die Fledermäuse feine Frequenzunterschiede nicht mehr wahr.

Neurone im **CF/CF-Areal** (CF für *constant frequency*) reagieren nur schwach auf den Ruf der Fledermaus oder auf das Echo, auf gepaarte Signale (Ruf + Echo) aber sehr stark. Dies gilt selbst dann, wenn das Echo 1600-mal schwächer ist als der Ruf. Jedes Neuron im CF/CF-Areal reagiert dabei auf eine ganz bestimmte Frequenzkombination – zum Beispiel 29,6 kHz (Ruf) und 61,2 kHz (zweite Harmonische des Echos). Die bevorzugte Frequenzkombination ändert sich systematisch über die Rindenfläche und repräsentiert aufgrund des **Doppler-Effekts** eine bestimmte Relativgeschwindigkeit zwischen Fledermaus und Beuteinsekt (bewegt sich die Fledermaus auf das Beuteinsekt zu, ist die Echofrequenz höher als die Ruffrequenz. Vergrößert sich der Abstand zwischen Insekt und Fledermaus, ist die Echofrequenz kleiner als die Ruffrequenz). Im CF/CF-Areal lässt sich jeder Punkt auf der Hörrinde entlang einer Achse im Bereich von −2 bis +9 m s^{-1} einer bevorzugten Relativgeschwindigkeit zuordnen.

Neurone im **FM/FM-Areal** (FM für *frequency-modulated*) antworten ebenfalls kaum auf einen Einzellaut. Sie antworten aber sehr stark, wenn dem Laut ein Echo folgt. Jedes Neuron bevorzugt dabei nicht nur eine bestimmte Verzögerung zwischen Laut und Echo, sondern auch eine bestimmte Amplitude des Echos. Neurone im FM/FM-Areal antworten damit selektiv auf ein Beuteinsekt bestimmter Größe, das in einer bestimmten Entfernung fliegt. Die Neurone im FM/FM-Areal

▼

17

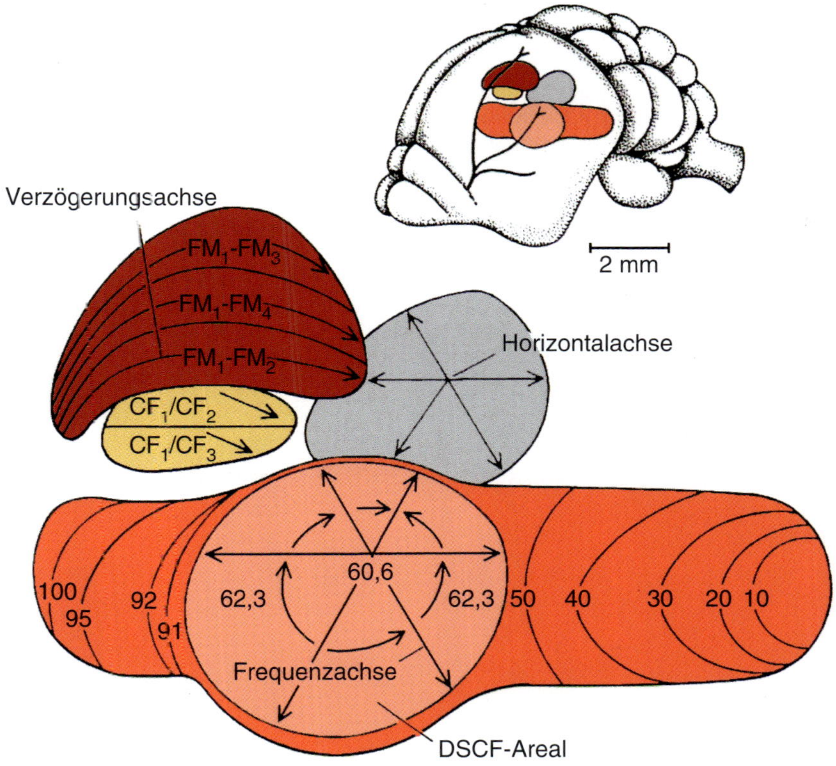

Abb. 17.24 Gehirn der Fledermaus *Pteronotus parnellii* mit vier für die Echoortung wichtigen cortikalen Arealen. Im FM/FM-Areal wird die Entfernung zu einem Beuteinsekt berechnet, im CF/CF-Areal die Relativgeschwindigkeit. Neurone im DSCF-Areal sind im Bereich 10–100 kHz tonotop organisiert. Der große Bereich zwischen 60,6–62,3 kHz entspricht der akustischen Fovea – hier wird die Echofrequenz abgebildet und analysiert. (Nach Suga N (1990) Neuronale Verrechnung: Echoortung bei Fledermäusen. Spektrum der Wissenschaft 8, 98–106, verändert.)

sind so angeordnet, dass sie entlang einer Achse Verzögerungswerte von 0,4–18 ms (7–310 cm) abbilden.

Akustische Karten gibt es auch in der Hörrinde des Menschen. Bei Musikern sind diese Karten im Vergleich zu den Karten bei Menschen, die kein Instrument spielen, um bis zu 25 % vergrößert. Der konkrete Prozentsatz hängt davon ab, in welchem Alter ein Kind begonnen hat, ein Instrument zu spielen.

17.5 Fragen zum Selbststudium

- Was versteht man unter Schalldruck, was unter Schallschnelle?
- Wodurch zeichnen sich das Fernfeld bzw. das Nahfeld einer Schallwelle aus?
- Wie groß ist die Ausbreitungsgeschwindigkeit von Schall in Luft (im Wasser)?
- Nennen Sie den Unterschied zwischen einem Ton und einem Geräusch.
- Was ist ein Schallschnelleempfänger und bei welchen Tiergruppen kommt er vor?
- Welche Schallparameter eignen sich zum Richtungshören in Luft (im Wasser)?
- Was versteht man unter Tonotopie?
- Warum haben aquatische Tiere keine Ohrmuschel?
- Wie ist die Cochlea der Säugetiere aufgebaut?
- Welche Funktion haben die innere (die äußeren) Haarzellreihen in der Cochlea?
- Was versteht man unter CF- bzw. FM-Fledermäusen?
- Welche Areale gehören zur Hörbahn der Säuger?
- Welche Areale findet man im auditorischen Cortex der CF-Fledermäuse? Was ist ihre Funktion?

Weiterführende Literatur

Allgemeines

Bradbury JW, Vehrencamp SL (1998) Principles of animal communication. Sinauer Associates: Sunderland, USA.

Fay RR, Popper AN (eds.) (1992–2000) Springer handbook of auditory research. Vol. 1–49. Springer, New York.

Galizia G, Lledo P M (2013) Neurosciences – from molecule to behavior: A University Textbook. Springer, Berlin.

Kroodsma DE, Miller EH (eds.) (1983) Acoustic communication in birds. 2 vols. Academic Press, New York.

Manley GA (1990) Peripheral hearing mechanisms in reptiles and birds. Zoophysiology. Vol. 26, Springer, Berlin.

Neuweiler G (1993) Biologie der Fledermäuse. Thieme, Stuttgart.

Heldmaier G, Neuweiler G, Rössler W (eds) (2013) Vergleichende Tierphysiologie. Springer, Berlin.

Veit I (1988) Technische Akustik. Grundlagen der physikalischen, physiologischen und Elektroakustik. 4. Aufl., Vogel Buchverlag, Würzburg.

Zenner HP (1994) Hören. Physiologie, Biochemie, Zell- und Neurobiologie. Thieme, Stuttgart.

Spezielle Aspekte

Arch VS, Grafe TU, Gridi-Papp M, Narins PM (2009) Pure ultrasonic communication in an endemic Bornean frog. Plos One 4, e5413.

Gerhardt HC, Huber F (2002) Acoustic Communication in Insects and Anurans: Common Problems and Diverse Solutions. The University of Chicago Press, Chicago.

Goodson JL, Bass A (2009) Vocal acoustic circuitry and descending vocal pathways in teleost fish: Convergence with terrestrial vertebrates reveals conserved traits. The Journal of Comparative Neurology 448, 298-322.

Göpfert MC, Robert D (2001) Active auditory mechanics in mosquitoes. Proceedings of the Royal Society of London B 268, 333-339.

Huber F, Moore TE, Loher W (eds.) (1989) Cricket behavior and neurobiology. Cornell Univ. Press, Ithaca.

Kalmijn A (1988) Hydrodynamic and Acoustic Field Detection. Von Atema J, Fay RR, Popper AN, Tavolga WN (eds.) Sensory Biology of Aquatic Animals. Springer, Berlin, Heidelberg, New York.

Manley GA (2000) Cochlear mechanisms from a phylogenetic viewpoint. Proceedings of the National Academy of Sciences USA 97,11736–11743.

Moir HM, Jackson JC, Windmill JFC (2013) Extremely high frequency sensitivity in a simple ear. Biology Letters 9, 20130241.

Nobili R, Mammano F, Ashmore J (1998) How well do we understand the cochlea? Trends in Neuroscience 21, 159-167.

Purves PP, Pilleri G (eds.) (1983) Echolocation in whales and dolphins. Academic Press, New York.

Webster DB, Fay RR, Popper AN (eds.) (1992) The evolutionary biology of hearing. Springer, New York.

Yorozu S, Wong A, Fischer BJ, Dankert H, Kernan MJ, Kamikouchi A, Ito K, Anderson DJ (2009) Distinct sensory representations of wind and near-field sound in the *Drosophila* brain. Nature 458, 201-205.

Visuelles System

Der **adäquate Reiz** für Lichtsinnesorgane sind elektromagnetische Wellen bestimmter Wellenlänge. Das sichtbare Licht stellt nur einen winzigen Ausschnitt aus dem Gesamtspektrum elektromagnetischer Wellen dar, das von sehr kurzen γ- und Röntgenstrahlen bis zu langwelligen Radiowellen reicht (Abb. 18.1). Beim Menschen erstreckt sich der sichtbare Bereich von 390–760 nm Wellenlänge, bei Tieren kann er sich etwas weiter bis ins kurzwellige Ultraviolett (UV) oder – seltener – ins langwelligere Ultrarot (UR) reichen. Bei vielen Arthropoden ist der sichtbare Anteil des Spektrums gegenüber dem des Menschen zur kurzwelligen Seite hin verschoben, das heißt, sie nehmen noch Ultraviolett bis zu einer bestimmten Wellenlänge wahr, reagieren aber nicht mehr auf tiefes Rot (Tab. 18.1). Auch Frösche und Kröten sollen noch im ultravioletten Spektralbereich sehen können, jedenfalls schnappen sie bei reinem UV-Licht noch zielsicher ihre Beute.

Die qualitativen Aspekte unserer **Lichtempfindungen**, die wir als Helligkeit und Farbe erleben, sind Produkte unseres Gehirns und kommen in der Welt »da draußen«, wo es nur elektromagnetische Wellen unterschiedlicher Wellenlänge und Amplitude gibt, nicht vor. Welche Farbempfindungen beispielsweise eine Biene innerhalb des für sie sichtbaren Spektrums hat, bleibt uns verschlossen. Objektiv können wir im Experiment lediglich Aussagen darüber gewinnen, ob ein Tier bestimmte Wellenlängen mithilfe von Rezeptoren zu registrieren und zu unterscheiden vermag, um eventuell sein Verhalten danach einzurichten.

Tab. 18.1 Wellenlängenbereich des sichtbaren Lichtes bei verschiedenen Tieren und dem Menschen.

Tierart	Wellenlängenbereich (nm)
Wasserfloh (*Daphnia* sp.)	200–600
Kammspinne (*Cupiennius salei*)	300–680
Honigbiene (*Apis mellifera*)	300–650
Violettohr-Kolibri (*Colibri serriorostris*)	380–730
Mensch (*Homo sapiens*)	390–760

18.1 Photorezeptoren und Signaltransduktion

Die Lichtsinneszellen (**Photorezeptoren**) sind primäre Sinneszellen. Ihr apikaler Pol zeigt besondere Differenzierungen in Form von Oberflächenvergrößerungen, in denen das lichtabsorbierende Sehpigment – Voraussetzung für jeden Sehvorgang – gespeichert wird. Nach der Art der Oberflächenvergrößerungen lassen sich im Tierreich ciliäre[477] und rhabdomerische[478] Photorezeptoren unterscheiden, die häufig gemeinsam im selben Organismus vorkommen können. **Rhabdomerische Photorezeptoren** sind durch zahlreiche Mikrovillli gekennzeichnet. Sie sind die dominierenden Photorezeptoren bei vielen Protostomiern wie Arthropoden, Mollusken und Anneliden. **Ciliäre Photorezeptoren** zeichnen sind durch Membranauffaltungen einer apikalen Cilie aus und dominieren bei Chordaten (Abb. 18.2). Die Augen der Kammmuschel *Pecten* weisen beide Rezeptortypen in ihren Augen auf. In der distalen Retina sind es ciliäre Rezeptoren und in der proximalen Retina Sehzellen vom rhabdomerischen Typ. Auch bei dem marinen Polychaeten *Platynereis* existieren beide Formen nebeneinander, der rhabdomerische Typ in den Augen und der ciliäre eingebettet im Gehirn. Stäbchen und Zapfen der Wirbeltiere sowie die Photorezeptoren im Pinealauge von Wirbeltieren sind vom ciliären Typ, während melanopsinenthaltende retinale Ganglienzellen Gemeinsamkeiten mit rhabdomerischen Photorezeptoren haben.

[477] *cilium* (lat.) = Augenlid
[478] *rhabdos* (gr.) = Rute, Stab

18

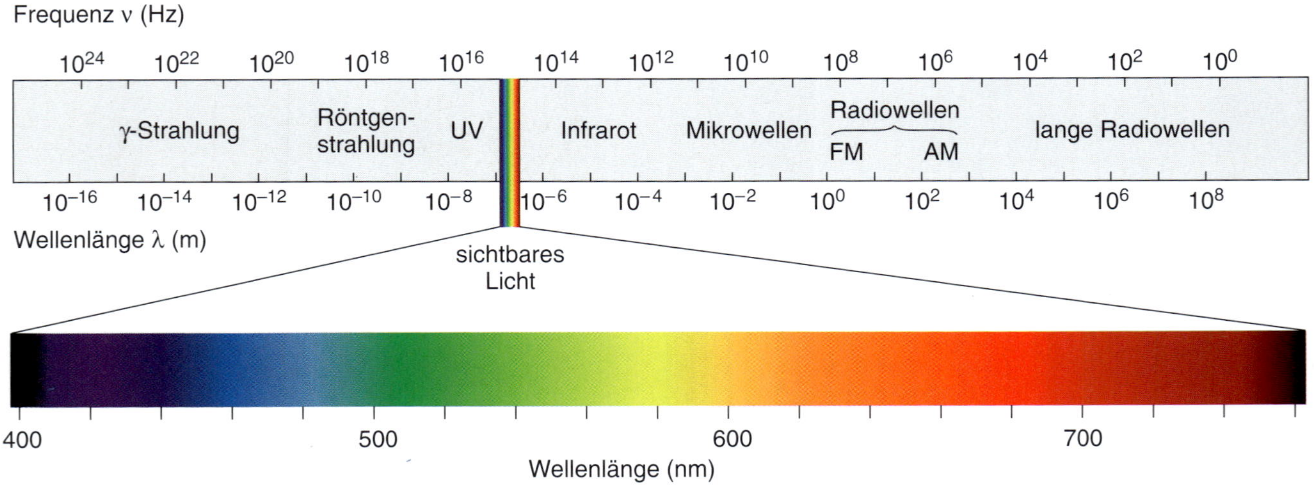

Abb. 18.1 Farbspektrum des für Menschen sichtbaren Lichtes als Ausschnitt aus dem Spektrum elektromagnetischer Wellen.

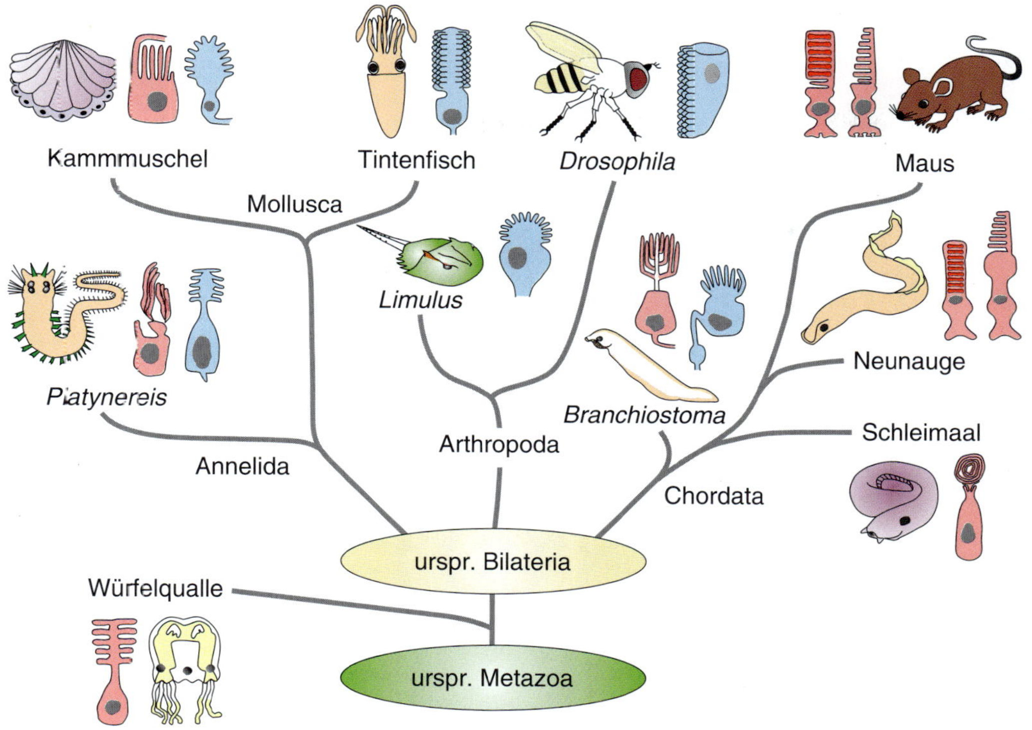

Abb. 18.2 Ciliäre (rot) und rhabdomerische (blau) Photorezeptoren im Tierreich. (Aus Fain GL, Hardie R, Laughlin SB (2010) Phototransduction and the evolution of photoreceptors. Curr Biol 20, R114-R124. Abb. 1, S. R115.)

18.1.1 Sehpigmente

Parallel zur Morphologie unterscheiden sich bei ciliären und rhabdomerischen Photorezeptoren auch die Photopigmente (**Rhodopsine**[479]) sowie die molekularen Schritte der Phototransduktion, das heißt der Vorgänge zwischen der Photonenabsorption durch das Sehpigment und dem Auftreten einer elektrischen Antwort, sodass zwischen c- (c für ciliär) und r-Rhodopsinen (r für rhabdomerisch) unterschieden wird. Vor allem bei Wirbeltieren sowie bei Insekten (*Drosophila*) sind die Schritte der Phototransduktion im Detail bekannt. Rhodopsin wurde bereits 1878 von Wilhelm F. Kühne* extrahiert. Es kommt in hoher Dichte in den Membranscheibchen (*discs*; Abb. 13.7) der Stäbchen der Wirbeltierretina sowie in den Augen vieler Invertebraten (Cephalopoden, Crustaceen, Insekten) vor. Jedes Außenglied eines Stäbchens der Kröte enthält zum Beispiel ca. 2×10^9 Rhodopsinmoleküle. Rhodopsin ist ein Chromoproteid. Es besteht bei Wirbeltieren aus dem **Chromophor** 11-*cis*-Retinal (Abb. 18.3) und einem Glykoprotein, dem **Opsin**. Rhodopsin ist ein typischer Vertreter G-Protein-gekoppelter Rezeptoren. Es weist sieben transmembrane α-Helices auf (Abb. 18.3), wobei das 11-*cis*-Retinal, ein Stereoisomer des all-*trans*-Retinal (Vitamin-A_1-Aldehyd), kovalent an das Lysin 216 der siebten Transmembranhelix gebunden ist.

Die verschiedenen Rhodopsine im Tierreich zeigen unterschiedliche Absorptionsmaxima, was auf Unterschiede im Proteinanteil (Opsin) zurückzuführen ist. Während bei marinen Fischen, die sich ständig in der Nähe der Wasseroberfläche oder der Küste aufhalten, ein Rhodopsin mit einem Absorptionsmaximum zwischen 505 und 510 nm vorherrscht, ist das Maximum bei Fischen aus tieferen Meeresschichten (200 m und tiefer) zum kurzwelligen Bereich hin verschoben und liegt zwischen 480 und 490 nm. Dies ist eine Anpassung an die Lichtverhältnisse in größeren Meerestiefen, in die nur noch Strahlen des kurzwelligen Spektralbereichs vordringen (Abb. 18.4).

Bei den meisten **Süßwasserfischen** und einigen im Wasser lebenden **Amphibien** tritt statt des Retinals das 3-Dehydroretinal (Abb. 18.3) mit einer zusätzlichen Doppelbindung als Chromophor auf. Diese Variante des Rhodopsins wird auch als **Porphyropsin** bezeichnet. Die zusätzliche Doppelbindung verursacht ein gegenüber dem Rhodopsin um rund 20 nm zum Roten hin verschobenes Absorptionsmaximum. Es kommt entweder allein oder neben dem Rhodopsin in der Retina vor. Im adulten Ochsenfrosch ist Rhodopsin das Sehpigment in der dorsalen und Porphyropsin das Pigment in der ventralen Hälfte der Retina.

Während bei den Odonata, Mantodea, Blattariae, Saltatoria, Phasmida, Heteroptera, Coleoptera und Hymenoptera unter den Insekten wie bei den Wirbeltieren 11-*cis*-Retinal als chomophore Gruppe vorkommt, ist für die Diptera (Ausnahme: *Wilhelmia*), Lepidoptera und Neuroptera (Ausnahme: *Ascalaphus*) das 3-Hydroxyretinal (Abb. 18.3) als Chromophor nachgewiesen worden.

[479] *rhodon* (gr.) = Rose; *opsis* = sehen

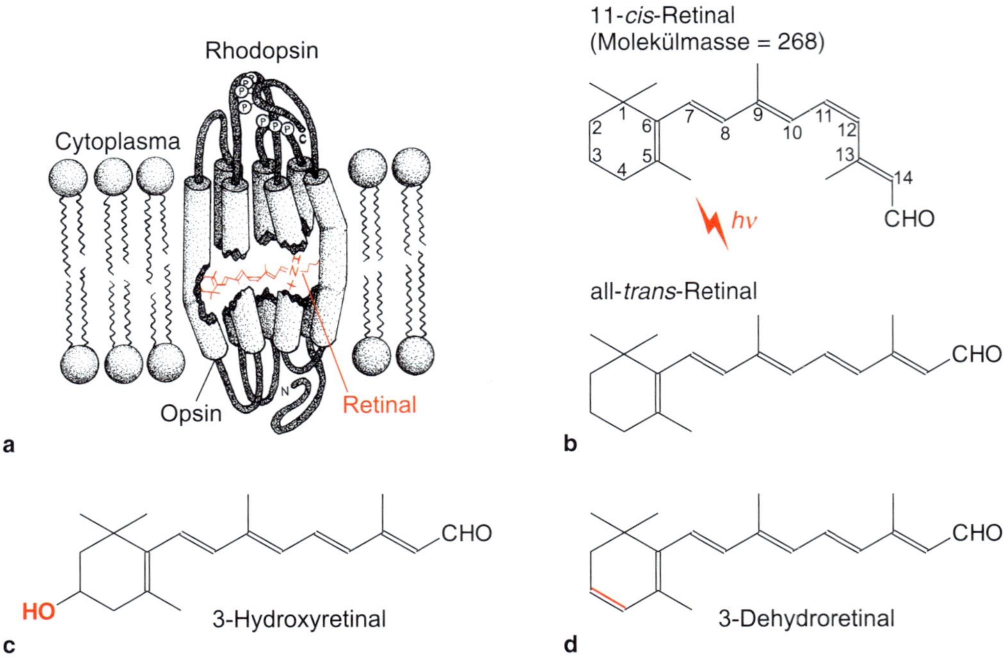

Abb. 18.3 **a** Das Transmembranprotein Rhodopsin in der Membran und die drei im Tierreich verbreiteten Chomophore 11-*cis*-Retinal (**b**), 3-Hydroxyretinal (**c**) und 3-Dehydroretinal (**d**).

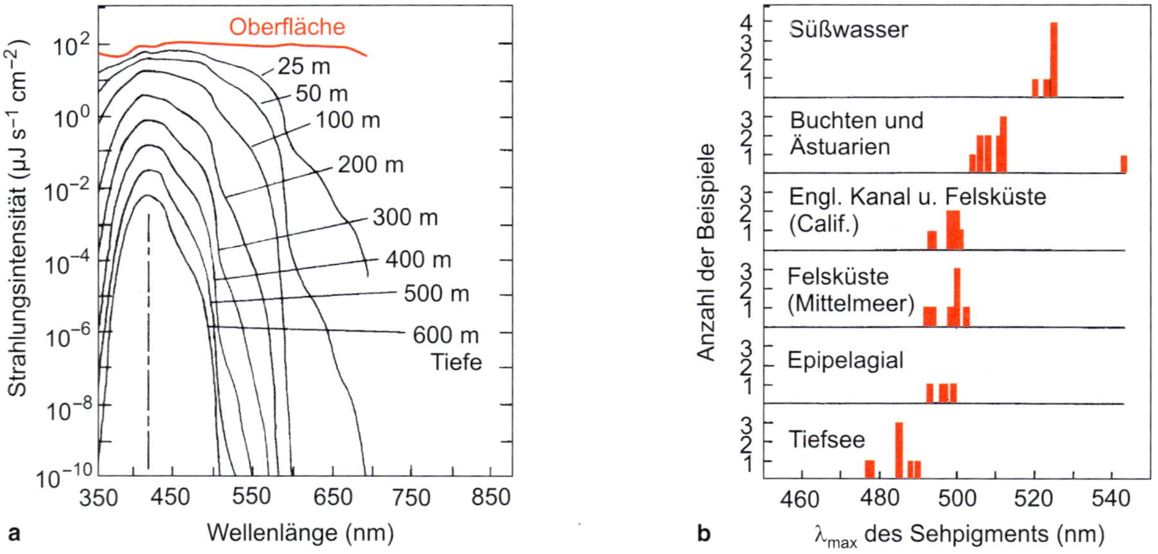

Abb. 18.4 **a** Spektrale Zusammensetzung des Lichtes in verschiedenen Tiefen des klaren Ozeans. **b** λ_{max}-Werte des Sehpigments verschiedener Fische unterschiedlicher Lebensräume. (a nach Smith RS, Tyler JE (1967) Optical properties of clear natual water. J Opt Soc Am 57, 589–595, b nach Lythgoe JN (1972) The adaptation of visual pigments to the photic environment. In: Dartnall HIA (Hrsg) Handbook of sensory physiology. Vol. VII/I, Springer, Berlin, S. 471–592.)

18.1.2 Photorezeptoren

Prominente Vertreter ciliärer Photorezeptoren im Wirbeltierauge sind die **Stäbchen** und **Zapfen**. Beide Rezeptortypen bestehen aus einem Außen- und einem Innenglied (Abb. 18.5), die über eine Cilie miteinander in Verbindung stehen. Diese Cilie weist die charakteristische Struktur von neun peripheren Mikrotubulipaaren auf, während die beiden zentralen Mikrotubuli der 9 + 2-Anordnung (▶ Abschn. 23.7) fehlen. Die Außenglieder sind die lichtabsorbierenden Teile des Rezeptors, während die Innenglieder den Zellkern, Mitochondrien und andere Zellorganellen enthalten. Die Außenglieder der Zapfen sind deutlich kürzer als die der Stäbchen. In den Außengliedern sind zahlreiche scheibchenförmigen Membranvesikel (beim Meerschweinchen bei ei-

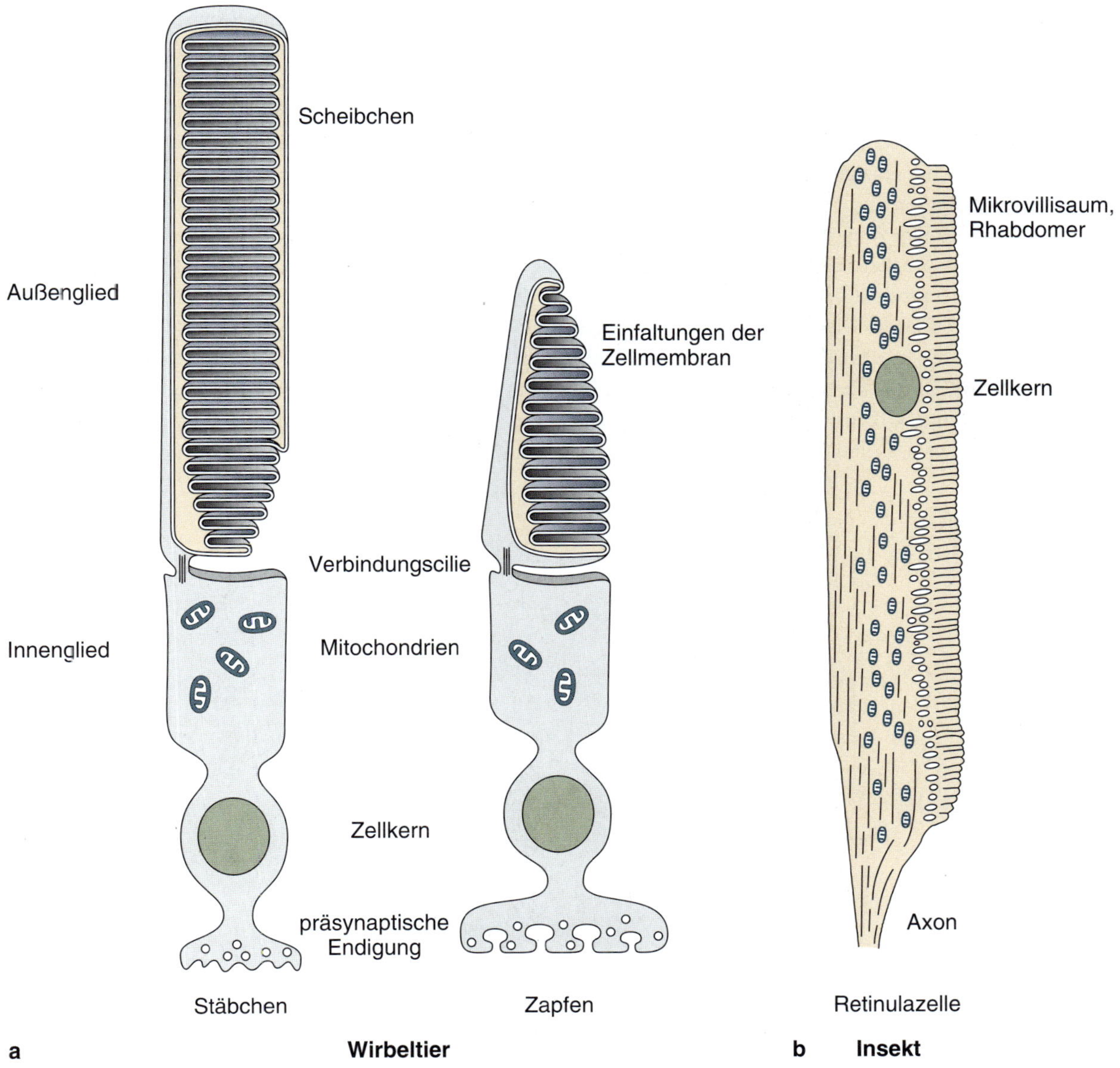

Abb. 13.5 **a** Die Sehzellen der Wirbeltierretina (Stäbchen, Zapfen). **b** Der mikrovilläre Abschnitt einer Sehzelle (Retinulazelle) aus dem Komplexauge eines Insekts.

ner Außengliedlänge von 15–17 µm etwa 700 Scheibchen oder *discs*) stapelförmig angeordnet. Sie sind aus Einstülpungen der Zellmembran hervorgegangen und haben sich bei den Stäbchen vollständig von der Zelloberfläche gelöst, während sie bei den Zapfen als Stapel von Lamellen ausgebildet sind, sodass noch eine einseitige Verbindung mit der Außenwelt bestehen bleibt. Die Außenglieder der Zapfen können verdoppelt sein (Barsch). Bei tagaktiven Vögeln und einigen Eidechsen enthalten sie Ölkugeln (Abb. 18.42). In die Membran der Scheibchen sind die Rhodopsinmoleküle in hoher Dichte integriert (Abb. 18.5). Neue Scheibchen werden ständig am proximalen Ende des Außenglieds nachgebildet (bei Anuren 30 Scheiben pro Tag). Sie verlagern sich distalwärts und werden schließlich am distalen Ende des Außenglieds abgebaut und von Pigmentzellen phagocytiert. Die für diesen Scheibenfluss notwendigen Proteine werden im Innenglied synthetisiert und durch das Verbindungsstück ins Außenglied geschleust. Die Zapfen zeigen deutlich weniger Membranstapel als die Stäbchen, sind daher auch weniger lichtempfindlich.

Typische Vertreter rhabdomerer Photorezeptoren sind die Retinulazellen im Komplexauge von Insekten. Rhodopsin ist hier in einen seitlichen Saum von Mikrovilli, das **Rhabdomer**, eingebettet (Abb. 18.5). Der benachbarte cytoplasmatische Teil der Zelle trägt den Zellkern, zahlreiche Mitochondrien sowie ein umfangreiches endoplasmatisches Retikulum, welches mehr oder weniger große Zisternen bildet.

18.1.3 Signaltransduktion

Der Transduktionsprozess umfasst alle Vorgänge zwischen der Photonenabsorption durch das Sehpigment und dem Auftreten der Hyper- oder Depolarisation in den Sehzellen, das heißt die

Überführung des Reizes in eine Erregung. Die detailliertesten Untersuchungen hierzu gibt es bei Wirbeltieren und Insekten.

Photostereoisomerisierung

Rhodopsin ist im Dunkeln außerordentlich stabil (Halbwertszeit >400 Jahre). Die Absorption eines einzigen Lichtquants genügt, um es in das gelbe all-*trans*-Retinal und Opsin zerfallen zu lassen. Das Licht bewirkt eine Umlagerung des 11-*cis*-Retinals in all-*trans*-Retinal (photochemische Stereoisomerisierung). Über ein sehr kurzlebiges Zwischenprodukt, das Batho-(Prelumi-) rhodopsin, entsteht Lumirhodopsin. Dieses geht bereits bei Temperaturen von über −40 °C in das Metarhodopsin I und dieses in das Metarhodopsin II, das photoerregte Rhodopsin, über (◘ Abb. 18.6). Metarhodopsin II löst eine Enzymkaskade aus, die über mehrere Zwischenschritte zur Schließung von Na^+-Kanälen (Abnahme des Dunkelstroms) in den Außengliedern der Photorezeptoren von Wirbeltieren führt (s. u.). Es selbst zerfällt in etwa 1 min. in Opsin und all-*trans*-Retinal. Letzteres kann weiter zu all-*trans*-Retinol (Vitamin A_1) reduziert werden. Zur Regeneration des Sehpigments ist es notwendig, dass wieder die 11-*cis*-Konfiguration des Retinals bereitgestellt wird. Das geschieht wahrscheinlich nur zum geringen Teil durch direkte Rückwandlung des all-*trans*-Retinals mithilfe der Retinal-Isomerase. Die Gleichgewichtslage dieser Reaktion ist vom Licht abhängig. Der größte Teil der Regeneration geht vom Vitamin A_1 aus, das in der Leber gespeichert wird und im Blut gewöhnlich in ausreichender Menge zur Verfügung steht. Der Transport des Retinols aus den Photorezeptoren zur unmittelbar benachbarten Schicht der Pigmentepithelzellen erfolgt über ein spezielles Transportprotein, das IRBP (*interphotoreceptor*

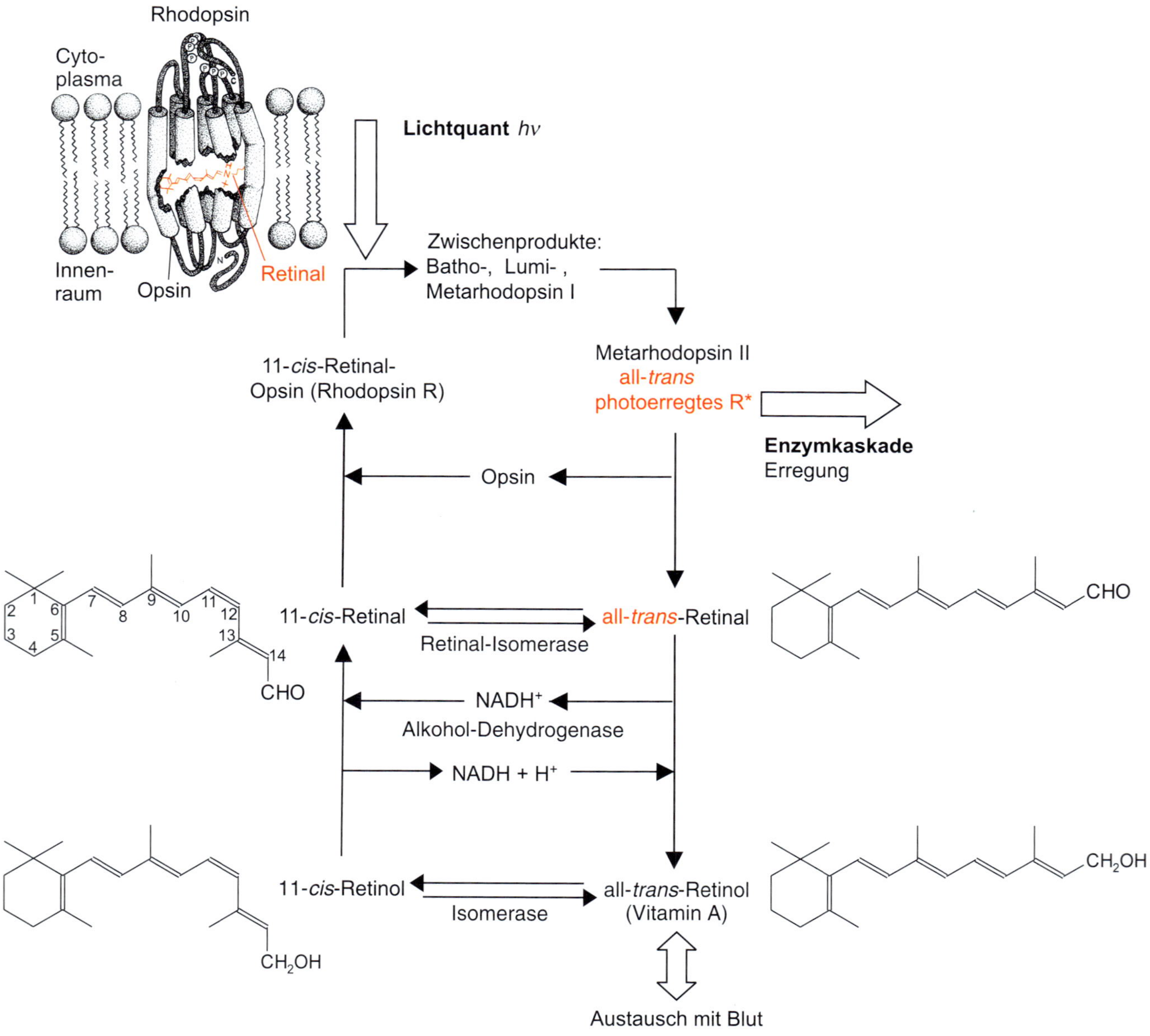

◘ **Abb. 18.6** Die Vorgänge bei Zerfall und Regeneration des Rhodopsins im Wirbeltierauge in vereinfachter Form.

retinoid-binding protein). Nach Isomerisierung und Umwandlung von 11-*cis*-Retinol zurück in 11-*cis*-Retinal erfolgt der Rücktransport des 11-*cis*-Retinals in die Photorezeptoren ebenfalls über IRBP, wo es sich spontan wieder mit dem Opsin zu Rhodopsin verbindet.

Das photochemische System einer Reihe von Invertebraten unterscheidet sich dadurch von dem der Vertebraten, dass thermostabile Zwischenprodukte entstehen. So endet die Reihe der Umsetzungen des Rhodopsins bei den Cephalopoden und einigen Arthropoden in relativ stabilen Metarhodopsinen. Die Reisomerisierung des Retinals von der all-*trans*- in die 11-*cis*-Konfiguration erfolgt in der Hauptsache nicht chemisch, sondern durch Absorption eines weiteren Lichtquants (**Photoreisomerisierung**), ohne dass das Molekül vorher in Retinal und Opsin zerfallen ist. Ein solcher photochemischer Flipflopzyklus, bei dem die Photostereoisomerisierung des Sehpigments Rhodopsin zur stabilen Form des Metarhodopsins bei einer bestimmten Wellenlänge (λ_{max}) optimal verläuft und die Photoreisomerisierung zurück zum Rhodopsin einen anderen λ_{max}-Wert zeigt, ist außer bei Cephalopoden auch in den lateralen Ocellen der Entenmuschel (λ_{max}: 495 und 532 nm), im medianen Ocellus von *Limulus* (λ_{max}: 360 und 480 nm), in den larvalen Ocellen von Moskitos (λ_{max}: 480 und 515 nm) sowie im Komplexauge der Neuroptere *Ascalaphus* (λ_{max}: 345 und 475 nm), der Schmeißfliege *Calliphora* (λ_{max}: 490 und 560 nm) und des Schwärmers *Deilephila* (λ_{max}: 525 und 480 nm) gefunden worden.

Transduktionskaskade in ciliären Photorezeptoren

Das photoerregte Rhodopsin (Metarhodopsin II) löst eine Enzymkaskade (▣ Abb. 18.7) aus, die über das GTP-bindende Protein (G-Protein) **Transducin**[480] zur aktivierten cGMP-Phosphodiesterase (PDE) und weiter zur Hydrolyse von zyklischem GMP (cGMP) führt. Die lichtinduzierte Abnahme des cGMP-Spiegels (interner Transmitter) im Cytoplasma führt zur Schließung von kationenspezifischen Kanälen in der Plasmamembran der Sehzellen, die bei Dunkelheit geöffnet sind. Durch sie treten ständig Na^+-Ionen ihrem elektrochemischen Gradienten folgend in das Außenglied der Rezeptorzellen ein (Dunkelstrom). Dieser Gradient wird durch eine Na^+/K^+-Transport-ATPase in der Plasmamembran der Innenglieder aktiv aufrechterhalten. Bei Dunkelheit sind die Zellen deshalb depolarisiert. Bei Licht werden sie von der Reizintensität abhängig hyperpolarisiert, da die Kanäle infolge des cGMP-Mangels geschlossen werden und damit der Dunkelstrom abnimmt. Ein einziges absorbiertes Photon schließt in einem dunkeladaptierten Stäbchen Hunderte Kanäle und hyperpolarisiert die Membran um etwa 1 mV. Dem entspricht eine Abnahme der Membranleitfähigkeit um etwa 20 pS, die in einem mehrere Mikrometer langen Abschnitt des Außenglieds auftritt. Das cGMP wirkt direkt auf den Kanal ein, der zur Aufrechterhaltung seines geöffneten Zustands die Bindung von mindestens drei Molekülen cGMP erfordert (Hill-Koeffizient = 3).

[480] *transducere* (lat) = hinüberführen, leiten

Im Einzelnen spielen sich folgende Prozesse ab: Das lichtaktivierte Rhodopsin bindet vorübergehend das Transducin, ein heterotrimäres G-Protein, das daraufhin durch den Austausch von GDP gegen GTP an seiner α-Untereinheit aktiviert wird. Dieses so aktivierte Transducin trennt sich wieder vom photoerregten Rhodopsin, das für einen erneuten Katalysezyklus zur Verfügung steht. Ein einziges lichtaktiviertes Rhodopsinmolekül kann so nacheinander 500 Transducinmoleküle aktivieren (1. Verstärkerstufe), bis es schließlich von der **Rhodopsin-Kinase** phosphoryliert und damit inaktiviert wird. In diesem Zustand kann es **Arrestin**[481], ein 48-kDa-Protein, binden und verliert dann die Fähigkeit, weitere Transducinmoleküle zu binden und zu aktivieren. Die α-Untereinheit des aktivierten Transducins aktiviert ihrerseits eine **cGMP-Phosphodiesterase** (PDE), indem sie von dieser eine inhibitorische Untereinheit abspaltet. Jedes aktivierte PDE-Molekül hydrolysiert anschließend etwa tausend 3',5'-cGMP-Moleküle zu 5'-GMP (2. Verstärkerstufe). Die Resynthese von cGMP (interner Transmitter, s. o.) und damit die Rückkehr zum Dunkelzustand wird durch eine Guanylylcyclase geleistet.

Sowohl die durch Licht hervorgerufene Hyperpolarisation (auf etwa −70 mV maximal gegenüber einem Dunkelwert von etwa −20 mV beim Furchenmolch und Gecko) als auch die damit verbundene Steigerung des Membranwiderstands (Erhöhung um 5 MΩ gegenüber einem Dunkelwert von 10–20 MΩ) sind umso intensiver, je stärker der einwirkende Lichtreiz ist. Eine Abhängigkeit der Antwort von der Fläche des beleuchteten Retinabereichs zeigte sich dagegen nicht. Daraus kann man schließen, dass jeder Rezeptor funktionell unabhängig von seiner Umgebung reagiert. Das Rezeptorpotenzial (Hyperpolarisation) breitet sich anschließend elektrotonisch bis zu den synaptischen Terminalen aus, wo die Transmitterfreisetzung herabgesetzt wird.

Signalkaskade in mikrovillären Photorezeptoren

Die mikrovillären Photorezeptoren der **Komplexaugen** der Arthropoden, vieler schalenloser Schnecken (*Hermissenda*, *Onchidium*, *Tritonia*) und Cephalopoden werden bei Lichteinwirkung nicht – wie bei den Wirbeltieren – hyper-, sondern depolarisiert. Bei der Taufliege (*Drosophila*) ist die Depolarisation mit einem hauptsächlich von Ca^{2+} getragenen Einwärtsstrom verbunden. Beteiligt sind zwei miteinander verwandte, spannungssensitive Kationenkanäle: der **TRP-** und der **TRPL-Kanal**[482] (▣ Abb. 18.8). Beide waren namensgebend für eine inzwischen große Familie von Rezeptoren bzw. Ionenkanälen, deren Vertreter auch in Mechano-, Geruchs-, Schmerz- und Thermorezeptoren zu finden sind (► Abschn. 21.1.2). Der TRP-Kanal im *Drosophila*-Auge ist Ca^{2+}-selektiv. Demgegenüber ist der TPRL-Kanal ein nichtselektiver Kationenkanal. Jedes Rhabdomer besteht bei *Drosophila* aus ca. 10^5 Mikrovilli, die jeweils 1000 Rhodopsinmoleküle in ihrer Membran beherbergen. Die Mikrovillimembran enthält nicht nur Rhodopsin, sondern alle

[481] *arrestare* (lat.) = ergreifen, verhaften

[482] TRP = *transient receptor potential*; TRPL = TRP-like

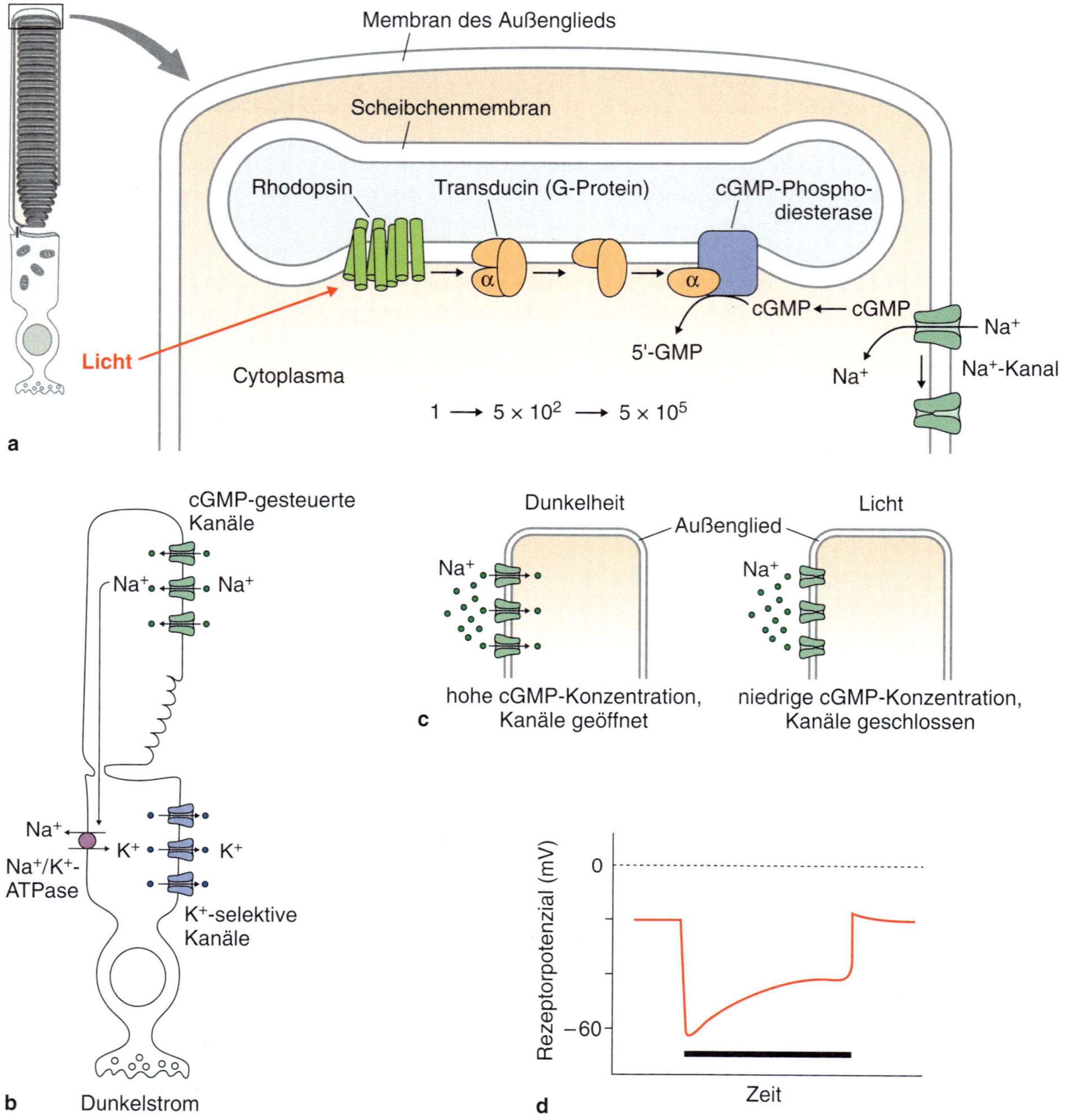

Abb. 18.7 Phototransduktion in den Stäbchen der Wirbeltierretina. **a** Die Absorption eines Lichtquants durch Rhodopsin löst eine Signalkaskade aus, an deren Ende ca. 5×10^5 cGMP-Moleküle hydrolysiert werden. Dies führt zum Schließen von Kationenkanälen in der Zellmembran. **b** Im Dunkeln ist der Photorezeptor auf ca. –30 mV depolarisiert. Der im Außenglied von einem Na^+-Einstrom, im Innenglied von einem K^+-Ausstrom getragene Dunkelstrom wird durch eine Na^+/K^+-Transport-ATPase im Innenglied kompensiert. **c** Belichtung führt zum Schließen der cGMP-gesteuerten Kanäle. **d** Als elektrische Antwort auf eine Belichtung erfolgt eine graduierte Hyperpolarisation.

18

zur Signaltransduktion erforderlichen Proteine und Kanäle. Gentechnische Methoden haben die wichtigsten Schritte der Signaltransduktion aufgeklärt und gezeigt, dass mindestens 30 Gene an der Phototransduktion beteiligt sind. Bei Absorption von Lichtquanten erfährt das Rhodopsin eine Konformationsänderung und interagiert daraufhin mit einem heterotrimeren G-Protein (G_q). Nach Austausch von GDP durch GTP und Dissoziation des Komplexes aktiviert die α-Untereinheit des G_q nicht, wie bei den Wirbeltieren, eine Phosphodiesterase, sondern eine augenspezifische **Phospholipase C** (PLC), durch die das membranständige Phosphatidylinositol-4,5-bisphosphat (PIP_2) in Inositol-1,4,5-trisphosphat (IP_3) und Diacylglycerin (DAG) gespalten wird (► Kap. 12). Nach derzeitiger Hypothese führt die mit der PIP_2-Spaltung einhergehende Protonenfreisetzung zur Aktivierung der TRP-Kanäle. Es resultiert ein Einwärtsstrom und damit eine Depolarisation der Rezeptorzelle (Rezeptorpotenzial). Jedes absorbierte Photon löst mit einer Latenz von <20 ms einen Einwärtsstrom von 5–20 pA und ca. 50 ms Dauer aus (*quantum bumb*). Das Rezeptorpotenzial verschwindet nach Beendigung des Lichtreizes

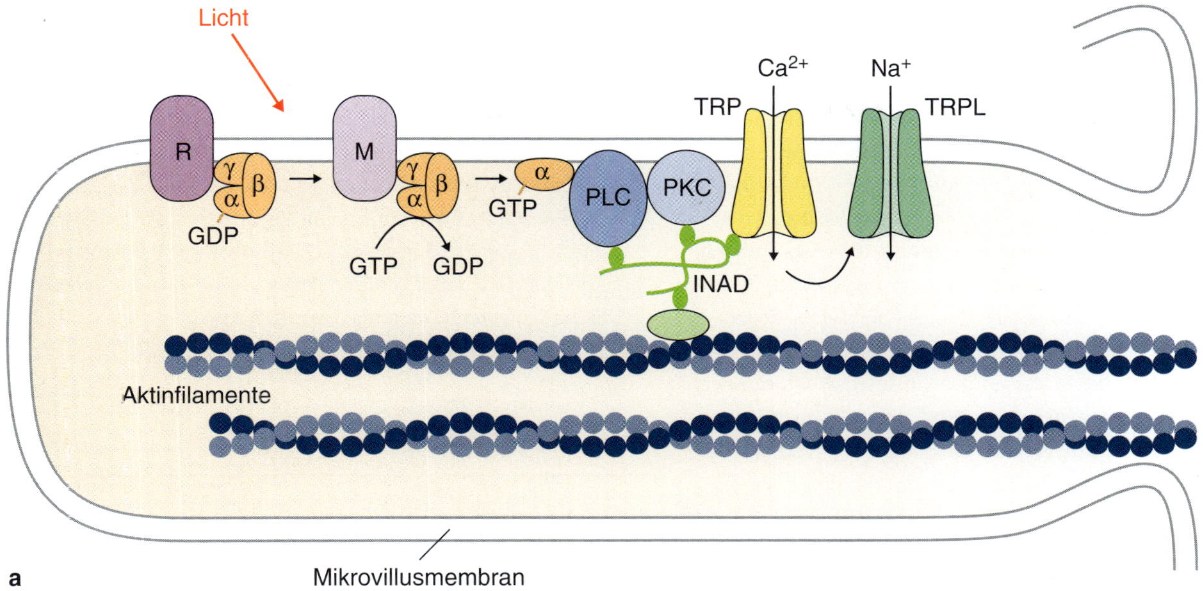

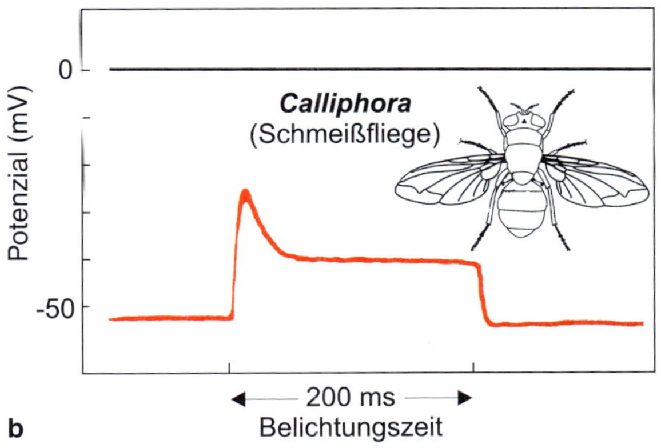

Abb. 18.8 **a** Phototransduktionskaskade bei *Drosophila*. Die Hauptkomponenten der Signaltransduktion sind in einem schematischen Schnitt durch einen Mikrovillus dargestellt. Nach Absorption eines Photons führt die Photoisomerisierung des Rhodopsins zu Metarhodosin zur Aktivierung von G_q (α, β, γ), das nach GTP-GDP-Austausch $G_q\alpha$ partiell entlässt. Dieses aktiviert eine Phospholipase C. Die Spaltung von PIP_2 in IP_3 und DAG aktiviert einen Ca^{2+}-selektiven TRP-Kanal sowie einen kationenselektiven TRPL-Kanal. Einströmende Ca^{2+}-Ionen aktivieren die Proteinkinase C, die die TRP-Kanäle durch Phosphorylierung wieder inaktiviert. PLC, PKC und TRP sind über ein indirekt an einem Aktinfilament verankertes Gerüstprotein (INAD) zu einem Signalkomplex gekoppelt. **b** Rezeptorpotenzial einer Sehzelle im Auge der Schmeißfliege (*Calliphora*). Die Gerade gibt die Nulllinie an. DAG = Diacylglycerin; INAD = Gerüstprotein; IP_3 = Inositol-1,4,5-trisphosphat; M = Metarhodopsin; PIP_2 = Phosphatidylinositol-4,5-bisphosphat; PKC = Proteinkinase C; PLC = Phospholipase C; R = Rhodopsin. (a nach Hardie RC (2012) Phototransduction mechanisms in *Drosophila* microvillar photoreceptors. WIREs Membr Transp Signal 2012, 162–187, Abb. 3, S. 165, b nach Burckhardt D (1964) Sehzellen. Mikrokosmos 53, 161–167.)

innerhalb von 100 ms wieder. Die normale Erregbarkeit kehrt zurück, wofür die Aktivierung einer augenspezifischen Proteinkinase C (PKC) durch Ca^{2+} und DAG essenziell ist, die den TRP-Kanal phosphoryliert (inaktiviert). Mehrere Komponenten der Transduktionskaskade, vor allem PLC, PKC und TRP, sind durch ein Gerüstprotein (INAD, *inactivation no afterpotential D*) stöchiometrisch zu einem Signalkomplex gekoppelt und über weitere Linkerproteine vermutlich an Aktinfilamente gebunden, die die Mikrovilli längs durchziehen. Die enge Kopplung der Signalproteine könnte den zeitlichen Ablauf der Phototransduktion minimieren und wird für die kurze Latenz der elektrischen Antwort in Insektenphotorezeptoren verantwortlich gemacht.

Bei der Schmeißfliege *Calliphora* beträgt das Ruhemembranpotenzial einzelner Retinulazellen etwa −60 mV. Bei Belichtung zeigt es eine phasisch-tonische Depolarisation (Abb. 18.8b). Bei hoher Intensität kann die Depolarisation mehr als 40 mV betragen, aber Aktionspotenziale werden wie bei Wirbeltierstäbchen nicht generiert. Bei *Limulus* und dem Flusskrebs *Astacus* ist die Depolarisation durch Licht mit einer Zunahme der Membranleitfähigkeit für Na^+ verbunden. Nach Beendigung der Belichtung kehrt das Potenzial zum Ruhewert zurück. Eine Reihe von Besonderheiten, unter anderem die Bildung von Aktionspotenzialen in Photorezeptoren, zeigt das Sehsystem der Kammmuschel (▶ Box 18.1).

Box 18.1 Das Sehsystem der Kammmuschel *Pecten*

Freischwimmende Muscheln wie die Kammmuschel (*Pecten*) und die Feilenmuschel (*Lima*) haben einen Mantelrand, der mit zahlreichen einfachen Augen (**Ocellen**) besetzt ist (bei *Pecten* ca. 60). Die Linsenaugen haben eine doppelte **Retina** – eine distale Retina mit ciliären und eine proximale Retina mit rhabdomerischen Photorezeptoren (◘ Abb. 18.9). Die Linse mit einer Brennweite von 1,5 mm ist bei einem Augendurchmesser von 1 mm nicht in der Lage, ein scharfes Abbild eines Gegenstands auf die Retina zu werfen. Hinter der Retina befindet sich aber eine aus vielen kleinen Guaninplättchen aufgebaute, spiegelnde **Argentea**, die wie ein Hohlspiegel (Lamellenspiegel) funktioniert und deren Brennweite nur 205 µm beträgt. Die Argentea erzeugt in der Ebene der distalen Retina mit ca. 5000 Photorezeptoren ein scharfes, inverses Bild, wobei die Linse vermutlich hauptsächlich zur Korrektur der sphärischen Aberration des Spiegels dient. Die Zellen der proximalen Retina (mit rhabdomerischen Photorezeptoren) werden bei Lichteinfall depolarisiert, die der distalen Retina (mit ciliären Rezeptorstrukturen) dagegen hyperpolarisiert (◘ Abb. 18.9). In beiden Fällen ist die Lichteinwirkung mit einer Zunahme der Membranleitfähigkeit (Abnahme des Membranwiderstands) verbunden. Die Hyperpolarisation (Ruhepotenzial zwischen –20 und –40 mV) kommt durch eine selektive Erhöhung der K^+-Permeabilität (Erniedrigung des in Ruhe relativ hohen Permeabilitätsverhältnisses P_{Na^+}:P_{K^+}) zustande. Im Gegensatz zu den Photorezeptoren der Wirbeltiere und Insekten generieren beide Photorezeptoren Aktionspotenziale. Die scharf abbildende distale Retina dient daher der Detektion potenzieller Beutegreifer, die als dunkles Objekt zu einer Erhöhung der Entladungsrate führen und damit ein Einziehen der Tentakeln und Schließen der Schalen auslösen, während die unscharfe Abbildung auf der proximalen Retina vermutlich für phototaktische Schwimmbewegungen eingesetzt wird.

18.2 Augentypen

Das Sehen spielt bei den meisten Tieren eine herausragende Rolle. Das sichtbare Licht gehorcht den Gesetzen der geometrischen Optik. Es breitet sich in einem einheitlich beschaffenen Medium geradlinig aus und wird an der Grenzfläche zwischen zwei Medien unterschiedlicher optischer Dichte in gesetzmäßiger Weise reflektiert bzw. gebrochen. Diese Eigenschaften des Lichtes ermöglichen eine Abbildung der optischen Reizquellen auf ein flächenhaft ausgebreitetes Sinnesepithel (**Retina**[483]). Zu diesem Zweck sind bei vielen Tieren Augen mit mehr oder weniger komplizierten Hilfsapparaten (Linse, Glaskörper, Pupille usw.) entwickelt worden.

[483] *rete* (lat.) = Netz

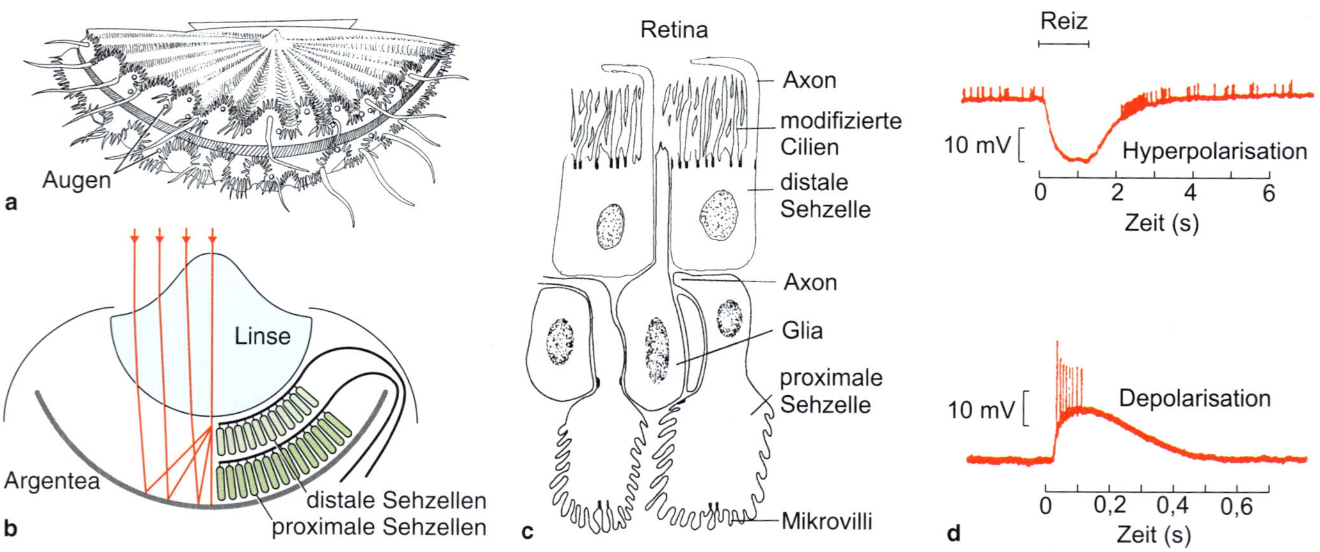

◘ **Abb. 18.9** Linsenaugen der Kammmuschel (*Pecten*). **a** Position der Linsenaugen. **b** Querschnitt durch ein Auge. Durch Spiegelung an der Argentea erhalten distale Sehzellen der Retina eine fokussierte Abbildung, proximale Sehzellen dagegen ein unscharfes Bild. **c** Morphologie und Anordnung der Sehzellen. **d** Antwort der Sehzellen auf Belichtung. Die distalen ciliären Sehzellen reagieren mit Hyperpolarisation (oben), proximale rhabdomerische Sehzellen werden bei Belichtung depolarisiert (unten). Beide Sehzelltypen generieren Aktionspotenziale. (b nach Land MF (1965) Image formation by a concave reflector in the eye of the scallop, *Pecten maximus*. J Physiol (London) 179, 138–153, Land MF, Nilsson D-E (2006) General pupose and special purpose visual systems. In: Warrant EJ, Nilsson D-E (Hrsg) Invertebrate vision. Cambridge University Press, Cambridge, S. 167–210, c, d nach McReynolds JS, Gorman ALF (1970) Photoreceptor potentials of opposite polarity in the eye of the scallop, *Pecten irradians*. J Gen Physiol 56, 376–391.)

Im einfachsten Fall ist nur eine generelle Wahrnehmung von Helligkeit möglich (Hell-Dunkel-Sehen), die Richtung des eintreffenden Lichtes kann nicht ermittelt werden. Die nächste Stufe ist das Richtungssehen. In beiden Fällen spielt die Wahrnehmung des direkten Sonnen- bzw. Himmelslichts die größte Rolle. Die paarigen larvalen Augen des Meerespolychaeten *Platynereis* bestehen aus nur zwei Zellen: einer Lichtsinneszelle vom rhabdomerischen Typ in engem Kontakt mit einer Pigmentzelle.

Mit der Ausbildung eines abbildenden (dioptrischen) Apparats im Auge gewinnen die von den Gegenständen der Umwelt reflektierten Lichtstrahlen an Bedeutung. Es entwickelt sich das Formensehen. Die selektive Absorption bzw. Reflexion des Lichtes bestimmter Wellenlänge durch die Gegenstände ermöglicht eine Unterscheidung der Objekte nicht nur nach ihrer Form und Helligkeit, sondern auch nach ihrer Farbe. Diese Möglichkeit wird beim Farbensehen ausgeschöpft. Schließlich ist eine Reihe von Tieren im Gegensatz zum Menschen zusätzlich in der Lage, die Polarisationsebene des Himmelslichts sowie reflektierender Oberflächen zu registrieren (Polarisationssehen).

18.2.1 Einfache Lichtsinnesorgane

Lichtempfindlichkeit kann man bereits bei einigen **Protisten** feststellen. Besonders bekannt ist das phototaktische Verhalten bei den **Phytoflagellaten**, die aktiv den für ihre Photosynthese optimalen Bereich der Lichtintensität im Gewässer aufsuchen. Der Photorezeptor ist beim Augentierchen *Euglena* nicht der gut sichtbare Augenfleck (Stigma), der wegen seines Gehalts an Carotinoiden orangerot erscheint, sondern eine Anschwellung an der Geißelbasis, der **Paraflagellarkörper**. Der Augenfleck dient lediglich der Abschirmung des von der »dorsalen« Seite einfallenden Lichtes. Manche Dinoflagellaten (*Nematodinium*, Warnowiidae) besitzen ocellusartige Lichtsinnesorganellen (**Ocelloide**), die aus einer linsenartigen Struktur, einem Pigmentbecher und einem photosensiblen Plasmaareal bestehen. Zwischen »Linse« und Pigmentbecher liegt eine Kammer, die über einen engen Kanal mit der Außenwelt kommuniziert (◘ Abb. 18.10).

Bei einer Reihe ursprünglicher Metazoa besteht eine Empfindlichkeit der gesamten Körperoberfläche oder besonders exponierter Körperteile gegenüber Licht (**dermatoptischer**[484] **Sinn**). Bei Aktinien, die Zoochlorellen (Algen) enthalten, hat man beobachtet, dass sie ihre Fangarme bei starker Belichtung parallel und bei schwacher Belichtung senkrecht zum Lichteinfall einstellen. Lichtempfindlich sind auch der Mantelrand und der Sipho vieler augenloser Muscheln. Der Sipho der im Sand vergrabenen Klaffmuschel (*Mya arenaria*) wird sofort eingezogen, wenn die auf ihn fallende Lichtintensität plötzlich verstärkt (**Belichtungsreflex**) oder erniedrigt (**Schattenreflex**) wird. In der Haut des Siphos sind einzellige Photorezeptoren vorhanden. Für den Schattenreflex sind andere Rezeptoren verantwortlich als für den Belichtungsreflex.

Mit den bei *Mya* gefundenen Photorezeptoren vergleichbare Elemente sind auch aus der Epidermis des **Regenwurms** (*Lumbricus*) bekannt (◘ Abb. 18.11). Sie enthalten einen Binnenkörper oder **Phaosom**, der einen Hohlraum darstellt, dessen Lumen von unregelmäßig angeordneten Mikrovilli sowie

[484] *derma* (griech.) = Haut; *opsis* (griech.) = Sehen

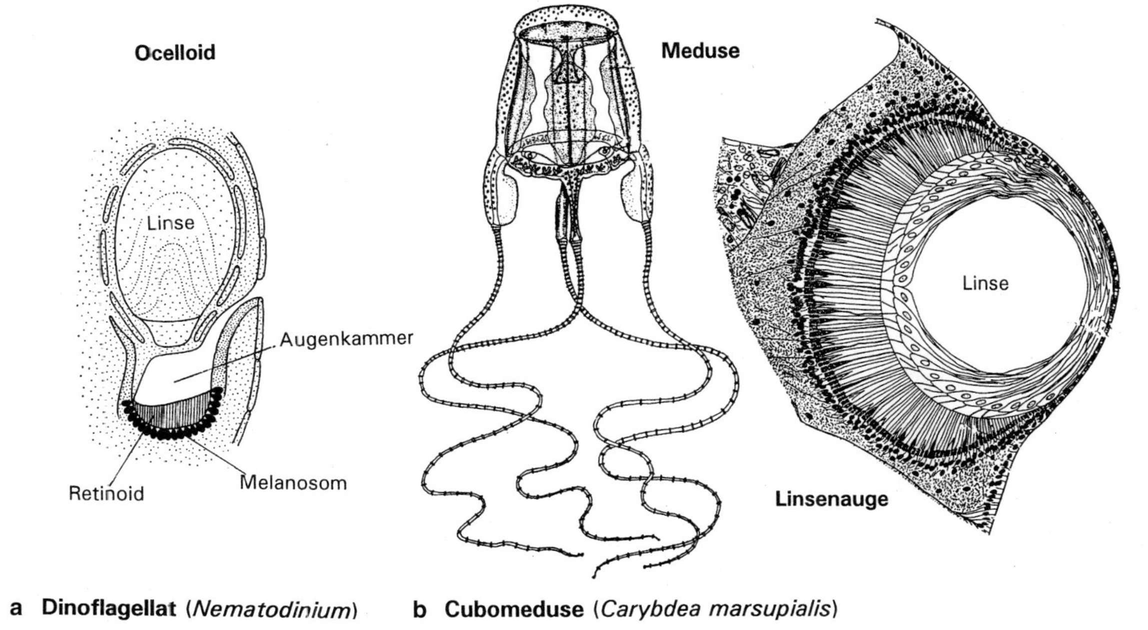

◘ **Abb. 18.10** **a** Längsschnitt durch das Ocelloid von *Nematodinium* (Dinoflagellata). **b** Die Cubomeduse *Charybdea marsupialis* und ihr Linsenauge des Sinneskörpers (Nach Kaestner A (1993) Lehrbuch der speziellen Zoologie, Bd. 1, Teil 1. Fischer, Jena.)

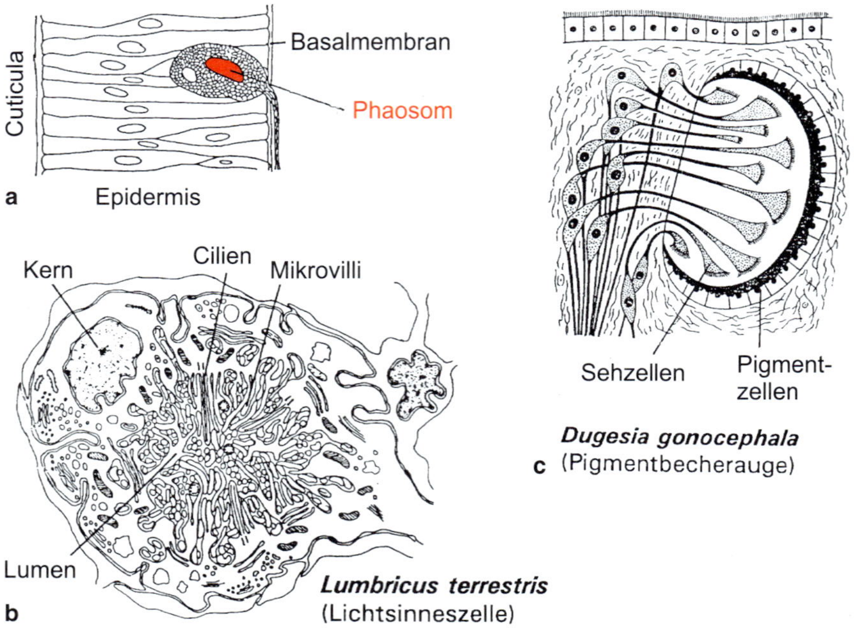

Abb. 18.11 **a, b** Lichtsinneszelle mit Phaosom aus der Epidermis des Regenwurms (*Lumbricus terrestris*). Das Phaosom ist eine Oberflächenspezialisierung einer epidermalen Zelle und besteht aus einer apikalen Grube, die mit Mikrovilli und Cilien nahezu vollkommen ausgefüllt ist. **c** Pigmentbecherauge der Planarie *Dugesia gonocephala*. Die Sinneszellen sind mit einem Mikrovillisaum bedeckt. (a, b aus Peters W, Walldorf V (1986) Der Regenwurm. Quelle & Maier, Heidelberg, c nach Hesse R (1897) Untersuchungen über die Organe der Lichtempfindlichkeit bei niederen Thieren. II. Die Augen der Plathelminthen, insonderheit der tricladen Turbellarien. Z Wiss Zool 62, 527–582.)

von einzelnen Cilien weitgehend ausgefüllt ist und durch Einstülpung der Zelloberfläche entstanden ist. Man findet die Strukturen besonders zahlreich am Prostomium, am seltensten in den mittleren Körpersegmenten. In Übereinstimmung mit der Häufigkeit dieser Zellen ist auch die Lichtempfindlichkeit in den verschiedenen Körperabschnitten unterschiedlich, am größten ist sie im Prostomium. Der Regenwurm verhält sich bei sehr geringen Lichtintensitäten positiv, bei stärkeren negativ phototaktisch. Die Haut vieler **Stachelhäuter** (Echinodermata) ist ebenfalls photosensibel, so zum Beispiel die der Seegurke *Holothuria*. Beim Seeigel sind photosensible Nerven in der Haut nachgewiesen. Seesterne besitzen in der Regel besondere Augen. Seesterne (*Echinaster* und *Asterina*, nicht aber *Asterias* und *Solaster*) reagieren aber auch dann noch auf Licht, wenn man die Augen operativ entfernt hat.

Die epidermalen, schwach vorgewölbten Augenflecken und die – wesentlich häufigeren – linsenlosen Grubenaugen (Abb. 18.12) ermöglichen bereits ein einfaches **Richtungssehen.** Die zwischen den Sehzellen gelegenen Pigmentzellen sorgen dafür, dass jeweils nur das annähernd axial einfallende Licht die Sehzelle erreicht. Verschiedene Planarien (*Planaria maculata, P. gonocephala, Dendrocoelum lacteum*) zeigen eine negative Phototelotaxis. Diese Strudelwürmer besitzen am vorderen Körperende zwei symmetrisch angeordnete **Pigmentbecheraugen** (Abb. 18.11). Durch den Pigmentbecher wird erreicht, dass das Licht nur von der Seite her auf die Sehzellen treffen kann. Darüber hinaus sind die Lichtsinneszellen selbst polarisiert und werden nur von solchen Strahlen erregt, die sie in ihrer Längsachse durchsetzen. Entfernt man nämlich die hintere Augenhälfte zusammen mit dem Augenbecher und bestrahlt das Tier von hinten, so ändert sich der Kriechkurs nicht, vielmehr wird– wie beim unversehrten Tier – die alte Bewegungsrichtung fortgesetzt.

Ebenfalls nicht für das Bildsehen geeignet sind die bei adulten **Insekten** zu findenden **Ocellen**. Sie kommen meist in Dreizahl zwischen den Facettenaugen und der Stirn oder am Scheitel vor und sind mit einer Linse ausgestattet. Die Bildebene liegt jedoch gewöhnlich weit hinter der Retina. Außerdem sollte die starke Konvergenz der Rezeptoraxone auf relativ wenige Neurone des zum Gehirn ziehenden Ocellarnervs nur eine grobe räumliche Auflösung erlauben. In zwei Eigenschaften sind die Ocellen den Komplexaugen aber überlegen: der Geschwindigkeit und der absoluten Empfindlichkeit. Man nimmt generell an, dass sie eine Rolle bei der Flugstabilisierung spielen (Horizonterkennung, Unterscheidung Himmel-Erde), und hat bei verschiedenen Insekten (*Apis, Drosophila* u. a.) beobachtet, dass die Tiere wesentlich träger auf Änderungen der Lichtintensität reagieren, wenn ihre Ocellen abgedunkelt worden sind. Honigbienen beginnen dann morgens später mit ihrer Sammeltätigkeit und hören abends früher damit auf. Die Belichtung der Ocellen führt zwar zur Steigerung der Reflexreaktionen, die durch Reizung der Komplexaugen ausgelöst werden, sie löst aber selbst keine Reflexhandlung aus. So wurde vielfach bestätigt, dass sich Tiere mit intakten Ocellen aber abgedunkelten Komplexaugen nicht mehr phototaktisch verhalten.

18.2.2 Linsenaugen

Linsenaugen sind in ihrer Verbreitung keineswegs auf Wirbeltiere beschränkt, man findet sie bei Vertretern der verschiedensten Tierstämme, vornehmlich bei räuberisch lebenden Formen wie den Würfelquallen (Cubomedusen, Abb. 18.10), den Alciopiden (Polychaeten) und Tintenfischen (Cephalopoden), aber auch zum Beispiel bei den Lungenschnecken (*Helix* u. a.,

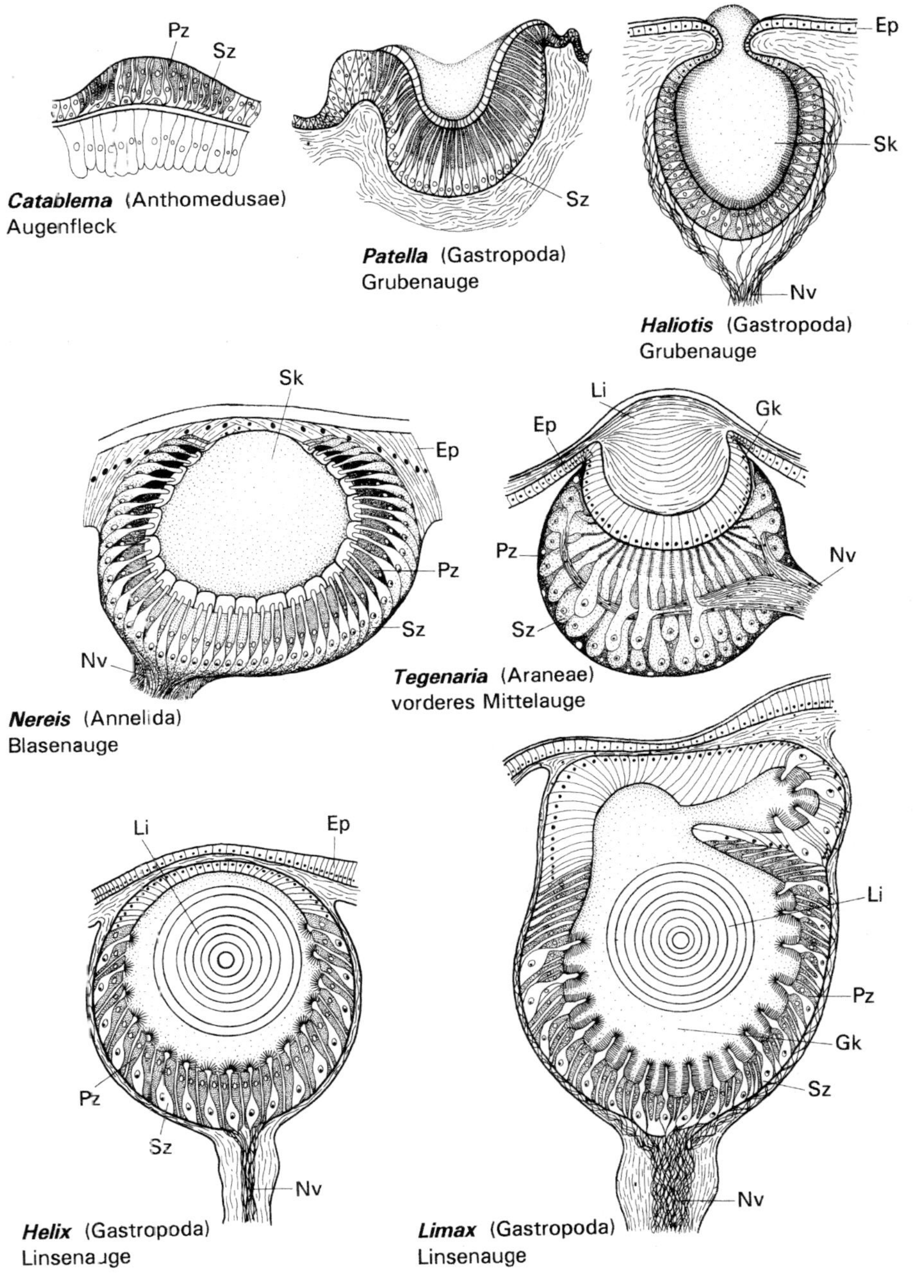

◻ Abb. 18.12 Augentypen von Invertebraten im Längsschnitt. Ep = Epidermis; Gk = Glaskörper; Li = Linse; Nv = Sehnerv; Pz = Pigmentzelle; Sk = Sekret; Sz = Sinneszelle.

◻ Abb. 18.12). Die räuberisch planktonisch lebenden Alciopiden besitzen echte Linsen, die von speziellen Zellen sezerniert werden. Eine Akkommodation auf verschiedene Entfernungen durch Verschiebung der Linse ist bei ihnen nachgewiesen worden, sodass man bei diesen Tieren von der Fähigkeit zum Bildsehen ausgehen kann. Über die Physiologie ist jedoch in der Regel (mit Ausnahme der Cephalopoden) sehr wenig bekannt, sodass wir uns im Folgenden hauptsächlich auf die Wirbeltiere beschränken müssen.

Der mehr oder weniger kugelförmige **Augenbulbus** (Bulbus oculi) des Wirbeltierauges ist annähernd radiärsymmetrisch aufgebaut (◻ Abb. 18.13). Seine Wand setzt sich aus drei Hauptschichten – der äußeren, mittleren und inneren – zusammen. Die äußere (fibröse) Augenhaut (Tunica externa) besteht aus der derben, bindegewebigen Lederhaut (**Sclera**), deren vorderer, die Linse überdeckender Teil als Hornhaut (**Cornea**[485]) durchsichtig ist. Die mittlere Augenhaut (Tunica media) setzt sich aus der Aderhaut (**Chorioidea**), dem Faltenkranz (**Ciliarkörper**, Corpus ciliare) und der Regenbogenhaut (**Iris**) zusammen. Die innere Augenhaut (Tunica interna) umfasst die Pigment- und Sinnesepithelschicht der Netzhaut (**Retina**). Die Iris umschließt das Sehloch, die **Pupille**. Im Inneren des Augenbulbus existieren verschiedene Kammern, die mit wässriger oder gallertiger Flüssigkeit angefüllt sind. Hinter der vorderen Augenkammer liegt die **Linse** (Lens crystallina), zwischen Linse und Retina der **Glaskörper** (Corpus vitreum). Die Linse

485 *cornu* (lat.) = Horn

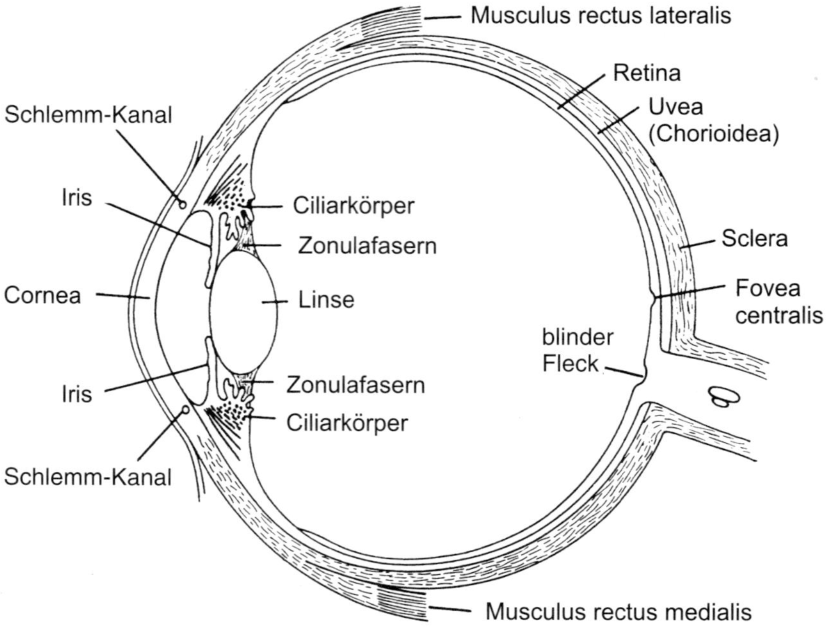

Abb. 18.13 Schematischer Schnitt durch das menschliche Auge. (Aus Storch V, Welsch U (1994) Kurzes Lehrbuch der Zoologie. 7. Aufl. Fischer, Stuttgart.)

ist bei den terrestrischen Formen abgeflacht, bei den aquatischen dagegen in der Regel kugelförmig. Der Rand der Linse ist mit dem Ciliarkörper verbunden.

Die **Retina** des Wirbeltierauges (Abb. 18.14) ist gewöhnlich aus drei Schichten aufgebaut. Die dem lichtabschirmenden Pigmentepithel anliegende Schicht enthält die Sehzellen, die spindelförmigen **Stäbchen** und die plumperen **Zapfen**. Ihre photosensiblen Außenglieder weisen zur Pigmentschicht, das heißt, sie sind vom einfallenden Licht abgekehrt und nicht ihm entgegen orientiert (inverses Auge). Die Kerne der Sehzellen erscheinen im histologischen Präparat als **äußere Körnerschicht** (äußere nucleäre Schicht). Ihr schließt sich die **innere Körnerschicht** (innere nucleäre Schicht) an, die bipolare Nervenzellen, Amakrinzellen und Horizontalzellen enthält. An ihren basalen Enden bilden die Lichtsinneszellen Synapsen mit den Dendriten der bipolaren Zellen und der Horizontalzellen. Es handelt sich um für die Sehzellen typische Bandsynapsen (*ribbon*[486]-Synapsen). Ein elektronenoptisch dichtes Band (*synaptic ribbon*) ragt in den knopfartig aufgetriebenen Endabschnitt hinein und wird von synaptischen Vesikeln umsäumt. Die **bipolaren Zellen** stellen die Verbindung zwischen den Sehzellen und den **Ganglienzellen** der dritten Schicht her, deren Neurite den Nervus opticus bilden und zum Gehirn ziehen. Die Erregungen durchlaufen somit bereits innerhalb der Retina eine aus drei Zellen bestehende Neuronenkette: Rezeptorzelle – Bipolarzelle – Ganglienzelle. **Amakrinzellen** und **Horizontalzellen** sorgen für mannigfaltige Querverbindungen. Besondere Bipolarzellen dienen der zentrifugalen Erregungsleitung.

In der Regel übertrifft die Anzahl der Stäbchen die der Zapfen. Eine Ausnahme bilden die Hörnchen (Sciuridae). Die meisten Grauhörnchen erreichen in ihrer Retina einen Zapfenanteil von 60 %, die Erdhörnchen sogar einen von mehr als 90 %. Die Retina der dämmerungs- und nachtaktiven Tiere sowie von Tiefseefischen weist auffallend weniger Zapfen auf als die der tagaktiven Tiere.

Eine reine **Stäbchenretina** finden wir bei vielen Tiefseefischen, Gymnophionen und Fledermäusen sowie beim Gecko, Maulwurf und Ohrenmaki, eine fast reine bei Eulen, beim Rotbarsch, Frettchen und Opossum sowie bei der Maus, Ratte und Katze. Bei Ratten und Mäusen sind nur 1 bzw. 3 % der Lichtsinneszellen Zapfen. Katzen haben 2 %, Kaninchen 4 % Zapfen. Die Stäbchen selbst sind dann schmal und ihre Außenglieder oft außergewöhnlich lang. Die Zahl der Sehzellen pro Quadratmillimeter erreicht bei dem zu den Macruriden zählenden Tiefseefisch *Lionurus pumiciceps* 20 Mio. Im Gegensatz dazu ist die Zahl der Folgeneurone (bipolare Zellen, Ganglienzellen) ungewöhnlich niedrig (hohe **Konvergenz**). Beim Frettchen (*Mustela putorius* f. *furo*) entfallen auf einen Retinabezirk von 100 mm^2 etwa fünf bis sieben Ganglienzellen. Dem stehen 120 Stäbchen und durchschnittlich acht Zapfen gegenüber. Damit ist mit Sicherheit ein erheblicher Verlust an Sehschärfe verbunden, der nur zum Teil durch Vergrößerung der Augen wieder ausgeglichen werden kann. Umgekehrt lassen typische tagaktive Tiere wie die Ringelnatter (*Natrix natrix*), viele Schildkröten und Vögel (z. B. Mauersegler *Apus*) Stäbchen in der Retina vermissen (**Zapfenretina**).

Die Zahl der Photorezeptoren in der Retina ist stets wesentlich größer als die der Ganglienzellen (**Konvergenzschaltung**). Beim Menschen besteht ein Verhältnis von 130×10^6 zu ca. $1{,}2 \times 10^6$. Nur im Zentrum der Retina, in der **Fovea centralis**[487], die nur Zapfen enthält und die Stelle des schärfsten Sehens ist, entspricht – beim Menschen und einigen anderen Prima-

486 *ribbon* (engl.) = (Ordens-, Schmuck-)Band

487 *area* (lat.) = Feld; *fovea* (lat.) = Grube; *centralis* (lat.) = zur Mitte gehörig

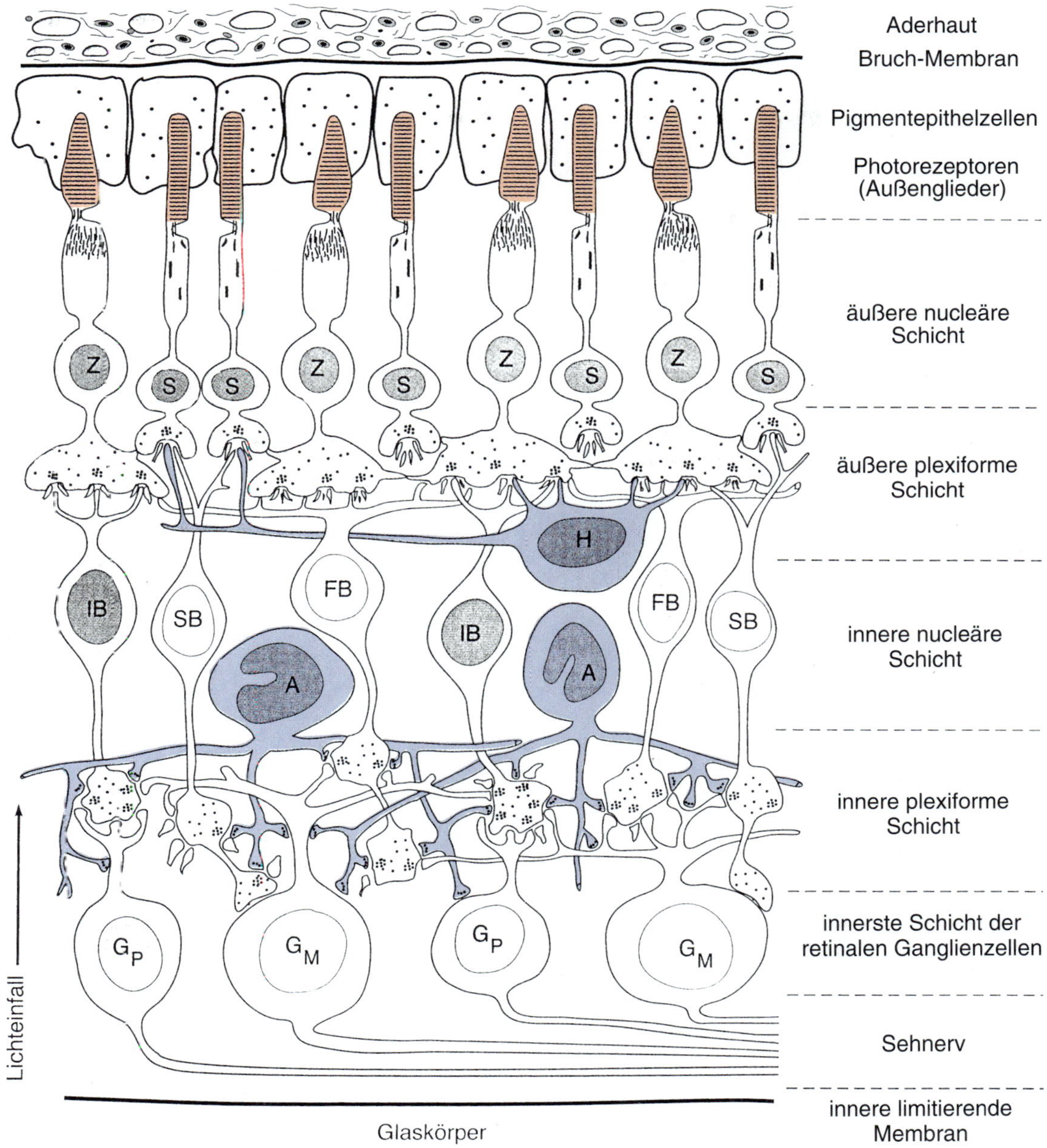

Abb. 18.14 Schematischer Aufbau der menschlichen Retina. Nähere Erläuterungen im Text. A = Amakrinzellen; FB = flache Bipolarzellen; G_M = Ganglienzellen des magnozellulären Systems; G_P = Ganglienzellen des parvozellulären Systems; H = Horizontalzellen; IB = invaginierte Bipolarzellen; S = Stäbchen; SB = Stäbchenbipolarzellen; Z = Zapfen. (Aus Deetjen P, Speckmann EJ (1999) Physiologie. Urban & Fischer, München.)

ten – die Zahl der Photorezeptoren auch der Zahl der ableitenden Fasern im N. opticus. Zur Peripherie hin nimmt die Zahl der Zapfen sehr schnell ab. Dort überwiegen bei Weitem die Stäbchen (Abb. 18.23). Gleichzeitig nimmt das Verhältnis zwischen Anzahl der Rezeptoren und der Zahl der ableitenden Fasern stark zu. Die Photorezeptoren (in erster Linie Stäbchen) werden zu Aggregaten zusammengefasst, die jeweils mit einer einzigen bipolaren Zelle in Verbindung stehen. Mehrere bis viele bipolare Zellen konvergieren nochmals an einer einzigen Ganglienzelle. Zu jeder Ganglienzelle der dritten Schicht gehört somit ein **rezeptives Sinneszellenfeld** bestimmter Ausdehnung und Organisation (▶ Abschn. 15.2.1). Die einzelnen Felder können sich dabei überlappen.

18.2.3 Komplexaugen

Die Facetten- oder Komplexaugen der Insekten, Krebse und Xiphosuren setzen sich aus einer Vielzahl (bei den Odonaten bis zu 28 000) von Einzelaugen (Ommatidien) zusammen (Abb. 18.15). Jedes **Ommatidium**[488] besteht aus einem dioptrischen Apparat und einem proximalen rezeptorischen Teil (**Retinula**). Zum dioptrischen Apparat gehört die in der Regel flache Cornealinse mit dem ihr von innen anliegenden **Kristallkegel**, der einen Linsenzylinder mit hoher Brechkraft darstellt und von Kristallzellen gebildet wird. Der Kristallkegel kann

[488] *ommatidion* (griech.) = kleines Auge

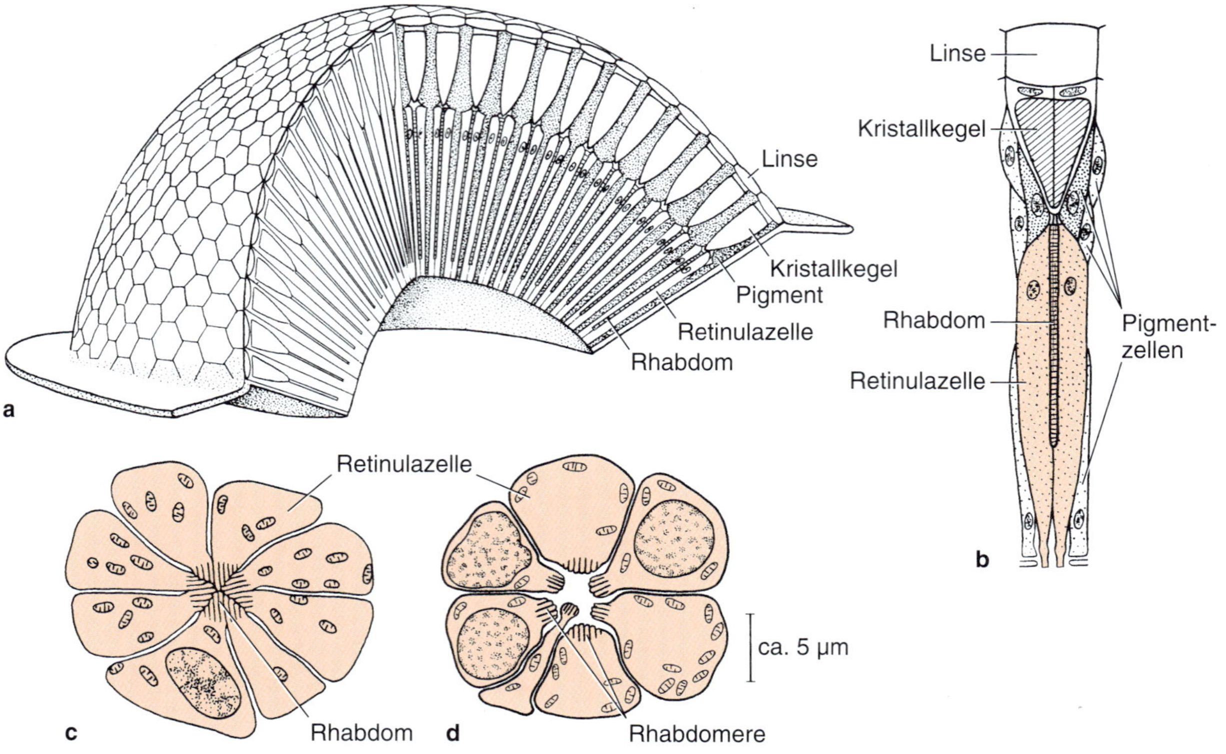

Abb. 18.15 Komplexauge der Insekten. **a** Bau eines Komplexauges (angeschnitten). **b** Einzelauge. Ommatidium im Längsschnitt. **c** Querschnitt durch ein Ommatidium mit einem zentralen Rhabdom (zusammengelagerte Rhabdomere). **d** Querschnitt durch ein Ommatidium mit unfusioniertem Rhabdom. (Aus Czihak G, Langer H, Ziegler H (1976) Biologie. Springer, Berlin, Abb. 5.166, S. 473.)

außerhalb der Kristallzellen liegen und mit der Cornea mehr oder weniger vollständig verschmelzen (Pseudokonus). In anderen Fällen liegt er innerhalb der Kristallzellen (Eukonus). Schließlich kann er – im ursprünglichsten Fall – auch fehlen. Die Funktion wird dann von den großen Kristallzellen selbst übernommen, deren Kerne zentral liegen (akone Augen).

Die Retinula wird von ursprünglich acht verlängerten Sehzellen gebildet, die sich um einen axialen Stab (Rhabdom) gruppieren. Das Rhabdom ist kein einheitlicher Stab. Es setzt sich vielmehr aus einzelnen Rhabdomeren zusammen, deren Zahl der Anzahl der Sehzellen im Ommatidium entspricht (Abb. 18.15). Die **Rhabdomere** stellen einen Saum dicht gepackter, kleinster Zotten (Mikrovilli) von ca. 50 nm Durchmesser dar, die von den der Achse des Ommatidiums zugewandten Rändern der Sehzellen ausgehen. Bei einigen Insekten (Hemipteren, Dipteren) treten die Rhabdomere nicht zu einem **Rhabdom** zusammen (offenes oder **unfusioniertes Rhabdom**; Abb. 18.15). Jede Sinneszelle besitzt ein Axon, welches die das Auge von innen her abschließende Basalmembran durchbricht.

Jedes Ommatidium ist außerdem von Pigmentzellen umgeben, durch die eine mehr oder weniger vollständige optische Isolierung der Ommatidien herbeigeführt wird. Im Hinblick auf den Grad der optischen Isolierung der Ommatidien und der Lage des Rhabdoms kann man zwei Ommatidientypen unterscheiden: Appositions- und Superpositionsaugen (► Abschn. 18.3.2).

18.3 Sehschärfe und Empfindlichkeit

Die Qualität jedes optischen Systems ist durch zwei Parameter gekennzeichnet: die räumliche Auflösung, das heißt den minimalen Winkelabstand, bei dem zwei Punkte im Sehraum noch getrennt wahrgenommen werden können, und die Absolutempfindlichkeit, das heißt die minimale Lichtmenge, die gerade noch wahrgenommen wird. Beide Parameter stehen zum Teil in Konkurrenz, sodass je nach den ökologischen Anforderungen an eine Tierart der eine oder andere Parameter stärker optimiert wurde. Generell nimmt die Qualität beider Parameter mit zunehmender Augengröße zu, wobei zur Erreichung hoher Sehschärfe Linsenaugen vorteilhafter sind.

18.3.1 Linsenaugen

Dioptrischer Apparat

Der **dioptrische**[489] **Apparat** umfasst alle bildentwerfenden Systeme im Auge. Er setzt sich aus Hornhaut (Cornea), Kammerwasser, Linse und Glaskörper zusammen, die optisch unterschiedlich dicht und durch gewölbte Grenzflächen voneinander getrennt sind. Der Strahlengang in einem solchen zusammengesetzten optischen System hängt von den Brechungsindices der verschiedenen Medien, den Krümmungsra-

489 *diopsis* (griech.) = Durchsicht

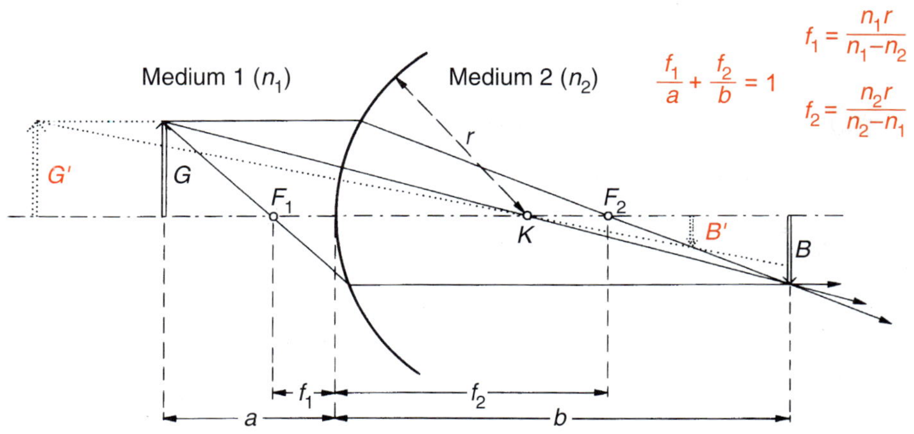

Abb. 18.16 Ein einfaches optisches System. Zwei Medien mit verschiedenen Brechungsindices (n_1 und n_2) sind durch eine sphärisch gekrümmte Trennungsfläche, deren Krümmungsmittelpunkt (Knotenpunkt) *K* und deren Krümmungsradius *r* ist, voneinander getrennt. *a* und *b* = Abstand des Gegenstands bzw. des Bildes von der Trennungsfläche; *G* = Gegenstand; *B* = Bild; F_1 und F_2 = vorderer bzw. hinterer Brennpunkt; f_1 und f_2 = vordere bzw. hintere Brennweite. Je weiter der Gegenstand entfernt ist ($G \rightarrow G'$), desto näher liegt die Abbildungsebene am Brennpunkt ($B \rightarrow B'$).

dien der lichtbrechenden Grenzflächen und dem Abstand der Grenzflächen voneinander ab. Es entsteht ein umgekehrtes, verkleinertes, reelles und mehr oder weniger scharfes Bild des Objekts auf der Netzhaut (Abb. 18.16). Ein charakteristischer Wert für die Abbildungseigenschaft eines optischen Systems ist die Brennweite *f*, sowie ihr Kehrwert, die Brechkraft, die in Dioptrien[490] gemessen wird. Im menschlichen Auge liefert die Cornea mit ca. 43 dpt den größten Anteil an der Gesamtbrechkraft von 59 dpt. Die Brechkraft der Linse beträgt im entspannten Auge (auf Fernsicht eingestellt) lediglich 19 dpt, während das Kammerwasser der vorderen Augenkammer zerstreuend wirkt (–3 dpt).

Jedes optische System weist zwangsläufig Abbildungsmängel auf. Der dioptrische Apparat des Wirbeltierauges ist vom optischen Standpunkt aus betrachtet ziemlich mangelhaft. Die als Linsenfehler hinlänglich bekannten Erscheinungen der **chromatischen Aberration** und der **sphärischen Aberration** sowie des **Astigmatismus** treten zum Teil in beträchtlichem Maß auf. So liegt zum Beispiel bei Ferneinstellung im menschlichen Auge der Brennpunkt des stärker gebrochenen kurzwelligen (violetten) Lichtes um ca. 0,6 mm näher an der Linse als der des langwelligen (roten) Lichtes (chromatische Aberration). Dass wir trotz dieser Mängel relativ scharf sehen können, ist eine Leistung der neuronalen Verarbeitung der Erregungsmuster, nicht des dioptrischen Apparats. Die höhere Vollkommenheit des Auges gegenüber optischen Apparaten liegt in der Vielseitigkeit seiner Leistungen begründet.

Bei **Fischen** und **Spinnen** wird die chromatische Aberration der Linse durch eine unterschiedlich tiefe Lage der verschiedenen Rezeptortypen (s. u.) in der Retina wenigstens teilweise kompensiert. Man nimmt an, dass die gelbe Färbung der Linse vieler Tiere (auch des Menschen) die chromatische Aberration vermindert, die Tiere aber gleichzeitig für das nahe UV blind macht, da die UV-Wellen absorbiert werden. Bei den UV-sensitiven Tieren mit klarer Linse ist die chromatische Aberration ein großes Problem. Hier scheinen die stark gefärbten Öltropfen (Abb. 18.42) in den Zapfen der tagaktiven **Vögel** und auch **Reptilien** eine wichtige Rolle zu spielen. Sie begrenzen selektiv die chromatische Aberration, während die klaren Tropfen selektiv das Sehen im UV-Bereich gestatten.

Eine punktförmige Lichtquelle wird, bedingt durch die **Beugung** des Lichtes an der Öffnung der abbildenden Optik, nicht wieder als Punkt, sondern als **Beugungsscheibchen** abgebildet. Dieses Scheibchen zeigt ein zentrales intensives Helligkeitsmaximum, das von konzentrischen dunkleren (Minima) und helleren Ringen abnehmender Intensität umgeben ist (Abb. 18.17). Das erste Minimum erscheint bei einem Winkel von α_1, der sich wie folgt aus der Wellenlänge λ und dem Durchmesser *D* des Kreislochs errechnen lässt:

$$\alpha_1 \approx 1{,}22\,\frac{\lambda}{D}\ (\text{rad})$$

Das heißt, dass die **Winkelgröße** dieses Scheibchens (bis zum ersten Minimum) außer von der Wellenlänge λ nur noch vom Durchmesser *D* der Linse (besser: der Eintrittspupille) abhängt, nicht aber von der Brennweite *f*. Anders ist es mit der **absoluten Größe** des Beugungsscheibchens. Der Radius r_1 des ersten dunklen Beugungsrings beträgt:

$$r_1 = \alpha_1 f = 1{,}22\,\lambda\,\frac{f}{D}$$

Der Radius ist also, außer wiederum von der Wellenlänge, vom Quotienten *f*/*D* abhängig.

Im **menschlichen Auge** ergibt sich bei einer Wellenlänge von 555 nm (gelbes Licht, für das das helladaptierte Auge am empfindlichsten ist), die sich allerdings im optischen Medium mit einem Brechungsindex von 1,33 um den Faktor 1/1,33 = 0,75 verkleinert, bei einer Brennweite von 1,7 cm und einem Pupillendurchmesser von 2,4 mm für den ersten Radius des Beugungsscheibchens durch einsetzen in die obige Gleichung folgender Wert:

$$r_1 = 1{,}22 \times 555 \times 10^{-9} \times 0{,}75\,\frac{1{,}7 \times 10^{-2}}{2{,}4 \times 10^{-3}}\,\text{m} = 360 \times 10^{-8}\,\text{m} = 3{,}6\ \mu\text{m}$$

Das ist etwa das Doppelte des Abstands der Zapfen in der Fovea mit 1–2 µm.

490 dpt = 1/*f* (m^{-1})

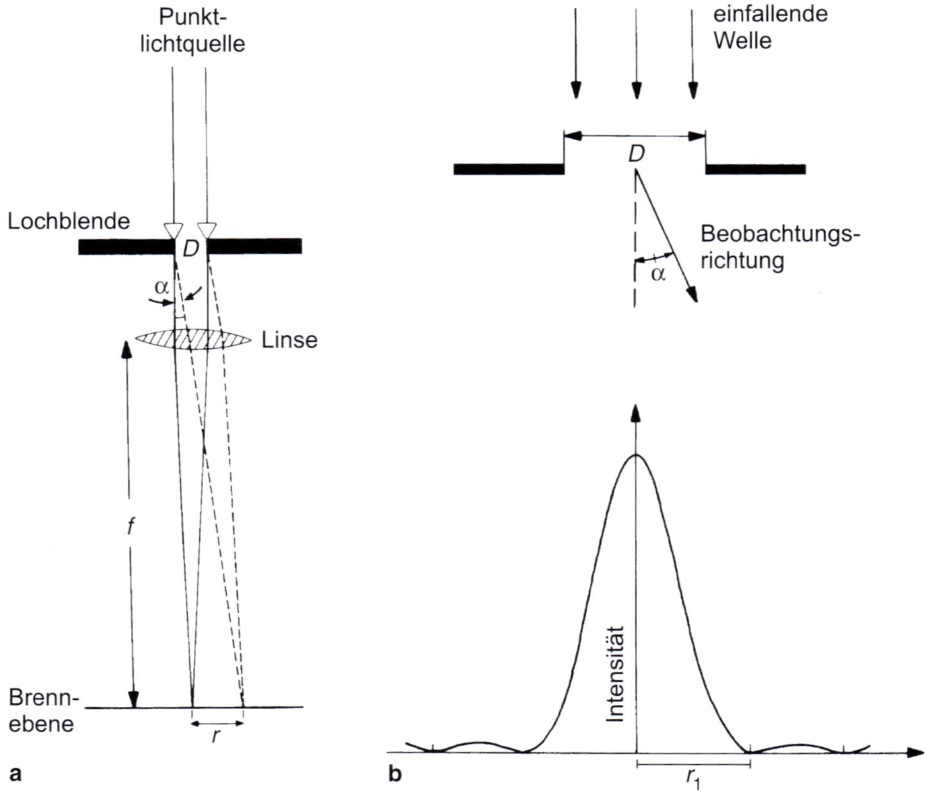

Abb. 18.17 Beugung an einem Kreisloch. **a** Die sich um den Winkel α von einem Kreisloch in der Ausbreitungsrichtung unterscheidenden Wellen überlagern sich in der Brennebene an einem um die Strecke *r* versetzten Bildpunkt. **b** Vergrößerte Darstellung der Lochblende mit entstehendem Beugungsscheibchen (unten). Die Bestrahlungsstärke innerhalb des Beugungsscheibchens zeigt ein ausgeprägtes Helligkeitsmaximum sowie ein erstes Minimum mit dem Radius r_1. *D* = Durchmesser der Lochblende.

Da Cornea, Kammerwasser und Glaskörper annähernd denselben Brechungsindex wie Wasser, nämlich 1,333, besitzen, übernimmt bei wasserlebenden Wirbeltieren allein die Linse die Aufgabe der Fokussierung und muss deshalb eine hohe Brechkraft haben. Die **Linse** ist daher bei *Petromyzon* und den Knochenfischen (Teleosteer) ebenso wie bei Amphibien, Robben und Walen **kugelförmig** und liegt dicht unterhalb der nur wenig vorgewölbten Cornea. Die **Brennweite** *f* der Kugellinsen ist auffallend kurz. Sie entspricht bei verschiedenen Fischen übereinstimmend etwa dem 2,55-Fachen (Matthiessen*-Faktor) des Linsenradius:

$$f = 2{,}55\,r$$

Gleichzeitig ist die sphärische Aberration (Abb. 18.18) minimal. Beide Eigenschaften der Kugellinse sind darauf zurückzuführen, dass die Linse nicht homogen ist – ihre Brechungszahl *n* nimmt vom Zentrum (n_2 = 1,51–1,53) zur Peripherie hin ab. Wichtig ist auch, dass mit der kürzeren Brennweite der Linse deren Lichtstärke zunimmt, eine Anpassung an die geringeren Lichtintensitäten im Wasser, die wir in ähnlicher Weise auch bei Nachttieren (Gecko, Steinkauz, Opossum, Maus u. a.) finden.

Bei den **landlebenden Tetrapoden** ist die Linse flach. Ihre Form kann bei den Amnioten (Ausnahme: Schlangen) aktiv verändert werden (s. u.). Die Cornea ist stark vorgewölbt und übernimmt den Hauptteil der Lichtbrechung. Das Auge bildet im Ruhezustand ferne Gegenstände auf der Retina scharf ab. Unter Wasser wird mit diesem Auge wegen der dann geringeren Differenz zwischen dem Brechungsindex des umgebenden Mediums Wasser und dem der brechenden Medien im Auge

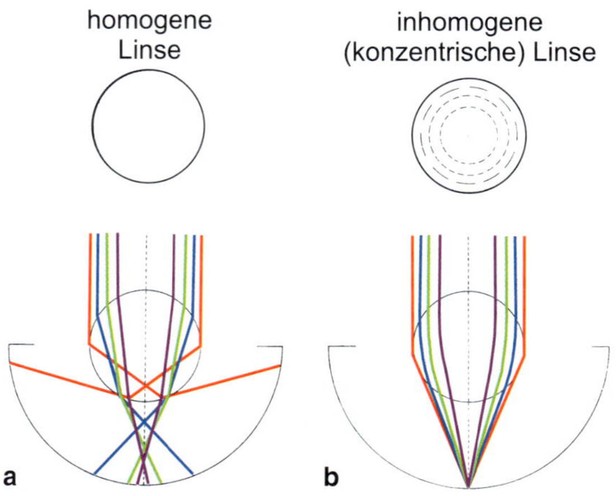

Abb. 18.18 **a** Homogene Linse. Die sphärische Aberration ist bei einer homogenen Linse mit einem Matthiessen-Faktor von ca. 2,5 enorm hoch. Der Brechungsindex müsste in diesem Fall 1,67 betragen. Dieser Wert wird von hartem Flintglas erreicht. **b** Inhomogene (konzentrische) Linse. Durch optisch inhomogene Linsen, wie sie bei Fischen und Cephalopoden vorkommen, die einen von der Peripherie zum Zentrum zunehmenden Brechungsindex besitzen, wird die sphärische Aberration weitgehend beseitigt. Der Brechungsindex im Linsenzentrum braucht nicht größer als 1,52 zu sein. (Nach Pumphrey RJ (1961) Concerning vision. In: Ramsay JA, Wiggelsworth VB (Hrsg) The cell and the organism. Cambridge University Press, Cambridge.)

(Linse) eine scharfe Abbildung unmöglich: Der Brennpunkt liegt dann weit hinter der Retina (**Hyperopie**; Abb. 18.19). Bei aquatischen Formen ist es umgekehrt. Wenn diese das Wasser verlassen, wird die Differenz der Brechungsindices zwischen

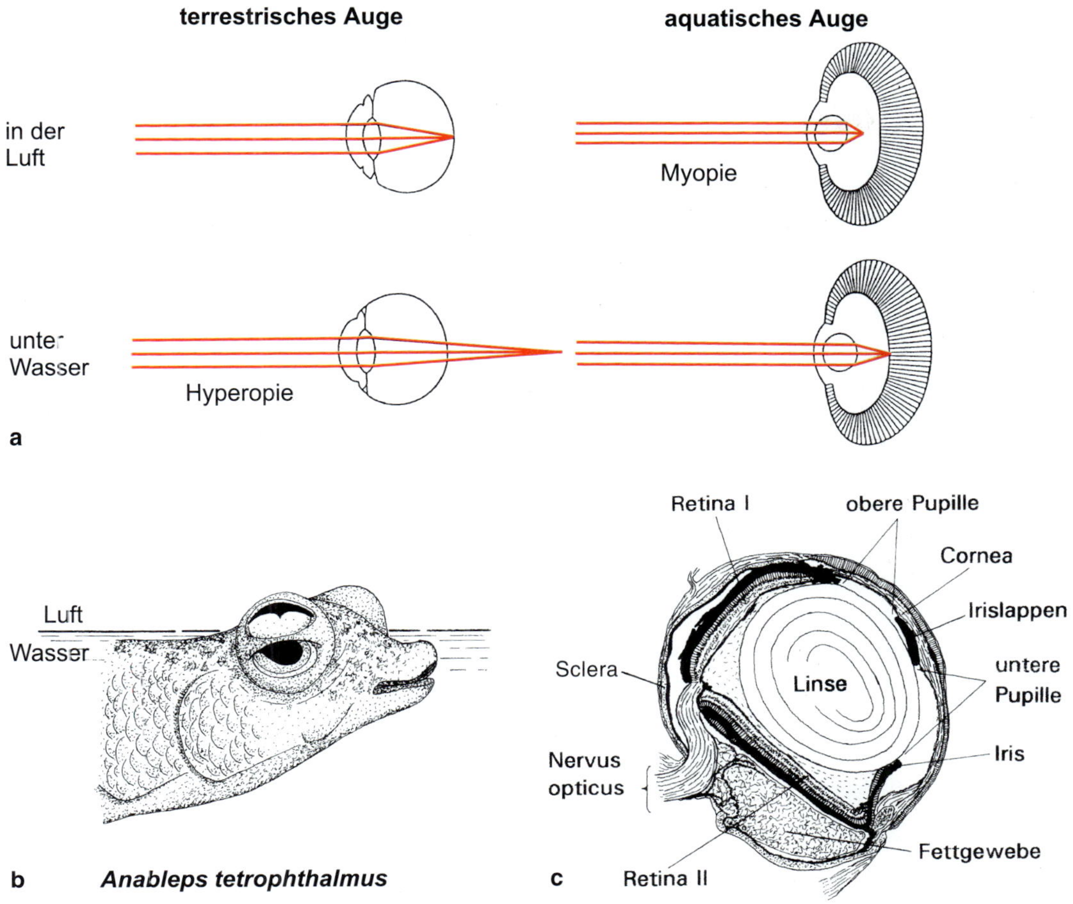

Abb. 18.19 a Strahlengang im Auge terrestrischer bzw. aquatischer Tiere über und unter Wasser. **b** Das zweigeteilte Auge von *Anableps tetrophthalmus*. **c** Querschnitt durch das Auge von *Anableps tetrophthalmus* mit oberer und unterer Pupille, sowie der beiden Retinae. Nähere Erläuterungen im Text.

Luft und Linsenmaterial sehr viel größer. Der Brennpunkt rückt weit vor die Retina (**Myopie**).

Das **Vierauge** (*Anableps tetrophthalmus*), ein an den Küsten Südmexikos, Mittelamerikas und des nördlichen Südamerika beheimateter Fisch, kann sowohl über als auch unter Wasser sehen (Abb. 18.19). Die Pupille seiner großen, hervorstehenden Augen ist durch einen dunklen Querstreifen, der aus zwei miteinander verwachsenen, pigmentierten Irislappen entstanden ist, in einen oberen Bereich zum Sehen über Wasser und einen unteren Bereich zum Sehen unter Wasser unterteilt. Dementsprechend sind auch zwei Retinae ausgebildet, während die stark asymmetrische Linse beiden Augenhälften dient. Das obere Teilauge ist nach oben, das untere nach schräg abwärts gerichtet. Beim Schwimmen an der Wasseroberfläche befindet sich der Wasserspiegel auf der Höhe der Trennlinien beider Augen. Objekte oberhalb des Wassers werden auf der Retina der unteren, Objekte unter Wasser auf der Retina der oberen Augenhälfte abgebildet.

Die bei allen Wirbeltieren ausgebildete **Iris** bildet die Begrenzung des Sehlochs, der Pupille. Bei den Selachiern und Tetrapoden kann die Größe der Pupille verändert werden. Das geschieht mithilfe zweier antagonistisch wirkender Muskeln: des ringförmig in der Iris verlaufenden **M. sphincter pupillae**, der die Pupille verkleinert, und des radiär ziehenden **M. dilatator pupillae**, der die Pupille erweitert. Die Verkleinerung der Pupille hat drei Wirkungen:

- Abblendung der Randstrahlen,
- Steigerung der Tiefenschärfe und
- Abnahme des in den Augenbulbus eintretenden Lichtes.

Sie tritt beim Säugetier und Vogel gewöhnlich gleichzeitig mit der Nahakkommodation und der damit verbundenen Konvergenzbewegung der Augen ein. Dieser assoziierten Bewegung (**Synkinese**[491]) liegt kein Reflex zugrunde, sie ist vielmehr darauf zurückzuführen, dass der Ciliarmuskel und der M. sphincter pupillae parasympathisch von demselben Nerv (N. oculomotorius) innerviert werden. Auffälliger als diese Synkinese ist allerdings die bei Steigerung der Lichtintensität auftretende Pupillenverkleinerung. Während bei ursprünglichen Wirbeltieren (Selachier, einige Knochenfische wie der Aal) die Irismuskulatur selbst lichtempfindlich ist, ist bei Vögeln und Säugetieren die direkte Erregbarkeit der Iris verloren gegangen und die Pupil-

[491] *syn-* (griech.) = zusammen-; *kinesis* (griech.) = Bewegung

lenreaktion wird reflexiv von den Photorezeptoren der Retina ausgelöst (**Pupillenregelkreis**, ◘ Abb. 11.3).

Akkommodation

Das Auge der **Amnioten** ist – wie bereits betont – in Ruhe auf die Abbildung ferner Gegenstände eingestellt. Nähert man einen Gegenstand aus dem Unendlichen dem Auge an, so treffen die vom Objekt ausgehenden Strahlen nicht mehr parallel, sondern in zunehmendem Maß divergierend ins Auge. Die Folge ist – wie man sich an Hand der Skizze eines einfachen optischen Systems (◘ Abb. 18.16) klarmachen kann –, dass die Abbildungsebene im Auge weiter von der Linse abrückt. Da die Retina selbst eine gewisse Dicke hat und die Brennweite des Auges klein ist, ist die scharfe Abbildung zum Beispiel beim Menschen erst bei einem Abstand des Gegenstands von weniger als 5 m nicht mehr möglich. Bei einer weiteren Annäherung des Gegenstands wird die Brechkraft der Linse aktiv erhöht, um dennoch eine scharfe Abbildung zu gewährleisten (**Akkommodation**[492]).

Die Fähigkeit zur Akkommodation ist begrenzt. Wird der Gegenstand über den **Nahpunkt** hinaus dem Auge genähert, so kann eine unscharfe Abbildung nicht mehr verhindert werden. Unter der **Akkommodationsbreite** *A* versteht man den Betrag, um den die Brechkraft der Linse (gemessen in dpt) maximal erhöht werden kann:

$$A = D_n - D_f \quad \text{(in dpt)}$$

mit D_n = Kehrwert des Nahpunkts, D_f = Kehrwert des Fernpunkts in Metern (m).

Die Akkommodationsbreite beträgt beim Kind 14 dpt, was bedeutet, dass scharfe Abbildungen von Gegenständen in einem Abstand von 7 cm bis ∞ vor dem Auge erzeugt werden können. Mit zunehmendem Alter nimmt die Elastizität des Linsenkerns ab. Die Akkommodationsbreite beträgt bei über 50-Jährigen nur noch 1–2 dpt (**Alterssichtigkeit** oder Altersweitsichtigkeit, Presbyopie[493]). Der Nahpunkt liegt dann bei 0,5 m, ein Lesen in Armlängenabstand ist nicht mehr mühelos möglich. Beim Pferd, Hund und der Katze beträgt die Akkommodationsbreite normal nur 2–4 dpt, beim Huhn und der Taube 8–12 dpt. Die Augen der Kaninchen akkommodieren überhaupt nicht.

Die Akkommodation erfolgt bei den verschiedenen Wirbeltiergruppen auf unterschiedliche Weise (◘ Abb. 18.20). Die Linse der **Säugetiere** ist durch die radiären Zonulafasern mit dem Ciliarkörper verbunden. Im akkommodationslosen Zustand wird über die nichtkontraktilen Zonulafasern ein Zug auf die Linse ausgeübt, der diese abflacht. Durch Kontraktion der glatten Ciliarmuskeln nähert sich der Ciliarkörper dem Linsenrand, der Zug der Zonulafasern lässt nach und die Linse nimmt aufgrund ihrer Elastizität eine stärker gewölbte Form an, womit ihre Brechkraft steigt. Bei den **Sauropsiden** (Ausnahme: Schlangen) berührt der Ciliarkörper den zum Ringwulst verdickten Linsenrand. Die Kontraktion der hier quergestreiften Ciliarmuskeln übt einen direkten Druck auf den Ringwulst aus, wodurch die Krümmung der Linse zunimmt. Bei nachtaktiven Vögeln sind die Akkommodationsmuskeln weitgehend reduziert.

Eine Reihe carnivorer **tauchender Vögel** (Kormoran u. a.), die ihre Beute unter Wasser aktiv verfolgen, können die Brechkraft ihrer Linse unter Wasser drastisch erhöhen. Beim Kormoran (*Phalacrocorax*) ist eine Akkommodationsbreite von 40–50 dpt gemessen worden. Eine zusätzliche Steigerung der Linsenbrechkraft wird bei ihm dadurch erreicht, dass der vor dem Äquator gelegene Teil der Linse durch Kontraktion des Irismuskels (**Sphincter iridis**) vorgewölbt werden kann. Vögel, die ihre Fischbeute unter Wasser nicht aktiv verfolgen (Pelikan), vornehmlich oberflächlich jagen (Silbermöwe) oder herbivor sind (Stockente), zeigen unter Wasser eine starke Hyperopie (>45 dpt). Die höchste Akkommodationsbreite von ca. 100 dpt ist bei der Europäischen Sumpfschildkröte (*Emys orbicularis*) registriert worden.

Bei den **Anamniern** (Cyclostomen, Fische, Amphibien) kann die Brechkraft der Linse, die in den meisten Fällen bereits nahezu kugelförmig ist und damit die maximale Brechkraft besitzt, nicht verändert werden. Die Akkommodation erfolgt durch Veränderung des Abstands zwischen Linse und Retina. Bei den Amphibien und Elasmobranchiern sind die Augen in Ruhe – wie bei den Amnioten – auf die Ferne eingestellt. Die Linse wird bei Naheinstellung aktiv durch den **Musculus protractor lentis**[494] nach vorn gezogen. Bei den Neunaugen und Knochenfischen ist es umgekehrt, sie akkommodieren auf die Ferne (negative Akkommodation). Bei den Neunaugen wird durch die Kontraktion des außerhalb des Augenbulbus gelegenen M. cornealis, der an der Peripherie der Cornea angreift, die Wölbung der Cornea vermindert und dadurch die Linse zurückgeschoben. Die Knochenfische besitzen einen **M. retractor lentis**[495]. Die durch seine Kontraktion herbeigeführte Verlagerung der Linse kann senkrecht zur Pupillenebene ins Auge hinein (◘ Abb. 18.20) oder – wie es häufiger der Fall ist – mehr oder weniger parallel zur Pupillenebene von nasal nach temporal erfolgen (temporale Area centralis).

Besondere Verhältnisse liegen bei **Schlangen** vor. Der Ciliarkörper enthält keine Muskulatur. Stattdessen tritt in der Iriswurzel Muskulatur mesenchymaler Herkunft auf. Durch ihre Kontraktion wird ein Druck auf den Glaskörper ausgeübt, der die Linse nach vorn treibt. Durch Steigerung des Innendrucks im Auge mithilfe von Muskeln erfolgt bei Cephalopoden (Tintenfische) und Heteropoden (pelagisch lebende Schnecken) in ähnlicher Weise die Akkommodation an die Nähe.

Auflösungsvermögen

Die **Sehschärfe** ist umso größer, je kleiner der Abstand *d* zweier Punkte oder Linien sein darf, wenn sie noch getrennt wahrgenommen werden sollen (**Minimum separabile**[496]). Da *d* auch von der Entfernung der Punkte vom Auge abhängt

[492] *accommodare* (lat.) = anpassen
[493] *presbytes* (griech.) = Greis
[494] *protrahere* (lat.) = vorziehen; *lens* (lat.) = Linse
[495] *retrahere* (lat.) = zurückziehen
[496] *separabilis* (lat.) = trennbar

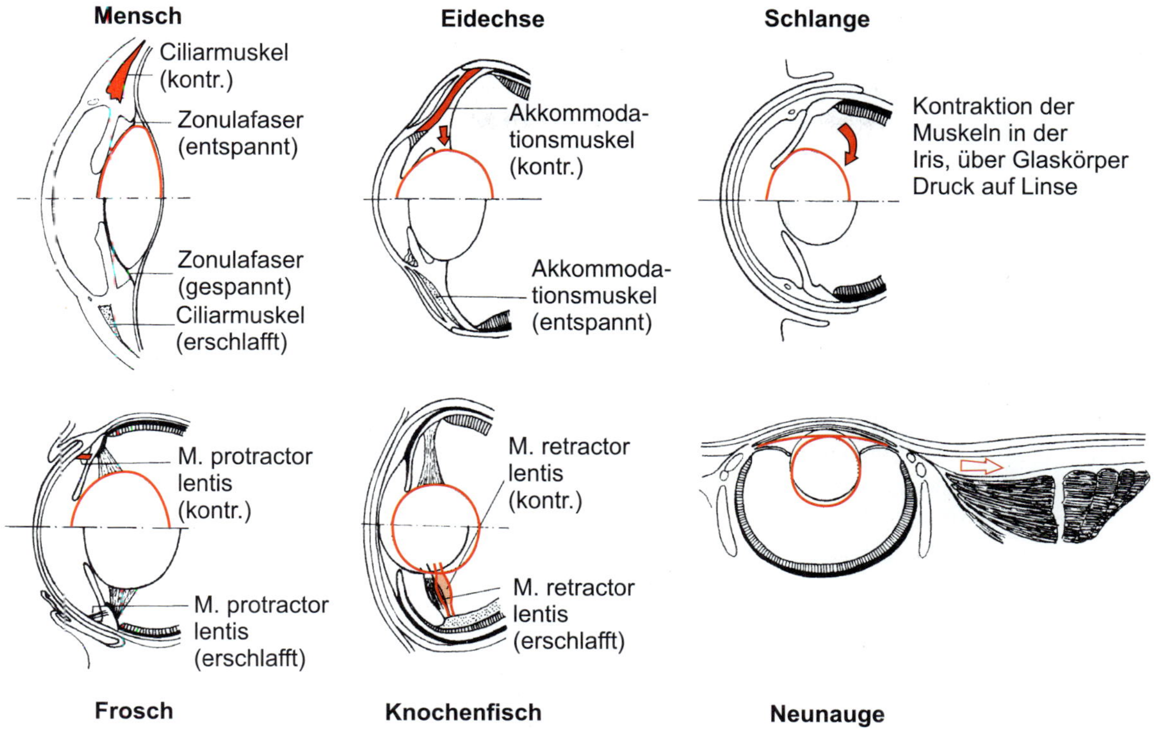

Abb. 18.20 Formen der Akkommodation bei Wirbeltieren. Die oberen Augenhälften zeigen jeweils den Zustand der Akkommodation, die unteren der Zustand ohne Akkommodation.

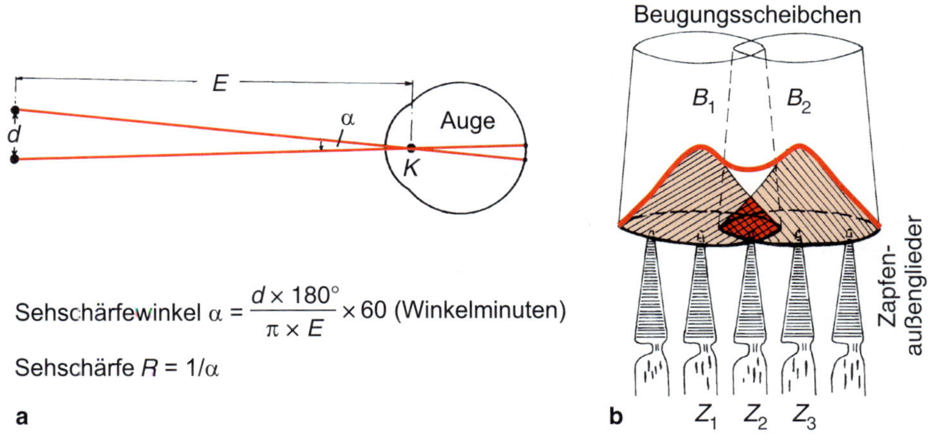

Abb. 18.21 **a** Sehschärfewinkel. **b** Abbildung zweier Lichtpunkte in Form der Beugungsscheibchen B_1 und B_2 auf der Retina. Die Verteilung der Lichtintensität innerhalb jedes Beugungsscheibchens ist durch die glockenförmige Kurve angedeutet (schraffiert). Die beiden Lichtpunkte können noch getrennt wahrgenommen werden, wenn die durch die Überlagerung beider Beugungsscheibchen zustande kommende Intensitätsverteilung (rote Kurve) so ausfällt, dass der Zapfen Z_2 um einen bestimmten Betrag weniger stark belichtet wird als seine beiden Nachbarn Z_1 und Z_3. α = Sehschärfewinkel; d = Abstand zweier Punkte; E = Entfernung zum Knotenpunkt des Auges; K = Knotenpunkt des Auges.

(Abb. 18.21a), verwendet man als Maß für die Sehschärfe den Winkel (in Winkelminuten), den die von den Punkten durch den Knotenpunkt K des Auges verlaufenden Richtstrahlen einschließen (**Sehschärfewinkel** α; Abb. 18.21a). Die Sehschärfe R (**Visus**) wird dann als Kehrwert des Sehschärfewinkels definiert:

$$R = \frac{1}{a}$$

Beim **menschlichen Auge** beträgt der Sehschärfewinkel α bei fovealer Betrachtung unter optimalen Bedingungen 40–60″ (″ ist eine Winkelsekunde). Bei dieser Winkelauflösung (α = 60″) beträgt der Abstand der gerade noch getrennt wahrnehmbaren Punkte auf der Retina 4–5 µm, was etwa dem doppelten Zapfendurchmesser (ca. 1–2 µm) in dieser Region entspricht. Wenn man berücksichtigt, dass das Auge jeden Punkt nicht wieder als scharfen Punkt, sondern als mehr oder weniger ausgedehntes Beugungsscheibchen auf der Retina abbildet (s. o.), kann man also sagen, dass zwei Punkte dann noch getrennt wahrgenommen werden, wenn sie zwei verschiedene Zapfen belichten (erregen), zwischen denen mindestens ein Zapfen liegt, der weniger stark belichtet (erregt) wird (◘ Abb. 18.21b). Es scheint so, dass bereits Differenzen von 1–4 % ausreichen, um mithilfe der lateralen Inhibition (Kontrasterhöhung, ► Abschn. 15.2.2) eine getrennte Wahrnehmung beider Punkte zu erreichen.

Ein besonders hohes optisches Auflösungsvermögen ist von **Taggreifvögeln** bekannt (◘ Tab. 18.2). Es ist beim Bussard (*Buteo*) etwa viermal besser als beim Menschen. Er kann noch aus 100 m Höhe eine grüne Heuschrecke entdecken, der Mensch versagt bereits bei 30 m Entfernung. Vom Wanderfalken wird berichtet, dass er eine Krähe noch aus einer Entfernung von 1660 m erkennen soll. Das hohe Auflösungsvermögen des Auges von Taggreifvögeln beruht neben der besonders hohen Sehzellendichte in der Fovea (*Buteo*: $10^6\ mm^{-2}$; Mensch: $1{,}6 \times 10^5\ mm^{-2}$) auch auf dem hohen Leistungsvermögen des dioptrischen Apparats. **Primaten** (Schimpanse, Rhesusaffe) erreichen eine Sehschärfe, die der des Menschen entspricht. Extrem schlecht ist die Sehschärfe bei den Kleinfledermäusen, die sich vornehmlich akustisch orientieren (► Abschn. 17.3.7). Auch die **Nagetiere** sehen offenbar schlecht. Unter den **Vögeln** zeigen die Singvögel ein besseres Auflösungsvermögen als Hühnervögel. Die **Sumpfschildkröte** erreicht eine Sehschärfe, die der der Haustaube oder des Rotkehlchens nahe kommt.

Die Sehschärfe ist keine konstante Größe, sondern in starkem Maß von vielen Faktoren wie dem Adaptations- und Akkommodationszustand des Auges, der spektralen Zusammensetzung des Reizlichts und den allgemeinen Lichtverhältnissen abhängig. Trägt man auf der Abszisse den Logarithmus der **Lichtintensität** und auf der Ordinate die Sehschärfe auf, so steigt die Kurve nach Versuchen an Schimpansen, Elefanten, Huftieren, Eidechsen, am Frosch und an Knochenfischen übereinstimmend zunächst langsam an (Bereich des Stäbchensehens), steigt dann steil an (Übergang zum Zapfensehen) und biegt dann zur Horizontalen ab. Die Schildkröten erreichen ihre maximale Sehschärfe bei 100–400 lx, der Elefant bei 200–300 lx, der Mensch bei 300 lx, die Elritze bei 35 lx und der Frosch bei 6–36 lx. Der S-förmige Kurvenverlauf ist nicht bei Tieren zu finden, die eine reine Stäbchenretina (Flughund) bzw. reine Zapfenretina (Spitzhörnchen, *Tupaia glis*) besitzen. Er tritt dagegen auch zum Beispiel bei der Biene (Komplexauge) auf.

Das **optische Auflösungsvermögen** eines bestimmten Linsenauges hängt von drei Faktoren ab:

- von der Feinheit des Mosaiks der Lichtsinneszellen, die das Bild aufnehmen,
- von der Qualität des mithilfe des dioptrischen Apparats auf dem Mosaik entworfenen Bildes und
- vom Konvergenzgrad (► Abschn. 18.2.2), das heißt davon, wie viele Lichtsinneszellen auf eine nachgeschaltete Ganglienzelle konvergieren.

Bei **Vögeln** ist die Netzhaut gefäßfrei, was zu einer Verbesserung des Auflösungsvermögens beiträgt, denn der Lichtdurchtritt wird nicht durch das Kapillarnetz beeinträchtigt. Die Versorgung wird vielmehr von kammartigen Vorwölbungen der Gefäßhaut (Choriodea) in den Glaskörper, den **Pecten** (◘ Abb. 18.22), übernommen.

Bei Augen gleicher Rezeptordichte und gleicher Qualität des dioptrischen Apparats werden die Ausdehnung der **rezeptiven Sinneszellenfelder** und die **Packungsdichte der Ganglienzellen** in der Retina zu den limitierenden Faktoren der Sehschärfe. Die höchste Ganglienzelldichte und die

◘ **Tab. 18.2** Der experimentell bestimmte Sehschärfewinkel (Minimum separabile) bei einigen Wirbeltieren.

Tierart	Minimum separabile
Säugetiere	
Mensch (*Homo sapiens*)	40–60″
Galago (*Galago senegalensis*)	4′ 28″
Katze (*Felis*)	5′
Killerwal (*Orcinus orca*)	5,5′
Delphin (*Lagenorhynchus obliquidens*)	6′
Esel (*Equus asinus*)	8′ 36″
Indischer Elefant (*Elephas maximus*)	10′ 20″
Indischer Flughund	16′
Ratte (*Rattus rattus*)	20′
Ratte (Albino)	40′
Goldhamster (*Mesocricetus*)	64′
Mausohr (*Myotis*)	3–6°
Vögel	
Wanderfalke (*Falco peregrinus*)	25″
Buchfink (*Fringilla coelebs*)	1′ 20″
Rotkehlchen (*Erithacus rubecula*)	2′ 38″
Haustaube (*Columba livia*)	2′ 42″
Goldammer (*Emberiza citrinella*)	3′ 07″
Haushuhn (*Gallus domesticus*)	4′ 14″
Reptilien/Amphibien	
Sumpfschildkröte (*Emys orbicularis*)	2′ 1″
Alligator (*Alligator*)	11′
Eidechse (*Lacerta agilis*)	11′ 28″
Frosch (*Rana temporaria*)	6′ 53″
Fische	
Goldfisch (*Carassius auratus*)	4′ 25″
Elritze (*Phoxinus laevis*)	10′ 50″

° = Winkelgrad; ′ = Winkelminuten; ″ = Winkelsekunden

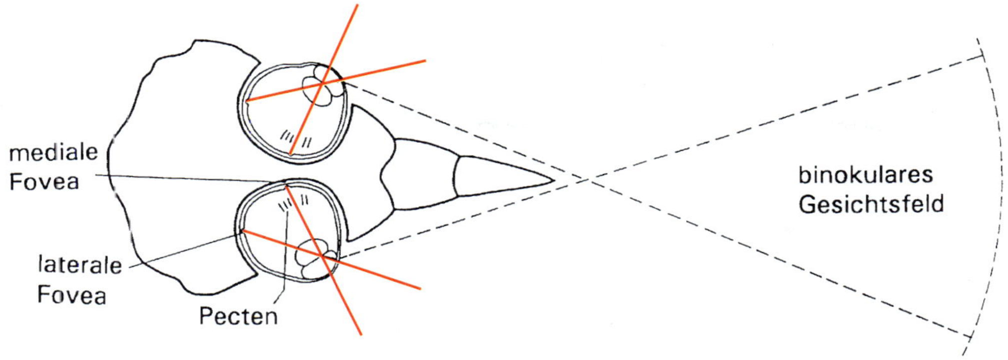

Abb. 18.22 Die Augen der Taggreifvögel besitzen zwei Foveae, eine für das seitwärts gerichtete, monokulare und eine für das vorwärts gerichtete, binokulare Sehen.

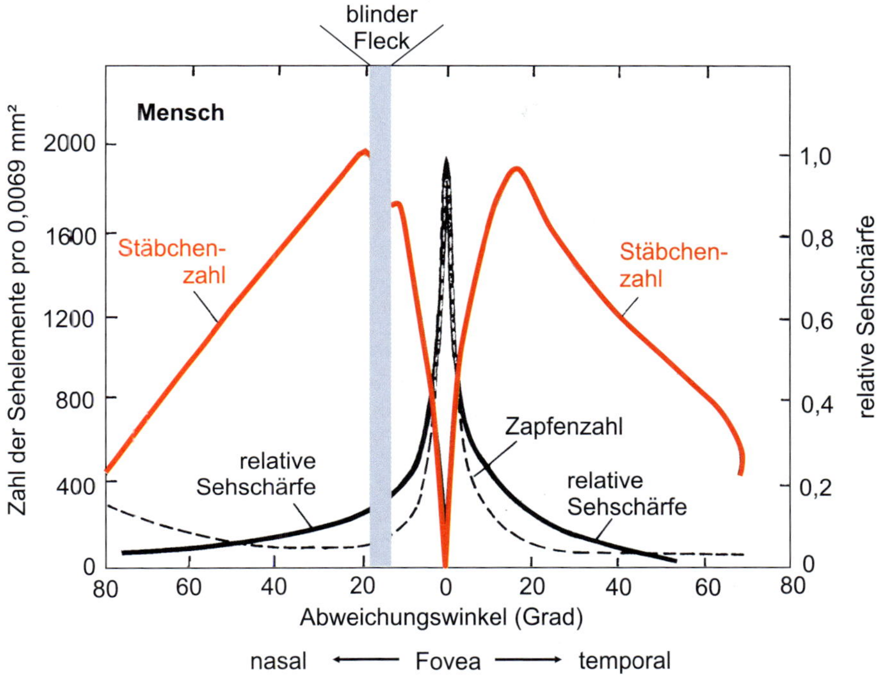

Abb. 18.23 Die Verteilung der Stäbchen- und Zapfendichte entlang eines horizontalen Medianschnitts durch das menschliche Auge im Vergleich zur Sehschärfe bei hohen Lichtintensitäten. (Nach Graham A (1966) Vision and visual perception. Wiley, New York.)

kleinsten rezeptiven Sinnesfelder sind gewöhnlich auf einen kleinen Bereich der Retina (**Fovea**[497] oder **Area centralis**) beschränkt (Ort des schärfsten Sehens). Bei Arten mit frontal stehenden Augen liegt die Fovea etwa in der Mitte der Retina, bei Arten mit lateral stehenden Augen ist sie temporal (schläfenwärts) verschoben. Die Taggreifvögel besitzen sogar zwei Foveae, eine für das seitlich gerichtete, monokulare und eine für das vorwärts gerichtete, binokulare Sehen (Abb. 18.22). Von der Fovea aus in Richtung zur Peripherie nimmt die Sehschärfe beim Menschen steil ab (Abb. 18.23), weil der Grad der Konvergenz (die Ausdehnung der rezeptiven Felder) zunimmt, die Zapfen dicker werden und ihre Anzahl pro Flächeneinheit abnimmt. Parallel dazu nimmt bei allen Säugetieren auch die Ganglienzelldichte vom Zentrum zur Peripherie der Retina hin ab.

Bei vielen Säugetieren erstreckt sich von der Area centralis ausgehend als Zeichen guten Sehvermögens ein schmales Band hoher Ganglienzelldichte horizontal in die temporale und nasale Retina. Auf diese **streifenförmige Area** wird normalerweise der Horizont des Gesichtsfelds abgebildet. Sie ist besonders bei solchen Säugetieren (Hasen und Kaninchen) zu finden, die vorzugsweise im offenen Terrain leben. Für sie treten neue Objekte wie Feinde und andere Gefahren gewöhnlich zuerst am Horizont ins Gesichtsfeld.

Prinzipiell lässt sich das **Auflösungsvermögen** von Linsenaugen durch zwei Maßnahmen steigern:

- eine Erhöhung der Packungsdichte der Rezeptoren und
- eine Vergrößerung der Augen (Erhöhung der Brennweite).

In der Regel sind bei den Tieren mit den schärfsten Augen die Photorezeptoren in der Retina auch am dichtesten gepackt. Wir finden bei ihnen (Primaten, Greifvögel s. o.) Rezeptoren mit

[497] *fovea* (lat.) = rundliche Grube

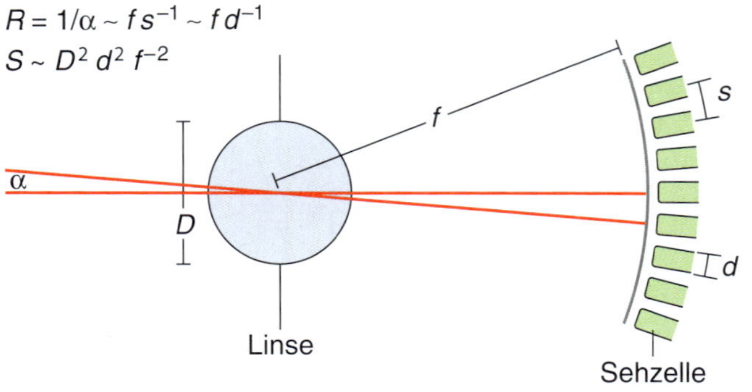

Abb. 18.24 Winkelauflösung und Lichtempfindlichkeit eines Linsenauges. Die Winkelauflösung erhöht sich mit der Verringerung des Rezeptorabstands bzw. des Rezeptordurchmessers sowie mit zunehmender Brennweite. Die Lichtempfindlichkeit nimmt mit zunehmendem Linsenquerschnitt (und zunehmendem Rezeptorquerschnitt (zu und mit dem Quadrat der Brennweite ab. d = Durchmesser des Rezeptors; d^2 = Querschnitt des Rezeptors; D^2 = Querschnitt der Linse; f = Brennweite; f^2 = Quadrat der Brennweite; R = Winkelauflösung; s = Abstand der Rezeptoren; S = Lichtempfindlichkeit. (Nach Wehner R, Gehring (1995) Zoologie. Thieme, Stuttgart, Abb. 7.15C, S. 418.)

1–2 µm Durchmesser, der offenbar nicht mehr unterschritten werden kann, denn der Miniaturisierung sind physikalische Grenzen gesetzt. Mit 1 µm Durchmesser kommen Photorezeptoren in den Bereich der Wellenlänge des sichtbaren Lichtes (0,4–0,7 µm), bei der sich das Licht nicht mehr durch Totalreflexion durch die Außenglieder der Photorezeptoren (Lichtleiter) ausbreitet, sondern wie in einem Wellenleiter. Hier ist die Energie nicht mehr gleichmäßig über den Querschnitt verteilt, sondern tritt in Moden auf, wobei sich ein Teil der Lichtenergie außerhalb des Wellenleiters befindet. In diesen Fällen bleibt dann nur noch die zweite Möglichkeit, eine bessere Winkelauflösung des Auges zu erreichen, nämlich durch eine **Vergrößerung des Auges**, genauer eine Erhöhung der Brennweite bei gleicher Packungsdichte der Photorezeptoren (Abb. 18.24). Eine Verdopplung der Brennweite des Auges (bei gleich großen Sinneszellen) führt dann zu einer Verdopplung der Winkelauflösung.

Empfindlichkeit

Entscheidend für die Umsetzung des Lichtreizes in eine Erregung ist die vom Sehpigment in den Lichtsinneszellen absorbierte Menge an Photonen. Diese steht in Beziehung zur retinalen Beleuchtungsstärke sowie zur Größe und Gestalt des Rezeptors.

Die Außenglieder der Photorezeptoren bzw. die Rhabdomere bestehen aus dicht gepackten Membranen, die einen höheren Brechungsindex aufweisen als das Cytoplasma. Dadurch werden diese Strukturen zu dielektrischen **Lichtleitern** (s. o.): Das Licht, das durch den dioptrischen Apparat auf die distalen Enden der Photorezeptoren (Außenglieder der Stäbchen, Zapfen) geworfen wird, tritt dort ein und wird infolge einer Totalreflexion anschließend durch die ganze Länge der Struktur geleitet. Dabei wird es zu einem hohen Prozentsatz vom Sehpigment absorbiert.

Der **Lichtstrom** Φ_0[498] (in lm bzw. cd × sr), der in einen Photorezeptor mit rundem Querschnitt (Durchmesser d) eintritt, ist das Produkt aus der retinalen **Beleuchtungsstärke**[499] E_r und der Querschnittsfläche des Rezeptors ($\pi d^2/4$):

$$\Phi_0 = E_r \frac{\pi d^2}{4}$$

Ein idealer Rezeptor würde das gesamte eintretende Licht absorbieren. Das ist allerdings aus physikalischen Gründen nicht möglich. Die **Photonenabsorption** im Rezeptor hängt von drei Parametern ab:
- von der Konzentration c des Sehpigments,
- von dem molaren Extinktionskoeffizienten ε des Pigments und
- von der Länge l der absorbierenden Struktur im Rezeptor.

Die **Konzentration des Pigments** kann durch möglichst dicke Packungen und/oder durch Vermehrung der Membranscheiben bzw. Mikrovilli erhöht werden. Eine dichtere Packung wäre möglich, wenn die Moleküle (Molekülmasse Rhodopsin: 40 000 Da) kleiner wären. Es sieht aber so aus, dass der Transduktionsprozess ein entsprechend großes und komplexes Molekül fordert. In diesem Fall wäre in den empfindlichsten Photorezeptoren wahrscheinlich schon die maximal mögliche Konzentration (Packung) des Sehpigments realisiert. Auch der – aus theoretischen Gründen – maximal mögliche **Extinktionskoeffizient** scheint beim Rhodopsin bereits weitgehend verwirklicht zu sein. Damit bleibt nur noch die Möglichkeit, die Empfindlichkeit des Rezeptors durch Ausdehnung seiner **Länge** zu erhöhen.

Der im Rezeptor auf der Wegstrecke l absorbierte Lichtstrom Φ_{abs} ist (Lambert*-Gesetz):

$$\Phi_{abs} = \Phi_0 (1 - e^{-c\varepsilon l})$$

Gehen wir von einer konstanten Konzentration c des Sehpigments und einem festen Extinktionskoeffizienten ε aus, lassen sich beide Größen zu einer einzigen Konstante k zusammenfassen:

$$\Phi_{abs} = \Phi_0 (1 - e^{-kl}).$$

Der Absorptionskoeffizient k ist die Fraktion absorbierten Lichtes auf einer Strecke von 1 µm.

Wirbeltierrezeptoren weisen k-Werte von 0,035 μm^{-1} auf (Frosch, Fovea Mensch). Eine 95 %ige Absorption ist bei den Wirbeltieren bereits bei einer Länge von 86 µm erreicht (Abb. 18.25). Für die Rhabdomere im Fliegenauge gilt dagegen ein k-Wert von 0,005 μm^{-1}. Das ist auf die weniger dichte

[498] Die Einheit des Lichtstroms ist das Lumen (lm = cd × sr). Ein lm sendet eine punktförmige Lichtquelle der Lichtstärke 1 cd in den Raumwinkel 1 sr aus. Ein Steradiant (sr; Einheitsraumwinkel) umschließt auf der Einheitskugel (Radius 1, Oberfläche 4π) die Einheitsfläche 1, auf einer Kugel mit dem Radius r ist es somit die Fläche r^2.

[499] Die Einheit der Beleuchtungsstärke ist das Lux (lx): Ein lx ist die Beleuchtungsstärke einer Fläche, auf die senkrecht pro Quadratmeter gleichmäßig ein Lichtstrom von 1 Lumen (lm) fällt.

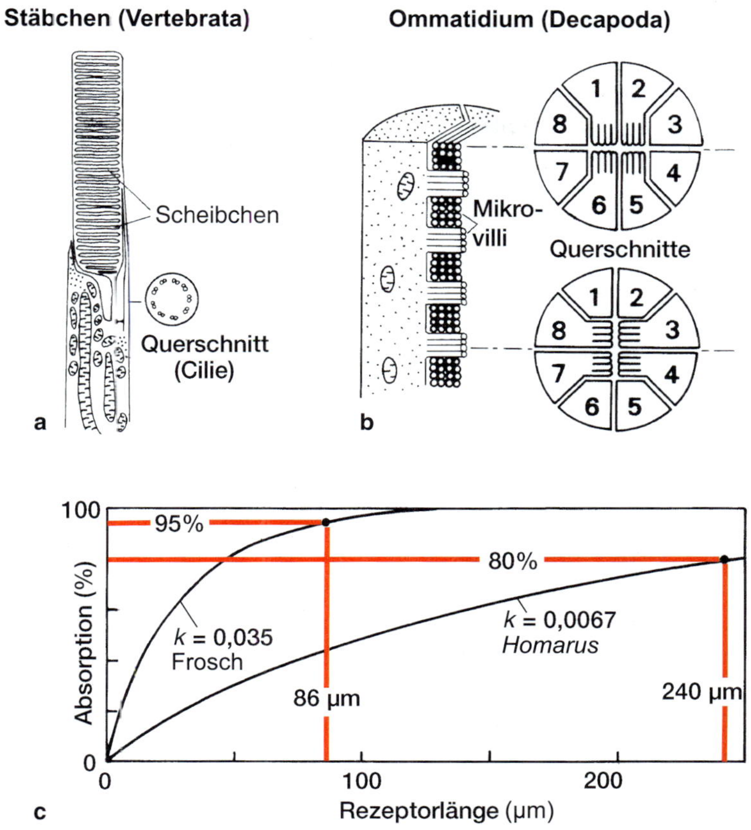

Abb. 18.25 **a** Längsschnitt durch das Stäbchen eines Wirbeltiers. **b** Längs- und Querschnitte durch ein Ommatidium. **c** Absorption von Photonen in Abhängigkeit von der Rezeptorlänge bei einem Wirbeltier (Frosch) und bei einem dekapoden Krebs (*Homarus*, Hummer). (Nach Land MF (1981) Optics and vision in invertebrates. In: Autrum H (Hrsg) Handbook of sensory physiology. Vol. VII/6B. Springer, Berlin, S. 506–603.)

Packung der Membranen in den Rhabdomeren gegenüber den Scheibchen in den Außengliedern der Wirbeltierphotorezeptoren zurückzuführen. Im Fliegenauge würde daher eine 95 %ige Absorption des eingetretenen Lichtes, wie man durch Einsetzen der Werte in obige Formel leicht errechnen kann, eine Rhabdomerlänge von ca. 600 µm erfordern. Sie beträgt aber nur ca. 200 µm. Für den Hummer (*Homarus*) ist k mit 0,0067 berechnet, das heißt, er absorbiert in seinem 240 µm langen Rhabdomer 80 % des einfallenden Lichtes (Abb. 18.25).

Der **pro Rezeptor absorbierte Lichtstrom** beträgt unter Berücksichtigung obiger Beziehungen:

$$\Phi_{abs} = \frac{1}{4} E_r \pi d^2 \left(1 - e^{-kl}\right).$$

Die retinale Beleuchtungsstärke E_r hängt mit der Leuchtdichte L, dem Durchmesser der Pupille D und der Brennweite des Auges f wie folgt zusammen:

$$E_r = L \frac{\pi D^2}{4 f^2}.$$

Für den von einem Rezeptor absorbierten Lichtstrom erhalten wir daher:

$$\Phi_{abs} = L \left(\frac{\pi}{4}\right)^2 \left(\frac{D}{f}\right)^2 d^2 \left(1 - e^{-kl}\right).$$

Wenn wir die **Leuchtdichte** L in Photonen s^{-1} m^{-2} sr^{-1} messen[500], so erhalten wir für Φ_{abs} Werte in Photonen·s^{-1}. Diese Gleichung drückt aus, dass das Auge umso mehr Photonen absorbiert, je größer seine relative Apertur (D/f) und der Durchmesser d seiner Photorezeptoren sind, die außerdem lang genug sein müssen, um einen hinreichend hohen Anteil des eintreffenden Lichtes auch zu absorbieren (Abb. 18.24).

Als ein Maß der **Empfindlichkeit** S des Auges kann die Anzahl der Photonen dienen, die pro Rezeptor pro Einheit der Lichtstärke (in cd) im abgebildeten Gesichtsfeld absorbiert wird. Es ist das Verhältnis zwischen der Anzahl der pro Sekunde von einem Rezeptor absorbierten Photonen (Φ_{abs}) und der Anzahl der pro Steradiant von einem Quadratmeter einer ausgedehnten Lichtquelle abgestrahlten Photonen (L):

$$S = \frac{\Phi_{abs}}{L} = \left(\frac{\pi}{4}\right)^2 \left(\frac{D}{f}\right)^2 d^2 \left(1 - e^{-kl}\right).$$

Neben der Länge l der Rezeptoren (Außenglieder der Sehzellen) ist das Verhältnis von Pupillen-(Linsen-)durchmesser D zur Brennweite f entscheidend. Dabei schneiden die Ommatidien im Komplexauge gegenüber den Linsenaugen trotz ihrer verhältnismäßig kleinen Linsen nicht schlechter ab (Tab. 18.3). Die Tabelle zeigt, dass die Sensitivität in starkem Maß mit dem Lebensraum und der Lebensweise der Tiere korreliert.

Die Photorezeptoren des Tiefseekrebses *Oplophorus* (mit Spiegeloptik) sowie nachtaktiver Formen wie der Kescherspinne *Deinopis rufus* (Cuticularlinsenauge) und der Mehlmotte *Ephestia* (Superpositionsauge) weisen eine um den Faktor 10^2–10^4 höhere Empfindlichkeit auf, als zum Beispiel die der tagaktiven Biene (*Apis*) mit Appositionsaugen und des

500 1 cd m^{-2} = 4,08 × 10^{15} Photonen s^{-1} m^{-2} sr^{-1} für Licht der Wellenlänge 555 nm

Tab. 18.3 Geometrische Parameter des Auges.

Tierart	Augentyp	f (µm)	D (µm)	d (µm)	l (µm)	k (µm^{-1})	S (µm^2)
Mensch (i. d. Fovea)	Linsenauge	$16{,}7 \times 10^3$	2×10^3	2	30	0,035	0,023
Biene (*Apis mellifera*)	Appositionsauge	60	25	1-2	200	0,0067	0,318
Strudelwurm (*Planaria*)	Pigmentbecherauge	25	30	10	6	0,0067	3,2
Krake (*Octopus*)	Linsenauge	10^4	8×10^3	3,8	200	0,0067	4,23
Motte (*Ephestia*)	Superpositionsauge	170	340	8	110	0,0067	82,8
Spinne, nachtaktiv (*Deinopis*)	Linsenauge	171	1325	20	55	0,0067	225,3
Tiefseegarnele (*Oplophorus*)	Spiegeloptik	226	600	32	200	0,0067	3303

Nach Land MF (1981) Optics and vision in invertebrates. In Autrum H (Hrsg) Handbook of sensory physiology. Vol. VII/6B. Springer, Berlin, S. 506–603.
f = Brennweite; *D* = Linsendurchmesser; *d* = Rezeptordurchmesser; *l* = Rezeptorlänge; *k* = Absorptionskoeffizient; *S* = Empfindlichkeit.

Menschen (helladaptiert, im Bereich der Fovea; Tab. 18.3). Das ist sowohl auf die hohen *D*/*f*-Werte als auch auf die hohen *d*-Werte bei diesen Tieren zurückzuführen. Die großen hinteren Mittelaugen der Kescherspinne *Deinopis subrufa* stellen mit einem Durchmesser von 1,4 mm wahrscheinlich die größten einfachen Augen (Ocellen) der Arthropoden dar. Bei einer fast kugelförmigen Linse mit einem Radius von 0,66 mm liegt die Brennweite bei 0,771 mm. Die Linse liegt der Retina direkt auf. Die Lichtsinneszellen selbst sind auffallend groß (Durchmesser 20 µm).

Die Empfindlichkeit des Auges kann durch Vergrößerung des Pupillen-(Linsen-)durchmessers *D* und/oder des Rezeptordurchmessers *d* sowie durch Verkleinerung der Hauptbrennweite *f* des Auges erreicht werden, wenn wir davon ausgehen, dass die Rezeptorlänge *l* bereits ihren maximalen Wert erreicht hat (Abb. 18.24). Soll eine solche Steigerung der Empfindlichkeit ohne einen Verlust an Sehschärfe erfolgen, muss das Verhältnis von *f* zu *d* erhalten bleiben. Das bedeutet, dass diese beiden Parameter nicht unabhängig voneinander verändert werden können. Der Wert von *D* ist in seinen Grenzen auch mit *f* verbunden. Er kann aus physikalischen Gründen nicht wesentlich größer als 0,5*f* werden. Das bedeutet, dass eine Steigerung der Empfindlichkeit nur bei gleichzeitiger Änderung aller drei Parameter (*D*, *d* und *f*) möglich ist. Eine Steigerung der Empfindlichkeit auf das Zehnfache würde eine Ausdehnung der linearen Maße des Auges um den Faktor

$$\sqrt{10} = 3{,}16$$

erfordern.

Bei vielen dämmerungs- und nachtaktiven Tieren ist zwischen Retina und Pigmentschicht ein **Tapetum lucidum**[501] ausgebildet, das das eingefallene Licht durch Interferenz (diffus) reflektiert, sodass es zweimal die Retina passiert und dadurch wirksamer wird. Unter den Säugetieren besitzen die Huftiere (Tapetum fibrosum) mit Ausnahme des Schweins, die Carnivoren (Tapetum cellulosum) sowie die Robben und Wale, nicht aber die Nagetiere, ein Tapetum. Die leuchtenden Augen der Wirbeltiere sind bereits Mitte des 19. Jahrhunderts von Ernst von Brücke* (1845) eingehend studiert worden. Das Tapetum fast aller terrestrischen Säugetiere bleibt in seiner Ausbreitung auf den oberen Teil des Augenhintergrundes beschränkt.

Die Stäbchen in der Wirbeltierretina enthalten mehr Sehfarbstoff (Rhodopsin) als die Zapfen. Sie sind aus diesem Grund auch empfindlicher als diese und gestatten deshalb das Sehen auch noch bei geringer Lichtintensität. Sie sind für das Dämmerungssehen verantwortlich. Mit ihnen können allerdings keine Farben unterschieden werden (»nachts sind alle Katzen grau«; **skotopisches Sehsystem**[502] oder Dämmerungssehsystem). Die Zapfen dienen dagegen dem Tagessehen. Mit ihnen ist ein Farbunterscheidungsvermögen gegeben (▶ Abschn. 18.5.1; **photopisches Sehsystem**[503] oder Tagessehsystem).

Die Empfindlichkeit des menschlichen Auges für Licht verschiedener Wellenlänge beim Dämmerungssehen entspricht der Absorptionskurve des Rhodopsins mit einem Maximum im blau-grünen und einem Minimum im roten Bereich. Bei Tageslicht erscheint dagegen die maximale Empfindlichkeit aus dem blau-grünen in den gelben Bereich des Spektrums verschoben (**Purkinje-Phänomen**). Deshalb erscheinen uns von roten und blauen Papierbögen, die wir bei Tageslicht als gleich hell empfanden, bei Dämmerung die blauen stets wesentlich heller als die roten. Dieses Purkinje-Phänomen der Änderung der Helligkeitswerte der verschiedenen Farben beim Übergang zum Dämmerungssehen konnte auch im Tierversuch anhand der Pupillenreaktion nachgewiesen werden. Erwartungsgemäß tritt das Phänomen bei Schildkröten mit reiner Zapfenretina nicht auf.

Dunkel- und Helladaptation

Die Empfindlichkeit des Sehsystems kann in erheblichem Umfang den jeweiligen Lichtverhältnissen angepasst werden (Ad-

[501] *tapetum* (lat.) = Teppich, Wandbehang; *lucidus* (lat.) = hell, leuchtend

[502] *skotos* (griech.) = Finsternis; *opsis* (griech.) = Sehen
[503] *phos* (griech.) = Licht

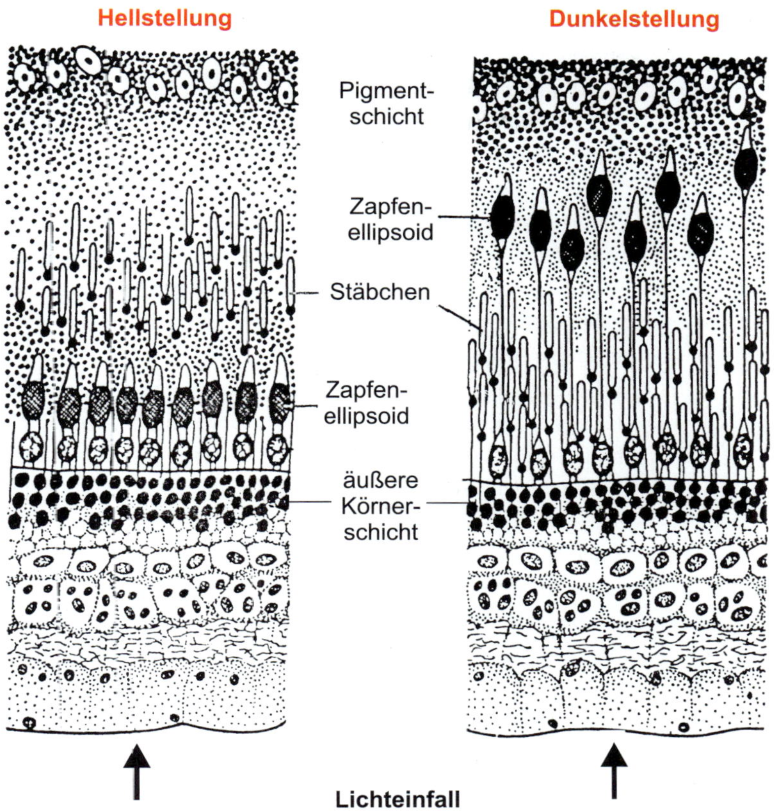

Abb. 18.26 Retinomotorik in der Netzhaut eines Knochenfischs (*Abramis brama*). (Nach Schnakenbeck W (1962) Handbuch der Zoologie, Pisces. de Gruyter, Berlin.)

aptation; ▶ Abschn. 15.1.7). Während der **Dunkeladaptation** nimmt die absolute Empfindlichkeit langsam zu. Wir benötigen dafür 30–60 min. Der umgekehrte Vorgang, die **Helladaptation**, läuft wesentlich schneller ab. Der Fähigkeit zur Adaptation verdanken wir es, dass unser Sehsystem bei Leuchtdichteunterschieden von 1:10^9 (Dämmerlicht:sommerliche Mittagssonne am weißen Strand) funktionsfähig bleibt. Die der Adaptation zugrundeliegenden **Mechanismen** sind außerordentlich vielfältig. Neben peripheren Mechanismen (Inputkontrolle: z. B. Pupillenreflex, Abb. 11.3) können zentrale Einflüsse (z. B. zentrifugale Erregungskontrolle) integriert sein. Es kann auch eine Abnahme der Empfindlichkeit der Sinneszellen selbst bei Lichteinwirkung (z. B. durch Änderung der Gleichgewichtslage zwischen zerfallenen und intakten Sehfarbstoffmolekülen) stattfinden.

Bei Fischen, Amphibien, Reptilien und einigen Vögeln kann man beobachten, dass sich die Zapfen bei Belichtung verkürzen und verdicken und dabei die sich streckenden Stäbchen in Richtung des Pigmentepithels abdrängen (**Retinomotorik**, Abb. 18.26). Gleichzeitig erfolgt eine Pigmentverlagerung in die fingerförmigen Ausläufer der Pigmentepithelzellen, die die abgedrängten Außenglieder der Stäbchen einbetten. Bei Dunkeladaptation erfolgt das Umgekehrte: Die Stäbchen bringen sich durch Kontraktion in die Abbildungsebene des Auges und die Zapfen strecken sich. Beim Frosch und Goldfisch ließen sich die retinomotorischen Erscheinungen auch am isolierten Auge beobachten. Allerdings waren Ausmaß und Geschwindigkeit der Bewegung vermindert. Larvenstadien vieler Knochenfische (z. B. Hering, Scholle, Pazifiklachs) besitzen noch keine Retinomotorik. Diese tritt erst auf, wenn sich die Stäbchen entwickeln, und das geschieht gewöhnlich mit der Metamorphose, falls diese klar hervortritt. Bei Säugetieren und vielen Vögeln ist die Retinomotorik nur schwach ausgeprägt.

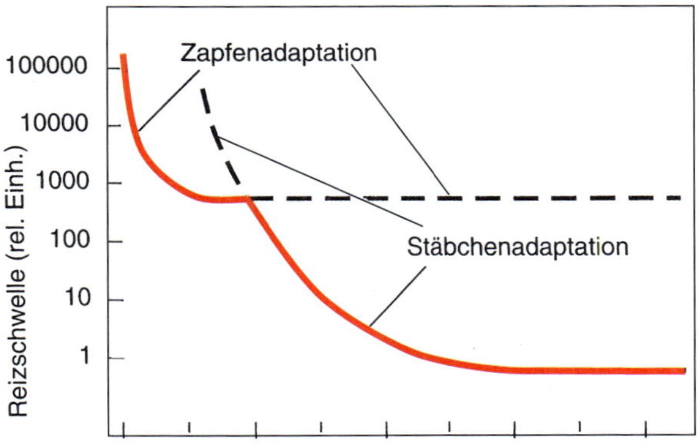

Abb. 18.27 Dunkeladaptationskurve des menschlichen Auges. (Nach von Campenhausen C (1993) Die Sinne des Menschen. 2. Aufl. Thieme, Stuttgart.)

Die **Dunkeladaptationskurve** (Abszisse: Zeit, Ordinate: Schwellenreizstärke, Abb. 18.27) zeigt bei Säugetieren mit gemischter Retina (Stäbchen und Zapfen) übereinstimmend einen Knick (**Kohlrausch*-Knick**). Der vor dem Knick liegende Abschnitt der Kurve wird als Zapfen-, der dahinter liegende als Stäbchenkomponente interpretiert. Auch in der Fovea centralis, die nur Zapfen enthält, nimmt die Empfindlichkeit messbar zu, erreicht aber bei Weitem nicht die Werte, die von peripheren Netzhautbereichen (Stäbchen) erreicht werden. Bei maximaler Dunkeladaptation wird nur noch mit den Stäbchen gesehen. Die dann erreichte Empfindlichkeit ist beim Hund und Pferd kleiner, bei der Katze und anderen Nachttieren größer als beim Menschen.

18.3.2 Komplexaugen

Augentypen

Anhand optischer Parameter, vor allem des Grades der optischen Isolierung benachbarter Ommatidien, lassen sich verschiedene Typen von Komplexaugen unterscheiden, die als Anpassung an eine tag- oder nachtaktive Lebensweise gesehen werden können. Für tagaktive Insekten (Odonaten, Hymenopteren, Tagschmetterlinge und viele Käfer) ist das **Appositionsauge** charakteristisch. Bei ihm erstrecken sich die Sehzellen mit dem Rhabdom von der Basalmembran bis zum Kristallkegel, und die Ommatidien sind in ihrer ganzen Länge durch Pigmente in den Sehzellen und in besonderen Pigmentzellen optisch voneinander isoliert (◘ Abb. 18.28). So können nur Lichtstrahlen die photosensiblen Teile der Sehzellen erreichen, die durch den dioptrischen Apparat desselben Einzelauges getreten sind (◘ Abb. 18.28). Jede Retinula gibt nur einen einzigen Helligkeitspunkt wieder. Das vom Komplexauge erfasste Gesamtbild setzt sich mosaikartig aus diesen einzelnen Helligkeitspunkten zusammen (**musivisches Sehen**), es steht aufrecht und ist seitenrichtig. Der physiologische Sehwinkel eines Ommatidiums liegt meist in der Größenordnung von 1–2° um die Ommatidienachse und entspricht weitgehend dem Divergenzwinkel benachbarter Ommatidien.

Durch die etwas gewölbte **Cornealinse** werden die parallel oder nahezu parallel zur Ommatidienachse einfallenden Lichtstrahlen so gebrochen, dass das resultierende Beugungsscheibchen auf den Beginn des fusionierten Rhabdoms fällt (fokale Optik). Der optisch homogene Kristallkegel trägt nicht zur Brechkraft bei. Er sorgt lediglich dafür, dass zwischen der Cornealinse und dem Rhabdom der richtige Abstand herrscht (Abstandshalter). Die Rhabdomere haben einen höheren Brechungsindex (1,35) als die benachbarten Retinulazellen (1,34). Das führt dazu, dass die am distalen Ende in das Rhabdom eingetretenen Lichtstrahlen dieses nicht wieder verlassen, weil sie an der Wand jeweils vollständig reflektiert werden. Das Licht wird so über die gesamte Länge des Rhabdoms, in dem sich der Sehfarbstoff befindet, geleitet (Lichtleiter).

Der zweite Augentyp, das **Superpositionsauge** (◘ Abb. 18.29), ist eine raffinierte Lösung des Problems nachtaktiver Insekten (verschiedene Käfer, Nachtschmetterlinge), bei geringer Lichtintensität scharf zu sehen. Dieser Typ zeichnet sich dadurch aus, dass eine beträchtliche Distanz zwischen dem Kristallkegel und der Retinula besteht. Die mittleren Abschnitte der Ommatidien sind – insbesondere im dunkeladaptierten Zustand – auch nicht durch Pigmente optisch voneinander abgeschirmt (klare Zone). Der Brennpunkt der Cornealinse liegt in der Mitte des Kristallkegels. Der Kristallkegel ist nicht optisch homogen wie beim Appositionsauge (s. o.), sondern wirkt, wie Sigmund Exner* bereits 1891 hervorhob, als

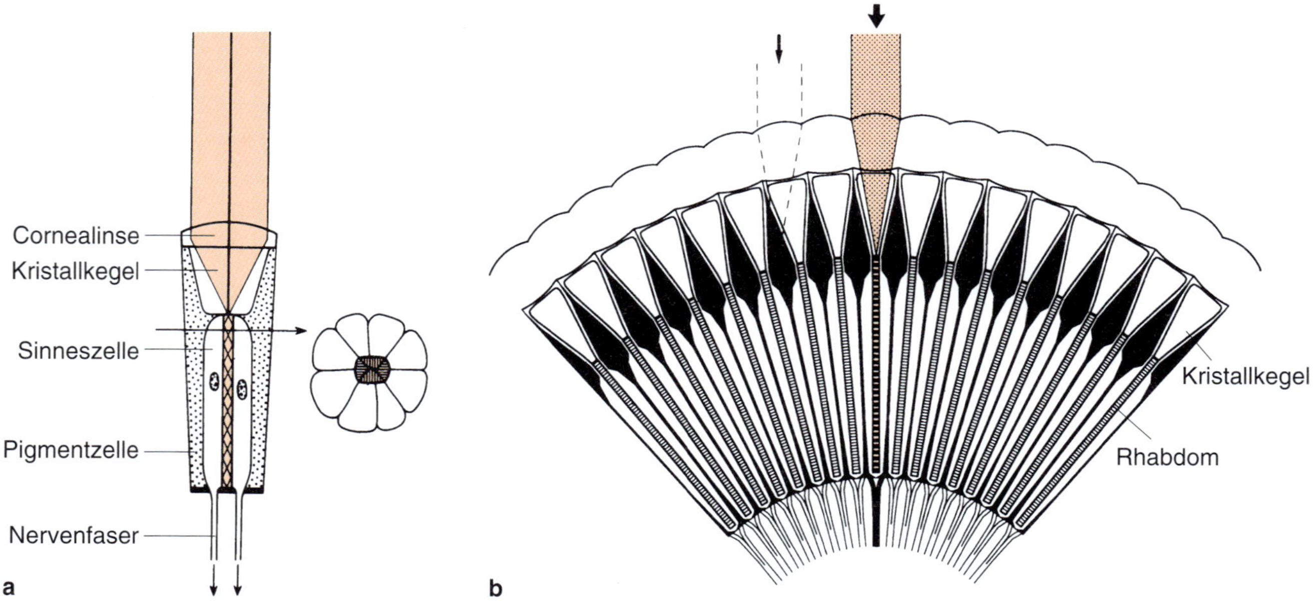

◘ **Abb. 18.28** Strahlengang durch ein Appositionsauge. **a** Einzelommatidium. **b** Ausschnitt aus dem Auge. Der Lichteinfall in der Ommatidienachse (dicker Pfeil) wird auf den Beginn des fusionierten Rhabdoms fokussiert und mittels Totalreflexion durch das Rhabdom geleitet. Licht schräg zur Ommatidienachse (dünner Pfeil) wird von den Pigmentzellen absorbiert. (Nach Dettner K, Peters W (1999) Lehrbuch der Entomologie. Springer, Berlin, Abb. 11–55, S. 333.)

Linsenzylinder (Abb. 18.29). Sein Brechungsindex nimmt von der Achse zur Peripherie hin ab. Dadurch entsteht im Kristallkegel für schräg einfallende Strahlen ein gekrümmter Verlauf (**afokale Optik**). Das von einem Punkt ausgehende Licht wird von vielen benachbarten Facetten (bis zu 1000) auf ein und dasselbe Rhabdom fokussiert. Für die Anzahl der ein Rhabdom treffenden Quanten ist nicht mehr die Fläche der Einzelfacette verantwortlich, sondern eine wesentlich größere Anzahl von Facetten (bei der Mehlmotte, *Ephestia kuehniella*, 100). Die Lichtstärke des Superpositionsauges ist dadurch für ferne Punktobjekte gegenüber dem Appositionsauge wesentlich gesteigert. Das Superpositionsauge der Mehlmotte ist gegenüber dem Appositionsauge der Biene 100-fach lichtstärker, gegenüber dem menschlichen Auge aber immer noch 1000-fach schlechter. Die Vergrößerung des Aperturwinkels zusammen mit dem relativ großen Rhabdomdurchmesser bringt es aber mit sich, dass ausgedehnte Objekte (keine fernen Punktobjekte, s. o.) wesentlich (30-fach) lichtstärker abgebildet werden als selbst vom menschlichen Auge (▶ Abschn. 18.3.1). Bei stärkerer Belichtung wird durch **Pigmentverlagerung** in den primären und sekundären Pigmentzellen eine Abschirmung der Ommatidien herbeigeführt, sodass jede Retinula nur noch Licht erhält, das durch den zugehörigen Kristallkegel getreten ist. Aus dem Superpositionsbild ist ein Appositionsbild geworden. Dekapode Crustaceen besitzen ebenfalls ein Superpositionsauge, allerdings wird hier die Superposition durch eine Spiegeloptik erzielt (▶ Box 18.2).

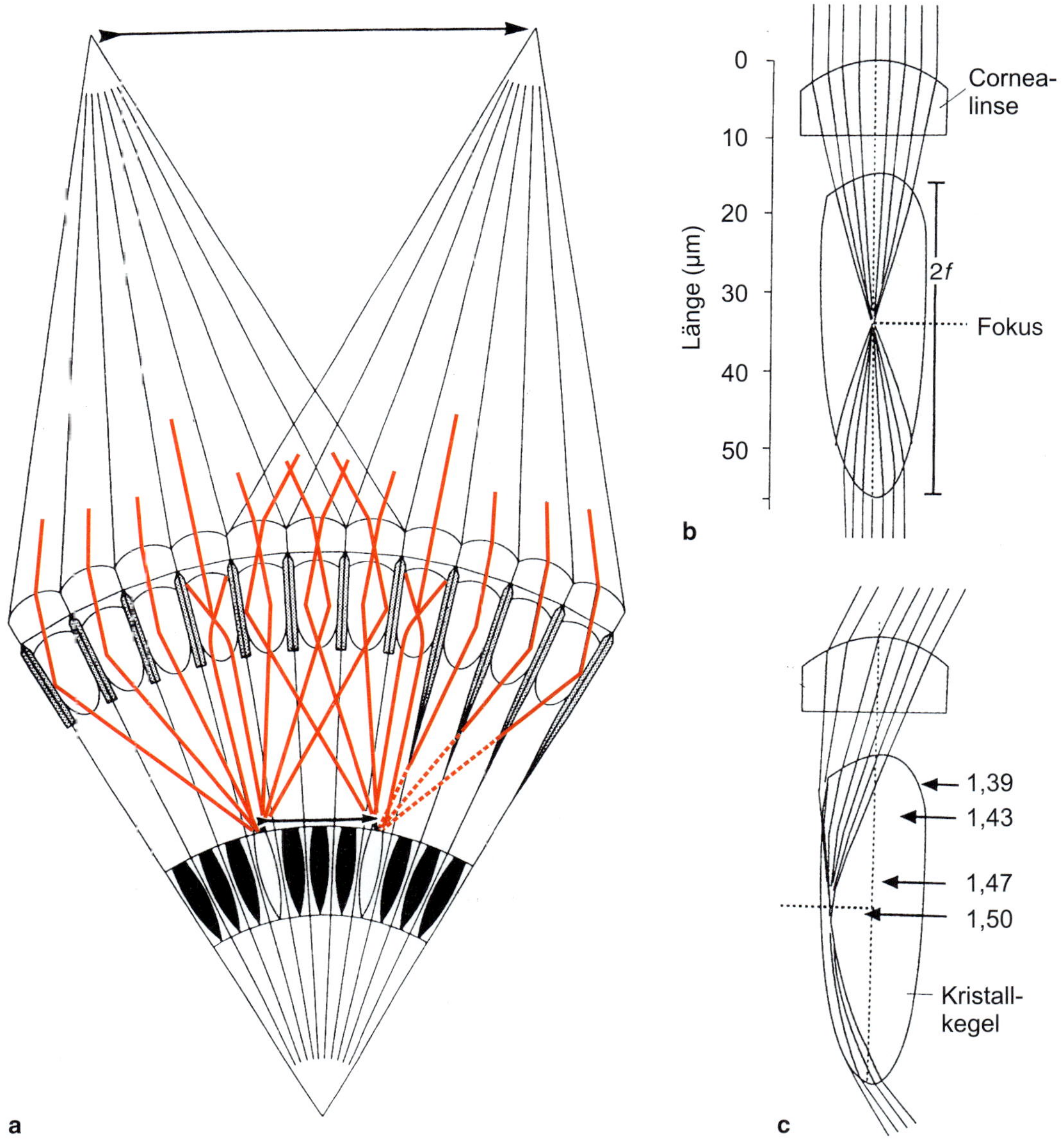

Abb. 13.29 Superpositionsauge. Es entsteht ein aufrechtes und seitenrichtiges Rasterbild. **a** Pfeilspitze und Pfeilende werden stets ortsgetreu abgebildet. Links dunkel- und rechts helladaptierter Zustand. **b**, **c** Die inhomogenen Kristallkegel stellen Linsenzylinder dar (afokale Optik). Sein Brechungsindex nimmt vom Zentrum (1,5) zur Peripherie (1,39) hin ab. Nähere Erläuterungen im Text. *f* = Brennweite. (Aus Gewecke M (1995) Physiologie der Insekten. Fischer, Stuttgart.)

Box 18.2 Das Spiegeloptik-Superpositionsauge dekapoder Crustaceen

Die Augen vieler dekapoder Crustaceen (nicht jedoch die der Krabben, Einsiedlerkrebse) wie das des **Flusskrebses** zählen ebenfalls zu den Superpositionsaugen, weil die von einem Gegenstandspunkt ausgehenden Strahlen durch verschiedene Facetten eintreten und auf ein Rhabdom konvergieren. Die Bildentstehung kommt aber nicht durch eine Variation des Brechungsindexes im Kristallkegel zustande wie bei den Insekten, sondern durch Reflexion an radial angeordneten Planspiegeln (**Spiegeloptik**, ◘ Abb. 18.30). Die Facettenraster sind streng quadratisch und nicht – wie bei den Insekten – hexagonal. Die Corneafacetten stellen homogene, planparallele Platten mit einem Brechungsindex von 1,48 dar, beeinflussen den Strahlengang also nicht wesentlich. Die Kristallkegel haben die Form vierseitiger regulärer Pyramidenstümpfe. Auch sie zeigen einen uniformen, recht hohen Brechungsindex von 1,425. Die Wände der Pyramidenstümpfe, und das ist das Wesentliche, dienen als Spiegel. Die von irgendeinem Punkt der Umwelt ausgehenden und in verschiedene Ommatidien eintretenden Strahlen werden an jeweils zwei, im rechten Winkel zueinander stehenden Seitenflächen der Pyramiden so reflektiert, dass sie sich in einem Punkt auf der Netzhaut wieder vereinigen (◘ Abb. 18.30).

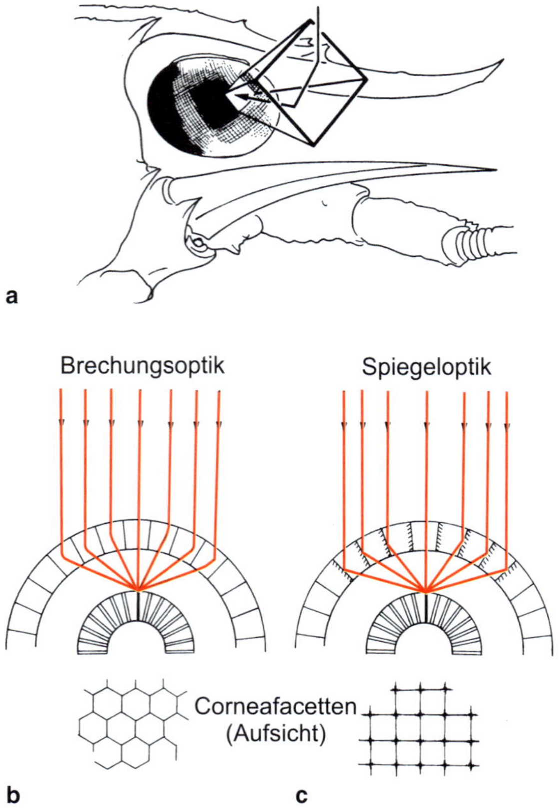

◘ **Abb. 18.30** Die Spiegeloptik im Flusskrebsauge. **a** Die Kristallkegel des Krebsauges haben die Form vierseitiger Pyramidenstümpfe. **b** Brechungsoptik des Superpositionsauges eines Insekts. **c** Spiegeloptik des Flusskrebsauges. (a aus Kirschfeld K (1981) Mit Flusskrebsaugen ins Weltall blicken. MPG Spiegel 1/1981, b, c aus Land MF (1981) Optics and vision in invertebrates. In: Autrum H (Hrsg) Handbook of sensory physiology. Vol. VII/6B. Springer, Berlin, S. 471–492.)

In den Ommatidien des **Fliegenauges** (*Musca*, *Calliphora* u. a.) liegen jeweils acht Rhabdomere vor, von denen jedoch zwei (der Sinneszellen 7 und 8) tandemartig hintereinander angeordnet sind und einen einzigen, zentral gelegenen Sehstab bilden. Dieser wird von den restlichen sechs (der Sinneszellen 1–6) umstellt (◘ Abb. 18.15), ohne dass diese miteinander zum Rhabdom fusionieren (**unfusioniertes Rhabdom**, **offenes Rhabdom**). Die optischen Achsen dieser Rhabdomere divergieren. Das bedeutet, dass das Ommatidium der Dipteren keine funktionelle Einheit darstellt. Jeweils sieben Rhabdomere aus sieben benachbarten Ommatidien sind zueinander parallel orientiert, das heißt, sie sind auf denselben Punkt der Umwelt gerichtet. Die Axone von sechs dieser Sinneszellen konvergieren auf eine Kolumne (*cartridge*) des ersten optischen Neuropils, der **Lamina**, von wo sie auf zwei Neurone zweiter Ordnung umgeschaltet werden (◘ Abb. 18.31). Nur die Axone der Sinneszellen 7 und 8 verlaufen ohne Umschaltung direkt zum zweiten optischen Neuropil, der **Medulla**, und werden dort erst auf Neurone zweiter Ordnung umgeschaltet.

Man kann also im Komplexauge von *Musca* zwei Teilsysteme unterscheiden. Das eine Teilsystem wird von den Sinneszellen 1–6 gebildet. Es stellt ein **neurales Superpositionsauge** (◘ Abb. 18.31) dar und erlaubt Sehen bei niederen Lichtintensitäten. Das andere Teilsystem umfasst die Sinneszellen 7 und 8 und ist auf das Sehen bei hoher Lichtintensität spezialisiert. Beide Systeme unterscheiden sich hinsichtlich ihres räumlichen Auflösungsvermögens und ihrer Absolut- sowie Spektralempfindlichkeit (▶ Abschn. 18.5.2). In den Zellen 1–6 (und nur dort) kann der Lichtfluss in den Rhabdomeren durch Verlagerung der Pigmentgranula gesteuert werden. Während sich die Kristallkegel in den Ommatidien der Schmeißfliege *Calliphora erythrocephala* bei 546 nm mit einem Brechungsindex von 1,337 als optisch homogen erwiesen haben, stellen die Cornealinsen sphärische Linsen dar, in denen der Brechungsindex in Richtung der Ommatidienachse von distal (n = 1,473) nach proximal (n = 1,415) abnimmt (◘ Abb. 18.31).

Auflösungsvermögen

Die **Winkelauflösung** von Komplexaugen (Minimum separabile) ist in der Regel wesentlich schlechter als die von Linsenaugen (◘ Tab. 18.4). Das liegt am geringen Durchmesser der Facettenlinsen gegenüber der Wirbeltierlinse (Pupille). Bei kleinen Linsen ist die Beugung die wesentliche Limitierung bei der Winkelauflösung. Aus der geometrischen Betrachtung (◘ Abb. 18.32) ergibt sich, dass das Auflösungsvermögen, der Kehrwert des Divergenzwinkels zweier Ommatidien, vom Augenradius und vom Facettendurchmesser abhängt. Da die Verkleinerung der Facettengröße die Beugung verstärken und damit wiederum die Auflösung verschlechtern würde, bleibt zur Erhöhung der Auflösung nur die Vergrößerung des Au-

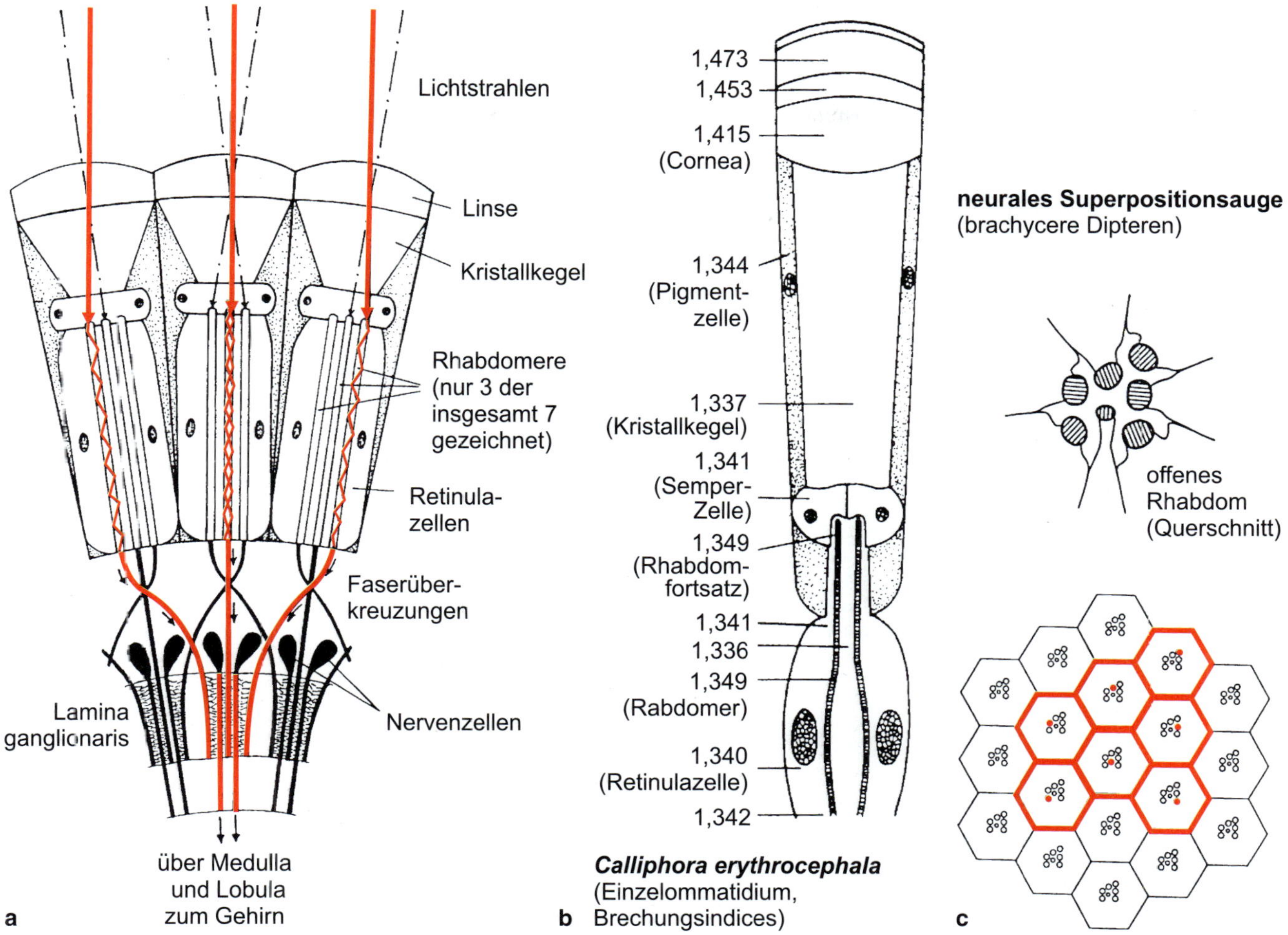

Abb. 18.31 Fliegenauge. **a** Schema der neuronalen Verknüpfungen zwischen Retina und Lamina (neurales Superpositionsauge). **b** Schematische Darstellung eines Ommatidiums mit Angabe der Brechungsindices (für λ = 546 nm). **c** Aufsicht auf 19 Ommatidien mit eingezeichnetem, charakteristischem Rhabdomermuster. Die rot markierten Rhabdomere in sieben benachbarten Ommatidien weisen in dieselbe Richtung und konvergieren innerhalb der Lamina an derselben Struktur (*cartridge*). (a in Anlehnung an Kirschfeld K (1971) Aufnahme und Verarbeitung optischer Daten im Komplexauge von Insekten. Naturwissenschaften 58, 201–209, b nach Seitz G (1968) Der Strahlengang im Appositionsauge von *Calliphora erythrocephala* (Meig.). Z Vergl Physiol 59, 205–231.)

ges mit gleichzeitiger Erhöhung der Facettenzahl und -größe. Während bei Linsenaugen eine proportionale (isometrische) Vergrößerung auch zu einer proportionalen Zunahme der Winkelauflösung führt, falls die Dichte der Rezeptorpackung (Durchmesser der Rezeptoren) gleich bleibt (► Abschn. 18.3.1), führt bei Komplexaugen erst eine Vervierfachung der Augengröße unter Beibehaltung des Winkelabstands der Ommatidien zur Verdopplung der Winkelauflösung (Abb. 18.32). Um eine Auflösung von einer Bogenminute (1′) wie beim menschlichen Auge zu erreichen, müsste jedes Ommatidium an der Augenoberfläche (Facette) einen Durchmesser von 1,7 mm besitzen. Berücksichtigt man, dass im menschlichen Auge die Sehschärfe nur in der Fovea so hoch ist und zur Peripherie stark abfällt, müsste ein Komplexauge mit der Winkelauflösung des menschlichen Auges einen Durchmesser von etwa einem Meter haben (Abb. 18.32). Bei kleinen Augen ist es dagegen unerheblich, ob sie vom Linsenaugen- oder Komplexaugentyp sind, beide haben ein geringes Auflösungsvermögen. Erst bei einer Erhöhung des Auflösungsvermögens durch Augenvergrößerung sind Linsenaugen im Vorteil.

Tab. 18.4 Der experimentell bestimmte Sehschärfewinkel (Minimum separabile) bei Arthropoden.

Tierart	Minimum separabile
Honigbiene (*Apis mellifera*)	1° 00′
Taufliege (*Drosophila melanogaster*)	9° 17′
Krabbe (*Goniopsis*)	3°30′
Einsiedlerkrebs (*Pagurus*)	4° 12′
Garnele (*Palaemon*)	4° 35′
Schwebegarnele (*Praunus*)	6° 13′
Putzergarnele (*Lysmata seticaudata*)	13° 01′

Die **Lichtempfindlichkeit** des Komplexauges hängt in derselben Weise vom Linsendurchmesser, Rezeptordurchmesser und

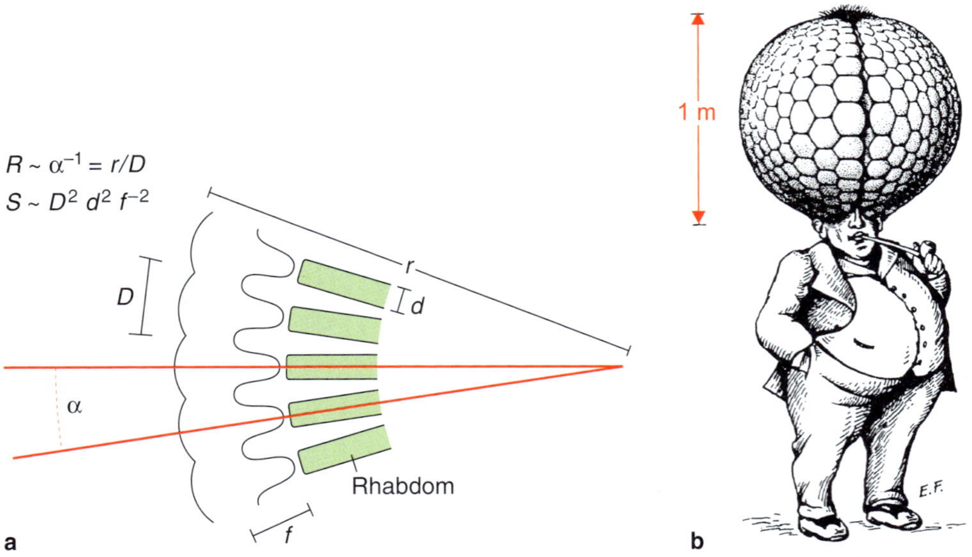

Abb. 18.32 **a** Optik des Komplexauges. Das Auflösungsvermögen des Komplexauges wird durch den Augenradius sowie den Facettendurchmesser bestimmt, die Lichtempfindlichkeit von dem Facettendurchmesser, dem Rhabdomdurchmesser sowie der Brennweite. **b** Besäße der Mensch ein Komplexauge, müsste es einen Durchmesser von 1 m haben, um dieselbe Winkelauflösung zu erreichen wie sein Linsenauge. *D* = Facettendurchmesser; *R* = Auflösungsvermögen; *r* = Augenradius; *f* = Brennweite; α = Sehschärfewinkel. (a nach Wehner R, Gehring W (1995) Zoologie. Thieme, Stuttgart, Abb. 7.15D, S. 419, b nach Kirschfeld K (1984) Linsen- und Komplexaugen: Grenzen ihrer Leistung. Naturwiss Rdsch 37, 352–362.)

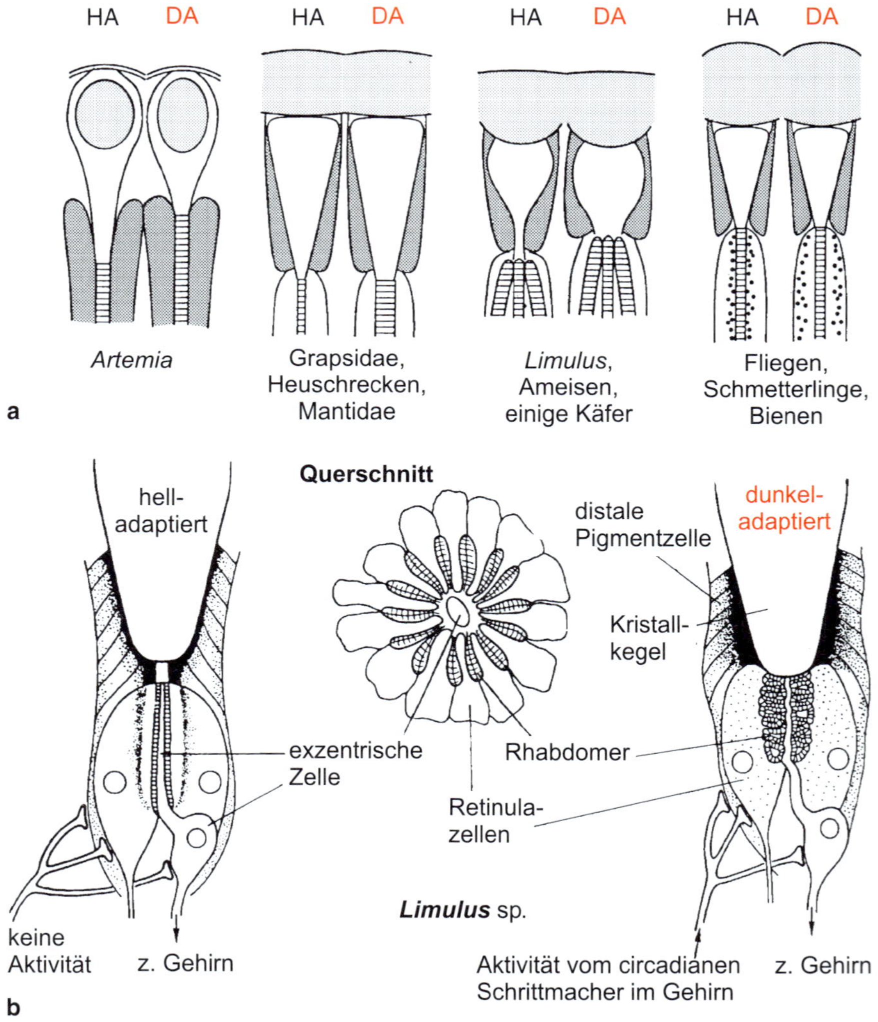

Abb. 18.33 **a** Verschiedene Mechanismen der Hell- bzw. Dunkeladaptation. Nähere Erläuterungen im Text. **b** Hell- und Dunkeladaptation im Auge des Pfeilschwanzes *Limulus*. Durch neuronale Aktivität eines circadianen Schrittmacherzentrums im Gehirn wird die Eintrittsöffnung für Licht in die Ommatidien erweitert (rechts) und das Auge in einen hochempfindlichen, dunkeladaptierten Zustand versetzt. DA = Dunkeladaptation; HA = Helladaptation. (a nach Nilsson D-E (1989) Optics and evolution of the compound eye. In: Stavenga DG, Hardie RC (Hrsg) Facets of vision. Springer, Berlin, S. 30–73, b nach Barlow RB, Chamberlain SC, Lehman HK (1989) Circadian rhythms in the invertebrate retina. In: Stavenga DG, Hardie RC (Hrsg) Facets of vision. Springer, Berlin, S. 257–280.)

der Brennweite ab wie die des Linsenauges (Abb. 18.32). Auch eine Verlängerung des Rhabdoms erhöht die Lichtempfindlichkeit. Das ist in vielen Fällen auch geschehen. Man findet bei einigen Libellen Rhabdomere mit einer Länge bis zu 1 mm. Einige Insekten (Stubenfliege und Verwandte) haben noch eine weitere Möglichkeit genutzt, die Empfindlichkeit ihrer Photorezeptoren zu erhöhen. Sie besitzen **sensibilisierende Pigmente** in den Rhabdomeren, die photostabil sind und stark im UV-Bereich absorbieren. Sie übertragen die Energie auf das Rhodopsin. Es handelt sich dabei um wesentlich kleinere Moleküle (<2 % der relativen Molekülmasse des Rhodopsins), mit deren Hilfe erstens der sichtbare Spektralbereich ausgedehnt und zweitens die absolute Empfindlichkeit des Rezeptors erhöht werden kann.

Die **Adaptationsmechanismen** des **Appositionsauges** sind ebenfalls sehr vielfältig (Abb. 18.33). Der Krebs *Artemia* (Euphyllopoda) ändert zum Beispiel die Brennweite seines Ommatidiums in Abhängigkeit von der Lichtintensität. Das erfordert allerdings eine flexible Linse, die im Kristallkegel vorhanden ist. Krabben der Familie Grapsidae sowie Heuschrecken und Mantiden machen ihr Rhabdom während der Nacht dicker. Bei den Krabben nimmt der Durchmesser auf das Dreifache zu, was zu einer neunfach höheren Empfindlichkeit führt.

Ein anderer Mechanismus betrifft die Änderung des Durchmessers einer durch Pigmente begrenzten **Lochblende** (Iris) in der Brennebene des Auges vor den distalen Enden der Rhabdomere. Er ist bei *Limulus*, verschiedenen Ameisen und einigen Käfern realisiert. Bei *Limulus* existiert ein Push-pull-Mechanismus (Abb. 18.33). Efferente neuronale Aktivität von einem circadianen Schrittmacherzentrum im Gehirn (mit Octopamin als Transmitter?) versetzt die Retina in den hochempfindlichen, dunkeladaptierten Zustand. Nach Abbruch der efferenten Nervenaktivität führen ein **light-adapting hormone** und Licht das Auge in den helladaptierten Zustand zurück. Bei Insekten sind es die primären Pigmentzellen und die weichen Kristallkegelzellen, die diese Veränderungen der Irisöffnung gewährleisten. Bei Helligkeit kontrahieren die Pigmentzellen, das Rhabdom wird nach unten gepresst und die Kristallkegelzellen bilden ein schmales Band, das das Licht zum Rhabdom führt.

Bei Fliegen, Schmetterlingen und Bienen wandert das Pigment schließlich bei Helligkeit in Richtung Rhabdom, sammelt sich dort an und schwächt so den Lichtstrom ab. Bei Dunkelheit verteilt sich das Pigment wieder in der Peripherie.

18.4 Räumliches Sehen, zeitliches Auflösungsvermögen, Bewegungssehen

18.4.1 Räumliches Sehen, Tiefenwahrnehmung

Räumliches Sehen kommt bei Vögeln und Säugetieren in ausgeprägter Form nur durch die Zusammenarbeit beider Augen zustande. Die flächig (zweidimensional) ausgedehnten Erregungsmuster auf der Retina des linken und rechten Auges werden zu Gegenständen in einem einheitlichen dreidimensionalen **Wahrnehmungsraum** zusammengeführt. Das erfordert einen enormen Aufwand an Rechenarbeit, der vom Gehirn unbewusst und unablässig geleistet wird.

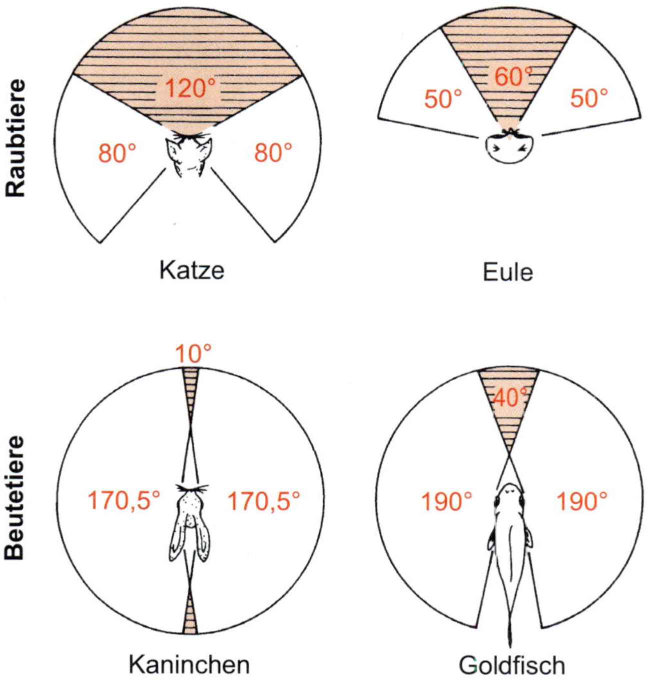

Abb. 18.34 Horizontale Ausdehnung der Sehfelder bei verschiedenen Wirbeltieren. Das binokulare Sehfeld ist schraffiert.

Die Konstruktion eines solchen Wahrnehmungsraums hat für viele Tiere existenzielle Bedeutung. Die richtige Einschätzung von Tiefe und Entfernung ist Voraussetzung für den Erfolg jeder **Zielbewegung**, wie zum Beispiel beim Sprung von Ast zu Ast, beim Ergreifen der Beute im Flug (Wanderfalke) oder im Sprung (Raubkatzen). Wer einmal gesehen hat, mit welcher Eleganz und Wendigkeit ein Wanderfalke seine Beute im freien Flug schlägt, ist von der hohen Leistungsfähigkeit seiner räumlichen Orientierung beeindruckt. Hierzu zählen auch die vielen **Greif-** und **Schlagbewegungen**. Frösche, Kröten oder das Chamäleon schleudern ihre klebrige Zunge blitzschnell auf die Beute, Libellenlarven stoßen ihr zur Fangmaske umgestaltetes Labium dem Opfer entgegen, die Gottesanbeterin (*Mantis*) benutzt dazu ihre Fangbeine.

Für verschiedene Vögel und Säugetiere – wie auch für den Menschen – ist die Betrachtung desselben Gegenstands mit zwei Augen (**binokulares Sehen**) für die Tiefenwahrnehmung sehr wichtig. Der Winkel, den die optischen Achsen beider Augen einschließen, ist bei den Wirbeltieren unterschiedlich groß. Bei Primaten stehen die optischen Achsen nahezu parallel, bei den Raubtieren ist die **Divergenz** ebenfalls gering. Im Gegensatz dazu herrschen bei Beutetieren (Huftiere, Hasenartige, Nagetiere) hohe Divergenzwerte vor (Kaninchen 170°, Abb. 18.34). Ihnen ist daran gelegen, das Auftreten für sie lebensbedrohender Objekte in einem möglichst umfangreichen Gesichtsfeld frühzeitig zu erkennen. Je größer die Divergenz der optischen Achsen, desto weniger überdecken sich die Gesichtsfelder beider Augen vor dem Tier. Während Primaten und wahrscheinlich auch Katzen immer binokular sehen, sehen andere Vertebraten normalerweise monokular und gehen nur bei Bedarf durch Konvergenzbewegung ihrer Augen zum binokularen Sehen über.

Die bei Betrachtung eines Gegenstands in beiden Augen entworfenen Netzhautbilder sind, wie schon Leonardo da Vinci wusste, verschieden (**Disparität**[504]), weil man den Gegenstand mit dem einen Auge aus einem etwas anderen Blickwinkel sieht als mit dem anderen. Die neuronale Verrechnung der Disparität (**Stereopsis**) erfolgt in verschiedenen Arealen des visuellen Cortex und trägt wesentlich zur Entfernungsbestimmung und räumlichen Wahrnehmung bei. Bei Entfernungen über 30 m sind die Netzhautbilder beider Augen allerdings nahezu identisch. Dann dominieren monokulare Hinweise wie die Bewegungsparallaxe (die entfernungsabhängige Verschiebung von Objekten auf der Retina bei Eigenbewegung), der relative Größenvergleich, die lineare Perspektive, die Verdeckung usw., wie sie auch auf Gemälden eingesetzt werden.

Während stereoskopisches Sehen für geringe Entfernungen auch bei großen **Insekten** nachgewiesen wurde (Gottesanbeterin), spielt bei den meisten Insekten wegen des geringen Augenabstands die **Bewegungsparallaxe** als Informationsquelle für die räumliche Tiefe die Hauptrolle. Bienen können auf Blütenattrappen bestimmter Höhe unabhängig von ihrer Größe dressiert werden. Zur Bestimmung der Entfernung des Zielobjekts dient ihnen die durch ihre eigene Flugbewegung bedingte Bildbewegung: Nahe Objekte bewegen sich schneller als weiter entfernte.

18.4.2 Zeitliches Auflösungsvermögen

Die Trägheit der beteiligten Schritte in der Transduktionskaskade (▶ Abschn. 18.1.3) sowie der synaptischen Übertragungen hat zu Folge, dass nur eine bestimmte Zahl von Lichtreizen pro Zeiteinheit getrennt verarbeitet werden kann (zeitliches Auflösungsvermögen). Nähert man sich diesem Grenzwert, so tritt die Erscheinung des Flimmerns auf, überschreitet man ihn, so verschmelzen die Lichtreize miteinander und es entsteht der Eindruck einer kontinuierlichen Beleuchtung. Der Wert dieser kritischen **Flimmerverschmelzungsfrequenz** (FVF) ist von der Intensität und Wellenlänge des Reizlichts abhängig.

Bei den bisher untersuchten Wirbeltieren ist kein FVF-Wert über 60 Hz, der auch vom **Menschen** bei Helladaptation erreicht wird, beobachtet worden, bei niederen Lichtintensitäten (Dämmerungssehen) liegt er beim Menschen bei 10 Hz. Die niedrigsten Werte zeigen Amphibien, die unter optimalen Bedingungen bereits bei Frequenzen zwischen 5 (*Salamandra*) und 8 Hz (*Rana esculenta*) die Einzelreize nicht mehr trennen. Demgegenüber sind bei den **Cephalopoden** (*Octopus*) unter günstigsten Bedingungen (hohe Lichtintensität) Werte von 72 Hz gefunden worden.

Viele **Insekten** besitzen eine sehr hohe kritische FVF. Bienen und Wespen zeigen zum Beispiel noch optomotorische Reaktionen, wenn pro Sekunde 220 Striche an ihrem Auge vorbeiwandern. Ein hohes zeitliches Auflösungsvermögen von bis zu 250 Hz ist für schnellfliegende Insekten charakteristisch. Damit wird auch bei hohen Winkelgeschwindigkeiten, wie sie bei Drehungen im Flug auftreten, eine Unschärfe im Bewegungssehen (▶ Abschn. 18.4.3) vermieden und eine verbesserte Tiefenwahrnehmung gewährleistet (▶ Abschn. 18.4.1). Arthropoden, die sich langsam bewegen oder nur im Dunkeln aktiv sind (*Carausius*, *Tachycines*, *Dytiscus*, *Periplaneta* u. a.), zeigen dagegen eine ungleich geringere kritische Flimmerverschmelzungsfrequenz (z. B. *Tachycines*: 8–10 Reize s^{-1}).

18.4.3 Bewegungssehen

Eine besondere Leistung des visuellen Systems ist es, Bewegungen von Objekten, das heißt deren Relativverschiebungen zu einem als ruhend angesehenen Koordinatensystem, registrieren zu können (**Bewegungssehen**). Die Bewegung eines Objekts hat im unbewegten Auge eine entsprechende gegensinnige Verlagerung des Bildes auf der Retina zur Folge. Bewegungen können aber auch dann vom Tier registriert werden, wenn das bewegte Objekt mit den Augen verfolgt, das heißt sein Abbild in der Fovea centralis festgehalten wird. Andererseits tritt nicht der Eindruck einer bewegten Umwelt auf, wenn das Bild auf der Retina infolge aktiver Bewegung des Auges verlagert wird. Bewegen wir dagegen das Auge passiv durch leichten Druck mit dem Finger von der Seite her, so löst die Bildverschiebung auf der Retina sehr wohl die Empfindung aus, als ob sich die Gegenstände bewegen. Scheinbewegungen werden auch dann registriert, wenn Augenbewegungen eingeleitet (gewollt) werden, aber nicht zustande kommen, weil die Augenmuskulatur gelähmt ist (◘ Abb. 18.35e). Besondere Adaptation an die Detektion bewegter Beuteobjekte findet man bei Springspinnen (▶ Box 18.3).

Box 18.3 Das Sehsystem von Springspinnen

Spinnentiere (Arachnida) sind die einzige Arthropodengruppe, die als Hauptaugen nicht Komplex- sondern Kameraaugen besitzen. Die meisten **Spinnen** haben acht Augen, die vorderen Mittel- (VMA) und Seitenaugen (VSA) sowie die hinteren Mittel- (HMA) und Seitenaugen (HSA). Außer bei den Springspinnen (Salticidae) und Kescherspinnen (Dinopidae) sind sie in der Regel recht klein und besitzen eine geringe Anzahl von Sehzellen. Alle Augen entsprechen dem **Ocellentyp**, zeigen eine cuticuläre Linse, einen zelligen Glaskörper sowie eine Retina mit Lichtsinneszellen und dazwischen eingelagerten Pigmentzellen. Die VMA werden als **Hauptaugen** bezeichnet und allen anderen gegenübergestellt. Sie sind evers, das heißt ihre lichtempfindlichen Strukturen, die Rhabdomere, sind dem Licht zugekehrt, während alle **Nebenaugen** invers sind. Ihre lichtempfindlichen Strukturen sind dem

▼

[504] *dispar* (lat.) = ungleich, verschieden

Licht abgewandt. Im Gegensatz zu den meisten Spinnen wird bei den Springspinnen (Salticidae) das Verhalten (Orientierung, Beutefang, Balz, Flucht) in starkem Maß visuell geprägt. Auch die Wolfsspinnen orientieren sich weitgehend visuell.

Die vier vorderen Augen der Springspinnen sind auffällig groß, liegen in einer Reihe nebeneinander und sind teleskopartig ausgebildet. Die seitlich gelegenen HMA sind ebenfalls recht groß, während die HSA stark reduziert sind (▫ Abb. 18.36). Die **Hauptaugen** sind bei den Springspinnen besonders groß. Sie haben vorgewölbte Linsen, einen langen Glaskörper und eine vierschichtige Retina, die durch drei antagonistisch arbeitende Muskelpaare hin und hergeschoben werden kann. Das ermöglicht die Vergrößerung des relativ schmalen Gesichtsfelds von 10° auf 58° (▫ Abb. 18.36). Die Retinaschichten zeigen eine unterschiedliche Spektralempfindlichkeit. Die Maxima liegen bei 360, 480–500, 520–540 bzw. 580 nm. Die vierte Schicht dient wahrscheinlich der Registrierung der Polarisationsebene des Himmelslichts. Die **Nebenaugen** besitzen eine nur einschichtige Retina mit einheitlichem Sehzelltyp (max. Empfindlichkeit bei 535–540 nm). Die Zahl der Sinneszellen ist größer als in den Hauptaugen (3000–6000 in den VSA, 8000–16 000 in den HMA). Die **Gesichtsfelder** der beiden VSA überschneiden sich vor dem Tier in einem Sehraum von 40° (binokulares Sehen, Entfernungsabschätzung). Insgesamt schließt das Gesichtsfeld aller acht Augen zusammen einen Winkel von 300° ein (fast eine Rundumsicht).

Ein sich bewegendes Beuteobjekt wird von der Springspinne aus 30–40 cm Entfernung zuerst von den Nebenaugen (VSA und HMA) mit ihrer kurzen Brennweite und ihren relativ großen Gesichtsfeldern bemerkt und geortet. Erreicht das bewegte Objekt eine Entfernung von 20 cm, reagiert die Spinne mit der Ausrichtung ihres Vorderkörpers und Fixierung des Objekts mit den Hauptaugen. Muskeln bewegen den Retinabereich des Auges, bis das Bild des Objekts auf die **Fovea** mit zehnfach höherer Dichte der Sehzellenpackung als in der Peripherie (Stelle des schärfsten Sehens) fällt. Der Winkelabstand zwischen den Zellen in der Fovea ist gering (12′ bei *Evarcha* und *Phidippus;* nur 2,4′ bei *Portia*), sodass diese Augen ein hohes optisches Auflösungsvermögen haben dürften (**Formensehen**), das im Fall von *Portia* das der Libelle *Aeshna* (Komplexauge) vermutlich noch übertrifft. Das Bild des Gegenstands wird bei ruhiger Körperhaltung durch Verschiebung der Retina Zeile für Zeile mit der Fovea abgetastet (Rasterbewegung, **Scanningprinzip**), gleichzeitig wird das Auge um seine optische Achse hin und hergedreht. Ist der Gegenstand als Beuteobjekt identifiziert, wird er weiter verfolgt (Anschleichen). Aus geringer Entfernung (ca. 1,5 cm) erfolgt dann der zielsichere **Sprung**. Eine Springspinne benötigt nur 0,018 s, um sich vom Boden zu lösen. Die Sprungweite kann bis zu 25 Körperlängen betragen.

Das Vermögen zum **Formensehen** bei Springspinnen wird auch durch folgende Beobachtungen belegt: Männchen der Springspinnen (nicht die der Wolfsspinnen) gehen vor ihrem eigenen Spiegelbild wie vor einem arteigenen Männchen in Drohstellung und springen bewegte Beuteattrappen (räumliche besser als zweidimensionale) an. Männliche *Evarcha*-Exemplare beantworten die Präsentation bewegter Silhouetten der Vorderansicht des Weibchens in 96 % der Fälle mit einem Werbetanz.

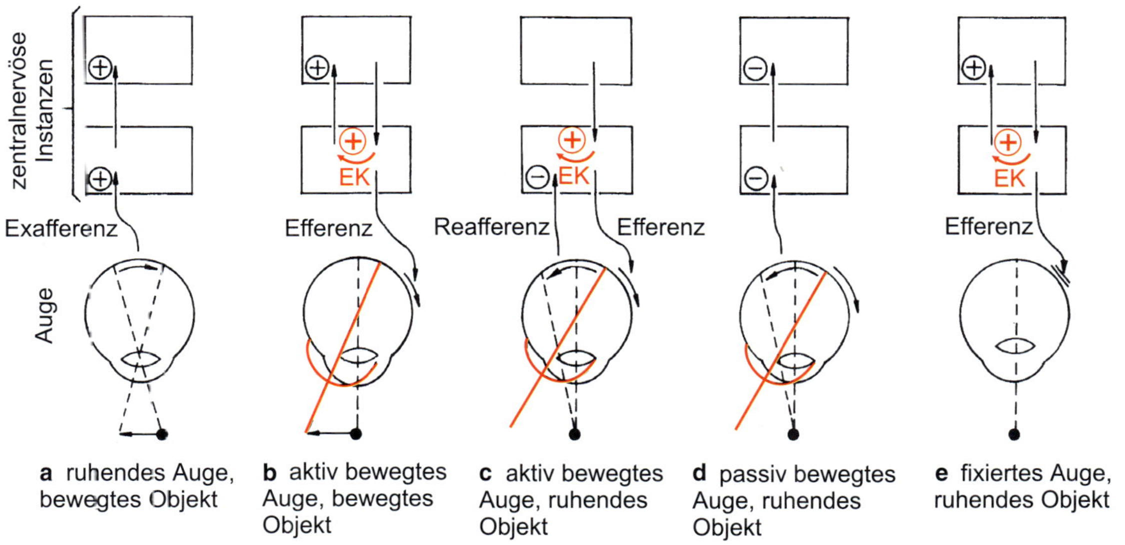

▫ **Abb. 18.35** Schema zur Veranschaulichung des Reafferenzprinzips. **a** Wahrnehmung (+) der tatsächlich stattfindenden Bewegung durch die Verlagerung des Abbilds auf der Retina. **b** Wahrnehmung der tatsächlich stattfindenden Bewegung durch die zentral nicht ausgelöschte Efferenzkopie. **c** Efferenzkopie (+) und Reafferenz (–) löschen sich aus. **d** Registrierung einer Scheinbewegung (minus), aber in entgegengesetzter Richtung zu e. **e** Bei betäubten Augenmuskeln wird eine Augenbewegung intendiert und damit eine interne Efferenzkopie erzeugt. EK = Efferenzkopie. (Nach Holst E v, Mittelstaedt H (1950) Das Reafferenzprinzip. Naturwissenschaften 37, 464–476, verändert.)

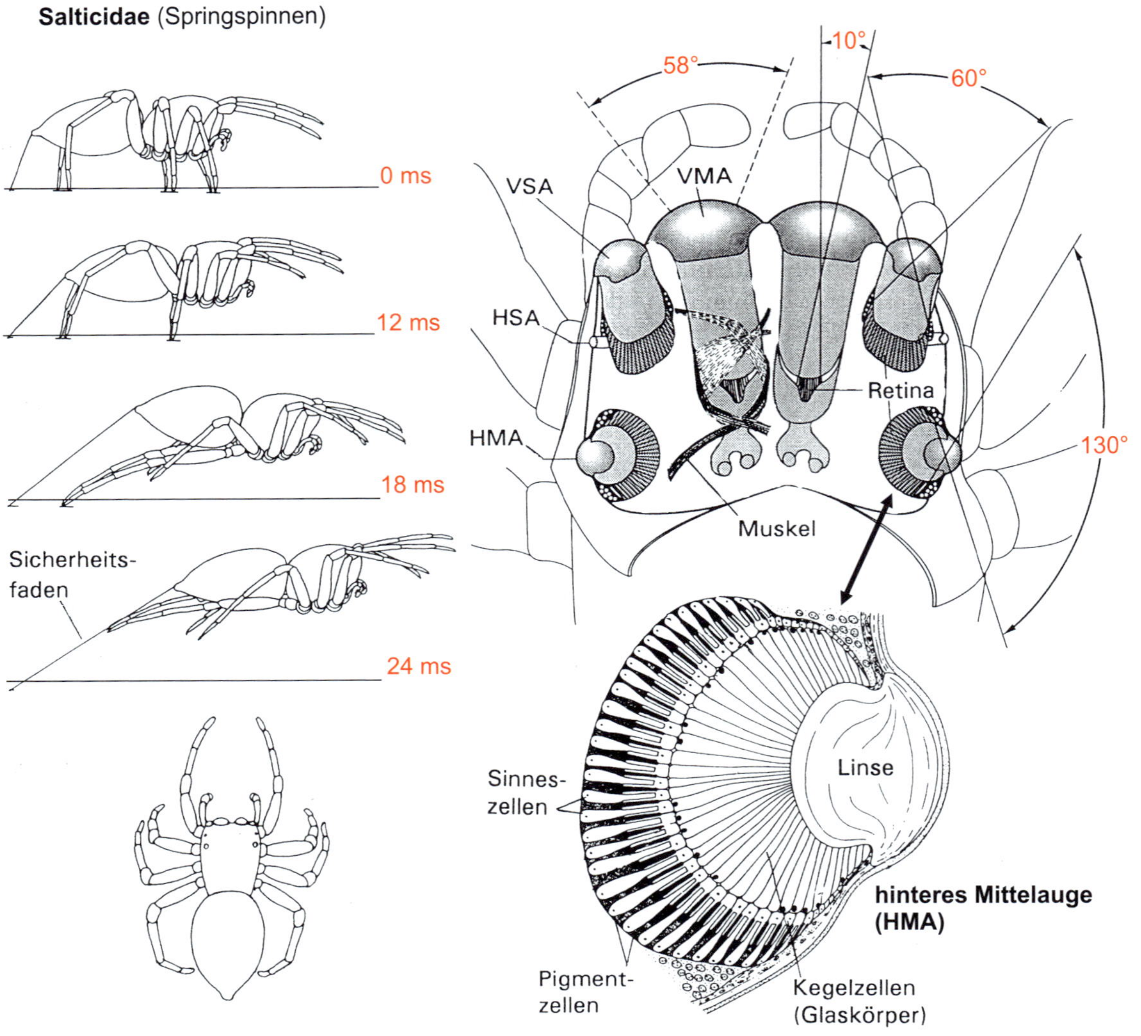

■ **Abb. 18.36** Sprung und Augen der Springspinnen (Salticidae). HMA bzw. VMA = hintere bzw. vordere Mittelaugen; HSA bzw. VSA = hintere bzw. vordere Seitenaugen. (Nach Foelix RF (1982) Biology of spiders. Harvard University Press, Cambridge, und Eakin RM, Brandenburger JL (1971) Fine structure of the eyes of jumping spiders. J Ultrastruct Res 37, 646–663.)

Diese Beobachtungen machen deutlich, dass eine zentralnervöse Verrechnung der motorischen Befehle für die Augen- oder auch Kopfbewegungen mit den visuellen Signalen aus der Retina stattfinden muss. Eine von Erich v. Holst* und Horst Mittelstaedt vorgeschlagene Verrechnung der Information nach dem **Reafferenzprinzip** ist in ■ Abb. 18.35 wiedergegeben. Es wird angenommen, dass von der okulomotorischen **Efferenz** eine Kopie (**Efferenzkopie**) für kurze Zeit gespeichert und mit der Rückmeldung (**Reafferenz**) über die tatsächlich stattgefundene retinale Bildverschiebung (infolge der durch die Efferenz in Gang gesetzten Augenbewegung) verglichen wird. Decken sich Efferenzkopie und Reafferenz, so löschen sie sich aus; im anderen Fall bleibt eine Differenz, der höheren Zentren eine Bildverschiebung meldet.

Bewegt man ein Streifenmuster um ein Tier herum, so kann man beobachten, dass es oft eine charakteristische Haltung des Rumpfes und der Extremitäten einnimmt und mit den Augen, dem Kopf oder dem ganzen Körper das vorbeiziehende Streifenmuster verfolgt (**optomotorisches Verhalten**, ■ Abb. 18.37). Dabei kann ein **Nystagmus** auftreten. Die Verfolgung des Streifenmusters mit den Augen oder dem Kopf erfolgt nur bis zu einem bestimmten Winkel (langsame Phase), dann werden die Augen bzw. der Kopf ruckartig in die Ausgangsstellung zurückgeführt (schnelle Phase), um erneut mit der langsamen Phase zu beginnen. Das optomotorische Verhalten ist angeboren.

Eine mit dem Thorax an einem Halter im Zentrum einer Trommel mit Streifenmuster befestigte **Biene** (■ Abb. 18.37) versucht, dem Muster durch Drehen um ihre Körperhochachse zu folgen, wenn es in langsame Bewegung um das Tier herum versetzt wird. Benutzt man statt Schwarz-Weiß-Muster verschiedenfarbige Streifen in einem bestimmten Helligkeits-(Intensitäts-)verhältnis zueinander, so kann man feststellen, dass an der optomotorischen Reaktion lediglich **Grünrezeptoren** beteiligt sind, nicht aber die UV- und Blaurezeptoren. Das optomotorische System – und das gilt ebenso für andere Leistungen des Bewegungssehens – ist also bei den sonst farbtüch-

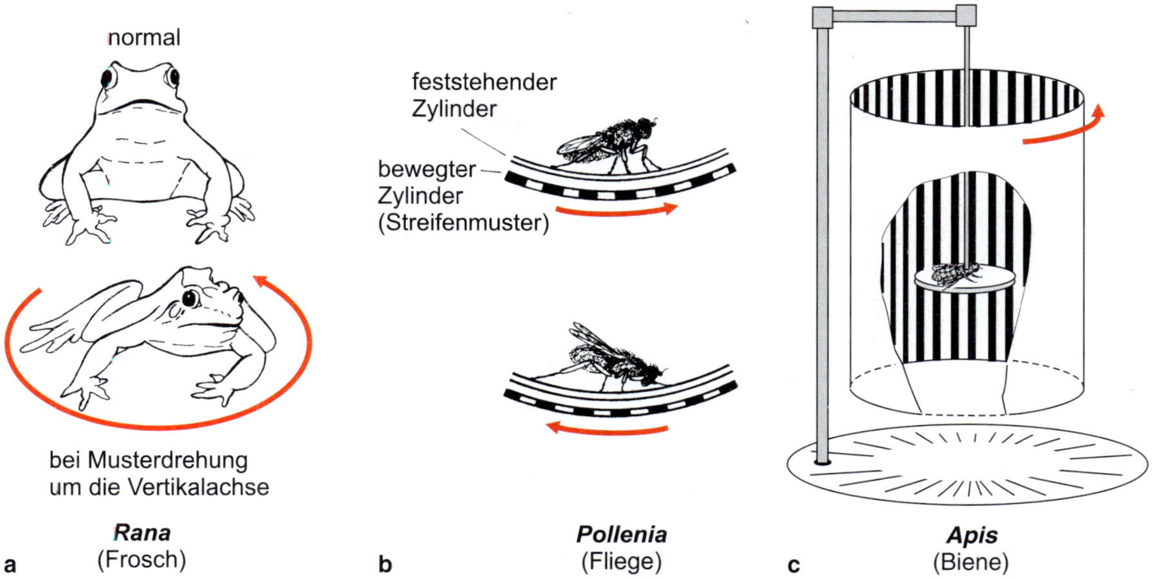

Abb. 18.37 Charakteristische Körperhaltungen des ruhig sitzenden Frosches (**a**) bzw. der Fliege (**b**) (*Pollenia*) bei Drehung eines Streifenmusters (Pfeilrichtung). **c** Die Biene im Zentrum einer sich drehenden Trommel versucht, dem Streifenmuster zu folgen (optomotorisches Verhalten).

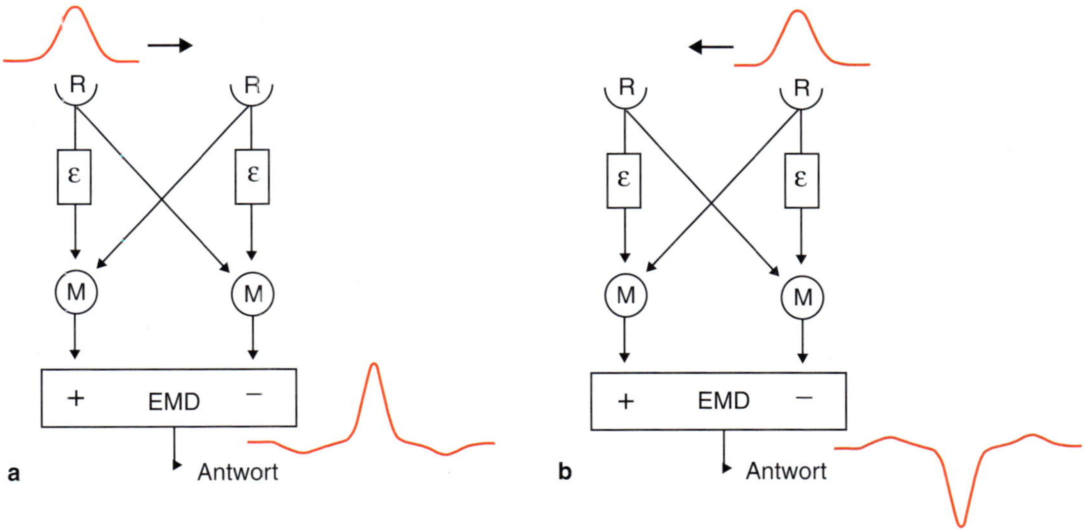

Abb. 18.38 Schaltschema eines elementaren Bewegungsdetektors. Der Detektor besteht aus zwei spiegelsymmetrischen Untereinheiten (Halbdetektoren) und erhält seine Eingänge von zwei benachbarten Photorezeptoren, die auf benachbarte Punkte der Umwelt gerichtet sind. Ein Verzögerungsglied zwischen dem Rezeptor und dem dazugehörigen Multiplikationsglied gibt die Signale in beiden Untereinheiten um einen bestimmten Betrag Δt verzögert weiter. Anschließend wird das beim Multiplikationsglied verzögert eintreffende Signal mit dem unverzögert vom benachbarten Inputkanal eintreffenden Signal multipliziert. Die Differenz der Ausgangsgrößen aus beiden Untereinheiten liefert schließlich die Information über die vorliegende Bewegungsrichtung. **a** Wenn sich das Muster von links nach rechts bewegt, treffen die Signale aus beiden Kanälen am linken Multiplikationsglied etwa gleichzeitig ein, was bei der Multiplikation zu einer starken Antwort führt. **b** Wandert das Muster in entgegengesetzte Richtung, entsteht nach Differenzbildung ein negatives Signal. ε = Verzögerungsglied; EMD = elementarer Bewegungsdetektor; M = Multiplikationsglied; R = Photorezeptoren (Nach Borst A, Egelhaaf M (1989) Principles of visual motion detection. Trends Neurosci 12, 297–306, Abb. 1, S. 298, basierend auf Hassenstein B, Reichardt W (1956) Systemtheoretische Analyse der Zeit-, Reihenfolgen- und Vorzeichenauswertung bei der Bewegungsperzeption des Rüsselkäfers *Chlorophanus*. Z Naturforsch B 11, 513–524.)

tigen Bienen (► Abschn. 18.5.2) farbenblind, denn mit einem Rezeptortyp allein kann man keine Farben unterscheiden.

Der Grund, warum Bienen, Fliegen und mit ihnen viele andere Tiere (auch der Mensch) für die Wahrnehmung von Bewegungen nur einen Rezeptortyp einsetzen, ist simpel: Bewegungen können nicht von einem einzelnen Rezeptor, sondern nur durch das Zusammenspiel mehrerer benachbarter, im einfachsten Fall zweier Rezeptoren detektiert werden. Dieses Verrechnungssystem kann nur dann funktionieren, wenn die einbezogenen Rezeptoren dieselben Kennlinien (Absorptions-

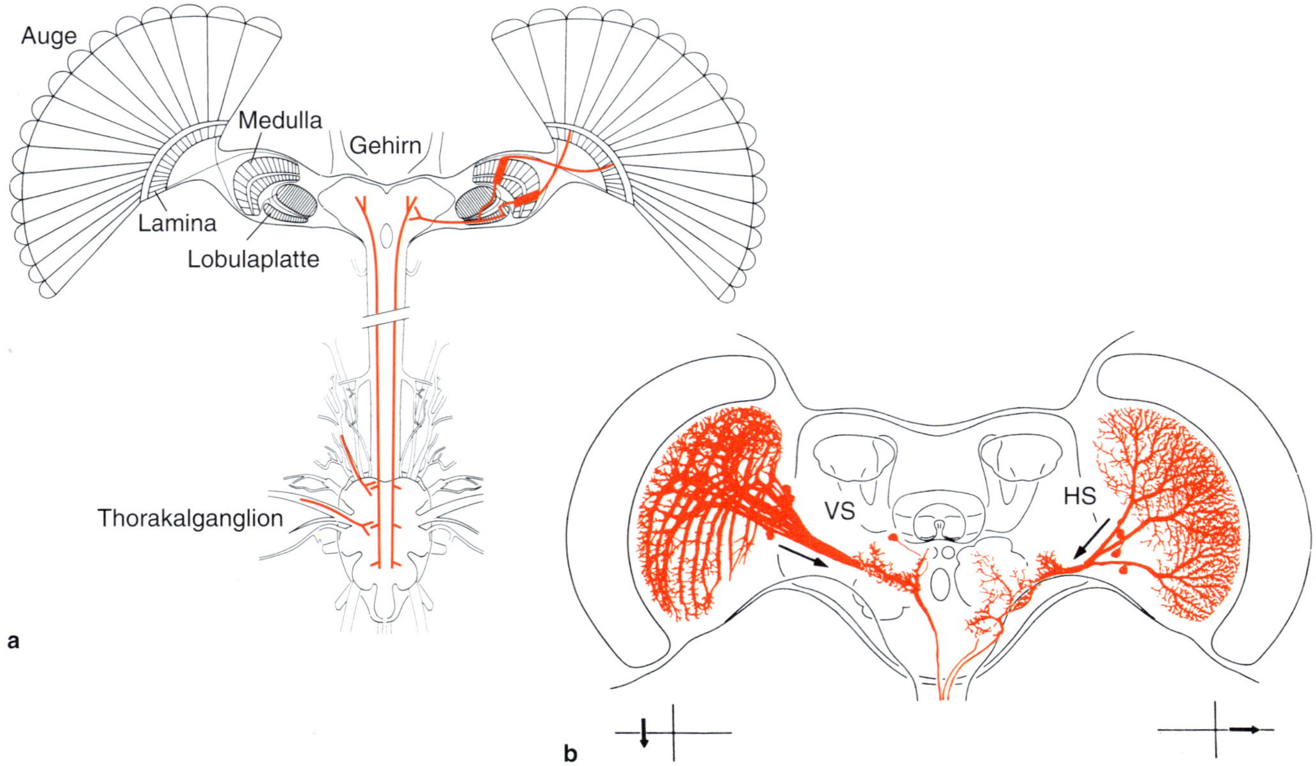

Abb. 18.39 Bewegungssehsystem im Gehirn von Fliegen. **a** Horizontale Darstellung des Gehirns. Bewegungsinformation wird in der Lobulaplatte, einem Teil des Lobulakomplexes, verarbeitet und über absteigende Neurone an die Flugsteuerzentren im Thorax übertragen. **b** Frontale Gehirnansicht. Vertikalsensitive Neurone der Lobulaplatte reagieren vor allem auf vertikale Abwärtsbewegungen, horizontalsensitive Neurone reagieren bevorzugt auf Bewegung von vorn nach hinten. HS = horizontalsensitive Neurone; VS = vertikalsensitive Neurone. (a Nach Buschbeck EK, Strausfeld NJ (1996) Visual motion-detection circuits in flies: Small-field retinotopic elements responding to motion are evolutionarily conserved across taxa. J Neurosci 16, 4563–4578, Abb. 1, S. 4564, b nach Hausen K (1993) Decoding of retinal image flow in insects. In: Miles FA, Wallman J (Hrsg) Visual motion and its role in the stabilization of gaze. Elsevier, Amsterdam, S. 203–234, Abb. 5, S. 213.)

kurven) besitzen. Ein Blau- und ein Grünrezeptor ließen sich nicht kombinieren. Dass sich in der Phylogenie der Grünrezeptor gegenüber dem Blau- oder UV-Rezeptor bei der Biene durchgesetzt hat, hängt mit seinen vorteilhaften Absorptionseigenschaften zusammen. Er absorbiert nämlich besonders gut im langwelligeren Spektralbereich, das heißt die Strahlen, die vornehmlich von den natürlichen Objekten reflektiert werden.

Die neuronalen Verrechnungsschritte, die der Bewegungswahrnehmung, insbesondere auch der Wahrnehmung der Bewegungsrichtung, zugrunde liegen, werden bei Wirbeltieren und Insekten intensiv untersucht. Ein Modell eines elementaren Bewegungsdetektors, der auf der sich ändernden Kontrastfrequenz eines sich bewegenden Signals beruht, wurde von Hassenstein & Reichert (1956) vorgeschlagen (Abb. 18.38). Dieser Detektor vergleicht Signale, die aus zwei benachbarten Photorezeptoren stammen, wobei eines der beiden Signale zeitverzögert wird. Treffen beide gleichzeitig auf eine Multiplikatorinstanz (Korrelation), erfolgt ein hohes positives Ausgangssignal. Durch Subtraktion der Ausgänge beider Halbdetektoren werden anschließend alle Reaktionskomponenten, die unabhängig von der Bewegungsrichtung eingetreten sind, eliminiert. Bei Bewegungen in entgegengesetzte Richtung erfolgt ein negatives Signal. Bei Bewegungen quer zur Verknüpfungsachse treten in keinem der beiden Kanäle Korrelationen auf.

Die Auswertung von Bewegungsinformation erfolgt bei Fliegen und Säugetieren über eine gesonderte Verarbeitungsbahn – unabhängig von der Verarbeitung von Farb- und Forminformationen (▶ Abschn. 18.7.4). Bei Fliegen ist ein Teil des Lobulakomplexes im optischen Lobus, die **Lobulaplatte**, für die Prozessierung von Bewegungsinformation spezialisiert (Abb. 18.39). Hier findet man in getrennten Schichten Neurone, die spezifisch auf bestimmte Bewegungsrichtungen antworten. Die Bewegungsdetektion ist unempfindlich gegenüber Farben, weil sie nur einen Rezeptortyp nutzt.

18.5 Farbensehen

Gegenstände in der Natur unterscheiden sich oft nicht nur in der Intensität, sondern auch in der spektralen Zusammensetzung des von ihnen reflektierten Lichtes (Farbe), da sie bestimmte Wellenlängen stärker absorbieren als andere. Um Objekte wie Früchte und Blätter nicht nur anhand von Intensitätsunterschieden, sondern auch anhand von Unterschieden

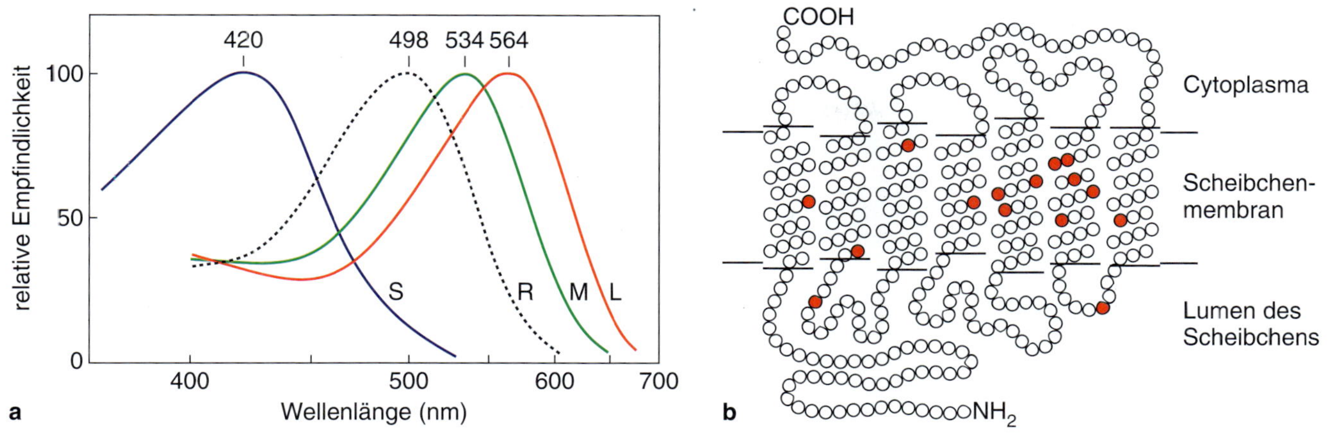

Abb. 18.40 **a** Die relative spektrale Empfindlichkeitskurve der L-, M- und S-Zapfen sowie der Stäbchen beim Menschen nach mikrospektrophotometrischen Messungen. **b** Struktur des L- und M-Zapfen-Opsins. Beide unterscheiden sich lediglich in 15 Aminosäuren (rote Kreise), wobei für die spektrale Verschiebung zwischen beiden Opsinen um 50 nm die Aminosäuren an den Positionen 180, 277 und 285 wesentlich sind. R = Stäbchen. (a nach Bowmaker JK, Darnall HJA (1979) Visual pigments of rods and cones in a human retina. J Physiol 298, 501–511, Abb. 2, S. 505, b nach Nathans J (1989) The genes for color vision. Sci Am 260(2), 42–49.)

in der Zusammensetzung der reflektierten Wellenlängen erkennen zu können, besitzen viele Tiere die Fähigkeit, verschiedene Spektralbereiche des Lichtes voneinander zu unterscheiden. Voraussetzung hierfür ist das Vorhandensein von mindestens zwei verschiedenen **Photorezeptortypen** mit unterschiedlichen spektralen Empfindlichkeitsfunktionen, das heißt mit unterschiedlichen Sehpigmenten.

Man kennt **Sehsysteme** mit zwei, drei bzw. vier verschiedenen Rezeptortypen (**Di-**, **Tri-** bzw. **Tetrachromaten**), die jeweils verschiedene Opsingene exprimieren. Die verschiedenen Opsine unterscheiden sich in ihren Aminosäuresequenzen, was die spektrale Empfindlichkeit für die Absorption eines Photons verschiebt. Wellenlängen- und damit Farbunterscheidung ist mit lediglich einem Rezeptortyp nicht möglich, da eine Photorezeptorzelle lediglich ein Lichtquantenzähler ist und nicht unterscheiden kann, ob zehn Quanten der Wellenlänge absorbiert wurden, für die sie maximal empfindlich ist, oder 20 Quanten einer Wellenlänge, bei der sie nur 50 % ihrer maximalen Empfindlichkeit besitzt (**Univarianzprinzip**). Die Auswertung der relativen Erregung verschiedener Rezeptortypen erfordert eine komplexe neuronale Verarbeitung (▶ Abschn. 18.7.1). Daher kann immer nur ein Verhaltenstest (Farbdressur) eine Aussage darüber geben, ob ein Tier Farben intensitätsunabhängig unterscheiden kann und damit über die Fähigkeit des Farbensehens verfügt.

18.5.1 Vertebraten

Das **Farbsehsystem** des **Menschen** beruht auf dem Vorhandensein von drei verschiedenen **Zapfentypen**. Das empfindlichere **Stäbchensystem** besteht dagegen nur aus einem Rezeptortyp, der ein **Rhodopsin** mit einem spektralen Empfindlichkeitsmaximum im Blaugrünbereich (498 nm) exprimiert. Das Stäbchensystem ist daher farbenblind (skotopisches System). Die drei Zapfentypen dagegen unterscheiden sich in ihrer spektralen Empfindlichkeit. Ihre Rhodopsine absorbieren maximal im Blau- (420 nm), Grün- (534 nm) und Gelbgrünbereich (564 nm) des Spektrums (Abb. 18.40). Sie werden daher auch als S-, M-, und L-Zapfen bezeichnet (*short*, *middle*, *long wavelength*). Sequenzvergleiche haben allerdings gezeigt, dass das Opsin des menschlichen S-Zapfens homolog zu einem bei anderen Wirbeltieren vorkommenden UV-sensitiven Opsin (VS-Opsin, VS für *very short wavelength*) ist und daher auch als solches in Tab. 18.5 aufgeführt wird. Es unterscheidet sich in seiner Aminosäuresequenz erheblich vom M- und L-Opsin. Die in ihrer spektralen Empfindlichkeit sehr ähnlichen M- und L-Opsine unterscheiden sich dagegen lediglich in 15 Aminosäuren. Bereits ein Austausch von drei unpolaren Aminosäuren an den Positionen 180, 277 und 285 verursacht eine Verschiebung im Absorptionsspektrum des M-Opsins (Ala180, Phe277, Ala285) um 50 nm hin zum L-Opsin (Ser180, Tyr277, Thr285).

Mit der Entdeckung der drei Opsine hat sich die bereits 1802 von Thomas Young* und 1850 von Hermann von Helmholtz* weiterentwickelte **trichromatische Theorie** des Farbensehens auf eindrucksvolle Weise bestätigt. Die Theorie besagt, dass das menschliche Farbensehen aus den drei Grundfarben Rot, Grün und Blau besteht, aus denen sich alle Mischfarben herstellen lassen. Young vermutete bereits, dass die bei einigen Menschen eingeschränkte Farbtüchtigkeit (Farbenfehlsichtigkeit) auf das genetische Fehlen eines Zapfentyps zurückzuführen sei. Wir wissen heute, dass sich die Gene für L-und M-Opsin auf dem X-Chromosom befinden und rezessiv vererbt werden. Mutationen im Gen für L-Opsin führen zu einem verringerten Sehvermögen im Grünbereich (**Deuteranomalie**, ca. 4,2 % aller Männer), Mutationen im Gen für M-Opsin zu einer Rotschwäche (**Protanomalie**, ca. 1,6 % der männlichen Bevölkerung). Seltener kommt es zu einem vollständigen Fehlen des L- oder M-Zapfens.

Tab. 18.5 Zapfentypen und ihre spektralen Absorptionsmaxima in den Augen verschiedener Wirbeltiere.

	Absorptionsmaxima (nm)			
Tierart	VS-Zapfen	S-Zapfen	M-Zapfen	L-Zapfen
Goldfisch (*Carrassius auratus*)	356	447	537	623
Schildkröte (*Pseudymys scripta*)	360	450	518	620
Huhn (*Gallus gallus*)	418	455	507	569
Delphin (*Tursiops truncatus*)	–	–	–	524
Ratte (*Rattus norvegicus*)	359	–	–	509
Rhesusaffe (*Macaca mulattus*)	415	–	535*	570
Mensch (*Homo sapiens*)	420	–	534*	564

* Opsin, das durch Genduplikation aus L-Opsin hervorgegangen ist

Das Farbensehen bei **Wirbeltieren** allgemein beruht auf zwei bis vier verschiedenen Zapfentypen (Tab. 18.5), wobei es bei tetrachromatischen Tieren zusätzlich zu den S-, M-, und L-Zapfen einen weiteren Zapfentyp (VS-Zapfen, VS für *very short wavelength*) gibt, der im Ultraviolettbereich absorbiert. Die Rekonstruktion der Evolution von Opsingenen bei Wirbeltieren zeigt, dass die ursprünglichsten Vertreter vor ca. 400 Mio. Jahren bereits fünf Opsine besessen haben – vier Zapfen- und ein Stäbchenopsin – wobei das Stäbchenopsin vermutlich erst nach den Zapfenopsinen durch Genduplikation entstanden ist. Gegenüber einer Fülle von molekulargenetischen Daten zur Zahl von Opsinen bei verschiedenen Tieren existieren Verhaltensanalysen zum Farbensehen allerdings nur an ausgewählten Spezies. Generell ist das Farbsehsystem von Rochen, Knochenfischen, Reptilien und Vögeln hoch entwickelt, bei vielen Amphibien und Säugetieren dagegen sekundär reduziert. Den Haien fehlt ebenfalls ein Farbsehsystem.

Neunaugen zeigen artspezifisch eine unterschiedliche Ausstattung mit Photorezeptoren und Opsinen. Während *Petromyzon* und *Lampetra* neben Stäbchen nur einen Zapfentyp besitzen, weist die auf der Südhalbkugel vorkommende Art *Geotria* bereits fünf Opsine auf und damit das Potenzial zu einem tetrachromatischen Farbensehsystem. Verhaltensversuche zum Farbensehen existieren nicht.

Die Retina der **Knorpelfische** enthält nicht nur Stäbchen, sondern auch Zapfen. Absorptionsspektren zeigen, dass Rochen Trichromaten sind. Die Absorptionsmaxima liegen bei 477, 502 und 561 nm (*Glaucostegus typus*), 475, 533 und 562 nm (*Urobatis jamaicensis*) sowie 476, 498 und 522 nm (*Neotrygon kuhlii*). Retinogrammableitungen zeigen darüber hinaus, dass die Augen einiger Rochenarten ein weiteres Empfindlichkeitsmaximum im UV-Bereich (bei 370 nm) aufweisen. Für den Rochen *Glaucostegus typus* wurde ein Farbensinn auch im verhaltensphysiologischen Experiment nachgewiesen. Alle bisher untersuchten 17 Haiarten waren dagegen Monochromaten, die Absorptionsmaxima ihrer Stäbchen variierten zwischen 484 und 518 nm, die ihrer Zapfen zwischen 532 und 561 nm. Diese Befunde decken sich mit molekularen Daten, die bei Haien (*Orectolobus maulatus*) lediglich zwei unterschiedliche Opsingene (eines für Stäbchen und eines für Zapfen) ergeben haben. Haie sind demnach, ebenso wie marine Säuger (Wale, Delfine, Seehunde), farbenblind.

Bei verschiedenen **Knochenfischen** (*Phoxinus*, *Crenilabrus*, verschiedene Plattfische) ist ein Farbensinn eindeutig nachgewiesen. Der Goldfisch (*Carassius auratus*) besitzt ein tetrachromatisches Sehsystem, wie wir es auch bei vielen Reptilien und Vögeln finden. Das Vermögen zur Unterscheidung von Wellenlängen (die $\Delta\lambda$-Funktion) des Goldfischs (Abb. 18.41) zeigt drei deutlich voneinander abgesetzte Minima der $\Delta\lambda$-Werte (Maxima des Unterscheidungsvermögens) bei 400, 500 und 610 nm, wobei kleine $\Delta\lambda$-Werte ein hohes Unterscheidungsvermögen bedeuten. Bei Licht der Wellenlänge 500 nm reicht eine Wellenlängendifferenz von 3–5 nm zwischen dem Trainings- und Testlicht aus, um von den Tieren im Verhaltenstest (Lernexperiment) mit 70 %iger Sicherheit unterschieden zu werden. Am kurz- bzw. langwelligen Ende des sichtbaren Spektrums verschwindet das Unterscheidungsvermögen. Mikrospektrophotometrisch wurde sowohl beim Goldfisch (*Carassius auratus*) wie auch bei der Plötze (*Rutilus rutilus*) neben S-, M- und L-Zapfen ein vierter Zapfentyp nachgewiesen, der im UV-Bereich maximal sensitiv ist (Abb. 18.41).

Viele **Amphibien** scheinen Di- oder Trichromaten zu sein. Häufig kommen UV-Zapfen und L-Zapfen vor, teilweise auch S-Zapfen, aber M-Zapfen fehlen bei vielen Arten. Farbdressuren bei Anuren (*Bufo*, *Rana*) waren zwar erfolgreich, ließen bisher aber keinen Schluss über die Anzahl der beteiligten Rezeptortypen zu.

Reptilien (Schildkröten, Ringelnatter und einige Eidechsen) sind generell mit häufig vier Zapfentypen farbtüchtig (Tab. 18.5). Nach elektrophysiologischen Untersuchungen ist bei den Schildkröten die Rotempfindlichkeit besonders ausgeprägt und das Farbensehen im kurzwelligen Bereich schlecht. Wie auch in den anderen Wirbeltiergruppen zeigen nachtaktive Arten eine stäbchendominierte Retina, nachtaktive Rie-

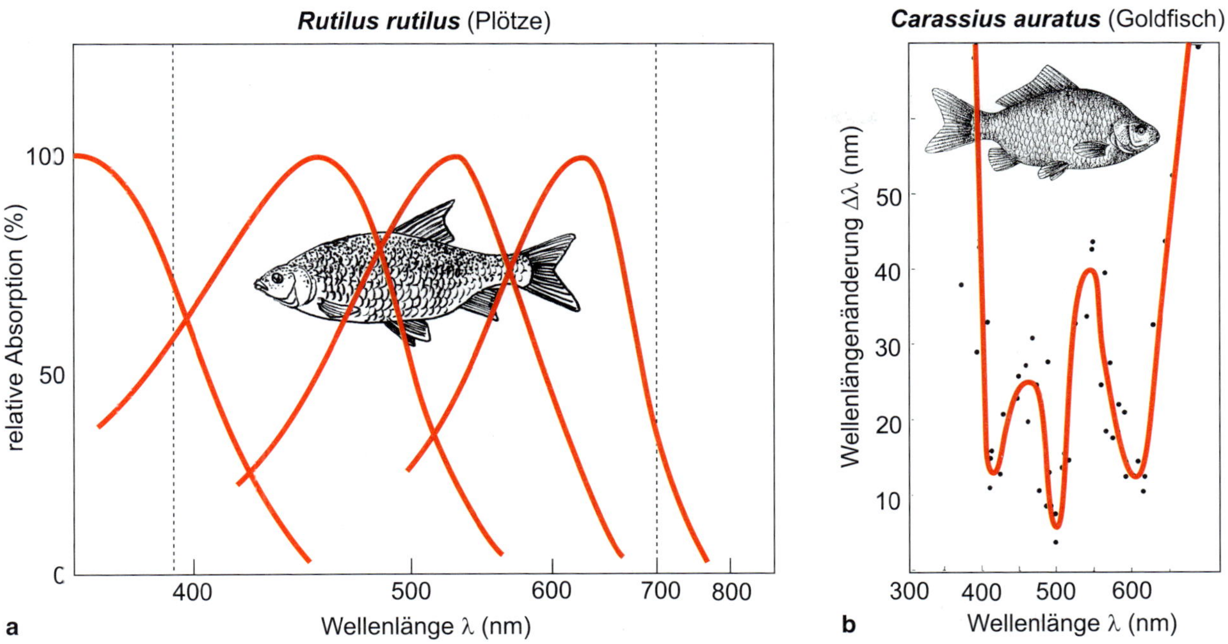

Abb. 18.41 **a** Die Absorptionsspektren der vier verschiedenen Zapfensehfarbstoffe in der Retina der Plötze (*Rutilus rutilus*). Die Plötze besitzt statt des Rhodopsins Porphyropsine in ihren Zapfen. Die gestrichelten senkrechten Linien kennzeichnen die Grenzen des Vermögens zur Unterscheidung von Wellenlängen. **b** Das Vermögen zur Unterscheidung von Licht unterschiedlicher Wellenlänge (Δλ-Funktion) im sichtbaren Spektrum zeigt beim Goldfisch (*Carassius auratus*) drei deutlich voneinander abgesetzte Maxima bei 400, 500 und 610 nm. Am kurzwelligen und langwelligen Ende des Spektrums geht das Unterscheidungsvermögen verloren. (a nach Bowmaker JK (1983) Trichromatic colour vision: why only three receptor channels? Trends Neurosci 6, 41–43, b nach Neumeyer C (1998) Color vision in lower vertebrates. In: Backhaus WGK, Kliegl R, Werner JS (Hrsg) Color vision. de Gruyter, Berlin, S. 149–162.)

senschlangen (Boas, Pytons) scheinen lediglich ein reduziertes dichromatisches Farbsehsystem (UV-, L-Zapfen) zu haben.

Unter den Wirbeltieren besitzen **Vögel** den differenziertesten Farbensinn. Bei **Tagvögeln** findet man die Formen mit den am höchsten entwickelten tetrachromatischen Farbsehsystemen. Bei ihnen spielt Farbinformation vor allem bei der Futter- (Früchte, Samen) und Partnerwahl eine besonders große Rolle. Bei vielen Vertretern (z. B. Tauben, Kolibris und Sperlingsvögeln) ist UV-Empfindlichkeit nachgewiesen worden. Ihr dioptrischer Apparat ist für UV-Licht durchlässig. Er lässt bei den Tagvögeln Wellenlängen bis 350 nm passieren, während die gelbliche Linse des Menschen und vieler Säugetiere Wellenlängen unterhalb von 400 nm wegfiltert. Der gelbe Schnabelrand sperrender Vogelnestlinge reflektiert besonders viel UV-Licht. Unterbindet man bei Staren (*Sturnus vulgaris*) diese Reflexion durch Auftragen eines Gels, so werden die Nestlinge nicht mehr gefüttert. Falken (*Falco tinunculus*) sollen mithilfe der UV-Reflexion von Urinspuren die Dichte von Wühlmauspopulationen abschätzen können.

In Verhaltensexperimenten wurde das Vermögen zur Unterscheidung von Wellenlängen bei **Tauben** im Bereich zwischen 360 und 660 nm analysiert. Man fand Minima bei 375, 460, 530 und 595 nm mit Δλ-Werten von <10 nm. Generell findet man bei vielen Vogelarten wie auch bei den Fischen, Amphibien und Reptilien neben Stäbchen und Doppelzapfen (Abb. 18.42) mit unbekannter Funktion vier verschiedene Zapfentypen (Abb. 18.42). Im Vergleich zu den M- und L-Zapfen variieren die Absorptionsmaxima der S- und UV-Zapfen von Art zu Art erheblich. Die in vielen Zapfen anzutreffenden **Ölkugeln** wirken als Hochpassfilter auf dem Weg des Lichtes zu den lichtempfindlichen Außengliedern. Sie filtern in Abhängigkeit von ihrem Gehalt an verschiedenen Carotinoiden, die grüngelb bis tiefrot gefärbt sind, kurzwelligeres Licht heraus. Das hat zwei Effekte: Erstens wird das Absorptionsspektrum des Zapfens eingeengt und zweitens wird der wirksame Photonenfluss (die Empfindlichkeit) um ca. 50 % vermindert (Abb. 18.42). Letzteres können zumindest die tagaktiven Vögel »verschmerzen«, wenn dadurch ihre Farbtüchtigkeit erhöht wird.

Im Vergleich zu anderen Wirbeltieren zeigt die Mehrzahl der **Säugetiere** ein schwach entwickeltes Farbensehen. Das mag damit zusammenhängen, dass die frühen Säugetiere vor ca. 150–200 Mio. Jahren mit großer Wahrscheinlichkeit nachtaktiv waren, sodass ihr Farbensehen weitgehend degenerierte. Die meisten Säugetiere besitzen lediglich VS- und L-Zapfen, sind also Dichromaten. Interessanterweise hat das VS-Opsin bei vielen Säugetieren seine Empfindlichkeit vom UV-Bereich in den Violett- bis Blaubereich hin verschoben, der bei Tetrachromaten im Allgemeinen vom S-Opsin besetzt wird (Tab. 18.5). Meeressäuger (Delfin, Seehund) sowie verschiedene nachtaktive Säugetiere (Goldhamster, Waschbär, verschiedene Mausarten) besitzen lediglich einen Zapfentyp mit langwelligem L-Opsin und sind daher vermutlich farbenblind. Generell überwiegt bei allen Säugetieren mit zwei Zapfen der L-Rezeptor (84 % bei der Ratte, 87 % beim Wildschwein, 90 %

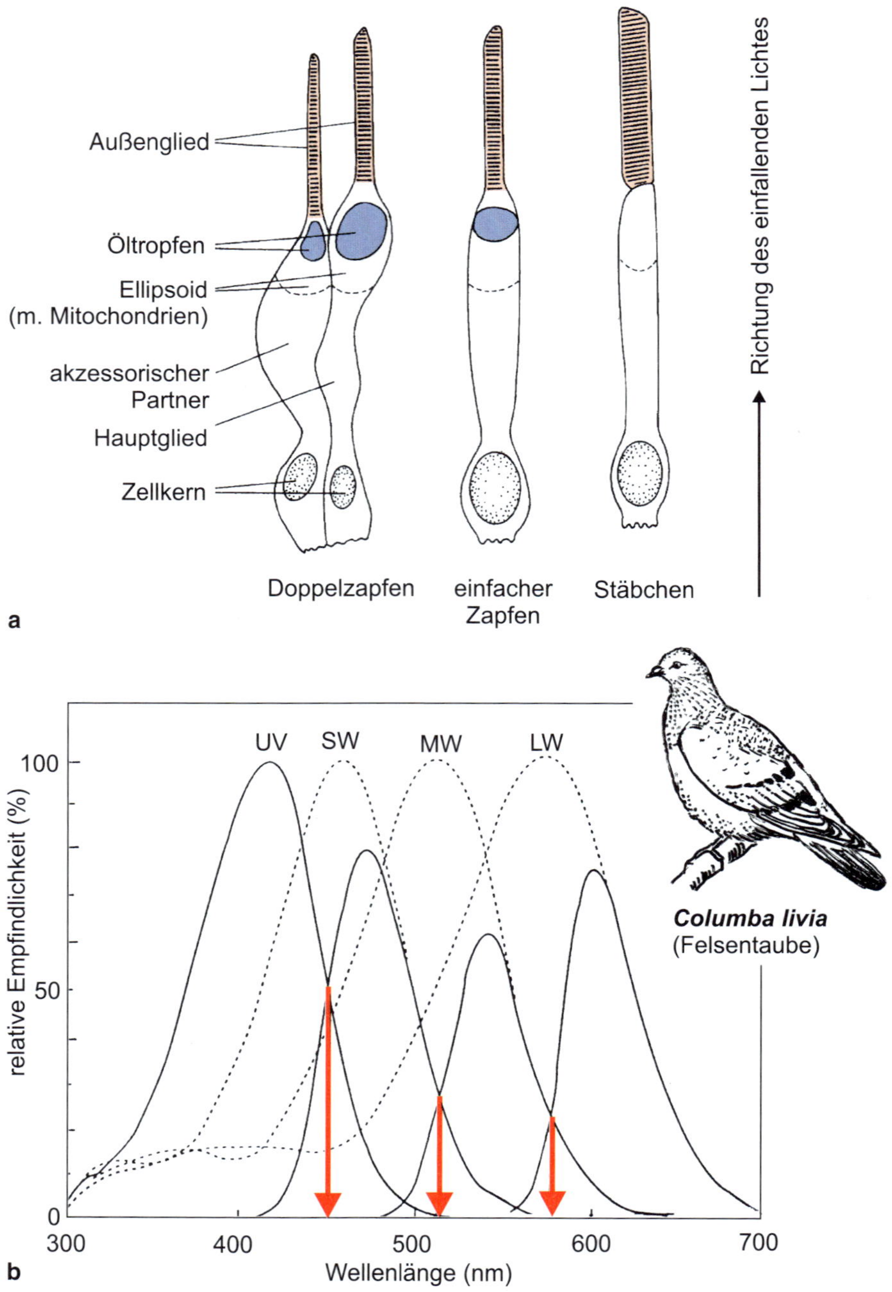

Abb. 18.42 **a** Zapfentypen (mit Öltropfen) und Stäbchen (ohne Öltropfen) aus der Vogelretina. **b** Die spektralen Empfindlichkeitskurven der vier Zapfentypen (Tetrachromat) bei der Taube. Durchgezogene Linien bei Anwesenheit und gestrichelte bei Abwesenheit von Ölkugeln. Letztere engen einerseits die Absorptionsspektren ein, vermindern aber andererseits auch die Empfindlichkeit. Das Farbunterscheidungsvermögen ist jeweils dort am besten, wo sich die Absorptionskurven zweier Zapfentypen schneiden (rote Pfeile). UV = Maximum im Ultravioletten; SM = Maximum im Kurzelligen; MW = Maximum im Mittelwelligen; LW = Maximum im Langwelligen. (a nach Bowmaker JK (1980) Colour vision in birds and the role of oil droplets. Trends Neurosci 3, 196–199, b nach Vorobyev N, Osorio D, Bennett ATD, Marshall NJ, Cuthill IC (1998) Tetrachromacy, oil droplets and bird plumage colours. J Comp Physiol A 183, 621–633.)

beim Wolf). Auch bei den Menschenaffen und beim Menschen (Trichromaten, s. u.) erreicht der Anteil der VS-Rezeptoren nur 10 %. Trotzdem nehmen wir auf noch unbekannte Weise Blau genauso stark wahr wie andere Farben.

Innerhalb der Säugetiere zeigen lediglich Vertreter der **Primaten** ein trichromatisches Farbsehsystem. Bei ihnen ist dieses System durch Duplikation des auf dem X-Chromosom liegenden Gens für L-Opsin zweimal unabhängig voneinander entstanden, einmal vor rund 23 Mio. Jahren beim gemeinsamen Urahn von Altwelt- und Menschenaffen und Mensch und ein anderes Mal vor etwa 7–16 Mio. Jahren bei der Abspaltung der Brüllaffen (Alouattinae) innerhalb der Neuweltaffen. Daher stimmen die Opsine der menschlichen L- und M-Zapfen auch zu 98 % überein (Abb. 18.40).

18.5.2 Invertebraten

Bis 1914 galt die von Walter Hess* vertretene Auffassung als richtig, dass wirbellose Tiere farbenblind seien. Dann zeigte Karl von Frisch*, dass Bienen auf Farben dressiert werden können (Abb. 18.43). Heute ist die Fähigkeit des Farbensehens bei vielen Invertebraten mit unterschiedlichen Methoden nachgewiesen.

Bei dem Cephalopoden *Sepia* kann man aufgrund seines Farbwechsels auf einen ausgeprägten Farbensinn schließen. Alle Versuche, *Octopus* auf Farben zu dressieren, schlugen allerdings fehl. Es ließ sich auch nur ein einziger Sehfarbstoff mit einem Absorptionsmaximum im Blaugrünen (λ = 475 nm) nachweisen. Eine Ausnahme bildet der kleine biolumineszierende Tiefseetintenfisch *Watasenia scintillans*, bei dem drei verschiedene Sehpigmente – allerdings in verschiedenen Bereichen des Auges – gefunden wurden: ein Rhodopsin (λ_{max} = 484 nm) in der dorsalen (nach unten gerichteten) Retina, ein anderes Rhodopsin mit 4-Dehydroretinal als Chromophor (Vitamin A_4, λ_{max} = 473 nm) in der distalen Schicht der ventralen (nach oben gerichteten) Retina und ein Porphyropsin (λ_{max} = 501 nm) in der proximalen Schicht der ventralen Retina. Es ist möglich, dass das Vitamin A_4 in der distalen Schicht der ventralen Retina lediglich als Farbfilter für das in der proximalen Schicht liegende Porphyropsin dient.

Die Fähigkeit zum Farbensehen gilt bei einigen **Spinnen** unterschiedlicher Familien (Netz-, Kescher-, Jagd- und Springspinnen) als sicher. *Avarcha* konnte blaue und orangefarbene Streifen von 26 verschiedenen Grauabstufungen unterscheiden. Für ein Farbensehen spricht auch der elektrophysiologische Nachweis von drei Sehzelltypen mit unterschiedlichen Empfindlichkeitsmaxima bei 340 nm (UV-Rezeptor), 480 nm (Blaurezeptor) und 520 nm (Grünrezeptor) in der Retina des posteriomedianen Auges von *Cupiennius salei*. Rotlicht scheint von den Spinnen allerdings nicht wahrgenommen zu werden. Die enorm vergrößerten hinteren Medianaugen (posteriomedian) der nachtaktiven Kescherspinne *Deinopis* besitzen allerdings nur Grünrezeptoren, scheinen

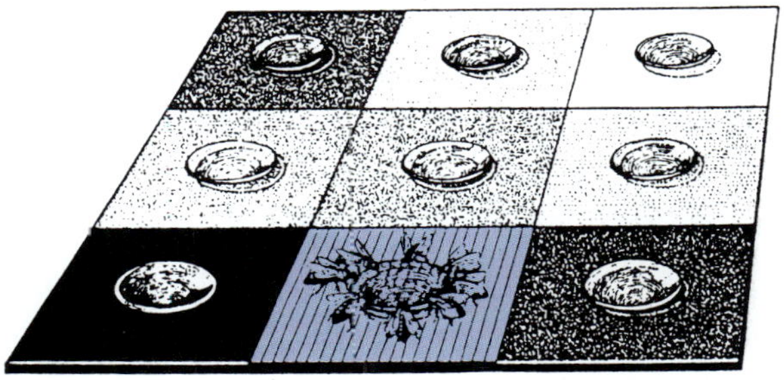

Abb. 18.43 Klassischer Nachweis des Farbensehens bei Bienen durch Karl von Frisch mithilfe der Dressur (Schachbrettmethode). Auf jedem Feld steht ein leeres Glasschälchen. Die zuvor auf Blau dressierten Bienen sammeln sich auf dem blauen Feld und suchen dort nach Futter. Sie verwechseln dieses Feld mit keinem der anderen, die in verschiedenen Grauabstufungen gehalten wurden. (Nach Frisch K v (1965) Tanzsprache und Orientierung der Bienen. Springer, Berlin.)

also farbenblind zu sein, was wahrscheinlich für alle Wolfsspinnen (Lycosidae) zutrifft.

Unter den **Krebsen** ist ein Farbunterscheidungsvermögen weit verbreitet. Unter den **Insekten** erwiesen sich alle bisher untersuchten Dipteren sowie Vertreter der Orthopteren, Hymenopteren, Coleopteren, Hemipteren, Homopteren und Neuropteren als farbtüchtig. Sehr gut sind Bienen hinsichtlich ihrer Farbtüchtigkeit untersucht. Sie können zwar noch bei reinem UV-Licht sehen, andererseits ist Rot für sie keine Farbe mehr, sondern wird mit Schwarz verwechselt. Das für sie sichtbare Spektrum ist im Vergleich zu dem des Menschen um etwa 100 nm zur kurzwelligen Seite hin verschoben, es erstreckt sich von 300–650 nm (Tab. 18.1). **Farbenblind** scheinen die Stabheuschrecke (*Carausius*), Thripse (*Thysanoptera*), der Pappelblattkäfer (*Melasoma populi*) und der Rosenkäfer (*Cetonia aurata*) zu sein.

Insekten können mit Ausnahme von Schmetterlingen, einigen Libellen und Hautflüglern kein **Rot** sehen. Daher fehlen in unserer einheimischen Flora auch fast vollständig rein rote Blüten. Der Klatschmohn stellt dabei keine Ausnahme dar. Seine Blüten reflektieren neben dem für uns sichtbaren Rot sehr viel Ultraviolett. Sie erscheinen der Biene also im ultravioletten Farbton. Die vielen weißen Blüten unserer Flora reflektieren dagegen kaum UV. Bienen sehen sie deshalb in der zum UV komplementären Farbe, nämlich als Blaugrün (Abb. 18.44). Das geht aus Experimenten hervor, die zeigen, dass Bienen für uns weißes, UV-freies Licht mit blaugrünem Licht der Wellenlänge 490 nm verwechseln. Im Gegensatz zu unserer Flora findet man in den Tropen und Subtropen viele leuchtend rote Blüten. Diese werden von Kleinvögeln (den Kolibris Amerikas sowie den Honigsaugern der Alten Welt u. a.) bestäubt.

Das **Ultraviolett** ist für die Biene die am stärksten gesättigte Farbe. Bereits 2 % Beimischung von UV-Quanten zum monochromatischen Licht aus der gelben Region des Spektrums erzeugt **Purpur** (sog. Purpur I), das vom reinen Gelb sicher unterschieden werden kann. Im Gegensatz dazu ist die Beimischung von 50 % Gelbquanten notwendig, um einen vom reinen UV unterscheidbaren Farbton (Purpur II) zu erzeugen. Da grüne Blätter etwas UV-Licht reflektieren und Grün für Bienen komplementär zum UV-Licht (Abb. 18.44), aber wesentlich stärker ungesättigt ist, erscheinen die grünen Blätter

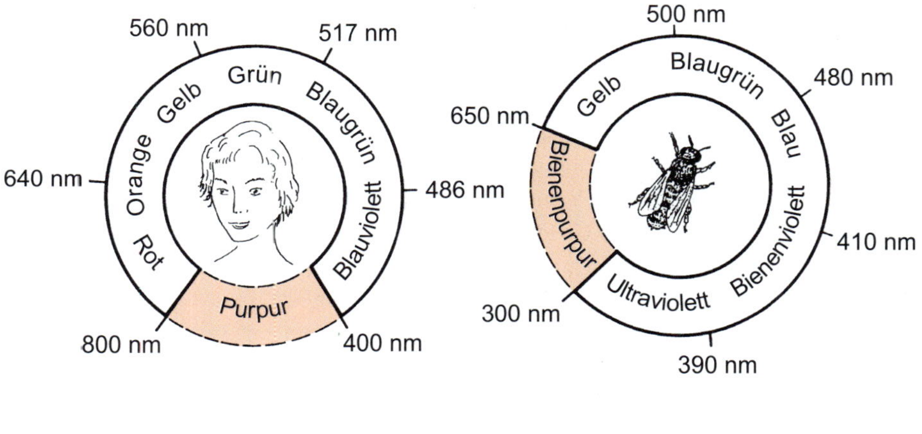

Abb. 18.44 Farbkreis des Menschen und der Biene. Die Komplementärfarben, die auch bei der Biene in ihrer Mischung unbunt, das heißt grau, ergeben, stehen im Kreis einander gegenüber. Die Mischung der Farben an den beiden Enden des sichtbaren Spektrums ergibt eine neue Farbqualität (Purpur), die auch von der Biene mit keiner anderen Farbe verwechselt wird. (Aus Frisch K v (1959) Aus dem Leben der Bienen. Springer, Berlin.)

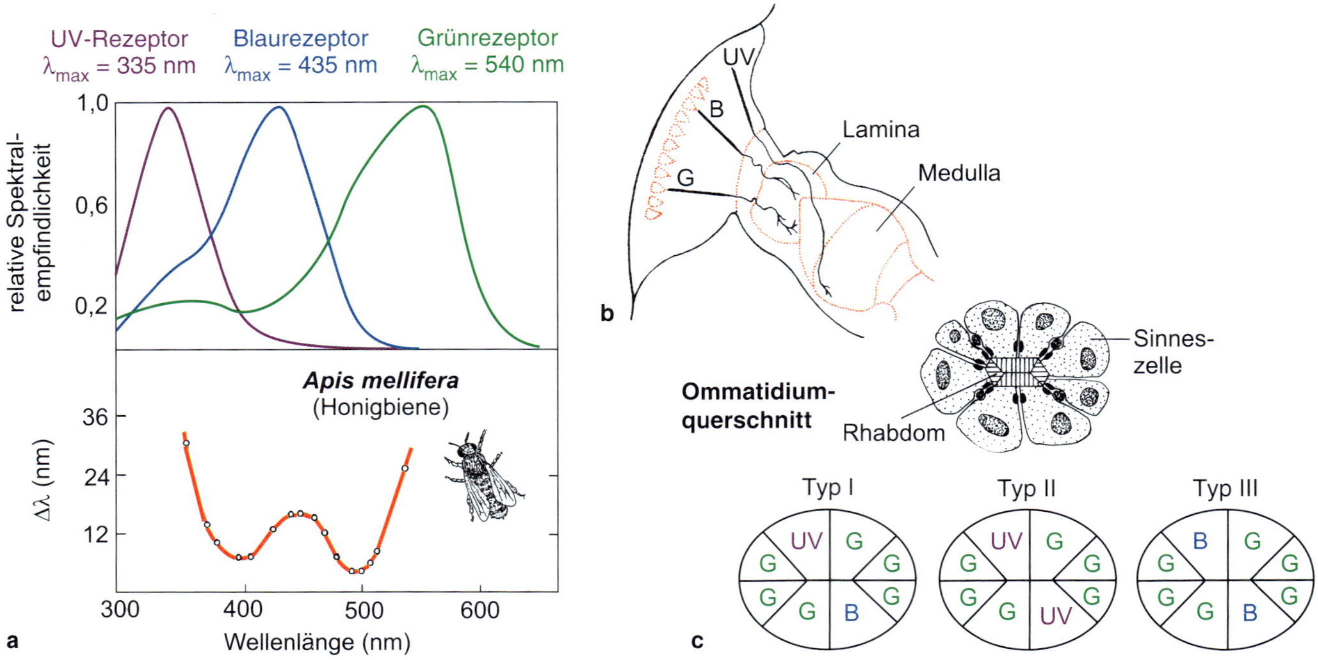

Abb. 18.45 Auge der Biene. **a** Die spektralen Empfindlichkeitsfunktionen der drei Rezeptortypen (oben) und die Unterschiedsempfindlichkeitsfunktion $\Delta\lambda$ (unten). $\Delta\lambda$ ist die Unterschiedsschwelle, also die Abweichung der Testwellenlänge von der Dressurwellenlänge, bei der die Bienen noch zu 70 % die Dressurwellenlänge richtig wählen, aber in 30 % der Fälle die Testwellenlänge mit der Dressurwellenlänge verwechseln. **b** Projektionen der Rezeptortypen in die optischen Ganglien. **c** Verteilung der Rezeptortypen im Querschnitt durch ein Ommatidium. Stochastisch verteilt kommen drei Typen von Ommatidien vor: Typ I enthält einen UV- und einen Blaurezeptor, Typ II enthält zwei UV-Rezeptoren und Typ III enthält zwei Blaurezeptoren. Jedes Ommatidium enthält sechs Grünrezeptoren. B = Blaurezeptor; G = Grünrezeptor; UV = UV-Rezeptor. (a nach Helversen O v (1972) Zur spektralen Unterschiedsempfindlichkeit der Honigbiene. J Comp Physiol 80, 439–472, und Peitsch D, Fietz A, Hertel H, de Souza J, Ventura DF, Menzel R (1992) The spectral input systems of hymenopteran insects and their receptor-based colour vision. J Comp Physiol A 170, 23–40, b nach Menzel R (1979) Spectral sensitivity and color vision in invertebrates. In: Autrum H (Hrsg) Handbook of sensory physiology. Vol. VII/6A, Springer, Berlin, S. 530–580, und Wakakuwa M, Kurasawa M, Giurfa M, Arikawa K (2005) Spectral heterogeneity of honeybee ommatidia. Naturwissenschaften 92, 464–467.)

für die Biene in einem Grau. Dazu kontrastieren die grünen und gelbgrünen Blüten, die kein UV reflektieren (z. B. Wolfsmilch), farbig.

Durch intrazelluläre Messung der Änderung des Membranpotenzials bei Reizung mit monochromatischem Licht konnten bei **Honigbienen drei Rezeptortypen** mit ihren Empfindlichkeitsmaxima im UV (335 nm), Blau (435 nm) und Grün (540 nm) nachgewiesen werden (Abb. 18.45). Ähnlich ist es bei Wespen und Hummeln. Viele **Schmetterlinge** dehnen ihr sichtbares Spektrum dagegen so weit ins Rot aus wie Wirbeltiere. Bei ihnen gibt es zusätzlich zu Rezeptoren im UV-, Blau- und Grünbereich einen vierten Rezeptortyp mit einem Empfindlichkeitsmaximum im Rot (artspezifisch 580–620 nm). Der japanische Schwalbenschwanz *Papilio xuthus* besitzt, wie elektrophysiologische Ableitungen gezeigt haben, sogar sechs verschiedene Rezeptortypen, von denen zwei offenbar nicht zum Farbensehen eingesetzt werden, da der Falter in Verhaltensversuchen ähnlich wie der Goldfisch ein tetrachromatisches Farbsehsystem zeigt. Bei vielen Insekten unterscheiden sich benachbarte Ommatidien in der Zusammensetzung ihrer Photorezeptortypen. Bei *Papilio* sowie der Honigbiene wurden drei Ommatidientypen gefunden (Abb. 18.45), die mosaikartig über das Auge verteilt sind. **Drohnen** besitzen dagegen nur im ventralen Teil ihrer Augen alle drei Rezeptortypen, im dorsalen Teil fehlt der Grünrezeptor. Die dorsal vorherrschenden UV- und Blaurezeptoren sind optimal angepasst, um Königinnen in ihrem Hochzeitsflug vor dem blauen Himmel zu erkennen. Eine solche **Verschiedenheit einzelner Augenbereiche** ist auch von anderen Arten bekannt. So ist der ventralanteriore Teil des Auges des Rückenschwimmers (*Notonecta glauca*) im Gegensatz zum dorsalposterioren farbenblind. Im Schabenauge konnten dorsal zwei, ventral nur ein Rezeptortyp nachgewiesen werden. Bei der Libelle *Aeshna* ist der dorsale Teil des Auges farbenblind, im ventralen sind zwei Rezeptortypen (λ_{max} bei 515 und 610 nm) bekannt.

Im **Fliegenauge** findet man hauptsächlich zwei Typen von Ommatidien mit unterschiedlicher Zusammensetzung der Photorezeptortypen. Während die peripheren Rezeptorzellen R1–R6 (Abb. 18.31) stets Grünrezeptoren sind, sind in 30 % der Ommatidien die zentralen Sehzellen R7/R8 empfindlich für UV und Blau, in 70 % der Ommatidien dagegen für UV und Grün. Im Auge der Dipteren (*Musca*, *Drosophila*, *Calliphora* u. a.) existieren somit zwei Rezeptorsysteme. Eines besteht aus **Grünrezeptoren** (Sinneszellen 1–6 jedes Ommatidiums), ist farbenblind und arbeitet mit sechs Rezeptoren pro Ommatidium noch im Dämmerungsbereich, das zweite besteht

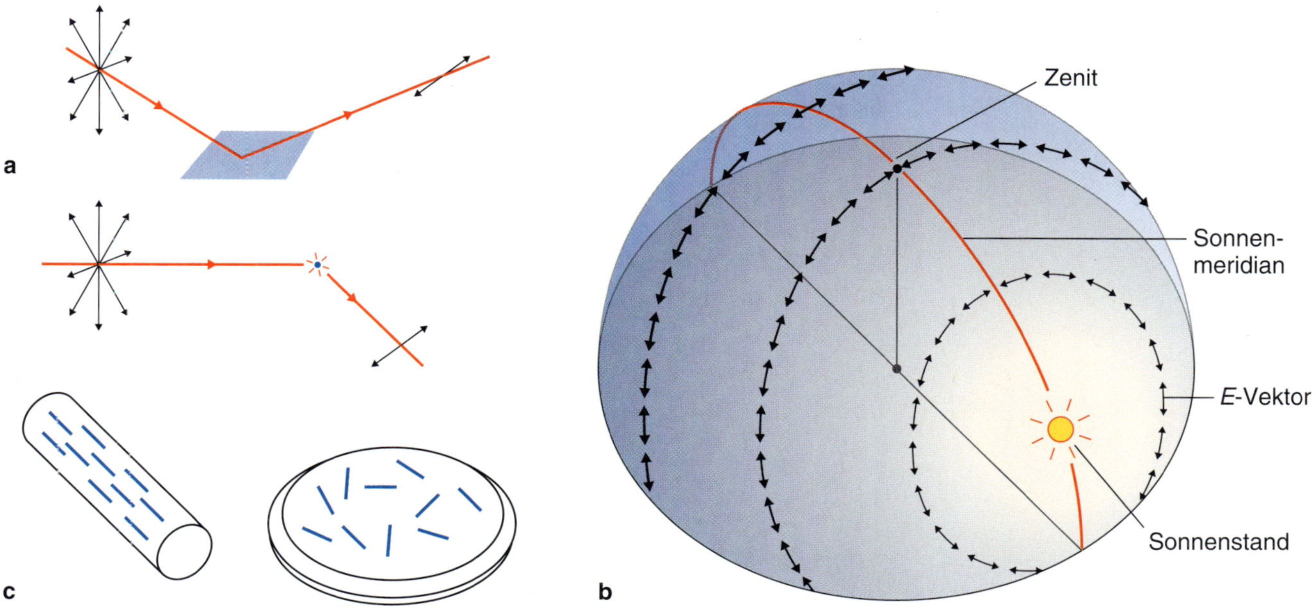

▪ Abb. 18.46 a Entstehung polarisierten Lichtes. Polarisiertes Licht entsteht durch Reflexion von unpolarisiertem Licht auf Oberflächen (oben) oder durch Streuung von Lichtquellen wie der Sonne im Medium (Luft, Wasser; hier Sternchen). Doppelpfeile symbolisieren die Orientierung der *E*-Vektoren. **b** Muster der *E*-Vektoren am Himmelsgewölbe für einen im Zentrum stehenden Beobachter. Die Doppelpfeile geben Richtung und Ausmaß der Polarisation (Anteil des linear polarisierten Lichtes am Gesamtlicht) an. Das direkte Sonnenlicht ist unpolarisiert. **c** Anordnung der Dipole des Rhodopsins (Striche) in der Membran von Mikrovilli (links) und Scheibchen (rechts). (a nach Cronin TW, Marshall J (2011) Patterns and properties of polarized light in air and water. Philos Trans R Soc Lond B 366, 619–626, Abb. 1, S. 620, b nach Rossel S, Wehner R (1979) The bee's e-vector compass. In: Menzel R, Mercer A (Hrsg) Neurobiology and behavior of honeybees. Springer, Berlin, S. 76–93, Abb. 1, S. 77.)

aus **UV-**, **Blau-** und **Grünrezeptoren** (Sinneszellen 7 und 8), ist farbtüchtig, arbeitet aber nur bei Tageslichtintensitäten. Interessanterweise projizieren die Photorezeptoren R1–R6 in das erste optische Neuropil, die Lamina, R7 und R8 dagegen in die Medulla, sodass Bewegungsinformation (R1–R6) und Farbinformation wie im Wirbeltierauge (▶ Abschn. 18.7) auch zentralnervös weitgehend parallel verarbeitet werden.

18.6 Polarisationssehen

Im Jahre 1949 entdeckte Karl von Frisch, dass sich Bienen nach dem polarisierten Himmelslicht orientieren. Inzwischen wissen wir, dass die Polarisationsempfindlichkeit weitverbreitet ist und bei vielen Insekten, Crustaceen, Tintenfischen, aber auch bei allen Wirbeltierklassen mit Ausnahme der Säugetiere vorkommt. Polarisiertes Licht entsteht in der Natur auf zweierlei Weise:

- An Oberflächen reflektiertes Licht (Wasserflächen, Blätter) ist polarisiert. Die Polarisationsempfindlichkeit kann daher als Möglichkeit genutzt werden, Kontraste zu detektieren (▪ Abb. 18.46a). Viele wasserlebende Insekten (z. B. *Notonecta*, *Gerris*) detektieren die Wasseroberfläche aufgrund ihres Polarisationskontrastes. Die Männchen bestimmter Stomatopoden können durch Reflexion an ihrem Telson polarisiertes Licht erzeugen und setzen dies möglicherweise gezielt als innerartliches Kommunikationssignal ein.
- Streuung des Sonnenlichts (und anderer Lichtquellen) in der Atmosphäre und im Wasser führt zu Polarisation. Daher ist das Licht, welches uns vom blauen Himmel erreicht, teilweise polarisiert (▪ Abb. 18.46a, b). Am blauen Himmel existiert ein für den Menschen nicht sichtbares charakteristisches **Polarisationsmuster** (***E*-Vektor**-Muster), das mit dem Sonnenstand wandert. Die elektrischen Feldvektoren (*E*-Vektoren) der elektromagnetischen Lichtwellen sind entlang konzentrischer Kreise um die Sonne herum angeordnet, wobei der prozentuale Anteil des polarisierten Lichtes von 0 % (direktes Sonnenlicht, unpolarisiert) bis zu maximal 70 % in einem Winkel senkrecht zur Sonnenposition ansteigen kann (▪ Abb. 18.46). Dieses Himmelspolmuster mit seiner durch den Sonnen-Antisonnen-Meridian (senkrecht zur Horizontalebene) verlaufenden Symmetrieebene dient verschiedenen Arthropoden als externe Referenz bei der räumlichen Orientierung. Dabei genügt es, wenn die Tiere nur einen Teil des Himmels sehen, während der Rest durch depolarisierende Wolken verdeckt ist. Sie können aufgrund der vorhandenen Information jede beliebige Kompassrichtung relativ zum Sonnenmeridian bestimmen.

Die molekulare Ursache der Polarisationsempfindlichkeit liegt in den dichroitischen Eigenschaften des Rhodopsins. Retinal ist ein langgestrecktes Molekül und hat daher Dipoleigenschaften: Es absorbiert bevorzugt Licht, dessen *E*-Vektor parallel zu seiner Längsachse liegt. In der Membran ist die Längsachse des Retinals parallel zur Membranfläche orientiert. Da Rhodopsin aber innerhalb der scheibenförmigen Membranen von

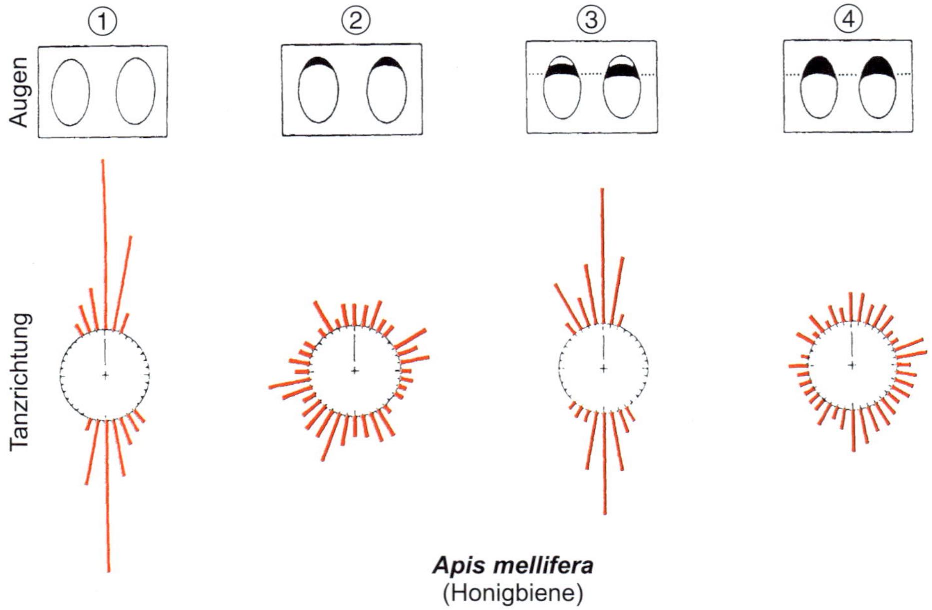

Abb. 18.47 Tanzrichtung von Bienen, die nur einen kreisförmigen Ausschnitt des Himmels im Zenit von 19° sehen konnten. Die Tiere sind zuvor auf einen Futterplatz dressiert worden (Lage: oben) und wurden im Planetarium getestet. Die Tiere sind desorientiert, wenn die dorsale Randregion des Auges (Analysatorregion) allein ② bzw. zusammen mit den benachbarten 20–30 Ommatidienreihen ④ ausgeschaltet (schwarze Abdeckung) worden ist. Es ist interessant, dass die Bienen mit intakter Analysatorregion (① und ③) nicht zwischen der richtigen, andressierten Richtung und der um 180° verkehrten Richtung unterscheiden können. Das ist darauf zurückzuführen, dass der *E*-Vektor im Zenit eine solche Entscheidung nicht zulässt. Er liegt sowohl zum Sonnen- wie auch zum Antisonnenmeridian senkrecht. (Nach Wehner R (1994) Himmelsbild und Kompassauge – Neurobiologie eines Navigationssystems. Verh Dtsch Zool Ges 87, 9–37.)

Stäbchen und Zapfen frei drehbar ist (Abb. 18.46), zeigen Photorezeptoren der Wirbeltiere im Allgemeinen keine Polarisationsempfindlichkeit. Anders ist es bei mikrovillären Photorezeptoren. Aus Gründen der Geometrie, möglicherweise aufgrund der Verankerung an Cytoskelettelementen, sind die Achsen des Retinals hier weitgehend parallel zur Längsachse des Mikrovillus ausgerichtet, was zu einer hohen Polarisationsempfindlichkeit führt (Abb. 18.46c). Da viele Insekten diese Eigenschaft hauptsächlich zur Detektion des Polarisationsmusters des Himmels einsetzen, sind die Polarisationsdetektoren bei Wüstenameisen, Bienen, Grillen, Heuschrecken, Fliegen und Schmetterlingen auf eine kleine, nach dorsal gerichtete **Randregion des Komplexauges** beschränkt. Diese umfasst bei der Biene 2,5 % und bei der Wüstenameise *Cataglyphis* 6,6 % aller Photorezeptoren. Sie ist notwendig und hinreichend für die Navigation mithilfe der *E*-Vektoren (Abb. 18.47). Die Polarisationsanalysatoren zeichnen sich dadurch aus, dass ihre **rhabdomerischen Mikrovilli** über die gesamte Länge des Rhabdoms eine streng **parallele Ausrichtung** zeigen. Alle polarisationsempfindlichen Photorezeptoren der dorsalen Randregion haben außerdem dieselbe Spektralempfindlichkeit: bei Bienen und Ameisen im UV- und bei Grillen und Heuschrecken im Blaubereich. Dies stellt sicher, dass unterschiedliche Erregung ausschließlich auf Unterschieden in der Orientierung des *E*-Vektors beruhen und nicht auf Farbunterschieden. Die Richtung der Mikrovilli definiert die Analysatorrichtung der Sehzelle. Das polarisierte Licht wird maximal absorbiert, wenn der *E*-Vektor in Richtung der Mikrovillusachse schwingt. Dreht man die Ebene des polarisierten Lichtes um 90° aus dieser Richtung, so nimmt die Höhe des Belichtungspotenzials auf 1/6–1/8 ab. Jedes Ommatidium in der dorsalen Randregion des Auges enthält zwei Typen von Rezeptoren, deren Mikrovilli senkrecht zueinander ausgerichtet sind. Die Signale dieser Rezeptoren werden antagonistisch auf Folgeneurone verschaltet. Das führt dazu, dass diese Neurone sehr sensibel auf Änderungen der *E*-Vektor-Orientierung, aber kaum auf Intensitätsänderungen reagieren. Außerhalb der dorsalen Randzone ist die parallele Ausrichtung der Mikrovilli systematisch gestört, wodurch die Sehzellen dort weitgehend polarisationsblind werden. Bei Dipteren und vielen Hymenopteren verdrehen sich dort die einzelnen Rhabdomere oder das ganze Ommatidium im Verlauf ihrer Länge (Twist), bei anderen Arten schwankt die Orientierung der Mikrovilli unregelmäßig.

Der besonderen Leistung des Komplexauges, die Polarisationsebene des Himmelslichts zu analysieren, ist es zu verdanken, dass sich die sozial lebenden Bienen und Ameisen, die nach ihren Ausflügen zur Futtersuche immer wieder zu ihrem Volk zurückkehren, auch dann noch orientieren können, wenn die Sonne selbst durch Wolken verdeckt ist und nur Teile des blauen Himmels sichtbar sind.

Anatomische und elektrophysiologische Untersuchungen an Bienen, Heuschrecken, Grillen und Monarchfaltern haben wesentliche Teile der **Polarisationssehbahn** im Gehirn identifiziert. Es zeigte sich übereinstimmend, dass die Polarisationssehbahnen beider Augen im **Zentralkomplex** des Gehirns zusammenlaufen. Bei der Wüstenheuschrecke wurde dort eine

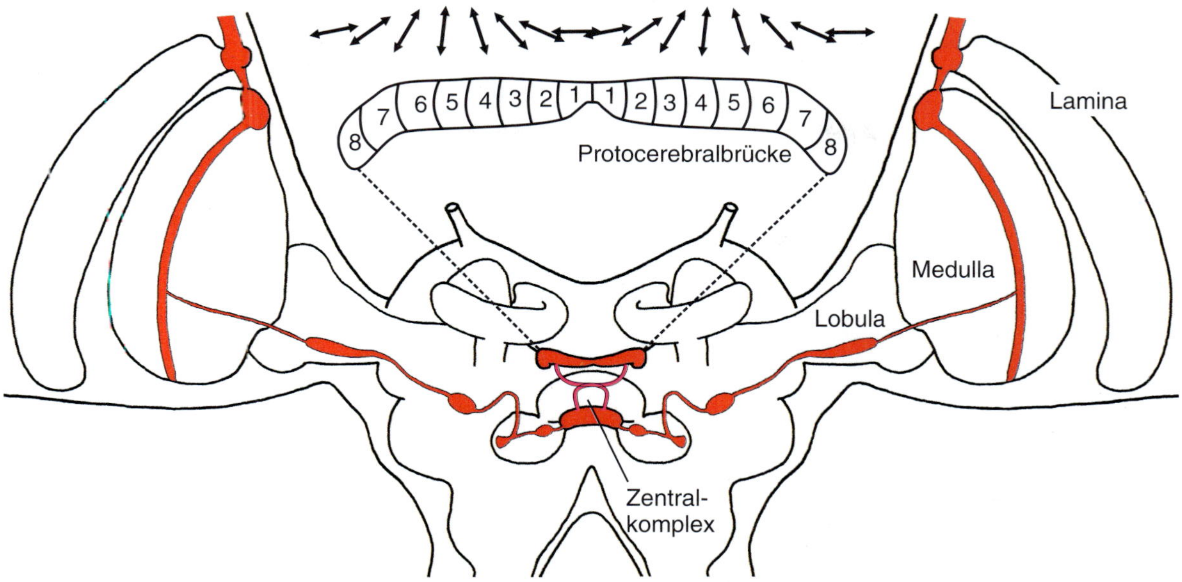

Abb. 18.48 Polarisationssehbahn im Gehirn der Wüstenheuschrecke. Photorezeptoren senden Axone in dorsale Randregionen von Lamina und Medulla. Von dort ziehen Interneurone über verschiedene Zwischenstationen zum Zentralkomplex in der Mitte des Gehirns. In benachbarten Abschnitten der Protocerebralbrücke (1–8) unterscheiden sich die bevorzugten *E*-Vektor-Orientierungen der Neurone (Doppelpfeile) systematisch, was einer kompassartigen Repräsentation von Raumrichtungen relativ zur horizontalen Sonnenrichtung (Azimut) entspricht.

kompassähnliche Repräsentation von *E*-Vektoren gefunden, die dafür spricht, dass diese Struktur einen internen **Himmelskompass** im Insektengehirn darstellt (Abb. 18.48).

Außerhalb der Arthropoden gibt es gute Hinweise für Polarisationsempfindlichkeit bei **Tintenfischen** (*Octopus*, *Loligo*), deren Linsenaugen wie die Augen der Insekten rhabdomerische Photorezeptoren besitzen. Jede Sehzelle besitzt bei ihnen zwei sich gegenüberliegende Rhabdomere mit parallel ausgerichteten Mikrovilli. Die Mikrovilli benachbarter Sehzellen stehen in etwa senkrecht zueinander. Bei ihnen wird eine Bedeutung des Polarisationssehens bei der Beuteortung oder innerartlichen Kommunikation vermutet, aber klare Ergebnisse hierzu stehen noch aus. Einige **Fische**, **Amphibien**, **Reptilien** und **Vögel** scheinen ebenfalls in der Lage zu sein, den *E*-Vektor des polarisierten Himmelslichts zu registrieren und sich daran zu orientieren. Da alle Wirbeltiere aber über ciliäre Photorezeptoren verfügen, ist der Rezeptormechanismus weitgehend unklar. Es wird vermutet, dass Doppelzapfen sowie die in ihnen enthaltenen Öltropfen (Abb. 18.42) hierbei eine Rolle spielen.

18.7 Signalverarbeitung im visuellen System der Wirbeltiere

Während Photorezeptoren auf Licht antworten, zielt die zentralnervöse Verarbeitung von visuellen Signalen auf die Wahrnehmung von räumlichen und zeitlichen Kontrasten. Dabei kann es sich um Helligkeitskontraste, Farbkontraste oder zeitliche Änderungen dieser Kontraste handeln, wie sie bei Bewegungen stattfinden. Verarbeitungsprozesse sowohl in der Retina als auch in verschiedenen Gehirnarealen sind hieran beteiligt.

18.7.1 Retina

Die Wirbeltierretina entsteht im Verlauf der Ontogenese aus einer Ausstülpung des Zwischenhirnbodens, ist also ein in die Peripherie verlagertes Stück Hirnwand. Sie besteht – neben Blutgefäßen und Gliazellen – aus einer Schicht von Pigmentepithelzellen, von Photorezeptoren (**Stäbchen** und **Zapfen**) sowie von vier Klassen nachgeschalteter Interneurone (**Bipolarzellen**, **Ganglienzellen**, **Horizontalzellen** und **Amakrinzellen**; Abb. 18.14). Bipolarzellen erhalten Signale von den Photorezeptoren und leiten sie an die Ganglienzellen weiter, deren Axone den Sehnerv (Nervus opticus) bilden. Horizontalzellen und Amakrinzellen bilden Querverbindungen aus. Photorezeptoren, Horizontalzellen und Bipolarzellen zeigen bei Belichtung nur graduierte Potenzialänderungen, Amakrinzellen reagieren meist graduiert, während Ganglienzellen Aktionspotenziale zeigen. Je nach Tierart variiert das neuronale Netzwerk in der Retina und unterscheidet sich bei Säugetieren, Fischen und Amphibien.

Tastet man die Retina des Furchenmolchs *Necturus* mit Lichtstrahlen sehr kleinen Durchmessers ab und registriert gleichzeitig die Impulse von einer Ganglienzelle bzw. einer Einzelfaser des N. opticus, so findet man generell, dass Reizungen in einem bestimmten Areal der Retina Reaktionen hervorrufen (Abb. 18.49). Ein solches Areal wird **rezeptives Feld** genannt (▶ Abschn. 15.2.1). Alle in ihm enthaltenen Rezeptoren sind über Bipolarzellen mit derselben Ganglienzelle verbunden. Die Ausdehnung des Feldes ist unterschiedlich und auch von der Stärke des verwendeten Lichtreizes abhängig, denn die Empfindlichkeit ist im Zentrum des Feldes am größten und nimmt zur Peripherie hin ab. Benachbarte Felder können sich überlap-

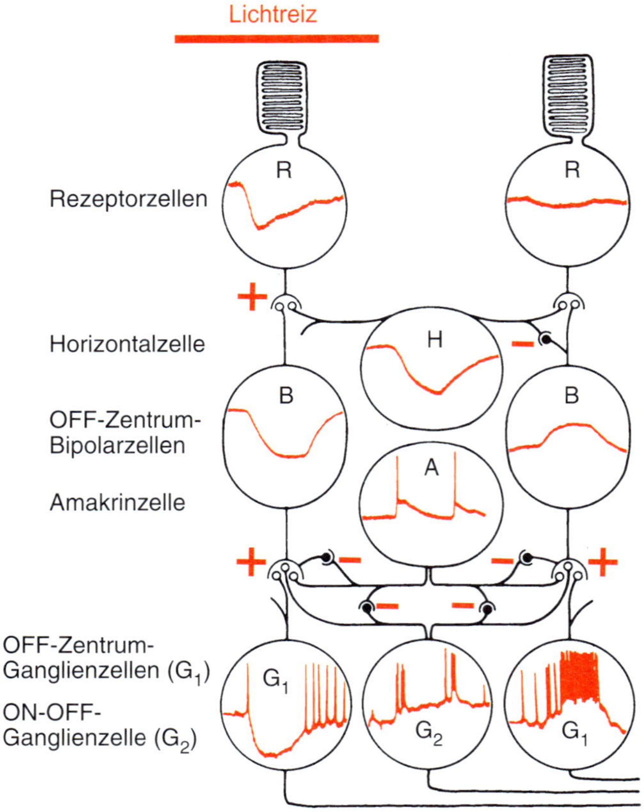

■ **Abb. 18.49** Retina des Molches *Necturus maculosus* mit den intrazellulär ableitbaren Aktivitäten der Neurone im OFF-Kanal und den wichtigsten synaptischen Verknüpfungen. Links die Antworten bei Belichtung einer Rezeptorzelle im Zentrum des rezeptiven Feldes, rechts bei Reizung in der Peripherie. Die Rezeptor-, Horizontal- und Bipolarzellen zeigen nur graduierte Potenziale. OFF-Zentrum-Bipolarzellen werden bei Belichtung eines Rezeptors im Zentrum des rezeptiven Feldes hyperpolarisiert, bei Belichtung in der Peripherie depolarisiert (übermittelt durch die Horizontalzelle). Die Amakrinzellen zeigen in beiden Fällen eine ON-OFF-Antwort und hemmen rückwirkend die Bipolarzellen und vorwärts die ON-OFF-Ganglienzellen. Die Ganglienzellen bilden große Aktionspotenziale. Die OFF-Zentrum-Ganglienzellen werden bei Belichtung im Zentrum des rezeptiven Feldes hyperpolarisiert und bei Belichtung in der Peripherie depolarisiert. + = erregende synaptische Verknüpfung; – = hemmende synaptische Verknüpfung; A = Amakrinzelle; B = Bipolarzelle; G_1 = OFF-Zentrum-Ganglienzelle; G_2 = ON-OFF-Ganglienzelle; H = Horizontalzelle; R = Rezeptorzelle. (Nach Dowling JE (1979) Information processing by local circuits: the vertebrate retina as a model system. In: Schmitt FO, Worden FG (Hrsg) The neurosciences: forth study program. MIT Press, Cambridge MA, S. 163–182.)

pen. Eine Belichtung im Zentrum des Feldes kann eine OFF-Antwort (Hyperpolarisation mit Hemmung der Aktionspotenziale) in der zugehörigen Ganglienzelle auslösen (■ Abb. 18.49, G_1, links), eine Belichtung in der Peripherie eine ON-Antwort (Impulssalve bei Belichtung, ■ Abb. 18.49, G_1, rechts). Auch ein umgekehrtes Verhalten kommt vor: eine ON-Antwort bei Belichtung im Zentrum und eine OFF-Antwort bei Belichtung in der Peripherie. Der Antagonismus in der Reaktion der Ganglienzellen bei Belichtung im Zentrum vs. Peripherie des rezeptiven Feldes wird im Wesentlichen über Horizontalzellen vermittelt. Über die **Horizontalzellen** verlaufen laterale Verbindungen zwischen den Zapfen, was bei der lateralen Inhibition (► Abschn. 15.2.2) und der Adaptation (► Abschn. 18.3.1) eine Rolle spielt, aber auch bei der Herausbildung der typischen Organisation rezeptiver Felder. Während bei den höheren Wirbeltieren die Horizontalzellen bei Belichtung stets hyperpolarisiert werden, treten bei den niederen Wirbeltieren in Abhängigkeit von der Wellenlänge sowohl De- als auch Hyperpolarisationen auf. Die **Amakrinzellen** vermitteln zwischen den Bipolarzellen und den Ganglienzellen im Sinne einer ON- bzw. OFF-Antwort. Sie spielen zum Beispiel beim Bewegungssehen (► Abschn. 18.4.3) eine große Rolle.

Bei Säugetieren stehen die Zapfen parallel mit zwei Typen von Bipolarzellen in Verbindung, und zwar über invaginierende Synapsen mit invaginierenden Bipolarzellen sowie über flache Synapsen mit flachen Bipolarzellen (■ Abb. 18.14). Die **invaginierenden Bipolarzellen** depolarisieren bei Belichtung des vorgeschalteten Zapfens. Bei ihnen führt Glutamat über einen metabotropen Glutamatrezeptor (mGluR6) zum Schließen von Kationenkanälen. Die bei Belichtung reduzierte Glutamatfreisetzung der Zapfen führt dazu, dass mehr Kationenkanäle geöffnet bleiben, sodass die Zelle depolarisiert. Da die der Bipolarzelle nachgeschaltete Ganglienzelle daraufhin vermehrt Aktionspotenziale erzeugt, spricht man von einer **ON-Zentrum-Ganglienzelle** (■ Abb. 18.50). Die **flachen Bipolarzellen** werden bei Belichtung hyperpolarisiert. Sie haben ionotrope Glutamatrezeptoren. Eine verringerte Glutamatfreisetzung führt daher zum Schließen dieser Kationenkanäle und damit zu einer Hyperpolarisation auch bei den nachgeschalteten Ganglienzellen (**OFF-Zentrum-Ganglienzelle**). Die Belichtung innerhalb einer kreisförmigen Peripherie um das Zentrum des rezeptiven Feldes führt bei beiden Ganglienzelltypen jeweils zu einer entgegengesetzten Antwort (■ Abb. 18.50). Die Zapfensignale werden also bereits in der äußeren plexiformen Schicht (■ Abb. 18.14) über Bipolarzellen in zwei Kanäle eingespeist, die bis in die Großhirnrinde funktionell getrennt bleiben. Im Gegensatz zum Zapfensehsystem kommt bei Säugetieren im Stäbchensehsystem nur eine einheitliche Klasse von ON-Bipolarzellen vor. Die Entdeckung des konzentrischen **Zentrum-Peripherie-Antagonismus** retinaler Ganglienzellen geht auf Stephen W. Kuffler* (1953) zurück.

Beim Makaken lassen sich drei Haupttypen von retinalen Ganglienzellen unterscheiden: der parvozelluläre (ca. 80 %), der magnozelluläre (ca. 10 %) und der koniozelluläre (ca. 10 %) Zelltyp. **Parvozelluläre Ganglienzellen** (P-Zellen, *midget cells*) reagieren gut auf Farbkontrast, aber schlecht auf Helligkeitskontraste und sich schnell bewegende Objekte. Ihre rezeptiven Felder sind rund, relativ klein (hohe räumliche Auflösung) und antagonistisch organisiert (**Rot-Grün-** und **Blau-Gelb-Antagonismus**, ■ Abb. 18.51). Nach ihrer Antwortcharakteristik werden sie auch als **Einfachgegenfarbenneurone** bezeichnet. Dieser in der Retina beginnende Antagonismus in der Verarbeitung der Farbpaare Rot-Grün und Blau-Gelb ist die neuronale Grundlage für die von Ewald Hering* 1874 aufgestellte **Gegenfarbentheorie**, nach der es drei antagonistische Farbpaare gibt, die den wahrnehmbaren Farbraum ausmachen:

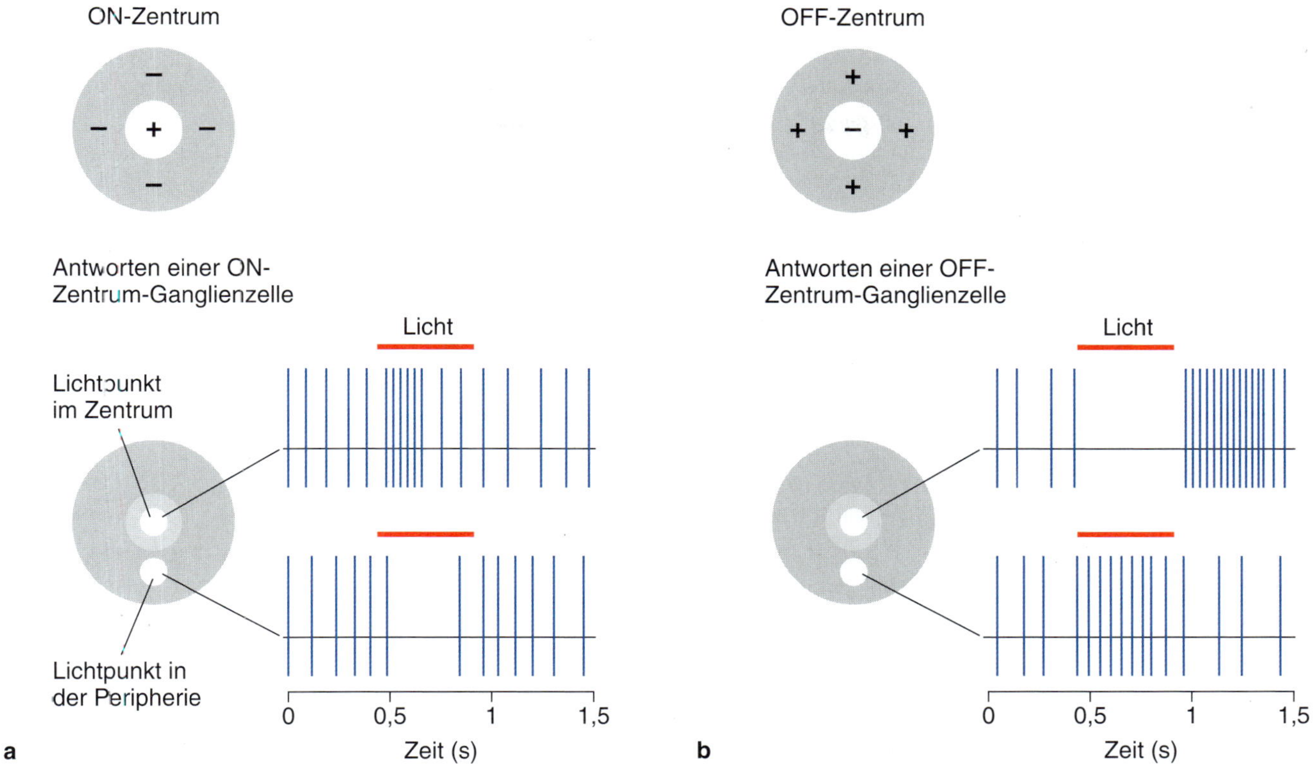

Abb. 18.50 Rezeptive Felder von Ganglienzellen in der Katzenretina. Zwei Haupttypen können unterschieden werden: ON-Zentrum-Ganglienzellen (**a**) und OFF-Zentrum-Ganglienzellen (**b**). ON-Zentrum-Neurone werden bei Belichtung im Zentrum des rezeptiven Feldes erregt, bei Belichtung in einer kreisförmigen Peripherie werden sie gehemmt. In umgekehrter Weise reagieren OFF-Zentrum-Ganglienzellen. (Nach Kuffler SW (1953) Discharge patterns and funtional organization of mammalian retina. J Neurophysiol 16, 37–68.)

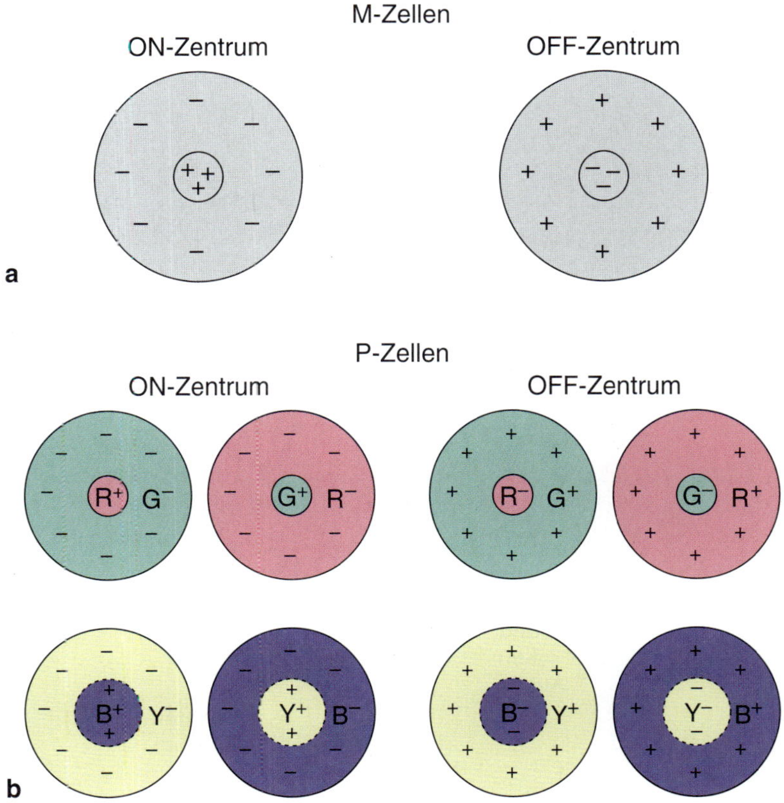

Abb. 18.51 Rezeptive Felder retinaler Ganglienzellen bei Primaten. **a** Magnozelluläre Zellen (M-Zellen) erhalten sowohl in der Peripherie wie im Zentrum des rezeptiven Feldes Eingang von allen Zapfentypen und signalisieren daher den Helligkeitskontrast. **b** Parvozelluläre Zellen (P-Zellen) des Rot-Grün-Systems erhalten in Zentrum und Peripherie des rezeptiven Feldes antagonistischen Eingang von Rot- und Grünzapfen (obere Reihe). P-Zellen des Blau-Gelb-Systems erhalten antagonistischen Eingang von Blau- und Rot + Grün-(= Gelb-)zapfen (untere Reihe). B = Blauzapfen; G = Grünzapfen; R = Rotzapfen; Y = Rot + Grün-(= Gelb-)zapfen. (Nach Kandel ER, Schwartz JH, Jessell TM (2000) Principles of neural science. 4. Aufl. McGraw-Hill, New York, Abb. 29–11, S. 582.)

Schwarz-Weiß, Rot-Grün und Blau-Gelb. Obwohl die Einfachgegenfarbenneurone der Retina noch nicht eindeutig zwischen einem Farb- und Helligkeitskontrast unterscheiden können (antagonistische Antwort in Zentrum und Peripherie auch bei Bestrahlung mit Weißlicht), bilden sie die Eingangsstufe für die im Cortex zu findenden Doppelgegenfarbenneurone (*concentric double-opponent cells*), die ausschließlich den Farbkontrast codieren (▶ Abschn. 18.7.3). Die rezeptiven Felder **magnozellulärer Ganglienzellen** (M-Zellen, *parasol cells*) sind zwei- bis dreimal so groß wie die der parvozellulären Ganglienzellen. Sie reagieren empfindlich auf Helligkeitskontraste und sich schnell bewegende Objekte, sind aber farbenblind, weil sie die von den verschiedenen Zapfen kommenden Signale nicht vergleichen, sondern einfach addieren. **Koniozelluläre**[505] **Ganglienzellen** (K-Zellen, *bistratified cells*) haben sehr kleine Somata, weite, spärliche Dendriten und sind farbempfindlich (Blau-Gelb). Über ihre genaue Funktion weiß man allerdings noch wenig. Die Nomenklatur retinaler Ganglienzellen bei der Katze unterscheidet sich von der bei Primaten, wobei die X- bzw. Y-Zellen der Katze den P- bzw. M-Zellen der Primaten entsprechen.

18.7.2 Tectum opticum und Corpus geniculatum laterale

Die Axone der retinalen Ganglienzellen bilden den **Sehnerv** (Nervus opticus). Die Sehnerven beider Seiten vereinigen sich unterhalb des Gehirns zur Sehnervenkreuzung (**Chiasma opticum**). Hier treten bei den meisten Wirbeltieren fast alle Fasern zur jeweils gegenüberliegenden Hirnseite über und verlaufen bei Fischen und Amphibien weiter aufwärts zum Mittelhirndach (**Tectum**[506] **opticum**), sodass die Fasern des rechten Sehnervs im linken Tectum, die des linken Sehnervs im rechten Tectum enden (**vollständige Überkreuzung**). Bei Fischen und Amphibien findet man eine recht genaue Punkt-zu-Punkt-Projektion zwischen Retina und Tectum (**retinotope Organisation**; ◘ Abb. 18.52).

Aus dem Tectum opticum der niederen Wirbeltiere werden bei den Säugetieren die beiden **Colliculi superiores** der Vierhügelplatte (Lamina tecti). Sie erfüllen auch noch bei den höheren Säugetieren einschließlich des Menschen sehr wichtige Funktionen im visuellen System (**subcortikales Sehzentrum**). Es besteht auch hier eine retinotope Projektion auf die Colliculusflächen. Die meisten Neurone des Colliculus reagieren auf **bewegte Objekte**, sowohl auf die Richtung als auch auf die Geschwindigkeit. Demgegenüber scheinen die Neurone an der Mustererkennung wenig oder gar nicht beteiligt zu sein. Auf die Unterscheidung einfacher Formen dressierte Hamster verloren diese Fähigkeit nach Entfernen des visuellen Cortex, behielten aber die Fähigkeit, sich bewegten Objekten zuzuwenden. Auch Affen ohne visuellen Cortex erkennen keine Objekte mehr, können aber noch bewegte Objekte mit den Augen verfolgen und nach ihnen greifen. Eine Reizung von Neuronen des Colliculus lösen bei Affen **Augenbewegungen** aus. Diese fallen in Richtung und Ausmaß so aus, dass das Bild des Gegenstands, der sich vor der Bewegung im rezeptiven Feld des gereizten Neurons befand, nach der Bewegung auf die Fovea fällt.

Während bei Fischen und Amphibien die meisten Fasern des Nervus opticus im Tectum (Mittelhirndach) enden und nur wenige zum Thalamus ziehen, verliert das Tectum mit den

[505] *konios* (griech.) = Staub

[506] *tectum* (lat.) = Dach

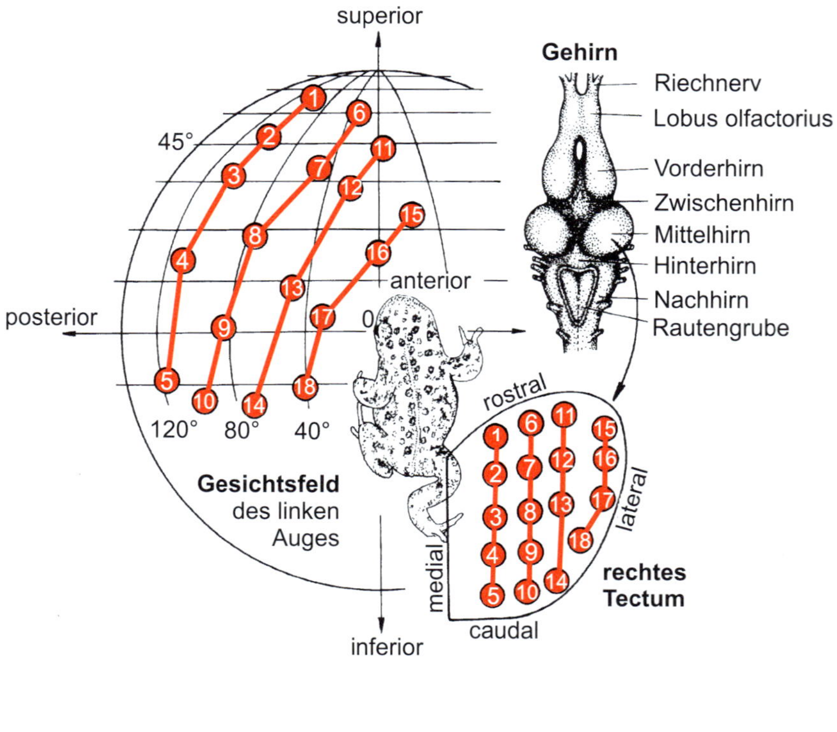

◘ **Abb. 18.52** Projektion des linken Gesichtsfelds einer Erdkröte (*Bufo bufo*) auf das rechte Tectum opticum. Die Ziffern in den Kreisen kennzeichnen die Orte, bei deren Belichtung die mit derselben Ziffer versehene Stelle im Tectum maximal erregt wurde. (Nach Ewert J-P, Borchers HW (1971) Reaktionscharakteristik von Neuronen aus dem Tectum opticum und Subtectum der Erdkröte *Bufo bufo* (L.) Z Vgl Physiol 71, 165–189, verändert.)

18

Reptilien beginnend an Bedeutung. Ein zunehmender Anteil der Fasern zieht zum **Corpus geniculatum laterale** (CGL, seitlicher Kniehöcker) des Thalamus im Zwischenhirn (Diencephalon; Abb. 18.53).

Bei **Säugetieren** wechselt im optischen Chiasma nur ein Teil der Fasern auf die andere Seite, der andere nicht (**unvollständige Überkreuzung**). Beim Menschen kreuzen die aus der nasalen Retinahälfte stammenden Nervenfasern beider Augen (das sind ca. 50 % aller Fasern) jeweils zur Gegenseite (kontralateral[507]), während die Fasern aus der temporalen Retinahälfte ipsilateral[508] zusammen mit den gekreuzten Axonen des anderen Sehnervs weiterziehen (Abb. 18.54). Sie enden zum größten Teil im **Corpus geniculatum laterale** (CGL). Es findet also eine Halbierung beider Gesichtsfelder statt.

[507] auf der entgegenüberliegenden Seite: *contra* (lat.) = gegen; *latus* (lat.) = Seite
[508] auf derselben Seite: *ipse* (lat.) = selbst; *latus* (lat.) = Seite

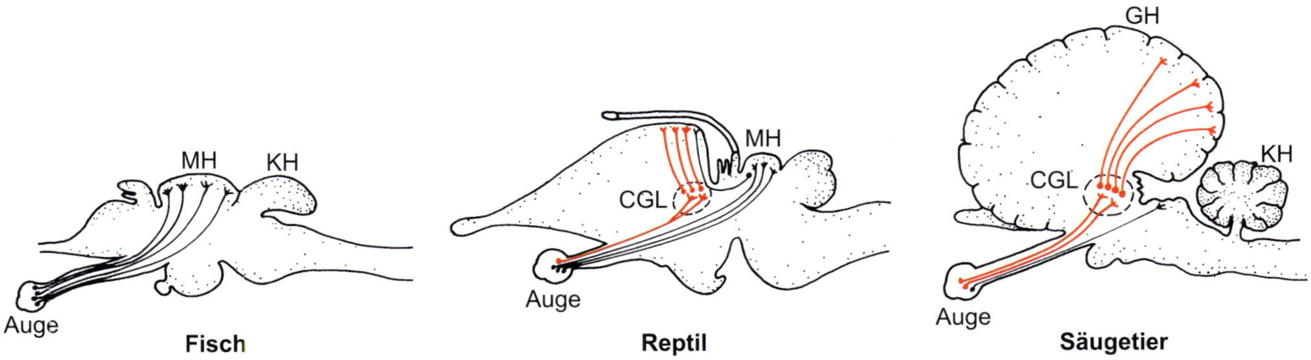

Abb. 18.53 Vergleich der Hauptsehbahnen von verschiedenen Wirbeltieren. CGL = Corpus geniculatum laterale im Thalamus; GH = Großhirn; KH = Kleinhirn; MH = Mittelhirn. (Nach Buddenbrock W v (1953) Vergleichende Physiologie. Bd. I Sinnesphysiologie. Birkhäuser, Basel.)

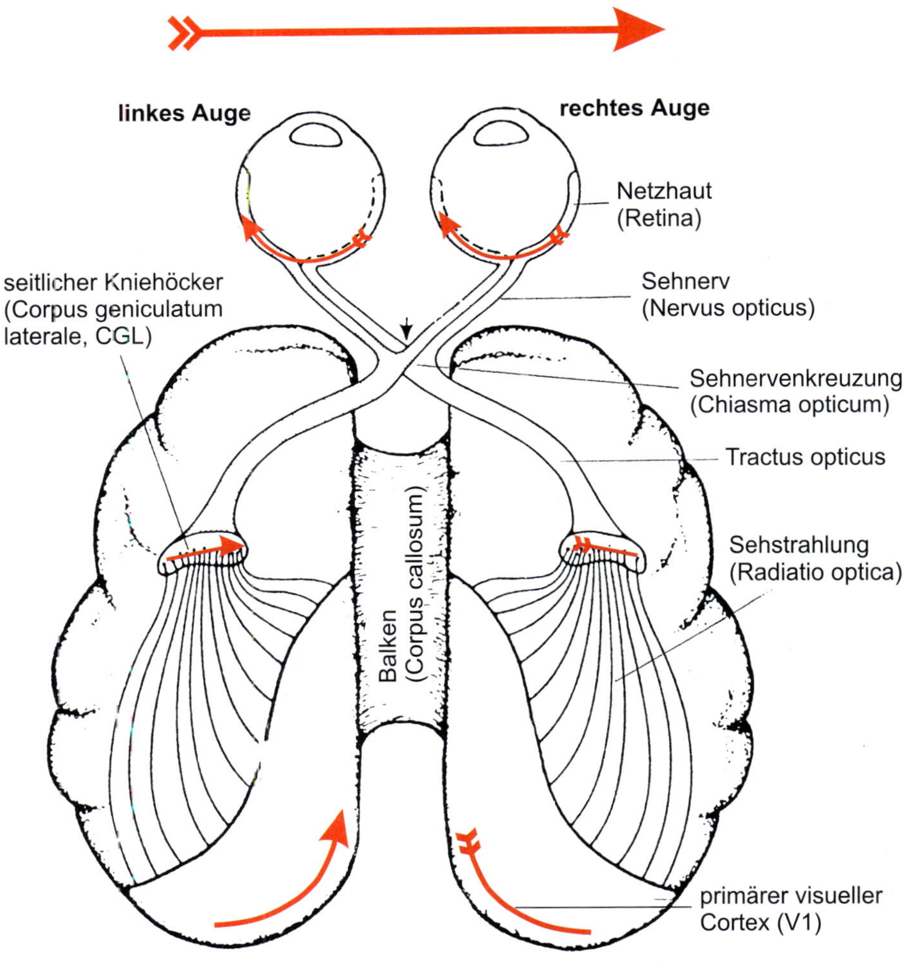

Abb. 18.54 Ventralansicht des menschlichen Gehirns. Die Sehbahn mit dem Chiasma opticum, Corpus geniculatum laterale (CGL) und der Radiatio optica zur primären Sehrinde im Occipitallappen des Großhirns. Die rechte Hälfte des Sehfelds beider Augen (linke Hälfte der Retina) wird im CGL und visuellen Cortex der linken Hemisphäre verarbeitet und die linke Hälfte des Sehfelds in der rechten Gehirnhemisphäre. Die topografische Repräsentation des mit beiden Augen gesehenen Pfeils auf der Retina, dem CGL und dem primären visuellen Cortex ist illustriert. (Aus Popper KR, Eccles JC (1982) Das Ich und sein Gehirn. 2. Aufl. Piper, München, verändert.)

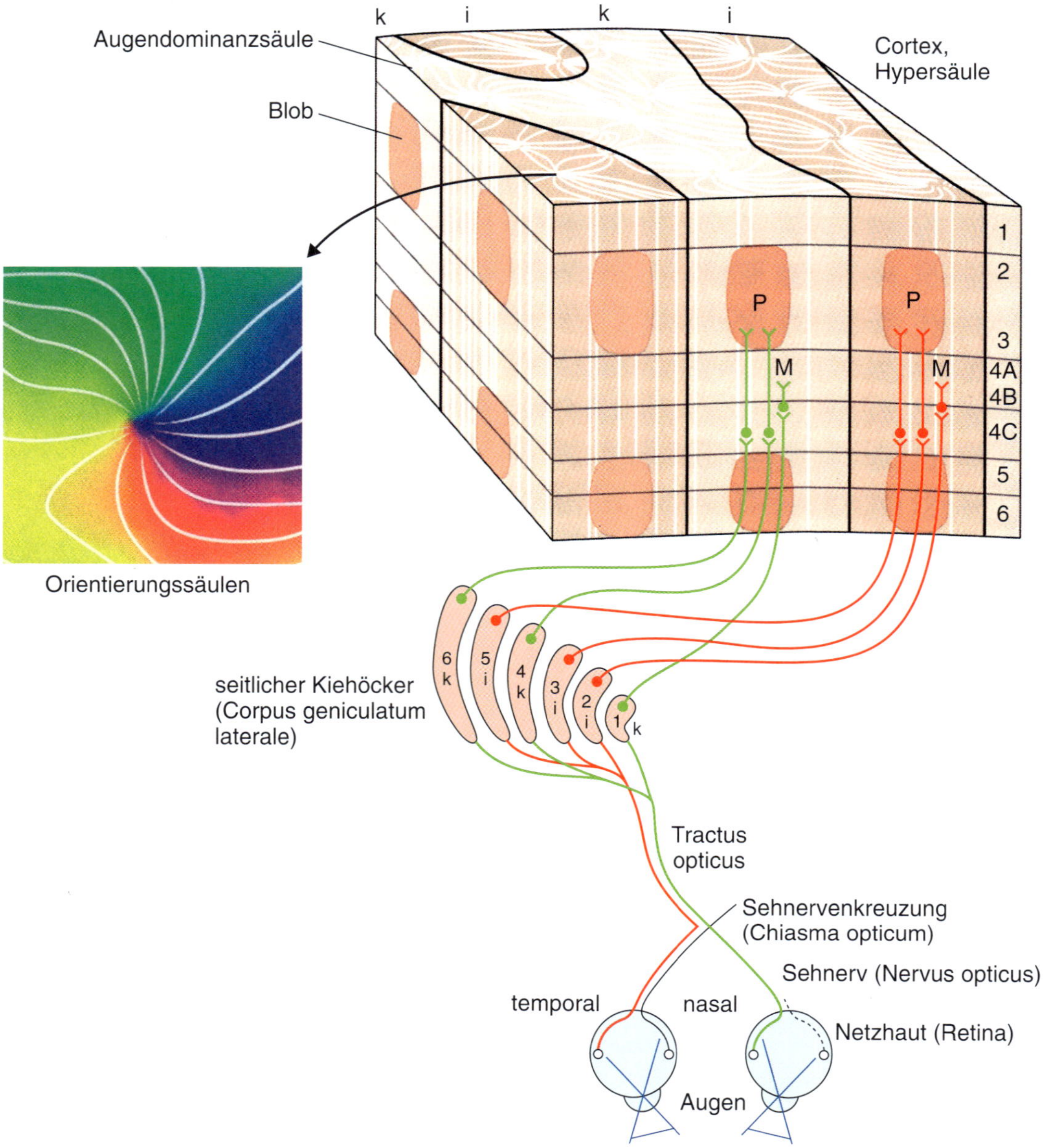

Abb. 18.55 Sehbahn eines Primaten. Die im optischen Chiasma ungekreuzten Fasern ziehen in die Schichten 2, 3 und 5, die gekreuzten in die Schichten 1, 4 und 6 des Corpus geniculatum laterale. Im primären visuellen Cortex projizieren die Fasern vom ipsi- und kontralateralen Auge in verschiedene Augendominanzsäulen (Durchmesser 500 µm). Cortikale Zellen, die auf Lichtbalken unterschiedlicher Orientierung reagieren, sind jeweils in radialen, speichenförmig angeordneten Orientierungssäulen vereinigt, die sich um ein Zentrum gruppieren (links, unterschiedliche Farben entsprechen unterschiedlichen Orientierungen der Lichtbalken). Die Blobs verarbeiten Farbinformationen. Eine Hypersäule besteht aus dem vollständigen Set von Orientierungssäulen, das 360° umfasst, einer kontralateralen und ipsilateralen Augendominanzsäule und mehreren Blobs. k = kontralaterale Augendominanzsäule; i = ipsilaterale Augendominanzsäule; M = magnozelluläres System; P = parvozelluläres System. (Aus Kandel ER, Schwartz JH, Jessell TM (2000) Principles of neural science. 4. Aufl. McGraw-Hill, New York, Abb. 27–14B, S. 538, Abb. 27–17, S. 541, verändert.)

Die **Neurone des CGL** können drei Zelltypen zugeordnet werden, die aber nicht, wie in der Ganglienzellschicht der Retina (s. o.), gemischt, sondern säuberlich getrennt voneinander in verschiedenen Schichten vorliegen. Insgesamt kann man bei den Primaten sechs Schichten unterscheiden (Abb. 18.55): Die beiden unteren (ventralen) Schichten 1 und 2 weisen relativ große Zellen auf (**magnozelluläre Schichten**). Sie erhalten Afferenzen von den M-Zellen der Retina, und zwar getrennt nach den beiden Augen. In Schicht 1 enden nur Fasern aus dem kontralateralen und in Schicht 2 nur Fasern aus dem ipsilateralen Auge. Die vier oberen (dorsalen) Schichten 3–6 enthalten relativ kleine Zellen (**parvozelluläre Schichten**). Sie erhalten Afferenzen von den P-Zellen, auch hier wieder getrennt nach den beiden Augen: Schicht 3 und 5 vom ipsilateralen, Schicht 4 und 6 vom kontralateralen Auge. Hier werden die Halbbilder demnach insgesamt sechsmal abgelegt: drei aus dem kontrala-

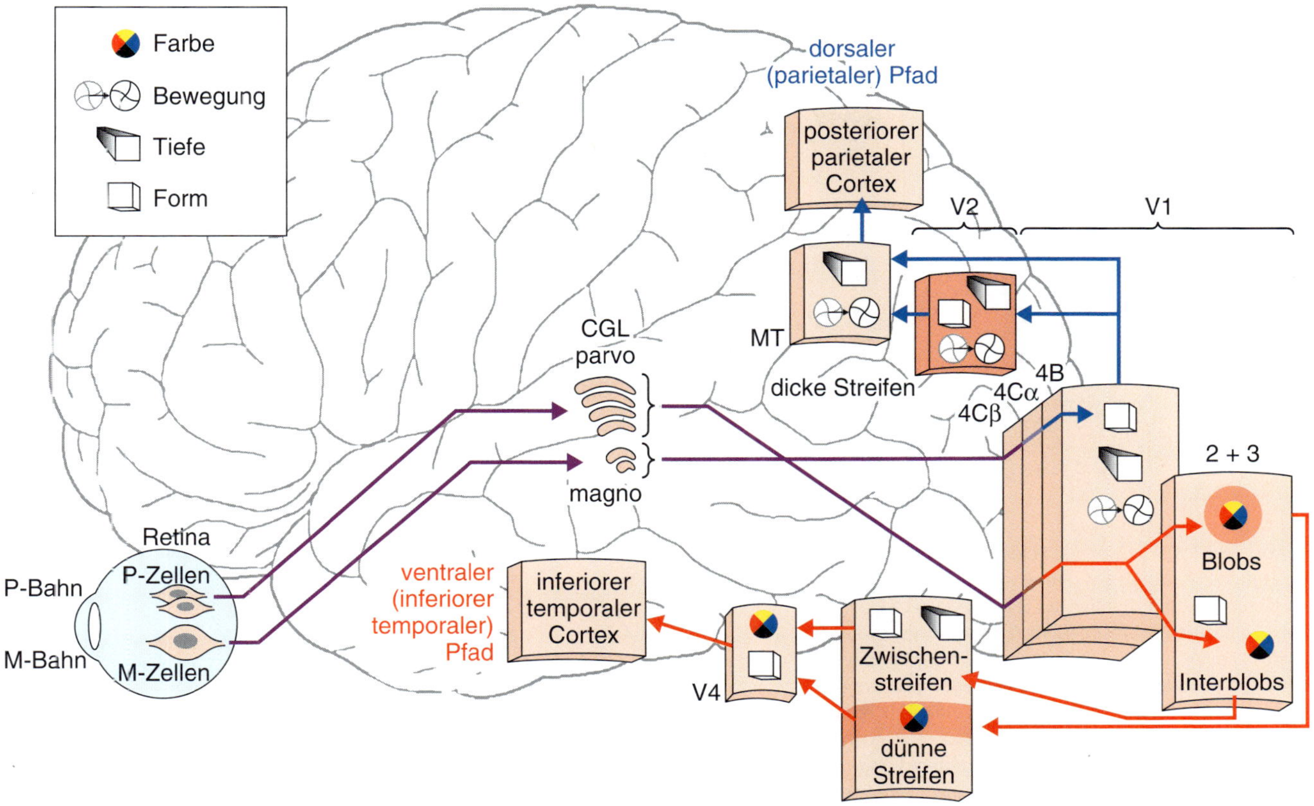

Abb. 18.56 Die parallele Informationsverarbeitung von Bewegung und Tiefe, Form und Farbe im visuellen System. Nähere Erläuterungen im Text. CGL = Corpus geniculatum laterale; magno = magnozelluläre Schichten; parvo = parvozelluläre Schichten; MT = medialer temporaler Cortex. (Aus Kandel ER, Schwartz JH, Jessell TM (2000) Principles of neural science. 4. Aufl. McGraw-Hill, New York, Abb. 25–12, S. 502.)

teralen und drei aus dem ipsilateralen Auge (Abb. 18.55). Dabei sind die Projektionen streng **retinotop**, das heißt die gesamte Retina wird Punkt für Punkt in der richtigen Nachbarschaftsbeziehung zueinander in den Schichten des CGL abgebildet. Die Abbildung ist allerdings verzerrt. Das kleine Gebiet der Fovea centralis am hinteren Augenpol, mit dem wir bekanntlich am schärfsten sehen, ist wesentlich großflächiger abgebildet als gleich große Areale aus mehr peripheren Retinabereichen. K-Zellen der Retina schließlich projizieren in Schichten mit sehr kleinen Zellen (**koniozelluläre Schichten**), die als schmale Bänder jeweils ventral von jeder der sechs Hauptschichten liegen.

Die Neurone des CGL haben bei den Säugetieren – wie die Ganglienzellen der Retina (s. o.) – konzentrisch organisierte rezeptive Felder, die denen der retinalen Ganglienzellen in Größe und Struktur (Zentrums-Umfeld-Antagonismus) weitgehend ähneln. Dennoch ist der CGL keineswegs nur eine Umschaltstation auf dem Weg vom Auge zum Gehirn. Hier findet besonders auch aufgrund vieler nichtretinaler Eingänge eine umfangreiche Verarbeitung und Modulierung der visuellen Eingänge statt. Besonders interessant ist, dass das Gehirn rückwirkend modulierend eingreift, denn es führen ca. zehnmal mehr Fasern absteigend vom Gehirn in das CGL als aufsteigend in umgekehrte Richtung. Das Gehirn kontrolliert also seine eigenen Eingänge!

18.7.3 Cortex

Die Axone der Relaiszellen des CGL, es sind beim Menschen etwa 1 Mio., ziehen weiter über die Sehstrahlung (**Radiatio optica**) zum primären **visuellen Cortex** (V1, Area striata, Area 17) der occipitalen Großhirnrinde. Dieser steht mit dem sekundären (V2, Area 18) und tertiären (V3, Area 19) visuellen Cortex in Verbindung. Im linken visuellen Cortex ist demnach die rechte Gesichtsfeldhälfte repräsentiert und im rechten Cortex die linke (Abb. 18.54). Diese Halbbilder aus beiden Augen (doppelt belichtet) werden zum stereoskopischen Gesamtbild vereinigt (▶ Abschn. 18.7.4). Beide Cortexareale stehen über viele Axone, die über den **Balken** (Corpus callosum; Abb. 18.54) verlaufen, miteinander in Verbindung.

Wesentliche Pionierarbeit bei der Aufklärung der funktionellen Organisation des visuellen Cortex verdanken wir den amerikanischen Neurophysiologen David Hubel* und Torsten Wiesel*. Die **primäre Sehrinde** (V1) im Hinterhaupts-(Occipital-)bereich des Gehirns hat beim Menschen eine Dicke von ca. 3 mm. Sie weist – wie der gesamte Isocortex – sechs horizontale **Schichten** auf (Abb. 18.55). Die Zellschicht 4 ist besonders dick und auffällig. In ihr kann man drei Unterschichten (4A–C) unterscheiden (Abb. 18.55, Abb. 18.56). Die Fasern vom CGL enden hier. Während das magnozelluläre System ausschließlich in die obere Hälfte von Schicht 4C

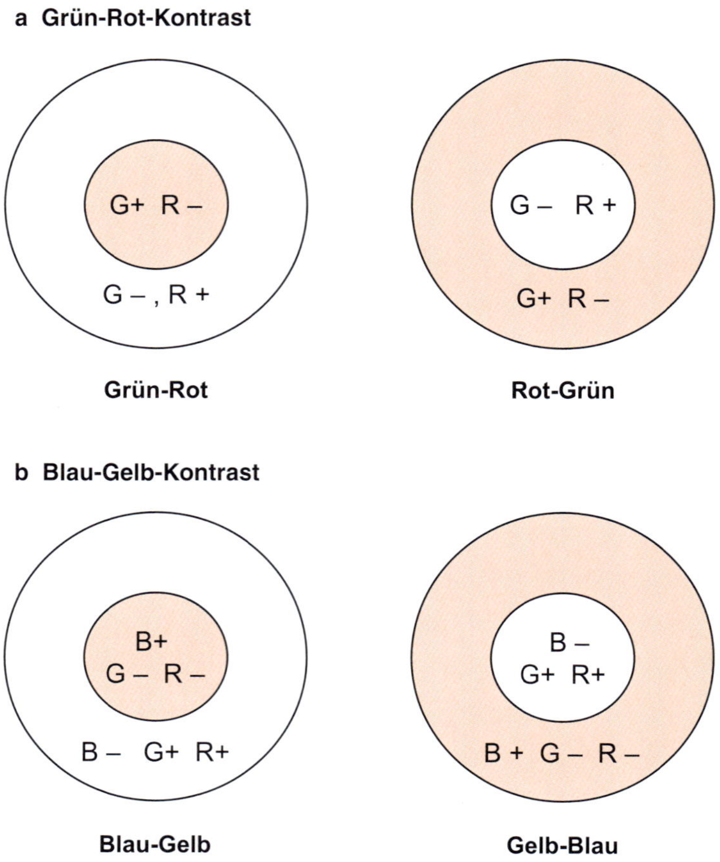

Abb. 18.57 Die rezeptiven Felder konzentrischer Doppelgegenfarbenneurone aus dem visuellen Cortex. Die Zellen reagieren hochempfindlich auf Farbkontraste. **a** Die linke Zelle wird durch Grünzapfen im Zentrum ihres rezeptiven Feldes aktiviert und durch Grünzapfen in der Peripherie gehemmt. Rotzapfen haben eine entgegengesetzte Wirkung: eine Hemmung im Zentrum und eine Aktivierung in der Peripherie. **b** Beim Blau-Gelb-Kontrast ist es noch etwas komplizierter: Die Blauzapfen werden gegen die summierten Signale der R- und G-Zapfen antagonistisch verrechnet. B-Zapfen = Blauzapfen; G-Zapfen = Grünzapfen; R-Zapfen = Rotzapfen.

(4Cα) projiziert, endet das parvozelluläre System hauptsächlich in der tieferen Hälfte von 4C (4Cβ). Die primäre Sehrinde ist (wie das CGL auch) **retinotop** organisiert. Die dornentragenden Sternzellen in der Schicht 4Cβ, auf denen die CGL-Zellen enden, haben – ähnlich wie CGL-Zellen – noch konzentrisch aufgebaute **rezeptive Felder**. Die meisten Zellen oberhalb und unterhalb von Schicht 4C antworten dagegen nicht mehr auf kleine punktförmige, sondern bevorzugt auf langgestreckte Lichtreize (Balken, Kanten, Konturen usw.) mit bestimmter Orientierung. Die in der Nähe der Inputschicht 4C lokalisierten Pyramidenzellen besitzen längliche und lineare rezeptive Felder (**einfache Zellen**). Es kann zum Beispiel eine rechteckige ON-Zone (exzitatorisch) auf beiden Seiten von einer OFF-Zone (inhibitorisch) flankiert sein. Weiter von der Schicht 4C entfernte Pyramidenzellen zeigen zunehmend komplexere Eigenschaften (**komplexe Zellen**). Die einfachen und komplexen Zellen spielen wahrscheinlich beim Erkennen von Konturen und Kontrasten, also bei der Formerkennung, eine wichtige Rolle.

Neben dieser parallel zur Oberfläche (horizontal) verlaufenden Schichtung existiert eine vertikale Gliederung in **funktionelle Säulen**, die durch alle Schichten von der Pia mater bis zur weißen Substanz reichen. Die Zentren der rezeptiven Felder aller in einer **Orientierungssäule** (Abb. 18.55) von ca. 30–100 µm Dicke zusammengefassten einfachen und komplexen Zellen analysieren praktisch denselben Punkt im Sehraum. Außerdem reagieren alle Zellen einer Orientierungssäule oberhalb und unterhalb von Schicht 4 auch funktionell einheitlich, nämlich bevorzugt auf Lichtbalken oder helle Kanten bestimmter Orientierung. Die Säulen mit verschiedenen Orientierungsachsen scharen sich radial »wie die Flügel eines Windrads« um ein Zentrum (Abb. 18.55). Dabei ist jede Vorzugrichtung nur einmal vertreten. Die Orientierungssäulen werden durch säulenförmig zusammengefasste Zellgruppen in den äußeren cortikalen Schichten unterbrochen. Man bezeichnet sie als **Blobs**[509] (Abb. 18.55). Sie haben im Gegensatz zu den meisten Zellen in den Regionen außerhalb der Blobs (**Interblobregionen**) runde rezeptive Felder und deshalb auch keine Orientierungspräferenz. Ihre rezeptiven Felder sind aber im Gegensatz zu den einfachen Gegenfarbenzellen der Retina (Abb. 18.51) und des CGL komplexer organisiert (**konzentrische Doppelgegenfarbenzellen**). Sie reagieren hochempfindlich auf Rot-Grün- bzw. Gelb-Blau-Kontraste. Eine für Rot-Grün-Kontraste empfindliche Zelle wird zum Beispiel durch Grünzapfen im Zentrum ihres rezeptiven Feldes aktiviert und im Umfeld gehemmt. Rotzapfen haben den entgegengesetzten Effekt: Sie aktivieren im Umfeld und hemmen im Zentrum des rezeptiven Feldes (Abb. 18.57).

509 *blob* (engl.) = Tropfen, Klumpen. Die Zellen dieser Blobs weisen eine besonders hohe Konzentration an Cytochrom-c-Oxidase in ihren Mitochondrien auf, was für ihre optische Darstellung genutzt wird.

18

Neben dem System von Orientierungssäulen zur Analyse von Linienorientierungen und dem von Blobs zur Farbanalyse gibt es ein System von **Augendominanzsäulen** (◘ Abb. 18.55) für die binokulare Tiefenwahrnehmung (Stereopsis, ► Abschn. 18.4.1). Die Zellen der etwa 500 µm dicken Augendominanzsäulen sind jeweils nur durch Signale aus einem der beiden Augen – dem rechten oder dem linken – aktivierbar. Jeweils alternierende Streifen entlang der Cortexoberfläche (Area striata) sind alternierend mit dem linken oder rechten Auge verbunden.

Ein vollständiger Satz von Orientierungssäulen, der 360° abdeckt, je eine Dominanzsäule für das rechte und das linke Auge sowie mehrere eingestreute Blobs bilden zusammen eine **Hyperkolumne**. Sie nimmt an der Oberfläche des primären visuellen Cortex ein Areal von etwa 1 mm^2 ein. Jede Hyperkolumne enthält die gesamte »Maschinerie« zur Analyse eines winzigen Retinaareals. Sie kann als die elementare Verarbeitungseinheit innerhalb der Großhirnrinde angesehen werden. Zahlreiche Horizontalverbindungen zwischen Zellen einer Schicht sorgen für einen Informationstransfer auch über die Kolumnengrenzen hinweg.

Der primäre visuelle Cortex ist noch nicht die Endstation bei der Analyse und Verarbeitung visueller Informationen. Insgesamt gibt es bei Menschen und Menschenaffen mindestens 32 Repräsentationen der Retina bzw. Teilen von ihr in der Hirnrinde, die zusammengenommen mehr als 50 % der Großhirnoberfläche einnehmen. Das auf V1 folgende Areal des visuellen Cortex V2 weist senkrecht zur Gehirnoberfläche ausgerichtete Scheiben (Streifen) auf: Zwischen dicken und dünnen Streifen mit hoher Aktivität der Cytochrom-c-Oxidase liegen blasse Streifen mit geringerer Aktivität, die jeweils unterschiedliche Aspekte des visuellen Eingangs analysieren (s. u.).

18.7.4 Parallele Verarbeitung in getrennten Kanälen

Eine der wichtigsten Erkenntnisse im Rahmen der Erforschung der visuellen Wahrnehmung bei Primaten und anderen Säugetieren in den letzten Jahrzehnten betrifft die Tatsache, dass die verschiedenen Attribute der wahrgenommenen Objekte wie Farbe, Bewegung, Form und Ort des Gegenstands, über verschiedene Kanäle parallel verarbeitet werden. Über die magnozellulären Schichten des CGL werden Informationen über die Bewegung von Objekten an die Großhirnrinde (Cortex) weitergegeben, über die parvozellulären Schichten Informationen über Farbe, Textur, Form und Tiefe. Affen konnten nach Zerstörung der magnozellulären Schichten im CGL keine Bewegungen mehr wahrnehmen. Nach Zerstörung der parvozellulären Schichten verschwand die Fähigkeit, Farben, feine Texturen und Oberflächen sowie die räumliche Tiefe kleiner oder fein strukturierter Objekte zu erkennen.

Man musste die früher vorherrschende Vorstellung von einem seriell ablaufenden Verarbeitungsprozess und einer sich progressiv von Station zu Station fortschreitenden Integration der Informationen zu einem Gesamtbild zugunsten einer sich interaktiv gestaltenden Integration aufgeben. Diese **interaktive Integration** dürfen wir uns allerdings nicht so vorstellen, dass es ein einzelnes zentrales Areal gibt, dem alle anderen Areale zu berichten haben, wo die verschiedenen Informationen zusammenlaufen und zu einem Ganzen zusammengefügt werden. Eine solche Instanz gibt es nicht, weder im visuellen noch im akustischen oder irgendeinem anderen Sinnessystem. Auf allen cortikalen Ebenen existieren intensive Interaktionen zwischen den Kanälen. Auch gibt es keine Verbindungen nur in einer Richtung – von vorgeschalteten zu nachgeschalteten Arealen–, sondern auch in umgekehrter Richtung, und das sowohl innerhalb als auch zwischen den Kanälen. Die Integration ist somit nicht ein einziger gewaltiger Akt in einem bestimmten Hirnareal, sondern ein mehrstufiger Vorgang, der sich auf allen Ebenen abspielt.

Im zentralen Sehsystem gibt es mindestens drei solche **Auswertungskanäle** (◘ Abb. 18.56), über die das »Was« – und hier wiederum getrennt Form und Farbe – und das »Wo« parallel analysiert werden. Sie nehmen ihren Ausgang vom Corpus geniculatum laterale beider Seiten – zwei Kanäle von den parvozellulären Schichten und ein Kanal von der magnozellulären Schicht.

Der **erste Kanal** führt von den parvozellulären Schichten des CGL zu den Blobs in den Schichten 2 und 3 der primären Sehrinde (V1) und weiter zu den dünnen Streifen der sekundären Sehrinde V2 (**Parvo-Blob-System**). Von V2 projiziert er in die Area V4, die viele farbempfindliche Zellen aufweist. Das Parvo-Blob-System ist hauptsächlich für die Verarbeitung der **Farbinformationen** zuständig. Es hat eine relativ geringe Ortsauflösung im Gegensatz zum zweiten Kanal, der mit hoher Ortsauflösung besonders auf Umrisse und Orientierung von Bildern reagiert. Beide Kanäle enden schließlich im inferioren temporalen Cortex, wo Farb- und Forminformationen verarbeitet werden.

In der Area V4 entdeckte der englische Neurobiologe Semir Seki Neurone, die für das psychophysische Phänomen der Farbkonstanz verantwortlich zu sein scheinen. Darunter versteht man die Erscheinung, dass die Wahrnehmung des Farbtons eines Objekts gleich bleibt, auch wenn sich die Wellenlängenzusammensetzung der Beleuchtung ändert. Die Zellen reagierten nämlich in Abhängigkeit von der Farbe, in der uns ein bestimmtes Objekt erscheint, und nicht in Abhängigkeit von der Wellenlängenzusammensetzung des vom Objekt reflektierten Lichtes. Affen mit Läsionen in Area V4 zeigen nicht mehr die Leistung der Farbkonstanz, ohne gleichzeitig die Fähigkeit zur Unterscheidung von Wellenlängen zu verlieren.

Der **zweite Kanal** nimmt, wie der erste, in den parvozellulären Schichten des CGL seinen Ursprung, führt aber über die Interblobgebiete des primären visuellen Cortex (V1) zu den blassen Zwischenstreifen der sekundären Sehrinde (V2) (**Parvo-Interblob-System**). Von der Area V2 projiziert der Kanal weiter in die Area V4, die retinotop organisiert ist und sowohl form- wie auch farbsensitive Neurone besitzt (s. o.). Die Neurone dieses Systems zeichnen sich durch eine hohe

Ortsauflösung aus. Das System reagiert besonders empfindlich auf Umrisse und die Orientierung von Bildern, es ist für die stationäre **Formwahrnehmung** verantwortlich. Es beantwortet sozusagen die Frage, was wahrgenommen wird.

Schließlich führt auch dieser Kanal, wie bereits der erste (Parvo-Blob-System), in den **inferioren temporalen Cortex**. Dieser Teil der Großhirnrinde ist nicht mehr retinotop organisiert. Die meisten Zellen in ihm weisen sehr große rezeptive Felder auf, die im Extremfall das gesamte Gesichtsfeld (sowohl die rechte wie auch die linke Hälfte) umfassen können. Hier gibt es Zellen, die selektiv besonders intensiv auf Hände, Gesichter im Profil bzw. in Frontalsicht oder andere Figuren ansprechen. Eine operative Entfernung des inferioren temporalen Cortex führt bei Affen zum spezifischen Verlust des Vermögens, bestimmte Muster und Formen zu erkennen, ohne dass gleichzeitig die Sehschärfe oder die Wahrnehmung von Farben und Bewegungen in Mitleidenschaft gezogen sind. In Übereinstimmung mit diesen Befunden zeigt sich bei Patienten mit Läsionen in diesem Cortexbereich ein Defizit bei der Erkennung von Gesichtern (**Prosopagnosie**).

Der **dritte Kanal** verläuft von den magnozellulären Schichten des CGL zur Schicht 4B der primären Sehrinde (V1) und über die Interblobgebiete weiter zu den dicken Streifen der sekundären Sehrinde (V2). Dieses **magnozelluläre System** endet in einem mediotemporalen Areal (MT oder V5), in dem hauptsächlich Informationen über **Bewegungen** und räumliche Beziehungen (**stereoskopische Tiefe**) verarbeitet werden. Die Neurone in diesem Areal sind zu funktionellen Säulen zusammengefasst. Die Elemente einer Säule reagieren übereinstimmend auf Bewegungen in eine bestimmte Richtung. Benachbarte Säulen unterscheiden sich in ihren Vorzugrichtungen, sodass an jedem Ort des Gesichtsfelds alle möglichen Bewegungsrichtungen abgedeckt werden. Der Kanal ist, da er nur einen Rezeptortyp nutzt, unempfindlich gegenüber Farben und nimmt kaum an der Analyse ruhender Objekte teil. Er sagt etwas darüber aus, wo sich die Objekte im Raum befinden. Die bekannte Ponzo-Täuschung (◘ Abb. 15.1) geht auf seine Rechnung. Da er farbenblind ist, verschwindet diese Täuschung, wenn man das Ponzo-Bild in Farben gleicher Helligkeit (äquilumineszente Stimuli) zeichnet. Aus demselben Grund ist das Bewegungssehen unter äquilumineszenten Bedingungen stark eingeschränkt. **Läsionen** im Bereich dieses Systems führen zu empfindlichen Störungen bei der Wahrnehmung von Bewegungen wie auch beim Verfolgen bewegter Objekte mit dem Auge.

Bei einer 43-jährigen Frau traten nach einer Gehirnblutung in diesem Bereich deutliche Defizite zum Beispiel beim Füllen einer Tasse auf. Sie nahm weder die Bewegung des aus der Kanne in die Tasse fließenden Getränks noch den Anstieg des Flüssigkeitsniveaus in der Tasse wahr. Beim Überschreiten der Straße hatte sie ebenfalls große Schwierigkeiten, weil das Auto, das zunächst weit entfernt erschien, plötzlich ganz nah war. In einem Raum, in sich dem mehrere Personen bewegten, fühlte sich die Patientin extrem unsicher, weil die Leute »plötzlich hier und dann dort« waren, ohne dass sie die dazwischenliegenden Ortsveränderungen registriert hatte.

Die Informationen über Farbe und Bewegung werden nicht nur über verschiedene Kanäle unabhängig voneinander verarbeitet, sie werden auch unabhängig voneinander wahrgenommen. Mithilfe ausgeklügelter Experimente konnten Semir Zeki und seine Mitarbeiter vom University College in London nachweisen, dass der Mensch die Farbe eines Objekts etwas früher wahrnimmt als seine Bewegung. Das heißt mit anderen Worten, dass die Versuchsperson die Wahrnehmung der Farbe eines Objekts zum realen Zeitpunkt t mit der Wahrnehmung der Bewegung desselben Objekts zum Zeitpunkt $(t - \Delta t)$ kombiniert. Die Zeitdifferenz Δt beträgt beim Menschen im Mittel 70–80 ms. Das Gehirn verfügt über keinen zentralen Kompensationsmechanismus, keinen Synchronizer, der die über die verschiedenen Kanäle zu verschiedenen Zeiten eintreffenden Informationen wieder in ihre richtige zeitliche Beziehung zueinander setzt. Für eine solche Kompensation im Millisekundenbereich hat in der Evolution niemals eine Notwendigkeit bestanden. Man konnte mit diesem kleinen Fehler leben, ohne dadurch Nachteile zu haben.

18.8 Fragen zum Selbststudium

- ? Von welchen Parametern hängt die Sehschärfe eines Komplexauges bzw. eines Linsenauges ab?
- ? Wie unterscheiden sich Appositionsaugen und Superpositionsaugen hinsichtlich ihrer Absolutempfindlichkeit und Sehschärfe?
- ? Warum haben die Augen von Landwirbeltieren flache Linsen, die von aquatischen und marinen Wirbeltieren dagegen kugelförmige Linsen?
- ? Was versteht man unter dem parvo- und dem magnozellulären Sehsystem von Säugetieren?
- ? Welche rezeptive Feldstruktur zeigen Doppelgegenfarbenzellen im Cortex von Säugetieren?
- ? Was versteht man unter dem photopischen und skotopischen Sehsystem von Wirbeltieren?
- ? Wie lässt sich bei einem Tier die Fähigkeit zum Farbensehen nachweisen?
- ? Auf welchen molekularen/zellulären Grundlagen beruht das Polarisationssehen von Insekten?
- ? Erklären Sie anhand der neuronalen Verschaltung in der Retina das Phänomen des simultanen Helligkeitskontrasts.
- ? Welche anatomischen und zellulären Voraussetzungen müssen für ein Richtungssehen, Bildsehen und Farbensehen erfüllt sein?
- ? Welche elektrische Antwort zeigen Wirbeltierstäbchen bei Belichtung?
- ? Was versteht man unter Retinotopie?
- ? Erläutern Sie das rezeptive Feld einer OFF-Zentrum-Ganglienzelle.
- ? Über welche Stationen verläuft die zentrale Sehbahn bei einem Frosch bzw. einer Katze?
- ? Welche Rolle spielen Öltropfen in Photorezeptorzellen von Vögeln?

Weiterführende Literatur

■ Allgemeines

Backhaus GK, Kliegl R, Werner JS (eds.) (1998) Color vision. Perspectives from different disciplines. Walter de Gruyter, Berlin, New York.

Campenhausen Cv (1993) Die Sinne des Menschen. 2. Aufl. G. Thieme, Stuttgart.

Gegenfurtner KR, Sharpe LT (eds.) (1999) Color vision. Cambridge University Press, Cambridge.

Heldmaier G. Neuweiler G, Rössler W (2013) Vergleichende Tierphysiologie. 2. Aufl. Springer, Heidelberg.

Horváth G, Varjú D (2004) Polarized light in animal vision. Springer, Berlin.

Kandel ER, Schwartz JH, Jessel TM (2000) Principles of neural science. McGraw-Hill, New York.

Land MF, Nilsson DE (2002) Animal eyes. Oxford University Press, Oxford.

Olshausen BA, Field DJ (2000) Vision and the coding of natural images. American Scientist 88, 238-245.

Spillmann L, Werner JS (1990) Visual perception. The neurophysiological foundations. Academic Press, San Diego.

Warrant E, Nilsson D-E (2006) Invertebrate vision. Cambridge University Press, Cambridge.

Woken JJ (1995) Light detectors, photoreceptors, and imaging systems in nature. Oxford University Press, Oxford.

Zeki S (1993) A vision of the brain. Blackwell, Oxford.

■ Spezielle Aspekte

Bowmaker JK (2008) Evolution of vertebrate visual pigments. Vision Research 48, 2022-2041.

Browman HI, Hawryshyn CH (eds.) (2001) Biology of ultraviolet and polarization vision. Journal of Experimental Biology 204, 2383-2596.

Hardie, RC (2012) Phototransduction mechanisms in *Drosophila* microvillar photoreceptors. WIREs Membrane Transport and Signaling 1, 162-187.

Hart, NS, Theiss SM, Harahush BK, Collin SP (2011) Microspectrophotometric evidence for cone monochromacy in sharks. Naturwissenschaften 98, 193-201.

Land MF (1999) Motion and vision: why animals move their eyes. Journal of Comparative Physiology A 185, 341-352.

Land MF (1981) Optics and vision in invertebrates. In: Autrum H (ed.) Handbook of sensory physiology. Vol. VII/6B. Springer Verlag, Berlin, Heidelberg, New York, pp 471-592.

Land MF (1997) Visual acuity in insects. Annual Review of Entomology 42,147-177.

Menzel R, Backhaus W (1991) Colour vision in insects. In: Gouras P (ed.) Vision and visual dysfunction, Vol VII. The perception of color. Macmillan, London, pp 262-293.

Nicol JAC (1989) The eyes of fishes. Oxford University Press, Oxford.

Waldvogel JA (1990) The bird's eye view. American Scientist 78, 342-353.

Warrant EJ (1999) Seeing better at night. Vision Research 39, 1611-1630.

Warrant EJ, McIntyre PD (1993) Arthropod eye design and the physical limits to spatial resolving power. Progress in Neurobiology 40, 413-461.

Wässle H, Boycott BB (1991) Functional architecture of the mammalian retina. Physiological Reviews 71, 447-480.

Wehner R (1981) Spatial vision in arthropods. In: Autrum H (ed.) Handbook of sensory physiology. Vol. VII/6C. S. 287-616. Springer Verlag, Berlin, Heidelberg, New York.

Elektrischer und magnetischer Sinn

19.1 Physikalische Grundlagen

Zwischen zwei ungleich geladenen Teilchen entsteht ein elektrisches Feld, in dem die eine Ladung auf die andere eine Kraft ausübt. Elektrische Felder werden durch das Vektorfeld der elektrischen Feldstärke beschrieben. Das Vektorfeld ordnet jedem Punkt im Raum einen Vektor für die Richtung und den Betrag der elektrischen Feldstärke zu. Die elektrische Feldstärke ist von der Größe des Ladungsunterschieds und dem Abstand der geladenen Teilchen abhängig, die Einheit lautet V m^{-1}. Elektrische Feldlinien laufen von Plus nach Minus. Elektrische Felder werden nicht nur durch elektrische Ladungen, sondern auch durch zeitliche Änderungen magnetischer Felder (z. B. des Erdmagnetfelds) hervorgerufen. Die **elektrische Leitfähigkeit** ist eine physikalische Größe, die die Fähigkeit eines Stoffes angibt, elektrischen Strom zu leiten. Den Kehrwert der elektrischen Leitfähigkeit nennt man **spezifischen Widerstand**.

Magnetfelder können durch magnetische Materialien (Dauermagneten), elektrische Ströme (in der Umgebung von stromführenden Leitern treten immer magnetische Kräfte auf) und die zeitlichen Veränderungen von elektrischen Feldern verursacht werden. Magnetische Felder üben auf Magnete und magnetisierbare Körper Kräfte aus. Magnete und gestreckte Körper aus magnetisierbaren Materialien richten sich aufgrund dieser Kräfte längs der magnetischen Feldlinien aus (Kompassnadel). Die Stärke eines magnetischen Feldes kann durch die **magnetische Flussdichte** B ausgedrückt werden. Die Einheit der Flussdichte ist Tesla T (1 T = 1 V s m^{-2}).

19.2 Elektrischer Sinn

Alle Pflanzen und Tiere sind Zeit ihres Lebens dem Erdmagnetfeld ausgesetzt. Zusätzlich kommen vor allem aquatische Organismen häufig in Kontakt mit bioelektrischen Feldern. Es ist demnach nicht verwunderlich, dass die Natur wiederholt spezielle Organe zur Wahrnehmung dieser Felder entwickelt hat. Bioelektrische Gleichstromfelder von bis zu 1 mV cm^{-1} umgeben zum Beispiel jedes im Wasser lebende Tier und jede Wasserpflanze. Durch Muskelpotenziale, aber auch über dünne Membranen (z. B. die der Kiemen und Körperöffnungen), die Kontakt mit dem Wasser haben, entstehen durch Ionenflüsse besonders starke elektrische Felder, die bei Fischen durch Bewegungen der Kiemendeckel rhythmisch moduliert werden. Insekten laden sich während des Fluges, aber auch beim Aneinanderreiben von Körperteilen, elektrostatisch auf. Die dabei erzielten Spannungen erreichen bis zu 450 V. Bienen sind während des Fluges, aber auch beim Landen, Laufen und während des Schwänzeltanzes, ständig von einem elektrischen Feld umgeben. Bei tanzenden Bienen hat dieses Feld niederfrequente (ca. 16 Hz) und hochfrequente (ca. 250 Hz) Anteile.

Alle Knorpelfische (Chondrichthyes) und alle Knochenfische (Osteichthyes; mit Ausnahme der meisten echten Knochenfische [Teleostei] und der Knochenganoiden [Holostei]), aber auch einige im Wasser lebende **Urodelen** (z. B. der Axolotl, *Ambystoma mexicanum*), das **Schnabeltier** (*Ornithorhynchus anatinus*), der **Schnabeligel** (*Tachyglossus aculeatus* und *Zaglossus brujnii*) und der **Guyana-Delfin** (*Sotalia guianensis*) können mithilfe hochempfindlicher **Elektrorezeptoren** niederfrequente elektrische Felder wahrnehmen. Elektrostatische Felder können indirekt von Insekten (Bienen) mithilfe von Mechanorezeptoren wahrgenommen werden. Befindet sich eine Biene in der Nähe einer Tänzerin, verursachen sowohl die nieder- als auch die hochfrequenten elektrischen Felder entsprechend dem Coulomb-Gesetz passive Antennenbewegungen, die von den Johnston-Organen im zweiten Segment der Antennen registriert werden. Laborexperimente haben gezeigt, dass elektrostatisch verursachte Antennenbewegungen bei Bienen verhaltenswirksam sind.

Die Elektrorezeptoren des Schnabeltiers, des Schnabeligels und des Guyana-Delfins leiten sich von Drüsenzellen ab und werden vom Trigeminusnerv (Nervus trigeminus) innerviert. Die Elektrorezeptoren der Fische und Urodelen stammen von der phylogenetisch älteren mechanosensorischen **Seitenlinie** ab, ihre Informationen erreichen über den Seitenliniennerv das Gehirn.

19.2.1 Passiver elektrischer Sinn

Elektrorezeptoren wurden erstmals 1678 von dem italienischen Arzt Stefano Lorenzini bei Elasmobranchiern beschrieben. Diese auch als Lorenzini-Ampullen oder ampulläre Organe beschriebenen Rezeptoren besitzen mehrere Hundert (bei Knorpelfischen) oder nur wenige (bei Knochenfischen) Sinneszellen, die sich von den Haarsinneszellen der mechanosensorischen Seitenlinie ableiten. Die Sinneszellen, deren basale Membran spannungssensitive Ca^{2+}-Kanäle enthält, liegen am Grund einer Ampulle, die über einen mit elektrisch gut leitender Gallerte (Widerstand 25–30 Ω cm^{-2}) gefüllten Kanal mit der Außenwelt in Verbindung steht (◘ Abb. 19.1). Bei Süßwasserfischen hat die Haut mit 3–50 kΩ cm^{-2} im Vergleich zur Gallerte (25–30 cm^{-2}) einen sehr hohen elektrischen Widerstand. Dies und die Tatsache, dass die innere elektrische Leitfähigkeit dieser Fische größer ist als die des Süßwassers, bewirkt, dass der gesamte Spannungsunterschied zwischen der Hautoberfläche und der Innenseite der Haut an den Sinneszellen anliegt. Bei marinen Fischen ist die innere Leitfähigkeit geringer als die des umgebenden Salzwassers und der Hautwiderstand deutlich kleiner als bei limnischen Arten. Deshalb ist die lokale Potenzialdifferenz zwischen der Fischoberfläche und der Hautinnenseite sehr gering. Um trotzdem sehr schwache elektrische Felder wahrnehmen zu können, haben die ampullären Organe mariner Fische (Haie und Rochen) im Vergleich zu limnischen Arten (z. B. Süßwasserrochen) bis zu 19 cm lange, parallel zur Kopf- und Körperoberfläche verlaufende Kanäle. Da die Wände dieser Kanäle einen sehr hohen elektrischen Widerstand haben, wird die Potenzialdifferenz zwischen den Sinneszellen des Organs und dem Hautbezirk, in dem der jeweilige Kanal mündet, gemessen. Erst durch diese morphologische Besonderheit

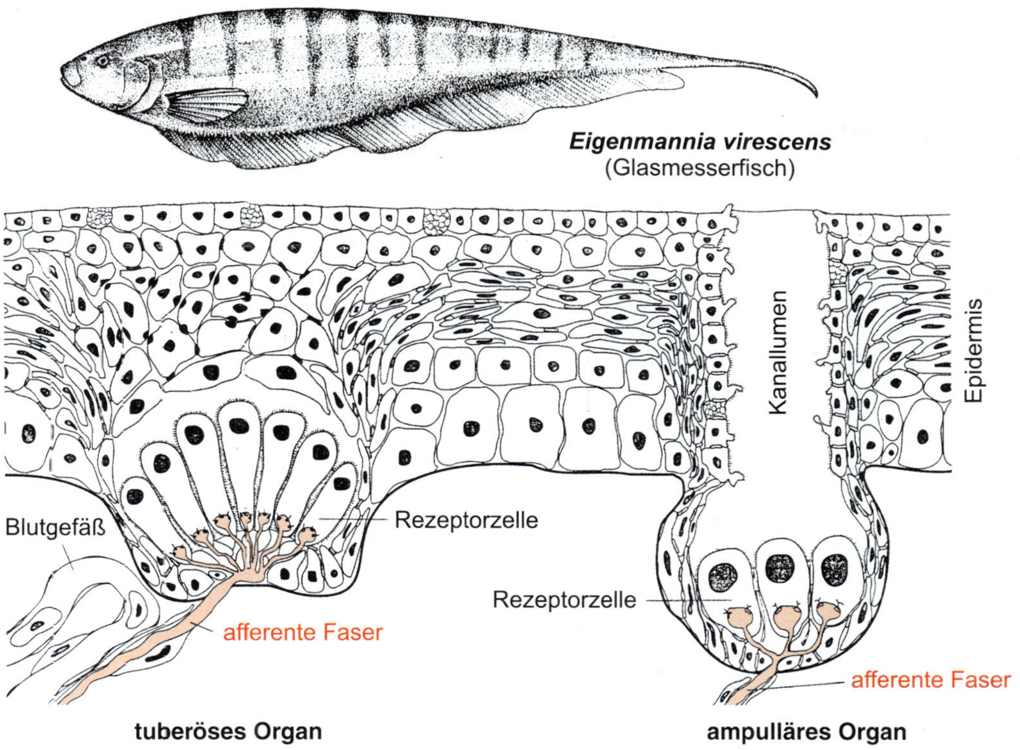

Abb. 19.1 Schematische Darstellung eines tuberösen und eines ampullären Elektrorezeptors in der Haut von *Eigenmannia* sp. (Sternopygidae, Messerfische). Die Organe werden seitlich von Lagen abgeflachter Zellen eingefasst, die untereinander Tight Junctions ausbilden und einen hohen elektrischen Widerstand besitzen. Sie verhindern, dass ein transepidermaler Strom um das Rezeptororgan herumfließen kann. Nähere Erläuterungen im Text. (Nach Dudel J, Menzel R, Schmidt RF (2001) Neurowissenschaft. Springer, Berlin.)

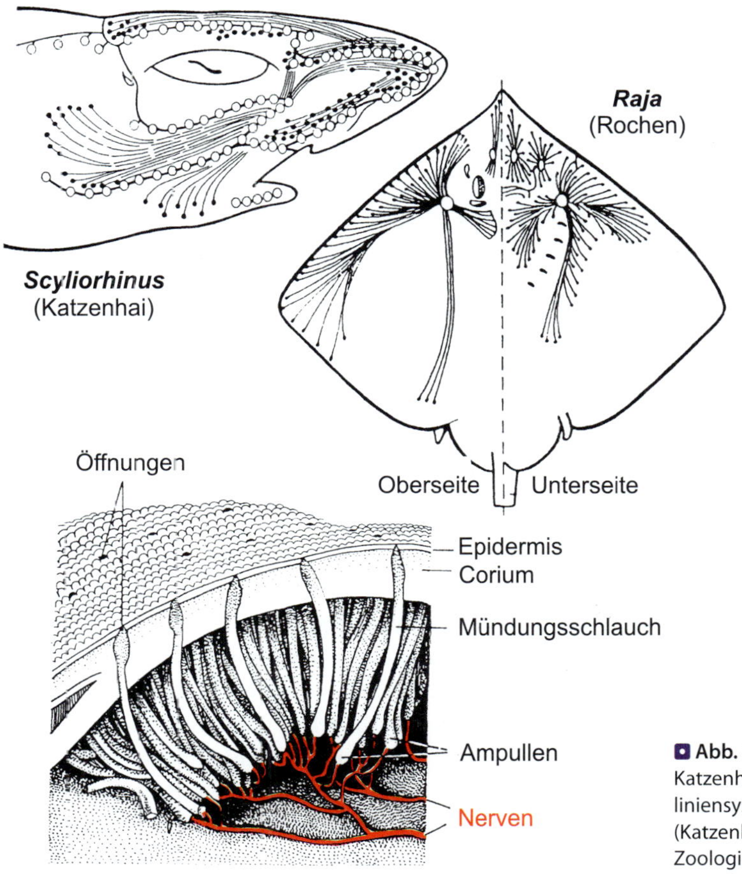

Abb. 19.2 Verteilung der ampullären Organe (schwarze Punkte) beim Katzenhai und einem Rochen. Helle Kreise beim Hai: Poren des Seitenliniensystems. Unten: Die ampullären Organe im Rostrum eines Haies. (Katzenhai und Rochen aus Kaestner A (1991) Lehrbuch der speziellen Zoologie, Bd 2, Teil 2, Fischer, Jena.)

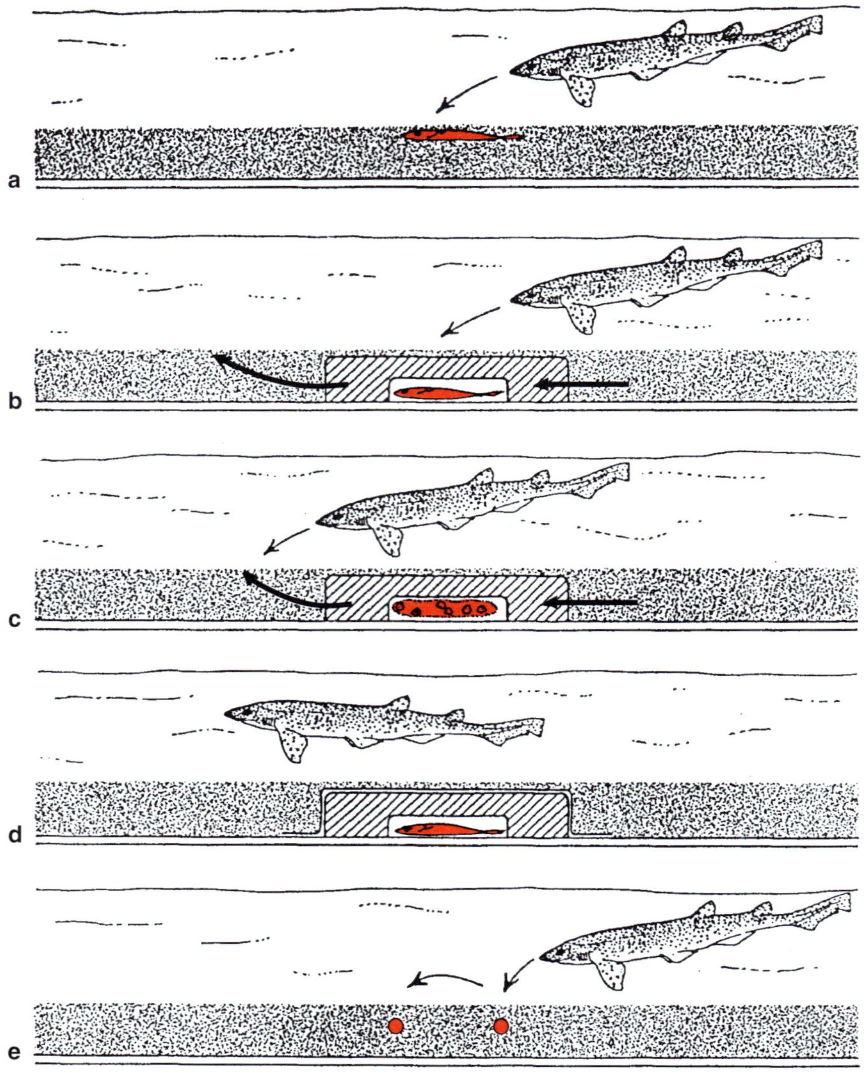

Abb. 19.3 a Der Katzenhai *Scyliorhinus canicula* kann mithilfe seiner ampullären Organe im Sand vergrabene Schollen ausfindig machen. **b** Dasselbe gilt, wenn sich die Scholle in einem elektrisch leitenden Agarbehältnis befindet. **c** Fleischstücke vom Dorsch in demselben Behältnis registriert der Hai nur olfaktorisch. **d** Erhält das mit einer Scholle besetzte Behältnis einen elektrisch isolierenden Plastiküberzug, wird die Scholle nicht mehr entdeckt. **e** Zwei Elektroden, über die das bioelektrische Feld einer Scholle imitiert wird, erwecken die Aufmerksamkeit des Haies. (Kalmijn AJ (1971) The electric sense of sharks and rays. J Exp Biol 55, 371–383.)

(Abb. 19.2) wird eine hinreichend große Spannungsdifferenz an den Sinneszellen erreicht.

Ampulläre Rezeptoren sind hochempfindliche, tonische Rezeptoren, die auf niederfrequente (>0,1 Hz bis – je nach Art – 10–50 Hz) elektrische Felder mit einer Schwelle bei marinen Arten von weniger als 1 $\mu V\ cm^{-1}$ reagieren. Die Rezeptoren zeigen eine gleichförmige **Ruheentladung**, die bei negativer Spannung auf der Hautoberfläche zunimmt (bei allen ursprünglichen Fischformen) und bei positiver Spannung auf der Hautoberfläche abnimmt (bei allen elektrorezeptiven Knochenfischen und Urodelen). Ampulläre Rezeptoren dienen der Wahrnehmung und Lokalisation von Beute und Artgenossen. So nehmen Löffelstöre mit ihren bis zu 75 000 auf dem »Löffel« liegenden ampullären Rezeptoren selbst einzelne Zooplanktonorganismen wahr. Haie lokalisieren im Sand vergrabene Schollen mithilfe ihrer ampullären Elektrorezeptoren (Abb. 19.3) und einige Rochen nutzen diese Rezeptoren, um im Sand eingegrabene Weibchen aufzuspüren. Die Reichweite der ampullären Organe ist allerdings gering, da dipolförmige elektrische Felder mit der dritten Potenz zur Entfernung abnehmen.

19.2.2 Aktiver elektrischer Sinn

Schon die alten Ägypter haben die Erfahrung gemacht, dass manche Fische bei Berührung schockartige Empfindungen auslösen. Wir wissen heute, dass es sich bei diesen Tieren um stark elektrische Fische wie den Zitteraal *Electrophorus electricus*, den Zitterrochen *Torpedo* oder den Zitterwels *Malapterurus* handelt. Stark elektrische Fische erzeugen mit speziellen Organen (bestehend aus Elektrocyten, ▶ Abschn. 25.2) elektrische Impulse von bis zu mehreren Hundert Volt (Zitteraal). Mit diesen Impulsen wehren sie Feinde ab oder töten oder betäuben ihre Beute. Die im tropischen Afrika (vor allem in Zentral- und Westafrika) lebenden ungefähr 250 Arten der Nilhechte (Mormyridae: *Gnathonemus*, *Mormyrus*, *Pollimyrus* u. a.) und Gymnarchidae (einzige Art: *Gymnarchus niloticus*) sowie die in Südamerika beheimateten ungefähr 200 Arten der Messeraale (Gymnotiformes: *Eigenmannia*, *Gymnotus*, *Apteronotus* u. a.) und Vertreter einiger weniger anderer Familien (▶ Abschn. 25.1) erzeugen mithilfe von **elektrischen Organen** ebenfalls elektrische Felder (Abb. 19.4). Da die Spannungen dieser Felder mit

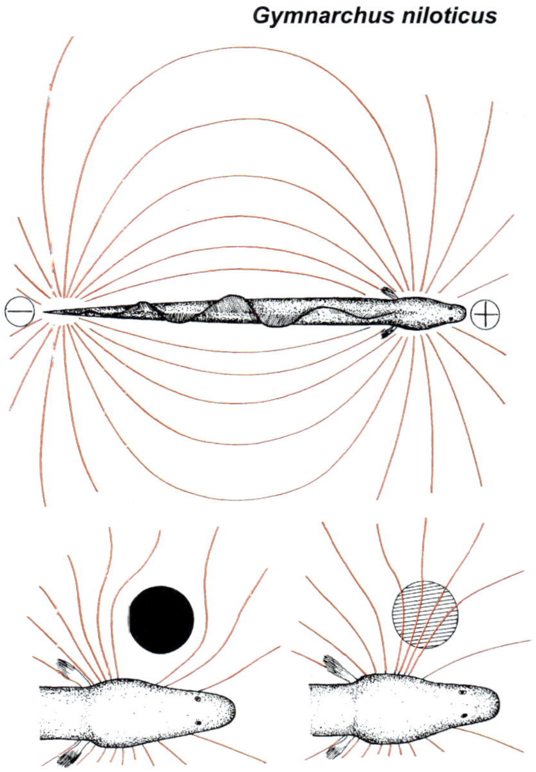

Abb. 19.4 Schematische Darstellung des elektrischen Feldes von *Gymnarchus*. Der schwarze Kreis stellt einen Gegenstand mit niedrigerer Leitfähigkeit dar (stößt die Feldlinien ab), der schraffierte Kreis einen solchen mit höherer Leitfähigkeit als die des Wassers (zieht die Feldlinien an). (Nach Lissmann HW (1963) Electric location by fishes. Sci Am 208, 56–65.)

wenigen mV cm^{-1} zu schwach für offensive und defensive Zwecke sind, nahm man zunächst an, dass die Mormyriden und Gymnotiden nur pseudoelektrische Organe besitzen. Verhaltensphysiologische Versuche in der Mitte des letzten Jahrhunderts haben dann aber gezeigt, dass schwach elektrische Fische ihre elektrischen Organe zur **Wahrnehmung** und **Ortung** von Gegenständen und zur innerartlichen **Kommunikation** nutzen. Die Objektwahrnehmung mithilfe des elektrischen Sinns stellt vermutlich eine spezifische **Anpassung** an ein nachtaktives Leben in tropischen Flüssen und Bächen dar, da das visuelle System unter diesen Bedingungen kaum von Nutzen ist.

Leistungen

Zwei Typen von schwach elektrischen Fischen lassen sich unterscheiden: die **Wellenentlader** (»Summer«) und die **Pulsentlader** (»Knatterer«). Zu den Wellenentladern gehören *Gymnarchus niloticus* und einige Gymnotiformes (*Sternopygus*, *Eigenmannia*, *Apteronotus* u. a.). Sie erzeugen kontinuierliche artspezifische sinusförmige Signale mit einer Amplitude von bis zu einigen Hundert Millivolt. Die Grundfrequenz dieser Signale liegt im Bereich von 40–2000 Hz. Zu den Pulsentladern gehören alle Mormyriden (*Gnathonemus*, *Mormyrus* u. a.) sowie einige Gymnotiden (*Gymnotus*, *Hypopomus* u. a.). Sie erzeugen kurze (200 µs bis ca. 10 ms dauernde) Einzelimpulse in einem im Vergleich zur Signallänge großen Abstand (**Abb. 19.5**, **Abb. 25.1**). Elektrische Organentladungen sind nur in Flüssen mit niedriger Leitfähigkeit ohne erheblichen Energieverlust möglich, da in gut leitenden Flüssigkeiten zu viel

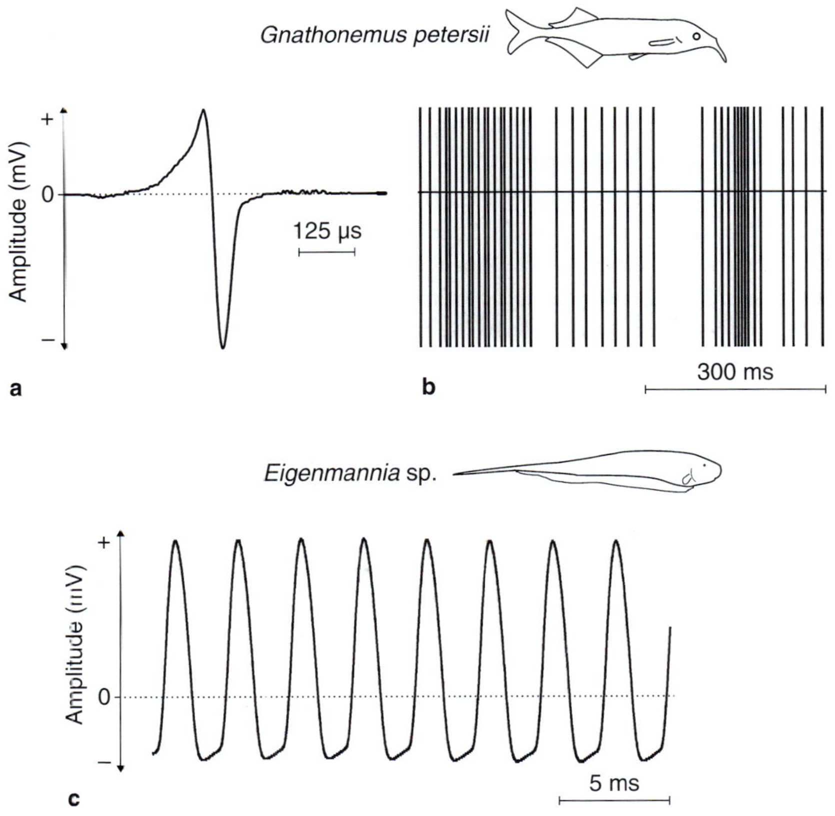

Abb. 19.5 Die elektrische Organentladung von *Gnathonemus petersii* (**a**, **b**) und *Eigenmannia* sp. (**c**) als Funktion der Zeit. Beachte die unterschiedlichen Zeitachsen. (Bleckmann H, Schmitz H, von der Emde G (2004) Nature as a model for technical sensors. J Comp Physiol A 190, 971–981.)

Strom fließt und damit die elektrischen Organe kurzgeschlossen würden. Die schwach elektrischen Fische leben deshalb ohne Ausnahme im tropischen Süßwasser. Dort sind sie (z. B. die südamerikanischen Gymnotiformes) Schwankungen der Leitfähigkeit des Wassers zwischen 100 µS cm^{-1} (Trockenzeit) und 1–10 µS cm^{-1} (Regenzeit) ausgesetzt, ein Bereich, in dem sich ihr elektrosensorisches System an die Veränderungen anpassen kann. Schwach elektrische Fische verlieren die Fähigkeit zur Wahrnehmung und Ortung von Gegenständen, wenn die Leitfähigkeit des Wassers 1 mS cm^{-1} überschreitet.

Alle schwach elektrischen Fische können die Frequenz (Summer) bzw. Wiederholrate (Knatterer) ihrer Entladungen durch Depolarisation von großen, elektrisch gekoppelten Zellen im Schrittmacherzentrum der **Medulla oblongata** modulieren. Treffen zwei Wellenentlader mit nur geringfügig unterschiedlicher Entladungsfrequenz aufeinander, erhöht das Tier mit der höheren Entladungsrate seine Frequenz um wenige Hertz. Das andere Tier verringert seine Entladungsfrequenz geringfügig. Dieses Stör-Ausweich-Verhalten wird als ***jamming avoidance response***[510] bezeichnet. Da die Tiere ohne Versuch und Irrtum immer in die richtige Richtung ausweichen, müssen sie das Vorzeichen des Frequenzunterschieds erkennen. Durch dieses Verhalten werden Interferenzen vermieden, die die Objektortung stören würden.

Das einen schwach elektrischen Fisch umgebende Feld wird gestört, wenn sich die Leitfähigkeit eines nahen Gegenstands von der des Wassers unterscheidet. Bei Objekten mit größerer Leitfähigkeit werden die Feldlinien in den Gegenstand hineingezogen, bei Objekten mit kleinerer Leitfähigkeit abgestoßen. Die damit verbundene Änderung der Feldstärkenverteilung auf der Fischoberfläche wird von zahlreichen (bei *Gnathonemus petersii* bis zu 3000) hochfrequenten (tuberösen) Elektrorezeptoren registriert, die vornehmlich am Kopfende angeordnet sind (**Autostimulation**). Das unverzerrte Feld erreicht im Wasser auf der Fischoberfläche (*Gnathonemus*) eine Stärke von einigen mV cm^{-1}. Durch Gegenstände erzeugte Spannungsänderungen <0,1 % werden noch wahrgenommen (**aktive Elektroortung**). Im Gegensatz zu den meisten Fischen bewegen sich viele südamerikanische schwach elektrische Fische nicht mit ihrer Schwanzflosse, sondern schwimmen mithilfe undulierender Bewegungen ihrer bandartig ausgebildeten Rücken- (*Gymnarchus*) bzw. Afterflossen (Gymnotiformes) »stocksteif« vorwärts oder rückwärts. Dadurch werden die durch Eigenbewegungen verursachten Veränderungen des elektrischen Feldes möglichst gering gehalten. Zur weiteren Unterdrückung von Störsignalen gibt es spezielle Schaltkreise im Gehirn, die die durch die Eigenbewegung erzeugten elektrischen Störsignale schon auf Höhe der ersten Verarbeitungsstation im Gehirn auslöschen.

Schwach elektrische Fische können bis zu einer Entfernung von ca. einer Körperlänge (10–15 cm) mithilfe ihres elektrischen Sinnes belebte und unbelebte Objekte wahrnehmen und lokalisieren. Sie verlieren diese Fähigkeit, wenn die elektrische Organentladung durch eine Durchtrennung des Rückenmarks ausgeschaltet wird. Stoßen schwach elektrische Fische (Mormyriformes) auf einen unbekannten Gegenstand, erhöhen sie ihre Entladungsrate und nähern sich diesem Gegenstand typischerweise mit dem Schwanzende voran an.

Unbelebte Objekte (z. B. Steine oder abgestorbene Äste) haben rein Ohm'sche Widerstände. Demgegenüber haben lebende Pflanzen und Tiere **komplexe Widerstände**, also Widerstände, die sich aus **Ohm'schen** und **kapazitiven Widerständen** zusammensetzen. Schwach elektrische Fische (*Gnathonemus petersii*) können belebte von unbelebten Objekten selbst dann noch unterscheiden, wenn diese die lokale Amplitude der elektrischen Organentladung in gleichem Maß verändern. Als Informationsquelle nutzen sie in diesem Fall die durch kapazitive Widerstände (belebte Objekte) verursachte Phasenverschiebung in ihrem elektrischen Signal. Eine Phasenverschiebung von 1° reicht dabei aus, eine Verhaltensantwort auszulösen.

Der aktive elektrische Sinn der schwach elektrischen Fische dient neben der Ortung von Gegenständen auch der innerartlichen **Kommunikation**. Afrikanische Knatterer erkennen den zeitlichen Rhythmus der Signale eines Artgenossen. Beispielsweise pulsen aggressive Tiere mit einer Frequenz von bis zu 100 Hz, während submissive Fische ihre Entladungsaktivität für mehrere Minuten unterdrücken können. Bei *Eigenmannia* werben während der Fortpflanzungsperiode die Männchen in Form wiederholter kurzer Unterbrechungen ihrer Entladungen um Weibchen. Auch *Sternopygus*-Männchen erkennen die Entladungsmuster vorbeischwimmender Weibchen und antworten mit »Werbegesang«, um das Weibchen anzulocken. Längere Unterbrechungen der Entladungsaktivität zeigen bei *Gymnotus* und *Gymnarchus niloticus* Unterwerfung an, wodurch die Aggressivität des Gegners gemindert wird.

Rezeptoren

Tuberöse Organe (◘ Abb. 19.1) besitzen außer dem südamerikanischen elektrischen Aal *Electrophorus* nur die schwach elektrischen Fische (Mormyriformes, Gymnotiformes). Sie enthalten bei den **Mormyriden** zwischen einer und 35 und bei den **Gymnotiden** zwischen zehn und 100 Sinneszellen. Jede afferente Faser innerviert ein oder mehrere Organe. Offene, mit Gallerte gefüllte Kanäle zur Oberfläche des Fisches fehlen. Stattdessen befinden sich über dem tuberösen Organ locker gepackte epitheliale Zellen, die über elektrisch leitende Desmosomen miteinander verbunden sind.

Da tuberöse Organe im Gegensatz zu den ampullären Organen nur kapazitiv mit dem Wasser verbunden sind, antworten sie vor allem auf die hochfrequenten (50 Hz bis ca. 2 kHz) elektrischen Felder, die die Tiere selbst erzeugen (**aktive Elektroortung**). Die Bestfrequenz der tuberösen Organe liegt dabei in der Nähe der Entladungsfrequenz der elektrischen Organe des jeweiligen Tieres. Ändert sich diese Frequenz während der Entwicklung oder unter Hormoneinfluss, verändert sich entsprechend auch die Bestfrequenz der Elekt-

[510] *jamming* (engl.) = Störung (durch andere Sender); *avoidance* (engl.) = Vermeidung, Meidung

rorezeptoren. Tuberöse Organe sind in die **Elektrolokalisation** und die innerartliche Kommunikation (**Elektrokommunikation**) integriert. Da bei der Elektroortung die Amplitude der eigenen elektrischen Organentladung auf der Körperoberfläche mehrere Millivolt beträgt, haben die zuständigen tuberöse Elektrorezeptoren mit ca. 2–10 mV cm^{-1} eine deutlich höhere Schwelle als ampulläre Organe (s. o.). Sie registrieren aber hochempfindlich jede durch Gegenstände erzeugte Änderung der Signalamplitude.

Bei den **Mormyriden**, die – mit Ausnahme von *Gymnarchus* – pulsartige Signale aussenden, finden wir zwei Typen tuberöser Organe: Knollenorgane und Mormyromasten. Die **Knollenorgane** stehen im Dienst der innerartlichen Kommunikation. Sie reagieren hochempfindlich (Schwelle: 0,2–0,4 mV cm^{-1}) und amplitudenunabhängig auf die Pulse eines benachbarten Fisches mit jeweils nur einem Aktionspotenzial. Die Reaktion auf die eigenen elektrischen Pulse wird zentralnervös mittels einer **Efferenzkopieschaltung** unterdrückt. Die **Mormyromasten** reagieren dagegen vornehmlich amplitudenabhängig auf die eigenen Signale und weniger auf die schwächer erscheinenden Signale eines benachbarten Fisches. Sie dienen der aktiven Elektroortung.

Sowohl bei den **gymnotiformen Wellenentladern** (*Eigenmannia*) als auch bei den Mormyridae werden die Reizparameter Amplitude und Phase von verschiedenen Rezeptoren (Sinneszellen) innerhalb der tuberösen Organe ermittelt. Bei den Gymnotiformes (*Eigenmannia*) codieren P-Rezeptoren (P für *probability*) die Amplitude und T-Rezeptoren (T für *timing*) die Phase. Die Informationen über die Reizamplitude und die Reizphase werden unter anderem für die Vorzeichenerkennung bei der *jamming avoidance response* benötigt. Die dafür relevanten Amplituden- und Phaseninformationen kommen durch Überlagerung des eigenen Signals mit einem Fremdsignal zustande. Die Mormyromasten der Mormyriden (*Gnathonemus petersii*) sind äußerst kompliziert aufgebaut und enthalten A- und B-Sinneszellen. Beide Typen von Sinneszellen antworten auf eine EOD (*electric organ discharge*) mit Aktionspotenzialen. A- und B-Sinneszellen reagieren auf eine Zunahme der EOD-Amplitude mit einer zunehmenden Zahl von Aktionspotenzialen und einer Abnahme der Latenzzeit. B-Sinneszellen reagieren zusätzlich auf Phasenverschiebungen in der EOD. Schon eine Phasenverschiebung von 1° führt zu einer signifikanten Abnahme der Latenzzeit und zu einer Zunahme der Zahl der von einer EOD ausgelösten Aktionspotenziale. Durch den Vergleich der Antworten von den in einem Mormyromasten vorhandenen A- und B-Sinneszellen erhält ein Fisch Informationen über die kapazitiven Eigenschaften eines Objekts.

Zentralnervöse Verarbeitung

Bei den Fischen mit elektrischer Orientierung haben die **Seitenliniennerven**, die die Elektrorezeptoren innervieren, einen auffallend großen Durchmesser und die zugehörigen Hirnpartien sind stark entwickelt (◘ Abb. 19.6).

Die Informationen über die Reizphase und die Reizamplitude erreichen sowohl bei den Gymnotiden als auch bei den

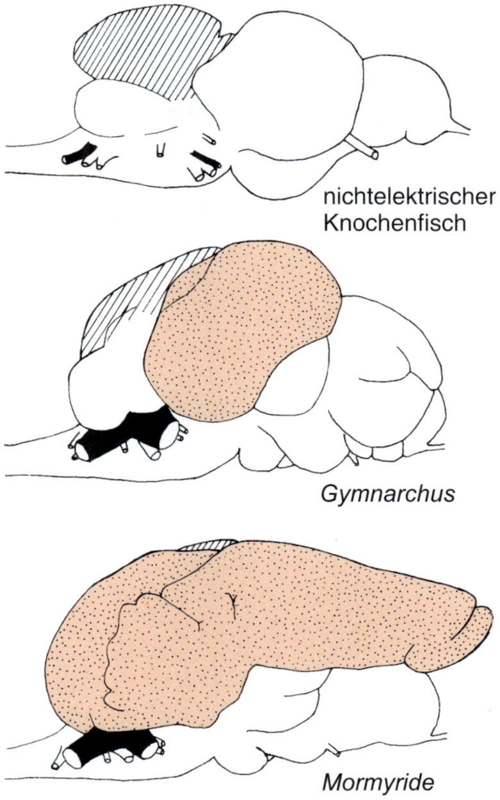

◘ **Abb. 19.6** Gehirne eines nichtelektrischen Knochenfischs und zweier schwach elektrischer Fische. Es wird vermutet, dass die punktierten Bereiche vorwiegend elektrosensorische Informationen verarbeiten. Schraffiert oder punktiert: Cerebellum. (Nach Lissmann HW (1963) Electric location by fishes. Sci Am 208, 56–65.)

Mormyriden über **getrennte Kanäle** das Zentralnervensystem und werden dort parallel verarbeitet. Dasselbe Prinzip finden wir auch in anderen Sinnessystemen (► Abschn. 17.4.2, ► Abschn. 18.7.4) und es ist eines der Grundprinzipien der zentralen Informationsverarbeitung. Die aufsteigende Parallelverarbeitung ist mit vielfältigen Rückkopplungsschleifen versehen.

Die Elektrorezeptoren projizieren über das **Seitenlinienganglion** (*lateral line ganglion*, LLG) in den ipsilateralen elektrischen Seitenlinienlobus (*electrical lateral line lobe*, ELL) des Myelencephalons. Dort wird die Körperoberfläche bei den Mormyriden dreimal und bei den Gymnotiden viermal abgebildet (Somatotopie), wobei die Kopfregionen jeweils überrepräsentiert sind (◘ Abb. 19.7). Bei den Gymnotiden gibt es eine somatotope Karte der Körperoberfläche von den ampullären Rezeptoren über das vordere Seitenlinienganglion im medialen Teil des Nachhirns. Drei zusätzliche Karten werden von den tuberösen Rezeptoren (P- und T-Rezeptoren, s. o.) über das hintere Seitenlinienganglion im lateralen Teil des Seitenlinienlobus (Parallelverarbeitung) gebildet. Während in den verschiedenen Schichten des nächsthöheren Zentrums im Mittelhirn, im **Torus semicircularis**[511], die verschiedenen Informationseingänge noch relativ getrennt sind, konvergieren die verschiedenen

[511] *torus* (lat.) = Wulst, Anschwellung; semicularis (lat.) = halbkreisförmig

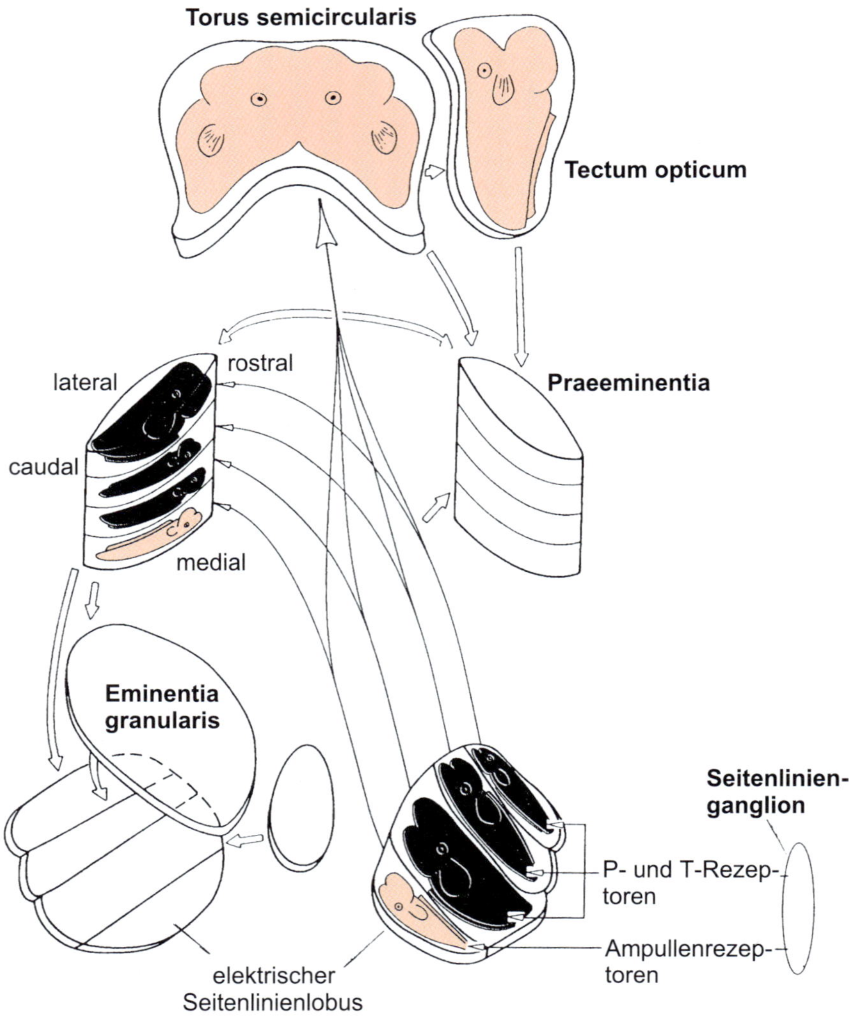

Abb. 19.7 Die Bahnen der Elektrorezeption bei einem schwach elektrischen Fisch (Gymnotidae). Nähere Erläuterungen im Text. (Nach Carr CE, Maler, L (1986) Electroreception in gymnotiform fish: central anatomy and physiology. In: Bullock TH, Heiligenberg W (Hrsg) Electroreception. Wiley, New York, verändert.)

Informationskanäle im Tectum opticum zugunsten einer komplexen Verrechnung miteinander. Im Tectum opticum wird die über den optischen Kanal erstellte »Karte« mit derjenigen über den elektrosensitiven Kanal gewonnenen zur Deckung gebracht. Viele Neurone des Tectums antworten bimodal sowohl auf optische als auch auf elektrische Reize.

Wichtige **Rückkopplungsschleifen** führen vom Torus semicircularis und dem Tectum opticum zum Nucleus praeeminentialis (**Praeeminentia**[512]) im Nachhirn. Sie sind beispielsweise dafür verantwortlich, dass die ELL-Neurone der Mormyriden bei regelmäßig wiederkehrenden Signalen sehr schnell adaptieren und nicht mehr reagieren. Auf diese Weise wird verhindert, dass das Tier seine eigenen rhythmischen Schwimm- oder Atembewegungen wahrnimmt. Umgekehrt reagieren die Neurone auf Signale mit einem gewissen Neuigkeitswert besonders sensibel. Es gibt auch positive Rückkopplungen, durch die beispielsweise schwache lokale Signale verstärkt werden können.

19.3 Magnetischer Sinn

19.3.1 Allgemeines

Die Erde ist permanent von einem Magnetfeld umgeben. In der Nähe des Südpols (am **magnetischen Nordpol**) treten die Feldlinien senkrecht aus der Erdoberfläche aus, am Nordpol (**magnetischer Südpol**) treten sie dann senkrecht in die Erdoberfläche wieder ein. Am Äquator verlaufen die Feldlinien parallel zur Erdoberfläche. Man kann sich die Erde demnach als Stabmagneten vorstellen, dessen Achse gegenüber der Erdachse leicht geneigt ist (Abb. 19.8). Die Neigung der Kraftlinien des Feldes gegenüber der Horizontalen nennt man magnetische **Inklination**[513]. Sie nimmt vom Äquator zu den magnetischen Polen hin von 0 auf 90° zu, theoretisch sind das 0,009° pro Kilometer. Sie ist auf der Nordhalbkugel nach unten und auf der Südhalbkugel nach oben gerichtet. Da die Lage des magnetischen Südpols nicht genau mit der Lage des geografi-

[512] *eminentia* (lat.) = Erhöhung, Hervorragendes

[513] *inclinatio* (lat.) = Neigung

19

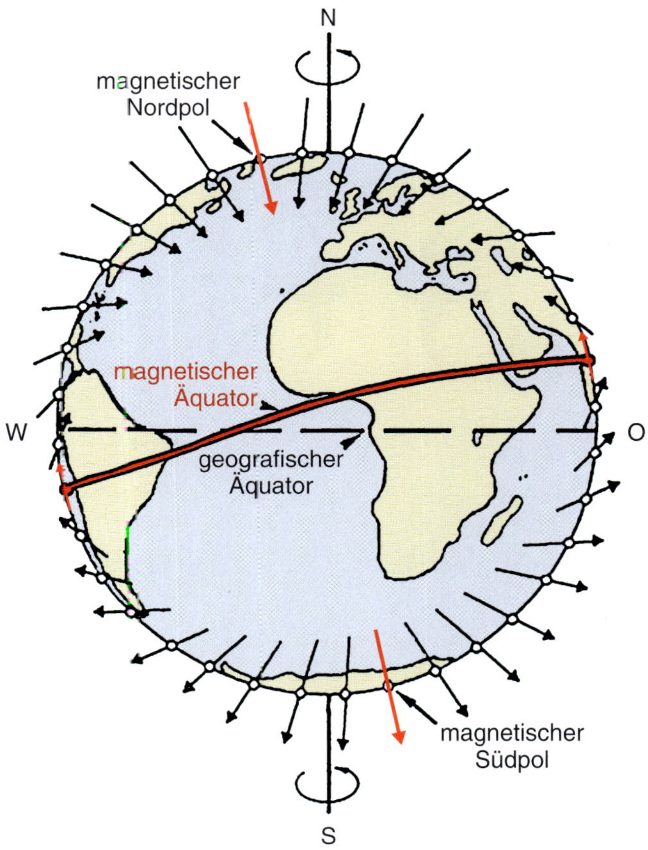

Abb. 19.8 Das Magnetfeld der Erde. Die Pfeile entsprechen den Magnetfeldvektoren, ihre Länge ist proportional zur Stärke des lokalen Magnetfeldes. Die magnetischen Pole und der magnetische Äquator sind rot markiert. (Nach Wiltschko W, Wiltschko R (2005) Magnetic orientation and magnetoreception in birds and other animals. J Comp Physiol A 191, 675–693, verändert.)

schen Nordpols identisch ist (der magnetische Südpol liegt in Nordkanada), zeigt eine Magnetnadel an den meisten Orten der Erde nicht genau in die geografische Nordrichtung. Diese Missweisung heißt **Deklination**[514].

Die magnetische **Feldstärke** der Erde fällt von ca. 60 000 nT an den Polen zum magnetischen Äquator hin auf Werte um ca. 30 000 nT ab, das sind 3 nT km^{-1}. Die Stärke des Magnetfelds ändert sich demnach zumindest theoretisch in gesetzmäßiger Weise mit der geografischen Breite. Aufgrund von tageszeitlichen Schwankungen sowie lokalen und regionalen Störungen des Erdmagnetfelds sind diese Änderungen, ebenso wie die Änderungen des Inklinationswinkels, allerdings nicht linear (das Minimum des Erdmagnetfelds liegt zum Beispiel an der südamerikanischen Küste und beträgt nur 23 000 nT). Da sich die Intensität und der Inklinationswinkel des Erdmagnetfelds fast ausschließlich in Nord-Süd-Richtung ändern, liefern diese Parameter wertvolle Informationen über den Breitengrad der eigenen Position. Der Deklinationswinkel liefert demgegenüber Informationen über den Längengrad der eigenen Position. Da das Magnetfeld der Erde fast nirgendwo die berechneten »Idealwerte« erreicht und zudem auch noch tageszeitlichen Schwankungen unterliegt, kann ein Orientierungssystem, das ausschließlich auf einer magnetischen Karte beruht, nur über große Distanzen (mehrere Hundert Kilometer) genau sein. Die Gesamtintensität des Erdmagnetfelds kann physikalisch in eine vertikale und eine horizontale Komponente zerlegt werden. Das Magnetfeld der Erde stellt, im Gegensatz zur Sonne und zu den Sternen, eine ständig verfügbare Bezugsgröße für Tiere dar.

Zur Navigation muss ein Tier zunächst seine eigene geografische Position bestimmen. Erst danach ist es möglich, die Richtung zum Ziel zu ermitteln. Für eine Navigation mithilfe des Erdmagnetfelds können folgende Informationsquellen genutzt werden:

- **Intensität des Feldes:** Sie ist, wie bereits erwähnt, breitengradabhängig, kann also zur Positionsbestimmung in Nord-Süd-Richtung genutzt werden. Da auf der Nord- und Südhalbkugel Orte mit gleicher Magnetfeldintensität vorkommen, ist diese Information allerdings zweideutig. Sonne und Mond verursachen zudem solare und lunare Schwankungen, die meist nur eine geringe Amplitude (< 1 ‰ der Feldstärke) aufweisen. Starke lokale Abweichungen in der Intensität des Erdmagnetfelds, hervorgerufen durch magnetische Stürme der Sonne, kommen allerdings auch vor und können bis zu 1000 nT erreichen.
- **Inklinationswinkel:** Er ist, ebenso wie die Intensität, breitengradabhängig und kann sowohl zur Positionsbestimmung (in Nord-Süd-Richtung) als auch zur Kompassorientierung (Richtungsfindung) genutzt werden.
  Dies setzt allerdings voraus, dass die Tiere auch die Vertikalachse (notwendig als Bezugsgröße zur Bestimmung des Inklinationswinkels) mit hoher Präzision ermitteln können.
- **Deklinationswinkel:** Er ist vom sowohl vom Längen- als auch vom Breitengrad abhängig. Sind Feldstärke, Inklinationswinkel und Deklinationswinkel bekannt, ist zumindest theoretisch eine genaue Positionsbestimmung möglich.
- **Richtung des Magnetfelds:** Tiere, die die Polarität des Erdmagnetfelds wahrnehmen können, könnten diese Information zur Kompassorientierung (ähnlich wie ein technischer Kompass) nutzen.

19.3.2 Verhaltensphysiologische Befunde

Bereits Alexander von Middendorf (1855) vermutete, dass Zugvögel das Erdmagnetfeld zur Orientierung nutzen. Merkel und Fromme konnten dann ca. 100 Jahre später zeigen, dass Rotkehlchen (*Erithacus rubecula*) während der Zugzeit in abgeschirmten Rundkäfigen die Seite bevorzugen, die ihrer natürlichen Zugrichtung entspricht. Die Existenz eines **Magnetkompasses** wurde 1964 schließlich von Wolfgang Wiltschko für Rotkehlchen bewiesen. Er konnte mithilfe einer künstlichen Änderung der magnetischen Nordrichtung erstmalig die

[514] *declinare* (lat.) = ablenken

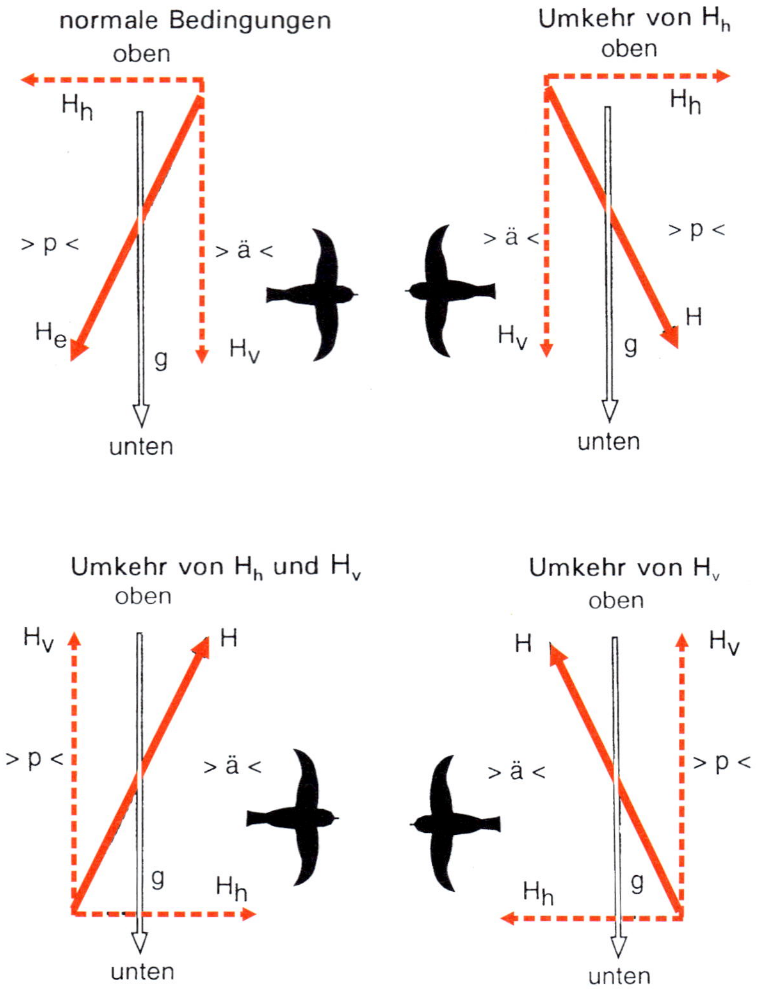

Abb. 19.9 Der Inklinationskompass des Rotkehlchens (*Erithacus rubecula*). Die geografische Nordrichtung weist in allen Figuren nach links, die Südrichtung nach rechts. Der Umriss des Vogels zeigt die Flugrichtung an, die der Vogel unter den jeweiligen Bedingungen bevorzugt. Nähere Erläuterungen im Text. H_e = der Feldvektor des lokalen Erdmagnetfelds (Frankfurt a. M.); H_h und H_v = die Horizontal- bzw. Vertikalkomponente von H_e; g = Schwerkraftvektor; >p< = Richtung zum Pol; >ä< = Richtung zum Äquator. (Nach Wiltschko R, Wiltschko W (1995) Magnetic orientation in animals. Springer, Berlin.)

Vorzugsrichtung gekäfigter Rotkehlchen gezielt verändern. Im Gegensatz zum technischen Kompass nutzen Vögel zur Richtungsfindung allerdings nicht die Polarität des Erdmagnetfelds, sondern die Neigung der Feldlinien. Rotkehlchen haben demnach einen **Inklinationskompass** (Abb. 19.9). Kehrt man allein die Horizontalkomponente des Feldvektors des Magnetfelds um, so ändert sich die Zugrichtungstendenz von Rotkehlchen (und allen anderen getesteten Zugvögeln) um ca. 180°. Dasselbe geschieht, wenn man nur die Vertikalkomponente umkehrt, der Feldvektor also nicht mehr nach unten, sondern nach oben weist. Kehrt man dagegen sowohl die Horizontal- als auch die Vertikalkomponente um, sodass die Raumlage des Feldvektors erhalten bleibt, ändert sich die Zugrichtungstendenz nicht. Der Vogel unterscheidet demnach nicht zwischen Nord und Süd, sondern zwischen äquator- und polwärts. Er nimmt in unserem Beispiel (Abb. 19.9) jeweils die Richtung auf, bei der die Feldlinien seinen Körper von vorne oben nach hinten unten durchsetzen. Das ist in unseren Breiten die Richtung zum Äquator.

19

Die Fähigkeit zur Orientierung nach dem Erdmagnetfeld wurde inzwischen bei mehr als 18 Zugvogelarten nachgewiesen und ist bei Vögeln, ebenso wie die von der Jahreszeit abhängige Zugrichtung, **genetisch verankert**. So können sich junge Gartengrasmücken (*Sylvia borin*), die ohne Himmelssicht aufgezogen wurden, zur Zugzeit orientieren. Sie benutzen dabei offenbar das Magnetfeld als primäres Orientierungsmittel, während sie die Orientierung nach den Sternen (Sternenkompass) erst anhand des »Magnetkompasses« erlernen müssen. Der Inklinationskompass der Vögel versagt allerdings am magnetischen Äquator, da dort die magnetischen Feldlinien parallel zur Erdoberfläche verlaufen. Das könnte für Transäquatorialzieher unter den Vögeln zum Problem werden. Dort müssen andere Orientierungsmarken (Sonnenuntergangspunkt, Sterne oder Ähnliches) zur Hilfe genommen werden. Nach Überqueren des Äquators muss zudem eine Umstellung der Zugrichtung von äquatorwärts nach polwärts erfolgen, was bei Gartengrasmücken nachgewiesen wurde.

Die **Intensität des Magnetfelds** spielt dabei, vorausgesetzt sie entspricht in etwa den ortsüblichen Werten, keine Rolle. Bei Abweichungen von über 30 % tritt allerdings Desorientierung auf. Zugvögel, die sehr weite Strecken zurücklegen, gewinnen aber innerhalb von ein bis zwei Tagen ihr Orientierungsvermögen bei der veränderten Intensität der Feldstärke zurück. Rotkehlchen (Kurzstreckenzieher) können sich schon nach 1–2 h auch in einem Magnetfeld der doppelten Erdfeldstärke orientieren.

Brieftauben (*Columba livia*) nutzen ihren angeborenen Magnetkompass (Inklinationskompass) zur Heimfindung. Kleine

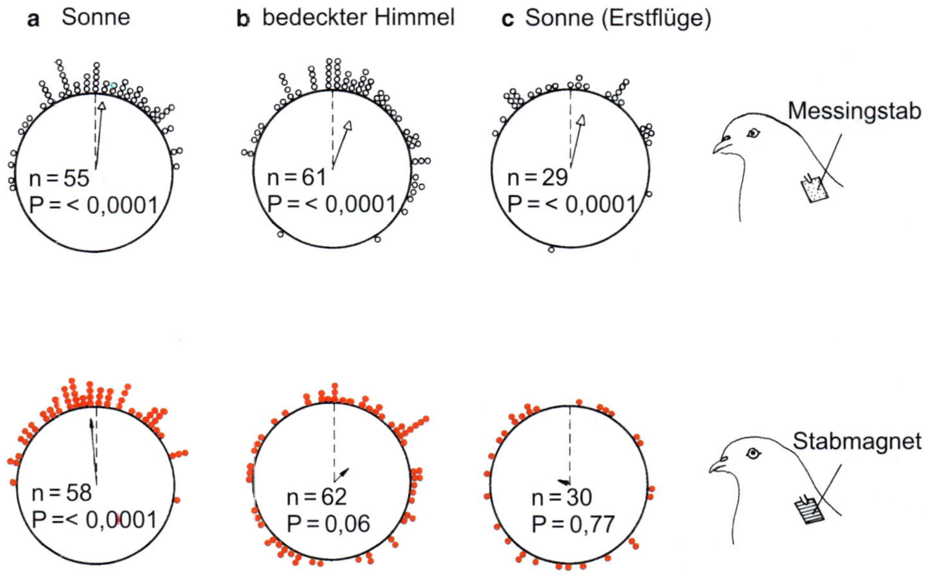

Abb. 19.10 Die Abflugrichtungen vom Auflassort bei Brieftauben (jeder Punkt entspricht einem Abflug) mit Messingstäben bzw. mit gleichgroßen Stabmagneten (2,5 cm lang, 3 g schwer) auf dem Rücken. **a**, **b** Auflassen älterer Tiere in 27–50 km Entfernung von Heimatort. **c** Auflassen von Jungtauben (Erstflüge) in 27 km Entfernung. Jungtauben ohne Fernflugerfahrung zeigen im Gegensatz zu erfahrenen Tauben auch bei Sonne eine schlechte Heimkehrleistung, wenn am Rücken ein Magnet montiert worden war, erfahrene Tauben nur bei bedecktem Himmel. (Nach Keeton WT (1973) Release-site bias as a possible guide to the »map« component in pigeon homing. J Comp Physiol 82, 1–16, verändert.)

batteriebetriebene Spulen am Körper, die die Vertikalkomponente des Magnetfelds im Kopfbereich der Tauben umpolen, verursachen bei bedecktem Himmel beim Freilassen der verfrachteten Tiere eine Umkehr der Abflugrichtung. Tauben mit kleinen Stabmagneten auf dem Rücken verloren bei bedecktem Himmel, wenn eine Orientierung nach der Sonne nicht möglich war, ihr Heimfindevermögen (Abb. 19.10). Offenbar benutzen erfahrene Tauben neben dem Magnetkompass auch den Sonnenkompass zur Orientierung. Jungtauben zeigen im Gegensatz zu erfahrenen Artgenossen selbst bei Sonnenlicht eine schlechte Heimkehrleistung, wenn sie einen Stabmagneten tragen. Offenbar müssen Tauben mithilfe ihres Magnetkompasses erst lernen, sich nach der Sonne zu orientieren (Abb. 19.10). Erfahrene Tauben besitzen eine **Navigationskarte**, die sie zum Heimfinden verwenden. Neben dem Erdmagnetfeld und der Sonne orientieren sich Tauben eventuell auch an Landmarken und nach dem Geruch. Möglicherweise kommt dem Geruch aber auch nur eine aktivierende Bedeutung zu.

Zugvögel nutzen neben der Sonne auch den Sternenhimmel zur Orientierung. Der Magnetkompass spielt auch in diesem Fall eine wichtige Rolle als **Referenzsystem**. Zugvögel eichen mithilfe ihres Magnetkompasses neue Sternbilder ein.

19.3.3 Andere Organismen und Tiere

Eine Ausrichtung zur Raumlage bzw. der Fortbewegungsrichtung in Abhängigkeit von magnetischen Feldern wurde bei vielen Organismen nachgewiesen. Bakterien mit eingeschlossenen Magnetosomen (aus Magnetit, Fe_3O_4, oder Greigit, Fe_3S_4) richten sich passiv im Erdmagnetfeld aus. **Planarien** (*Dugesia dorotocephala*) und **Schnecken** (*Nassarius obsoletus*) werden mithilfe eines Magneten und abhängig von der Tageszeit von ihrer »frei gewählten« Fortbewegungsrichtung in gesetzmäßiger Weise abgelenkt – in den Morgenstunden wandte sich *Nassarius* bevorzugt nach rechts, sonst nach links. **Langusten** (*Panulirus argus*) können auf bestimmte magnetische Richtungen konditioniert werden. Seeschildkröten verfügen über eine Karte, die zumindest teilweise auf Magnetfeldinformationen beruht. Seeschildkröten (*Chelonia mydas*), die vor der Küste Floridas gefangen wurden, wurde durch Veränderung des Magnetfelds ein um 337 km nach Norden bzw. Süden verschobener Ort vorgetäuscht. Dies führte dazu, dass die Tiere in ihrem Hälterungsbecken nach Süden bzw. Norden schwammen. Die Seeschildkröten versuchten offensichtlich zu dem Ort, an dem sie gefangen wurden, zurückzukehren.

Verschiedene Imagines von **Insekten** (Termiten, Käfer, Fliegen, Heuschrecken, Grillen, Schaben und Wespen) stellen sich in Ruhelage bevorzugt in Nord-Süd- oder Ost-West-Richtung ein. Im künstlichen Magnetfeld orientieren sie sich entsprechend parallel oder senkrecht zu den Feldlinien. Eine Ausrichtung in Nord-Süd-Richtung wurde bei Auswertung von Satellitenaufnahmen auch bei grasenden oder ruhenden Haustieren (Rinder) sowie Rehen und Hirschen beobachtet. Die im Norden Australiens beheimateten **Kompasstermiten** (*Amitermes meridionalis*) richten ihre bis zu 4 m hohen Bauten annähernd in Richtung der magnetischen Nord-Süd-Achse aus. Auch die bekannten »Missweisungen« im Schwänzeltanz der **Honigbiene** (▶ Abschn. 13.10.3) sind auf den Einfluss des Erdmagnetfelds zurückzuführen: Bei der Transponierung des Winkels zwischen Flugbahn und Sonne ins Schwerefeld treten gesetzmäßige, tagesperiodisch schwankende Fehler (Restmissweisungen) auf, die verschwinden, wenn das Erdmagnetfeld mithilfe von Helmholtz-Spulen durch ein künstliches Feld aufgehoben wird. Ein in Richtung der Magnetfeldlinien ausgeführter Schwänzeltanz ist stets fehlerfrei ausschließlich nach der Schwerkraft orientiert. Honigbienen (*Apis mellifera*) können Unterschiede in der Intensität des Magnetfelds von 26 nT erkennen. Fruchtfliegen (*Drosophila melanogaster*) sind in der Lage, einen Magnetfeldreiz mit dem Ort einer Belohnung zu verbinden. Der Monarchfalter (*Danaus plexippus*) besitzt einen Inklinationskompass, er nutzt ihn, um im Herbst sein Überwinterungsgebiet in Mexiko aufzusuchen.

Stachelrochen (*Urolophus halleri*) ließen sich darauf konditionieren, im Zweifachwahlversuch das Versteck aufzusuchen, dessen Eingangsöffnung eine bestimmte Richtung in einem künstlichen Magnetfeld hatte. Auch bei der räumlichen Orientierung von Zebrafischen (*Danio rerio*), Lachsen (*Solmo salar*), Karpfen (*Cyprinus carpio*), Thunfischen (*Thunnus albacares*) und Aalen (*Anguilla anguilla*) scheint eine Magnetfeldorientierung beteiligt zu sein. Bei Kopplung eines Magnetfeldreizes mit einem aversiven Reiz tritt bei Forellen (*Oncorhynchus mycis*s) eine vorübergehende Abnahme der Herzschlagfrequenz (*Bradykardie*) auf, wenn die Intensität des Erdmagnetfelds um 30 μT und der am Ort der Versuche natürliche Inklinationswinkel von 67 auf 78° erhöht wird. Bei Inaktivierung des Nervus ophthalmicus (Seitenast des N. trigeminus) bleibt diese Reaktion aus. Dreht man das künstliche Magnetfeld um 90°, zeigen die Forellen allerdings trotz inaktiviertem N. ophthalmicus wieder eine **Bradykardie**. An der Wahrnehmung der Intensität des Erdmagnetfelds (des Inklinationswinkels) muss demnach ein anderes System beteiligt sein als an der Wahrnehmung der Richtung des Erdmagnetfelds. Anders als bei Vögeln und Insekten zeigte sich bei den Forellen keine Abhängigkeit der Magnetfeldwahrnehmung von der Wellenlänge des Lichtes (siehe weiter unten). Zudem reagieren konditionierte Forellen auch bei Dunkelheit auf Magnetfeldreize.

Molche (*Notophthalmus viridescens*) und Salamander (*Notophthalmus viridescens*) nutzen die Intensität und Richtung des Erdmagnetfelds zur räumlichen Orientierung über nur wenige Hundert Meter Entfernung. Ihr magnetischer Sinn und ihr Lagesinn (zur Bestimmung der Senkrechten) müssen demnach unglaublich genau sein. Dazu kommt, dass sie offensichtlich in der Lage sind, auch tageszeitliche Schwankungen des Erdmagnetfelds bei ihrer Orientierung zu berücksichtigen.

Nacktmulle (*Spalax ehrenbergi*) legen ihre Schlafnester bevorzugt in dem südlichen Abschnitt ihrer unterirdischen Bauten an. Erzeugt man ein künstliches Erdmagnetfeld und dreht es um 180°, bevorzugen die Tiere den nördlichen Abschnitt ihrer unterirdischen Bauten zum Schlafen. Wale scheinen sich mithilfe des Erdmagnetfelds zu orientieren, denn sie stranden bevorzugt an Küstenabschnitten, die lokale magnetische Minima aufweisen. Fledermäuse (*Eptesicus fuscus*, *Nyctalus plancyi*) nutzen das Erdmagnetfeld zur Orientierung, sie nehmen die Polarität des Erdmagnetfelds wahr.

19.3.4 Physiologische Grundlagen der Magnetfeldperzeption

Magnetfeldwahrnehmung durch elektromagnetische Induktion

Wird ein elektrischer Leiter in einem Magnetfeld bewegt, werden in ihm elektrische Ladungen getrennt. Diese Ladungstrennung ist von der Stärke des Magnetfelds sowie der Geschwindigkeit und Bewegungsrichtung des Leiters im Feld abhängig. Sofern die Enden des Leiters mit einem elektrisch leitenden Medium (z. B. Salzwasser) verbunden werden, verursacht das statische elektrische Feld einen Stromfluss. Eine Geschwindigkeit von 1 cm s^{-1} ist ausreichend, um ein elektrisches Feld von 0,1 μV cm^{-1} zu erzeugen. Da Spannungen dieser Größenordnung von Haien und Rochen wahrgenommen werden (die Verhaltensschwelle der Haie liegt bei 0,01 μV cm^{-1}) wird vermutet, dass Knorpelfische die Richtung des Erdmagnetfelds indirekt messen. Bewegt sich ein Hai oder Rochen in einem Winkel zur Horizontalkomponente des Erdmagnetfelds, so wird ein elektrisches Feld induziert, das sowohl senkrecht zur Fortbewegungsrichtung des Fisches als auch zum Erdmagnetfeld steht (Dreifingerregel), den Fisch also in dorsoventraler Richtung durchsetzt. Dieses Feld ist von maximaler Stärke, wenn ein Rochen die Horizontalkomponente des Erdmagnetfelds senkrecht kreuzt. Es kann zwischen den dorsalen und ventralen Ampullen abgegriffen werden. Durch ein zeitliches Abtasten des Feldes könnte so die Magnetfeldrichtung ermittelt werden. Ähnliche Leistungen werden auch von **Haien** vermutet. Ein Hai, der sich mit einer Geschwindigkeit von 1 m s^{-1} fortbewegt, erzeugt an seinen Elektrorezeptoren einen Spannungsgradienten von 25 μV cm^{-1}, dies ist weit überschwellig. Neuere Befunde weisen aber darauf hin, dass auch Knorpelfische über einen »echten« Magnetsinn verfügen.

Magnetfeldwahrnehmung mithilfe von Magnetit

Mit Ausnahme der ampullären Elektrorezeptoren von Rochen und Haien, die möglicherweise indirekt zur Magnetfeldwahrnehmung genutzt werden, haben wir immer noch keine genauen Kenntnisse über die Morphologie und Lage von **Magnetfeldrezeptoren**. Ein Grund dafür ist sicherlich, dass biologische Gewebe durchlässig für Magnetfelder sind, Magnetfeldrezeptoren also von außen nicht sichtbar auch im Inneren eines Tierkörpers liegen können. Dazu kommt, dass Magnetfeldrezeptoren vermutlich mikroskopisch klein sind und keine Hilfsstrukturen wie andere sensorische Systeme (z. B. Außen- und Mittelohr, Linse und Iris, Cupulae der Neuromasten) benötigen. Diskutiert werden bei den Wirbeltieren Magnetfeldrezeptoren in den Augen, im Schnabel, der Nase und im Innenohr. Mit großer Wahrscheinlichkeit spielen **eisenhaltige Einlagerungen** in Form von Magnetitkristallen (Fe_3O_4) bei der Magnetfeldwahrnehmung eine Rolle. Die magnetischen Eigenschaften dieser Kristalle hängen von der Partikelgröße ab. Sind sie länger als 50 nm, stellen sie Permanentmagnete dar. Sind sie kürzer, werden sie magnetisch, sobald sie dem Erdmagnetfeld ausgesetzt werden. Eine Interaktion mit dem Erdmagnetfeld könnte den Öffnungszustand von mechanosensitiven Ionenkanälen in Abhängigkeit von der Ausrichtung dieser Teilchen im Erdmagnetfeld beeinflussen. Gestützt wird diese Hypothese durch Magnetitkristalle, die im Gewebe zahlreicher Tiere gefunden wurden (z. B. im Ethmoidbereich des Kopfes von Vögeln und Fischen, bei Mollusken und Insekten, dem Fadenwurm *C. elegans*, bei Krebsen und vielen Säugern). Mithilfe eines auf Magnetit beruhenden Rezeptors können einige Tiere vermutlich die Intensität und den Inklinationswinkel des Magnetfelds wahrnehmen.

Ein weiterer in jüngster Zeit postulierter potenzieller Magnetfeldrezeptor ist die **Lagena** des Innenohrs. Der Otolith der Lagena von Vögeln und Fischen enthält im Gegensatz zu den Otolithen des Utriculus und des Sacculus viel Fe_3O_4. Durchtrennt man den Lagenanerv unilateral, finden Tauben (*Columba livia*) ihren Heimatschlag nicht mehr (ältere Befunde von Wallraff widersprechen dem allerdings). Stimuliert man Tauben mit einem künstlichen Magnetfeld, kommt es im dorsalen und medialen Vestibulariskern zur Expression von c-Fos, einem Marker für neuronale Aktivität. Weitere magnetfeldsensitive Hirnareale konnten mithilfe von c-Fos identifiziert werden: das laterale Hyperpallium, der Hippocampus und der dorsale Thalamus, alles Areale die an der Navigation beteiligt sind. Ca. 20 % der im dorsalen und medialen Vestibulariskern abgeleiteten Neurone antworten auf Magnetfeldreize. Die Neurone codieren Richtung, Intensität und Polarität des Magnetfelds, also genau die Parameter, die für eine Richtungsfindung und Ortsbestimmung nötig sind.

Magnetfeldwahrnehmung mithilfe von Cryptochromen

Ein anderer Typ von Magnetfeldrezeptor basiert auf den lichtabhängigen Orientierungsleistungen einiger Tierarten. So zeigen Molche (*Notophthalmus viridescens*), Zugvögel, Taufliegen (*Drosophila melanogaster*) sowie der Monarchfalter (*Danaus plexippus*) eine Abhängigkeit der Magnetfeldwahrnehmung von der Wellenlänge des Lichtes. Molche, Taufliegen und Monarchfalter brauchen Licht der Wellenlänge <500 nm, Vögel können sich noch bis zu einer Wellenlänge von 565 nm mithilfe des Erdmagnetfelds orientieren. Man vermutet, dass **Cryptochrome** (Klasse von Flavoproteinen) in der Retina (z. B. Cry1a in den Disks der UV/V-Zapfen in der Retina von Hühnern und Rotkehlchen) durch Absorption von Blaulicht so angeregt werden, dass sie ein Radikalpaar (Moleküle mit einem ungepaarten Elektron) bilden. Das Magnetfeld der Erde soll den Spin der ungepaarten Elektronen beeinflussen (parallel oder antiparallel) und damit die Dauer, die das Cryptochrom im angeregten Zustand verharrt. Das aktivierte Cryptochrom soll dann die Lichtempfindlichkeit von Sehzellen verändern. Nach dieser Hypothese können Vögel, Molche (*Notophthalmus viridescens*) und Taufliegen (*Drosophila melanogaster*) das Erdmagnetfeld (bzw. die Richtung des Erdmagnetfelds) »sehen«. Folgerichtig ist bei Vögeln auch der laterale Teil des visuellen Wulstes (Cluster N) an der Verarbeitung von Magnetfeldreizen beteiligt. Zur Cryptochromhypothese passt, dass *Drosophila*-Mutanten, die kein Cryptochrom mehr bilden können, ihre Fähigkeit zur Orientierung in einem künstlichen Magnetfeld verlieren, und dass bei nachtziehenden Vögeln retinale Zellen, die Cryptochrome exprimieren, aktiv sind.

Die postulierten Mechanismen schließen sich natürlich nicht gegenseitig aus und es ist wahrscheinlich, dass die Wahrnehmung des Erdmagnetfelds bei vielen Arten sowohl mithilfe von Magnetit als auch von Cryptochromen erfolgt. Mithilfe von Cryptochromen könnten die Tiere wahrscheinlich die Richtung der magnetischen Feldlinien »sehen«, während ein auf Magnetit basierender Mechanismus wahrscheinlich die Information über die lokale Intensität des Erdmagnetfelds liefert. Auf jeden Fall bleibt der Magnetsinn der Tiere auch in Zukunft ein äußerst spannendes Forschungsfeld.

19.4 Fragen zum Selbststudium

- ? Welche Tiere haben Elektrorezeptoren?
- ? Welcher Unterschied besteht zwischen Puls- und Wellenentladern?
- ? Worin unterscheiden sich ampulläre von tuberösen Elektrorezeptoren?
- ? Warum kommen schwach elektrische Fische nur in tropischen Gewässern vor?
- ? Welcher physiologische Mechanismus erlaubt es dem Mormyriden *Gnathonemus petersii*, belebte von unbelebten Objekten zu unterscheiden?
- ? Was versteht man unter Stör-Ausweich-Verhalten?
- ? Welche Parameter des Erdmagnetfelds stehen Tieren mit Magnetfeldrezeptoren prinzipiell für die Orientierung zur Verfügung?
- ? Was versteht man unter Inklinations- und Deklinationswinkel, welchen Winkel nutzen Zugvögel zur Magnetfeldorientierung?
- ? Welche Rezeptoren werden für die Magnetfeldwahrnehmung diskutiert?

Weiterführende Literatur

Allgemeines

Berthold P (2007) Vogelzug – eine aktuelle Gesamtübersicht. 5. Aufl. Wissensch. Buch-Gesellschaft, Darmstadt.

Bullock TH, Hopkins CD, Popper AN, Fay RR (2005) Electroreception. Springer, New York, pp. 1-467.Emde G von der (2013) Electroreception. In: Galizia CG, Lledo P-M (Eds.) Neurosciences. Springer Verlag, Berlin, Heidelberg, pp. 409-425.

Galizia CG, Lledo P-M (2013) Neuroscience – from molecule to behavior: A University Textbook. Spektrum Akademischer Verlag, Heidelberg

Heiligenberg W (1991) Neural nets in electric fish. MIT Press, Cambridge Mass., London.

Heldmaier G, Neuweiler G, Rössler W (2013) Vergleichende Tierphysiologie. Springer, Heidelberg, Berlin.

Kramer B (1996) Electroreception and communication in fishes. In: Progress in Zoology (Rathmayer W, ed.), Vol 42. Gustav Fischer, Stuttgart, Jena.

Maret G, Boccara N, Kiepenheuer J (eds.) (1986) Biophysical effects of steady magnetic fields. Springer Verlag, Berlin.

Moller P (1995) Electric fishes. History and behavior. Chapman and Hall, London.

Mouritsen H (2013) The magnetic senses. In: Galizia CG, Lledo P-M (Eds.) Neurosciences. Springer Verlag, Berlin, Heidelberg, pp. 427–4443.

Wiltschko R, Wiltschko W (1995) Magnetic orientation in animals. Springer Verlag, Berlin.

Wiltschko R, Wiltschko W (1999) Das Orientierungssystem der Vögel. I. Kompaßmechanismen. Journal of Ornithology 140, 1–41.

Spezielle Aspekte

Bell CC, Han VZ, Sugawara Y, Grant k (1997) Synaptic plasticity in a cerebellum-like structure depends on a temporal order. Nature 387, 278–281.

Burda H, Marhold S, Westenberger T, Wiltschko R, Wiltschko W (1990) Magnetic compass orientation in the subterranean rodent *Cryptomys hottentottus* (Bathyerygidae). Experientia 46, 528-530.

Emde G von der, Behr K, Bouton B, Engelmann J, Fetz S, Folde C (2010) 3-Dimensional scene perception during active electrolocation in a weakly electric pulse fish. Frontiers in Behavioral Neuroscience 4, 26. doi: 10.3389/fnbeh.2010.00026.

Emde G von der, Bleckmann H (1992) Differential responses of two types of electroreceptive afferents to signal distortions may permit capacitance measurement in a weekly electric fish, *Gnathonemus petersii*. Journal of Comparative Physiology A 171, 683–694.

Guerra PA, Gegear RJ, Reppert SM (2014) A magnetic compass aids monarch butterfly migration. Nature Communications 5, 1-8.

Hellinger J, Hoffmann KP (2012) Magnetic field perception in the rainbow trout *Oncorynchus mykiss*: magnetite mediated, light dependent or both? Journal of Comparative Physiology A 198, 593–605.

Johnson S, Lohmann KJ (2008) Magnetoreception in animals. Physics Today 3, 29-35.

Kirschwink JL, Jones DS, MacFadden BJ (eds.) (1985) Magnetite biomineralization and magnetoreception in organisms. Plenum Press, New York.

Liedvogel M, Mouritsen H (2012) Cryptochromes – a potential magnetoreceptor: What do we know and what do we want to know? Journal of the Royal Society Interface 7: S147-162.

Lohmann KJ, Lohmann C, Ehrhart L, Bagley DA, Swing T (2004). Geomagnetic map used in sea turtle navigation. Nature 428, 909-910.

Mouritsen H, Hore P (2012) The magnetic retina: light-dependent and trigeminal magnetoreception in migratory birds. Current Opinion of Neurobiology 22, 343-352.

Nicole U, Liebschner A, Miersch L, Klauer G, Hanke FD, Marshall C, Dehnhard G, Hanke W (2012) Electroreception in the Guiana dolphin (*Sotalia guianensis*). Proceedings of the Royal Society B - Biological Sciences 279, 663-668.

Nießner C, Denzau S, Gross JC, Peichl L, Bischoff HJ, Fleissner G, Wiltschko W, Wiltschko R (2011) Avian ultraviolet/violet cones Identified as probable magnetoreceptors. Plos One DOI: 10.1371.

Ritz T, Adem S, Schulten K (2000) A model for photoreceptor-based magnetoreception in birds. Biophysics Journal 78, 707–718.

Turner RW, Maler L, Burrow M (eds.) (1999) Electroreception and electrocommunication. Journal of Experimental Biology 202, 1167–1458.

Walker MM, Diebel CE, Pankhurst PM, Montgomery JC, Green CR (1997) Structure and function of the vertebrate magnetic sense. Nature 390, 371–376.

Wiltschko R, Wiltschko W (2014) Sensing magnetic directions in birds: radical pair processes involving cryptochrom. Biosensors ISSN 2079-6374.

Wu Le-Quing, Dickmann JD (2012) Neural correlates of a magnetic sense. Science Express 10.1126/science.1216567.

Zapka M, Heyers D, Hein CM, Engels S, Schneider N-L, Hans J, Weiler S, Dreyer D, Kishkinev D, Wild JM, Mouritsen H (2009) Visual but not trigeminal mediation of magnetic compass information in a migratory bird. Nature 461, 1274-1278.

Chemische Sinne

Vermutlich verfügen alle Tiere über Sinnesorgane, mit deren Hilfe sie chemische Substanzen in ihrer Umgebung wahrnehmen können. Zur Reizauslösung notwendig ist der direkte Kontakt dieser Substanz mit den Rezeptoren einer Sinneszelle. **Chemorezeptoren** vermitteln den Geruchs- und Geschmackssinn (◘ Tab. 20.1) und ermöglichen zudem die subtilen Wirkungen von **Pheromonen**. Die wichtigste Aufgabe des Geschmackssinns ist die chemische Prüfung potenzieller Nahrung. Geschmackssinneszellen kommen deshalb vornehmlich im Bereich des Mundes (viele Wirbellose), an den Mundgliedmaßen (Insekten, Arachniden, Crustaceen) und in der Mundhöhle (Wirbeltiere) vor. Bei vielen Fischen (insbesondere bei den Cypriniden und Siluriden) sind Geschmacksrezeptoren zudem auf der gesamten Körperoberfläche verteilt. Adäquater Reiz für den **Geruchssinn** sind flüchtige (Landtiere) und gelöste (aquatische Tiere) Stoffe, die sich durch **Diffusion** ausbreiten, allerdings nur sehr langsam. So benötigen bei reiner Diffusion an einem Ort freigesetzte 6×10^{17} Moleküle (1 μmol) 10 min, um 1 cm (im Wasser) bzw. 1 m (in Luft) zurückzulegen. Tatsächlich breiten sich Duftstoffmoleküle in der Außenwelt von Tieren deshalb vor allem mit einer Strömung aus (**Konvektion**). Bei geeigneten Luft- bzw. Wasserbewegungen (Strömungen) können auch weit entfernte Reizquellen wahrgenommen und lokalisiert werden (Witterungsvermögen). Im Gegensatz zum Sehen funktioniert der Geruchssinn auch bei Dunkelheit und bei verdeckten Reizquellen. Zudem verraten Duftstoffmoleküle vielen Tieren auch noch nach Stunden, wer sich wann wo aufgehalten hat. Allgemein kommt dem Geruchssinn bei der Nahrungssuche, beim Auffinden von Geschlechtspartnern, beim Erkennen von Feinden und Artgenossen, bei der Verwandtschaftserkennung und bei der räumlichen Orientierung eine große Bedeutung zu. Riechsinneszellen befinden sich zum Beispiel auf den Antennen der Insekten oder, bei landlebenden Wirbeltieren, in Hohlräumen des Vorderkopfs, die mit der Außenwelt in Verbindung stehen.

Bei aquatischen Tieren ist die Unterscheidung von Geschmacks- und Geruchssinn schwierig, da nicht nur die Riechsinneszellen, sondern auch die Geschmackssinneszellen auf im Wasser gelöste Substanzen (z. B. **Aminosäuren**) reagieren. So finden Welse auch nach Ausschaltung des Geruchssinns noch Futterquellen mithilfe ihrer Geschmacksrezeptoren.

20.1 Chemischer Sinn bei Wirbellosen (ohne Insekten)

Unsere Kenntnisse über den chemischen Sinn bei Wirbellosen verdanken wir, mit Ausnahme der Insekten, fast ausschließlich Verhaltensstudien. Schon **Bakterien** und **Protisten** reagieren auf chemische Reize. Sie bewegen sich auf eine attraktive Reizquelle zu und vermeiden eine schädigende Umgebung. So sucht der Einzeller *Paramecium* im Diffusionsfeld eines Säuretropfens eine schwach saure Region auf. **Hydroidpolypen** und **Aktinien** strecken ihre Tentakel weit aus und öffnen den Mund, wenn sie mit Presssäften aus Fleisch in Berührung kommen. **Bachplanarien** reagieren auf ausgelegte Futterstücke bis zu einer Entfernung von 8 cm klinotaktisch (► Abschn. 13.10.1). Ihre Chemosensoren befinden sich an den Seitenrändern des Kopfes. Der **Nematode** *Caenorhabditis elegans* besitzt 302 Neurone, 32 davon sind Chemosensoren. Einige dieser Sensoren reagieren auf Ausscheidungsprodukte von Bakterien, der Hauptnahrung von *Caenorhabditis*, andere sprechen auf NaCl oder auf Aminosäuren an. Wieder andere reagieren auf flüchtige Stoffe wie Diacetyl, Pyrazin oder Thiazol.

Regenwürmer lehnen Alkaloide in einer Konzentration von mehr als 0,01 g pro 20 g Gelatine ab, ebenfalls Säuren (Phosphor-, Wein-, Zitronen-, Oxal-, und Äpfelsäure) in höheren Konzentrationen. Gegenüber Glucose und Saccharose verhalten sich die Würmer indifferent. Auch in elektrophysiologischen Experimenten wurden keine Antworten der Sinneszellen der Körpersegmente registriert, wenn mit Glucose oder Saccharose gereizt wurde. Dagegen fand man im prostomialen Nerv Fasern, die auf Saccharose, Glycerin und Chinin reagierten.

Ein wichtiges chemisches Sinnesorgan der **Mollusken** ist das **Osphradium**, das allerdings den Aplacophoren, Scaphopoden, Nudibranchiern und terrestrischen Pulmonaten fehlt. Es liegt gewöhnlich in der Mantelhöhle in der Nähe der Kiemen und stellt einen **Distanzchemosensor** dar. Die Sumpfdeckelschnecke *Viviparus viviparus* reagiert auf Futter bzw. chemische Lockstoffe (z. B. Vanillin) mit einer Steigerung der Lokomotion und mit Suchbewegungen ihres Buccalkomplexes. Nach Entfernung des Osphradiums fallen diese Reaktionen aus. Die wichtigsten **Kontaktchemosensoren** liegen in den Tentakeln des Kopfes. Auch der Fuß ist bei verschiedenen Schnecken empfindlich gegenüber chemischen Reizen, dasselbe gilt für den Sipho gewisser Prosobranchier. Hauptsitz der Chemosensoren bei den Muscheln sind die Pallialtentakeln und – sofern vorhanden – der Sipho. Das **Subradularorgan** der primitiven Mollusken (Amphineuren, Monoplacophoren, Scaphopoden und ursprüngliche Gastropoden) steht mit der Mundhöhle in Verbindung. Es kann ausgestülpt werden und dient wahrscheinlich der Kontaktchemorezeption bei der Nahrungsaufnahme. Bei der Weinbergschnecke *Helix pomatia* sind die Mundlappen an der chemischen Prüfung der Nahrung beteiligt. **Kraken** und **Tintenfische** haben auf der gesamten Körperoberfläche Chemosensoren. Kraken (*Octopus vulgaris*) besitzen zusätzlich in jedem Saugnapf ca. 10 000 dieser Sensoren, die auf Saccharose, Hydrochlorid und Quinin bis zu 10 000-mal empfindlicher reagieren als der Mensch. Da jeder Arm eines adulten Kraken bis zu 2000 Saugnäpfe enthält, verfügen diese Tiere allein auf den Armen über bis zu 16 Mio. Chemorezeptoren. Der Tintenfisch, *Sepia officinalis*, hat nur ca. 100 chemosensorische Zellen pro Saugnapf, außerdem hat er deutlich weniger Saugnäpfe als *Octopus*. Diese Unterschiede erklären sich durch die Lebensweise der Tiere: Kraken finden Nahrung (Beute) außerhalb ihres Sichtbereichs,

Tab. 20.1 Gegenüberstellung der Geschmacks- und Geruchssinne bei Säugetieren.

	Geschmackssinn	Geruchssinn
Rezeptoren	sekundäre Sinneszellen auf der Zunge	primäre Sinneszellen im Nasen- und Rachenraum
afferente Leitungsbahnen	N. facialis (VII) N glossopharyngeus (IX) N. vagus (X)	N. olfactorius (I)
adäquater Reiz	anorganische oder organische Moleküle, meist nicht flüchtig	vorwiegend organische, flüchtige Moleküle
Reichweite und Funktion	Nahsinn, Kontrolle der Nahrungsaufnahme	Fern- und Nahsinn im Dienst der Nahrungssuche, Partner- oder Feinderkennung, Orientierung und Kommunikation (Pheromone)
unterscheidbare Qualitäten	sechs Grundqualitäten: süß, bitter, sauer, salzig, umami, fettig	sehr viele, gegeneinander schwer abgrenzbare Qualitäten
Empfindlichkeit	meist relativ niedrig	teilweise extrem hoch

Aus Lexikon der Neurowissenschaft (2000) Bd. 1, Spektrum Akademischer Verlag, Heidelberg, verändert.

indem sie die Arme in Spalten und Hohlräume stecken, Tintenfische erkennen ihre Beute demgegenüber vorwiegend visuell. Sie nutzen ihre Arme vor allem, um ein Beutetier festzuhalten. *Octopus vulgaris* kann mithilfe seiner Chemorezeptoren aber auch entfernte Nahrungsquellen wahrnehmen und aufspüren.

Krebse besitzen an den Antennen (insbesondere an den Außengliedern der ersten Antennen mit ihren **Leydig*-Sinneshaaren**, an den Mundgliedmaßen und an den Thorakalbeinen Chemosensoren. Das zeigen sowohl verhaltensphysiologische als auch elektrophysiologische Experimente. Der Hummer (*Homarus vulgaris*) nimmt mit seinen Chemorezeptoren der Antenne Prolin noch in Konzentrationen von 10^{-7} mol l^{-1} wahr. Die Mauerassel *Oniscus asellus* erkennt mithilfe von Sinneszellen (ähnlich den Sensilla basiconica der Insekten) an den terminalen Gliedern der zweiten Antenne 1 %ige Rohrzuckerlösungen. Die litorale Assel *Ligia baudiniana* kann destilliertes Wasser von Seewasser und verschieden konzentrierten Salzlösungen unterscheiden. Mithilfe ihrer ersten Antennen erkennen Wollhandkrabben (*Eriocheir*) Änderungen des pH-Wertes einer wässrigen Lösung. Ebenso wie bei den Insekten nimmt die Empfindlichkeit für aliphatische Alkohole bei *Daphnia*, *Balanus* und bei Copepoden logarithmisch mit der Kettenlänge zu.

Spinnen (Araneae) besitzen auf den distalen Gliedern ihrer Pedipalpen und auf den Laufbeinen **chemorezeptive Haare**. Diese haben eine Öffnung an der Spitze (*tip-toe*-Haare), an die die Dendriten mehrerer Sinneszellen herantreten. Die Haarsensillen auf den **Pedipalpen** der Spinne *Cupiennius salei* reagieren hauptsächlich auf **Pheromone**, diejenigen auf den Tarsen der Laufbeine auf verschiedene Aldehyde, Alkohole, Amine, Carbonsäuren, Ester und Ketone. Sie fungieren offenbar sowohl als Kontakt-(Geschmacks-) als auch als Geruchsrezeptoren. Die Chemosensoren der **Milben** sind die **Haller-Organe** der Vordertibien. Die Vorderbeine werden beim Laufen emporgehalten.

20.2 Geschmackssinn

20.2.1 Insekten

Bei den Insekten liegen die **Geschmacksrezeptoren** vornehmlich in der Umgebung des Mundes und an den Mundgliedmaßen, so zum Beispiel am Labellum der Fliegen, an der Rüsselspitze der Schmetterlinge, an der Basis der Zunge bei der Biene und am Epi- und Hypopharynx bei Raupen. Oft liegen sie auch an den Spitzen der Maxillar- und Labialpalpen (*Periplaneta*, *Liogryllus*, Trichopteren und verschiedene Käfer). Außerhalb des Mundfeldes findet man an den Tarsen (Schmetterlinge, Fliegen, Honigbienen, Trichopteren), seltener an den Antennen (Ameisen, Bienen, Wespen, manche Schmetterlinge), den Flügelrändern (*Drosophila*) oder am Ovipositor (Ichneumoniden, Grylliden) Geschmacksrezeptoren. Die Morphologie dieser Rezeptoren ist bei Fliegen (*Phormia*, *Lucilia*) gut untersucht. Es sind **Haarsensillen** (**Sensilla trichodea**[515]), deren Aufbau Abb. 20.1. zeigt. Sie sind nur an ihrer äußersten Spitze, wo die Cuticula durchbrochen ist, chemisch reizbar. In dem Haar verlaufen die distalen Fortsätze zweier bipolarer Sinneszellen. Anders als Wirbeltiere nutzen Insekten demnach umgewandelte Nervenzellen als Geschmackssensoren. Der distale Fortsatz der dritten Zelle endet bereits an der Basis des Haars, diese Zelle reagiert auf mechanische Reize. Es kommen auch Sensillen mit vier oder fünf Sinneszellen vor. Die proximalen Fortsätze der Sinneszellen bilden die afferenten Axone, die ins ZNS ziehen.

Elektrophysiologische Untersuchungen an den labellaren Geschmacksborsten von Fliegen (*Phormia*, *Lucilia*) zeigen, dass die einzelnen Sinneszellen desselben Haars unterschiedliche Eigenschaften haben. Die Zellen reagieren entweder auf einwertige Kationen, auf Zucker (vor allem Pentosen, Hexosen und Zucker mit α-D-Glucopyranosidbindungen) oder auf Wasser (**Wasserrezeptor**). Eine weitere Zelle reagiert nur auf Abbiegen

[515] *thrix*, trichos (griech.) = Haar

des Haars, ihr distaler Fortsatz endet an der Haarbasis (s. o.). In den tarsalen Haarsensillen des **Kartoffelkäfers** (*Leptinotarsa decemlineata*) befinden sich in jedem Haar zwei Elektrolyt- und ein Zuckerrezeptor.

Für den Mensch süß schmeckende Substanzen werden nicht von allen Insekten gegenüber reinem Wasser bevorzugt. Alle untersuchten Insektenarten reagierten positiv auf Glucose,

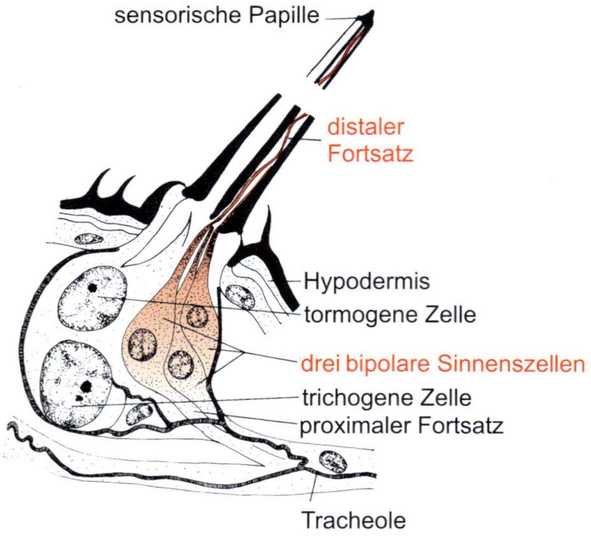

Abb. 20.1 Aufbau eines Sensillum trichodeum. Das Sensillum enthält drei bipolare Sinneszellen, die von einer tormogenen Zelle (bildet gelenkige membranöse Verbindungen zwischen dem Haar und der angrenzenden Cuticula) und trichogenen Zelle (Bildungszelle für die Haare der Insekten) umgeben sind. (Nach Dethier VG (1955) The physiology and histology of the contact chemoreceptors of the blowfly. Quart Rev Biol 30, 348.)

Fructose, Saccharose, Maltose und Melicitose. Die Reaktion auf andere Zucker war von Art zu Art und sogar innerhalb derselben Art von Rezeptor zu Rezeptor verschieden. Lactose ist bei den meisten Insekten nicht reizwirksam. Wie bei den Wirbeltieren ist die Reaktion auf bestimmte Substanzen nicht ausschließlich angeboren, sondern kann durch Lernen modifiziert werden. Dies gewährleistet, dass nur kalorienreiche, ungiftige Substanzen gefressen werden. Darüber hinaus ist die Reaktion auf bestimmte Substanzen variabel. Bei der Schmeißfliege *Calliphora* steigt zum Beispiel die Empfindlichkeit der Mundgliedmaßen und der Tarsen für Glucose, Fructose, Saccharose und Maltose in Hungerperioden an. Für **Chinin**, ein für uns sehr bitter schmeckender Stoff, sind eine Reihe von Insekten (Raupen von *Cosmotriche* und *Deilephila*, Bienen) unempfindlich.

Die Geschmacksrezeptoren der Insekten gehören zur Gr-Familie (*gustatory receptor gene family*), die bei *Drosophila* 68 Mitglieder hat. Die meisten Mitglieder dieser Familie reagieren auf süße oder bittere Stoffe, einige aber auch auf nichtvolatile Pheromone. Jedes Geschmacksneuron exprimiert mehrere unterschiedliche Rezeptoren, allerdings entweder nur für aversive oder nur für attraktive Substanzen. Die Geschmacksneurone senden ihre Informationen in das Unterschlundganglion, dort werden die für die Nahrungsaufnahme notwendigen Verhaltensweisen gesteuert.

Bei terrestrischen Insekten wurden **Hygrorezeptoren** elektrophysiologisch nachgewiesen, so zum Beispiel auf den Antennen der Biene (Sensillum coeloconicum), der Mücke *Aëdes aegypti* (Sensillum basiconicum) und der Heuschrecke *Locusta migratoria* (Sensillum coeloconicum). Die Hygrorezeptoren der Insekten reagieren phasisch-tonisch auf Änderungen der relativen Luftfeuchtigkeit. Auf den Antennen von Schaben liegen

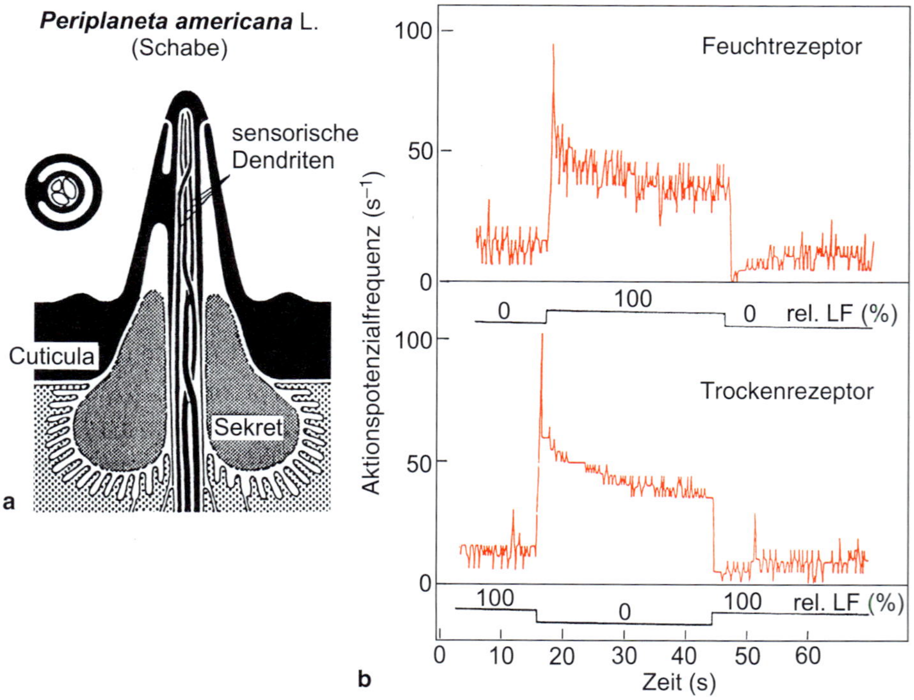

Abb. 20.2 **a** Ein porenloses Sensillum (Sensillum capitulum, 8 µm lang, 5 µm Durchmesser an der Basis) auf der Antenne der Schabe *Periplaneta americana* mit drei sensorischen Neuronen. **b** Ein Neuron reagiert auf Kälte (hier nicht gezeigt), das zweite auf erhöhte und das dritte auf erniedrigte Luftfeuchtigkeit (Trockenheit). rel. LF = relative Luftfeuchtigkeit. (Nach Schaller D (1978) Antennal sensory system of *Periplaneta americana* L. Cell Tissue Res 191, 121–139.g, und Yokohari, Tateda (1976) Moist and dry hygroreceptors for relative humidity of the cockroach, *Periplaneta americana* L. J Comp Physiol A 106, 137–152.)

20

porenlose Sensillen (Sensillum capitulum), die von den dendritischen Fortsätzen dreier sensorischer Neurone kontaktiert werden. Diese Neurone wirken als Trocken-, Feucht- und Kaltrezeptor. Beide Hygrorezeptoren reagieren auf Änderungen der relativen Luftfeuchtigkeit – der eine auf Erniedrigungen, der andere auf Erhöhungen (◻ Abb. 20.2).

20.2.2 Wirbeltiere

Bei Wirbeltieren sind **Geschmackszellen** spezialisierte Epithelzellen (sekundäre Sinneszellen), die an ihrer apikalen Seite Mikrovilli tragen. Bei den Landwirbeltieren sind sie vornehmlich auf die Mundhöhle beschränkt. Bei Fischen kommen sie zusätzlich an den Kiemen, den Barteln (z. B. beim Zwergwels *Amiurus*), den Flossen und am ganzen Körper vor (bei Welsen bis zu 175 000). Bis zu etwa 100 Geschmackszellen, die wie die Riechzellen alle paar Wochen erneuert werden, können in einer **Geschmacksknospe** (◻ Abb. 20.3) liegen. Mehrere Transmittersubstanzen (Noradrenalin, Serotonin, γ-Aminobuttersäure) und Neuropeptide (Neuropeptid Y, Cholecystokinin) sowie deren Rezeptoren wurden inzwischen in den Geschmacksknospen nachgewiesen. Dies deutet darauf hin, dass bereits in den Geschmacksknospen eine Modulation der Geschmacksempfindung stattfindet. Bei den Säugetieren liegen die Geschmacksknospen in den **Geschmackspapillen** der Zunge. Man unterscheidet Pilzpapillen (*Papillae fungiformes*), Blattpapillen (*P. foliatae*) und Wallpapillen (*P. circumvallatae*), sie liegen auf unterschiedlichen Bereichen der Zungenoberfläche (◻ Abb. 20.3)

Der Geschmackssinn vermittelt bei Säugern die Wahrnehmung von wenigstens sechs **Geschmacksqualitäten**. **Süß** schmecken zum Beispiel Zucker, mehrwertige Alkohole (Glykol, Glycerin), α-Aminosäuren, Saccharin und andere Süßstoffe sowie Chloroformdampf, Beryllium- und Bleisalze. **Sauer** schmecken fast alle dissoziierten Säuren. **Bitter** schmecken Chinin, Glykoside, Alkaloide, viele Amide, Harnstoff, Etherdampf, Mg-, Ca- und NH_4-Salze sowie Denatonium und Glucoseoctaacetat. **Salzig** schmecken NaCl, aber auch Li-, K- und Ca-Chlorid wie auch manche Nitrate und Sulfate und Pikrinsäure. **Umami**[516] ist der Geschmack von Fleisch, er wird unter anderem durch Natriumglutamat, L-Aminosäuren und Derivate der Ribonucleotide ausgelöst. **Fettig** schmecken Triglyceride und langkettige Fettsäuren. Bei Amphibien, aber auch bei manchen Säugetieren, wurde **Wassergeschmack** als weitere Geschmacksqualität identifiziert.

Elektrophysiologische Untersuchungen ergaben, dass die Mehrzahl der Geschmackszellen nicht nur auf einen, sondern auf verschiedene Reize reagieren. So findet man zum Beispiel Geschmackszellen, die sowohl auf Säuren als auch auf Chinin oder Salze ansprechen.

Die **Schwellen des Geschmackssinns** unterscheiden sich zwischen den einzelnen Geschmacksqualitäten stark. Beim Menschen liegen die Schwellen für die Detektion von Glucose bei 19 g l^{-1}, für Zitronensäure bei 0,4 g l^{-1}, für NaCl bei 0,01 g l^{-1}, für den Süßstoff Saccharin bei 0,006 g l^{-1} und für das Alkaloid Nicotin bei nur 0,003 g l^{-1}. Bei der Elritze ist die Empfindlichkeit für Rohrzucker um das 500-Fache, die für NaCl um das 180-Fache höher als beim Menschen. Der Katzenwels *Ictalurus nebulosus* nimmt mit Rezeptoren auf den Barteln L-Alanin noch in einer Konzentration von 10^{-11} mol l^{-1} wahr. Bei der Ratte fällt die Reizschwelle für NaCl nach Entfernung der Nebenniere von 0,055 % auf 0,033 % ab, eine Reaktion auf den Natriummangel, der durch den Wegfall des Nebennierenhormons Aldosteron (▶ Abschn. 7.2.3) erzeugt wird.

[516] *umami* (jap.) = köstlich

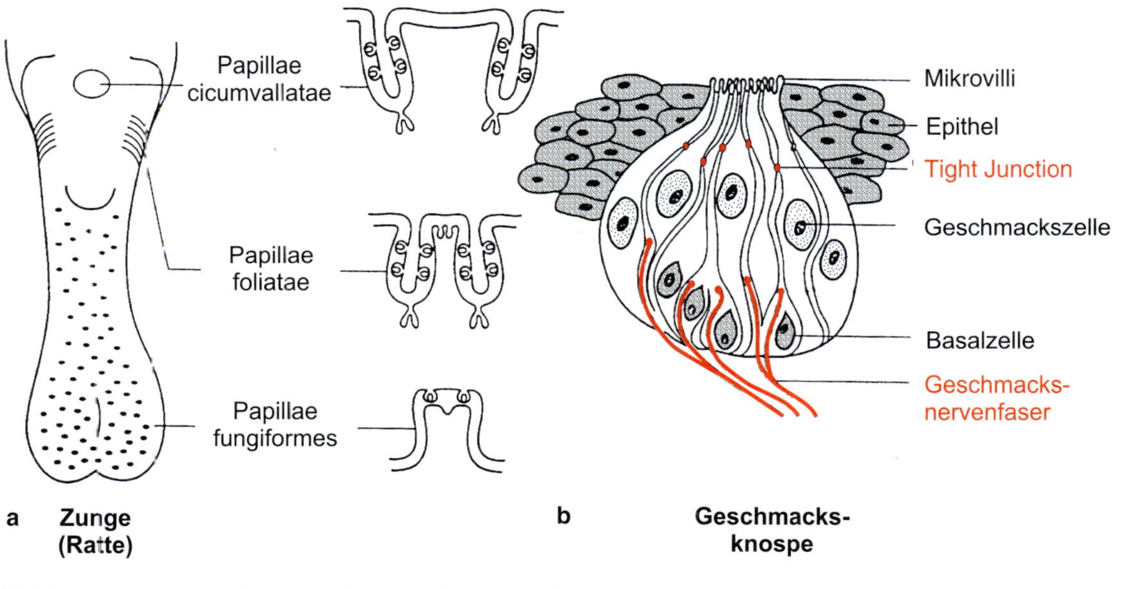

◻ **Abb. 20.3** **a** Verteilung der verschiedenen Geschmackspapillen auf der Oberfläche der Rattenzunge. **b** Aufbau einer einzelnen Geschmacksknospe. (Nach Siegel GJ (Hrsg) (1994) Basic neurochemistry. 5. Aufl. Raven Press, New York.)

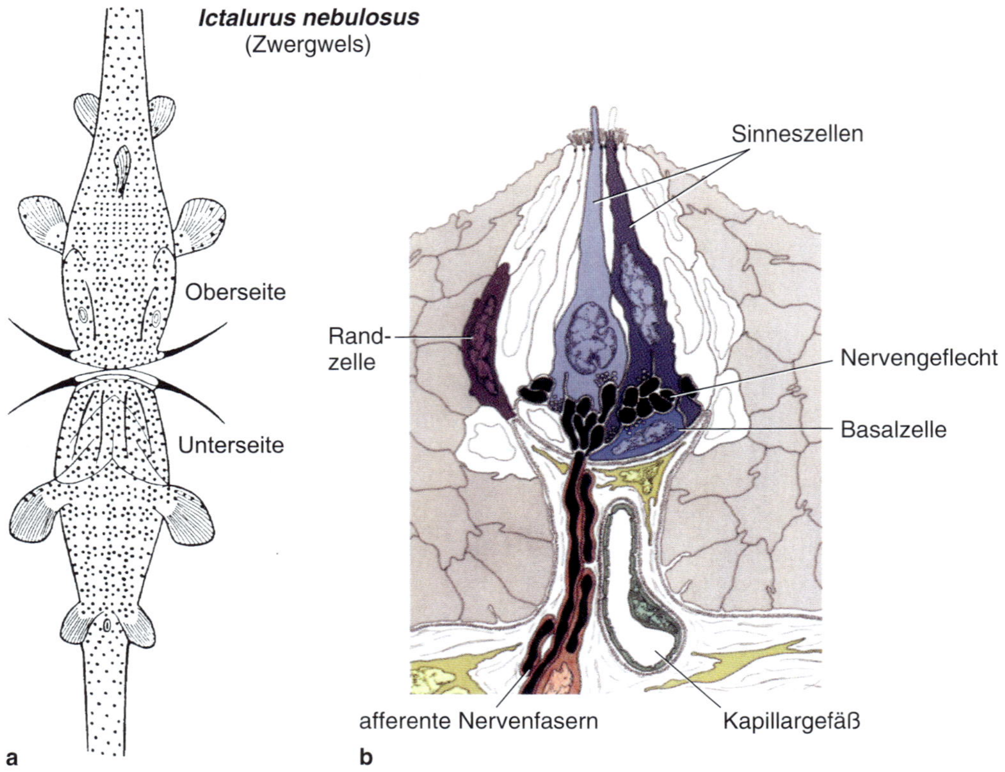

Abb. 20.4 **a** Verteilung der Geschmacksknospen beim Zwergwels *Ictalurus natalis*. **b** Geschmacksknospe eines Knochenfischs. Die Poren der Geschmacksknospen haben je nach Fischart einen Durchmesser von 10–20 µm. Die Geschmackssinneszellen enden an ihrem apikalen Pol entweder mit einem stäbchenförmigen Vorsprung (helle Zelle) oder mit zahlreichen Mikrovilli. Je nach Fischart hat eine Geschmacksknospe bis zu 150 Sinneszellen. (a nach Atema J (1971) Structures and functions of the sense of taste in catfish (*Ictaluris natalis*). Brain, Behavior and Evolution 4, 273–294, b nach Hara TJ (2007) Gustation. In: Hara TJ, Zielinski BS (Hrsg) Fish physiology: Sensory Systems Neuroscience, Vol 25. Elsevier, Heidelberg, S. 45–96.)

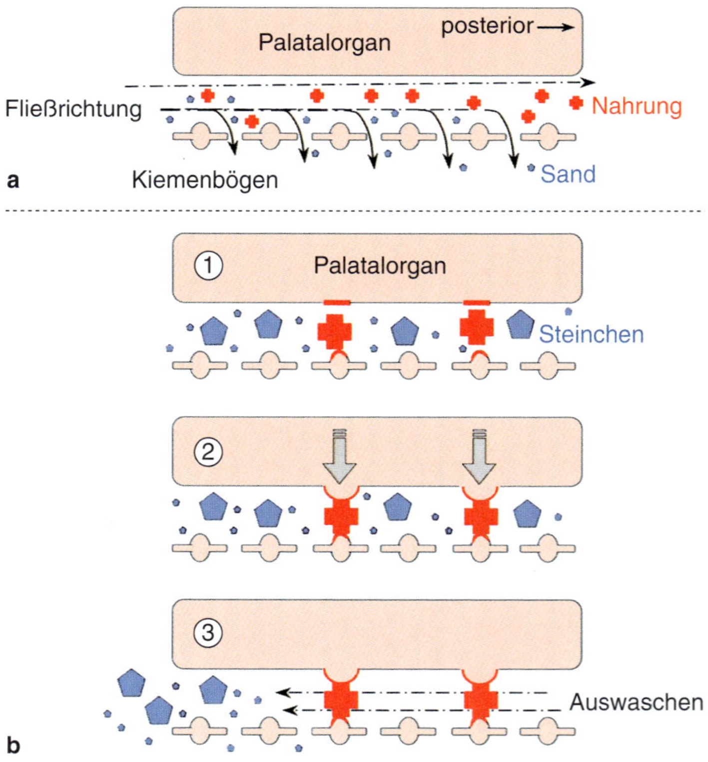

Abb. 20.5 **a** Das in der dorsalen Mundhöhle von Goldfischen (*Carassius auratus*) liegende Palatalorgan trennt in Verbindung mit dem ventral liegenden Branchialapparat Futterpartikel vom Substrat. **b** Nach dem Einsaugen von Wasser werden die in der Mundhöhle vorhandenen Futterpartikel mithilfe von Geschmacksrezeptoren (rote Linien und rote Halbkreise in ①) des Palatalorgans und des Branchialapparats erkannt. Durch sich lokal bildende und sich gegenüberstehende Ausstülpungen werden alle erkannten Futterpartikel zwischen Palatalorgan und Branchialapparat eingeklemmt (Pfeile in ②). Anschließend wird das in der Mundhöhle vorhandene Wasser mit dem Sand und den Steinchen ausgespuckt (③). Danach wird der Einklemmmechanismus gelöst und die Nahrungspartikel werden verschluckt. Der Vorgang wiederholt sich dann. Die nervöse Steuerung dieses Sortiervorgangs erfolgt im Lobus vagus, einem bei Goldfischen besonders gut entwickelten Gehirngebiet. (Nach Finger T (2008) Sorting food from stones: the vagal taste system in goldfish, *Carassius auratus*. J Comp Physiol A 194, 135–143.)

Die **Bedeutung des Geschmackssinns** beschränkt sich bei den meisten Wirbeltieren auf die Auswahl und Kontrolle der Nahrung (▶ Box 20.1). Weinkenner können bis zu 100 Weinsorten unterscheiden. Süßgeschmack dient dem Auffinden kalorienreicher, kohlenhydrathaltiger Nahrung, der Umamigeschmack dem Aufspüren von Fleisch. Der Salzgeschmack sichert die Versorgung mit Natrium (bei Pflanzenfressern) und Kalium (bei Fleischfressern). Sauergeschmack dient zur Appetitanregung (Fruchtsäure), aber auch zur Warnung vor Fäulnis. Der Bittergeschmack hat eine Warnfunktion. Viele giftige Pflanzeninhaltstoffe schmecken bitter und werden von vielen Tieren schon in äußerst geringer Konzentration erkannt. So wird die Aufnahme von giftigen Pflanzenteilen vermieden. Bei Zwergwelsen (*Amiurus*, *Ictalurus*) (◘ Abb. 20.4) und der Bartgrundel (*Cobitis barbatula*) spielt der Geschmackssinn außerdem bei der Suche nach Nahrung eine wichtige Rolle.

Box 20.1 Geschmackssinn von Fischen

Der Geschmackssinn ist bei vielen Fischen sehr hoch entwickelt, unter anderem bei Welsen, Dorschen und Karpfen. Bei diesen Fischen sind bis zu 20 % des gesamten Gehirnvolumens an der Auswahl und dem Sortieren von Nahrungspartikeln beteiligt. Im Aquarium kann man Goldfische (*Carassius auratus*) häufig dabei beobachten, wie sie Substrat mit dem Mund aufnehmen um es anschließend wieder auszuspucken. Bei diesem Vorgang trennen sie mithilfe ihres Palatalorgans und Branchialapparats Futterpartikel von Sandkörnchen und kleinen Steinchen (◘ Abb. 20.5).

20.2.3 Transduktionsprozess

Die Transduktionsprozesse sollen am Beispiel der Geschmacksinneszellen der Wirbeltiere besprochen werden. Die chemosensorischen Mikrovilli dieser Zellen treten in der Geschmackspore in Kontakt mit der Nahrung. Die Mikrovillimembran enthält Ionenkanäle und Rezeptorproteine, die die Detektion von giftigen und ungiftigen Nahrungsbestandteilen ermöglichen. Der Salzgeschmack wird vor allem über amiloridempfindliche **Natriumkanäle** (Amylorid blockiert diese Kanäle) ermittelt (ein zweiter, ebenfalls für Kationen sensitiver Kanaltyp wird durch Cetylpyridiniumchlorid blockiert). Mit zunehmender Na^+-Konzentration auf der Zunge nimmt vermutlich der Einstrom von Kationen in die Zelle zu, es kommt zur Depolarisation und damit wahrscheinlich zur Neurotransmitterfreisetzung. Die molekularen Mechanismen der Reiztransduktion sind in den Sinneszellen, die an der Entstehung des Sauergeschmacks beteiligt sind, noch nicht vollständig verstanden. H^+-Ionen öffnen vermutlich Kationenkanäle in der apikalen Mikrovillimembran (der Sauerrezeptor ist noch nicht identifiziert). Dies soll zur Depolarisation und zur Ausschüttung des Neurotransmitters Serotonin führen. Bei Zellen, die den Süß-, Bitter- und Umamigeschmack vermitteln, binden **G-Protein gekoppelte Rezeptoren** (Süß: T1R2- und T1R3-Rezeptoren; Bitter: T2R-Rezeptoren; Umami: T1R1- und T1R3-Rezeptoren; T für *taste* und R für *receptor*) die jeweiligen Substanzen und setzen damit eine intrazelluläre Signalkaskade in Gang. Das aktivierte **G-Protein** bewirkt, dass PLC (Phospholipase C) das Molekül PIP2 (Phosphatidylinositol-4,5-bisphosphat) zu IP3 (Inositoltrisphosphat) und Diacylglycerin hydrolisiert. IP3 setzt aus intrazellulären Calciumspeichern Ca^{2+}-Ionen frei, das TRPM5-Kanäle (*transient receptor potential M5 channels*) öffnet. Durch diese Kanäle strömen Kationen in die Zelle, es kommt zur Depolarisation. Den Süß-, Bitter- und Umamigeschmackszellen fehlen synaptische Vesikel zur Transmitterfreisetzung, stattdessen entlassen sie bei Depolarisation ATP-Moleküle. Diese Moleküle binden an ionotrope purinerge Rezeptoren von Geschmacksafferenzen. Über Fasern der VII-, IX- und X-Cranialnerven erreicht die Geschmacksinformation bei Säugern den **Nucleus gustatorius** der Medulla. Nach Umschaltung in diesem Kern wird die Information über den Thalamus zu den primären und sekundären Geschmacksarealen des Cortex weitergeleitet. Dort lösen sie spezifische Geschmacksempfindungen aus.

20.3 Geruchssinn

Der Geruchssinn dient der Wahrnehmung flüchtiger chemischer Substanzen (**Geruchs- oder Duftstoffe**) unterschiedlicher Herkunft und Struktur. Das Spektrum von potenziellen Geruchsstoffen reicht von Gasen (z. B. H_2S) über die ätherischen Öle der Blüten und Früchte und Aminosäuren bis hin zu komplexen organischen Verbindungen (z. B. Steroiden). Geruchsstoffe sind meist hydrophob (bei landlebenden Tieren) und haben selten eine Molekülmasse von über 350 kDa. Der Geruchssinn dient wie alle anderen Sinne auch dazu, wichtige Information über die Umwelt zu erlangen. Die Fähigkeit zur Detektion von **Pheromonen** (▶ Abschn. 20.4) hat eine ganz andere Funktion. Pheromone sind flüchtige Substanzen, die unbewusst von einem Artgenossen abgegeben werden und das Verhalten und die Physiologie des Empfängers so beeinflussen, dass beide einen Vorteil haben (bei **Allomonen** hat nur der Sender, bei **Kairomonen** nur der Empfänger einen Vorteil. Allomone und Kairomone wirken interspezifisch). Unterschiedliche Sinnesorgane und getrennte Verarbeitungswege im Zentralnervensystem gewährleisten, dass die Wahrnehmung von Duftstoffen und Pheromonen weitgehend unabhängig voneinander verläuft.

20.3.1 Insekten

Alle Insekten haben **olfaktorische Sensillen**. Dabei kann es sich um lange (**Sensilla trichoidea**) und kurze Haare (**Sensilla basiconica**) (◘ Abb. 20.6), um Porenplatten (**Sensilla placodea**) oder um in die Cuticula eingesenkte Sensillen (**Sensilla ampullacea**) handeln. Tief in der Grenzschicht liegende Sensillen kommen vergleichsweise spät mit einem neuen Duftstoff in

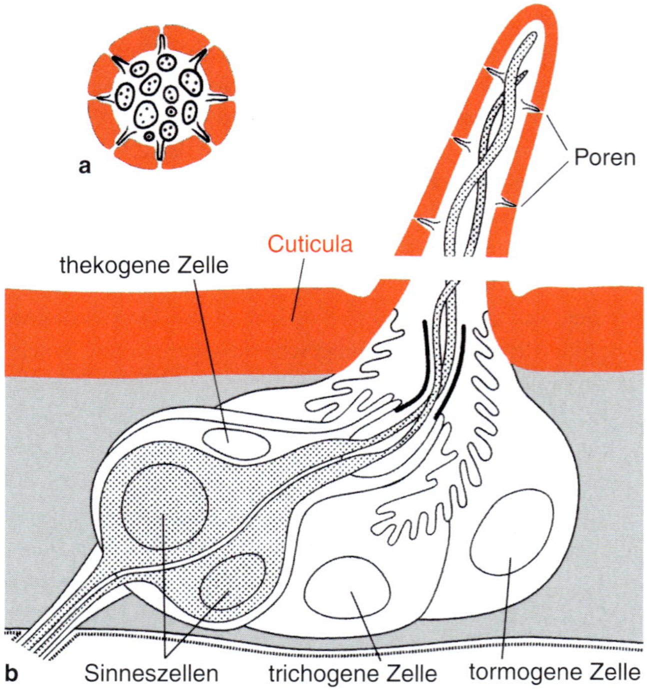

Abb. 20.6 **a** Querschnitt durch das Sinneshaar mit Poren und angeschnittenen Dendriten. **b** Riechsensillum (Sensillum basiconicum) von Insekten. Die Sinneszellen senden ihr Axon zum Gehirn und ihre Dendriten in das Riechsensillum. Zwei Sinneszellen sind von einer tormogenen, einer trichogenen und einer thekogenen Zelle umgeben. (Nach Steinbrecht RA (1999) Olfactory receptors. In: Eguchi E, Tominaga Y (Hrsg) Atlas of arthropod sensory receptors. Dynamic morphology in relation to function. Springer, Berlin, S. 155–176.)

Kontakt, die Sensilla ampullacea haben im Gegensatz zu den Sensilla trichoidea deshalb vermutlich Tiefpasseigenschaften. Die **Geruchsrezeptoren** vieler Insekten liegen auf dem dritten Segment der Antennen (Flagellum) und auf den Maxillarpalpen. Bei Fliegen (*Phormia regina*) ist das Labellum ebenfalls geruchsempfindlich. Die Geruchssinnesorgane auf den Antennen der Fliegen und Heuschrecken sind die Sensilla basiconica (Riechkegel). Große Nachtfalter besitzen etwa 3×10^5, die Drohnen der Bienen etwa 5×10^5 Riechzellen auf den Antennen. Die Riechzellen der Insekten haben ein Axon und einen Dendriten, an dessen Ende sich ein bis mehrere Cilien befinden. Die Cilien sind mit Rezeptorproteinen ausgestattet, die Duftstoffe binden und so deren Perzeption ermöglichen. Jedes Insekt hat artspezifisch eine bestimmte Anzahl (bis zu mehrere Hundert) von Duftstoffrezeptortypen mit jeweils sieben Transmembranregionen. Diese Vielfalt ermöglicht es ihnen, unterschiedliche Liganden zu binden.

Entsprechend ihrer Duftstoffselektivität wurden, bevor man die molekularen Eigenschaften der Rezeptoren noch nicht kannte, bei den Insekten drei Klassen von Riechsinneszellen unterschieden. **Generalisten**[517] werden nach dieser frühen Einteilung durch ein weites Spektrum von strukturell unterschiedlichen Substanzen aktiviert. Unter den mehr als 50 untersuchten Generalisten eines Nachtschmetterlings fand man keine Zellen mit identischem Reaktionsspektrum. Die Reaktionsspektren verschiedener Zellen zeigten zum Teil aber eine weitgehende Überlappung.

Spezialisierte Duftstoffgeneralisten sind Riechzellen, die auf bestimmte Substanzklassen reagieren. Solche Zellen sind zum Beispiel bei der Honigbiene *Apis mellifera* auf Fettsäuren spezialisiert. Honigbienen können chemisch sehr ähnliche Substanzen wie optische **Isomere** oder um nur eine CH_2-Gruppe verlängerte oder verkürzte Moleküle unterscheiden. Rezeptoren der Fleischfliege *Calliphora erythrocephala* reagieren besonders empfindlich auf Ketone, Mercaptane und andere Stoffe, die bei der Verwesung von Fleisch anfallen. Schaben (*Periplaneta americana*) spüren mit alkoholsensitiven Zellen Früchte, mit aminsensitiven Zellen Fleisch auf. Der pyrophile Käfer *Melanophila acuminata* fliegt Waldbrände an, um seine Eier unmittelbar nach einem Waldbrand in die vom Feuer getöteten Bäume (Kiefern) abzulegen (▶ Abschn. 21.3.3). Er besitzt in den Antennen »Rauchgassensoren«, die hochempfindlich (Schwelle 1 pg ml^{-1}) auf Guajakolverbindungen (2-Methoxyphenol) reagieren. Guajakolverbindungen entstehen, wenn Kiefern verbrennen.

Im Unterschied zu den Generalisten reagieren die **Spezialisten** unter den Riechsinneszellen nur auf wenige, im Extremfall sogar nur auf eine Substanz. Diese Zellen dienen dem Auffinden der Nahrung (bei Nahrungsspezialisten), vor allem aber zur Perzeption von Sexualpheromonen, die im Dienst der Reproduktion stehen (▶ Abschn. 20.4). Das Männchen des Seidenspinners *Bombyx mori* besitzt zwei unterschiedliche Riechzellen für die strukturell sehr ähnlichen Pheromone Bombykol und Bombykal. Die Bombykolsensoren, von denen es etwa 54 000 auf jeder Antenne gibt (beim Weibchen fehlen sie), antworten bereits auf ein einzelnes Bombykolmolekül mit einem Aktionspotenzial. **Stereoisomere** des Bombykols haben eine bis zu 1000-fach schwächere Wirkung.

Die **soziale Bedeutung des Geruchssinns** ist außerordentlich vielfältig. Ameisen und andere soziale Insekten scheiden zur Wegmarkierung, zur Kennzeichnung ihrer Territorien oder zur Markierung ergiebiger Nektarquellen (Bienen) Pheromone aus. Neben der Orientierung dienen Pheromone bei sozialen Insekten zum gegenseitigen Erkennen, zur Festigung sozialer Beziehungen, als Alarmstoff, als Stoff zur Animation von Futterabgabe, als Hilferuf- und Alarmsubstanz, als Anweisung zum Wegschaffen toter Artgenossen, zur Giftabgabe und zum Erkennen des Entwicklungsstands der Brut. Vielen Arten hilft der Geruchssinn bei der Suche nach Geschlechtspartnern. Das gilt insbesondere für Nachtschmetterlinge. So können Seidenspinnermännchen (*Arctias selene*) bei günstiger Windrichtung ein Weibchen noch auf 11 km Entfernung riechen.

Bombykol, der Sexuallockstoff des Seidenspinnerweibchens, wirkt noch in Konzentrationen von 10^{-16} g cm^{-3} erregend (Flügelschwirren) auf die Männchen (Tab. 20.2). Zur Auslösung einer Verhaltensreaktion (Flügelschwirren) reicht es aus, wenn im Luftstrom von 60 cm s^{-1} etwa 10^3 Bombykolmoleküle pro cm^3 enthalten sind. In diesem Fall werden etwa 200 Riechzellen aktiviert. Die Verhaltensschwelle liegt damit zwar

[517] *generalis* (lat.) = allgemein

■ Tab. 20.2 Einige Riechschwellen für ausgewählte Stoffe.

Tier	Substanzen	Schwellenwert (Moleküle pro cm^3 Luft)
Seidenspinner (*Bombyx mori*): Antenne	Sexuallockstoff Bombykol	2×10^2
Biene (*Apis mellifera*): Antenne	Königinpheromon Proprionsäure	10^4 $4{,}3 \times 10^{11}$
Wolf (*Canis lupus*): Nase	Diacetyl Buttersäure Propionsäure	10^3 9×10^3 $2{,}5 \times 10^5$
Haushund (*Canis lupus familiaris*): Nase	Buttersäure Valeriansäure	10^4 5×10^4
Mensch (*Homo sapiens*): Nase	sek. Butylmercaptan Vanillin Propionsäure Methylalkohol	10^7 5×10^9 $2{,}2 \times 10^{10}$ 10^{16}

Aus Lexikon der Neurowissenschaft Bd. 1, Spektrum Akademischer Verlag, Heidelberg, 2000, verändert, und Neuhaus W (1953) Über die Riechschärfe des Hundes für Fettsäuren. Zeitschrift für vergleichende Physiologie 35, 527–552.

wesentlich höher als die Schwelle der Rezeptorzellen, doch hat dies einen Grund. Die Bombykolsensoren der Antenne geben bereits im Ruhezustand durch spontane Entladungen ca. 1600 Impulses^{-1} ab. Das Schwellensignal in der Höhe von 200 Impulsen ist notwendig, um sich deutlich von diesem »Hintergrundrauschen« abzuheben. Nach der Informationstheorie kann ein Signal nur erkannt werden, wenn es größer ist als das Dreifache der Wurzel des Rauschpegels. Im genannten Fall entspricht das 120 Impulsen s^{-1} (3 × Wurzel von 1600).

20.3.2 Wirbeltiere

Die **Riechzellen** der Wirbeltiere sind wie die der Insekten primäre Sinneszellen, die bei den Säugetieren in der Nasenhöhle (Regio olfactoria) liegen. Bei Säugetieren gibt es neben diesem Hauptriechepithel noch das Vomeronasalorgan, das Septalorgan und das Grüneberg-Organ. Vomeronasalorgan und Grüneberg-Organ dienen hauptsächlich der Wahrnehmung von Pheromonen (▶ Abschn. 20.4), die genaue Funktion des Septalorgans ist noch nicht bekannt. Die übrigen Flächen der Nasenhöhle (Regio respiratoria) dienen dem Aufwärmen und Anfeuchten der Atemluft. Riechzellen sind bipolare Neurone. An ihrem apikalen Ende tragen sie eine knopfartige Verdickung, von der fünf bis 20 Cilien, die die Zelloberfläche vergrößern, ausgehen. Sie liegen in einer Mucusschicht an der Oberfläche des Riechepithels (■ Abb. 20.7) und sind der Ort der chemoelektrischen Transduktion (▶ Abschn. 20.3.3). Am basalen Ende der Riechzellen entspringt ein Axon, das durch die Siebplatte, die den Nasenraum zum Gehirn hin abschließt, zum paarigen **Riechkolben** (Bulbus olfactorius) zieht und dort synaptische Kontakte mit Ausgangsneuronen (Mitral- und Büschelzellen) bildet. Riechzellen sind kurzlebige Neurone: Nach vier bis acht Wochen sterben sie ab und werden durch Vorläuferzellen (**Basalzellen**) im Riechepithel ersetzt.

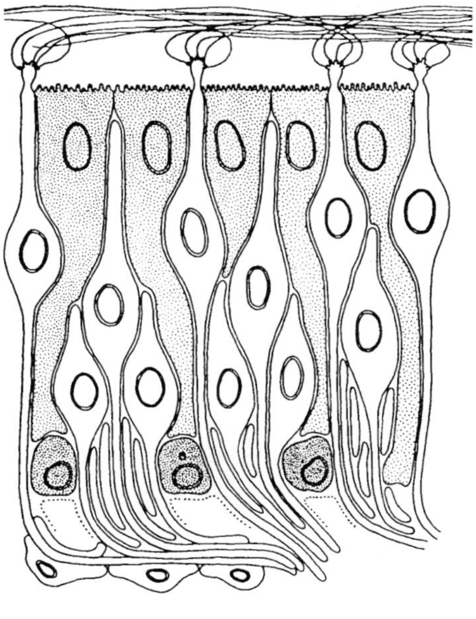

■ **Abb. 20.7** Riechzellen eines Säugetiers mit ihren langen Cilien. Die Riechzellen werden ständig aus tieferliegenden, noch nicht ausdifferenzierten Zellen neu gebildet. Nach Bildung eines Axons und eines Dendriten wandern diese Zellen an die Oberfläche des Riechepithels. (Aus Farbman AI (1992) Cell biology of olfaction. Cambridge University Press, Cambridge.)

Der Mensch wurde bisher, wie alle Primaten und Vögel, zu den Tieren mit einem eher gering ausgebildeten Geruchsvermögen (**Mikrosmaten**) gezählt. In Teilbereichen können viele Mikrosmaten allerdings ebenfalls sehr gut riechen. So reagiert der Mensch extrem empfindlich auf Thiole, die dem Erdgas früher absichtlich zugesetzt wurden und teilweise noch werden, um kleinste Gasaustritte wahrnehmen zu können. Viele Affen unterscheiden Fruchtdüfte mit hoher Empfindlichkeit. Truthahngeier (*Cathartes aura*) leben meist in bewaldeten Gebie-

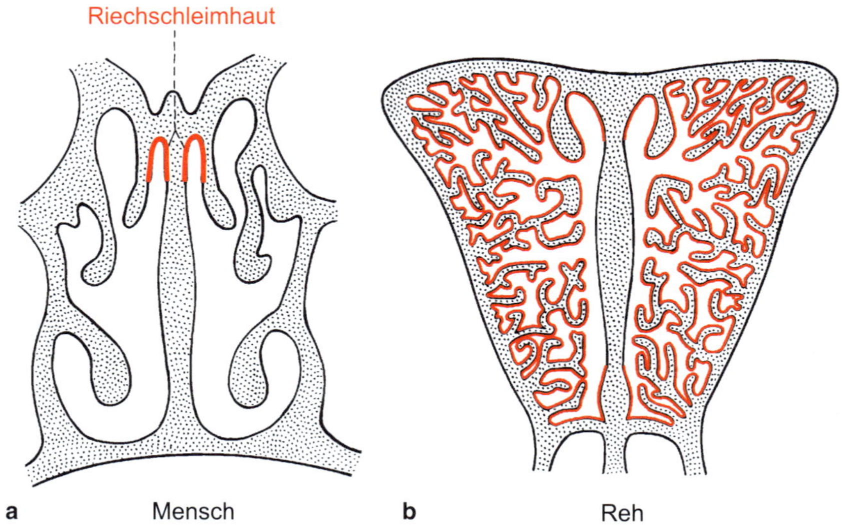

Abb. 20.8 Querschnitt durch die Nasenhöhle eines Menschen (Mikrosmat, **a**) und eines Rehs (Makrosmat, **b**). Die Riechschleimhaut ist rot hervorgehoben. (Nach Frisch K (1941) Die Bedeutung des Geruchssinns im Leben der Fische. Naturwiss 29, 321–333.)

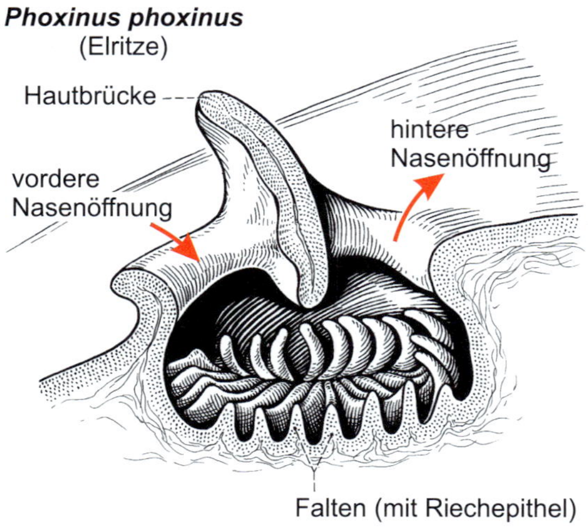

Abb. 20.9 Nasengrube einer Elritze. (Nach Frisch K (1941) Die Bedeutung des Geruchssinns im Leben der Fische. Naturwiss 29, 321–333.)

ten. Sie können tote Tiere deshalb mithilfe des visuellen Systems kaum finden, riechen Aas aber noch aus großer Entfernung. Kiwis (*Apteryx*) nutzen zur Nahrungsfindung ebenfalls ihren Geruchssinn, sie haben, wie die Truthahngeier, vergrößerte olfaktorische Loben. Insektivoren, Nage-, Huf- und Raubtiere zählen zu den **Makrosmaten.** Sie zeichnen sich durch eine starke Vergrößerung ihres Riechepithels (Abb. 20.8) und einer damit einhergehenden starken Zunahme von Riechsinneszellen aus. So hat das Riechepithel beim Menschen eine Größe von 5 cm^2, beim Airedaleterrier sind es ca. 85 cm^2. Der Mensch besitzt etwa 2×10^7 Riechzellen, Hunde dagegen bis zu $2{,}3 \times 10^8$. Den **Anosmaten** (z. B. Wale) fehlt ein Riechvermögen. Sowohl Mikrosmaten als auch Makrosmaten können aber auch einige Moleküle nicht riechen, zu ihnen gehören CO, CO_2, O_2 und N_2.

Bei **Fischen** sind in der Regel zwei **Nasengruben** mit jeweils zwei äußeren Öffnungen vorhanden. Diese Gruben sind nicht über Choanen mit der Mund- oder Rachenhöhle verbunden (Ausnahme: Dipnoer). Durch die vordere Grubenöffnung tritt Wasser ein, durch die hintere wieder aus. Am Boden der Nasengrube befindet sich das Riechepithel, dessen Fläche bei den Makrosmaten unter den Fischen (Elasmobranchier, die meisten Aale) durch starke Auffaltungen besonders groß ist (Abb. 20.9). Die Fläche beträgt beim Aal 1,4 % und beim Gründling sogar 3,5 % der Körperoberfläche. Zu den ausgesprochenen Mikrosmaten zählen die fliegenden Fische (Exocoetiden), die Anglerfische (Lophiiden), die Stichlinge und der Hecht. Beim Hecht, der sich vorwiegend optisch orientiert, beträgt die Riechepithelfläche nur 0,2 % der Körperoberfläche. Voraussetzung für eine gute Riechleistung ist eine Durchströmung der Nasengrube. Sie kann durch die Vorwärtsbewegung des Fisches (z. B. Hecht, Elritze), durch die Atembewegung (z. B. Stichling) oder durch Flimmerschlag des Riechepithels (z. B. Aal) erfolgen.

Die olfaktorischen Wahrnehmungsschwellen (**Riechschwellen**) mancher Tiere sind extrem niedrig (Tab. 20.2). So reagieren die Riechzellen eines Hundes bereits auf ein Fettsäuremolekül. Suchhunde, die rechtwinklig an eine 20 min alte menschliche Fährte herangeführt werden, können nach drei bis vier Fußabdrücken (zeitlicher Abstand ca. 0,5 s) erkennen, in welche Richtung der Spurleger gegangen ist. Aale nehmen β-Phenylethanol noch in einer Verdünnung von $1{:}2{,}9 \times 10^{18}$ wahr. Das entspricht 1 cm^3 dieses Stoffes in einem Wasservolumen, das 58-mal so groß ist wie der Bodensee, der etwa 50 Mrd. Kubikmeter Wasser enthält. Bei dieser Verdünnung können sich zu jedem Zeitpunkt nur ein bis zwei Moleküle des Duftstoffs in der Nasenhöhle eines Aals befinden. Der Mensch, dessen Riechschwelle für Fettsäuren (z. B. Propionsäure) etwa um den Faktor 10^5 höher liegt als beim Hund, ist besonders für das beim Eiweißzerfall auftretende Mercaptan empfindlich (die Riechschwelle für Butylmercaptan liegt bei einer Verdünnung von $1{:}2{,}7 \times 10^{12}$). Hochseevögel (Albatrosse, Sturmvögel), aber auch Humbold-Pinguine, Seehunde und Walhaie können Dimethylsulfid noch in äußerst geringen Konzentrationen

(<10 pmol l^{-1}) riechen. Die Dimethylsulfidkonzentration im Wasser und damit auch oberhalb der Wasseroberfläche erhöht sich, wenn große Mengen Phytoplankton, und damit auch von Zooplankton, im Wasser treiben. Zooplanktonschwärme sind eine ergiebige Nahrungsquelle für Fische und damit indirekt auch für Fischräuber.

Die **biologische Bedeutung des Geruchssinns** ist erheblich. Bei Nahrungssuche und Nahrungsauswahl, der Suche nach Geschlechtspartnern und bei der räumlichen Orientierung sind viele Wirbeltiere auf Geruchsinformationen angewiesen. Der Maulwurf (*Talpa europaea*) riecht seine Beute noch in einer Entfernung von 6 cm. Sternnasenmaulwürfe (*Condylura cristata*) und Wasserspitzmäuse (*Sorex palustris*) jagen auch unter Wasser. Beide Arten erzeugen beim Tauchen wiederholt durch Ausatmen an jeder Nasenöffnung eine kleine Luftblase (Volumen 0,06–0,1 ml). Im Wasser gelöste Duftstoffe diffundieren in diese Luftblasen und gelangen, da die Luftblasen wieder eingesogen werden, ans Riechepithel. Giftschlangen verfolgen die Geruchsspur der gebissenen Beute sowie die Spur von geschlechtsreifen Weibchen. Das Männchen des Zwergfadenfischs (*Colisa lalia*, Anabantidae) beginnt erst nach chemischem Kontakt mit einem Weibchen mit dem Bau eines Schaumnestes und dem Anlegen des Hochzeitskleids. Der Wels *Plotosus japonicus* kann eine Abnahme des pH-Wertes (Zunahme der H^+- bzw. der CO_2-Konzentration) wahrnehmen. Die maximale Empfindlichkeit liegt im pH-Bereich des natürlichen Seewassers (pH = 8,1–8,2), in diesem Bereich löst eine Abnahme des pH-Wertes um <0,1 eine elektrophysiologische Antwort in Nervenfasern (Fasern der Cranialnerven V und VII) aus, die pH-sensitive Chemorezeptoren in den Barteln innervieren. *Plotosus* nutzt diese Fähigkeit, um im Sand vergrabene Polychaeten zu detektieren, die beim Ausatmen CO_2 abgeben. Bei vielen Tieren dient der Geruchssinn dem Erkennen von Feinden. Elritzen fliehen oder lassen sich regungslos zu Boden sinken, wenn sie den Geruch eines Hechts wahrnehmen.

Junge **Lachse** werden auf den Geruch ihres Heimatflusses geprägt. Dies gibt ihnen die Möglichkeit, selbst nach Jahren zum Ablaichen noch in den Flussarm zurückzukehren, in dem sie aufgewachsen sind. Verstopft man flussaufwärts wandernden adulten Lachsen die Nasen, finden sie ihren Heimatfluss nicht und verteilen sich wahllos auf verschiedene Nebenflüsse. Meeresschildkröten können unter Wasser riechen, sie nutzen ihren Geruchssinn zur Nahrungssuche, zur Fortpflanzung und zur räumlichen Orientierung. Im Gegensatz zu den Meeresschildkröten schließen Krokodile ihre Nasenöffnungen unter Wasser. An Land ist der Geruchssinn der Krokodile dagegen voll funktionstüchtig, sie riechen ein verendetes Tier über große Entfernungen. Viele Säugetiere (z. B. Hausmäuse, Wanderratten) kennzeichnen wie Ameisen ihre Wege mit Duftmarken. Auch die Markierung von Revieren mit Duftmarken spielt eine große Rolle. Oft sind dazu besondere Drüsen ausgebildet, wie die Drüsentaschen an der Schwanzbasis des Dachses. Bei der **Schwarmbildung** vieler Fische spielt der Geruchssinn ebenfalls eine Rolle.

20.3.3 Transduktionsprozess

Insekten

In Riechsinneszellen wird chemische Information in elektrische Information umgewandelt. Dieser **chemoelektrische Transduktionsprozess** vollzieht sich in den Cilien der Riechsinneszellen, die mit olfaktorischen Rezeptorproteinen (ORs) ausgestattet sind. Jede Sinneszelle exprimiert zwei oder mehr OR-Gene. Die ORs der Riechsinneszellen der Insekten sind ähnlich aufgebaut wie G-Protein-gekoppelte Rezeptoren – sie besitzen sieben Transmembrandomänen und haben einen intrazellulären N- und einen extrazellulären C-Terminus. Bei *Drosophila* bilden zwei Transmembranproteine, ein gewöhnlicher Rezeptor (ORX) und ein universeller Corezeptor (ORCO), einen Rezeptorkomplex. Die genaue Funktion des Corezeptors ist noch unbekannt. Eines der beiden Rezeptorproteine hat nach derzeitigem Kenntnisstand gleichzeitig die Eigenschaft eines Ionenkanals und vermittelt vermutlich eine schnelle Signalübertragung, wird aber auch über Second Messenger (zyklische Nucleotide) reguliert. Neben den ORs wurde bei den Insekten eine Familie von **ionotropen Rezeptoren** (IRs) gefunden, die Glutamatrezeptoren ähneln. Man vermutet, dass diese Rezeptoren ebenfalls am Riechvorgang beteiligt sind. In einer Riechsinneszelle von Insekten können zwei bis fünf IRs oder bis zu zwei ORs coexprimiert werden, IRs und ORs werden nicht coexprimiert.

Die Reaktionsprofile von IRs sind ähnlich breit wie die der ORs. Die nachgewiesene Zahl der Riechsinneszellen variiert bei Insekten zwischen 2600 bei *Drosophila* und 60 000 bei der Honigbiene. Die Axone der Riechsinneszellen konvergieren auf ca. 50 (*Drosophila*), 160 (Honigbiene) und über 400 (Ameise) Glomeruli (kugelförmige Neuropile, in denen die Axone der Riechsinneszellen mit aufsteigenden sekundären Neuronen und lokalen Interneuronen verschaltet sind) im Antennallobus des Deutocerebrums (▶ Abschn. 20.5.1). Männliche Tabakschwärmer (*Manduca sexta*) reagieren sehr empfindlich auf weibliche Pheromone. Die hohe Empfindlichkeit wird erreicht, da die Axone von bis zu 6000 Sinneszellen auf einen Glomerulus projizieren. Die olfaktorischen Rezeptorproteine der Insekten werden von ca. 60 (bei *Drosophila*) bis ca. 400 (bei einigen Ameisen) Genen codiert. Riechsinneszellen, die das gleiche Rezeptorprotein exprimieren, projizieren auf denselben Glomerulus. Daher entspricht bei den bisher untersuchten Insekten die Zahl der olfaktorischen Glomeruli etwa der Zahl artspezifischer olfaktorischen Rezeptorproteine. Jeder natürliche Geruch (meist Geruchsgemische) führt demnach zu einem spezifischen raumzeitlichen Erregungsmuster im Antennallobus.

Damit ein Tier einen Duftstoff überhaupt wahrnehmen kann, müssen die Duftstoffmoleküle die Riechsinneszellen aber erst einmal erreichen. Da viele Duftstoffmoleküle hydrophob sind, können sie die wässrige Phase des Rezeptorlymphraums oder den Nasenschleim (bei Säugetieren) nicht so ohne Weiteres überwinden. Damit dies dennoch möglich ist, gibt es neben den IRs und ORs zwei weitere Proteinfamilien, die für den Riechvorgang von entscheidender Bedeutung sind. Dies sind die **olfaktorischen Bindungsproteine** (*odorant binding proteins,* OBPs) und die pheromonbindenden Proteine (PBPs). OBPs helfen beim Transport von lipophilen Duftstoffmolekülen durch die wässrige Lymphe, PBPs beim Transport von Pheromonen.

Wirbeltiere

Wie bei den Insekten vollzieht sich der **chemoelektrische Transduktionsprozess** in den Cilien der Riechsinneszellen. Als Transmembranproteine wirken G-Protein-gekoppelte **Rezeptoren** (GPCRs), an die die Duftstoffe binden. In jeder olfaktorischen Sinneszelle wird nur ein OR-Typ exprimiert. Fünf **Genfamilien** sind für die Codierung der **Geruchsrezeptor- und Pheromonrezeptorproteine** verantwortlich. Diese Familien sind hochkonserviert, die größte Familie enthält bei Säugern bis zu 2130 Gene. Viele dieser Gene sind allerdings funktionslose Pseudogene (12 % beim Zebrafisch und 52 % beim Mensch), die während der Evolution konserviert wurden.

Bei **Landwirbeltieren** gelangen die Duftstoffe mit der Atemluft zunächst in die Nasenhöhle, treffen dort auf den Mucus der Nasenschleimhaut und kommen so in Kontakt mit den OBPs. Mithilfe der OBPs werden sie zu den Riechsinneszellen transportiert. Bei Kontakt mit einer Riechsinneszelle treffen die Duftstoffmoleküle auf Duftstoffrezeptoren (◘ Abb. 20.10). Säugetiere können über 1000 Typen von Duftstoffrezeptoren besitzen, die von unterschiedlichen Genen codiert werden. Jede Riechzelle exprimiert aber nur einen Typ von Rezeptorprotein. Viele Riechzellen antworten deshalb nur auf eine kleine Gruppe chemisch verwandter Stoffe, Riechzellen können aber auch ein breites Reaktionsspektrum haben. Makrosmaten (Nagetiere) verfügen etwa über 1000 Subpopulationen von Riechzellen mit einer jeweils anderen Duftstoffselektivität. Diese Vielfalt ist der Grund dafür, dass sie eine große Zahl unterschiedlicher Duftstoffe wahrnehmen und unterscheiden können. Bei Mikrosmaten ist die Zahl unterschiedlicher Duftstoffrezeptoren wesentlich geringer (der Mensch hat ca. 350 Subpopulationen von Riechzellen), dennoch kann ein trainierter Mensch – wie Diskriminierungsexperimente unter Einbeziehung theoretischer Überlegungen gezeigt haben – bis zu einer Billion Düfte unterscheiden.

Wenn ein Duftstoffmolekül an einen Rezeptor bindet, wird über ein **G-Protein** (G_{olf}) (▶ Abschn. 12.2.2) das membranständige Enzym Adenylylcyclase Typ III aktiviert, das mithilfe von ATP den Second Messenger cAMP bildet. cAMP öffnet spezifische Kationenkanäle, durch die Na^+ und Ca^{2+} in die Zelle einströmen, es kommt zur Depolarisation (da jede Adenylylcyclase mehrere Hundert ATP-Moleküle in cAMP-Moleküle umwandelt, kommt es gleichzeitig zur **Signalverstärkung**). Das in die Zelle einströmende Ca^{2+} öffnet calciumabhängige Chloridkanäle, es folgen, da olfaktorische Sinneszellen eine hohe intrazelluläre Cl^--Konzentration aufweisen, ein Chloridausstrom und damit eine weitere Abnahme des Membranpotenzials. Spannungsgesteuerte Natrium- und Kaliumkanäle generieren, sofern die Schwelle erreicht wird, Aktionspotenziale, die als neuronale Signale das Gehirn erreichen. Neben der beschriebenen Second-Messenger-Kaskade gibt es Riechzellen, die als Second Messenger Ca^{2+}, IP_3, PLC oder cGMP verwenden.

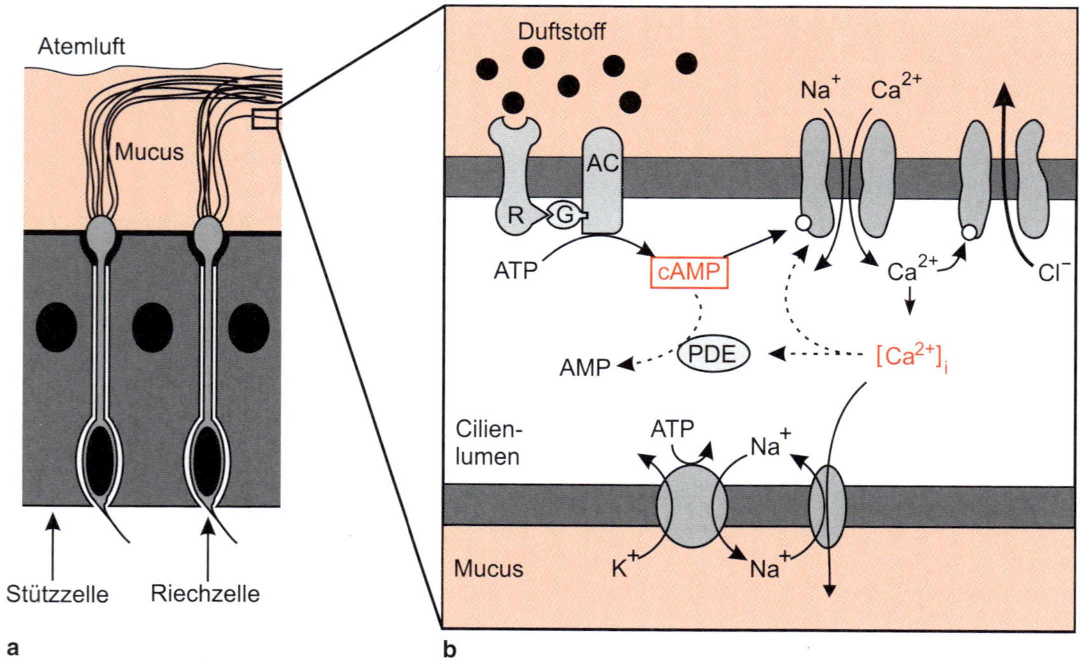

◘ **Abb. 20.10** Der Transduktionsprozess in den Riechzellen landlebender Wirbeltiere. **a** Schema der Riechschleimhaut mit den Riechzellen und den sensorischen Cilien. **b** Die Vorgänge der Transduktion in einem Cilium im Überblick. Nähere Erläuterungen im Text. AC = Adenylylcyclase; G = G-Protein; PDE = Phosphodiesterase; R = Duftrezeptor; $[Ca^{2+}]_i$ = intrazelluläre Ca^{2+}-Konzentration.

Menschen und Tiere nehmen einen konstant auf sie einwirkenden Geruch schon nach kurzer Zeit nicht mehr wahr (nur der Neuankömmling bemerkt die schlechte Luft in einem Raum), da negative Rückkopplungen zur **Adaptation** des Transduktionsvorgangs führen. Die Adaptation gewährleistet unter anderem, dass Tiere zeitliche Veränderungen in einem olfaktorischen Signal erkennen und bei Wiederholung des Reizes wieder reagieren können. Die Mechanismen der Adaptation sind vielfältig. Die Proteine im Mucus der Riechschleimhaut verändern sich. Die Bindungsfähigkeit der olfaktorischen Rezeptorproteine kann durch Phosphorylierung verringert werden, cAMP wird von einer **Phosphodiesterase** hydrolysiert oder die **Adenylylcyclase** wird durch die Aktivität einer Ca^{2+}-Calmodulin-abhängigen Kinase II gehemmt. Neben den verschiedensten peripheren Adaptationsmechanismen sind am Adaptationsgeschehen aber auch zentrale Neurone, die im Bulbus olfactorius in großer Zahl enden, beteiligt.

Die Riechzellen des **Nematoden** *Caenorhabditis elegans* verwenden cGMP, ähnlich wie die Sehzellen der Wirbeltiere, als sekundären Botenstoff. Aufgrund seiner geringen Zellzahl exprimiert *C. elegans* in jeder »Riechzelle« mehrere unterschiedliche Rezeptorproteine.

20.4 Pheromone

20.4.1 Releaserpheromone und Primerpheromone

Pheromone[518] werden (wie die Hormone) zwar auch in Drüsen gebildet, aber nicht in die Blutbahn, sondern nach außen abgegeben. Sie lösen bereits in sehr geringen Konzentrationen bei Artgenossen spezifische Reaktionen aus. Die meisten Pheromone wirken über das Geruchsorgan, nur wenige (z. B. die Königinnensubstanz der Bienen, s. u.) werden oral aufgenommen. Chemisch gehören die meisten Pheromone zu den langen ungesättigten Fettsäuren, niederen Terpenen oder Steroidabkömmlingen, aber auch zu den Alkoholen und Aldehyden, sind also flüchtige Substanzen. Das gewährleistet ihre Funktion als Signalstoff.

Man unterscheidet zwischen den unmittelbar wirkenden **Releaserpheromonen**[519] (Signalpheromonen) und den **Primerpheromonen**[520], die eine Folge von endokrinen Reaktionen auslösen. Zu den Ersteren gehören die bekannten Sexuallockstoffe, Alarmpheromone, Stoffe zur Territorialmarkierung sowie Individualitäts- und Mutterschaftspheromone. Zu den Letzteren gehören Stoffe, die die Sexualreife (Pubertät), den weiblichen Zyklus und die Gravidität beeinflussen können oder die Ovulation auslösen (z. B. bei der Erdmaus *Microtus agrestis*).

Die **Sexuallockstoffe** verschiedener **Insekten** (Schmetterlinge, Bienen, Käfer, Schaben u. a.) bestehen in der Regel aus einem Gemisch mehrerer Substanzen. Sie dienen der Herbeilockung und sexuellen Erregung des Geschlechtspartners. Das Seidenspinnerweibchen (*Bombyx mori*) bildet in einem Paar ausstülpbarer Duftdrüsen zwischen dem achten und neunten Segment des Abdomens (Abb. 20.11) als Lockpheromon ein Gemisch aus **Bombykol** und **Bombykal**. Chemisch handelt es sich beim Bombykol um einen ungesättigten Alkohol mit 16 C-Atomen (Hexadekadien-[4,6]-ol-[16]). Die Männchen des Seidenspinners haben gefächerte Antennen, die Bombykolmoleküle sehr effektiv aus einem Luftstrom herausfiltern. So löst Bombykol bereits in einer Konzentration von 10^{-10} g·cm^{-3} Lösungsmittel Flügelschwirren bei den Männchen aus. Man kennt inzwischen die Einzelkomponenten der Sexualpheromone von über 100 Insektenarten. Eine Aufstellung dieser Einzelkomponenten findet sich unter www.pherobase.com.

Bekannt sind **Sexuallockstoffe** auch bei den **Säugetieren**. Die Weibchen lassen in der Regel die Paarung nur während der Brunst zu (Ausnahme: einige Primaten). Dann zeigen sie ihre Paarungsbereitschaft durch optische (z. B. Schwanzstellung beim Rind, Blitzen der Vulva beim Pferd), akustische (Brüllen bei Kühen) und/oder chemische Signale (Pheromone) an. Die Sexuallockstoffe können mit dem Urin abgegeben (Hund, Pferd, Rind u. a.) oder von bestimmten Drüsen (**Präputialdrüsen** bei Maus und Ratte, **Analdrüsen** bei Hund und Fuchs) sezerniert werden.

Das bekannteste **Säugerpheromon** ist das **Androstenol** (5α-16-Androsten-3α-ol), ein Abbauprodukt des Testosterons, welches zuerst beim Eber, später auch im menschlichen Achselschweiß nachgewiesen wurde. Der **Eber** bildet im Hoden neben den bekannten Steroidhormonen (Androgene) **D-16-Steroide** (sie besitzen eine Doppelbindung zwischen den C-Atomen 16 und 17 im D-Ring), die selbst keine Hormonwirkung, aber besondere Geruchseigenschaften (urinartig bzw. Moschusgeruch) besitzen. Sie gelangen ins Blut, werden im Fettgewebe angereichert und vom Eber mit dem Speichel abgegeben. Die Pheromonsteroide des Ebers lösen bei der empfängnisbereiten Sau einen Duldungsreflex (Immobilisierungsreflex, Stehverhalten) aus. Neben dieser Releaserwirkung wird auch eine Primerwirkung (Stimulierung des Östrus, Pubertätsbeschleunigung) der Eberpheromone diskutiert.

Mäuse erkennen den Verwandtschaftsgrad ihrer Artgenossen am **Haupthistokompatibilitätskomplex** (MHC-Komplex). Proteolytische Fragmente des MHC-Komplexes scheinen über die Körperoberfläche abgegeben zu werden und den Körpergeruch mit zu prägen. Die für den Histokompatibilitätskomplex zuständige Genregion ist hoch variabel und nur unter Familienmitgliedern weitgehend identisch. Mäuseweibchen ziehen ihre Jungen nur gemeinsam mit Weibchen auf, die gleich riechen (mit ihnen verwandt sind), bevorzugen bei der Paarung aber Männchen, die anders riechen (also nicht mit Ihnen verwandt sind). Dadurch wird Inzucht vermieden und gewährleistet, dass bei der Jungenaufzucht nur in nahe Verwandte investiert wird. Ein Beispiel für die Wirkungsweise eines Primerpheromons ist der **Bruce-Effekt.** Dieser Effekt bewirkt, dass der Embryo (die

---

518 ein von Peter Karlson (1918–2001) und Martin Lüscher im Jahre 1959 geprägter Begriff: *pherein* (griech.) = tragen; *(h)orman* (griech.) = anregen, treiben

519 *releaser* (engl.) = Auslöser

520 *primer* (engl.) = Zündvorrichtung, Sprengkapsel

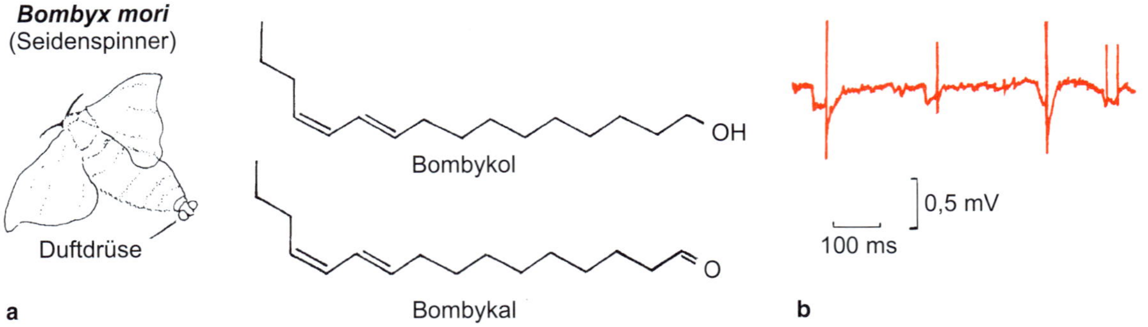

Abb. 20.11 **a** Weibchen des chinesischen Seidenspinners (*Bombyx mori*) mit ausgestülpten Duftdrüsen (Sacculi lateralis). Aus ihnen werden die Pheromone Bombykol und Bombykal im Verhältnis 10:1 freigesetzt. Ersteres regt das Männchen an, das Weibchen aufzusuchen. Die Funktion des Aldehyds ist noch unklar. In unphysiologisch hohen Dosen hemmt es den Bombykoleffekt beim Männchen. **b** Extrazelluläre Ableitung der Aktivität eines antennalen Pheromonsensillum beim Männchen nach schwacher Pheromonreizung. Die größeren Impulse gehören zu den Bombykol-, die kleineren zu den Bombykalrezeptoren. Beiden gehen Rezeptorpotenziale voraus. (Nach Schneider D (1984) Insect olfaction – our research endeavour. In: Dawson WW, Enoch JM (Hrsg) Foundation of Sensory Science. Springer, Berlin, S. 381–418.)

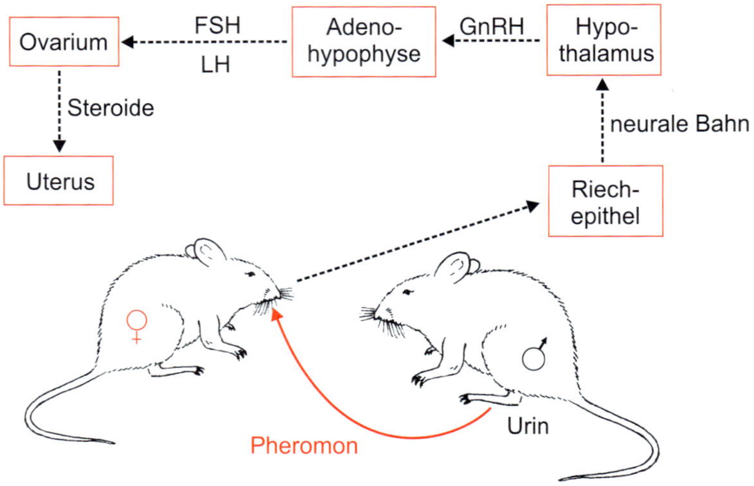

Abb. 20.12 Beispiel eines Primerpheromons bei Mäusen. Das von einem fremden geschlechtsreifen Männchen mit dem Urin abgegebene Pheromon wird von einem frisch befruchteten Weibchen in den ersten vier Tagen nach der Begattung olfaktorisch wahrgenommen und stimuliert (über Nervenbahnen) den Hypothalamus zur vermehrten Abgabe von GnRH. Daraufhin kommt es zur verstärkten Ausscheidung von FSH und LH durch die Adenohypophyse. Diese Hormone lösen im Ovar die Bildung und Abgabe von Sexualhormonen (Steroiden) aus, die die Umbildung des Uterus zur Aufnahme der Blastocyste verhindern. Die jungen Embryonen können deshalb, aus dem Ovidukt in den Uterus übertretend, dort nicht implantiert werden. Es kommt zum Abort. FSH = follikelstimulierendes Hormon, Follikotropin; GnRH = *gonadotropin-releasing hormone*; LH = luteinisierendes Hormon, Luteotropin. (Nach Czihak G, Langer, H, Ziegler H (Hrsg) (1981) Biologie. 3. Aufl. Springer, Berlin.)

Blastocyste) bei Anwesenheit eines fremden Männchens nicht im Uterus eines befruchteten Weibchens implantiert werden kann, es kommt zum Abort (Abb. 20.12).

Ein zweites Beispiel ist der **Vandenberg-Effekt**. Junge Mäuseweibchen erreichen die Geschlechtsreife bei Anwesenheit von männlichen Pheromonen früher. Die wirksamen Pheromone werden mit dem Vomeronasalorgan aufgenommen.

Frauen, die gemeinsam in einem Heim oder einer Wohngemeinschaft leben, sollen mit der Zeit ihren Zyklus synchronisieren. Dabei reicht nach den Ergebnissen einiger Studien der Kontakt mit dem Achselschweiß der Frauen aus, um eine Synchronisation herbeizuführen (**McClintock-Effekt**). Allerdings gibt es auch Studien, die keine Belege für die Synchronisation des Menstruationszyklus bei Frauen fanden.

Eine große Klasse von Pheromonen bilden die **Alarmstoffe**. Wird eine Elritze (*Phoxinus phoxinus*) verletzt, entlassen die Kolbenzellen der Epidermis einen Stoff (Schreckstoff), der bei Schwarmgenossen eine Schreck- und Fluchtreaktion auslöst. Vergleichende Untersuchungen haben gezeigt, dass solche Schreckreaktionen nicht bei allen schwarmbildenden Fischen vorkommen, sondern auf die Ordnung der **Ostariophysen** (▶ Abschn. 17.3.4) beschränkt sind.

Bei den sozialen **Insekten** wurden ebenfalls **Alarmsubstanzen** nachgewiesen. Sie werden bei **Ameisen** (Abb. 20.13) in der Mandibulardrüse (Myrmicinae, *Formica*), in der Giftdrüse (*Myrmica, Formica, Tetramorium),* in der Dufour-Anhangdrüse (Camponotinae) und in der Analdrüse (Dolichoderinae) gebildet und rufen bei Artgenossen eine erhöhte Erregung hervor. Während sich diese Erregung bei den im Nest weilenden Artgenossen in Angriffslust äußert, führt sie bei sich außerhalb des Nestes aufhaltenden Artgenossen zur wilden Flucht. Die chemische Natur der Alarmstoffe bei den Ameisen ist ebenso wie ihr Bildungsort nicht einheitlich.

Die einzelnen Drüsen der Ameisen scheiden gewöhnlich eine Mischung verschiedener Substanzen aus, die sich sowohl hinsichtlich ihrer Struktur als auch hinsichtlich ihrer Funktion unterscheiden. Beispielhaft zeigt dies die unter der Erde lebende Citronella-Ameise *Acanthomyops claviger* aus den Vereinigten

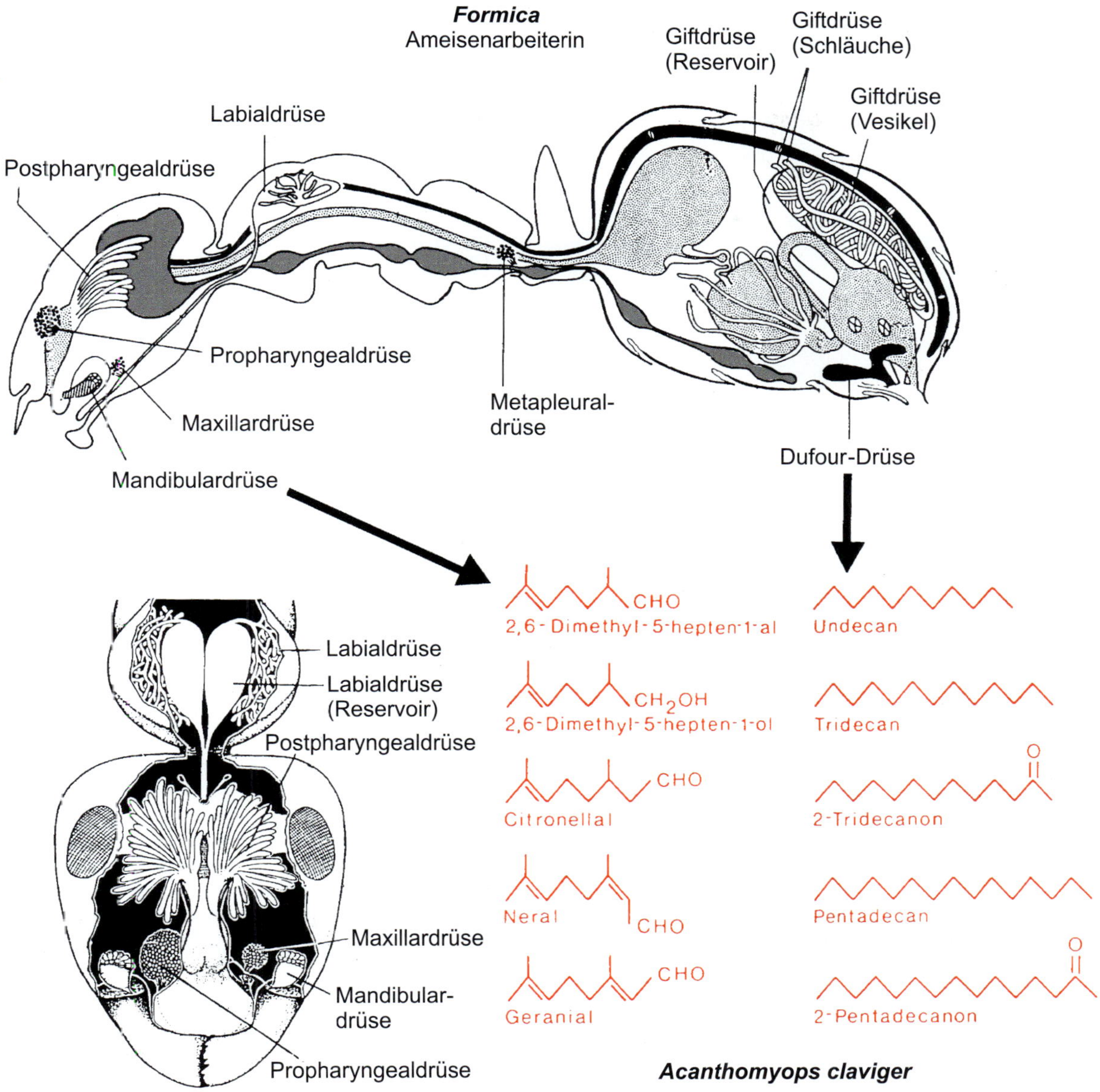

Abb. 20.13 Übersicht über die Pheromondrüsen der Ameisenarbeiterin (*Formica*) im Längsschnitt durch das Tier und in der Aufsicht (Kopf). Das Gemisch von Alarm- und Defensivstoffen im Sekret der Mandibular- bzw. Dufour-Drüse der Arbeiterin der Ameisenart *Acanthomyops claviger* (Formicinae). (Aus Hölldobler B, Wilson EO (1990) The Ants. Springer, Berlin.)

Staaten (Abb. 20.13). Die Giftdrüse von *Acanthomyops* produziert ausschließlich Ameisensäure für die Verteidigung. Die bei dieser Art stark hypertrophierte Mandibulardrüse bildet terpenoide Aldehyde und Alkohole, die sowohl eine defensive Funktionen haben als auch als Alarmpheromon dienen. Das von der Dufour-Drüse ausgeschiedene Undecan ist ein Alarmpheromon, während die restlichen Bestandteile des Sekrets vorwiegend oder ausschließlich im Dienst der Verteidigung stehen.

Bienen entlassen beim Stich neben dem Gift einen Stoff, der andere Bienen zum Angriff stimuliert. Die aktive Substanz ist **Isoamylacetat** (Abb. 20.14). Bei den Hummeln und Feldwespen (*Polistes*) fehlen Alarmstoffe.

Verschiedene Tiere benutzen Pheromone zur **Markierung ihrer Territorien**. Diese Geruchssignale haben gegenüber den akustischen und visuellen (Drohgebärden) den Vorteil, dass sie über längere Zeit (beim Goldhamster mindestens 25 Tage) und auch bei Abwesenheit des Besitzers wirksam sind. Die Pheromone werden entweder in bestimmten Duftdrüsen (z. B. die Subauriculardrüse beim Gabelbock *Antilocapra americana*) gebildet und an markanten Stellen abgerieben oder mit dem Kot bzw. Urin (z. B. bei Ratten) abgegeben.

Die **Honigbiene** produziert in der **Nasanov-Drüse** am siebten Abdominaltergit einen fruchtartig riechenden Stoff, mit dem sie ergiebige Nektarquellen für ihre Stockgenossen markiert. Das verhaltenswirksame Molekül ist der Terpenalkohol **Geraniol** (Abb. 20.14).

Die **Ameisen** legen Duftspuren vom und zum Nest (Ameisenstraßen). Während bei den Formicinae die Ameisensäure

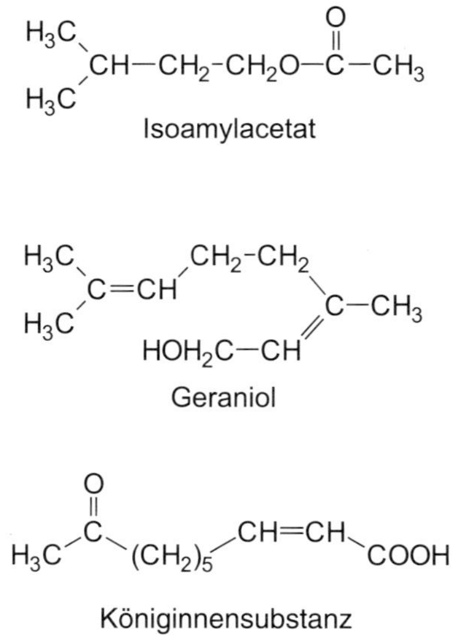

Abb. 20.14 Drei zentrale Pheromone der Honigbiene (*Apis mellifera*). Das Isoamylacetat ist ein wichtiger Alarmstoff, das Geraniol aus den Nasanov-Drüsen dient als Markierungsstoff und die Königinnensubstanz aus der Mandibulardrüse wird von den Arbeiterinnen aufgeleckt, hemmt in ihnen die Ovarienentwicklung und unterdrückt den Trieb zur Bildung von Königinnenzellen.

als Markierungsstoff dient, sind es bei den Dolichoderinae Ketone, die von den **Analdrüsen** gebildet werden. **Termiten** besitzen ebenfalls spurenbildende Sekrete, die aus der unter dem fünften Abdominalsternit gelegenen **Sternaldrüse** entlassen werden.

Die **Königinnensubstanz** (*queen substance*, Abb. 20.14) der **Biene** wird in der **Mandibulardrüse** im Kopf gebildet und enthält die ungesättigten Fettsäuren trans-9-Oxydecensäure und trans-9-Hydroxydecensäure. Sie wird von den Arbeiterinnen aufgeleckt, hemmt bei ihnen die Ovarienentwicklung und unterdrückt den Trieb zur Bildung von Königinnenzellen. Sie scheint über den Geschmackssinn zu wirken. Ein anderes Pheromon der Königin regt die Arbeiterin zum Lecken an. Hat die alte Königin den Stock mit einem Schwarm verlassen, werden die Bienen durch dieselben Substanzen angelockt und zur Bildung einer dichten Schwarmtraube an exponierter Stelle angeregt. Die weiblichen Geschlechtstiere der **Termite** *Kalotermes flavicollis* geben ein Pheromon mit dem Kot ab, das von den Larven oral aufgenommen wird und die Umwandlung weiblicher Larven in **Ersatzgeschlechtstiere** hemmt.

20.4.2 Vomeronasalorgan und Grüneberg-Organ der Wirbeltiere

Bei den meisten Wirbeltieren werden Pheromone (bei Schlangen auch Beutegerüche) durch ein spezialisiertes chemosensorisches Organ, das **Vomeronasalorgan** (VNO, bei Reptilien auch **Jacobson-Organ** genannt), wahrgenommen. Das VNO liegt wie das Hauptriechepithel in der Nasenhöhle (Abb. 20.15), die Axone seiner sensorischen Neurone verlaufen aber getrennt von denen der Riechzellen. Bei den Urodelen befindet sich das VNO in der Wand der seitlichen Nasenrinne, die unvollständig von der Nasenhöhle abgesetzt ist. Bei den Anuren und der Brückenechse *Sphenodon* liegt das VNO in einer Seitentasche der Nasenhöhle, bei den Eidechsen und Schlangen ist es völlig von der Nasenhöhle getrennt und öffnet sich direkt in die Mundhöhle (Abb. 20.15). Über die Spitzen der gespaltenen Zunge werden Pheromone beim Züngeln in dieses Organ transportiert. Bei Krokodilen, Vögeln und den höheren Primaten sowie bei vielen Fledermäusen und verschiedenen aquatischen Säugetieren ist das VNO rudimentär ausgebildet oder fehlt ganz. Der menschliche Embryo besitzt bis zur 26. Schwangerschaftswoche ein anatomisch voll ausgebildetes VNO, das im weiteren Verlauf der fötalen Entwicklung aber nahezu vollständig zurückgebildet wird. Allerdings findet man beim Menschen, wie bei anderen Wirbeltieren auch, in der Riechschleimhaut Sinneszellen, die ebenfalls auf Pheromone reagieren. Bei den Nagetieren steht das VNO mit der Nasenhöhle, bei anderen Säugetieren mit der Mundhöhle über den Ductus nasopalatinus (**Stenson*-Gang**) in Verbindung. Pheromone sind oft nichtflüchtige Stoffe, die mit dem Harn oder von Drüsen in der Geschlechtsregion abgegeben und durch Lecken oder Schnüffeln (Nagetiere, Huftiere) bzw. Züngeln (Schlangen, Eidechsen) in die Mund- bzw. Nasenhöhle gebracht werden. Bei Nagetieren unterstützt eine **vomeronasale Pumpe** diesen Prozess. Sie wird durch große, dünnwandige Gefäße gebildet, die nach Art eines venösen Schwellkörpers mit Blut gefüllt bzw. geleert werden können.

Bei den **Huftieren** sorgt das **Flehmen** dafür, dass die Reizstoffe zum VNO gelangen. Das männliche Tier schürzt dabei die Lippen und hebt das Maul (Abb. 20.16), nachdem es vorher die Maulspitze mit dem Urin des Weibchens in Kontakt gebracht und eine Probe aufgenommen hat. So kann das Männchen zum Beispiel prüfen, ob sich das Weibchen im Östrus (Vorhandensein von Sexualhormonen im Urin) befindet.

Beim **Hamster** ist das Verhalten im Rahmen der sexuellen Erregung und Kopulation von den Pheromonen **Dimethylsulfid** und **Aphrodisin** abhängig. Das erste ist eine flüchtige Verbindung, die wahrscheinlich über das olfaktorische System Interesse erregt, während das Aphrodisin, ein nichtflüchtiges kleines Protein, wahrscheinlich als Trägersubstanz für hydrophobe Pheromone dient und über das VNO eine Kopulation auslöst. Das VNO scheint in die Freisetzung gonadotroper Hormone aus Hypothalamus und Hypophyse (► Abschn. 14.3.1) integriert zu sein. Dadurch wirken Pheromone direkt auf die Steuerung des Reproduktionsverhaltens ein.

Die Pheromonrezeptoren der sensorischen Neurone des Vomeronasalorgans (**VNO-Neurone**) gehören zur Familie der V1R- und V2R-Rezeptoren, sind also nicht mit den normalen Duftstoffrezeptoren verwandt. Wie diese haben die V1R- und V2R-Rezeptoren sieben Transmembranregionen (► Abschn. 12.2.1). Die Aktivierung eines Pheromonrezeptors führt

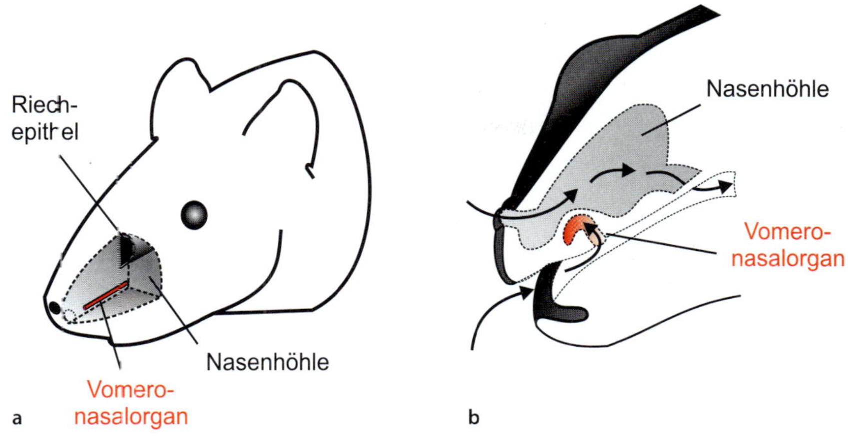

Abb. 20.15 Lage des Vomeronasalorgans beim Hamster und der Eidechse. **a** Bei Nagetieren treten die Pheromone mit der Atemluft in die Nasenhöhle ein. Das röhrenförmige Vomeronasalorgan befindet sich in der Basis der Nasenscheidewand. Die Pheromone gelangen durch eine Öffnung am Vorderende in das flüssigkeitsgefüllte Lumen des Organs und werden dort aktiv weiterbefördert. **b** Das Vomeronasalorgan der Eidechse ist mit der Mundhöhle durch eine Öffnung im Gaumen verbunden. Die Pheromone werden mit der Zunge aufgenommen und dem Organ zugeführt.

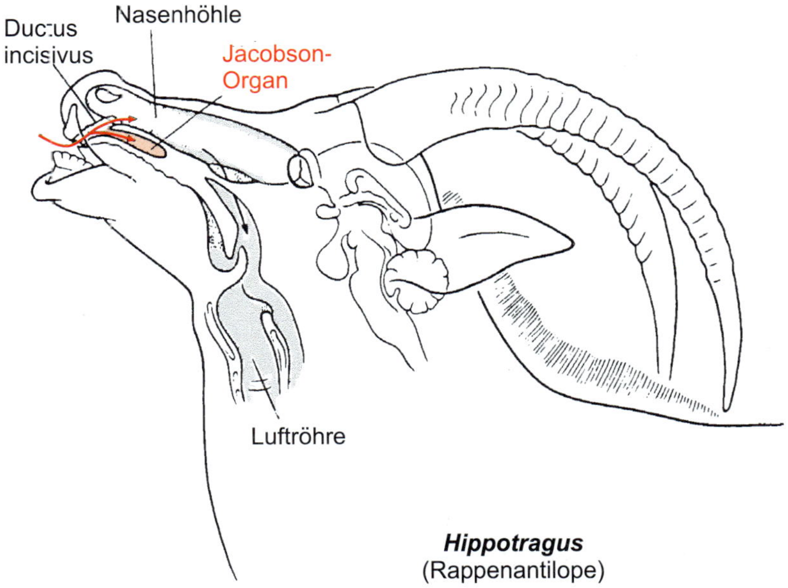

Abb. 20.16 Eine Rappenantilope (*Hippotragus*) beim Flehmen. Das Vomeronasalorgan ist eingezeichnet. (Aus Starck D (1982) Vergleichende Anatomie der Wirbeltiere, Bd. III. Springer, Berlin.)

zur Öffnung von Ionenkanälen (Typ TRPC2) und löst die elektrische Erregung des VNO-Neurons aus. Während bei Nagetieren und Neuweltaffen (z. B. Spring-, Klammer- und Brüllaffen) diese **Transduktionsproteine** vorhanden sind und die Tiere infolgedessen ein pheromongesteuertes Verhalten zeigen, liegen bei den Altweltaffen (z. B. Rhesusaffen, Orang-Utan und Gorilla) und beim Menschen die meisten Gene für Pheromonrezeptoren und für TRPC2-Ionenkanäle als funktionslose Pseudogene vor. Dementsprechend ist ein VNO-vermittelter Einfluss von Pheromonen auf das Verhalten von Altweltaffen und Menschen bisher nicht nachgewiesen worden.

Das Grüneberg-Organ wurde 1973 erstmals beschrieben. Es ist bei Nagern für die Wahrnehmung von Angstsignalen zuständig. Dies erlaubt es Mäusen, auf individuell wahrgenommene Gefahren kollektiv und schnell zu reagieren. Um eine schnelle Reaktion sicherzustellen, liegt das Grüneberg-Organ direkt an der Nasenspitze.

20.5 Zentrale Verarbeitung von olfaktorischen Informationen

20.5.1 Insekten

Wie schon erwähnt, enden die mehrere Tausend Axone der Riechsinneszellen (auch die der pheromonsensitiven Zellen) der Insekten in den Glomeruli bzw. im makroglomerulären Komplex des Antennallobus. Dabei projizieren alle Riechsinneszellen, die gleiche Rezeptorgene exprimieren, auf denselben Glomerulus. Dort kontaktieren die Axone einige Hundert Projektionsneurone, die in die Calyces der Pilzkörper und ins lateralen Horn des Protocerebrums projizieren (Abb. 20.17). Von einem Glomerulus können bis zu fünf Projektionsneurone ausgehen. Die meisten dieser Neurone sind uniglomerulär, ihre Verzeigungen sind auf einen Glomerulus beschränkt. Die Verzweigungen anderer Projektionsneurone erreichen mehrere

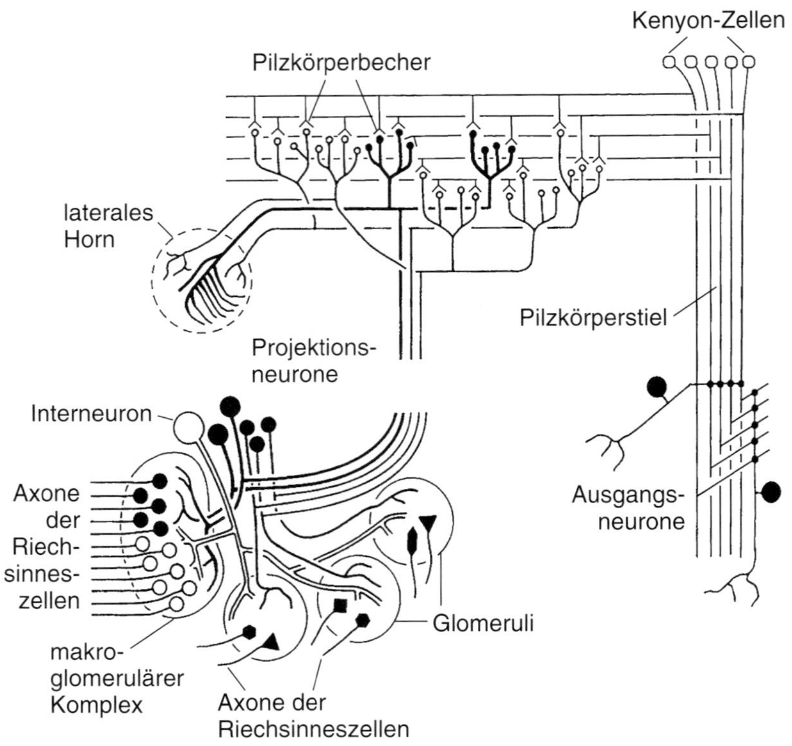

Abb. 20.17 Olfaktorische Informationsausbreitung im Schabengehirn. Die Axone der Riechsinneszellen projizieren in den makroglomerulären Komplex (pheromonsensitive Zellen) oder in einzelne Glomeruli (alle anderen Riechsinneszellen) des Antennallobus (gleiche Symbole für Riechsinneszellen mit gleichen Geruchsrezeptoren). Von dort erreicht die Geruchsinformation über die Axone der bis zu 200 Projektionsneurone die Kenyon-Zellen der Pilzkörper. Ausgangsneurone greifen die Informationen der Kenyon-Zellen ab. (Nach Gewecke (1995) Physiologie der Insekten. Fischer, Jena, verändert.)

Glomeruli. Neben den sensorischen Neuronen enthalten die Glomeruli auch inhibitorische lokale Interneurone (Neurotransmitter ist GABA), die mehrere Glomeruli untereinander verbinden und die wahrscheinlich sowohl der Kontrastverschärfung als auch der Generierung unterschiedlicher zeitlicher Antwortmuster dienen. Die intrinsischen Zellen der Pilzkörper sind die regelmäßig angeordneten Kenyon-Zellen (bei Honigbienen ca. 180 000, bei *Drosophila* ca. 2500). Die hohe Zahl von Kenyon-Zellen gewährleistet, dass eine Vielzahl von zum Teil sehr komplexen Antwortmustern der Glomeruli abgegriffen werden kann. Die Axone der Kenyon-Zellen spalten sich auf und bilden den Pedunculus, die dendritischen Eingangsregionen der Kenyon-Zellen liegen in den Calyces der Pilzkörper. Ausgelesen werden die Informationen der Kenyon-Zellen von zahlreichen Ausgangsneuronen in den Pilzkörperloben (▶ Abschn. 13.6.1). Die Aktivität dieser Neurone ist entscheidend für das Verhalten eines Insekts (olfaktorisches Lernen und Gedächtnis). Da die Pilzkörper auch visuelle Eingänge erhalten, werden neben den olfaktorischen Sinneseindrücken auch andere Sinnesinformationen in ihnen verarbeitet.

20.5.2 Wirbeltiere

Bei den Wirbeltieren ziehen die Axone der olfaktorischen Sinneszellen durch die Lamina cribrosa des Siebbeins in den ipsilateralen Bulbus olfactorius (Riechkolben). Dort enden die Axone von Sinneszellen, die das gleiche Rezeptorgen exprimieren, in jeweils einem von zwei Glomeruli, die auf der medialen oder lateralen Seite des Bulbus olfactorius liegen. Ausgangsneurone der Glomeruli sind die **Mitralzellen** und die **Büschelzellen** (Abb. 20.18). Während bei Säugetieren jede Mitral- bzw. Büschelzelle einem Glomerulus zugeordnet werden kann, kontaktieren die Dendriten der Mitral- und Büschelzellen bei Fischen, Reptilien und Vögeln mehrere benachbarte Glomeruli. Neben den Ausgangsneuronen enthalten die Glomeruli der Wirbeltiere, wie die der Insekten, lokale Interneurone (periglomeruläre und granuläre Zellen), die hemmende Verbindungen mit den Mitral- und Büschelzellen bilden und modulierend (Kontrastverschärfung) in die Geruchsverarbeitung eingreifen. Der Bulbus olfactorius erhält nicht nur afferente Eingänge vom Riechepithel, sondern auch efferente vom olfaktorischen Cortex, dem basalen Vorderhirn und dem Mittelhirn (Locus ceruleus, Raphekerne). Mithilfe dieser Eingänge können die Antworteigenschaften der Glomeruli (Mitral- und Büschelzellen) moduliert werden. So reagiert zum Beispiel ein hungriges Tier wesentlich stärker auf Nahrungsdüfte als ein sattes. Mäuse haben ca. 10 Mio. Riechnervenfasern und 2000 Glomeruli. Ein Glomerulus verarbeitet demnach die Information von ca. 5000 Riechsinneszellen. Durch diese hohe Konvergenz wird die Empfindlichkeit der Glomeruli für bestimmte Gerüche erheblich gesteigert. Riechsinneszellen, die das gleiche Rezeptorprotein exprimieren, projizieren wie bei den Insekten auf denselben Glomerulus, sodass die Ausgangsneurone jedes Glomerulus nur die Informationen von einem Rezeptortyp enthalten. Natürliche Düfte bestehen in der Regel aus einer Vielzahl von Geruchskomponenten. Sie werden als spezifische Kombination unterschiedlich stark aktivierter Glomeruli auf einer zweidimensionalen Geruchskarte abgebildet (**Chemotopie**). Die zahlreichen Möglichkeiten unterschiedlich aktivierter bzw. unter-

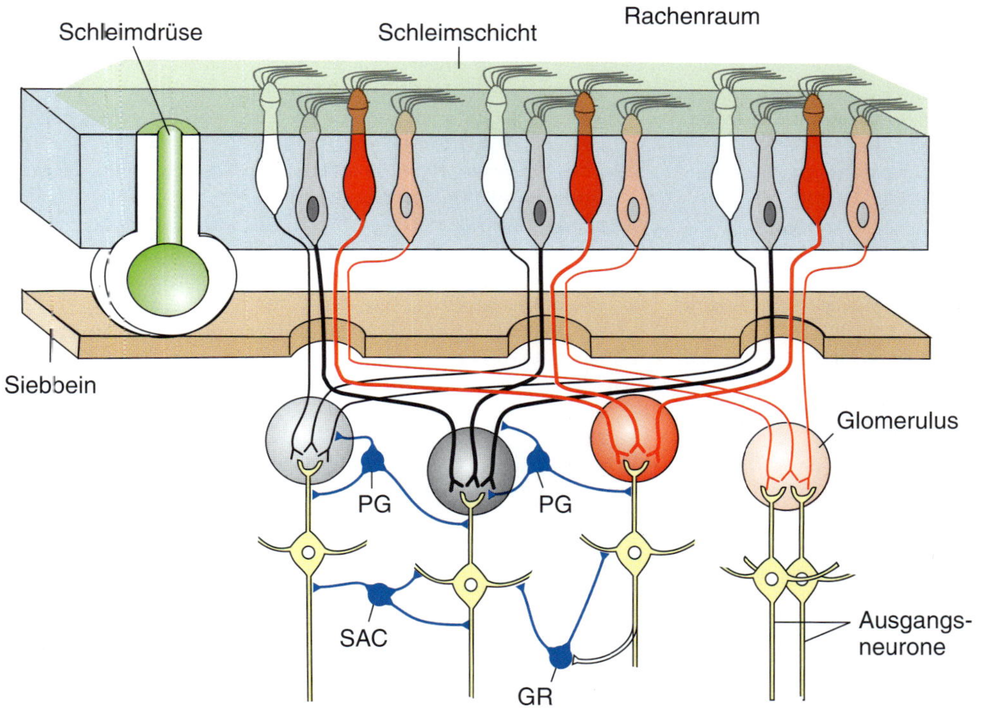

Abb. 20.18 Schematischer Aufbau der Riechschleimhaut mit den Verbindungen zum Bulbus olfactorius. In der Riechschleimhaut liegen neben Stützzellen und Basalzellen (nicht eingezeichnet) Sinneszellen und Schleimdrüsen. Die Sinneszellen tragen am dendritischen Fortsatz eine Vielzahl von dünnen Ausläufern. Die Axone der Riechsinneszellen projizieren in die Glomeruli des Bulbus olfactorius, dort kontaktieren sie Ausgangsneurone (Mitral- und Büschelzellen). Periglomeruläre Zellen stellen laterale Verbindungen zwischen den Glomeruli her. Körnerzellen sind meist hemmende Interneurone des Riechkolbens und dienen zur Kontrastverschärfung. Efferente Nervenfasern aus anderen Bereichen des Gehirns können die Aktivität des Riechkolbens modulieren. GR = Körnerzellen; PG = periglomäruläre Zellen; SAC = Zellen mit kurzen Axonen (*short axon cells*). (Nach Müller W, Frings S (Hrsg) (2009) Tier und Humanphysiologie. Springer, Berlin.)

schiedlich stark aktivierter Glomeruli gewährleistet, dass ein Tier sehr viele Gerüche unterscheiden kann. Darüber hinaus sind die Geruchsinformationen möglicherweise auch im zeitlichen Entladungsmuster der olfaktorischen Neurone codiert. Die Ausgangszellen des Bulbus olfactorius projizieren direkt in den olfaktorischen Cortex. Von dort erreicht die Information den frontalen Cortex, den Thalamus und Hypothalamus und den Hippocampus (räumliche Orientierung und Gedächtnis). Die Riechsinneszellen des VNO projizieren auf die Mitralzellen des akzessorischen Bulbus olfactorius. Von dort gibt es Bahnen zur medialen Amygdala (Steuerung des emotionalen Verhaltens) und zum Hypothalamus, der eine Vielzahl von physiologischen Reaktionen und Verhaltensweisen kontrolliert.

20.6 Fragen zum Selbststudium

- Welche Geschmacksqualitäten kann der Mensch unterscheiden?
- Wie heißt das wichtigste chemische Sinnesorgan der Mollusken?
- Welche Funktion haben die Sensilla trichodea der Insekten?
- Wie sind Geschmacksknospen aufgebaut?
- Welche Transduktionsprozesse findet man in den Geschmacksknospen (Riechsinneszellen) der Wirbeltiere?
- Welche biologische Bedeutung hat der Geruchssinn?
- Was sind Pheromone, Allomone und Kairomone?
- Welche Funktion hat das Vomeronasalorgan (Grüneberg-Organ) der Wirbeltiere?
- Wie viele Genfamilien sind bei den Wirbeltieren für die Codierung der Geruchsrezeptor- und Pheromonrezeptorproteine verantwortlich?
- Was versteht man unter dem Bruce-Effekt (Vandenberg-Effekt)?
- Wie viele Sinneszelltypen gibt es in der Riechschleimhaut der Säuger?
- Von welchen Sinneszellen enthält ein Glomerulus des Bulbus olfactorius Eingang?
- Nennen Sie die Projektionsgebiete der Mitral- und Büschelzellen.

Weiterführende Literatur

Allgemeines

Buck LB (1996) Information coding in the vertebrate olfactory system. Annual Review of Neuroscience 19, 517-544.

Chandrashekar J, Hoon MA et al. (1992) The receptors and cells for mammalian taste. Nature 444, 288-294.

Farbman AI (1992) Cell Biology of olfaction. Cambridge University Press, Cambridge.

Galicia CG, Lledo PM (2013) Olfaction. In: Galizia CG, Lledo PM. Springer Verlag, Berlin Heidelberg.

Galicia CG, Rössler W (2010) Parallel olfactory systems in insects: anatomy and function. Annual Review of Physiology 55, 399-420.

Hatt H, Dee R (2009) Das Maiglöckchen-Phänomen. Alles über das Riechen und wie es unser Leben bestimmt. Piper Verlag, München.

Kandel ER, Schwartz JH, Jessel TM, Siegelbaum SA, Hudspeth AJ (2013) Principles of Neural Science. McGraw- Hill Companies, pp. 712-742.

Kaupp UB (2010) Olfactory signalling in vertebrates and insects: Differences and commonalities. Nature Review of Neuroscience 11, 188-200.

Lledo PM, Gheusi D, Vincent JD (2005) Information processing in the mammalian olfactory system. Physiological Review 85, 281-317.

▪ Spezielle Aspekte

Brechbühl J, Klaey M, Broilett M-C (2008) Grueneberg ganglion cells mediate alarm pheromone detection in mice. Science 321, 1092–1095.

Bushdhid C, Magnasco MO, Vosshall LB, Keller A (2014) Humans can discriminate more than 1 trillion olfactory stimuli. Science 343, 1370-1372.

Caprio J, Shimohara M, KC, Harada S, Kiyohara S (2014) Marine teleost locates live prey through pH sensing. Science 344, 1154 – 1155.

Catania KC (2006) Underwater 'sniffing' by semi-aquatic mammals. Nature 444, 1024-1025.

Finger TE, Silver WL, Restrepo D Alles (2000) The neurobiology of taste and smell. Wiley-Liss, New York.

Galizia CG, Menzel R (2000) Odor reception in honeybees: coding information in glomerular patterns. Current Opinion in Neurobiology 10, 504-510.

Hasler AD, Scholz AT (1983) Olfactory imprinting and homing in salmon. Springer Verlag, Berlin, Heidelberg, New York.

Laugerette F, Passilly-Degrace P, Laugerette P, Patris B, Niot I, Febbraio M, Montmayeur J-P, Besnard P (2005) CD36 involvement in orosensory detection of dietary lipids, spontaneous fat preference, and digestive secretions. J Clin Invest 115(11), 3177-3184.

Mayer MS, McLaughlin JR (1991) Handbook of insect pheromones and sex attractants. CRC Press Inc., Boca Raton.

McLaughlin S, Margolskee R (1994) The sense of taste. American Scientist 82, 538-545.

Roper SD (1990) The cell biology of vertebrate taste receptors. Annual Review of Neuroscience 12, 329–353.

Schütz S, Weißbecker B et al. (1999) Insect antenna as a smoke detector. Nature 398, 298-299.

Tarunu A, Vingtdeux V et al. (2013) CALHM1 ion channel mediates purinergic neurotransmission of sweet, bitter and umami tastes. Nature 495, 223-226.

Wicher D, Schäfer R (2008) Drosophila odorant receptors are both ligand-gated and cyclic-nucleotide-activated cation channels. Nature 452, 1007-1011.

Thermischer Sinn und Infrarotsinn

21.1 Thermorezeption

21.1.1 Physikalische Grundlagen

Die **Temperatur** ist eine physikalische Größe. Für feste, flüssige und gasförmige Stoffe gilt: Je höher die Temperatur eines Körpers, desto größer ist die mittlere Geschwindigkeit seiner Teilchen (am absoluten Nullpunkt von –273 °C beträgt die Teilchengeschindigkeit null). **Wärmeleitung** (auch **Wärmediffusion** oder **Konduktion**) ist der Wärmefluss in einem Feststoff oder einem ruhenden Fluid (Flüssigkeit oder Gas) infolge eines Temperaturunterschieds. Wärme fließt dabei – gemäß dem zweiten Hauptsatz der Thermodynamik – immer in Richtung der geringeren Temperatur. Ein Maß für die Wärmeleitung eines Stoffes ist seine **Wärmeleitfähigkeit**. **Konvektion** ist ein Wärmetransportmechanismus. Konvektive Vorgänge sind bedingt durch die Bewegung von frei beweglichen Teilchen relativ zu angrenzenden Körpern. Trifft zum Beispiel ein warmer Luftstrom auf einen Gegenstand mit niedrigerer Temperatur, wird dieser erwärmt (konvektive Wärmeübertragung). **Wärmestrahlung** oder **thermische Strahlung** ist elektromagnetische Strahlung, die jeder Körper, dessen Temperatur über dem absoluten Nullpunkt liegt, aufgrund seiner Temperatur aussendet. Im Gegensatz zur Konvektion und Konduktion durchdringt Wärmestrahlung auch den luftleeren Raum. Trifft Wärmestrahlung auf einen Körper, wird sie entweder transmittiert (durchgelassen), reflektiert oder absorbiert. Bei der Absorption wird Strahlung vom Körper aufgenommen und in Wärme umgewandelt.

Informationen über die Temperatur sind für alle Tiere von großer Bedeutung, denn der Temperaturbereich, in dem Tiere überleben können, ist äußerst schmal (▶ Abschn. 10.2). Deshalb besitzen wahrscheinlich alle Tiere temperatursensitive Zellen und selbst Einzeller (Paramecien) zeigen Reaktionen auf Temperaturreize. Der Temperatursinn ist nicht nur unerlässlich für die Thermoregulation, sondern dient vielen Tieren auch zum Auffinden der Beute und zur räumlichen Orientierung.

21.1.2 Wirbeltiere

In der Haut der Säugetiere liegen thermosensitive freie Nervenendigungen (◘ Abb. 21.1). Diese Nervenendigungen verfügen über TRP-Kanäle (*transient receptor potential channels*), die sechs Transmembranregionen und eine Kanalpore haben (◘ Abb. 21.2) und deren Öffnungszustand ausschließlich durch thermische Reize beeinflusst wird. Der Transduktionsmechanismus der thermosensitiven TRP-Kanäle ist noch nicht bekannt. Thermosensitive TRP-Kanäle findet man bei Säugern nicht nur in den freien Nervenendigungen der Haut, sondern auch im Gehirn, im Herzmuskel und in der Leber. Bisher wurden sechs temperatursensitive TRP-Kanäle identifiziert, die jeweils auf unterschiedliche Temperaturbereiche optimal reagieren (◘ Abb. 21.2). Neben den thermosensitiven TRP-Kanälen können bei Wirbeltieren auch Zwei-Poren-K^+-Kanäle an der Thermorezeption beteiligt sein.

In der **menschlichen Haut** gibt es Kälte- und Wärmepunkte, ihre Verteilung variiert allerdings stark. So kommen zum Beispiel im Mundbereich 16–19, auf der Handfläche aber nur ein bis fünf Kältepunkte pro Quadratzentimeter vor. Über die Verteilung von Kalt- und Warmrezeptoren bei anderen Wirbeltieren weiß man nur wenig, doch gibt es auch in der Haut von Vögeln, Amphibien und Reptilien temperatursensitive freie Nervenendigungen. Beim Menschen liegen die **Kaltrezeptoren** dicht unter der Epidermis, die **Warmrezeptoren** demgegenüber tiefer im **Corium**.

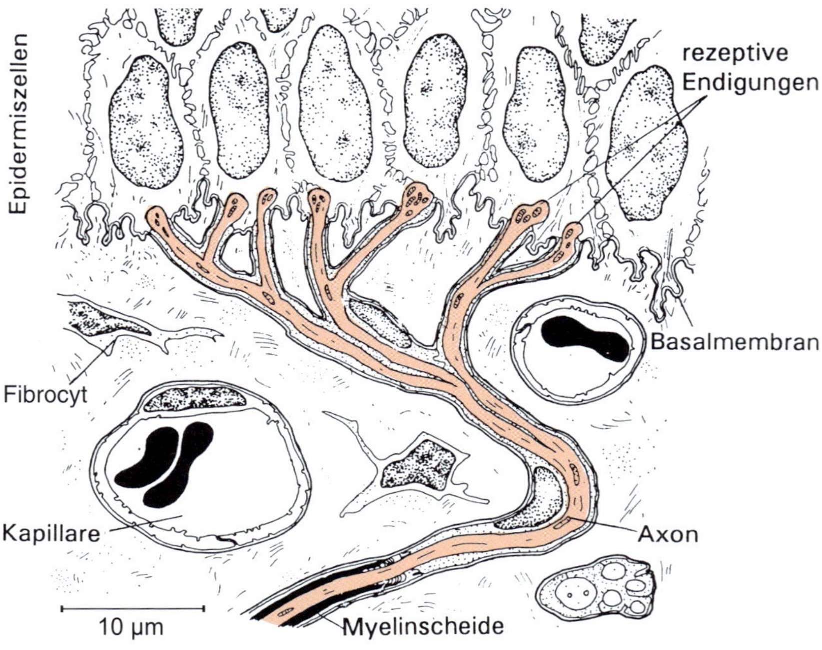

◘ **Abb. 21.1** Freie Nervenendigungen in der behaarten Haut der Katzennase, die als Kälterezeptoren dienen. (Aus Hensel H (1973) Handbook of sensory physiology, Vol. 2. Springer, Berlin.)

21

Die Thermorezeptoren der menschlichen Haut sind phasisch-tonisch. Die phasische Komponente ist dabei umso stärker ausgeprägt, je schneller der Temperaturwechsel erfolgt (**Differenzialquotientenempfindlichkeit**, ▶ Abschn. 11.2.2). Aufgrund ihrer phasischen Komponente zeigen Kältefasern bei sprunghafter Temperaturerniedrigung eine starke vorübergehende Erregung und bei sprunghafter Temperaturerhöhung eine starke vorübergehende Hemmung. Wärmefasern verhalten sich umgekehrt. Die **tonische Impulsfrequenz** erreicht bei einer Hauttemperatur von ca. 15–34 °C (Kältefasern) bzw. 43–46 °C (Wärmefasern) ein Maximum. Die Temperaturen (Grenztemperaturen), bei denen keine Impulse mehr generiert werden, liegen für Kältefasern bei ca. 10 °C (unterer Wert) bzw. 40 °C (oberer Wert) und für Wärmefasern bei 30 °C bzw. 48 °C (**Kennlinie** für den **Extremwert**, ◘ Abb. 21.3). Einzelne Kälte- bzw. Wärmefasern können ihre Maxima bzw. Grenztemperaturen bei verschiedenen Hauttemperaturen haben.

Da Tiere in ihrer natürlichen Umwelt unterschiedlichen Umgebungstemperaturen ausgesetzt sind, sind sowohl die optimalen als auch die Grenztemperaturen der thermosensitiven Nervenfasern artspezifisch. Die Lebensweise eines Tieres hat ebenfalls Einfluss auf die physiologischen Eigenschaften seiner Thermorezeptoren. So haben winterschlafende Hamster kältesensible Fasern im N. trigeminus, die erst bei einer Temperatur von +4 °C maximal antworten und deren untere Grenztemperatur bei –5 °C liegt. Diese Niedertemperaturre-

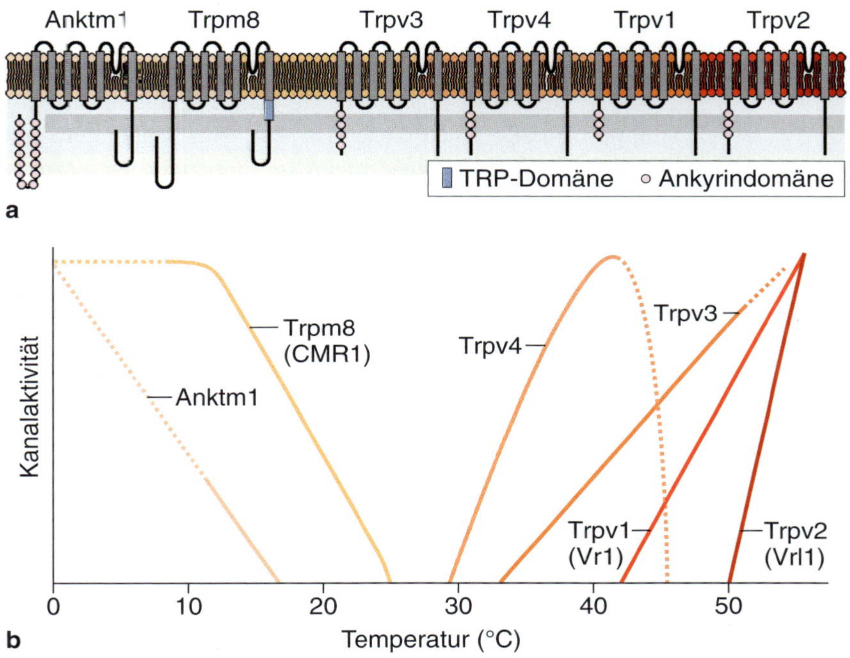

◘ **Abb. 21.2** **a** TRP-Kanäle mit ihrer jeweiligen Domänenstruktur. TRP-Kanäle bestehen aus sechs Transmembranregionen und einem intrazellulären Amino- oder Carboxylende. **b** Antwortbereich der bei Säugern identifizierten thermosensitiven TRP-Kanäle. Trp4 reagiert zum Beispiel sicher im Temperaturbereich 30–40 °C. Die gestrichelten Linien zeigen einen hypothetischen Kurvenverlauf an. (Nach Patapoutian A, Peier AM, Story GM, Viswanath V (2003) ThermoTRP channels and beyond: mechanisms of temperature sensation. Nature Rev Neurosci 4, 529–539.)

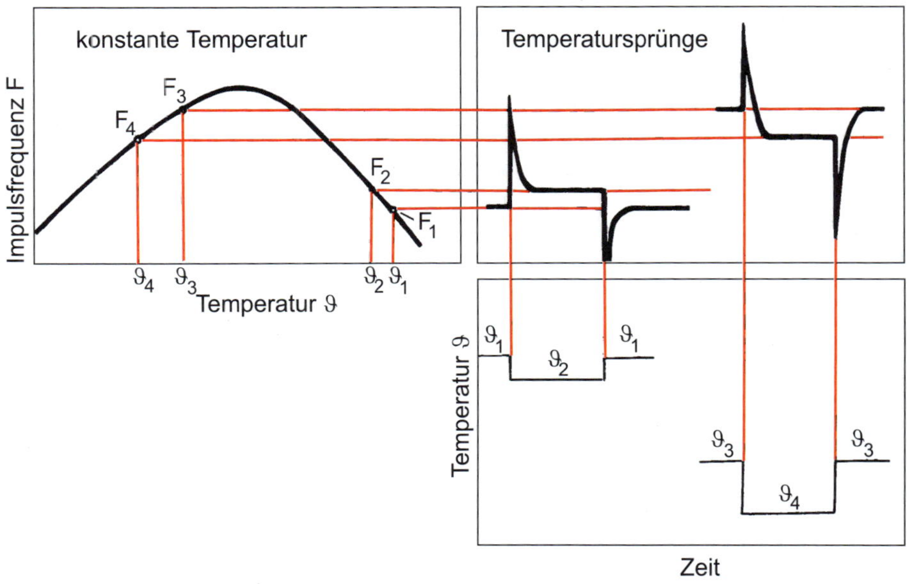

◘ **Abb. 21.3** Die Beziehungen zwischen Temperatur und Impulsfrequenz einer einzelnen Kältefaser. Links: Impulsfrequenzen bei konstanten Temperaturen. Rechts: Impulsfrequenzen bei Temperatursprüngen im Bereich oberhalb und unterhalb des stationären Maximums. (Nach Hensel H (1966) Allgemeine Sinnesphysiologie. Hautsinne, Geschmack, Geruch. Springer, Berlin.)

zeptoren gewährleisten selbst während des Winterschlafs eine Thermoregulation.

Bei den **Fischen**, **Amphibien** und **Reptilien** kommen ebenfalls Kalt- und Warmrezeptoren in Form freier Nervenendigungen in der Haut vor. Beim Goldfisch (*Carassius auratus*) und beim Molch (*Necturus maculosus*) ist die gesamte Körperoberfläche wärmeempfindlich. Die Region um die Nasenöffnung sowie die Kiemen der Molche sind besonders empfindlich. Dressurversuche mit 19 marinen Knochenfischarten haben gezeigt, dass noch Temperatursteigerungen von nur 0,03–0,07 °C erkannt werden. Elritzen, die gelernt haben, bei einer Abkühlung des Wassers von 15 auf 13 °C nach Futter zu schnappen, reagieren auch bei einer Abkühlung von 20 auf 18 °C, lassen aber eine Erwärmung von 13 auf 15 °C oder von 18 auf 20 °C unbeachtet. Für Großfußhühner (*Leipoa ocellata*) wurde ein absoluter Temperatursinn nachgewiesen (► Box 21.1).

Box 21.1 Absoluter Temperatursinn bei Großfußhühnern

Einen **absoluten Temperatursinn** hat die zu den **Großfußhühnern** (Megapodiidae) gehörende *Leipoa ocellata* aus Südaustralien (◘ Abb. 21.4). Das Männchen baut im Winter (Mai bis August) aus Sand und Pflanzenteilen Hügel von bis zu 3 m Durchmesser, in die das Weibchen seine Eier legt. Die zum Ausbrüten notwendige Wärme wird durch die gärenden Pflanzenteile und die Sonneneinstrahlung geliefert. Das Männchen kontrolliert in bestimmten Zeitabständen die Temperatur im Hügel, indem es den Schnabel tief einführt. Die Temperatur im Brutraum wird durch Abdecken mit Sand (bei direkter Sonneneinstrahlung) oder durch Öffnen (bei zu großer Zersetzungswärme) konstant auf 33 ± 0,5 °C gehalten, obwohl die Lufttemperatur zwischen –8 °C in der Nacht und 44 °C am Tage schwanken kann.

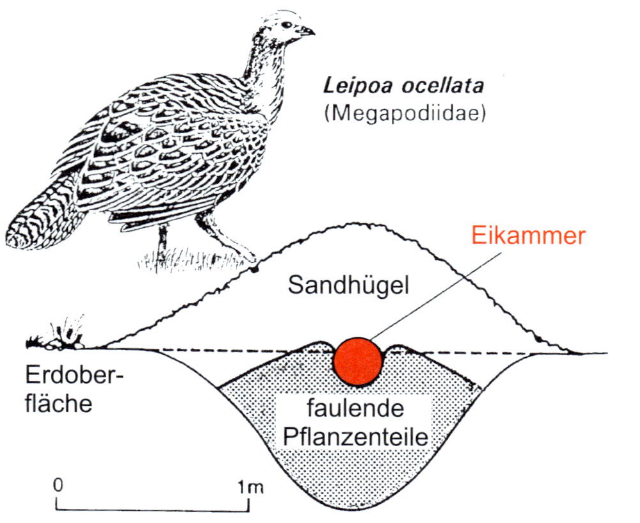

◘ **Abb. 21.4** »Nest« des südaustralischen Großfußhuhns *Leipoa ocellata*.

21.1.3 Invertebraten

Der im Boden lebende Nematode *Caenorhabditis elegans* kann noch Temperaturgradienten von 0,1 °C wahrnehmen. Die Grundlage für diese erstaunliche Leistung liefern zwei ciliäre Nervenzellen (die amphidsensorischen bzw. AFD-Neurone), in deren Membran sich die cGMP-gesteuerten Ionenkanalproteine TAX-2 und TAX-4 befinden. Thermische Reize führen mit einer Latenz von ca. 100 ms zu einer Depolarisation (bei Erwärmung) bzw. Hyperpolarisation (bei Abkühlung) der AFD-Neurone. Temperaturänderungen wirken nicht direkt auf die TAX-2- und TAX-4-Proteine, sondern wahrscheinlich zunächst auf eine cGMP-abhängige Signalkaskade. Diese Vorgänge erinnern an die Photorezeptoren der Wirbeltiere, bei denen eine cGMP-abhängige Signalkaskade zum Schließen von Ionenkanälen führt (► Abschn. 18.1).

Bei den Arthropoden kommen **Thermorezeptoren** bevorzugt auf den Antennen, aber auch auf den Mundwerkzeugen, Cerci, Legeröhren und Tarsen vor. Landasseln (*Oniscus murarius*, *Porcellio scaber*) reagieren nur dann empfindlich auf einen lokalen Wärmereiz, wenn sie ihre Antennen besitzen. Honigbienen lassen sich auf Temperaturdifferenzen von 2 °C dressieren. Ihre Thermorezeptoren befinden sich an den fünf distalen Antennengliedern. Arbeiterinnen der Ameise *Formica rufa* können Temperaturdifferenzen von weniger als 0,25 °C unterscheiden. Besonders temperaturempfindlich sind die in Höhlen lebenden augenlosen Larven des Käfers *Speophyes lucidulus*. Die Warm- und Kaltrezeptoren dieser Larven liegen in schwarzen Chitinhaaren. Sie reagieren bereits auf Temperatursprünge von ±0,007 °C s^{-1} mit Änderungen ihrer Impulsfrequenz um 0,3–12 Impulse s^{-1}. Die Thermorezeptoren der Schaben codieren nicht nur die absolute Temperatur, sondern auch Temperaturänderungen. Bei langsamen Temperaturänderungen werden sie empfindlicher für Temperaturänderungen, bilden die absolute Temperatur aber weniger genau ab. Bei schnellen Temperaturänderungen verhalten sich die Thermorezeptoren entgegengesetzt.

Thermosensitive Sinneszellen in den Antennen von *Drosophila* sind entweder kälte- oder wärmeempfindlich. Sie bilden, ebenso wie die thermosensitiven Sinneszellen der Wirbeltiere, thermosensitive TRP-Kanäle aus. Die kälte- und wärmeempfindlichen Sinneszellen projizieren in distinkte Regionen am posterioren Rand des Deutocerebrums.

Die **Spinnen** besitzen in ihren Blumenthal-**Tarsalorganen** sowohl Hygro- als auch Thermorezeptoren. Diese Sinnesorgane wurden bereits 1883 durch Friedrich Dahl* beschrieben, allerdings zunächst falsch interpretiert. Sie liegen jeweils in Einzahl auf der Dorsalseite nahe dem Segmentende der Tarsen aller Laufbeine sowie der beiden Pedipalpen. Es handelt sich um luftgefüllte, in die Cuticula eingesenkte offene Kapseln, an deren Boden sieben warzenförmige Sensillen (bei *Cupiennius salei*) stehen. Sechs dieser Sensillen werden von jeweils drei, die siebte nur von zwei Sinneszellen innerviert. Der unverzweigte Dendrit jeder Sinneszelle endet in der Pore an der Sensillenspitze (*tip pore sensilla*). Feuchte-, Trocken- und Wärmezellen bilden jeweils eine Triade. Die Thermorezeptoren von *Cupiennius salei* reagieren besonders empfindlich auf Temperaturänderungen. Die Empfindlichkeit nimmt mit zunehmender Ausgangstemperatur zwischen 18,5 und 34,6 °C linear ab. Die Impulsfrequenz (Imp s^{-1}) steigt pro °C im Durchschnitt um 35,2 Impulse an.

21.2 Thermotaktische Orientierung, Präferendum

Durch die Thermorezeption werden Tiere in die Lage versetzt, sich thermotaktisch zu orientieren. Eine thermotaktische Orientierung ist beispielsweise für Insekten, die das Blut von Warmblütern saugen, bei der Wirtsfindung von großer Bedeutung. Die Wanzen *Cimex*, *Triatoma* und *Rhodnius* finden mithilfe antennaler Thermorezeptoren warme Gegenstände. Falls diese Gegenstände bewegt werden, folgen sie ihnen mit erhobenem Vorderkörper und vorgestrecktem Stechrüssel. Da diese Orientierungsleistung auch nach Amputation einer Antenne bestehen bleibt, handelt es sich um eine **Thermotelotaxis** (▶ Abschn. 10.4). Bei den sich ähnlich verhaltenden Kleiderläusen (*Pediculus vestimenti*) scheint dagegen eine **Thermotropotaxis** vorzuliegen. Stechmücken können ebenso wie Läuse und Wanzen aus einer Entfernung von 1 cm noch Temperaturunterschiede von 0,05 °C perzipieren.

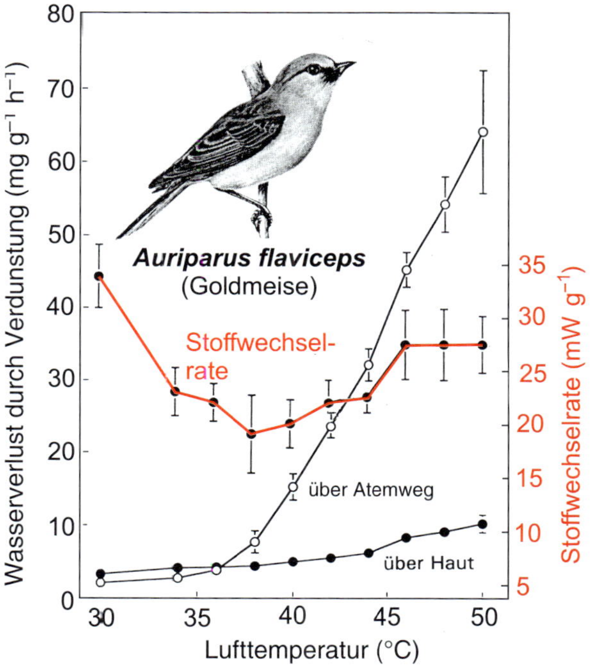

Abb. 21.5 Stoffwechselrate der Goldmeise, ein Vertreter der Beutelmeisen in Kalifornien und NW-Mexiko. Die Stoffwechselrate zeigt bei 38 °C Umgebungstemperatur ein deutliches Minimum. Bei höheren Temperaturen steigen die Atmungsintensität und damit der respiratorische Wasserverlust rapide an. (Nach Wolf BO, Walsberg GE (1996) Respiratory and cutaneous evaporative water loss at high environmental temperatures in a small bird. J Exp Biol 199, 451–457.)

Sowohl gleichwarme als auch wechselwarme Tiere bevorzugen eine bestimmte Umgebungstemperatur. Bringt man zum Beispiel Hausmäuse in einen Käfig, dessen Metallboden durch Erwärmung auf der einen und Abkühlung auf der anderen Seite ein Temperaturgefälle aufweist (sog. **Temperaturorgel**), kommen die Tiere bevorzugt bei einer Bodentemperatur von etwas über 35 °C zur Ruhe. Man nennt diesen Bereich **Vorzugstemperatur** oder **thermisches Präferendum**[521].

Bei den **Warmblütern** ist das Präferendum diejenige Umgebungstemperatur, bei der die Körpertemperatur mit dem geringsten Energieaufwand auf der gewünschten Höhe gehalten werden kann. Die Stoffwechselrate zeigt unter diesen Bedingungen ein Minimum (Abb. 21.5). Auch bei den **Kaltblütern** besteht eine Beziehung zwischen Vorzugstemperatur und Stoffwechsel. Bei der Vorzugstemperatur erhält das Tier durch Leitung und Strahlung aus seiner Umwelt gerade so viel Wärme, wie es zum Erreichen bzw. zur Aufrechterhaltung der seinem physiologischen Zustand entsprechenden optimalen Temperatur braucht.

Tiere aus warmen Biotopen haben eine höhere Vorzugstemperatur als solche aus kühlen. Die Thermoneutralzone (Zone mit der geringsten Stoffwechselrate) eines Pirols (*Oriolus oriolus*) liegt bei ca. 33 °C, die von Eismöwen (*Larus hyperboreus*) bei –30 bis –10 °C. Bei den Insekten fand man die tiefste bisher gemessene Vorzugstemperatur bei Arten, die ihre imaginale Aktivitätsphase im Winter haben. So liegen die Vorzugstemperatur der in Tirol in 2000 m Höhe auf Schnee gefangenen Winterhafte (*Boreus westwoodi*) und Schneefliegen (*Niphadobata lutescens*) bei etwa 4 °C. Permanente Ektoparasiten bevorzugen die Hauttemperatur ihres Wirtes (Kleiderlaus 32,5 °C). Bei Parasiten, die nur zur Nahrungsaufnahme ihren Wirt aufsuchen, gilt dies nur für hungrige Tiere, gesättigt bevorzugen sie niedrigere Temperaturen (Bettwanze hungrig 32,8 °C, satt 27,7 °C).

21.3 Infrarotsinn

Thermorezeptoren, zum Beispiel die der menschlichen Haut, reagieren nicht nur auf eine Änderung der Temperatur durch Konduktion oder Konvektion, sondern auch auf Infrarotstrahlung. Eine eindeutige Unterscheidung zwischen Thermo- und Infrarotrezeptoren ist demnach nur schwer möglich. Im Gegensatz zu normalen Thermorezeptoren haben Infrarotrezeptoren meist eine spezialisierte strahlungsabsorbierende Oberfläche. Um Konduktion zu vermeiden, sind sie zudem bei einigen Tieren über luftgefüllte Hohlräume vom Rest des Körpers oder Kopfes isoliert. Der Temperaturgradient zwischen einem warmen Objekt und seiner kühlen Umgebung ist sehr steil, deshalb eignen sich die konduktive und konvektive Wärme nicht zum Erkennen und Orten von entfernten Objekten. Warme Objekte können demgegenüber mithilfe von Wärmestrahlung auch über größere Distanzen wahrgenommen werden.

[521] *praefere* (lat.) = vorziehen

21.3.1 Vampirfledermäuse

Vampirfledermäuse ernähren sich vom Blut der Säugetiere. Sie können die von Säugern ausgehenden Infrarotstrahlen mithilfe von im Nasenbereich liegenden Nervenfasern, die am besten auf Temperaturreize >30 °C antworten, wahrnehmen. Diese Fasern besitzen thermosensitive TRPA1-Kanäle, die von thermosensitiven TRPV1-Kanälen abstammen. Im Gegensatz zu den thermosensitiven TRPA1-Kanälen der Fledermäuse haben die TRPV1-Kanäle ihr Antwortmaximum bei schädigenden Wärmereizen (>45 °C). Diese Veränderung der Temperaturempfindlichkeit der TRPA1-Kanäle hat die Natur durch alternatives Spleißen der mRNA-Moleküle erreicht.

21.3.2 Schlangen

Boas (Boinae), Pythons (Phythoninae) und Grubenottern (Crotalinae) besitzen hochempfindliche Infrarotorgane (**Grubenorgane** bei den Grubenottern und **Lippenorgane** bei den Boas und Phytons). Während die Grubenottern auf jeder Kopfseite nur ein Grubenorgan (Zügelgrube, Lorealgrube) zwischen der äußeren Nasenöffnung und dem Auge haben, sind die Lippenorgane der Boas und Phytons in Mehrzahl vorhanden. Bei den Pythons terminieren thermosensitive Nervenfasern innerhalb der Lippenschilde (Labialia), bei den Boinae demgegenüber zwischen oder unter den Schuppen. Die Schlangen können mithilfe dieser Organe nicht nur thermisch bevorzugte Mikrohabitate aufsuchen, sondern auch warmblütige Beutetiere und Feinde selbst bei Dunkelheit wahrnehmen und lokalisieren (▣ Abb. 21.6). Vermutlich sind die genannten Schlangen sogar zu einem echten Infrarotsehen in der Lage. Eine Maus, die 10 °C wärmer ist als ihre Umgebungstemperatur, wird von einer Grubenotter noch aus 60–70 cm, eine Ratte aus 120 cm Entfernung entdeckt.

Die etwa 3 mm breiten Grubenorgane der **Grubenottern** werden jeweils durch eine 15 μm dicke, stark durchblutete, mitochondrienreiche **Membran** unterteilt (▣ Abb. 21.7), die von thermosensitiven Fasern des N. trigeminus innerviert wird. Ein luftgefüllter Raum zwischen der Membran und dem Boden der Grube verringert die Wärmediffusion zum Körpergewebe. Bei den Lippenorganen fehlt diese Membran, doch sind auch sie stark durchblutet und dicht innerviert. Die Infrarotorgane der Schlangen arbeiten nach dem Bolometerprinzip[522]. Ein Festkörper (die Membran bei den Grubenottern und die Lippenorgane bei den Pythons und Boas) absorbiert elektromagnetische Strahlung. Die dadurch verursachte Erwärmung wird mithilfe von thermosensitiven Nervenfasern gemessen. Bei den thermosensitiven Ionenkanälen in den Nervenfasern handelt es sich um abgewandelte TRPA1-Kanäle die empfindlicher auf Wärme reagieren als alle anderen bisher bei Wirbeltieren identifizierten Ionenkanäle. Die Crotalinae haben die TRPA1-Kanäle unabhängig von den Boinae und Phytoninae, von denen sie stammesgeschichtlich seit mehr als 30 Mio. Jahren getrennt sind, zu thermosensitiven Ionenkanälen entwickelt.

Die Grubenorgane der Grubenottern antworten phasisch-tonisch auf Wärmestrahlung der Wellenlänge 1–13 μm. Die phasische Antwortkomponente bewirkt, dass diese Organe besonders gut auf Temperaturänderungen, also auf bewegte warme Objekte, reagieren. Bereits eine schnelle Temperaturerhöhung von nur 0,003 °C reicht bei der Klapperschlange (*Crotalus*) zur Erregung aus. Dem entspricht eine Energiezufuhr von 10–100 $\mu W\ cm^{-2}$.

Durch die Anordnung der Rezeptoren an der Basis einer Grube ist – wie bei Grubenaugen – eine **Richtungsperzeption** möglich. Die Fasern des Grubenorgans terminieren im Kern des lateralen, absteigenden Trigeminustrakts. Von dort gibt es Projektionen über den Nucleus reticularis caloris ins kontralaterale **Tectum opticum** (▣ Abb. 21.8). Im Tectum wird nicht nur das Bild des Grubenorgans in einer räumlichen Karte abgelegt, sondern auch das über die Retina vermittelte Bild (retinotope Organisation des Tectums, ► Abschn. 18.7.2). Beide Informa-

[522] *bole* (griech) = Wurf, Strahl

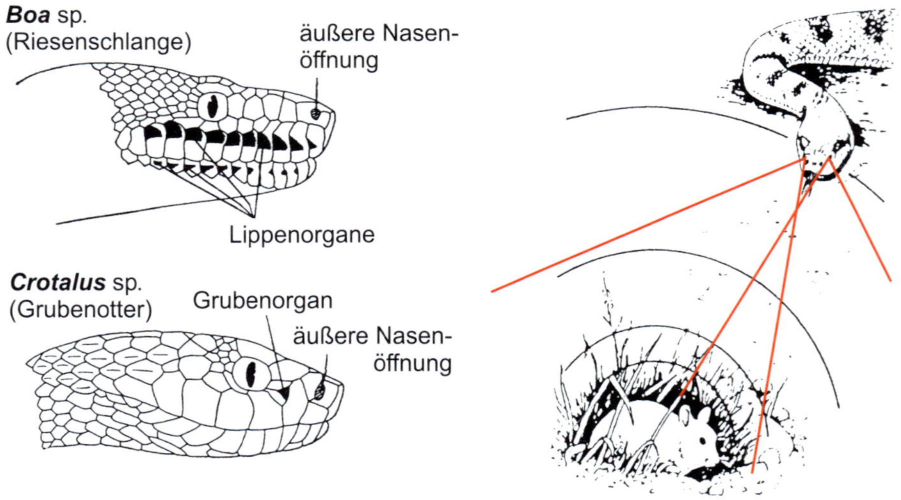

▣ **Abb. 21.6** Die Grubenotter (*Crotalus viridis*) kann mit ihren paarigen Grubenorganen (Zügelgruben) zwischen äußerer Nasenöffnung und Auge warmblütige Beutetiere lokalisieren. Die Riesenschlangen (Boas und Phytons) besitzen stattdessen viele Lippenorgane. (Aus Schöne H (1980) Orientierung im Raum. Wissenschaftliche Verlagsgesellschaft, Stuttgart, und Storch V, Welsch U (1997) Systemische Zoologie. 5. Aufl. Fischer, Stuttgart.)

tionen werden im Tectum miteinander verrechnet. Einige bimodale tectale Neurone antworten zum Beispiel nur, wenn sie gleichzeitig über die optische und die Infrarotbahn erregt werden (Und-Neurone). Andere Neurone antworten schon, wenn sie über eine der beiden Bahnen angesteuert werden (Oder-Neurone). Schließlich gibt es infrarotsensitive Neurone, die durch visuelle Reize gehemmt (visuell unterdrückt) bzw. verstärkt (visuell verstärkt) werden.

21.3.3 Insekten

Es gibt mehrere Insektenarten, die mithilfe von Infrarotorganen Waldbrände detektieren (▶ Box 21.2). Sehr gut untersucht ist der Infrarotsinn des Prachtkäfers *Melanophila acuminata*. Dieser Käfer legt seine Eier bevorzugt unter der Rinde toter, feuergeschädigter Bäume ab. Die Larven von *Melanophila* sind auf das Holz frischtoter Bäume angewiesen, da sie den

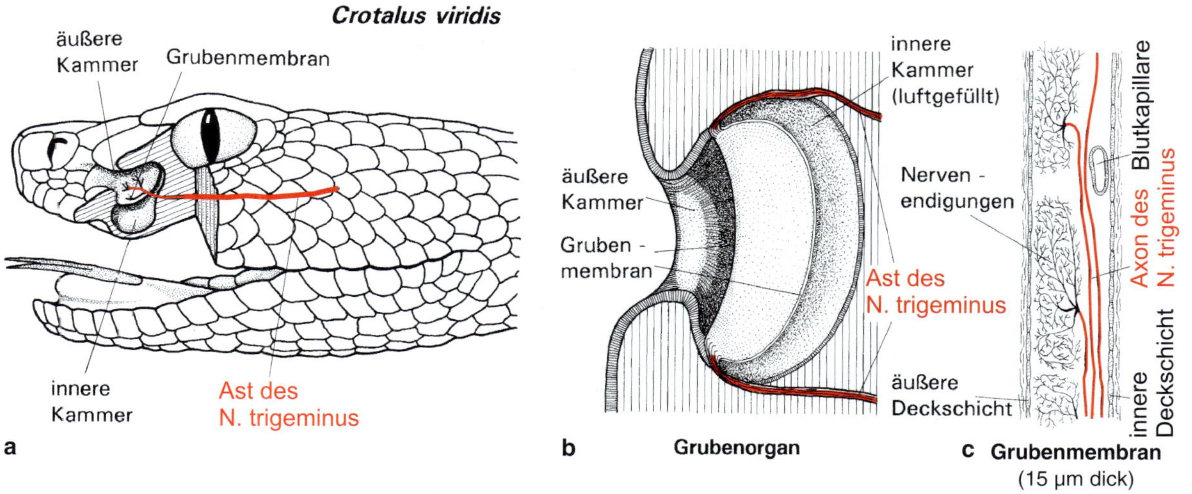

Abb. 21.7 Grubenorgan der Klapperschlange *Crotalus viridis*. **a** Kopf einer Klapperschlange mit Grubenorgan und Nervus trigeminus. **b** Grubenorgan (Querschnitt) mit äußerer Kammer, innerer Kammer und Grubenmembran. **c** Vergrößerte Teilansicht des Querschnitts der Grubenmembran. (Nach Bullock TH, Diecke FPJ (1956) Properties of an infrared receptor. J Physiol 134, 47–87, und Newman EA, Hartline PH (1982) The infrared »vision« of snakes. Sci Am 246 (3), 98–107.)

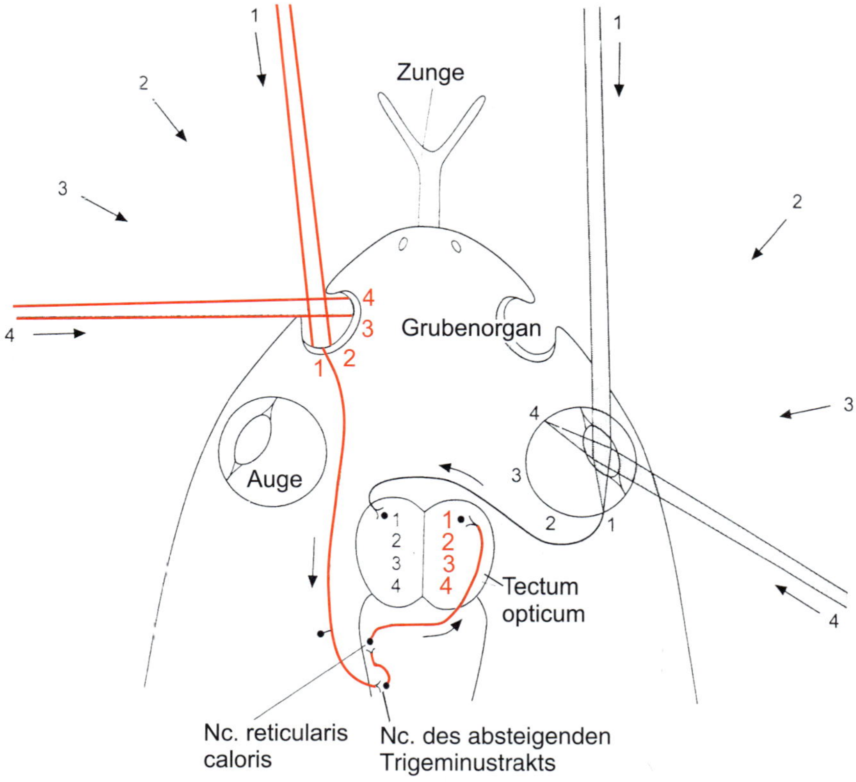

Abb. 21.8 Die über die Infrarotrezeptoren des Grubenorgans und derjenige über die Lichtsinneszellen der Retina abgebildete Räume werden im jeweils kontralateralen Tectum opticum topografisch deckungsgleich abgebildet und in komplexer Weise miteinander verrechnet. Nc = Nucleus. (Aus Newman EA, Hartline PH (1982) The infrared »vision« of snakes. Sci Am 246 (3), 98–107.)

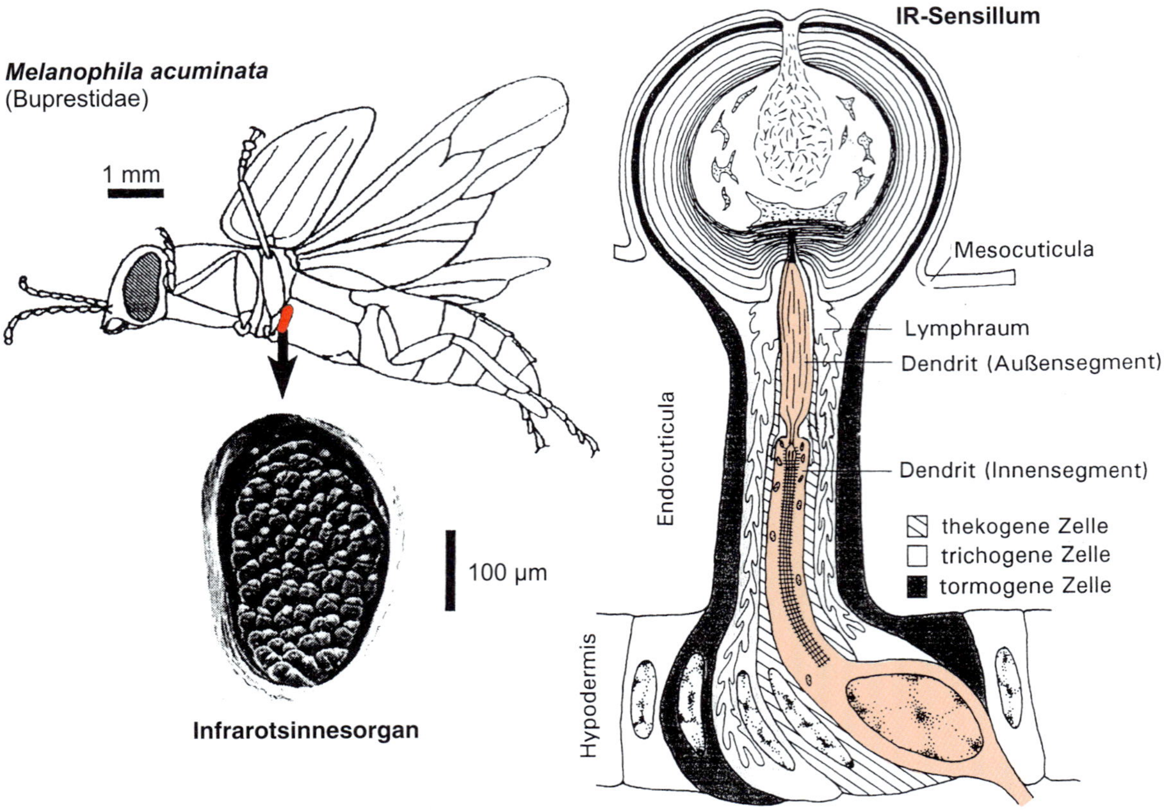

Abb. 21.9 Das Infrarotsinnesorgan des Käfers *Melanophila*. Es enthält bis zu 80 kuppelförmige Infrarotsensillen. Rot eingezeichnet ist die mechanosensorische Sinneszelle. (Nach Schmitz H, Bleckmann H (1998) The photomechanic infrared receptor for the detection of forest fires in the buprestid beetle *Melanophila acuminata*. J Comp Physiol A 182, 647–457.)

Abwehrreaktionen lebender Bäume gegen Insektenfraß nicht gewachsen sind. *Melanophila* kann wahrscheinlich Waldbrände aus Entfernungen bis zu 100 km orten und anfliegen. Zum Ansteuern eines Waldbrands dienen zwei ventrolaterale **Sinnesgruben** unmittelbar hinter den Coxen der Mittelbeine des Thorax. Jede Sinnesgrube ist ca. 0,1 mm tief und hat eine Abmessung von 0,15–0,3 mm (Abb. 21.9). Beim lebenden Tier ist die Grube mit einem Geflecht feiner weißer Wachsfädchen ausgefüllt, die die elektromagnetische Strahlung im sichtbaren Wellenlängenbereich reflektiert. Am Boden der Gruben liegen ca. 80 kuppelförmige Erhebungen, unter denen sich jeweils eine Cuticulakugel befindet, die im Inneren flüssigkeitsgefüllte Hohlräume (**Mikrolakunen**) aufweist.

Bie den Sinneszellen, die die Cuticulakugeln von *Melanophila* innervieren, handelt es sich um **Mechanorezeptoren.** Die von einem Waldbrand ausgehende Infrarotstrahlung erreicht eine maximale Intensität bei einer Wellenlänge von 3 µm. Die zu dieser Wellenlänge gehörende Frequenz ist mit der Resonanzfrequenz der langkettigen Biopolymere der Cuticula (Proteine, Chitine) sowie wässriger Flüssigkeiten nahezu identisch. Elektromagnetische Strahlung der Wellenlänge 3 µm wird deshalb sowohl von der Cuticula als auch von wässrigen Lösungen maximal absorbiert. Diese Absorption führt wahrscheinlich zu einer Anregung der Moleküle im Bereich ihrer Resonanzfrequenz und damit zu einer sehr schnellen Ausdehnung der Flüssigkeit und der Cuticulakugeln, auf die der Mechanorezeptor hochempfindlich reagiert (**photomechanischer Transduktionsprozess**). Bei *Melanophila* reicht ein Infrarotstrahl von 2 ms Dauer aus, um eine Antwort der Sinneszelle auszulösen. Nach Berechnungen genügt eine Temperaturerhöhung von 0,01 K, um ein Aktionspotenzial auszulösen. Das entspricht einer Schwellenenergie von ca. 500 $\mu W\ cm^{-2}$.

Box 21.2 Infrarotsensoren bei pyrophilen Käfern und Wanzen

Neben Vertretern der Gattung *Melanophila* wurden bisher bei zwei weiteren Käfergattungen Infrarotrezeptoren gefunden, außerdem bei Wanzen der Gattung *Aradus*. Alle Arten dieser Gattungen fliegen Waldbrände an, sind also pyrophil[523]. Der zur Familie der Prachtkäfer zählende australische Feuerkäfer *Merimna atrata* besitzt zwei Paare von Infrarotorganen auf der Ventralseite des zweiten und dritten abdominalen Sternits (Abb. 21.10). Diese Organe werden jeweils von einem großen thermosensitiven **multipolaren Neuron** (Warmrezeptor) innerviert. Der ebenfalls in Aus-

▼

[523] *pyr, pyros* (griech.) = Feuer; *philos* (griech.) = freundlich

tralien beheimatete 3–6 mm große Käfer *Acanthocnemus nigricans* besitzt zwei scheibenförmige Infrarotorgane im Bereich des ventralen Thorax. Wie bei den Grubenorganen der Klapperschlangen ist die strahlungsabsorbierende Oberfläche dieser Organe durch einen luftgefüllten Hohlraum vom Körper isoliert. Die Infrarotorgane von *Merimna* und *Acanthocnemus* arbeiten – wie die Infrarotorgane der Riesenschlangen und Grubenottern (s. o.) – nach dem **Bolometerprinzip.** Infrarotstrahlung wird von der Cuticula absorbiert und die daraus resultierende Temperaturerhöhung der Cuticula mithilfe von Thermosensoren registriert. Ihre Empfindlichkeit ist allerdings geringer (Schwellenenergie bei *Merimna* ca. 40 mW cm^{-2}, bei *Acanthocnemus* ca. 11 mW cm^{-2}) als die der infrarotsensitiven Schlangen. *Merimna* und *Acanthocnemus* nutzen ihre Infrarotorgane deshalb vermutlich nur als Frühwarnsystem, das ein gefahrloses Landen in unmittelbarer Nähe heißer Oberflächen ermöglicht. Die IR-Organe der pyrophilen Wanzen der Gattung *Aradus* arbeiten wahrscheinlich, wie die von *Melanophila*, ebenfalls nach dem photomechanischen Prinzip.

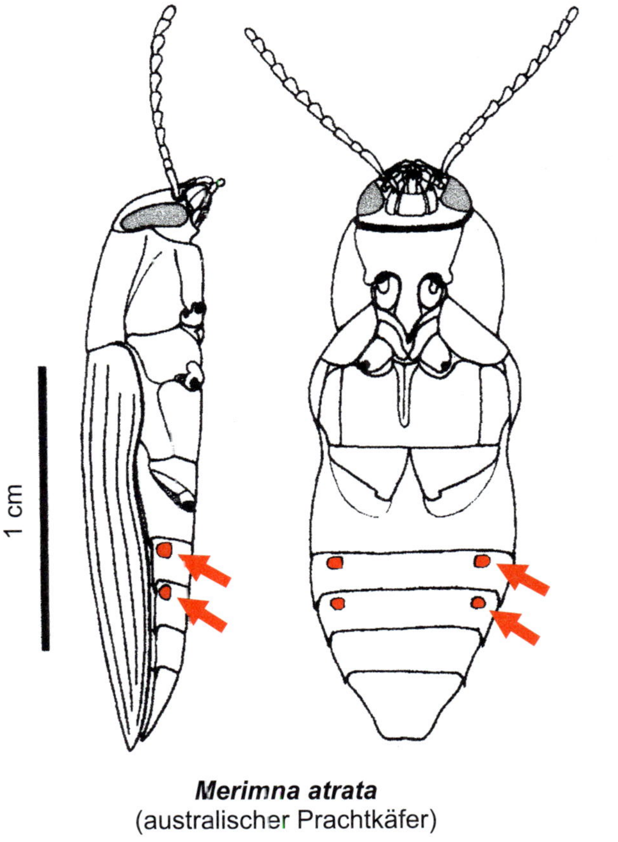

Abb. 21.10 Die vier abdominalen Infrarotsinnesorgane (Pfeile) des australischen Prachtkäfers *Merimna atrata*. (Nach Mainz T, Schmitz A, Schmitz H (2004) Variation in number and differentiation of the abdominal infrared receptors in the Australian »fire-beetle« *Merimna atrata* (Coleoptera, Buprestidae). Arth Struct Dev 33, 419–430.)

21.4 Fragen zum Selbststudium

- Was versteht man unter Wärmeleitung, was unter Wärmekonvektion und Wärmestrahlung?
- Was sind TRP-Kanäle und wo kommen sie vor?
- Beschreiben Sie die physiologische Antwort von Kalt- und Warmrezeptoren.
- Welche Schlangen verfügen über Infrarotrezeptoren?
- Beschreiben Sie den Aufbau des Infrarotorgans von Grubenottern.
- Wie funktioniert das Infrarotorgan des pyrophilen Käfers *Melanophila*?

Weiterführende Literatur

Allgemeines

Martinez CB, de la Pena Garcia E (2013) Thermosensation. In: Galizia CG, Lledo PM (Eds.) Neurosciences. Springer Verlag, Berlin, Heidelberg, pp. 303–321.

Molenaar GJ (1992) Anatomy and physiology of infrared sensitivity of snakes. In: Biology of the Reptilia (Gans C, ed.). University of Chicago Press: pp. 367–453.

Patapoutian A, Peier AM, Story GM, Viswanath V (2003) ThermoTRP channels and beyond: Mechanisms of temperature sensation. Nature Review Neuroscience 4, 529–539.

Spezielle Aspekte

Craig AD, Zhang ET, Blomquist A (1999) A distinct thermoreceptive subregion of lamina I in nucleus caudalis of the owl monkey. Journal of Comparative Neurology 404, 221–234.

Ehn R, Tichy H (1996) Threshold for detecting temperature changes in a spider thermoreceptor. Journal of Neurophysiology 76, 2608–2613.

Gallio M, Ofstad TA, Macpherson LJ, Wang JW, Zuker CS (2011) The coding of temperature in the *Drosophila* brain. Cell 144, 614–624.

Gorbunov V, Fuchigami N et al. (2002) Biological thermal detection: Micromechanical and microthermal properties of biological infrared receptors. Biomacromolecules 3, 106–115.

Goris R, Nalano M et al. (2000) Nervous control of blood flow microcinetics in the infrared organs of pit vipers. Autonomic Neuroscience: Basic and Clinical 84, 98–106.

Gracheva EO, Ingolia NT, Kelly Ym, Cordero-Morales JF, Hollopeter G, Chesler AT, Sanchez EE, Perez JC, Weissmann JS, Julius D (2010) Molecular basis of infrared detection by snakes. Nature 464, 1006–1012.

Moiseenkova V et al. (2003) Wide-band spectral tuning of heat receptors in the pit organ of the copperhead snake (Crotalinae). American Journal of Physiology and Regulatory Integration Comparative Physiology 284, R598-R606.

Schmitz H, Bleckmann H (1997) Fine structure and physiology of the infrared receptor of beetles of the genus *Melanophila* (Coleoptera. Buprestidae). International Journal of Insect Morphology and Embryology 26, 205–215.

Schmitz H, Bleckmann H, Mürtz M (1997) Infrared detection in a beetle. Nature 386, 773–774.

Sicher AB, Friedel P, van Hemmen JI (2006) Snake's perspective on heat: reconstruction of input using an imperfect detection system. Physical Review Letters 97, 068105.

Nozizeption und Schmerz

Alle tierischen Lebewesen verfügen vermutlich über die Fähigkeit, aversive, gewebeschädigende Reize zu detektieren und hierauf effektiv zu reagieren. Abwehr- und Vermeidungsverhalten gegenüber schädlichen, noxischen[524], Reizen findet man bereits bei Cnidariern. Ein eigenständiges nozizeptives Sinnessystem (**Nozizeption**) wurde erstmals 1903 von Charles Sherrington* vermutet und ist inzwischen vor allem bei Säugetieren intensiv untersucht, bei anderen Wirbeltieren, Insekten, Mollusken und dem Nematoden *Caenorhabditis elegans* aber ebenfalls bestätigt.

Während **Nozizeption** die Aufnahme und sensorische Verarbeitung noxischer, gewebeschädigender Reize umfasst, stellt **Schmerz** eine **subjektive, emotionale Sinneswahrnehmung** dar und wurde daher von der International Association for the Study of Pain (IASP) definiert als »ein unangenehmes Sinnes- und Gefühlserlebnis, das mit aktueller oder potenzieller Gewebeschädigung verknüpft ist oder mit Begriffen einer solchen Schädigung beschrieben wird«. Diese Definition schließt die Warnfunktion des Schmerzes ein und bedeutet gleichzeitig, dass zum Beispiel chronischer Schmerz unabhängig von der Erregung von Nozizeptoren auftreten oder selbst bei starker nozizeptiver Erregung durch zentralnervöse Hemmung eine Schmerzwahrnehmung ausbleiben kann. Die Schmerzwahrnehmung dient der Vermeidung von Situationen oder Konditionen, in denen das Tier körperliche Schäden (Verletzungen) erleiden oder die sein Leben bedrohen. Schmerzen im Zusammenhang mit bestehenden Verletzungen dienen der Mahnung, die Verletzungsstelle zu schonen, um den Schaden nicht zu vergrößern oder den Heilungsprozess nicht zu verzögern. Da Schmerz eine emotionale Bewertung nozizeptiver Signale darstellt und eine bewusste Wahrnehmung voraussetzt, nimmt man an, dass Schmerz nur bei Tieren vorkommt, die zu emotionalen Empfindungen wie Angst, Leid oder Furcht in der Lage sind. Schmerzempfindungen kommen also vermutlich nur bei Wirbeltieren vor und dort in abgestufter Weise gemäß der jeweiligen Evolutionsstufe.

22.1 Nozizeption bei Säugetieren

22.1.1 Nozizeptive Afferenzen und Mediatoren

Nozizeptive Afferenzen sind spezialisierte Sinneszellen des somatosensorischen Systems, die sowohl in der Haut als auch in inneren Organen (Knochen, Muskeln, Herz, Eingeweide) vorkommen, nicht aber im Gehirn. Morphologisch handelt es sich um freie Nervenendigungen nichtmyelinisierter C-Fasern (Leitungsgeschwindigkeit 0,5–2,0 m s^{-1}) sowie dünn myelinisierter Aδ-Fasern (Leitungsgeschwindigkeit 10–30 m s^{-1}). Allen Nozizeptoren gemeinsam ist, dass sie nur auf starke gewebeschädigende Reize reagieren. Die schneller leitenden Aδ-Fasern vermitteln einen frühen, stechenden ersten Schmerz und lassen sich nach dem jeweiligen adäquaten Reiz unterteilen in Mechanonozizeptoren, die auf starke mechanische Reize reagieren,

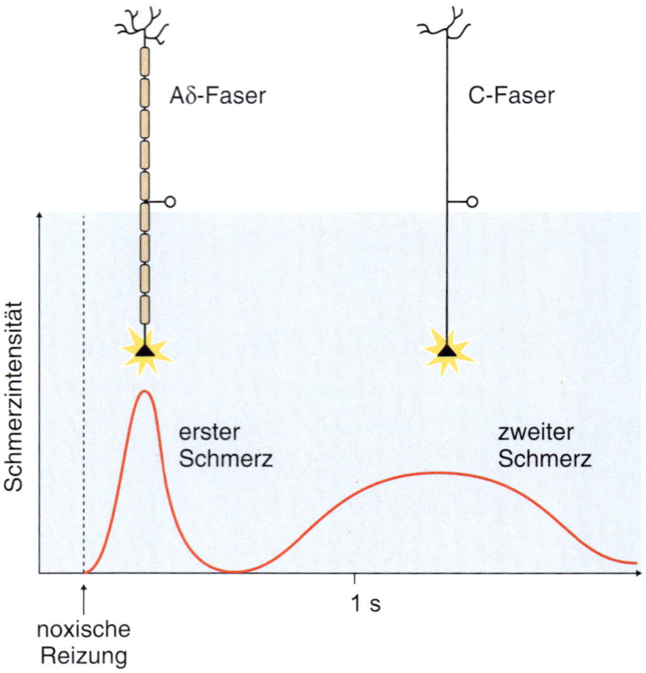

Abb. 22.1 Verschiedene Klassen von Nozizeptoren in der Haut des Menschen vermitteln zwei Arten von Schmerz. Während die myelinisierten Aδ-Fasern einen stechenden ersten Schmerz vermitteln, übertragen die langsam leitenden C-Fasern einen brennenden zweiten Schmerz. (Aus Squire LR, Berg, D, Bloom FE, du Lac S, Ghosh A, Spitzer NC (2008) Fundamental Neuroscience. 3. Aufl. Elsevier, Amsterdam, Abb. 25.7, S. 590.)

und Thermonozizeptoren, die auf extreme thermische Reize (Hitze und Kälte) reagieren. Die nozizeptiven C-Fasern sind wesentlich häufiger, vermitteln einen später wahrgenommenen, brennenden zweiten Schmerz und sind meist polymodal, das heißt, sie reagieren auf thermische, mechanische und chemische noxische Reize (Abb. 22.1). Spezielle Typen von C-Fasern werden als **stumme Nozizeptoren** bezeichnet. Sie reagieren weder auf noxische mechanische noch auf thermische Stimuli, werden aber durch Substanzen, die nach verletzungsbedingter Entzündung aus dem Gewebe freigesetzt werden, sensitiviert und antworten erst dann auf noxische Reize.

Entsprechend der unterschiedlichen Reizmodalitäten, von denen Nozizeptoren erregt werden, variiert ihre Ausstattung mit molekularen Rezeptoren für schmerzauslösende chemische Stoffe (chemische Noxen), Hitzereize, Kältereize oder noxische mechanische Reize (Abb. 22.2). Jede Art von **Verletzung von Gewebe** erzeugt eine Reihe lokaler Ereignisse, die zur Auslösung von Signalen in den in der Nähe gelegenen peripheren Nozizeptoren führen können. Die Zerstörung von tierischen Zellen setzt aus dem Zellinneren **K^+-Ionen** in die extrazelluläre Flüssigkeit des Gewebes frei. Die damit verbundene Konzentrationssteigerung führt in den freien Nervenendigungen zur **Depolarisation des Membranpotenzials** (► Abschn. 1.5.8). Dies kann bei überschwelligen Signalen die Auslösung von Aktionspotenzialen in den erregbaren Anteilen der Plasmamembran der Rezeptorzellen und eine Weiterleitung der Signale durch die peripheren Leitungsbahnen (► Abschn. 22.2) in das Zentralnervensytem be-

[524] *nocere* (lat.) = schaden

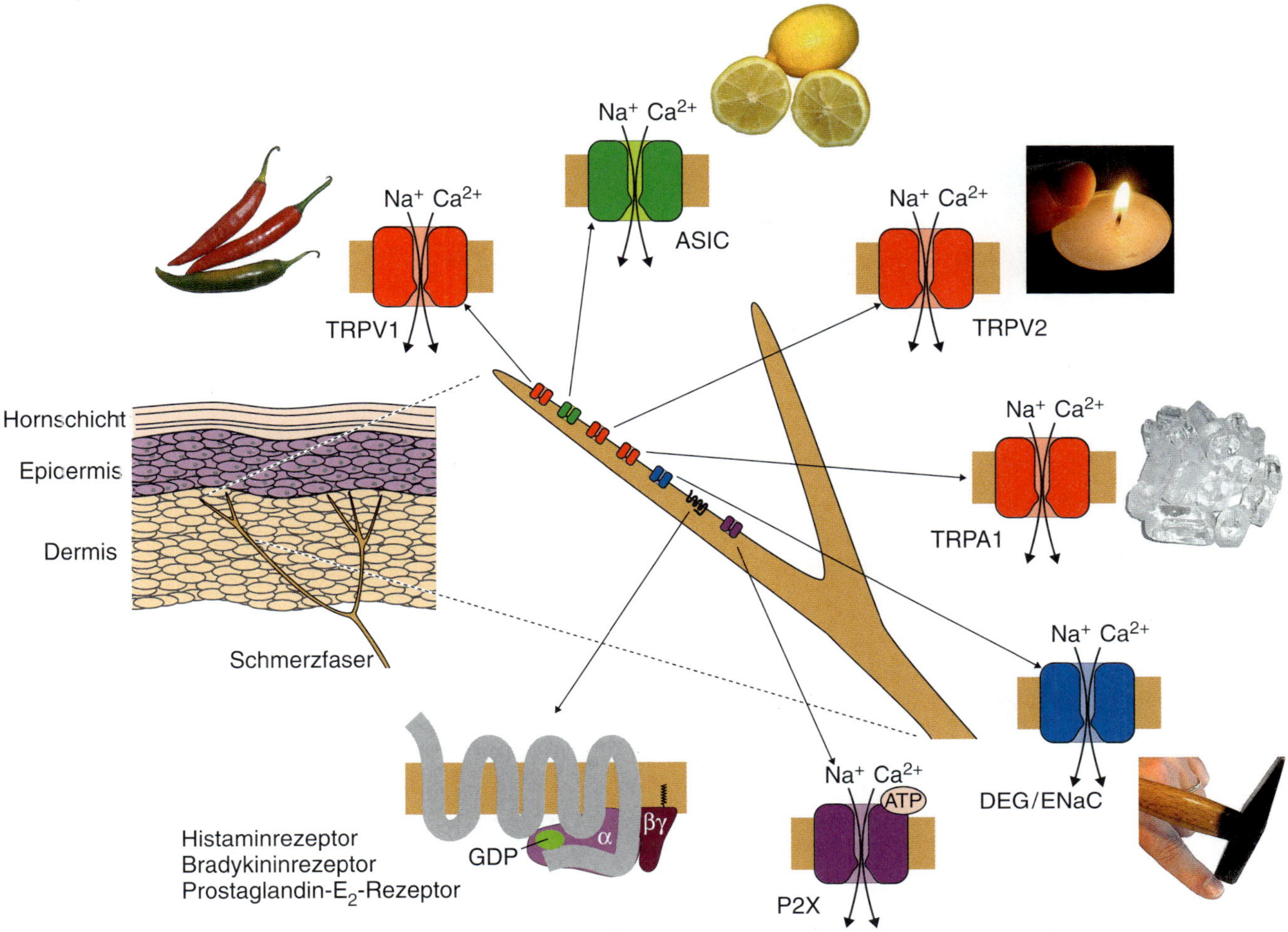

Abb. 22.2 Wirkung noxischer Reize auf Plasmamembranen freier Nervenendigungen im Gewebe. An der Nozizeption beteiligte freie Nervenendigungen der Haut liegen in den Dermispapillen am Übergang zwischen Dermis und Epidermis. In der Plasmamembran freier Nervenendigungen befinden sich Transmembranproteine, die als Rezeptoren für extrazelluläre Botenstoffe fungieren (ATP, Bradykinin, H^+-Ionen, Histamin, Prostaglandin E2) bzw. noxische Temperaturreize (Hitze, Kälte) oder mechanische Reize (Schlag, Quetschung) detektieren. Die metabotropen Rezeptoren für Histamin vermitteln wie die ionotropen Rezeptoren ASIC, DEG/ENaC, P2X und TRP Schmerzsignale. Sie werden daher als Nozizeptoren bezeichnet. Dagegen vermitteln die Rezeptoren für Bradykinin oder Prostaglandin E2 die Sensitivierung der Nozizeptoren. Weitere Erläuterungen im Text. ASIC = *acid sensing ion channel*; DEG/ENaC = Degenerin/epithelialer Na^+-Kanal; P2X = purinerger Rezeptor vom 2X-Subtyp; TRP = *transient receptor potential*-Kanal.

wirken. Außerdem werden durch den Verlust der Zellintegrität intrazelluläre Nucleotide (z. B. ATP) in den Extrazellularraum freigesetzt. Der **Anstieg der lokalen extrazellulären ATP-Konzentration** führt in bestimmten nozizeptiven Afferenzen zur Aktivierung **purinerger Rezeptoren** (ionotrope Rezeptorionenkanäle) vom Subtyp P2X, die nach Ligandenbindung einen Kationeneinstrom (Na^+, Ca^{2+}) in die freie Nervenendigung ermöglichen. Das kann wiederum eine Membrandepolarisation und Auslösung von Aktionspotenzialen zu Folge haben.

Verletzungen des Gewebes oder Infektionen führen lokal zu Reaktionen von Zellen des angeborenen Immunsystems (► Kap. 29). **Mastzellen** setzen exocytotisch den Inhalt ihrer Speichervesikel frei, wodurch unter anderem **Histamin** aus den Zellen entlassen wird (◘ Abb. 22.2, ◘ Abb. 22.3). Histamin wirkt in Vertebraten über den H1-Rezeptor (Phospholipase-C-gekoppelter GPCR; GPCR für G-Protein-gekoppelter Rezeptor) auf die glatten Muskelzellen kleiner Blutgefäße und erhöht so die lokale Durchblutung (Rötung des Gewebes, Erythembildung[525]). Außerdem wirkt es auf die Endothelzellen der Blutgefäße und steigert die Durchlässigkeit des Endothels für Wasser und kleinmolekulare Plasmabestandteile. Dies führt zur Bildung eines lokalen Ödems[526], das es Leukocyten ermöglicht, sich ungehindert im geschädigten Gewebe zu bewegen. Durch den ansteigenden Druck im Gewebe werden auf mechanischem Weg freie Nervenendigungen aktiviert und senden Juck- oder Schmerzsignale an das Zentralnervensystem. Histamin kann auch direkt an G-Protein-gekoppelte Rezeptoren (H1-Subtyp) der freien Nervenendigungen binden und dort die Auslösung von Signalen induzieren (◘ Abb. 22.3).

Zellzerstörungen führen zur lokalen Aktivierung von Proteasen im extrazellulären Medium, darunter die **Kallikreine**.

525 *erythema* (griech.) = Röte, Entzündung
526 *oidema* (griech.) = Schwellung

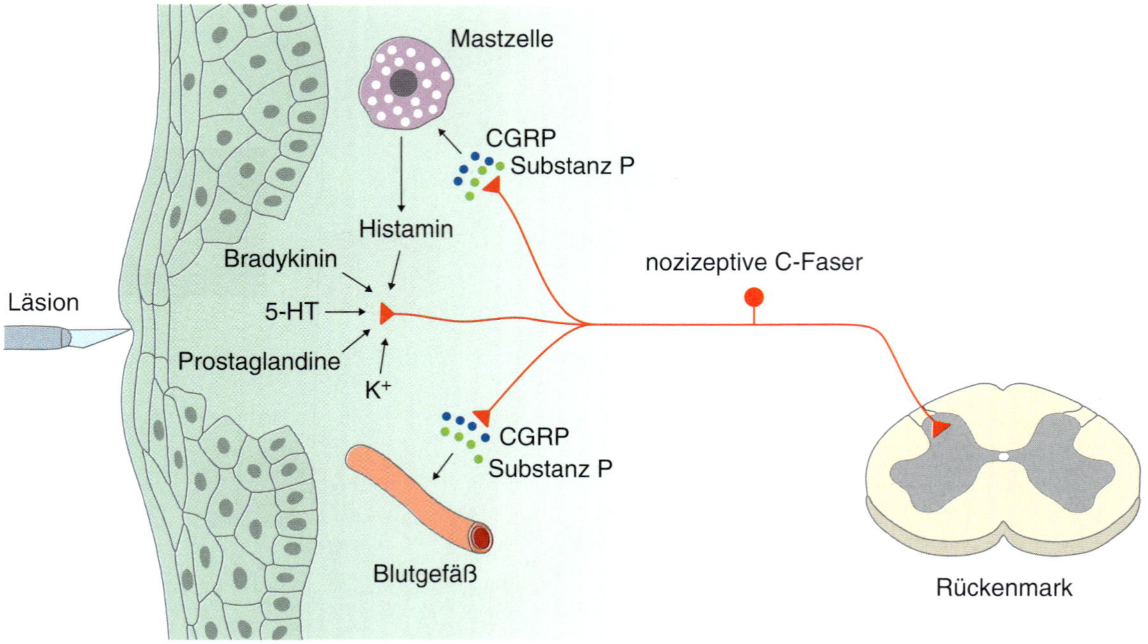

Abb. 22.3 Entzündungsreaktionen nach Verletzung des Hautgewebes, die zur Aktivierung und Sensitivierung von Nozizeptoren vom Typ C führen. Nach direkter Aktivierung der C-Fasern durch freigesetzte K^+-Ionen, Bradykinin und Prostaglandine werden über Axonkollaterale in umliegende, auch nicht betroffene Regionen Substanz P und CGRP freigesetzt, die zur vermehrten Ausschüttung von Histamin aus Mastzellen sowie zu Blutgefäßerweiterungen führen. Infolge des entstehenden Ödems kommt es zu einer weiteren Freisetzung von Bradykinin. CGRP = *calcitonin gene-related peptide*. (Aus Kandel ER, Schwartz JH, Jessel TM (2000) Principles of neural science. 4. Aufl. McGraw-Hill, New York, Abb. 24-7, S. 481.)

Diese binden die mit dem Blutstrom an den Ort der Verletzung gelangenden **Plasmakininogene** und spalten sie in biologisch aktive **Kinine** (z. B. das Nonapeptid **Bradykinin**). Kinine sind Gewebehormone, die unter anderem an G-Protein-gekoppelte Rezeptoren freier Nervenendigungen binden (im Fall des Bradykinins an den an die Phospholipase C gekoppelten B2-Rezeptor) und metabotrope Antworten in den Nozizeptoren hervorrufen (Produktion von Diacylglycerin und Inositoltrisphosphat, ▶ Abschn. 12.2). Diese können mittelbar eine Membrandepolarisation und die Auslösung von Aktionspotenzialen bewirken oder eine bereits bestehende Aktivierung des Nozizeptors verstärken (**Sensitivierung**). Ähnlich wirken auch **Prostaglandine** (z. B. PGE_2). Durch eine Aktivierung der Ca^{2+}-sensitiven Phospholipase A2 kann in ATP- oder bradykininaktivierten Zellen Arachidonsäure aus inositolhaltigen Glycerophospholipiden der Plasmamembran herausgelöst, durch die Cyclooxygenase über eine Endoperoxidbildung schließlich in Prostaglandin überführt und dieses aus den Zellen freigesetzt werden. Die Sensitivierung von lokalen Nozizeptoren über diesen Prostaglandinweg kann durch die Gabe von **Acetylsalicylsäure** unterbrochen werden. Diese überträgt eine Acetylgruppe auf die Cyclooxygenase, die dadurch irreversibel gehemmt wird. Auf diese Weise wirkt die Substanz als **Analgetikum**[527].

Eine erhöhte extrazelluläre Protonenkonzentration (**Säure**) löst über die Aktivierung bestimmter Ionenkanalmoleküle in der Plasmamembran freier Nervenendigungen im Gewebe ebenfalls noxische Empfindungen aus. Die Protonen wirken dabei auf einen säureempfindlichen Kationenkanal (*acid-sensing ion channel*, **ASIC**) aktivierend ein. Verschiedene ASIC-Subtypen sprechen auf unterschiedliche Protonenkonzentrationen im pH-Intervall zwischen 5 und 7 optimal an. Der resultierende Einstrom von Na^+- und Ca^{2+}-Ionen führt zur Depolarisation des Membranpotenzials und zur Auslösung von Aktionspotenzialen in den sensorischen Zellen.

Die ASIC-Kanäle gehören der gleichen Familie von Kanalproteinen an wie **DEG/ENaC** (Degenerin/epithelialer Na^+-Kanal). Alle sind nichtselektive Kationenkanäle, die auch in anderen freien Nervenendigungen vorkommen und besonders sensitiv auf **mechanische Reize** wie schnelle Druckänderungen (Schläge) oder Scherkräfte (Quetschung) im Gewebe reagieren. Reize dieser Art führen zum Einstrom von Na^+- und Ca^{2+}-Ionen, zur Depolarisation des Membranpotenzials und zur Auslösung von Aktionspotenzialen in den Nozizeptorzellen.

Auch **thermische Stimuli** (Wärmeeinwirkung) führen zu Aktivitäten in freien Nervenendigungen. Die im Gewebe liegenden Thermorezeptorzellen besitzen jeweils unterschiedliche Temperaturoptima (▶ Abschn. 21.1). Am oberen und unteren Ende des physiologischen Temperaturintervalls (<10 und >40 °C), jenseits derer der Organismus durch thermische Einflüsse auf das Gewebe Schaden nehmen könnte, werden durch spezielle Thermorezeptorkanalmoleküle auch noxische Empfindungen ausgelöst. Diese Kanäle gehören alle zu

[527] *an-* (griech.) = negativierende Vorsilbe; *algos* (griech.) = Schmerz

den TRP-(*transient receptor potential*-)Kanälen[528]. Es handelt sich um nichtselektive Kationenkanäle, die bei Aktivierung Na^+- und Ca^{2+}-Ionen in den Intrazellularraum der freien Nervenendigung eintreten lassen, die dadurch depolarisiert wird. Kühlt sich das Gewebe von Tieren auf Temperaturen unter 10 °C ab, kommt es zur Aktivierung des TRP-Kanals vom Subtyp A1, der bei etwa −1 °C (Gefahr des Gefrierens der Körperflüssigkeit) seine maximale Öffnungswahrscheinlichkeit erreicht. Dies wird vom Menschen als heftiger Kälteschmerz empfunden. Erhitzung des Gewebes auf Temperaturen über 40 °C (Gefahr der thermischen Proteindenaturierung) resultiert in einer Aktivierung des TRP-Kanals vom Subtyp V1, noch höhere Temperaturen (Gefahr der Verbrennung) in einer Aktivierung des Subtyps V2. Besonders die Aktivität des V2-Kanals führt beim Menschen zu brennenden Schmerzempfindungen und Vermeidungsverhalten. Die Kanäle der V-Untergruppe der TRP-Kanäle wurden so benannt, weil diese nicht nur auf hohe Temperaturen, sondern auch auf die Bindung bestimmter aromatischer Moleküle mit Aktivität reagieren. Diese Moleküle gehören zu den vanillinähnlichen Molekülen (Vanilloide). Besonders heftige Reaktionen zeigen die V1-Kanäle auf **Capsaicin**, ein aus Pflanzen der Gattung *Capsicum* (Paprika, Solanaceae) gewonnenes Alkaloid, das bei Säugetieren einen Hitze- oder Schärfereiz (z. B. beim Verzehr von Chilischoten) hervorruft. Sehr scharf gewürzte Speisen werden daher im angloamerikanischen Sprachraum auch als *hot* bezeichnet.

22.1.2 Neuronale Verarbeitung nozizeptiver Signale

Periphere Verarbeitung

Eine periphere Verletzung führt nach einem anfänglichen gut lokalisierbaren Schmerz (Aδ-Fasern; ◘ Tab. 13.7) oft zu einer sekundär einsetzenden Hautrötung und Schwellung verbunden mit einer erhöhten Empfindlichkeit, einer Sensitivierung nozizeptiver Afferenzen nach noxischen Reizen. Dies führt zu einer **Hyperalgesie**, einer verstärkten Reizempfindung im geschädigten und umliegenden Gewebe, sowie zu einer **Allodynie**, einer schmerzhaften Wahrnehmung selbst bei nichtnoxischen Reizen. So kann nach einem Sonnenbrand selbst eine leichte Berührung der Haut als schmerzhaft empfunden werden. Eine Reihe von Mechanismen trägt hierzu bei. C-Fasern haben Dendriten in relativ großen Hautbereichen und Aktionspotenziale in diesen Nozizeptoren breiten sich nicht nur entlang des Axons ins Rückenmark aus, sondern auch in Kollateralen, die sich auch in nichtgeschädigte Gewebebereiche erstrecken (Axonreflex, ◘ Abb. 22.3). Hier werden wie auch an den Axonterminalen im Rückenmark bei Erregung Glutamat sowie als Cotransmitter die Peptide Substanz P und CGRP (*calcitonin gene related peptide*) ausgeschüttet. Beide Peptide führen zur Dilatation (Erweiterung) von Blutgefäßen und damit zur Rötung des die Verletzungsstelle umgebenden Gewebes. Gleichzeitig treten vermehrt Elektrolyte aus Kapillaren aus, was zur Schwellung führt. In Mastzellen führt Substanz P zur Freisetzung von Histamin, das ebenfalls vasodilatatorisch wirkt und die Nozizeptoren depolarisiert. Durch die vermehrte Freisetzung von Entzündungsmediatoren und pH-Wert-Veränderungen kommt es schließlich auch zur Erregung stummer Nozizeptoren, die zur verstärkten langanhaltenden Schmerzempfindung beitragen.

Zentralnervöse Mechanismen

Im Gegensatz zu mechanosensorischen Axonen enden Nozizeptoren im dorsalen Horn des Rückenmarks. Hier sind Nozizeptoren einerseits in lokale motorische Reflexe eingebunden, die rasche Rückziehreaktionen vermitteln, andererseits erfolgt die Übertragung nozizeptiver Signale auf aufsteigende Neurone (◘ Abb. 22.4). Transmitter der Aδ-Nozizeptoren ist Glutamat, während die C-Fasern zusätzlich zu Glutamat die Peptide Substanz P und CGRP freisetzen. Postsynaptisch wirkt Glutamat auf NMDA- und Nicht-NMDA-Rezeptoren (▶ Abschn. 13.4.5). Die Freisetzung der Neuropeptide bei starker noxischer Reizung führt postsynaptisch zu einer über G-Proteine vermittelten Verstärkung der Glutamatwirkung. Im Rückenmark findet eine beträchtliche **Konvergenz** von nozizeptiven Afferenzen aus der Haut und aus den Eingeweiden statt, was dazu führen kann, dass der Ort der Gewebeschädigung zentralnervös nicht genau lokalisiert werden kann und es zum Phänomen des übertragenen Schmerzes kommt. So wird schmerzhafte Reizung im Herzbereich (Angina pectoris) als Schmerz im darüberliegenden Brustbereich und im linken Arm wahrgenommen.

Im Rückenmark können fünf aufsteigende nozizeptive Bahnen unterschieden werden. Größte Bedeutung hat der Tractus spinothalamicus. Er enthält spezifische nozizeptive Fasern, thermosensitive Neurone sowie WDR-(*wide-dynamic range*-) Neurone, die sowohl Eingang von C- und Aδ-Nozizeptoren als auch von nichtnoxischen somatosensorischen Afferenzen (z. B. Druckrezeptoren) erhalten. Die Neurone kreuzen auf Ebene des Rückenmarks auf die kontralaterale Seite und senden Axone zum medialen und lateralen Thalamus (◘ Abb. 22.4). Eine elektrische Reizung des Traktes führt zu Schmerzempfindung, während eine Durchtrennung zu einer markanten Reduktion der Schmerzwahrnehmung auf der kontralateralen Körperseite führt. Neurone des lateralen Thalamus codieren den präzisen Ort einer Verletzung, sie haben kleine rezeptive Felder, projizieren in den primären und sekundären somatosensorischen Cortex (S1 und S2) und vermitteln die bewusste akute Schmerzwahrnehmung. Neurone des medialen Thalamus projizieren in weite Bereiche des Cortex und der Basalganglien. Ihnen wird eher eine Funktion bei der affektiven

[528] Die Bezeichnung »TRP-(*transient receptor potential*-)Kanal« leitet sich von der Beschreibung des Phänotyps einer Mutante der Taufliege *Drosophila melanogaster* ab. In den Photorezeptorzellen dieser Mutante löst ein andauernder Lichtreiz nur eine vorübergehende Veränderung des Membranpotenzials aus. Erst später wurde das für dieses Phänomen verantwortliche Kanalprotein entdeckt und die ganze Proteinfamilie, zu der es gehört, danach benannt.

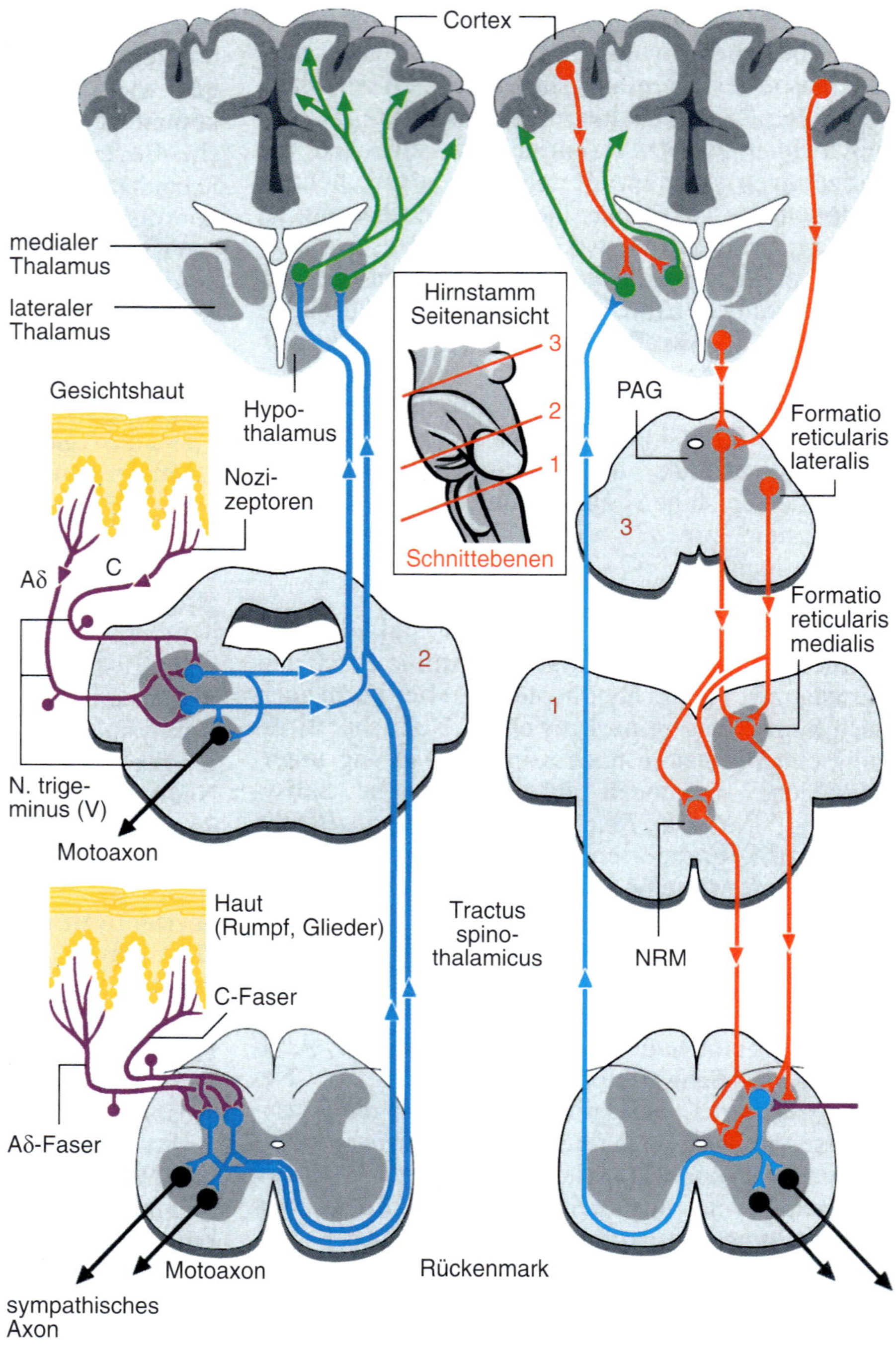

Abb. 22.4 Nozizeptive Afferenzen (violett), zum Gehirn aufsteigende (blau, grün) und von ihm absteigende (rot) nozizeptive Bahnen. Als aufsteigende Bahn ist lediglich der Tractus spinothalamicus gezeigt. In der Mitte ist eine laterale Ansicht des Hirnstamms mit den Schnittebenen 1 (cranialer Rand der unteren Olive), 2 (Mitte des Pons) und 3 (unteres Mesencephalon) dargestellt. Weitere Erläuterungen im Text. PAG = periaquäduktales Grau; NRM = Nucleus raphe magnus. (Nach Dudel J, Menzel R, Schmidt RF (2001) Neurowissenschaft. Springer, Berlin, Abb. 21-5, S. 459.)

Bewertung (Schmerz) der nozizeptiven Signale zugesprochen. Die funktionelle Bildgebung zeigt, dass während einer nozizeptiven Reizung vor allem vier cortikale Areale aktiv sind. Während S1 und S2 des somatosensorischen Cortex eine kognitive und diskriminierende Funktion haben, nimmt man an, dass die erhöhte Aktivität im anterioren Gyrus cinguli (▶ Box 13.4) sowie im Inselcortex, einem kleinen Cortexbereich im Sulcus lateralis, die emotionale Bewertung der noxischen Stimulation widerspiegelt.

Die synaptische Übertragung nozizeptiver Signale in Rückenmark und Gehirn steht unter starker zentralnervöser, absteigender Kontrolle. Eine zentrale Rolle hierbei spielt das periaquäduktale Grau (PAG), ein Kerngebiet im Tegmentum, das den zentralen Liquorkanal des Mittelhirns umgibt. Es steht unter der Kontrolle von Neuronen des Hypothalamus, die das Peptid β-Endorphin ausschütten. Die elektrische Stimulation des PAG kann eine totale **Analgesie** erzeugen. Enkephalinfreisetzende Neurone des PAG verschalten unter anderem auf absteigende Neurone des Nucleus raphe, dessen serotonerge Neurone wiederum auf hemmende Interneurone im dorsalen Horn verschalten (◘ Abb. 22.4), die die Neuroeptide Enkephalin oder Dynorphin freisetzen. Beide Peptide sowie β-Endorphin gehören zur Gruppe der Opioidpeptide (▶ Abschn. 13.4.5). Diese haben eine hemmende Wirkung auf die nozizeptive Aktivität und wirken

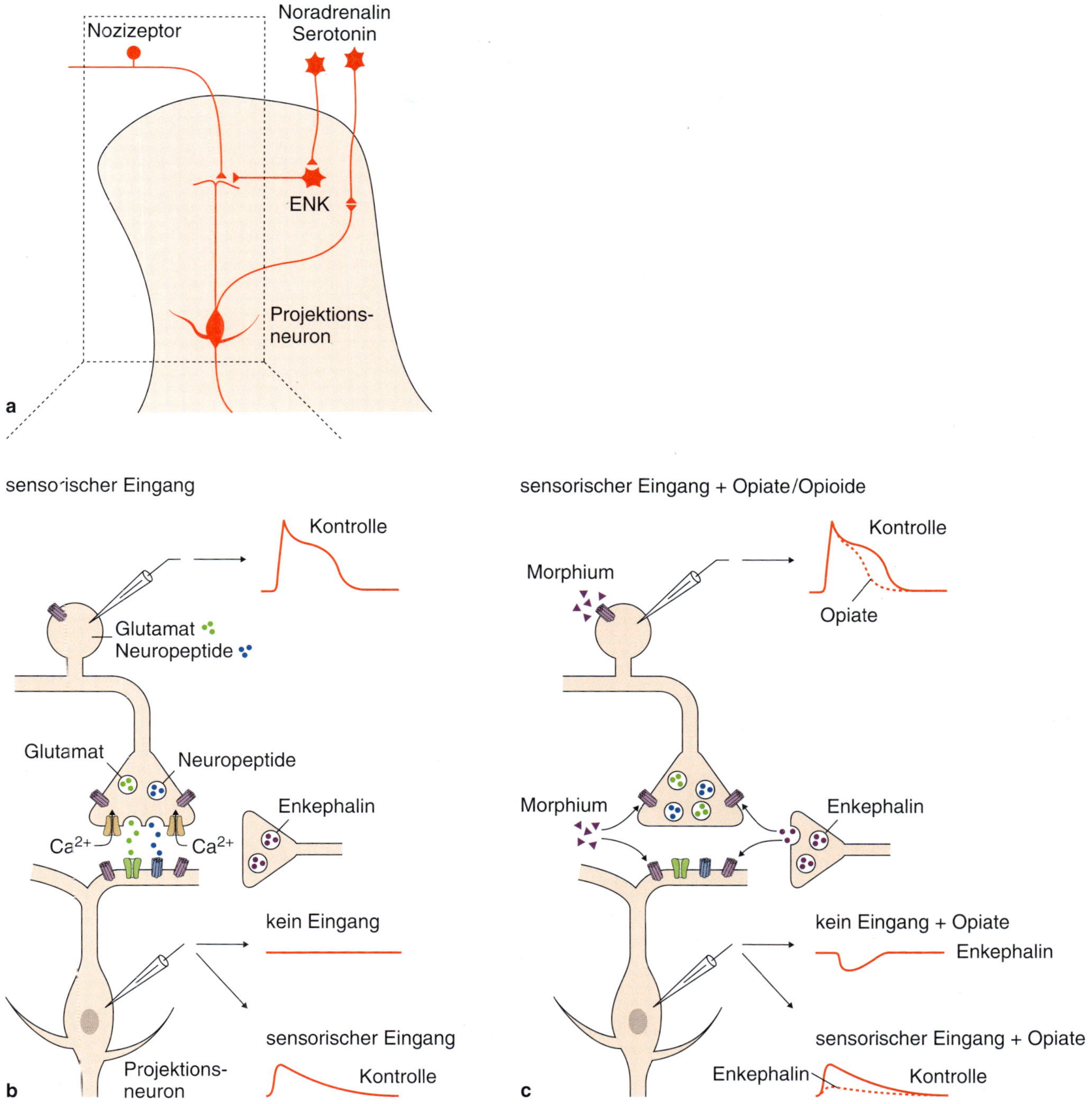

Abb. 22.5 Modulation der nozizeptiven Übertragung im dorsalen Horn des Rückenmarks. **a** Neuronale Verschaltung im dorsalen Horn. Interneurone, die lokal Enkephalin freisetzen, hemmen die synaptische Übertragung von Nozizeptoren auf Projektionsneurone. Aus dem Hirnstamm absteigende serotonerge und noradrenerge Neurone aktivieren diese Interneurone und unterdrücken die Aktivität der Projektionsneurone. **b** Aktivität der Nozizeptoren führt zur Freisetzung von Glutamat und Peptiden. Folge ist eine Depolarisation und die Aktivierung der Projektionsneurone. **c** Freigesetztes Enkephalin hat prä- und postsynaptische, inhibitorische Effekte. Präsynaptisch wird der Einstrom von Ca^{2+}-Ionen reduziert, was zur Verringerung der Transmitterfreisetzung führt. Postsynaptisch werden K^+-Kanäle geöffnet, wodurch sich das entstehende exzitatorische postsynaptische Potenzial verringert. Opiate (Morphium) wirken als Agonisten an denselben Rezeptoren wie Enkephalin und führen zusätzlich zur Hyperpolarisation der nozizeptiven Afferenzen durch Öffnung von K^+-Kanälen. ENK = Enkephalin (Aus Kandel ER, Schwartz JH, Jessel TM (2000) Principles of neural science. 4. Aufl. McGraw-Hill, New York, Abb. 24-13, S. 488.)

sowohl im Hirnstamm als auch im Rückenmark, wo sie die Signalübertragung von Nozizeptoren auf aufsteigende Interneurone inhibieren (Abb. 22.5). Diese Peptide sind somit Teil eines endogenen antinozizeptiven Systems, das die Schmerzwahrnehmung unterdrückt oder abschwächt. Die Signalübertragung der Opioidpeptide erfolgt über gut charakterisierte μ-(Endorphin), δ-(Enkephalin) und κ-Rezeptoren (Dynorphin), die alle zu den G-Protein-gekoppelte Rezeptoren gehören.

22.2 Nozizeption bei anderen Wirbeltieren und Invertebraten

Bei Vögeln, Reptilien, Amphibien und Fischen scheint ein nozizeptives System vorhanden zu sein, das mit dem der Säugetiere vergleichbar ist. Untersuchungen an der Regenbogenforelle (*Onycorhynchus mykiss*), dem Leopardfrosch (*Rana pipiens*) sowie dem Hühnchen zeigen, dass nozizeptive myelinisierte Aδ-Fasern und nichtmyelinisierte C-Fasern mit ähnlichen Antworteigenschaften wie bei Säugetieren vorkommen. Interessanterweise wurden bei Haien und Rochen bisher keine Hinweise auf ein nozizeptives System gefunden, da nichtmyelinisierte Typ-C-Nozizeptoren offenbar fehlen und Haie keine aversiven Reaktionen auf Verletzungen zeigen. Inwiefern bei ursprünglichen Vertebraten wie Fischen eine Nozizeption mit Schmerzempfindungen einhergeht, ist nicht genau bekannt und wird besonders im Zusammenhang mit der Frage diskutiert, inwiefern Fische über ein Bewusstsein verfügen.

Nozizeptoren sind bei verschiedenen Invertebratentaxa nachgewiesen, insbesondere bei Nematoden (*Caenorhabditis*), Anneliden (Blutegel, *Hirudo*), Mollusken (*Aplysia*, *Tritonia*) und Insekten (Taufliege *Drosophila*), sodass die Ausstattung mit Nozizeptoren als evolutionär ursprünglich angesehen werden kann. Beim Nematoden *Caenorhabditis elegans* hat vor allem ein Neuronpaar (die ASH-Neurone; ASH für *amphid sensory neuron H*) der Amphiden[529] (chemosensorische Sinnesorgane im Kopfbereich) eine nozizeptive Funktion. Die ASH-Neurone reagieren auf verschiedene aversive mechanische und chemische Reize und vermitteln Vermeidungsreaktionen. Die Signaltransduktion erfolgt über Kanäle der TRPV-Familie, die bei Säugetieren vor allem in noxischen Thermorezeptoren vorkommen (► Abschn. 22.1.1). Blutegel besitzen in jedem segmentalen Ganglion zwei Paar nozizeptiver Neurone (N-Neurone), die auf verschiedene noxische Stimuli wie Hitze wie auch eine starke mechanische und chemische Reizung der Haut reagieren und damit Ähnlichkeit zu polymodalen Nozizeptoren von Säugetieren haben.

Mehrere nozizeptive Neurone wurden in der Meeresschnecke *Aplysia* im Rahmen von Versuchen zum Vermeidungslernen identifiziert. Die ventrolateralen (VC-)Neurone des Pleuralganglions sind nozizeptive Sinneszellen, die ähnlich wie die WDR-Neurone im Rückenmark von Säugern bereits auf schwachen mechanischen Druck reagieren, besonders stark aber erst auf noxische mechanische Reize wie starkes Kneifen. Die Aktivierung dieser Neurone löst eine Rückzugsreaktion des Schwanzes aus. Nach noxischer Stimulation zeigen diese Neurone wie auch die Nozizeptoren bei Säugetieren eine Sensitivierung, also eine verstärkte Reaktion auf nichtnoxische mechanische Reize. Zusätzlich kommt es wie bei Säugetieren zu einer Fazilitation bisher inaktiver sensorischer Neurone mit rezeptiven Feldern außerhalb der noxisch stimulierten Region.

Drosophila-Larven zeigen charakteristische korkenzieherartige defensive Rollbewegungen, die nur nach noxischer Hitze- oder Mechanostimulation aufteten. Das Verhalten wird durch einen spezifischen Typ multipolarer peripherer sensorischer Neurone ausgelöst, die eine nozizeptive Funktion haben. Mutationen im *painless*-Gen führt zum Ausfall nozizeptiver Reaktionen auf noxische mechanische wie auch thermische Stimuli. *Painless* codiert ein Ionenkanalprotein, das zur TRPA-Unterfamilie der TRP-Kanäle gehört. Insgesamt zeigen die Untersuchungen an verschiedenen Invertebraten, dass nozizeptive Mechanismen bei Tieren bereits zu einem frühen Zeitpunkt in der Evolution entstanden sind, sodass man von einer relativ stark konservierten molekularen Grundlage für die Perzeption noxischer Stimuli im Tierreich ausgehen kann.

22.3 Fragen zum Selbststudium

- Schmerzen werden eher als unangenehme Empfindung wahrgenommen. Welche biologische Bedeutung kann dem Schmerzsinn zugeschrieben werden?
- Nennen Sie je zwei Beispiele für schmerzauslösende und schmerzsignalmodulierende Signalstoffe.
- Wie unterscheidet sich die Funktion von Nozizeptoren des Aδ- und C-Fasertyps?
- Was versteht man unter einer Hyperalgesie? Welche Mechanismen sind für das Auftreten einer Hyperalgesie verantwortlich?
- Erläutern Sie den Unterschied zwischen Nozizeption und Schmerz.
- Wie lässt sich die analgetische Wirkung von Opioidpeptiden erklären?

Weiterführende Literatur

Allgemeines

Abbracchio MP, Reggiani AM (2013) Pain and nociception. In: Neurosciences – From Molecule to Behavior: A University Textbook. (Galizia CG, Lledo P-M, eds) Springer Verlag, Berlin, Heidelberg, pp. 445-459.

Hwang SW, Oh U (2007) Current concepts of nociception: nociceptive molecular sensors in sensory neurons. Current Opinion in Anaesthesiology 20, 427-434.

Im SH, Galko MJ (2011) Pokes, sunburn, and hot sauce: *Drosophila* as an emergent model for the biology of nociception. Developmental Dynamics 241, 16-26.

Julius D, Basbaum AI (2001) Molecular mechanisms of nociception. Nature 413, 203-210.

Pethö G, Reeh PW (2012) Sensory and signaling mechanisms of bradykinin, eicosanoids, platelet-activating factor, and nitric oxide in peripheral nociceptors. Physiological Reviews 92, 1699-1775.

Schaible H-G, Schmidt RF (2001) Nozizeption und Schmerz. In: Neurowissenschaft. (Dudel J, Menzel R, Schmidt RF, eds) Springer Verlag, Belin, Heidelberg, pp. 451-464.

Smith EStJ, Lewin GR (2009) Nociceptors: a phylogenetic view. Journal of Comparative Physiology A 195,1089-1106.

Tobin DM, Bargmann CI (2004) Invertebrate nociception: behaviors, neurons and molecules. Journal of Neurobiology 61, 161-174.

---

529 *amphi* (griech.) = beidseitig, um etwas herum

■ Spezielle Aspekte

Benham CD, Gunthorpe MJ, Davis JB (2004) TRPV channels as temperature sensors. Cell Calcium 33, 479-487.

Caterina MJ, Schumacher MA, Tominaga M, Rosen TA, Levine JD, Julius D (1997) The capsaicin receptor: A heat-activated ion channel in the pain pathway. Nature 389, 816-824.

Dendorfer A, Wolfrum S, Dominiak P (1999) »Pharmacology and cardiovascular implications of the kinin-kallikrein system.« The Japanese Journal of Pharmacology 79, 403-426.

Eastwood AL, Goodman MB (2012) Insight into DEG/ENaC channel gating from genetics and structure. Physiology 27, 282-290.

Khakh BS, North RA (2006) P2X receptors as cell-surface ATP sensors in health and disease. Nature 442, 527-532.

McKemy DD (2007) Temperature sensing across species. Pflügers Archiv - European Journal of Physiology 454, 777-791.

Snow PJ, Plenderleith MB, Wright LL (1993) Quantitative study of primary sensory neurone populations of three species of elasmobranch fish. Journal of Comparative Neurology 334, 97-103.

VI Effektorsysteme

Typisch für Tiere – im Vergleich zu allen anderen Lebewesen – ist die Fähigkeit, auf Umweltsignale, die über Sinnesorgane in eine körperverwertbare Form gebracht und neuronal verarbeitet werden, mit zielgerichteten Aktionen zu reagieren. Diese Aktionen dienen dem Überleben oder der Fortpflanzung der Tiere. Sie können als Verhaltensänderung nach außen sichtbar werden (z. B. als Fortbewegung) oder sich, meist weniger auffällig, auf Modifikationen von biochemischen Prozessen oder Zellfunktionen sowie auf Veränderungen der Funktionen einzelner Organe oder Gewebe beschränken. Die Aktionen führen zu einer Veränderung des Zustands des Tieres selbst oder sie veranlassen das Tier, seine Umwelt zu beeinflussen – sie bewirken also etwas. Daher werden die physiologischen Mechanismen, mit deren Hilfe diese Reaktionen zustande kommen, als **Effektorsysteme** bezeichnet.

Produktion mechanischer Energie

Im Gegensatz zu den höheren Pflanzen sind die meisten Tiere nicht sessil, sondern zeigen ein komplexes **motorisches Verhalten**. Dazu gehören die Lokomotion (Schwimmen, Laufen, Fliegen) ebenso wie die spezifische Körperhaltung, die Nahrungsaufnahme und -verarbeitung, die Atemmechanik und die Schallproduktion, um nur einige Beispiele zu nennen. In vielen Fällen liegen diesen Verhaltensweisen zumindest teilweise genetisch fixierte **motorische Programme** zugrunde.

Jede Bewegung eines Tieres, vom Schlucken der Nahrung bis zu den Kletterkünsten der Gibbons oder dem Flug des Wanderfalken, basiert auf einem motorischen System, in dem einzelne Muskelzellen und Muskelgruppen in geordneter zeitlicher Reihenfolge gezielt angesteuert werden. Muskelsysteme setzen demnach differenzierte **Nervensysteme** voraus. Beide Systeme stellen eine wesentliche Komponente in der **Evolution** tierischer Organismen dar, die an Artenreichtum die Pflanzen bei Weitem übertreffen.

Tiere wirken über ihre Erfolgsorgane (**Effektoren**) in vielfältiger Weise auf ihre Umgebung zurück. Während die intraindividuelle **Kommunikation** zwischen den Organen und Zellen nahezu ausschließlich über den chemischen Kanal mithilfe von Mediatoren (**Hormone**, **Parahormone**, **Transmitter**, **Neuromodulatoren**) erfolgt, benutzen Tiere im Rahmen ihrer interindividuellen Kommunikation sehr verschiedene Kanäle: den akustischen ebenso wie den mechanischen, elektrischen (falls vorhanden), chemischen und optischen. Die Produktion der akustischen (Lautäußerungen der Vögel, Fische, Heuschrecken, Grillen usw.), mechanischen (z. B. die Vibrationssignale bei Spinnen und Insekten), elektrischen (elektrische Felder der schwachelektrischen Fische), chemischen (Pheromone) oder optischen (Licht und Farbe) Signale ist Gegenstand der Physiologie, während sich die **Verhaltensökologie** nicht mit der Frage nach dem »Wie« zufrieden gibt, sondern sich insbesondere für die Frage nach dem »Warum« interessiert: Welche Bedeutung hat ein Signal (die Kommunikation) für die Gesamteignung (*inclusive fitness*) des Senders und Empfängers, welche Rolle spielt die Kommunikation im Zusammenleben der Tiere im ökologischen Kontext?

Tiere können chemische Energie in mechanische Energie umwandeln und sich dadurch selbst oder Teile von sich aktiv bewegen. Bewegung dient dabei nicht nur der Lokomotion des ganzen Organismus, einzelner Zellen oder von Organellen innerhalb von Zellen, sondern auch einer Reihe anderer Funktionen. Dazu gehören der Transport von Körperflüssigkeiten, von Nahrung im Verdauungstrakt, von Atemgasen in den Lungen und die Schallproduktion (► Kap. 24). Das Zustandekommen dieser unterschiedlichen Bewegungsformen ist hauptsächlich auf die Interaktion der Proteine **Aktin** und **Myosin** (Aktomyosinsystem) sowie **Tubulin** und **Dynein** (Tubulin-Dynein-System) zurückzuführen. Das **Aktomyosinsystem** liegt der Muskelbewegung und der amöboiden Bewegung zugrunde, das **Tubulin-Dynein-System** der Geißel- und Flimmerbewegung. Aktin und Tubulin werden häufig als Cytoskelettproteine, Myosin und Dynein als Motorproteine bezeichnet. Bezüglich des Transports von Partikeln und Vesikeln in Zellen, bei dem, neben den bereits genannten Proteinen, noch das Motorprotein **Kinesin** eine Rolle spielt, sei auf Lehrbücher der Zellbiologie verwiesen. Ein weiteres kontraktiles Protein, **Spasmin**, wurde bisher lediglich bei Protisten nachgewiesen und ist insbesondere für die Bewegungen peritricher Ciliaten verantwortlich.

23.1 Kontraktile Stiele sessiler Einzeller

Peritriche Ciliaten sitzen einzeln, wie das Glockentierchen *Vorticella*, oder in Kolonien, wie *Carchesium* und *Zoothamnium*, auf Stielen, die sich (bei *Vorticella*) innerhalb von 2–10 ms auf 10–20 % ihrer Ruhelänge kontrahieren können (▪ Abb. 23.1). Auch einige sessile Dinoflagellaten und ein Heliozoon (*Actinocoryne*) heften sich mit kontraktilen Stielen an das Substrat. Grundlage der Kontraktion ist eine Stielstruktur, das **Spasmonem**, das sich in einem Cytoplasmaschlauch vom Zellkörper bis zur Stielbefestigung am Substrat erstreckt und von Tubuli endoplasmatischer Herkunft umgeben ist. Das Spasmonem setzt sich aus etwa 3 nm dicken Untereinheiten zusammen, die vor allem aus **Spasminmolekülen** (Molekülmasse 20 kDa) bestehen, die in Längsrichtung des Stiels angeordnet sind. Fortsätze der Stielstrukturen bis in den Zellkörper reichen bei Ciliaten bis zum Peristom. Sie werden als **Myoneme** bezeichnet, da ihre Proteinzusammensetzung noch nicht charakterisiert ist. Ähnlich aufgebaute Myoneme wurden auch in den Zellkörpern anderer sessiler Ciliaten (z. B. beim Trompetentierchen *Stentor*) und bei anderen Protisten beobachtet. Myoneme kontrahieren in Ca^{2+}-abhängiger Weise den Zellkörper.

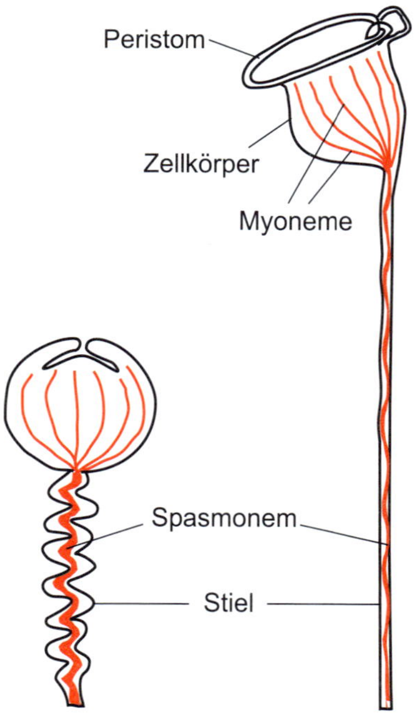

▪ **Abb. 23.1** Glockentierchen (*Vorticella* sp.) mit gestrecktem und kontrahiertem Stiel. Wimpernkränze sind nicht eingezeichnet. (Nach Hymen LH (1940) The invertebrates: Protozoa through ctenophora. McGraw-Hill, New York.)

Spasmin enthält einen hohen Anteil saurer Aminosäuren und kann Ca^{2+}-Ionen binden. Eine Kontraktion des Spasmonems erfolgt durch eine Ca^{2+}-Freisetzung aus den endoplasmatischen Tubuli, die das Spasmonem umgeben. Dabei steigt die Ca^{2+}-Konzentration von 10^{-8} auf 5×10^{-6} mol l^{-1} an. *In-vitro*-Versuche haben gezeigt, dass die Anwesenheit von ATP für eine Kontraktion nicht direkt, sondern indirekt erforderlich ist: Die Erschlaffung geht mit dem Entfernen von Ca^{2+} aus dem Inkubationsmedium einher. Daraus kann man schließen, dass *in vivo* ATP für das Zurückpumpen von Ca^{2+}-Ionen in die endoplasmatischen Tubuli notwendig ist, um eine Rückkehr des Stiels zur Ausgangslänge zu ermöglichen. Als Mechanismus für die Kontraktion wird eine Abdeckung negativer Ladungen durch Ca^{2+} diskutiert, die zu Konformationsänderungen des Spasmins bzw. zu Proteinfaltungen führen soll.

23.2 Muskeln

Muskeln sind organische »Maschinen«, die chemische in mechanische Energie (Bewegung) umwandeln. Muskelbewegungen beruhen auf der Fähigkeit von Muskeln, sich unter Verbrauch von Energie zu verkürzen. Die Rückkehr zur Ausgangslänge erfolgt passiv durch Dehnung, in der Regel durch einen Gegenspieler, den **Antagonisten**.

23.2.1 Aufbau der Muskulatur

Es gibt quergestreifte, schräggestreifte und glatte Muskeln. **Quergestreifte Muskeln** sind von den Cnidaria (Schwimmmuskulatur der Medusen) über die Insekten (Skelett- und Darmmuskulatur) bis hin zu den Wirbeltieren (Skelett-, Herz- und Zungenmuskulatur) bei Vertretern fast aller Tierstämme anzutreffen. Sie setzen sich aus **Muskelfasern** (Durchmesser ca. 50 µm) zusammen, die die Länge des ganzen Muskels einnehmen können. Muskelfasern entstehen embryonal aus Myoblasten, die sich bei der quergestreiften Skelettmuskulatur reihenförmig hintereinander anordnen, dann miteinander verschmelzen und so vielkernige syncytiale Zellverbände bilden. Jede Muskelfaser ist von einem Bindegewebsmantel umgeben. Außerdem fasst Bindegewebe mehrere Muskelfasern zu »Säulen« zusammen und auch der gesamte Muskel ist von Bindegewebe (**Muskelfaszie**) umschlossen. Die Bindegewebshüllen können sich an den Enden des Muskels zu einer Sehne zusammenschließen, über die der Muskel mit dem Skelett verbunden ist (bei den Insekten sind die beiden Enden jeder Skelettmuskelfaser über feine Tonofibrillen der Epidermiszellen direkt mit der Cuticula verbunden). Im Plasma der Muskelfasern (**Sarkoplasma**[530]) befinden sich parallel in Kontraktionsrichtung des Muskels angeordnete **Myofibrillen**[531], die eigentlichen kontraktilen Elemente.

Quergestreifte Muskeln zeichnen sich bei Betrachtung im Polarisationsmikroskop durch sich abwechselnde helle und dunkle Abschnitte aus. Die schwach doppelbrechenden (isotropen), hellen Abschnitte (**I-Banden**) sind jeweils durch eine quer durch die gesamte Faser verlaufende Zwischenlinie (**Z-Linie**, Z-Scheibe) in zwei gleich große Abschnitte unterteilt (Abb. 23.2). Die stark doppelbrechenden (anisotropen) dunklen Abschnitte (**A-Banden**) zeigen in ihrer Mitte jeweils eine hellere Zone (**Hensen-** oder **H-Zone**), die nochmals durch eine Mittellinie (M-Linie) in zwei gleich große Teile untergliedert ist. Den von zwei Z-Linien begrenzten Abschnitt einer Myofibrille bezeichnet man als **Sarkomer**. Seine Länge beträgt beim Muskel eines Warmblüters im Ruhezustand etwa 2,5 µm.

Elektronenmikroskopische Untersuchungen zeigen, dass die Sarkomere der Myofibrillen aus parallel angeordneten **Aktin-** und **Myosinfilamenten** bestehen. Um jedes Myosinfilament gruppieren sich jeweils sechs Aktinfilamente (Durchmesser 5,5 nm, Länge ca. 1 µm), die sich von den Z-Linien bis zur H-Zone erstrecken. Grundlage jeder Muskelbewegung ist das Zusammenwirken dieser beiden Proteine. **Aktinmoleküle** sind als Monomere globulär (globuläres Aktin, G-Aktin; 42 kDa) und polymerisieren bei Anwesenheit von ATP- und Mg^{2+} zu zweifädigen, helikalen Strängen (filamentöses Aktin, F-Aktin; Durchmesser 8–10 nm, Länge ca. 1 µm). Die Doppelhelix eines Aktinfilaments enthält in jedem ihrer beiden umeinandergewundenen Stränge etwa 200 Aktinmoleküle. Jeder Strang trägt im Abstand von jeweils sieben Aktinmonomeren einen Troponinmolekülkomplex aus Troponin I (inhibitorisch), Troponin C (Ca^{2+}-bindend) und Troponin T (tropomyosinbindend). Als dritter Molekülkomplex windet sich eine Tropomyosindoppelhelix so um den Aktinstrang, dass sie räumlich in die von der Aktindoppelhelix gebildete Grube passt (Abb. 23.2).

Myosine bilden eine große Superfamilie von Proteinen. Myosin besteht aus zwei **schweren Ketten** (470 kDa) mit je einem helikalen und einem globulären Teil. Die helikalen Bereiche zweier schwerer Ketten bilden den doppelhelikalen, ca. 140 nm langen **Myosinstab** mit einem aggregationsfähigen Anteil, dem **leichten Meromyosin** (LMM). Der Stab ist über je ein Gelenk mit den globulären Anteilen des Myosins, den **Myosinköpfen**, verbunden. Die **Myosinfilamente** werden wegen ihres größeren Durchmessers (15–160 nm) auch dicke Filamente genannt (Abb. 23.2). Mit jedem Myosinkopf sind zwei Peptide (**leichte Ketten**) assoziiert, die je nach Muskeltyp regulatorische oder modulatorische Funktionen wahrnehmen (Abb. 23.3a). Der Myosinkopf besitzt ein enzymatisches Zentrum und kann durch Konformationsänderung Kraft erzeugen (Abb. 23.3b, c). Die **Myosinfilamente** der Skelettmuskeln von Wirbeltieren haben einen Durchmesser von ca. 15 nm, eine Länge von etwa 1,5 µm und sind lediglich in den A-Banden zu finden. Sie bestehen aus ca. 300 zusammengelagerten Myosinmolekülen, die so angeordnet sind, dass die Myosinköpfe beiderseits der M-Linie jeweils zu den Enden des Filaments hin weisen (bipolare Filamente). Jeweils drei Köpfe stehen auf gleicher Höhe (Krone, *crown*) in Abständen von 14,3 nm von der Filamentoberfläche ab. Dadurch entsteht eine köpfchenfreie, »kahle« Mittelzone beiderseits der M-Linie (**Pseudo-H-Zone**).

530 *sarx* (griech.) = Fleisch
531 *mys* (griech.) = Muskel, Maus

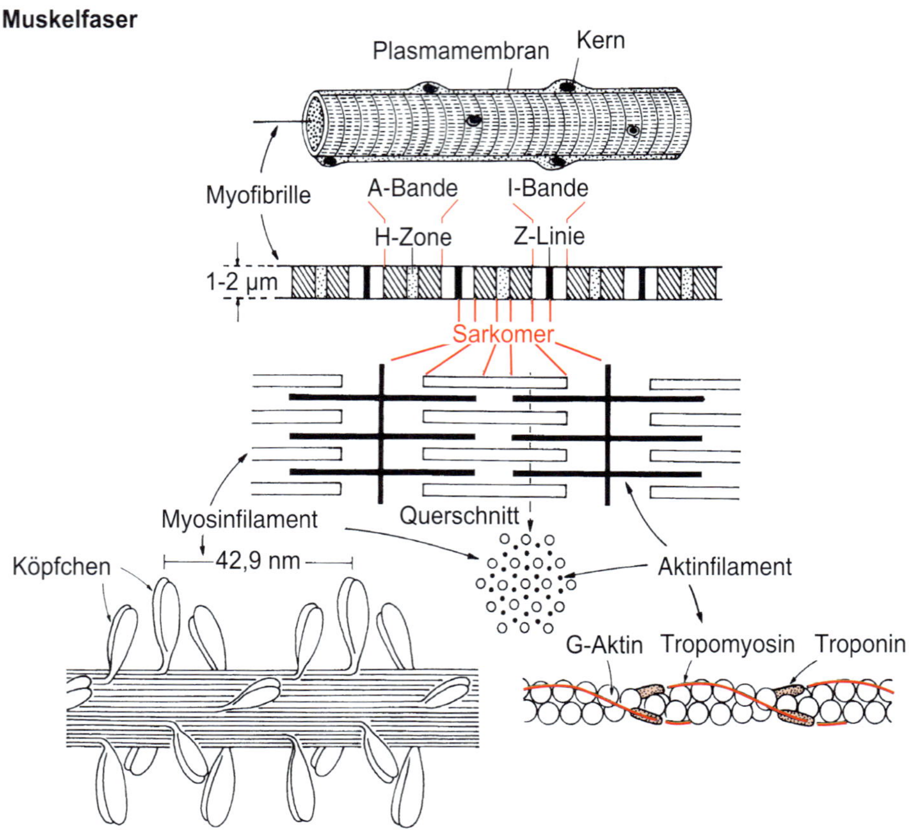

Abb. 23.2 Aufbau einer quergestreiften Muskelfaser. (Nach Huxley HE, Hanson J (1960) The molecular basis of contraction in cross-striated muscle. In: Bourne H (Hrsg) The structure and function of muscle. Vol. I. Academic Press, New York, und Murray JM, Weber A (1974) The cooperative action of muscle proteins. Sci Am 230 (2), 59–70.)

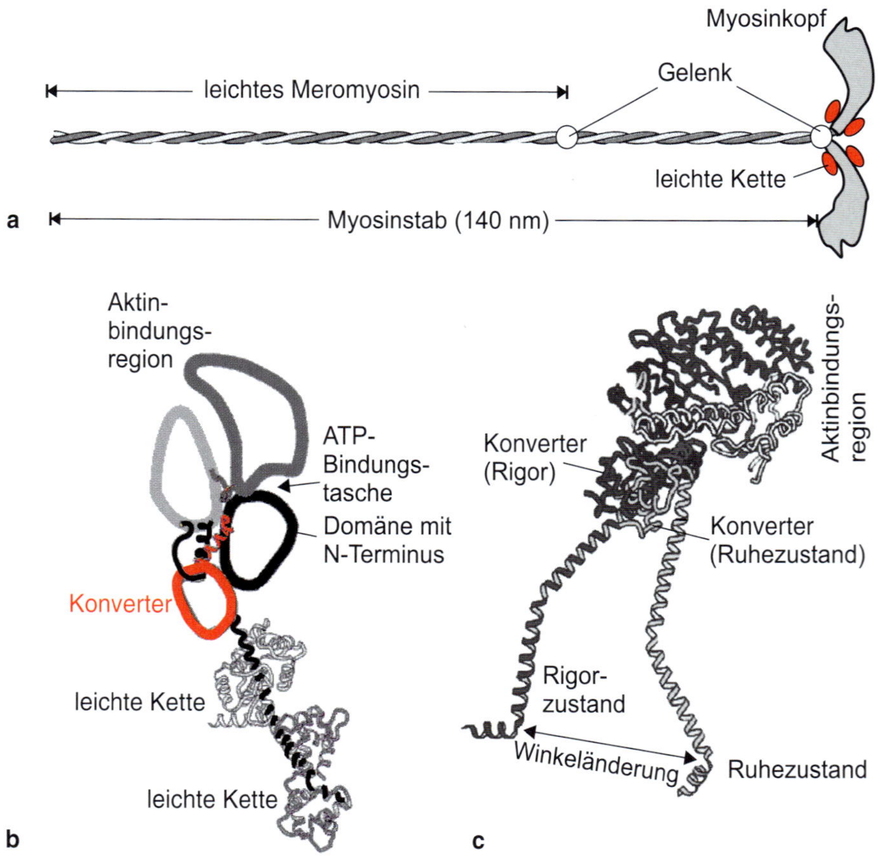

Abb. 23.3 Schematische Darstellungen des gesamten Myosinmoleküls (**a**) und der vier ringförmigen Domänenstruktur des Myosinkopfs (**b**). **c** Winkeländerung des Hebelarms des Myosinkopfs während des krafterzeugenden Schrittes von der Position im erschlafften Zustand zum erstarrten Zustand (Rigor) mithilfe von zwei übereinander projizierten Band-(*ribbon*-)modellen. Die als Konverter bezeichnete Domäne zeigt bei der Bewegung des Hebelarms von allen vier Domänen die größte Positionsveränderung. Zur Verdeutlichung wurden die leichten Ketten entfernt. (b, c nach Houdusse A, Szent-Györgyi AG, Cohen C (2000) Three conformational states of scallop myosin S1. Proc Natl Acad Sci USA 97, 11238–11243.)

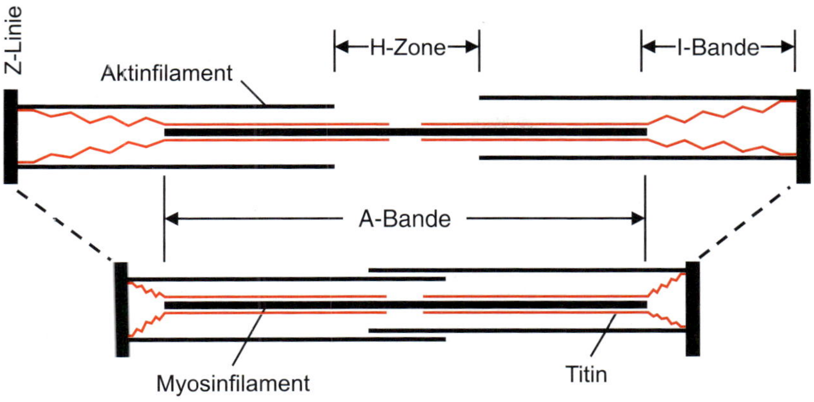

Abb. 23.4 Schema eines Sarkomers im Ruhezustand (oben, mit elastisch gedehntem I-Banden-Abschnitt des Titins) und im kontrahierten Zustand (unten).

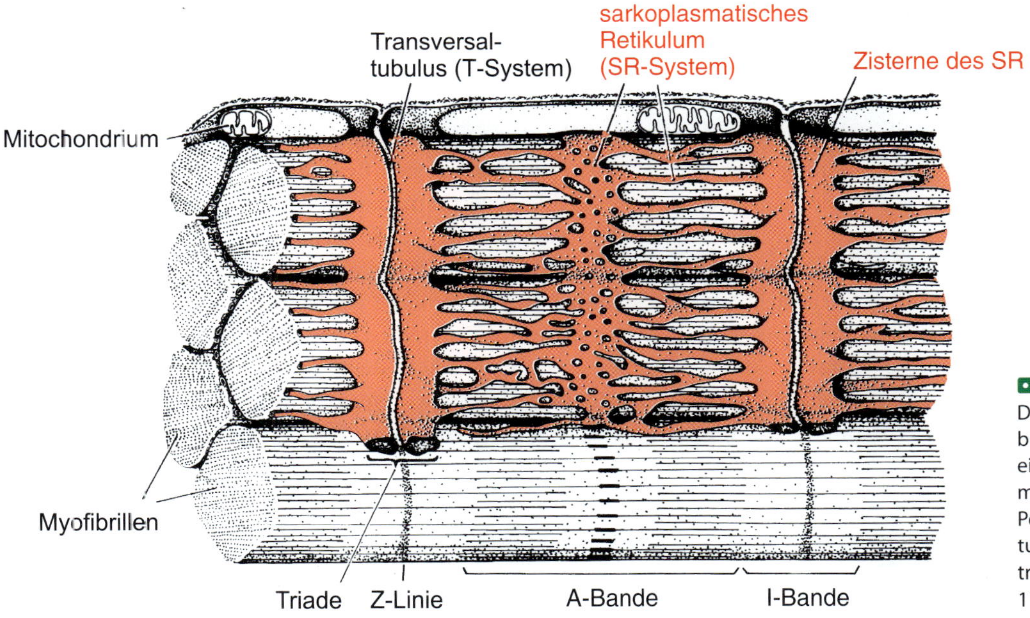

Abb. 23.5 Schematische Darstellung eines Myofibrillenbündels aus dem Skelettmuskel eines Frosches. SR = sarkoplasmatisches Retikulum. (Nach Peachey LD (1974) Transverse tubules in excitation – contraction coupling. Fed Prod 24, 1124–1134.)

Die Myosinfilamente sind in beiden Sarkomerhälften an jedem Ende mit der benachbarten Z-Linie über drei bis sechs **Titinmoleküle** verbunden (Abb. 23.4). Diese aus ca. 27 000 Aminosäuren aufgebauten Riesenproteine (3000 kDa; Länge >1 µm) erstrecken sich von der Z- bis zur M-Linie. Im Bereich der I-Bande besitzen sie elastische Module, im Bereich der A-Bande sind sie durch Bindungsstellen für den aggregationsfähigen Teil des Myosins (LMM) fest mit dem Myosinfilament verbunden. Durch die elastischen Eigenschaften des Proteins werden die Myosinfilamente im ruhenden Muskel exakt in der Sarkomermitte ausgerichtet. Die Myosinfilamente vor allem der quergestreiften Vertebratenmuskulatur sind zudem in Höhe der M-Linie durch M-Linien-Proteine weitmaschig vernetzt. Dadurch werden auch die Myosinfilamente, ähnlich wie die Aktinfilamente durch die Z-Scheibe, zusammengehalten und so die Form des A-Bandes stabilisiert.

Während der Verkürzung eines Muskels verringert sich der Abstand zwischen den beiden Z-Linien eines Sarkomers. Die Filamente selbst verkürzen sich nicht. Die Aktinfilamente werden vielmehr zwischen die Myosinfilamente geschoben (Gleitfilamentmechanismus, Abb. 23.4), wobei die I-Banden entsprechend schmaler werden, während sich die Länge der A-Banden nicht verändert. Bei stärkeren Kontraktionen schieben sich die Aktinfilamente beider Sarkomerhälften in der Sarkomermitte übereinander. Dies ist wegen einer Verstärkung der Anisotropie in diesem Überlappungsbereich auch im Lichtmikroskop sichtbar. Das Ende einer Kontraktion quergestreifter Muskeln ist spätestens dann erreicht, wenn die Myosinfilamente an die Z-Linien (Z-Scheiben) anstoßen. Im lebenden Muskel geschieht dies allenfalls bei einem Riss der Muskelfaser oder bei starken Muskelkrämpfen.

Jede Skelettmuskelfaser wird von zwei Kanalsystemen durchzogen. Die Kanäle des einen Systems verlaufen longitudinal und durchsetzen das ganze Sarkoplasma, wobei sie in engen Kontakt mit den Myofibrillen treten (Abb. 23.5). Dieses System entspricht dem endoplasmatischen Retikulum anderer

Zellen und wird als sarkoplasmatisches Retikulum (SR, sarkotubuläres System) bezeichnet. Das SR erweitert sich im Bereich der Z-Linien zu Zisternen. Die Kanäle des zweiten Systems verlaufen als Einstülpungen der Zellmembran quer zur Zeloberfläche, also transversal zu den Myofibrillen (transversale oder **T-Tubuli**). In der Froschmuskulatur befinden sie sich auf Höhe der Z-Linien. Den Bereich, in dem die Zisternen hintereinanderliegender Sarkomere mit den T-Tubuli in engen Kontakt treten, nennt man **Triade.** Die SR-Membranen zwischen den Zisternen sind dicht mit Ca^{2+}-Pumpen (▶ Abschn. 23.2.4) besetzt, die aktiv Ca^{2+} in das SR transportieren. Dadurch kann im SR eine mehr als 1000-mal höhere Ca^{2+}-Konzentration als im Sarkoplasma erreicht werden.

Im Gegensatz zu den quergestreiften Muskeln der Wirbeltiere sind bei den Invertebraten, bei denen eine Muskelverkürzung nicht durch Hebelarme verstärkt werden kann (Turbellarien, Nematoden, Mollusken, Anneliden), **schräggestreifte Muskeln** weit verbreitet. Es lassen sich, wie beim quergestreiften Muskel, A- und I-Banden unterscheiden, die aber einen spitzen Winkel zur Faserlängsachse bilden. Dadurch kommt die lichtmikroskopisch erkennbare Schrägstreifung zustande. Die schräggestreiften Muskeln besitzen statt der Z-Scheiben stäbchenförmige Z-Elemente, an denen sowohl Myosin- als auch Aktinfilamente vorbeigleiten und in das benachbarte »Sarkomer« eindringen können. Der Z-Bereich stellt somit keine Barriere für das Gleiten der Filamente und eine weitere Verkürzung dar. Dies ermöglicht starke Längenänderungen des schräggestreiften Muskels. Muskeln, bei denen lichtmikroskopisch keine Streifung zu erkennen ist, werden als **glatte Muskeln** bezeichnet.

23.2.2 Molekularer Mechanismus der Muskelkontraktion

Die auf der Oberfläche der dicken Filamente angeordneten Köpfe der Myosinmoleküle können aufgrund ihrer enzymatischen Eigenschaften ATP binden, das gebundene ATP spalten und die Spaltprodukte abgeben. Mit dieser ATP-Hydrolyse gehen die in ◘ Abb. 23.3c dargestellten Konformationsänderungen des Myosinkopfs einher. Myosinköpfe können außerdem an Bindungsstellen benachbarter Aktinmoleküle andocken und Querverbindungen (**Querbrücken**, *cross-bridges*) zwischen Aktin- und Myosinfilamenten bilden.

Im ruhenden Muskel sind die Bindungsstellen der Aktinmoleküle für die Myosinköpfe durch Tropomyosinmoleküle blockiert (◘ Abb. 23.6a, links und Mitte). Die Myosinköpfe liegen als Myosin-Produkt-Komplexe (Myosin~ADP·P_i) vor, sind nicht an Aktinfilamente gebunden und stehen im Mittel senkrecht von den dicken Filamenten ab (◘ Abb. 23.6b ①). Dabei ist der Myosinkopf nicht phosphoryliert, vielmehr ist das ADP energiereich an den Myosinkopf gebunden.

Steigt die Ca^{2+}-Konzentration im Sarkoplasma, lagert sich im quergestreiften Wirbeltiermuskel Ca^{2+} an die Troponinmoleküle an, die daraufhin die Tropomyosinmoleküle zur Mitte der von der Aktindoppelhelix gebildeten Furche schieben und dadurch die Bindungsstellen für die Myosinköpfe freigeben (◘ Abb. 23.6a, Mitte und rechts). Die Myosinköpfe können sich jetzt in einer 90°-Stellung locker an die Aktinfilamente heften und Querbrücken bilden (◘ Abb. 23.6b ②, **Bildung von Aktomyosinkomplexen**). Die Bindung des Kopfes an Aktin beschleunigt die hydrolytische Abspaltung von anorganischem Phosphat (P_i) und ADP um einen Faktor von etwa 400. Die Spaltprodukte P_i und ADP werden in zwei Schritten freigesetzt: Die Dissoziation von P_i geht mit einer verstärkten Bindung des Myosinkopfs einher (◘ Abb. 23.6b ③). Der daran anschließende, krafterzeugende Schritt – die Konformationsänderung des Myosinkopfs von der 90°-Stellung in eine 50°- bis 60°-Stellung (◘ Abb. 23.6b ④) – erfolgt wahrscheinlich vor der Dissoziation von ADP. Durch die Konformationsänderung soll sich die Tasche für die Bindung von ATP zur anderen Seite des Myosinkopfs hin öffnen, sodass ADP auf der gegenüberliegenden Seite der Tasche austreten kann. Das Nucleotid wird somit durch den Myosinkopf geschoben. Hinweise über das Ausmaß der durch die Konformationsänderung ausgelösten Bewegung des Hebelarms lieferten vor allem elektronenmikroskopische Untersuchungen, Röntgendiagramme und Experimente mit Laserpinzetten, zwischen denen ein Aktinfilament aufgespannt war, das durch ein einzelnes Myosinmolekül verschoben werden konnte. Diese Ergebnisse machen wahrscheinlich, dass die Aktinfilamente quergestreifter Muskeln durch eine krafterzeugende Konformationsänderung der Myosinköpfe in jeder Sarkomerhälfte um 10–15 nm in Richtung Sarkomermitte gezogen werden, das ganze Sarkomer sich somit während einer Querbrückenbewegung um 20–30 nm verkürzt. Das entspricht bei einem etwa 2,2 µm langen Sarkomer (Skelettmuskel der Wirbeltiere) einer Verkürzung um ca. 1 %.

Nur in Gegenwart von **ATP** lösen sich die Myosinköpfe wieder vom Aktin (**Dissoziation des Aktomyosinkomplexes**, ◘ Abb. 23.6b ⑤), richten sich unter ATP-Hydrolyse wieder auf und kehren somit zur Ausgangskonformation zurück (◘ Abb. 23.6b ①). Der Querbrückenzyklus kann von Neuem beginnen. Wird Ca^{2+} aus dem Sarkoplasma entfernt, decken die Tropomyosinmoleküle die Bindungsstellen wieder ab und die Myosinköpfe bleiben im Ruhestadium (◘ Abb. 23.6b ③) stehen. Fehlt ATP, kann der Aktomyosinkomplex nicht dissoziieren und die Querbrücken verharren in der 50°-Stellung (**Totenstarre**, Rigor mortis). ATP hat demnach zwei Funktionen in der Muskelzelle: Es liefert die Energie für die Kontraktion (**Kontraktionseffekt**) und erhält den Muskel in Abwesenheit von Ca^{2+} im erschlafften Zustand (**Weichmachereffekt**).

Ein Querbrückenschlag mit einer Muskelverkürzung von 1–2 % ist für eine vollständige Kontraktion zu wenig. Die Myosinköpfe müssen den Zyklus deshalb für eine vollständige Kontraktion mehrfach durchlaufen. Um eine kontinuierliche Bewegung oder das Halten eines Gewichts zu gewährleisten, können allerdings zu keinem Zeitpunkt der Kontraktionsphase alle Myosinköpfe gleichzeitig losgelöst sein. Die Myosinköpfe eines Sarkomers durchlaufen die Zyklen demnach asynchron.

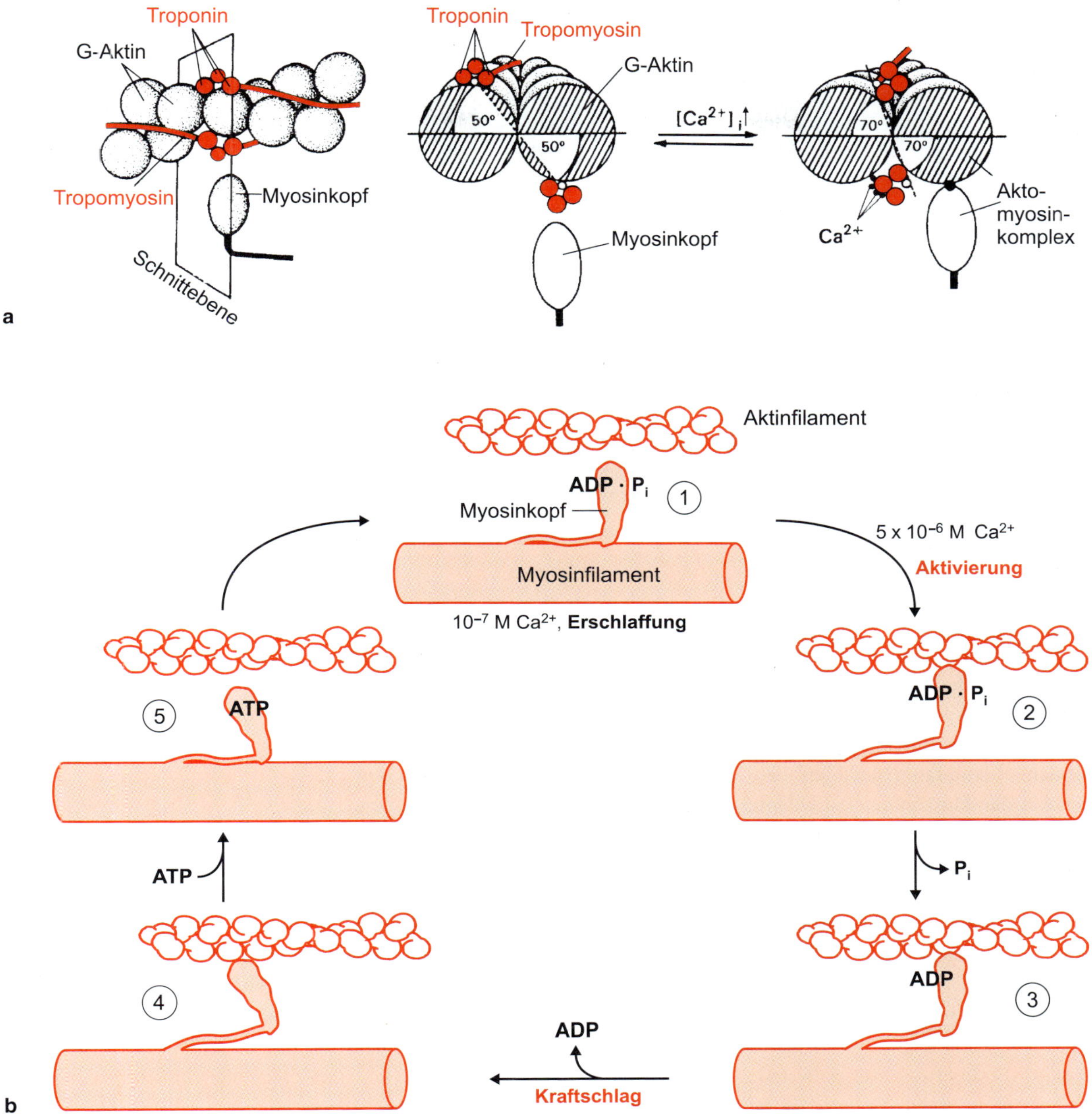

Abb. 23.6 Arbeitsweise des quergestreiften Muskels. **a** Die Freigabe der Bindungsstelle am Aktin für den Myosinkopf. Erhöht sich die sarkoplasmatische Ca^{2+}-Konzentration, werden jeweils vier Ca^{2+}-Ionen von der C-Untereinheit des Troponinkomplexes gebunden und das Tropomyosinmolekül von den Myosinbindungsstellen am Aktinfilament geschoben. Die Bindungsstellen werden frei und die Bildung des Aktomyosinkomplexes wird möglich. **b** Querbrückenzyklus. Nähere Erläuterungen im Text. (Nach Peachey LD (1974) Transverse tubules in excitation – contraction coupling. Fed Prod 24, 1124–1134, verändert)

23.2.3 Aktivierung des Muskels: schnelle und langsame Fasern

Im Normalfall werden Muskelzellen durch elektrische Impulse (Aktionspotenziale) aktiviert, die über Nervenfasern (motorische Fasern, **Motoneurone**) den Muskeln zugeleitet werden. Die Kontaktstellen zwischen Nervenfaser und Muskelzelle nennt man **neuromuskuläre Synapsen**.

In Skelettmuskeln der Wirbeltiere werden von den Endverzweigungen eines Motoneurons jeweils viele Muskelfasern innerviert. Oft sind auf diese Weise mehrere Hundert Muskelzellen zu einer **motorischen Einheit** zusammengefasst. Die motorischen Einheiten mit der größten Zahl von Muskelfasern findet man in der Regel bei Muskeln, die große Körpermassen bewegen. Jede Muskelfaser besitzt dann gewöhnlich nur eine einzige neuromuskuläre Synapse, die meist im mittleren Drittel der Faser liegt und plattenförmig verbreitert ist – die **motorische Endplatte** (Abb. 23.7). Über sie wird die Erregung von Nerven auf die Muskelzelle übertragen. Als Überträgersubstanz fungiert Acetylcholin (ACh). Es löst an der Endplatte Alles-

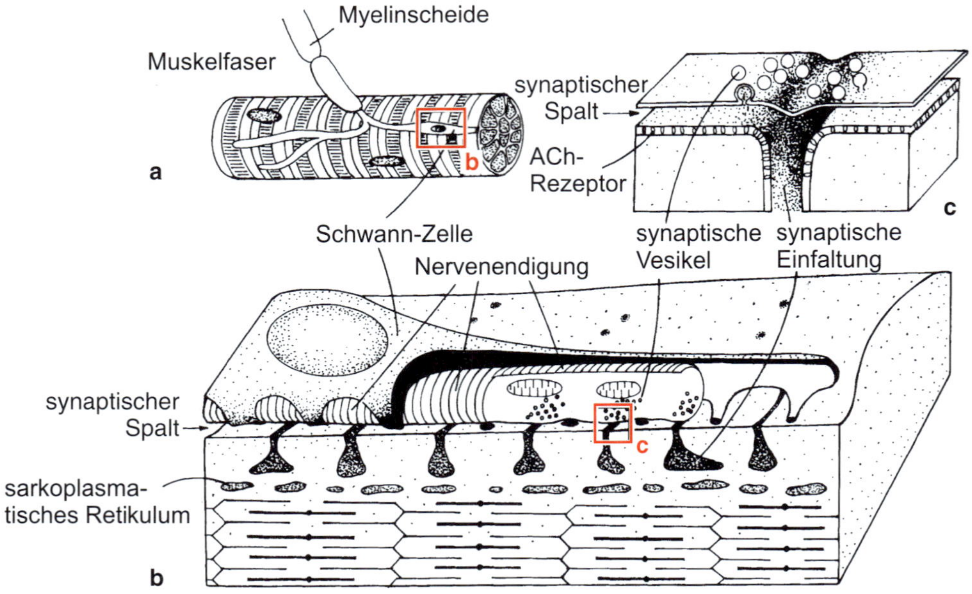

Abb. 23.7 Schematische Darstellung einer motorischen Endplatte eines Frosches. **a** Muskelfaser mit zugehörigem Motoneuron. **b** Vergrößerte Darstellung des in a rot umrandeten Bereichs mit Teilen der Schwann-Zelle, des Motoneurons und der Muskelfaser. **c** Vergrößerte Darstellung des in b rot umrandeten Bereichs mit prä- und subsynaptischer Membran, synaptischen Vesikeln und synaptischer Einfaltung.

oder-Nichts-(AoN-)Reaktionen (Aktionspotenziale) aus, die sich nach beiden Seiten der Muskelfaser ausbreiten und so den kontraktilen Apparat aktivieren (▶ Abschn. 13.3.1).

Innerhalb der motorischen Endplatte (Abb. 23.7) stehen die präsynaptische Membran (Membran des Motoneurons) und die Membran der Muskelfaser (Sarkolemm) als postsynaptischer Anteil miteinander in engem Kontakt. Durch Faltung der postsynaptischen Membran wird die Kontaktfläche (subsynaptische Membran) stark vergrößert. Die subsynaptische Membran ist im Gegensatz zur übrigen Muskelfasermembran (Ausnahmen s. u.) nicht konduktil und nur zu lokalen Depolarisationen befähigt. Sie ist auch nicht durch unmittelbare elektrische Reize erregbar. Bereits im Ruhezustand treten unregelmäßige Potenzialänderungen geringer Amplitude (0,5–1 mV) auf. Diese **Miniatur-Endplattenpotenziale** sind unterschwellig, lösen also keine Aktionspotenziale aus. Sie beruhen auf der spontanen Freisetzung geringer ACh-Quanten von jeweils einigen Tausend Molekülen (Inhalt eines synaptischen Vesikels, Abb. 23.7c). Ca^{2+}-Ionen fördern die Freisetzung von ACh, Mg^{2+}-Ionen erschweren sie.

Beim Eintreffen eines Aktionspotenzials an den Endigungen des Motoneurons werden größere Mengen ACh freigesetzt. Das ACh führt an der subsynaptischen Membran durch Bindung an nicotinische ACh-Rezeptoren zum Öffnen von Kationenkanälen. Durch Na^+-Einstrom sinkt das Ruhepotenzial um 45–50 mV: Es entsteht ein graduiertes, sich elektrotonisch ausbreitendes **Endplattenpotenzial** (EPP). Dieses Potenzial entspricht dem **exzitatorischen postsynaptischen Potenzial** (EPSP) an der neuronalen Synapse, hat aber eine wesentlich höhere Amplitude (▶ Abschn. 13.3.2). Es liegt über dem Schwellenwert und kann so die Bildung eines Aktionspotenzials an der benachbarten konduktilen Muskelfasermembran auslösen. Bereits ein einzelnes Aktionspotenzial führt daher zu einer Erregung der zugehörigen Muskelzelle. Es ist keine Summation unterschwelliger Einzeldepolarisationen notwendig.

Die Geschwindigkeit, mit der Tiere ihre Muskeln kontrahieren, entspricht der jeweiligen spezifischen Aufgabe eines Muskels, kann also sehr unterschiedlich sein. Es gibt demzufolge phasische (schnelle) und tonische (langsame) Muskelfasern. **Phasische Muskelfasern** (*twitch* [532]) reagieren auf einen Einzelreiz mit einer kurzen Zuckung (s. u.) und einer fortgeleiteten AoN-Erregung. Zu ihnen zählen die meisten Skelettmuskelfasern der Warmblüter mit Ausnahme der intrafusalen Fasern der Muskelspindeln (▶ Abschn. 23.2.9). Phasische Fasern können nochmals in langsame und schnelle phasische Fasern unterteilt werden. Die langsamen phasischen Fasern kontrahieren aber immer noch schneller als die tonischen Fasern (s. u.) und können entweder glykolytisch (anaerober Abbau von Glucose) oder oxidativ (aerober Abbau von Glucose) arbeiten. Im Gegensatz zu den schnellen phasischen Fasern sind in den langsamen phasischen Fasern immer Mitochondrien in ausreichender Menge für eine oxidative Energiegewinnung vorhanden. Die **glykolytischen schnellen phasischen Fasern** kontrahieren und ermüden sehr schnell. Die **oxidativen schnellen phasischen Fasern** nehmen eine Zwischenstellung ein. Sie kontrahieren zwar schnell, ermüden aber langsamer als die glykolytischen Fasern. Der Myoglobingehalt der (glykolytischen) schnellen phasischen Fasern ist im Gegensatz zu den anderen beiden Fasertypen (die man auch als rote Fasern bezeichnet) vergleichsweise gering, sodass man sie auch weiße Fasern nennt. Neben den schnellen phasischen Fasern gibt es bei einigen Tieren noch superschnelle Muskelfasern, die ausschließlich im Dienst der Schallproduktion stehen. Superschnelle Fasern können sich bis zu 200-mal pro Sekunde kontrahieren. Fledermäuse nutzen superschnelle Muskeln zur hochfrequenten Erzeugung von Ul-

[532] *twitch* (engl.) = Zuckung, Ruck

Tab. 23.1 Einige charakteristische Unterschiede zwischen roten und weißen Muskeln.

	roter Muskel	weißer Muskel
Myoglobingehalt	hoch	niedrig
Phosphokreatingehalt	niedrig	hoch
Energieproduktion	aerob	anaerob
Mitochondriengehalt	viele	wenige
Durchblutung	gut	weniger gut
Substrat	Lipide, Kohlenhydrate	Kohlenhydrate
Endprodukte	CO_2, H_2O	Milchsäure
glykolytische Enzyme: Pyruvat-Kinase, Lactat-Dehydrogenase usw.	wenig	reichlich
Enzyme des aeroben Stoffwechsels: Citrat-Synthase, Glutamat-Oxalacetat-Transaminase	reichlich	wenig
Kontraktion	relativ langsam	schnell
Ermüdung	langsam	schnell

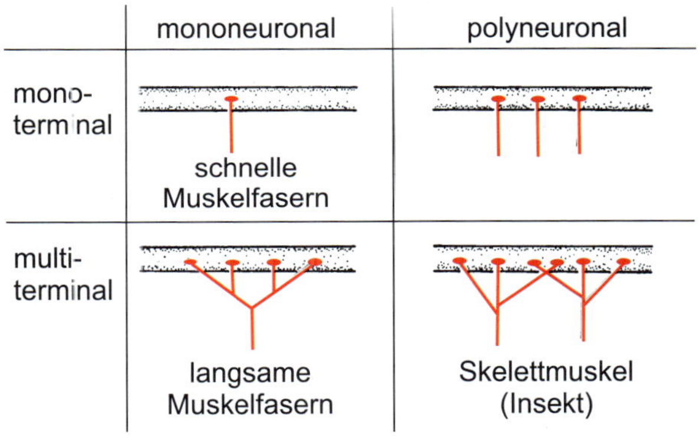

Abb. 23.8 Typen der efferenten Innervierung von Muskelfasern.

traschalllauten während der letzten Phase ihrer Annäherung an ein Beuteinsekt. Superschnelle Muskeln zur Schallerzeugung hat man auch bei vielen Fischen, bei Klapperschlangen und bei einigen Vögeln gefunden.

Im Gegensatz zu phasischen Fasern antworten **tonischen Fasern** bei Wirbeltieren auf Erregung nur mit einer lokalen Depolarisation am Ort der Innervierung. Diese lokale Depolarisation ist als ***small nerve junction potential*** bekannt. Es ist mit einer Zunahme der Permeabilität für alle Ionen entsprechender Größe verbunden. Es ist – obwohl es sich nicht aktiv über das Sarkolemm (Muskelfasermembran) ausbreitet – an jeder Stelle der Faser abgreifbar, da die Zellen multiterminal innerviert sind (Abb. 23.8, unten). Durch die Verbreitung des freigegebenen Transmitters mittels Diffusion und die elektrotonische Ausbreitung der Depolarisation ausgehend von den zahlreichen Synapsen wird erreicht, dass das Sarkolemm in seiner ganzen Länge in ausreichend kurzer Zeit depolarisiert wird. Sowohl die Depolarisation als auch die in ihrer Folge auftretende Kontraktion klingen nur langsam (innerhalb von Minuten) wieder ab. Zuckungsfasern erschlaffen dagegen innerhalb von wenigen Millisekunden.

Die Muskeln setzen sich oft aus verschiedenen Fasertypen zusammen. Muskeln aus vornehmlich roten Fasern, **rote Muskeln**, sind gut durchblutet, reich an Myoglobin (Färbung) und ermüden langsam (Ausdauermuskeln). **Weiße Muskeln** sind weniger gut durchblutet, haben wenig Myoglobin, kontrahieren aber wesentlich schneller und ermüden auch rascher (Schnellkraftmuskeln) (Tab. 23.1).

Diese Unterschiede stehen im Zusammenhang mit der **Funktion** der Muskeln. Der Truthahn besitzt zum Beispiel einen weißen Flugmuskel (Musculus pectoralis). Er fliegt nur kurze Strecken mit schnellen Flügelschlägen. Demgegenüber sind seine Beinmuskeln, die ständig beim Futtersuchen am Boden gefordert sind, rot. Bei Zugvögeln ist der M. pectoralis ebenfalls rot. Fische wie Hecht und Barsch besitzen eine weiße laterale Körpermuskulatur, die ihnen das blitzartige Vorstoßen beim Beutefang und das schnelle Ausweichen bei der Feindvermeidung ermöglicht. Fische, die in fließenden Gewässern leben (z. B. Forellen), sowie wandernde Fische zeigen eine deutlich stärkere Rotfärbung der gleichen Muskeln.

Muskeln, die fast ausschließlich aus phasischen Fasern bestehen, nennt man **schnelle Muskeln**. Zu ihnen gehören unter anderem einer der Wadenmuskeln (Flexor digitorum longus) der Katze, der M. sartorius des Frosches, der Scherenschließer (Adduktor des Daktylopoditen) verschiedener Dekapoden und der Pharynxretraktor der Sipunculiden. Zu den **tonischen Muskeln** zählen der M. soleus aus der Wade der Katze, verschiedene quergestreifte Muskeln der Reptilien und Amphibien und die meisten quergestreiften Muskeln der Invertebraten. Manchmal sind in demselben Muskel Fasern des langsamen und schnellen Typs vorhanden. Oft findet man auch die Eigenschaften beider Typen bei ein und derselben Faser. In diesen Fällen werden die Fasern mindestens von zwei Motoneuronen innerviert. Die

Erregung über das eine (meist dickere) Motoneuron löst die schnellere, die Erregung über das andere Motoneuron die langsamere Reaktion aus (polyneuronale[533] Innervierung).

Der Kontraktionsvorgang bei schnellen Fasern ist unter streng definierten Bedingungen dem Alles-oder-Nichts-Gesetz (**AoN-Gesetz**) unterworfen. Das bedeutet, dass die Zuckungsamplitude bei überschwelliger Reizung stets gleich groß ist. Diese für die Einzelfaser gültige Gesetzmäßigkeit gilt nicht für den gesamten (quergestreiften) Skelettmuskel. Hier führt eine Steigerung des überschwelligen Reizes bis zu einer bestimmten Reizstärke zu einer kontinuierlich zunehmenden Muskelverkürzung. Eine Steigerung über diese Reizstärke hinaus hat dagegen keine weitere Verkürzung des Muskels zur Folge. Dieses Verhalten ist darauf zurückzuführen, dass die Einzelfasern des Muskels unterschiedliche Reizschwellen haben. Die Zahl der Muskelfasern innerhalb des Muskels, die an der Kontraktion teilnehmen, steigt deshalb mit zunehmender Reizstärke. Die Verkürzung eines Muskels kann demnach solange gesteigert werden, wie die Zahl der sich kontrahierenden Muskelfasern durch Zunahme der Reizstärke vergrößert werden kann.

Die **langsamen Fasern** sind dem AoN-Gesetz nicht unterworfen. Kurze Einzelreize rufen keine oder nur eine geringe Kontraktion der Muskelfasern hervor. Bei rhythmischer Reizung nimmt die Verkürzung des Muskels mit steigender Reizfrequenz bis zu einem Maximum zu (s. u.).

Die **Muskeln** der Insekten sind zum Teil polyneuronal (von mehreren Neuronen) und multiterminal (über viele Synapsen) innerviert (Abb. 23.8). Dies ist notwendig, da die Muskelzellmembran der Insekten keine nach dem Alles-oder-Nichts-Prinzip fortgeleiteten Aktionspotenziale ausbildet. An jeder subsynaptischen Zone der Muskelfasermembran wird die graduierte Erregung nur elektrotonisch über eine kurze Distanz fortgeleitet. So kann die Kontraktion des Muskels über die Aktivität der einzelnen Fasern durch Summations- und Bahnungseffekte sehr fein abgestimmt werden. Im Gegensatz zu den Vertebraten treten bei den Invertebraten in vielen Fällen neben den exzitatorischen auch inhibitorische Neurone an den Muskel heran. Bei den Mollusken trifft das nur für den Herzmuskel zu. Die exzitatorischen Neurone lassen sich in schnelle und langsame Neurone einteilen. Die schnellen **exzitatorischen Motoneurone** haben dicke, schnell leitende Axone und feuern mit kurzen Impulssalven. Dadurch wird eine relativ große Menge Neurotransmitter (bei den Insekten **Glutamat**) freigesetzt. Ein einzelnes Aktionspotenzial erzeugt in vielen Fällen bereits eine starke Depolarisation der Muskelzellmembran (EPSP), die bei wiederholter Impulsaktivität nur noch unwesentlich ansteigt. Das Resultat ist eine schnelle, heftige Muskelkontraktion. Im Gegensatz dazu werden die langsamen exzitatorischen Motoneurone von dünnen Axonen mit niedriger Leitungsgeschwindigkeit innerviert, sie feuern mit lang anhaltenden Impulssalven, wodurch eine zunächst geringe und erst langsam ansteigende Transmittermenge freigesetzt wird. Entsprechend nimmt die Amplitude des EPSPs nur langsam zu. Die resultierende langsame Kontraktion lässt sich nur bei wiederholter Reizung auslösen. Die Kontraktionshöhe des Muskels nimmt mit der Reizfrequenz zu.

Die **inhibitorischen Neurone** bilden wie die exzitatorischen neuromuskuläre Synapsen aus (postsynaptische Hemmung, ▶ Abschn. 13.4.4), können aber darüber hinaus auch über axoaxonale Synapsen präsynaptische Kontakte mit den exzitatorischen Neuronen desselben Muskels bilden (präsynaptische Hemmung, ▶ Abschn. 13.4.4). Als Neurotransmitter dient GABA. Die präsynaptische Hemmung ist effizienter als die postsynaptische, sie reduziert die Menge des ausgeschütteten exzitatorischen Transmitters.

Bei verschiedenen Insektenarten findet man am Muskel Endausläufer **neurosekretorischer Zellen.** Die von diesen Zellen abgegebenen Substanzen (z. B. Octopamin) wirken über G-Protein-gekoppelte Rezeptoren als Neuromodulatoren. Die neurosekretorischen Zellen bilden keine echten Synapsen mit den Muskelfasern. Über ihre Endausläufer wird das Neurosekret ohne den Umweg über die Hämolymphe direkt zum Erfolgsorgan transportiert.

Übereinstimmend scheint bei den Arthropoden, Anneliden und Nematoden **γ-Aminobuttersäure** (GABA) der **inhibitorische Transmitter** zu sein. Durch Picrotoxin lässt sich die Freisetzung des inhibitorischen Transmitters blockieren. Durch GABA wird die Membrandurchlässigkeit für Cl^- erhöht. Da das Cl^--Gleichgewichtspotenzial in der Nähe des Ruhemembranpotenzials liegt, wird das Membranpotenzial dort stabilisiert (Gleichgewichtspotenzial der Hemmung). Der **exzitatorische Transmitter** ist bei Arthropoden **L-Glutamat**, bei den Nematoden, Anneliden und Mollusken dagegen Acetylcholin. Das EPSP ist in den meisten Fällen auf eine Zunahme der Membranleitfähigkeit für K^+ und Na^+ (in manchen Fällen auch für Ca^{2+}) zurückzuführen. Wie bei den Wirbeltieren (s. o.) erfolgt die Transmitterfreisetzung in Quanten. Sie ist von Ca^{2+} abhängig und wird durch höhere Konzentrationen an Mg^{2+} gehemmt.

Die Muskelfasern der Invertebraten können bei den differenzierten Formen ebenso wie die Motoneurone oft in phasische und tonische Fasern unterteilt werden. Bei den Arthropoden (quergestreifte Muskulatur) besitzen die **phasischen** (schnellen) **Fasern** kürzere Sarkomere (2–4 μm) als die tonischen Fasern (6–14 μm). Die phasischen Fasern kontrahieren sehr schnell und sind für kurze Aktivitätsperioden entwickelt. Sie generieren bei hohen Reizfrequenzen Ca^{2+}-basierte Aktionspotenziale.

Unterschiedliche Sarkomerlängen sind deshalb von Bedeutung, weil ein Querbrückenschlag (10–15 nm in jeder Sarkomerhälfte) ein kurzes Sarkomer von 2,5 μm etwa um 1 % verkürzt (▶ Abschn. 23.2.2). Im Fall eines langen Sarkomers von 10 μm würde ein Querbrückenschlag dagegen nur zu einer Verkürzung von 0,25 % führen. Schnelle Muskeln haben deshalb kurze Sarkomere. Langsame Muskeln mit langen Sarkomeren besitzen demgegenüber eine entsprechend größere Zahl in Serie geschalteter Querbrücken entlang ihrer Filamente. Sie können daher eine größere Kraft entwickeln.

[533] *polys* (griech.) = viel; *neuron* (griech.) = Nerv, Faser

Die **tonischen Fasern** können über eine lange Zeitperiode ohne wesentliche Ermüdung Kraft entwickeln. Sie generieren keine Aktionspotenziale, sondern werden direkt durch die EPSPs aktiviert. Die Skelettmuskeln enthalten entweder nur rein phasische bzw. tonische Fasern oder eine Mischung aus phasischen, tonischen und intermediären Fasern. Die Flugmuskeln der Hymenopteren und Dipteren werden nur von schnellen Motoneuronen versorgt.

23.2.4 Elektromechanische Kopplung

Der Kontraktionsvorgang beginnt stets erst mehrere Millisekunden nach dem Erregungsvorgang. Er ist die Folge der sich an der Membran der Muskelzelle abspielenden Erregungsprozesse. Der kontraktile Apparat kann die Kontraktion nicht fortleiten. Deshalb breitet sich die Kontraktionswelle bei den schnellen Fasern stets nur im Gefolge der fortgeleiteten AoN-Erregung von der Endplatte in beiden Richtungen aus. Bei den langsamen Fasern bleibt die Kontraktion auf die lokalen Erregungsorte beschränkt (es findet lediglich eine passive Ausbreitung der lokalen Erregung statt) und wird ebenso wenig wie die Erregung über größere Strecken fortgeleitet. In beiden Fällen dienen die T-Tubuli der schnellen Weiterleitung des elektrischen Signals ins Faserinnere bis zu den Triaden (◘ Abb. 23.5). Aus den Zisternen des sarkoplasmatischen Retikulums werden bei Depolarisation der Muskelzelle Ca^{2+}-Ionen in das Sarkoplasma entlassen (◘ Abb. 23.9). Dies führt zur Aktivierung der kontraktilen Proteine in der Zelle (► Abschn. 23.2.2).

Ca^{2+}-Ionen haben bei diesen Vorgängen eine steuernde Funktion. Im unerregten quergestreiften Muskel wird die Ca^{2+}-Konzentration im Sarkoplasma durch die **Ca^{2+}-Pumpen** des sarkoplasmatischen Retikulums (SR) zwischen 10^{-8} und 10^{-7} mol l^{-1} gehalten. Diese Ca^{2+}-Pumpen transportieren Ca^{2+} über die Oberfläche des SR ins Innere dieses Membransystems. In den Terminalzisternen des SR befindet sich das Protein **Calseques-**

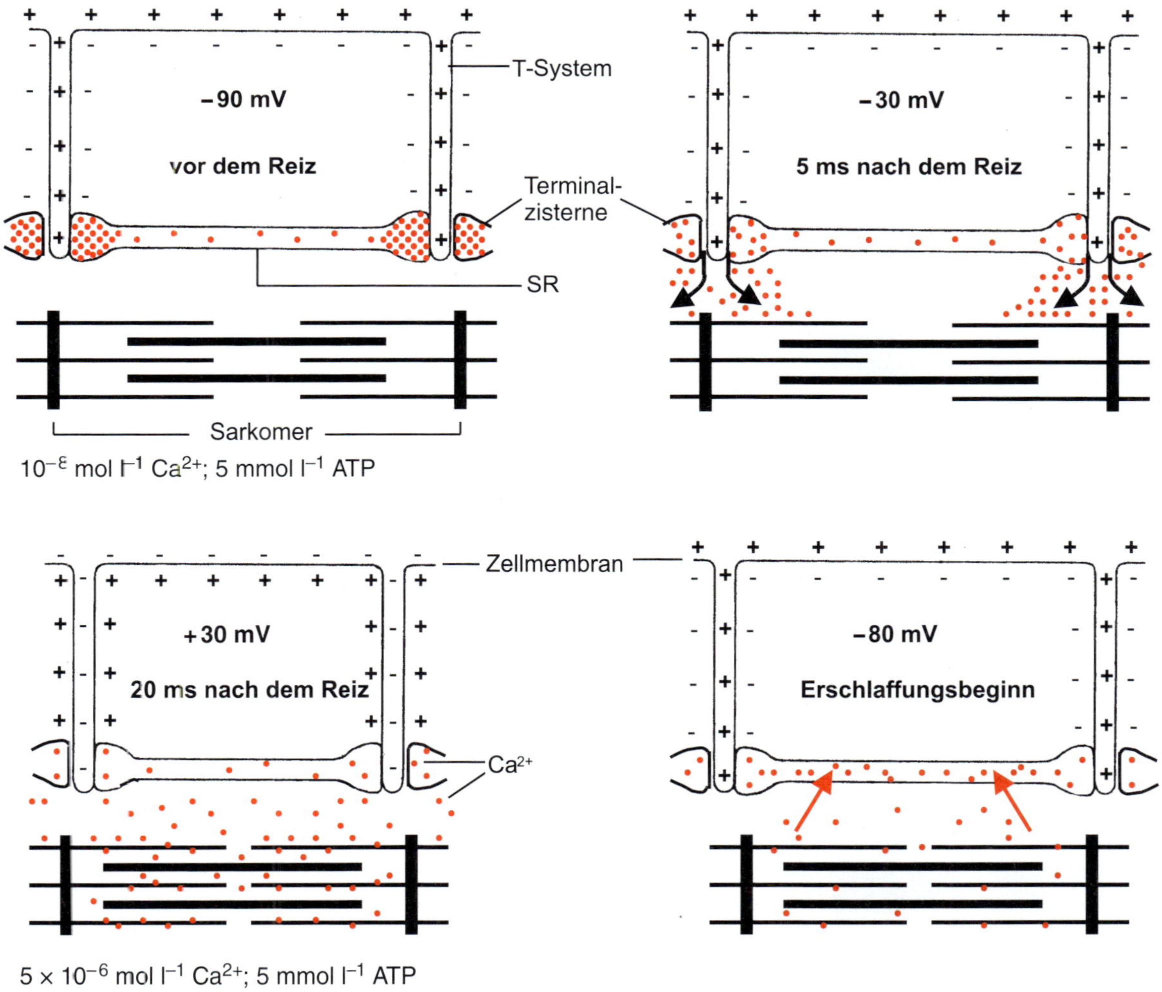

◘ **Abb. 23.9** Elektromechanische Kopplung. Die über das T-System (transversale Tubuli) in die Muskelfaser geleitete Depolarisation (Aktionspotenzial) löst eine Freisetzung von Ca^{2+} aus dem sarkoplasmatisches Retikulum aus. Die intrazelluläre Ca^{2+}-Konzentration steigt von 10^{-8} auf 5×10^{-6} mol l^{-1}. Die Myosinköpfe können an die Aktinfilamente binden und das Sarkomer durch wiederholte Kippbewegungen (Ruderbewegungen) verkürzen. Nähere Erläuterungen im Text. SR = sarkoplasmatisches Retikulum. (In Anlehnung an Rüegg JC (1995) Muskeln. In: Schmidt RF, Thews G (Hrsg) Physiologie des Menschen. 26. Aufl. Springer, Berlin, S. 66–86.)

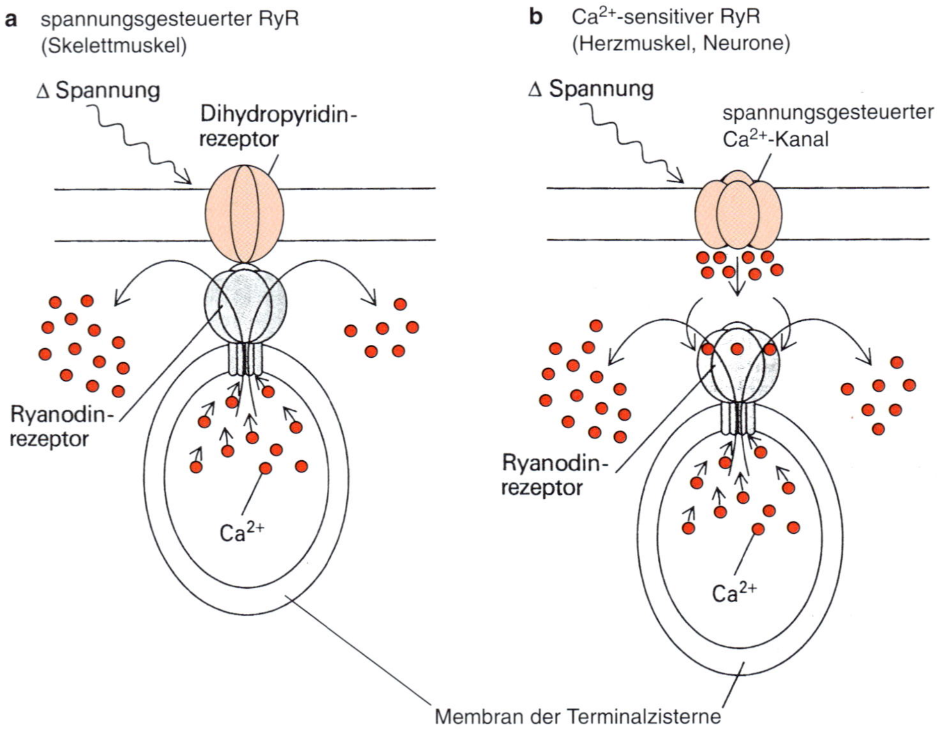

Abb. 23.10 Die Ryanodinrezeptoren im sarkoplasmatischen Retikulum der Skelettmuskelzellen (**a**) stehen in direktem Kontakt mit spannungsgesteuerten Dihydropyridinrezeptoren in der Plasmamembran, während diejenigen im sarkoplasmatischen Retikulum der Herzmuskelzellen (**b**) über spannungsgesteuerte Ca^{2+}-Kanäle (Ca^{2+}-Influx) indirekt aktiviert werden müssen. Nähere Erläuterungen im Text. RyR = Ryanodinrezeptor; SR = sarkoplasmatisches Retikulum. (Aus Lodish H, Baltimore, D, Berk A, Ziporsky SL, Matsudaira P, Darnell J (1996) Molekulare Zellbiologie. 2. Aufl. de Gruyter, Berlin.)

trin (41–62 kDa), das pro Molekül 65 Ca^{2+}-Moleküle mit relativ geringer Affinität binden kann. Diese Speicherkapazität sorgt dafür, dass gebundenes Ca^{2+} in den Terminalzisternen in hoher Konzentration vorliegt und leicht wieder freigesetzt werden kann, da die Bindung an Calsequestrin nur schwach ist.

Die Membranen der T-Tubuli und der Triaden berühren sich nicht. Der kleine Spalt zwischen beiden Membransystemen wird beim **Skelettmuskel** durch regelmäßig angeordnete Füßchen (*feet*) überbrückt, die von zwei Proteinkomplexen gebildet werden. Beide Komplexe konnten durch hochaffine spezifische Bindung von zwei pharmakologisch aktiven Substanzen, Dihydropyridin (DHP) bzw. Ryanodin (Ry), markiert werden. Der **Dihydropyridinrezeptor** (DHP-Rezeptor) ist ein spannungssensitiver Proteinkomplex mit einem Ca^{2+}-Kanal. Er ragt als Tetrade aus der Membran der T-Tubuli in den Intermembranspalt hinein und tritt dort in Kontakt mit einem **Ryanodinrezeptor** (Ry-Rezeptor, Ry-Rezeptor 1 ist die im Skelettmuskel vorkommende Isoform). Dieser ist seinerseits als Tetrade in der Membran einer Terminalzisterne verankert und fungiert als Ca^{2+}-Kanal (Abb. 23.10a). Zwischen den Füßchen aus DHP-Rezeptor und Ry-Rezeptor 1 gibt es im Bereich der Kontaktstellen von T-Tubuli und Terminalzisternen weitere Ry-Rezeptoren (Isoform Ry-Rezeptor 3), die ebenfalls als Ca^{2+}-Kanäle fungieren, aber nicht mit DHP-Rezeptoren in Kontakt treten. Außerhalb dieser eng begrenzten Bereiche sind die Membranen der Terminalzisternen und des übrigen SR dicht mit Ca^{2+}-Pumpen besetzt. Bei Änderung des Membranpotenzials erfährt der DHP-Rezeptor eine Konformationsänderung, die sich über eine intramolekulare Ladungsverschiebung direkt auf den Ry-Rezeptor 1 in der SR-Membran auswirkt. Daraufhin öffnet sich der Ca^{2+}-Kanal des Ry-Rezeptors 1 und Ca^{2+} tritt ins Sarkoplasma über. Die Ca^{2+}-Konzentration steigt dadurch von 10^{-8} bis 10^{-7} mol l^{-1} auf 10^{-6} bis 10^{-5} mol l^{-1} und löst den Querbrückenmechanismus und damit die Kontraktion (s. o.) aus.

Im **Herzmuskel** der Wirbeltiere bestehen die Kontaktstellen von T-Tubuli und SR-Membranen in der Regel nur aus zwei Komponenten, dem Tubulus und einer Terminalzisterne (**Dyade**). Im Spalt zwischen beiden Membransystemen existiert kein direkter Kontakt zwischen DHP- und Ry-Rezeptoren (Isoform im Herzen; Abb. 23.10b) wie in den Triaden der Skelettmuskeln. Bei einer Depolarisation der Herzmuskelzellen öffnen sich spannungsabhängige Ca^{2+}-Kanäle. Der daraufhin einsetzende schwache Ca^{2+}-Einwärtsstrom in den Intermembranspalt öffnet Ca^{2+}-Kanäle von Ry-Rezeptor 2 in der Zisternenmembran (Ca^{2+}-induzierte Ca^{2+}-Freisetzung, *Ca^{2+}-induced Ca^{2+}-release*, CICR), woraufhin Ca^{2+} aus dem SR ins Cytosol übertritt und den Kontraktionsvorgang auslöst. Dieser Ca^{2+}-Einstrom aus dem Dyadenbereich wird durch Öffnung weiterer spannungsabhängiger Ca^{2+}-Kanäle in den T-Tubuli und der Oberflächenmembran verstärkt.

Im Hinblick auf die Ca^{2+}-Freisetzung aus dem SR liegen somit ein **dualer Kontrollmechanismus** vor. Im **Herzmuskel** der Wirbeltiere werden Ca^{2+}-Ionen aus dem SR über ligandenabhängige Ry-Rezeptor-Kanäle freigesetzt, wenn Ca^{2+} über spannungsgesteuerte DHP-Rezeptor-Kanäle aus dem Extrazellularraum in das Cytosol gelangt. Daher muss Ca^{2+} im Extrazellularraum vorhanden sein. Herzmuskelzellen sind im Ca^{2+}-freien Inkubationsmedium nicht kontraktionsfähig. In der **Skelettmuskulatur** der Wirbeltiere scheint die Ca^{2+}-Freisetzung aus dem SR über Ry-Rezeptor-1-Kanäle dagegen primär ligandenunabhängig zu erfolgen. Kontraktionen von isolierten Skelettmuskelfasern können deshalb auch in Ca^{2+}-freien Medien nach entsprechender Reizung ablaufen. Neue Untersuchungsergebnisse deuten darauf hin, dass die Ca^{2+}-Freisetzung gleichzeitig als Initialzündung für eine ligandenabhängige Ca^{2+}-Freisetzung über Ry-Rezeptoren des Typs 3 fungiert, also über Ry-Rezeptoren, die nicht mit DHP-Rezeptoren in direktem Kontakt stehen. Die physiologische Relevanz dieses Sekundärprozesses ist im Fall der Skelettmuskeln der Wirbeltiere noch umstritten.

Kurz nach der Ca^{2+}-Freisetzung beginnen die **Ca^{2+}-Pumpen** damit, das übergetretene Ca^{2+} über die gesamte SR-Oberfläche (ausgenommen ist der Spalt zwischen T-Tubuli und Zisternen) in das SR zurückzutransportieren (Abb. 23.9). In den Terminalzisternen bindet Ca^{2+} wieder an **Calsequestrin**. Wenn die sarkoplasmatische Ca^{2+}-Konzentration 10^{-7} mol l^{-1} erreicht, kehren die Regulatorproteine in ihre Ausgangsstellung zurück, der Muskel erschlafft und kann von seinem Antagonisten auf die Ruhelänge zurückgebracht werden. Herzmuskelzellen besitzen außerdem sehr aktive Ca^{2+}-Pumpen in ihrer Oberflächenmembran, die das eingeströmte Ca^{2+} zurück in den Extrazellularraum befördern (plasmamembranständige Ca^{2+}-ATPasen, PMCA).

Beim Skelettmuskel der Wirbeltiere wird die Aktivität durch Ca^{2+} und über aktingebundene Regulatorproteine gesteuert (**aktinvermittelte Steuerung**). Tropomyosin ist zwar auf den Aktinfilamenten aller Muskeln vorhanden, Troponin fehlt jedoch den Muskeln vieler Invertebraten und den glatten Muskeln der Wirbeltiere. In diesen Fällen wird die Aktivität über eine **leichte Kette** (LC) am Myosinkopf gesteuert (**myosinvermittelte Steuerung**). Bei **Mollusken** wird Ca^{2+} mit hoher Affinität direkt an die regulatorische LC (verwandt mit Troponin C und Calmodulin) jedes Myosinkopfs gebunden, wodurch die Bindung der Köpfe an Aktin ermöglicht und gleichzeitig die Myosin-ATPase aktiviert wird.

Bei der **glatten Muskulatur der Wirbeltiere** und in **Nichtmuskelzellen** wird die Wechselwirkung von Myosin und Aktin ebenfalls durch **regulatorische leichte Ketten** (LCs) gehemmt. Diese Hemmung wird jedoch nicht wie bei den Mollusken direkt durch Ca^{2+} aufgehoben, sondern indirekt. Ca^{2+} bildet zunächst mit **Calmodulin** einen Calcium-Calmodulin-Komplex, der seinerseits an **Myosin-leichte-Ketten-Kinase** (LC-Kinase) bindet und diese aktiviert. Die LC-Kinase kann dann die regulatorische leichte Kette des Myosinkopfs phosphorylieren. Erst in diesem Zustand ist die hemmende Wirkung der LC auf die aktinstimulierbare ATPase-Aktivität des Myosins aufgehoben. Der glatte Muskel kann dann in Abhängigkeit vom Phosphorylierungsgrad der LCs Kraft entwickeln. Das heißt, die Kontraktion erfolgt nicht nach dem AoN-Gesetz, sondern ist in Abhängigkeit vom Phosphorylierungsgrad fein abstufbar. Eine Phosphatase, die die leichte Kette dephosphoryliert, stellt den erschlafften Zustand wieder her: Dephosphorylierte Myosinköpfe können nicht an Aktinfilamente binden.

Ca^{2+} beeinflusst bei der **glatten Muskulatur** die Kontraktionsaktivität nicht nur über den Phosphorylierungsgrad der LCs der Myosinköpfe, sondern auch über die Aktinfilamente. Ca^{2+}-Calmodulin bindet nicht nur an die LC-Kinase, sondern auch an **Caldesmon**, ein ca. 75 nm langes, stabförmiges Heterodimer (2 × 120 kDa), das im ruhenden Muskel in der Furche der Aktindoppelhelices liegt und über Tropomyosin die Bindungsstellen für die Myosinköpfe blockieren soll. Durch die Bindung von Ca^{2+}-Calmodulin an Caldesmon wird diese Blockade aufgehoben, der Muskel kann kontrahieren. Auch die **Flugmuskeln der Insekten** sind doppelt, über eine aktin- und eine myosinvermittelte Steuerung, reguliert.

23.2.5 Einzelzuckung

Reizt man einen Skelettmuskel eines Säugetiers mit einem kurzen elektrischen Impuls, kommt es zur Einzelzuckung. Untersucht man dieses Phänomen näher, registriert man entweder bei gleichbleibender Belastung eine Längenänderung (**isotonische**[534] **Kontraktion**) oder bei gleichbleibender Länge eine Spannungsänderung des Muskels (**isometrische**[535] **Kontraktion**). *In situ* arbeiten die Muskeln selten rein isotonisch bzw. isometrisch. Von einer **Unterstützungskontraktion** spricht man, wenn sich der Muskel zunächst isometrisch anspannt, bis die vorhandene Gegenkraft überwunden wird, und er sich danach isotonisch verkürzt. Bei der **Anschlagskontraktion** ist die Reihenfolge umgekehrt: isotonische Verkürzung des Muskels bis zum Anschlagspunkt und anschließende isometrische Anspannung. Bei der **auxotonischen**[536] **Kontraktion** verkürzt sich der Muskel unter gleichzeitiger Spannungszunahme.

Die Zeit zwischen Reizbeginn und dem Beginn der Muskelverkürzung bzw. des Kraftanstiegs nennt man **Latenzzeit.** Ihr folgt die Anstiegszeit, während der das jeweilige Maximum der Muskelverkürzung erreicht wird. Daran schließt sich die Erschlaffungszeit an (Abb. 23.11). Die Anstiegszeit ist bei phasischen Muskeln kürzer als bei tonischen. Bei den Säugetieren verhalten sich die Anstiegszeiten beider Muskeltypen im Verhältnis von etwa 1:3,5. Die Anstiegszeit ist außerdem bei isotonischer Kontraktion etwas länger als bei isometrischer. Bei der gleichen Tierart (Wirbeltier) nimmt sie in folgender Reihenfolge zu: Skelettmuskeln < Herzmuskeln < glatte Muskeln (Tab. 23.2, Beispiel Schildkröte). Im Vergleich zur längeren Anstiegszeit des Herzmuskels gegenüber dem Skelettmuskel ist die Erschlaffungszeit des Herzmuskels relativ kürzer. Das Verhältnis zwischen Anstiegszeit und Gesamtzuckungsdauer beträgt beim Skelettmuskel etwa 1:5, beim Herzmuskel etwa 1:2. Das ist für die Pumpleistung des Herzens von großer Bedeutung. Latenz-, Anstiegs- und Erschlaffungszeit sind temperaturabhängig. Der Temperaturkoeffizient ist für sie annähernd gleich (Q_{10} = 2,5).

Während der Latenzzeit, in der am Muskel äußerlich noch keine Veränderungen festzustellen sind, laufen bereits wichtige Vorgänge ab. Da ist zunächst das **Aktionspotenzial**, das schon beendet sein kann, bevor die Kontraktion des Muskels beginnt

534 *isos* (griech.) = gleich; *tonos* (griech.) = Spannung
535 *metron* (griech.) = Maß
536 *auxein* (griech.) = vermehren

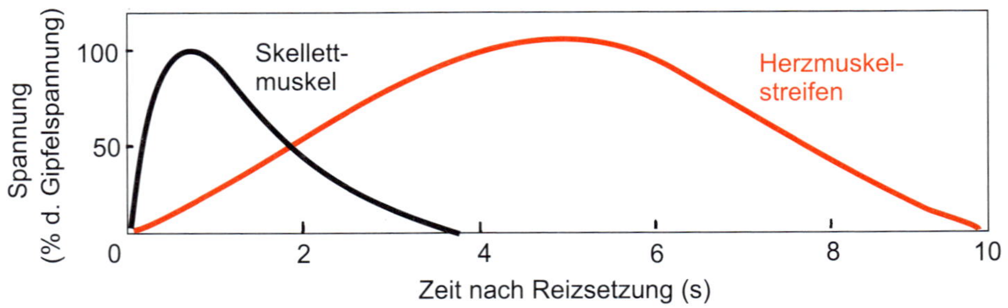

Abb. 23.11 Vergleich der isometrischen Einzelzuckung eines Skelettmuskels und eines Herzmuskelstreifens vom selben Tier (Schildkröte) bei gleicher Temperatur. (Aus Landois L, Rosemann R (1962) Lehrbuch der Physiologie des Menschen. 28. Aufl. Urban & Schwarzenberg, München.)

Tab. 23.2 Kenndaten einiger Muskeln verschiedener Tiere.

Tierart	Muskel	Latenzzeit (ms)	Anstiegszeit (ms)	Fusionsfrequenz (s^{-1})
Ratte	Zwerchfell (37 °C)	1,5	22	
Katze	M. sartorius M. obliquus inferior		29 19	23 69
Frosch	M. sartorius (0 °C) M. sartorius (16 °C)	16,0 110	220 110	40 12,5
Schildkröte	M. retractor penis M. caracobrachialis (0 °C)	 60,0	400 2000	
Frosch	Herzventrikel (0 °C)	100	6.800	
Schildkröte	Herzventrikel (0 °C)	200	11 000	
Katze	Uterusmuskulatur (glatt) Darmmuskulatur (glatt)		1800 3000	
Schildkröte	Darmmuskulatur (glatt)		30 000	
Heuschrecke (*Schistocerca*)	Flügelmuskel Beinmuskel		25 200	 36–50
Tintenfisch	Tentakelretraktor		2500	0,3–1
Schnecke (*Helix*) Schnecke (*Metridium*)	Retraktor		200–300	

(Skelettmuskel des Säugers). Ebenfalls vor der Kontraktion beginnt die Produktion der **Aktivierungswärme** (s. u.). Unmittelbar vor der Verkürzung des Muskels tritt oft eine vorübergehende minimale Erschlaffung ein. Man bezeichnet diese initiale Erschlaffungswelle im Mechanogramm, die man nur mit sehr empfindlichen Registriergeräten erfasst, als latente Erschlaffung (Latenzrelaxation). Sie fehlt bei verschiedenen nicht quergestreiften Muskeln der Invertebraten (z. B. Adduktor von *Pinna*).

Die Kontraktion eines Muskels ist mit einer **Wärmeproduktion** verbunden (Abb. 23.12). Man unterscheidet zwischen der während der Einzelzuckung frei werdenden Initialwärme und der anschließend auftretenden, »verzögerten« Erholungswärme. Letztere ist im Gegensatz zur Initialwärme stark von der O_2-Zufuhr abhängig und durch Stoffwechselgifte (Hemmung der **Glykolyse** durch Monojodacetat u. a.) beeinflussbar. Sie ist unter aeroben Bedingungen viel größer als unter anaeroben und ist eine Begleiterscheinung der sich während der Erholungsphase im Muskel abspielenden chemischen Vorgänge, die zum größten Teil aerob verlaufen. Die Initialwärme, die offenbar nicht durch oxidative oder glykolytische Prozesse hervorgerufen wird, setzt sich additiv aus der Aktivierungs-, Verkürzungs- und Erschlaffungswärme zusammen. Die Entwicklung der **Aktivierungswärme** beginnt bereits in der Latenzzeit und setzt sich bis in die Anstiegszeit hinein fort. Sie ist in ihrem Ausmaß weder von den Ausgangsbedingungen noch von den Spannungsveränderungen während der isometrischen Kontraktion abhängig. **Erhaltungswärme** entsteht, während der Muskel keine Arbeit im physikalischen Sinn leistet, wie beim Halten eines Gewichts (ohne einer Muskelverkürzung) oder bei der Aufrechthaltung des Körpers, weil auch dann die Myosinköpfe den Querbrückenzyklus durchlaufen und ATP verbrauchen.

Die **Verkürzungswärme** nimmt proportional mit der Verkürzung der Muskelfasern zu, ist jedoch von der Belastung, der Temperatur und der Dauer der Verkürzung unabhängig. Die **Erschlaffungswärme** tritt nur auf, wenn der Muskel belastet ist. Sie entspricht dann quantitativ der am Muskel während

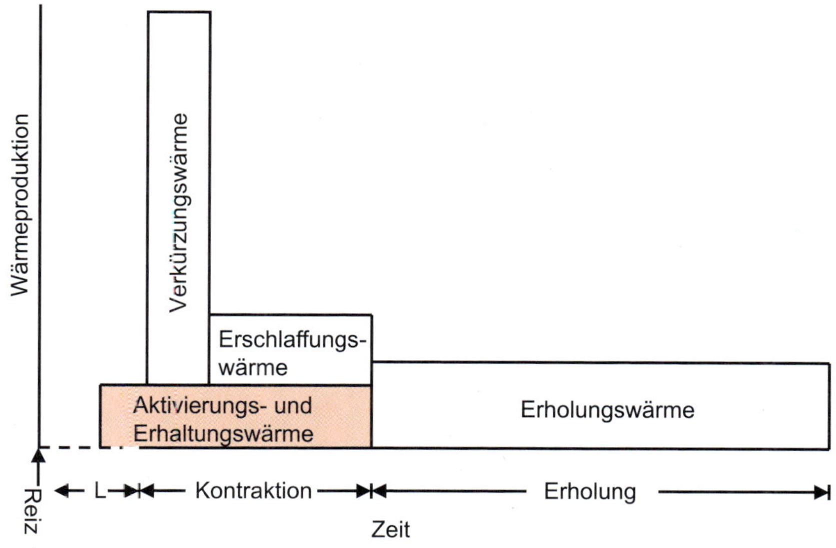

Abb. 23.12 Wärmeproduktion während und nach der Muskelkontraktion bei einem Säugetier. L = Latenzzeit. (Aus Keidel WD (1970) Kurzgefasstes Lehrbuch der Physiologie. 2. Aufl. Thieme, Stuttgart.)

der isotonischen Kontraktion geleisteten Arbeit. Wir sehen also, dass die Wärmebildung bereits vor der eigentlichen Kontraktion einsetzt und dass mit der Erschlaffung keine chemische Wärmetönung verbunden ist. Dies weist darauf hin, dass die Anstiegsphase den thermodynamisch unfreiwilligen und die Erschlaffungsphase den thermodynamisch freiwilligen Abschnitt des Kontraktionsvorgangs repräsentiert.

23.2.6 Mechanische Eigenschaften von Muskeln

Belastet man einen frei hängenden, isolierten Muskel mit einem Gewicht, nimmt seine Länge um einen bestimmten Betrag zu. Entfernt man das Gewicht, tritt eine Verkürzung ein, der Muskel kehrt aber nicht ganz in seine Ausgangslänge zurück (Dehnungsrückstand). Der Muskel hat also neben elastischen auch **plastische Eigenschaften** (Abb. 23.13). Genauere Analysen des mechanischen Verhaltens der Muskeln haben zu der Annahme geführt, dass im Muskel nur wenig gedämpfte elastische Elemente und stark gedämpfte viskös-plastische Elemente parallel- und in Serie hintereinandergeschaltet sind. Zu den parallelgeschalteten elastischen Elementen, auf die der größte Teil der Gesamtelastizität zurückzuführen ist, gehören zum Beispiel die Muskelfaszie und das Bindegewebe zwischen den Muskelfasern sowie die Membransysteme innerhalb der Muskelfaser. Ein geringer Anteil beruht auf der Elastizität der Sehnen, die die Muskeln mit dem Skelett verbinden, oder den Z-Scheiben und Titinmolekülen (Serienelastizität).

Steigert man die Belastung eines Muskels schrittweise um gleiche Beträge, wird die Längenzunahme mit steigender Belastung immer kleiner, da der elastische Widerstand des Muskels zunimmt (**Ruhedehnungskurve**, Abb. 23.13). Während die Flugmuskeln der Insekten nur eine geringe Dehnbarkeit besitzen, sind nicht quergestreifte Muskeln meist stark dehnbar. So kann zum Beispiel der Rückziehmuskel des vorderen Körperendes von *Phascolosoma* (Sipunculide) auf etwa das Zehnfache seiner Normallänge gedehnt werden. Die bei schrittweiser Entlastung registrierte Entdehnungskurve deckt sich wegen der bereits erwähnten plastischen Eigenschaften des Muskels nicht mit der Dehnungskurve. Die Fläche zwischen beiden Kurven entspricht dem Arbeitsverlust beim Dehnungszyklus. Dabei

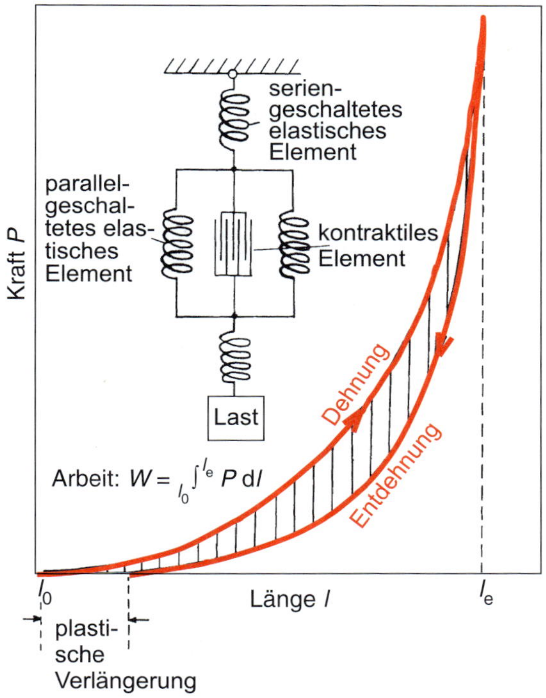

Abb. 23.13 Ruhedehnungskurve und mechanisches Analogmodell eines Muskels. Die für die Dehnung des ruhenden Muskels benötigte Arbeit (Fläche unterhalb der Dehnungskurve) ist größer als der bei der Entdehnung frei werdende Arbeitsbetrag (Fläche unterhalb der Entdehnungskurve). Die Differenz beider Beträge (schraffierte Fläche) entspricht dem Arbeitsverlust bei einem Dehnungszyklus. Die plastische Verlängerung ist bei quergestreiften Skelettmuskeln wesentlich kleiner als bei glatten Muskeln. l_0 = Ausgangslänge; l_e = Endlänge. (Nach Lester HA (1977) The respone to acetylcholine. Sci Amer 236 (2), 106–118.)

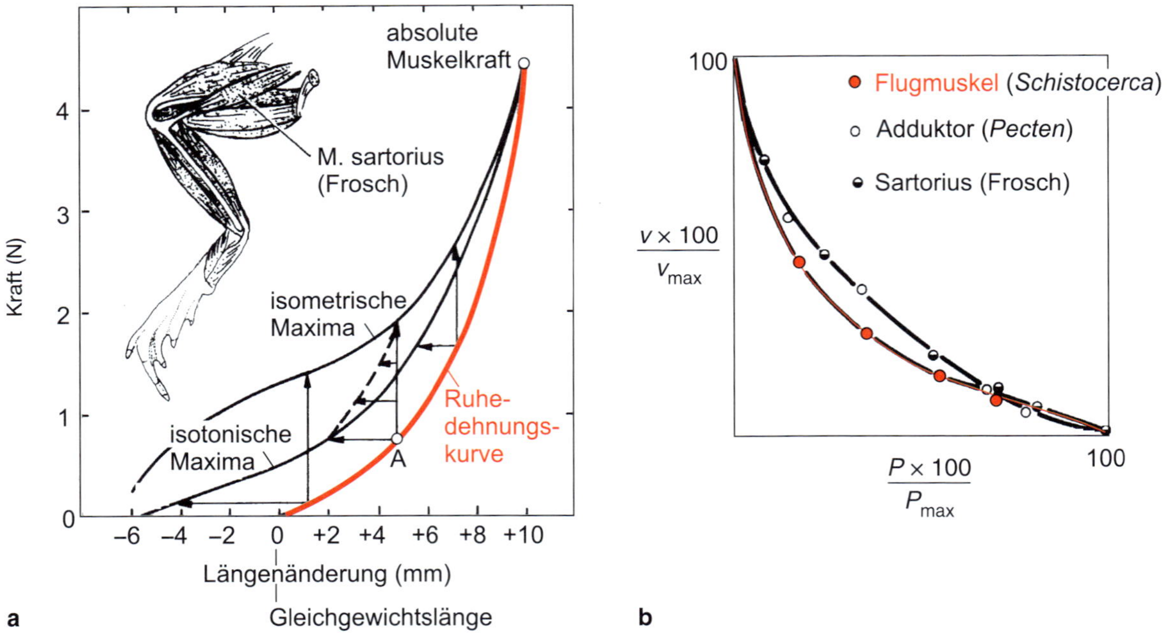

Abb. 23.14 **a** Führt der Muskel bei unterschiedlicher Vorbelastung, das heißt von verschiedenen Punkten der Ruhedehnungskurve aus, maximale isotonische (waagerechte Pfeile) bzw. maximale isometrische Kontraktionen (senkrechte Pfeile) durch, so erhält man durch Verbinden der erhaltenen Punkte im Kraft-Längen-Diagramm die Kurve der isotonischen bzw. isometrischen Maxima. Die gestrichelte Linie ist die Kurve der von Punkt A ausgehenden Unterstützungszuckungen. **b** Kraft-Geschwindigkeit-Kurven verschiedener Muskeln. v = Verkürzungsgeschwindigkeit; v_{max} = maximale Verkürzungsgeschwindigkeit des unbelasteten Muskels; P = zu hebende Last; P_{max} = isometrische maximale Spannung. (a nach Reichel H (1936) Quantitative Beziehungen zwischen Ruhe- und Reizzustand des Skelettmuskels. Z Biol 97, 429, verändert; b aus Hasselbach W (1963) Mechanismen der Muskelkontraktion und ihre intrazelluläre Steuerung. Naturwiss 50, 249–256.)

handelt es sich um den Anteil der bei der Dehnung in den Muskel gesteckten Arbeit, der durch innere Reibung verloren geht. Er ist umso kleiner, je langsamer die Dehnung durchgeführt wird. Die plastische Dehnung ist bei der glatten Muskulatur wesentlich auffälliger als bei der quergestreiften.

Die **Hubhöhe** eines Muskels nach künstlicher Reizung mit übermaximaler Reizstärke ist von seiner Belastung abhängig. Bestimmt man die maximale Längenänderung des sich isotonisch kontrahierenden Muskels bei unterschiedlichen Vordehnungen (Belastungen) und trägt die erhaltenen Werte, von dem entsprechenden Punkt auf der Ruhedehnungskurve ausgehend, in der horizontalen Richtung des Diagramms der Abb. 23.14a ab, so erhält man die **Kurve der isotonischen Maxima**. Man erkennt, dass mit zunehmender Belastung des Muskels (mit zunehmender Kraft) die Hubhöhe (Längenänderung) abnimmt. Da diese Abnahme aber zunächst langsamer erfolgt als die Belastungszunahme, steigt die vom Muskel geleistete Arbeit (Kraft × Weg) an. Die Muskeln leisten bei einer bestimmten Belastung (Vordehnung) maximale Arbeit. Sowohl bei geringerer als auch bei höherer Belastung ist die Arbeit geringer. Führt man entsprechende Untersuchungen unter isometrischen Kontraktionsbedingungen durch, kommt man zur **Kurve der isometrischen Maxima** (Abb. 23.14a). Sie liegt stets über der Kurve der isotonischen Maxima. Die Kurven der Maxima für die Unterstützungs- bzw. Anschlagszuckung verlaufen zwischen den Kurven der isometrischen und isotonischen Maxima.

Neben der Hubhöhe ist auch die **Verkürzungsgeschwindigkeit** (v) von der Belastung (P) des Muskels abhängig. Mit zunehmendem P nimmt v ab (**Hill*-Gleichung**, Hyperbel):

$$(P + a) \times (v + b) = (P_{max} + a) \times b = \text{const.}$$

a und b sind dimensionsbehaftete Konstanten, a hat die Dimension einer Kraft, b die einer Geschwindigkeit. P_{max} ist die maximale Kraft, die der Muskel beim isometrischen Tetanus entwickeln kann (► Abschn. 23.2.8). a, b und P_{max} sind unter gleichen Versuchsbedingungen für den Muskel charakteristische Größen.

Abb. 23.14b zeigt einige Beispiele solcher **Kraft-Geschwindigkeits-Kurven.** Alle Kurven zeigen einen ähnlichen Verlauf, unterschiedlich sind die Konstanten a und b. Für $P = P_{max}$ wird $v = 0$.

23.2.7 Energiebereitstellung für die Muskelkontraktion

Während einer Muskelkontraktion wird chemische Energie in mechanische Arbeit umgewandelt. Unter optimalen Bedingungen können etwa 33 % der umgesetzten Energie in Arbeit umgewandelt werden, der Rest erscheint als Wärme. Der **Wirkungsgrad** der »Muskelmaschine« – das Verhältnis zwischen der gewonnenen Arbeit und zugeführter Energiemenge – beträgt im günstigsten Fall 30–35 %. Das entspricht dem Wirkungsgrad eines Benzinmotors (25–35 %).

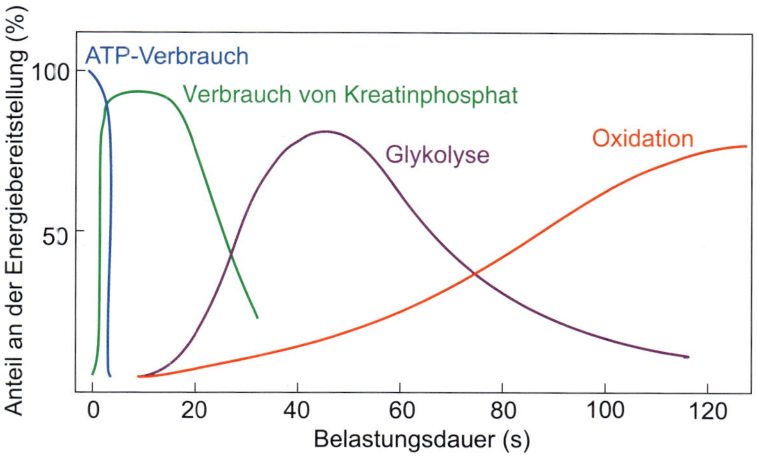

Abb. 23.15 Zeitliche Aufeinanderfolge des Energiebeitrags einzelner Stoffwechselprozesse im Muskel während der ersten 2 min bei starker körperlicher Belastung eines Menschen. Der Energieverbrauch ist für jeden Zeitpunkt auf 100 % gesetzt, seine Abnahme kommt in der Abbildung nicht zum Ausdruck. (Nach Keul J, Doll E, Keppler D (1972) Energy metabolism of human muscle. Karger, Basel.)

Tab. 23.3 ATP-, ADP- und Phosphagenkonzentration in verschiedenen Muskeln (µmol pro g Frischgewicht).

Muskel	ATP	ADP	Phosphagen
Herzmuskel (Kaninchen)	4,0	0,85	8
Skelettmuskel (Kaninchen)	6,8	0,9	25
Skelettmuskel (Frosch)	2,7	0,9	30
Uterusmuskel (schwangere Frau)	1,25	1,6	2,6
Hautmuskelschlauch (*Lumbricus*)	2,8	0,7	6,1
Byssusretraktor (*Mytilus*)	0,7–1,6	1,0	13,5

Die chemische Energie stammt letztlich aus dem Kohlenhydrat- und Fettabbau, muss aber zunächst in die energiereichen Bindungen von Nucleosidtriphosphaten überführt werden, bevor sie in mechanische Arbeit umgewandelt werden kann. Das wichtigste Nucleosidtriphosphat ist das **Adenosintriphosphat** (ATP) Es stellt die unmittelbare Energiequelle für den Kontraktionsvorgang dar und gibt bei der hydrolytischen Abspaltung des terminalen Orthophosphatrestes eine Energiemenge von ca. 30 kJ mol^{-1} ab:

$$ATP + H_2O \longrightarrow ADP + P_i + H^+ \qquad \Delta G^{0\prime} = -30{,}5\ kJ\ mol^{-1}$$

Da ADP die Muskelerschlaffung hemmt, wird die ADP-Konzentration niedrig gehalten. Kann ADP nicht sofort mithilfe anderer Substrate wieder zu ATP phosphoryliert werden, erfolgt die Abspaltung des zweiten Phosphatrestes durch das in den Muskelzellen vorhandene Enzym Adenylylkinase (Myokinase) unter Regeneration eines ATP-Moleküls:

$$2\ ADP \leftrightharpoons ATP + AMP$$

Der Vorrat an ATP in der Muskelzelle ist nie sehr groß und reicht nur für wenige Kontraktionen aus. Das für die Resynthese des verbrauchten ATPs notwendige energiereiche Phosphat stammt zunächst aus den in den Zellen reichlich vorhandenen **Phosphagenen**. Das Phosphagen in den Muskeln der Wirbeltiere ist das **Kreatinphosphat** (KrP), bei den Arthropoden und Mollusken ist es das **Argininphosphat**, bei Anneliden sind noch weitere Phosphagene (Taurocyamin-, Glykocyamin- und Lumbricinphosphat) gefunden worden. Einige Beispiele für die ATP-, ADP- sowie Phosphagenkonzentration in unterschiedlichen Muskeln sind in Tab. 23.3 zusammengestellt. Die Übertragung der Phosphorylgruppe vom Kreatinphosphat auf ADP ist reversibel und wird durch die **Kreatin-Kinase** katalysiert (Lohmann*-Reaktion).

$$\text{Kreatinphosphat} + ADP \leftrightharpoons \text{Kreatin} + ADP{-}P\ (= ATP)$$

Die **Bedeutung der Kreatin-Kinase** für die ATP-Regeneration ist daraus ersichtlich, dass in einer Muskelzelle mehrere Isoformen dieses Enzyms existieren: die an Zellmembranen gebundene Isoform für die Na^+/K^+-Pumpen, die an das sarkoplasmatische Retikulum gebundene Isoform für die Ca^{2+}-Pumpen und die myofibrilläre Isoform (in der I-Bande und in der M-Linie lokalisiert) für die chemomechanische Energietransformation. Die Isoformen kommen also frei im Sarkoplasma vor (cytoplasmatische Form) oder sind in unmittelbarer Nähe der ATP-Verbrauchsorte an sarkoplasmatische Strukturen gebunden und gewährleisten dort eine schnelle Regeneration von ATP. Während der Erholungsphase muss der KrP-Speicher aus dem beim Abbau der Kohlenhydrate neu gebildeten ATP wieder aufgefüllt werden. Bei den aerob arbeitenden Muskeln erfolgt dies durch eine mitochondriale Isoform, die als Oktamer ein für Kreatin und KrP durchlässiges Kanalprotein (Porin) der äußeren Mitochondrienmembran mit dem ADP-ATP-Translokator der inneren Mitochondrienmembran verbindet und so einen sehr effizient »energieleitenden« Komplex bildet.

Abb. 23.15 veranschaulicht, dass bei einem Säugermuskel die für eine maximale Bewegung notwendige Energie während der ersten 20 s nahezu ausschließlich durch KrP gedeckt wird. Erst danach folgen die Energieversorgung zunächst über die Glykolyse (über Pyruvat zum Lactat, **anaerober Abbau**) und – stark verzögert – der **aerobe Abbau** des Pyruvats über den Citratzyklus und die Atmungskette bis zum CO_2 und H_2O (► Abschn. 2.3.5, 2.3.7). Der Abbau der Fette (obligat aerob) setzt noch viel später ein. Als Energiespeicher dienen Glykogen- und Fettvorräte. Die Gründe für die Verzögerung sind das langsame Anlaufen der einzelnen Abbauprozesse, beim Fett kommen noch die Mobilisierung der Fettsäuren und der Transport aus den Fettgeweben und in die Muskelzellen bis in die Mitochondrienmatrix hinein hinzu.

Die verschiedenen Muskeln unterscheiden sich stark hinsichtlich der Art des Substratabbaus für die Energiegewinnung. Es gibt Muskeln mit vornehmlich anaerober Energieproduktion. Sie sind gewöhnlich nur über kurze Perioden mit hoher Aktivität tätig (z. B. Sprungmuskeln der Heuschrecken). Hierher gehört unter anderem auch die Seitenrumpfmuskulatur der Fische. Sie produziert bei stärkerer Aktivität so viel **Lactat**, dass dessen Konzentration auf das Sechs- bis Zehnfache des Normalwertes ansteigen kann. Bei verschiedenen Mollusken (*Buccinum, Pecten*) und *Sipunculus* führt der anaerobe Abbau der Kohlenhydrate in der Muskulatur nicht zur Akkumulation von Lactat, sondern zur Anreicherung der Iminosäure **Octopin**, einem Kondensationsprodukt aus Pyruvat und Arginin (► Abschn. 2.3.8).

Vielfach reicht zu Beginn einer Tätigkeit die O_2-Versorgung noch nicht aus, den sprunghaft gestiegenen O_2-Bedarf zu decken, da die Umstellung des Kreislaufs eine gewisse Zeit benötigt. Deshalb muss der Muskel zunächst vornehmlich anaerob arbeiten und Lactat bilden. Er geht eine **Sauerstoffschuld** ein, die dann später durch erhöhte O_2-Aufnahme und dadurch ermöglichte Beseitigung des Lactats wieder ausgeglichen wird. Beim Kaumuskel (M. masseter) des Pferdes steigt die O_2-Aufnahme während der Kautätigkeit auf das 20-Fache, die CO_2-Abgabe sogar auf das 40-Fache des Ruhewertes an. Bei Daueraktivität stellt sich ein Gleichgewicht zwischen O_2-Verbrauch und O_2-Zufuhr im Muskel ein. Bei Fliegen ist selbst nach ausgedehnten Flügen keine nennenswerte Sauerstoffschuld zu erkennen. Die Flugmuskeln der Insekten sind ebenso wie die Herzmuskelzellen der Wirbeltiere durch außergewöhnlich große Mitochondrien, in denen sich die Enzyme des Citratzyklus und der Atmungskette befinden, und eine entsprechende O_2-Versorgung besonders gut an einen intensiven oxidativen Abbau der Nährstoffe angepasst. Die Herzmuskulatur der Säuger ist dadurch in der Lage, mit dem bei starker körperlicher Belastung des Tieres anfallenden Lactat bis zu 60 % seines Energiebedarfs zu decken. Es sind die ständig oder gewöhnlich über lange Zeiträume tätigen Muskeln – neben der Herz- und Flugmuskulatur gehört auch die Schwanzmuskulatur der Fische dazu –, bei denen die **aerobe Energiegewinnung** überwiegt. Auch der relativ niedrige Energiebedarf der glatten Muskulatur der Warmblüter wird zum größten Teil aerob gedeckt.

Die **weiße Muskulatur** der **Fische** ist ein Beispiel für die Beziehung zwischen der motorischen Aktivität und der Konzentration an glykolytischen Enzymen, das heißt der Kapazität zum anaeroben Energiegewinn. Schnelle Schwimmer (z. B. Thunfische) weisen eine wesentlich höhere Konzentration an glykolytischen Enzymen (Pyruvat-Kinase, Lactat-Dehydrogenase) auf als langsame. Demgegenüber zeigt die **rote Muskulatur** des Thunfischs eine geringere Menge an glykolytischen Enzymen, aber eine höhere Konzentration von Enzymen des aeroben Stoffwechsels (Citratzyklus: Citrat-Synthase, Glutamat-Oxalacetat-Transaminase) als die weiße Muskulatur. Damit im Zusammenhang steht, dass nach erfolgter Aktivität in der weißen Muskulatur ein stärkerer Verlust an Energieträgern (Glykogen, Kreatinphosphat) und eine deutlich höhere Anreicherung an Lactat zu verzeichnen ist als bei roten Muskeln (◘ Tab. 23.1).

Fette liefern pro Gramm mehr als doppelt so viel Energie wie Kohlenhydrate (► Abschn. 1.4.2). Dabei ist noch nicht berücksichtigt, dass sie im Gegensatz zu Kohlenhydraten in nichthydratisierter Form gespeichert werden. So bindet 1 g Glykogen etwa 2 g Wasser. Wenn man das Gewicht des gebundenen Wassers in die Rechnung einbezieht, dann liefert 1 g Fett sogar sechsmal so viel Energie wie 1 g gespeichertes (und hydratisiertes) Glykogen. Fette eignen sich deshalb besser zum Anlegen eines größeren Energievorrats, wie er bei Tieren nötig ist, die weite Strecken zurücklegen müssen, zum Beispiel Rentiere in der arktischen Tundra, Wale im Süd- und Nordpazifik und besonders Zugvögel und verschiedene Insekten. Allerdings können diese Tiere während ihrer Wanderungen ihren Energiebedarf zwar weitgehend, aber nicht vollständig durch Fettabbau decken. Ein gewisser Abbau von Kohlenhydraten ist immer erforderlich. Acetyl-CoA aus der β-Oxidation der Fettsäuren (► Abschn. 2.3.6) wird mithilfe von Oxalacetat (Citratbildung) in den Citratzyklus eingeschleust (► Abschn. 2.3.5). Der **Oxalacetatspiegel** der Mitochondrienmatrix wird jedoch kontinuierlich erniedrigt, weil Zwischenprodukte des Citratzyklus für Biosynthesen herangezogen werden (Succinyl-CoA für die Porphyrinbildung, Oxalacetat und α-Ketoglutarat für die Synthese von Aminosäuren usw.). Wäre zu wenig Oxalacetat vorhanden, käme es zu einer Akkumulation von Acetyl-CoA. Der Oxalacetatspiegel lässt sich bei Säugetieren nur über eine Neubildung von Oxalacetat durch Carboxylierung von Pyruvat konstanthalten. Das bedeutet, dass der Abbau von Glucose bis zum Pyruvat auch während der Verbrennung von Fetten zwecks Energiegewinnung in gewissem Umfang zur Regeneration des Oxalacetatspiegels erforderlich bleibt.

Der Goldregenpfeifer (*Pluvialis apricaria*) fliegt von den Aleuten bis Hawai mehr als 4000 km über das offene Meer. Kolibris überqueren bei einer Flügelschlagfrequenz von 80–100 Schlägen s^{-1} im Nonstop-Flug den Golf von Mexiko (mehr als 800 km). Ihre Flugmuskulatur zeigt strukturelle Besonderheiten, die diese enorme Leistungsfähigkeit ermöglichen. Die Zellen sind voller Fetttröpfchen (Energielieferant) und Mitochondrien (ATP-bildende Maschinerie) befinden sich in engster Nachbarschaft zu den Myofibrillen (ATP-benötigende Strukturen).

Viele **Insekten** sind nicht nur schnelle Flieger, sondern legen oft auch enorme Strecken im Flug zurück. Die **Flugmuskeln** arbeiten dabei unter streng aeroben Bedingungen. Während des freien Schwebeflugs sind Stoffwechselraten zwischen 40 und 150 ml O_2 h^{-1} pro g^{-1} Körpergewicht gemessen worden. Es sind die höchsten Raten, die bisher in einem Gewebe ermittelt wurden. Insekten können ihren O_2-Umsatz während des Fluges um den Faktor 100 steigern. Die Energiefreisetzung während des Fluges wird über Peptidhormone (adipokinetische Hormone, AKH) gesteuert. Es sind Okta-, Nona- oder Dekapeptide, die in den Corpora cardiaca gebildet und freigesetzt werden (▶ Abschn. 14.4.3). Hinsichtlich der Energiequellen lassen sich drei Gruppen unterscheiden:

- Hymenopteren, Dipteren und die Amerikanische Schabe *Periplaneta americana* nutzen **Kohlenhydrate** als Energiequelle. Das im Fettkörper gespeicherte Glykogen wird in Trehalose überführt, die in die Hämolymphe übertritt. In den Muskelzellen wird das Disaccharid in Glucose gespalten und verbrannt.
- Heuschrecken und Schmetterlinge nutzen nur während kurzer Flüge Kohlenhydrate als Energiequelle, bei längeren Flügen übernehmen **Lipide** diese Rolle. Wanderscheuschrecken fliegen kurz nach dem Start zunächst mit hoher Geschwindigkeit und Flügelschlagfrequenz, die aber nach etwa 20 min auf einen für den Wanderflug charakteristischen, konstanten Wert abfällt. In der ersten Flugphase liefert Trehalose die Energie, während des Wanderflugs sind es Lipide. Für die Umschaltung des Stoffwechsels ist das adipokinetische Hormon (AKH) verantwortlich. Die Lipide sind vornehmlich als Triacylglycerine im Fettkörper gespeichert, sie werden in Diacylglycerinen umgewandelt und in dieser Form – gebunden an **Lipoproteine** – mit der Hämolymphe zu den Muskelzellen transportiert, wo sie von einer membrangebundenen Lipoprotein-Lipase hydrolysiert werden. Die freien Fettsäuren werden schließlich metabolisiert.
- Die Tsetse-Fliege (*Glossina morsitans*) und der Kartoffelkäfer (*Leptinotarsa decemlineata*) oxidieren hauptsächlich die Aminosäure **Prolin**, die in hoher Konzentration in der Hämolymphe vorkommt. Das Endprodukt der Prolinoxidation ist Alanin, das wieder zurück in die Hämolymphe gelangt und im Fettkörper mithilfe von Acetyl-CoA zu Prolin resynthetisiert wird. Das Acetyl-CoA entsteht bei der Hydrolyse des Triacylglycerins. Es handelt sich hier also um eine besondere Form der Lipidoxidation über Prolin.

23.2.8 Tetanus und Tonus

Auch im Ruhezustand besitzt jeder Muskel eine Spannung, die Grundspannung oder den Ruhetonus. In der Skelettmuskulatur wird der Ruhetonus durch abwechselnde Kontraktionen einzelner Muskelfaser aufrechterhalten, in der glatten Muskulatur durch eine Dauerkontraktion der Muskelzellen. Bewegungen werden durch Muskelkontraktionen eingeleitet. Bereits bevor eine Einzelkontraktion beendet ist, ist ein Muskel oft schon wieder erregbar. Eine zweite Kontraktion setzt sich dann auf die erste und führt so zu einer stärkeren Verkürzung des Muskels (**Superposition** oder Summation). Folgt im gleichen Zeitabstand ein dritter, vierter Reiz usw., so wird durch weitere Superpositionen zunächst die Kontraktionshöhe gesteigert, erreicht dann aber einen Maximalwert. Verkürzt man die Zeitabstände zwischen den aufeinanderfolgenden Reizen, so

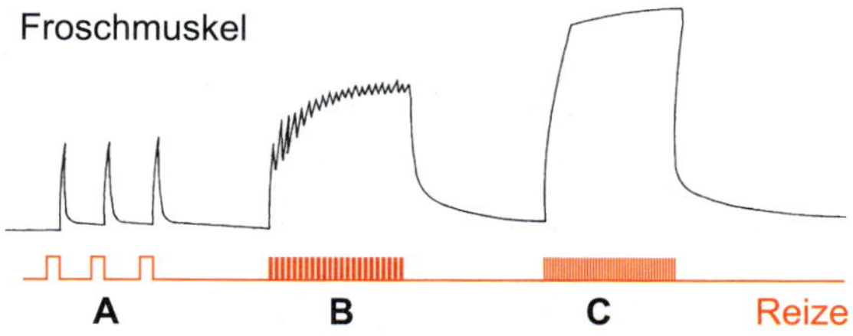

Abb. 23.16 Kontraktion eines Froschmuskels. A 3 Reize s^{-1} (Einzelzuckung). B 20 Reize s^{-1} (unvollständiger Tetanus). C 50 Reize s^{-1} (vollständiger Tetanus). Auf der unteren Linie sind Zahl und Dauer der Einzelreize angegeben. (Nach Verworn M (1922) Allgemeine Physiologie. 7. Aufl. Fischer, Jena.)

rücken die Einzelkontraktionen im Kurvenbild (Abb. 23.16) immer näher, bis sie miteinander verschmelzen. Die aus superponierten Einzelkontraktionen resultierende Dauerverkürzung des Muskels nennt man **Tetanus**. Sind die Einzelkontraktionen noch erkennbar, so spricht man von einem unvollkommenen, sind sie zu einer glatten Linie miteinander verschmolzen, von einem vollkommenen Tetanus.

Die zur Erzeugung eines vollkommenen Tetanus notwendige Reizfrequenz bezeichnet man als **Fusionsfrequenz** (Tab. 23.2). Sie ist umso höher, je kürzer die Anstiegszeit der Einzelkontraktion ist. Bei den langsamen Muskeln ist sie deshalb niedriger als bei den schnellen. Die langsamen Fasern des M. iliofibularis (Frosch) gehen bereits bei rhythmischer Reizung mit vier Reizen pro Sekunde in einen Tetanus über. Mit steigender Reizfrequenz nehmen die Steilheit des Kontraktionsanstiegs und die Höhe des Tetanus bis zu einem Maximum zu, das etwa bei 50–75 Reizen pro Sekunde erreicht ist. Sehr niedrige Fusionsfrequenzen sind auch typisch für nicht quergestreifte Muskeln. Beim M. adductor posterior der Miesmuschel (*Mytilus edulis*) beträgt die Fusionsfrequenz zwei Reize pro Sekunde. Die höchste Fusionsfrequenz (350 Reize s^{-1}) hat man beim Augenmuskel (M. rectus internus) gefunden.

Zu einer tetanischen Kontraktion kann es nur kommen, wenn die **Refraktärzeit** (▶ Abschn. 13.3.1) kurz ist. Sie ist beim Skelettmuskel der Wirbeltiere wegen der kurzen Dauer des Aktionspotenzials bereits beendet, wenn der Kontraktionsvorgang beginnt. Anders ist es beim **Herzmuskel** der Wirbeltiere, der wegen seines lang andauernden Aktionspotenzials (▶ Abschn. 5.4.2) und der damit im Zusammenhang stehenden, entsprechend langen Refraktärzeit nicht tetanisierbar ist. Die absolute Refraktärzeit fällt hier ungefähr mit der Kontraktionszeit zusammen, und erst etwa während des letzten Drittels der Erschlaffungsphase erlangt das Herz seine volle Erregbarkeit zurück.

Die Flügelschlagfrequenz vieler **Insekten** erreicht einen Wert von mehreren Hundert bis zu 1000 Hz (*Bombus* 100–200 Hz, *Apis* 250 Hz, *Culex* 300 Hz, *Forcipomya* 1000 Hz). Würde jeder Flügelschlag durch ein Aktionspotenzial ausgelöst, so müsste der Kontraktions-Erschlaffungs-Zyklus der Flugmuskeln außergewöhnlich kurz und die Fusionsfrequenz außergewöhnlich hoch sein. Tatsächlich entspricht aber zum

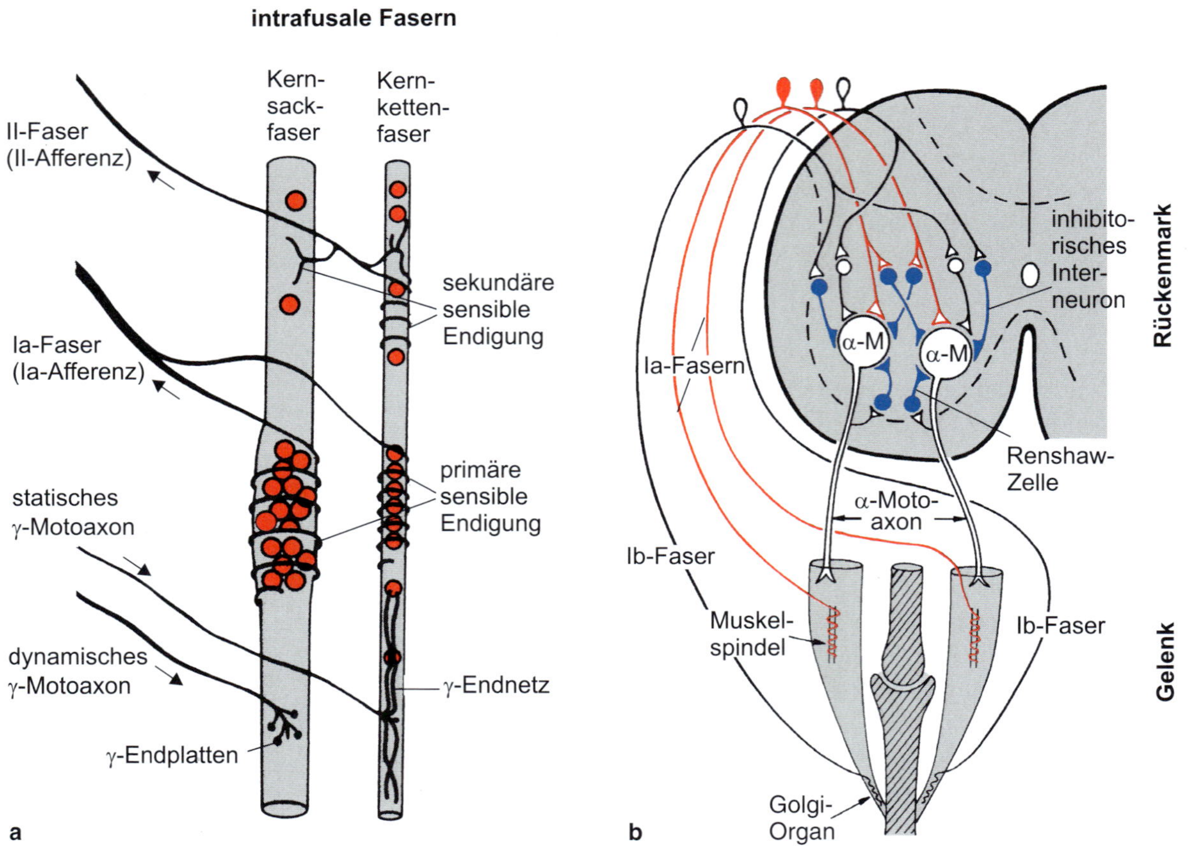

Abb. 23.17 **a** Die zwei Typen intrafusaler Fasern – Kernsackfaser und Kernkettenfaser (Kerne rot). **b** Querschnitt durch das Rückenmark eines Säugetiers und seine neuronalen Verbindungen mit zwei antagonistischen Muskeln an einem Gelenk zur Veranschaulichung des monosynaptischen Dehnungsreflexes, der reziproken antagonistischen Hemmung und der Funktion der Sehnenorgane (Golgi-Organe). Blau: inhibitorische Interneurone.

Beispiel bei der Schmeißfliege *Calliphora* einer Flügelschlagfrequenz von 120 Hz nur eine Aktionspotenzialfrequenz von 3 Hz. Man spricht von **asynchronen Flugmuskeln** (bei Dipteren, Hymenopteren, Hemipteren und Coleopteren) im Gegensatz zu den **synchronen Flugmuskeln** der übrigen Insekten, bei denen jedem Aktionspotenzial ein Flügelschlag folgt. Bei den asynchronen Flugmuskeln bewirkt ein Aktionspotenzial zwar auch die Aktivierung über eine Ca^{2+}-Freisetzung, die jedoch lediglich zu einer Anheftung der Myosinköpfe an die Aktinfilamente führt, wobei nur wenig Spannung entwickelt wird. Damit die auf diese Weise gebildeten Querbrücken auch ihren Kraftschlag ausführen können, ist die zusätzliche Zuführung mechanischer Aktivierungsenergie erforderlich (▶ Abschn. 23.5).

23.2.9 Steuerung der Muskeltätigkeit über das Rückenmark

Die **Überwachung des Muskeltonus** erfolgt bei den Säugetieren über einen **Regelkreis**, in dem die **Muskelspindeln** die Messglieder (Dehnungsrezeptoren) stellen (▶ Abschn. 11.2.1). Die Muskelspindeln sind im Muskel parallel zu den Muskelfasern orientiert und an ihren beiden Enden über Bindegewebsstränge mechanisch mit dem **Perimysium** der Arbeitsmuskulatur gekoppelt. Die Spindeln bestehen aus einer bindegewebigen Kapsel, in deren Inneren sich einige Muskelfasern (intrafusale[537] Muskelfasern, im Gegensatz zu den kräftigeren und längeren extrafusalen oder Arbeitsmuskelfasern) befinden, die nicht einheitlich sind. Neben den Kernsackfasern, deren Zellkerne im zentralen Teil dicht beieinander liegen, existieren wesentlich kürzere und dünnere Kernkettenfasern, deren Zellkerne perlschnurartig angeordnet sind (Abb. 23.17a).

Jede intrafusale Muskelfaser – die Kernsackfaser ebenso wie die Kernkettenfaser – wird in ihrem mittleren Teil von einem sensorischen (afferenten) Neuron innerviert (Tab. 23.4; **Ia-Faser**, primäre sensorische Endigungen). Insbesondere die Kernkettenfasern werden zusätzlich von einer zweiten Gruppe sensibler Fasern (**II-Fasern**) versorgt (sekundäre sensible Endigungen). Über die sensiblen Ia-Fasern (primäre Muskelspindelafferenz) laufen ständig Impulse zentralwärts (Spontanentladungen; **Ia-Afferenz**). Die Leitungsgeschwindigkeit ist in Übereinstimmung mit der Dicke der Fasern relativ hoch (72–120 m s^{-1}). Bei Dehnung des Muskels reagiert der Muskelspindelrezeptor zunächst mit einer überschießenden Erregung, um sich

537 *fusus* (lat.) = Spindel

Tab. 23.4 Übersicht über die Innervierung und Funktion der verschiedenen Komponenten im Skelettmuskel der Wirbeltiere.

Komponente	Innervierung	Funktion
extrafusale Fasern (Arbeitsmuskelfasern)	α-Motoneurone	Entwicklung von Kraft, Muskelverkürzung
intrafusale Kernsackfasern	Ia-Afferenz γ-Motoneurone	phasischer Dehnungsrezeptor (Muskelspindel) Regulation der Afferenzempfindlichkeit
intrafusale Kernkettenfasern	Ia-Afferenz II-Afferenz γ-Motoneurone	phasischer Dehnungsrezeptor (Muskelspindel) tonischer Dehnungsrezeptor Regulation der Afferenzempfindlichkeit
Sehnenspindel	Ib-Afferenz	Spannungsrezeptor

Schauf CL, Moffett S3 (1993) Medizinische Physiologie. de Gruyter, Berlin.

dann auf ein neues, höheres Erregungsniveau einzupegeln. Adaptation tritt bei Dauerbelastung kaum auf. Bei Kontraktion (Verkürzung) des Muskels wird die Frequenz der Spontanentladungen vermindert und kann vorübergehend sogar ganz verschwinden (unterschießende Erregung, Spindelpause). Der Rezeptor zeigt ein typisches PD-Verhalten (▶ Abschn. 15.1.5). Von diesen Ia-Afferenzen, deren neuronale Aktivität sowohl die Länge einer Faser als auch die Änderungsgeschwindigkeit ihrer Länge widerspiegeln, unterscheiden sich die im Wesentlichen von den Kernkettenfasern kommenden **II-Afferenzen** darin, dass sie nur die jeweilige Länge des Muskels nachzeichnen (**statische Antwort**).

Die Ia-Afferenzen treten am Hinterhorn in das Rückenmark ein und werden über nur eine Synapse auf die motorische Vorderhornzelle (α-Motoneuron) übertragen (◘ Abb. 23.17b), deren Neurit zu den Arbeitsfasern desselben (homonymen) Muskels zurückführt (**monosynaptischer Reflexbogen**). Gleichzeitig werden über Interneurone die antagonistischen Muskeln desselben Gelenks gehemmt (reziproke Innervierung, ◘ Abb. 23.17b). Die Ruheentladungen der Muskelspindeln führen zu keiner sichtbaren Muskelverkürzung, sind jedoch für die Aufrechterhaltung des **Muskeltonus** (s. o.) von besonderer Bedeutung. Eine passive Dehnung des Muskels, wie sie zum Beispiel durch Verlagerung eines Körperteils verursacht werden kann, führt automatisch zu einer Steigerung der neuronalen Aktivität der von den Muskelspindeln ausgehenden Afferenzen. Die Impulsserien erhöhen die Aktivität der Motoneurone, die zum gedehnten Muskel zurückführen. Es kommt zur Kontraktion des betreffenden Muskels, dessen Dehnung somit rückgängig gemacht wird. Gleichzeitig werden die in ihm gelegenen Muskelspindeln (Sensoren) wieder entlastet. Man spricht von **monosynaptischen Muskeldehnungsreflexen**, die sich als geschlossene Regelkreise zur Überwachung und Aufrechterhaltung der Muskellänge (Regelgröße) entpuppen (**Halteregler**; ▶ Abschn. 11.2.3). Diese Mechanismen gewährleisten die Aufrechterhaltung der Körperhaltung trotz der ständig einwirkenden Schwerkraft (**Antischwerkraftreflexe**).

Die intrafusalen Muskelfasern werden von **γ-Motoneuronen** innerviert (**Fusiomotoneurone**). Über sie kann der Sollwert des Regelkreises verstellt werden. Die über diese Nerven eintreffende Erregung führt zu einer Kontraktion der Spindelfasern und damit einer Dehnung des sensorischen Mittelabschnitts, ohne dass sich die Länge des Muskels geändert hat. Die dadurch hervorgerufene verstärkte Spindelafferenz löst über α-Motoneurone eine Kontraktion des betreffenden Muskels aus. Der Spindelapparat arbeitet dann nicht mehr als Halte- sondern als **Folgeregler** (▶ Abschn. 11.2.3). Die γ-Motoneurone werden von zentralen Neuronen ständig aktiviert (**zentraler γ-Antrieb**). Unterbleibt die Aktivierung (z. B. im Schlaf), sinkt der Sollwert des Regelkreises und der Muskel erschlafft. Beim Einschlafen im Sitzen sinkt deshalb der Kopf auf die Brust (einnicken). Zentrale Kommandosignale zur Auslösung von Willkürbewegungen aktivieren gewöhnlich sowohl α- als auch γ-Motoneurone (α-γ-**Coaktivierung**). Daher kontrahieren die extra- und intrafusalen Muskelfasern gleichzeitig, die intrafusalen Fasern allerdings etwas stärker. Auf diese Weise entsteht ein **Differenzsignal**, durch das die Bewegung über das Rückenmark nochmals unterstützt wird. Bei sehr schnellen Bewegungen kann die α-γ-Coaktivierung entkoppelt sein.

Neben den α-Motoneuronen, die nur extrafusale Muskelfasern innervieren, und den γ-Motoneuronen, die nur intrafusale Muskelfasern innervieren, gibt es noch **β-Motoneurone**, die auf beide Fasertypen projizieren. Sie stellen die Kopplung der Längenänderungen von intra- und extrafusalen Fasern während einer Bewegung sicher. Amphibien besitzen nur β-Motoneurone.

Muskelspindeln treten in der Evolution zum ersten Mal in der Kopfmuskulatur der **Knochenfische** (Adductor mandibulae der Regenbogenforelle *Oncorhynchus*) auf. Im Gegensatz zu den Verhältnissen bei Säugetieren werden die intrafusalen Muskelfasern beim **Frosch** motorisch von Nerven innerviert, die gleichzeitig auch zu Fasern der Arbeitsmuskulatur ziehen. Deshalb können die Spindelmuskeln nicht unabhängig von den extrafusalen Fasern aktiviert werden. Während bei den Säugetieren die unwillkürliche Haltefunktion von der normalen Skelettmuskulatur geleistet und unter anderem über den Spindelmechanismus gesteuert wird, übernehmen beim Frosch die langsamen Fasern diese Aufgabe. Bei **Säugetieren** sind Muskelspindeln in den Muskeln besonders zahlreich, die der Feinmotorik dienen (z. B. die kleinen Muskeln der Hand). Im Musculus rectus inferior bulbi des Menschen, ein Augenmuskel, sind 130 Spindeln pro Gramm Frischgewicht gezählt worden. Nur wenige Muskeln der Säugetiere haben keine Spindeln. Die Kontraktion eines Muskels, des Agonisten, kann nur dann erfolgreich sein, wenn sein Gegenspieler, der Antagonist, gleichzeitig erschlafft, das heißt, die Aktivierung des Agonisten muss mit einer Hemmung des Antagonisten verbunden sein und umgekehrt. Im Rückenmark haben deshalb die Ia-Fasern (s. o.) neben ihren monosynaptischen erregenden Verbindungen mit ihren eigenen (homonymen) α-Motoneuronen über Kollaterale disynaptische (über ein inhibitorisches Neuron) Verbindung zu den antagonistischen Motoneuronen (**reziproke antagonistische Hemmung**, ◘ Abb. 23.17b).

An den sehnigen Ansätzen des Muskels befinden sich besondere Spannungsrezeptoren (**Golgi*-Organe**, Sehnenorgane oder Sehnenspindeln), die eine ganz andere Aufgabe haben als die Muskelspindeln. Im Gegensatz zu diesen sind die Golgi-Organe mit den extrafusalen Fasern in Serie und nicht parallelgeschaltet. Sie können deshalb die Spannung des Muskels registrieren. Die Golgi-Afferenzen (**Ib-Fasern**) sind im Rückenmark funktionell spiegelbildlich zu den Ia-Fasern verschaltet: hemmende (präsynaptische!) Verbindungen mit den eigenen (homonymen) und erregende Verbindungen mit den antagonistischen α-Motoneuronen (beide nicht monosynaptisch! ◘ Abb. 23.17b). Bei passiver Dehnung oder aktiver Kontraktion des Muskels kommt es zur Aktivierung der Golgi-Organe und damit über die Ib-Fasern zur Hemmung der homonymen Motoneurone. Dies verhindert eine zu starke Muskelspannung (**Schutz vor Muskel- oder Sehnenriss**). Eine weitere Aufgabe der Golgi-Organe ist wahrscheinlich die eines Fühlers in einem Regelkreis zur **Konstanthaltung der Muskelspannung**, denn eine Abnahme der Muskelspannung führt automatisch zu einer Abnahme der Aktivität in den Ib-Afferenzen und damit auch des hemmenden Einflusses auf die homonymen Motoneurone. Die Folge ist, dass die Muskelspannung wieder ansteigt.

Von den markfreien Anfangsteilen der α-Motoneurone zweigen noch innerhalb des Vorderhorns im Rückenmark Kollaterale ab, die rückläufig über Interneurone (**Renshaw-Zellen**, ◘ Abb. 23.17b) die α-Motoneurone hemmen (**rekurrente**[538] **Hemmung**, ▶ Abschn. 13.4). Die Erregung des α-Motoneurons führt somit gleichzeitig auch zu seiner Hemmung. Das bedeutet, dass die Entladungsfrequenz des Motoneurons in Grenzen gehalten und ein Aufschaukeln (Schwingen) verhindert wird.

23.2.10 Supraspinale motorische Systeme

Mit der Höherentwicklung der Wirbeltiere gewinnen übergeordnete Hirnstrukturen (supraspinale motorische Systeme) eine immer größere Bedeutung und übernehmen in wachsendem Maß die Kontrolle der Funktionen des Rückenmarks. Sie stimmen zum Beispiel die Körpermotorik mit den afferenten Informationen aus den Sinnesorganen ab und ermöglichen die Willkürbewegungen.

Eine **Durchtrennung des Rückenmarks** führt beim Menschen zur irreversiblen Lähmung aller Willkürbewegungen in den Muskeln, die über den Rückenmarkssegmenten unterhalb der Verletzung versorgt werden (Querschnittslähmung). Ebenso fallen die bewussten Empfindungen aus den betreffenden Körperregionen aus. Die zunächst auch erloschene Reflextätigkeit (**spinaler Schock**) – motorische wie vegetative – kehrt erst nach Wochen und Monaten in unterschiedlichem Umfang zurück. Die Dauer des Schocks ist bei niederen Wirbeltieren entsprechend der noch größeren Selbständigkeit des Rückenmarks kürzer als bei höheren (beim Frosch wenige Sekunden bis einige Minuten, bei der Taube 4–5 Tage).

Das **extrapyramidale System** (EPS) der Wirbeltiere umfasst alle motorischen Bahnen (zusammen mit ihren Ursprungskernen), die im Gegensatz zum pyramidalen System (s. u.) an der Pyramidenstruktur der Medulla oblongata (verlängertes Mark, Nachhirn) vorbei (extrapyramidal) zum Rückenmark absteigen. Diese Bahnen besitzen auf ihrem Weg mindestens eine synaptische Unterbrechung und enden überwiegend an Schaltneuronen des Rückenmarks, die ihrerseits mit den motorischen Vorderhornzellen in Verbindung stehen. Zum EPS gehören neben den Stammganglien (Striatum, Pallidum, einige Thalamuskerne, Nucleus ruber und Nucleus niger des Mittelhirns) bestimmte Teile der Großhirnrinde, der Formatio reticularis im Hirnstamm (▶ Abschn. 13.6.2) und des Kleinhirns. Es ist nicht nur bei Säugetieren vorhanden, sondern zum Beispiel auch beim Frosch und Vogel stark entwickelt. Das EPS dient aufgrund des ständig bei ihm einlaufenden Informationsstroms von allen Sinnesorganen und aus dem vegetativen Nervensystem in erster Linie der **unbewussten zeitlichen** und **räumlichen Koordination der Motorik**. Es hat auch eine große Bedeutung bei der **Tonusverteilung** in der Muskulatur (Haltefunktion) und bei der Regelung der **Reflexerregbarkeit**. Bei Vögeln ist der massiv entwickelte ventrale Anteil des Vorderhirns unerlässlich für komplizierte Instinkthandlungen (Sexualinstinkt, Brutpflegeinstinkte u. a.).

Mit der stärkeren Differenzierung der Großhirnrinde (Cortex) bei den Säugetieren tritt neben dem EPS das **pyramidale System** auf (◘ Abb. 23.18). Es stellt eine direkte Verbindung zwischen der Großhirnrinde und dem Rückenmark her. Sowohl die Stärke als auch die caudale Ausdehnung des pyramidalen Systems nehmen in der Säugetierreihe zu. Bei niederen Säugetieren einschließlich der Ungulaten (Huftiere) erstreckt sich das System bis zum Halsmark, bei den Bodentieren (Nagetiere), Carnivoren (Raubtiere) und Primaten bis zum Lendenmark.

Das wichtigste motorische Areal in der Großhirnrinde der **Primaten** liegt in der als **Gyrus praecentralis** bezeichneten Hirnwindung vor der Zentralfurche (Sulcus centralis, ◘ Abb. 23.18). Die **Pyramidenbahn** (Tractus corticospinalis) geht bei den Primaten vom Gyrus praecentralis und seiner Nachbarschaft, das heißt vom primären motorischen Cortex (Brodmann-Areal 4), aus. Sie führt ohne Unterbrechung zwischen Thalamus und Basalkernen entlang durch den Hirnstamm bis ins Rückenmark. Im Hirnstamm durchläuft sie die Pyramidenstruktur (daher der Name Pyramidenbahn). In der Pyramide kreuzen 75–90 %

538 *recurrere* (lat.) = zurücklaufen

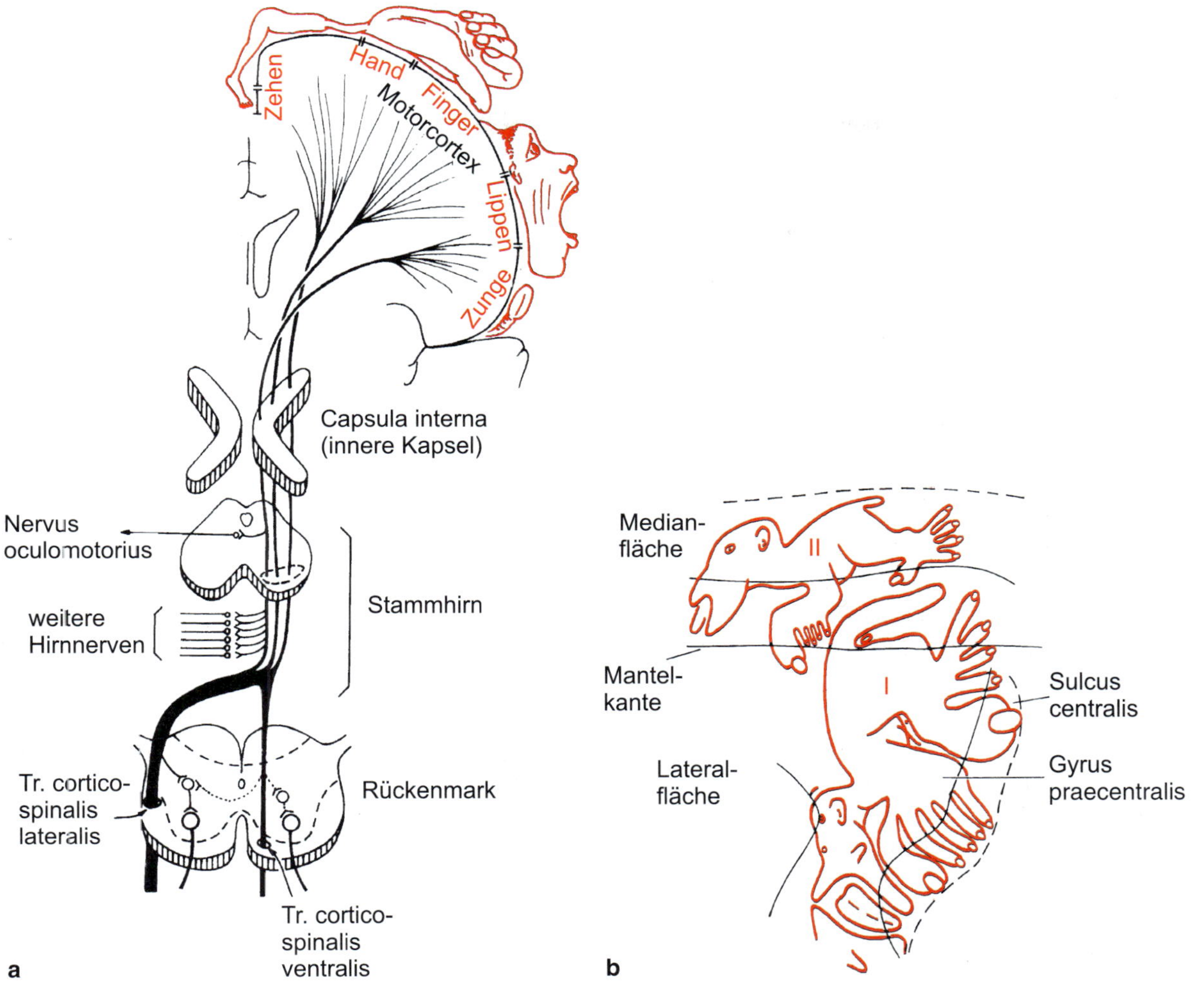

Abb. 23.18 **a** Schema des pyramidalen Systems beim Menschen. Das Bild zeigt die motorische Repräsentation des Körpers im Gyrus praecentralis (motorischer Homunculus). **b** Die doppelte Repräsentation der Körpermuskulatur der rechten Körperhälfte in der Rinde der linken Großhirnhemisphäre beim Affen. Die Abgrenzung der somatotopen Repräsentationen ist in Wirklichkeit weniger scharf. Es existieren erhebliche Überlagerungen, besonders im Rumpf, weniger bei den Fingern. (a nach Netter FA (1958) The CIBA collection of medical illustrations, Vol. 1, Nervous system. West Caldwell, New Jersey, und Penfield W, Rasmussen T (1950) The cerebral cortex of man. A clinical study of localization and function. Macmillan, New York, verändert; b nach Woolsey CN, Sealace Ph, Meyer DR, Walter-Spencer AA, Hamuy TP, Travis AM (1952) Patterns of localisation in precentral and supplementary motor areas. Ass Res Nerv Ment Dis 30, 238–264.)

der Fasern auf die andere (kontralaterale) Seite und ziehen im lateralen corticospinalen Trakt (Tractus corticospinalis lateralis) abwärts (Abb. 23.18a). Die restlichen Fasern verlaufen im medialen corticospinalen Trakt (Tractus corticospinalis ventralis) ungekreuzt abwärts und wechseln zum größten Teil erst am Zielsegment des Rückenmarks zur kontralateralen Seite. Im Rückenmark enden die Axone meist nicht direkt an den Motoneuronen in den Vorderhörnern, sondern an mit letzteren in Verbindung stehenden Interneuronen (Schaltzellen).

Zwischen den verschiedenen Muskelgruppen in der Peripherie und den Arealen des Motocortex besteht eine feste Zuordnung (Abb. 23.18; **somatotope Organisation des Motocortex**, ähnlich wie bei dem somatosensorischen Cortex im Gyrus postcentralis, ▶ Abschn. 13.6.2). Hände, Zunge und Lippen (beim Pavian auch die Füße) sind entsprechend ihrer motorischen Differenziertheit durch ausgedehnte und in sich nochmals stark gegliederte Rindenareale vertreten, während das Ursprungsgebiet für die Fasern zur Rumpfmuskulatur relativ klein und undifferenziert ist. Da die meisten Bahnen gekreuzt verlaufen, sind die motorischen Felder der linken Hemisphäre den Muskeln der rechten Körperhälfte zugeordnet und umgekehrt.

Neben dem primären motorischen Cortex, der sich über den Gyrus praecentralis bis tief in den Sulcus centralis (Zentralfurche) hinein erstreckt, existieren bei den Primaten auf jeder Hirnhälfte noch zwei weitere motorische Areale: das **supplementär motorische Areal** und der prämotorische Cortex (beide Areale gehören zum Brodmann-Areal 6). Diese Areale sind ebenfalls somatotop organisiert. Alle motorischen Areale stehen durch viele Verbindungen miteinander in Kontakt.

Motorische Rindenfelder existieren nur bei den Säugetieren. Bei den niederen Säugetieren bilden die sensorischen und motorischen Rindenbezirke noch ein einheitliches Areal (**sensomotorische Rinde**). Auch bei der Katze überschneiden sich noch beide Bezirke. Erst bei den Primaten tritt eine gewisse Trennung beider Funktionen (morphologisch durch die Zentralfurche sichtbar) ein. Trotzdem bleiben auch bei Katzen eine enge funktionelle Zusammengehörigkeit und auch gewisse Überschneidungen beider Bezirke bestehen.

Bei den Fischen, Amphibien und Reptilien ist das **Mittelhirn** das höchste motorische Zentrum mit ebenfalls somatotoper Organisation, zumindest führen bei Selachiern, Teleostiern und Amphibien lokale Reizungen zu ganz bestimmten Körperbewegungen. Im Mittelhirn entspringen bei den Fischen, Amphibien und Reptilien die absteigenden somatomotorischen Hauptbahnen. Eingänge erhält das Mittelhirn vom visuellen (▶ Kap. 18) und akustischem System, aber auch vom Tastsinn, dem Seitenliniensystem (bei Fischen und aquatischen Amphibien) und den Elektrorezeptoren (bei Knorpelfischen, Welsen und schwach elektrischen Fischen).

Das pyramidale System spielt bei der schnellen **Willkürmotorik** eine entscheidende Rolle, arbeitet aber in jedem Fall mit dem EPS zusammen. Seine Axone üben (in der Regel durch spinale Schaltneurone) einen vorwiegend bahnenden Einfluss auf die α-Motoneurone aus. Die Axone des EPS enden dagegen bevorzugt (ebenfalls über Schaltneurone) an den γ-Motoneuronen, das heißt, sie operieren über den Bogen des monosynaptischen Dehnungsreflexes (s. o.). Bei jeder Willkürbewegung wird das EPS durch Axonkollaterale mitaktiviert. Durch das EPS wird der von der Rinde kommende Willkürimpuls auf seinem Weg modifiziert und – unbewusst – an Umweltbedingungen und Ausgangssituationen angepasst. Die mit der häufigen Wiederholung komplizierter Bewegungsabläufe verbundenen motorischen Erregungsmuster können von Strukturen des EPS gespeichert werden (**Bewegungsautomation**).

Eine wichtige Teilstruktur des EPS ist die **Formatio reticularis** (Retikulärformation). Sie besitzt sensorische (▶ Kap. 13) und motorische Anteile. Beide sind morphologisch und funktionell eng miteinander verknüpft. Im motorischen Teil der Formatio kann man zwischen einem Bahnungs- und einem Hemmungsgebiet unterscheiden. Während sich das **Bahnungsgebiet** von der Medulla oblongata bis zum Mittelhirn erstreckt, ist das **Hemmungsgebiet** auf einen kleinen Bereich der Medulla oblongata beschränkt.

Eine Durchtrennung des Hirnstamms zwischen Mittelhirn und Brücke (**decerebrierte Tiere**) führt bei Säugetieren übereinstimmend zur starken Tonuserhöhung in den der Schwerkraft entgegenwirkenden Muskeln, das heißt in der Strecker-(Extensor-)muskulatur. Die Tiere strecken alle Extremitäten maximal von sich, Kopf und Schwanz werden zum Rücken hin gebogen (**Decerebrierungs- oder Enthirnungsstarre**). Die Ursache für das Verhalten ist darin zu sehen, dass das retikuläre Hemmungsgebiet durch die Operation von seinen wesentlichsten Antriebsstrukturen (höher gelegene Stammganglien und hemmende Areale in der Großhirnrinde) abgeschnitten worden ist. Es verliert deshalb an Einfluss gegenüber dem Bahnungsgebiet, das unter anderem über Axonkollaterale der aufsteigenden sensorischen Leitungsbahnen, die noch unterhalb der Schnittlinie in die Formatio reticularis münden, aktiviert wird. Die Folge ist ein Überwiegen der exzitatorischen Impulse, die bevorzugt den Motoneuronen der Extensormuskulatur zufließen. Man kann die Starre einer Gliedmaße aufheben, wenn man die dorsalen (sensiblen) Rückenmarkswurzeln durchtrennt (Bedeutung der Muskelspindelafferenzen). Eine Sonderstellung nimmt das Faultier (*Bradypus*) ein. Bei ihm ist entsprechend seiner an Ästen hängenden Lebensweise nach Decerebrierung nicht der Tonus der Strecker, sondern der der Beuger gesteigert.

Eine andere wichtige Teilstruktur des EPS ist das **Kleinhirn** (**Cerebellum**, ▶ Abschn. 13.6.2). Es liegt im Nebenschluss des EPS und des pyramidalen Systems. Vom Kleinhirn gehen keine direkten motorischen Impulse aus, trotzdem kommt ihm eine große Bedeutung bei der unbewussten Erhaltung der Gleichgewichtslage zu. Weitere Aufgaben des Kleinhirns sind die Regulation der Reflexerregbarkeit und der Verteilung des Muskeltonus und – bei der Koordination von Willkürbewegungen – die Anpassung dieser Bewegungen an die Ausgangsbedingungen und die Abstimmung der zeitlichen Aufeinanderfolge der Muskelkontraktionen.

Das Kleinhirn ist bei bewegungsarmen Tieren relativ klein und von geringerer Bedeutung. Es nimmt mit der Komplexität der von einem Tier auszuführenden Bewegungen an Größe zu. Bei den Knochenfischen ergibt sich folgende Reihe zunehmenden Ausbildungsgrades des Kleinhirns: träge Grundfische (Flunder, Scholle) < pelagische Planktonfresser (Hering) < Raubfische der Hochsee (Makrele). Das relativ zur Körpergröße größte Kleinhirn besitzt der schwach elektrische Fisch *Gnathonemus petersii*. Beim Inger (*Myxine*), der sich an Wirbeltieren festsaugt, fehlt ein Kleinhirn. Hoch entwickelte Kleinhirne finden sich bei den Vögeln und Säugetieren. Bei den **Vögeln** erlangt das Kleinhirn die größte Bedeutung, dies hängt allerdings weniger mit ihrem Flugvermögen als mit dem Gehen und Stehen auf zwei Beinen (und auf Ästen) (Gleichgewichtsbalance) zusammen.

23.3 Glatte Muskeln der Wirbeltiere

Die Muskeln des Magens, des Darms, der Blase, der Harnröhre, der Bronchien, der Trachea und der Blutgefäße der **Wirbeltiere** lassen, anders als die Herz- und Skelettmuskeln, lichtmikroskopisch keine Querstreifung erkennen. Sie werden deshalb als **glatte Muskeln** bezeichnet. Glatte Muskeln sind auch bei **Invertebraten** weit verbreitet. Sie bestehen aus einkernigen, spindelförmigen, 2–10 μm dicken und 50–400 μm langen Zellen (◘ Abb. 23.19), die durch Desmosomen und Gap Junctions miteinander verbunden sind. Elektronenmikroskopisch erkennt man Aktin- und Myosinfilamente, die aber nicht exakt in der Längsachse der Zellen angeordnet sind. Durch den Wegfall der Z-Scheiben sind die Sarkomergrenzen aufgehoben, die Myosinfilamente können mit jedem benachbarten Aktinfilament Querbrücken bilden. Bündel von Aktin- und Myosinfilamenten werden durch ein dreidimensionales Netzwerk mit Cytoskelettfunktion zu Funktionseinheiten zusammengefasst (◘ Abb. 23.19). Die Knoten des Netzes werden von elek-

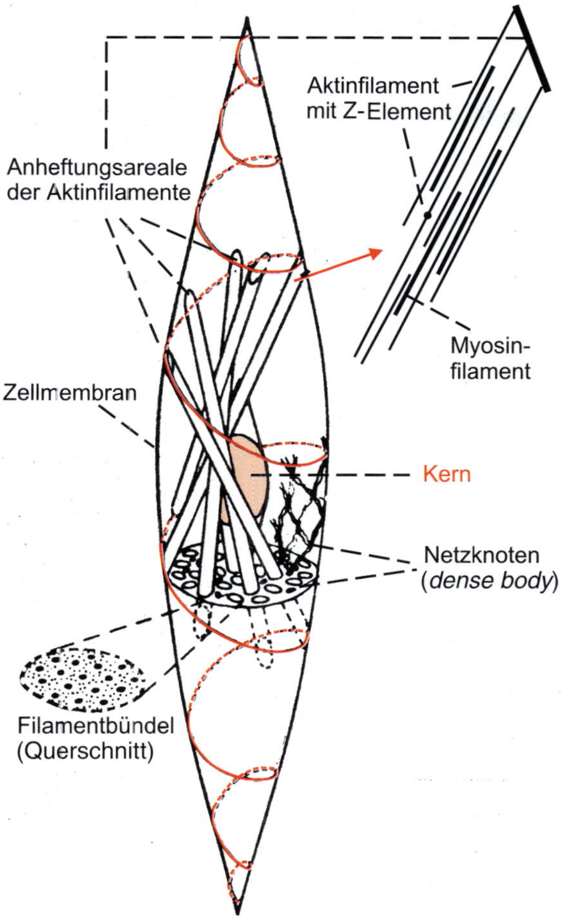

Abb. 23.19 Zelle der glatten Muskulatur aus dem Darm eines Wirbeltiers mit Intermediärfilamenten, die durch Knoten zu einem dreidimensionalen Netzwerk verknüpft sind. Funktionseinheiten aus Aktin- und Myosinfilamenten (rechts oben) laufen durch die Maschen dieses Netzes. Ihr schräger Verlauf wird durch zylinderförmige Strukturen angedeutet. Die Aktinfilamente sind an Areale auf der Innenseite der Plasmamembran geheftet. Die spiralförmige Position dieser Areale ist hypothetisch. (Nach Small JV, Sobieszek A (1980) The contractile apparatus of smooth muscle. Int Rev Cytol 64, 241–306.)

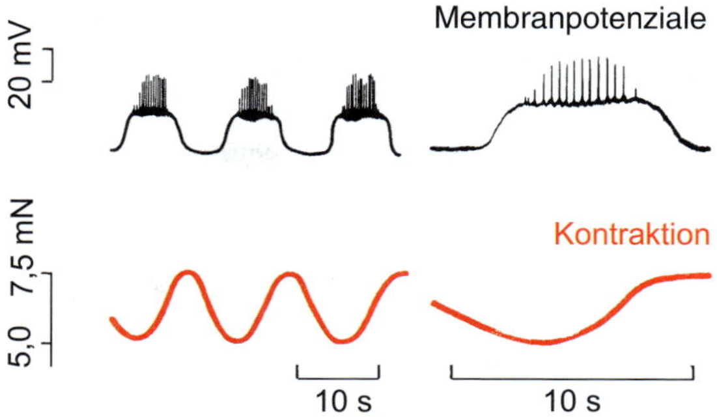

Abb. 23.20 Myogene Aktivität glatter Muskelzellen aus dem Magenantrum des Menschen. Die Membran der Muskelzellen wird rhythmisch depolarisiert. Solange die Depolarisationen über dem Schwellenwert liegen, entstehen Spike-Salven (oben), die verzögert zur Tonuserhöhung führen (unten). (Nach Rüegg JC (1995) Muskeln. In: Schmidt RF, Thews G (Hrsg.) Physiologie des Menschen. 26. Aufl. Springer, Berlin, S. 66–86.)

tronendichten Körperchen (*dense bodies*) gebildet, an denen Intermediärfilamente (Durchmesser 10 nm) inserieren. Diese Filamente bestehen aus einem Protein (ca. 55 kDa), das vorläufig als Skeletin bezeichnet wurde. Da ausgeprägte Z-Scheiben als Barrieren für die Myosinfilamente fehlen, können sich Aktin- und Myosinfilamente ungehindert übereinanderschieben, sodass die Muskeln sehr stark kontrahieren können: Muskelzellen von Wirbeltieren erreichen 20 %, gedehnte Muskeln der Cnidaria bis zu 5 % ihrer Ausgangslänge.

Glatte Muskeln des **Verdauungstrakts von Wirbeltieren** können sich spontan ohne neuronalen Eingang rhythmisch kontrahieren. Ursache sind sinusförmige Veränderungen des Membranpotenzials, die Salven von Aktionspotenzialen auslösen, solange sie über einem Schwellenpotenzial liegen (**myogene Aktivität**, Abb. 23.20). Die Frequenz dieser De- und Repolarisationen der einzelnen Zellen eines Muskels ist unterschiedlich. Die Zellen mit der höchsten Eigenfrequenz (**Schrittmacherzellen**) übertragen ihre Erregung über Gap Junctions auf benachbarte Zellen, die dann ebenfalls kontrahieren. Diese Aktivität kann auf humoralem (Adrenalin, Noradrenalin aus dem Nebennierenmark) und auf nervösem Wege (Sympathikus, Parasympathikus) moduliert werden (▶ Abschn. 13.6.3). Die Aktivität der (glatten) **Muskulatur der Arterien** wird **neurogen** durch vegetative Nerven ausgelöst. Metabolite wie Lactat, CO_2, H^+ oder NO können die Spannung der Gefäßmuskulatur verringern (Erweiterung bzw. Dilatation der Gefäße).

Auch bei den glatten Muskeln wird die Aktivität des kontraktilen Apparats intrazellulär über die Freisetzung von Ca^{2+}-Ionen ausgelöst. Diese Freisetzung kann über einen erhöhten Ca^{2+}-Einstrom durch **potenzial-** und **ligandenabhängige Calciumkanäle** in der Membran oder/und aus dem **sarkoplasmatischen Retikulum** erfolgen. In letzterem Fall wird die Ausschüttung, ähnlich wie beim Herzmuskel, durch den intrazellulären Botenstoff **Inositoltrisphosphat** (IP_3) reguliert. IP_3 wird nach Stimulation der α-Rezeptoren durch Noradrenalin freigesetzt. Es bindet an die Ca^{2+}-Kanäle des sarkoplasmatischen Retikulums, die sich dadurch öffnen.

Die **Kontraktionsgeschwindigkeit** der glatten Muskeln ist viel geringer als die der quergestreiften Skelettmuskeln. Das hat mehrere Ursachen. Zunächst beansprucht die Phosphorylierung der regulatorischen leichten Ketten (▶ Abschn. 23.2.4) mehr Zeit als die Bindung von Ca^{2+} an Regulatorproteine. Ein zweiter Grund besteht in dem niedrigeren intrazellulären Organisationsniveau der glatten Muskelzellen, das andererseits deren starke Verkürzung ermöglicht. Diese ist notwendig, weil bei glatten Hohlraummuskeln eine Verstärkung der Verkürzung durch Hebelarme wie bei der Skelettmuskulatur der Extremitäten nicht möglich ist. Als wichtigste Ursache für die geringe Kontraktionsgeschwindigkeit ist jedoch die niedrige spezifische Aktivität der Aktomyosin-ATPase anzusehen, die nur 0,001–1 % der Aktivität von quergestreiften Muskeln beträgt. Ursache für die niedrige ATPase-Aktivität ist die sehr viel langsamere Dissoziation der Spaltprodukte P_i und ADP vom Myosinkopf. Das hat zur Folge, dass die Myosinköpfe entsprechend lange an den

Aktinfilamenten haften und dadurch sehr viel ökonomischer **Haltearbeit** verrichten können: Die Aufrechterhaltung des Tonus glatter Muskeln erfordert nur 0,005–1 % der Energie, die ein quergestreifter Muskel dafür aufbringen müsste.

Glatte Muskeln von Blutgefäßen besitzen eine weitere Möglichkeit, Energie zu sparen. Bei diesen Muskeln leitet eine vorübergehende Erhöhung der intrazellulären Ca^{2+}-Konzentration häufig eine tonische Kontraktion ein. Selbst im Fall einer dann folgenden Abnahme der Ca^{2+}-Konzentration und der Phosphorylierungswerte der leichten Ketten wird diese tonische Kontraktion aufrechterhalten (***latch*-Zustand**[539]). Die Spannung bleibt in diesem Zustand erhalten, während die Verkürzung stagniert. Offensichtlich sind in diesem Zustand die Querbrücken nicht mehr in der Lage, sich trotz Gegenwart von ATP von den Aktinfilamenten zu lösen. Der genaue Mechanismus ist noch nicht bekannt. Ähnliche Zustände findet man auch bei Invertebratenmuskeln (*catch*-Zustand, ► Abschn. 23.3).

23.4 Schließmuskeln der Muscheln

Die Schließmuskeln (**Adduktoren**) der Muscheln erfüllen zwei Funktionen. Sie verschließen bei Gefahr sehr schnell die Schalen, um die Muschel zum Beispiel vor dem Angriff eines Seesterns zu schützen. Verschiedene Arten (Kammmuscheln u. a.) können durch mehrfaches Auf- und Zuklappen ihrer Schalen rückstoßartig schwimmen und so einem Feind entkommen. Die Adduktoren haben außerdem die Aufgabe, die Schale während ungünstiger Umweltbedingungen (Ebbe) gegen den Zug des elastischen Ligaments oder gegen die Saugkraft von Seesternfüßchen über längere Zeiträume hinweg verschlossen zu halten. Diese beiden unterschiedlichen Leistungen erbringen zwei Fasertypen des Adduktormuskels. Bei *Pecten* ist der glasig-durchsichtige, weiche Teil des Muskels (quergestreifte Muskeln) für die schnelle, leicht ermüdbare, phasische Reaktion und der milchig-trübe, festere Teil (glatte Muskulatur) für die tonische Dauerkontraktion verantwortlich. Die Festigkeit ist nicht zuletzt darauf zurückzuführen, dass die dicken Filamente im Kern einen hohen Gehalt an **Paramyosin** aufweisen, dem eine monomolekulare Schicht von Myosin aufgelagert ist. Paramyosin ist ein stabförmiges, doppelhelikales Dimer, das in Dimension und Molekülmasse dem Stabteil des Myosinmoleküls entspricht (105 kDa, Länge 135 nm, Durchmesser 2 nm). Es kommt – in allerdings weitaus geringeren Mengen – bei fast allen Invertebraten einschließlich des Lanzettfischchens *Branchiostoma* (Chordata) vor. Die Aktivität der Adduktoren wird über Ca^{2+}-Bindung an eine leichte Kette des Myosinkopfs (► Abschn. 23.2.2) reguliert.

Wenn man Schließmuskeln durch repetitive Stromstöße über die Motoneurone aktiviert, kontrahieren sie und entwickeln eine **Kraft** von bis zu 100 N cm^{-2} Faserquerschnitt (ca. 10 kp cm^{-2}). Ein Wirbeltiermuskel erreicht etwa 30 N cm^{-2}. Nach Beendigung der Stimulation erschlaffen die Muskeln wieder. Reizt man über längere Zeit in Gegenwart von **Acetylcholin**, dann verhalten sie sich zunächst in gleicher Weise, scheinen aber nach einiger Zeit im kontrahierten Zustand zu erstarren. Die Kraft sinkt dabei auf 50 N cm^{-2}, der Dehnungswiderstand jedoch, das heißt die Kraft, die die Muskeln einem Dehnungsversuch entgegensetzen können, wird außergewöhnlich hoch. Ein solcher Muskel kann mit bis zu 1000 N cm^{-2} belastet werden, ohne nennenswert Energie zu verbrauchen. Allerdings wird der Muskel unter diesen Bedingungen im Lauf der Zeit (Stunden bis Tage) ganz allmählich länger (**plastische Verformung**). Diese Verformung kann zum entscheidenden Nachteil für eine Muschel werden, wenn ein Seestern versucht, ihre Schalen zu öffnen. Denn der Schalenschließer hat in diesem Zustand die Fähigkeit zur Kontraktilität verloren. Das heißt, er kann auf einen Reiz hin nicht mehr kontrahieren, um die Dehnung rückgängig zu machen. Man bezeichnet diesen Zustand als **Sperrtonus** (nach Jakob Johann v. Uexküll*) oder ***catch*-Zustand**[540]. Ein solcher Mechanismus ist auch für den Tentakelretraktor der Weinbergschnecke (*Helix*) und den Byssusretraktor der Miesmuschel (*Mytilus*) bekannt.

Ähnlich wie beim *latch*-Zustand glatter Gefäßmuskeln (► Abschn. 23.3) wird die Ca^{2+}-Konzentration nach der initialen Erhöhung für die Kontraktion beim Übergang in den Sperrtonus auf einen Wert unter 10^{-7} mol l^{-1} gesenkt. Möglicherweise wird auch beim Sperrtonus der Querbrückenzyklus in der angehefteten Phase der Myosinköpfe (◘ Abb. 23.6) angehalten. Für die Aufrechterhaltung des *catch*-Zustands ist weder Acetylcholin noch die durch ACh ausgelöste Depolarisation notwendig. Er kann über serotonerge inhibitorische Fasern beendet werden. **Serotonin** löst über eine cAMP-abhängige Proteinkinase A die Phosphorylierung von Twitchin (600–800 kDa), ein Protein der Titinfamilie, aus, dessen Phosphorylierungsgrad neben dem Sperrtonus auch die Kraftproduktion und die Ca^{2+}-Empfindlichkeit des kontraktilen Apparats kontrollieren soll. Da eine cAMP-abhängige Proteinkinase auch Paramyosin phosphoryliert und Twitchin zudem sowohl an dünne als auch an dicke Filamente binden kann, steht eine abschließende Klärung des Mechanismus des Sperrtonus noch aus.

23.5 Flugmuskeln der Insekten

Die Flügel der Insekten sind über ein System von Platten und Höckern in den Thorax eingelenkt. Bei Insekten mit geringer Flügelschlagfrequenz (z. B. Libellen) werden die Flügel durch **direkte Flugmuskeln** bewegt, das heißt durch Thoraxmuskeln, die direkt an der hebelartigen Basis der Flügel oder an den Flügelgelenkstücken ansetzen (◘ Abb. 23.21). Dies ermöglicht Libellen das unabhängige Bewegen des einzelnen Flügels. Bei der Mehrzahl der Insekten werden die direkten Flugmuskeln allerdings nur noch zur Steuerung der Flügel- und Flugbewegungen eingesetzt. Durch Kontraktion der direkten Flugmuskeln kann zum Beispiel die Bewegungsamplitude der Flügel einer Seite

539 *latch* (engl.) = Schnappschloss, Klinke

540 *catch* (engl.) = Schließhaken, Arretiervorrichtung

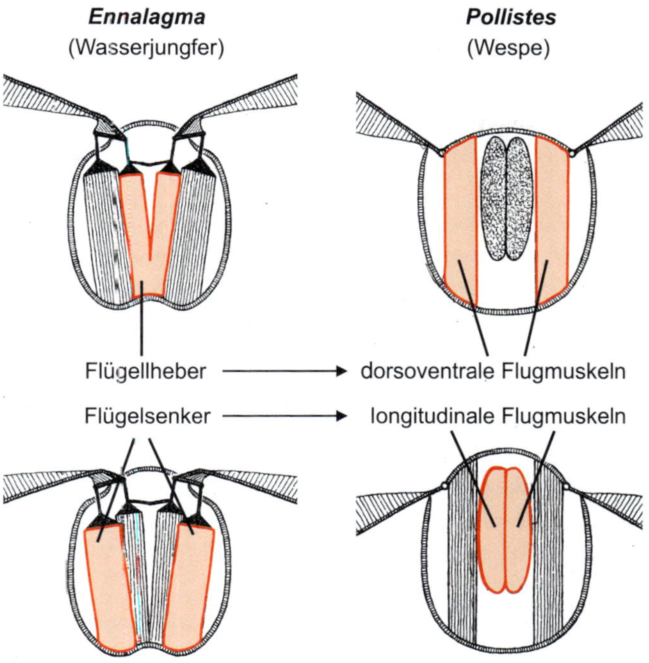

Abb. 23.21 Arbeitsweise von direkten (links) und indirekten Flugmuskeln. Die longitudinalen Flugmuskeln der Wespe (rechts) sind quergeschnitten, ihre Ansatzpunkte am Vorder- bzw. Hinterrand des Rückenschilds sind deshalb nicht zu erkennen. Die aktiven Muskeln sind rot hervorgehoben. (Nach Smith DS (1965) The flight muscles of insects. Amer Sci 212 (6), 76–88.)

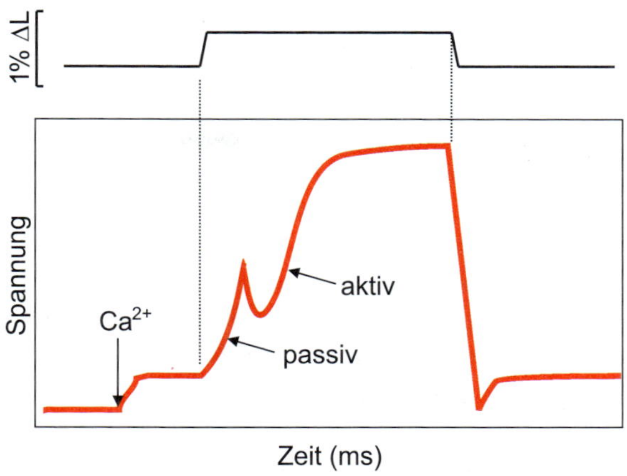

Abb. 23.22 Verlauf der Spannung eines präparierten Faserbündels des asynchronen, longitudinalen Flugmuskels einer tropischen Wasserwanze (*Lethocerus*). Das Faserbündel wurde in einer ATP-haltigen Lösung unter Zugabe von Ca^{2+}-Ionen inkubiert, schnell um 0,5 % seiner Länge gedehnt und anschließenden rasch entdehnt. (Nach Jewell BE, Rüegg JC (1966) Oscillatory contraction of insect fibrillar muscle after glycerol extraction. Proc Roy Soc Ser B 164, 428–459, und Steiger GJ (1977) Stretch activation and tension transients in cardiac, skeletal and insect flight muscle. In: Tregear RT (Hrsg) Insect flight muscle. North Holland, Amsterdam, S. 221–268, verändert.)

gedämpft und auf diese Weise das Fliegen von Links- oder Rechtskurven ermöglichen werden. Die Hauptkräfte für den Auf- und Abschlag der Flügel werden bei schnellen Fliegern (z. B. Käfer, Hautflügler, Fliegen) durch **indirekte Flugmuskeln** erzeugt, die aus longitudinalen und dorsoventralen Thoraxmuskeln bestehen. Viele auch langsam fliegende Insekten (z. B. Heuschrecken und Schmetterlinge) erzeugen die Kraft für den Flügelschlag sowohl mittels direkter als auch mittels indirekter Flugmuskeln (dritter Bautyp). So heben bei den Heuschrecken **longitudinale Thorax- bzw. Flugmuskeln** das Rückenschild an und bewegen dabei die Flügel indirekt nach unten. Ihre Gegenspieler ziehen vom Tergum zum Sternum (**dorsoventrale Flugmuskeln**, Senker), flachen das Tergum wieder ab und bewegen dadurch die Flügel indirekt wieder nach oben (**indirekte Flugmuskeln**, Heber). Dipteren erreichen durch die zusätzliche Beweglichkeit seitlicher Skelettplatten (Parscuta) des Notums die höchste Flügelschlagfrequenz im Tierreich (200 Hz bei Fliegen, 500 Hz bei Stechmücken und über 1000 Hz bei den ca. 1 mm großen Gnitzen). Die indirekte Flugmuskulatur deformiert bei Dipteren das Notum, sodass das Scutellum auf oder ab bewegt wird. Diese Bewegung wird über Scutellarhebel (Tergalhebel) zum Flügelgelenk übertragen, wodurch der Flügel gesenkt oder gehoben wird.

Die Aktivität der Flugmuskeln wird in der Regel über Aktionspotenziale gesteuert, denen pro Aktionspotenzial mit geringer Verzögerung eine Kontraktion folgt. Da Nervenimpuls und Kontraktion fast gleichzeitig stattfinden, spricht man auch von **synchronen Muskeln**. Bei vielen Flugmuskeln von Insekten geht jedoch nicht jedem Flügelschlag ein Aktionspotenzial voraus, ein Aktionspotenzial kann demnach mehrere Kontraktionen auslösen. Man bezeichnet diese Flugmuskeln deshalb als **asynchrone Muskeln**. Unter den Insekten mit asynchronen Flugmuskeln finden sich die Flieger mit der höchsten Flügelschlagfrequenz von bis zu 60 000 Flügelschlägen pro Minute (► Abschn. 23.5). Dieser Flugmuskeltyp zeichnet sich strukturell durch charakteristische Merkmale aus: Die Sarkomere lassen nur eine sehr schmale I-Bande erkennen, das heißt, die Myosinfilamente stoßen fast an die Z-Scheiben, sodass keine starken Verkürzungen möglich sind. Das sarkoplasmatische Retikulum existiert nur in stark reduzierter Form, es sind lediglich die Terminalzisternen vorhanden. Die Freisetzung von Ca^{2+} kann somit genauso schnell erfolgen wie in einem schnellen Wirbeltiermuskel, weil sich die Ca^{2+}-Kanäle in beiden Fällen in den Terminalzisternen befinden (► Abschn. 23.2.3). Ca^{2+}-Ionen werden jedoch wegen der geringen Oberfläche des sarkoplasmatischen Retikulums nur sehr langsam zurückgepumpt. Aktionspotenziale erfolgen bei asynchronen Flugmuskeln mit einer Frequenz, die verhindert, dass die Ca^{2+}-Konzentration im Sarkoplasma unter den für die Aktivität erforderlichen Wert sinken kann. Das heißt, asynchrone Muskeln erschlaffen und kontrahieren bei nahezu konstantem, erhöhtem Ca^{2+}-Spiegel.

Die Ursache für diese Fähigkeit wird durch einen Versuch erklärbar. Bringt man ein Faserbündel eines asynchronen Flugmuskels, dessen Membranen durch Inkubation in einer Glycerinlösung zerstört und damit permeabel gemacht wurden, in eine Ca^{2+}-freie, ATP-haltige Lösung und befestigt das Bündel an einer Apparatur, mit der man schnelle Längenänderungen durchführen und die Spannung des Muskels messen kann, dann verhält sich dieser Flugmuskel zunächst wie ein erschlaffter Wirbeltiermuskel. Sein Dehnungswiderstand ist gering. Fügt man der Inkubationslösung Ca^{2+}-Ionen bis zu einer Konzentration von 5×10^{-6} mol l^{-1} zu, entwickelt das Faserbündel eine schwache tetanusähnliche Spannung (■ Abb. 23.22). Wird das Faserbündel in diesem Zustand schnell um 0,5 bis maximal 1 % seiner Länge gedehnt, steigt die Spannung infolge der Dehnung zunächst passiv an. Nach einem kurzen Spannungsabfall entwickelt der Muskel jedoch zusätzliche Kraft, bis ein Plateau erreicht ist. Wird die Dehnung rückgängig gemacht, stellt sich die leichte tetanische Ausgangsspannung wieder ein (■ Abb. 23.22). Dieses Verhalten lässt vermuten, dass sich die Myosinköpfe nach Zugabe von Ca^{2+} in senkrechter Stellung an die Aktinfilamente heften, dann aber für das Durchlaufen des Querbrückenzyklus (■ Abb. 23.6) zusätzliche Aktivierungsenergie benötigen, um den Kraftschlag ausführen zu können. Diese Aktivierungsenergie wird auf mechanischem Weg zugeführt. Dehnung und Entdehnung können in unserem Versuch auch von einem schwingenden Pendel bewerkstelligt werden, das dann die Funktion des Antagonisten übernimmt und das Faserbündel oszillatorisch kontrahieren und erschlaffen lässt.

Aufwärts- und Abwärtsbewegungen der Flügel sind im lebenden Muskel mit einem **Klickmechanismus** verbunden. Der Muskelkraft des Agonisten wird zunächst ein wachsender Widerstand entgegengesetzt, bis ein kritischer Wert erreicht ist, bei dem die Sklerite plötzlich nachgeben und in eine metastabile Position übergehen (Klick). Dabei wird der zwischen dorsalem und lateralem Sklerit eingelenkte Flügel bewegt. Außerdem wird der Agonist plötzlich entlastet, was zu seiner Entspannung führt (■ Abb. 23.22). Gleichzeitig wird der Antagonist gestreckt und seinerseits aktiviert. Durch seine Kontraktion bewegen sich die Sklerite wieder in ihre ursprüngliche Lage zurück. Das ist wiederum mit einem Kippvorgang und einer entgegengesetzten Flügelbewegung verbunden. Auf diese Weise können sich Agonist und Antagonist wechselseitig aktivieren, solange die Ca^{2+}-Konzentration durch die regelmäßig eintreffenden Nervenimpulse hoch bleibt. Sinkt die Ca^{2+}-Konzentration unter 10^{-7} mol l^{-1}, kommt das System zum Stillstand. Man geht davon aus, dass für eine Auf- bzw. Abwärtsbewegung der Flügel je ein synchroner Schlag der Querbrücken von Heber bzw. Senker in Verbindung mit der Verstärkung durch den Klickmechanismus ausreicht. Vermutlich lösen sich die Myosinköpfe während der Kontraktions- und Erschlaffungszyklen nicht von den Aktinfilamenten.

Da Agonist und Antagonist nur nach einer Dehnungsaktivierung voll aktiv werden können, braucht dieses System beim Start fremde Hilfe durch einen Muskel, dessen kontraktile Elemente auf die übliche Weise durch freigesetzte Ca^{2+}-Ionen zur Kontraktion gebracht werden können. Bei Fliegen ist das ein kräftiges Muskelpaar, das über dicke und schnell leitende Nervenfasern mit dem Mesothorakalganglion verbunden ist. Diese **Startermuskeln** setzen an den Hüften des mittleren Beinpaars an und durchziehen den Thorax bis zum Tergum, das durch eine plötzliche Kontraktion der Muskeln nach unten gezogen wird. Dadurch werden die nervös bereits aktivierten longitudinalen Flugmuskeln gedehnt, die Querbrücken vollziehen ihren Kraftschlag, wölben den Thorax wieder auf und dehnen gleichzeitig die dorsoventralen Flugmuskeln, die dann ebenfalls kontrahieren. Wenn der Flugmotor auf diese Weise angelaufen ist, können sich Agonist und Antagonist gegenseitig aktivieren (s. o.).

Bei Fliegen hat der Startermuskel noch eine weitere Funktion, mit der man Bekanntschaft macht, wenn man versucht eine Fliege zu fangen. Dieser Muskel inseriert mit einem Ende an der Coxa der Mittelbeine. Wenn er sich blitzartig zusammenzieht, reißt er gleichzeitig das mittlere Beinpaar nach unten. Das Ergebnis ist ein kräftiger Startsprung, der die Fliege in der Regel schon aus der unmittelbaren Gefahrenzone herauskatapultiert, bevor die Flugmuskulatur begonnen hat zu arbeiten. **Paukenmuskeln** (Tymbalmuskeln) von **Singzikaden** verhalten sich ähnlich wie asynchrone Flugmuskeln. Eine Erhöhung der Spannung führt zur Einbeulung einer Schallplatte. Wenn daraufhin die Spannung nachlässt, springt die Schallplatte in die Ausgangsstellung zurück. Auf diese Weise können Töne mit sehr hoher Frequenz erzeugt werden.

Spinnen haben an ihren distalen Gelenken nur Beuge- aber keine Streckermuskeln. Bei ihnen erfolgt die Streckung mithilfe der Körperflüssigkeit, die schnell und unter hohem Druck (50 kPa) in die Beine gespritzt wird. Die fehlenden Streckermuskeln sind der Grund dafür, dass tote Spinnen ihre Beine immer angezogen haben.

23.6 Amöboide Bewegung

Amöben sind unbegeißelte Einzeller, die im Meer, Süßwasser oder im feuchten Boden leben. Bei Amöben lässt sich unter dem Lichtmikroskop deutlich ein körnigeres, gelartiges Endoplasma von einem äußeren klaren Ektoplasma unterscheiden. Die Beweglichkeit des Cytoplasmas gehört zu den Grundeigenschaften einer Zelle. So findet wahrscheinlich in allen Zellen, zumindest zeitweilig, eine **Cytoplasmaströmung** statt. In einigen Fällen tritt die Cytoplasmabewegung in den Dienst der Nahrungsaufnahme und der Lokomotion. Die Zelle bildet in diesem Fall Fortsätze (**Pseudopodien**[541]), die wieder eingeschmolzen und an anderer Stelle neu gebildet werden können. Da solche Pseudopodien für die Amöben unter den Protisten charakteristisch sind, spricht man von einer **amöboiden Bewegung**. Sie kommt auch bei anderen Einzellern und verschiedenen anderen Zellen der Metazoen (Amöbocyten, Phagocyten, Leukocyten u. a.) vor.

Die Form der Pseudopodien ist sehr unterschiedlich. Ist sie breit und fingerförmig wie bei den Amöben spricht man von **Lobopodien**[542]. Ist sie dünn und fadenförmig, so spricht man von **Filopodien**[543]. Zwischen beiden ist durch viele Zwischenformen der Übergang fließend. Die meisten Foraminiferen bilden

541 *pseudos* (griech.) = fälschlich; *pous, podos* (griech.) = Fuß
542 *lobos* (griech.) = Ohrläppchen
543 *filum* (lat.) = Faden

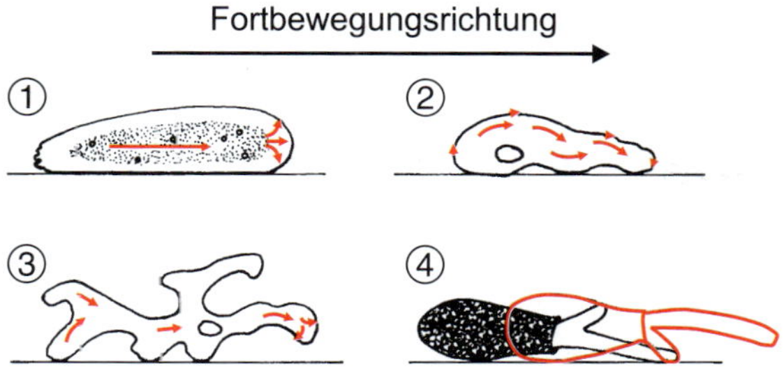

Abb. 23.23 Pseudopodienbildung und Fortbewegungstypen bei Rhizopoden. Rote Pfeile: Richtung der Cytoplasmabewegung. Die Fortbewegung erfolgt ① kriechend, ② rollend, ③ schreitend und ④ spannerraupenförmig. Näheres siehe Text.

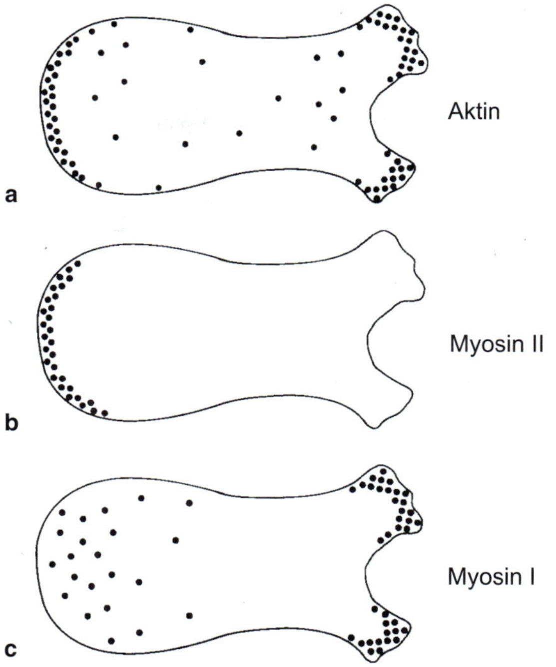

Abb. 23.24 Verteilungsmuster von Aktin (**a**), Myosin II (**b**) und Myosin I (**c**) in Amöben von *Dictyostelium* (Rhizopoda). (Nach Shimmen T (1992) Mechanisms of cytoplasmic streaming and amoeboid movements. In: Sugi H (Hrsg) Muscle contraction and cell motility, molecular and cellular aspects, Springer, Berlin, S. 172–205 [Adv Comp Environ Physiol, Vol. 12].)

Pseudopodien, die vielfach verzweigt sind und ein wurzelartiges Netzwerk bilden (**Rhizopodien** oder Reticulopodien[544]). Die Pseudopodien der Heliozoen zeichnen sich durch einen festen Achsenstab aus (**Axopodien**). Rhizopodien und Axopodien dienen vornehmlich als Schwebefortsätze und zum Beutefang.

Bei den Amöben nach dem **Limaxtyp** wird nur ein einziges breites Pseudopodium gebildet, das sich nicht deutlich von der Zelle absetzt. Das dünnflüssige Endoplasma strömt innerhalb eines Schlauchs aus festerem Ektoplasma in der Bewegungsrichtung der Amöbe vor (Axialstrom), um am vorderen Pol der Zelle zum Stillstand zu kommen. Der hintere Zellbereich besitzt eine runzelige Oberfläche. In ihm wird das zähflüssige Ektoplasma in Endoplasma umgewandelt, das an der Spitze des Pseudopodiums erneut zu Ektoplasma wird (**Ekto-Endoplasma-Prozess**). Bei der **rollenden Bewegung** bewegt sich die Zelle nach Art eines Raupenfahrzeugs fort. Partikel, die an der Oberfläche des Tieres haften, bewegen sich mit der Oberseite nach vorn, bekommen Kontakt zur Unterlage und wandern auf der Unterseite des Tieres wieder nach hinten, um am Körperende erneut auf die Oberfläche gehoben zu werden. Wenn nur die ausgestreckten Pseudopodien, nicht aber der gesamte Zellleib Kontakt zur Unterlage haben, entsteht das Bild einer **schreitenden Amöbe**. Schließlich kennt man die Fortbewegung nach dem **Prinzip der Spannerraupen**. Das ausgestreckte Pseudopodium heftet sich über fokale Kontakte an der Unterlage fest und zieht den Zellkörper mit der Schale nach, wobei ein neues Pseudopodium gebildet wird (Abb. 23.23). Verhindert man durch Fixieren der Schale das Nachziehen, reißt das Pseudopodium infolge der Spannungsentwicklung von der Unterlage ab und zieht sich auf die Hälfte seiner ursprünglichen Länge zusammen.

Die **Mechanismen amöboider Bewegung** wurden vor allem an *Amoeba proteus*, *Chaos chaos*, *Acanthamoeba castellani* sowie den amöboiden Zellen von *Dictyostelium discoidem* und *Physarum polycephalum* untersucht. Gemeinsam ist allen untersuchten Objekten, dass die kontraktilen Proteine **Aktin**, **Myosin I** und **Myosin II** an der amöboiden Bewegung beteiligt sind.

Bei **Myosin II** handelt es sich um ein konventionelles, zweiköpfiges Myosinmolekül, wie es bereits für Muskelzellen charakterisiert wurde. Das Myosin II der amöboid beweglichen Zellen ähnelt insoweit dem Myosin glatter Muskelzellen, als es regulatorische leichte Ketten an den Myosinköpfen besitzt, die Ca^{2+}-abhängig phosphoryliert werden und das Zusammenwirken mit Aktin kontrollieren. Die Phosphorylierung der leichten Ketten ermöglicht zudem die Aggregation der Myosinmoleküle zu Filamenten. Myosin-II-Moleküle mit nichtphosphorylierten leichten Ketten liegen in gelöster Form im Endoplasma vor. **Myosin I** ist wahrscheinlich die Myosinurform, aus der sich im Verlauf der Evolution Myosin II entwickelt hat. Es besteht aus nur einem Kopf mit einer konservierten Motordomäne und einem nicht aggregationsfähigen, kurzen Schwanzteil. Myosin I kann deshalb zwar keine Filamente bilden, das Schwanzende jedoch an andere zelluläre Strukturen binden. Eine amöboide Zelle enthält mehrere Myosin-I-Isoformen, die sich in der Bindungsspezifität ihres Schwanzteils unterscheiden und sich damit an Zellmembranen, Vesikelmembranen oder, unabhängig vom Kopf, an ein zweites Aktinfilament heften können. Ein Myosin-I-Molekül kann somit ein Vesikel entlang eines Aktinfilaments transportieren oder, im Fall einer anderen Isoform, die gegenseitige Verschiebung zweier Aktinfilamente verursachen, indem es sich mit seinem Schwanzteil an ein Aktinfilament heftet und mit seinem Kopfteil unter ATP-Verbrauch ein anderes Aktinfilament bewegt.

Eine fluoreszenzmikroskopische Analyse der **Verteilung der drei Proteine** in amöboiden Zellen von *Dictyostelium* ergab (Abb. 23.24), dass Aktin überall in der Zelle vorkommt (schwerpunktmäßig jedoch am Hinterende und in den Spitzen

---

544 *rhiza* (griech.) = Wurzel, *reticulum* (lat.) = kleines Netz

der Pseudopodien), Myosin II sich ausschließlich im Ektoplasma des Hinterpols und Myosin I sich im hinteren Teil der Zelle und in hoher Konzentration in den Spitzen der Pseudopodien befindet. Wie die drei Proteine zusammenwirken ist noch nicht abschließend geklärt. Aktin liegt in den untersuchten Zellen zu etwa 50 % in gelöster Form als Komplex aus G-Aktin und Profilin vor. Wahrscheinlich ist, dass die Spitze der Pseudopodien durch die Polymerisation dieses Aktins zu Filamenten nach vorne geschoben wird. Der Druck der Aktinfilamente auf die Membran der Pseudopodienspitzen soll durch die Aktivität von Myosin I über das Verschieben von Aktinfilamenten verstärkt werden.

Hypothesen über die Kraft, die das Endoplasma nach vorne treibt, sind noch nicht völlig abgesichert. Die **Ektoplasmaschlauch-Kontraktions-Theorie** geht davon aus, dass Kontraktionen des Ektoplasmas mithilfe von Aktin- und Myosinfilamenten (Gleitmechanismus) dafür verantwortlich sind. Myosin-II-freie Mutanten von *Dictyostelium* zeigen allerdings, dass sich diese Zellen auch ohne Myosin II amöboid bewegen können, wenn auch etwas langsamer. Allerdings ist bei diesen Zellen der Ablauf der Zellteilung gestört, sodass vielkernige Gebilde entstehen, deren Teilung allenfalls während des Kriechens der Amöbe durch mechanisches Zerreißen des Zellkörpers geschieht. Myosin II wird somit bei der Endoplasmabewegung nur eine unterstützende Rolle zugeschrieben. Dass Myosin I außer in den Spitzen der Pseudopodien auch im hinteren Teil der Zellen vorkommt, lässt vermuten, dass es dort mit Aktinfilamenten des Ektoplasmaschlauchs interagiert und so an der Endoplasmaströmung beteiligt ist.

23.7 Geißel- und Cilienbewegung

Geißeln und Cilien sind haarartige Cytoplasmadifferenzierungen an der Oberfläche verschiedener Zellen. Sie führen periodische oder unregelmäßige Bewegungen aus, die entweder eine Strömung erzeugen (z. B. Herbeistrudeln von Wasser für die Atmung und Ernährung bei den Muscheln) oder der Lokomotion dienen (z. B. Ciliaten und Flagellaten unter den Protisten, Spermien, kleine Turbellarien, Flimmerlarven). **Geißeln** (Länge bis 200 µm) sind länger als **Cilien** (ca. 10 µm) und kommen in der Regel nur in geringer Zahl vor. Cilien oder Wimpern sind stets in großer Zahl vorhanden und bilden Schnüre, Bänder oder Felder.

Die Cilien und Geißeln fast aller Eukaryoten haben denselben Grundaufbau. Es handelt sich um ein von einer Plasmamembran umgebenes Bündel aus **Mikrotubuli**, das **Axonem**. Peripher befinden sich neun Mikrotubulipaare (Doppeltubuli, Dubletts), die im Querschnitt betrachtet einen Kreis bilden und durch Brücken aus **Nexin** elastisch zusammengehalten werden. Im Zentrum des Kreises befinden sich zwei Mikrotubuli (Singletts) innerhalb einer Hülle. Man spricht von einer **9 + 2-Anordnung**. Die beiden zentralen Tubuli liegen in einer Ebene senkrecht zur Schlagrichtung der Geißel. Jedes der neun peripheren Mikrotubulipaare besteht aus einem kleineren (A-Tubulus, elf Untereinheiten im Querschnitt) und einem größeren Tubulus (B-Tubulus, 13 Untereinheiten). Der B-Tubulus steht über radiale Speichen mit der zentralen Hülle der Cilie in Verbindung (▪ Abb. 23.25a). An jedem A-Tubulus setzen die Stiele von zwei Dyneinisoformen (Dyneinarme, ▪ Abb. 23.25a) an, deren Köpfe in Richtung B-Tubulus des benachbarten Tubuluspaars zeigen. Der äußere Dyneinarm trägt in der Regel drei (▪ Abb. 23.26), der innere zwei Köpfe an seinem Ende. Äußere und innere Dyneinarme stehen entlang der Geißel nicht immer auf gleicher Höhe. Während die äußeren Arme in Abständen von 24 nm angeordnet sind, haben die inneren Arme wie die radialen Speichen einen Abstand von 24, 32 bzw. 40 nm. Die inneren Arme befinden sich zudem in zwei getrennten Reihen entlang der B-Tubuli, die äußeren in einer Reihe.

Der aus der Zelle hervorragende **Schaft** setzt sich innerhalb der Zelle in Form des Basalkörpers (**Kinetosom**[545]) fort. Allerdings fehlen hier die beiden zentralen Tubuli, die in der Regel an einem Axialkorn (**Axosom**) an der Basis des Schaftes enden, und zu den neun peripheren Doppeltubuli gesellt sich jeweils ein weiterer Tubulus, sodass Dreiergruppen (Tripletts) entstehen. Jeweils die beiden inneren Tubuli setzen sich in die Doppeltubuli des Schaftes fort. Die Basalkörper stimmen strukturell mit den Centriolen der Zelle überein. Bei *Chlamydomonas* übernehmen die Basalkörper nach dem Einschmelzen der Geißeln bei der Zellteilung sogar die Funktion der Centriolen.

Flagellen und Cilien verschiedener Organismen schlagen mit Frequenzen zwischen 1 und 100 s^{-1} (meist 10–20 s^{-1}) und Wellenformen, die sich in Wellenlänge und Krümmung unterscheiden. Bei einfacheren **Bewegungsformen** werden Vor- und Rückschlag in derselben Ebene ausgeführt. Man kann drei Grundtypen der Bewegung unterscheiden. Bei der **Pendelbewegung** krümmen sich die steifen Cilien nur an ihrer Basis. Vor- und Rückschlag unterscheiden sich nur in ihrer Geschwindigkeit. Ersterer erfolgt schneller als Letzterer. Diese Bewegungsform findet man bei den Cirren bestimmter hypotricher Ciliaten und im Pharynx von Fröschen. Bei der **hakenförmigen Bewegung** setzt die Krümmung an der Cilienspitze ein und setzt sich in Richtung Basis fort. Beim **Rückschlag** streckt sich die Cilie fortschreitend von der Basis bis zur Spitze. Diese Bewegungsform findet man bei vielen Metazoen, zum Beispiel an den Kiemen bestimmter Muscheln. Häufig treten Pendelbewegung und hakenförmige Bewegung in Kombination auf, indem der Vorschlag gestreckt und die Rückschwingung gekrümmt durchgeführt wird (▪ Abb. 23.25b). In diesem Fall ist der Widerstand, der der Cilienbewegung im Wasser entgegengesetzt wird, beim Rückschlag wesentlich geringer als beim Vorschlag (effektiver Schlag). Es leuchtet deshalb ein, dass diese Bewegungsform besonders geeignet ist, das Tier im Wasser voranzutreiben bzw. am festsitzenden Tier einen Wasserstrom zu erzeugen. Für viele Geißeln ist eine wellenförmige Bewegung charakteristisch. Die Wellen schreiten entweder von der Basis zur Spitze oder in umgekehrter

545 *kinesis* (griech.) = Bewegung; *soma* (griech.) = Körper

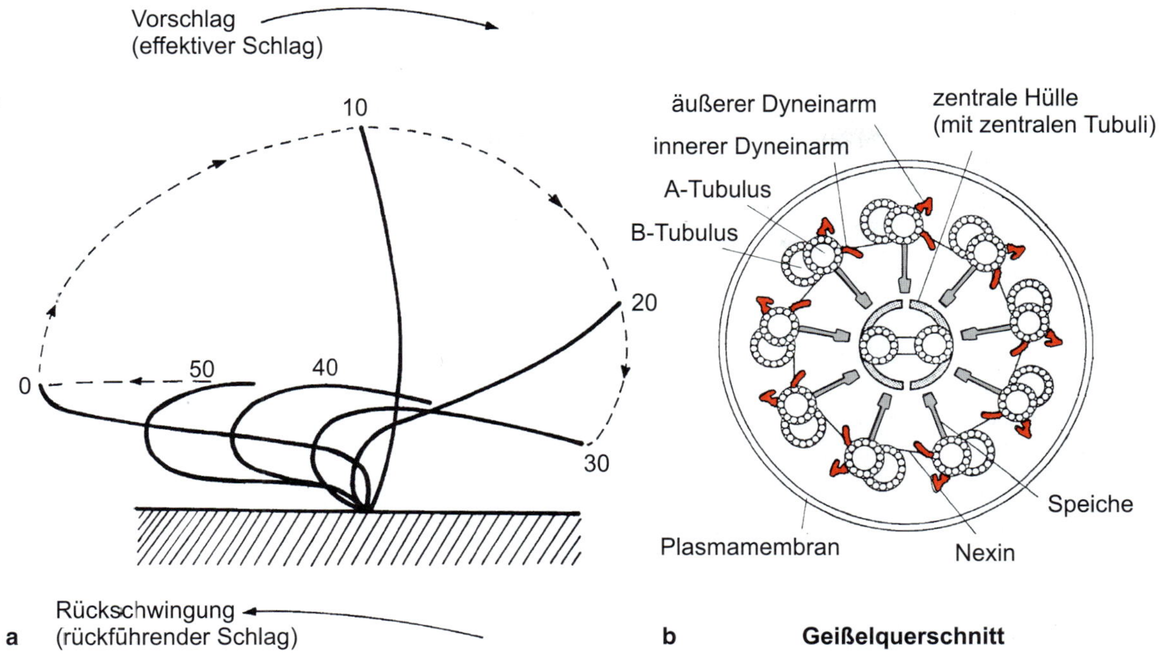

Abb. 23.25 **a** Cilie des Meeresringelwurms *Sabellaria* in sechs aufeinanderfolgenden Stadien ihres Schlagzyklus. Die Zahlen bezeichnen die Zeit in Millisekunden vom Beginn des Vorschlags an. **b** Querschnitt durch eine Geißel. (Nach Sleigh MA (1971) Zilien. Endeavour 30, 11–17.)

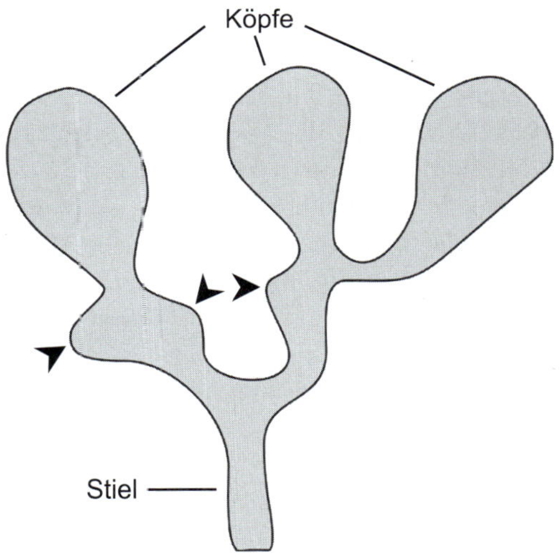

Abb. 23.26 Dreiköpfiges Dyneinmolekül des äußeren Dyneinarms einer Cilie von *Tetrahymena*. Die Pfeilspitzen zeigen auf mutmaßliche assoziierte Peptide. (Nach Toyoshima YY (1987) Chymotryptic digestion of *Tetrahymena* ciliary dynein. I. Decomposition of three-headed 22S dynein to one- and two-headed particles. J Cell Biol 105, 887–895, verändert.)

Richtung fort. Diese Bewegungsform findet man unter anderem bei den Kragengeißelzellen der Schwämme. Komplizierter wird die Bewegung vieler Geißeln und Cilien dadurch, dass sie sich nicht in einer Ebene abspielt, sondern im Raum. So wird oft die wellenförmige Bewegung der Geißeln zur schraubenförmigen (helikoidal). Die isolierten Cilien der Mehrzahl der Wimperntierchen (*Paramecium*, *Colpidium*, *Balantidium* u. a.) führen eine kontinuierliche Kreisbewegung aus und beschreiben einen Kegelmantel.

Die Bewegung von Geißeln und Cilien beruht auf der Interaktion des Motorproteins **Dynein** mit dem Cytoskelettprotein **Tubulin**, die dazu führt, dass zwei benachbarte Doppeltubuli aneinander vorbeigleiten. Ein Dyneinmolekül besteht aus zwei oder drei schweren Ketten (Molekülmasse je nach Isoform und Organismus 400–480 kDa). Mit den Dyneinmolekülen sind bis zu einem Dutzend mittelschwere (70–140 kDa) und leichte Peptide (8–22 kDa) assoziiert, deren Funktion noch weitgehend unbekannt ist. Da die Dyneinköpfe (Abb. 23.26; wie die Myosinköpfe) **ATPase-Aktivität** besitzen, darf man regulatorische und modulatorische Eigenschaften vermuten. Wie beim Myosin (Abb. 23.6) gibt es auch einen **Dynein-ATPase-Zyklus:** Die Bindung von ATP löst den Dyneinkopf vom B-Tubulus. Die anschließende Hydrolyse des gebundenen ATP führt zum Dynein-ADP-P_i-Komplex, der sich erneut mit dem B-Tubulus verbinden kann. Diese Assoziation löst die Freisetzung von P_i und ADP aus. Dieser Schritt ist wahrscheinlich mit dem eigentlichen Kraftakt verbunden. Durch Wiederholung dieses Zyklus und einer erneuten Anheftung der Dyneinköpfe entlang des benachbarten Doppeltubulus in Richtung Minusende (Cilienbasis) können zwei benachbarte Doppeltubuli gegeneinander verschoben werden. Insoweit sind die einzelnen Schritte mit den Ereignissen im Querbrückenzyklus des Muskels vergleichbar. Die Dyneinköpfe eines Moleküls scheinen jedoch anders zu kooperieren als die beiden Köpfe eines Myosinmoleküls. Neuere Ergebnisse von Experimenten mit zweiköpfigem cytoplasmatischem Dynein deuten darauf hin, dass sich der angeheftete Kopf eines Dyneinmoleküls während eines ablaufenden

23

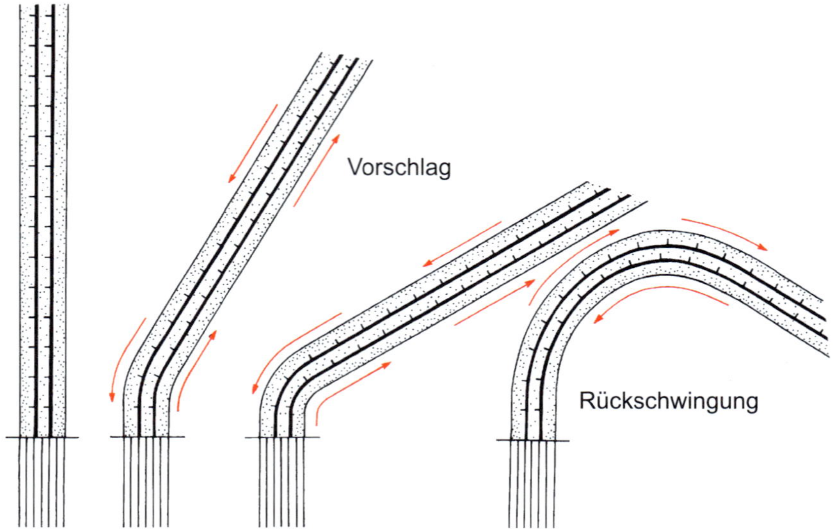

Abb. 23.27 Schema zur Veranschaulichung des Aneinander-vorbei-Gleitens von Doppeltubuli während des Vorschlags und der Rückschwingung einer Cilie. (Nach Sleigh MA (1971) Zilien. Endeavour 30, 11–17.)

Zyklus erst dann von seiner Anheftungsstelle löst, wenn sich der andere Kopf des Moleküls an seiner neuen Position bereits wieder in assoziiertem Zustand befindet.

Während des Vorschlags einer Cilie gleiten die Doppeltubuli in der ganzen Cilienlänge gleichzeitig aktiv aneinander vorbei, während beim rückführenden Schlag ein begrenzter Rückschlagabschnitt von der Basis zur Spitze des Cilienschafts hin fortschreitet (Abb. 23.27). Zur Durchführung von solch komplexen Formen der Cilien- und Geißelbewegung ist offensichtlich die Wechselwirkung eines breiten Spektrums von Proteinen erforderlich: In den Axonemen wurden bisher bis zu 200 Proteine identifiziert. Erstaunlicherweise scheinen in beiden Armtypen keine gemeinsamen Untereinheiten und Isoformen aufzutreten. Aktin war bisher nur in inneren Armen nachweisbar. Entsprechend ihrer unterschiedlichen Proteinzusammensetzung haben innere und äußere Dyneinarme bei der Cilienbewegung offenbar auch unterschiedliche Funktionen. *Chlamydomonas*-Mutanten ohne äußere Arme können schwimmen, wenn auch langsamer als die Wildtypen. Die äußeren Arme scheinen somit nur die mithilfe der inneren Arme erzeugte Grundgeschwindigkeit zu erhöhen. *Chlamydomonas*-Mutanten ohne den Zentraltubuli-Radiärspeichen-Komplex können sich zwar bewegen, die Flagellen schlagen jedoch mit geringerer Frequenz und einer anderen Wellenform. Dieser Komplex scheint somit für die Koordination der Verschiebungen der einzelnen Doppeltubuli gegeneinander und damit in diesem Fall für die Bewegungsform der Geißeln verantwortlich zu sein. Wie **Nexin**, ein stark dehnbares Protein, das nur locker an die B-Tubuli gebunden ist, und die radialen **Speichen**, die nur lose an der zentralen Hülle fixiert sind, an diesem Prozess beteiligt sind, ist noch unklar. Andererseits besitzen Spermien des Aals natürlicherweise keinen Zentraltubuli-Radiärspeichen-Komplex und sind trotzdem voll motil.

Die vielen Cilien einer Zelle oder eines Zellverbands schlagen nicht unabhängig voneinander. Ihre Tätigkeit ist vielmehr aufeinander abgestimmt. Das äußert sich zum Beispiel schon darin, dass die Cilien der Wimpertierchen im Verband nicht mehr – wie im isolierten Fall (s. o.) – rotierende, sondern schlagende Bewegungen ausführen. Außerdem stehen die Phasen des Schlagrhythmus benachbarter Cilien in bestimmter Beziehung zueinander. Man sieht Wellen über das Wimperfeld hinweg ziehen, wie bei einem Getreidefeld, über das der Wind streicht. Die Wellen kommen dadurch zustande, dass die Cilien während des Vor- oder Rückschlags mit ihren Nachbarn konvergieren und so Zonen größerer und geringerer Verdichtung des Wimperkleids entstehen. In der Fortpflanzungsrichtung dieser Wellen schlagen die Cilien metachron[546], das heißt, sie schlagen mit umso größerer Phasenverschiebung, je weiter die Cilien voneinander entfernt sind. In der dazu senkrechten Richtung schlagen sie isochron, also in gleicher Phase.

Über die physiologischen Grundlagen der **Koordination der Cilientätigkeit** ist noch nicht viel bekannt. Ein aus dem Rachenepithel eines Frosches isoliertes, um 180° gedrehtes und wieder eingesetztes Flimmerepithelstückchen behält seine ursprüngliche Metachronie bei. Auf ihm bleibt die Fortpflanzungsrichtung der Wellen zu der des umgebenden Gewebes entgegengesetzt. Wenn man das Kiemenepithel verschiedener Mollusken in zunehmendem Maß der Wirkung von Anästhetika ($MgSO_4$, KCl, Ether usw.) aussetzt, geht zunächst die Cilienmetachronie zwischen den Zellen und dann die Metachronie innerhalb jeder Zelle verloren. Zuletzt hören die Cilien ganz auf zu schlagen. Das Trompetentierchen (*Stentor*) kann die Frequenz des Cilienschlags unabhängig von der Fortpflanzungsgeschwindigkeit der Wellen ändern. Am gleichen Tier konnte beobachtet werden, dass die Wellengeschwindigkeit in der Nähe des Cytostoms, wo die Membranellen[547] dichter ste-

[546] *meta* (griech.) = nach (räuml. u. zeitl.); *isos* (griech.) = gleich; *chronos* (griech.) = Zeit

[547] aus zwei bis drei Cilienreihen bestehende Wimperplättchen, die bei *Stentor* in einem Band angeordnet sind, das am Cytostom beginnt und spiralig um das trichterförmig vertiefte Cytostom zieht

hen, geringer ist und die Wellen kürzer sind als in den sich anschließenden Bereichen des Membranellenverbands, wo die einzelnen Membranellen weiter auseinander stehen.

Die Fortpflanzungsrichtung der metachronen Wellen ist nicht immer starr festgelegt, wie etwa in der Rachenschleimhaut von Fröschen (s. o.). Sie kann im Gegenteil oft stark variieren und den jeweiligen Bedürfnissen angepasst werden. Die Cilien im Schlundrohr der Seenelke *Metridium* schlagen beispielsweise normalerweise auswärts. Bei Kontakt mit einem Stückchen Krabbenfleisch kehren sie ihre Schlagrichtung um und transportieren das Stückchen schlundwärts.

Durch regionale **Steuerung des Wimpernschlags** sowohl hinsichtlich der Richtung als auch der Intensität kann das Pantoffeltierchen *Paramecium* die verschiedensten Bewegungsformen ausführen. Es kann im Bogen schwimmen und dabei rotieren oder auch nicht. Es kann sich auf der Stelle drehen und es kann rückwärts schwimmen. Beim Vorwärtsschwimmen verlaufen die metachronen Wellen im Winkel von ca. 45° zur Körperachse und wandern von links hinten nach rechts vorn über den Einzeller hinweg. Beim Rückwärtsschwimmen wandern sie von links vorn nach rechts hinten. Die Änderung der Schlagrichtung beginnt am Ende des Einzellers und breitet sich dann über das Tier aus. Ihr geht eine Depolarisation der Zellmembran voraus. *Paramecium* besitzt an seinem Vorderende mechanisch stimulierbare selektive Ca^{2+}-Kanäle, an seinem Hinterende mechanisch stimulierbare K^+-Kanäle (▶ Abschn. 16.3.2, ◘ Abb. 16.7). Eine mechanische Reizung des Vorderendes von *Paramecium*, wenn das zum Beispiel auf ein Hindernis stößt, löst eine vorübergehende **Depolarisation** (Steigerung der Ca^{2+}-Permeabilität) und damit eine Umkehr der Schlagrichtung der Cilien (Rückwärtsschwimmen) aus. *Paramecium*-Mutanten ohne Ca^{2+}-Kanäle können nur vorwärts schwimmen. Eine mechanische Reizung des Hinterendes führt dagegen zu einer **Hyperpolarisation** (Öffnung von K^+-Kanälen) und damit zu einer Steigerung der Schlagfrequenz der Cilien: Der Einzeller setzt seinen Kurs mit größerer Geschwindigkeit fort (Fluchtreaktion).

Das schon lange bekannte Phänomen, dass *Paramecium* im elektrischen Feld zur Kathode schwimmt (**Galvanotaxis**), beruht darauf, dass die Schlagrichtung der Cilien auf der der Kathode zugewandten Körperseite so eingestellt wird, wie es beim Rückwärtsschwimmen der Fall ist. Dieses Cilienverhalten ist auf eine durch den elektrischen Strom hervorgerufene Depolarisation an der der Kathode und eine Hyperpolarisation an der der Anode zugekehrten Körperseite zurückzuführen.

23.8 Fragen zum Selbststudium

- Welche Proteine sind an der Muskelkontraktion (auch an der amöboiden Bewegung) beteiligt?
- Beschreiben Sie den Feinbau eines quergestreiften Muskels.
- Welche molekularen Mechanismen sind an der Verkürzung eines Muskels beteiligt?
- Was sind phasische, was sind tonische Muskelfasern?
- Wodurch unterscheiden sich rote von weißen Muskeln?
- Was ist eine isotonische bzw. isometrische Kontraktion?
- Was versteht man unter den elastischen Eigenschaften eines Muskels, was unter den plastischen?
- Wann kommt es zu einem vollständigen bzw. unvollständigen Tetanus?
- Wie wird die Muskelaktivität über das Rückenmark gesteuert?
- Was ist ein monosynaptischer Reflexbogen?
- Welche Funktion haben γ-Motoneurone?
- Welche Funktion haben Golgi-Organe?
- Nennen Sie die wichtigsten motorischen Areale des Säugergehirns?
- Was versteht man unter somatotoper Organisation?
- Wie kommt es zur Bewegung bei Amöben?

Weiterführende Literatur

Allgemeines

Alberts B, Bray D, Lewis J, Raff M, Roberts K, Watson JD (2004) Molekularbiologie der Zelle. 4. Auflage Wiley VCH, Weinheim.

Beinbrecht G (1998) Muscle structure. In: Harrsion FW, Locke M (eds.) Microscopic anatomy of invertebrates. Vol. 11B: Insecta. Wiley-Liss, New York, pp. 553-572.

Caputo C (2001) Calcium release in skeletal muscle: Form K^+ contractures to Ca^{2+} sparks. Journal of Muscle Research and Cell Motility 22, 485-504.

Dudley R (1999) The biomechanics of insect flight: Form, function, evolution. Princeton Univ. Press, Princeton.

Fill M, Copello JA (2002) Ryanodine receptor calcium release channels. Physiological Review 82, 893-922.

Fluck M, Hoppeler H (2003) Molecular basis of skeletal muscle plasticity – from gene to form and function. Reviews of Physiology, Biochemistry and Pharmacology 146, 159-216.

Galizia CG, Lledo P-M (2013) Neuroscience – From Molecule to Behavior: A University Textbook. Springer, Berlin, Heidelberg.

Giannone G, Dubin-Thaler BJ, Döbereiner H-G, Kiefer N, Bresnick AR, Sheetz MP (2004) Periodic lamellipodial contractions correlate with rearward actin waves. Cell 116, 431-443.

Macintosh BR, Rassier DE (2002) What is fatigue? Canadian Journal of Applied Physiology 27, 42-55.

Melzer W, Hermann-Frank A, Lüttgau HC (1995) The role of Ca^{2+} ions in excitation-contraction coupling of skeletal muscle fibres. Biochimica et Biophysica Acta 1241, 59-116.

Norberg UM (1990) Vertebrate flight. Mechanics, physiology morphology, ecology, and evolution. Springer Verlag, Berlin, Heidelberg.

Plattner H, Klauke N (2001) Calcium in ciliated protozoa: sources, regulation, and calcium-regulated cell functions. International Review of Cytology 201, 115-208.

Pollard TD, Blanchoin L, Mullins RD (2000) Molecular mechanisms controlling actin filament dynamics in non-muscle cells. Annual Reviews of Biophysics and Biomolecular Structure 29, 545-576.

Sellers JR (1999) Myosins. 2nd ed. Oxford Univ. Press, New York.

Somlyo AP, Somlyo AV (2003) Ca^{2+} sensitivity of smooth muscle and nonmuscle myosin II: modulated by G proteins, kinases, and myosin phosphatase. Physiological Review 83, 1325-1358.

Sugi H (ed.) (1992) Muscle contraction and cell motility. Advances in Comparative Environmental Physiology 12. Springer, Berlin.

Tyska MJ, Warshaw DM (2002) The myosin power stroke. Cell Motility and the Cytoskeleton 15, 1-15.

Vigoreaux JA (ed.) (2004) Nature's versatile engine: Insect flight muscle inside and out. Landes Bioscience Publ., Georgetown.

Wooley D (2000) The molecular motors of cilia and flagellata. Essays in Biochemistry 35, 103-105.

Yumura S, Uyeda TQ (2003) Myosins and cell dynamics in cellular slime molds. International Review of Cytology 224, 173-225.

Spezielle Aspekte

Brainard MS, Doupe AJ (2002) What songbirds teach us about learning. Nature 417, 351–357.

Brenowitz EA (2002) Birdsong: integrating physics, physiology, and behavior. Journal of Comparative Physiology A 188, 827–828.

Coen PH, Elemans CPH, Mead AF, Jakobsen L, Ratkliffe JM (2011) Superfast muscles set maximum call rate in echolocating bats. Science 333, 1885-1888.

Fine ML, Malloy KL, King CB, Mitchel SL, Cameron TM (2001) Movement and sound generation by the toadfisch swimbladder. Journal of Comparative Physiology A 187, 371–379.

Huber F, Moore TE, Loher W (1989) Cricket behavior and neurobiology. Cornell Univ. Press, Ithaca, London.

Moore PWB (1988) Animal Sonar – Processes and Performance. NATO ASI Series, Life Sciences Vol. 156. Plenum Press, New York.

Rome LC, Syme DA, Hollingworth S, Lindstedt SL, Baylor SM (1996) The whistle and the rattle: the design of sound producing muscles. Proceedings of the Natural Academy of Sciences USA 93, 8095–8100.

Rome LC (2006) Design and function of superfast muscles: New insights into the physiology of skeletal muscle. Annual Revue of Physiology 68, 193-221.

Produktion akustischer Signale

24

24.1 Allgemeines

24.1.1 Schallerzeugung, -kopplung und -ausbreitung

Als **Schall** werden longitudinale Schwingungen von Teilchen in elastischen Medien wie Luft und Wasser, aber auch in festen Substraten wie Holz oder Gestein bezeichnet (◘ Abb. 24.1). Um Schall zu erzeugen, müssen Tiere durch Muskelkraft Körperteile oder Gegenstände (**Schallquellen**) in Schwingungen oder Vibrationen versetzen, welche zur Ausbreitung an das umgebende Medium (Luft, Wasser oder festes Substrat) übertragen werden. Für die akustische Kommunikation sind demnach Schallerzeugung, Schallkopplung und Schallausbreitung wichtige Parameter (◘ Abb. 24.2).

Die Produktion akustischer Signale ist auf Arthropoden und Vertebraten beschränkt. Die bekannten Mechanismen der **Schallerzeugung** durch Tiere können in fünf Gruppen eingeteilt werden:

- Bewegungen eines Körperteils oder Körperanhangs,
- gegeneinander Bewegen von Körperteilen (Stridulation),
- Klick- und Timbalmechanismen,
- Luftanströmung einer Öffnung,
- Klopf-, Trommel- oder Klatschmechanismen.

Manche Tiere (z. B. Schimpansen) bewegen zudem Gegenstände (z. B. Äste), um Schallwellen zu erzeugen.

Bei der Kopplung von Schallquelle und umgebendem Medium kann ohne besondere Vorkehrungen (**Impedanzanpassung**, ◘ Abb. 24.2) viel Energie verlorengehen. Daher modifizieren viele Tiere das Schwingungsspektrum ihrer Schallquelle durch eine frequenzabhängige Verstärkung (**Resonanz**) oder Abschwächung (Filterung) und bündeln die Schallenergie in einem für sie optimalen Frequenzbereich (◘ Abb. 24.2). Häufig wird der Schall deswegen mithilfe spezieller morphologischer Strukturen, die den Schall zum Teil gerichtet abstrahlen (Bündelung der Schallenergie), auf das Medium übertragen. Die Aufgabe der Schallkopplung erfüllen zum Beispiel dünne Mem-

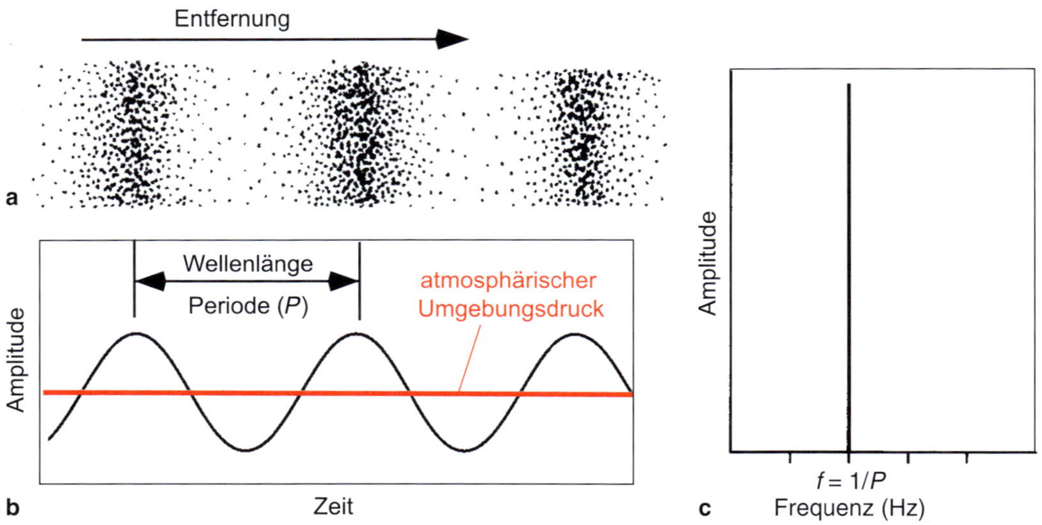

◘ **Abb. 24.1** Schall. **a**, **b** Die Schwingungen von Teilchen in einem elastischen Medium wie Luft führen zu periodischen Verdichtungen und Verdünnungen und damit einem wechselnden Schalldruck. **c** Die Frequenz (*f*) ist zu der Periode (*P*) invers.

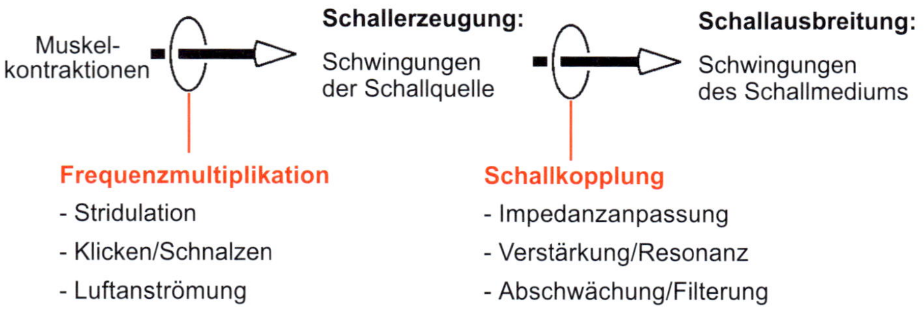

◘ **Abb. 24.2** Schritte der Schallproduktion. Die Schallquelle wird durch Muskelkontraktionen in Schwingungen versetzt. Viele Tiere setzen dabei eine Frequenzmultiplikation ein, um die niedrige Muskelkontraktionsrate in eine hohe Schwingungsfrequenz der Schallquelle zu übersetzen. Bei der Kopplung der Schwingungen der Schallquelle an das Schallmedium können die Schwingungen frequenzabhängig verstärkt oder abgeschwächt werden. Bei der Schallkopplung wird der Schallwiderstand der Schallquelle (Impedanz) häufig an den Schallwiderstand des Schallmediums angepasst, um den Schall möglichst effizient abzustrahlen.

branen wie die Flügelfelder mancher Insekten, die Schall- oder Kehlsäcke der Wirbeltiere, trichterförmige Strukturen auf der Nase der Fledermäuse oder auch die Melone der Zahnwale. Die physikalischen Eigenschaften von Schallwellen wie Geschwindigkeit und Abschwächung bei der Ausbreitung, Reflexion, Brechung und Streuung hängen wesentlich von den elastischen Eigenschaften des Mediums ab, in dem sich der Schall ausbreitet. Die vielfältigen Mechanismen der Schallproduktion und Schallabstrahlung im Tierreich stellen letztlich Lösungen für die spezifischen Zwänge dar, die im jeweiligen Habitat durch die physikalischen Eigenschaften von Schall bei der Schallerzeugung und Schallausbreitung entstehen.

24.1.2 Schallfrequenzen und Spektren

Ein wichtiges Werkzeug zur Beschreibung und Quantifizierung akustischer Signale ist die **Frequenzanalyse**. Sie beruht auf dem **Fourier*-Theorem**, das besagt, dass der Zeitverlauf jedes beliebigen Signals durch lineare Addition von Sinusschwingungen erzeugt werden kann (◘ Abb. 24.3a). Umgekehrt kann deshalb auch jedes zeitliche Signal in seine Frequenzanteile zerlegt werden (◘ Abb. 24.3b–i). Eine solche Frequenzanalyse führt zum Beispiel die Cochlea der Säuger mit der Frequenz-Ort-Transformation durch (▶ Kap. 17). Um den Verlauf eines Signals vollständig zu beschreiben, muss für jede im Signal enthaltende Frequenz die Amplitude und Phasenlage angegeben werden. Als Ergebnis erhält man ein Amplituden- und ein Phasenspektrum, häufig wird allerdings nur das Amplitudenspektrum eines Signals gezeigt (◘ Abb. 24.3b–i).

Besteht ein Signal aus nur einer Frequenz, so tritt im Amplitudenspektrum nur diese Frequenz mit einer bestimmten Amplitude auf (◘ Abb. 24.1c). Wird ein Signal nur über ein kurzes Zeitfenster betrachtet, entstehen Nebenbänder im Spektrum (◘ Abb. 24.3b). Handelt es sich um ein periodisches, aber nicht sinusförmiges Signal, entstehen im Amplitudenspektrum neben der Grundfrequenz höherfrequente, abgeschwächte Harmonische, deren jeweilige Lage Vielfache der periodischen Grundfrequenz darstellen (◘ Abb. 24.3c–f). Schnelle zeitliche Veränderungen in

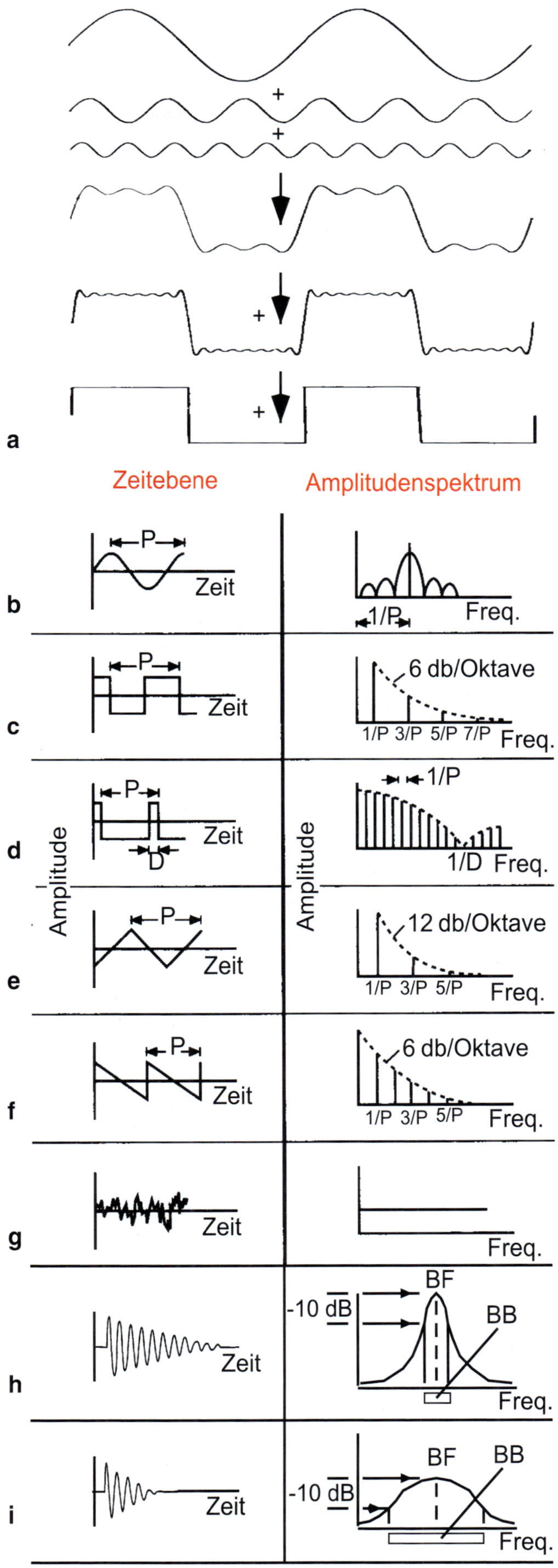

◘ **Abb. 24.3** **a** Frequenzanalyse. Nach Fourier kann jede beliebige Signalform (hier ein Rechtecksignal) durch Addition von Sinusschwingungen erzeugt werden (von oben nach unten) und daher in der Zeit- oder der Frequenzebene (wie in **b–i**) dargestellt werden. **b–i** Verschiedene Signalformen in der Zeit- und Frequenzebene: **b** zeitlich begrenzte Sinusschwingung, **c**, **d** Rechtecksignale mit unterschiedlicher Dauer, **e** dreieckförmiges Signal, **f** Sägezahnförmiges Signal, **g** weißes Rauschen, **h** Ausschwingvorgang mit geringer Dämpfung, **i** Ausschwingvorgang mit hoher Dämpfung. **h**, **i** Resonatoren mit niedriger Dämpfung zeigen ein schmales Frequenzspektrum und daher einen hohen Q-Wert (Qualitätswert, der aus der Breite des Spektrums bestimmt wird) und umgekehrt. Der Ausschwingvorgang bei niedrigen Q-Werten ist kürzer als bei hohen. Die Bandbreite des Spektrums und die Dauer des Schwingungsvorgangs sind daher umgekehrt proportional. P = Periode; D = Dauer; BF = beste Frequenz; BB = Bandbreite. (b–g nach Gerhardt HC, Huber F (2002) Acoustic communication in insects and anurans. University of Chicago Press, Chicago.)

einem Signal führen dazu, dass hochfrequente Anteile im Spektrum auftreten. Aus demselben Grund finden sich auch bei einem sehr kurzen Schallereignis zunehmend höherfrequente Anteile im Spektrum, wie zum Beispiel bei den Klicklauten der Zikaden, den Schallpulsen der Feld- und Laubheuschrecken oder den Ortungsrufen der Delfine (◘ Abb. 24.22b, c). Sind in einem Signal alle Frequenzen gleich stark vertreten, spricht man – in Analogie zum Licht – von einem weißem Rauschen (◘ Abb. 24.3g).

Jedes schallproduzierende Tier erzeugt entsprechend den Eigenschaften seiner Schallquelle ein bestimmtes Frequenzspektrum, das nur wenige Frequenzen (Grille) aber auch viele Frequenzbänder (Anströmungsorgane der Wirbeltiere) enthalten kann. Manche Tiere verändern den Frequenzgehalt ihres Signals über die Zeit, in diesem Fall spricht man von einer **Frequenzmodulation**. Die Veränderung der Lautstärke (Amplitude) wird als **Amplitudenmodulation** bezeichnet. Auch die Art der Amplitudenmodulation von wiederholten, periodischen Schallpulsen (trapez-, rechteck-, dreieckförmig oder andere) kann wesentlich die Zusammensetzung und Breite des Spektrums bestimmen (◘ Abb. 24.3c–g). Bei der Vokalisation der terrestrischen Wirbeltiere entstehen dadurch häufig charakteristische Obertöne im Spektrum, die durch nachgeschaltete Mechanismen verstärkt (**Resonanzen**) oder abgeschwächt (**Filterung**) werden können.

24.1.3 Schallerzeugung und Frequenzmultiplikation

Bei der Schallerzeugung werden Teilchen in einem elastischen Medium zum Schwingen gebracht. Dadurch entsteht ein Schallwechseldruck mit einer bestimmten Amplitude (◘ Abb. 24.1). Eine effiziente Schallerzeugung, bei der genügend Teilchen in Bewegung gesetzt und damit ein genügend hoher Schalldruck erreicht wird, ist nur für Wellenlängen (λ) möglich, die maximal viermal so groß sind wie der schwingende Körper (*d*). Für eine effiziente Schallerzeugung gilt demnach die Formel $d = \frac{1}{4}\lambda$. Aus diesem Grund ist ein Basslautsprecher, der ja tiefe Töne (große Wellenlängen) erzeugen soll, größer als ein Hochtonlautsprecher. Bei vielen Insekten, Singvögeln und Säugern sind die schallerzeugenden Strukturen vergleichsweise klein, deshalb können sie meist nur hohe Frequenzen (über 1000 Hz oder sogar nur Ultraschallwellen) effizient abstrahlen (◘ Abb. 24.4).

Da alle schallproduzierenden Tiere Teilchenbewegungen nur durch Muskelkontraktionen erzeugen können, stoßen sie an physiologische Grenzen, denn die üblichen Muskelkontraktionsfrequenzen liegen bei weit unter 1000 Hz (meist nur bei 20–200 Hz, ► Abschn. 23.2.8). Insbesondere kleine Tiere, die ja nur hohe Schallfrequenzen (kurze Wellenlängen) effizient abstrahlen können, setzen deshalb häufig eine Frequenzmultiplikation ein, um die niedrigen Muskelkontraktionsraten in höhere Schwingungsfrequenzen zu übersetzen (◘ Abb. 24.2). Zu diesen Frequenzmultiplikatoren zählen die Stridulations- und Klickmechanismen der Arthropoden ebenso wie die Luftanströmungsorgane der Säuger (Kehlkopf, Larynx) oder der Vögel (Syrinx). Tiere, die keine Frequenzmultiplikatoren einsetzen, erzeugen entsprechend ihrer jeweiligen Muskelkontraktionsrate nur niederfrequenten Schall mit niedrigen Schalldruckamplituden (◘ Tab. 24.1). Dazu zählen die Schallproduktion durch Flügelbewegungen bei der Balz der Taufliegen (*Drosophila*) oder durch Kontraktionen der Schwimmblase bei vielen Fischen, aber auch das Schnurren der Katzen. Die Reichweite der so erzeugten Schallwellen ist meist gering, wenn sie nicht zur Ausbreitung an ein festes Substrat gekoppelt werden, wie das bei manchen Arthropoden der Fall ist.

Stridulationsmechanismen

Stridulation bezeichnet die Schallerzeugung durch das Aneinanderreiben von harten, sklerotisierten Strukturen. Bei dieser Form der Frequenzmultiplikation reibt in den meisten Fällen eine **Schrillkante** gegen eine Reihe von Zähnchen (**Schrillleiste**), wobei bei jedem Aneinanderstoßen ganz wie bei einer Kinderratsche gedämpfte Schwingungen entstehen. Diese Art der Schallerzeugung ist bei den Arthropoden weit verbreitet und mehrfach unabhängig voneinander entstanden. Die Stri-

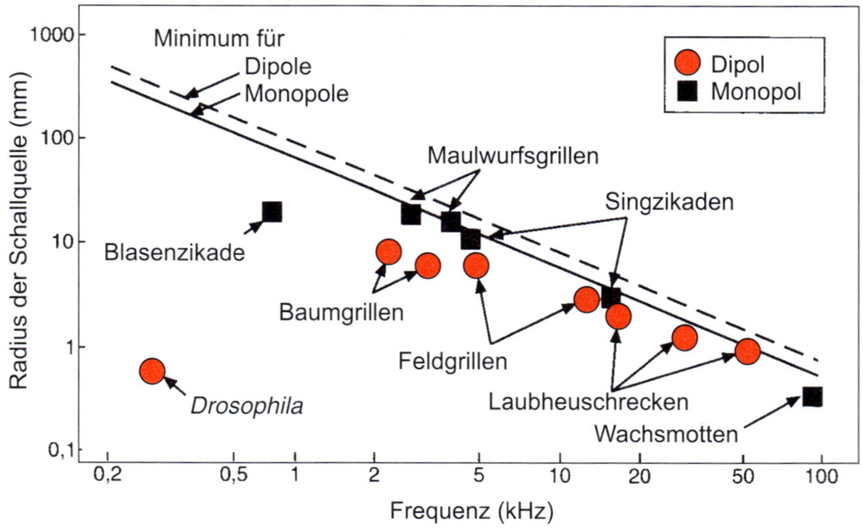

◘ **Abb. 24.4** Frequenzabhängigkeit der Schallerzeugung. Die Größe der Schallquelle limitiert die Wellenlänge und daher die Frequenz, die effizient abgestrahlt werden kann. Beispiele verschiedener Insekten, die Schall wie ein Monopol oder ein Dipol (► Abschn. 17.1) erzeugen. (Nach Bennet-Clark H (1998) Size and scale effects as constraints in insect sound communication. Philos Trans R Soc Lond B 353, 407–419.)

Tab. 24.1 Mechanismen der Schallproduktion ohne Frequenzmultiplikation.

Tiergruppe/Art	Mechanismus der Schallproduktion	Frequenzbereich (Hz)
Fische (Pisces)	Kontraktionen der Schwimmblase	200–500
Katzen (Felidae)	Schnurren durch Muskelkontraktionen	20–100
Zweiflügler (Diptera)	Flügelschlag	100–1000
Honigbiene (Apidae)	Flügelvibration Vibrationen des Thorax Vibrationen des Abdomens	200–300 300 13–14
Höhlengrille (Gryllidae)	Flügelwerfen (Vortex)	10
Spinnen (Arachnida)	Körper- und Beinvibrationen	8–150
Heuschrecken (Orthoptera)	Körperschwingungen	20–50
Florfliegen (Chrysopidae)	Vibrationen des Abdomens	20–120

Tab. 24.2 Stridulationsorgane bei Arthropoden.

Stridulationsorgane	Gruppe
Antennal – Antennal	Gespenstschrecken (Phasmidae)
Mundwerkzeuge	Heuschrecken (Orthoptera), Spinnen (Arachnida)
Kopf – Körper	Käfer (Coleoptera), Krebstiere (Crustacea)
thorakale Körperteile	Käfer (Coleoptera)
thorakale/abdominale Segmente	Ameisen (Formicidae)
abdominale Genitalorgane	Eulenfalter (Noctuidae)
Flügel – Thorax	Schmetterlinge (Lepidoptera)
Körperteile – Beine, Scheren	Krabben (Brachyura), Wanzen (Heteroptera), Blattläuse (Aphidoidea), Geradflügler (Orthoptera), Spinnen (Arachnida)
Beine – Flügel	Schmetterlinge (Lepidoptera), Käfer (Coleoptera), Heuschrecken (Orthoptera)
Beine/Scheren	Krebstiere (Crustacea)
Flügel gegeneinander	Langfühlerschrecken (Ensifera)
Antenne – Rostrum	Languste (Crustacea)
Antenne – Kopf	Hummer (Crustacea)
Propodit – Pereiopod	Gürteltiere (Dasypodidae), Krebstiere (Crustacea)
Cheliceren – Pedipalpen	Springspinnen (Salticidae)
Coxa – Pedipalpen	Mygalomorpha, Spinnen (Arachnida)
Cymbium – Pedipalpen	Lycosidae, Spinnen (Arachnida)
Femur – Abdomen	Libellen (Odonata), Geradflügler (Orthoptera)
Tibia – Abdomen	Libellen (Odonata)
Hinterflügel – Vorderflügel	Geradflügler (Orthoptera)
Elytren – Abdomen	Käfer (Coleoptera)
Vorderflügel	Käfer (Coleoptera)
Juga – Metanotum	Schnabelfliegen (Mecoptera)
Flügel – Bein	Schmetterlinge (Lepidoptera)
Thorax – Tibia	Flöhe (Siphonaptera)
Abdomen – Abdomen	Hautflügler (Hymenoptera)

dulationsorgane sind dabei sehr vielfältig (Tab. 24.2). Stridulationsschall ist meist leise, sofern in die Schallproduktion keine schallkoppelnden Strukturen (wie zum Beispiel die Flügelfelder der Orthopteren) einbezogen werden. Neben den Insekten findet man vor allem bei wasserlebenden Krebsen und terrestrischen Spinnen Stridulationsmechanismen. Bei Wirbeltieren treten Stridulationsorgane nur bei Fischen auf. Stridulierende Fische reiben die Knochen des Pharynx oder die Strahlen der Flossen gegeneinander. Im weitesten Sinne kann auch das Rasseln der Klapperschlangen (Crotalidae) als Stridulation aufgefasst werden, da lose aufgehängte Schuppenringe am Körperende gegeneinandergeschüttelt werden.

Klick- und Timbalmechanismen

Bei der Schallerzeugung durch Klickmechanismen wird entweder eine versteifte leisten- oder knopfartige Struktur aus einer Vertiefung hervorgeschnalzt (Flügel der Zikaden) oder ein versteifter Schalldeckel (**Timbal**) durch Muskelkraft zum Einknicken gebracht. Dadurch entstehen meist kurze Schallpulse, ähnlich wie beim Eindrücken des Deckels einer Blechdose.

Die Schallerzeugung durch ein Timbal ist bei den Insekten mehrfach entstanden. Bei den Homoptera (Kleinzikaden, Singzikaden, ▶ Abschn. 24.2.2) erfolgt die Schallerzeugung häufig durch ein mit Rippen versteiftes Timbal im ersten Abdominalsegment. Ein ähnlich gebautes Timbal tritt am Metathorax bei den Arctiiden (Lepidoptera) und an der Tegula der Wachsmotten (*Galleria mellonella*) auf, während einfachere Schalldeckel an den Terga des Abdomens bei den Heteroptera zu finden sind. Manche Schmetterlinge erzeugen über das Einknicken eines Flügelfeldes (Costalfeld; *Vanessa*) hochfrequenten Schall.

Pistolenkrebse (Alpheidae) von wenigen Zentimetern Größe erzeugen mithilfe ihrer großen Schere knallartige Geräusche, die eine Lautstärke von bis zu 210 dB (relativ zum Bezugsschalldruck 1 μPa) haben können. Das Frequenzspektrum dieser Geräusche reicht von mehreren Dutzend Hz bis zu mehr als 200 kHz. Da Pistolenkrebse in den marinen Lebensräumen der Tropen und Subtropen in großer Zahl vorkommen, dominieren ihre Knalllaute Tag und Nacht die Küstenregionen vieler Weltmeere. Ursprünglich nahm man an, dass der Knall der Pistolenkrebse entsteht, wenn beim extrem schnellen Schließen der Knallschere der Dactylus auf den Propodus schlägt. Hochgeschwindigkeitsaufnahmen in Verbindung mit Schalldruckmessungen haben aber gezeigt, dass durch das Schließen der Knallschere zunächst nur ein sehr schneller Wasserstrahl erzeugt wird. Nach dem Bernoulli*-Gesetz wird der statische Druck einer Flüssigkeit umso geringer, je höher die Geschwindigkeit dieser Flüssigkeit ist. Fällt der statische Druck dabei unter den Verdampfungsdruck der Flüssigkeit, bilden sich Dampfblasen. Mit dem von einem Pistolenkrebs erzeugten, sehr schnellen Wasserstrahl werden die Dampfblasen in Gebiete höheren Drucks mitgerissen, dort kondensiert der Dampf schlagartig und die Dampfblasen kollabieren. Dabei treten extrem hohe Lautstärken (Druckamplituden) und Temperaturspitzen auf. Es ist also das Zerplatzen der Dampfblase (Kavitationsblase), die beim Pistolenkrebs den sehr lauten Knall erzeugt.

Luftanströmungsmechanismen

Luftströmungen in einer Röhre erzeugen Schallwellen, sofern sie durch ein schwingendes Hindernis periodisch unterbrochen werden. Diese Art der Schallerzeugung ist fast ausschließlich auf Wirbeltiere beschränkt. Es gibt aber auch einige Schaben (*Gromphadorina*), die Schallwellen beim Ausatmen über ein trichterartig erweitertes, abdominales Stigma erzeugen. Manche Nachtfalter (Totenkopfschwärmer) generieren beim Einsaugen der Luft über eine bewegliche Cuticulafalte ebenfalls Schallwellen.

Bei den Anuren und den meisten Säugetieren wird die Luftröhre (Trachea[548]) periodisch durch die schwingenden Stimmlippen im **Kehlkopf** (**Larynx**[549]), der oberhalb der Trachea ansitzt, geschlossen. Dagegen sitzt die Schallquelle der Vögel (**Syrinx**[550]) am Übergang von der Trachea zu den Bronchien und ist daher oft paarig vorhanden. Vögel haben Stimmlippen oder dünne Membranen, die den Atemstrom periodisch unterbrechen und dadurch Laute erzeugen. Sowohl beim Larynx als auch bei der Syrinx wird der Frequenzbereich des erzeugten Schalls wesentlich von den mechanischen Eigenschaften der Stimmlippen bzw. -membranen bestimmt. In beiden Fällen erzeugen die gleichen physikalischen Kräfte die periodischen Bewegungen der Stimmlippen oder -membranen, die mithilfe von Muskeln dem Atemstrom ausgesetzt werden. Durch den Unterdruck der vorbeiströmenden Atemluft zieht die **Bernoulli-Kraft** die Stimmlippen zusätzlich in die Atemröhre hinein. Die Eigenelastizität der Stimmlippen sowie der Druck des Atemstroms wirken diesen beiden Kräften entgegen und treiben die Stimmlippen wieder aus der Atemröhre heraus. Das Zusammenwirken dieser vier Kräfte bestimmt die Grundfrequenz der periodischen Luftpulse und damit die Fundamentalfrequenz. Da die gebildeten Luftpulse zwar periodisch, aber nicht sinusförmig sind, entsteht nach den Regeln der Fourier-Transformation eine Serie von abgeschwächten, höheren Frequenzen, Obertönen oder Harmonischen, die ganze Vielfache der Fundamentalfrequenz darstellen und damit insgesamt ein breitbandiges Spektrum erzeugen (Abb. 24.3).

Eine ungewöhnliche Form der Schallerzeugung durch Luftanströmung findet sich durch ausgestellte Federn bei der Bekassine (*Gallinago gallinago*) und manchen Nachtschwalben (Caprimulgiformes): Die Federn vibrieren während des Fluges im Luftstrom und erzeugen dadurch Schall.

24.1.4 Schallimpedanzen, Schallübertragung und Resonanzen

Jedes elastische Medium besitzt mechanische Eigenschaften, die jeder Schallwelle einen bestimmten Widerstand entgegensetzen und in Analogie zu elektrischen Schaltkreisen als akustischer Widerstand oder Impedanz bezeichnet werden. Die **Schallim-**

[548] *trachys* (griech.) = steif
[549] *larynx* (griech.) = Kehle
[550] *syrinx, -ngos* (griech.) = Röhre, Flöte

pedanz (Z) eines Mediums hängt von seiner Dichte (ρ) (bei Gasen dem Druck) und der Schallgeschwindigkeit (v) ab:

$Z = \rho \times v$ (g cm^{-2} s^{-1}).

Da die **Schallgeschwindigkeit** proportional zur Impedanz eines elastischen Mediums ist, breitet sich Schall in unterschiedlichen Medien (in Medien unterschiedlicher Impedanz) verschieden schnell aus (Luft: 343 m s^{-1}, Süßwasser: 1423 m s^{-1}, Meerwasser: 1543 m s^{-1}, Fels: 5000 m s^{-1}). Da die Impedanz eines Mediums aber auch von dessen Temperatur und Druck abhängt, ist die Schallgeschwindigkeit zusätzlich temperatur- und druckabhängig. Deshalb ändert sich die Schallgeschwindigkeit im Wasser mit zunehmender Wassertiefe (zunehmender Druck, abnehmende Temperatur). Die Schallimpedanz spielt auch eine wichtige Rolle bei der Übertragung der Schallenergie zwischen zwei Medien. Analog zu den Gesetzen der Optik, die den Übergang von Licht zwischen zwei unterschiedlichen Medien beschreiben, wird Schall an der Grenzfläche zwischen zwei Medien gebrochen, gestreut und reflektiert. Trifft Schall auf seinem Weg durch ein Medium auf ein anderes Medium mit stark abweichender Impedanz, wird die meiste Energie an der Grenzfläche reflektiert (zum Beispiel beim Übergang Luft/Wasser oder Luft/Fels). Der **Reflektionskoeffizient** (R) errechnet sich aus den Impedanzen Z_1 und Z_2 der aneinandergrenzenden Medien:

$$R = \frac{(Z_2 - Z_1)^2}{(Z_2 + Z_1)^2} \ .$$

Bei gleicher oder sehr ähnlicher Imdepanz der beiden Medien ist R nahe null. Es kommt beim Übertritt zu keiner nennenswerten Reflexion.

Das Mittelohr der Wirbeltiere ist ein **Impedanzwandler**, denn es ermöglicht die effiziente Übertragung der Luftschwingungen auf das flüssigkeitsgefüllte Innenohr (▶ Kap. 17). Umgekehrt müssen viele terrestrische Tiere spezielle Übertragungsmechanismen verwenden, um die mit ihren schallerzeugenden Strukturen generierten Schallschwingungen effizient an die Luft zu koppeln (z. B. die Stridulations- und Klickmechanismen der Arthropoden), da der Schall ohne spezielle Übertragungsmechanismen wieder zurück in den Körper reflektiert würde (◻ Abb. 24.2). Um die Reflexion an den Grenzflächen bei der Übertragung des Schalls zu minimieren, werden häufig morphologische Strukturen eingesetzt, die eine **Impedanzanpassung** durchführen (z. B. Flügelfelder der Orthopteren, Schallblasen und Kehlsäcke vieler Wirbeltiere, trichterförmige Strukturen).

Nicht zuletzt wegen der unvermeidlichen Energieverluste beim Übertritt von Schallschwingungen zwischen Medien unterschiedlicher Impedanz weist die Schallproduktion meist nur einen geringen **Wirkungsgrad** auf und wird besonders bei hohen Intensitäten sehr energieaufwendig (z. B. werden beim Rufen der Frösche nur 2–5 % der Energie als Luftschall abgestrahlt). Viele schallproduzierende Tieren koppeln ihre Schallschwingungen daher über Vibrations-, Trommel- und Klopfmechanismen direkt an das Substrat, wie der Tok-Tok-Käfer (*Psammodes striatus*) (Wirkungsgrad bei der Übertragung 23 %, ◻ Tab. 24.3). Stridulierende Fische und Krebse haben das Problem der unterschiedlichen Impedanz nicht, da die Dichte ihrer Schallquellen ähnlich der des umgebenden Wassers ist. Eine besondere Form der Klopfmechanismen stellen Klatschmechanismen dar, bei denen Körperanhänge gegeneinandergeschlagen werden, die in manchen Fällen auch resonante Strukturen besitzen (Kastagnetten mancher Nachtfalter, Flügel mancher Heuschrecken, ◻ Tab. 24.4).

Neben der Größe einer Schallquelle bestimmen auch die Eigenheiten des schwingenden Körpers, ob Schall effizient erzeugt werden kann. Schall kann durch einen **Monopol** (kugelförmiger Gegenstand der sein Volumen ändert; z. B. die Schwimmblase eines Fisches) oder einen Dipol (konstantvolumiger, vibrierender Gegenstand oder Membran; z. B. der schwingende Flügel eines Insekts) erzeugt werden. Im Gegensatz zu einem Monopol können sich bei einem Dipol, wie

◻ **Tab. 24.3** Klopf- und Trommelmechanismen bei der Schallproduktion.

Tiergruppe/Art	Körperteile
Kaninchen (Leporidae)	Hinterbeine
Spechte (Picidae)	Schnabel
Gemeine Eichenschrecke (Orthoptera)	Hinterbeine
Steinfliegen (Plecoptera)	Abdomen mit Hammer
Tok-Tok-Käfer (Coleoptera)	Abdomen
Zikaden (Cicadina)	Flügel (Ästeklopfen)
Termiten (Isoptera) Käfer (Coleoptera)	Kopf
Ameisen (Formicidae)	Kopf und Gaster
Staubläuse (Psocoptera)	Coxa (Pearmans Organ)
Spinnen (Arachnida)	Abdomen (mit Platte, Pedipalpen)
Winkerkrabben (Ocypodidae)	Chelae, ventraler Carapax

◻ **Tab. 24.4** Klatschmechanismen bei der Schallproduktion.

Tiergruppe	Körperteile
Tauben (Aves)	Flügelklatschen
Lepidoptera: Heliotis zea Hecatesia (*whistling moth*)	 Flügel Kastagnetten an Vorderflügel mit Hohlraum als Resonanzkörper
Orthoptera: Pamphagidae Feldheuschrecken (Acrididae)	 Flügel – Femora Flügel Mandibeln
Mensch (Primates)	Hände

zum Beispiel einem freien Lautsprecher, die Teilchen um die schwingende Struktur herum auf die Unterdruckseite bewegen und dadurch die abgestrahlte Schallenergie vermindern (akustischer Kurzschluss). Dies wirkt sich dann besonders aus, wenn die schwingende Fläche kleiner ist als die erzeugte Schallwellenlänge. Insbesondere für Insekten, die mit ihren Flügeln Schall erzeugen, ist das Phänomen des akustischen Kurzschlusses ein Problem. Manche Grillen schaffen sich daher eine Barriere aus Blättern, die das Herumwandern der Luftteilchen verhindert (z. B. Weinhähnchen).

Schall wird bei seiner Ausbreitung umso stärker abgeschwächt, je hochfrequenter die Schwingungen bzw. je kürzer die Wellenlängen sind (Abb. 24.5). Ein Gewitter in großer Entfernung ist daher nur als dumpfes Donnergrollen zu hören. Wenn Tiere eine große **Reichweite** ihres Schallsignals erzielen wollen, sollten sie daher möglichst laute, niederfrequente Schallwellen erzeugen. Da der mögliche Frequenzbereich durch die Körpergröße limitiert wird (Abb. 24.4), muss häufig ein Kompromiss zwischen diesen beiden entgegengesetzten physikalischen Anforderungen eingegangen werden. Die starke Abschwächung von hochfrequentem Schall führt dazu, dass fast alle mit Ultraschall echoortende Tiere (Fledermäuse, Zahnwale) ihre Signale mit besonders hoher Energie und stark gerichtet abstrahlen müssen (▸ Abschn. 24.3.5).

Viele schallproduzierende Tiere setzen **Verstärkermechanismen** ein, um die Amplitude ihres Schallsignals und damit auch seine Reichweite zu erhöhen. Sie nutzen dabei die resonanten Eigenschaften von schwingenden Körpern, Flächen oder Luftsäulen aus (z. B. Grillenflügel, luftgefülltes Abdomen der Zikaden, Schallblase der Frösche, Kehlsäcke der Primaten, Nasenaufsätze [Trichter] der Fledermäuse). Durch Resonanz wird die Amplitude des Signals größer und das Frequenzspektrum schmaler (Abb. 24.3h, i). Die Eigenschaften eines resonanten Systems werden mit dem dimensionslosen **Q-Wert** erfasst, der die Qualität (Q) der Abstimmung auf einen bestimmten Frequenzbereich beschreibt. Der Q-Wert wird bestimmt, indem die Frequenz mit der größten Amplitude (beste Frequenz) durch die Bandbreite des Spektrums bei einer bestimmten Intensität unterhalb des Maximums (üblicherweise. −3, −10 oder −26 dB) geteilt wird (Abb. 24.3h, i: Q 10 dB):

Qualität (Q) = beste Frequenz/Frequenzbandbreite (bei −3, −10 oder −26 dB).

Je größer die resonanten Eigenschaften eines schallerzeugenden Systems, desto größer ist die Amplitude der verstärkten Frequenzen, desto schmaler ist das Frequenzband und desto höher ist der Q-Wert.

24.2 Schallerzeugung bei den unterschiedlichen Tiergruppen

24.2.1 Orthopteren (Stridulation)

Stridulationsmechanismen, bei denen die Flügel in Vibrationen versetzt werden, treten innerhalb der Orthopteren (Geradflügler) bei den Grillen, Laub- und Feldheuschrecken auf. Diese Tiere erzeugen spezifische Gesänge, die sie zur innerartlichen Kommunikation einsetzen (▸ Abschn. 24.3.1). Die relativ steifen Vorderflügel mit ihren dünnen Flügelfeldern bieten gute Voraussetzungen, um durch schnelle Vibrationen Luftteilchen in Bewegung zu setzen. Da schwingende Flügel schallerzeugenden Dipolen entsprechen, wird ihre abgestrahlte Energie durch den akustischen Kurzschluss vermindert. Um diesen Effekt zu verringern, befindet sich ein für die Schallproduktion spezialisiertes Flügelfeld meist in der Mitte des Flügels, wodurch die umgebenden Flügelbereiche als Schallwand wirken können.

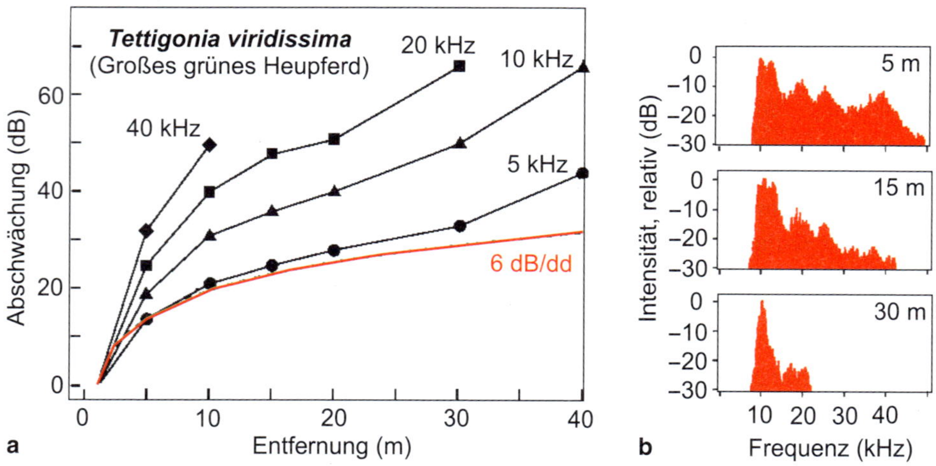

Abb. 24.5 Schallausbreitung. **a** Hohe Schallfrequenzen werden stärker abgeschwächt als niedrige. Die rote Linie gibt die Abschwächung durch geometrische Ausbreitung der Schallwelle an (6 dB/dd bedeutet 6 dB Abschwächung mit jeder Verdoppelung der Distanz). **b** Frequenzabhängige Abschwächung von Schallwellen am Beispiel der Spektren eines Laubheuschreckengesangs, der in verschiedenen Entfernungen zur Reizquelle aufgenommen wurde. (Nach Römer H, Lewald J (1992) High-frequency sound transmission in natural habitats: implications for the evolution of insect communication. Behav Ecol Sociobiol 29, 437–444.)

Langfühlerschrecken (Ensifera)

Die Schallerzeugung der Grillen (Gryllidae) erfolgt durch Übereinanderstreichen der Vorderflügel (elytroelytral[551]) (◘ Abb. 24.6a). Die Vorderflügel der Männchen sind stark strukturiert und weisen im Unterschied zu denen der nicht singenden Weibchen spezifische Flügelfelder auf, die der Schallverstärkung durch Resonanz dienen. Zur Schallerzeugung werden die Flügel angehoben oder senkrecht gestellt (bei den Baumgrillen, Oecanthinen). Während die Öffnungsbewegungen der Flügel ohne Berührung und daher lautlos erfolgen, werden die Flügel bei der Schließbewegung lauthaft übereinandergestrichen. Durch rhythmisches Öffnen und Schließen entstehen artspezifische, periodische Pulsmuster (◘ Abb. 24.6b). Die Frequenz der Flügelbewegungen, die die Pulsrate bestimmen, liegt häufig in der Nähe der Flügelschlagfrequenz (ca. 20–50 Hz) und wird durch eine neuronale Ansteuerung der antagonistisch organisierten Flügelmuskulatur (Schließer = Senker im Flug, Öffner = Heber im Flug) erreicht.

Die Innenkante (morphologisch der Hinterrand) der Flügel ist mit einer nach oben gerichteten **Schrillkante** (**Plektrum**) versehen, über die bei der Schließbewegung die **Schrillleiste** (Flügelader mit kleinen Zähnchen) auf der Unterseite des anderen Flügels gestrichen wird (◘ Abb. 24.6a). Dadurch wird die Schrillleiste in Vibrationen versetzt, die sich auf den gesamten Flügel übertragen (Impedanzanpassung). Das Anreißen eines einzelnen Zähnchens durch das Plektrum führt jeweils zu einer **gedämpften Schwingung des Flügels** (◘ Abb. 24.3h, i). Zum Zeitpunkt der zweiten Schwingungsperiode wird bereits das folgende Zähnchen angerissen. Diese Präzision wird durch die resonanten Eigenschaften eines speziellen Flügelfelds erreicht, der **Harfe**, die posterior an die Schrillader grenzt. Dadurch wird der Harfe – ähnlich wie bei einer Pendeluhr – die Energie immer zu gleichen Schwingungsphasen des Flügels zugeführt, sodass sich resonante Schwingungen aufbauen können. Durch diesen Mechanismus wird die Schallenergie in einem schmalen Frequenzband komprimiert. Dies ermöglicht es den Grillen, bei im Verhältnis zu ihrer Körpergröße relativ niedriger Trägerfrequenz eine hohe Lautstärke zu erzeugen. Die Trägerfrequenzen liegen artspezifisch zwischen 2 und 9 kHz.

Die Schallerzeugung der Laubheuschrecken (Tettigoniidae) erfolgt wie bei den Grillen durch Übereinanderstreichen der Vorderflügel (elytroelytral). Im Gegensatz zu den Grillen sind die Flügel der Laubheuschrecken aber asymmetrisch gebaut. Die Schallpulsmuster entstehen im Allgemeinen aus wiederholten Schließbewegungen, wobei gelegentlich auch die Öffnungsbewegung der Flügel Schall erzeugen kann. Im Unterschied zu den Grillen ruft jedes Anreißen des Plektrums an einem Zähnchen bei Laubheuschrecken eine gedämpfte Schwingung hervor. Einen Pendelmechanismus wie bei Grillen findet man nicht. Häufig weisen die Gesänge von Laubheuschrecken einen hohen Anteil an Ultraschall auf oder liegen insbesondere bei kleineren Arten sogar ganz im Ultraschallbereich.

Feldheuschrecken (Acrididae)

Die meisten singenden Kurzfühlerschrecken (das ist nur ein kleiner Teil aller Arten) streichen zur Schallerzeugung die Hinterbeine über die Vorderflügel, die dadurch in Vibrationen versetzt werden (◘ Abb. 24.7a). Bei vielen Arten liegen die

[551] Elytren = stark sklerotisierte Vorderflügel; *elytron* (griech.) = Hülle, Decke

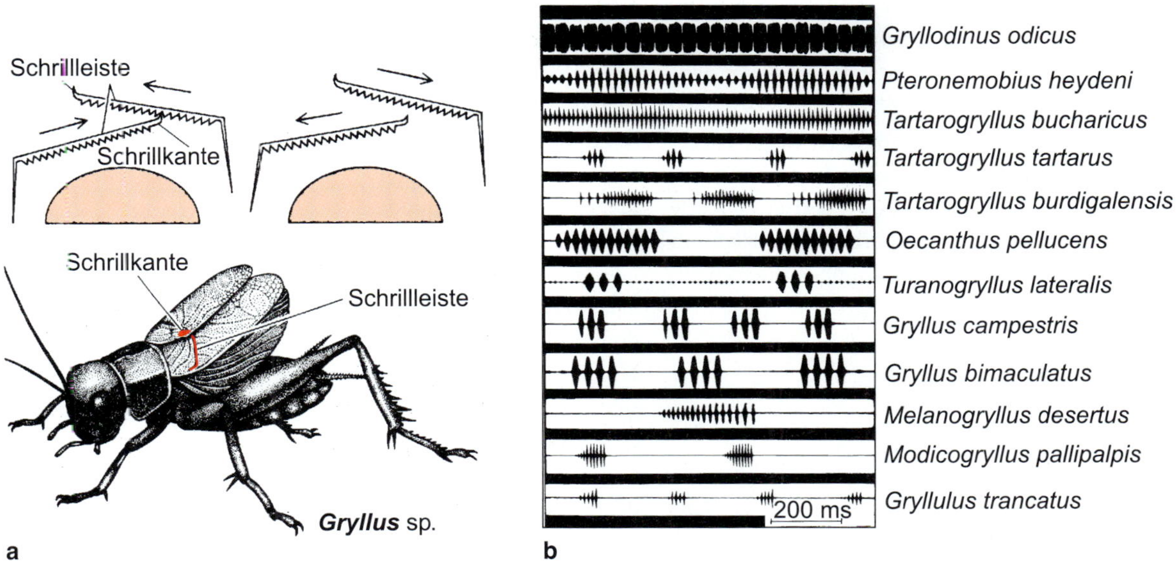

◘ **Abb. 24.6** Stridulation durch Flügelbewegungen bei Grillen. **a** Die Vorderflügel werden angehoben und gegeneinandergerieben. Eine Zähnchenleiste (Schrillleiste) auf der Unterseite der Flügel wird gegen die Schrillkante des anderen Flügels bewegt, wodurch die Flügel in Schwingungen versetzt werden. Jede Schließbewegung der Flügel erzeugt einen Schallpuls. **b** Artspezifische Gesänge von zwölf sympatrischen Grillenarten aus Aserbeidschan. Man beachte, dass nahe verwandte Arten (z. B. *Tartarogryllus*) sehr unterschiedliche Gesänge haben können. (a nach Hubert F, Moore T, Loher W (1989) Cricket behavior and neurobiology. Cornell University Press, Ithaca, London.)

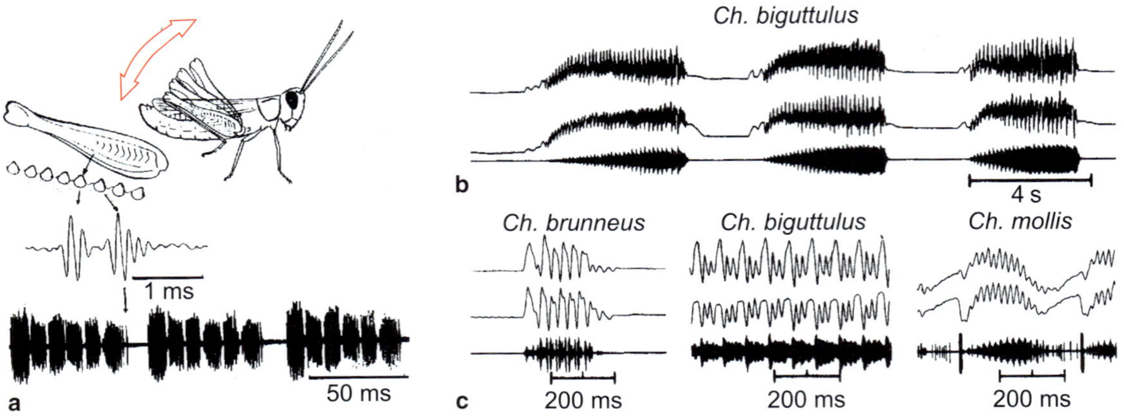

Abb. 24.7 Stridulation bei Feldheuschrecken (Gomphocerinae). **a** Die mit einer Schrillleiste besetzten Hinterbeine streichen über eine erhabene Flügelader der Vorderflügel. Jedes Zähnchen ruft eine stark gedämpfte Schwingung des Flügels hervor, eine Auf- oder Abbewegung eines Hinterbeins erzeugt einen Schallpuls. An den Umkehrpunkten der Beinbewegung wird kein Schall erzeugt. **b** Gesangsverse einer heimischen Feldheuschrecke (*Chorthippus biguttulus*). **c** Gesangsausschnitte von drei nahe verwandten und sympatrisch auftretenden Heuschreckenarten. **b, c** Obere Spuren: Beinbewegungen; untere Spur: Gesang. (Nach Helversen O v, Helversen D v (1994) Forces driving coevolution of song and song recognition in grasshoppers. In: Schildberger K, Elsner N (Hrsg) Neural basis of behavioural adaptations. Fischer, Stuttgart, S. 253–284.)

Zähnchen der Schrillleiste am Hinterbein, während die Schrillkante von einer erhabenen Ader auf dem Vorderflügel gebildet wird (Gomphocerinae, Abb. 24.7a). Andere Arten weisen eine zähnchenbesetzte Schrillader am Vorderflügel auf, die Schrillkante wird von einer erhabenen Leiste an der femoralen Innenseite des Hinterbeins gebildet (Locustinae). Dies zeigt, dass die schallerzeugenden Stridulationsmechanismen bei Feldheuschrecken in der Evolution mehrfach unabhängig voneinander entstanden sind. Die Schwingungen der Flügel können sowohl bei der Abwärts- als auch bei der Aufwärtsbewegung der Hinterbeine entstehen und sind artspezifisch (Abb. 24.7b, c). Das Anreißen jedes Zähnchens ruft eine stark **gedämpfte Schwingung des Flügels** hervor.

Die Flügel der Feldheuschrecken besitzen keine besonders ausgeprägten Anpassungen, um Schall zu verstärken oder die Schallkopplung zu verbessern, abgesehen von erweiterten Flügelfeldern (Medial- oder Costalfeld, z. B. bei den Gattungen *Stenobothrus*, *Chorthippus*). Die Trägerspektren der Gesänge verschiedener Arten sind daher meist ähnlich und weisen wegen der gedämpften Schwingungen der Flügel niedrige Q-Werte auf. Dabei liegen neben den für uns gut hörbaren Anteilen um 4–8 kHz die amplitudenstärksten Frequenzanteile vielfach im Ultraschallbereich.

24.2.2 Zikaden (Timbalorgane)

Die Schallerzeugung erfolgt mit paarigen, dorsolateral im ersten Abdominalsegment gelegenen und durch Rippen versteiften Schallplatten (Timbal, Abb. 24.8a, b). An der Innenseite eines Timbals setzt über ein Apodem der große Timbalmuskel an, dessen Kontraktion zum lauterzeugenden Einknicken des Timbals führt (Abb. 24.8b, c). Der Timbalmuskel besitzt keinen Antagonisten. Sobald sich er sich entspannt, springt das Timbal aufgrund seiner Eigenelastizität in die Ausgangslage zurück. Der Timbalmuskel wird von nur einem Motoneuron (Timbalmotoneuron) innerviert, das einen großen Axondurchmesser aufweist. Die Kontraktionen des Timbalmuskels werden neurogen gesteuert, Ausnahme sind wenige Zikadenarten, deren Muskel wie die Flugmuskeln der Dipteren eine asynchrone Ansteuerung aufweist. Die Kontraktionsrate liegt zwischen 50 und 200 Hz (ausnahmsweise bis 500 Hz).

Das Timbal, die Schallquelle, weist neben den versteiften Rippen auch mehrere resilinhaltige Regionen auf. **Resilin** ist ein dimeres Protein, das zwischen den Chitinlamellen eingelagert werden kann und der Cuticula eine größere Elastizität verleiht. Die Kontraktion des Timbalmuskels führt zunächst zur Speicherung potenzieller Energie im Resilin der Timbalplatte. Beim Überschreiten eines Grenzwertes knicken die Timbalplatte und dann die anterior gelegenen Rippen schlagartig ein. Dabei treten Vibrationen auf. Nach Entspannung des Timbalmuskels springt das Timbal aufgrund seiner Eigenelastizität wieder in seine Ruhelage zurück. Dabei entstehen beim sequenziellen Einknicken der einzelnen Rippen mehrere Schallpulse. Bei Arten, bei denen alle Rippen nahezu gleichzeitig einknicken, wird nur ein Schallpuls generiert.

Bei den Singzikaden liegt das Timbal über einer **stark erweiterten Trachee**, die bei den Männchen das gesamte Abdomen und Teile des Thorax ausfüllt und als Verstärker wie Koppler der erzeugten Schwingungen funktioniert. Das Timbal sitzt am Abdomen wie ein Lautsprecher in einer Lautsprecherbox, wodurch der Effekt des akustischen Kurzschlusses minimiert und die Schallabstrahlung verbessert wird. Zwischen der Größe der Zikaden, durch die das Volumen des abdominalen Tracheensacks bestimmt wird, und der Frequenz mit der größten Schallenergie im Gesang besteht eine hohe Korrelation (Abb. 24.8d, siehe auch Abb. 24.4). Wegen der volumenabhängigen Resonanzeigenschaften des Abdomens können Zikaden durch Auf- und Abbewegungen sowie Kontraktionen des Abdomens sowohl die Amplitude als auch das Frequenzspek-

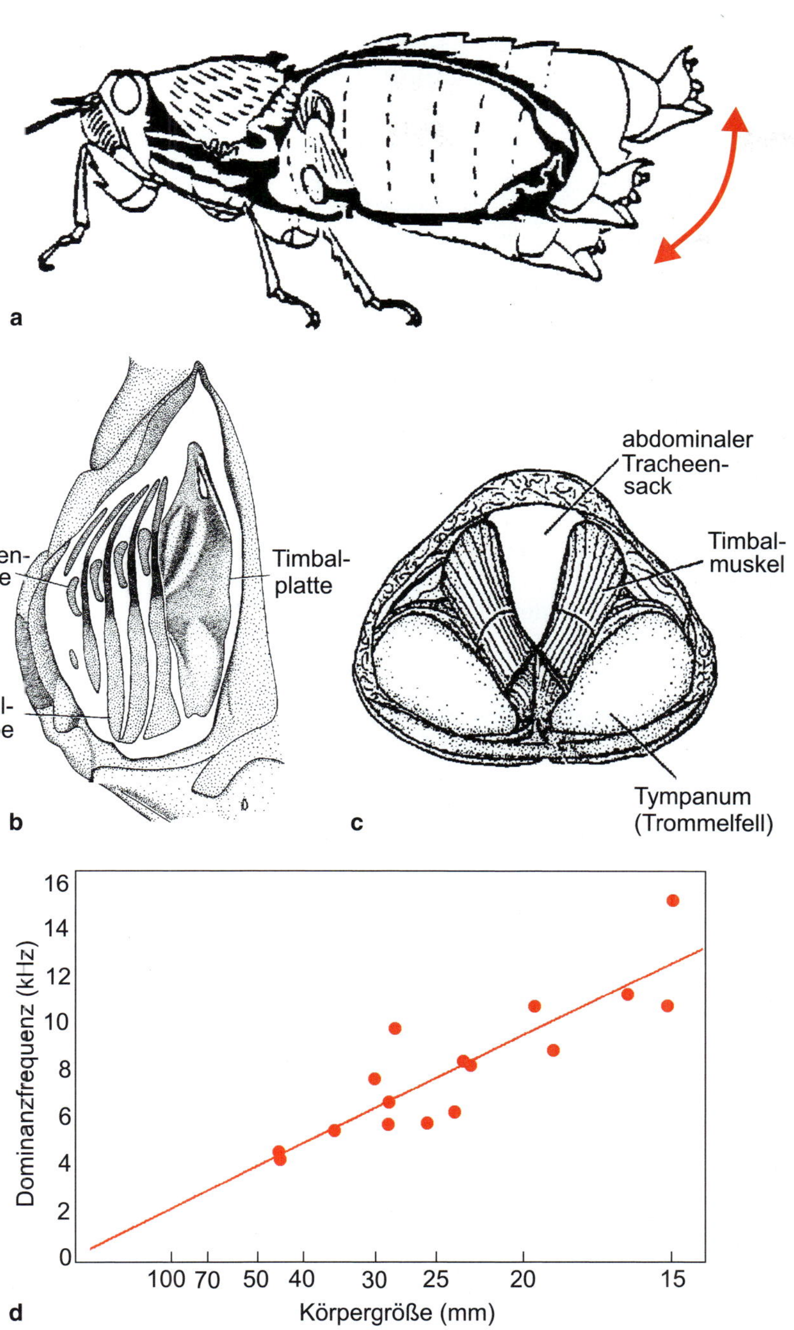

Abb. 24.8 Schallerzeugung bei Zikaden. **a** Schematischer Längsschnitt durch eine Zikade mit Timbal (Schalldeckel), das im ersten Abdominalsegment auf dem stark erweiterten abdominalen Tracheensack sitzt, sowie Timbalmuskel und luftgefülltem Abdomen. Durch Auf- und Abbewegungen des Abdomens werden Frequenzmodulationen in den Gesängen erzeugt. **b** Außenansicht des Timbals (*Cyclochila australasiae*), das dorsal und ventral Cuticulabereiche mit Resilin enthält und durch verschiedene Rippen und eine Timbalplatte strukturiert ist. Durch das Einknicken der Rippen entsteht Schall. **c** An der Innenseite der Timbalplatte setzt der große Timbalmuskel an, der im luftgefüllten Abdomen über den Trommelfellen liegt. **d** Das luftgefüllte Abdomen der Zikaden zeigt resonante Eigenschaften, die von dem Volumen des Tracheensacks und damit auch der Körpergröße abhängen. Je größer das Volumen, desto niedriger die Dominanzfrequenz des Gesangs. (a nach Weber T, Moore TE, Huber F, Klein U (1987) Sound production in periodical cicadas (Homoptera: cicadidae: *Magicicada septendecim, M.cassini*). Proc. 6th Auchenorrhyncha Meeting, 329–336, b nach Young D, Bennet-Clark H (1995) The role of the tymbal in cicada sound production. J Exp Biol 198, 1001–1019, c nach Daws AG (1996) Resonance and frequency selectivity in insect sound communication. PhD thesis, University of Melbourne, d nach Bennet-Clark H, Young D (1994) The scaling of song frequency in cicadas. J Exp Biol 191, 291–294.)

trum der Schallpulse verändern und damit die für viele Arten charakteristischen Amplituden- und Frequenzmodulationen der Gesänge erzeugen.

Die resonanten Eigenschaften des Abdomens lassen sich bei vielen Zikaden durch einen Helmholtz-Resonator beschreiben. Ein Helmholtz-Resonator besteht aus einem Hohlraum, der wie bei einer Flasche über eine längliche Öffnung, dem Flaschenhals, mit der Außenluft verbunden ist. Wenn die Luftmoleküle im Hohlraum zum Schwingen angeregt werden, schwingt die Luftsäule im Hals bei einer Frequenz (Resonanzfrequenz), die vom Volumen des Hohlkörpers und der Länge und dem Durchmesser des Flaschenhalses abhängt. Der Tracheensack im Abdomen der Zikaden entspricht dem Hohlkörper und wird ventral durch die Tympana begrenzt, die physikalisch als der Flaschenhals des Helmholtz-Resonators angesehen werden können. Daher strahlen manche Zikaden über ihre »Trommelfelle« sehr hohe Schallenergien ab. Die australische Blasenzikade (*Cystosoma saundersii*) besitzt ein extrem aufgeblähtes Abdomen mit resonanten Eigenschaften, die sich nicht durch einen Helmholtz-Resonator beschreiben lassen, da der Schall ähnlich wie bei einem Monopol fast über das gesamte Abdomen abgestrahlt wird. Das Frequenzspektrum des Gesangs zeigt einen sehr hohen Q-Wert und eine außergewöhnlich niedrige Trägerfrequenz von ca. 800 Hz (Abb. 24.4), die von dem nur schwach gedämpft schwingenden Timbal vorgegeben wird.

24.2.3 Fische

Fische nutzen eine Vielzahl von Mechanismen zur Schallerzeugung, die in mehr als 500 Arten aus 50 Familien mehrfach unabhängig voneinander entstanden sind. Fischlaute umfassen Frequenzen von 50 bis wenigstens 8000 Hz. Ein weit verbreiteter Mechanismus zur Schallerzeugung ist die **Stridulation**. **Stridulationslaute** werden von Fischen unter anderem beim Aneinanderreiben von Knochen des Pharynx oder mithilfe von verhärteten Flossenstrahlen erzeugt (▫ Abb. 24.9a, b), wobei eine ungeheure Vielfalt bei den jeweils fast schon artspezifisch eingesetzten Knochen und Flossenstrahlen besteht. Da Fischknochen und Fischflossen eine ähnliche Impedanz wie Wasser aufweisen, wird die Schallenergie ohne besondere Übertragungsmechanismen direkt an das umgebende Medium gekoppelt. Neben der Stridulation erzeugen viele Fischarten mithilfe ihrer Schwimmblase, deren ursprüngliche Funktion ja nur die Regulation des Auftriebs war, Schall (▫ Abb. 24.9c, d). Manche Fischarten (z. B. einige Welse) nutzen sogar beide Mechanismen zur Lauterzeugung. Während Stridulationslaute

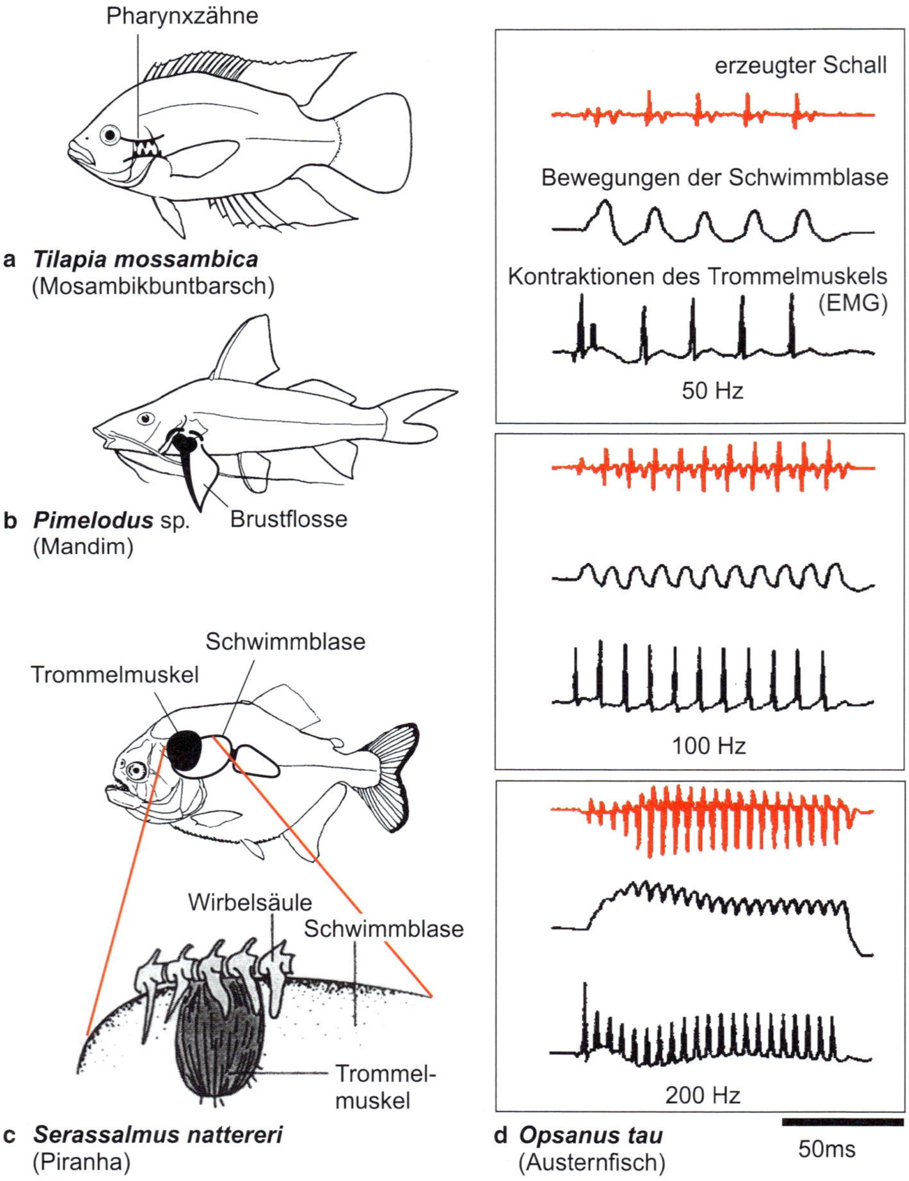

▫ **Abb. 24.9** Schallerzeugung bei Fischen. Für die weit verbreitete Stridulation können Zähne im Pharynx (**a**) oder verknöcherte Flossenstrahlen (**b**) gegeneinandergerieben werden. **c** Schallerzeugung mit der Schwimmblase durch Trommelmuskeln. In vielen Fällen ist der Trommelmuskel direkt mit der Schwimmblase und dem Skelett (Wirbelsäule) verwachsen. Aufgrund spezieller physiologischer Anpassungen erreichen Trommelmuskeln die höchsten bei Vertebraten bekannten Kontraktionsraten, die bis 200 Hz zu diskreten Schwingungen der Schwimmblase führen. **d** Darstellung des erzeugten Schalls, der Bewegung der Schwimmblase und der Kontraktion des Trommelmuskels bei verschiedenen Frequenzen am Beispiel von *Opsanus tau* (Austernfisch). EMG = Elektromyogramm. (a–c nach Schaller F, Kratochvil H (1981) Lautbildung bei Fischen. Biologie in unserer Zeit 22, 42–47, verändert, d nach Fine ML, Malloy KL, King CB, Mitchell SK, Cameron TM (2001) Movement and sound generation by the toadfisch swimbladder. J Comp Physiol A 187, 371–379.)

vorwiegend höherfrequent sind (3–8 kHz), liegt das Frequenzspektrum der mit der Schwimmblase erzeugten Signale meist zwischen 75 und 150 Hz. In einigen Fällen werden aber auch Frequenzen bis 2 kHz erreicht.

Das Grundprinzip bei der Schallerzeugung mithilfe der **Schwimmblase** besteht darin, diese über Muskelkontraktionen wie eine Trommel anzuschlagen (**Trommelmuskeln**) und so in Schwingungen zu versetzen. Von diesen Trommelmechanismen sind mehrere Typen bekannt:

- Der Trommelmuskel ist vollständig mit der Schwimmblase verwachsen.
- Der Trommelmuskel ist auf der einen Seite mit der Schwimmblase und auf der anderen Seite mit dem Skelett (z. B. Wirbelknochen, Rippen oder Schädelknochen) als Widerlager verbunden (◘ Abb. 24.9c).
- Der Trommelmuskel ist über eine elastische Sehne mit der Schwimmblase verbunden, diese Sehne überträgt die Kontraktionen des Trommelmuskels auf die Schwimmblase.

Die Grundfrequenz (Fundamentale) des so erzeugten Schalls wird durch die Kontraktionsrate der **Trommelmuskeln** bestimmt (siehe direkte Schallerzeugung, ► Abschn. 24.1.3, ◘ Tab. 24.1). Trommelmuskeln weisen daher verschiedene **physiologische Anpassungen** auf, um die höchsten bei Wirbeltieren bekannten Kontraktionsraten zu erreichen. Die Muskelfasern zeigen ein kräftig entwickeltes sarkoplasmatisches Retikulum, aus dem große Mengen von Ca^{2+}-Ionen freigesetzt werden können. Entsprechend findet man in diesem sarkoplasmatischem Retikulum eine besonders hohe Dichte an Ca^{2+}-Pumpen. Dadurch kann Ca^{2+} bis zu 50-mal schneller aus dem Sarkoplasma entfernt werden als im normalen Skelettmuskel. Darüber hinaus ermöglicht ein modifiziertes Troponin eine sehr schnelle Freigabe des gebundenen Calciums und damit eine schnellere Entspannung des Muskels. Auch der Querbrückenzyklus läuft bis zu 100-mal schneller ab als in üblichen quergestreiften Muskeln – wahrscheinlich aufgrund eines molekular modifizierten Myosins. Aufgrund dieser Besonderheiten erreichen die Trommelmuskeln der Fische die höchsten bekannten Kontraktionsraten (ca. 200 Hz) bei Wirbeltieren (◘ Abb. 24.9d), gefolgt von dem Rasselmuskel der Klapperschlange (bis 90 Hz) und den Flügelmuskeln der Kolibris (50–60 Hz). All diese Werte liegen weit über den 5–6 Hz der Beinmuskulatur eines olympischen 100-Meter-Läufers. Den Trommelmuskeln der Fische vergleichbar hohe Kontraktionsraten sind sonst nur von Insekten bekannt. Laubheuschrecken oder Zikaden erreichen bei der Schallerzeugung ebenfalls Raten von weit über 100 Hz und werden nur von den allerdings asynchron arbeitenden Flugmuskeln der Dipteren übertroffen. Von vielen Fischen (einschließlich aller Tiefseefische), die über Trommelmuskeln verfügen, sind die akustischen Signale allerdings nach wie vor nicht bekannt.

Es gibt nur wenige Untersuchungen über den Schalldruck der von Fischen erzeugten Laute. Die wenigen vorhandenen Messungen deuten darauf hin, dass mit der Schwimmblase erzeugte Laute höhere Amplituden haben (z. B. 140 dB relativ zum Bezugsschalldruck 1 μPa beim Krötenfisch *Opsanus tau*) als Stridulationslaute (z. B. 110 dB relativ zum Bezugsschalldruck 1 μPa bei Mönchsfischen).

24.2.4 Tetrapoden (Larynx und Syrinx)

Anuren (Froschlurche)

Von den Amphibien (Schleichlurche, Schwanzlurche, Froschlurche) erzeugen nur die Froschlurche (Anuren) Schall. Die Schallerzeugung bei den Anuren erfolgt wie bei den Säugetieren (► Abschn. 24.2.4) über einen mit Stimmlippen ausgestatteten **Kehlkopf** (**Larynx**), der oberhalb der Luftröhre (Trachea) ansetzt und durch den Atemstrom aus der Lunge

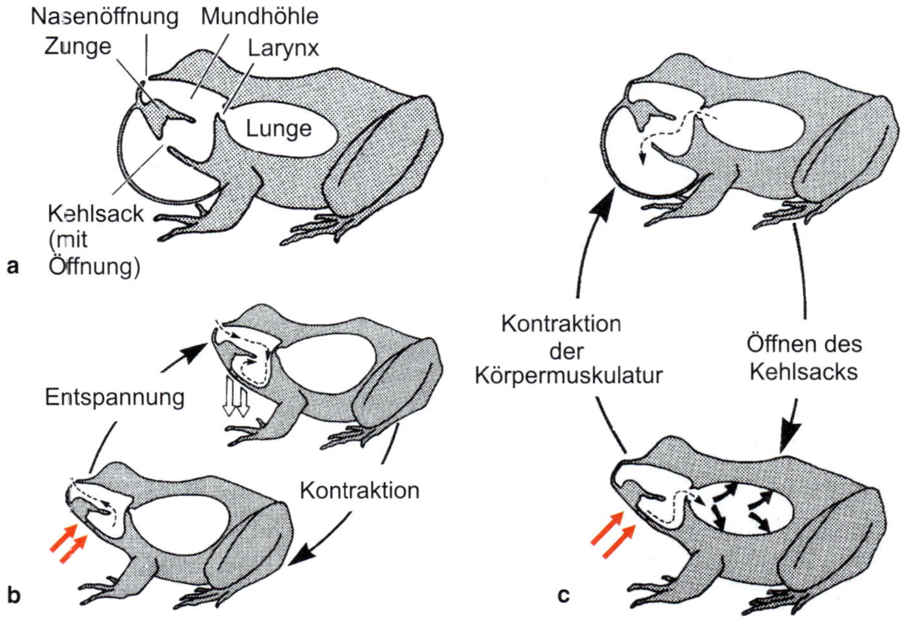

◘ **Abb. 24.10** Schallerzeugung bei Froschlurchen. **a** An der Vokalisation beteiligte Strukturen. **b** Vokalsack und Lunge bei normaler Atmung. **c** Vokalsack und Lunge während der Vokalisation. (Nach Duellmann WE, Trueb L (1994) Biology of amphibians. The Johns Hopkins University Press, Baltimore.)

angeblasen wird (◘ Abb. 24.10). In den zentralen Hohlraum des Larynx ragen ein Paar dünner (primärer) und ein Paar kräftigerer (sekundärer) **Stimmlippen** (Labia vocalia) hinein, die zwischen sich eine **Stimmritze** (**Glottis**[552]) freilassen. Beide Stimmlippenpaare vibrieren im Atemstrom, haben aber unterschiedliche mechanische Eigenschaften. Daher zeigen die Gesangsspektren der Anuren häufig zwei spektrale Verteilungen, die unabhängig voneinander variieren können. Weitere Variationen in den Spektren verschiedener Anurenarten entstehen durch Bänder oder Massen, die an den Stimmlippen ansetzen. Während die meisten Anurenarten nur beim Ausatmen Schall erzeugen, vokalisieren einige Arten beim Einatmen (z. B. die Gattung *Bombina*) oder beim Ein- und Ausatmen (z. B. *Discoglossus pictus*). Einen Sonderfall der Schallerzeugung bildet die Gattung *Xenopus*. Diese von terrestrischen Vorfahren abstammenden Frösche vokalisieren nur unter Wasser und erzeugen ihre kurzen Klicks (>105 dB relativ zum Bezugsschalldruck von 20 µPa) mithilfe von verhärteten laryngealen Strukturen, die bei Kontraktion der laryngealen Muskeln aneinandergeschlagen werden.

Die erzeugten Schwingungen werden bei Anuren im Unterschied zu den Säugetieren nicht über die Mund- oder Nasenöffnungen (die bei der Vokalisation geschlossen bleiben) auf die Außenluft übertragen, sondern einer sack- bzw. ballonartigen Hautausstülpung des Mundhöhlenbodens (**Kehlsack**) zugeführt (◘ Abb. 24.10). Neben Anuren mit einem unpaarigen Kehlsack (z. B. europäischer Laubfrosch, Kreuzkröte und Wechselkröte) haben einige Anuren (z. B. Wasserfrösche) paarige Hautausstülpungen (Schallblasen). Durch die Eigenelastizität und Kontraktion des Kehlsacks schwingt die Luft wieder in die Lungen zurück, wodurch ein **Vokalisationszyklus** geschlossen wird (◘ Abb. 24.10b, c). Der Kehlsack der Anuren hat sowohl die Funktion eines Verstärkers als auch die eines Impedanzwandlers, der die erzeugten Schwingungen auf die umgebende Außenluft überträgt. Elastische Eigenschaften des Kehlsacks und sein Volumen bestimmen die Resonanzfrequenz, diese hängt damit auch von der Körpergröße des jeweiligen Schallerzeugers ab. Bei einigen Arten (z. B. bei dem in Puerto Rico lebenden Frosch *Leptodactylus albilabris*) erzeugt der Kehlsack nicht nur akustische, sondern auch seismische Signale (Bodenvibrationen), die Artgenossen noch bis zu einer Entfernung von 3 m wahrnehmen können. Bei vielen Fröschen wird Schall auch über die den Lungen anliegende Körperwand oder über die Trommelfelle abgestrahlt. Die häufig beobachtete Korrelation zwischen Körpergröße und Ruffrequenz ist bei einigen Arten ein wichtiger Parameter für die Auswahl des Geschlechtspartner durch das Weibchen: Durch Bevorzugung von tiefen Frequenzen wählt es automatisch die größeren Männchen. Bei den Anuren werden nur 2–5 % der erzeugten Schallenergie an die Luft abgestrahlt. Die Vokalisation der Anuren ist daher sehr energieaufwendig.

Säugetiere

Wie bei den Anuren dient bei den Säugetieren der **Kehlkopf** (**Larynx**) – neben seiner Fähigkeit zum reflektorischen Verschluss der Atemwege – als Stimmapparat. Er befindet sich am oberen Ende der Luftröhre (**Trachea**, ◘ Abb. 24.11a). Über paarige Stimmlippen, die zwischen sich die Stimmritze (**Glottis**) freilassen, kann der Atemluftstrom reguliert werden. Die Schallquelle der Säuger bilden die vibrierenden Stimmlippen, die in den Atemstrom gebracht werden (◘ Abb. 24.11b). Das Öffnen der Stimmlippen für die normale Atmung wird durch den Musculus cricoarytaenoideus posterior erreicht, während die Kontraktion des M. interarytaenoideus die Stimmlippen schließt und zur Vokalisation führt. Weitere, antagonistisch wirkende Muskeln können die Spannung der Stimmlippen

[552] *glotta* (griech.) = Zunge

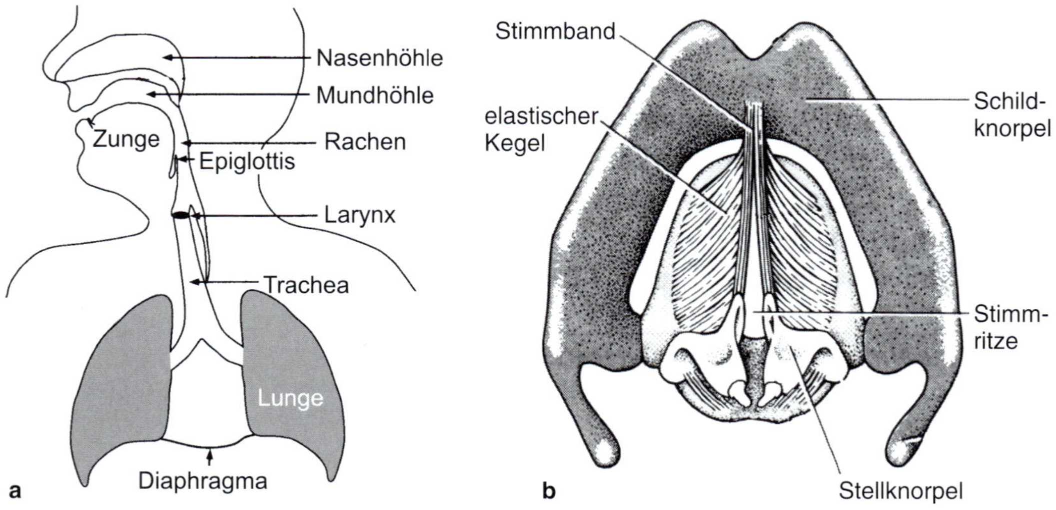

◘ **Abb. 24.11** Schallerzeugung bei Säugetieren. Anatomie des Vokaltrakts und des Kehlkopfs (Larynx). **a** Schematische Ansicht des Vokaltrakts. **b** Aufsicht auf den Larynx mit den Stimmlippen (Ligamentum vocale). (Nach Schiebler TH, Schmidt W (1991) Anatomie. Springer, Berlin.)

verändern; eine Kontraktion des M. cricothyroideus zieht die Stimmlippen zurück, während eine Kontraktion des M. thyroarytaenoideus die Stimmlippen in den Kehlkopf hineinzieht. Das komplexe Zusammenspiel dieser Muskelgruppen, die verschiedenen Spannungen der Stimmlippen, die elastischen und mechanischen Eigenschaften der Stimmlippen, die Festigkeit der Knorpelstrukturen des Kehlkopfs, die Größe des Anströmungsdrucks an der Glottis und Resonanzkörper (► Box 24.1) bestimmen das Frequenzspektrum und den zeitlichen Verlauf der Luftschwingungen im Kehlkopf.

Da die Vibrationen der Stimmlippen den Atemstrom aus der Lunge periodisch unterbrechen, entsteht im Spektrum eine harmonische Serie mit der Fundamentalfrequenz der Rate der periodischen Luftstöße (◘ Abb. 24.12a, vgl. auch ◘ Abb. 24.3c, d). Eine Erhöhung der periodischen Pulsrate und damit der Fundamentalfrequenz kann durch eine erhöhte Spannung der Stimmlippen (z. B. beim Singen) erfolgen.

Der im Kehlkopf erzeugte Schall wird im **Vokaltrakt** noch modifiziert, bevor er die Außenluft erreicht. Eine wichtige Rolle spielen dabei die Formanten des Vokaltrakts, die nach der Quelle-Filter-Theorie der Schallerzeugung das ursprüngliche Spektrum des Kehlkopfs filtern (◘ Abb. 24.12). Im Vokaltrakt treten bei der Vokalisation stehende Wellen auf, deren Größe von der Länge des Vokaltrakts bestimmt wird und die als Formantenfrequenzen bezeichnet werden (◘ Abb. 24.12a). Aus den ungeraden Vielfachen der größten Wellenlänge bzw. der niedrigsten Frequenz entsteht das Formantenspektrum eines Vokaltrakts (◘ Abb. 24.12a). Dieses wirkt wie ein Filter des ursprünglichen Spektrums und beeinflusst daher wesentlich das endgültige Spektrum des abgestrahlten Schalls (◘ Abb. 24.12a).

Die Lage der Formanten des Vokaltrakts hängt von dessen Länge ab und entspricht stehenden Wellen in einer Röhre, die an einer Seite geschlossen ist. Bei einer mittleren Länge des menschlichen Vokaltrakts von ca. 0,17 m entsteht die niedrigste Formantenfrequenz bei $340/(4 \times 0{,}17) = 500\,\text{Hz}$. Die höheren Formanten sind ungeradzahlige Vielfache der niedrigsten Formantenfrequenz. Die Quelle-Filter-Theorie lässt sich ebenso bei der Schallerzeugung der Vögel (s. u.) anwenden. Das Formantenspektrum spielt insbesondere bei der Erzeugung unterschiedlicher Vokale der menschlichen Sprache eine wichtige Rolle. Die Vokale entstehen aus ganz ähnlichen Kehlkopfvibrationen, aber durch sehr unterschiedliche Formanten, die durch Veränderungen im Vokaltrakt hervorgerufen werden (◘ Abb. 24.12b–c).

Da die schwingende Luft im Vokaltrakt (im Inneren des Tieres) einen anderen akustischen Widerstand (Impedanz) besitzt als die Außenluft, finden sich auch bei Säugetieren Mechanismen, die eine Reflexion am Übergang zur Außenluft vermindern und so eine bessere Schallkopplung und -abstrahlung der erzeugten Schwingungen erreichen. Viele Tiere setzen zur Schallabstrahlung **Trichter** ein, die eine kontinuierliche Veränderung der Impedanz bewirken. Trichter zeigen aber auch resonante Eigenschaften, die das ursprüngliche Spektrum verändern können, und weisen eine Richtcharakteristik der Schallabstrahlung auf, die insbesondere von Fledermäusen (Hufeisennasen, ► Abschn. 24.3.5) genutzt wird, um die Energie der ausgesandten Schallwellen zu bündeln. Viele Säugetiere nutzen **Schallsäcke** als Resonatoren und Impedanzkoppler. Sie treten bei Hirschen, manchen Carnivoren und vielen Primaten auf.

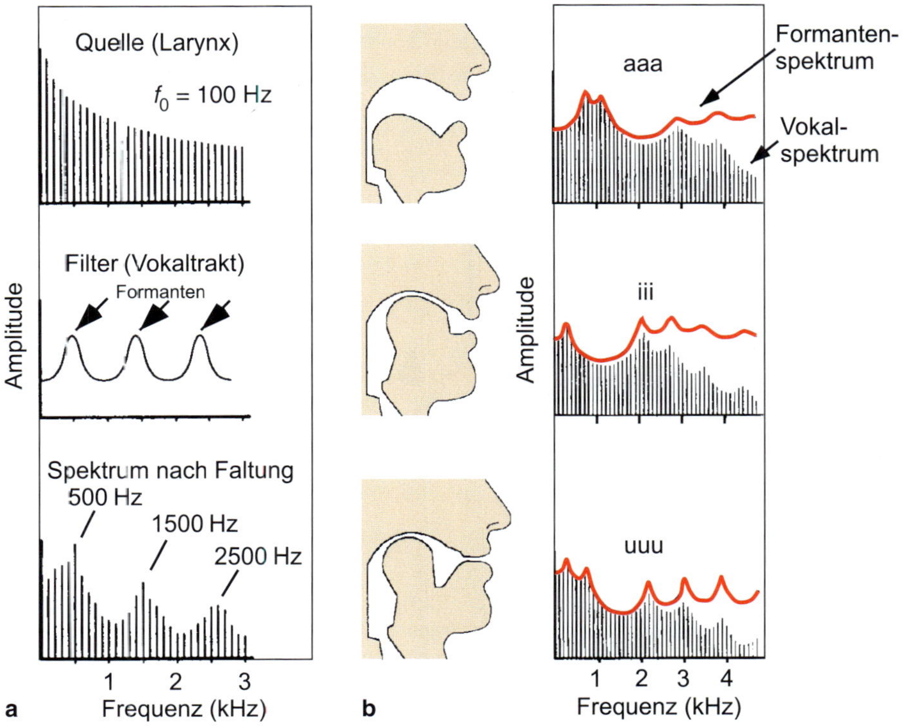

◘ **Abb. 24.12** Quelle-Filter-Theorie der Schallerzeugung bei Säugetieren. **a** Nach der Quelle-Filter-Theorie wird das Schallspektrum durch den Frequenzgehalt der Schallquelle (Larynx, oben) und den Filtereigenschaften der Formanten (Resonanzfrequenzen des Vokaltrakts, Mitte) erzeugt, die bestimmte Frequenzbereiche stärker abstrahlen als andere (Spektrum nach Faltung, unten). Beide können unabhängig voneinander variieren. **b** Schallerzeugung beim Menschen. Die Rolle des Vokaltrakts und seiner Formanten bei der Erzeugung der Vokale »aaa«, »iii« und »uuu«. (a nach Rossing TD, Moore FR, Wheeler PA (2002) The science of sound. Addison Esley, San Francisco, b–d nach Rubin P, Vatikiotis-Bateson R (1998) Measuring and modeling speech production. In: Hopp SL, Owren MJ, Evans CS (Hrsg) Animal acoustic communication. Springer, Berlin, S. 251–290.)

Box 24.1 Infraschallkommunikation bei Elefanten

Asiatische und afrikanische Elefanten (Savannen- und Waldelefanten) kommunizieren nicht nur im für uns hörbaren Bereich, sondern auch mithilfe von Infraschalllauten (Grollen). Die Erzeugung dieser Laute erfolgt ebenfalls mithilfe des Larynx, wobei der Rüssel wahrscheinlich als Resonanzkörper wirkt (ein Hautbereich unterhalb der Stirn auf der Ansatzstelle des Rüssels vibriert während der Lauterzeugung deutlich sichtbar). Die Infraschalllaute der Elefanten haben ein Amplitudenmaximum im Frequenzbereich von 14–30 Hz, in diesem Bereich wurden Schalldruckamplituden (in 5 m Entfernung vom Elefanten) von bis zu 103 dB (relativ zum Bezugsschalldruck von 20 µPa) gemessen. Im Busch- und Grasland werden Infraschallwellen im Gegensatz zu höherfrequenten Schallwellen während ihrer Ausbreitung nur wenig gedämpft (und auch von größeren Gegenständen nicht reflektiert), bieten sich also zur innerartlichen Kommunikation über große Entfernungen an. Die Infraschallkommunikation erklärt möglicherweise die synchronen Bewegungen von Elefanten (Elefantenherden) die sich nicht sehen können, über bis zu 5 km Entfernung. Insbesondere in den ersten zwei Stunden nach Sonnenuntergang sind die atmosphärischen Bedingungen für die Ausbreitung von Infraschallwellen in der Savanne günstig, da dann meist Windstille herrscht und die Temperaturen bis zu einer Höhe von ca. 30 m zunächst ansteigen (der Wärmeverlust im Bodenbereich ist dann größer als der in den darüberliegenden Luftschichten) und danach schnell abfallen (Inversionswetterlage). Unter diesen Bedingungen können Elefanten möglicherweise sogar über eine Entfernung von bis zu 10 km akustisch kommunizieren. Viele Frequenzanteile, mit denen einzelne Gruppenmitglieder individuell erkannt werden, liegen allerdings oberhalb des Infraschallbereichs und werden deshalb während der Ausbreitung stark abgeschwächt. Das individuelle Erkennen von Gruppenmitgliedern ist aus diesem Grund vermutlich über größere Entfernungen (2,5 km) nicht möglich.

Vögel

Vögel nutzen zur Schallerzeugung die Syrinx, die jedoch im Unterschied zum Larynx der Säugetiere unterhalb der Trachea an den beiden Bronchien liegt und vom interclavicularen Luftsack (► Abschn. 4.2.3) umgeben ist (◘ Abb. 24.13). An der Schallerzeugung sind vor allem lippenartige Strukturen (**Labien**) und tympaniforme Membranen beteiligt, auf die im Prinzip die gleichen Kräfte wirken wie auf die Stimmlippen der Säuger (◘ Abb. 24.11, ► Abschn. 24.2.4). Die Syrinx kann dabei sowohl durch außen ansetzende Muskeln als auch durch den umgebenden interclavicularen Luftsack gespannt werden. Das Frequenzspektrum des mithilfe der Syrinx erzeugten Schalls entsteht daher durch ein kompliziertes Zusammenspiel von Atemstromdruck, Muskelkontraktionen und externer Luftsackspannung an der Syrinx.

Die Syrinx weist bei verschiedenen Vogelgruppen eine bemerkenswerte Variation in der Lage der schallerzeugenden Membranen und dem Auftreten stimmlippenartiger Elemente auf. Ein **trachealer Typ** erzeugt Schall mithilfe der an der Basis der Trachea liegenden lateralen tympaniformen Membranen (bei Hühnern, Tauben und Papageien). Ein **bronchialer Typ** erzeugt Schall über bronchiale tympaniforme Membranen, die medial tiefer in den Bronchien liegen und gegenüberliegende Labien aufweisen (bei diversen Nachtvögeln, Kuckucken und Pinguinen). Bei Singvögeln (Oscines) liegt die tracheobronchiale Syrinx gerade unterhalb der Trachea und besitzt sowohl labiale Elemente als auch mediale tympaniforme Membranen in den Bronchienästen (◘ Abb. 24.13b, c).

Lange Zeit wurde angenommen, dass bei den Singvögeln die Schwingungen der medialen tympaniformen Membranen für die Schallerzeugung verantwortlich sind. Ausschaltversuche haben aber ergeben, dass Vögel auch ohne diese Membranen weitgehend normale Gesänge erzeugen. Eine Reihe jüngerer Untersuchungen, in denen die Syrinx mit einem Endoskop bei der Schallerzeugung beobachtet wurde, haben gezeigt, dass vor allem die medialen und lateralen Stimmlippen an der Schallerzeugung beteiligt sind (◘ Abb. 24.13b, c). Daher ist der

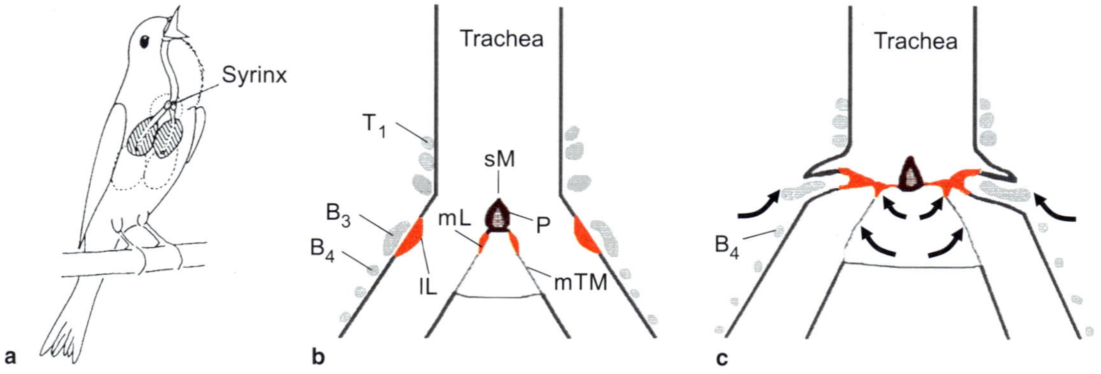

◘ **Abb. 24.13** Tracheobronchiale Syrinx bei Singvögeln (Oscines). **a** Die Syrinx liegt unterhalb der Trachea am Übergang zu den Bronchien. **b** Syrinx in Ruhe. **c** Syrinx während der Vokalisation. Zur Vokalisation werden die Bronchien nach oben gezogen. Die Schallerzeugung erfolgt durch die lateralen und medialen Lippen und nicht – wie früher angenommen – durch die medialen tympaniformen Membranen. P = Pessulus; sM = semilunare Membran; T_1 = Trachealring; $B_{3,4}$ = Bronchialring; lL = laterales Labium; mL = mediales Labium; mTM = mediale tymaniforme Membran. (b, c nach Goller F, Larsen ON (2002) New perspectives on mechanisms of sound generation in songbirds. J Comp Physiol A 188, 841–850.)

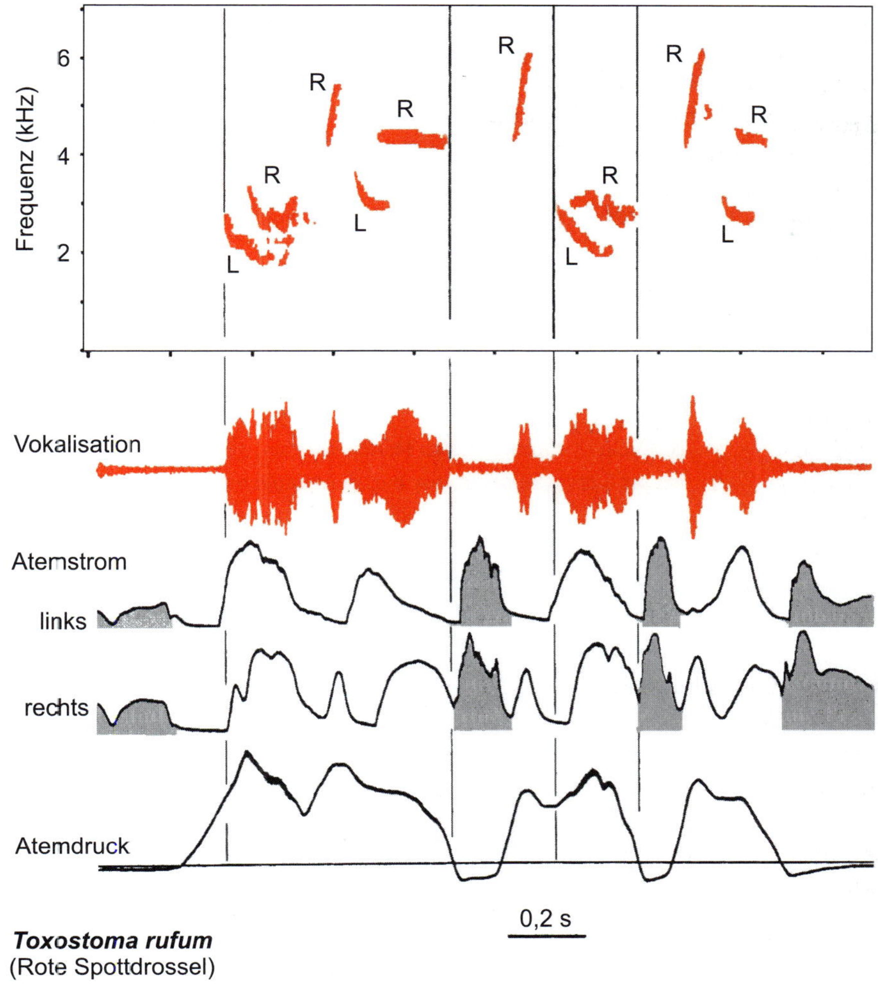

Abb. 24.14 Vokalisation bei Singvögeln durch die rechte (R) und linke (L) Syrinx, deren jeweilige Laute im Sonogramm gekennzeichnet sind. In beiden Bronchien wurde der Atemstrom über Thermistoren gemessen, graue Bereiche zeigen Inspiration, weiße Exspiration. (Nach Gaunt AS, Nowicki S (1998) Sound production in birds: acoustics and physiology revisited. In: Hopp SL, Owren MJ, Evans CS (Hrsg) Animal acoustic communication. Springer, Berlin.)

Schallerzeugungsmechanismus der Syrinx dem des Larynx sehr ähnlich.

Im Prinzip ist mit paarigen Syrinxen sogar eine unabhängige Schallproduktion möglich. In diesen Fällen kommt es zu einer einfachen, additiven Überlagerung der erzeugten Schallwellen, die an zwei gleichzeitig auftretenden, harmonischen Frequenzbändern innerhalb einer Gesangsstrophe sichtbar wird (Abb. 24.14).

Manche Vögel nutzen ihre Rufe auch zur Echoortung. Der zu den Nachtschwalben gehörende Fettschwalm (*Steatornis caripensis*) Südamerikas nistet gesellig in dunklen, oft kilometerlangen Höhlen. Wenn Fettschwalme durch eine Höhle fliegen, senden sie Klicksignale von ca. 1 ms Dauer in Abständen von durchschnittlich 2,5 ms aus, die der Echoorientierung dienen. Die Hauptfrequenzkomponente dieser Signale liegt bei 7,3 kHz. Die Syrinx der Fettschwalme befindet sich in jeweils unterschiedlicher Tiefe in den Bronchien. Die unterschiedliche Länge des Vokaltrakts erzeugt unterschiedliche Filtereigenschaften durch die Formantenfrequenzen. Da die genaue Lage der Syrinx individuell verschieden ist, entstehen individuell verschiedene Spektren, die den Vögeln neben anderen Parametern möglicherweise eine Individualerkennung und die Wiedererkennung der eigenen Ortungsrufe erlauben. Eine ähnliche Situation findet sich bei den in Südostasien beheimateten Salanganen-Arten (*Collocalia*). Auch sie nisten in dunklen Höhlen und stoßen beim Anfliegen der Nistplätze zur Orientierung fünf bis zehn Laute pro Sekunde aus. Die Frequenz dieser Laute liegt bei 4–5 kHz.

24.3 Bedeutung akustischer Signale

24.3.1 Insekten

Eine wesentliche Funktion akustischer Signale bei Insekten ist die Wahrnehmung, Lokalisation und Erkennung arteigener Geschlechtspartner. Es sind aber auch Aggressions- oder Rivalengesänge sowie Schrecklaute gegen Fressfeinde bekannt. Die Erzeugung lauthafter artspezifischer Signale im Rahmen der Kommunikation hat insbesondere bei den Orthopteren (Feldheuschrecken, Laubheuschrecken und Grillen) und Zikaden zu einer reichen Formenvielfalt von schallerzeugenden Strukturen und Gesangsmustern geführt.

Die **Gesänge** vieler Insekten sind **artspezifisch** und insbesondere bei nah verwandten Arten oft sehr verschieden (Abb. 24.7). Daran wird deutlich, wie Gesänge und ihre Erkennung die Isolationsbarriere zwischen Arten aufrechterhalten, aber auch an der Artbildung beteiligt sein können. Bei den Kommunikationssystemen der Insekten bestehen die Aufgaben des Senders im Wesentlichen darin, ein artspezifisches Signal von großer Intensität (Reichweite) zu erzeugen, während dem Empfänger die Aufgabe der Detektion des Signals sowie der Lokalisation und Erkennung der Reizquelle zukommt (Abb. 24.15). In der Regel übernimmt dabei das Männchen die Rolle des Senders und das Weibchen die des Empfängers, selten übernehmen beide Geschlechter abwechselnd beide Rollen (Duettieren).

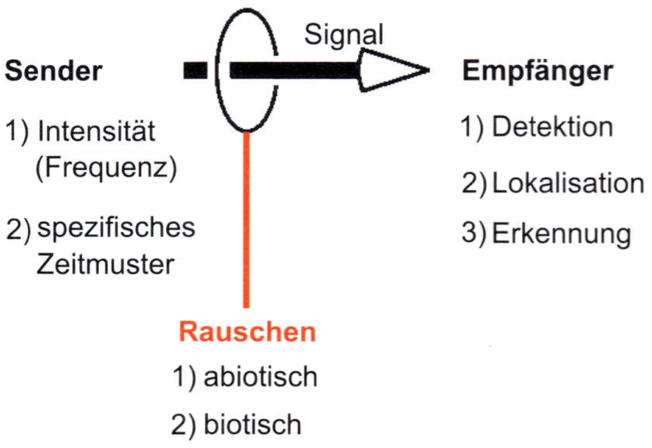

Abb. 24.15 Akustische Kommunikation bei Insekten, schematische Darstellung mit Anforderungen an Sender und Empfänger. Das akustische Signal wird bei der Übertragung häufig durch Rauschen maskiert. Abiotische Signalverzerrungen entstehen durch Wind und Reflektionen an Hindernissen wie Blättern und Gras sowie am Boden und dadurch bedingte Interferenzen. Biotisches Rauschen entsteht vor allem durch andere Gesangssignale.

Die akustische Kommunikation der Insekten zeigt viele Gemeinsamkeiten mit derjenigen der Fische, Froschlurche, Vögel und Säuger (Abb. 24.15). Es gibt aber auch einige Aspekte, die in besonderer Weise gerade auf die akustischen Kommunikationssysteme der Insekten, Fische und Froschlurche zutreffen.

Angeborenes Verhalten

Sowohl die Gesangserzeugung (Erbkoordination) als auch die Gesangserkennung (angeborener Auslösemechanismus, AAM) stellen klassische Beispiele für Konzepte angeborenen Verhaltens dar. Da Insekten, Fische und Froschlurche in der Regel nicht von ihren Eltern lernen können, stellen sie Kaspar-Hauser-Versuche der Natur dar, deren angeborene Grundlage auch durch verhaltensgenetische Kreuzungsexperimente (bei Insekten) und den dann entstehenden Hybridgesängen eindrucksvoll belegt wird. Daher sind Lernvorgänge, wie sie vor allem bei den Gesängen der Vögel in der Ontogenese auftreten, bei der akustischen Kommunikation der Insekten, Fische und Froschlurche nicht bekannt (► Abschn. 24.3).

Temperaturabhängigkeit

Akustische Signale und ihre Erkennung unterliegen bei den poikilothermen Insekten, Fischen und Froschlurchen mit wechselnder Tagestemperatur oder wechselndem Aufenthaltsort (Sonne, Schatten, Wassertiefe) starken Schwankungen. Zumindest in Bezug auf die Zeitmuster sind die Insekten, Fische und Froschlurche daher mit einer temperaturabhängi-

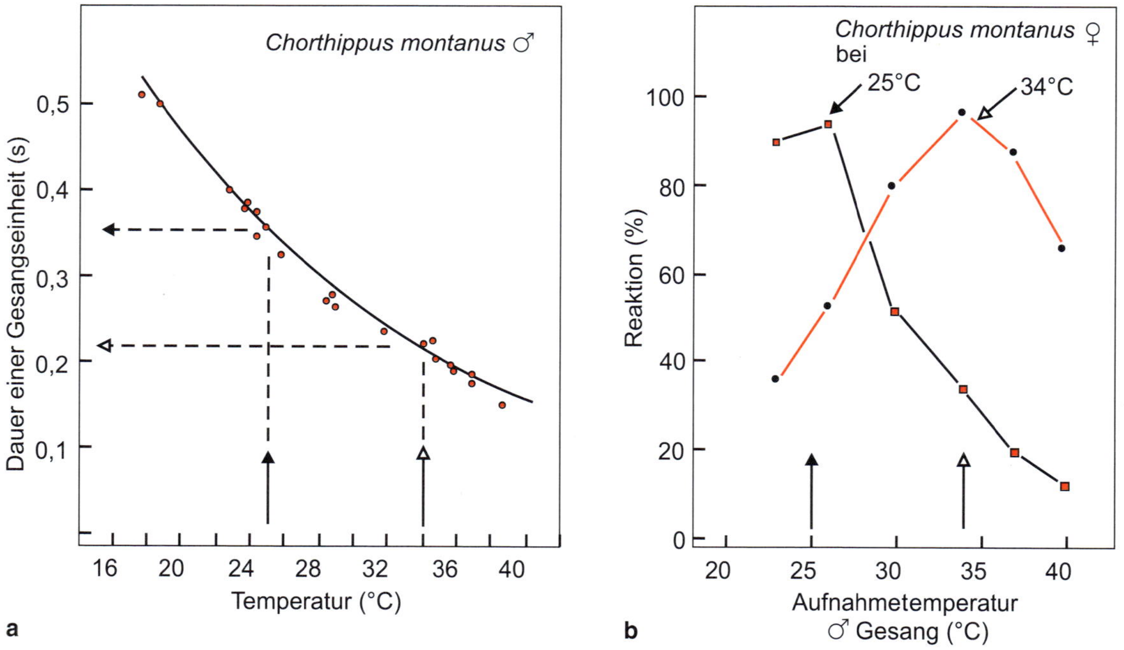

Abb. 24.16 Temperaturabhängigkeit der Signalerzeugung und -erkennung bei der Feldheuschrecke *Chorthippus montanus*. **a** Mit erhöhter Temperatur verkürzt sich die Dauer der Gesangseinheiten der Männchen. **b** Die Weibchen bevorzugen die Gesänge der Männchen, die bei gleicher Temperatur aufgenommen wurden. Die Reaktion der Weibchen wurde bei 25 °C (schwarze Pfeile) und 34 °C (weiße Pfeile) getestet. (Nach Helversen O v (1979) Angeborenes Erkennen akustischer Schlüsselreize. Verh Dtsch Zool Ges, 42–59.)

gen Signalvariabilität und damit Erkennungsschwierigkeiten konfrontiert, die sich leicht nachvollziehen lassen, wenn eine auf einem Tonträger aufgenommene Stimme verlangsamt oder beschleunigt abgespielt wird. Sofern sich Sender und Empfänger bei derselben Temperatur aufhalten und beide Systeme gleiche oder ähnliche Temperaturabhängigkeiten aufweisen, kann eine erfolgreiche Kommunikation aufrechterhalten werden. Sofern aber größere Temperaturunterschiede auftreten, kann es leicht zu Verwechslungen kommen (▣ Abb. 24.16). Alternativ kann ein Empfänger auch temperaturinvariante Merkmale aus dem Signal des Senders extrahieren (z. B. die Feldheuschrecke *Chorthippus biguttulus*).

Artspezifität in der Zeitebene

Spektrale Unterschiede in den Gesängen verschiedener Arten spielen bei der akustischen Kommunikation der Insekten, Fische und Anuren in vielen Fällen nur eine untergeordnete Rolle, da auf der Seite des schallerzeugenden Apparats nur geringe Variationsmöglichkeiten bestehen (▶ Abschn. 24.2) und eine Frequenzanalyse durch den Empfänger oft nur in eingeschränktem Maß möglich ist (▶ Kap. 17). Daher treten wesentliche artspezifische Unterschiede vor allem im Zeitmuster der Gesänge auf, die durch eine spezifische Erkennung von zeitlichen Parametern über die Erkennungsmechanismen des Empfängers – das Weibchen – ausgewertet werden (▣ Abb. 24.17). Da evolutive Veränderungen sowohl bei der Signalgenerierung als auch bei der Signalerkennung vor allem auf neuronaler Ebene stattfinden, bildet die akustische Kommunikation der Insekten, Fische und Anuren auch ein interessantes Forschungsgebiet für den evolutiven Wandel von Nervensystemen.

24.3.2 Fische

Das akustische Verhalten der Fische ist wie das der Insekten weitgehend stereotyp und angeboren, dennoch zeigt es bei einigen Arten eine gewisse Flexibilität. Die Funktionen der von Knochenfischen erzeugten Schallsignale (bis heute sind keine Knorpelfische bekannt die Schallsignale erzeugen) reichen von Droh- und Schrecklauten über Territorial- und Balzsignale bis hin zu Stimmfühlungslauten, die dem Schwarmzusammenhalt dienen. Die Laute der Fische spielen, ebenso wie die der Insekten und Vögel, vor allem im Zusammenhang mit dem Reproduktionsverhalten eine wichtige Rolle. So erzeugen viele männliche Fische während der Eiablage der Weibchen Laute, zum Beispiel der Mönchsfisch *Dascyllus albisella* und die Grun-

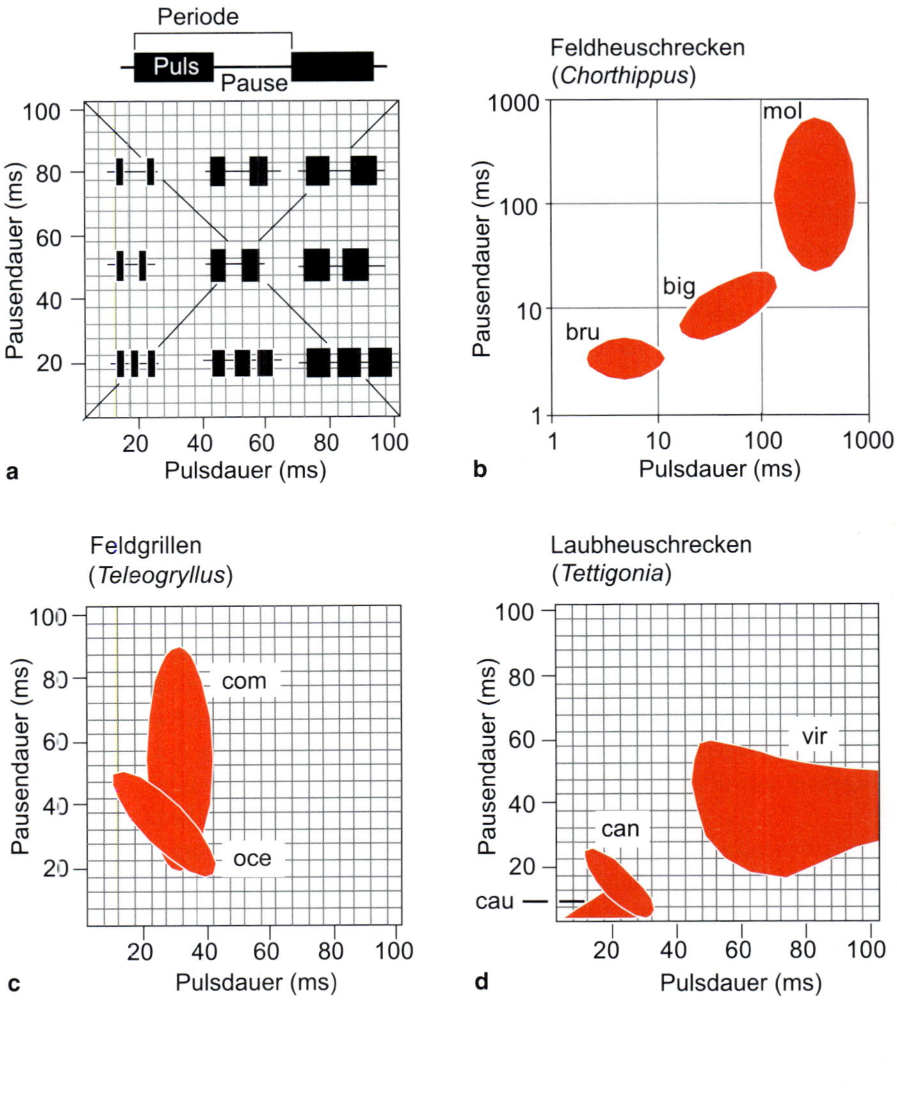

▣ **Abb. 24.17** Erkennung des Zeitmusters bei drei Gruppen von jeweils nah verwandten Orthopterenarten. **a** Die periodischen Gesänge der Insekten können vereinfacht durch den regelmäßigen Wechsel von Pulsen und Pausen beschrieben werden, die zusammen eine Periode ergeben. Verschiedene Kombinationen von Pulsen und Pausen erzeugen unterschiedliche periodische Muster. Verschiedene, nah verwandte Arten innerhalb der Feldheuschrecken (**b**), der Feldgrillen (**c**) und der Laubheuschrecken (**d**) zeigen ganz unterschiedliche Präferenzbereiche in ihrem Antwortverhalten, das als Maß für die Eigenschaften des Erkennungssystems gewertet wurde. bru = *Chorthippus brunneus*; big = *Ch. biguttulus*; mol = *Ch. mollis*; oce = *Teleogryllus oceanicus*; com = *T. commodus*; cau = *Tettigonia caudata*; can = *Tett. cantans*; vir = *Tett. viridissima*. (b nach Helversen O v, Helversen D v (1994) Forces driving coevolution of song and song recognition in grasshoppers. In: Schildberger K, Elsner N (Hrsg) Neural basis of behavioral adaptations. Fischer Stuttgart, S. 253–284, c nach Henning RM (2003) Acoustic feature extraction by cross-correlation in crickets? J Comp Physiol A 189, 589–598, d nach Schul J (1998) Song recognition by temporal cues in a group of closely related bushcricket species (genus *Tettigonia*). J Comp Physiol A 183, 401–410.)

del *Padogobius martensii*. Selbst innerhalb einer Fischart kann es aber sowohl stumme als auch rufende Männchen geben (▶ Box 24.2). Bei vielen Arten zeigen die Männchen ihr Territorium durch akustische Signale an. Dabei können manche Männchen (z. B. die Männchen des Mönchsfischs *Stegastes partitus*) benachbarte Männchen individuell erkennen. Territoriale tonale Signale werden bei Sonnenaufgang oder bei Sonnenuntergang häufig von vielen Männchen im Chor abgegeben. Bei den meisten lautgebenden Fischen dienen akustische Signale dazu, Männchen abzuschrecken und Weibchen anzulocken. Die Weibchen wählen in diesem Fall anhand artspezifischer und individueller akustischer Merkmale die Männchen aus (bei einigen Fischarten produzieren zum Beispiel die größeren Männchen niederfrequenteren Schall als die kleineren).

Box 24.2 Akustische Kommunikation beim Bootsmannfisch

Bei dem Nördlichen Bootsmannfisch *Porichthys notatus* lassen sich Typ-I- und Typ-II-Männchen unterscheiden. Nur die Typ-I-Männchen bauen und bewachen ein Nest und erzeugen mithilfe von Trommelmuskeln während der Fortpflanzungsperiode eine Vielfalt von unterschiedlichen akustischen Signalen. Dabei dienen sowohl die Pulsdauer als auch die Pulsrate und die Zahl der Pulse als Informationsquelle. Neben kurzen Pulsen erzeugt der Bootsmannfisch auch einen 120-Hz-Summton, der bis zu einer Stunde anhalten kann. Die zentrale vokale Bahn von *P. notatus* ist wie bei den Vögeln hierarchisch organisiert und weist erstaunliche Parallelen zu der zentralen vokalen Bahn der Tetrapoden auf. So besteht das vokale Netzwerk von *P. notatus* aus mehreren Kerngebieten, die mit den auditorischen Netzwerken des Vorder- und Mittelhirns verbunden sind. Und innerhalb des vokalen Netzwerks gibt es wie bei den Vögeln hormonelle Kontrollsysteme, die die Bereitschaft zur Abgabe akustischer Signale beeinflussen. Eine langfristige hormonelle Kontrolle üben vor allem Steroidhormone wie das **Testosteron** aus, dessen Spiegel während der Fortpflanzungsperiode stark ansteigt.

24.3.3 Anuren

Bei den Anuren rufen bevorzugt die Männchen, allerdings können die Weibchen in bestimmten Situationen ebenfalls Laute von sich geben. Wird ein nichtrezeptives Weibchen von einem Männchen umklammert, erzeugt es zum Beispiel einen Befreiungsruf, bei rezeptiven Weibchen wird dieser Ruf dagegen unterdrückt. Und die Weibchen von *Rana virgatipes* antworten sogar auf die Rufe der Männchen.

Die Lautgebung der Anuren wird durch ein neuronales Netzwerk gesteuert, zu dem medulläre, mesencephale, diencephale und telencephale Kerngebiete gehören. Die diencephalen und telencephalen Kerngebiete erhalten auch Eingänge von der aufsteigenden akustischen Bahn, stellen also eine sensomotorische Schnittstelle dar. Die Funktion einiger der an der Vokalisation beteiligten Kerngebiete wird durch Sexualhormone beeinflusst, die in Abhängigkeit von der Jahreszeit die Rufbereitschaft der Männchen bestimmen. Der Einfluss von Sexualhormonen auf die Rufbereitschaft zeigt sich auch im Geschlechtsdimorphismus: Die für die Vokalisation zuständigen Kerngebiete sind, ebenso wie die Laryngealmuskeln und der Larynx, bei den Männchen stärker entwickelt als bei den Weibchen.

Auch das akustische Verhalten der Amphibien ist weitgehend stereotyp und angeboren, dennoch zeigt es bei einigen Arten eine gewisse Flexibilität. Die Rufe der Männchen des Grauen Baumfroschs *Hyla versicolor* sind von unterschiedlicher Dauer, lange Rufe sind für die Weibchen attraktiver als kurze. Bei Abwesenheit von anderen Männchen ruft ein Männchen nur kurz, da lange Rufe einen hohen Energieaufwand erfordern (bei *H. crucifer* steigt z. B. der Energieverbrauch von 13 J h^{-1} in Ruhe auf 300 J h^{-1} während der Rufphasen) und Feinde anlocken. Die Männchen von *H. versicolor* erzeugen langanhaltende Rufe deshalb nur dann, wenn sie mit anderen Männchen um dieselben Weibchen konkurrieren. Die Rufrate und die Komplexität eines Rufs können sich bei einigen Anurenarten ebenfalls situationsgerecht ändern. So zeigen die Männchen des Grillenfroschs *Acris crepitans blanchardi* ihre Bereitschaft zur Verteidigung ihres Territoriums durch Absenken der dominanten Ruffrequenz.

Bei vielen Froscharten korreliert der Fortpflanzungserfolg mit der Größe. Große Männchen waren erfolgreicher bei der Nahrungsfindung als kleine Männchen und/oder leben schon länger – sie sollten damit für Weibchen attraktiver sein. Da große Männchen lauter rufen, nähern sich die Weibchen bei den Kröten und Laubfröschen im Zweifachwahlversuch bevorzugt der lauteren Reizquelle. Da größere Männchen bei den Kröten und Laubfröschen auch niederfrequentere Rufe erzeugen als kleinere Männchen, sind niederfrequente Rufe für die Weibchen besonders attraktiv. Bei vielen Anuren gibt es während der Paarungszeit große Ansammlungen von Männchen. In diesem Fall sollten die Weibchen das Männchen wählen, das die längsten, lautesten und niederfrequentesten Rufe erzeugt und das am häufigsten und am längsten ruft.

24.3.4 Vögel

Auch die Gesänge der Vögel spielen im Zusammenhang mit der Reproduktion eine wichtige Rolle. Bei vielen Arten werden Territorien durch Gesänge angezeigt, welche von Männchen, aber in einigen Fällen auch von Weibchen, geäußert werden können. Bei den meisten Singvögeln dient der Gesang dazu, paarungsbereite Weibchen anzulocken. Die Weibchen wählen dann anhand artspezifischer und oftmals auch individueller Gesangsmerkmale die Männchen aus. Vogelgesängen kann aber auch eine Rolle bei der Paarbindung (zum Beispiel durch Duettieren) oder bei der Etablierung von Dominanzhierarchien zukommen.

Im Unterschied zu den genetisch festgelegten Gesangsprogrammen der Insekten, Fische und Anuren zeichnet sich

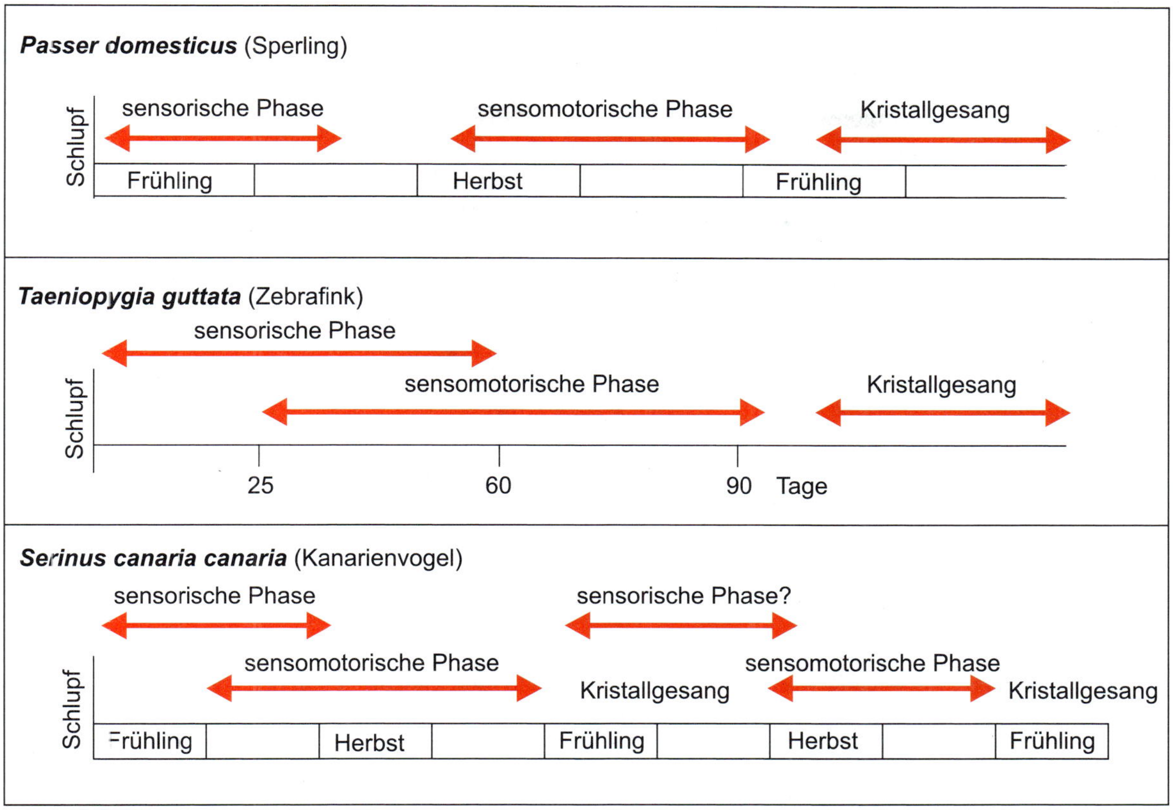

Abb. 24.18 Sensorische und sensomotorische Phasen des Gesanglernens bei Singvögeln. In einer sensorischen Phase nach dem Schlupf wird eine Matrize erlernt, die in der anschließenden sensomotorischen Übungsphase zum Erlernen des adulten Kristallgesangs benutzt wird. Sperlinge und Zebrafinken zählen zu den geschlossenen Lernern, während Kanarienvögel lebenslang weitere Strophen erlernen können (offene Lerner). (Nach Brainard MS, Doupe AJ (2002) What songbirds teach us about learning. Nature 417, 351–357.)

das Gesangsverhalten vieler Vögel durch **Lernvorgänge** in der Ontogenese aus. Die Gesangsentwicklung lässt sich bei Singvögeln in zwei Phasen unterteilen (Abb. 24.18). In einer **frühen Lernphase** des Jungvogels wird eine sensorische Matrize (*template*) des Gesangs durch Hören der arteigenen Adultgesänge erworben (sensorische Phase; Prägung; angeborene Lerndisposition). In einer späteren **sensomotorischen Phase** – manchmal erst Monate später – wird die sensorische Matrize durch Übung in ein motorisches Gesangsprogramm umgewandelt. Diese sensomotorische Phase kann wiederum in drei Abschnitte unterteilt werden. Zuerst wird ein **Untergesang** erzeugt (*subsong*), der noch leise, unstrukturiert und sehr variabel ist. Nach einiger Übung tritt der **plastische Gesang** auf (*plastic song*), der lauter und besser strukturiert vorgetragen wird, aber noch immer recht variabel ist. Schließlich entsteht der **Kristallgesang** (*crystallized song*), der in seiner Form dem Gesang entspricht, den der Jungvogel in seiner frühen Lernphase gehört hat.

Hörvermögen und **auditorische Rückkopplung** spielen sowohl bei der Gesangsentwicklung als auch bei der Aufrechterhaltung der Gesänge bei adulten Tieren eine wichtige Rolle. Wenn die Jungtiere in der frühen sensorischen Phase keine arteigenen Gesänge hören (entweder durch Isolierung oder Ertaubung), können sie als Adulte keine normalen Gesänge produzieren. Ebenso müssen die Jungtiere während der sensomotorischen Lernphase ihren eigenen Gesang hören, um den Kristallgesang zu entwickeln. Dabei wird offenbar der gehörte eigene Gesang ständig mit einer gespeicherten sensorischen Matrize abgeglichen und die Motorik über sensorische Rückkopplung angepasst. Zwischen Arten finden sich Unterschiede in dem Auftreten und der Dauer dieser verschiedenen Lernphasen. Man teilt die Singvögel deshalb in zwei Lerntypen ein (Abb. 24.18): **Geschlossene Lerner** eignen sich in der Jugendphase einen Gesang an, den sie dann individualspezifisch und lebenslang beibehalten, während sich **offene Lerner** für eine Saison ein Gesangsrepertoire aneignen, dieses aber in der darauffolgenden Saison zum Teil neu erlernen und vor allem durch neue Gesangsstrophen erweitern können (Abb. 24.18). Wie der Gesang ausgebildet wird, beeinflusst auch das Hintergrundrauschen im Lebensraum eines Vogels. So weichen in der Stadt lebende Kohlmeisen (*Parus major*) beim Singen in höherfrequente Bereiche aus, um eine Maskierung ihres Gesangs durch niederfrequente urbane Geräusche zu vermeiden.

Das Gesangsverhalten der Vögel wird durch gut abgrenzbare Kerngebiete im **Vorderhirn** gesteuert (Gesangsnetzwerk). Die Ausgänge dieses Netzwerkes (Abb. 24.19) steuern sowohl die Motorik der Syrinx (Vokalisation) als auch die Koordina-

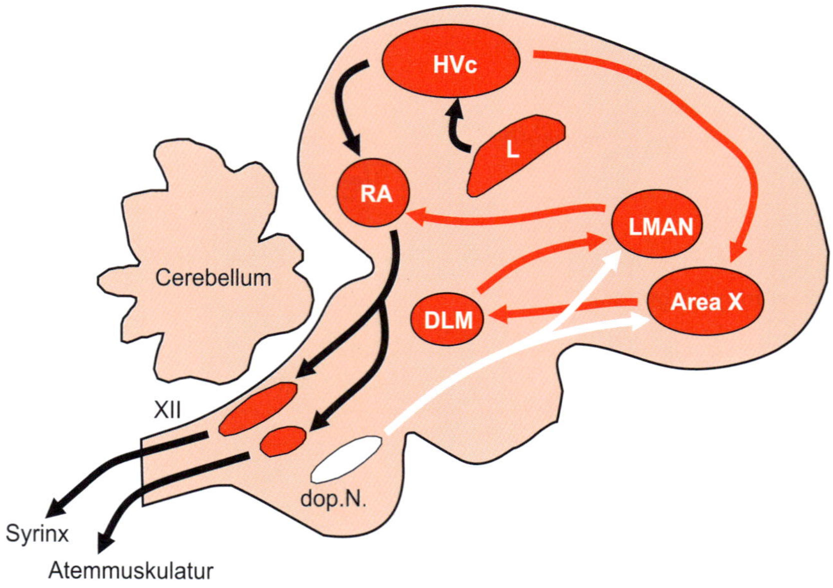

Abb. 24.19 Gesangsnetzwerk bei Vögeln am Beispiel des Zebrafinken (stark vereinfachte Darstellung). Das höhere Vokalisationszentrum steuert den Gesang über den Nucleus robustus archistriatalis hierarchisch (schwarze Pfeile). Der Ausgang des N. robustus archistriatalis kontrolliert die Muskulatur der Syrinx und der Atemmuskeln. Das höhere Vokalisationszentrum erhält auditorischen Eingang von mehreren Bereichen (hier vereinfachend als L bezeichnet). Eine indirekte Bahn vom höheren Vokalzentrum zum N. robustus archistriatalis bildet die Vorderhirnprojektion (rote Pfeile) über die Area X, den dorsolateralen Thalamus und den lateralen magnozellulären Nucleus. Dopaminerge Neurone modulieren Kerne dieser Bahn. DLM = dorsolateraler Thalamus; dop. N. = dopaminerge Neurone; HVc = höheres Vokalisationszentrum; LMAN = lateraler magnozellulärer Nucleus; RA = Nucleus robustus archistriatalis. (Nach Brainard MS, Doupe AJ (2002) What songbirds teach us about learning. Nature 417, 351-357.)

tion des Gesangs mit der Atmung. Ein wichtiger sensorischer Eingang kommt von den auditorischen Zentren des Vorderhirns, die dem auditorischen Cortex der Säugetiere entsprechen (Abb. 24.19). Das Gesangsnetzwerk hat im Wesentlichen zwei Aufgaben: 1. die motorische Kontrolle des Gesangs und 2. die Integration der sensorischen Rückkopplung beim Lernen und Abgleichen des Gesangs während der sensorischen und sensomotorischen Lernphasen.

Die **motorische Kontrolle** des Gesangs ist hierarchisch organisiert (Abb. 24.19). Das **höhere Vokalisationszentrum** (HVc) im Nidopallium bildet eine Kommandostruktur, die darüber entscheidet, ob und wann Gesang erzeugt wird. Vom HVc reichen Projektionen zum **Nucleus robustus archistriatalis** (RA), in dem die motorische Koordination vollzogen und die Struktur der Strophen gesteuert wird. Darüber hinaus wird hier der Gesang mit der Atmung koordiniert. Ausgangspunkt der Integration der sensorischen Rückkopplung bilden verschiedene Bereiche im **Vorderhirn**, die dem »Dach« der Hörbahn, das heißt dem auditorischen Cortex (Abb. 24.19) entsprechen und Verbindungen zum HVc aufweisen. Das HVc ist mit dem motorischen Kern RA auch über eine indirekte Projektion verbunden, die drei weitere Kerne einschließt: die Area X, den dorsolateralen Thalamus und den lateralen magnozellulären Nucleus. Diese Bahn wird als anteriore Vorderhirnprojektion (AFP, *anterior forebrain pathway*) bezeichnet (Abb. 24.19). Sie ist im adulten Vogel während des Gesangs zwar aktiv, leistet aber nur einen geringen Beitrag zum stabilen Gesang. Eine Unterbrechung dieser Bahn während der beiden Lernphasen führt dazu, dass der Vogel keinen normalen Adultgesang mehr ausbildet. Der anterioren Vorderhirnprojektion kommt eine wichtige Funktion beim Lernen und Abspeichern des Gesangs in beiden Lernphasen zu. Im adulten Vogel funktioniert die Projektion möglicherweise als Efferenzkopie (▶ Abschn. 18.4.3), über die ausgehend vom HVc der vorgesehene motorische Ausgang mit dem sensorischen Eingang verglichen werden kann.

Innerhalb des Gesangsnetzwerks sind auch hormonelle Kontrollsysteme bekannt. Eine **dopaminerge Projektion** (Abb. 24.19) zu den Kernen in der anterioren Vorderhirnprojektion hat eine wichtige Funktion bei der Modulation (Verstärkung bzw. Abschwächung) und Auswahl der Gesangsstrophen im adulten Tier, die von dem sozialen Kontext abhängen. Eine langfristige hormonelle Kontrolle üben Steroidhormone wie das **Testosteron** (▶ Abschn. 14.2.2) aus, dessen Spiegel gerade während der sensomotorischen Lernphase in dem lateralen magnozellulären Nucleus stark ansteigt und dessen Regulation eine wichtige Rolle bei den offenen Gesanglernern unter den Vögeln zugeschrieben wird. Bemerkenswert ist noch, dass die Größe der motorischen Kerne im Jahresverlauf erheblichen Schwankungen unterworfen sein kann.

24.3.5 Säuger

Laute ohne Echoortungslaute

Säuger können Geräusche mithilfe ihrer Beine (Stampfen), Stacheln (Rasseln), Zähne und Kiefer (Kaugeräusche) und mithilfe der Atmung (Schnauben) erzeugen. Am wichtigsten für die Lauterzeugung ist aber der Larynx (▶ Abschn. 24.2.4). Die Bedeutung der Laute ist wie bei anderen Tiergruppen auch sehr vielfältig. Sie dienen der Warnung vor Gefahren (Warnrufe), der Abwehr von Feinden (Zischen, Schnauben, Fauchen, Grollen, Trompeten), dem Anlocken von Geschlechtspartnern (Wiehern, Brüllen) und der akustischen Reviermarkierung (Heulen, Brüllen). Bis auf den Menschen teilen wahrscheinlich alle Säuger mit Lauten nur den Istzustand mit (Achtung, ein Feind naht; Vorsicht, keinen Schritt weiter), mithilfe akustischer Signale werden keine Informationen über vergangene oder zukünftige Ereignisse übermittelt. Die menschliche Sprache ermöglicht eine fast unbegrenzte Kommunikation. Sprache besteht aus Phonemen (kleinsten Klangeinheiten), die zu

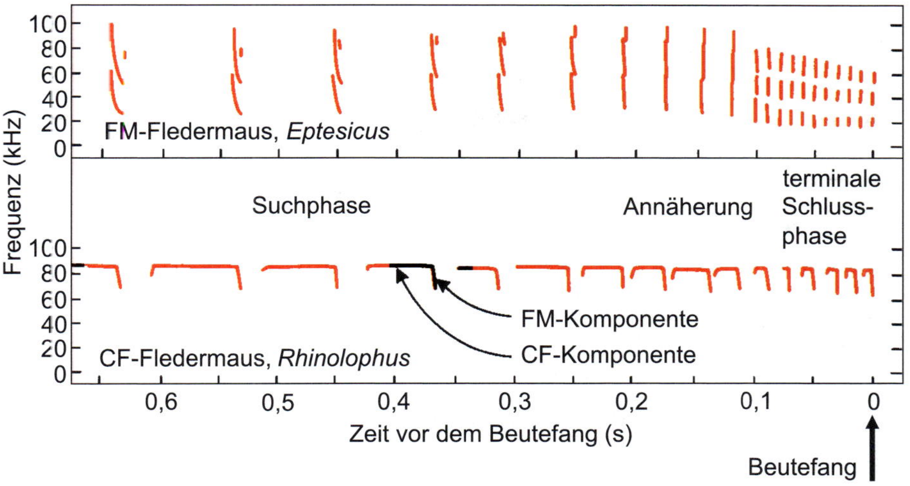

Abb. 24.20 Ruftypen (FM, CF) während des Jagdverhaltens und unterschiedlicher Jagdphasen bei Fledermäusen. Während der Annäherung an die Beute erhöht sich die Rufrate und die Ortungsrufe selbst werden kürzer. FM = frequenzmoduliert, CF = constant frequency. (Nach Simmons JA, Fenton BM, O'Farrell MJ (1979) Echolocation and pursuit of prey by bats. Science 203, 16–21.)

Morphemen (kleinste Bedeutungseinheiten) zusammengefasst werden. Ein Morphem kann ein einzelnes Wort repräsentieren, Wörter setzen sich aber meist aus mehreren Morphemen zusammen. Kleinkinder kennen bereits 1000, Erwachsene bis zu 70 000 Wörter. Mit Wörtern können unbegrenzt viele Sätze gebildet werden. Mithilfe von Sätzen kann ein Mensch nicht nur den Istzustand beschreiben (mir geht es gut), sondern auch Ereignisse aus der Vergangenheit (voriges Jahr ging es mir gut), in der Zukunft erwartete Ereignisse (nächsten Jahr wird es mir gut gehen) oder auch abstrakte Zusammenhänge (Definitionen, mathematische Formeln usw.) anderen Menschen mitteilen.

Echoortungslaute der Fledermäuse und Zahnwale

Lautäußerungen treten gewöhnlich im Kontext der akustischen Kommunikation auf. Einige Wirbeltiere setzen allerdings ein Ultraschallsonar für die Erkundung ihrer Umwelt ein, wobei das Echo der eigenen Schallsignale wie bei einem Radargerät ausgewertet wird. Ein aktives Echoortungssystem tritt vor allem bei Fledermäusen und Zahnwalen auf, ist aber auch von einigen Vögeln bekannt (▶ Abschn. 24.2.4).

Einige grundlegende Anforderungen an ein Echoortungssystem sind bei Fledermäusen wie Zahnwalen in gleicher Weise erfüllt, auch wenn die Echoortung in ganz unterschiedlichen Medien eingesetzt wird:

- Die Ortung von relativ kleinen Objekten wie Insekten oder Fischen erfordert **Ultraschall**, da nur kurze Wellenlängen (hohe Frequenzen) von kleinen Objekten reflektiert werden. Da sich Schall im Wasser etwa fünfmal so schnell ausbreitet wie in Luft, ist bei gleicher Frequenz die Wellenlänge im Wasser etwa fünfmal so groß wie in Luft.
- Da Ultraschallwellen bei der Ausbreitung stark abgeschwächt werden (▶ Abschn. 24.1), müssen echoortende Tiere sehr **hohe Schallenergien** abstrahlen, um ein wahrnehmbares Echo zu erhalten. Die Erzeugung dieser hohen Schallintensitäten wird durch spezielle Strukturen wie die Schalltrichter bei einigen Fledermäusen oder die ölhaltigen Melonen der Zahnwale erreicht. Diese Strukturen ermöglichen es, den Schall gerichtet abzustrahlen und damit die Energie in einen schmalen Schallkegel zu bündeln.
- Dementsprechend weist das Hörsystem eine scharfe **Richtcharakteristik** auf, die es ermöglicht, das echoverursachende Objekt zu lokalisieren.
- Darüber hinaus sind für die Auswertung der Echosignale noch weitere Spezialisierungen in der Hörbahn notwendig, die allerdings bisher nur bei Fledermäusen ausführlicher untersucht wurden.

Fledermäuse

Die Echoortung der Fledermäuse hat zum Ziel, Beuteobjekte und unbewegte Hindernisse wahrzunehmen, zu diskriminieren und zu lokalisieren. Fledermäuse erzeugen mithilfe besonders steifer Stimmlippen ihres Larynx Ultraschalllaute. Zwei Rufformen können unterschieden werden (▶ Kap. 17): **FM-Fledermäuse** erzeugen kurze Rufe (0,5–5 ms), die einen großen Frequenzbereich (bis zu 70 kHz) umfassen und eine auffällige, meist abwärts gerichtete Frequenzmodulation (FM) aufweisen (Abb. 17.17, Abb. 24.20). Diese Form der Echoortung sammelt Informationen über einen breiten Frequenzbereich und eignet sich daher besonders gut für die Identifizierung eines Beuteobjekts. Die kurzen Rufe erleichtern zudem die genaue Bestimmung der Schalllaufzeit und damit der Entfernung zum wahrgenommenen Objekt. **CF-Fledermäuse** (CF für *constant frequency*) Verzeugen – durch die Nase (Nasenaufsätze) – Rufe mit einem langen CF-Anteil (10–100 ms oder mehr). Diese Rufe weisen in der Regel am Ende ebenfalls eine Frequenzabwärtsmodulation auf (Abb. 17.17, Abb. 24.20). Der CF-Teil des Lautes gibt Fledermäusen die Möglichkeit, den Doppler-Effekt zur Bestimmung der Relativgeschwindigkeit auszunutzen, da dieser bei sich aufeinander zu bewegenden (weg bewegenden) Schallquellen zu einer geschwindigkeitsabhängigen Verschiebung der Echofrequenz führt (Abb. 24.21). Unabhängig von ihrem jeweiligen Ortungstyp gleichen sich Fledermäuse grundsätzlich in ihrem Jagdverhalten, das in eine Such-, Annäherungs- und terminale Schlussphase unterteilt werden kann (Abb. 24.20).

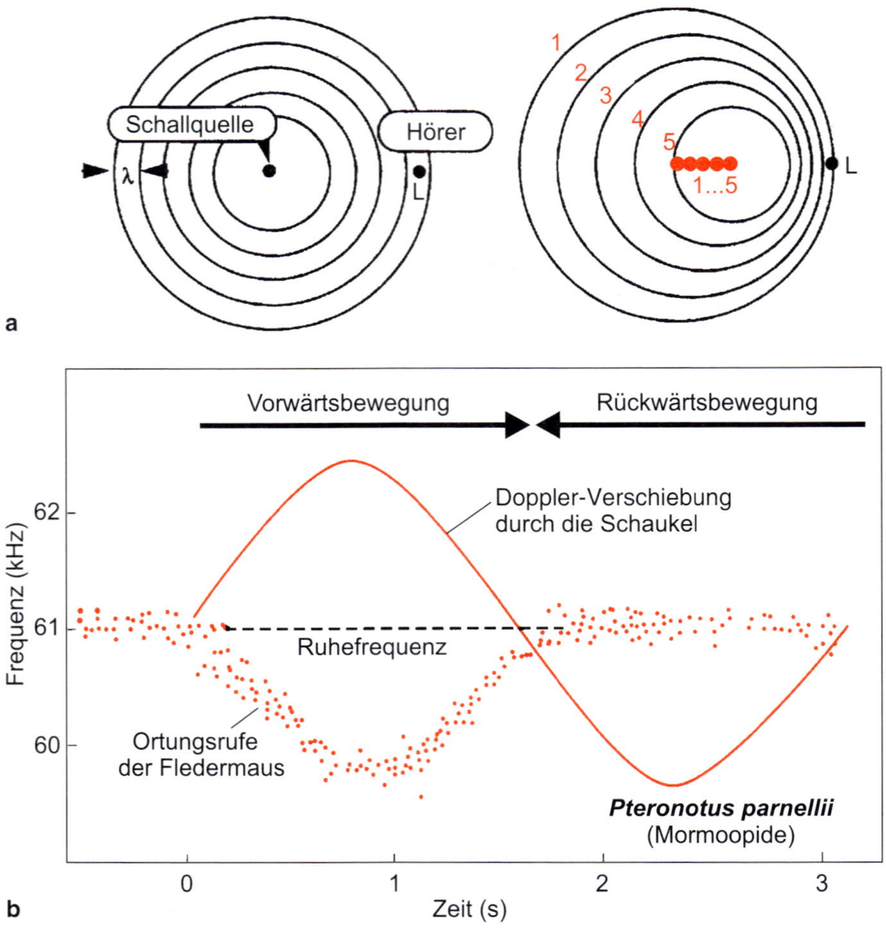

Abb. 24.21 Doppler-Verschiebung. **a** Prinzip der Doppler-Verschiebung bei bewegten Schallquellen. Links: stationäre Schallquelle; rechts: Bewegung der Schallquelle nach rechts; 1–5 geben aufeinanderfolgende Zeitpunkte an. **b** Kompensation der Doppler-Verschiebung bei einer CF-Fledermaus, die auf einer Schaukel vorwärts und rückwärts schwingt. Während der Vorwärtsbewegung (vergleichbar zu a rechts) senkt die Fledermaus die Frequenz der Ortungsrufe ab, während der Rückwärtsbewegung findet keine Kompensation der Doppler-Verschiebung statt. (a nach Hughes HC (2001) Sensory exotica. MIT Press, London, b nach Suga N (1990) Neuronale Verrechnung: Echoortung bei Fledermäusen. Spektrum der Wissenschaft, 98–106.)

Während der Suchphase der FM-Fledermäuse werden die Ortungsrufe nur etwa zehnmal pro Sekunde (10 Hz) ausgestoßen. Wird ein Beuteinsekt wahrgenommen, steigt die Ruffrequenz in der Annäherungsphase auf ca. 40 Hz, wobei gleichzeitig die Dauer der Rufe auf 1–2 ms sinkt, um eine zeitliche Überlappung des Echos mit dem Ortungsruf zu vermeiden. In der Schlussphase steigt die Ruffrequenz auf 100–200 Hz, während sich die Dauer der Rufe bis auf 0,5 ms verkürzt. Auch bei CF-Fledermäusen kommt es während dieser Phasen zu einer charakteristischen Verkürzung der Rufdauer bis auf 10 ms, wodurch die frequenzmodulierten End-(und Anfangs)teile immer auffälliger werden.

Beide Ortungsstrategien stehen im Zusammenhang mit dem Lebensraum, in dem Fledermäuse jagen. Im offenen Gelände tritt eher eine FM-Strategie auf, während im Gebüsch jagende Fledermäuse eher eine CF-Strategie einsetzen. Es gibt auch Fledermäuse, die ihre Beute ähnlich wie Schleiereulen vorwiegend passiv orten. Blütenbesuchende Fledermäuse erkennen die für sie wichtigen Blüten am Echo.

Fledermäuse werten neben den spektralen Feinheiten des Echos, die ihnen Information über die Beute/Objekt-Struktur liefert, auch die Zeitdifferenzen zwischen Ruf und Echo mit hoher Präzision aus, um die Entfernung eines Beuteobjekts zu berechnen. Dazu benutzen sie vor allem den FM-Anteil ihres Lautes (► Kap. 17).

Zahnwale

Diese meereslebenden Säugetiere zeichnen sich durch ein reichhaltiges Repertoire akustischer Signale aus, die unterschiedliche Funktionen haben. Längere, häufig frequenzmodulierte Pfeiflaute von mehreren Sekunden Dauer (*whistle*) werden vor allem im sozialen Kontext geäußert. Diese auch als Walgesänge bekannten Rufe sind in der Regel niederfrequent (<20 kHz), können aber auch umfassende Ultraschallanteile aufweisen.

Schallerzeugung

Die Schallquelle für Ultraschallklicks ist nicht der Larynx, sondern ein System von nasalen Luftsäcken (■ Abb. 24.22a). Delfine verfügen daher über mindestens zwei Schallquellen, da das für den Menschen hörbare Keckern über Wasser vom normalen Kehlkopf gebildet wird. Zahnwale führen eine Impedanzanpassung ihrer Ortungsrufe über eine stark fetthaltige Struktur am Kopf durch, die **Melone** (■ Abb. 24.22). Diese weist unterschiedliche Dichten und damit Fortleitungsgeschwindigkeiten für Schall auf. Die Kopplung von der Schallquelle an die Melone findet über die Bursae statt, die proximal mit den nasalen Luftsäcken verbunden sind. Neben der Impedanzanpassung hat die Melone auch die Funktion der **Schallbündelung**, wodurch sie wie eine akustische Linse funktioniert (■ Abb. 24.22a). Bei der Schallfokussierung wird

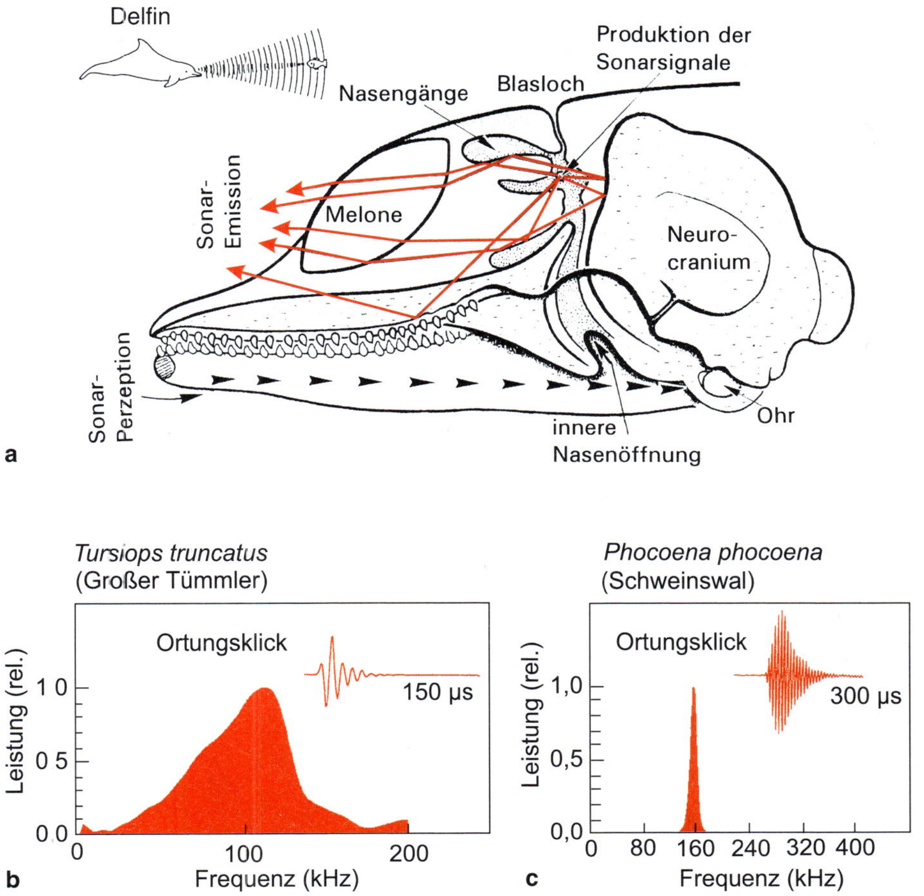

Abb. 24.22 Schallerzeugung und Rufspektren bei Zahnwalen. **a** Impedanzanpassung und gerichtete Schallabstrahlung durch die Melone. An der Schallproduktion sind verschiedene Nasenhöhlen und die Melone beteiligt. Die Melone dient vor allem zur Impedanzanpassung und gerichteten Abstrahlung. **b, c** Pulse und Spektren von Ultraschallklicks zur Echoortung bei verschiedenen Delfinen. (a nach Au WWL (1993) The sonar of dolphins. Springer, Heidelberg, b, c nach Tyack PL (1998) Acoustic communication under the sea. In: Hopp SL, Owren MJ, Evans CS (1998) Animal acoustic communication. Springer, Berlin, S. 163–220.)

die Melone auch von anliegenden Schädelknochen unterstützt (Abb. 24.22a), sodass Delfine mit einem extrem schmalen Schallkegel orten können.

Schallsignale

Im Unterschied zu den frequenzmodulierten oder konstantfrequenten Rufen der Fledermäuse, die häufig mehrere Harmonische aufweisen, erzeugen Zahnwale sehr kurze **Klicks** (ca. 100 µs) mit einem **breiten Frequenzspektrum** bei ca. 100 kHz (Abb. 24.22b). Die Schallintensitäten sind dabei mit 170–230 dB (relativ zum Bezugsschalldruck von 1 Pa[553]) sehr hoch. Mit diesen physikalischen Kenngrößen ihrer Rufe sind Delfine bei guten Bedingungen in der Lage, eine Stahlkugel mit einem Durchmesser von 7,5 cm noch in 120 m(!) Entfernung zu orten. Während kleinere Zahnwale meist etwas längere Klicks erzeugen (>150 µs, Abb. 24.22c), die ein schmales Spektrum aufweisen, orten größere Zahnwale mit Klicks unter 10 µs Dauer mit einem entsprechend breiteren Frequenzspektrum (Abb. 24.22b). Die kurzen Klicks stellen wahrscheinlich auch eine Anpassung an die hohen Fortleitungsgeschwindigkeiten von Schall in Wasser dar, da nur so eine Überlappung der Rufe mit dem Echo vermieden wird. In der Endphase der Ortung kann die Ruffrequenz bis auf 700 Hz steigen. Auch im Hinblick auf die Schallperzeption finden sich eine Reihe von speziellen Anpassungen an die Ultraschallortung unter Wasser (► Kap. 17).

[553] Beachte: In Wasser bezieht sich die dB-Skala auf einen anderen Referenzwert (1 Pa) und kann daher nicht direkt mit der dB-SPL-Skala in Luft verglichen werden!

24.4 Fragen zum Selbststudium

- Welche Mechanismen der Schallerzeugung sind bekannt?
- Was versteht man unter Impedanzanpassung?
- Wie kann man Schall quantifizieren?
- Was versteht man unter Frequenzmodulation (Amplitudenmodulation)?
- Was ist ein Monopol (Dipol)?
- Welche physikalischen Parameter bestimmen die Reichweite eines Schallsignals?
- Mithilfe welcher Mechanismen erzeugen Insekten, Fische, Amphibien, Vögel und Säugetiere Schallwellen?
- Wieso nutzen Elefanten Infraschallwellen zur Kommunikation?
- Welche Tiere nutzen Echoortungssignale zur Orientierung?
- Wie erfolgt die motorische Kontrolle des Gesangs bei Vögeln?
- Was versteht man unter dem Doppler-Effekt?

Weiterführende Literatur

Allgemeines

Au WL, Popper AN, Fay RR (2000) Hearing by whales and dolphins. Springer Handbook of Auditory Research. Springer, New York.

Bailey WJ (1991) Acoustic behaviour of insects: an evolutionary perspective. Chapman and Hall, London.

Bradbury JW, Vehrencamp SL (1998) Principles of animal communication. Sinauer Ass Sunderland, Massachusetts.

Ewing AW (1989) Arthropod bioacoustics. Edinburgh Univ. Press, Edinburgh.

Gerhard HC, Huber F (2002) Acoustic communication in insects and anurans. University of Chicago Press, Chicago.

Hopp SL, Owren MJ, Evans CS (1998) Animal acoustic communication. Springer, Heidelberg.

Rossing TD, Moore FR, Wheeler PA (2002) The science of sound. Addison Wesley, San Francicso.

Yost AW (2000) Fundamentals of hearing. Academic Press, New York.

Spezielle Aspekte

Bass A, McKribben JR (2003) Neural mechanisms and behaviors for acoustic communication in teleost fish. Progress in Neurobiology 69, 1-26.

Brainard MS, Doupe AJ (2002) What songbirds teach us about learning. Nature 417, 351–357.

Brenowitz EA (2002) Birdsong: integrating physics, physiology, and behavior. Journal of Comparative Physiology A 188, 827–828.

Fine ML, Malloy KL, King CB, Mitchell SL, Cameron TM (2001) Movement and sound generation by the toadfisch swimbladder. Journal of Comparative Physiology A 187, 371–379.

Huber F, More TE, Loher W (1989) Cricket behavior and neurobiology. Cornell Univ. Press, Ithaca, London.

Moore PWB (1988) Animal Sonar – Processes and Performance. NATO ASI Series, Life Sciences Vol. 156. Plenum Press, New York.

Nachtigall PE, Moore PWB (1988) Animal Sonar – Processes and Performance. NATO ASI Series, Life Sciences Vol. 156. Plenum Press, New York.

Payne KB, Langbauer WR, Thomas EM (1986) Infrasonic calls oft Asian elephants. Behavioral Ecololgy and Sociobiology 18, 297-301.

Poole JH, Payne K, Langbauer WR, Moss CJ (1988) The social context of some very low frequency calls of African elephants. Behavioral Ecology and Sociobiology 22, 385-392.

Rome LC, Syme DA, Hollingworth S, Lindstedt SL, Baylor SM (1996) The whistle and the rattle: the design of sound producing muscles. Proceedings of the National Academy of Sciences USA 93, 8095–8100.

Schaller F, Kratochvil H (1981) Lautbildung bei Fischen. Biologie in unserer Zeit 11, 42–47.

Schildberger K, Elsner N (1994) Neural basis of behavioural adaptations. Fortschritte der Zoologie, Vol. 39, Gustav Fischer Verlag, Stuttgart.

Zelick R, Mann DA, Popper AN (1999) Acoustic communication in fishes and frogs. In: Fay RR; Popper AN (eds). Springer Handbook of Auditory Research. Comparative Hearing: Fish and Amphibians. Springer, New York, pp. 363-412.

Produktion elektrischer Energie (elektrische Organe)

25.1 Schwach und stark elektrische Fische

Einige Elasmobranchier sowie viele Knochenfische erzeugen mithilfe von **elektrischen Organen** verschiedenartige **elektrische Signale**. Diese Signale werden entweder kontinuierlich abgegeben (**Wellenentlader**, Frequenz 50–1700 Hz) oder sie bestehen aus einzelnen, kurzen Impulsen (**Pulsentlader**, Pulsdauer 0,1–8 ms, bei stark elektrischen Fischen bis 200 ms) die in regelmäßigen oder unregelmäßigen Zeitabständen (Wiederholrate 1–200 Hz) erzeugt werden. Elektrische Organentladungen können sich in ihrer Dauer, Form, Polarität und spektralen Zusammensetzung unterscheiden (◘ Abb. 25.1). Sowohl Ent-

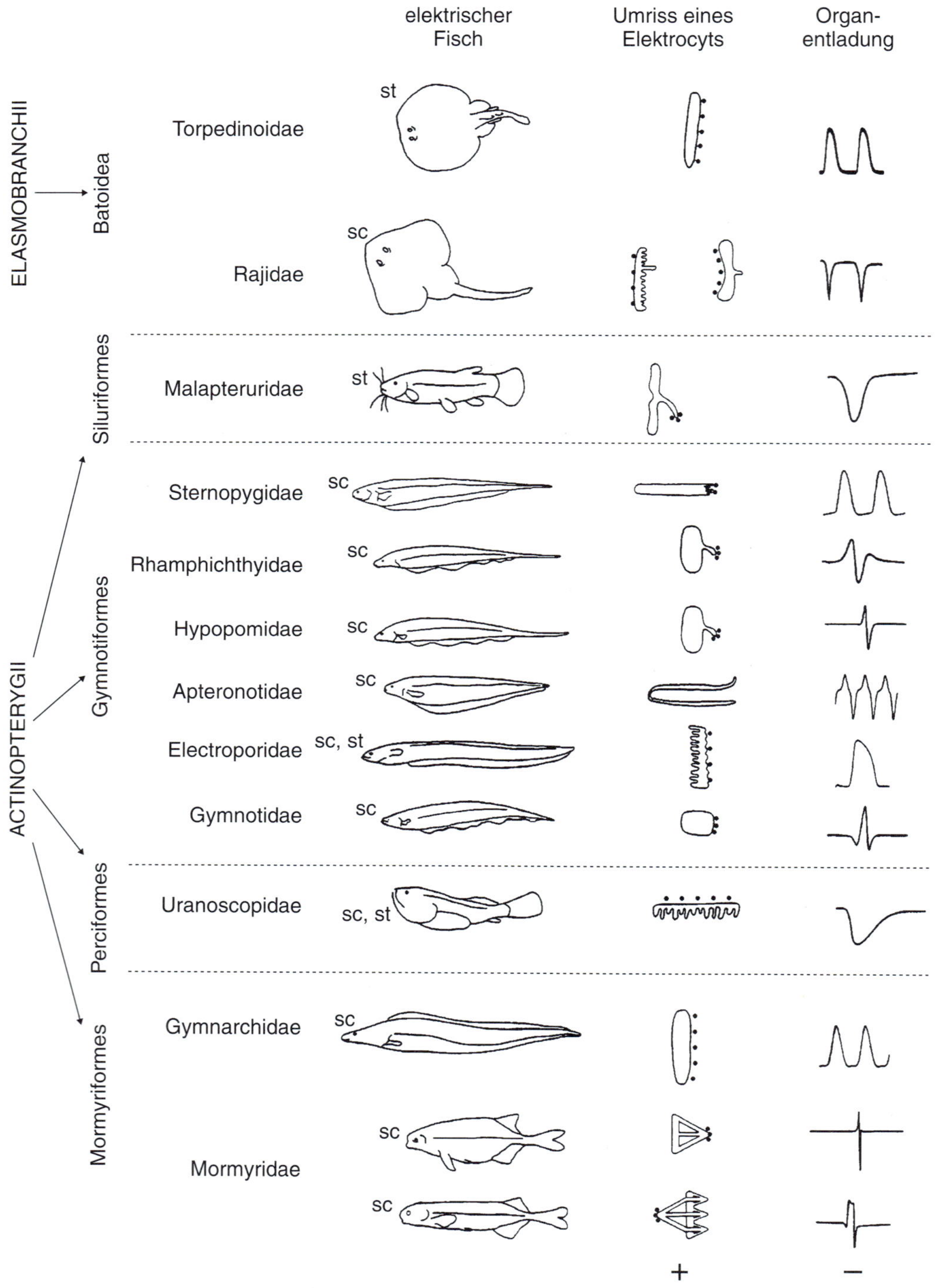

◘ **Abb. 25.1** Repräsentative Vertreter aus den bekannten Gruppen der elektrischen Fische, schematischer Umriss eines Elektrocyts sowie Beispiele der von den gezeigten Fischen im adulten Stadium erzeugten elektrischen Signale (Organentladung). Bei einigen Arten (z. B. Mormyriden) innervieren die Motoneurone die Elektrocyten nicht direkt, sondern über Ausläufer. Die positive Polarität der Signale ist in den Darstellungen immer oben. Punkte: Seite, auf der die Elektrocyten innerviert sind. st = stark elektrisch; sc = schwach elektrisch; d = dorsal; v = ventral; a = anterior; p = posterior. (Nach Bass AH (1986) Electric organs revisited. In: Bullock TH, Heiligenberg W (Hrsg) Electroreception. Wiley & Sons, New York, verändert.)

ladungsfrequenz als auch Pulsform können art-, alters- und geschlechtsspezifisch sein. Dabei wird die Pulsform durch den Feinbau der elektrischen Organe, die Pulswiederholungsrate durch die Aktivität zentraler Schrittmacherneurone bestimmt. Die Schrittmacherneurone entscheiden darüber, ob ein Fisch ein Wellenentlader (Pulsintervall ≤ Pulsdauer) oder ein Pulsentlader (Pulsintervall > Pulsdauer) ist.

Schon in der Antike war bekannt, dass manche Fische bei Berührung schockartige Empfindungen auslösen. Diese Fische, zu denen die Malapteruridae (afrikanischer Zitterwels, *Malapterurus*), die Torpedinidae (Zitterrochen *Torpedo*), die Uranoscopidae (Sterngucker, *Astroscopus*) und die Electrophoridae (Zitteraale) gehören (◘ Abb. 25.1), werden als **stark elektrische Fische** bezeichnet und geben bei Gefahr, aber auch zum Betäuben oder Töten ihrer Beute, elektrische Entladungen (Dauer 1–200 ms) mit hoher Stromstärke oder hoher Spannung ab. Dabei bestimmt die Leitfähigkeit des Wassers im natürlichen Lebensraum, ob eine Art Stromstöße hoher Spannungen oder hoher Stromstärke generiert, denn im Süßwasser lassen sich aufgrund der geringen Leitfähigkeit zwar leicht hohe Spannungen, aber nur schwer hohe Stromstärken erzeugen. Vermutlich aus diesem Grund generieren die im Süßwasser lebenden Zitteraale (*Electrophorus electricus*, Länge bis zu 2,5 m, Gewicht bis über 20 kg) elektrische Signale, die eine Stromstärke von weniger als 1 A aufweisen, aber eine Spannung von bis zu 800 V haben. Im Meerwasser sind die Verhältnisse umgekehrt: Dort lassen sich wegen der großen Leitfähigkeit des Mediums nur schwer Signale mit hohen Spannungsamplituden erzeugen. Demzufolge generieren marine Zitterrochen (*Torpedo*, Länge bis zu 1,2 m, Gewicht bis zu 40 kg) Signale, die eine Spannung von nur 50 V, aber eine Stromstärke von bis zu 50 A haben. Elektrische Pulse dieser Stärke sind auch für den Menschen gefährlich.

Einige Arten können sowohl starke als auch schwache Signale erzeugen. Der Zitteraal, *Electrophorus electricus*, hat drei elektrische Organe, deren Masse bis zu 40 % seines Körpergewichts ausmachen kann. Das Hauptorgan und das **Hunter*-Organ** des Zitteraals sind für die starken Entladungen (bis 500 V) verantwortlich, während das **Sachs-Organ** schwache Entladungen (bis 10 V) produziert, die zur innerartlichen Elektrokommunikation eingesetzt werden. Auch der Zitterrochen, *Narcine brasiliensis*, besitzt neben seinem Hauptorgan ein akzessorisches elektrisches Organ. Während die Pulse des Hauptorgans eine Amplitude von 25–35 V haben, erzeugt das akzessorische Organ Pulse mit einer Amplitude von 0,1–1 V.

Erst im letzten Jahrhundert hat man entdeckt, dass viele Fischarten zwar keine fühlbaren Stromstöße erzeugen, aber dennoch kontinuierlich schwache elektrische Signale generieren. Zu diesen **schwach elektrischen Fischen** gehören Vertreter der Batoidae, einige Siluriformes (*Clarias*, *Synodontis*), Sternopygidae, Rhamphichthyidae, Hypopomidae, Apteronotidae (Schwanzflossen-Messerfische), Gymnotidae (Messerfische), Gymnarchidae und Mormyridae (Nilhechte) (◘ Abb. 25.1). Mit Ausnahme der Echten Rochen, die bis auf wenige Arten marin sind, kommen alle schwach elektrischen Fische nur im Süßwasser der tropischen Regionen Afrikas oder Südamerikas vor.

Bei **schwach elektrischen Fischen** erreichen die elektrischen Entladungen außerhalb des Wassers Spannungsamplituden von nur wenigen Volt. Die Amplitude der elektrischen Organentladung des Sternguckers *Astroscopus* liegt zwischen der von schwach und der von stark elektrischen Fischen. Die Entladungen von elektrischen Fischen führen zur Ausbildung von dipolförmigen elektrischen Feldern, die durch Objekte, deren Leitfähigkeit sich von der des Wassers unterscheidet, lokal verändert werden. Diese Veränderungen können schwach elektrische Fische mit ihren hochempfindlichen Elektrorezeptoren registrieren. Schwach elektrische Fische nutzen diese Fähigkeit sowohl zur innerartlichen Kommunikation als auch zur Objekterkennung und Objektlokalisation. Das elektrische Feld eines schwach elektrischen Fisches (◘ Abb. 19.4, ◘ Abb. 25.1) reicht aus, um Objekte bis zu einer Entfernung von etwa einer Körperlänge (ca. 10–20 cm) wahrzunehmen.

25.2 Elektrische Organe

25.2.1 Aufbau von Elektrocyten

Myogene Elektrocyten

Die elektrischen Organe der elektrischen Fische haben entweder einen myogenen oder einen neurogenen Ursprung. Die myogenen Organe leiten sich von Muskelzellen ab, deren kontraktiler Apparat nicht ausgebildet wurde. Bei den myogenen Organen blieb der für Muskeln typische cholinerge Mechanismus zur Auslösung einer Depolarisation erhalten. Je nach Lage und Innervierung der elektrischen Organe (◘ Abb. 25.2) wird ihr Ursprung in Augen- (Uranoscopidae), Kiemen- (Torpedinidae) oder Skelettmuskelzellen gesehen. Elektrische Organe werden entweder von Gesichtsnerven (N. facialis, N. glossopharyngeus, N. vagus) oder von spinalen Motoneuronen innerviert. Die unterschiedliche Herkunft und Innervierung sowie die Tatsache, dass elektrische Organe in den unterschiedlichsten Fischgruppen vorkommen, legt die Vermutung nahe, dass sie während der Evolution mehrmals unabhängig voneinander entstanden sind.

In den elektrischen Organen wurden Muskelzellen zu scheibenförmigen, mehrkernigen **Elektrocyten** (Elektroplaxe, Elektroplatten) umgewandelt. Diese stellen die funktionellen Einheiten der elektrischen Organe dar und sind 10–30 µm (bei *Torpedo*) oder bis zu 100 µm (bei den Mormyriden) dick. Die seitliche Ausdehnung der Elektrocyten kann bis zu 30 mm (beim Zitteraal) betragen. Auf einer Seite werden die Elektrocyten durch Blutgefäße versorgt. Die andere Seite wird von stark verzweigten Motoneuronen kontaktiert, die an ihren Endigungen cholinerge Synapsen bilden (bei einigen Arten sind die Elektrocyten beidseitig innerviert). Die innervierte Seite erscheint im mikroskopischen Bild meist glatt und ist – am stärksten ausgeprägt beim Zitterrochen – dicht mit **nicotinischen Acetylcholinrezeptoren** besetzt. Die nichtinnervierte Seite weist bei einigen Arten eine beträchtliche Oberflächenvergrößerung durch Papillen auf (◘ Abb. 25.1). Diese Oberflächenvergrößerung dient offensichtlich dem verbesserten Stoffaustausch und erhöht die Leitfähigkeit und die elektrische Kapazität eines Electrocyts. In den elektrischen Organen der stark und schwach elektrischen Fische sind die Elektrocyten zu Säulen übereinandergelagert (Abb. 25.3). Die innervierten Seiten der Elektrocyten sind dabei immer zur gleichen Seite ausgerichtet.

Es gibt eine Vielzahl unterschiedlicher Typen von **Elektrocyten**, doch nur drei Elemente bestimmen den Beitrag eines Elektrocyts an der Form des elektrischen Impulses: 1. die Morphologie, 2. die Zahl und Verteilung aller Ionenkanäle und Ionenkanaltypen und 3. das Innervierungsmuster. Die Verteilung der Ionenkanäle ist nicht gleichmäßig, deshalb generieren unterschiedliche Regionen eines Elektrocyts unterschiedliche Stromkomponenten. Die einzelnen Stromkomponenten summieren sich im Extrazellularraum und erzeugen so das artspezifische Signal.

Beim **Zitteraal** *Electrophorus* kontaktieren die Motoneurone die Elektrocyten über kurze, stielartige Ausstülpungen. Bei Aktivierung der Motoneurone werden in diesen Ausstülpungen Aktionspotenziale generiert und zum Elektrocyt weitergeleitet. Auf der innervierten Seite des Elektrocyts laufen somit ganz ähnliche Vorgänge ab wie in der Membran einer quergestreiften Muskelzelle (► Abschn. 23.2.4). Allerdings ist beim Zitteraal die Repolarisation zur Wiederherstellung des Ruhepotenzials des Elektrocyts nicht wie bei der Muskelfaser mit einer Erhöhung der K^+-Leitfähigkeit verbunden.

Legt man an die innervierte Seite eines Elektrocyts des **Zitteraals** zwei Elektroden an, beträgt die Potenzialdifferenz 0 mV. Führt man die Spitze einer der beiden Elektroden in den Elektrocyt ein, misst man ein Ruhemembranpotenzial von –84 mV. Während einer Erregung des Elektrocyts, die durch elektrische Reizung des Motoneurons oder mithilfe von **Acetylcholin** ausgelöst werden kann, tritt eine Depolarisation von +67 mV auf. Sticht man die Spitze der eingeführten Elektrode durch den Elektrocyt hindurch, misst man während einer Depolarisationsphase zwischen der nichtinnervierten und der innervierten Seite eine Potenzialdifferenz von 150 mV. Die Erklärung für diesen Befund liefert eine zweite Messreihe. Wiederholt man die Messungen von der nichtinnervierten Seite aus, beträgt das Ruhemembranpotenzial des Elektrocyts ebenfalls –84 mV. Während der Erregung

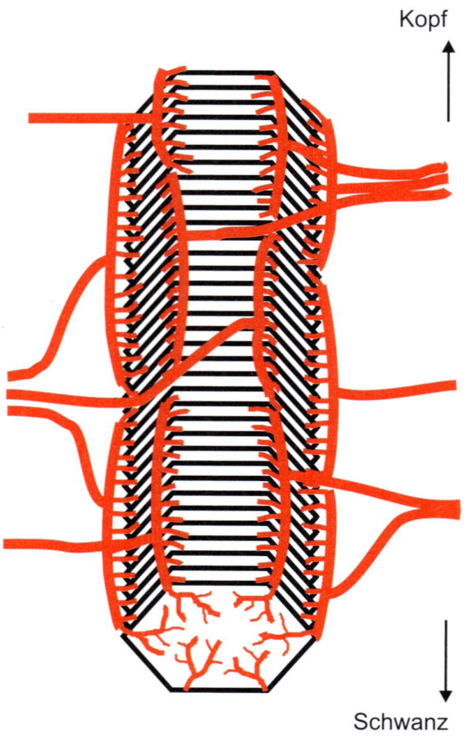

Abb. 25.3 Schematischer Ausschnitt aus einem Elektrocytenstapel (»Säule«) eines elektrischen Organs von *Torpedo* bzw. *Astroscopus* mit Nerven (rot). (Nach Grundfest H (1960) Electric Organ (Biology). Mc Graw-Hill Encyclopedia of Science and Technology 4, 427–433.)

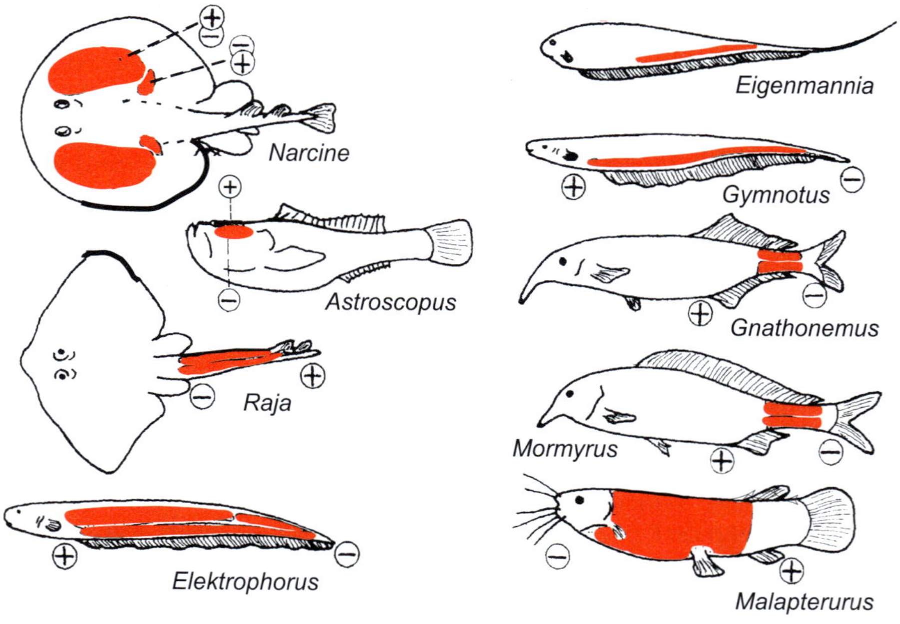

Abb. 25.2 Elektrische Fische. Rot: Lage der elektrischen Organe. + bzw. – weisen auf die Polarität der elektrischen Felder während der Spitze einer Entladung hin.

der innervierten Seite tritt auf der nichtinnervierten Seite jedoch keine Potenzialänderung auf. Dies zeigt, dass bei *Electrophorus* die nichtinnervierte Seite nicht erregbar ist. Ein Durchstechen der Zelle mit der Elektrode auch beim zweiten Versuchsansatz, jetzt aber durch die innervierte Membran, führt während deren Erregung ebenfalls zu einer Potenzialdifferenz von 150 mV. Durch die Ladungsumkehr der innervierten Fläche während der Erregung ist diese für die Dauer des Aktionspotenzials (ca. 2,5 ms) gegenüber der nichtinnervierten Seite negativ geladen (**monophasische Entladung**, ◻ Abb. 25.4, ◻ Abb. 25.5a).

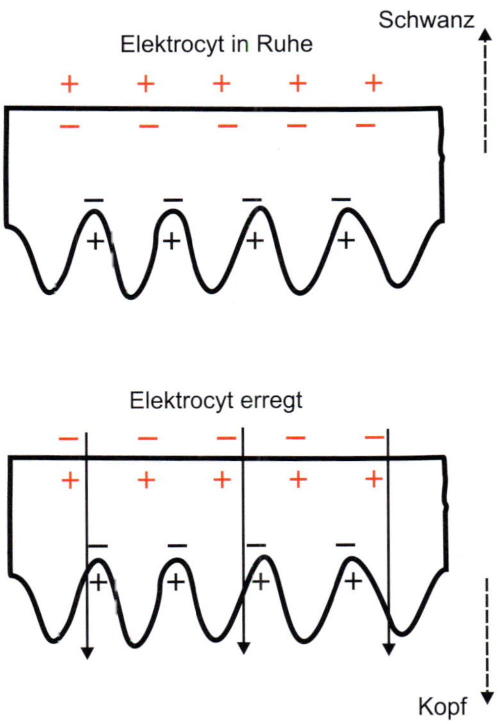

◻ **Abb. 25.4** Elektrocyten und Membranpotenziale ihrer cranialen (nichtinnervierten) bzw. caudalen (innervierten) Seite während der Ruhe (oben) und der Aktivität (unten) von *Electrophorus electricus*. Die durchgezogenen Pfeile zeigen die Stromrichtung nach der Polarisationsumkehr der caudalen Seite während der Aktivität an. (Aus Keynes RD, Martins-Ferreira H (1953) Membrane potentials in the electroplates of the electric eel. J Physiol 119, 315–351.)

Beim Zitterwels (*Malapterurus electricus*) tragen die Elektrocyten ebenfalls stielartige Fortsätze, die mit den Motoneuronen in Verbindung stehen. Anders als beim Zitteraal ist allerdings sowohl die craniale, nichtinnervierte, Seite als auch die caudale, innervierte, Seite des Elektrocyts elektrisch erregbar. Eine Entladung des elektrischen Organs ist beim Zitterwels somit das Ergebnis von Potenzialänderungen beider Seiten des Elektrocyts. Die Potenzialdauer auf der innervierten Seite ist mit 0,3 ms allerdings sehr kurz und wird von der etwa 2 ms langen Aktivität der nichtinnervierten Seite überdauert.

Bei **marinen elektrischen Fischen** (*Raja*, *Astroscopus*, *Narcine*, *Torpedo* u. a.) lässt sich die innervierte Seite eines Elektrocyts aufgrund ihrer Funktionsweise eher mit einer großen elektromotorischen Endplatte vergleichen. Die innervierte Seite ist bei diesen Fischen elektrisch nicht erregbar, da sie keine spannungssensitiven Ionenkanäle enthält. Bei Reizung der Motoneurone kann man demzufolge lediglich ein Endplattenpotenzial messen. Auf der nichtinnervierten Seite bleibt auch hier, wie bei *Electrophorus*, während der Aktivität des Elektrocyts das Potenzial unverändert, sodass zwischen beiden Seiten eines Elektrocyts für die Dauer der Depolarisation eine Potenzialdifferenz von bis zu 100 mV auftreten kann. Die elektrischen Signale von *Raja erinacea* haben eine Dauer von 68 ± 16 ms, die von *R. ocellata* von 189 ± 40 ms.

Sehr viel komplexer als bei allen bisher genannten Arten sind die Verhältnisse bei den Mormyriden, Gymnarchiden und Gymnotiden. Bei diesen Fischen sind, wie beim Zitterwels, bei vielen (aber nicht bei allen) Arten beide Seiten des Elektrocyts elektrisch erregbar, wobei die beiden Seiten einzelner Arten unterschiedliche elektrische Eigenschaften besitzen. Bei *Mormyrus rume* wird zuerst die innervierte Seite depolarisiert, dann folgt die Weiterleitung der Erregung und verzögert die Potenzialumkehr auf der nichtinnervierten Seite. Die Folge ist eine **diphasische Entladung** (◻ Abb. 25.5). Während einer Entladung können nacheinander zwei Ströme in entgegengesetzter Richtung gemessen werden.

Die Elektrocyten von *Gnathonemus petersii* (Mormyridae) haben stielartige Ausstülpungen, die aber viel länger und komplexer gebaut sind als die der Elektrocyten von *Electrophorus*. Die craniale Membran der Elektrocyten zeigt tiefe, schlauch-

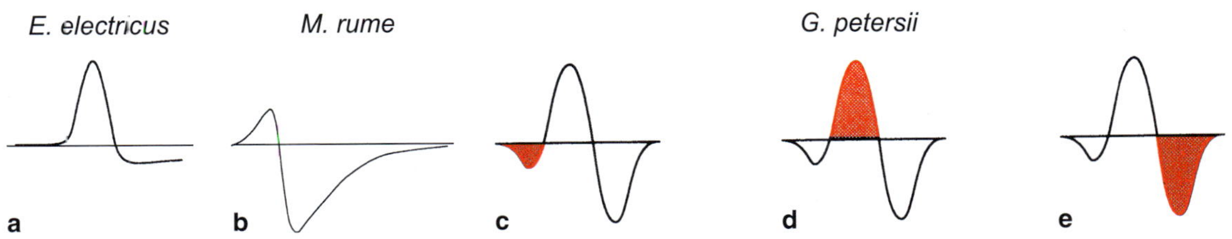

◻ **Abb. 25.5** Beispiele für unterschiedliche Entladungstypen. **a** Monophasische Entladung beim Zitteraal, *Electrophorus electricus*. **b** Diphasische Entladung bei *Mormyrus rume*. **c–e** Triphasische Entladung bei *Gnathonemus petersii*. Die Dauer der Einzelentladungen beträgt zwischen 0,3 und 3 ms. Die roten Flächen in **c–e** markieren Phasen, in denen der Kopf von *G. petersii*, bezogen auf den Schwanz des Tieres, infolge der Depolarisation der Stiele negativ (**c**), durch das darauffolgende Aktionspotenzial der caudal gelegenen Membran der Elektrocyten positiv (**d**) und danach wiederum durch die Erregung der cranialen Elektrocytenmembran negativ (**e**) geladen ist (s. Text). (Nach Emde G, Schwarz S (2001) How the electric fish brain controls the production and analysis of electric signals during active electrolocation. Zool 103, 112–124.)

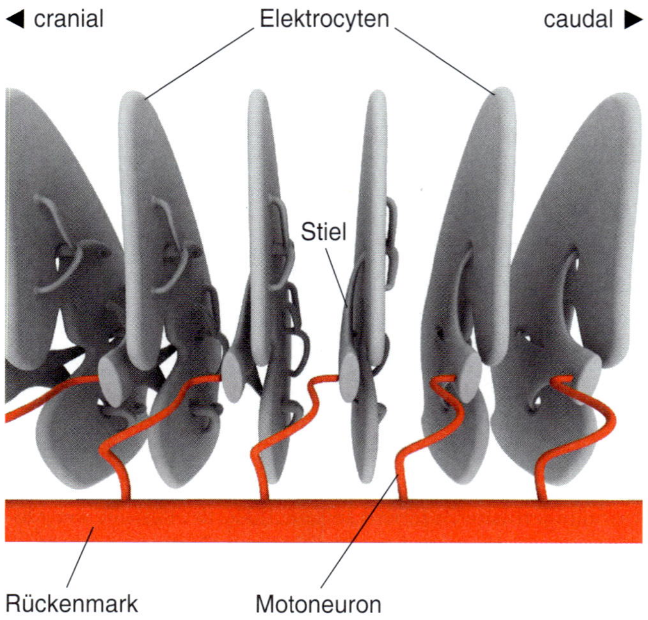

Abb. 25.6 Ausschnitt aus einer Säule von *Gnathonemus petersii* mit sechs von ca. 100 scheibenförmigen Elektrocyten.

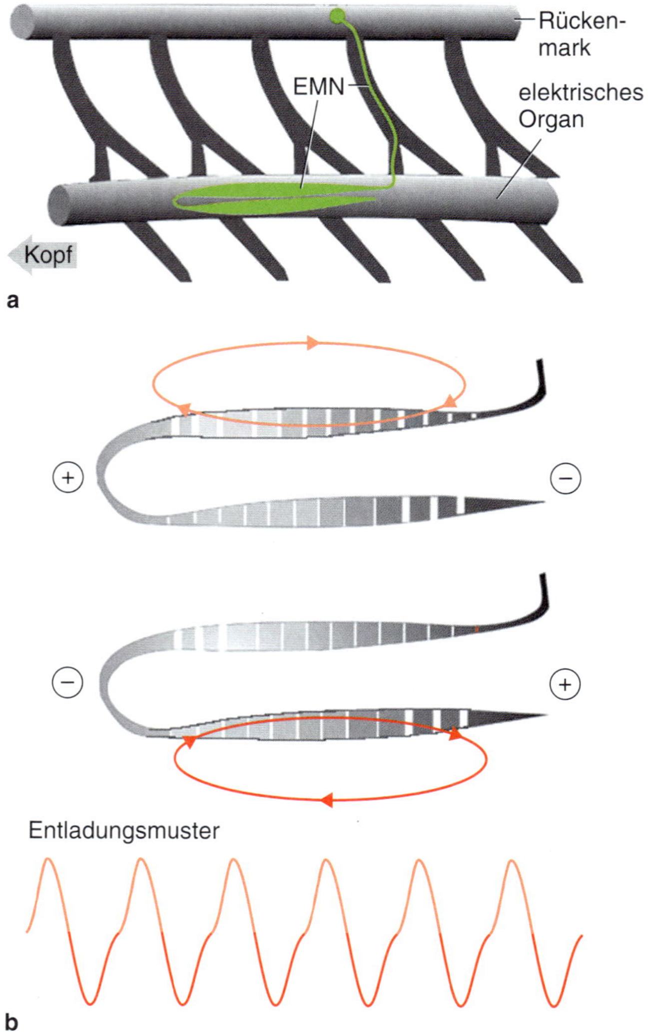

Abb. 25.7 Neuronaler Elektrocyt. **a** Der Elektrocyt besteht aus einem peripheren Elektromotoneuron, dessen Soma im Rückenmark liegt und das innerhalb des elektrischen Organs zwei Bereiche mit vergrößertem Durchmesser aufweist. In dem elektrischen Organ zieht jedes Elektromotoneuron über mehrere Segmente zunächst in rostraler Richtung, wendet dann um 180° und zieht anschließend in caudaler Richtung bis zum Ausgangspunkt zurück. **b** Vermuteter Stromverlauf (Ovale mit Pfeilen) während einer Entladung und Entladungsmuster. EMN = Elektromotoneuron. (Nach Caputi AA (2011) Electric organs. In: Farrell (Hrsg) Encyclopedia of fish physiology: From genome to environment. Academic Press, San Diego, S. 387–398, verändert.)

artige Einsenkungen, die bis dicht an die caudale Membran heranreichen. Der Basis dieser Einsenkungen entspringen »Stiele«, die an der cranialen Oberfläche der Elektrocyten aus den schlauchartigen Einsenkungen hervortreten und sich miteinander verbinden. An der Oberfläche dieses Geflechts von Stielen befinden sich zahlreiche synaptische (cholinerge) Verknüpfungen mit Motoneuronen (Abb. 25.6). Eine Aktivierung der Motoneurone führt zunächst auf der cranialen Seite der Elektrocyten zu einer Depolarisation der Stiele (Kopf des Fisches schwach negativ geladen, Abb. 25.5c), die auf die caudale Seite der Elektrocyten weitergeleitet wird und dort ein Aktionspotenzial auslöst (Kopfladung positiv, Abb. 25.5d). Dieses Aktionspotenzial erregt wiederum die craniale Seite der Elektrocyten (Kopfladung negativ, Abb. 25.5e). Der Nervenimpuls löst somit eine Antwort aus, die sich aus drei Komponenten zusammensetzt, bei denen sich Stromrichtung und Polarität des Potenzials jeweils umkehren (**triphasische Entladung**).

Neuronale Elektrocyten

Neuronale Elektrocyten leiten sich nicht von Muskelzellen, sondern von Motoneuronen ab. Sie kommen nur bei den Apteronotidae (Schwanzflossen-Messeraale) vor. Die Elektromotoneurone haben bei *Apteronotus albifrons* ein haarnadelförmiges Aussehen und bilden einen Plexus, der ventral vom Rückenmark in Längsrichtung des Fisches verläuft. In dem neurogenen elektrischen Organ von *A. albifrons* zieht jedes Elektromotoneuron über mehrere Segmente zunächst in rostraler Richtung, wendet dann um 180° und zieht anschließend in caudaler Richtung bis zum Ausgangspunkt zurück (Abb. 25.7). Die beiden langen Abschnitte eines Elektromotoneurons haben einen Durchmesser von bis zu 100 µm. Im Gegensatz dazu beträgt der Durchmesser der Elektromotoneurone am Anfang und am Wendepunkt nur wenige Mikrometer. In den Bereichen, in denen der Durchmesser des Elektromotoneurons klein ist, haben die Ranvier-Schnürringe in etwa dieselbe Größe wie in jeder normaler Nervenzelle. In den Bereichen mit großem Durchmesser sind die Ranvier-Schnürringe demgegenüber nicht nur sehr breit, sondern auch nicht erregbar. Diese breiten und nicht erregbaren Schnürringe bilden die morphologische Grundlage für die Bildung starker Auswärtsströme. Die Auswärtsströme im dorsalen Arm des Elektromotoneurons generieren einen

Vorwärtsstrom, der die kopfpositive Phase der elektrischen Organentladung darstellt. Wenn dieser Vorwärtsstrom den Wendepunkt erreicht, wird dort ein Aktionspotenzial generiert, das sich im ventralen Arm des Elektromotoneurons in caudaler Richtung ausbreitet. Da der ventrale Arm im mittleren Bereich ebenfalls nicht erregbar ist, kommt es dort wiederum zu starken Auswärtsströmen, jetzt allerdings in caudaler Richtung. Diese caudalen Auswärtsströme sind für die kopfnegative Phase der elektrischen Organentladung verantwortlich.

25.2.2 Aufbau elektrischer Organe

Elektrische Organe bestehen aus vielen Hundert bis vielen Tausend Elektrocyten. Durch **Serienschaltung der Elektrocyten** innerhalb einer Säule und durch synchrone Depolarisation aller Elektrocyten einer Säule werden die Einzelpotenziale nach dem Prinzip einer **Volta*-Säule** summiert. Die Höhe des Gesamtpotenzials hängt damit wie bei hintereinandergeschalteten Batterien von der Zahl der Elektrocyten pro Säule ab. Bei den Zitteraalen (*Electrophorus electricus*) liegen ca. 70 Säulen in jeder Körperhälfte, jede Säule enthält bis zu 10 000 in Serie geschaltete Elemente. Ein Tier mit 6000 Elektrocyten pro Säule kann so eine Spannung von ca. 500 V erzeugen (der theoretisch mögliche Wert von 900 V wird wegen in- und externer induktiver bzw. Ohm'scher Widerstände nicht erreicht). *Torpedo nobiliana* besitzt bis zu 1000 parallelgeschaltete Säulen mit jeweils 500–1000 Elektrocyten. Durch die Parallelschaltung der zahlreichen Säulen können Stromstärken von bis zu 50 A erzielt werden. Mormyriden und Gymnotiden haben zusätzlich larvale elektrische Organe, die schon bei wenige Tage alten Tieren elektrische Signale aussenden, welche wahrscheinlich zur Elektrokommunikation eingesetzt werden. Die larvalen Organe werden nach ca. 50 Tagen durch adulte elektrische Organe ersetzt.

25.3 Zentrale Schrittmacher

Auslösung und Steuerung der elektrischen Organentladungen müssen so erfolgen, dass die Elektrocyten aller Säulen gleichzeitig aktiviert werden, denn nur so ist eine Summation der Einzelentladungen zur Gesamtentladung möglich. Die Befehle (*commands*) zur Aktivierung der Elektrocyten gibt ein **Schrittmachernucleus** (*command nucleus*) in der **Medulla oblongata**, der bei *Gnathonemus petersii* aus 15–20 multipolaren Neuronen besteht (Durchmesser der Zellkörper 30 µm). Die synchrone Entladung dieser Neurone aktiviert einen benachbarten **Relaisnucleus** (*relay nucleus*), der 25–30 große Zellen enthält (Durchmesser 40–50 µm). Deren Axone ziehen im Rückenmark zu den elektromotorischen Neuronen und lösen dort eine synchrone Antwort aus, die die Elektrocyten aktiviert und so eine Entladung des elektrischen Organs bewirken. Da der Abstand zwischen dem Relaisnucleus und den Elektrocyten von ihrer Lage (kopfnah oder schwanznah) abhängt und die Aktionspotenziale eine vergleichsweise niedrige Ausbreitungsgeschwindigkeit haben, würden die Aktionspotenziale die näherliegenden Elektrocyten früher erreichen, als die weiter entfernt liegenden. Um dies zu verhindern und alle Elektrocyten gleichzeitig anzusprechen, besitzen die Axone der verschiedenen Motorneurone unterschiedliche Leitungsgeschwindigkeiten. Die unterschiedlichen Leitungsgeschwindigkeiten werden unter anderem durch unterschiedliche Faserdurchmesser erreicht.

25.4 Elektrische Organe als Modellsystem

Für den vergleichenden Zoologen ist es immer wieder spannend, die Vielfalt eines Organsystems zu untersuchen. Bei vergleichenden Untersuchungen entdeckt man dann häufig strukturelle oder funktionelle Besonderheiten, die sich sehr gut zur Bearbeitung einer allgemeinen Fragestellung eignen. So wurden aus elektrischen Organen aufgrund ihrer hohen Dichte erstmals **nicotinische Acetylcholinrezeptoren** (► Abschn. 1.5.6) in reiner Form isoliert, die Aminosäuresequenzen von Rezeptormolekÿluntereinheiten sowie die Struktur eines Ionenkanals aufgeklärt. Diese Kanäle wurden auch erstmals in aktiver Form in künstliche Membranen integriert, was die Untersuchung ihrer Funktionsweise unter kontrollierten Bedingungen ermöglichte. Untersuchungen an elektrischen Organen haben schließlich der Hypothese, dass bei den Wirbeltieren Acetylcholin an der neuromuskulären Synapse als Transmitter fungiert, zum Durchbruch verholfen.

Elektrische Organe haben sich auch für die Hormonforschung (► Kap. 14) als nützliches Modellsystem erwiesen. Da bei vielen Fischarten männliche und weibliche Individuen elektrische Organentladungen unterschiedlicher Dauer oder Wellenform erzeugen, lag die Vermutung nahe, dass dafür Sexualhormone verantwortlich sind. In *Brienomyrus brachyistius* ist die elektrische Organentladung des Männchens fast dreimal so lang (2,3 ms) wie die des Weibchens (0,9 ms). Wenn Weibchen von *B. brachyistius* mit 17α-Methyltestosteron behandelt werden, verlängert sich die Dauer ihrer elektrischen Organentladung innerhalb von zwei bis drei Wochen auf 2,3 ms. Hört man mit der Testosteronbehandlung auf, verkürzen sich die Signale innerhalb weniger Wochen wieder auf den ursprünglichen Wert. Die anteriore Seite der Elektrocyten von *B. brachyistius* weist Papillen und Einstülpungen auf, die ihre Oberfläche vergrößern. Bei den Männchen und den hormonbehandelten Weibchen sind diese Papillen sowie die Tiefe der Einstülpungen vergrößert. Diese Oberflächenvergrößerung verändert den Widerstand und die Kapazität der anterioren Seite, die Folge ist eine Zunahme der Dauer der Organentladung. Elektrocyten sind damit, ebenso wie die Zellen der Syrinx der Singvögel oder der Larynx der Amphibien, Zielzellen für Androgene. Biochemische Untersuchungen haben gezeigt, dass das Cytosol der elektrischen Organe der Männchen von *B. brachyistius* eine viermal so hohe Androgenkonzentration aufweist wie das der Weibchen. Weitere Hormoneffekte beinflussen die Dichte und Verteilung verschiedener Ionenkanäle, zum Beispiel die von Na^+-Kanälen.

25.5 Fragen zum Selbststudium

- Was sind Pulsentlader (Wellenentlader)?
- Nennen Sie den physiologischen Unterschied zwischen schwach und stark elektrischen Fischen.
- Warum kommen schwach elektrische Fische nur in den Tropen vor?
- Welchen Ursprung haben myogene (neurogene) elektrische Organe?
- Was sind Elektrocyten? Welche Typen von Elektrocyten gibt es?
- Welche Funktion hat ein Schrittmachernucleus?
- Welchen Einfluss haben Androgene auf elektrische Organe?

Weiterführende Literatur

Allgemeines

Bass A (1986) Electric organs revisited. Evolution of a vertebrate communication and orientation organ. In: Electroreception (Bullock TH, Heiligenberg W, eds.). John Wiley and Sons, New York, pp. 13-70.

Bullock TH, Hopkins CD, Popper AN, Fay RR (2005) Electroreception. Springer Handbook of Auditory Research. Vol. 21. Springer Verlag, New York.

Bennett MVL (1970) Comparative Physiology: Electric organs. Annual Review of Physiology 32, 471-528.

Caputi AA (2005) Electric organs and their control. In: Electroreception (Bullock TH, Hopkins CD, Popper AN, Fay RR, eds.) Springer, New York, pp. 410-452.

Kramer B (1996) Electroreception and communication in fishes. Gustav Fischer Verlag, Stuttgart.

Moller P (1995) Electric fishes. History and behavior. Chapman and Hall, London.

Spezielle Aspekte

Alves-Gomes JA, Orti G, Haygood M, Heiligenberg W (1995) Phylogenetic analysis of the South American electric fishes (order Gymnotiformes) and the evolution of their electrogenic system: a synthesis based on morphology, electrophysiology, and mitochondrial sequence data. Molecular Biology and Evolution 12, 298-318.

Alves-Gomes JA (1997) Molecular insights into phylogeny of Mormyriform fishes and the evolution of their electrical organs. Brain, Behavior and Evolution 49, 324-350.

Caputi AA (2011) Electric organs. In: Farell A (ed.) Encyclopedia of Fish Physiology. From Genome to Environment. San Diego: Academic Press.

Grundfest H (1960) Electric Organ (Biology). Mc Graw-Hill Encyclopedia of Science and Technology 4, 427-433.

Markam MR B (2013) Electrocyte physiology: 50 years later. Journal of Experimental Biology 216, 2451-2458.

von der Emde G, Schwarz S (2001) How the electric fish brain controls the production and analysis of electric signals during active electrolocation. Zoology 103, 112-124.

Zakon H (1987) Hormone-mediated plasticity in the electrosensory system of weakly electric fish. Trends in Neuroscience 10, 416-421.

Zakon H (1993) Weakly electric fish as model systems for studying long-term steroid action on neural circuits. Brain, Behavior and Evolution 42, 242-251.

Produktion von Licht (Biolumineszenz)

26.1 Primäres und sekundäres Leuchten

Lumineszenz und **Fluoreszenz** sind Begriffe, mit denen die Eigenschaften von Systemen beschrieben werden, die unter bestimmten Umständen im sichtbaren Teil des elektromagnetischen Spektrums liegende Strahlung aussenden. Die Anregung der Systeme zur Emission von Licht kann entweder im Zuge chemischer Reaktionen entstehen (Lumineszenz) oder durch Anregung durch energiereichere Strahlung. Im zweiten Fall wird das Licht (Fluoreszenzlicht) erst während des Übergangs des angeregten Moleküls in den Grundzustand abgegeben. Mit dem Begriff **Biolumineszenz** beschreibt man die Erscheinung, dass Lebewesen sichtbares Licht erzeugen. Die Lichtemission erfolgt teilweise mit sehr hoher Intensität. Sie ist mit einer sehr geringen Wärmeentwicklung verbunden (»kaltes Licht«). Lumineszenz kann bei Tieren auch mit Fluoreszenz gekoppelt auftreten.

Biolumineszenz ist im Tierreich weit verbreitet, besonders bei **marinen Tieren**, aber auch bei einigen **terrestrischen Formen** (Arthropoden). Bei Süßwasserformen ist sie dagegen selten. Es ist bisher nur eine limnische Art mit echter Biolumineszenz bekannt, die neuseeländische Schnecke *Latia neritoides*. Im Meer zeigen viele der in größerer Tiefe lebenden Arten (Quallen, Copepoden, Garnelen, Cephalopoden und Knochenfische) Biolumineszenz. Im Oberflächenwasser kommen leuchtende Flagellaten und Ctenophoren (*Pleurobrachia*) vor. Der Flagellat *Nocticula miliaris* kann bei Massenauftreten das nächtliche Meeresleuchten hervorrufen. Auf dem Land sind es besonders die nachts fliegenden **Leuchtkäfer** und die an dunklen Orten lebenden **Pilzmücken**, die Leuchterscheinungen zeigen. In der mitteleuropäischen Fauna kommen drei Leuchtkäferarten vor: *Lampyris noctiluca*, *Phausis splendidula* und die seltenere Art *Phosphaenus hemiptera*. Die im Volksmund verbreitete Bezeichnung »Glühwürmchen« ist darauf zurückzuführen, dass die flügellosen Weibchen eine wurmförmige Gestalt haben.

Die Biolumineszenz kann vom Tier selbst hervorgerufen werden (**primäres Leuchten** oder Selbstleuchten) oder mithilfe symbiotischer Bakterien erfolgen (**sekundäres Leuchten** oder Fremdleuchten). Eine **sekundäre Biolumineszenz** mithilfe symbiotischer Bakterien ist bei Cephalopoden, so bei einigen der im flachen Wasser lebenden Myopsiden (Tintenschnecken) wie *Sepiola* (Zwergtintenfisch) und vielen Fischen bekannt. Die meisten lumineszierenden Fische der Küsten benötigen Bakterien, um zu leuchten. Bakterielle Systeme bedingen aber auch die Biolumineszenz ozeanischer Fische der verschiedenen Tiefenzonierungen, zum Beispiel die der benthopelagischen Makrouriden (Grenadierfische), der mesopelagischen Opisthoproktiden (Gespensterfische) und der bathypelagischen Antennariidae (Anglerfische). Alle lumineszierenden Bakterien benötigen Meerwasser oder andere salzhaltige Medien für ihre Existenz und Funktion. Sie befinden sich bei Tieren innerhalb drüsenartiger Gebilde oder in sack- bzw. röhrenartigen Strukturen. Alle bakteriellen Leuchtorgane sind mit der Außenwelt verbunden, entweder direkt durch einen Porus oder über den Darm. Jedes Tier kann ein oder mehrere **Leuchtorgane** (**Photophoren**) haben. Im Fall mehrerer Leuchtorgane sind diese aber immer einheitlich gebaut. Obwohl die Lichterzeugung durch die Bakterien gewöhnlich ununterbrochen erfolgt, kann in bestimmten Fällen die nach außen tretende Lichtmenge reguliert werden. Bei den im flachen Wasser der Banda-See (Ost-Indonesien) beheimateten Laternenfischen *Anomalops* und *Photoblepharon* liegen die paarigen, großen Leuchtorgane am Kopf unterhalb der Augen. Während *Anomalops* sie durch Abwärtsrotation verbergen kann, besitzt *Photoblepharon* eine undurchsichtige Membran, die über das Organ gezogen werden kann. Die Lichtemission kann so auch als Lichtblitz erfolgen, was diesen Arten den Beinamen »Blitzlichtfische« eingebracht hat. Durch eine Reflektorschicht am Grund des Leuchtorgans, das von innen her außerdem von einer Pigmentschicht begrenzt wird, wird die nach außen abgestrahlte Lichtmenge noch vergrößert. Bei dem Cephalopoden *Sepiola* wird sowohl ein solcher Reflektor als auch eine Linse über dem Leuchtorgan ausgebildet.

Die **primäre Lumineszenz** (Selbstleuchten) kann im Inneren von eigenen Körperzellen der Tiere (intrazelluläre Lumineszenz) oder nach Abgabe des Leuchtstoffs aus den Zellen im Extrazellularraum erzeugt werden (extrazelluläre Lumineszenz). Letzteres ist bei verschiedenen Muscheln (*Pholas* u. a.), Cephalopoden (*Heteroteuthis* u. a.), Polychaeten (*Chaetopterus* u. a.), Crustaceen (*Vargula* u. a.), Tiefseegarnelen (Pandalidae) und Knochenfischen (*Sarsia* u. a.) beobachtet worden.

Der im Jahr 2008 mit dem Nobelpreis für Chemie ausgezeichnete Entdecker des grün fluoreszierenden Proteins (**GFP**, *green fluorescent protein*) aus *Aequorea victoria*, Osamu Shimomura*, hatte schon 1956 das lichtemittierende Luciferinmolekül des Meeresglühwürmchens *Vargula hilgendorfii* (Ostracoda, früherer Gattungsname *Cypridinus*), das Coelenterazin, isoliert und charakterisiert. Schon im Zweiten Weltkrieg sollen japanische Soldaten Vorräte getrockneter Muschelkrebse in ihrer Ausrüstung mitgeführt haben. Mit Meerwasser wurde das Material zu einer Paste verrieben, die eine so intensive blaue Biolumineszenz abgab, dass man mit ihrer Hilfe im Dunkeln Karten lesen konnte.

Intrazelluläre Lumineszenz kommt bei Tieren häufiger vor, so bei Flagellaten (*Noctiluca* u. a.), Coelenteraten (*Aequorea*, *Pennatula* u. a.), Anneliden, einigen Pilzmücken (Mycetophilidae) sowie bei Leuchtkäfern (Lampyridae), Cephalopoden und Fischen. Während die Leuchtorgane bei den Insekten in der Regel aus dem Fettkörper hervorgehen, entstehen sie bei den Pilzmücken aus den Malpighi-Gefäßen. Durch Ausbildung von Reflektoren, Linsen und Pigmentschichten kann das Leuchtorgan einen hohen Differenzierungsgrad erreichen (■ Abb. 26.1).

Die Lichtproduktion bei der primären Lumineszenz ist nur selten kontinuierlich. Sie kann spontan erfolgen oder durch äußere Reize ausgelöst werden. Die Dauer des Leuchtens ist bei intrazellulärer Lumineszenz kürzer (0,1 bis einige Sekunden) als bei extrazellulärer (einige Sekunden bis Minuten). Berührt man die leuchtende Seefeder (*Pennatula phosphorea*) an irgendeiner Stelle des Polypenstocks, dann breitet sich von dort eine Lichtwelle mit einer Geschwindigkeit von etwa 5 cm s^{-1}

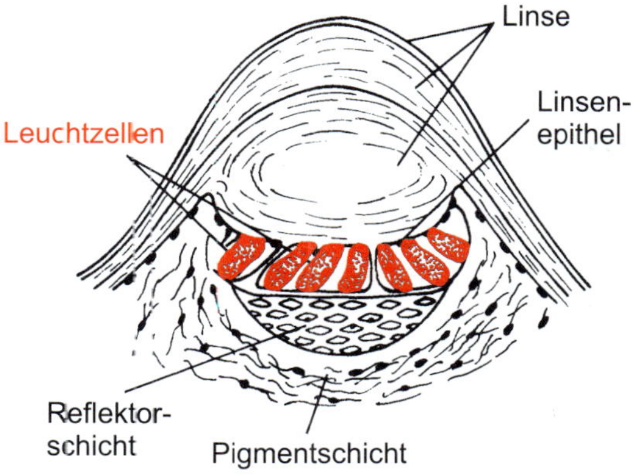

Abb. 26.1 Das Leuchtorgan der Tiefseegarnele *Sergestes*. (Nach Harvey EN (1920) Monographs on Experimental Biology: The nature of animal light. JB Lippincott Company, Philadelphia, Abb. 27, S. 79.)

über die gesamte Kolonie aus. Jeder Polyp leuchtet etwa 0,2 s lang auf. Auch bei Fischen kann durch Berührungs-, aber auch durch Lichtreize, eine Lumineszenz ausgelöst werden. Bei verschiedenen biolumineszenten Fischen ruft eine Injektion von Adrenalin ein Leuchten hervor.

Die Leuchtorgane der Fische und vieler anderer biolumineszenter Tiere scheinen unter nervöser Kontrolle zu stehen. Bei dem an der Pazifikküste Nordamerikas beheimateten Fisch *Porichthys* leuchten die am Kopf und Rumpf in Längsreihen angeordneten Organe der Reihe nach auf. Bei dem Glühwürmchen *Photuris* treten jeweils kurz vor dem Aufleuchten Impulssalven im Bauchmark auf. Das Geißeltierchen *Noctiluca* leuchtet nur nachts. Die Lumineszenz erreicht etwa 1 h nach Sonnenuntergang einen Gipfel. Etwa 1 vor Sonnenaufgang fällt die Leuchtintensität wieder ab. Dieser Lumineszenzrhythmus kann im Labor bei sehr schwacher Belichtung monatelang bestehen bleiben (innere Uhr).

26.2 Luciferine und Luciferasen

Bereits im Jahre 1887 wies der französische Physiologe Raphael Dubois im leuchtenden Schleim der Steinbohrmuschel *Pholas dactylus* zwei für die Lichtproduktion notwendige Komponenten nach, von denen die eine thermostabil und die andere thermolabil war. Auch bei vielen anderen biolumineszenten Tieren sind zwei organische Substanzen an der lichtproduzierenden Reaktion beteiligt, das Substrat **Luciferin**[554] und das Enzym **Luciferase**. Die Luciferine verschiedener Tierarten können verschiedenen Stoffgruppen angehören. Auch die Luciferasen sind von Tier zu Tier verschieden. Dasselbe gilt für weitere Substanzen, die auch noch für die Lichterzeugung notwendig sind, zum Beispiel bestimmte **Fluorochrome**.

Das Luciferin des Ostrakoden *Vargula* gehört zu den ersten, deren chemische Strukturen aufgeklärt wurden. *Vargula*-Luciferin ist ein Imidazolpyrazin (Abb. 26.2), das aus den Aminosäuren Tryptophan, Isoleucin und Arginin durch eine Ringschlussreaktion synthetisiert wird. Marine Vertreter dreier weiterer Tierstämme weisen ähnliche Luciferine auf. Neben den dekapoden Krebsen *Oplophorus* und *Heterocarpus* sind dies der Tintenfisch *Watasenia* und die zu den Anthozoen zählende Seefeder *Renilla* sowie die Qualle *Aequorea* (Abb. 26.2). Eine Reihe von Fischen (der Laternenfisch *Diaphus*, *Porichthys*, *Parapriacanthus* u. a.) haben ein Luciferin, das mit dem des Ostrakoden *Vargula* identisch ist. Vermutlich stammt ihr Luciferin, das in Darmdivertikeln gespeichert wird, aus den Crustaceen in der Nahrung und wird gar nicht von den Fischen selbst produziert. Im Gegensatz dazu sind die Luciferine der Leuchtkäfer (*Lampyris*), des Mollusken *Latia* (terpenoides Aldehyd), des Oligochaeten *Diplocardia* (einfaches Aldehyd) sowie der Leuchtbakterien strukturell vollkommen anders beschaffen (Abb. 26.2).

Relativ einfach gestalten sich die chemischen Vorgänge bei der Lumineszenz des Muschelkrebses *Vargula*, an denen neben Luciferin (**Vargulin**) und Luciferase (ein etwa 65 kDa großes Monomer aus 555 Aminosäuren) nur noch Sauerstoff und Wasser an der Reaktion beteiligt sind. Die Lumineszenzreaktion findet hier im extrazellulären Milieu statt. Man kann zwei verschiedene Drüsenzelltypen im Leuchtorgan unterscheiden. Wahrscheinlich produziert der eine Zelltyp die Luciferase und der andere das Luciferin. Die ausgestoßenen Sekretstoffe interagieren, wenn sie sich im umgebenden Seewasser miteinander vermischen. In der eigentlichen chemischen Reaktion (Abb. 26.3) wird das reduzierte Substrat in Gegenwart der Luciferase durch molekularen Sauerstoff oxidiert. Dadurch entsteht eine angeregte Form des oxidierten Vargulins, die unter Lichtausstrahlung (blau, λ_{max} = 463 nm) wieder in die Grundform übergeht. Die Quantenausbeute (Zahl der emittierten Photonen pro Luciferinmolekül) liegt bei dieser Reaktion bei 0,3.

Das bei der neuseeländischen Süßwasserschnecke *Latia neritoides* vorkommende Luciferin wird als ***Latia*-Luciferin** bezeichnet. Es wird nach der Freisetzung in den Schleim durch eine Luciferase (Homohexamer mit insgesamt 173 kDa) in Anwesenheit eines Cofaktors, des 39 kDa großen purpurfarbenen Proteins, zu einem Keton (Oxyluciferin) umgesetzt (Abb. 26.3). Dabei fallen Ameisensäure und Kohlendioxid als Spaltprodukte an. Die Quantenausbeute der hellgrünen Lichtemission (λ_{max} = 536 nm) ist allerdings recht gering (0,003), sodass der eigentliche Lichtemittent möglicherweise ein Flavin oder ein flavinähnliches Molekül ist, das die Schnecke ebenfalls in den Schleim sezerniert.

Das Luciferin des Oligochaeten *Diplocardia longa* ist ein einfaches Aldehyd, das N-Isovaleryl-3-aminopropanal. Die Biolumineszenzreaktion verläuft anders als bei anderen Luciferinen, weil zur Oxidation nicht molekularer Sauerstoff, sondern Wasserstoffperoxid herangezogen wird. Die Luciferase (ca. 300 kDa) setzt erst die aktivierte Form, ein Peroxidaddukt, um. Es wird blau-grünes Licht emittiert (λ_{max} = 507 nm). Die Quantenausbeute ist auch in diesem Fall sehr gering (0,002), sodass man vermutet, dass es noch ein nachgeschaltetes emittierendes Molekül gibt.

[554] *lucifer* (lat.) = lichtbringend

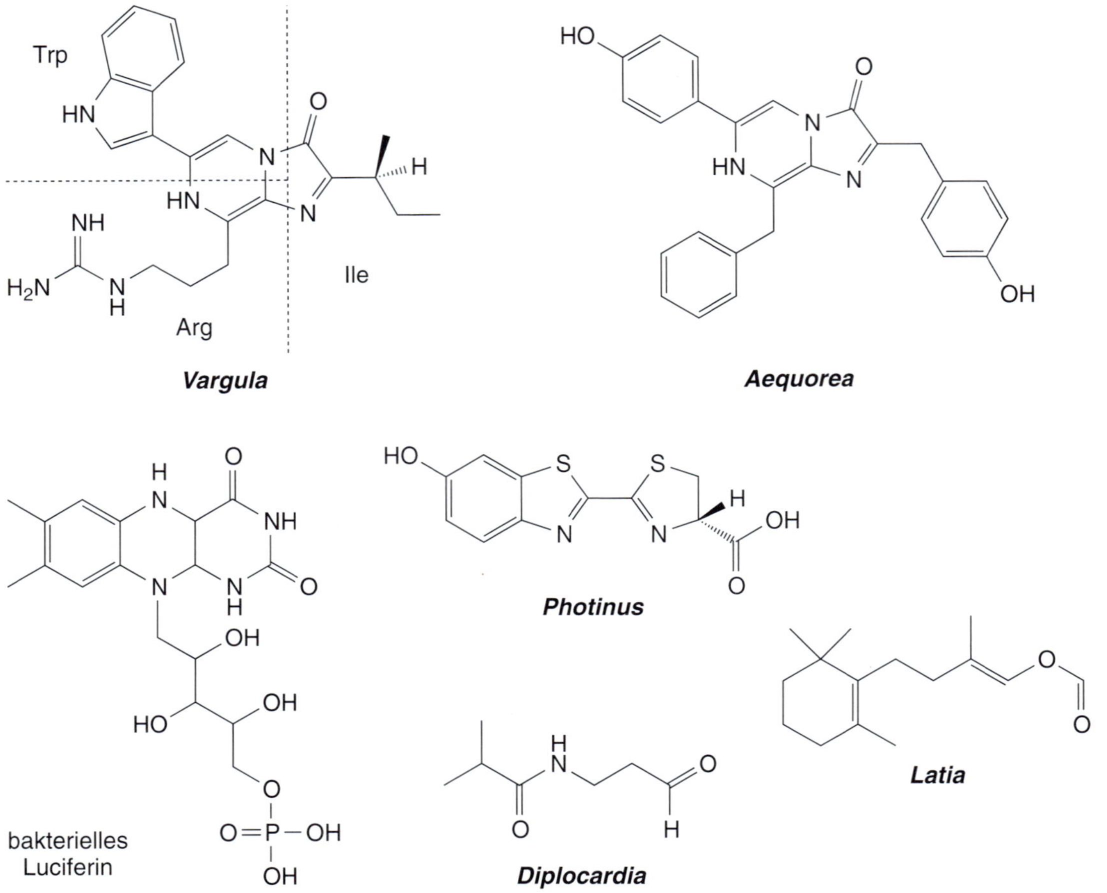

Abb. 26.2 Strukturen von Luciferinen verschiedener Organismengruppen. Das Luciferin aus *Vargula hilgendorfii*, das als *Vargula*- bzw. *Cypridina*-Luciferin bezeichnet wird, ist ein Imidazolpyrazin und wird im Zuge einer Ringschlussreaktion aus Tryptophan (Trp), Arginin (Arg) und Isoleucin (Ile) gebildet. Die Luciferine weiterer mariner Invertebraten sind wie das Coelenterazin der Leuchtorgane der Meduse *Aequorea* aufgebaut. Die Struktur des Luciferins der Leuchtkäfer (hier: *Photinus pyralis*) weicht dagegen ab, ebenso wie die der neuseeländischen Süßwasserschnecke *Latia neritoides*, die des Oligochaeten *Diplocardia longa* und die der Luciferine aus Bakterien.

Wesentlich komplizierter gestalten sich die Vorgänge bei den **Leuchtkäfern** (Lampyridae) und der Pilzmücke *Arachnocampa luminosa*. Hier sind neben dem Sauerstoff auch ATP und Mg^{2+}-Ionen an der Reaktion beteiligt (Abb. 26.3). Durch ATP wird das Luciferin zunächst an der Carboxylgruppe adenyliert, wobei Pyrophosphat abgespalten wird (Abb. 26.3, 1). Diese Aktivierung ermöglicht die Abspaltung eines Protons vom C-4-Atom, sodass sich ein Carbanion bildet (Abb. 26.3, 2). Anschließend wird das Luciferin am C-4-Atom oxygeniert und es bildet sich ein lineares Hydroperoxid (Abb. 26.3, 3). Die Abspaltung von AMP führt zur Ausbildung eines Dioxetanonrings (Abb. 26.3, 4), aus dem nach Decarboxylierung das Oxyluciferin hervorgeht (Abb. 26.3, 5). Dieses befindet sich im angeregten Zustand und fällt unter Abgabe eines Photons in seinen Grundzustand zurück. Bei den vergleichend untersuchten 55 nordamerikanischen Leuchtkäferarten sind die Frequenzen der emittierten Strahlung an die Lebensweise der Tiere angepasst. Das Emissionsmaximum liegt bei denjenigen Arten, die bereits kurz nach Sonnenuntergang lumineszieren (dämmerungsaktive Arten), im gelben Spektralbereich ($\lambda_{max} \geq$ 560 nm), das der nachtaktiven Arten im grünen Bereich (λ_{max} = 560 nm). Im Zwielicht der Dämmerung ist das gelbe Licht offenbar besonders dazu geeignet, die Käfer vor dem Hintergrund der grünen Vegetation sichtbar zu machen. Die Quantenausbeute bei dem Luciferin von *Photinus pyralis* ist sehr hoch und liegt bei 0,41.

Fast alle biolumineszenten Tierarten senden blaues oder grünes Licht aus, weil diese Farben (Wellenlängen) im Wasser die größte Reichweite haben. Rotes Biolumineszenzlicht (beim Cephalopoden *Thaumatolampas* und bei einigen Fischen) ist selten, da es wegen seiner starken Abschwächung beim Durchgang durch Wasser nur auf sehr kurze Distanz wahrgenommen werden kann. Das von verschiedenen Leuchtorganen desselben Tieres ausgestrahlte Licht kann allerdings unterschiedliche spektrale Anteile aufweisen. Die verschiedenen **Farben** sind auf Unterschiede in der Struktur der Luciferase (Isoenzyme) zurückzuführen. So leuchten beispielsweise die Larven und larviformen Weibchen des südamerikanischen Eisenbahnwurms *Phrixotrix* in zwei Farben. Die elf paarigen Leuchtorgane am Thorax und Abdomen senden grünes und die zwei Leuchtorgane am Kopf rotes Licht aus (Abb. 26.4). Ähnlich ist es bei einigen Tiefseefischen, zum Beispiel bei *Aristostomias*, der

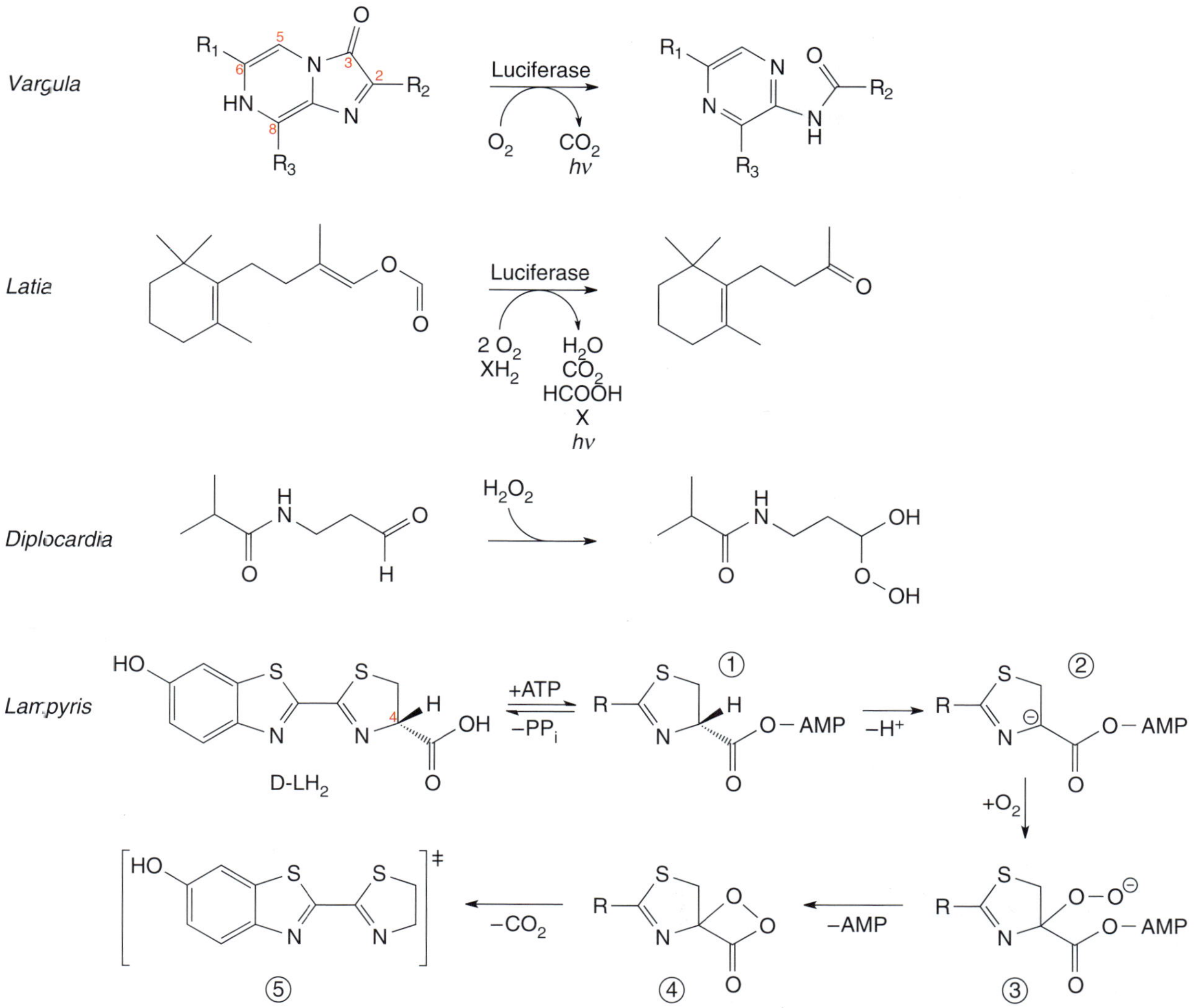

■ **Abb. 26.3** Reaktionsschemata der Luciferine zur Erzeugung von Biolumineszenz bei verschiedenen Tierarten. Nähere Erläuterungen im Text. D-LH_2 = reduzierte Form von Luciferin; $h\nu$ = Strahlungsenergie (Planck-Wirkungsquantum h multipliziert mit der Frequenz ν); PP_i = Pyrophosphat; X = Cofaktor in der oxidierten Form; XH_2 = Cofaktor in der reduzierten Form.

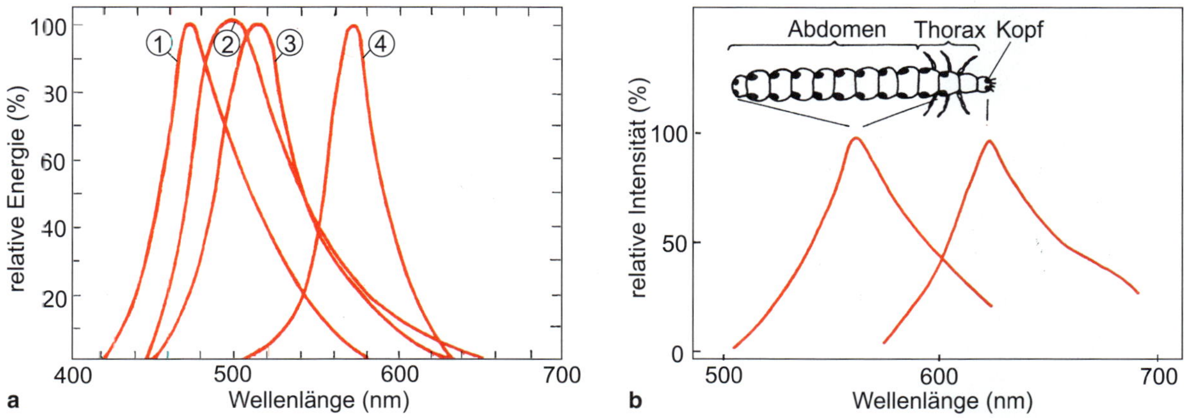

■ **Abb. 26.4** Die spektralen Charakteristika der Biolumineszenz einiger Tierarten. **a** Kurve 1: *Noctiluca miliaris* (Flagellat); Kurve 2: *Pholas dactylus* (Bohrmuschel); Kurve 3: *Pennatula phosphorea* (Seefeder, Octocorallia); Kurve 4: *Photinus pyralis* (Leuchtkäfer). **b** Emissionsspektren der Biolumineszenz verschiedener Leuchtorgane beim Eisenbahnwurm *Phrixotrix*. Das Licht der elf lateralen Leuchtorgane am Thorax und Abdomen hat ein Emissionsmaximum bei 560 nm (grün), das der zwei Leuchtorgane am Kopf eines bei 620 nm (rot). (Nach Nicol JA (1962) Animal luminescence. Adv Comp Physiol Biochem 1, 217–273; Deluca MA, McElroy WD (Hrsg) (1981) Bioluminescence and Chemiluminescence: Basic Chemistry and Analytical Applications. Academic Press, New York.)

beidseitig unterhalb der Augen jeweils Leuchtorgane mit rotem Licht, hinter den Augen aber jeweils ein Leuchtorgan mit grünem Licht besitzt.

26.3 Kopplung von Biolumineszenz und Fluoreszenz

Die Qualle *Aequorea victoria* (Hydrozoa) hat einen Schirmdurchmesser von 8–20 cm. Sie kommt an der nordamerikanischen Pazifikküste vor und ernährt sich hauptsächlich von Kleinkrebsen und anderen Medusen. Am gesamten Umfang des Schirmrandes trägt *Aequorea* Leuchtorgane. In diesen wird durch periodische Freisetzung von Ca^{2+}-Ionen in das Cytosol der Leuchtzellen ein biolumineszentes Protein, das **Äquorin**, aktiviert, das die Reaktion des Luciferins Coelenterazin zum Produkt Coelenteramid unter Aussendung von blauen Lichtblitzen vermittelt. Ein Teil der dabei erzeugten Energie wird direkt durch ebenfalls im Cytosol vorhandene Proteinmoleküle aufgenommen (Förster*-Resonanzenergietransfer, **FRET**) und bringt diese in einen angeregten Zustand. Beim Übergang dieser **GFP**-Moleküle (GFP für grün fluoreszierendes Protein) in den elektronischen Grundzustand senden sie ihrerseits grünes Licht aus.

Bei einigen **Tiefseefischen** (z. B. bei *Malacosteus*) erzeugen die Leuchtorgane eine kurzwellige Strahlung (**Lumineszenz**), die beim Durchtritt durch Filterapparate auf der Körperoberfläche liegende **Fluorochrome** anregt. Diese Moleküle senden bei ihrer Rückkehr aus dem angeregten in den Grundzustand längerwellige Strahlung aus (λ_{max} = 626 nm; **Fluoreszenz**), die nach außen sichtbar wird.

26.4 Biologische Relevanz der Biolumineszenz

Die biologische Bedeutung der Biolumineszenzerscheinungen bei Tieren ist uns in vielen Fällen noch unbekannt. Diskutiert werden Funktionen bei **Partnerfindung** und Partnerwahl, **Abschreckung** von Fressfeinden oder **Anlockung** von Beute oder deren Anleuchtung zur besseren **Beutefindung**. Dies sei an einigen Beispielen erläutert.

Die Weibchen der beiden bei uns beheimateten Leuchtkäferarten *Lampyris noctiluca* und *Phausis splendidula* sind flugunfähig. Sie besteigen in den Abendstunden erhöhte Punkte, nehmen eine charakteristische Körperhaltung an und beginnen, kontinuierlich zu leuchten. Die flugfähigen Männchen starten gleichzeitig zum Suchflug und finden durch optische Orientierung den Weg zu ihren leuchtenden Weibchen (Sig-

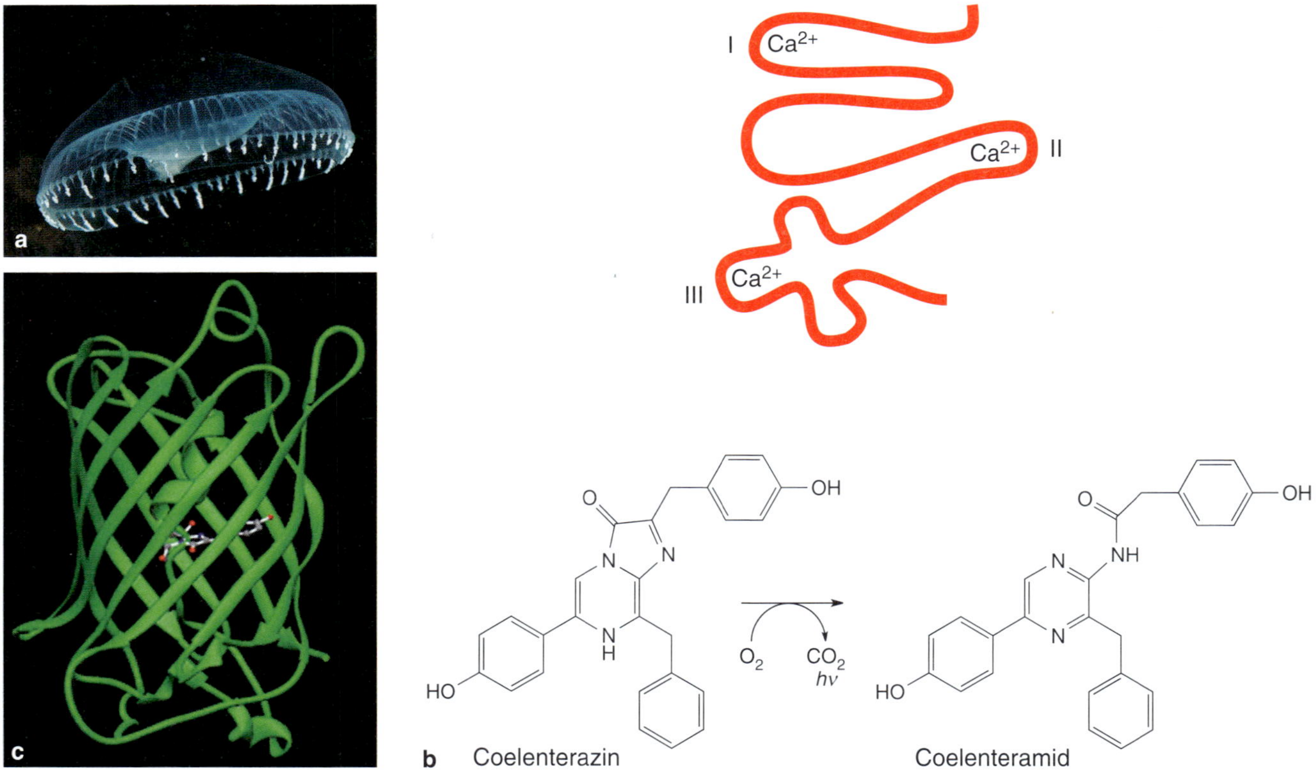

Abb. 26.5 a *Aequorea victoria*. b Die äquorinvermittelte Reaktion zur biolumineszenten Lichterzeugung in den Leuchtorganen von *Aequorea*. In der Struktur des Äquorins sind die drei Bindungsstellen für Ca^{2+}-Ionen markiert (I–III). c Modell des grün fluoreszierenden Proteins (GFP), das im Zuge der Äquorinreaktion mittels FRET angeregt wird und in der Folge seinerseits grün fluoresziert. Die Oxidation des Luciferinanalogons Coelenterazin zu Coelenteramid resultiert in der Emission von blauem Licht. (Aus Kendall JM, Badminton MN (1998) *Aequorea victoria* bioluminescence moves into an exciting new era. Trends Biotechnol 16, 216–224, Abb. 1, S. 217; Foto in a: Sierra Blakely, Wikimedia Commons.)

nalsystem I; **Partnersuche**). Das *Phausis*-Männchen leuchtet im Gegensatz zum *Lampyris*-Männchen zwar auch, was entweder sexualbiologisch bedeutungslos oder ein Kriterium für die Partnerwahl der Weibchen sein könnte. Während die *Lampyris*-Männchen ihre eigenen Weibchen sehr selten mit den *Phausis*-Weibchen verwechseln, besitzt das *Phausis*-Männchen ein sehr unspezifisch arbeitendes optisches Weibchenschema. Sie fliegen jede nicht zu große und nicht zu starke Lichtquelle an. Bei der Mehrzahl der Leuchtkäfer (*Photinus*, *Pyractomena* u. a.) sendet auch das Männchen während des Flugs artspezifische, diskontinuierliche Signale aus, die die Partnerin mit ebenfalls artspezifischen Signalen beantwortet, worauf sich das Männchen dem Weibchen nähert (Signalsystem II; gegenseitige **Verständigung der Partner**).

Eine interessante Erscheinung, deren ökologische Bedeutung allerdings noch nicht ganz klar ist, ist das synchrone Leuchten beim südostasiatischen Leuchtkäfer *Pteroptyx*. Die Männchen versammeln sich zu Hunderten in Mangroven und blitzen synchron in einem sehr regelmäßigen, artspezifischen und temperaturabhängigen Rhythmus, der endogen von einem Schrittmacherzentrum im Gehirn gesteuert wird. Das gemeinsame Leuchten in der dichten Vegetation erhöht vermutlich die Chancen, aus der Ferne Weibchen anzulocken.

Manche Tintenfische (z. B. *Heteroteuthis*) nutzen Biolumineszenz zur **Feindabwehr**. Sie sind in der Lage, auf die Annäherung von Fressfeinden mit dem Ausstoß von Biolumineszenzmolekülen aus ihren Tintendrüsen zu reagieren. Die leuchtende Wolke im Wasser irritiert die Angreifer und gibt dem Tintenfisch die Möglichkeit, sich aus der Gefahrenzone zu begeben.

Bei den Larven der neuseeländischen Höhlenglühwürmchen (*Arachnocampa luminosa*), einer Pilzmückenart (Mycetophilidae), dient die Biolumineszenz der **Beuteanlockung**. Das Tier spinnt klebrige Fäden an der Felsdecke unterirdischer Wasserläufe. Die durch das Licht angelockten Insekten verfangen sich in den Gespinsten und werden so eine leichte Beute. Die Weibchen des Leuchtkäfers *Photuris versicolor* ahmen die Antwortsignale von *Photinus-macdermotti*-Weibchen nach, um fremde Männchen anzulocken, die sie dann verzehren (**aggressive Mimikry**[555]). Auch bei einigen Fischen scheint das Leuchtvermögen im Dienst der Beuteanlockung zu stehen, so bei den im flachen Wasser der Bandasee (Ost-Indonesien) beheimateten Fischarten *Anomalops* und *Photoblepharon*. Die Fischer der Bandasee benutzen die Leuchtorgane dieser Fische, die nach ihrer Isolierung noch viele Stunden lang ihre Leuchtkraft behalten, als Lockmittel, indem sie die Organe 10 cm über dem beköderten Angelhaken befestigen.

Die Laterne der in der Tiefsee lebenden Anglerfische scheint ebenfalls eine Funktion als Lockmittel für Räuber zu haben, die die leuchtenden Organe als potenzielle Beute anschwimmen, dann aber von dem Anglerfisch gefressen werden. Das am Kopf sitzende tränenförmige Leuchtorgan der zu den Drachenfischen gehörigen Gattungen der Malacosteinae sendet rotes Licht aus, was für Tiefseeorganismen sehr ungewöhnlich ist, da sie in der Regel nicht über Photorezeptoren verfügen, die in diesem Bereich des Spektrums empfindlich sind (▶ Kap. 18). Alle drei Gattungen der Malacosteinae können Licht im roten Spektralbereich sehen. Bei *Malacosteus niger* wurden zwei spezielle Sehpigmente festgestellt, die Wellenlängen von 520–540 nm absorbieren, sowie ein weiteres Sehpigment, das ein Absorptionsmaximum bei 670 nm hat. Diese Einrichtungen könnten bedeutsam sein bei der innerartlichen Kommunikation oder dazu benutzt werden, Beuteorganismen, besonders Ruderfußkrebse (Copepoda), in der unmittelbaren Umgebung anzuleuchten und optisch wahrzunehmen (**Beutefindung**), ohne dass diese der Lichterscheinung gewahr werden.

Biolumineszenz kann auch der **Feindvermeidung** dienen. Bei dekapoden Krebsen und Cephalopoden der Tiefsee, insbesondere aber bei nachts aufsteigenden und unter der Wasseroberfläche jagenden Tiefseefischen fällt auf, dass sie viele punktförmige Leuchtorgane besitzen, die hauptsächlich an der Ventralseite der Tiere sitzen und nach unten leuchten. Man nimmt an, dass die Tiere sich dadurch weniger von der Hintergrundbeleuchtung (Sternenhimmel) an der Wasseroberfläche abheben und so ihre eigene Silhouette verwischen, um weniger leicht von den Räubern unter ihnen entdeckt zu werden (**Tarnung**).

26.5 Fragen zum Selbststudium

- Wie unterscheiden sich Lumineszenz und Fluoreszenz?
- Wie kann man möglicherweise erklären, dass es viel mehr marine Arten biolumineszenter Tiere gibt als solche, die in Süßwasser leben?
- Wie ermittelt man die Quantenausbeute eines Lumineszenzprozesses oder eines Fluorophors?
- Sind die Luciferasen der biolumineszenten Tierarten homologe Proteine?
- Wie ist es möglich, dass Tiere mit demselben Luciferin in unterschiedlichen Leuchtorganen Licht mit verschiedenen Farben erzeugen?
- Nennen Sie ein Beispiel für eine Tierart, bei der Biolumineszenz zur Anlockung von Fortpflanzungspartnern eingesetzt wird.

Weiterführende Literatur

Allgemeines

Haddock SHD, Moline MA, Case JF (2010) Bioluminescence in the sea. Annual Review of Marine Science 2, 293-343.

Harvey EN (1920) The nature of animal light. Lippincott, Philadelphia, London.

Hastings JW (1983) Biological diversity, chemical mechanisms, and the evolutionary origins of bioluminescent systems. Journal of Molecular Evolution 19, 309-321.

[555] *mimos* (griech.) = Nachahmer, Imitator

Spezielle Aspekte

Ando Y, Niwa K, Yamada N, Enomoto T, Irie T, Kubota H, Ohmiya Y, Akiyama H (2008) Firefly bioluminescence quantum yield and colour change by pH-sensitive green emission. Nature Photonics 2, 44-47.

Harper RD, Case JF (1999) Disruptive counterillumination and its anti-predatory value in the plainfish midshipman *Porichthys notatus*. Marine Biology 134, 529-540.

Kendall JM, Badminton MN (1998) *Aequorea victoria* bioluminescence moves into an exciting new era. Trends in Biotechnology 16, 216-224.

Meyer-Rochow VB, Moore S (1988) Biology of *Latia neritoides* Gray 1850 (Gastropoda, Pulmonata, Basommatophora): the only light-producing freshwater snail in the world. Internationale Revue der gesamten Hydrobiologie und Hydrographie 73, 21-42.

Shimomura O (2005) The discovery of aequorin and green fluorescent protein. Journal of Microscopy 217, 1-15.

Tsuji FI, Barnes AT, Case JF (1972). Bioluminescence in the marine teleost, *Porichthys notatus*, and its induction in a non-luminous form by *Cypridina* (ostracod) luciferin. Nature 237, 515-516.

Viviani VR, Arnoldi FGC, Ogawa FT, Brochetto-Braga M (2007) Few substitutions affect the bioluminescence spectra of *Phrixotrix* (Coleoptera: Phengodidae) luciferases: a site-directed mutagenesis survey. Luminescence 22, 362-369.

Young RE (1977) Ventral bioluminescent countershading in midwater cephalopods. Symposium of the Zoological Society of London 38, 161-190.

Farbwechsel

Die Fähigkeit zum Farbwechsel unter dem Einfluss endogener oder exogener Reize ist im Tierreich weit verbreitet. Erstmals ausführlich beschrieben wird der Farbwechsel am Beispiel der Cephalopoden von Aristoteles*. Der Farbwechsel der Tiere hat drei Ziele: Er kann eine **Signalwirkung** für Artgenossen, Konkurrenten oder Fressfeinde haben, er dient der **Tarnung** durch Anpassung an die Umgebung (siehe z. B. youtube.com/watch?v=PmDTtkZlMwM) oder er dient der Thermoregulation.

Man unterscheidet zwischen einem morphologischenund einem physiologischen Farbwechsel. Von einem **morphologischen Farbwechsel** spricht man, wenn in der Haut bestimmte Pigmente vermehrt gebildet und abgelagert bzw. bereits vorhandene Pigmente zerstört und abtransportiert werden. Er kann gleichzeitig mit einer Vermehrung bzw. Verminderung der Zahl pigmenthaltiger Zellen (**Chromatophoren**) pro Flächeneinheit der Haut einhergehen. Demgegenüber findet beim **physiologischen Farbwechsel** lediglich eine Verlagerung von Pigmenten in den Chromatophoren statt. Wird das Pigment im Chromatophor zu einer kleinen Kugel zusammengeballt, so ist sein Einfluss auf die Färbung des Tieres minimal. Wird es im Chromatophor dagegen flächig verteilt, so bestimmt es die Farbe des Tieres entscheidend mit. Der physiologische Farbwechsel erfolgt innerhalb von Minuten, Sekunden oder Millisekunden, der morphologische Farbwechsel benötigt demgegenüber Tage oder Wochen. Oft sind beide Farbwechselmodi miteinander gekoppelt: Eine dauerhafte Zusammenballung des Pigments führt gleichzeitig zu einem langsamen Verlust an Pigment. Umgekehrt nimmt bei dauerhafter Ausbreitung des Farbstoffs die Menge des Pigments zu (**Bábák-Regel**, ◘ Abb. 27.1).

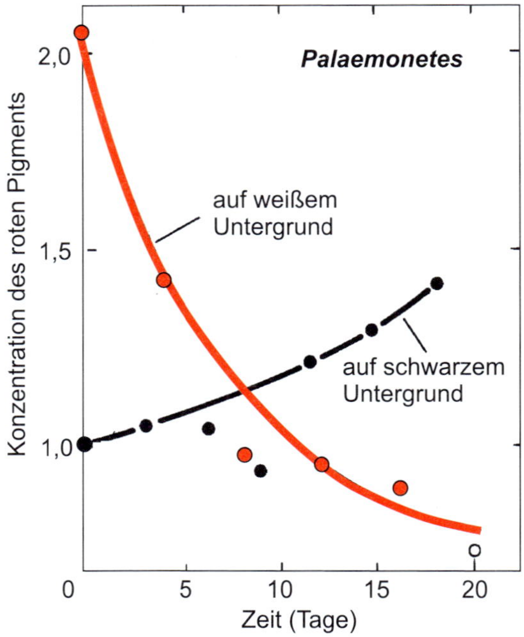

◘ **Abb. 27.1** Zunahme bzw. Abnahme des roten Pigments beim Krebs *Palaemonetes* auf schwarzem (Punkte) bzw. hellem (Kreise) Untergrund (Bábák-Regel). (Nach Brown FA (1934) The chemical nature of the pigments and the transformation responsible for color changes in *Palaemonetes*. Biol Bull 57, 365–380.)

27.1 Die Chromatophoren und ihre Farbstoffe

Der Farbwechsel ist eine Leistung der pigmenthaltigen Zellen der Haut, der **Chromatophoren**[556]. Chromatophoren können Licht absorbieren oder reflektieren. Je nach der Farbe ihres **Pigments** unterteilt man die Chromatophoren in die lichtabsorbierenden braunen bis schwarzen Melanophoren[557], die roten Erythrophoren, die gelben Xanthophoren und die blauen Cyanophoren. Lichtreflektierend sind die weißen Leukophoren und irisierenden Iridiophoren. Das Pigment in den Melanophoren der Wirbeltiere und Krabben (Brachyura) ist das **Melanin**, ein Polymerisationsprodukt des Indolchinons (◘ Abb. 27.2), das aus dem Tyrosin unter der Einwirkung der Tyrosinase entsteht. Bei den restlichen Krebsen sind die dunklen Pigmente **Ommochrome**, die aus Tryptophan entstehen (◘ Abb. 27.2). Die roten und gelben Pigmente sind bei allen Tieren mit Ausnahme der Cephalopoden **Carotinoide**, die wegen ihrer Fettlöslichkeit auch **Lipochrome** genannt werden. Diese sind stets pflanzlichen Ursprungs, werden im Tier jedoch umgewandelt. Das bei Krebsen vorherrschende und auch bei einigen Fischen anzutreffende Carotin ist das **Astaxanthin** (3,3'-Dihydroxy-β,β-carotin-4,4'-dion, ◘ Abb. 27.2). Die gelben, orangefarbenen und braunvioletten Chromatophoren der Cephalopoden enthalten **Ommochrome**. Ommochrome gehören zu den Phenoxazinfarbstoffen und entstehen im Stoffwechsel durch Abbau von Tryptophan. Melanine scheinen bei Cephalopoden generell selten zu sein oder zu fehlen. Unterschiedliche Cephalopodenarten können unterschiedliche Ommochrome ausbilden. So sind die Ommocrome von *Loligo opalescens* und *Sepia officinalis* entweder gelb, rot oder braun. *Alloteuthis subulata* hat nur gelbe und rote Ommochrome, während *Octopus vulgaris* über gelbe, orangefarbene, rote, braune und schwarze verfügt. In den Leukophoren des Frosches (*Rana pipiens*) befinden sich **Guanin**granula (2-Amino-6-hydroxypurin). Der Farbwechsel von *R. pipiens* kommt in der Regel durch das Zusammenspiel verschiedener Chromatophoren zustande.

Aufgrund des Mechanismus der Pigmentverlagerung unterscheidet man zwei Typen von Chromatophoren. Den **ersten Chromatophorentyp** gibt es nur bei den Mollusken und innerhalb der Mollusken fast ausschließlich bei den Cephalopoden: An eine sphärische Pigmentzelle treten in der Ebene parallel

[556] *chroma* (griech.) = Farbe; *phorein* (griech.) = tragen

[557] Der Begriff »Melanophore« ist anders definiert als der Begriff »Melanocyt«. »Melanophore« beschreibt nur, dass diese Zelle Pigmente enthält. Woher diese Pigmente stammen, bleibt unbestimmt. »Melanocyt« beschreibt eine Zelle, die Pigmente (z. B. Melanin) herstellt. In der Regel treffen beide Eigenschaften für eine fragliche Zelle zu. Es gibt aber auch Ausnahmen: In der Haut des Menschen stellen Melanocyten das Pigment her und übergeben es in Form von Granula (Melanosomen) an die Epithelzellen (die dadurch quasi zu Melanophoren werden). Dieser Mechanismus ist der Grund dafür, dass wir bei länger anhaltender Sonneneinstrahlung braun werden, diese Bräune aber mit der Zeit wieder verlieren, weil die Epithelzellen verhornen und schließlich abgestoßen werden.

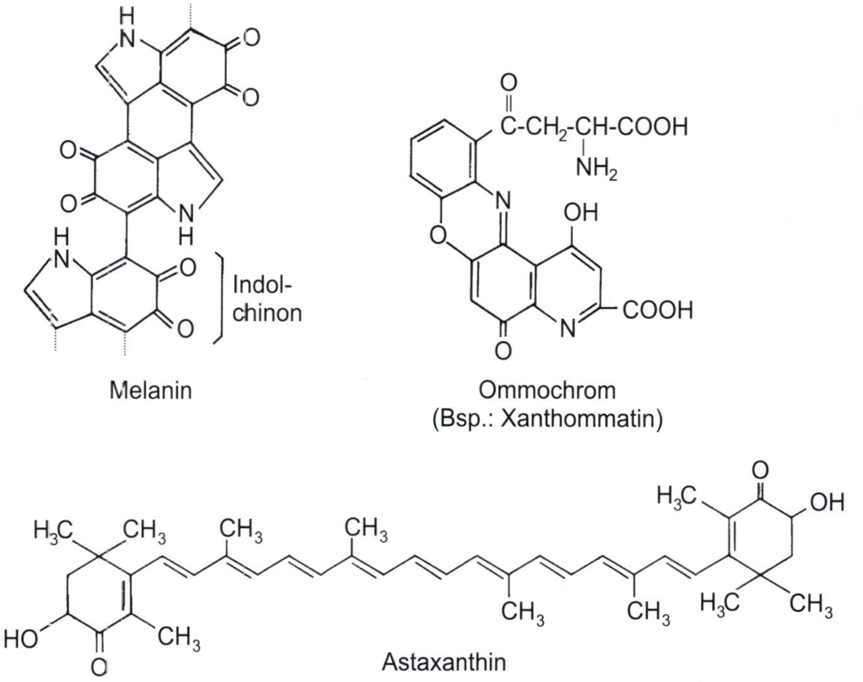

Abb. 27.2 Einige wichtige Pigmente aus dem Tierreich.

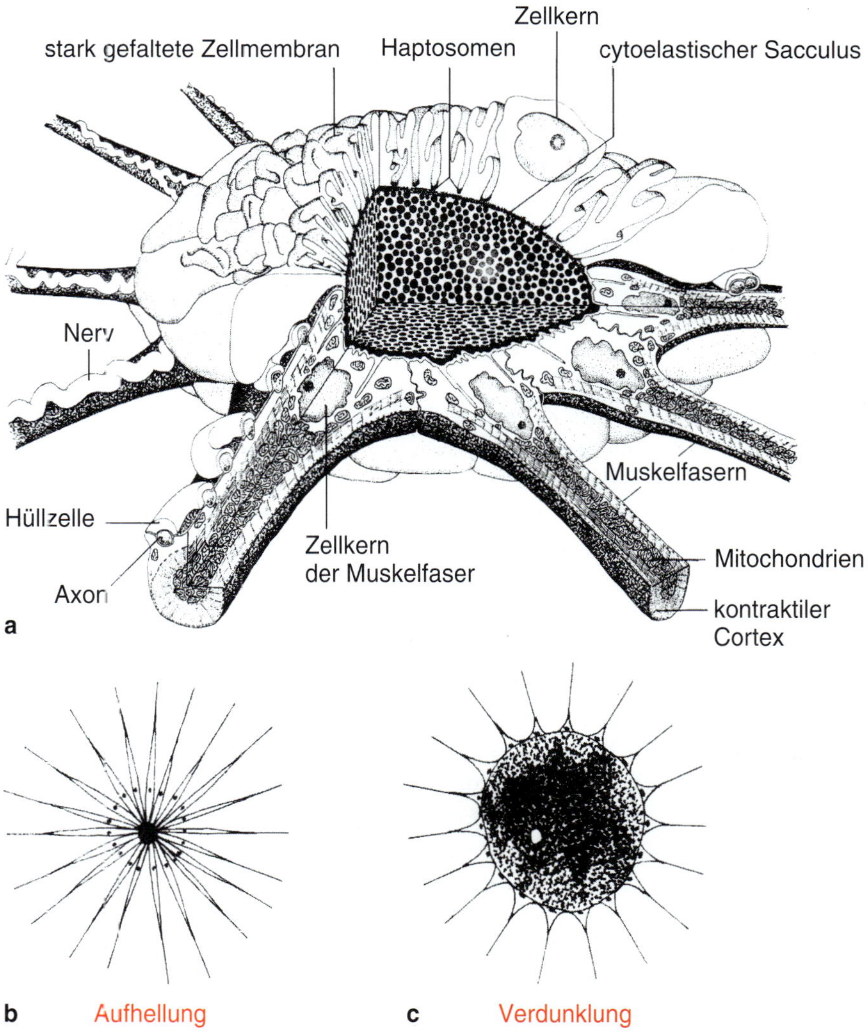

Abb. 27.3 Chromatophor des ersten Typs. **a** Dreidimensionale Rekonstruktion der Ultrastruktur eines kontrahierten Chromatophors des Kalmars *Loligo opalescens*. Die Pigmentgranula liegen innerhalb eines elastischen Sacculus. Die Muskelfasern sind sternförmig um das Chromatophor herum angeordnet und mit einer Kittsubstanz (Lamina externa) am Sacculus befestigt. Der Sacculus ist mithilfe von Haptosomen punktförmig oder zonal an die Zellmembran geheftet. Bei der Expansion des Chromatophors wird die zuvor stark gefaltete Zellmembran entfaltet. **b** Chromatophor von *Loligo vulgaris* im Ruhezustand. **c** Chromatophor von *Loligo vulgaris* nach der Expansion des Sacculus. (Nach Bolzer E (1928) Über die Tätigkeit der einzelnen glatten Muskelfaser bei der Kontraktion. II. Mitteilungen. Z vergl Physiol 7, 379-406, und Cloney RA, Florey E (1968) Ultrastructure of cephalopod chromatophore organs. Z Zellforsch 89, 250–280.)

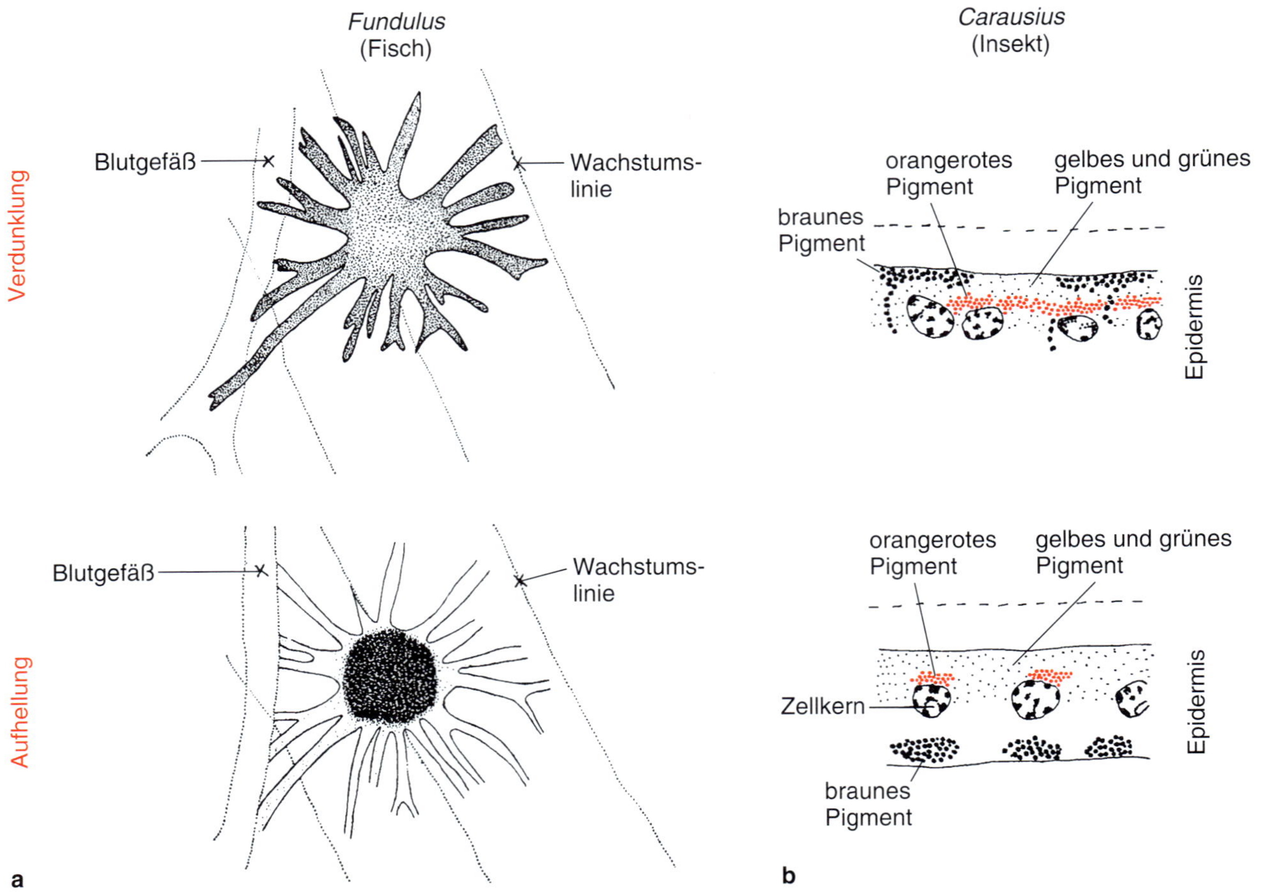

Abb. 27.4 Chromatophor des zweiten Typs. **a** Pigmentexpansion und -konzentration in einem Chromatophor des Zahnkärpflings *Fundulus heteroclitus*. Das ausgebreitete Pigment (Verdunklung der Körperoberfläche) füllt alle Zellfortsätze. Es ist die Wachstumslinie eingezeichnet, auf der das Chromatophor liegt. **b** Epidermis von *Carausius morosus* mit ihren drei verschiedenen Farbstoffen. (a nach Matthews SA (1931) Observations on pigment migration within the fish melanophore. J Exp Zool 58, 471–486, b nach Giersberg H (1928) Über den morphologischen und physiologischen Farbwechsel der Stabheuschrecke *Dixippus* (*Carausius*) *morosus*. Z vergl Physiol 7, 657–695.)

zur Körperfläche einkernige, ca. 15–25 glatte Muskelfasern heran, die radiär angeordnet sind (Abb. 27.3a). Die benachbarten Muskelfasern sind elektrisch gekoppelt. Im Ruhezustand (Abb. 27.3b) sind die Muskelfasern entspannt, sodass das Chromatophor zusammengezogen und ihre Plasmamembran stark gefaltet ist. Die Pigmentkörnchen (Chromatosomen) sind konzentriert und von einem elastischen Sacculus umschlossen. Die Kontraktion der Muskeln wird durch motorische Nervenfasern ausgelöst. Wenn sich die Muskelfasern verkürzen, wird das Chromatophor gedehnt, seine Zellmembran gestrafft und der in Ruhe kugel- oder linsenförmige Sacculus zu einer flachen Scheibe gezogen (Abb. 27.3c). Im Zustand maximaler Expansion liegen die Pigmentkörnchen in einschichtiger Lage nebeneinander. Bei Erschlaffung der Muskelfasern zieht sich der Sacculus infolge seiner Eigenelastizität wieder zusammen, die Folge ist eine erneute Zusammenballung des Pigments und ein Verlust an Farbigkeit der Körperoberfläche oder deren Aufhellung.

Der **zweite Chromatophorentyp** findet sich bei allen anderen Tieren mit der Fähigkeit zum Farbwechsel. Bei diesem Typ (Abb. 27.4) zeigen die Chromatophoren zahlreiche, oft stark verzweigte Fortsätze, die von einem zentralen Zellleib ausgehen. Das Pigment kann entweder in Form einer Kugel im Zellleib konzentriert oder über die ganze Zelle bis in die Spitzen der feinsten Ausläufer hinein verteilt werden (Abb. 27.4a). Mehrere Einzelzellen können in Kontakt miteinander treten und ein **Chromatosom**[558] bilden. Enthalten alle Zellen des Chromatosoms das gleiche Pigment, spricht man von einem monochromatischen, enthalten sie verschiedene Pigmente, von einem polychromatischen Chromatosom.

Die Chromatophoren des **Polychaeten** *Nereis dumerilii* breiten sich bei Belichtung aus, und zwar sowohl als direkte Antwort auf die Lichtreizung der Chromatophoren als auch bei Belichtung der Augen. Eine Pigmentausbreitung bei direkter Beleuchtung findet man auch bei Seeigeln, Egeln, Crustaceen, Fischen und Geckos. **Seeigel** (*Centrostephanus longispinus*, *Sphaerechinus granularis*) werden heller, wenn sie im Dunkeln gehalten werden. Die Reaktion wird wahrscheinlich durch lokale Nervennetze in den Füßchen gesteuert, es könnte sich aber auch um eine direkte Lichtreaktion der Chromatophore han-

[558] *soma* (griech.) = Körper

deln. Der **Gecko** *Tarentola mauritanica* passt seine Helligkeit an die Helligkeit der Umgebung an. Er tut dies selbst dann, wenn er seine Umgebung nicht sehen kann und wenn der Einfluss von Hormonen ausgeschlossen wird. Die Chromatophoren des Geckos steuern offensichtlich den Farbwechsel selbständig über einen noch unbekannten Mechanismus.

Bei den **Insekten** fungieren die kubischen Epidermiszellen als Chromatophoren. Die in ihnen vorhandenen Pigmentkörner können zur Oberfläche oder zum Zellinneren transportiert werden. Bei der **Stabheuschrecke** *Carausius morosus* enthalten die Epidermiszellen drei verschiedene Pigmentgranula (Abb. 27.4b): In der äußeren Hälfte der Zellen liegen kleine grün-gelbliche Partikel mit Gallenfarbstoffen (Bilinen[559]). Sie wandern nicht. Die beiden anderen Pigmentgranula verändern ihre Lage unter dem Einfluss von Licht. Dicht oberhalb der Zellkerne findet man orangerote Carotinoidpartikel. Sie wandern nur horizontal: Bei Dunkelheit breiten sie sich aus, bei Helligkeit konzentrieren sie sich über dem Zellkern. Schließlich gibt es braunrote Ommochromgranula. Bei Helligkeit liegen sie dicht beieinander unterhalb des Zellkerns. Dies bewirkt eine Hellfärbung des Tieres bei Tag. Bei Dunkelheit wandern sie an die Oberfläche, wo sie sich allseitig ausbreiten. Die Folge ist eine Dunkelfärbung des Tieres während der Nacht. Der Tag-Nacht-Rhythmus klingt unter konstanten Lichtbedingungen noch eine Zeit lang nach. Neben dem Lichtregime beeinflussen auch die **Temperatur** und **Feuchtigkeit** den Farbwechsel: Wärme und Trockenheit lösen Aufhellung, Kälte und Feuchtigkeit eine Verdunklung des Tieres aus. Die Temperatur wirkt offenbar direkt auf die Epidermiszellen ein.

27.2 Mechanismen der Pigmentaggregation und Dispersion

Für den Vorgang der **Pigmentaggregation** und der **Pigmentdispersion** in den Chromatophoren sind die im Cytoplasma reichlich vorhandenen **Mikrotubuli** von Bedeutung. Sie sind radiär, das heißt parallel zur Bewegungsrichtung der Pigmentkörner, angeordnet und haben eine röhrenförmige Gestalt mit einem Durchmesser von 20–25 nm und einer Länge von vielen Mikrometern. Sie bestehen meist aus 13 längs verlaufenden Protofilamenten, die wiederum aus dimeren Untereinheiten (Tubulin, 110 kDa) aufgebaut sind. Sie können in der Zelle sehr schnell in ihre Untereinheiten zerfallen (**Depolymerisation**, *disassembly*) und sich ebenso schnell wieder neu bilden (**Polymerisation**, *assembly*[560]). Wahrscheinlich entspringen alle Mikrotubuli einer Melanophore an einem **Mikrotubuliorganisationszentrum** (MTOC), von wo aus sie sich in die Peripherie der Zelle erstrecken. Die Melanosomen befinden sich im Innern der Hohlzylinder. Mit der Aggregation des Pigments nimmt die Zahl der Mikrotubuli reversibel stark ab. Eine Melanophore des Skalars (*Pterophyllum scalare*) enthält im Mittel bei dispergiertem Pigment 2400 Mikrotubuli, bei aggregiertem Pigment sind es 100.

Mit **Colchicin**[561], einem Hemmer der Mikrotubulusbildung, kann man sowohl bei Fischen als auch bei Amphibien (nicht aber bei Crustaceen) die Pigmentwanderung in den Chromatophoren unterbinden. Eine Depolymerisation aller Mikrotubuli in den Chromatophoren der Fische führt dazu, dass die schnelle Zusammenballung des Pigments auf aggregierende Reize hin unterbleibt. Innerhalb von 10 min erfolgt aber doch noch eine aggregationsähnliche Wanderung der Pigmentgranula zum Zellzentrum, die durch dispergierende Reize wieder rückgängig gemacht werden kann. Wahrscheinlich ist nur die schnelle Verlagerung der Pigmentgranula in der Zelle von den intakten Mikrotubuli abhängig, eine langsame Granulabewegung kann dagegen unabhängig von den Mikrotubuli erfolgen.

27.3 Steuerung des Farbwechsels

Der Farbwechsel der Tiere kann nervös und/oder hormonell gesteuert werden. Der Farbwechsel der Crustaceen wird ausschließlich hormonell beeinflusst. Die Hormone werden in neurosekretorischen Zellen des Zentralnervensystems produziert. Bei Fischen wird der Farbwechsel sowohl hormonell als auch nervös gesteuert. Die Melanophoren sprechen vermutlich auf Hypophysenhormone an. Bei den Amphibien kommt der nervösen Kontrolle des Farbwechsels nur eine geringe Bedeutung zu, bei den Cephalopoden wird der Farbwechsel dagegen in erster Linie nervös gesteuert.

27.3.1 Nervöse Steuerung

An die Muskelfasern einer Chromatophore der **Cephalopoden** (Oktopoden) treten bis zu vier Nervenfasern heran (Abb. 27.3a). Dies ermöglicht eine hochpräzise und abgestufte nervöse Kontrolle der Chromatophorenmuskulatur. Jede Nervenfaser kann mehrere Chromatophoren innervieren, vorausgesetzt, sie besitzen den gleichen Farbstoff. Die Nervenfasern entlassen entweder L-Glutamat, FMRF-Amid oder Serotonin. Jede glutamaterge Nervenfaser bildet auf ihrer gesamten Länge bis zu 100 Synapsen aus. Bei Abgabe des Neurotransmitters L-Glutamat kommt es in den innervierten Muskelfasern zur Ausschüttung von Ca^{2+}-Ionen aus dem sarkoplasmatischen Retikulum und damit zur Ausdehnung der Chromatophoren. Da die Chromatophorenmuskeln nur graduierte Potenziale ausbilden, kann ihr Kontraktionsgrad (und damit die Farbe des zugehörigen Hautareals) sehr fein abgestuft werden. Bei Applikation von FMRF-Amid kommt es ebenfalls zur Kontraktion der Chromatophorenmuskeln. Diese Kontraktion erfolgt allerdings sehr langsam und kann nur innerhalb von mehreren (bis zu vier) Minuten wieder rückgängig gemacht werden. Die FMFR-Amide wirken wahrscheinlich direkt auf die Radiärmus-

559 *bilis* (lat.) = Galle
560 *assembly* (engl.) = Versammlung
561 Alkaloid der Herbstzeitlosen *Colchicum autumnale*

keln. Im Gegensatz zu den genannten Substanzen verhindert Serotonin nicht nur die Freisetzung von Ca^{2+}-Ionen aus dem sarkoplasmatischen Retikulum, sondern begünstigt auch seine Wiederaufnahme. Die Folge ist eine Entspannung der Chromatophorenmmuskeln und damit ein schnelles Zusammenziehen der Chromatophoren, also ein schneller Farbwechsel. Serotonin wirkt dabei nicht als Neurotransmitter, denn es wird nicht aus synaptischen Vesikeln, sondern aus Vesikeln, die gleichmäßig über die gesamte Länge des Axons verteilt sind, freigesetzt. Bei den Serotoninrezeptoren in der Membran der radiären Muskelfasern handelt es sich um G-Protein-gekoppelte Rezeptoren. Man vermutet, dass den serotonergen Fasern die Aufgabe zukommt, die exzitatorischen Effekte des L-Glutamats sehr schnell rückgängig zu machen. Die beschriebenen Mechanismen können bei unterschiedlichen Cephalopodenarten erhebliche Unterschiede aufweisen und selbst bei verschiedenfarbigen Chromatophoren verschieden sein.

Die Aktivität der Chromatophoren der Cephalopoden wird von mehreren hierarchisch organisierten Kontrollzentren (Loben) des Zentralnervensystems gesteuert. Auf der Ebene der optischen Loben (oberste Ebene) antworten die Nervenzellen, die die Chromatophoren der Haut kontrollieren, mit situationsgerechten motorischen Programmen auf optische Reize. Umgeschaltet werden die motorischen Informationen auf der Ebene der lateralen Basalloben (mittlere Ebene), von dort erreichen sie die Chromatophorenloben (unterste Ebene). Auf der untersten Ebene führen die Motoneurone die motorischen Programme aus. Die Folge sind spezifische Farbmuster auf der Haut. Die hohe Bedeutung, die dem Farbsystem von Cephalopoden zukommt, zeigt sich unter anderem auch an der Zahl der involvierten Nervenzellen: Die Chromatophorenloben von *Octopus vulgaris* enthalten mehr als eine halbe Million Motoneurone. Die Axone dieser Neurone verlassen das Gehirn über 20 Nerven (zehn auf jeder Körperseite), um die Chromatophoren des Kopfes, des Mantels und der Arme zu innervieren. Werden die zu einem bestimmten Körperbezirk ziehenden Nerven durchtrennt, bedingt dies eine helle Färbung und sofortigen Ausfall des Farbwechsels in dem betreffenden Hautbereich, da die Muskelfasern an den Chromatophoren erschlaffen. Die elektrische Stimulation der Chromatophorenloben hat demgegenüber eine tonische Expansion der Chromatophoren (Hautverdunklung) zur Folge. Das hochkomplexe Farbsystem der Cephalopoden arbeitet erstaunlicherweise ohne visuelle Rückkopplungsschleifen. Wenigstens drei neuroaktive Substanzen sind an der Regulation des Farbwechsels bei Cephalopoden beteiligt: Serotonin, L-Glutamat und diverse Neuropeptide (FMRF-Amid). Serotonin erniedrigt den intrazellulären Ca^{2+}-Spiegel, das Chromatophor zieht sich zusammen. L-Glutamat hat, wie FMRF-Amid, die entgegengesetzte Wirkung. Chromatophoren von Typ 1 (siehe oben) wurden außer bei den Cephalopoden auch bei den Ruderschnecken (*Cymbulia radiata* und zwei *Tiedemannia*-Arten) sowie dem Nacktkiemer *Phyllirhoe* gefunden.

Bei vielen **Knochenfischen** (Teleosteer) liegt eine **doppelte Innervierung** der Melanophoren vor: eine sympathische und eine parasympathische. Reizt man sympathische Nervenfasern elektrisch, so wird das von ihnen versorgte Hautareal hell. Die sympathischen Fasern ziehen vom Nachhirn zunächst im Rückenmark schwanzwärts, um an bestimmter Stelle – bei *Phoxinus* zwischen dem 12. und 18. Wirbel – in den sympathischen

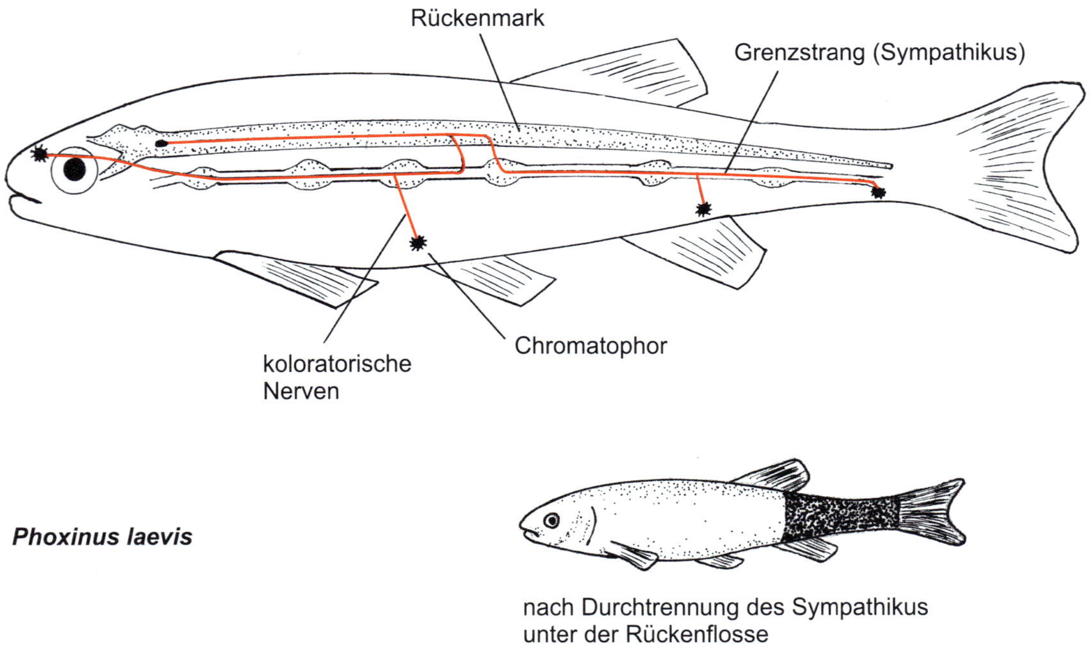

Abb. 27.5 Verlauf der sympathischen Nervenfasern bei der Elritze (*Phoxinus laevis*) und Färbung des Fisches nach Durchtrennen des Sympathikus unterhalb der Rückenflosse. (Nach von Frisch K (1910) Über die Beziehungen der Pigmentzellen in der Fischhaut zum sympathischen Nervensystem Festschr. zum 60. Geb. von R. Hertwigs. 3. Bd. Fischer, Jena, S. 15–26.)

Grenzstrang überzutreten (■ Abb. 27.5). Die Fasern, die die vordere Körperhälfte versorgen, treten etwas früher aus dem Rückenmark aus als diejenigen, die die hintere Körperhälfte versorgen. An den Nervenendigungen werden wahrscheinlich Adrenalin und Noradrenalin freigesetzt.

Die für die Pigmentausbreitung zuständigen **Nerven** konnten bisher nur indirekt nachgewiesen werden. Sie scheinen dem parasympathischen System anzugehören und über Acetylcholin (Überträgerstoff, ► Abschn. 13.4.5) auf die Chromatophoren einzuwirken. Injiziert man Fischen, in denen die ACh-Esterase durch Eserin gehemmt worden ist, Acetylcholin, so werden sie dunkel. Die ACh-Konzentration in der Haut dunkeladaptierter Fische (*Amiurus*, *Ophiocephalus*) ist folgerichtig relativ hoch (0,078 µg pro g Haut).

Während bei den Amphibien die neuronale Kontrolle der Chromatophoren eine untergeordnete Rolle spielt, ist beim **Chamäleon** (*Lophosaura pumila*) eine sympathische Innervierung schon lange bekannt. Wie bei Fischen treten die Fasern hauptsächlich im 11. und 12. Segment aus dem Rückenmark in den Grenzstrang über. Die Durchtrennung des Rückenmarks an dieser Stelle hat zur Folge, dass sich das leicht durch Kneifen oder Stechen auslösbare Bleicherwerden des Tieres nur bis zur Schnittebene ausbreitet. Bei der zu den **Leguanen** gehörenden Art *Anolis carolinensis* scheint eine Innervierung der Chromatophoren zu fehlen.

27.3.2 Hormonelle Steuerung

Wie bereits erwähnt, werden die Chromatophore der **Crustaceen** ausschließlich hormonell gesteuert. Im X-Organ-Sinusdrüsensystem der Krebse kommen mindestens zwei farbwechselaktive Hormone vor: Das **RPCH** (*red pigment concentrating hormone*, ► Abschn. 14.4.2) ist ein Oktapeptid, das einer großen Neuropeptidfamilie angehört, die besonders bei den Insekten weit verbreitet ist. Es wird in der Sinusdrüse (Neurohämalorgan) gespeichert und bewirkt eine Zusammenballung der Pigmente in den Chromatophoren. Sein Gegenspieler ist das **PDH** (*pigment dispersing hormone*), ein Neuropeptid aus 18 Aminosäureresten.

Die hormonelle Kontrolle des Farbwechsels der Fische (*Oryzias*, *Fundulus*, *Ameiurus*, *Macropodus*, *Salmo*, *Lebistes*) wird in erster Linie von der Hypophyse geleistet. Bei dunklem Hintergrund schüttet der Hypophysenzwischenlappen das melanophorenstimulierende Hormon α-MSH aus. Dieses Hormon bewirkt eine Verteilung des Melanins in den Melanophoren,

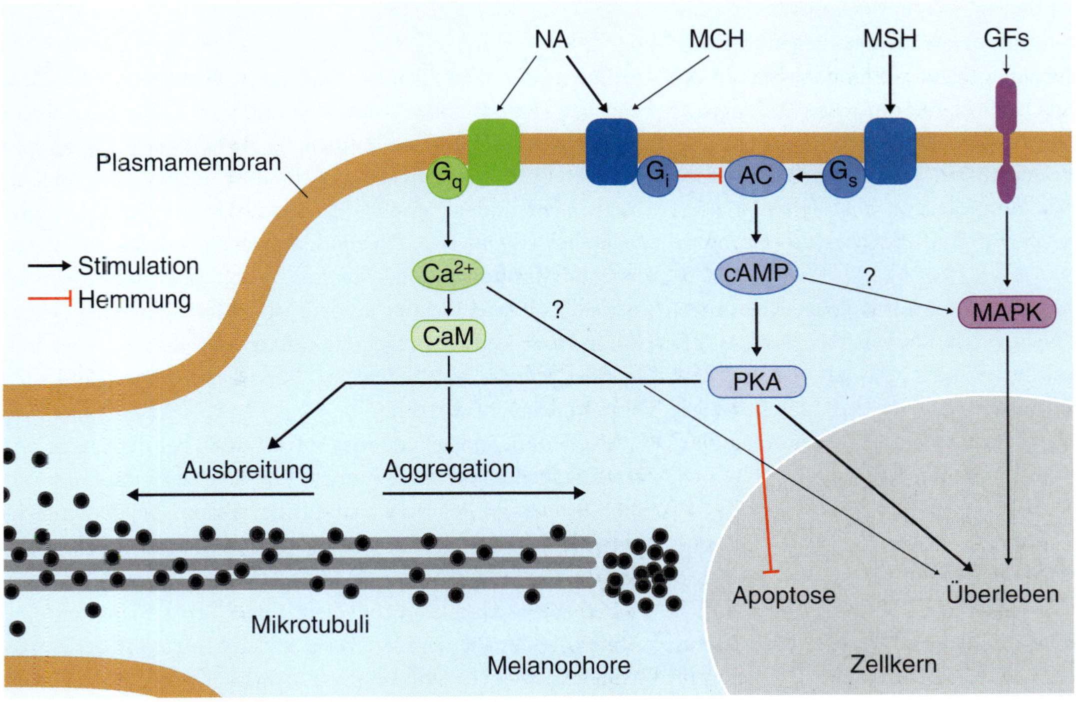

■ **Abb. 27.6** Regulation der Melanophorenantwort bei Fischen. Bei dunklem Hintergrund sezerniert die Hypophyse das Hormon MSH. MSH aktiviert über seinen Rezeptor das G_s-Protein und die Adenylylcyclase und verursacht damit eine Zunahme der intrazellulären cAMP-Konzentration. Noradrenalin (NA), ausgeschüttet von sympathischen Nervenfasern, sowie das von der Neurohypophyse sezernierte Hormon (MCH) aktivieren das GTP-bindende Protein G_i. Die Folge ist eine Abnahme der intrazellulären cAMP-Konzentration. Die Zunahme bzw. Abnahme der intrazellulären cAMP-Konzentration bewirkt eine Ausbreitung (der Fisch wird dunkler) bzw. ein Zusammenballen (der Fisch wird heller) des Melanins. Zusätzlich wird langfristig über die cAMP-Konzentration das Überleben bzw. Absterben (Apoptose) der Melanophoren reguliert. NA stimuliert ebenfalls die Ca^{2+}-Calmodulin-Signalkette. Es bindet an einen α1-Adrenorezeptor und aktiviert damit das G-Protein G_q. Am Ende dieser Signalkette steht wiederum eine Aggregation des Melanins. AC = Adenylylcyclase; cAMP = zyklisches Adenosinmonophosphat; GFs = Wachstumsfaktoren; MAPK = mitogenaktivierte Proteinkinase; MSH = melanophorenstimulierendes Hormon; NA = Noradrenalin. (Nach Sugimoto M (2002) Morphological color changes in fish: regulation of pigment cell density and morphology. Microsc Res Tech 58, 496–503.)

der Fisch wird dunkler. Vor einem weißen Hintergrund wird das melaninkonzentrierende Hormon (*melanine concentrating hormone*, MCH) vom Hypophysenhinterlappen (Neurohypophyse) ausgeschüttet, der Fisch wird heller. Neben einer kurzfristigen Farbanpassung kommt es bei vielen Fischen zusätzlich zur Langzeitadaptation: Bei dunklem Hintergrund nimmt die Zahl der Melanophoren in der Haut zu, bei hellem Hintergrund nimmt sie ab. Erhöht man mithilfe einer implantierten Minipumpe die Konzentration von α-MSH im Blutplasma, nimmt die Zahl an Melanophoren in der Fischhaut zu, dies geschieht selbst vor einem hellen Hintergrund. Unter dem Einfluss von α-MSH entstehen also – wahrscheinlich aus undifferenzierten Melanoblasten – neue Melanophoren. Die Abnahme an Melanophoren bei Adaptation an einen hellen Hintergrund beruht vorwiegend auf dem programmierten Zelltod (**Apoptose**). Der Zelltod wird durch Noradrenalin stimuliert (▣ Abb. 27.6).

Bei den Selachiern, Neunaugen und Amphibien wird der Farbwechsel ebenfalls in erster Linie von der **Hypophyse** und dem Adrenalsystem (Nebennierenmark) geleistet. Wie bei den Knochenfischen wirkt das vom Adrenalsystem abgegebene **Adrenalin** konzentrierend, das melanophorenstimulierende Hormon (MSH) der Adenohypophyse (► Abschn. 14.3.1) ausbreitend auf das Melanophorenpigment. So erklärt sich die besonders bei Elasmobranchiern und Amphibien gemachte Beobachtung, dass sich hypophysektomierte Tiere für den Rest ihres Lebens hell färben. Durch Injektion von Hypophysenextrakten kann bei diesen Tieren wieder eine dunklere Haut herbeigeführt werden. Entfernt man bei Neunaugen oder Amphibienlarven die Epiphyse (► Abschn. 14.3.1), so tritt die sonst beim Aufenthalt im Dunkeln zu beobachtende Aufhellung nicht mehr ein. Das in der Epiphyse gebildete **Melatonin** erwies sich beim Frosch als 105-mal wirksamer als Noradrenalin. Die Hypophyse des Krallenfroschs (*Xenopus laevis*) gibt ebenfalls die Hormone MSH und MCH ab.

Wegen der Ähnlichkeit des adrenocorticotropen Hormons (ACTH) mit MSH ist es nicht verwunderlich, dass auch ACTH die Chromatophoren beeinflussen kann. Das gilt besonders für den grünadaptierten Laubfrosch (*Hyla arborea*), der sich nach einer Injektion des Hormons dunkel färbt. Die Chromatophoren reagieren bereits bei Gaben von nur 0,01 µg.

27.4 Auslöser des Farbwechsels

Unter den Umweltfaktoren, die den Farbwechsel eines Tieres beeinflussen, ist an erster Stelle das **Licht** zu nennen. Das geht schon daraus hervor, dass bei vielen Tieren der Farbwechsel nach Blendung entweder erlischt oder stark beeinträchtigt ist, während im normalen Zustand oft eine **Helligkeitsanpassung** an den jeweiligen Untergrund eintritt. Für diese Anpassung ist nicht allein das vom Boden reflektierte Licht entscheidend, sondern das Mengenverhältnis zwischen dem von oben einfallenden und dem vom Boden reflektierten Licht (▣ Abb. 27.7). Bei grellem Licht über einem dunklen Boden ist dieser Wert groß, die Tiere färben sich dunkel. Über einem hellen Untergrund ist der Wert kleiner, die Tiere werden heller. Aus dem gleichen Grund tritt bei einer Vielzahl von Tieren bei völliger Dunkelheit eine gewisse Aufhellung im Vergleich zu solchen Tieren ein, die sich bei Tageslicht über einem dunklen Untergrund befinden. Manche Tiere werden im Dunkeln sogar völlig hell (*Chamaeleo*, *Phoxinus*, *Palaemonetes*). Die auf Blüten lebende **Krabbenspinne** *Thomisus onustus* passt ihre Farbe innerhalb von zwei Wochen an die Farbe ihrer Umgebung (Blüte) an. In einer weißen Umgebung färbten sich die Spinnen weiß, in einer gelben Umgebung gelb. Für den Farbwechsel sind auch Hormone verantwortlich.

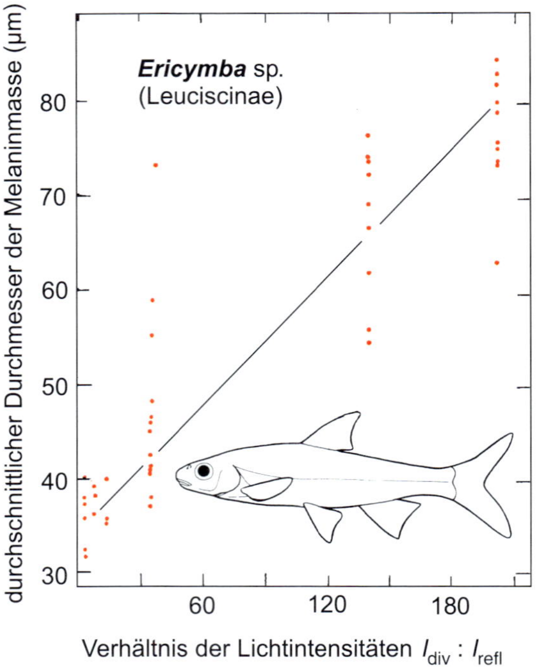

▣ **Abb. 27.7** Abhängigkeit der Melaninausbreitung in der Haut der Elritze *Ericymba* sp. vom Intensitätsverhältnis zwischen dem direkt einfallenden (I_{div}) und dem vom Boden reflektierten Licht (I_{refl}). (Nach Brown FA (1936) Light intensity and melanophore response in the minnow. *Erycymba buccata*. Biol Bull 70, 8–15.)

Neben diesem sekundären Farbwechsel, bei dem Licht unterschiedlicher Intensität und Wellenlänge über das Auge auf die Chromatophoren wirkt, sind Fälle bekannt, bei denen Licht entweder direkt auf die Chromatophoren oder reflektorisch über andere Rezeptoren als die Augen wirksam wird (primärer Farbwechsel). Solche Tiere zeigen trotz Blendung eine Änderung der Pigmentverteilung mit der Intensität des einfallenden Lichtes, es fehlt aber die Anpassung an die Helligkeit oder Farbe des Untergrundes. So färben sich geblendete Fische (*Crenilabrus*, *Phoxinus*, *Amiurus* u. a.), Amphibien (*Xenopus*, Salamanderlarven) und Reptilien (*Chamaeleo*, *Anolis*) bei schwacher bis fehlender Belichtung hell und bei starker Belichtung dunkel. Gewöhnlich ist der primäre Farbwechsel dem sekundären untergeordnet. Bei Fischen (z. B. dem Paradiesfisch *Macropodus opercularis*) zeigen die Chromatophoren während der Embryonalzeit, solange sie noch nicht innerviert sind, eine Expansion ihres Pigments bei Steigerung der Lichtintensität.

Später wird diese Reaktion durch die Anpassungen des Tieres an den jeweiligen Untergrund (**sekundärer Farbwechsel**) überlagert. Die Zoëalarve scheint nur einen primären Farbwechsel zu besitzen. Seltener als die direkte Einwirkung des Lichtes auf die Chromatophoren ist die reflektorische Steuerung des Farbwechsels unter Beteiligung von anderen lichtempfindlichen Strukturen als dem Auge. Hier sind besonders Neunaugen und einige Fische zu erwähnen. So ist bei der Elritze *Phoxinus laevis* das Zwischenhirn und bei *Lampetra*-Larven die Epiphyse (► Kap. 14) als photosensibler Rezeptor der Farbwechselreflexe nachgewiesen.

Eine Abhängigkeit der Körperfarbe von der **Umgebungstemperatur** ist häufig beobachtet worden. Die meisten Wirbeltiere sowie die Krebse *Callinectes* und *Palaemonetes* färben sich bei niedrigen Temperaturen dunkel und hellen sich mit steigender Temperatur zunehmend auf. Bei anderen Krebsen (*Idothea* u. a.) sowie bei *Necturus* wird das Pigment sowohl bei sehr niedrigen als auch bei hohen Temperaturen expandiert, während es im mittleren Temperaturbereich konzentriert wird. Die Stabheuschrecke *Carausius* ist bei hohen Temperaturen (25 °C) grün, bei niedrigen Temperaturen (15 °C) dunkel. **Eidechsen** (*Scoloporus undulatus*) und **Chamäleons** (*Anolis carolinensis*) ändern ihre Hautfarbe ebenfalls in Abhängigkeit von der Umgebungstemperatur. Die Farbänderung dient vermutlich der Thermoregulation, denn die Farbe der Haut entscheidet mit darüber, in welchem Umfang elektromagnetische Strahlung absorbiert (dunkle Oberfläche) oder reflektiert (helle Oberfläche) wird. Bei *Carausius* hängt die Färbung auch von der **Luftfeuchtigkeit** ab: Feuchtigkeit bedingt Verdunklung, Trockenheit Aufhellung der Tiere.

Eine **allgemeine Erregung** des Tieres äußert sich ebenfalls oft im Farbwechsel. Besonders auffällig ist das bei den Tintenfischen. Bei auf der Oberfläche grau gefärbten Sepien kann allein durch die Darbietung einer Krabbe augenblicklich das abwechselnde Erscheinen und Verschwinden dunkler Querbänder hervorgerufen werden. Cephalopoden können während der Balz die Farbmuster auf jeder Körperseite unabhängig voneinander verändern. Dies tun sie zum Beispiel, wenn sich auf der einen Seite ein rivalisierendes Männchen und auf der anderen Seite ein Weibchen befindet. Das Reptil *Anolis* nimmt eine gefleckte Zeichnung an, wenn es zum Kampf mit einem Nebenbuhler übergeht. Bei der Eidechse *Agama cyanogaster* färbt sich der Kopf beim Kampf dunkelblau. Schließlich sei noch erwähnt, dass sich bei manchen Tieren die Hell-Dunkel-Färbung im **Tag-Nacht-Rhythmus** ändert. Dieser Rhythmus wird endogen bestimmt und kann für längere Zeit unter konstanten Bedingungen (Temperatur, Dunkelheit) im Labor fortbestehen (endogene Rhythmik, ► Abschn. 13.9.1).

27.5 Fragen zum Selbststudium

- Was versteht man unter einem morhologischen und einem physiologischen Farbwechsel?
- Welche Chromatophorentypen sind Ihnen bekannt und bei welchen Tieren kommen sie vor?
- Welcher Mechanismus führt bei Chromatophoren zur Ausbreitung (Aggregation) des Farbstoffs?
- Beschreiben Sie den Vorgang bei der nervösen Steuerung des Farbwechsels.
- Welchen Einfluss haben der Sympathikus und der Parasympathikus auf die Färbung einer Elritze?
- Nennen Sie Auslöser, die zum Farbwechsel bei Cephalopoden führen.

Weiterführende Literatur

Allgemeines

Bagnara JF (1973) Chromatophores and color change: The comparative physiology of animal pigmentation. Prentice Hall, Englewood Cliff.
Hanlon RT, Messenger JB (1996) Cephalopod behavior. Cambridge University Press.
Messenger JB (2001) Cephalopod chromatophores: neurobiology and natural history. Biological Review 76, 473-528.
Sowler S (1992) Die Tarnung der Tiere. Gerstenberg, Hildesheim.
Sugimoto M (2002) Morphological color changes in fish: regulation of pigment cell density and morphology. Microscopy Research and Technique 58, 496-503.

Spezielle Aspekte

Fingermann M (1985) Crustacean chromatophores. American Zoologist 19, 233–252.
Fujic R (1969) Chromatophores and pigments. In: Fish physiology. Vol 3 (Hoar WS, Randall DJ, eds.). Academic Press, New York, London, pp 307–353.
Fulgione D, Trapanese M, Maselli V, Rippa D, Itri F, Avallone B, Damme R Van, Monti DM, Raia P (2014) Seeing through the skin: dermal light sensitivity provides cryptism in moorish gecko. Journal of Zoology (im Druck), DOI: 10.1111/jzo.12159
Joseffson L (1983) Crustacean chromatophorotropins. American Zoologist 23, 507–516.
Bückmann D (1985) Color change in insects. In: Bagnara J, Klaus SN, Paul E, Scharl M (eds.) Biological, molecular and clinical aspects of pigmentation. University of Tokyo Press, Tokyo. pp 209–218.
Krieger F (1954) Untersuchungen über den Farbwechsel der Libellenlarven. Zeitschrift für vergleichende Physiologie 36, 352–366.
Langkilde T, Boronow KE (2012) Hot boys are blue: temperature-dependent color change in male eastern fence lizards. Journal of Herpetology 46, 461-465.
Waring HH (1963) Color change mechanisms of coldbloodes vertebrates. Academic Press, New York.
Wilhelm R (1968) Vergleichende Untersuchungen über den nervös gesteuerten Farbwechsel der Koppe und einiger Plattfische. Dissertation, Universität Köln.

Produktion von Giften und Abwehrstoffen

Giftige oder übel riechende oder schmeckende Tiere kommen in allen Taxa des Tierreichs vor. Die von ihnen produzierten oder von anderen Organismen übernommenen Gift- (**Toxine**) oder Abwehrstoffe gehören den verschiedensten Stoffklassen an (Tab. 28.1). Einzelne Giftstoffe sind in ihrer Wirkung oft sehr spezifisch, sodass sie in der neuro- und zellbiologischen Grundlagenforschung, in besonderen Fällen sogar in der Medizin zur Anwendung kommen, um bestimmte Prozesse in Zellen, Geweben oder menschlichen Patienten selektiv zu blockieren. Selten kommen die Gift- und Abwehrstoffe im giftigen Tier jedoch in reiner Form vor. In fast allen Fällen enthalten die Sekretionsprodukte Mischungen aus verschiedenen Giftstoffen, die so komponiert sind, dass die Gesamtheit aller Wirkstoffe dem Tier den optimalen Nutzen aus dem Einsatz des **Giftcocktails** sichert. Daraus ergibt sich, dass das Studium von Struktur und Wirkung tierischer Gifte und Abwehrstoffe sehr gute Einblicke in coevolutive Zusammenhänge geben kann. Der evolutive Wettlauf um den größtmöglichen Effekt eines Stoffes bei möglichst geringem Materialeinsatz hat zur Bildung von tierischen Gift- und Abwehrstoffen geführt, deren Wirkung schon in extrem niedriger Konzentration eintritt.

Tab. 28.1 Chemische Natur von Wirkstoffen (Toxinen) in tierischen Giften und Abwehrsekreten.

Substanzklasse	Vorkommen
Proteine	in allen Taxa giftiger Tiere
Peptide	in allen Taxa giftiger Tiere
Ameisensäure	Ameisen
Aminoverbindungen	Cnidaria, Mollusca, Echinodermata
Polyether	Bivalvia, Cnidaria (Korallen)
Mercaptane und Sulfide	Ameisen, Marderartige
makrozyklische Ketone	Korallen
Benzoesäure, Benzochinone, Cyanide	Coleoptera (Käfer), Diplopoda
Terpene	Milben, Bienen, Ameisen, Schmetterlinge, Käfer
N-heterozyklische Moleküle	Feuerameisen, Spinnen
Alkaloide aus Pflanzen	Insekten
bakterielle Toxine	blau geringelter *Octopus*, japanischer Kugelfisch

28.1 Wirksamkeit von Giftstoffen, Toxizität

Die Giftigkeit (Toxizität) eines Stoffes wird oft in Form des **LD_{50}-Wertes** (LD für *lethal dose*, tödliche Dosis) angegeben. Es ist die Dosis des Giftstoffs, nach deren Applikation 50 % der Versuchstiere versterben, die andere Hälfte gerade noch überlebt. In vielen Fällen ist die Giftigkeit von Stoffen auch davon abhängig, wie sie appliziert werden. Standardwege für die Verabreichung von Giftstoffen zum Test ihrer Toxizität sind die orale Verabreichung (p.o. für *per os*), Injektion unter die Haut (s.c. für subkutan), in den Muskel (i.m. für intramuskulär) oder in das Peritoneum (i.p. für intraperitoneal).

Der frei lebende japanische Kugelfisch, *Fugu rupripes*, imprägniert seine Gewebe mit einem von Bakterien produzierten und über die Nahrungskette aufgenommenen Toxin, dem **Tetrodotoxin**. Das Toxin wirkt inhibitorisch auf spannungsabhängig geregelte Na^+-Kanäle der Nervenzellen, und zwar mit einer extrem hohen Effizienz – die **halbmaximal inhibierende Konzentration** (**IC_{50}**) ist 1 nmol l^{-1}. Tiere und Menschen, die zu viel von den inneren Organen des Kugelfischs aufgenommen haben, sterben in der Regel an schlaffer Lähmung (**Paralyse**[562]) der Atemmuskulatur (LD_{50} = 300 µg pro kg Körpergewicht).

Das Beispiel zeigt, dass manche Tiere durchaus auch für den Menschen gefährliche Giftstoffe in relevanter Konzentration enthalten können. Oft wird die Gefährlichkeit giftiger

562 *paralysis* (griech.) = Lähmung, Erstarrung

Tab. 28.2 Die von Schlangen während eines Bisses freigesetzte Menge Gift im Vergleich zur für den Menschen letalen Dosis.

	Schlangenart	freigesetzte Giftmenge pro Biss (mg)	tödliche Dosis (Mensch) (mg)
Elapidae (Giftnattern)	Kobra, Brillenschlange (*Naja naja*)	210	15
	Blauer Krait (*Bungarus candidus*)	5	1
	Schwarze Mamba (*Dendroaspis polylepis*)	1000	120
Viperidae (Vipern)	Kettenviper (*Daboia russelli*)	70	42
	Kreuzotter (*Vipera berus*)	10	75
	Neuwieds Grubenotter (*Bothrops neuwiedii*)	200	200
	Grüne Bambusotter (*Trimeresurus gramineus*)	14	100

Marquardt H, Schäfer SG (2003) Lehrbuch der Toxikologie. 2. Aufl. Wissenschaftliche Verlagsgesellschaft, Stuttgart, verändert.

Tiere allerdings auch stark übertrieben. Zum Beispiel stirbt ein Mensch nur in extrem seltenen Fällen am Biss einer Kreuzotter (*Vipera berus*). Allerdings gibt es in außereuropäischen Gegenden der Welt auch sehr giftige Schlangenarten. Weltweit liegt die **Mortalitätsrate** nach einem Schlangenbiss dennoch nur zwischen 10 und 20 %. In ◘ Tab. 28.2 sind zur Illustration einige tödliche Dosen für verschiedene Schlangengifte zusammengestellt. Besondere Vorsicht ist beim Umgang mit solchen Schlangenarten angebracht, bei denen die potenziell freigesetzte Giftmenge die tödliche Dosis übersteigt, zum Beispiel bei der Kobra, dem Krait oder der schwarzen Mamba.

28.2 Passive und aktive Giftigkeit

Man muss bei den giftigen Tieren unterscheiden zwischen den aktiv giftigen Tieren (*venomous animals*) und den passiv giftigen Tieren (*poisonous animals*). Die **aktiv giftigen Tiere** produzieren und speichern das Gift in speziellen Geweben oder Organen, um es bei Bedarf (Verteidigung oder Beutefang) mithilfe bestimmter Hilfsapparate (Stachel, Zahn usw.) parenteral, das heißt unter Umgehung des Verdauungskanals, in den Körper des Opfers zu bringen. Der Giftcocktail dieser Tiere enthält oft auch Enzyme, die Lockerungen des Gewebes verursachen (z. B. Hyaluronidasen), sodass die passive Verteilung der Giftstoffe im Körper des Opfers schnell erfolgen kann. In manchen Fällen enthält das Gift auch Verdauungsenzyme (Proteasen, Phospholipasen), sodass mit der Lähmung oder Tötung des Beutetiers bereits eine Vorverdauung des Gewebes einsetzt (extraintestinale Verdauung, ▶ Abschn. 3.2.4). Die **passiv giftigen Tiere** imprägnieren ihre Körperoberfläche oder ihre internen Gewebe mit Gift- oder Abwehrstoffen, um potenzielle Räuber abzuschrecken oder, sollte die Wirkung erst später nach der Mahlzeit einsetzen und nicht tödlich sein, ihnen den wiederholten Angriff auf ein Tier derselben Art zu verleiden.

Die von den passiv giftigen Tieren gespeicherten Giftstoffe werden entweder von diesen selbst hergestellt oder über die Nahrungskette aufgenommen und reichern sich im Gewebe des Tieres an, ohne bei den Tieren selbst Schäden hervorzurufen. In einigen Fällen kennt man die evolutiven Anpassungen, die Tiere resistent gegen ihre eigenen Gifte machen. So ist die Nervenfunktion des Kugelfischs (*Fugu rupripes*) trotz der Tetrodotoxinbelastung seiner Gewebe nicht beeinträchtigt. Diese Toleranz kommt durch Mutationen in einer Untereinheit des spannungsabhängig geregelten Natriumkanals dieses Fisches zustande, die die Blockade des Kanals durch Tetrodotoxin verhindern. In anderen Fällen sind Tiere sehr wohl empfindlich für ihre eigenen Gifte, wenn diese zum Beispiel durch Injektion in das Gewebe gelangen. Dies ist beispielsweise bei Schlangengiften der Fall, deren hochgiftige Komponenten Proteine sind. Gelangen diese durch das Verschlucken vergifteter Beutetiere in den Verdauungstrakt, werden die Gifte wie alle Proteine verdaut und richten keine Schäden an. Würde eine Giftschlange jedoch eine andere beißen und das Gift in die Muskulatur oder die Leibeshöhle geraten, so würde das gebissene Tier ebenso vergiftet wie ein reguläres Beutetier.

Auch einige aktiv giftige Tiere übernehmen Vorstufen ihrer Giftstoffe von anderen Tieren oder von Pflanzen, die Teil ihrer Nahrung sind. Ein Beispiel ist ein erst kürzlich als giftig erkannter Primat, *Nycticebus kayan*, ein **Plumplori** von der Insel Borneo. Plumploris sind eher langsame Tiere, die potenziellen Beutegreifern nicht durch Flucht entkommen können und daher offenbar auf Gift als Abwehrmaßnahme setzen. Diese Tiere besitzen Hautdrüsen an der Innenfläche der Oberarme, in denen sie ein öliges Sekret produzieren, das **Steroidalkaloide** enthält. Diese Alkaloide übernehmen sie vermutlich aus Ameisen und Millipeden in ihrer Nahrung. Der Plumplori nimmt das Drüsensekret mit den Fingern ab und reibt es auf seine Zähne. Offenbar findet anschließend eine Reaktion zwischen Speichelinhaltsstoffen und den Giftstoffen der Hautdrüsen statt, die die Toxizität der Giftstoffe noch deutlich steigert. Bringt der Plumplori einem Angreifer einen Abwehrbiss bei, so wird dieses Gift in die Bisswunde übertragen und verursacht großflächige, vermutlich sehr schmerzhafte **Ödeme** und eine Verzögerung der **Wundheilung**, was den Angreifer von weiteren Übergriffen auf diese Primaten abhält. An diesem Beispiel wird auch deutlich, dass die Grenzen von aktiver und passiver Giftigkeit zuweilen fließend sind. Elterntiere dieser Plumploris sind nämlich dabei beobachtet worden, dass sie ihre Hautsekrete auf dem Fell ihrer Jungtiere verteilen. Diese Imprägnierung scheint Fressfeinde davon abzuhalten, sich an den Jungtieren zu vergreifen.

28.3 Antimikrobielle Wirkstoffe

Alle Tiere besitzen Anteile der Körperoberfläche, die zur Optimierung des Stoff- und Informationstransports ein- oder wenigschichtige Epithelien aufweisen, mehr oder weniger feucht gehalten werden und daher potenzielle Angriffsflächen für Mikroben darstellen. Um die Besiedlung (**Kolonisierung**) der Körperoberfläche und innerer Oberflächen, die Kontakt mit der Außenwelt haben (z. B. Gastrointestinaltrakt), zu verhindern oder wenigstens die Zusammensetzung der dort vorkommenden mikrobiellen Lebensgemeinschaften kontrollieren zu können, besitzen die meisten Tiere Möglichkeiten, durch innate Immunmechanismen (▶ Kap. 29) oder durch die Akkumulation bestimmter sekundärer Stoffwechselprodukte das Wachstum und die Aktivität von Mikroorganismen (Bakterien, Protoctista, Pilze) zu begrenzen. Die Produktion solcher antimikrobieller Wirkstoffe kann als eine Art passiver Giftigkeit dieser Tiere angesehen werden.

Marine Schwämme ernähren sich durch Aufnahme von Plankton und Mikroorganismen aus dem Wasser. Dabei laufen sie ständig Gefahr, selbst von Mikroorganismen besiedelt und konsumiert zu werden. Der Schwamm *Aplysina* aus dem Roten Meer schützt sich dagegen durch Akkumulation von 5,7-Dimethoxy-4-p-Methoxyphenylcumarin, einer Substanz, die durch endosymbiotisch lebende *Streptomyces*-Arten hergestellt wird und den Schwamm vor dem Angriff anderer Pilze schützt. Der Kalkschwamm *Clathrina clathrus* aus dem Mittelmeer produziert in seinen Zellen aus eigener Kraft das Antibiotikum Clathridimin (■ Abb. 28.1). Der australische Schwamm *Hyatella* synthetisiert Psammaplysin G (■ Abb. 28.1), eine Substanz, die offenbar gegen eukaryotische Einzeller gerichtet ist und daher als Antimalariamittel getestet wird.

Cnidaria schützen sich ebenfalls durch Produktion **antimikrobieller Wirkstoffe** vor der Besiedlung durch möglicherweise schädliche Bakterien. Die Polypen der schwarzen Koralle *Antipathes dichotoma* im Roten Meer produzieren größere Mengen eines bestimmten Sphingolipids mit antibakterieller Wirksamkeit (■ Abb. 28.1). In **Bryozoa** wurde kürzlich eine neue Stoffklasse antibakterieller Wirkstoffe gefunden, die Tambjamine (■ Abb. 28.1). **Tunikaten** bilden ebenfalls potente antibakterielle Wirkstoffe. Bei zwei *Didemnum*-Arten aus Brasilien hat man die Diketopiperazine Rodriguesin A und gefunden B (■ Abb. 28.1).

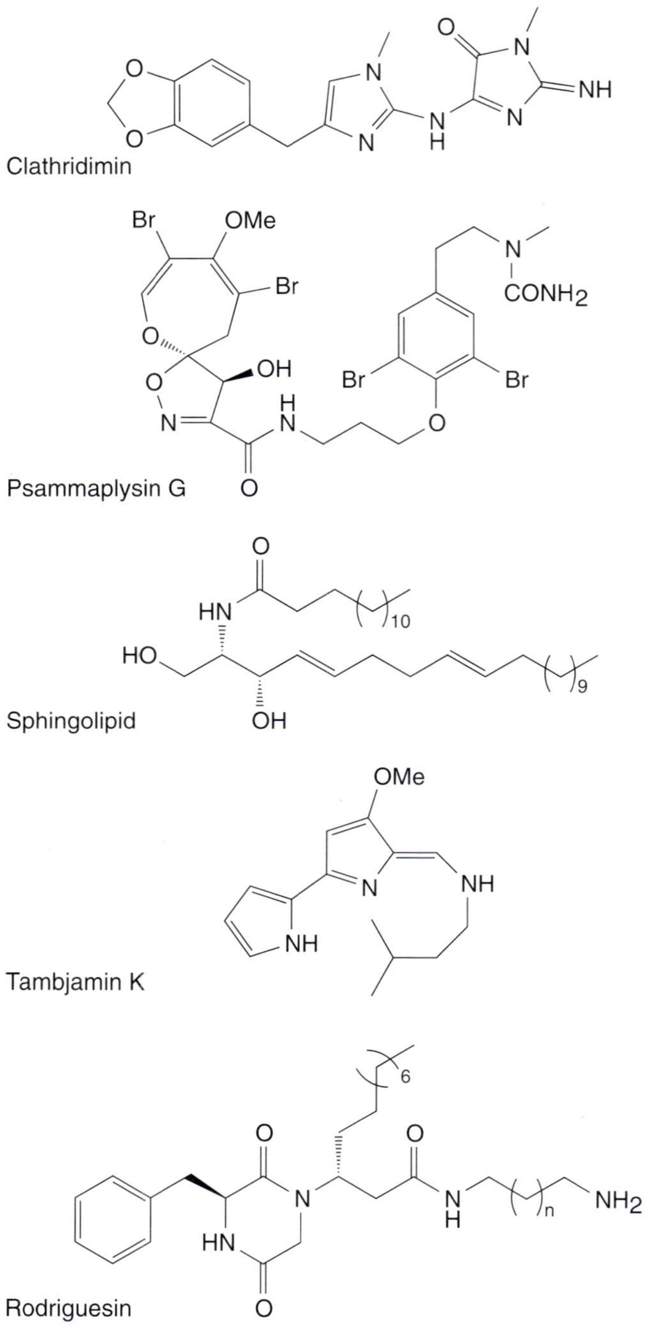

■ **Abb. 28.1** Strukturformel des antibiotisch wirkenden Clathridimins aus dem Schwamm *Aplysina*, von Psammaplysin G aus dem Schwamm *Hyatella*, das gegen eukaryotische Einzeller gerichtet ist, eines antibakteriell wirkenden Sphingolipids der schwarzen Koralle *Antipathes dichotoma* sowie der ebenfalls antibakteriell wirksamen Substanzen Tambjamin K aus Bryozoen und Rodriguesin aus Tunikaten. (Nach Blunt JW, Copp BR, Munro MH, Northcote PT, Prinsep MR (2011) Marine natural products. Nat Prod Rep 28, 196–268, und Blunt JW, Copp BR, Keyzers RA, Munro MH, Prinsep MR (2012) Marine natural products. Nat Prod Rep 29, 144–222.)

28.4 Beispiele für passive Giftigkeit von Tieren

Verzehrt man zur falschen Jahreszeit Miesmuscheln (*Mytilus edulis*) oder andere Muscheln aus den Flachwasserzonen der Ozeane, so kann man ernsthaft erkranken (Übelkeit, Erbrechen, Leibschmerzen, Durchfall, im Extremfall Atemlähmung), weil die Muscheln einen Giftstoff, das **Saxitoxin** (■ Abb. 28.2), enthalten, den sie in Perioden von Algenblüten während der warmen Jahreszeit durch den massenhaften Konsum von bestimmten Dinoflagellaten (*Dinophysis acuminata*, *Gonyaulax catanella*) oder blaugrünen Algen (*Aphanizomenon flos-aquae*) aufnehmen und akkumulieren. Saxitoxin blockiert in Säugetieren die spannungsgesteuerten Natriumkanäle, unter anderem im Zentralnervensystem, sodass die Bildung von Aktionspotenzialen unterdrückt wird. Diese Blockade ist sehr effektiv, weil die positiv geladene Guanidiniumgruppe des Moleküls ähnlich

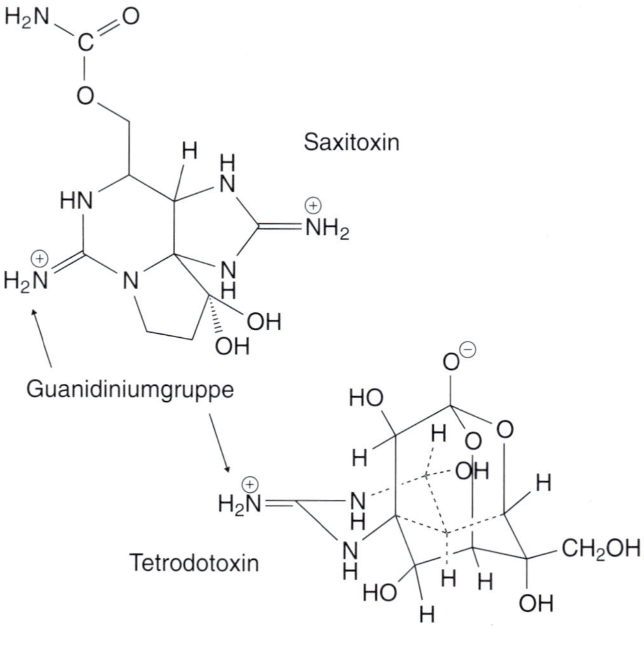

■ **Abb. 28.2** Strukturformel von Saxitoxin und Tetrodotoxin. Weitere Erläuterungen im Text.

wie normalerweise Na^+ in den Kanal eintritt, mit dem großen Restmolekül die Pore dann aber nachhaltig verschließt. Die LD_{50} des Saxitoxins beträgt 10 mg pro kg Körpergewicht (Maus, i.p.). Der japanische Kugelfisch (*Fugu rupripes*) imprägniert seine Gewebe, in besonderem Maß die inneren Organe[563], mit **Tetrodotoxin** (Abb. 28.2), einem Giftstoff, der von marin lebenden Bakterien der Gattungen *Vibrio*, *Bacillus*, *Micrococcus*, *Acetinobacter* und *Alteromonas* hergestellt wird und über das Nahrungsnetz in den Fisch gelangt. Gerät Tetrodotoxin durch den Genuss von Kugelfischgewebe in den Körper von Säugetieren, so blockiert das Toxin die spannungsabhängig geregelten Na^+-Kanäle der Nervenzellen. Der inhibitorische Mechanismus entspricht dem des Saxitoxins. Betroffene Tiere und Menschen sterben in der Regel an schlaffer Lähmung (**Paralyse**) der Atemmuskulatur (LD_{50} = 10–300 µg pro kg Körpergewicht, je nach Applikationsweg).

Zu den giftigsten Substanzen natürlichen Ursprungs gehören Polyether wie das **Ciguateratoxin**, das **Maitotoxin** oder die **Brevetoxine** (Abb. 28.3). Auch diese Verbindungen werden eigentlich von Dinoflagellaten tropischer Meere (*Coolia monotis*, *Gambierdiscus toxicus*, *Karenia brevis*) hergestellt und gelangen immer dann in größeren Mengen in die Nahrungskette, wenn tropische Flachwasserökosysteme durch Wettereinflüsse oder menschliche Eingriffe gestört werden, die wiederum Massenvermehrungen von Dinoflagellaten nach sich ziehen können. Die Giftstoffe akkumulieren dann in den Geweben der Tiere, die relativ weit am Ende der Nahrungskette stehen (z. B. Raubfische wie Zackenbarsche). Diese werden dann zeitweise selbst

563 Tetrodotoxin kommt in geringer Konzentration auch in der Muskulatur von *Fugu* vor, die in Japan, von speziell ausgebildeten Köchen präpariert und in hauchdünne Scheiben geschnitten, als Delikatesse roh gegessen wird. Die Konzentration ist allerdings so niedrig, dass bei sachgerechter Zubereitung und maßvollem Genuss keine gefährlichen Vergiftungserscheinungen beim Menschen auftreten.

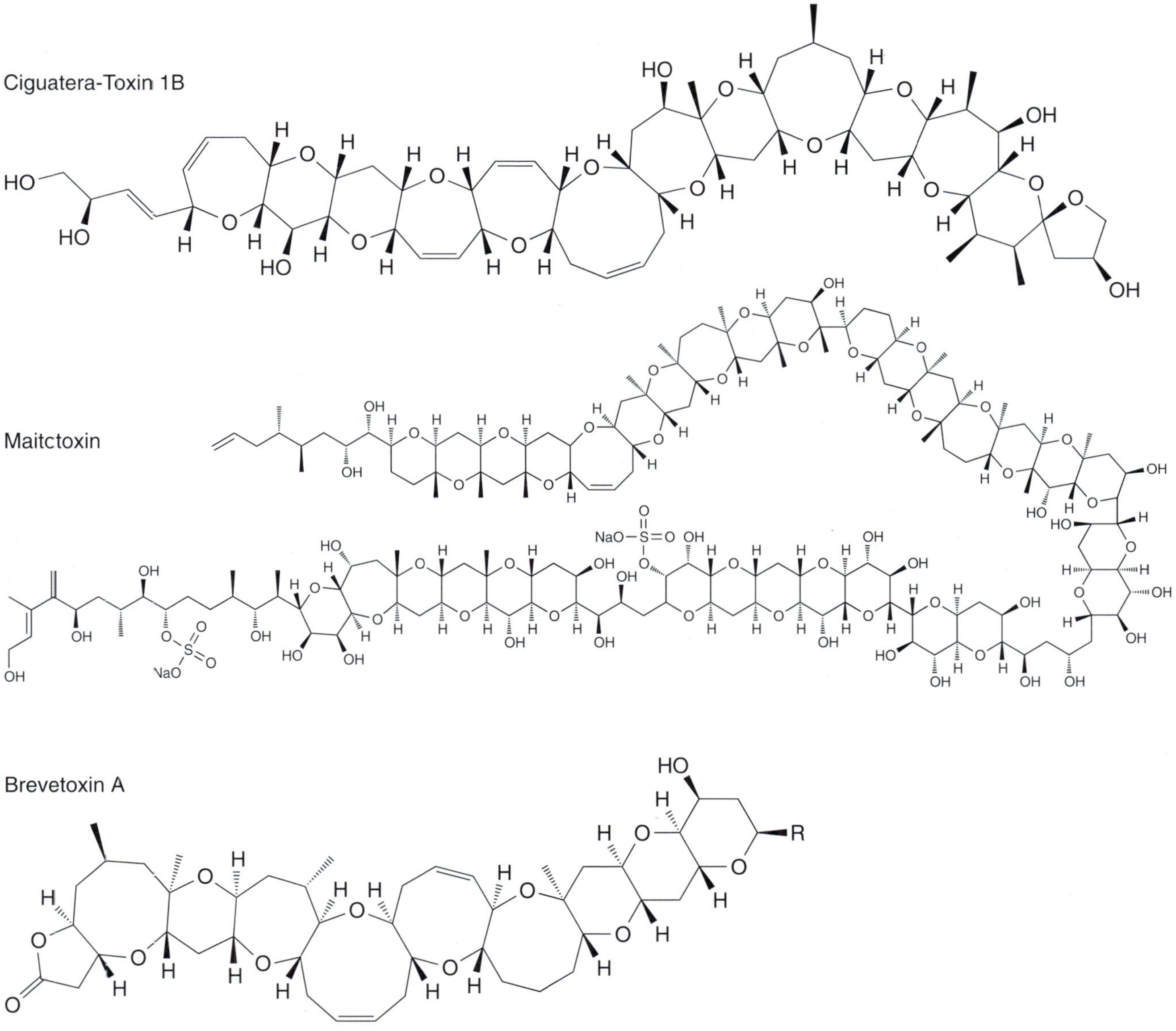

Abb. 28.3 Strukturformel von Ciguateratoxin 1 B, Maitotoxin und Brevetoxin A. Weitere Erläuterungen im Text.

giftig für Mensch und Tier. Das Ciguateratoxin und die Brevetoxine öffnen spannungsabhängig geregelte Na^+-Kanäle in der Nervenzellmembran von Säugetieren, das Maitotoxin wirkt in gleicher Weise auf spannungsabhängig geregelte Ca^{2+}-Kanäle. Beides führt zur massiven Depolarisation des Membranpotenzials von Nervenzellen, was sich im günstigen Fall nur in Übelkeit und Leibschmerzen niederschlägt, in schweren Fällen aber zu neurologischen Störungen oder spastischen Lähmungen der (Atem-)Muskulatur führt. Beim Menschen enden bis zu 7 % solcher Vergiftungen tödlich. In Mäusen beträgt die LD_{50} von Maitotoxin gerade einmal 50 ng pro kg Körpergewicht.

Ähnlich problematisch sind Giftstoffe wie Palytoxin oder Okadainsäure (Abb. 28.4). Diese Substanzen werden ebenfalls von tropischen Dinoflagellaten produziert. **Palytoxin** ist ein Produkt von *Ostreopis siamensis* und akkumuliert besonders in Weichkorallen (*Palythoa toxica*) oder Krustenanemonen (Zoanthidae), die diese Dinoflagellaten konsumieren. Es bewirkt in Säugetieren eine Konfigurationsänderung der α-Untereinheit der Na^+/K^+-ATPase. Dadurch wird die Richtungsspezifität des Na^+- und des K^+-Transports aufgehoben. Die Folge ist der Abfall der Konzentrationsgradienten beider Ionen über der Zellmembran, was dramatische Konsequenzen für das **Membranpotenzial** (Depolarisation), sekundäre Transportprozesse (Inhibition) und die Aufrechterhaltung osmotischer Gradienten (Beeinträchtigung der Nierenfunktion) hat. Nach dem Einsetzen der Vergiftungserscheinungen kann daher innerhalb von Minuten der Tod eintreten. Für Säugetiere liegt die LD_{50} von Palytoxin bei 0,15 µg pro kg Körpergewicht.

Eine metabolische Vorstufe der **Okadainsäure** (Okadasäure; Abb. 28.4) wird von Dinoflagellaten der Gattungen *Dinophysis* und *Prorocentrum* hergestellt und aus zerfallenden Zellen ins Medium freigesetzt. Hier wird sie in verschiedene Ester der Okadainsäure umgesetzt. Diese können aufgrund ihrer Apolarität durch die Plasmamembranen von tierischen Zellen diffundieren. Cytoplasmatisch vorliegende Esterasen setzen anschließend die Okadainsäure frei. Auf diese Weise reichert sich Okadainsäure besonders in Schwämmen (z. B. *Halichondria okadai*) und in Muscheln an, die von anderen Tieren

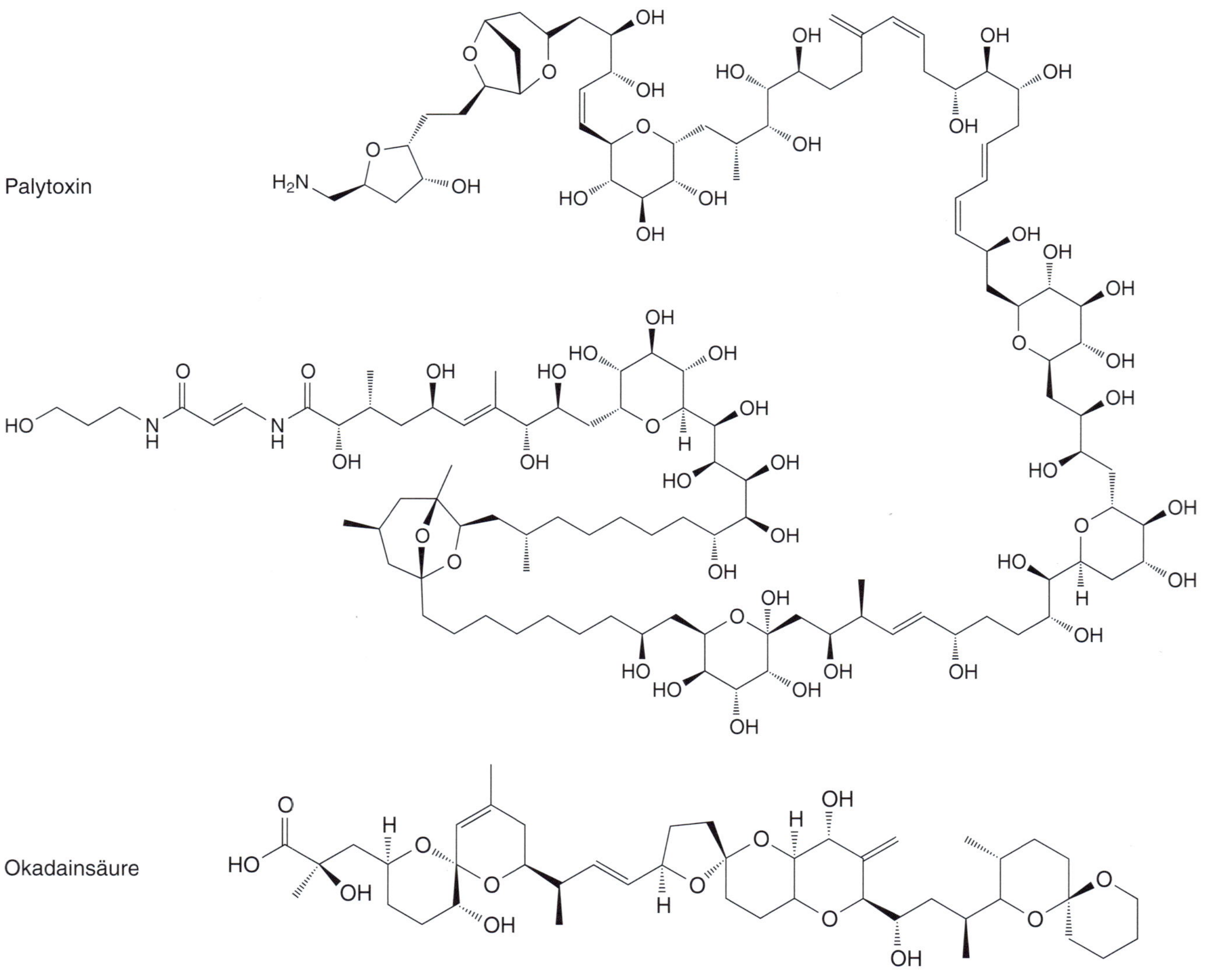

Abb. 28.4 Strukturformel von Palytoxin und Okadainsäure. Weitere Erläuterungen im Text.

gefressen werden, welche auf diese Weise wiederum selbst giftig werden. Die Giftigkeit der Okadainsäure in Wirbeltieren beruht auf der Inhibition von Serin/Threonin-spezifischen Proteinphosphatasen (PP1, PP2A und PP2B). Die **Proteinphosphatase 2A** (**PP2A**) wird am stärksten gehemmt (IC_{50} = 1 nmol l^{-1}). Unter dem Einfluss von Okadainsäure steigt der Phosphorylierungsgrad zellulärer Proteine daher unspezifisch an, wodurch sich deren Funktion in der zellulären Regulation (Signaltransduktion, ▶ Kap. 12) oder in Stoffwechselwegen verändert. Eine markante Wirkung in lebenden Tieren ist die dauerhafte Kontraktion der **glatten Muskulatur**, weil die im normalen Kontraktionszyklus stattfindende Phosphorylierung des Myosinkopfs (▶ Kap. 23) unter dem Einfluss von Okadainsäure nicht mehr rückgängig gemacht werden kann. Bei Mäusen, die i.p. mit Okadainsäure behandelt wurden, liegt die LD_{50} bei 190 µg pro kg Körpergewicht.

Coccinellidae (Marienkäfer) produzieren komplexe organische Moleküle (◼ Abb. 28.5) und lagern diese in ihre Gewebe und in die Körperflüssigkeiten ein. Durch den unangenehmen Geschmack und ihre Giftigkeit halten diese Stoffe potenzielle Fressfeinde (z. B. Vögel) davon ab, diese Käfer zu konsumieren.

Viele herbivore Käfer- und Schmetterlingsarten lagern in ihren Geweben und Körperflüssigkeiten Giftstoffe eine, die sie aus ihren jeweiligen Nahrungspflanzen beziehen (◼ Abb. 28.6). In Lepidopteren finden sich **Aristolochiasäure** und verschiedene **Pyrrolizidinalkaloide**. Ebenfalls in Schmetterlingen, aber auch in Hemiptera (z. B. *Aphis*, Blattlaus) und in Käfern (z. B. Marienkäfer) finden sich Cardenolidderivate, deren Struktur auf das Steroidgerüst des Cholesterins zurückgeht. An dieses Ringsystem werden in unterschiedlicher Anzahl Zuckerreste gekoppelt, sodass die eigentlichen Giftstoffe **Cardenolidglykoside** sind. Bekannte Vertreter dieser Stoffgruppe sind das Strophantin (Ouabain) und das *Digitalis*-Glykosid Digoxin, deren Giftigkeit auf der Hemmung der Na^+/K^+-ATPase beruht. Digoxin wirkt im Herzmuskel der Wirbeltiere positiv inotrop und wird daher therapeutisch bei Herzschwäche eingesetzt[564].

Auch bei den Wirbeltieren trifft man Vertreter verschiedener Taxa an, die entweder nur ihre Körperoberfläche oder sogar alle Gewebe mit Giftstoffen imprägnieren, um sich für Beutegreifer unattraktiv zu machen. Viele Fische besitzen unterhalb der Haut, die die Flossenstrahlen der Rückenflossen oder der Bauchflossen überzieht, Giftdrüsen, in denen toxische Proteine gebildet und gespeichert werden. Beim Angriff eines Beutegreifers stellen die Fische ihre Flossenstrahlen aufrecht, sodass sich diese durch die Haut des Angreifers bohren. Dabei schiebt sich das Integument über den Flossenstrahlen zurück, sodass das Reservoir der Giftdrüse in die Wunde ausgedrückt wird. Die Steinfische, die im Flachwasser von Korallenriffen leben und extrem gut getarnt sind, verlassen sich auf diesen Abwehrmechanismus und flüchten nicht einmal vor herannahenden Menschen. Tritt man versehentlich auf diese Tiere, so bohren sich die Strahlen der Rückenflossen durch die Fußhaut, sodass das Gift passiv in das Fußgewebe gedrückt wird (◼ Abb. 28.7). Die toxischen Komponenten des Giftes (3 mg pro Drüse) sind hochmolekulare Proteine. Das **Stonustoxin** von *Synanceja horrida* hat eine Molekülmasse von etwa 150 kDa und besteht aus zwei Untereinheiten, einer α- (71 kDa) und einer β-Untereinheit (79 kDa), die keine Se-

564 Die Hemmung der Na^+/K^+-ATPase der Herzmuskelzelle von Säugetieren führt zu einem Anstieg der intrazellulären Konzentration von Na^+-Ionen. Dies aktiviert einen plasmamembranständigen Na^+/Ca^{2+}-Austauscher, der die Na^+-Konzentration in der Herzmuskelzelle absenkt, dafür aber die cytosolische Ca^{2+}-Konzentration erhöht. Diese Vorstimulation der Muskelzelle bedingt eine erhöhte Kraftentwicklung während der nachfolgenden, durch Aktionspotenziale ausgelösten Kontraktionen (positiv inotroper Effekt).

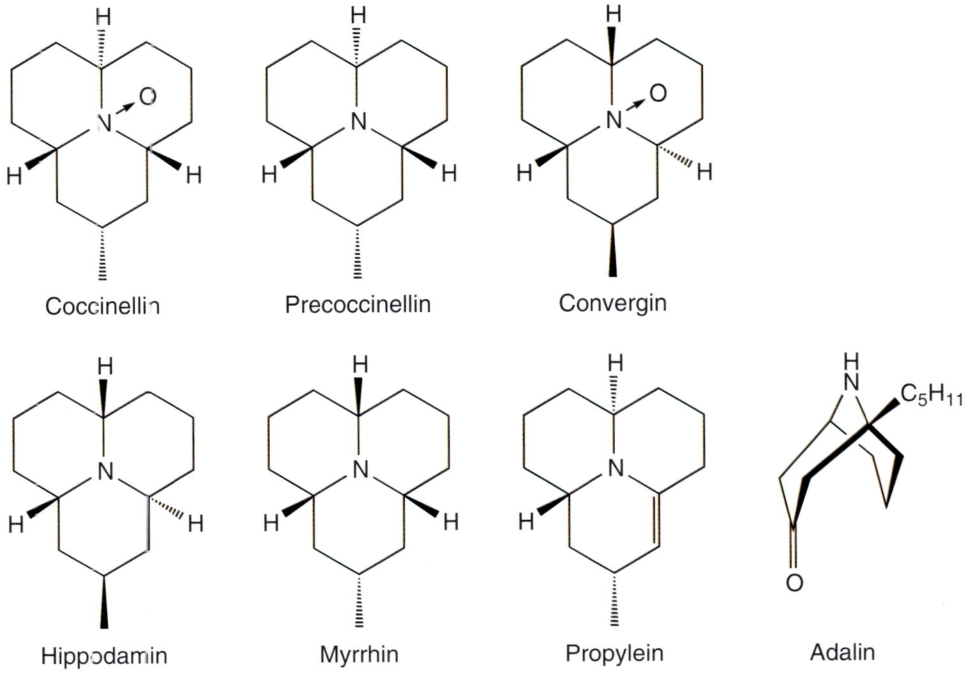

◼ **Abb. 28.5** Beispiele für unangenehm schmeckende Geschmacksstoffe in den Geweben und den Körperflüssigkeiten von Marienkäfern. (Aus Habermehl GG (1991) Gifte im Tierreich. Biologie in unserer Zeit 21, 316–325, Abb. 14, S. 324.)

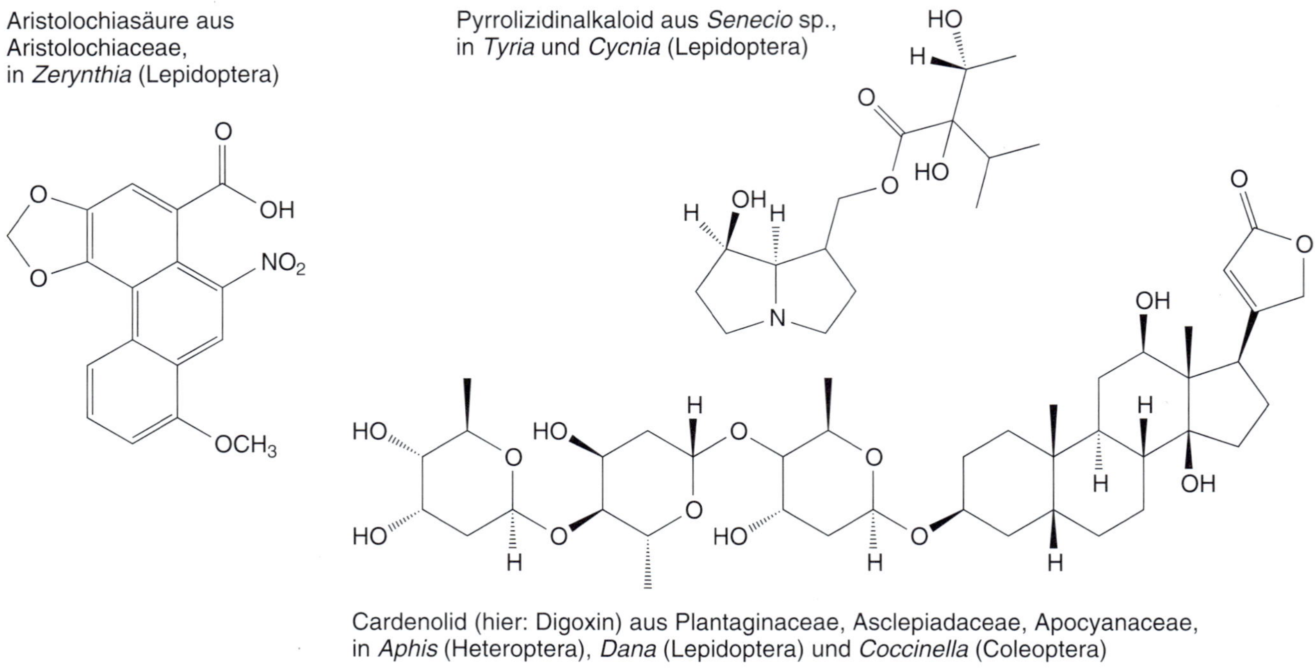

Abb. 28.6 Beispiele für giftige Sekundärmetabolite von Pflanzen, die von Larven und adulten Insekten mit der Nahrung aufgenommen und in den Geweben und Körperflüssigkeiten akkumuliert werden, um Fressfeinde abzuschrecken.

quenzähnlichkeit zu anderen Proteinen aufweisen, vermutlich also evolutionäre Neuentwicklungen dieser Fische sind. Sie verursachen bei Säugetieren Störungen der atrioventrikulären Erregungsüberleitung im Herzmuskel, einen plötzlichen Blutdruckabfall, und sie können zudem eine Paralyse der Skelettmuskulatur auslösen. Todesfälle beim Menschen sind allerdings extrem selten.

Nach dem gleichen Muster kann auch ein europäischer Weberfisch Giftstoffe in einen Angreifer übertragen. Das Petermännchen (*Trachinus draco* = *Echiichthys draco*) produziert in Drüsen an der Basis seiner Rückenflossen ein sehr instabiles Proteintoxin mit einer Molekülmasse von 340 kDa, das **Trachinin**. Obwohl die Wirkung dieses Giftes der der Stonustoxine ähnelt, scheint Trachinin keine strukturelle Ähnlichkeit zu den Stonustoxinen aufzuweisen, da Antikörper, die gegen Stonustoxine hergestellt wurden, nicht an Trachinin binden.

Die **Moses-Seezunge** (*Pardachirus marmoratus*) aus dem Roten Meer und dem Indischen Ozean setzt bei Gefahr ein milchiges Sekret aus Drüsen der Rückenhaut frei, das ein Peptid aus 33 Aminosäuren, das **Pardaxin**, und **steroidale Glykoside** (Pavonin) enthält. Pardaxin ist ein antimikrobiell wirkendes, porenbildendes Toxin, das aber auch die Membraneigenschaften eukaryotischer Zellen verändert. Offenbar wirkt es gemeinsam mit dem Pavonin (Seife) abschreckend auf angreifende Haie, die die vermeintlichen Beutefische sofort nach dem Zugriff wieder loslassen.

Wegen der sehr eigentümlichen Flossenanordnung dieser Fischart wird die Moses-Seezunge im Volksmund auch als Flossenlose Seezunge (*finless sole*) bezeichnet. Es gibt die Hypothese, dass die jüdische Ernährungsregel, dass Fische ohne Flossen und Schuppen in der koscheren Küche nicht verwendet werden dürfen, ursprünglich auf die Giftigkeit dieses Plattfischs aus dem Roten Meer zurückgeht.

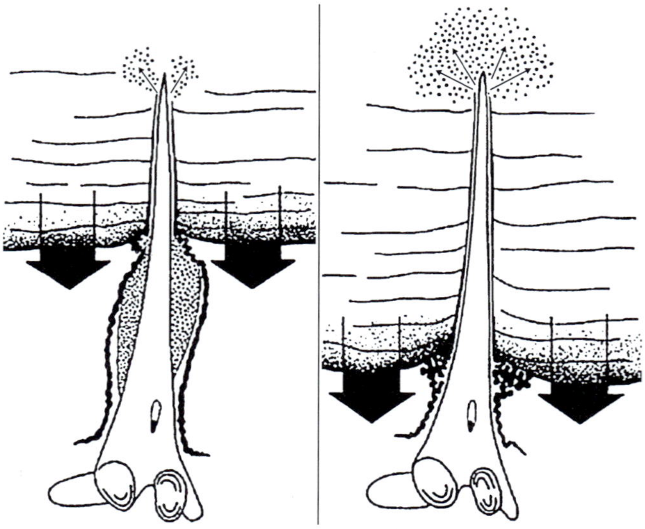

Abb. 28.7 Tritt ein Mensch im Flachwasser von Korallenriffen versehentlich auf einen Steinfisch, so penetriert der Flossenstrahl der aufgestellten Rückenflosse die Fußhaut und dringt in das Gewebe ein (dicke Pfeile). Dabei wird das Integument der Fischhaut, das den Flossenstrahl überzieht, zerrissen und zurückgeschoben und der Inhalt des darunterliegenden Reservoirs der Giftdrüse in die Wunde entleert (dünne Pfeile). (Nach Sutherland SK, Tibballs J (2001) Australian animal toxins. Oxford University Press, Melbourne.)

Frösche, **Kröten** und **Salamander** bilden in Drüsen der Kopf- und Rückenhaut Sekrete, die eine antimikrobielle Wir-

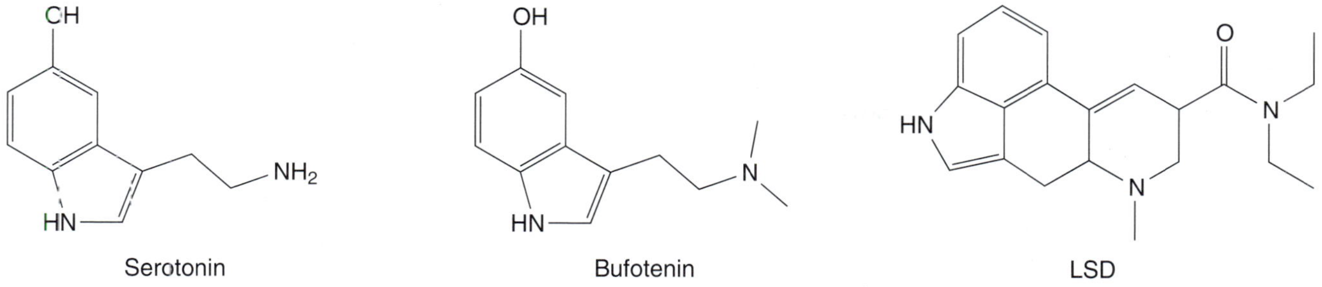

Abb. 28.8 Strukturformel von Serotonin, Bufotenin aus *Bufo viridis* und Lysergsäurediethylamid (LSD).

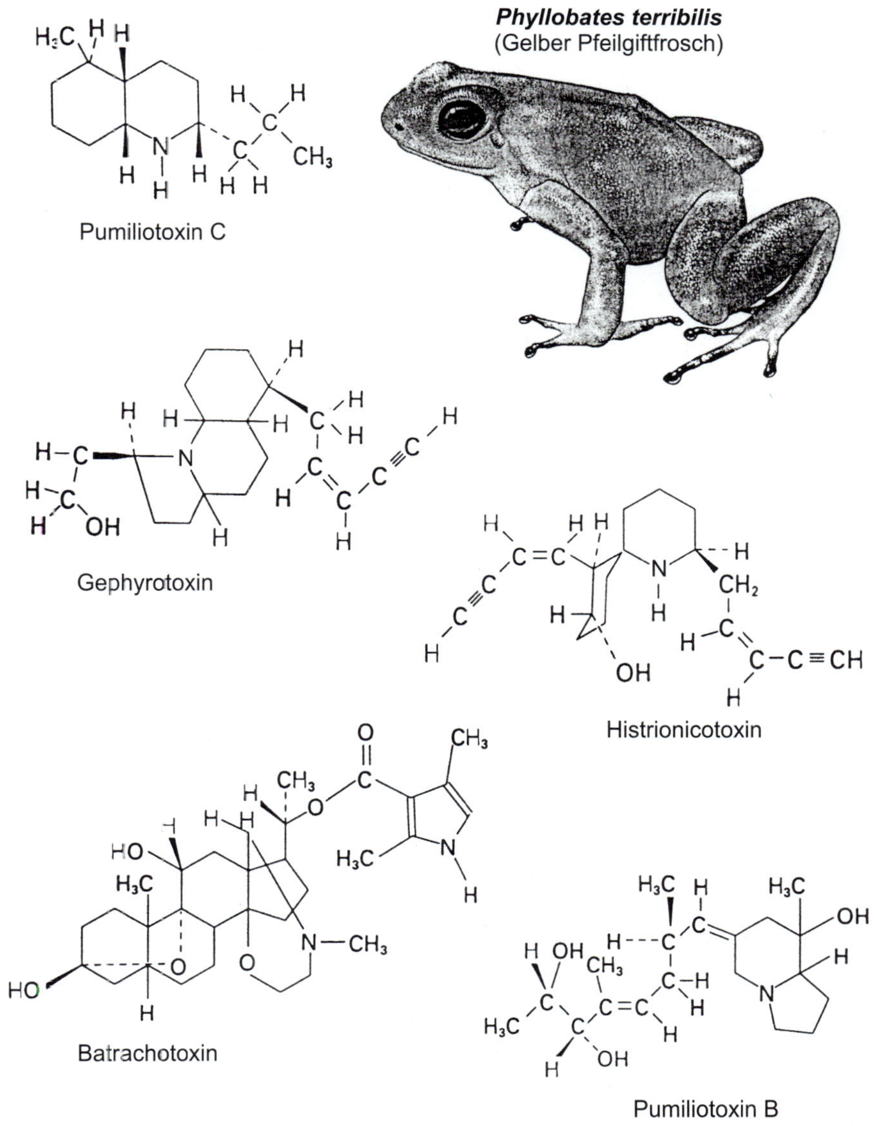

Abb. 28.9 Die Giftstoffe der Hautsekrete des Baumsteigerfroschs *Phyllobates terribilis*. (Aus Marquardt H, Schäfer S (1994) Lehrbuch der Toxikologie. Brockhaus, Mannheim.)

kung haben, in vielen Fällen aber auch Giftstoffe (Amine, Steroide, Alkaloide und Peptide) enthalten, die mögliche Beutegreifer abschrecken. Die **Wechselkröte** (*Bufo viridis*) bildet als toxisch wirkenden Stoff das **Bufotenin**, ein Indolalkylamin, das neben einer Steigerung des Blutdrucks auch Halluzinationen hervorruft, wenn es oral in ausreichender Menge aufgenommen wird. Der Wirkmechanismus des Bufotenins könnte ähnlich sein wie der des Lysergsäurediethylamids (LSD), da die chemische Struktur beider Stoffe der des Serotonins ähnelt (Abb. 28.8). Die LD_{50} des Bufotenins liegt bei der Maus bei 250 mg pro kg Körpergewicht. Die halluzinogene Wirkung von Inhaltsstoffen der Hautsekrete von Kröten war offenbar schon früher bekannt, da viele Rezepte für die Herstellung von Hexentränken seit dem Mittelalter die Verwendung dieser Tiere vorsahen.

Die Hautdrüsen von **Blattsteigerfröschen** (Phyllobatidae) und **Baumsteigerfröschen** (Dendrobatidae) enthalten neurotoxische Steroidalkaloide (Pregnanderivate), unter anderem das **Batrachotoxin** (▫ Abb. 28.9) bei Tieren der Gattung *Phyllobates*. Gelangen diese Substanzen ins Körperinnere von Tieren, dann blockieren sie nach der Aktivierung von spannungsabhängig geregelten Natriumkanälen deren Übergang in den nichtleitenden Zustand. Die daraus resultierende dauerhafte Erregung motorischer Nerven verursacht Muskelkrämpfe und eine spastische Lähmung der Atemmuskultur. Die tödliche Dosis in Säugetieren nach subkutaner Injektion liegt zwischen 1 und 2 µg pro kg Körpergewicht. Daher gilt Batrachotoxin als eine der giftigsten Substanzen natürlicher Herkunft. Das Gift eines Frosches (1 mg) würde theoretisch ausreichen, um zehn Menschen zu töten. Da in Gefangenschaft gehaltene Frösche nach und nach ihre Giftigkeit verlieren, nimmt man an, dass Batrachotoxin kein originäres Produkt der Amphibien ist, sondern mit der Nahrung aufgenommen wird. Quelle für Batrachotoxin könnten Wollhaarkäfer der Gattung *Choresine* sein, die große Mengen dieses Giftes enthalten. Auf dem gleichen Weg könnten sich auch bestimmte Vogelarten Neuguineas (der Blaukappenflöter *Ifrita kowaldi* und der Wald-Dickkopf *Colluricincla megarhyncha*), deren Haut und Gefieder mit Batrachotoxin imprägniert sind, den Giftstoff aneignen.

Südamerikanische Indianer nutzen die Hautsekrete der Baumsteigerfrösche für Jagdzwecke. Sie spießen die lebenden Frösche auf Holzspieße und halten die Tiere über Feuer, sodass die Sekretion der Hautdrüsen angeregt wird. Anschließend werden die Spitzen von Blasrohrpfeilen mit dem Hautsekret eingerieben. Um bei der Jagd ausreichend Gift in den Körper des bejagten Tieres zu bringen, sodass es (z. B. ein Affe) nach kurzer Zeit spastisch gelähmt vom Baum fällt, reicht es aus, das bejagte Tier mit dem Blasrohrpfeil zu ritzen. Die Vertreter der Familie der Baumsteigerfrösche (Dendrobatidae) werden daher oft auch als **Pfeilgiftfrösche** bezeichnet.

Neben Batrachotoxin enthalten die Hautsekrete der Baumsteigerfrösche weitere Giftstoffe, deren Wirkung in Säugetieren bereits charakterisiert wurde. Das Alkaloid **Pumiliotoxin B**[565] wird von Hornmilben produziert, die von den Fröschen gefressen werden. Es induziert die Freisetzung von Calciumionen aus dem sarkoplasmatischen Retikulum von Skelettmuskelzellen auch dann, wenn keine Signale eines motorischen Neurons an der Muskelzelle ankommen. Dies führt zu spastischen Lähmungen. **Pumiliotoxin C** und **Histrionicotoxin** blockieren in nichtkompetitiver Weise den nicotinischen Acetylcholinrezeptor der Skelettmuskelzelle, indem sie an eine regulatorische Position der δ-Untereinheit binden. Dadurch wird die Erregbarkeit der Muskelzelle durch die motorischen Neurone herabsetzt und schlaffe Lähmungen sind die Folge. **Gephyrotoxin** scheint dagegen bevorzugt an den muscarinischen Acetylcholinrezeptor in der Plasmamembran von Nervenzellen zu binden und diesen zu inhibieren.

[565] *pumilio* (lat.) = Zwerg

28.5 Mechanismen der Feindabwehr durch Wehrsekrete

Diplopoden tragen auf ihrer Körperoberfläche segmental angeordnete Drüsen (▫ Abb. 28.10), in denen Hydroxyphenylacetonitril (**Mandelsäurenitril**) hergestellt und in einem Reservoir bevorratet wird. Bei einer Bedrohung durch potenzielle Beutegreifer wird ein Teil des Materials durch einen muskulär betriebenen Klappenapparat aus dem Vorratsbehälter in eine Reaktionskammer geleitet, in die durch das auskleidende Epithel Enzyme freigesetzt werden, die die Vorratssubstanz in Benzaldehyd und Blausäure (HCN) spalten. Diese stark reizenden und giftigen Produkte werden zusammen mit an der Luft schnell polymerisierenden organischen Molekülen noch nicht bekannter Zusammensetzung auf die Körperoberfläche der Angreifer abgegeben, stimulieren in nachhaltiger Weise die Nervenendigungen in der Mundschleimhaut dieser Tiere und verkleben anschließend ihre Mundwerkzeuge. Diese Abwehr-

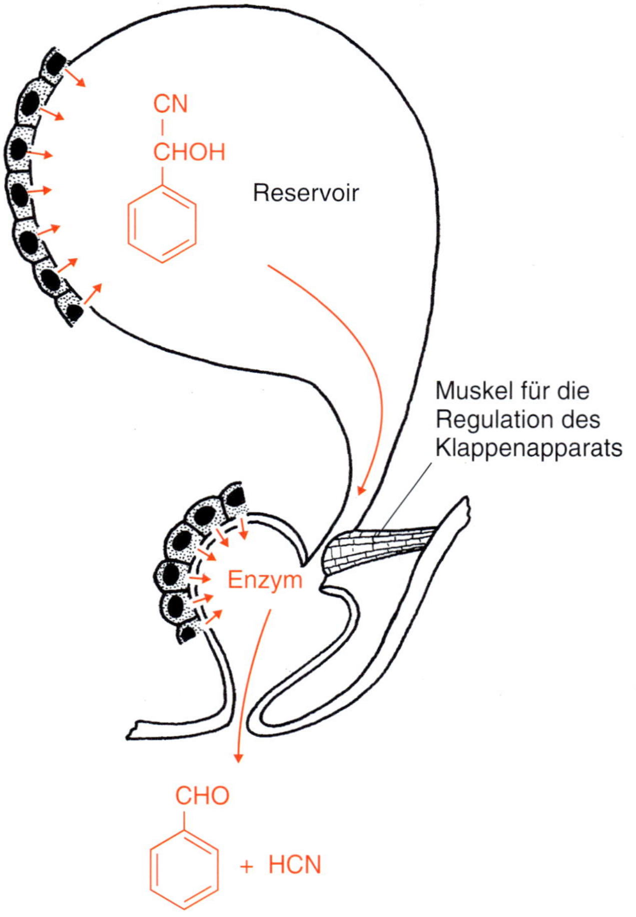

▫ **Abb. 28.10** Bau und Funktionsprinzip der Abwehrdrüse des Diplopoden *Apheloria corrugata*. Erläuterungen zur Funktion der Drüse im Text. (Nach Habermehl GG (1987) Gift-Tiere und ihre Waffen. Springer, Berlin.)

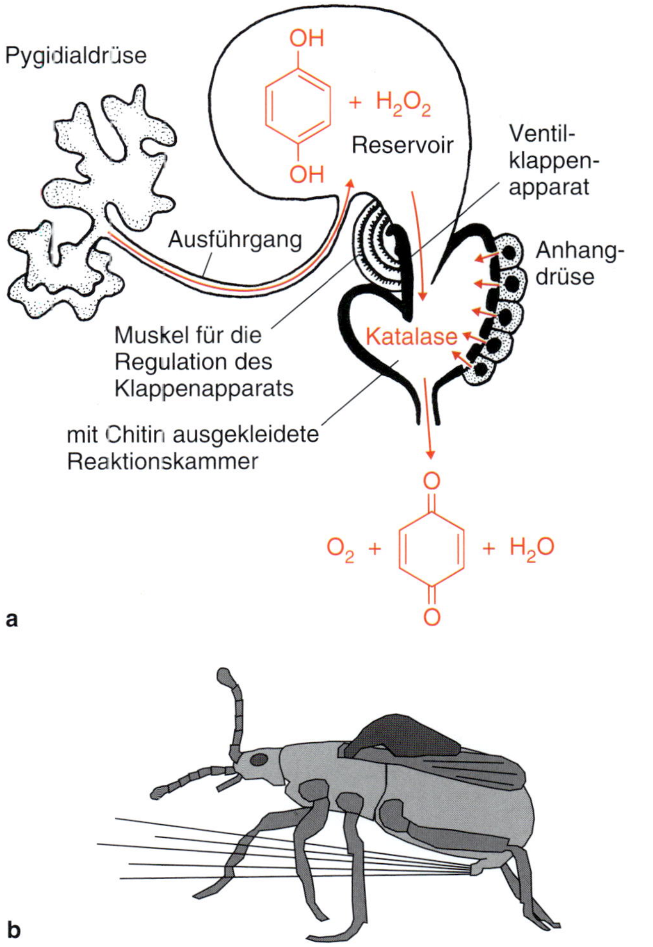

Abb. 28.11 Bau (**a**) und Funktionsprinzip (**b**) der Abwehrdrüse des Bombardierkäfers *Brachinus crepitans*. Erläuterungen zur Funktion der Drüse im Text. (a nach Habermehl GG (1994) Gift-Tiere und ihre Waffen. Springer, Berlin.)

Abb. 28.12 **a** Strukturformel von Cantharidin, einem Produkt des männlichen Ölkäfers. **b** Männlicher Ölkäfer (*Meloe violaceus*). Das Männchen übergibt einen Teil des Cantharidins während der Paarung an das Weibchen, welches es zum Schutz vor Fressfeinden in die Eier einlagert. Bei Bedrohung geben die Tiere an den Intersegmentalhäuten der Schreitbeine ölige, cantharidinhaltige Wehrsekrete ab, die eine stark hautreizende Wirkung haben.

maßnahme schützt die Diplopoden sehr effizient vor potenziellen Fressfeinden.

Eine ausgefeilte Verteidigungstechnik gegen potenzielle Angreifer hat der **Bombardierkäfer** *Brachinus crepitans* entwickelt. Dieser Käfer beherbergt in seinem Hinterleib **Pygidialdrüsenzellen**, die Hydrochinon, Toluhydrochinon und Wasserstoffperoxid in einen Vorratsbehälter abgeben (Abb. 28.11). Ein Muskel erlaubt es dem Käfer, Portionen des gespeicherten Materials in eine Reaktionskammer zu überführen, die mit einer dicken Schicht Cuticula ausgekleidet ist. In diese Kammer wird aus Anhangdrüsen **Katalase** gespritzt, die die Reaktion der Komponenten des Substratgemischs startet. Durch die Produktion großer Volumina gasförmigen Sauerstoffs werden **Chinone** als weitere Produkte der Reaktion unter hohem Druck nach außen abgegeben. Der Käfer kann dazu seinen Hinterleib so nach vorn ausrichten, dass er seinem Angreifer diese Reizstoffe frontal in Augen und Mund schießt.

Manche Käfer bilden bei Bedrohung durch Beutegreifer in spezialisierten Drüsen des dorsalen Integuments oder an den Intersegmentalhäuten der Gliedmaßen ölige Sekrete, die Giftstoffe enthalten. Ein Beispiel für dieses Verhalten ist das **Reflexbluten**[566] der **Ölkäfer** (Meloidae). Der in Mitteleuropa heimische **Maiwurm** (*Meloe violaceus*) entlässt in Stresssituationen ein gelbliches Ölsekret an den Intersegmentalhäuten der Schreitbeine. Es enthält beträchtliche Mengen des Monoterpens **Cantharidin** (Abb. 28.12). Diese Substanz ist ein Produkt des Farnesolstoffwechsels. Sie interagiert im Säugetier mit einer ganzen Reihe von Proteinen, darunter vermutlich in inhibitorischer Weise auch mit der **Proteinphosphatase 2A**, und erzeugt dadurch Hautreizungen bis hin zur Bildung von Blasen, Entzündungen und Nekrosen. In geringer Dosis regt Cantharidin die Durchblutung von Schleimhäuten an und erzeugt einen Reizzustand (z. B. Priapismus[567] beim Mann). Präparate aus einem Ölkäfer des Mittelmeerraums (*Lytta vesicatoria*, Spanische Fliege) werden daher schon seit dem Altertum als **Aphrodisiaka** eingesetzt. Beim Menschen kann aber schon eine Dosis ab 0,5 mg pro kg Körpergewicht tödlich sein, sodass große Vorsicht im Umgang mit diesen Präparaten angezeigt ist.

Auch Wirbeltiere setzen chemische Abwehrstoffe gegen potenzielle Beutegreifer ein. Die nordamerikanischen **Skunks** oder Stinktiere (Mephitidae) besitzen paarig angeordnete Analdrüsen, die ein nach brennenden Gummireifen riechendes Sekret absondern, von dem das Tier bei Bedrohung mehrere Milliliter bis zu 6 m weit gezielt verspritzen kann. Die stark schleimhautreizenden Inhaltsstoffe des Sekrets – **Alkanthiole** wie (*E*)-2-Butenthiol, 3-Methylbutanthiol und 2-Chinolinmethanthiol sowie **Thioester** wie (*E*)-2-Butenylthioacetat, 3-Methylbutylthioacetat und 2-Chinolinmethylthioacetat –, das zudem stark an Haut, Haaren oder Federn haftet, irritiert einen Angreifer derart, dass er den Angriff mit einiger Sicherheit abbricht und auch nie wieder einem Stinktier zu nahe kommt.

566 so genannt, weil man die gebildeten Sekrete früher für herausgepresste Hämolymphe hielt
567 *priapismos* (griech.) = schmerzhafte Dauererektion des Penis

28.6 Beispiele für aktiv giftige Tiere

28.6.1 Cnidaria

Die Cnidaria (Nesseltiere) geben ihr Gift bei Berührung mit einem potenziellen Beutetier über ihre **Nematocysten** ab (Abb. 28.13). Nach Kontakt eines sensorischen Zellanhangs mit dem Objekt wird die Nematocyste, die sich innerhalb der Epithelzelle (Cnidocyte, Nematocyte) befindet, aktiviert. Die Nematocyste stülpt ihren apikalwärts gelegenen Teil aus, sodass dieser lanzettenartig vorspringt und in die Haut des Beutetiers eindringt. Die Spitze ist mit Widerhaken besetzt, sodass sich die Nematocyste in der Haut des Beutetiers verankert. Durch das weitere Ausstülpen des Zellfortsatzes ergießt sich das in der Nematocyste gespeicherte Gift in die tiefen Schichten der Haut des Beutetiers. Der Vorgang kann sich auch dann noch fortsetzen, wenn sich das Beutetier losreißt, da sich die Nematocyste von der Epithelzelle ablösen kann.

Die Giftstoffe der Nematocysten sind ausschließlich Proteine. Sie gehören ihrer Wirkung nach entweder zu den **Cytolysinen** (enthalten oft das Enzym Phospholipase A, das die Phospholipidmembran angreift) oder zu den **Neurotoxinen** (arretieren aktivierte spannungsabhängig geregelte Na^+-Kanäle im leitenden Zustand). Während Erstere besonders bei den Hydrozoen und Scyphozoen verbreitet sind, findet man die Neurotoxine vornehmlich bei den Seeanemonen.

Einige Nacktschnecken (*Glaucus*- und *Glaucilla*-Arten) fressen mit Vorliebe Polypen. Sie verhindern vermutlich über ihren leicht sauren Schleim die Auslösung der Nematocyten, nehmen diese in intakter Form mit der Nahrung auf und speichern sie in besonderen Zellen ihrer Darmausstülpungen, die sehr nah unter der Haut des Hinterleibs liegen. Bei Gefahr für die Schnecke durch Kontakt mit einem Fressfeind werden die **Kleptocniden** (»gestohlene« Nesselzellen) ausgelöst und schrecken den Angreifer offenbar recht nachhaltig ab.

Die an der Nord- und Ostküste Australiens sowie im westlichen Pazifik beheimatete **Würfelqualle** *Chironex fleckeri* (Seewespe) ist das gefährlichste aller Nesseltiere. Der Schirm dieser Cubozoe kann bis zur Größe eines Menschenkopfes heran wachsen, die Tentakel mit den Nesselzellen können bis zu 3 m lang werden. Das Gift enthält mehrere neuro-, myo- und cardiotoxische Proteine (10–30 kDa) sowie Histamin und Kinine, die im betroffenen Organismus heftige Schmerzen auslösen. Nach dem Kontakt mit wenigen Nesselzellen kommt es beim Menschen zu heftigen Entzündungsreaktionen der betroffenen Hautstellen, aber auch zu Lähmungen der Muskulatur. Ein großflächigerer Kontakt mit den Tentakeln der Würfelqualle kann innerhalb von Minuten zum Tod durch Stillstand der Atemmuskulatur oder durch Herzstillstand führen. An der nordaustralischen Küste kommt jedes Jahr im Schnitt ein Todesfall durch Kontakt von Schwimmern mit dieser Würfelqualle vor.

Ein weiteres sehr gefürchtetes Nesseltier ist die zu den Hydrozoen gehörige Staatsqualle *Physalia physalis* (**Portugiesische Galeere**, Siphonophorae), die im Atlantik und im Pazifik vorkommt. Die einzelnen Polypen bilden einen **Superorganismus** mit Arbeitsteilung. Die Tierkolonie treibt mithilfe eines luftgefüllten Schwimmkörpers, der von einer gallertigen Grundplatte stabilisiert wird, an oder knapp unter der Wasseroberfläche. Die an der Grundplatte befestigten Tentakel können bis zu 50 m lang werden und sind dicht mit Nesselzellen besetzt. Das Gift von *Physalia* enthält neben einer Reihe von nekrotisch wirkenden Enzymen ein Protein mit einer Molekülmasse von 250 kDa, das als Nervengift wirkt, indem es aktivierte spannungsabhängig geregelte Na^+-Kanäle im leitenden Zustand arretiert. Dies führt zu Muskelkrämpfen und Herzrhythmusstörungen.

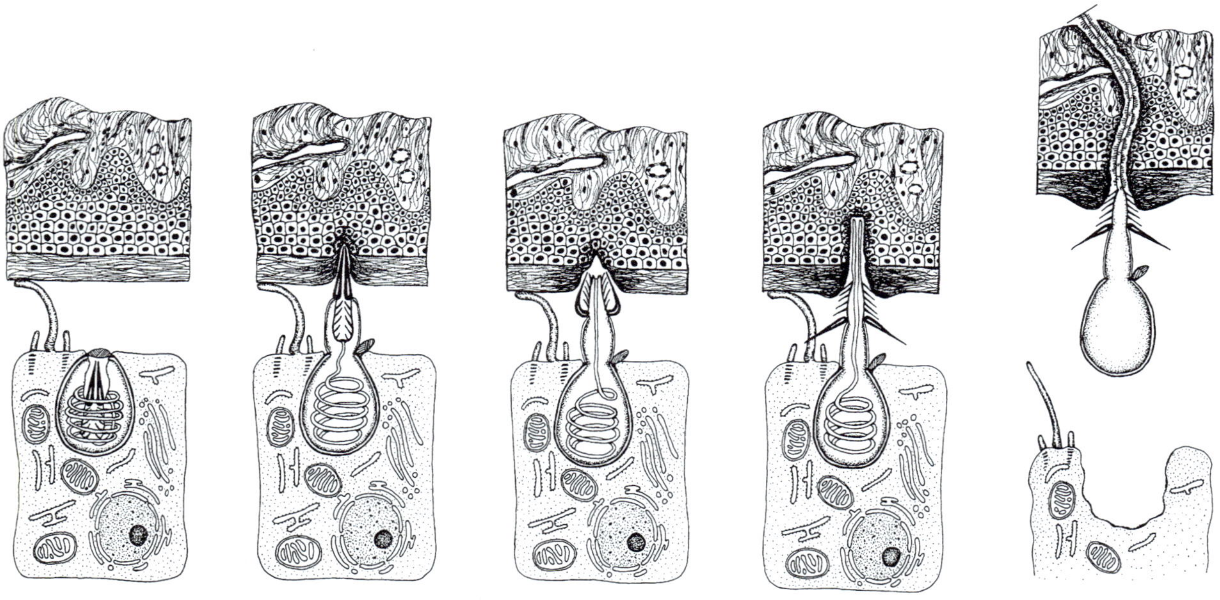

Abb. 28.13 Auslösen einer Nematocyste in einer Cnidocyte eines Cnidariers und Giftübertragung in die Haut eines potenziellen Beutetiers oder Angreifers. (Aus Brechner E, Dreesmann D, Dinkelaker B (2001) Kompaktlexikon der Biologie. Spektrum Akademischer Verlag, Heidelberg.)

28.6.2 Mollusca

Der Speichel des an australischen Küsten vorkommenden **blau geringelten Tintenfischs** (*Hapalochlaena maculata* = *Octopus maculosus*) ist mit dem oben bereits erwähnten Giftstoff **Tetrodotoxin** versetzt, den das Tier von symbiontischen Vibrionen in seinen Speicheldrüsen produzieren lässt. Der Biss dieses nur 5 cm langen *Octopus* kann auch Menschen gefährlich werden.

Unter den Mollusken gibt es eine Reihe von giftigen Gastropoden aus der Verwandtschaft der Turridae (Turmschnecken), der Terebridae (Schraubenschnecken) und der Conidae (Kegelschnecken). Unter den Letzteren gibt es einige Arten, die Fische jagen und erbeuten. Dazu haben sie ausgefeilte Jagdeinrichtungen entwickelt und nutzen hoch effiziente Gifte. Besonders ***Conus geographus*** kann durch seine Giftstoffe auch dem Menschen gefährlich werden, wenn an den Strand gespülte, noch lebende Exemplare von Schneckenhaussammlern aufgehoben werden. Todesfälle kommen immer wieder vor, da das injizierte Gift zur Lähmung des Zwerchfells und zum Atemstillstand führen kann.

Diese *Conus*-Schnecken schießen (normalerweise auf ihre Beutefische, aber zur Verteidigung auch auf andere Lebewesen) aus ihrem rüsselförmigen Schlundrohr (Proboscis) hohle, mit Widerhaken versehene und mit Gift gefüllte Radulazähnchen hervor (◘ Abb. 28.14). Die Giftstoffe, die **Conotoxine**, sind relativ kleine basische Peptide (10–30 Aminosäuren) mit internen Disulfidbrücken. Alle Conotoxine wirken in Wirbeltieren als hochspezifische Antagonisten von Ionenkanälen neuronaler Zellen. Daher werden diese Toxine heutzutage sogar in der

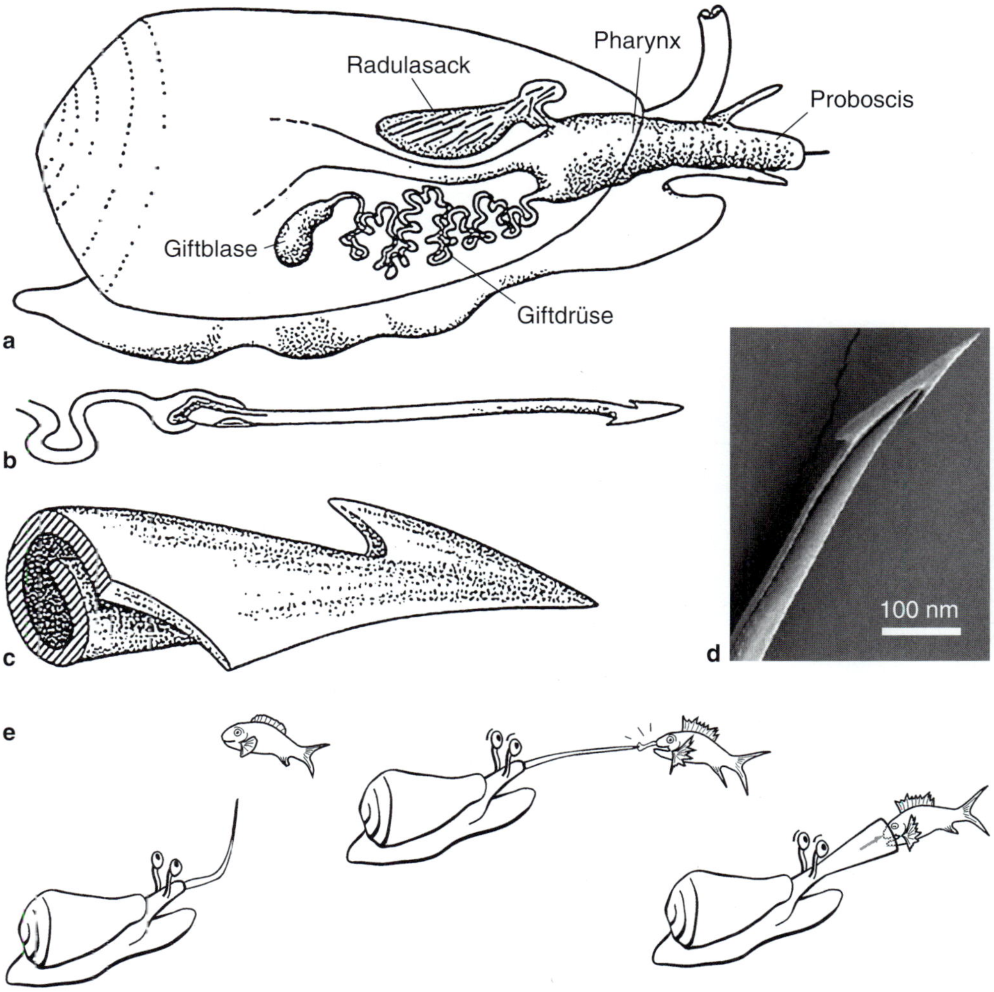

◘ **Abb. 28.14** Bildung giftgefüllter Radulazähnchen und Technik des Fischfangs von *Conus geographus*. **a** Das Gift wird in der langen schlauchförmiger Giftdrüse gebildet und mittels der Giftblase in den Pharynx gedrückt, wo es mithilfe eines pfeilartigen Radulazahns (etwa 7 mm lang und 0,5 mm im Durchmesser), der im Radulasack gebildet wird, über das Schlundrohr (Proboscis) in die Beute injiziert wird. **b** Der längliche Radulazahn ist über ein Ligament mit dem Pharynx verbunden. **c** Der Radulazahn besteht aus einem gerollten Chitinblättchen. **d** Radulapfeil von *Conus omaria*. **e** Die lauernde Schnecke kann die mit Widerhaken besetzte Spitze des Pfeils in die Haut eines vorbeischwimmenden Fisches stoßen, wobei das Gift in den Fisch übertritt und diesen innerhalb von Sekunden lähmt, sodass die Schnecke den Fisch zügig ingestieren kann. (a–d aus Mebs D (2009) Was steuert die Giftigkeit bei Tieren? Vom Genom zum Venom. Biologie in unserer Zeit 39, 250–257, Abb. 5, S. 253, e aus Olivera BM (1997) Conus venom peptides, receptor and ion channel targets, and drug design: 50 million years of neuropharmacology. Mol Biol Cell 8, 2101–2109, Abb. 3, S. 2104.)

neurobiologischen Grundlagenforschung zur selektiven Blockade der jeweiligen Kanäle eingesetzt. Conotoxine werden für bestimmte therapeutische Zwecke auch in der Medizin benutzt.

Die **ω-Conotoxine** sind Antagonisten der spannungsabhängig geregelten Ca^{2+}-Kanäle in den synaptischen Endigungen von Motoneuronen. Unter ihrem Einfluss verschmelzen keine acetylcholinhaltigen Vesikel mehr mit der präsynaptischen Membran. Die cholinerge Signalübertragung auf die Zellen der **Skelettmuskulatur** wird damit unterdrückt. Die **α-Conotoxine** sind Antagonisten der nicotinischen Acetylcholinrezeptoren in den Zellen des Skelettmuskels. Sie unterbinden die Bildung von Aktionspotenzialen in der Muskelzelle nach Eingang eines Aktionspotenzials im Motoneuron und Acetylcholinfreisetzung aus der motorischen Endplatte. Die **μ-Conotoxine** sind Antagonisten der spannungsabhängig geregelten Na^{+}-Kanäle der Skelettmuskelzellen. Sie unterdrücken daher auch bei überschwelliger Depolarisation der Muskelzellmembran die Bildung von Aktionspotenzialen. Aus diesen Befunden wird deutlich, dass die einzelnen Komponenten des **Giftcocktails** der Kegelschnecke eine synergistische Wirkung auf die **neuromuskuläre Signalübertragung** haben und die neuronale Ansteuerung der Skelettmuskulatur systematisch unterbinden. Eine sehr schnell einsetzende schlaffe Lähmung (**Paralyse**) beim betroffenen Tier ist die Folge. Dies ermöglicht der lauernden Schnecke, vorbeischwimmende Fische zu harpunieren, rasch zu lähmen und die bewegungslosen Fische zu verschlingen.

Tab. 28.3 Giftigkeit von Skorpiongiften nach subkutaner Injektion bei Mäusen.

Art	Vorkommen	LD_{50} (mg pro kg Körpergewicht)
Leiurus quinquestriatus	Nordafrika, Arabien	0,33
Androctomus oeneas	Nordafrika, Arabien	0,31
Tityus trinitatis	Südamerika, Trinidad, Tobago	2,0
Centruroides limpidus	Mexiko	5,0

28.6.3 Skorpione

Skorpione gehören mit zu den giftigsten Tieren. Im letzten Segment ihres Schwanzes (Telson) tragen sie eine Giftdrüse, ein Reservoir und einen beweglichen **Giftstachel**, mit dem sie den **Giftcocktail** während eines Stiches in das Gewebe eines Beutetiers oder eines Angreifers injizieren. **Skorpiongifte** enthalten Wirkstoffe zur Lähmung von Beutetieren (Invertebraten) und zur Abwehr von Beutegreifern (Säugetieren und Vögeln). Histamin und Serotonin sind schmerzerzeugende Mediatoren und dienen vermutlich der Abwehr von Angreifern. Weitere Wirkstoffe im Skorpiongift sind verschiedene basische Polypeptide. Typ-1-Toxine bestehen aus 57–78 Aminosäuren und haben vier interne Disulfidbrücken. Typ-2-Toxine bestehen aus 35–39 Aminosäuren und besitzen drei oder vier interne Disulfidbrücken. Typ-1-Toxine arretieren aktivierte spannungsgesteuerte Na^{+}-Kanäle im leitenden Zustand oder aktivieren andere Na^{+}-Kanäle in Nervenzellmembranen. Typ-2-Toxine, zu denen das **Charybdotoxin** aus *Leiurus quinquestriatus* gehört, blockieren spannungsabhängig geregelte K^{+}-Kanäle und unterdrücken so die Repolarisation nach Auslösung eines Aktionspotenzials in Nervenzellen. Die Wirkung beider Toxintypen addieren sich zu einer effektiven spastischen Lähmung der Muskulatur des betroffenen Tieres (Tab. 28.3). In Amerika und Nordafrika sterben immer wieder Menschen an Skorpionstichen. Stiche der sehr großen asiatischen Skorpione der Gattung *Heterometrus* sind für den Menschen dagegen nicht lebensgefährlich.

28.6.4 Spinnen

Spinnen produzieren ihre Giftstoffe in paarigen Drüsen an den Basen der Cheliceren, deren Reservoirs durch Kanäle mit Öffnungen in den Spitzen der Klauen in Verbindung stehen. Wenn Spinnen Beute fangen, so halten sie diese mit den Klauen fest, durchstoßen mit den Spitzen die Körperoberfläche der Beutetiere und injizieren ihr Gift, das auch Enzyme für die Verdauung der Gewebe enthält (extraintestinale Verdauung, ► Abschn. 3.2.4), in das Körperinnere. Auch zur Verteidigung gegen potenzielle Angreifer nutzen Spinnen ihre Cheliceren.

Obwohl einige der größten Spinnen der Erde, die Vogelspinnen (Theraphosidae), mit bis zu 10 cm Körperlänge (z. B. *Brachypelma* aus Mittelamerika) sehr furchteinflößend auf den

Tab. 28.4 Giftigkeit von Spinnengiften nach subkutaner Injektion bei Mäusen.

Art	Vorkommen	LD_{50} (mg pro kg Körpergewicht)	Giftmenge pro Tier (mg)
Trechona venosa	Südamerika	0,35	
Atrax robustus (nur ♂)	Australien	0,16	1,7
Latrodectus mactans (nur ♀)	Nordamerika	0,9	
Loxoscoles intermedia	Amerika	0,48	
Phoneutria sp.	Amerika	0,001	2

Laien wirken, sind sie nach menschlichen Maßstäben nur mäßig giftig. Anders ist dies bei einigen kleineren Vertretern der Arachniden, die in verschiedenen Gegenden der Erde zu Hause sind und wegen ihrer Giftigkeit auch dem Menschen (zumindest Kindern) gefährlich werden können (◻ Tab. 28.4).

Die Giftstoffe des Spinnengifts sind kleine (5–12 kDa) oder große (bis 130 kDa) **Neurotoxine**, deren Giftigkeit hauptsächlich auf die unspezifische Aktivierung der Kationenleitfähigkeit in präsynaptischen Membranen zurückzuführen sind. Daneben kommen aber auch **Polyamine** vor, die N- und P-Typ-Calciumkanäle blockieren (*Grammostola*-Toxine) oder als Antagonisten von Glutamatrezeptoren fungieren (*Argiope*- und *Nephila*-Toxine). Manche Spinnengifte enthalten auch **Enzyme** (z. B. Sphingomyelinasen), deren Applikation zur nekrotischen Zerstörung von Zellen und Gewebe führt (z. B. in Giften von *Loxoscoles*- und *Tegenaria*-Arten).

Die **Brasilianischen Wanderspinnen** (Gattung *Phoneutria*) gehören zur Familie der Kammspinnen (Ctenidae) und sind in fast ganz Südamerika verbreitet. Alle acht bekannten Arten sind nachtaktive Tiere und aktive Jäger. Zu ihren Beutetieren gehören Schaben, andere Insekten sowie kleine Reptilien und Amphibien. Fühlen sie sich bedroht, reagieren sie sehr aggressiv. Beim Biss wird im günstigsten Fall kein Gift übertragen (trockener Biss). Allerdings können im Extremfall bis zu 2 mg Gift in die Wunde injiziert werden. Die extreme Giftigkeit dieser Spinnen (◻ Tab. 28.4) macht sie auch für erwachsene Menschen gefährlich. Mehrere, eher **kleine Proteintoxine** aus *Phoneutria nigriventer* wurden mittlerweile isoliert und molekular charakterisiert. Alle verändern die Aktivität spannungsabhängig geregelter Kationenkanäle in den präsynaptischen Membranen von Neuronen.

Die **Sydney-Trichternetzspinne** (*Atrax robustus*) gehört zur Familie Hexathelidae. Sie kommt sowohl im Stadtgebiet als auch in der Umgebung von Sydney in Australien vor. Die Männchen dieser Trichterspinnenart dringen auf der Suche nach den ortstreuen Weibchen auch in menschliche Behausungen ein. Werden die wandernden Männchen gestört oder bedroht, so reagieren sie recht aggressiv und schlagen ihre langen Cheliceren durch die Haut des Angreifers. Sie können dabei bis zu 1,7 mg Gift übertragen. Das Gift der Weibchen ist wesentlich weniger wirksam als das der Männchen. Der Hauptgiftstoff, das **δ-Atracotoxin**, ist ein Nervengift, das auf Primaten deutlich stärker wirkt als auf andere Säugetiere. Das Toxin scheint die spannungsabhängigen Natriumkanäle in Motoneuronen und in Zellen des vegetativen Nervensystems im leitenden Zustand zu blockieren, sodass die Zellen dauernd Aktionspotenziale feuern und die postsynaptischen Membranen mit Acetylcholin (Skelettmuskel, Parasympathikus) bzw. Adrenalin/Noradrenalin (Sympathikus) überschwemmt werden. Seit einigen Jahren steht ein Antiserum zur Verfügung, sodass der Biss dieser Spinne nur noch in Ausnahmefällen tödliche Folgen hat.

Die südliche **Schwarze Witwe** (*Latrodectus mactans*) ist eine Webspinne aus der Familie der Haubennetzspinnen (Theridiidae), die in fast ganz Nordamerika verbreitet ist. Der Name rührt daher, dass das Weibchen das Männchen nach der Paarung gelegentlich verspeist. Die weibliche Spinne hat eine Körperlänge von 8–15 mm, ist nachtaktiv und baut ihr Fangnetz, unter dem sie im Wesentlichen auf anfliegende Insekten (Fliegen, Heuschrecken und Käfer) lauert, in Erd- oder Felslöchern, aber auch in menschlichen Bauwerken (Schuppen, Garagen, Außentoiletten). Der Biss dieser Spinne ist nicht sehr schmerzhaft und wird daher oft gar nicht bemerkt. Die Wirkung des übertragenen Gifts setzt auch erst mit einer Stunde Verzögerung ein. Die Giftstoffe sind Proteine, die als **Neurotoxine** wirksam sind. Der Hauptbestandteil, das **α-Latrotoxin** (120 kDa), bildet Poren in der präsynaptischen Membran von Motoneuronen, die für Ca^{2+}-Ionen durchlässig sind. Der Einstrom von Ca^{2+}-Ionen in die präsynaptische Endigung führt daher unabhängig von einlaufenden Aktionspotenzialen zur Erregungsübertragung durch Freisetzung des Transmitters Acetylcholin auf die nachgeschalteten Muskelzellen. Es wird aber auch eine direkte, intrazellulär aktivierende Wirkung des Latrotoxins auf die Freisetzung von Transmittervesikeln diskutiert. Beides erzeugt unter Umständen tagelang anhaltende, spastische Krämpfe bis hin zu Lähmungen. Todesfälle beim Menschen durch Lähmung der Atemmuskulatur kommen in seltenen Fällen vor.

28.6.5 Hymenopteren

Unter den Hymenopteren (Hautflüglern) sind es insbesondere die Aculeata (Stechimmen), zu denen Bienen, Wespen und Hornissen zählen, die Gift in spezialisierten Drüsen des Hinterleibs produzieren, es in Reservoirs bevorraten und bei Bedarf durch einen **Stechapparat** am letzten Hinterleibssegment aktiv abgeben. Der Stechapparat entspricht einem umgebildeten Legeapparat (Ovipositor). Dieser weist beidseitig eine Rinne auf, in der sich zwei unabhängig voneinander bewegliche, glatte oder mit Widerhaken versehene Stechborsten befinden (◻ Abb. 28.15). Im Zentrum des Stachels verläuft der Giftkanal. Die Bildungsgeschichte des Stechapparats erklärt auch, weshalb bei den Aculeata nur die weiblichen Tiere zum Stechen befähigt sind. Während eine Wespe oder eine Hornisse ihren Stachel nach dem Stich wieder zurückzuziehen vermag (sie können wiederholt stechen), bleibt er bei der Biene zusammen mit Giftdrüse und Giftblase in der Haut des gestochenen Tieres zurück, was den baldigen Tod der Biene zur Folge hat. Während die Biene bei dem einzigen Stich 50–100 µg Gift injiziert, sind es bei den Wespen und Hornissen nur 2–10 µg pro Stich. Das Gift wird im Wesentlichen zu Verteidigungszwecken eingesetzt, bei Hornissen aber auch für die Tötung von erbeuteten Tieren. Die Gifte sind komplexe Mixturen aus biogenen Aminen, Peptiden und Enzymen (◻ Tab. 28.5).

Beim Stich in die Wunde injiziertes **Histamin** ist beteiligt an der Schmerzerzeugung an peripheren Nervenendigungen und verursacht zudem eine Steigerung der Epithelpermeabilität des Endothels kleiner Blutgefäße, was zum Austritt von Blutplasma ins Interstitium und zur Ödembildung an der Stichstelle führt. **Serotonin** ist ebenfalls ein schmerzauslösender

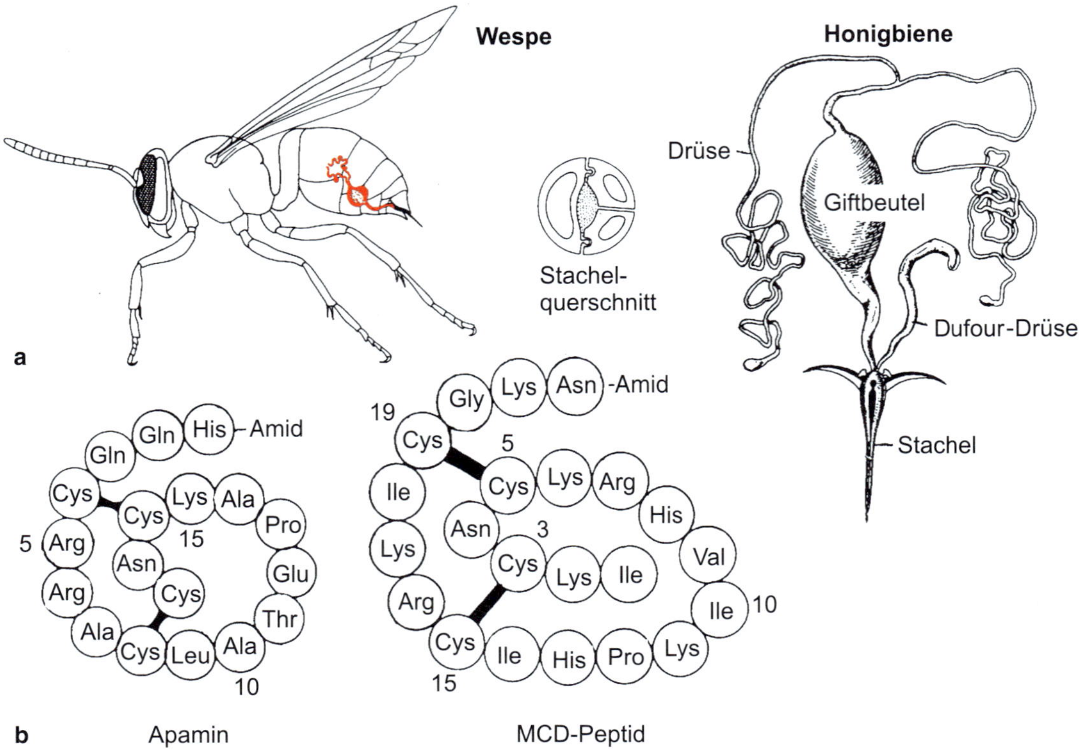

Abb. 28.15 **a** Der Giftapparat von Wespe und Honigbiene. **b** Peptidstruktur zweier Komponenten des Bienengifts.

Tab. 28.5 Komponenten der Gifte von Bienen, Wespen und Hornissen.

	Bienen	Wespen	Hornissen
biogene Amine	Histamin	Histamin Serotonin	Histamin Serotonin Catecholamine Acetylcholin
Peptide	Apamin MCD-Peptid Melittin	Kinine	Kinine
Enzyme	Phospholipase A Hyaluronidase	Phospholipase A Phospholipase B Hyaluronidase	Phospholipase A Phospholipase B Hyaluronidase

Signalstoff. Außerdem kann es bei Säugetieren und dem Menschen zum Anstieg des Blutdrucks, zu Schweißausbrüchen und zu Benommenheit führen. **Catecholamine** und **Acetylcholin** haben bei Wirbeltieren eine gegensätzliche Wirkung auf das Herz (positive bzw. negative Inotropie). **Kinine** sind kleine Peptidmediatoren, die im Gewebe liegende, freie Nervenendigungen stimulieren und für das Auslösen von Schmerzen verantwortlich sind. Sie können auch zur Ödembildung beitragen und einen Abfall des Blutdrucks auslösen. Die **Phospholipasen** A und B spalten freie Fettsäuren aus Glycerophospholipiden ab, was einerseits zur Störung der Lipidzusammensetzung der Plasmamembranen an der Stichstelle liegender Zellen führen kann, andererseits zur Produktion von freier Arachidonsäure, deren Metabolite ihrerseits Signalfunktionen innehaben. So bewirken die **Prostaglandine** die Sensitivierung freier Nervenendigungen im Gewebe und verstärken somit die Schmerzerzeugung durch biogene Amine und Kinine, können aber auch zur lokalen Blutdrucksteigerung durch das Auslösen von Kontraktionen in glatten Gefäßmuskelzellen führen. **Hyaluronidasen** bauen die langgestreckten Ketten der Hyaluronsäure ab, wodurch die Molekülanordnung der extrazellulären Matrix an der Stichstelle gelockert wird. Durch die Freisetzung von Wasser, das an die Hyaluronsäure gebunden ist, können die anderen injizierten Giftstoffe ungehinderter von der Stichstelle in die weitere Umgebung des Gewebes diffundieren und großflächigere Effekte erzielen.

Speziell im **Bienengift** (Honigbiene, *Apis mellifera*) sind darüber hinaus kleine Peptide mit spezieller Wirkung enthalten (■ Abb. 28.15). **Apamin** ist ein Peptid aus 18 Aminosäuren, dessen räumliche Struktur durch zwei intramolekulare Disulfidbrücken stabilisiert wird. Es bildet etwa 2 % der Trockenmasse des Bienengifts. Das Molekül bindet im Zentralnervensystem von gestochenen Wirbeltieren an Ca^{2+}-abhängige K^+-Kanäle (SK-Kanäle, *small conductance K⁺-channels*) und blockiert diese. Das führt unter anderem zu einer Verzögerung der Repolarisation des Membranpotenzials nach einem Aktionspotenzial und stimuliert daher das Zentralnervensystem. Dies resultiert bei empfänglichen Individuen in innerer Unruhe und Hypermotilität, die mehrere Tage anhalten können. Die LD_{50} des Apamins beträgt 4 mg pro kg Körpergewicht (Maus, i.v.). Weiterhin ist im Bienengift das **MCD-Peptid** (*mast cell degranulating peptide*) aus 22 Aminosäuren und mit zwei intramolekularen Disulfidbrücken enthalten. Wie der Name schon andeutet, bewirkt es bei den im Gewebe von Wirbeltieren vorhandenen Mastzellen die Freisetzung der Vesikelinhaltsstoffe, im Wesentlichen Histamin. Schmerzerzeugung und Ödembildung sind offenbar die mittelbaren Hauptfunktionen dieses Peptids. Der Hauptbestandteil des Bienengifts (50–80 % der Trockenmasse) ist allerdings das **Melittin**[568], ein basisches Peptid (isoelektrischer Punkt = 10) mit einer Länge von 26 Aminosäuren. Durch Einlagerung in die Lipiddoppelschicht von Zellmembranen und Porenbildung führt es zur Zerstörung von Zellen im Gewebe oder im lokalen Blutstrom (Hämolyse). Die Zellzerstörung wird durch die melittinvermittelte Aktivierung der Phospholipase A2 beschleunigt. In der Folge werden aus den betroffenen Mastzellen des Gewebes oder Blutplättchen im Blutstrom Histamin bzw. Serotonin in großer Menge freigesetzt. Aus diesen und allen anderen betroffenen Zellen können darüber hinaus K^+-Ionen freigesetzt werden, wodurch die extrazelluläre K^+-Konzentration steigt. Die erhöhte Konzentration von Serotonin und K^+-Ionen im Extrazellularraum wirken blutdrucksteigernd (Kontraktion glatter Gefäßmuskulatur) und beschleunigend auf die Herzfrequenz ein. Eine hohe Melittinkonzentration kann durch das Auslösen einer irreversiblen Herzmuskelkontraktion zum Tod führen. Die LD_{50} des Melittins beträgt 3,5 mg pro kg Körpergewicht (Maus, i.v.).

28.6.6 Fische

Die in tropischen Korallenriffen lebenden **Feuerfische** der Gattungen *Dendrochirus* und *Pterois* besitzen verlängerte Flossenstrahlen in den hinteren Bauchflossen und den Rückenflossen, die sie bei Gefahr vom Körper abspreizen oder sogar direkt in Richtung des Angreifers ausrichten. Die Tiere sind recht aggressiv und greifen störende Organismen auch selbst an. Durch ruckartiges Schwimmen können sie die Spitzen dieser Flossenstrahlen durch die Haut eines anderen Tieres rammen. Dabei zerreißt das Epithel, das die knöchernen Flossenstrahlen umgibt. Da das Epithel der Flossenstrahlen auch den Vorratsbehälter für Gifte umschließt, die das Tier in einer an der Basis der Flossenstrahlen gelegenen Giftdrüse herstellt, wird das betroffene Tier bei einer solchen Attacke sowohl mechanisch verletzt als auch vergiftet. Die toxischen Proteine, die dabei übertragen werden, sind bisher wegen ihrer Instabilität noch nicht charakterisiert worden. Man weiß aber, dass sie als **Cardiotoxine** (Wirkung: negative Chronotropie) wirken. Die LD_{50} der Cardiotoxine beträgt 1,1 mg pro kg Körpergewicht (Maus, i.v.).

Ganz ähnlich funktioniert der Giftübertragungsmechanismus bei den **Skorpionfischen**. Bei *Scorpaena scrofa* und dem Samtfisch *Apistus carinatus* wurden die Giftstoffe teilweise charakterisiert. Es handelt sich um hochmolekulare Proteine (50–800 kDa), deren Giftwirkung (akuter Blutdruckabfall) vermutlich durch eine Aktivierung des muscarinischen Acetylcholinrezeptors vermittelt wird, was man aus dem Umstand geschlossen hat, dass Atropin als Gegenmittel wirksam ist.

Wenn sie attackiert werden oder sich bedroht fühlen, können auch manche **Welse** (z. B. *Heteropneustes fossilis* und *Plotosus anguillaris*) mit ihren sägezahnbesetzten Brustflossen Giftstoffe (Plototoxine) auf die Angreifer übertragen. Dornhaie (*Squalus acanthias*) und Stachelrochen (*Potamotrygon*, *Myliobatis*) können mithilfe kräftiger Bewegungen der Rumpfmuskulatur ihre dorsal gelegenen Stacheln durch die Haut von Angreifern schlagen und dabei Gift in die Wunde übertragen. Die bisher nicht eingehend untersuchten Giftstoffe haben für den Menschen eine sehr unangenehme Wirkung (langanhaltende starke Schmerzen, Blutdruckabfall, Hautnekrosen, innere Unruhe), sind aber *per se* nicht lebensbedrohend.

28.6.7 Reptilien

Von den etwa 2700 bekannten Schlangenarten sind etwa 540 **Giftschlangen** im engeren Sinne. Die Giftdrüsen leiten sich von Speicheldrüsen ab und liegen beidseitig im Oberkiefer. Sie stehen mit den Giftzähnen in Verbindung. Die Zusammensetzung der immer aus mehreren Proteinen komponierten Gifte (**Giftcocktail**) ist artspezifisch. In der Regel sind Peptide und kleine Proteine enthalten, die die Signalübertragung an der neuromuskulären Synapse beeinträchtigen. Da die Giftstoffe die Blut-Hirn-Schranke bei Säugetieren nicht passieren, wirken sie nur auf die Körperperipherie, nicht aber auf die Neurone des Zentralnervensystems. Bei Vipern und Grubenottern kommen Giftkomponenten vor, die die Blutgerinnung beeinflussen. Außerdem finden sich verschiedene Enzyme, die für gewebenekrotische Prozesse nach Schlangenbissen verantwortlich gemacht werden (Hyaluronidase, Phospholipase A2, Endopeptidasen, Proteasen, Aminosäure-Oxidasen u. a.). Die lytischen Enzyme dienen vermutlich auch der effizienteren Verdauung der im Ganzen verschlungenen Beutetiere.

Schlangen beißen, um Beutetiere zu paralysieren oder zu töten, bevor sie sie fressen. In diesen Fällen ist die Injektion von Gift obligatorisch, weil Schlangen ihre Beute vor dem

568 *melitta* (lat.) = Biene

Verschlingen nicht zerkleinern und sie daher nur dann gefahrlos verschlucken können, wenn das Beutetier unbeweglich ist. Ansonsten wäre das Risiko zu groß, dass das Beutetier die Schlange inwendig verletzt. Schlangen beißen aber auch, wenn sie sich bedroht fühlen. Manche Arten können zur Abwehr von Fressfeinden auch **trockene Bisse** applizieren, bei denen kein Gift übertragen wird. Der durch den Biss ausgelöste Schmerz scheint in diesen Fällen auszureichen, einen Angreifer abzuwehren.

Schlangenbisse sind in den Tropen ein ernstes Gesundheitsproblem für Menschen. Die Zahl von 40 000 Todesfällen weltweit pro Jahr ist vermutlich noch zu niedrig geschätzt. In Europa sind *Vipera*-Arten die häufigsten Giftschlangen. Ein Mensch müsste sich allerdings zeitgleich von mindestens sieben Kreuzottern beißen lassen, um eine tödliche Menge Gift zu erhalten (◘ Tab. 28.2). In Deutschland starb in den letzten 40 Jahren nicht ein einziger Mensch am Biss einer Viper (wohl aber kam es zu schockbedingten Todesfällen nach Kreuzotterbissen).

Die für die Giftübertragung genutzten **Zähne** verschiedener Schlangenarten wurden während der Evolution stark umgestaltet (◘ Abb. 28.16). Im Fall einer **aglyphen Bezahnung** (z. B. bei *Rhabdophis*) liegen die Giftdrüsen beidseitig im Oberkiefer. Das Gift wird an der Basis der Zähne freigesetzt, rinnt entlang der Zähne in die Wunde und wird durch kauende Bewegungen der Kiefer in die Wunde massiert. Bei den **Colubridae** (Trugnattern) mit **opisthoglypher Bezahnung** sind mindestens einer, manchmal auch drei der hinteren Zähne deutlich vergrößert und an ihrer Vorderseite mit einer Längsrinne versehen, durch die das Gift in die Bisswunde läuft. Diese Schlangen halten ihre Beute eine Weile fest, sodass eine ausreichende Menge ihres Giftes in das Beutetier übertreten kann. Bei den **Elapidae** (Giftnattern, Kobras), die eine **proteroglyphe Bezahnung** aufweisen, wird das Gift von den Drüsen während des Bisses aktiv in jeweils einen mit der Zahnbasis verbundenen Ausführungsgang ejiziert. Die vorn im Kiefer feststehenden Giftzähne sind innen hohl und wirken wie Injektionsnadeln. Speikobras können ihr Gift nicht nur direkt in ein Beutetier injizieren, sondern auch einem Angreifer bis zu einer Entfernung von 2 m gezielt ins Gesicht spritzen. Damit der Giftstrahl beim Austritt aus dem Zahn nicht zerfällt, hat der Ausführungsgang der Giftzähne von Speikobras (*Naja pallida*) am distalen Ende zwei Leisten, die eine Verwirbelung des Giftstrahls verhindern. Die **Viperidae** (Vipern) mit ihrer **solenoglyphen Bezahnung** übertragen das Gift in gleicher Weise wie Giftnattern und Kobras, allerdings sind die Giftzähne bei ihnen im Zuge der Öffnung des Kieferapparats ausklappbar. Bei geschlossenem Kiefer liegen die Giftzähne dagegen horizontal in Längstaschen entlang des Oberkiefers. Die Giftzähne werden von Zeit zu Zeit erneuert.

Einer der Giftstoffe mit präsynaptischem Wirkmechanismus in der **motorischen Endplatte** ist die **neurotoxische Phospholipase A2** (PLA2), von der es bei verschiedenen Schlangenarten jeweils artspezifisch exprimierte strukturelle Varianten gibt. Dieses Protein hat einerseits enzymatische Aktivität und spaltet

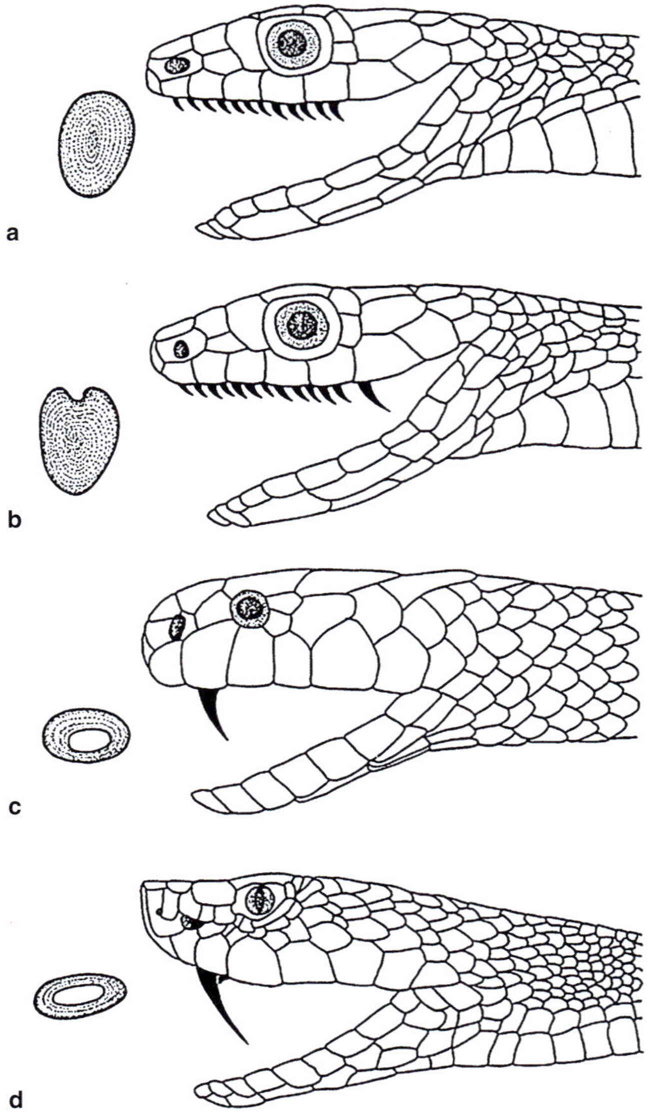

◘ **Abb. 28.16** Varianten der Bezahnung der Giftschlangen und der Aufbau der Giftzähne. **a** Aglyphe Bezahnung (z. B. bei *Rhabdophis*). **b** Opisthoglyphe Bezahnung bei Colubridae (Trugnattern). **c** Proteroglyphe Bezahnung bei Elapidae (Giftnattern, Kobras). **d** Solenoglyphe Bezahnung bei Viperidae (Vipern). Nähere Erläuterungen zur Funktion der Giftzähne im Text. (Aus Mebs D (2002) Venomous and poisonous animals. CRC Press, Boca Raton, Abb. 3.62, S. 242.)

plasmamembranständige Phospholipide, was schließlich zur Zerstörung der synaptischen Endigung des Motoneurons (und der Membranen anderer Zelltypen) führen kann. Andererseits haben manche dieser Proteine, zum Beispiel das **Notexin** des australischen Tigerotters *Notechis scutatus*, die Fähigkeit, über einen nichtenzymatischen Wirkmechanismus die exocytotische Freisetzung von Acetylcholin aus der synaptischen Endigung nach Einlaufen eines Aktionspotenzials zu unterdrücken. Dies führt zu einer Paralyse der Skelettmuskulatur. Die betroffenen Tiere sterben an einer Lähmung der Atemmuskulatur. Andere Schlangenarten bilden gleichartig wirkende Toxine mit anderen strukturellen Eigenschaften. So ist das **Crotoxin** der südamerikanischen Klapperschlange *Crotalus durissus* ein Heterodimer aus einer basischen 13- und einer sauren 8,4-kDa-Untereinheit. In anderen Arten finden sich multimere Toxine mit drei oder vier homologen Untereinheiten. So besteht das **Taipoxin** des australischen Taipans *Oxyuranus scutellatus* aus drei Untereinheiten mit einer Molekülmasse von jeweils 35 kDa. Es ist eines der giftigsten Schlangengifte. Die letale Dosis in Mäusen nach subkutaner Injektion beträgt 2 µg pro kg Körpergewicht.

Andere Schlangenarten bilden präsynaptisch wirksame Neurotoxine mit entgegengesetzter Wirkung. Diese Toxine steigern die Freisetzung von Acetylcholin aus den synaptischen Endigungen von Motoneuronen nach dem Einlaufen von Aktionspotenzialen. Die Toxine der **Mambas** (*Dendroaspis* sp.) mit einer Molekülmasse von etwa 7 kDa wirken auf diese Weise. Strukturell ähneln diese Toxine (**Dendrotoxine**) den pankreatischen Proteaseinhibitoren (wie diese haben sie drei intramolekulare Disulfidbrücken zur Stabilisierung ihrer dreidimensionalen Struktur), allerdings haben sie *in vitro* keinerlei inhibitorische Wirkung auf Trypsin oder Chymotrypsin. Stattdessen blockieren diese Toxine die spannungsabhängigen K^+-Kanäle in der präsynaptischen Membran, die für die Repolarisation des Membranpotenzials während des Aktionspotenzials verantwortlich sind. Dies führt einerseits zu einer Steigerung der Amplitude der Aktionspotenziale und andererseits zu einer Verlängerung der Depolarisationsphase jedes Aktionspotenzials. Beides hat eine Potenzierung der Rate der Acetylcholinfreisetzung zur Folge. Auch in der Muskulatur entfalten Dendrotoxine ihre Wirkung durch Inhibition spannungsabhängiger K^+-Kanäle (**Myotoxine**). Hier führen die Toxine zu einer Steigerung der Kontraktionskraft (▫ Abb. 28.17). Im Zusammenwirken können beide Effekte heftige Muskelkrämpfe auslösen.

Im Gegensatz zu den Toxinen der Mambas bewirkt das **α-Cobratoxin** der Speikobra[569] (*Naja naja siamensis*) und das **α-Bungarotoxin** (8 kDa) des ostasiatischen Kraits (*Bungarus multicinctus*) die Inhibition der nicotinischen Acetylcholinrezeptoren auf der Muskelzellmembran, sodass die für das Auslösen einer Kontraktion erforderliche Depolarisation der Muskelzellmembran ausbleibt. Dies führt zu einer **Paralyse** der Skelettmuskulatur.

Die Gifte der Elapidae (Giftnattern) enthalten zusätzlich zu den Neurotoxinen auch **Cardiotoxine**. Dabei handelt es sich um basische Peptide mit einer Länge von 60–63 Aminosäuren (ca. 7 kDa), die vier intramolekulare Disulfidbrücken aufweisen. Wird das als CTX II bezeichnete Toxin der Indischen Kobra (*Naja naja*) *in vitro* zu isolierten Herzmuskelzellen eines Säugetiers gegeben, so reicht eine Konzentration von 10 µg ml^{-1}, um eine völlige Depolarisation des Membranpotenzials dieser Zellen zu bewirken.

569 Die Speikobra kann ihr Gift auf eine Distanz von bis zu 2 m auf das Gesicht eines Angreifers abschießen. Durch schnelle Kopfbewegungen während des Spuckvorgangs wird gewährleistet, dass die Schleimhäute von Augen und Mund eines Angreifers getroffen werden, wodurch schmerzhafte Reizungen und Blindheit hervorgerufen werden.

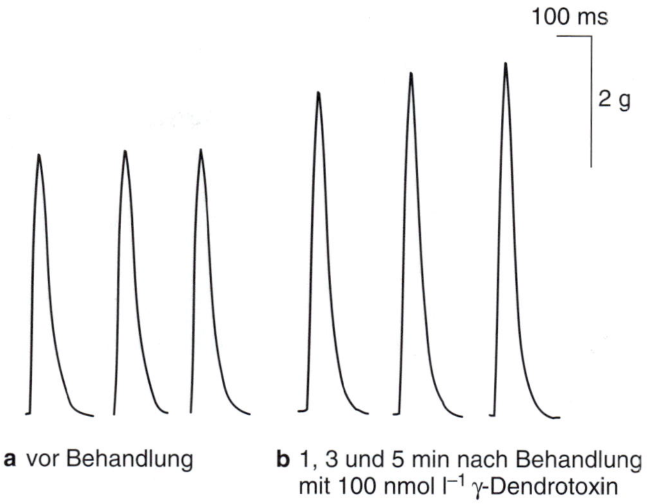

▫ **Abb. 28.17** Wirkung von γ-Dendrotoxin auf die Kontraktionskraft eines isolierten Zwerchfellmuskels einer Ratte während einer Einzelzuckung. Die Einzelzuckung wurde durch elektrische Stimulation hervorgerufen. Das γ-Dendrotoxin stammte aus dem Gift der Grünen Mamba (*Dendroaspis angusticeps*). **a** Kontraktionskraft vor Behandlung des Muskelstreifens mit 100 nmol l^{-1} γ-Dendrotoxin. **b** Kontraktionskraft zu verschiedenen Zeitpunkten nach Behandlung mit 100 nmol l^{-1} γ-Dendrotoxin. (Aus van Lunteren E, Moinier M (1999) Peptide toxin blockers of voltage-sensitive K^+ channels: inotropic effects on diaphragm. J Appl Physiol 86, 1009–1016, Abb. 1 A, S. 1011.)

Enzyme finden sich in allen Schlangengiften. Auf die Aktivität der Phospholipase A2 verschiedener Toxine wurde bereits hingewiesen. Die PLA2 spaltet die Fettsäure (meist Arachidonsäure) an der C-2-Position aus Glycerophospholipiden, was zur Destabilisierung der Zellmembranen, Zelllyse und nekrotischer Gewebszerstörung führt. Dass sich solche Nekrosen nach Schlangenbissen nicht auf den exakten Ort des Bisses beschränken, sondern große Ausdehnung erfahren können, liegt unter anderem an den in allen Schlangengiften enthaltenen Hyaluronidasen. Die Spaltung der Hyaluronsäure führt zur Auflockerung der extrazellulären Matrix und zur Mobilisierung von Wassermolekülen, die mit der noch intakten Hyaluronsäure assoziiert waren. Durch diese Prozesse wird die Diffusibilität von anderen Schlangengiftkomponenten im Gewebe gesteigert. Auf diese Weise gelangen auch Peptidasen und Proteasen aus dem Schlangengift in benachbarte Gewebeabschnitte. Sie zerstören Matrix- und Zelloberflächenproteine, sodass Nekrosen, Ödeme und Einblutungen nicht nur im unmittelbaren Bereich des Bisses, sondern weit darüber hinaus übliche Folgen von Schlangenbissen sind (▫ Abb. 28.18). Im Gift von Vipern finden sich darüber hinaus thrombinähnliche Proteasen, die eine proteolytische Spaltung von Fibrinogen und eine massive Blutgerinnung auslösen. Die überschießende Gerinnungsreaktion aktiviert allerdings das endogene fibrinolytische System des betroffenen Tieres so stark, dass das Blut für eine Weile nach dem Schlangenbiss völlig ungerinnbar ist (paradoxer Effekt) und das Tier innerlich verblutet.

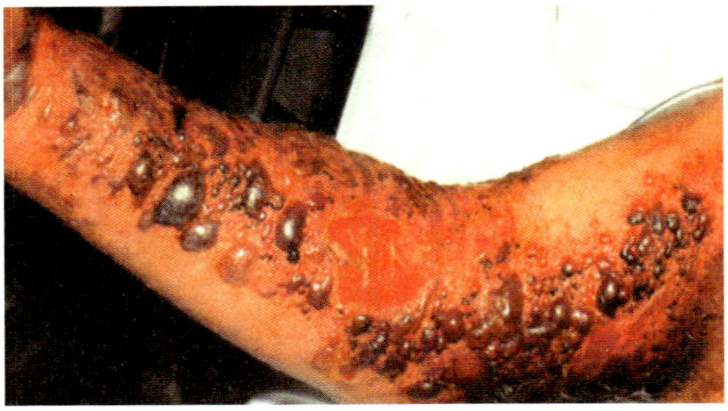

Abb. 28.18 Folgen des Bisses einer Klapperschlange (*Crotalus atrox*) in die Hand eines Menschen. Die Verdauungsenzyme des Giftes verursachen großflächige Nekrosen, Ödeme und Einblutungen durch Zerstörung der extrazellulären Matrix und der Gefäßendothelien. (Aus Mebs D (2002) Venomous and poisonous animals. CRC Press, Boca Raton, Abb. 3.65, S. 244.)

28.6.8 Säugetiere

Wenig bekannt ist, dass auch unter den Säugetieren einige aktiv giftige Tiere anzutreffen sind. Die kleinsten Säugetiere überhaupt, die **Spitzmäuse** (Soricidae), sind Insektenfresser (Insectivora, Eulipotyphla) und müssen stetig fressen, um ihre hohe Stoffwechselrate aufrechterhalten zu können. Um erbeutete Tiere (zu denen auch größere Tiere wie andere Säugetiere, Vögel und Amphibien gehören) schnell verspeisen zu können, hat es sich für diese Tiere offenbar als vorteilhaft erwiesen, mit dem Speichel Giftstoffe in die Bisswunde des Beutetiers einzubringen, die dieses schnell paralysieren. Schnecken und Regenwürmer fallen nach dem Biss einer Spitzmaus für mehrere Tage in einen unbeweglichen Zustand, sodass die Spitzmaus diese Tiere als Nahrungsvorrat aufheben kann. Die in Amerika heimische Kurzschwanzspitzmaus *Blarina brevicauda* exprimiert in ihren Submandibulardrüsen ein Protein mit einer Länge von 253 Aminosäuren (28 kDa), das **Blarinatoxin**. Es handelt sich dabei um eine dem Kallikrein ähnliche Serinprotease, die im Gewebe des gebissenen Tieres Kininogene in biologisch aktive **Kinine** umwandelt. Diese erzeugen nicht nur brennende Schmerzen und Entzündungsreaktionen an der Bissstelle, sondern können je nach Dosis auch Störungen der Atmung, Blutdruckabfall, Krämpfe oder Paralyse bewirken. Nach dem Übertritt höherer Dosen tritt der Tod durch Atemlähmung ein. Die LD_{50} des Blarinatoxins beträgt 0,1–0,2 mg pro kg Körpergewicht (Kaninchen, i.v.).

Die **Schlitzrüssler** (Solenodontidae) sind Säugetiere aus der Ordnung der Insektenfresser (Insectivora, Eulipotyphla). Schlitzrüssler sind vorwiegend carnivor und fressen Wirbellose (Insekten, Regenwürmer, Diplopoden) und kleine Wirbeltiere (Amphibien, Reptilien, Säuger). In geringem Umfang verzehren sie aber auch pflanzliche Nahrung. Die Tiere kommen auf karibischen Inseln vor und werden bis zu 1 kg schwer. Auch sie produzieren in ihren Submandibulardrüsen einen **giftigen Speichel**, den sie durch Längsrinnen in zwei spezialisierten Zähnen in die Bisswunde eines Beutetiers übertragen. Über die Zusammensetzung des Speichelgifts ist bisher nichts bekannt.

Auf die Giftigkeit des Speichels des südostasiatischen **Plumploris** der Gattung *Nycticebus* wurde bereits hingewiesen (▶ Abschn. 28.2). Eine Drüse an der Innenfläche des Oberarms produziert ein Sekret, das erst in Verbindung mit dem Speichel des Tieres seine volle Giftigkeit entfaltet. Das Gift kann mit dem Biss des Tieres übertragen werden.

Die Männchen des australischen **Schnabeltiers** (*Ornithorhynchus anatinus*) tragen an den Hinterfüßen einen etwa 1,5 cm langen, erektilen Dorn. Innerhalb des Dorns verläuft ein Kanal, der eine Giftdrüse mit der Spitze des Dorns verbindet. Beim Stich wird auf diesem Weg Gift in die Wunde übertragen. Die im Gift enthaltenen Peptide und Proteine erzeugen einen intensiven Schmerz, lokale Entzündungen und eine anhaltende **Hyperalgesie** (übersteigerte Schmerzempfindlichkeit) an der betroffenen Stelle. Da die Giftdrüse nur während der Paarungszeit aktiv ist, nimmt man an, dass der Dorn vorwiegend bei Kämpfen zwischen Männchen um ein paarungsbereites Weibchen zum Einsatz kommt.

28.7 Fragen zum Selbststudium

- Was kann man aus der Angabe einer LD_{50} für einen bestimmten Giftstoff herauslesen?
- Wie unterscheiden sich passiv giftige Tiere von aktiv giftigen?
- Auf welches Zielprotein wirkt das Tetrodotoxin und warum vergiftet sich ein Kugelfisch nicht selbst, wenn er dieses Toxin in seine Gewebe einlagert?
- Cardenolidglykoside hemmen die Na^+/K^+-ATPase in tierischen Zellen. Welche Auswirkung hat dies auf die Herztätigkeit bei Wirbeltieren?
- Von welcher Grundstruktur leitet sich das unter anderem in Baum- und Blattsteigerfröschen vorkommende Batrachotoxin ab?
- Welche Art von Muskellähmung verursachen die α- und die μ-Conotoxine der Kegelschnecken in ihren Beutefischen?
- Polyamine im Gift von Spinnen hemmen Glutamatrezeptoren. Welche Auswirkung hat dies auf Insekten?
- Warum wirken Schlangengifte nicht auf das Gehirn von Wirbeltieren?
- Erklären Sie, wie es nach dem Biss einer Viper zu einer länger anhaltenden Störung der Blutgerinnung in Säugetieren kommen kann.

Weiterführende Literatur

Allgemeines

Fry BG, Roelants K, Champagne DE, Scheib H, Tyndall JD, King GF, Nevalainen TJ, Norman J A, Lewis RJ, Norton RS, Renjifo C, de la Vega RC (2009) The toxicogenomic multiverse: convergent recruitment of proteins into animal venoms. Annual Review of Genomics and Human Genetics 10, 483-511.

Habermehl GG (1991) Gifte im Tierreich. Biologie in unserer Zeit 21, 316-325.
Mebs D (2002) Venomous and poisonous animals. CRC Press, Boca Raton, London, New York, Washington DC.
Mebs D (2009) Was steuert die Giftigkeit bei Tieren? Vom Genom zum Venom. Biologie in unserer Zeit 39, 250-257.
Stevens M, Feigneur S, Tytgat J (2011) Neurotoxins and their binding areas on voltage-gated sodium channels. Frontiers in Pharmacology 2, 71.
Teuscher E, Lindequist U (2010) Biogene Gifte - Biologie, Chemie, Pharmakologie, Toxikologie. 3. Auflage. Wissenschaftliche Verlagsgesellschaft Stuttgart.
Tsetlin VI, Hucho F (2004). Snake and snail toxins acting on nicotinic acetylcholine receptors: fundamental aspects and medical applications. FEBS Letters 557, 9-13.
Tu AT (1991) Handbook of natural toxins. CRC Press, Boca Raton, London, New York, Washington DC.

Spezielle Aspekte

Aminetzach YT, Srouji JR, Kong CY, Hoekstra HE (2009) Convergent evolution of novel protein function in shrew and lizard venom. Current Biology 19, 1925-1931.
Bane V, Lehane M, Dikshit M, O'Riordan A, Furey A (2014) Tetrodotoxin: Chemistry, toxicity, source, distribution and detection. Toxins 6, 693-755.
Blunt JW, Copp BR, Munro MH, Northcote PT, Prinsep MR (2011) Marine natural products. Natural Products Reports 28, 196-268.
Blunt JW, Copp BR, Keyzers RA, Munro MH, Prinsep MR (2012) Marine natural products. Natural Products Reports 29, 144-222.
Conti-Tronconi BM, Raftery MA (1986) Nicotinic acetylcholine receptor contains multiple binding sites: Evidence from binding of α-dendrotoxin. Proceedings of the National Academy of Sciences USA 83, 6646-6650.
Dumbacher JP, Wako A, Derrickson SR, Samuelson A, Spande TF, Daly JW (2004) Melyrid beetles (*Choresine*): A putative source for the batrachotoxin alkaloids found in poison-dart frogs and toxic passerine birds. Proceedings of the National Academy of Sciences USA 101, 15857-15860.
Fohlman J, Eaker D, Karlsoon E, Thesleff S (1976) Taipoxin, an extremely potent presynaptic neurotoxin from the venom of the australian snake taipan (*Oxyuranus s. scutellatus*). Isolation, characterization, quaternary structure and pharmacological properties. European Journal of Biochemistry 68, 457-469.
Gordon D, Chen R, Chung S-H (2013) Computational methods of studying the binding of toxins from venomous animals to biological ion channels: Theory and applications. Physiological Reviews 93, 767-802.
Harris J, Sutherland S, Zar M (1981) Actions of the crude venom of the Sydney funnel-web spider, *Atrax robustus* on autonomic neuromuscular transmission. British Journal of Pharmacology 72, 335-340.
Leite KR, Andrade E, Ramos AT, Magnoli FC, Srougi M, Troncone LR (2012) *Phoneutria nigriventer* spider toxin Tx2-6 causes priapism and death: a histopathological investigation in mice. Toxicon 60, 797-801.
Moise L, Piserchio A, Basus VJ, Hawrot E (2002) NMR structural analysis of α-bungarotoxin and its complex with the principal α-neurotoxin-binding sequence on the α7 subunit of a neuronal nicotinic acetylcholine receptor. Journal of Biological Chemistry 277, 12406-12417.
Rodríguez A, Poth D, Schulz S, Vences M (2011) Discovery of skin alkaloids in a miniaturized eleutherodactylid frog from Cuba. Biology Letters 7, 414-418.
Savitzky A, Mori A, Hutchinson D, Saporito R, Burghardt G, Lillywhite H, Meinwald J (2012) Sequestered defensive toxins in tetrapod vertebrates: principles, patterns, and prospects for future studies. Chemoecology 22, 141-158.
Schweitz H, Moinier D (1999) Mamba toxins. Perspectives in drug discovery and design 15-16, 83-110.
Shai Y, Fox J, Caratsch C, Shih YL, Edwards C, Lazarovici P (1988) Sequencing and synthesis of pardaxin, a polypeptide from the Red Sea Moses sole with ionophore activity. FEBS Letters 242, 161-166.
Terlau H, Olivera BM (2004) Conus venoms: a rich source of novel ion channel-targeted peptides. Physiological Reviews 84, 41-68.
Triep M, Hess D, Chaves H, Brucker C, Balmert A, Westhoff G, Bleckmann H (2013) 3D flow in the venom channel of a spitting cobra: Do the ridges in the fangs act as fluid guide vanes? PLoS ONE 8, e61548.
Ushkaryov YA, Volynski KE, Ashton AC (2004) The multiple actions of black widow spider toxins and their selective use in neurosecretion studies. Toxicon 43, 527-542.
Vogel H, Jähnig F (1986) The structure of melittin in membranes. Biophysical Journal 50, 573-582.
Yang C-C, Chang L-S (1991) Dissociation of lethal toxicity and enzymic activity of notexin from *Notechis scutatus scutatus* (Australian tiger-snake) venom by modification of tyrosine residues. Biochemical Journal 280, 739-744.

Immunsysteme

29.1 Allgemeines

Die ersten eukaryotischen Zellen, die die Erde bevölkerten, dürften sich energiereiche organische Moleküle in der Regel durch die endocytotische Aufnahme und intrazelluläre Verdauung von Bakterien verschafft haben. Sie lebten daher mit einiger Sicherheit in enger räumlicher Assoziation mit Bakteriengesellschaften, die zum Beispiel in Form von Biofilmen aus Prokaryoten unterschiedlichster Stämme bestanden. Es ist anzunehmen, dass es unter diesen bereits Formen gab, die versucht haben, durch die Schädigung oder das Abtöten eukaryotischer Zellen einerseits zu verhindern, selbst gefressen zu werden, und sich andererseits das organische Material der eukaryotischen Zellen für die eigene Ernährung zunutze zu machen. Daher ist es nicht überraschend, dass die eukaryotischen Zellen chemische Strategien entwickelten, die Aktivität von Mikroorganismen in ihrer Umgebung so zu beeinträchtigen, dass diese keine Schäden an den eukaryotischen Zellen anrichten konnten.

Dieses Wechselspiel aufgrund unterschiedlicher Interessenlagen hat in der Evolution zu sehr interessanten Anpassungen auf beiden Seiten geführt. In einigen Fällen hat sich eine Balance eingestellt, in der sich **Symbiosen** zwischen Eu- und Prokaryoten ausgebildet haben. Vertreter beider Gruppen sind dabei in eine enge Wechselbeziehung eingetreten, die beiden Seiten nützlich ist. Man kennt noch heute viele solcher Beziehungen, zum Beispiel im Fall der Darmbakterien beim Menschen oder der Blinddarmsymbionten bei vielen Herbivoren (▶ Kap. 3). In anderen Fällen wurden die Beziehungen nicht balanciert, sondern blieben von extremen Interessengegensätzen geprägt. So kann man sich vorstellen, dass ein eukaryotischer Organismus (Ein- oder Mehrzeller), der einen Bakterienrasen »abweidet«, aus der Sicht der Bakterien ein fürchterlicher Räuber ist. Umgekehrt wird ein Bakterium, das einen Eukaryoten besiedelt, um ihm Nährstoffe für sein eigenes Wachstum und seine eigene Vermehrung zu entziehen, zumindest als **Parasit**, in Fällen, in denen der Wirtsorganismus dadurch erheblich in seiner Lebensqualität beeinträchtigt wird, als Krankheitserreger (**Pathogen**[570]) wahrgenommen. Zwischen diesen Extremen gibt es natürlich eine Vielzahl von Zwischenstufen mit weniger dramatischen, aber dennoch sehr interessanten Wechselbeziehungen.

Um in einer Welt solcher Interessengegensätze bestehen zu können, benötigt ein eukaryotischer Organismus die Fähigkeit, zwischen den verschiedenen Typen von Interaktionspartnern auf der Seite der Mikroorganismen unterscheiden zu können. Dazu werden in der Regel chemische Signale genutzt, die entweder mit der bakteriellen Zelloberfläche assoziiert sind oder von den Bakterien als lösliche Faktoren in ihre Umgebung abgegeben werden. Bei diesen zum Krankheitserreger gehörenden Molekülsignaturen handelt es sich um sogenannte **PAMPs** (*pathogen-associated molecular patterns*). Die eukaryotische Zelle trägt Rezeptoren auf ihrer Zelloberfläche, die in mehr oder weniger spezifischer Weise solche bakteriellen Moleküle binden und der eukaryotischen Zelle dadurch Informationen über Präsenz und Qualität des Mikroorganismus, der mit der Zelloberfläche Kontakt aufgenommen hat (über zellwandgebundene Moleküle des Mikroorganismus) oder der sich in der Nähe der Zelloberfläche aufhält (über lösliche Moleküle des Mikroorganismus), vermitteln. Diese Mustererkennungsrezeptoren bezeichnet man als **PRRs** (*pattern recognition receptors*). Besonders wichtig wurden diese Unterscheidungsmöglichkeiten im Zuge der Entwicklung der eukaryotischen Mehrzeller vor 500–600 Mio. Jahren, da es wenig sinnvoll gewesen wäre, wenn die eine Zelle eines Organismus ihre Nachbarzelle aufzufressen versuchte, weil diese eine interessante Nährstoffquelle zu sein schien. Gleichzeitig haben alle Zellen eines vielzelligen Organismus ein gemeinsames Interesse, jeden Versuch eines von außen kommenden Angriffs erfolgreich abzuwehren. Die Fähigkeiten eines Organismus, Moleküle oder Zellen ihrer Qualität und Zugehörigkeit nach erkennen und gegebenenfalls Abwehrmaßnahmen gegen Angriffe von außen einleiten zu können, bezeichnet man als **Immunität**[571].

Tatsächlich richtet sich die Immunität nicht nur auf Fremdmaterialien aus der Außenwelt, sondern auch auf möglicherweise schädliche Zellen des eigenen Körpers, zum Beispiel, wenn diese sich durch vorausgegangene Mutationen strukturell und funktionell nicht mehr sinnvoll in den Gesamtkontext der Zellen des jeweiligen Organismus eingliedern (z. B. Krebszellen).

Die Strategien, die für die Aufrechterhaltung der Immunität herangezogen werden, sind sehr vielfältig. Sie können konstitutiv, das heißt von Geburt an vorhanden und nicht induzierbar (**angeborene Immunität**, **innate Immunität**[572]) sein. Zu den Elementen der innaten Immunität gehören der Aufbau eines undurchdringlichen Integuments (z. B. Cuticula der Insekten) oder eine Auflagerung von Schleim auf empfindliche Epithelien, der regelmäßig abtransportiert (z. B. in den Atemwegen der terrestrischen Wirbeltiere, ■ Abb. 29.1; *mucociliary clearance*, Säuberung der Atemwege mithilfe des durch den Cilienschlag abtransportierten Schleims) oder erneuert wird (z. B. der Hautschleim bei Amphibien). Hierzu gehört auch die Auflagerung von antimikrobiell wirkenden Stoffen auf die Körperoberfläche oder deren Präsenz im Körperinneren. So wirkt Lysozym in Speichel, Tränenflüssigkeit oder Schweiß bei den Wirbeltieren ebenso antimikrobiell wie der saure pH-Wert im Magen oder die Freisetzung von antimikrobiellen chemischen Stoffen (Defensinen) durch Epithelzellen. In mehrzelligen Organismen sind spezialisierte, amöboid bewegliche Immunzellen vorhanden, die ebenfalls Bestandteile des innaten Immunsystems sind. Sie bekämpfen in den Körper eingedrungene Fremdzellen oder Organismen auf chemischem Weg, nachdem sie durch **Cytokine**[573] an den Ort des Infektionsgeschehens gelockt

570 *pathos* (griech.) = Leiden, Krankheit; *genna* (griech.) = Spross

571 *in munis* (lat.) = »im Gelde«, fähig bezüglich der Erhaltung der Gesundheit

572 *innatus* (lat.) = angeboren

573 *kytos* (griech.) = Gefäß, Zelle; *kinos* (griech.) = Bewegung

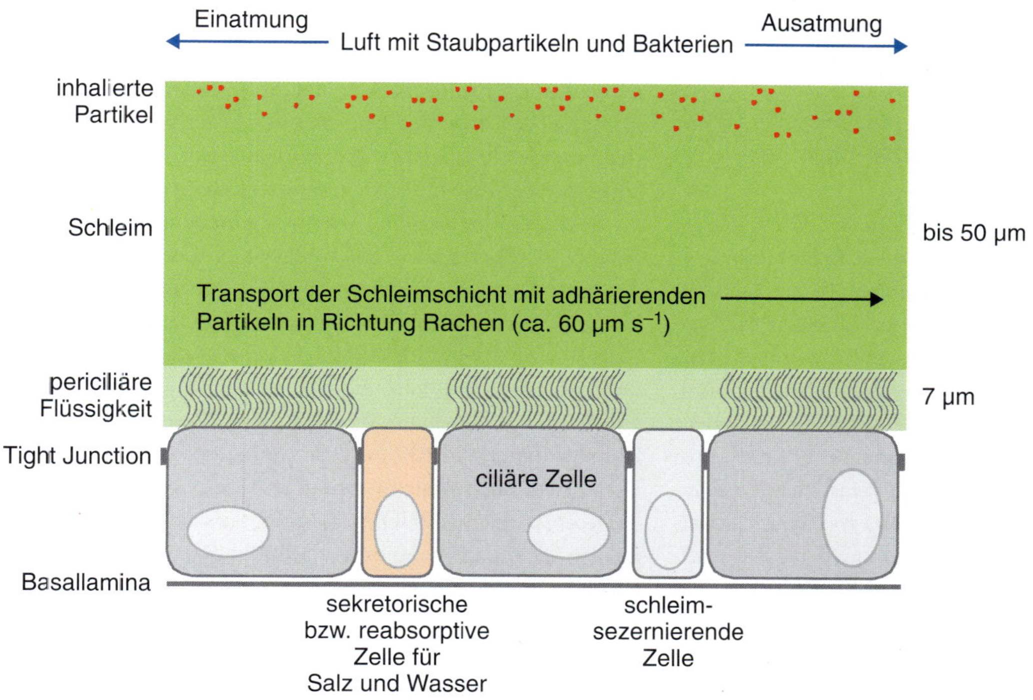

Abb. 29.1 Prinzip der Reinigung der Atemwege bei luftatmenden Tieren (Beispiel Mensch). Das aus vielen verschiedenen Zelltypen aufgebaute Atemwegsepithel bildet eine dichte Diffusionsbarriere gegen das Eindringen von Fremdsubstanzen. Oberflächliche sekretorische Zellen und solche in submucosalen Drüsen (nicht gezeigt) produzieren Mucine (Schleimstoffe aus hochgradig glykosylierten Proteinen) und setzen diese gemeinsam mit isotonischer Salzlösung ins Lumen der Atemwege frei. Dort bilden sich zwei Schleimfilme aus: ein geringvisköser mit einer Schichtdicke, die etwa die Länge der Cilien erreicht, diese umspült und die Cilien in die Lage versetzt, in dem Schleim zu schlagen, und ein hochvisköser, der wesentlich mächtiger sein kann und als geschlossene Schicht den Atemgasraum von der Oberfläche des Epithels trennt. An diesen Schleimfilm werden oberflächlich die mit der Atemluft inhalierten Partikel (Staub, Bakterien) adsorbiert. Die Cilien bewegen den hochviskösen Schleimfilm ständig unidirektional in Richtung Rachen, sodass diese Fremdstoffe durch Verschlucken oder Abhusten entsorgt werden. Da der Abtransport des Schleimfilms mit einer Geschwindigkeit von etwa 60 µm s^{-1} erfolgt, wird ein in die menschliche Lunge geratenes Bakterium in etwa 1–2 h wieder aus den Atemwegen entfernt. In dieser Zeit schaffen es auch pathogene Bakterien nicht, so viele Teilungen zu durchlaufen, dass sie eine gefährliche Dichte erreichen. Zuweilen Versagt die normale Reinigung, etwa bei viralen Infektionen oder beim Vorliegen erblicher Störungen der Salz-Wasser-Sekretion (Mukoviszidose). In solchen Fällen verharren die Bakterien lange genug in den Atemwegen, dass sie durch Teilung eine hohe Dichte erreichen und bioaktive Stoffe (virulenzassoziierte Faktoren) freisetzen, die die Atemwegszellen in ihren Funktionen stören, den Bakterien Zutritt zum Körperinneren verschaffen oder selbst Krankheitserscheinungen hervorrufen.

wurden. Besonders bei den Wirbeltieren – hier speziell mit dem Auftreten der Kiefertiere (Gnathostomata) vor 350–400 Mio. Jahren – werden diese innaten Mechanismen ergänzt durch ein **adaptives Immunsystem**[574] (auch **erworbene Immunität**), das spezifische Erkennungs- und Abwehrmechanismen erst dann aktiviert, wenn mögliche Schadmoleküle oder Schadorganismen am oder im Organismus detektiert worden sind. Allgemein bezeichnet man solche potenziellen Schadmoleküle oder Schadorganismen, die das adaptive Immunsystem von Tieren aktivieren, als **Antigene**[575]. Im Zuge der adaptiven Immunantwort werden gegen diese Antigene gerichtete **Antikörper** (▶ Abschn. 29.6) hergestellt. Es handelt sich dabei um Moleküle, die die Antigene mit hoher Spezifität und Affinität binden und dadurch entweder direkt (neutralisierende Antikörper) oder durch die Aktivierung weiterer Schritte der Immunabwehr (u. a. Opsonierung, ▶ Abschn. 29.2.1) in indirekter Weise unschädlich machen.

[574] *adaptare* (lat.) = anpassen

[575] Kunstwort aus *anti-* (griech.) = gegen und *gennan* (griech.) = erzeugen; auch Kurzwort für *antibody generating* (engl.) = die Herstellung von Antikörpern bewirkend

29.2 Angeborene Immunität

Die angeborene Immunität ist Kennzeichen jeder einzelnen eukaryotischen Zelle und wird in diesen durch die Expression oberflächenschützender Moleküle, durch die Fähigkeit zur Endocytose und zur intrazellulären Verdauung von schädlichen Stoffen sowie durch die Produktion von chemischen Abwehrstoffen sichergestellt. In Mehrzellern werden zusätzlich spezialisierte, meist amöboid bewegliche Abwehrzellen konstitutiv bereitgestellt, bei denen es sich entweder um besonders aktive phagocytierende Zellen (z. B. **Makrophagen**[576]) handelt, oder die über die Fähigkeit verfügen, Schadstoffe oder -organismen nach ihrer Erkennung mithilfe von chemischen Reaktionen

[576] *macros* (griech.) = groß; *phagein* (griech.) = essen

(z. B. zeitlich und räumlich beschränkte Produktion reaktiver Sauerstoffspezies, ROS) unschädlich zu machen.

29.2.1 Opsonierung, Phagocytose und chemische Abwehr

Prinzipiell hat jede eukaryotische Zelle die Fähigkeit, extrazelluläre Partikel durch Endocytose aufzunehmen (▶ Abschn. 1.5.9) und innerhalb von lysosomalen Zellkompartimenten enzymatisch zu verdauen (▶ Abschn. 3.2.5). Tier und Menschen besitzen allerdings spezialisierte Zellen unterschiedlicher Herkunft, deren Fähigkeit dazu in besonderem Maß ausgeprägt ist und sie als ihre Hauptfunktion ausüben, die **Phagocyten**[577] (auch: professionell phagocytierende Zellen). Der Prozess der Phagocytose wurde gegen Ende des 19. Jahrhunderts von Ilja Metschnikow* an Seesternlarven beobachtet und erstmals wissenschaftlich korrekt beschrieben. Er war es auch, der die Bedeutung der Phagocytose für die Immunabwehr erkannte.

Bei den Wirbeltieren sind solche Zellen in Form der **Histiocyten** (ortstreue Gewebsmakrophagen), der **Kupffer-Sternzellen** (Lebermakrophagen), der **Mikrophagen** (neutrophile Granulocyten und eosinophile Granulocyten) und der amöboid beweglichen, sich im Gewebe aus Monocyten differenzierenden **Makrophagen** vorhanden. Sie werden zum **mononucleären phagocytären System** (MPS) zusammengefasst. Diese Zellen erkennen im Körper vorhandene Fremdorganismen oder Fremdzellen (z. B. Bakterien) anhand bestimmter Erkennungsmoleküle auf deren Oberfläche. Im Fall von Krankheitserregern werden diese Erkennungssignaturen als **PAMPs** (*pathogen-associated molecular patterns*) bezeichnet. Diese Moleküle binden und aktivieren Mustererkennungsrezeptoren (**PRRs**, *pattern recognition receptors*) auf der Oberfläche der Phagocyten, wodurch die endocytotische Aktivität dieser Zellen ausgelöst wird. Auf diese Weise werden lebende oder zuvor abgetötete Bakterien, aber auch Trümmer abgestorbener oder transformierter körpereigener Zellen phagocytiert und lysosomal verdaut.

Besonders **neutrophile Granulocyten** und **Makrophagen** besitzen darüber hinaus die Fähigkeit, in den Körper eingedrungene Parasiten, Bakterien oder virusinfizierte sowie transformierte Körperzellen auf chemische Weise zu bekämpfen. Sie steigern nach Erkennung und Internalisierung solcher Agenzien ihren Sauerstoffverbrauch auf das 50- bis 100-Fache (***oxidative burst***) und produzieren innerhalb des Phagosoms **reaktive Sauerstoffspezies** (**ROS**, *reactive oxygen species*) (◻ Abb. 29.2). Die mit der Endosomenmembran assoziierte NADPH-Oxidase (*phagocytic oxidase*, PHOX) überträgt zunächst aus dem reduzierten Nicotinamidadenindinucleotidphosphat (NADPH) ein Elektron auf ein Sauerstoffmolekül (O_2) und generiert auf diese Weise ein Superoxidanion ($O_2^{-\bullet}$). Dieses ist ein sehr reaktives Molekül, das endocytierte Materialien schädigt (**oxidativer Stress**) oder alternativ als Ausgangsprodukt für die Synthese einer Reihe weiterer reaktiver Sauerstoffspezies dient. So kann unter Vermittlung der Superoxid-Dismutase durch eine Disproportionierung das stabilere Wasserstoffperoxid (H_2O_2) entstehen. Dieses ist entweder selbst oder nach seiner Weiterreaktion zu Hypochlorit zellschädigend, kann aber auch sehr leicht durch Zellmembranen in den Extrazellularraum diffundieren. Seine dortige Umwandlung im Zuge einer Fenton*-Reaktion, die von Metallionen katalysiert wird, führt dann zur Entstehung des extrem reaktiven Hydroxylradikals ($OH^\bullet$), das biologische Makromoleküle und Zellen schädigt. Findet diese Reaktion lokal sehr intensiv statt, treten reaktive Sauerstoffmoleküle auch im Extrazellularraum in so hohen Konzentrationen auf,

[577] *phagein* (griech.) = fressen; *kytos* (griech.) = Zelle

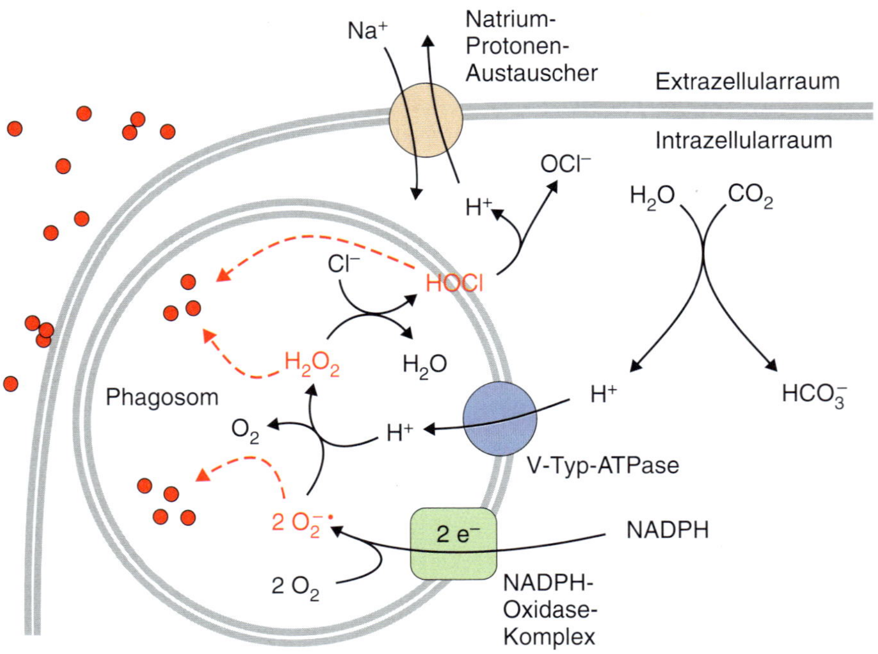

◻ **Abb. 29.2** Abtötung endocytierter Bakterienzellen durch reaktive Sauerstoffspezies, die während eines *oxidative burst* in neutrophilen Granulocyten produziert werden. Die Erkennung und die endocytotische Aufnahme von Fremdzellen (z. B. Bakterien, rot) aus dem Extrazellularraum in das Lumen der Phagosomen kann einen *oxidative burst* auslösen, der verschiedene Arten hochgradig reaktiver Sauerstoffmoleküle hervorbringt, die die Bakterien abtöten (rote gestrichelte Pfeile).

dass in der unmittelbaren Umgebung der ROS-produzierenden Zelle befindliche Parasiten, Bakterien oder veränderte bzw. infizierte körpereigene Zellen inklusive der Granulocyten selbst absterben, was letztlich zur Bildung von **Eiter** führen kann.

Neuere Untersuchungen legen nahe, dass eukaryotische Zellen in ihrer unmittelbaren Umgebung auch **nitrosativen Stress** erzeugen können, um Mikroorganismen zu bekämpfen. Stickstoffmonoxid ($NO^{•}$) ist ein Radikal mit kurzer Halbwertszeit, das als Antwort auf bestimmte Stimuli in den Zellen durch die katalytische Wirkung der induzierbaren NO-Synthase (iNOS) aus Arginin entsteht. Das Stickstoffmonoxid diffundiert ungehindert durch biologische Membranen und kann im Extrazellularraum mit Lipiden, Proteinen und Nucleotiden von Mikroorganismen reagieren und diese schädigen.

In tierischen Immunzellen, in denen eine NADPH-Oxidase aktiv ist und ($O_2^{-•}$) produziert werden, führt die gleichzeitige Herstellung von Stickstoffmonoxid zur Reaktion beider Stoffe zum hochreaktiven Peroxinitrit:

$$NO^{•} + O_2^{-•} \rightarrow ONOO^{-}$$

Peroxinitrit reagiert mit dem ständig in Zellen entstehenden Kohlendioxid zum Nitrosoperoxicarbonation, das in zwei hochreaktive Radikale zerfällt, die für die DNA-Schäden verantwortlich gemacht werden, welche unter Peroxinitriteinwirkung in pro- und eukaryotischen Zellen beobachtet werden:

$$ONOO^{-} + CO_2 \rightarrow ONOOCOO^{-} \rightarrow NO_2^{•} + CO_3^{-•}.$$

Auch aus den Körperflüssigkeiten der Invertebraten sind verschiedene Typen von **amöboid beweglichen Zellen** mit phagocytierender Aktivität bekannt. So flottieren im Blut der Regenwürmer Zellen (**Hämocyten**), die Bakterien oder andere Fremdkörper erkennen und endocytieren. In der Coelomflüssigkeit dieser Tiere gibt es funktionell gleichwertige Zellen (**Coelomocyten**). Bei den wirbellosen Tieren sind solche Zellen häufig auch an komplexeren Abwehrmechanismen beteiligt. So werden parasitische Larven, Würmer, die Eier parasitischer Insekten sowie Pilzsporen und -hyphen oft durch **Einkapselung** unschädlich gemacht. An den dazu nötigen chemischen Reaktionen (z. B. der Phenol-Oxidase-Reaktion, ▶ Abschn. 29.2.2) sind die amöboiden Zellen insofern beteiligt, als dass sie die notwendigen Enzymsysteme vorhalten.

Generell kann die Phagocytose durch eine **Opsonierung**[578] (auch Opsonisierung) eingeleitet oder zumindest deutlich verstärkt werden. Unter Opsonierung versteht man die Anlagerung körpereigener, im Blut oder der Hämolymphe der Tiere bereits vorhandener Moleküle (**Opsonine**) an die Zelloberfläche von eukaryotischen Parasiten oder Bakterien, wodurch die Bereitschaft von phagocytierenden Zellen, diese Agenzien aufzunehmen, deutlich gesteigert wird. Bei den Wirbeltieren sind die wesentlichen Opsonine die Moleküle des Komplementsystems (▶ Abschn. 29.2.3) und bestimmte Antikörper (▶ Abschn. 29.6). Bei den Wirbellosen könnten **Lektine**[579] eine besondere Rolle spielen. Einige dieser Proteine besitzen die Fähigkeit, Zellen miteinander zu vernetzen (Agglutinine), indem sie die extrazellulären Zuckermultimere glykosylierter Transmembranproteine mit hoher Affinität binden.

Zusätzlich zur phagocytotischen Aufnahme von extrazellulären Partikeln können Zellen in hochgradig selektiver Weise auch im Extrazellularmedium suspendierte (**Phagocytose**) oder gelöste (**Pinocytose**[580]) Moleküle und Molekülkomplexe aufnehmen und abbauen. Dieser Vorgang ist besonders wichtig bei den **dendritischen Zellen** des Immunsystems der Wirbeltiere, die auf diese Weise Viren oder bakterielle Toxine aufnehmen und nach der proteolytischen Prozessierung Teile davon wieder an der Zelloberfläche präsentieren (**antigenpräsentierende Zellen**), um den Immunzellen des adaptiven Immunsystems (▶ Abschn. 29.3) Informationen über die molekularen Details eines Infektionserregers zu übermitteln.

29.2.2 Enzymatisch vermittelte Abwehr

Gerinnung von Körperflüssigkeiten, Wundverschluss

Wird bei einem Wirbeltier ein Blutgefäß verletzt, werden zum Schutz vor größerem Blutverlust lokal die Blutplättchen (Thrombocyten) aktiviert und aggregieren an der Verletzungsstelle. Außerdem wird die enzymatische Gerinnungskaskade des Blutes aktiviert. Die folgende Koagulation des Blutes dient dem dauerhaften Wundverschluss. Bei Tieren mit einem offenen Kreislaufsystem kann man entsprechend eine Koagulation der Hämolymphe bei Verletzungen der Körperoberfläche beobachten. Das **Hämostasesystem**[581] der Säugetiere ist aufgrund der vielfältigen Anforderungen offenbar das komplexeste im Vergleich mit dem der anderen Wirbeltiertaxa. Da es auch das am besten untersuchte System ist, soll es hier kurz vorgestellt werden.

Thrombocyten[582] sind sehr kleine Blutzellen mit einem Durchmesser von etwa 2 µm, die durch den Zerfall von Megakaryocyten im Knochenmark entstehen und vermutlich erst im Blutstrom ausreifen. Da sie keine Zellkerne besitzen, ist die Neusynthese von Proteinen ausgeschlossen, was die Lebensdauer dieser Blutzellen auf maximal zwölf Tage begrenzt. Im Cytosol der Thrombocyten befinden sich in großer Dichte Granula, die Nucleotide (besonders ADP), Serotonin und antimikrobielle Peptide (Thrombocidine) speichern. In anderen Vesikeln werden vornehmlich Proteine wie Fibrinogen, Wachstumsfaktoren sowie diverse Gerinnungsfaktoren bereitgehalten. Im Ruhezustand zirkulieren die Thrombocyten mit den anderen Blutzellen und den Plasmaproteinen im Blutstrom, ohne dass es Interaktionen gibt. Erfolgt jedoch eine Verletzung der Gefäßwand, so treten Plasmaproteine in die Umgebung des Gefäßes aus und kommen dort mit den Kollagenmolekülen der extrazellulären Matrix in Kontakt (◘ Abb. 29.3). Eines die-

578 *opson* (griech.) = Leckerbissen
579 *legere* (lat.) = lesen, auswählen
580 *pinein* (griech.) = trinken; *kytos* (griech.) = Zelle
581 *haima* (griech.) = Blut; *stasis* (griech.) = Stillstand
582 *thrombos* (griech.) = Klumpen, *kytos* (griech.) = Höhlung, Gefäß, Hülle

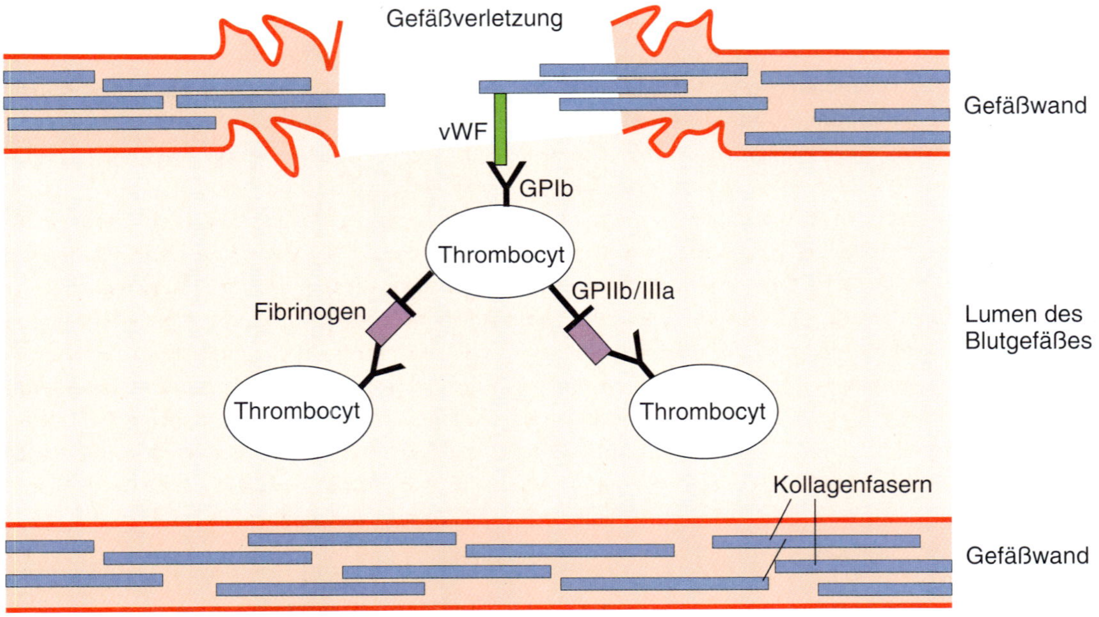

Abb. 29.3 Thrombocytenreaktion nach Gefäßverletzung als Mechanismus der primären Hämostase. Das Glykoprotein Ib (GPIb, Mensch: CD42) auf der Thrombocytenmembran dient als Bindungsstelle für den kollagengebundenen von-Willebrand-Faktor. Über diese Bindung werden initial Thrombocyten an die innere Oberfläche eines verletzten Gefäßes gebunden. Die Rekrutierung weiterer Thrombocyten erfolgt durch in der Plasmamembran der bereits fixierten Thrombocyten exponiertes Glykoprotein GPIIb/IIIa. Dabei wird im Wesentlichen Fibrinogen als Kopplungsmolekül verwendet. Der sich auf diese Weise vergrößernde Thrombocytenpfropf verstopft das Gefäßleck (primäre Blutstillung, primäre Hämostase). vWF = von-Willebrand-Faktor. (Nach Hildebrandt J-P, Lemke S (2011) Small bite, large impact-saliva and salivary molecules in the medicinal leech, *Hirudo medicinalis*. Naturwissenschaften 98, 995–1008, Abb. 6, S. 1002, verändert.)

ser Plasmaproteine, der **von-Willebrand*-Faktor** (vWF), bindet an die Kollagenfasern, wodurch sich seine Konformation so verändert, dass eine andere Proteindomäne nun mit einem Oberflächenrezeptor eines Thrombocyten (Glykoprotein Ib) interagieren kann. Dies führt zur Anheftung dieses Thrombocyten an die Verletzungsstelle und zu seiner Aktivierung. Die Thrombocytenaktivierung besteht aus gleichzeitig ablaufenden Prozessen. Einerseits werden innerhalb von Sekunden die Inhaltsstoffe der Granula in den Extrazellularraum ausgeschüttet und können dort ihre biologische Aktivität entfalten. Andererseits werden an der Oberfläche des aktivierten Thrombocyten weitere Rezeptoren (Glykoprotein IIb/IIIa, auch Integrin αIIbβ3 genannt) durch eine Konformationsänderung für Fibrinogen und nicht bereits an Kollagen gebundene vWF-Moleküle zugänglich. Das freigesetzte ADP aktiviert purinerge Rezeptoren der Plasmamembran von weiteren im Blutstrom ankommenden Thrombocyten, deren Oberflächenrezeptoren für den vWF dadurch sensitiviert werden. So fangen bereits an der Verletzungsstelle festsitzende Thrombocyten weitere ein und aktivieren diese. Die Verankerung der aktivierten Thrombocyten an der Verletzungsstelle wird auch dadurch intensiviert, dass sie ihre Zellform ändern, viele **Pseudopodien** ausbilden und sich dadurch auch untereinander vernetzen (**Thrombocytenaggregation**). Dieses Thrombocytenaggregat bildet eine erste Barriere gegen den weiteren Austritt von Blut in die Umgebung des verletzten Gefäßes (**primäre Hämostase**).

Saure Mucopolysaccharide, die als Bestandteile der extrazellulären Matrix an verletzten Gefäßstellen exponiert werden, aktivieren eine mit der Plasmamembran der Thrombocyten assoziierte Serinprotease, die auch als **Gerinnungsfaktor XII** bezeichnet wird. Die Aktivierung von Faktor XII ist einerseits der initiale Stimulus für die Aktivierung des **Kininsystems** (▶ Abschn. 22.1), könnte aber auch ein Startpunkt des **intrinsischen Aktivierungswegs** der **Blutgerinnungskaskade** (Abb. 29.4) sein. Die enzymatisch aktive Form von Faktor XII, Faktor XIIa, bindet den im Plasma zirkulierenden Faktor XI und spaltet diesen proteolytisch in die aktive Form Faktor XIa. Faktor XI wird allerdings auch von Thrombin, Faktor IX auch von Faktor VIIa aktiviert, sodass für die Aktivierung des intrinsischen Weges mehrere Startpunkte infrage kommen. Die aktive Form von Faktor IX, Faktor IXa, ist wiederum eine Serinprotease und spaltet unter Nutzung von Faktor VIIIa als Cofaktor (Aktivatorkomplex) den im Plasma vorhandenen Faktor X zur aktiven Form, den Faktor Xa.

Auf der Ebene der proteolytischen Aktivierung von Faktor X fusionieren der beschriebene intrinsische Weg der Blutgerinnungskaskade und der parallel dazu angelegte Weg der **extrinsischen Aktivierung**. Dieser beginnt mit der Kontaktaufnahme des im Plasma vorhandenen Faktors VII mit dem an einer Verletzungsstelle der Gefäßwand freiliegenden **Gewebefaktor** (*tissue factor*) auf der Zelloberfläche subendothelialer Zellen, der auch als Faktor III oder Gewebethromboplastin bezeichnet wird. Der Komplex aus Faktor III und aktiviertem Faktor VII, der Faktor VIIa, besitzt ebenfalls proteolytische Aktivität gegenüber Faktor X.

Faktor Xa spaltet proteolytisch das Prothrombin (Faktor II) in die aktive Protease Thrombin (Faktor IIa), womit die

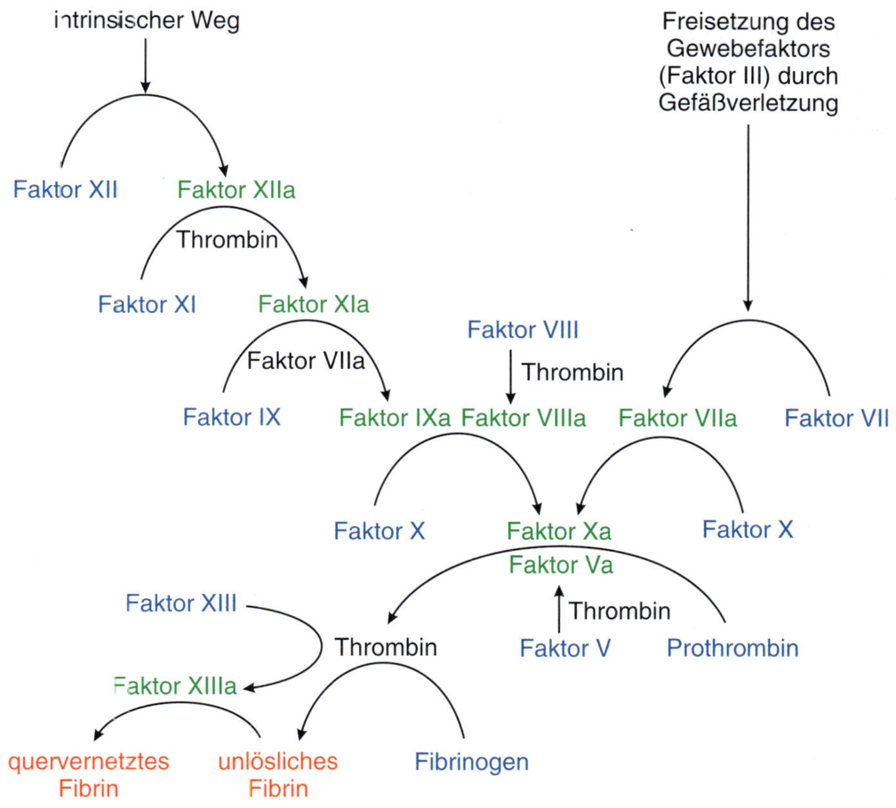

Abb. 29.4 Proteasekaskaden der Blutgerinnung zum dauerhaften Verschluss einer Gefäßverletzung (sekundäre Hämostase). Die Bezeichnungen der inaktiven Vorstufen der Proteasen bzw. die Substrate der jeweiligen Reaktionsschritte sind in blauer Schrift, die Bezeichnungen der aktiven Enzyme (Erweiterung: a) in grüner Schrift eingezeichnet. Weitere Erläuterungen im Text.

Aktivierungsphase der Blutgerinnungskaskade abgeschlossen ist. Thrombin bindet und spaltet sein im Blutplasma vorhandenes Substrat, das **Fibrinogen** (Faktor I), zu **Fibrin** (Faktor Ia). Gleichzeitig wird der Faktor XIII proteolytisch durch Thrombin aktiviert, der in seiner aktiven Form (Faktor XIIIa) die monomeren Fibrinmoleküle quervernetzt und so weitestgehend unlöslich macht. Das Fibringerüst mit eingelagerten Blutzellen (Fibrinthrombus) verschließt die Wunde dauerhaft (**sekundäre Hämostase**). Die aus den aktivierten Thrombocyten freigesetzten Wachstumsfaktoren – unter anderem PDGF (*platelet-derived growth factor*) – leiten anschließend den Heilungsprozess der Gefäßwand ein.

Die proteolytische Aktivität der Faktoren VIIa, IXa und Xa sowie des Thrombins sind calciumabhängig. **Ca^{2+}-Ionen** reichern sich an den Thrombocytenaggregaten in hoher Konzentration an, weil aktivierte Thrombocyten bestimmte Plasmamembranlipide, die mit sauren Kopfgruppen ausgestatteten Phosphatidylserinmoleküle, durch einen Flip-Flop-Mechanismus aus dem inneren Blatt der Plasmamembran in das äußere umklappen und so eine negative Oberflächenladung der Zellen erzeugen, an denen sich Ca^{2+}-Ionen anlagern. Dies trägt auch dazu bei, dass die Blutgerinnungskaskade an Verletzungsstellen von Gefäßen besonders intensiv aktiviert wird. Umgekehrt kann man aus diesem Grund die Gerinnung von aus dem Gefäßsystem entnommenen Blutproben durch Zugabe von Ca^{2+}-Chelatoren (z. B. EGTA) effektiv unterdrücken. Die Synthese der Ca^{2+}-abhängigen Blutgerinnungsfaktoren in der Leber ist Vitamin-K-abhängig, daher kann ein Vitamin-K-Mangel zu Gerinnungsstörungen führen.

Menschen, denen aufgrund von Gendefekten einer der Faktoren VIII oder IX fehlt, leiden an **Hämophilie**, der Bluterkrankheit, weil die Aktivierungskaskade der Blutgerinnung bei Gefäßverletzungen nicht vollständig ablaufen kann. Die unbehandelten Patienten leben ständig in der Gefahr, an spontan auftretenden Mikroverletzungen im Körperinneren innerlich zu verbluten.

Da die Blutgerinnung auf keinen Fall über die Verletzungsstelle hinaus oder gar ohne Vorhandensein einer Verletzung ablaufen darf, um die Entstehung von Thrombosen zu verhindern, wird die Aktivierungskaskade der Blutgerinnung durch **Protein C** (Inhibition der Aktivierung der Faktoren V und VIII), **Protein S** (Cofaktor für Protein C) sowie **Antithrombin** (Inhibition der Aktivitäten von Faktor Xa und Thrombin) geregelt. Zusätzlich gibt es das **fibrinolytische System**, das nach der Aktivierung von **Plasmin**, einer Serinprotease, die im Blutplasma aus der Vorstufe **Plasminogen** gebildet wird, bereits bestehende Fibrinnetzwerke proteolytisch auflösen kann.

Eine lokale Entzündungsreaktion, die zum Beispiel durch die Ausschüttung von proinflammatorischen Cytokinen (IL-6, IL-8, TNF-α) aufgrund der Anwesenheit von Infektionserregern stattfindet, kann zur vermehrten Bildung von Faktor III auch auf unverletzten Endothelzellen der Gefäßwand führen. Die daraufhin örtlich stattfindende Blutgerinnung fängt gegebenenfalls Bakterien in den sich ausbildenden Fibrinnetzwerken ein und hindert diese so an der systemischen Ausbreitung im Organismus, die eine **Sepsis** erzeugen könnte. Manche

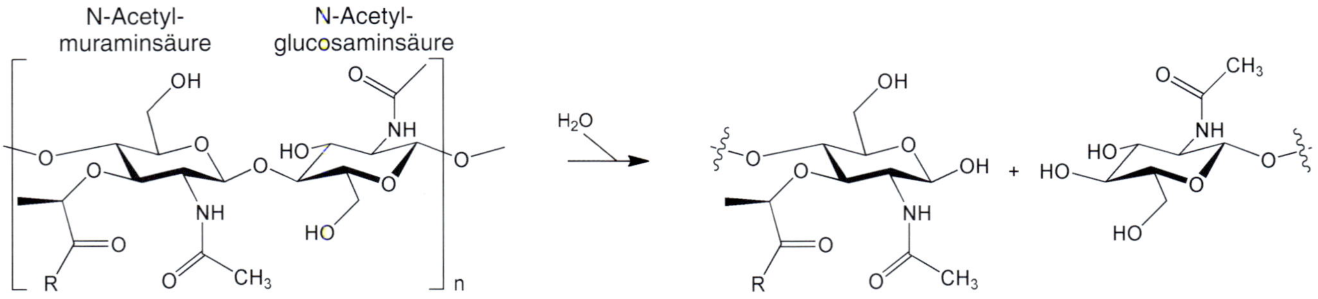

Abb. 29.5 Spaltspezifität von Lysozym. N-Acetylmuraminsäure und N-Acetylglucosamin sind in den Zellwänden von Bakterien über alternierende β-1,4-glykosidische Bindungen miteinander verknüpft. Außerdem gibt es noch eine Quervernetzung durch Peptide, die an N-Acetylmuraminsäurereste gekoppelt sind (Peptidoglykan). Lysozym ist in der Lage, die β-glykosidische Bindung zwischen dem C-1-Atom der N-Acetylmuraminsäure und dem C-4-Atom des N-Acetylglucosamins zu hydrolysieren. R = ein kurzes Peptid mit einer Länge von drei bis fünf Aminosäuren.

Bakterien haben in ihrer coevolutiven Anpassung an diese Abwehrstrategie ihrer Wirtsorganismen Maßnahmen gegen eine solche »Gefangennahme« entwickelt. Die **Streptokinase** ist ein sekretorisches Protein von Streptokokken und kann rote Blutzellen zerstören (Hämolyse). Allerdings kann die Streptokinase auch die Umwandlung von Plasminogen zu Plasmin vermitteln (nichtenzymatischer Mechanismus), was zur Wiederauflösung der Blutgerinnsel und zur Freisetzung der zuvor darin gefangenen Bakterien führen kann.

Phenol-Oxidase

Das **Phenol-Oxidase**-System ist ein Enzymsystem bei Invertebraten (Oligochaeten, Gastropoden, Brachiopoden, Arthropoden, Echinodermen, Ascidien), das nach Erkennung von eingedrungenen Parasiten oder Bakterien durch patrouillierende **Amöbocyten** lokal im Organismus aktiviert wird. Die Amöbocyten setzen unter diesen Bedingungen exocytotisch das Zymogen Prophenol-Oxidase frei, das durch Serinproteasen der Körperflüssigkeit gespalten wird. Die nun aktive Phenol-Oxidase oxidiert in den Körperflüssigkeiten anwesende Phenole zu Chinonen, aus denen anschließend auf nichtenzymatischem Weg **Melanin** gebildet wird. Die Einkapselung unerwünschter Eindringlinge in solche undurchdringlichen Melaninhüllen (**Melanisierung**) bringt diese zum Absterben.

Die Bedeutung des Phenol-Oxidase-Abwehrsystems für Tiere kann man daran erkennen, dass manche Parasiten die Fähigkeit erworben haben, das System in ihren Wirten abzuschalten oder zu umgehen. So bilden einige insektenpathogene Pilze keine Zellwände aus. Daher fehlen ihnen die β-1,3-Glucane, die die Abwehrzellen in der Hämolymphe der Wirtstiere üblicherweise als Erkennungsmerkmale für Hyphen pathogener Pilze nutzen. Die Aktivierung der Abwehrzellen und die Melanineinkapselung dieser Hyphen unterbleiben daher. Manche parasitoide Wespen geben mit den Eiern bestimmte Viren in die befallenen Insektenlarven ab, die das Phenol-Oxidase-System der Wirtstiere ausschalten. Manche Gregarinen und endopathogene Nematoden haben die Fähigkeit entwickelt, die proteolytische Aktivierung der Prophenol-Oxidase in ihren Wirten zu unterdrücken.

Lysozym

Das **Lysozym** (auch Muramidase) ist ein Enzym, das β-1,4-glykosidische Bindungen zwischen N-Acetylmuraminsäure-(NAM) und N-Acetylglucosamin-(NAG-)resten der Zellwände von Bakterien hydrolysiert (Abb. 29.5), wodurch die unter hohem Turgor stehenden Bakterienzellen platzen können. Lysozyme wirken auf enzymatischem Weg antimikrobiell und sind daher wichtige Bestandteile des angeborenen Immunsystems bei Tier und Mensch. Drei Subtypen von Lysozymen können nach ihren Strukturen und ihrer Verbreitung unterschieden werden: das c-Typ-Lysozym (c für *chicken-* oder *conventional type*) in Chordaten und manchen Arthropoden, das g-Typ-Lysozym (g für *goose-type*) in manchen Chordaten und manchen Bivalviern und das i-Typ-Lysozym (i für *invertebrate type*), das in fast allen bisher untersuchten Wirbellosen angetroffen wurde.

29.2.3 Antimikrobielle Peptide und Proteine

Defensine und antibakterielle Faktoren

Die bekanntesten Vertreter der antimikrobiell wirkenden Peptide sind die **Defensine**. Es handelt sich dabei um Peptide mit 29–47 Aminosäureresten, die jeweils drei intramolekulare Disulfidbrücken aufweisen (Tab. 29.1). In den meisten Fällen weisen Defensine in einer Domäne des Moleküls einen hohen Anteil an kationischen, in einer anderen Domäne des Moleküls einen hohen Anteil an hydrophoben Aminosäureresten auf. Die exakten Wirkmechanismen der Defensine auf Bakterien sind noch nicht verstanden. Wahrscheinlich ist, dass die kationischen Domänen die selektive Interaktion der Defensine mit der Zelloberfläche von Bakterien ermöglichen, da sie Moleküle mit anionischen Funktionen enthalten. So enthalten die äußeren Zellwände bei grampositiven* Bakterien Lipoteichonsäuren, die der gramnegativen Bakterien Phosphatgruppen von Lipid A. Die bakteriellen Zellmembranen sind ebenfalls reich an oberflächlich anionischen Molekülen wie Phosphatidylglycerin und Diphosphatidylglycerin. Die ungeladenen (lipophilen Anteile) der Defensine könnten die Lipidstruktur der bakteriellen Zellwand stören oder gar Poren in der Zellwand bilden, sodass die Bakterien aufgrund ihres hohen osmotischen Innendrucks

Tab. 29.1 Übersicht über die Familien antimikrobieller Peptide bei Tieren.

Typ	Strukturbesonderheiten	Beispiele aus bestimmten Tiergruppen
anionische Peptide	reich an Glutaminsäure- und Asparaginsäureresten	Maximin H5 (*Bombina*) Dermcidin (Mensch, Schweißdrüsen)
linear gebaute, α-helikale, kationische Peptide	keine Cysteinreste	Cecropine, Andropin, Moricin, Ceratotoxin und Melittin (Insekten) Magainin, Dermaseptin, Bombinin, Brevinin, Buforin (Amphibien) LL37 (Mensch)
kationische Peptide mit besonderer Aminosäurezusammensetzung	reich an Prolin-, Arginin-, Phenylalanin-, Glycin- oder Tryptophanresten	Hydraarminin (*Hydra*) Abaecin, Apidaecine (Honigbiene) Prophenin (Schwein) Indolicin (Rind)
anionische oder kationische Peptide mit internen Disulfidbrücken	enthalten ein bis drei intramolekulare Disulfidbrücken	eine Disulfidbrücke: Brevinine (Frosch) zwei Disulfidbrücken: Protegrin (Schwein), Tachyplesine (Xiphosuren) drei Disulfidbrücken: Defensine (Maus, Mensch), Drosomycin (*Drosophila*)

lysieren. Eine alternative Vorstellung ist, dass die Defensine mithilfe der lipophilen Domäne die Lipidschichten der bakteriellen Zellwand und der Zellmembran passieren, mittels der kationischen Domäne an intrazelluläre Zielmoleküle (möglicherweise auch an DNA oder RNA) binden und diese in ihren Funktionen beeinträchtigen.

Bei den Wirbeltieren werden zwei Familien der Defensine unterschieden: die α- und die β-Defensine. Die α-Defensine weisen strukturell einen höheren Anteil an α-Helices auf und werden hauptsächlich in neutrophilen Granulocyten, natürlichen Killerzellen, manchen Subtypen von T-Zellen und den **Paneth*-Zellen** der Darmwand hergestellt und aus diesen freigesetzt, wenn diese Zellen mit bestimmten Abbauprodukten mikrobieller Moleküle (u. a. Muramyldipeptid, bakterielle Lipopolysaccharide, Flagellin, Lipid A) in Kontakt kommen. Die mikrobiellen Moleküle werden von diesen Zellen durch ihre TLRs (Toll-like receptors, Toll-ähnliche Rezeptoren[583]), NLRs (*cytoplasmic nucleotide oligomerization domain-like receptors*) wie NOD1 und NOD2 oder durch RLRs (*retinoic acid-inducible gene 1-like receptors*) erkannt. Die Aktivierung von MAP-Kinase-Signalwegen durch diese Rezeptoren in den Zellen führt zur Aktivierung der Genexpression, unter anderem zur Produktion und zur Freisetzung von Defensinen.

Bei Wirbeltieren sind diese Signalsysteme in den Zellen der Darmwand durch die ständige Anwesenheit bakterieller Produkte dauernd aktiv und bewirken die Freisetzung von Defensinen. Es wird postuliert, dass die Defensine im Darmlumen einerseits eine wichtige Rolle bei der Kontrolle der Zusammensetzung des Mikrobioms des Darms (Darmflora) spielen, andererseits aber auch auf die Zellen der Darmwand zurückwirken und dort für die Balance zwischen pro- und antiinflammatorischen Antworten der Zellen auf die Stimulation mit bakteriellen Produkten verantwortlich sind. Einige Defensine der Maus sind in der Lage, in noch undifferenzierten Epithelzellen der Dünndarmkrypten die Expression apikaler Chloridkanäle zu induzieren. Dies könnte dem Zweck dienen, die Flüssigkeitssekretion in das Darmlumen zu stimulieren, um unliebsame Bakterien schneller auszuspülen.

Die **β-Defensine** weisen einen höheren Anteil von β-Faltblättern in ihren Molekülstrukturen auf. Sie werden hauptsächlich von Leukocyten und Epithelzellen (Zunge, Speicheldrüsen, Paneth-Zellen des Dünndarms, Atemwege, Hornhaut des Auges, Haut usw.) gebildet und freigesetzt. Während die Produktion von β-Defensinen in Leukocyten durch Kontakt mit Bakterienprodukten induziert wird, scheinen viele Epithelzellen β-Defensine in konstitutiver Weise zu produzieren und auszuschütten.

Cathelicidine sind bei Säugetieren weit verbreitete antimikrobielle Peptide. Ihre Struktur ist uneinheitlich. In vielen Fällen handelt es sich um linear gebaute kationische Peptide mit einer langgestreckten α-Helix. Einheitlich ist die in den verschiedenen Proproteinen auftretende Cathelindomäne, die aber nicht Bestandteil der antimikrobiellen Peptide ist. Cathelizidine werden in neutrophilen Granulocyten synthetisiert. Bei Paarhufern kommen mehrere Varianten vor, beim Menschen gibt es nur ein Cathelicidingen, das das antimikrobielle Peptid LL37 codiert (Tab. 29.1). Cathelicidinähnliche Peptide kommen auch bei Schleimaalen (Myxinoida), der Regenbogenforelle (*Oncorhynchus mykiss*) und beim Haushuhn (*Gallus domesticus*) vor.

Auch bei den wirbellosen Tieren sind antimikrobielle Peptide mit einer Länge von bis zu 60 Aminosäureresten weit verbreitet (Tab. 29.1). Einige wirken sogar sowohl gegen grampositive als auch gegen gramnegative Bakterien, so das Hydramacin-1 des Süßwasserpolypen *Hydra*. Aus der Hämolymphe der Raupe des nordamerikanischen Pfauenspinners *Hyalophora cecropia* wurde erstmals das **Cecropin** isoliert. Cecropine sind kationische amphipathische Peptide. Cecropinhomologe mit 31–37 Aminosäureresten Länge sind inzwischen von vielen

583 Die Bezeichnung erfolgte nach einem Protein von *Drosophila melanogaster*, über dessen Entdeckung die Arbeitsgruppe um die Nobelpreisträgerin Christiane Nüsslein-Volhard* so erfreut war, dass es »Toll« genannt wurde. TLRs sind aus Proteinen aufgebaut, die Toll ähneln.

Schmetterlingen bekannt. Sie können bakterielle Zellmembranen durch Porenbildung permeabilisieren, wodurch die Bakterien abgetötet werden. In anderen Insekten und Wirbeltieren findet man ähnliche antimikrobielle Peptide, bei denen es sich aber vermutlich um Produkte konvergenter Evolutionsprozesse handelt.

Die lokale Wirkung antibakterieller Peptide wird in bakterieninfizierten Wirbeltieren ergänzt durch die systemische Wirkung von sich im Blut anreichernden **Akutphaseproteinen** (APPs). Diese Proteine (beim Menschen sind derzeit etwa 40 bekannt) werden vorwiegend in der Leber gebildet und können bei Entzündungen im Körper auf das 1000-Fache ihrer Ruhekonzentration ansteigen. Das bekannteste APP bei Wirbeltieren ist das C-reaktive Peptid (CRP) (Molekülmasse etwa 23 kDa), das in Anwesenheit von Ca^{2+}-Ionen das C-Polysaccharid der Zellwand des lungenpathogenen Bakteriums *Streptococcus pneumoniae* binden und die Bakterien präzipitieren kann. Auf diese Weise können diese leichter von Makrophagen phagocytiert werden.

Ein makromolekulares Schutzprotein, das in Blut, Hämolymphe und Interstitialflüssigkeit von wirbellosen Tieren und Vertebraten in höheren Konzentrationen (2,6 g l^{-1} im Blutplasma von Säugetieren) vorgehalten wird, ist das **α2-Makroglobulin**. Das menschliche Protein ist ein Tetramer mit einer Molekülmasse von 725 kDa. Es hemmt Proteasen mehrerer Subfamilien (Serin-, Cystein-, Aspartat- und Metalloproteasen) und unterdrückt somit auch die Aktivitäten bakterieller Proteasen unter Infektionsbedingungen. Seine Konzentration im Blutplasma wird in infizierten Säugetieren bis zum Zehnfachen der Ruhekonzentration gesteigert, was den Organismus vor dem pathogeninduzierten Abbau seiner Plasmaproteine schützen kann.

In der Hämolymphe der Puppen von Schmetterlingen (*Hyalophora cecropia, Manduca sexta, Lymantria dispar*) wurde ein durch bakterielle Infektionen induzierbares Protein entdeckt, dass strukturell erstaunliche Ähnlichkeit mit den Immunglobulinen der Wirbeltiere aufweist. Dieses 47-kDa-Protein, **Hämolin**, wird im Fettkörper und in Hämocyten gebildet und bindet an Oberflächenmoleküle von grampositiven (an Lipoteichonsäuren) und gramnegativen Bakterien (an eine Komponente im O-Antigen und an Phosphatgruppen von Lipid A der Lipopolysaccharide). Es könnte daher der Aggregation von pathogenen Bakterien in der Hämolymphe dienen und deren Einkapselung durch Melanisierung (▶ Abschn. 29.2.2) fördern.

Komplementsystem

Die evolutiven Ursprünge des **Komplementsystems** fallen mit der Entstehung der Deuterostomen zusammen, was aus dem Umstand geschlossen werden kann, dass einzelne Komponenten des Systems bei heute lebenden Seeigeln (*Strongylocentrotus purpureus*) und Seegurken (*Halocynthia roretzi*) vorhanden sind. Bei den Chordaten ist das System bereits voll ausgebildet, obwohl diese noch keine erworbene Immunität zeigen. Das Komplementsystem ist ein bei den Wirbeltieren ubiquitär vorkommendes System von Plasmaproteinen, von denen einige mit Oberflächenmolekülen von Mikroorganismen interagieren, die in den Organismus eingedrungen sind (Bakterien, Pilze, Parasiten), und dadurch sowohl andere Proteine des Komplementsystems in die Abwehr einbeziehen als auch Maßnahmen des angeborenen und des adaptiven Immunsystems induzieren. Beim Menschen gibt es mehr als 30 Proteine, die als Bestandteile des Komplementsystems angesehen werden.

Die Bezeichnung des Systems geht auf Paul Ehrlich* zurück, der dieses Molekülsystem zunächst als Ergänzung der damals schon bekannten zellulären Immunantwort betrachtete. Erst Jules Bordet* erkannte, dass das Komplementsystem als solches ein wichtiges Abwehrsystem darstellt und auch im Zusammenhang mit dem innaten sowie dem adaptiven Immunsystem steht.

Die wesentliche Aufgabe des Komplementsystems liegt darin, die äußere Oberfläche von Mikroorganismen zu beschichten und so den körpereigenen phagocytierenden Zellen die Erkennung der Fremdkörper zu ermöglichen (**Opsonierung**, ▶ Abschn. 29.2.1) – die Voraussetzung für deren endocytotische Aufnahme und intrazelluläre Verdauung. Außerdem werden durch Komponenten des Systems Entzündungsreaktionen gefördert (proinflammatorische Wirkung), indem Immunzellen an den Ort der Infektion gelockt werden (Chemokinwirkung). Andere Komponenten des Systems können sich in die Oberfläche von Bakterien einlagern und durch Porenbildung eine Lyse der Bakterien bewirken.

Die Proteine des Komplementsystems sind permanent in inaktiver Form im Blutplasma vorhanden. Durch partielle Proteolyse werden die Komplementfaktoren aktiviert, deren aktive Formen wiederum proteolytische oder andere Aktivitäten besitzen können. Die Aktivierung kann auf drei Wegen erfolgen:

- den antikörpervermittelten Weg (**klassischer Weg**),
- den Weg über die Bindung von Lektinen an bakterielle Oberflächenmoleküle (**Lektinweg**) und
- den antikörperunabhängigen **alternativen Weg**.

Die ersten Schritte dieser drei Wege der Komplementaktivierung unterscheiden sich, jedoch konvergieren alle drei auf der Ebene der Aktivierung der C3-Konvertasen (◘ Abb. 29.6).

Erste Schritte des klassischen Wegs

Die Bindung eines Antikörpermoleküls der Klasse IgM oder mehrerer Antikörpermoleküle der Klasse IgG an ein (bakterielles) Antigen führt zur Bindung von sechs Molekülen des im Blutplasma vorhandenen Komplementfaktors C1q an den Fc-Teil der Antikörper. Die Fc-Abschnitte müssen dafür einen Abstand von etwa 40 nm voneinander haben, was in den pentameren IgM-Molekülen in fast perfekter Weise realisiert ist, sodass IgM-Antikörper von allen Antikörperklassen die besten Komplementaktivatoren sind. Zusätzlich werden in diesem Komplex je zwei Moleküle der Komplementfaktoren C1r und C1s gebunden, die durch gebundenes C1q proteolytisch aktiviert werden. Aktiviertes C1s ist eine Serinprotease, die zwei weitere inaktive Komplementfaktoren, C4 und C2, durch Proteolyse aktiviert. Die Proteolyse von C4 erzeugt ein kleineres Molekülfragment,

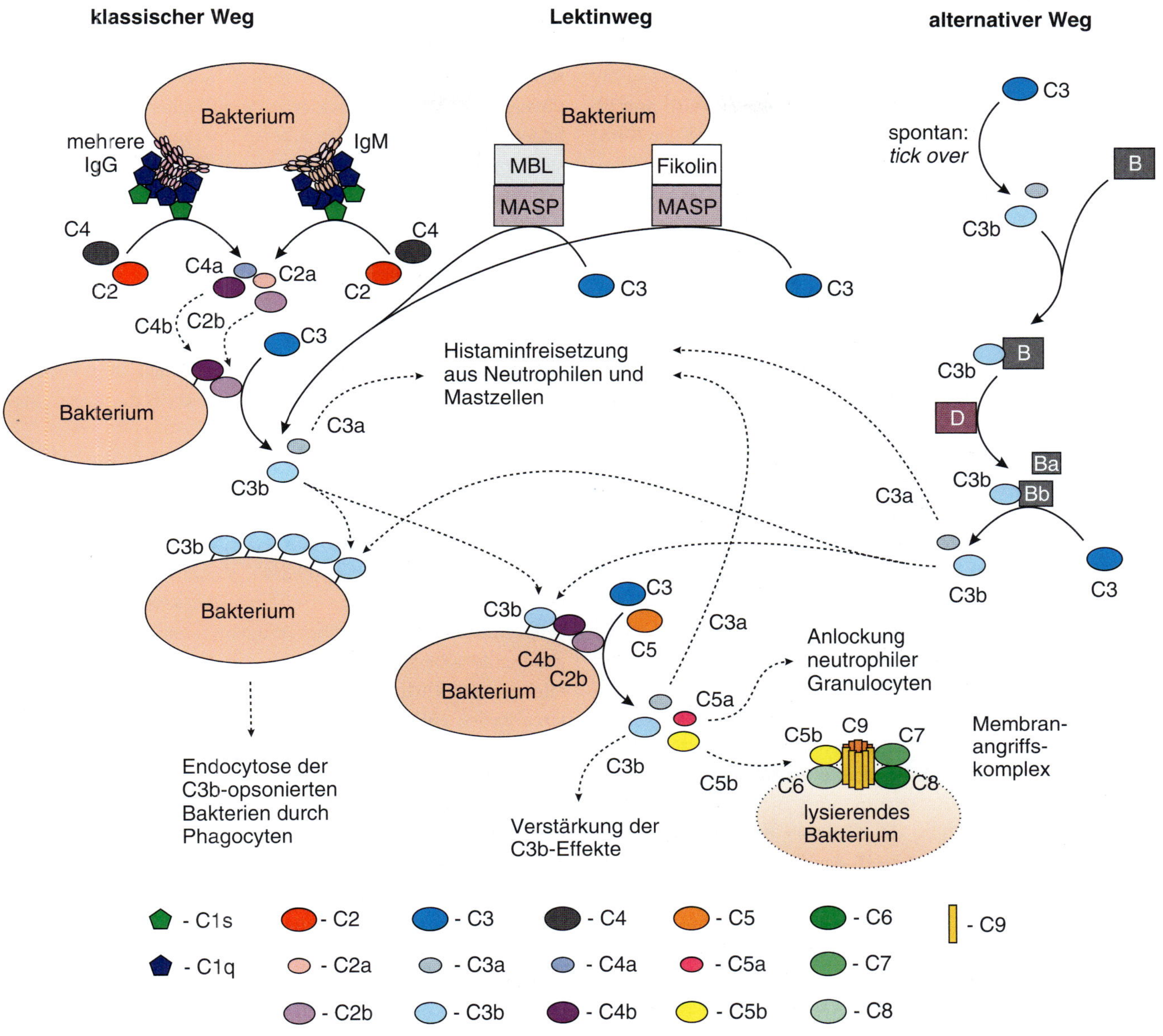

Abb. 29.6 Das Komplementsystem. Nähere Erläuterungen siehe Text. MASP = MBL-assoziierte Serinprotease; MBL = mannosebindendes Lektin.

das C4a, das biologisch weitgehend inaktiv ist, und ein größeres Spaltprodukt, das C4b, welches kovalent an bestimmte funktionelle Gruppen (-OH, $-NH_2$) von Glykoproteinen auf der Zelloberfläche von Bakterien bindet. Entsprechend wird C2 in das kleinere, biologisch inaktive Spaltprodukt C2a und das größere, biologisch aktive C2b gespalten. C2b assoziiert sich nichtkovalenter mit gebundenem C4b. Der Komplex aus gebundenem C4b und C2b ist eine aktive Serinprotease, die wegen ihrer spezifischen Aktivität gegenüber dem im Plasma vorhandenen Substrat C3 als C3-Konvertase bezeichnet wird.

Erste Schritte des Lektinwegs

Die Bindung des im Blutplasma vorhandenen Komplementfaktors MBL (mannosebindendes Lektin) an Mannosereste in den oberflächlichen Glykosylierungen von bakteriellen Zellwandbestandteilen oder die Bindung des im Blutplasma vorhandenen Komplementfaktors Fikolin an N-Acetylglucosamin auf der Oberfläche von Bakterien (z. B. im bakteriellen Peptidoglykan) führt zur Rekrutierung von MASPs (MBL-assoziierte Serinproteasen), die den Komplementfaktor C4 proteolytisch spalten. MBL oder Fikolin haben im Lektinweg der Komplementaktivierung somit dieselbe Wirkung wie aktiviertes C1s im klassischen Weg.

Erste Schritte im alternativen Weg

Die Aktivierung des Komplementsystems auf dem alternativen Weg erfolgt ohne einen besonderen Auslösemechanismus spontan. Daher wird dieser Prozess auch als *tick over* bezeichnet. Ein kleiner Teil der im Plasma zirkulierenden C3-Moleküle zerfällt spontan in das kleinere Spaltprodukt C3a und das größere Spaltprodukt C3b. C3b interagiert mit dem Komplementfaktor B. Nur in diesem Komplex steht B als Substrat für den Komplementfaktor D zur Verfügung. Die proteolytische Spaltung von C3b-gebundenem B durch D führt zur Abspaltung des kleinen, biologisch inaktiven Ba von dem größeren Bb, das mit C3b assoziiert bleibt. Dieser Komplex aus C3b und Bb ist wiederum eine C3-Konvertase. Dass dieser Weg der Komplementaktivierung nicht permanent in größerem Ausmaß beschritten wird, liegt daran, dass es verschiedene komplementinhibierende Faktoren im Serum gibt, die sich offenbar bevorzugt an die Oberfläche körpereigener Zellen anlagern. So bindet der Faktor I im Verbund mit seinem Cofaktor H an bereits gebundene Komplementfaktoren C3b und C4b und inaktiviert diese durch proteolytische Spaltung. Die Aktivierung des alternativen Wegs könnte daher auf das Fehlen dieser Komplementregulatoren auf der Oberfläche von Fremdmaterialien im Organismus zurückgehen.

Gemeinsame Endstrecke der Komplementaktivierung

Der Komplementfaktor C3 ist derjenige mit der höchsten Konzentration im Blutplasma (Mensch: 1,3 mg l^{-1}). Seine proteolytische Spaltung durch aktive C3-Konvertasen führt zur Bildung des kleineren Spaltprodukts C3a, das an membranständige Rezeptoren von Immunzellen im Plasma (basophile Granulocyten und Mastzellen) bindet. Aus diesen Zellen wird in der Folge der Signalstoff Histamin freigesetzt. Histamin vermittelt die Relaxation glatter Muskelzellen der Blutgefäßwände und steigert so die Durchblutung in dem betroffenen Gewebeareal. Das Molekül trägt wegen seiner Fähigkeit, die Permeabilität des Endothels von Blutgefäßen zu steigern, auch zur Ansammlung von Flüssigkeit im Interstitium des Gewebes bei (Ödembildung). Das größere Spaltprodukt des C3, das C3b, bindet kovalent an Moleküle der Bakterienoberfläche. Die flächige Besetzung der Bakterienoberfläche mit C3b führt dazu, dass phagocytierende Immunzellen auf diese Objekte aufmerksam werden, diese endocytieren und verdauen. In dieser Funktion ist C3b ein Opsonin (▶ Abschn. 29.2.1). Andere C3b-Moleküle assoziieren sich entweder mit C4b/C2b- oder C3b/Bb-Komplexen auf der Oberfläche eingedrungener Bakterien. Diese Komplexe wirken als **C3/C5-Konvertasen**. Einerseits vermitteln sie die proteolytische Spaltung weiterer C3-Moleküle (Verstärkungseffekt der Komplementaktivierung), andererseits spalten sie auch den im Plasma vorhandenen Komplementfaktor C5. Das kleinere Produkt, C5a, wird in die Umgebung entlassen und fungiert dort als Lockstoff für neutrophile Granulocyten (proinflammatorischer Mediator), während sich das größere Produkt, C5b, in die Oberfläche von Bakterien einlagert und dort als Andockstation für weitere Komplementfaktoren aus dem Blutplasma dient. Die Rekrutierung jeweils eines Moleküls C6, C7 und C8 sowie von bis zu 16 Molekülen des Komplementfaktors C9 führt zur Bildung einer Pore in der Membran des Bakteriums (**Membranangriffskomplex**, *membrane attack complex*, MAC) und zur Lyse des Bakteriums.

Um die zerstörende Wirkung der Komplementreaktion auf eingedrungene Fremdorganismen zu beschränken und sich selbst zu schützen, exprimieren alle körpereigenen Zellen eines jeden Tieres plasmamembrangebundene **Komplementinhibitoren** (CD46, CD55, CD59) auf der Oberfläche ihrer Zellen. Diese Rezeptoren sowie die sialinsäurehaltigen Oberflächenmoleküle der körpereigenen Zellen binden aktivierte Komplementfaktoren und blockieren deren weitere Wirkung oder helfen (als Cofaktoren) degradierenden Enzymen bei der Zerstörung der Komplementfaktoren.

29.2.4 Zelluläre Immunabwehr

Amöboid bewegliche Zellen, die bei der Erkennung von Fremdzellen oder -stoffen, die in den tierischen Organismus eingedrungen sind, eine Rolle spielen und Reaktionen wie Phagocytose oder Melanisierung einleiten, sind aus der Körperflüssigkeit fast aller Tiere bekannt.

Bei den Wirbellosen sind die Hämocyten der Schmetterlinge gut untersucht. Im Tabakschwärmer *Manduca sexta* unterscheidet man nach morphologischen Kriterien bis zu fünf Zelltypen (Prohämocyten, Plasmatocyten, granuläre Zellen, Önocytoide und spherule Zellen), wobei die Prohämocyten die Vorläufer der anderen Typen zu sein scheinen. Plasmatocyten sind Zellen, die sich bevorzugt an nicht zum Organismus gehörende Oberflächen festsetzen und dann lange Fortsätze bilden, vermutlich, um diese Objekte einzuhüllen. Die granulären Zellen enthalten viele kleine Vesikel noch unbekannten Inhalts, die spherulen Zellen wenige große, die neben anderen Sekretstoffen im Wesentlichen Glykoproteine und saure Mucopolysaccharide enthalten. Diese Sekrete spielen möglicherweise verschiedene Rollen beim Wundverschluss und beim Aufbau der extrazellulären Matrix. Önocytoide sind große Zellen, die offenbar eine besondere Funktion in der Produktion der Prophenol-Oxidase (Melanisierung, ▶ Abschn. 29.2.2) besitzen. Hämocyten sind auch an der Synthese antimikrobieller Proteine und Peptide beteiligt. Eine molekulare Typisierung nach der Expression bestimmter Oberflächenmarkerproteine, wie sie in Form des CD-Systems (CD für *cluster of differentiation*) für den Menschen und manche Säugetiere vorgenommen wurde, existiert für die Hämocyten der Wirbellosen noch nicht.

Die beweglichen Zellen im Blut und im Interstitium der Wirbeltiere sind strukturell und funktionell besser charakterisiert als die der Wirbellosen. Besonders die Zellen des Menschen sind wegen ihrer medizinischen Bedeutung sehr gut untersucht. Das oben bereits erwähnte CD-System erlaubt die Einteilung der menschlichen Zellen nach der Reaktivität bestimmter Antikörper mit Proteinen auf der Zelloberfläche. Anhand der CD-Systematik werden heute mehrere Hundert Gruppen von Zellen, die verschiedenartige Markerproteine aufweisen, unterschieden. Diese Systematik wird inzwischen auch auf Zellen von Ratte und Maus angewendet.

Die im Folgenden besprochenen Zellen werden zur zellulären Immunabwehr gerechnet. Es sind die Granulocyten, die Mastzellen, das mononucleäre Phagocytensystem und die natürlichen Killerzellen (NK-Zellen). Weitere Zellen, die das adaptive Immunsystem organisieren, werden in ▶ Abschn. 29.3 besprochen.

Granulocyten

Bei Säugetieren werden drei Sorten von **Granulocyten** unterschieden: die neutrophilen, die eosinophilen und die basophilen. Die Granulocyten entstehen wie die Mastzellen und die Zellen des mononucleären Phagocytensystems aus myeloiden Vorläuferzellen des Knochenmarks.

Im Blut des Menschen bilden die **Neutrophilen** mit etwa 95 % die größte Gruppe. Sie reagieren auf bestimmte Signale, die andere Zellen des Organismus in Antwort auf Kontakt mit Bakterien oder deren Sekretions- oder Zerfallsprodukten abgeben. Chemokine wie Interleukin-8 bilden chemotaktische Stimuli für Neutrophile und locken diese Zellen an den Ort einer bakteriellen Infektion. Dort nehmen die Neutrophilen Zelltrümmer, Bakterien oder Pilze durch Endocytose auf und machen sie durch einen chemischen Angriff (▶ Abschn. 29.2.1) oder durch intrazelluläre Verdauung unschädlich. Die Erkennung von Strukturen, die auf das Vorhandensein potenziell pathogener Mikroorganismen hindeuten, erfolgt mithilfe von Rezeptoren, die die Neutrophilen in ihren Plasmamembranen tragen. Diese sind entweder auf die Bindung bestimmter Zuckermolekülstrukturen auf der Oberfläche von Bakterien spezialisiert (Mannoserezeptor) oder binden Komplementspaltprodukte (C3b, C4b) oder antigengebundene Antikörper auf der Zelloberfläche von Bakterien. Neutrophile erkennen aber auch körpereigene, apoptotische Zellen oder transformierte Zellen bzw. deren Bruchstücke, und zwar mittels **Scavenger-Rezeptoren**. In allen Fällen reagieren Neutrophile auf die Aktivierung einer dieser Rezeptortypen mit der endocytotischen Aufnahme der erkannten Strukturen. Nach der Endocytose werden die Phagosomen mit intrazellular bevorrateten Granula fusioniert, sodass das endocytierte Material in direkten Kontakt mit dem Inhalt der Granula gebracht wird. Azurophile Granula enthalten Myeloperoxidase, Proteasen (Cathepsin G, Elastase, Protease 3), Lysozym und antimikrobielle Substanzen wie Defensine. Andere Granula enthalten Gelatinase, eine Verdauungsprotease, die Metallionen als Cofaktoren benötigt (Metalloprotease). Spezifische Granula enthalten Lactoferrin (entzieht den Mikroorganismen freies Eisen und dient als Substrat für Proteasen, die daraus antimikrobielle Peptide herstellen), Lysozym und die Enzyme des **NADPH-Oxidase**-Komplexes, die für die Entwicklung des *oxidative burst* (▶ Abschn. 29.2.1) benötigt werden. Die oben genannte Myeloperoxidase kann in Anwesenheit von im Zuge des *oxidative burst* entstehenden H_2O_2 aus NaCl Natriumhypochlorit bilden (◘ Abb. 29.2). Diese hochreaktive Substanz ist besonders effektiv bei der Abtötung von Pilzen. Neutrophile haben im Blut eine relativ kurze Lebensdauer, die im Fall der Auslösung solcher Abwehrreaktionen noch weiter verkürzt wird. Daher findet man in akuten Infektionsherden sehr viele abgestorbene Neutrophile gemeinsam mit anderen Abbauprodukten im Eiter. Nach dem Absterben der Neutrophilen setzen diese oft die DNA-Moleküle aus ihrem Zellkern frei. Diese Moleküle können ein klebriges Netzwerk bilden, in dem sich Bakterien und Pilze am Infektionsort verfangen. Die ebenfalls von den absterbenden Granulocyten freigesetzten Enzyme können diese Mikroorganismen dann auch im Extrazellularraum attackieren.

Eosinophile Granulocyten habe eine spezifische Funktion in der Abwehr parasitischer Würmer, die in Tieren im Blut, im Gewebe oder im Darmlumen vorkommen können. Eosinophile werden durch Chemokine, das Phospholipid PAF (*platelet activating factor*) oder durch Cytokine wie Interleukin-3 (IL-3) und IL-5 zum Ort einer Infektion gelockt. Die Ausstattung der eosinophilen Granulocyten mit abwehrstoffenthaltenden Vesikeln ist ähnlich wie bei den Neutrophilen. Mit dem Sammelnamen MBP (*major basic protein*) werden eosinophilenspezifische, argininreiche Proteine bezeichnet, die toxisch auf Würmer wirken und daher bei Immunreaktionen gegen mehrzellige **Parasiten** eine wichtige Rolle spielen. Das MBP veranlasst außerdem die Mastzellen zur Ausschüttung von Histamin, das bei Entzündungsprozessen und bei Überreaktionen des Immunsystems vorkommt. Da eosinophile Granulocyten Parasiten bekämpfen, die in der Regel zu groß für die endocytotische Internalisierung sind, wirken sie im Wesentlichen durch einen extrazellulär organisierten Angriff. Durch eine solche chemische Attacke kommen daher auch immer körpereigene Zellen in größerer Zahl mit ums Leben.

Da heute Infektionen des Menschen durch Würmer in der westlichen Welt sehr selten geworden sind, könnte es in manchen Fällen dazu kommen, dass Eosinophile andere, weniger wünschenswerte Aktivitäten entfalten. Man ist sich inzwischen sicher, dass eosinophile Granulocyten an der Entwicklung von **allergischen Reaktionen**[584] auf Alltagsantigene beteiligt sind, zum Beispiel beim allergisch bedingten Asthma. Nach der **Hygienehypothese** für die Zunahme von allergischen Erkrankungen beim Menschen fördern Eosinophile die Produktion von Immunglobulinen der Klasse E (IgE) (▶ Abschn. 29.6) gegen Stoffe aus der Umwelt, die eigentlich nicht gefährlich und somit auch nicht immunogen sein sollten (Staub, Pollen usw.). Die IgE-Bindung an solche Agenzien wirkt aktivierend auf Mastzellen und Basophile, deren Aktivitäten dann die allergischen Reaktionen hervorbringen können.

Die Funktionen **basophiler Granulocyten** sind noch nicht abschließend geklärt. Man nimmt an, dass auch sie an der Abwehr von parasitischen Helminthen beteiligt sind. Der Inhalt ihrer Granula besteht unter anderem aus Histamin, einer Substanz, die nach ihrer Freisetzung ins Gewebe die Permeabilität der Gefäßwände für Blutplasma steigert, was aufgrund der hydrostatischen Druckdifferenz zur Ansammlung von Flüssigkeit im Interstitium (Ödem, Quaddel) führt. Aktivierte Basophile haben überdies die Möglichkeit, über ihre CD40-Moleküle auf der Plasmamembran mit B-Zellen (▶ Abschn. 29.4) zu interagieren, wodurch deren Produktion von IgE (▶ Abschn. 29.6) stimuliert wird. Es ist auch beobachtet worden, dass aktivierte Basophile in Lymphknoten einwandern und dort mit naiven T-Zellen interagieren, denen sie möglicherweise auch mitgebrachte Antigenfragmente präsentieren. Durch die Freisetzung von Interleukin-4 aus den Basophilen können sich die naiven T-Zellen zu T_H2-Helferzellen differenzieren, die durch die Stimulation der IgE-Produktion durch B-Zellen (▶ Abschn. 29.7)

584 *allos* (griech.) = fremd; *ergon* (griech.) = Reaktion

eine wichtige Funktion bei der Bewältigung parasitärer Infektionen (aber unter Umständen auch bei allergischen Reaktionen) innehaben. Man diskutiert daher, ob Basophile eine Rolle bei der Entscheidung des Immunsystems spielen, auf den Kontakt mit bestimmten externen Agenzien eine T_H1- oder eine T_H2-Antwort hervorzubringen.

Mastzellen

Mastzellen zirkulieren nicht im Blut, sondern halten sich im Gewebe an Orten auf, an denen Kontakte der körpereigenen Zellen mit Bakterien oder Parasiten sehr wahrscheinlich sind (Haut, Schleimhäute). Mastzellen erkennen ihre Ziele durch Oberflächenrezeptoren für die konstanten Regionen von antigengebundenen IgE- oder IgG-Antikörpern (► Abschn. 29.6) oder für Komplementfaktoren. Aktivierte Mastzellen arbeiten ganz ähnlich wie basophile Granulocyten, indem sie nach Kontakt die Inhaltsstoffe von Vesikeln durch Exocytose in den Extrazellularraum freisetzen. Ihre Degranulation führt zur lokalen Anhäufung von Heparin und Histamin im Interstitium. Dies resultiert in einer Steigerung der Gefäßwandpermeabilität mit Ödembildung und einer Inhibition des Thrombins, sodass die Blutgerinnung lokal beeinträchtigt wird. Beides erhöht den Flüssigkeitszustrom in das betroffene Gewebegebiet und ermöglicht es den Leukocyten (weiße Blutkörperchen), aus dem Gefäßsystem in den interstitiellen Raum des Gewebes überzutreten (**Leukodiapedese**[585]).

Mononucleäres Phagocytensystem

Nach ihrer Herstellung im blutbildenden (hämatopoietischen) Gewebe im Knochenmark zirkulieren die **Monocyten** im Blutstrom. Beim Menschen stellen sie dort etwa 10 % der weißen Blutkörperchen (Leukocyten). Monocyten sind relativ groß, haben eine unregelmäßig äußere Zellform und häufig einen nierenförmig gebogenen Kern. Menschliche Monocyten tragen auf ihrer Oberfläche das CD14-Glykoprotein, an dem sie von anderen Leukocyten zu unterscheiden sind. CD14 bindet bakterielle Fettsäuren und Peptidoglykane.

Monocyten differenzieren sich im Gewebe zu **Makrophagen** und **dendritischen Zellen**. Letztere sind für die Präsentation von Antigenen auf T-Zellen zuständig, ein Vorgang, der Teil der adaptiven Immunantwort ist und daher in ► Abschn. 29.3 behandelt wird. Manche Makrophagen sind entweder lebenslang mit ganz bestimmten Geweben (Kupffer*-Zellen in der Leber, Mesangialzellen in der Niere, Synovia-A-Zellen in den Gelenken, Alveolarmakrophagen in der Lunge, Osteoklasten im Knochen und Mikroglia im Gehirn) assoziiert, andere bleiben mobil. Ihre Hauptaufgaben sind die Phagocytose und intrazelluläre Verdauung von Fremdstoffen, körpereigenen Abfallprodukten und eingedrungenen Bakterien oder Parasiten. Makrophagen können wie Monocyten Fremdorganismen durch die Erzeugung eines *oxidative burst* abtöten (► Abschn. 29.2.1). Beide Zelltypen können am Ort ihrer Reaktion auch bestimmte entzündungsauslösende (proinflammatorische) Cytokine (TNF-α sowie die Interleukine IL-1β, -6 und -8) freisetzen. Auch Prostaglandin E2 ist ein Produkt aktivierter Monocyten. Es ist an der Auslösung von Fieber beteiligt.

Natürliche Killerzellen

Natürliche Killerzellen (NK-Zellen) erhielten ihre Bezeichnung wegen ihrer Fähigkeit, gezielt körpereigene Tumorzellen (transformierte Zellen) oder virusinfizierte Zellen zu zerstören. Die NK-Zellen erkennen solche Zellen des Körpers daran, dass sie in Verbindung mit ihren MHC-I-Molekülen (MHC für *major histocompatibility complex*, Haupthistokompatibilitätskomplex; ► Abschn. 29.3.1) Proteine auf der Zelloberfläche präsentieren, die entweder in gesunden Zellen nicht hergestellt werden oder überhaupt nur durch die Virusinfektion in der Zelle vorhanden sind (**Antigenpräsentation**). NK-Zellen gehören dem innaten Immunsystem an, weil sie im Gegensatz zu T-Zellen – auch unter diesen gibt es eine Killerzellpopulation, die cytotoxischen T-Zellen (*cytotoxic T-lymphocytes*, CTLs), die ganz ähnlich funktioniert wie NK-Zellen – nicht in der Lage sind, ihr Repertoire an Oberflächenrezeptoren in adaptiver Weise zu verändern.

Den initialen Kontakt mit einer körpereigenen Zelle nimmt die NK-Zelle über den LFA-1-Rezeptor (ein Vertreter der β2-Integrine) auf, der an eines der plasmamembranständigen Adhäsionsmoleküle ICAM-1, -2, -3 oder -4 auf den Körperzellen bindet. Die Granula der NK-Zellen mit Inhaltsstoffen, die nach Ausschüttung potenziell schädigend auf die Zielzellen wirken, werden unterhalb des Plasmamembranabschnitts, mit dem die NK-Zelle Kontakt zu einer anderen Zelle aufgenommen hat, zusammengezogen, aber noch nicht ausgeschüttet. Diese strukturelle Bildung wird als **immunologische Synapse** bezeichnet. Erst danach interagieren potenziell vorhandene Liganden der Körperzellen mit aktivierenden oder inhibitorischen Rezeptoren der NK-Zelle. Die Aktivität der NK-Zellen (exocytotische Ausschüttung oder Nichtausschüttung des Inhalts der bereitgestellten Granula) wird durch die Balance von Rezeptorsystemen auf ihrer Zelloberfläche bestimmt, die durch Kontakt mit normalen körpereigenen Zellen oder mit transformierten bzw. infizierten Zellen inhibiert bzw. aktiviert werden.

Das Fehlen von **MHC-I-Molekülen** ist ein wichtiges Kriterium für die Aktivierung der NK-Zellen, weil sie eine solche Eigenschaft anderer Zellen so deuten, dass diese nicht zum eigenen Körper gehören (*missing self*). Erkennt eine NK-Zelle gebundene IgG-Moleküle (Opsonine) auf der Oberfläche von Zielzellen mithilfe ihrer CD16-Rezeptoren, so ist das ebenfalls ein starkes aktivierendes Signal. Aktivierend wirkt auch die Bindung von viralem Hämagglutinin an den NKp46-Rezeptor der NK-Zellen.

Umgekehrt wird die Aktivität der NK-Zelle durch Erkennen eines MHC-I-Moleküls auf der Zielzelle inhibiert. Das MHC-I-Molekül wird dabei anhand seiner großen Untereinheit[586] erkannt. Diese Liganden binden unter anderem an den

[585] *dia-* (griech.) = durch, hindurch; *pedan* (griech.) = springen

[586] Beim Menschen wird aus historischen Gründen die große Untereinheit des MHC-I-Komplexes als HLA (*human leukocyte antigen*) bezeichnet, das in den Subtypen A, B und C vorkommt.

KIR (*killer cell immunoglobulin-like receptor*) der NK-Zellen. Auch für Cadherine (calcium-dependent adhesion protein), die Adhäsionsproteine, die in Desmosomen und Adherens Junctions für den Zusammenhalt benachbarter Zellen verantwortlich sind, besitzen die NK-Zellen spezifische Rezeptoren. Eine verminderte oder fehlende Expression von Cadherinen kann die NK-Zellen aktivieren, ein Vorgang, der insofern sinnvoll ist, als dass transformierte Zellen im Zuge der Auswanderung aus dem Tumorgewebe (Metastasenbildung) die Cadherinexpression häufig reduzieren und die NK-Zellen solche Zellen daher von normalen körpereigenen Zellen unterscheiden können.

Wird eine mit einer Zielzelle in Kontakt stehende NK-Zelle durch einen Überschuss an aktivierenden Signalen aktiviert, so schüttet sie den Inhalt ihrer Granula auf die betroffene Zelle aus. Dabei geraten verschiedene bioaktive Stoffe auf die Oberfläche der Zielzelle, darunter solche, die in der Plasmamembran der Zielzelle Poren bilden (**Perforine**[587]), durch die vermutlich Calciumionen in die Zelle einströmen. Lokal wird in der Zielzelle unter dem Einfluss dieses Calciumsignals eine endocytotische Aufnahme von ebenfalls von den NK-Zellen freigesetzten Serinproteasen, den **Granzymen** (Kunstwort aus Granula und Enzym), ausgelöst. Da bei der Endocytose auch Perforinporen in die Membranen der Endosomen geraten, lysieren diese und setzen die Granzyme ins Cytosol der Zielzelle frei. Die Granzyme spalten neben anderen Zielmolekülen besonders die Procaspase-3. Die daraus hervorgehende, aktive Caspase-3 ist die zentrale Exekutionscaspase für die Auslösung der Apoptose in der betroffenen Zelle. Ebenfalls in die Auslösung der Apoptose in der Zielzelle eingebunden ist der **FAS-Ligand** (FAS für *fibroblast-associated*), der bei der Granulaexocytose der NK-Zelle auf der Zelloberfläche erscheint. Eine Metalloprotease spaltet das membrangebundene Protein, sodass der lösliche FAS-Ligand entsteht. Bindet dieser lösliche FAS-Ligand an den FAS-Rezeptor auf der Zielzelle (Mensch: CD95), so bildet diese im Intrazellularraum einen zelltodauslösenden Signalkomplex aus (*death-inducing signaling complex*, DISC) und vollzieht die Apoptose. Die Redundanz innerhalb dieses Systems ist sicherlich dadurch entstanden, dass bestimmte Pathogene während der Evolution Wege gefunden haben, den einen oder anderen Weg der NK-Zell-Aktivierung auszuschalten, und die eukaryotischen Zellen geeignete Gegenmittel entwickelten. Die NK-Zelle selbst nimmt bei ihrer Aktivierung keinen Schaden und kann nach der Tötung einer Zielzelle auch weitere Zielzellen abtöten. Die NK-Zelle schützt sich durch Enzyme, die Perforin proteolytisch spalten (Cathepsin B[588]) und die Granzyme inhibieren (Serpine).

Zellen mit analogen Funktionen zu denen der NK-Zellen kennt man auch von wirbellosen Tieren. So hat man beobachtet, dass isolierte **Coelomocyten** aus dem Kompostwurm (*Eisenia fetida*) bestimmte Tumorzellen abtöten können. Da in den Granula der Coelomocyten Proteine gefunden wurden, die mit Antikörpern gegen Perforine interagieren, liegt die Schlussfolgerung nahe, dass der Tötungsmechanismus demjenigen, der von NK-Zellen der Wirbeltiere eingesetzt wird, sehr stark ähnelt.

29.3 Erworbene (adaptive) Immunität

Das System der **erworbenen Immunität** kennt man bisher nur von den kiefertragenden Wirbeltieren (Gnathostomata). Der wesentliche Unterschied zum allgemein bei Tieren vorkommenden angeborenen (innaten) Immunsystem ist, dass die zum Einsatz kommenden Zelloberflächen- und Effektormoleküle nicht nur nach starren, genetisch vorgegebenen Standardsequenzen codiert und exprimiert werden, sondern einer im jeweiligen Individuum stattfindenden genetischen Variation unterliegen, und nur solche ausgeprägt werden, die für die Bindung der von außen einwirkenden Antigene optimiert (adaptiert) sind (▶ Abschn. 29.5). Außerdem werden nach erstmaligem Kontakt eines Individuums mit einem Antigen bestimmte Lymphocyten gebildet, die das **immunologische Gedächtnis** bilden, sodass bei einem zweiten Kontakt mit dem Antigen eine sehr zügige und effiziente immunologische Antwort erfolgen kann. Offenbar gibt es auch bei Invertebraten ein immunologisches Gedächtnis, da in Einzelfällen (*Drosophila melanogaster*, *Tribolium castaneum*) nach einem immunologischen Priming (Erstkontakt mit einem Parasiten oder einem infektiösen Agens) bei erneutem Kontakt eine höhere Reaktivität der Abwehrmechanismen dieser Tiere beobachtet wurde. Dieser Effekt scheint ein hohes Maß an Spezifität zu besitzen und in einigen Fällen sogar von den Eltern auf die Nachkommen übertragen zu werden (Epigenetik). Die Mechanismen der Ausbildung dieser Art von immunologischem Gedächtnis sind bisher unverstanden, vermutlich aber völlig andere als die zellulär vermittelten des adaptiven Immunsystems der Wirbeltiere.

Die Zellen des adaptiven Immunsystems bei Vertebraten (Lymphocyten der T-Zell- und der B-Zell-Population) reagieren nicht direkt auf Antigene, sondern nur, wenn diese oder Bruchstücke dieser Antigene von bestimmten Zellen des innaten Immunsystems (Monocyten, Makrophagen und dendritische Zellen) präsentiert werden (**antigenpräsentierende Zellen, APCs**).

Dendritische Zellen[589] sind APCs, die sich im Wesentlichen in den peripheren Geweben (Haut, Schleimhäute) aufhalten. Sie können dort eine hohe Dichte erreichen (bis zu 2 % der Gesamtzellzahl). Sie haben eine sehr auffällige Zellform, da sie viele vom Zellsoma ausgehende, fingerförmige Ausläufer aufweisen, die sie zwischen die Zellen des jeweiligen Gewebes schieben. In oberflächlichen Epithelien können diese Ausläufer sogar zwischen den Zellen durch die Tight Junctions in den Außenraum des Körpers vorgeschoben werden. Dadurch haben dendritische Zellen eine sehr große Oberfläche, wodurch sich die Wahrscheinlichkeit erhöht, dass sie mit einem im Gewebe

---

587 Die Monomere der Perforine sind Homologe des Komplementfaktors C9.

588 *kathepsin* (griech.) = verdauen

589 *dendriticus* (lat.) = verzweigt

oder auf dem Epithel vorhandenen Antigen in Kontakt treten. Durch Phagocytose, Pinocytose oder rezeptorvermittelte Endocytose nehmen dendritische Zellen ständig endogene und exogene Antigene auf und prozessieren diese, indem sie sie enzymatisch abbauen. Während ihrer Reifung im peripheren Gewebe nimmt die Kapazität der Antigenpräsentation durch MHC-I- und MHC-II-Komplexe stetig zu. Die Signaleffizienz an T-Zellen wird ebenfalls größer, da nicht nur mehr MHC-Moleküle auf der Zelloberfläche exprimiert werden, sondern auch Corezeptoren (Mensch: CD80, CD86). Diese interagieren nach Einwanderung der aktivierten (reifen) dendritischen Zellen in die Lymphknoten spezifisch mit bestimmten Bindungsproteinen auf der T-Zell-Oberfläche (Mensch: CD28) und beeinflussen die T-Zell-Antwort. Dendritische Zellen sind auch an der B-Zell-Reifung und an der Aktivierung von NK-Zellen beteiligt.

Makrophagen sind residente oder, in geringerem Umfang, mobile APCs, die im Vergleich mit den dendritischen Zellen etwas weniger effizient in der Antigenpräsentation sind, dafür aber eine größere Kapazität haben, Abfallprodukte körpereigener Zellen oder Fremdstoffe intrazellulär zu verdauen. Durch ihre Fähigkeit, während eines Endocytosevorgangs bis zu 50 % ihrer Zelloberfläche zu internalisieren, können sie auch größere Partikel effizient aus dem Gewebe entsorgen. Die Antigenpräsentation für die T-Zellen wird auch bei den Makrophagen von MHC-I- und MHC-II-Molekülen auf ihrer Zelloberfläche vorgenommen.

Alle Hauptkomponenten des adaptiven Immunsystems (s. u.) sind schon bei den Knorpelfischen (Elasmobranchier) vorhanden: antigenpräsentierende Zellen (APCs), MHC-Moleküle, T- und B-Lymphocyten, Rearrangement-Gene für die Ausbildung diverser Typen von Antigenrezeptoren und Antikörpern sowie lymphatische Organe.

29.3.1 Antigenpräsentation durch MHC-Moleküle

Die Gene der wichtigsten Proteine, die an der Antigenpräsentation beteiligt sind, codieren die verschiedenen Komponenten des **Haupthistokompatibilitätskomplexes** (*major histocompatibility complex*, MHC). Dieser beinhaltet zwei Klassen: MHC I und MHC II. MHC I ist für die Signalgebung transformierter oder infizierter Körperzellen an die **cytotoxischen T-Zellen** (CTLs) verantwortlich, MHC II übermittelt Signale professioneller antigenpräsentierender Zellen (im Wesentlichen dendritische Zellen, Makrophagen, B-Zellen) an die **T-Helferzellen**. Beide Subtypen von T-Zellen erkennen die von anderen Zellen über deren MHC-Moleküle präsentierten Antigenfragmente mithilfe ihrer **T-Zell-Rezeptoren** (TCRs) und der Corezeptoren CD4 und CD8 – die B-Zellen tun dies mithilfe ihrer B-Zell-Rezeptoren (▶ Abschn. 29.3.4).

Für die MHCs beider Klassen gibt es im Genom einerseits mehrere Gene (Polygenie), andererseits für jedes Gen mehrere Allelvarianten (Polymorphismus). Im menschlichen Genom existieren für die große Untereinheit des MHC-Komplexes drei Gene (humanes Leukocytenantigen HLA-DR, -DQ, und -DP), deren Genprodukte unterschiedliche Peptidfragmente von prozessierten Antigenen binden. Die Zahl der Allelvarianten ist noch viel größer, was die Spezifität der immunologischen Informationsübermittlung mittels MHC maximiert.

Der englische Begriff »*major histocompatibility complex*« (MHC) entspricht im Deutschen entweder dem Begriff »Haupthistokompatibilitätskomplex« oder »Hauptgewebeverträglichkeitskomplex«. Diese Bezeichnungen erklären sich aus der Geschichte. In frühen Versuchen, Gewebe oder Organe von einem zu einem anderen Individuum zu übertragen (**Transplantation**), kam es oft zu Abstoßungsreaktionen und einem Absterben des transplantierten Gewebes. Erst nach der Entdeckung der Gewebeverträglichkeitskomplexe konnte man durch den Vergleich der MHCs von Spendern und Empfängern solche Paarungen vornehmen, dass die Gefahr der Abstoßung des transplantierten Gewebes minimiert wurde. Aufgrund der oben erwähnten extrem hohen Vielfalt der MHCs verschiedener Individuen einer Art ist diese Zuordnung allerdings nur in seltenen Fällen möglich.

MHC-Komplexe präsentieren immer nur kurzkettige Peptidfragmente der Antigene, nie die Antigene selbst. Die antigenpräsentierenden Zellen müssen daher die Antigene erst proteolytisch prozessieren, bevor die Produkte mit dem MHC-Molekül an der Zelloberfläche vergesellschaftet werden. Prinzipiell kann man zwei Gruppen von Peptiden unterscheiden, die mit MHCs assoziiert und präsentiert werden: endogene und exogene Peptide. Die endogenen Peptide stammen aus dem proteindegradierenden Apparat der antigenpräsentierenden Zelle selbst und werden durch MHC-I-Moleküle präsentiert, während die exogenen Peptide aus der Umgebung aufgenommen und durch MHC-II-Moleküle präsentiert werden.

MHC-I-Moleküle (◘ Abb. 29.7) finden sich auf allen zellkernhaltigen Zellen eines Organismus sowie auf den Thrombocyten (nicht aber auf den Erythrocyten der Säugetiere). Sie präsentieren Abbauprodukte körpereigener Proteine, die aus dem proteasomalen Abbauweg stammen, sowie translozierte Peptide des lysosomalen Abbauwegs, der neben dem proteasomalen auch für den Abbau viraler Proteine (im Fall infizierter Zellen) oder Tumorantigene (im Fall einer Zelltransformation) zur Verfügung steht. Die Peptide, die für die Präsentation durch den MHC I vorgesehen sind, haben eine mittlere Länge von neun Aminosäuren und werden durch ein spezielles Transportsystem (TAP, *transporter associated with antigene processing*) in das Lumen des endoplasmatischen Retikulums importiert. Dort erfolgt die Assemblierung des Molekülkomplexes, wobei die α-Untereinheit (40,5 kDa) mit ihrer immunglobulinähnlichen α_3-Domäne in der ER-Membran verankert ist, während die beiden anderen Domänen (α_1 und α_2) dieser Untereinheit in das Lumen des ER hineinragen und einerseits die Bindungsstelle für das Peptidfragment bilden, andererseits die Anlagerung der β-Untereinheit ermöglichen. Dieses β_2-Mikroglubulin im MHC I ist an der Bindungsreaktion des Antigenpeptidfragments an die α-Untereinheit beteiligt und für den anschließenden Transport der assemblierten MHC-I-Komplexe über ER-Vesikel und den Golgi-Apparat an die Zelloberfläche unentbehrlich (■ Abb. 29.8).

MHC-II-Moleküle sind Heterodimere aus je einer α- und einer β-Untereinheit, die nicht mit denen der MHC-I-Komplexe identisch sind (■ Abb. 29.9). Antigenpeptiden werden hier zwischen der α_1- und β_1-Domäne der Untereinheiten gebunden. In der Regel erfolgt die Beladung des MHC II mit proteolytischen Peptiden exogener Antigene innerhalb der antigenpräsentierenden Zelle. Die exogenen Antigene werden entweder durch Phagocytose (partikuläre Antigene), Pinocytose (gelöste Antigene) oder durch rezeptorvermittelte Endocytose an Membranabschnitten aufgenommen, die mit Clathrin- oder Caveolinmolekülen überzogen sind. Die Rezeptoren, die die Antigene bin-

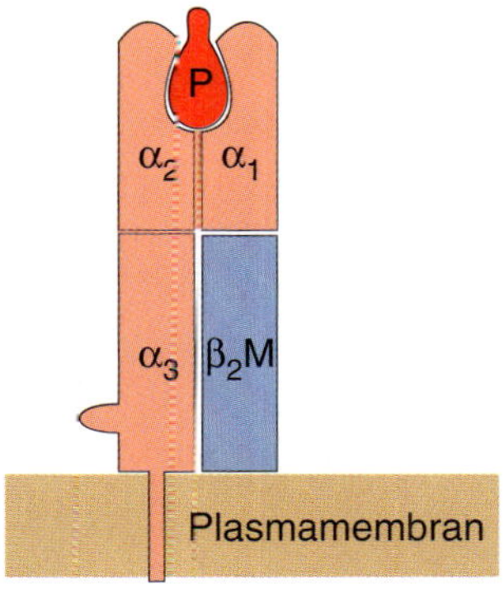

■ **Abb. 29.7** MHC-I-Molekül. Der MHC-I-Komplex besteht aus einer in der Plasmamembran der Trägerzelle verankerten α-Untereinheit (40,5 kDa), die in ihrem extrazellulär liegenden Molekülteil drei charakteristische Domänen (α_1–α_3) aufweist. Mit der α-Untereinheit ist das β_2-Mikroglobulin (β_2M, 12 kDa) assoziiert. Das Peptidfragment des proteolytisch prozessierten Antigens wird in einer Furche zwischen den α_1- und α_2-Domänen gebunden. P = Peptidfragment des prozessierten Antigens.

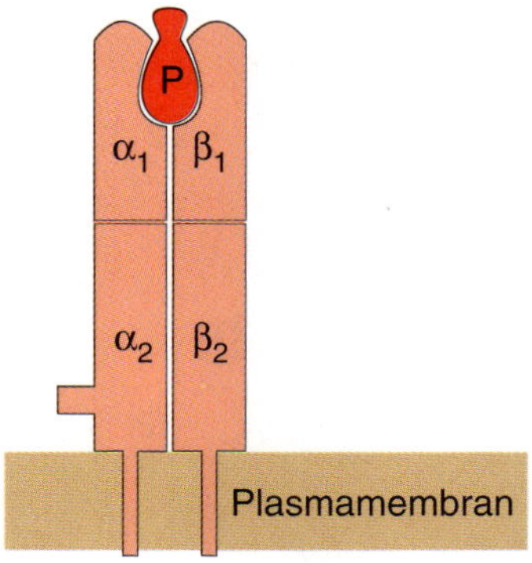

■ **Abb. 29.9** Aufbau des MHC-II-Molekülkomplexes. Der MHC-II-Komplex besteht aus einer in der Plasmamembran der Trägerzelle verankerten α-Untereinheit, die in ihrem extrazellulär liegenden Molekülteil zwei charakteristische Domänen (α_1, α_2) aufweist, und einer ebenfalls mit zwei Domänen (β_1, β_2) ausgestatteten β-Untereinheit. Die Domänen der beiden Untereinheiten werden jeweils durch zwei Exons derselben Gene codiert. Das Peptidfragment des prozessierten Antigens wird in einer Furche zwischen der α_1- und der β_1-Domäne gebunden. P = Peptidfragment des prozessierten Antigens.

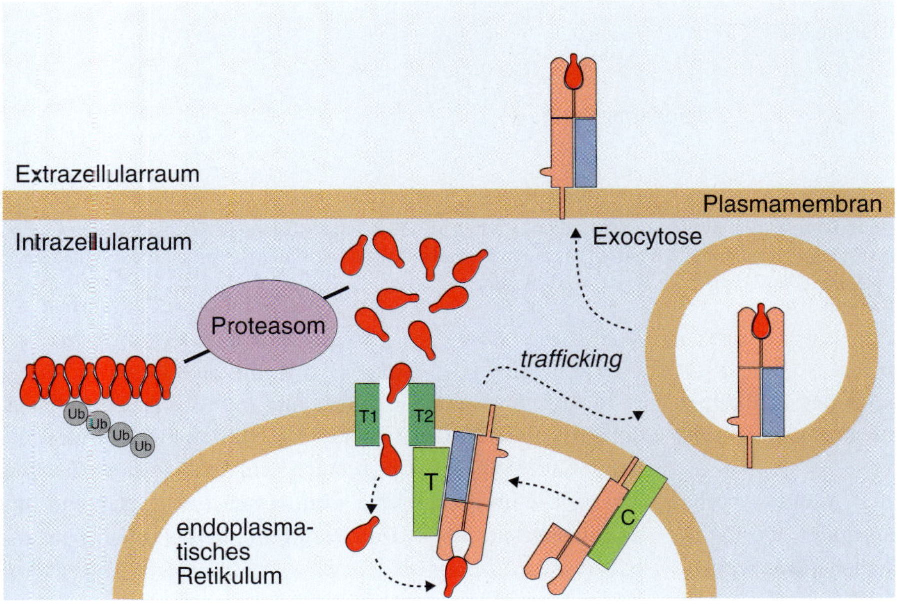

■ **Abb. 29.8** Antigenprozessierung, Beladung von MHC-I-Molekülen sowie die Präsentation eines Antigens. Das Proteasom im Cytosol der Zelle baut auf proteolytischem Weg polyubiquitinylierte Antigenproteine ab. Der TAP-Komplex in der ER-Membran, bestehend aus TAP1 und TAP2, importiert die Peptide in das Lumen des endoplasmatischen Retikulums. Dort wird mithilfe des Kopplungsproteins Tapasin die durch Calnexin in Bereitschaft gehaltene α-Untereinheit des MHC mit der β-Untereinheit (β_2-Mikroglobulin) verknüpft und so lange am TAP-Komplex festgehalten, bis das Peptid an die α-Untereinheit gebunden hat. Anschließend wird der peptidbeladene MHC-I-Komplex in ein ER-Vesikel überführt und über den Golgi-Apparat (*trafficking*) im Zuge eines exocytotischen Prozesses in die Plasmamembran der Körperzelle eingebaut. Der antigenpräsentierende Molekülteil des MHC-I-Komplexes ragt schließlich in den Extrazellularraum. C = Calnexin; T = Tapasin; T1 = TAP1; T2 = TAP2; Ub = Ubiquitin.

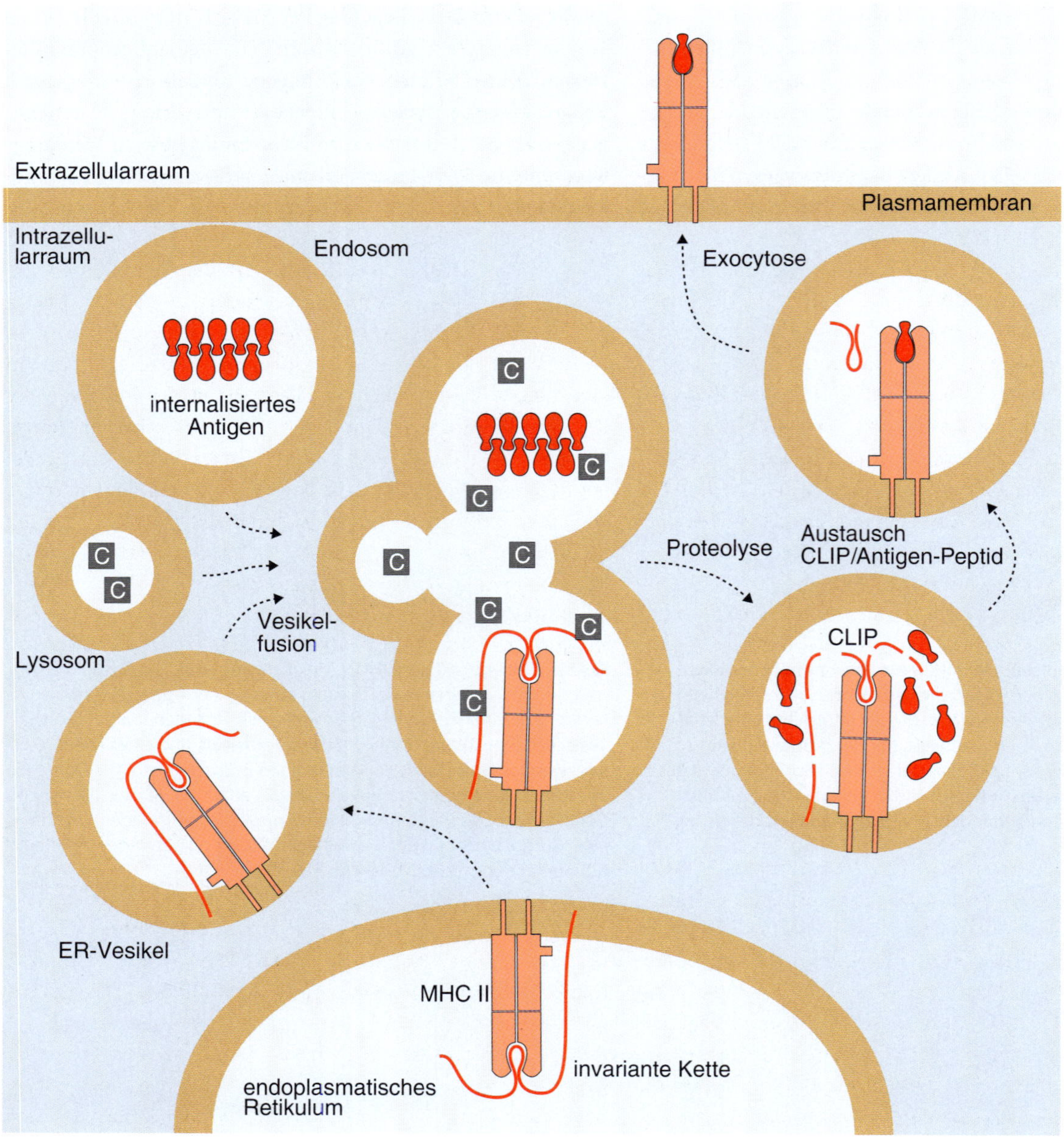

Abb. 29.10 Prozessierung exogener Antigene und Präsentation der Antigenpeptide durch den MHC-II-Komplex. Exogene Antigene werden nach der endocytotischen Internalisierung im lysosomalen Weg abgebaut und anstelle des durch Proteolyse aus der invarianten Kette hervorgehenden CLIP-Proteins an das MHC-II-Molekül gebunden. Weitere Erläuterungen im Text. C = Cathepsin.

den und mit diesen internalisiert werden, können Antikörper, Lektine, Scavenger-Rezeptoren, Komplementrezeptoren oder der B-Zell-Rezeptor sein.

Die endosomalen Vesikel, in denen die Antigene vorliegen, werden zunächst mit ER-Vesikeln fusioniert, die die im ER assemblierten MHC-II-Moleküle enthalten (Abb. 29.10). Die Peptidbindungsstelle des MHC-Moleküls wurde im ER zunächst mit einem homotrimeren Protein, das als invariante Kette (Ii; Mensch: CD74) bezeichnet wird, abgesättigt, um die unspezifische Bindung anderer ER-Peptide an die Peptidbindungsstelle des MHC II zu verhindern. Erst jetzt wird dieses Vesikel mit primären Lysosomen verschmolzen. Nach Ansäuerung des Vesikellumens (bis pH 4,5) durch membranständige V-Typ-ATPasen setzt die proteolytische Verdauung sowohl des Antigens als auch der invarianten Kette am MHC-II-Molekül durch Cathepsine ein. Das Antigen wird dabei in kleine Peptide zerlegt. Die invariante Kette wird so weit zerlegt, dass nur der unmittelbar am MHC-II-Molekül gebundene Proteinabschnitt (CLIP, *class II-associated invariant-chain peptide*) verschont bleibt. Unter Vermittlung von Chaperonmolekülen wird nun das CLIP-Peptid vom MHC-II-Molekül gelöst und durch das Antigenpeptid ersetzt. Dieses wird anschließend durch weitere Proteolyse auf eine Länge von zehn bis 15 Aminosäuren verkürzt. Durch Exocytose wird nun das beladene MHC-II-Molekül in die Zelloberfläche eingebaut, sodass das Peptid im Extrazellularrum präsentiert wird.

29.3.2 Antigenpräsentation durch CD1

Neben den MHC-Molekülen gibt es eine weitere Molekülklasse auf der Oberfläche von antigenpräsentierenden Zellen, die der Aktivierung von T-Zellen dient. Es sind dies die Mitglieder der CD1-Familie. Die **CD1-Gene** liegen in einem eigenen Cluster im Genom (beim Menschen auf Chromosom 1, bei der Maus auf Chromosom 3), die allelische Variation ist im Unterschied zu den MHC-Genen relativ gering. CD1-Moleküle werden besonders intensiv in **dendritischen Zellen** exprimiert. Die Struktur von CD1 ist der der MHC-I-Moleküle sehr ähnlich (plasmamembranverankerte α-Untereinheit mit drei Domänen und eine β_2-Mikrogobulinuntereinheit), allerdings ist die Antigenbindungsstelle zwischen der α_1- und der α_2-Domäne tiefer und mit hydrophoben Aminosäuren ausgekleidet, sodass apolare Peptide oder auch Lipidmoleküle sehr spezifisch gebunden werden können. Die Moleküle können körpereigenen oder fremden Ursprungs sein. Sind Lipide am CD1 gebunden, so liegt der lipophile Kohlenwasserstoffanteil des Lipidmoleküls tief in der Bindungstasche, während die polare Kopfgruppe des Lipids über den Molekülrand hinweg in den Extrazellarraum ragt. Der T-Zell-Rezeptor erkennt diesen Teil des Lipidmoleküls im Zusammenhang mit Oberflächendomänen von CD1.

29.3.3 Superantigene

Superantigene tragen diesen Namen, weil sie sehr fulminante Immunreaktionen hervorrufen. Allerdings ist die Bezeichnung nicht ganz korrekt, weil diese Stoffe im Gegensatz zu echten Antigenen nicht von antigenpräsentierenden Zellen prozessiert und die Produkte nicht im Zusammenhang mit MHC- oder CD1-Molekülen präsentiert werden. Vielmehr binden diese Stoffe direkt an Oberflächendomänen der MHC-II-Moleküle auf APCs, die nicht die normale Peptidbindungsregion darstellen. Tückischerweise binden die Moleküle gleichzeitig an eine Untereinheit des T-Zell-Rezeptors. Auf diese Weise kommt es auch dann zu einem aktivierenden T-Zell-Kontakt mit dem MHC-II-Komplex der APC, wenn das präsentierte Antigenpeptid am MHC-II-Molekül gar nicht von der T-Zelle erkannt wird.

Da einige Stämme pathogener Bakterien (z. B. *Staphylococcus aureus*) solche Superantigene in bestimmten Situationen in großen Mengen freisetzen, kann es zur zeitgleichen Stimulation sehr vieler T-Zellen kommen, die zur massiven Akkumulation von Cytokinen (TNF-α, IL-1, IL-2, IL-6 und IFN-γ) in der extrazellulären Körperflüssigkeit des Organismus führt. Man bezeichnet dieses Phänomen als **Cytokinsturm**. Die Wirkung dieser Cytokine erstreckt sich bis zur Erzeugung von hohem Fieber, und es können Schockzustände ausgelöst werden. Die T-Zellen können durch diese massive Aktivierung absterben (aktivierungsinduzierter Zelltod). Gerade darin könnte die biologische Bedeutung der Superantigene liegen, weil die Reduktion der T-Zell-Population eine geregelte Immunantwort des infizierten Organismus stört oder gar unmöglich macht.

29.3.4 Antigenpräsentation durch B-Zellen

Neben den Monocyten, Makrophagen und dendritischen Zellen präsentieren auch B-Lymphocyten (B-Zellen[590]) antigene Peptide mithilfe ihrer MHC-II-Moleküle. Sie tun das allerdings nicht wie die anderen professionellen antigenpräsentierenden Zellen zur allgemeinen Aktivierung von T-Zellen, sondern, weil sie von T-Helferzellen Assistenz bei der Herstellung von Antikörpern benötigen (▶ Abschn. 29.4). Antigene werden von den B-Zellen mithilfe ihres B-Zell-Rezeptors (BCR) erkannt, gebunden und endocytotisch aufgenommen. Der Hauptteil des BCR ähnelt einem Immunglobulin der Klasse IgM, dessen konservierte Region (Fc-Teil) allerdings in der Membran der B-Zelle verankert ist (◘ Abb. 29.11). Die spezifischen Bindungsdomänen für Antigene ragen in den Extrazellularraum. Bindet der BCR ein Antigen, wird die B-Zelle durch eine Signalgebung der assoziierten Igα- und Igβ-Untereinheiten zur Endocytose des rezeptorgebundenen Antigens veranlasst. Die Bindung eines Antigens und die Signaltransduktion des BCR werden durch den B-Zell-Corezeptorkomplex unterstützt. Beim Menschen besteht dieser aus den Transmembranproteinen CD19 und CD81 sowie aus dem in den Extrazellularraum ragenden CD21-Molekül, das das Antigen anhand des Oberflächenbelags aus C3d-Komplementmolekülen, Spaltprodukten des Komplementfaktors C3b, erkennt.

In der B-Zelle erfolgt die Beladung des MHC-II-Moleküls mit Antigenfragmenten im Prinzip genau wie zuvor für die anderen APC-Typen beschrieben (▶ Abschn. 29.3.1). Allerdings können B-Zellen immunogene Signale auch von solchen Stoffen an T-Helferzellen weiterleiten, die wegen ihrer geringen Größe oder wegen ihrer chemischen Beschaffenheit (z. B. komplexe Kohlenhydrate) nicht selbst immunogen sind. Solche indirekt immunogenen Stoffe, die zwar vom B-Zell-Rezeptor erkannt werden, aber für sich noch keine Immunreaktion auslösen, werden Haptene genannt. Um tatsächlich eine Immunreaktion zu bewirken, muss ein Hapten an ein Carrierprotein gebunden vorliegen, das Epitope aufweist, die von T-Helferzellen erkannt werden können. Erst nach der Prozessierung eines solchen Antigen/Carrier-Komplexes können B-Zellen der T-Helferzelle Antigenfragmente präsentieren, die haptentypische Strukturen enthalten. Durch diese retrograde Signalweitergabe von der T- an die B-Zelle können von der B-Zelle Antikörper gebildet werden, die gegen haptentypische Strukturen gerichtet sind. Ein Beispiel für eine solche, von einer B- und T-Helferzelle vermittelte Signalübertragung ist die Produktion von Antikörpern gegen fremde Blutgruppenantigene, bei denen die antigenen Strukturen nicht in erster Linie Proteine sind, sondern verschiedene Zuckerreste in Glykoproteinen der Zelloberfläche von Erythrocyten.

[590] Die Bezeichnung B-Zellen resultiert daraus, dass diese Zellen erstmalig in ihrem Ursprungsort bei Vögeln entdeckt wurden, der Bursa Fabricii, einem lymphatischen Gewebssack an der dorsalen Seite der Kloake. Bei Säugetieren entstehen die B-Zellen im Knochenmark, sodass der Buchstabe B hier hilfsweise auch als Hinweis auf die englische Bezeichnung des Bildungsortes (*bone marrow*) gelten kann.

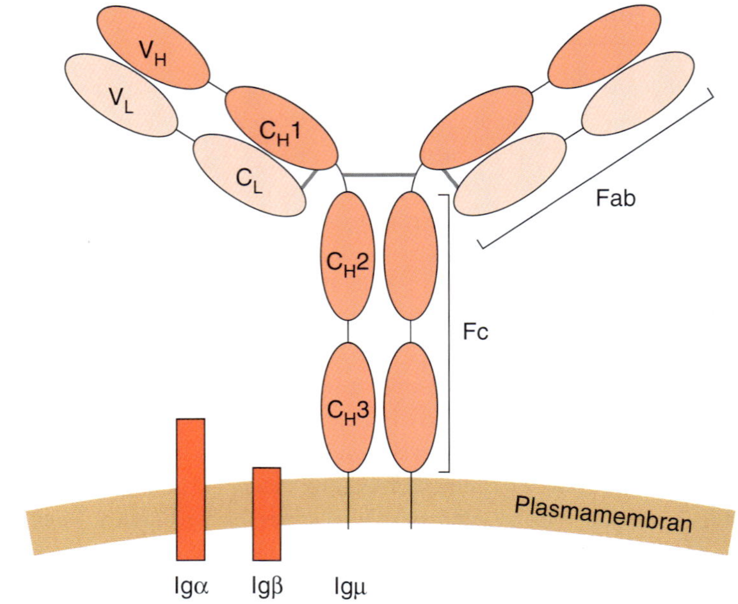

Abb. 29.11 Aufbau des B-Zell-Rezeptors. Der Hauptteil des B-Zell-Rezeptors besteht aus einem Immunglobulin, das einem Immunglobulin der Klasse M entspricht, aber mit seinem Fc-Teil in der Plasmamembran der B-Zelle verankert ist. In dem monomeren Immunglobulin sind die leichten Ketten (κ oder λ) mit den schweren μ-Ketten und diese untereinander jeweils mit Disulfidbrücken (graue Striche) verbunden. In nichtkovalenter Weise ist das Immunglobulin im B-Zell-Rezeptor mit jeweils einer Igα- und einer Igβ-Untereinheit verknüpft, die bei der Signalübermittlung durch gebundenes Antigen in das Zellinnere eine Rolle spielen. Fab = antigenbindendes Fragment des B-Zell-Rezeptors; Fc = konstante bzw. konservierte Region; C_H = konstante bzw. konservierte Domänen der schweren Kette (dunkleres Rot); C_L = konstante bzw. konservierte Domäne der leichten Kette (helleres Rot); V_H = variable Domäne der schweren Kette; V_L = variable Domäne der leichten Kette.

29.4 Lymphocyten

Die beiden Haupttypen von Lymphocyten sind die **B-Zellen** und **T-Zellen**. Bei den Säugetieren reifen die T-Zellen im **Thymus**[591] heran, die B-Zellen im **Knochenmark**. Morphologisch sind diese beiden Lymphocytenpopulationen nicht zu unterscheiden, allerdings haben sie eine unterschiedliche Ausstattung mit Oberflächenmolekülen und unterschiedliche Aufgaben in der adaptiven Immunität von Organismen.

Im Blut des Menschen stellen die **B-Zellen** 5–15 % aller Lymphocyten. Sie können zwar auch eine Antigenpräsentation an T-Helferzellen ausführen (▶ Abschn. 29.3.4), allerdings tun sie dies nicht zur Aktivierung der T-Zellen, sondern, um von den T-Zellen Signale für die Antikörperproduktion zu erhalten. Eine **unreife B-Zelle**, die noch im Knochenmark über ihren B-Zell-Rezeptor mit einem körpereigenen oder harmlosen Antigen interagiert, wird durch die auf diese Weise ausgelösten intrazellulären Signale inaktiviert (Entwicklung von Toleranz) oder sogar getötet (Apoptose), um mögliche antikörpervermittelte Angriffe auf normale körpereigene Moleküle (**Autoimmunität**) zu verhindern. Im Zuge dieser **B-Zell-Selektion** können nicht inaktivierte oder eliminierte B-Zellen die Zelldifferenzierung zu **reifen naiven B-Zellen** durchlaufen und das Knochenmark verlassen. Sie treten in das Blut über und erreichen die peripheren Lymphorgane, wo sie eventuell mit Antigenen transformierter bzw. infizierter körpereigener Zellen oder mit Antigenen exogenen Ursprungs konfrontiert werden. Die **primäre Immunantwort**, die darauf folgt, besteht darin, dass sich die naiven B-Zellen zu Lymphoblasten differenzieren, welche sich durch Zellteilung stark vermehren und entweder weiter zu **B-Gedächtniszellen** oder zu **Plasmazellen** ausdifferenzieren. **B-Gedächtniszellen** sind langlebig (mehrere Jahre bis zu lebenslang) und bewahren die Möglichkeit, bei einem späteren weiteren Kontakt des Organismus mit ihrem spezifischen Antigen sehr schnell eine heftige Immunreaktion zu bewirken und so eine erneute Infektion im Ansatz zu verhindern.

Die initiale Differenzierung einer aktivierten B-Zelle zu einer antikörperproduzierenden **Plasmazelle** kann einige Tage dauern, daher setzt die Entwicklung der vollen Immunantwort auf ein neues Antigen nicht sofort ein. Die ersten Antikörper, die eine solche Plasmazelle produziert, sind gegen das spezifische Antigen dieser Zelle gerichtete Immunglobuline der Klasse M (IgM) (▶ Abschn. 29.6). Unter dem Einfluss von T-Helferzellen kann die B-Zelle nach dem Rearrangement ihrer immunglobulincodierenden Gene (▶ Abschn. 29.5) dann längerfristig Antikörper der Klassen IgG, IgA oder IgE gegen ihr spezifisches Antigen produzieren.

Wird der Organismus längere Zeit nach der ersten Antigenexposition erneut von diesem Antigen heimgesucht, wird eine **sekundäre Immunantwort** eingeleitet, da diejenigen B-Gedächtniszellen und T-Helferzellen, die dieses Antigen bereits aus dem Erstkontakt kennen, aktiv werden. Die B-Gedächtniszellen vermehren sich durch Zellteilung und die Tochterzellen differenzieren sich zu reifen, antikörperproduzierenden Plasmazellen. Da die T-Helferzellen den B-Zellen dabei durch Cytokinsignale einen Klassenwechsel der Immunglobuline signalisieren (▶ Abschn. 29.5), werden während der sekundären Immunantwort hauptsächlich Antikörper der IgG-Klasse gebildet (■ Abb. 29.12).

Der wiederholte Kontakt mit einem Antigen bildet das immunologische Gedächtnis für dieses Antigen aus und resultiert oft in einem Antikörpertiter (antigenspezifische IgG-Moleküle), der den Organismus über einen längeren Zeitraum vor einem Antigen bzw. antigentragenden Pathogen schützt (**protektiver Titer**). Diese biologische Antwort macht man sich zunutze, um die Immunität von Tieren oder Menschen gegen Krankheits-

591 *thymos* (griech.) = Lebenskraft

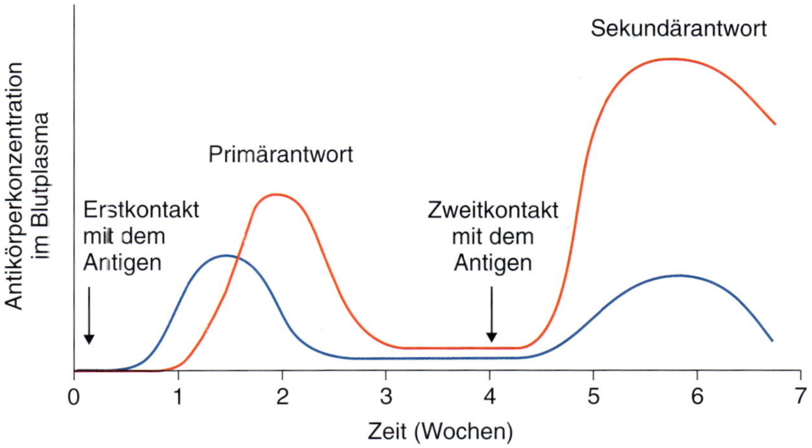

Abb. 29.12 Primäre und sekundäre Immunantwort beim Menschen. Nach Erstkontakt mit einem Antigen steigt nach einigen Tagen Latenzzeit zunächst der IgM-Titer (blaue Kurve) im Blut langsam an. Mit zwei bis drei Tagen Verzögerung folgt ein Anstieg des IgG-Titers (rote Kurve). Dieser durchläuft ein Maximum am Ende der zweiten Woche nach der ersten Antigenexposition (Primärantwort). Sowohl die IgM- als auch die IgG-Konzentrationen fallen innerhalb einer Woche nach dem Erreichen der Maximalwerte auf niedrigere Werte ab. Eine erneute Antigenexposition (Zweitkontakt) führt zu einer schnell einsetzenden und länger anhaltenden Sekundärantwort, die durch einen parallel verlaufenden Anstieg der Konzentrationen von IgM und IgG gekennzeichnet ist. Der Anstieg der IgG-Konzentration ist dabei steiler als der während der Primärantwort. Die Konzentration der IgG-Antikörper steigt während der Sekundärantwort auf einen wesentlich höheren Wert als die der IgM-Antikörper. Das Maximum des IgG-Titers während der Sekundärantwort ist ebenfalls deutlich höher als der IgG-Maximalwert während der Primärantwort.

erreger künstlich heranzubilden, ohne dass zuvor tatsächlich eine Infektion erfolgt sein muss. Den Vorgang der absichtlichen Immunisierung nennt man **Impfung**. Man unterscheidet aktive und passive Immunisierung. Bei der **aktiven Immunisierung** werden wiederholt abgeschwächte oder abgetötete Erreger oder Antigenmoleküle eines Pathogens verabreicht, entweder durch Injektion oder durch orale Aufnahme (Erstimmunisierung und *boosting*[592]). In diesem Fall wird eine reguläre biologische Antwort des Immunsystems auf den Antigenkontakt provoziert. Der protektive Effekt wird erst mit zeitlicher Verzögerung nach der Erstimmunisierung (beim Menschen frühestens nach etwa zehn bis 14 Tagen) oder auch erst nach dem *boosting* erreicht, das die sekundäre Immunantwort auslöst. Bei der **passiven Immunisierung** werden direkt IgG-Moleküle gegen ein bestimmtes Antigen injiziert, um den protektiven Titer unmittelbar herzustellen. In diesem Fall wird allerdings kein antigenspezifisches immunologisches Gedächtnis ausgebildet.

Im Blut des Menschen sind 85–95 % aller Lymphocyten **T-Zellen**. Als Vorläuferzellen werden sie im Knochenmark gebildet, wandern in den Thymus ein und differenzieren sich dort zu T-Zellen, die anschließend die **T-Zell-Selektion** durchlaufen. Alle T-Zellen, die gegen körpereigene Antigene reagieren, welche von MHC-Molekülen mit körpereigenen Peptidfragmenten präsentiert werden, oder T-Zellen, die sich gegen körpereigene MHC-Moleküle mit beliebigen Peptidfragmenten richten, vollziehen eine Apoptose, um spätere Autoimmunreaktionen des Körpers im Ansatz zu unterbinden. Nur die T-Zellen, die auf fremde Antigene an körpereigenen MHC-Molekülen reagieren, überleben die T-Zell-Selektion. Die Mechanismen der T-Zell-Selektion sind noch nicht in allen Details bekannt, allerdings scheint dabei die Erkennung von Peptiden körpereigener Proteine (mit der Folge negativer Selektion) ebenso wichtig zu sein wie die Erkennung körperfremder Antigene (mit der Folge positiver Selektion). Nur solche T-Zellen, deren Antigenrezeptoren tatsächlich in Kontakt mit einem fremden Antigen treten, vermehren sich durch Zellproliferation. Sie zirkulieren entweder im Blut oder wandern in periphere Lymphorgane (▶ Abschn. 29.7) ein.

Reife T-Zellen tragen auf ihrer Zelloberfläche einen **T-Zell-Rezeptor**, der eine immunglobulinähnliche Struktur aufweist (Abb. 29.13), und einen von zwei möglichen Corezeptoren (Mensch: CD4 oder CD8). Die Gene, die den T-Zell-Rezeptor codieren, sind wie die der Immunglobuline einem ausgeprägten DNA-Rearrangement (▶ Abschn. 29.5) unterworfen. Dies ermöglicht, dass die T-Zell-Rezeptoren bestimmter Zellen sehr spezifisch eines von fast unendlich vielen möglichen Antigenen erkennen, sobald dieses von APCs präsentiert wird. Die Bindungsspezifität des T-Zell-Rezeptors erstreckt sich allerdings nicht auf das präsentierte Antigen allein, sondern schließt immer auch Teile des MHC-Moleküls mit ein. So erkennen CD8-exprimierende T-Zellen ($CD8^+$-Zellen, differenzieren sich zu cytotoxischen T-Zellen) die Fragmente von viralen Antigenen nur in Verbindung mit dem präsentierenden MHC-I-Molekül. CD4-exprimierende T-Zellen ($CD4^+$-Zellen, differenzieren sich zu T-Helferzellen) erkennen Fragmente fremder Antigene nur, wenn sie von MHC-II-Molekülen dargeboten werden. Diesen Umstand nennt man **MHC-Restriktion**.

Ja nach ihrer Funktion und ihrer Ausstattung mit Oberflächenmolekülen lassen sich drei Typen von T-Zellen unterscheiden:

- die cytotoxischen T-Zellen (*cytotoxic T-lymphocytes*, CTLs),
- die T-Helferzellen und
- die regulatorischen T-Zellen (T_{reg}).

[592] *to boost* (engl.) = verstärken

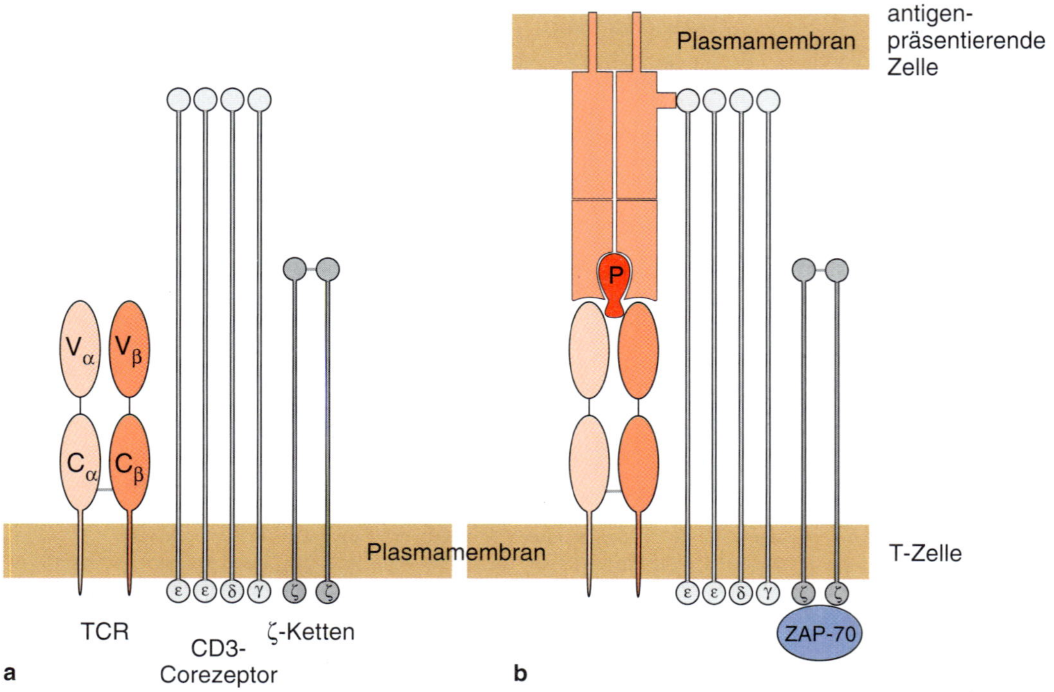

Abb. 29.13 **a** Aufbau eines T-Zell-Rezeptors der Säugetiere in Assoziation mit dem Proteinkomplex des CD3-Corezeptors (hellgrau) und den beiden ζ-Ketten. **b** Interaktion des T-Zell-Rezeptors mit einem MHC-II-Komplex einer antigenpräsentierenden Zelle, der mit einem Antigenfragment beladen ist. Der TCR ist ein Proteinkomplex, der in der Membran von T-Lymphocyten verankert ist. Strukturell ähnelt der Rezeptor dem Fab-Fragment der Antikörper. Der eigentliche TCR-Komplex ist aus zwei Untereinheiten, in den meisten Fällen einer α- und einer β-Untereinheit, aufgebaut. Diese Untereinheiten weisen typische Immunglobulindomänen auf. Jede Untereinheit besteht aus einer konstanten Domäne, die eine Transmembrandomäne beinhaltet, und einer in den Extrazellularraum weisenden variablen Domäne. Die extrazellulären Abschnitte der konstanten Domänen beider Untereinheiten sind über eine Disulfidbrücke miteinander kovalent verknüpft. Vergesellschaftet ist der TCR mit dem CD3-Corezeptor mit seinen Untereinheiten γ, δ, ε. Zusätzlich sind zwei im Extrazellularraum über eine Disulfidbrücke miteinander verknüpfte ζ-Ketten Teil des gesamten Proteinkomplexes. Diese Proteine sind für die Signaltransduktion des TCR/CD3/ζ-Komplexes verantwortlich, wobei die γ-Untereinheit phosphoryliert und dadurch die Proteinkinase ZAP-70 rekrutiert und aktiviert wird. C = konstante Domäne; P = Antigenfragment; PM = Plasmamembran; TCR = T-Zell-Rezeptor; V = variable Domäne.

Cytotoxische T-Zellen

Die Vorläuferzellen der cytotoxischen T-Zellen des Menschen differenzieren sich durch Kontakt mit antigenpräsentierenden Zellen (APCs) in die funktionellen Zellen, die infizierte oder transformierte körpereigene Zellen durch die Abgabe von Perforinen und Granzymen abtöten. Cytotoxische T-Zellen exprimieren üblicherweise neben dem T-Zell-Rezeptor den Corezeptor CD8, seltener CD4. Sie können anhand der ihnen präsentierten MHC I/Antigenpeptid-Komplexe normale von infizierten bzw. transformierten körpereigenen Zellen unterscheiden. Die Begrenzung der MHC-I-Moleküle auf die Präsentation von endogenen Antigenen (▶ Abschn. 29.3.1) wirft allerdings ein Problem auf: Wie alle T-Zellen benötigen auch naive cytotoxische T-Zellen eine Aktivierung durch professionelle APCs. Sollte ein infektiöses Agens diese Zellen nicht befallen oder eine Transformation nicht gerade die APCs selbst betreffen, so würde eine solche Situation nicht zur Aktivierung von CTLs führen. Daher ist es sinnvoll, dass professionelle antigenpräsentierende Zellen die Fähigkeit haben, exogene Antigene nicht nur über MHC-II-, sondern auch über MHC-I-Moleküle zu präsentieren, ein Vorgang, den man als **Kreuzpräsentation** bezeichnet. Dadurch können CTLs entweder aktiviert oder es kann eine Toleranz gegenüber dem Antigen vermittelt werden. Die Wege der Beladung der MHC-I-Moleküle mit Fragmenten exogener Antigene sind noch nicht komplett verstanden. Das Beispiel zeigt allerdings, dass professionelle Immunzellen grundsätzlich auch über MHC-I-Moleküle verfügen.

T-Helferzellen

T-Helferzellen des Menschen exprimieren üblicherweise neben dem T-Zell-Rezeptor den Corezeptor CD4, seltener CD8. Nach der Erkennung eines durch APCs präsentierten MHC-gekoppelten Antigens (Priming) beginnt die T-Helferzelle zunächst, Interleukin-2 zu produzieren und dieses freizusetzen. IL-2 ist ein autokrines Signal für diese Zelle und stimuliert sie zur Zellteilung. Auf diese Weise entstehen viele klonale Zellen, deren T-Zell-Rezeptoren ausschließlich das ursprünglich stimulierende Antigen erkennen. Diese Zellen können als antigenspezifisch geprägte Vorläuferzellen (T_0-Zellen) während ihrer weiteren Differenzierung drei verschiedene Richtungen einschlagen: **T_H1-Helferzellen** aktivieren vornehmlich Makrophagen und vermitteln die Immunreaktion gegen Viren oder intrazelluläre Bakterien, können aber auch B-Zellen aktivieren und die Antikörperproduktion (hauptsächlich IgG) einleiten.

T_H2-Helferzellen vermitteln die humorale (antikörpervermittelte) Immunität durch Aktivierung naiver B-Zellen (▶ Abschn. 29.7). Sie regulieren daher im Wesentlichen Immunreaktionen gegen extrazelluläre Infektionserreger wie Bakterien, Pilze sowie ein- und mehrzellige Parasiten. Da sich die T_H1- und T_H2-Zellen gegenseitig in ihrer Aktivität dämpfen, können Stimuli des T_H1-Weges den T_H2-Weg in seiner Aktivität beeinträchtigen und umgekehrt. **T_H17-Helferzellen** vermitteln durch die Freisetzung von Interleukin-17 Entzündungsreaktionen im Gewebe, die besonders der Bekämpfung von extrazellulären Bakterien und Pilzen dienen.

Jeder dieser Helferzelltypen kann nach seiner Aktivierung bestimmte Cocktails von **Chemo- und Cytokinen** freisetzen und auf diese Weise sehr unterschiedlich auf benachbarte Zellen im Gewebe wirken. **T_H1-Zellen** bilden unter anderen Interferon-γ (IFN-γ), Interleukin-3, Lymphotoxin und GM-CSF (*granulocyte macrophage colony-stimulating factor*). IFN-γ dient der Bekämpfung von Viren und intrazellulären Bakterien (z. B. des Tuberkuloseerregers *Mycobacterium tuberculosis*). Interleukin-3 regt die Blutzellbildung an. Lymphotoxin – ein T-Zell-Homolog von TNF-β (*tumor necrosis factor β*) veranlasst Endothelzellen in der Umgebung, ihr Repertoire an Zelladhäsionsmolekülen zu verändern, um professionellen Phagocyten Andockstellen für die Auswanderung in das Gewebe bereitzustellen. GM-CSF beschleunigt die Differenzierung von Granulocyten und Makrophagen aus ihren jeweiligen myeloiden Vorläuferzellen des Knochenmarks. **T_H2-Zellen** bilden IL-4, IL-5, IL-6, IL-10 sowie IL-13. IL-4 stimuliert aktivierte B-Zellen zur Zellproliferation und zur Differenzierung zu Plasmazellen und ermöglicht so erst die Produktion von Antikörpern (▶ Abschn. 29.7). Außerdem hemmt IL-4 die Aktivität von T_H1-Zellen und unterstützt die Differenzierung von T_0-Zellen zu T_H2-Zellen. Interleukin-5 lockt eosinophile Granulocyten an und steigert die Synthese und Sekretion von IgA in Plasmazellen. Interleukin-6 bewirkt die vermehrte Synthese von Akutphaseproteinen (▶ Abschn. 29.2.3) in der Leber. Zusätzlich kann es je nach Zielgewebe und dessen physiologischer Situation eine pro- oder antiinflammatorische Wirkung haben. IL-10 und IL-13 hemmen die Funktion von Makrophagen und verhindern damit überschießende Entzündungsreaktionen. **T_H17-Zellen** produzieren neben IL-17 auch IL-21, IL-22 und IL-26. IL-21 wirkt stimulierend auf natürliche Killerzellen (NK-Zellen) und cytotoxische T-Zellen (CTLs). IL-22 regt epitheliale Zellen dazu an, antimikrobielle Peptide zu synthetisieren und zu sezernieren. IL-26 fördert die Expression des Zelladhäsionsmoleküls ICAM-1 auf Endothelzellen, sodass im Blutstrom zirkulierende Lymphocyten dort ankoppeln und ihre Auswanderung in das Gewebe beginnen können.

Regulatorische T-Zellen

Regulatorische T-Zellen vermitteln inhibitorische Signale an ihre Zielzellen und supprimieren daher bestimmte Immunreaktionen. Sie differenzieren sich aus naiven T-Zellen durch Kontakt mit MHC-II-Molekülen auf dendritischen Zellen, die körpereigene Peptidfragmente präsentieren, zu **induzierten regulatorischen T-Zellen**. Diese exprimieren typischerweise den Transkriptionsfaktor FoxP3 (*forkhead box P3*). Dessen Aktivierung versetzt diese Zellen über die Aufnahme von direkten Zell-Zell-Kontakten zu anderen Immunzellen in die Lage, Immunreaktionen jener Zellen zu moderieren und somit Autoimmunität zu verhindern. Wie dies allerdings genau erfolgt, ist bisher nicht gut untersucht.

29.5 Rearrangement-Gene (RAGs)

Hätten Wirbeltiere für jedes Antigen, das jemals von innen oder außen auf den Organismus einwirken könnte, Gene für optimal passende Antikörper, B-Zell- oder T-Zell-Rezeptoren, so wäre das Genom eines jeden Tieres weitaus größer, als es in einem Zellkern zu verpacken wäre. Die Vorläufer der B-Zellen und die T-Zellen müssen daher ihren begrenzten Vorrat an relevanten Genen nutzen, um Varianten dieser Proteine mit einem extrem hohen Maß an Variationsbreite herzustellen. Durch Selektion werden dann erst im Nachherein die Zellen, die taugliche und zweckmäßige Moleküle herstellen, ausgewählt, während die anderen eine Apoptose durchlaufen.

Die Variationsbreite der Molekülausstattung wird durch die während der Evolution der Wirbeltiere neu entwickelte Möglichkeit der B- und T-Zell-Vorläuferzellen, ihre Gene, die Antikörper, B- und T-Zell-Rezeptoren codieren, neu zu arrangieren (**genetische Rekombination**), substanziell erhöht. Ein solcher Vorgang ist normalerweise auf Keimbahnzellen beschränkt (Crossing over während der Meiose), findet hier aber ausnahmsweise in normalen Körperzellen statt und wird deshalb als **somatische Rekombination** bezeichnet (◘ Abb. 29.14).

Bei den Säugetieren gibt es sieben Genloci, in denen die Genprodukte für die spezifische Antigenerkennung codiert sind. Für den **T-Zell-Rezeptor** ist dies jeweils einer für die α-, die β-, die γ- und die δ-Kette, wobei die ersten beiden in allen T-Zellen vorkommen, die letzten beiden jedoch ausschließlich in einer speziellen Subpopulation von T-Zellen (γδ-T-Zellen) noch unbekannter Funktion. Bei den Genen für die **Immunglobuline** sind es ein Locus für die schwere Kette (H) und zwei für die leichte Kette κ bzw. λ. Diese sind aus hintereinander angeordneten Segmenten (Genkassetten) zusammengesetzt, die die verschiedenen Teile der fertigen Proteine codieren. Die an dem Gen-Rearrangement beteiligten Genkassetten werden als V-Segment (V für *variable*), D-Segment (D für *diverse*), J-Segment (J für *joining*) und C-Segment (C für *constant*) bezeichnet. Die Begriffe kennzeichnen die Eigenschaften der fertigen Proteine.

Die Enzyme, die an diesem DNA-Rearrangement beteiligt sind, werden als **Rekombinasen** bezeichnet. Die Gene der Rekombinasen, RAG-1 und RAG-2 (RAG für *recombination activating gene*), werden nur in Vorläuferzellen der Lymphocyten exprimiert. Die Enzyme nutzen zu Beginn oder am Ende der jeweiligen Gensegmente liegende Erkennungssignalsequenzen (*recombination signal sequences*, RSS) mit einer Länge von zwölf bzw. 23 bp zur Identifizierung der Schnittstellen in der DNA

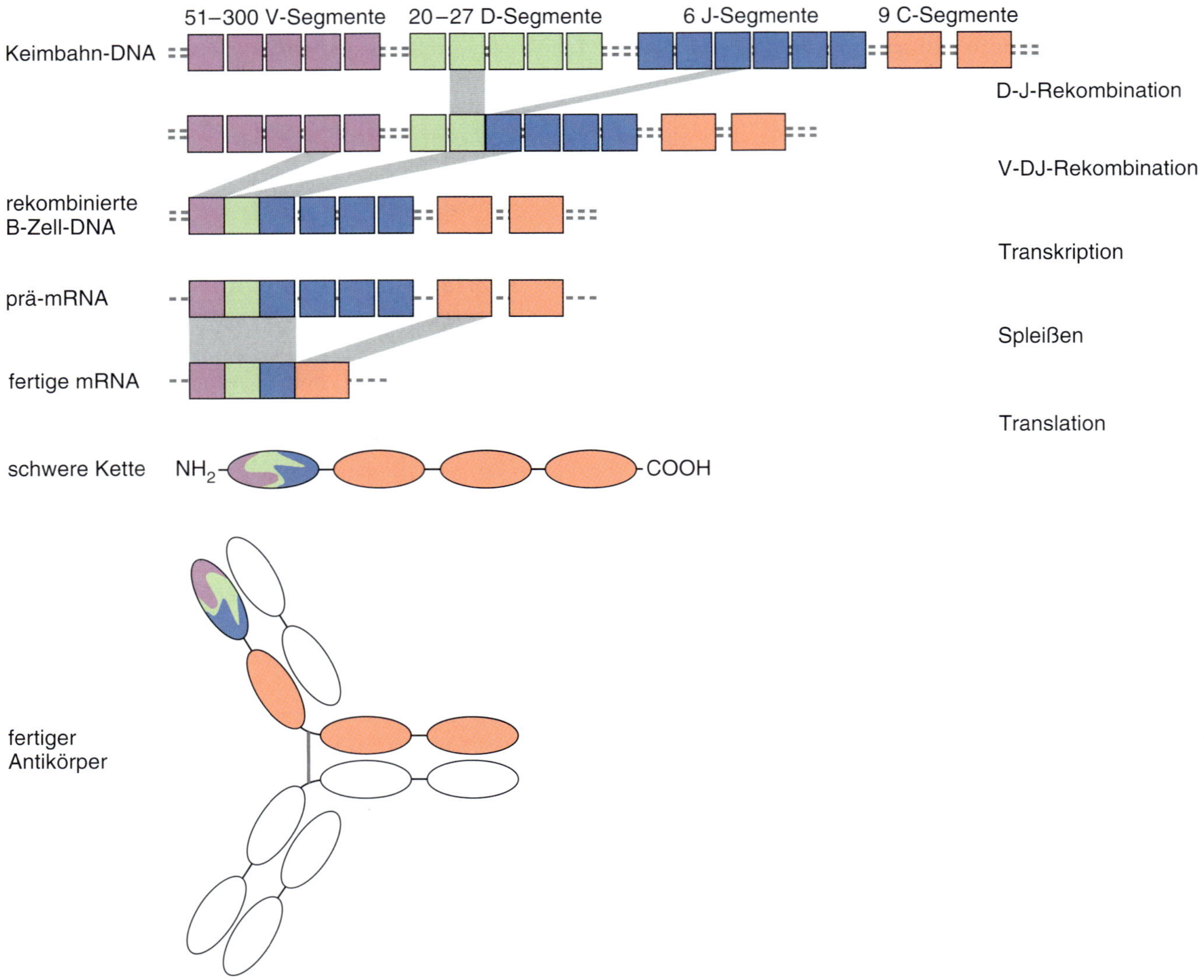

Abb. 29.14 Somatische Rekombination der Genkassetten und mRNA-Prozessierung für die Codierung der schweren Kette als Beispiel für DNA-Rearrangement in Lymphocyten. Für die schwere Kette der Antikörper gibt es bei verschiedenen Säugetierarten in der Ausgangs-DNA (Keimbahn-DNA) Genkassetten für 51–300 V-, 20–27 D- und sechs J-Segmente, die den variablen Anteil der Kette codieren. Weiterhin enthält die DNA Kassetten für die Codierung der konstanten Region der verschiedenen Antikörperklassen. Im Zuge des DNA-Rearrangements wird zunächst ein D- mit einem J-Segment kombiniert (D-J-Rekombination). Anschließend wird ein zufällig ausgewähltes V-Segment mit DJ verknüpft (V-DJ-Rekombination). Die kurzen DNA-Stücke zwischen den Segmenten werden dabei entfernt und abgebaut. Die neu kombinierte DNA der B-Zelle, die neben VDJ auch Gensegmente für nicht entfernte J-Abschnitte und für die schweren Ketten enthält, wird zu einer prä-mRNA transkribiert. Durch Spleißen und weitere Prozessierungsschritte wird aus der prä-mRNA die fertige B-Zell-mRNA, die anschließend zur schweren Kette eines Antikörpers translatiert wird. Diese und entsprechende Vorgänge in den B-Zell-Genen, die die leichten Ketten codieren, bewirken die hohe Variationsbreite in der Ausbildung der möglichen Antigenbindungsstellen der Antikörper.

und spalten dort die doppelsträngige DNA. Enzyme, die normalerweise für die Reparatur von DNA-Schäden verantwortlich sind, fügen anschließend entsprechende Genabschnitte in neuen Kombinationen zusammen.

Während der Lebensdauer einer B-Zelle und der Antikörperproduktion der daraus hervorgehenden Plasmazelle kommt es zu einem Wechsel der von ihr hergestellten Antikörperisotypen (▶ Abschn. 29.6.1). Dieser Vorgang wird als **Klassenwechsel** (CSR, *class switch recombination*) bezeichnet und durch die von T-Helferzellen produzierten Cytokine bewirkt. Der molekulare Mechanismus, der den Klassenwechsel hervorbringt, besteht in einer genetischen Rekombination, die konstante Regionen in den Genabschnitten austauscht, welche die schwere Kette der Antikörper codieren.

29.6 Immunglobuline

Immunglobuline, die auch als **Antikörper** bezeichnet werden, sind bei allen Wirbeltieren vorkommende Glykoproteine, die hochaffine Bindungsstellen für bestimmte Domänen von Antigenen besitzen. Durch die Immunglobulin-Antigen-Bindung

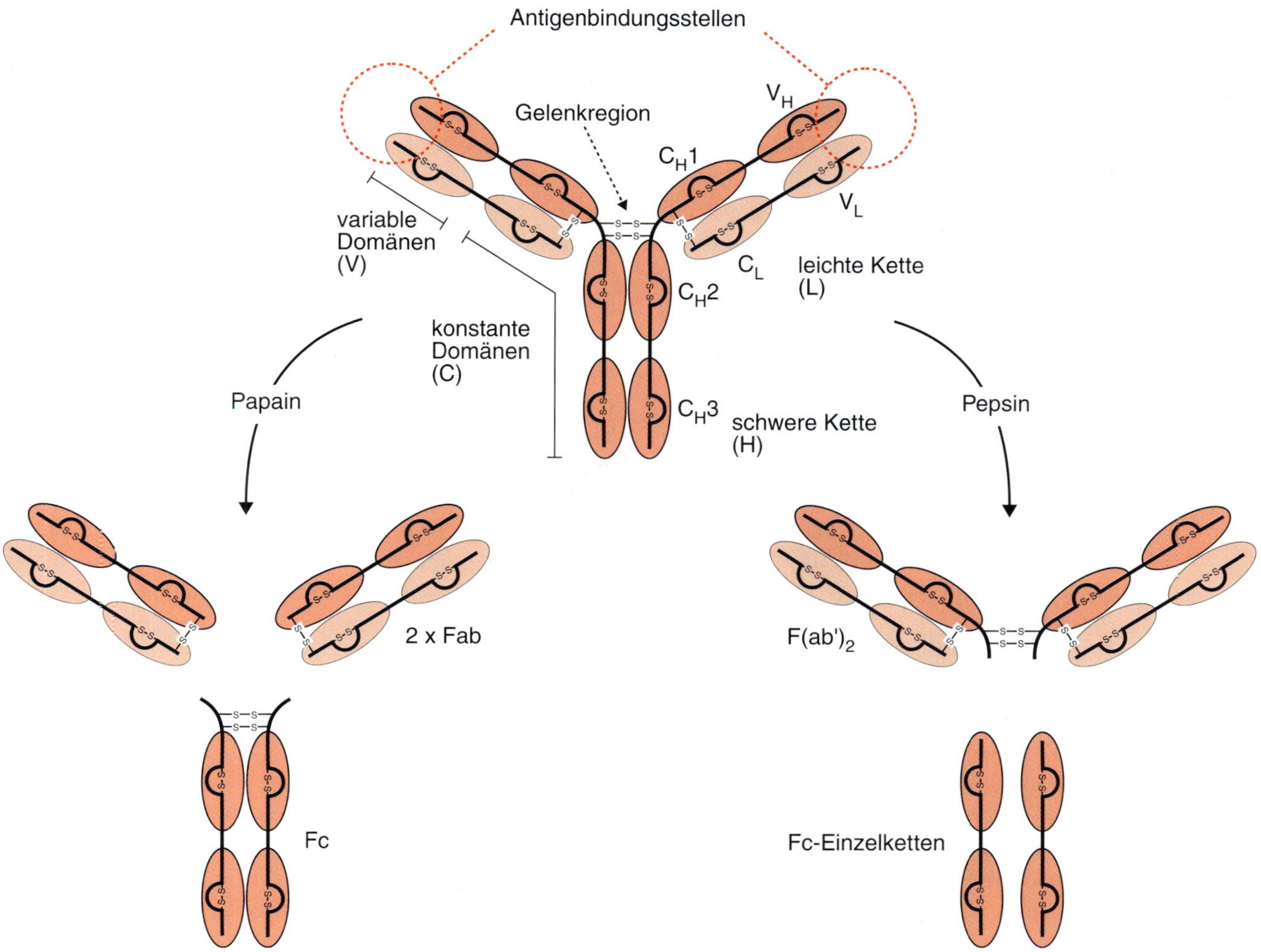

Abb. 29.15 Schema des Aufbaus eines Antikörpers (Immunglobulin G) und biotechnologische Prozessierungsmöglichkeiten. Oben: Antikörpermoleküle haben eine Y-förmige Gestalt. Sie bestehen aus zwei schweren Ketten (H) und zwei leichten Ketten (L), die miteinander über Disulfidbrücken (-S-S-) verknüpft sind. Die schweren Ketten weisen vier Immunglobulindomänen (farbige Ovale) auf, von denen drei, die C_H-Domänen, innerhalb einer Tierart konserviert sind. Die vierte, die V_H-Domäne, bildet einen Teil der Antigenbindungsstelle. Sie unterscheidet sich bei Antikörpern, die gegen unterschiedliche Antigene gerichtet sind. Die leichten Ketten bestehen aus zwei Immunglobulindomänen, einer konservierten (C_L) und einer variablen (V_L) Domäne. Die aus den variablen Domänen der leichten und der schweren Kette gebildete Antigenbindungsstelle ist dem jeweiligen Epitop des Antigens extrem gut angepasst (Paratop). Unten: Für biotechnologische, analytische oder therapeutische Zwecke werden nicht nur vollständige Antikörpermoleküle, sondern auch proteolytische Fragmente eingesetzt. Mithilfe der Protease Papain können Antikörper oberhalb der beiden Disulfidbrücken zwischen den schweren Ketten proteolytisch gespalten werden. Dabei entstehen als Spaltprodukte ein Fragment, dessen Aminosäuresequenz innerhalb einer Tierart identisch ist (Fc-Teil), und zwei Fragmente, die aus den leichten Ketten und den Resten der schweren Ketten bestehen und die Antigenerkennungsdomänen bilden (Fab-Fragmente). Die Protease Pepsin spaltet die schweren Ketten unterhalb der beiden Disulfidbrücken. Dabei entstehen neben der vereinzelten Ketten des Fc-Teils (die bei längerer Einwirkung des Enzyms weitgehend zerstört werden) die noch durch die beiden Disulfidbrücken verbundenen Fab-Fragmente, die als F(ab')$_2$ bezeichnet werden. Diese sind noch in der Lage, antigentragende Strukturen quer zu vernetzen.

werden verschiedene Immunfunktionen aktiviert. Immunglobuline kommen in plasmamembangebundener Form als Teil des B-Zell-Rezeptors auf der Oberfläche von B-Zellen vor (▶ Abschn. 29.3.4). In löslicher Form (d. h. ohne die Transmembranregion) werden sie von Plasmazellen produziert und in das Blutplasma freigesetzt.

Der molekulare Aufbau der löslichen Immunglobuline wurde von Gerald Edelmann* und Rodney Porter* aufgeklärt, die dafür 1972 den Nobelpreis erhielten. Die Moleküle bestehen jeweils aus zwei schweren und zwei leichten Ketten, die über Disulfidbrücken untereinander verbunden sind (Abb. 29.15). Daher sind Antikörper recht stabile Moleküle mit Halbwertszeiten im Blut von zwei bis 20 Tagen, je nach Antikörperklasse. Antikörper haben eine Y-förmige Gestalt, wobei die Sequenzen, die den Stamm des Y bilden, höchst konserviert sind. Dieser Teil des Moleküls – der **Fc-Teil** (F für Fragment, c je nach Autor für constant, conserved oder für crystallizable) – ist für jede Tierart typisch und in allen Individuen dieser Art identisch. Die beiden Schenkel des Y tragen die **Antigenerkennungsdomänen** des Antikörpers. Diese sind bei verschiedenen Antikörpern (selbst in einem Tier) hochgradig verschieden (variable Region, V-Domäne), passen aber sehr genau zu einem bestimmten

Merkmal (**Epitop, Antigendeterminante**) des in diesem Tier zuvor aufgetretenen Antigens. Die Bindung des Antikörpers an das Epitop des Antigens erfolgt durch verschiedene nichtkovalente Wechselwirkungen. Somit ist die Interaktion zwar reversibel, aber dennoch durch eine hohe Bindungsaffinität des Antikörpers für das Antigen gekennzeichnet. Jedes Antikörpermolekül besitzt zwei strukturell identische Bindungsstellen für sein jeweiliges Antigen. Liegen die von einem Antikörpermolekül erkannten Antigene auf zwei verschiedenen Molekülen oder gar Zellen, kann der Antikörper eine **Quervernetzung** der antigentragenden Strukturen bewirken.

Diese Eigenschaft der Antikörper macht man sich bei der Blutgruppenanalytik *in vitro* zunutze. So sorgen zum Beispiel Antikörper gegen das Blutgruppenantigen B, das auf Erythrocyten von Trägern der Blutgruppe B vorkommt, für eine Quervernetzung dieser Blutzellen, und das Blut nimmt daher eine gelartige Konsistenz an. Mischt man diese Antikörper mit Blut eines Trägers der Blutgruppe A, unterbleibt diese Reaktion, da es keine B-Antigene auf dessen Erythrocyten gibt. Das Blut auf der Tüpfelplatte bleibt flüssig.

Die **leichten Ketten** der Antikörper kommen beim Menschen in zwei Varianten vor: der κ-Kette und der λ-Kette. Sie bestehen aus einer variablen (V_L) und einer konstanten (C_L) Domäne. Jede dieser Domänen besteht aus 110–115 Aminosäureresten langen Proteinabschnitten, die durch in Längsrichtung aufgespannte Disulfidbrücken jeweils eine Schleife bilden (**Immunglobulindomäne**; ◘ Abb. 29.15). Die **schweren Ketten** bestehen je nach **Antikörperklasse** aus jeweils einer variablen (V_H) und drei konstanten (C_H) Domänen (bei den menschlichen Immunglobulinen der Klassen G, A und D) bzw. vier C_H-Domänen (bei den menschlichen Immunglobulinen der Klassen M und E) (► Abschn. 29.6.1). Die variablen Domänen von schweren und leichten Ketten bilden die **Antigenerkennungsdomänen**, die jeweils drei sehr variable Subdomänen aufweisen, in denen die Aminosäureabfolge bei verschiedenen Antikörpern desselben Tieres extrem variieren, da sie von Genen codiert werden, die dem DNA-Rearrangement unterliegen (► Abschn. 29.5). Dadurch wird die hohe Passfähigkeit spezifischer Antikörper für bestimmte Epitope von Antigenen erzielt.

29.6.1 Antikörperklassen des Menschen und ihre Funktionen

Wie bereits erwähnt, treten beim Menschen fünf Typen von schweren Ketten auf, die die Klassenzugehörigkeit der von ihnen gebildeten Antikörper definieren. Die Antikörperklassen werden synonym auch als **Isotypen** bezeichnet. Die μ-Kette ist Bestandteil des Immunglobulins M (IgM), die δ-Kette ist Bestandteil von IgD, die γ-Kette von IgG, die α-Kette von IgA und die ε-Kette von IgE (◘ Tab. 29.2).

Eine Besonderheit von IgA und IgM im Unterschied zu Antikörpern anderer Klassen ist, dass sie nicht nur als Monomere, sondern auch als Superstrukturen in Erscheinung treten. **Monomere IgA** werden vornehmlich in den Körperflüssigkeiten (Blut, Interstitialflüssigkeit) angetroffen. Im antigengebundenen Zustand werden sie von den Fc-Rezeptoren der Makrophagen gebunden und können so den alternativen Weg der Komplementaktivierung (► Abschn. 29.2.3) einleiten. Zwei IgA-Moleküle können mithilfe einer J-Kette und mehrerer Disulfidbrücken zwischen den Fc-Teilen dimerisieren. Diese **dimeren IgA-Antikörper** sind in sämtlichen Körpersekreten (Tränen, Speichel, Bronchialschleim, Urogenitalsekrete, Darmsaft und Muttermilch) anzutreffen, weshalb sie als sekretorische IgA bezeichnet werden. In den Extrazellularraum gelangen die dimeren IgA durch **Transcytose** (eine Kombination aus Endocytose auf der Basolateralseite, Vesikeltransport durch die Zelle und Exocytose auf der Apikalseite) durch die Epithelzellen. Sie bilden einen effektiven Schutz gegen Mikroorganismen oder deren Produkte (z. B. Toxine), die den Organismus über die oberflächlichen Epithelien erreichen. **Monomere IgM-Moleküle** treten als B-Zell-Rezeptoren in der Oberfläche von B-Lymphocyten auf (► Abschn. 29.3.4). Im Blutplasma und in Körpersekreten treten IgM allerdings als Multimere auf. Jeweils fünf IgM-Monomere werden über eine J-Kette und Disulfidbrücken über ihre Fc-Teile zu einem Pentamer verknüpft. Daneben können aber auch Hexamere ohne J-Kette vorkommen. IgM ist der erste Antikörper, der bei einer primären Immunantwort auftritt. IgM-Antikörpern fehlt die Gelenkregion. Sie haben in jeder der schweren Ketten stattdessen eine zusätzliche konstante Immunglobulindomäne. Theoretisch könnte ein IgM-Pentamer zehn Antigenepitope erkennen und binden, was jedoch durch sterische Behinderung in der Regel nicht vorkommt. Dennoch sind multimere IgM wichtige Antikörper für die Quervernetzung von antigentragenden Strukturen. Außerdem wird durch sie der klassische Weg der Komplementaktivierung eingeleitet.

Das nur monomer vorkommende **Immunglobulin E** (IgE) besitzt wie IgM keine Gelenkregion, stattdessen aber eine zusätzliche konstante Immunglobulindomäne. IgE binden besonders Antigene auf der Oberfläche von mehrzelligen Parasiten (z. B. Würmer) in den Körperflüssigkeiten des Wirtstiers oder an der Körperoberfläche (Haut, Darm usw.). In infizierten Tieren bindet der Fc-Teil der antigengebundenen Antikörper an einen Fc-Rezeptor auf der Oberfläche von Mastzellen sowie von eosinophilen und basophilen Granulocyten (► Abschn. 29.2.4), die darauf mit Degranulation reagieren. In westlichen Industrieländern, in denen die Menschen durch hohe Hygienestandards kaum mehr mit Wurminfektionen konfrontiert sind, sind IgE sehr häufig in die Vermittlung **allergischer Reaktionen** vom Soforttyp auf Alltagsantigene eingebunden.

Das **Immunglobulin D** (IgD) tritt in membrangebundener Form zusammen mit IgM in der frühen Phase der B-Zell-Reifung auf. Eine Funktion des monomeren IgD im Blutplasma ist bisher nicht bekannt.

Immunglobulin G (IgG) (◘ Abb. 29.15) kommen beim Menschen in vier Unterklassen bzw. Allotypen (IgG1–IgG4) vor. Sie bilden die größte Fraktion aller IgG im Blutplasma, werden aber erst in der Spätphase einer primären Immunantwort gebildet. Sie sind allerdings die für eine sekundäre Immunantwort nach wiederholtem Auftreten eines Antigens typischen Im-

Tab. 29.2 Eigenschaften der menschlichen Immunglobuline.

Antikörperklasse	IgG	IgM	IgA	IgE	IgD
Molekülmasse (kDa)	150	970	160 (Monomer) 400 (Dimer)	188	184
Struktur	Monomer	Pentamer	Mono- oder Dimer	Monomer	Monomer
leichte Kette	κ oder λ	κ oder λ	κ oder λ	κ oder λ	κ oder λ
schwere Kette	γ	μ	α	ε	δ
Vorkommen	Blutplasma, Muttermilch	Blutplasma, B-Zellen	Blutplasma, alle Körpersekrete	Blutplasma, alle Körpersekrete	Blutplasma, B-Zellen
Konzentration im Blutplasma (mg ml^{-1})	6–16	0,5–2	0,5–3	0,00005	0,003–0,4
Komplementaktivierung	++	+++	–	–	–
Placentagängigkeit	+	-	–	–	–
Aktivierung von Phagocyten	+	–	+	+	–
Aktivierung von Mastzellen und Granulocyten	–	–	–	+++	–

Symbole: – keine Aktivierung, + mäßige Aktivierung, ++ deutliche Aktivierung, +++ sehr starke Aktivierung

munglobuline. Als einziger Isotyp werden IgG von der Mutter durch die Placenta auf den Embryo übertragen und vermitteln dem Neugeborenen für die ersten Lebenswochen einen guten Immunschutz. IgG haben in der Regel eine sehr hohe Affinität zu den Epitopen der Antigene und sind in antigengebundener Form sehr gute Aktivatoren des klassischen Weges des Komplementsystems, wozu es aber immer mindestens zweier IgG-Moleküle auf der Oberfläche eines Antigens bedarf.

29.6.2 Antikörper anderer Tierarten

Bei den Kamelartigen (**Camelidae**) unter den Säugetieren wurden IgG-Antikörper gefunden, denen die leichten Ketten fehlen. Diese Antikörper werden daher als Schwerkettenantikörper (*heavy chain antibodies*) bezeichnet. Die Ursache für dieses Phänomen liegt in Mutationen in den Genen für die schweren Ketten, die offenbar bei den Vorfahren der heute lebenden Camelidae aufgetreten sind. Die Mutationen betreffen die DNA-Region einer mRNA-Spleißstelle zwischen den Sequenzabschnitten, die die C_H1-Region und die Gelenkregion der schweren Kette codieren. In der Folge entsteht eine schwere Kette, der die C_H1-Domäne fehlt, welche für die Anknüpfung der leichten Kette über eine Disulfidbrücke wichtig ist (vgl. Abb. 29.15). Offenbar sind die variablen Regionen der Cameliden-IgG aber so optimiert, dass sie auch ohne den Beitrag der leichten Kette hochaffine Bindungsstellen für Antigene ausbilden, sodass die Immunfunktion der Tiere nicht beeinträchtigt zu sein scheint.

Das vorherrschende Immunglobulin der **Vögel** ist neben zwei anderen Isotypen das IgY. Dieses Immunglobulin hat im Vergleich mit Säugetier-IgG eine deutlich vergrößerte Fc-Region und eine verkürzte Gelenkregion. Der Fc-Teil der IgY hat zwei zusätzliche Glykosylierungsstellen, die die Bindung der Antikörper an Fc-Rezeptoren von Immunzellen beeinflussen. IgY sind in allen Körperflüssigkeiten von Vögeln anzutreffen, werden aber in sehr hohen Konzentratonen auch im Eidotter eingelagert. Im Dotter eines Haushuhneies (*Gallus domesticus*) wurden schon Mengen von bis zu 100 mg eines einzigen Antikörpertyps gefunden. Diese hohe Antikörperfracht dürfte sicherstellen, dass der Eidotter nicht während der Brutzeit durch Mikroorganismen, die während der Passage der befruchteten Eizelle durch den Eileiter des Muttertiers in den Uterus (d. h. vor der Schalenbildung im Uterus) in das Vorratsmaterial des Eies gelangen können, vorzeitig verdaut wird. Außerdem wird durch die Aufnahme von Antikörpern aus dem Dotter in den Embryo ein Immunschutz für die Zeit nach dem Schlupf aufgebaut.

Reptilien, **Amphibien** und **Fische** haben zwei Isotypen von Immunglobulinen, die entfernte Verwandtschaft zu den Immunglobulinen der Säugetiere und Vögel haben dürften. Es gibt bei diesen Tieren multimere Antikörper, die in Konfiguration und Größe den IgM der Säugetiere entsprechen. Außerdem wurden monomere Antikörper gefunden, deren molekulare Struktur der der IgY von Vögeln und der der IgA von Säugetieren ähnlich ist.

29.7 Lymphatische Gewebe und Organe

Bei Fischen entstehen die Lymphocytenvorläufer nicht im Knochenmark, sondern vorzugsweise in der Niere (Pro- und/oder Mesonephros). Bei den Urodelen entstehen die B-Zell-Vorläufer wie bei allen anderen Wirbeltieren im Knochenmark, entwickeln

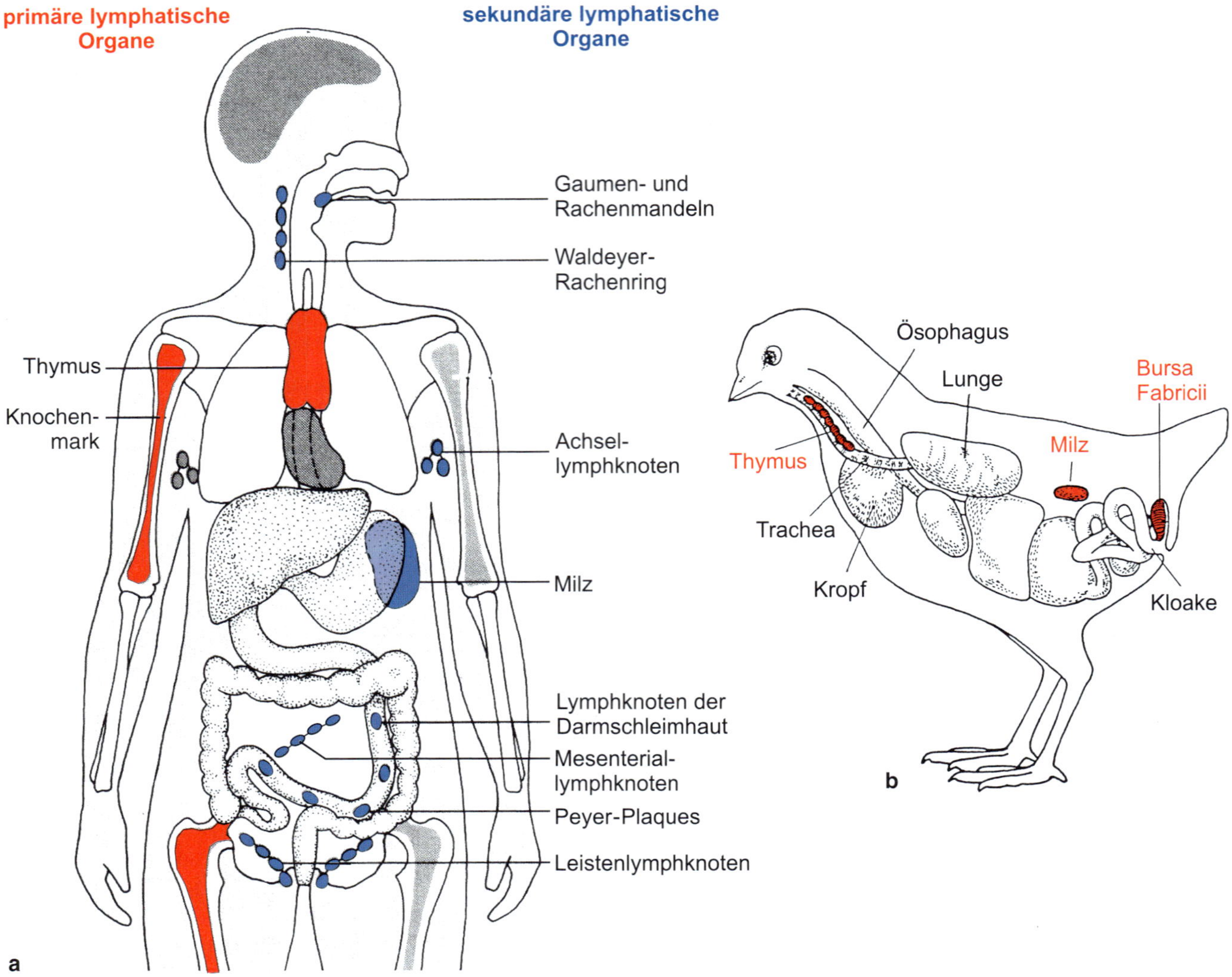

Abb. 29.16 Lymphatische Gewebe bzw. lymphatische Organe beim Menschen (**a**) und beim Huhn (**b**). (a nach van den Tweel JG (Hrsg) (1991) Immunologie. Das menschliche Abwehrsystem. Spektrum-Bibliothek, Bd 28. Spektrum der Wissenschaft Verlagsgesellschaft, Heidelberg, b nach Bier OG, Dias da Silva W, Götze D, Mota I (1986) Fundamentals of immunology. 2. Aufl. Springer, Berlin.)

sich aber auch in Milz und Leber weiter. Bei Vögeln laufen die initialen Entwicklungsschritte der B-Zell-Vorläufer in der **Bursa Fabricii**[593] ab, einem vom letzten Abschnitt der Kloake, dem Proctodeum, abgegliederten Gewebeblindsack (Abb. 29.16). Die Bursa Fabricii ist allerdings nur bei Jungvögeln aktiv und wird mit dem Einsetzen der Geschlechtsreife zurückgebildet. Später erfolgt die Vermehrung von B-Lymphocyten in anderen lymphatischen Geweben. Bei den Säugetieren entstehen die Lymphocyten wie alle Blutzelltypen im Knochenmark der großen Röhrenknochen. Bei den meisten Säugetieren laufen die initialen Entwicklungsschritte der B-Zell-Vorläufer noch im Knochenmark ab, allerdings scheint der Beginn der Entwicklung der B-Zell-Vorläufer bei Wiederkäuern (Ruminantia) bereits in den Peyer*-Plaques[594] des Darms (Folliculi lymphatici aggregati; s. u.) stattzufinden. Von den Orten ihrer Entstehung bzw. initialen Entwicklung wandern die Lymphocyten in verschiedene andere Gewebe oder Organe, wo sie charakteristische Teilprozesse ihrer Reifung durchlaufen. Man bezeichnet diese Stationen daher als **lymphatische Gewebe** bzw. **lymphatische Organe**.

Primäre lymphatische Gewebe sind beim Säugetier das **Knochenmark** der großen Röhrenknochen und der **Thymus**. Hier reifen die Vorläuferzellen der Lymphocyten zu antigenreaktiven Zellen (B-Zellen, T-Zellen) heran (Abb. 29.16). Anteile des Thymus entwickeln sich aus Meso-, Endo- und Ektoderm. Während der Adoleszenz bildet sich das Thymusgewebe weitgehend zurück (**Involution**), sodass es in der Regel nur bis zur Geschlechtsreife des Tieres immunologisch aktiv ist. Danach werden die initialen T-Zell-Reifungsprozesse überwiegend in anderen lymphatischen Geweben vollzogen. Alle Zellen, die Rezeptoren gegen körpereigene Antigene tragen (Selbstantigene, **Autoantigene**) werden im Rahmen der B-Zell- bzw. der T-Zell-Selektion in den primären lymphatischen Geweben apoptotisch eliminiert.

593 nach G. Fabrizio*
594 *plaque* (franz.) = Platte, Fleck

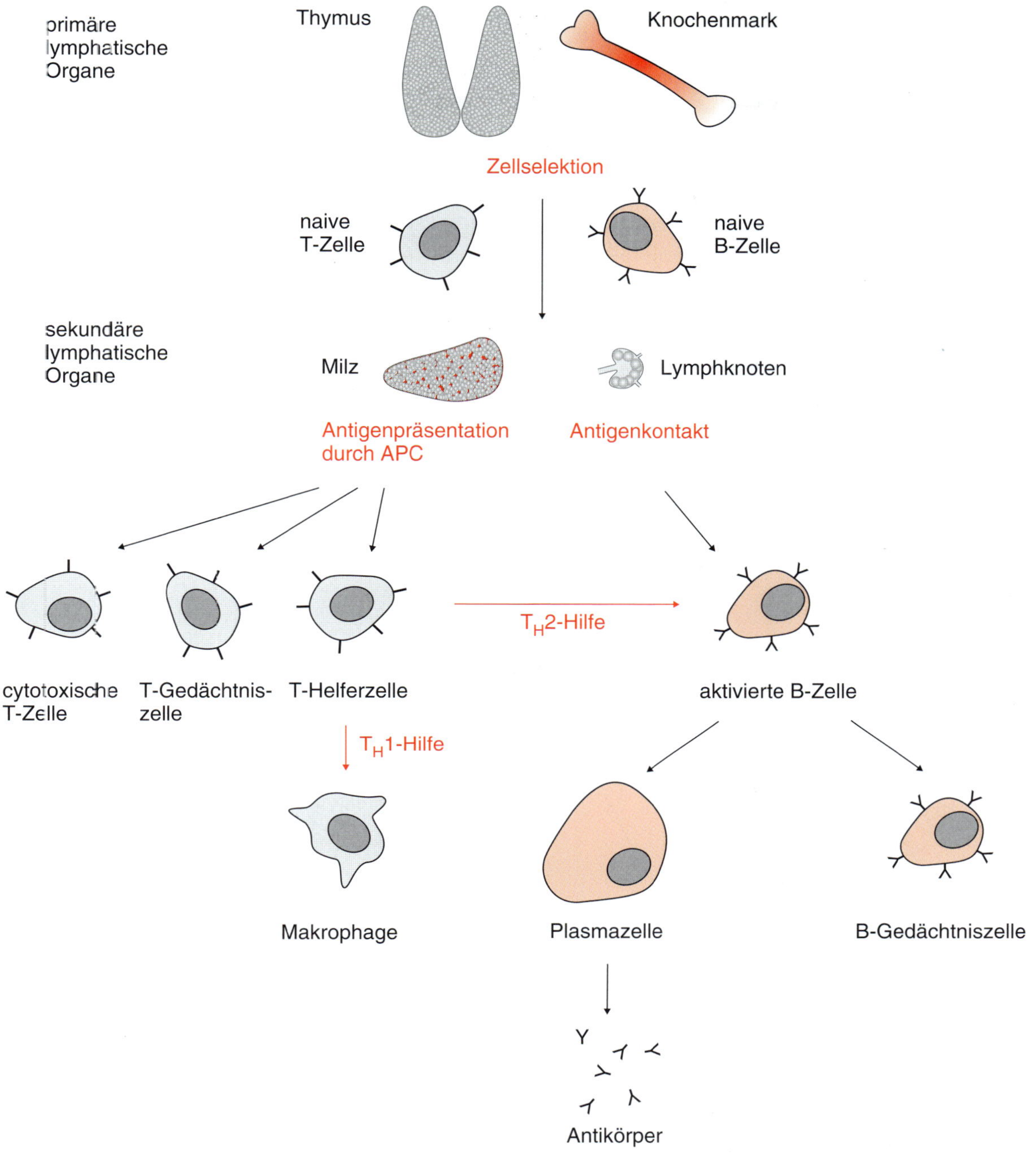

Abb. 29.17 Lebensgeschichte von Lymphocyten. Die in den primären lymphatischen Organen (Knochenmark, Thymus) produzierten naiven Lymphocyten wandern in die sekundären lymphatischen Organe (Milz, Lymphknoten) ein, wo die Präsentation von Antigenfragmenten durch antigenpräsentierende Zellen (im Fall der T-Zellen) oder die Antigenerkennung durch den B-Zell-Rezeptor (im Fall der B-Zellen) erfolgt. Die aktivierten T-Zellen durchlaufen eine Phase klonaler Vermehrung und differenzieren sich in unterschiedliche T-Zell-Populationen. T_H1-Helferzellen vermitteln die Aktivierung von Abwehrzellen wie Makrophagen (T_H1-Hilfe). Die von den T_H2-Helferzellen ausgehende Unterstützung (Cytokinsignale) führt zur Proliferation und Differenzierung aktivierter B-Zellen (T_H2-Hilfe). Dies ist die Voraussetzung für die Produktion von Antikörpern durch die ausdifferenzierten Plasmazellen. APS = antigenpräsentierende Zelle.

Die Lymphocyten, die Rezeptoren für fremde Antigene tragen, werden als **naive** bzw. **immunkompetente Lymphocyten** bezeichnet. Sie verlassen das Knochenmark bzw. den Thymus und wandern in die **sekundären lymphatischen Gewebe** in der Peripherie des Körpers ein, zu denen die **Milz** und die **Lymphknoten** gehören (Abb. 29.16). Die sekundären lymphatischen Gewebe sind die Orte der **Lymphocytenaktivierung** durch Antigenkontakt. Durch Bindung eines Antigens an Zellen mit dem passenden T-Zell- bzw. B-Zell-Rezeptor wird die klonale Vermehrung (Zellproliferation) ausschließlich dieser Lymphocyten angeregt. Der Antigenkontakt verlängert auch die individuelle Lebensdauer der aus der Zellteilung hervorgehenden Tochterzellen. Reife B-Zellen des Menschen überleben bis zu 80 Tage. Alle anderen Lymphocyten bleiben als naive Zellen im Wartezustand oder sterben nach Ablauf ihrer Lebensdauer (beim Menschen ca. drei Tage) ab. Aus den Nachkommen der antigenaktivierten Lymphocyten gehen durch Zelldifferenzierung anschließend die **Plasmazellen** und die **B-Gedächtniszellen** bzw. die **T-Helferzellen**, **T-Helfer-Gedächtniszellen** oder die **cytotoxischen T-Zellen** hervor (Abb. 29.17).

Die **Lymphknoten** sind nur bei Vögeln und Säugetieren als kompakt gebaute Organe sichtbar. Sie sind in allen Körperregionen in unterschiedlicher Dichte als Filtrationsstationen in die afferenten Lymphbahnen, die Interstitialflüssigkeit aus dem peripheren Gewebe in die zentrale Zirkulation zurückführen, eingeschaltet. Jeder Lymphknoten weist neben einer Bindegewebshülle eine Medulla (zentraler Gewebeblock), eine als Paracortex bezeichnete Zwischenschicht und einen Cortex (Rindenzone) auf (Abb. 29.18). Die aus der Peripherie einströmende Lymphe wird mit den mit unreifen B-Zellen bestückten **Primärfollikeln** im Cortex in Kontakt gebracht. Wird durch den Lymphstrom ein Antigen angeschwemmt, so bindet es an den B-Zell-Rezeptor, wird phagocytiert und seine Fragmente werden von MHC-II-Komplexen auf der B-Zell-Oberfläche präsentiert. Dies ermöglicht das vom T-Zell-Rezeptor vermittelte Andocken und Aktivieren von T-Helferzellen. Neben anderen Chemo- und Cytokinen wird Interleukin-4 ausgeschüttet, das die gebundene B-Zelle zur Proliferation anregt. Die resultierenden Tochterzellen werden, ebenfalls unter dem Einfluss von Interleukin-4, zur Differenzierung in antikörperproduzierende Plasmazellen oder B-Gedächtniszellen veranlasst. Letztere verharren in großer Zahl in dem sich aus dem Primärfollikel entwickelnden **Keimzentrum** (**Sekundärfollikel**) des Lymphknotens. Im Paracortex liegen vor allem T-Zellen und antigenpräsentierende dendritische Zellen. Die Medulla enthält Makrophagen und antikörpersezernierende Plasmazellen.

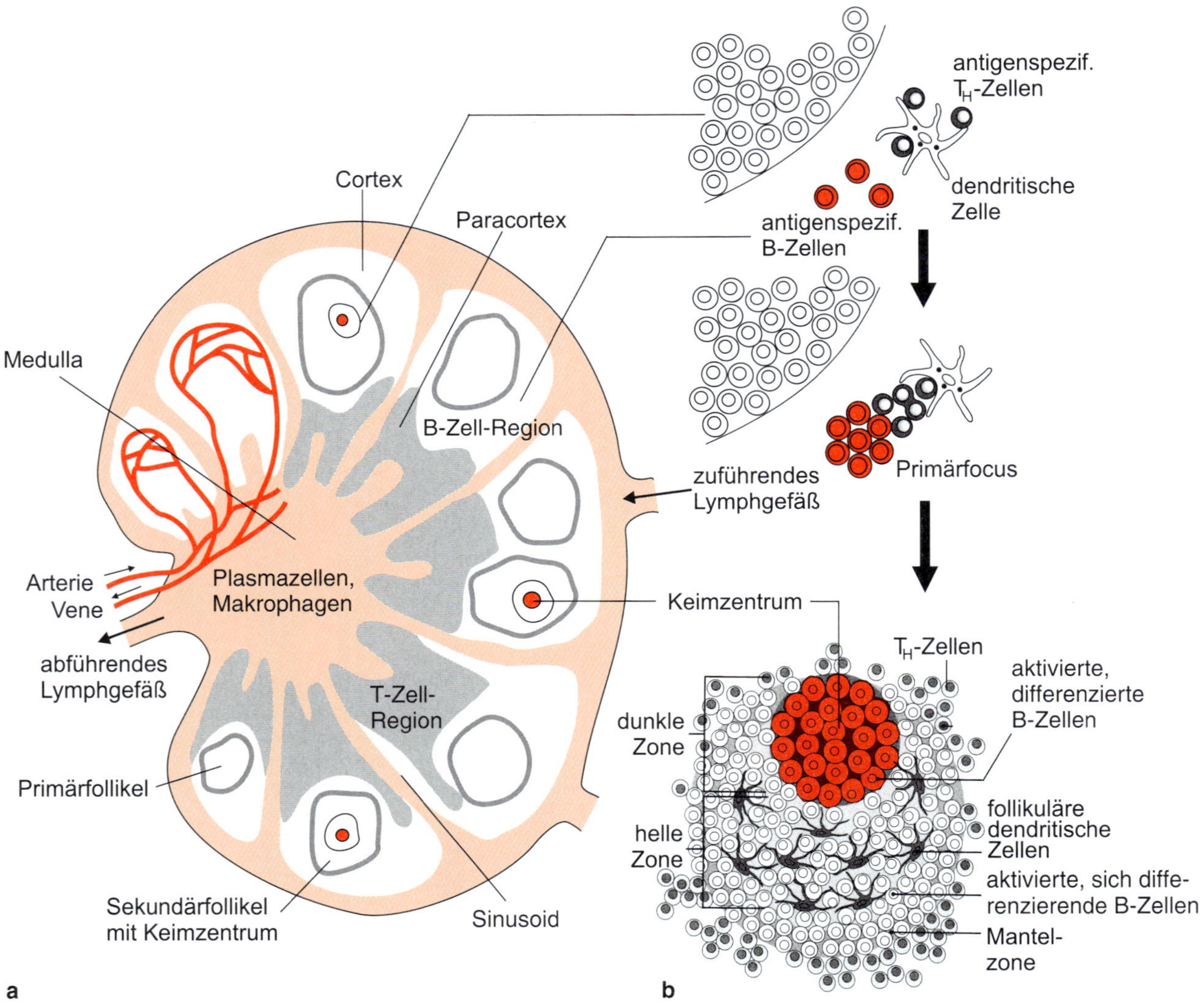

Abb. 29.18 Aufbau und Funktion der Lymphknoten von Vögeln und Säugetieren. **a** Aufbau eines Lymphknotens. **b** Zelluläre Vorgänge bei der Bildung von Keimzentren nach Stimulation der residenten Lymphocyten mit Antigenen. Lymphknoten sind Orte der T-Zell-Aktivierung durch antigenpräsentierende dendritische Zellen und Orte der antigenvermittelten B-Zell-Aktivierung. Innerhalb der Lymphknoten erfolgen auch die von T_H2-Zellen vermittelte B-Zell-Proliferation und die Differenzierung der Tochterzellen zu antikörperproduzierenden Plasmazellen bzw. B-Gedächtniszellen.

Die **Milz** als sekundäres lymphatisches Organ kommt bei allen Wirbeltieren vor und ist mesodermalen Ursprungs. Beim Menschen ist sie etwa faustgroß und liegt direkt hinter dem Magen. Sie ist von einer Bindegewebshülle umgeben, von der Ausläufer, die auch glatte Muskelzellen enthalten, ins Innere des Organs ziehen und das Stützgerüst des Organs bilden. Im Unterschied zu den Lymphknoten werden Antigene nur mit dem Blutstrom über die Milzarterie in die Milz transportiert. Die Arterie verzweigt sich in viele Äste (zentrale Arteriolen), die das schwammartige Milzgewebe versorgen. Jeder Gefäßast ergießt das Blut auf der venösen Seite in sinusartige Erweiterungen im Milzgewebe, bevor das Blutvolumen schließlich in die Milzvene übertritt und das Organ in Richtung der Leberpfortader verlässt. Aufgrund der geringen Strömungsgeschwindigkeit in den vielen Arteriolen und Sinus, die kein dichtes Endothel aufweisen, treten Blutbestandteile (Erythrocyten, möglicherweise enthaltene Antigene usw.) in intensiven Kontakt mit dem eigentlichen Milzgewebe, in dem sich zwei Gewebetypen unterscheiden lassen. In der **roten Pulpa** werden gealterte Erythrocyten aus dem Blutstrom sortiert und von Makrophagen entsorgt. Die **weiße Pulpa**, die in die rote Pulpa eingelagert ist, ist das eigentliche lymphatische Gewebe der Milz. Sie umgibt die zentralen Arteriolen und Teile der Blutsinus. Der zentrale Teil der weißen Pulpa, die **periarterielle lymphatische Scheide** (PALS) umgibt das Blutgefäß direkt. Sie ist der Aufenthaltsort für T-Zellen und entspricht funktionell dem Paracortex des Lymphknotens. Umgeben ist die PALS von der **B-Zell-Corona**, in die die Primärfollikel mit unreifen B-Zellen und die sich nach Antigenkontakt und B-Zell-Proliferation daraus bildenden Keimzentren (Sekundärfollikel) eingelagert sind. In der um die Corona herum liegenden Randzone sind antigenpräsentierende Zellen (dendritische Zellen, Makrophagen), einige T-Zellen und ortstreue B-Zellen vorhanden. Hier findet der Kontakt zwischen Antigenen und den phagocytierenden und antigenpräsentierenden Zellen statt. Aktivierte dendritische Zellen wandern anschließend in die PALS, um die dort vorhandenen T-Zellen zu aktivieren.

Weitere sekundäre lymphatische Organe finden sich in unmittelbarer Nähe von feuchten Oberflächenepithelien (Schleimhäute, Mucosae) wie das Bronchialepithel und das Darmepithel. Dies ist biologisch sinnvoll, weil aufgrund der Einschichtigkeit dieser Epithelien problematische Mikroorganismen mit größerer Wahrscheinlichkeit über diese Oberflächen in das Innere des Körpers gelangen als durch die Haut, die aus vielen Zellschichten aufgebaut ist und daher eine recht wirksame Barriere gegen potenzielle Krankheitserreger bildet.

Die lymphatischen Gewebe, die mit Schleimhäuten assoziiert sind, werden unter dem Begriff MALT (*mucosa-associated lymphatic tissue*) zusammengefasst. Das lymphatische Gewebe der Bronchialschleimhaut ist dem Bronchialepithel unterlegt, ist aber wenig strukturiert. Klarere Strukturen im Aufbau des lymphatischen Gewebes finden sich bei den **Rachenmandeln**, den **Gaumenmandeln**, dem **Blinddarm** und den **Peyer-Plaques** des Dünndarms. Aufgrund der Tatsache, dass die allermeisten Umweltantigene mit der Nahrung den Gastrointestinaltrakt tierischer Organismen passieren, bilden die gastrointestinalen lymphatischen Organe insgesamt die größte Masse lymphatischer Gewebe im Tierkörper. Sie haben nicht nur direkte Abwehrfunktionen, sondern bilden auch diejenigen Stationen des Immunsystems, an denen die Immunzellen des Körpers lernen, harmlose **Alltagsantigene** von seltener auftretenden, potenziell problematischen Antigenen zu unterscheiden.

Am Beispiel der Peyer-Plaques sollen Aufbau und Funktion der mucosaassoziierten lymphatischen Gewebe näher erläutert werden (▫ Abb. 29.19). Peyer-Plaques sind Assoziationen von zehn bis 50 Lymphfollikeln, die im gesamten Darmtrakt vorkommen, am häufigsten aber im Ileum und im Wurmfortsatz des Blinddarms. Die Peyer-Plaques liegen in der Regel auf der dem Ansatz des Mesenteriums gegenüberliegenden Seite des Darmrohrs in der Tela submucosa und der Lamina propria der Darmmucosa. Die Masse der Lymphocyten der Peyer-Plaques verursacht eine Vorwölbung des Darmepithels in Richtung des Darmlumens, die auch als Dom bezeichnet wird. An der Spitze jedes Doms liegt eine spezialisierte Darmepithelzelle, die Mikrofaltenzelle (**M-Zelle**),

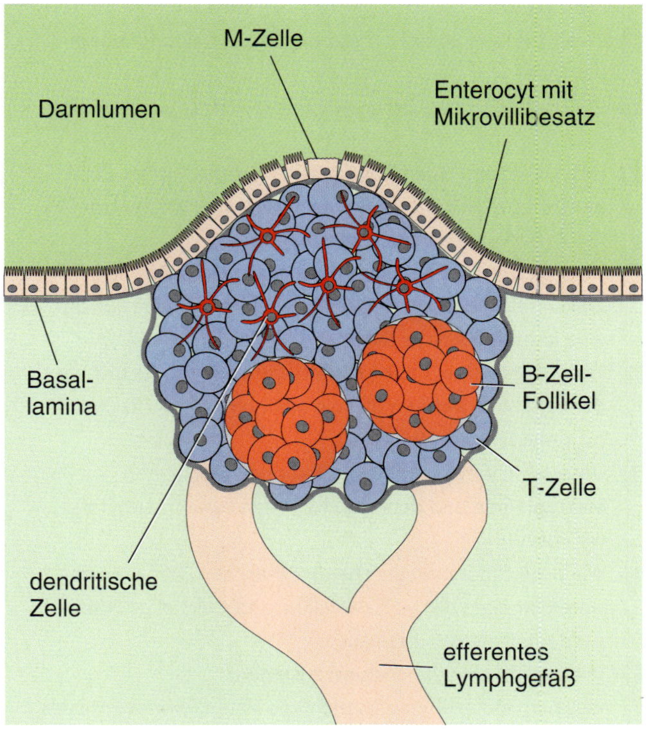

▫ **Abb. 29.19** Aufbau eines Peyer-Plaques in der Darmschleimhaut der Säugetiere. Die Peyer-Plaques enthalten viele B-Zell-Follikel, die von dendritischen Zellen und T-Zellen umgeben sind. Antigene (Viren oder Bakterien) werden von einer M-Zelle in dem oberhalb des Plaques liegenden Darmepithel aus dem Darmlumen durch Transcytose in das lymphatische Gewebe überführt, dort von dendritischen Zellen prozessiert und den Lymphocyten präsentiert. Die Teilungsprodukte aktivierter Lymphocyten verlassen die Peyer-Plaques durch efferente Lymphgefäße. (Nach Murphy K, Travers P, Walport M (2009) Janeway – Immunologie. 7. Aufl. Spektrum Akademischer Verlag, Heidelberg.)

die auf ihrer apikalen Oberfläche keine Mikrovilli trägt. Die M-Zelle nimmt Antigene aus dem Darmlumen endocytotisch auf und transportiert diese durch Transcytose in den Extrazellularraum des darunterliegenden Peyer-Plaques. Die dort liegenden dendritischen Zellen endocytieren das Antigen, prozessieren es und präsentieren den ebenfalls in der Peyer-Plaque anwesenden T-Zellen und den in Primärfollikeln vorliegenden naiven B-Zellen Fragmente des Antigens. Die aktivierten B-Zellen proliferieren und bilden ein Keimzentrum aus. Aus diesem werden differenzierte Plasmazellen und B-Gedächtniszellen über efferente Lymphbahnen ausgeschleust und im Körper verteilt.

29.8 Fragen zum Selbststudium

- Welche Zellen des Immunsystems besitzen die Fähigkeit, zur Abwehr von Fremdzellen oder infizierten bzw. transformierten körpereigenen Zellen große Mengen reaktiver Sauerstoffmoleküle zu produzieren?
- Welche Abwehrmoleküle sind bei den Invertebraten bekannt?
- An welche Moleküle bindet im Fall von Gefäßverletzungen der von-Willebrand-Faktor zur Einleitung der primären Hämostase?
- Welche Rolle spielt das Thrombin bei der sekundären Hämostase?
- Welche Wirkstoffe werden aus aktivierten Mastzellen freigesetzt?
- Unter welchem Oberbegriff würden Sie die Kupffer-Zellen in der Leber, Mesangialzellen in der Niere und die Synovia-A-Zellen in den Gelenken zusammenfassen?
- Über welche Moleküle nimmt eine natürliche Killerzelle (NK-Zelle) initial Kontakt zu Nachbarzellen im Gewebe auf, um eine immunologische Synapse auszubilden?
- Welches Schicksal haben körpereigene Zellen, die nicht in der Lage sind, MHC-I-Moleküle auf ihrer Zelloberfläche zu exprimieren?
- Unter welchem Sammelbegriff können Monocyten,, Makrophagen und dendritische Zellen zusammengefasst werden?
- Wie bezeichnet man die charakteristischen Domänen der Untereinheiten der MHC-Moleküle und welche Strukturbesonderheit weisen diese auf?
- Wie kommt ein Cytokinsturm zustande?
- Welchem Molekültyp entspricht die Hauptkomponente des B-Zell-Rezeptors?
- Welche zwei Typen von Immunzellen gehören zu den Lymphocyten?
- Wie ist es möglich, dass Antikörper gegen Blutgruppenantigene gebildet werden, obwohl diese keine Proteine, sondern Kohlenhydrate sind?
- Welche Klasse von Antikörpern wird während einer sekundären Immunantwort bevorzugt gebildet?
- Gibt es Immunglobuline auch bei Fischen?
- Aus welchen Vorläuferzellen entstehen die antikörperproduzierenden Plasmazellen?
- In welchen lymphatischen Organen findet der Kontakt der naiven Lymphocyten mit ihren Antigenen statt?
- Bei welchen Tiergruppen treten Lymphknoten als klar strukturierte lymphatische Organe in Erscheinung?

Weiterführende Literatur

Allgemeines

Arala-Chaves M, Sequeira T (2000) Is there any kind of adaptive immunity in invertebrates? Aquaculture 191, 247-258.

Casadevall A, Pirofski L-A (2000) Host-pathogen interactions: Basic concepts of microbial commensalism, colonization, infection, and disease. Infection and Immunity 68, 6511-6518

Du Pasquier L, Litman GW (2000) Origin and evolution of the vertebrate immune system. Springer-Verlag, Berlin, Heidelberg.

Murphy K, Travers P, Walport M (2009) Janeway – Immunologie. 7. Auflage. Spektrum Akademischer Verlag, Heidelberg.

Rink L, Kruse A, Haase H (2012) Immunologie für Einsteiger. Spektrum Akademischer Verlag, Heidelberg.

Schütt C, Bröker B (2011) Grundwissen Immunologie. 3. Auflage. Spektrum Akademischer Verlag, Heidelberg.

Spezielle Aspekte

Ashton-Rickardt PG, Bandeira A, Delaney JR, Van Kaer L, Pircher H-P, Zinkernagel RM, Tonegawa S (1994) Evidence for a differential avidity model of T cell selection in the thymus. Cell 76, 651-663.

Brogdon KA (2005) Antimicrobial peptides: pore formers or metabolic inhibitors in bacteria? Nature Reviews in Microbiology 3, 238-250.

Callewaert L, Michiels CW (2010) Lysozymes in the animal kingdom. Journal of Biosciences 35, 127-160.

Chu AJ (2011) Tissue factor, blood coagulation, and beyond: An overview. International Journal of Inflammation 2011, ID367284.

Clevers HC, Bevins CL (2013) Paneth cells: Maestros of the small intestinal crypts. Annual Review of Physiology 75, 289-311.

Cyster JG (2000) Leukocyte migration: Scent of the T zone. Current Biology 10, R30-R33.

Doolittle RF (2009) Step-by-step evolution of vertebrate blood coagulation. Cold Spring Harbor Symposia on Quantitative Biology 74, 35-40.

Douda DN, Palaniyar N (2010) Pulmonary collectins, arginases and inducible NOS regulate nitric oxide-mediated antibacterial defense and macrophage polarization. The Open Nitric Oxide Journal 2, 69-76.

Franchi N, Schiavon F, Betti M, Canesi L, Ballarin L (2013) Insight on signal transduction pathways involved in phagocytosis in the colonial ascidian Botryllus schlosseri. Journal of Invertebrate Pathology 112, 260-266.

Irazoqui JE, Urbach JM, Ausubel FM (2010) Evolution of host innate defence: Insights from C. elegans and primitive invertebrates. Nature Reviews Immunology 10, 47-58.

Knowles MR, Boucher RC (2002) Mucus clearance as a primary innate defense mechanism for mammalian airways. Journal of Clinical Investigation 109, 571-577.

Kurtz J, Franz K (2003) Innate defence: evidence for memory in invertebrate immunity. Nature 425, 37-38.

Lemaitre B, Hoffmann J (2007) The host defense of Drosophila melanogaster. Annual Review of Immunology 25, 697-743.

Lord SJ, Rajotte RV, Korbutt GS, Bleackley RC (2003) Granzyme B: a natural born killer. Immunological Reviews 193, 31-38.

Market E, Papavasiliou FN (2003) V(D)J Recombination and the evolution of the adaptive immune system. PLoS Biology 1, 24-27.

Nemazee D (2006) Receptor editing in lymphocyte development and central tolerance. Nature Reviews Immunology 6, 728-740.

Prussin C, Metcalfe DD (2006) IgE, mast cells, basophils, and eosinophils. The Journal of Allergy and Clinical Immunology 117 (Suppl. 2), S450-S456.

Raulet DH (2004) Interplay of natural killer cells and their receptors with the adaptive immune response. Nature Immunology 5, 996-1002.

Renaudineau Y, Garaud S, Le Dantec C, Alonso-Ramirez R, Daridon C, Youinou P (2010) Autoreactive B cells and epigenetics. Clinical Reviews in Allergy and Immunology 39, 85-94.

Rimer J, Cohen IR, Friedman N (2014) Do all creatures possess an acquired immune system of some sort? Bioessays 36, 273-281.

Starr TK, Jameson SC, Hogquist KA (2003) Positive and negative selection of T cells. Annual Review of Immunology 21, 139-176.

Wiesner J, Vilcinskas A (2010) Antimicrobial peptides - The ancient arm of the human immune system. Virulence 1, 440-464.

Yang D, Biragyn A, Kwak LW, Oppenheim JJ (2002) Mammalian defensins in immunity: more than just microbicidal. Trends in Immunology 23, 291-296.

Yip J, Shen Y, Andrews RK (2004) Primary platelet adhesion receptors. Australian Biochemist 35, 4-8.

Zheng L, Zhang L, Lin H, McIntosh MT, Malacrida AR (2005) Toll-like receptors in invertebrate innate immunity. Invertebrate Survival Journal 2, 105-113.

VII Anhang

Glossar

abgeschlossenes System Begriff der Thermodynamik; bezeichnet ein System ohne Stoff- und Energiewechsel mit der Umgebung

Absorption Aufnahme von Substanzen in Zellen durch biologische Membranen

Adaptation in der Sinnesphysiologie: Anpassung eines Sinnesorgans/einer Sinneszelle an unterschiedliche Reizintensitäten

adaptives Immunsystem auch: erworbenes Immunsystem; erworbenes Immunsystem der Wirbeltiere, umfasst das zelluläre Immunsystem mit antigenspezifischer Ausprägung der Rezeptormoleküle und das humorale (durch Antikörper) gebildete Immunsystem

adäquater Reiz Reizmodalität, auf die die Sinneszelle am empfindlichsten reagiert

Adenohypophyse Hypophysenvorderlappen

Adenosintriphosphat ATP; energiereiches Adeninnucleotid

Adenylylcyclase Effektor eines Prozesses der →Signaltransduktion; Enzym, das den →Second Messenger zyklisches Adenosinmonophosphat (cAMP) herstellt

adulte Stammzelle auch im Erwachsenenalter eines Individuums noch unbegrenzt teilungsfähige Zelle

Aerobiose →Energiestoffwechsel in Anwesenheit von molekularem Sauerstoff

afferente Faser Nervenfasern, die Signale von der Peripherie (Sinnesorgane) zum Zentralnervensystem transportieren

Afferenz Nervenfasern oder -signale, die von der Peripherie (Sinnesorgane) zum Zentralnervensystem verlaufen

Affinität das Bestreben von Molekülen oder anderen Entitäten, miteinander mehr oder weniger intensive Wechselwirkungen einzugehen

Agonist in der →Signaltransduktion: Bindungspartner für ein Rezeptormolekül, dessen Bindung eine Rezeptoraktivierung bewirkt

Akklimatisierung auch: physiologische Anpassung; im Rahmen der genetisch gesetzten Grenzen stattfindende Funktionsanpassungen des Tierkörpers an sich ändernde Umweltbedingungen; im Englischen bezeichnet der Begriff *acclimatization* eine Anpassungsreaktion eines Tieres in seinem normalen Lebensraum, während der Begriff *acclimation* eine Anpassungsreaktion an eine vom Experimentator vorgegebene Umweltveränderung beschreibt

Akkommodation Fokussieren des Auges, Anpassung des Auges für das scharfe Sehen bei unterschiedlichen Objektentfernungen

Aktin filamentöses Protein in eukaryotischen Zellen; Bestandteil des →Cytoskeletts

Aktionspotenzial aktiv (unter Energieverbrauch) generierte Spannungsspitzen konstanter Dauer und Amplitude, die der Signalcodierung und -fortleitung in Nervenzellen (i. d. R. →Axone) und Muskelfasern dienen

aktiver Transport Nettotransport durch biologische Membranen, der direkt durch die Hydrolyse von ATP angetrieben wird

aktives Zentrum auch: katalytisches Zentrum; Struktur eines Enzyms, an die das Substrat bindet und zum Produkt umgesetzt wird

Alkalose respiratorisch oder metabolisch bedingter Zustand eines Tieres, der durch einen Anstieg des pH-Wertes der Körperflüssigkeiten gekennzeichnet ist

Allocortex drei- bis fünfschichtiger Cortex des Telencephalons von Wirbeltieren; →Hippocampus

Allodynie Schmerzempfindung, die durch Reize ausgelöst wird, die normalerweise nicht schmerzhaft sind

Allometrie Beziehung zwischen der Körpergröße von Tieren und anderen Parametern, die oftmals nicht einfach kausal zu begründen ist; die fraktale Geometrie erklärt das Auftreten einer Allometrie mit der Abhängigkeit des Messergebnisses einer Variablen von der Messauflösung, die auch als Skalenabhängigkeit bezeichnet wird

Allomon Botenstoff, der in Luft oder Wasser transportiert wird und Information zwischen Individuen verschiedener biologischer Arten überträgt

allosterische Hemmung Enzyminhibition durch einen Inhibitor, der nicht am aktiven Zentrum des Enzyms bindet

Alveole bläschenartiges Endstück der Lunge, ausgekleidet mit respiratorischem Epithel

Aminosäure organisches Molekül mit einer Amino- und einer Carboxylgruppe

ammoniotelisches Tier ein Tier, dessen Hauptausscheidungsprodukt des Stickstoffstoffwechsels Ammoniak ist

amöboid bewegliche Zelle Einzelzelle innerhalb von mehrzelligen Lebewesen, die sich amöboid (d. h. durch die Interaktion von Aktin und Myosin) in Körperhöhlen oder im Interstitialraum fortbewegen kann

amphiphil Molekül mit einem polaren (hydrophilen) und einem unpolaren (hydrophoben) Anteil

Anabolismus aufbauender →Metabolismus, Herstellung körpereigener Moleküle

anadrome Wanderung Wanderung eines Fisches aus dem Meer in ein Süßgewässer zum Zweck der Fortpflanzung

anaerobe Schwelle Gesamtstoffwechselrate eines Tieres, bei der anaerobe Stoffwechselwege neben den aeroben aktiviert werden und Lactat (oder andere Endprodukte des anaeroben Stoffwechsels) in den Körperflüssigkeiten des Tieres auftreten

Anaerobiose Energiestoffwechsel in Abwesenheit von molekularem Sauerstoff

Analgesie Aufhebung der Schmerzempfindlichkeit

Anamnier Wirbeltier, dessen Embryo sich ohne Amnion entwickelt (Fische, Amphibien)

Androgen ein →Hormon, das unter anderem morphogenetische Wirkungen hat und bei Tieren eine Entwicklung zum männlichen Phänotyp einleitet bzw. diesen Phänotyp im Erwachsenenalter aufrechterhält, zum Beispiel Testosteron

angeborenes Immunsystem auch: innates Immunsystem; eine in Tieren genetisch fixierte Fähigkeit, auf in den Körper eingedrungene Fremdstoffe, -zellen oder -organismen mithilfe von Abwehrmolekülen oder Abwehrzellen zu reagieren

Anhydrobiose vorübergehender (d. h. reversibler) Zustand eines Organismus mit metabolischem Arrest, in dem Phasen von extremer Trockenheit in dehydratisiertem Zustand verbracht werden

Anion Ion mit negativer Ladung; bewegt sich im elektrischen Gleichspannungsfeld zur Anode (positiver Pol)

Anoxie Zustand der Umwelt, während dessen kein molekularer Sauerstoff für dort lebende Tiere verfügbar ist

Antagonist in der →Signaltransduktion: Bindungspartner für ein Rezeptormolekül, dessen Bindung die Bindung eines →Agonisten verhindert

Antennallobus erstes Verarbeitungszentrum für olfaktorische Reize im Insektengehirn, Teil des →Deutocerebrums

Anticodon Basentriplett einer Transfer-RNA (tRNA), mit der sich die tRNA während der Proteinbiosynthese an das komplementäre Codon der mRNA heftet

Antidiurese Zustand eines Tieres unter Volumenmangelbedingungen, in dem entweder gar kein Harn oder ein geringvolumiger Harn mit hoher Konzentration an harnpflichtigen Substanzen gebildet wird

Antigen Molekül (i. d. R. ein Protein), dessen Vorhandensein im Körper eines Wirbeltiers eine Immunantwort auslöst, die zur Produktion von antigenspezifischen →Antikörpern führt

Antikörper auch: Immunglobulin; wasserlösliches Proteinmolekül, das in Wirbeltieren als Reaktion auf das Eindringen von Fremdstoffen, -zellen oder -organismen in den Körper (→Antigene) von Zellen des adaptiven Immunsystems, den Plasmazellen (Abkömmlinge der B-Lymphocyten, →B-Zellen), gebildet wird

Apoenzym Proteinanteil eines Holoenzyms, das Nichtproteinanteile (z. B. Cofaktor bzw. Coenzym) besitzt

Apoptose programmierter Zelltod

Appositionsauge Typ des →Komplexauges, bei dem die einzelnen →Ommatidien optisch voneinander isoliert sind

Aquaporin wasserdurchlässige Transmembranpore in der biologischen Membran, Wasserkanal

Arbeit Maß für die Menge übertragener Energie; mechanisch: Produkt aus Kraft und Wegstrecke

Area centralis →Fovea centralis

Arrestin Familie von Proteinen, die phosphoryliertes Rhodopsin und andere G-Protein-gekoppelte Rezeptoren binden und damit inaktivieren

Arterie Blutgefäß, das Blut vom Herzen weg leitet; die Wand von Arterien besitzt in der Regel vermehrt elastische Elemente (große, herznahe Arterien) und/oder glatte Muskulatur (präkapilläre Arteriolen)

assoziatives Lernen eine Form des Lernens, bei der es zu internen Verknüpfungen (Assoziationen) zwischen Reaktion und Reiz kommt, die vorher nicht bestanden haben (→klassische Konditionierung, →operante Konditionierung)

Astigmatismus Stabsichtigkeit, Linsenfehler bei dem parallel einfallende Lichtstrahlen abhängig von ihrer Einfallsebene unterschiedlich stark gebrochen werden

Ästivation auch: Sommerschlaf; vorübergehender Zustand →metabolischer Depression bei Tieren zur Einsparung von Stoffwechselenergie während der heißen Sommermonate

Atemminutenvolumen AMV; Volumen der Atemluft, das in einer Minute ein- und wieder ausgeatmet wird

Atemzugvolumen Volumen der Atemluft, das während eines Atemzuges ein- bzw. ausgeatmet wird

Atmung 1. äußere Atmung: Gaswechselvorgänge an der Körperoberfläche; 2. Zellatmung, innere Atmung: oxidativer Energiestoffwechsel der Zelle

Atmungskette Endstrecke des Energiestoffwechsels in Lebewesen zur Synthese von ATP, Lokalisation in der inneren Mitochondrienmembran

Atmungsorgan für den Gaswechsel mit der Umwelt spezialisierter Anteil der Körperoberfläche eines Tieres, im engeren Sinn spricht man von einem Atmungsorgan erst dann, wenn mindestens 50 % des gesamten Gasaustausches eines Tieres über diese Oberfläche stattfinden

Atom Grundbaustein der Materie, Stoffteilchen eines Elements

Atrioventrikularknoten auch: AV-Knoten; zweites Automatiezentrum des Wirbeltierherzens, in der Herzscheidewand am Übergang vom Atrium zum Ventrikel gelegen

Autolyse intrazelluläre Verdauung von überflüssigem oder fehlerhaftem zelleigenem Material

Autophagie intrazelluläre Verdauung von überflüssigem oder fehlerhaftem zelleigenem Material

Autotrophie Fähigkeit von Lebewesen, energiereiche Moleküle ausschließlich aus anorganischen Stoffen aufzubauen

Axon Nervenzellfortsatz (→Neurit), über den →Aktionspotenziale zu präsynaptischen Endigungen geleitet werden

Axonhügel Übergangsstelle vom →Soma zum →Axon eines Neurons, Bildungsort von →Aktionspotenzialen

Azidose respiratorisch oder metabolisch bedingter Zustand eines Tieres, der durch einen Abfall des pH-Wertes der Körperflüssigkeiten gekennzeichnet ist

Azimut ein nach den Himmelsrichtungen orientierter Horizontalwinkel

Bahnung Fazilitation; Verstärkung einer synaptischen Übertragung durch hohe neuronale Aktivität (homosynaptische Bahnung) oder präsynaptische Transmitterfreisetzung aus einer dritten Nervenzelle (heterosynaptische Bahnung)

Ballaststoff überwiegend unverdauliche Nahrungsbestandteile (z. B. bestimmte Polysaccharide) in pflanzlicher →Nahrung

basale Stoffwechselrate auch: Grundstoffwechsel; Stoffwechselintensität, die zur Aufrechterhaltung der Lebenserhaltungsfunktionen des Körpers benötigt wird; beim Menschen: Stoffwechselintensität einer unbekleidet ruhig liegenden (aber nicht schlafenden) Person morgens, nüchtern (letzte Nahrungsaufnahme vor mindestens 12 h, also ohne Verdauungsaktivität) bei einer Temperatur von 28 °C (Indifferenztemperatur); beim Tier: Stoffwechselintensität eines möglichst ruhig verharrenden Tieres ohne akute Verdauungstätigkeit bei der jeweiligen Indifferenztemperatur

Basalganglien subcortikale Bereiche des →Telencephalons, motorische Zentren, bestehend aus Striatum (N. caudatus, Putamen) und Globus pallidus

Basentriplett →Codon

Baustoffwechsel biochemische Synthesewege zur Herstellung von energiereichen Struktur- und Funktionsmolekülen in Lebewesen

Bayliss-Effekt Gefäßverengung der kleinen Arterien nach plötzlichem Blutdruckanstieg; der Effekt wird über die Öffnung dehnungsabhängig gesteuerter Ionenkanäle vermittelt

Bestfrequenz Tonfrequenz, auf die eine auditorische Nervenzelle am empfindlichsten reagiert

Bewegungsparallaxe entfernungsabhängige Verschiebung des Bildes auf der Retina bei Eigenbewegung, dient der Entfernungsabschätzung

Bezoar auch: Magenstein; Zusammenballung unverdaulicher Nahrungsreste, unter Umständen mit mineralischen Einlagerungen, im Verdauungstrakt von Tieren

biologische Einheitsmembran Prototyp der Zellmembran, Doppellage aus gegensinnig orientierten Phospholipidmolekülen mit eingelagerten Proteinen

biologische Halbwertszeit Zeitspanne, in der die Hälfte einer betrachteten Substanzmenge im Tierkörper oder in einem Organ bereits durch neue Moleküle ersetzt oder abgebaut worden ist

biologischer Regelkreis in sich geschlossener Signalmechanismus zur Aufrechterhaltung einer bestimmten Regelgröße; liegt die aktuelle Regelgröße oberhalb des Sollwertes, wird ein negatives Rückkopplungssignal an den Regler weitergegeben, der die Produktion von Signalen vermindert, die die Regelgröße steigern

Biolumineszenz Emission von Licht durch ein Lebewesen

Biophaga Tiere, die sich von lebenden Organismen ernähren

Biosphäre Gesamtheit aller Ökosysteme der Erde

Biotop Lebensraum oder Standort einer Lebensgemeinschaft (→Biozönose)

biotopbedingte Anaerobiose Energiestoffwechsel ohne Beteiligung molekularen Sauerstoffs, wobei der Sauerstoffmangel nicht durch Aktivität des Tieres, sondern durch die aktuell herrschenden Umweltbedingungen bedingt ist

Biozönose Lebensgemeinschaft von Organismen verschiedener Arten in einem abgegrenzten Lebensraum (→Biotop)

Blättermagen auch: Omasum; eines der Kompartimente des Vormagens bei Wiederkäuern (Ruminantia)

Blut extrazelluläre Körperflüssigkeit von Tieren mit Transport- und Homöostasefunktion, Blut im engeren Sinn ist eine im geschlossenen →Kreislaufsystem zirkulierende Körperflüssigkeit

Blutdruck hydrostatischer →Druck innerhalb eines Blutgefäßes

Blutgefäßsystem Leitungsbahnsystem für Blut als zirkulierende Körperflüssigkeit, bestehend aus Arterien, Kapillaren und Venen

Blutgerinnung enzymatisch bedingte Umwandlung von zuvor löslichen (Fibrinogen) in unlösliche Proteine (Fibrin), die unter Einschluss von Blutzellen Gerinnsel bilden, welche dem primären Wundverschluss dienen

Blutgerinnungskaskade Folge von Enzymreaktionen zur Auslösung der →Blutgerinnung

Blut-Hirn-Schranke von Endothelzellen der Hirnkapillaren und Gliazellen gebildete funktionelle Barriere, die den diffusiven Übertritt von im Blut gelösten Stoffen in das Interstitium des Gehirns verhindert

Blutplasma flüssiger Volumenanteil des →Blutes

Blutserum flüssiger Volumenanteil des →Blutes ohne Fibrinogen

Bohr-Effekt Affinitätsverlust des Hämoglobins für den gebundenen Sauerstoff bei abfallendem →pH-Wert des Mediums

Bradykardie Verlangsamung des Herzschlags, Verringerung der Herzfrequenz

Bradykinin →Peptidhormon mit gefäßerweiternder und schmerzauslösender Wirkung

braunes Fettgewebe mitochondrienreiches Fettgewebe zur →Thermogenese oder →zitterfreien Wärmebildung bei Säugetieren

Brown'sche Molekularbewegung zufällige Bewegung von Teilchen im Raum durch thermische Anregung

Bulbus olfactorius Teil des →Telencephalons, erste Verarbeitungsstation olfaktorischer Signale im Wirbeltiergehirn

B-Zelle auch: B-Lymphocyt; eine Zelle aus der Gruppe der weißen Blutzellen (Leukocyten), die der adaptiven Immunabwehr dient, unter anderem Vorläufer der antikörperproduzierenden Plasmazellen

Calcitonin →Hormon, das bei den Wirbeltieren für die Regulation der Konzentration freier Calciumionen in den extrazellulären Körperflüssigkeiten zuständig ist

campaniforme Sensille Sinneszelle bei Insekten, die auf eine Verbiegung der Cuticula reagiert

Carboanhydrase Enyzm, das die schnelle Umwandlung von Kohlendioxid und Wasser zu Kohlensäure (bzw. die Rückreaktion) katalysiert

Carnivora fleischfressende Lebewesen

Carotinoid natürlicher Farbstoff (Terpen), der in Tiergeweben oder -produkten eine gelbe oder rötliche Färbung verursachen kann

Carrier Transportprotein in der biologischen Membran, das als passiver Transporter bestimmte Ionen oder Moleküle durch die Membran schleusen kann

Catecholamin biogenes Amin mit einem Catecholring (1,2-Dihydroxybenzol); Dopamin, Noradrenalin, Adrenalin

Cellulose Kohlenhydratpolymer (β-D-Glucose-Moleküle in β-1,4-glykosidischen Bindungen) in den pflanzlichen Zellwänden zur Erhöhung deren Festigkeit; für Tiere unverdaulich

Cephalisation evolutionärer Prozess der Kopfbildung bei den →Metazoa

Cerebellum Kleinhirn; dorsal Teil des Metencephalons von Wirbeltieren, motorisches Zentrum zur Koordination von Körperbewegungen

Cerebralisation evolutionärer Prozess der Gehirnbildung (Konzentration neuronaler Zentren im Kopfbereich) bei den →Metazoa

Chaperon Hilfs- oder Gerüstmolekül in Zellen, das anderen Proteinen hilft, ihre reguläre räumliche Konformation (Faltung) beizubehalten oder diese nach partieller Denaturierung wieder einzunehmen

Chemorezeptor auch: Chemosensor; Sinneszelle, die die Wahrnehmung von Geruchs- oder Geschmacksstoffen ermöglicht

Chitin Polysaccharid aus N-Acetyl-D-glucosamin-Einheiten, die durch β-1,4-glykosidische Bindungen verknüpft sind; sklerotische Substanz des Exoskeletts bei Arthropoden; kommt auch bei Pilzen vor (Hauptbestandteil der Zellwand) sowie bei Mollusca, selten auch bei Wirbeltieren, so bei Knochenfischen (Teleostei) und Schleimfischen (Blenniidae)

Chlorid/Hydrogencarbonat-Austauscher Carrierprotein für den elektroneutralen Austausch von Chlorid- und Hydrogencarbonationen über Zellmembranen – sehr häufig in der Erythrocytenmembran (Bande-III-Protein)

Chloridzelle transportaktive Zelle im Oberflächenepithel von Tieren (z. B. Kiemen) zur Aufnahme von Chloridionen für die Wahrung der Osmo- und Ionenhomöostase

Chlorocruorin respiratorisches Pigment in den Körperflüssigkeiten bestimmter Anneliden (Polychaeten); die Struktur entspricht der des Hämoglobins, wobei die Formylgruppe an der Position 2 des Protoporphyrinrings des Häms durch einen Vinylrest ersetzt ist

Cholesterin in allen tierischen Zellen anzutreffendes Sterol (Synthese im Mevalonatweg), das als Substrat für viele lebenswichtige Moleküle dient (u. a. Glucocorticoide und Sexualsteroide, Sterine der Plasmamembranen)

chromatische Aberration Linsenfehler, bei dem kurzwelliges Licht (Blau, UV) stärker gebrochen wird als langwelliges Licht (Gelb, Rot)

Chromatophor Zelle eines Tieres (meist im Integument), die größere Mengen eines Farbstoffs oder eines →Pigments enthält

Chromophor lichtabsorbierender Bestandteil in Photopigmenten, zum Beispiel →Retinal

Chromosom mit Proteinen vergesellschaftetes DNA-Molekül, in dem die Erbinformation gespeichert ist

Chylomikron nach der Fettresorption von Enterocyten gebildeter Lipidpartikel bei Wirbeltieren, bestehend aus Triglyceriden, Phospholipiden, Cholesterin und Lipoproteinen; Chylomikronen werden mit dem Pfortaderblut vom Darm in die Leber transportiert

Chymus Nahrungsbrei im Gastrointestinalsystem von Tieren

circadianer Rhythmus Rhythmus mit einer Periodenlänge von etwa (circa) einem Tag (dian)

circadianer Schrittmacher interner Oszillator mit einer Periodenlänge von etwa 24 h, der zeitliche Rhythmen in einem Organismus organisiert

Citratzyklus auch: Krebszyklus; zellulärer Stoffwechselweg des Energiestoffwechsels, in dem in Redoxreaktionen Wasserstoffatome zwischen Donatoren und Akzeptoren übertragen werden

Clearance technischer Begriff aus der Nierenphysiologie: Plasmavolumen, das bei einem Durchlauf durch die Niere vollständig von einer gelösten Substanz befreit wird

Cochlea auch: Schnecke; Teil des Innenohrs bei Vertebraten

Codon auch: Basentriplett; drei aufeinanderfolgende Nucleotide in DNA bzw. mRNA, die während der Proteinbiosynthese eine bestimmte Aminosäure in der Proteinsequenz codieren

Coelomflüssigkeit Körperflüssigkeit der sekundären Leibeshöhle; das Coelom ist umschlossen vom Coelomepithel, das sich aus dem Mesoderm ableitet

Coenzym ein nichtproteinartiges organisches Molekül (z. B. ein Vitamin), das sich an ein Protein anlagern kann und diesem damit enzymatische Aktivität verleiht

Colon Dickdarm

Compliance Beziehung zwischen Volumen- und Druckänderung (Weitbarkeit) im geschlossenen Gefäßsystem der Wirbeltiere

Connexin, Connexon molekulare Komponenten von →Gap Junctions; ein Connexon (Membranpore) ist aus sechs identischen Polypetidketten (Connexinen) aufgebaut

Corium auch: Dermis, Lederhaut; Schicht der Wirbeltierhaut unterhalb der Epidermis; im Corium liegen die Nervenendigungen der Hautsinneszellen

Cortex Großhirnrinde (Cortex cerebri) oder Kleinhirnrinde (Cortex cerebelli) der Wirbeltiere

Corti-Organ Gehörorgan im Innenohr von Säugetieren

Cotransport auch: Symport; Mitnahme eines Ions oder Moleküls über eine biologische Membran durch einen Carrier für einen anderen Stoff, der durch einen präformierten Gradienten dieses Stoffes oder durch ATP-Hydrolyse energetisiert wird

Cryptochrom Klasse von Flavoproteinen in den Sinneszellen der Retina einiger Tiere, die möglicherweise Funktionen bei der Magnetfeldwahrnehmung haben

Ctenidium Fiederkieme bei Gastropoden und einigen Arten der Prosobranchia

Cytokin Gewebshormon, oft in Immunfunktionen eingebunden

Cytoskelett ein aus Proteinfilamenten und →Mikrotubuli aufgebautes Netzwerk im Cytoplasma eukaryotischer Zellen zur Stabilisierung der Zellform und zur Strukturierung des Zellinhalts

cytosolischer Rezeptor Rezeptormolekül, das im nichtligandengebundenen Zustand am inneren Blatt der Plasmamembran liegt und auf den Eintritt eines bestimmten lipophilen Hormonmoleküls wartet, dieses bindet und als Rezeptor-Ligand-Komplex in den Zellkern transportiert

Defäkation Abgabe von Kot

Defensine kleine, meist kationische Peptide, die von tierischen Zellen zur Abwehr von Bakterien gebildet werden

degenerierter Code Eigenschaft des genetischen Codes, dass es mehrere verschiedene Codons für den Einbau der gleichen Aminosäure während der Proteinbiosynthese geben kann

Dendrit neuronaler Fortsatz, dient der Aufnahme von Reizen bzw. postsynaptischen Signalen, meist ohne die Fähigkeit zur aktiven Signalweiterleitung (→Aktionspotenzial)

dendritische Spines aktingestützte Ausstülpungen der Zellmembran im Bereich der →Dendriten von Neuronen, die als Kontaktstellen für andere Neurone dienen, die dort synaptische Endigungen positionieren, sodass dadurch neue →Synapsen entstehen; in bestehenden →Synapsen bildet die Oberfläche des dendritischen Spines die postsynaptische Membran

Depotfett in Apipocyten gespeicherte Triglyceride

Desoxygenierung Abgabe von Sauerstoff durch Hämoglobin (ohne Änderung der Oxidationsstufe (+II) des zentralen Eisenions im Häm)

Desoxyribonucleinsäure (*deoxyribonucleic acid*) DNA; Polynucleotid auf der Basis von Desoxyribose; Träger der Erbinformation

Destruent Organismus, der organische Substanz zu anorganischem Material abbaut

Detritophagie das Fressen von organischen Schweb- und Sinkstoffen in Gewässern (Detritus)

Deutocerebrum zweites →Neuromer des Oberschlundganglions im Gehirn von Arthropoden

Diaphragma Zwerchfell

Diastole Erschlaffungsphase des Herzens

Diffusion durch thermische Anregung (und ggf. vorhandene Konzentrationsgradienten) angetriebene Ausbreitung von Teilchen im verfügbaren Raum

Diffusionsleitfähigkeit Diffusionskonstante *K*; Maß für die Durchlässigkeit einer Kompartimentgrenze für einen diffundierenden Stoff

Diffusionsstrom auch: Diffusionsrate; Stoffmenge, die pro Zeiteinheit eine Kompartimentgrenze diffusiv passiert

dioptrischer Apparat Gesamtheit aller lichtbrechenden Strukturen im Auge

Disparität entfernungsabhängiger Unterschied in den Netzhautabbildungen beider Augen, dient der räumlichen Wahrnehmung

distal anatomische Lagebezeichnung, vom Körperzentrum entfernt liegend

Divergenz parallele Verschaltung eines Neurons auf mehrere Zielneurone, →Konvergenz

DNA →Desoxyribonucleinsäure

DNA-Replikation semikonservative Verdopplung des DNA-Materials einer Zelle in Vorbereitung einer Zellteilung

Druck physikalische Größe; Maß für den Widerstand, den Materie einer Verkleinerung des zur Verfügung stehenden Raumes entgegensetzt; gemessen als Kraft pro Flächeneinheit

Dünndarm Abschnitt des Verdauungssystems von Wirbeltieren zwischen Magen und Dickdarm

Duodenum Zwölffingerdarm; erster Abschnitt des Dünndarms bei Wirbeltieren

Dynein Motorprotein in eukaryotischen Zellen; fungiert als Transportprotein, das Vesikel zum Minusende von →Mikrotubuli transportiert; verschiebt im Prozess der Cilienbewegung →Mikrotubuli gegeneinander

Ecdysis →Häutung

β-Ecdyson biologisch →Steroidhormon, das in exoskeletttragenden Tieren (z. B. Insekten) die →Häutung auslösen kann (Häutungshormon)

echte Navigation Fähigkeit von Tieren, ihren Wanderweg von einem unbekannten Ort zu einem bestimmten Ziel durch eigene Positions- und Kursbestimmungen zu finden

effektiver Filtrationsdruck tatsächlicher Druckgradient, der über eine biologische Grenzfläche stattfindende (Ultra)Filtrationsprozesse antreibt

Effektor Zielmolekül eines Signaltransduktionsprozesses, das nach Eintreffen eines Signals für die Änderung der Zellfunktion verantwortlich ist

Efferenz Nervenfasern oder -signale, die vom Zentralnervensystem zur Peripherie (Muskulatur) verlaufen

Eimer-Organ ein nach Gustav Eimer benanntes Sinnesorgan im Nasenbereich des Sternmulls

Eiter gelblich-grünliches Exsudat, das im Verlauf einer Entzündungsreaktion im Körper von Wirbeltieren entstehen kann; bei einer bakteriellen Infektion reich an abgestorbenen neutrophilen Granulocyten

Eizelle auch: Oocyte; →Gamet (Keimzelle) des weiblichen Organismus

ektotherme Tiere Tiere, deren Körpertemperatur im Wesentlichen von den vorherrschenden äußeren Bedingungen abhängig ist

Elektrokardiogramm EKG; Aufzeichnung der an der Körperoberfläche ableitbaren, elektrischen Potenzialveränderungen während eines Herzzyklus

Elektronegativität Maß für die Anziehung, die ein Atom in einer chemischen Bindung auf die Bindungselektronen ausübt

Elektroneutralität Zustand eines Systems, in dem die Zahl der positiven Ladungen der Zahl der negativen Ladungen gerade entspricht

Element unter dem Sammelbegriff »chemisches Element« werden alle Nuklide derselben Ordnungszahl zusammengefasst; diese Nuklide sind Teilchen, die auf chemischem Weg nicht spaltbar sind

endergonisch physikalischer oder chemischer Vorgang, der nicht freiwillig abläuft, weil seine Reaktionsprodukte energiereicher sind als die Edukte

Endharn auch: Sekundärharn; der in seiner endgültigen Zusammensetzung ausgeschiedene Urin

Endocytose →Phagocytose

Endopeptidase eine Verdauungsprotease, die Substratproteine an Peptidbindungen innerhalb eines Aminosäurestrangs spaltet

endoplasmatisches Retikulum Organellensystem eukaryotischer Zellen; Ort von Biosynthesen (glattes ER) bzw. von Proteinderivatisierung, -faltung und -sortierung (raues ER)

Endosymbiose symbiotisches Zusammenleben von Angehörigen zweier biologischer Arten, wobei der eine Partner den anderen einschließt; im engeren Sinne das Einschließen eines einzelligen Symbionten in das Innere einer Wirtszelle (z. B. bei der evolutiven Entstehung des Mitochondriums)

Endothel Zellschicht (epitheliale Zellen), die alle Blutgefäße des geschlossenen Gefäßsystems von Wirbeltieren auskleidet

endotherm physikalischer oder chemischer Vorgang, der Energie aufnehmen muss, um stattfinden zu können

endotherme Tiere Tiere, die eigene Stoffwechselenergie aufwenden, um ihre Körpertemperatur auf einem Sollwert zu halten, der unabhängig von den Bedingungen in der Umwelt ist

Endplattenpotenzial postsynaptisches Potenzial, das in der Muskelfaser an der neuromuskulären →Synapse (motorische Endplatte) gemessen werden kann

energetischer Wirkungsgrad Verhältnis von abgegebener Leistung (Energiemenge pro Zeiteinheit) zu zugeführter Leistung

Energie fundamentale physikalische Größe; treibt sämtliche Lebensvorgänge an

Energieladung Konzentrationsverhältnis der energiereicheren Adeninnucleotide (ATP und ADP) zur Gesamtkonzentration der Adeninnucleotide; Maß für den energetischen Zustand einer Zelle

Energiestoffwechsel biochemische Abbauwege energiereicher organischer Moleküle zur Regeneration von ATP in Lebewesen

energy charge →Energieladung

Enterorezeptor Sinneszelle, die auf Reize aus dem Inneren des Tieres reagiert

Entkopplerprotein (*uncoupling protein*) UCP; Protonenkanal in der inneren Mitochondrienmembran; entkoppelt die Atmungskette von der ATP-Synthese während der →zitterfreien Wärmebildung

Entropie physikalische Zustandsgröße in der Thermodynamik; anschaulich ein Maß für die Unordnung eines Systems

Enzym Biokatalysator, beschleunigt die Einstellung des Gleichgewichts in einer biochemischen Reaktion

Enzyminhibitor Stoff, der reversibel oder irreversibel an ein Enzym bindet und dadurch dessen Aktivität vermindert oder blockiert

Epididymis Nebenhoden

Epiphyse auch: Zirbeldrüse, Pinealorgan; dorsaler Anhang des Zwischenhirns, Produktionsort von →Melatonin

EPSP →erregendes postsynaptisches Potenzial

erleichterte Diffusion auch: katalysierte Diffusion; kanal- oder carriervermittelter Transport durch biologische Membranen

Ernährung komplexer Prozess, der die Nahrungsauswahl, -aufnahme, mechanische und chemische Verdauungsvorbereitung wie auch die Verdauung und die →Resorption der Verdauungsprodukte in Tieren umfasst

erregendes postsynaptisches Potenzial auch: exzitatorisches postsynaptisches Potenzial (EPSP); Depolarisation des Membranpotenzials, die durch Eintreffen eines bestimmten Transmitters auf der Oberfläche einer Zielzelle ausgelöst wird

erworbene Immunität »erfahrener« Zustand des →adaptiven Immunsystems

Erythrocyt rotes Blutkörperchen

Erythropoese Prozess der Bildung roter Blutkörperchen (→Erythrocyt)

Erythropoietin →Peptidhormon, das bei Wirbeltieren durch Sauerstoffmangel im Organismus in der Niere gebildet wird und die Bildung von Blutzellen anregt

essenziell für essenzielle Stoffe unterliegt ein Tier der Notwendigkeit, sie aus der Umwelt aufzunehmen, da es unfähig ist, diese Substanz im eigenen Stoffwechsel herzustellen, sie aber für den eigenen Stoffwechsel benötigt

essenzielle Nahrungsbestandteile alle Stoffe, die in tierischen Organismen im Stoffwechsel benötigt, aber nicht eigenständig synthetisiert werden können und daher mit der →Nahrung aufgenommen werden müssen (Vitamine, Mineralstoffe, Spurenelemente usw.)

Eumetazoa Gewebetiere; mehrzellige Tiere mit echtem Zellgewebe

E-Vektor elektrischer Feldvektor einer Lichtwelle

Evolution Entwicklung der Vielfalt der Lebewesen im Verlauf der Stammesgeschichte (Phylogenie)

Evolution Veränderung der vererbbaren Merkmale einer Population von Generation zu Generation

exergonisch physikalischer oder chemischer Vorgang, der freiwillig abläuft, weil seine Reaktionsprodukte energieärmer sind als die Edukte

Exkretion Ausscheidung von Stoffen aus dem Tierkörper

Exkretionsorgane Organe, mit deren Hilfe Tiere überflüssige Stoffe aus dem Körper ausscheiden

Exocytose Stofftransport aus der Zelle heraus, dabei verschmelzen (fusionieren) im Cytosol liegende Vesikel mit der Zellmembran und geben so die in ihnen gespeicherten Stoffe in den Extrazellularraum ab

Exon Teil einer eukaryotischen Gensequenz, der transkribiert wird und nach dem Spleißen in der reifen mRNA erhalten bleibt

Exopeptidase eine Verdauungsprotease, die Substratproteine an den jeweils äußeren Peptidbindungen eines Aminosäurestrangs spaltet und so einzelne Aminosäuren vom Peptid abtrennt

exotherm physikalischer oder chemischer Vorgang, der Energie (meist als Wärme) freisetzt

explizites Gedächtnis auch: deklaratives Gedächtnis; umfasst zeitlich und örtlich definierte Erlebnisse (episodisches Gedächtnis) sowie Faktenwissen (semantisches Gedächtnis)

Exterorezeptor Rezeptorzelle in Sinnesorganen, die auf Reize aus der Umgebung des Organismus reagieren

Exterorezeptor Sinneszelle, die auf Reize aus der Umwelt reagiert

extrafusale Muskelfaser Muskelfaser außerhalb der Muskelspindel, Arbeitsmuskulatur, →intrafusale Muskelfaser

extraintestinale Verdauung Verdauungsvorgang bei bestimmten Tierarten (Spinnen, manche Insektenlarven), bei dem Mischungen von Verdauungsenzymen in ein Beutetier injiziert werden und der Verdauungsvorgang innerhalb des Beutetieres, das heißt außerhalb des Gastrointestinalsystems des Beutegreifers, erfolgt

extrazelluläre Verdauung Verdauungsvorgang im Lumen eines Gastrointestinalsystems von Tieren

Exuvie die bei der →Häutung (Ecdysis) abgeworfene alte Körperoberfläche der Ecdysozoa, auch bei Reptilien

exzitatorisch Situation (oder Stimulus), die depolarisierend auf das Membranpotenzial und somit erregend auf eine Nerven- oder Muskelzelle einwirkt

fakultative Anaerobier Tiere, die in ihrem Lebensraum mehr oder weniger häufig mit Sauerstoffmangel konfrontiert sind und daher anaerobe Energiestoffwechselwege nutzen können, um ATP zu synthetisieren

Fazilitation →Bahnung

Fieber Zustand erhöhter Körperinnentemperatur bei Tieren

Filtrand zu filtrierender Stoff

Filtrat Stoff, der während einer Filtration den Filter passiert hat

Filtrationsniere ein Ausscheidungsorgan, das den →Primärharn durch →Ultrafiltration bildet

Fließgleichgewicht zeitunabhängiger Zustand lebender Systeme, in dem sich Auf- und Abbau von Körpersubstanzen die Waage halten, sodass sich die Zusammensetzung des Organismus nicht ändert

Fluid-Mosaik-Modell Modell der Zellmembran bzw. der intrazellulären Membransysteme, das besagt, dass einzelne, in die Doppelschicht aus gegensinnig orientierten Phospholipidmolekülen eingelagerte →Proteine durch den quasiflüssigen Zustand der Membran lateral verschieblich sind

Fluoreszenz Emission von Licht durch ein Molekül, das durch Licht einer kürzeren Wellenlänge angeregt wird

Flux auch: Flussrate; Änderung einer Konzentration durch Nettoteilchenbewegung über die Zeit

Formatio reticularis diffuses Netzwerk von Neuronen im Hirnstamm; beteiligt an Aufmerksamkeitsregulation, Schlaf-Wach-Zustand und Aspekten des Bewusstseins

Fortpflanzung auch: Reproduktion; Erzeugung selbstähnlicher Nachkommen

Fortpflanzungszelle →Gamet

Fovea centralis auch: Area centralis; Ort des schärfsten Sehens im Linsenauge

freie Energie (*Gibbs free energy*) auch: freie Enthalpie oder Gibbs-Energie; Maß für den zur Arbeitsleistung nutzbaren Teil der Energie eines thermodynamischen Systems

freie Enthalpie (*Gibbs free energy*) →freie Energie

Frequenzanalyse Fähigkeit von Tieren zur Bestimmung von Tonhöhen und deren relativer Intensität

Frequenzcode Codierung sensorischer Information in der mittleren Frequenz der →Aktionspotenziale (→temporaler Code)

funktionelle Genomik Erforschung der Regulation der Genexpression in Abhängigkeit von internen und externen Determinanten tierischen Lebens und ihrer Funktion

funktionsbedingte Anaerobiose anaerober Energiestoffwechsel, der aufgrund starker körperlicher Belastung und dadurch bedingtem Sauerstoffmangel in den Geweben zustande kommt

Galle Sekretionsprodukt der Leber

Gallensäuren in der Leber gebildete und mit der →Galle in den Darm ausgeschüttete Moleküle, die Konjugate aus Cholesterin und Aminosäuren darstellen und bei der Fettverdauung im Darm als Emulgatoren eine wichtige Hilfsfunktion innehaben

Gamet auch: Keimzelle, Fortpflanzungszelle; eine für die geschlechtlichen →Reproduktion/Fortpflanzung gebildete Zelle (→Eizelle, Oocyte oder Samenzelle, →Spermium) mit einfachem Chromosomensatz (haploid), die bei der Befruchtung mit einer Keimzelle des Geschlechtspartners zur →Zygote (diploid) verschmelzen kann

Ganglion »Nervenknoten«, Konzentration von Neuronen

Gap Junction Cytoplasmabrücke zwischen benachbarten Zellen, molekular aufgebaut aus →Connexonen

Gating molekularer Mechanismus zur Öffnung eines Ionenkanals

genetische Anpassung Selektion bestimmter Genotypen anhand ihrer Phänotypen durch Umweltfaktoren über vielen Generationen

genetischer Code für alle Organismen geltende Grundregel, nach der immer drei aufeinanderfolgende Basen in einer Nucleinsäure (Tripletts, →Codons) im neusynthetisierten Protein eine Aminosäure codieren

Genexpression An- oder Abschalten bestimmter Gene zum Zweck der vermehrten oder verminderten Produktion der entsprechenden RNA-Moleküle

Genom Gesamtheit aller Gene eines Organismus

Geräusch nichtperiodische Schwingungen, die sich theoretisch aus unendlich vielen Sinusschwingungen zusammensetzen

geschlossenes System Begriff der Thermodynamik; bezeichnet ein System ohne Stoff-, aber mit Energiewechsel mit der Umgebung

Gibbs-Energie (*Gibbs free energy*) →freie Energie

Gleichgewichtspotenzial Beitrag eines Ions zum elektrischen Potenzial einer Zelle unter der Bedingung, dass kein Nettofluss dieses Ions über die Grenzfläche zwischen zwei Kompartimenten hinweg stattfindet

glomeruläre Filtrationsrate GFR; das Volumen des im Prozess der →Ultrafiltration des Plasmas in der Niere pro Zeiteinheit gebildeten →Primärharns

Glottis Stimmritze; Teil des Vokalisationsapparats von Wirbeltieren, gebildet aus Stimmlippen und Stellknorpeln

Glycerophospholipide fettlösliche Moleküle mit polarer Kopfgruppe in biologischen Membranen, bei denen Glycerin als Rückgratmolekül vorkommt und die Fettsäuren an C-1 und C-2 über Esterbindungen verknüpft sind

Glykogen Polysaccharid aus Glucoseeinheiten, das bei Tieren als intrazelluläre Energiereserve in Form von Granula im Cytosol abgelagert wird

Glykokalyx Schicht aus Polysacchariden auf der Oberfläche tierischer Zellen, die kovalent an Membranproteine (Glykoproteine) der Membranlipide (Glykolipide) gebunden sind

Glykolyse Stoffwechselweg in Zellen, in dem Monosaccharide schrittweise zur Gewinnung von Energie und Reduktionsäquivalenten (NADH + H^+) abgebaut werden

Glykosidase Hydrolase, katalysiert reversibel die Hydrolyse einer glykosidischen Bindung in einem Glykosid, wobei ein Zuckermolekül vom Rumpfmolekül (Protein, Lipid, andere Zucker) abgespalten wird (Deglykosylierung)

Glykosylierung Verknüpfung eines Proteins oder Lipids mit einem Kohlenhydratmolekül unter Wasseraustritt, Bildung eines Glykosids

G-Protein an der Membran verankertes (heterotrimeres G-Protein) oder lösliches monomeres Protein der →Signaltransduktion in eukaryotischen Zellen; bindet und hydrolysiert GTP

Gradient unterschiedliche Verteilung von Dingen oder Zuständen im Raum, zum Beispiel ein Konzentrationsunterschied

Granulosazelle die im Ovarialfollikel die →Eizelle direkt umgebenden somatischen Nährzellen bei weiblichen Säugetieren

Grenzstrang Kette untereinander verbundener Ganglien an den Wirbelkörpern des Rumpfes (Teil des Sympathikus)

Grundumsatz →basale Stoffwechselrate

Gyroskop rasch drehender, symmetrischer Kreisel, der sich in einem beweglichen Lager dreht und dadurch die Lage des Objekts im Raum stabilisiert; kann auch als Gerät zur Messung von äußeren Kräften benutzt werden, die auf Kreiselbewegungen einwirken (dann auch: Gyrometer)

Haarsinneszelle sekundäre Sinneszelle im Nervensystem von Wirbeltieren mit Mechanorezeptivität; erfasst Schall, Wasserströmungen, Dreh- oder Linearbeschleunigungen; kommt im Innenohr (→Corti-Organ, →Vestibularorgan) und im Seitenlinienorgan der Fische und Amphibien vor

Haarzelle →Haarsinneszelle

Habituation Gewöhnung; Abnahme der Reaktion auf wiederholte Präsentation eines biologisch nicht relevanten Reizes

Halteren die zu Schwingkölbchen umgeformten, zweiten Flügel der Dipteren; dienen der Stabilisierung der Fluglage

Häm Protophorphyrinring mit einem zentralen Eisen(II)-Ion, der als prosthetische Gruppe in bestimmten tierischen Proteinen (Hämoglobin, Cytochrom c usw.) anzutreffen ist

Hämatokrit prozentualer Volumenanteil des zellulären Materials des Blutes am Gesamtvolumen des Blutes

Hamburger-Shift Austausch von Hydrogencarbonationen aus dem Cytosol von Erythrocyten über die Plasmamembran in das umgebende Plasma gegen Chloridionen durch den →Chlorid/Hydrogencarbonat-Austauscher (Bande-III-Protein)

Hämerythrin eisenhaltiger respiratorischer Blutfarbstoff (ohne Hämgruppe) für den Sauerstofftransport in den Körperflüssigkeiten mancher Tierarten (Sipunculiden, Priapuliden, Brachiopoden u. a.)

Hämocyanin kupferhaltiger respiratorischer Blutfarbstoff für den Sauerstofftransport in den Körperflüssigkeiten mancher Tierarten (Arthropoden, Mollusken)

Hämoglobin eisenhaltiger respiratorischer Blutfarbstoff (mit Hämgruppe) für den Sauerstofftransport in den Körperflüssigkeiten mancher Tierarten (Anneliden, Vertebraten u. a.)

Hämolymphe extrazelluläre Körperflüssigkeit von Tieren mit Transport- und Homöostasefunktionen; Hämolymphe ist eine im offenen →Kreislaufsystem zirkulierende Körperflüssigkeit, die eine Mischung von →Blut und →Lymphe sein kann

Hämostasesystem Blutungsstillung, Wundverschluss

Hautatmung Gaswechsel zwischen Tierkörper und Umwelt über permeable Anteile der allgemeinen Körperoberfläche

Häutung auch: Ecdysis; periodisch auftretender Abwurf der alten Cuticula bei exoskeletttragenden Tieren

Herbivora pflanzenfressende Lebewesen

Herz Antriebsorgan des →Kreislaufsystems

heterodontes Gebiss Gebiss, bei dem nicht alle Zähne gleichartig geformt sind

Heterotrophie Eigenschaft von Lebewesen, für den Aufbau ihrer Körperbausteine und den Betrieb ihres Energiestoffwechsels bereits vorhandene organische Verbindungen zu verwenden

Hibernation →Winterschlaf

Hippocampus Teil des →Allocortex von Wirbeltieren, beteiligt an der Bildung des →expliziten Gedächtnisses

Hoden primäres Geschlechtsorgan bei männlichen Tieren

homodontes Gebiss Gebiss, bei dem alle Zähne gleichartig geformt sind

Homoiothermie thermoregulatorisches Phänomen bei Tieren, dass über längere Zeiten eine gleichförmige Körperinnentemperatur aufrechterhalten wird

Homologie Übereinstimmung von Organen, Organsystemen, Körperstrukturen, physiologischen Prozessen oder Verhaltensweisen bei zwei Tierarten oder -gruppen aufgrund ihres gemeinsamen evolutionären Ursprungs

Homöostase dauerhafte Aufrechterhaltung gleicher Größen verschiedener Parameter im Tierkörper durch regulative Mechanismen

Hormon Signalstoff, der nach seiner Freisetzung aus Hormondrüsenzellen oder aus Neuronen (→Neurohormon) über mehr oder weniger weite Distanzen mit den extrazellulären Körperflüssigkeiten von Tieren transportiert wird und entweder an →Plasmamembranrezeptoren oder intrazelluläre Rezeptoren (cytosolisch, nucleär) von Zielzellen bindet und diese aktiviert

hydrophil Eigenschaft von Molekülen, sich in Wasser zu lösen, weil sie polare oder geladene Funktionen besitzen

hydrophob Eigenschaft von Molekülen, sich nicht in Wasser zu lösen, weil sie ausschließlich unpolare Gruppen besitzen

Hygrorezeptor Sinneszelle bei Insekten, die auf Änderungen der Luftfeuchtigkeit reagiert

Hyperalgesie verstärkte Empfindlichkeit auf schmerzhafte Reize

hyperosmotisch die betrachtete Lösung hat eine höhere osmotische Wirksamkeit als eine Vergleichslösung

Hyperoxie Zustand, bei dem im Atemmedium mehr Sauerstoff enthalten ist, als im Äquilibrium mit atmosphärischer Luft zu erwarten wäre

hypoosmotisch die betrachtete Lösung hat eine niedrigere osmotische Wirksamkeit als eine Vergleichslösung

Hypophyse Hirnanhangdrüse

Hypothalamus Teil des Zwischenhirns (Diencephalon) mit wichtigen regulatorischen Funktionen für die vegetative Physiologie von Tieren

Hypoxie Zustand, bei dem im Atemmedium weniger Sauerstoff enthalten ist, als im Äquilibrium mit atmosphärischer Luft zu erwarten wäre

Ileum Krummdarm; letzter Abschnitt des Dünndarms vor dessen Übergang in den Dickdarm

Immunität Zustand der zellulären und molekularen Abwehrbereitschaft eines Organismus gegen eindringende Fremdstoffe, -zellen oder -organismen

Impedanzanpassung Anpassungsreaktion in Lauterzeugungsorganen oder im Gehör von Tieren zur Verbesserung der Kopplung zwischen Schallquelle und dem Trägermedium des Schalls bzw. diesem und den Strukturen des Gehörs

Impedanzwandler Strukturen in den Lauterzeugungsorganen bzw. dem Gehör von Tieren zur →Impedanzanpassung

Impfung bewusst durchgeführte Maßnahme zur Herstellung einer Immunität gegen bestimmte Krankheitserreger (→Pathogene) bei Mensch und Tier

implizites Gedächtnis auch: nichtdeklaratives Gedächtnis; umfasst Gedächtnisbildung durch →Reifung sowie das →prozedurale Gedächtnis

infradianer Rhythmus Rhythmus mit einer Periodenlänge >24 h, zum Beispiel jahresperiodischer Rhythmus

Inhibin glykosyliertes →Peptidhormon, das in den →Sertoli-Zellen des →Hodens bzw. in den →Granulosazellen des Ovars von Säugetieren produziert wird und die Freisetzung von follikelstimulierendem Hormon (FSH) in der →Adenohypophyse hemmt

inhibitorisch hemmend einwirkend; bei erregbaren Zellen eine Situation oder ein Stimulus, die/der hyperpolarisierend auf das Membranpotenzial wirkt

innates Immunsystem →angeborenes Immunsystem

innere Energie thermodynamische Energie U; ihre Änderung dU ist die Summe der abgegebenen oder aufgenommenen Wärme dQ und der vom oder am System verrichteten Arbeit dW

Insulin →Peptidhormon der Wirbeltiere, das in den β-Zellen des endokrinen →Pankreas gebildet wird und durch die Stimulation der Glucoseaufnahme in die Körperzellen zu einer Absenkung der Glucosekonzentration im Blutplasma führt

Interstitialflüssigkeit →Lymphe

intrafusale Muskelfaser Muskelfaser innerhalb einer Muskelspindel, →extrafusale Muskelfaser

intrazelluläre Verdauung Verdauungsvorgang, der auf der endocytotischen Aufnahme von extrazellulären Partikeln oder Flüssigkeiten bzw. zellulären Abfallprodukten und Produkten des lysosomalen Abbaus beruht

Intron Teil einer eukaryotischen Gensequenz, der transkribiert wird, beim Spleißen aber aus dem Transkript entfernt wird und daher nicht in der reifen mRNA enthalten ist

Ionenbindung elektrostatisch bedingte chemische Bindung zweier Partner aufgrund ihrer unterschiedlichen Ladungen

Ionenkanal für Ionen durchlässige Transmembranpore in der biologischen Membran

Ionocyt ionentransportierende Zelle im Integument von Tieren, die der ionalen oder der osmotischen Homöostase des Tieres dient

ionotroper Rezeptor Transmembranprotein mit einer extrazellulären Ligandenbindungsstelle und einem durch die Ligandenbindung regulierten Ionenkanal

Isocortex sechsschichtiger Cortex des →Telencephalons von Wirbeltieren

Isogene zwei oder mehr Gene innerhalb desselben Genoms mit großer Sequenzähnlichkeit, die Proteine mit gleicher Funktion codieren; Entstehung vermutlich durch Genduplikationsereignisse

Isomere Moleküle mit derselben Summenformel, aber unterschiedlichen räumlichen Strukturen

isoosmotisch die betrachtete Lösung hat dieselbe osmotische Wirksamkeit wie eine Vergleichslösung

isoton die betrachtete Lösung hat dieselbe osmotische Wirksamkeit wie die Körperflüssigkeit des Tieres

Jejunum Leerdarm; mittlerer Abschnitt des Dünndarms nach dem Duodenum und vor dem Ileum

Johnston-Organ Sinnesorgan der Insekten an der Basis der Antennen, mit denen Luftströmungen perzipiert werden können

Kairomon Botenstoff zur Informationsübertragung zwischen Individuen unterschiedlicher biologischer Arten, deren Informationsgehalt nur dem aufnehmenden Organismus (Empfänger) nützt

Kalorimeter Gerät zur Messung der Stoffwechselrate eines Tieres; →Kalorimetrie

Kalorimetrie Messung der Stoffwechselrate eines Tieres durch Bestimmung der Rate seiner Wärmeproduktion (direkte Kalorimetrie) oder durch Bestimmung seiner Sauerstoffverbrauchsrate (indirekte Kalorimetrie)

Kältezittern thermoregulatorische Maßnahme von endothermen Tieren, die von Unterkühlung bedroht sind (unwillkürliche Kontraktionen einzelner Fasern der Skelettmuskulatur) zur Produktion von Wärme

Kanal, Kanalprotein Transmembranprotein in biologischen Membranen mit einer Porenstruktur, die für wasserlösliche Stoffe (Ionen) durchlässig sein kann

Kapillare Blutgefäß zwischen Arterie und Vene, das dem Austausch von Substanzen zwischen Blut und Gewebe dient; die Kapillarwand besteht daher oft nur aus einer Lage (→Endothel)

Katabolismus abbauender Stoffwechsel in tierischen Zellen; Abbau energiereicher Moleküle zu energieärmeren Produkten

katadrome Wanderung Wanderung eines Fisches aus einem Süßgewässer ins Meer zum Zweck der Fortpflanzung

katalysierte Diffusion →erleichterte Diffusion

katalytische Triade Gruppierung dreier bestimmter Aminosäureseitenketten (Serin, S; Aspartat, D; Histidin, H) im aktiven Zentrum bestimmter Proteasen

katalytisches Zentrum →aktives Zentrum

Kation Ion mit positiver Ladung; bewegt sich im elektrischen Gleichspannungsfeld zur Kathode (negativer Pol)

Keimbahnzelle zur Keimbahn gehörige Zelle eines Lebewesens

Keimzelle →Gamet

Kennlinie quantitative Beschreibung der Beziehung zwischen Reizintensität und Antwortstärke in sensorischen Systemen/Sinneszellen

Kieme respiratorisches Organ wasseratmender Tiere

Kinese Mechanismus zur Steuerung ungerichteter Bewegungen eines Organismus in Bezug zu einer Reizquelle

Kinesine Transportproteine, die Vesikel zum Plusende von →Mikrotubuli transportieren

Kinocilium die mit →Mikrotubuli (9 + 2-Anordnung) ausgestattete Cilie am Apex einer →Haarsinneszelle

Kladogramm Darstellung der Verwandtschaftsverhältnisse von Lebewesen; diese unterscheidet sich vom evolutionären Stammbaum in den folgenden Punkten: 1. bei einer Verzweigung gibt es immer nur zwei Äste (dichotome Verzweigung), 2. die Verzweigungen werden nicht gewichtet, es gibt also kein Maß für die Qualität oder die Intensität der Änderung, 3. es gibt keine absolute Zeitachse

klassische Konditionierung Form des assoziativen Lernens, Verknüpfung eines neutralen (konditionierten) Stimulus mit einem bedeutungsvollen (unkonditionierten) Stimulus

Kohlenhydrat →Saccharid; chemische Verbindung aus Kohlenstoff-, Sauerstoff- und Wasserstoffatomen

Koinzidenzdetektor 1. Rezeptorprotein, das nur dann aktiviert wird, wenn zeitgleich mehrere Liganden binden; 2. Nervenzelle, die nur dann eigenständig elektrisch aktiv wird (→Aktionspotenziale bildet), wenn sie gleichzeitig von mehreren vorgeschalteten Zellen erregt wird

Kollaterale axonaler Seitenast

kolligative Eigenschaften von Lösungen Eigenschaften, die nur von Zahl der gelösten Teilchen, nicht aber von deren Qualität abhängen (osmotischer Druck, Gefrierpunkterniedrigung, Siedepunkterhöhung, Dampfdruckerniedrigung im Vergleich der Lösung mit dem reinen Lösungsmittel)

Kommissur Querverbindung zwischen der rechten und linken Hemisphäre eines Ganglions oder Gehirnareals

Kompartimentierung Abgrenzung von Reaktionsräumen in biologischen Systemen

kompetitive Hemmung Modus der Enzymhemmung, bei der ein Hemmstoff mit dem Substrat des Enzyms um die Bindung am aktiven Zentrum konkurriert

Komplexauge auch: Facettenauge; zusammengesetztes Auge, bestehend aus mehreren oder vielen Einzelaugen

Konnektiv Längsverbindung zwischen aufeinanderfolgenden Ganglien eines Nervensystems

Konsolidierung Verfestigung eines Gedächtnisinhalts

Konvektion gleichförmige und gemeinsame Bewegung von Teilchen in Flüssigkeiten oder Gasen, mit denen auch die ihnen innewohnende thermische Energie transportiert wird

Konvergenz Neurobiologie: Zusammenlaufen mehrerer Eingänge auf ein Folgeneuron, →Divergenz

Kooperativität Bindungsverhalten multimerer Moleküle ihren Bindungspartnern gegenüber, bei dem die Bindung eines Bindungspartners an eines der Monomere die Affinität der noch freien Monomere im Komplex beeinflusst

Koprophagie Ernährungsweise, bei der sich Tiere vom Kot anderer Tieren ernähren

kovalente Bindung chemische Bindung, in der zwei ähnlich elektronegative Partner jeweils ein Elektron zur chemischen Bindung beitragen

Krebs-Henseleit-Zyklus →Ornithinzyklus

Kreislaufsystem Leitungssystem für die zirkulierende Körperflüssigkeit im Tierkörper

kritische Temperatur jeweils die obere und untere Grenze der Umwelttemperatur, bei der Tiere gerade noch dauerhaft lebensfähig sind

Krogh-Diffusionskonstante auch: Diffusionskoeffizient; Maß für die Beweglichkeit von Teilchen in einem System; bei konstanter Temperatur eine Materialkonstante, die die Eigenschaften des Diffusionssystems kennzeichnet

Labmagen Drüsenmagen, Abomasum; letzter Teil des Magensystems der Wiederkäuer (Ruminantia), homolog zum monogastrischen Magen anderer Säugetiere

Lagena Teil des →Vestibularorgans bei Wirbeltieren

Lamina erstes optisches →Neuropil im Sehsystem von Insekten

Langerhans-Insel endokrines Gewebe des Pankreas bei Säugetieren

Langzeitpotenzierung (*long term potentiation*) LTP; langdauernde Verstärkung der Signalübertragung an →Synapsen

Larynx Kehlkopf; ein aus Knorpelteilen, Muskeln und Faserzügen aufgebauter Verschlussapparat bei Säugetieren, der die Luftröhre (Trachea) von der Speiseröhre (Ösophagus) trennt

Latenzzeit Zeitraum zwischen einem Ereignis und dem Eintreten einer Reaktion auf dieses Ereignis

laterale Inhibition Umfeldhemmung, seitliche Hemmung benachbarter Neurone, zum Beispiel in einer Sinnesbahn

laterale Inhibition Ergebnis der Signalverarbeitung in einer speziellen Verschaltung sensorischer Neurone bei Tieren zur Verstärkung der Kontrastwahrnehmung bei optischen oder akustischen Reizen

Leistung physikalische Größe; Energie pro Zeit

Leitfähigkeit Durchlässigkeit einer biologischen Membran für ein bestimmtes Ion, in der Regel durch die Präsenz eines Ionenkanals; Kehrwert des elektrischen Widerstands

Lernen adaptive Veränderung des Verhaltens aufgrund gesammelter Erfahrungen

Leuchtorgan →Photophor

Leydig-Zelle interstitielle Zelle des Hodens, die unter dem Stimulus durch luteinisierendes Hormon (LH) Testosteron synthetisiert und freisetzt

Ligand Bindungspartner für ein Rezeptormolekül

limbisches System ringförmige Anordnung verschiedener subcortikaler Gehirnbereiche bei Wirbeltieren (→Hippocampus, Amygdala) mit unterschiedlichen Funktionen

Lipase →Enzym, das hydrolytisch freie Fettsäuren aus Triglyceriden abspaltet (Lipolyse)

Lipid Sammelbegriff für unpolare Moleküle, die sich nicht oder nur sehr schlecht in Wasser lösen

lipid raft Bereiche in den →Plasmamembranen eukaryotischer Zellen, in denen besondere Kombinationen von Membranlipiden vorliegen, mit besonders hohem Anteil an →Cholesterin

Lipochrom fettlöslicher Farbstoff (z. B. Carotin)

Lipoprotein 1. Molekülkomplexe, die überwiegend →Proteine und verschiedene Anteile von →Lipiden beinhalten; 2. spezifische →Proteine in lipidhaltigen Molekülkomplexen

Lobulaplatte Teil des Lobulakomplexes, des dritten optischen →Neuropils im Sehsystem von Insekten

Luft Gasgemisch der Erdatmosphäre

Lumineszenz Emission von Licht durch den Übergang eines physikalischen Systems von einem angeregten in den Grundzustand; Bei der →Biolumineszenz stammt die Anregungsenergie aus der Hydrolyse von ATP

Lunge Atmungsorgan der landlebenden Tiere

Lymphe auch: Interstitialflüssigkeit; extrazelluläre Flüssigkeit im Tierkörper, die die Zellen umgibt

Lysozym sekretorisches Enzym vieler tierischer Epithelzellen zur Abwehr von Mikroorganismen; spaltet β-1,4-glykosidische Bindungen zwischen N-Acetylmuraminsäure-(NAM-) und N-Acetylglucosamin-(NAG-)resten in Peptidoglykanen (bakterielle Zellwandbestandteile)

Makrophage eine Gruppe der weißen Blutkörperchen (Leukocyten) bei Wirbeltieren; Abwehrzellen; Makrophagen nehmen als professionelle Fresszellen endocytotisch in Tiere eingedrungene Fremdstoffe, -zellen oder -organismen auf und bauen diese lysosomal ab

Makrosmat Tier mit einem arttypisch stark ausgeprägten Riechvermögen

Markstrang strangartige Anordnung von Nervenfasern mit diffus eingebetteten neuronalen Perikarya

Massenwirkungsgesetz Gesetzmäßigkeit, die das Verhältnis der Aktivität bzw. der Konzentration von Produkten und Edukten einer chemischen Reaktion im Gleichgewichtszustand beschreibt

Medulla zweites →Neuropil im Sehsystem von Insekten

Medulla oblongata Nachhirn; letzter (fünfter) Abschnitt des Wirbeltiergehirns

Melatonin vom Tryptophan abgeleitetes →Hormon, das von den Pinealocyten in der →Epiphyse produziert und in die →Zirkulation ausgeschüttet wird und den →circadianen Rhythmus des Körpers dem äußeren Tag-Nacht-Rhythmus anpasst

Membranrezeptor integrales Membranprotein eukaryotischer Zellen, das eine Bindungsstelle für extrazelluläre Liganden aufweist und nach Ligandenbindung einen Signaltransduktionsvorgang in der Zelle auslöst

Menstruation periodisch wiederkehrende Erosion der Gebärmutterschleimhaut (Endometrium) im Fortpflanzungszyklus weiblicher Primaten und Menschen

Menstruationszyklus besondere Ausbildungsform des Fortpflanzungszyklus weiblicher Primaten und Menschen mit rhythmisch auftretenden Blutungen aus dem Uterus (→Menstruation)

metabolische Depression hormonell vermittelter Zustand von Tieren, in denen die Umsatzrate im Energie- und Baustoffwechsel sehr stark vermindert ist, zum Beispiel während der →Hibernation oder der →Ästivation

Metabolismus Stoffwechsel

Metabolomik qualitative und quantitative Erfassung aller Intermediär- und Sekundärstoffwechselprodukte einer Zelle, eines Gewebes oder eines Organismus

metabotroper Rezeptor Rezeptormolekül in biologischen Membranen, dessen Ligandenbindung zur Aktivierung eines intrazellulären →Enzyms führt, dessen Produkt als →Second Messenger die intrazelluläre →Signaltransduktion vermittelt

Metamorphose ontogenetischer Prozess bei Tieren, in dessen Verlauf die Umwandlung der Larvenform zum Adultstadium, dem geschlechtsreifen, erwachsenen Tier (der Imago), erfolgt

Metanephridium typisches Ausscheidungsorgan der Articulata, Mollusca und Tentaculata, das in der Regel in seinem Anfangsteil einen Wimpertrichter aufweist

Metazoa vielzellige Tiere

Methämoglobin dysfunktionelles →Hämoglobin mit einem oxidierten Eisenion (Fe^{3+}) im Protoporphyrinring

Micelle auch: Assoziationskolloid; Aggregat (Assoziat) aus amphiphilen Molekülen, die sich in einem polaren Medium (i. d. R. Wasser) spontan kugelförmig anordnen, sodass die polaren Molekülteile mit dem umgebenden Medium, die apolaren Molekülteile aber nur miteinander interagieren

Mikrosmat Tier mit einem arttypisch eher gering ausgeprägten Riechvermögen

Mikrotubulus Struktur des Cytoskeletts von Zellen, bestehend aus röhrenförmig polymerisierten Tubulinen

Mikrovilli Ausstülpungen der apikalen Plasmamembran polarisierter Epithelzellen, die durch parallel angeordnete Aktinfilamente ausgesteift werden und der Vergrößerung der Zelloberfläche dienen

Mimikry Nachahmung eines Vorbilds durch eine Tierart zum Zweck der Tarnung

Mitochondrium in fast allen eukaryotischen Zellen vorkommendes Zellorganell, in dem ATP mittels oxidativer Phosphorylierung regeneriert wird

Mitteldarmdrüse in verschiedenen Gruppen der Wirbellosen (Mollusca, Crustacea, Arachnida, Asterioidea, Polyplacophora, Gastropoda, Cephalopoda) unabhängig voreinander entstandenes, zentrales Stoffwechselorgan mit Verbindung zum Gastrointestinalsystem;

Produktion von Verdauungsenzymen; Hauptresorptionsort für Verdauungsprodukte sowie Speicherorgan für Reservestoffe

Mittellamelle innere, wasserfreie Zone der biologischen Membran; wird gebildet durch die unpolaren Fettsäurereste der Phospholipide im äußeren und im inneren Blatt der Membran

Modellorganismus ausgewählte nichtmenschliche Lebewesen, die aufgrund bestimmter Ähnlichkeiten in den grundlegenden Körperfunktionen zum Studium eben dieser herangezogen werden, um die daraus gewonnenen Erkenntnisse zu verallgemeinern und auch auf den Menschen zu übertragen; können im Gegensatz zum Menschen in größerer Individuenzahl gezüchtet und untersucht werden; in der Regel ist das Genom dieser Arten bereits sequenziert und annotiert

molekulare Evolution entwicklungsgeschichtliche Veränderung von Merkmalen von Lebewesen auf der molekularen Ebene (DNA, RNA, Proteine)

Monomer Grundeinheit eines biologischen Moleküls, mehrere davon können zum Aufbau multi- oder polymerer Strukturen verbunden werden

monosynaptisch verbunden über eine →Synapse, direkte synaptische Verbindung

Morphologie Lehre von der Struktur

Motoneuron efferente Nervenzelle, die eine bestimmte Muskelzelle eines Tierkörpers innerviert

Mucin strukturgebender Molekülbestandteil (Glykoprotein) des Schleims

Multienzymkomplex Aggregat aus mehreren Enzymmolekülen, die Substrate bzw. Produkte untereinander austauschen

Multimer aus mehreren gleichen oder verschiedenen Grundeinheiten (→Monomeren) zusammengesetztes biologisches Molekül

Muskelfaszie derbe Bindegewebsstruktur, die einzelne Muskeln oder Muskelgruppen umhüllt

Mutation zufällige und ungerichtete Veränderung des Erbguts eines Individuums; findet diese Mutation in Keimbahnzellen statt, kann diese Mutation auch an die Nachkommen des betroffenen Individuums vererbt werden

Myoglobin intrazelluläres (Muskelzellen), monomeres, sauerstoffspeicherndes Protein mit Hämgruppe bei Vertebraten

Myonem kontraktile Struktur unbekannter Proteinzusammensetzung in Einzellern mit elongierter Zellform (z. B. *Stentor*)

Myosin Motorprotein des Muskels

Nahrung komplexe Mischung von verschiedenen chemischen Komponenten, die Tiere aus der Umwelt aufnehmen, um sich mit Energie, Baustoffen und anderen essenziellen Stoffen zu versorgen

Nahrungspyramide ökologische Pyramide; vereinfachte grafische Darstellung der quantitativen Verhältnisse (Biomasse, Energieflüsse) der Trophieebenen einer Lebensgemeinschaft in einem Ökosystem

Natrium/Protonen-Austauscher NHE; Transportprotein (→Carrier), das durch den Na^+-Gradienten über der Plasmamembran angetrieben wird und im Austausch gegen Na^+-Ionen metabolisch gebildete Protonen (H^+-Ionen) aus dem Cytosol in den Extrazellularraum überführt

negative Rückkopplung Teilprozess in einem →biologischen Regelkreis; liegt die aktuelle Regelgröße oberhalb des Sollwertes, wird ein negatives Rückkopplungssignal an den Regler weitergegeben, der die Produktion von Signalen vermindert, die die Regelgröße steigern

Nekrophagie Ernährungsweise, bei der sich Tiere von Leichen anderer Tiere ernähren

Nephron funktionelle Einheit der Wirbeltierniere

Nernst-Gleichung Formel zur Berechnung des Gleichgewichtspotenzials für einzelne Ionen zwischen zwei benachbarten Kompartimenten

Nervensystem Gesamtheit aller Nerven- und Gliazellen in einem Organismus

Netzmagen auch: Retikulum; Abschnitt des Vormagensystems der Wiederkäuer (Ruminantia)

Neurit Nervenzellfortsatz

Neuroglobin sauerstoffbindendes Protein mit Hämgruppe in neuronalen Zellen

Neurohämalorgan Organ im Tierkörper, in dem Neurone aus ihren synaptischen Endigungen Signalstoffe in die zirkulierende Körperflüssigkeit abgeben

Neurohormon auch: →Neuropeptid; →Hormon, das aus synaptischen Endigungen von Neuronen (neuroendokrine Zelle, neurosekretorische Zelle) freigesetzt und mit den extrazellulären Körperflüssigkeiten eines Tieres zu seinem Zielgewebe transportiert wird

Neurohypophyse Hypophysenhinterlappen; ein →Neurohämalorgan

Neuromast sekundäre Sinneszelle im Seitenlinienorgan von Fischen oder wasserlebenden Amphibien

Neuromer einem bestimmten Körpersegment zugeordnetes Ganglion des Nervensystems

Neuromodulator chemischer Stoff, der die Funktion von Nervenzellen beeinflusst, ohne direkt als Transmitter zu wirken

Neuropeptid auch: →Neurohormon; →Peptidhormon, das aus synaptischen Endigungen von Neuronen (neuroendokrine Zelle, neurosekretorische Zelle) freigesetzt und mit den extrazellulären Körperflüssigkeiten eines Tieres zu seinem Zielgewebe transportiert wird

Neuropil Konzentration von Nervenfasern und synaptischen Kontakten, ohne neuronale →Somata, typischerweise im Nervensystem von Arthropoden und Mollusken

Neurosekretion exocytotische Freisetzung von Signalstoffen (→Neuropeptide, →Neurohormone) aus neuronalen Zellen in die zirkulierende Körperflüssigkeit

Neurotransmitter extrazellulärer Signalstoff, der durch Vesikelfusion mit der präsynaptischen Membran in den synaptischen Spalt freigesetzt wird und auf der postsynaptischen Membran spezifische Rezeptormoleküle aktiviert

nichtassoziatives Lernen Änderung der Reaktionsstärke auf einen Reiz (→Habituation, →Sensitivierung)

Niere Harnproduktions- und Ausscheidungsorgan der Wirbeltiere

nitrosativer Stress Belastung des zellulären →Metabolismus durch Reaktionsprodukte reaktiver Stickstoffmoleküle in tierischen Zellen

Noxe jede Art von gefährdender und potenziell schädlicher Substanz bzw. schädigendem Einfluss auf ein Tier

Nozizeption sensorische Wahrnehmung gewebeschädigender Reize

nucleärer Rezeptor →Rezeptor, der bereits im nichtligandengebundenen Zustand im Kern einer Zielzelle an Hormone-Response-Elemente (HREs) bestimmter Gene gebunden vorliegt und auf die Anlieferung und Bindung einer bestimmten Sorte eines lipophilen Hormonmoleküls wartet, um dann genregulatorische Funktionen zu erfüllen

Nuclease →Enzym, das dem Abbau von →Nucleinsäuren dient

Nucleinsäuren →Polymere aus Nucleotiden, zum Beispiel →Desoxyribonucleinsäure (DNA) oder →Ribonucleinsäure (RNA)

Nucleosidase →Enzym, das die Bindung zwischen Base und Zuckeranteil eines Nucleosids spaltet

Nucleosom basale Verpackungseinheit der DNA in den Zellkernen eukaryotischer Zellen; Komplex aus DNA und Histonen

Nucleotidase →Enzym, das ein Nucleotid in ein Nucleosid und ein Phosphat spaltet

Nystagmus periodische Augenbewegungen, oft bestehend aus langsamer Folgebewegung und schneller Rückstellbewegung

obere Olive neuronales Kerngebiet (Nucleus olivaris superior) im verlängerten Rückenmark der Wirbeltiere; die Neurone der oberen Olive sind Teil der Hörbahn und an der Lokalisation von Schallquellen beteiligt, indem sie Laufzeit- und Intensitätsunterschiede der aus beiden Ohren eingehenden Signale auswerten

obligate Anaerobier Tiere, die unabhängig vom herrschenden Sauerstoffangebot dauerhaft anaeroben Energiestoffwechsel betreiben

Ocellus punktförmiges Auge bei verschiedenen Tiergruppen

Ödem Flüssigkeitsansammlung im Gewebe

offenes System Begriff der Thermodynamik; bezeichnet ein System, das Stoff- und Energiewechsel mit der Umgebung zeigt

Ökosystem Gesamtheit der Organismen einer Lebensgemeinschaft und ihre Wechselwirkungen untereinander sowie mit den physikochemischen Umweltfaktoren

olfaktorisches Bindungsprotein (*odorant binding protein*) OBP; Bindungsprotein für Geruchsstoffe aus der Luft im Schleim des Riechepithels von landlebenden Wirbeltieren

Ommatidium Einzelauge im →Komplexauge von Arthropoden

Ommochrom natürlich vorkommender gelber, brauner oder roter Phenoxazinfarbstoff, der insbesondere bei Arthropoden als Augen- (Ommatidium), Haut- und Flügelpigment dient; Synthese durch den Abbau von Tryptophan über Kynurenin

Omnivor Tierart, die alle vorhandenen Nahrungsressourcen für sich nutzt; Allesfresser

Ontogenie Individualentwicklung von der Zygote zum erwachsenen Tier

Oocyte →Eizelle

operante Konditionierung Form des assoziativen →Lernens durch Versuch und Irrtum; Verknüpfung eines neutralen Stimulus mit einer bedeutungsvollen Reaktion

Opin stickstoffhaltige organische Verbindung, die durch Kondensation von Pyruvat mit einer Aminosäure entsteht

Opsin Proteinbestandteil des →Rhodopsins und →Porphyropsins

Opsonierung Vorgang der Markierung in den Tierkörper eingedrungener Bakterien mittels körpereigener Signalmoleküle (→Antikörper, Faktoren des Komplementsystems) als Stimulanz für das →Immunsystem

organische Chemie Teildisziplin der Chemie, in der die chemischen Verbindungen des Kohlenstoffs untersucht werden

Ornithinzyklus auch: Krebs-Henseleit-Zyklus oder »Harnstoffzyklus«; korrekte Bezeichnung für den Stoffwechselweg, in dem bei →ureotelischen Tieren aus CO_2 und NH_3 das Stickstoffexkret Harnstoff hergestellt wird

Osmolalität Zahl der osmotisch wirksamen Teilchen in der Lösung relativ zur Masse der Lösungsmittelteilchen, angegeben in mol kg^{-1}

Osmolarität Zahl der osmotisch wirksamen Teilchen in der Lösung relativ zum Volumen des Lösungsmittels, angegeben in mol l^{-1}

Osmose gerichteter Fluss von Teilchen durch eine selektiv permeable Membran

osmotische Konzentration →kolligative Eigenschaft von Lösungen, die osmotisch aktive Teilchen enthalten; gemessen entweder in Form der →Osmolalität oder der →Osmolarität

osmotischer Druck →kolligative Eigenschaft von Lösungen

osmotisches Gleichgewicht Zustand eines Systems, in dem aufgrund ausgeglichener osmotischer Triebkräfte in zwei benachbarten Kompartimenten kein Nettostrom von gelösten Teilchen oder Lösungsmittel über die Grenzfläche erfolgt

Osteoklast makrophagenähnlicher Zelltyp von Wirbeltieren, dessen Aufgabe der Abbau von Knochenmaterial ist

Östrus zeitlicher Abschnitt im Fortpflanzungszyklus eines weiblichen Säugetiers, in dem das Tier paarungsbereit ist

Östruszyklus Fortpflanzungszyklus weiblicher Säugetiere außer Primaten und Menschen

Otolith ein Objekt in Lage- und Schweresinnesorganen bei Tieren, das auf der Oberfläche eines Sinnesepithels für das Abknicken der Cilien bzw. der →Stereovilli von Sinneszellen sorgt, was den Tieren Information über die Lage des Körpers bezüglich der Schwerkraftrichtung gibt; kommt unter anderem im Sacculus und im Utriculus des Vestibularorgans vor

Ovar primäres Geschlechtsorgan bei weiblichen Tieren

Ovulation auch: Eisprung oder Follikelsprung; Freisetzung der reifen, noch unbefruchteten →Eizelle aus dem Graaf-Follikel des →Ovars in der Mitte des →Menstruationszyklus bei weiblichen Primaten und Menschen

Oxidation Abzug von Elektronen (e^-) aus einem →Atom oder Molekül

oxidative Phosphorylierung Teilprozess des aeroben Energiestoffwechsels, Synthese von ATP unter Nutzung von Energie aus der →Atmungskette

oxidativer Stress Belastung des zellulären →Metabolismus durch Reaktionsprodukte reaktiver Sauerstoffmoleküle (ROS) in tierischen Zellen

Oxygenierung Anlagerung von Sauerstoff an →Hämoglobin oder →Myoglobin ohne Änderung der Oxidationsstufe des Eisen(II)-Ions der Hämgruppe

Pankreas auch: Bauchspeicheldrüse (bei Vertebraten); enthält exokrines Gewebe (Synthese und Ausschüttung von Verdauungsenzymen) und endokrines Gewebe (Synthese und Ausschüttung von →Insulin bzw. Glukagon)

Pansen auch: Rumen; Abschnitt des Vormagensystems der Wiederkäuer (Ruminantia)

Parahormon Stoff mit einer hormonähnlichen Wirkung im Organismus

Parathormon →Hormon, das bei den Wirbeltieren für die Regulation der Konzentration freier Calciumionen in den extrazellulären Körperflüssigkeiten zuständig ist

parazellulärer Transport Transport von Stoffen zwischen den Zellen hindurch, zum Beispiel durch ein Epithel

Parietalorgan Parapinealorgan, urspr. Lichtsinnesorgan des Zwischenhirndachs von Wirbeltieren

Partialdruck derjenige Anteil eines Gases am Gesamtdruck einer Gasmischung, der seinem Volumenanteil entspricht

passiver Transporter Protein, das einen Nettotransport durch biologische Membranen vermittelt, der von vorhandenen Gradienten (nicht aber direkt von einer ATP-Hydrolyse) angetrieben wird

Pasteur-Effekt starke Beschleunigung der Durchsatzrate von D-Glucose in der Glykolyse, wenn Sauerstoff nicht mehr zur Verfügung steht und der Energiestoffwechsel eines Tieres auf anaerobe Energiegewinnung umgestellt wird

Patch-Clamp elektrophysiologische Methode zur Erfassung von Ionenströmen durch einzelne Kanäle in biologischen Membranen unter kontrollierten Randbedingungen (konstante Transmembranspannung durch die Voltage Clamp)

Pathogen krankheitverursachendes Agens; Krankheitserreger

Pathophysiologie Lehre von den krankhaft veränderten Körperfunktionen

Pedipalpus die zweite Extremität der Chelicerata; in der Regel zu einer Tast- oder Greifextremität umgebildet

Pepsin Verdauungsprotease (→Endopeptidase) mit einem pH-Optimum im Sauren

Peptidhormon →Hormon, dessen chemische Grundstruktur aus einer Kette von Aminosäureresten besteht, die untereinander über Peptidbindungen verknüpft sind

Perikaryon →Soma

Perimysium Hülle aus Bindegewebe, die Gruppen von Muskelfasern (Muskelfaserbündel) im Skelettmuskel zusammenfasst

Peristaltik durch das enterische Nervensystem koordinierte Kontraktion und Dilatation der Ring- und Längsmuskelanteile der glatten Muskulatur des Gastrointestinalsystems zur Durchmischung und Weiterleitung des Nahrungsbreies (→Chymus)

peritrophische Membran Sekretionsprodukt von Mitteldarmzellen aus Proteinen und Chitinfasern bei Arthropoda; mehrere peritrophische Membranen bilden eine peritrophische Hülle um die →Nahrung innerhalb des Darms, die für →Nährstoffe durchlässig ist und dem Schutz der Darmwand vor Verletzungen durch passierende Nahrungsbestandteile dient oder das Eindringen von Parasiten erschwert

Permeabilität Durchlässigkeit von Grenzflächen

Phagocyt Zelle in Tieren, deren Hauptfunktion die →Phagocytose ist

Phagocytose auch: Endocytose; Prozess der Stoffaufnahme aus dem Extrazellularraum in das Innere einer Zelle; Invaginationsvorgang der Zellmembran, bei dem sich eine Zelle extrazelluläres Material einschließlich darin vorhandener Partikel, gelöster Substanzen oder Makromoleküle einverleibt

Phagosom intrazelluläres Organell einer eukaryotischen Zelle, in der endocytiertes Material aufgehoben oder weiter behandelt wird

phänotypische Plastizität Fähigkeit von Tieren, in Abhängigkeit von den vorherrschenden Umweltbedingungen unterschiedliche Merkmale im Körperbau oder in physiologischen Funktionen auf der Grundlage eines identischen genetischen Hintergrunds ausbilden zu können

Pheromon Botenstoff, der der Kommunikation zwischen Individuen einer biologischen Art dient

Phosphagene energiereiche Moleküle des Intermediärstoffwechsels, von denen Phosphatgruppen abgespalten und zum Beispiel auf ADP übertragen werden können (schnelle Regeneration von ATP)

Phosphodiesterase Enzym, das die Spaltung der →Second Messenger cAMP (zu 5′-AMP) oder cGMP (zu 5′-GMP) vermittelt

Phospholipide Sammelbegriff für verschiedene fettlösliche Moleküle in biologischen Membranen; gemeinsames Baumerkmal ist das Vorkommen einer Phosphatbrücke in der polaren Kopfgruppe als Verbindung zum Rückgratmolekül

Phosphorylierung Übertragung einer Phosphatgruppe von einem Donor- auf ein Akzeptormolekül

Phosphorylierungspotenzial →freie Energie der ATP-Hydrolyse

Photoperiode Muster des täglichen Licht-Dunkel-Wechsels, zum Beispiel 16 h Licht und 8 h Dunkelheit

Photoperiodismus Abhängigkeit von Wachstum, Entwicklung und Verhalten von der Tageslänge

Photophor lichtabstrahlendes Organ bei Tieren

photopisches Sehsystem Sehsystem bei Wirbeltieren zum Sehen bei Tageslichtintensität

Photorezeptor 1. lichtempfindliche Sinneszelle im Auge, auch Photorezeptorzelle; 2. lichtempfindliches Protein in einer Photorezeptorzelle

Photosynthese Herstellung von energiereichen Stoffen aus energieärmeren Stoffen mithilfe von Lichtenergie, zum Beispiel durch grüne Pflanzen

pH-stat-Regulation Theorie, wonach Tiere in ihren Körperflüssigkeiten die Gesamtkonzentration an Protonen konstant einregulieren und somit den pH-Wert stabilisieren

pH-Wert negativer dekadischer Logarithmus der Wasserstoffionenkonzentration

physikalische Kieme Lufthülle, die den Körper von wasserlebenden Arthropoden umgibt, oder eine Luftblase, die am Hinterleib von Arthropoden unter Wasser mitgeführt wird, aus der über die offenen Tracheenöffnungen Sauerstoff eingeatmet wird

physiologische Anpassung →Akklimatisierung

physiologischer Brennwert Energiebetrag, der im Organismus bei der schrittweisen Oxidation eines Nährstoffs (Fett, Kohlenhydrat, Protein) über die zahlreichen Zwischenstufen des intermediären Stoffwechsels frei wird

Phytophagie Ernährungsweise, bei der sich Tiere von pflanzlichen Stoffen ernähren (→Herbivor)

Pigment farbgebende Substanz, die sich im Gegensatz zum Farbstoff nicht in der Matrix löst

Pilzkörper →Neuropil im Protocerebrum von Arthropoden, bei Insekten Ort des olfaktorischen Gedächtnisses

Pinealorgan →Epiphyse

Pinocytose endocytotische Aufnahme von Flüssigkeiten mit gelösten Stoffen aus dem Extrazellularraum in eukaryotischen Zellen

Placenta bei allen weiblichen Säugetieren (Eutheria) und manchen Beutelsäugern (Metatheria) während der Trächtigkeit bzw. Schwangerschaft in der Gebärmutter vorhandenes Gewebe, in dem der Atemgas-, Nährstoff- und Exkretaustausch zwischen Mutter und Fötus stattfindet

Plasmalogene fettlösliche Moleküle mit polarer Kopfgruppe in biologischen Membranen, bei denen Glycerin als Rückgratmolekül vorkommt und dieses an C-2 mit einer Fettsäure verestert ist, die Fettsäure an C-1 aber über eine Etherbindung verknüpft ist

Plasmamembran auch: Zellmembran; biologische Membran, die das Innere einer Zelle (Intrazellularraum) von deren Außenwelt (Extrazellularraum) abgrenzt

Plasmamembranrezeptor →Rezeptormolekül in der Plasmamembran von Zielzellen mit extrazellulären Domänen, die eine Bindungsstelle für einen wasserlöslichen (polaren) Signalstoff (→Hormon oder Transmitter) ausbilden

Plastron durch cuticuläre Fortsätze der Körperoberfläche stabilisierte Lufthülle, die den Körper von wasserlebenden Arthropoden umgibt und aus der über die offenen Tracheenöffnungen Sauerstoff eingeatmet wird

Poikilothermie thermoregulatorisches Phänomen bei Tieren, dass ihre Körperinnentemperatur in Abhängigkeit von den Bedingungen der Außenwelt schwankt

Polymer aus vielen gleichen oder verschiedenen Grundeinheiten (Monomeren) zusammengesetztes biologisches Molekül

Polysaccharid →Polymer aus untereinander glykosidisch verknüpften Zuckermolekülen

Polysaccharid polymeres Kohlenhydratmolekül; verzweigte oder unverzweigte Kette glykosidisch verknüpfter Zuckermonomere

Population Lebensgemeinschaft von Tieren, in der ein freier Genfluss herrscht (d. h., dass sich theoretisch jedes weibliche Tier mit jedem männlichen Tier fortpflanzen könnte)

Porphyropsin Sehpigment (bei Fischen und Amphibien) aus →Opsin und dem →Chromophor Dehydroretinal

posttetanische Depression Abnahme der Amplitude postsynaptischer Potenziale nach einer hochfrequenten (tetanischen) Aktivität

posttetanische Potenzierung Zunahme der Amplitude postsynaptischer Potenziale nach einer hochfrequenten (tetanischen) Aktivität

Prägung irreversibler Lernvorgang während der Entwicklung, meist nur in einem kurzen Zeitfenster (sensible Periode) möglich

Präprohormon neusynthetisiertes Proteinmolekül, das noch im Besitz seiner Signalsequenz und einer die biologische Aktivität hemmenden Prodomäne ist; durch proteolytische Prozessierung beim Eintritt in das →endoplasmatische Retikulum wird die →Signalsequenz entfernt, später in anderen Kompartimenten des Organismus auch die Prodomäne, sodass das Protein hormonelle Wirksamkeit (im Extrazellularraum) erhält

Präprotein neusynthetisiertes Proteinmolekül, das noch im Besitz seiner →Signalsequenz ist

Prestin Motorprotein in den äußeren →Haarsinneszellen des Innenohrs der →Cochlea von Säugetieren

Primärharn im Exkretionsorgan eines Tieres hergestelltes Sekretions- bzw. Filtrationsprodukt in seiner originären Zusammensetzung

Primärproduzenten autotrophe Organismen, die Biomasse aus anorganischen Verbindungen und Energie (z. B. aus dem Sonnenlicht) aufbauen

Primärstruktur auch: Aminosäuresequenz; Abfolge von Aminosäuren, die über Peptidbindungen miteinander zu einem Protein verknüpft sind

Proenzym auch: Zymogen; inaktive Vorstufe eines →Enzyms, die durch proteolytische Abspaltung eines inhibitorischen Peptids zum aktiven →Enzym umgewandelt werden kann

professionelle Phagocyten spezialisierte Zellen in tierischen Organismen, die durch ein hohes Maß an endocytotischer Aktivität Schutz- und Hygienefunktionen wahrnehmen; zum Beispiel →Makrophagen

Promotor Abschnitt der DNA-Sequenz eines tierischen Gens, der die regulierte Expression dieses Gens ermöglicht

Propriozeption Wahrnehmung von Körperbewegungen, der Lage des Körpers im Raum oder der Stellung einzelner Körperteile zueinander

Propriozeptoren dienen zur Wahrnehmung von der Lage/Stellung einzelner Körperteile zueinander

prosthetische Gruppe permanent mit einem Enzym verbundenes Nichtproteinmolekül, das für die Katalyse von Bedeutung ist

Prostomium vorderster Teil des Kopfbereichs bei Ringelwürmern

Protease auch: Proteinase; hydrolytisches Enzym, das Peptidbindungen eines Aminosäurepolymers spaltet

Protein auch: Eiweiß; Aminosäurepolymer, dessen α-Aminosäuren über Peptidbindungen miteinander verknüpft sind

Proteinase →Protease

Proteinbiosynthese Prozess der →Translation mit allen Teilschritten; Herstellung eines Proteins nach der Information einer mRNA im →Ribosom

Proteinkinase →Enzym, das bestimmte Aminosäureseitenketten in Substratproteinen unter ATP-Spaltung phosphoryliert

proteinogene Aminosäure eine der 20 verschiedenen α-Aminosäuren, die in Proteine eingebaut werden

Proteinphosphatase hydrolytisches Enzym, das den Phosphatrest von einer phosphorylierten Aminosäureseitenkette eines Proteins entfernt

Proteinphosphorylierung Übertragung einer Phosphatgruppe von einem Donormolekül (ATP) auf eine Seitenkette einer Aminosäure in einem Proteinmolekül; typische Phosphorylierungsstellen in Proteinen sind Threonin-, Serin- und Tyrosinreste; durch Veränderung der räumlichen Struktur des phosphorylierten Proteins ändert sich auch dessen Funktion

Proteomik qualitative und quantitative Erfassung aller tatsächlich exprimierten Proteine einer Zelle, eines Gewebes oder eines Organismus

Protocerebrum erster Abschnitt des Oberschlundganglions von Insekten und anderen Arthropoden

Protonephridium Ausscheidungsorgane bei Tieren ohne sekundäre Leibeshöhle, typisch für Plattwürmer (Plathelminthes); Kennzeichen ist die Reusengeißelzelle (Cyrtocyte), die den Anfangsteil des Exkretionskanals bildet

Protonophor Transmembrankanal, der Wasserstoffionen (H^+-Ionen, Protonen) durch eine biologische Membran hindurchtreten lässt

Provitamin inaktive Vorstufe eines →Vitamins, die erst im Organismus in das aktive Vitamin umgeformt wird

prozedurales Gedächtnis Gedächtnis darüber, wie etwas zu tun ist; Teil des →impliziten Gedächtnisses

Pseudogen im Genom eines Tieres anzutreffende Nucleotidsequenz, die der Sequenz eines funktionellen Gens stark ähnelt, aber jedoch (meist wegen einer fehlenden oder fehlerhaften Promotorregion) nicht transkribiert wird

Puffersystem meist im Sinne des pH-Puffers verwendet; beschreibt ein Lösungssystem, in dem eine Kombination von Ionen aus starken und schwachen Säuren oder Basen so eingestellt wird, dass eine mäßige Zugabe von Säure oder Base nicht zu einer Veränderung des pH-Wertes der Lösung führt

Pumpe →Transport-ATPase

Purkinje-Phänomen chromatische Verschiebung der maximalen Empfindlichkeit des Sehsystems beim Übergang vom Dämmerungssehen zum Tageslichtsehen

Quartärstruktur durch nichtkovalente intermolekulare Bindungen aufrechterhaltene übergeordnete räumliche Struktur eines multimeren Proteinkomplexes; räumliche Anordnung der Untereinheiten eines Proteinkomplexes

Ranvier-Schnürring periodische Unterbrechung der Myelinscheide an markhaltigen Nervenfasen von Wirbeltieren; am Schnürring steht die Axonmembran in direktem Kontakt mit dem wässrigen Medium des Extrazellularraums

Raphekerne Gruppe von Kernen im Hirnstamm von Wirbeltieren, Teil der →Formatio reticularis

Reabsorption Wiederaufnahme eines zuvor sezernierten Stoffes in den Organismus

Reafferenz durch Eigenbewegung (z. B. Augenbewegung) ausgelöster Sinneseingang

Reaktionsenthalpie auch: Wärmetönung; Energiemenge, die beim Ablauf einer chemischen Reaktion frei wird (→exotherme Reaktion) oder aufgenommen wird (→endotherme Reaktion)

Reaktionsenthalpie Maß für die Energie eines thermodynamischen Systems

Reaktionsnorm maximale Breite der möglichen umweltbedingten Ausbildungsformen körperlicher Merkmale während der Individualentwicklung oder der physiologischen Anpassungsfähigkeit von Körperfunktionen von Tieren an wechselnde Umweltbedingungen

Redoxpotenzial elektrische Potenzialdifferenz (in V), die durch den Elektronentransport vom Elektronendonator zum Elektronenakzeptor entsteht

Reduktion Übernahme von Elektronen (e^-) durch ein →Atom oder Molekül

Reduktionsäquivalent Maß für das Reduktionsvermögen eines Reduktionsmittels (z. B. der reduzierte Cofaktor NADH + H^+); ein Reduktionsäquivalent entspricht 1 mol Elektronen, die bei →Redoxreaktionen entweder direkt oder in Form von Wasserstoff übertragen werden

Reflex relativ stereotype Antwort eines Tieres auf einen Reiz, die oft nur durch zwei periphere Neurone (sensorisch, motorisch) vermittelt wird und dadurch sehr schnell erfolgen kann

Refraktärphase →Refraktärzeit

Refraktärzeit Zeitraum nach Ablauf eines →Aktionspotenzials, in dem die betreffende Nervenzelle nicht erneut zur Ausbildung eines →Aktionspotenzials gebracht werden kann (absolute Refraktärzeit), plus Zeitraum, in dem die Nervenzelle zwar erneut erregt werden kann, das gebildete →Aktionspotenzial aber eine kleinere Amplitude als üblich aufweist (relative Refraktärzeit)

Regeneration Wiederherstellung von verlorenen oder abgenutzten Strukturen (Zellen, Organen, Körperteilen) eines Lebewesens nach Bauplänen, die in seinem →Genom festgelegt sind

Reifung lernunabhängiger Erwerb von Verhaltensleistungen während der Entwicklung eines Organismus

Rektaldrüse extrarenales, salzausscheidendes Organ bei Elasmobranchiern

Renin-Angiotensin-Aldosteron-System RAAS; Signalsystem für die Konstanthaltung (→Homöostase) des Salzgehalts im Tierkörper (mittelbar auch in die Blutdruckregulation eingebunden); kommt bei allen Wirbeltiertaxa außer Chrondrichthyes und Agnatha vor

Replisom Komplex aus Primase, DNA-Polymerase, Helikase und einzelstrangbindenden Proteinen, der die DNA in Vorbereitung auf die Zellteilung repliziert

Reproduktion →Fortpflanzung

Residualvolumen Restvolumen des Gases, das nach der vollständigen Ausatmung in den Atemwegen verbleibt

Resonanz Beziehung zwischen einem äußeren Schallereignis und dem Eigenschwingungsverhalten der Strukturen im Hörorgan

Resonanz von äußeren Einflüssen bestimmtes Mitschwingen eines schwingungsfähigen Systems im Tierkörper

Resorption Aufnahme von Stoffen aus der (physiologischen) Außenwelt in den Tierkörper

respiratorische Austauschrate (*respiratory exchange ratio*) RER; Verhältnis des in einer bestimmten Zeitspanne von einem Tier abgegebenen CO_2-Volumens zu dem in der gleichen Zeitspanne unter gleichen Bedingungen aufgenommenen O_2-Volumen

respiratorische Pigmente sauerstoffbindende Proteine, die dem Sauerstofftransport in den Körperflüssigkeiten oder der Sauerstoffspeicherung in den Zellen von Tieren dienen

respiratorischer Quotient RQ; Verhältnis des in einer bestimmten Zeitspanne von einem Tier abgegebenen CO_2-Volumens zu dem in der gleichen Zeitspanne unter gleichen Bedingungen aufgenommenen O_2-Volumen; der Wert lässt auf die Art des oxidierten →Nährstoffs schließen, wenn keine Speicherung oder Mobilisierung von CO_2 im Tierkörper stattfindet

Respirometrie Messung der Sauerstoffverbrauchsrate eines Tieres und/oder dessen Kohlendioxidausscheidungsrate

Retina Netzhaut, Schicht der →Photorezeptoren (und nachgeschalteter Interneurone) im Linsenauge

retinotope Organisation →Retinotopie

Retinotopie Verarbeitung visueller Information unter Beibehaltung der Nachbarschaftsbeziehungen im Sehraum

Retinula »kleine« →Retina, Gesamtheit aller Photorezeptoren eines →Ommatidiums

rezeptives Feld der periphere Bereich (Sehraum, Körperoberfläche) in dem ein Reiz zur Änderung der Aktivität eines Neurons führt

Rezeptor 1. Protein oder Proteinkomplex, an das ein Signalmolekül (→Ligand) bindet; 2. Rezeptorzelle (Sinneszelle) zur Aufnahme von Reizen

Rezeptorpotenzial graduiertes Potenzial als Antwort einer Rezeptorzelle auf einen einwirkenden Reiz

Rhabdom Mikrovillisäume aller Photorezeptoren eines →Ommatidiums

Rhabdomer Mikrovillisaum einer Photorezeptorzelle

Rhodopsin Sehpigment, bestehend aus dem Protein →Opsin und dem →Chromophor Retinal

Ribonucleinsäure (*ribonucleic acid*) RNA; Sammelbegriff für alle Formen von RNA, zum Beispiel mRNA, tRNA, rRNA

Ribosom Ort der →Proteinbiosynthese (→Translation) in Zellen; aus →Ribonucleinsäure und →Proteinen aufgebauter Makromolekülkomplex

RNA →Ribonucleinsäure

Root-Effekt durch einen Abfall des pH-Wertes des Mediums bewirkte Reduktion der Sauerstoffbindungskapazität von respiratorischen Pigmenten

Rückenmark der Teil des Zentralnervensystems (ZNS) der Wirbeltiere, der innerhalb des Wirbelkanals verläuft

Ruhemembranpotenzial elektrische Spannungsdifferenz zwischen dem Zellinneren und dem Extrazellularraum in einer ruhenden Zelle; liegt, je nach Zelltyp, zwischen -60 und -90 mV (innen gegenüber außen)

Ruhestoffwechsel auch: Ruheumsatz; niedrigste Stoffwechselrate eines Tieres, wenn alle nicht unbedingt zur Erhaltung des Lebenszustandes notwendigen zusätzlichen Leistungen des Tieres so weit wie möglich reduziert sind

Ruheumsatz →Ruhestoffwechsel

Saccharide →Kohlenhydrate; Zuckermoleküle in monomerer und polymerer Form

Salzdrüse extrarenales Salzausscheidungsorgan; Vorkommen bei Crustaceen, Reptilien und Vögeln

Saprophaga Tiere, die sich von abgestorbenem pflanzlichem Material ernähren

Sarkomer kleinste funktionelle Einheit innerhalb der Skelettmuskelzelle, begrenzt jeweils von zwei Z-Scheiben

Sättigung Zustand eines Moleküls, das spezifische Wechselwirkungen mit einem anderen Molekül eingehen kann, in dem zu jedem betrachteten Zeitpunkt alle spezifischen Bindungsstellen besetzt sind

Sauerstoffbindungskurve grafische Darstellung des Bindungs- und Sättigungsverhaltens sauerstoffbindender Moleküle (→respiratorischer Pigmente)

Schall Ausbreitung von Druck- und Dichteschwankungen in einem elastischen Medium (Gase, Flüssigkeiten, Festkörper)

Schalldruck Differenz des →Drucks in den Verdichtungen und des →Drucks in den Verdünnungen einer Schallwelle; Maß für die Lautstärke

Schalldruckgradient Auftreffen unterschiedlicher Schalldrücke eines Schallereignisses an entfernt voneinander liegenden Hörorganen eines Tieres; wichtig für das Richtungshören

Schallquelle Ursprung eines Schallereignisses

Schlussleiste →Tight Junction

Schrittmacher interner autonomer Mechanismus zur Erzeugung eines Rhythmus, →circadianer Rhythmus

Schwann-Zelle Gliazelle, bildet Myelinscheide um Nervenfasern des peripheren Nervensystems von Wirbeltieren

Schwellenwert bestimmter Wert des Membranpotenzials einer erregbaren Zelle, bei dem ein spannungsgesteuerter Ionenkanal durch Konformationsänderung vom geschlossenen in den offenen Zustand wechselt

Scolopidie bei Chilopoden und Insekten vorkommender Mechanorezeptor, dessen Zellleib unterhalb der Epidermis liegt und dessen Cilie in eine Cuticulabildung, den Scolops (Stift), hineinragt

Second Messenger intrazellulärer Botenstoff

Sekretion durch aktiven Transport oder →Exocytose erfolgende Herstellung eines extrazellulären Stoffes oder Stoffgemisches

Sekretionsniere Exkretionsorgan eines Tieres, das den →Primärharn durch →Sekretion (und nicht durch →Ultrafiltration) herstellt

Sekundärharn →Endharn

Sekundärstruktur regelmäßige lokale Strukturelemente von α-Aminosäure-Polymeren (Proteinen), zum Beispiel α-Helix oder β-Faltblatt

Selektion Veränderung der Fortpflanzungsrate eines bestimmten Individuums relativ zu anderen Individuen derselben Population durch genetische bedingte Ausprägung von vorteilhaften Merkmalen (positive Selektion) oder nachteiligen Merkmalen (negative Selektion)

Selektivität Fähigkeit oder Eigenschaft eines Moleküls, aus einer Gesamtheit der im Kompartiment verfügbaren Moleküle systematisch bestimmte Partner für Interaktionen auszuwählen

Sensitivierung Empfindlichkeitssteigerung für viele Reize nach einem bedeutungsvollen (z. B. schmerzhaften) Reiz

Serotonin auch: 5-Hydroxytryptamin (5-HT); Botenstoff, der in Tieren als Gewebshormon oder als →Neurotransmitter vorkommt

Sertoli-Zelle Zellen des Hodengewebes bei Wirbeltieren, die die sich entwickelnden Keimzellen in den Hodenkanälchen umgeben

Sesquiterpene Untergruppe der Terpene, die aus drei Isopreneinheiten aufgebaut sind und die Summenformel $C_{15}H_{24}$ haben; von Tieren als Bestandteile von Wehrsekreten oder als Pheromone benutzt

Sexualsteroid →Steroidhormon, das im Organismus für die Ausbildung primärer und sekundärer Geschlechtsmerkmale bei Tieren sowie die Regulation vieler Teilprozesse der sexuellen Fortpflanzung verantwortlich ist

Signalsequenz auch: Signalpeptid; in der DNA codierte Anfangssequenz eines Membranproteins oder eines sekretorischen Proteins, die der Einschleusung des neusynthetisierten Proteins in das →endoplasmatische Retikulum dient und dort nach dem Import sofort proteolytisch abgetrennt wird

Signaltransduktion alle molekularen und physikalischen Vorgänge, die mit dem Empfang und der Prozessierung von Information auf der zellulären Ebene zu tun haben

Sinusknoten Gruppe spezialisierter Muskelzellen in der Wand des Atriums des Wirbeltierherzens, die durch Produktion spontaner elektrischer Erregungen die Herzkontraktion auslösen

skotopisches Sehsystem Sehsystem bei Wirbeltieren zum Sehen bei geringer Lichtintensität

Soma auch: Perikaryon; Zellkörper einer Nervenzelle

Somatotopie räumliche Abbildung der Körperoberfläche im somatosensorischen System

Spaltsinnesorgan in cuticuläre Spalten eingelassene mechanorezeptive Sinnesorgane bei Arthropoden zur Erfassung von Substratvibrationen (z. B. bei Webspinnen)

Spasmin Motorprotein (20 kDa), das die Beweglichkeit peritrich begeißelter Ciliaten ermöglicht

Speichel Sekretionsprodukt der Speicheldrüsen im Anfangsteil des Verdauungstrakts von Tieren, bestehend aus Salzen und Wasser mit Beimengungen von →Proteinen, →Mucinen und anderen Stoffen

Spermatocyt Vorläuferzelle des →Spermiums

Spermatogonie diploide Zelle aus der Stammzellpopulation im Keimepithel des →Hodens; Vorläuferzelle der →Spermatocyt

Spermium →Gamet (Keimzelle) des männlichen Organismus

spezifische dynamische Wirkung Steigerung im Energieumsatz eines Tieres, die mit der Aufnahme und Verarbeitung von →Nahrung und der Nutzung der Verdauungsprodukte im Stoffwechsel des Tieres einhergeht

Spezifität Genauigkeit bzw. Exaktheitsquote der Wechselwirkung zweier Moleküle

sphärische Aberration Linsenfehler, bei dem randständig auf die Linse auftreffende Strahlen stärker gebrochen werden als zentrale Lichtstrahlen

Sphingolipide fettlösliche Moleküle mit polarer Kopfgruppe in biologischen Membranen, die als zentrales Strukturmerkmal Sphingosin enthalten

Spinalganglion auch: Hinterwurzelganglion; ein noch innerhalb des Wirbelkanals gelegener Nervenknoten von Nervenzellen des peripheren Nervensystems; enthält die Zellkörper der sensorischen Neurone

Spleißen metabolische Prozessierung von Transkriptionsprodukten; enzymatisch vermittelte Trennung von Intron- und Exonsequenzen in Transkriptionsprodukten; Fusion der Exonanteile zu reifer mRNA

Spurenelemente essenzielle Nahrungsbestandteile (i. d. R. Metallionen), die Tiere in sehr geringer Menge für die korrekte räumliche Faltung bestimmter Enzyme (z. B. zinkhaltiger Enzyme wie die Alkohol-Dehydrogenase oder die →Carboanhydrase) benötigen

Stäbchen Photorezeptorzelle im Wirbeltierauge zum Sehen bei Dämmerungsintensität

Stammbaum auch: phylogenetischer Baum; gerichteter Graph, der die evolutiven Nachfahren eines Tieres oder einer Tiergruppe darstellt; wurzelt in einem hypothetischen gemeinsamen Vorfahren aller bekannten Arten auf der Erde und fächert sich dann entsprechend ihrer Verwandtschaftsbeziehungen immer weiter auf

Stammzelle teilungsfähige Körperzelle eines Tieres, deren Teilungsprodukte sich in alle (embryonale Stammzelle) oder in eine beschränkte Anzahl (→adulte Stammzelle) von im Körper vorkommenden Zelltypen differenzieren können

Standardenthalpie Änderung der →freien Energie (freien Enthalpie, Gibbs-Energie) einer Reaktion unter Standardbedingungen (Druck, Temperatur, pH)

Standardredoxpotenzial →Redoxpotenzial eines biochemischen Systems, das am Neutralpunkt der pH-Skala (pH = 7) bestimmt wird

Stärke Zuckerpolymer aus α-glykosidisch verknüpften Glucoseeinheiten, das in pflanzlichen Zellen als Reservestoff akkumuliert wird

Startcodon auch: Initiatorcodon; spezifisch das RNA-Basentriplett AUG, das in Eukaryoten als erstes Codon eines offenen Leserahmens der mRNA die Aminosäure Methionin codiert

α-stat-Regulation Theorie, wonach Tiere in ihren Körperflüssigkeiten den Dissoziationsgrad der anorganischen und organischen Säuren (z. B. unter sich verändernder Temperatur) konstant einregulieren

stenophag Eigenschaft von Organismen, die auf eine ganz bestimmte →Nahrung spezialisiert sind

Stereoisomere Verbindungen gleicher Summenformel und Konstitution, die aber unterschiedliche räumliche Strukturen aufweisen

Stereopsis räumliches, stereoskopisches Sehen mit zwei Augen

Stereovilli mit Aktinfilamenten ausgesteifte Ausstülpungen der apikalen →Plasmamembran von →Haarsinneszellen

Steroidhormon →Hormon, das sich chemisch vom →Cholesterin (Sterangerüst) ableitet

Stigma in vielen Fällen verschließbare Tracheenöffnung zur Außenwelt im Atmungssystem bestimmter Arthropoden

Stoffwechselrate Betrag des Energieumsatzes pro Zeiteinheit im Stoffwechsel eines Tieres

Stoffwechselreduktion Umschreibung für die Beobachtung, dass kleine Tiere einen höheren körpermassespezifischen Umsatz im Energiestoffwechsel zeigen als größere Tiere

Stoppcodon Basentriplett (→Codon) der →Desoxyribonucleinsäure (DNA) bzw. der →Ribonucleinsäure (RNA), dessen Erreichen während der →Translation (→Proteinbiosynthese) zu einem Abbruch der Kettenverlängerung des Aminosäurestrangs führt, da für das Stoppcodon keine tRNA (Transfer-RNA) existiert; es gibt drei mögliche Stoppcodons (hier RNA-Codierung): UAA, UAG, UGA

strong ion difference SID; Phänomen, dass in den Körperflüssigkeiten der Tiere die Konzentration positiv und negativ geladener starker Ionen nicht ausgeglichen ist; die Elektroneutralität wird durch die Ionen schwacher Säuren oder Basen hergestellt

Substratkettenphosphorylierung Synthese energiereicher Nucleotide in tierischen Zellen ohne Beteiligung der →Atmungskette; während der Substratkettenphosphorylierung wird eine Phosphatgruppe von einem phosphorylierten Zwischenprodukt auf ADP oder GDP übertragen, um ATP oder GTP zu synthetisieren

Superpositionsauge Typ des →Komplexauges, bei dem die einzelnen →Ommatidien optisch nicht voneinander isoliert sind

Surfactant die →Alveolen der Lunge auskleidende, oberflächenaktive Substanz, die von Lungenepithelzellen (Pneumocyten II) gebildet wird und aus →Phospholipiden und →Proteinen besteht

Symbiose räumliches und organisatorisches Zusammenleben von Individuen zweier unterschiedlicher Arten mit Vorteilen für beide Partner

Symport →Cotransport

Synapse Kontaktstelle zur Signalübertragung zwischen benachbarten Nervenzellen oder zwischen Nerven- und Effektorzelle

synaptische Plastizität Änderungen der synaptischen Übertragungseigenschaften

synaptischer Spalt extrazellulärer Raum zwischen →präsynaptischer Membran einer neuronalen Zelle und →postsynaptischer Membran einer Zelle, die Signale der neuronalen Zelle empfängt

Systole Kontraktionsphase des Herzens

Tachykardie Beschleunigung des Herzschlags, Steigerung der Herzfrequenz

Taxis gerichtete Orientierung relativ zu einer Reizquelle

Tectum opticum primäres Sehzentrum im Mittelhirndach von Fischen, Amphibien, Reptilien und Vögeln; beim Menschen Umwandlung zu den Colliculi superiores

Tegmentum Schicht des Hirnstamms, die ventral an den Liquorraum grenzt

Telencephalon Endhirn, erster Gehirnabschnitt von Wirbeltieren

Teleonomie ein teleonomischer Vorgang in oder ein teleonomisches Verhalten einer Zelle verdankt sein Zielgerichtetsein dem Wirken eines evolutiv entstandenen Programms

temporaler Code Codierung sensorischer Information in der zeitlichen Struktur aufeinanderfolgender Aktionspotenziale (→Frequenzcode)

Temporallobus auch: Temporallappen; einer der vier Anteile der Großhirnrinde bei Primaten

Tertiärstruktur räumlicher Aufbau von einzelsträngigen Proteinen

Tetrodotoxin hochgiftiges Toxin, das von Bakterien produziert und über die Nahrungskette in manchen Tieren (Kugelfisch, *Fugu*) akkumuliert; hemmt den spannungsabhängig geregelten Natriumkanal

Thalamus Teil des Diencephalons des Wirbeltiergehirns; bei Säugetieren Umschaltstation sensorischer Eingänge zum Cortex

Thekazelle Zellen der Hülle eines Ovarialfollikels bei Säugetieren

thermisches Fenster meist unbedeckter Teil der Körperoberfläche von Säugetieren oder Vögeln, der dem Austausch von Wärme zwischen Körperinnerem und Außenwelt dient

Thermodynamik auch: Wärmelehre; Gesetzmäßigkeiten, die die energetischen Wechselwirkungen eines Systems mit seiner Umgebung (Energieaustausch, Arbeitsleistung) beschreiben

thermodynamisches Gleichgewicht Zustand eines Systems, in dem keine Energie- bzw. Potenzialdifferenzen zwischen Punkten im Raum vorliegen

Thermogenese Erzeugung von Wärme im tierischen Organismus durch Stoffwechselprozesse bzw. Erzeugung zusätzlicher Wärmemengen durch Muskelzittern oder →zitterfreie Wärmebildung im →braunen Fettgewebe

Thermoneutralzone Intervall der Außentemperatur, in dem weder Verhaltensmaßnahmen noch physiologische Aktivitäten notwendig sind, um auch bei körperlicher Inaktivität dauerhaft eine konstante Körperkerntemperatur und optimale sonstige Leistungsparameter aufrechtzuerhalten

Thermorezeptor Sinneszelle, die Information über die aktuelle Temperatur oder deren Änderung erfasst

Tierphysiologie Lehre von den Körperfunktionen von Tieren auf allen organisatorischen Ebenen

Tight Junction auch: Zonula occludens, Schlussleiste; Zell-Zell-Verbindung (besonders bei Zellen dichter Epithelien), die die parazelluläre Permeabilität einer Zellschicht reguliert

Ton eine Schallwelle nur einer Frequenz

tonotope Organisation →Tonotopie

Tonotopie räumlich geordnete Abbildung von Schallfrequenzen im auditorischen System

Torpor vorübergehender Zustand bei Tieren mit reduziertem Energieumsatz, Einstellung aller körperlichen Aktivitäten, Unempfindlichkeit für Sinnesreize und passive Veränderung der Körpertemperatur in Richtung der Umgebungstemperatur

Toxin Giftstoff

Trachea Luftröhre; zwischen Kehlkopf und Hauptbronchien gelegener Abschnitt der Atemwege luftatmender Wirbeltiere

Trachee gasgefüllte Röhre im Körper von Insekten und einigen anderen Arthropoden zur Leitung von Atemgasen; Teil des respiratorischen Systems dieser Tiere

Transcytose Aufnahme eines Stoffes an der Zelloberfläche durch →Endocytose, Transport des Vesikels durch das Cytoplasma der Zelle hindurch und Freisetzung des Stoffes durch den gegenüber liegenden Teil der Zellmembran in den Extrazellularraum durch →Exocytose

Transducin heterotrimeres G-Protein der Phototransduktion in Wirbeltierstäbchen und -zapfen

Transduktion in der Sinnesphysiologie die Umwandlung eines Reizes in ein graduiertes →Rezeptorpotenzial einer Sinneszelle

Transduktionsprozess molekulare Vorgänge in der Zelle bei der →Signaltransduktion

Transformation Umwandlung eines graduierten →Rezeptorpotenzials in eine Folge von →Aktionspotenzialen

Transkription Umschreibung genetischer Information (DNA) in mRNA

Transkriptionsfaktor Stoff (i. d. R. ein Protein), der die Transkriptionsrate eines bestimmten Gens reguliert und dadurch die aktuell in der Zelle vorhandene Zahl von mRNA-Molekülen für das durch dieses Gen codierte Protein beeinflusst

Transkriptom Gesamtheit aller tatsächlich synthetisierten mRNAs einer Zelle, eines Gewebes oder eines Organismus

Transkriptomik qualitative und quantitative Erfassung aller vom →Genom synthetisierten mRNAs einer Zelle, eines Gewebes oder eines Organismus

Translation Übertragung der Information einer Basentriplettfolge der mRNA in eine Aminosäuresequenz während der →Proteinbiosynthese

Transmitter →Neurotransmitter

Transport-ATPase auch: Pumpe; Protein, das in der Lage ist, ATP zu hydrolysieren und die daraus gewonnene Energie für den Transport von Teilchen durch biologische Membranen (ggf. auch gegen Konzentrationsgradienten) einzusetzen

transzellulärer Transport Aufnahme eines Stoffes an der Zelloberfläche, sein Transport durch das Cytoplasma der Zelle hindurch und die Freisetzung des Stoffes durch den gegenüber liegenden Teil der Zellmembran in den Extrazellularraum

Tritocerebrum dritter Gehirnabschnitt des Oberschlundganglions von Insekten

Tropismus Orientierung eines Tieres auf eine Reizquelle hin oder von einer Reizquelle weg

Trypsin Verdauungsprotease (→Endopeptidase) mit einem pH-Optimum im leicht Alkalischen

Tubulin globuläres →Protein; Hauptbestandteil der →Mikrotubuli in eukaryotischen Zellen

Tympanalorgan Schallsinnesorgan zahlreicher Insektenarten, das als Empfänger eines Schalldruckgradienten arbeitet

Tyndall-Effekt Streuung von Licht an submikroskopischen Schwebeteilchen, die in einer Flüssigkeit oder einem Gas suspendiert sind

T-Zelle auch: T-Lymphocyt; eine Zelle aus der Gruppe der weißen Blutzellen (Leukocyten), die der adaptiven Immunabwehr dient

Überleitungszeit Zeitspanne vom Beginn der elektrischen Erregung des Atriums bis zum Beginn der elektrischen Erregung der Ventrikelmuskulatur im Wirbeltierherzen; messbar mithilfe des →Elektrokardiogramms (EKG)

ultradianer Rhythmus Rhythmus mit einer Periodenlänge <24 h, zum Beispiel tidaler Rhythmus (Gezeitenrhythmus)

Ultrafiltration durch hydrostatische oder osmotische Triebkräfte bedingte Filtration auf molekularer Ebene, wobei Moleküle oberhalb einer kritischen Molekülmasse zurückgehalten, solche mit Molekülmassen unterhalb dieser Grenze aber filtriert werden

Umkehrpotenzial Gleichgewichtspotenzial; Membranpotenzial, bei dessen Überschreitung sich ein Einwärtsstrom für eine Ionensorte in einen Auswärtsstrom umkehrt

uncoupling protein →Entkopplerprotein

Univarianzprinzip Unabhängigkeit der Antwort einer Photorezeptorzelle von der Wellenlänge absorbierter Photonen

Universalität des genetischen Codes Eigenschaft aller rezenten Lebewesen ist, dass immer genau drei aufeinanderfolgende Basen (Triplett, →Codon) eine Aminosäure im resultierenden Protein codieren; bei der *codon usage* (die Festlegung, welches Basentriplett welche Aminosäure codiert) gibt es allerdings geringfügige Unterschiede

ureotelisch das Hauptausscheidungsprodukt des Stickstoffstoffwechsels ist Harnstoff

uricotelisch das Hauptausscheidungsprodukt des Stickstoffstoffwechsels ist Harnsäure

Ussing-Kammer ursprünglich von Hans Ussing entwickelter Versuchsaufbau, in dem die Ionentransportaktivität von isolierten Epithelien bzw. von auf porösen Unterlagen kultivierten Epithelzellen analysiert werden kann

Van-der-Waals-Wechselwirkung relativ schwache, nichtkovalente Wechselwirkung zwischen →Atomen oder Molekülen, die mit dem Abstand der Partner sehr schnell schwächer wird

Varikosität Verdickungen an →Neuriten (meist →Axonen) an Stellen präsynaptischer Endigungen; der Begriff resultierte aus der Ähnlichkeit dieser Strukturen mit Krampfadern

Vektornavigation Navigation mithilfe von Kompass und Entfernungsinformation

Vene Blutgefäß, das Blut zum Herzen hin leitet; der Querschnitt von Venen ist in der Regel nicht kreisrund, sodass sie bei Bedarf zusätzliches Volumen aufnehmen können

Ventilation Atembewegungen tierischer Organismen; aktiver Vorbeitransport von Atemmedium an den respiratorischen Oberflächen des Tierkörpers

Verdauung chemischer Aufschluss der Inhaltsstoffe der →Nahrung durch Verdauungsenzyme (Hydrolasen) im Verdauungstrakt von Tieren in Vorbereitung auf die →Resorption der Verdauungsprodukte (z. B. monomere Bau- und Brennstoffmoleküle) in den Tierkörper

Verhaltensökologie Wissenschaftsdisziplin innerhalb der Biologie; untersucht im weitesten Sinne die Auswirkungen von Umweltfaktoren auf das Verhalten von Tieren

Vitamin organische Verbindung, die ein Tier für lebenswichtige Funktionen benötigt, aber in seinem eigenen Stoffwechsel nicht (in ausreichenden Mengen) synthetisieren kann und daher mit der →Nahrung in den Körper aufgenommen werden muss (→essenzieller Nahrungsbestandteil)

Wärmetönung →Reaktionsenthalpie

Wasser bei normalen Umweltbedingungen flüssige Verbindung aus einem Sauerstoff- und zwei Wasserstoffatomen; Wasser ist das biologische Lösungsmittel, daher ist dauerhaftes Leben ohne Wasser nicht möglich

Wasserstoffbrücke schwache chemische Bindung durch elektrostatische Anziehung eines Wasserstoffkerns durch zwei benachbarte →Atome hoher →Elektronegativität (z. B. Sauerstoff), die zu unterschiedlichen Molekülen gehören; wichtige intramolekulare Wechselwirkung zur Stabilisierung von →Sekundärstrukturen in →Proteinen

Wechselzahl Anzahl der katalytischen Vorgänge, die pro Zeiteinheit am aktiven Zentrum eines Enzymmoleküls ablaufen

Wertigkeit Nettoladung eines Ions

Wertigkeit (von Ionen) Zahl der Ladungen eines Ions

Windkesselfunktion Druckspeicherfunktion durch elastische Dehnung der Gefäßwände großer Arterien im →Kreislaufsystem von Vertebraten zur Aufrechterhaltung des Blutflusses im →Kreislaufsystem während der →Diastole des Herzens

Winterschlaf auch: Hibernation; saisonal auftretender Zustand →metabolischer Depression bei Tieren zur Einsparung von Stoffwechselenergie während der ungünstigen Wintermonate

Wirkungsgrad Menge an nutzbarer Energie im Verhältnis zur investierten Energie bei Stoff- und Energieumwandlungsprozessen

Xenobiotika anthropogene, in die Umwelt freigesetzte Chemikalien, die bei Tier und Mensch biologische Prozesse beeinflussen, zum Beispiel hormonell wirksame Umweltchemikalien

Zapfen Photorezeptorzelle im Wirbeltierauge zum Sehen bei Tageslichtintensität

Zeitgeber äußerer Einfluss, der die innere Uhr mit dem 24-h-Rhythmus der Umwelt synchronisiert

Zellatmung oxidativer Abbau der Glucose zu Kohlendioxid und Wasser

Zelle kleinste selbstständig lebensfähige Einheit

Zellmembran →Plasmamembran

Zentralkomplex Gruppe von →Neuropilen im Zentrum des Insektengehirns, beteiligt an räumlicher Orientierung

Zirbeldrüse →Epiphyse

Zirkulation 1. Transport von Körperflüssigkeiten durch einen Tierkörper; 2. →Kreislaufsystem eines Tieres

zitterfreie Wärmebildung oxidativer Abbau freier Fettsäuren in den Mitochondrien des →braunen Fettgewebes unter Kurzschluss der F_0F_1-ATPase in der inneren Mitochondrienmembran durch Insertion von Protonophoren (→Entkopplerproteine, UCP) und Umsetzung der im Protonengradienten gespeicherten Energie in Wärme

Zonula occludens →Tight Junction

Zoophagie Ernährungsweise, bei der sich Tiere von anderen Tieren ernähren (→Carnivor)

Zygote befruchtete Eizelle

Zymogen →Proenzym

Kurzbiografien

Agre, Peter Courtland: US-amerikanischer Molekularbiologe, geb. 1949 in Northfield in Minnesota, erhielt 2003 den Nobelpreis für Chemie, seit 2008 Professor an der Johns Hopkins University in Baltimore (Maryland)

Aristoteles: bedeutender griechischer Philosoph, geb. 384 v. Chr. in Stageira an der mazedonischen Küste, 366–346 v. Chr. in Athen an der Akademie Platons, ab 343 v. Chr. am mazedonischen Hof, Lehrer Alexander des Großen, 335 v. Chr. Rückkehr nach Athen, Begründung der peripatetischen Schule, gest. 322 v. Chr. auf Euböa

Arrhenius, Svante August: schwedischer Physiker und Chemiker, geb. 1859 auf Gut Wik bei Uppsala, ab 1895 Professor für Chemie an der Universität Stockholm, erhielt 1903 den Nobelpreis für Chemie, 1905 Direktor des Nobel-Instituts für Physikalische Chemie, gest. 1927 in Stockholm

Atwater, Wilbur Olin: amerikanischer Chemiker, geb. 1844 in Johnsburg (New York), Erfinder des Respirationskalorimeters, ab 1871 Professor für Chemie an der East Tennessee University in Knoxville und später an der Wesleyan University in Middletown (Connecticut), gest. 1907 ebenda

Auerbach, Leopold: deutscher Anatom und Pathologe, geb. 1828 in Breslau, Studium der Medizin, ab 1872 außerordentlicher Professor für Neuropathologie in Breslau, ab 1881 Mitglied der Leopoldina, gest. 1897 in Breslau

Autrum, Hansjochem: bedeutender deutscher Zoologe, geb. 1907 in Bromberg, Professor in Würzburg und München, zahlreiche Arbeiten unter anderem zur Sinnesphysiologie, Farbensehen von Insekten und Wirbeltieren, gest. 2003 in München

Avogadro, Lorenzo Romano Amedeo Carlo: italienischer Physiker und Chemiker, geb. 1776 in Turin, ab 1809 Professor am Liceo Vercelli und an der Universität Turin, ab 1840 Mitglied der Leopoldina, gest. 1856 in Turin

Bartholin, Caspar (der Jüngere): dänischer Anatom, geb. 1655 in Kopenhagen, ab 1674 Professor für Philosophie, ab 1678 Professor für Physik und Anatomie an der Universität Kopenhagen, gest. 1738 ebenda

Bayliss, Sir William Maddock: britischer Physiologe, geb. 1860 in Butcroft in Wednesbury, ab 1903 Mitglied der Royal Society, ab 1912 Professor für Allgemeine Physiologie am University College in London, ab 1903 Fellow of the Royal Society, gest. 1924 in London

Békésy, Georg von: geb. 1899 in Budapest, 1923 Promotion in Physik in Budapest, ab 1939 Professor in Budapest, 1946 Karolinska Institut, Schweden, 1947 Harvard University, USA, erhielt 1961 den Nobelpreis für Physiologie oder Medizin, 1963 Institut für Sensory Sciences, Hawaii, gest. 1972 in Honolulu

Bernard, Claude: französischer Mediziner und Physiologe, geb. 1813 in Saint-Julien im Département Rhône, ab 1854 Professor für Allgemeine Physiologie an der Sorbonne, ab 1868 Mitglied der Académie Française und der Königlich Schwedischen Akademie der Wissenschaften, gest. 1878 in Paris

Bernoulli, Daniel: bedeutender Mathematiker, Physiker und Mediziner, geb. 1700 in Groningen als Sohn von Johann Bernoulli, ab 1725 an der Akademie der Wissenschaften zu Petersburg, ab 1733 in Basel, gest. 1782 ebenda

Bertalanffy, Karl Ludwig von: österreichisch-amerikanischer Systemtheoretiker und theoretischer Biologe, geb. 1901 in Atzgersdorf in Österreich, ab 1934 Professor in Wien, London, Montreal, Ottawa, Los Angeles, Edmonton und Buffalo, seit 1968 Mitglied der Deutschen Akademie der Naturforscher Leopoldina und der New York Academy of Sciences, gest. 1972 in Buffalo, New York, USA

Berzelius, Jöns Jakob: schwedischer Mediziner und Chemiker, geb. 1779 im Socken Väversunda, Östergötland, ab 1815 Professor am Karolinska-Institut in Stockholm, ab 1808 Mitglied der Schwedischen Akademie der Wissenschaften, ab 1818 Mitglied der Leopoldina, gest. 1848 in Stockholm

Blobel, Günter: deutsch-amerikanischer Biochemiker, geb. 1936 in Waltersdorf (heute Südwest-Polen), seit 1983 Mitglied der Deutschen Akademie der Naturforscher Leopoldina, ab 1992 Professor für Biochemie an der Rockefeller University in New York, erhielt 1999 den Nobelpreis für Physiologie oder Medizin (Blobel spendete einen Großteil des Preisgeldes für den Wiederaufbau der Frauenkirche in Dresden)

Bohr, Christian: dänischer Physiologe, geb. 1855, ab 1886 Professor für Physiologie in Kopenhagen, gest. 1886 ebenda

Boltzmann, Ludwig: österreichischer Physiker und Philosoph, geb. 1844 in Wien, ab 1869 Professor für Theoretische Physik in Graz, München, Wien, Leipzig und wieder Wien, ab 1891 Mitglied der Bayerischen Akademie der Wissenschaften, ab 1896 Mitglied der Accademia dei Lincei, gest. 1906 in Duino bei Triest

Bordet, Jules Jean Baptiste Vincent: belgischer Bakteriologe und Immunologe, geb. 1870 in Soignies in Belgien, ab 1907 Professor für Bakteriologie an der Université Libre de Bruxelles, erhielt 1919 den Nobelpreis für Physiologie oder Medizin, gest. 1961 in Brüssel

Bowman, Sir William: britischer Augenarzt und Anatom, geb. 1816 in Nantwich in Cheshire, ab 1848 Professor am King's College in London, ab 1841 Mitglied der Royal Society, gest. 1892 in Joldwynds bei Dorking

Brodmann, Korbinian: geb. 1868 in Liggersdorf (Hohenzollern), Professor für Psychiatrie in Tübingen (1916), ab 1918 an der Forschungsanstalt für Psychiatrie in München, gest. 1918 ebenda

Brown, Robert: schottischer Botaniker, geb. 1773 in Montrose in Schottland, ab 1812 Mitglied der Royal Society, ab 1818 Mitglied der Leopoldina, ab 1820 Kurator der Botanischen Sammlungen des British Museum, von 1849 bis 1853 Präsident der Linnean Society, gest. 1858 in London

Brücke, Ernst von: geb. 1819 in Berlin, 1838 Studium der Medizin in Berlin, 1843 Assistent bei Johannes Müller, 1849–1890 Professor für Physiologie in Wien, gest. 1892 ebenda

Buddenbrock-Hettersdorff, Wolfgang Frh. von: geb. 1884 in Bischofdorf (Schlesien), Zoologiestudium bei Haeckel (Jena) und Bütschli (Heidelberg), Zoologieprofessor in Kiel (1922), Halle (1936), Wien (1942) und Mainz (1946), gest. 1964 in Mainz

Bunsen, Robert Wilhelm Eberhard: deutscher Chemiker, geb. 1811 in Göttingen, ab 1850 Professor in Breslau und Heidelberg, gest. 1899 in Heidelberg

Cajal, Ramón y: geb. 1852 in Betilla de Aragón (Spanien), Studium der Medizin in Saragossa, 1892–1922 Professor für Histologie und Pathologische Anatomie in Madrid, erhielt 1906 zusammen mit Camillo Golgi den Nobelpreis für Physiologie oder Medizin, gest. 1934 in Madrid

Clausius, Rudolf Julius Emanuel: deutscher Physiker, geb. 1822 in Köslin, ab 1850 Professor für Physik in Berlin, Zürich, Würzburg und Bonn, gest. 1888 in Bonn

Coulomb, Charles Augustin de: französischer Physiker, geb. 1736 in Angoulême, begründete die Elektrostatik sowie die Magnetostatik, ab 1795 Mitglied des Institut de France, gest. 1806 in Paris

Crick, Francis Harry Compton: englischer Physiker und Biochemiker, geb. 1916 in Northampton, 1960 Albert Lasker Award for Basic Medical Research, erhielt 1962 den Nobelpreis für Physiologie oder Medizin, gest. 2004 in San Diego

Dahl, Friedrich: geb. 1856 in Rosenhofer Brök (Holstein), Studium der Naturwissenschaften in Leipzig, Freiburg, Berlin und Kiel, wo er 1884 bei K. Möbius promovierte, ab 1898 Kustos der Spinnensammlung des Zoolischen Museums in Berlin, gest. 1929 in Greifswald

Dale, Sir Henry Hallett: geb. 1875 in London, Direktor des National Institute für medizinische Forschung in Hampstead, erhielt 1936 zusammen mit O. Loewi den Nobelpreis für Physiologie oder Medizin, gest. 1968 in Edinburgh

Dalton, John: englischer Naturforscher und Lehrer, geb. 1766 in Eaglesfield, Cumberland, ab 1822 Mitglied der Royal Society, gest. 1844 in Manchester

de Graaf, Reinier (oder de Graeff, Reijnerus): niederländischer Arzt und Forscher, geb. 1641 in Schoonhoven, gest. 1673 in Delft

Deiters, Otto Friedrich Karl: geb. 1834 in Bonn, Studium der Medizin, Anatom, gest. 1863 in Bonn

Donnan, Frederick George: britischer Chemiker, geb. 1870 in Colombo, Ceylon (jetzt Sri Lanka), ab 1904 Professor für Physikalische Chemie in Liverpool und London, gest. 1956 in Canterbury

Driesch, Hans: deutscher Biologe und Naturphilosoph, geb. 1867 in Kreuznach, Professor in Aberdeen und Leipzig, gest. 1941 in Leipzig

Edelman, Gerald Maurice: US-amerikanischer Mediziner und Molekularbiologe, geb. 1929 in New York, ab 1966 Professor an der Rockefeller University in New York City, 1981 Gründung des Neurowissenschaftlichen Instituts am Scripps Research Institute in La Jolla, ab 1991 Vorstand der Abteilung Neurobiologie an diesem Institut, erhielt 1972 den Nobelpreis für Physiologie oder Medizin, gest. 2014 in La Jolla, Kalifornien

Ehrlich, Paul: deutscher Arzt und Forscher, geb. 1854 in Strehlen bei Breslau, ab 1882 Professor an der Charité in Berlin, ab 1891 am Institut für Infektionskrankheiten in Berlin, ab 1904 in Göttingen, erhielt 1908 den Nobelpreis für Physiologie oder Medizin, ab 1914 ordentlicher Professor für Pharmakologie an der Universität von Frankfurt am Main, gest. 1915 in Bad Homburg vor der Höhe

Eigen, Manfred: deutscher Bio- bzw. Physikochemiker, geb. 1927 in Bochum, ab 1957 Direktor am MPI für Biophysikalische Chemie in Göttingen, ab 1965 Honorarprofessor an der TU Braunschweig, erhielt 1967 den Nobelpreis für Chemie

Eimer, Gustav Heinrich Theodor: deutscher Zoologe, geb. 1843 in Stäfa (Schweiz), ab 1875 Professor für Zoologie und vergleichende Anatomie an der Universität Tübingen, ab 1879 Mitglied der Leopoldina, gest. 1898 in Tübingen

Einstein, Albert: theoretischer Physiker, geb. 1879 in Ulm, ab 1911 Professor in Prag, Zürich, Berlin, erhielt 1921 den Nobelpreis für Physik, ab 1933 Mitglied des Institute for Advanced Study nahe der Princeton University, gest. 1955 in Princeton, New Jersey

Euler-Chelpin, Ulf Svante von: schwedischer Physiologe und Neurochemiker, geb. 1905 in Stockholm, erhielt 1970 den Nobelpreis für Physiologie oder Medizin, gest. 1983 in Stockholm

Eustachio, Bartolomeo: geb. 1520 in San Severino Marche (Ancona), ab 1562 Professor für Medizin am Collegio della Sapienza in Rom und päpstl. Leibarzt, gest. 1574

Exner, Sigmund: geb. 1846 in Wien, Studium der Medizin bei Ernst von Brücke in Wien, 1870 Promotion, 1871 Habilitation, ab 1891 Professor für Physiologie in Wien, gest. 1926 ebenda

Fabrizio, Girolamo: bedeutender Anatom und der Begründer der modernen Embryologie, geb. vermutlich 1533 in Acquapendente, ab 1565 Professor für Chirurgie und Anatomie an der Universität Padua, gest. 1619 in Padua

Faraday, Michael: englischer Naturforscher, geb. 1791 in Newington, Surrey, ab 1824 Mitglied der Royal Society, ab 1833 Professor für Chemie an der Royal Military Academy in Woolwich, gest. 1867 in Hampton Court Green, Middlesex

Fenton, Henry John Horstman: britischer Chemiker, geb. 1854 in Ealing, ab 1904 University Lecturer in Chemistry am King's College, gest. 1929 in London

Fick, Adolph Eugen: deutscher Physiologe, geb. 1829 in Kassel, ab 1862 Professor in Zürich und Würzburg, gest. 1901 in Blankenberge, Belgien

Förster, Theodor: deutscher Physikochemiker, geb. 1910 in Frankfurt am Main, ab 1942 Professor an der Reichsuniversität Posen, 1947–1951 am MPI für Physik in Göttingen, ab 1952 Professor an der TU Stuttgart, gest. 1974 in Stuttgart

Fourier, Jean-Baptiste Joseph: bedeutender französischer Mathematiker und Physiker, geb. 1768 in Auxerre, ab 1789 Professor für Mathematik an der Kriegsschule in Auxerre, ab 1796 an der École Polytechnique in Paris, gest. 1830 ebenda

Franklin, Rosalind Elsie: englische Biochemikerin und Spezialistin für die Röntgenstrukturanalyse, geb. 1920 in London, gest. 1958 in London

Frisch, Karl von: österreichisch-deutscher Zoologe, geb. 1886 in Wien, Studium der Medizin und später der Zoologie bei Hertwig in München, 1921 Ordinarius in Rostock, 1923 in Breslau, ab 1925 Professor für Zoologie in München, Arbeiten zur Sinnesphysiologie an Fischen und Honigbienen, Nachweis des Farbensehens und der Tanzsprache bei Bienen, erhielt 1973 zusammen mit Konrad Lorenz und Nikolaas Tinbergen den Nobelpreis für Physiologie oder Medizin, gest. 1982 in München

Funk, Casimir: polnischer Biochemiker, geb. 1884 in Warschau, Wissenschaftler am Institut Pasteur in Paris, in Berlin und London, ab 1923 Direktor des Staatlichen Hygieneinstituts in Polen, gest. 1967 in Albany, NY

Gibbs, Josiah Willard: amerikanischer Physiker, geb. 1839 in New Haven, ab 1871 Professor an der Yale-University in New Haven, Connecticut, gest. 1903 ebenda

Goldman, David E.: amerikanischer Biophysiker, geb. 1910, leitete in seiner Dissertation an der Columbia University die Gleichung für die Berechnung des Membranpotenzials ab, gest. 1998

Golgi, Camillo: geb. 1843 in Corteno bei Brescia (Italien), Studium der Medizin in Pavia, ab 1880 Professor für Allgemeine Pathologie in Pavia, erhielt 1906 zusammen mit Ramón y Cajal den Nobelpreis für Physiologie oder Medizin, gest. 1926 in Pavia

Goodall, Baroness Jane: geb. 1934 in London, gründete 1965 das Gombe-Stream-Research-Center und 1976 das Jane-Goodall-Institute for Wildlife Research, Education and Conservation

Gram, Hans Christian Joachim: dänischer Bakteriologe, Entwickler der Gram-Färbung von Bakterienzellwänden, geb. 1853 in Kopenhagen, ab 1891 Professor für Pharmakologie in Kopenhagen, ab 1900 Professor für Medizin in Kopenhagen, gest. 1938 ebenda

Granit, Ragnar Arthur: finnisch-schwedischer Sinnesphysiologe, geb. 1900 in Helsinki, Studium in Helsinki, 1937 Promotion, ab 1946 am Karolinska-Institut in Stockholm, erhielt 1967 zusammen mit H. Hartline und Wald den Nobelpreis für Physiologie oder Medizin, gest. 1991 in Stockholm

Guldberg, Cato Maximilian: norwegischer Mathematiker und Chemiker, geb. 1836 in Christiania (heute Oslo), seit 1862 Professor an der Königlichen Militärakademie in Oslo, gest. 1902 in Oslo

Hagen, Gotthilf Heinrich Ludwig: deutscher Wasserbauingenieur, geb. 1797 in Königsberg, ab 1842 Mitglied der Königlich Preußischen Akademie der Wissenschaften, gest. 1884 in Berlin

Haldane, John Scott: schottischer Physiologe, geb. 1860 in Edinburgh, ab 1913 Direktor des Mining Research Laboratory in Doncaster (ab 1921 in Birmingham), gest. 1936 in Oxford

Hall, Marshall: geb. 1790 in Basford bei Nottingham, prakt. Arzt in Nottingham und London, gest. 1857 in Brighton

Hartline, Haldan Keffer: geb. 1903 in Bloomsburg (Pa), ab 1949 Professor an der Johns Hopkins University in Baltimore, ab 1953 an der Rockefeller University in New York, erhielt 1967 zusammen mit Granit und Wald den Nobelpreis für Physiologie oder Medizin, gest. 1993 in Fallston (Md)

Hasselbalch, Karl Albert: dänischer Physiker und Chemiker, geb. 1874 in Aastrup in Dänemark, gest. 1962

Hebb, Donald O.: geb. 1904 in Chester, Kanada, kanadischer Psychologe, einflussreicher Vordenker neuronaler Mechanismen der Gedächtnisbildung, gest. 1985 in Chester, Kanada

Helmholtz, Hermann Ludwig Ferdinand von: deutscher Physiologe und Physiker, geb. 1821 in Potsdam, seit 1848 Professor für Physiologie in Berlin, Königsberg, Bonn, Heidelberg und wieder Berlin, seit 1870 Mitglied der Preußischen Akademie der Wissenschaften, gest. 1894 in Berlin

Henderson, Lawrence Joseph: US-amerikanischer Chemiker und Biologe, geb. 1878 in Lynn (Mass.), ab 1919 Professor für Biologische Chemie und ab 1934 Professor für Chemie an der Harvard University, gest. 1942 in Cambridge

Henle, Jacob Friedrich Gustav: deutscher Anatom, Pathologe und Arzt, geb. 1809 in Fürth, ab 1840 Professor für Anatomie und Physiologie an der Universität Zürich, später in Heidelberg und Göttingen, gest. 1885 in Göttingen

Henry, William: englischer Mediziner und Chemiker, geb. 1774 in Manchester, gest. 1836 in Pendlebury

Herbst, Ernst Friedrich Gustav: deutscher Physiologe, geb. 1803 in Uslar, gest. 1893 in Göttingen

Hering, Karl Ewald Konstantin: deutscher Physiologe und Hirnforscher, geb. 1834 in Altgersdorf, ab 1870 Professor an der Karls-Universität Prag auf dem Lehrstuhl von Jan Evangelista Purkyně, ab 1895 in Leipzig; Begründer der Gegenfarbentheorie, gest. 1918 in Leipzig

Hertz, Heinrich: Physiker, geb. 1857 in Hamburg, Schüler von Helmholtz, ab 1889 Professor in Bonn, gest. 1894 ebenda

Hess, Germain Henri: schweizerisch-russischer Arzt, Chemiker und Mineraloge, geb. 1802 in Genf, ab 1828 Assistent in der Chemie der St. Petersburger Akademie der Wissenschaften, gest. 1850 in St. Petersburg

Hess, Walter Rudolf: schweizer Neurophysiologe, geb. 1881 in Frauenfeld (Thurgau), Medizinstudium, Augenarzt, ab 1917 Professor für Physiologie in Zürich, erhielt 1949 zusammen mit Antonio C. Moniz den Nobelpreis für Physiologie oder Medizin, gest. 1973 in Muralto (Tessin)

Hill, Archibald Vivian: englischer Mathematiker und Physiologe, geb. 1886 in Bristol, ab 1918 Mitglied der Royal Society, ab 1920 Professor für Physiologie an der Victoria University in Manchester, ab 1923 am University College in London, erhielt 1922 zusammen mit Otto Meyerhof den Nobelpreis für Physiologie oder Medizin, gest. 1977 in Cambridge (England)

His, Wilhelm: deutscher Internist, geb. 1863 in Basel, ab 1902 Professor für Innere Medizin in Basel, Göttingen und Berlin, gest. 1934 in Brombach bei Lörrach

Hodgkin, Sir Alan Lloyd: bedeutender englischer Biophysiker und Physiologe, geb. 1914 in Banbury (Oxfordshire), Studium in Cambridge, ab 1952 Research Professor der Royal Society in Cambridge, 1963 Nobelpreis für Physiologie oder Medizin, 1970–1975 Präsident der Royal Society, 1971–1984, Chancellor der Universität von Leicester, gest. 1998 in Cambridge, UK

Holst, Erich Walther von: geb. 1908 in Riga, Studium der Zoologie, Promotion 1932 bei Richard Hesse in Berlin, ab 1954 Direktor des MPI für Verhaltensphysiologie in Seewiesen (Oberbayern), gest. 1962 in Herrsching am Ammersee

Hopkins, Frederick Gowland: englischer Biochemiker und Mediziner, geb. 1861 in Eastbourne (Sussex, England), ab 1914 erster Professor für Biochemie, ab 1905 Mitglied der Royal Society, ab 1914 erster Professor für Biochemie an der University of Cambridge, 1929 Nobelpreis für Physiologie oder Medizin, gest. 1947 in Cambridge

Hoppe-Seyler, Ernst Felix Immanuel: deutscher Arzt, Chemiker und Physiologe, geb. 1825 in Freyburg an der Unstrut, ab 1861 Professor für Angewandte Chemie in Tübingen, ab 1872 Professor für Physiologische Chemie Straßburg, 1877 Gründung der *Zeitschrift für Physiologische Chemie* (auch bekannt als *Hoppe-Seyler´s Zeitschrift für Physiologische Chemie*, heute *Biological Chemistry*), gest. 1895 in Wasserburg (Bodensee)

Hubel, David: kanadisch-amerikanischer Neurophysiologe, geb. 1926 in Windsor, Kanada, seit 1965 Professor für Neurophysiologie an der Harvard Medical School, Untersuchungen zur Verarbeitung visueller Reize in Retina, CGL und visuellem Cortex, erhielt 1981 gemeinsam mit Thorsten Wiesel und Richard W. Sperry den Nobelpreis für Physiologie oder Medizin, gest. 2013 in Lincoln (Mass.)

Hunter, John: geb. 1728 in Long Calderwood (Schottland), Studium der Medizin, Militärarzt, Wundarzt in London, gest. 1793 ebenda

Huxley, Sir Andrew Fielding: bedeutender englischer Biophysiker und Physiologe, geb. 1917 in Hampstead, London, seit 1955 Mitglied der Royal Society, ab 1960 Professor für Physiologie am University College, London, erhielt 1963 den Nobelpreis für Physiologie oder Medizin, seit 1964 Mitglied der Deutschen Akademie der Naturforscher Leopoldina, 1980–1985 Präsident der Royal Society, 1984–1990 Master of Trinity College, gest. 2012 in Grantchester, Cambridgeshire

Kandel, Eric: bedeutender amerikanischer Neurobiologe, geb. 1929 in Wien, seit 1983 Columbia University Medical School, bedeutende Arbeiten zu neuronalen Mechanismen der Gedächtnisbildung, erhielt 2000 zusammen mit Paul Greengard und Arvid Carlsson den Nobelpreis für Physiologie oder Medizin

Kanisza, Gaetano: italienischer Psychologe, 1913–1993

Kármán, Theodore von: österreichisch-ungarischer/amerikanischer Physiker und Luftfahrttechniker, geb. 1881 in Budapest, ab 1913 Professor an der Königlich Rheinisch-Westphälischen Polytechnischen Schule zu Aachen (heute: RWTH Aachen), ab 1926 zeitweise am California Institute of Technology, wegen Denunziation durch nationalsozialistische Studierende und Entlassung in Aachen ab 1933 ganz am California Institute of Technology, gest. 1963 in Aachen

Katz, Sir Bernard: bedeutender deutsch-britischer Elektrophysiologe, geb. 1911 in Leipzig, Medizinstudium in Leipzig, Emigration nach England, ab 1952 Professor in London; erhielt 1970 den Nobelpreis für Physiologie oder Medizin, gest. 2003 in London

Kohlrausch, Arnt: geb. 1877, deutscher Physiologe, Professor in Tübingen, gest. 1915

Krebs, Hans Adolf: deutscher (später britischer) Mediziner und Biochemiker, geb. 1900 in Hildesheim, zunächst Studium der Medizin, 1925 Doktorgrad an der Universität Hamburg, anschließend Studium der Chemie und Assistententätigkeit bei Otto Warburg am Kaiser-Wilhelm-Institut in Berlin, 1933 Entzug der Lehrbefugnis aufgrund der Rassengesetze (Gesetz zur Wiederherstellung des Berufsbeamtentums), Flucht nach England, Studium der Biochemie, ab 1945 Professor für Pharmakologie an der University of Sheffield, erhielt 1953 den Nobelpreis für Physiologie oder Medizin für die Entdeckung des Citratzyklus, ab 1954 Professor für Biochemie in Oxford, gest. 1981 ebenda

Krogh, Schack August Steenberg (kurz August Krogh): dänischer Arzt und Zoologe, geb. 1874 in Grenaa (Djursland), ab 1908 Professor für Tierphysiologie an der Universität in Kopenhagen, erhielt 1920 den Nobelpreis für Physiologie oder Medizin, ab 1937 Mitglied der Royal Society in London und der Deutschen Akademie der Naturforscher Leopoldina, gest. 1949 in Kopenhagen

Kuffler, Stephen W.: ungarisch-amerikanischer Neurobiologe, geb. 1913 in Tap (Ungarn), ab 1959 Professor an der Harvard Medical School, wo er das weltweit erste Department of Neurobiology begründete; Arbeiten zur neuromuskulären Synapse, Retina, präsynaptische Inhibition, Gliazellen, gest. 1980 in Woods Hole (USA)

Kühne, Wilhelm Friedrich: geb. 1837 in Hamburg, Studium der Medizin in Göttingen, 1869 Professor für Physiologie in Amsterdam, ab 1871 in Heidelberg, gest. 1900 ebenda

Kupffer, Karl Wilhelm Ritter von: deutsch-baltischer Anatom und einer der Begründer der Embryologie, geb. 1829 in Lesten, Kurland, ab 1867 Professor für Histologie und Anatomie in Kiel, von 1875 bis 1880 Ordinarius für die Fächer Anatomie, Entwicklungsgeschichte und Vergleichende Anatomie an der Albertus-Universität in Königsberg, ab 1880 an der Ludwig-Maximilians-Universität München, gest. 1902 in München

Lambert, Johann Heinrich: elsässischer Mathematiker, Physiker und Philosoph, geb. 1728 in Mülhausen, Autodidakt und Universalgelehrter, 1765 Mitglied der Akademie der Wissenschaften in Berlin, gest. 1777 ebenda

Langerhans, Paul: deutscher Pathologe und Arzt, geb. 1847 in Berlin, gest. 1888 in Funchal auf Madeira

Laplace, Pierre-Simon Marquis de: französischer Mathematiker, Physiker und Astronom, geb. 1749 in Beaumont-en-Auge in der Normandie, ab 1773 Adjunkter und ab 1785 Mitglied der Académie Française, gest. 1827 in Paris

Lashley, Karl Spencer: geb. 1890 in Davis (USA), 1914 Promotion in Zoologie bei Jennings (John Hopkins Univ.), ab 1935 Professor für Neuropsychologie an der Harvard University, gest. 1958 in Poitier (Frankreich)

Lavoisier, Antoine Laurent de: französischer Chemiker, geb. 1743 in Paris, einer der »Väter der modernen Chemie«, gest. 1794 (auf der Guillotine) in Paris

Lewis, Sir Thomas: britischer Kardiologe, geb. 1881 in Roath (Cardiff, Wales), 1909 Mitbegründer der Zeitschrift *Heart*, ab 1918 Mitglied in der Royal Society, gest. 1945 in Loudwater, Hertfordshire

Leydig, Franz von: bedeutender deutscher Zoologe und vergleichender Anatom, geb. 1821 in Rothenburg ob der Tauber, Studium der Medizin in Würzburg und München, ab 1857 Professor für Zoologie und vergleichende Anatomie in Tübingen, ab 1875 in Bonn, gest. 1908 in Rothenburg ob der Tauber

Lieberkühn, Johann Nathanael: deutscher Mediziner und Physiker, geb. 1711 in Berlin, ab 1740 Mitglied der Royal Society, später Arzt und Professor in Berlin, gest. 1756 in Berlin

Liljestrand, Göran: schwedischer Physiologe und Pharmakologe, geb. 1886 in Göteborg, ab 1927 Professor am Karolinska-Institut bei Stockholm, ab1938 Mitglied der Königlich Schwedischen Akademie der Wissenschaften, gest. 1968

Lipmann, Fritz Albert: deutsch-amerikanischer Biochemiker, geb. 1899 in Königsberg, ab 1949 ordentlicher Professor der Biochemie an der Harvard Medical School sowie von 1957 bis 1969 an der Rockefeller University in New York City, erhielt 1953 den Nobelpreis für Physiologie oder Medizin, 1969 Aufnahme als Ehrenmitglied in die Deutsche Akademie der Naturforscher Leopoldina, gest. 1986 in Poughkeepsie, New York

Lohmann, Hans Karl Heinrich Adolf: deutscher Biochemiker, geb. 1898 in Bielefeld, 1937–1951 Ordinarius für Physiologische Chemie an der Humboldt-Universität zu Berlin, 1952–1964 (Emeritierung) Bereichsleiter am Institut für Medizin und Biologie in Berlin-Buch, später Direktor des daraus hervorgegangenen Akademie-Instituts für Biochemie, 1957–1964 Präsident des Instituts für Ernährungsforschung der Deutschen Akademie der Wissenschaften zu Berlin in Potsdam-Rehbrücke, gest. 1978 in Berlin

Lorenz, Konrad: geb. 1903 in Wien, Studium der Medizin und Naturwissenschaften, 1954–1973 am MPI für Verhaltensphysiologie in Seewiesen (Obb.), Mitbegründer der Ethologie, erhielt 1973 zusammen mit Nikolaas Tinbergen und Karl von Frisch den Nobelpreis für Physiologie oder Medizin, gest. 1989 in Wien

Mach, Ernst: österreichischer Physiker und Philosoph, geb. 1838 in Chirlitz-Turas bei Brünn, Professor für Physik in Wien (1861), Graz (1864) und Prag (1867), 1895–1901 Professor für Philosophie in Wien, gest. 1916 in Vaterstetten bei München

Malpighi, Marcello: italienischer Anatom, geb. 1628 in Crevalcore in Italien, ab 1656 Professor für Angewandte Medizin an der Universität von Bologna und Professor für Theoretische Medizin an der Universität von Pisa, später in Messina, ab 1669 Mitglied der Royal Society in London, ab 1691 Leiter der Päpstlichen Medizinischen Fakultät im Vatikan, gest. 1694 in Rom

Matthiesser, Heinrich Friedrich Ludwig: geb. 1830 in Fissau bei Eutin, 1874–1905 Ordinarius für Physik an der Universität Rostock, gest. 1906 ebenda

Mauthner, Ludwig: geb. 1840 in Prag, Studium der Medizin in Wien, bereits im Alter von 18 Jahren Entdeckung der später nach ihm benannten Riesenfasern im Institut von Ernst Wilhelm von Brücke, 1869 Professor für Augenheilkunde in Innsbruck, 1894 Direktor der Universitäts-Augenklinik in Wien, einen Tag nach seiner Ernennung plötzlich verstorben

Maxwell, James Clerk: schottischer Physiker, geb. 1831 in Edinburgh, ab 1856 Professor für Naturphilosophie am Marischal College in Aberdeen, ab 1860 am King's College in London, ab 1861 Mitglied der Royal Society, gest. 1879 in Cambridge

Mayer, Julius Robert: deutscher Arzt und Physiker, geb. 1814 in Heilbronn, ab 1841 Oberamtswundarzt in Heilbronn, gest. 1878 ebenda

Meissner, Georg: deutscher Anatom und Physiologe, geb. 1829 in Hannover, Studium der Medizin, ab 1855 Professor in Basel, 1857 in Freiburg und ab 1860 in Göttingen, ab 1869 ordentliches Mitglied der Göttinger Gesellschaft der Wissenschaften, gest. 1905 in Göttingen

Menten, Maud Leonora: kanadische Medizinerin, geb. 1879 in Port Lambton, Ontario, gest. 1960 in Ontario

Merkel, Johann Friedrich Sigmund: deutscher Mediziner, geb. 1845 in Nürnberg, ab 1872 Professor für Anatomie an der Universität Rostock, ab 1880 Mitglied der Deutsche Akademie der Naturforscher Leopoldina, 1881 und 1882 Rektor der Universität Rostock, ab 1883 Professor an der Albertus-Universität in Königsberg, ab 1885 in Göttingen, gest. 1919 in Göttingen

Metschnikow, Ilja Iljitsch: russischer Zoologe und Immunologe, geb. 1845 in Iwanowka bei Charkow, erhielt 1908 den Nobelpreis für Physiologie oder Medizin, gest. 1916 in Paris

Michaelis, Leonor: deutsch-US-amerikanischer Biochemiker und Mediziner, geb. 1875 in Berlin, ab 1922 Professor in Nagoya (Japan), an der Johns Hopkins University in Baltimore und am Rockefeller-Institut für Medizinische Forschung in New York City, gest. 1949 in New York City

Mitchell, Peter Dennis: britischer Biochemiker, geb. 1920 in Mitcham (Surrey, England), ab 1955 Direktor der Abteilung für Chemie und Biologie am Zoologischen Institut der Universität Edinburgh, 1963 Aufgabe des Postens aus gesundheitlichen Gründen, erhielt 1978 den Nobelpreis für Chemie, gest. 1992 in Bodmin (Cornwall, England)

Monod, Jacques Lucien: französischer Biochemiker und theoretischer Biologe, geb. 1910 in Paris, ab 1959 Professor an der Sorbonne, erhielt 1965 den Nobelpreis für Physiologie oder Medizin, ab 1971 Direktor des Institut Pasteur, gest. 1976 in Cannes

Müller, Johannes Peter: bedeutender deutscher Anatom, Physiologe und Meeresbiologe, geb. 1801 in Koblenz, Studium der Medizin in Bonn, ab 1830 Professor in Bonn und ab 1833 Professor in Berlin als Nachfolger von Rudolphi, gest. 1858 in Berlin

Neher, Erwin: deutscher Biophysiker, geb. 1944 in Landsberg am Lech, seit 1983 Direktor am MPI für Biophysikalische Chemie in Göttingen und Leiter der Abteilung Membranbiophysik, erhielt 1991 den Nobelpreis für Physiologie oder Medizin

Nernst, Walter Hermann: deutscher Physiker und Chemiker, geb. 1864 in Briesen (Westpreußen), ab 1895 Professor in Göttingen und Berlin, 1922–1924 Präsident der Physikalisch-Technischen Reichsanstalt in Berlin, erhielt 1920 den Nobelpreis für Chemie, gest. 1941 in Berlin

Neumann, John von (eigentlich János Neumann Margittai): österreichisch-ungarischer Mathematiker, geb. 1903 in Budapest, seit 1930 Mitglied des Institute of Advanced Study in Princeton, gest. 1957 in Washington, DC

Newton, Sir Isaac: englischer Philosoph, Naturforscher und Verwaltungsbeamter, geb. 1642 in Woolsthorpe-by-Colsterworth in Lincolnshire, ab 1667 Fellow des Trinity College (Cambridge), ab 1669 Inhaber des Lehrstuhls für Mathematik ebenda, ab 1703 Präsident der Royal Society, gest. 1726 in Kensington

Nissl, Franz: geb. 1860 in Frankenthal, Psychiater und Neurologe, 1904–1918 Leiter der Psychiatrischen Universitätsklinik in Heidelberg, bekannt durch histopathologische Gehirnstudien, gest. 1919 in München

Nüsslein-Volhard, Christiane: deutsche Entwicklungsbiologin, geb. 1942 in Heyrothsberge bei Magdeburg, seit 1985 wissenschaftliches Mitglied der Max Planck-Gesellschaft und Direktorin am Max Planck-Institut für Entwicklungsbiologie in Tübingen, 1986 Leibnizpreis der Deutschen Forschungsgemeinschaft, 1991 Albert Lasker Medical Research Award, erhielt 1995 den Nobelpreis für Physiologie oder Medizin

Oddi, Ruggero Ferdinando Antonio Vincenzo: italienischer Anatom, geb. 1864 in Perugia, gest. 1913 in Tunis

Ohm, Georg Simon: deutscher Physiker, geb. 1789 in Erlangen, ab 1833 Professor für Physik an der Königlich Polytechnischen Schule in Nürnberg, ab 1839 deren Direktor, ab 1849 Professor für Experimentalphysik an der Universität in München, ab 1850 ordentliches Mitglied der Bayerischen Akademie der Wissenschaften, gest. 1854 in München

Okazaki, Tsuneko: japanische Molekularbiologin, geb. 1933, ab 1967 Gastprofessorin an der Kansas State University, ab 1983 Professorin an der Universität Nagoya, ab 1997 an der privaten Fujita Hoken Eisei Daigaku (Fujita Health University) in Toyoake

Oparin, Alexander Iwanowitsch: russischer Biochemiker, geb. 1894 in Uglitsch, ab 1929 Professor für Biochemie in Moskau, ab 1946 Vollmitglied der Russischen Akademie der Wissenschaften, gest. 1980 in Moskau

Ostwald, Wilhelm: deutsch-baltischer Chemiker und Philosoph, geb. 1853 in Riga, ab 1882 Professor in Riga und Leipzig, Gastprofessor an der Harvard University, erhielt 1909 den Nobelpreis für Chemie, gest. 1932 in Leipzig

Owen, Sir Richard: bedeutender Anatom, Zoologe und Paläontologe, geb. 1804 in Lancaster, ab 1836 Professor für Anatomie in London am Royal College of Surgeons, ab 1856 Abteilungsdirektor im Britischen Museum, gest. 1892 in Sheen Lodge

Pacini, Filippo: italienischer Anatom, geb. 1812 in Pistoia, gest. 1883 in Florenz

Palade, George Emil: geb. 1912 in Iasi (Rumänien), Studium der Medizin in Bukarest, Promotion 1940, 1946 Professor für Zellbiologie Rockefeller University in New York, 1983 Yale University, 1990 University of California in San Diego, erhielt 1974 den Nobelpreis für Physiologie oder Medizin, gest. 2008 in Del Mar, Kalifornien

Paneth, Joseph: österreichischer Physiologe, geb. 1857 in Wien, Nachfolger von Sigmund Freud an Ernst Brückes Physiologischem Institut in Wien, gest. 1890 ebenda

Pasteur, Louis: französischer Naturwissenschaftler und (neben Robert Koch) einer der Begründer der Mikrobiologie, geb. 1822 in Dole im Département Jura, ab 1848 Professor für Chemie in Dijon, Straßburg und Lille, ab 1858 Direktor der École Normale Supérieure (Rue d'Ulm) in Paris, ab 1867 Lehrstuhl an der Sorbonne, 1887/88 Gründer und erster Direktor des nach ihm benannten Institut Pasteur, gest. 1895 in Villeneuve-L'Etang bei Paris

Peyer, Johann Conrad: schweizer Arzt und Anatom, geb. 1653 in Schaffhausen, ab 1681 Mitglied der Kaiserlich-Leopoldinische Akademie der Naturforscher (heute Leopoldina, Halle), gest. 1712

Pfeffer, Wilhelm Friedrich Philipp: deutscher Botaniker und Pflanzenphysiologe, geb. 1845 in Grebenstein bei Kassel, seit 1887 Professor für Botanik an der Universität Leipzig, gest. 1920 in Leipzig

Piiper, Johannes: deutscher Physiologe, geb. 1924 in Tartu, Estland, ab 1966 Professor in Göttingen, ab 1971 Direktor des MPI für Experimentelle Medizin in Göttingen, gest. 2012 ebenda

Poiseuille, Jean Louis Léonard Marie: französischer Physiologe und Physiker, geb. 1797 in Paris, ab 1860 Inspektor der Pariser Grundschulen, gest. 1869 in Paris

Ponzo, Mario: italienischer Psychologe, 1882–1960

Porter, Rodney Robert: englischer Biochemiker, geb. 1917 in Newton-le-Willows (Lancashire, England), ab 1960 Professor für Immunologie an der St. Mary's Hospital Medical School in London, ab 1967 Professor für Biochemie an der University of Oxford, seit 1964 Mitglied der Royal Society, erhielt 1972 den Nobelpreis für Physiologie oder Medizin, gest. 1985 in Winchester (Hampshire, England)

Prigogine, Ilya: russisch-belgischer Physikochemiker und Philosoph, geb. 1917 in Moskau, 1921 emigriert, ab 1950 Professor in Brüssel, Austin und Chicago, ab 1970 Mitglied der Deutschen Akademie der Naturforscher Leopoldina, erhielt 1977 den Nobelpreis für Chemie, gest. 2003 in Brüssel

Purkinje (Purkyně), Jan Evangelista: böhmischer Ordenslehrer, Physiologe und Pathologe, geb. 1787 in Libochowitz bei Leitmeritz, ab 1823 Professor der Physiologie und Pathologie an der Universität Breslau, später Prag, gest. 1869 in Prag

Ranvier, Louis-Antoine: bedeutender französischer Histologe, geb. 1835, Professor in Paris, gest. 1922 in Vendranges

Rathke, Martin Heinrich: deutscher Anatom, Embryologe und Zoologe, geb. 1793 in Danzig, ab 1829 Professor für Physiologie und Pathologie an der Universität Tartu (damals Universität Dorpat) und ab 1835 Professor für Anatomie und Zoologie in Königsberg, gest. 1860 ebenda

Reynolds, Osborne: englischer Physiker und Mathematiker, geb. 1842 in Belfast, ab 1868 Professor für Ingenieurswissenschaften am Owens College in Manchester (heute University of Manchester), ab 1877 Fellow of the Royal Society, gest. 1912 in Manchester

Rubin, Edgar: dänischer Psychologe, 1886–1951

Rubner, Max: deutscher Mediziner, Physiologe und Hygieniker, geb. 1854 in München, ab 1885 Professor in Marburg und Berlin, ab 1913 Direktor des Kaiser-Wilhelm-Instituts für Arbeitsphysiologie in Berlin, gest. 1932 ebenda

Ruffini, Angelo: italienischer Histologe und Embryologe, geb. 1864, ab 1903 Professor an der Universität von Siena, gest. 1929

Sakmann, Bert: deutscher Mediziner, geb. 1942 in Stuttgart, ab 1985 Direktor am MPI für Biophysikalische Chemie in Göttingen und Leiter der Abteilung Zellphysiologie, ab 1987 Professor an der Universität Göttingen, dann in Heidelberg und München, erhielt 1991 den Nobelpreis für Physiologie oder Medizin

Scheid, Peter: deutscher Physiologe, geb. 1938 in Hamburg, ab 1982 Professor für Physiologie an der Ruhr-Universität in Bochum

Schrödinger, Erwin Rudolf Josef Alexander: österreichischer Physiker und Wissenschaftstheoretiker, geb. 1887 in Wien, ab 1927 Professor in Berlin, Oxford, Graz, Dublin und Wien, erhielt 1933 den Nobelpreis für Physik, gest. 1961 in Wien

Schwann, Theodor: bedeutender Anatom und Physiologe, geb. 1810 in Neuss, Studium der Medizin in Bonn, Würzburg und Berlin (bei Johannes Müller), Professor in Löwen (Louvain) und Lüttich (Liège), entdeckte das Pepsin, entwickelte mit Schleiden die Zelltheorie, gest. 1882 in Köln

Semon, Richard Wolfgang: geb. 1859 in Berlin, Schüler Haeckels in Jena, ab 1897 Privatgelehrter in München, gest. 1919 ebenda

Sertoli, Enrico: italienischer Physiologe und Histologe, geb. 1842 in Sondrio, ab 1870 Professor für Anatomie und Physiologie an der Königlichen Schule für Veterinärmedizin in Mailand, gest. 1910 in Sondrio

Shannon, Claude Elwood: amerikanischer Mathematiker, geb. 1916 in Petoskey/Michigan, Studium in Michigan und am Massachusetts Institute of Technology (MIT), Promotion in Mathematik, Arbeit in den Bell Laboratories, ab 1956 Professor am MIT, Begründer der Informationstheorie, gest. 2001 in Medford (Mass.)

Sherrington, Sir Charles Scott: bedeutender englischer Neurophysiologe, geb. 1857 in London, Studium der Medizin (bei M. Foster), Promotion 1887 in Berlin, 1895 Professor für Physiologie in Liverpool, 1913 in Oxford, erhielt 1932 zusammen mit Edgar D. Adrian den Nobelpreis für Physiologie oder Medizin, gest. 1952 in Eastbourne, Sussex

Shimomura, Osamu: japanischer Biochemiker, geb. 1928 in Kyoto, 1965–1982 Forschung an der Princeton University, 1982–2001 Honorarprofessor an der Boston University und Forscher am Meeresbiologischen Laboratorium Woods Hole, seit 2001 Forschung an seinem privaten Photoprotein Laboratory, erhielt 2008 zusammen mit Martin Chalfie und Roger Tsien den Nobelpreis für Chemie

Siemens, Ernst Werner (ab 1888 Ernst Werner von Siemens): deutscher Erfinder, Begründer der Elektrotechnik und Industrieller, geb. 1816 in Lenthe, 1860 Ehrendoktorwürde der Universität Berlin, ab 1874 als Mitglied in der Preußischen Akademie der Wissenschaften, gest. 1892 in Berlin

Singer, Seymour Jonathan: US-amerikanischer Zellbiologe, geb. 1924, ab 1951 Professor in Yale und San Diego

Skinner, Burrhus Frederic: geb. 1904 in Susquehanna (Pa.), bedeutender Vertreter des Behaviorismus, ab 1948 Professor für Physiologe an der Harvard University, gest. 1990 in Cambridge (Mass.)

Stannius, Hermann Friedrich: deutscher Mediziner, Zoologe, Anatom und Physiologe, geb. 1808 in Hamburg, ab 1837 Professor für Vergleichende Anatomie, Physiologie und Allgemeine Pathologie an der Universität Rostock, gest. 1883 in der Klinik Sachsenberg bei Schwerin

Stensen, Niels (Steno, Nicolaus): geb. 1638 in Kopenhagen, Studium der Medizin, 1669 Professor für Anatomie in Kopenhagen, ab 1675 kathol. Priester, Bischof in Münster (1677) und Schwerin (1685), gest. 1886 in Schwerin

Tawara, Sunao: japanischer Pathologe, geb. 1873 in Aki, ab 1908 Professor für Pathologie an der Medizinischen Hochschule Fukuoka, gest. 1952 in Nakatsu

Tinbergen, Nikolaas: niederländischer Zoologe, mit Konrad Lorenz Begründer der Ethologie, geb. 1907 in Den Haag, 1940 Professor für experimentelle Zoologie in Leiden, 1949–1974 in Oxford, erhielt 1973 zusammen mit Konrad Lorenz und Karl von Frisch den Nobelpreis für Physiologie oder Medizin, gest. 1988 in Oxford

Tyndall, John: britischer Physiker, geb. 1820 in Leighlin Bridge in Irland, ab 1853 Professor für Naturkunde an der Royal Institution in London, gest. 1893 in Hindhead

Uexküll, Jakob Johann Baron von: estnischer Zoologe und Philosoph, geb. 1864 auf Gut Keblas (Estland), theoretischer Vordenker der Ökologie, Arbeit bei W. Kühne in Heidelberg und an der Zoologischen Station in Neapel, Privatgelehrter, 1925–1936 Leitung des Instituts für Umweltforschung der Universität Hamburg, später Direktor des Zoologischen Gartens und Aquariums in Hamburg, gest. 1944 auf Capri

Ussing, Hans Henrikson: dänischer Zoologe, geb. 1911 in Sorø in Dänemark, ab 1951 Professor für Zoophysiologie an der Universität Kopenhagen, 1958 Walker-Ames Professor an der University of Washington in Seattle, ab 1958 Professor für Biochemie an der Universität Kopenhagen, ab 1980 Mitglied der National Academy of Sciences der USA, gest. 2000 in Kopenhagen

van 't Hoff, Jacobus Henricus: niederländischer Chemiker, geb. 1852 in Rotterdam, ab 1878 Professor für Chemie an der Universität Amsterdam, ab 1896 in Berlin, erhielt 1901 den Nobelpreis für Chemie, gest. 1911 in Steglitz bei Berlin

Virchow, Rudolf Ludwig: geb. 1821 in Schivelbein (Pommern), ab 1839 Studium der Medizin in Berlin (Lehrer: Johannes Müller, K. A. Rudolphi u. a.), Promotion 1843, ab 1856 Professor für Pathologische Anatomie in Berlin, Gründer und Leiter des Pathologischen Instituts der Charité, gest. 1902 in Berlin

Volta, Alessandro Giuseppe Antonio Anastasio Graf von: italienischer Physiker, geb. 1745 in Como, ab 1778 Professor für Physik an der Universität Pavia (Italien), ab 1791 Mitglied der Royal Society, gest. 1827 in Como

von Willebrand, Erik Adolf: finnischer Hämatologe, geb. 1870 in Vaasa, gest. 1949 in Perna

Waage, Peter: norwegischer Chemiker, geb. 1833 in Flekkefjord (Norwegen), seit 1862 Professor in Oslo, gest. 1900 in Christiania (heute Oslo)

Waals, Johannes Diderik van der: niederländischer Physiker, geb. 1837 in Leiden, ab 1877 Professor für Physik an der Universität von Amsterdam, erhielt 1910 den Nobelpreis für Physik, gest. 1923 in Amsterdam

Waldeyer-Hartz, Heinrich Wilhelm Gottfried von: geb. 1836 in Hehlen bei Braunschweig, Professor für Anatomie in Breslau (1865), Straßburg (1872) und schließlich Berlin (1883), gest. 1921 in Berlin

Watson, James Dewey: US-amerikanischer Biochemiker, geb. 1928 in Chicago, von 1961 bis 1976 Professor an der Harvard University, ab 1976 Direktor des Cold Spring Harbor Laboratory, erhielt 1962 den Nobelpreis für Physiologie oder Medizin

Weber, Ernst Heinrich: deutscher Physiologe und Anatom, geb. 1795 in Wittenberg, Studium in Wittenberg und Leipzig, bereits 1821 Professor für Anatomie und Physiologie in Leipzig, formulierte 1834 das Weber'sche Gesetz der Psychophysik, gehört mit Gustav Theodor Fechner zu den Begründern der Psychophysik, gest. 1878 in Leipzig

Wiener, Norbert: amerikanischer Mathematiker, geb. 1894 in Columbia (Missouri), PhD an der Harvard University, ab 1932 Professor in Cambridge/Mass., Begründer der Kybernetik, gest. 1964 in Stockholm

Wiesel, Torsten: schwedisch-amerikanischer Neurophysiologe, geb. 1924 in Uppsala, seit 1974 Professor für Neurobiologie an der Harvard Medical School, Untersuchungen zur Verarbeitung visueller Reize in Retina, CGL und visuellem Cortex, erhielt 1981 gemeinsam mit Richard W. Sperry den Nobelpreis für Physiologie oder Medizin

Wöhler, Friedrich: deutscher Chemiker, geb. 1800 in Eschersheim (heute Frankfurt am Main), ab 1828 Gewerbelehrer in Berlin und Kassel mit dem Titel eines Professors, ab 1836 ordentlicher Professor der Medizin, Chemie und Pharmazie an der Universität Göttingen, gest. 1882 in Göttingen

Wolff, Caspar Friedrich: deutscher Physiologe und einer der Begründer der modernen Embryologie, geb. 1734 in Berlin, ab 1767 Professor für Anatomie und Physiologie in Sankt Petersburg, Mitglied der Akademie der Wissenschaften in Sankt Petersburg, gest. 1794 ebenda

Young, Thomas: englischer Augenarzt und Physiker, geb. 1773 in Milverton, England; postulierte die trichromatische Theorie des Farbensehens, gest. 1829 in London

Index

A

B

D

E

F

G

H

J

K

L

M

N

O

P

Q

R

T

U

Die 20 natürlichen Aminosäuren

A	Ala	Alanin
R	Arg	Arginin
N	Asn	Asparagin
D	Asp	Asparaginsäure
C	Cys	Cystein
Q	Gln	Glutamin
E	Glu	Glutaminsäure
G	Gly	Glycin, Glykokoll
H	His	Histidin
I	Ile	Isoleucin
L	Leu	Leucin
K	Lys	Lysin
M	Met	Methionin
F	Phe	Phenylalanin
P	Pro	Prolin
S	Ser	Serin
T	Thr	Threonin
W	Trp	Tryptophan
Y	Tyr	Tyrosin
V	Val	Valin

Die Nucleinsäuren und ihre Basen

A	Adenin
T	Thymin
G	Guanin
C	Cytosin
U	Uracil
DNA	Desoxyribonucleinsäure
cDNA	komplementäre DNA
RNA	Ribonucleinsäure
mRNA	Messenger-(Boten-)RNA
rRNA	ribosomale RNA
tRNA	Transfer-RNA